中国沼泽志 (上)

（第二版）

姜 明　赵魁义　主编

科学出版社

北京

内 容 简 介

本书是《中国沼泽志》的第二版，包括总论、分论和附录。总论介绍了我国沼泽概况，重点阐述了沼泽形成与发育模式、沼泽的类型及分布、沼泽的生态特征、沼泽生态系统的结构与功能、沼泽水资源与水循环、沼泽土壤、沼泽植物及动物，系统论述了沼泽生态恢复与资源可持续利用、沼泽调查与监测的指标和方法。分论详细介绍了我国 655 片典型沼泽的范围与面积、地质地貌、气候、水资源与水环境、沼泽土壤、沼泽植被、沼泽动物、受威胁和保护管理状况。附录给出了中国沼泽分布图、分区图和动植物名录。

本书可供从事湿地科学研究与保护的科研人员、大专院校相关专业师生参考，适合作为自然保护区、自然公园、国家公园及环境保护、自然资源、水利等领域各级管理部门工作人员的参考资料，适合国内大中型图书馆馆藏。

审图号：GS 京（2023）0035 号

图书在版编目（CIP）数据

中国沼泽志：全2册 / 姜明，赵魁义主编. —2版. —北京：科学出版社，2023.7

ISBN 978-7-03-074810-2

Ⅰ. ①中… Ⅱ. ①姜… ②赵… Ⅲ. ①沼泽–概况–中国 Ⅳ. ①P942.007.8

中国国家版本馆CIP数据核字（2023）第020918号

责任编辑：马　俊　李　迪　付丽娜 / 责任校对：刘　芳
责任印制：肖　兴 / 封面设计：无极书装

科 学 出 版 社 出版
北京东黄城根北街 16 号
邮政编码：100717
http://www.sciencep.com

北京汇瑞嘉合文化发展有限公司 印刷
科学出版社发行　各地新华书店经销

*

1999年10月第　一　版　　开本：889×1194　1/16
2023年 7 月第　二　版　　印张：63 3/4
2023年 7 月第二次印刷　　字数：1 900 000

定价：**998.00**元（全2册）

（如有印装质量问题，我社负责调换）

《中国沼泽志》（第二版）
编 委 会

顾 问

吕宪国

主 编

姜 明　赵魁义

副主编

刘 波　谢永宏　佟守正　胡远满　雷光春　张树文

编 委

（以姓氏笔画为序）

马牧源	王 琳	王升忠	王延吉	王国平	王国栋	王宪伟
王晓龙	王梅英	王路遥	文波龙	田 昆	田 雪	田海涛
冉景丞	仝 川	丛 毓	朱 玉	朱晓艳	刘 波	刘奕雯
刘晓辉	齐 清	安 雨	孙明阳	芦康乐	苏治南	杨 亮
邱广龙	佟守正	邹元春	张 昆	张丹华	张文广	张冬杰
张仲胜	张佳琦	张树文	张振卿	张雅棉	武海涛	岳海涛
赵予熙	赵魁义	胡远满	钟叶晖	段 勋	侯天文	侯志勇
姜 明	娄彦景	神祥金	秦 雷	袁宇翔	徐志伟	徐金英
黄佳芳	谢永宏	雷光春	谭文卓	颜凤芹	潘 媛	薛振山

沼泽是地球上最富生物多样性的生态系统和人类最重要的生存环境之一，具有抵御洪水、涵养水源、补给地下水等诸多特殊的水调节功能，以及控制污染、调节气候、固定二氧化碳、提供野生动植物栖息地和维护区域生态安全等生态功能。

我国对沼泽功能的科学认识起步较晚。1958年中国科学院长春地理研究所（现为中国科学院东北地理与农业生态研究所）成立，这是国内最早的专门性沼泽研究机构之一。此后，中国科学院长春地理研究所开展了对全国范围内沼泽和泥炭资源的综合考察，先后对东北三江平原、大兴安岭、小兴安岭、长白山、若尔盖高原、青藏高原、新疆、神农架、横断山以及沿海地区的沼泽进行了综合考察。1993年，为了支持基础性调查研究工作，中国科学院设立了"中国湖沼系统调查与分类研究"特别支持领域项目，目的在于探讨合理利用和保护我国湖沼资源的方向及途径，以促进农、林、牧、渔业的发展，具有基础性、综合性和战略性特点。《中国沼泽志》就是此项目成果，于1999年完成，是我国第一部沼泽志，属于开拓性研究成果，在我国乃至世界沼泽研究中都具有重要意义，我也为该书写了一个序言。

《中国沼泽志》（第二版）结合国家科技基础性工作专项"中国沼泽湿地资源及其主要生态环境效益综合调查"成果（2013～2018年），总结凝练了国内外近几十年来在沼泽学研究领域的最新研究成果，对沼泽分类、调查范围与精度、资源要素数据等进行了调整与更新，将进一步推动我国沼泽学研究高质量发展，提升沼泽资源保护与合理利用水平。

《中国沼泽志》（第二版）开创性提出根据我国自然特征、沼泽形成和发育影响因素，将全国分为温带湿润半湿润沼泽区、亚热带湿润沼泽区、温带干旱半干旱沼泽区、青藏－云贵高原沼泽区、滨海沼泽区，并进一步划分17个沼泽区，克服了已有调查分区多以行政单元边界作为划分标准的不足；制定了新的沼泽综合分类系统，按照类－亚类－型－体进行四级划分；详细介绍的沼泽由第一版的396片增加到655片，并根据调查结果对沼泽名称、行政区划或分布范围进行了优化调整。调查方法采用卫星遥感、无人机观测和地面勘查相结合的手段，开展"资源要素一体化成图"工作，沼泽湿地遥感调查最小斑块面积为4 hm^2，提高了沼泽湿地解译精度；由于调查范围扩大及调查精度提高，沼泽面积由第一版的 940 万 hm^2 增加到目前的 2453.5 万 hm^2。该书查清了我国沼泽植被类型及分布，系统揭示了我国草本沼泽地上生物量分布格局，总地上生物量约为（22.2±2.2）Tg C，在空间上呈现出东北和青藏高原地区低、华北中部和滨海地区高的特征；更新了我国沼泽动植物名录，记录沼泽植物 1691 种、沼泽动物 1022 种。在新疆北部阿尔泰山区，新增调查 2700 hm^2 泥炭沼泽，是我国泥炭资源重大发现。

《中国沼泽志》（第二版）是在第一版基础上，结合近年来全国沼泽资源的野外调查数据而编写的一部基础性、综合性的著作。我相信该书的出版，将对沼泽学深入研究、沼泽资源的保护恢复及合理利用、国家生态文明建设及区域经济社会发展作出重要贡献。

中国科学院院士　孙鸿烈

2023 年 5 月 8 日

沼泽是地球表面常年有薄层积水或土壤过湿的地段，其上主要生长沼生植物，土层严重潜育化或有泥炭的形成与积累，是最主要的湿地类型。沼泽具有涵养水源、调蓄洪水、调节气候和为野生动植物提供栖息地等多种功能，生物多样性丰富。沼泽也是重要的有机碳库，全球沼泽湿地面积仅占陆地总面积的 3%，但其存储的有机碳却占全球陆地的 30%。我国自然地理条件复杂，沼泽湿地分布广、类型多样。受全球气候变化、人类活动双重影响，沼泽湿地变化强烈。从20 世纪 50 年代至 20 世纪末，我国三江平原的沼泽湿地累积丧失率高达 80%。若尔盖高原泥炭地在过去 50 年间减少了近 30 万 hm^2。由于沼泽湿地大面积丧失，一部分沼泽植物如盐桦和东方水韭等已经灭绝或处于极危、濒危状态，并且濒危植物逐年增加；其中有些沼泽植物尚未被人类认识，还没来得及为人类作出贡献，就已经在地球上消失了，因此定期开展沼泽湿地调查研究就显得尤为重要。

中国科学院东北地理与农业生态研究所（原中国科学院长春地理研究所）是最早从事沼泽研究的国立科研机构，并在 20 世纪 60 年代到 90 年代开展了多次全国及区域尺度的沼泽和泥炭资源调查研究。1988 年，《中国沼泽研究》一书出版，该书系统、科学地对我国沼泽研究进行了论述。1986 年，中国科学院三江平原沼泽湿地生态试验站在黑龙江省三江平原腹地的同江市东南部洪河农场建立（47°35′N，133°31′E），1992 年加入中国生态系统研究网络（CERN），2005年成为首个沼泽类型的国家野外科学观测研究站。

1992 年 7 月 31 日，我国正式成为《关于特别是作为水禽栖息地的国际重要湿地公约》（以下简称《湿地公约》）缔约方，并将"湿地的保护与合理利用"列入《中国 21 世纪议程》和《中国生物多样性保护行动计划》的优先发展领域。1996 年我主编的《中国湿地研究》论文集出版，该书收录了沼泽生态系统性质、湿地形成发育、湿地生物多样性、湿地碳循环以及湿地的保护与开发利用等方面共 45 篇论文，论文集的出版发行极大促进了以沼泽研究为主体的湿地成果交流与科技成果转化，推进了湿地资源保护与可持续利用。1999 年，中国科学院长春地理研究所在中国科学院"中国湖沼系统调查与分类研究"特别支持领域项目支持下，历时 6 年完成了全国沼泽补充调查和《中国沼泽志》编写。此次调查表明，全国面积大于 1000 hm^2 或虽不足 1000 hm^2 但有重要意义的沼泽共计 396 片，总面积为 940 万 hm^2。2013 年，由中国科学院东北地理与农业生态研究所承担的"中国沼泽湿地资源及其主要生态环境效益综合调查"项目启动，历时 5 年，完成全国 430 片沼泽野外调查，最小斑块面积 4 hm²，调查沼泽的总面积为 2453.5 万 hm²；系统收集了沼泽水资源与水环境、植物资源及泥炭资源数据；开展了基于"沼泽资源多要素一张图"的天空地一体化监测，并建立了沼泽制图分类标准和沼泽数据库与管理平台。又历时 4 年完成《中国沼泽志》（第二版）的编写，该书内容丰富、全面，系统分析了沼泽水资源分布状况及水源涵养功能、沼泽水平衡与水循环过程；解析了我国沼泽土壤有机碳密度分布格局，全面掌握了我国泥炭资源基本特征和空间分布。

《中国沼泽志》（第二版）在第一版基础上，结合最新开展的沼泽湿地综合考察，对沼泽数量、沼泽要素数据、调查方法及精度等进行了更新、补充和提升；全面掌握了我国不同自然地理区各主要类型沼泽湿地面积、水文情势、泥炭、植物资源动态变化数据以及沼泽湿地生态效益，可为湿地学、湖沼学、自然地理学、生态学和全球变化研究提供科学数据，为履行《湿地公约》和全球气候变化谈判提供科学依据，对沼泽生态系统的保护与合理利用、维持区域水安全及生态安全也具有十分重要的意义。

中国科学院院士　陈宜瑜

2022 年 12 月 9 日

沼泽是介于陆地和水域之间的一种特殊的地理综合体，其地表常年过度湿润或有薄层积水，长有沼生或湿生植物，具有泥炭积累或虽无泥炭积累但有明显潜育层的生态系统，是湿地中最主要的类型。沼泽湿地具有抵御洪水、涵养水源、补给地下水等诸多独特的水调节功能，以及降解污染、调节气候、固定二氧化碳、提供野生动植物栖息地和维护区域生态平衡等生态功能，其丰富的动植物资源还为人类的生产生活提供了基础物质保障。沼泽湿地位于水陆交界地带，对水文状况变化、全球气候变化、人类活动的响应极为敏感。联合国《千年生态系统评估》指出，湿地是退化与丧失速率最快的生态系统，主要表现为面积衰减、生物多样性下降、泥炭分解加快、洪涝灾害加剧、水体污染加重。

1971 年 2 月 2 日，18 个国家的代表在伊朗的拉姆萨尔签署了《关于特别是作为水禽栖息地的国际重要湿地公约》（简称《湿地公约》），并提出了目前国际公认的湿地定义，即天然或人造、永久或暂时之死水或流水、淡水、微咸或咸水沼泽地、泥炭地或水域，包括低潮时水深不超过 6 m 的海水区。《湿地公约》明确指出沼泽是湿地的重要类型之一，亟须开展全球性保护。我国于 1992 年加入《湿地公约》，并从国家层面提出要加强湿地的研究与保护工作。党中央高度重视湿地保护修复工作，出台一系列政策文件，并作出一系列重大决策部署。2016 年12 月，国务院办公厅印发《湿地保护修复制度方案》，提出实行湿地面积总量管控，要求到 2020 年全国湿地面积不低于 8 亿亩，其中自然湿地面积不低于 7 亿亩。2022 年 6 月，《中华人民共和国湿地保护法》正式实施，这是我国为强化湿地保护修复，首次针对湿地保护进行立法，旨在从湿地生态系统的整体性和系统性出发，建立完整的湿地保护法律制度体系，为国家生态文明和美丽中国建设提供法治保障。

中国科学院长春地理研究所（现为中国科学院东北地理与农业生态研究所）在 1958 年建所之初，就把沼泽研究确定为研究所的主要研究领域与方向，是我国最早系统开展沼泽研究的单位之一，对全国范围内沼泽水、土壤和生物要素及其保护利用进行了大量综合研究，完成了《中国沼泽研究》、《沼泽学概论》、《中国湿地研究》与《中国湿地与湿地研究》等著作。2003 年，我国第一本湿地专业学术期刊《湿地科学》在中国科学院东北地理与农业生态研究所创刊。以上成果有力推进了我国沼泽学及湿地科学的发展。1995年，中国科学院15个研究所联合成立了"中国科学院湿地研究中心"，2019年2月，中国科学院与国家林业和草原局共建国家湿地研究中心，均挂靠在中国科学院东北地理与农业生态研究所；2020年6月，由中国科学院东北地理与农业生态研究所牵头的"国际湿地研究联盟"入选"一带一路"国际科学组织联盟（ANSO）专题，这些都为我国湿地科学发展并面向国际化提供了重要平台。

1999年，中国科学院长春地理研究所沼泽研究室在已有沼泽调查研究基础上，完成了《中国沼泽志》。然而，近年来，在气候变化和人类活动影响下，我国沼泽分布和结构功能发生了显著变化。为此，2013年，中国科学院东北地理与农业生态研究所联合国内11家单位承担了国家科技基础性工作专项"中国沼泽湿地资源及其主要生态环境效益综合调查"项目，通过野外调查、资料与样品收集，充分利用天空地一体化监测技术，全面掌握了我国沼泽类型及分布，初步探明了我国沼泽水资源环境和草本沼泽地上生物量状况，揭示了沼泽地有机碳空间分布格局。2019年12月该项目在科技部组织的项目综合绩效评价中被评为优秀。

在归纳梳理项目成果的基础上，结合国内外最新理论研究进展，形成了《中国沼泽志》（第二版）。该书可为从事沼泽、湿地研究的科研人员、自然保护区管理人员以及地理学、生态学、环境科学、生物学等领域的科教工作者提供重要的理论与实践参考。

中国科学院院士　傅伯杰

2023年1月18日

　　沼泽作为最典型的湿地类型，广泛分布于全球各大洲和不同气候带，是地球上最富生物多样性的生态系统和人类最重要的生存环境之一。尽管世界各国学者从不同学科、不同角度理解沼泽，但其实质内容均从沼泽的构成要素来分析，在此基础上，本书把沼泽定义为：地表经常过湿或有薄层积水，水成土发育并栖息着与之适应的生物的自然综合体。沼泽在水文、植物及土壤方面具有一定的独有特征，其水文状况特征是地表长期或暂时积水或土壤水饱和，生长有湿生和水生植物，土壤一般具有泥炭累积或有潜育层存在。

　　沼泽具有丰富的生物多样性，为众多的野生动植物提供独特生境，是重要的"生物超市"；具有污染物降解、营养物转化等功能，被称为"地球之肾"；能够调节径流、均化洪水、补充地下水和供给水资源，改善区域洪涝和干旱状况，是"水分的调蓄库"；作为温室气体的"源"、"汇"及"转换器"和重要的碳库，也被称为"气候稳定器"。沼泽还为人类提供大量的肉类、药材、能源以及多种工业原料。因此，沼泽是可为全球提供可观的社会、经济和生态环境效益的重要生态系统。

　　我国地域辽阔，地貌类型千差万别，地理环境复杂，气候条件多样，沼泽资源分布广泛且具有显著的区域差异性。全面了解全国尺度的沼泽资源组成和分布特征是开展沼泽保护管理的重要前提。1993 年，由中国科学院长春地理研究所（现为中国科学院东北地理与农业生态研究所）承担的"中国沼泽补充调查与沼泽志编写"课题启动，历时 6 年，完成了《中国沼泽志》编写。时隔 20 年，2013 年，由中国科学院东北地理与农业生态研究所承担的国家科技基础性工作专项"中国沼泽湿地资源及其主要生态环境效益综合调查"项目启动，历时 5 年，完成全国面积在 4 hm^2 以上（包括 4 hm^2）的沼泽调查，有助于全面掌握我国沼泽类型及分布；集成汇交了 29 项科学数据集，探明了我国重要沼泽的水资源与水环境特征，解析了沼泽水平衡与水循环过程；初步查清了我国沼泽土壤有机碳密度分布格局，掌握了我国泥炭资源基本特征和空间分布；系统揭示了我国草本沼泽地上生物量分布格局，掌握了沼泽湿地物种多样性状况；2019 年项目以优秀的综合绩效评价结果进行了结题验收。新版《中国沼泽志》是在第一版的基础上，结合国家科技基础性工作专项"中国沼泽湿地资源及其主要生态环境效益综合调查"项目成果，总结凝练了近年来国内外沼泽学研究领域的最新成果完成的。

与第一版相比，《中国沼泽志》（第二版）根据我国自然特征、沼泽形成和发育影响因素，将全国划分为5个沼泽分布区和17个沼泽区，5个沼泽分布区是温带湿润半湿润沼泽区、温带干旱半干旱沼泽区、青藏－云贵高原沼泽区、亚热带湿润沼泽区和滨海沼泽区，17个沼泽区是大兴安岭山地沼泽区、小兴安岭山地沼泽区、三江平原沼泽区、松辽平原沼泽区、长白山山地沼泽区、华北平原山地沼泽区、内蒙古高原－黄土高原沼泽区、西北沙漠盆地沼泽区、长江中下游平原沼泽区、江南丘陵山地沼泽区、柴达木盆地－青海湖沼泽区、若尔盖高原沼泽区、云贵高原沼泽区、藏北－羌塘高原沼泽区、藏南－藏东高山谷地沼泽区、北部滨海盐沼三角洲沼泽区、南部滨海盐沼红树林沼泽区；制定了新的沼泽综合分类系统，按照类－亚类－型－体进行四级划分；补充了沼泽水循环水平衡、沼泽退化与生态修复、沼泽调查监测等内容；基于项目调查数据和国内外沼泽研究最新成果，详细介绍的沼泽达到655片，并根据调查结果对沼泽名称、行政区划或分布范围进行了优化调整，同时配置重要沼泽景观或植物群落的彩色图片，更直观反映沼泽的类型、结构及生态状况。

本专著由总论、分论和附录组成。在总论中，按学科的研究内容重点论述了我国沼泽概况、沼泽形成的因素、沼泽发育模式与过程、沼泽的类型及分布、沼泽的生态特征、沼泽生态系统的结构、沼泽水资源与水循环、沼泽土壤发育过程及泥炭土资源特征、沼泽植物、沼泽动物、沼泽生态系统功能、沼泽生态恢复与资源可持续利用、沼泽调查与监测共13章。在分论中，按温带湿润半湿润沼泽区、温带干旱半干旱沼泽区、青藏－云贵高原沼泽区、亚热带湿润沼泽区和滨海沼泽区共5章编写，各章中再按沼泽区列出节序，以每片沼泽为单元进行记述，各片沼泽按照从北到南、由东及西的顺序编排。入志沼泽的原则是："中国沼泽湿地资源及其主要生态环境效益综合调查"项目野外调查的430片沼泽；其他具有区域代表性、特殊动植物而在沼泽学研究上具有重要意义的，如毕拉河沼泽、包拉温都沼泽、拉昂错－玛旁雍错沼泽、四必湾沼泽等，共收录655片沼泽。对分论中记述的655片沼泽，全国统一编号，采用中国行政区划代码-三位数字序号表示，如大丰沼泽的编号为320904-578。全书采用记述性体例，以客观反映沼泽的特征，主要内容包括范围与面积、地质地貌、气候、水资源与水环境、沼泽土壤、沼泽植被、沼泽动物、受威胁和保护管理状况。

本书的顺利出版发行，首先要感谢为本书第一版辛苦付出的原版编者，他们是赵魁义、孙广友、杨永兴、王德斌、张文芬、宋德人、马学慧、牛焕光、何太蓉、何池全、李颖、汪佩芳、张晓平、郑萱凤、赵志春、袁月强、闫敏华、淳于树菊和蒋桂文。他们扎实的工作基础和读者的广泛认可，是支撑本次改版的重要基础。在野外考察和本书编写过程中，得到全国各地区相关湿地管理部门、科研单位、高等院校的热情协助和大力支持，他们提供了宝贵资料和建议。在此向热心支持和帮助我们的领导、学者深表谢忱。最后，对参与沼泽资源调查和书稿撰写的中国科学院东北地理与农业生态研究所、国家林业和草原局林草调查规划院、中国科学院遥感与数字地球研究所、中国科学院亚热带农业生态研究所、中国科学院沈阳应用生态研究所、中国科学院南京地理与湖泊研究所、北京林业大学、东北师范大学、西南林业大学、福建师范大学、中国林业科学研究院湿地研究所、广西红树林研究中心等单位学者严谨的科学态度和无私的奉献精神致以深深的谢意。

编写过程中，姜明研究员负责本书的内容设计、提纲编制、组织协调和质量把控等工作；吕宪国研究员在沼泽形成与发育、沼泽区划分和沼泽分类等方面给予了指导。姜明、赵魁义、刘波、武海涛等进行了统稿、校对等相关工作。刘波、颜凤芹和薛振山确立了入志沼泽名称、范围与面积，并归纳了各沼泽区基本概况。各部分作者名单如下：第一章，邹元春、段勋；第二章，杨亮、薛振山；第三章，王国平、秦雷；第四章，田雪、刘波；第五章，朱晓艳、袁宇翔；第六章，钟叶晖、姜明；第七章，张文广、袁宇翔；第八章，张振卿、张仲胜、文波龙、马牧源、张昆；第九章，娄彦景、刘波；第十章，王琳、朱玉、赵予熙、芦康乐；第十一章，神祥金、张佳琦、刘奕雯、王延吉；第十二章，王国栋、刘晓辉、姜明；第十三章，丛毓、姜明；第十四章，王升忠、王宪伟、徐志伟、王梅英、刘波；第十五章，文波龙、张雅棉、马牧源、田海涛、谭文卓、雷光春、张仲胜、杨亮；第十六章，田昆、张冬杰、张昆、岳海涛、安雨、冉景丞、侯天文、佟守正、齐清；第十七章，王晓龙、侯志勇、徐金英、谢永宏、潘媛；第十八章，仝川、邱广龙、黄佳芳、胡远满、张丹华、苏治南、王路遥；附录一至四，薛振山、张树文；附录五，刘波、赵魁义；附录六，武海涛、王琳、朱玉、赵予熙、芦康乐。孙明阳为本书绘制了图件。周繇、焉申堂、张重岭、刘文治、侯翼国、赵凯、马学慧、孙晓新、谭稳稳、石忠义、卜兆君、刘华兵、朱佳涛、陈坤龙、谭立山、代超、孙东耀、朱爱菊、杨平、陈炳华、沈国生、秦先燕、汪艳、蔺汝涛、李连翔、朱广旭、刘茜、李文虎、侯星明、熊安虎、黄郎、郭应、蔡军、玉屏、邓碧林、王立彦、路永正、张颖、赵成章、张德海、李有崇、高俊琴、刘存歧等同志及相关湿地保护区工作人员为本书配图。对于他们的辛勤劳动，一并表示衷心感谢。刘兴土、曹春香、王志臣、范航清、周天元、王铭、卜坤、李鸿凯、张大才、刘宝江、李胜男、李晓宇、陈伟、杨富亿、于珊珊、谈思泳、熊在平、曾聪、潘良浩、蔡永久、王雪宏、董彦民、郝明旭、黄灵玉、王洋、倪辉、刘文爱、张彦等同志参加了本次沼泽湿地资源调查，为本书的资料收集作出了重要贡献。最后还要特别感谢孙鸿烈院士、陈宜瑜院士、傅伯杰院士拨冗为本书作序，并给予了很多鼓励与支持；特别要再次感谢已故的刘兴土院士，为本书出版给予了关心与指导。

本书虽经多年考察，由集体编写而成，但我国土地广袤，沼泽分布广泛，仍有足迹未涉之处；同时，由于各地区沼泽调查的深度和方法不尽一致，各地区沼泽在编写结构和层次上并非完全一致，叙述内容存在详简不一的情况；另外，作者水平有限，不足之处难免，十分希望广大读者批评指正，使其日臻完善。

编　者

2022 年 11 月 28 日

CONTENTS 目　　录

·上·

第一篇　总论

第二篇　分论

第一篇

总　论

第一章
中国沼泽概况

第一节　沼泽的概念及对其认识历史沿革

一、沼泽的概念

沼泽作为一种特殊的自然综合体，同时也是一种重要的自然资源和生态资源，其概念常因为研究者的出发点不同而有差异（黄锡畴，1982）。历史上对沼泽的定义主要有三大类：第一类是指经常过度湿润，生长着湿生植物，有泥炭累积或虽无泥炭累积但有潜育层存在的土地；第二类所定义的沼泽必须有泥炭的累积；第三类定义要求，除了有泥炭的累积，沼泽的泥炭层还需要达到一定的厚度。我国科技工作者总结和提出了符合中国沼泽自然特性的概念，认为沼泽具有三个相互制约的特征：①地表经常过湿或有薄层积水；②必须生长有湿生植物；③土层严重潜育化或有泥炭的形成和累积（柴岫等，1963；黄锡畴，1982；黄锡畴和马学慧，1988a；吕宪国和刘晓辉，2008）。

此外，不同的学科对于沼泽的定义也不尽一致。泥炭地学家认为沼泽是有泥炭累积的地段（卜兆君等，2005）；植物学家认为沼泽是沼生植物丛生的地方，他们主要从植物群落的角度出发，将沼泽理解为一种隐域植被，认为沼泽同森林、草甸、草原一样，也是一种植被型；还有学者从生态系统的角度给出如下定义：沼泽是一个复杂的在其发展的高级阶段可以进行自我调节的生态系统，并且其植物源有机质的积累水平远远高于其分解水平（黄锡畴，1989）。

根据文献资料以及我国学者多年调查研究，本书中将沼泽定义为：地表经常过湿或有薄层积水，发育出水成土特征并栖息着与之适应的生物的自然综合体。

二、国外对沼泽的认识

欧洲的荷兰、德国、芬兰以及俄罗斯等早已在 16 世纪就先后开始对泥炭土进行开发利用，他们将泥炭土作为燃料和营养土使用。18 世纪初期，欧洲的一些国家开始进行泥炭沼泽的考察与研究。进入 19 世纪，1810 年 R. 伦尼（R. Rennie）在其所著《泥炭沼泽的自然历史和起源概论》（*Essays on the Natural History and Origin of Peat Moss*）中提出沼泽形成及演变过程的假说（柴岫，1990）；1885 年，俄国教授开始在大学里讲授"沼泽学"课程，这足以说明俄国人对沼泽学研究的速度之快；俄国于 1901 年在爱沙尼亚建立第一个沼泽实验站，沼泽研究不断深入。值得一提的是，瑞士学者 F. A. 福雷尔（F. A. Forel）在日内瓦湖的多年工作为之后沼泽学的发展奠定了理论和方法基础。总之，在 19 世纪及以前的工作都可以称为沼泽学发展的孕育期（余国营，2000；杨永兴，2002）。

到了 20 世纪，受益于新技术和新方法的应用，大量沼泽研究成果涌现出来，人们对沼泽研究开始从感性上升为理性，逐渐走向系统化和综合化，进入沼泽学逐渐形成和蓬勃发展的时期（余国营，2000）。1902 年，C. A. 韦伯（C. A. Weber）根据泥炭沼泽地的水源供给、地表形态和营养状况，论述了泥炭沼泽发育过程的 3 个阶段，并以此作为泥炭地分类的依据，分为低位、中位和高位三种类型，这是关于泥炭沼泽地最早的科学分类，至今仍被广泛使用（杨永兴，2002）。美国对沼泽的细致研究约始于 1960 年，主要以滨海盐碱沼泽、红树林和淡水沼泽为研究对象，到了 20 世纪 70 年代，开始以现代生态理论指导沼泽研究。虽然美国对沼泽的研究起步晚于欧洲国家，但其凭借先进的手段也在国际上处于领先地位。

1971 年 2 月 2 日，18 个发起缔约国在伊朗的拉姆萨尔签署了《关于特别是作为水禽栖息地的国际重要湿地公约》（简称《湿地公约》），将沼泽作为湿地的重要类型之一，开展全球性保护。以此为标志，沼泽学研究逐渐发展壮大为湿地科学。1980 年，湿地科学家学会（The Society of Wetland Scientists，SWS）在美国成立，旨在推进湿地科学研究、湿地保育、湿地修复、湿地科学管理及湿地资源可持续利用；1981 年，第一期会刊 *Wetlands* 作为年会论文集出版。1982 年，在印度召开的第一届国际湿地会议，标志着湿地研究进入了一个新的发展阶段。美国环境保护署在 1972 ~ 1985 年 5 项关于河口湿地、滨海湿地及近海水质的大型研究项目基础上，于 1985 年上报国会"国家河口湿地计划"，此阶段最具重要意义的专著是 1986 年出版的由 W. J. 米施（W. J. Mitsch）和 J. G. 戈斯林克（J. G. Gosselink）所著的《湿地》（*Wetlands*），这是一部当时关于湿地研究最综合和最全面的著作，提出了许多新的见解和理论，影响深远，被誉为一部系统介绍湿地科学的理论著作、最综合的湿地学教科书，填补了湿地科学的空白（余国营，2000）。作为新千年开始的第一次湿地领域国际重要会议，第六届国际湿地大会于 2000 年在加拿大魁北克召开。这次会议主题是"千年湿地活动（Millennium Wetland Event）"，在世界湿地科学发展史上具有里程碑意义。2016 年 9 月，第十届国际湿地大会首次在我国常熟举办。

三、我国对沼泽的认识

沼泽本身作为一种客观实体及自然景观早已存在于我国典籍中。由于时代的差异及沼泽类型的多样性，我国历史上对沼泽的称呼也不尽相同。在古代，沼泽主要有以下 8 种称呼：①沮泽，指古代水草所聚之处；②沮洳，指低湿或润泽之处；③薮泽或泽薮，指水草茂密的沼泽湖泊地带；④卑湿或下湿地，指地势低下潮湿之处；⑤窝稽或乌稽或沃沮，主要是指东北地区森林迹地沼泽化地带；⑥斥泽或斥卤或泄卤，指滨海沼泽地或含盐碱的沼泽化地带；⑦泽国，主要指多水地区；⑧皋或隰皋，指水边低湿之地。这些命名不仅反映了其不同的物理成因和地貌位置，也是对沼泽粗略分类的滥觞（赵德祥，1982）。

我国对沼泽的科学认识起步较晚。1958 年中国科学院长春地理研究所成立，这是国内最早的专门性沼泽研究机构之一（黄锡畴和马学慧，1988b）。此后，中国科学院长春地理研究所联合东北师范大学共同展开了对全国范围内沼泽和泥炭资源的综合考察，先后对东北三江平原、大兴安岭、小兴安岭、长白山、若尔盖高原、青藏高原、新疆、神农架、横断山以及沿海地区的沼泽进行了综合考察（黄锡畴和马学慧，1988b；孙广友，2000）。1983 年，郎惠卿和金树仁在《中国沼泽》中对沼泽的基本特征、类型、分布与分区、形成与发展和资源的利用以及开发与保护等进行了论述，系统地介绍了我国沼泽研究情况。1988 年，黄锡畴主编的《中国沼泽研究》一书，系统科学地对我国沼泽研究进行了论述。1986 年，中国科学院三江平原沼泽生态试验站在黑龙江省三江平原腹地的同江市东南部洪河农场建立（47°35′N，133°31′E），1992 年加入中国生态系统研究网络（CERN），2005 年成为国家野外科学观测研究站（韩哲等，2018）。

我国政府于 1992 年 7 月 31 日正式加入《湿地公约》，并将"湿地的保护与合理利用"列入《中国 21 世纪议程》和《中国生物多样性保护行动计划》的优先发展领域。1994 年 8 月在长春召开了湿地环境与泥炭地利用国际讨论会，会议由中国科学院东北地理与农业生态研究所（原长春地理研究所）主办。通过报告和会议交流，与会代表还讨论了"湿地"和"泥炭地"等基本概念，不仅在湿地的发生与分类研究等方面取得进展，还发表了论文摘要汇编。2003 年，我国第一本湿地专业学术期刊《湿地科学》在中国科学院东北地理与农业生态研究所创刊。2006 年，刘兴土、邓伟和刘景双主编的《沼泽学概论》出版。2017 年 4 月，以中国科学院东北地理与农业生态研究所为主体，我国湿地学者联名向 SWS 执行委员会正式提交了成立中国分会（China Chapter of SWS）的申请，并在同年 6 月的 SWS

年会上获国际湿地科学家学会执行理事会的全票通过。中国科学院东北地理与农业生态研究所吕宪国研究员当选为国际湿地科学家学会中国分会创始主席（武海涛，2018）。2018 年 8 月 17～21 日，国际湿地科学家学会中国分会在长春举办首次年会。国际湿地科学家学会中国分会的成立，既是世界湿地研究者对我国湿地研究的认可，同时也搭建了我国湿地学科的国际对接平台，对于进一步提高我国湿地研究的国际影响力具有重要意义（姜明等，2018）。2019 年 2 月，中国科学院与国家林业和草原局签署合作协议，共建"湿地研究中心"。2020 年 6 月，由中国科学院东北地理与农业生态研究所牵头的"国际湿地研究联盟"入选"一带一路"国际科学组织联盟（ANSO）。2021 年 10 月，科技部批准了包括黑龙江兴凯湖湖泊湿地、四川若尔盖高寒湿地、辽宁盘锦湿地、上海长三角城市湿地、上海长江河口湿地、江西鄱阳湖湖泊湿地和湖南洞庭湖湖泊湿地在内的 7 个国家湿地野外科学观测研究站。上述近年来包括沼泽科学研究在内的科技进展，有力支撑了我国湿地保护管理、生态修复和国际履约，拓展了参与全球湿地科技创新治理的深度。

第二节　从基础认识到沼泽学科

一、沼泽学的定义

由于沼泽本身定义的多样性，专门从事沼泽研究的沼泽学也没有被普遍接受的定义。目前，一般将沼泽作为湿地的一种重要组成类型，对于湿地科学的定义也适用于沼泽学。刘兴土等（2005）将沼泽学定义为：以沼泽为研究对象，研究其类型、形成演化与发展规律、生态系统的结构及功能、生态过程、评价、保育、恢复、可持续利用及管理的理论与技术。

沼泽学之所以能够成为一门科学，是因为：位于水陆交错带的沼泽具有许多区别于其他生态系统的属性；类型多样，但仍具备共有的规律性；沼泽研究需要跨学科研究方法；只有准确理解沼泽各方面的特性和共性才能更有效地研发沼泽保护和恢复的政策法规、管理方法与工程技术（Aber et al.，2012）。任何成功的沼泽保护和恢复措施都需要创造正确的饱和或淹水时机、时长、深度等水文特征（Young，1996）。有些沼泽一年甚至几年中只有数周被淹没，而栖息于该沼泽的物种已经适应了这种水文周期，剧烈的水文变化往往导致沼泽植被的演替甚至整个沼泽生态系统的演化（Page and Baird，2016）。

二、沼泽学的研究任务

近年来大量湿地被开垦为农田或用于养殖活动，造成湿地功能严重退化；此外，在气候变化的影响下，湿地水文变化使得全球约一半的湿地面积（$2.6 \times 10^6 \sim 6.4 \times 10^6$ km^2）已经消失（Mitsch et al.，2012）。全球变暖导致冰川融化，大量冻土层成为碳源，释放大量温室气体，对气候变暖形成正反馈作用。如何应对气候变化给沼泽带来的影响、沼泽退化机制与恢复策略等均是沼泽学需要研究的核心问题。过去由于分子生物学手段的限制，人们对沼泽的研究仅仅停留在种群和群落的水平上，近年来随着分子生物学技术和微生物生态学的快速发展，以及高通量测序技术的出现，通常可以从微生物角度更深入地揭示沼泽生态过程现象的机制，为应对气候变暖和湿地恢复提供理论指导。因此，面向国际科技前沿和国家重大需求，目前沼泽学研究任务主要包括：①沼泽生物多样性；②沼泽水文过程与功能；③沼泽生物地球化学循环；④沼泽退化过程与机制；⑤沼泽恢复的理论、技术和途径。

三、沼泽学的学科体系

沼泽学属于地球科学，可以继续划分为沼泽地理学、沼泽生态学、沼泽环境学、沼泽生物学等基础分支学科，沼泽工程学、沼泽保护学、沼泽恢复学等应用分支学科，以及沼泽管理学、沼泽经济学、沼泽美学等社会分支学科。根据具体研究的沼泽组分的不同，沼泽基础学科还可以分为沼泽水文学、沼泽土壤学、沼泽气象学、沼泽植物学、沼泽动物学、沼泽微生物学、沼泽生物地球化学等。从微观实验室分析到宏观对地观测，各种物理、化学和生物观测方法都可应用于沼泽系统的研究。可以说，沼泽学研究方法囊括了几乎所有可用于地球系统和人类相互作用研究的科学技术手段。这些学科都是在研究沼泽的形态基础上，把沼泽作为一个整体或侧重沼泽某一方面进行全面而深刻的研究，但是又互相联系、相辅相成。随着沼泽学理论的发展和完善，这些研究方向已经成为或将发展成为沼泽学的分支，从而有助于形成一个完整的湿地科学体系（孙广友，2000；姜明等，2018）。

第三节　未来发展趋势与优先应用领域

近年来，沼泽和沼泽学研究越来越受到科学界、社会公众、非政府组织和政府管理部门的关注和重视。在国际湿地科学研究持续升温的大背景下，我国沼泽学研究逐渐形成了自己的特色，并取得了长足进展。

一、发展趋势

针对沼泽研究现状以及研究中存在的问题，新理论、新方法、新技术之间的融合，研以致用已成为当前沼泽学研究的主要发展趋势，具体如下。

1）不同类型沼泽生态系统的结构、过程与功能研究，加强对沼泽内部的物质转移以及能量转化的定量研究，建立沼泽生态系统形成、演化的系统动力学模型，推动沼泽生态产品价值实现。

2）沼泽环境与全球变化之间的关系研究，重视人类活动对沼泽变化的贡献，以及这种变化带来的环境、生态效应，服务于沼泽生态系统适应性管理。

3）沼泽生物多样性与其生态系统功能之间的关系研究，提高沼泽生物多样性的调查、编目与评价的定量化水平，明确沼泽生物多样性利用与保护间的关系。

4）退化沼泽恢复的理论、方法和技术研究，集成不同地区和类型沼泽退化的成因与机制、退化沼泽成功恢复与重建的模式。

二、优先应用领域

在当前生态文明建设的大背景下，积极应对气候变化、沼泽生态系统保护、沼泽恢复与重建和沼泽生态系统管理是沼泽学的四大优先应用领域。

1）气候变化。沼泽与气候变化息息相关，虽然沼泽总面积有限，但其在全球陆地有机碳储量中占有重要地位。减少碳排放和水消耗是湿地应对气候变化管理的核心目标（中国21世纪议程管理中心，2017）。以节水带动减排需要重点解决沼泽退化驱动力识别、最大固碳潜力评估、最优水位控制、最佳植物配置等关键问题。

2）沼泽生态系统保护。沼泽保护和修复是生态文明建设和国家生态安全的重要内容，事关经济社会可持续发展及中华民族子孙后代的生存福祉。鉴于沼泽生态系统的多样性和系统内外互动的复杂性，科学有效的沼泽保护至关重要，否则往往事倍而功半（Young，1996）。应以现有沼泽红线和保护地体系为基准，从面积保护上升到生态系统功能综合保护。

3）沼泽恢复与重建。经过多年的发展，原址恢复或易地重建的沼泽已细化为水质净化型、水文调蓄型、生物多样性支撑型、景观型、产品供给型和多功能复合型等多种类型（Valipour and Ahn，2016），无论是小微湿地，还是大范围的集中连片恢复重建，在我国城市和乡村都表现出强大的生命力。不同功用的沼泽技术改良和一些共性问题，如高效低成本的基质、堵塞、臭味、病虫、越冬、占地面积、植物搭配、微生物驯化及与其他技术的融合等，都需要进一步的科技支撑。

4）沼泽生态系统管理。通过科学管理，维护健康的沼泽生态系统仍是当前最紧迫的问题之一。应开展国家和地方不同层面的实操性强、过程规范、空天地一体化的沼泽专项调查，研发并应用推广基于自然的沼泽管理方法，合理利用沼泽资源，以实现人与沼泽的和谐共生。

第二章
沼泽形成的因素

沼泽的形成过程离不开自然地理环境条件和人类活动的影响。由于各因素间相互作用程度不同，全球不同地区沼泽类型、形成、发展过程和生态特征也有区别。目前，已有研究认为沼泽形成的综合自然因素包括地质地貌、气候、水文、植被、土壤因素等自然地理因子（柴岫，1981；孙广友，1988）。同时，越来越频繁的人类活动正在直接作用或通过影响自然地理环境条件间接影响沼泽的形成与发育。

第一节 沼泽形成的综合自然因素

沼泽形成因素的复杂性，决定了沼泽类型的多样性。中国复杂的自然地理环境孕育了多种多样的地质地貌、气候、水文、植被和土壤等因子，形成了复杂多变的沼泽类型。

一、水文因素

水文是影响沼泽形成的先决条件。一方面，在地表长期积水或过湿的环境中易发生沼泽化过程。其中，水量、水质、水文状况和水源补给持续程度，以及水分状况的稳定程度均直接制约沼泽的形成和发育。地表水、地下水以及大气降水是沼泽的主要补给水源。水源对沼泽补给量的大小、补给水的时间分布、补给水的性质与区域水文特征有密切关系。另一方面，水文因素影响许多生物和非生物因素，包括微生物、养分的供应以及沿海沼泽的盐度，这些反过来又决定了沼泽中的生物类群。当然，水文周期可能会有剧烈的季节变化和年际变化，如潮汐和洪水泛滥等，但仍然是沼泽形成和发育过程的决定因素。水文状况通过影响水平衡和净泥炭积累控制着沼泽发育，在潮湿的条件下，成片开阔的沼泽（open bog）是终点，而在稍微干燥的条件下，森林沼泽（swamp）是终点（Rydin and Jeglum，2013）。

（一）不同水源补给类型对沼泽形成的影响

我国水资源类型多样，大气降水、冰雪融水、河水、湖水、潮汐水和地下水组成的庞大水体，为我国分布广泛和类型多样的沼泽水源补给提供了基本条件。

1. 大气降水对沼泽形成的作用

任何一种沼泽类型的水分来源最终都来自大气降水。大气降水是所有沼泽类型的水源补给方式。我国大气降水季节分配和年际变化受东亚季节气候的影响。在东部季风区，夏季丰水，冬季枯水，春秋两季介乎其间，但秋季水量一般大于春季水量。这种水源的季节分配对沼泽发育较有利，尤其是生长季径流量变化不大，径流分配均匀，有利于地表保持长期过湿或积水，使沼泽发育能够持续进行。这种水源补给往往带来营养的贫瘠和季节性较大的波动。这类水源补给仅限于我国寒温带、中温带及其他热量带的一些山地局部地段，如我国东北大兴安岭、小兴安岭，以及黔西和鄂西北山地等地区，沼泽受地质地貌、气候等因素影响，已从富营养沼泽发展成为贫营养沼泽，由原来多种水源混合补给发展成以大气降水补给为主。仅仅以大气降水补给为主的沼泽数量不多，面积较小，范围有限。虽然大气降水是所有沼泽类型的补给方式，但多数以大气降水与其他水源补给类型相混合的方式作用于沼泽的形成和发育。有时大气降水相对于其他补给处于次要地位。

2. 冰雪融水对沼泽形成的作用

冰雪融水补给主要表现在其季节动态差异、补给时间早、补给量稳定、持续径流时间长等，一般会出现春汛和夏汛两次水流高峰。冰雪融水的坡面径流一般在早春 4～5 月即形成，此时受季风影响的夏季降水还没有到来，冻土层的存在使得有限的坡面水造成地表土层的水分饱和状态，从而使沼泽得到发育。夏季季风雨和冰雪融水对沼泽形成混合补给（孙广友，1998）。我国西北干旱区和青藏高原大部分地区，河流水源主要靠冰雪融水补给，藏北高原一些河流冰雪融水补给占年总量的 60%，西北地区占 40%～50%，所以丰水期发生在气温最高的 7～8 月，枯水期在冬季。沼泽发育的环境也较稳定，多发育泥炭沼泽，沼泽发育相当广泛，使藏北怒江河源区、若尔盖高原、长江、黄河河源区发育成我国最大的沼泽分布区。

3. 河水对沼泽形成的作用

据统计，我国流域面积在 100 km^2 以上的河流有 500 000 条以上；1000 km^2 以上的河流有 1580 多条；超过 10 000 km^2 的河流尚有 79 条。我国起源于河流沼泽化的沼泽较多，这类沼泽水补给以河水为主，特别是平原区河流。一般河流比降小，河槽弯曲系数大，河道狭窄或没有明显河道，河漫滩宽广。因此，水流缓慢，平槽泄量小，排水不畅，容易泛滥。例如，三江平原和若尔盖高原中小型河流具有这种水文特征，河床纵比降小，多在 1/10 000 左右；河槽弯曲系数大，一般为 1.5～3.0，枯水期仅 10～20 d；河漫滩宽广，多达 10～30 km，河槽不明显，径流不畅，有些沼泽性河流甚至没有河槽。河水流速极缓，平水期流速仅 0.10～0.17 m/s。例如，三江平原七虎林河中下游，平槽泄量仅为 8～25 m^3/s。一般年份有 34～68 d，洪水流量超过平槽泄量，大量泛滥水补给沼泽。浓江和别拉洪河下游均无明显河槽，形成了大面积沼泽；安邦河下游河道消失，成为无尾河，洪水倾泻，成为沼泽及沼泽化土地的重要补给水源。而且这些中小型沼泽河流汛期，还会受到大河洪水的顶托，抬高河流的水位，使两岸低平的河漫滩不易排出水分，反而被河流补入很多水，加剧了地表积水和过湿程度，促进了沼泽的形成。历史上每年汛期，三江平原主要中小型河流都受到黑龙江和乌苏里江洪水顶托，回水距离一般为 20～30 km，最长可达 70 km。

就流域特性看，在一般情况下，河流上游比降大，河槽深，河漫滩狭窄，排水条件好，不易发育沼泽，因而沼泽率也小；河流中下游比降小，河槽曲率大，河网密度小，淹没面积迅速扩大，沉积物质黏重，河流泄洪能力弱，河水极易出槽补给广阔的河漫滩，易发生沼泽化过程，因而下游沼泽率大。例如，若尔盖地区黑河中下游淹没面积增加很大，河网极不发达，河流比降只有 0.2/1000～0.3/1000，河水流速极小，平均只有 0.4～0.8 m/s，许多小河没有明显河道，造成大面积地表积水或地表经常过湿，沼泽率占全区之首，为 21.3%～43.2%；上游沼泽率只有 12.3%～17.4%；白河中下游沼泽率为 6.4%～32.0%，而上游沼泽率只有 1.0%～5.0%（柴岫等，1965）。

4. 湖水对沼泽形成的作用

湖滨为水陆交互作用地带，本身具有典型沼泽的特征，其形成发育主要依赖于湖泊水体的供给。若尔盖高原湖滨广泛发育沼泽，其原因在于湖滨有稳定水源补给，且湖滨多为缓岸，极有利于沼泽发育。湖泊在丰水期通过湖水上涨发生泛滥而补给湖滨沼泽，沼泽一般呈环状沿湖周分布，湖水补给沼泽的水量和范围取决于湖滨地貌与湖水位变化幅度。另外，湖泊沼泽化形成的沼泽在我国分布十分普遍。因此，湖泊及湖泊水文特征对沼泽形成与发育具有重要的影响。平原区湖泊边坡平缓，湖滨滩地宽广，常常发育大面积沼泽。而浅水湖泊随着湖泊变浅沼泽化非常普遍。湖泊经过机械、化学和生物沉积作用而发展到老年阶段，湖水变浅，湖岸倾斜平缓，水流缓慢或静止，如光照条件好，水温适宜，水草开始在岸边丛生，并随水深发生规律性变化。死亡植物残体在水中因缺乏氧气，分解缓慢而逐年堆积，湖水进一步变浅。植物群落向湖心蔓延，最后整个湖泊演变为沼泽。东北地区小兴凯湖沼泽化是湖泊沼泽化的典型代表（图2-1）。湖泊沼泽化形成的沼泽水文情势波动，一般与其相连的湖泊水位波动相一致，由于水源稳定，因此季节性波动小。

　　湖泊对沼泽形成的影响还表现在水质和水化学性质对新生沼泽的影响上。湖泊沼泽化形成的沼泽水质及水化学类型取决于与其相连的湖泊的水质和水化学性质。

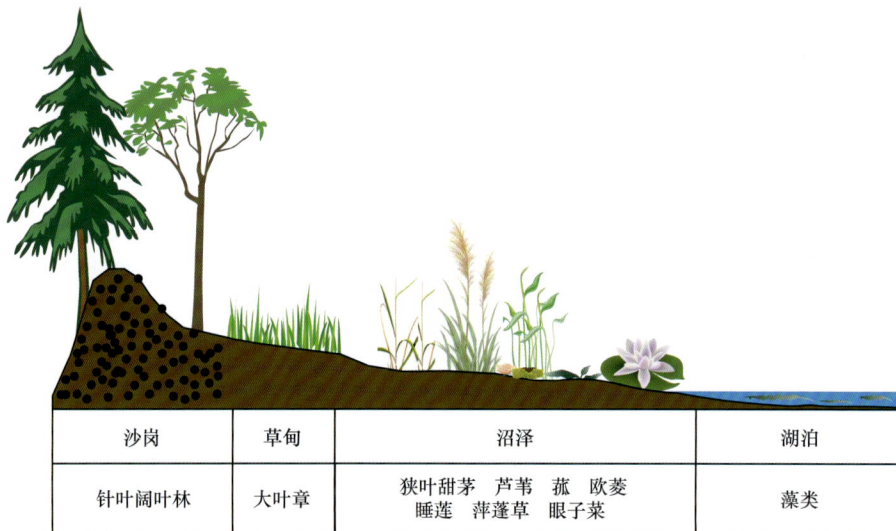

沙岗	草甸	沼泽	湖泊
针叶阔叶林	大叶章	狭叶甜茅　芦苇　菰　欧菱 睡莲　萍蓬草　眼子菜	藻类

图 2-1　小兴凯湖缓坡岸湖泊沼泽化（修改自易富科等，1982）

5. 潮汐水对沼泽形成的作用

　　依靠潮汐水补给水源而形成发育的沼泽集中分布在我国东部、东南部沿海地区，主要出现在淤泥质海湾与河口的潮间地带，这些地区平坦开阔，微向海倾斜，有规律地被河水淹没。在这里一般风浪弱，水动力不强，积水不深，淡水与咸水交替或混合补给沼泽。接受这种形式水分补给的主要为一些滨海盐沼、红树林沼泽以及海滨、河口三角洲芦苇沼泽。其中大河河口三角洲及河口地段，沼泽以地表径流补给为主，海水（潮汐水）补给为辅，淡水与咸水交替或混合补给沼泽，多发育芦苇沼泽；沿海平原以潮汐的水补给为主，地表径流补给为辅，多发育半咸水沼泽和咸水沼泽，如海三棱藨草沼泽、盐地碱蓬沼泽。各类红树林沼泽大多发育在河口港湾附近的低平原上，水源补给呈流动水形式，主要为潮汐水补给，水位为 1～2 m。

6. 地下水对沼泽形成的作用

　　以地下水补给为主的沼泽在季节性地下水位变化下会导致泥炭体积发生变化（Price，2003）。地下水补给沼泽地区主要出现在地下水位浅、地下水位出露的地方，主要分布在各种构造盆地、山前的边缘冲积及洪积扇缘洼地、发育中期和末期的喀斯特地貌地区。在构造盆地下沉过程中相对稳定阶段，地表进一步剥蚀夷平，地下水出露，盆地内的河流、湖泊发育。受盆地地貌因素作用，河流比降小，水系发达，河网密集，水流缓慢，湖泊水位较稳定。这些水体逐渐变为滞水、半滞水状况。在盆缘则多见构造断裂发育,断裂常穿过基岩含水层而构成地下水通道,以泉水和地下径流方式持续补给盆地。在双重水源提供丰富的水分补给条件下,加剧了洼地地表积水与过湿程度,使沼泽得以广泛发育。我国云贵高原等地广泛分布的构造岩溶盆地边缘及山前冲积、洪积扇缘洼地,出现地下水溢出带,在这些地区往往发育大面积沼泽。例如,我国燕山、太行山、大青山等山地山前地带,此类补给水源类型沼泽较多。我国西北地区多高大山地,如天山、阿尔泰山,这些山地不但降水较为丰富,而且冰雪融水也较丰富,长年的冰雪融水和大气降水不断以地表水和地下水的形式补给山前低洼地,这是干旱区为数不多的沼泽赖以形成、发育的水文条件。所以干旱区沼泽多见于山前低洼地、冲洪积扇缘洼地。

(二)水文对沼泽形成的影响

1. 径流对沼泽的影响

大面积的地表积水和过湿区域,有利于沼泽化过程的进行,为沼泽形成提供了十分有利的条件。我国径流总量近 2.721 万亿 m^3,占亚洲径流总量 12.85 万亿 m^3 的 21%,几乎相当于欧洲的径流总量(2.845 万亿 m^3),占世界河川总量的 6.8%。

我国河川丰富,但区域分布很不均匀,主要表现为南方高于北方,沿海高于内陆,山地高于平原。一般规律为年径流多的区域较有利于沼泽发育,年径流少的区域沼泽发育受到限制,如我国东部年径流多,沼泽发育广泛,西北部年径流量少,沼泽发育明显减少。从全国径流量看,我国年径流 50 mm 等深线分布大致与降水量 400 mm 等值线近似,由海拉尔—齐齐哈尔—哈尔滨一线,向西南延伸经张家口、兰州、黄河沿线,止于西藏南部。年径流分布与沼泽分布大致呈下述关系,年径流 50 mm 等深线东南部径流丰富,沼泽发育较多,分布广泛;该线西北部径流短缺,沼泽发育较少,分布零星。东南部径流分布也不平衡,年径流 200 mm 等深线沿秦岭—淮河一线伸展,大致与年降水量 800 mm 等值线相符。该线以南径流丰富,沼泽发育广泛;以北则绝大部分地方径流相对偏少,沼泽发育较少。

从我国地理分区的径流量差异可以明显看出沼泽发育和分布的差异性,即使在同一区域或气候带,河流径流量的差异也能够导致沼泽形成的空间分异性。东南沿海丘陵及台湾山地地表径流最为丰富,大部分都在 1000 mm 以上,为沿海河口区半咸水沼泽发育提供了丰富的水分来源。华北区的径流呈现明显的经向分布规律。沿海的山东丘陵,径流深在 200～300 mm。从黄淮平原向海河平原急剧递减,径流深度从 200 mm 迅速降至 50 mm 以下。华北平原年径流深小是沼泽发育远不如三江平原、长江中下游平原的原因之一。东北区域内部由于地貌的复杂性,地表径流量差异较大,东部长白山地一般为 300～500 mm,小兴安岭径流深降至 200 mm 左右。大兴安岭地表差异很大,北部降水稍多,径流深在 150～200 mm,南部内蒙古半干旱地区径流深只有 50 mm 左右,最低值在呼伦贝尔高原,一般径流深在 10 mm 以下。但东北平原沼泽面积广,尤以嫩江下游和三江平原一带分布最为集中。东北区沼泽发育广泛程度与年径流深关系十分密切,年径流深高值区,都是沼泽发育十分广泛地区,反之年径流深低值区,沼泽发育零星。

总之,从大的地理尺度上分析,沼泽作为一种自然地理景观,在我国多发育在径流深 50～200 mm、200～600 mm、600～1000 mm 地区,尤以 50～200 mm、200～600 mm 地区分布最为集中。但应该指出年径流仅为沼泽发育提供了可能性,在一定的环境条件下,年径流越高的地区越有利于沼泽发育。

2. 水位面高度对沼泽的影响

在区域尺度上，水资源量对沼泽形成的影响主要表现在区域水位面的高低上。区域水位面状况与区域地貌相结合决定了区域沼泽的类型、面积及分布状况。地下水位以上高度（地表与地下水位之间的距离）能够预测沼泽植被结构、植物发生和生长情况。随着地下水位高度的增加，湿地植物的最大高度增加。另外，地下水位以上高度代表曝气区的深度。这些综合地影响沼泽的形成和发育（Verry，1997）。

区域水位面高，地表水就能淹没较多的负地形区，地下水的埋藏也较浅，也就能使较多的负地形区土壤达到水饱和状态。相反，当区域水位面较低、地下水位埋藏也较深时，地表积水或土壤水饱和的区域面积也小。区域水位面的季节变化和年际波动对区域沼泽的形成也会产生影响。这些变化会使得区域沼泽面积在年内和年际发生波动，沼泽植物群落和沼泽土壤的特征都表现出对这种季节波动的适应。格拉泽 P. H.（Glaser P. H.）记录了明尼苏达州北部阿加西湖（Agassiz Lake）泥炭地在干旱时期逐渐下沉（Glaser et al.，2004）。同时，由水位导致的缺氧环境使泥炭深处形成的气泡（CH_4、CO_2和 H_2S）的沸腾反过来影响水位，并通过增加泥炭的浮力使表层泥炭相对于地下水位上升（Kellner et al.，2005）。

3. 河流径流状态对沼泽的影响

水资源年径流总量为沼泽的形成提供了必需的水源，但并非年径流越高的地区，沼泽发育越普遍。水资源对沼泽的影响在保证总量的同时，还受到水源径流状态的影响。其中，最主要的径流状态表征指标包括径流深度和径流模数。

径流深度决定了沼泽植物生长的类型和沼泽植物正常生长的可能性。超过一定径流深度，沼泽植物无法通过光合作用获取其自身生长所需要的能量，如大江大河的航道区域不属于狭义沼泽的范畴，因为没有沼泽特征植物。从河流河道中心到两岸，径流深度的差异决定了沼泽类型的分异。

径流模数表征单位时间单位面积上的产出水量，其最能说明与自然地理条件相联系的径流特征。在径流量相同的前提下，径流模数表征了急缓程度。因为沼泽形成的先决条件是地表常年过湿或有薄层积水，地表径流缓慢或保持停滞水。从这一点出发，沼泽的发育与径流深度及径流模数呈负相关。例如，横断山区河流具有年径流总量高（占全国第一位）、径流深度大、径流模数高等特征。金沙江的多年径流量饱和差为 1052 m^3/s，澜沧江为 942 m^3/s，怒江为 1654 m^3/s。金沙江径流深度为 219 mm，澜沧江为 353 mm，怒江为 439 mm，径流模数分别为 6.9、11.2 和 13.9。唯独横断山地北部的黄河水系具有较低的径流特征值。根据位于沼泽区的玛曲观测站，黄河该处的径流量为 689.0 m^3/s，径流深度为 150～300 mm，径流模数为 0.4～0.6。因此，分布于本区大部分地区的金沙江、澜沧江和怒江水系，其强大径流对沼泽的发育十分不利。而径流状况与之相反的黄河水系却有利于沼泽的发育，对若尔盖高原沼泽的形成起着重要作用（孙广友，1998）。

因此，水文要素作为沼泽的首要特征要素，沼泽形成发育与否主要取决于地表水文状况。一般来讲，区域地表水资源量越大，越有利于沼泽的形成。但同时地表水文状况又受到地质地貌条件、气候条件的制约，并非地表水资源量大就一定形成沼泽。

从流域上来看，在一级流域中，沼泽面积最多的是西北诸河区，总面积为 940.62 万 hm^2，其中内陆盐沼面积最大；其次是松花江区，总面积为 848.20 万 hm^2，其中草本沼泽面积最大；再次是黄河区，总面积为 260.19 万 hm^2，其中沼泽化草甸面积最大（图 2-2）（吕宪国等，2018）。

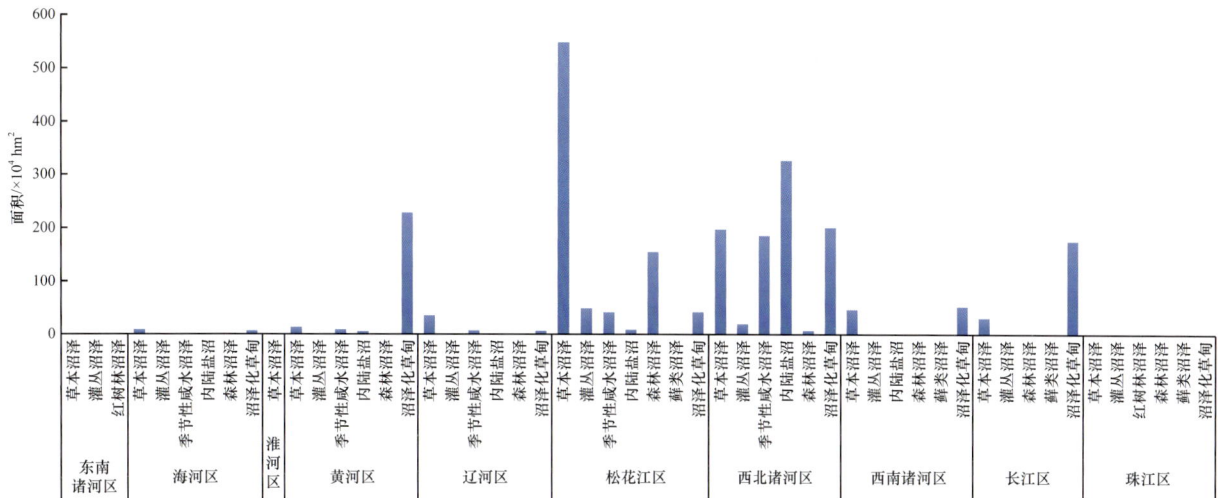

图 2-2　一级流域沼泽面积图

沼泽面积前 20 位的二级流域如图 2-3 所示，其中沼泽面积最大的分别位于嫩江流域、柴达木盆地、龙羊峡以上流域，总面积分别为 388.84 万 hm²、270.24 万 hm² 和 185.88 万 hm²（吕宪国等，2018）。

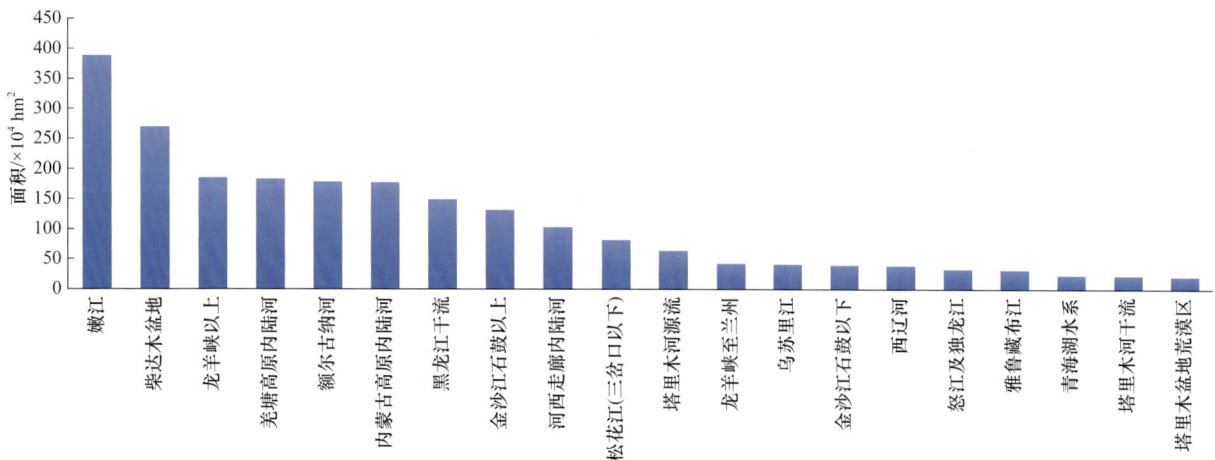

图 2-3　二级流域沼泽面积（前 20 位）图

4. 水化学性质对沼泽的影响

水质也是制约沼泽形成和发育的重要因素，它决定着沼泽形成的类型分异。一般规律为水矿化度低于 2 g/L 以下，淡水沼泽才能得到良好的发育，盐度在 18‰ 以下较有利于盐沼发育。红树林沼泽最适生长的海水盐度为 5.3‰ ～ 25.6‰。此外，沼泽补给水的营养条件还直接控制沼泽的形成与分布。

水文因素是影响区域沼泽形成和演化的至关重要的因素，水量的大小及其波动直接关系到区域沼泽面积的大小、分布及其类型。但是，并不是区域水量越大沼泽面积一定越广，因为区域水量越大仅能使区域水淹面积越大，而水淹区域并不一定都是沼泽生态系统，还有相当一部分是水生生态系统，所以，水文因素必须与地貌条件相结合才能反映区域沼泽状况（吕宪国，2004）。

总之，水源补给方式对沼泽形成的影响主要表现在水源的季节动态分配和补给稳定性上。水源的季节动态分配直接影响沼泽的水文情势变化，对沼泽的形成乃至沼泽发育均有重要影响。沼泽的水源补给主要有大气降水、地表水、地下水、积雪融水和潮水补给等，类型齐全；同时因地貌类型众多、沼泽水源补给条件及其组合空间分布差异较大。在大兴安岭、小兴安岭及长白山熔岩台地上，平坦分水岭及坡地上发育的沼泽，以大气降水补给为主，地表径流补给为辅；湖滨、河滩地及洼地沼泽，则以河湖泛滥水补给为主，此外是地下水和大气降水补给；河谷、构造盆地、冲积扇、洪积扇上发育的沼泽主要为地下水补给；而我国西北地区和青藏高原地区沼泽有冰雪融水和地表水补给。不同的水源补给类型有不同的水文情势和水化学性质，这样就使得所形成的沼泽具有不同的物质循环过程，从而形成不同类型的沼泽。

二、土壤因素

土壤母质的特性与沼泽形成和发育密切相关。土壤母质或沉积物等通过影响地表湿润或积水程度直接影响沼泽的形成。土壤黏重易形成隔水层，阻隔了地表水下渗，导致地表过湿或产生薄层积水，为沼泽发育创造了条件。例如，我国三江平原成土母质，主要为第四纪堆积的黏土、亚黏土，厚达 3 ～ 17 m，具有黏重的特性，在长期成土过程中，形成了更加黏重的特性，渗透系数一般为 0.0013 ～ 0.6350 cm/d，几乎不透水，地表积水难以下渗（刘兴土和马学慧，2002）。若尔盖高原沼泽土泥炭层的直接底板为浅灰-黑灰色有机质黏土，厚度一般为 0.10 ～ 0.30 m；有些沼泽土的成土母质为质地均匀的粉砂和亚黏土，沉积物质黏重。

我国沼泽土壤类型多样。沼泽土和泥炭土在我国分布范围很广，几乎在所有长期或短期积水或过湿的地方均可发育，集中分布在东北大兴安岭、小兴安岭、三江平原、长白山地、川西北若尔盖高原、长江、黄河河源区、长江中下游平原、华北平原以及苏北滨海平原和东南沿海滩涂部分地区，这些土壤类型在不同的沼泽类型均有所分布（吕宪国等，2018）。

综上所述，中国自然地理条件的主要特点是地势西高东低，地质构造复杂，地貌类型多样，在新构造运动间歇性相对缓慢沉降区域为沼泽形成发育提供了构造背景条件。广阔的平原、高原面上，地势相对低平，各类洼地、宽阔的沟谷地广布，地表排水不畅，容易汇聚水分，低洼的负地貌为沼泽形成提供了空间条件。地表沉积物质中，黏土、亚黏土、冰碛、冰水沉积物、洪积、湖积、冲积物广泛分布，这些地表物质质地黏重，阻碍水分下渗；冻土区永久冻土层、季节冻土层的存在阻隔了水分下移，有利于地表长期积水或地表过湿，促进了沼泽发育。湿润、半湿润季风气候带来丰沛降水，直接或间接地补给汇聚低洼地区；在冷湿、温湿或高温湿润地区，相对于降水量而言，蒸发量相对又小，丰富的地表径流，地下水、大气降水、海水为沼泽形成、发育提供多种水源补给，上述种种原因易使一些地貌低洼的区域地表经常处于过湿状态且有充足而稳定的水源补给条件。

实际上，不同的沼泽环境特点反映不同的形成机制，一个地区沼泽的形成、发育和演化是多种机制的叠加和综合。虽然沼泽形成的因素间彼此相互关联，但也存在主导因素。例如，西西伯利亚高位沼泽的形成由大规模的冰碛和冰水地形主导，而白俄罗斯大陆西岸近岸区高位沼泽的形成则由近海气候与冰碛和冰水地形共同主导（冷雪天和 Bell，1997）。对于我国而言，在上述因素的长期作用下很多地区发育了沼泽，全国仅面积大于 1000 hm² 的沼泽就超过 400 片，沼泽分布十分广泛，尤其在上述条件均十分有利的地区，沼泽集中分布。

三、植被因素

相对于其他生态系统，沼泽中的泥炭层在时间维度上更完整地保留了植被演替变化的信息（Rydin and Jeglum，2013），因此，沼泽植被是沼泽生态系统的主要组成成分。沼泽植被既能在沼泽形成过程中不断发生演替，也能在沼泽形成之后出现。沼泽植被通过影响沼泽系统的环境驱动着沼泽不断发展。

植物是沼泽土壤形成的重要因素之一。植物组成和质量极大地影响微生物的分解速率和多样性。巴尔科夫斯基 A. L.（Barkovskii A. L.）发现放线菌门（Actinobacteria）在泥炭藓泥炭中更占优势，而变形菌门（Proteobacteria）在莎草泥炭中更占优势。库利切夫斯卡亚 I. S.（Kulichevskaya I. S.）发现 α-变形菌纲（Alphaproteobacteria）能够使用泥炭土中大量存在的糖醛酸，而放线菌门（Actinobacteria）可以使用一些缓慢降解的聚合物。植物也能通过自身的特征促进土壤有机碳含量的升高。泥炭藓也可通过离子交换降低 pH，抑制微生物的活性（Stalheim et al.，2009）；另外，泥炭藓中的酚类物质具有抗菌能力，这些酚类物质会随着泥炭老化而积聚在泥炭中（Mellegård et al.，2009；Turetsky et al.，2000）。同时，酚类物质抑制水解酶活性，从而防止有机质分解（Freeman et al.，2001）。

植被通过改变微地貌和环境影响沼泽的形成及发育。我国沼泽中的沼生及湿生植物分布广泛，一般盖度高达 70% 以上，增大了地表糙度，阻碍了地表径流排出，加剧了地表湿润程度。丛生植物每年为地表积累了大量的有机体，并形成较厚的死亡植物根系和活植物根系交织在一起的草根层。沼泽中的藓类植物，特别是泥炭藓，具有很强的蓄水能力，能够维持过湿的生态环境。有研究表明，泥炭藓嫩枝的水分在饱和状态下，其含水量可为干质量的15～20倍。浸水的有机物质起到绝缘体的作用，使沼泽土壤保持比周围矿质土壤更低的温度。这些条件导致有机物分解速度缓慢，有利于有机物的积累。需要指出的是，达到一定干燥程度的泥炭往往不能再恢复（Rydin and Jeglum，2013）。

沼泽植物之间的关系同样影响沼泽类型的形成（图 2-4）。例如，光照强度被维管植物的冠层削

图 2-4 泥炭沼泽中泥炭藓与维管植物不对称竞争的概念模型（改自 Rydin and Jeglum，2013）
图中箭头宽度表示光或营养物质的量

弱，泥炭藓受到竞争的影响；而降水中的营养物质优先被泥炭藓截获并在其光合层中重新循环，剩余部分的营养物质通过渗透到达维管植物的根部。这些维管植物的存在有利于泥炭藓沼泽小丘的形成（Pouliot et al.，2011）。

四、气候因素

不同的气候驱动着不同的沼泽类型和沼泽景观。在大尺度上，不同气候带所表现的不同水热条件，影响沼泽植物种类组合及其生长发育、植物残体的分解量、分解强度等沼泽生物生长和死亡过程。另外，降水的多少和温度所导致的蒸散直接影响沼泽的水文条件。施韦策尔 K.（Schwärzel K.）在德国半湿润沼泽区的研究发现，蒸散速率在干旱年份很大程度上取决于毛细流动；而在多湿年份，蒸散速率取决于空气湿度（Schwärzel et al.，2006）。汤普森 S. E.（Thompson S. E.）比较了美国大陆 14 个不同地点的通量塔蒸散发，并强调了特定地点的水文和气候对蒸散发季节性的重要性（Thompson et al.，2011）。因此，气候因素中降水量与温度组合形式是沼泽形成发育及不同生态特征差异的控制因素。气候因素对沼泽形成的影响，主要表现为温度和降水对沼泽生物及水分多少的影响，还有水热组合作用对沼泽系统的影响。

（一）温度对沼泽形成的影响

温度主要通过气温与土壤温度两个指标影响沼泽的形成和发育。气温影响沼泽地表蒸发过程与强度。温度高时，蒸发面上的饱和水汽压比较大，饱和差大，就易于蒸发；温度低时，蒸发面上水汽压较小，饱和差小，就不易蒸发。特别是在一些高纬地区或高山地区，因为温度低，蒸发量小，虽然水分输入少，但水分的输出更少，因而降水量不大也可形成沼泽。在高纬地区和高山地区地下永久冻土形成的"隔水层"阻挡了表层季节性冻土融化后水分的下渗，从而使区域地表常年积水形成沼泽。另外，有些冻土区域，因为冻土的融化而直接形成热融湖沼泽（吕宪国，2008）。

气温和土温的综合作用影响沼泽植物的种类、生长状况和生长量。因而沼泽植物残体的堆积量也不相同。总的变化规律为，沼泽植物总生产量从我国寒温带向热带逐渐增大。一般低温有利于贫营养和中营养沼泽植物生长，不利于富营养沼泽植物生长。如在气温、土温均较低的大兴安岭、小兴安岭，沼泽植物多为泥炭藓、杜香、笃斯越橘等喜低温植物，而薹草、芦苇等沼泽植物相对较少，尤其是泥炭藓在寒温带气候区生长状况最好。红树林沼泽生长的红树植物最适合于热带型温度（最冷月均温高于 20℃，季节温差不超过 5℃）。

温度控制土壤和沉积物中微生物的繁殖和活动强度，在温度适宜的条件下，不仅有利于强烈的化学变化过程，也加速了微生物的繁殖，促进了沼泽植物残体的分解。按一般规律，沼泽植物残体的分解能力是从寒带向热带逐渐增加，以温带、亚热带的荒漠分解能力最大。例如，中国北方地区的大兴安岭草本沼泽植物生物量仅为 450 g/m² 左右，而三江平原毛薹草沼泽生物量一般高达 800 g/m² 以上，两者相差甚大。在这些地区，植物生长累积和残体分解强度综合作用下，泥炭积累并不快。绝大多数沼泽泥炭层厚度多在 1 m 以下。我国南方热带、亚热带地区气候炎热，热量很高；虽然沼泽植物生长量很大，但分解过程占优势，泥炭积累受到抑制，泥炭沼泽分布并不普遍。从温度带上来看，沼泽主要分布在年均温 −6～6℃，总面积为 2910.5 万 hm²；其次是 8～14℃，总面积为 862.8 万 hm²；温度在 −10℃以下和 19℃以上则鲜有沼泽分布（图 2-5）。

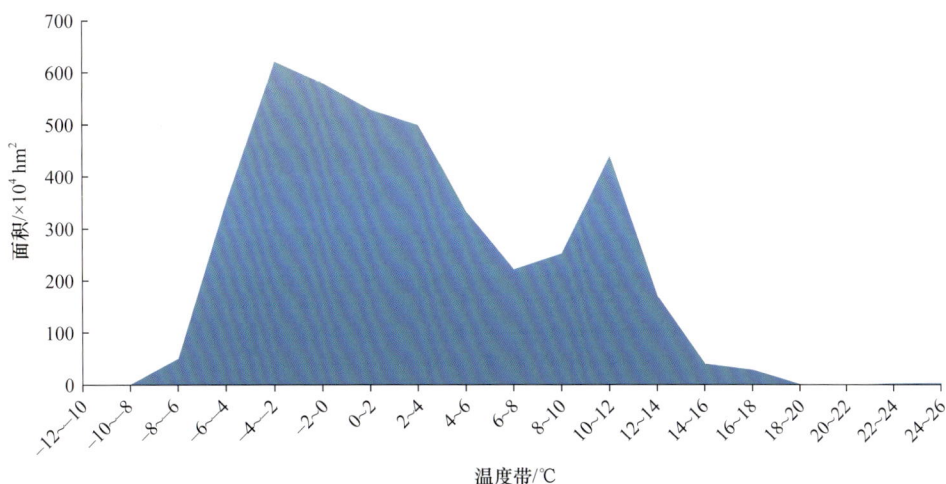

图 2-5　温度带与沼泽分布面积

综上所述，我国温带西部荒漠的内蒙古高原、松嫩平原西部的沙漠化地区及寒温带西部的呼伦贝尔高原沼泽很少发育；位于温带的大兴安岭、小兴安岭、三江平原、辽河平原、亚热带东部的长江中下游平原沼泽集中分布。

（二）降水对沼泽形成的影响

大气降水为沼泽提供了根本的水分补给源。降水量丰富的地区，地表相对于负地形区易积水，且地下水位受到降水补给而上升，因而容易形成大面积的沼泽。降水量贫瘠的地区，地下水埋藏深，靠降水补给的沼泽很难形成，一般在相对高差较大的负地形区才能形成绿洲沼泽，且个体面积小，或者依靠高山冰雪融水补给而在河道两侧形成线状分布的河流沼泽。但对沼泽形成来说，大气降水在地表的再分配的作用要比单纯降水量的多少对沼泽形成所起的作用大得多。基本没有泥炭沼泽发育。在分布上，300 ～ 700 mm 降雨量带上沼泽的分布面积最大；其次为 0 ～ 200 mm 降雨量带；而降雨量大于 900 mm 则鲜有沼泽分布（图 2-6）。

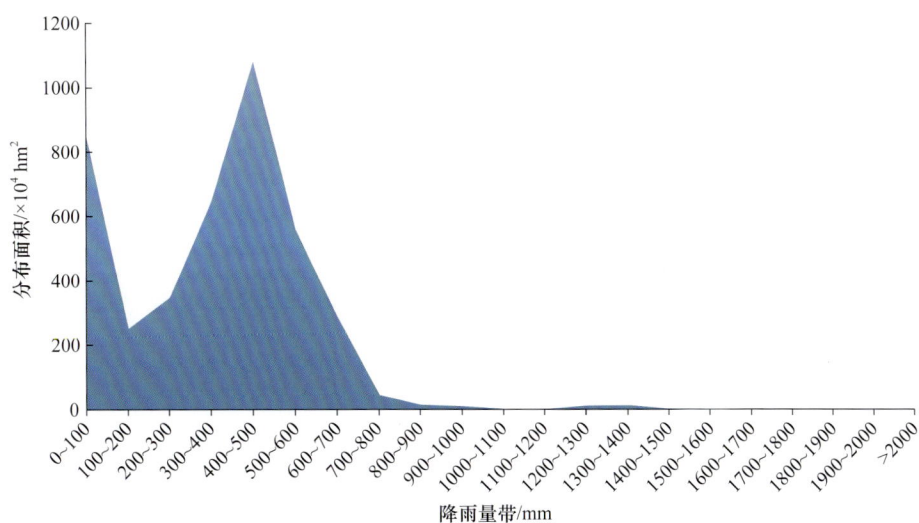

图 2-6　降雨量带与沼泽分布面积

　　降水量的波动频率与幅度在一定程度上影响沼泽的景观格局。例如，在干旱区域的沼泽，短暂的降水期只能维持较短时段的地表积水或土壤水饱和，而热带雨林气候区因常年有降水，低洼地常年有积水而终年都为沼泽（吕宪国，2008）。值得注意的是，经典的陆生沼泽化理论就指出干旱的森林高地也会形成森林沼泽和苔藓沼泽。同时，"毯状"沼泽（blanket bog）在英国威尔士及爱尔兰、挪威、加拿大纽芬兰、新西兰、美国阿拉斯加、日本等地均有发现，原因是这些地区降水量较大，蒸发量小（Hammond，1981）。基于降水波动频率指数和降水波动幅度指数对过去50年中国内陆降水量波动特征进行描述，指出内陆盐沼主要分布于降水量年际波动大、大气降水不能为湿地持续稳定供水的地区；潜育沼泽主要分布于降水量相对丰富且稳定的区域；而泥炭沼泽对降水量的要求更高，主要分布于降雨波动频率和波动幅度指数更小的区域（吕宪国等，2018）。

　　湿度通常以湿润系数或干燥度进行表示，该指标对沼泽的形成与发育有重要意义。沼泽多发育于湿润系数大于1的地区。我国主要沼泽区大兴安岭、小兴安岭、三江平原大部分地区、长白山、长江、黄河河源区、若尔盖高原、东南沿海、长江中下游平原的湿润系数均在1左右，沼泽在各类洼地中得到广泛发育，形成集中连片的沼泽分布区。湿润系数很大的地区，沼泽发育不仅仅限于负地貌中，在正地貌类型中也有发育。例如，大兴安岭、小兴安岭、长白山沼泽发育在缓坡坡地、平坦分水岭和台地上。典型的例子是大兴安岭中部主峰摩天岭海拔1300 m以上，坡度30°左右的阴坡段上发育的泥炭藓沼泽就是因为湿度大才发育的。国外的"毯状"沼泽也是如此。湿润系数很小的地区，沼泽形成受到抑制。在我国干旱区、半干旱区仅在局部水源补给十分丰富的地段有少量个体面积小的沼泽发育，且发育不典型，有些在形成后由于生态系统脆弱终止发育过程，如我国黄土高原、内蒙古高原、塔里木盆地、准噶尔盆地、柴达木盆地等属沼泽发育最稀少的地区。

　　温度和降水之间是相互联系、相互制约的关系。沼泽的形成、发育取决于二者的组合效应。对于沼泽形成的作用而言，不同水热组合条件，对沼泽形成、发育具有不同的结果。一般规律为，冷湿、温湿有利于沼泽的形成、发育，而冷干、温干则抑制沼泽的形成、发育。根据我国5000余块湿地发育的水热条件进行统计分析，结果表明，全国沼泽主要分布于年均温−7～15℃、年降水量小于1000 mm的水热区间（图2-7）。气候因素主要是通过影响沼泽形成的水文条件对沼泽形成产生影响。降水量的多少及区域温度的高低并不是决定沼泽形成与分布的最主要因子，甚至有些沼泽的形成可以不考虑气候因素，如滨海沼泽（coastal marsh）和内陆盐沼等。但是，不同气候区沼泽生态系统的特征却主要受区域气候条件控制。各地带内沼泽所有的地带性烙印都会通过气候因子的作用表现出来，特别是气候因子对沼泽植物群落的演替和有机质的积累起到了决定性的作用。

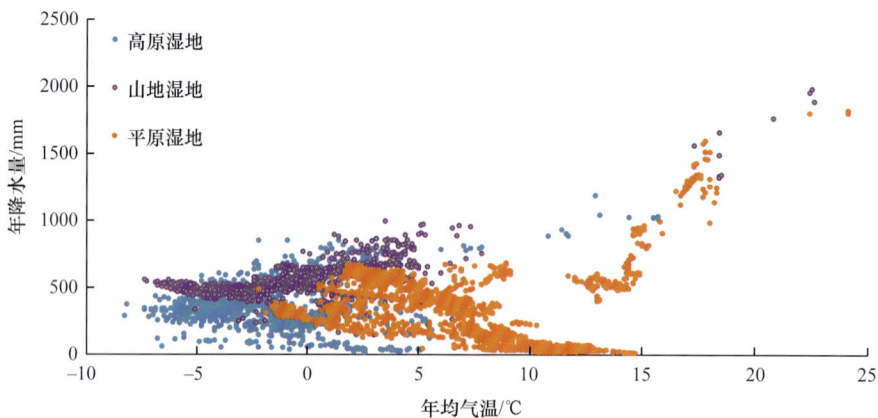

图 2-7　全国沼泽发育的水热条件（吕宪国等，2018）

五、地质地貌因素

地质地貌因素直接或间接地控制水热条件，从而制约着沼泽的形成、发育和分布。实质上，地质地貌因素主要指形成沼泽的原始地貌，因原始地貌受地质内外营力和岩性等控制，特别与新构造运动有关，所以统称为地质地貌因素。地质地貌以及岩性差异引起水热条件发生复杂变化，新构造运动影响地表形态变化和地表侵蚀、堆积的强度，从而影响水文地质状况。

（一）地质构造对沼泽形成的影响

地质构造是地貌发育的基础，地质构造的千差万别控制着沼泽的空间分布格局。地壳运动造成的大规模褶皱、断裂等主要构造形态以及与之相伴的隆起和坳陷等影响着地貌的类型特征和发展方向。地质构造导致的相对正、负地貌有利于沼泽的形成和发展，如众多河流和断陷盆地易发育于断裂带。三江平原就属于黑龙江中游盆地的一部分，它位于著名的郯庐超壳断裂系向东北延伸的一组北东向深断裂之间，是一个典型的地堑式断陷盆地，被小兴安岭、老爷岭、太平岭及完达山包围，呈向东北延伸的不规则的菱形盆地，整个三江平原沼泽就是在这样的盆地内发育的（赵魁义，1999）。

另外，地质构造通过决定地表外营力的性质、作用方式、地表侵蚀与沉积的分布状况及沉积物类型在一定程度上使高原沼泽、平原沼泽、山区沼泽及滨海沼泽等各具特色。

（二）新构造运动对沼泽形成的影响

新构造运动影响沼泽形成具体表现在两个方面。其一，新构造运动所产生的断裂或节理是薄弱之处，抗地貌外营力风化剥蚀作用的能力差，容易演变为洼地，有利于地表水分汇聚，为沼泽发育提供有利的地貌、水文条件；其二，新构造运动升降的幅度、速度、频率、升降的特征、形式等影响沼泽的形成、泥炭堆积的层数和厚度。受地壳升降运动影响，不仅地表形态发生变化，地表和地下水文状况亦被改变。沼泽形成的水源补给、补给量均有所改变，并直接关系到沼泽的形成。

地壳运动的形式对沼泽形成起到至关重要的作用。一般来说，新构造运动长期缓慢下降的区域地表侵蚀减弱，加强累积作用，有利于沼泽呈片状集中分布。对沼泽形成、发育而言，最有利于沼泽形成发育的新构造运动配合不是上升或下降运动过程的持续进行，而是有间歇性存在，也就是说沼泽都是形成于上升或下降过程中新构造运动相对缓慢或稳定的阶段，而下降速度与泥炭堆积速度基本相同时对泥炭沼泽发育最为有利，往往堆积较厚的泥炭层。

在我国，新构造运动对沼泽形成、发育具有重要意义的形式有如下几点。

1）大面积区域性长期下降活动，如三江平原、松嫩平原、辽河平原、华北平原、苏北平原和江汉平原等地，自第三纪以来，尤其是第四纪普遍大规模下沉，堆积较厚的第四纪沉积物，在下降的相对稳定阶段，广泛发育了沼泽。

2）区域性的山地不太强烈的上升运动，如东北山地的长白山、大兴安岭、小兴安岭，在上升不十分强烈运动的微弱的间歇性阶段或上升运动形成的构造盆地，在沟谷、河谷、台地上发育沼泽。

3）大面积区域性强烈、较强烈上升运动，以我国青藏高原最为典型，青藏高原东部第四纪以来发生上升运动，在上升过程的间歇阶段或缓慢上升阶段，发育大面积沼泽，如青海省东南的长江、黄河河源区，以及甘肃南部等地，为我国最大的沼泽集中分布区。

4）在区域大规模上升运动中,沿老断裂发生区域性断陷,形成盆地,然后又发生不均衡的相对下降,如若尔盖高原、昆明构造盆地以及黔西一些构造——岩溶盆地,都是沼泽广泛发育区,尤其是若尔盖高原沼泽为全国著名的沼泽区。

5）新构造运动升降差异性活动十分强烈地区,如我国新疆的天山、阿尔泰山强烈上升,而在塔里木盆地、准噶尔盆地则强烈下降,在下降活动的相对缓慢阶段,沿山麓、湖滨洼地发育一些沼泽。

6）长期区域性微弱且缓慢上升运动,如我国长江以南的中低山、丘陵地,在少量沟谷、河谷发育面积不大的沼泽。按一般规律,新构造断陷下降区和平原下降区比上升区相对有利于沼泽形成、发育。

（三）地貌对沼泽形成的影响

地质构造、新构造运动主要为沼泽广泛发育提供背景条件。与之相比,地貌则对沼泽形成和演化的影响更为直接。负地貌不利于水的排泄,有利于水的聚集,是沼泽发育的最佳场所。我国幅员辽阔,地貌类型多样,不同地貌类型均有沼泽发育,但沼泽发育程度却相差极大,反映出地貌对沼泽形成发育的控制作用。

流水地貌是最为常见的地貌类型。流水作为塑造地貌形态最普遍、最活跃的外营力,通过侵蚀和堆积作用,一般在山地、丘陵、台地区因水流的侵蚀形成沟谷低洼地貌或河谷平原,而在河流中下游的平原地区,则以沉积作用为主,形成阶地、河漫滩、废弃河道、牛轭湖洼地等。这些相对负地形的地貌类型经常为沼泽形成、发育提供良好的空间条件。例如,长白山地和小兴安岭地区,山脉与宽阔盆谷地的相间分布;在宽阔的盆谷地中,河流下切微弱,河曲发育,常形成较大面积沼泽,而没有永久性河流的沟谷,也常发育沼泽,但面积较小;大兴安岭除东坡由于河流比降大、多峡谷外,其他河流呈树枝状水系,谷地宽广、平坦,比降小,曲流发育,也成为沼泽集中分布的区域。山区的河流进入平原,河漫滩更为宽广,河流弯曲系数更大。例如,嫩江中下游、第二松花江自舒兰市的法特出山进入平原和松花江干流的河漫滩都有沼泽的集中分布（吕宪国,2004;刘兴土等,2005）。

沟谷洼地一般发育在低山丘陵和山间盆地,谷底宽阔的沟谷可以获得潜水补给,还经常获得地表径流的补给,低平的沟谷洼地排水困难,极易发生沼泽化过程。山区沟谷源头往往是河流的发源地,由于坡面径流作用,形成了两个或数个掌状洼地。到一定阶段,谷底可塑造出相对平衡的剖面,在流水不畅或有潜水补给的情况下可形成沼泽。已发育到壮年期或老年期的沟谷将不断被拓宽,水流分散,进而会形成河床、河漫滩、阶地。河漫滩上常有被遗弃的河道、牛轭湖和各类洼地,在河漫滩与阶地的后缘,也时常发育成洼地,且多有地下水出露,自然堤外洼地又多受洪水泛滥的影响。这时水流离开源头或上游进入低山丘陵和山间盆地使地表经常过湿或有薄层积水,因而沼泽广泛发育。例如,三江平原、大兴安岭、小兴安岭、长白山地、长江中下游平原地区沼泽均与沟谷洼地地貌的良好发育有密切关系。在山地与平原过渡的山前地带,常有洪积－冲积扇群,在这些扇群的河道或扇缘洼地里,若有地下水补给,也可导致沼泽化（刘兴土等,2005）。

山地、高原是我国沼泽发育的重要地貌类型。其影响主要表现为:山地剥蚀形成的夷平面,山地、高原中多发育封闭或半封闭的山间盆地。这些区域往往地表平坦,排水不好,或有地下水出露,深厚的风化壳阻碍水分下渗,使地表易发生水分过多或有积水,形成有利于沼泽发育的环境,如大兴安岭、小兴安岭、横断山区很多沼泽就发育在夷平面上;若尔盖高原就是川西北高原内发育的断陷盆地。山地具有垂直地带性变化规律,由于海拔发生变化,影响沼泽形成发育的环境诸因素发生相应变化,也影响沼泽的形成、发育以及沼泽类型的分异,如长白山、大兴安岭等山地均表现出随海拔变化,沼泽类型及其特征均发生有规律的变化（吕宪国，2004）。

冰川地貌和冻土地貌是沼泽形成、发育的有利地貌。冰川，尤其是大陆冰川退缩后，在原冰川发育区留下一系列冰蚀、冰积地貌，具体为冰斗、围谷、槽谷、冰蚀洼地等。这些地貌都是相对的负地形区，且底部堆积大量冰碛物，透水性能不好，形成隔水层，为沼泽形成、发育提供良好的条件。在这些冰蚀、水积地貌内，沼泽得到普遍的发育。我国青藏高原、阿尔泰山、天山山地有些沼泽就发育在冰川地貌类型内。青藏高原现代冰川广泛，冰川地貌普遍发育，现有冰川面积达 1168.18 km²，特别是唐古拉山北坡有各类山谷冰川 520 条，占青藏高原冰川总数的 82.9%，冰川一方面塑造有利于沼泽发育的地貌，另一方面又以融水补给冰川洼地使地表长期稳定积水或土壤过湿，从而发育成沼泽。

冻土地貌是寒温带与高山区沼泽形成、发育的主要生态环境因素。冻土对沼泽形成的影响主要表现在多年冻土层阻碍了冰雪融水的下渗，形成区域性的隔水层；多年冻土层抑制地表流水侵蚀与切割，使这些地区多发育宽浅的谷地；冻融作用又使地表形成冻融洼地，有些地方冻土融化后地表下陷形成热融湖。在这些谷地洼地、热融湖区经常有积水或土壤过湿，形成沼泽。沼泽在冻土地貌区分布十分广泛，不仅在河漫滩、阶地上发育了沼泽，整个宽浅谷地，甚至分水岭上也都有沼泽的发育。我国东北的大兴安岭、小兴安岭、青藏高原沼泽广泛发育均与冻土分布有密切关系。另外，在这些地区，由于低温不利于植物残体分解，沼泽多有泥炭累积，促进了泥炭沼泽的形成。

滨海地貌是沼泽形成、发育的重要因素。淤泥质海岸的滨海平原和河口三角洲平原、岩岸的海湾、潟湖等地貌类型内沼泽多呈大面积分布。滨海作为海陆相互作用的交错带，受到波浪、沿岸流和潮汐的作用而形成独特的沼泽类型，主要是因为沿海地势相对低洼的区域周期性地受到海水淹没或地下水位波动。例如，鸭绿江口处于新华夏系第一级构造第二巨型隆起带，北部为剥蚀断块低山丘陵，南部为海岸潮间带，有地势平坦的冲洪积平原，以及海积平原及河谷冲积平原。鸭绿江口滨海沼泽地势低洼而平坦，长期以来海陆的变化形成三大地貌单元，即沼泽平原、滩涂河口沙洲和水下三角洲（刘兴土等，2005）。

在我国热带、亚热带河口与海滨潮间带还发育红树林沼泽。在有适当屏蔽的软相海岸，具有风浪小、坡度平缓、底质较细等特点，并且常有潮沟分布的区域常见红树林沼泽。尤其在隐蔽的海岸，经常出现弧形曲折的港湾、台地溺谷、沙堤潟湖和河口三角洲平原等多种多样的海岸地貌类型。这种地貌类型区海岸线曲折、岛屿罗列，远离大洋风浪的直接侵袭，有利于红树植物生长，在海岸基岩为花岗岩或玄武岩的地貌区，其风化产物黏细，加之河流搬运均质分选堆积，形成平缓的软相海滩，有利于红树植物固定。通常在海岸低平、隐蔽较好、水动力稳定、底质较细的滩地，红树林沼泽发育的范围较宽，有时可达几千米。

从地貌单元上看，草本沼泽主要分布在低海拔冲积平原、低海拔冲积扇平原、低海拔小起伏山地，分布比例分别为 15.9%、15.1% 和 13.1%；灌丛沼泽主要分布在低海拔冲积平原、低海拔小起伏山地、中海拔中起伏山地，分布比例分别为 25.2%、11.3% 和 10.6%；季节性咸水沼泽主要分布在低海拔冲积平原、中海拔剥蚀平原、低海拔冲积洪积平原，分布比例分别为 11.4%、11.1%、9.4%；内陆盐沼主要分布在中高海拔洪积湖积平原、中高海拔冲积洪积平原、低海拔湖积平原，分布比例分别为 33.8%、25.4% 和 5.5%；森林沼泽主要分布在中海拔中起伏山地、低海拔小起伏山地、低海拔冲积平原，分布比例分别为 34.8%、21.8% 和 17.1%；藓类沼泽主要分布在中海拔中起伏山地、高海拔冰碛平原、中海拔黄土梁峁，分布比例分别为 31.1%、24.7% 和 11.2%；沼泽化草甸主要分布在高海拔小起伏山地、高海拔中起伏山地、高海拔冲积洪积平原，分布比例分别为 15.1%、12.5% 和 10.6%（图 2-8）。

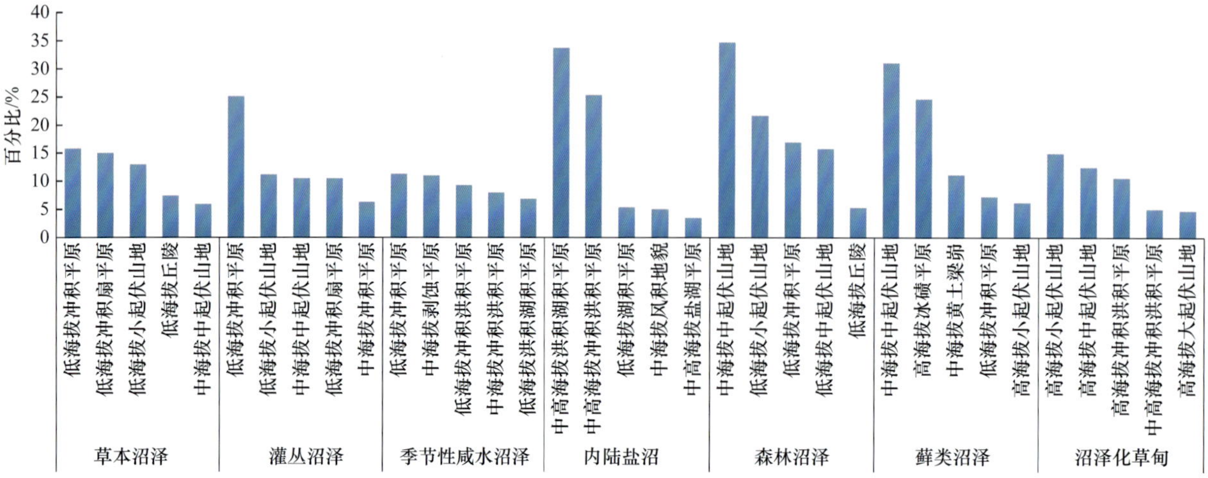

图 2-8　地貌类型与沼泽类型

（四）岩性对沼泽形成的影响

　　岩性通过影响地下水位的高低和地表水分的积累与分布决定沼泽化过程。以砂、砾、亚砂土为主的地表沉积物质，由于透水性好，地表水易于渗入地下，难以造成地表过湿或多水环境，不利于沼泽发育。这在山区较为普遍；相反，地表组成物质岩性较细，以亚砂土、亚黏土、黏土为主，则透水性能差，使地表积水，易发育沼泽。在湖滨、滨海、河漫滩、古河道、牛轭湖以及各类洼地，就是因为沉积了砂质黏土、粉砂质黏土和淤泥层，构成隔水层，创造了良好的滞水条件，所以沼泽得以广泛发育。例如，在冰川作用地区，由冰川融水沉积的细砂与黏土，以及冰川平原底部的冰碛物等均为沼泽发育提供了基础。三江平原西半部地面组成物质较粗，沼泽发育较少；东半部普遍被黏土、亚黏土层覆盖，其厚度因地貌部位不同而异，沼泽分布广泛。当然，一些特殊的沉降区，如山区沟谷或封闭、半封闭的山间盆地等，其地表是粗的砂砾层，具有良好的储水构造，砂砾层下为隔水的岩层，砂砾层能够在垂向上对沼泽体进行补给，也促进了沼泽的形成（孙广友，1998）。

第二节　沼泽形成的人为因素

　　人类活动可以通过改变沼泽的形成条件和影响因素从而影响沼泽的形成和发育。因而，从某种意义上来说，人类活动也是沼泽形成因素之一。一般来说，由人类活动引起的沼泽化，特点是沼泽分布较广，但面积较小、数量较少，形成沼泽的起因多样，最常见的沼泽化过程是森林采伐迹地沼泽化、火灾迹地沼泽化，水库及水利设施沼泽化。

　　在我国，尤其在东北大兴安岭、小兴安岭、长白山地区，森林砍伐和火烧迹地沼泽化只发生在气候潮湿地带的不透水层或接近土壤潜水位的洼地，在其他条件下则不能引起迹地沼泽化的发展。一般认为，平均每年森林从每公顷土壤中吸收水分并蒸发林地 100～300 mm 的水量。因此，当森林被采伐或被火灾毁坏后，水平衡发生重大改变，土壤蒸发和植物蒸腾减少。同时，土壤结构遭到破坏，地表变得紧实，再加上林下冻土层、淀积层的存在，影响水分入渗，使土壤水分超过其蓄水量，于是喜光、湿生的沼泽植物首先侵入，形成沼泽。

　　历史上，我国东北地区森林资源破坏严重，最早严重破坏始于 1931 年，在"采金"的同时，开始滥伐森林，引起森林资源遭到残酷掠夺。新中国成立后，由于国家经济建设需要，采伐森林数量较大。大兴安岭地区政府所在地加格达奇，此地名为鄂伦春语即"生长樟子松的地方"，樟子松面积锐减。小兴安岭森林资源丰富，在清代以前，小兴安岭 90% 以上是原始森林。据历史资料《黑龙江外记》《朔方备乘》《良维窝集考》等记载，鸦片战争后，清朝开放该区，开始采伐森林。晚清开始，日、俄借不平等条约侵入小兴安岭林区掠夺森林资源。据不完全统计，1929～1942 年，黑龙江省森林覆被率由 54.9% 下降到 42%，面积由 2577 万 hm² 下降至 2000 万 hm²，蓄积量由 30 亿 m³ 下降至 18 亿 m³。新中国成立后，由于林区开发范围及规模加大，采伐量一直超过生长量，大量采伐森林，留下大面积森林采伐迹地，为沼泽发育提供了空间条件。在一些低洼地发生采伐迹地沼泽化过程，这样的现象在东北林区沼泽中经常可以见到，泥炭藓覆盖层下树桩就是采伐迹地沼泽化最有力的证据。森林火灾迹地沼泽化也是人类活动引起沼泽化的一条途径。森林经常遭受火灾肆虐，特别是人为火灾极为频繁。仅 1971～1980 年大兴安岭火烧面积就约占全国森林被烧面积的 50%。据 1966～1981 年大兴安岭林业管理局地区森林火灾统计，在此期间共发生火灾 408 次，其中发生人为火灾 281 次，占火灾总数的 68.87%，人为火灾面积达 414.6 万 hm²，占总火灾面积的 98.56%。1987 年 5 月 6 日发生在大兴安岭的特大森林火灾毁林面积高达 100 万 hm²。小兴安岭森林火灾也十分频繁，据统计，1966～1990 年发生森林火灾 2571 次，火灾面积 57 万 hm²，其中确认为人为活动造成的火灾就占全部火灾的 61.81%～63.59%。而 2000～2006 年，全国年均森林火灾约 8800 次，重大火灾 25 次，特大火灾 5 次，受灾森林面积 18 万 hm²。

人类为农业生产、生活需要而修建水库、拦水坝、引排水渠道等水利设施，也会引起沼泽化过程，这种沼泽化过程与湖泊沼泽化过程基本类似。例如，1934 年于穆棱河修建湖北闸，通过穆兴水道分洪至小兴凯湖，当水道东侧尚有 14 km 的防洪堤没有修建时，每当汛期，洪水漫溢，积存地表，使沼泽和沼泽化土地日趋扩大（中国科学院长春地理研究所沼泽研究室，1983）。在水库回水区域或水利工程设施积水区域及其毗邻区域，由于原有地面被水淹没，地下水位抬升，开始生长沼泽植物，并逐渐发育成沼泽，这种沼泽形成之后，随着水库的淤积，逐渐向库区扩展，沼泽面积扩大。人工修建运河、灌溉排水渠道引起沼泽化的现象也很普遍。水库沼泽化在我国较为常见，几乎大多数水库都存在沼泽化现象，只是沼泽化程度和沼泽化范围存在差异。举世闻名的三峡工程导致库区两岸形成一个水位有季节性变化规律的消落带，该消落带经过近几年的"蓄清排浑"方案已形成一个稳定变化的沼泽生态系统。许多成库前的陆生植物随着水淹频率和程度的加剧难以存活，大多数乔木和多年生草本逐渐转变为湿生植物，如灯心草、水烛、蕨草等（孙秀峰，2006；夏智勇，2011）。其他典型的水库沼泽化还有湖南省常德西南柘溪水库、湖南省郴州西北欧阳海水库，以及江西省九江西南柘林水库、宜春东分宜县江口水库、抚州东南洪门水库等。围湖造田和围海造田是人类活动影响沼泽形成的最典型的例子，将大面积的水生生态系统变成人工沼泽。

除上述主要人类活动引起的沼泽化途径外，还有其他途径。人类改造自然的很多活动都在不同程度上具有诱发沼泽化的可能，但人类活动对沼泽形成的影响远远不如人类活动对沼泽破坏的影响。与自然因素相比，人类活动在沼泽形成上的影响较弱。

第三章
沼泽发育模式与过程

水圈中大部分的水以液态形式存在，其余一部分以固态形式存在于极地地区、雪线以上地区或冻土区的广大冰原、冰川、积雪与冻土中，一部分以水汽形式存在于大气中。沼泽绝大多数形成于液态形式存在的水域与陆域的交界处，即处在水、陆两域的界面，当固态水处在陆域界面、气态水处在陆域界面，且水从固态或气态向液态转化特别是形成水体时，也可能发育沼泽。

根据文献资料以及我国学者多年调查，在我国沼泽具有三个基本特征：地表经常过湿或有薄层积水；必须生长有沼泽植物；土层严重潜育或有泥炭的形成和累积（黄锡畴，1982）。根据这个定义，首先把我国沼泽分为两大类：潜育沼泽与泥炭沼泽，两者的根本区别在于有无泥炭的形成和累积过程。

沼泽的发育是一个很复杂的过程，是各种自然因素相互作用的结果。首先它受地带性的气候、水文等因素制约；其次受地区性的条件如新构造运动、水文地质、地貌等因素的影响。通常从沼泽形成与发育角度解析这一变化过程，其中沼泽形成可分为陆域沼泽化与水域沼泽化；陆域沼泽化又有草甸沼泽化、森林沼泽化、冻土区沼泽化与潮间带沼泽化。通常在构造格局未发生大的变动的情况下，气候向湿润方向转化时，陆域沼泽化得以拓展；气候向干旱方向转化时，水域沼泽化过程更利于进行。常用沼泽发育描述沼泽的发展过程，一般而言沼泽经历富营养、中营养和贫营养的发育过程，但是沼泽形成后是否必然按照统一过程发育，不仅取决于时间，也取决于沼泽所在的地理空间位置。

第一节　沼泽的形成途径

沼泽作为自然综合体，形成途径有水域沼泽化和陆域沼泽化两方面，可细分为河流、湖泊、草甸、森林等沼泽化途径，其中还涵盖复合沼泽化、冻土沼泽化等方式。

一、水域沼泽化

水域沼泽化是指水域（河流、湖泊、水库、海）发育湿－水生生物群和水成土壤的过程（地理学名词审定委员会，2007），相对应的英文词是 terrestrialization（陆地化）或 infilling（填实）。湖泊沼泽化是指湖泊水体发育湿－水生生物群和水成土壤的过程；河流沼泽化是指河流水体发育湿－水生生物群和水成土壤的过程。水体沼泽化主要在湖泊中进行，流速缓慢或停滞的小河也可能发生沼泽化，相比而言，河流沼泽化比湖泊沼泽化困难。

（一）湖泊沼泽化

湖泊沼泽化多发生在浅水湖泊，一般较大的湖泊沼泽化程度较轻，而中小型湖泊沼泽化程度较重。湖泊经过长期的泥沙淤积、化学沉积和生物沉积，湖水变浅，在光照、温度等条件适宜的情况下，开始生长喜水植物和漂浮植物。由于死亡植物不断堆积湖底，在缺氧条件下，分解很慢，植物残体逐年累积而形成泥炭。随着泥炭的增厚，湖水进一步变浅，湖面缩小，最后泥炭堆满湖盆，水面消失，整个湖泊水草丛生，演替为沼泽（马学慧和牛焕光，1991）。黑龙江的小兴凯湖、吉林长白山地的圆池、内蒙古的阿尔山天池、大兴安岭达尔滨湖、新疆的博斯腾湖、江西的鄱阳湖等湖滨都有大面积沼泽发育。由于湖盆特征不同和区域地理的差异，湖泊沼泽化过程也不完全一样，从沼生植物开始，有两种形成过程。一种是沼生植物带状侵入型，沼泽化是从边缘开始的，植物呈带状从湖岸向湖心侵入。初期在湖底有藻类和浮游生物残体与泥沙一起沉积在湖底形成腐泥，腐泥不断加厚，湖泊变浅，挺水植物依次从湖岸向湖心推移，当植物死亡以后，其残体在缺氧的条件下得不到彻底分解，在水下形成泥炭。泥炭逐年在湖底累积，泥炭层逐渐增厚，最后整个湖盆内堆满泥炭，湖泊消失演变为沼泽。另一种是沼生植物"浮毯"蔓延型，植物呈浮毯状从湖岸向湖水面蔓延。在避风浪静的湖岸水面上生长着浮水植物，其根状茎浮于水面，交织成网状形成"浮毯"，一些苔藓植物在"浮毯"上生长，风吹和流水带来的植物种子也在"浮毯"上落地生根，植物多样性逐渐增多。"浮毯"不断增厚，其下部的植物残体脱落形成泥炭，在重力作用下脱落至湖底逐渐累积，最后泥炭填充整个湖盆。

（二）河流沼泽化

在流速缓慢或水流停滞的小河或河流的个别河段，在岸边甚至到河心，常见到水草丛生的沼泽化现象。其沼泽化过程大致与浅水湖泊沼生植物带状侵入型相仿。一般在流速小的河段，由于流速缓慢、水面比较平稳，为浮水植物的生长提供了有利条件。在河道中心生长着沉水植物小眼子菜和浮水植物睡莲；河道两侧靠近河漫滩生长着漂筏薹草、睡菜和狭叶甜茅形成的"浮毯"；在低河漫滩水分停滞的地方，则发育了毛薹草。随着植物的生长，死亡的枯落物不断在河床内堆积，水中氧气不足，枯落物得不到彻底分解，形成泥炭。低分解的泥炭不断堆在河底，最后河面全被植物覆盖，河床内堆满泥炭，河流消失演变成沼泽。有时不是整个河道全部沼泽化，而是分段沼泽化，由于水源丰富且有流动，矿物养分可得到不断补充，所以这样形成的沼泽，可以保持较长时间的富营养阶段。沼泽化河流的泥炭层一般较薄，有的地段没有泥炭堆积，这是因为死亡植物未完全分解的残体在缓慢流动的河水中被冲走（马学慧和牛焕光，1991）。

二、陆域沼泽化

陆域沼泽化是指中、旱生境的陆地因地面潮湿或积水而发育湿－水生生物群和水成土壤的过程，主要包括草甸沼泽化和森林沼泽化（地理学名词审定委员会，2007）。相对应的英文词是 paludification（沼泽化）。草甸沼泽化是指草甸因地面潮湿或积水而发育湿－水生生物群和水成土壤的过程；森林沼泽化是指乔木林生境因地面潮湿或积水而形成沼泽的过程。此外还有热带、亚热带海岸带淤泥海滩沼泽化，以乔灌兼有水陆两栖的红树林为主。如果说水域沼泽化对生态环境的影响是由湿趋干的过程，那么陆域沼泽化恰恰相反，是生态环境不断增湿的过程。

（一）草甸沼泽化

分布在各种地貌类型的草甸，如河漫滩、阶地、沟谷、台地、平缓分水岭等，在有利的水热条件下，均可发生草甸沼泽化（吕宪国，2008）。由于大气降水或河流泛滥，地面季节性积水或地表常年过湿。在地表水和地下水作用下，土壤孔隙长期被水填充，通气状况恶化，造成嫌气环境，并引起土层严重潜育化。大量的植物残体在缺氧的土壤条件下得不到充分的分解，植物残体和腐殖质进一步阻塞了土壤孔隙，使地表形成的草根层加厚。草根层具有很强的蓄水能力，进一步加强了地表湿润程度，致使大量的喜湿植物侵入。随着沼泽化过程不断发展，土壤营养盐不断累积在未分解的植物残体中，使土壤养分渐趋贫乏，对养分要求较少的沼生植物密丛型薹草逐渐取代了湿草甸禾本科植物，最后演变成沼泽。草甸沼泽化过程是草甸过度湿润，导致土壤严重潜育化形成的嫌气环境，以及植物残体强烈的蓄水能力共同作用的结果（马学慧和牛焕光，1991）。

（二）森林沼泽化

森林沼泽化一般发生在林区地势低洼、平缓、水分汇聚的地方，这些地段常有潜水渗出，造成地表过湿。其上生长薹草等喜湿植物，随后枯枝落叶、草丘的拦截，保持了地表积水，使铁元素、锰元素被强烈淋溶至土壤下层积累，在底部潜水长期浸渍下，其中高价铁锰化合物被还原为低价化合物，土色呈蓝灰色或青灰色，土壤多处于黏滞状态，并形成不透水的潜育层。潜育层的存在可以保持土壤过湿或积水，引起沼生植物的不断侵入，首先侵入的是喜湿植物密丛型薹草和浅根系灌丛、桦树等，随后侵入的是真藓类的提灯藓和金发藓等，这些植物的侵入，使树木生长不良，并逐渐减少，植物残体在地表逐渐形成泥炭，森林则演变成森林沼泽。一般情况下，森林是不易发育沼泽的，只在森林采伐迹地或火烧迹地才能看到沼泽化现象。因为树木消失后失去了巨大的吸水能力，破坏了土层的水分平衡，使土层过湿或地表积水，导致迹地沼泽化。在季节冻土时间长并有永冻层分布的山地，水分下渗困难，地表过湿，也容易引起林地沼泽化（马学慧和牛焕光，1991）。

（三）冻土沼泽化

冻土沼泽化是指在多年冻土区发生的沼泽化。冻土区夏季土壤表层冻土融化，而下部多年冻土层依然存在，形成天然的隔水底板，阻碍地表水和土壤水的下渗，造成土壤常年过湿；受大气降水和冰雪融化补给，在相对低洼部位积水成沼；在多年冻土区气候严寒、湿度大、蒸发量小、土壤长期处于嫌气环境下，冻土的存在又能降低土壤温度，使微生物活动受到抑制，死亡的植物残体不易分解而堆积在地表，泥炭易于累积，使沼泽广泛发育（刘兴土等，2005）。以泥炭藓为代表的藓类植物直接发育在含砂或黏土的冻层上，并逐渐积累泥炭，随着泥炭层的增厚，又促使冻土层加厚和土壤贫瘠，加速沼泽的发育。

（四）潮间带沼泽化

潮间带因经常被潮水淹没，含盐量较大，所以只有一些特殊植物才能生长。例如，在英格兰海岸高潮位附近，生长着以米草属为主的植物。这些植物死亡后，因地表盐分较大，分解很差，经长期积累泥炭，形成高潮位泥炭。另外，在高潮位与低潮位之间地带（即潮间地带），即从高潮位向下到潮差 2/3 处的范围，属于盐生茅草带，在这一带内积累起来的泥炭，称为潮间泥炭。以上潮间带泥炭沼泽的发育与泥炭的积累，必须在泥炭堆积速度等于或超过海面上升速度时才有可能。

此外，在热带沿海或河口地区的潮间地带，有淤泥处，常生长着红树林。这类树木有板状根和气根。气根由土中伸出地面，不致因海水淹没时窒息死亡。红树死亡后，分解很差，积累成红树泥炭，我国南部沿海地区也有少量发育。

第二节　沼泽的发育

一、沼泽发育的理论

1902 年德国学者 Weber 提出了沼泽发育的统一过程，认为每个沼泽都必然经历从幼年发育到老年的过程，并根据地貌、化学、植被和水文特征把这个过程划分出低位、中位和高位三个发育阶段。这一学说在欧洲曾被认为是沼泽发育的经典模式。但沼泽发育统一过程学说并不具有普遍意义。1982年中国学者黄锡畴提出了沼泽发育多模式理论，明确了沼泽形成演替过程及模式：长期处于低位阶段；低位—中位—高位完整发育阶段；直接进入高位阶段，修正了"低位—中位—高位"发育过程单一模式的传统观点（黄锡畴，1982）。在各地沼泽中，有的沼泽可以从低位阶段发育到高位阶段，而有的沼泽虽然同样经历长期发育，但始终达不到高位阶段。我国沼泽，除寒温带及高寒山区有的沼泽发育到高位阶段外，全国各地绝大多数沼泽自全新世发生发育以来，长期停留在低位阶段，看不到沼泽发育的统一过程。研究表明，松嫩平原、三江平原和长江中下游平原潜育沼泽长期处于低位发展阶段。也有学者认为低位、中位和高位泥炭沼泽是针对沼泽的地貌形态而言的，不应与沼泽的发育阶段建立严格对应的联系。低位沼泽又称富营养沼泽，富营养环境生成的沼泽，一般缺少泥炭层，或仅有薄层泥炭。中位沼泽又称中营养沼泽，中度营养环境生成的沼泽，土壤剖面有灰分较高的泥炭层。高位沼泽又称贫营养沼泽，贫营养状态下，主要有由雨水补给所生成的表面凸起的沼泽（地理学名词审定委员会，2007）。近些年来，我国低位、中位和高位沼泽的使用频率已明显降低，取而代之，很多学者多以营养状况命名沼泽的类型（卜兆君等，2005）。根据沼泽的地表形态、水源补给、营养状况及植被差异，沼泽发育的三个阶段分述如下。

富营养沼泽阶段：沼泽发育的初始阶段，基本保持原始地貌形态，沼泽表面低洼或较平坦。由地表径流、地下水和大气降水共同补给，总蒸发量较大。水呈弱酸至弱碱性、矿化度较高，水中富含矿质养分。植被以嗜营养的植物为主，沼泽植物一般为莎草科草本植物和少数木本植物（刘兴土等，2006）。其主要特征是无泥炭积累，没有改变原来低洼的地表形态。

中营养沼泽阶段：介于富营养与贫营养之间，是沼泽发育的过渡阶段。随着沼泽的进一步发展和泥炭层累积，沼泽地表趋于平坦或中部有轻微隆起，这时在沼泽稍高部位难以得到富含矿物质的地下水和地表水补给，养分减少，整个沼泽的营养状况不及富营养沼泽。泥炭的酸度也有所增强，为藓类植物的生长提供了条件，沼泽体局部出现了贫营养藓类植物形成的地被物，但尚未形成泥炭藓藓丘。地表植被组成中有富营养和贫营养并存的特点。

贫营养沼泽阶段：中营养沼泽进一步发展，沼泽体内营养状况出现不均衡，边缘区因得到四周地表径流补给，养分尚充足，而中心区只有大气降水补给，养分缺乏。因此贫营养植物如泥炭藓就首先出现在沼泽的中心部位，之后向四周扩展，并使沼泽的酸性增强，植物分解速率减缓，泥炭堆积速度加快，沼泽中心部位隆起，表面呈凸形，高出周围。此时植物根系已达不到矿质层，只能从大气降水中汲取极少量的矿质养分，沼泽就发展到贫营养阶段。隆起的藓丘仅由大气降水补给，植物所需矿质养分贫乏，以泥炭藓为主形成的泥炭灰分含量也较低。

二、沼泽发育过程

沼泽由一种状态变化为另一种状态的过程，是其生物群落与环境之间不断相互作用下表现出来的动态过程。沼泽发育更加侧重于系统发育关系，包括了能量分配、物种结构和群落过程随着时间发生的变化，多应用于更长时期变化。沼泽和其他自然综合体一样，处于不停的运动和发展中，沼泽体在时间上的发育是受空间规律制约的。沼泽在时间和空间上都被视为过渡性的，传统上，沼泽被认为是从浅水湖泊向陆地森林演替的过渡阶段。如果演替变化主要取决于内在的交互作用，这个过程就被认为是自发演替，即从植物生产中积累的有机物堆积在地表，直至其不再被淹没为止，并可以支撑耐淹陆生森林物种。另一种情况是若输入系统的外力（如火烧、洪水、暴风雨）规律性地影响或控制变化，那就是异发演替，即由外在的环境条件决定沼泽植被的物种组成，在这种情况下，表观的植被带性分布反映了潜在的环境梯度，而不是自发演替模式。有证据表明，自发和异发驱动力都起着改变沼泽植被的作用（Mitsch and Gosselink，2015）。沼泽沉积物主要由黏土和有机质组成，泥炭沼泽以生物累积作用为主，而潜育沼泽以矿质沉积为主。沼泽发育过程中堆积的各类沉积物真实地记录着区域环境演变与沼泽发育过程（王国平等，2005）。沼泽沉积分为内源累积与外源沉积，持续的来自沼泽自身生产的有机物的内源生物质累积或由水流带入的外源物质所引起的沉积是沼泽区别于大多数陆地生态系统的特征之一，也是促进沼泽发育的主要驱动力之一。内源累积和外源沉积都会导致植物群落的变化，但两者造成沼泽演替的速率差异明显：对于内源累积，这可能发生在 $10^3 \sim 10^4$ 年的时间尺度上；而外源沉积通常仅需要 $10^0 \sim 10^2$ 年（Keddy，2010）。沉积到沼泽的物质有两个主要来源：从其他地点搬运来的泥沙和本地产生的有机物。根据位置的不同，两者任何一种都可以占主导地位。例如，岸边带沼泽大部分沉积着上游挟带的泥沙，而泥炭沼泽大部分沉积着植物产生的有机物。一般来说岸边带沼泽沉积速率要快得多。随着水的流动速度变慢，河流挟带的泥沙沉积在岸边带沼泽中。通常此类外源沉积的速率比内源累积的速率更快。流域内的降雨量和植被覆盖程度都会影响岸边带沼泽的沉积量。许多沼泽植物都适应了这种沉积过程，具有尖芽并由根茎传播。而内源生物质累积过程通常比较缓慢。内源累积是指当地生产的有机物沉积过程，其代表性例子是由泥炭藓组成的泥炭的堆积，并由此引起地下水位的变化。随着泥炭的积累，植物越来越与矿物质基质隔离，因此泥炭自身的水位和养分梯度即可控制其植物分布（Keddy，2010）。

有关生态演替的大部分研究都集中在森林、草地、弃耕地等陆地生态系统，而从中得到的理论并非都适用于沼泽生态系统，或者它们只能部分解释沼泽的演替过程。在许多沼泽生态系统中，以水文为主的非生物因素的作用胜过生物因素（Mitsch and Gosselink，2015）。生态系统的演替包括生命系统和非生命系统，其演替是以生物群落的演替为基础，但不等同于群落演替。沼泽生态系统的演替也是以植物群落的演替来表征的，沼泽植被是沼泽演替过程中的指示物。泥炭沼泽演替过程大致如下：开始是具有开阔明水面的碟形洼地，随着时间的变迁，有机物质不断累积，逐渐将碟形洼地填满，明水面消失。演替序列依次是：自由漂浮植物阶段、沉水植物阶段、浮叶根生植物阶段、直立水生植物阶段、湿生草本植物阶段、木本植物阶段等；这期间，湿生草本植物相继被泥炭藓入侵，泥炭沼泽由低位富营养状态逐渐过渡到高位贫营养阶段，然后出现灌丛和乔木，小洼地逐渐被林木覆盖；较大的洼地会在更长的时期内被漂浮的沼泽植物所环绕，植物从岸边向中心推移，形成"浮毯"，"浮毯"底部植物残体脱落形成泥炭，最终泥炭填充整个洼地。泥炭积累到相当厚的深度，以至植被几乎不受底层地形的影响，反而在很大程度上受到气候的控制。但是，如果地貌部位足够平缓，径流可以继续控制泥炭沼泽。相对较快的排水区域仍然保留在富营养低位状态，而那些与流动水体隔离开的区域则演替为贫营养沼泽。上述水生原生演替属于世纪演替，这种演替占有很长的地质时间也就是植物群落的系统发育和系统发生。这种演替过程需要漫长的岁月，现存的许多泥炭沼泽都可以追溯到万年前的冰川消融期，即全新世起始时期。大量的泥炭孢粉和 ^{14}C 年代数据表明，全新世以来是我国现存泥炭沼泽最主要发育期，即早全新世泥炭局部发育期、中全新世泥炭普遍发育期、晚全新世泥炭发育衰退期。以东北地区为例，沼泽约从 12 ka（1 ka=1000 年）开始发育，在距今 8.6 ka 以后开始广泛形成，约有 35%的沼泽形成于全新世暖湿期（8.0 ～ 4.0 ka）；而沼泽发育的高峰期则集中在全新世晚期。古气候重建研究表明，全新世早期东北地区气候温暖湿润，处在有利于沼泽发育的时期；而在全新世晚期，东北地区呈现冷湿的气候组合特征，冷湿的气候条件不利于有机质的分解，进而促进了沼泽的大规模发育。此外，研究也表明全新世以来东北地区不同区域沼泽发育的时间和规模呈现显著的空间差异，而温度和降水则是影响不同区域沼泽发育的重要因素（邢伟等，2019）。

全球范围内沼泽发育演替的驱动因素有较大的差异，如北美、北欧和南美巴塔哥尼亚的泥炭沼泽发育主要是由温暖的生长季节驱动的，而不是由有效降水的增加驱动；西西伯利亚泥炭沼泽发育主要是由气候湿润、有效降水增加驱动的；而热带地区的泥炭沼泽发育与气候变化之间的关系微弱，并且似乎主要受非气候机制的驱动，如由构造沉降而引起的淹水（Morris et al.，2018）；同时，尽管受地带性分异的影响，不同地区泥炭沼泽早、中、晚全新世的发育频率有很大差异。沼泽发育演替是个很复杂的过程，不同气候带和自然地带的沼泽体都有各自的发育规律。有时在相同自然地带条件下形成的沼泽体，由于受一系列生态条件影响，发展速度也不尽相同。另外，即使是同一个沼泽体，在整个发育过程中其演替速率也是不平衡的，即在生态条件适宜时发展快，反之则可能演替缓慢；并且由于沼泽体不断地向上和横向扩展。其中横向扩展模式不尽相同，如水位波动、地形、基质条件以及植被都会影响横向扩展（Makila and Moisanen，2007）。从年龄上来讲，沼泽体边缘部分往往比中心部分年轻些，甚至处于不同的发育阶段（黄锡畴，1982）。以我国东北地区的老里克泥炭沼泽发育为例，在 12～11 ka 快速完成横向扩展且该阶段发育泥炭地占目前总面积的 30%，受气候及地形影响，从 11 ka 开始，泥炭地横向扩展速率不断降低（Dong et al.，2021）。

沼泽植物群落生态演替是内部和外部过程共同作用的结果。内部过程包括植物进化、植物与植物之间互作，植物与动物之间互作，外部过程包括气候变化、地形变化、火烧干扰、人为干扰等。在沼泽生态系统中，重要的外部过程通常与水深、流速、淹没时间和水化学变化有关。沼泽发生演替的原因有很多，影响因素非常复杂，主要生态因子包括淹水、施肥、干扰、竞争、食植、沉积等，尽管它们的相对重要性在不同的沼泽中有所不同。能够导致沼泽的水位、淹没时间、养分分布、土壤盐度等环境因子发生显著变化的干扰都会影响沼泽生态演替的方向和速率。例如，位于我国东亚夏季风边缘区北端的大兴安岭地区，年降水在 400 mm 左右，春秋两季干旱少雨，极易发生森林野火。火烧是该区域活跃的扰动因子，野火会烧毁地表植被，对森林沼泽演替产生直接影响。受被烧地综合自然地理状况与火烧强度的影响，火烧之后森林沼泽具有两种发展趋势，一般规律是：沟谷、低洼地沼泽火烧后沼泽化程度加重，面积扩大；山缓坡、阶地和分水岭火烧后沼泽趋干，面积缩小（赵魁义，1994）。世界许多地区的森林野火在自然泥炭地动力学中起着重要作用，而人类活动大大增加了它们的发生频率、强度和程度。火烧之后的植被损失可能会持续很长时间，植被的丧失可能导致水土流失、泥炭沉陷，以及地表水潜在增加和随后的洪水泛滥。野火期间和之后，生态系统中相对稳定的养分循环被打破，大量养分从泥炭沼泽中流失，新的养分因风化而从下层转移出来并累积在表土中。泥炭的表层可能会流失，从而减慢了泥炭的堆积速度。另外，以增温为主的气候变化将导致泥炭沼泽的水位降低，随之而来的干旱将使泥炭沼泽更容易着火和更频繁发生野火。所有这些变化很可能会改变泥炭沼泽的特性，并且根据火烧的强度，某些变化可能是不可逆的。低强度的火烧只烧掉地表以上的嫩芽和枯落物的顶层，其影响与刈割或放牧相似，只会移除现存地上生物量，促进沼泽体从木本向草本转换，并会在植被中形成斑块，增加植物多样性；而高强度的火烧会消耗泥炭层，降低相对高程，产生新的有水洼地，并使沼泽体退回到早期演替阶段。山地森林沼泽与平原草本沼泽发育制约因子差异之一就在于前者更多地受火烧扰动。

许多现代泥炭地都展示出沼泽类型随时间的变化，以响应不断变化的水文和养分状况。通常，时间尺度上的演替阶段可以由群落的空间梯度来代替，历史地图及 ^{14}C、^{210}Pb、^{137}Cs 定年技术可以帮助我们估算从演替开始时的群落年龄。沼泽植被梯度带性分布可以被看作时间上的演替在空间上的重演。在一定条件下，沼泽产生的有机物与被植被捕获的沉积物会逐渐增加基质的高度，使浅水水域变成沼泽，然后变成陆地。在泥炭沼泽这种有机物积聚的生境，梯度带性分布可能和演替紧密相关。而火烧、洪水、暴风雨、干旱等许多自然干扰会延迟甚至重新启动上述演替序列，某些人为干扰也对生态系统演替的总趋势有极大的逆转作用。许多时间上的演替序列也许可以更好地理解为演替与干扰之间的动态平衡。火烧、霜冻、风暴、食植动物等许多扰动因素的影响可以至少暂时地改变演替的方向，出现逆行演替。一个极端的例子，在 32°N 至 40°S 的滨海地带，通常是由草本沼泽演替成木本沼泽——红树林，但霜冻能伤害植物组织并改变沼泽，冰冻天气的脉冲会造成红树林死亡，致使木本的红树林沼泽转变成草本的盐沼，而再由草本盐沼演替成木本红树林需要约 30 年的时间（Keddy，2010）。从生态系统角度而言，演替的本质是促使沼泽系统与其环境隔离（Mitsch and Gosselink，2015），而恢复生态学的目标通常是追寻相对稳定的演替阶段和理想的演替顶极阶段。

三、我国沼泽发育

根据沼泽形成与发育规律，可将我国沼泽发育模式分为经历富营养、中营养和贫营养过程的完整发育模式，以及仅经历富营养或富营养到中营养或者直接发育为贫营养沼泽的发育模式。贫营养沼泽发育条件苛刻，只适宜在冷湿或温湿的环境下发育，因而其分布局限，不如一般富营养或中营养沼泽分布广泛。

（一）完整发育模式

目前在我国东北、华中、华南的部分山地区，可见到从森林、湖泊和草甸演变成沼泽以后的三种发育系列，每种发育系列的沼泽类型及其具体发展过程又有所不同。森林沼泽系列的发育过程：典型代表为东北山地森林的发育过程，开始是林下出现喜湿植物密丛型薹草和浅根系植物灌丛桦等，随后是真藓类的提灯藓、镰刀藓侵入，这些植物死亡后逐渐形成泥炭，发育为富营养型的落叶松、灌丛桦、薹草沼泽。由于泥炭的不断增厚，加强了土壤的湿度和酸度，地下水补给逐渐减少，为贫营养植物生长创造了有利条件。薹草被羊胡子草代替，泥炭藓在适宜的条件下大量生长，并形成了泥炭藓地被物，这时沼泽进入了中营养阶段，发育为落叶松-笃斯越橘-藓类沼泽。随着沼泽的继续发展，泥炭藓的种类、多度和盖度逐渐增加，并形成藓丘，这时真藓减少，提灯藓、皱蒴藓逐渐消失，只有少数赤茎藓和金发藓。草本植物极少，在藓丘出现了贫营养捕虫植物茅膏菜，而落叶松生长极为不好，矮小、枯梢，最后森林消失，发展为贫营养阶段的落叶松-杜香-泥炭藓沼泽以至泥炭藓沼泽。

湖泊沼泽系列的发育过程：在兴安岭和长白山地可见到这种系列的发展过程，它和森林沼泽系列的发育阶段虽然一致，但每个阶段的类型不同。湖泊沼泽化以后，其发展过程是：从湖泊的水草丛生开始，首先形成的是富营养阶段的薹草沼泽或芦苇沼泽，随着沼泽的不断发展并具备泥炭藓生长的特定条件，此时泥炭藓大量侵入，形成地被物，沼泽就发展到中营养阶段，发育为薹草-泥炭藓沼泽。当泥炭藓大量增多以至占绝对优势，并形成藓丘，便进入贫营养阶段，发育成泥炭藓沼泽。湖泊沼泽系列的发育过程是，湖泊→薹草沼泽（富营养阶段）→薹草-泥炭藓沼泽（中营养阶段）→泥炭藓沼泽（贫营养阶段）。这个发展过程，从小兴安岭红旗林场牛轭湖沼泽的泥炭类型中可得到证实。该沼泽基底为湖相沉积物腐泥，自下而上的泥炭类型是：腐泥→草本泥炭→草本-藓类泥炭→泥炭藓泥炭，说明了湖泊沼泽化以后，沼泽经过了三个发育阶段。

草甸沼泽系列的发育过程与上述两种系列的沼泽类型又有不同。例如，湖北神农架地区的大九湖盆地沼泽，从该区沼泽类型的水平分布规律或从泥炭剖面残体组成的垂直变化可证明，其发展过程是：从草甸沼泽化形成的富营养型灯心草-薹草沼泽开始，经中营养型灯心草-苔藓沼泽，发展到贫营养型刺子莞-泥炭藓沼泽。

上述三种不同沼泽系列的发展过程，虽然我国不同地区、不同起源的沼泽演替类型有所不同，但发展过程中总的变化规律是一致的，都是随着沼泽的不断发展，泥炭层变厚，灰分减少，酸性增强；水源补给类型变化：地下水→大气降水；沼泽地表形态变化：低洼的负地貌→平坦地貌→凸起的正地貌；沼泽植物群落和泥炭残体组成变化：富营养型植物→贫营养型植物。

（二）阶段性发育模式

沼泽的发育是个长期复杂的变化过程，与沼泽发育区自然条件密切相关。出于不同区域自然条件的影响，沼泽的发展可从不同阶段开始，也可在不同阶段终止，某一阶段长期发展，而另一阶段缺失或重复出现，这在我国沼泽中是大量的经常见到的发展过程。

首先，在我国不少地区，由不同途径形成沼泽以后，长期稳定在富营养沼泽阶段，例如，四川若尔盖地区的沼泽，泥炭厚度已达 6 m，目前仍是富营养沼泽，在这长期的发展过程中，虽然沼泽从一种类型演变到另一种类型，但都是富营养阶段的沼泽类型。泥炭也不断增厚，仍未发展到中营养阶段或贫营养阶段。其主要原因，一是由于区域自然条件的影响，沼泽水和泥炭多呈中性和碱性以至强碱性，钙盐含量较高，沼泽水的矿化度一般在 100～500 mg/L，宽谷中沼泽水矿化度的最大值可达750 mg/L，湖滨地区沼泽水矿化度更高；二是由于该区自然条件的影响，沼泽地表积水，而且地表水和地下水丰富，沼泽长期处在营养丰富的水源补给范围之内。基于上述原因，对要求酸性条件、耐贫营养的泥炭藓来说，在中性和微碱性的反应中，甚至不能获得微薄的矿质营养。因此，该区不利于泥炭藓的生长与发育，在一般情况下，该区的沼泽不易发展到贫营养阶段。而且该区由于新构造运动和气候的影响，沼泽又明显地出现了衰退现象（郎惠卿，1983）。此外，在我国其他一些高原、平原等地区，也广泛存在沼泽只在富营养阶段内发展。

其次，在某些山地区，沼泽的发展过程不经过富营养沼泽阶段，开始就发育成中营养沼泽或贫营养沼泽以及从中营养阶段发展到贫营养阶段。例如，大兴安岭北部海拔 1000 m 以上的地区由于寒冷，有片状永久冻土的存在，土壤养分贫瘠，以及有利的湿度、酸度等条件的影响，不适于薹草等富营养植物的生长，对泥炭藓和一些小灌木等贫营养植物的生长发育有利，所以该区一些地段上，开始阶段是中营养沼泽或贫营养沼泽。从泥炭剖面的植物残体组成分析，有的中营养沼泽已发展到贫营养沼泽阶段。例如，在大兴安岭中部主峰摩天岭海拔 1300 m 以上、坡度 30° 左右的阴坡地段上，可见到有单一的贫营养沼泽阶段以及从中营养向贫营养的发展过程，从通体剖面全由泥炭藓残体组成得到证实。

此外，由于人为活动的影响，沼泽发育阶段的缺失、中断现象，在我国一些地区也是存在的。

第四章
沼泽的类型及分布

由于多种多样的地貌类型以及复杂多样的气候，在自然环境复杂的广袤中国大地上，发育着丰富的沼泽资源。我国沼泽主要集中分布于东北平原、大兴安岭、小兴安岭和青藏高原等地（刘兴土等，2005）。沼泽分类是沼泽研究工作的基础，各国学者都十分关注。沼泽分类主要根据沼泽的结构、功能和特征对沼泽进行归类。但由于在自然属性上的特殊性，兼有陆地和水体两种典型生态系统的某些特征，沼泽具有明显的交错性、过渡性和复合性。从不同学科和不同管理目的出发，沼泽分类又具有明显的多针对性和多目标性。因此，不同国家或地区和不同学者从不同学科角度和实际应用需求建立了不同的沼泽分类系统。在推进新时代生态文明建设的背景下，建立和完善科学的分类系统并阐明其空间分布规律是科学地认识、合理利用和保护沼泽资源的必要条件。

第一节　沼泽的分类

一、国内外沼泽分类概况

沼泽分类是将不同的沼泽按照其共性特征进行归类。每一种分类方法都是为了提供一种通用"语言"，为沼泽研究提供必不可少的基础。我国现行沼泽分类系统是综合考虑沼泽成因和水文地理特征进行的分类（吕宪国和邹元春，2017）。国内外沼泽分类标准有很多，归纳起来大致有单要素分类、应用分类和综合分类三大类。

（一）沼泽单要素分类

从 20 世纪初开始，早期的沼泽分类主要依据单一要素特征进行，包括发生学分类、水文地貌分类、植被分类、土壤分类等。

1. 沼泽的发生学分类

1902 年，德国的 C. A. Weber 依据泥炭沼泽地的形态和植物残体，划分为富营养、中营养（过渡）和贫营养沼泽等 3 个类型（刘兴土等，2005）。这是由于沼泽的形成、发育条件和过程因水体营养状态而异。在泥炭沼泽发育的初级阶段，由地表水和大气降水共同补给，地表水所含营养丰富，沼泽植被以嗜营养植物为主，泥炭层一般不太厚，一般为富营养沼泽；在泥炭沼泽发育的高级阶段，主要由大气降水补给，营养贫乏，沼泽植被以需营养较少的物种为主，泥炭层较厚，一般为贫营养沼泽。中营养泥炭沼泽是富营养泥炭沼泽和贫营养泥炭沼泽的过渡类型。

2. 沼泽的水文地貌分类

水文可能是沼泽特定类型建立和维护的唯一决定性因素，水是沼泽的主要营养来源，水文条件也是决定沼泽植被和土壤类型的重要因素（章光新等，2008；Pierce and King，2007；Yuan et al.，2015）。因此，很多学者根据沼泽的水源补给类型和水文特征进行分类。俄罗斯学者坦菲尔耶夫于 1900 年根据沼泽积水特征，将沼泽划分为常年或季节性有浅层积水的沼泽，以及主要由大气降水补给的无积水沼泽。俄罗斯学者苏卡契夫于 1912 年根据水源补给类型，将沼泽划分为大气降水补给沼泽和潜水补给沼泽。欧洲学者也曾提出泥炭地水文分类，将由集水区地表水和大气降水补给的类型划分为地表水补给的沼泽，将仅由集水区内地表水补给的类型划分为过渡沼泽，将仅靠降雨补给、无地表水补给的类型划分为雨水补给的沼泽（Bellamy，1968；Moore and Bellamy，1974）。这一分类方法至今仍普遍应用于很多泥炭地当中（王志鹏，2021；Lou et al.，2015）。也有学者根据沼泽水动力特征将沼泽分为垂直起伏流沼泽、无定向水平流沼泽和双向水平流沼泽（Brinson，1993）。

沼泽的形成主要取决于地貌形态和水热状况，而地貌条件制约着水分的再分配和汇聚，因此地形和地貌也是沼泽分类的重要因素之一。同时，地貌条件能调节沼泽的水文功能，调节沼泽的碳储存和排放等功能（Cowley et al.，2018）。1953 年，俄罗斯学者按照地貌特征将泥炭地分为河漫滩泥炭地、古阶地泥炭地、分水岭冰碛地形泥炭地和其他地貌泥炭地（Тюремнов and Виноградова，1953）。我国沼泽的地貌分类一般应用于沼泽分类系统的第二级（亚类），如中国科学院长春地理研究所沼泽研究室（1983）根据泥炭沼泽所处地貌部位将其分为山前倾斜平原泥炭沼泽、河漫滩泥炭沼泽、阶地泥炭沼泽和湖滨泥炭沼泽（刘子刚和马学慧，2006）。另外，微地貌的差异引起的植被异质性也可能成为影响不同植被类型沼泽形成的因素。我国学者根据微地貌环境在三江平原沼泽生态学分类研究中将三江平原沼泽分为多丘沼泽、浮毯沼泽、浅洼沼泽和深洼沼泽 4 个亚类（杨永兴，1988）。

3. 沼泽的植被分类

沼泽植被是沼泽发育过程中的敏感性指标，对沼泽类型有较好的指示作用，因此许多学者都以植被类型或植物群落的优势种、建群种来分类。按照植被分类一般应用于沼泽分类系统的最后一级（沼泽组或沼泽体），如芬兰的卡扬捷夫 1913 年依据植被类型将芬兰沼泽划分为泥炭藓沼泽（白沼）、灰藓沼泽（灰沼）、小灌木沼泽和森林沼泽。近年来，美国鱼类与野生动物管理局（United States Fish and Wildlife Service，FWS）的沼泽分类系统、加拿大提出的沼泽分类系统以及我国现行的沼泽分类系统中，大多也采用类似的植被分类方法。例如，刘兴土等（1997）依据植被类型将沼泽划分为草本沼泽组、木本沼泽组、藓类沼泽组等。

4. 沼泽的土壤分类

土壤是沼泽的重要特征要素之一，也是分类的重要依据。例如，加拿大的沼泽分类按照土壤的性质，将沼泽分为泥炭累积的沼泽和仅为矿质土壤的沼泽。20 世纪八九十年代我国著名的湿地科学工作者郎惠卿（1983）、刘兴土（1988）、马学慧和牛焕光（1991）对沼泽分类进行过详细的讨论，将我国主要沼泽类型按照类、亚类和组划分，并根据我国沼泽土壤的实际特征，创新性地提出根据沼泽有无泥炭积累，将沼泽划分为泥炭沼泽和潜育沼泽，至今仍被很多学者广泛应用（Boonmak et al.，2020；Aminitabrizi et al.，2021）。

（二）沼泽应用分类

沼泽应用分类是根据某种利用上的需要对沼泽进行分类。例如，芬兰学者卢卡拉和科提莱依涅 1951 年根据沼泽地排水改良土壤和林业经济利用需要，将芬兰沼泽划分为排水条件最好的、好的、较好的、不很好的、差的 5 种沼泽类型。我国将泥炭沼泽按营养状况分为富营养泥炭沼泽、中营养泥炭沼泽和贫营养泥炭沼泽三类，同时也便于开发利用和保护，现在仍有学者应用（Sysuev，2021）。

（三）沼泽综合分类

以上介绍的单要素指标分类系统简单、明了，便于应用。但是由于分类指标的限制，往往不能概括所有的沼泽类型。目前单要素分类法主要应用于湿地分类系统中的低单元分类中，是对具体沼泽名称的划分。多要素的综合分类考虑到沼泽生态系统的复杂性，依据湿地的成因和发育过程、水源补给类型、水分特征、土壤或泥炭理化性质和沼泽植被特征等综合要素，利用不同等级指标，建立较复杂的分类系统。这种多要素的综合分类系统，尤其是大尺度的综合性沼泽分类，具有很大的难度和复杂程度，各国学者和管理部门都进行了大量的研究工作。

国外许多学者纷纷提出沼泽的综合分类系统。1949年，苏联丘列姆诺夫对温带沼泽进行4级分类，第1级分类根据沼泽的发育阶段（或营养状况）划分为富营养、中等营养和贫营养沼泽，第2级分类根据沼泽水分状况划分为积水弱的、中等积水和强度积水3种亚类；第3级分类采用与水分状况相联系的植物群丛，划分为木本、木本–草本、木本–苔藓、草本、草本–苔藓沼泽；第4级分类是与植物群丛相适应的植物群落。加拿大的沼泽分类主要有类别、态别和型别3个层次，类别侧重于土壤性质，态别侧重于地形和水文等方面的差异，型别侧重于植被种群。1974年，美国鱼类与野生动物管理局（United States Fish and Wildlife Service）进行了一次全国沼泽清查，因原有沼泽分类系统过于简化或具有区域局限性，美国于1979年制定了分级的和多元的沼泽分类系统，由系统、类和子类组成。

我国较早建立了沼泽综合分类系统，经过多年的研究，也已形成自己的分类系统。中国科技工作者早在60年代初就注意到建立沼泽综合分类的必要性，柴岫等（1963）提出的第一个中国若尔盖高原沼泽分类方案就具有综合分类性质。郎惠卿等（1983）在《中国沼泽》一书中，首先将沼泽划分为富营养、中营养和贫营养沼泽型；然后根据沼泽植物群系和群丛划分沼泽组和沼泽体。1997年，刘兴土等根据"中国沼泽系统调查与分类"项目的要求，在前人研究的基础上，与《湿地公约》中的沼泽分类衔接，提出新的中国沼泽分类方案，第一级划分为淡水和盐碱两大类，第二级淡水沼泽采用营养级划分，而盐碱沼泽以地域差别或植被型划分。孙广友（1998）提出的综合分类，首先划分为淡水沼泽与盐碱沼泽，其次划分为泥炭沼泽与潜育沼泽，再次为草本、木本藓类沼泽，最后是沼泽体。第一版《中国沼泽志》采用4级沼泽分类，第1级根据淡水环境和盐碱环境划分为淡水沼泽和盐碱沼泽；第2级根据有无泥炭层划分为泥炭沼泽和潜育沼泽；第3级依据沼泽植被的生活型划分；第4级分类，也是沼泽分类系统中的基本单位，以植物群落的建群种和各层的优势植物差异划分若干沼泽体。1995～2003年国家林业局组织的第一次全国湿地调查，将我国沼泽细分为藓类沼泽、草本沼泽、沼泽化草甸、灌丛沼泽、森林沼泽、内陆盐沼、地热湿地、淡水泉或绿洲湿地、潮间盐水沼泽和红树林沼泽10个类型（唐小平和黄桂林，2003）。刘兴土（2005）结合我国东北沼泽实际特征，综合考虑水文、土壤和植被特征，将东北地区沼泽分为2个大类6个沼泽型。

我国现行的沼泽分类系统是经过管理部门和专家学者反复的调查及研究，进行了发展和完善。在第二次全国湿地资源调查技术规程中，正式提出和制定了全国湿地综合分类系统。该分类系统依据我国的实际情况和影响沼泽发育的综合要素，将沼泽分为藓类沼泽、草本沼泽、灌丛沼泽、森林沼泽、内陆盐沼、季节性咸水沼泽、沼泽化草甸、地热湿地、绿洲湿地（淡水泉）、潮间盐水沼泽和红树林11个型。该分类划分标准清晰、易于在野外识别，得到了全国的普遍应用。在《第三次全国国土调查技术规程》（TD/T 1055—2019）的分类系统中，将沼泽分为红树林地、森林沼泽、灌丛沼泽、沼泽草地和沼泽地，其中沼泽地指常年积水或渍水、一般生长湿生植物的土地，主要包含草本沼泽、苔藓沼泽、内陆盐沼等。

总之，从以上列举的各国沼泽分类实例可以看出，单要素指标分类法因其分类指标的限制，难以反映沼泽的综合属性及其相互联系。采用何种沼泽分类方法，如何建立统一的沼泽分类系统仍然是我国沼泽分类系统研究的一个重大课题。本书将以我国现行沼泽分类系统为基础，结合中国科学院东北地理与农业生态研究所60年来的沼泽调查工作，同时考虑多要素不同等级的综合分类方法，建立科学性较强的分类系统，力争能够全面揭示沼泽的性质。

二、沼泽分类标准

以我国科学家在沼泽方面已积累的研究成果为基础或依据，并参考《湿地公约》中的沼泽分类系统，从沼泽分类原则和指标两个方面制定了符合国家自然资源管理需求的新分类系统。

（一）沼泽综合分类的原则

1. 综合性因素与主导因素相结合原则

沼泽综合分类在总体上强调综合性，使用多种指标来表征沼泽的特性，以全面系统地辨识沼泽的类型。同时在每一级又需确定一个能突出其根本属性的主导因素。

2. 定性指标和定量指标相结合原则

采用定性指标和定量指标相结合的方式，尽可能地精确化确定沼泽分类系统。同时，分类体系应更简洁明了，以便于分类工作者理解和应用。

3. 逐级有序过渡原则

沼泽综合分类应体现分类学的普遍性原则，建立逐级过渡的严格有序体系。本研究在分级单元上采用沼泽类、沼泽亚类、沼泽型和沼泽体四级单元。

4. 简明适用原则

为了便于不同学科的学者共同使用，在能够尽可能全面反映沼泽综合体特征的基础上，分类体系宜简明扼要，便于操作应用，并能服务于管理。

（二）沼泽综合分类的依据和指标

根据上述分类原则，结合我国沼泽的长期调查，综合分析大量的调查资料，吸取国内外沼泽分类中有意义的分类指标，以第二次全国湿地资源调查和《第三次全国国土调查技术规程》（TD/T 1055—2019）为基础，归纳总结出我国沼泽综合分类的依据和指标。

1）第 1 级根据沼泽所处地理位置划分为内陆沼泽和滨海沼泽。我国沼泽分布广泛，从沿海到内陆均可见沼泽分布。水热条件，尤其是水环境的酸碱度，会对沼泽的发育过程、土壤形成及植被类型产生重要影响。因此，第 1 级分类首先划分为内陆沼泽和滨海沼泽两大类。内陆沼泽与滨海沼泽以平均高潮线为分界。内陆沼泽平水年常年或季节性积水，植被（不含沉水植物和浮水植物）盖度 ≥ 5%。滨海沼泽是分布于海洋生态系统和陆地生态系统过渡带且受潮汐影响的沼泽生态系统，位于平均高潮位与低潮位之间的潮浸地带，且植被盖度 ≥ 5%。

2）第 2 级依据沼泽水的含盐量，将内陆沼泽分为淡水沼泽和盐水沼泽。内陆沼泽中受盐水影响，生长盐生植被的沼泽为盐水沼泽。以苏打为主的盐土，含盐量应 > 0.7%；以氯化物和硫酸盐为主的盐土，含盐量应分别大于 1.0% 和 1.2%。

3）第 3 级依据沼泽植被的生活型划分。水生植被是沼泽生态系统的主要生产者、贡献者，也是构成沼泽生态系统直接的景观，具有重要的生态价值。因此，本分类的第 3 级根据植物的生活型将内陆沼泽进一步划分为苔藓沼泽、草本沼泽、灌丛沼泽、森林沼泽、沼泽化草甸、草本盐沼、灌丛盐沼，将滨海沼泽进一步划分为草本沼泽和木本沼泽，共9个沼泽型。其中，苔藓沼泽是发育在有机土壤上、具有泥炭层的以苔藓植物为优势群落的沼泽；草本沼泽是由水生和沼生的草本植物组成优势群落的淡水沼泽；灌丛沼泽是以灌丛植物为优势群落的淡水沼泽；森林沼泽是以乔木森林植物为优势群落的淡水沼泽；沼泽化草甸为典型草甸向沼泽植被过渡的类型，是在地势低洼、排水不畅、土壤过分潮湿、通透性不良等环境条件下发育起来的，包括分布在平原地区的沼泽化草甸以及高山和高原地区具有高寒性质的沼泽化草甸；草本盐沼是内陆盐碱湖滨中，发育在地表积水或过湿的盐碱土上，以水生和沼生的草本植物组成优势群落的内陆盐水沼泽；灌丛盐沼是内陆盐碱湖滨中，发育在地表积水或过湿的盐碱土上，以灌丛植物为优势群落的内陆盐水沼泽；滨海草本沼泽是潮间地带形成的以草本植物为优势群落，且植被盖度≥5%的沼泽；滨海木本沼泽是以红树植物群落为主、少部分由柽柳群落组成，且植被盖度≥20%的潮间沼泽。

4）第4级分类是沼泽分类系统中的基本单位。以植物群落的建群种和各层的优势植物差异划分若干沼泽体。不同植物群落适应生长的积水情况、泥炭化程度及微地貌特征均有差异，对沼泽的环境条件和沼泽化程度有良好的指示作用。

三、沼泽综合分类系统

基于各国沼泽分类的研究成果，以我国原沼泽4级分类系统为基础，结合中国科学院东北地理与农业生态研究所60年来的沼泽调查工作，根据上述沼泽分类标准，制定了本沼泽综合分类系统（表4-1）。

表4-1 中国沼泽综合分类系统

沼泽类	沼泽亚类	沼泽型	沼泽体
内陆沼泽	淡水沼泽	苔藓沼泽	泥炭藓沼泽、真藓沼泽、中位泥炭藓沼泽、尖叶泥炭藓沼泽、锈色泥炭藓沼泽、喙叶泥炭藓沼泽、金发藓沼泽……
		草本沼泽	芦苇沼泽、香蒲沼泽、狭叶甜茅沼泽、水葱沼泽、毛薹草沼泽、灰脉薹草沼泽、菰沼泽、芡沼泽……
		灌丛沼泽	高山杜鹃沼泽、沼柳沼泽、笃斯越橘沼泽、越橘柳沼泽、绣线菊沼泽、密枝杜鹃沼泽……
		森林沼泽	落叶松沼泽、池杉沼泽、白桦沼泽、黄花落叶松沼泽……
		沼泽化草甸	大叶章沼泽、西藏嵩草沼泽、华扁穗草沼泽、垂穗披碱草沼泽、青藏薹草沼泽、康藏嵩草沼泽……
	盐水沼泽	草本盐沼	碱蓬沼泽、盐地碱蓬沼泽、盐角草沼泽……
		灌丛盐沼	多枝柽柳沼泽、盐穗木沼泽、细穗柽柳沼泽……
滨海沼泽	盐水沼泽	草本沼泽	互花米草沼泽、海三棱藨草沼泽、盐地碱蓬沼泽、短叶茳芏沼泽、南方碱蓬沼泽……
		木本沼泽	红树沼泽、柽柳沼泽、海榄雌沼泽、秋茄树沼泽、红海兰沼泽、蜡烛果沼泽、榄李沼泽、海桑沼泽……

由前述可见，我国的沼泽类型十分复杂，呈现出多样性丰富的特点。本书仅就典型性或代表性沼泽类型加以论述。

（一）苔藓沼泽

苔藓沼泽是一种景观独特的沼泽类型，主要分布于高纬度地区，是一种冷湿气候条件下形成的沼泽。我国苔藓沼泽面积约 2540 hm^2，分布区的地貌类型主要是中高海拔起伏山地、高海拔冰碛平原以及低海拔冲积平原，主要发育在大兴安岭、小兴安岭山地和长白山地区，亚热带山地也有小面积的零星分布，如云贵高原的山间洼地以及华中山地丘陵的鄂西南高山（刘雪飞等，2020；牟利等，2021）、神农架大九湖（熊蔚，2021）等均有分布。大兴安岭多年冻土区泥炭藓沼泽，多为贫营养沼泽（孟赫男，2015）。在大兴安岭和长白山地区，泥炭藓常形成藓丘，在藓丘上生长有稀疏的小灌木（林奕伶，2021）。苔藓沼泽土壤多为泥炭土，有机质含量高，小兴安岭泥炭地土壤有机碳密度随土壤层的加深而显著增加。苔藓层是苔藓沼泽地被物的主要建群种，对降水有截留作用，有很好的水源涵养能力。例如，大九湖泥炭藓沼泽是中纬度地区现存最大、保存最完好的亚高山泥炭沼泽，它不仅是重要的碳汇，对于维护南水北调工程丹江口水库的水质安全和水量供给也有着举足轻重的作用（杜耘等，2008；黄咸雨等，2017）。近年来，在气候变化背景下，关于泥炭地碳循环过程以及泥炭藓在碳排放中作用的研究已成为热点。

（二）草本沼泽

草本沼泽是沼泽生态系统中分布最广的沼泽类型，我国草本沼泽面积约 885.4 万 hm^2。草本沼泽具有涵养水源、调节气候、储碳固碳、提供珍稀物种栖息地等重要生态功能（陈发虎等，2019；Keddy，2010）。草本沼泽的固碳功能在减缓气候变暖、维持区域环境稳定性等方面发挥着关键作用（宋长春等，2018）。我国草本沼泽分布的地貌类型主要是中低海拔起伏山地、低海拔丘陵以及低海拔冲积扇平原。依据 2013 ~ 2018 年国家科技基础性工作专项"中国沼泽湿地资源及其主要生态环境效益综合调查"，将草本沼泽分为温带湿润半湿润沼泽区、青藏高原沼泽区、温带干旱半干旱沼泽区、亚热带湿润沼泽区和滨海沼泽区（神祥金等，2021）。根据草本沼泽分布数据，中国草本沼泽总面积约为 9.7 万 km^2。针对植被地上生物量分析的结果表明，中国草本沼泽植被地上生物量平均密度约为（227.5±23.0）g C/m^2，全国草本沼泽植被总地上生物量约为（22.2±2.2）Tg C（神祥金等，2021）。在空间上，我国草本沼泽植被地上生物量密度呈现出东北和青藏高原地区低、华北中部高的特征（图4-1）。分布在气温较低的大兴安岭北部、内蒙古东北部以及青藏高原西南部等地区的草本沼泽植被多为混交群落，如委陵菜 + 车前群落、西藏嵩草 + 华扁穗草群落、西藏嵩草 + 委陵菜群落等；华北中部的草本沼泽植被主要为芦苇、香蒲形成的单优群落等。

（三）灌丛沼泽

灌丛沼泽主要分布在三江平原阶地，以及大兴安岭、小兴安岭和长白山地的沟谷、河漫滩及阶地上，通常位于林缘和草本沼泽之间。我国灌丛沼泽面积约 79.2 万 hm^2，分布区的地貌类型主要是中低海拔起伏山地及冲积平原。地表通常为季节性积水，土壤为薄层泥炭土及沼泽土。在全球变暖的背景下，灌丛沼泽中植物群落组成及物种多样性在发生变化，大兴安岭多年冻土区灌丛 - 薹草湿地中落叶灌木在扩张，且植物物种丰富度和生物量均增加（任娜等，2020）。受人为因素影响，图们江流域近30 年来天然灌丛沼泽斑块面积减少了 26.98%（刘玉妍，2021）。在小兴安岭，1975 ~ 2015 年，灌丛沼泽出现了先减少后增加再减少的趋势，2015 年灌丛沼泽面积仅为 1975 年面积的 5% 左右；40 年间，小兴安岭灌丛沼泽出现了严重的退化和迁移现象（高炜，2020）。

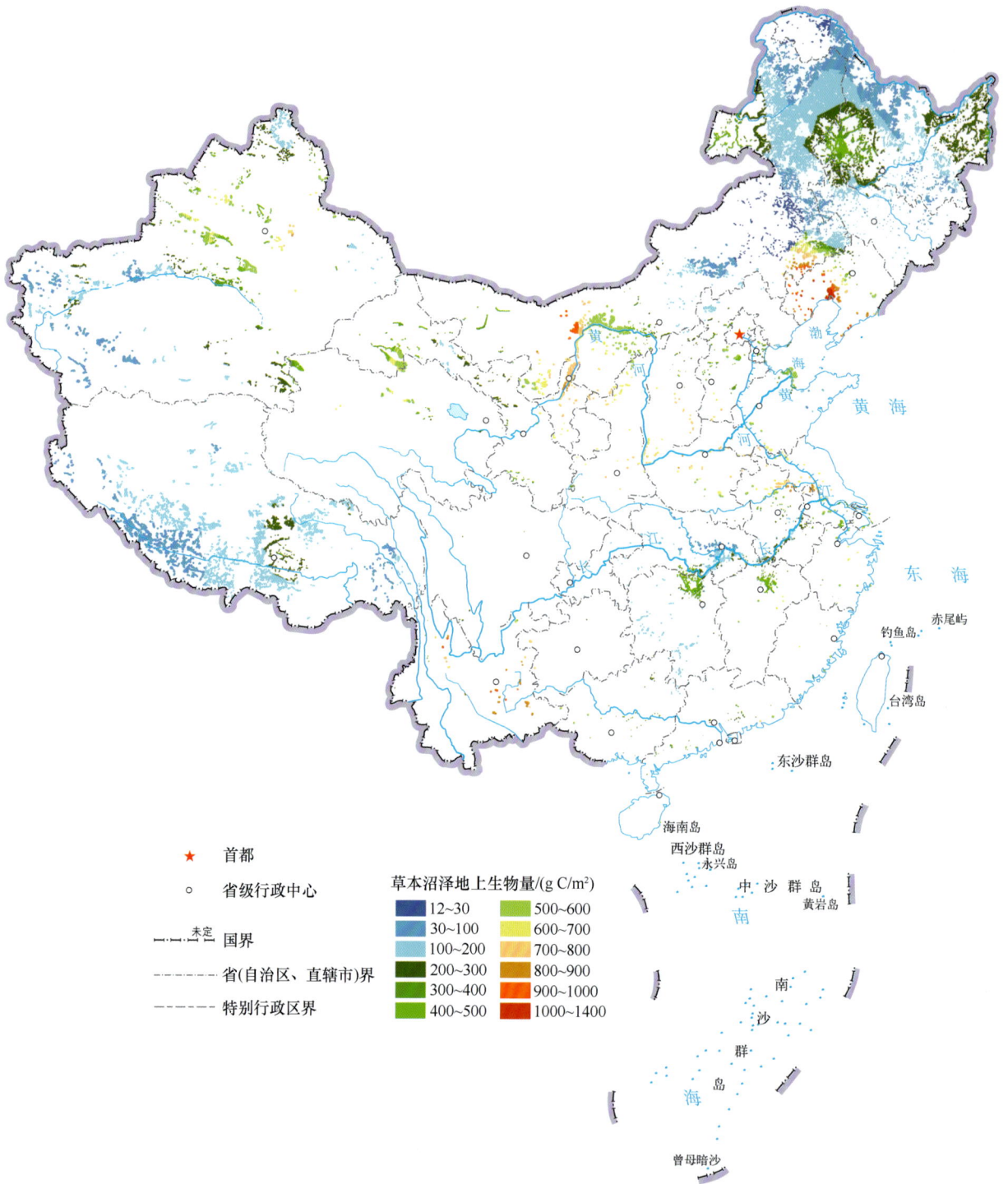

图 4-1　中国草本沼泽植被地上生物量空间分布格局

（四）森林沼泽

　　我国森林沼泽主要分布在温带湿润半湿润区，在亚热带湿润区、温带干旱半干旱区、青藏－云贵高原分布区有零星分布。我国森林沼泽面积约 165 万 hm²，地貌类型主要是中低海拔起伏山地，以及低海拔的丘陵和冲积平原。土壤类型主要为沼泽土和灰色草甸土。我国森林沼泽面临着减少的趋势，例如，在小兴安岭，1975～2015年，森林沼泽面积波动很大，出现了先减少后增加的趋势，2015年森林沼泽的面积大约是1975年面积的1/10；40年间，小兴安岭森林沼泽出现了严重的退化和迁移现象（高炜，2020）；受人为因素影响，图们江流域近30年来天然森林沼泽面积大幅度减少，主要转变成了林地和旱地（刘玉妍，2021）。

（五）沼泽化草甸

我国沼泽化草甸主要分布在青藏－云贵高原区，在温带湿润半湿润区和温带干旱半干旱区也有较多分布，在亚热带湿润区有零星分布。我国沼泽化草甸面积约716.3万 hm^2，地貌类型主要是中高海拔起伏山地，以及中高海拔的洪积和冲积平原。土壤类型主要为高山草甸土、亚高山草甸土和沼泽土。高寒沼泽化草甸是青藏高原多年冻土区分布的主要植被类型之一，积雪厚度增加对青藏高原高寒草地生态系统造成的影响，也是陆地生态系统应对气候变化研究的重要关注点之一。有研究表明，青藏高原沼泽化草甸积雪厚度增加，促进了沼泽化草甸土层根系生物量和植被高度的增加，并导致了青藏高原沼泽化草甸土层地下碳、氮、磷总储量的降低（唐川川等，2021）。

（六）草本盐沼

内陆盐沼包括草本盐沼和灌丛盐沼，我国内陆盐沼面积约591.8万 hm^2。草本盐沼是以喜湿耐盐碱的草本植物群落为主的沼泽类型，广泛分布于内陆盐碱湖滨，主要分布于青藏－云贵高原区及温带干旱半干旱区，在温带湿润半湿润区也有分布，如松嫩平原、内蒙古高原、青海的柴达木盆地、新疆的准噶尔盆地和塔里木盆地等盐碱湖滨；主要包括碱蓬群系组、碱茅群系组、蔗草群系组和獐毛群系组。我国草本盐沼的地貌类型主要是中高海拔的冲积、洪积、湖积、风积和盐湖，在低海拔的湖积平原也有分布。草本盐沼的景观格局受到湿地中盐分、水分和养分等因子的影响，会发生变化。例如，苏干湖地区草本盐沼在30年间沼泽破碎化指数显著下降，大斑块面积增加，小斑块大量合成大斑块，沼泽面积基本保持不变（赵夏纬，2020）。

（七）灌丛盐沼

在我国北方内陆盐碱湖滨，地表积水或过湿的盐碱土上生长着以肉质旱生型灌木为优势种的沼泽，属于内陆灌丛盐沼（郎惠卿，1999），主要分布在我国半湿润、半干旱和干旱地区，常见于内蒙古高原、甘肃河西走廊、柴达木盆地和塔里木盆地等地。这些分布区具有温带季风气候的特征，并且具有较为明显的大陆性，降水少，蒸散量大。湖滨堆积了近代湖相黏质和细沙沉积物，质地黏重，渗透性差，地表常年积水，为盐渍土的形成创造了基础。内陆灌丛盐沼斑块同样因湿地中盐分、水分和养分等因子的影响而发生变化。

（八）滨海草本沼泽

滨海草本沼泽是以草本植物为优势群落的潮间带沼泽，主要分布在我国沿海地区的海岸潮间带，是潮间地带形成的植被盖度≥5%的潮间沼泽，包括盐碱沼泽、盐水草地和海滩盐沼。盐沼以温带分布最为广泛,主要发育在滨海淤泥质海岸的潮间带,其植被类型以多年生维管草本植物为主（仲启铖等,2015）。近年来,作为全球"蓝色碳汇"的主要贡献者之一,有高等植被覆盖的潮间带盐水沼泽的碳循环受到极大的关注（Guo et al.,2009）。

（九）滨海木本沼泽

滨海木本沼泽以红树植物为主,也有少量的柽柳群落。其中红树植物是指只能生长在每日可受潮水浸润、有干湿交叠的潮间带木本植物。红树林沼泽面积约 3.54 万 hm^2,主要分布在我国沿海地区的热带海岸潮间带,是我国生物海岸的主要代表。我国共有 26 种真红树植物和 12 种半红树植物（廖宝文和张乔民,2014）,主要分布于海南、广西、广东等地（吴培强等,2013）。红树林在防风消浪、净化海水、维持生物多样性、固碳储碳和海产品供给等方面具有重要作用（吴后建等,2022）。红树林沼泽断续分布于东南沿海热带和亚热带海岸、港湾、河口湾等受掩护水域,其宏观纬度分布主要受温度控制。近年来,全球红树林面积呈现减少趋势,破碎化程度增加。2000～2016 年,全球有 62%的红树林湿地转变为水产养殖和农业用地（于晓果等,2013）,也有研究发现 2003～2018 年广西北海红树林碳储量每五年增量大幅提升,新增碳储量逐年递增,而损失碳储量先增后减,总体呈现不断积累的趋势（戴子熠等,2022）。滨海柽柳群落一般呈小片散生在海滨盐渍土上。部分地区以柽柳为优势群落的沼泽呈退化趋势,如黄河三角洲泥质海岸带滨海地区潜水埋深整体较浅,地下水矿化度高,以盐水矿化度为主;受降雨量减少、蒸发量增大等因素影响,该区域柽柳林密度分布不均,柽柳呈现典型的退化特征（孙佳等,2021）。

四、沼泽的分布面积

2018 年《湿地公约》秘书处发布的《全球湿地展望》指出,全球现存湿地面积为 $1.210 \times 10^7 \ km^2$,其中天然沼泽比例约 88%,约为 $1.065 \times 10^7 \ km^2$（Gardner et al.,2018）。

我国沼泽面积由于沼泽边界界定无统一标准、湿地起调面积不同、遥感影像数据来源不同等,目前也无一确定数值。第一版《中国沼泽志》给出的中国沼泽面积为 $9.4 \times 10^4 \ km^2$,遥感影像解译结果表明中国沼泽面积为 $8.2 \times 10^4 \sim 1.38 \times 10^5 \ km^2$,第一次和第二次全国湿地资源调查得到的中国沼泽面积分别为 $1.37 \times 10^5 \ km^2$ 和 $2.17 \times 10^5 \ km^2$,最新发布的第三次全国国土调查数据表明中国沼泽面积为 $1.61 \times 10^5 \ km^2$（表 4-2）。

表 4-2 中国沼泽面积

年份	沼泽面积/km^2	数据来源
2018～2021	1.61×10^5	第三次全国国土调查
2009～2013	2.17×10^5	第二次全国湿地资源调查
1995～2003	1.37×10^5	第一次全国湿地资源调查
1999	9.4×10^4	《中国沼泽志》
2018	2.45×10^5	"中国沼泽湿地资源及其主要生态环境效益综合调查"项目
2016	$8.2 \times 10^4 \sim 1.38 \times 10^5$	遥感影像解译（Wei and Wang,2016）

总之，目前我国沼泽的面积为 $8.2 \times 10^4 \sim 2.45 \times 10^5 \ km^2$，其中内陆沼泽约占全国沼泽总面积的 98%，滨海沼泽占 2%，主要分布在西藏、青海、内蒙古、黑龙江、新疆等省（自治区）。以《湿地公约》秘书处发布的沼泽面积来算，我国沼泽面积占世界沼泽面积的 0.78% ~ 2.8%。

第二节　沼泽分布特征

沼泽在地理空间上的分布，主要取决于形成沼泽的水热条件，而水热条件既受纬度地带性因素的制约，也受海陆分布、地质地貌等因素的影响。我国沼泽分布范围广，从寒温带到热带，从滨海、平原到高原和山区都有沼泽分布，并且沼泽类型多样。从热带到高纬度地区，气候带逐级变化，水热条件也随之改变，沼泽的分布有着明显的差异。此外，我国地形多种多样，地势西高东低，海岸线南北展布，这种三级阶梯的地貌格局以及海陆相互作用形成的季风气候也是影响沼泽分布的重要因素。我国东部平原区受季风影响气候温暖湿润、水资源丰富，是我国最主要的沼泽分布区；西北部高原、盆地区干旱、半干旱的环境限制了淡水沼泽的发展；东北的大兴安岭、小兴安岭、长白山地、三江平原和松嫩平原孕育着大面积的淡水沼泽和盐水沼泽；辽河下游、海河下游、淮河、黄河和长江中下游平原沼泽面积明显减少；江南丘陵和云贵高原的山间沟谷、盆地及湖滨洼地也有小面积、零星沼泽发育；滇南山间宽谷及华南丘陵也有泥炭层较薄的沼泽分布；青藏高原平均海拔超过 4000 m，形成了世界上特有的具有典型垂直分布特征的高原沼泽。

因此，我们按照沼泽分布的区域性差异，将我国沼泽划分为五大分布区，包括温带湿润半湿润分布区、温带干旱半干旱分布区、亚热带湿润分布区、青藏–云贵高原分布区和滨海分布区，并分别介绍各分布区沼泽的分布特征及主要的植物群系。

一、温带湿润半湿润分布区

（一）本区沼泽分布特征

该区沼泽主要分布在我国东北的大兴安岭、小兴安岭、长白山地、三江平原和松嫩平原，同时在华北和华东地区北部也有分布。其中，半干旱的松嫩平原有小面积淡水和大量盐水沼泽分布。该区沼泽类型包括草本沼泽、森林沼泽、灌丛沼泽、内陆盐沼、沼泽化草甸和苔藓沼泽，其中草本沼泽分布面积最大，苔藓沼泽分布面积最小。东北平原沼泽面积共 237.03 万 hm^2，其中松嫩平原沼泽面积 173.15 万 hm^2，占东北平原沼泽面积的 73.05%；大兴安岭、小兴安岭沼泽面积 438.17 万 hm^2（国家林业局，2015a）。东北地区有面积大约相等的山地和平原，还分布有大量河谷平原、火山熔岩等多种地貌类型，这种盆地形的地貌组成结构为沼泽的形成奠定了基础。华北地区水资源短缺，人口密集，天然沼泽已经很少见到，目前主要是一些零散分布于河、湖岸边的沼泽化草甸和泥滩（Cui et al.，2009）。河北平原因河流冲积形成许多低洼地带，其中白洋淀作为河北平原最大的湖泊湿地，143 个淀泊星罗棋布，是我国著名的"芦苇荡"洼淀。近半个世纪以来，白洋淀受人类活动和气候变化的影响，也面临着湿地萎缩、泥沙淤积的问题（尹德超等，2022）。黄河三角洲上河流纵横交错，其网状结构也为沼泽的斑块状分布提供了基础（刘德彬等，2017）。

在温带湿润半湿润地区，特别是山区沼泽，常见有泥炭积累，泥炭层较厚。同时，该区的山区沼泽具有垂直地带性分布特征，如长白山地区沼泽具有垂直分带现象，海拔 55 m 以下发育有富营养草本沼泽；在海拔 550 ~ 1100 m 区域，沼泽主要分布在平坦沟谷、熔岩台地及河漫滩，常见有白桦沼泽、辽东桤木沼泽、灌丛（主要包括杜香、笃斯越橘和油桦）沼泽以及草本（主要包括大叶章、白毛羊胡子草和瘤囊薹草）沼泽（闫苏，2018）；在海拔 1100～1700 m 的分布带，仅局部地区有沼泽发育，如圆池沼泽有落叶松－杜香－泥炭藓沼泽、高山杜鹃－泥炭藓沼泽和毛薹草＋芦苇沼泽分布（张彦等，2012）；在海拔 1700～2100 m 的分布带，仅见海拔 1800 m 的赤池周围有中营养的薹草－藓类沼泽分布；而在海拔 2100 m 以上的山地苔原带，无沼泽发育。大兴安岭的沼泽垂直分带现象亦较明显，如海拔 1710 m 的摩天岭，分布着落叶松－偃松－尖叶泥炭藓沼泽；海拔 1300～1500 m 的坡地分布着落叶松－兴安杜鹃－粗叶泥炭藓沼泽；在熔岩台地上，地表过湿、长年积水地段广泛分布落叶松－杜香－中位泥炭藓沼泽，存在厚 1～1.2 m 的泥炭层；堰塞湖边分布有薹草－泥炭藓沼泽；在森林沼泽与薹草沼泽之间，常分布油桦－薹草沼泽（武海涛等，2018）。

（二）主要植物群系

1. 东北山地、平原沼泽区

东北地区地跨寒温带和中温带，属于温带湿润、半湿润大陆性季风气候。全区年平均气温为 0～10℃，7 月全区气温升至最高点，月平均气温 20～24℃。年降水量 300～1000 mm，降水量从东南向西北递减；冬季降水多以固体形式聚集地表，翌年融化，可补偿春季水分之不足。年降水总量不多，由于温度低，蒸发量小，有效降水量较大；加之冻土层的存在，大部分地区水分收支平衡或有余，这为沼泽的形成发育创造了条件。

沼泽水源补给以河水、大气降水、地下水、冰雪融水等为主，水质多为重碳酸型；土壤类型包括泥炭土、泥炭沼泽土、腐泥沼泽土、草甸沼泽土等。沼泽主要分布在河漫滩、洼地和沟谷，类型齐全，包括木本沼泽、草本沼泽和苔藓沼泽等。

（1）木本沼泽模式

1）落叶松群系：乔木层主要伴生白桦和樟子松，灌木层主要伴生柴桦、越橘柳、山刺玫、细叶沼柳、杜香、地桂、蒿柳和笃斯越橘，草本层主要伴生灰脉薹草、小白花地榆、铃兰、瘤囊薹草、龙江风毛菊、大叶章、翻白蚊子草和问荆，苔藓层主要伴生泥炭藓和真藓。

2）白桦群系：乔木层主要伴生落叶松、樟子松、辽东桤木，灌木层主要伴生越橘柳、细叶沼柳、柴桦、五蕊柳、油桦、茶条槭、杜香、沼柳和笃斯越橘，草本层主要伴生大叶章、龙江风毛菊、小白花地榆、乌拉草、瘤囊薹草、藜芦、驴蹄草、湿生薹草和问荆，苔藓层主要伴生泥炭藓和真藓。

3）落叶松＋白桦群系：乔木层主要伴生樟子松，灌木层主要伴生柴桦、笃斯越橘、越橘柳、杜香、地桂、高山杜鹃和沼柳，草本层主要伴生灰脉薹草、龙江风毛菊、铃兰、细叶地榆、山岩黄芪、小白花地榆、大叶章和毛水苏，苔藓层主要伴生泥炭藓和真藓。

4）黄花落叶松群系：乔木层主要伴生白桦，灌木层主要伴生油桦、笃斯越橘、绣线菊、杜香和沼柳，草本层主要伴生大叶章、沼委陵菜、球尾花、瘤囊薹草、并头黄芩、地笋、毒芹和黄连花。

5）黄花落叶松＋白桦群系：灌木层主要伴生油桦、蓝果忍冬、宽叶杜香和笃斯越橘，草本层主要伴生大叶章、三叶鹿药、问荆、舞鹤草和湿生薹草，苔藓层主要伴生狭叶泥炭藓。

6）柴桦群系：灌木层主要伴生笃斯越橘、越橘柳、细叶沼柳、杜香、地桂、高山杜鹃和蒿柳，草本层主要伴生龙江风毛菊、小白花地榆、白毛羊胡子草、大叶章、灰脉薹草、北悬钩子、铃兰、梅花草和东北老鹳草，苔藓层主要伴生真藓和泥炭藓。

7）油桦群系：灌木层主要伴生落叶松和白桦幼树、笃斯越橘、越橘柳、沼柳、谷柳、蓝果忍冬、杜香、细叶沼柳和高山杜鹃,草本层主要伴生木贼、小白花地榆、睡菜、大叶章、乌拉草、三叶鹿药、球尾花、并头黄芩和红莓苔子,苔藓层主要伴生狭叶泥炭藓、锈色泥炭藓、尖叶泥炭藓、喙叶泥炭藓、真藓和中位泥炭藓。

8)高山杜鹃群系:主要伴生冰沼草、湿生薹草、睡菜、木贼、球尾花、全光菊、条叶龙胆、乌拉草、细秆羊胡子草和小白花地榆。

9)绣线菊群系:灌木层主要伴生白桦幼树、油桦和沼柳,草本层主要伴生大叶章、戟叶蓼、水芋、毒芹、灰脉薹草、箭叶蓼和柳叶菜。

(2)草本沼泽模式

1)芦苇群系:主要伴生扁秆荆三棱、稗、小香蒲、狸藻、碱蓬、槐叶苹、碱茅、水烛、香蒲和水葱。

2)水烛群系:主要伴生芦苇、扁秆荆三棱、小香蒲、槐叶苹、狸藻、菰、碱毛茛、水蓼和菖蒲。

3)芦苇+水烛群系:主要伴生扁秆荆三棱、狸藻、狐尾藻、碱毛茛、篦齿眼子菜、水葱、泽泻和黑三棱。

4)香蒲群系:主要伴生芦苇、槐叶苹、狸藻、春蓼、三棱水葱、水葱、小香蒲、眼子菜和大叶章。

5)芦苇+香蒲群系:主要伴生春蓼、荆三棱、三棱水葱、菰、假苇拂子茅、大叶章、稗、狐尾藻、槐叶苹和狸藻。

6)大叶章群系:主要伴生球尾花、小白花地榆、箭叶蓼、地笋、瘤囊薹草、并头黄芩、黄连花、灰脉薹草、驴蹄草和猪殃殃。

7)灰脉薹草群系:主要伴生大叶章、问荆、驴蹄草、毛水苏、老鹳草、山黧豆、春蓼、蚊子草和大穗薹草。

8)大叶章+灰脉薹草群系:主要伴生小白花地榆、龙江风毛菊、问荆、山黧豆、瘤囊薹草、驴蹄草、毛水苏、球尾花和全叶山芹。

9)瘤囊薹草群系:主要伴生小白花地榆、大叶章、箭叶蓼、沼泽蕨、地耳草、地笋、芦苇、睡菜、北方拉拉藤和并头黄芩。

10)乌拉草群系:主要伴生睡菜、木贼、球尾花、小白花地榆、并头黄芩、黄连花、箭叶蓼、玉蝉花和地耳草。

11)毛薹草群系:主要伴生沼委陵菜、球尾花、睡菜、驴蹄草、地耳草、并头黄芩、漂筏薹草、猪殃殃、北方拉拉藤和小猪殃殃。

12)碱蓬群系:主要伴生芦苇、碱茅、稗、扁秆荆三棱、蒲公英、西伯利亚蓼、萹蓄、滨藜和碱毛茛。

13)扁秆荆三棱群系:主要伴生芦苇、稗、花蔺、水葱、碱蓬、三棱水葱、西伯利亚滨藜、碱毛茛、碱茅和西伯利亚蓼。

14)水葱群系:主要伴生芦苇、大穗薹草、浮萍、狸藻、杉叶藻、扁秆荆三棱、水茅和菖蒲。

15)菰群系:主要伴生大叶章、欧菱、球穗薦草、水蓼、菖蒲、芦苇、水葱、水烛、荇菜和泽泻。

16)漂筏薹草群系:主要伴生菖蒲、大叶章、三棱水葱、草茨藻、春蓼、东方薦草、芦苇、驴蹄草和狭叶甜茅。

17)狭叶甜茅群系:主要伴生大叶章、灰脉薹草、离穗薹草、驴蹄草、山黧豆、问荆、大穗薹草、毛水苏和球尾花。

(3)苔藓沼泽模式

1)泥炭藓群系:主要伴生金发藓和真藓。

2）真藓群系：主要伴生提灯藓和泥炭藓。

3）泥炭藓+真藓群系：主要伴生金发藓和皱蒴藓。

4）中位泥炭藓群系：主要伴生喙叶泥炭藓、尖叶泥炭藓、泥炭藓、狭叶泥炭藓和锈色泥炭藓。

5）尖叶泥炭藓群系：主要伴生泥炭藓、狭叶泥炭藓、中位泥炭藓和皱蒴藓。

6）锈色泥炭藓群系：主要伴生中位泥炭藓。

7）喙叶泥炭藓群系：主要伴生狭叶泥炭藓、锈色泥炭藓和中位泥炭藓。

（4）水生植被模式

1）芡群系：主要伴生欧菱和眼子菜。

2）穗状狐尾藻群系：主要伴生芦苇、扁秆荆三棱、花蔺、欧菱、芡、三棱水葱、水烛、小香蒲和荇菜。

3）眼子菜群系：主要伴生扁秆荆三棱、野慈姑和金鱼藻。

2. 华北平原、山地沼泽区

华北平原、山地沼泽区属于典型的暖温带大陆性季风气候，年平均气温一般在 8～14℃，由南向北随纬度增加而递减，无霜期 200～220 d。年平均降水量 500～1000 mm，夏季降水集中（占全年的 50%～75%）且多暴雨，降水量在南北方向上随纬度增加而递减。

沼泽水源补给主要为河水、大气降水、地表径流及地下水；土壤类型包括草甸沼泽土、湖积湿潮土和沼泽土。沼泽广泛分布于平原区河流滩地、湖滩和潟湖；在山前，分布于山麓冲积洪积扇和扇缘洼地、扇间洼地。

（1）木本沼泽模式

柽柳群系：主要伴生白茅和朝天委陵菜。

（2）草本沼泽模式

1）芦苇群系：主要伴生扁秆荆三棱、稗、牛筋草、水烛、浮萍、狗尾草、苦荬菜和喜旱莲子草。

2）水烛群系：主要伴生扁秆荆三棱、芦苇、春蓼和小香蒲。

3）芦苇+水烛群系：主要伴生扁秆荆三棱。

4）扁秆荆三棱群系：主要伴生芦苇、碱蓬、稗、春蓼、盒子草、苣荬菜、水蓼和猪毛蒿。

5）香蒲群系：主要伴生芦苇、扁秆荆三棱、稗、拂子茅、莲、乱子草、钻叶紫菀和野大豆。

6）蔿草群系：主要伴生小香蒲、朝天委陵菜和扯根菜。

（3）水生植被模式

1）荇菜群系：主要伴生芡、竹叶眼子菜、苦草和金鱼藻。

2）黑藻群系：主要伴生金鱼藻、苦草和槐叶苹。

3）苦草群系：主要伴生金鱼藻、竹叶眼子菜和大茨藻。

4）竹叶眼子菜群系：主要伴生芡、欧菱、苦草和金鱼藻。

二、亚热带湿润分布区

（一）本区沼泽分布特征

该区水系众多，主要涵盖海河、淮河、黄河、钱塘江和长江水系，此外还有太湖、洪泽湖、鄱阳湖等众多湖泊（张全军等，2021）。该区以草本沼泽为主，同时分布有少量的沼泽化草甸和灌丛沼泽。

黄淮平原和长江中下游平原湖泊分布广泛，这些湖泊发育着大面积的沼泽（Li et al.，2009），常见的沼泽为芦苇沼泽；长江中下游有少量灯心草和薹草沼泽。但是一些浅水湖泊，如太湖，由于水生植物生物量变化，也存在湖泊沼泽化的风险，这种风险同时也受水深的影响（朱金格等，2010）。在江南丘陵的山间沟谷、盆地及湖滨洼地有小面积的零星沼泽分布，最常见的沼泽类型同样为草本沼泽，也发育有木本沼泽和泥炭藓沼泽。在云南的山间宽谷及华南丘陵地区，发育有营养丰富的草本沼泽，常见沼泽类型有芦苇沼泽和绿穗薹草沼泽。

（二）主要植物群系

1. 长江中下游平原沼泽区

长江中下游平原沼泽区大部分处在亚热带季风区，年平均气温 13 ～ 20℃，≥10℃积温为 4000 ～ 6500℃；最冷月（1 月）平均气温在 0℃以上，长江以北 0 ～ 2℃，江南 2 ～ 10℃。年降水量 1000 ～ 1200 mm，集中在 6 ～ 8 月，占全年降水量的 40% 左右。

沼泽区水源主要靠湖水、地表径流、河水、大气降水和地下水补给，土壤主要为草甸沼泽土、腐泥沼泽土、沼泽土和腐殖质沼泽土。

（1）草本沼泽模式

1）芦苇群系：主要伴生喜旱莲子草、金鱼藻、稗、菰、槐叶苹、黑藻、看麦娘、蒌蒿和三棱水葱。

2）菰群系：主要伴生喜旱莲子草、芦苇、稗、浮萍、莲、三棱水葱、扯根菜、黑藻和槐叶苹。

3）南荻群系：主要伴生芦苇、虎耳草、春蓼、荔枝草、紫云英、黄鹌菜、卵叶水芹和藏薹草。

4）水蓼群系：主要伴生稗、蒌蒿、藕草、喜旱莲子草、猪殃殃、具刚毛荸荠、看麦娘和水田碎米荠。

5）香蒲群系：主要伴生扯根菜、荆三棱、莲、芦苇、绵毛酸模叶蓼、牛鞭草、欧菱、水蓼、穗状狐尾藻和喜旱莲子草。

6）喜旱莲子草群系：主要伴生水蓼、红蓼和稗。

7）藕草群系：主要伴生灰化薹草、菰、芦苇、窃衣、水田碎米荠、通泉草、菌草和羊蹄。

8）阿齐薹草群系：主要伴生荔枝草、芦苇、水芹、野大豆和猪殃殃。

9）狗牙根群系：主要伴生野豌豆、婆婆纳、假俭草、卷耳、藜、莲、芦苇和窃衣。

10）蒌蒿群系：主要伴生灰化薹草、欧菱、鼠曲草、野大豆和藕草。

（2）水生植被模式

1）荇菜群系：主要伴生刺苦草、黑藻、金鱼藻、欧菱、芡、竹叶眼子菜和菹草。

2）细果野菱群系：主要伴生刺苦草、黑藻、金鱼藻、芡和竹叶眼子菜。

3）金鱼藻群系：主要伴生刺苦草、浮萍、黑藻、欧菱、芡、竹叶眼子菜和菹草。

4）苦草群系：主要伴生刺苦草、黑藻、金鱼藻和竹叶眼子菜。

5）竹叶眼子菜群系：主要伴生刺苦草、金鱼藻和黑藻。

6）黑藻群系：主要伴生金鱼藻、刺苦草和竹叶眼子菜。

7）穗状狐尾藻群系：主要伴生欧菱、黑藻和竹叶眼子菜。

8）欧菱群系：主要伴生金鱼藻、莲和狸藻。

（3）苔藓沼泽模式

1）泥炭藓群系：主要伴生灯心草、地榆和拂子茅。

2）金发藓群系：主要伴生灯心草、地榆、藜芦和湖北老鹳草。

2. 江南丘陵山地沼泽区

江南丘陵山地沼泽区大部分位于北回归线以南，高温多雨，≥10℃稳定积温为7000～9500℃，年平均气温20～26℃，平均气温高于25℃在150 d以上；1月是全年最冷月份，但月均温仍在10℃。降水量一般在1500～2000 mm，山地迎风坡水更多。

沼泽水源靠水库水、河水、大气降水、地表径流及地下水补给，土壤主要有沼泽土和腐泥沼泽土，类型主要为草本沼泽，在亚高山区分布有苔藓沼泽。

（1）草本沼泽模式

1）狗牙根群系：主要伴生毛茛、喜旱莲子草、早熟禾、萹蓄、春蓼、苦荬菜、荔枝草和裸柱菊。

2）芦苇群系：主要伴生扯根菜、喜旱莲子草、碎米荠、扛板归、毛茛和狗牙根。

3）春蓼群系：主要伴生繁缕、蓬菜、裸柱菊、毛茛、碎米荠、喜旱莲子草和猪殃殃。

4）菰群系：主要伴生水烛和李氏禾。

5）喜旱莲子草群系：主要伴生稗和红蓼。

6）江南荸荠群系：主要伴生狗牙根。

7）萹蓄群系：萹蓄为单建群种。

（2）苔藓沼泽模式

1）泥炭藓群系：主要伴生阿齐薹草、灯心草、地榆、紫羊茅、大画眉草、藜芦、扭旋马先蒿、华刺子莞等。

2）金发藓群系：主要伴生阿齐薹草、扭旋马先蒿、华刺子莞等。

三、温带干旱半干旱分布区

（一）本区沼泽分布特征

该区受干旱、半干旱环境的限制，沙漠、内陆盆地与高山相间分布。发源于高山地区的河流形成由高山向平原、盆地汇集的向心式水系，发育有众多的盐水沼泽，其次是淡水草本沼泽。该区东部的松嫩平原属于半湿润与半干旱的过渡带，环境属于弱碱性，在以盐碱沼泽为主的背景下，镶嵌着大量的淡水草本沼泽（王浩男，2021）；内蒙古高原，环境更为干旱，草本沼泽分布零散（赵美丽，2021）；新疆以干旱气候为主，地貌格局主要表现为内陆盆地与高山相间分布，在沿河滩地及绿洲地下水露头处有零星分布的河漫滩和湖滨沼泽。

（二）主要植物群系

1. 西北沙漠盆地沼泽区

西北沙漠盆地沼泽区气候总特征为寒冷、干旱和多风沙。年平均气温在陕甘南部、塔里木盆地和吐鲁番盆地大于0℃，青海南部、祁连山、天山及阿尔泰山区则低于0℃。陕甘南部、塔里木盆地、准噶尔盆地西南部等地≥10℃积温在3500℃以上，青藏高原部分则在2000℃以下。年降水量在200 mm以下，面积占整个西北地区的一半以上，盆地中部沙漠戈壁地区的年降水量则不足50 mm，也使得该地区成为欧亚大陆最干旱地区之一。

沼泽水源补给主要靠大气降水、河水、湖水、高山冰雪融水和地下潜水，土壤类型包括盐化草甸沼泽土、盐化泥炭沼泽土、盐化泥炭土、草甸沼泽土、腐殖质沼泽土、泥炭沼泽土、泥炭土等，类型主要有草本沼泽、木本沼泽和苔藓沼泽三种。

（1）木本沼泽模式

1）多枝柽柳群系：主要伴生芦苇和盐角草。

2）细穗柽柳群系：主要伴生盐角草、盐爪爪、百金花、薄荷、狗尾草、假苇拂子茅、苨草、苣荬菜、镰叶碱蓬和芦苇。

3）盐穗木群系：主要伴生黑果枸杞和芦苇。

（2）草本沼泽模式

1）芦苇群系：主要伴生苣荬菜、香蒲、藜、欧地笋、薄荷和旋覆花。

2）芨芨草群系：主要伴生苦豆子。

3）帕米尔薹草群系：主要伴生阿尔泰薹草、沼委陵菜、老鹳草、羊胡子草、互叶獐牙菜、杉叶藻和穗状狐尾藻。

4）碱蓬群系：主要伴生芦苇和柽柳。

5）苦豆子群系：主要伴生狗尾草、芦苇、稗、赖草、藜、平车前、多枝柽柳、黑果枸杞、芨芨草和碱蒿。

6）阿尔泰薹草群系：主要伴生帕米尔薹草和羊胡子草。

7）三棱水葱群系：三棱水葱为单建群种。

8）赖草群系：主要伴生海乳草、平卧碱蓬、蕨麻、蓝白龙胆、梅花草、水麦冬、天山报春和盐角草。

9）盐地碱蓬群系：主要伴生芨芨草。

10）盐角草群系：主要伴生水麦冬。

（3）苔藓沼泽模式

1）泥炭藓群系：主要伴生尖叶泥炭藓、秃叶泥炭藓、卵叶泥炭藓、红叶泥炭藓。

2）金发藓群系：主要伴生厚角绢藓。

2. 内蒙古高原－黄土高原沼泽区

内蒙古高原－黄土高原沼泽区为温带大陆性季风气候，该区东部年均温3～6℃，西部年均温为3.6～14.3℃，西高东低。内蒙古高原年降水量分布东多西少，为150～400 mm，集中在6～8月；黄土高原年降水量为150～750 mm，东南部高于西北部。

沼泽水源主要来自河水、湖水、大气降水、冰雪融水、地下水和农田退水；土壤类型主要有草甸沼泽土、盐化沼泽土、腐殖质沼泽土、腐泥沼泽土和沼泽土。

（1）草本沼泽模式

1）芦苇群系：主要伴生扁秆荆三棱、水葱、浮萍、蕨麻、扁茎灯心草、大穗薹草、灰脉薹草、碱菀、杉叶藻和长叶碱毛茛。

2）碱蓬群系：主要伴生柽柳、藜、芦苇、三棱草和水蓼。

3）扁秆荆三棱群系：主要伴生篦齿眼子菜、野慈姑、芦苇和旋覆花。

4）大叶章群系：主要伴生短芒大麦草、浮萍、蕨麻、苦荬菜、芦苇、球尾花、狭叶甜茅和旋覆花。

5）香蒲群系：主要伴生短序黑三棱、浮萍、花蔺、野慈姑、三棱水葱和酸模叶蓼。

6）短芒大麦草群系：主要伴生芦苇、春蓼和芨芨草。

7）花蔺群系：主要伴生杉叶藻。

8）碱茅群系：主要伴生碱蓬和藜。

（2）水生植被模式

1）浮萍群系：主要伴生荸荠、短序黑三棱、水葱和香蒲。

2）莲群系：主要伴生芦苇。

3）金鱼藻群系：主要伴生浮萍、芡、竹叶眼子菜。

4）穗状狐尾藻群系：主要伴生黑藻和竹叶眼子菜。

5）黑藻群系：主要伴生金鱼藻和槐叶苹。

四、青藏－云贵高原分布区

（一）本区沼泽分布特征

该区包括云贵高原和青藏高原地区，尤其是青藏高原地区，是中国乃至东亚地区大江大河的发源地，又是中国湖泊分布最密集的地区，是我国重要的水资源富集区。该区沼泽分布最多的是沼泽化草甸，其次是内陆盐沼和淡水草本沼泽。青藏高原是世界上海拔最高、面积最大的造山成因高原，以高寒环境为主，高原效应使其形成世界上特有的高原沼泽，沼泽的垂直地带分布特征也十分典型（侯蒙京等，2020）。其中，山地亚热带沼泽分布在青藏高原海拔 2000 ～ 2500 m 的地带，典型区出现在云南省西部断陷湖盆区；位于洱海源头的洱源县西湖湿地是典型的代表（杨朝辉和杨彪，2020），温暖、湿润的气候使洱源西湖沼泽强烈发育并具有亚热带面貌，除芦苇沼泽有大面积分布外，还常见有亚热带植物成分。山地温带沼泽分布于青藏高原海拔 2500 ～ 3000 m 的地带，这里属于温凉偏干的气候，是沼泽的弱发育带；该带在青藏高原东部为泸沽湖、盐源、纳帕海和西部的藏南谷地等地，发育有草本沼泽（马赫等，2019）。山地亚寒带沼泽分布在海拔 3500 ～ 4000 m 的地带，该带独有的冷湿气候为泥炭沼泽的积累提供了绝佳的气候条件，使之成为整个青藏高原乃至我国泥炭分布最广、储量最为丰富的地区，有"高原上的碳库"之称；其中若尔盖高原沼泽区，因其独特的地质、地形、水文和气候条件孕育了世界上面积最大、保存最为完好的高寒泥炭沼泽；这里薹草沼泽达到鼎盛程度，特别是木里薹草为青藏高原的特有种；此外，自 20 世纪 90 年代初以来，平均海拔 3500 m 的青藏高原东部甘南和川西北地区沼泽面积减少了约 1090.54 km^2（侯蒙京等，2020）；该带泥炭层遍布于沼泽区，平均厚达 1 m。在冰雪融水的补给下，青藏高原海拔 4000 ～ 5000 m 的地带广泛发育着山地寒带沼泽；例如，长江、澜沧江、怒江、黄河的江源区，都发育有大面积泥炭沼泽；又如，拉萨河流域及其支流流域的两岸滩地、洼地及其地下水位较高的山体底部和洪积扇前缘形成和发育着广阔且类型多样的沼泽地，主要类型为泥炭沼泽、草甸沼泽和灌丛沼泽等（达文彦，2021）；此沼泽带已达林线以上，上限可达 5350 m（唐古拉山），是全球海拔最高的沼泽。

（二）主要植物群系

1. 柴达木盆地－青海湖沼泽区

柴达木盆地－青海湖沼泽区为半干旱内陆温带大陆性气候，年平均气温为 –4.2 ～ 4.1℃；年平均降水量为 19.7 ～ 570 mm，降水集中在 6 ～ 9 月，其中，柴达木盆地降水量较少，青海湖地区降水量相对较多。

沼泽水源补给主要靠河水、湖水、泉水和扇缘潜水，土壤类型主要有盐化草甸沼泽土、沼泽化草甸土、腐殖质沼泽土、泥炭沼泽土，主要是草本沼泽。

1）芦苇群系：主要伴生矮生嵩草、多枝柽柳、高山薹草、海韭菜、碱蓬、苣荬菜、西藏嵩草、卵穗荸荠、蒲公英、斜茎黄芪和银露梅。

2）华扁穗草群系：主要伴生多裂委陵菜、西藏报春、高原毛茛、管状长花马先蒿、碎米蕨叶马先蒿、圆囊薹草、矮生嵩草、拟鼻花马先蒿、蒲公英、海韭菜和假水生龙胆。

3）矮生嵩草群系：主要伴生海韭菜、银露梅、蒲公英、西藏报春、高原毛茛、华扁穗草、苣荬菜、多裂委陵菜、高山薹草和芦苇。

4）西藏嵩草群系：主要伴生高原毛茛、芦苇、西藏报春、海韭菜、高山薹草、华扁穗草、蕨麻、西藏早熟禾、长花马先蒿和多裂委陵菜。

5）高山嵩草群系：主要伴生管状长花马先蒿、三脉梅花草和条叶垂头菊。

6）西藏嵩草＋高山嵩草群系：主要伴生高山薹草、芦苇、银露梅、西藏报春和刺齿马先蒿。

7）卵穗荸荠群系：主要伴生高山薹草、海韭菜、苣荬菜和芦苇。

8）杉叶藻群系：主要伴生卵穗荸荠、芦苇、高山嵩草、川蔓藻和圆囊薹草。

9）海韭菜群系：主要伴生矮生嵩草、高山薹草、苣荬菜、西藏嵩草、芦苇、西藏报春、银露梅和长花马先蒿。

10）圆囊薹草群系：主要伴生西藏报春、高原毛茛、华扁穗草、银露梅、苣荬菜、西藏嵩草、委陵菜、长花马先蒿、高山紫菀和海韭菜。

11）垂穗披碱草群系：主要伴生葛缕子、甘肃马先蒿、毛茛、蕨麻、碎米蕨叶马先蒿、短腺小米草、露蕊乌头、卵萼花锚、麻花艽和蒲公英。

12）高山薹草群系：主要伴生早熟禾、高原毛茛、鸦跖花、蕨麻、银露梅、矮生嵩草和苣荬菜。

13）碱毛茛群系：主要伴生圆囊薹草、西藏报春、杉叶藻和高原毛茛。

14）三裂碱毛茛群系：主要伴生川蔓藻、狗牙根、管状长花马先蒿、华扁穗草和西伯利亚蓼。

15）线叶嵩草群系：主要伴生华扁穗草和圆囊薹草。

2. 藏北–羌塘高原沼泽区

藏北–羌塘高原沼泽区气候寒冷而干燥，年平均气温大都在0℃以下，最暖的7月平均气温在海拔4200～5000 m的南羌塘为6～10℃，在5000 m以上的北羌塘为3～6℃。年均降水量50～300 mm，其中80%以上集中于6～9月，干湿季分明，降水自东南向西北递减。该沼泽区是世界上中低纬度带多年冻土最厚、分布面积最广的地区，占我国多年冻土总面积的70%。

沼泽水源主要靠河水、湖水、地下水、大气降水和泉水补给，土壤类型有泥炭土、泥炭沼泽土、盐化草甸沼泽土、腐泥沼泽土和腐殖质沼泽土等；主要类型为草本沼泽。

1）西藏嵩草群系：主要伴生高原毛茛、华扁穗草、高山薹草、高山紫菀、蕨麻、珠芽蓼、海韭菜、矮火绒草、紫菀、西藏报春、管花马先蒿、蓝白龙胆、小薹草、高原嵩草和花莛驴蹄草。

2）西藏嵩草＋高山嵩草群系：主要伴生高山嵩草、大花嵩草、高山紫菀、高原毛茛、华扁穗草、西藏早熟禾、矮金莲花、青藏马先蒿、斜茎黄芪、珠芽蓼和紫菀。

3）青藏薹草群系：主要伴生矮金莲花、多裂委陵菜、高山薹草、高原毛茛、蕨麻、赖草、西藏报春、早熟禾和长花马先蒿。

4）西藏嵩草＋青藏薹草群系：主要伴生赤箭嵩草、高山薹草、高山紫菀、赖草、青藏马先蒿、细叶西伯利亚蓼和斜茎黄芪。

5）华扁穗草群系：主要伴生高原毛茛、西藏嵩草、西藏报春、笔直黄芪、赤箭嵩草、海韭菜、碱毛茛、蕨麻和杉叶藻。

6）华扁穗草＋西藏嵩草群系：主要伴生高原毛茛、海韭菜、花莛驴蹄草、高山薹草、蕨麻、矮金莲花、高山紫菀、矮火绒草、大花嵩草、矮生嵩草、高山嵩草、蒲公英、青藏薹草和早熟禾。

7）赤箭嵩草群系：主要伴生大白刺、蕨麻、西藏早熟禾、云生毛茛、紫菀、矮金莲花、多裂委陵菜、高山薹草和高山紫菀。

8）杉叶藻群系：主要伴生西藏嵩草和碱毛茛。

9）海韭菜群系：主要伴生西藏嵩草、高原毛茛和水蓼。

10）碱毛茛群系：主要伴生高原毛茛、海韭菜、高山薹草和杉叶藻。

3. 藏南－藏东高山谷地沼泽区

藏南－藏东高山谷地沼泽区属于高原温带气候，年平均气温10℃左右，全年降水量一般为500～1000 mm。该区南部气候温凉而较干燥，大部分地区年均温0～8℃，全年降水量250～550 mm。

沼泽水源补给主要靠大气降水、河水、湖水、地下水和泉水，土壤类型包括泥炭沼泽土、泥炭土、草甸沼泽土、沼泽土和腐殖质沼泽土，主要是草本沼泽和木本沼泽。

（1）草本沼泽模式

1）西藏嵩草群系：主要伴生委陵菜、紫菀、龙胆、华扁穗草、返顾马先蒿、早熟禾、珠芽蓼、矮金莲花和海韭菜。

2）华扁穗草群系：主要伴生粉报春、碱毛茛、蕨麻、菌草、委陵菜、西藏报春、西藏嵩草和云生毛茛。

3）华扁穗草＋西藏嵩草群系：主要伴生紫菀、粉报春、蕨麻、委陵菜、碱毛茛、蓝白龙胆、珠芽蓼、海韭菜和毛茛。

4）高山嵩草群系：主要伴生矮地榆、华扁穗草、蕨麻、云生毛茛、褐毛垂头菊、黑褐穗薹草、龙胆、三脉梅花草、四川嵩草和线叶龙胆。

5）杉叶藻群系：主要伴生华扁穗草、毛茛、垂穗披碱草、水蓼、西藏嵩草和碱毛茛。

6）水葱群系：主要伴生杉叶藻、碱毛茛、菖蒲、返顾马先蒿、海韭菜、卵穗荸荠、菌草、委陵菜和西藏嵩草。

7）四川嵩草群系：主要伴生矮地榆、管花马先蒿、花莛驴蹄草、陕甘灯心草、线叶龙胆、珠芽蓼、阿洼早熟禾、辐射龙胆、海韭菜和褐毛垂头菊。

8）芦苇群系：主要伴生委陵菜、水葱、水蓼和杉叶藻。

9）线叶嵩草群系：主要伴生矮地榆、高原嵩草、花莛驴蹄草、线叶龙胆、黑褐穗薹草、四川嵩草、鸭首马先蒿、银叶火绒草、阿洼早熟禾和辐射龙胆。

（2）木本沼泽模式

密枝杜鹃群系：主要伴生巴塘紫菀、矮地榆、高山大戟、苞叶大黄、条叶垂头菊、圆穗蓼、川西小黄菊、陕甘灯心草、小薹草和珠芽蓼。

4. 若尔盖高原沼泽区

若尔盖高原沼泽区属于青藏高原寒温带湿润气候，年平均气温0.6～1.2℃，1月平均气温–10.7℃，7月平均气温10.9℃。年平均降水量494～837 mm，降水集中在5～10月，其降水量约占全年的

90%，降水频率较大、强度较小。

泥炭土是该区沼泽最主要的土壤类型，有机质含量大于 50%，泥炭厚度 1～4 m，局部厚达 7～8.5 m，另外也分布一定面积的高原沼泽土和沼泽草甸土。沼泽水源补给主要靠大气降水、地下水、河水和地表水。

（1）草本沼泽模式

1）华扁穗草群系：主要伴生碱毛茛、华西委陵菜、蕨麻、矮泽芹、驴蹄草、木贼、大花嵩草、高原毛茛和平车前。

2）西藏嵩草群系：主要伴生花莛驴蹄草、蕨麻、矮地榆、海韭菜、矮泽芹、星状雪兔子、早熟禾、草地早熟禾、垂穗披碱草和大花肋柱花。

3）华扁穗草 + 西藏嵩草群系：主要伴生蕨麻、矮泽芹、甘肃嵩草、梅花草、早熟禾、珠芽蓼、垂穗披碱草、风毛菊和花莛驴蹄草。

4）木里薹草群系：主要伴生花莛驴蹄草、矮地榆、葱状灯心草、高山水芹、矮泽芹、黄帚橐吾、狸藻、木贼、雅灯心草和云生毛茛。

5）高山嵩草群系：主要伴生蕨麻、草地早熟禾、毛茛、花莛驴蹄草、青藏马先蒿、水麦冬、小薹草、垂穗披碱草、阿洼早熟禾、矮火绒草、高原毛茛和高原嵩草。

6）早熟禾群系：主要伴生花莛驴蹄草、蕨麻、珠芽蓼、垂穗披碱草、葱状灯心草、大戟、甘肃嵩草、碱毛茛、狸藻、杉叶藻、水毛茛和小薹草。

7）青藏薹草群系：主要伴生矮地榆、高山水芹、花莛驴蹄草、葱状灯心草、大花肋柱花、木里薹草、缘毛紫菀、矮泽芹、西藏嵩草和矮金莲花。

8）四川嵩草群系：主要伴生花莛驴蹄草、矮地榆、管花马先蒿、青藏金莲花、陕甘灯心草、条叶垂头菊、线叶龙胆、星状雪兔子、雅灯心草和珠芽蓼。

9）线叶嵩草群系：主要伴生花莛驴蹄草、阿洼早熟禾、巴塘紫菀、高原毛茛、条叶垂头菊、银叶火绒草、矮地榆、扁蕾、车前和川滇蕨麻。

10）草地早熟禾群系：主要伴生垂穗披碱草、海乳草、蕨麻、麻花艽、毛茛、梅花草、田葛缕子、喜马拉雅滇藁本、小米草和中国马先蒿。

11）木贼群系：主要伴生葱状灯心草、高山水芹、华扁穗草、狸藻、木里薹草、青藏薹草、杉叶藻和水毛茛。

12）矮生嵩草群系：主要伴生矮地榆、矮泽芹、华西委陵菜、缘毛紫菀、花莛驴蹄草、葱状灯心草、狼毒、肉果草、条叶银莲花、小薹草和星状雪兔子。

13）垂穗披碱草群系：主要伴生草地早熟禾、毛茛、蒲公英、珠芽蓼、凤仙花、高山韭、蕨麻、小米草、银莲花和中国马先蒿。

14）匍茎嵩草群系：主要伴生甘肃嵩草、黑褐穗薹草、肉果草、西伯利亚蓼、线叶嵩草、银叶火绒草、矮金莲花、草地早熟禾、高原毛茛和管状长花马先蒿。

（2）水生植被模式

金鱼藻群系：主要伴生草地早熟禾、黑三棱、碱毛茛、狸藻、两栖蓼、毛茛、木贼、牛毛毡、水田稗和泽芹。

5. 云贵高原沼泽区

云贵高原沼泽区属于南亚热带季风气候，干湿两季分明。年平均气温 3～24℃，最冷月 1 月平均气温为 –6.0～16.6℃，最热月 7 月平均气温为 16～28℃，≥10℃的积温一般在 4500～7500℃。

年降水量 600 ～ 2000 mm，东部、西部及南部降水量大，可达 1500 ～ 2000 mm，中部及北部减少为 500 ～ 600 mm；4 ～ 10 月降水量占全年总降水量的 85% ～ 95%。

沼泽主要补给水源为大气降水、地下水、河水和湖水，土壤类型有湖泊沼泽土、草甸沼泽土、沼泽土、泥炭沼泽土和泥炭土。

（1）草本沼泽模式

1）菰群系：主要伴生芦竹、灯心草、狐尾藻、水蓼、香蒲、稗、扁秆荆三棱、凤眼莲、高山早熟禾和假稻。

2）芦苇群系：主要伴生假稻、喜旱莲子草、蚕茧草、齿果酸模、大籽蒿、菰、鬼针草、槐叶苹、双穗雀稗和水蓼。

3）芦竹群系：主要伴生菰、光叶眼子菜、假稻、水蓼、喜旱莲子草和腺茎柳叶菜。

4）香蒲群系：主要伴生马唐、喜旱莲子草和水蓼。

5）灯心草群系：主要伴生黄绿香青、丽江蓼、白车轴草、薄荷、洱源苦草、节节菜、浅黄皱褶马先蒿、窃衣、石胡荽和水蓼。

6）假稻群系：主要伴生菰、高山凤仙花、苦草、水芹、喜旱莲子草、香蒲、长苞谷精草、褐穗莎草和花蔺。

7）三棱水葱群系：主要伴生灯心草、十字马唐、水芹、水莎草、四叶葎、西南飘拂草、野慈姑、异型莎草和泽泻。

8）水蓼群系：主要伴生灯心草、黄绿香青、绣球防风、菰、车前、高薹菜、细叶小苦荬、酢浆草、百球藨草和抱茎石龙尾。

（2）水生植被模式

1）荇菜群系：主要伴生喜旱莲子草、大茨藻、杉叶藻、水葱、灯心草、菰、狐尾藻、黄花狸藻、节节菜和马唐。

2）莼菜群系：主要伴生金鱼藻、满江红、睡莲、细金鱼藻、荇菜、欧菱。

3）金鱼藻群系：主要伴生竹叶眼子菜、莼菜、黑藻、狐尾藻、马唐、欧菱、杉叶藻、微齿眼子菜、喜旱莲子草和荇菜。

4）满江红群系：主要伴生莼菜、凤眼莲、菰、金鱼藻、两栖蓼、马唐、尼泊尔蓼、喜旱莲子草和荇菜。

5）波叶海菜花群系：主要伴生狐尾藻。

五、滨海分布区

（一）本区沼泽分布特征

我国具有南北展布的大陆海岸线，海岸线北起鸭绿江口，南到北仑河口，海域广阔。滨海沼泽分布于我国东部及南部沿海区域，涉及沿海 11 个省（自治区、直辖市）和港澳台地区。滨海湿地分布区横跨多个纬度带，从南到北由热带到中温带，气温逐渐降低，雨量逐渐减少，具有明显的气候南北分带。在秦岭—淮河线以北多为草本沼泽，碱蓬群落是中国北方滨海湿地的重要群落。双台子河口的盐地碱蓬群落的面积曾达 20 km² （张德跃等，2019）。在沿岸带分布着盐生芦苇沼泽和红树林沼泽，但近 30 年来，互花米草群落是中国沿海出现的优势群落，分布在 80 多个县（市）（张慧等，2022；Liu et al.，2018）。同时也有研究表明无瓣海桑的引入会通过改变红树林生态系统中影响甲烷循环的微生物群落，进而增加甲烷排放（Yu et al.，2020）。福建、广东、广西、海南及台湾是我国滨海红树林沼泽的主要分布区（杨盛昌等，2017；沈小雪等，2020；张婉婷等，2022；Jiang et al.，2015），而海南省的红树林面积更大、更具有生物多样性。随着旅游经济和鱼塘经济的发展，该区红树林面临威胁，如海南花场湾红树林曾因大规模养殖和围垦遭到破坏，目前恢复状况良好，但仍存在外来物种入侵威胁（杨盛昌等，2017）。

（二）主要植物群系

1. 北部滨海盐沼三角洲沼泽区

北部滨海盐沼三角洲沼泽区分布于杭州湾以北，以南为滨海盐沼红树林沼泽区。多为淤泥质海滩，仅在山东半岛和辽东半岛的部分地区为岩石性海滩，沼泽主要分布在河口三角洲和沿海滩涂，均为潮间盐水沼泽。土壤类型多为盐化沼泽土、滨海盐土和盐化草甸土，沼泽水源补给以地表径流、潮汐水和大气降水为主，主要有草本沼泽和木本沼泽两种类型。

（1）草本沼泽模式

1）芦苇群系：主要伴生碱蓬、苣荬菜、盐地碱蓬、荻、罗布麻、鹅绒藤、野大豆、碱菀、狗尾草、稗、柽柳和獐毛。

2）碱蓬群系：主要伴生芦苇、柽柳、黄花蒿、白茅、二色补血草、狗尾草、苣荬菜和田菁。

3）芦苇+碱蓬群系：主要伴生鹅绒藤、苣荬菜、狗尾草、罗布麻、盐地碱蓬、中亚滨藜、稗、荻、金色狗尾草和酸模叶蓼。

4）盐地碱蓬群系：主要伴生补血草、糙叶薹草、柽柳、狗尾草、假苇拂子茅、蒌蒿、芦苇、千里光、盐角草和獐毛。

5）芦苇+盐地碱蓬群系：主要伴生碱蓬、补血草、柽柳、鹅绒藤、苣荬菜、獐毛、稗、糙叶薹草、芨芨草和假苇拂子茅。

6）互花米草群系：主要伴生补血草、柽柳、芦苇、盐地碱蓬和盐角草。

7）中亚滨藜群系：主要伴生酸模叶蓼、牛筋草、黄花蒿、春蓼和稗。

8）拂子茅群系：主要伴生柽柳和芦苇。

9）海三棱藨草群系：海三棱藨草为单建群种。

10）三棱水葱群系：三棱水葱为单建群种。

（2）木本沼泽模式

柽柳群系：主要伴生荻、鹅绒藤、狗尾草、假苇拂子茅、碱蓬、苣荬菜、芦苇、罗布麻、三棱水葱、喜旱莲子草、小香蒲、盐地碱蓬和獐毛。

2. 南部滨海盐沼红树林沼泽区

南部滨海盐沼红树林沼泽区以岩石性海滩为主，在海湾或河口的淤泥质海滩分布有红树林；属于热带、亚热带湿润气候。沼泽类型主要是红树林沼泽，尚有小面积潮间盐水沼泽。水源补给主要为海潮水、河水、大气降水和地下水，土壤主要为潮滩盐土、红树林潮滩盐土、草甸滨海盐土、沼泽土、海泥土、潮滩盐渍土，主要有草本沼泽和木本沼泽两种类型。

（1）草本沼泽模式

1）芦苇群系：主要伴生茳芏和狗牙根。

2）短叶茳芏群系：主要伴生狗牙根。

3）茳芏群系：主要伴生蜡烛果和芦苇。

4）海三棱藨草群系：海三棱藨草为单建群种。

5）互花米草群系：互花米草为单建群种。

6）南方碱蓬群系：南方碱蓬为单建群种。

（2）木本沼泽模式

1）海榄雌群系：主要伴生海漆、红海兰、红树、厚藤、蜡烛果、老鼠簕、露兜树、木榄、秋茄树和鱼藤。

2）蜡烛果群系：主要伴生短叶茳芏、海榄雌、红海兰、榄李、老鼠簕、南方碱蓬、秋茄树、无瓣海桑和鱼藤。

3）秋茄树群系：主要伴生海榄雌、海莲、红海兰、互花米草、蜡烛果、老鼠簕、木榄和鱼藤。

4）秋茄树 + 蜡烛果群系：主要伴生老鼠簕。

5）蜡烛果 + 海榄雌群系：蜡烛果和海榄雌为共建种。

6）榄李群系：主要伴生苦郎树和海漆。

7）海桑群系：主要伴生无瓣海桑、蜡烛果、秋茄树、杯萼海桑、老鼠簕、对叶榄李、海刀豆、海榄雌、海漆、木榄和蟛蜞菊。

8）红海兰群系：主要伴生海榄雌、角果木、蜡烛果、木榄和秋茄树。

9）木榄群系：主要伴生海莲、红海兰、蜡烛果、秋茄树、椰子和鱼藤。

10）红树群系：主要伴生海榄雌、海莲、角果木、蜡烛果、卤蕨和鱼藤。

11）银叶树群系：主要伴生木榄、蜡烛果、秋茄树、海漆和老鼠簕。

第五章
沼泽的生态特征

第一节　沼泽的复杂性、特殊性与稳定性

一、沼泽的复杂性

沼泽是位于陆地与水体过渡地带的复杂自然综合体，既具有陆生生态系统的地带性分布特点，又具有水生生态系统的地带性分布特点，表现出水陆相间的过渡性分布规律。由于沼泽生态系统兼具丰富的陆生和水生动植物资源，形成了其他任何单一生态系统都无法比拟的天然基因库和独特的生境。沼泽植物群落组成和结构复杂多样，具有不同植物起源的各种植物集合体。沼泽动物群落组成也复杂多样，两栖类和涉禽是沼泽生态系统典型动物，且多种珍稀水鸟栖息繁衍于此。沼泽水源补给（大气降水、河湖泛滥和地下水等）、赋存形式（停滞地表、储存草根层等）、运移方式（表面流、表层流等）、水化学性质（矿化度低、有机酸和铁锰含量高等）等复杂多变，从而导致沼泽土壤中复杂的生物地球化学循环过程。

沼泽复杂性表现之一为沼泽类型和分布多样。我国是湿地资源最丰富的国家之一，沼泽类型十分复杂，拥有世界上绝大多数沼泽类型。同时，我国地域辽阔，地貌类型千差万别，自然地理条件复杂，生态环境多样，影响沼泽发育的环境因子种类繁多，因此导致沼泽发育存在差异，不同地区、不同地段沼泽生态特征各具特色，形成繁多的沼泽类型。与世界主要沼泽大国相比，中国沼泽类型亦较任何一个国家复杂得多。我国沼泽类型有红树林沼泽、藓类沼泽、草本沼泽、灌丛沼泽、森林沼泽、盐沼、沼泽化草甸等，拥有世界上大部分沼泽类型，体现了我国沼泽类型的复杂性和多样性。沼泽类型的复杂性还体现在沼泽分布的广泛性和不平衡性。一方面，从热带到极地，从沿海到内陆，从平原到山地都有沼泽发育，体现了沼泽分布的广泛性；另一方面，沼泽分布具有不平衡性。在干旱条件下，沼泽很少发育或者规模很小，主要发育在山前地下水溢出带，或者发育在洼地、湖滨和河谷中，水分补给来源主要是地下水。而在降水量大于蒸发量的过湿地带，沼泽分布广泛，它不仅在负地貌中发育，还可以发育到河间地，甚至分水岭上，整个形成了沼泽景观，水分补给则主要是大气降水（黄锡畴，1988）。

二、沼泽的特殊性

沼泽既不是真正的水体，也不是真正的陆地，沼泽半水半陆的生态环境决定了它特殊和复杂的生物、物理、化学的功能过程和地理分布规律（黄锡畴，1988）。沼泽发生和赋存于水陆交界地带，是水陆相互作用和转化的特殊生态系统。沼泽形成途径可归纳为水体沼泽化和陆地沼泽化，这种水陆异源相兼的形成途径是其他非沼泽生态系统所不具有的。由于过渡性的水文情势，沼泽无机环境和生物群落也都表现出明显的过渡性质，并且在一片沼泽地中也存在沿水分梯度的生物多样性。此外，由于植物残体的厌氧分解，沼泽土壤中有机质大量积聚也是最突出特点之一，泥炭沼泽中有机质含量可高达 50%～90%。

我国沼泽不仅具有复杂多样性，还具有一些独特的沼泽类型，最为典型的是青藏高原沼泽。受华力西、印支、燕山和喜马拉雅等历次造山运动强烈褶皱隆起形成的宏观地貌格局、高海拔低温寒冷的气候条件、冰川与冻土等独特自然地理环境条件的综合影响，青藏高原是当今地球上最独特的地质－地理－生态单元，拥有世界上海拔最高、面积最大的高原湿地和高原湖群，是我国特有的高寒湿地。青藏高原植物区系以北温带分布的种类为主，草本植物是主要生活型，群落结构简单，层次分化少，明显带有高原寒冷、半湿润气候作用的痕迹。沼泽植物具有特殊适应性，藏北嵩草为沼泽的主要组成成分，

是横断山脉、东喜马拉雅区系迁移和就地特化而形成的青藏高原特有植物。青藏高原沼泽土母质多为冰碛物、冰水沉积物和冲洪积物，粗砂砾石多，黏土质地少，草根层或者泥炭层直接发育在潜育层之上。沼泽土成土过程中经常受到洪水泛滥、冰湖溃决的影响，甚至在泥炭层中也可见到水平状粉砂夹层。此外，青藏高原咸水性湿地分布范围之广、面积之大均居全国之首。这主要是由于高原区域高低起伏的地势导致众多闭流区域，高海拔地区高日照、多大风、高蒸发而少降雨的特点造成广袤的咸水性湿地。

三、沼泽的稳定性

稳定性是生态系统的重要特征之一，也是衡量生态系统健康状况的重要指标。沼泽稳定性是指沼泽生态系统所具有的保持或恢复自身结构和功能相对稳定的能力，主要通过正负反馈调节来保持平衡并达到一定的稳态。沼泽稳定性主要体现在结构稳定性和功能稳定性。湿地生态系统作为水陆相间的特殊系统类型，具有自身结构和功能的稳定性。

沼泽湿地生态系统合理的结构特征是其功能稳定的前提。当湿地生态系统面临气候变化和人类活动干扰时，生物多样性有利于增加湿地生态系统的抗干扰能力和维系稳定性，是湿地生态系统稳定性的良好指标（Li et al.，2014；Sun et al.，2022）。在物种多样性高的沼泽生态系统中，一方面，拥有着生态功能相似但对环境反应不同的物种，以此来保障整个生态系统可以因环境变化而调整自身以维持各项功能的发挥，另一方面，高生物多样性还增加了环境中所有生态位被填满的可能性，增加了适应各种环境变化的可能性。沼泽生态系统地表生物群落结构变化也是表征稳定性调控机制的重要指标（廖玉静等，2009）。此外，沼泽湿地植被结构及群落演替等过程，能够通过生物量的变化改变有机质累积速率、泥沙截留效率、有机碳分解速率等调控沼泽湿地生态系统稳定性（Kirwan and Megonigal，2013）。有研究认为土壤养分的变化及其化学计量比可以作为泥炭沼泽生态系统稳定性的评价指标（Zhang et al.，2017）。

沼泽湿地单位面积的生态服务价值最高，具有重要的生态功能，湿地功能也是衡量湿地生态系统稳定性的重要部分。水源涵养与调节是湿地生态系统最基本和最主要的支持功能，水文格局与过程是决定湿地发育、演替与自维持的决定性因子。沼泽湿地既不是水域，也不是真正的陆地，是水域和陆地之间的过渡地带，因此，沼泽通过陆地沼泽化和水域沼泽化演变而成。在长时间尺度上，沼泽湿地是一种不稳定的景观存在，只存在优势植物群落，而不存在顶极植物群落。随着气温、降水量和地表水文格局的周期性演变，湿地呈现出有规律的演变过程，特别是对于季节性湿地而言更为明显，这表明对于沼泽湿地生态系统稳定性的探讨只能在中短时间尺度上进行，并且沼泽生态系统稳定性是随水文动态而波动变化的一个阈值。正是由于这些特征，沼泽湿地生态系统对外界干扰的敏感性也远高于森林和草原等其他生态系统，恢复周期长，并且短暂的干扰也可能导致湿地消失（张仲胜等，2019）。有研究表明，沼泽的恢复能力（resilience）随着干扰程度的增加而急剧下降，土壤种子库物种丰富度和种子密度随着开垦年限的增加而迅速下降，开垦超过15年后，绝大多数的沼泽中物种已经消失，湿地自恢复难度加大（Wang et al.，2015）。因此，湿地面积恢复不等同于湿地功能恢复以及稳定性恢复（Xu et al.，2019），因为这往往需要更长的时间维度。

第二节　沼泽生物多样性丰富

沼泽是自然界最富生物多样性的生态景观之一，它对于保护生物多样性具有难以替代的生态价值。沼泽生物多样性包括物种多样性、群落多样性和遗传多样性等，并且这三者之间也是相互依存的。沼泽生态系统中不同水文、地貌、土壤、生物以及气候相互作用，产生生境、群落多样性，这可以在沼泽的多样性和复杂性中体现出来；高的生境多样性、群落多样性可以维持高的物种多样性；而不同物种对不同范围的生境适应性，表明基因遗传性丰富。沼泽生态系统是否健康有序运转，其关键是生物多样性利用和保育是否合理，沼泽高度丰富的生物多样性也是其受到普遍关注的重要原因之一（赵魁义等，2008）。

一、物种多样性

沼泽物种多样性是指沼泽生态系统内动物、植物、微生物等生物种类的丰富程度。物种多样性是衡量沼泽生物资源丰富程度的重要指标。随着现代科技，如 3S 技术、无人机技术等的发展，沼泽资源获取和调查相比之前较为深入。据现有资料初步统计，全国现有湿地植物 1691 种，隶属于 165 科522 属；其中苔藓植物 34 科 66 属 166 种，蕨类植物 18 科 23 属 43 种，种子植物 113 科 433 属 1482 种，含物种较多的科为莎草科、禾本科、豆科、菊科、眼子菜科、泥炭藓科和柳叶藓科。除丰富的植物资源外，动物资源无论在种类上还是数量上也相当丰富。据初步统计，我国共记录两栖动物 514 种，爬行动物 511 种，内陆湿地鱼类 770 种，鸟类 296 种（王凯等，2020）。

沼泽物种多样性不仅体现在物种数量上，还表现在其具有一大批湿地濒危种类、珍贵稀有动物、具有重大科学价值及重要经济价值的类群。这使得沼泽成为我国生物多样性保护重要区域，沼泽保护已引起世界生物多样性研究学界的高度重视。

（一）沼泽古老、珍稀和特有生物

湿地物种（尤其水生维管植物）具有水生和陆生植物的双重特性，像两栖动物一样被称为"两栖植物"。由于湿地"半湿半陆"生境的特殊性，水域生境长期地域隔离，因此某些湿地物种分布具有局限性，从而形成一定区域的特有物种。例如，小慈姑、水禾、延药睡莲等是沿海沼泽珍稀和特有物种，具有极高的保护价值（赵家荣等，1998）。在我国青藏高原以及西北地区的一些盐沼，盐藻、卤虫、螺旋藻、轮虫、嗜盐菌和嗜碱菌等沼泽生物特有（贾沁贤等，2017）。

（二）濒危沼泽动植物类群

哺乳动物"水中熊猫"白暨豚生活在长江中下游地区，洞庭湖通江口时有分布，是我国国家一级重点保护野生动物，目前已功能性灭绝。河狸是典型的沼泽动物，原产于新疆和东北北部河流地带，现已极少见到。珍禽丹顶鹤、赤颈鹤等涉禽都面临灭绝的威胁，数量急剧下降。赤颈鹤是鹤类中最濒危的物种，在中国仅记录于云南西部及南部，20 世纪 70 年代初曾有记录 7 ～ 8 只，70 年代中期后再未发现。中国江苏盐城沿海湿地是丹顶鹤最大越冬栖息地，据报道曾经发现超过 1000 只，但目前据国家保护区研究人员报道，现存不足 400 只（Wang et al.，2020）。沼泽高等植物中濒危种类有近百种，如盐桦、东方水韭、云贵水韭、莼菜、野生稻、长喙毛茛泽泻、泽苔草、尖叶卤蕨、海南海桑等。

（三）重大科学价值和经济价值类群

沼泽中有很多具有科学和经济价值的动植物，很多物种有药用价值、食用价值、观赏价值、经济价值和文化价值。一些具有经济价值的动物，如河狸、水獭和麝鼠都为重要的毛皮经济动物。很多鱼类和无脊椎动物如虾和蟹可被食用，为人类提供必需的营养，具有极高的食用价值。沼泽中的很多鸟类具有重要的科学价值，如中华秋沙鸭为我国特有物种，被列为国家一级重点保护野生动物；鹤类不仅可以作为沼泽生态环境的指示物种，也是研究鸟类迁飞路线及其机制的关键物种；还有很多鸟类具有极高的观赏价值和文化价值，如丹顶鹤、鸳鸯、鸿雁等。

我国利用植物纤维制作布料、绳索等物品有着悠久的历史，生活在沼泽及其周围的人们也积累了丰富的利用沼泽植物提取和利用纤维的知识。Zhang 等（2014）研究发现，我国传统可利用的湿地植物有66 科 187 属 350 种，用途广泛。物种数量排名前 10 位的分别为禾本科、蓼科、莎草科、唇形科、菊科、毛茛科、水鳖科、眼子菜科、豆科和十字花科，占所有可利用物种总数的 58.6%。这些科在我国湿地植被中占主导地位。三种最广泛使用的属是蓼属、眼子菜属和莎草属。湿地植物的主要用途是药材、食物和饲料，有 70% 被记录为药用，近一半被用作饲料，很少被用作食物；用于绿肥、纤维或工业原料来源的植物数量有所减少，但这些都是重要的用途类型；用于制作农药的有 26 个物种（占全部物种的 7.4%，如打破碗花花），用于酿酒的 22 个物种（占 6.3%，如牛至）；还有些植物用于皮肤护理，如薏苡和菰；其他用于房屋建造的植物，如芦竹、荻和芦苇；用于观赏的植物，如红蓼、鸢尾。

二、群落多样性

对任何一个物种与其环境之间的关系研究都离不开它所在的群落（Shelford，1929）。群落多样性是一个群落的基本特征，也是生态系统结构与功能的组成因素。群落多样性包括两个统计量：群落包含的物种数目和各个物种的相对多度，分别用于描述群落多样性和结构稳定性（周红章，2000）。生活型作为植物的一种生态分类单位，是植物对周围生境适应后在其生理、结构、外部形态上的一种具体表现，其形成可体现植物对不同环境的趋同适应。群落的生活型谱可反映各类群落的生境特点，并且建群种的生活型往往决定着群落的形态和外貌（Walter，1979）。例如，三江平原沼泽和沼泽化草甸主要优势植物群落多为毛薹草和大叶章群落（谭稳稳等，2020）；大兴安岭冻土区灌木层主要优势植物群落多为柴桦群落，草本层主要优势植物群落多为白毛羊胡子草群落等；莫莫格湿地优势植物群落多为耐盐碱的芦苇群落和碱蓬群落（张洺也等，2021）；滨海湿地植物群落主要表现为红树林；若尔盖高原湿地植物群落主要表现为乌拉草、木里薹草群落（汤木子，2022）等，体现了丰富的沼泽植物群落多样性。水分和养分等环境梯度是植物组成及丰富度的主控因子，通过生境分布模型法构建优势种分布对水深变化的响应模型，确定植物优势种分布的关键水深生态参数（Lou et al.，2018）。此外，植物群落的组成与多样性水平能够体现湿地的健康状况，用来指示退化湿地的修复水平（永智丞等，2020；张洺也等，2021）。沼泽无脊椎动物如水生螺类等作为沼泽生态系统的重要组成部分，其群落组成和多样性能够对洪泛湿地水文连通性的阻隔效应以及湿地开垦等过程产生高度敏感的响应（Wu et al.，2017）。沼泽土壤微生物群落组成和多样性由土壤理化性质以及各种环境因素（如水文、植被等）决定。水分梯度的变化能够导致沼泽土壤真菌营养型和功能类群组成发生变化，沼泽以内生－植物病原菌为主要功能类群，沼泽化草甸则以未定义腐生菌为主要功能类群；随着水分的降低，由病原－共生过渡型和病原－腐生过渡型向腐生－共生过渡型和腐生营养型转变，并且真菌功能呈现复杂化（刘会会等，2022）。

三、遗传多样性

遗传多样性是生物经过长期的发展进化形成的一种自然属性，是所有生物携带的遗传信息总和（曹铭昌等，2013）。遗传多样性是衡量特定物种及其种群适应环境变化的重要指标，是物种生存和进化的内在基础。沼泽是水陆相互作用形成的、具有过渡性质的半水半陆的天然生态系统，物种丰富是其基本特征，因此形成了其他任何单一生态系统无法比拟的独特环境和天然基因库。沼泽生态系统中每个物种都有自己的遗传特性，不同遗传特性视为不同的种质。生物种质多样性即遗传多样性（基因多样性），决定物种多样性，物种是其基础和载体。尽管物种多样性是遗传多样性的一种测度，但不能代表种群内的遗传多样性，因为遗传多样性代表的是物种进化的可能。在滨海湿地等物种组成单一、群落多样性较低的生态系统中，植物优势种的遗传多样性可能与物种多样性作用同等或更重要（张俪文和韩广轩，2018；Crawford and Rudgers，2012）。

沼泽遗传多样性除了在物种进化中有重要作用，在生态系统初级生产力、种群恢复力稳定性、群落结构等方面也有着重要的应用。由于非加性效应中的生态位互补机制，加拿大一枝黄花基因型丰富度最高的样方比单基因型样方的地上生态系统净初级生产力高 36%（Crutsinger et al.，2006；张俪文和韩广轩，2018）。互花米草基因型丰富度提高了其最远扩散距离、斑块面积、植株数和生物量等扩散能力，并抑制了土著种海三棱藨草的生长，反映了生态位互补和抽样效应（Wang et al.，2012）。随着全球变化加剧，极端环境事件频发，植物基因型丰富度往往能够通过表现出更快的恢复能力（Hughes and Stachowicz，2004）、面临外来物种入侵时增加土著物种的基因型丰度来抵御外来昆虫啃食（Mc Art and Thaler，2013）等策略进而来提高生态系统的稳定性。沼泽遗传多样性研究还可以揭示物种历史动态问题，也能为进一步分析其进化动力和未来的趋势提供重要的参考数据，尤其对于一些稀有物种和濒危物种更是有非常重要的研究意义。

第三节　独特的水成土壤过程

湿地土壤通常被称为水成土壤（hydric soil），水成土壤一词最早出现于 1979 年 Cowardin 湿地分类体系中对自然湿地土壤的描述。沼泽水成土壤过程是土壤表层有机质泥炭化或腐殖质化以及下部矿质层的潜育化过程。水分是决定沼泽化过程及其发展的主要因素。同时受气候、地形等因素的制约。气候潮湿、地形低洼或分水岭的碟形地，有长期的季节性冻层或岛状、片状多年冻土层的存在使得排水途径受阻，促进了土壤过湿沼泽化以及水成土壤的发展。

一、干湿交替的水文条件

沼泽是发育于水陆环境过渡地带的生态系统，使得沼泽生态系统既不同于排水良好的陆地生态系统，也不同于开放式的水生生态系统，具有独特的水文特征。水文条件是维系湿地生态系统稳定和控制湿地形成与发育的主要驱动力（Reddy and DeLaune，2008）。湿地水位通常不是恒定的，而是具有波动性变化特征。不同的湿地类型具有不同的水文周期，水文周期年际的稳定格局决定了湿地的稳定性。干湿交替水文条件对沼泽植被组成以及植物物种丰富度和多样性产生影响，最终导致群落演替。三江平原沼泽随着淹水深度的增加，湿地植被往往呈现以大叶章、瘤囊薹草、毛薹草、漂筏薹草为主的群落（Lou et al.，2015）；松嫩平原的扎龙湿地和向海湿地，生境旱化时羊草为优势种群，生境湿化时芦苇为优势种群，芦苇沼泽群落和羊草草甸群落随生境干湿交替过程而交替出现（田迅等，2004）。然而，水文条件变化与湿地植物间的直接联系难以建立，这更多地取决于营养状况与水位条件的影响（Gilvear and Bradley，2000）。

干湿交替周期与沼泽植物生长和生理状况密切相关。对瘤囊薹草草丘的研究表明，在瘤囊薹草生长初期，保持较长周期的干湿交替有利于促进其生长和叶绿素含量的提高，而生长后期适宜的补水和缩短干湿交替周期可以有效增强瘤囊薹草物质积累的能力，增加生物量，这为瘤囊薹草草丘湿地的恢复与保护提供了科学依据（张冬杰等，2018）。对于非永久性沼泽或者季节性沼泽，如沼泽化草甸，环境的干湿交替特征随植物生长季气温和降水量变化而发生一定的变化，湿地水文状况对降水量的季节性变化非常敏感。降水量的变化会显著地改变湿地水文和水生生态系统，即使降水量、蒸发、蒸腾等因素引发地表水或地下水发生几厘米变化，也足以导致湿地面积的变化，甚至改变湿地类型（Burket and Kusler，2000）。由潮汐作用而引发的水位干湿交替通常带来较高的湿地生产力，受潮汐作用频繁影响的盐沼湿地通常比偶尔浸水湿地生产力高，这主要是由于潮汐作用提供了营养物质的补给和盐分等有害物质的淋洗，从而具有较高的初级生产力（韩广轩，2017）。

二、土壤腐殖质化过程

沼泽土壤腐殖化过程是指淹水条件下，湿生植物生长旺盛，当植物死亡后，有机质经厌氧微生物嫌气分解以不同分解程度的植物残体形式在土壤上层不断积累的成土过程。由于水热条件、植被类型以及地貌结构差异，沼泽土壤腐殖质累积和腐殖化过程也各不相同，但往往在土壤上层形成暗色的腐殖质层。泥炭土壤通常腐殖化程度高，总有机碳含量往往高于 12%。

水热环境条件是沼泽土壤腐殖质形成的基础，不仅决定了植物种类和生长，还制约着植物死亡后残体的分解强度（张则有，1993）。植物种类和生物量则进一步影响着土壤积累的腐殖质量以及土壤的理化性质。东北湿润的寒温带和中温带沼泽形成的最有利环境要素首先是气候条件，气温低、地表冻结时间长，形成大片连续多年冻土、岛状多年冻土以及季节冻土区，起着阻隔地表水排泄作用，促使地表过湿，促进了沼泽发育和形成。沼泽土壤中泥炭层能够隔热和储存水分，具有独特的热力学性质，泥炭导热率很小，一般为 $4 \times 10^{-3} \sim 6 \times 10^{-3}$ J/(cm·s·℃)，保护冻土处于稳定或增生状态。青藏高原沼泽形成也是由于高原高海拔冷湿气候，尽管气温较低，但太阳总辐射量较大，因此各种草本植物生长茂盛，加之季节冻土广布，土壤表层温度低，死亡的沼泽植物难以分解，从而形成大面积泥炭沼泽，其中若尔盖高原是世界上最大的高原型泥炭沼泽（Li et al.，2015）。沼泽土壤腐殖化剖面见图 5-1。

图 5-1　泥炭沼泽土壤剖面（马学慧 摄）

三、土壤潜育化过程

（一）土壤潜育化形态特征及形成机理

土壤潜育化一般发生在具有充分淹水条件、丰富有机质以及兼性或者嫌气性微生物区系等区域。沼泽土壤潜育化过程是以铁、锰还原作用为主，与其他生物化学及氧化还原过程相互联系和相互影响的成土过程（董元华和徐琪，1990）。在淹水条件下，土壤厌氧还原状况为铁锰氧化物还原提供了理想条件，土壤孔隙水中主要以还原的铁离子、锰离子形式存在。当水位下降时，还原的 Fe^{2+} 和 Mn^{2+} 以及其他的碱性阳离子向下运移，土壤团聚体的中间部分可能仍然保持厌氧状态，而土壤团聚体的表层由于氧气的扩散而呈现好氧状态。厌氧区域可溶性 Fe^{2+} 和 Mn^{2+} 在土壤基质中传递，当碰到好氧区域时氧化沉淀。整个过程通常是异质性的，从而导致一部分土壤基质一种颜色，而另一部分因铁锰结核而呈现另一种颜色。在土壤从非饱和、好氧到饱和的氧化还原过渡带，土壤斑点往往形成。在这一过程中，土壤团聚体中心由于仍然处于厌氧还原状态而呈现灰色或蓝灰色，而外层的 Fe^{2+} 和 Mn^{2+} 分别被氧化为铁和锰的氧化物，呈现棕色。随后，如果土壤长时间处于排水干旱状态，处于土壤团聚体中心的 Fe^{2+} 和 Mn^{2+} 也会被完全氧化。干旱土壤再次淹水后，土壤团聚体之间仍处于好氧状态，而外层淹水还原，可能存在 Fe^{2+} 和 Mn^{2+}（图 5-2）。这一过程通常非常短暂（Reddy and DeLaune，2008）。

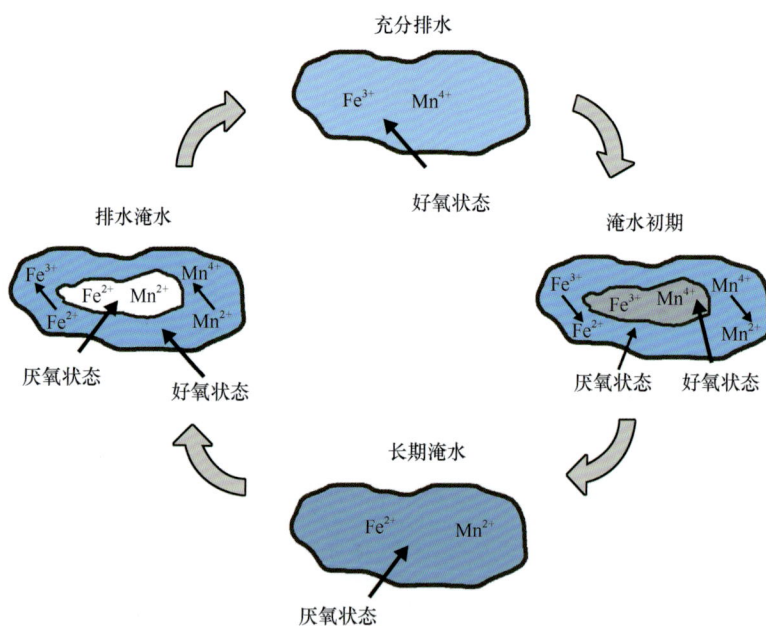

图 5-2　土壤干湿交替条件下铁锰氧化还原状态（改自 Reddy and DeLaune，2008）

当沼泽土壤渍水还原作用占优势时，土壤有机质易分解部分被厌氧微生物分解，产生有机和无机还原物质及一系列中间产物（包括低分子碳水化合物、硫化物、酸类及酚类等），从而影响土壤矿质元素如铁、锰的溶解和活化，也能与铁、锰等形成水溶性络合物。潜育土壤中最常见的铁矿物是纤铁矿和针铁矿，其中针铁矿多见于表潜土壤，而纤铁矿多出现在锈斑层。强烈潜育化的土壤，地下水中含铁量比较高，因而铁的新生矿物较多，还原层可能会存在蓝铁矿、黄铁矿和菱铁矿等。铁锰结核也常出现于植物根系周围（Jia et al.，2018）。出现在铁锰这些还原物质长期聚集形成灰或蓝灰色的潜育层,有的甚至全层潜育。潜育沼泽土壤剖面见图5-3。

不受地下水影响的高寒草甸非水成土,也能够发生土壤潜育化过程,主要发生在冬季植物非生长季(图5-4)。这是由于土壤季节性冻融过程使表层土壤浸没在冰水中,土壤与大气交换过程受阻,为潜育化过程提供了天然的还原条件;此外,高寒草甸土腐殖质层含有较高的土壤有机质含量,为土壤潜育化的发生提供了必要条件(林笠等,2016)。

(二)土壤潜育化诊断指标

地下水位埋深太浅是产生土壤潜育化的重要原因,浅层地下水位的抬升或下降直接影响土壤潜育化过程。当地下水位常年小于30 cm时,土壤终年湿润不干,土体分散烂糊,会全层潜育;当埋深小于60 cm时,就可能产生土壤潜育化或沼泽化;当水位埋深大于60 cm,尤其是大于100 cm时,土壤一般难于产生潜育化或沼泽化。土壤潜育化程度可根据某些指标进行鉴定(表5-1)。

图5-3　潜育沼泽土壤剖面(李鸿凯 摄)

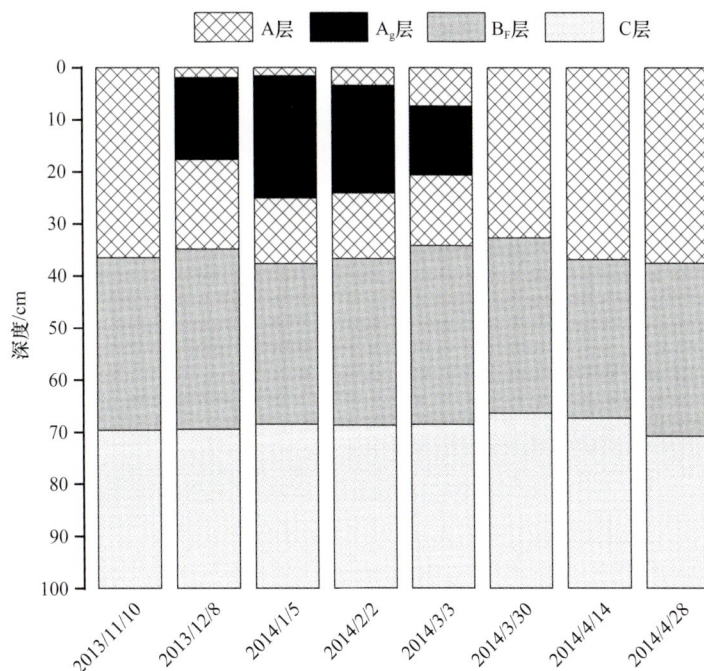

图5-4　青藏高原高寒草甸季节性潜育化土壤剖面构型示意图(林笠等,2016)

A层.腐殖质层;A_g层.潜育层;B_r层.砾幂淀积层;C层.母质层

表 5-1 不同程度潜育化土壤诊断指标

土壤类型	活性还原物质/(c mol/kg)	亚铁/(c mol/kg)	Eh/(mV)	水位	土色	土质
沼泽型	>3.0	>2.5	<100	地表积水	青黑	黏重
重潜型	0.7~3.0	0.5~2.5	100~300	<40	青黑	黏重
中、轻潜型	0.1~0.7	0.05~0.5	300~500	50~80	灰褐	黏
脱潜型	<0.1	<0.05	>500	>85	灰黄	黏壤粉黏

注：Eh. 氧化还原电位

第六章
沼泽生态系统的结构

"生态系统"这一科学术语最早由英国生态学家坦斯利 A.（Tansley A.）于 1935 年提出，他将生态系统定义为"由有机体集合与物理环境共同组成的系统"。此后由美国生态学家奥德姆 H.（Odum H.）和生物学家奥德姆 E.（Odum E.）将物质流和能量流的概念引入生态系统研究之中。目前广泛接受的生态系统定义为：在一个特定环境内，相互作用的所有生物（植物、动物及微生物）和非生物因子（如土壤、光照、降水、温度、地形等）的统称。此特定环境内的非生物因子和生物之间相互作用，不断地进行物质的交换和能量的传递，并借由物质流和能量流的连接，而形成一个整体，即生态系统。

沼泽生态系统就是沼泽生物群落与沼泽环境相互作用的统一体。这是一种独特的自然综合体，发育于陆地生态系统（如森林、草甸）与水生生态系统（如河流、湖泊）之间的过渡带，兼有上述两者生态系统的特征，但同时具有沼泽生态系统的独特属性。水文条件是决定沼泽生态系统结构和功能的首要因子。沼泽通常处于土壤水分饱和或有薄层积水的状态，从而导致了沼泽以厌氧过程为主导的土壤环境，并因此形成适应淹水、厌氧环境的独特生物群落。沼泽与陆生生态系统的分界在水分饱和范围的边缘，与水生生态系统的分界相当于挺水植物（沼生植物）可以生长的范围边界。

沼泽生态系统结构包括沼泽生态系统的各组成成分及其组织形式，了解沼泽生态系统的结构是了解各成分之间相互作用过程（即沼泽生态系统功能）的前提。

第一节　沼泽生态系统的结构特征

沼泽生态系统的结构可分为两大部分：生物部分（生物群落）和非生物部分（无机环境）。非生物部分包括：①媒质：水、空气；②基质：土壤、泥炭；③生物代谢原料：太阳能（光）、CO_2、H_2O、O_2、无机盐、有机物等。生物部分根据营养和能量获取方式以及在能量流通和物质循环中所起作用的不同，可分为三大基本类群：①生产者（自养生物），包括所有进行光合作用的沼泽植物和浮游生物（藻类和自养细菌）；②消费者（异养生物），包括在沼泽中的各类动物以及某些腐生、寄生菌类，依赖生产者的有机物为营养来源，以维持自身的生命活动；③分解者（异养生物），如细菌、真菌、霉菌、放线菌以及土壤原生动物和小型无脊椎动物，以分解有机物为生。

一、沼泽生态系统的非生物环境

（一）沼泽生态系统的水分特征

水分条件是维持沼泽生态系统结构的决定因素，它控制了沼泽土壤的厌氧环境和营养水平，从而塑造了沼泽独特的生物群落。沼泽水源补给形式主要有以下 6 种途径：地下水、地表水、河水、湖水、大气降水和潮汐补给。

1. 沼泽生态系统的水分补给

地下水补给是沼泽形成、发育的基础条件。地下水补给量的大小和稳定程度，决定沼泽规模、范围和有无泥炭层的积累。地下水含有大量可溶性盐类，沼泽形成和发育初期一般属于富营养沼泽；若地下水补给年际变化显著，一般不能形成泥炭，沼泽长期处于富养阶段，如三江平原的灰脉薹草+乌拉草沼泽类型；若补给稳定，则可形成泥炭沼泽，如西藏藏南扇缘西藏嵩草沼泽类型。

地表水主要指地表、坡面径流、高寒地区冰雪融水，属于季节性补给，与当地大气降水和春季融水模式相一致，如藏南冰水洼地西藏嵩草沼泽。

河水补给的沼泽类型分布较广，其中包括沼泽化河流和洪水季节河水泛滥，河漫滩积水，前者为稳定补给，后者为季节性补给，如三江平原挠力河、七星河、别拉洪河的芦苇沼泽、漂筏薹草＋大叶章沼泽、漂筏薹草＋狭叶甜茅和内蒙古辉河芦苇沼泽等。主要受河水补给的沼泽，其淹水的强度、持续时间和频率往往存在明显的年际变化。

湖水补给的沼泽类型分布也很广，由于湖水水位稳定，沼泽从湖滨开始，向湖心发展，并形成泥炭积累，而成为水体沼泽化的模式，如小兴凯湖的大叶章沼泽；如湖水年际变化大，则不形成泥炭堆积，如洞庭湖、鄱阳湖的荻沼泽。

大气降水补给的沼泽类型主要分布在气候冷湿的山区，补给模式由当地气候条件所决定。由于降水中灰分含量低，缺少营养元素，只能生长贫营养植物，发育贫营养沼泽，如大兴安岭、小兴安岭的白齿泥炭藓沼泽、中位泥炭藓沼泽。沼泽植被对大气降水有截留作用，使得最终到达进入沼泽水体的水量小于实际降水，这一现象在森林沼泽尤为明显。

潮汐补给分布在滨海地区，通常每日会有一到两次的潮汐补给周期，补给频率随着所在位置海拔的不同而有所差异，潮汐补给不仅是滨海沼泽的直接补给水源，还决定了滨海沼泽的盐度水平，如红树林和滨海盐沼等。由于潮汐的搬运作用，在潮汐作用主导下形成的滨海沼泽通常地表较为平坦一致，微地貌发育不明显。

然而，在自然界中，只有一种水分补给的沼泽极少，一般由两种以上水源补给，即混合补给的沼泽占绝大多数。

2. 沼泽生态系统的水环境

不同水分补给类型下，沼泽生态系统的水化学特征存在明显差异（表 6-1），这是由于沼泽水体受区域水文地质条件和生物化学作用的共同影响。地表水和地下水补给的沼泽体，其水化学类型为 HCO_3^--Ca·Na、HCO_3^--Ca·Mg 型，矿化度为 0.09～1.0 g/L，pH 通常在 5.5～7.5。

表 6-1　不同水源补给的沼泽水化学特征

水源补给	矿化度/(g/L)	pH	水化学类型	地点
地下水	0.25	6.5	HCO_3^--Ca·Na	藏南仲巴
地表水	0.31	6.0	HCO_3^-·SO_4^{2-}-Ca·Na	藏南亚东
河水	0.06	7.0	HCO_3^--Na	黑龙江富锦
湖水	0.33	7.0	HCO_3^--Ca·Na·Mg	黑龙江密山
降水	0.03	5.3	HCO_3^--Na	湖北

河水、湖水补给沼泽体水化学类型为 HCO_3^--Na、HCO_3^--Ca·Na·Mg、SO_4^{2-}·HCO_3^--K·Na 型，矿化度通常在 0.06～2 g/L，pH 7.0 左右。

大气降水补给的沼泽体，其水化学类型为 HCO_3^--Na 型或 HCO_3^--Na·Ca 型，矿化度低，为 0.03～0.06 g/L，pH 通常小于 5.5。

以三江平原沼泽为例（表 6-2），三江平原沼泽水体是 HCO_3^--Ca·Mg 型和 HCO_3^--Ca·Na 型，在离子中，HCO_3^- 含量占绝对优势，显著高于世界河水平均值，阳离子以 Ca^{2+}、Mg^{2+} 为主；金属元素含量 Fe＞Mn＞Cu＞Zn；沼泽水中的营养元素 N、P、K 含量均较高，其中 K 含量最高，这与沼泽中植物残体堆积有关，植物死亡后在植物体内富集的 K 很容易从植物残体中淋洗释放，从而导致沼泽地表水中较高的 K 含量。

表 6-2　三江平原沼泽水化学组成（张芸等，2005）　　　　　　（单位：mg/L）

	N	P	Ca²⁺	Mg²⁺	NO₃⁻	HCO₃⁻	SO₄²⁻	Fe	Mn	Cu	Zn	K
沼泽地表水	1.51	0.70	8.02	7.29	1.0	124.44	1.6	0.96	0.05	0.04	0.03	8.26
沼泽区河水	0.33	0.10	12.2	14.5	0.9	168.5	1.5	0.19	0.75	0.02	0.03	1.5
世界河水平均	0.2	0.02	1.5	4.1	—	58.4	11.2	0.67	0.005	0.005	0.01	2.3

沼泽水体中各种化学元素相对的水迁移特征，可用水迁移系数，即水的矿物残渣中元素的含量与土壤中元素含量的比值予以表征。三江平原沼泽生态环境中，Ca、Mg、Cu、Mn 等元素的水迁移能力较其他元素强，而 Fe、K、Zn 等元素的水迁移能力较其他元素弱。这与热带、亚热带地区的淹水条件下元素的水迁移次序（Ca＞Mn＞Mg＞Na＞P＞K＞Fe＞Si＞Al）基本吻合，表明沼泽土壤处于还原状态。

除了受水源补给形式的直接影响，沼泽水体的化学特征还受到许多其他因素的共同调控，如受气候因素影响，干旱区沼泽由于强烈的蒸散发，其水体化学元素的浓度往往比湿润区沼泽更大；水量的季节性变化也会影响化学元素的浓度，通常在水量较大的季节，水体化学元素浓度更低；此外，人类活动的影响已越来越成为一个不可忽略的因素，人为排放的化学物质会直接改变沼泽水体的化学组成和浓度。

（二）沼泽生态系统的土壤特征

沼泽土壤是一种水成土壤，饱和或淹水环境使得土壤上部长时间处于厌氧状态，并在相应的生物化学过程中形成了沼泽土壤。其形成过程的主要特征是地表形成泥炭层，或无泥炭层但其下层矿物质潜育化。在饱和或淹水条件下，沼生植物和水生植物的凋落物和有机残体由于厌氧环境，有机质无法被彻底分解，剩余的植物残体从而逐渐堆积形成了泥炭层；当沼泽水分补给不稳定时，如少雨季节，沼泽水位下降使得有机残体在好气条件下被分解，则不能形成泥炭堆积。

基于沼泽土壤形成条件和演化过程的差异（参见第八章"沼泽土壤发育过程及泥炭土资源特征"），沼泽土壤可大体分为以下四类：①水域沼泽化形成泥炭土、泥炭沼泽土、腐殖质沼泽土、淤泥沼泽土；②草甸沼泽化形成草甸沼泽土；③森林沼泽化形成泥炭沼泽土、泥炭土；④红树林沼泽发育形成的红树林沼泽土。

相较于森林和草地土壤（表 6-3），沼泽土壤有机碳、全氮、全磷普遍更高，反映沼泽还原环境对植物残体分解的抑制。同时，不同沼泽受当地气候条件、植被类型等因素影响，碳氮磷水平在各地区沼泽之间也存在明显的差异，如受低温环境的制约，大兴安岭和青藏高原泥炭地有机质分解更加缓慢，土壤中碳氮磷水平也相应更高；而处于低纬度地区的沼泽，如闽江河口沼泽，微生物分解更为活跃，因此沼泽土壤的碳氮磷含量也相对较低。

表 6-3　各区域土壤碳氮磷特征比较（Liu et al.，2017）

研究区	土地类型	有机碳/(g/kg)	全氮/(g/kg)	全磷/(g/kg)	碳氮比	碳磷比	氮磷比	数据来源
大兴安岭	泥炭地	307.9	10.4	1.4	30.3	245.5	8.0	
三江平原	淡水沼泽	255.3	9.9	1.1	25.7	243.6	9.3	Liu et al.，2017
松嫩平原	盐碱沼泽	30.1	1.0	0.3	20.1	95.9	4.7	
辽河河口	河口沼泽	45.3	1.9	0.5	22.7	86.1	3.5	
青藏高原	泥炭地	252.5	20.8	0.9	12.2	280.6	23.1	Shang et al.，2013
青藏高原	淡水沼泽	173.9	12.6	2.1	13.8	82.8	6.0	Gao et al.，2014
闽江河口	河口沼泽	36.0	1.7	0.7	21.2	54.6	2.6	Wang et al.，2015

研究区	土地类型	有机碳/(g/kg)	全氮/(g/kg)	全磷/(g/kg)	碳氮比	碳磷比	氮磷比	数据来源
福建漳州	森林	20.3	2.0	0.2	9.9	85.0	8.6	Fan et al., 2015
黄土高原	草地	3.9	0.4	0.5	9.3	7.2	0.8	Jiao et al., 2013
中国土壤平均		24.6	1.9	0.8	13.1	31.7	2.4	Tian et al., 2010

植被是沼泽土壤元素的重要来源，因此在同一区域内不同植被覆盖的沼泽，其元素含量也可能存在差异。以东北地区不同植物群落类型沼泽为例（表 6-4），各群落类型之间碳氮磷特征存在显著差异，薹草、甜茅、野青茅沼泽碳氮磷水平明显高于芦苇、稗、莎草沼泽，这可能是因为相比之下薹草、甜茅、野青茅有更大的地下生物量，而由于沼泽覆盖浅水，因此地上生物量较难直接归还土壤。

表 6-4　东北地区不同植物群落类型沼泽碳氮磷特征比较（Liu et al., 2017）

优势类群	有机碳/(mmol/kg)	氮/(mmol/kg)	磷/(mmol/kg)	碳氮比	碳磷比	氮磷比
薹草（*Carex* spp.）	24 976.3a	765.2a	42.5a	33.7a	652.8a	19.3a
甜茅（*Glyceria* spp.）	21 810.6a	643.95a	33.4a	33.5a	652.8a	19.3a
野青茅（*Deyeuxia* spp.）	19 578.9a	648.2a	36.1a	29.1a	526.1a	17.5a
芦苇（*Phragmites* spp.）	8 386.7b	298.1b	15.9b	27.4ab	403.3ab	14.6a
稗（*Echinochloa* spp.）	3 780.2b	191.9b	11.8b	19.6b	338.0ab	17.8a
莎草（*Cyperus* spp.）	1 868.3b	74.6b	9.0b	24.3ab	170.8b	6.9b

注：不同字母表示不同优势类群之间的结果存在显著差异（$P<0.05$）

三江平原天然沼泽土壤中，N、K、Fe、Mn、Cu、Zn 的含量普遍较高；Ca、Mg、Ni 的含量虽然较低于本区白浆土中的含量，但比黑土、草甸土和暗棕壤高；Cu 和 Zn 的含量虽不如白浆土丰富，但高于本区其他类型土壤中的含量；Co 低于本区其他土壤中的含量。上述特征表明，三江平原沼泽土壤发育在冲积、洪积物母质上，并且在沼泽生态过程的长期作用下，植物营养元素和易随水迁移的元素含量较丰富，而难随水迁移的元素含量相对较低。天然沼泽被开垦后，有机质分解迅速，伴随着电导率的显著下降和 pH 的显著上升；开垦后，土壤中 Ca、Mg、Fe、Al 的含量变化不显著，N、S、Cu、Mo、Ni、Zn 含量下降明显，而 K、Na 含量则明显上升，沼泽恢复工作能有效促进土壤理化特征向天然沼泽状态演变（表 6-5）。

表 6-5　三江平原不同湿地类型土壤理化特征（Wang et al., 2019）

类型		天然沼泽	恢复沼泽	水田	*P*
有机质含量/%		16.00±1.50	8.26±0.49	4.65±0.41	<0.001
电导率/(μs/cm)		2360±620	592±47	751±77	<0.001
pH		6.08±0.10	6.37±0.13	6.84±0.16	<0.001
大量元素	N/(g/kg)	5.08±0.44	3.51±0.21	1.65±0.15	<0.001
	P/(g/kg)	0.69±0.03	0.74±0.05	0.59±0.02	0.021
	K/(g/kg)	14.3±0.4	15.7±0.3	16.9±0.3	<0.001
	Na/(g/kg)	7.86±0.52	9.66±0.40	12.41±0.42	<0.001
	Ca/(g/kg)	7.63±0.37	7.49±0.37	7.71±0.43	0.930
	Mg/(g/kg)	5.46±0.17	5.52±0.24	5.22±0.33	0.681
	Fe/(g/kg)	25.4±0.97	28.2±0.80	27.0±1.20	0.117
	Al/(g/kg)	57.4±1.8	59.1±1.5	58.0±1.5	0.754

类型		天然沼泽	恢复沼泽	水田	P
微量元素	Mn/(mg/kg)	160±7	160±11	233±31	0.005
	Cu/(mg/kg)	28.0±0.9	28.6±0.7	23.2±0.6	<0.001
	Zn/(mg/kg)	46.0±2.5	35.7±2.0	32.8±2.7	<0.001
	Co/(mg/kg)	10.2±0.4	11.4±0.3	12.6±0.9	0.010
	Ni/(mg/kg)	27.9±1.8	23.1±0.7	20.5±0.9	<0.001
	Mo/(mg/kg)	2.24±0.19	1.17±0.08	1.00±0.05	<0.001
	S/(g/kg)	1.36±0.19	0.51±0.04	0.43±0.10	<0.001

关于沼泽土壤中的化学元素迁移规律，以三江平原为例，土壤在剖面上包括 4 个不同的发生层：表层为枯枝落叶层，表层以下为未充分分解的草根层或分解较好的泥炭层，草根层或泥炭层以下为较薄的黑色腐殖质层，腐殖质层以下逐渐变为灰白色或灰蓝色的潜育层。由于不同发生层的物质组成和其他理化特征，如温度、积水深度等有很大的差异，且各种元素本身的生物地球化学循环存在差别，因此不同的化学元素具有不同垂向变化（表 6-6）。HCO_3^-、Cl^-、NO_3^-（40～50 cm 上升幅度有限，总体呈明显的下降趋势）、SO_4^{2-}、Ca^{2+}、Mg^{2+}、K^+、Na^+ 含量沿剖面向下明显减少，全氮、全磷、铁、锰、锌从草根层或泥炭层往下逐渐减少，有机质从表层向下迅速减少，pH 从表层向下逐渐增加。

表 6-6　三江平原沼泽土壤剖面各层化学特征比较（张芸和吕宪国，2001）

项目	土层深度			
	0～10 cm	10～20 cm	20～40 cm	40～50 cm
HCO_3^-/(g/kg)	3.074	0.386	0.293	0.146
Cl^-/(mg/kg)	461.5	124.2	44.3	35.5
NO_3^-/(mg/kg)	35.0	3.5	1.5	2.5
SO_4^{2-}/(mg/kg)	64.8	8.8	0.0	0.0
Ca^{2+}/(mg/kg)	601.2	120.4	30.0	20.0
Mg^{2+}/(mg/kg)	7.29	6.0	1.21	1.21
$K^+ + Na^+$/(mg/kg)	674.7	157.3	82.2	33.1
Cu/(mg/kg)	6.17	1.49	1.39	1.37
Zn/(mg/kg)	206.8	522.3	161.4	30.1
Fe/(g/kg)	1.052	46.062	20.102	2.369
Mn/(mg/kg)	442.9	210.8	166.1	153.3
有机质/(g/kg)	799	238	51	23
土壤pH	5.8	5.5	6.3	6.4
全氮/(g/kg)	8.88	9.91	3.02	1.76
全磷/(mg/kg)	786.4	954.8	640.8	483.2
全钾/(g/kg)	1.719	12.161	24.102	18.317
速效氮/(mg/kg)	672.0	638.4	235.2	142.8
速效磷/(mg/kg)	52.2	8.4	9.0	15.2
速效钾/(g/kg)	1.285	0.220	0.163	0.138

沼泽土壤中化学元素的水平分布有明显的分带性特征，在碟形洼地等水体演化所形成的沼泽中，化学元素的含量从沼泽边缘向中心有规律地递减，它制约着沼泽植物群落的演替，导致植物群落的带状分布。沼泽排水后土壤元素的大量流失，是沼泽退化的重要原因之一。

（三）沼泽生态系统的小气候特征

沼泽生态系统的半水半陆特征及其特有的下垫面性质，决定了其辐射、热力、温度和蒸发特征的特殊性。

辐射平衡取决于贴地气层、土壤温度变化和地面覆盖物。沼泽与开垦后的裸地比较，因裸地颜色较深，表面白天可吸收更多的短波辐射，辐射平衡值略大于沼泽表面；夜间则相反，沼泽的有效辐射支出小于裸地。1987年5月6日大兴安岭北部林区发生了特大森林火灾，通过对比火灾后观测结果，表明火烧地沼泽比天然森林沼泽反射率小，日间辐射平衡值升高，因火烧的森林沼泽地森林覆被遭到破坏，下垫面色泽变暗，因而反射率小（图6-1）。

沼泽表层土壤热通量小于开垦后的耕地，最大值出现在9～10时，比地面最高温度出现时间提前3～4 h。由于沼泽泥炭层导热率小，随着深度的增加，热通量急剧减小。

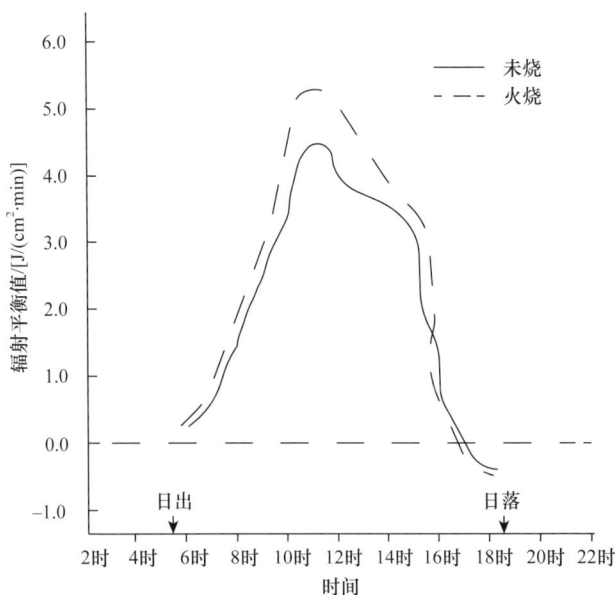

图6-1　火烧和未火烧沼泽表面的辐射平衡（阎敏华，1993）

长缨林场，1990年9月13日，晴到少云

相对于耕地，沼泽地近地面气温和各深度土层日平均土温均比耕地低。对比三江平原典型沼泽与周边旱田近地面气温发现，沼泽具有显著的"冷岛"效应（表6-7），"冷岛"效应随着高度的上升和相对沼泽距离的增大而减弱，在近地面气温最高时最为明显，即12～14时。沼泽"冷岛"效应与沼泽植被覆盖有着密切联系，"5.6"大兴安岭森林火灾发生后，因地面沼泽植被遭到破坏，大兴安岭火烧地比天然森林沼泽覆盖地面温度日较差大，0～20 cm层日平均土壤温度升高（表6-8）。

表6-7　2010年6～9月三江平原不同观测高度上沼泽与旱田的平均气温对比（拱秀丽等，2011）

观测高度/m	观测点	月平均气温/℃	标准差/℃	变异系数/%
	沼泽	21.43	6.66	31.08
0.5	旱田1	21.65	6.68	30.85
	旱田2	22.09	7.77	35.17
	沼泽	20.36	6.17	30.32
2.0	旱田1	20.41	6.06	29.68
	旱田2	20.80	6.12	29.40
	沼泽	20.44	5.70	27.91
5.0	旱田1	20.38	5.71	28.01
	旱田2	20.51	5.70	27.81

表 6-8　经火烧和未火烧林区沼泽的日平均土温比较

项目	观测日期	日平均土温/℃				
		0 cm	5 cm	10 cm	15 cm	20 cm
严重火烧地观测点	7月26日	7.4	2.4	4.6	3.9	3.4
	7月27日	6.0	2.0	3.7	3.6	3.6
	7月28日	6.9	2.3	4.8	3.4	3.1
未烧地观测点	7月26日	0.4	1.9	1.4	1.6	1.6
	7月27日	2.3	1.8	1.6	1.5	1.6
	7月28日	0.1	1.8	1.5	1.4	1.6

Shen 等（2020）利用中分辨率成像光谱仪（MODIS）数据研究了中国沼泽的丧失对地表温度的影响（图 6-2），结果表明 2003～2014 年，中国城市建设和农业活动对沼泽的侵占导致年均地表温度分别上升了 1.66℃ 和 0.21℃。其中，城市建设导致年均昼夜地表温度分别上升了 1.72℃ 和 1.60℃，农业活动导致年均昼夜地表温度分别上升了 0.36℃ 和 0.05℃。

在沼泽的水平衡中，沼泽和沼泽化草甸由于水分充足，且有茂盛植被的蒸腾作用，故蒸发能力和蒸发量大于耕地。沼泽化草甸

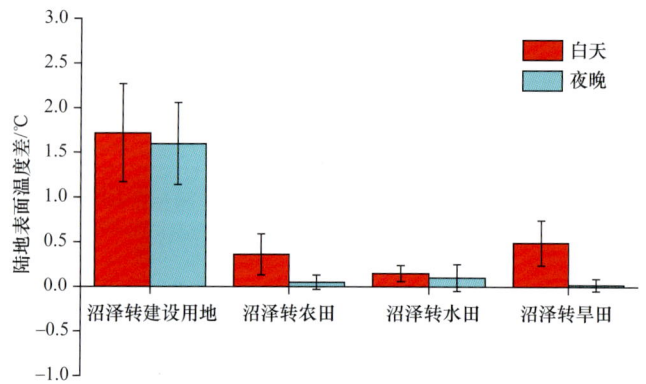

图 6-2　2003～2014 年沼泽与建设用地、农田、水田、旱田年均昼夜地表温度的差别（Shen et al.，2020）

的蒸发量相当于耕地的 2.2～2.5 倍。蒸发量与空气湿度相互影响，相互制约。对比三江平原典型沼泽与周边旱田贴地气层的相对湿度（表 6-9），前者比后者高 2%～3%，沼泽具有显著的"湿岛"效应。同样，"湿岛"效应在午后时段最为显著，且随着观测高度的上升和相对沼泽距离的增大而减弱。

表 6-9　2010 年 6～9 月三江平原不同观测高度上沼泽与旱田的平均相对湿度对比（拱秀丽等，2011）

观测高度/m	观测点	月平均相对湿度/%	标准差/%	变异系数/%
0.5	沼泽	78.91	15.12	19.16
	旱田1	76.69	15.72	20.49
	旱田2	76.13	16.99	22.31
2.0	沼泽	76.04	14.82	19.48
	旱田1	75.87	14.86	19.58
	旱田2	75.51	14.72	19.49
5.0	沼泽	74.43	13.46	18.08
	旱田1	74.31	13.48	18.14
	旱田2	74.46	14.01	18.81

对三江平原（Liao et al.，2013；Liu et al.，2015）和若尔盖沼泽（Bai et al.，2013）的小气候效应进行研究发现，沼泽的分布能够对局部小气候有明显的降温增湿作用，且相比于森林和草地的气候调节作用更为显著。在全球变暖背景下，保护和重建沼泽斑块对调节局部气候、维持当地生态系统平衡具有重要意义。

（四）沼泽生态系统的微地貌特征

沼泽地面受水、生物和气候因素的影响，造成沼泽地表高低起伏变化，形成各种形状的特殊小地形，称为微地貌。微地貌同时又反作用于沼泽水文、植物以及沼泽的形成和发育。根据沼泽微地貌的成因和形态特征，可划分为斑点状、垄网状和藓丘状草丘三类（图6-3）。

图6-3　我国沼泽微地貌类型图（刘波和王升忠 摄）
A. 斑点状；B. 垄网状；C. 藓丘状

1. 斑点状草丘

东北地区称其为"塔头""塔头墩子"（图6-4），广泛分布在东北山地沟谷、宽谷、河湖滨洼地，其他地区则零星少见。草丘呈圆柱形，顶端生莎草科密丛型薹草或莎草植物，通常丘高 30～50 cm，直径 30～40 cm，草丘密度不等，一般在 30%～70%。丘间常年季节性积水。一般在水线附近草丘发育高大，草丘高度近 1 m，远离水线的洼地边缘，草丘低矮。

2. 垄网状草丘

常见于青藏高原和若尔盖高原河漫滩、湖滨、山间盆地或宽谷沼泽，形状不规则，呈网状，垄丘高 20～50 cm，宽 30～80 cm 不等；丘间洼地平坦，面积大小不等，常积水 5～10 cm。造丘植物以莎草科嵩草属植物为主，如康藏嵩草、西藏嵩草等。垄网状草丘是高原草丘微地貌发育的一个阶段，

图 6-4　三江保护区河漫滩灰脉薹草群落景观（刘波 摄）

属发育中后期，其前期为团块状和垄状草丘，沟穴状草丘为其发育后期。团块状草丘发育过程中，团块不断扩大，并连接形成田垄状，沟穴状草丘继续发育，最后沟穴封闭，在平坦的丘面上重新形成团块状草丘，开始新一轮草丘微地貌演化过程。

3. 藓丘状草丘（泥炭藓丘）

常见于大兴安岭、小兴安岭、新疆阿尔泰山等，偶尔可见于长白山林区。寒温带针叶林气候冷湿，藓类沼泽发育，沼泽向贫瘠化方向发展，木本、草本植物逐渐退出，泥炭藓则旺盛生长，藓丘内多水，叠加冻胀作用，渐渐形成隆起的泥炭藓丘，藓丘高 0.5 ～ 1.5 m，直径 0.5 ～ 2 m，长 2 ～ 3 m。在芬兰北部可见到丘高 5 m、直径 10 m、长 50 ～ 100 m 的泥炭藓丘。这是贫营养沼泽特有的微地貌形态。丘上植物以泥炭藓为主，主要有锈色泥炭藓、尖叶泥炭藓等，仅有少量耐贫瘠的小灌木生长。

二、沼泽生态系统的生物特征

（一）沼泽植物

沼泽植物是沼泽生态系统中最活跃最重要的初级生产者，并构成沼泽生态系统中自养植物群落——沼泽植被。由于生境常年或间歇性淹水或饱和，在水和土壤缺少氧气的情况下，沼泽植物具有水生植物的生态特征，但沼泽植物只是基部淹于水中，其茎叶的大部分挺立于水线之上，又兼具有陆生植物的特点。因此，沼泽植物是水生与陆生植物的过渡类型，具有其特殊的生态学特征。植物对沼泽环境的适应特征可分为两类——形态适应特征与生理适应特征。

1. 形态适应特征

（1）发达的通气组织

许多沼泽植物的根和茎都有气腔与通气组织，叶茎和根部均有细胞间隙与气腔相通，便于气体交换和满足各部分通气的需要（图6-5）。在缺氧胁迫下，植物通过促进乙烯的生成和累积来诱导通气组织的形成（Jackson et al.，1985）。例如，在缺氧条件下，沼泽植物风车草、洋野黍、水芹和棒头草的根直径（除棒头草外）和根孔隙度相比于充氧条件下有明显增大，表明缺氧促进了沼泽植物根部通气组织的进一步发育（表6-10）。气腔白天能聚集光合作用所产生的氧气，以供植物夜间呼吸用；夜间呼吸作用产生的 CO_2 又排入气腔，气腔成为代谢过程中气体交换的贮藏室。

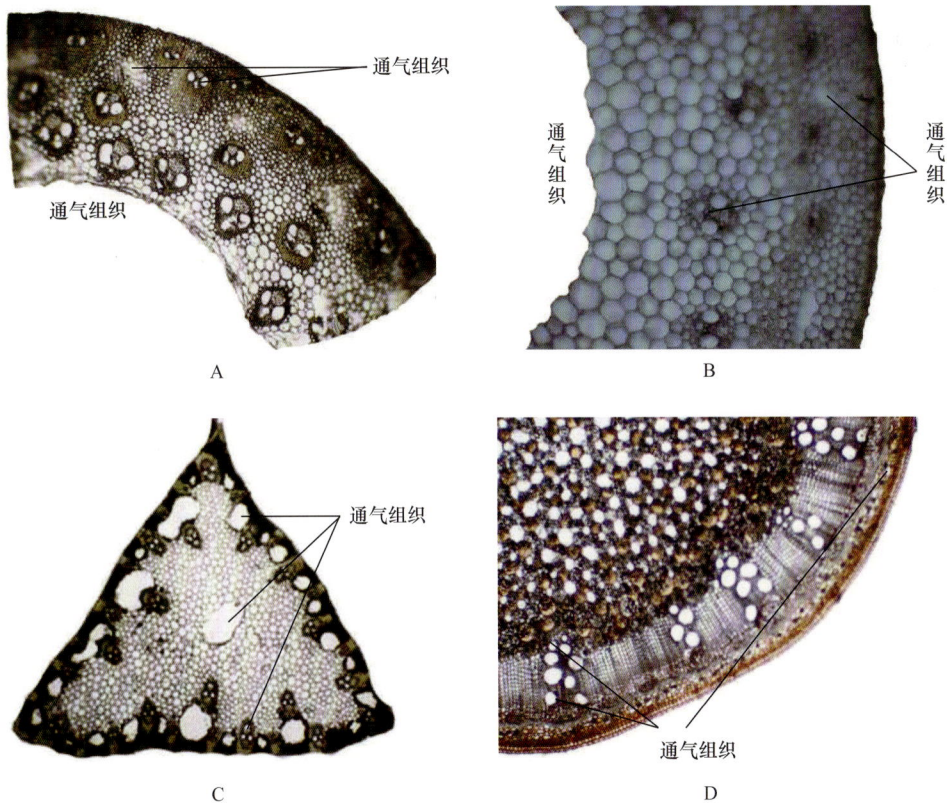

图 6-5　洞庭湖湿地 4 个优势物种的茎解剖结构（秦先燕等，2010）

A. 荻 *Miscanthus sacchariflorus*（30×）；B. 藕草 *Phalaris arundinacea*（1.2×）；C. 阿齐薹草 *Carex argyi*（30×）；
D. 水蓼 *Polygonum hydropiper*（30×）

表 6-10　风车草、洋野黍、水芹及棒头草在充氧和缺氧环境中培养的根直径和孔隙度比较（邓泓等，2007）

植物种类	根直径/mm		孔隙度/%	
	充氧	缺氧	充氧	缺氧
风车草	0.79	0.94	24	44
洋野黍	0.77	0.92	31	46
水芹	0.72	0.81	13	25
棒头草	0.54	0.53	10	20

（2）呼吸根和皮孔

许多红树植物都具有特殊呼吸根，呈指状凸出于地面，高可达 20～30 cm，使得呼吸根能在潮位较低的时候露出水面。同时，这些呼吸根的外表有粗大的皮孔，呈海绵状，便于储存空气及气体交换，亦是红树植物受潮水浸淹的适应性体现（图6-6）。

图 6-6　红树植物海榄雌的呼吸根（黄佳芳和汪艳 摄）

（3）不定根的发育

沼泽植物还会通过分化出不定根来帮助根系在缺氧条件下获取更多的氧气。一些沼泽植物［包括木本植物（如柳、桤木）和草本植物（如芦苇、春蓼、千屈菜）］在缺氧条件下会通过改变缺氧组织中乙烯的浓度来促进不定根的分化。这些不定根往往发育在水位以上的植物茎表面，从而替代主根系在因淹水而无法获得氧气时发挥功能。

2. 生理适应特征

（1）根际氧化

根际氧化是沼泽植物适应淹水还原环境而产生的一种防御机制。当多余的氧气通过植物根系扩散，就会氧化周围缺氧的土壤，从而形成围绕植物根系的氧化界面。根际氧化能够缓解厌氧条件下某些可溶性还原离子（如锰离子）对植物的毒害作用，并促进营养离子的吸收。被根际氧化的铁离子会附着在沼泽植物根表，形成红色或橙色的根表铁膜。

（2）无性繁殖能力强

部分密丛型沼泽植物强大的无性繁殖能力，是对土壤过湿和氧气不足环境的适应方式。莎草科密丛生植物分蘖能力很强，发蘖节位于地表，如西藏嵩草、乌拉草、瘤囊薹草等，每年从分蘖节向上长出新枝，向下生长不定根，随着有机质的不断堆积，其分蘖节不断上移，以便从地表获得氧气，并避免因泥炭层堆积而遭埋没（图 6-7）。

（3）特殊的繁殖方式

某些红树植物的种子在还没有离开母树时就开始萌芽，生长成绿色棒状的胎轴，长 13～30 cm，下端粗，上端细，发育到一定程度就脱离果实或与果实一起坠入淤泥中，数小时内就可扎根生长成为新植株。如幼苗下落时正遇涨潮则被海流带走，由于幼苗包被中的间隙含有空气，可在海水中漂浮，当漂浮到海滩上时，便可扎根生长。

沼泽植物除具有上述适应多水环境的特征以外，还可以列举出其他对应于其特殊生长环境的生态学特征，如藓类植物具有保水构造和贮水细胞，使泥炭藓能够像海绵一样吸收大量水分，以适应泥炭沼泽波动的水文条件；在一些高寒地区的沼泽，由于有季节冻层或多年冻土的存在，影响植物对水分的吸收，为了适应这些特殊的含水环境，一些沼泽植物具有旱生植物的形态特征，如植株低矮、叶片小、

图 6-7　密丛型沼泽植物乌拉草（刘波 摄）

叶革质、角质层厚、气孔深陷，且具绒毛等；红树植物如蜡烛果、海榄雌、老鼠簕等在叶表皮上还分化出了各种各样排水、泌盐的分泌结构，其中一种重要的分泌结构就是盐腺，它可排出植物体内过剩的盐分，这是对滨海潮滩盐渍环境的一种适应。

（二）沼泽动物

根据动物学家的观点，沼泽动物应是沼泽生态系统各类动物的总称，既包括典型沼泽动物，也包括外界"参入型"草甸、草原和森林动物。典型沼泽动物是指在沼泽中栖居、繁殖，即生态上依赖湿地的动物，如水獭、麝鼠、扬子鳄、丹顶鹤等，其余则为"参入型"沼泽动物，如梅花鹿、藏原羚、苍鹰等。

沼泽处于陆地生态系统和水生生态系统之间的过渡地带，沼泽生态系统具有丰富的绿色植物，它们是第一生产者，所制造的有机物是食草动物及其他异养生物的食物来源，为各种各样的陆生和水生动物提供了适宜的生存环境。沼泽区动物包括脊椎动物（哺乳纲、鸟纲、鱼纲、爬行纲和两栖纲）和无脊椎动物，对于无脊椎动物部分本章重点介绍沼泽区底栖动物和昆虫。沼泽区动物是生态系统中重要的组成部分，是其食物网中重要的消费者。

1. 沼泽脊椎动物

沼泽的草食性脊椎动物主要为鱼类、啮齿动物，肉食性动物则以鸟类为主，也包括部分鱼类、两栖类和爬行类。沼泽生态系统中的脊椎动物生物量相比于沼泽植物是极其微小的，但它们在沼泽生态系统中具有重要的作用，是维护生态系统平衡的重要一环。沼泽区脊椎动物的活动能加速有机物矿化的速度，因为它们（哺乳动物、鸟类、鱼类等）直接排泄更容易淋溶的富养粪便，间接地粉碎了有机物质并降低了 C/N，从而增强了腐生生物的活动。在大兴安岭、小兴安岭贫营养泥炭沼泽中，由于沼泽得不到充足的地下水和溶于水中的无机盐类，只能靠大气降水和鸟粪中的矿物质补给，沼泽营养贫乏。

目前记录到的我国沼泽区鸟类超过 470 种，包括水鸟 11 目 29 科 296 种（郑光美，2017；刘金等，2019）。其中候鸟每年一度沿固定路线南北迁移，途经 50 余个国家。以涉禽为例，每年春秋季节沿中亚－印度、东亚－澳大利西亚、西太平洋三条线路迁徙，途中停歇和补给食物十分依赖迁徙路线上的沼泽地。我国东北三江平原沼泽区、松嫩平原沼泽区和松辽平原沼泽区不仅是各种水禽的迁徙驿站，还是多种鹤类、雁鸭类的繁殖地；贵州草海、江西鄱阳湖和湖南洞庭湖等又是多种鹤类、雁鸭类等水禽的越冬地。从这个意义上说，我国的沼泽及其他国家的沼泽都是全球沼泽生态系统网络的有机组成部分。

2. 沼泽底栖动物

底栖动物是栖息于底泥缓慢活动的动物，也有一些能在水底自由移动或在水中游泳的甲壳动物等，还有一些能固着在水中的沼泽植物、石块上，形成丛生现象。它们大多数能耐低氧，甚至短期缺氧也能生存。食性可分为肉食性、草食性、沉积物食性和杂食性。它们同样与沼泽植物、藻类、浮游生物、微生物和其他有关动物共同构成了沼泽生态系统食物网，并成为食物网中不可缺少的一个环节。

3. 沼泽昆虫

沼泽昆虫是沼泽生态系统的重要组成部分，与沼泽植被协同进化，其群落结构和动态变化直接反映了植被演替过程中沼泽环境的稳定性和生态系统的健康状况；同时，作为沼泽食物链中的重要一环，是多种沼泽鸟类、鱼类的直接食物来源，起到了物质循环和能量传递及维系生态系统稳定性的重要作用。沼泽的昆虫群落是以沼泽植被为中心存在的不同营养水平和取食关系的多种昆虫共存的复杂网络系统，不同类型沼泽的昆虫群落会因植被群落的不同而变化，我国沼泽中常见的优势类群包括双翅目（Diptera）、膜翅目（Hymenoptera）、鞘翅目（Coleoptera）、蜻蜓目（Odonata）等。

（三）浮游生物

浮游生物既包括了藻类和自养细菌这些沼泽生态系统中的初级生产者，也包括了原生动物、轮虫、枝角类、桡足类等这些浮游动物。沼泽中的浮游动物基本上直接摄食细菌和藻类，使浮游动物成为一级消费者；浮游生物又是沼泽鱼类的主要天然饵料。因此，沼泽浮游生物是沼泽动物直接或间接的最重要的食物来源，浮游生物的组成和多样性的变化会影响沼泽其他营养级的结构，进而影响整个沼泽生态系统的结构和功能。

（四）沼泽微生物

沼泽微生物主要包括细菌、放线菌、真菌等，在沼泽生态系统的元素循环和物质周转中发挥着重要的作用。微生物是沼泽生态系统中的分解者，将自然条件下各种生物的代谢物和残体分解为简单的无机物供系统内的其他生物所利用。同时，微生物也是沼泽生态系统养分元素循环和能量流动的重要推动者，与微生物的分解速度直接相关。此外，微生物还可以降解人工合成的化合物，能净化缓解沼泽区有机物和有毒物质的污染。影响沼泽微生物群落结构和组成的环境因子有多种，主要包括自然因子（如土壤水分、营养、盐度、植被等）和人为因子（土地利用方式、施肥等）。

吴俐莎等（2012）研究了若尔盖地区不同类型土壤的微生物数量（表6-11），结果表明不同类型土壤的微生物数量存在显著差异。细菌、放线菌、真菌数量随着土层深度的增加而减少，主要是由于表层土壤营养、水热和通气条件相对下层土壤更好，有利于微生物繁殖。泥炭土中的细菌、放线菌和微生物总数最高，沼泽土和草甸土次之，风沙土最低，随着土壤退化程度的加剧，土壤营养元素水平的下降是微生物数量下降的主要原因。

表 6-11　若尔盖地区不同类型土壤微生物数量（吴俐莎等，2012）

土壤类型	土壤深度/cm	细菌/(×10⁴ CFU/g)	放线菌/(×10⁴ CFU/g)	真菌/(×10⁴ CFU/g)	微生物总数/(×10⁴ CFU/g)
泥炭土	0～20	292.42±17.78a	128.40±4.56a	0.41±0.12a	421.23±22.15a
	20～40	184.07±30.57b	117.65±7.27b	0.16±0.12b	301.88±26.06b
	40～60	59.92±0.52c	54.66±2.6c	0.13±0.07b	114.70±2.68c
沼泽土	0～20	81.32±11.82a	9.65±1.63a	1.68±0.19a	92.64±12.34a
	20～40	17.90±1.71b	2.75±0.32b	0.71±0.14b	21.36±1.75b
	40～60	3.74±0.52c	0.16±0.07c	0.17±0.02c	4.08±0.54c
草甸土	0～20	67.01±4.16a	10.07±2.09a	0.92±0.14a	78.01±2.17a
	20～40	34.20±5.98b	8.75±0.61a	0.18±0.05b	43.13±5.48b
	40～60	24.15±1.21c	1.97±0.21b	0.08±0.02c	26.19±1.17c
风沙土	0～20	31.02±7.61a	4.56±1.06a	0.10±0.04a	35.68±8.46a
	20～40	15.51±5.19b	3.37±1.27a	0.06±0.04a	18.94±4.93b
	40～60	5.52±1.98b	0.95±0.13b	0.05±0.03a	6.53±1.95c

注：同一土壤类型同列中不同字母表示平均数的差异在 $P < 0.05$ 上达到显著水平

Sui 等（2019）对比了三江平原天然沼泽、沼泽开垦的农田和在退化沼泽上造林的落叶松森林土壤中的微生物群落，发现农业开垦改变了沼泽土壤营养元素的水平，从而改变了沼泽土壤中细菌、酸杆菌[①]和真菌的多样性特征以及群落结构（表 6-12）；而沼泽微生物群落一旦被改变后，就很难再恢复原有的特征。

表 6-12　土地利用变化对三江平原沼泽土壤细菌、酸杆菌和真菌群落多样性的影响（Sui et al.，2019）

微生物类型	土地利用类型	Chao1指数	Shannon指数	Simpson指数
细菌	天然沼泽	2894.4	5.9	0.0078
	森林	2748.2	6.1	0.0063
	农田	3187.8	6.3	0.0054
酸杆菌	天然沼泽	916.5	4.9	0.0177
	森林	848.7	5.2	0.0203
	农田	925.0	5.2	0.0189
真菌	天然沼泽	405.2	3.3	0.0970
	森林	666.5	3.9	0.0447
	农田	696.5	4.2	0.0650

① 酸杆菌属于细菌，但因其在土壤中有重要功能，所以单列

第二节　典型沼泽生态系统的结构

一、森林沼泽生态系统的结构

（一）非生物环境

大兴安岭、小兴安岭是我国山区森林沼泽分布最为广泛、面积最大、类型最多的地区。大兴安岭位于黑龙江省、内蒙古自治区北部，从漠河北部黑龙江畔至西拉木伦河上游谷地，平均海拔1200～1300 m，地势由北向南逐渐升高。小兴安岭位于黑龙江省北部，是黑龙江和松嫩水系的分水岭，以低山、丘陵为主，海拔多在500～800 m，自西北向东南升高。山体主要由褶皱的火山侵入岩、片岩等构成，岩性受风化和侵蚀作用比较一致，山体浑圆，山上准平原面保持完好。受连续分布和岛状分布多年冻土层的影响，呈隔水底板，透水性差，在沟谷和山麓缓坡广布沼泽。

长白山地位于东北地区东部，在大地构造单元上属中朝准地台辽东台隆的太子河–浑江坳陷和铁岭–靖宇隆起，新生代以来火山活动强烈。区域内以火山熔岩地貌为主，其中熔岩台地最为常见，分布于海拔600～1000 m。玄武岩台地地势平坦，为沼泽发育提供了有利的地形条件。

森林沼泽一般发育于寒冷湿润区域，区域内降水量大于水分蒸散发，蒸散发通常只占降水的50%～70%，从而导致区域内水分的累积。大兴安岭、小兴安岭山区年平均气温–4～–1℃，长白山区为2～3℃，年平均降水量分别为550 mm、1100 mm，年平均相对湿度为65%～80%，干燥度小于1，湿润的环境为沼泽的发育提供了有利的条件。小兴安岭沼泽率可达15%。

1. 沼泽小气候

相较于其他沼泽生态系统，森林沼泽有复杂的垂直结构，包括乔木层、灌木层和草本层，林冠和各层植物对太阳辐射有不同程度的截留作用，直接影响了林内沼泽的小气候变化。

（1）贴地层温度和湿度

贴地层（＜2 m）空气温度的变化，取决于辐射平衡、地面温度与湍流交换强度。由于森林沼泽各植物层对太阳辐射的阻隔，削弱了到达地面的太阳辐射，同时由于淹水或泥炭藓水分饱和的下垫面，白天森林沼泽相较于无乔木的灌丛沼泽和草本沼泽温度更低。在夜间，由于森林沼泽各植物层对地面辐射的阻隔以及地表积水，地面温度下降较慢，从而导致夜间温度相对于灌丛沼泽和草本沼泽更高。因此，森林沼泽有着相对较小的日温差。

贴地层空气湿度的变化主要取决于下垫面的水热状况。由于乔木的生理活动（如蒸腾作用）需要利用更多的水分，相比于灌丛沼泽和草本沼泽，森林沼泽往往发育于水分条件更好的区域。同时，泥炭藓通过毛细作用能在体内贮存远超于自身干重的大量水分，这有利于森林沼泽在水位波动的情况下维持土壤的湿度。因此，森林沼泽的相对空气湿度往往更高。

（2）土壤温度

森林沼泽土壤温度的变化与辐射平衡、土壤热学性质和土内热通量有关。森林沼泽土壤温度是由地表的辐射平衡所决定的，日间随太阳辐射的增强，土壤温度随之升高，但同样由于各植物层对太阳辐射的阻隔以及地表积水，加之泥炭藓极高的地表覆盖度和高含水量，森林沼泽土壤温度相对较低，同时最高温度的出现也会滞后。火烧扰动往往会改善森林沼泽土壤的热状况，升高表层土壤温度，升温效应自表层向下减弱（表6-13）。

表 6-13　火烧对大兴安岭森林沼泽土壤热学特性的效应（杨永兴等，1995）

| | | 土壤温度/℃ | | | | | |
| | | 1991年9月10日 | | | 1991年9月15日 | | |
		0 cm	10 cm	20 cm	0 cm	10 cm	20 cm
类型	未烧沼泽土	7.5	4.4	4.6	8.3	4.6	4.5
	火烧沼泽土	14.2	7.6	7.8	22.0	7.4	7.1
效应	相对值	+6.7	+3.2	+3.2	+13.7	+2.8	+2.6
	绝对值	89.3%	72.7%	69.5%	165.0%	60.8%	57.7%

2. 沼泽水文

（1）水源补给

沼泽水的补给来源，决定了沼泽发生、发育的性质。以地下水和地表水补给为主的沼泽，由于水中矿物质含量较高，营养条件较好，在此基础之上发育形成富营养森林沼泽；以大气降水补给为主的沼泽，由于降水中矿物质较少，营养水平较低，则发育成贫营养森林沼泽。值得注意的是，两种森林沼泽之间存在演替，即当沼泽的水源补给发生变化，沼泽营养条件发生改变时，森林沼泽的类型也会随之发生变化。

（2）水化学特征

沼泽水的化学特征主要取决于补给水的化学组成、水化学和生物化学作用。贫营养森林沼泽以大气补给为主，水的矿化度低，水中的矿物质低于 30 mg/L，水中金属阳离子排序为 $Na^+ > K^+ > Ca^{2+} > Mg^{2+}$，阴离子为 $HCO_3^- > Cl^- > SO_4^{2-}$，水化学类型为 HCO_3^--Na 型和 HCO_3^--Ca·Na 型。由于大气降水中的金属阳离子（Ca^{2+}、Mg^{2+}、Na^+、K^+）含量低，同时随着泥炭层有机质的不断积累，泥炭层吸收和交换金属阳离子的能力也随之增强。因此，贫营养沼泽水体往往含有大量氢离子，水体呈酸性，pH 一般在 4.5 左右。富营养森林沼泽则相反，其水化学特征显著受地下水流量以及化学组成的影响，水体 pH 呈碱性或弱酸性。

3. 土壤

森林沼泽植物群落生长所需的营养物质主要来自沼泽土壤，沼泽土壤的类型及其理化性质显著影响沼泽植物的种类组成、结构和植物生长发育状况。反过来，植物凋落物和残体是泥炭累积的直接来源，植物的组成也影响土壤的理化性质。与森林矿质土壤相比，森林沼泽土壤往往容重较小，孔隙度更大，持水性远高于矿质土壤，其中在泥炭藓残体上发育的森林沼泽土壤持水性最强。森林沼泽土壤的持水特性在调节地表径流、存蓄降水方面有着巨大的作用，是维持森林沼泽缺氧淹水环境的重要因素。

（1）泥炭土

大兴安岭、小兴安岭和长白山区沼泽土壤大都有泥炭积累，在有些还未有明显泥炭层的沼泽中，也往往能在草根层下部看到明显的泥炭化现象，这是本区域土壤的首要特征。随着泥炭层的不断形成和累积，沼泽表面会逐渐凸起，当隆起到一定高度时，富含矿物质的地下水和地表径流就不能继续作为其补给水源，从而转变为以大气补给为主，在这种情况下富营养沼泽就会逐渐演替为贫营养沼泽，原本适应富营养环境的植物也会逐渐被适应贫营养酸性环境的植物所替代。这是本区泥炭土形成的基本特征。

贫营养沼泽地面被泥炭藓覆盖，土壤呈酸性反应，pH 在 4.6～5.7，表层有机质含量高达 80% 以上，纯灰分在 4%～11%，矿质元素含量极低（表 6-14）。贫营养沼泽的酸性土壤环境与泥炭藓的覆盖有密切联系，泥炭藓的生理活动能够生成有机酸，尤其是其细胞壁中存在大量的聚半乳糖醛酸，这使得泥炭藓残体较于其他苔藓植物有更高的阳离子交换水平。在泥炭藓残体基础上发育而来的沼泽，相较于在莎草残体上发育而来的沼泽，往往含有更多的可交换氢离子，导致 pH 更低。同时酸性环境能够抑制微生物的分解，反过来进一步促进了泥炭在贫营养沼泽的累积。

表 6-14　小兴安岭友好沼泽土壤理化性质（黄石竹，2016）

植被类型	泥炭厚度/cm	土壤深度/cm	pH	有机碳含量/(g/kg)	总氮含量/(g/kg)	碳氮比
落叶松–杜香–泥炭藓沼泽	>100	0～20	4.75±0.05	238.91±3.57	13.33±0.41	17.92
		20～40	4.89±0.02	290.96±64.76	13.28±0.42	21.91
落叶松–笃斯越橘–泥炭藓沼泽	>100	0～20	4.72±0.02	213.15±15.62	13.37±0.04	15.94
		20～40	5.00±0.06	192.92±12.85	13.66±0.34	14.12

（2）泥炭沼泽土

在大兴安岭、小兴安岭和长白山区，另一类分布较广的沼泽土为泥炭沼泽土，其土壤剖面可明显分为两层，即泥炭层和潜育层。泥炭层的上部是棕色或褐色、分解程度较差的草根层，下部是分解程度较高、颜色较暗的泥炭层；泥炭层之下为灰色或灰蓝色的潜育层。这类土壤呈弱酸性，矿质营养元素含量普遍高于泥炭土（表 6-15）。

表 6-15　大兴安岭额木尔河沼泽土壤理化性质（王宪伟等，2021）

土层深度/cm	容重/(g/cm³)	pH	总碳含量/(g/kg)	全氮含量/(g/kg)	全磷含量/(g/kg)	粗灰分含量/%
腐殖质层	0.10±0.01b	4.71±0.10c	457.90±8.46a	16.37±0.64b	2.32±0.14c	15.65±1.22e
0～10	0.16±0.01b	4.88±0.03c	439.90±11.05a	25.40±1.51a	3.70±0.17a	19.96±0.17d
10～20	0.17±0.01b	5.04±0.04bc	412.50±5.66b	23.11±0.28a	2.97±0.07b	24.22±0.39c
20～30	0.18±0.01b	5.08±0.03b	338.73±10.59c	18.85±0.63c	2.10±0.06c	42.04±0.91b
30～40	1.09±0.07a	5.29±0.05a	40.15±2.48d	2.71±0.05c	0.72±0.04d	88.42±0.36a

注：同列数据不同字母表示平均值在 $P<0.05$ 水平上的差异显著性

火烧和林木采伐是森林沼泽中常见的两种扰动因子，对森林沼泽土壤的理化性质有着显著影响。火烧后，大兴安岭森林沼泽土壤结构被破坏，土壤孔隙度减少，容重增加，同时火烧促进了土壤有机质的矿化，降低了土壤有机质含量，并使得表层土壤营养元素含量上升，土壤 pH 升高（表 6-16）。林木采伐对地表植被的破坏会减少植物残体的输入，并增强降水和径流对土壤的淋洗与冲刷；同时还会降低森林沼泽的水位，破坏森林沼泽土壤的淹水厌氧环境，并提高表层土壤的温度，从而促进有机质的矿化。对比大兴安岭森林沼泽不同采伐强度下沼泽土壤性质发现，中强度采伐显著（$P<0.05$）提高了土壤密度，降低了（$P<0.05$）土壤有机碳储量，而轻度采伐不显著改变（$P>0.05$）土壤密度，并提高了（$P<0.05$）土壤表层和深层的有机碳含量（卢慧翠等，2013）。

表 6-16　火烧对大兴安岭森林沼泽土壤理化性质的效应（杨永兴等，1995）

		容重/(g/m³)			化学组成				
		0～5 cm	5～10 cm	10～15 cm	pH	有机质/%	全氮/%	全磷/%	全钾/%
类型	未烧沼泽土	0.26	0.37	0.93	5.8	60.64	2.08	0.87	0.77
	火烧沼泽土	0.71	0.81	1.62	6.5	40.20	0.44	0.98	1.99
效应	绝对值	+0.45	+0.44	+0.69	+0.7	−20.44	−1.64	+0.11	+1.22
	相对值	173.0%	118.9%	74.1%	12.0%	−33.7%	−78.8%	12.6%	158.4%

（二）生物组成

相较于其他生态系统，森林沼泽生态系统受水热条件的限制，初级生产力并不高，但分解作用受低温环境的抑制作用更为明显，因此仍具有较高水平的生物量积累，从而形成泥炭。氮和磷是森林沼泽生态系统生产力的主要限制营养元素。受不同环境营养水平的控制，森林沼泽形成了适应不同营养水平的独特植物、动物和微生物群落，大体上，富营养森林沼泽比贫营养森林沼泽有更高的初级生产力。在我国的森林区划中，东北山地分别属于寒温带明亮针叶林和中温带针叶阔叶混交林地带。

1. 沼泽植被

由于生境条件的差异，群落种类组成各有不同，从而形成以不同建群种、优势种为特征的植物群落，即不同的沼泽植被类型。

东北山地森林沼泽主要类型有：落叶松－杜香－泥炭藓沼泽、落叶松－兴安杜鹃－泥炭藓沼泽、落叶松－笃斯越橘－泥炭藓沼泽、落叶松＋白桦－薹草沼泽。以白桦－柴桦－薹草沼泽为例，群落结构包括其地上部分可划分为：乔木层、灌木层、草本层、地被层、枯泥炭藓层和活根系层（图 6-8）。区域内的沼泽植物为了适应淹水以及不同营养水平的沼泽环境，形成了相应的独特适应特征。

图 6-8　白桦－柴桦－薹草群落景观图（刘波 摄）

1）为了适应淹水或饱和的土壤环境，森林沼泽植物往往具有通气组织和更大的细胞间隙，以满足呼吸和通气的需要；同时具有较低的氧气消耗水平，来适应低氧的淹水环境；此外，一些植物通过根系泌氧形成根际氧化界面。泥炭藓能够通过毛细作用吸收并贮存自身干重 16 ～ 26 倍的水分。

2）在营养水平较低的森林沼泽，植物会通过增加根系生物量、根系长度的方式，以此从土壤中获得更多的营养元素。许多杜鹃花科植物能够在酸性条件下利用铵态氮来适应硝态氮水平较低的环境。此外，在一些贫营养的沼泽中，常常可以见到具有食虫习性的沼泽植物，以此来获得氮、磷、钾等元素的补充。这些食虫植物长有捕虫器，如茅膏菜，它的叶子莲座状着生于近地面，叶缘长出很多刚毛，而毛上水珠带黏性，实际是一种类似动物消化液的液体，能消化虫体并吸收为养料（图6-9）。

2. 沼泽动物

沼泽动物的多样性与沼泽植被结构的多样性有密切关系，因此森林沼泽生态系统往往分布较多种类的动物，其中贫营养森林沼泽由于初级生产力受营养环境条件的限制，动物种类相对较少。东北山地森林动物组成中约有哺乳动物64种，其中大多数为"参入型"动物，并不会仅仅以沼泽作为固定的栖息地；鸟类约167种，大部分以沼泽为主要栖息地，如凤头䴙䴘、普通䴙䴘、苍鹭、鸿雁、豆雁、中华秋沙鸭、丹顶鹤、普通燕鸥等，另有两栖、爬行类多种。

图6-9 沼泽食虫植物圆叶茅膏菜（刘波 摄）

3. 沼泽土壤微生物

森林沼泽微生物主要包括细菌、放线菌、真菌等，其群落结构沿环境梯度存在明显的差异，与森林沼泽的发育程度密切相关。自然和人为扰动能够对森林沼泽微生物群落结构和多样性特征产生重要影响，从而进一步影响森林沼泽生态系统的功能。

对1987年大兴安岭特大森林火灾后火烧区和未火烧区沼泽土壤微生物观测结果进行对比发现（表6-17），未火烧区沼泽土壤微生物群落组成以细菌占绝对优势，其次为真菌和放线菌；火烧后的森林沼泽土壤上层微生物各类群数量均比未火烧的沼泽有明显增加，其中放线菌数量增长幅度最大，火烧后土壤表层放线菌数量比未烧土壤增长319倍，细菌约增长16倍，真菌约增长4倍，细菌在群落个体总数中仍占主导地位；火灾后，泥炭沼泽土中的纤维素分解菌有了较大幅度的增长；火灾后土壤微生物的活跃范围有向纵深发展的趋势。森林沼泽火灾后，微生物的数量和组成发生明显变化，这可能是由火灾后沼泽土壤的温度、湿度、通气性、营养等环境条件发生改善所致。

表6-17 火灾对大兴安岭森林沼泽土壤微生物数量的影响（刘银良等，1995）

火灾程度	土壤类型	采样深度/cm	细菌/($\times10^4$ CFU/g)	放线菌/($\times10^2$ CFU/g)	真菌/($\times10^4$ CFU/g)	纤维素分解菌/(CFU/g)	铁还原细菌/($\times10^5$ CFU/g)	反硫化细菌/(CFU/g)
基本未烧	泥炭沼泽土	0～15	50.8	1.4	4.5	152	27.4	10
		15～30	8.2	0.7	0.2	23	17.9	10
中度火烧	泥炭沼泽土	0～15	865.1	448.2	22.9	2801.0	64.7	<10
		15～30	724.9	21.8	4.7	1412.0	14.1	10

林英华等（2016）采用磷脂脂肪酸法研究了沼泽发育阶段和火干扰强度对大兴安岭主要森林沼泽类型（落叶松－杜香－藓类沼泽、落叶松－兴安杜鹃－藓类沼泽、落叶松＋白桦－藓类沼泽）微生物群落的影响，结果显示处在不同发育阶段的沼泽类型土壤微生物量存在显著差异，火干扰改变了土壤微生物量，但不同干扰强度的影响差异不显著；不同发育阶段的沼泽类型土壤微生物结构也存在明显差异，火干扰降低了革兰氏阴性菌和真菌的相对生物量，从而改变了土壤微生物结构。

二、草本沼泽生态系统的结构

（一）非生物环境

草本沼泽是另一种典型的沼泽类型，相较于其他内陆沼泽类型，草本沼泽主要有以下三个特征：①表面被浅层积水覆盖；②挺水植物广泛分布，如芦苇、香蒲、华夏慈姑等；③泥炭层浅或无泥炭层。

三江平原位于黑龙江省东北隅，属东北平原的一部分，地势平坦，平均海拔 50 ～ 60 m。以完达山为界，以北为松花江、黑龙江和乌苏里江冲积而成的低平原，在大地构造上属同江内陆断陷，是中、新生代大面积沉陷地区；以南为穆棱河和兴凯湖作用形成的冲积湖积平原，在大地构造上属新生代内陆断陷，为第三纪初断陷形成的平原。三江平原是中国沼泽面积最大、分布最集中，且以草本沼泽为主体的沼泽区。区内主要地貌为一级阶地和高低河漫滩，地面坡度 1/5000 ～ 1/10 000。河漫滩和阶地上发育微地貌，广泛分布各种形状的洼地，包括碟形洼地、线形洼地和不规则洼地，地表径流不畅，同时阶地广泛分布有黏土层，严重阻碍地表水下渗，洼地汇水最终形成大片沼泽。三江平原的沼泽区主要分布在沿黑龙江、松花江、乌苏里江及其支流挠力河、别拉洪河、穆棱河、阿布沁河、七虎林河等河流的河漫滩、古河道、阶地上低洼地，以及各主要湖泊如小兴凯湖、大兴凯湖、东北泡、大力加湖等湖滨洼地。

三江平原属温带湿润半湿润大陆性季风气候，年均气温 1.4 ～ 4.3℃，年降水量 500 ～ 650 mm，具有升温快、雨热同期、冬季严寒的特征。区内 60% 以上的降水集中在 6 ～ 8 月，夏秋季土壤水分饱和，黏重土质使地表积水严重。地表冻结期长达 6 ～ 7 个月，平均冻深 150 ～ 210 mm。10 月下旬地表稳定冻结，这使得夏秋季大量积水未能排出并冻结在地表和土壤层中，受沼泽草根层或泥炭层导热率低的影响，翌年冻层融化缓慢，地表过湿，沼泽发育。区内空气湿度大，年平均一般在 65% 以上，而年蒸发量较小，年陆面可能蒸发量 550 ～ 650 mm，各地可能蒸发量普遍小于降水量（刘兴土和马学慧，2002）。同时，区域内分布大量河流，受平坦地形影响，河流弯曲系数大，流速缓慢。区域内年径流量的 75% ～ 95% 集中在 5 ～ 10 月，每年汛期河流水位上涨，由于河槽狭窄，河漫滩普遍遭到洪水漫溢形成大面积积水，同时河流纵比降小，回水顶托严重，致使洪水滞留地表和洼地，在此基础之上发育沼泽。

1. 沼泽小气候

（1）沼泽表面辐射平衡

辐射平衡是决定贴地气层和土壤温度变化的基本因素。实测表明，草本沼泽与裸地之间、草本沼泽垂直结构上的辐射平衡存在很大差别。白天，沼泽表面吸收的太阳辐射量大于有效辐射，辐射平衡为正值；夜间，沼泽表面因有效辐射而丧失热量，辐射平衡为负值。正午前后的辐射平衡值一般比夜间负辐射平衡的绝对值大几倍或十几倍（图 6-10）（刘兴土，1988）。沼泽正午最大辐射值为 3.43 J/(cm²·min)，农田为 3.50 J/(cm²·min)。

白天，由于沼泽草层削弱太阳短波辐射，辐射平衡由沼泽植物上层向下递减，至 20 cm 高度时，仅相当于植被层之上的 1/3 ～ 1/2；夜间，受植被阻隔，有效辐射减少，辐射平衡自植被上表面向下递增（即绝对值减小）（表 6-18）。植被影响下地表反射率的差异和保温作用是草本沼泽土壤温度低于裸露耕地且日变幅较小的重要原因之一。

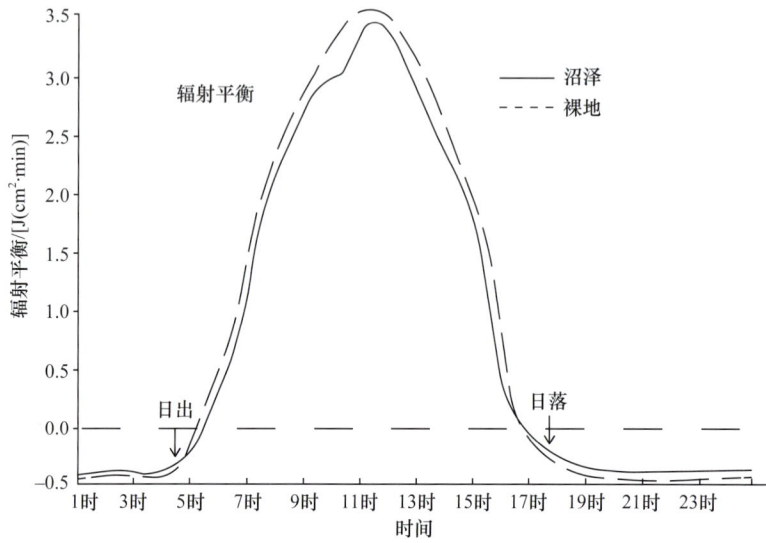

图 6-10　全晴天沼泽与裸地辐射平衡的日变化（1983 年 9 月 4 日）

表 6-18　沼泽表面不同高度的辐射平衡（刘兴土，1988）　　[单位：J/(cm² · min)]

高度	9月5日			9月6日		
	8 h	14 h	20 h	2 h	8 h	14 h
150 cm	1.88	2.12	−0.21	−0.17	1.29	1.56
20 cm	0.70	0.92	−0.10	−0.07	0.44	0.65

张芸等（2002）通过对三江平原典型草本沼泽和开垦后农田热量平衡进行观测发现（表 6-19），沼泽被开垦后，地面反射率减少了约 14%，使得地表接受的太阳辐射增加了 8% ～ 10%，是开垦后农田土壤温度升高的主要原因，这改变了沼泽原有的冷湿效应，削弱了沼泽的气候调节作用。

表 6-19　三江平原沼泽开垦前后热量平衡变化（张芸等，2002）

热量平衡指标		时间	沼泽	开垦后农田
辐射平衡	总辐射/(J/m²)	7月	427.7×10⁶	—
		9月	353.2×10⁶	—
	净辐射/(J/m²)	7月	248.7×10⁶	287.1×10⁶
		9月	243.7×10⁶	—
	反射率	7月	0.256	0.220
		9月	0.245	0.210
	波文比	7月	0.01～0.20	0.02～0.25
	土壤热通量/(J/m²)	7月	4.26×10⁶	4.73×10⁶
		9月	9.39×10⁶	—
	潜热通量/(J/m²)	7月	192.9×10⁶	164.6×10⁶
		9月	186.9×10⁶	157.8×10⁶
	感热通量/(J/m²)	7月	62.9×10⁶	98.2×10⁶
		9月	42.0×10⁶	102.3×10⁶

（2）贴地气层温度和湿度

草本沼泽由于有薄层积水，加上植被削弱了太阳辐射，日间地面增温较慢，故贴地层的气温相较于无积水或无植被覆盖的裸地更低；夜间，虽然沼泽地面温度有时高于裸地，但空气温度由于受植被本身辐射冷却的影响，仍比裸地低。

近地面空气湿度的变化，主要取决于下垫面的水热状况。孙丽和宋长春（2008）对三江平原典型草本沼泽水热通量进行观测，结果表明，潜热通量，即下垫面与大气水分的热交换，是沼泽主要的能量支出项；沼泽的蒸散发以水面蒸发为主，其次是植被蒸腾，最高月均日蒸散量出现在 7 月。因此，草本沼泽表面常年积水或饱和条件，加上较低的气温，使得沼泽近地面有更大的相对湿度。观测发现，三江平原草本沼泽地 20 cm 高度平均相对湿度比裸地高 6%～16%，一天之中以 14 时左右相差最大（图 6-11）。

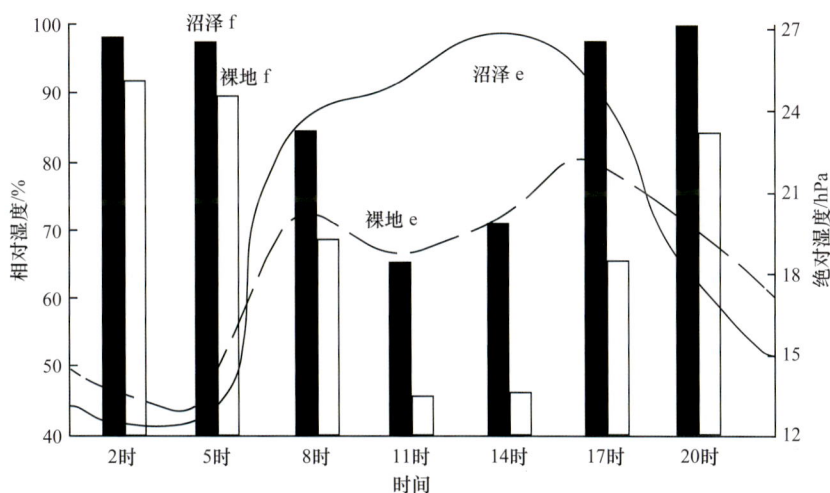

图 6-11　20 cm 高度沼泽与裸地空气湿度对比（1983 年 9 月 5 日）（刘兴土，1988）

e. 绝对湿度；f. 相对湿度

沼泽与裸地绝对湿度（水汽压）比较，白天与夜间变化相反。白天，草本沼泽的总蒸发量较大，且湍流交换减弱，地面和植株间的水汽不易散出，故绝对湿度比裸地大，正午前后一般相差 3～5 hPa；夜间，沼泽的气温常低于裸地，饱和水汽压小，多余的水汽凝结成露，因此绝对湿度一般比裸地小1～3 hPa。

（3）沼泽土壤温度

土壤温度变化与辐射平衡、土壤热学性质及土中热通量有密切关系。草本沼泽土壤的温度变化小于裸露耕地。晴天裸地地表温度日变幅为 23.4℃时，沼泽表面仅 12.9℃；距地表 10 cm 处土温，裸地变幅为 5.7℃，沼泽仅 3.0℃（图 6-12）。这是沼泽表面辐射平衡的日变幅较小和比热容更大的缘故。沼泽除日出前的地面最低温度有时高于裸地外，各深度

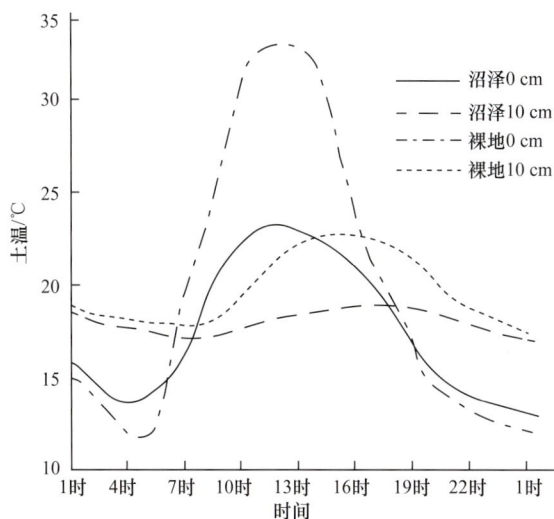

图 6-12　沼泽与裸地各深度土温日变化
（1983 年 9 月 4 日，晴）（刘兴土，1988）

的土壤温度均比开垦后的耕地低，这是由于沼泽地积水和植被覆盖，导热率小，因此土壤热状况不良，沼泽开垦后土壤的热状况得到改善，有利于农田作物的生长，但也因此减弱了沼泽的环境效应。大面积沼泽的开垦，必然导致区域生态平衡的变化。

2. 水文状况

（1）沼泽水源与地表积水

地表积水及除大气降水以外的水源补给是草本沼泽水文状况的典型特征。草本沼泽以地下水、地表水、河水和湖水补给为主，大气降水补给为辅。受补给水源稳定性的影响，草本沼泽的地表积水可分为常年积水和季节积水。常年积水的沼泽多见于低河漫滩、湖滨洼地，有稳定的河水、湖水和地下水补给，水源充足，如芦苇沼泽、毛薹草沼泽和漂筏薹草沼泽等，常年积水深度一般在 10 ～ 30 cm。季节性积水沼泽常见于高河漫滩和阶地上洼地，雨季降水较多，河水上涨漫延，地表径流汇聚洼地，致使地表临时积水。因此，季节性积水沼泽水位有明显的季节性波动。乌拉草沼泽、瘤囊薹草沼泽和灰脉薹草沼泽常见于季节性积水地带，地表短期积水深度一般为 5 ～ 20 cm，积水存在于团状草丘的洼地之中，旱季水流停滞或积水消失，汛期可产生丘间水流。

（2）水化学特征

草本沼泽的水源补给类型决定其水化学特征。受不同化学组成的地下水和地表水影响，不同沼泽水体的矿化度水平差异巨大。东部季风区草本沼泽受降水补给作用明显，水体矿化度水平较低；而在西部内陆干旱区，由于蒸散作用强烈，大量的地下水盐分被留在地表，水体矿化水平较高。草本沼泽一般为富营养沼泽，这是由于地表水、地下水等补给中带有大量的可溶性矿物质。受此影响，沼泽水体中往往含有大量的金属阳离子，水体 pH 一般接近中性。

三江平原草本沼泽水体的化学特征主要包括：矿化度低，一般在 30 ～ 900 mg/L；离子组成中，主要阴离子为 HCO_3^-、Cl^-、SO_4^{2-}，主要阳离子为 Ca^{2+}、Mg^{2+}、Na^+；水化学类型主要为 HCO_3^--Ca·Mg 型，pH 为 6.0 ～ 7.5；水中的含铁量较高，达 6 mg/L。

3. 土壤

草本沼泽一般泥炭层较浅或无泥炭层，营养元素受基质、母岩、水文连通度、微地貌等因素的共同影响。草本沼泽土壤通常具有较高的营养水平，同时营养水平存在季节性波动，在生长季节被植物大量利用消耗因而水平较低，在非生长季节水平相对较高。受高营养水平的影响，草本沼泽的生产力通常比其他贫营养沼泽更高，同时微生物群落更加活跃，物质循环的周转率也更高。

三江平原沼泽土壤主要有草甸沼泽土、腐殖质沼泽土、泥炭沼泽土和泥炭土，前三类土壤占该区沼泽土壤总面积的 95% 左右，泥炭土只占 4% 左右，约为 $1.5×10^4$ hm²。区内土壤的典型垂直剖面结构为地表以上有 0 ～ 50 cm 的表面积水（沼泽化草甸为季节性积水），土壤表层 5 ～ 40 cm 为海绵状结构的草根层，孔隙度大，其下为泥炭层或腐殖质层，再向下为潜育层和母质层，潜育层和土壤成土母质为透水性差的黏土和亚黏土。沼泽土壤的密度普遍比矿质土壤小，同时持水量高出一般矿质土壤的 2 ～ 3 倍，其中泥炭土和泥炭沼泽土持水能力最强（表 6-20）。

植物残体的降解归还是沼泽土壤养分的主要来源，三江平原不同植被类型的沼泽土壤养分状况存在差异（表 6-21），同时沼泽土壤表层聚集大量的凋落物和死根，使得营养成分含量普遍随着土层深度的增加而减少；以大叶章为优势种的沼泽，其总有机碳、全氮和全磷含量显著（$P < 0.05$）高于其他类型沼泽；各沼泽类型速效氮、速效磷和速效钾的含量均较低，这与沼泽饱和水环境下较低的分解速率有关；以大叶章为优势种的沼泽速效氮水平明显较高（$P < 0.05$），毛薹草沼泽速效钾含量显著高于（$P < 0.05$）其他类型沼泽，各沼泽类型之间速效磷含量差异不明显（$P > 0.05$）。

表 6-20　三江平原沼泽土壤密度、孔隙度和持水性（王毅勇和宋长春，2003）

沼泽土壤亚类	深度/cm	密度/(g/cm³)	孔隙度/%	饱和持水量/%
草甸沼泽土	0~8	0.59	67.6	124
	8~16	0.80	60.0	93
淤泥沼泽土	0~10	0.31	86.9	124
	10~20	0.55	77.1	69
腐泥沼泽土	0~20	0.11	93.8	610
	20~30	0.25	97.2	563
泥炭沼泽土	0~20	0.11	93.3	860
	20~35	0.12	92.2	645
	>35	1.11		60
泥炭土	0~15	0.09	94.4	970
	18~37	0.10	93.6	845
	40~55	0.12	92.4	618
	56~62	0.11		654

表 6-21　三江平原不同植被类型沼泽土壤主要养分状况（肖烨等，2015）

植被类型	土层深度/cm	含水量/%	总有机碳/(g/kg)	全氮/(g/kg)	全磷/(g/kg)	速效氮/(mg/kg)	速效磷/(mg/kg)	速效钾/(mg/kg)
大叶章+沼柳	0~10	93.1±17.5a	63.6±8.8a	6.6±1.0a	1.37±0.29a	554.4±67a	30.9±6.4a	225.2±35.2a
	10~20	35.9±5.8b	25.4±4.1b	2.7±0.2b	0.84±0.14b	267.1±63b	11.8±3.1b	122.2±29.7b
	20~30	31.1±6.4b	13.4±4.7c	1.3±0.3c	0.64±0.12b	117.6±30.2c	7.1±1.2b	86.4±11.3b
大叶章	0~10	96.2±15.7a	62.5±4.7a	6.2±1.0a	1.04±0.09a	529.2±51.9a	18.4±3.5a	193.0±49.4a
	10~20	41.1±10.2b	17.6±4.6b	1.9±0.2b	0.60±0.07b	189.8±60b	11.1±1.7a	73.7±12.2b
	20~30	36.3±8.3b	12.8±1.0c	1.2±0.2b	0.54±0.04b	188.2±50.8b	14.5±4a	70.5±10.1b
毛薹草	0~10	135.2±23.7a	24.8±3.2a	1.9±0.9a	0.79±0.05a	228.5±41a	14.0±3a	196.1±48.7a
	10~20	117.1±11.8b	15.0±2.5b	1.7±0.3a	0.74±0.06a	112.6±24.4b	14.7±3.8a	216.5±39a
	20~30	85.3±10.9c	11.2±1.1b	1.1±0.2a	0.46±0.01b	147.8±43.3ab	11.5±2.7a	219.2±37.7a
芦苇	0~10	118.2±19.8a	17.1±3.3a	2.6±0.4a	0.49±0.06a	188.2±27a	13.2±2.4a	130.9±18.6a
	10~20	97.3±13.4b	11.9±1.6b	1.6±0.2b	0.39±0.03a	79.0±9.3b	16.7±4.1a	117.1±27.5a
	20~30	75.4±10.1b	10.3±1.2b	0.9±0.1c	0.38±0.06a	84.0±13.0b	17.4±3.2a	124.0±20.5a

注：同列不同小写字母表示同一湿地类型内不同土层之间差异显著（$P<0.05$）

（二）生物组成

1. 沼泽植被

草本沼泽的植物并不是无序分布于沼泽之中，通常不同植物在沼泽水位梯度上有不同的适宜范围。Lou 等（2018）基于三江平原与小兴安岭 21 种常见沼泽植物存在点数据和 6 种沼泽优势植物丰富度数据，利用广义加性模型（generalized additive model，GAM）对其最适水位区间进行模拟，结果表明不同沼泽植物的最佳生长水位和适宜区间存在明显差异（图 6-13）。

沼泽土壤种子库对水位波动的响应也是导致沼泽植被群落沿梯度分布的原因之一。通常情况下，一年生湿地植物的萌发和幼苗阶段都依赖于湿地季节性水位变动所带来的湿润但淹水程度较低的阶段，而多年生湿地植物可以通过无性繁殖和地下部分生物量分配的策略来抵御水位变化给生长和繁殖带来的负面影响。

三江平原草本沼泽的主要类型有：毛薹草沼泽、漂筏薹草沼泽、乌拉草+灰脉薹草沼泽、瘤囊薹草+大叶章沼泽、狭叶甜茅+薹草沼泽、芦苇沼泽等。其中毛薹草沼泽分布最广，面积最大。毛薹草主要分布在河滩和阶地上的各种洼地；漂筏薹草常见于流速较缓的河流及牛轭湖中；乌拉草、灰脉薹草、瘤囊薹草和大叶章主要分布在河滩地、洼地；芦苇主要生长在河漫滩、湖滩地带。沼生植物生长茂密，覆盖度大，普遍高于70%，其根茎交错生长，草根层普遍厚度为20～

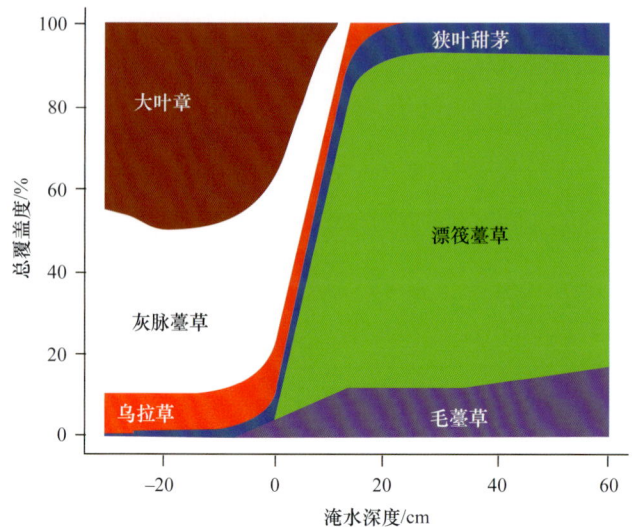

图6-13　基于丰富度数据的三江平原和小兴安岭6种沼泽优势植物适宜水位区间模拟结果（Lou et al.，2018）

30 cm，漂筏薹草沼泽草根层可达40～50 cm，草根层结构疏松，孔隙度大，使其具有非常强的持水能力。乌拉草、瘤囊薹草、灰脉薹草等沼泽植物能形成草丘，丘高20～40 cm，径长30 cm，草丘阻滞了沼泽的径流排水，对保持沼泽淹水缺氧环境至关重要。

通常情况下，草本沼泽植被多样性程度并不高，沼泽中心地带环境条件比较单一稳定，一般只大面积分布几种优势种，而沼泽外围边缘的物种数量和多样性程度相对较高，稀有物种一般多分布于外缘区域。

2. 沼泽动物

（1）无脊椎动物

昆虫是草本沼泽无脊椎动物最重要的组成部分，昆虫的种类和组成结构与沼泽水文及植被状况密切相关，在有明显季节性干湿交替的草本沼泽中，昆虫的生产力往往较高。常见的草本沼泽昆虫包括双翅目（Diptera）、蜻蜓目（Odonata）等，这些昆虫为沼泽鱼类、蛙类和鸟类提供了食物来源。软甲纲动物也是草本沼泽常见的无脊椎动物，如蟹等。无脊椎动物丰富度和多样性在时间和空间上的分布模式往往与沼泽水文波动和植被生长周期相一致。

（2）两栖类

两栖类是沼泽动物的重要组成部分，在沼泽食物网中，两栖类是连接昆虫、鸟类以及部分鱼类之间的重要节点。以蛙类为例，其幼年时期以小型植物和动物为食，同时也是沼泽鱼类和涉禽的食物来源，蛙类成年后以沼泽昆虫为食。草本沼泽还是两栖类重要的交配和繁殖场所，因此沼泽生境的破坏会导致两栖类种群数量迅速下降。

（3）鸟类

草本沼泽是鸟类的重要生境，为鸟类提供了丰富的食物和栖息地。不同鸟类对草本沼泽的利用方式有所不同，以三江平原沼泽为例，涉禽如丹顶鹤、白枕鹤以沼泽浅水中的鱼虾、软体动物和某些植物块茎为食，并使用芦苇等禾本科植物在沼泽浅水处筑巢；鸭类如绿头鸭、针尾鸭、罗纹鸭筑巢于沼泽周围有草丛覆盖的低地，在取食时才会进入水中；还有一些"参入型"沼泽猛禽如苍鹰等。

3. 沼泽土壤微生物

以三江平原典型草本沼泽类型为例（图6-14），沼泽土壤微生物数量为细菌＞放线菌＞真菌，微生物数量随土层的增加而减少。沼泽土壤细菌、真菌和纤维素酶与土壤养分呈显著正相关，表明土壤微生物和酶活性是反映沼泽土壤养分状况的重要指标。

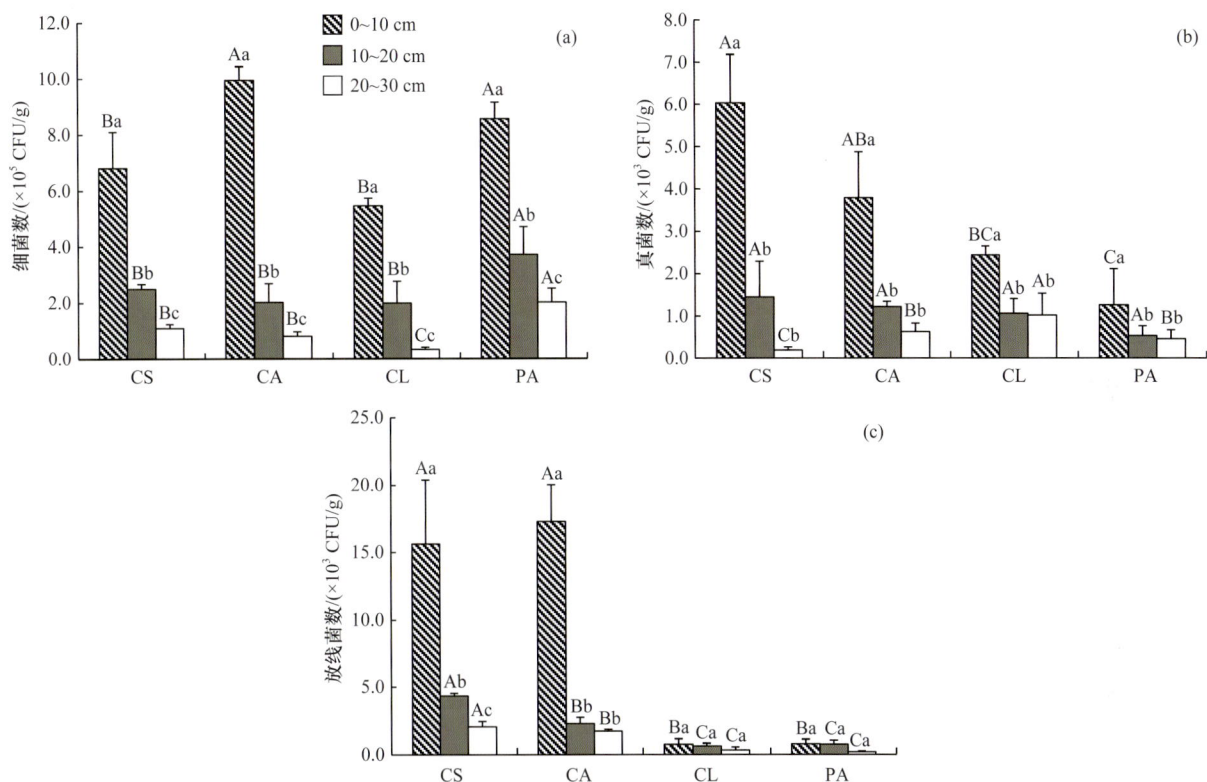

图6-14　三江平原不同沼泽类型土壤细菌、真菌和放线菌数量的垂直分布特征（肖烨等，2015）

CS. 大叶章＋沼柳湿地；CA. 大叶章湿地；CL. 毛薹草湿地；PA. 芦苇湿地

相同土层不同大写字母表示不同湿地类型间差异显著（$P < 0.05$），同一湿地类型不同小写字母表示不同土层间差异显著（$P < 0.05$）

隋心等（2015）对比三江平原不同类型大叶章湿地（沼泽化草甸、草甸、沼泽）发现，不同类型大叶章湿地土壤细菌群落结构存在差异，草甸和沼泽化草甸细菌优势种群为酸杆菌，而沼泽优势种群为变形菌；水位是影响湿地细菌群落结构的重要因素，湿地土壤细菌多样性和丰富度随着土壤含水率的增加而降低（表6-22），含水率的增加减少了酸杆菌的分布，而增加了变形菌的分布。

表6-22　不同类型大叶章湿地土壤中细菌丰富度和多样性指数（隋心等，2015）

样点	土壤含水率/%	OTU	Ace指数	Chao1指数	Shannon指数	Simpson指数
沼泽化草甸	65	683	762	745	5.26	0.0129
草甸	85	636	743	740	5.22	0.0131
沼泽	210	660	707	709	5.19	0.0156

注：OTU. 操作分类单元（operational taxonomic unit）

第七章
沼泽水资源与水循环

第一节　沼泽水资源赋存特征

水是湿地生态系统的驱动因素，湿地的长期存在需要持续和周期性的供水。沼泽是众多湿地类型中的一种，是地球上重要的天然蓄水库和物种基因库，具有涵养水源、调蓄洪水、补充地下水、调节小气候和净化水质等功能，在维系流域或区域水量平衡、蓄洪防旱、改善水质和维护生物多样性等方面发挥着不可替代的作用。地形（地貌）、地理位置（水源距离）、土壤性质、地质和气候条件是沼泽形成的重要因素。沼泽的形成和发展具有一系列的特殊水文过程，具有区别于陆地生态系统和水生生态系统独特的物理化学属性。水文特征可能是制约沼泽生态系统发展演化最重要的条件，也对沼泽生态恢复和重建具有关键的制约作用（Mitsch and Gosselink，1986），取决于沼泽的地表和地下水文状况、土壤含水性和透水性、地貌类型以及降水和蒸发等特征要素及变化。可见，沼泽水资源具有多种赋存特征形式，根据水分来源主要为沼泽地表积水、河流沼泽水、湖泊沼泽水和沼泽泥炭层中水。沼泽的持水性是指含于草根层或泥炭层中的水分，以重力水、毛管水、薄膜水、渗透水、化合水 5 种形式存在。草根层的结构呈海绵状，孔隙度大，保持各种水分的能力也强。在三江平原，沼泽泥炭土和泥炭沼泽土表层饱和持水量高达 600% ～ 900%，腐殖质沼泽土和草甸沼泽土表层为 100% ～ 600%。土壤的毛管持水量前者为 500% ～ 600%，后者多在 100% 左右；土壤的田间持水量分别为 400% ～ 500%、40% ～ 85%（李伟业等，2007）。沼泽的草根层和泥炭层中也含有大量水分，特别是泥炭层有很强的持水性，一般持水量可达 400% ～ 600%（芦苇、薹草泥炭），藓类泥炭可达 1000% ～ 3000%，因此沼泽被称为生物贮水库。另外在沼泽的下垫面之下，往往也赋存着丰富的地下水资源。可见沼泽区具有丰富的水资源，是天然的水库和物种库，在保护环境方面起着极其重要的作用（吕宪国等，2004）。

第二节　沼泽水主要来源及化学特征

一、沼泽水主要来源

沼泽水源靠大气降水、冰雪融水、河水、湖水和地下潜水溢出补给。根据水分来源成因及水化学特征可将沼泽水分为沼泽地表积水、河流沼泽水、湖泊沼泽水和沼泽泥炭层中水。其中沼泽地表积水指停滞或微弱流动在沼泽表面的水，按积水存在的时间，可分为常年积水、季节性积水和暂时性积水三种类型。常年积水型多见于有充足而稳定的水源补给的沼泽地区。季节性积水型水源补给主要受季节性变化所制约，通常是雨季和汛期沼泽地表出现积水，通常沼泽保持过湿状态。暂时性积水型只发生在暴雨或冰雪融化或河水泛滥等短时间内，呈积水的沼泽区；通常沼泽无积水，仅处于过湿状态。

常年积水型沼泽，积水深度一般为 5 ～ 30 cm，水量及水位动态变化稳定，但其水质水化学特征，由于沼泽类型的不同和沼泽水源补给类型的不同，而有明显的差异。另外，由于沼泽所处的环境差别很大，影响其水化学类型的因素很多，因此不同地区，甚至同一类型的沼泽在不同地段水化学特征也有一定差异。季节性积水沼泽和暂时性积水沼泽，由于水源补给极不稳定，其沼泽积水深度变化较大，水量和水化学特征也受沼泽水源补给状况制约，每当水源补给充足的季节沼泽才出现积水，通常仅限于过湿状态。

河流沼泽水按成因类型可分为原生河流沼泽水和次生河流沼泽水。原生河流沼泽水在沼泽形成之前就已存在的河流，有较稳定的河床，河水补给充足，河水位动态变化较平稳；水化学类型多与原生河流水化学类型相吻合。次生河流沼泽水多见于沼泽发育过程中，河道多被沼生植物占据，河道宽浅，水位流量动态变化明显；水化学类型受沼泽类型及其生物化学作用所制约，水化学类型差异性明显。作为沼泽水资源，河流沼泽水的资源量较为丰富。

湖泊沼泽水也有原生和次生之分。原生湖泊沼泽化过程中的残迹湖，往往与湖滨沼泽相互连通、相互调节；湖泊沼泽，通常水量、水位动态变化明显，这种湖泊沼泽在我国东北地区、青藏高原、北疆山地、若尔盖高原的沼泽区均可见到。次生湖泊沼泽一般是沼泽发育后期所形成的，通常是由沼泽地表积水汇集而形成的水体，多见于泥炭藓沼泽。我国湖泊沼泽，积水量一般较充足，但水质变化较大。

沼泽泥炭含水量（按重量计算）一般占 70% ～ 90%，具有很强的持水性能。因此沼泽泥炭层是含水丰富的生物贮存库。泥炭层中的水分存在状态，可分为自由水和束缚水两大类，其中自由水在重力作用下可形成明水，是沼泽水资源主要组成部分。

二、沼泽水化学特征

水化学是研究天然水（河流、湖泊、大气水、海水、地下水等）化学成分及其在空间和时间上的分布和演变的学科。沼泽水的水化学特征主要取决于两个基本因素：一是取决于沼泽水源补给的水化学性质（表 7-1）；二是水在沼泽中的化学和生物化学作用。

表 7-1 沼泽水水源补给与化学特性

主要水源补给	盐度/ppt	pH (H₂O)	总氮/(mg/L)	采样地点
大气降水	0.03～0.07	7.85～9.20	0.15～0.80	麦地卡沼泽
	0.03～0.21	6.02～9.01	0.44～1.78	南瓮河沼泽
	0.01～0.04	5.58～7.42	0.84～2.11	浓江沼泽
河流水	0.01～0.05	8.44～8.97	0.27～0.36	竹庆盆地沼泽
	0.12～0.16	8.17～8.52	0.53～0.76	扎青沟沼泽
	0.08～0.10	7.02～7.45	0.50～1.45	野同伊犁河沼泽
	0.15～0.37	8.15～8.64	0.52～0.80	牙哥曲-北麓河沼泽
	0.71～0.90	6.99～8.55	0.10～0.85	乌拉斯台河沼泽
地下水	0.28～1.38	7.62～9.54	0.21～1.38	博斯腾湖沼泽
	1.05	7.01～8.75	0.83～1.52	科尔沁沼泽
	0.23～0.97	6.81～8.85	0.27～3.56	拉昂错-玛旁雍错沼泽
湖泊水	0.20～0.39	8.22～9.09	0.47～0.89	青海湖沼泽
	0.07～0.16	8.20～9.18	0.55～0.98	热尔大坝沼泽
	0.06～0.11	7.31～9.45	0.52～1.24	兴凯湖沼泽

根据补给来源，以降水为主要补给方式的沼泽大多数分布在流域的源头区域，pH 多为 5.58 ～ 9.20；盐度为 0.01‰ ～ 0.21‰；总氮含量变化很大，分布范围为 0.15 ～ 2.11 mg/L。大部分以降水为主的沼泽 pH 偏碱性，盐度含量较小，总氮、总磷含量较低；由于放牧等人类活动影响，沼泽水体部分指标含量升高。

以河流、湖泊和降水为水源补给的沼泽主要分布在河漫滩、湖滨带等河谷或平原低洼地带。根据"中国沼泽湿地资源及其主要生态环境效益综合调查"（2013FY111800）项目数据，沼泽面积变化范围很大（21.6～11.92万hm²），平均值为3.08万hm²；pH为4.1～9.6，平均值为7.4；盐度含量为0.01‰～0.90‰，平均值为0.17‰。大部分沼泽盐度含量、氮磷含量较低，特别是分布在高原的沼泽，由于受人为活动影响较少，水中元素含量更低；元素含量较高的沼泽多分布在平原区、流域中下游河漫滩及湖滨带，人类生产生活导致了沼泽水体元素含量的增长。

滨海湿地主要受降水、河水及海潮水的综合补给，根据植被类型可分为两种：一种为以芦苇等草本植物为主的潮间草本沼泽；一种为以红树植物为主的红树林沼泽。潮间草本沼泽面积变化范围很大（135.4～19 000 hm²），平均值为7664.8 hm²；pH为6.5～8.6，平均值为7.5，显弱碱性；盐度含量为1.2‰～17.2‰，平均值为3.4‰；沼泽水元素含量变化主要是由采样点空间分布的差异导致，分布在河口的沼泽易受上游河水水质的影响，导致元素含量较高。红树林沼泽面积为50.7～5589.9 hm²，平均为1996.7 hm²；pH为6.7～9.1，平均值为7.9；盐度含量为0.3‰～28.0‰，平均值为18.4‰。

在各类沼泽水体中，最突出的特征是水中富含多种存在形态的有机物质，主要是腐殖质和有机酸等。其多寡主要取决于沼泽水介质的酸碱条件和氧化还原条件，存在形态多为胶体溶液和真溶液或呈悬浮状态存在，因此富含有机质的沼泽水较混浊，多呈淡黄色或暗褐色。沼泽水的浑浊度和色度除取决于有机质含量外，也与某些金属元素含量有直接关系，如沼泽水中铁、锰含量较高时，沼泽水多呈暗红色。

沼泽水矿化度普遍较低，一般低于500 mg/L，最低只有30 mg/L，最高达5000 mg/L，属于低矿化度的淡水居多。离子组成成分中阴离子以 HCO_3^- 为主，Cl^-、SO_4^{2-} 次之，阳离子以 Ca^{2+}、Mg^{2+}、Na^+ 为主，此外还会有一些微量元素和气体成分如游离 CO_2、H_2S、CH_4 等。水化学类型以 HCO_3^--Ca·Mg型水和 HCO_3^--Ca·Na 型水居多（表7-2）。

表7-2　沼泽植被类型与水化学特征

地区	沼泽类型	矿化度/(g/L)	水化学类型
三江平原	薹草+大叶章	0.04～0.31	HCO₃-Ca·Mg
	乌拉草+灰脉薹草	0.04～0.84	HCO₃-Ca·Mg
	毛薹草	0.05～0.50	HCO₃-Ca·Mg
	漂筏薹草	0.03～0.07	HCO₃-Ca·Mg
	芦苇-薹草	0.08～0.50	HCO₃-Ca·Mg、HCO₃-Na·Ca
兴安岭	丛桦-薹草	0.08～0.16	HCO₃-Na·Ca、HCO₃-Ca·Na
	丛桦-笃斯越橘-泥炭藓	0.09～0.10	HCO₃-Na
	落叶松-杜香-泥炭藓	0.09～0.20	SO₄·HCO₃-Na、SO₄-Na、SO₄·Cl-Na·Ca
	乌拉草-泥炭藓		HCO₃-Ca·Mg·Na
	泥炭藓	0.06～0.30	Cl·SO₄-Mg·Na、Cl·HCO₃-Na·Mg、HCO₃-Na
若尔盖高原	嵩草+杂类草	0.03～0.20	HCO₃-Ca·Mg·Na、HCO₃-Ca
	嵩草+薹草	0.05～0.5	HCO₃-Ca、HCO₃-Ca·Mg
	乌拉草	0.03～0.2	HCO₃-Na·Mg、HCO₃-Ca·Na、HCO₃·Cl-Ca
	毛薹草	0.1～0.2	HCO₃-Ca·Na、HCO₃·Cl-Na

续表

地区	沼泽类型	矿化度/(g/L)	水化学类型
新疆阿勒泰地区	阿尔泰薹草	0.1～0.5	HCO_3-Ca·Na
	芦苇	0.5～5	HCO_3-Ca·Na
	帕米尔薹草	0.1～1	HCO_3-Ca·Na

资料来源：马学慧和牛焕光，1991；努尔巴依·阿布都沙力克等，2008

在青藏高原，沼泽水体理化参数和主要离子浓度略高于冰川湖。其中，溶解性总固体（TDS）平均含量仅 128.81 mg/L，电导率（EC）平均值为 257.80 μS/cm，pH 为 6.39～8.12，平均值为 7.32，盐度均为 0.2 ppt。水化学类型多为 Ca(Mg)-SO_4 型和 Ca-HCO_3 型。南北水体理化参数和主要离子浓度差异显著，南部水体理化参数与冰川湖水化学理化特征相似；北部水体理化参数和主要离子浓度受人类活动影响极大（闫露霞，2019）。

在东北三江平原，湿地水中阴离子以 HCO_3^- 为主，含量占总离子的近90%，绝对浓度达 124.44～146.40 mg/L，均值为 128.8 mg/L；其次为 SO_4^{2-}。阳离子以 Ca^{2+}、Mg^{2+} 为主，Na^+ 其次，Ca^{2+} 浓度均值为 9.09 mg/L，Mg^{2+} 浓度均值为 7.29 mg/L，Na^+ 浓度均值为 1.37 mg/L。重金属中 Fe 含量最多，浓度为 0.242～1.04 mg/L，均值为 0.96 mg/L。本区湿地水化学类型多为 HCO_3-Ca·Mg 型，也有 HCO_3^--Na·Ca 型。湿地中部碟形洼地 pH 在 5.9 左右，靠近沼泽化草甸（6.5～7.0），接近中性（张芸等，2005）。矿化度极低，一般在 100 mg/L 以下，有机酸浓度也偏高，含量一般在 1～2 mg/L。

在鄂尔多斯四类湖滩湿地的植被类型中，受到区域大环境和局地盐碱化、干旱等小环境的影响，每种植被类型的分布区、组成和物种多样性均存在明显差异。西南部分布的植被类型为肉质耐盐植物草甸，SO_4^{2-} 占阴离子总量的 70.53%，对应的土壤类型为硫酸盐土；中部分布的为薹草草甸，HCO_3^- 和 SO_4^{2-} 分别占阴离子总量的 39.15% 和 35.37%，对应的土壤类型为苏打硫酸盐土；东北部分布的为禾草和杂草草甸，SO_4^{2-} 和 Cl^- 分别占阴离子总量的 46.42% 和 31.13%，对应的土壤类型为硫酸盐氯化物盐土。从西南部到东北部呈现出不同植被类型的空间分布，主要是土壤水分、盐分含量及类型和粒径等因子共同作用的结果（崔乔，2021）。

在鄱阳湖国家级湿地自然保护区，丰水期主要离子 Ca^{2+} 的浓度为 3.57～13.98 mg/L，平均浓度为 10.21 mg/L，占总阳离子总当量浓度的 57.67% 以上，最高百分比高达 80.94%；K^+ 的浓度为 0.84～3.08 mg/L，平均浓度为 1.88 mg/L；阳离子的质量浓度从大到小依次为：Ca^{2+}、Na^+、K^+、NH_4^+。Cl^- 的浓度为 0.96～26.79 mg/L，平均浓度为 10.03 mg/L；SO_4^{2-} 的浓度为 9.26～25.03 mg/L，平均浓度为 15.07 mg/L，阴离子以 SO_4^{2-}、Cl^- 为主，占总阴离子总当量浓度的 87.87% 以上；NO_3^- 的浓度为 0.07～5.17 mg/L，平均浓度为 2.31 mg/L（张翔等，2013）。

三、中国典型沼泽分布区水环境

基于"中国沼泽湿地资源及其主要生态环境效益综合调查"（2013FY111800）项目，根据《地表水环境质量标准》（GB 3838—2002）中氨氮浓度对沼泽地表水质进行划分，其中，Ⅰ类≤ 0.15 mg/L，Ⅱ类 0.15～0.5 mg/L，Ⅲ类 0.5～1.0 mg/L，Ⅳ类 1.0～1.5 mg/L，Ⅴ类 1.5～2.0 mg/L，劣Ⅴ类＞ 2.0 mg/L。

调查期间采集水样的沼泽 277 片，其中达到Ⅰ类水质标准的沼泽有 83 片，占水质调查总数的 30.0%；Ⅱ类水质沼泽有 98 片，占 35.4%；Ⅲ类水质沼泽有 36 片，占 13.0%；Ⅳ类水质沼泽有 12 片，占4.3%；V类水质沼泽有5片，占1.8%，劣五类水质沼泽有43片，占15.5%。影响因素方面，受面源污染的沼泽占15.7%，受畜牧影响的占37.1%（以牛、马、羊为主），70.6%的沼泽受周边道路修建（多为县乡道路）影响，受旅游活动影响的沼泽占26.5%。水质较好的片区多处于青藏高原，如西藏洞错湿地自然保护区沼泽、可可西里自然保护区沼泽、帕度错沼泽等，水质较差的片区多处于华北、东北等地区，如昌德镇沼泽、大石头镇沼泽等。水质较差的沼泽片区土地利用方式多为水田、旱田、鱼塘等，主要受人类活动干扰的影响。氨氮含量较低的典型沼泽分布区见图7-1、表7-3。

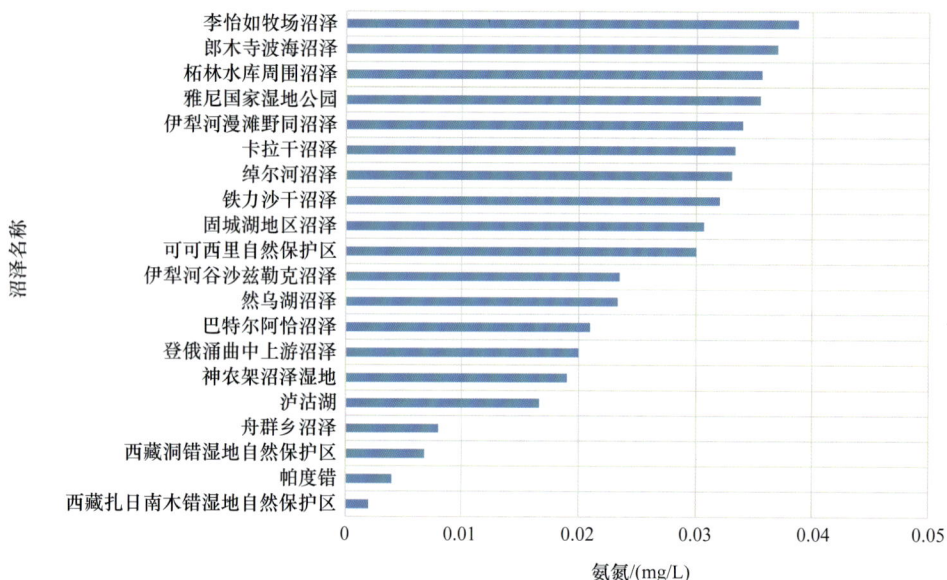

图7-1 氨氮含量较低的典型沼泽分布区

表7-3 水质较好的典型沼泽分布区

沼泽名称	流域	水质	蓄水量/$\times 10^8\,m^3$	干扰方式
西藏扎日南木错湿地自然保护区	雅鲁藏布江流域	I	0.178	无
然乌湖沼泽	雅鲁藏布江流域	I	0.006	畜牧
雅尼国家湿地公园	雅鲁藏布江流域	I	0.001	无
舟群乡沼泽	西北内流区	I	0.002	畜牧
孕斯库勒湖区沼泽	西北内流区	I	5.258	畜牧
小柴达木湖沼泽	西北内流区	I	1.611	无
神农架沼泽	汉江流域	I	0.144	旅游
丹江口水库周围沼泽	汉江流域	I	0.067	畜牧
营口地区沼泽	辽河流域	I	0.245	旅游
双台子河口沼泽	辽河流域	I	6.194	旅游
可可西里自然保护区	藏北高原内流区	I	78.000	无
帕度错	藏北高原内流区	I	0.057	无

沼泽名称	流域	水质	蓄水量/×10⁸ m³	干扰方式
西藏洞错湿地自然保护区	藏北高原内流区	I	0.640	无
绰尔河沼泽	绰尔河流域	I	1.661	无
卡拉干沼泽	伊犁河流域	I	0.107	畜牧、旅游
伊犁河漫滩野同沼泽	伊犁河流域	I	0.002	无
伊犁河谷沙兹勒克沼泽	伊犁河流域	I	0.051	无
柘林水库周围沼泽	鄱阳湖流域	I	2.370	无
兴凯湖沼泽	黑龙江流域	I	4.607	无
李怡如牧场沼泽	黄河流域	I	0.144	畜牧
采日玛沼泽	黄河流域	I	0.367	畜牧
美仁东南部沼泽	黄河流域	I	1.439	畜牧
阿毛藏布及昂拉仁错	印度河流域	I	0.076	无
三道海子沼泽	乌伦古河流域	I	0.011	畜牧
安久拉山沼泽	怒江流域	I	0.001	无
泸沽湖	长江流域	I	0.041	旅游
登俄涌曲中上游沼泽	长江流域	I	0.704	无
固城湖地区沼泽	长江流域	I	4.000	旅游
郎木寺波海沼泽	长江流域	I	0.009	畜牧、旅游
巴特尔阿恰沼泽	额尔齐斯河流域	I	0.003	畜牧
科克苏沼泽	额尔齐斯河流域	I	1.209	畜牧、旅游
铁力沙汗沼泽	额尔齐斯河流域	I	0.009	畜牧
和布克谷地居也迪克沼泽	内陆闭流区	I	0.052	畜牧
大河沿子河-博尔塔拉河河滩沼泽	内陆闭流区	I	0.021	畜牧
四棵树河甘家湖沼泽	内陆闭流区	I	0.101	畜牧

第三节　沼泽水循环及水平衡

一、沼泽水循环过程

沼泽在流域中是生态系统重要的水分来源。研究尺度从区域、景观/流域、生态系统、植物群落到沼泽物种（Audet et al.，2015）。研究方法主要是利用野外长期监测、稳定同位素技术、模型模拟、遥感技术等。Corey 等（2017）通过 4 年的研究发现，流域上游沼泽涵养水源的能力对下游生态系统的水文过程有重要作用。Valente 等（2013）研究巴西热带沼泽植被与水文和地貌的关系，发现降水、河流等水文过程对沼泽景观形成有重要影响。在澳大利亚东部高原分布的温带泥炭沼泽是沉积物和有机质聚集带，并作为蓄水区，与高降雨量、低蒸发的气候直接有关（Cowley et al.，2018）。在黄河三角洲，沼泽景观面积与地表径流及泥沙量呈显著正相关。

沼泽水循环过程是大气降水、蒸发、蒸腾、地表水流与地下水流时空变化及其与其他生境（包括生物与非生物）的相互作用，是沼泽形成与发展机理研究的重要内容，是影响沼泽功能、生物多样性和生态服务的主要因素（Jansson et al.，2007）。沼泽的物理、生物和化学性质受到沼泽水循环和化学通量的影响。因此，沼泽水对沼泽的性质和特征以及沼泽周围和内部发生的几乎所有过程都至关重要。理解沼泽水循环和化学物质的储存及质量平衡是理解沼泽生态系统的关键，这包括量化沼泽水的所有来源、损失和储存变化，确定各种水文要素的相对大小及贡献就可以很大程度上确定沼泽所处阶段，是对沼泽水文所有源汇项的综合响应，包含水文平衡的时间变异性，与沼泽水文周期和沼泽水动力学密切相关，且对气候变化引起特定水文要素变化的响应非常敏感。

沼泽水循环过程是沼泽生态系统的驱动因素。沼泽的长期存在需要持续和周期性的供水量。而且，沼泽水循环直接维持沼泽结构的完整性，以及间接维持依靠自然动力及结构完整性的沼泽水文服务。沼泽水流可分为流入（流入没有出口的沼泽的水；水渠）、流出（流出沼泽的水；水源），以及贯穿流（水进入和流出沼泽）和双向流（由于潮汐、湖泊或池塘水位，沼泽的水位上升和下降）。如果沼泽被旱地包围，且没有已知的流入或流出沼泽的水流（除了来自邻近高地的径流和近地表水流），从地表水角度来看，沼泽在水文上则是孤立的，但从地下水角度来看，沼泽可能不会在水文上孤立。"孤立沼泽"的地形位置可根据其在地下水流系统中的位置来确定它们是源、贯穿流还是汇。在北美草原等半干旱地区，地形位置和当地地质条件会影响水的盐分和植被格局，其中淡水沼泽位于地下水流动系统（水源）的最高海拔或水位，含盐最多的沼泽位于最低水位（集水区）。因为耐盐性是某些植物所具有的适应能力，植被可以用来推断这些地区的沼泽水文功能（Cowley et al.，2018）。

沼泽水循环过程可能是建立和维持沼泽类型的最重要的决定因素（Mitsch and Gosselink，2015）。沼泽地表水分状况影响沼泽植被群落的组成、生产力、稳定性、物种多样性和演替。植被覆盖和开阔水域的变化不可避免地影响辐射和空气动力学变量（如净辐射、风速和蒸气压），这些变量随后改变了蒸散量（ET），进而影响沼泽地表水环境（Zhang et al.，2017）。可见，沼泽水循环过程与植物群落的相互作用是一个重要的研究课题。大量研究表明，沼泽植被与水分之间有着密切的关系，可以用水位（包括地下水位）、水深、土壤含水量、每年淹没天数的百分比等参数进行描述。特别是在季节性沼泽中，每年和每个季节的淹水模式可能不同，仅水深并不总是描述沼泽植物群落组成的良好指标。因此，最好用水深、持续时间、淹水期和枯水期时间及可预测性进行描述。

沼泽水循环过程是驱动植物群落变化的主要环境因子（Todd et al.，2010）。植物群落随着不同的水分梯度而产生相应的变化。较小的水位改变（10 cm）或水面波动（2 cm）都可以改变湿地植物群落物种结构（Magee and Kentula，2005）。湿地植物多样性受到非均质土壤水分和不同养分利用度的影响进而影响群落类型。同时，水循环过程也受到植被类型、土壤性质、地质、地貌、气候和土地利用等多种因子影响，是一个复杂的过程。植被类型的改变对水循环的影响越来越受到重视。植被类型的转变会改变地面的粗糙度和叶面积指数，进而影响地面能量平衡和土壤蒸散发总量，对水分的蒸发量、土壤湿度、地下水都有明显的影响（周梅等，2003）。

沼泽水循环与气候和天气有着高度的密切联系。气候变化带来的扰动对维持关键沼泽水文动力（水文周期）及相关服务起到至关重要的作用。温度升高及降雨改变将影响流域尺度的水文动力学。这种改变在季节上影响沼泽水循环过程、沼泽生物学完整性（组成和结构）及水文功能（蓄水量、水量调控能力）。在过去几十年中，极端气候频率和幅度的增加，再加上人为活动（如在世界各地修建水坝和水闸的水位控制），极大地改变了沼泽水循环过程（Kong et al.，2017），导致全球沼泽的广泛丧失和退化（Liu et al.，2017）。

二、沼泽水平衡及影响因素

沼泽水量平衡通常是降水、蒸散以及与地表和区域地下水的相互作用。降水和蒸散作用之间的平衡关系控制着沼泽的发育和演化过程，决定了沼泽水文应对气候变化的脆弱性。加拿大气候模型与分析中心 CGCM1 模型和英国 HADCM2 模型的预测结果都表明，在 21 世纪，年均降水量的变化将显著改变沼泽水文和水生生态系统。沼泽因水源补给方式的不同对气候变化的响应也有显著差异。且降水量和蒸散量很大程度上取决于气候和海拔。大气降水是高位泥炭沼泽的唯一补给水源，这也导致该类沼泽对气候变化的响应最为敏感。在瑞典中东部分布的高位泥炭沼泽因降水量减少导致沼泽水位自 20 世纪 50 年代以来持续降低，沼泽水资源短缺，沼泽环境明显退化。

沼泽水循环对于它的能量与物质循环具有决定性的意义。天然形成的碟形洼地沼泽一般就是一个相对比较独立的系统。水循环过程见图 7-2，在一定时段内的水量平衡方程可用下式表示：

$$\mathrm{d}V/\mathrm{d}t = P + D + \mathrm{SW_{in}} + \mathrm{GW_{in}} - \mathrm{SW_{out}} - \mathrm{GW_{out}} - \mathrm{ET}\ (\mathrm{m}^3) \tag{7-1}$$

式中，$\mathrm{d}V/\mathrm{d}t$ 为沼泽水容量变化；P 为大气降水；D 为凝结水；$\mathrm{SW_{in}}$ 为地表径流输入；$\mathrm{GW_{in}}$ 为地下水输入；

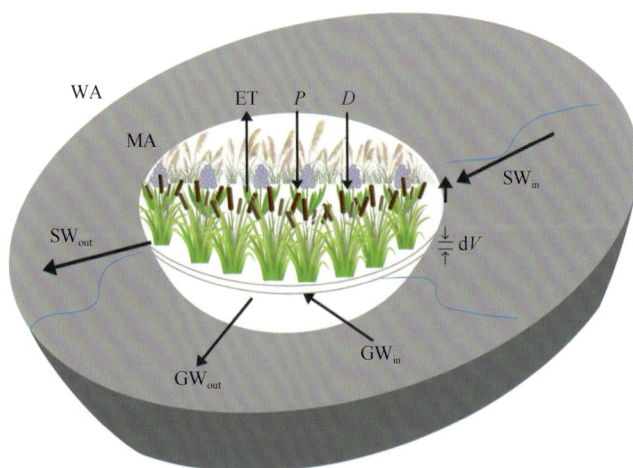

图 7-2　沼泽水分循环过程示意图

MA 为沼泽面积；WA 为流域面积

$\mathrm{SW_{out}}$ 为地表径流输出；$\mathrm{GW_{out}}$ 为地下水输出；ET 为沼泽水面和植物总蒸散量；$\mathrm{d}V$ 为水容量。

大气降水主要包括液体降水和固体降水，降水是沼泽生态系统重要的水分来源之一，其强度大小以及时间分配与沼泽的形成发育和产生径流的多少有密切关系。分析三江平原洪河自然保护区 33 年降水数据，结果得出，其多年年平均降水量为 550.14 mm，生长季（5～9 月）多年平均降雨量为 445.3 mm，占多年年平均降水量的 80.9%。其中 7 月、8 月平均降雨量达到 258.7 mm，占生长季降水量的 58.1%。2018 年鄱阳湖湿地芦苇群落根系层土壤水分主要补给来源为降水入渗和根系层以下深层土壤水分的向上补给。年降雨入渗总量为 1023 mm，主要集中在 3～6 月，占年总量的 52.7%（郭强，2017）。

凝结水（露水）是除降水之外的另一种水量来源，产生频次要远大于降水，在干旱、半干旱地区所占比重较大，对维持生态系统水量平衡具有重要作用。凝结水产生原理是水汽凝结在温度较低的土壤上层和植物表面所产生的液态水。产生凝结水的直接条件是水汽压 e 等于或大于同温度下的饱和水汽压 E，即 $e \geqslant E$。有两种情况可发生 $e \geqslant E$：①在一定温度下使水体蒸发，空气中的水汽含量不断地增加 e 值也不断升高，当 e 值达到该气温下的 E 值时，凝结水便开始产生；②冷却含有一定量水汽的空气中水汽的绝对含量不变，在冷却过程中露点温度随之降低；当降到与之相对应的 E 等于空气中水汽绝对含量所对应的 e 时就开始产生凝结水（王毅勇和宋长春，2003）。根据三江平原实际观测，沼泽日凝结水量为 0.15～0.30 mm，年凝结量一般不超过 20 mm。沼泽生态系统日落 1 h 后露水开始在植株上凝结，至次日凌晨日出前 0.5 h 时停止，生长季露水日凝结历时 6～8 h。8 月露水凝结量最大，露水量与夜间相对湿度、露点温度、水汽压呈正相关，与风速呈负相关（徐莹莹，2012）。露水为湿地植物生长提供了丰富的营养元素（包括微量元素），露水中金属主要来源于地表积水和大气干沉降。湿地露水主要来源于地表积水蒸发的水汽。在吉林西部莫莫格国家级自然保护区，露水量可达 19.44 mm，相当于当地降水量的 5%，而且露水中含有丰富的营养物质，对维持地区生态系统稳定具有重要作用（Zhang et al.，2017）。

蒸散发作为水文循环的重要环节，是反映区域水文、气候、土壤等的活跃因素，也是反映气候变化的重要因子。沼泽蒸散发是指沼泽植物蒸腾与植株间水面蒸发之和。沼泽蒸散发的变化改变区域的水文过程，进而对湿地水文生态系统造成影响。1973～2013 年，青藏高原典型高寒沼泽受冰川融水影响，土壤含水量维持在较高水平，蒸散发以 2.0 mm/a 的速率显著增大，主要与水汽压（空气湿度）及日照时数增大有关（马宁，2021）。沼泽实际蒸散发主要集中在生长季，平均蒸散发为 146.76 mm，一天的蒸散发在 14:00～15:00（北京时间）达到最高值，土壤热通量对蒸散发的贡献最大，其次为净辐射（王秀英等，2022）。在若尔盖地区，高原沼泽蒸散量为 116.6 mm/a，占高原实际蒸散量的 23.85%（李志威等，2017）。沼泽年相对湿润度指数呈显著下降趋势，有干旱化发展趋势。降水量、相对湿度的减少和日照时数、潜在蒸散量的增加对湿地干旱化起主要作用，其中降水量是最主要因子（强皓凡等，2018）。基于若尔盖湿地及其周边 6 个气象站 1963～2013 年逐日气象观测资料，若尔盖湿地季节和年际潜在蒸散量在时间尺度上均表现出增加趋势，其中夏、秋季和年际尺度下，增加非常显著；在空间尺度上，表现出不同程度的增加趋势，其中增加非常显著的地区，在秋季表现为整个区域，年际尺度下则贯穿于整个东、西部（穆文彬等，2019）。吉林西部地区沼泽具有较强烈的蒸散发过程。根据植物蒸腾过程中同位素的非稳态假设，得出夏季沼泽水面蒸发占地表蒸散发（ET）的比例为 50%～60%，植物蒸腾所占比例为 40%～50%，蒸散量平均每天 10 mm，芦苇单株蒸腾量是扁秆荆三棱的 5.25 倍，周边河流及地下水每天对湿地补水 8.3 mm（Zhang et al.，2017）。在东北三江平原，典型沼泽主要界面水分通量研究结果表明在 2003 年生长季沼泽系统与大气水分交换量（蒸散发）总量为 424.7 mm，沼泽水面 – 大气水分通量（水面蒸发）总量为 260 mm，沼泽植被 – 大气界面水分通量（蒸腾量）总量约为 164.7 mm；沼泽生长季水分亏缺量达 140.5 mm；非生长季大气降水是沼泽生长季生态用水的重要来源（邓伟等，2005）。贾志军等（2007）利用涡度相关技术评估三江平原典型沼泽蒸散量发现，日出后蒸散量逐渐增加，12:00～13:00（北京时间）达到最大值，6～10 月各月总蒸散量分别为 120.9 mm、101.6 mm、93.1 mm、59.3 mm 和 25.9 mm。与同期降雨量相比，6～9 月沼泽水量发生亏缺，亏缺量分别为 72.7 mm、3.2 mm、58.8 mm 和 44.4 mm。蒸散量与净辐射呈显著线性正相关。蒸散量也随饱和水汽压差的增加而增加，但植物发育成熟后，当饱和水汽压差大于某一阈值（11 hPa）时，饱和水汽压差的增加反而抑制了水分蒸散。在科尔沁草甸沼泽中，蒸散量和水分利用效率具有明显的季节变化特征，2016 年草甸湿地总蒸散量为 683.27 mm，且蒸散主要作用在植被的生长季，蒸散量和水分利用效率均受净辐射、空气温度、饱和水汽压差和土壤含水量的影响（陈小平，2018）。在滨海，红树植物叶气孔密度低和肉质化程度高决定了红树植物叶水同位素分馏比陆地植物低 3‰ ~ 4‰。红树林的夏季蒸散量接近热带雨林，达到 6.0 ~ 8.5 mm/d，但是冬季的蒸散量接近半干旱生态系统，为 3.0 ~ 4.5 mm/d（梁杰，2019）。红树植物树干液流日动态短时波动多且明显，液流密度日变化主要为双峰型，偶为单峰型。双峰型日变化格局在春季和夏季尤为明显，且存在种间差异。液流的季节差异大，年度变化趋势与温度和气象蒸发的变化趋势基本一致，雨季明显高于旱季。红树林分蒸腾耗水量 2017 年为 298.19 ~ 357.27 mm，2018 年为 269.19 ~ 321.12 mm，降雨对红树林蒸腾耗水的影响强，日降雨量较大时，当日耗水量明显降低。未发现潮汐对红树林分蒸腾耗水的明显影响（冷冰，2020）。

沼泽基于"蓄—滞—渗—排"等过程维持水分平衡。地表径流是沼泽水分循环中的重要环节，是沼泽水量平衡的主要收支。基于"降雨—径流"过程中湿地水文功能的强度和效应的变化，将其划分为 3 个阶段：持续蓄水期、间歇性蓄满产流期和持续蓄满产流期。当大气降水和地表径流补给沼泽时，若湿地土壤具有较低的土壤含水量，湿地可以全部储蓄其汇水区内的降雨量而发挥削减径流的作用。沼泽土壤具有特殊的水文物理性质，沼泽土壤的草根层和泥炭层孔隙度达 72% ~ 93%，饱和持水量达 830% ~ 1030%，每公顷沼泽可蓄水 8100 m^3。据统计嫩江中下游 2000 年沼泽蓄水量可达 83.6 亿 m^3，相当于嫩江年径流量的 39.4%。扎龙湿地平水期蓄水量为 1.7 亿 m^3（邓伟等，2005），挠力河流域三环泡内，由于自然泡沼广布，湿地率达 10% ~ 15%，可削减洪峰流量 50% ~ 60%（刘兴土，2007）。随着补给水量的逐渐增加，在草根层下部潜育层之上出现上层滞水，随后潜水位逐渐升高，直到整个草根层饱和，湿地本身及其汇水区所在的负地貌蓄水接近最大（湿地地下水位逐渐接近地表），湿地就会发生间歇性的蓄满产流。随着水分补给量进一步增大，湿地地下水位等于地表时，湿地进入持续蓄满产流期持续产流，增加表面径流。表面径流产生前大部分来水蓄于草根层，一部分沿斜坡以侧向渗透方式流出，即一般所谓的表层流。表面径流产生后，表层流相对处于次要地位。降雨停止后，表面径流很快消失，潜水位降至沼泽表面以下，表层流仍是沼泽径流的主要形式（王毅勇和宋长春，2003）。在一定的条件下，沼泽水分平衡在流域中存在一定的阈值性，当低于该阈值时，沼泽主要发挥储蓄水量和削减径流的作用；当超过该阈值时，主要发挥产流输送和增加径流的作用。然而，在上述 3 个阶段中，湿地持续地发挥着蓄水、补给地下水和提供水源等其他作用。

沼泽土壤水分变化受诸多影响因素的作用，包括降水、蒸发、土壤质地以及植被类型等。沼泽的巨大蓄水能力，与其土壤容重小、孔隙度大、持水能力强有关。三江平原沼泽土壤草根层与泥炭层的容重为 0.10 ~ 0.28 Mg/m^3，总孔隙度大于 70%，饱和持水量可达 4000 ~ 9700 g/kg，估算全区沼泽土壤的蓄水总量可达 46.97 亿 m^3（刘兴土，2007）。沼泽土壤的渗透性主要是指草根层与泥炭层的渗吸作用和渗透作用。渗透作用是分子力、毛管力和重力共同作用的结果。渗透作用可分为垂直渗透和水平渗透，是沼泽土壤饱和时在重力作用下产生的。在毛乌素地区湿地土壤水分主要通过影响土壤黏粒含量影响植被密度，进而影响植被生物量和盖度。而土壤黏粒含量的降低、砂粒含量的升高，不利于土壤中水分和养分的保持，也不利于植被根系的生长，进而影响了植被的生长（何欢，2020）。在敦煌西湖国家级自然保护区，在 0 ~ 120 cm 深度内，土壤含水量平均值为 16.37% ~ 20.89%，土壤水分总体呈现随深度增加而升高的趋势。表层土壤含水量的变异性最强，容易受气候、地表植被类型、盖度等多种因素干扰。影响研究区土壤水分空间变化的因素除了地下水位埋深，还与距离古河道远近、地势高低以及土壤质地类型有关。除此之外，土壤质地类型对于表层土壤含水量的影响也不容忽视，研究区细颗粒的亚黏土比粗颗粒的细砂更有利于毛细水上升，使得表层土壤含水量更高。在鄂尔多斯四类湖滩湿地的植被类型中，肉质耐盐植物草甸典型湖滩湿地的含水量为 10% ~ 20%，全盐为 5 ~ 30 g/kg，粒径为 10 ~ 59 μm；薹草草甸典型湖滩湿地的含水量为 15% ~ 30%，全盐为 0 ~ 10 g/kg，粒径为 40 ~ 130 μm；禾草和杂草草甸的含水量为 5% ~ 30%，全盐为 5 ~ 15 g/kg，粒径为 50 ~

130 μm（崔乔，2021）。若尔盖湿地不同土壤类型入渗过程差异明显，入渗速率在开始阶段陡降，随着时间的推移，下降幅度逐渐减小，最后达到稳渗；泥炭土达稳定入渗的时间最长，达 130 min；风沙土达到稳渗的时间最短，仅为 80 min，土壤入渗特征为泥炭土＞沼泽土＞草甸土＞风沙土，不同土层土壤初始入渗率、稳定入渗率、平均渗透率和渗透总量均随着土层深度的增加而降低。土壤有机碳含量、含水量、毛管孔隙度和＞5 mm 水稳性团聚体与土壤渗透性能呈显著正相关（郑凯利和邓东周，2019）。1971 ～ 2016 年，若尔盖湿地年水源涵养量为 121.4 ～ 348.1 mm，20 世纪 90 年代开始明显减少，黑河流域减少尤为显著；水源涵养率总体呈减小趋势，年均水源涵养率由 1971 ～ 1995 年的 34% 减小到 1996 ～ 2016 年的 30%，90 年代中期以来若尔盖湿地水源涵养能力明显下降；潜在蒸散发量增加、主要水源涵养植被土地面积减小等气候变化和土地利用变化是若尔盖湿地水源涵养量减小及功能降低的重要影响因素（蒋桂芹等，2021）。王焱等（2007）在分别研究土壤 - 植物 - 大气各子系统及其界面的基础上，建立若尔盖湿地土壤 - 植物 - 大气连续体（SPAC）耦合模型，预测植物生长"理想"的地下水埋深（60 ～ 100 cm）和"适宜"的地下水埋深（0 ～ 60 cm 和 100 ～ 250 cm）。在洞庭湖湿地土壤持水能力除非毛管孔隙度外，3 种植被上层土壤的总孔隙度、毛管孔隙度、田间持水量和含水量差异显著，均为薹草＞芦苇＝杨树；上层土壤，容重、有机质和 1 ～ 5 mm 径级地下生物量是影响其持水能力的主要因素（谢亚军等，2014）。典型洲滩土壤水分含量与湖水位之间的相关性随着深度的增加呈先增强后减弱的趋势，浅层及深层的土壤水分含量和湖水位之间均呈无显著相关性，地表以下 50 ～ 70 cm 深度处土壤水分含量与湖水位相关性较高（陈波等，2020）。2018 年鄱阳湖湿地芦苇群落根系层水分向上补给量为 801 mm，主要集中在 6 ～ 8 月，占年总补给量的 67%。根系层土壤水分主要排泄方式为蒸散发和渗漏，蒸腾总量为 1273 mm，土面蒸发为 140 mm，根系层水分的年深层渗漏总量为 457 mm（郭强，2017）。

沼泽地表水与地下水之间的相互作用关系十分复杂，沼泽水体与地下水水流交换过程受诸多因素影响，通常难以确定。地下水的流动方式首先取决于沼泽下部水文地质条件，通常认为泥炭地的地下水流主要受土壤的渗透性决定，泥炭只有形成于低渗透性土壤之上时，泥炭和下伏土壤的水力传导度出现差异，才使侧向流在其水文过程中占主导。沼泽地表水和高地地下水之间存在互利的水文关系。在西北干旱区，尾闾湖区水源主要源自中上游区地表径流补给，形成在下游尾闾湖滨带自然沼泽。当地表径流补给水量丰沛时，潜水位上升，埋深减小，沼泽面积扩展；当地表径流补给水量偏枯或长时间断流时，潜水位大幅下降，埋深增大，沼泽面积萎缩或消亡。在青土湖，湿地潜水位埋深大于 3.7 m 时，湿地几近消失；埋深小于 2.0 m 时，湿地面积超过 55 km²。鄱阳湖湿地地下水主要受前期降水和河水补给滞后的影响，河水的贡献比重更大。丰水期（6 ～ 8 月）地下水主要接受湖水和河水共同补给，湖水的补给贡献比例超过 50%。退水期（9 ～ 10 月）湿地地下水向河道和湖泊等地表水体排泄（许秀丽等，2021）。湿地平均地下水埋深为 2.07 m，且由远湖区至近湖区，地下水埋深不断减小。薹草、芦苇、茵陈蒿群落生长的最适地下水埋深分别为 1.1 m、3.7 m、5.7 m；茵陈蒿群落的生态幅宽大于薹草和芦苇群落；3 种植被群落在地下水埋深 1.1 ～ 5.7 m 内出现生态位重叠现象，其中，薹草植被分布指数迅速减小，芦苇植被分布指数先增大后减小，茵陈蒿植被分布指数持续增至最大值，在地下水埋深达到 5.7 m 后开始减小（宋炎炎等，2021）。在滨海沼泽，黄河三角洲滨海湿地受沉积地层应力和水压力传递作用影响，滨海湿地浅层地下水位具有潮汐规律，且呈现周期性变化。潮汐作用对淤泥质海岸带浅层地下水变化的水平影响范围可达 7 km。在此影响范围以外，浅层地下水动态变化受黄河侧向渗透、降水、蒸发、地下水开采等多种因素影响，受潮汐作用的影响微弱。上海崇明东滩湿地滨海湿地地下水位在 12 h 和 24 h 周期上与潮汐交替呈现出相关和不相关的关系，反映了滨海湿地地下水位在双峰、上升和下降 3 种模式之间的规律性切换。

三、稳定同位素在沼泽水研究中的应用

稳定同位素在沼泽水平衡时空变化特征方面得到广泛应用，主要包括识别沼泽水源、划分混合储存比例、量化蒸发和渗透、评估冻土融化对水文过程的影响（Gibson et al.，2022）。在水循环方面，同位素技术被应用于降水、露水、蒸散水、地表水、地下水、土壤水和植物水等相关方面。冯建祥等（2013）通过稳定同位素示踪手段揭示红树植物对滨海特殊生境表现出的适应性。Turner 和 Townley（2006）采用水化学和稳定同位素技术研究了澳大利亚湿地与地下水的水力联系。以鄱阳湖典型湿地为例，涨水期湖水受降水和河水的共同补给，湿地地下水受到前期降水累积作用的影响以及前一年汛期河水的补给。湿地各层土壤水交换频繁，湿地地下水接受湖水和流域入湖河水的共同补给。典型湿地植物芦苇主要利用 0 ~ 80 cm 不同深度的土壤水和地下水，且能够在不同水源间灵活转换（郭强，2017）。植物类型和土壤水分含量是影响植物水分利用效率的重要因素，南荻较大的 $\delta^{13}C$ 值表明其具有较高的水分利用效率，在水分胁迫条件下更容易生存下来，从而发育为鄱阳湖地区的优势植物种群。在白洋淀，蒸发作用导致了湿地同位素相对富集，6 月和 10 月蒸发造成的水量损失分别为 18.8% ~ 42.3% 和 2.7% ~ 30.3%（王雨山等，2022）。在若尔盖湿地国家级自然保护区，夏季大气水线受局地水汽、二次蒸发影响小，但蒸发强烈（孙荣卿等，2022）。在黄河三角洲，生长季内不同生境芦苇的水分利用来源不同，雨季（7 ~ 9 月），潮水区芦苇主要利用地下水（25%）、地表径流潮沟水（25%）以及 0 ~ 20 cm 层土壤水（23%），且利用比例相当；在旱季（5 ~ 6 月），潮水区芦苇主要利用深层土壤水（50% 以上）（宋铁红等，2022）。

第四节　沼泽地表蓄水量与水环境

一、中国沼泽地表蓄水量

基于"中国沼泽湿地资源及其主要生态环境效益综合调查"（2013FY111800）项目，通过查找相关资料及野外实际调查，估算了全国尺度沼泽蓄水量。对于缺乏资料的区域，用野外调查所得平均水深乘以沼泽面积估算，即 $WS_i = AS_i \times H_i$，式中，AS_i、H_i、WS_i 分别为相应特征值下的沼泽面积、平均水深、沼泽蓄水量，单位分别为 m²、m、m³。从沼泽蓄水量的分布上来看（表 7-4），蓄水量最大的区域为 HIC1 青南高原宽谷高寒草甸草原区，蓄水量为 107.9 亿 m³，蓄水量最小的区域是 VIIIA1 琼南与东、中、西沙诸岛季雨林、雨林区，蓄水量为 20 万 m³。受降雨量、沼泽面积和水源补给的影响，蓄水量总体上呈现出中部较高、南北偏低的趋势。如蓄水量较高的 IIIB2 华北平原人工植被区、IVA1 长江中下游平原与大别山地常绿阔叶混交林、人工植被区，以及 HIC1 青南高原宽谷高寒草甸草原区，均位于水源补给丰富、降雨量较高且沼泽面积较大的地区。

表 7-4　中国生态地理各区沼泽地表蓄水量

序号	生态地理分区	沼泽总蓄水量/ ×10⁸ m³	单位面积蓄水量/ ×10³ m³
1	VIIIA1 琼南与东、中、西沙诸岛季雨林、雨林区	0.002	5.634
2	VIIA2 琼雷山地丘陵半常绿季雨林区	0.609	1.578
3	VIA3 滇中南亚高山谷地常绿阔叶林、松林区	0.105	7.509

续表

序号	生态地理分区	沼泽总蓄水量/ ×10⁸ m³	单位面积蓄水量/ ×10³ m³
4	VIA2 闽粤桂低山平原常绿阔叶林、人工植被区	8.182	17.638
5	VA5 云南高原常绿阔叶林、松林区	0.265	6.790
6	VA1 江南丘陵盆地常绿阔叶林、人工植被区	16.616	58.265
7	VA3 湘黔高原山地常绿阔叶林区	0.009	5.988
8	IVA2 秦巴山地常绿落叶阔叶林混交林区	0.144	14.346
9	HIIA/B1 川西藏东高山深谷针叶林区	4.163	4.448
10	IVA1 长江中下游平原与大别山地常绿阔叶混交林、人工植被区	59.631	87.327
11	HIB1 果洛那曲高原山地高寒灌丛草甸区	27.016	3.621
12	HIC1 青南高原宽谷高寒草甸草原区	107.900	9.410
13	HIC2 羌塘高原湖盆高寒草原区	5.508	1.793
14	HIIC2 藏南高山谷地灌丛草原区	1.115	1.865
15	IIIB4 汾渭盆地落叶阔叶林、人工植被区	0.408	7.442
16	IIIA1 辽东胶东低山丘陵落叶阔叶林、人工植被区	0.403	9.803
17	HIIC1 祁连青东高山盆地针叶林、草原区	9.796	4.434
18	HIID1 柴达木盆地荒漠区	34.440	5.360
19	IIIB2 华北平原人工植被区	100.404	84.997
20	IIIB3 华北山地落叶阔叶林区	7.142	218.415
21	HIID2 昆仑北翼山地荒漠区	0.846	1.782
22	IIID1 塔里木盆地荒漠区	6.047	8.158
23	IID1 鄂尔多斯及内蒙古高原西部荒漠草原区	1.387	4.470
24	IIC1 西辽河平原草原区	8.779	23.117
25	IID5 天山山地荒漠、草原、针叶林区	0.252	0.238
26	IIC3 内蒙古东部草原区	4.657	3.534
27	IID2 阿拉善与河西走廊荒漠区	0.038	1.590
28	IIB1 松辽平原中部森林草原区	35.537	6.275
29	IID4 阿尔泰山地草原、针叶林区	1.417	1.840
30	IIC4 呼伦贝尔平原草原区	7.790	3.806
31	IIA3 松辽平原东部山前台地针阔叶混交林区	19.028	944.163
32	IIA1 三江平原沼泽区	10.811	5.922
33	IIB2 大兴安岭中段山地草原森林区	10.341	1.331
34	IIA2 小兴安岭长白山地针叶林区	43.054	8.952
35	IA1 大兴安岭北段山地落叶针叶林区	17.892	3.719
36	IID3 准噶尔盆地荒漠区	2.885	3.005
37	HIID3 阿里山地荒漠区	0.720	2.279
	合计	555.339	

二、中国典型沼泽分布区地表蓄水量

所调查的沼泽中，水源补给方式以河流（或人工辅助河流）补给为主，占 37.1%；其次为稳定水源补给（15.2%）、季节性洪水补给（12.0%）、地表径流补给（10.5%）、降水补给（7.3%）、海潮水补给（主要为滨海沼泽，3.3%），其他补给方式占 14.6%。水源流入方式以地面径流为主（49.0%），其次为降水（21.5%）、溪流（15.2%）和地下水（14.3%）。沼泽积水时间以季节性淹没为主（49.3%），其次为永久性淹没（26.5%）和间歇性淹没（24.2%）。从各沼泽片区蓄水量调查结果来看，蓄水量最大的是可可西里自然保护区沼泽（表 7-5），蓄水量为 78 亿 m³，蓄水量最小的是宝库乡沼泽，蓄水量仅为 4.98 万 m³。其中蓄水量较大的前 20 片沼泽均位于沼泽面积较大、降雨较多、水深较高、水源补给方式丰富的河谷或湖滨区域，蓄水量较小的片区主要位于水深较浅、沼泽面积较小且主要靠降雨和地表径流补给的区域。从沼泽所处流域来看，蓄水量较大的片区主要为淮河流域和藏北高原内流区流域，蓄水量较小的片区为怒江流域和孔雀河流域。

表 7-5　地表蓄水量较大的前 20 片沼泽片区及其所在流域

沼泽名称	蓄水量/×10⁸ m³	流域
双台子河口沼泽	6.19	辽河流域
珠江口沼泽	6.23	珠江流域
库尔滨河沼泽	6.74	库尔滨河流域
乌裕尔河（扎龙）沼泽	6.79	乌裕尔河流域
逊河沼泽	6.81	逊河流域
新民沼泽	8.14	辽河流域
莫莫格沼泽	8.59	嫩江流域
诺敏河沼泽	8.68	诺敏河流域
向海沼泽	8.78	嫩江流域
高邮湖地区沼泽	10.00	淮河流域
骆马湖地区沼泽	10.00	沂沭泗流域
鄱阳湖地区沼泽	10.16	鄱阳湖流域
柴达木盆地南部沼泽	10.43	西北内流区
星宿海、扎陵与鄂陵湖区沼泽	11.14	黄河流域
当曲沼泽	15.15	长江流域
甘河沼泽	19.03	甘河流域
洪泽湖地区沼泽	26.60	淮河流域
东平湖沼泽	40.00	淮河流域
微山湖沼泽	47.31	淮河流域
可可西里自然保护区	78.00	藏北高原内流区

第五节　沼泽生态需水

沼泽生态需水由河流和湖泊生态需水研究发展而来。自 20 世纪 90 年代末首次提出沼泽生态需水概念（Gleick，1998）以来，沼泽作为水生系统与陆生系统间的过渡地区，除了基本的水量交换，沼泽与植被、沼泽与地下水、沼泽与周围环境的水文交互也是其生态需水的重要组成部分，多角度多层次的沼泽生态需水研究越来越受到研究者的重视。广义上，沼泽生态需水量是指沼泽维持自身生态系统的稳定与发展，保障其系统结构与功能正常发挥所需要的水量（郭跃东等，2004）。狭义上，沼泽生态需水量是指在一定时间与空间的尺度下为满足沼泽生态环境消耗而需要的水量（杨薇等，2008）。现如今国内沼泽生态需水计算方法大致可分为 5 类：水文学法、生态学法、生态水文学法、遥感技术方法、模型模拟法。

以计算三江平原沼泽生态系统水量平衡为例，采用生态学与遥感技术相结合的方法计算沼泽生态需水量，计算因素主要包括沼泽水面蒸发消耗需水量、沼泽植被需水量、沼泽土壤需水量、地表水需水量和降水补给浅层地下水量 5 部分。

具体可由下式表示：

$$W_L = W_w + W_p + W_s + W_h + W_g \qquad (7\text{-}2)$$

式中，W_L 为沼泽生态需水量（m^3）；W_w 为水面蒸发消耗需水量（m^3）；W_p 为沼泽植被需水量（m^3）；W_s 为沼泽土壤需水量（m^3）；W_h 为地表水需水量（m^3）；W_g 为降水补给浅层地下水量（m^3）。

一、水面蒸发消耗需水量

沼泽水面蒸发消耗需水主要是自然保护区范围内水域（湖泡、水库）面上消耗于水面蒸发的净水量。具体计算方法为：根据水文站的蒸发数据换算并处理得到各沼泽多年平均蒸发量，若沼泽周围有多个水文站则取各水文站蒸发数据的算术平均值，再根据各年的水面面积计算总的蒸发量。

水面蒸发消耗需水量计算公式如下：

$$W_w = \sum AE \times 10^{-3} \qquad (7\text{-}3)$$

式中，W_w 为水面蒸发消耗需水量（m^3）；A 为实测蒸发水面面积（m^2）；E 为蒸发量（mm）。

二、沼泽植被需水量

沼泽植被需水包括 4 部分：植物同化过程耗水、植物体内包含的水分、沼泽植株表面蒸发耗水以及土壤蒸发耗水。前两部分是植物生理过程所必需的，称为生理需水，后两部分是植物生活环境条件形成中所必需的，称为生态需水。其中蒸腾耗水和土壤蒸发是最主要耗水项目，占植物需水量的99%，其他两项仅占 1%。

沼泽植被需水量计算公式如下：

$$W_p = E_p A \times 10^{-3} \qquad (7\text{-}4)$$

式中，W_p 为植被需水量（m^3）；E_p 为植物蒸散发量（mm）；A 为沼泽面积（m^2）。

三、沼泽土壤需水量

沼泽土壤需水量和植物生长密切相关，土壤含水量是计算土壤需水量的基础和依据。一般来说，北方地区 11 月至翌年 4 月为土壤封冻期，封冻期内不考虑土壤需水问题。沼泽土壤需水量可以由下式计算得到：

$$W_s = \alpha H_s R A_s \qquad (7\text{-}5)$$

式中，W_s 为土壤需水量（m^3）；α 为土壤饱和持水量（%）；R 为土壤容重（g/cm^3）；H_s 为土壤厚度（m）；A_s 为沼泽土壤面积（m^2）。

四、地表水需水量

沼泽水文过程主导着沼泽生态系统的基本生态格局和生态过程，是沼泽生态系统结构和功能的决定性因素。周期性水位变化是沼泽水文过程的重要特征，其变化幅度、持续时间和频率等对沼泽植物种群竞争和群落演替具有重要影响。水位变化可以直接影响沼泽的理化特性，如浑浊度、透明度和底质营养盐含量；水位变化可以通过影响沼泽植物的生长、繁殖、时空分布、多样性等个体和群落特征来间接改变沼泽生态系统。由于沼泽生态系统的复杂性，一般通过研究水文过程对沼泽植物的影响间接地反映水文过程对沼泽生态系统的影响。沼泽植物处在沼泽生态系统的底端，是沼泽生态系统的主要初级生产者，为其他生物提供栖息场所和食物来源，对沼泽生态系统有着不可替代的作用。关于水位变化对沼泽植物影响的研究有很多，其中最多的是水深条件对沼泽植物的影响及其响应方面。因此沼泽地表水是沼泽生态系统关键的水分需求。

地表水需水量计算公式如下：

$$W_h = A_h H_h \tag{7-6}$$

式中，W_h 为地表水需水量（m^3）；A_h 为沼泽淹水面积（m^2）；H_h 为沼泽地表平均水深（m）。

五、降水补充浅层地下水量

由于三江平原具有独特的地形、地貌、水文过程、土壤环境和野生生物分布，往往沼泽生态系统在流域或区域内的功能不只是起洪水的调蓄作用，更具有支持重要生物多样性、改善生态水文过程、调节区域气候和净化流域水质和补充地下水等重大生态环境功能。计算三江平原地表水对地下水的补充，有利于揭示沼泽的生态水文过程与机制；同时对沼泽国家级自然保护区水资源恢复与管理方案的设计，以及三江平原水资源的科学配置也具有指导和借鉴意义。

三江平原地下水参与沼泽的生态过程。为了定量地分析沼泽对地下水的补充量，根据三江平原所在地形地貌及地质状况，自然降水入渗补给地下水损失量的计算按以下公式进行：

$$Q_{入渗损失} = P \cdot \alpha \cdot F \times 10^{-5} \tag{7-7}$$

式中，$Q_{入渗损失}$ 为自然降水入渗补给地下水损失量（亿 m^3/a）；P 为多年平均降水量（mm）；α 为年降水入渗补给系数；F 为接受大气降水入渗补给面积（km^2）。

按照沼泽生态系统的组成结构及实际需求，沼泽生态需水目标共分为 3 个级别：最小生态需水量、适宜生态需水量和最大生态需水量。而各级别生态需水量又分为消耗型需水量和非消耗型需水量（也称生物栖息地需水量）。非消耗型需水量为满足鸟类栖息、繁衍生存所需要的水量，可一次性补给或者结合珍稀物种生活习性，并充分利用水资源，分几个月补给，补水较灵活，只要满足实际需求即可。消耗型需水量是在满足沼泽非消耗型生态需水的基础上，为沼泽生态系统维持其自身发展需求，用于水面蒸发消耗、植被蒸腾消耗等不可缺少的水量，必须根据逐月实际需水情况，按月进行补给，以维持沼泽生态系统水量平衡。

第六节 沼泽水资源管理

沼泽是减少地表径流峰值和改善地表径流水质的最佳管理措施之一。沼泽水受到人为活动直接或间接的影响，都会影响沼泽的生态服务功能，甚至导致沼泽消失。沼泽管理需要了解沼泽的科学原理，并与法律、制度和经济现实相平衡，加强沼泽保护与管理成为人们的共识。水是维系沼泽存在与发展的关键因子，水系统的变化不仅直接影响沼泽自身生态系统的演化，还会对周边区域环境产生较大影响，引起区域生态问题，为此，必须在对沼泽水系统进行科学分析的基础上，进行有效的水管理，以确保合理利用沼泽水资源，推动区域沼泽资源的可持续利用。

为了加强湿地保护，维护湿地生态功能及生物多样性，保障生态安全，促进生态文明建设，实现人与自然和谐共生，2021 年 12 月 24 日第十三届全国人民代表大会常务委员会第三十二次会议通过《中华人民共和国湿地保护法》（简称《湿地保护法》），并已经在 2022 年 6 月 1 日起施行。在《湿地保护法》第二十八条中规定：禁止开（围）垦、排干自然湿地，永久性截断自然湿地水源；排放不符合水污染物排放标准的工业废水、生活污水及其他污染湿地的废水、污水，倾倒、堆放、丢弃、遗撒固体废物。第三十一条规定：国务院水行政主管部门和地方各级人民政府应当加强对河流、湖泊范围内湿地的管理和保护，因地制宜采取水系连通、清淤疏浚、水源涵养与水土保持等治理修复措施，严格控制河流源头和蓄滞洪区、水土流失严重区等区域的湿地开发利用活动，减轻对湿地及其生物多样性的不利影响。第三十五条规定：泥炭沼泽湿地所在地县级以上地方人民政府应当制定泥炭沼泽湿地保护专项规划，采取有效措施保护泥炭沼泽湿地；禁止在泥炭沼泽湿地开采泥炭或者擅自开采地下水；禁止将泥炭沼泽湿地蓄水向外排放，因防灾减灾需要的除外。

除遵循法律规定外，沼泽水资源管理还需做到以下几点。

1）提高沼泽水资源管理话语权，确保沼泽最小需水量。首先对水资源进行积极保护，使沼泽水资源总量保持基本稳定，水质不变坏。地方政府应尽早限制或者及时调整农业产业结构,高效节约用水。

2）做好退耕还湿工作，这是进行沼泽水管理、综合利用沼泽水资源的重要问题，也是开发和综合整治的重大问题。农业作为世界上淡水最大消耗，约占世界淡水消耗的85%，而且有需求持续增长的趋势。水文调蓄是沼泽的主要生态功能，因此要积极进行退田还湿工作，缓解沼泽与农业水源冲突，增强沼泽的调蓄能力，减轻洪涝灾害损失。

3）建立水环境安全调控体系，特别是区域内主要城市安全纳污量的界定与排污总量的控制，研究区域内各水体的环境容量、主要城市江段安全纳污量、次级支流水环境现状，以及各主要湖泊的环境承载力等。

4）要将沼泽水系统管理纳入整个流域的统一管理与规划之中，进行总体协调与管理。政府部门与技术部门的有机结合，使得需要多学科的综合技术可以在大范围的跨流域、跨部门区域实施，包括水土流失的控制（上中游）、水域污染的调控与管理（主要是中下游）、防洪体系的建设以及水环境一体化管理模式。

5）划定生态保护红线，实施最严格的生态管控战略，科学合理地划定生态红线和对生态红线区域的严格管控是我国新时代生态文明建设的重要内容和内在要求，也是保护区域生态环境和生物多样性最重要的强硬手段和艰巨任务。创新的政策手段与先进技术的有机结合，提高了水资源的使用效率，实现了最佳的生态价值。

在我国流域建立相关水环境管理机构，需要因地制宜，根据我国的管理体系和沼泽管理对象部署，还要满足不同流域内沼泽水环境可持续发展的生态和社会需求。

6）公众参与与大范围监测实施技术相结合,实现检测等技术科学合理有效的实施。Wiesław（2015）认为合理维护农业与沼泽的管理需要更全面的方法，把以人类利用沼泽的想法转变成以沼泽管理为主要目标，是从环境研究向社会科学研究迈进了一步。从经济角度来看，保护沼泽并不意味着失去沼泽，在现代沼泽生态系统管理中，可以实现沼泽管理经济和环境一体化，特别是在气候变化影响下的沼泽管理方式。

第八章
沼泽土壤发育过程及泥炭土资源特征

第一节　沼泽土壤发育过程

沼泽土壤作为沼泽生态系统不可或缺的组成部分，既是沼泽生态系统演化的过程也是结果。从成土过程角度来说，沼泽土壤一般发育在气候湿润、地势低洼、母质黏重、透水不良、地下水位较高、地表经常处于季节性或长期积水状态，以及当地植被以喜湿或水生植物为主的环境条件。在沼泽环境中，土壤母质特性是影响沼泽形成的基本地质条件。一般来讲，在基底土壤黏重、透水性差的条件下才能形成阻止地表水下渗的隔水层，为沼泽的形成提供地表过湿或有薄层积水的必要条件。而在沼泽发育过程中，由于不同沼泽的类型、发育程度以及水文植被条件存在差异，土壤的形成过程与类型也存在明显区别。

一、沼泽土壤形成机理

沼泽土壤作为沼泽生态系统最为关键的组成部分之一，其形成和发育过程与沼泽的气候、水文、植被等环境条件变化息息相关。由于长期或季节性受到水分过度湿润或水分饱和的影响，沼泽土壤的发育过程多遵循隐域性水成土壤的形成规律。沼泽土壤一般与低平或低洼的地形部位相联系，自然植被以草甸或沼泽植物为主。受当地不同水分条件的制约，沼泽土壤的主要成土过程包括潜育化过程、潴育化过程、腐殖化过程、泥炭化过程等。

（一）潜育化过程

潜育化过程是指受地下水或渍水引起土壤处于水饱和状态，呈强烈还原状态而形成蓝灰色潜育层的一种土壤形成过程。由于土壤常年渍水，几乎处于完全闭气状态，氧化还原电位低（Eh 值一般低于 250 mV，有时甚至低于 0 mV），铁形成低价铁。土壤有机物在厌氧条件下分解形成还原性物质，与还原态的低价铁、锰形成络合物或离子态向下淋移，发生离铁作用。低价铁形成蓝铁矿、硫化亚铁等，使土壤呈还原状态的蓝灰色或青灰色，形成潜育层。潜育层在淹水和低价铁存在的情况下，土壤结构破坏，土体呈分散的软糊状；这种潜育层一旦暴露在空气中，好氧和厌氧过程的交替会使土壤形成网纹或铁锰结核，使其颜色更加丰富。只要满足淹水、有机质存在、缺氧，厌氧微生物适时而生，潜育化就可能发生。潜育化过程导致潜育土发育，是有机土的重要形成过程。

（二）潴育化过程

潴育化过程是指沼泽土壤形成中的氧化和还原作用交替过程，主要发生在直接受地下水浸润的土层。由于地下水雨季升高，旱季下降，土层干湿交替，因此土壤中铁锰物质处于还原和氧化的交替过程。在土壤浸水时，铁锰被还原迁移，土体水位下降时，铁锰氧化淀积，形成一个有锈纹锈斑、黑色铁锰结核的土层。

（三）腐殖化过程

腐殖化过程是指在微生物的作用下，在沼泽土体中，特别是土体表层进行有机质分解和腐殖质累积的过程。它是土壤形成中最为普遍的一个成土过程。在此过程中微生物活动起到了关键作用，微生物将有机质的某些分解产物，或微生物的某些合成产物，进一步缩聚为复杂的腐殖质，成为土壤重要组成部分。由于植被类型、覆盖度以及有机质分解情况不同，腐殖质累积的特点也各不相同。腐殖化过程的结果是使土体发生分化，往往在土层上部形成一个暗色的腐殖质层。影响腐殖化过程的因素有两个：其一为有机物质的化学组成，通常木质素含量高的有机物质，形成的腐殖质量较多；其二为土壤的水热状况，渍水和低温的环境有利于腐殖化过程的进行，腐殖质积累量也较多。

（四）泥炭化过程

泥炭化过程指有机质以不同分解程度的植物残体形式在土壤上层不断积累的过程。沼泽土或泥炭土由于水分多，湿生植物生长旺盛，秋冬死亡后，有机残体残留在土壤中；翌年春季或夏季，由于低洼积水，土壤处于嫌气状态；有机质主要呈嫌气分解，形成腐殖质或半分解的有机质，有的甚至不分解，这样年复一年地积累。如果伴随有地壳下沉，不同分解程度的有机质层逐年加厚，这样积累的有机物质称为泥炭或草炭。泥炭形成过程中，植被会发生演替。一般泥炭形成时，由于有机质矿化作用弱，释放出的速效养分较少，如果沼泽地缺乏周围养分来源补充时，下一代沼泽植物生长越来越差，甚至不能生存，在寒冷地区，则最后被需要养分少的水藓或灰藓等藓类植物所代替，这样使原来由灰分元素含量较高的草本植物组成的富营养型泥炭，逐渐被灰分元素含量低的藓类泥炭所覆盖。这就形成了性质不同的三类泥炭，前者称为低位泥炭，也称为营养丰富泥炭；后者称为高位泥炭，也称营养贫乏泥炭、水藓泥炭；两者之间以森林植物茎秆落叶为主体，混有草类和藓类而形成中位泥炭或称营养中等泥炭、森林泥炭。

二、沼泽土壤分类

受不同水热条件的制约，沼泽土壤的成土过程呈现显著差异，并进一步导致土壤类型也不尽相同。目前，世界各国学者由于对沼泽土壤研究程度和所持观点不同，所提出的土壤分类系统也有较大差异。就我国而言，沼泽分类工作最早可追溯到 20 世纪中叶。1954 年，我国土壤学会第一次代表大会首次将沼泽土作为一个独立土类正式提出来，将其划分为泥炭沼泽土、腐殖质泥炭沼泽土和腐殖质沼泽土三个亚类，并将"沼泽土"概念纳入"暂拟中国土壤分类系统"。随后在 20 世纪 60 年代相继出版的《华北平原土壤》和《新疆土壤地理》两本著作中将之前的沼泽土壤分类概念做了修订，分别将沼泽土划分草甸沼泽土和沼泽土两个亚类，以及草甸沼泽土、腐殖质沼泽土、泥炭沼泽土和淤泥沼泽土四个亚类。70 年代以来，在《中国土壤》一书分类表中将沼泽土划分为草甸沼泽土、腐殖质沼泽土、泥炭沼泽土和泥炭土四个亚类。1978 年中国土壤学会在南京召开的土壤分类学术讨论会上对沼泽土壤分类进行了进一步修订，将沼泽土壤划分为沼泽土和泥炭土两个土类，首次将泥炭土作为一个独立土类分出。本书将沼泽土壤划分为草甸沼泽土、淤泥沼泽土、腐殖质沼泽土、泥炭沼泽土和泥炭土。

（一）草甸沼泽土

草甸沼泽土主要分布在沼泽的外侧，是沼泽土向草甸土过渡的沼泽土壤，多出现于河漫滩、阶地、平原的低洼处以及有泉水出露的缓坡和碟形洼地的边缘地带。此类土壤在草甸化过程参与下形成，地表常有季节性积水或土壤长期过湿，经常处于以还原条件为主的氧化还原相交替的条件下，表层为黄棕色的草根盘结层，亚表层为暗棕色腐殖质层，其下为灰蓝色潜育层。草甸沼泽土的地表植被特征与区域环境条件相关，在不同地区植被类型和组成差异明显。在我国东北地区的三江平原和松嫩平原地区，此类土壤常主要生长大叶章、羊草、油桦和沼柳等植物，而在若尔盖高原则为西藏嵩草、木里薹草等。

（二）淤泥沼泽土

淤泥沼泽土主要分布在湖滨、河流泛滥的洼地，面积相对比较小，数量也不多；在我国东北地区主要分布在三江平原小兴凯湖湖滨和河流泛滥地。自然沼泽植物主要为芦苇、香蒲、菰、薹草等。这类沼泽土地表积水大多与河、湖水相连，汛期泛滥时被水淹没，河湖泛滥水挟带大量悬浮物质沉积在土壤表层，地表既无明显的草根层，又无泥炭积累，只有较厚的淤泥状腐殖质。土层下部潜育化作用明显，土壤有机质含量比草甸沼泽土、腐殖质沼泽土低。

（三）腐殖质沼泽土

腐殖质沼泽土常见于阶地、宽谷、湖泊和旧河道的边缘以及湖滨洼地，在我国集中分布于川西北若尔盖高原和三江平原，在松嫩平原也有零星分布。这类沼泽土地表有临时性积水，在多雨季节和河湖涨水时地面短期淹水，秋后又露出水面，积水时间比草甸沼泽土长，水深也较大，泥炭积累不明显。沼泽植被类型因地而异，三江平原多为毛薹草群落、漂筏薹草群落、乌拉草群落；川西北若尔盖高原则多为木里薹草＋西藏嵩草＋驴蹄草群落、华扁穗草＋西藏嵩草群落。

（四）泥炭沼泽土

泥炭沼泽土主要分布在泥炭土边缘，常见于河流谷地、支流交汇处及山前缓坡地带，在平原地区主要生长毛薹草、漂筏薹草等植物，在山区主要生长笃斯越橘、薹草、泥炭藓等。

（五）泥炭土

泥炭土是沼泽环境条件下形成的以植物残体为主的松软有机堆积物。通常泥炭土由有机残体（主要是植物残体）、腐殖质和矿物质三部分组成，有机质含量高（多在40%以上）、质地松软，是沼泽环境中的一种特殊土壤类型。只有在长期稳定的地质、土壤表层积水或过湿环境下，并且沼泽植物残体的堆积量大于其分解量时，泥炭才能累积并发育成泥炭地。泥炭土的主要成土过程为泥炭化过程和潜育化过程，其中泥炭化过程强烈。泥炭层有机质含量高，可达45%～70%。泥炭土集中分布在东北大兴安岭、小兴安岭、长白山区谷地、台地及缓坡坡地，川西北若尔盖高原黑河中下游的宽谷、湖滩、阶地，以及长江、黄河河源区。该类土壤的自然植被为漂筏薹草、毛薹草、落叶松－杜香－泥炭藓、泥炭藓、毛薹草－泥炭藓、落叶松－笃斯越橘－泥炭藓、木里薹草－眼子菜、西藏嵩草＋乌拉草＋木里薹草、西藏嵩草＋木里薹草等沼泽植物群落（郎惠卿，1999）。

第二节　泥炭土基本特征

泥炭土是沼泽土壤中独特而典型的土壤类型，其有机质含量高，具有最高的碳密度和内部碳封存速率，全球泥炭地面积占陆地生态系统面积的3%，碳储量约占陆地生态系统的30%。泥炭土主要由不同分解程度的有机残体、腐殖质和矿物质三部分组成，三者的相对比例随外界环境的变化而变化。有泥炭土发育的沼泽被定义为泥炭地，然而不同国家学者对泥炭地的泥炭发育厚度的定义仍存在争议。德国泥炭学家韦伯（C.A. Weber）将排水后的泥炭厚度大于20 cm的沼泽定义为泥炭地；瑞典的格兰伦德（E. Granlund）则把自然状态下泥炭覆盖厚度为40 cm作为泥炭地的必要条件；此外，英国将泥炭地的泥炭厚度定义为15 cm以上，奥地利定义为50 cm以上，丹麦定义为33 cm以上，苏联定义为35 cm以上。泥炭土的定义多基于有机质含量这一物理指标，但目前各国学者对这一指标阈值的观点有所差异，一些学者主张泥炭土的有机质含量至少要达到50%，也有学者认为有机质含量大于20%的沼泽土壤也应视为泥炭土，但大多数观点将泥炭的有机质含量最低限定在30%。除有机质含量这一指标外，泥炭土的技术指标还包括植物残体组成、分解度、灰分、水分、酸度和发热量。

一、植物残体组成

植物残体是泥炭土有机组分的主要组成部分，受不同泥炭地水热条件和地表植被组成变化的影响，泥炭土中的植物残体组成也有明显差异。泥炭植物残体组成和造炭植物群落组成之间有一定成因关系，但应当指出的是这里存在的只是联系，而不是同一性。泥炭中各种造炭植物之间的数量比例与它们在植物群落中的百分比并不相同，而且不同植物及其各部位的分解程度也不一样。那些不易分解的植物残体总是在泥炭中占优势，如木质化的外皮组织等，由于含有角质、木质素、木栓质等抗分解物质能很好地保存下来。相比而言，绵软的植物薄壁组织在土壤微生物和活性酶作用下易被氧化分解，几乎不能保存下来。因此，分解越差的泥炭与形成泥炭的植物群落的联系越密切，活的植物与泥炭植物残体的数量比例也就越接近，强烈分解的泥炭与原始植物群落的数量关系很不明显。

植物物种组成分析是鉴定泥炭的最重要手段之一，不仅对揭示泥炭矿地层有重要意义，对确定矿床的一系列技术性质（声和热的传导率、易碎性、粗纤维阻塞程度、持水性、孔隙度等）也是必要的。主要泥炭种的植物残体组成（至植物组）见表8-1。

表 8-1 主要泥炭种的植物残体组成（修改自戴国良等，1989）

泥炭种	植物残体含量/%					
	木本		草本		藓类	
	实际平均值	按分类的临界值	实际平均值	按分类的临界值	实际平均值	按分类的临界值
高位型泥炭						
松泥炭	56	40～100	23	0～60	21	0～60
松-羊胡子草泥炭	24	15～35	58	35～85	18	0～30
松-泥炭藓泥炭	26	15～35	23	0～30	51	35～85
羊胡子草泥炭	5	0～10	66	60～100	29	0～30
冰沼草泥炭	8	0～10	69	60～100	23	0～30
羊胡子草-泥炭藓泥炭	4	0～10	45	25～65	51	30～70
冰沼草-泥炭藓泥炭	10	0～10	37	25～65	53	35～65
锈色泥炭藓泥炭	2	0～10	8	0～30	90	35～65
中位泥炭藓泥炭	3	0～10	10	0～30	87	70～100

续表

泥炭种	植物残体含量/%					
	木本		草本		藓类	
	实际平均值	按分类的临界值	实际平均值	按分类的临界值	实际平均值	按分类的临界值
高位型泥炭						
复合泥炭	4	0～10	14	0～30	82	70～100
泥炭藓-湿洼地泥炭	4	0～10	11	0～30	85	70～100
型内平均	9	—	25	—	66	—
低位型泥炭						
日本桤木泥炭	56	40～100	40	0～60	4	0～60
桦泥炭	58	40～100	41	0～60	1	0～60
松泥炭	72	40～100	23	0～60	5	0～60
木本-薹草泥炭	24	15～35	72	35～85	4	0～30
木本-芦苇泥炭	28	15～35	71	35～85	1	0～30
芦苇泥炭	8	0～10	88	60～100	4	0～30
薹草泥炭	4	0～10	87	60～100	9	0～30
冰沼草泥炭	7	0～10	88	60～100	5	0～30
薹草-灰藓泥炭	2	0～10	62	25～65	36	35～65
薹草-泥炭藓泥炭	3	0～10	56	25～65	41	35～65
灰藓泥炭	1	0～10	25	0～30	74	70～100
泥炭藓泥炭	1	0～10	21	0～30	78	70～100
型内平均	21	—	60	—	19	—

根据植物分类法，同一变化范围内的高位和低位型泥炭，在植物群落方面存在明显差异。例如，在高位松泥炭（木本组）中，草本植物和藓类残体大致相等，共占植物纤维总量的40%以上；在低位木本组泥炭中，草本植物残体约占40%，而藓类残体不超过5%。在木本-草本泥炭中，高位和低位型泥炭中木本植物残体含量大致相同（24%～28%），而高位型泥炭中藓类残体含量高若干倍。藓类残体在高位草本泥炭组中，比在低位型泥炭高3倍。高位藓类组泥炭中草本植物残体比低位的约低1/2，而藓类残体含量比这个数字要高些。对于泥炭种来说，如果不同组的植物残体含量变化幅度很大，则泥炭种的植物组成会有明显差异。这是植物分类法中各泥炭种性质变化大的原因之一。

二、分解度

分解度代表泥炭中无定形物质的含量，而无定形物质由原始分解物和丧失细胞结构的最小组织碎片构成。众所周知，在泥炭植物组成相同的条件下，它的许多性质主要取决于分解度。另外，如果分解度相同而植物组成不同，泥炭性质同样会出现显著差异。这正是把分解度和植物组成都作为评价泥炭性质的通用指标的原因之一。

在天然条件下，泥炭分解度为1%～70%，其中木本和木本-草本泥炭种的分解度最高，藓类最低。

分解度最高（70%）的泥炭，其化学组成的特点是水溶物、易水解物和纤维素含量最小，其生物化学作用所需的能源物质已消耗殆尽。高位型造炭植物有机质的分解过程如图 8-1 所示，随着分解度的逐渐增高，造炭植物被逐步矿化分解成气体和水，当分解度在 70% 时，保存下来的有机质不超过 17%，其中植物纤维残体含量不足 5%。此外，在某种程度上泥炭分解过程还可能会受到次生过程（如腐殖质的再沉积）的影响，但这种情况比较少见。在高位、中位和低位型泥炭中，分解度由藓类向木本逐渐升高，某些泥炭种分解度的变化幅度和平均值也遵循着这一变化规律。

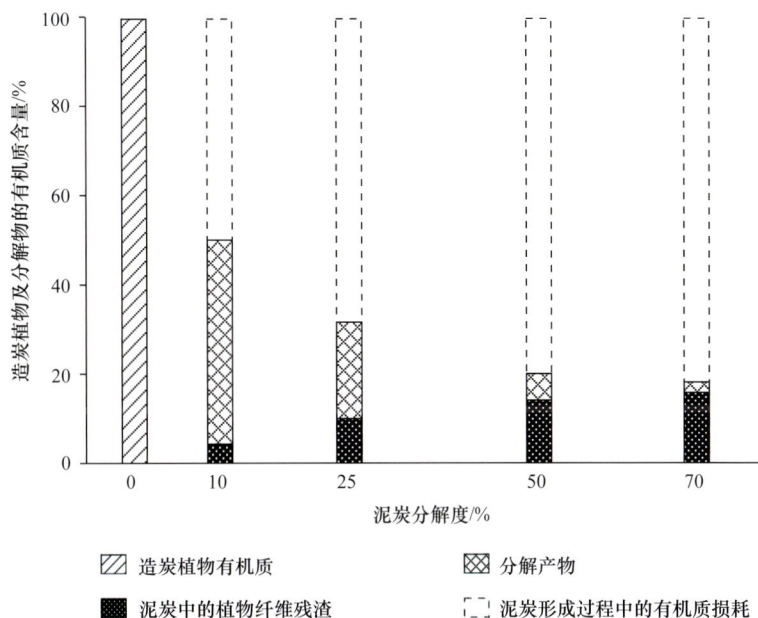

图 8-1　高位型造炭植物有机质的分解过程

泥炭分解度与其他性质指标间也存在一定的相关关系，只不过这种关系在高位型泥炭中反映得相对明显，而在低位型泥炭中大多数情况不太突出。泥炭分解度与其他性质间的相关关系见表 8-2。

表 8-2　泥炭分解度与其他性质间的相关关系

与分解度相关的特征	相关系数值	
	高位型泥炭	低位型泥炭
发热量	0.83	<0.50
水分	−0.50	−0.65
碳含量	0.80	<0.50
氧含量	−0.80	<0.50
沥青含量	0.80	<0.50
水溶物和易水解物含量	−0.75	−0.53
还原物质含量	−0.62	−0.64
腐殖酸含量	0.81	<0.50
纤维素含量	−0.62	<0.50
<250 μm 有机质颗粒含量	0.79	0.61

高位型和低位型泥炭的分解度与发热量及碳、沥青和腐殖酸含量呈正相关，这些物质随着有机质分解程度的增强及小于 250 μm 粒级含量的增长而逐渐积累。高位型泥炭分解度与碳水化合物复合体组分（水溶物和易水解物、还原物质和纤维素）含量呈负相关，但与灰分及其他成分（氧化钙、氧化铁、氧化铝、氧化硅）没有重要联系。相关分析说明灰分元素随着分解度的提高而增加，反映有机质矿化过程引起了灰分的相对富集。

三、灰分

灰分是衡量泥炭土中矿物质含量的重要指标，与泥炭地补给水的矿化程度密切相关。低位型泥炭最常见的灰分指标是 6% ~ 18%，中位型泥炭是 4% ~ 6%，高位型泥炭为 2% ~ 4%。通常，50% 的灰分（以干基计）被相对地看作泥炭与泥炭化土壤之间的界限。根据累积来源，灰分可分为原生灰分和次生灰分。原生灰分又称构造灰分，其数量相当于造炭植物的灰分。次生灰分的存在取决于外来矿物质颗粒。具有原生灰分的泥炭又称为正常灰分泥炭。在泥炭原料的工业分类中，正常灰分泥炭的灰分上限为 15%。

泥炭灰分根据灼烧所形成的残渣占样品总重量的百分比来计算。灼烧后的残渣并不总是与泥炭矿物质的含量相一致。灼烧时会发生各种反应，同时泥炭中各种矿物质数量也随之朝不同的方向变化。这些反应包括：硅酸盐失去结晶水、碳酸盐分解释放 CO_2、形成硫酸盐，以及氧化亚铁被氧化成氧化铁。灰分是确定泥炭利用方向的主要指标之一。在低位型泥炭中，泥炭灰分值的分布接近正态（图 8-2）。

四、水分

由于泥炭土疏松多孔的物理性质，在天然状态下泥炭水分含量很高。不同类型的泥炭由于理化性质和区域环境的差异，水分含量也存在明显差异，一般来讲，木

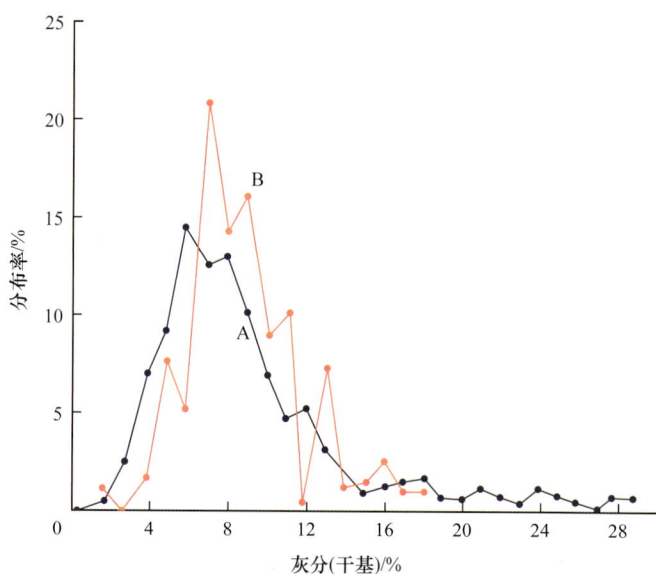

图 8-2　泥炭灰分分布图
A. 低位型泥炭；B. 低位木本泥炭

本泥炭水分较少，藓类泥炭水分较多。泥炭藓含量高的泥炭，水分特别高，中位型泥炭和高位型泥炭均属于这种情况。从表 8-3 可以看出，在泥炭型范围内，水分从木本组向藓类组逐渐增加。其中低位型藓类泥炭的水分相当于中位型木本组的水平，而中位型藓类泥炭的水分与高位型木本组相同，形成了一个连续增长的序列。

在低位型泥炭中，水分（种内平均）最大的是冰沼草泥炭（90.8%）和薹草－灰藓泥炭（90.9%），水分最小的是木本泥炭（86.7%）。在中位型泥炭中，水分最大的是冰沼草泥炭和泥炭藓泥炭（90.7%），最小的是木本泥炭（88.9%）。在高位型泥炭中，锈色泥炭藓泥炭含水量最大（93.0%），松泥炭最小（90.6%）。

泥炭水分与分解度、灰分之间呈明显的负相关，在分解度和灰分由高位向低位增加的同时，水分却逐渐减少。矿床中泥炭水分是泥炭性质中的一个不稳定指标，它随着泥炭矿分布区的温度和水状况

而明显变化，而且比其他指标更易受影响，如毗邻地区的灌溉或土壤改良、造林等次生过程的影响。

表 8-3　泥炭组和型相对含水量平均值

泥炭组	泥炭含水量平均值/%		
	低位型	中位型	高位型
木本泥炭	86.7	88.9	90.6
木本-草本泥炭	88.7	89.5	90.7
木本-藓类泥炭	89.4	90.1	92.4
草本泥炭	90.2	90.5	92.2
草本-藓类泥炭	90.7	90.7	92.2
藓类泥炭	90.3	90.6	92.7
平均值	89.3	90.1	91.8

五、酸度

酸度是泥炭的重要特性之一，是指泥炭水介质的反应，取决于氢离子（H^+）的活度，等于氢离子活度的负对数。当 pH 小于 7 时表示介质属于酸性反应，当 pH 等于 7 时反应中性，而当 pH 大于 7 时呈碱性。与在土壤中一样，泥炭中的酸度分为活性酸度和潜在性酸度两种。

泥炭的活性酸度表现为泥炭溶液中或泥炭水浸液中氢离子的活度，是泥炭组分部分离解的结果。活度取决于泥炭溶液中 H_2CO_3、酸性盐和水解酸性盐以及泥炭中部分可溶性有机腐殖质。活性酸度根据泥炭水浸液中 pH 的大小，用比色法或电位法测定。潜在性酸度是在吸附状态下通过吸收复合体氢离子和铝离子的数量来计算；潜在性酸度包括代换性酸度和水解酸度。

用过量的中性氯化钾处理泥炭，其中较活泼的那部分氢离子和铝离子能够转入溶液中，是一种代换性酸度。继续用盐处理，剩余的不太活泼的那部分氢离子和铝离子，由于水解作用，可以产生碱性反应而转入溶液，因此称为水解酸度。代换性酸度或称泥炭盐浸液酸度，具有较高实用价值。在地质勘探实际工作中，它是评价泥炭性质的补充鉴定指标。代换性酸度与泥炭的矿质部分（主要是钙盐）有明显的关系。

代换性酸度与钙盐之间的正相关关系比较稳定，所有泥炭都具有这个特点，并且不受泥炭地的类型和地理分布的影响。泥炭酸度的变化，可能是泥炭中铁、硫、铝等矿物质含量偏高造成的。由酸度与泥炭有机部分的关系可以导出与沥青含量的关系，这种关系在低位型泥炭中反映更加明显。低位型泥炭中大部分泥炭种和整个低位型泥炭的 pH 与沥青含量之间有负相关关系。在高位型泥炭中这种关系被分解度所掩盖。

泥炭盐浸液 pH 为 2.6～7.4。在高位型泥炭中，酸度的变化幅度为 2.6～5.8。但是，大于 3.6 的酸度值非常少见，并且不是高位型泥炭的特点。高位型各泥炭种的平均酸度值是由藓类组（pH 3.1～3.2）向草本和木本泥炭组逐渐增加，到冰沼草泥炭可达最大值（pH 3.7）。在中位型泥炭中，酸度 pH 为 2.8～5.9。中位冰沼草泥炭种的 pH 平均值最小（3.9），中位泥炭藓泥炭 pH 最大（4.7）。在低位型泥炭中，各泥炭样品 pH 为 2.8～7.4。低位型各泥炭种平均酸度为 4.4（木贼泥炭）～5.8（木本泥炭）。

六、发热量

1 kg 燃料完全燃烧所产生的热量称为发热量。在可燃矿物中，泥炭的发热量介于褐煤和木柴之间。

作为燃料的泥炭可利用高发热量和低发热量之值来评价。氢和水含量低的泥炭，其高发热量与低发热量的差别不大。发热量的大小取决于泥炭可燃元素组成中有用部分（碳、氢、可燃硫）和无用部分（氧、氮、硫酸盐）的比值。和其他所有燃料一样，泥炭的主要可燃成分是碳，它的发热量为 8100 kcal/kg。燃烧时，碳占泥炭发热量的 65%～70%。氢是泥炭中第二位可燃成分，其发热量为 3000 kcal/kg，占泥炭发热量的 30%～35%。

根据门捷列夫计算，燃料中可燃硫的发热量为 2600 kcal/kg。氮和氧是多余物质，它们在泥炭中含量的增加，会减少燃烧中碳氢的发热量。氧是燃料可燃基的组成部分，与碳、氢以化学键形式存在。它可以是羟基，也可以是羧基，等等。由此可见，碳和氢是以局部氧化状态成为燃料组成部分的，这在发热量上可以反映出来。根据门捷列夫计算，由于碳和氢局部氧化，燃料可燃基中每个氧的百分率可平均减少 26 kcal/kg。

因此，泥炭可燃基发热量的大小与其元素组成有密切关系。高位型泥炭发热量为 4500～6500 kcal/kg。其中，弱分解藓类泥炭（锈色泥炭藓泥炭）最小，易分解的松－羊胡子草泥炭的值最大。相比而言，低位型泥炭发热量为 4930～6230 kcal/kg，中位型泥炭发热量为 4510～6490 kcal/kg。相关关系分析表明，发热量与其他性质有密切关系（表 8-4），并且明显取决于泥炭的化学组成。沥青、腐殖酸、不水解物（木质素）含量高的泥炭，发热量也高，这与上述物质中氢、碳含量有关。相反，纤维素和易水解物含量高，泥炭发热量就低。

表 8-4 泥炭发热量与其他性质间的相关关系

与发热量相关的特征	相关系数值	
	高位型泥炭	低位型泥炭
分解度	0.83	<0.50
水分	−0.55	<0.50
碳含量	0.92	−0.75
氧含量	−0.93	−0.75
沥青含量	0.87	0.68
水溶物和易水解物含量	−0.87	−0.51
还原物质含量	−0.62	<0.50
腐殖酸含量	0.88	<0.50
纤维素含量	−0.62	<0.50
<250 μm有机质颗粒含量	0.79	0.52
藓类残体含量	−0.75	<0.50
木本残体含量	0.54	<0.50

第三节 中国泥炭资源分布及变化

一、泥炭资源分布特征

泥炭地是陆地生态系统重要的碳汇。全球泥炭地面积约为 4 亿 hm²，我国泥炭地面积为 104.4 万 hm²，占我国陆地面积的 0.1%。泥炭资源量约为 46.87 亿 t（干重），其中裸露泥炭沼泽中泥炭储量为

33.15 亿 t，埋藏泥炭储量为 13.72 亿 t。据估算，我国泥炭地有机碳总储量为 15.03 亿 t。我国泥炭地有机碳密度一般为 80～140 kg/m³，最大值为 270～360 kg/m³，其分布以燕山、太行山至横断山为界，西北部低，东南部高。泥炭地单位面积有机碳储量均值为 143.97 kg/m²，滇南高原最高，达到 637.06 kg/m²。区域平均泥炭地有机碳累积强度为 208.23 t/km²，其中若尔盖高原最高，为 3972 t/km²（刘子刚等，2012）。

　　我国泥炭资源分布极不均衡，各省（自治区、直辖市）泥炭资源储量差异巨大（图 8-3）。四川泥炭

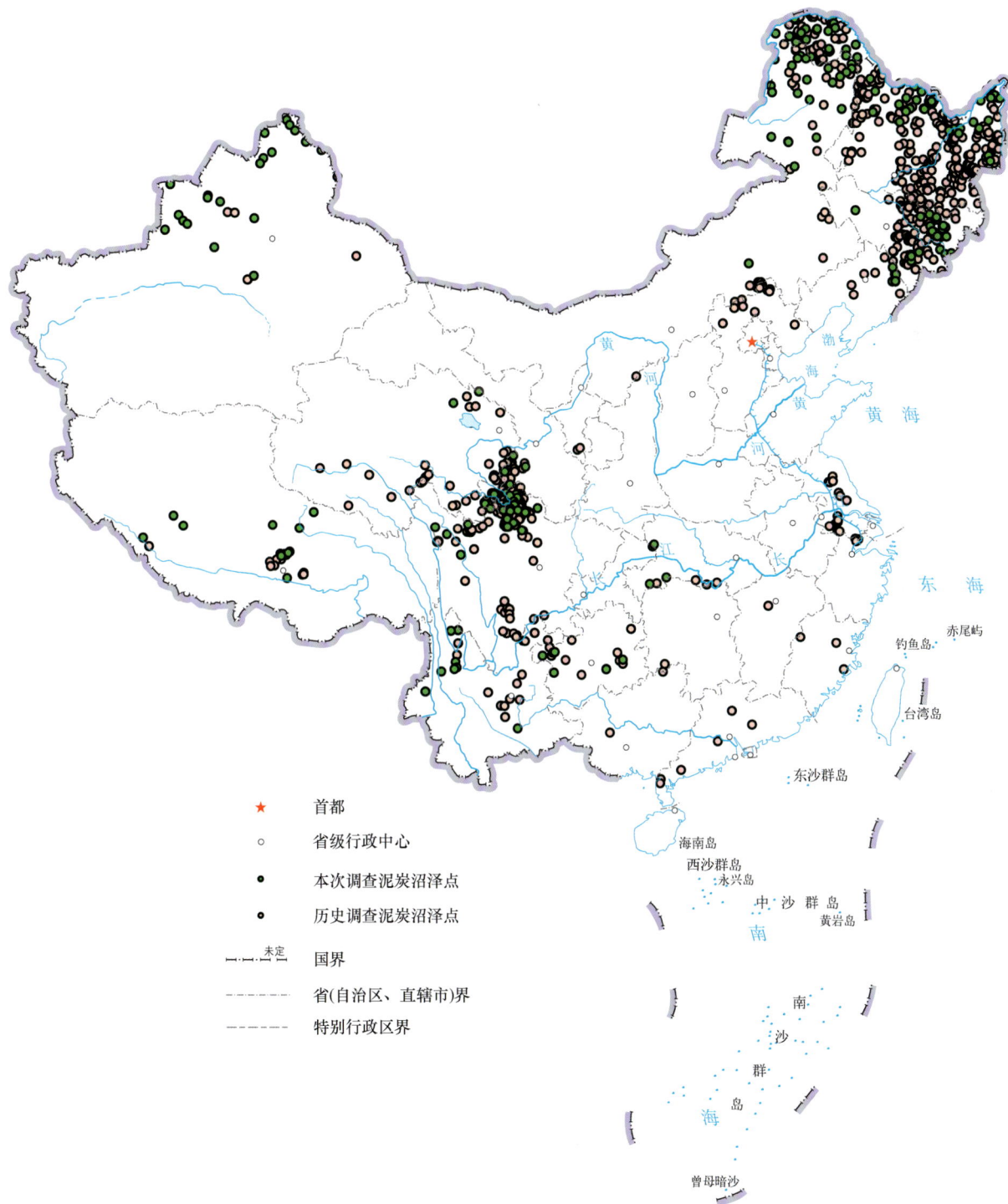

图 8-3　中国泥炭沼泽分布图

资源最为丰富，占全国资源总量的 42.3%，主要分布在川西北若尔盖高原；其次是云南，占资源总量的 16.35%；其下依次为甘肃、江苏、安徽、西藏、黑龙江、贵州、吉林、内蒙古、新疆和储量不到 1 亿 t 的河北、浙江、青海、福建、辽宁、广东、湖北，以及储量不到 1200 万 t 的江西、北京、山西、上海、海南、重庆、河南、天津、陕西、湖南、山东和宁夏（王春权，2009）。

二、泥炭土壤有机碳密度

我国泥炭沼泽 0～30 cm 土壤的有机碳密度多为 40～120 kg/m³，数值较高的区域在青藏–云贵高原沼泽区，有机碳密度多为 80～200 kg/m³；东北地区泥炭沼泽面积较大，但有机碳密度相对较低，多为 0～80 kg/m³；西北地区泥炭沼泽主要分布在天山中麓和北部的阿尔泰山区域，有机碳密度较低；东南部分地区碳密度较高，但泥炭地面积较小，且分布零散，因此，土壤储碳功能相对较弱。

三、典型泥炭地碳库分布

1. 大兴安岭、小兴安岭泥炭地

大兴安岭地区是我国泥炭资源储量分布最为丰富的地区之一。大兴安岭泥炭地泥炭厚度为 35～45 cm，下覆多年冻土，其中以落叶松–灌丛–泥炭藓为主的贫营养型泥炭地泥炭容重较低，灌丛–薹草–泥炭藓贫营养型沼泽泥炭容重次之，而薹草+大叶章富营养型沼泽泥炭深度较浅，土壤容重较高。从土壤剖面来看，表层泥炭土壤容重较低，而深层土壤容重较高，泥炭土的容重显著小于下覆黏土或沙土。

根据黑龙江省大兴安岭 35 个典型泥炭样地数据（王宪伟，内部资料），大兴安岭中部由于海拔较高，多老头林，其贫营养泥炭地土壤容重略低，大兴安岭北部与南部沼泽土壤有机碳含量无显著差异（图 8-4，图 8-5）。以灌丛–泥炭藓为主的贫营养沼泽有机碳和全氮含量要高于以大叶章和薹草为主的富营养沼泽，北部贫营养沼泽土壤碳氮比差异不大，而富营养沼泽土壤碳氮比具有降低的趋势。

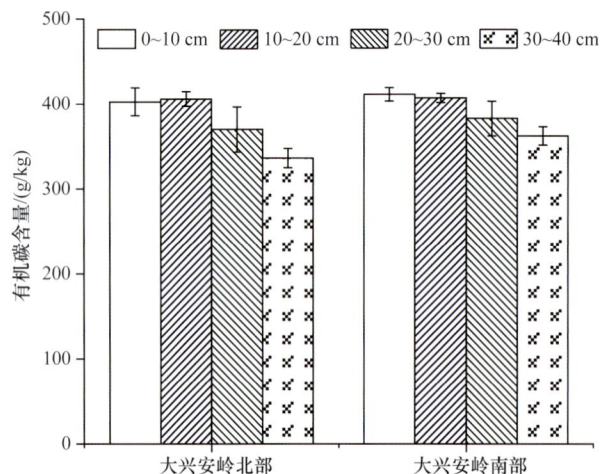

图 8-4　黑龙江省大兴安岭贫营养沼泽土壤有机碳含量　　图 8-5　黑龙江省大兴安岭富营养沼泽土壤有机碳含量

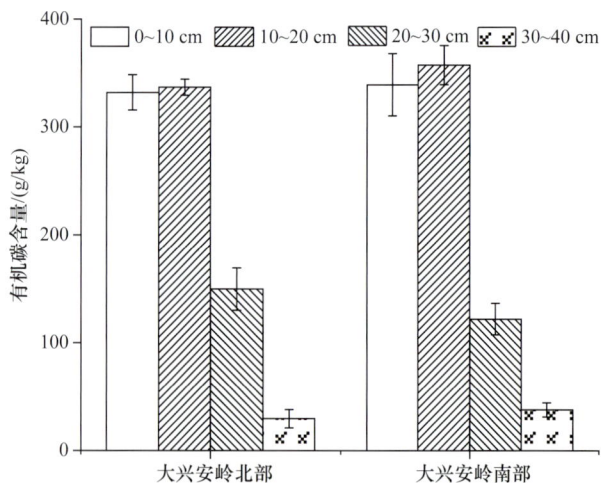

大兴安岭北部沼泽土壤有机碳密度要高于南部沼泽，北部以灌丛－薹草－泥炭藓为主的贫营养沼泽与以大叶章和薹草为主的富营养沼泽有机碳密度差异不大（图8-6），而南部贫营养沼泽土壤有机碳密度要略高于富营养沼泽，除区域温度对沼泽土壤有机碳密度的影响外，不同的植被类型也对土壤有机碳密度产生影响，贫营养沼泽更有利于有机碳的累积。

小兴安岭贫营养沼泽土壤容重最低，富营养沼泽最高，有机碳和全氮含量以贫营养沼泽最高，富营养沼泽最低，贫营养沼泽的土壤碳密度（图8-7）和氮密度也较高（王宪伟，内部资料）。

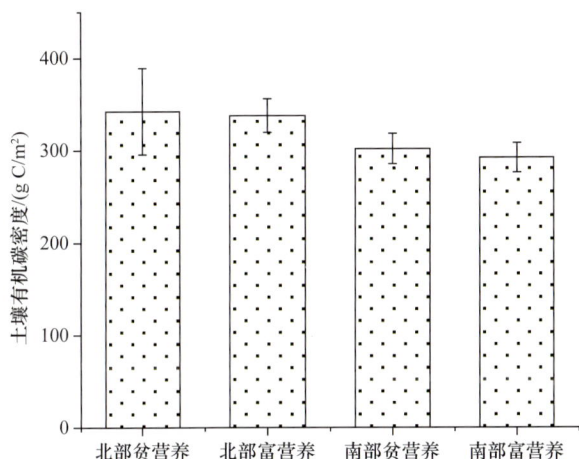

图8-6 黑龙江省大兴安岭沼泽土壤有机碳密度

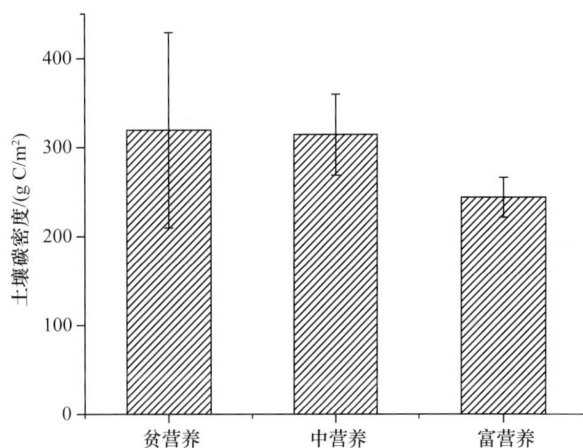

图8-7 黑龙江省小兴安岭沼泽土壤碳密度

2. 长白山地区泥炭地

长白山地区泥炭地面积总计为1.56万hm²。其中，敦化市、沙河庄湿地、安图县三个湿地区泥炭地面积最大，分别为0.94万hm²、0.29万hm²和0.17万hm²。长白山地区泥炭以草本泥炭为主，在各沼泽区普遍分布，藓类泥炭主要分布于海拔800 m以上的长白山区，泥炭有机碳平均含量为36.24%±9.36%，最高为56.01%，最低为12.02%。藓类泥炭有机碳含量明显高于草本泥炭，藓类泥炭有机碳含量为44.15%±5.46%，草本泥炭有机碳含量则为32.92%±9.07%。

泥炭地土壤碳库储量约为1843.22万t，泥炭平均容重为0.27 g/cm³。泥炭厚度为0.3～6.3 m，平均厚度为1.31 m。其中厚度在1 m以下的泥炭地土壤碳库为516.85万t，占总量的28.04%，1～2 m的泥炭地土壤碳库为794.46万t，占总量的43.10%，2 m以上的泥炭地碳库储量为531.92万t，占总量的28.86%。

储藏在沟谷、阶地、平原的泥炭沼泽土壤碳库厚度多在2.0 m以下，土壤碳库分别占该地貌部位泥炭沼泽土壤碳库的89.62%、100.00%、100.00%；储藏在河漫滩、湖盆、熔岩台地的泥炭沼泽土壤碳库厚度则多在2.0 m以上，土壤碳库分别占该地貌部位泥炭沼泽土壤碳库的75.10%、100.00%、85.46%。

3. 阿尔泰山区泥炭地

泥炭地在新疆地区主要分布在阿尔泰山区沼泽，特别是有泥炭丘的存在（图8-8）。新疆阿尔泰山属于大陆性温带寒冷气候，在全球环流形势中处于西风带。山体可以拦截西风环流携来的水汽，在山区产生较多的降水，加上山区有很多排水不畅的山间凹地，为泥炭的累积和发育提供了良好的地质条件。新疆阿尔泰山区泥炭地主要分布在1700～2500 m排水不畅的山间洼地，泥炭厚度大，水源补给主要靠地表径流和高山冰雪融水。沼泽植被主要是薹草和藓类。

图 8-8　新疆阿尔泰山区泥炭丘

　　阿尔泰山的泥炭地厚度大,碳含量高,是新疆地区重要的湿地生态系统碳汇。由于特殊的地形特征、丰富的水资源以及湿冷的气候特点，该区泥炭资源丰富。基于各沼泽片区泥炭剖面厚度的平均值与沼泽分布面积，计算泥炭存储体积（泥炭丘部分未单独计算），同时选择典型主样点的剖面按照岩性特征，分层取样分析干容重和有机碳含量，基于其均值计算典型泥炭沼泽的碳储量（文波龙和刘兴土等，内部资料）（表 8-5）。

表 8-5　阿尔泰山典型沼泽泥炭土特征、泥炭储量及碳储量估算

湿地名称	泥炭层	容重/(g/cm³)	有机碳含量/%	泥炭面积/hm²	泥炭储量/×10⁴ m³	碳储量/×10⁴ t
哈拉萨孜沼泽	1～2 m泥炭层	0.10	40.2	527.72	2860.24	121.93
	2～3 m泥炭层	0.08	44.25			
	3～4 m泥炭层	0.10	40.82			
	5～6 m泥炭层	0.13	40.80			
杰勒克特泥炭地	1～2 m泥炭层	0.11	41.62	843.45	3407.54	159.01
	2～3 m泥炭层	0.12	40.82			
	3～4 m泥炭层	0.09	34.34			
	4～5 m泥炭层	0.14	43.02			
巴特尔阿恰沼泽	0～50 cm泥炭层	0.42	20.83	309.22	139.15	12.74
	50～100 cm泥炭层	0.49	19.75			
三道海子沼泽	0～40 cm泥炭层	0.31	18.77	1133.36	442.01	35.06
	40 cm以下泥炭层	0.55	18.06			
喀拉库勒/黑湖沼泽	40～100 cm泥炭层	0.21	38.17	2077.62	1038.81	92.45

续表

湿地名称	泥炭层	容重/(g/cm³)	有机碳含量/%	泥炭面积/hm²	泥炭储量/×10⁴ m³	碳储量/×10⁴ t
铁力沙干沼泽	0～1 m泥炭层	0.11	46.52	867.63	1015.13	50.33
	1～2 m泥炭层	0.10	45.45			
	2～3 m泥炭层	0.11	47.80			
	3～4 m泥炭层	0.13	34.85			
小计						471.52

阿尔泰山区的巴特尔阿恰沼泽泥炭厚度小，在 1.0 m 以下，容重大但有机碳含量不高，在 19.75% ～ 20.83%，面积也不大，所以在调查的沼泽片区中泥炭储量仅 139.15 万 m³，碳储量为 12.74 万 t；三道海子沼泽的泥炭也较浅，容重也较大但同样有机碳含量低（18.06% ～ 18.77%），虽然规模达到 1133.36 hm²，泥炭储量仅 442.01 万 m³，碳储量为 35.06 万 t。二者是阿尔泰山区沼泽中泥炭储量较小的片区。

铁力沙干沼泽泥炭厚度达 4 m，虽然容重在 0.10 ～ 0.13 g/cm³，但有机碳含量达到 34.85% ～ 47.80%，泥炭储量达 1015.13 万 m³，碳储量 50.33 万 t；喀拉库勒 / 黑湖沼泽泥炭厚度虽然都在 1.0 m 以下，但是有机碳含量达到 38.17%，而且其分布面积是阿尔泰山区最大的一块，所以其泥炭储量也达到 1038.81 万 m³，碳储量 92.45 万 t。

哈拉萨孜沼泽、杰勒克特泥炭地虽然面积分别为 527.72 hm²、843.45 hm²，但泥炭深度大，有机碳含量多在 40% 以上，泥炭储量分别达到 2860.24 万 m³、3407.54 万 m³，碳储量分别为 121.93 万 t、159.01 万 t。

高海拔的多年冻土区为山区泥炭丘的形成和发育提供了有利条件。泥炭丘是在多年冻土区形成的冻胀泥炭丘体，它的形成和发育受区域水文条件、植被群落和气候变化等因素的影响。新疆阿尔泰山泥炭丘分布在 2500 m 左右的亚高山草甸带多年冻土区，有 3 处典型泥炭丘群，分别位于喀拉库勒 / 黑湖沼泽、哈拉萨孜沼泽以及三道海子沼泽。新疆阿尔泰山区泥炭丘的泥炭累积速率受区域气候和局地自然条件等多重影响。由于各处泥炭丘所在区的地质、地貌、水文、局地小气候特征等生态环境的不同，泥炭累积速率和发育状态在时间上存在差异。约 10 000 yr BP[①] 的早全新世是新疆阿尔泰山泥炭丘形成和发育的萌芽期，7000 ～ 2500 yr BP 的中全新世大暖期是泥炭丘的主要发育时期；约 2500 yr BP 以后的晚全新世时期，黑湖泥炭丘保存完好，仍处于发育期；由于局地条件和人类放牧活动等多因素影响，哈拉萨孜泥炭丘发育处于衰退期（张彦等，2018）。

4. 甘南地区泥炭地

甘南地区沼泽泥炭平均厚度为 21 ～ 172 cm，其中，纳尔玛曲滩、包瑞拉不侧西和尕海东南沼泽泥炭层最厚（≥ 150 cm），而达里加山古夷平面、尕海西南和郎木寺波海的泥炭层最薄（≤ 80 cm）。单位有机碳含量在 2.34% ～ 10.96% 之间，其中郎木寺波海单位有机碳含量最低，仅为 2.34%，其次为李恰如牧场和达里加山古夷平面，分别为 2.69% 和 4.50%；纳尔玛曲滩、尕海东南和阿万仓的单位有机碳含量最高，分别为 10.96%，10.38% 和 9.87%。整体上，甘南地区沼泽泥炭储量约为 223.03 万 t，主要集中在阿万仓、美仁东南部沼泽、纳尔玛曲滩和达九塘沼泽，这四片沼泽面积约占甘南沼泽面积的 59.6%，而碳储量约占甘南地区总储量的 67.9%。阿万仓碳储量最高为 49.39 万 t，郎木寺波海碳储

---

① yr=year（年），BP=before present（距今）；yr BP. 距今多少年

量最低，仅为 700 t（马牧源，内部资料）（表 8-6）。

表 8-6　甘南地区典型沼泽泥炭土特征及碳储量估算

湿地片区	面积/m²	平均厚度/m	容重/(g/cm³)	单位有机碳含量/%	总碳储量×10⁴ t
阿万仓	2 765 230	1.32	1.371	9.87	49.39
尕海东南	755 546	1.50	1.174	10.38	13.81
尕海西南	906 592	0.72	1.642	6.13	6.57
郎木寺波海	24 814	0.80	1.614	2.34	0.07
李恰如牧场	540 836	0.96	1.339	2.69	1.87
万纽萨日哥	636 612	0.94	1.303	9.42	7.34
达久塘沼泽	1 623 353	1.44	1.294	7.67	23.20
美仁东南部沼泽	3 198 009	1.31	1.157	8.56	41.49
达里加山古夷平面	383 394	0.21	1.691	4.50	0.61
纳尔玛曲滩	1 644 466	1.72	1.203	10.96	37.29
采日玛沼泽	854 185	1.31	1.281	8.89	12.74
曼日玛东南沼泽	900 000	1.48	0.877	7.75	9.05
包瑞拉布侧西沼泽	1 255 000	1.66	1.301	7.23	19.60

5. 若尔盖地区泥炭地

若尔盖是我国泥炭地分布最为典型的地区之一。从泥炭厚度类型来看，除花湖沼泽化草甸泥炭厚度为 80 cm 外，属薄层泥炭发育；其余均为中厚层泥炭发育。尤其是纳勒乔草本沼泽、哈青乔草本沼泽为厚层泥炭，其厚度分别为 5.4 m 和 3.6 m。花湖草本沼泽、阿西村沼泽化草甸、纳勒乔沼泽化草甸、哈青乔沼泽化草甸为中层泥炭发育，其厚度分别为 160 cm、130 cm、210 cm、190 cm（图 8-9）。

总体而言，草本沼泽泥炭碳密度显著高于沼泽化草甸。花湖沼泽化草甸泥炭碳密度最小（94.4 kg/m²）；纳勒乔草本沼泽泥炭碳密度最高（591.15 kg/m²）；其次为哈青乔草本沼泽（506.84 kg/m²）。花湖草本沼泽、阿西村沼泽化草甸、纳勒乔沼泽化草甸、哈青乔沼泽化草甸泥炭碳密度分别为 223.02 kg/m²、164.52 kg/m²、263.04 kg/m²、222.89 kg/m²（图 8-10）。

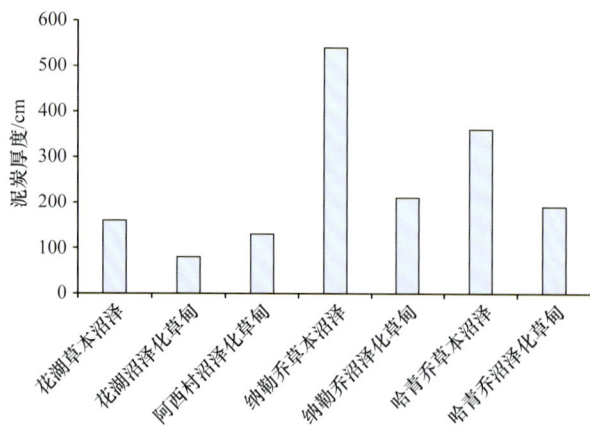

图 8-9　若尔盖地区典型泥炭厚度

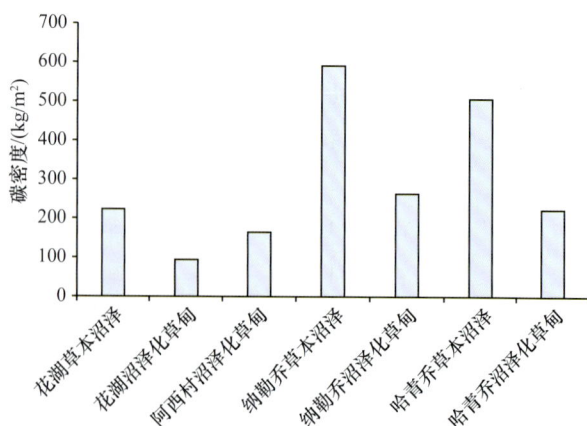

图 8-10　若尔盖地区典型泥炭碳密度

若尔盖保护区沼泽泥炭总体积储量为 19.89 亿 m³，纳勒乔片区沼泽泥炭体积储量最为丰富（11.68 亿 m³），约占整个保护区沼泽泥炭体积储量的 59%；其次为哈青乔片区沼泽泥炭体积储量（4.67 亿 m³），花湖片区沼泽泥炭体积储量为 2.29 亿 m³，阿西村片区沼泽泥炭体积储量为 1.24 亿 m³。保护区沼泽泥炭总质量储量为 8.92 亿 t，在质量储量上也是纳勒乔片区沼泽最为丰富（4.92 亿 t），约占整个保护区沼泽泥炭质量储量的 55%；其次为哈青乔片区沼泽泥炭质量储量（2.48 亿 t），花湖片区沼泽泥炭质量储量为 1.03 亿 t，阿西村片区沼泽泥炭质量储量为 0.48 亿 t（图 8-11）（张昆，内部资料）。

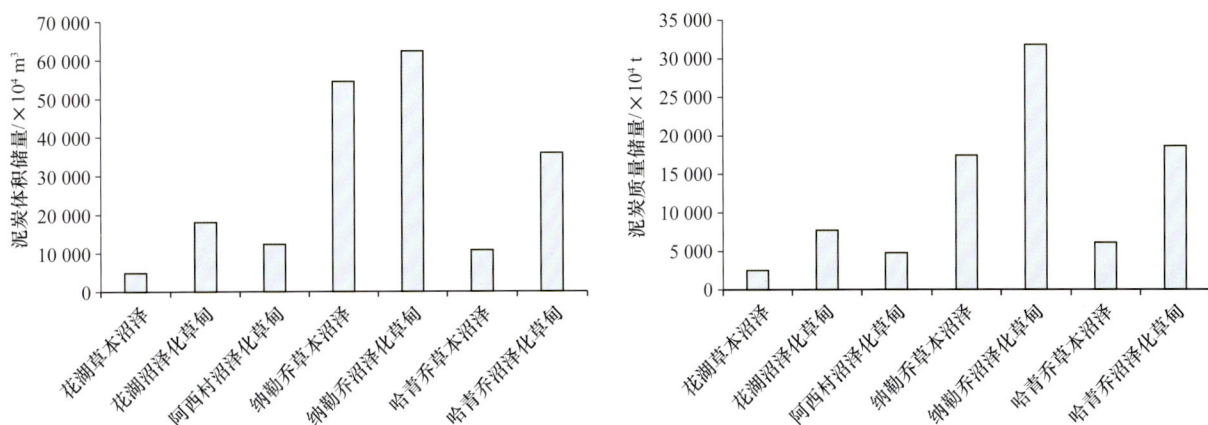

图 8-11　若尔盖地区典型泥炭储量

四、泥炭资源保护

泥炭资源既是一种宝贵的自然资源，也是一种独特的生态资源。泥炭矿体形成的环境复杂，在进行泥炭资源合理开发和充分利用的同时，要注意资源与环境的保护，维持区域生态环境，保障区域经济可持续发展。建议从以下几方面开展工作。

1）科学界定泥炭保护开发界限，促进泥炭保护、社会进步和环境可持续发展。

针对泥炭资源的低可替代性、不可逆性和不确定性，要求科学界定泥炭资源开发与保护标准，积极保护处于正在积累状态的现代泥炭地，有序恢复退化泥炭地功能，遏制目前泥炭地退化趋势（孟宪民，2006）。

2）加强泥炭替代产品研发，严格保护泥炭地资源。

目前双碳目标的提出，对我国自然生态系统固碳潜力提出了更高的要求。泥炭地作为最富碳的生态系统，其巨大的碳储量与碳汇能力对于我国实现双碳目标意义重大。应加快制定针对泥炭地的相关法律法规，严格保护力度，推进泥炭替代产品研发，杜绝对于泥炭地的破坏和无序利用。

3）加强泥炭地基础研究，推进退化泥炭地的功能恢复。

组建国家泥炭研究中心，加强对泥炭地保护、恢复和可持续利用的基础理论研究，通过各种媒介，加强泥炭科技信息交流，培训泥炭企业技术人员，建设中国泥炭资源数据库，掌握泥炭资源动态变化，监管泥炭开发环境变化事宜，为国家泥炭资源开发管理决策提供依据。

总之，必须采取严格的措施制止对泥炭资源的毁灭性开发，加强沼泽保护并实施必要的恢复与重建工程，提倡泥炭资源综合开发，强化沼泽示范基地建设和科学管理，以保证我国泥炭资源得到充分保护和持续利用。

第九章
沼 泽 植 物

沼泽植物是指生长在有浅层积水、水陆交汇处或土壤潮湿环境中的植物，其根、茎、叶等器官具有适应于湿地厌氧或缺氧环境的特征。我国湿地类型复杂多样，蕴藏着丰富的植物资源。这些资源可作食用、药用、饲用及观赏等，是国家生态安全体系的重要组成部分，也是经济与社会可持续发展的重要基础。然而，在全球气候变化、外来物种入侵及农牧业发展等多重因素影响下，我国沼泽植物资源受到不同程度的威胁和破坏。为加快我国沼泽植物资源的调查与研究，提高保护利用水平，本章对资源组成、利用和保护进行了系统分析，旨在探明我国沼泽植物资源现状，为资源的合理开发利用及有效保护提供科学依据。

第一节　沼泽植物的组成

国家科技基础性工作专项"中国沼泽湿地资源及其主要生态环境效益综合调查"对我国大陆 31 个省份的湿地植物资源进行了调查，本次调查以《中国沼泽志》（1999 年）记录的 396 片沼泽为基础，根据遥感影像增加了一些沼泽，共计调查沼泽 430 片，大部分区域重点调查野生湿地维管植物，部分区域也对苔藓植物进行了调查。每个物种均采集标本、拍照，全程使用 GPS 记录经纬度。标本带回实验室，依据《中国植物志》、《中国水生植物》、《水生植物图鉴》和 *Flora of China* 等进行物种鉴定。

目前，学者们对中国湿地植物资源现状进行总结的工作非常有限。根据中国知网及维普中文网及其他几个中文网站检索的结果，仅发现刘胜祥在 1998 年对中国湿地植物资源分类系统进行了研究，同年，张龙胜等对山西湿地植物资源进行了普查。随后，刘艳红等在 2003 年对甘肃省湿地植物资源进行了普查，何种坚等在 2006 年以及袁晓初等在 2018 年对广东省湿地植物资源进行了分析，巫文香在 2011 年对广西湿地植物种类及区系特征进行了研究，范晶和肖洋同年对黑龙江省湿地植物资源特征及利用和保护进行了研究，张新军等在 2020 年对云南省观赏湿地植物资源现状及多样性进行了研究。另外，还有一些专家学者开展了市级或局域尺度上湿地植物资源的调查和研究，例如，于现民在 1995 年对小兴安岭、吕建江在 2006 年对乌鲁木齐市、朱莹等在 2014 年对江苏盐城滩涂湿地、侯志勇等在 2013 年对洞庭湖地区以及刘洪涛等对大庆地区湿地或水生观赏植物资源的研究。然而，这些工作往往因划分依据、参考书目等标准不一致，而导致一些物种的认定或划分不统一，从而导致目前存在的湿地植物资源名录参差不齐，差异较大。

本节以《中国沼泽志》（1999 年）和《中国湿地植被》的物种名录为基础，结合本次调查的结果，对中国湿地维管植物的类群、科属组成及优势种等进行了分析，以期为进一步研究沼泽植物资源提供资料，为合理利用沼泽植物提供基础数据。

一、沼泽植物的范畴

沼泽植物包括的范围较广，从生态类群上，将其分为水生植物、沼生植物、湿生植物、红树植物和半红树植物。

水生植物包括挺水植物、浮水植物、浮叶植物及沉水植物四类，挺水植物有蕹菜、水蜡烛、野慈姑等；浮水植物有睡莲、水龙、欧菱等；浮叶植物有苹、槐叶苹、凤眼莲等；沉水植物有眼子菜、苦草、水筛等。

沼生植物是指生长在水陆交接的沼泽区域的植物，如石龙芮、水芹、水蓼等，即我们平时常说的典型湿地植物。

湿生植物是指不是水生、沼生但也出现在湿地中的喜阴湿植物，如毛草龙、野芋、断节莎等。

红树植物是指生长在热带海岸潮间带的木本植物，如海桑、老鼠簕、卤蕨等。

半红树植物是指能生长在潮间带，但也能在陆地非盐渍土生长的两栖木本植物（林鹏，2001），如黄槿、苦槛蓝、阔苞菊等。

以下所有的统计都是基于包含上述所有类群的物种的结果进行的。

二、沼泽植物种类组成

（一）物种组成

统计结果显示，中国沼泽湿地植物种类丰富，共计 165 科 522 属 1691 种。其中，苔藓植物有 34 科 66 属 166 种；蕨类植物 18 科 23 属 43 种；种子植物 113 科 433 属 1482 种，其中包括裸子植物 3 科 8 属 11 种，被子植物 110 科 425 属 1471 种（双子叶植物 79 科 268 属 826 种；单子叶植物 31 科 157 属 645 种）。科属种所占比例均以双子叶植物最高（表 9-1）。

表 9-1 中国沼泽湿地植物科属种统计

类群	科数	属数	种数
苔藓植物	34	66	166
蕨类植物	18	23	43
种子植物	113	433	1482
裸子植物	3	8	11
被子植物	110	425	1471
双子叶植物	79	268	826
单子叶植物	31	157	645
总计	165	522	1691

（二）种类组成结构

1. 科的组成

将中国沼泽植物按科内含种数多少可分为 5 种类型（表 9-2）。其中，含 20 种及以上的大科有 21 科，占总科数的 12.73%；含 10 ～ 19 种的较大科有 21 科，占总科数的 12.73%；含 5 ～ 9 种的科有 23 科，占总科数的 13.93%；含 2 ～ 4 种和含 1 种的科有 52 科和 48 科，分别占总科数的 31.52% 和 29.09%，在科的水平上所占比例超过一半，说明中国沼泽植物科内含种数的比例分布不均。

表 9-2 中国沼泽湿地植物科内含种数的类型分布

含种数类型	科数	所占比例/%
≥20种	21	12.73
10～19种	21	12.73
5～9种	23	13.93
2～4种	52	31.52
1种	48	29.09
总计	165	100

按进化系统划分的类群来看，苔藓植物中大科有 2 科，分别为泥炭藓科（Sphagnaceae，28 种）和柳叶藓科（Amblystegiaceae，22 种），较大科有 3 科，分别为真藓科（Bryaceae，16 种）、金发藓科（Polytrichaceae，10 种）和曲尾藓科（Dicranaceae，10 种）；蕨类植物中无大科，较大科有 1 科，为木贼科（Equisetaceae，10 种）；裸子植物中无大科和较大科，包含种数最多的为松科（Pinaceae，7 种）。被子植物中大科有 19 科，分别是莎草科（Cyperaceae，245 种）、禾本科（Poaceae，140 种）、菊科（Asteraceae，83 种）、毛茛科（Ranunculaceae，71 种）、蓼科（Polygonaceae，49 种）、眼子菜科（Potamogetonaceae，48 种）、杨柳科（Salicaceae，43 种）、千屈菜科（Lythraceae，42 种）、唇形科（Labiatae，37 种）、伞形科（Apiaceae，34 种）、水鳖科（Hydrocharitaceae，31 种）、灯心草科（Juncaceae，31 种）、蔷薇科（Rosaceae，28 种）、报春花科（Primulaceae，26 种）、香蒲科（Typhaceae，24 种）、泽泻科（Alismataceae，22 种）、十字花科（Brassicaceae，21 种）、龙丹科（Gentianaceae，21 种）及杜鹃花科（Ericaceae，20 种）；较大科有 17 科，主要有茨藻科（Najadaceae，18 种）、狸藻科（Lentibulariaceae，18 种）、玄参科（Scrophulariaceae，18 种）、石竹科（Caryophyllaceae，18 种）、柳叶菜科（Onagraceae，17 种）、天南星科（Araceae，17 种）、列当科（Orobanchaceae，16 种）、睡莲科（Nymphaeaceae，15 种）、车前科（Plantaginaceae，15 种）、豆科（Fabaceae，14 种）、虎耳草科（Saxifragaceae，14 种）、忍冬科（Caprifoliaceae，12 种）、茅膏菜科（Droseraceae，11 种）、桦木科（Betulaceae，11 种）、小二仙草科（Haloragaceae，10 种）、苋科（Amaranthaceae，10 种）及兰科（Orchidaceae，10 种）。可见，大多数湿地植物为适应性更强的被子植物。

对被子植物进一步分析，根据科内含属数的多少可分为≥20 属、10～19 属、5～9 属、2～4 属和 1 属共 5 种类型（表 9-3）。其中，含 20 属及以上的大科有 2 科，分别是禾本科（Poaceae，67 属）和菊科（Asteraceae，33 属），它们也是中国被子植物前两大科，说明中国湿地植物具有温带特征（巫文香，2014）；含 10～19 属的较大科有 6 科，分别为莎草科（Cyperaceae）、豆科（Fabaceae）、唇形科（Lamiaceae）、毛茛科（Ranunculaceae）、蔷薇科（Rosaceae）和伞形科（Apiaceae）；含 20 属以上和含 10～19 属的科所占的比例相对较小（7.27%）。含 5～9 属的科有 15 科，所占比例为 13.64%；含 2～4 属的科有 40 科，所占比例为 36.36%。含 1 属的小科有 47 科，占沼泽湿地被子植物总科数的 42.73%。含 2～4 属和含 1 属的科所占的比例为 79.09%，这说明中国沼泽植物在科水平上，以含 1 属和含 2～4 属的小科为主，这种结构在中国被子植物科组成中具有一定的代表性（廖文波和张宏达，1994），同时，也反映出中国沼泽植物科内含属数的比例分布不均。

表 9-3　中国沼泽湿地被子植物科内含属数的类型分布

含属数类型	科数	所占比例/%
≥20属	2	1.82
10～19属	6	5.45
5～9属	15	13.64
2～4属	40	36.36
1属	47	42.73
总计	110	100

2. 属的组成

沼泽植物共有 522 属，由表 9-4 可知，从属所含种的情况来分析，含 20 种及以上的属有 11 属，占总属数的 2.11%，分别为泥炭藓属（*Sphagnum*）、莎草属（*Cyperus*）、荸荠属（*Heleocharis*）、藨草属（*Scirpus*）、薹草属（*Carex*）、眼子菜属（*Potamogeton*）、灯心草属（*Juncus*）、毛茛属（*Ranunculus*）、

菱属（*Trapa*）、柳属（*Salix*）和蓼属（*Persicaria*）。含 10～19 种的属有 24 属，占总属数的 4.60%，主要有真藓属（*Bryum*）、木贼属（*Equisetum*）、嵩草属（*Kobresia*）、飘拂草属（*Fimbristylis*）、扁莎属（*Pycreus*）、慈姑属（*Sagittaria*）、水车前属（*Ottelia*）、茨藻属（*Najas*）、香蒲属（*Typha*）、黑三棱属（*Sparganium*）、水芹属（*Oenanthe*）、杜鹃花属（*Rhododendron*）、茅膏菜属（*Drosera*）、狸藻属（*Utricularia*）、柳叶菜属（*Epilobium*）、碎米荠属（*Cardamine*）和马先蒿属（*Pedicularis*）等；含 5～9 种的属有 56 属，占总属数的 10.73%；含 2～4 种的属有 147 属，占总属数的 28.16%；单种属有 284 属，占总属数的 54.41%。小型属和单种属共 431 属，占总属数的 82.57%。这说明中国沼泽植物主要是由小型属和单种属组成，它们占绝对优势，也表明植物区系起源有一定的古老性。

表 9-4　中国沼泽湿地植物属内含种数统计

含种数大小	属数	所占比例/%
≥20种	11	2.11
10～19种	24	4.60
5～9种	56	10.73
2～4种	147	28.16
1种	284	54.41
总计	522	100

（三）频度统计

对调查的 1576 个样点的植物组成进行统计，频度最高的 30 个物种见表 9-5。我们发现频度 ≥20% 的物种只有 1 种，为全球广布种芦苇，频度在 10%～19% 的物种未出现，频度在 6%～9% 的物种有 4 种，包括华扁穗草、大叶章、碱蓬和康藏嵩草，这 4 种植物中碱蓬为广布种，在内陆和海滨盐沼或盐碱地均有分布；华扁穗草也为广布种，在我国中西部 10 余个省份均有分布；大叶章为东北地区草本沼泽优势种，康藏嵩草为西藏和新疆地区的草本沼泽优势种。区域优势种的频度偏高可能与我们的调查样点分布不均匀有关，如 1576 个样点中，东北地区有 618 个，导致大叶章的频度偏高。出现次数在 30～80 的物种有 66 种，主要有秋茄树、高原毛茛、灰脉薹草、香蒲、海韭菜、珠芽蓼、菰、高山嵩草、水蓼、西藏嵩草、金鱼藻、水葱、喜旱莲子草、问荆、怪柳、互花米草、荇菜、杉叶藻、苦草、黑藻等。分布频度高的物种中广布种和区域优势种所占比例较高，广布种对生境要求不高，有较强的适应性，而区域优势种是对区域气候适应的结果。另外，这些植物大都为克隆植物，根状茎发达，根茎繁殖较快，会成片生长，所以频度较高。

表 9-5　中国沼泽湿地植物频度统计

物种	出现次数	频度/%
芦苇 *Phragmites australis*	414	26
华扁穗草 *Blysmus sinocompressus*	117	7
大叶章 *Deyeuxia langsdorffii*	109	7
碱蓬 *Suaeda glauca*	93	6
康藏嵩草 *Carex littledalei*	91	6
秋茄树 *Kandelia candel*	76	5

物种	出现次数	频度/%
小白花地榆Sanguisorba teriuifolia var. alba	74	5
高原毛茛Ranunculus tanguticus	71	5
灰脉薹草Carex appendiculata	66	4
香蒲Typha orientalis	65	4
海韭菜Triglochin maritimum	64	4
珠芽蓼 Polygonum viviparum	61	4
蕨麻 Potentilla anserina	60	4
问荆Equisetum arvense	60	4
菰Zizania latifolia	59	4
球尾花Lysimachia thyrsiflora	59	4
高山薹草Carex pseudosupina	57	4
驴蹄草Caltha palustris	57	4
水蓼Polygonum hydropiper	55	3
盐地碱蓬Suaeda salsa	52	3
西藏嵩草Carex tibetikobresia	52	3
金鱼藻Ceratophyllum demersum	52	3
垂穗披碱草Elymus nutans	51	3
扁秆荆三棱 Bolboschoenus planiculmis	51	3
毛茛Ranunculus japonicus	51	3
水葱Schoenoplectus tabernaemontani	49	3
喜旱莲子草Alternanthera philoxeroides	48	3
蜡烛果 Aegiceras corniculatum	48	3
苣荬菜Sonchus arvensis	46	3
高山嵩草Carex parvula	44	3

沼泽植物种类丰富，具有较高的开发潜力。我们需要对这一类特殊而又宝贵的植物资源给予足够的关注，以便随时掌握其组成的动态变化，从而更好地服务于对它们的利用和保护。

第二节　沼泽植物的利用

近些年，植物资源的开发利用已成为全世界关注的焦点。沼泽植物资源是资源植物的重要组成部分，例如，水生蔬菜占我国蔬菜种植面积的 1/4 ～ 1/3；但目前对沼泽植物资源的分类和数目依然不是很清晰。本节在对沼泽植物资源组成分析的基础上，参考资源植物分类的相关书籍和文献，对沼泽植物资源进行分类，并在此基础上，给出几种开发利用较好的沼泽植物资源的产业化案例。

一、沼泽资源植物的分类

根据用途将我国沼泽植物资源分为三大类型：经济植物、环境保护植物和种质植物（梁士楚等，

2011；巫文香，2014）。有些植物同时具有多种功能，本节在进行资源归类时，将其同时归入相应的类型中，如菰既可食用，又是固土植物，所以将其归入经济植物和环境保护植物两类。参考《中国植物志》、《中国景观植物》、《中华人民共和国药典》及《中国经济植物》（上卷），对中国沼泽植物进行初步统计分析，结果如下。

（一）经济植物

经济植物包括药用植物、食用植物、芳香植物、油脂植物、纤维及饲用植物等，分述如下。

1. 药用植物

药用植物是我国沼泽植物中种类最多的资源类型。常见的有柽柳、石龙芮、蕺菜、补血草、紫菀、野大豆、砂引草、窃衣、水蔓菁、羊蹄、齿果酸模、箭叶蓼、泽漆、毛茛、卷耳、苘苘蒜、救荒野豌豆、乳浆大戟、天胡荽、积雪草、芫荽、看麦娘、三叶委陵菜、蛇莓、紫堇、盒子草、荔枝草、叶下珠、鹅肠菜、虎耳草、两歧飘拂草、泥胡菜、钻叶紫菀、马兰、欧洲凤尾蕨、穗状狐尾藻、如意草、半边莲、细风轮菜、喜旱莲子草、莲子草、猪殃殃、附地菜、蚊母草、旋覆花、血见愁、蕹菜、牛膝、节节草、异型莎草、短毛独活、鸡屎藤、野艾蒿、小蓬草、浮萍、紫萍、水田碎米荠、芦苇、龙牙草、香附子、印度草木犀、苘麻、夏枯草、野胡萝卜、藨草、荻、水苦荬、荠、稗、狗牙根、金鱼藻、大籽蒿、鳢肠、刺儿菜、水烛、香蒲、接骨草、画眉草、母草、风毛菊、虎杖、列当、爵床、华萝藦、蜜蜂花、藜、反枝苋、弯曲碎米荠、水蓼、鸡眼草、剪刀股、合萌、豆瓣菜、野灯心草、苎麻、酢浆草、满江红、荇菜、白花蛇舌草、茶菱、酸模叶蓼、天蓝苜蓿、渐尖毛蕨、重阳木。

上述药用植物资源主要集中分布于菊科、豆科、蓼科、禾本科、莎草科等。每种植物的药用部位和作用不同，例如，柽柳，嫩枝叶入药，有解表透疹之效；补血草，全草入药，祛湿、清热、止血；砂引草植株浸泡后，外用消肿、治关节痛；草木犀全草为重要的平喘药材，民间治下肢溃疡显效；野大豆是国家二级重点保护野生植物，全草、种子可入药，全草健脾益肾，止汗，种子平肝，明目，强壮。

2. 食用植物

我国沼泽植物中的食用植物主要是一些野菜，如菜蕨、肾蕨、莲、欧菱、菝葜、菰、荸荠、芋、盐角草、灰绿藜、盐地碱蓬、南苜蓿、水芹、蒌蒿、芡、野慈姑、蕹菜、豆瓣菜、莼菜、薏苡、越橘及笃斯越橘等；每种植物的食用方式不同，例如，盐地碱蓬也称盐蒿子，用开水焯熟后放入调料拌凉菜，非常美味可口；盐角草又名海蓬子，富含维生素 C，还含有 18 种氨基酸，是对人体有益的绿色保健食品。

3. 芳香植物

我国沼泽植物中的芳香植物集中分布于唇形科（Lamiaceae）、菊科（Asteraceae）、豆科（Fabaceae）和芸香科（Rutaceae），大多是栽培种类。天然的香料植物主要有草木犀、菖蒲、丹参、野菊、地笋、白头婆、猪毛蒿、蔓荆、美人蕉、香根草等。菖蒲，根茎含挥发油 1.5% ～ 3.5%，主要芳香成分为丁香油酚、细辛醛等；香附子，根茎含挥发油 1% 左右，可调配玫瑰麝香或馥奇等类型香精。

4. 油脂植物

我国沼泽植物中的油脂植物主要有碱蓬、苍耳、草木犀、盐地碱蓬、野西瓜苗、播娘蒿、野大豆、潺槁木姜子及水黄皮等。碱蓬的种子不仅能生产出亚油酸含量高达 75% 以上的高档食用植物油，而且可做成肥皂、油漆；苍耳，种子含油达 44.8%，其油是一种高级香料的原料，并可做成油漆、油墨及肥皂硬化油等，还可代替桐油；播娘蒿，种子含油达 40%，可食用，亦作药用。

5. 纤维及饲用植物

我国沼泽植物中的纤维及饲用植物主要有酸模、蕹菜、象草、田菁、草木犀、芦苇、柽柳、刺果甘草、大米草、芦竹、白茅、荻、藨草、狼尾草、野灯心草、牛鞭草、狗牙根、看麦娘、双穗雀稗、假苇拂子茅、鸭茅、马唐、野燕麦、拂子茅、大穗结缕草、喜旱莲子草、补血草、碱菀、碱茅、眼子菜、浮萍、水烛、香蒲、甜麻、短叶茳芏、青皮竹等，主要集中分布在莎草科、禾本科、锦葵科和桑科等。这些牧草植物养分含量高，例如，芦苇幼叶粗蛋白（CP）的含量达 136.0 g/kg。这些植物可用来养殖经济价值高的牛、羊等食草家畜，也可用来造纸、葺屋、编席等。

（二）环境保护植物

环境保护植物包括园林绿化植物、固土植物、指示植物、绿肥植物等。其中，园林绿化植物有风车草、马缨丹、海杧果、千屈菜、黄槿、假俭草、重阳木、莲、睡莲、芡、香蒲等。这些植物可作池栽，用于美化水面、净化水质，更可用缸盆栽植，摆放于庭院、亭榭等处装饰环境，也可用碗栽植点缀家居。固土植物有蜡烛果、水团花、狗牙根、菰、芦苇、杞柳和荻等；指示植物有凤眼莲；绿肥植物有睡莲、芡、水鳖等。

（三）种质植物

种质植物是物种改良的物质基础，同时也是遗传学、分类学、生物学等理论研究的重要材料。沼泽植物资源中的种质植物共有 80 种，其中作物种质植物有蕹菜、薏苡和椰子 3 种；园艺种质植物有芋、蕹菜、水芹、荸荠、豆瓣菜、欧菱、莼菜、芡和野慈姑 9 种；林业和草原种质植物有水杉、莲叶桐、光叶眼子菜、小茨藻及白睡莲等，国家重要野生植物种质植物有绣线菊、银露梅、水葱、小眼子菜、黑三棱、水芹、草玉梅、薄荷、盐爪爪、蕺菜、三白草、金银忍冬及睡菜等。

二、沼泽植物的产业化利用

近些年，随着科技的发展和人们对生活水平提高的需求，沼泽植物资源的开发利用越来越多，一些资源植物的开发已经形成了很好的产业化链条，这里我们列出几个产业化利用比较好的资源植物案例。

（一）莼菜

莼菜属睡莲科莼属的多年生水生草本植物，又名蓴菜、马蹄菜、湖菜、水荷叶、水葵、露葵。在我国，莼菜主要分布在黄河以南的浙江、江苏、重庆、四川、湖北、湖南、江西、安徽和云南等地，生于池塘、沼泽、湖泊，主产区为杭州西湖、江苏太湖、湖北利川、四川雷波和重庆石柱等（刘美玉等，

2011；李燕等，2018）。

莼菜中含有丰富的糖类、蛋白质、氨基酸及微量元素等。研究表明，莼菜中可溶性糖含量可达干质量的 30.4%，总蛋白含量占干质量的 34.2%，锌含量更是高达 7.9 mg/g（干质量），这些均远远高于其他水生蔬菜和作物（李燕等，2018）。此外，莼菜中还含有膳食纤维、维生素和类胡萝卜素等物质，营养价值极高，被誉为"中国第一绿色食品""21 世纪生态蔬菜""水中人参""植物胎盘"和"植物锌王"等。莼菜主要食用部分为未展开的富含胶质的幼嫩卷叶，是一种珍贵的水生蔬菜，也是乾隆时期的四大贡菜之一，历来和日本花鲈、茭白列为江南三大名菜，驰名中外（刘美玉等，2011）。

莼菜可作为蔬菜直接鲜食，通常有凉拌、热炒、烧汤等做法，其中西湖莼菜汤已成为江浙地区的传统风味名菜。除鲜食外，莼菜还被深加工成各类副食品，已经作为一种原料开发成莼菜饮料、莼菜水馒头、莼菜清蛋糕和莼菜保健面包等；同时，因清热解毒、抗菌消炎等功效，被制作成莼菜提取物的糖果或口香糖；因较强的抗氧化能力被制成护肤品，目前由莼菜制成的美容护肤系列产品，面膜、爽肤水、保湿乳液、精华液、眼霜等很多已成功上市；因黏液中的多糖对癌毒的活化性也有较强的抑制作用，被制成的营养口服液已面市（刘美玉等，2011）。另外，由莼菜制成的莼菜醋渍制品或罐头，销往全国各处及出口日本、俄罗斯、韩国、南亚等地。

目前，几个莼菜主产地已经形成了地理标志品牌，例如，湖北的"天佛牌"莼菜被授予"湖北省名牌产品"称号，也被中国绿色食品发展中心认定为绿色食品 A 级产品。江西省宜丰县生产出"秀溪牌"莼菜罐头，获得了很好的经济效益。江西还成功研制出速冻莼菜养生饺子、速冻莼菜养生包子、速冻莼菜养生草鱼丸、野生莼菜包子馅等。2013 年马湖莼菜获得国家地理标志产品保护。雷波县莼菜生产已有 30 多年的历史，平均每亩可采收莼菜产品 500 kg，已经成为当地农民增收致富的特色农作物之一。重庆市石柱县是我国最大的莼菜生产基地和外销中心，莼菜也是石柱县重要的农业支柱产业，已成为石柱县的一张名片（吴洪梅和于杰，2015）。

（二）芡

芡为睡莲科芡属一年生大型水生草本植物，又名鸡头果、鸡头米、鸡头苞、鸡头莲、刺莲、水石榴、水仙桃等，可食部分为其种子的种仁。芡营养丰富，蛋白质含量高达 9.68%，氨基酸种类齐全、配比合理，矿质元素铁、磷、碘、硒及维生素 E 和维生素 C 含量较高，且脂肪含量很少、极易消化吸收，因而有"水中桂圆"的美誉（张永等，2009；王娜等，2016）。

芡作为一种营养价值丰富、保健功能多样的药食两用的食材，具有很好的市场开发前景，目前，我国芡作为食品的主要加工形式为罐制和速冻保鲜，如芡糕、芡饮料、芡酒、芡罐头、芡酸奶、芡香肠、芡醋、芡粥，一些研究者正在尝试将芡作为营养成分添加到蛋糕、面包、奶粉、挂面等中去，将芡引入人们的日常饮食中。

芡的产业化利用，目前主要体现在以下几个类型：①鲜米苏芡，太湖地区的苏芡种植以鲜芡米为主，本地形成了鲜芡米的消费市场，也涌现了一批鲜芡米的加工企业，并拥有了一定影响的鲜芡米产品品牌。②干米苏芡，目前种植区域在长江流域及其以南地区，洪泽湖区的洪泽、金湖、泗洪等县种植面积已超过 2000 hm²，干芡米产量超过 600 t，占全国产量的 2/3 左右，已成为全国最大的苏芡种植区域。③芡休闲食品——口籽，目前主要在安徽天长、江苏金湖等地畅销。据不完全统计，全国能够形成商品产量的芡面积有 2670 hm² 左右，壳芡产量 20 000 t，加工口籽的面积约 330 hm²，产量 200 t。④苏州南芡营养保健品，苏州全市芡的种植面积曾从 2001 年的 460 hm² 下滑至 2006 年的 233 hm²，同比减少 50%。但是，随着人们对苏州南芡营养保健价值的认同，2007 年种植面积又回升到 273 hm²，比上年增加 17% 左右（刘洪等，2009；张汆等，2009；王娜等，2016）。

（三）莲

莲是睡莲科多年生水生植物，又被称为芙蕖、芙蓉、水华、菡萏等。莲全身可用，莲藕含丰富的维生素 C、蛋白质和淀粉，味道甘甜；莲籽中的钾、磷和钙含量十分丰富，还含有多种维生素和微量元素等；荷叶含有丰富的生物碱、黄酮类、有机酸类及多种微量元素等；荷花是上佳食材（张长贵等，2006；陈庆蕾和武朝菊，2019）。

莲因分布广而成为水生植物中被利用最广的种类。莲藕可以生吃，也可以用来炒菜、煲汤，例如，冷拌藕丝、炸藕盒等佳肴，深受群众喜爱。莲藕还能加工制作成藕粉、藕脯等，江南名吃桂花糯米藕，被誉为南京四大最有人情味的街头小吃之一；还有低糖藕脯、膨化藕脯、姜藕片、腌藕片、速冻藕片等。还有一些深加工系列产品，如藕淀粉、藕粉胶、藕粉糕点等。利用莲藕生产的保健饮料也颇受欢迎，目前市面上有纯天然鲜藕汁系列，天然莲籽系列，以及藕节、藕须、荷花、荷叶系列保健饮料等。莲籽系列保健食品，如莲籽糊、莲籽羹、莲籽果酱及我们经常吃的莲蓉月饼。荷叶和荷花用来煎汤、泡茶、煮粥、煮饭等，如荷叶茶、荷叶粳米粥、荷香东坡鱼、荷叶粉蒸肉等（张长贵等，2006；陈庆蕾和武朝菊，2019）。

藕是我国重要出口创汇蔬菜之一。近几年来，莲藕制品的出口量也大大增加，主要出口日本、韩国、新加坡、美国等，部分销往我国港台地区。加工形式有多种，主要包括盐水浸渍藕、速冻藕、水煮藕、保鲜藕和脱水藕等产品。

（四）毛水苏

毛水苏为唇形科水苏属多年生草本植物，又名水苏草、野紫苏。植株轮伞花序，通常由 10 ～ 15 轮组成，每轮着花 3 ～ 5 朵，每轮花的花期 3 ～ 5 d，花期长达 1.5 个月。温度降到 5℃也流蜜，即使阴雨天也可供蜜蜂采集。花流蜜期长，流蜜量较大，蜜质晶莹洁白、口感好、营养成分高，低温不易凝稠结晶，可与椴树蜜相媲美，是一种经济价值高有发展前景的新蜜源（肖国志和田家龙，2005）。

20 世纪 70 年代后期毛水苏在饶河县被发现为蜜源，之后该产业得以快速发展。至 1979 年毛水苏人为栽植和野生面积达到 2700 hm²，给当地带来了非常可观的收入。到了八九十年代，由于提高粮食产量的需求，该产业的发展遇到了瓶颈。然而，随着生态文明建设的推进，培育和壮大地方特色产业的需求使得该产业又得以恢复。2016 年国家林业局和财政部提供资金支持，中国科学院东北地理与农业生态研究所提供技术支持，协同在黑龙江大佳河湿地保护区开展毛水苏等优良蜜源植物种植示范，示范面积 5000 余亩。按每亩毛水苏可放养 1 ～ 2 箱蜂，每箱蜂的产蜜量在 40 ～ 100 kg，则每亩可产蜜 40 ～ 200 kg，产值可达 4000 元（以 100 元 /kg 计算）。目前，该产业已经成为饶河县的重要支柱产业。

随着科学技术的发展和人们的饮食结构由温饱型向风味型、营养型转变，会有越来越多的湿地资源植物在开发利用上取得突破性的进展。因此，资源植物产业化的进程也将加快，这将有助于推动湿地植物资源的保护与利用，实现地区经济、社会、资源、环境的协调发展，加快生态文明建设的进程。

第三节　沼泽植物的保护

　　长期以来，由于对沼泽植物资源及其开发利用的认识不足，一些地区对资源进行了不同程度的掠夺式采收，加之违反自然规律的不适当垦殖等，一些沼泽植物丧失了合适的生存环境，减弱了资源的再生能力，致使一些植物趋于衰退或濒临灭绝。因此，如何进行珍稀濒危沼泽植物资源的保护，是我们保护沼泽植物资源面临的极其重要的课题。

一、我国珍稀濒危沼泽植物

　　根据"中国沼泽湿地资源及其主要生态环境效益综合调查"的结果，结合《中国珍稀濒危保护植物名录》、《中国高等植物受威胁物种名录》（覃海宁等，2017）以及2021年新调整的《国家重点保护野生植物名录》《国家重点保护野生药材物种名录》等资料，整理出我国珍稀濒危沼泽植物133种，包括灭绝1种，极危8种，濒危23种（表9-6），易危28种和渐危53种。同时也整理出国家级重点保护野生植物42种，其中一级保护植物7种，二级保护植物35种（表9-7）。

表 9-6　中国沼泽植物中的珍稀濒危植物

中文名	拉丁名	科名	濒危等级
盐桦	*Betula halophila*	桦木科	灭绝
东方水韭	*Isoetes orientalis*	水韭科	极危
云贵水韭	*Isoetes yunguiensis*	水韭科	极危
莼菜	*Brasenia schreberi*	莼菜科	极危
野生稻	*Oryza rufipogon*	禾本科	极危
长喙毛茛泽泻	*Ranalisma rostrata*	泽泻科	极危
泽苔草	*Caldesia parnassifolia*	泽泻科	极危
尖叶卤蕨	*Acrostichum speciosum*	凤尾蕨科	极危
海南海桑	*Sonneratia* × *hainanensis*	千屈菜科	极危
中华水韭	*Isoetes sinensis*	水韭科	濒危
水杉	*Metasequoia glyptostroboides*	柏科	濒危
北京水毛茛	*Batrachium pekinense*	毛茛科	濒危
雪白睡莲	*Nymphaea candida*	睡莲科	濒危
疏花水柏枝	*Myricaria laxiflora*	柽柳科	濒危
莎禾	*Coleanthus subtilis*	禾本科	濒危
山涧草	*Chikusichloa aquatica*	禾本科	濒危
冠果草	*Sagittaria guayanensis* subsp. *lappula*	泽泻科	濒危
小泽泻	*Alisma nanum*	泽泻科	濒危
貉藻	*Aldrovanda vesiculosa*	茅膏菜科	濒危
丛生大叶藻	*Zostera caespitosa*	大叶藻科	濒危

中文名	拉丁名	科名	濒危等级
具茎大叶藻	*Zostera caulescens*	大叶藻科	濒危
黑纤维虾海藻	*Phyllospadix japonicus*	大叶藻科	濒危
蒙自谷精草	*Eriocaulon henryanum*	谷精草科	濒危
八仙过海	*Cryptocoryne crispatula* var. *yunnanensis*	天南星科	濒危
无柱黑三棱	*Sparganium hyperboreum*	香蒲科	濒危
云南黑三棱	*Sparganium yunnanense*	香蒲科	濒危
沼生黑三棱	*Sparganium limosum*	香蒲科	濒危
发秆薹草	*Carex capillacea*	莎草科	濒危
针叶藻	*Syringodium isoetifolium*	丝粉藻科	濒危
海滨藜	*Atriplex maximowicziana*	苋科	濒危
肾叶细辛	*Asarum renicordatum*	马兜铃科	濒危
长柱柳叶菜	*Epilobium blinii*	柳叶菜科	濒危

注：仅列出灭绝、极危和濒危三个等级，渐危和易危未列出

表 9-7　中国沼泽植物中的国家级重点保护野生植物

中文名	拉丁名	科名	保护等级
貉藻	*Aldrovanda vesiculosa*	茅膏菜科	一级
红榄李	*Lumnitzera littorea*	使君子科	一级
中华水韭	*Isoetes sinensis*	水韭科	一级
东方水韭	*Isoetes orientalis*	水韭科	一级
云贵水韭	*Isoetes yunguiensis*	水韭科	一级
水杉	*Metasequoia glyptostroboides*	柏科	一级
水松	*Glyptostrobus pensilis*	柏科	一级
北京水毛茛	*Batrachium pekinense*	毛茛科	二级
乌苏里狐尾藻	*Myriophyllum ussuriense*	小二仙草科	二级
雪白睡莲	*Nymphaea candida*	睡莲科	二级
木果楝	*Xylocarpus granatum*	楝科	二级
疏花水柏枝	*Myricaria laxiflora*	柽柳科	二级
细果野菱	*Trapa incisa*	千屈菜科	二级
水芫花	*Pemphis acidula*	千屈菜科	二级
盾鳞狸藻	*Utricularia punctata*	狸藻科	二级
莼菜	*Brasenia schreberi*	莼菜科	二级
川藻	*Terniopsis sessilis*	川苔草科	二级
水石衣	*Hydrobryum griffithii*	川苔草科	二级
飞瀑草	*Cladopus nymanii*	川苔草科	二级

续表

中文名	拉丁名	科名	保护等级
莲	*Nelumbo nucifera*	莲科	二级
浮叶慈姑	*Sagittaria natans*	泽泻科	二级
长喙毛茛泽泻	*Ranalisma rostrata*	泽泻科	二级
拟花蔺	*Butomopsis latifolia*	泽泻科	二级
多纹泥炭藓	*Sphagnum multifibrosum*	泥炭藓科	二级
粗叶泥炭藓	*Sphagnum squarrosum*	泥炭藓科	二级
高雄茨藻	*Najas browniana*	水鳖科	二级
波叶海菜花	*Ottelia acuminata* var. *crispa*	水鳖科	二级
出水水菜花	*Ottelia emersa*	水鳖科	二级
贵州水车前	*Ottelia balansae*	水鳖科	二级
龙舌草	*Ottelia alismoides*	水鳖科	二级
路南海菜花	*Ottelia acuminata* var. *lunanensis*	水鳖科	二级
海菜花	*Ottelia acuminata*	水鳖科	二级
靖西海菜花	*Ottelia acuminata* var. *jingxiensis*	水鳖科	二级
水菜花	*Ottelia cordata*	水鳖科	二级
野生稻	*Oryza rufipogon*	禾本科	二级
中华结缕草	*Zoysia sinica*	禾本科	二级
莎禾	*Coleanthus subtilis*	禾本科	二级
水禾	*Hygroryza aristata*	禾本科	二级
山涧草	*Chikusichloa aquatica*	禾本科	二级
无柱黑三棱	*Sparganium hyperboreum*	香蒲科	二级
冰沼草	*Scheuchzeria palustris*	冰沼草科	二级
水椰	*Nypa fruticans*	棕榈科	二级

二、我国特有沼泽植物

参考中国植物志（http://www.iplant.cn/）和中国珍稀濒危植物信息系统（http://www.iplant.cn/rep/protlist）等网站及相关文献资料，整理出我国特有沼泽植物 15 科 30 种（表 9-8），其中水韭科 3 种（中华水韭、东方水韭和云贵水韭），天南星科 3 种（八仙过海、旋苞隐棒花和广西隐棒花），水鳖科 2 种（波叶海菜花和海菜花），泽泻科 3 种（小泽泻、利川慈姑和小慈姑），香蒲科 3 种（沼生黑三棱、云南黑三棱和穗状黑三棱），莎草科 4 种（三面秆荸荠、黑鳞扁莎、柄囊薹草和藏北薹草），毛茛科 2 种（丝裂碱毛茛和北京水毛茛），柏科 2 种（水松和水杉），凤仙花科 2 种（滇水金凤和匍匐凤仙花），桦木科 1 种（盐桦），柳叶菜科 1 种（长柱柳叶菜），睡莲科 1 种（中华萍蓬草），川苔草科 1 种（川藻），柽柳科 1 种（疏花水柏枝）和千屈菜科 1 种（海南海桑）。

表 9-8 中国特有沼泽植物

中文名	拉丁名	科名
中华水韭	*Isoetes sinensis*	水韭科
东方水韭	*Isoetes orientalis*	水韭科
云贵水韭	*Isoetes yunguiensis*	水韭科
水杉	*Metasequoia glyptostroboides*	柏科
水松	*Glyptostrobus pensilis*	柏科
小慈姑	*Sagittaria potamogetonifolia*	泽泻科
利川慈姑	*Sagittaria lichuanensis*	泽泻科
小泽泻	*Alisma nanum*	泽泻科
波叶海菜花	*Ottelia acuminata* var. *crispa*	水鳖科
海菜花	*Ottelia acuminata*	水鳖科
八仙过海	*Cryptocoryne crispatula* var. *yunnanensis*	天南星科
旋苞隐棒花	*Cryptocoryne crispatula*	天南星科
广西隐棒花	*Cryptocoryne crispatula* var. *balansae*	天南星科
沼生黑三棱	*Sparganium limosum*	香蒲科
云南黑三棱	*Sparganium yunnanense*	香蒲科
穗状黑三棱	*Sparganium confertum*	香蒲科
三面秆荸荠	*Eleocharis trilateralis*	莎草科
黑鳞扁莎	*Pycreus delavayi*	莎草科
柄囊薹草	*Carex stipitiutriculata*	莎草科
藏北薹草	*Carex satakeana*	莎草科
盐桦	*Betula halophila*	桦木科
丝裂碱毛茛	*Halerpestes filisecta*	毛茛科
北京水毛茛	*Batrachium pekinense*	毛茛科
中华萍蓬草	*Nuphar pumila* subsp. *sinensis*	睡莲科
滇水金凤	*Impatiens uliginosa*	凤仙花科
匍匐凤仙花	*Impatiens reptans*	凤仙花科
疏花水柏枝	*Myricaria laxiflora*	柽柳科
川藻	*Terniopsis sessilis*	川苔草科
海南海桑	*Sonneratia* × *hainanensis*	千屈菜科
长柱柳叶菜	*Epilobium blinii*	柳叶菜科

三、沼泽植物的保护对策

一般来说，沼泽珍稀濒危和特有植物生境特殊，分布区狭窄，种群不多，植株也较稀少，或分布区虽广，但由于零星生存，相较于其他植物更易遭受灭绝。近年极端天气频发，常会造成生境的旱化、盐渍化等，导致变化后的生境不适合原种群的生长，从而使沼泽植物资源种类与储量减少。另外，自身的生物学特性也是导致植物濒危的一个原因。濒危植物一般繁殖能力弱,如有的植物不能正常开花结果,或果实成熟后受到其他物种(如传粉昆虫等)的影响不能正常生长发育等。还有些植物虽然能够结种,但其种皮坚硬,种子繁殖极为困难,自然更新能力较弱,也会使其处于稀有状态。因此,保护珍稀濒危植物的任务十分艰巨。目前,主要有以下几种保护措施。

(一)原生境保护

从保持种群的遗传多样性,进而保护种群未来的适应能力、扩展能力以及在自然环境下恢复重建的能力来说,就地保护是保护珍稀濒危植物最经济、最主要的途径。在可采取保护生物多样性的一切措施中,建立自然保护区(点)进行就地保护已被公认为最有效、最经济、最主要的途径。近些年许多国家级及省级湿地自然保护区的建立为我们进行珍稀濒危沼泽植物的保护创造了良好的条件。上述被划定的珍稀濒危植物有 80% 已经在自然保护区内。

但目前保护区的就地保护方式比较简单,例如,对野生稻、细果野菱、茅膏菜的保护,虽已设立保护区域,但后期监测并未得到有效实施,以至于这些物种未得到有效保护。因此,应采取多渠道多途径的保护方式,增强就地保护的效果。例如,进一步划定就地保护的重点范围,缩小到这些珍稀濒危植物的生长地带,在一些重点分布区域通过增设围栏、标牌、宣传牌等,建立一些天然的植物保护园。另外,还有一些零星分布或特殊生境的物种尚未被纳入保护范围,一些沉水植物如飞瀑草对水质要求很高,适于生长在水质良好的溪流中,调查发现仅在广东省广州市从化区良口镇流溪河源头有分布,但附近有被开发的迹象,这将对其生境产生潜在威胁。

(二)濒危因素的研究

查明濒危沼泽植物的致濒因子,对实施有效的解危措施有重要作用。与原生境保护相结合,以珍稀濒危沼泽植物保护园作为监测点,对这些珍稀濒危植物的生态生物学特性、种群数量及动态情况、繁育系统,极端环境下的抗逆性,以及人为干扰对物种的影响等进行重点深入的监测和研究,进而揭示濒危沼泽植物生活史的薄弱环节,区分致濒的内在机制和外部原因,为物种保护提供科学依据。例如,广东省林业和园林局近年来对水松的保护工作,已经取得了显著的成绩。

(三)珍稀濒危沼泽植物种质资源库的建立

沼泽植物种质资源是农作物等经济品种改良、新品种培育的基础。因此,通过建立湿地植物种子库、离体库和基因库,对珍稀濒危沼泽植物保护和新品种培育利用是十分重要的。

(四)加强野外科考调查

虽然前人已经完成多次野外科考工作,也先后撰写了一些专著,但这并不代表我们对中国沼泽植物资源种类已经完全认知。专业调查人员缺乏、调查区域不全面、调查数据动态更新迟缓,造成了保护上的疏漏和缺位,因此,将来仍需要进一步加强这些地区的野外调查工作,尤其对衰退型或极度衰退型的珍稀濒危植物群落设置固定样地,进行长期定位监测,为采取合理的就地保护措施提供依据。

第十章
沼泽动物

从震撼人心的鸟浪，到令人沉醉的杜鹃醉鱼，沼泽动物为我们提供了自然界生动感人的魅力景致。在拥有美学、经济和观赏价值的同时，沼泽动物在指示环境问题、促进生态修复等方面同样发挥重要作用。

第一节　沼泽鸟类及其多样性特征

一、沼泽鸟类的特征

作为栖息地，湿地是鸟类生存和繁殖所需资源的提供者，被视为鸟类生命史策略适应性进化的主要力量。水是湿地鸟类生存的关键，不同鸟种因对沼泽中各类水生生物资源的利用而聚集在一起，形成沼泽特有的水鸟群落结构。利用湿地的鸟种包括两类，一类是水鸟，即生活史某一阶段依赖湿地生活，经长期进化，在形态和行为上进化出适宜湿地生活的鸟种；另一类是经常在湿地活动的鸟类，其食物或栖息地与湿地有密切联系（马志军和陈水华，2018）。与其他类型湿地鸟类相似，沼泽鸟种具有一系列适应该生态系统的结构和行为特征。

沼泽鸟类适应湿地生存的特征主要分为长期进化特征和短期或区域性适应特征两方面。如在长期的进化过程中湿地鸟类在解剖学和形态学方面，进化出适宜潜水的骨骼和肺部结构，适于水下或者黑暗环境观察的眼部结构，适于挖掘、抓取或过滤等的喙部结构，适于游泳或潜水的后肢，适于涉水的较长的跗跖和腿骨，以及具蹼、半蹼或瓣蹼的趾和可防水的羽毛等。在行为进化方面，具整理和干燥躯体的行为，进行迁徙和扩散等。短期或区域性适应特征包括区域范围内取食对象的专一性，取食飞行路线、栖息地植被类型、栖息生境水深、巢址类型和行为时间分配比例等可短期或区域性改变（Jia et al.，2013；Zhang et al.，2015，2018）。以沼泽典型旗舰鸟种白鹤为例，其行为响应可充分体现鸟种对沼泽生境条件变化的适应性改变特征（袁芳凯，2014；邵明勤，2018；王文娟等，2019；徐家慧等，2019；杨秀林等，2020；Jia et al.，2013），如白鹤在莫莫格国家级自然保护区停歇期间较专一性地取食区域内薹草球茎，在鄱阳湖主要取食苦草的冬芽。近年来鄱阳湖水生植被退化严重，白鹤转向稻田和藕田取食等。

二、沼泽鸟类多样性

我国现有记录鸟类1445种，其中生活在湿地的鸟种超过470种，包括水鸟296种，以及鹰形目、隼形目、佛法僧目、鹃形目和雀形目等174种以上（马志军，2018；刘金等，2019）。基于鸟类基本分类单元，结合对沼泽的适应特征和资源需求（Milton，1999），根据《中国水鸟的物种多样性及其国家重点保护等级调整的建议》和《中国鸟类分类和分布名录》（第三版），沼泽鸟类主要类群、种数和代表鸟种概述如下。

1）潜鸟（divers），为潜鸟目鸟种，中大型水鸟，腿部健壮，擅长游泳和潜水，喙尖长，以鱼类、两栖动物和大型无脊椎动物为食，通常取食于深水区，潜水可达75 m深，可通过压缩身体和羽毛来改变身体密度，进而缓慢下沉。遇到危险时，常常潜水而逃，或沉入水中仅头露于水面。不善于且较少行走。除红喉潜鸟外，一般独栖或成对生活，繁殖筑巢于小岛或者淡水沼泽芦苇丛中的平地上。我国共有4种，包括红喉潜鸟、黑喉潜鸟、太平洋潜鸟和黄嘴潜鸟，常见的为红喉潜鸟和黑喉潜鸟两种，为我国冬候鸟或旅鸟，栖息于乌苏里江至东部沿海。

2）䴙䴘（grebes），为䴙䴘目鸟种，喙细而尖，脚趾具瓣蹼，分布于各类型湿地中，以小鱼、虾、昆虫等为主要食物，与潜鸟喜欢的开阔深水区域不同，䴙䴘喜栖息于较浅且通常植被覆盖良好的湿地。

北方沼泽典型夏候鸟，筑巢于水域边缘，雏鸟早成，亲鸟有背驮雏鸟浮游的习性。我国有 5 种，包括小䴙䴘、赤颈䴙䴘、凤头䴙䴘、角䴙䴘和黑颈䴙䴘。其中角䴙䴘、黑颈䴙䴘和赤颈䴙䴘为国家二级重点保护野生动物。

3）鸬鹚（cormorants），指鲣鸟目鸬鹚科鸟，大型游禽，喙强而长，锥状，先端具钩，趾具全蹼，善潜水捕鱼，喉部有囊，可储鱼，喜垂直站立姿势，常被驯养捕鱼。我国主要分布有 5 种，包括①黑颈鸬鹚，可见于云南部分沼泽区域；②海鸬鹚，偶见于海岸附近的沼泽地带活动；③普通鸬鹚，普遍分布于全国各沼泽，黄河以北区域为夏候鸟，黄河以南多为留鸟；④绿背鸬鹚，可见于辽宁以南的河口区域，山东以北为夏候鸟；⑤红脸鸬鹚，在我国较少见；另有 1 种侏鸬鹚，为近年新疆新记录鸟种。其中黑颈鸬鹚和海鸬鹚为国家二级重点保护野生动物。

4）雁鸭（ducks，geeses，and swans），指大量的雁形目鸭科鸟种。该类鸟体型较大，棉凫体长较短，为 30 cm 左右，大天鹅体长可达 1.5 m。不同种外形和羽毛特征差异明显，喙扁平，颈长，趾具全蹼，与其他类鸟种相比更易被关注。雁鸭类巢址类型多样，如赤膀鸭和斑嘴鸭有地面巢，鸳鸯和中华秋沙鸭繁殖于树洞，斑头雁有草垛巢、地面巢和山崖裸岩巢 3 种（罗宏德等，2020）。不同种食性存在差异，如鸿雁、豆雁、灰雁、白额雁和小白额雁等雁类为草食性鸟种（马映荣等，2020；Jia et al.，2013；Ilias et al.，2017）；秋沙鸭属鸭类，善于潜水，喙前端具钩，边缘具锐齿，主要取食鱼类（Sjöberg，2008）。我国原记录雁鸭类有 54 种，是北方沼泽常见夏候鸟或旅鸟，其中国家一级重点保护野生动物3 种，分别为中华秋沙鸭、青头潜鸭和白头硬尾鸭；国家二级重点保护野生动物有 14 种，分别为栗树鸭、鸿雁、白额雁、小白额雁、红胸黑雁、疣鼻天鹅、小天鹅、大天鹅、鸳鸯、棉凫、花脸鸭、云石斑鸭、斑头秋沙鸭和白翅栖鸭，其中白翅栖鸭近年越冬季或迁徙季被记录于我国云南等地。

5）鹳鹤（storks and cranes），该类群为大型涉禽，体长 80～120 cm，较长的喙和腿，飞行时颈部伸直是该类群的主要特征，行走时步态缓慢优雅，是湿地内最具吸引力的鸟类。鹳和鹤的明显形态区别在于鹳类有更为粗壮的喙和颈部。不同种繁殖分布区各具特点，如沼泽代表性繁殖鸟种，东方白鹳主要繁殖区包括三江平原、兴凯湖、北大港、黄河三角洲、大丰麋鹿等（Yang et al.，2007；段玉宝等，2010；Xue et al.，2010；Liu et al.，2012；Li et al.，2018；雷倩等，2019），繁殖地逐渐向低纬度分布；2019 年黄河三角洲调查到有野生丹顶鹤繁殖，改变了辽河三角洲是丹顶鹤繁殖最南端、最北越冬区的记录。西伯利亚、扎龙、向海、莫莫格、达赉湖、獾子洞、辽河三角洲、黄河三角洲等为白鹤迁徙停歇区，洞庭湖、鄱阳湖和升金湖等为该类群在我国的主要越冬区。全球 15 种鹤类，9 种在我国有分布，均在沼泽取食或繁殖。鹳鹤类多为伞护种，易受环境变化影响，我国共 16 种，其中国家一级重点保护野生动物 10 种，包括白鹳、东方白鹳、黑鹳、彩鹳、黑颈鹤、白头鹤、丹顶鹤、白鹤、白枕鹤和赤颈鹤，国家二级重点保护野生动物 4 种，分别为秃鹳、灰鹤、沙丘鹤和蓑羽鹤。

6）鹭（herons and egrets），该类群在全国范围内均有分布，大中型涉禽，喙、颈和腿均较长，翅膀大而圆、尾巴较短。晨昏活动于湖畔和沼泽，常独立水中等待捕食水生动物，俗称"长脖老等"。与鹳鹤类飞行姿态不同在于，鹭类颈部飞行时呈 S 形弯曲状态。我国共 26 种，其中国家一级重点保护野生动物 3 种，包括海南鳽、黄嘴白鹭和白腹鹭，国家二级重点保护野生动物 4 种，分别为岩鹭、栗头鳽、黑冠鳽和小苇鳽。

7）秧鸡（rails，crakes and coots），鹤形目秧鸡科鸟类，外形似鸡，翅短圆，尾短，脚大，趾长适于在沼泽中行走。该类群喜栖息于沼泽植被茂密区，有些种类较难被观测到，一般可通过声音识别。食性多样，春夏主要以无脊椎动物为食，秋冬主要取食植物种子、块茎和叶。我国共分布有 20 种，其中长脚秧鸡、姬田鸡、棕背田鸡、花田鸡、斑胁田鸡和紫水鸡 6 种是国家二级重点保护野生动物。

8）鸻鹬（charadriiformes），该类群为鸻形目大部分鸟种，种类较多。鸻鹬类大多擅于飞行，常进行长距离迁徙。鸻科、鹬科、鸥科、反嘴鹬科、水雉科和蛎鹬科等为该类群中比较熟知的可栖息于沼泽的鸟种。鸻鹬类不同物种间喙形、喙和跗跖长度不同，决定其取食于裸滩或水深≤ 30 cm 的湿地区域，各鸟种取食对象和生境水深存在差异（Skagen and Knopf，1994；Skagen et al.，2008）。在全球 9 条候鸟迁徙路线中，东亚 – 澳大利西亚迁徙路线鸻鹬类的种类和数量均居首位，共 50 多种，超过 500 万只鸻鹬类利用该路线完成每年的迁飞；该迁徙路线的鸻鹬类数量下降最快，受胁和近危的鸟种比例最高，占全部鸟种数的 19%（华宁，2014；Kirby et al.，2008；Amano et al.，2010）。我国东部沿海潮滩和河口三角洲等沼泽区是这些鸟种重要迁徙停歇地（陈克林等，2019）。其中，国家一级重点保护野生动物 6 种，分别为小青脚鹬、勺嘴鹬、遗鸥、黑嘴鸥、中华凤头燕鸥和河燕鸥。国家二级重点保护野生动物 19 种，分别为大石鸻、鹮嘴鹬、黄颊麦鸡、水雉、铜翅水雉、林沙锥、半蹼鹬、小杓鹬、白腰杓鹬、大杓鹬、翻石鹬、大滨鹬、阔嘴鹬、灰燕鸻、小鸥、黑浮鸥、黑腹燕鸥、大凤头燕鸥和冠海雀。

除具典型水鸟特征，完全依赖于水环境生存的类群外，沼泽区域同样有并不专一栖息于湿地的其他类目鸟种，如猛禽、鸣禽等。

9）鹰隼（hawks, eagles, owls and falcons），该类群为猛禽，是鹰形目、鸮形目和隼形目鸟的总称，均为掠食性鸟种。具锋利的喙和爪，眼部结构复杂，视力发达，飞行能力强，可悬停于空中，以便观察捕捉猎物。在各类沼泽中，其位于食物链的顶层，领域性强，多单独活动，单位面积个体数相对较少。白腹鹞、白尾鹞、白尾海雕、长耳鸮、红隼和红脚隼等较常见活动于沼泽。该类群全部鸟种均为国家重点保护野生动物。

10）杜鹃（cuckoos），该类群为鹃形目杜鹃科的部分鸟种，包括大杜鹃、四声杜鹃等。常栖息于沼泽周围的乔木或电线上。杜鹃类多不自己营巢孵卵和育雏，繁殖于沼泽的该类群将卵伺机寄生于黑眉苇莺、大苇莺等小型雀形目鸟类巢中，由后者代为哺育后代。

11）翠鸟（kingfishers），翠鸟普遍分布于全国各类型湿地中，常独自栖息于水边树枝或岩石上，主要以小鱼和大型无脊椎动物为食，也啄食小型蛙类和少量水生植物。翠鸟捕鱼能力强与其特殊的视觉神经系统有关。进入水中后，翠鸟眼睛能迅速调整水中因光线不同带来的视角反差，进而保持极好的视力。

12）鸣禽（songbirds），该类群为雀形目部分鸟种，与以上各类目相比，小部分的雀形目鸟种，在解剖结构、行为习性和生理适应能力等方面具有适应沼泽生存的特征，但大多利用湿地水体表面及周围资源，筑杯状或碗状巢于岸边、洞穴或植被中，雏鸟晚成。如大苇莺栖息于各种类型生长有较大面积芦苇植被的沼泽生态系统中。栗耳鹀喜繁殖于生长有稀疏灌木的林缘沼泽，繁殖期主要以昆虫及其幼虫为食，非繁殖期主要取食植物种子等（赵正阶，2001）。

显然每一个类群鸟种，均具有其适应沼泽生存的一般特征。不同鸟种，因利用相似类型的资源聚集在一起，使得不同的沼泽鸟类多样性资源及其分布各具特点。这些特点的主要影响因素包括湿地类型、湿地水文特征、地理位置、面积大小、沼泽内植被异质性等，其中湿地面积、水深特征和植被异质性对鸟类多样性分布的影响被广泛关注（Liu et al.，2008；Zakaria et al.，2009；Rajpar and Zakaria，2010；Saha et al.，2014；Schuh and Guadagnin，2018）。

三、沼泽鸟类主要分布区

我国疆域辽阔，纬度和经度跨度大，自然地理环境地区差异明显。经多年调查研究，根据湿地分布区域、水鸟多样性和迁徙习性等特征，我国水鸟主要分布区分为东北地区沼泽、西北地区沼泽、华北地区沼泽、长江中下游沼泽、西南地区沼泽、青藏高原沼泽和滨海沼泽（吕宪国和陈克林，1997；马志军，2018；曹垒等，2021）。

1）东北地区沼泽，包括三江平原、松嫩平原、大兴安岭、小兴安岭和长白山等区域，是我国面积最大的淡水沼泽分布区，是丹顶鹤、白枕鹤、白头鹤、灰鹤、东方白鹳和白琵鹭等大型涉禽及大天鹅、鸿雁和中华秋沙鸭等雁鸭类的重要繁殖地，是繁殖于西伯利亚候鸟，如白鹤、白额雁、小白额雁等，到达繁殖地前最为关键的能量补给区。6 种鹤类利用这里繁殖和取食。受气候影响，该区域的水鸟为夏候鸟或旅鸟，冬季迁飞到南方越冬。莫莫格国家级自然保护区、向海国家级自然保护区、扎龙国家级自然保护区、七星河国家级自然保护区、三江国家级自然保护区、兴凯湖国家级自然保护区和珍宝岛湿地国家级自然保护区等均是为保护沼泽生态系统和珍稀水禽及其栖息地所建设。

2）西北地区沼泽，包括伊犁河、额尔齐斯河和塔里木河流域、巴音布鲁克草原、博斯腾湖及毛乌素沙漠区域。区域代表性鸟种有黑鹳、疣鼻天鹅、遗鸥和蓑羽鹤等。位于巴音布鲁克草原的天鹅湖是闻名世界的天鹅繁殖地，是中亚迁徙路线上的大天鹅、小天鹅和疣鼻天鹅等雁鸭类的集中繁殖地。鄂尔多斯高原的红碱淖是目前国内遗鸥最大的繁殖栖息地之一。新疆巴音布鲁克国家级自然保护区、艾比湖湿地国家级自然保护区、张掖黑河湿地国家级自然保护区、鄂尔多斯遗鸥国家级自然保护区和红碱淖国家级自然保护区等为区域水鸟集中分布区和珍稀鸟种繁殖地。

3）华北地区沼泽，该区域是黄河、海河、汾河等众多河流流经区，发育的湿地为雁鸭、鸻鹬、鹳鹤等各类水鸟提供迁徙停歇、繁殖和越冬地。本区因处于我国中部，是各鸟类迁徙通道的中间位置，迁飞季节数以万计的鸟类停歇于此。其中衡水湖是世界极危物种青头潜鸭重要栖息地，2017 年一次性观测到青头潜鸭 308 只，占该物种全球总数的 30%；张家口康巴淖尔是目前国内遗鸥繁殖的主要栖息地，2022 年近 8000 只遗鸥迁飞至此繁殖，康巴淖尔周围湖沼成为遗鸥的主要觅食地。黄河湿地国家级自然保护区、豫北黄河故道鸟类湿地国家级自然保护区、荣成大天鹅国家级自然保护区和衡水湖国家级自然保护区是本区域珍稀水禽保护区的代表。

4）长江中下游沼泽，本区域是我国淡水湖泊湿地集中分布区，包括洞庭湖、洪湖、鄱阳湖、太湖、蔡子湖、升金湖、巢湖等，大面积的洲滩为鹳鹤、雁鸭和鸻鹬提供良好的栖息环境。本区是白鹤、白枕鹤、白头鹤、灰鹤、东方白鹳、黑鹳、白琵鹭、鸿雁、白额雁和小白额雁等的集中越冬地，每年支持约 100 万只水鸟越冬。以鄱阳湖为例，全球 95% 以上的白鹤种群越冬于此，拥有世界最大的越冬鸿雁种群，2021 年冬季该湖区越冬候鸟达 30 万只，其中种群数量最大的是雁鸭类，其次为鸻鹬类。区域内国际重要湿地达 23 处，洞庭湖国家级自然保护区、鄱阳湖国家级自然保护区、洪湖湿地国家级自然保护区、升金湖国家级自然保护区和龙感湖国家级自然保护区等均以保护野生鸟类及其栖息地为重要目标。

5）西南地区沼泽，包括云南的纳帕海、曲靖、昭通以及贵州草海等湿地。区域内沼泽化草甸是我国高原特有鹤类黑颈鹤和斑头雁等的主要越冬区，是利用中亚－印度迁徙路线迁徙鸟类的中途停歇地或越冬地。2019 年贵州草海越冬黑颈鹤达 1500 只以上，2021 年大山包记录到越冬黑颈鹤 1700 只，斑头雁 3000 余只，另有大量黑鹳、灰鹤、蓑羽鹤和赤麻鸭等利用这一区域越冬。云南大山包黑颈鹤国家级自然保护区和贵州草海国家级自然保护区等是本区域以鸟类为重要保护对象而设立的保护区。

6）青藏高原沼泽，包括西藏、青海、川西的湖泊、沼泽和湿草甸。区域内分布鸟种以夏候鸟为主，种类相对于其他区域较少，但数量较大，是黑颈鹤、斑头雁全球的重要繁殖区，是利用中亚－印度迁徙路线鸟类的重要取食和繁殖区域。每年夏天，黑颈鹤向北迁徙到青藏高原的北部和中部，利用青海湖、柴达木盆地和若尔盖湿地周围的草甸沼泽区域繁殖，冬季南迁到雅鲁藏布江中游河谷、云贵高原高寒湿地以及喜马拉雅山脉南坡越冬。以青海湖为例，每年繁殖于青海湖周围湿地的黑颈鹤 1500～2000 对、斑头雁 2000 对左右，另有喜高原湿地栖息的渔鸥和棕头鸥。青海湖国家级自然保护区、隆宝国家级自然保护区、四川若尔盖湿地国家级自然保护区等孕育了特有的高原湿地鸟类繁殖种群。

7）滨海沼泽，包括我国沿海的滩涂、盐沼和河口三角洲等，是东亚－澳大利西亚迁徙路线上鸟类重要取食地，其中每年迁徙季节利用这一区域取食的鸻鹬类超 200 万只，包括勺嘴鹬、小青脚鹬和斑尾塍鹬等全球受胁鸟种；是丹顶鹤、东方白鹳、黑嘴鸥和黑脸琵鹭等珍稀鸟种的重要繁殖和越冬区域，其中 2022 年利用辽河口滨海湿地繁殖的黑嘴鸥种群数量达 11 088 只，2021 年利用辽宁庄河繁殖地繁殖的黑脸琵鹭种群数量突破 240 只，是遗鸥的主要越冬区，其中 2021 年利用天津滨海湿地越冬的遗鸥种群数量达 11 000 余只。辽宁鸭绿江口滨海湿地国家级自然保护区、辽河口国家级自然保护区、山东黄河三角洲国家级自然保护区、江苏盐城湿地珍禽国家级自然保护区等一大批湿地发挥着不可替代的鸟类栖息地功能。

四、鸟类在沼泽生态系统中的作用

鸟类在利用沼泽生态系统的同时，对生态系统产生一系列影响，主要包括如下几方面：第一，鸟类可以通过直接携带或粪便排泄，影响区域或全球范围内种子的传播以及鱼类、无脊椎动物区域或全球范围内的扩散；第二，水鸟的取食增加对沼泽植物块根、茎和叶，以及无脊椎动物、鱼类的直接消耗，猛禽等取食可增加对湿地食草动物，如鼠类的消耗；第三，鸟类取食的挖掘过程加深湖盆等盆底结构；第四，取食、行走和排泄过程，影响沉积物的沉积和湿地生态系统进程。最终，鸟类的一系列栖息活动影响沼泽的发育和群落结构演替（Brochet et al.，2010；Green and Essl，2016；Tóth et al.，2016；Ádám et al.，2020）。

此外，鸟类可以通过对取食和繁殖地的选择、污染物的富集等指示湿地生态系统环境问题；通过珍稀鸟种的伞护作用促进停歇区湿地生态系统的保护和管理；通过美学和文化价值的发挥提升湿地生态系统服务功能等。

第二节　沼泽鱼类及其多样性特征

我国沼泽区分布辽阔，依河傍海，多发育在河（湖）泛滥平原、河漫滩、旧河道及冲积扇缘等地貌部位，其间泡沼星罗棋布。良好的光照资源、水资源，以及丰富的水生植物与浮游生物资源，为鱼类的生长繁殖提供了有利条件。因此，鱼类是脊椎动物中种类最多、数量最大的生物类群，也是最重要的沼泽野生动物资源之一。和其他的生物类群相比，鱼类在水生态系统中的位置独特：作为水生生态系统中的顶极群落，鱼类以水生无脊椎动物、藻类、水草或其他鱼类为食，通过上行效应和下行效应与环境间发生紧密的相互作用，对其他类群的存在和丰度起着重要作用；而同时，鱼类也是沼泽鸟类和兽类的主要食物来源，能直接影响沼泽鸟类及其生物多样性的变化（Partircia et al.，1998）。因此，鱼类在整个沼泽生态系统食物网中具有承上启下的作用，这决定了其在生物多样性中极其重要的地位（孙儒泳，2001；刘恩生，2007）。

一、鱼类区系特征

鱼类的区系组成是生物与沼泽环境交互响应的结果，它的形成与沼泽环境变迁和古气候变化紧密相关。我国河流众多，水生生物资源丰富；受独特的气候、地理及历史等因素的影响，我国沼泽鱼类资源具有特有程度高、孑遗物种数量大、生态系统类型齐全等特点，其中许多种类生长迅速，是重要的经济动物以及丰富的动物蛋白源；它们在形态、生态、生理等特征上差异显著，是良好的生物学研究材料（殷名称，1995）。

在世界鱼类的地理区划中，我国淡水鱼类跨越古北区和东洋区，具有这两个大区的特有鱼类。关于我国原生鱼类的区系分布主要分为以下五大区。

北方区：包括我国黑龙江、乌苏里江、松花江、西辽河、图们江、鸭绿江等流域，以及西北新疆的额尔齐斯河和乌伦古河等水系。

华西区：位于我国西部广大地区，主要包括甘肃河西走廊（黄河上游）、青藏高原、四川北部、云贵高原北部以及西北部等地。

宁蒙区：包括宁夏贺兰山和内蒙古阴山以北的内蒙古水系，以及河套地区的黄河水系。

华东区：包括阴山南部的高平原，以及广袤的华北平原和江淮平原，西达黄土高原，南至钱塘江，北到辽河，为我国东部的广大江河平原区。

华南区：包括云南省中部以南的腾冲、下关（大理）、通海、富源一线，往东沿南岭经广西、贵州南部、广东、海南岛、福建而到浙江省天台山以南的广大地区，并延伸至台湾（李思忠和方芳，1990；史为良，1985）。

二、鱼类多样性特征

我国有湿地鱼类 1000 多种，约占全国鱼类种数的三分之一。其中沼泽鱼类大多为淡水鱼类，种类繁杂，区系庞大，主要包括鲤形目（Cypriniformes）鱼类 730 余种，鲇形目（Siluriformes）鱼类 110 余种，两目共占我国淡水鱼类总种数的近 87%，其中鲤科（Cyprinidae）鱼类 500 余种，占我国淡水鱼类的一半以上。在这些淡水鱼类中，大多数为纯淡水鱼类，如鲤形目、鲇形目鱼类，其余为洄游鱼类如鲟科（Acipenseridae）、鲑科（Salmonidae）等鱼类以及一些营其他生活方式的鱼类。沼泽鱼类的分布也呈现丰富的多样性，从寒温带到热带、从沿海到内陆、从平原到高原山区均有分布。按生活区域，可将沼泽鱼类分为内陆沼泽鱼类、河口半咸水鱼类和过河口洄游鱼类等（李明德，2011）。

1）内陆沼泽鱼类种类最多，约有 770 种（包括亚种），其中内陆淡水特产鱼类种类较多，约 410 种，占我国鱼类种数的 14.6%。北方区以鲑科（Salmonidae）、茴鱼科（Thymallus）、狗鱼科（Esocidae）、鳕科（Gadidae）等耐寒性比较强的鱼类为主，此外还有一些鲤科（Cyprinidae）、鳅科（Cobitidae）和刺鱼科（Gasterosteidae）的种类；西北高原区生活着适应高原急流、耐寒耐盐的鳅科（Cobitidae）以及裂腹鱼亚科（Schizothoracinae）的鱼类，如青海湖裸鲤等；江汉平原区均以鲤科（Cyprinidae）、鳅科（Cobitidae）和鲇科（Siluridae）种类为主。沼泽是多种鱼类产卵和繁殖场所，如三江平原沼泽是大多数鲤科鱼类的繁殖场（褚新洛等，1999；陈宜瑜，1998；乐佩琦，2000）。

2）河口半咸水鱼类约 60 种，多为广盐性鱼类，如浅海鱼类以及适应于低盐环境生活的咸淡水鱼类。这些鱼类主要栖息于营养丰富的河口淡水和海水交汇区低盐度水域，盐度多在 0.5‰ ~ 16‰，溯河洄游鱼类和降海洄游鱼类均途经此处。同时，河口区域也是我国的重要渔场，盛产许多经济鱼类，如魣科（Sphyraenidae）的斑条魣及遮目鱼科（Chanidae）的遮目鱼等（余梵冬等，2018；熊美华等，2019）。

3）过河口洄游鱼类 20 ~ 30 种，包括生活在海洋但溯至江河的中上游繁殖的溯河性洄游鱼类，常见种如鲑科（Salmonidae）的大马哈鱼、鲟科（Acipenseridae）的中华鲟、鲱科（Clupeidae）的鲥，以及生活于长江口的鳀科（Engraulidae）鱼类凤鲚等；另外一类则是绝大部分时间生活在淡水中，而在繁殖时期洄游至海洋中的降海性洄游鱼类，典型代表如鳗鲡科（Anguillidae）的鳗鲡，以及杜父鱼科（Cottidae）的松江鲈等（伍献文等，1979；朱松泉，1995；张春光等，2020）。

三、沼泽鱼类的指示作用

鱼类多样性是表征区域水生态特征及环境保护效果的重要指标。沼泽生态系统的任何变化都会影响水生生物的生理功能、种类丰度、种群密度和群落结构，鱼类作为沼泽生态系统物质循环和能量流动的重要参与者，是沼泽生态系统中重要的环境指示类群。

由于受到外界环境多因子的影响，鱼类的多样性及其群落结构组成的变化均是对生境变化的响应，能在很大程度上敏感地反映沼泽环境的变化、河流的健康状态以及人类干扰的程度等，并且鱼类的鉴定分类信息完善，寿命较长，能提供时间连续性的生态评价。因此鱼类群落在环境监测中起着重要作用，以其为主要对象的生物监测方法是沼泽生态系统监测和评价的主要研究方法，在维护生态平衡特别是保护水资源环境安全方面有着不可替代的作用（Pusey and Arthington，2003；Xie，2003）。

生物多样性是人类生存与可持续发展的重要物质基础和实现条件之一。鱼类的物种多样性决定了其功能多样性，而通过生物的功能多样性能更好地理解全球变化对生态系统服务于人类社会的影响（Toussaint et al.，2016）。野外调查显示，随着近年来经济的高速发展，我国沼泽与河流周边农田与工厂的分布数量持续增加，沼泽遭受化肥与农药污染的严重威胁，导致了鱼类多样性下降和繁殖场萎缩。由于沼泽生态系统的特殊性及其鱼类资源的丰富性，加强对我国沼泽生态环境和鱼类的保护以及对鱼类资源的合理利用，对保护沼泽生物多样性、促进区域经济可持续发展具有重要意义。因此，应加大保护力度，引导开展更绿色、更环保的农业生产模式，降低农药与化肥使用率，减少沼泽污染风险，持续保护沼泽水生态系统健康（王斌，1996；汤娇雯等，2009；王莹莹等，2018）。

第三节　沼泽两栖类、爬行类及其多样性特征

一、沼泽两栖类及爬行类特征

两栖动物隶属于脊索动物门（Chordata）脊椎动物亚门（Vertebrata）两栖纲（Amphibia），是脊椎动物从水栖到陆栖的过渡类型。两栖动物可以爬上陆地，但一生不能离水，故称为两栖。两栖动物在生活史中既有从鱼类继承下来适于水生的性状，如卵和幼体的形态及产卵方式等；又有新生的适应于陆栖的性状，如感觉器、运动器官和呼吸循环系统等。由于两栖动物的成体结构尚不完全适应陆地生活，需要经常返回水中保持体表湿润外，繁殖时期必须将卵产在水中，孵出的幼体还必须在水体内生活，有的种类甚至终生在水内生活。依据两栖动物成体的主要栖息地，并综合考虑产卵、幼体等生活的水域状态，将两栖动物的生态类型分为水栖型、陆栖型和树栖型。水栖型两栖动物的成体长期栖息在水域附近或水域中，一般不远离水域，又分为静水型和流溪型。静水型两栖动物有一部分类群生活在沼泽中，不远离水域，并在静水中产卵，属于沼泽两栖类。陆栖型两栖动物成体一般在陆地生活，白天隐蔽在草丛、苔藓、树根、石块或洞穴等阴湿环境中，夜间外出觅食，仅在繁殖季节进入水域中产卵。根据其成体的生活习性和所在水域，其中一部分类群属于沼泽两栖类。

爬行动物隶属于脊索动物门脊椎动物亚门爬行纲（Reptilia），是完全适应陆地生活的真正陆生脊椎动物。爬行动物体表覆盖角质化的鳞片，大部分爬行动物不能产生足够的热量以保持体温，因此被称为冷血动物或变温动物。依据爬行类的主要栖息地及生活的水域状态，将爬行动物归为水栖型、半水栖型和陆栖型 3 个生态类型。沼泽爬行动物是指爬行动物中比较适应于沼泽环境、栖息于沼泽水域或水域边缘活动、饮水和取食的种类。其中一部分类群的生命绝大部分时间都生活在沼泽中，另外一

部分类群生活史的部分时间依赖沼泽，剩余时间生活在靠近溪流或开阔水域的陆地上。

沼泽可以为生活在其中的两栖类和爬行类提供丰富的食物来源（如昆虫、软体动物等），沼泽也可以为其提供躲避捕食者的庇护所。同时，沼泽两栖类和爬行类依赖不同类型的沼泽生存和繁殖。相对于永久淹水的水域，非永久性沼泽或季节性沼泽，其干湿交替的水文条件对沼泽两栖动物和爬行动物的种群具有重要的意义。周期性的干湿交替可以为生存在其中的两栖类和爬行类幼体提供一个捕食者（如鱼类）较少的生存环境，许多两栖动物为适应周期性的干旱环境进化出较短的孵化期和幼年期，因此季节性沼泽是其理想的繁殖地和栖息地。

二、沼泽两栖类及爬行类多样性

两栖类及爬行类种类丰富、分布广泛，是沼泽生物多样性的重要组成部分。两栖纲分为无足目（蚓螈目）、有尾目（蝾螈目）和无尾目（蛙形目）；爬行纲分为龟鳖目、鳄形目、蜥蜴目、蛇目和喙头目。基于前期的研究，费梁等（1990）对中国两栖动物名录进行了修订；赵尔宓等（2000）、蔡波等（2015）对中国两栖动物、爬行动物名录进行了更新；王剀等（2020）再次更新了我国两栖动物和爬行动物名录。2015～2019年，我国发表的两栖类及爬行类新物种数量持续增加，新物种及新纪录的已知物种数量分别占现生两栖动物、爬行动物物种总数的17.1%和10.2%，分类体系也在研究中不断完善。

截至2020年，我国共记录本土两栖动物3目13科62属514种（有尾目3科14属82种，无尾目9科47属431种，蚓螈目1科1属1种），共记录本土爬行动物3目35科135属511种（有鳞目蛇亚目18科73属265种，有鳞目蜥蜴亚目10科43属211种，鳄形目1科1属1种，龟鳖目6科18属34种）（王剀等，2020）。目前，国内尚没有制定专门的沼泽两栖类及爬行类名录。曾小飚（2012）对广西湿地爬行动物多样性进行报道，共记录湿地爬行动物2目18科76属151种。其中属于我国特有的种类有黑颈乌龟、百色闭壳龟、蹼趾壁虎、鳄蜥、中国钝头蛇、乌梢蛇、菜花原矛头蝮等，共40种，占广西沼泽爬行类的26.5%。孙厚成等（2007）对川西15个自然保护区的两栖类和爬行类物种多样性进行调查发现，共有两栖动物9科15属52种，爬行动物有8科29属47种，其中若尔盖沼泽两栖类有2科3属3种，爬行类有3科3属3种。卢建利等（2007）对湖北高山泥炭藓沼泽的两栖动物和爬行动物资源进行调查发现，该地区有两栖类7科13属18种，爬行类有7科13属17种。吕敬才等（2017）对贵州阿哈湖国家湿地公园两栖类和爬行类多样性调查发现，两栖动物和爬行动物共有13科20属22种，其中两栖类各生态类型的物种比例以静水型最多，爬行动物以陆栖型最多。

三、沼泽两栖类及爬行类区系及种群分布

根据世界陆地动物地理分区，我国可划分为古北界和东洋界。沼泽两栖类东洋界成分占优势，古北界成分次之，广布种较少，主要分布于秦岭—淮河以南，其中西南地区种类最多。两栖动物中蚓螈目仅有版纳鱼螈1种，生活于云南西双版纳地区的沼泽；有尾目大多是水栖型，如中国大鲵、贵州疣螈、东方蝾螈等；无尾目数量较多、分布甚广。沼泽爬行类东洋界成分仍占据明显优势，其中，龟鳖目除陆龟科外、蛇亚目游蛇科部分种类都分布于我国南部，属于东洋界成分；古北界成分集中于蜥蜴目鬣蜥科的一些种类；广布种不多，常见的有乌龟、小鳖、赤链蛇、秦岭蝮等。

沼泽两栖类和爬行类种群分布的特点为温暖地区多，寒冷地区少；潮湿地区多，干旱地区少；多数物种扩散能力较弱，特有物种多。具体而言，气候条件如温度、降雨量、光照等会对两栖类和爬行类产生重要影响。在纬度或海拔梯度上，两栖类和爬行类的物种丰富度可大致分为4种分布格局：单

调递减格局、偏峰格局、中峰格局和低平台格局（McCain and Grytnes，2010）。郑智等（2014）研究表明，爬行动物种群一般呈单调递减格局，两栖动物种群呈单峰分布格局。也有研究表明蛙类在 4 种分布格局下的比例几乎相同，而蝾螈的物种丰富度呈中峰分布格局。物种分布格局不同的主要原因是对环境因子的生理需求不同。相对于哺乳动物和鸟类，两栖类和爬行类具有相对较窄的种群分布区间。Hu 等（2011）验证了棘蛙亚科在海拔梯度上的"Rapoport 效应"，该效应认为物种的种域宽度与物种多样性的分布呈相反趋势。生活在高纬度或高海拔的物种对极端环境有较强的耐受能力，因此这些高耐受力的物种具有潜在的更宽的种域分布区（Stevens，1992）。物种的种群分布不仅受到纬度和海拔的影响，这种影响同时也可能受到种群分布边界的作用。边界限制理论认为物种的地理分布在不受任何环境因子影响的条件下，物种种群多样性在纬度或海拔梯度上呈现中峰分布格局。栖息地质量也会影响两栖类和爬行类的种群数量。异质性越高的环境能承载更多的物种，因为异质环境可以为两栖类和爬行类提供更加丰富的食物资源和微生境。Atauri 和 de Lucio（2001）发现两栖类的物种多样性与环境异质性呈正相关。吴迪等（2011）对上海市莲花湖湿地两栖动物群落进行分析发现，人工生境中的物种多样性指数相对较低，人为干扰和生境破碎化是影响沼泽两栖类数量的主要因素。在景观水平上，距离水源的距离、人为干扰强度和生境斑块的组合方式会影响两栖类的种群分布及群落组成。

四、两栖类及爬行类的生态功能和环境指示作用

两栖类及爬行类作为沼泽生态系统重要的消费者，是食物网物质循环和能量流动的中心环节，一方面可以捕食沼泽中滋生的大量蚊虫，另一方面是珍禽和其他捕食者重要的食物来源，两栖类及爬行类作为与人类具有密切关系的有益生物，可以对沼泽生态系统的结构和功能产生重要影响。

两栖类常作为环境监测的指示生物。由于它们的生活史跨域（水体和陆地），因此系统中任何一种环境遭受到破坏，都会直观地反映到两栖类的生存上。两栖类独特的生活史周期，使其成为生物界中极少数可以对水－陆环境同时进行监测的类群，尤其适合具有复杂水文环境的沼泽生态系统。两栖类的卵没有外壳保护，而且湿润的皮肤具有渗透性，因此水体污染很容易使其遭受伤害。研究表明，游动能力较强的两栖类无尾目幼体对环境污染有较强的应激反应，仅接触到低剂量的有害物质就会使其感官系统和中枢神经系统产生影响，进而改变其摄食行为、繁殖行为和种群数量分布，人类可以通过两栖类的异常变化察觉到沼泽环境状况的恶化。两栖类世代周期短、分布广泛、易于采集、对环境变化敏感等特点使其作为指示生物具有明显的优势，能够为环境监测提供快速有效的数据资料。

第四节　水生无脊椎动物多样性及其群落特征

沼泽是介于陆地和水体系统之间的具有多种功能的特殊地理综合体和过渡性生态系统。沼泽丰富的生物多样性及其功能，是沼泽备受关注的重要原因之一，也是国际沼泽科学研究的重要内容（Batzer et al.，2006）。无脊椎动物是沼泽生态系统的一个重要类群；作为沼泽食物网的重要环节，既可以直接取食植物、有机碎屑，同时又被其他高等动物（如水鸟、鱼类等）所捕食，是沼泽物质循环和能量流动的重要参与者（Wu et al.，2017）。沼泽的水陆过渡性决定了其无脊椎动物组成的水陆兼性（武海涛等，2008）；其中，沼泽作为多水的环境，水生无脊椎动物是无脊椎动物的主要组成部分。水生无脊椎动物群落结构对沼泽水文情势、基质特征、植被组成和演替等响应敏感，是沼泽环境的良好指示生物（Wu et al.，2017；Lu et al.，2019，2021）。水生无脊椎动物群落特征及空间分布往往能够反映沼泽的许多特征，如水文条件（Heino，2000）、植被情况（Kaenel et al.，1998）、气候条件（Durance and Ormerod，2007）等。因此，研究水生无脊椎动物及其群落结构对了解沼泽状况、评价健康状况和合理开发利用等都有重要的意义。

一、沼泽水生无脊椎动物组成

水生无脊椎动物是指生命周期的全部或至少一段时期内聚居于水体中或水体底部的水生无脊椎动物群。典型大型水生无脊椎动物，主要包括水生昆虫（aquatic insects）、软体动物（Mollusk）、软甲纲（Malacostraca）、寡毛纲（Oligochaeta）、蛭纲（Hirudinea）、涡虫纲（Turbellaria）等（表10-1）。底栖无脊椎动物是水生无脊椎动物研究的常见类群，但其组成往往显著小于水生无脊椎动物。

表 10-1　常见底栖无脊椎动物隶属关系（段学花等，2010）

门	纲	目
节肢动物门（Arthropoda）	甲壳纲（Crustacea）	枝角目（Cladocera）
		等足目（Isopoda）
		端足目（Amphipoda）
		十足目（Decapoda）
	昆虫纲（Insecta）	蜉蝣目（Ephemeroptera）
		蜻蜓目（Odonata）
		襀翅目（Plecoptera）
		半翅目（Hemiptera）
		毛翅目（Trichoptera）
		鳞翅目（Lepidoptera）
		鞘翅目（Coleoptera）
		广翅目（Megaloptera）
		脉翅目（Neuroptera）
		双翅目（Diptera）
	蛛形纲（Arachnida）	螨形目（Acariformes）
环节动物门（Annelida）	蛭纲（Hirudinea）	吻蛭目（Rhynchobdellida）
		颚蛭目（Gnathobdellida）
		石蛭目（Herpobdellida）
		棘蛭目（Acanthobdellida）
	寡毛纲（Oligochaeta）	近孔寡毛目（Plesiopora）
		前孔寡毛目（Prosopara）
	多毛纲（Polychaeta）	
软体动物门（Mollusca）	腹足纲（Gastropoda）	基眼目（Basommatophora）
		柄眼目（Stylommatophora）
		古腹足目（Archaeogastropoda）
		中腹足目（Mesogastropoda）
		新腹足目（Neogastropoda）
	双壳纲（Bivalvia）	
扁形动物门（Platyhelminthes）	涡虫纲（Turbellaria）	三肠目（Tricladida）

Batzer 和 Ruhí（2013）整合了全球 447 处淡水湿地的水生无脊椎动物数据，评估了在湿地中占据主导的物种类群的出现率。表 10-2 列出了出现率在 10% 及以上的类群，结果表明摇蚊科（Chironomidae）的出现率最高，达到 97.3%。

表 10-2　全球 447 处湿地中出现频率 ≥ 10% 的 40 个水生无脊椎动物类群（Batzer and Ruhí，2013）

科	出现率/%	摄食功能：初级/次级
摇蚊科 Chironomidae	97.3	C/P
龙虱科 Dytiscidae	87.5	P
划蝽科 Corixidae	69.1	P/C
水龟甲科 Hydrophilidae	67.1	P
寡毛纲 Oligochaeta	58.6	C
螨类 Acarina	49.2	P/C
蠓科 Ceratopogonidae	46.5	P/C
蚊科 Culicidae	46.5	C
仰泳蝽科 Notonectidae	45.9	P
蜻蜓科 Libellulidae	45.2	P
沼石蛾科 Limnephilidae	41.6	Sh/P
沼梭科 Haliplidae	39.6	Sh
球蚬科 Sphaeriidae	38.9	P
膀胱螺科 Physidae	38.3	Sc
细蟌科 Coenagrionidae	38.0	P
扁蜷螺科 Planorbidae	37.6	Sc
四节蜉科 Baetidae	36.0	C
幽蚊科 Chaoboridae	33.8	P
丝蟌科 Lestidae	29.5	P
椎实螺科 Lymnaeidae	28.6	Sc
带丝蚓科 Lumbriculidae	28.2	C
涡虫类 Turbellaria	27.5	P
水黾科 Gerridae	26.8	P
大蚊科/沼大蚊科 Tipulidae/Limoniidae	26.8	Sh/C
舌蛭科 Glossiphoniidae	22.1	P
豉甲科 Gyrinidae	20.4	P
蜓科 Aeshnidae	19.2	P
细纹科 Dixidae	18.1	C
颤蚓科 Tubificidae	17.9	C
等足目一科 Asellidae	17.4	C/Sh
虻科 Tabanidae	17.0	P
水虻科 Stratiomyidae	16.1	C

科	出现率/%	摄食功能：初级/次级
石蛭科Erpobdellidae	14.8	P
多刺钩虾科Dogielinotidae	13.8	C/Sh
细蜉科Caenidae	11.9	C
锐眼蚌虫科Lynceidae	11.4	C
长角石蛾科Leptoceridae	10.7	P/C
圆头蝽科Pleidae	10.5	P
端足目一科Crangonyctidae	10.3	C/P
负子蝽科Belostomatidae	10.3	P

注：C. 收集者；P. 捕食者；Sc. 刮食者；Sh. 撕食者

二、沼泽水生无脊椎动物群落特征

水生无脊椎动物群落结构与沼泽环境关系密切，在不同的季节和生境中，其种类组成、丰度等存在显著差异（Alvarez-Cabria et al.，2011）。水文、底质和植被特征不同，会造成水生无脊椎动物种类、组成及群落结构等方面的差异。即使在同一区域，由于沼泽类型间的差异性，水生无脊椎动物群落结构也会有很大不同。

沼泽水生无脊椎动物群落结构研究，主要集中在美国、加拿大及欧洲一些国家和地区；我国沼泽无脊椎动物的绝大多数工作都集中在陆生无脊椎动物群，水生无脊椎动物研究鲜有报道。Kratzer 和 Batzer（2007）对奥克弗诺基沼泽（Okefenokee Swamp）进行研究，共发现水生无脊椎动物类群 103 种，其中摇蚊幼虫占总物种数的 66%，而软体动物很少，且大多数类群没有季节性变化。Wu 等（2017）等开展了我国东北地区典型沼泽螺类分布研究，发现盘螺属、圆田螺属、多脉扁螺属等为东北典型沼泽的优势种；同时证实了沼泽螺类是良好的沼泽环境指示生物。沼泽类型多样，水生无脊椎动物类群丰富，但不同沼泽类型其水生无脊椎动物群落结构组成差异显著。在苏格兰和爱尔兰泥炭沼泽中，比较研究永久性泡沼和季节性泡沼水生无脊椎动物类群，发现永久性泡沼水生无脊椎动物群落组成更加丰富，并且发现较大的捕食性水生无脊椎动物（如蜻蜓目、半翅目、鞘翅目等）仅存在于永久性泡沼中（Hannigan and Kelly-Quinn，2012）。研究同一块泥炭沼泽发现，水生无脊椎动物群落组成变化较大，泥炭边缘区生物组成比中心区丰富（Mieczan et al.，2014）。

2017 年春、夏、秋 3 个季节对三江平原沼泽水生无脊椎动物资源开展了调查（芦康乐和武海涛，2020）。共记录 3 门 41 科 71 种（表 10-3），类群以水生昆虫和腹足纲为主。平均密度为（139.68±29.13）ind./m²，季节上，水生无脊椎动物密度表现为秋季＞春季＞夏季。三江平原沼泽主要优势种具有一定的季节性变化，其中，西伯利亚盘螺（*Valvata sibirica*）为 3 个季节共有优势种。指示物种分析表明，春季指示种为 *Potamonectes* sp.，夏季指示种为 *Lethocerus* sp.、*Gyraulus centrifugus*、Erpobdellidae sp.；秋季指示种为 *Sgementina nitida*。整体上，春季香农－维纳多样性指数（H'）、均匀度指数（J）、Margalef 丰富度指数（d_M）均比夏、秋季高。单因素方差分析表明，香农－维纳多样性指数（$F = 1.480$，$P = 0.259$）、Margalef 丰富度指数（$F = 0.056$，$P = 0.946$）、均匀度指数（$F = 2.038$，$P = 0.165$）均不存在季节性差异。

表 10-3 三江平原沼泽水生无脊椎动物组成

门	纲	目	科	物种	春季	夏季	秋季
节肢动物门 Arthropoda	昆虫纲 Insecta	蜻蜓目 Odonata	蟌科 Coenagrionidae	*Coenagrion* sp.	++		+
			蜻科 Libellulidae	*Libellula* sp.			+
				Sympetrum sp.	+	++	
				Leucorrhinia sp.	+	+	+
			伪蜻科 Corduliidae	*Epitheca* sp.	+		
				Somatochlora sp.	+		
			箭蜓科 Gomphidae	*Gomphus* sp.			+
		蜉蝣目 Ephemeroptera	四节蜉科 Baetidae	sp.			+
			细蜉科 Caenidae	*Caenis* sp.	++	++	
				Brachycercus sp.	+		
			新蜉科 Neoephemeridae	sp.	+		
		半翅目 Hemiptera	划蝽科 Corixidae	*Sigara* sp.	++	+++	+++
				Callicorixa sp.		+	
			负子蝽科 Belostomatidae	*Lethocerus* sp.		++	+
			水黾科 Gerridae	*Gerris* sp.	+		+
		鞘翅目 Coleoptera	龙虱科 Dytiscidae	*Hydaticus* sp.		+	
				Laccophilus sp.	++		+
				Agabus sp.1	++		+
				Agabus sp.2		++	+
				Desmopachria sp.	+	+	+
				Dytiscus sp.	+	+	++
				Graphoderus sp.	+	+	+
				Crenitis sp.	++	+	+
				Potamonectes sp.	+	+	
			长角泥甲科 Elmidae	*Stenelmis* sp.	+	+++	
			隐翅甲科 Staphylinidae	sp.1		+	
				sp.2	+	+	+
			水龟甲科 Hydrophilidae	*Cymbiodyta* sp.		+	

门	纲	目	科	物种	春季	夏季	秋季
				Hydrophilus sp.	+	++	+
				Berosus sp.	+	++	+
				Hydrochara sp.		+	
			沼梭科 Haliplidae	*Haliplus* sp.	+	+	+
				Peltodytes sp.	++		+
			沼甲科 Scirtidae	*Scirtes* sp.		+	
		双翅目 Diptera	摇蚊科 Chironomidae	*Tanypodinae* sp.			+
				Chironominae sp.	+++	+++	++
			大蚊科 Tipulidae	*Prionocera* sp.	+	++	++
			虻科 Tabanidae	*Chrysops* sp.		+	
			食蚜蝇科 Syrphidae	*Eristalis* sp.		+	
			蚊科 Culicidae	*Culiseta* sp.	+		+
			蠓科 Ceratopogonidae	*Bezzia* sp.	+	+	
				Atrichopogon sp.	++		
			水蝇科 Ephydridae	*Scatella* sp.			+
			幽蚊科 Chaoboridae	*Chaoborus* sp.		+	
		毛翅目 Trichoptera	多距石蛾科 Polycentropodidae	*Neureclipsis* sp.			+
			长角石蛾科 Leptoceridae	*Triaenodes* sp.		++	
			舌石蛾科 Glossosomatidae	*Protoptila* sp.		+	
			沼石蛾科 Limnephilidae	*Limnephilus* sp.		+	
	软甲纲 Malacostraca	等足目 Isopoda	栉水虱科 Asellidae	sp.	++	++	++
软体动物门 Mollusca	双壳纲 Bivalvia	帘蛤目 Veneroida	球蚬科 Sphaeriidae	*Sphaerium* sp.	++		+
	腹足纲 Gastropoda	基眼目 Basommatophora	膀胱螺科 Physidae	*Aplexa hypnorum*		+	+
				Physa acuta		+	+
			椎实螺科 Lymnaeidae	*Radix plicatula*	+	+	+

门	纲	目	科	物种	春季	夏季	秋季
			扁卷螺科 Planorbidae	*Radix pereger*			++
				Radix lagotis			+
				Radix ovata	+++		
				Sgementina nitida	+++		+++
				Gyraulus albus	++	+	++
				Planorbis corneus			+
				Gyraulus centrifugus	++	+++	+
				Hippeutis cantori		+	
		柄眼目 Stylommatophora	琥珀螺科 Succineidae	*Succinea* sp.	+++	++	++
		中腹足目 Mesogastropoda	豆螺科 Bithyniidae	*Parafossarulus striatulus*	++		++
			盘螺科 Valvatidae	*Valvata cristata*		+	+
				Valvata sibirica	+++	+++	+++
			田螺科 Viviparidae	*Cipangopaludina ussuriensis*	+	++	+
				Viviparus chui		+	
环节动物门 Annelida	寡毛纲 Oligochaeta	带丝蚓目 Lumbriculida	带丝蚓科 Lumbriculidae	sp.	++	+	+
		近孔寡毛目 Plesiopora	颤蚓科 Tubificidae	sp.	+		+
	蛭纲 Hirudinea	石蛭目 Herpobdellida	石蛭科 Erpobdellidae	sp.		++	+
		吻蛭目 Rhynchobdellida	扁蛭科 Glossiphonidae	sp.	+		+

注：+++. 个体数占总数的5%以上；++. 个体数占总数的1%～5%；+. 个体数占总数的1%以下

三、水生无脊椎动物在沼泽中的指示作用

沼泽的过渡性决定了其生物的多样性。其中，水生无脊椎动物种类多，生活周期短，分布广泛，是沼泽生态系统的重要组分，其种群结构、优势种类和多样性等参数可以反映环境因素的长期变化（Wu et al.，2017；Lu et al.，2019，2021），可以有效指示沼泽生态系统的健康状况。

采用水生无脊椎动物完整性指数，评价三江平原典型沼泽健康状况（芦康乐等，2017）。在三江平原 15 处典型沼泽（6 处参照沼泽，9 处受干扰沼泽）中，采集水生无脊椎动物样品；利用测试样品获得的数据，对 18 个候选指标进行分布范围、判别能力及相关性分析，确定了由总分类单元数、腹足纲百分比、耐污类群百分比和捕食者百分比构成的水生无脊椎动物完整性指数核心指标。采用比值法计算各生物参数值，并将各参数值加和得到水生无脊椎动物完整性指数值。以参照沼泽水生无脊椎动物完整性指数值的 25% 分位数作为健康基准值，≥25% 分位数值，认为无干扰；对小于 25% 分位数的值

3 等分，确定三江平原典型沼泽健康评价标准：≥ 2.80 为无干扰，1.87 ～ 2.80 为轻度干扰，0.93 ～ 1.87 为中度干扰，0 ～ 0.93 为重度干扰。结果表明，所调查的三江平原典型沼泽有 33.3% 受到中重度干扰，66.7% 属于无干扰和轻度干扰。水生无脊椎动物完整性指数值与水体 pH、电导率和总悬浮颗粒物含量呈显著负相关。

以黑龙江省三江平原为研究区，选取天然沼泽、恢复沼泽和受损沼泽三种类型，通过大量野外调查和定位研究，开展了应用水生无脊椎动物的沼泽恢复效果评估研究（Lu et al.，2021）。研究累计采集鉴定水生无脊椎动物 82 种，隶属于 3 门 16 目 49 科。研究表明，具有飞行能力的昆虫的幼虫是沼泽水生无脊椎动物恢复的先锋物种；摇蚊科是恢复沼泽的最丰富类群；水生无脊椎动物恢复具有类群差异性，恢复沼泽中，部分类群（如划蝽科、细蜉科、栉水虱科等）丰度接近自然沼泽中水平，而且部分比自然沼泽更丰富（如沼螺科和细螅科），也有部分类群（如扁卷螺科、龙虱科、大蚊科等）响应缓慢，恢复速度显著低于自然沼泽；蜻蜓目幼虫、蠓科幼虫和螺类等水生无脊椎动物可以作为指示沼泽恢复效果的良好指标。结果表明，水文连通下三江平原退化沼泽水生无脊椎动物的自然恢复至少需要 4 年时间。

研究证实了沼泽生物多样性中分布最广泛、类群众多的水生无脊椎动物，会随着沼泽恢复具有明显的动态演替，且不同类群间的恢复速度存在显著差异，水生无脊椎动物可以作为评估沼泽恢复状况的良好的生物指标；同时，从水生无脊椎动物角度量化了沼泽成功恢复的时间阈值，研究成果能够有效指导沼泽的恢复与管理。

第五节　沼泽动物面临的威胁及其保护策略

一、沼泽动物濒危概况

近年来，随着对全球生物多样性衰退与保护问题的高度关注，人们发现众多依赖沼泽生活的鸟类、哺乳动物、两栖动物和珊瑚等物种正在迅速减少、面临灭绝。《湿地公约》（2018）指出，全球鱼类、鸟类、哺乳动物、两栖动物和爬行动物的种群数量相较 1970 年平均水平下降了 60%，其中淡水生态系统的生物种群数量下降 81%，滨海沼泽物种种群在过去 50 年间下降了 36%。湿地生态系统中列入世界自然保护联盟（International Union for Conservation of Nature，IUCN）全球受威胁物种的比例超过 25%。其中依赖沼泽的两栖动物是处于受评估淡水类群中全球受威胁程度最高的类群，35% 的两栖动物处于受威胁状态，其中 9% 为极危。依赖河流和溪流的两栖动物比依赖静水的两栖动物全球受威胁程度更高。对于爬行动物，有约 40% 的类群处于受威胁状态，其中 11% 为极危。7 种海龟中，有 6 种处于受威胁状态（Stuart et al.，2004）。

我国沼泽面积辽阔、类型多样，为丰富的野生动物提供栖息生境，其中包括大量的中国特有种和珍稀种。在社会经济等快速发展的形势下，过去数十年，许多野生动物临近濒危，有些甚至已灭绝。以水鸟为例，我国现有 296 种水鸟，被 IUCN 红色物种名录收录的受胁物种 46 种，占亚洲 59 种受胁水鸟的 77.97%。在科级水平，大型鹳鹤类鸟种中，鹳科 42.86% 的物种和鹤科 66.67% 的物种生存受到威胁，鸻形目、雁形目和鹈形目分别有 30.34%、20.37% 和 20.00% 的鸟种受到威胁（刘金等，2019）；在 2021 版《中国生物多样性红色名录》中收录的区域灭绝种有 2 种，包括赤颈鹤和白鹳，极危种 6 种，包括青头潜鸭、长尾鸭、白头硬尾鸭、白鹤、勺嘴鹬和中华凤头燕鸥，濒危种 13 种，易危种 17 种。

此外，根据 2021 版《中国生物多样性红色名录》，我国淡水鱼类共 1591 种，其中受胁物种共 358 种，包括灭绝种 2 种（大鳞白鱼和异龙鲤）、区域灭绝种 1 种（北鲑）、极危种 69 种、濒危种 97

种和易危种 189 种，占淡水种类的 22.5%。在被评估的 475 种爬行动物中，受胁种共计 145 种，其中极危种 35 种、濒危种 42 种、易危种 68 种，受威胁物种约占总数的 30.5%。根据 2015 年发布的《中国生物多样性红色名录》评估结果，我国受威胁的两栖动物共有 176 种，占两栖动物总数的 43%，是我国脊椎动物中最受威胁的类群。

二、沼泽动物受胁因素

在全球范围内，沼泽动物资源长期受到自然和人为因素的影响。大量物种受胁、部分物种灭绝或处于灭绝边缘。导致物种受胁的因素很多，绝大多数物种受到各影响因素综合作用，如栖息地退化或丧失、堤坝修建、人类不合理利用、外来物种入侵等。

（一）栖息地退化或丧失

人类活动的加剧和自然因素导致的沼泽面积缩减、破碎化，是造成我国沼泽动物栖息地缩减乃至丧失、群落结构和多样性改变、种群数量减少甚至灭绝的关键因素。

环境污染导致栖息地质量的下降是威胁沼泽动物种群数量的重要原因。随着社会经济的发展和人口的增加，大量工农业废水和生活污水直接排入沼泽，化肥农药等引起的沼泽水环境污染直接威胁沼泽动物的生存。2013 年全国水质监测结果显示，我国重度污染湖泊占全部湖泊数量的 11.5%。水污染通过直接影响浮游生物、底栖生物和鱼类等食源生物，继而通过食物链对水鸟等其他动物类群产生危害。对于两栖动物来说，其特殊的生物学特征（皮肤的高渗透性等）使得它们极易受到环境污染的影响。研究表明，在酸性条件下两栖动物幼体的生存率以及发育速率会显著下降，畸变率会显著增加，许多个体在变态阶段死亡。除了人类活动的增强，全球气候变化、紫外线辐射增强、疾病传播等也会造成两栖动物、爬行动物种群数量的下降。

生境丧失和破碎化是导致鱼类、两栖类及爬行类种群衰退的直接原因，是无脊椎动物和鸟类等多样性减少的关键因素。人类活动如滨海沼泽围垦和填海、沼泽排水、农田开垦、森林砍伐以及城市化建设等使得沼泽动物的生境面积不断减少，生境呈现斑块化，阻断了种群的扩散和迁移，增加了种群间的隔离程度及局部地区的灭绝风险。例如，中华凤头燕鸥的受胁，主要与我国滨海沼泽过去半个世纪的开发导致的栖息地丧失有关。此外在对广西地区两栖动物、爬行动物的调查中发现，人为造成的栖息地丧失，如将天然沼泽改造成人工水渠，造成本土两栖动物、爬行动物原繁殖地的消失，影响种群正常的繁殖与生长；同时由于沼泽破坏导致的水生植被减少、水文周期的改变，会间接影响沼泽动物的生存。

（二）堤坝修建

近 20 年来，我国河流、湖泊人工修筑了大量堤坝，以充分利用水资源发展国民经济。超过47 000 座堤坝的修建，导致我国大量沼泽动物多样性急剧下降，直接导致部分物种受胁或区域性灭绝。仅以鄱阳湖为例，其受堤坝控制的湖汊总面积达 607 km²，使鄱阳湖完全分离，水流通过闸门控制，进而发展成为经济鱼类、螃蟹等的养殖基地。修建的堤坝使原有的连续的水环境被分割为不连续单元，改变了两栖类、爬行类、鱼类、无脊椎动物等的生活节律，使其丧失生存环境，进而导致大量物种受胁甚至灭绝。以北鲑的区域灭绝为例，其为洄游鱼类，广布于北冰洋沿岸，我国仅分布于额尔齐斯河流域，20 世纪 50 年代后，哈萨克斯坦境内额尔齐斯河修建多座水坝，阻断了北鲑溯游至我国境内产卵的洄游通道，导致近 30 年无捕获该鱼的记录。

（三）人类不合理利用

破坏性的捕杀是我国沼泽动物致危的主要原因之一，如鱼类的灭绝性捕捞，小网目渔具、迷魂阵、电鱼、毒鱼等捕鱼方法的使用，鱼类洄游和产卵期大量捕杀；鸟类迁徙期网阵粘捕、投药；两栖动物、爬行动物的采集，包括食用、药用、豢养等。以中国大鲵为例，近年来不断增长的采集压力致使原产地 40% 的中国大鲵种群消失。

（四）外来物种入侵

外来物种入侵也是威胁沼泽生物多样性的重要因素。第一方面其与土著种进行资源竞争，在生存空间、营养生态位上发生重叠，导致土著种受胁；第二方面是入侵种对土著种进行捕食，消耗或代替土著种；第三方面是与土著种发生杂交，污染土著种种质资源，使纯种受胁。例如，鱼类和牛蛙的引入是导致我国云南省滇池蝾螈（*Cynops wolterstorffi*）灭绝的主要原因。陈晓璠（2017）使用 MaxEnt 最大熵模型对环渤海地区的 7 种外来两栖动物、爬行动物进行适生性分析，发现巴西龟在本地区已存在一定的适生区，而牛蛙已经成为该地区的常见外来入侵种，具有较大的生态风险。云南多地湖泊鲢、鳙和太湖新银鱼等经济鱼类的引入，大量竞争本地鱼类的食物资源，直接导致大头鲤等本土鱼种数量锐减。我国东部滨海沼泽互花米草的大面积入侵，阻断滩涂水文和食源连通，占用大面积滩涂沼泽，使鸟类可栖息沼泽面积和食物资源减少，导致区域鸟类多样性降低。

三、沼泽动物保护策略

1）加强立法和执法，政府立法和有效执法是保护野生动物的有力手段。长期以来，我国政府对湿地和野生动物保护工作高度重视，从国际层面上，防止因过度开发而导致物种灭绝，实现资源的可持续利用等，我国陆续加入了《生物多样性公约》（CBD）、《濒危野生动植物种国际贸易公约》（CITES）、《关于特别是作为水禽栖息地的国际重要湿地公约》；加入了东亚 – 澳大利西亚迁徙水鸟保护合作伙伴关系（EAAFP）等。从国家层面上，《中华人民共和国野生动物保护法》《中国生物多样性保护行动计划》《中国湿地保护行动计划》《全国湿地保护工程规划》，以及 2022 年 6 月 1 日起施行的《中华人民共和国湿地保护法》等法律法规的实施是湿地及其生物多样性保护、湿地生态系统服务功能提升的保障。各地方政府根据行政区域实际问题，有针对性开展执法活动，逐步形成相关地方制度，落实责任，加快推进生态文明和美丽中国建设。例如，河长制、湖长制、林长制的全面推行，真正做到了政府主导、多部门协同和社会参与，在法律保障的基础上，使责任主体明确、管理方法具体有效。

2）加强保护和管理，通过建设自然保护区、加强栖息地维护巡护与野外救护、打击盗猎及非法贸易、积极开展跨国保护合作等措施，扎实推进野生动物迁徙物种的种群及其栖息地保护工作。相较于其他类群，我国水鸟及其栖息地的保护和管理工作已在各级管理部门较好地开展，因其保护等级划分清晰、相对易观察、受社区群众关注等，相关工作较容易落实。而两栖动物、爬行动物和无脊椎动物等比较隐秘，使这些类群在沼泽生态系统中的作用并没有引起更多的重视，因此应该加强对不同动物类群的保护，科学调整保护策略，增强保护的针对性和有效性。例如，在适合两栖动物和爬行动物生长与繁殖的特定地点划出季节性保护地段，采取有效措施减少或控制该地段的人类活动。特别要加强外来物种防控工作，开展外来两栖动物、爬行动物的调查监测及生态入侵风险研究，以及对外来危险物种的早期野外清除工作等。

3）开展全面的科研监测。进一步开展沼泽动物调查监测工作，加强对动物的生物多样性研究，并完善现有的多样性观测网络，特别是针对珍稀濒危物种、数量稀少的物种，掌握其种群分布及数量动态，进而分析多样性的维持机制，提高我国生物多样性科学研究水平，是动物资源保护的关键。随着对生物多样性保护工作的重视，我国陆续启动了各类监测网络，如 2011 年环境保护部启动了"两栖类示范观测项目"；环境保护部南京环境科学研究所启动"全国鸟类观测网络"；2013 年中国科学院启动建设中国生物多样性监测网络 Sino BON，框架内陆续开展"内陆水体鱼类多样性监测网""关键地区两栖爬行动物多样性监测与研究专项网""鸟类多样性监测专项网"等研究工作。不同网络借助现代科学技术手段，从基因、物种、种群、群落、生态系统和景观等水平上对生物多样性进行多层次的全面监测与系统研究，如"关键地区两栖爬行动物多样性监测与研究专项网"组织了国内最大规模的两栖动物、爬行动物无线电跟踪定位研究，监测对象包括：中国大鲵、大凉疣螈、西藏温泉蛇等国家重点保护动物，以及中华蟾蜍、中国林蛙、吐鲁番沙虎、荒漠麻蜥等常见或特有物种。该系列科研监测网络的实施为国家履行《生物多样性公约》、保护生物多样性和生物资源提供了翔实可靠的生物多样性变化数据与决策支持。

4）加强公众的科普教育和宣传工作。野生动物的保护需要公众的参与和支持，我国 14 亿多人口大国，部分地区群众仍存在食用珍稀野生动物、捕鸟等行为，缺乏对动物资源及其保护相关信息的了解，全民野生动物保护意识有待进一步提高。除了媒体和公众号宣传，可以通过加强对自然保护区管理人员的培训教育，以保护区为单位开展周围社区居民的科教宣传等，使科普宣教工作得到有效开展。

第十一章
沼泽生态系统功能

　　沼泽生态系统功能是沼泽生态系统与外界环境关系中所表现出的特性和能力，主要表现在生物生产、能量流动、物质循环和信息传递等方面（姜明等，2018）。生物生产、物质循环是沼泽生态系统的基础，能量流动是沼泽生态系统的动力。沼泽植物通过光合作用将太阳释放出的光能转化为化学能，供生产者本身及其他生物使用。能量流动的第一步就是生物生产，第二步是食草动物通过采食获得能量，第三步是被食肉动物或人类利用，第四步再被分解者分解，释放到环境中而消失。植物被食草动物采食，或枯死后被微生物分解，最后都以矿物养分形式回到空气、水和土壤中，然后再次被植物吸收利用。由于沼泽生态系统为多水生境（吕宪国，2008），在无氧环境下枯死的植物不能被充分分解，以泥炭等形式沉积下来，经年累月后，由于自然裸露或人为挖掘，经过微生物分解或作为燃料焚烧，其物质再返回到大自然中。物质循环和能量流动一起通过生态系统维持沼泽生态系统的功能，推动着各种物质在生物群落与无机环境间周而复始的循环。沼泽生态系统中的各个组成成分相互联系成为一个统一体，它们之间的联系除能量流动和物质交换之外，还有一种非常重要的联系，那就是信息传递。沼泽生态系统信息传递包括营养信息、化学信息、物理信息、行为信息。信息传递决定能量流动和物质循环的方向与状态。在沼泽生态系统中，生物与其环境总是不断进行着能量、物质和信息的交流，但是在一定时期内，生产者、消费者和还原者之间都保持着一种动态的平衡状态，即生态平衡。沼泽生态系统可以通过自身调节克服和消除外来干扰，保持相对稳定。但是沼泽生态系统的这种自我调节与恢复能力有一定的阈值范围，当沼泽生态系统受外力干扰及较强破坏，超过生态系统自身的调节能力时，沼泽生态系统的生态平衡就会被打破，从而使沼泽生态系统功能下降，更为严重的情况下甚至可能导致沼泽生态系统功能丧失。

第一节　沼泽生态系统的生物生产

　　沼泽生态系统的生物生产是指沼泽生态系统中的生物不断地把环境中的物质能量吸收，转化成新的物质能量形式的过程。沼泽生态系统的生物生产包括初级生产和次级生产（Keddy，2010）。沼泽生态系统中的初级生产，或称第一性生产是指沼泽植物通过光合作用将太阳能转化为化学能，形成有机质的过程。沼泽植物在单位面积和单位时间内所固定的能量或生产的有机物质数量，即为初级生产量，亦称第一性生产量。初级生产量中沼泽植物在光合作用中把吸收来的一小部分太阳辐射能转化为化学能的全部生产量，即总初级生产量；沼泽植物光合作用产物的总量减去呼吸作用过程中消耗所剩余的产量，即净初级生产量，也称净初级生产力。净初级生产力是陆地生态系统中物质与能量运转研究的重要环节，可以为沼泽生态系统中所有的有机体生命提供能量和物质基础，是生态系统重要的功能特征。

　　生物量是净生产量的积累量，某一时刻的生物量就是以往生态系统所累积下来的有机物质总量。地上生物量是指在单位面积内植物地上部分的总重量。沼泽植被地上生物量可以直接反映沼泽植被的生长状况，是沼泽植被的物质基础和重要的生态质量参数之一。我国草本沼泽面积及植被地上生物量见表 11-1，中国草本沼泽植被地上生物量平均密度约为 227.5 g C/m²，草本沼泽植被总地上生物量约为 22.2 Tg C；总体表现为东北和青藏高原地区低、华北中部和滨海地区高的特征。

表 11-1　中国草本沼泽面积及植被地上生物量（神祥金等，2021）

区域	草本沼泽面积/km²	植被地上生物量平均密度/(g C/m²)	植被地上生物量/Tg	植被总地上生物量/Tg C
全国	97 380.1	227.5±23.0	49.2±4.9	22.2±2.2
滨海沼泽区	1 614.1	675.4±73.8	2.4±0.2	1.1±0.1

续表

区域	草本沼泽面积/km²	植被地上生物量平均密度/(g C/m²)	植被地上生物量/Tg	植被总地上生物量/Tg C
亚热带湿润沼泽区	3 339.6	348.4±59.0	2.6±0.4	1.2±0.2
青藏高原沼泽区	14 552.7	243.9±26.6	7.9±0.9	3.6±0.4
温带干旱半干旱沼泽区	25 201.3	300.5±73.2	16.8±4.0	7.6±1.8
温带湿润半湿润沼泽区	52 672.4	182.3±49.3	21.3±5.8	9.6±2.6

沼泽植物或初级生产者是生命有机体的能量和物质基础，制约着食草动物的种类和数量，可称二级生产者或初级消费者，主要是昆虫、鱼类和啮齿动物；肉食动物靠食草动物取得能量，可称三级生产者、二级消费者，如某些昆虫、鱼类和鸟类，其数量和种类受限于食草动物的数量和种类。沼泽植物或初级生产者的物质通过被消费者消耗而被转移至消费者身上，在这个过程中，生产者内的物质会被转移，有关能量也会被转移至消费者但不会全部转移。在生产者与消费者的物质循环过程中，有一部分物质会流向分解者或以遗体方式保存。分解者在沼泽生态系统中的地位极其重要，如果没有分解者，动植物残体、排泄物等无法循环，物质将在有机质中不能被生产者利用，生态系统的物质循环终止会导致整个生态系统崩溃。

第二节 沼泽生态系统的能量流动

沼泽生态系统的能量流动是指沼泽生态系统中能量的输入、传递和散失的过程。沼泽生态系统能量流动的起点主要是沼泽植物通过光合作用所固定的太阳能，以及由化能自养型生物通过化学能改变生产的能量，流入沼泽生态系统的总能量主要是沼泽植物通过光合作用所固定的太阳能的总量。能量流动包括：能量固定和消费过程；还原或腐化过程，即沼泽生物残体经转化、分解，被还原成水、CO_2 等简单无机物的过程；储存和矿化过程，各个营养级沼泽生物残体的一部分以泥炭或矿物质等形式转入长期储存和矿化的过程。

沼泽生态系统能量的传递与转化服从能量守恒定律以及热力学第二定律。沼泽生态系统的能量在转换过程中，总有能量的损失，如太阳能大部分变为热能消散掉，只有少部分光能被沼泽植物所利用，转换为化学能；其他生物的食物来自沼泽植物，动物从沼泽植物取得食物以后，只有少部分能量用于重新构成其自身的化学能，大部分能量又转化为热能。能量从一类有机体转换到另一类有机体，每一阶段都有大量的能量转变成热能消散掉，最终能量全部消散归还于环境，构成第一个能流。第二个能流是还原过程或分解过程，死的生物有机体逐级进行腐化分解，最后还原为水和 CO_2 等无机物质。

沼泽生态系统的能量流动是单向不可逆的，且逐级递减。能量流动去向为太阳辐射能→生物化学能→热能、机械能。沼泽生态系统能量的单向流动是指沼泽生态系统的能量流动只能从第一营养级流向第二营养级，再依次流向后面的各个营养级。沼泽生态系统能量一般不能逆向流动，这是由于生物长期进化所形成的营养结构确定的。沼泽生态系统能量流动的渠道是食物链和食物网，流入一个营养级的能量是被这个营养级的生物所同化的能量。一个营养级的生物所同化的能量一般贮存在构成有机体的有机物中，并用于呼吸消耗、生长、发育和繁殖。贮存在有机体的有机物中能量有一部分是死亡的遗体、残落物、排泄物等，这部分被分解者分解，有一部分则流入下一个营养级的生物体内，还有一部分未被利用。在生态系统内，能量流动与物质循环是紧密联系在一起的。沼泽生态系统能量的逐级递减是指输入到一个营养级的能量不可能百分之百地流入后一个营养级，能量在沿食物链流动的过程中是逐级减少的。每一营养级比前一营养级物质或能量低的原因，主要是生态效率问题。生态效率即指一营养级同化的能量和前一营养级可利用能量之比，这一比率通常只有 10%～20%，即一个营养级中的能量只有 10%～20% 的能量被下一个营养级所利用。

第三节　沼泽生态系统的物质循环

沼泽生态系统的物质循环即生物地球化学循环，是指生物所需要的化学元素在生物体与沼泽环境之间的循环运动过程（吕宪国，2008）。生物地球化学循环主要包括生物循环和地球化学循环。沼泽生态系统的生物循环是指沼泽植物吸收空气、水、土壤中的无机养分合成沼泽植物的有机质，沼泽植物的有机质被动物吸收后合成动物的有机质，动物、沼泽植物死后的残体被微生物分解成无机物回到空气、水和土壤中的连续过程，是生态系统内部（主要指沼泽植物群落和土壤之间）元素的循环。沼泽生态系统的地球化学循环是地球物质运动的一种形式，指地球表面和地球内部各种元素在不同物理化学条件下周期性变化的化学过程，意味着元素从无生命的环境进入和流出沼泽生态系统的过程。沼泽生态系统的物质循环主要包括碳、氮、磷、铁等元素的循环。

沼泽生态系统物质循环过程的媒介是沼泽土壤。沼泽土壤是大部分沼泽植物可利用化学物质的主要储存库，通常被称为水成土。沼泽土壤在淹水后会产生厌氧条件，通常与氧气的消耗过程相对应，在淹水开始后的几小时或者几天后开始出现。沼泽土壤主要包括矿质土壤和有机土壤。矿质土壤中的有机质（干重）含量小于 20%，矿质土壤在长期淹水条件下，通过铁锰氧化物的还原、迁移或氧化会形成特有的氧化还原状态。许多半永久性或永久性淹水的水成性矿质土壤的一个重要特征就是黑色、灰色，有时呈绿色或灰蓝色。当土壤没有被水完全浸透时，铁氧化物是使土壤变成它特有的红色、棕色、黄色和橘黄色的主要化学物质。有机土壤主要由不同分解阶段的沼泽植物残体组成，由于净水或排水不畅导致的厌氧条件而造成累积。有机物质的植物来源和土壤分解程度是沼泽有机土壤（包括泥炭土和腐殖土）的两个重要特征。土壤有机质的植物源可以是苔藓、草本植物、树木和落叶。例如，大部分北方泥炭地的土壤有机质来源于苔藓植物；海岸盐沼的土壤有机质来源于芦苇属、米草属等草本植物。沼泽因富含有机质及滞水、厌氧等条件，是典型的沉积环境（王国平和吕宪国，2008），有利于金属元素的沉积与富集。沼泽中碳、氮、磷和铁等元素的循环过程较为复杂，尤其是对于具有价态的变价元素而言，沼泽中的还原环境或氧化、还原环境交替，易导致变价元素形态和过程的多样性，从而影响沼泽生态系统的相关功能（姜明等，2018）。

一、碳循环

碳是构成一切有机物的基本元素。沼泽植物通过光合作用将吸收的太阳能固定于碳水化合物中，这些化合物再沿食物链传递并在沼泽生态系统各级生物体内氧化放能，从而带动群落整体的生命活动。因此碳水化合物是沼泽生态系统中的主要能源物质。沼泽生态系统的能流过程表现为碳水化合物的合成、传递与分解。沼泽生态系统中植被生物量、凋落物、土壤有机质，构成了沼泽生态系统碳循环的主要组成部分（图 11-1）。在沼泽好氧和厌氧环境下，它们之间的相互联系构成了沼泽碳生物地球化学循环的最基本模式。由于沼泽生态系统的特点是地表过湿或有积水的地段，土壤处于缺氧状态，孕育了一些独有的动植物，这些独特的条件，使沼泽土壤有着极强的固碳功能。沼泽固碳量在陆地生态系统固碳量中占有很大比重（Belyea and Malmer，2008），极大地降低了大气中 CO_2 的含量。沼泽固碳过程受到气候、植被、养分等很多因素的影响。沼泽生态系统也由于植被类型不同，固碳能力也不尽相同；植物枯死后其凋落物覆于土壤表面，形成残落物层，经腐殖质化作用，形成土壤有机碳；经

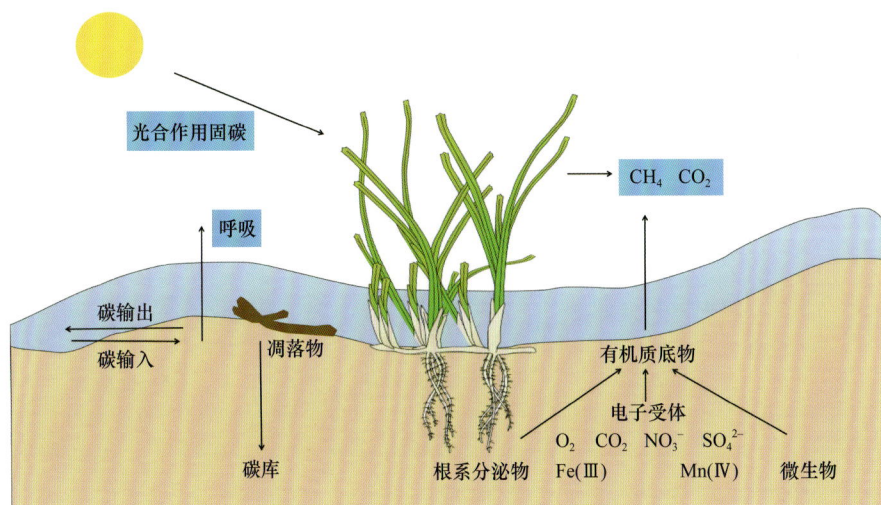

图 11-1 沼泽碳循示意图（改自 Reddy and DeLaune，2008）

微生物分解以 CO_2 或 CH_4 的形式又重新回到大气中。

在当前全球 CO_2 浓度升高的背景下，中国政府提出了两个阶段的碳减排目标：力争 2030 年达到碳排放峰值，并在 2060 年实现碳中和。当前，我国生态文明建设进入了以降碳为重点战略方向、促进经济社会发展全面绿色低碳转型的关键时期。加强生态保护与修复，提升生态系统碳汇增量是实现"双碳"目标的关键点之一。沼泽一方面因是温室气体的释放源而具有"碳源"的特性，另一方面因储存着大量的碳而具有"碳汇"的特征。中国各种类型沼泽的固碳速率有较大的差异（表 11-2），其中红树林沼泽的固碳速率最高，其次是沿海滩涂盐沼，泥炭和苔藓泥炭沼泽及腐泥沼泽的固碳速率较低，尽管红树林和沿海盐沼的固碳速率较高，但由于面积较小，其固碳潜力较低（段晓男等，2008）。

表 11-2 沼泽的固碳速率和固碳能力（段晓男等，2008）

沼泽类型	面积/km²	固碳速率/[g C/(m²·a)]	固碳潜力/(Gg C/a)
泥炭和苔藓泥炭沼泽	42 349	24.80	1 050.26
腐泥沼泽	24 977	32.48	811.25
内陆盐沼	22 369	67.11	1 501.12
沿海滩涂盐沼	1 717	235.62	404.56
红树林沼泽	2 561	444.27	1 137.78

二、氮循环

氮是沼泽生产力的一种限制性元素，在生物地球化学循环中起着重要的作用。沼泽土壤中氮的生物地球化学循环主要由微生物驱动，形成微生物量氮（MBN），除固氮作用、硝化作用、反硝化作用和氨化作用外，厌氧氨氧化也是微生物参与氮循环的重要过程（贺纪正和张丽梅，2009）。由于沼泽厌氧状态的存在，沼泽中微生物通过反硝化作用把硝酸盐转化成气态，并释放到大气中（图 11-2）。大气中富含氮元素（79%），沼泽植物却不能直接利用，只有经固氮生物（主要是固氮菌类和蓝

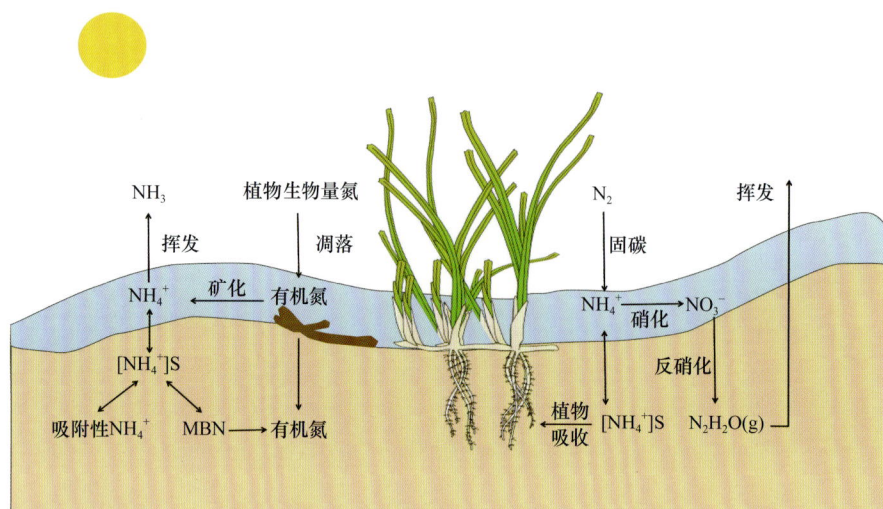

图 11-2　沼泽氮循环示意图（改自 Reddy and DeLaune，2008）

藻）将其转化为氨（NH_3）后才能被沼泽植物吸收，并用于合成蛋白质和其他含氨有机质。除与固氮菌共生的沼泽植物可以直接利用空气中氮转化的氨外，一般沼泽植物都是吸收土壤中的硝酸盐。沼泽植物吸收硝酸盐的速度很快，叶和根中有相应的还原酶能将硝酸根还原为氨（NH_3），但这需要供能。沼泽生态系统的土壤中还有一类细菌为反硝化细菌，当土壤中缺氧而同时有充足的碳水化合物时，它们可以将硝酸盐还原为气态的氮（N_2）或一氧化二氮（N_2O）。影响 N_2O 的因素有很多，如沼泽土壤温度对产生 N_2O 的生物学过程有着十分重要的影响，通过影响硝化细菌和反硝化细菌的活性间接影响 N_2O 的产生速率。沼泽土壤水分直接关系到土壤通气状况和 O_2 含量，在通透性良好条件下，硝化过程占主导优势；在土壤长期积水或通透性较差的情况下，反硝化过程通常是 N_2O 的主要来源。因此，土壤水分通过影响土壤中 O_2 含量直接影响硝化 – 反硝化作用，从而间接对 N_2O 的产生造成影响。

三江平原是我国淡水沼泽分布最为集中的地区，三江平原毛薹草泥炭沼泽 N_2O 的排放通量为 5.92～180.38 $\mu g/(m^2 \cdot h)$，最大值出现在 7 月中旬，最小值出现在生长季末期，整体平均通量为（76.77±74.89）$\mu g/(m^2 \cdot h)$，高于该区毛薹草潜育沼泽 N_2O 的排放通量。三江平原泥炭沼泽生长季 N_2O 排放总量约为 7.29×10^{10} mg，毛薹草泥炭沼泽是三江平原沼泽 N_2O 通量的潜在排放源（朱晓艳等，2013）。

三、磷循环

磷主要以磷酸盐形式贮存于沼泽生态系统的沉积物中，以磷酸盐溶液形式被沼泽植物吸收，并通过食物链转移，最终被微生物分解后以无机物的形式回到土壤中（图 11-3）。沼泽生态系统土壤中的磷酸根在碱性环境中易与钙结合，酸性环境中易与铁、铝结合，都形成难以溶解的磷酸盐，沼泽植物不能利用。在土壤中，磷以无机形态（IP）为主，可分为颗粒无机磷（PIP）和溶解无机磷（DIP），有机形态的磷（OP）含量较低，分为颗粒有机磷（POP）和溶解有机磷（DOP）。磷质离开沼泽生态系统即不易返回，除非有地质变动或生物搬运。磷与氮、硫不同，在生物体内和环境中都以磷酸根的形式存在，因此其不同价态的转化无需微生物参与，是比较简单的生物地球化学循环。

若尔盖泥炭地是我国面积最大的高原泥炭沼泽，也是世界少有的低纬度永久冻土沼泽，具有高海

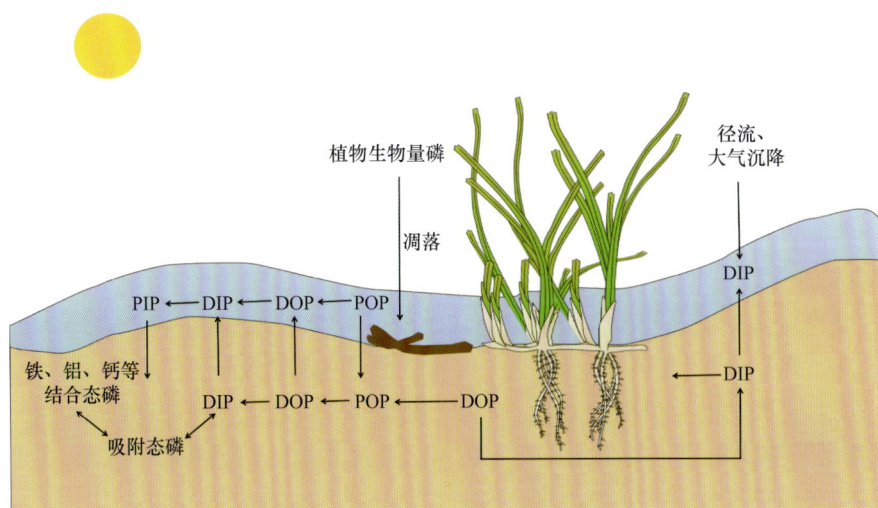

植物生物量磷

凋落

径流、
大气沉降

PIP ← DIP ← DOP ← POP

铁、铝、钙等
结合态磷

DIP ← DOP ← POP ← DOP

吸附态磷

DIP

DIP

图 11-3　沼泽磷循环示意图（改自 Reddy and DeLaune，2008）

拔、高紫外辐射、高有机质含量的特点（王釜燕等，2017）。近几十年来由于自然及人为等多重原因，特别是开沟排水和开采泥炭等造成地下水位严重下降，沼泽面积萎缩。沼泽退化引起的磷素释放不仅危及区域生态系统中磷元素的循环，也会向邻近的河流湖泊等地表水体输入大量的磷素，导致水体富营养化。

四、铁循环

铁是地壳中含量较为丰富的金属元素，也是环境中主要的具有氧化还原活性的元素，以复合态矿物形式广泛分布于自然环境中。铁在沼泽物质循环中具有重要地位，一般包括植物根系从土壤吸收、植物向地上转移、植物枯死、枯落物分解和地下根系分解 5 个过程（图 11-4）。沼泽干湿交替、氧化还原过程的反复进行，引起沼泽土壤中氧气含量、有机物质含量以及微生物作用过程发生改变，这些

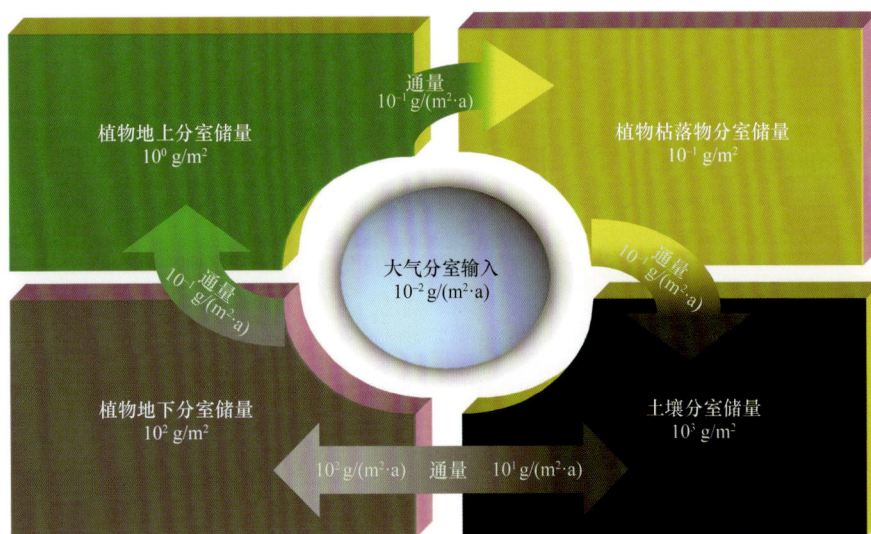

植物地上分室储量
10^0 g/m^2

通量
10^{-1} g/(m^2·a)

植物枯落物分室储量
10^{-1} g/m^2

大气分室输入
10^{-2} g/(m^2·a)

通量
10^{-1} g/(m^2·a)

通量
10^{-1} g/(m^2·a)

植物地下分室储量
10^2 g/m^2

土壤分室储量
10^3 g/m^2

10^2 g/(m^2·a)　通量　10^1 g/(m^2·a)

图 11-4　三江平原沼泽铁元素的分室循环模式（修改自 Zou et al.，2011）

过程引起沼泽铁的价态改变，导致了沼泽铁的氧化沉积与还原溶解（图 11-4）。受干湿交替影响，许多沼泽植物发展了高孔隙的通气组织，因此导致根部氧气得以扩散到土壤溶液中，这个过程加强了沼泽中的氧化还原过程，影响了沼泽中的铁循环，同时在沼泽植物根部形成锈斑（Zou et al.，2006）。沼泽植物具有一系列适应浸水环境的生理和结构上的特征，如根系的通气组织和渗氧能力，使得植物根际微环境处于氧化状态，土壤溶液中一些还原性物质，如 Fe^{2+} 和 Mn^{2+} 被氧化，形成的氧化物呈红色或红棕色胶膜状包裹在根表，称为铁锰氧化物膜。沼泽植物各器官的铁含量呈金字塔形，整个生长季地下部分铁含量逐渐降低，而地上部分具有种间和器官间差异。

沼泽铁循环受环境因子综合作用，同时铁循环对于沼泽碳、氮、磷、锌、锰等元素的循环具有重要影响。铁作为有机碳矿物保护的核心元素之一，不仅对土壤有机碳库的结构及其稳定性有重要影响，其氧化还原动态变化也驱动着有机碳的周转、有机污染物的降解及重金属的迁移转化等过程（段勋等，2022）。铁氧化物是影响土壤有机碳储量的重要因素之一，铁氧化物的相互转化过程与有机碳的动态变化紧密耦合。铁锰循环主要发生在水界面－沉积物相中以及土壤分层之间，由于铁元素、锰元素属于环境敏感元素，pH 和 Eh 等均能影响它们各种价态和形态的分布变化。

五、其他物质循环

硫主要以硫酸盐的形式贮存于沼泽生态系统的沉积物中，以硫酸盐溶液形式被沼泽植物吸收。但沉积的硫在沼泽生态系统土壤微生物的帮助下可转化为气态的硫化氢（H_2S），再经大气氧化为硫酸（H_2SO_4）复降于沼泽生态系统地面中。硫在沼泽植物细胞结构和生理生化功能中具有不可替代的作用，如参与蛋白质及氨基酸的合成、光合作用、呼吸作用等。沼泽淹水条件的变化造成氧化－还原环境的交替，这种变化影响沼泽生态系统中硫的存在形态，进而影响硫在整个沼泽生态系统中的迁移转化。沼泽一般厌氧环境强，硫主要以还原态无机硫、有机硫和硫酸盐的形式存在。在沼泽植物体内也存在相应的还原酶系。沼泽植物通过根系或微生物可以吸收铵根离子，并把它转化成有机物。在碱性条件下，出现水华的沼泽中，铵根离子通常被转化为 NH_3，并挥发散失到大气中。由于沼泽土壤的厌氧条件，除在土壤表面的薄氧化层以外，铵的进一步氧化受到限制，并在土壤中大量累积。还原层中高浓度的铵和氧化层中低浓度的铵之间形成的梯度会导致铵向上扩散到氧化层。锰在沼泽中主要以还原态形式出现，这样更易溶解而被生物吸收。沼泽中还原态的锰累积达到一定浓度就会有毒。

六、物质循环的影响因素

沼泽水文条件、植被条件、土壤条件等均能对沼泽生态系统的物质循环产生影响。沼泽水文条件的变化，如水位、流量、流速及其动态变化规律等能够改变养分有效性、土壤氧化还原条件、沉积物属性及 pH 等理化性质。沼泽生物是沼泽环境中生物地球化学循环的强大动力，它们从沼泽土壤中吸收各种营养物质，使矿质元素转化为有机态，并在微生物的作用下进行元素的生物地球化学循环。沼泽植物对氮磷等营养物质的吸收、存留和归还是沼泽生物地球化学循环的三个关键过程。沼泽土壤养分含量是沼泽土壤肥力的重要标志，它有富营养、中营养和贫营养之分。沼泽土壤的理化性质直接或间接地影响沼泽植物生长，影响沼泽环境化学组成和结构，以及生物地球化学循环。沼泽土壤孔隙度、通气性和透水性等性能制约着土壤化学物质的迁移转化过程。

第四节 沼泽生态系统的服务

沼泽生态系统的上述三种基本功能反映了生态系统的自然属性，属于维持沼泽生态系统稳定存在和持续发展的基础和本能。除此以外，对人类而言，沼泽生态系统还能为人类提供生态系统服务，沼泽生态系统服务是指沼泽生态系统与生态过程所形成及所维持的人类赖以生存的自然环境条件与效用（欧阳志云等，2000）。例如，沼泽生态系统在抵御洪水、调节径流、改善气候、控制污染，以及美化环境和维护区域生态平衡等方面有其他系统所不能替代的作用（吕宪国，2004）。结合千年生态系统评估报告（Millennium Ecosystem Assessment，2005），一般可将沼泽生态系统服务分为供给服务、调节服务、文化服务和支持服务四大类。

一、供给服务

供给服务是生态系统生产或提供产品的功能。沼泽生态系统的供给服务包括提供食物、淡水、薪材、原始材料、基因资源等。沼泽生态系统作为陆地上高生产力的生态系统之一，具有绝大多数生态系统目前尚难达到的生产能力。就单位土地面积而言，人类从沼泽生态系统中所能获得的效益，较其他的生态系统一般要高得多。

（一）食物产品

沼泽区河湖相连，水草广阔，饵料丰富，是鱼类产卵、繁殖的良好场所，因此我国沼泽区的鱼类资源非常丰富。沼泽提供的莲、藕、欧菱、芡及浅海水域的一些鱼、虾、贝、藻类等是富有营养的副食品。沼泽主要食用植物多为浆果类，如越橘、笃斯越橘、红莓苔子等。沼泽香料植物也有很多，如薄荷、杜香等。此外，沼泽区还生长有许多蜜源植物如绣线菊、地榆、毛水苏等。

（二）水源

沼泽是在多水的环境条件下形成和发展起来的，其基本特征是地表过湿或有薄层常年或季节性积水。沼泽水源一般由地表径流、地下水和大气降水混合补给，水资源具有多种储存形式，包括沼泽地表积水、沼泽河流水和沼泽湖泊水。由于沼泽可以储存大量的水分，因此有"生物蓄水库"之称。由于沼泽区具有丰富的水资源，沼泽是人类工农业生产用水和生活用水的主要来源，我国众多的沼泽在储水、输水和供水等方面发挥着巨大效益。我国三江平原沼泽区是一个巨大的生物蓄水库，该沼泽区具有深厚的草根层和泥炭层，蓄水和透水力极强，全区沼泽蓄水量高达38.4亿 m^3，相当于在该地区设了数十个大型水库。

（三）生物产品

沼泽纤维植物种类多，分布广，以芦苇、荻、大叶章以及多种薹草等维管植物为主。这些纤维植物都是提取纤维、造纸和编织的好原料。在中国，芦苇沼泽分布最为广泛，主要分布在水位有明显季节变化的河、湖滩地和沿海三角洲等地（刘兴土，2007），从寒冷的黑龙江畔到炎热的海南岛、从湿润的东海之滨到干旱的西北沼泽区，都有分布。新疆博斯腾湖、辽宁辽河口、河北白洋淀、东北三江平原以及长江中下游湖区是我国芦苇的重要产地，产量和质量也最好。沼泽中还含有各种矿砂和盐类资源，青藏、蒙新地区的碱水湖和盐湖分布相对集中，盐的种类齐全，储量极大。盐湖中，不仅赋存大量的食盐、芒硝、天然碱、石膏等普通盐类，还富集着硼、锂等多种稀有元素。此外沼泽还是中草药药用植物的宝库，中国沼泽植物中药用植物有 250 多种，富含特有的矿质元素，能治疗多种疾病，具有人体保健功能，几种常用的药用植物有香蒲、菖蒲、睡莲、泥炭藓等。

（四）遗传物质

沼泽生态系统是生物多样性最丰富的自然生态系统之一，被誉为物种基因库。1993 年，美国生态学会在生态学研究纲要中指出，地球上生物多样性大部分存在于半自然的森林、牧地、河流和沼泽之中。仅在我国，就已记录到沼泽高等植物约 1600 种。事实证明，沼泽生态系统中确实蕴藏着决定国家经济兴衰的重要基因。袁隆平利用野生稻与栽培稻天然远缘杂交，培育出世界上产量最高的优良品种，震惊世界，被誉为世界"杂交水稻之父"；他利用的野生稻就是目前仅见于两广、海南岛局部地区的沼泽植物。天然沼泽不仅为各种野生动植物提供了适于生活、生长的特殊环境，也为各种动植物不改变其遗传基因性状的正常繁衍、生存提供了不受人为干扰的环境。因此，天然沼泽成为保护野生动植物基因的重要天然物种基因储库。

二、调节服务

调节服务是指调节人类生态环境的功能。沼泽生态系统具有减缓干旱和洪涝灾害、调节气候、净化空气、缓冲干扰、控制有害生物等服务功能。沼泽在蓄水、调节河川径流、补给地下水和维持区域水平衡中发挥着重要作用，是蓄水防洪的天然"海绵"。

（一）调节气候

沼泽有大面积水面、植被或湿润土壤的存在，水面、土壤的水分蒸发和植物叶面的水分蒸腾，使得沼泽与大气之间不断进行着广泛的热量交换和水分交换，因此沼泽在增加局部地区空气湿度、削弱风速、缩小昼夜温差、降低大气含尘量等气候调节方面具有明显的作用。

（二）提供水资源

沼泽有截留降水、增强土壤入渗、抑制蒸发、蓄洪防旱、缓和地表径流和增加降水等功能，同时对维护地下水平衡起到不可或缺的作用。这些功能以"时空"的形式直接影响河流的水位变化：在时间上，它可以延长径流时间，或者在枯水位时补充河流的水量，起到调节河流水位的作用；在空间上，生态系统能够将降雨产生的地表径流转化为土壤径流和地下径流，或者通过蒸发蒸腾的方式将水分归还大气，进行更大范围的水分循环。沼泽地区多地势低洼、地域开阔且与河湖相通，因此具有明显的调节流域内地表甚至地下水资源动态平衡的作用。我国降水的季节分配和年度分配不均匀，但可以通过天然和人工沼泽进行调节。在盛水季节，沼泽可承纳上游或周边地区暂时无法下泄的洪水，起到蓄洪排涝、减轻下游水患压力的作用；在枯水季节，沼泽则可将洪水期间容蓄的富余水量，向下游或周边地区排放，起到抗旱和缓解下游用水紧张的作用。

（三）净化水质

沼泽在调蓄洪水的同时，也具有净化水质的功能，被称为"地球之肾"，是自然环境中自净能力最强的生态系统之一。同森林相比，沼泽是同等地域森林净化能力的 1.5 倍。在沼泽中生长、生活着多种多样的植物、动物和微生物。生活和生产污水排入沼泽后，通过沼泽生物地球化学过程的转换，水中污染物可被储存、沉积、分解或转化，使污染物消失或浓度降低；沼泽还具有减缓水流、沉降沉积物的作用，水体进入沼泽时流经水生植物生长区域，流速减小，易于沉积物沉积。沼泽还能起到调节地表淡水水盐平衡的作用。

（四）预防侵蚀

沿海许多沼泽能抵御波浪和海潮的冲击，防止了风浪对海岸的侵蚀（Costanza et al., 1997），同时促淤造陆，其速度是裸地的 3 ～ 5 倍。对于沿海滩涂和河湖滩地而言，在生长有大量红树林、苇丛、大米草等湿生、水生植物的河湖海岸沼泽地区，天然沼泽植被具有减缓水流流速、削弱水流冲力的作用，起到了固堤护岸和保护农田、鱼塘、村庄的作用。沿海沿湖地区的周期性波浪，还可以将海底或湖底的泥沙不断地向岸边沼泽冲刷，夹带泥沙的海水、湖水遇到植被的阻拦，减弱流速和冲击力，使水中泥沙逐渐沉淀淤成新的陆地。

（五）调控自然灾害

许多沼泽都发挥着储水防洪功能；调蓄洪水的功能包括蓄积洪水、减缓洪水流速、削减洪峰、延长水流时间等，主要是指调节水文流量和控制洪水两个过程，这两个过程降低了下游洪峰的水位。沼泽调蓄洪水能力与其属性有关，沼泽面积越大，蓄积洪水和减缓流速的能力越强。

（六）授粉

沼泽丰富多样的动物种类为植物授粉提供了便利。大多数显花植物需要动物传粉才得以繁衍。据研究，在全世界已记载的 24 万种显花植物中，有 22 万种需要动物传粉。据记载，已发现传粉动物约 10 万种，包括水鸟、蝙蝠与昆虫等。动物在为植物传粉的同时，也取得自身生长发育繁殖所需要的食物与营养。另外，动物还是植物扩散的主要载体之一。

三、文化服务

文化服务是指人类通过精神感受、知识获取、主观印象、休闲娱乐和美学体验从生态系统中获得的非物质利益。沼泽生态系统的美丽景观可以为人类提供美学欣赏、娱乐、游憩等享受，以及教育、精神和社会文化的价值。随着现代人类社会的发展，这种服务的价值与日俱增。对于聚居于城市、处于高度紧张的现代人类来说，沼泽自然的生态环境是精神生活的一种良好调节剂。

（一）美学与休闲娱乐

沼泽是陆地与水体之间长期相互作用的产物，是地质、地貌、气象、水文、土壤及生物等相互作用的自然综合体。因此它具有独特的综合自然地理景观，孕育着多种多样的旅游资源。沼泽景观别具一格，河道弯曲，明暗相通，水草丛生，呈现水乡泽国的景象。中国有许多重要的旅游风景区都分布在沼泽区域。滨海的沙滩、海水是重要的旅游资源，还有不少湖泊因自然景色壮观秀丽而吸引人们前往，辟为旅游和疗养胜地。滇池、太湖、洱海、杭州西湖等都是著名的风景区，除可创造直接的经济效益外，还具有重要的文化价值。

（二）科研教育

我国沼泽区不但具有生态系统的完整性，而且具有多样性和天然性的特点，对研究其生态系统动态变化趋势、物种数量和质量变化、分布规律以及保护、繁衍珍稀濒危物种等都是理想的天然基地。沼泽生态系统多样的动植物群落、濒危物种等，在科研中都有重要地位，它们为教育和科学研究提供了对象、材料和试验基地。一些沼泽中保留着过去和现在的生物、地理等方面演化进程的信息，在研究环境演化、古地理方面有着重要价值。

四、支持服务

支持服务是保证其他所有生态系统服务功能提供所必需的基础服务功能。沼泽生态系统的支持服务主要包括维持土壤肥力、为生物提供栖息地等。

（一）维持土壤肥力

沼泽土壤为水成土壤，其形成是多水条件下的一种生物化学过程，主要特征是地表形成泥炭层，或无泥炭层但其下层矿物质潜育化。在多水条件下，沼生植物和水生植物枯萎的有机体在无氧环境下，有机质不能彻底分解，剩余的植物残体逐渐堆积形成松软的泥炭层；当沼泽水分状况不稳定时，少雨季节，地下水位下降，沼泽变干，有机残体在好气条件下分解，则不能形成泥炭堆积。由于沼泽土壤形成条件和演化过程的差异，形成不同的沼泽土，大体可归纳为4种途径，即水域沼泽化形成泥炭土、泥炭沼泽土、腐殖质沼泽土、淤泥沼泽土；草甸沼泽化形成草甸沼泽土；森林沼泽化形成泥炭沼泽土、藓丘泥炭土；红树林沼泽化发育形成酸性硫酸盐土或红树林沼泽土。泥炭土和泥炭沼泽土有机质含量较高，一般在 50% ～ 85%，C/N 为 14 ～ 20，氮含量丰富，为 1.8% ～ 2.4%，磷、钾含量较低，钙含量较高。红树林沼泽土有机质含量在沼泽土中相对较低，但与无红树林的潮滩土壤相比，相对较高，大多数在 2.5% 以上；但全氮、速效氮含量并不高，这与厌氧酸化环境条件有关；全钾和速效钾含量高。红树林土壤中全氮、全磷、全钾含量均大于无红树林的潮滩土壤，反映了红树林旺盛的生物累积作用，这也是沼泽植物一般生产力高的根本原因。

（二）为生物提供栖息地

由于天然沼泽在未受外界干扰前提下，生态系统结构的复杂性和相对稳定性较高，天然沼泽的生物物种丰度也相对较高。天然沼泽不但为水生植物提供了优良的生存场所，也为许多野生动物，尤其为野生水禽提供了非常适宜的栖息、迁徙、越冬、觅食、繁殖的场所（侯学煜，1988）。因此，目前世界上许多种类的珍稀濒危水禽、鱼类、两栖类野生动物均生活在天然沼泽中。沼泽的生物多样性占有非常重要的地位。依赖沼泽生存、繁衍的野生动植物极为丰富，其中有许多是珍稀特有物种，沼泽是生物多样性丰富的重要地区和濒危鸟类、迁徙候鸟以及其他野生动物的栖息繁殖地。在我国 40 多种国家一级重点保护野生鸟类中，约有 1/2 生活在沼泽中（朱建国等，2004）。

第五节　沼泽生态系统功能评估

沼泽因具有抵抗洪水、调节径流、控制污染、调节气候等功能，被誉为"地球之肾"。沼泽生态系统的特殊性，决定了沼泽生态系统易遭到破坏与干扰，影响沼泽生态系统的功能。当前沼泽退化已经成为全世界共同关注的问题，造成沼泽退化的原因包括全球气候变化、人类扰动等，其中人类扰动是造成沼泽退化的主要因素之一。人类为了满足自身生存或社会发展的需求，对沼泽进行不合理的开发利用，对沼泽生态系统造成相当大的破坏。随着人类活动范围和强度的加大，城市化的不断发展，沼泽生态系统遭受到的压力与破坏越来越大，世界各地沼泽生态系统健康面临严重威胁，沼泽生态系统自身修复与可持续发展能力越来越差，沼泽生态环境问题日益凸显。出现这些问题是由于人们未能正确认识到沼泽的生态服务功能，因而在沼泽的利用、管理、保护方面有所欠缺。对沼泽服务功能进行评价能够促进人们对沼泽服务功能的正确认识，增强人们保护沼泽的意识，同时有利于沼泽的管理（Naidoo et al.，2008）。各国高度重视沼泽保护研究，沼泽生态系统评价因此受到许多学者重视，其评价的目的是诊断由自然因素和人类活动引起的沼泽生态系统的破坏或退化程度，以此发出预警，为管理者、决策者提供目标依据，有助于实现沼泽的可持续利用，促进沼泽的生态效益与经济效益协调发展。

一、评估方法

生态服务功能评价可为沼泽及其资源的监测和研究提供可比较及广泛利用的数据，为决策者规划和开发沼泽、建立沼泽环境 – 经济综合核算体系提供可靠的科学依据，使不能直接度量的因素不再受到忽视，有利于沼泽生态系统的恢复、重建和可持续发展。为了实现对生态系统服务功能的有效评估，多年来全球学者在生态系统服务功能评估方法上开展了许多研究和实验，基于沼泽生态系统的各种服务功能，运用评价方法将抽象的服务转化为人们能感知的货币，以直观地反映沼泽各项服务所创造价值的过程，就是沼泽生态系统服务功能价值评估。目前，是否能够用价值来量化和衡量生态系统服务功能还存在争议，然而关于生态系统服务功能的各种评价在全球范围内已广泛开展（Fisher et al.，2014；Kolinjivadi et al.，2014）。当前，被认可并得到广泛应用的评估方法有三类，即能值分析法、物质量评估法和价值量评估法。

（一）能值分析法

能值分析法是指用太阳能值计量生态系统为人类提供的服务或产品，也就是用生态系统产品或服务在形成过程中直接或间接消耗的太阳能焦耳总量表示。

（二）物质量评估法

物质量评估法是指从物质量的角度对生态系统提供的各项服务进行定量评价（赵景柱等，2000）。

（三）价值量评估法

价值量评估法是指从货币价值量的角度对生态系统提供的服务进行定量评价。

根据生态经济学、环境经济学和资源经济学的研究成果，目前较为常用的价值量评估方法可分为三类：①直接市场法，包括费用支出法、市场价值法、机会成本法、减轻损害费用支出法、影子工程法、替代费用法、人力资本法等；②替代市场法，包括旅行费用法和享乐价格法等；③模拟市场价值法，它以支付意愿和净支付意愿来表达生态服务的经济价值，其评价方法只有一种，即条件价值法，适用于缺乏实际市场和替代市场交换商品的价值评估。

费用支出法：从消费者的角度来评价生态服务的价值。费用支出法是一种古老又简单的方法，它以人们对某种生态服务的支出费用来表示其经济价值。

市场价值法：先定量地评价某种生态服务的效果，再根据这些效果的市场价格来估计其经济价值。

减轻损害费用支出法：可用来分析需花费多少钱才能减轻或逆转因沼泽利用方式的改变或因某一开发项目对沼泽环境造成的破坏，包括为抗衡这些改变或破坏所需劳动力及物资的费用。

影子工程法：如果某一项开发工程或政策的改变会使沼泽的某些环境好处或服务丧失，就可通过分析能够提供替代好处或服务的增补工程的费用来估计这一开发工程或政策改变的成本。

替代费用法：这一方法可用来分析需要花费多少钱才能替代某一开发工程或政策对沼泽造成的损失，然后必须把这些费用与防止环境损失发生的费用相比较。

人力资本法：通过市场价格和工资多少来确定个人对社会的潜在贡献，并以此来估算环境变化对人体健康影响的损失。

机会成本法：在其他条件相同时，把一定的资源用于生产某种产品时所放弃的生产另一种产品的价值，或利用一定的资源获得某种收入时所放弃的另一种收入。

旅行费用法：利用游憩的费用资料求出"游憩商品"的消费者剩余，并以其作为生态游憩的价值。

享乐价格法：享乐价格理论认为，如果人们是理性的，那么他们在选择时必须考虑房产本身数量、质量、距中心商业区远近，公路、公园和森林远近，以及周围环境等因素，故房产周围的环境会对其价格产生影响，因周围环境的变化而引起的房产价格可以估算出来，以此作为房产周围环境的价格，称为享乐价格法。

条件价值法：也称问卷调查法、意愿调查评估法、投标博弈法等，它是生态系统服务价值评估中应用最为广泛的评估方法之一，属于模拟市场技术评估方法，适用于缺乏实际市场和替代市场交换商品的价值评估，它的核心是直接调查咨询人们对生态服务的支付意愿，以支付意愿和净支付意愿表达环境商品的经济价值。

以上生态系统服务评估方法局限较多，不易推行，结果多为概述性评估，难以做到空间化表达和分析。在沼泽生态系统中，不同类型的沼泽生态系统的评价指标会有所不同。若将这些类型分别进行系统评价，将是困难且繁杂的工作，因此，有必要将这些沼泽类型所具有的共性指标提取出来，构建整体的评价模型（崔保山和杨志峰，2001），模型方法能够使评估结果统一，减小差异，更好地为生态系统综合管理提供依据。目前，评估方法精细化、可定量、模型化是生态系统服务功能评估方法的发展趋势。Rapport（1992）以因果关系为基础,提出脆弱性压力-状态-响应（pressure-state-response, PSR）模型,从胁迫性、敏感性、适应性3个维度构建了评价指标体系,该模型在进行沼泽生态系统评估方面得到了国内外学者的广泛认同。PSR模型以因果关系为基础,即人类活动对环境施加压力,由于这些压力改变了环境原有的性质或自然资源的状态,人类又对环境的反馈做出经济和管理策略等方面的调整,以防止环境退化或恢复环境状态,其基础框架模型如图11-5所示。随后,各国学者从自身研究出发,对PSR模型进行调整,得到驱动力-压力-状态-影响-响应（driving forces-pressure-state-impact-response, DPSIR）模型、驱动力-状态-响应（driving forces-state-response, DSR）模型等（Zhang et al., 2016）。PSR模型虽然具有非常清晰的因果关系,但也存在一定的局限性,难以对所有指标进行严格的分类,如状态指标中的非生物指标既可以看作生态系统受影响后所呈现的状态,也可以作为一种压力。因此,PSR模型在沼泽生态系统评价中的应用还有待于在实践中不断完善。

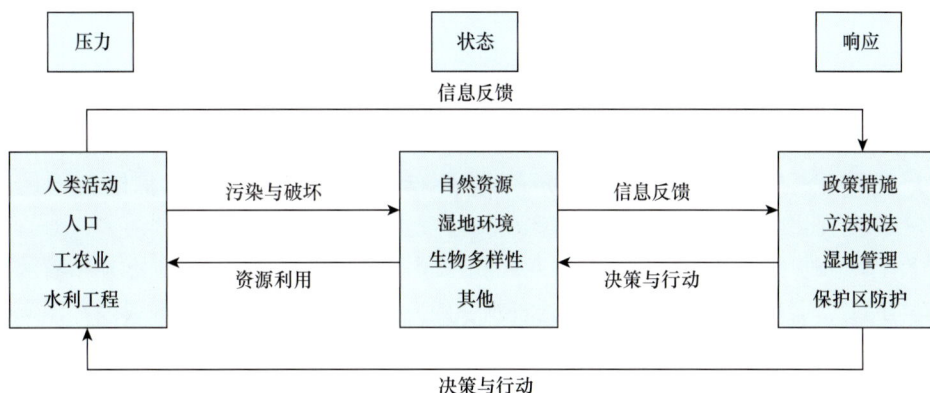

图 11-5　PSR 基础框架模型（徐浩田等，2017）

美国斯坦福大学、世界自然基金会及大自然保护协会共同开发了生态系统服务和权衡的综合评价模型（integrate valuation of ecosystem service and trade-offs tool）,简称 InVEST 模型,用于评估生态系统服务功能的模型。InVEST 模型适用于全球范围流域或景观尺度上生态系统服务的评估,模型要求用户输入研究地区的相关数据,因而模型可推广性很强。周方文等（2015）使用 InVEST 模型中 Carbon 模块和 Biodiversity 模块对黄河三角洲滨海沼泽生态系统服务进行评估,得到丹顶鹤和黑嘴鸥的生境退化区主要集中在孤东油田和港口。刘爽（2019）应用 InVEST 模型对大沽河湿地自然保护区的水源供给、碳储存、生物多样性功能进行了评估,讨论了不同时期生态服务功能的空间变化。当前,InVEST 模型在生态系统服务功能评价模型中应用较为成熟,评价结果精度较高,国内外成功应用案例较多。

二、评估案例

（一）若尔盖高原沼泽生态系统服务价值

若尔盖高原沼泽不仅是我国面积最大的高原泥炭沼泽集中分布区,也是黄河重要的水源涵养区,它在抵御洪水、控制污染、美化环境、维护生态系统多样性和区域生态平衡等方面均具有重要作用（张晓云等，2009）。

1）若尔盖高原沼泽物质产品生产价值 2006 年为 6.17 亿元。

2）若尔盖高原沼泽气体调节价值 2006 年为 57.31 亿元。

3）若尔盖高原沼泽蓄水价值 2006 年为 54.87 亿元。

（二）扎龙沼泽生态系统服务价值评价

扎龙沼泽位于东北松嫩平原乌裕尔河和双阳河下游，景观类型多样，地表植被以沼泽、沼泽草甸、盐化草甸为主，土壤类型包括盐化沼泽土、石灰性草甸土、盐化草甸土、黑钙土和风沙土等（崔丽娟等，2016）。

崔丽娟等（2016）采用市场价值法、替代成本法、支付意愿法等环境经济学方法对扎龙沼泽生态系统服务价值进行了评价。2011 年扎龙沼泽生态系统服务价值为 679.39 亿元。其中气候调节价值为 420.0 亿元，调蓄洪水价值为 226.0 亿元，大气调节价值为 17.35 亿元，固碳价值为 8.6 亿元，休闲娱乐价值为 3.86 亿元，授粉服务价值为 1.74 亿元，物质生产价值为 1.43 亿元，水质净化价值为 0.3 亿元，科研教育价值为 0.08 亿元，土壤保持服务价值为 300 万元。

（三）大兴安岭沼泽生态系统服务价值评估

大兴安岭沼泽地处中国最北端，横跨黑龙江和内蒙古两省（自治区），广泛分布着河流沼泽（主要是森林沼泽与草本沼泽，包括泥炭地），具有水供给（水量和水质）和洪水调节、固碳、旅游，以及提供木材产品、天然食品和药材这些生态服务价值。

刘国强（2020）运用当量因子法等研究方法对该地区的沼泽生态系统的服务功能进行了价值评估，得到整个大兴安岭地区沼泽生态系统的服务功能价值为 1067.6 亿元，其中森林沼泽与草本沼泽提供价值量为 1031.5 亿元，占该地区总服务价值的 96.63%。其他沼泽类型提供的生态服务价值量与专家打分法计算结果相同。在各类生态服务中，调节服务价值为 474.1 亿元，其中气候调节价值为 3.7 亿元；支持服务价值为 390.1 亿元；供给服务价值 70.6 亿元，其中原材料生产价值为 17.1 亿元；文化服务价值为 132.8 亿元，其中休闲旅游价值为 102.5 亿元。

（四）盘锦地区沼泽生态系统服务功能价值估算

盘锦地区位于我国东北的辽河三角洲地区，地处辽东湾，运用环境经济学、资源经济学、模糊数学等研究方法对该地区沼泽生态系统的服务功能进行了价值评估，得到该地区沼泽生态系统的服务功能价值为 62.17 亿元（辛琨和肖笃宁，2002）。其中各价值分别为：①生态系统物质生产功能价值 7.26 亿元；②大气组分调节功能价值 19.95 亿元；③水调节功能价值 28.3 亿元；④净化功能价值 1.08 亿元；⑤栖息地功能价值 2.2 亿元；⑥休闲娱乐功能价值 2775 万元；⑦文化科研功能 3.1 亿元。

第十二章
沼泽生态恢复与资源可持续利用

第一节　沼泽退化及驱动因素

湿地是地球上最重要的生态系统和人类最宝贵的生存环境之一。沼泽是最主要的湿地类型，具有特殊的植被和成土过程。与其他湿地类型相比，沼泽更具有代表性和典型性。过去一个世纪，由于气候变化和人类活动的叠加扰动，全球沼泽生态系统退化严重，全球沼泽面积减少了近 50%，远超其他陆地生态系统退化和丧失的速度。近 50 年来，受大规模开发和气候变化的影响，我国湿地面积迅速减少，生态功能下降，湿地退化严重。第二次全国湿地资源调查结果显示，2003 ～ 2013 年，我国自然湿地面积减少了 337.62 万 hm^2，减少率为 9.33%，湿地受威胁压力进一步增大。

一、沼泽退化现状

（一）沼泽面积丧失

三江平原是我国沼泽的集中分布区，也是沼泽被开垦而丧失最严重的区域。1949 年，全区有耕地 78.6 万 hm^2，仅占平原面积的 11.8%，且分布在平原西部佳木斯一带，广大平原则是一望无际难以通行和人迹罕至的原始沼泽，自然湿地面积达 534 万 hm^2，平原地区湿地率达 80.1%，是名副其实的"北大荒"。从 20 世纪 50 年代开始，随着大面积排水开垦沼泽与沼泽化草甸湿地，自然湿地面积便不断减少。第二次全国湿地资源调查结果显示，三江平原现有湿地仅 91.18 万 hm^2。其中，沼泽与沼泽化草甸湿地面积 54.95 万 hm^2，约占湿地总面积的 60.27%。三江平原湿地面积变化见表 12-1。

表 12-1　三江平原湿地面积变化（刘兴土，2017）　　　　　　（单位：万 hm^2）

年份	湿地总面积	沼泽与沼泽化草甸湿地	水域（湖泊、河流、库塘）	耕地
1949	534.00	489.84	—	28.60
1975	—	239.32		—
1983	235.52	191.36	44.16	377.83
1994	148.16	—		457.24
2000	134.86	90.7		524.00
2010	91.18	54.95	36.22	—

60 多年来，三江平原有 83% 的自然湿地丧失，主要原因是沼泽的排水开垦。以国有农场系统为例，1949 年该系统仅有耕地 0.73 万 hm^2，因排水开垦沼泽，2013 年耕地面积达到 201.3 万 hm^2，耕地面积扩大了近 275 倍。与此同时，各县市也在旱年期间进行大规模开荒。为了开荒，三江平原开挖的各级排水渠系长达数万千米。2011 年，全区农作物播种面积达 465.5 万 hm^2，占平原面积的 69.6%，一望无际的原始沼泽景观已被农田景观代替（刘兴土，2017）。

海岸带湿地生态系统是位于海陆交互界面、受陆海相互作用最为显著的生态系统，包括潮间带盐水沼泽、红树林以及海草床等，是世界上生产力最高的生态系统之一。在过去的 60 多年里，由于自然和人为因素的影响，我国的海岸带湿地遭受到极大的破坏。海岸湿地资源的不合理开发和利用导致海岸带湿地生态系统的结构和功能发生重大变化。1950 ～ 2014 年，共损失了 801 万 hm^2 的海岸带湿地，总丧失率为 58.0%。此外，1985 ～ 2010 年，有 75.5 万 hm^2 的海岸带盐沼以年围垦率 5.9% 的速度被围垦。海岸带盐沼的面积急剧减少甚至消失，特别表现在渤海湾、长江三角洲、珠江三角洲3 个主要经济区域，其湿地围垦强度相对较高。盐沼和淤泥质沙滩是我国海岸带湿地的主要类型，自20 世纪 50 年代起，我国的盐沼和淤泥质沙滩面积已经下降了 57%。20 世纪 90 年代末，我国仅拥有5.7 万 hm^2 的盐沼，至少有 70.8 万 hm^2 的盐沼被开垦而丧失。自 1979 年我国第一次引入互花米草以来，迄今为止已有 3.4 万 hm^2 的本土潮沼湿地植被被互花米草取代。在中国海岸带南部，红树林减少了 73%，珊瑚礁减少了 80%。特别是华南地区，近 40 年来总体丧失了约 3.34 万 hm^2 的海岸带湿地，丧失率达 69.15%，红树林面积从 4 万 hm^2 减至 1.5 万 hm^2（周云轩等，2016）。

（二）沼泽水文调蓄功能下降

沼泽面积的大幅度减少首先导致湿地蓄水容量减少，储水空间变小使洪峰向下游推进。湿地疏干，草根层破坏，植被演替，也降低了湿地对洪水的拦蓄性能。一方面使洪水泛滥、洪峰增高、洪水频率加大、持续时间增长。另一方面湿地长期干旱缺水，蓄水量下降，湿地土壤风化。以松嫩平原为例，随着人口增长，松嫩平原农业开发不断向低河漫滩湿地逼近，城市和工业用水进一步减少了湿地的水源供应，湿地破坏和退化的速度十分惊人，漫滩上的沼泽和湖泊面积不断减少。60 年代以前，本区芦苇湿地的面积达 28.6 万 hm^2，主要分布在黑龙江省的乌裕尔河中下游和哈拉海甸子、吉林省的霍林河中下游、洮儿河中下游月亮泡一带。70 年代以后，由于连年干旱，管理不善，芦苇退化严重，许多苇塘变成旱塘，芦苇湿地面积减少了 13.3 万 hm^2。在长江中下游地区，盲目围垦造成湿地面积大量减少，急剧削弱了湿地调蓄和缓冲功能，助长了洪水泛滥。其中，洞庭湖面积由 20 世纪 50 年代初的 4300 km^2，减少到现在的不足 2270 km^2。40 年来，江汉平原围湖造田 6000 km^2，江汉湖群面积已从 8330 km^2 下降到 2270 km^2。由于大规模的围湖造田和大量的泥沙淤积，昔日的"八百里洞庭"被分割得支离破碎，湖泊调蓄洪水的能力下降，湿地的蓄洪、削洪能力减弱，洪涝灾害频繁，洪涝灾害造成的损失逐年增加。1998 年，长江发生了 1954 年以来的全流域大洪水，松花江、嫩江出现了超过历史记录的特大洪水。据不完全统计，受灾面积 2120 万 hm^2，受灾人口 2.23 亿，死亡 3004 人，倒塌房屋 497 万间，直接经济损失 1666 亿元。长江、嫩江和松花江流域特大洪水不仅直接造成了巨大的经济损失，也使得湿地生态功能、社会效益得不到正常发挥，抵御自然灾害能力丧失。

（三）沼泽生物多样性丧失

中国幅员辽阔、自然条件复杂，是世界上湿地类型最多的国家之一，湿地类型涵盖了《湿地公约》所划分的全部 42 类。湿地景观、环境的高度异质性，又为众多野生动植物栖息、繁衍提供了基地，湿地物种多样性极为丰富。然而，随着湿地面积的丧失以及湿地服务功能的减弱，湿地生物多样性正面临严重的威胁。例如，三江平原沼泽开垦为农田，使赖以生存的沼泽植物和动物的种类及数量减少，许多植物过去为常见种，现在已为濒危和稀有种类，如绶草、野苏子等。湿地水禽尤其是珍禽和狩猎鸟类减少，濒危珍禽朱鹮和冠麻鸭近年来已不多见（刘兴土，2017）。洪河保护区在 20 世纪50 年代有沼泽植物 92 种、鱼类 100 多种，现仅有沼泽植物 68 种、鱼类 50 余种。太湖鱼类由 20 世纪 60 年代的 101 种减少到 20 世纪 90 年代的 60 种。2009～2010 年调查结果显示，太湖的鱼类仅为15 科 40 属 50 种。

从湿地鸟类资源变化情况看，两次全国湿地资源调查记录到的鸟类种类呈现减少趋势，超过一半的鸟类种群数量明显减少。滨海湿地作为连接海洋和陆地的重要过渡地带，是许多湿地和海洋生物的繁殖育幼栖息地，包括珊瑚礁、红树林以及浅海海床等多种类型，被认为是地球上生物多样性最高的生态系统。我国位于东亚－澳大利西亚等迁徙水禽飞行路线上。据统计，每年在我国滨海盐沼等湿地分布区中转停歇或栖息繁殖的水禽种类超过250种，约占中国总水鸟种类的80%，数量高达数百万只，这其中不乏丹顶鹤、黑脸琵鹭和东方白鹳等濒危鸟类。亚洲57种濒危水禽中，中国湿地就发现了31种。全世界鹤类有15种，中国湿地就占9种。然而，滨海湿地是受人类活动干扰影响最大、破坏最严重、生物多样性下降最明显的区域（刘兴土，2017）。由于过度无序开发、环境污染和违规捕捞作业等活动，在过去半个世纪里，中国已累计损失57%的温带滨海湿地、73%的红树林和80%的珊瑚礁。例如，在深圳飞速发展的近40年里，红树林面积缩减了一半，水鸟数量仅剩下不到先前的三分之一。

二、气候变化对沼泽的影响

作为地球上独特的生态系统，沼泽发挥着一系列重要生态功能。但是，近年来沼泽面积严重锐减。受气候变化影响，温度升高、海平面上升、干旱和洪水等极端事件频发，被认为是导致湿地面积减少和功能减退最显著的自然因素（雷茵茹等，2016）。气候变化对沼泽最直观与最明显的影响是沼泽分布和面积的变化，它直接影响沼泽水文过程，从而影响沼泽生物多样性，同时也有可能引起温室气体的源汇转化并对沼泽碳循环产生影响（刘兴土，2017）。排除人为干预，气候是控制湿地消长最根本的动力因素。气候变化通过气温增高、降水量变化对沼泽生态系统产生影响。气温升高会引起沼泽水温及土壤温度的升高，会引起北方地区冰层覆盖、土壤冻融时间的变化，导致沼泽的蒸发量增加，影响沼泽的能量平衡。降水量、降水频率、降水强度及降水量在时空分布上的不均匀性和不稳定性都会对沼泽生态系统产生影响。沼泽变化是在气温和降水等综合作用下产生的，单一的降水变化不能说明整个气候变化对沼泽的作用，还要对气温升高引起的蒸散量加大予以考虑。极端天气气候事件，如极端暴雨，具有降水突发性强、积累雨量大的特点，可短时间内形成地表径流并抬高沼泽水位，促进低洼地区沼泽的形成，加强物质的交换，但降雨径流也可能会引起面源污染。极端干旱可能会导致河道断流、沼泽水位持续下降、沼泽面积逐渐缩小甚至消失。另外，气候变暖引起的海平面上升会直接威胁滨海盐沼湿地生境的稳定性，造成滨海盐沼湿地群落演替、功能退化和面积丧失（Wang et al.，2016）。

沼泽面积的变化一般与气温变化呈负相关关系，与降水、湿度变化呈正相关关系，沼泽分布及面积对气候变化的响应，因沼泽水源补给方式和所属区域的不同而不同。以我国黑龙江扎龙国家级自然保护区为例，20世纪80年代以来，扎龙沼泽气温总体上呈现波浪式的上升趋势。20世纪80年代和90年代该地区的年平均气温分别比1951～1980年的年平均气温高1.2℃和1.8℃。与气温变化相反，该地区降水在1980～2004年呈现明显的下降趋势。与20世纪50年代末60年代初相比，该地区90年代的降水量减少了70%，而蒸发量却远高于降水量。由于缺水，部分湖泊干涸露地，大面积的沼泽变成了干草地，沼泽旱化、碱化、沙化不断加重，芦苇沼泽退化，鱼类资源锐减，丹顶鹤等珍稀水鸟的栖息繁殖环境受到严重影响（佟守正等，2008）。

我国科研人员历经多年调查和数据积累，获取了全国湿地类型分布样点数据，结合降尺度高分辨率气候数据、全国耕地数据、夜光遥感数据和人口分布数据，建立了生态位指标数据集。采用生态位分布模型组合预测的方法，还原了全新世中期（约6000年前）全国尺度高空间分辨率（1 km×1 km）自然湿地空间分布，预测了21世纪末期典型气候情景下自然湿地空间分布格局。在此基础上，分析了未来气候变化对湿地生态系统演变的潜在影响和湿地生态系统对社会经济发展的贡献（Xue et al.，2018）。结果表明，全新世中期，中国自然湿地面积约为1.368亿 hm²，占全国国土总面积的14.2%。现有15.3%的城市（其中包括6个省会城市、61个地级市和362个县城）和16.4%的耕地

（3080 万 hm²）由湿地开垦而来，现有 37.2% 的人口（4.98 亿人）生活在湿地周边 10 km 范围内。预测结果表明，未来全球增温将进一步威胁现存自然湿地，高海拔山地和内陆干旱半干旱地区的湿地生态系统将面临更快速的退化风险。在各类型湿地中，淡水沼泽和季节性盐沼面临的风险更高。

三、垦殖活动对沼泽的影响

农业垦殖活动是全球沼泽损失最主要的驱动因素。中国拥有全球约 10% 的湿地，同时仅有 7% 的耕地用来供给全球 22% 人口的粮食需求。对粮食生产的巨大需求使得我国湿地生态系统受到严重威胁。沼泽作为重要的天然湿地类型，受农业垦殖活动影响尤为严重。我国科研人员利用中国科学院建设完成的中华人民共和国土地覆被数据集（吴炳方等，2017）中 1990 年、2000 年、2010 年三期沼泽和耕地数据，系统分析了 1990 ～ 2010 年国家尺度上沼泽和耕地间相互转化的时空格局（Mao et al.，2018）。研究发现，1990 ～ 2010 年，中国的农业开垦直接占用了 15 765 km² 的沼泽，其中 74.7% 发生在 1990 ～ 2000 年。1990 ～ 2010 年，农业耕垦对沼泽损失的贡献率为 60%，两个十年间农业耕垦沼泽的速率有所下降。农业耕垦直接占用沼泽主要分布在我国东北地区，以东北地区的三江平原和松嫩平原最为剧烈。东北三省农业耕垦直接占用沼泽的面积为 13 467 km²，约占全国农业耕垦直接占用沼泽总面积的 85.4%。其中沼泽直接耕垦为旱地的面积为 9886 km²，耕垦为水田的面积为 3580 km²。随着对沼泽生态系统服务认知度的提升，2000 ～ 2010 年农业开垦占用沼泽的速率有所下降。从气候带分区统计结果可以看出，我国农业耕垦直接占用沼泽主要分布在区域气候适宜农作物耕种的湿润和半湿润地区，如我国东北地区（表 12-2）。

表 12-2　不同气候带农业耕垦占用沼泽面积统计（Mao et al.，2018）　　　　（单位：km²）

气候带	1990～2000年沼泽转化		2000～2010年沼泽转化	
	旱地	水田	旱地	水田
干旱区	80	2	93	4
半干旱区	890	397	727	111
半湿润区	1693	529	427	163
湿润区	6717	1471	1196	1265

1990 ～ 2010 年，我国共实施退耕还湿 1369 km²，其中 66.3% 的退耕还湿发生在 2000 ～ 2010 年，湿地保护与恢复工程的认知度和力度不断提升。东北三省共实施退耕还湿 846 km²，约占全国退耕还湿总面积的 61.8%。但相对于其直接占用的比例（74.7%）而言，退耕还湿的面积还十分有限。干旱区沼泽的农业开垦趋势仍没有得到有效遏制（Mao et al.，2018）。

另外，我国科学工作者近期分析了全国湿地的现状与变化趋势，并探讨了"零净损失"作为湿地保护目标的不足（Xu et al.，2019）。研究发现，2000 ～ 2015 年，我国总体上新增湿地面积大于丧失面积，因此总面积增加了 0.15 万 km²，全国湿地丧失的趋势得到初步遏制。但是，这种净面积的增加不能反映湿地变化的复杂性。首先，从变化的类型来看，尽管湖泊、水库等开放水面增加，但沼泽、滩涂等天然湿地减少了 0.76 万 km²。其次，从湿地变化的主要驱动因素来看，湿地的变化是生态保护、粮食安全、气候变化等多种自然社会因素综合影响的结果，但退耕还湿还湖、自然保护区建设等生态保护恢复工程带来的湿地面积增加，并不能抵消农田和城镇建设等人为造成的湿地损失。青藏高原地区气温升高致使冰川和常年积雪消融退缩，短期内导致河流湖泊水面扩张，但这种增加是不可持续的，长期来说湿地面积可能会减少。最后，目前湿地的变化格局可能存在较大的生态风险，我国东北、东部沿海地区的湿地尤其是沼泽的丧失影响东亚－澳大利西亚候鸟迁徙路线上的候鸟迁徙安全；大坝修建导致水面增加，可能淹没原有珍稀濒危物种的栖息地，同时大坝修建切断了鱼类等水生动物的洄游通道进而威胁其长期生存。因此，仅将"总面积不减少"作为湿地保护的目标是不充分的，除了面积，湿地类型、质量和功能都应该统筹作为湿地保护目标的重要组成部分。

四、其他干扰方式对沼泽的影响

（一）城镇化

城镇化作为最为典型的人类活动类型之一，对沼泽生态系统产生了重要的影响。城镇土地扩张作为基建占用的最主要形式，成为影响沼泽的重要威胁因素。我国科研人员系统探讨了 1990～2010 年中国城镇用地扩张和湿地损失的时空格局，并进一步分析了城镇化直接占用湿地的数量、格局及其地理分布差异（Mao et al.，2018）。研究发现，1990～2010 年中国的城镇用地扩张直接占用了 2883 km² 的湿地，约占我国湿地损失总面积的 6%；城镇化占用沼泽主要发生在我国东部地区，尤其是滨海地区。随着全国城镇化水平的不断提升，城镇用地扩张占用沼泽的趋势明显增强。尽管政府主导下的沼泽保护与恢复努力不断加强，我国的沼泽生态系统保护仍面临着巨大的压力。

（二）外来物种入侵

第二次全国湿地资源调查结果表明，外来物种入侵已成为影响我国湿地的五大主要威胁因子之一。大部分外来物种是引种栽培，部分外来物种已成为生态入侵物种，危害范围最广的是喜旱莲子草、凤眼莲、互花米草和大米草。其中，互花米草原产于北美大西洋沿岸，对气候、环境的适应性和耐受能力强。中国从 20 世纪 80 年代开始广泛引种，用于滨海地区促淤造陆和保滩护岸等生态工程，虽取得了一定的生态和经济效益，但造成了较为严重的生态问题，如威胁本土植物群落、入侵滩涂、严重影响水鸟生境等。2003 年，环保部将互花米草列为首批 16 个外来植物入侵物种之一。我国科研人员利用长时间序列 Landsat 系列数据，结合大量的野外调查数据，构建了中国互花米草数据集，包括 1990 年、2000 年、2010 年、2015 年四期互花米草入侵分布数据，系统分析了互花米草入侵现状特征、入侵动态及空间异质性，定量解析了入侵的主要土地覆被类型的面积（Liu et al.，2018）。研究发现，截至 2015 年，互花米草入侵面积达 546 km²，北起河北、南到广西均有分布，其中江苏、浙江、上海、福建入侵面积最多，占总面积的 92%，约 1/3 的互花米草分布在 13 个滨海湿地国家级保护区内。1990～2015 年，互花米草呈现持续扩张趋势，25 年间扩张 502 km²。江苏盐城、上海崇明、浙江宁波是互花米草入侵的热点区域，入侵面积在 5000 hm² 以上。互花米草入侵的最主要湿地类型为滨海滩涂（93%）。尽管政府主导下的互花米草治理措施不断加强，但滨海湿地生态系统的保护仍面临着巨大的压力。

（三）排水和过度放牧

第二次全国湿地资源调查结果表明，过度放牧是对湿地生态系统影响面最大、最广的干扰因素之一。在若尔盖高原沼泽区，最主要、涉及范围最广的干扰活动就是放牧，过度放牧成为该地区沼泽退化的最主要人为因素。若尔盖高原沼泽区牧民经济收入来源单一，以饲养牲畜为主。以若尔盖高原湿地区若尔盖县的沼泽为例，该县国民经济总产值中畜牧业占 57%，且现有的畜牧业极为粗放，同时与畜牧业相关的深加工产业很不发达。若尔盖县现有草地 80.95 万 hm²，其中可利用草地 65.23 万 hm²，理论载畜量 120 万个羊单位，实际载畜量 334.4 万个羊单位，超载率约为 178.67%。这种长期超载过牧状态随着人口和牛羊的急剧增加逐渐加剧，草畜矛盾更为严重，成为危害沼泽生态环境并使其加速萎缩退化的主要人为因素（刘兴土，2017）。

在若尔盖高原沼泽，进入 19 世纪 70 年代中期以后，为扩大可利用草场面积，对部分沼泽进行了人为开沟排水，总计挖排水沟 700 余条，总长度 2864 km，累计不同程度疏干、改造沼泽 200 hm²，这使得局部疏干的沼泽发生沙化。受到草地退化和沙化的影响，土壤有机质含量下降，营养元素含量减少，泥炭分解度增大，腐殖酸含量减少，土壤碱性增强，区域土壤肥力已呈现严重下降趋势，并有向枯竭方向发展的趋势。而且大面积耕翻草地种植青稞和牧草，破坏了原有植被和土壤，导致沙地、沙化草地逐年扩大。另外，随着湿地退化和萎缩，地下水位下降，特别是人工排水疏干沼泽，为高原鼠兔等草原害鼠创造了良好的栖息环境，鼠害泛滥。据实地调查，仅若尔盖县的高原鼠害面积就高达 28 万 hm²，鼠洞密度一般为 2500 个 /hm² 左右，多者可达 4200 个 /hm²，且从草甸土分布区向沼泽土、泥炭土分布区蔓延（吕宪国，2008）。

第二节　退化沼泽生态系统恢复

一、沼泽退化与恢复研究现状

（一）国内外沼泽退化与恢复研究现状

伴随着湿地科学研究的蓬勃发展，湿地退化日益加剧，湿地退化与恢复研究开始兴起。20 世纪 80 年代以来，世界范围内进行了大规模的湿地恢复工作。例如，1988 年开始，美国政府提出并实施了"无净损失"的湿地保护政策，对于不可避免的湿地丧失必须通过湿地恢复或重建进行补偿。在这个背景下，减缓和防止湿地生态系统的退化萎缩，恢复和重建受损的湿地生态系统已经受到国际社会的广泛关注和重视。研究对象涉及沼泽、河流、湖泊以及滨海湿地等各类湿地类型，热点研究区域集中在美国佛罗里达州大沼泽地、巴西潘塔纳尔沼泽地、欧洲莱茵河流域、北美五大湖、美国墨西哥湾滨海湿地等世界重要湿地分布区。沼泽是湿地最主要的类型之一，目前关于沼泽退化机制的探究已深入生物学、土壤学、生态学以及生物地球化学等各领域，并在遥感等新技术的支持下，不断注重宏观退化过程与微观退化机制的结合。我国的沼泽退化与恢复研究起步较晚，但发展迅速。热点研究区域主要包括东北三江平原沼泽、四川若尔盖高原沼泽、青海三江源沼泽、黄河三角洲盐沼湿地、辽河三角洲盐沼湿地以及太湖、洞庭湖、白洋淀等湖泊沼泽。迄今为止我国已有较多有关沼泽退化机制的研究，但以往大多为宏观、定性的退化过程与机制研究，而较少从生理生化过程、生物地球化学过程、土壤生物化学过程等方面开展退化微观过程与机制研究，阻碍了对沼泽退化机制的深入认识。

国际上在沼泽恢复机制研究方面已开展了大量的研究。总体上，目前的研究由注重单要素的恢复过程，向微观机制与宏观过程相结合的多目标兼顾的综合恢复机制发展，既注重沼泽结构的恢复，又强调功能的提升。例如，从 20 世纪 80 年代开始，美国在大沼泽进行了一系列恢复与治理研究和示范工程，探明了流域尺度水资源分配不均和来源于农业施肥的磷污染是大沼泽地退化的关键胁迫因子，并利用横跨时空尺度特征的"系统性生态指标"对河湖连通等水利工程和本地物种恢复等生物措施的恢复过程进行动态跟踪监测研究，综合评估洪水控制、水质净化和生物多样性维持等沼泽功能的恢复机制与效果（Mitsch and Gosselink，2015）。我国沼泽恢复研究发展较为迅速，总体上，目前的研究更多侧重水、土、生物等单要素、单目标的恢复，但近年来逐渐开始注重基于多要素的生态系统修复机制及流域尺度功能提升的优化管理研究。例如，中国科学院东北地理与农业生态研究所在三江平原和松嫩平原沼泽多年植被和水文恢复研究的基础上，近年来重点开展了水文-生物-栖息地多途径协同恢复机制研究，并逐渐探索以沼泽生态系统功能提升为目标的沼泽恢复机制（吕宪国和邹元春，2017）。

（二）我国沼泽保护与恢复现状

我国政府历来高度重视湿地保护与恢复工作。其中，党的十八大明确提出实施重大生态修复工程，扩大湿地面积，党的十九大明确提出强化湿地保护和恢复。2000 年，中国政府公布实施《中国湿地保护行动计划》。2016 年，国务院印发了《湿地保护修复制度方案》，方案中提出要建立湿地保护修复制度，全面保护湿地，强化湿地利用监管，推进退化湿地修复，提升全社会湿地保护意识，为建设生态文明和美丽中国提供重要保障。方案中明确指出要建立退化湿地修复制度，部分具体措施包括：①明确湿地修复责任主体。对未经批准将湿地转为其他用途的，按照"谁破坏、谁修复"的原则实施恢复和重建。②多措并举增加湿地面积。通过退耕还湿、退养还滩、排水退化湿地恢复和盐碱化土地复湿等措施，恢复原有湿地。③实施湿地保护修复工程。坚持以自然恢复为主、人工辅助修复相结合的方式，对集中连片、破碎化严重、功能退化的自然湿地进行修复和综合整治，优先修复生态功能严重退化的国家和地方重要湿地。通过污染清理、土地整治、地形地貌修复、自然湿地岸线维护、河湖水系连通、植被恢复、野生动物栖息地恢复、拆除围网、生态移民和湿地有害生物防治等手段，逐步恢复湿地生态功能，增强湿地碳汇功能，维持湿地生态系统健康。④完善生态用水机制。统筹协调区域或流域内的水资源平衡，维护湿地的生态用水需求。从生态安全、水文联系的角度，利用流域综合治理方法，建立湿地生态补水机制。⑤强化湿地修复成效监督。制定湿地修复绩效评价标准，组织开展湿地修复工程的绩效评价。由第三方机构开展湿地修复工程竣工评估和后评估。

我国沼泽面积广阔，但依然面临着严峻的退化问题。深入揭示沼泽退化机制与修复机制，既是适应我国湿地科学这一新兴学科自身不断发展完善的理论需要，同时也是服务我国"退耕还湿""退田还湖"等重大国家生态战略的实践需求。未来的沼泽退化与生态恢复研究，将在结合遥感、生态模型等新技术和新手段的支持下，不断加强沼泽宏观退化过程和微观退化过程与机制及其定量化研究，在此基础上，注重结构恢复和功能提升的多目标兼顾的流域尺度综合恢复机制，完善沼泽生态恢复理论。同时，适应国家生态战略需求，开展流域尺度多因子驱动、多目标兼顾的适应性退化沼泽生态恢复技术研发与示范，并逐渐建立完善的沼泽生态恢复效果评价机制。另外，适时开展沼泽生态产业模式研发与市场化、多元化生态补偿机制探索。

为贯彻落实国家湿地保护的相关政策，针对沼泽，我国已陆续实施了一系列重大生态工程。例如，2014 年中央财政增加安排林业补助资金 15.94 亿元，支持湿地保护与恢复，启动了退耕还湿、湿地生态效益补偿试点等工作，主要集中在东北沼泽分布区。安排在黑龙江、吉林、辽宁、内蒙古先行开展退耕还湿试点，退耕还湿面积 15 万亩。其中黑龙江省试点面积达 12.345 万亩，绝大部分为沼泽分布区，占全国首批试点总任务的 82.3%。2016 年，《中共中央 国务院关于全面振兴东北地区等老工业基地的若干意见》中提出，推进三江平原、松辽平原等重点湿地保护，全面禁止湿地开垦，在有条件的地区开展退耕还湿。2016 年，黑龙江省人民政府印发的《黑龙江省水污染防治工作方案》中明确提出到 2020 年，黑龙江省实现退耕还湿 50 万亩，恢复湿地面积 100 万亩。

2022 年 6 月 1 日颁布实施的《中华人民共和国湿地保护法》对湿地修复进行了明确规定，主要包括：县级以上人民政府应当坚持自然恢复为主、自然恢复和人工修复相结合的原则，加强湿地修复工作，恢复湿地面积，提高湿地生态系统质量。县级以上人民政府对破碎化严重或者功能退化的自然湿地进行综合整治和修复，优先修复生态功能严重退化的重要湿地。开展湿地保护与修复应当充分考虑水资源禀赋条件和承载能力，合理配置水资源，保障湿地基本生态用水需求，维护湿地生态功能。应当科学论证，对具备恢复条件的原有湿地、退化湿地、盐碱化湿地等，因地制宜采取措施，恢复湿地生态功能。应当按照湿地保护规划，因地制宜采取水体治理、土地整治、植被恢复、动物保护等措施，增强湿地生态功能和碳汇功能。禁止违法占用耕地等建设人工湿地。同时要求对生态功能重要区域、海洋灾害风险等级较高地区、濒危物种保护区域或者造林条件较好地区的红树林湿地优先实施修复，对严重退化的红树林湿地进行抢救性修复，修复应当尽量采用本地树种。对泥炭沼泽湿地所在地县级以上地方人民政府应当因地制宜，组织对退化泥炭沼泽湿地进行修复，并根据泥炭沼泽湿地的类型、发育状况和退化程度等，采取相应的修复措施。重要湿地修复完成后，应当经省级以上人民政府林业草原主管部门验收合格，依法公开修复情况，加强修复湿地后期管理和动态监测，并根据需要开展修复效果后期评估。因违法占用、开采、开垦、填埋、排污等活动，导致湿地破坏的，违法行为人应当负责修复。违法行为人变更的，由承继其债权、债务的主体负责修复。因重大自然灾害造成湿地破坏，以及湿地修复责任主体灭失或者无法确定的，由县级以上人民政府组织实施修复。

二、沼泽生态系统恢复的理论和目标

退化沼泽生态系统的生态恢复是在遵循自然规律的基础上，依据相关理论，贯彻技术上适当、经济上可行、社会能够接受的方法，通过人类作用使退化的沼泽生态系统恢复到先前的健康状态的过程。

（一）沼泽生态系统恢复的相关理论

在退化湿地生态恢复理论方面的研究历史较短，退化沼泽成功恢复的例子相对较少，沼泽恢复的理论体系还没有完全建立起来。Zedler（2000）对有关湿地恢复理论做过较为全面的总结，认为湿地恢复应遵循以下几个理论：岛屿生物地理学理论、生态位理论、种群理论和营养级理论。彭少麟等（2003）认为在退化湿地的恢复过程中，可应用自我设计和设计理论、演替理论、入侵理论、洪水脉冲理论、边缘效应理论和中度干扰假说等理论作指导。周进等（2001）总结过泥炭地植被恢复过程中的有关理论。另外还有一些专著出版，其中代表性著作主要有 Middleton 撰写的《湿地恢复、洪水脉冲和干扰动态》（*Wetland Restoration, Flood Pulsing, and Disturbance Dynamics*）及 Hey 和 Philippi 合撰的《湿地恢复案例》（*A Case for Wetland Restoration*），是湿地恢复理论的集中体现。另外，地形异质性理论近年来得到了恢复生态学家的重视，并开始应用到沼泽生境修复及生物多样性恢复研究与实践过程中。目前沼泽恢复理论还有待在大量的恢复实践基础上进一步总结完善，在将来研究中，实现多学科合作将是退化沼泽恢复成功的关键（韩大勇等，2012）。

（二）沼泽生态系统恢复的目标

沼泽恢复的目标是指将退化沼泽恢复到什么样的状态，目标是用参照湿地来描述的，对恢复工作的评价就是通过监测把恢复的状态与参照湿地进行比较评价。沼泽生态恢复的总体目标是采用适当的生物、生态及工程技术，尽量将退化沼泽生态系统的结构和功能恢复到与先前相同的健康状态，最终达到沼泽生态系统的自我维持状态。湿地恢复的成功与否，经常要受两个条件制约：一是湿地的受损程度；二是对湿地受干扰前自然状态的了解程度。在退化沼泽恢复重建时，应充分考虑区域的背景条件、自然生态特征、社会经济状况等因素，在查清湿地退化过程以及退化的各种驱动力的前提下，根据相应的湿地恢复原则，建立适合本区域自然生态条件和气候条件的沼泽恢复目标。

1. 生态系统的保护

保护现有的沼泽生态系统是进行生态恢复的首要目标，尽管生态恢复主要是针对退化生态系统，但生态系统的保护仍是生态恢复的重要工作，因为对于正在退化的生态系统，在没有找到合理的恢复途径和措施之前，应尽量保证生态系统不再退化，遏止住退化的态势，为将来实施生态恢复创造条件。而且，保护好现有的生态系统对实施生态恢复的退化生态系统具有重要参考意义，是衡量退化生态系统恢复的重要参照系。

2. 生态系统结构的恢复

生态系统结构是生态系统组成要素相互联系、作用的方式，是生态系统的基础。生态系统结构包括组成结构和营养结构。组成结构是指生态系统的成分，包括生产者、消费者、分解者和非生物的物质和能量。营养结构包括食物链和食物网。实施生态系统恢复工程，首先必须了解系统的组分构成，把握生态系统结构特征，分析退化生态系统组分与结构的变化过程，找出退化的原因与机制，通过一定的措施与途径，逐步恢复生态系统原有的组分和结构，保持系统的稳定性。

3. 生态系统功能的恢复

生态系统退化不仅表现为结构的退化，还表现为功能的退化，使生态系统原有的生态功能削弱或丧失，如调蓄洪水、调节气候、水质净化等。生态系统功能退化给人类社会带来了严重后果，影响了区域生态－社会－经济系统的可持续发展。生态恢复是整个退化生态系统的全面恢复，既要恢复生态系统的结构，又要恢复系统的各项功能。

三、沼泽生态系统恢复的关键技术

我国湿地类型齐全、分布广、发育模式多样。近 50 年来，由于我国人口急剧增加，以湿地垦殖、围湖造田等为主的农业生产活动，导致湿地大面积退化和丧失，湿地生物多样性锐减、区域水热失衡、水分时空分异性增强，湿地生态调节功能显著下降，加剧了洪水灾情，对自然生态和农田生态的稳定性产生巨大冲击，已严重制约了我国区域经济的可持续发展。我国湿地恢复与重建，多集中于湖泊水环境修复、滨海湿地栖息地及植被恢复。沼泽恢复开展较少，已开展的湿地恢复主要有采用筑坝方法对若尔盖退化泥炭地水文进行恢复；采用引水、蓄水技术对鄱阳湖退化湿地进行恢复；采用配水、水盐调控技术对黄河三角洲退化湿地进行恢复；扎龙湿地补水、向海－科尔沁保护区水资源共管等。总体来说，我国沼泽恢复以补水、筑坝等技术为主，维持湿地水量和面积，综合、集成技术方法较少。目前国内外沼泽生态恢复研究区域及相关技术成果见表 12-3 和表 12-4。

表 12-3　国际沼泽生态恢复研究区域及相关技术成果

序号	研究区域	相关研究内容	相关研究与技术成果	成果应用情况
1	美国佛罗里达大沼泽分布区	佛罗里达大沼泽生态恢复与重建	（1）洪泛平原水系连通、磷面源污染控制和湿地水质净化功能提升恢复技术 （2）外来入侵物种控制技术 （3）恢复后湿地的同步监测与定期评估技术	（1）在基西米河流域和大沼泽区广泛采用 （2）恢复湿地长期监测和评估，作为湿地恢复效果的评价手段
2	美国滨海盐沼湿地分布区	（1）海水侵蚀河口湿地生态重建和恢复 （2）石油污染滨海湿地生态恢复	（1）河道分流、泥沙补充和海岸屏障生态恢复技术 （2）石油污染湿地生物净化技术	（1）密西西比河三角洲海岸侵蚀湿地重建 （2）墨西哥湾石油污染湿地治理和恢复
3	欧洲泥炭沼泽分布区	退化泥炭地及其功能评估与生态恢复	（1）泥炭地生态恢复的水文调控、生境改造技术 （2）泥炭地生态恢复技术与管理指导手册	欧洲泥炭沼泽地的恢复与管理

表 12-4　我国沼泽生态恢复研究区域及相关技术成果

序号	研究区域	相关研究内容	相关研究与技术成果	成果应用情况
1	三江–松嫩平原沼泽分布区	（1）松嫩平原退化盐碱湿地生态恢复及合理利用研究与示范 （2）东北典型湿地自然保护区生态补水和栖息地恢复技术与示范 （3）气候变化下典型脆弱湿地生态系统的适应技术体系研究与示范	（1）湿地保护区生态补水、水资源共管和典型水鸟栖息地恢复技术 （2）沼泽稻–苇–鱼（蟹）复合农业生态工程模式 （3）盐斑沼泽低产苇田改造与芦苇高产培育技术、碱斑地芦苇根茎移植技术、重度盐碱地种稻技术 （4）气候变化下沼泽植被、水鸟生境适应技术与水鸟栖息地潜在分布格局预测	（1）松嫩盐碱湿地恢复技术和合理利用模式累计推广 1040 万亩 （2）指导扎龙湿地补水，恢复扎龙国家级自然保护区退化湿地 1333.3 hm²；莫莫格白鹤生境综合恢复技术、三江平原塔头薹草湿地恢复等 （3）湿地自然保护区恢复与湿地公园建设规划方案与实施 10 处；沼泽适应性管理技术在 4 处国际重要湿地进行示范
2	长江中下游湖泊沼泽分布区	（1）湿地功能价值评价方法与退化湿地功能评估 （2）污染湖泊湿地生态系统功能作用机制及调控与恢复技术 （3）退化湿地景观重建与生态恢复设计与规划管理	（1）典型湖沼湿地生态系统的主导服务功能；典型湖沼湿地服务功能评价指标体系与核算技术 （2）串联–并联复合高效污染处理湿地构建技术；河流湿地污染源区快速识别技术、基于完整生物链修复的综合湿地恢复技术和农林复合模式消减农业面源污染技术	（1）指导完成了 14 个典型湖沼湿地生态系统服务价值评估工作及国家尺度上湖沼湿地生态系统服务的价值评价 （2）基于污染湖泊恢复技术，在太湖流域建立了 4 个湿地恢复试验示范基地
3	长白山泥炭沼泽分布区	（1）东北泥炭沼泽退化格局与驱动机制 （2）泥炭沼泽苔藓地被的恢复与泥炭沼泽碳汇功能提升技术	（1）我国东北典型泥炭沼泽主要退化类型和现状，初步确立东北地区泥炭沼泽退化的关键驱动因子 （2）泥炭沼泽苔藓地被的恢复技术，提出了通过优化配置植物群落结构，提升泥炭沼泽碳汇功能技术方案	（1）在长白山泥炭沼泽建立了大石河湿地泥炭地再湿增汇技术示范区，修复退化沼泽植被面积 280.3 hm² （2）金川泥炭沼泽恢复长期试验站，在龙湾泥炭湿地开展了恢复技术示范
4	滨海盐沼湿地分布区	（1）滨海盐沼生态修复和生态工程的研究与应用 （2）湿地生态工程设计与应用	（1）滨海湿地互花米草入侵机制与大米草衰退机制；互花米草控制管理和大米草种群恢复技术 （2）利用湿地处理系统与构造湿地进行面源污染控制与生态修复技术	相关技术在黄河三角洲、上海大莲湖、苏州太湖、常熟南湖和浙江海盐钱江潮等典型湿地地区示范应用

　　发展前景上，湿地退化研究由景观格局演变向湿地功能退化规律和功能恢复关键限制性因子研究发展；恢复目标上，从维持湿地水量和湿地面积，向湿地功能提升发展；技术方法上，从当前单一补水和植物移栽等粗放式单要素恢复技术，向水文–生物–栖息地多途径协同恢复深入；互联网信息技术和光伏等清洁能源技术的引入尤其具有发展前景。湿地恢复作为系统性工程，综合考虑恢复区社会

经济条件、生态补偿机制、恢复后湿地长期稳定和湿地可持续性生态产业发展模式的研究比较匮乏。我国自然条件复杂，多因子驱动导致的湿地退化，其恢复与重建方法国际上尚无可借鉴案例。

四、沼泽恢复评价和长期动态监测

（一）沼泽恢复评价

沼泽生态恢复，是指通过生态技术或生态工程对退化或消失的湿地进行修复或重建，再现干扰前的结构和功能，以及相关的物理、化学和生物学特性，使其发挥应有的作用。沼泽湿地生态恢复已经成为 21 世纪国际湿地科学研究的热点与前沿之一。自 20 世纪 90 年代以来，我国已经批准和实施了一大批沼泽保护与生态恢复工程，今后还将规划和实施更多的湿地保护与生态恢复工程。对这些已经实施、正在实施和即将实施的湿地保护与生态恢复工程的恢复效果进行科学、客观和准确的评价，不仅是沼泽湿地生态恢复工程的重要组成内容，也为湿地生态恢复工程进一步的实施提供重要指导。这是因为沼泽湿地生态恢复是一种动态过程，通过对这一动态过程进行评价以及时掌握湿地系统当前状况、发展方向等方面的信息，不仅是更好地进行生态恢复的首要前提，还可以指导湿地生态系统管理，进一步为湿地生态恢复服务，为生态建设和确保区域社会经济的可持续发展提供决策支持（吴后建和王学雷，2006）。

目前，沼泽湿地恢复评价主要着重于沼泽生态系统结构和功能的恢复，评价过程主要包括以下三方面：①选择参照沼泽湿地。开展沼泽湿地恢复评价，首先需要选择合理的参照湿地；目前，根据恢复目标，大部分研究选择与恢复地邻近、类似、未受干扰的自然湿地作为参照湿地。②构建评价指标体系。根据沼泽湿地恢复的目标，结合退化现状，选择适宜的结构和功能等指标，构建评价指标体系。③开展恢复效果评价。针对评价指标参数，合理选择监测技术，开展恢复过程监测，完成恢复效果评价。

1. 国际湿地恢复评价研究案例

随着全球变化和人类活动的加剧，20 世纪以来，全球约有一半的湿地生态系统已经消失。20 世纪 80 年代以来，全球范围内开展了大量的湿地生态恢复，以期恢复重要的生态系统功能。然而，目前关于湿地生态系统的结构和功能的实际恢复效果却存在较大的争议。2012 年，科研人员筛选了沼泽结构和功能相关指标（表 12-5，表 12-6），基于 meta 分析，对全球 621 处恢复湿地的水文、生物结构和生物地球化学功能的恢复效果进行了总体评价（Moreno-Mateos et al.，2012）。研究发现，即使经历了一个世纪的恢复，恢复湿地的结构和功能总体上仍然分别低于参照湿地平均水平的 26% 和 23%。沼泽湿地恢复的过程非常缓慢，甚至可能偏离了向参照沼泽湿地恢复的方向。与较小的恢复区和寒冷的气候条件（如北方泥炭地）相比较，较大面积的恢复区（> 100 hm^2）以及热带和温带温暖的气候条件下沼泽恢复效果更好。

表 12-5　沼泽结构恢复效果主要评价指标（Moreno-Mateos et al.，2012）

指标	单位
水文结构	
水位	m
淹水情势	无固定单位
储水量	无固定单位

续表

指标	单位
生物结构	
脊椎动物	
密度	个/面积
丰度	个/湿地
绝对物种丰富度	种/湿地
相对丰度	占功能群百分比
占有率	占生态系统百分比
多样性	香农-维纳指数
单位面积物种丰富度	种/面积
大型无脊椎动物	
密度	个/面积
相对丰度	占功能群百分比
绝对物种丰富度	种/湿地
丰度	个/湿地
单位面积物种丰富度	种/面积
多样性	香农-维纳指数
植物	
盖度	百分比
物种丰富度	种/湿地
生物量	g/m^2
丰度	个/面积
多样性	香农-维纳指数
高度	m
基面积	m^2/hm^2
种子密度	个/m^2
单位面积物种丰富度	种/面积

表 12-6　沼泽生物地球化学功能恢复效果主要评价指标（Moreno-Mateos et al.，2012）

元素储量及循环	单位
碳储量及循环	
土壤有机碳	mg C/g或g C/m^2或%
土壤总碳	mg C/g或g C/m^2或%
土壤碳氮比	
土壤呼吸	g C/g或m^2/次
碳矿化速率	μmol CO_2/（g土壤·s）或g/（m^2·d）
根系碳含量	g C/m^2
氮储量及循环	
土壤总氮	mg N/g或g N/m^2或%

续表

元素储量及循环	单位
土壤硝态氮和氨氮	$\mu g/cm^3$或$\mu g/g$
硝化和反硝化作用	ng CO_2/（$cm^3\cdot h$）
磷储量	
土壤总磷	mg P/g或μg P/cm^3或g P/m^2或%
土壤磷酸盐	mg P/g或μg P/cm^3
土壤有机磷	μg P/cm^3或mg P/g
土壤钙镁铝耦合磷	μg P/cm^3或mg P/g
其他元素含量	
盐度和电导率	‰或%或μg
土壤铁	kg/hm^2或kmol/hm^2
土壤钙	mg/kg
溶解氧	mg/L
土壤钾	mg/kg
土壤铝	kg/hm^2或kmol/hm^2
土壤镁	mg/kg
土壤锰	kmol/hm^2或mg/kg
有机质累积	
土壤有机质	g C/m^2或%
土壤容重	g/cm^3
土壤质地	%
土壤湿度	g/cm^3
土壤孔隙度	%

2. 我国沼泽恢复评价研究

为精确揭示沼泽恢复轨迹、科学评估沼泽恢复效果，科研人员以我国东北内陆淡水沼泽为研究对象，筛选湿地结构和功能的关键指标，以未受干扰的天然湿地为参照对象，对沼泽生态恢复效果进行了定量评价。沼泽植物是沼泽生态系统的主要初级生产者，维持和承载着沼泽生态系统各种各样的物理过程和生物功能。研究发现，由于受到种源限制、环境制约以及种间竞争过程的影响，沼泽生态恢复5～10年后，与参照沼泽相比，恢复沼泽植物群落结构简化，功能群发生变化，原有优势物种消失。例如，薹草等莎草类典型沼泽优势类群难以恢复，而芦苇、大叶章等禾草类物种逐渐占优势，香蒲等高大型多年生植物迅速扩张。另外，具有高生产力的湿地植物占优势，使得恢复沼泽湿地的地上生物量显著高于参照湿地，而植物物种丰富度显著低于参照湿地。因此，目前的生态恢复有利于沼泽初级生产力的恢复，而沼泽植物多样性仍难以完全恢复（Wang et al.，2019）。土壤微生物作为沼泽生态系统的消费者，对沼泽生态系统的物质循环和能量流动具有重要作用。研究发现，沼泽生态恢复过程中，细菌多样性逐渐下降，细菌的相对丰度发生显著变化。例如，在门水平上，芽单胞菌门（Gemmatimonadetes）的相对丰度明显降低，而拟杆菌门（Bacteroidetes）、硝化螺旋菌门（Nitrospirae）的相对丰度明显升高。沼泽生态恢复10多年后，细菌群落结构逐渐趋同于参照湿地；同时，土壤养分和细菌群落具有协同作用，土壤有机质和氮是影响细菌群落的主要因素（Yang et al.，2019）。土壤元素化学组成特征是湿地生物地球化学过程的关键指征之一。研究发现，恢复沼泽的土壤多元素含量整体上介于参照湿地和开垦农田之间。沼泽恢复10年后，土壤多种元素指示的生物地球化学功能最高可恢复到参照沼泽湿地50%左右的水平。土壤有机质含量变化是影响土壤元素组成的最主要环境因子。土壤的吸附作用、植物生长过程及微生物介导的反硝化作用等过程通过调控不同类型土壤元素的含量，进而影响土壤生物地球化学循环功能的恢复效果（Wang et al.，2019）。

目前，中国学者对沼泽生态恢复效果评价的研究较少，且集中在水质、土壤、生物等单指标或多指标方面的比较研究，而对整个湿地生态系统恢复效果的系统、综合评价研究更是缺乏。在今后的研究中需进一步完善湿地生态恢复效果评价理论框架，拓展评价思路；加强湿地生态恢复监测，完善评价指标体系；建立适宜的参照系统与评价标准，加强新技术和新方法的应用以及不同评价方法之间的比较研究；加强生态恢复效果评价因子敏感性和贡献率分析；加强生态恢复效果评价后的生态恢复机制和模式的总结研究；加强生态恢复效果评价对后续恢复工作的指导作用研究（吴后建和王学雷，2006）。

（二）沼泽动态监测

沼泽的恢复是一个长期缓慢的过程，需要进行长期动态监测，加强生态恢复效果评价对生态恢复后续工作的指导作用研究。通过认真分析生态工程实施后生态恢复区出现的一些新问题和新情况，及时、适当地调整沼泽恢复措施，提出新的解决方案，更好地服务于生态恢复，巩固沼泽恢复成果。

设计全面、合理的监测与评价指标体系是开展沼泽恢复评价的基础和关键。具体监测与评价指标体系的设计，要综合考虑多方面的因素来确定。首先，要根据沼泽生态恢复自身的特点来决定。沼泽生态恢复效果评价不仅做系统间的横向比较，即与参照生态系统或相应评价标准的比较，而且更重要的是做恢复过程中系统自身时间序列上的纵向比较，因此，必须考虑指标随时间变化的敏感性，如果选取的指标随时间变化甚微，可能导致评价结果反映不出系统的变化。其次，要根据评价的具体目标和评价对象的特点来确定，对于结构受到严重破坏、服务功能几乎丧失的沼泽生态系统，指标的选择只能更侧重于生物或物理、化学方面的指标，而轻度退化的生态系统，则还要具有指示其结构及功能等的指标，才能得到综合全面的评价结果，沼泽结构和功能恢复效果主要监测与评价指标参考表12-5和表12-6。另外，还要根据沼泽类型和生物地理区系来选择评价指标。同一指标在不同类型的沼泽生态系统中或不同地理区系内指示变化的敏感性或许有很大差别。

开展沼泽动态评价，需加强新技术的应用，建立完善的沼泽生态恢复时空立体监测体系。一方面，多借用现代前沿的科技手段。例如，可以把遥感（RS）、地理信息系统（GIS）、卫星定位系统（GPS）、计算机模拟等技术应用到沼泽生态恢复监测与评价中，结合地面监测，实现沼泽生态系统的组分或过程空间与时间数据的收集、存储、提取、转换、显示和分析，应用计算机技术推动沼泽过程数学模型研究和深化机制研究。另一方面，应用各种多参数沼泽环境自动监测仪器、采样仪器和湿地自动气候观测站实现同步全天候自动环境监测，引进高精度、高分辨率和高准确度的分析与监测仪器，提高对沼泽自然过程的捕捉、监测、描述、表达能力，加强环境同位素技术在沼泽生态恢复监测中的应用研究等。同时，还应加强对外来物种的监测及其影响的评价研究（吴后建和王学雷，2006）。

2004年，在科学技术部科技基础性研究专项资金项目"国家级野外试验站监测规范与数据标准化"专题"湿地国家级野外试验站监测规范"的支持下，由中国科学院东北地理与农业生态研究所、国家林业局湿地资源监测中心、东北师范大学、中国科学院测量与地球物理研究所共同编制完成

《湿地生态系统观测方法》一书，系统论述了国内外湿地生态系统观测的指标体系，并从大气、生物、水、土壤以及社会经济等方面提出了适合我国沼泽、泥炭地、沼泽化草甸和海岸滩涂四类湿地生态系统的野外观测指标体系，并介绍了具体指标的观测方法，为我国沼泽长期动态监测提供了系统、具体、规范的观测方法与监测指标体系。

五、沼泽生态系统恢复案例

（一）三江平原淡水沼泽生态恢复

三江平原沼泽曾是我国面积最大、最典型的淡水沼泽分布区，也是沼泽被开垦而丧失最严重的区域。我国科学家在三江平原开展了大量有关沼泽的恢复实践。2016 年，国家首批重点研发计划项目"东北典型退化湿地恢复与重建技术及示范"实施。历时五年攻关，发现了水文连通和生物连通阻断是沼泽退化的决定性因素；明确了沼泽演替规律，证实了水文地貌条件改变是退化演替的关键驱动机制；提出了以土壤种子库和生物完整性为核心的退化沼泽自然恢复与人工辅助恢复选择的判定方法，创立了基于水土精准调控的生物群落定向快速恢复技术，创建了以微地形地貌修饰为核心的复合生境近自然构建技术，创新了以核心节点和关键廊道恢复为支撑的生态网络构建技术，实现了退化沼泽多尺度综合恢复；制定了《三江平原退耕地湿地恢复技术规程》（DB23/T 2385—2019），规范了参照沼泽选择、微地形地貌改造、基质修复、水文恢复、植物筛选和恢复后生态监测及调控等技术。经过恢复和重建示范，沼泽植被覆盖率提高 30% 以上，有力支撑了三江平原沼泽保护修复决策。相关技术已推广应用至三江平原开展的国家退耕还湿试点等工程，退耕还湿面积达到 12.345 万亩，为区域生态安全提供坚实保障。

（二）松嫩平原盐碱沼泽生态恢复

松嫩平原西部沼泽是东亚 – 澳大利西亚水鸟迁徙的重要通道，是世界上最大的白鹤、丹顶鹤等珍稀水禽的迁徙繁殖地，是国际湿地生物多样性保护的关键地区。21 世纪初，松嫩平原西部重要沼泽区经历了史上罕有的缺水期，叠加人类活动的干扰，导致沼泽面积丧失，生物多样性、植被盖度、生产力逐渐下降，湿地生态功能受损严重。针对上述问题，我国科研人员围绕退化盐碱沼泽的植被恢复、生态模式构建等领域开展了技术攻关，研发了适于退化盐碱沼泽恢复与可持续利用的综合技术体系。在盐碱沼泽植被恢复方面，针对湿地自然恢复历时长的特点，研发典型沼泽植物繁殖率提升技术；结合沼泽生态需水分析，构建了基于水文调控的沼泽植物精准快速恢复技术；针对退化盐碱沼泽碱斑多、土壤通气性差、植物种子着床率低等恢复瓶颈，构建了基于微地貌改造的沼泽植被快速恢复技术。通过技术研发与应用示范，实现了退化沼泽快速恢复与功能提升，在吉林西部向海、莫莫格国家级自然保护区、扎龙湿地累计推广面积 30.96 万 hm^2。白鹤食源植物蘑草以及芦苇、塔头等沼泽植被得到快速恢复，水鸟生境质量得到显著提高。在盐碱沼泽生态模式构建方面，通过水文调控和农艺措施等快速恢复芦苇种群，利用河湖连通工程等长效补水机制，保证水源条件下，恢复盐碱沼泽生物多样性和土壤质量。研发苇蟹生态模式与养殖技术、苇鱼共生生态系统与养殖技术、稻田蟹种培育技术等。研发盐碱沼泽资源合理利用技术，构建苇 – 蟹（鱼）– 稻复合生态工程模式，并在吉林省镇赉县、大安市等地推广应用。其中以苇 – 蟹为核心的沼泽宽幅全链生态产业模式年均创造总产值 4000 万元以上。

（三）若尔盖高寒泥炭沼泽生态恢复

若尔盖高原泥炭沼泽是世界上面积最大的高原泥炭地，总面积约 49 万 hm^2，在全球气候变化中具有特殊地位。近年来，在自然因素和人类活动干扰的共同影响下，若尔盖高原沼泽的水文条件发生改变，出现沼泽面积减少、功能衰退等生态问题。2000 年以来，基于抬升退化区水位的目标，若尔盖高原地区陆续实施了以填、堵排水沟壑为主要措施的水文修复工程。除对部分沟壑进行完全填埋外，主要通过在沟渠上构筑水坝等设施来拦蓄和调控水位。根据工程区的特点，选择使用土石袋筑坝、土石坝、混凝土重力坝和木板坝等差异化形式，设置的间距为 100～150 m。例如，日干乔沼泽平缓湿地区的梯形木板坝，红原泥炭开采区的混凝土坝，若尔盖阶地沼泽的砂石坝，以及玛曲、尕海的梯形泥炭坝。若尔盖高原沼泽植被恢复采用自然恢复为主、人工恢复为辅的办法。目前正在开展禁牧、轮牧、季节性放牧以及人工草场建设等生态修复工程，主要目标是通过调整或减轻过度放牧对生态系统的压力，促进植被的自然更新和演替。基于提升水源涵养功能的目标，根据湿地面积萎缩、水源补给量减少的现状，我国科学家提出建立高效保水功能的高寒沼泽植被恢复与利用技术体系。通过筛选并补播低耗高效水分利用植物，结合调整放牧时间、扩大放牧单元、局部施肥等技术措施，快速促进沼泽生态系统修复，在提高生产力的同时，增加水分利用效率，有效提升了沼泽水源补给及涵养功能。在四川红原日干乔退化沼泽，基于地表积水减少、土壤性质改变问题，采用筑坝拦蓄雪山融积水，扩大过水面积，施用吸水固肥修复材料、修复土壤功能、提高土壤肥力，补播适生的人工栽培牧草草种，并通过围栏封育，短期内实现了植被高覆盖效果。围绕尕海－则岔沼泽区的土壤盐渍化、植被覆盖降低的问题，开展了围栏育草、以水洗碱、补播牧草、鼠害防治等修复措施，取得较好的效果（朱耀军等，2020）。

第三节 沼泽资源保护及可持续利用

一、沼泽资源保护

（一）沼泽资源保护的有关政策法规

针对湿地退化、功能受损的问题，我国高度重视湿地的保护与恢复。《全国湿地保护工程规划（2004—2030 年）》明确了湿地保护的指导思想、任务目标、建设重点和主要措施，标志着我国湿地保护事业逐步走上了规范化管理和科学持续利用的新轨道（赵永新，2004）。党的十八大提出实施重大生态修复工程，增强生态产品生产能力，扩大森林、湖泊、湿地面积，保护生物多样性的建设目标。《推进生态文明建设规划纲要（2013—2020 年）》《湿地保护修复制度方案》（2016 年）提出，到 2020 年，自然湿地保护率达到 60%；我国湿地面积不低于 8 亿亩，加强湿地基础和应用科学研究，开展湿地保护与修复技术示范。《关于加快推进生态文明建设的意见》（2015 年）、《关于健全生态保护补偿机制的意见》（2016 年）进一步指出启动生态效益补偿和退耕还湿，设定并严守生态保护红线；稳步推进不同领域、区域生态保护补偿机制建设，不断提升生态保护成效等。《关于划定并严守生态保护红线的若干意见》（2017 年）提出加强生态保护与修复，分区分类开展受损生态系统修复，采取以封禁为主的自然恢复措施，辅以人工修复，改善和提升生态功能。2022 年，首部专门保护湿地的法律《中华人民共和国湿地保护法》颁布实施，这意味着我国湿地保护法治化新征程的开启。《中华人民共和国湿地保护法》坚持人与自然生命共同体理念，从维护湿地生态系统整体性出发，对湿地资源管理、保护与利用、修复、监督检查等做出明确规定。《全国重要生态系统保护和修复重大工程总体规划（2021-2035 年）》提出，到 2035 年推进森林、草原、荒漠、河流、湖泊、湿地、海洋等自然生态系统保护和修复工作的主要目标，以及统筹山水林田湖草一体化保护和修复的总体布局、重点任务、重大工程和政策举措。

（二）沼泽资源保护的建议

建立以湿地自然保护区、国家湿地公园和湿地保护小区多位一体、互为补充的湿地保护管理体系，以湿地保护为目标的国家公园建设体制；实施生态保护示范工程，对湿地资源和野生动植物多样性实施有效保护。例如，退耕还湿扩大湿地面积，具体工程包括土地整理、生态补水、植被恢复等，另外退化湿地恢复与功能提升，具体工程包括生态补水、微地貌改造、填埋原沟渠、生态补偿等，逐步提升湿地生态系统的功能，此外在各项规划和水利工程建设中要保障湿地生态需水，既是满足其最低需求，也是对湿地进行补水的前提和依据。实施水资源空间配置与管理能够最大限度地保护湿地生态系统的自然性和完整性，从而逐渐恢复湿地生态系统的功能。

增建国家级和省级自然保护区，加强对自然保护区的全国统一管理，制订全国沼泽保护区总体规划；加强沼泽和沼泽自然保护区的立法、执法和对保护沼泽和沼泽自然保护区的各类自然资源和生态环境的普及宣传教育工作；加强沼泽自然保护区的网络建设，对一些主要沼泽区进行长期定位监测。提升湿地保护管理的能力建设，优先加大对湿地资源调查监测体系、湿地保护宣传教育培训体系和湿地保护科技支撑体系的建设，形成较为完善的法律和政策保障体系，提高湿地保护和管理水平。

自然保护区周边村民生产和生活与湿地保护之间矛盾长期存在，不利于对自然资源的有效保护与管理（梁启，2015；刘晓辉等，2016）。依据自然资源部、国家林业和草原局《关于做好自然保护区范围及功能分区优化调整前期有关工作的函》，拟定保护区边界和功能区范围调整方案，减少了社区生产生活与自然湿地保护之间的矛盾，最大限度地保留适合鸟类生存的环境（刘晓辉等，2021），在一定程度上维护了自然生态系统的完整性和原真性。

截至 2023 年，我国列入《湿地公约》中《国际重要湿地名录》的湿地有 82 处。2021 年 2 月，在第 25 个世界湿地日期间国家林业和草原局发布了《中国国际重要湿地生态状况》白皮书，我国国际重要湿地生态状况总体保持稳定，与 2015～2018 年上一监测期相比，国际重要湿地中湿地面积增加了 2479.29 hm^2（绿文，2021）。

2018 年，《湿地公约》第十三届缔约方大会接受并通过了由中国提交的"小微湿地保护管理"决议草案，呼吁各缔约国关注小微湿地发挥的重要生态功能，以及在气候变化和城市化发展中面临的日益增长的威胁风险，在该项决议的指导下，针对小微湿地的调查保护和修复将成为全球未来湿地管理工作的一项重要内容（崔丽娟等，2021）。

坚持"谁开发谁保护、谁利用谁补偿、谁破坏谁恢复"的原则，面向退化湿地恢复潜力评价、湿地恢复标准、退耕还湿地，探索生态补偿标准或规范，如迁徙水鸟对湿地周边农田损失补偿机制研究等（刘晓辉等，2016）。2016 年底，国务院办公厅印发的《湿地保护修复制度方案》提出"将全国所有湿地纳入保护范围""落实湿地面积总量管控"，按照"先补后占，占补平衡"的原则，确保湿地面积不减少。

针对目前公众对野生生物资源的利用方式与利用程度，开展相关的资源保护与可持续开发利用宣传教育，加强人们对资源可持续利用的意识，特别是针对目前已知的药用植物资源，必须强化对其适度利用的原则，加强公众对资源原生生境的保护力度，做到不滥采滥伐，保证资源的可再生性。同时，以《生物多样性公约》《全国生态环境保护纲要》《野生药材资源保护管理条例》等为依据，严厉打击不法分子，有效遏制目前一些重要资源植物种群面积急剧下滑的态势。

二、沼泽资源可持续利用

为保障沼泽资源可持续利用，坚持保护和合理利用相结合的原则，坚持生态优先的原则，坚持科学评估等原则。以生物多样性评估为基础，以科学评价体系为框架，全面构建生态自然、人水和谐的湿地资源保护与可持续发展的新格局。现阶段应严控沼泽开发规模，根据当地地下水的开采量，合理布局与适度发展井灌水田面积，保障地下水的可持续利用；强化沼泽利用示范基地的建设，如建立芦苇生产基地或稻苇鱼复合生产模式（王化群，2007）。

（一）资源可持续利用对策

1. 合理利用和保护现有已开发资源

合理利用现有资源是植物资源可持续开发的基础。对任何一类资源的利用都要适度，切不可过度利用，尤其对药用植物、种质资源和珍稀濒危植物更是如此。例如，对于珍稀濒危药用植物，应适量采摘，甚至不采摘，而选择采摘栽培的同种植物或其他功效相当的药用植物作为替代。总之，对药用植物资源的利用原则是，紧密结合各类药用植物在分布区域的分布频度、现存多度、种群结构、种群消失速率，以及它们各自的抗灾能力等各方面的因素，对之进行合理适度的采摘，坚决杜绝无限制毁灭性采摘，以期实现野生药用植物资源的可持续利用。对一些重要种质资源植物的开发利用，应以对野生植物资源的引种驯化和资源培育为基础，坚决制止对野生植物资源的直接采集利用。同时，也要考虑建立种质资源圃，对于现已零星分布或受威胁因素较大的遗传资源优先重点保护。

2. 加强湿地植物资源研发工作，进一步挖掘湿地植物资源的经济价值

加强对重要资源植物同属植物的研究。对现有资源的进一步分析发现，某些与药用植物同属的植物，其生境、生活类型以及形态习性等各方面与已知药用植物非常相似，但未发现与之相关药用价值的研究记录。对于此类与药用植物同属的疑似药用植物，我们应该尝试对其进行必要的研究，特别是与药用价值较高的药用植物同属的植物，这部分植物很可能具有较高的开发潜力，可给予足够的重视。

加强园林绿化及水质净化植物的筛选工作。对具有良好景观潜力的野生湿地植物生境及群落进行调查，分析物种及其组合的特征，筛选出适合园林绿化的物种及物种搭配，例如，在野外调查中发现，芦苇＋蕹菜、水毛花＋华夏慈姑＋莲等自然群落可营造良好的水生植物景观，从而在园林绿化中利用这些湿地植物配置造景展现当地的自然风光和园林风格。同时，在湿地植物净化水质的研究中，可进一步筛选生物量大、易成活且具实验潜力的物种进行尝试，如节节草、石龙芮、假蒟等。

加强对种质资源植物的基础研究。开展种质植物遗传多样性及遗传结构的研究，利用分子标记技术及DNA测序技术结合群体遗传学方法对现存物种种群进行分析，在资源调查的基础上进一步明晰其群体遗传规律，以便更好地制定种质资源的保护策略。同时开展植物分类研究，利用系统发育基因组学深度分析各物种间的遗传及进化关系，进行分子谱系地理研究，揭示起源、扩散及现有分布格局的历史成因，以便加强重要濒危物种和极小种群的保护遗传学研究。

（二）发展生态旅游和生态产业

我国大部分国际重要湿地开展了生态旅游和宣教活动，在有统计数据的 14 个国际重要湿地中，游客达 1449.48 万人次，旅游收入 27.02 亿元。湖南东洞庭湖、四川若尔盖等国际重要湿地开展了生态养殖、种植等其他合理利用活动（绿文，2021）。

19 世纪 80 年代末有学者开始尝试研究"稻–苇–鱼"复合生态系统的生态效益。1990 年，"稻–苇–鱼"平均亩产值已达 149 元，平均亩纯利润 76 元（杨永兴等，1993）。2020 年新华社报道，在吉林省白城市很多内陆盐沼分布区，"稻蟹共养"已形成规模，带动了当地产业发展。吉林省白城市下辖的大安市牛心套保苇场，过去因气候变化和补水不能保障，部分芦苇塘退化成了碱斑地。经过中国科学院东北地理与农业生态研究所刘兴土院士团队实施湿地恢复，在此开展苇–蟹（鱼）–稻复合生态工程，如今芦苇塘湿地集中连片，鱼蟹肥美。每年 9 月，当地都会举办品蟹文化节，将农业生产与生态旅游融合发展。游客可一边品尝肥美河蟹，一边欣赏湿地风光。"稻蟹"养殖同时也让村民的钱袋子"鼓"了起来。

桑基鱼塘传统生产模式的创新发展，也是充分利用沼泽资源的良好案例。通过研发的桑蚕特色生态草鱼料，并结合挺水植物–微生物联合净水技术，建立蚕桑生态养鱼技术，再现传统的"桑基鱼塘"循环利用生态养殖模式，提升了养殖草鱼品质风味，并改善了养殖的水环境（廖森泰，2019）。

海蓬子（*Salicornia europaea*），藜科盐角草属草本，又名盐角草、海芦笋（江苏）、海虫草（山东），是营养丰富、味道鲜美可供食用的植物种类，富含多种人体必需的氨基酸、维生素等。为解决吉林西部退化盐碱沼泽的植被修复问题，应考虑从滨海植物寻求突破，探索"海草陆养"模式。海蓬子在我国至少经过 20 年的人工培育和改良，作物化进程成熟，但市场普及率不高，受地域限制显著，其适配萌发研究成果有利于使新农作物产业助力地方经济。用产业力量拉动生态修复，让传统农业的开发方向与自然生态修复目标同向发展（刘晓辉和王锡钢，2021）。

三江平原东部的黑龙江省饶河县拥有我国乃至亚洲唯一的专门为单一蜂种设立的国家级自然保护区——东北黑蜂国家级自然保护区，该保护区肩负着保护我国优良蜂种和蜜源植物的重任（金常明，2017）。东北黑蜂国家级自然保护区主要蜜源植物是椴树，采蜜期约 20 d；而沼泽植物毛水苏的整个花期长达 60 d，可以作为重要的蜜源植物来恢复培养。黑龙江大佳河自然保护区位于黑龙江省饶河县，2016 年，中国科学院东北地理与农业生态研究所湿地研究团队在大佳河自然保护区试验区及周边的退耕还湿区域开展了毛水苏等蜜源植物的恢复工作。通过拆除部分退耕地块私自筑起的堤坝，进行土地整理及栖息地改造，通过水系连通及清淤疏浚等恢复措施，按照不同生境特征恢复了毛水苏、柳兰、长尾婆婆纳、绣线菊等蜜源植物，加之毛水苏种子高效育苗方法的专利技术（王梅英等，2020），将共同推动饶河县及周边地区退耕还湿区域毛水苏产业规模化发展，实现生态及经济效益的双赢。

第十三章
沼泽调查与监测

第一节　沼泽调查监测指标体系

一、国外沼泽调查监测现状

（一）北美沼泽调查监测

　　美国的沼泽研究早在 20 世纪 60 年代就已开始，主要是滨海盐沼和红树林沼泽，尤其是北美北部泥炭地方面的研究较多（Grubich and Malterer，1991）。20 世纪 80 年代，美国经济快速发展的同时承受着日益增加的生态压力，大量湿地遭到破坏或改造，湿地生态系统遭到严重破坏，促使湿地生态系统、结构与功能的研究备受重视。美国于 1977 年颁布了第一部专门的湿地保护法规（李益敏和李卓卿，2013）。随着科技的发展，1979 年美国湿地应用航摄技术进行湿地编目，80 年代继续该项工作，并借助彩红外航片编制了 1∶10 万的湿地图（孙广友，1997）。1991 年底，完成了国土的 70%，直至 1998 年全部完成，形成了比较规范的湿地制图和编目技术。在推进湿地编目工作的同时，湿地生态系统结构与功能的研究也备受重视。美国湿地研究的主要方法之一是传统的野外调查，样品采集的系统性很强，土样一般均是全孔采样，然后迅速冷冻，再用切样锯深度切割。此方法解决了高含水量泥质样品的分层采集问题，尽管分析费用高，但获得的数据精度高（孙广友，1997）。湿地调查监测是掌握湿地生态状况的主要手段。80 年代，美国建立了长期生态学研究（LTER）计划，其中与湿地相关的台站有：北温带湖泊站、佛罗里达海岸湿地站、锡达河自然历史区站、北极冻原站、弗吉尼亚海岸保护区站等（姜明等，2005），主要的湿地观测站及其观测内容见表 13-1。这一时期的湿地监测还主要停留在湿地观测研究上，根据观测目的已初步形成了观测指标的选择。此后，美国开始探索建立湿地生物多样性监测网络，提出了湿地生物多样性的监测方法，对湿地植物、底栖无脊椎动物、鱼类、两栖类和鸟类数据进行采集，评价湿地生物多样性（Albert and Minc，2004）。湿地的动态监测采用地–空结合的方法，在地（水）面固定路线和取样点进行周期性的调查，以监测生物、土壤和水质等方面的变化；在空中使用水陆

表 13-1　美国主要的湿地观测站及其观测内容（改自姜明等，2005）

观测站	主办、协作单位	湿地类型	观测内容
北温带湖泊站	美国国家科学基金会资助，协作单位威斯康星大学	林内季节性积水区域；暖性和冷性溪流；泥炭藓和草质叶灌丛沼泽；针叶林沼泽	气象要素；水文物理化学要素；生物要素；沉积物等
佛罗里达海岸湿地站	美国国家科学基金会资助，协作单位佛罗里达国际大学	美国西海岸的热带、亚热带海岸湿地；红树林湿地；河流河口湿地等	湿地气象要素；土壤要素；水文要素；生物要素
锡达河自然历史区站	美国国家科学基金会资助，协作单位明尼苏达大学和犹他州大学	针叶林沼泽；沼泽；森林湿地	湿地气象要素、氮储存、物种演替及入侵、地下水、火及其他干扰因子
北极冻原站（ARC）	美国国家科学基金会资助，协作单位阿拉斯加大学、马萨诸塞大学、明尼苏达大学	北极冻原；贫营养湖沼；河流源头	湿地养分迁移；人类活动对冻原生态系统的影响；养分及动物捕食对湿地生态过程的调控
弗吉尼亚海岸保护区站（VCR）	美国国家科学基金会资助，协作单位弗吉尼亚大学环境科学系	海岸礁岛；沙质潮间带；开阔海滩；盐沼；海湾	盐沼生态过程、水文过程；岛屿脊椎动物的进化；生物演替等
大湖海岸湿地站	美国环境保护局资助，协作单位美国和加拿大 9 所大学及研究机构	河流湿地；湖泊湿地；人工湿地	水质；植物多样性；底栖无脊椎动物多样性；鱼类多样性；两栖类多样性；鸟类多样性
南佛罗里达湿地站	佛罗里达海岸大学主办	淡水沼泽；咸水沼泽	气象要素；水文；水质

两用飞机进行景观生态观测，如墨西哥湾的湿地动态监测就是利用该方法。美国对湿地保护的重视程度极高，每年启用卫星进行全国湿地普查，一年绘制一张全国湿地普查图，严格监控湿地变化，针对湿地面积减少的地方，立即追查其减少原因并进行处罚（李益敏和李卓卿，2013）。

20 世纪 80 年代，加拿大完成了本国湿地调查和编目工作，湿地调查方面的研究走在世界前列，并于 1986 年国家湿地工作组编制了《加拿大湿地分区图》（*Canadian Wetland Division*）和《加拿大湿地分布图》（*Canadian Wetland Distribution*）（黄锡畴，1996）。加拿大政府高度重视湿地保护，1991 年颁布了《联邦湿地保护政策》（*National Wetland Conservation Policy*），规定联邦政府应协同各省级政府及公众维持国家湿地的功能与价值，实现所有联邦土地与水体中湿地的零净损失（Rubec and Hanson，2009）。20 世纪 80 年代，加拿大开始探索监测湿地生态系统生物多样性。21 世纪初，建立了省级尺度的湿地生物多样性监测网络，采集湿地植物和水体无脊椎动物（Alberta Biodiversity Monitoring Institute，2011）。

（二）欧洲沼泽调查监测

由于湿地围垦、泥炭地排水、修建沟渠等人类活动，欧洲湿地的数量及面积下降明显。到 20 世纪末，湿地面积仅为 20 世纪初的 1/3（Wheeler et al.，1995；Pfadenhauer and Grootjans，1999）。1991 年，地中海湿地资源及其鸟类管理大会发起地中海湿地保护行动（Tomas and Grillas，1996），根据湿地资源观测目的和方法的设计进行指标和技术方法的确定，其主要的湿地观测站及其观测内容见表 13-2，最后，应用"3S"技术［遥感技术（RS）、地理信息系统（GIS）和全球定位系统（GPS）］进行湿地资源调查和监测，为湿地生物多样性保护和合理利用提供决策依据和技术支持。

表 13-2 地中海主要湿地观测站及其观测内容（改自姜明等，2005）

观测站	主办、协作单位	湿地类型	观测内容
萨杜（Sado）河口观测站	葡萄牙地方政府	沙滩、河口水域、潮间带、盐沼等湿地类型；人工湿地主要包括水稻田、废水排放区及运河等	对湿地生境变化、鱼类及冬季鸟类的种群变化、水鸟抚育能力、鸟类的生育率及流域污染物等进行观测
马略卡岛 S'Albufera 湿地观测站	西班牙巴利阿里地方政府、西班牙农业部及巴利阿里大学等	无林泥炭地、永久性的淡水草本沼泽、泡沼；盐沼；咸水、碱水潟湖；海岸淡水湖；内陆盐沼；时令碱、咸水盐沼；永久性浅海水域等	反映生态系统组成、功能、动力学数据；景观变化；干扰等
凯尔基尼（Kerkin）湖湿地观测站	希腊生境与湿地中心	永久性河流；永久性内陆三角洲；泛滥地等	受威胁的生境类型；水文要素；沉积物；人类的农业活动等
Kalodiki 湿地观测站	希腊生境与湿地中心	淡水沼泽	气象要素；水质；浮游动物
Candillargues 湿地观测站	法国地方政府（Candillargues）	咸水、碱水潟湖，内陆沼泽，时令碱、咸水盐沼；永久性的淡水草本沼泽、泛滥地等	芦苇动态观测；水文动力学和水质观测；水底沉积物观测

瑞典具有丰富的泥炭沼泽，广布于整个国家，泥炭沼泽率高达 25%（卜兆君，2007）。为了解国家湿地类型、现状及保护价值，自 1980 年瑞典开始实施湿地编目计划，至 1990 年，瑞典 20 个郡中有 11 个已完成湿地编目工作（Pettersson，2000）。苏联是湿地研究起步较早的国家，在湿地资源调查方面处于世界领先地位。20 世纪 40 年代已开始研究沼泽分类，Kau 发表《苏联和西欧的沼泽类型及其地理分布》（陈宜瑜，1995），这一时期主要限于沼泽的分类、分布及数量的调查。20 世纪 70～90 年代，苏联相继建立了湖泊、沼泽观测站和野外观测台站（姜明等，2005）。

（三）亚洲沼泽调查监测

日本自 1973 年开展自然环境保护基础调查，又称为"绿色国情调查"，主要开展陆地、地表水和海域的国土状况调查，5 年为一个调查周期（陈平等，2013）。第 5 次基础调查增加了湿地调查，1997年开展了重要沿岸生物调查和海栖动物调查。在第 6 和第 7 次调查中，2002～2006 年，选择 500 个重要湿地进行滩涂、藻场的生物群落调查。日本的湿地观测起步较晚，2008 年开始监测工作，5 年为一个周期，连续监测 100 年。日本的湿地监测工作逐见成效，已在国家尺度上建立了湿地生物多样性监测网络，对生物和自然环境进行监测（吴燕平和阳文静，2015），其监测子站及主要监测内容见表 13-3，目的是监测湿地生态系统发生异常变动的迹象和发展趋势。

表 13-3 　日本湿地生态系统监测网络监测子站及主要监测内容（改自陈平等，2013）

生态系统类型		主要监测内容	子站数	子站类型
陆地水域	湖泊和沼泽、湿地	①植被概况；②浮游生物	10	
		①湖泊沼泽概况；②雁鸭类	80	雁鸭类监测子站
海域	沙丘	①海滨概况（面积、植被）；②海龟登陆产卵	41	海龟监测子站
	岩石海岸	底生生物	6	
		底生生物等	8	
	滩涂	①滩涂概况；②鹬科（Scolopacidae）和鸻形目（Charadriiformes）海洋鸟类	133	鹬科、鸻形目海洋鸟类监测子站
	大叶藻场（大叶藻、海带）	海草等	6	
	藻场	海藻等	6	
	珊瑚礁	①底质、底质中悬浮物含量；②珊瑚礁被度、长棘海星等	24	
	岛屿中的小岛屿	①植被概况；②全部鸟类；③对象物种	30	海鸟监测子站

1981 年，印度加入了《湿地公约》（刘国华和舒洪岚，2005）。1990 年，印度环境和森林部出版了湿地名录，完成了湿地普查工作（张立和 Dwivedi，2010）。20 世纪末，印度建立了 30 个固定湿地观测站，长期监测印度东海岸潟湖的环境变化。印度虽然对湿地生态系统进行了一些研究，但总体上还是缺乏系统性。

二、我国沼泽调查监测现状

20 世纪 60～80 年代，在全国范围内开展了沼泽和泥炭资源的综合考察，先后对东北三江平原、大兴安岭、小兴安岭、长白山、若尔盖高原、西藏高原、新疆、神农架、横断山及沿海地区的沼泽进行了综合考察（吕宪国和黄锡畴，1998）。1992 年我国正式加入《湿地公约》后，湿地走向资源保护与合理利用方向。1993～1996 年，对全国的沼泽又进行了一次详尽的调查观测，并对全国面积 1 km² 以上的沼泽及有重要意义的沼泽进行补充调查，基本上查清了资源，掌握其分布和发生、发展的规律，并编写出版了《中国沼泽志》（1999 年）。

1995～2003 年，国家林业局组织开展了新中国成立以来的首次大规模的全国湿地资源调查（以下简称首次调查）（吴凤敏等，2019）。首次调查将全国湿地划分为重点湿地和一般湿地。在调查方法上，总的原则是采用资料收集和外业调查相结合的方法，重点湿地大部分开展了外业调查，一般湿地以收集资料为主。有 16 个省（自治区、直辖市）采用了遥感与地面相结合的调查方法（刘平等，2011）。首次调查较为全面地掌握了全国湿地资源情况，初步查清了全国单块面积 100 hm² 以上湿地类型、面积、分布和保护状况等情况，填补了我国在湿地基础数据上的空白，为今后我国湿地资源的保护、管理和可持续利用提供了科学依据。

随着经济社会发展，我国湿地生态状况发生了显著变化，为准确掌握湿地资源及其生态变化情况，2008 年国家林业局印发了《全国湿地资源调查与监测技术规程（试行）》（林湿发〔2008〕265 号）。2009～2013 年，国家林业局组织完成了第二次全国湿地资源调查（以下简称第二次调查）。第二次调查是我国首次按照国际公约要求对湿地生态系统进行的自然资源国情调查，起调面积由第一次调查的 100 hm² 调整为 8 hm²，运用 3S 技术与现地核查相结合的方法，对湿地资源进行了全面、系统的调查，掌握了各类湿地面积、分布和保护状况，建立了全国湿地资源数据库（唐小平等，2013），摸清了国际重要湿地、国家重要湿地、自然保护区、湿地公园和其他重要湿地的生态、野生动植物、保护与利用、社会经济及受威胁状况等情况。第二次调查与首次调查相比，在调查方法、范围、湿地类型、重点调查区、区划及指标体系上有显著改进（表 13-4）（刘平等，2011）。第二次调查获得了更为翔实、准确的中国湿地本底数据，对湿地科学研究和湿地保护管理服务具有重要的实用价值。

表 13-4　两次全国湿地资源调查的情况对比（改自刘平等，2011）

	首次调查	第二次调查
时间跨度	9 年（1995～2003 年）	5 年（2009～2013 年）
技术规程	《全国湿地资源调查与监测技术规程（试行）》，未规定调查方法	《全国湿地资源调查技术规程（试行）》，规定了调查方法；各省有《湿地资源调查实施细则》
调查方法	资料收集、外业调查相结合，各省调查方法不统一	实地调查与 3S 技术相结合，各省调查方法统一
调查范围	100 hm²（含）以上的湖泊、沼泽、近海和海岸湿地、库塘；宽度≥10 m、长度＞5 km 的全国主要水系的四级以上支流以及其他具有特殊重要意义的湿地	8 hm²（含）以上的近海与海岸湿地（低潮时水深不超过 6 m 的海域）、湖泊、沼泽、人工湿地，以及宽度 10 m 以上、长度 5 km 以上的河流
湿地分类	5 类 28 型	5 类 34 型
重点调查范围	国际重要湿地、列为国家级自然保护区的国家重要湿地、省级自然保护区中的湿地和省区特有类型湿地等	国际重要湿地、国家重要湿地及各级自然保护区、自然保护小区、湿地公园中的湿地和省区特有类型等湿地
区划方法	未进行区划	以省（自治区、直辖市）→湿地区→湿地斑块的方式进行湿地区划
一般调查内容	湿地地理位置（地理坐标）、类型、面积和海拔	湿地斑块名称和序号、所属湿地区名称、湿地编码、湿地型、湿地面积、湿地分布、平均海拔、所属流域、河流级别（河流湿地）、湿地植被类型及面积、湿地水源补给状况、湿地土地所有权、湿地主要优势物种、湿地斑块区划因子、湿地保护管理状况
重点调查内容	湿地区的气候、土壤、水文；湿地动物的种类、分布及生境状况；重要水鸟数量及其迁徙习性；湿地植物种类、分布和生境状况；湿地植被状况；湿地周边地区社会经济状况；湿地资源利用状况；湿地受破坏或威胁的现状及主要威胁因子；湿地管理等	在首次调查内容的基础上，增加了流域水资源、湿地生态系统服务、湿地资源利用等调查内容
调查结果	全国湿地总面积 3848.55 万 hm²（不包括水稻田湿地）。其中，现存自然或半自然湿地面积 3620.05 万 hm²，占国土面积的 3.77%。湿地保护率 30.49%	全国湿地总面积 5360.26 万 hm²（不包括水稻田面积），湿地率 5.58%。其中，自然湿地面积 4685.67 万 hm²，占 87.41%。湿地保护率提高到 43.51%

2013～2018 年，在科技部国家科技基础性工作专项重点项目支持下，由中国科学院东北地理与农业生态研究所牵头，开展了中国沼泽湿地资源及其主要生态环境效益综合调查。调查利用中高分辨率遥感影像，以面积 4 hm² 的沼泽斑块为起调单元，更全面地反映我国沼泽状况。在沼泽遥感调查基础上，记录了植物物种组成、初级生产力等植物调查数据，泥炭厚度、有机碳含量、容重等泥炭信息数据，以及水深、沼泽面积、总氮、总磷等水资源水环境数据，基本查清了我国沼泽的"家底"，并由此建立了沼泽资源数据库与网络共享平台。

20 世纪 80 年代末，中国的湿地监测始于沼泽定位监测。1986 年，隶属于中国科学院长春地理研究所（现中国科学院东北地理与农业生态研究所）的中国科学院三江平原沼泽湿地生态试验站在黑龙江省佳木斯地区的洪河农场设立，试验站立足于沼泽湿地研究的前沿，以沼泽湿地生态系统为对象，开展沼泽生态系统与环境要素的长期定位监测与研究，研究沼泽及环境要素的变化规律、演变趋势与驱动机制，以及沼泽生态过程与动因及环境效应，探索退化沼泽的恢复重建与科学保护、合理利用的生态工程模式与生态技术，为解决沼泽及其他类型湿地研究中一些基础性及关键性问题提供理论基础和长期的数据支撑，为我国区域生态与环境安全提供重要数据积累与技术支持。2002～2005 年，先后在黑龙江省的扎龙国家级自然保护区和三江国家级自然保护区以及海南省东寨港国家级自然保护区等开展了湿地监测试点工作（张明祥和张建军，2007）。2006 年，对中国所有国家重要湿地全面开展监测工作（张明祥和张建军，2007），制定了《湿地生态系统定位观测指标体系》（LY/T 1707—2007）、《重要湿地监测指标体系》（GB/T 27648—2011）、《湿地生态系统定位观测技术规范》（LY/T 2898—2017）等相关技术标准和规范，目的是规范重要湿地监测的内容、指标和方法，以保证湿地监测工作的顺利开展。迄今为止，中国共建立了 39 处湿地生态系统定位观测研究站，部分国际重要湿地、国家级自然保护区和国家湿地公园等建立了地方生态监测站点（冯文利等，2021）。自 2018 年起，中国 64 处国际重要湿地实现年度动态监测，并向国内外发布《中国国际重要湿地生态状况白皮书》。目前，中国湿地监测关注的主要是国际和国家重要湿地，尚未形成湿地生态系统监测网络，湿地监测平台亟待完善。

第二节　沼泽调查指标和方法

沼泽位于水陆过渡地带，受水体系统和陆地系统共同作用，表层长期或季节性积水的水文条件、水分饱和或过饱和的土壤、适应湿生环境的生物是构成沼泽的三个核心要素，因此沼泽结构复杂，要素众多。理论上讲，生态系统如此复杂，单一的观测指标不能够准确地概括这种复杂性，需要不同类型的观测和评价指标。因此，沼泽调查指标体系包括沼泽的自然属性、水文要素、植物调查、土壤调查、保护状况、1990 年以来沼泽排水与复湿情况等。因此，为了加强沼泽保护与管理，履行《湿地公约》、《联合国气候变化框架公约》等国际公约，2014 年国家林业局制定了《全国泥炭沼泽碳库调查技术规程》（试行）和《全国泥炭沼泽碳库调查工作指南》（试行），全面启动全国重点省份泥炭沼泽碳库调查，构建沼泽碳库调查和监测技术体系（廖成章等，2019）。

本研究内容是在《全国泥炭沼泽碳库调查技术规程》（试行）（国家林业局，2014）、《全国泥炭沼泽碳库调查工作指南》（试行）（国家林业局，2014）和国家科技基础性工作专项"中国沼泽湿地资源及其主要生态环境效益综合调查"成果基础上形成的，旨在为调查人员、科研人员开展沼泽调查提供技术参考。

一、总体要求

1. 调查对象

以沼泽斑块作为调查的基本单位，对单块面积不小于 1 hm² 的自然沼泽开展调查。

2. 调查内容

调查内容包括沼泽的自然属性、水文要素、植物调查、土壤调查、保护状况、1990 年以来沼泽排水与复湿情况等。

3. 调查时间

根据当地气象条件选取合适的时间，一般每年 6 ～ 9 月进行调查。

二、调查方法

沼泽斑块调查采用以遥感（RS）为主、地理信息系统（GIS）和全球定位系统（GPS）为辅的"3S"技术，即通过遥感解译获取沼泽型、面积、分布（行政区、中心点坐标）、平均海拔、所属三级流域等信息。通过野外调查、现地访问和收集最新资料获取水源补给状况、土地所有权等数据。在多云多雾的山区，如无法获取清晰的遥感影像数据，则应通过实地调查来完成。

自然要素、水文要素、沼泽植物调查、土壤调查、沼泽保护与利用状况、排水和复湿等的重点调查，根据调查对象的不同，分别选取适合的时间和季节、采取相应的野外调查方法开展外业调查，或收集相关的资料。

（一）资料收集

调查开始前开展野外识别沼泽相关知识的学习和培训；利用林相图、沼泽照片、泥炭土壤样品等掌握野外沼泽识别的基本特点；发动当地林业工作者、科研人员搜集沼泽可能的分布地点；查找有关沼泽的科研成果；收集遥感影像、全国湿地资源调查成果、地形图、土地利用现状图及相关图件等资料；收集中国沼泽志、植物志、植物图鉴等系列书籍，用于判断疑似沼泽斑块。

（二）遥感影像判读

判读工作人员在 GIS 软件支持下，根据遥感假彩色影像上反映的色调、形状、图形、纹理、相关分布、地域分布等特征，对沼泽进行解译判读，解译获取沼泽型、面积、分布（行政区、中心点坐标）、平均海拔、所属三级流域等信息。解译完成后，将相关地理图层叠加显示，并添加必要的地理、交通要素，按不小于 1 ∶ 5 万比例尺分幅打印，作为外业调查手图。

（三）野外调查取样

1. 沼泽斑块调查

沼泽是一种特殊的自然综合体，凡同时具有以下三个特征的均统计为沼泽：①受淡水或咸水、盐水的影响，地表经常过湿或有薄层积水；②生长有沼生和部分湿生、水生或盐生植物；③有泥炭积累，或虽无泥炭积累，但土壤层中具有明显的潜育层。

在野外对沼泽进行边界界定时，首先根据其湿地植物的分布初步确定其边界，即某一区域的优势种和特有种是湿地植物时，可初步认定其为沼泽的边界；然后再根据水分条件和土壤条件确定沼泽的最终边界。对现场判定为沼泽的斑块，用 GPS 记录其边界的拐点坐标，并计算出沼泽斑块面积。对现场不能直接确定是否为沼泽的斑块，可在疑似的沼泽边界上采集土样，将样品带回实验室，分析测定土壤样品的有机碳含量和黏土含量后（廖成章等，2019），确定其是否为沼泽斑块边界。

沼泽型及其现地界定标准按表 13-5 进行。

表 13-5　沼泽型及其现地界定标准

代码	沼泽型	现地界定标准
Ⅳ1	苔藓沼泽	只在高寒区域有分布，发育在有机土壤、具有泥炭层的以苔藓植物为优势群落的沼泽
Ⅳ2	草本沼泽	由水生和沼生的草本植物组成优势群落的沼泽
Ⅳ3	灌丛沼泽	以灌丛植物为优势群落的沼泽
Ⅳ4	森林沼泽	以乔木森林植物为优势群落的沼泽
Ⅳ5	内陆盐沼	受盐水影响，生长盐生植物的沼泽。以苏打为主的盐土，含盐量应>0.7%；以氯化物和硫酸盐为主的盐土，含盐量应分别大于1.0%和1.2%
Ⅳ6	沼泽化草甸	典型草甸向沼泽植被的过渡类型，是在地势低洼、排水不畅、土壤过分潮湿、通透性不良等环境条件下发育起来的，包括分布在平原地区的沼泽化草甸以及高山和高原地区具有高寒性质的沼泽化草甸

2. 自然要素

自然要素主要通过野外调查和收集最新资料获取。沼泽地貌，根据野外观察到的地貌类型作为沼泽地貌；气象要素调查，主要包括年均降水量、年均蒸发量、年均气温、积温等，可以从附近的气象站、水文站和生态监测站等收集，注明该站的地理位置（经纬度）。

3. 水文要素

沼泽水资源调查坚持水文状况调查与水质环境调查相结合的原则。水文状况调查包括水深、流速、水文周期、水源补给类型；水质状况是反映沼泽属性的基础性指标。

根据沼泽面积分布，将沼泽面积分为< 1000 hm²、1000 ~ 10 000 hm²、> 10 000 hm² 等三个等级。其中< 1000 hm² 的沼泽取 3 个采样点；1000 ~ 10 000 hm² 的沼泽按照每 600 hm² 取 1 个采样点，不足 3 个取样点的，以 3 个采样点作为最少采样点；> 10 000 hm² 的沼泽按照每 900 hm² 取 1 个采样点。同时结合散点法、样线法及片区调查法，根据不同植被类型、不同水深布设样线。以水位梯度 20 cm 或水平距离 2 ~ 3 km 为采样间距采样，每个样点做 3 个重复。选择能够稳定反映沼泽水环境状况的主要指标，即 pH、电导率、溶解氧、氧化还原电位、盐度、氮、磷等，委托有专业资质的单位检测分析。

4. 植物调查

首先，确定沼泽斑块内的优势植物群系，按乔木、灌木、草本（或蕨类）、藓类分层设置调查样方。乔木设置 20 m×20 m 正方形样方；灌木平均高度≥3 m 的设置 4 m×4 m 方形样方，平均高度在 1～3 m 的设置 2 m×2 m 方形样方，平均高度<1 m 的设置 1 m×1 m 样方；草本（或蕨类）平均高度≥2 m 的设置 2 m×2 m 样方，平均高度在 1～2 m 的设置 1 m×1 m 样方，平均高度<1 m 的设置 0.5 m×0.5 m 样方；藓类设置 0.5 m×0.5 m 或 0.2 m×0.2 m 方形样方。

记录样方内植物的种类组成，对于乔木，调查多度、密度、高度、郁闭度、胸径、冠幅等；对于灌木、草本和蕨类，调查多度、密度、高度、盖度等；对于藓类，调查多度、高度、盖度等。

获取地上和枯落物生物量。胸径≥5 cm 乔木、枯死木，每木检尺，参照该区域的标准木生物量的估算方法，计算其地上生物量。灌木、草本、蕨类采用收获法，每个调查单元每种群系类型采集 3 个 0.5 m×0.5 m 大小样方的所有地上生物量，及时将淤泥、枯落物等杂质剔除，分别获取其鲜重、干重。

获取地下生物量。挖掘灌木、草本（蕨类）、藓类等地下根系（包括根系枯落物），采集到的地下生物量要超过地下总生物量的 90%。将地下部分放在 2 mm 的筛子上用水清洗干净，阴干后测重。

5. 土壤调查

土壤调查分为沼泽泥炭厚度调查和土壤取样。利用泥炭钻取出土壤底部土样，根据土层剖面颜色变化判断泥炭层厚度。

土壤有机碳含量、黏土含量、pH、含水量、土壤容重调查需要在水质采样点采取底泥土样，委托有专业资质的单位检测分析。

对 1990 年以来泥炭沼泽排水和复湿及其产生的地下水位变化情况进行调查，以走访和现地核实相结合的方法，确定地下水水位的变化情况，主要记录包括排水或复湿的具体年月、持续时间、方式、规模（面积）和强度（水位变化）等具体内容。

构建沼泽调查监测指标体系，旨在掌握沼泽生物、水及土壤、泥炭等资源结构、质量及其重要生态功能状况，诊断由自然因素和人类活动引起的沼泽系统的破坏或退化程度，以此发出预警，为我国自然资源监测评价、统筹国土空间生态修复、湿地生态恢复工程、湿地保护区提供决策需求，为加强湿地资源保护与湿地资源管理、履行《湿地公约》及其他有关国际公约或协定以及合理利用湿地资源服务。

第三节　沼泽监测指标和方法

《湿地公约》规定，如缔约方境内的及列入名录的任何湿地的生态特征由于技术发展、污染和其他人类干扰已经改变、正在改变或将可能改变，各缔约方应尽早相互通报（国家林业局《湿地公约》履约办公室，2001）。这就要求各缔约方致力于开展湿地生态特征变化状况的监测和评估，以加强对湿地的保护与管理。与《湿地公约》特别相关的是 1992 年联合国环境与发展大会（United Nations Conference on Environment and Development，UNCED）通过的《生物多样性公约》，两者之间有许多共同关注的具体问题，例如，《生物多样性公约》关于识别和监测的第 7 条：识别和监测生物多样性的组成部分，识别对生物多样性不利影响的过程或活动类别（陈平等，2013）。因此，评价指标体系必须准确地反映生态系统监测、管理及评价的目标。同时，监测指标体系要对沼泽的现状、动态、功能水平进行全面调查和分析，既要考虑时间因素，又要涉及空间尺度，在一定的时空尺度内选取适宜性和持续性的指标，特别要考虑这些指标在可预见的较长时间内的变化和稳定性。

本研究内容旨在梳理沼泽的生态特征指标，结合我国实情及《湿地生态系统定位观测指标体系》（LY/T 1707—2007）（国家林业局，2007）、《重要湿地监测指标体系》（GB/T 27648—2011）（中国国家标准化管理委员会，2011）、《湿地生态系统定位观测技术规范》（LY/T 2898—2017）（国家林业局，2017）等相关技术标准和规范，提出沼泽监测的指标体系，从而为有效保护、科学管理和合理利用沼泽提供科学依据。

一、总体要求

（一）监测对象

以沼泽斑块作为监测的基本单位，对全国范围内的重要沼泽开展生态动态监测。

（二）监测内容

监测内容包括沼泽生态系统气象、水文水质、土壤和生物等。

（三）监测时间和频率

1. 植物

在生物量最高和开花结实期进行植物监测（包括苔藓类）。

2. 动物

动物监测时间应选择在动物活动较为频繁、易于观察的时间段内。

水鸟监测应根据本地的物候特点确定最佳监测时间，分别在繁殖季、越冬季和迁徙季选择水鸟种类和数量均保持相对稳定的时期作为最佳监测时间。

鱼类和水生无脊椎动物一般以春季、夏季、秋季为宜。

两栖动物和爬行类以夏季、秋季入蛰前为宜。

兽类监测宜以冬季监测为主，春夏季监测为辅。

浮游生物应在春季、夏季和秋季分别监测。

3. 水质

地表水水质监测每年不少于 3 次，丰水期、平水期和枯水期不少于 1 次。地表水和地下水同步监测。

二、调查方法

（一）沼泽面积监测

沼泽地理位置、沼泽面积、水域面积、植被面积等指标利用遥感卫星图片进行解析，结合地形图、野外调查以及现有资料查询获得。

1. 卫星遥感资料的获取

根据不同实际需求及各种数据源的优缺点选择适合的卫星遥感数据。

2. 遥感图像的校正（以 SPOT 为例）

SPOT 图像在地形图上选择地面控制点（DCP），采用一般齐次多项式方法进行几何校正，再用 GPS 实地采集 DCP 作为补充进行二次校正,经几何校正后的 SPOT 图像采用最邻近内插法进行重采样。

3. 图像增强与图像复合方法

在图像中选择感兴趣区域，分析沼泽的图像特征，然后用直线拉伸法对图像进行三线性变换分段拉伸，使沼泽植被、水域与周围地域的光谱间差异增大。采用锐化蒙塞尔（HIS）变换的方法，分别将各 SPOT 图像与相应的 ETM+ 图像进行融合,得到包含了 SPOT 和 ETM+ 两种数据信息的复合图像。然后采用经过融合的图像数据进行 RGB 真彩色合成，并加入千米格网，以 TIFF 格式保存。

4. 沼泽信息提取

进行沼泽信息提取，首先进行分类系统的确定。一个分类系统具有两个关键组成部分：一套解译标志和一套分类规则。在各种不同沼泽地区及其他土地利用类型选取观察点，确定各点坐标，然后利用 GPS 在野外对各选择点进行定位考察，确定其类型、地物景观状况，并做好记录，结合影像上对应点进行判读，分析各湿地类型的图谱特征，建立相应的解译标志。采用常用的监督分类、非监督分类和归一化植被指数（NDVI）进行信息提取。

5. 结果计算

采用 GIS 对修正后的图像进行空间分析，计算沼泽面积、水域面积和不同植被面积。

（二）气象和大气监测

1. 气象监测

气象监测指标及单位、监测频度和监测方法见表 13-6。可在监测场地内设置自动气象监测系统，自动气象监测系统按照 LY/T 2898—2017 的规定执行。

表 13-6　气象监测指标及单位、监测频度和监测方法

指标	单位	监测频度	监测方法
天气现象（降水、地面凝结、视程障碍及雷电等现象）	—	连续监测	QX/T 48—2007
降水量	mm	连续监测	QX/T 52—2007
降水强度	mm/h	连续监测	QX/T 52—2007
蒸发	mm	连续监测	QX/T 54—2007
空气温度（距地面1.50 m）	℃	1次/季	QX/T 50—2007
空气湿度（距地面1.50 m）	%	1次/季	QX/T 50—2007
土壤温度（离地面深0 cm、5 cm、10 cm、15 cm、20 cm）	℃	1次/季	QX/T 57—2007
风速	m/s	1次/季	QX/T 51—2007
风向	—	1次/季	QX/T 51—2007
气压	hPa	1次/季	QX/T 49—2007

注：天气现象（降水、地面凝结、视程障碍及雷电等现象）、降水量、降水强度和蒸发数据通过最近（距监测点10 km以内）的自动气象台站获得

2. 大气环境监测

大气环境监测指标及单位、监测频度及监测方法见表 13-7。大气环境监测数据与气象监测数据同步获得。

表 13-7　大气环境监测指标及单位、监测频度及监测方法

指标	单位	监测频度	监测方法
CO_2	mg/m³	1次/季	GB/T 18204.2—2014
CH_4	mg/m³	1次/季	HJ 604—2017
SO_2	μg/m³	1次/季	GB 3095—2012
O_3	μg/m³	1次/季	GB 3095—2012
NO_2	μg/m³	1次/季	GB 3095—2012
大气总悬浮颗粒物	μg/m³	1次/季	GB/T 15432—1995
大气降尘量	t/km²	1次/季	GB/T 15265—1994
PM_{10}	μg/m³	1次/季	GB 3095—2012
$PM_{2.5}$	μg/m³	1次/季	GB 3095—2012
负氧离子	个/m³	1次/季	LY/T 2586—2016

注：PM_{10}、$PM_{2.5}$ 为城市区内重要沼泽监测项目

（三）水文和水质监测

1. 地表水水文监测

监测按 LY/T 2898—2017 规定执行。非定位监测的地表水水文监测指标及单位、监测频度及监测方法见表 13-8。

表 13-8　地表水水文监测指标及单位、监测频度及监测方法

指标	单位	监测频度	监测方法
流速	m/s	1次/季	GB 50179—2015
径流量	m³/s	1次/季	GB 50179—2015
水位	m	1次/季	GB/T 50138—2010
淹水深度	m	1次/季	GB/T 50138—2010

2. 地下水水文监测

在沼泽中布设观测井，按《水文测量规范》（SL 58—2014）（中华人民共和国水利部，2014）规定测量地下水位。每年丰水期、平水期和枯水期各 1 次。

（四）水质监测

地表水水质监测每年不少于 3 次，丰水期、平水期和枯水期不少于 1 次。地表水水质监测包括基本项目和增测项目。所有湿地均监测基本项目，在人为活动频繁或环境污染较重区域，有针对性地选择增测项目。基本项目的监测项目和监测方法按《地表水环境质量标准》（GB 3838—2002）（国家环

境保护总局，2002）规定执行。增测项目的监测指标、单位及监测方法见表13-9。

表 13-9　增测项目的监测指标、单位及监测方法

指标	单位	监测方法	备注
有机磷农药	μg/L	GB/T14552—2003、GB13192—91、GB/T 5750.9—2006	对硫磷、甲基对硫磷、马拉硫磷、乐果、敌敌畏、敌百虫、杀螟松、二嗪农、水胺硫磷、溴硫磷、异稻瘟净、甲拌磷、速灭磷、稻丰散、杀扑磷、内吸磷、草甘膦
有机氯农药	μg/L	HJ 699—2014、GB/T 5750.9—2006、GB 7492—87	滴滴涕、六六六、七氯、百菌清、五氯酚、甲草胺、莠去津
其他农药	μg/L	GB/T 5749.9—2006、GB/T 5750.9—2006	甲萘威、菊酯、灭草松、2,4-D、呋喃丹、毒死蜱
邻苯二甲酸酯类	μg/L	HJ/T 72—2001	邻苯二甲酸二丁酯、邻苯二甲酸二(2-乙基己基)酯

地下水质量常规指标的感官性状及一般化学指标、微量元素和毒理学指标的监测项目、监测频度及监测方法按照《地下水质量标准》（GB/T 14848—2017）（中国国家标准化管理委员会，2017）规定执行。地表水和地下水同步监测。

（五）土壤监测

1. 土壤样品的采集、制备与保存

土壤采样方法、土壤样品制备与保存方法按《土壤环境监测技术规范》（HJ/T 166—2004）（国家环境保护总局，2004）规定执行。

沼泽底泥的采样方法以及样品制备与保存方法按《水环境监测规范》（SL 219—2013）（中华人民共和国水利部，2013）规定执行。

2. 土壤物理性质监测

土壤物理性质监测指标及单位、监测频度及监测方法见表13-10。

表 13-10　土壤物理性质监测指标及单位、监测频度及监测方法

指标	单位	监测频度	监测方法
土壤容重	g/cm³	每年1次	NY/T 1121.4—2006
土壤质地	—	每年1次	NY/T 1121.3—2006
土壤坚实度	N/cm³	每年1次	LY/T 1223—1999
沉积层厚度	m	每年1次	SL 219—2013
土壤饱和导水率	mm/d	每年1次	LY/T 1215—1999
土壤总孔隙度	%	每年1次	LY/T 1215—1999
土壤凋萎含水量	%	每年1次	LY/T 1217—1999
湿地土壤深度10 cm、20 cm、40 cm、60 cm、80 cm和100 cm处温度	℃	每年1次	LY/T 1213—1999
土壤渗透系数	mm/d	每年1次	LY/T 1218—1999

3. 土壤化学性质监测

土壤化学性质监测指标及单位、监测频度及监测方法见表 13-11。

表 13-11　土壤化学性质监测指标及单位、监测频度及监测方法

指标	单位	监测频度	监测方法
土壤 pH	—	每年 2 次	LY/T 1239—1999
氧化还原电位	mV	每年 1 次	HJ/T 166—2004
土壤全盐量、土壤水溶性盐分（包括 Ca^{2+}、Mg^{2+}、K^+、Na^+、CO_3^{2-}、HCO_3^-、Cl^-、SO_4^{2-}）	mg/kg	每年 1 次	LY/T 1244—1999
土壤有机碳	mg/kg	每年 1 次	LY/T 1237—1999
土壤全氮、亚硝态氮	mg/kg	每年 1 次	LY/T 1228—2015
土壤全磷、有效磷	mg/kg	每年 1 次	LY/T 1253—1999
土壤全钾、有效钾	mg/kg	每年 1 次	LY/T 1254—1999
土壤总镉	mg/kg	每年 1 次	GB/T 17141—1997
土壤总铅	mg/kg	每年 1 次	GB/T 17141—1997
土壤总砷	mg/kg	每年 1 次	HJ680—2013
土壤总汞	mg/kg	每年 1 次	HJ680—2013

注：在人为活动频繁或环境污染较重区域，有针对性地监测土壤重金属

（六）生物监测

1. 植物监测

采用样方监测，森林沼泽植物群落样方面积 10 m×10 m，灌丛群落样方面积 2 m×2 m，草本群落样方面积 1 m×1 m。可根据实际需要采用最小样方面积法，用种－面积曲线法确定最小样方面积。植物监测指标及单位、监测频度及监测方法见表 13-12。

表 13-12　植物监测指标及单位、监测频度及监测方法

指标	单位	监测频度	监测方法
种类	种		样方法
盖度	%		现场判定
多度	—		现场判定
群集度	—		现场判定
生物量	g/m²	每年1 次	样方法
季相	—		现场判定
高度	cm		现场判定
密度	株/m²		样方法
生活型	—		现场判定

2. 水鸟监测

根据本地物候特点确定最佳监测时间，分别在繁殖季、越冬季和迁徙季选择鸟种类和数量相对稳定的时期，样线 2 ～ 5 km 长，3 ～ 5 d 完成，面积较大地区不超过 14 d。

3. 兽类监测

在繁殖季和冬季，利用采样方法，对动物活动痕迹（粪便、尿迹、卧迹、足迹链等）进行统计。

4. 两栖类、爬行类监测

夏季和秋季入蛰前监测，每次 6 ～ 10 d。

5. 鱼类监测

春、夏、秋三季，每个季节监测 10 d 左右。可用网捕和电捕方法。

6. 水生无脊椎动物监测

春、夏、秋三季，每个季节监测 10 d 左右。根据湿地水文状况、基质类型和水生植物分布特征，设置代表性的断面或样线，每个断面或样线上设置若干样点。水体和土壤表层无脊椎动物采用 D 型网法，底栖动物采用底泥采样器。

7. 浮游生物监测

每月一次或每季度一次，对于藻类水华监测，在春季、夏季和秋季增加采样频次，增加至每周 1 ～ 2 次。水深小于 3 m，水团混合良好的样点，采集表层和底层两处的混合水样；水深为 3 ～ 10 m 的样点，采集表层、中层和底层三处的混合水样。水深大于 10 m 的样点，可每隔 2 ～ 5 m 各采集一水样，各层等体积水样混合为 1 个样品。浮游生物应从水平和垂直两个方向采集。在实验室内按浮游植物和浮游动物分类统计。

8. 土壤动物监测

春、夏、秋三季，每个季节监测 10 d 左右，具体监测指标及方法见表 13-13。

表 13-13 土壤动物监测指标及方法

土壤动物类别	监测方法
地表土壤动物	陷阱巴氏罐法
陆生中小型土壤动物	用100 mL的土壤环刀采集器，在样方垂直剖面上各土层取样，用干漏斗法进行分离
湿生中小型土壤动物	用25 mL的土壤环刀采集器，在样方垂直剖面上各土层取样，用湿漏斗法进行分离
大型土壤动物	采用手拣法在不同土壤层用镊子选取，取样面积0.5 m×0.5 m
特定某一类土壤动物	用专门的采集方法，如吸虫瓶法、陷阱法、引诱法、羽化捕捉法和手摇网筛法等

第二篇
分　论

第十四章
温带湿润半湿润沼泽区

区划是从区域角度观察和研究地域综合体，探讨区域单元的形成发展、分异组合、划分合并和相互联系，是对过程和类型综合研究的概括与总结（郑度等，2005）。1968 年莫斯科大学地理系编著了《苏联自然地理区划》。1987 年，美国国家环境保护局（USEPA）提出首份水生态功能区划方案，依据地形地貌、土壤、自然植被和土地利用 4 个自然因素指标划分了不同等级的生态区（Omernik，1987）。此外，我国三级阶梯的地貌格局，对气候也起着重要的作用，因此地质地貌因素也是在宏观上必须考虑的指标。傅伯杰等（2001）、郑度等（2005）对生态地理分区问题进行了深入研究，并分别提出了《中国生态区划方案》和《中国生态地理区划》。沼泽分区是研究沼泽自然环境空间分异的基础，在区域沼泽研究中具有十分重要的意义。沼泽生态分区需遵循区域分异原则、区内相似性与区际差异性原则，划分沼泽生态环境的区域单元，对沼泽分区分类管理具有重要指导意义。本书参考《中国生态地理区划》，在中国自然特征基础上，结合沼泽形成和发育影响因素，从宏观层面上将全国分为 5 个沼泽分布大区和 17 个沼泽分布区，5 个沼泽分布大区分别为温带湿润半湿润沼泽区、亚热带湿润沼泽区、温带干旱半干旱沼泽区、青藏－云贵高原沼泽区、滨海沼泽区，17 个沼泽分布区分别为大兴安岭山地沼泽区、小兴安岭山地沼泽区、三江平原沼泽区、松辽平原沼泽区、长白山山地沼泽区、华北平原山地沼泽区、内蒙古高原－黄土高原沼泽区、西北沙漠盆地沼泽区、长江中下游平原沼泽区、江南丘陵山地沼泽区、柴达木盆地－青海湖沼泽区、若尔盖高原沼泽区、云贵高原沼泽区、藏北－羌塘高原沼泽区、藏南－藏东高山谷地沼泽区、北部滨海盐沼三角洲沼泽区、南部滨海盐沼红树林沼泽区。

温带湿润半湿润沼泽区包括大兴安岭山地沼泽区、小兴安岭山地沼泽区、长白山山地沼泽区、三江平原沼泽区、松辽平原沼泽区和华北平原山地沼泽区。沼泽总面积 808.7 万 hm²，其中分布最多的是草本沼泽，面积 517.7 万 hm²；其次是森林沼泽，面积 156.9 万 hm²；再次是灌丛沼泽，面积 48.3 万 hm²（表 14-1）。本书共收录 180 片沼泽（图 14-1）。

表 14-1　温带湿润半湿润沼泽区沼泽类型与面积

沼泽大区	类型	面积/×100 hm²
温带湿润半湿润分布区	藓类沼泽	2.0
	草本沼泽	51 771.2
	灌丛沼泽	4 827.2
	森林沼泽	15 685.9
	内陆盐沼	4 594.7
	沼泽化草甸	3 989.1

第一节　大兴安岭山地沼泽区

大兴安岭山地沼泽区东与小兴安岭毗邻，西与呼伦贝尔草原接壤，南濒广阔的松嫩平原，北以黑龙江主航道中心线与俄罗斯为邻。地理坐标为 46°7.7′ ～ 53°33.5′N、118°0.1′ ～ 125°16.3′E。

沼泽区有黑龙江及嫩江两大水系，北坡为黑龙江流域，流经本区约 730 km，两大水系所辖一江（即黑龙江）六河（即额木尔河、盘古河、呼玛河、塔河、多布库尔河、甘河），河谷开阔，河床蜿曲。

图 14-1　温带湿润半湿润区沼泽分布图

集水面积 1000 km² 以上河流有 28 条，集水面积 100 km² 以上河流有 155 条，集水面积 50 km² 以上河流有 208 条。该区以伊勒呼里山为分水岭，岭北为黑龙江水系，岭南为嫩江水系（赵秀娟，2013）。各条河流穿行于山谷间，坡陡流急，水量丰沛，除小河在冬季部分时间发生连底冻外，较大河流常年川流不息，流域内植被良好，水土流失轻微，河流含沙量甚少（司国佐等，2006）。

沼泽区属于温带及寒温带大陆性气候，气候特点是冬季漫长寒冷，夏季温凉短暂，春季干燥风大，秋季气温骤降，湿度小且温差大，无霜期短。年平均气温 −3.5℃，由于大兴安岭地区位于东亚季风区，冬季受西伯利亚寒冷空气控制，气温从 10 月下旬转入 0℃ 以下至第二年 4 月中旬升到 0℃ 以上。该区北部最低气温达 −50℃ 以下，黑龙江最大冰厚 1.8 m 左右，最大冻土深可达 3.0 m 以上，年日照总时数为 2480.6 h。多年平均水面蒸发量为 582 mm，降水量年际变化很悬殊，一般年雨量在 450 mm 左右，干旱年雨量 200 mm 以上，而洪涝年则可达 800 mm 以上（司国佐等，2006）。

沼泽区地貌主要由中山、低山丘陵和山间谷地组成，一般坡度较缓。该地区又处在寒温带，气候冷湿，季节性冻层存在的时间很长，局部还有岛状永冻层。山地、丘陵分布的主要地带性土壤是棕色针叶林土，大兴安岭东坡和伊勒呼里山南坡逐渐过渡到降雨量较多的暗棕壤区，黑土面积较少，零星分布在黑龙江省的呼玛县和松岭区的嫩江阶地及山间谷地。沿江河的河谷低地和山间水线则分布有草甸土、沼泽土等非地带性土壤。在高山地区也有少量的石灰土分布。

沼泽区草本沼泽常见建群种包括灰脉薹草、大叶章、狭叶甜茅、大穗薹草、乌拉草、芦苇、问荆、拂子茅、瘤囊薹草和水葱，灌丛沼泽常见建群种是柴桦和绣线菊，森林沼泽常见建群种是落叶松和白桦，苔藓沼泽常见建群种包括泥炭藓、真藓和金发藓。本区沼泽类型及面积见表 14-2。

沼泽主要分布在嫩江源头区、黑龙江干流和呼玛河流域，是我国寒温带地区最大的森林沼泽分布区，也是全国 25 个重点生态功能区中 8 个重要水源涵养地之一。北部林区内，沼泽分布集中连片，面积大，而中南部地势平缓的地区有些沼泽已经开发为农田或受到破坏，局部野生动植物生境破碎化。

表 14-2　大兴安岭山地沼泽区沼泽类型与面积

沼泽分区	类型	面积/×100 hm²
大兴安岭山地沼泽区	藓类沼泽	2.0
	草本沼泽	15 894.1
	灌丛沼泽	2 904.3
	森林沼泽	11 686.4
	内陆盐沼	112.1
	沼泽化草甸	1 234.0

北极村沼泽（232701-001）

【范围与面积】北极村沼泽位于黑龙江省大兴安岭地区漠河市，地处中国的最北端，北与俄罗斯隔黑龙江相望，地理坐标为 53°11′35″ ~ 53°27′19″N、121°40′08″ ~ 123°16′08″E，沼泽面积 11 800 hm²。

【地质地貌】沼泽区位于我国最北端，地处大兴安岭山脉北部，沼泽主要分布于沟谷与缓坡。该区域属于内陆山系地区，群山连绵，但是大部分属于低山丘陵地貌，坡度平缓，土壤的垂直分布特征不明显，只有少数海拔较高的山区才能显示出垂直地带性，地势南高北低，南北呈坡度趋势，东西两翼突起，呈对称状态，平均海拔在 500 ~ 800 m（高伟峰，2019）。区域构造上隶属于兴安岭 - 内蒙古地槽褶皱带额尔古纳地块中的上黑龙江中生代断（坳）陷带，主要由前中生代基底变质岩、晚侏罗世陆相碎屑沉积岩、早白垩世火山 - 火山碎屑岩三个大的单元组成。

【气候】沼泽区属于寒温带大陆性季风气候。冬季寒冷而干燥，年平均气温为 –4.9℃，平均气温在 0℃ 以下可达 8 个月，1 月平均气温为 –30.9℃，极端最低气温为 –52.3℃，7 月平均气温为 18.4℃，最高温度为 36.3℃；年平均降水量为 430 ~ 550 mm，年最大降水量达 635.3 mm，年最小降水量为 274.3 mm，夏季降水集中，降雨充沛，气候温热湿润，60% 的降雨主要集中在每年的 7 ~ 8 月；年平均降雪厚度一般在 20 ~ 40 cm，降雪量占年降水量的 10% ~ 20%，主要集中在 11 月至翌年 2 月；平均蒸发量 845.8 mm，年均相对湿度为 72%，太阳辐射总量年平均为 401.93 ~ 447.99 kJ/m²，日照时数为 2377 ~ 2625 h，≥ 10℃ 年积温为 1436 ~ 2062℃（高伟峰，2019）。

【水资源与水环境】由于沼泽分布于缓坡与沟谷中，沼泽区水源主要为大气降水补给，沟谷中沼泽也有山区土壤径流补给。北极村沼泽区域内自然水系主要由黑龙江上游和额木尔河、北极村河、老沟河、金沟河、鹿角沟等组成，在维护黑龙江水源地等方面发挥了重要作用。

【沼泽土壤】沼泽土壤为泥炭土与腐殖质沼泽土，基于 2014 年调查，泥炭土深度为 20 ~ 50 cm，下覆黏土或砂土，底部为多年冻土。泥炭土容重为 0.11 ~ 0.35 g/cm³，土壤有机碳含量为 257.6 ~ 461.4 g/kg，全氮含量为 10.64 ~ 13.10 g/kg。0 ~ 100 cm 沼泽土壤碳储量为 179.47 ~ 320.81 t/hm²（彭文宏等，2020）。

【沼泽植被】沼泽区主要类型有森林沼泽和灌丛沼泽，基于 2014 年调查，灌丛沼泽地上生物量为

（230.36±44.55）g/m²，以柴桦、笃斯越橘、地桂、杜香及羊胡子草为主；森林沼泽以柴桦、笃斯越橘、杜香及玉簪薹草为主，且下覆泥炭藓和真藓的藓丘较大，主要乔木有落叶松和白桦等，其他的伴生种有越橘柳、铃兰、小白花地榆及龙江风毛菊等，整体上森林沼泽和灌丛沼泽植被类型与大兴安岭其他地区同类型沼泽具有相似性。

【沼泽动物】北极村沼泽属于界江保护和野生动物保护廊道类型的沼泽，动物有鱼类、鸟类及兽类，国家级保护动物 40 种，其中国家一级重点保护野生动物 6 种，国家二级重点保护野生动物 34 种，对野生动物基因国际交流有着重要意义。其中鱼类有大麻哈鱼、细鳞鲑、哲罗鲑及鳇等 57 种，隶属于 17 科；鸟类有花尾榛鸡、黑嘴松鸡、绿头鸭、大杜鹃、大斑啄木鸟、太平鸟、金雕及长耳鸮等 237 种，隶属于 44 科；兽类有棕熊、驼鹿、野猪、狍、原麝、紫貂、雪兔、赤狐、猞猁及松鼠等 56 种，隶属于 6 目 16 科。

【受威胁和保护管理状况】北极村沼泽区建有黑龙江北极村国家级自然保护区，保护区始建于 2002 年，2006 年被黑龙江省政府批准为省级自然保护区，2016 年 5 月晋升为国家级自然保护区，且自 2000 年以来，全域实施天保工程。

北极村沼泽（王宪伟 摄）

双河沼泽（232722-002）

【范围与面积】双河沼泽位于黑龙江省大兴安岭地区塔河县十八站林业局双河林场，地理坐标为 52°56′51″～53°11′46″N、124°53′22″～125°32′02″E，总面积 88 849 hm²。

【地质地貌】沼泽区位于大兴安岭北坡，地势较为平坦，总体上呈现出南高北低的地形，地质构造线为东北－西南走向，山地表现为坡度较缓，相对高度较小，海拔为 200～515 m，平缓坡占该区总面积的 90% 左右。

【气候】沼泽区属于寒温带大陆性季风气候，冬季漫长而寒冷，夏季温暖多雨；年均气温为 –4.3℃，极端最低气温 –45.8℃，≥10℃年积温为 1500～1800℃；年平均降水量为 460 mm，雨量多集中在 6 月下旬至 8 月中旬；有霜期从 9 月上旬至翌年 5 月下旬，冰冻期长达 7 个月，全年平均积雪期为 165～175 d，平均冻土深度为 2.5～3.0 m。

【水资源与水环境】沼泽区水资源丰富，自然水系主要由北面的黑龙江上游和南面大西尔根气河、小西尔根气河及其他小支流组成，春季易产生冰凌及春汛，夏、秋两季水量大（郭楷，2016）。沼泽主要水源为大气降水。

【沼泽植被】沼泽区植物以东西伯利亚植物区系成分为主，且深受东北植物区系成分的影响，有野生高等维管植物 420 种，隶属于 68 科 239 属，其中蕨类植物 5 科 7 属 12 种，裸子植物 1 科 3 属 3 种，被子植物 62 科 229 属 405 种；主要沼泽植物以菊科、蔷薇科、禾本科、百合科及唇形科植物为主（赵勋和王玉芬，2011）。

【沼泽动物】沼泽区鱼类 14 科 60 种，其中鲤科鱼类种类最多；两栖类计 4 科 6 种，蟾蜍科、蛙科各 2 种，雨蛙科 1 种；爬行类 3 科 7 种，蜥蜴科 3 种，游蛇科、蝰科各 2 种；兽类 4 目 13 科 28 种；鸟类 16 目 42 科 180 种；有国家一级重点保护野生动物 7 种，其中兽类 4 种，鸟类 3 种，分别为紫貂、驼鹿、貂熊、原麝、黑嘴松鸡、东方白鹳和金雕；国家二级重点保护野生动物 33 种，其中兽类 4 种，鸟类 29 种，主要为雪兔、猞猁、大天鹅、普通鵟、鸳鸯、白尾鹞及长耳鸮等（李海军等，2017）。

【受威胁和保护管理状况】沼泽区为黑龙江省双河国家级自然保护区，2008 年 1 月 14 日批准建立，主要保护寒温带森林与湿地生态系统。

双河沼泽（孙晓新 摄）

乌玛沼泽（150784-003）

【范围与面积】乌玛沼泽位于内蒙古自治区大兴安岭西坡北麓的边缘地带呼伦贝尔市额尔古纳市。地理坐标为 52°27′52″ ～ 53°20′00″N、120°00′20″ ～ 121°49′00″E，沼泽面积 68 743 hm²。

【地质地貌】沼泽区地质结构属于新华夏隆起带，低山台地地貌，地形起伏，主岭呈东北－西南走向，由北向南逐渐升高。

【气候】沼泽区为寒温带大陆性季风气候，冬季严寒漫长，夏季凉爽多雨。四季和昼夜温差大，植物生长季较短。降水多集中在 6 ～ 8 月，约占全年降水量的 70%；主要风向为西北风，年均风速为 0.8 m/s。

【水资源与水环境】沼泽水源主要靠河水、大气降水和冰雪融水补给，区内主要河流乌玛河域呈手掌形状。

【沼泽土壤】沼泽土壤主要有沼泽化草甸土和沼泽土，沼泽化草甸土多分布在海拔 900 m 以下的河岸及阶地上，沼泽土多分布在谷地及低洼地。

【沼泽植被】沼泽区灌木植物有嵩柳、绣线菊、柴桦、扇叶桦、笃斯越橘、细叶沼柳、油桦和高山杜鹃等。草本植物有灰脉薹草、乌拉草、

乌玛沼泽（张重岭 摄）

漂筏薹草、羊胡子草、瘤囊薹草、大穗薹草、沼薹草、小黑三棱、金鱼藻等。苔藓植物有尖叶泥炭藓、中位泥炭藓等（高占军，2020）。

【沼泽动物】沼泽区野生鸟类资源有247种，其中国家一级重点保护野生动物有黑嘴松鸡、白尾海雕、白鹤等；国家二级重点保护野生动物有角䴙䴘、白额雁、大天鹅、小天鹅、鹗、凤头蜂鹰、黑鸢、苍鹰、雀鹰、松雀鹰、大鵟、普通鵟、毛脚鵟、鹰雕、乌雕、白尾鹞、鹊鹞、白腹鹞、矛隼、游隼、灰背隼、燕隼、红角隼、红隼、黑琴鸡、灰鹤、蓑羽鹤、花田鸡、小杓鹬、小鸥、西红角鸮、雕鸮、猛鸮、雪鸮、花头鸺鹠、鹰鸮、鬼鸮、短耳鸮、长耳鸮、长尾林鸮、乌林鸮、花尾榛鸡等（李宝国，2016）。

【受威胁和保护管理状况】沼泽区建有内蒙古乌玛自然保护区，于2004年晋升为省级（自治区级）保护区，它是我国面积最大、保存最为完整的寒温带原始明亮针叶林地区。

额木尔河沼泽（232701-004）

【范围与面积】额木尔河沼泽位于黑龙江省大兴安岭地区漠河市、大兴安岭山脉北麓、黑龙江上游南岸，东与塔河县接壤，西与内蒙古额尔古纳市交界，南与内蒙古根河市为邻，北与俄罗斯的赤塔州、阿穆尔州隔江相望，地理坐标为52°21′0″～53°21′0″N、122°0′0″～124°10′0″E，总面积107 933 hm²。

【地质地貌】沼泽区地处大兴安岭山脉北部，位于漠河市区域内，沼泽主要分布于沟谷与缓坡上。区域构造上隶属于兴安岭－内蒙古地槽褶皱带额尔古纳地块中的上黑龙江中生代断（坳）陷带，主要由前中生代基底变质岩、晚侏罗世陆相碎屑沉积岩、早白垩世火山－火山碎屑岩三个大的单元组成。

【气候】沼泽区属于寒温带季风性大陆气候。冬季在极地大陆气团控制下气候寒冷干燥而漫长；夏季受副热带海洋气团的影响短促而湿热，昼夜温差大，雨量充沛，雨热同季；春季风大而物燥；秋季低温而多霜。地理纬度高，太阳辐射量小，年均气温 -3.72℃，最冷月平均气温 -29.25℃，最热月平均气温 18.6℃，平均0℃以下长达240 d以上，极端最低气温 -52.3℃（出现在1月），极端最高气温38℃；温差较大，日气温变化幅度平均20℃；≥ 10℃活动积温平均1749℃，变幅在1436～2062℃；全年平均无霜期为86 d左右，平均降水量为460.4 mm。

【水资源与水环境】由于沼泽分布于缓坡与沟谷中，沼泽区水源主要为大气降水补给，沟谷中沼泽也有山区土壤径流补给。额木尔河，又作"额穆尔河"，为黑龙江支流，源出大兴安岭山脉面包山东南麓，东南流折向南流，在漠河市额木尔河附近注入干流；全长469 km，流域面积16 280 km²；自然落差167 m，呈弯月河型，支流发育，河槽深窄，河道多绳套形弯曲，河槽宽阔，支流短促；年结冰期5～6个月；主要支流有二龙河、大林河及老槽河等。在流域上，额木尔河面积较大，老槽河沼泽、古莲河沼泽、大林河沼泽、岭峰沼泽都分布于其内。灌丛沼泽和森林沼泽水体理化性质见表14-3。

【沼泽土壤】沼泽区土壤为泥炭土与腐殖质沼泽土，基于2014年调查，泥炭土深度为20～40 cm，下覆黏土、沙土或砾石，底部为多年冻土。泥炭土容重为0.14～0.39 g/cm³，土壤有机碳含量为359.3～457.5 g/kg，全氮含量为23.83～28.63 g/kg。额木尔河典型灌丛沼泽土壤基本理化性质见表14-4（王宪伟等，2021）。图强林业局沼泽土壤碳累积速率为165.7～178.7 g/（m²·a），近百年土壤芳香族化合物没有显著变化，其含量为27%～28%（丛金鑫，2021）。

表 14-3　额木尔河沼泽水体理化性质

水体	比较项	水深/m	TDS/(mg/L)	pH	Sal/ppt	电导率/(mS/cm)	DO/(mg/L)
	平均值	0.28	0.03	4.90	0.02	0.04	4.08
灌丛沼泽	最高值	0.36	0.04	5.13	0.03	0.05	5.98
	最低值	0.13	0.02	4.65	0.01	0.03	3.16
	平均值	0.29	0.02	5.22	0.02	0.04	5.74
森林沼泽	最高值	0.43	0.04	5.72	0.03	0.05	7.02
	最低值	0.16	0.01	4.87	0.01	0.03	4.82
	平均值	1.30	0.05	7.26	0.03	0.06	8.83
河流	最高值	1.80	0.07	7.82	0.05	0.09	10.78
	最低值	0.70	0.04	6.84	0.02	0.05	7.12

注：Sal. 盐度；DO. 溶解氧

表 14-4　额木尔河典型灌丛沼泽土壤基本理化性质

深度	总碳含量/(g/kg)	全氮含量/(g/kg)	全磷含量/(g/kg)	粗灰分含量/%	pH	容重/(g/cm³)	钠含量/(g/kg)	镁含量/(g/kg)	钾含量/(g/kg)	钙含量/(g/kg)
腐殖质层	457.90±8.46a	16.37±0.64b	2.32±0.14c	15.65±1.22e	4.71±0.10c	0.10±0.01b	0.88±0.08c	2.48±0.11c	3.90±0.21c	10.49±0.62a
0～10 cm	439.90±11.05a	25.40±1.51a	3.70±0.17a	19.96±0.17d	4.88±0.03c	0.16±0.01b	1.21±0.09c	2.44±0.25c	2.97±0.34c	10.84±1.09a
10～20 cm	412.50±5.66b	23.11±0.28a	2.97±0.07b	24.22±0.39c	5.04±0.04bc	0.17±0.01b	1.48±0.16c	1.89±0.30c	2.28±0.20c	12.01±1.50a
20～30 cm	338.73±10.59c	18.85±0.63b	2.10±0.06c	42.04±0.91b	5.08±0.03b	0.18±0.01b	4.86±0.32b	3.64±0.59b	6.60±0.34b	9.61±0.16ab
30～40 cm	40.15±2.48d	2.71±0.05c	0.72±0.04d	88.42±0.36a	5.29±0.05a	1.09±0.07a	14.24±0.96a	5.77±0.38a	17.90±1.21a	7.53±0.68b

注：表中数据为平均值 ± 标准误（n=3），不同字母表示平均值在 $P < 0.05$ 水平上的差异显著性

【沼泽植被】沼泽区主要类型有森林沼泽和灌丛沼泽，其主要植被类型与漠河市区域内植被类型具有一致性。基于 2014 年调查，灌丛沼泽地上生物量为（301.92±23.40）g/m²，以柴桦、笃斯越橘、地桂、杜香及羊胡子草为主；森林沼泽以柴桦、笃斯越橘、杜香及玉簪薹草为主，且下覆泥炭藓和真藓的藓丘较大，主要乔木有落叶松和白桦等；其他的伴生种有越橘柳、铃兰、小白花地榆及龙江风毛菊等。与第一版《中国沼泽志》相比，2014 年调查未发现大穗薹草、北紫堇、北极花、舞鹤草、早熟

额木尔河沼泽（王宪伟 摄）

禾与伏生茶藨子，新发现了蒿柳、大叶章和铃兰3种；在缓坡上，灌丛沼泽中白桦具有扩张的趋势，与落叶松－灌丛－泥炭藓群落形成的"老头林"不同，其白桦高度为2～10 m。

【沼泽动物】由于额木尔河沼泽植被类型与漠河市区域内沼泽一致，其沼泽动物也与漠河市内沼泽具有相似性，主要动物兽类有棕熊、驼鹿、马鹿、狍、松鼠、野猪、原麝、紫貂、赤狐及猞猁等，鸟类有花尾榛鸡、黑嘴松鸡、绿头鸭及大斑啄木鸟等（王仁春等，2015）。

【受威胁和保护管理状况】沼泽区建有黑龙江漠河九曲十八湾国家湿地公园，2017年12月，国家林业局批准建设，隶属于图强林业局，范围西北至图强镇与西林吉镇政区交界处（大林河与额木尔河河口处），东南至图强镇阿木尔河大桥，南北长约20 km、东西宽约6 km，总面积4929 hm²，该湿地于2023年被列入《国际重要湿地名录》。

小西尔根气河上游沼泽（232722-005）

【范围与面积】小西尔根气河上游沼泽位于黑龙江省大兴安岭塔河县十八站林业局小根河林场，地理坐标为52°37′51″～52°56′49″N、124°51′32″～125°28′00″E，总面积15 253 hm²。

【地质地貌】沼泽区主要为低山丘陵地貌，地形起伏不大，海拔一般为300～400 m，最高海拔为744 m，平均海拔420 m左右，沿黑龙江的河谷阶地有低于200 m的小块平原；总的地形是西南高、东北低，谷宽坡缓。区域上出露的地层为古元古界的兴华渡口群，是大兴安岭最古老的地层；中生代的侏罗系地层及白垩系地层，属滨太平洋地层大区大兴安岭－燕山地层分区大兴安岭和漠河地层小区；区内断裂以近东西向、北东向断裂为主要断裂，并发育有北北西向、近南北向次级断裂，属于韧性推覆剪切断裂，为一级断裂。

【气候】沼泽区属于寒温带大陆性季风气候，夏季短暂而炎热多雨，冬季较长而气候寒冷，冬季多西北风，夏季多东南风；平均温度为-4.3℃，极端最低温度-48℃，极端最高温度34℃，≥10℃积温约1800℃；年平均降水量为460 mm，雨量多集中在6月下旬至9月中旬，占年降水量的75%左右；初霜始于9月中旬，终霜至翌年5月下旬，无霜期100 d左右，年日照时数2527 h左右；从10月上旬到翌年4月末为积雪期，全年平均积雪期为165～175 d，全年冰冻期7个月，平均冻土深度为2.5～3.0 m，在局部低洼沼泽地带有岛状永冻层分布。

【水资源与水环境】由于沼泽分布于缓坡与沟谷中，沼泽区水源主要为大气降水补给，沟谷中沼泽也有山区土壤径流补给。小西尔根气河为西尔根气河支流，在黑龙江大兴安岭北部，源出塔河县东部山丘，在秀水山北麓注入干流，全长91 km，流域面积1910 km²，河道弯曲，河槽宽浅，支流左右岸伸展均衡，呈树枝状河型，年结冰期5～6个月。

【沼泽植被】沼泽区主要类型为森林沼泽和灌丛沼泽，灌木主要有兴安杜鹃、东北桤木、柴桦、绣线菊、杜香、笃斯越橘、越橘等，草本植物主要有大叶章、鹿蹄草、玉竹、铃兰、金莲花、地榆等。

【沼泽动物】沼泽区具有丰富的野生动物资源，动物有黑熊、梅花鹿、棕熊、野猪、狍、马鹿、紫貂、水獭、赤狐、雪兔及松鼠等；禽类有花尾榛鸡、黑嘴松鸡、黑琴鸡、山斑鸠、大斑啄木鸟及绿头鸭等；水生动物主要为鱼类，有细鳞鲑、鲤、鲇、大麻哈鱼及哲罗鲑等；两栖类、爬行类主要有极北鲵、花背蟾蜍、黑龙江林蛙及秦岭蝮等。

【受威胁和保护管理状况】尽管小西尔根气河沼泽区无自然保护区，但由于区域内无较大的人类居住地，特别是2016年起天保工程二期实施，其沼泽自然状况较好，但近年来，随蓝莓（笃斯越橘）

采摘增加，对沼泽的干扰也增多，建议加强对沼泽的科学化管理与动态监测。

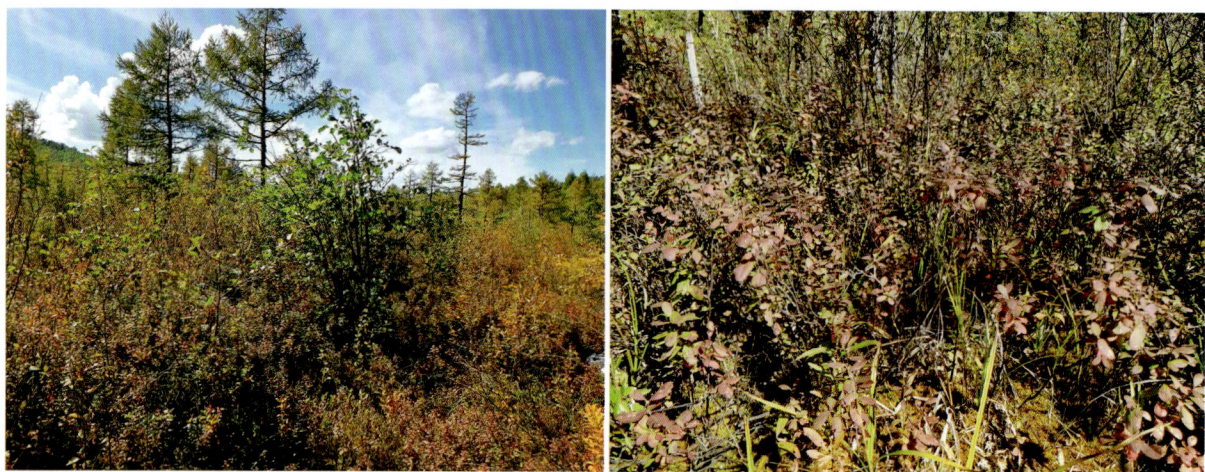

小西尔根气河上游沼泽（孙晓新 摄）

盘古河沼泽（232722-006）

【范围与面积】盘古河沼泽位于黑龙江省大兴安岭塔河县盘古镇，地理坐标为 52°12′0″ ～ 53°15′0″N、123°24′0″ ～ 124°25′0″E，总面积 37 951 hm²。

【地质地貌】沼泽区地处大兴安岭中断陷带（火山岩带）与额尔古纳地块南缘的交切部位，位于得尔布干成矿带的北段，区域内出露的地层主要为新元古界－下寒武统倭勒根群吉祥沟组和大网子组，主要岩石类型有微晶片岩、板岩、千枚岩、大理岩、变酸性熔岩、变酸性火山岩夹薄层凝灰质砂砾岩等；中生界白垩系下统光华组，其岩性以酸性火山岩为主；侵入岩为下寒武纪花岗岩及花岗斑岩、闪长玢岩等潜火山岩。

【气候】沼泽区属寒温带大陆性季风气候。夏季短促湿热，光照充足，雨量充沛；冬夏温差大，地域差异明显，年平均气温为 −4.7℃，年际平均气温为 −2.1 ～ 5.3℃，最冷月平均气温为 −32.3℃，最热月平均气温为 21.2℃；无霜期为 58 ～ 112 d，年平均为 85 d；区域内年平均降水量为 355 ～ 688 mm，全年雨季集中在 6 ～ 8 月（赵霞和郝振纯，2017）。

【水资源与水环境】由于沼泽分布于缓坡与沟谷中，沼泽区水源主要为大气降水补给，沟谷中沼泽也有山区土壤径流补给。盘古河发源于大兴安岭白卡鲁山，西南－东北流向，在黑龙江塔河县开库康乡马伦村注入黑龙江，为黑龙江的一级支流，主干流长约 150 km，河面平均宽 45 m，流域面积为 3875 km²，年结冰期 5 ～ 6 个月，每年 4 月上、中旬开始融冰，5 月上旬全部融化。灌丛沼泽与森林沼泽水体理化性质见表 14-5。

【沼泽土壤】沼泽土壤主要为泥炭土与腐殖质沼泽土，基于 2014 年调查，泥炭深度为 20 ～ 40 cm，下覆黏土或砂土，底部为多年冻土。泥炭土容重为 0.17 ～ 0.61 g/cm³，土壤有机碳含量为 244.4 ～ 420.9 g/kg，全氮含量为 10.20 ～ 14.78 g/kg。

【沼泽植被】沼泽区主要为森林沼泽和灌丛沼泽，植被类型与塔河沼泽具有相似性。

【沼泽动物】由于盘古河位于塔河县，其沼泽动物与塔河沼泽具有相似性。主要野生动物有狍、野猪、水獭、松鼠、花尾榛鸡、马鹿、雪兔及黄鼬等，鱼类有细鳞鲑、江鳕及哲罗鲑等。

表 14-5　盘古河灌丛沼泽与森林沼泽水体理化性质

水体	比较项	TDS/(mg/L)	pH	Sal/ppt	电导率/(mS/cm)	DO/(mg/L)
灌丛沼泽	平均值	0.03	4.97	0.02	0.04	4.42
	最高值	0.04	5.34	0.03	0.05	5.71
	最低值	0.02	4.62	0.01	0.02	3.03
森林沼泽	平均值	0.02	5.38	0.02	0.03	5.09
	最高值	0.04	5.72	0.03	0.04	6.43
	最低值	0.01	4.92	0.01	0.01	3.75
河流	平均值	0.09	7.24	0.03	0.10	8.70
	最高值	0.25	7.64	0.07	0.17	11.84
	最低值	0.04	7.02	0.01	0.03	6.10

【受威胁和保护管理状况】沼泽区建有黑龙江盘中国家级自然保护区，2017 年 7 月经国务院批准晋升为国家级自然保护区，保护区总面积 55 074 hm²，其中核心区面积 24 906 hm²，缓冲区面积 14 739 hm²，实验区面积 15 429 hm²；主要保护对象为寒温带针叶林生态系统及紫貂、貂熊等濒危野生动植物，是寒温带地区生物种类丰富的地区之一。

盘古河沼泽（王宪伟 摄）

老槽河沼泽（232701-007）

【范围与面积】老槽河沼泽位于黑龙江省大兴安岭地区漠河市南部，地理坐标为 52°27′0″ ～ 53°0′0″N、122°24′0″ ～ 123°0′0″E，总面积 30 050 hm²。

【地质地貌】沼泽区地处大兴安岭山脉北部，位于漠河市南部，沼泽主要分布于沟谷与缓坡上，地质构造上与漠河地区整体一致。

【气候】沼泽区属于寒温带大陆性季风气候，气候特点是春旱、夏热、秋凉、冬冷，春季大风，物燥干旱；夏季雷雨频繁，并伴有大、小冰雹；秋季昼暖夜凉，温差较大；冬季严寒酷冷，降雪较大；该区多年平均气温 –5.5℃，平均气温 0℃ 以下达 8 个月；多年平均降雨量 460 mm，多年平均蒸发量

560 mm；多年平均无霜期 89 d，多年平均封冻 171 d，最大冻深 3.2 m；每年 11 月上旬至翌年 4 月中旬为结冰期；风向多为西北风。

【水资源与水环境】由于沼泽分布于缓坡与沟谷中，沼泽区水源主要为大气降水补给，沟谷中沼泽也有山区土壤径流补给。老槽河又名老潮河，是黑龙江右岸二级支流，发源于大兴安岭雉鸡场山面包山东北麓潮满林场，海拔 1031 m，全长 102 km，河宽 20 ～ 50 m，水深 1.2 m，流域面积 1695 km²，多年平均流量 9.2 m³/s，自然落差 396 m，水能理论蕴藏量 1.26 万 kW；自南向北流，流经潮满林场、潮河林场、壮林林场、西林吉镇，在漠河市区东北与大林河同注入额木尔河；每年 11 月上旬至翌年 4 月中旬为结冰期，老槽河主要一级支流有吉莫伊赤河、伊力坎河、德库里特夹河、大西毛伊西河、大结鲁当河、科波里河、莫托卡西河、阿库塞河等。典型灌丛沼泽与森林沼泽水体理化性质见表 14-6。

表 14-6　老槽河沼泽水体理化性质

水体	比较项	TDS/(mg/L)	pH	Sal/ppt	电导率/(mS/cm)	DO/(mg/L)
灌丛沼泽	平均值	0.03	5.29	0.02	0.05	4.47
	最高值	0.04	7.94	0.03	0.06	6.03
	最低值	0.02	4.76	0.01	0.03	3.39
森林沼泽	平均值	0.02	4.89	0.02	0.03	5.67
	最高值	0.04	5.34	0.03	0.04	6.84
	最低值	0.01	4.45	0.01	0.03	4.67
河流	平均值	0.05	7.14	0.03	0.07	9.04
	最高值	0.07	7.71	0.05	0.10	13.65
	最低值	0.04	5.38	0.02	0.05	6.87

【沼泽土壤】沼泽土壤主要为泥炭土和腐殖质沼泽土，基于 2014 年调查，泥炭土深度为 10 ～ 30 cm，下覆黏土、沙土或砾石，底部为多年冻土。泥炭土容重为 0.19 ～ 0.42 g/cm³，土壤有机碳含量

老槽河沼泽（王宪伟 摄）

为 229.1 ～ 401.5 g/kg，全氮含量为 14.61 ～ 15.86 g/kg。

【沼泽植被】沼泽区主要类型有森林沼泽和灌丛沼泽，其主要植被类型与漠河市区域内其他沼泽植被类型具有一致性。基于 2014 年调查，灌丛沼泽地上生物量为（289.40±45.38）g/m²。

【沼泽动物】由于老槽河沼泽植被类型与漠河市区域内沼泽一致，其沼泽区动物也与漠河市内沼泽具有相似性。

【受威胁和保护管理状况】尽管老槽河沼泽区无自然保护区，但由于区域内无较大的人类居住地，自 2000 年以来，全域实施天保工程，其沼泽自然状况较好，但近年来，随蓝莓（笃斯越橘）采摘增加，对沼泽湿的干扰也有增多的趋势。

大林河沼泽（232701-008）

【范围与面积】大林河沼泽位于黑龙江省大兴安岭地区漠河市，地理坐标为 52°23′10″ ～ 52°58′10″N、121°12′56″ ～ 122°26′23″E，总面积 78 551 hm²。

【地质地貌】沼泽区地处大兴安岭北部，属于内陆山系地区，群山连绵，沟谷纵横，山顶平坦，河谷开阔。地质构造上与漠河地区其他沼泽具有相似性。

【气候】沼泽区属于寒温带大陆性季风气候，气候特点是春旱、夏热、秋凉、冬冷；气候特征与漠河地区其他沼泽具有相似性。

【水资源与水环境】由于沼泽分布于缓坡与沟谷中，沼泽区水源主要为大气降水补给，沟谷中沼泽也有山区土壤径流补给。大林河沼泽主要水体为大林河，是黑龙江水系额木尔河的一级支流，源于黑龙江省和内蒙古自治区边界的分水岭，南流折向东流，在漠河市汇入干流，全长 147 km，流域面积 4553 km²，河道弯曲，呈不规则河型，年结冰期 5 ～ 6 个月，主要支流有古莲河等。灌丛沼泽与森林沼泽水体理化性质见表 14-7。

表 14-7 大林河沼泽水体理化性质

水体	比较项	TDS/(mg/L)	pH	Sal/ppt	电导率/(mS/cm)	DO/(mg/L)
灌丛沼泽	平均值	0.03	5.22	0.02	0.05	4.88
	最高值	0.04	5.47	0.03	0.07	6.38
	最低值	0.02	4.86	0.01	0.04	3.65
森林沼泽	平均值	0.02	6.13	0.03	0.04	7.55
	最高值	0.04	6.43	0.04	0.06	9.14
	最低值	0.01	5.67	0.02	0.02	5.82
河流	平均值	0.09	7.15	0.04	0.06	10.45
	最高值	0.25	7.68	0.06	0.09	19.34
	最低值	0.04	6.79	0.02	0.04	6.98

【沼泽土壤】沼泽土壤主要为泥炭土与腐殖质土，基于 2014 年调查，泥炭土深度为 20 ～ 40 cm，下覆黏土、沙土或砾石，底部为多年冻土；泥炭土容重为 0.14 ～ 0.47 g/cm³，土壤有机碳含量为 254.7 ～ 437.3 g/kg，全氮含量为 17.74 ～ 23.49 g/kg。

【沼泽植被】沼泽区主要类型有森林沼泽和灌丛沼泽，其主要植被类型与漠河市区域内植被类型具有一致性。基于 2014 年调查，灌丛沼泽地上生物量为（235.88±68.85）g/m^2。

【沼泽动物】沼泽区植被类型与漠河市区域内沼泽一致，其沼泽动物也与漠河市内沼泽具有相似性，主要动物有棕熊、水獭、马鹿、驼鹿、狍、黄鼬、黑龙江林蛙和雪兔等几十种，鸟类有普通秋沙鸭、花尾榛鸡及金雕等。

【受威胁和保护管理状况】沼泽区建有黑龙江漠河大林河国家湿地公园，2014 年 12 月，国家林业局批准建设黑龙江漠河大林河国家湿地公园（试点），2019 年 12 月 25 日，通过国家林业和草原局验收正式成为国家湿地公园。该公园主要包括额木尔河西岸大林河入河口及大林河上游两岸沼泽，范围西南至古莲林场场址，以大林河为纽带，环绕于漠河市东、北、西侧，东至额木尔河，北至漠河市城区北部。

大林河沼泽（谭稳稳 摄）

依沙溪河沼泽（232722-009）

【范围与面积】依沙溪河沼泽位于黑龙江省大兴安岭塔河县十八站林业局，地理坐标为 52°25′52″ ～ 52°43′54″N、124°40′17″ ～ 125°42′26″E，总面积为 34 705 hm^2。

【地质地貌】沼泽区地貌类型属低山丘陵地貌，地形起伏不大，地势由西南向东北倾斜，逐渐向东北部趋于平缓，谷宽坡缓。平均海拔 420 m 左右。

【气候】沼泽区属于寒温带大陆性季风气候，与同在十八站林业局的小西尔根气河沼泽在气候上具有相似性。

【水资源与水环境】由于沼泽分布于缓坡与沟谷中，沼泽区水源主要为大气降水补给，沟谷中沼泽也有山区土壤径流补给。依沙溪河为呼玛河支流，在黑龙江省塔河县东部，发源于西罗尔奇山岭南侧，南流经十八站林业局，至疙瘩干与布拉格罕之间注入干流；全长 86 km，流域面积 1250 km^2；呈半月河型，支流短足，水量小；年结冰期 5 ～ 6 个月，每年 11 月上旬至翌年 4 月中旬为结冰期。

【沼泽植被】由于依沙溪河沼泽与小西尔根气河沼泽都位于十八站林业局，其沼泽植被具有相似性。

【沼泽动物】沼泽区主要动物有狍、野猪、黄鼬、雪兔、花尾榛鸡、罗纹鸭及黑龙江林蛙等。

【受威胁和保护管理状况】尽管依沙溪河沼泽区无自然保护区，但由于区域内无较大的人类居住地，其沼泽自然状况较好。

塔河沼泽（232722-010）

【范围与面积】塔河沼泽位于大兴安岭塔河县，地理坐标为 52°21′48″～53°11′46″N、123°33′30″～124°58′02″E，总面积 13 138 hm²。

【地质地貌】沼泽区位于大兴安岭的中心地带，地貌为低山丘陵，山地多于平地，其主脉呈北北东-南南西走向，东侧较陡，西侧较缓以丘陵、低山和少量中山居多，地形起伏不大，海拔一般 300～800 m；区域地层区划在三叠纪之前属北疆-兴安地层大区兴安地层区额尔古纳地层分区和达来-兴隆地层分区，三叠纪之后属古太平洋地层区大兴安岭-燕山地层分区大兴安岭地层小区（徐立明，2017）。

【气候】沼泽区位于寒温带大陆性季风气候区。春秋季短暂而凉爽，夏季极短，温差变化明显，冬季漫长、寒冷、干燥，冬季长达 9 个月，夏季最长不超过一个月，绝大部分几乎无夏，极端最低气温 –45.8℃，极端最高气温 38℃，≥ 10℃积温为 1100～2000℃，年均气温为 2～4℃，年平均降水量为 463 mm，雨量多集中在 6 月下旬至 8 月中旬，占年降水量的 53% 左右，多雷阵雨。

【水资源与水环境】由于沼泽分布于缓坡与沟谷中，沼泽区水源主要为大气降水补给，沟谷中沼泽也有山区土壤径流补给。塔河原名塔哈尔河，发源于大兴安岭伊勒呼里山北麓，山南向北流经大兴安岭地区新林区全境，在塔河县城附近的塔河水文观测站注入呼玛河，全长 187 km，流域总面积 6581 km²。春汛到来较晚，4 月下旬、5 月初冰雪开始融化，春汛一般历时 40 d 以上，汛水量每年因积雪量变化而存在差异，但一般较大，占年总河川径流量的 20% 左右，通常在春季冰雪融水没有完全泄尽，雨季就已来临，随之进入夏汛，使春夏两汛相连，两汛间出现低水，较平缓，8 月中下旬先后为秋季平水段，6～9 月水量集中，占年水量的 60%～80%，最大径流量及年最大水量多出现在 7 月，河流自 10 月下旬开始封冻，土壤季节融化层先后冻结，河流进入冬季枯水期，一直延续到翌年 4 月，5 月上旬河冰解冻，封冻期长达半年以上。塔河灌丛沼泽水体理化性质见表 14-8。

表 14-8 塔河灌丛沼泽水体理化性质

水体	比较项	TDS/(mg/L)	pH	Sal/ppt	电导率/(mS/cm)	DO/(mg/L)
灌丛沼泽	平均值	0.03	5.60	0.02	0.07	5.56
	最高值	0.04	5.87	0.03	0.30	7.38
	最低值	0.02	5.37	0.01	0.03	3.86
河流	平均值	0.05	7.16	0.03	0.08	11.05
	最高值	0.07	7.36	0.06	0.12	14.76
	最低值	0.04	6.89	0.02	0.06	8.34

【沼泽土壤】沼泽土壤主要为泥炭土与腐殖质沼泽土，基于 2014 年调查，泥炭深度为 40～60 cm，下覆黏土或砂土，底部为多年冻土。泥炭土容重为 0.20～0.86 g/cm³，土壤有机碳含量为 204.3～427.9 g/kg，全氮含量为 10.83～25.33 g/kg。

【沼泽植被】沼泽区野生高等维管植物有 420 种，隶属于 68 科 239 属，其中藤本植物 5 科 7 属 12 种；裸子植物 1 科 3 属 3 种；被子植物 62 科 229 属 405 种，其中国家二级保护植物钻天柳、水曲柳、野大豆等有大面积分布。塔河沼泽主要类型有森林沼泽、灌丛沼泽和草本沼泽，基于 2014 年调查，灌丛沼泽地上生物量为（370.06±75.27）g/m^2，灌丛沼泽以柴桦、笃斯越橘、地桂、杜香及羊胡子草为主；森林沼泽以柴桦、笃斯越橘、杜香及玉簪薹草为主，且下覆泥炭藓和真藓的藓丘较大，主要乔木有落叶松和白桦等；其他的伴生种有越橘柳、铃兰、小白花地榆及龙江风毛菊等。

【沼泽动物】沼泽区野生动物种类较多，鸟类 42 科 180 种，兽类 13 科 28 种，鱼类 14 科 60 种，两栖类 4 科 6 种，爬行类 3 科 28 种；国家一级重点保护野生动物 6 种，其中兽类 3 种，为紫貂、貂熊和原麝，鸟类 3 种，为东方白鹳、金雕与黑嘴松鸡。

【受威胁和保护管理状况】沼泽区建有黑龙江塔河固奇谷国家湿地公园。该湿地公园位于黑龙江省大兴安岭地区塔河县呼玛河中游沿岸塔河镇南部，2018 年 12 月 29 日，通过国家林业和草原局试点验收，正式成为国家湿地公园。

塔河沼泽（王宪伟 摄）

岭峰沼泽（232701-011）

【范围与面积】岭峰沼泽位于黑龙江省大兴安岭林业管理局阿木尔林业局施业区内，大兴安岭北脉，东邻阿木尔林业局青松林场，南与呼中林业局、满归林业局接壤，西与图强林业局毗连，北以阿木尔林业局绿林林场为界，地理坐标为 52°31′00″ ～ 53°14′56″N、121°38′33″ ～ 123°16′31″E，总面积 10 373 hm^2。

【地质地貌】沼泽区山峦起伏，山脉多为南北走向，南高北低，东陡西缓，在晚白垩纪到第三纪初，地壳相对稳定，经历了一个全面准平原化时期，现时分布的浑圆平顶山巅，就是当时的准平原面，伴之而来的垂直上升和长期以来的侵蚀及剥蚀作用，形成了现代的外貌轮廓；主脉最高海拔为 1230 m，最低为 520 m；本区域地势起伏不大，山脊平坦，坡面长而较缓，沟谷大多平坦而宽阔，属典型的低山宽谷的苔原地貌，并且区域内广布多年冻土，冻结层厚度几米至深达百米，为大片连续多年冻土地带。

【气候】沼泽区属于寒温带大陆性气候。春季来得迟缓，风多雨少；夏季短而湿热，降水集中；秋季降温迅速，霜来得早；冬季漫长而寒冷。气温昼夜温差大，年平均气温为 –5℃，最冷天气在 1 月，

月平均气温 –32.1℃，极端最低气温 –49.7℃，全年无霜期 90 d 左右，降水量 300 ～ 500 mm。

【水资源与水环境】由于沼泽分布于缓坡与沟谷中，沼泽区水源主要为大气降水补给，沟谷中沼泽也有山区土壤径流补给。岭峰沼泽区域内主要河流为额木尔河，发源于面包山，区内主要有三条支流，即玛斯立那河、嘎来奥河、阿夫科洛希河，以及无名河流，河流的水量来源主要是流域内的积雪融化和夏季降雨；积雪融化的水量占全年水量的 1/3 左右；夏季降雨一般在 7 月、8 月，其次是山泉和地下水补给，夏季降雨山泉和地下水补给水量占全年的 2/3；12 月至翌年 3 月为稳定封冻期，因地表径流补给河流的水量基本停止，河流会出现断流或连底冻现象，土壤冻结深度为 2.5 ～ 3 m，而且有呈岛状的永冻层。岭峰灌丛沼泽水体理化性质见表 14-9。

表 14-9　岭峰灌丛沼泽水体理化性质

水体	比较项	TDS/(mg/L)	pH	Sal/ppt	电导率/(mS/cm)	DO/(mg/L)
灌丛沼泽	平均值	0.03	5.09	0.02	0.05	5.49
	最高值	0.04	5.36	0.03	0.07	6.92
	最低值	0.02	4.85	0.01	0.03	3.64
河流	平均值	0.05	7.24	0.03	0.08	9.36
	最高值	0.07	7.65	0.04	0.12	12.76
	最低值	0.04	6.89	0.02	0.05	6.84

【沼泽土壤】沼泽土壤主要为泥炭土与腐殖质沼泽土，基于 2014 年调查，泥炭土深度为 20 ～ 40 cm，下覆黏土、沙土或砾石，底部为多年冻土。泥炭土容重为 0.16 ～ 0.42 g/cm³，土壤有机碳含量为 227.1 ～ 414.1 g/kg，全氮含量为 14.95 ～ 24.79 g/kg。

【沼泽植被】沼泽区主要类型有森林沼泽和灌丛沼泽，其主要植被类型与漠河市区域内植被类型具有一致性。基于 2014 年调查，灌丛沼泽地上生物量为（300.17±39.03）g/m²。沼泽植物为东北植物区系，主要保护物种有黄芪、野大豆及钻天柳等（邓长贺等，2010；雷宪奇，2015）。

【沼泽动物】由于岭峰沼泽植被类型与漠河市区域内沼泽一致，其沼泽动物也与漠河市地区沼泽具有相似性，区域内野生植物资源十分丰富、干扰少，为野生动物提供了栖息场所。本区动物地理分

岭峰沼泽（王宪伟 摄）

区属古北界东北亚界东北区大兴安岭亚区，动物种类与数量也很丰富，被《濒危野生动植物物种国际贸易公约》附录Ⅰ附录Ⅱ收录的哺乳动物有 5 种；鸟类有 25 种；被列为国家级保护的野生动物中，兽类有 9 种，尤其作为寒温带针叶林代表性动物的貂熊、驼鹿和黑嘴松鸡等的种群密度较大，金雕为国家一级重点保护野生动物，具有极为重要的科学研究价值和极高的保护价值。

【受威胁和保护管理状况】沼泽区建有黑龙江岭峰国家级自然保护区，2006 年被黑龙江省政府批准为省级自然保护区，2017 年 7 月经国务院批准晋升为国家级自然保护区。保护区东西长 39.6 km，南北宽 28.2 km，人为干扰程度很小，除一些防火通道及公路外，几乎全区均保存着最原始的生态景观。

阿鲁沼泽（150785-012）

【范围与面积】阿鲁沼泽位于内蒙古自治区呼伦贝尔市根河市，地处大兴安岭北段西坡。地理坐标为 52°13′29″ ～ 52°30′52″N、121°56′10″ ～ 122°28′25″E，沼泽面积为 8330 hm²。

【地质地貌】沼泽区地质是由海西期末分化的花岗岩类和中生代盖层碎屑岩、大山岩组成，重要岩石由花岗岩、玄武岩、片岩、片麻岩和石灰岩；属山地地貌，地势起伏不大，呈中间低四周略高地形，沟谷和河谷呈枝状、网状散布其间。

【气候】沼泽区为寒温带大陆性季风气候，冬季漫长严寒、夏季短促多雨，四季和昼夜温差变化大。年平均气温 –5.3℃，无霜期 80 d；降水量多集中在 7 ～ 8 月，主风向多为西北风。

【水资源与水环境】沼泽区水源主要靠河水、大气降水、冰雪融水和地下水补给。区内水系属额尔古纳河水系，水资源丰富，河网呈树枝状，流水的侧蚀比纵蚀强烈，河曲明显，是大阿鲁大亚河的发源地。

【沼泽土壤】沼泽土壤主要为沼泽化草甸土和沼泽土。沼泽化草甸土主要分布在河流两岸的二阶台地上，沼泽土主要分布在沟谷溪旁及低洼地。

【沼泽植被】沼泽区灌木植物主要有柴桦、沼柳、越橘柳、狭叶杜香、笃斯越橘、油桦等，草本层主要有薹草、白毛羊胡子草、沼生柳叶菜、驴蹄草、沼委陵菜、乌拉草、菭草、兴安老鹳草、蚊子草、狭叶荨麻、地榆等；藓类主要有泥炭藓、赤颈藓等。以乌拉草、灰脉薹草、羊胡子草形成的点状草丘高 20 ～ 50 cm，直径 20 ～ 40 cm（张晓丽，2009）。

【沼泽动物】沼泽区野生动物资源丰富，记录国家一级重点保护野生动物有金雕、白头鹤、丹顶鹤、白鹤等，国家二级重点保护野生动物有黑琴鸡、柳雷鸟、花尾榛鸡、灰鹤、白额雁、黑嘴松鸡、小天鹅等。两栖类有中国林蛙和黑龙江林蛙等。

【受威胁和保护管理状况】沼泽区建有内蒙古阿鲁自然保护区，保护区于 2002 年晋升为自治区级自然保护区，受内蒙古大兴安岭林业管理局管理。

阿鲁沼泽（张重岭 摄）

额尔古纳沼泽（150784-013）

【**范围与面积**】额尔古纳沼泽位于呼伦贝尔市额尔古纳市，地处大兴安岭西北侧额尔古纳河与其三条支流（根河、得尔布干河和哈乌尔河）交汇处的三角洲洪泛平原，包括两个集中分布区：$51°29'25'' \sim 52°8'08''$N、$120°00'10'' \sim 120°58'02''$E，沼泽面积 12 390 hm^2；$50°08' \sim 50°31'$N、$119°18' \sim 120°16'$E，沼泽面积 82 400 hm^2。

【**地质地貌**】沼泽区主体地貌是山地，沟谷和河谷呈枝状、网状散布其间。全区平均海拔 800 m 左右，最低海拔 415 m，最高海拔 1050.6 m。

【**气候**】沼泽区为大兴安岭山地寒温带湿润林业气候，并具有大陆性季风气候特征。年平均气温 $-6.0 \sim 4.0$℃，最热 7 月平均气温 18.8℃，最冷 1 月平均气温 -33.1℃，极端最高气温 33.9℃，极端最低气温 -44.5℃；年降水量 $414 \sim 528$ mm，多集中在 $7 \sim 9$ 月；日照时数平均为 2614.1 h，无霜期 100 d 左右。

【**水资源与水环境**】沼泽区水源主要靠河水、大气降水和冰雪融水补给。区内水环境丰富，额尔古纳河及其 8 条较大的支流构成一个完整的水系，地表水资源总量达 32.22 亿 m^3，地下水资源总量 7.62 亿 m^3。地表水 pH 7.4，矿化度 0.57%，属淡水，总氮含量为 0.21 mg/L，总磷含量为 0.14 mg/L，化学需氧量 16 mg/L。地下水 pH 7.0，矿化度 0.5 mg/L，属淡水（张克然等，2010）。

【**沼泽土壤**】沼泽土壤主要为腐殖质沼泽土和沼泽化草甸土。

【**沼泽植被**】沼泽区野生植物资源丰富，常见湿地植物有笃斯越橘、沼柳、绣线菊、大叶章、灰脉薹草、球穗薹草、鹅绒委陵菜、凸脉薹草、小眼子菜和野慈姑等，记录国家二级重点保护野生植物 3 种，分别是钻天柳、东北岩高兰和浮叶慈姑（许青等，2014；张利军等，2015）。

【**沼泽动物**】沼泽区动物地理区系隶属于古北界东北区大兴安岭亚区，珍稀动物较多。记录鸟类 239 种（11 亚种），其中国家一级重点保护野生鸟类有黑鹳、东方白鹳、白尾海雕、玉带海雕、金雕、白头鹤、丹顶鹤、白鹤等，国家二级重点保护野生鸟类有蓑羽鹤、白枕鹤、灰鹤、黑琴鸡、红隼、凤头麦鸡、小杓鹬等（许青等，2014；赵晶，2016）。

【**受威胁和保护管理状况**】沼泽区建有额尔古纳国家级自然保护区，保护区于 2001 年晋升为自治

额尔古纳沼泽（文波龙 摄）

额尔古纳沼泽（胡远满 摄）

区级保护区，2006 年经国务院批准晋升为国家级自然保护区，保护对象主要是湿地生态系统、草甸草原生态系统以及区域内赖以生存的野生动植物资源。

林海（新林）沼泽（232763-014）

【范围与面积】林海（新林）沼泽位于黑龙江省大兴安岭新林林业局、伊勒呼里山北坡，地理坐标为 51°19′29″ ～ 52°14′38″N、123°40′33″ ～ 125°05′36″E，总面积 53 689 hm²。

【地质地貌】沼泽区位于大兴安岭北部，以低山为主，海拔为 800 ～ 1200 m，呈现西高东低的特点，相对高程为 500 ～ 600 m，伊勒呼里山岭贯穿研究区南缘。沼泽区属于额尔古纳地块和兴安地块的交会部位，主体位于大兴安岭东北部的额尔古纳地块之上，具体位于额尔古纳地块、新林－吉峰蛇绿构造混杂岩带（结合带）和兴安地块三个三级大地构造单元的汇聚部位。东南紧邻新林－喜桂图构造缝合带，在新元古代到寒武纪受到新林－吉峰洋洋内俯冲与闭合影响，古生代受到古亚洲洋俯冲闭合作用影响，中生代经历了古亚洲构造域与滨太平洋构造域构造转换叠加作用阶段（蒋立伟，2019）。

【气候】沼泽区属于寒温带大陆性季风气候，冬季寒冷漫长，夏季炎热短暂，每年结冰期在 7 月左右，5 月中下旬解冻，7 ～ 8 月为雨季，雨量较大，年平均降水量为 300 ～ 500 mm。年平均气温较低，最高温度为 36℃，最低温度为 –48℃（杜海涛，2016）。

【水资源与水环境】由于沼泽分布于缓坡与沟谷中，沼泽区水源主要为大气降水补给，沟谷中沼泽也有山区土壤径流补给。沼泽区西里尼西河发源于新林区伊勒呼里山北坡，经新林区宏图镇至林海处汇入塔河，与内、外倭勒根河一道成为塔河的主要支流；全长 56 km，流域面积 814 km²，水系发育，支流众多，中下游地势平缓（朱道清，1993）。灌丛沼泽水体理化性质见表 14-10。

表 14-10　林海（新林）灌丛沼泽水体理化性质

水体	比较项	TDS/(mg/L)	pH	Sal/ppt	电导率/(mS/cm)	DO/(mg/L)
灌丛沼泽	平均值	0.04	5.98	0.03	0.06	5.08
	最高值	0.05	6.24	0.04	0.10	7.93
	最低值	0.02	5.79	0.02	0.04	2.65
河流	平均值	0.14	6.98	0.04	0.17	7.58
	最高值	0.25	7.15	0.04	0.22	9.46
	最低值	0.09	6.79	0.01	0.13	5.76

【沼泽土壤】沼泽土壤主要为泥炭土与腐殖质沼泽土，基于 2014 年调查，泥炭深度为 20 ～ 40 cm，下覆黏土或砂土，底部为多年冻土。泥炭土容重为 0.14 ～ 0.32 g/cm³，土壤有机碳含量为 237.4 ～ 458.2 g/kg，全氮含量为 15.16 ～ 27.70 g/kg。

【沼泽植被】沼泽区主要类型有森林沼泽和灌丛沼泽，森林沼泽和灌丛沼泽在植被类型上与塔河县同类型沼泽具有相似性。基于 2014 年调查，灌丛沼泽地上生物量为（372.42±36.92）g/m²。

【沼泽动物】沼泽区动物资源与塔河县具有相似性。

【受威胁和保护管理状况】尽管沼泽区无自然保护区，但由于区域内无较大的人类居住地，其沼泽自然状况较好，但近年来，随蓝莓（笃斯越橘）采摘增加，对沼泽的干扰也增多。

林海（新林）沼泽（王宪伟 摄）

阿北沼泽（150785-015）

【范围与面积】阿北沼泽位于呼伦贝尔市根河市，地理坐标为 51°36′02″ ～ 51°53′28″N、121°53′01″ ～ 122°42′40″E，沼泽面积为 24 158 hm²。

【地质地貌】沼泽区地貌以中低山为主，中间河谷地带地势较低，发育了大面积沼泽。

【气候】沼泽区为寒温带大陆性季风气候，冬季寒冷干燥，夏季温热湿润。年平均气温为 –4.2℃，年降水量为 273 ～ 723 mm，平均为 437 mm，降水主要集中在 6 ～ 9 月，占全年降水量的 74%，10 月初至翌年 5 月为积雪期。

【水资源与水环境】沼泽区水源主要靠河水、大气降水和冰雪融水补给，区内主要河流有激流河、乌鲁吉气河等，属额尔古纳水系。

【沼泽土壤】沼泽土壤主要有沼泽化草甸土和沼泽土，地表土层处于连续冻土分布带上，常年土层仅解冻 40 ～ 80 cm。

【沼泽植被】沼泽区具有典型的冻土湿地植被类型，如高山杜鹃群落、落叶松 – 偃松 – 泥炭藓群落及泥炭藓群落等。常见湿地植物有地桂、毛蒿豆、笃斯越橘、柴桦、地榆、野豌豆等（陈雅娟，2010）。

【沼泽动物】沼泽区野生动物资源丰富，代表性鸟类有花尾榛鸡、松鸡、水鸭和金雕等；鱼类有细鳞鲑、哲罗鲑、狗鱼、鲇和柳根鱼等。记录有国家一级重点保护野生动物 3 种，即中华秋沙鸭、金雕和紫貂。

【受威胁和保护管理状况】沼泽区受内蒙古大兴安岭林业管理局管理，由阿龙山林业局代管，自然资源丰富，受人为干扰较小。

呼玛河沼泽（232721-016）

【范围与面积】呼玛河沼泽位于黑龙江省呼玛县，地理坐标为 51°17′ ～ 52°06′N、125°55′ ～

126°40′E，总面积 4358 hm²。

【**地质地貌**】沼泽区地貌类型为大兴安岭东北坡冻融剥蚀中低山缘地貌区，属我国径向构造的第三隆起带，古生带为蒙古大海沟所据，其基本格架形成白垩系燕山造山运动，受喜马拉雅造陆运动影响，经内外引力作用，几经隆起、沉降、准平原化作用，形成现代地貌。

【**气候**】沼泽区属于寒温带大陆性季风气候，气候特点表现为冬季漫长酷寒，夏季短促湿热，冬夏温差大；年平均气温为 –4.7℃，年际平均气温为 –2.1 ～ 5.3℃，最冷月平均气温为 –32.3℃，最热月平均气温为 21.2℃；无霜期 58 ～ 112 d，≥ 10℃活动积温为 1800 ～ 2000℃；年平均降水量为 503 mm，全年雨季集中在 6 ～ 8 月。

【**水资源与水环境**】由于沼泽分布于缓坡与沟谷中，沼泽区水源主要为大气降水补给，沟谷中沼泽也有山区土壤径流补给。地表水主要是呼玛河及其支流，发源于大兴安岭主脉东坡，源头海拔 1030 m，从西南向东南弧向流去；各支流呈 U 形河谷，侧蚀冲积，多河道；河漫滩地宽 0.5 ～ 1 km，最宽处可达 2.5 km，河面宽 20 ～ 25 m，水深 0.1 ～ 6 m；河流水质清澈，透明度在 150 cm 以上，溶解氧量较高，常年在 8 mg/L，7 月中旬到 8 月中旬水温最高为 14 ～ 16℃（刘梦石，2015）。沼泽区草本沼泽与灌丛沼泽水体理化性质见表 14-11。

表 14-11　呼玛河沼泽水体理化性质

水体	比较项	TDS/(mg/L)	pH	Sal/ppt	电导率/(mS/cm)	DO/(mg/L)
草本沼泽	平均值	0.05	6.62	0.04	0.07	4.76
	最高值	0.07	6.96	0.06	0.09	5.95
	最低值	0.03	6.38	0.02	0.05	3.67
灌丛沼泽	平均值	0.04	5.51	0.03	0.05	3.85
	最高值	0.05	6.02	0.05	0.08	5.62
	最低值	0.02	5.12	0.02	0.04	2.14
河流	平均值	0.09	7.06	0.03	0.14	8.36
	最高值	0.25	7.54	0.05	0.28	13.20
	最低值	0.04	6.24	0.01	0.08	4.96

呼玛河沼泽（王宪伟 摄）

【沼泽土壤】沼泽土壤类型主要为泥炭土和腐殖质沼泽土。存在永久冻土层,冻土层厚度一般为50～60 m,在谷底、沼泽化洼地及低阶地,冻土层厚度可达 70～80 m,最厚可达 100 m 以上(陈刚等,2021)。

【沼泽植被】沼泽区植物种类繁多,木本植物共 62 科 215 属 374 种,以落叶松为主,樟子松、白桦次之;草本植物中主要建群植物有大叶章、山黧豆等。

【沼泽动物】沼泽区动物主要有鹿、貉、黑熊、狍、猞猁、黄鼬、紫貂、水獭等,鸟类主要有花尾榛鸡等,鱼类主要有哲罗鲑及细鳞鲑等。

【受威胁和保护管理状况】沼泽区建有黑龙江呼玛河省级自然保护区,地理坐标为 51°32′20″～52°30′16″N、123°20′30″～126°03′37″E,总面积 52 050 hm²;1982 年 12 月,经黑龙江省人民政府批准(黑政办发〔1982〕186 号文件),建立省级自然保护区,主要保护对象是冷水鱼类。

根河沼泽(150785-017)

【范围与面积】根河沼泽位于呼伦贝尔市根河市和额尔古纳市,包含两片,地理坐标和面积分别为:50°20′～52°30′N、120°12′～122°55′E,面积 82 035 hm²;51°3′10″～52°16′59″N、121°23′11″～122°45′12″E,面积 91 362 hm²。

【地质地貌】沼泽区地势东北高西南低,属于大兴安岭山地地貌,由中低山组成,山体较缓,多呈丘陵状台地。山岭之间则为平坦的山谷地带,河网发育,河谷开阔,有利于沼泽发育。

【气候】沼泽区为寒温带湿润型森林气候,具有大陆性季风气候的部分特征,年降水量为300～450 mm,降水多集中在 6～8 月。气温随纬度和地势高低,由南向北递减,年日照时数平均为2614.1 h,无霜期 80～90 d,风向主要为西风和西南风。

【水资源与水环境】沼泽区水源靠河水、大气降水和冰雪融水补给。区内地表水、地下水资源丰富,主要河流根河为额尔古纳河支流。由于受地下冻层的影响,渗透量小,为沼泽形成发育创造了条件。

【沼泽土壤】沼泽土壤类型主要是沼泽化草甸土和沼泽土,草甸土分布于谷地两侧的冲积阶地上,腐殖质含量高、黑土层厚,质地疏松、土壤肥沃。沼泽土分布于山间谷地及河漫滩上,以草甸沼泽土为主,

根河沼泽(赵凯 摄)

根河沼泽(姜明 摄)

兼有部分腐殖质沼泽土，泥炭较发达，土壤水分处于超饱和状态，pH 一般为 6～6.5。

【沼泽植被】沼泽区植物种类丰富，常见种有沼柳、杜香、越橘、绣线菊、薹草、地榆、看麦娘、大叶章、红花鹿蹄草、铃兰等。

【沼泽动物】沼泽区鸟类资源有花尾榛鸡、黑嘴松鸡、松雀鹰、乌林鸮、丹顶鹤、鸿雁、大鸨和小天鹅等。鱼类主要有细鳞鲑、哲罗鲑、黑斑狗鱼、泥鳅、鲫和鲤等（张雪，2018）。

【受威胁和保护管理状况】沼泽区是我国目前保持原状态最完好、面积最大的湿地区之一，自然资源丰富，在水源涵养、调节气候、维持物种多样性和固碳等方面具有重要价值，沼泽区受内蒙古大兴安岭林业管理局管理。

呼中沼泽（232764-018）

【范围与面积】呼中沼泽位于黑龙江省大兴安岭呼中林业局，地理坐标为 51°17′46″～52°56′01″N、122°42′49″～123°17′54″E，总面积 4358 hm²。

【地质地貌】沼泽区地处大兴安岭伊勒呼里山北坡、呼玛河中上游地区，内有低山、河谷、丘陵，地势西高东低，高差较小，周边山川环绕，中部地区位于呼玛河的河谷地区，在西南部多有高山峻岭分布，东北地区多有丘陵河谷分布其中，从整体上看形成了从西南向东北海拔不断降低的地貌特征，地势总的趋势是西高东低，山峦连绵，地势起伏，海拔多在 800～1200 m;也存在冰缘（或冻土）地貌，在地形地势上保持着中生代以来的基本轮廓;构成本区山体的主要岩石为花岗岩、石英粗面岩、玄武岩、石英斑岩等（温理想，2021）。

【气候】沼泽区属于寒温带大陆性季风气候，一年四季分明，昼夜温差较大，冬季漫长寒冷，积雪期 5 个月，年平均气温为 –4.3℃，最低气温达 –47.4℃，夏季较短，不超过 30 d，年平均降水量 400～700 mm（杜君等，2020）。

【水资源与水环境】由于沼泽分布于缓坡与沟谷中，沼泽区水源主要为大气降水补给，沟谷中沼泽也有山区土壤径流补给。呼中沼泽水资源丰富，属黑龙江水系，是呼玛河的发源地;区内呼玛尔河和白呼玛尔河交汇成呼玛河;水流湍急，河道曲折，水量适中（王馨，2007）。呼中灌丛沼泽水体理化性质见表 14-12。

表 14-12 呼中灌丛沼泽水体理化性质

水体	比较项	TDS/(mg/L)	pH	Sal/ppt	电导率/(mS/cm)	DO/(mg/L)
灌丛沼泽	平均值	0.02	5.03	0.02	0.05	6.13
	最高值	0.04	5.45	0.03	0.07	7.93
	最低值	0.01	4.69	0.01	0.04	4.87
河流	平均值	0.09	7.06	0.02	0.10	8.68
	最高值	0.13	7.34	0.04	0.13	10.84
	最低值	0.06	6.79	0.01	0.07	6.93

【沼泽土壤】沼泽土壤主要为泥炭土与腐殖质沼泽土，基于 2014 年调查，泥炭深度为 20～40 cm，下覆黏土或砂土，底部为多年冻土。泥炭土容重为 0.14～0.39 g/cm³，土壤有机碳含量为 222.3～423.10 g/kg，全氮含量为 8.14～15.53 g/kg。

【沼泽植被】沼泽区高等植物共有 105 科 395 种，其中苔藓植物 33 科 78 种，蕨类植物 6 科 13 种，裸子植物 6 种，被子植物 64 科 298 种（刘永志等，2018）。基于 2014 年调查，森林沼泽除乔木外，地上生物量为（282.77±31.04）g/m²，灌丛沼泽地上生物量为（325.10±26.06）g/m²；灌丛沼泽以柴桦、笃斯越橘、地桂、杜香及羊胡子草为主；森林沼泽以柴桦、笃斯越橘、杜香及玉簪薹草为主，且下覆泥炭藓和真藓的藓丘较大，主要乔木有落叶松和白桦等；其他的伴生种有越橘柳、铃兰、小白花地榆及龙江风毛菊等。

【沼泽动物】沼泽区鸟类 13 目 31 科 143 种，其中国家一级保护鸟类有黑嘴松鸡和金雕，二级保护鸟类有大天鹅、燕隼和花尾榛鸡；兽类 6 目 14 科 33 种，属一级保护的有貂熊和紫貂；属二类保护的有棕熊、猞猁、马鹿、驼鹿、雪兔及水獭等；两栖类、爬行类 4 目 5 科 5 种（刘永志等，2018）。

【受威胁和保护管理状况】沼泽区建有黑龙江呼中国家级自然保护区，1984 年 5 月经黑龙江省人民政府批准晋升为省级自然保护区，1988 年 5 月，经国务院批准晋升为国家级自然保护区。近年来，随着旅游活动的迅速增加及蓝莓（笃斯越橘）采摘增加，对沼泽的干扰也日益增多。呼中区还建有黑龙江呼中呼玛河源国家湿地公园，位于呼中区碧水林场东北部，由呼玛河及其周边沼泽、滩地、林地等组成，总面积 3156 hm²，2019 年 12 月 25 日，通过国家林业和草原局试点国家湿地公园验收，正式成为国家湿地公园。

呼中沼泽（谭稳稳 摄）

绰纳河－倭勒根河沼泽（232721-019）

【范围与面积】绰纳河－倭勒根河沼泽位于大兴安岭新林林业局和韩家园林业局，地理坐标为 51°04′00″～52°08′31″N、124°55′00″～126°10′00″E，总面积 76 704 hm²。

【地质地貌】沼泽区地势平坦，河谷平浅，从而形成林间沼泽。出露的地层主要为中生界，局部为古生界和新生界，中生界地层主要出露于测区中部和西部。测区晚元古代－早三叠世地层属北疆－兴安地层大区兴安地层区达来－兴隆地层分区；中新生代地层属滨太平洋地层区大兴安岭－燕山地层分区大兴安岭地层（刘江等，2017）。

【气候】沼泽区属寒温带气候，夏季短暂炎热多雨，冬季严寒漫长干燥。积雪时间长达 150 d，冻结期可达 5 个月之久，冻土层深达 3 m；1 月平均气温 –27.8℃，春寒结束晚，春季雨水偏少，但多西南风，空气干燥；受东南季风影响，太阳辐射增强，气温升高，降水集中，易发生洪涝，7 月平均气温 20.2℃；秋季受西伯利亚冷空气影响频繁，温度急降，日照渐短，日温差大，常有早霜危害；年平均气温 –2.1℃，绝对最低温度 –48.2℃，绝对最高温度 38℃；10℃ 以上的年积温为 1600 ～ 2100℃，年平均日照 2200 ～ 2800 h，日照率为 57%；初霜期为 9 月上旬，终霜期为 5 月下旬，年无霜期 80 ～ 110 d；年平均降水量为 460 mm，最大降水量为 796.9 mm，最小降水量为 301.8 mm；相对湿度 70% ～ 75%（王洪杰和张文学，2015）。

【水资源与水环境】由于沼泽分布于缓坡与沟谷中，沼泽区水源主要为大气降水补给，沟谷中沼泽也有山区土壤径流补给。沼泽区绰纳河为黑龙江右岸二级支流，位于呼玛县中部，发源于大兴安岭伊勒呼里山东侧，由西向东行，在二道盘查附近注入呼玛河；全长 101 km，河宽 20 ～ 30 m，水深 0.5 ～ 1.2 m，流域面积 1775 km²；每年 11 月上旬至翌年 4 月中旬为结冰期；倭勒根河是黑龙江右岸二级支流，位于呼玛县西北部，发源于大兴安岭凤凰山西麓，流经大兴安岭地区新林区东部和呼玛县北部，在三间房附近注入呼玛河；全长 136 km，河宽 40 m，水深 1.5 m，流域面积 3900 km²，每年 11 月上旬至翌年 4 月中旬为结冰期。

【沼泽土壤】沼泽土壤主要为泥炭土与腐殖质沼泽土，基于 2014 年调查，泥炭深度为 20 ～ 40 cm，下覆黏土或砂土，部分区域底部为多年冻土。泥炭土容重为 0.23 ～ 0.41 g/cm³，土壤有机碳含量为 237.4 ～ 458.2 g/kg，全氮含量为 16.30 ～ 26.01 g/kg。

【沼泽植被】沼泽区主要类型有灌丛沼泽和草本沼泽，高等植物共有 116 科 539 种，其中苔藓植物 31 科 77 种，蕨类植物 7 科 16 种，种子植物 78 科 446 种（张云，2014），基于 2014 年调查，灌丛沼泽地上生物量为（395.62±57.61）g/m²。

【沼泽动物】沼泽区动物资源丰富，目前有兽类 54 种、鸟类 234 种、两栖类和爬行类 14 种、鱼类 53 种、昆虫 302 种、土壤动物 56 种。其中国家一级重点保护野生动物 11 种，国家二级重点保护野生动物 42 种，国家一级保护鸟类 6 种，分布是黑嘴松鸡、东方白鹳、白头鹤、黑琴鸡、丹顶鹤及白鹤；国家二级保护鸟类有 32 种，以花尾榛鸡、苍鹰等比较常见（张云，2014）。

【受威胁和保护管理状况】沼泽区建有黑龙江绰纳河国家级自然保护区，2012 年 1 月，经国务院批准晋升为国家级自然保护区，总面积为 105 580 hm²。

绰纳河 – 倭勒根河沼泽（王宪伟 摄）

汗马沼泽（150785-020）

【**范围与面积**】汗马沼泽位于内蒙古自治区大兴安岭西坡北部根河市，地理坐标为 51°20′02″ ～ 51°49′48″N、122°23′34″ ～ 122°52′46″E，面积 22 200 hm²。

【**地质地貌**】沼泽区地质构造为内蒙古大兴安岭地槽褶系额尔古纳槽背斜，由石英粗面岩、花岗岩、石英斑玄武岩等组成；地势北高南低，四周环山，属中山山地、剥蚀苔原区；山谷宽阔平坦，季节性积水或常年积水，有利于沼泽的形成和发育。

【**气候**】沼泽区属寒温带大陆性气候，冬季寒冷漫长、积雪深厚，夏季温凉短暂、湿润多雨。全年平均气温为 –5.3℃，≥ 10℃的年有效积温为 1316℃；年降水量 437.4 mm，主要集中在 6 ～ 8 月，约占全年总降水量的 70%。年平均相对湿度为 71%，年日照时数为 2630.6 h（代宝成，2016）。

【**水资源与水环境**】沼泽区水源主要靠河水、湖水、大气降水和地下水补给。区内最大的河流为塔里亚河，是激流河的发源地；河谷地段分布着大小不等的湖泊，其中最大的湖泊为牛耳湖。

【**沼泽土壤**】沼泽区土壤类型主要有沼泽化草甸土、泥炭沼泽土、腐殖质沼泽土和冰沼土，沼泽化草甸土分布在大河两岸，泥炭沼泽土分布在湖泊周围，腐殖质沼泽土分布在沟谷泥炭藓群落下，冰沼土在河谷两侧的落叶松林下呈团状分布。

【**沼泽植被**】沼泽区常见湿地植被有柴桦 – 灰脉薹草群落、高山杜鹃群落、薹草＋大叶章群落、灰脉薹草群落、白毛羊胡子草群落、兴安落叶松 – 杜香 – 泥炭藓群落、兴安落叶松 – 泥炭藓群落。常见灌木有沼柳、金露梅、绣线菊、越橘柳、兴安柳、笃斯越橘、杜香等。草本植物有毛蒿豆、灰脉薹草、小白花地榆、大叶章、瘤囊薹草、短瓣金莲花、山鳌豆、齿叶风毛菊、沼委陵菜、乌拉草、风毛菊、伞繁缕、蚊子草等（代宝成，2016）。

【**沼泽动物**】沼泽区野生动物资源丰富，其中国家一级重点保护野生动物有黑嘴松鸡、金雕、中华秋沙鸭、白尾海雕、乌雕，国家二级重点保护野生动物有赤颈䴙䴘、白额雁、大天鹅、小天鹅、鸳鸯、西红角鸮、雪鸮、雕鸮、长尾林鸮、乌林鸮、猛鸮、长耳鸮、鬼鸮、游隼、燕隼、红隼、红脚隼、鹗、凤头蜂鹰、雀鹰、松雀鹰、苍鹰、白腹鹞、鹊鹞、黑鸢、大鵟、普通鵟、毛脚鵟、花尾榛鸡、灰鹤、蓑羽鹤等，两栖类有极北鲵、黑龙江林蛙和中国林蛙（李荣魁等，2015）。

汗马沼泽（张重岭 摄）

汗马沼泽（周縣 摄）

【受威胁和保护管理状况】沼泽区建有内蒙古大兴安岭汗马国家级自然保护区，保护区于1995年晋升为自治区级自然保护区，于1996年晋升为国家级自然保护区；2015年汗马湿地保护区成为世界生物圈保护区；2018年，列入《湿地公约》中《国际重要湿地名录》，对于区域沼泽湿地及其栖息生物的保护具有重要意义。

南瓮河沼泽（232762-021）

【范围与面积】南瓮河沼泽位于中国最北部的大兴安岭东部的松岭区、伊勒呼里山南部，北以伊勒呼里山脉为界，东至呼玛十二站，南与加格达奇林业局毗邻。地理坐标为50°59′54″～51°39′41″N、125°01′39″～125°50′13″E，沼泽面积为98 249 hm²。

【地质地貌】沼泽区地处大兴安岭支脉伊勒呼里山南坡，属低山冰缘（冻土）地貌，地形起伏不大，地势为北高南低、西高东低，海拔一般为500～800 m，最低海拔370 m，最高海拔1044 m。地质构造上自上古生代海西运动时期至今，经历了漫长的地质变化，在各种内、外营力的共同作用下，呈现丘陵地貌，山顶圆润，山峰分散，相对高差较小。区内不对称槽形河谷十分宽阔，由于分布的永冻层及季节性冻层，河流两岸受流水的侧蚀和纵蚀强烈，河曲明显，形成宽阔平坦的河谷地形，河谷中普遍分布有牛轭湖及水泡，发育了大面积的沼泽（任健滔，2012）。

【气候】沼泽区为寒温带大陆性季风气候。冬季严寒干燥，多西北风，夏季多雨温暖，多为偏东南风。年平均气温为–3℃，冬季最低气温–48℃，夏季最高气温35.5℃，≥10℃的年积温为1400～1500℃；年平均降水量为500 mm左右，降水集中在7月、8月；5月、6月的蒸发量为降水量的2～2.5倍；一般9月末、10月初开始降雪，冰雪在5月左右开始融化，稳定积雪覆盖日数可达200 d以上，最大积雪厚度为30～40 cm；无霜期90～100 d，年日照时数2500 h（任健滔，2012）。

【水资源与水环境】由于沼泽分布于缓坡与沟谷中，沼泽区水源主要为大气降水补给，沟谷中沼泽也有山区土壤径流补给。南瓮河沼泽区域内共有南瓮河、南阳河、二根河、砍都河、库尔库河等大小河流20余条，是嫩江的主要发源地和水源涵养地（晏鸣霄等，2015）。南瓮河的径流由雨雪、地下水混合补给，径流的年内分配变化大，绝大部分集中在6～9月的汛期，而冬季径流只占年径流的5%左右；根据年水文特征，将全年分为3个水期：6～9月为丰水期，4～5月、10～11月为平水期，1～3月、12月为枯水期；枯水期水质好于丰水期、平水期（湛鑫琳等，2020）。南翁河沼泽水体理化性质见表14-13。

表14-13 南瓮河沼泽水体理化性质

水体	比较项	TDS/(mg/L)	pH	Sal/ppt	电导率/(mS/cm)	DO/(mg/L)
草本沼泽	平均值	0.10	6.81	0.05	0.21	4.22
	最高值	0.14	7.92	0.07	0.31	5.76
	最低值	0.07	6.39	0.03	0.11	2.65
灌丛沼泽	平均值	0.04	6.91	0.03	0.10	7.36
	最高值	0.05	7.12	0.04	0.13	9.95
	最低值	0.03	6.73	0.02	0.08	5.86
河流	平均值	0.05	7.05	0.03	0.07	9.34
	最高值	0.07	7.23	0.05	0.09	11.45
	最低值	0.04	6.85	0.02	0.05	6.94

【**沼泽土壤**】沼泽区土壤为泥炭土与腐殖质沼泽土，基于 2014 年调查，泥炭深度为 10～40 cm，下覆黏土或砂土，森林与部分灌丛沼泽底部为多年冻土。由于沼泽区冻土层的普遍存在，土层透水性极差，降水大多滞留于地表很难下渗，有利于沼泽的形成和发育。泥炭土容重为 0.15～0.43 g/cm^3，土壤有机碳含量为 220.5～421.63 g/kg，全氮含量为 10.35～23.04 g/kg。

【**沼泽植被**】沼泽区是东北最大的森林沼泽分布区，保存了独具特色的岛状林湿地生态系统，生物多样性极为丰富。常见湿地植被有落叶松－杜香－水藓群落、落叶松－水藓＋泥炭藓群落、白桦－薹草群落、落叶松－薹草群落。灌木植物主要有兴安杜鹃、绣线菊、兴安柳、杜香、越橘、沼柳、笃斯越橘、柴桦等，草本植物包括白毛羊胡子草、小白花地榆、风毛菊、多枝梅花草、灰背老鹳草、玉簪薹草、大叶章、兴安乌头、燕子花、东北龙胆、驴蹄草、泽芹、木贼、地榆、毒芹和马先蒿等（胡林林等，2013；任娜等，2020）。另外，沼泽区分布有樟子松、钻天柳、紫点杓兰、大花杓兰、小斑叶兰、手参和绶草等珍稀濒危或保护植物（任健滔，2012）。灌丛沼泽地上生物量为（338.79±20.71）g/m^2，草本沼泽地上生物量为（505.00±44.19）g/m^2。

【**沼泽动物**】沼泽区野生动物资源丰富，其中国家一级重点保护野生动物有黑嘴松鸡、黑鹳、金雕、丹顶鹤、白鹤和东方白鹳等；国家二级重点保护野生动物有鸳鸯、小天鹅、大天鹅、花尾榛鸡等。常见鱼类有细鳞鲑、鲤、鲇、哲罗鲑等；两栖类、爬行类有极北小鲵、花背蟾蜍等（林建军，2010）。

【**受威胁和保护管理状况**】沼泽区建有黑龙江南瓮河湿地自然保护区，保护区是 1999 年批准成立的省级自然保护区，于 2003 年晋升为国家级自然保护区，2011 年被列入《湿地公约》中《国际重要湿地名录》。该保护区是我国最大的寒温带森林湿地生态系统自然保护区，是寒温带珍稀水禽等野生动物繁衍栖息的重要场所，在拯救、保护寒温带珍稀濒危野生动植物中发挥着重要作用。

南瓮河沼泽（周繇 摄）

嘎拉河沼泽（232721-022）

【**范围与面积**】嘎拉河沼泽位于黑龙江省大兴安岭地区呼玛县，地理坐标为 50°56′28″～51°22′01″N、125°58′44″～126°21′11″E，沼泽面积 84 038 hm^2。

【地质地貌】沼泽区属大兴安岭隆起带东侧及小兴安岭北端低山丘陵地貌类型；海拔 361.0 ～ 599.6 m，地势起伏不大，略呈东北高、西南低的趋势。

【气候】沼泽区属寒温带大陆性季风气候，年平均气温为 –2.1℃ 左右，日照时数为 2563.7 h，年积温为 2086℃，年平均降水量为 460.4 mm，年无霜期为 85 ～ 100 d。

【水资源与水环境】嘎拉河为嫩江支流，发源于呼玛县北部海拔 623 m 湾岭山西南麓，西南流折向南流，在嘎拉河林场附近注入干流；全长约 65 km，流域面积约 950 km²；流域地势，东北部高，西南部低。沼泽主要水源为大气降水。

【沼泽植被】沼泽区有高等植物 103 科 479 种，其中苔藓植物 25 科 42 种，蕨类植物 11 科 16 种，裸子植物 2 科 6 种，被子植物 65 科 415 种；国家重点保护野生植物有水曲柳、钻天柳和野大豆；沼泽类型包括藓类沼泽、草本沼泽、灌丛沼泽和森林沼泽。

【沼泽动物】沼泽区野生动物有 80 科 312 种（脊椎动物），其中鱼类 13 科 47 种，两栖类 2 目 5 科 8 种，鸟类 17 目 43 科 202 种；国家重点保护野生动物 9 目 14 科 44 种，其中鸟类 7 目 8 科 35 种，国家一级重点保护鸟类有东方白鹳、黑鹳、细嘴松鸡、丹顶鹤等，国家二级重点保护鸟类有大天鹅、燕隼、红隼、花尾榛鸡等 30 种（滕坤，2019）。

【受威胁和保护管理状况】沼泽区建有大兴安岭嫩江源头嘎拉河湿地自然保护区，主要保护湿地生态系统。

大扬气河沼泽（150723-023）

大扬气河沼泽位于黑龙江省大兴安岭地区加格达奇区，在内蒙古自治区呼伦贝尔市鄂伦春自治旗。地理坐标为 50°49′59″ ～ 51°5′57″N、123°46′26″ ～ 124°16′21″E，沼泽面积 12 244 hm²。地貌主要为低山小丘陵，地势西高东低，但起伏不大，沼泽主要分布在沟谷及河岸两侧。寒温带大陆性季风气候，冬季严寒漫长，夏季炎热短暂；年均气温 –2.8℃，最高温度 37℃，最低温度 –43℃，年均降雨 490.1 mm，多集中在夏季，年均蒸发量 1153 mm，降雪期为 9 月至翌年 6 月。沼泽水源主要靠河水、大气降水和冰雪融水补给。

砍都河沼泽（150723-024）

【范围与面积】砍都河沼泽位于黑龙江省大兴安岭地区加格达奇区，在内蒙古自治区呼伦贝尔市鄂伦春自治旗。地理坐标为 50°38′36″ ～ 51°12′22″N、125°13′36″ ～ 126°05′00″E，沼泽面积 57 753 hm²。

【地质地貌】沼泽区地貌主要为低山丘陵，地势西北高东南低，地形起伏不大。

【气候】沼泽区属于寒温带大陆性季风气候，历年平均降水量 500 mm，多集中于夏季；年平均气温 –1.3℃，全年 ≥ 10℃ 积温为 1700 ～ 1900℃，无霜期 100 ～ 110 d，日照充足，历年平均日照总数为 2600 h。

【水资源与水环境】沼泽区水源主要靠降水、冰雪融水和河水补给。区内河流砍都河又名罕诺河，源自鄂伦春自治旗东北部伊勒呼里山东南麓，是嫩江上游的主要集水区和水源涵养地。砍都河河水的高锰酸盐指数、化学需氧量、生化需氧量、氨氮、总磷等 5 项指标见表 14-14，整体上水质较好（湛鑫琳等，2020）。

表 14-14 砍都河水质指标

月份	高锰酸盐指数	化学需氧量	生化需氧量	氨氮	总磷
6月	III	I	I	II	I
7月	V	V	V	II	I
8月	V	V	IV	III	V
9月	IV	IV	IV	II	II
10月	II	I	I	I	II

【沼泽土壤】沼泽区土壤主要是沼泽化草甸土和沼泽土。

【沼泽植被】沼泽区野生生物资源丰富，常见湿地植物有黄芪、石竹、越橘、轮叶婆婆纳、苍术、地榆、龙胆、升麻、芍药、兴安藜芦、芦苇、宽叶香蒲、香蒲和大叶章等。

【沼泽动物】沼泽区鸟类资源丰富，其中国家级重点保护野生鸟类有东方白鹳、金雕、黑琴鸡、白尾海雕、花尾榛鸡、黑嘴鸥等（丛建华等，2020）。

【受威胁和保护管理状况】沼泽区建有黑龙江大兴安岭砍都河国家湿地公园，2018 年湿地公园（试点）通过国家林业和草原局试点验收，正式成为国家湿地公园。

砍都河沼泽（王宪伟 摄）

古利库河沼泽 (150723-025)

古利库河沼泽位于呼伦贝尔市鄂伦春自治旗，地理坐标为 50°28′17″ ～ 50°59′58″N、125°15′28″ ～ 125°52′54″E，沼泽面积 53 315 hm²。沼泽区属寒温带季风气候，冬季寒冷漫长，夏季短暂、多雨湿润；年平均气温为 –3℃，最低温度可达 –48℃；年平均降水量为 600 mm，主要集中于 7 ～ 8 月。区域内古利库河属于嫩江支流，沼泽土壤主要为草甸沼泽土和腐殖质沼泽土。沼泽区受大兴安岭林业集团公司管理，由加格达奇林业局代管，自然资源丰富，受人类干扰较小。

室韦沼泽（150784-026）

【范围与面积】室韦沼泽位于内蒙古自治区呼伦贝尔市额尔古纳市，地理坐标为 50°08′ ～ 51°19′N、119°18″ ～ 120°25′E，沼泽面积为 44 451 hm²。

【地质地貌】沼泽区地貌以山地为主，属于中低山，沟谷和河谷呈枝状、网状散布其间。

【气候】沼泽区为大陆性寒温带气候，平均温度在 0℃ 以下，无霜期短。春季温度回升快，降水量少，蒸发量大，大风天多；夏季温凉短暂，雨量充沛，降水主要集中在夏季；秋季降温快，初霜早；冬季寒冷而漫长。

【水资源与水环境】沼泽区水源主要靠河水、大气降水和地下水补给；区内有额尔古纳河及其支流哈乌尔河等，地表水和地下水资源丰富。

【沼泽土壤】沼泽区土壤主要有沼泽化草甸土和沼泽土。

【沼泽植被】沼泽区野生植物资源丰富，有384种，隶属于58种210属，其中蕨类植物8科10属14种，裸子植物2科3属3种，被子植物48科197属367种，且以菊科、毛茛科居多。沼泽区有药用植物、饲料植物及油料植物等多种经济植物资源（张克然，2010）。

【沼泽动物】沼泽区野生动物资源丰富，鸟类有16目41科222种，两栖类有2目4科7种，爬行类有2目2科4种。记录国家一级重点保护野生动物有白鹳、金雕、白尾海雕、玉带海雕、黑嘴松鸡、白头鹤、白鹤等。

【受威胁和保护管理状况】沼泽区2000年成立了内蒙古室韦地方级自然保护区，2003年晋升为自治区级自然保护区，主要保护对象为山地森林生态系统、湿地生态系统及野生动植物资源。保护区受额尔古纳林业局管理，成立了内蒙古室韦自然保护区管理站。

伊图里河沼泽（150782-027）

【范围与面积】伊图里河沼泽位于内蒙古自治区呼伦贝尔市牙克石市，地理坐标为 50°32′26″ ～ 50°51′11″N、121°29′42″ ～ 123°15′58″E，沼泽面积 12 435 hm²。

【地质地貌】沼泽区地质构造属新华夏隆起地带，地貌以中低山为主，起伏不大，山脉大多呈东西走向，地形东高西低，海拔为 700 ～ 1300 m。

【气候】沼泽区为寒温带大陆性季风气候，冬季寒冷干燥，夏季温暖湿润。年平均气温 −5.3℃，无霜期为 80 ～ 90 d。年均降水量 437.4 mm，主要集中在 7 ～ 8 月，年平均风速 2.1 m/s。

【水资源与水环境】沼泽区水源主要靠河水、湖水和大气降水补给。沼泽区主要河流伊图里河属额尔古纳河水系，另外有10余个相通的天然湖泊，组成了大兴安岭林区已知海拔最高的天然湖泊群，其中面积最大的是卜奎泡子，为伊图里河的源头湖泊。伊图里河河谷中地下水 pH 为 6.8，矿化度小于 1 g/L。

【沼泽土壤】沼泽区土壤主要为沼泽化草甸土和沼泽土，主要分布在河流两岸及沟谷溪旁，土壤肥沃，养分充足，生产力较高。

【沼泽植被】沼泽区常见植被有兴安落叶松－杜香－泥炭藓群落、柴桦群落、灰脉薹草群落，乌拉草群落和大叶章群落。重点保护植物有细叶百合、蒙古黄芪、笃斯越橘、大花杓兰、手掌参等，常见植物包括兴安薹草、大叶章、地榆、苣荬菜、杜香、越橘、绣线菊、野豌豆、莎草等。

【沼泽动物】沼泽区野生动物资源丰富，其中国家级重点保护野生动物有黑嘴松鸡、小天鹅、白额雁、花尾榛鸡、赤颈鸊鷉、大天鹅等。

【受威胁和保护管理状况】沼泽区建有伊图

伊图里河沼泽（王宪伟 摄）

里河国家湿地公园，公园试点于 2019 年通过国家林业和草原局验收，正式成为国家湿地公园，对湿地及其栖息生物有重要保护作用，所辖湿地是大兴安岭林区海拔最高的湿地，属于顶极湿地系统（安萍和王梓，2020）。

那都里河沼泽（150723-028）

那都里河沼泽位于呼伦贝尔市鄂伦春自治旗，地理坐标为 50°14′44″ ～ 51°1′16″N、125°3′09″ ～ 125°17′19″E，沼泽面积为 47 450 hm²。沼泽类型属于寒温带典型沼泽，区域内那都里河、大古里河、小古里河是嫩江的主要支流，也是嫩江上游的主要集水区和水源涵养地。沼泽区建有黑龙江那都里河湿地自然保护区，保护区成立于 2017 年，总面积为 232 641.5 hm²，对于保护大兴安岭湿地资源和生物多样性，维持区域生态安全具有重要意义。

多布库尔沼泽（150723-029）

【范围与面积】多布库尔沼泽位于内蒙古自治区加格达奇地区，地理坐标为 50°19′56″ ～ 50°43′02″N、124°17′09″ ～ 125°03′36″E，总面积 128 959 hm²。

【地质地貌】沼泽区地处大兴安岭主要支脉伊勒呼里山岭南部、嫩江上游，属中低山丘陵地貌，地形起伏不大，山势平缓，山体浑圆，河谷坦荡，多不衔接，地势由西北向东南倾斜。海拔一般为 400 ～ 600 m，最高海拔 814 m，最低海拔 326 m，个别地段有岛状永冻层存在，年冻结深度为 2 ～ 3 m（张建宇，2018）。该区出露地层有上元古界 – 下寒武统大网子组变酸性熔岩、变粒岩、石英片岩、片麻岩、板岩；中生界上侏罗统白音高老组：流纹岩、英安岩、安山岩及流纹质凝灰岩、英安质凝灰岩、安山质凝灰岩等；新生界第四系主要为河床及漫滩堆积物。

【气候】沼泽区属寒温带大陆性气候。其气候特点是冬季寒冷而漫长，春秋季不明显，夏季较短；年温差较大，最大温差可达 82.7℃，全年平均气温 –1.3 ～ 2℃，最低气温 –45.4℃，最高气温 37.3℃，全年平均降水量为 500 mm，无霜期 80 ～ 130 d，积雪期长达 7 个月（张建宇，2018）。

【水资源与水环境】沼泽区有多布库尔河、古里河、大金河等主要河流，多布库尔河发源于伊勒呼里山南麓的大白山，河水主要由冰雪融化和自然降水组成，河道全长约 329 km，河流发育在多年冻土区，地表长期冻结，故其河流的水深一般为 0.5 ～ 2.5 m（许秀梅，2017）。多布库尔河松岭段河水水质类别为Ⅰ～Ⅱ，污染因子主要有高锰酸盐、氨氮等。沼泽主要水源为大气降水与河流补给。

【沼泽土壤】沼泽区森林沼泽土壤碳密度为 1.03 g/cm³，土壤碳累积速率为 2.33 mm/a（刘国强，2020）。

【沼泽植被】沼泽区维管植物共有 56 科 204 属 416 种，其中蕨类植物 2 科 3 属 7 种，裸子植物 1 科 3 属 5 种，被子植物 53 科 198 属 404 种（刘国强，2020）；包括钻天柳、手参、大花杓兰、杓兰、紫点杓兰和野大豆等重点保护野生植物（张喜亭等，2022）。浮游植物有 7 门 41 属 66 种及变种，硅藻门 39 种，绿藻门 18 种，蓝藻门 4 种，隐藻门 2 种，裸藻门、金藻门、甲藻门各 1 种（许秀梅，2017）。

【沼泽动物】沼泽区地处大兴安岭南部，与南瓮河等大兴安岭南部沼泽动物具有相似性。区内脊椎动物 6 纲 326 种，野生动物 296 种，其中兽类 53 种、鸟类 231 种、两栖类和爬行类 12 种，昆虫种类 146 种；国家一级重点保护野生动物有紫貂、貂熊、驼鹿和原麝 4 种，国家二级重点保护野生动物有猞猁、棕熊、水獭、豹猫、雪兔、马鹿 6 种（刘国强，2020）。

【受威胁和保护管理状况】沼泽区建有黑龙江多布库尔国家级自然保护区。2002 年 1 月由黑龙江省人民政府批准为省级自然保护区，2002 年 9 月由国家林业局批准为部级自然保护区，2012 年 1 月 21 日，国务院以国办发〔2012〕7 号批准建立黑龙江多布库尔国家级自然保护区。保护区内保存了完整的寒温带典型的沼泽生态系统，是国家重要湿地——嫩江源湿地的重要组成部分。

乌尔根河沼泽（150784-030）

乌尔根河沼泽位于呼伦贝尔市额尔古纳市。地理坐标为 50°23′ ～ 50°32′N、120°26′ ～ 120°40′E，面积为 1737 hm^2。沼泽区湿地植被划分为 3 个植被型组 8 个植被型 50 个群系。脊椎动物 17 目 29 科 119 种，其中国家重点保护野生动物 14 种，国家一级重点保护鸟类 3 种，国家二级重点保护鸟类 11 种。该沼泽受额尔古纳市林业局管理，主要受草场过牧和垦殖威胁。

得耳布尔河沼泽（150784-031）

【范围与面积】得耳布尔河沼泽位于内蒙古自治区大兴安岭西坡北部，呼伦贝尔市额尔古纳市辖区。地理坐标为 50°10′ ～ 50°43′N、119°15′ ～ 120°28′E，沼泽面积 13 343 hm^2。

【地质地貌】沼泽区地势东北高、西南低，地势平缓，最高海拔 1414.3 m，最低海拔 652.3 m。地质结构由古代结晶岩中的花岗岩、玄武岩、石英斑岩等组成。

【气候】沼泽区为寒温带大陆性季风气候，冬季严寒漫长，夏季短暂而湿热多雨，四季和昼夜温差变化大。年平均气温 –5.3℃，≥ 10℃ 的平均年积温为 1539.3℃，无霜期平均为 80 d；年降水量 408.1 mm，降水量多集中在 7 ～ 8 月，年平均相对湿度 70.2%；年平均日照时数 2660.7 h，主风向为西北风。

【水资源与水环境】沼泽区水源主要靠河水、大气降水和地下水补给。区内主要河流得耳布尔河和吉尔布干河是额尔古纳河水系，河水流量随季节变化大。

【沼泽土壤】沼泽区受冻土层的影响，土壤存在一定的沼泽化过程，沼泽区土壤类型有沼泽土和草甸化沼泽土。

【沼泽植被】沼泽区湿地植物资源丰富，常见药用植物主要有兴安杜鹃、黄芩、黄芪、独活、龙胆、兴安升麻、地榆、老鹳草、短瓣金莲花、细叶杜香、水蒿等。浆果类植物有笃斯越橘、蓝靛果忍冬等（朝乐蒙等，2009）。

【沼泽动物】沼泽区有野生动物 60 多种，

得耳布尔河沼泽（周骉 摄）

鸟类有黑嘴松鸡、黄胸鹀、普通鵟、花尾榛鸡、鸳鸯、灰雁、灰鹤、东方白鹳等。鱼类有细鳞鲑、洛氏鱥等，并记录有水獭（李铁民和周亚林，2019）。

【受威胁和保护管理状况】沼泽区受额尔古纳市林业局主管理，受干扰较小，保存较为完整。

甘河沼泽（150723-032）

【范围与面积】甘河沼泽位于呼伦贝尔市鄂伦春自治旗，地理坐标为49°10′～51°30′N、122°30′～125°40′E，有三个集中分布区，沼泽总面积48 031 hm²，与第一版《中国沼泽志》相比，沼泽面积减少了63.52%，海拔200～850 m。

【地质地貌】大兴安岭为一古老山脉，一般海拔1000 m左右，相对高差100～300 m。由于第三纪末冰川普遍活动，因而沼泽区多冰蚀谷地貌。甘河发源于伊勒呼里山南麓，向南经加格达奇，流出大兴安岭东坡，入嫩江，甘河河源区多冰蚀谷地，叠加多年冻土层的影响，致本区沼泽广泛分布。

【气候】沼泽区属温带大陆性季风气候，冬季寒冷而漫长，夏季温暖而短促，昼夜温差大；年平均气温–3℃，年无霜期100 d左右，年平均降水量为400～500 mm，年蒸发量1200～1500 mm；空气湿度高，全年相对湿度为67%左右；受北方蒙古高压控制，多为西北风，最大风速高达4 m/s（历银军，2019）。

【水资源与水环境】甘河是嫩江支流，自伊勒呼里山南坡到嫩江河口，河宽70～120 m，河水落差较大，水流湍急，平均流速为0.8 m/s；主要有克一河、阿里河、奎勒河等多条支流；其上游多冰缘地貌，河谷宽坦，多形成沼泽。沼泽水源补给主要有河水、地下水和降水，其水化学类型为HCO_3-Na型和HCO_3-Ca·Mg·Na型。2015年6月对内蒙古呼伦贝尔市甘河沼泽水环境进行调查发现，各采样点水深变化明显，平均水深0.43 m，平均pH 6.15，呈酸性；平均溶解氧（DO）浓度8.15 mg/L，其水体理化性质见表14-15。与第一版《中国沼泽志》相比，沼泽水体pH变化不大，均呈微酸性。

表14-15　甘河沼泽水体理化性质

	水深/m	WT/℃	TDS/(mg/L)	pH	Sal/ppt	EC/(mS/cm)	DO/(mg/L)	NO_3^--N/(mg/L)	NH_4^+-N/(mg/L)
平均值	0.43	17.27	52.67	6.15	0.04	0.07	8.15	0.14	0.16
最高值	1.50	26.00	351.00	7.83	0.26	0.44	10.89	0.74	0.71
最低值	0.08	7.78	14.00	4.71	0.01	0.02	3.79	0.02	0.02

注：WT. 水体温度

【沼泽土壤】沼泽区土壤主要有腐殖质沼泽土、草甸沼泽土和泥炭土，集中分布于河流两岸及其阶地上，并有永冻层土壤存在。

【沼泽植被】沼泽区植被以白桦群落、柴桦群落、绣线菊群落、沼柳＋越橘柳群落、灰脉薹草群落、乌拉草群落和大叶章群落为主。

白桦群落分为乔木层和草本层，白桦为建群种，高度5.0～6.5 m，平均高度5.6 m，胸径5.0～10.0 cm，平均胸径6.9 cm，密度约17株/400 m²；草本层优势种为乌拉草，群落盖度约20%，密度为1～30株/m²，平均密度16株/m²，株高为0.2～0.7 m，平均株高0.5 m；伴生种主要为绣线菊、越橘柳、细叶地榆、齿叶风毛菊、狭叶黄芩、全叶山芹、问荆、球尾花和湿生薹草。柴桦群落盖度约90%，柴桦高约2 m，伴生种主要为老鹳草、玉簪薹草、沼柳、齿叶风毛菊、蚊子草、绣线菊、小猪殃殃、笃斯越橘、短瓣金莲花、毛茛、铃兰、花葱、毛薹草、全叶山芹、细叶地榆、二歧银莲花、山黧豆和藜芦。绣线菊群落盖度约 50%，群落高约 1.5 m，其伴生种主要为蚊子草、二歧银莲花、地榆、大叶章、玉簪薹草、橐吾和老鹳草。沼柳 + 越橘柳群落盖度约 20%，群落高约 0.9 m，其伴生种主要为乌拉草、地榆、驴蹄草、落叶松、齿叶风毛菊、问荆和柴桦。

灰脉薹草群落盖度约 95%，株高约 50 cm，生物量为 0.08 ～ 0.29 kg/m²，平均生物量为 0.19 kg/m²，其伴生种主要为翻白蚊子草、小白花地榆、细叶地榆、橐吾、灰背老鹳草、藜芦、齿叶风毛菊、山黧豆、大叶章、金露梅、短瓣金莲花、二歧银莲花、绣线菊、问荆、驴蹄草、大穗薹草、灰脉薹草、黑水缬草、蚊子草、费菜、荸荠、金莲花和细叶繁缕等。乌拉草群落盖度约 85%，生物量为 0.12 ～ 0.21 kg/m²，平均生物量为 0.17 kg/m²，株高为 0.1 ～ 0.9 m，平均株高 0.5 m，种群密度为 1 ～ 24 株 /m²，平均密度为 13 株 /m²，其伴生种主要为大叶章、问荆、山黧豆、驴蹄草、泽芹、沼柳、燕子花、沼委陵菜、毛水苏、细叶繁缕、灰脉薹草、狗娃花、越橘柳、狭叶黄芩、球尾花和毒芹等。大叶章群落盖度约 95%，群落高约 1.2 m，生物量为 0.3 kg/m²；伴生种主要为灰脉薹草、翻白蚊子草、细叶地榆、问荆、北方拉拉藤、齿叶风毛菊、山黧豆、毛水苏、二歧银莲花、灰背老鹳草、藜芦、小猪殃殃、燕子花和全叶山芹。

与第一版《中国沼泽志》相比，本次调查很少发现以芦苇为优势种的群落，且以绣线菊、柴桦等灌木植物为优势种的群落明显增加。

【沼泽动物】沼泽区野生动物主要有中华秋沙鸭、赤麻鸭、绿头鸭、鹊鸭、白肩雕、大𫛭、丹顶鹤、白鹤、大天鹅、小天鹅、鸳鸯、怀头鲇、鲤、鲫、哲罗鲑、细鳞鲑、瓦氏雅罗、黑斑狗鱼、江鳕、花鳅、泥鳅、鳇、黑龙江茴鱼、黑龙江鳑鲏、拉氏鲹、黑龙江林蛙、中国林蛙、黑斑侧褶蛙、极北鲵等（历银军，2019）。

【受威胁和保护管理状况】沼泽区主要受到放牧和垦殖威胁。沼泽区域内还没有成立保护区，应采取措施加强湿地保护管理和动态监测工作。

甘河沼泽（刘波 摄）

图里河沼泽（150782-033）

【范围与面积】图里河沼泽位于大兴安岭主脉北段西北坡呼伦贝尔市牙克石市，地理坐标为 49°50′00″ ～ 50°34′56″N、120°51′44″ ～ 122°16′25″E，沼泽面积为 43 481 hm²。

【地质地貌】沼泽区地貌属中低山丘陵台地，山脉大多呈东西走向，形成东高西低的坡面地形，最高海拔 1309 m，最低海拔 619 m，平均海拔 900 m 左右。地质结构主要由古结晶岩构成，基岩大多为花岗岩、片麻岩、玄武岩、石英岩、安山岩等。河谷地带地势平缓，发育大面积沼泽。

【气候】沼泽区为寒温带大陆性季风气候，年平均气温为 –5.2℃，1 月平均气温 –30.0℃，7 月平均气温 16.1℃，≥10℃的平均年积温为 1235.2℃；年降水量为 450.7 mm 左右，多集中在 7～8 月，占全年降水量的 80% 左右，年蒸发量 932.4 mm，年平均相对湿度 72%；无霜期 90 d 左右，主风方向为西南风和西北风，年平均风速为 2.1 m/s（斯钦毕力格等，2014）。

【水资源与水环境】沼泽区水源主要靠河水、大气降水和地下水补给。区内主要河流为图里河，属额尔古纳河水系，是根河一级支流，发源于大兴安岭主脉西侧。区内地下水资源丰富，主要是大气降水、基岩裂隙水及河水补给，地下径流分布广泛，地下水位埋藏深度 < 10 m。

【沼泽土壤】沼泽区冬季严寒，冻土分布广泛，季节冻深为 2～3.5 m，最大冻土深度为 4.5 m 以下。冻土层分布有利于沼泽发育，土壤类型主要为沼泽土。

【沼泽植被】沼泽区记录湿地高等植物 82 科 191 属 423 种，有些植物具有重要的应用价值，如酿酒植物有越橘、笃斯越橘等，食用植物有蒲公英、小黄花菜、车前等；药用植物有金莲花、黄芪、白藓、地榆、黄芩、费菜等；芳香类植物有杜鹃、杜香、薄荷等；饲料类植物有大叶章、灰脉薹草和披碱草等（李胜和谭鸿静，2014）。

【沼泽动物】沼泽区野生动物资源丰富，记录国家一级重点保护野生动物有黑琴鸡、黑嘴松鸡、黑鹳、白鹳等，国家二级重点保护野生动物有水獭、灰鹤、花尾榛鸡、长耳鸮、短耳鸮、长尾林鸮等；常见鱼类有细鳞鲑、哲罗鲑、黑斑狗鱼、泥鳅、鲇、葛氏鲈塘鳢（李胜和谭鸿静，2014）。

【受威胁和保护管理状况】沼泽区建有内蒙古图里河湿地公园，于 2017 年通过国家林业局试点验收，正式成为国家湿地公园。

图里河沼泽（上游）（张重岭 摄）　　　图里河沼泽（下游）（张重岭 摄）

库都尔河沼泽（150782-034）

【范围与面积】库都尔河沼泽位于内蒙古自治区呼伦贝尔市牙克石市，地理坐标为 49°37′01″～50°08′55″N、120°52′29″～121°48′59″E，沼泽面积 57 713 hm²。

【地质地貌】沼泽区位于大兴安岭西坡，多为中低山，山脉呈南北走向，地质结构主要由结晶岩构成，成土母质主要是基岩风化后的坡积物和冲积物。

【气候】沼泽区为寒温带大陆性季风气候，夏季短促湿热，冬季寒冷干燥；年均降水量为 450～550 mm，降水量多集中在 6～8 月，年蒸发量均为 903.5 mm；年平均气温 –2℃，年最高气温

28℃，无霜期 100 d 左右，积雪日达到 158 d，结冻期达 210 d；年均日照时数 2667.6 h（岳永杰等，2013）。

【水资源与水环境】沼泽区水源主要靠河水和大气降水补给，区内水源丰富，主要有两条大河，一是海拉尔河上游的库都尔河，另一条是嫩江上游的诺敏河。

【沼泽土壤】沼泽土壤类型主要为沼泽化草甸土和沼泽土。

【沼泽动物】沼泽区野生动物资源丰富，主要水鸟有绿头鸭、鹊鸭、短耳鸮、松鸦等，两栖类主要有中国林蛙、黑龙江林蛙和中华大蟾蜍。国家一级重点保护野生动物有中华秋沙鸭、白鹳、黑鹳和白头鹤等，国家二级重点保护野生动物有大天鹅、鸳鸯、长耳鸮等。

【受威胁和保护管理状况】沼泽区建有库都尔河国家湿地公园，隶属于库都尔河林业局，受人为干扰较小。

库都尔河沼泽（上游）（张重岭 摄）　　　　库都尔河沼泽（下游）（张重岭 摄）

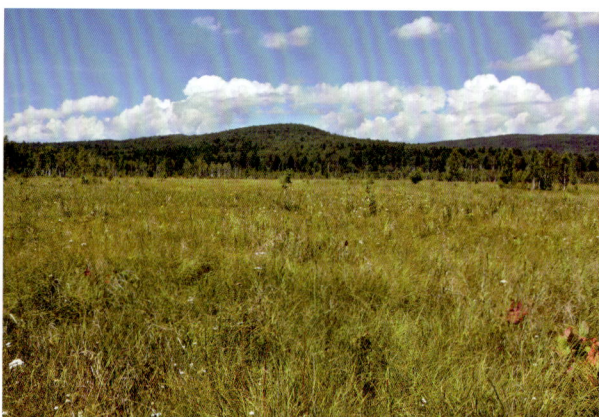

兴安里沼泽（150782-035）

【范围与面积】兴安里沼泽位于呼伦贝尔市牙克石市乌尔旗汉林业局，西北与库都尔林业局为邻，东北与诺敏森林经营所接壤。地理坐标为 49°42′14″ ～ 49°57′41″N、122°5′20″ ～ 122°26′50″E，海拔1050 m，沼泽面积为 16 484 hm^2。

【地质地貌】沼泽区位于大兴安岭西坡中段，森林沼泽发育，并与灌丛沼泽、草本沼泽、湖泊、河流形成独特的复合生态系统景观。

【气候】沼泽区为寒温带气候，冬季严寒漫长，夏季温凉短促。年均气温为 2.6℃，最高 34.5℃。年平均降雨量为 442 mm，无霜期 100 d 左右，年平均日照时数 2511 h。

【水资源与水环境】沼泽水源主要靠大气降水和河水补给，区内水资源丰富，有大小河流 50 余条，包括海拉尔河、大雁河、兴安里河、古利亚河和新采河等。

【沼泽土壤】沼泽区土壤类型主要是泥炭沼泽土。

【沼泽植被】沼泽区森林沼泽有落叶松－杜香－泥炭藓群落、落叶松－柴桦－薹草群落、白桦－柴桦－薹草群落、辽东桤木群落等；灌丛沼泽有蒿柳群落、沼柳群落、柴桦群落、高山杜鹃群落，草本沼泽有大叶章群落、乌拉草群落、灰脉薹草群落等，记录有钻天柳和乌苏里狐尾藻等国家重点保护野生植物（张重岭等，2010）。

【沼泽动物】沼泽区野生动物资源丰富，其中鸟类共 209 种（含亚种），分别属于鹈形目、鹳形目、雁形目、隼形目、鹤形目、鸥形目等 15 目的 43 科。记录有金雕、白尾海雕、丹顶鹤、白鹤和黑嘴松鸡、黑琴鸡、白枕鹤等国家一级重点保护野生动物，以及白额雁、大天鹅、鸳鸯、花尾榛鸡、灰鹤等国家二级重点保护野生动物（尉斌，2010）。

【受威胁和保护管理状况】沼泽区建有内蒙古兴安里湿地自然保护区，保护区于 2004 年晋升为省部级自然保护区，受内蒙古大兴安岭林业管理局管理。保护区采取了原有居民搬迁、禁渔、禁猎等保护措施，使自然资源得到了有效保护和修复，满足鸟类栖息需求。

兴安里沼泽（张重岭 摄）

胡列也吐沼泽（150725-036）

胡列也吐沼泽位于内蒙古自治区呼伦贝尔市陈巴尔虎旗。地理坐标为 49°36′20″ ～ 49°58′05″N、118°21′56″ ～ 118°51′51″E，海拔 534 m，沼泽面积为 18 369 hm²。沼泽区位于大兴安岭中段，地势平坦，浅水湖泊和沼泽分布广泛。沼泽区属大陆性季风气候，年降水量 266 ～ 675 mm，无霜期短，年日照时数平均 2700 h。沼泽水源主要靠河水和湖水补给。胡列也吐属于人工湖，湖上游是额尔古纳河支流高浪河，高浪河水面与人工湖水面落差达到 1 m，由闸门引河水进入湿地，下游靠滚水坝控制湖水深。沼泽植被优势种有芦苇、荻、水葱、三棱水葱、香蒲、薹草等，常见水鸟包括小天鹅、鸿雁、绿头鸭、赤麻鸭、红嘴鸥等。沼泽区建有胡列也吐湿地自然保护区，于 2000 年成立旗级自然保护区，保护区以湿地生态系统为主要保护对象。沼泽区捕鱼和拾卵对鹤类的栖息仍有很大影响（陈亮和刘松涛，2008）。

卧罗河沼泽（150723-037）

卧罗河沼泽位于呼伦贝尔市鄂伦春自治旗。地理坐标为 49°32′13″ ～ 49°42′46″N、123°49′12″ ～ 124°20′02″E，面积为 21 783 hm²。沼泽区为寒温带大陆性季风气候，四季变化显著，年均气温为 –2.7 ～ –0.8 ℃，7 月气温最高。沼泽水源主要靠河水和大气降水补给；区内的卧罗河属松花江水系，是奎勒河一级支流，源头位于大兴安岭北段东麓，自南向北流，在宜里镇汇入奎勒河，主要支流有张大奇河、乃曼河、斯格力河、额斯门河、霍图坎河、伊斯卡奇河等。

卧罗河沼泽（张重岭 摄）

乌尔旗汉沼泽（150782-038）

乌尔旗汉沼泽位于呼伦贝尔地区牙克石市，地理坐标为 49°15′29″ ～ 49°55′05″N、121°13′16″ ～ 122°11′49″E，沼泽面积 60 992 hm²。沼泽区周围是连绵起伏的丘陵山地，主要由大兴安岭的主脉和支脉的东侧形成，主要为中低山，海拔 700 ～ 1300 m。沼泽区属于寒温带大陆性季风半湿润气候，夏季短促而炎热，冬季严寒而漫长，年均气温为 2.6℃，最高气温达 34.5℃，最低气温达 –47.6℃，季节温差及昼夜温差变化较大，降水主要集中在夏季。沼泽水源主要靠河水和大气降水补给，区内主要河流有大雁河和库都尔河，属于海拉尔上游水系。土壤主要是沼泽化草甸土和沼泽土，土层厚度

乌尔旗汉沼泽（张重岭 摄）

为 30 ～ 60 cm（王伟，2020）。沼泽区野生动物丰富，其中鸟类 209 种，两栖类 6 种，鱼类 31 种，包括金雕、白尾海雕、丹顶鹤、白鹤和黑嘴松鸡等国家一级重点保护野生动物，以及白额雁、大天鹅等国家二级重点保护野生动物。沼泽区受内蒙古大兴安岭林业管理局管理，乌尔旗汉林业局代管。

毕拉河沼泽（150723-039）

【范围与面积】毕拉河沼泽位于内蒙古自治区大兴安岭毕拉河林业局达尔滨湖林场和扎文河林场。东与巴提克林场接壤，南与大二沟林场相邻，西与北大河林场毗邻，北与羊其河林场相接。地理坐标为 49°19′39.5″ ～ 49°38′29.7″N、123°04′28.9″ ～ 123°29′16.1″E，沼泽面积约 56 604 hm²，海拔 268 ～ 1235 m。

【地质地貌】沼泽区位于新华夏系第三隆起带，处于次级托扎敏断裂带与加格达奇隆起带交会处，东接大杨树拗陷带与嫩江大断裂的西侧，地质构造属大兴安岭古生代 – 中生代复式背斜构造，褶皱轴多为北东向。沼泽区的地貌分为山地、丘陵、截头圆锥状火山、河谷、平原等类型（王春明，2014）。地形地势较为平坦，由西向东倾斜，东西宽约 45 km，南北约长 84 km（舒定玺，2021）。

【气候】沼泽区属中温带湿润、半湿润大陆性季风气候，春季干旱多风，日照充足；夏季雨热同期，湿热多雨；秋季气温骤变；冬季寒冷干燥，降水量少。年平均温度为 –1.1℃，年平均降水量为 479.4 mm，降雨期集中在每年 7 ～ 8 月，此间降雨量占全年降雨总量的 50% ～ 60%。早霜期开始于 9 月上旬，晚霜期结束于 5 月下旬，无霜期约为 130 d（刘树超，2018）。

【水资源与水环境】沼泽区河流纵横交错，水泡密布，主要河流有毕拉河、扎文河、毕二沟河等，属嫩江水系。除拥有密布的河流外，区内以达尔滨湖、达尔滨罗为主的湖泊和大小不等的水泡子星罗棋布，形成了独特的火山地质构造的湿地景观。地下水与地表水丰富，水量大，水质好（王翠敏，2013）。

【沼泽土壤】沼泽区土壤类型有草甸土和沼泽土。土质肥沃，土壤有机质、氮元素、磷元素含量

丰富（舒定玺，2021）。

【沼泽植被】沼泽区由于河流、湖泊众多，沟谷宽阔，气候较温和，湿地植被发育良好，根据植物组成、结构、外貌等特征，主要划分为草本沼泽、灌木沼泽、森林沼泽、草塘四大湿地类型（孙添，2014）。该区维管植物目前收录 100 科 368 属，其中蕨类植物 11 科 14 属 19 种；种子植物 89 科 354 属 695 种（裸子植物 2 科 4 属 5 种，被子植物 87 科 350 属），包括水曲柳、野大豆、浮叶慈姑等 29 种珍稀濒危保护植物（舒定玺，2021）。

【沼泽动物】沼泽区鸟类有白枕鹤、灰鹤、大天鹅等（舒定玺，2021）；鱼类有哲罗鲑和细鳞鲑、黑龙江茴鱼、雷氏七鳃鳗、黑斑狗鱼等（于天翼等，2021）。

【受威胁和保护管理状况】沼泽区建有内蒙古毕拉河国家级自然保护区，保护区成立于 2003 年，2014 年经国务院批准晋升为国家级自然保护区，2020 年经《湿地公约》秘书处批准，列入《国际重要湿地名录》。

毕拉河沼泽（周繇 摄）

毕拉河沼泽（张重岭 摄）

鄂伦春北大河沼泽（150723-040）

【范围与面积】鄂伦春北大河沼泽位于内蒙古自治区大兴安岭东南坡，呼伦贝尔市鄂伦春自治旗。地理坐标为 48°49′33″ ～ 49°42′07″N、121°59′49″ ～ 123°07′41″E，沼泽面积 48 688 hm²。

【地质地貌】沼泽区地处大兴安岭主脉东南坡，是大兴安岭山地向松嫩平原过渡地带，地形由西向东倾斜，呈西高东低趋势，海拔 205 ～ 1295 m，相对高差一般在 300 ～ 400 m；河谷宽阔平坦，发育大面积沼泽湿地。

【气候】沼泽区为寒温带大陆性季风气候，夏季温暖而短暂，冬季寒冷而漫长。年均气温 −1.1℃，极端最低气温 −45.4℃，极端最高气温 36.6℃，≥ 10℃有效积温为 1308℃，无霜期 90 ～ 100 d；年降水量 479.4 mm，年日照时数 2800 h。

【水资源与水环境】沼泽区水源主要靠河水和大气降水补给，沼泽区河网密集，其中北大河属于嫩江水系，主要支流有阿木珠苏河、卧斯门河、那吉坎河、温河、莫那根河等。

【沼泽植被】沼泽区湿地植物资源丰富，木本植物主要有落叶松、柴桦、高山杜鹃、沼柳、绣线菊、山刺玫、笃斯越橘、金露梅等，草本种类主要有凸脉薹草、大叶章、兴安藜芦、羊胡子草、溪荪、蹄叶橐吾、灰脉薹草、乌拉草、沼委陵菜、驴蹄草、小白花地榆、短毛独活。藓类呈斑状分布，主要是泥炭藓（王伟等，2013；王勤斌等，2013）。

【沼泽动物】沼泽区地处大兴安岭腹部，丰富的沼泽、森林等自然景观，为野生动物提供了良好的栖息生境。记录有湿地鸟类 105 种，隶属于 11 目 17 科；鱼类 35 种，隶属于 8 目 12 科（王伟等，2013）。

【受威胁和保护管理状况】沼泽区受内蒙古大兴安岭林业管理局管理，伊图里河林业局温河生态功能区管理处代管。

鄂伦春北大河沼泽（张重岭 摄）

诺敏河沼泽（150722-041）

【范围与面积】诺敏河沼泽位于诺敏河流域，分布在鄂伦春自治旗和莫力达瓦达斡尔族自治旗，地理坐标为 48°29'00″～49°49'58″N、122°51'49″～125°40'00″E。沼泽总面积约 27 091 hm²，海拔 175～850 m。

【地质地貌】诺敏河源头在大兴安岭腹区、海拔近 900 m 的坳谷。其上游有马布库拉河、牛尔坑河、托河等数十条支流，全长约 350 km。上游流速湍急，到中下游进入山前平原后，河谷开阔，平缓，沼泽广泛发育。

【气候】沼泽区地处中高纬度、欧亚大陆东岸，属温带大陆性季风气候，冬季严寒漫长，夏季温热短促。年平均气温 –1.2℃，历年最高气温 40.1℃，最低气温 –35.4℃，无霜期 132 d。因其地处大兴安岭东坡，降水量相对较多，多年平均降雨量约 480 mm，降雨量年际、年内变化较大，降雨年内分配极不均匀，雨季多集中在 7～8 月。沼泽区相对湿度较高，有利于沼泽发育（王鑫，2014）。

【水资源与水环境】沼泽区水源主要来自河水、地下水及大气降水。2015 年 6 月对内蒙古呼伦贝尔市诺敏河沼泽水环境进行调查发现，平均水深 0.29 m，平均透明度（SD）0.22 m，平均 pH 6.83，平均 DO 浓度 8.36 mg/L，其水体理化性质见表 14-16。

表 14-16　诺敏河沼泽水体理化性质

	水深/m	SD/m	WT/℃	TDS/(mg/L)	pH	Sal/ppt	EC/(mS/cm)	DO/(mg/L)	ORP/mV	Cl⁻/(mg/L)	叶绿素a/(mg/L)	NO_3^--N/(mg/L)	NH_4^+-N/(mg/L)
平均值	0.29	0.22	17.35	86.00	6.83	0.06	0.11	8.36	−71.65	5.74	2.77	0.22	0.18
最高值	1.50	0.80	24.95	238.00	7.89	0.18	0.32	11.07	−6.00	15.48	18.90	0.99	0.99
最低值	0.05	0.03	11.47	2.00	3.43	0.01	0.02	3.43	−142.80	0.37	0.20	0.02	0.001

注：ORP. 氧化还原电位

【沼泽土壤】现代河流的冲积物，是形成沼泽区草甸土和沼泽土的母质来源，主要分布在河流两岸，厚度不等，质地不均。沼泽土壤类型以草甸沼泽土、腐殖质沼泽土和泥炭土为主。沼泽区土壤泥炭层厚度为 0.15～0.45 m，平均厚度为 0.28 m，干容重为 0.38～0.77 g/cm³，平均容重为 0.55 g/cm³，有机碳含量为 15.6%～19.3%，平均有机碳含量为 17.7%。

【沼泽植被】沼泽区植被以灰脉薹草群落、狭叶甜茅群落、大叶章群落、大穗薹草群落、东方羊胡子草群落为主。

灰脉薹草群落盖度为 80% ～ 100%，灰脉薹草株高为 0.1 ～ 0.8 m，平均株高为 0.5 m；其伴生种主要为驴蹄草、水芹、狭叶黄芩、地榆、大叶章、问荆、山黧豆、老鹳草、地笋、羊胡子草、毛水苏、小猪殃殃、毛茛、泽芹、白桦、球尾花、长箭叶蓼、薄荷、乌拉草、大穗薹草和全叶山芹。大叶章群落盖度为 60% ～ 95%，群落高为 1.2 ～ 1.4 m，生物量为 0.6 ～ 2.4 kg/m²，平均值为 1.5 kg/m²；其伴生种主要为山黧豆、灰脉薹草、全叶山芹、东方羊胡子草、黑水缬草、毛水苏、水生酸模、并头黄芩、蚊子草、齿叶风毛菊、小猪殃殃、水芹、老鹳草、长箭叶蓼、问荆、金丝桃、球尾花、狭叶荨麻、小白花地榆、春蓼、羊蹄、驴蹄草、泽芹、大穗薹草、二歧银莲花、狭叶黄芩、狭叶甜茅、花苞、湿地黄芪。狭叶甜茅群落盖度为 85% ～ 90%，生物量为 0.18 ～ 0.22 kg/m²，株高 0.10 ～ 1.10 m，平均株高为 0.85 m；其伴生种主要为灰脉薹草、东方羊胡子草、返顾马先蒿、龙牙草、驴蹄草、长箭叶蓼、山黧豆、并头黄芩、小白花地榆、毛水苏、乌拉草、地笋、费菜、红毛羊胡子草、黑水缬草、老鹳草、全叶山芹、狭叶黄芩、菵草、球尾花、大叶章、问荆、大穗薹草和三棱水葱。大穗薹草群落以大穗薹草为优势种，其伴生种主要为大叶章、问荆、灰脉薹草、龙牙草、水芹；生物量为 0.18 ～ 0.27 kg/m²，平均值为 0.23 kg/m²，群落盖度为 85%；群落高 1.1 m。东方羊胡子草群落以东方羊胡子草为优势种，其伴生种主要为灰脉薹草、大叶章、白桦、大穗薹草、地榆、驴蹄草、问荆、马先蒿、越橘柳、金露梅、球尾花、毛水苏、水芹、狭叶黄芩、沼柳、山黧豆、红毛羊胡子草、崖柳、费菜、泥炭藓、毛薹草；生物量为 0.17 ～ 0.22 kg/m²，平均值为 0.20 kg/m²，群落盖度 30%；株高 0.02 ～ 1.1 m，平均株高 0.59 m；密度为 1 ～ 40 株/m²，平均密度 20 株/m²。

【沼泽动物】沼泽区动物主要有多种水禽，如鹤类、雁鸭类；鱼类有哲罗鲑、黄尾鲴等。

【受威胁和保护管理状况】沼泽区受莫力达瓦达斡尔族自治旗林业和草原局、农牧局共同管理。

诺敏河沼泽（文波龙 摄）

维纳河沼泽（150724-042）

【范围与面积】维纳河沼泽位于呼伦贝尔市鄂温克族自治旗东南部，地处大兴安岭森林向呼伦贝尔草原过渡地带。地理坐标为 48°16′ ～ 48°59′N、120°00′ ～ 120°53′E，主要湿地类型为河流、淡水湖泊和沼泽湿地，其中沼泽面积为 18 158 hm²。

【地质地貌】沼泽区位于大兴安岭西麓，属呼伦贝尔沉降带的东缘、大兴安岭森林和呼伦贝尔草原过渡带。地貌为大兴安岭中低山组合地貌，相对切割较弱（王学文等，2012）。

【气候】沼泽区地处高纬度，位于中温带北缘，属中温带大陆性气候。年平均气温 –2.4℃，最热 7 月平均气温为 20.3℃，最冷 1 月平均气温为 –26.5℃，极端最高气温为 38℃，极端最低气温为 –47℃。降水量为 250 ～ 300 mm，降水集中，易形成洪涝灾害。

【水资源与水环境】沼泽区水源主要靠河水和大气降水补给，区内河流属黑龙江流域额尔古纳河水系，有 4 条主要河流，分别是维纳河、苇子坑河、锡尼河和莫和尔图河。

【沼泽植被】沼泽区记录有野生维管植物 74 科 302 属 682 种，经济植物资源有 36 科 88 属 113 种及野生食生菌 35 种。常见湿地植物有地榆、叉分蓼、山野豌豆、绣线菊等，记录有国家二级重点保护野生植物钻天柳（王学文等，2012；朱琳，2013）。

【沼泽动物】沼泽区脊椎动物有 260 种，分属于 30 目 68 科 166 属，常见鸟类有花尾榛鸡、雉鸡、斑翅山鹑等，鱼类有细鳞鲑、黑斑狗鱼等。

【受威胁和保护管理状况】沼泽区建有维纳河自然保护区，保护区始建于 1999 年，2000 年晋升为自治区级自然保护区，主要保护对象为区内完整的森林、草原和沟谷湿地生态系统及栖息其中的野生生物。

阿伦河沼泽（150721-043）

【范围与面积】阿伦河沼泽位于大兴安岭东南麓呼伦贝尔市阿荣旗。地理坐标为 48°3′ ～ 48°42′N、122°30′ ～ 123°33′E，沼泽面积为 6947 hm²。

【地质地貌】沼泽区地处中高纬度，由于中生代燕山期地壳运动产生新华夏系的断块隆起，南北向构造活动较为强烈，形成中低山 – 丘陵漫岗地貌，地势起伏变化不大，呈现西北高、东南低的阶梯式下降地势。

【气候】沼泽区为中温带大陆性半湿润气候。年均降水量 470 ～ 570 mm，年均蒸发量 1400 ～ 1600 mm，年均气温 0 ～ 3.5℃，年平均积温 2200 ～ 2300℃，无霜期 125 ～ 135 d，年均日照 2600 ～ 2700 h，年均风速 2.7 m/s。

【水资源与水环境】沼泽区水源主要靠河水、大气降水、河谷地下水及岩石裂隙补给水。区内水资源丰富，主要河流阿伦河属嫩江水系支流。

【沼泽土壤】沼泽土壤主要为草甸沼泽土，成土母质为河床冲积物、湖泡沉积物等。剖面结构由 AS-A-G-CG 组成，AS 层为草根层，一般厚度 3 ～ 11 cm；A 层为暗黑 – 灰黑色，平均厚度 28.7 cm，质地黏重，粒 – 核粒状结构，pH 6.0；G 层为灰蓝色潜育层，平均厚度为 53 cm，质地黏重，结构差，常年地下水浸没，透气性差，pH 6.1；CG 层为黏壤土，呈块状结构，较紧实，有灰蓝色锈斑，呈微碱性，具潜育特征（阿拉腾图雅和玉山，2007）。

【沼泽植被】沼泽植被多由湿中生和湿生植物组成，包括大叶章、薹草、披碱草、羊草和蚊子草等（朱伟峰，2015）。

【沼泽动物】沼泽区水鸟资源丰富，记录有国家二级重点保护野生鸟类雕鸮、长耳鸮、苍鹰、红隼、纵纹腹小鸮、鸳鸯等，另外还有雉鸡、野鸭、大山雀、斑鸠和布谷鸟。

【受威胁和保护管理状况】沼泽区受阿荣旗林业局管理，主要受到过牧、垦殖威胁。

伊敏河源沼泽（150724-044）

【范围与面积】伊敏河源沼泽位于大兴安岭南麓西段，呼伦贝尔市鄂温克族自治旗。地理坐标为 48°09′31″ ～ 48°20′31″N、120°09′04″ ～ 120°28′25″E，面积为 1767 hm²。

【地质地貌】沼泽区处于呼伦贝尔草原东南部从山地向草原的过渡带上，地势为东南高、西北低。伊敏河上游（红花尔基以上）为山地林区，红花尔基以下，河流进入丘陵和草原地带。

【气候】沼泽区寒冷干燥，日照充足，昼夜温差大。年平均气温为 –3℃，最低气温为 –46.7℃，最高气温为36.5℃,每年11月至翌年3月为冰冻期;年降水量为350 mm,雨季多集中在6～8月(刘俊斌,2013)。

【水资源与水环境】沼泽区水源主要靠大气降水、河水和地表径流补给,区内最大河流伊敏河属额尔古纳河水域海拉尔河水系,由南东－北西流经本区。

【沼泽土壤】沼泽土壤主要为泥炭沼泽土和腐殖质沼泽土。

【沼泽植被】沼泽区植物资源丰富,常见药用植物100余种,约占大兴安岭药用植物种数的40%,食用浆果类、坚果类有10余种。常见湿地植物有沼柳、绣线菊、瘤囊薹草、地榆、大叶章、灰脉薹草、慈姑、浮叶慈姑等(李津和石龙珠,2020)。

【沼泽动物】沼泽区记录鸟类161种,隶属于17目37科,占内蒙古鸟类(436种)的37%;常见鸟类有鸿雁、灰雁、赤麻鸭、绿头鸭、金腰燕、云雀、喜鹊、灰喜鹊、灰鹤、白枕鹤、苍鹰、雀鹰、鹊鹞、戴胜、北噪鸦(张立志等,2014;李津和石龙珠,2020)。

【受威胁和保护管理状况】沼泽区受鄂温克族自治旗生态环境局管理,主要受到草场过牧、垦殖威胁。

红花尔基伊敏河沼泽(150724-045)

【范围与面积】红花尔基伊敏河沼泽位于大兴安岭西麓,呼伦贝尔市鄂温克族自治旗红花尔基林业局,西北与呼伦贝尔大草原相邻,东南连接大兴安岭西麓。地理坐标为48°07′～48°19′N、120°09′～120°29′E,沼泽面积约2150 hm²,包括森林沼泽、灌丛沼泽、草本沼泽等类型。

【地质地貌】沼泽区位于大兴安岭山地向内蒙古高原的过渡地带,属呼伦贝尔沉降带;主要地貌为由低山丘陵构成的山地,坡度起伏的沙地及冲积平原,坡度较缓。

【气候】沼泽区为中温带大陆性气候,年均气温–1.5～3.7℃,≥10℃年平均积温1900～2100℃,无霜期90～120 d,积雪期可达150 d左右;年降水量344～420 mm,大多集中在7～9月,年蒸发量1200 mm左右;年日照时数平均为2800 h,冬季较少(李津和石龙珠,2020)。

【水资源与水环境】沼泽区地表水资源丰富,伊敏河属于额尔古纳河水系中海拉尔河的一级支流,全长390 km,河流宽度20～50 m,是红花尔基水库的重要水源地。沼泽水源主要靠河水和大气降水补给。

【沼泽土壤】沼泽土壤主要有泥炭沼泽土和腐殖质沼泽土。

【沼泽植被】沼泽区食用植物有狭叶荨麻、黄花菜、东方草莓等,药用植物有黄芩、地榆、升麻、龙胆、金莲花、红花鹿蹄草等,观赏植物有风毛菊、婆婆纳、返顾马先蒿等,饲料植物有草木犀、披碱草等(葛玉祥和曲海军,2021)。

【沼泽动物】沼泽区鸟类资源有大天鹅、蓑羽鹤、大雁、鸳鸯、花尾榛鸡、环颈雉、黑琴鸡、野鸭、大嘴乌鸦、黑嘴松鸡、松鸦、林鹛、松雀鹰和苇鹛等(葛玉祥和曲海军,2021)。

【受威胁和保护管理状况】沼泽区建有内蒙古红花尔基伊敏河国家湿地公园,公园于2016年批准建设,总面积3144 hm²。

红花尔基伊敏河沼泽(张重岭 摄)

雅鲁河沼泽（150700-046）

【范围与面积】雅鲁河沼泽位于呼伦贝尔市牙克石市和扎兰屯市，地理坐标为 47°40′ ～ 48°43′N、121°34′ ～ 122°51′E，沼泽总面积 5131 hm²。

【地质地貌】沼泽区属大兴安岭中低山地貌，地势西高东低、北高南低，除西南部边缘局部山势陡峭外，绝大部分地势较为平坦，山体浑圆，平均海拔 650 m 左右，最高海拔 1456 m，最低海拔 430 m。

【气候】沼泽区为寒温带大陆性季风气候，具有春季干旱多风、夏季炎热多雨、秋季昼暖夜凉、冬季寒冷干燥的特点。年平均气温 –5.0 ～ 4.0℃，最低气温 –41.5℃，多发生在 1 月，最高气温 41℃，多发生在 7 月；无霜期平均 170 d，初霜期一般在 10 月下旬；年平均降水量 450 mm，降水主要集中在 5 ～ 9 月，占年降水量的 80% ～ 90%。春秋两季风向变化较大，夏季常为东南风，冬季多为偏北风（房有国等，2007）。

【水资源与水环境】沼泽区水源主要为降雨补给，其次为春季冰雪融水补给及河川基流补给，区域内主要河流雅鲁河属嫩江一级支流。

【沼泽土壤】沼泽区土壤主要有沼泽化草甸土和泥炭沼泽土。土层较厚，一般在 40 cm 左右，土壤肥力较高。

【受威胁和保护管理状况】沼泽区受扎兰屯市林业和草原局、巴林林业局、南木林业局分段管理，主要受到过牧和垦殖威胁。

绰尔河沼泽（150700-047）

【范围与面积】绰尔河沼泽位于呼伦贝尔市牙克石市、扎兰屯市及兴安盟扎赉特旗，有两个集中分布区，分别是 46°42′24″ ～ 47°10′36″N、121°37′10″ ～ 123°38′05″E，47°28′37″ ～ 48°35′49″N、120°40′08″ ～ 121°38′13″E。沼泽面积 36 147 hm²，海拔 145 ～ 980 m。

【地质地貌】沼泽区地处大兴安岭的中腹，山脉比较平缓，山地相对高差为 100 ～ 300 m。绰尔河为嫩江右岸一级支流，源头在大兴安岭东坡英吉尔达山，河长 502 km，在泰来县江桥蒙古族镇上游 9 km 处与嫩江汇合。上游流速湍急，进入山前平原后的百余千米，河谷开阔，多支流叉流，形成大片沼泽区。

【气候】沼泽区属中温带大陆性季风气候。年均气温 4.6℃，≥ 0℃活动积温 3143℃；年均降水量 426.6 mm，年均蒸发量 1794.1 mm（王黔君，2015a）。

【水资源与水环境】沼泽区水源主要来自河水、地下水和大气降水。2013 年 9 月对绰尔河沼泽地表水体进行调查发现，各采样点水深变化明显，平均水深 0.42 m，平均 pH 8.16；平均溶解氧（DO）浓度 9.98 mg/L，其水体理化性质见表 14-17。与第一版《中国沼泽志》相比，本次调查发现该沼泽区 pH

表 14-17　绰尔河沼泽水体理化性质

	水深/m	WT/℃	TDS/(mg/L)	pH	Sal/ppt	EC/(mS/cm)	DO/(mg/L)	NO₃⁻-N/(mg/L)	NH₄⁺-N/(mg/L)
平均值	0.42	11.1	91.56	8.16	0.07	0.10	9.98	0.10	0.03
最高值	1.50	14.90	110.50	9.41	0.08	0.13	13.12	0.20	0.07
最低值	0.10	7.20	72.10	7.56	0.05	0.07	6.59	0.01	0.00

明显升高，可能是由于绰尔河沼泽较密闭，与外界水联系较少，也可能与农田开垦和放牧增加有关。

【沼泽土壤】现代河流的冲积物主要分布在河流两岸，质地不均，厚度不等，透水较好，是形成该沼泽区草甸土和沼泽土的母质来源。沼泽区主要土壤类型有草甸沼泽土和腐殖质沼泽土。草甸沼泽土主要分布在绰尔河下游，受河水影响，地表有季节性积水，地下水位高，是在草甸化过程的参与下形成的；土壤剖面层次是：草根层、腐殖质层和潜育化母质层。腐殖质沼泽土主要分布在绰尔河上游。

【沼泽植被】沼泽区湿地植被以落叶松＋白桦群落、灰脉薹草群落、薹草＋大叶章群落为主。落叶松＋白桦群落分为乔木层和草本层，建群种是白桦，高度 8.1 ～ 18.0 m，平均高度 11.4 m，胸径 1.5 ～ 7.0 cm，平均胸径 3.9 cm，密度约为 25 株/400 m²；落叶松高度 9.5 ～ 13.4 m，平均高度 11.5 m，胸径 4.4 ～ 5.4 cm，平均胸径 4.9 cm，密度为 2 株/400 m²；草本层盖度＞ 90%，优势种为灰脉薹草，形成塔头，主要伴生细叶地榆、问荆、山岩黄芪、毛脉酸模、沼柳、大叶章、毛水苏、莓叶委陵菜、燕子花、风毛菊。

灰脉薹草群落盖度 50% ～ 90%，群落高 0.7 m，生物量为 0.23 kg/m²，其伴生种主要为毛蕊老鹳草、山黧豆、问荆、北水苦荬、毛水苏、菵草、山岩黄芪、毛脉酸模、箭叶蓼、大穗薹草、水蓼、狗尾草、梅花草、大叶章、小花柳叶菜、泽芹、水苦荬和驴蹄草。

薹草＋大叶章群落盖度 40% ～ 90%，群落高 0.6 m，生物量为 0.33 kg/m²，其伴生种主要为毛蕊老鹳草、大白花地榆、翻白蚊子草、大穗薹草、山黧豆、毛脉酸模、山岩黄芪、毛水苏、细叶地榆、东北猪殃殃、毒芹、五蕊柳、短梗箭头唐松草、泽芹、问荆、北水苦荬、长叶繁缕、香蒲、莓叶委陵菜、玉蝉花、千里光。

与第一版《中国沼泽志》相比，本次调查未见芦苇群落，新记录落叶松＋白桦群落；本次调查发现薹草＋大叶章群落生物量为 3300 kg/hm²，变化不大。

【沼泽动物】沼泽区记录有鸟类 17 目 44 科 248 种，包括东方白鹳、丹顶鹤、赤颈䴙䴘、大天鹅等国家级重点保护野生动物。鱼类约 7 目 14 科 69 种，以鲤形目鲤科为主；两栖类 2 目 4 科 6 种（王黔君，2015a）。

【受威胁和保护管理状况】沼泽区建有内蒙古绰尔河源头湿地自然保护区和内蒙古绰尔河湿地自然保护区，分别位于内蒙古自治区呼伦贝尔市和扎赉特旗。

绰尔河沼泽（刘波 摄）

柴河沼泽（150783-048）

【范围与面积】柴河沼泽位于内蒙古自治区呼伦贝尔市扎兰屯市柴河林业局，东与扎兰屯市相接，西邻阿尔山林业局，南邻五岔沟林业局，北与绰尔林业局毗邻，地理坐标为 47°22′50″ ～ 47°36′00″N、120°43′53″ ～ 121°15′00″E，沼泽面积 2025 hm²。

【地质地貌】沼泽区位于大兴安岭中南段，地貌以中山为主，山势和地势走向一致，为西南到东北，平均海拔 700 ～ 900 m，最低 600 m，最高 1557 m。

【气候】沼泽区为中温带大陆性季风气候，林区小气候特征明显，冬季寒冷漫长，夏季温凉短促，昼夜温差大。年平均气温 1.0℃，极端最高气温 38.3℃，极端最低气温 –40℃；无霜期 90 ～ 115 d，年平均积雪 150 d 左右。年平均降水量 522.2 mm，降水多集中在夏季，春秋降水较少；年平均蒸发量 1442.5 mm；全年多西北风和北风，年平均风速 3.0 ～ 3.2 m/s（郭建光，2018）。

【水资源与水环境】沼泽区属于绰尔河流域，河流分布均匀，水量丰富，是嫩江上游重要的水源补给区和水源涵养区。沼泽水源主要靠河水和大气降水补给。绰尔河由北向南贯穿柴河林业局施业区，河宽一般为 30 ～ 40 m，水流湍急、绵延弯曲，年总径流量 14.8 亿 m³；绰尔河西侧有柴河、德勒河、红花尔基河、哈布气河、白毛沟河等支流；东侧支流有固里河、百灵河等（关瑞峰等，2019）。

【沼泽土壤】沼泽土壤主要为沼泽土和沼泽化草甸土。

【沼泽植被】沼泽区木本植物主要有柳、金露梅和绣线菊等，成片分布在河漫滩和山间谷地；草本植物主要有蚊子草、东方草莓、地榆、山黧豆、薹草等，记录有国家级重点保护野生植物 2 种，即钻天柳和浮叶慈姑。

【沼泽动物】沼泽区鸟类资源丰富，其中国家一级重点保护野生动物有乌雕、白鹳、黑琴鸡、黑嘴松鸡、青头潜鸭等；国家二级重点保护野生动物有花尾榛鸡、乌林鸮和鸳鸯等。另外还有太平鸟、星鸦、罗纹鸭和松雀等（肖黎峰等，2013）。

【受威胁和保护管理状况】沼泽区建有内蒙古柴河自然保护区，其始建于 2000 年，2007 年晋升为自治区级自然保护区。保护区内孕育了大面积的湿地，受柴河林业局管理，主要受到过牧、垦殖威胁。

柴河沼泽（周繇 摄）

阿尔山沼泽（152202-049）

【范围与面积】阿尔山沼泽位于内蒙古自治区大兴安岭林区南部，行政区域包括内蒙古科尔沁右翼前旗、阿尔山市、扎兰屯市，地理坐标为 46°39′ ～ 47°39′N，119°28′ ～ 121°23′E，沼泽面积 8698 hm²。

【地质地貌】沼泽区地貌属于大兴安岭西侧火山、熔岩地貌，地势东北高、西南低，由东北向西南倾斜。

【气候】沼泽区位于寒温带湿润区，冬季严寒漫长，植物生长期短。一年四季常受西伯利亚寒流侵袭，年平均温度 –3.1℃，年平均湿度为 70%，终年西风和西北风。

【水资源与水环境】沼泽区水源主要靠河水和大气降水补给，区内主要有哈拉哈河、柴河和伊敏河三条河流，尤以哈拉哈河最长，流域面积最广。

【沼泽土壤】沼泽区山麓或谷地多为中厚层沼泽化草甸土；河谷低洼地多为常年积水的沼泽土。

【沼泽植被】沼泽区常见湿地植物有灰脉薹草、乌拉草、羊胡子草、大叶章、大穗薹草、灰背老鹳草、山岩黄芪、兴安藜芦、山黧豆、细叶沼柳、五蕊柳、越橘柳、驴蹄草、小白花地榆、三花龙胆、柴桦和笃斯越橘等，国家二级重点保护野生植物有浮叶慈姑、乌苏里狐尾藻和钻天柳 3 种。

【沼泽动物】沼泽区水鸟资源丰富，其中国家一级重点保护野生水鸟有丹顶鹤、白鹤、中华秋沙鸭和白额雁等；国家二级重点保护野生水鸟有大天鹅、小天鹅、灰鹤、蓑羽鹤、鸳鸯等（金焱，2009）。

【受威胁和保护管理状况】沼泽区于 2002 年建立内蒙古阿尔山国家森林公园，主要保护对象为森林生态系统和兴安落叶松 – 泥炭藓沼泽；保护区受内蒙古大兴安岭林业管理局管理，由阿尔山林业局代管（国家林业局，2015b）。

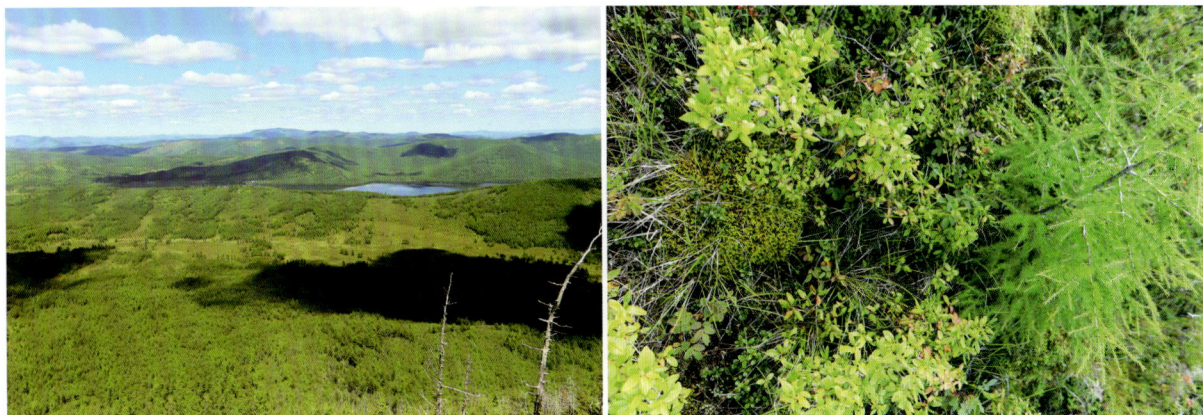

阿尔山沼泽（文波龙 摄）

阿尔山白狼沼泽（152202-050）

【范围与面积】阿尔山白狼沼泽位于内蒙古自治区兴安盟阿尔山市，北靠阿尔山林业局，东南与五岔沟林业局接壤，地理坐标为 46°48′06″ ～ 47°10′04″N、119°46′57″ ～ 120°16′24″E，沼泽面积为 949 hm²，属温带内陆亚高山高寒湿地类型，平均海拔 1200 m。

【地质地貌】沼泽区位于大兴安岭山脉中段岭脊南麓，属于中山地貌，北高南低，东部山高坡陡，西部比较平缓。

【气候】沼泽区为寒温带大陆性季风气候，冬季寒冷漫长，夏季生长期短。年平均气温 –4℃，极端最高气温 34.1℃，极端最低气温 –45.7℃，≥ 10℃年积温为 1346℃，无霜期约 80 d，年降水量 455 mm（郑玉岑，2017）。

【水资源与水环境】沼泽区水源主要靠河水和大气降水补给；区内有那仁河、小莫尔根河、大莫尔根河和洮儿河等河流；那仁河、小莫尔根河、大莫尔根河分别发源于白狼镇西部的飞仙岭、三广山和大黑山脚下，由东向西流入蒙古国；洮儿河发源于高若山西麓，由北向南经乌兰浩特向南注入嫩江。

【沼泽土壤】沼泽土壤主要为沼泽化草甸土和沼泽土，多数为酸性和中性；由于本区气候寒冷潮湿，生物活动较弱，岩石风化较慢，生成土层较薄，大部分土厚为 20 ～ 50 cm，低洼处 70 cm 左右。

【沼泽植被】沼泽区常见湿地植物有柴桦、灰脉薹草、灰背老鹳草、大叶章、蓬子菜、狭叶荨麻、箭头唐松草、蚊子草、长芒稗、星星草、水蒿、水蓼、芦苇、绣线菊和市藜等（王黔君，2015b）。

【沼泽动物】沼泽区野生动物种类繁多，常见鱼类是哲罗鲑和细鳞鲑；禽鸟主要有松鸡和花尾榛鸡等。

【受威胁和保护管理状况】沼泽区建有内蒙古白狼洮儿河国家湿地公园和内蒙古白狼奥伦布坎国家湿地公园，对于湿地的保护和合理利用有一定支撑作用。沼泽主要受到放牧和垦殖威胁。

索伦沼泽（152221-051）

【范围与面积】索伦沼泽位于内蒙古自治区兴安盟科尔沁右翼前旗索伦镇，地理坐标为 46°45′43″ ～ 46°52′15″N、120°58′48″ ～ 121°13′23″E，沼泽面积 1104 hm²。

【地质地貌】沼泽区地处大兴安岭中段，由连贯低山群体构成山地地貌，地形呈现北高南低、西高东低。区内山脉纵横，周边山峰海拔为 760 ～ 970 m。

【气候】沼泽区属于大陆性寒温带季风气候，年平均气温 –2.4℃，全年积温 1900 ～ 2100℃，无霜期 90 ～ 105 d，年降水量 450 ～ 550 mm，降水多集中在 6 ～ 8 月，占年降水量的 75%；年日照时数 2789 h 左右，主风向为西北风，年平均风速为 3.1 m/s（梁大川等，2018）。

【水资源与水环境】沼泽区水源主要靠河水、泉水和大气降水补给，区内有洮儿河、哈干河和满族河三条主要河流。哈干河各支流泉水出露较多，水源充足，流量稳定，在地表流过一段潜入地下变为伏流，有利于山体中下部发育沼泽。

【沼泽土壤】沼泽区土壤类型包括沼泽化草甸土和沼泽土两种。沼泽化草甸土多分布于河漫滩和山间谷地，成土母质主要为淤积物及少量的湖积物、洪积物，腐殖质层厚度 20 ～ 50 cm。沼泽土主要分布于河漫滩、泉溢处及地下浅水处，常与草甸土相间分布，成土母质主要为坡积物和黏土沉积物。

【沼泽植被】沼泽区草本沼泽优势种为三棱薹草、灰脉薹草和大叶章，灌丛沼泽优势种有杞柳、筐柳及沼柳。常见湿地植物有绣线菊、山刺玫、野大豆、薄荷、三花龙胆、水蓼、大穗薹草、水麦冬、山黧豆、问荆、湿生柳叶菜、黄连花、蹄叶橐吾、泽芹、鹅绒委陵菜、驴蹄草、千屈菜、毛水苏、水金凤、地榆、地笋、风花菜、狼耙草、羽叶鬼针草、缬草、小灯心草、山岩黄芪、金莲花、箭头唐松草、轮叶马先蒿、水棘针等。

【沼泽动物】沼泽区常见鸟类资源有 18 目 33 科 104 种，其中国家级重点保护野生动物有黑鹳、金雕、雕鸮、鸳鸯、白尾鹞、鹊鹞、白头鹞、雀鹰、松雀鹰、苍鹰、普通鵟、毛脚鵟、草原雕、猎隼、红脚隼、红隼、灰鹤、蓑羽鹤、短耳鸮、长耳鸮、长尾林鸮和花尾榛鸡等；鱼类资源常见种包括鲫、草鱼、鲤、哲罗鲑、白鲢、青鱼、泥鳅、鲇；两栖动物主要有中华地蟾蜍、花背蟾蜍、黑斑蛙和中国林蛙（梁大川等，2018）。

五岔沟沼泽（152202-052）

【**范围与面积**】五岔沟沼泽位于兴安盟阿尔山市五岔沟镇，地理坐标为 46°22′00″ ～ 47°15′00″N、119°52′00″ ～ 121°23′25″E，沼泽面积 23 694 hm²。

【**地质地貌**】沼泽区属中低山地貌，处于大兴安岭山地向蒙古高原的过渡地带，山系以大兴安岭山脉为主。地势由西北向东南逐渐降低，北部为大兴安岭主脉，海拔较高，山体坡度变化明显，最高海拔 1745.2 m，最低海拔 540.0 m，平均海拔 1000 m 左右。

【**气候**】沼泽区为中温带大陆性季风气候，春季升温快，夏季温热而短促，秋季降温迅速、昼夜温差较大，冬季寒冷而漫长；年平均气温 −3.2℃，≥ 10℃ 有效积温 1800 ～ 2100℃，平均无霜期 90 ～ 110 d，年平均降水量约 380 mm，多集中在 6 ～ 8 月，约占全年降水量的 70%，常年风向以西北风为主（郝世文和朱晓静，2009）。

【**水资源与水环境**】沼泽区水源主要靠河水和大气降水补给；区内河流属嫩江水系，一级支流洮儿河发源于白狼林业局，由西北向东南流经本区；绰尔河的主要支流托欣河和门德沟河由南向东北流经本区。

【**沼泽土壤**】沼泽区土壤主要为沼泽化草甸土和沼泽土，呈交叉分布。

【**沼泽植被**】沼泽区常见植被是灰脉薹草群落和芦苇群落。植物种类比较丰富，具有利用价值的纤维植物有甜杨、大叶章等；草本药用植物主要有黄芪、黄芩、龙胆等；食用浆果类植物有越橘、东方草莓等；芳香油料类植物有杜香、杜鹃等（刘建华等，2009）。

【**受威胁和保护管理状况**】沼泽区受兴安盟五岔沟林业局管理，主要受到过牧、垦殖威胁。

第二节　小兴安岭山地沼泽区

小兴安岭山地沼泽区东部连接三江平原，西与大兴安岭对峙，东南抵松花江畔，西南与松嫩平原毗邻，北至黑龙江岸。地理坐标为 45°52.0′ ～ 53°12.4′N、124°4.6′ ～ 130°51.1′E。

沼泽区属于黑龙江水系的主要河流有乌云河、沾河、逊河等；属于松花江水系的主要河流有呼兰河、汤旺河等。黑龙江和逊河在西北部流域有较宽的冲积平原，东南部地区除汤旺河上游分布一些较宽的谷地外，中下游山势较高，河流侵蚀较为强烈，悬崖峭壁及峡谷较多，水流较为湍急。小兴安岭组成了黑龙江水系和松花江水系的分水岭（杜以鑫，2021）。

沼泽区气候受东亚海洋气流及西伯利亚寒流双重作用的影响，具有大陆及季风性气候相结合的特点。夏季受东亚海洋季风影响，温热多雨，降雨集中，由于降雨受小兴安岭地形及森林植被的影响，该地区为黑龙江省高雨中心；冬季受蒙古高压影响，降雪量不大，气候寒冷干燥。年平均气温为 −0.5℃，1 月平均最低气温达到 −20℃，7 月平均最高气温达到 19.39℃。极端最高温度为 34.9℃，极端最低温度为 −45℃。年平均降水量为 640.5 mm，而 6 ～ 9 月的降水量占全年降水量的 83%，尤其以 7 月、8 月最多。空气相对湿度为 73%。早霜多开始于 9 月中上旬，晚霜在 5 月下旬，生长期为 100 ～ 110 d，其间雨量充足，温度适宜，在水热条件的相互配合下，生长环境非常有利于植物的生长（杜以鑫，2021）。

沼泽区土壤主要是发育在阔叶红松林下的地带性土壤，多为暗棕色森林土，成土母质以花岗岩、片麻岩的风化物为主，此类土壤通常具有较厚的土层、良好的透水性、较高的肥力，约为土地总面积的 79%。受地形和植被影响，腐殖质层厚度因地而异，潜育化及草甸化现象镶嵌分布。邻近山谷地，多为沼泽土与草甸土，约为土地总面积的 21%。谷地落叶松林下分布的土壤，由于泥炭藓和泥炭层具有隔热作用，多年冻土深度在地表以下 50～70 cm，其他地形部位季节性冻土厚度约为 2.5 m（杜以鑫，2021）。

沼泽区由于地形起伏不大、河流水系发育完善，因而沼泽多分布于山缓坡下部及河漫滩，分布范围主要在 47°N 以北的广大地区；主要沼泽类型有草本沼泽、灌丛沼泽、森林沼泽和沼泽化草甸，但以草本沼泽和森林沼泽为主（表 14-18）。北坡多草本沼泽，沿黑龙江呈带状分布，南坡多集中于北部新青林业局、红星林业局和东风林业局所辖地区，多森林沼泽。草本沼泽常见建群种包括瘤囊薹草、灰脉薹草、大叶章、乌拉草、丛薹草和玉簪薹草，灌丛沼泽常见建群种包括柴桦、油桦和沼柳，森林沼泽常见建群种是落叶松和白桦，苔藓沼泽常见建群种是泥炭藓和真藓。

表 14-18　小兴安岭山地沼泽区沼泽类型与面积

沼泽分区	类型	面积/×100 hm²
小兴安岭山地沼泽区	草本沼泽	12 314.1
	灌丛沼泽	649.9
	森林沼泽	3 258.4
	沼泽化草甸	1 853.9

公别拉河沼泽（231102-053）

【范围与面积】公别拉河沼泽位于黑龙江省黑河市爱辉区，地处大兴安岭与小兴安岭接合部，地理坐标为 50°0′46″～50°14′15″N、126°23′50″～126°50′22″E，总面积 14 660 hm²。

【地质地貌】沼泽区地势平缓，滩地较多，加上沟谷宽阔，切割微弱，地下水又排泄不良，故滩地、凹地、沟谷及河流沿岸广泛沼泽化，沼泽类型比较丰富，有森林沼泽、灌木沼泽和草本沼泽（范金凤，2007）。公别拉河沼泽位于小兴安岭东麓北坡，从大地构造单元看分属爱辉凸起阿尔山复背斜部位，该复背斜轴向为北西西，在保护区内表现为残缺式复背斜，由洪湖吐背斜和公别拉背斜组成，其地形地貌组合为波状丘陵-河床阶地-河谷漫滩或波状丘陵-山麓平坂组合，在成因上前者以剥蚀洪积为主，后者以剥蚀堆积为主（王建军等，2004）。

【气候】沼泽区属寒温带大陆性季风气候，受太平洋季风和西伯利亚高压影响，夏季短促而温湿，冬季漫长而寒冷，秋季降温迅速，春季短暂；无霜期短，昼夜温差大，多年平均降雨量 527.6 mm，多集中在 6～9 月。年平均气温为 –1.5℃，极端最高气温 35℃，极端最低气温 –41℃；地表约在 10 月中旬冻结，解冻期约在 4 月中旬，冻结期 160 d 左右，最大冻土深度 257 cm。

【水资源与水环境】由于沼泽地处沟谷、缓坡或河漫滩，沼泽主要水源为大气降水，部分低洼地区有土壤径流与溪流补给。公别拉河流域位于小兴安岭西北部黑河市西南部，是中俄界河黑龙江中游右侧入汇的一级支流，发源于小兴安岭东麓，自西向东流，汇入黑龙江，河流全长 147 km，集水面积 2765 km²，河道总落差 462 m，平均河道坡度为 3‰，地势从西部河源向东递减，河源区最高峰大黑山，海拔 867 m，东端河口仅为 120 m，流域平均高程 392 m。薹草沼泽、灌丛-薹草沼泽与灌丛-苔藓沼泽水体理化性质见表 14-19（满秀玲和蔡体久，2005）。

表 14-19 公别拉河沼泽水体理化性质

沼泽	pH	总硬度/(mg/L)	矿化度/(mg/L)	HCO_3^-/(mg/L)	Cl^-/(mg/L)	SO_4^{2-}/(mg/L)	K^+/(mg/L)	Na^+/(mg/L)	Ca^{2+}/(mg/L)	Mg^{2+}/(mg/L)
薹草沼泽	6.70	87.58	200.43	95.07	1.49	14.9	0.95	4.16	19.09	6.58
灌丛−薹草沼泽	6.77	59.80	175.67	84.43	1.54	12.89	0.78	3.02	18.14	4.25
灌丛−苔藓沼泽	6.63	21.32	212.59	52.47	1.45	10.12	0.91	2.14	6.13	1.62

【沼泽土壤】沼泽土一般分布于沼泽和滞水洼地。这类地形雨季积水较多，旱季也不能排干。在常年或季节滞水条件下，植物残体不能充分分解，有机质积累于表层形成泥炭层，其下潜育化现象明显，土粒呈蓝灰色；沼泽土主要分为潜育草甸土、腐殖质沼泽土和泥炭沼泽土等，土壤容重为 0.23～0.83 g/cm³，土壤有机质含量约 27%，全氮含量为 1% 左右。

【沼泽植被】沼泽区主要分布在河漫滩、阶地和台地，阶地与台地上主要为森林沼泽与灌丛沼泽，主要树种有白桦、山杨、辽东桤木、落叶松等；在河流两侧平坦低洼的河漫滩上，分布着草本沼泽和灌木沼泽，主要灌木植物有细叶沼柳、五蕊柳、柴桦、绣线菊、辽东桤木和笃斯越橘，主要草本植物有瘤囊薹草、丛薹草、乌拉草、大叶章和小白花地榆等；在森林沼泽与灌丛沼泽林下分布有大面积泥炭藓和皱蒴藓等（范金凤，2007）。沼泽区有钻天柳、黄檗、紫椴与野大豆 4 种国家二级保护植物；主要沼泽植物包括瘤囊薹草、乌拉草、大叶章、地榆、剪秋罗、二歧银莲花、直穗薹草、驴蹄草、泽芹等。

【沼泽动物】沼泽区有鱼类 7 目 11 科 35 种，两栖类 2 目 4 科 6 种，爬行类 2 目 3 科 6 种，鸟类 15 目 40 科 158 种，兽类 6 目 15 科 43 种。脊椎动物 316 种，其中有金雕、黑嘴松鸡、紫貂等国家一级重点保护野生动物 7 种，以及鸳鸯、棕熊、猞猁、马鹿等国家二级重点保护野生动物 35 种。

【受威胁和保护管理状况】沼泽区建有黑龙江公别拉河国家级自然保护区，保护区包括七二七林场的兴安营林区、望江营林区和大平林场的母子沟营林区、冷川营林区等 4 个营林区，东西长 31.6 km，南北宽 25 km，总面积 47 983 hm²，其中核心区面积 17 567 hm²，缓冲区面积 17 047 hm²，实验区面积约 13 369 hm²。2005 年 10 月 18 日，黑龙江省人民政府正式批准建立黑龙江公别拉河省级自然保护区，2016 年 5 月 2 日，经国务院办公厅审定，晋升为国家级自然保护区。

公别拉河沼泽（焉申堂 摄）

爱辉胜山沼泽（231102-054）

【范围与面积】爱辉胜山沼泽位于黑龙江省黑河市爱辉区，地理坐标为 49°25′ ～ 49°40′N、126°27′ ～ 127°02′E，沼泽面积 11 238 hm²。

【地质地貌】沼泽区地处小兴安岭西北坡，毗邻大兴安岭林区，为大兴安岭、小兴安岭交错过渡地带，地势平缓，山顶浑圆，河谷开阔，为低山丘陵地貌类型，平均海拔 450 m，相对高度为 100 ～ 200 m，最高峰海拔 753.5 m；地质构造上属于霍尔沁 – 新开岭 – 北师河 – 团山子 – 西岗子封闭曲线连线之内"铁犁骆驼围子复背斜"南部的"塔溪复向斜"；由于位于小兴安岭岭脊及两侧，是小兴安岭山地西北端的主体部分，东南部又系结雅 – 布列亚拗陷黑河盆地边缘，小兴安岭由北向南绵延于全区的中西部，使本区的地势中部高，两侧低，西部与北部高，东南部低（赵壮，2010；程国辉，2018）。

【气候】沼泽区属温带大陆性季风气候，四季明显，年平均气温 –2℃，极端最低温 –40℃，极端最高温 36℃，1 月平均气温 –26℃，7 月平均 18 ～ 19℃；一般在 9 月上旬初霜，在 5 月中旬终霜，无霜期 80 ～ 90 d；全年 ≥ 10℃积温 1600 ～ 1800℃，年降水量 550 ～ 620 mm；从 10 月到翌年 4 月均有积雪，平均每年有 212 d 降雪期，最大积雪深度可达到 33 cm 左右。

【水资源与水环境】沼泽区主要为大气降水与河流补给。区内河流分属于黑龙江水系，有黑龙江的一级支流：逊别拉河，由西向东注入黑龙江；区内水资源丰富，河流密布，支流纵横，泡沼众多，有南河、小红河、黑瞎沟、果松沟等逊别拉河的源头支流；河流两侧多为平坦低阶地，由于冻层的作用，透水性差，低洼处积水，发育了大面积的沼泽、草甸和草塘。

【沼泽土壤】沼泽区土壤类型主要有沼泽土和泥炭土。

【沼泽植被】沼泽区高等植物有 896 种，包括野大豆、钻天柳等保护植物，常见湿地植物主要有绣线菊、山刺玫、杜鹃、东北百合、蓝果忍冬等。

【沼泽动物】沼泽区脊椎动物有 339 种，昆虫有 330 种，土壤动物有 59 种；国家一级重点保护动物 6 种，为紫貂、原麝、白头鹤、东方白鹳、金雕及黑嘴松鸡，国家二级重点保护野生动物 43 种，其中鸟类 35 种、兽类 8 种。

【受威胁和保护管理状况】沼泽区建有黑龙江胜山国家级自然保护区，2007 年 4 月晋升为国家级自然保护区，其中核心区面积 18 200 hm²，缓冲区面积 13 100 hm²，实验区面积 28 700 hm²。

茅兰沟 – 平阳河沼泽（230722-055）

【范围与面积】茅兰沟 – 平阳河沼泽均位于黑龙江省伊春市嘉荫县，茅兰沟沼泽地理坐标为 48°52′00″ ～ 49°10′09″N、129°32′50″ ～ 129°54′46″E，总面积 47 218 hm²；平阳河沼泽，地理坐标为 49°10′59″ ～ 49°26′14″N、129°10′38″ ～ 129°37′24″E，总面积 12 663 hm²。

【地质地貌】沼泽区位于小兴安岭北麓，为低山丘陵地貌；地处乌云 – 结雅中 – 新生代大型 – 断坳陷型盆地与伊春 – 延寿活动带的接合部位；区内主要出露有晚白垩世太平林场组、新近系孙吴组地层和印支晚期二长花岗岩、燕山晚期正长花岗岩及脉岩，主体构造为近东西向茅兰沟构造带；地层出露黄褐色灰白色的砂岩夹泥岩、砂岩，局部砂砾岩为铁质胶结；受地形地貌的制约，南北走向断层切割，从而形成众多连绵不断的跌水、瀑布、深潭及悬崖绝壁等地貌景观。

【气候】沼泽区位于温带大陆性季风气候区,夏季湿热多雨,冬季寒冷漫长;年平均气温 –1～1℃,最低月平均气温 –25～–20℃,出现在 1 月,极端低温可低至 –40℃,最高月平均气温 9～21℃,极端高温可达 35℃以上,出现在 7 月;年平均降水量 500～750 mm,年平均蒸发量 800 mm 左右,无霜期较短,为 100～125 d。

【水资源与水环境】沼泽区地处黑龙江沿岸,区内主要河流有嘉荫河、结烈河、乌云河、乌拉嘎河、平阳河等 50 余条,主要河流为茅兰河,皆属黑龙江水系,水利资源丰富(张洋,2016)。茅兰河,逊河支流,源出逊克县西部立新村附近山区,全长 63 km,流域面积 830 km^2,年结冰期约 5 个月。

【沼泽土壤】沼泽区土壤类型有沼泽土和泥炭土。

【沼泽植被】沼泽区共有种子植物 84 科 300 属 549 种,其中有裸子植物 1 科 3 属 3 种及 1 变种;有被子植物 83 科 297 属 531 种 2 亚种及 12 变种;在被子植物中,有双子叶植物 67 科 238 属 406 种 2 亚种及 12 变种,有单子叶植物 16 科 59 属 125 种;在 84 科种子植物中,菊科、禾本科、毛茛科、蔷薇科、莎草科等 10 科种子植物的物种数在 10 种以上(史传奇等,2020)。国家一级重点保护野生植物 1 种,为貉藻;国家二级重点保护野生植物 6 种,分别是红松、水曲柳、钻天柳、黄檗、野大豆和浮叶慈姑(孙立涛和孙立军,2004)。

【沼泽动物】沼泽区鸟类 49 科 274 种,其中国家一级重点保护鸟类 5 种,分别为黑琴鸡、金雕、丹顶鹤、东方白鹳和黑嘴松鸡;兽类 52 种,有紫貂、驼鹿、马鹿、棕熊、黑熊等;还分布着东北地区特有种东北小鲵(孙立涛和孙立军,2004;张洋,2016)。

【受威胁和保护管理状况】沼泽区建有黑龙江茅兰沟国家级自然保护区,2013 年 12 月 25 日晋升为国家级自然保护区,保护区总面积为 47 218 hm^2。另外,沼泽区建有黑龙江平阳河湿地省级自然保护区,建于 2008 年,总面积为 38 441 hm^2。

茅兰沟－平阳河沼泽(焉申堂 摄)

红星沼泽(230724-056)

【范围与面积】红星沼泽位于黑龙江省伊春市丰林县,地理坐标为 48°41′20″～49°11′00″N、128°21′40″～128°53′30″E,总面积 111 995 hm^2。

【地质地貌】沼泽区地质构造上属新华夏系第二巨型隆起带一级构造区东北端,处于兴安岭－内蒙古地槽褶皱区的伊春－延寿地槽褶皱系内部,三极构造单元为五星－关松镇中间隆起带,表现为北北东向和北东向的一系列断层与背向斜构造;该地地貌经过古生代的加里东运动、中生代的燕山运动和新生代的喜马拉雅运动奠定了基本格局;小兴安岭山脉总的走向为北东、北北东向,在本区山脉走向较乱,几无明显方向,分水岭折曲较大。

【气候】沼泽区属北温带大陆性季风气候。平均气温 –0.7℃,极端最低温 –44.5℃,极端最高温 35℃;年平均降水量 500～610 mm,降水季节分配不均,多集中于夏季(6～9 月),冬季积雪期 160 d 左右,平均积雪厚 27 cm;风向的季节变化明显,夏季多偏西风和东南风,冬季盛行西风(金辛,

2015）。

【水资源与水环境】由于沼泽区地处沟谷、缓坡或河漫滩，沼泽水源主要为大气降水，部分低洼地区有土壤径流与溪流补给。区内有库斯特河、二皮河和库尔滨河，最后汇入黑龙江，是黑龙江流域的重要水源地之一；库斯特河流向东北，汇入二皮河，水流较为平缓；二皮河为库尔滨河支流，由西南流向东北，在二皮河经营所以南与库斯特河汇合，最后汇入库尔滨河，河流上游比较陡，河道狭窄，水流较急，中下游河面较宽，水流平缓；库尔滨河为区内最大河流（金辛，2015）。该区地下水含量丰富，山区以基岩裂隙水为主，在河谷两侧的全新世松散沉积物中有较丰富的潜水。不同沼泽水体理化性质见表 14-20。

表 14-20　红星沼泽水体理化性质

水体	比较项	TDS/(mg/L)	pH	Sal/ppt	电导率/(mS/cm)	DO/(mg/L)
灌丛沼泽	平均值	0.04	6.65	0.03	0.06	2.89
	最高值	0.05	7.18	0.05	0.08	4.34
	最低值	0.02	6.15	0.02	0.03	1.64
薹草沼泽	平均值	0.04	5.38	0.03	0.06	2.49
	最高值	0.06	5.89	0.05	0.08	4.52
	最低值	0.03	5.13	0.02	0.04	1.64

【沼泽土壤】沼泽区沿河岸低地分布沼泽土，局部封闭形成泥炭土，下覆多年冻土层（宋丽萍等，2009a）。泥炭沼泽草本泥炭厚度为 500 cm，藓类泥炭地为 5 ～ 40 cm。

【沼泽植被】沼泽区植物区划上属泛北极植物区中国–日本森林植物区长白植物亚区小兴安岭北部区；植物区系组成较为丰富，共有植物 885 种，其中苔藓植物 49 科 197 种，占全区植物的 22.3%，藤本植物 11 科 38 种，种子植物 88 科 650 种，占全区植物的 73.4%（金辛，2015）。国家一级重点保护野生植物有貉藻，国家二级重点保护野生植物有野大豆、钻天柳、浮叶慈姑、水曲柳等 7 种（宋丽萍等，2009b）。

【沼泽动物】沼泽区动物区系属古北界东北区长白山亚区，脊椎动物有 340 种，其中鱼类共有 11 科 38 种；两栖类共有 2 目 5 科 9 种；爬行类共有 2 目 3 科 10 种；鸟类 233 种（金辛，2015）。其中国家

红星沼泽（王宪伟 摄）

一级重点保护野生动物有驼鹿、乌雕、黑琴鸡、白枕鹤、紫貂、原麝、丹顶鹤、东方白鹳、金雕、中华秋沙鸭、黑鹳、黑嘴松鸡 12 种；国家二级重点保护野生动物有棕熊、黑熊、黄喉貂、水獭、马鹿、猞猁、雪兔、鸳鸯、大天鹅、鹗、凤头蜂鹰、苍鹰、雀鹰、松雀鹰、大鵟、普通鵟、毛脚鵟、白尾鹞、鹊鹞、燕隼、灰背隼、红脚隼、红隼、花尾榛鸡、灰鹤、小杓鹬、红角鸮、领角鸮、雕鸮、猛鸮、雪鸮、鹰鸮、花头鸺鹠、长尾林鸮、纵纹腹小鸮、长耳鸮、短耳鸮、乌林鸮 38 种。

【受威胁和保护管理状况】沼泽区建有红星湿地自然保护区，2001 年 8 月批准为省部级自然保护区，2008 年 1 月经国务院批准晋升为国家级自然保护区。黑龙江红星湿地国家级自然保护区主要保护对象为森林湿地生态系统、珍稀野生动植物和湿地生物多样性。

库尔滨河沼泽（231123-057）

【范围与面积】库尔滨河沼泽位于黑龙江省黑河市逊克县，地理坐标为 48°21′0″ ～ 49°25′0″N、128°24′6″ ～ 129°15′0″E，总面积 78 753 hm²。

【地质地貌】沼泽区位于小兴安岭北麓、黑龙江中游南岸，该区东西高中间低，地貌特点是沟宽、坡缓，平均海拔 460 m，西部山地主要由玄武岩、花岗岩构成，在流水风化剥蚀作用下，形成漫岗与平川地、河谷与平川地相间的分布格局；库尔滨河、克拉鲁河沿岸是广阔的沼泽地，该区的最大特点是岛状森林与沼泽地交错，形成特殊的地貌（宋丽萍等，2009b）。大地构造位置属吉黑地槽褶皱系的张广才岭优地槽东北缘；区域上为古亚洲洋和太平洋构造域两大构造域的交会部位；属小兴安岭 - 张广才岭成矿带北段、东安 - 团结沟浅成低温热液金矿集中分布区的中北西端。

【气候】沼泽区地处温带大陆性季风气候，受西伯利亚冷空气影响，冬季漫长而寒冷，夏季温热湿润而多雨，年平均气温 0 ～ 1.5℃，全年无霜期 87 ～ 102 d，年平均降水量 557.1 ～ 650 mm，6 ～ 9 月降水量占全年的 70% 以上（李淑华等，2009）。

【水资源与水环境】由于沼泽区地处沟谷、缓坡或河漫滩，沼泽水源主要为大气降水，部分低洼地区有土壤径流与溪流补给。库尔滨河发源地在小兴安岭北麓，沼泽区河流属库尔滨河水系，有霍吉河、乌鲁木河、克拉壹河、克拉贰河、克拉鲁河、大龙葛河、小龙葛河、洪生河、陶工河、淋河等 20 余条支流（张立芝等，2008）。库尔滨河为黑龙江支流，全长 221 km，流域面积 5039 km²，年结冰期 5 ～ 6 个月。沼泽水体理化性质见表 14-21。

表 14-21 库尔滨河沼泽水体理化性质

水体	比较项	TDS/(mg/L)	pH	Sal/ppt	电导率/(mS/cm)	DO/(mg/L)	NO₃⁻-N/(mg/L)
	平均值	0.07	6.75	0.05	0.11	5.80	0.01
薹草沼泽	最高值	0.11	7.67	0.09	0.21	6.94	0.02
	最低值	0.04	6.06	0.03	0.07	4.92	0.01
	平均值	0.12	7.15	0.10	0.19	7.50	0.01
库尔滨河	最高值	0.16	7.83	0.16	0.31	9.50	0.01
	最低值	0.09	6.60	0.06	0.14	5.39	0.00

【沼泽植被】沼泽区主要有森林沼泽、灌丛沼泽、草本沼泽与藓类沼泽，沼泽区共有植物 614 种，

其中苔藓植物 145 种、蕨类植物 35 种、种子植物 434 种；木本植物优势科主要有杨柳科、蔷薇科、桦木科、忍冬科、松科以及槭树科，并以松科、桦木科、杨柳科中的杨属构成主林层的主要树种；而蔷薇科、忍冬科、虎耳草科和桦木科的榛属构成下木层的主要成分；草本植物以禾本科、莎草科和菊科植物为优势种（张立芝等，2008）。

【沼泽动物】沼泽区独特的地理位置和特殊的自然气候条件，决定了其具有丰富的野生动物资源。鱼类有 7 科 43 种，鸟类有 42 科 210 种，兽类分布有 15 科 44 种（张立芝等，2008）。国家一级重点保护野生动物有 12 种：驼鹿、原麝、紫貂、玉带海雕、乌雕、黑琴鸡、东方白鹳、中华秋沙鸭、金雕、黑嘴松鸡、白头鹤和丹顶鹤；国家二级重点保护野生动物有 31 种：白琵鹭、鸳鸯、苍鹰、雀鹰、松雀鹰、大鵟、普通鵟、毛脚鵟、白尾鹞、鹊鹞、燕隼、游隼、灰背隼、红脚隼、红隼、花尾榛鸡、红角鸮、领角鸮、雕鸮、花头鸺鹠、长尾林鸮、长耳鸮、短耳鸮、雪鸮等（李淑华等，2009）。

【受威胁和保护管理状况】沼泽区建有黑龙江库尔滨河湿地省级自然保护区，建于 1998 年 5 月，位于黑龙江省逊克县，总面积 214 000 hm²。

库尔滨河沼泽（王宪伟 摄）

大沾河沼泽（231123-058）

【范围与面积】大沾河沼泽位于黑龙江省逊克县，地理坐标为 48°01′03″ ～ 49°28′00″N、127°39′0″ ～ 128°27′31″E，沼泽面积 61 515 hm²。

【地质地貌】沼泽区位于小兴安岭山脉北麓，流域地势南高北低，自小兴安岭向黑龙江倾斜，两岸山顶一般较平坦，地质与地貌骨架属于古生代海西运动隆起褶皱断裂带之侧翼，山体主要形成于洪积世末期，岩石以花岗岩为主，次为玄武岩。基本地形为东南部较高、西北部显低、起伏不平的丘陵低山地貌。

【气候】沼泽区属中温带湿润气候，四季分明，春季较迟，解冻晚并伴随大风，降水少，空气干燥；夏季较短且气候炎热，降水量相对较大且多在夏季，可达 195 ～ 457 mm；秋季日照渐短，气温下降快，年积雪期约 160 d，积雪厚度达 30 ～ 50 cm；年降水量为 500 ～ 700 mm，年均气温为 –0.2℃，极端最低温为 –46℃，极端最高温为 36℃，年温差较大，最冷月份（1 月）平均气温为 –20℃，最热月份（8月）平均气温为19℃（杨晶，2019）。

【水资源与水环境】沼泽多分布于山脚低平地及沿河岸边，主要水源为大气降水，部分低洼地区有土壤径流与溪流补给。大沾河自南向北蜿蜒曲折，发源于小兴安岭北麓，地势南高北低，自小兴安岭向黑龙江倾斜，海拔为100～700 m，河流流向由南向北汇入逊别拉河后流入黑龙江，河流全长250 km，流域面积6551 km²，有大小支流近50条，其中都鲁河为其最大支流。大沾河河流水体基本理化性质见表14-22。

表14-22　大沾河河流水体基本理化性质

水体	比较项	TDS/(mg/L)	pH	Sal/ppt	电导率/(mS/cm)	DO/(mg/L)	$NO_3^--N/(mg/L)$	$NH_4^+-N/(mg/L)$
大沾河	平均值	0.06	7.23	0.04	0.09	7.87	0.01	0.24
	最高值	0.08	8.03	0.09	0.13	9.47	0.02	0.43
	最低值	0.04	6.56	0.02	0.07	6.34	0.01	0.09

【沼泽土壤】沼泽区土壤主要有沼泽土和泥炭土，泥炭土下有多年冻土层存在。

【沼泽植被】植物区划上属泛北极植物区中国－日本森林植物区长白植物亚区小兴安岭北部区，高等植物约有106科572种，其中有10种（含10种）以上的科就有14科323种，主要有红松、落叶松、青杨和白桦等树种，其中以落叶松的数量最大。国家二级重点保护野生植物有7种，即红松、浮叶慈姑、野大豆、水曲柳、钻天柳、黄檗与紫椴；灌木主要有杜鹃、柴桦、丁香等，主要草本植物包括薹草和荨麻等。

【沼泽动物】沼泽区动物区系属古北界东北区长白山亚区，大沾河沼泽是国家一级重点保护野生鸟类（白头鹤）的重要繁殖地以及东北亚水禽迁徙、停歇、繁殖的主要通道和栖息地，生存鸟类16目39科202种，主要有花尾榛鸡、太平鸟、灰鹤及鸳鸯等，兽类主要有马鹿、驼鹿、原麝、野猪、黑熊、狍、猞猁等，两栖类有中国林蛙等（焦盛武，2015）。

【受威胁和保护管理状况】沼泽区建有黑龙江大沾河湿地国家级自然保护区，保护区成立于2001年，2009年经国务院批准晋升为国家级自然保护区，属于内陆沼泽与水域生态系统自然保护区。

大沾河沼泽（周繇 摄）

大沾河沼泽（焉申堂 摄）

乌伊岭沼泽（230700-059）

【范围与面积】乌伊岭沼泽位于黑龙江省伊春市北段汤旺县、小兴安岭顶峰东段。地理坐标为 48°33′37″ ～ 48°53′7″N、129°00′58″ ～ 129°28′06″E，沼泽面积 6950 hm²。

【地质地貌】沼泽区地处小兴安岭北段，以低矮山地为主，属低山丘陵，地势四周低平中部较高，北部海拔最低，大体可以分为中部海拔较高的山地区、东北部低山丘陵区、西北与东南部较平缓的低矮山地这 3 个地带，山峰沿着支脉两侧呈枝状分布，顶峰起伏不大，坡势平缓。

【气候】沼泽区属温带大陆性季风气候，由于受海洋环流和西伯利亚冷空气影响，四季分异明显，冬长严寒，多西北风，春来迟，解冻晚，风大，降水少；夏短炎热，多东南风和大雨，降水量大而集中；秋季降温较快，早霜，多风；年平均气温 –1.1℃，年平均降水量为 584 mm，平均日照总数 2287.8 h 左右（曲婷婷和张明海，2005）。

【水资源与水环境】由于沼泽区地处沟谷、缓坡或河漫滩，沼泽水源主要为大气降水，部分低洼地区有土壤径流与溪流补给。沼泽区河流分属三个水系，即汤旺河水系、库尔滨河水系和乌云河水系，汤旺河水系属松花江二级水系，库尔滨河水系和乌云河水系属黑龙江水系。区内河流主要有汤旺河、库尔滨河支流克林河、乌云河、美丰河、沙罗里河等，水深一般 2 ～ 3 m，部分地区最高水深可达到 9 m。乌伊岭灌丛沼泽与森林沼泽水体理化性质见表 14-23。

表 14-23 乌伊岭灌丛沼泽与森林沼泽水体理化性质

水体	比较项	TDS/(mg/L)	pH	Sal/ppt	电导率/(mS/cm)	DO/(mg/L)
灌丛沼泽	平均值	0.03	4.95	0.02	0.04	4.44
	最高值	0.04	5.36	0.03	0.06	6.43
	最低值	0.02	4.71	0.01	0.03	3.22
森林沼泽	平均值	0.02	5.28	0.02	0.04	5.94
	最高值	0.04	5.82	0.04	0.05	7.42
	最低值	0.01	5.01	0.01	0.02	4.82

【沼泽土壤】沼泽区土壤有沼泽土、草甸土及泥炭土等，森林沼泽与草本沼泽土壤理化性质见表 14-24（任伊滨等，2013）。

表 14-24 乌伊岭森林沼泽与草本沼泽土壤理化性质

湿地类型	植被类型	深度/cm	有机质/%	腐殖质酸/%	含水率/%	pH
森林沼泽	针叶林群落	0～10	63.08	16.67	84	5.9
		10～20	39.19	17.66	77	6.1
		20～40	37.61	15.33	75	5.8
		40～60	4.96	12.67	61	6.1
草本沼泽	大叶章群落	0～10	52.28	11.67	72	5.9
		10～20	38.15	9.47	28	6.3
		20～40	24.1	8	30	6.3
		40～60	6.78	1.04	29	5.8

【沼泽植被】沼泽区有森林沼泽、灌丛沼泽、草本沼泽和藓类沼泽，共有高等植物 147 科 396 属 895 种，包括苔类植物 21 科 30 属 36 种，藓类植物 23 科 56 属 85 种，蕨类植物 11 科 16 属 30 种，裸子植物 1 科 4 属 5 种，被子植物 91 科 290 属 739 种；国家一级重点保护植物种为茅膏菜科的貉藻；国家二级重点保护植物有木犀科的水曲柳、杨柳科的钻天柳、豆科的野大豆、泽泻科的浮叶慈姑（刘可欣，2011）。

【沼泽动物】沼泽区共有动物 352 种，包含鸟类 241 种、鱼类 39 种、兽类 51 种、爬行类 12 种、两栖类 9 种；其中国家一级重点保护鸟类 6 种，包括丹顶鹤、白鹳、黑鹳、中华秋沙鸭、金雕、黑嘴松鸡，二级重点保护鸟类 35 种。国家一级重点保护兽类 3 种，分别为驼鹿、紫貂和原麝，国家二级重点保护动物 7 种，分别为黑熊、棕熊、水獭、黄喉貂、猞猁、马鹿和雪兔。

【受威胁和保护管理状况】沼泽区建有黑龙江乌伊岭国家级自然保护区，地理坐标为 48°33′～48°50′N、129°00′～129°28′E。保护区分布于乌伊岭林业局的美峰林场、东克林林场、桔源林场等，以及上游林场施业区，总面积为 51 597 hm²。保护区始建于 1999 年，2007 年 4 月批准晋升为国家级湿地自然保护区。

乌伊岭沼泽（王宪伟 摄）

新青沼泽（230724-060）

【范围与面积】新青沼泽包括了新青白头鹤沼泽和新青国家湿地公园，位于黑龙江省丰林县，新青白头鹤沼泽地理坐标为 48°19′21″～48°40′20″N，129°58′29″～130°23′07″E，总面积 62 567 hm²；新青国家湿地公园地理坐标为 48°11′46″～48°20′45″N，129°31′59″～129°36′41″E，总面积 4490 hm²。

【地质地貌】沼泽区河谷宽阔、地势平坦、起伏小，泡沼星罗棋布，以平原与低山丘陵为主。东南部有片麻岩和大理岩等，西北和东南两侧主要有凝灰岩和凝灰熔岩等，新生代第四纪黏土、砂砾、卵石分布于乌拉嘎河、西北岔河和柳树河的阶地漫滩中；此外，华力西期侵入的花岗岩和花岗闪长岩在西南角有所分布。

【气候】沼泽区属寒温带大陆性季风气候，季节分异明显，春季相对短且前期较冷，夏季短但气候适宜，秋季入冷早且有霜，冬季较长且冷而干，年平均温度 0.5℃，最高温 7 月平均 20℃，最低温

1月平均 –24.9℃，平均降水量 650.7 mm，无霜期 110 d 左右（张双双，2019）。

【水资源与水环境】由于沼泽地处沟谷、缓坡或河漫滩，沼泽主要水源为大气降水，部分低洼地区有土壤径流与溪流补给。沼泽区有许多河流，分属于松花江和黑龙江两大水系。其中，乌拉嘎河、笑山河、西北岔河等属于黑龙江水系；汤旺河、头道新青河等属于松花江水系。新青薹草沼泽水体基本理化性质见表 14-25。

表 14-25　新青薹草沼泽水体基本理化性质

水体	比较项	TDS/(mg/L)	pH	Sal/ppt	电导率/(mS/cm)	DO/(mg/L)	NO$_3^-$-N/(mg/L)
薹草沼泽	平均值	0.08	5.87	0.05	0.11	4.95	0.06
	最高值	0.10	6.37	0.08	0.22	6.22	0.09
	最低值	0.06	5.28	0.03	0.08	3.56	0.03

【沼泽土壤】沼泽区土壤主要有沼泽土和泥炭土。新青瘤囊薹草沼泽与大叶章沼泽土壤基本理化性质见表 14-26。

表 14-26　新青瘤囊薹草沼泽与大叶章沼泽土壤基本理化性质

植被类型	土壤深度/cm	容重/(g/cm³)	有机碳含量/(g/kg)	全氮含量/(g/kg)
瘤囊薹草沼泽	0～10	0.29±0.05	348.23±17.07	18.40±1.84
	10～20	0.22±0.05	330.37±60.04	17.11±2.38
	20～30	0.22±0.01	285.23±69.24	20.24±0.79
	30～40	0.23±0.02	278.17±63.39	19.01±0.91
大叶章沼泽	0～10	0.71±0.11	50.50±8.13	4.32±0.39
	10～20	0.88±0.11	47.21±2.41	4.01±0.39
	20～30	0.86±0.07	35.51±8.00	2.99±0.81
	30～40	0.95±0.25	24.91±6.40	2.02±0.59

【沼泽植被】沼泽区有森林沼泽、灌丛沼泽、草本沼泽和藓类沼泽等多种类型，随地形镶嵌式分布；植物包括地衣植物 80 种，苔藓植物 169 种，蕨类植物 49 种，裸子植物 7 种，被子植物 706 种（张双双，2019）。植物在区系构成上属于长白植物区系，木本植物优势科主要有杨柳科、蔷薇科、桦木科、忍冬科、松科及槭树科；草本植物以菊科、蔷薇科、毛茛科、禾本科、莎草科及豆科等科植物为优势种。

【沼泽动物】沼泽区有鸟类 18 目 46 科 223 种，鱼类 39 种，昆虫 465 种；其中国家一级重点保护野生动物有紫貂、白枕鹤、白头鹤、东方白鹳、丹顶鹤、金雕等 6 种，国家二级重点保护野生动物有大天鹅、黄喉貂、水獭、沙丘鹤等 18 种（邱晨浩等，2019）。

【受威胁和保护管理状况】新青区被誉为"中国白头鹤之乡"，区内建有黑龙江新青白头鹤国家级自然保护区，2011 年批准为国家级自然保护区，主要保护对象为白头鹤资源与其他珍稀濒危野生动植物资源、北温带森林生态系统和湿地生态系统及生物多样性、黑龙江流域上游的水源涵养地；区内黑龙江新青国家湿地公园是国家 AAA 级旅游景区，位于新青林业局所属松林林场和红林经营所施业区内，距伊春中心区 108 km，2008 年 11 月批准为国家湿地公园试点，2013 年通过验收，是世界珍稀濒危鸟类白头鹤的重要栖息繁殖地，是东北地区泥炭沼泽保护与可持续利用的示范基地。

新青沼泽（王宪伟 摄）

新青沼泽（周蘨 摄）

翠北沼泽（230724-061）

【范围与面积】翠北沼泽位于黑龙江省伊春市丰林县、小兴安岭腹部北坡，地理坐标为 48°22′41″ ～ 48°31′33″N、128°26′37″ ～ 128°53′12″E，总面积为 27 730 hm²。

【地质地貌】沼泽区地处小兴安岭腹地北坡、库尔滨河上游，水资源十分丰富，区内山体浑圆，地势平坦，区内河流纵横交错，泡沼星罗棋布；全区地形以中低山为主，海拔 300 ～ 450 m。

【气候】沼泽区属寒温带大陆性湿润季风气候，干湿交替明显，一年中除 6 ～ 8 月较为湿润外，其他时间均较干燥，年均活动积温 2581.5℃，无霜期 114 d，年均气温 0.1℃，年降雨量 629.3 mm，年蒸发量 1007.2 mm，年日照时数 2219.4 h，年平均相对湿度 71%，全年主导风向为西南风、偏南风，夏季主导风向西南风，冬季主导风向东北风。

【水资源与水环境】由于沼泽地处沟谷、缓坡或河漫滩，沼泽主要水源为大气降水，部分低洼地区有土壤径流与溪流补给。除库尔滨河和西玛鲁河两大河流外，次级支流达 100 余条，大小泡沼 200 余个，在河谷及其各支谷地带形成了许多河岸阶地和漫滩。

【沼泽植被】沼泽区有高等植物 1112 种、国家重点保护植物 10 种，国家一级重点保护野生植物 1 种（貉藻），国家二级重点保护野生植物 9 种（刁永凯，2013）。植物区系构成上属长白山植物系，混有东西伯利亚植物区系、华北植物区系和蒙古植物区系。乔木优势科主要有松科、杨柳科、桦木科、槭树科，草本植物优势科为毛茛科、蔷薇科、豆科、伞形科、禾本科、莎草科。

【沼泽动物】沼泽区有脊椎动物 250 种、昆虫 337 种和大型真菌 291 种；国家重点保护动物 40 种，其中国家一级重点保护野生动物 9 种：白枕鹤、白头鹤、丹顶鹤、东方白鹳、中华秋沙鸭、金雕、紫貂、驼鹿和原麝；国家二级重点保护野生动物 31 种，其中有大天鹅、鸳鸯、花尾榛鸡、猞猁、水獭、黄喉貂、马鹿等。

【受威胁和保护管理状况】沼泽区建有黑龙江翠北湿地国家级自然保护区，2016 年 5 月 2 日，经国务院批准（国办发〔2016〕33 号），其中核心区面积 11 153 hm²，缓冲区面积 8909 hm²，实验区面积 7668 hm²，以湿地及水禽为主要保护对象。

友好沼泽（230719-062）

【范围与面积】友好沼泽位于黑龙江省伊春市友好林业局，地理坐标为 48°13′7″ ～ 48°33′15″N、128°10′15″ ～ 128°33′25″E，总面积 60 687 hm²。

【地质地貌】沼泽区地处小兴安岭山脉中段，横跨小兴安岭南北两坡，区内地势较为平坦，以丘陵为主，平均海拔 436 ～ 546 m，由于山势浑圆平坦，河谷宽展，土壤水分过饱和，叠加多年冻土的存在，为沼泽形成提供了有利条件（顾韩，2014；徐宁泽，2016）。

【气候】沼泽区属北温带大陆性湿润季风气候区，年平均气温约 0.4℃，年积温 2000 ～ 2500℃，年平均降水量 630 mm，全年有两个降水高峰期，一是冬季的降雪，二是每年 7 ～ 8 月的降雨，高峰期降水占全年降水量的 70%，无霜期约为 110 d，最早霜期在 9 月上旬，最晚霜期在翌年 5 月中旬结束，霜期长达 6 个月（马莉，2016）。

【水资源与水环境】沼泽区北坡部分为小兴安岭山脉的都鲁顶子支脉和二指山之间的都鲁河流域，南坡部分为双子河和友好河的源头区域，区内河流分属于松花江和黑龙江两大水系，由于区内地势平坦，小型山地湖泊、泡沼星罗棋布，沼泽多为降水与地表水补给（王妍，2011）。友好薹草沼泽水体理化性质见表 14-27。

表 14-27　友好薹草沼泽水体基本理化性质

水体	比较项	TDS/(mg/L)	pH	Sal/ppt	电导率/(mS/cm)	DO/(mg/L)	NO₃⁻-N/(mg/L)
薹草沼泽	平均值	0.03	6.84	0.02	0.05	6.09	0.50
	最高值	0.05	7.72	0.03	0.07	8.23	0.99
	最低值	0.02	6.11	0.01	0.04	4.34	0.11

【沼泽土壤】沼泽区瘤囊薹草沼泽、落叶松 – 笃斯越橘 – 苔藓沼泽、落叶松 – 杜香 – 苔藓沼泽 3 种沼泽土壤基本理化性质见表 14-28（黄石竹，2016）。

表 14-28　友好沼泽不同植被类型土壤基本理化性质

沼泽	泥炭厚度/cm	土壤深度/cm	pH	有机碳含量/(g/kg)	总氮含量/(g/kg)	碳氮比
落叶松–杜香–苔藓沼泽	>100	0～20	4.75±0.05	238.91±3.57	13.33±0.41	17.92
		20～40	4.89±0.02	290.96±64.76	13.28±0.42	21.91
落叶松–笃斯越橘–苔藓沼泽	>100	0～20	4.72±0.02	213.15±15.62	13.37±0.04	15.94
		20～40	5.00±0.06	192.92±12.85	13.66±0.34	14.12
瘤囊薹草沼泽	74	0～20	4.74±0.13	182.61±3.89	12.48±1.40	14.63
		20～40	4.79±0.15	168.49±4.04	12.18±0.26	13.83

【沼泽植被】沼泽区属于长白植物区系小兴安岭亚区，高等植物 836 种，包括 1 亚种、23 变种、3 变型。其中苔藓植物 56 科 100 属 183 种；蕨类植物 41 种，隶属于 14 科 26 属；种子植物（裸子植物和被子植物）612 种，优势科有菊科、毛茛科、蔷薇科、豆科、石竹科、百合科、蓼科、杨柳科、禾本科以及莎草科，所含植物种数占全区种子植物种数的 49.67%（张功宝，2014）。瘤囊薹草沼泽优势种为瘤囊薹草，伴生有大叶章、小白花地榆、水问荆、驴蹄草、广布野豌豆和燕子花等；落叶松 – 笃斯

越橘－苔藓沼泽乔木层为落叶松，灌木层有油桦、笃斯越橘等，草本层有瘤囊薹草、白毛羊胡子草等，苔藓有泥炭藓、中位泥炭藓及桧叶金发藓等；落叶松－杜香－泥炭藓沼泽乔木层为落叶松，灌木层以杜香为主，伴生有笃斯越橘等，草本层有大叶章和白毛羊胡子草等，苔藓以泥炭藓为主，有较大的藓丘（黄石竹，2016）。

【沼泽动物】沼泽区有脊椎动物 33 目 80 科 330 种，其中鱼类 5 目 11 科 43 种，两栖类 2 目 4 科 9 种，爬行类 3 目 4 科 10 种，鸟类 17 目 44 科 221 种，哺乳类 6 目 16 科 47 种。

【受威胁和保护管理状况】沼泽区建有黑龙江友好国家级自然保护区，2006 年被黑龙江省人民政府批准为省级自然保护区，2012 年晋升为国家级自然保护区，2018 年中华人民共和国国际湿地公约履约办公室指定为中国国际重要湿地，主要保护森林、湿地与珍稀野生动植物资源。

友好沼泽（王宪伟 摄）

北安沼泽（231181-063）

【范围与面积】北安沼泽位于黑龙江省北安市东部，地理坐标为 48°8′37″ ～ 48°21′25″N、126°44′21″ ～ 127°9′32″E，总面积为 8423 hm²。

【地质地貌】沼泽区位于小兴安岭西南麓向松嫩平原过渡的中间地带，由第四纪冲积、洪积物堆积而成，受新构造运动影响，形成了波状起伏、岗地和坳谷分明的地貌（胡照广，2017）。

【气候】沼泽区属寒温带大陆性季风气候。春季升温明显，风大干旱；夏季炎热多雨；秋季温度下降迅速，早晚温差大；冬季天气寒冷，空气干燥；年均气温 –1.3 ～ 0.4℃，有效积温 1950 ～ 2300℃，年平均降水量 500 ～ 550 mm。

【沼泽土壤】沼泽区土壤类型主要为泥炭土和腐殖质沼泽土，在河谷泛滥地与水线两侧积水洼地、地下水流出地区等具备潮湿积水条件的地段有分布。

北安沼泽（焉申堂 摄）

【沼泽植被】沼泽区常见植物有乌拉草、漂筏薹草、芦苇、大叶章、瘤囊薹草、沼柳、钻天柳等。

【沼泽动物】沼泽区主要动物有 73 科 312 种，鱼类有鲤、鲇等，两栖类有中华蟾蜍、黑龙江林蛙等，爬行类有黑龙江草蜥等，兽类有狍、赤狐、野猪等，鸟类有绿头鸭、鸳鸯、红隼、苍鹰、红脚隼等。

【受威胁和保护管理状况】沼泽区建有黑龙江北安省级自然保护区，始建于 2006 年；黑龙江北安乌裕尔河国家湿地公园，批准建设于 2015 年 12 月，位于黑龙江省北安市，总面积 1453.8 hm²。

南北河沼泽（231181-064）

【范围与面积】南北河沼泽位于黑龙江省北安市通北镇，地理坐标为 47°46′35″～48°25′50″N、127°10′30″～127°54′00″E，总面积为 143 600 hm²。

【地质地貌】沼泽区位于小兴安岭山脉北缘、布伦山脉，全区属低山丘陵地带，平均海拔为 385 m，总的地势是东高西低、南高北低，地貌特点是地平、坡缓、沟塘宽。

【气候】沼泽区属中温带大陆性季风气候，四季气候特点分明，年平均气温 -1.5～2.5℃，无霜期 85～110 d，年降水量平均为 650 mm，多集中在 6～8 月。

【水资源与水环境】沼泽主要分布于河流两岸，水源为大气降水与河流补给。南北河属于讷谟尔河支流；发源于黑龙江省通北林业局井家店林场东南部，主河道经北安市东南向西北方向流去，在木沟河林场汇入讷谟尔河，因该河从南向北流入讷谟尔河，故名南北河。

【沼泽植被】沼泽植被主要沿南北河流域分布，以草本沼泽为主，也分布有森林沼泽与灌丛沼泽，区内共有地衣植物 5 科 17 种，高等植物 137 科 658 种，其中苔藓植物 30 科 60 种，蕨类植物 8 科 24 种，裸子植物 1 科 7 种，被子植物 98 科 567 种。

【沼泽动物】沼泽区有国家一级重点保护野生动物紫貂、丹顶鹤、东方白鹳、白枕鹤等，国家二级重点保护野生动物黑熊、灰鹤等，鱼类有鲇、哲罗鲑及细鳞鲑等多种天然冷水鱼。鸟类共有 177 种，雀形目 96 种，非雀形目 81 种。

【受威胁和保护管理状况】沼泽区建有南北河省级自然保护区，成立于 2002 年，以湿地、水禽为主要保护对象。

努敏河沼泽（231226-065）

【范围与面积】努敏河沼泽位于黑龙江省绥棱县，地理坐标为 47°56′45″～48°6′0″N、127°42′37″～127°50′36″E，总面积为 12 664 hm²。

【地质地貌】沼泽区地处小兴安岭南坡、松嫩平原东北部，为松嫩平原向小兴安岭过渡地带。区内由岛状多年冻土层和季节性冻土层形成天然隔水层，造成土壤过湿，排水能力差；加之地势平坦，平均海拔 350 m，最高峰 494 m；"U"形谷底多，且区域内河流、泡泊密布，河谷平浅，河水落差小，排水不畅，形成了以河流两侧为林间沼泽、周围是大面积森林的生境特征（泉志和，2007）。

【气候】沼泽区属温带大陆气候，冬季严寒漫长，夏季温暖潮湿。多年平均气温为 2.1℃，最高气温 38.7℃，最低气温 -41.8℃，日照时数 2805 h，年积温 2500℃左右，无霜期 128 d，干旱指数为 1.65，冻土深度一般在 2 m 左右。

【水资源与水环境】沼泽区森林、灌丛、草甸、沼泽与水域交错分布，沼泽水源为大气降水和河流补给。努敏河是呼兰河第二大支流，而呼兰河又是松花江主要支流之一，河道窄深流急，具有山溪性河流特点；努敏河干流全长 265 km，最大支流克音河全长 147 km；河系流经绥棱、海伦、望奎、绥化市北林区；主干流于秦家镇西口子村西南方汇入呼兰河，流程中集纳大小支流 36 条，总流域面积 5489.8 km²，其主要支流可分为三大部分：克音河小流域，面积 2016 km²；北股流小流域，面积 1049 km²；鸡爪河小流域，面积 886 km²（曹晓东和姚红艳，2006；刘伟利和王宝禄，2010）。努敏河流域水体矿化度为 50 ~ 100 mg/L，溶解氧为 30 ~ 55 mg/L，pH 为 6.5 ~ 7.5，主要化学离子成分有 Ca^{2+}、Mg^{2+}、K^+、Na^+、Cl^-、SO_4^{2-}、HCO_3^- 等 7 种，占离子总量的 95% ~ 99%，整体河流水体矿化度低，色度不大。

【沼泽植被】沼泽区有植物 618 种，其中苔藓植物 6 科 15 种、蕨类植物 12 科 23 种、裸子植物 1 科 6 种、被子植物 90 科 574 种，国家重点保护植物 9 种（红松、水曲柳、胡桃楸、钻天柳、黄檗、紫椴、狐尾藻、野大豆和刺五加），优势科有菊科、蔷薇科、毛茛科、杨柳科及禾本科等（泉志和，2007）。

【沼泽动物】沼泽区鱼类有 7 科 31 种，两栖类 4 科 9 种，鸟类 41 科 205 种，兽类分布 14 科 41 种（泉志和，2007）。国家一级重点保护野生动物有金雕、白枕鹤、丹顶鹤和白头鹤 4 种，国家二级重点保护野生动物有灰鹤、毛脚鵟、长尾林鸮、花尾榛鸡、黑熊、棕熊、马鹿等 31 种；鱼类有鲤、鲇、鲫及草鱼等（周国相，2012）。

【受威胁和保护管理状况】沼泽区建有黑龙江省级努敏河湿地自然保护区，2004 年成立，保护区总面积 500.25 km²，以湿地生态系统为主要保护对象。

梧桐河沼泽（230400-066）

【范围与面积】梧桐河沼泽位于黑龙江省鹤岗市，地理坐标为 47°27′0″ ~ 48°0′0″N、129°48′0″ ~ 130°28′0″E，总面积为 26 437 hm²。

【地质地貌】沼泽区总体地势呈西北高东南低，西北部属小兴安岭余脉，东南部为三江平原的一部分；由西北到东南根据地貌成因类型和形态特征，可以分为侵蚀剥蚀低山丘陵、山前台地、堆积平原三种地貌类型（赵尚飞，2019）。

【气候】沼泽区属中温带大陆性季风气候，夏季常受东亚季风影响，冬季受西伯利亚冷气团的入侵，主要气候特点是：冬季严寒漫长，雨雪少，春季风大干旱，夏季炎热短暂，降雨集中，秋季凉爽，降温快，常伴有早霜；多年平均气温 1.5 ~ 3.0℃，最高气温在 7 月，最低气温在 1 月，多年平均大于 10℃的有效积温为 2550 ~ 2700℃；多年平均年降水量 19.7 mm，年降水量大部分集中在 6 ~ 9 月，占年降水量的 75%；多年平均无霜期 130 d 左右，初霜一般在 9 月中旬，终霜在翌年 4 月下旬到 5 月上旬；土壤冻结期 210 d 左右，积雪期 150 d 左右，土壤最大冻深 2.39 m，多年平均最大冰厚 1.30 m（赵尚飞，2019）。

【水资源与水环境】梧桐河较大支流自上而下有细鳞河、石头河、鹤立河等，均从右侧汇入；梧桐河流域径流以地表水为主，年径流深 70 ~ 320 mm，径流年内丰枯变化较大，径流年内分配极不均匀，大部分径流量集中在夏秋汛期，其中 6 ~ 9 月径流量占全年的 68%（赵尚飞，2019）。沼泽主要水源为大气降水和河流补给，不同植被类型沼泽与河流水体理化性质见表 14-29。

表 14-29　梧桐河沼泽与河流水体理化性质

水体	比较项	TDS/(mg/L)	pH	Sal/ppt	电导率/(mS/cm)	DO/(mg/L)	NO$_3^-$-N/(mg/L)
大叶章+ 薹草沼泽	平均值	0.05	7.65	0.05	0.07	7.34	0.07
	最高值	0.06	7.97	0.06	0.09	9.17	0.13
	最低值	0.03	7.18	0.03	0.05	5.21	0.03
芦苇沼泽	平均值	0.06	7.63	0.05	0.09	8.95	0.24
	最高值	0.08	7.92	0.08	0.10	10.62	0.41
	最低值	0.03	7.29	0.04	0.07	7.23	0.11
梧桐河	平均值	0.05	7.17	0.03	0.07	9.19	0.01
	最高值	0.06	7.65	0.04	0.09	10.67	0.01
	最低值	0.03	6.82	0.02	0.05	7.82	0.00

【沼泽植被】沼泽区种子植物共有 74 科 216 属 388 种，主要以菊科、木本科和毛茛科植物分布较广；沼泽以草本沼泽为主，主要优势种有芦苇、薹草和大叶章，主要灌木有蒿柳、细叶沼柳及绣线菊等，其他伴生植物有马齿苋、灯心草、沼委陵菜、睡菜、球尾花、野火球、狭叶荨麻、泽芹、石竹及灰脉薹草等（王继丰等，2018）。

【沼泽动物】沼泽区主要冷水鱼有细鳞鲑、哲罗鲑等，其他经济鱼类有鲤、草鱼、鲇及银鲫等；国家二级重点保护野生鸟类有白琵鹭、鸳鸯、燕隼、红隼及长耳鸮等，其他常见鸟类有苍鹭、大白鹭、斑嘴鸭及灰雁等（梦梦等，2019；赵尚飞，2019）。

梧桐河沼泽（王宪伟 摄）

细鳞河沼泽（230400-067）

【范围与面积】细鳞河沼泽位于黑龙江省鹤岗市西北部，地理坐标为 47°26′58″ ～ 47°37′37″N、130°24′5″ ～ 130°3′26″E，总面积 2656.97 hm^2。

【地质地貌】沼泽区位于小兴安岭东麓，地势西高东低。

【气候】沼泽区属温带大陆性季风气候,四季分明;多年平均气温 1.5℃,极端最高气温 32℃,极端最低气温 -42℃,多年平均结冰期 158 d,冻层厚 2 m,多年平均降水量 600 mm,降水量年际变化和年内分配不均,年最大降水量 918 mm,年最小降水量 308 mm,年内降水多集中在 7～9 月,占年降水量的 60%,占 5～6 月降水量的 26.2%;多年平均水面蒸发量 1042 mm,相对湿度 65%～70%。

【水资源与水环境】沼泽区主要分布于沟谷与河流两岸,主要水源为大气降水和河流补给。细鳞河发源于桶子沟林场和金顶山南麓的细鳞河,为国家三级河流,属梧桐河支流,全长 117.8 km,流域面积 2727 km²;流经舒兰市区和上营、小城、舒郊、水曲、平安等 5 个乡镇。

【沼泽植被】沼泽区植物以东北植物区系为主,区内有种子植物 81 科 274 属 529 种,其中裸子植物 1 科 4 属 6 种,被子植物 80 科 270 属 523 种(韦柳仲等,2021);代表性科有菊科、莎草科、禾本科、十字花科、豆科、玄参科等。

【沼泽动物】沼泽区有众多的珍稀濒危野生动物,鸟类有花尾榛鸡、大白鹭等;兽类有黑熊、东北兔、赤狐等;鱼类有鲢、鲇等。

【受威胁和保护管理状况】沼泽区建有黑龙江细鳞河国家级自然保护区,2018 年 5 月,经国务院批准,晋升为国家级自然保护区,以北方森林、湿地生态系统及其珍稀动物为主要保护对象。

第三节　三江平原沼泽区

三江平原沼泽区北起黑龙江,南抵兴凯湖,西邻小兴安岭,东至乌苏里江。地理坐标为 45°0.1′～48°47.5′N、130°4.7′～135°5.9′E。

沼泽区分布着 3 条主要的河流,分别为黑龙江、乌苏里江以及松花江下游,其中黑龙江和乌苏里江为中俄界河。此三条大江汇集于三江平原,冲积形成了这块平整的沃土。三江平原水资源丰富,是中国淡水沼泽的集中分布区,其西南部是中国最大的沼泽分布区(王喜华,2015)。

沼泽区属温带湿润、半湿润大陆性季风气候,全年日照时数 2400～2500 h,1 月均温 -21～-18℃,7 月均温 21～22℃,无霜期 120～140 d,10℃以上活动积温 2300～2500℃。冻结期长达 7～8 个月,最大冻深为 1.5～2.1 m。年降水量 500～650 mm,75%～85% 集中在 6～10 月。这里虽然纬度较高,年均气温 1～4℃,但夏季温暖,最热月平均气温在 22℃以上,雨热同季,适于植物生长。

沼泽区广阔低平的地貌,降水集中于夏秋的冷湿气候,径流缓慢,洪峰突发的河流,以及季节性冻融的黏重土质,促使地表长期过湿,积水过多,形成大面积沼泽水体、沼泽化植被和土壤,构成了独特的沼泽景观。沼泽区的主要土壤类型有沼泽土、草甸土、泥炭土以及水稻土等,其中以沼泽土和草甸土分布最为广泛(杨湘奎等,2006)。地表一般有 10～15 cm 积水,有较厚的草根层,一般厚 30～40 cm。

三江平原泡沼遍布,河流纵横,保持着原始自然状态,主要沼泽类型有草本沼泽、灌丛沼泽、森林沼泽和沼泽化草甸等,但以草本沼泽为主(表 14-30)。草本沼泽常见建群种包括芦苇、大叶章、毛薹草、漂筏薹草、瘤囊薹草、乌拉草、狭叶甜茅、黑三棱和灰脉薹草。随着人口的增加以及全国粮食的需求增长,三江平原大规模开发水稻田导致地下水超载,造成了降落漏斗以及沼泽退化等问题(王喜华,2015)。

表 14-30 三江平原沼泽区沼泽类型与面积

沼泽分区	类型	面积/×100 hm²
三江平原沼泽区	草本沼泽	4865.4
	灌丛沼泽	348.7
	森林沼泽	78.4
	沼泽化草甸	85.2

黑瞎子岛沼泽（230883-068）

【范围与面积】黑瞎子岛沼泽位于黑龙江省抚远市，地理坐标为 48°15′26″ ～ 48°25′39″N、134°18′34″ ～ 134°46′7″E，总面积为 16 782 hm²。

【地质地貌】沼泽区地处乌苏里江和黑龙江汇集的三角地带，黑瞎子岛由多个岛屿和沙洲构成，主要包括明月岛、银龙岛和黑瞎子岛三个岛屿；在新构造运动的控制和各江水的侵蚀堆积作用下形成低河漫滩区，区内以冲积低平原为主；西部、西南部与中部一带有较多低山丘陵；海拔为 30 ～ 700 m，最高峰达 900 m 左右；山前漫岗多分布于低平原与低山丘陵的连接地带，其特点为坡顶平缓且坡面较长（肖一夫，2016；王日辉，2019）。

【气候】沼泽区季节变化明显，冬季漫长寒冷，夏季短暂炎热，属大陆性季风气候，年均温 2.2℃，年均降水量 600 mm 左右，年积温为 2452.9℃，无霜期平均为 155 d。

【水资源与水环境】沼泽区水资源极为丰富，地下水储存量丰沛，大小河流、沼泽、洼地星罗棋布并最终汇入黑龙江和乌苏里江（肖一夫，2016）。沼泽主要水源为大气降水和河流补给。

【沼泽土壤】沼泽土分布面积大，主要分布于地表湿润或不同程度季节性积水的低平和低洼地段，0 ～ 40 cm 沼泽土壤容重为 0.85 g/cm³，pH 为 4.98，有机碳含量为 5.95 g/kg，全氮含量为 0.58 g/kg，全磷含量为 0.61 g/kg。

【沼泽植被】沼泽区植物区系属于长白植物区系，共有高等植物 146 科 386 属 910 种，其中国家二级保护植物有钻天柳、野大豆、黄檗、水曲柳、浮叶慈姑、乌苏里狐尾藻 6 种，其他植物有乌拉草、漂筏薹草、芦苇、香蒲、大叶章、瘤囊薹草、绣线菊及沼柳等（尹晶萍，2017）。

【沼泽动物】沼泽区动物包括两栖类 2 目 4 科 7 种，爬行类 3 目 4 科 8 种，鸟类 17 目 45 科 225 种，

黑瞎子岛沼泽（文波龙 摄）

兽类 5 目 10 科 47 种；其中有白枕鹤、东方白鹳、丹顶鹤、白尾海雕等 7 种国家一级重点保护野生动物，以及大天鹅、猞猁、水獭、马鹿等 37 种国家二级重点保护野生动物（尹晶萍，2017）。

【受威胁和保护管理状况】沼泽区建有黑龙江黑瞎子岛国家级自然保护区，2017 年 7 月，晋升为国家级自然保护区。

八岔岛沼泽（230881-069）

【范围与面积】八岔岛沼泽位于黑龙江省同江市东北部，地理坐标为 48°9′0″ ～ 48°19′39″N、134°1′0″ ～ 134°40′0″E，总面积为 6539 hm²。

【地质地貌】沼泽区由 14 岛组成，主要岛屿有八岔岛、八岔二道江子岛、八岔三道江子岛、青黄鱼通岛等，地貌包括漫川漫岗、低山残丘、低漫滩平原、冲积低平原、江河泛滥地；地质构造属中生代同江内陆断陷，是中生代大面积沉降地区形成的冲积沉降低平原；海拔在 40 ～ 50 m，地面相对较为平坦，起伏不大，一般相对高度在 5 m 左右；地形由东南向西北缓缓倾斜，坡度较小，在 1/8000 ～ 1/10 000。

【气候】沼泽区属中温带大陆性气候；冬季漫长而寒冷，夏季短暂而炎热，春季多风多雨，降水充沛，且雨热同季，光照较为充足；年平均气温为 2.2℃，1 月最冷，月平均气温为 –21.4℃，极端最低气温 –40.8℃，7 月最热，月平均气温 21.9℃，极端最高气温 37.7℃；全年积温 2400 ～ 2800℃；全年平均降水量约为 600 mm，主要集中在 5 ～ 9 月，年平均蒸发量 1241 mm；全年平均日照时数 2479.1 h；该地区地处西风带，盛行偏西风；无霜期 155 d 左右。

【水资源与水环境】沼泽区水资源丰富，属黑龙江流域，其支流主要有八岔河、五站河、二道江和三道江等；岛上的内河和泡沼星罗棋布；地下水资源丰富，含水层厚而稳定，总厚度 160 ～ 220 m；水质属重碳酸钠型水，矿化度为 36 ～ 202 mg/L，硬度为 0.67 ～ 4.16，pH 为 5.3 ～ 6.8（王伟光，2010）。

【沼泽土壤】沼泽土壤主要有腐殖质沼泽土和泥炭土。

【沼泽植被】沼泽区共有维管植物 593 种，其中蕨类植物 10 科 14 属 22 种，种子植物 94 科 292 属 571 种，主要有乌拉草、漂筏薹草、瘤囊薹草、芦苇、香蒲、大叶章、野大豆、黄芪及绣线菊等（王伟光，2010）。

【沼泽动物】沼泽区有脊椎动物 33 目 70 科 291 种，其中鱼类 9 目 17 科 77 种，爬行类 2 目 3 科 5 种，鸟类 36 科 167 种，哺乳类 5 目 12 科 37 种；鱼类有大麻哈鱼、细鳞鲑及哲罗鲑等珍稀鱼类；兽类有鹿、原麝及黑熊等；鸟类主要有大天鹅、小天鹅、中华秋沙鸭、绿头鸭及银鸥等（李健和李永亮，2014）。

【受威胁和保护管理状况】沼泽区建有黑龙江八岔岛国家级自然保护区，2003 年 6 月 6 日国务院批准为国家级自然保护区，主要保护区内的水生、湿生、陆栖生物，属于内地湿地与水域生态系统类型保护区。

八岔岛沼泽（焉申堂 摄）

鸭绿河沼泽（230883-070）

【范围与面积】鸭绿河沼泽位于黑龙江省同江市和抚远市，地理坐标为47°45′00″～48°8′00″N、132°41′20″～133°27′30″E，总面积为3118 hm²。

【地质地貌】沼泽区主要以两级阶地和高低河漫滩组成平原区地貌，海拔高一般为40～60 m，地势由西南向东北倾斜，坡度1/5000～1/10 000，地势平坦。

【气候】沼泽区属寒温带大陆性季风气候，冬季漫长，严寒多雪，春季多风少雨，夏季炎热，秋季短暂，年平均气温1.9℃，平均降水量为585 mm，降水的50%～70%集中分布在7～9

鸭绿河沼泽（焉申堂 摄）

月，年平均蒸发量为810 mm，全年的冻结期7个月左右，沼泽植被冻层深度为0.8～1.6 m，最大冻土层深度为2.0～2.2 m，多年平均无霜期为131 d。

【水资源与水环境】鸭绿河发源于同江市街津口与勤得利之间额图山南部，集水面积1392 km²，河长194 km，河床比降1/8000，流域面积1476 km²（武显仓，2016）。沼泽主要水源有大气降水、河流补给及农田排水补给。鸭绿河芦苇沼泽与河流水体理化性质见表14-31。

表14-31　鸭绿河芦苇沼泽与河流水体理化性质

水体	比较项	TDS/(mg/L)	pH	Sal/ppt	电导率/(mS/cm)	DO/(mg/L)
芦苇沼泽	平均值	0.11	8.32	0.07	0.17	8.39
	最高值	0.14	8.50	0.08	0.20	10.23
	最低值	0.09	8.13	0.05	0.15	6.21
河流	平均值	0.09	8.35	0.07	0.14	7.66
	最高值	0.12	8.49	0.08	0.17	9.34
	最低值	0.08	8.12	0.05	0.12	5.82

【沼泽植被】沼泽区主要植物包括芦苇、香蒲、大叶章、狭叶甜茅、灰脉薹草、漂筏薹草、地榆、毛水苏、毒芹、球尾花、猪殃殃、燕子花及黑三棱等。

【受威胁和保护管理状况】鸭绿河沼泽多分布于河流两岸，受农业活动影响，沼泽被大面积开垦，急需保护。

三江沼泽（230883-071）

【范围与面积】三江沼泽位于黑龙江省抚远市三江国家级自然保护区，有两片集中分布区，一片在黑龙江流域，地理坐标为47°56′26″～48°23′04″N、133°39′20″～134°18′21″E；一片在乌苏里江流域，地理坐标为 47°26′12″ ～ 48°10′16″N、134°10′06″ ～ 135°05′20″E；沼泽总面积为 69 277 hm²。

【地质地貌】沼泽区地处黑龙江与乌苏里江汇流的三角地带，南部与饶河县为邻，西部跨鸭绿河进入同江市，北部和东部分别隔黑龙江、乌苏里江与俄罗斯相望，主要地貌为冲积平原，海拔 40 ～ 66 m，地面较为平缓，相对高度一般在 10 m 左右，坡度很小，一般在 1/8000 ～ 1/10 000。

【气候】沼泽区属温带湿润大陆性季风气候，年平均气温 2.5℃，年均降水量 558 mm，冰冻期长，降水期集中，无霜期一般 115 ～ 130 d，冰冻期一般 210 d 左右，积雪期一般为 120 d 左右（赵琬婧等，2018）。

【水资源与水环境】沼泽区河流纵横、湖泡遍布，共有河流 57 条，江心岛 26 个，湖泡 200 余个，其中水面在 6 hm² 以上的较大湖泡 13 个；区内河流总属黑龙江和乌苏里江两大水系，有浓江河、鸭绿河和别拉洪河 3 条一级支流及 30 余条二级、三级支流；各中小河流河槽弯曲系数大，河底纵比降低，河漫滩宽广且枯水期河槽狭窄，使得河流泄水量小，排水不畅，容易造成洪水泛滥，而洪水更促进了沼泽的形成。沼泽主要水源为大气降水和河流补给。

【沼泽土壤】沼泽表层土壤（0 ～ 5 cm）有机碳含量均值为 12.09%，总氮含量均值为 8978.70 mg/kg，总磷含量均值为 2045.11 mg/kg，硫元素含量均值为 1165.26 mg/kg（陈晓梅，2019）。

【沼泽植被】沼泽植被主要分布在乌苏里江、鸭绿河及其支流所形成的河漫滩沼泽湿地上。植物种类多样，记录有湿地种子植物 56 科 141 属 251 种，含物种数较多的科包括莎草科（41 种）、菊科（23 种）、禾本科（21 种）、蓼科（13 种）等。含物种数较多的属包括薹草属、蓼属、灯心草属、眼子菜属、柳属和剪股颖属。优势种主要包括芦苇、菰、灰脉薹草、瘤囊薹草、漂筏薹草、狭叶甜茅等挺水植物，以及毛薹草、大叶章、乌拉草、宽叶羊胡子草等湿生植物；在深水区常见莲、莕菜、欧菱等浮叶植物，以及金鱼藻、黑藻、狐尾藻、狸藻等沉水植物。沼泽区分布有野大豆、莲 2 种国家二级重点保护野生植物，以及十字兰、水车前、条叶龙胆等珍稀濒危植物。

沼泽区草本群落地上年净初级生产力为（0.8±0.08）kg/m²。不同植被类型间地上年净初级生产力差异明显，初级生产力最大的是菰群落，为（1.53±0.17）kg/m²；最小的是狭叶甜茅群落 [（0.38±0.06）kg/m²] 和瘤囊薹草群落 [（0.29±0.01）kg/m²]；菰群落生产力高主要是因为菰生长高大 [（238±4）cm]，且密度较大 [（211±36）株 /m²]；而狭叶甜茅群落和瘤囊薹草群落生产力较低，主要与其植株相对矮小有关，平均高度分别是 55 cm 和 69 cm。三江沼泽不同群落类型地上年净初级生产力见图 14-2。

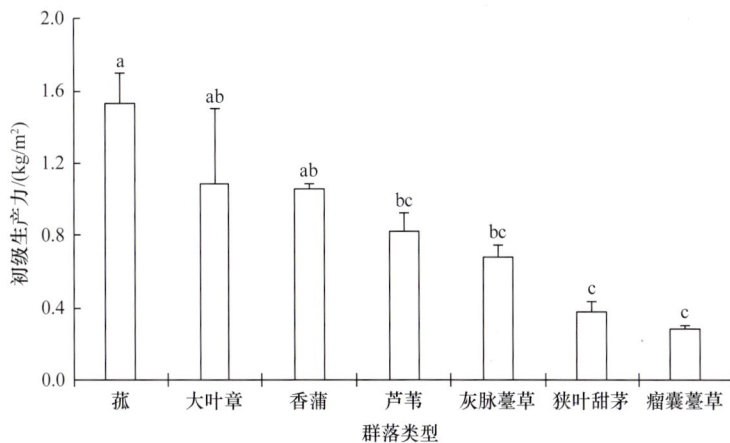

图 14-2 三江沼泽不同群落类型地上年净初级生产力

柱状图上不同小写字母表示不同群落类型间生产力差异显著（$P < 0.05$）

【沼泽动物】沼泽区鸟类资源丰富，其中水鸟125种，凤头䴙䴘、绿翅鸭、红嘴鸥、苍鹭、大白鹭、凤头麦鸡、大杓鹬等为优势种，骨顶鸡、凤头潜鸭、红头潜鸭、东方白鹳、丹顶鹤、白枕鹤、红脚鹬、白尾鹞、鹊鸭等为常见种。该区是全球濒危水鸟东方白鹳的重要栖息地，2016～2020年，三江沼泽区东方白鹳种群数量进入快速恢复期，2016年繁殖数量为30只，监测到野外种群数量118只；2020年繁殖种群数量恢复到20世纪70年代前繁盛期的150只，最大监测到的迁徙集群数量超过580只，这与沼泽区生境条件改善、管理措施到位、宣传力度加大以及湿地相关研究项目的开展等息息相关，同时也是世界白鹤种群恢复的一个缩影。

两栖类2目4科7种，其中以中华蟾蜍和黑斑侧褶蛙最为常见，东北雨蛙和花背蟾蜍最为少见。极北鲵和黑龙江林蛙最能耐寒、耐旱，生理生态上最具适应特性。记录鱼类资源2纲10目19科59属81种，其中鲤形目鱼类最多，占种数的63.1%；优势种主要为银鲫、黄颡鱼、葛氏鲈塘鳢、蛇鮈等鱼类，这些鱼类对环境变化适应能力和耐受性较强。

沼泽区底栖动物平均密度为（132.64±25.67）个/m^2，其中水生昆虫平均密度为（50.78±10.65）个/m^2，软体动物平均密度为（41.60±11.14）个/m^2，甲壳动物平均密度为（34.22±14.34）个/m^2，环节动物平均密度为（3.37±1.59）个/m^2，其他类群密度较小。优势种包括秀丽白虾、摇蚊科和旋螺属物种。

【受威胁和保护管理状况】沼泽区建有黑龙江三江国家级自然保护区，保护区于2000年晋升为国家级自然保护区，2002年列入《国际重要湿地名录》，以沼泽为主要保护对象。

三江沼泽（刘波 摄）

勤得利沼泽（230881-072）

【范围与面积】勤得利沼泽位于同江市勤得利农场西南部，地理坐标为47°40′0″～48°7′39″N、132°57′12″～133°33′46″E，总面积为2376 hm^2。

【地质地貌】沼泽区处于三江平原东北部，属第四纪冲积平原；主要地貌为：低山丘陵，属新生代火成岩，主要有花岗岩，矿物成分为黑云母、斜长石、正长石及石英石等；山前倾斜平原，属中上第四纪冲积层，厚达30～40 m，上部为棕褐色黏土层及亚黏土层，厚达3～5 m，最大层为淡黄色及灰白色亚黏土；河谷沿地平原，属近代冲积湖沿沉积层，上部黏土及淤泥层为灰黑及灰褐色，下面浅黄色达 2 ～ 15 m，含铁质斑点，有 0.2 ～ 1 m 腐烂植物（低级泥炭）堆积，再下部细沙层灰色及灰绿色粉沙，厚达 10 ～ 25 m；从整个地势看，西北山岗地高，东南部低缓平坦，平原多由西北趋向东南。

【气候】沼泽区属中温带大陆性季风气候，四季差别明显；冬季严寒漫长，多西北风，气候干燥；夏季短暂，温热多雨，多偏南风，雨水集中，气候较为湿润；春季、秋季由于冬夏季风交替，气候多变，多大风天气；多年平均气温 3.1℃，≥ 10℃积温平均为 2660.5℃，平均无霜期 155 d 左右，年平均降水量 520 mm 左右。

【水资源与水环境】沼泽区主要河流有卧牛河、八岔河、鸭绿河、青龙河及勤得利河，河道弯曲交错，沼泽主要水源为大气降水和河流补给，勤得利薹草沼泽水体理化性质见表 14-32。

表 14-32 勤得利薹草沼泽水体理化性质

比较项	TDS/(mg/L)	pH	Sal/ppt	电导率/(mS/cm)	DO/(mg/L)
平均值	0.07	7.13	0.05	0.11	9.22
最高值	0.09	7.63	0.08	0.15	11.54
最低值	0.05	6.77	0.04	0.08	7.82

【沼泽土壤】沼泽土是在常年积水的情况下形成的，根据泥炭化和潜育化程度可分为草甸沼泽土和泥炭沼泽土，有机质含量高，养分丰富。

【沼泽植被】沼泽区野生植物 586 种，主要沼生植物有乌拉草、漂筏薹草、芦苇、香蒲、大叶章、瘤囊薹草、野大豆、绣线菊及沼柳等。

【沼泽动物】沼泽区共有兽类 5 目 12 科 29 种，鸟类 15 目 35 科 168 种，爬行类 2 目 3 科 5 种，两栖类 2 目 2 科 5 种，鱼类 9 目 17 科 68 种，国家一级重点保护野生动物有白枕鹤、东方白鹳、丹顶鹤及白尾海雕等，国家二级重点保护野生动物有大天鹅及达氏鳇等。

【受威胁和保护管理状况】沼泽区建有黑龙江勤得利鲟鳇鱼省级自然保护区，1998 年批准晋升为省级自然保护区，主要保护对象为达氏鳇等珍稀鱼类及其生境。

勤得利沼泽（王宪伟 摄）

洪河沼泽（230881-073）

【范围与面积】洪河沼泽位于黑龙江省同江市，地理坐标为 48°0′0″ ～ 48°0′56″N、133°31′0″ ～

134°22'0″E，总面积为 22 379.71 hm²。

【地质地貌】沼泽区地处三江平原腹地，自中生代以来始终处于以下沉为主的间歇性沉降运动中，巨厚的新生代松散堆积，层层叠复，构成两级上叠阶地；表现在地貌景观上，有两级阶地和高低河漫滩组成平原区地貌的主体；海拔一般为 40 ～ 60 m，地势由西南向东北倾斜，坡度为 1/10 000 ～ 1/5000，地势平坦；区内第四纪之前地层没有出露，第四纪以来，区内处于间歇性沉降状态，早至晚更新世各种类型堆积物累计最大厚度达 288 m（武显仓，2016）。

【气候】沼泽区属三江沿江温带湿润气候，具有明显的温带季风气候特征，冬季漫长，严寒多雪，春季风多雨少，夏季炎热，秋季短暂，年平均气温 1.9℃，最冷月份平均气温 –23.4℃，最热月份平均气温 22.4℃，极端最低气温 –39.1℃，极端最高气温 40℃，≥ 10℃有效积温 2165 ～ 2624℃，日照时数为 2356 h；年平均降雨量为 585 mm，50% ～ 70% 的降水集中在 7 ～ 9月；多年平均蒸发量为 1166 mm；全年多西北风；全年冻结期为 7 个月左右，最大冻土层深为 2.0 ～ 2.2 m；一般早霜出现在 9 月下旬，终霜出现在 5 月中旬，无霜期 114 ～ 150 d，多年平均无霜期为 131 d（武显仓，2016）。

【水资源与水环境】沼泽区主要河流包括别拉洪河、浓江及鸭绿河等；别拉洪河发源于富锦市北部东石砬子山西平原区，在抚远东部别拉洪亮子附近注入乌苏里江，全长 170 km，河宽 25 ～ 40 m，水深 0.6 ～ 2.5 m，流域面积 4393 km²，为沼泽性河流，地势低洼，多沼泽湿地；浓江主要位于抚远，为黑龙江的一级支流，全长 25.7 km，流域面积 4747 km²，河道比降为 1/8000 ～ 1/12 000，江河中上游多与泡沼、沼泽相连，是一条典型的沼泽河流，由西南流向东北注入黑龙江；鸭绿河集水面积 1392 km²，河长 194 km，河床比降 1/8000，两条河流在洪水期河槽漫溢（武显仓，2016）。沼泽主要水源靠大气降水、河流和湖泊补给，同时沼泽也发挥着重要的蓄水功能，洪河自然保护区的生态储水量为 $0.91×10^8$ ～ $1.38×10^8$ t（李惠敏等，2019），不同沼泽与河流水体理化性质见表 14-33。

表 14-33　洪河沼泽与河流水体理化性质

水体	比较项	TDS/(mg/L)	pH	Sal/ppt	电导率/(mS/cm)	DO/(mg/L)
保护区-大叶章沼泽	平均值	0.04	7.31	0.03	0.05	7.39
	最高值	0.05	7.53	0.05	0.07	9.23
	最低值	0.02	7.04	0.02	0.04	6.01
保护区-薹草沼泽	平均值	0.03	6.34	0.02	0.05	3.81
	最高值	0.06	6.74	0.04	0.07	5.46
	最低值	0.02	5.39	0.01	0.03	2.24
三江站-薹草沼泽	平均值	0.06	6.92	0.07	0.11	5.20
	最高值	0.09	7.52	0.09	0.16	6.64
	最低值	0.04	6.68	0.04	0.07	3.85
河流	平均值	0.10	7.35	0.06	0.15	7.49
	最高值	0.12	7.72	0.08	0.17	9.73
	最低值	0.07	7.14	0.05	0.13	5.92

【沼泽土壤】沼泽区土壤类型主要有沼泽土和泥炭土，多分布于河滩地上。不同植被类型沼泽土壤基本理化性质见表 14-34，0 ～ 40 cm 深沼泽土壤沉积要超过 150 年，土壤碳、氮和磷的沉积均值分

别为 57.13 g C/(m²·a)、5.42 g N/(m²·a)、2.16 g P/(m²·a)（吕铭志，2016）。

表 14-34　洪河沼泽不同植被类型土壤基本理化性质

植被类型	土壤深度/cm	有机碳含量/(g/kg)	氨氮含量/(mg/kg)	硝态氮含量/(mg/kg)
芦苇沼泽	0～10	54.50	22.52	62.03
	10～20	50.44	22.22	57.66
	20～30	25.97	19.36	55.73
	30～40	7.29	18.13	37.20
薹草沼泽	0～10	55.65	19.73	47.23
	10～20	34.60	19.10	37.44
	20～30	23.12	17.58	32.58
	30～40	7.43	16.87	26.18
大叶章沼泽	0～10	55.33	19.29	54.44
	10～20	44.48	18.89	48.90
	20～30	41.34	18.42	52.60
	30～40	7.37	17.53	42.44

【沼泽植被】沼泽区有植物 175 科，其中高等植物 103 科 1012 种，种子植物 719 种，蕨类植物 31 种，地衣与苔藓植物 262 种，代表植物有大叶章、毛薹草、乌拉草、漂筏薹草、芦苇等，其他植物有狭叶甜茅、毛水苏、睡菜、睡莲、水蓼、沼委陵菜等。

【沼泽动物】沼泽区有脊椎动物 123 种，其中鱼类 6 科 16 种，两栖类 1 科 1 种，鸟类 15 目 32 科 104 种；鱼类有鲫、葛氏鲈塘鳢、鲤等，兽类有猞猁、水獭、马鹿等，鸟类有丹顶鹤、东方白鹳等（金晓敏，2017）。

【受威胁和保护管理状况】沼泽区建有黑龙江洪河国家级自然保护区，1996 年 11 月经国务院批准晋升为国家级自然保护区，主要保护对象为原始沼泽生态系统及珍禽。洪河湿地于 2002 年被列入《国际重要湿地名录》。

洪河沼泽（谭稳稳 摄）

洪河沼泽（周嵘 摄）

别拉洪河沼泽（230883-074）

【范围与面积】别拉洪河沼泽位于黑龙江省同江和抚远 2 市，地理坐标为 47°25′0″ ～ 48°0′0″N、133°13′0″ ～ 134°43′0″E，总面积为 18 111 hm²。

【地质地貌】沼泽区主要地貌包括低山地、漫平原、低平原与洪泛地 4 种类型，地势由西南向东北逐渐降低，平均海拔 50 ～ 60 m（陈雪梅等，2013）。

【气候】沼泽区处于中温带，属于温带大陆性季风气候，四季分明，春季降水少，乍暖时期多大风；夏季短暂，热量、雨量集中；秋季凉爽、易旱；冬季漫长，严寒而干燥；年平均气温 2.2℃，年均降水量为 600 mm，历年平均积温 2000℃，无霜期为 115 ～ 130 d，冻结期长，每年 11 月上旬稳定结冻，翌年 3 月末开始解冻（刘吉平等，2010）。

【水资源与水环境】别拉洪河位于黑龙江省最东端、完达山脉以北的小三江平原，是小三江平原的核心区域，为乌苏里江支流，流域总面积 4340 km²，流域总长度 170 km，平均宽度 22.7 km，地面坡度 1/6000 ～ 1/10 000。沼泽主要水源靠大气降水与河流补给，不同植被类型沼泽与河流水体理化性质见表 14-35。

表 14-35　别拉洪河沼泽与河流水体理化性质

水体	比较项	TDS/(mg/L)	pH	Sal/ppt	电导率/(mS/cm)	DO/(mg/L)
大叶章沼泽	平均值	0.11	6.84	0.08	0.17	8.16
	最高值	0.14	7.13	0.09	0.21	10.05
	最低值	0.07	6.62	0.05	0.14	5.93
薹草沼泽	平均值	0.06	7.36	0.04	0.09	8.33
	最高值	0.07	7.82	0.05	0.12	10.56
	最低值	0.04	7.14	0.03	0.06	6.43
芦苇沼泽	平均值	0.07	6.97	0.05	0.11	8.64
	最高值	0.12	7.25	0.07	0.16	11.24
	最低值	0.05	6.74	0.03	0.08	6.45
河流	平均值	0.08	6.91	0.07	0.17	4.73
	最高值	0.11	7.18	0.08	0.22	6.78
	最低值	0.06	6.68	0.05	0.13	3.12

【沼泽土壤】沼泽区土壤主要为沼泽土，表层有浅层泥炭，土壤总碳含量为 36.24 ～ 160.00 g/kg（郑太辉等，2010）。

【沼泽植被】沼泽区以毛薹草沼泽和漂筏薹草沼泽为主（陈雪梅等，2013）。

【沼泽动物】沼泽区野生动物资源丰富，兽类 1 科 3 种，鸟类 40 科 168 种，爬行类 3 科 5 种，两栖类 4 科 8 种，鱼类 17 科 77 种，昆虫 41 科 126 种；属国家一级重点保护的野生鸟类有金雕、丹顶鹤、东方白鹳等，属国家二级重点保护的野生鸟类有雕鸮、游隼等（刘吉平等，2010）。

别拉洪河沼泽（王宪伟 摄）

富锦沿江沼泽（230882-075）

【范围与面积】富锦沿江沼泽位于佳木斯市富锦市，地理坐标为 47°12′29″ ～ 47°27′47″N、131°25′42″ ～ 132°29′14″E，总面积为 26 336 hm²。

【地质地貌】沼泽区由第四纪冲积、沼泽沉积物组成，地质构造属同江内陆断陷一部分；土壤多为河淤土、沙土并有少量黑土和沼泽土，纯属河套洪泛区；地势多样，微地形复杂，岗谷平洼交错，沟塘、泡沼较多；平均海拔为 55 m，西高东低，坡度为 1/15 000 ～ 1/10 000；地貌类型为河漫滩，呈不规则带状，即松花江下游南岸河漫滩。

【气候】沼泽区属中温带大陆性季风气候，春季温暖多干旱，夏季温热多雨水，秋季气温骤降，早晚温差较大，冬季漫长较寒冷；年平均气温为 2.2℃，最低气温在 1 月出现，月平均温度为 –20.0℃，年平均最高气温在 7 月出现，平均气温为 23.1℃，全年温差最大可达 43℃以上，全年平均日照时长为 2407.9 h，最久日照时长达 2787.5 h，最短日照时长为 1953.1 h；年平均降水量为 523 mm，年际降雨量波动较大，年内的降水量分配极为不均。

【水资源与水环境】沼泽区由松花江干流、洪泛区和松花江内 38 个岛屿构成，水资源十分丰富，大小泡沼星罗棋布，共有自然泡沼 22 处，还有常年积水和季节积水洼地（王忠理等，2004；闫丹丹，2014）。沼泽主要水源为大气降水与河流和泡沼补给。

【沼泽植被】沼泽区共有维管植物 300 余种，以禾本科、菊科和莎草科植物为主，主要有长芒稗群落、瘤囊薹草群落和直穗薹草群落，其他植物包括芦苇、大叶章、毛水苏、水葱、浮萍、眼子菜及漂筏薹草等（张冬杰，2017）。

【沼泽动物】沼泽区现共有脊椎动物 5 纲 39 目 61 科 145 属 191 种，鸟类有 17 目 40 科 200 余种，其中国家一级重点保护野生鸟类有丹顶鹤、白头鹤、东方白鹳、白枕鹤等 12 种，国家二级重点保护野生鸟类有白琵鹭等 49 种；其他常见鸟类有绿头鸭、斑嘴鸭、绿翅鸭、鸳鸯、凤头麦鸡、白腰草鹬、灰鹡鸰、灰头鹀等（刘化金等，2015）。

【受威胁和保护管理状况】沼泽区黑龙江富锦沿江湿地自然保护区成立于 1988 年，2008 年 5 月 12 日批准为省级自然保护区，保护对象是内陆湿地生态系统及水生和陆栖生物，是典型的湿地类型自然保护区。

富锦沿江沼泽（王宪伟 摄）

嘟噜河沼泽（230421-076）

【范围与面积】嘟噜河沼泽位于黑龙江省萝北县南部，地理坐标为 47°18′0″ ～ 47°24′0″N、130°39′0″ ～ 131°7′0″E，总面积为 9750 hm²。

【地质地貌】沼泽区地貌主要为低平原与河漫滩，大地构造为新华夏系，地势西北高东南低，海拔 56 ～ 776 m，西北是小兴安岭余脉，东南是三江平原北部边缘；由西北向东南依次可分为低山丘陵、山前漫岗、平原和低湿平原 4 种地貌类型；地势平坦，河谷平浅。

【气候】沼泽区属温带大陆性季风气候，春季多风少雨，夏季短暂而雨热同季，秋季凉爽霜早，冬季漫长而寒冷干燥；全年平均气温 0.5 ～ 3.5℃，1 月平均气温 –21℃，7 月平均气温 21℃，活动积温为 2250 ～ 2450℃，其中 ≥ 10℃积温平均为 2397℃；年平均降水量约为 550 mm，主要集中在 5 ～ 9 月，占全年降水量的 80% 以上，年平均蒸发量 1100 mm 以上，5 ～ 7 月蒸发量最高，约占全年蒸发量的 1/3；全年平均日照时数 2400 ～ 3000 h，无霜期 110 ～ 130 d，初霜日一般在 9 月 20 日左右，终霜日一般出现在 5 月 10 日前后。

【水资源与水环境】嘟噜河为松花江的一级支流，沿途共有西嘟噜河、东嘟噜河、西葡萄沟等大小 11 条河流入嘟噜河；嘟噜河全长 245.3 km，上游河窄水浅，下游无明显河床，流速 0.5 ～ 0.8 m/s，平均流量为 8.71 m³/s，全流域面积 17.37 万 hm²（徐乐，2019）。沼泽主要水源为大气降水与河流和湖泡补给，不同类型沼泽与河流水体基本理化性质见表 14-36。

表 14-36 嘟噜河沼泽与河流水体基本理化性质

水体	比较项	TDS/(mg/L)	pH	Sal/ppt	电导率/(mS/cm)	DO/(mg/L)	NO₃⁻-N/(mg/L)
大叶章沼泽	平均值	0.11	8.32	0.07	0.17	8.39	0.99
	最高值	0.14	8.50	0.08	0.20	10.23	1.48
	最低值	0.09	8.13	0.05	0.15	6.21	0.48
薹草沼泽	平均值	0.11	7.65	0.08	0.17	10.39	0.40
	最高值	0.14	7.80	0.09	0.21	14.25	0.86
	最低值	0.09	7.39	0.06	0.15	8.01	0.11
河流	平均值	0.10	7.84	0.07	0.15	10.21	0.18
	最高值	0.12	8.14	0.08	0.17	13.60	0.40
	最低值	0.08	7.48	0.05	0.13	7.17	0.10

【沼泽植被】沼泽区植被内主要为草本沼泽，优势种有芦苇、大叶章及瘤囊薹草等；维管植物73科182属309种，其中蕨类植物4科4属6种，裸子植物1科1属1种，被子植物68科177属302种，其中国家二级重点保护野生植物4种，分别是野大豆、浮叶慈姑、莲及乌苏里狐尾藻，常见种有宽叶香蒲、泽泻、篦齿眼子菜、两栖蓼、春蓼、三脉山蝲豆、小水毛茛、老鹳草、早熟禾及漂筏薹草等（徐乐，2019）。

【沼泽动物】沼泽区分布有鸟类16目3科126种，爬行动物3目4科6种，两栖动物2目4科8种，兽类5目9科32种；鸟类有丹顶鹤、东方白鹳、绿头鸭、大白鹭等；兽类有狍、赤狐等；鱼类有鲢、草鱼、鲇等（韩吉权等，2009）。

【受威胁和保护管理状况】沼泽区建有黑龙江嘟噜河省级自然保护区，2003年3月，被黑龙江省人民政府批准晋升为省级自然保护区，区内泡沼星罗棋布，湿地发育良好，类型多样。

嘟噜河沼泽（王宪伟 摄）

大佳河沼泽（230524-077）

【范围与面积】大佳河沼泽位于黑龙江省双鸭山市饶河县，有两片集中分布区，一片位于挠力河流域，地理坐标为46°54′33″～47°16′45″N、133°07′30″～134°02′10″E；另一片位于乌苏里江流域，地理坐标为46°30′22″～47°00′42″N、133°46′30″～134°05′10″E，沼泽总面积为34 211 hm²。

【地质地貌】沼泽区地处三江平原东北部，北邻挠力河，东接乌苏里江，位于挠力河与乌苏里江的交汇处，区内东部为山地森林区，北部为沼泽区（李虹等，2019）。

【气候】沼泽区属大陆性季风气候，四季分明，春季风大降水少；夏季气温高，降水集中；秋季降温快，偶有霜冻；冬季漫长，寒冷干燥；年平均气温1.6℃，无霜期为125 d左右，全年积温为2500℃以上，年平均降水量579 mm，雨热同季（李虹等，2019）。

【水资源与水环境】沼泽区河流密布，大小河流50余条，均属乌苏里江流域；因有乌苏里江和挠力河流过，形成多处支流、河汊及河流淤积而形成大小湖泡百余个（滕世春和董双波，2006）。沼泽主要水源为大气降水和河流与湖泡补给。

【沼泽植被】沼泽植被以草本沼泽为主，优势种为毛薹草、芦苇、乌拉草、漂筏薹草、大叶章、灰脉薹草、浮萍、金鱼藻、荇菜、雨久花、香蒲、欧菱、狭叶甜茅等，伴生种类主要有毛水苏、小白花地榆、千屈菜、柳兰、竹叶眼子菜、野慈姑、燕子花、菖蒲、地榆、蚊子草、蓬子菜、睡菜、狸藻、小狸藻、长叶水毛茛、驴蹄草、杉叶藻、沼泽水马齿、沼委陵菜、球尾花、水问荆等。灌木以三蕊柳和绣线菊为主。沼泽地表积水深0～60 cm，草根厚度为20～80 cm，群落高平均为1.5～8 m，盖度为60%～95%。

【沼泽动物】沼泽区鱼类7目16科56种，两栖类2目4科8种，鸟类251种；国家一级重点保护野生鸟类有金雕和白尾海雕2种，国家二级重点保护野生鸟类有苍鹰、普通鵟、红脚隼、红隼、雪鸮及短耳鸮（滕世春和董双波，2006）。

【受威胁和保护管理状况】沼泽区有黑龙江大佳河省级自然保护区和乌苏里江国家湿地公园。大佳河保护区于2000年建立，2004年晋升为省级自然保护区，主要保护森林、湿地和水域生态系统。黑龙江饶河乌苏里江国家湿地公园（试点）于2014年被批准建设，2019年公园（试点）通过国家林业和草原局试点验收，正式成为国家湿地公园。

大佳河沼泽（焉申堂 摄）

桦川沼泽（230826-078）

【范围与面积】桦川沼泽位于黑龙江省桦川县，地理坐标为46°59′52″～47°13′41″N、130°35′2″～131°28′17″E，总面积为10 678 hm²。

【地质地貌】沼泽区处于三江平原西部，为松花江冲积平原；全区的地势低洼，海拔65～70 m，西高东低；地质构造上位于张广才岭中段东坡（唐立国，2017）。

【气候】沼泽区属寒温带大陆性季风气候，冬季严寒干燥，年平均气温为2.5℃，年均降水量500～700 mm，年均风速3.8 m/s；全年日照时数为2582.8 h，无霜期约为145 d（张彦，2013；钟静静，2013）。

【水资源与水环境】沼泽区属于松花江水系，主要的河流有松花江、头道江、片泡、车轱辘泡等，水资源丰富，主要的水源补给为大气降水；地表多为草本沼泽覆盖，降水径流迟缓，地表水储蓄时间长，地表水pH约为7.0，矿化度分级为淡水，水质级别为Ⅱ级；地下水pH 7.1左右，矿化度分级为淡水，水质级别为Ⅱ级（张彦，2013；钟静静，2013）。

【沼泽土壤】沼泽区土壤有沼泽土与泥炭土，位于申家店泥炭地，土壤剖面特征为：0～24 cm，棕黄色泥炭层；24～105 cm，褐色泥炭层；

桦川沼泽（焉申堂 摄）

105～144 cm，黑色泥炭层；144～161 cm，棕黄、褐色泥炭层；161～190 cm，黑色黏土层（钟静静，2013）。

【沼泽植被】沼泽区共有高等植物75科365种，蕨类植物12科29种，藓类植物12科30种，被子植物51科306种，其中浮叶慈姑和野大豆为国家二级保护植物，沼泽植物以薹草、大叶章、芦苇、丛桦及沼柳为主，其他沼生植物有野火球、铃兰、白头翁、长瓣金莲花、黄花乌头、委陵菜、毛水苏及小白花地榆等。

【沼泽动物】沼泽区鱼类有鲤、鲫、鲇及泥鳅等；两栖类有黑龙江林蛙和黑斑侧褶蛙等；鸟类主要有灰雁、绿头鸭、绿翅鸭、白眉鸭、凤头鸊鷉、凤头潜鸭及白骨顶等。

【受威胁和保护管理状况】沼泽区建有黑龙江桦川湿地省级自然保护区，2004年经黑龙江省人民政府批准晋升为省级保护区，主要保护对象为内陆湿地生态系统及其珍稀水禽。

黑鱼泡沼泽（230828-079）

【范围与面积】黑鱼泡沼泽位于黑龙江省佳木斯市汤原县，地理坐标为46°57′55″～47°14′7″N、130°24′51″～130°57′38″E，总面积为5774 hm²。

【地质地貌】沼泽区地处三江平原西缘、小兴安岭东南麓；最低海拔约28 m，最高海拔1017 m，地势是东北低西南高，东北部主要为平原，西南部为中低山区，位于新华夏系第二隆起带（卢金，2017）。

【气候】沼泽区属中温带大陆季风气候，具有明显的季风气候特征，季节分明。春末解冻，雨量稀少；夏季较为炎热，降水集中；秋季日照短，气温迅速下降，刮风下雨，降水量逐渐减少；冬季寒冷而漫长，降水稀少；年平均气温2.15℃，年平均降水量为548.3 mm，无霜期120 d左右（卢金，2017）。

【沼泽土壤】沼泽区土壤类型主要有沼泽土和泥炭土。

【沼泽植被】沼泽区共有野生维管植物347种，隶属于60科164属，包括被子植物57科160属342种，蕨类植物3科4属5种；藓类植物12科30种；禾本科、莎草科、毛茛科、菊科及蓼科植物

黑鱼泡沼泽（焉申堂 摄）

分布广泛；其中国家二级重点保护野生植物有浮叶慈姑和野大豆；沼泽植被以芦苇或大叶章为建群种（卢金，2017）。

【沼泽动物】沼泽区有 209 种动物，其中鸟类 126 种，兽类 32 种，爬行类 6 种，两栖类 8 种，鱼类 37 种；鸟类主要有大天鹅、小天鹅、白额雁、鸿雁、针尾鸭、凤头潜鸭、绿头鸭、银鸥、普通燕鸥等；兽类有马鹿、水獭、狼、貂、黄鼬、貉等；鱼类有鲤、银鲫、鲇、葛氏鲈塘鳢及麦穗鱼等（卢金，2017）。

【受威胁和保护管理状况】沼泽区建有黑龙江黑鱼泡湿地省级自然保护区，2007 年 6 月经黑龙江省人民政府批准晋升为省级保护区，保护对象是内陆湿地生态系统和珍稀野生动植物资源。

佳木斯沿江沼泽（230800-080）

【范围与面积】佳木斯沿江沼泽位于黑龙江省佳木斯，地理坐标为 46°37′35″ ～ 47°27′47″N、129°54′36″ ～ 132°57′25″E，总面积为 3074 hm²。

【地质地貌】沼泽区位于三江平原西部，为松花江冲积平原，区内地貌类型为松花江一级阶地，海拔 65 ～ 80 m；从整体上看，西高东低，地势平坦。

【气候】沼泽区属中温带大陆性季风气候，四季分明；夏秋季受海洋湿热气流影响，夏季炎热湿润且短暂，秋季凉爽多雨，多有洪涝灾害；冬春季受西伯利亚大陆性气候的影响，冬季寒冷而漫长，春季多风少雨，时有干旱现象；年平均气温为 3℃，年平均降水量 525 mm，日照时数 2512 h，有效积温 2600℃。

【水资源与水环境】沼泽区位于松花江畔，除松花江外，还有几条多为泥底河且季节性河流，旱季时河流水流中断，雨季时则形成漫流，消失在沼泽地中；区内河网密布，大面积沼泽覆盖，蓄水能力较强，地表水保存时间长，水资源丰富。

【沼泽土壤】沼泽区土壤类型主要有沼泽土与泥炭土，主要分布在河漫滩、地形部位较低的地方，腐殖质含量较高。

【沼泽植被】沼泽区共有高等植物 75 科 365 种，蕨类植物 12 科 29 种，藓类植物 12 科 30 种，被子植物 51 科 306 种，其中浮叶慈姑和野大豆为国家二级重点保护野生植物，沼泽以芦苇、大叶章和薹草为优势种，主要有瘤囊薹草、灰脉薹草、漂筏薹草、香蒲、眼子菜、莲及乌苏里狐尾藻等（蔚海花，2013；王维正，2022）。

【沼泽动物】沼泽区记录鱼类有 5 目 10 科 61 种；两栖类 2 目 4 科 6 种；爬行类 2 目 2 科 4 种；鸟类有 16 目 41 科 197 种；哺乳类有 6 目 12 科 20 属 25 种；鱼类有鲤、鲇、鲫、葛氏鲈塘鳢及泥鳅等；两栖类有花背蟾蜍、黑斑侧褶蛙及中华蟾蜍；爬行类有白条锦蛇等；鸟类有灰雁、凤头䴙䴘、绿头鸭、绿翅鸭、白眉鸭、凤头潜鸭及白骨顶等。

【受威胁和保护管理状况】沼泽区建有黑龙江省佳木斯沿江湿地省级自然保护区，2007 年建立。

佳木斯沿江沼泽（焉中堂 摄）

挠力河沼泽（230524-081）

【范围与面积】挠力河沼泽位于宝清、饶河、抚远和富锦行政区内的红兴隆和建三江 2 个农垦管理局，地理坐标为 46°33′11″ ～ 47°25′04″N、132°21′41″ ～ 134°53′33″E，总面积为 62 641 hm²。

【地质地貌】沼泽区地质构造属西华夏构造体系控制下形成的大面积冲积平原，位于三江平原东北边缘、完达山东北支脉那丹哈达拉岭山区，为三江平原、穆棱河流域、乌苏里江流域等中新生代断陷盆地环绕的古生代岩层残留断块；区内地貌形态多样，分为低山丘陵、山前台地、一级阶地、高河漫滩、低河漫滩和水面 6 种类型；海拔为 41.9 ～ 834.4 m，坡度为 1/50 ～ 1/500（闫晗，2014）。

【气候】沼泽区为温带大陆性季风气候，年温差较大，夏热冬冷，降水主要集中在夏季，四季分明。春季干旱少雨，且大风天气较多；夏季气温升高，降水较多且比较集中，短期内可能连续降水，容易引发洪水；秋季降温较快，寒潮和霜冻来得都比较早；冬季天气一般较为晴朗且寒冷干燥；年平均气温 1.6℃，最冷月为 1 月，平均气温 –21.1℃，最热月为 7 月，平均气温 21℃；年平均降水量为 581 mm，无霜期约为 130 d，年日照时长约为 2450 h（陈露，2021）。

【水资源与水环境】沼泽区水系发达，河流为三江平原内河，主要河流有挠力河、外七星河、七里泌河、蛤蟆通河等；挠力河为乌苏里江的一级支流，发源于完达山脉勃利县的七里嘎山；沼泽水源为大气降水和河流补给（闫晗，2014；姜明等，2021）；由于沼泽面积的减少，目前挠力河保护区沼泽全年生态需水量为 4.30 亿 m³（王志鹏，2021）。挠力河河流春、夏、秋 3 季水体理化性质见表 14-37（姜明等，2021）。

表 14-37 挠力河河流水体理化性质

季节	TDS/(mg/L)	pH	ORP	NO₃⁻-N/(μg/L)	NH₄⁺-N/(μg/L)	COD_{Mn}/(mg/L)	DO/(mg/L)	BOD₅/(mg/L)
春季	0.11	7.03	−68.30	0.21	0.53	4.08	8.42	1.76
夏季	0.11	7.17	−126.71	0.24	0.64	8.44	20.11	2.09
秋季	0.19	7.58	−136.32	0.3	0.04	8.52	7.16	3.95

【沼泽土壤】沼泽土壤类型主要为腐殖质沼泽土和泥炭土；沼泽 0 ～ 20 cm 层土壤有机质含量为 16.54% ～ 26.84%，总氮含量为 0.84 ～ 12.12 g/kg，总磷含量为 0.24 ～ 0.95 g/kg，pH 6.19 ～ 7.32（姜明等，2021）。

【沼泽植被】沼泽区共有野生维管植物 56 科 233 种，其中双子叶植物 36 科 137 种，以菊科、蓼科、豆科、蔷薇科和毛茛科为主；单子叶植物 17 科 81 种，以莎草科与禾本科为主；蕨类植物 3 科 5 种；沼泽类型主要为灌丛沼泽和草本沼泽，主要植物有越橘柳、沼柳、大叶章、芦苇、灰脉薹草、漂筏薹草、香蒲、狭叶甜茅、菰、野慈姑、水蓼、睡莲、毛水苏、球尾花、泽泻及沼委陵菜等（姜明等，2021）。

【沼泽动物】沼泽区动物区系属于古北界东北亚界东北区三江平原亚区，全区共有野生动物 593 种；有脊椎动物 5 纲 36 目 85 科 269 属 373 种，分别为哺乳类 53 种、鸟类 236 种、两栖类 11 种、爬行类 13 种、鱼类 60 种，其中包括黑熊、丹顶鹤、东方白鹳等濒危动物，常见动物有狍、赤狐、麝鼠、绿头鸭、白鹭、苍鹭、罗纹鸭、红嘴鸥、鲫、鲤、北方泥鳅、鲇、草鱼及黑龙江林蛙等（闫晗，

2014）。

【受威胁和保护管理状况】沼泽区黑龙江挠力河国家级自然保护区于 2002 年 7 月 2 日经国务院批准晋升，主要保护水生和陆栖生物、湿地和水域生态系统。

挠力河沼泽（刘波 摄）

富锦沼泽（230882-082）

【范围与面积】富锦沼泽位于黑龙江省东北部，地处松花江的下游南岸，属三江平原的核心地带区域。沼泽区位于富锦市西南 50 km 处，按行政隶属划分，跨富锦市和友谊县管辖区域，约 60% 在富锦市，40% 在友谊县。地理坐标为 46°53′18.8″ ～ 46°56′18.5″N、131°41′02.8″ ～ 131°46′09.2″E，沼泽面积约 2200 hm²。

【地质地貌】沼泽区在地质构造上属吉黑褶皱系佳木斯隆起带，其区域地质演化受整个三江平原地质演化的制约。三江平原与俄罗斯阿穆尔平原，统称"三江 – 阿穆尔地堑"，该地堑是东北大陆裂谷系的一部分。在地质史上，自中生代晚侏罗纪开始活动，进入新生代第四纪后，它呈间歇性沉降运动，沉积了较厚的第四纪松散沉积物。沼泽区地势低平，平均海拔 63 m，具有典型的沼泽化平原地貌景观（孟令彧，2019）。

【气候】沼泽区属于中温带大陆性半湿润季风气候区，四季温差较大，春季多风干旱，夏季受海洋暖湿气流影响短暂而炎热。多年平均降水量为 512 mm，雨热同期，总降水量的 75% ～ 85% 集中在夏季（万慧琳等，2022）；多年平均蒸发量为 1170.5 mm，多年平均水面蒸发量为 688 mm；多年平均气温 2.5℃，最低气温 –39.4℃，最低月份为 1 月，最高气温 38.3℃，最高月份为 7 月；历年日平均气温 ≥ 10℃的生物活动有效积温为 2600℃，相对湿度为 69%；多年平均风速为 3.6 m/s，最大风速可达 28 m/s。

【水资源与水环境】沼泽区水源主要靠河水和农田退水补给。沼泽区西南部山区水系主要为天然形成的河流水系，较大的河流为二道河子；中部和北部地区由于地势较平坦，过去主要为沼泽湿地，河道不明显，近几十年来由于人为开荒，原来 90% 以上的湿地变成了农田（多为水田），现在水系多为人工开挖的排干沟渠（李楠，2019）。

【沼泽土壤】沼泽土壤主要为腐殖质沼泽土。

【沼泽植被】沼泽区生长着大量的湿地植物，常见种包括芦苇、水烛、睡莲、水葱、黑藻、金鱼藻等。在近些年的调查中，还发现了国家级重点保护野生植物貉藻出现在沼泽区。

【沼泽动物】沼泽区自然环境下生长的鱼类有 20 多种，其中包含着鲤科鱼类和鳅科鱼类，如鲤、鲫、黑龙江泥鳅、北方泥鳅等。44 种鸟类在这里栖息或者繁殖，以小鸊鷉、大白鹭、绿头鸭、大天鹅、白琵鹭等为常见物种，还包含了白额雁、花脸鸭、鸳鸯等易危物种，也包含了丹顶鹤、东方白鹳、白枕鹤等珍稀濒危物种，其中国家一级重点保护野生动物白枕鹤在这里繁殖，使富锦市因此有"白枕鹤之乡"的美誉。

【受威胁和保护管理状况】富锦沼泽作为三江平原沼泽分布区的典型代表，经历了原始自然沼泽湿地—垦殖与湿地退化—退耕还湿 / 退化湿地恢复几个重要阶段，是三江平原经过人工修复和自然演替最具典型的恢复沼泽。2009 年被批准在该沼泽区建立国家湿地公园（试点），2013 年通过验收正式授牌。公园成立之后，通过积极引入国际先进管理和发展理念，广泛开展国际合作，先后实施了中德技术合作"中国湿地生物多样性保护"项目、英国湿地与水禽信托基金会（WWT）合作项目、中欧环境治理项目。作为国家支持重点建设 23 处国家湿地公园之一，2017 年黑龙江富锦湿地公园与杭州西溪湿地公园、广州海珠湿地公园等 9 家具有全国代表性、影响力的国家湿地公园共同发起成立中国国家湿地公园创先联盟，富锦国家湿地公园已经逐渐成为我国国家湿地公园建设典范。

安邦河沼泽（230521-083）

【范围与面积】安邦河沼泽位于黑龙江省集贤县，地理坐标为 46°41′19″ ～ 47°01′264″N、131°05′28″ ～ 131°23′46″E，沼泽面积为 10 295 hm²。

【地质地貌】沼泽区位于三江平原安邦河下游，主要地貌为低河河滩，处于安邦河下游右岸低河漫滩，西高东低，坡度 1/5000 左右，地势平坦；地质构造属同江内陆断陷的一部分，第四纪新构造运动的特点是始终处于以下沉为主的间歇性运动之中，第四纪成因类型主要是冲积、沼泽沉积，冲积形成的河床相砂和砂砾沉积占最大比重。

【气候】沼泽区属温带半湿润大陆性季风气候，冬季漫长而寒冷，夏季短暂而炎热；年均温约 25.5℃，最高气温 34.5℃，最低气温 –35℃，多年活动积温为 2600 ～ 2800℃；年平均降水量为 560 mm，年平均蒸发量为 1283.6 mm，冬季积雪厚度 33 cm 左右；无霜期 142 ～ 147 d，年平均日照时数为 2613 h。

【水资源与水环境】安邦河为沼泽区主要河流，全长 154 km，流域面积为 1168 km²，年平均来水量为 9.89 万 m³。沼泽主要水源为大气降水和河流补给。区内水体 pH 为 8.89 ～ 10.91，氧化还原电位为 139.00 ～ 195.00 mV（刘曼红等，2014）。

【沼泽土壤】沼泽土壤有腐殖质沼泽土和泥炭土。

安邦河沼泽（文波龙 摄）

【沼泽植被】沼泽区有野生维管植物 71 科 182 属 403 种，其中蕨类植物 5 科 7 属 9 种，被子植物 66 科 175 属 394 种，超过 10 种的科有菊科、莎草科、禾本科、毛茛科等 13 科；植被以草本沼泽为主，主要植物有芦苇、香蒲、灰脉薹草、乌拉草、瘤囊薹草、漂筏薹草、黑三棱、驴蹄草、毛水苏及广布野豌豆等（刘曼红和马玉堃，2016）。

【沼泽动物】沼泽区共有脊椎动物 5 纲 28 目 60 科 218 种，哺乳类 5 目 7 科 18 种，两栖类与爬行类 3 目 6 科 10 种，鱼类 4 目 6 科 25 种，鸟类 16 目 41 科 165 种；国家一级重点保护野生动物 2 种，分别为丹顶鹤和大鸨，国家二级重点保护野生动物 16 种，包括雀鹰、白琵鹭、灰鹤等（刘曼红等，2014）。

【受威胁和保护管理状况】沼泽区有黑龙江省安邦河省级自然保护区，保护区于 1993 年建立，2001 年晋升为省级自然保护区，主要保护内陆湿地与水域自然生态系统。

三环泡沼泽（230882-084）

【范围与面积】三环泡沼泽位于黑龙江省富锦市东南部，地理坐标为 46°45′08″ ～ 46°51′41″N、132°12′18″ ～ 132°57′25″E，总面积为 27 687 hm²。

【地质地貌】沼泽区地貌类型为低河漫滩，地处于七星河和挠力河左岸的低河漫滩区域，宽度 4 ～ 6 km，海拔 60 m 左右，西高东低，坡度 1/10 000 ～ 1/15 000；地势平坦，地面大平小不平，几无起伏，一般相对高度 1 ～ 2 m；大地构造单元上，位于吉黑褶皱系佳木斯隆起带，其区域地质演化受整个三江平原地质演化的制约；从中生代晚侏罗纪开始到新生代第四纪后呈间歇性沉降运动，所以沉积了较厚的第四纪松散沉积物。其厚度不一，残丘周围的厚度不足 50 m，而别拉音子山西侧的厚度达 300 m，其他地段为 170 ～ 200 m。

【气候】沼泽区属于大陆性季风气候，各季节特点分明，春天风大但降水少，夏天气温高，降水多集中在此时，秋天降温较快，经常有霜冻，冬天时间较长又寒冷干燥；年平均气温为 2.7℃，最冷月出现在 1 月，月平均气温 –19.8℃，最热月出现在 7 月，月平均气温 22.1℃，全年活动积温为 2500 ～ 2700℃；无霜期平均为 144 d，年平均降水量为 550 mm 左右。

【水资源与水环境】沼泽区主要河流为七星河和挠力河，七星河和挠力河均为永久性河流，夏季是洪水多发季节，此时河水多会泛滥出槽，淹没河道两边的沼泽；地下水蕴藏量也较为丰富，但埋深较深，为 3 ～ 10 m。沼泽主要水源为大气降水和河流补给；由于沼泽面积的减少，目前三环泡沼泽全年生态需水量为 0.65 亿 m³（王志鹏，2021）。三环泡沼泽水体理化性质季节变化见表 14-38（安睿等，2017）。

表 14-38　三环泡沼泽水体理化性质季节变化

季节	电导率/(mS/m)	氨氮/(mg/L)	浊度	透明度/cm	总磷/(mg/L)	生化需氧量/(mg/L)	可溶性有机碳/(mg/L)
春季	0.22	0.039	19.97	80.53	0.047	4.31	18.56
夏季	0.27	0.003	34.75	64.33	0.093	2.06	14.83
秋季	0.24	0.002	31.28	70.77	0.196	1.61	16.87

【沼泽土壤】沼泽区土壤类型主要为腐殖质沼泽土和泥炭土，主要分布在较低的河漫滩地区，泥炭土的泥炭层深 0 ～ 100 cm（张锐，2019），沼泽 0 ～ 15 cm 土壤有机碳含量均值为 11.53%，总氮含量均值为 10 170.01 mg/kg，总磷含量均值为 1116.95 mg/kg，硫元素含量均值为 11 446.00 mg/kg（陈晓梅，2019）。

【沼泽植被】沼泽区共有维管植物 78 科 236 属 415 种，其中苔藓植物 3 种，蕨类植物 4 种，种子植物 408 种；以草本沼泽为主，主要有薹草沼泽和芦苇沼泽，优势植物有毛薹草、漂筏薹草等（张锐，2019）。

【沼泽动物】沼泽区鱼类 6 目 11 科 42 种，两栖类 2 目 4 科 6 种，爬行类 2 目 3 科 5 种，鸟类 17 目 40 科 217 种，兽类 6 目 11 科 30 种（马成学等，2016）。

【受威胁和保护管理状况】沼泽区建有黑龙江三环泡国家级自然保护区，2002 年批准为省级湿地自然保护区，2013 年晋升为国家级自然保护区，主要保护内陆湿地和水域生态系统。

三环泡沼泽（姜明 摄）

三环泡沼泽（焉申堂 摄）

七星河沼泽（230523-085）

【范围与面积】七星河沼泽位于黑龙江省宝清、友谊、富锦，地理坐标为 46°6′0″ ～ 46°48′0″N、132°1′0″ ～ 133°9′0″E，总面积为 34 352 hm²。

【地质地貌】沼泽区位于三江平原，地势由西到东逐渐降低，由于七星河流域两岸地势较为低平，洪水期到来时上游水的溢出会造成大面积漫滩滞水，形成大片的泡沼；地质构造始于第四纪新构造运动时期，是同江板块坳陷作用的结果；第四纪新构造运动时期本区的地质板块始终处于间歇的下沉状态，在本区地质板块下降的过程中形成了大片的沼泽，第四纪以来不断的淤积和沼泽的沉降运动形成了本区独特的地质地貌。

【气候】沼泽区属湿润半湿润大陆性季风气候，具有冬季严寒干燥、春季气温回升快、多大风、夏季温暖多雨、秋季降温剧烈、降水变率大等特点；年平均温度为 2.3 ～ 2.4℃，全年活动积温为 2500 ～ 2700℃，年平均降水量约为 551 mm，雨季时间在 5 ～ 9 月，年日照总时数为 2513.2 h，常年主导风向为南风。

【水资源与水环境】七星河是流经本区的最主要的地表河流，是本区内最重要的水供给源；七星河是源于完达山北坡的挠力河的支流，其长度为 255 km，流域面积为 3816 km²，是一条典型的沼泽性河流；七星河河床坡度较小，约 1/5000，河槽弯曲系数大，为 2.0 左右，枯水期河槽狭窄，仅 15 ~ 20 m，河漫滩宽广，达到 10 ~ 15 km；由于地势低平、河流弯曲、水流的不通畅等的共同作用，形成了本区大小泡沼星罗棋布的结构，水资源丰富。沼泽主要水源为大气降水、河流与湖泊补给。对于七星河保护区，沼泽最佳生态需水量 4 亿 m³，最大生态需水量 4.4 亿 m³，最小生态需水量 3.51 亿 m³（潘华盛等，2015），七星河流域沼泽水体理化性质季节变化见表 14-39（张译文，2019）。

表 14-39　七星河沼泽水体理化性质季节变化

季节	水温/℃	电导率/(mS/cm)	pH	总磷/(mg/L)	化学需氧量/(mg/L)	5日生化需氧量/(mg/L)
春季	18.32±0.74	0.20±0.10	7.82±0.20	0.15±0.06	13.09±10.49	1.41±0.82
夏季	24.80±1.77	0.19±0.06	7.65±0.29	0.20±0.31	7.78±6.73	1.40±1.31
秋季	14.17±4.32	0.18±0.04	7.53±0.51	0.15±0.10	9.30±10.38	1.15±0.99

【沼泽土壤】沼泽区主要有腐殖质沼泽土和泥炭沼泽土，多分布在河岸的两侧或低洼地区，一般具有季节性或长时间的停滞性积水，沼泽土壤有机碳含量为 18.11 ~ 54.73 g/kg，全氮为 2.09 ~ 3.89 g/kg，全磷为 0.44 ~ 1.91 g/kg（黄郡，2020）；七星河沼泽不同植被土壤基本理化性质见表 14-40（王诗乐等，2017）；漂筏薹草沼泽土壤金属含量见表 14-41（陈晓梅等，2019）。

表 14-40　七星河沼泽不同植被土壤基本理化性质

植被类型	土壤深度/cm	有机碳含量/(g/kg)	氨氮含量/(mg/kg)	硝态氮含量/(mg/kg)
芦苇沼泽	0~10	61.97	29.61	65.50
	10~20	51.86	25.22	55.00
	20~30	36.66	20.20	51.95
	30~40	29.70	21.00	44.73
薹草沼泽	0~10	63.51	21.10	43.24
	10~20	52.04	20.54	39.84
	20~30	27.25	18.36	35.07
	30~40	12.87	16.25	23.69
大叶章沼泽	0~10	61.62	19.42	35.58
	10~20	47.16	17.55	36.29
	20~30	21.43	16.16	23.69
	30~40	16.00	14.67	19.02

表 14-41　七星河漂筏薹草沼泽土壤金属含量

土壤深度/cm	Na质量比/(g/kg)	Mg质量比/(g/kg)	Al质量比/(g/kg)	K质量比/(g/kg)	Ca质量比/(g/kg)	Mn质量比/(g/kg)	Fe质量比/(g/kg)
0~15	0.92~3.61	1.49~4.25	9.47~23.67	3.13~6.96	5.10~12.48	0.15~0.23	7.51~12.02
15~30	1.18~3.71	1.50~4.22	10.52~21.19	2.71~6.61	7.37~13.82	0.16~0.26	6.61~11.53
30~45	2.65~3.31	1.92~3.67	17.47~17.82	4.65~5.19	7.17~16.35	0.19~0.40	9.35~10.69

【沼泽植被】沼泽植被主要分布在低河漫滩和低湿地上，共有高等植物 415 种，包括苔藓植物 1 科 3 种，蕨类植物 3 科 4 属 4 种，种子植物 74 科 226 属 408 种；主要有芦苇沼泽、灰脉薹草沼泽、芦苇＋大叶章沼泽及漂筏薹草沼泽；其他植物包括香蒲、菰、莲、荇菜、睡菜、狐尾藻等。

【沼泽动物】沼泽区动物地理区划分为古北界东北区长白山亚区，动物种类主要为温带栖息类，全区共有脊椎动物 6 纲 77 科 288 种；鱼类共有 18 种，两栖类有 11 种，爬行类有 2 种，兽类 17 种，鸟类 215 种，其中雀形目鸟类 107 种；列入国家一级重点保护的野生动物 7 种，均为鸟类，有丹顶鹤、白头鹤、白枕鹤、白鹤等，列入国家二级重点保护的野生动物 32 种，鸟类 28 种，兽类 4 种，包括灰鹤、大天鹅、小天鹅及雪兔等；其他优势鸟类有绿头鸭、绿翅鸭、红头潜鸭及白鹭等。

【受威胁和保护管理状况】沼泽区建有七星河国家级自然保护区，2000 年 4 月，晋升为国家级自然保护区，2011 年，七星河国家级自然保护区被列为国际重要湿地，主要保护内陆低湿高寒湿地生态系统。

七星河沼泽（文波龙 摄）

东升沼泽（230523-086）

【范围与面积】东升沼泽位于黑龙江省双鸭山市宝清县，地理坐标为 46°20′06″ ～ 46°51′20″N、132°16′34″ ～ 132°45′21″E，总面积为 19 244 hm²。

【地质地貌】沼泽区地貌主要为低河漫滩，丘陵面积较小，主要分布在万金山一带，海拔 140 ～ 150 m（岳明，2018）。

【气候】沼泽区属于温带半湿润大陆性季风气候；冬季平均气温为 –13.7℃，夏季平均气温为 19.4 ～ 20.5℃。年降水量为 550 ～ 600 mm，一年内降水分布不均匀，主要集中在 6 ～ 9 月，其占全年的 85.3%（叶生欣，2014）。

【水资源与水环境】沼泽区地处挠力河、蛤蟆通河和小挠力河交汇处，区域内有大面积的湖泡和牛轭湖，区内河面宽阔平稳、河床较浅、河床弯曲迂回大，形成多处河套，促进了沼泽的发育（岳明，2018）。沼泽水源主要为大气降水和河流与湖泡补给；由于沼泽面积减少，目前东升保护区沼泽全年生态需水量为 0.77 亿 m³（王志鹏，2021）。

【沼泽植被】沼泽区植物属长白植物区系，共有高等植物 404 种，分属 69 科；分布有薹草沼泽、芦苇沼泽和大叶章沼泽，其中灰脉薹草分布面积最大，其群落高度在 105 cm 左右；国家二级重点保护野生植物有野大豆、莲、乌苏里狐尾藻等，其他沼生植物有欧菱、菖蒲、野慈姑、荇菜和雨久花等（叶生欣，2014；张冬杰，2017）。

【沼泽动物】沼泽区有脊椎动物 282 种，国家级重点保护兽类有雪兔和黑熊两种，国家级重点保护鸟类有丹顶鹤、东方白鹳、大天鹅、鸳鸯等 25 种（邵明昌，2018）。

【受威胁和保护管理状况】沼泽区有黑龙江东升省级自然保护区，2004 年 9 月批准建立，主要保护对象是内陆湿地生态系统。

东升沼泽（焉申堂 摄）

珍宝岛沼泽（230381-087）

【范围与面积】珍宝岛沼泽位于黑龙江省虎林市珍宝岛乡，地理坐标为 45°52′0″ ～ 46°17′23″N、133°28′44″ ～ 133°47′40″E，总面积为 44 364 hm²。

【地质地貌】沼泽区地貌主要为河漫滩和一级阶地，河漫滩分布于乌苏里江左岸保护区东侧，呈条带状分布，河漫滩与一级阶地相接，南部地段有明显的坡坎；地势大体呈北高南低，最高海拔 223.6 m，平均海拔 60 m 左右；微地形变化较大，为高地和各类洼地；沼泽区位于三江平原东北部，所处的一级大地构造单元为兴凯湖 – 布列亚山地块，亚一级构造单元为老爷岭地块；主体部分为乌苏里江左岸的广阔河漫滩，呈狭长的倒三角形南北展布。

【气候】沼泽区属温带大陆性季风气候，四季分明，雨热同季；年平均气温 1.6℃，全年 ≥ 10℃活动积温平均为 2462.7℃；年平均降水量 579.1 mm，集中在 6 ～ 9 月；乌苏里江封冻期为 150 d，冰层平均厚约 1.8 m，近年开江时间在 4 月中旬左右。

【水资源与水环境】沼泽区主要河流有乌苏里江、小木河、阿布沁河、七虎林河，所有河流均属于乌苏里江水系，多为平原沼泽河流；湖泊主要有月牙泡、刘寡妇泡以及数十个常年积水或季节性积水的泡沼（桑轶群，2015）。珍宝岛沼泽区湖泊水体 pH 6.75 ～ 7.07，电导率 0.57 ～ 0.58 mS/cm，溶解氧 6.89 ～ 7.58 mg/L，透明度 2.0 ～ 2.3 m，硝态氮 0.12 ～ 0.17 mg/L，氨氮 0.001 ～ 0.002 mg/L（马成学，2013）。

【沼泽植被】沼泽区共有维管植物 495 种，隶属于 89 科 287 属，其中蕨类植物 8 种，种子植物 487 种；大叶章与薹草为沼泽优势种，分布有大叶章 + 薹草沼泽、大叶章 + 芦苇沼泽、芦苇沼泽、灰脉薹草沼泽等；国家二级重点保护野生植物有莲和野大豆等，其他植物有香蒲、菖蒲、眼子菜、睡菜、狐尾藻等（王振斌等，2010；桑轶群，2015）。

【沼泽动物】沼泽区鱼类有 6 目 16 科 61 种，两栖类有 2 目 6 科 8 种，爬行类有 3 目 4 科 8 种，鸟类有 16 目 42 科 169 种，兽类有 6 目 14 科 41 种；分布有国家一级重点保护鸟类 3 种，分别为白枕鹤、丹顶鹤和东方白鹳，国家二级重点保护鸟类 20 种，有鸳鸯、大天鹅等。

【受威胁和保护管理状况】沼泽区建有黑龙江珍宝岛湿地国家级自然保护区，2008 年 1 月，批准为国家级自然保护区，2011 年 10 月列入《国际重要湿地名录》。

珍宝岛沼泽（周蹊 摄）

七虎林河－阿布沁河沼泽（230381-088）

【范围与面积】七虎林河－阿布沁河沼泽位于黑龙江省虎林市，地理坐标为 45°59′0″ ～ 46°8′0″N、133°38′0″ ～ 133°45′0″E，总面积为 7945 hm²。

【地质地貌】沼泽区位于黑龙江省东部的完达山南麓，属三江平原的穆棱河－兴凯湖低平原，由沟谷平原、平原、低平原地貌组成，海拔为 50 ～ 80 m（任伊滨和曹越，2007）。

【气候】沼泽区属寒温带大陆性季风气候，全年降水量约为 586.5 mm，降水集中于每年 6 ～ 8 月；平均气温约 3.7℃，蒸发量达 1043.7 mm，全年无霜期可达 135 d 左右；每年 2 月下旬时开始融雪，结冻期为 185 d 左右。

【水资源与水环境】沼泽区有七虎林河和阿布沁河，均为乌苏里江支流，属于沼泽性河流；沼泽主要水源为大气降水和河流补给，大叶章沼泽与河流水体理化性质见表 14-42。

表 14-42　七虎林河－阿布沁河大叶章沼泽与河流水体理化性质

水体	比较项	TDS/(mg/L)	pH	Sal/ppt	电导率/(mS/cm)	DO/(mg/L)	NO₃⁻-N/(mg/L)	NH₄⁺-N/(mg/L)
大叶章沼泽	平均值	0.05	7.63	0.03	0.07	4.74	0.09	0.20
	最高值	0.07	7.92	0.04	0.09	7.25	0.14	0.38
	最低值	0.03	7.40	0.02	0.05	2.29	0.03	0.09
七虎林河	平均值	0.04	7.37	0.02	0.06	6.83	0.07	0.26
	最高值	0.05	7.62	0.03	0.08	10.67	0.11	0.45
	最低值	0.02	7.20	0.01	0.04	4.45	0.03	0.11

【沼泽土壤】沼泽土壤多分布于碟形洼地，主要包括草甸沼泽土和腐殖质沼泽土（张强等，2015）。

【沼泽植被】沼泽区共有野生植物资源 600 多种，分属于 130 科。植被以草本沼泽为主，主要植物包括大叶章、狭叶甜茅、球尾花、芦苇、香蒲等。

【沼泽动物】沼泽区鸟类有 52 种，分属于 13 目 27 科；国家一级重点保护鸟类有东方白鹳、白尾海雕、白头鹤 3 种，国家二级重点保护鸟类有大天鹅等 6 种；野生兽类 23 种，分属于 5 目 11 科，有野生虎出没；鱼类有 45 种，分属于 7 目 10 科，主要有鲑、鲟、鳇、鲤、鲫等。

七虎林河−阿布沁河沼泽（王宪伟 摄）

穆棱河沼泽（230300-089）

【范围与面积】穆棱河沼泽主要位于黑龙江省鸡西市，地理坐标为 45°30′0″ ～ 45°40′0″N、132°0′0″ ～ 133°12′0″E，总面积为 8543 hm²。

【地质地貌】穆棱河中上游及其支流分布较窄的河谷漫滩，属低山丘陵地带，地势南高北低、西高东低，东部、北部山势较陡，西部平坦，东西两侧高中间低；在下游发育低平宽展的河谷平原，其中堆积了较厚的松散砂砾石层。受水流的侵蚀，地形起伏较大，山体破碎，山间盆地众多，新生代熔岩台地方山广布；该区域为张广才岭、老爷岭、太平岭隆起褶带中的二级新坳陷，晚侏罗纪属于隆起褶带，晚侏罗纪至白垩纪开始分异升降，张广才岭、老爷岭、太平岭逐渐抬升，穆棱−兴凯湖地区局部下陷（孙旭，2020）。

【气候】穆棱河上游为温带大陆性气候，夏季炎热多雨，冬季漫长寒冷，上游年平均降水量 530 mm，主要集中在 7 ～ 9 月；中游属温带半湿润季风气候，年平均气温为 3.1℃，年降水量 522 mm，无霜期 149 d；下游地区为温带大陆性季风气候。

【水资源与水环境】穆棱河流经穆棱市、鸡西市和虎林市，西起牡丹江市林口县的奎山镇，东至乌苏里江，南至松阿察河、兴凯湖和牡丹江市的穆棱市，北至完达山分水岭。沼泽主要水源为大气降水和河流与湖泡补给，沼泽与河流水体基本理化性质见表 14-43。

【沼泽植被】沼泽区有森林沼泽、灌丛沼泽和草本沼泽，草本沼泽以大叶章、瘤囊薹草分布较广，其他沼生植物有芦苇、莲、野大豆及乌苏里狐尾藻等（王成忠，2006；高梓洋，2018）。

【沼泽动物】沼泽区动物资源丰富，兽类主要有黑熊、马鹿、梅花鹿、野猪、赤狐、紫貂及雪兔等，鸟类有花尾榛鸡、大山雀及鸳鸯等，鱼类主要有鲤、银鲫、鲇等。

表 14-43　穆棱河沼泽与河流水体基本理化性质

水体	比较项	TDS/(mg/L)	pH	Sal/ppt	电导率/(mS/cm)	DO/(mg/L)	NO_3^--N/(mg/L)
芦苇沼泽	平均值	0.16	8.53	0.09	0.24	9.44	1.16
	最高值	0.18	8.73	0.11	0.41	13.61	2.24
	最低值	0.13	8.34	0.07	0.18	6.42	0.07
芦苇-香蒲沼泽	平均值	0.16	8.21	0.12	0.26	8.78	1.60
	最高值	0.18	8.42	0.20	0.30	12.61	3.31
	最低值	0.14	8.05	0.09	0.23	5.83	0.82
河流	平均值	0.15	8.27	0.10	0.26	8.43	0.39
	最高值	0.18	8.53	0.11	0.41	11.47	0.89
	最低值	0.13	8.09	0.09	0.18	6.01	0.03

穆棱河沼泽（王宪伟 摄）

兴凯湖沼泽（230382-090）

【范围与面积】兴凯湖沼泽位于黑龙江省鸡西市密山市，地理坐标为 45°0′56″ ～ 45°40′0″N、131°58′26″ ～ 133°13′0″E，总面积为 55 121 hm²。

【地质地貌】沼泽区地势低平且微地形复杂，形成了以湖滩和河滩为主的地貌类型，并且牛轭湖、古河道以及面积较大的湖积平原多有分布；总地势为西北高、东南低；兴凯湖是地壳断裂坳陷形成的构造湖，在古生代，地壳运动使地槽发生褶皱隆起，形成敦化－密山断裂带，即东支裂谷新生代，东支裂谷局部基底断裂沉降坳陷成湖泊，第三纪、第四纪受新构造运动影响，地势下降，湖面增大，更新世后期湖面缩小，出现碟形洼地和带状沙岗等地貌，形成大兴凯湖、小兴凯湖（曾涛，2010）。

【气候】沼泽区属于温带大陆性季风气候，位于湿润半湿润地区；冬季寒冷干燥，夏季温热多雨，春秋气候多变且短促；年平均温度 3℃左右，最热月为 8 月，月平均温度 21℃左右，最冷月为 1 月，月平均温度 –18℃左右；年平均降水量为 654 mm 左右，降雨主要集中于夏季；冬季从 11 月开始封冻，一直到翌年 3 月，长达 160 d 左右，冰层厚度可达 0.8 ～ 1.5 m；秋冬季盛行西北风，春夏季多西南风；

日照时数年平均为 2574 h，活动积温 2250℃（于淑玲，2014）。

【水资源与水环境】沼泽区河流属乌苏里江水系，共 14 条河流汇入，其中直接流入大兴凯湖的有 5 条，即白棱河、洛格河、胜利河、白泡子河和齐心河，直接流入小兴凯湖的有 5 条，即金银库河、承紫河、小黑河、西地河和东地河；松阿察河是唯一一条流出兴凯湖的河流（曾涛，2010；于淑玲，2014）。沼泽主要水源为大气降水和河流与湖泊补给。小兴凯湖湖水 pH 7.13 ～ 8.52，电导率为 0.09 ～ 0.30 mS/cm，总碳含量为 12.33 ～ 35.59 mg/L，总磷含量为 0.03 ～ 0.27 mg/L；沼泽水全磷含量为 0.07 ～ 0.29，硝态氮含量为 0.01 ～ 0.42 mg/L，氨氮含量为 0.13 ～ 0.40 mg/L（贾雪莹，2019）。

【沼泽土壤】沼泽区土壤主要包括草甸沼泽土、腐殖质沼泽土和泥炭土（曾涛，2010），泥炭土分布面积小、储量少（肖烨，2015）；兴凯湖沼泽土壤主要理化性质见表 14-44（贾雪莹，2019）。

表 14-44 兴凯湖沼泽土壤主要理化性质

土壤深度/cm	pH	有机碳含量/%	总氮含量/(mg/kg)	总磷含量/(mg/kg)	总钾含量/(mg/kg)	总铁含量/(mg/kg)
0～5	6.28	33.83	1.11	0.5	1.55	12.52
5～10	6.22	15.72	0.43	0.22	2.22	11.07
10～15	6.15	5.41	0.25	0.15	2.8	10.62

【沼泽植被】沼泽区有高等植物 696 种，其中裸子植物 8 种，蕨类植物 27 种，被子植物 661 种（于淑玲，2014）；沼泽植被以大叶章、狭叶甜茅、芦苇、沼柳为优势种（贾雪莹，2019），其他植物包括芡、毛薹草、瘤囊薹草等（刘祎男等，2020）。

【沼泽动物】沼泽区有脊椎动物近 500 种，其中鸟类约 358 种，鱼类约 75 种；鱼类主要有翘嘴鲌等，哺乳类有梅花鹿、黑熊、雪兔等，鸟类有丹顶鹤、东方白鹳、白尾海雕、中华秋沙鸭及金雕等（刘祎男等，2020）。

【受威胁和保护管理状况】沼泽区建有黑龙江兴凯湖国家级自然保护区，1994 年 4 月经国务院批准晋升为国家级自然保护区，2002 年被列入《国际重要湿地名录》，保护对象为丹顶鹤等珍禽及湿地生态系统。

兴凯湖沼泽（邹元春 摄）　　　　　　　　　　兴凯湖沼泽（路永正 摄）

第四节　松辽平原沼泽区

松辽平原沼泽区地处东北地区松花江和辽河之间的冲积平原地区，由松嫩平原沼泽区和辽河平原沼泽区组成。地理坐标为 40°47.2′～50°5.2′N、120°37.0′～128°9.1′E。松辽平原沼泽区地跨黑龙江、吉林、辽宁和内蒙古 4 省（自治区），地处大兴安岭、小兴安岭和长白山脉之间，北起嫩江中游，南至辽东湾；南北长约 1000 km，东西宽约 400 km，面积达 35 万 km²。

黑龙江、松花江、嫩江以及鸭绿江流经本区，流量较大，且河流含沙量小。区域内河流一年中有两个汛期，即春汛和夏汛，春汛多为季节性积雪融水补给，夏汛多为降雨补给。沼泽区地处温带湿润、半湿润气候区，夏季短而温凉多雨，入湖水量颇丰；冬季长而寒冷多雪，湖泊封冻期长。沼泽区分布大片湖泊，总面积可达 3800 km²，约占中国湖泊总面积的 4.6%，湖泊率约为 0.3%；湖泊的成因多与近期地壳沉陷、地势低洼、排水不畅和河流摆动有关。

沼泽区处于温带和暖温带范围，位于东亚季风的最北端，属于受季风影响的温带大陆性季风气候，是中国东部湿润季风区和内陆干旱区之间的过渡地带，夏季高温多雨，冬季严寒干燥，大陆性气候由东向西逐渐增强。7 月均温 21～26℃，1 月 –24～–9℃。10℃以上活动积温 2200～3600℃，大体趋势为由南向北递减。年降水量 350～700 mm，由东南向西北递减；降水量的 85%～90% 集中于暖季（5～10 月），雨量的高峰在 7 月、8 月、9 月三个月；年降水变率不大，为 20% 左右。

沼泽区土壤类型主要为暗棕壤、棕壤、白浆土、黑土、黑钙土、草甸土、栗钙土、盐碱土、潮土、水稻土、沼泽土、风沙土、褐土等，以草甸土、黑钙土和黑土为主；黑土是沼泽区重要的土壤资源之一，分布于小兴安岭南部的山前台地和平原，向南扩展分布至长白山脉中段西坡，向北分布至大兴安岭东北坡向的山前台地和平原，总面积 610 万 km²。松嫩平原中、东部主要为黑土，分布于山前台地和平原阶地上，从北向南呈弧形分布；松嫩平原西部主要是黑钙土、草甸土。在辽河平原主要分布有草甸土 - 潮土。砂土分布以平原西部最广。

沼泽区河流水系纵横交错，气候湿润，沼泽发育面积广，主要类型有草本沼泽、灌丛沼泽、森林沼泽、内陆盐沼和沼泽化草甸，以草本沼泽为主（表 14-45）。草本沼泽常见建群种包括芦苇、扁秆荆三棱、水烛、碱蓬、菰、香蒲、三棱水葱、水葱、小香蒲、碱茅、稗、花蔺、菖蒲、荆三棱、眼子菜、春蓼、刺藜、大叶章、角果碱蓬、三轮草、酸模叶蓼、西伯利亚蓼、羊草和皱果薹草，水生植被常见建群种包括沉水植物穗状狐尾藻、篦齿眼子菜、穿叶眼子菜、狐尾藻、狸藻和小眼子菜，浮水植物芡、荇菜，以及浮叶植物槐叶苹。

表 14-45　松辽平原沼泽区沼泽类型与面积

沼泽分区	类型	面积/×100 hm²
松辽平原沼泽区	草本沼泽	15 498.6
	灌丛沼泽	578.4
	森林沼泽	9.0
	内陆盐沼	4455.0
	沼泽化草甸	476.9

欧肯河沼泽（150723-091）

【范围与面积】欧肯河沼泽位于呼伦贝尔市鄂伦春自治旗与莫力达瓦达斡尔族自治旗。地理坐标为 $49°44′ \sim 49°54′N$、$124°46′ \sim 125°06′E$，沼泽面积为 1121 hm^2。

【地质地貌】沼泽区位于山岭向平原过渡地带的丘陵漫岗区，地势总趋势北高南低，整个地势由东北向西南倾斜。

【气候】沼泽区为温带大陆性气候，冬季漫长寒冷，夏季温和短促、降雨集中，春秋两季气候变化剧烈、降水少。年平均气温 $-0.3 \sim 2.0℃$，极端最低气温 $-44.6℃$；年均大于 $0℃$ 积温 $2421 \sim 2789℃$，大于 $10℃$ 积温 $1890 \sim 2345℃$；年降水量 $490 \sim 838.9$ mm，多集中在夏季，年蒸发量 1400.66 mm 左右。

【沼泽土壤】沼泽土壤以沼泽化草甸土和沼泽土为主。

【沼泽动物】沼泽区野生动物资源丰富，两栖动物有中国林蛙、黑斑侧褶蛙、黑眶蟾蜍等，爬行动物有黑龙江草晰、蜥蜴、赤峰锦蛇和乌苏里蝮等。

【受威胁和保护管理状况】沼泽区于 1999 年建立了欧肯河县级内陆湿地自然保护区，管理机构是欧肯河自然保护区管理站，受鄂伦春自治旗林业局管理。

欧肯河沼泽（张重岭 摄）

科洛河沼泽（231183-092）

【范围与面积】科洛河沼泽位于黑龙江省黑河市嫩江市，地理坐标为 $48°51′0″ \sim 49°45′0″N$、$125°9′0″ \sim 127°0′0″E$，总面积为 3577 hm^2。

【地质地貌】沼泽区位于小兴安岭西坡与松嫩平原过渡地带，大地构造位置属兴安岭 - 内蒙古地槽褶皱区大兴安岭地槽褶皱系罕达气优地槽褶皱带罕达气断褶东、座虎滩坳陷；地质上位于晚元古代新开岭隆起与多宝山中加里东期岛弧区衔接部和中生代座虎滩火山 - 沉积盆地西部边缘构造叠合部位。

【气候】沼泽区属中温带半湿润大陆性季风气候，年际温差变化大，日照时间长，四季分明、雨热同季、冷热悬殊、干湿不均；年均气温 $2 \sim 4℃$，极端最低气温 $-39.5℃$，极端最高气温 $40.1℃$；年均降水量 485 mm，多集中在 $6 \sim 8$ 月；年均蒸发量 1150 mm（王治良，2016）。

【水资源与水环境】由于沼泽地处沟谷、缓坡或河漫滩，沼泽主要水源为大气降水，部分低洼地区有土壤径流与溪流补给。科洛河为嫩江支流，源自小兴安岭北段西麓，向西流横贯嫩江市南部，西流汇入嫩江；全长 324 km，河宽 50 m，水深 1.2 m，流域面积为 8401 km^2；年结冰期 $4 \sim 5$ 月。

【沼泽土壤】沼泽区土壤以腐殖质沼泽土和草甸沼泽土为主，其中腐殖质沼泽土分布广泛。

【沼泽植被】沼泽区植被以瘤囊薹草 + 乌拉草群落、瘤囊薹草 + 大叶章群落、芦苇群落为主要群落类型。

【受威胁和保护管理状况】沼泽区有科洛河市级自然保护区，科洛河市级自然保护区成立于1996年以湿地生态系统及水禽为主要保护对象。

五大连池沼泽（231182-093）

【范围与面积】五大连池沼泽位于黑河市五大连池市，地理坐标为48°8′22″～48°9′15″N、126°8′13″～126°15′34″E，总面积为8116 hm²。

【地质地貌】沼泽区主要地貌为丘陵，处于小兴安岭地区山地与松嫩平原地区交界处；东部、北部、西部山脉走势高，有老火山、药泉山、火烧山及西北小洪山等山地隆起，往中部和南部形成湖泊和河流，地势变低。区域内保存了完好的火山地貌；主要地层在全新统为石龙熔岩，上更新统时期和中更新统时期为火山熔岩，火山在下更新世之后喷发多次，活动非常活跃；花岗岩类侵入及多期脉岩侵入为侵入岩（张丽慧，2018）。

【气候】沼泽区属于中温带大陆季风气候。冬季在11月到3月时期，平均气温约0.5℃，1月和2月严寒气温最低能降到−30℃，夏季时长较短，气温上升迅速，最高温度出现在7～8月，夏季月平均温度22℃；无霜期平均为110 d，霜冻期始于9月中旬，终霜期在5月中下旬（张荣涛，2014；张丽慧，2018）。

【水资源与水环境】沼泽区主要水源为大气降水及湖泊与河流补给。五大连池自上而下连通的5个湖泊分别称为五池、四池、三池、二池和头池（一池），5个湖泊水深程度不一；五大连池主要水源来源为张通世沟，张通世沟发源于龙门山区域，河流总长3.2 km，水流流域面积为119 km²；出流为石龙河，河流总长为61 km；上下游平均河道宽度为8 m；河道水深最大处为1 m，最浅处为0.2 m（张丽慧，2018）。

【沼泽土壤】沼泽区土壤主要为沼泽土与泥炭土，分布于新老火山坡地下部、沟谷和湖泊边缘等低洼地段，此地段地下水位较高，沼泽发育（张树民等，2005）。

【沼泽植被】沼泽区共有野生植物116科337属771种（谢艳，2016；李晓明，2017），沼泽植被主要为大叶章＋薹草群落，地势较高处以大叶章为主，伴生有瘤囊薹草；地沟处以乌拉草为主，再低处常以漂筏薹草为主（张树民等，2005）。其他沼生植物有芦苇、蒿类、沼柳及绣线菊等。

【沼泽动物】沼泽区分布野生动物有74科310种，其中鱼类有8科26种；两栖类5科7种；兽类16科53种；鸟类42科215种；鸟类有国家一级重点保护物种6种，如白枕鹤、金雕、东方白鹳、黑鹳、丹顶鹤、中华秋沙鸭，国家二级重点保护鸟类37种，如鸳鸯、花尾榛鸡等（李晓明，2017）。

【受威胁和保护管理状况】沼泽区建有国家5A级五大连池风景区，2001年五大连池风景名胜区被国土资源部批准为首批国家地质公园之一；2003年7月17日，被联合国教育、科学及文化组织（联合国教科文组织）批准为世界人与生物圈保护区；2004年2月3日，被联合国教科文组织批准为全球首批世界地质公园之一。

五大连池沼泽（文波龙 摄）

讷谟尔河沼泽（230281-094）

【范围与面积】讷谟尔河沼泽位于黑龙江省讷河市，地理坐标为48°14′22″～48°33′43″N、124°30′55″～125°52′5″E，总面积为2770 hm²。

【地质地貌】沼泽区位于嫩江中游，上游是山溪性河流，河谷狭长且水流湍急，支流众多；中游流经山地丘陵过渡地带，沃野平畴、支流众多；下游流入宽阔的平原，主流靠右岸，冲刷严重，支流较少，主要地貌为冲积平原。

【气候】沼泽区属温带大陆性季风气候。春季风大，干旱少雨，夏季受北太平洋高压控制，温暖多雨，阳光充足，秋季低温，霜冻较早，冬季受西伯利亚高压影响，寒冷而干燥，延续时间较长；年降水量400～600 mm；年平均蒸发量为1900 mm左右；年平均气温为1～4℃，积温2200～2500℃，无霜期115～140 d（王艳龙和王宝力，2012）。

【水资源与水环境】沼泽区水源主要为大气降水与河流补给。讷谟尔河是嫩江左岸的一大支流，位于黑龙江省西部，发源于小兴安岭南麓佛仑山岭（北安市双龙泉附近）；发源地从东南向西北穿过讷谟尔山口后转向南，跨越黑龙江省的黑河和齐齐哈尔两个地区的北安、五大连池、克山、讷河、嫩江5个市县，于讷河市西南39.6 km处汇入嫩江；讷谟尔河整个河流大致分为上、中、下三段；讷谟尔山口以上为上游，讷谟尔山口至五大连池市团结村为中游，五大连池市团结村至讷河市六合镇海塘泡为下游；河流全长588 km，河床宽40～70 m，水深1.2～3.0 m，流域面积13 945 km²；讷谟尔河河流五大连池团结断面水体理化性质见表14-46（李超，2016）。

表14-46 讷谟尔河水体理化性质（五大连池团结断面）

pH	溶解氧/(mg/L)	高锰酸盐指数/(mg/L)	氨氮/(mg/L)	总氮/(mg/L)	总磷/(mg/L)
7.24	9.13	6.13	0.51	1.26	0.16

【沼泽植被】沼泽区共有高等植物82科201属393种，广布有芦苇、水烛、菰、水葱、荇菜、白睡莲、菹草、竹叶眼子菜等（王艳龙和王宝力，2012）。

【沼泽动物】沼泽区鱼类主要有鲫、鲇、鲤等，两栖类有中华蟾蜍、东北小鲵、东北雨蛙等；爬行类有中华鳖、蜥蜴等；鸟类有中华秋沙鸭、灰鹤、环颈雉等；兽类有东方田鼠、东北兔、赤狐等。

【受威胁和保护管理状况】沼泽区建有黑龙江讷谟尔河湿地省级自然保护区，2007年黑龙江省人民政府批准为省级湿地自然保护区。

讷谟尔河沼泽（焉申堂 摄）

乌裕尔河（扎龙）沼泽（230200-095）

【范围与面积】乌裕尔河（扎龙）沼泽位于黑龙江省齐齐哈尔市，有两片集中分布区，其中一片地理坐标为 46°48′04″ ～ 47°31′35″N、123°51′17″ ～ 124°36′56″E，面积为 155 100 hm²；另外一片地理坐标为 46°30′04″ ～ 47°50′36″N、124°16′24″ ～ 124°52′50″E，面积为 34 400 hm²。

【地质地貌】沼泽区位于松嫩平原西部，松嫩平原是晚中生代以来发展形成的拗陷盆地，地貌主要为风积沙地、湖沼平原、冲积河谷平原和冲积平原 4 类（麻占梧，2015）。

【气候】沼泽区为温带湿润大陆性季风气候；冬季寒冷而漫长，春季干燥，大部分风为西北风，夏季湿热多雨，秋季温度经常急降，而且会有早霜；沼泽区域年平均气温 3.5℃，最低气温出现在每年 1 月，平均 –19.4℃，年平均日照时数 2864 h；降水量相对较小，主要集中在 6 ～ 9 月，约占年降水总量的 81%，其中 7 月最大，年平均降水量约 428 mm，冬季积雪可达 4 个月，无霜期 131 d（张妮，2018）。

【水资源与水环境】沼泽区主要水源为大气降水与河流补给，扎龙保护区内有乌裕尔河和双阳河。乌裕尔河发源于黑龙江省北安市小兴安岭西麓山前台地沼泽地向松嫩平原的过渡地带，全长 587 km，流域面积 1.9 万 km²，落差 110 m，为嫩江东部的一条支流，由东北流向西南，主要支流有轱辘河、鸡爪河、泰西河、闹龙河、鳌龙沟、润津河等（姜立伟，2015）。沼泽区也是河流的重要水源涵养区，草甸沼泽土剖面形态和水分物理特征见表 14-47（王永超等，2019）。扎龙沼泽与河流水体基本理化性质见表 14-48（胡宝军，2019）。

表 14-47　乌裕尔河（扎龙）草甸沼泽土剖面形态和水分物理特征

土层代号	深度/cm	颜色	容重/(g/cm³)	田间持水量/%	自然含水率/%	土壤蓄水量/mm
As	0～10	棕灰	0.25	85.0	66.0	16.50
A	10～35	暗灰	0.84	44.0	45.8	96.18
Bg	35～48	暗灰棕	1.42	35.0	34.1	62.94
G	48～130	浅灰	1.40	35.0	24.5	281.26

表 14-48　乌裕尔河（扎龙）芦苇沼泽水体基本理化性质

水体	比较项	TDS/(mg/L)	pH	Sal/ppt	电导率/(mS/cm)	DO/(mg/L)	NO₃⁻-N/(mg/L)
芦苇沼泽	平均值	0.34	8.32	0.26	0.55	7.46	0.09
	最高值	0.50	9.30	0.41	0.72	8.83	0.14
	最低值	0.23	7.56	0.14	0.40	5.58	0.02
乌裕尔河	平均值	0.99	8.01	0.75	1.51	7.53	0.34
	最高值	1.46	8.99	0.96	1.70	9.41	0.60
	最低值	0.74	6.97	0.52	1.36	6.36	0.05

【沼泽土壤】沼泽区土壤主要为草甸沼泽土，9 月扎龙芦苇沼泽土壤理化性质见表 14-49（于保刚等，2022）。

表 14-49　乌裕尔河（扎龙）芦苇沼泽土壤理化性质

pH	可溶性盐/(g/kg)	有机质含量/(g/kg)	速效氮含量/(mg/kg)	速效磷含量/(mg/kg)	速效钾含量/(mg/kg)
7.70～8.83	1.55～3.24	12.4～68.9	126～183	32.2～49.4	116.2～177.1

【沼泽植被】沼泽区高等植物隶属于 69 科 256 属 525 种，以芦苇为沼泽优势种，其他沼生植物有乌拉草、三棱水葱及欧菱等；芦苇沼泽生物量变化较大，为 1000 ～ 5000 g/m²（麻占梧，2015；于保刚等，

2022）。

【沼泽动物】沼泽区兽类有 37 种，主要包括赤狐、黄鼬等；两栖类有 6 种，爬行类有 6 种，主要有中华蟾蜍、东北小鲵、东北雨蛙等；鱼类 51 种，主要包括鲤科、鲇科等；鸟类约 265 种，其中鹤类有 6 种，分别为丹顶鹤、白鹤、白头鹤、白枕鹤、灰鹤和蓑羽鹤（麻占梧，2015）。

【受威胁和保护管理状况】沼泽区建有黑龙江扎龙国家级自然保护区，1987 年 4 月国务院批准扎龙自然保护区晋升为国家级自然保护区，属湿地生态系统类型的自然保护区；扎龙湿地为亚洲第一、世界第四，也是世界最大的芦苇湿地，1992 年被列入《国际重要湿地名录》。沼泽区还有黑龙江乌裕尔河国家级自然保护区，2013 年 6 月晋升为国家级自然保护区。

乌裕尔河（扎龙）沼泽（王宪伟 摄）

哈拉海沼泽（230221-096）

【范围与面积】哈拉海沼泽位于黑龙江省齐齐哈尔市龙江县，地理坐标为 47°27′0″ ~ 47°40′0″N、123°19′0″ ~ 123°36′0″E，总面积为 28 212 hm²。

【地质地貌】沼泽区位于大兴安岭南麓、嫩江右岸平原的过渡地带；属于平原区河湖相冲积地貌类型，地势平坦低洼，最低处海拔不足 139 m，坡度为 1‰，河流的沟谷流向极不明显，水流缓慢，多为苇塘、泡沼、草甸；自全新世早期开始，平原东、北、西三面丘陵山区的各条河流相继延伸，流入平原，形成了松花江、嫩江等大型河流；从晚更新世到现代，嫩江在平原区内由东向西多次改道，使许多支流形成了现代的闭流无尾河，导致小型湖泊和沼泽广泛发育，哈拉海沼泽便是在这种地质演变中形成的（周琳等，2005）。

【气候】沼泽区地处中纬度地带，属于温带大陆性季风气候，冬季受西伯利亚寒流影响，多西北风，寒冷而干燥；春季风大，并干旱少雨；夏季短暂且高温多雨；秋季降温快，且多早霜；年降水量 390 ~ 480 mm，年蒸发量 1500 mm 左右；年平均气温 3.4℃，年有效积温 2450 ~ 2790℃（周琳等，2005；王军静等，2014）。

【水资源与水环境】沼泽区水资源主要有明水、沼泽、湿草甸三种类型，组成了地域广阔的永久性或季节性淡水沼泽；沼泽水源主要为大气降水与湖泊和河流补给；沼泽地最大水深 50 ~ 70 cm，全区最大蓄水量为 4 亿 m³ 左右；区内主要河流为龙江西部山区的 10 余条小型河流和甘南的四方山、音河水库的排水渠道（于海波等，2005；周琳等，2005）。

【沼泽土壤】土壤主要为沼泽土，土壤基本理化性质见表 14-50（王军静等，2014）。

表 14-50　哈拉海沼泽土壤基本理化性质

土壤/ cm	全碳含量/ (g/kg)	全氮含量/ (mg/kg)	氨态氮含量/ (mg/kg)	硝态氮含量/ (mg/kg)	全磷含量/ (mg/kg)	速效磷含量/ (mg/kg)
0～10	66.42	2658.62	52.73	0.79	417.46	11.38
10～20	81.68	1217.05	30.98	2.01	344.30	4.51
20～30	47.58	665.76	25.39	0.90	284.52	1.92
30～40	46.70	754.47	10.16	0.90	282.39	1.19
40～50	44.78	700.61	35.92	0.90	267.03	2.59

【沼泽植被】沼泽区主要为芦苇沼泽，其他植物有拂子茅、水蓼及沼生柳叶菜等（王军静等，2014）。

【沼泽动物】沼泽区共有无脊椎动物 500 余种、脊椎动物 339 种，有鱼类 53 种，鸟类约有 242 种，其中国家一级重点保护鸟类 7 种，国家二级重点保护鸟类 35 种；鸟类有丹顶鹤、凤头麦鸡及中华秋沙鸭等；鱼类有鲫、葛氏鲈塘鳢、鲇及鲤等；两栖类有中华蟾蜍、东北小鲵及东北雨蛙等（于海波等，2005）。

【受威胁和保护管理状况】哈拉海沼泽内建有黑龙江哈拉海省级自然保护区，2011 年 3 月，黑龙江省人民政府批准建立，保护区地处松嫩平原的西北端、大兴安岭南麓，以湿地生态系统及珍稀动植物为主要保护对象。

哈拉海沼泽（焉申堂 摄）

明水沼泽（231225-097）

【范围与面积】明水沼泽位于黑龙江省绥化市明水县，地理坐标为 47°14′52″ ～ 47°17′22″N、125°18′32″ ～ 125°36′12″E，总面积为 33 003 hm²。

【地质地貌】沼泽区处于松嫩平原，以平原地貌为主，地质构造上整体属于新华夏构造体系第二沉降带北部。

【气候】沼泽区属于寒温带大陆性季风气候，四季交替明显，年平均气温 2.0℃，≥10℃年平均积温 2511.2℃，年降雨量为 476.9 mm，平均无霜期 124 d，年平均日照时数达到 2824 h。

【水资源与水环境】明水沼泽内引嫩河纵贯区域内，沼泽主要水源为大气降水与河流补给。

【沼泽植被】沼泽区有植物 77 科 533 种，其中藓类植物 4 科 6 种，蕨类植物 3 科 4 种，裸子植物 1 科 1 种，被子植物 69 科 522 种，其中国家级重点保护野生植物有野大豆和黄芪（王仁春等，2015）。

【沼泽动物】沼泽区有脊椎动物 31 目 73 科 301 种，其中鱼类 5 目 7 科 28 种，两栖类 2 目 4 科 6 种，爬行类 2 目 4 科 6 种，鸟类 16 目 45 科 229 种，哺乳动物 6 目 13 科 32 种；是我国大鸨的最重要繁殖栖息地。

【受威胁和保护管理状况】沼泽区建有黑龙江明水国家级自然保护区，2013 年经国务院批准晋升为国家级自然保护区，属于内陆湿地和水域生态系统类型自然保护区。

明水沼泽（焉申堂 摄）

明水沼泽（周蹋 摄）

都尔本新沼泽（152223-098）

【范围与面积】都尔本新沼泽位于内蒙古自治区兴安盟扎赉特旗东南部的努文木仁乡，地理坐标为 46°51′36″～46°57′24″N、123°25′01″～123°31′13″E，平均海拔 140 m。沼泽面积为 1340 hm²，均为草本沼泽。

【地质地貌】沼泽区地处大兴安岭向松嫩平原的过渡地带，主要地貌类型属冲积平原。

【气候】沼泽区年均气温 2.5～6.1℃，平均为 4.6℃；≥10℃年均活动积温 3143℃；年均降水量 254.2～752.7 mm，平均为 426.6 mm；年均蒸发量 1185.6～2099 mm，平均为 1794.1 mm（徐永生等，2014）。

【水资源与水环境】沼泽区水源补给主要包括大气降水和地表径流。沼泽地表水 pH 6.50～8.50，弱碱性；矿化度 0.30 g/L，淡水；透明度 0.70 m，浑浊；化学需氧量 7.40 mg/L（徐永生等，2014）。

【沼泽土壤】沼泽区土壤主要类型为沼泽土和沼泽化草甸土。

【沼泽植被】沼泽区植被优势种为灰脉薹草、长芒稗和鹅绒委陵菜，伴生种有星星草、地榆、水蒿、酸模、市藜和水蓼等。

【沼泽动物】沼泽区有鸟类17目44科248种，其中国家一级重点保护野生鸟类有东方白鹳、黑鹳、金雕、白尾海雕、丹顶鹤、白头鹤、白鹤、白枕鹤、乌雕、草原雕、秃鹫等；国家二级重点保护野生鸟类包括赤颈䴙䴘、角䴙䴘、白琵鹭、大天鹅、小天鹅、白额雁、鸳鸯、黑鸢、苍鹰、雀鹰、松雀鹰、普通鵟、大鵟、毛脚鵟、白尾鹞、鹊鹞、白腹鹞、游隼、灰背隼、红脚隼、燕隼、红隼、灰鹤、蓑羽鹤、雪鸮、短耳鸮、长耳鸮、长尾林鸮、雕鸮、鹰鸮等；鱼类资源以鲤形目鲤科为主，主要经济鱼类有麦穗鱼、鲤、鲫、鲇、鳅等；常见两栖类包括中华蟾蜍、黑龙江林蛙、花背蟾蜍等（徐永生等，2014）。

【受威胁和保护管理状况】沼泽区于2000年成立内蒙古都尔本新草甸、沼泽湿地自然保护区，是由内蒙古自治区扎赉特旗人民政府批准建立的旗县级自然保护区，主管部门是内蒙古自治区兴安盟扎赉特旗林业局。

安达北沼泽（231281-099）

【范围与面积】安达北沼泽位于黑龙江省绥化市安达市，地理坐标为46°35′00″～46°41′00″N、125°20′00″～125°26′00″E，总面积为2989 hm²。

【地质地貌】沼泽区地处黑龙江省西南部松嫩平原腹地，地质构造上属松辽盆地的一部分，全区处于长期缓慢下降作用为主的松辽中断陷中央坳陷期东部。地貌类型属松花江、嫩江冲积一级阶地。全区地势平坦开阔，由东北向西南逐渐低下，海拔134～212 m，相对高差78 m，坡度1/300～1/1000（王纯芳等，1996）。

安达北沼泽（焉申堂 摄）

【气候】沼泽区属于北温带亚欧大陆季风气候；主要特征是冬季寒冷、干燥，夏季雨热同期；年平均气温为4.2℃，年平均降水量432.4 mm，年平均日照时数为2662.1 h，年平均无霜期142 d（于波等，2010）。

【水资源与水环境】沼泽区位于松嫩平原中部，属黑龙江省西部干旱地区，区内有东湖水库干渠及王花泡等，沼泽主要水源为大气降水，王花泡附近芦苇沼泽水体基本理化性质见表14-51。

表 14-51　王花泡附近芦苇沼泽水体基本理化性质

比较项	TDS/(mg/L)	pH	Sal/ppt	电导率/(mS/cm)	DO/(mg/L)	NO₃⁻-N/(mg/L)
平均值	1.06	8.72	0.85	0.64	7.82	1.13
最高值	1.61	9.18	0.99	0.80	8.90	2.37
最低值	0.74	7.72	0.72	0.46	6.26	0.25

【沼泽植被】沼泽区植被以芦苇群落为主，伴生种有星星草、地肤、龙江风毛菊及千屈菜等。

【沼泽动物】沼泽区记录鸟类100余种，有大天鹅、丹顶鹤等国家级重点保护动物；鱼类有鲤、鲫

等（韩艳滨，2016）。

【受威胁和保护管理状况】沼泽区目前面临严重的退化问题，沼泽多出现斑块化与破碎化，急需加强保护。

大庆沼泽（230600-100）

【范围与面积】大庆沼泽位于黑龙江省大庆市，地理坐标为46°10′0″～47°0′0″N、125°0′0″～126°12′0″E，总面积为5007 hm²。

【地质地貌】沼泽区地势东北高、西南低，一般地面高程126～165 m，相对高差10～29 m；其中，西部分布有条带状固定和半固定砂丘或沙岗，地形起伏较大，中部和东部地势低平，起伏较小；主要地貌为堆积或冲积平原和风蚀地貌，堆积与冲积平原主要分布在大庆中部地区，地势呈微波状起伏，区内湖泊、洼地大面积分布，冲积平原主要沿江河两岸分布，由漫滩组成，主要形成沼泽、牛轭湖等（许庆，2020）。

【气候】沼泽区为温带大陆季风性半湿润半干旱气候，而其所辖的肇源县、杜尔伯特蒙古族自治县则属半干旱气候，其东部肇州县、林甸县仍属于半湿润性气候；受到温带和季风共同影响，大庆春季日照较为充足而少雨，气候较为干燥，气温变化急剧，风沙较大；夏季温暖，雨水丰沛，雨热同季；入秋之后，气温迅速降低，雨水较多，气候湿冷；冬季漫长，气候寒冷，风力较大；区内日照条件很好，年度日照时数达到2800 h以上，区内热量资源也较为丰富，气象数据显示，大庆地区年平均气温2.2～4.2℃，年积温2850℃，年平均无霜期20～152 d，年平均降雨量400～450 mm，但降雨存在季节性分布不均现象（张鹏，2018）。

【水资源与水环境】沼泽区主要水源为大气降水和河流补给。大庆沼泽有三条河流流经，分别为松花江干流、嫩江和嫩江支流，从河流的流经长度上看，松花江在研究区流经长度为128.6 km，嫩江为260.9 km；从年径流量上看，松花江为272.8亿m³，嫩江为300多亿m³。受到区内特有的地质构造及近代自然和人为等因素影响，大庆沼泽区的湖泊、水泡星罗棋布，数以百计，其中面积在1万m²以上的就有284个，湖泊、水泡合计总面积达到3000 km²；区域内遍布的湖泊、水泡群是松嫩平原各个湖泊群中面积最大、数量最多的。这些湖泊、水泡大多没有固定的边缘，形状各异，且呈不规则形状，水体深度较浅；每年的7～8月为雨季，降水量和河流径流量都会显著升高（张鹏，2018）。大庆水库及附近主要沼泽水体理化性质见表14-52，龙凤湿地保护区沼泽与湖泊水体理化性质见表14-53（李磊，2021）。

表14-52　大庆水库及附近主要沼泽水体理化性质

水体	比较项	TDS/(mg/L)	pH	Sal/ppt	电导率/(mS/cm)	DO/(mg/L)	NO₃⁻-N/(mg/L)
芦苇沼泽	平均值	1.12	8.48	0.98	0.67	5.70	0.19
	最高值	1.45	9.13	1.51	0.85	7.82	0.40
	最低值	0.84	7.56	0.64	0.50	4.03	0.02
芦苇+香蒲沼泽	平均值	1.05	8.46	0.88	0.68	5.66	1.19
	最高值	1.52	9.99	1.12	0.89	7.04	2.75
	最低值	0.80	7.11	0.64	0.50	4.02	0.11

续表

水体	比较项	TDS/(mg/L)	pH	Sal/ppt	电导率/(mS/cm)	DO/(mg/L)	NO₃⁻-N/(mg/L)
羊草+ 芦苇沼泽	平均值	0.44	6.95	0.36	0.68	6.79	0.45
	最高值	0.59	7.82	0.57	0.94	8.73	1.04
	最低值	0.24	6.05	0.16	0.39	5.02	0.02
大庆水库	平均值	0.22	8.41	0.15	0.37	8.18	0.01
	最高值	0.40	9.21	0.29	0.54	12.35	0.01
	最低值	0.10	7.25	0.06	0.20	6.21	0.00

表 14-53　龙凤沼泽与湖泊水体理化性质

水体	pH	电导率/(mS/cm)	DO/(mg/L)	高锰酸盐指数/(mg/L)
保护区内湖泊	8.55～9.01	0.39～0.94	6.97～9.53	7.49～9.23
保护区内沼泽	8.43～8.75	1.13～1.87	7.07～8.07	10.82～12.93

【沼泽土壤】沼泽区土壤类型主要为草甸土、盐土、碱土和沼泽土。龙凤沼泽土壤主要理化性质见表 14-54（陈雪龙等，2012）。

表 14-54　龙凤沼泽土壤主要理化性质

土壤深度	有机质/(g/kg)	pH	有效硒/(μg/kg)	全硒/(μg/kg)
0～10 cm	40.93±5.15	6.85±0.18	24.00±1.22	131.50±8.73
10～20 cm	43.75±7.99	6.79±0.50	26.50±0.87	141.50±7.53
20～40 cm	28.79±3.68	8.41±0.27	23.50±2.06	129.25±5.49
40～60 cm	24.96±3.62	8.72±0.49	23.75±1.48	133.25±4.44

【沼泽植被】沼泽区植被以芦苇沼泽为主，主要植物有芦苇、毛薹草、驴蹄草、黑三棱、水烛、大叶章、狼尾草、箭头唐松草、地榆、野古草、蕨麻、旋覆花及篦齿眼子菜等，共有维管植物 314 种（王猛等，2017）。

大庆沼泽（王宪伟 摄）

【沼泽动物】沼泽区具有很高的生物多样性，其中龙凤沼泽有国家一级重点保护鸟类 4 种，国家二级重点保护鸟类 5 种，代表种有丹顶鹤、白鹤、白枕鹤、白鹳、大天鹅、小天鹅、灰鹤、蓑羽鹤、青头潜鸭、黑翅长脚鹬、红嘴鸥、银鸥等；哺乳动物有 4 目 11 科 13 种；鱼类 45 种，隶属于 5 目 10 科（王猛等，2017）。

【受威胁和保护管理状况】沼泽区建有黑龙江龙凤湿地省级自然保护区，2003 年 3 月，被批准为省级自然保护区，区内泡沼相连，沼泽占总面积的 80%。

青肯泡沼泽（231281-101）

【范围与面积】青肯泡沼泽位于黑龙江省安达市东部，地理坐标为 46°14′0″ ～ 46°29′00″N、125°32′00″ ～ 125°43′00″E，总面积 10 281 hm²。

【地质地貌】沼泽区第四系沉积层分布普遍，地势较为平坦。

【气候】沼泽区属于寒温带和温带的大陆性季风气候；冬季漫长且严寒干燥，春季多大风、降雨量少，夏季雨热同期；年平均气温 3.3℃，极端最低气温 –37.3℃，极端最高气温 38.2℃，无霜期平均为 131 d，年平均降水量 439 mm，多集中在 6 ～ 8 月。

【水资源与水环境】青肯泡为自然水泡，呈椭圆形，南北长约 10 km，东西宽约 9 km，面积约 80 km²，湖岸曲度比较小而平滑，是一个过水性水体；水源以引嫩江水和自然降水汇入为主，湖底平坦，平均水深 0.8 ～ 1.5 m，最大水深 2.0 m 左右。青肯泡芦苇沼泽水体理化性质见表 14-55。

表 14-55　青肯泡芦苇沼泽水体理化性质

比较项	TDS/(mg/L)	pH	Sal/ppt	电导率/(mS/cm)	DO/(mg/L)	NO_3^--N/(mg/L)
平均值	1.11	8.86	0.91	1.43	3.15	1.46
最高值	1.51	9.89	1.38	1.77	5.17	3.32
最低值	0.75	8.01	0.63	1.19	1.18	0.28

【沼泽植被】沼泽区常见湿地植物有芦苇、香蒲、菰、地榆、地肤、荆三棱等。青肯泡浮游植物以绿藻门最多，浮游植物生物量约为 2.5 mg/L。

青肯泡沼泽（文波龙 摄）

【受威胁和保护管理状况】青肯泡沼泽受土壤盐碱化影响严重，受人类活动的影响，沼泽分布多为破碎化，急需保护。

图牧吉沼泽（152223-102）

【范围与面积】图牧吉沼泽位于内蒙古自治区兴安盟扎赉特旗，地理坐标为 46°04′07″ ～ 46°33′35″N、122°44′13″ ～ 123°10′24″E，海拔 130 ～ 148 m，沼泽面积 29 400 hm²。

【地质地貌】沼泽区地处大兴安岭山地与松嫩平原的过渡地带，构成了西高东低、波状起伏的台地平原地貌形态；全新世以来，台地平原遭受流水侵蚀，在台地面上形成了一系列宽浅的河谷洼地，向东南辐射状延伸。东部由二龙涛河在台地面上营造了大面积流水洼地，由于河道多变，所形成的冲积平原与泛滥平原呈不规则条带状，并形成众多的侵蚀洼地，其组成物质为全新世（Q4）的河流冲积物、湖相沉积物，以亚砂土、亚黏土和黏土状堆积为主。

【气候】沼泽区为温带大陆性季风气候，年平均气温 4℃，月平均气温为 –17.4 ～ 23.4℃，年降水量为 200 ～ 700 mm，降水变率较大，年蒸发量约为年降水量的 4 倍，年平均风速为 3.5 m/s（王子健等，2019）。

【水资源与水环境】沼泽区水源补给方式包括大气降水、人工补给与地表径流。沼泽最大水深 3.0 m，平均水深 1.0 m。区内主要河流二龙涛河是洮儿河的支流，为间歇性河流，属松花江水系；区域内湖泊较多，主要有图牧吉泡子、三道泡子、哈达泡和靠山泡等。沼泽区地表水 pH 8.0，弱碱性；矿化度 0.5 g/L，属于淡水；透明度 0.5 m，浑浊；总氮含量为 0.30 mg/L，总磷含量为 0.023 mg/L。地下水 pH 8.0，弱碱性；矿化度 0.9 g/L，属于淡水（李贺新和李彬，2015）。

【沼泽土壤】沼泽区主要土壤类型为沼泽土、沼泽化草甸土和盐土。

【沼泽植被】沼泽区记录有维管植物 51 科 160 属 253 种，以菊科、禾本科、豆科、莎草科和蔷薇科为主，约 128 种；其次为百合科、藜科、紫草科和毛茛科，以上 9 科共 156 种，占总物种数的62%。常见湿地植物包括长芒稗、蕨麻、北车前、芦苇、披碱草、星星草、地榆、香蒲、匍枝委陵菜、蒲公英和小香蒲等（李贺新和李彬，2015）。

图牧吉沼泽（周繇 摄）

【沼泽动物】沼泽区水鸟资源优势种为豆雁、白额雁、灰雁、绿头鸭等，国家级重点保护野生水鸟 46 种，其中国家一级重点保护野生鸟种有大鸨、东方白鹳、黑鹳、黑头白鹮、白头鹤、白枕鹤、丹顶鹤、白鹤等；国家二级重点保护野生水鸟包括赤颈䴙䴘、角䴙䴘、白琵鹭、大天鹅、小天鹅、白额雁、鸳鸯、灰鹤、蓑羽鹤、小杓鹬等（王子健等，2019）。

【受威胁和保护管理状况】沼泽区建有图牧吉自然保护区，保护区于 1998 年晋升为自治区级自然保护区，2002 年晋升为国家级自然保护区，主要保护对象为草原生态系统、湿地生态系统及珍稀鸟类。保护区面临的主要威胁是过牧和垦殖。

兴隆泉沼泽（230606-103）

兴隆泉沼泽位于黑龙江省大庆市大同区兴隆泉乡，地理坐标为 46°10′00″ ~ 46°14′00″N、126°16′00″ ~ 126°26′00″E，总面积为 2015 hm²。该区地处松嫩平原中部，地质地貌特征与大庆地区一致，地势平坦，主要地貌为堆积或冲积平原和风蚀地貌。沼泽区属北温带大陆性季风气候，季风显著，温度变化大，降水量低；平均气温为 4.2℃，寒冷月份最高平均气温为 –18.5℃，年平均风速为 3.8 m/s，年降雨量 427.5 mm，年蒸发量 1635 mm，年日照时数为 2726 h。沼泽区无大的水系与湖泊，沼泽主要水源为大气降水。沼泽植被主要有小面积的芦苇沼泽和薹草沼泽。兴隆泉沼泽受人类活动影响强烈，沼泽多退化、盐碱化与草甸化，急需加强保护。

莫莫格沼泽（220821-104）

【范围与面积】莫莫格沼泽位于吉林省白城市镇赉县，东部紧邻嫩江，与黑龙江省杜尔伯特蒙古族自治县、泰来县隔嫩江相望；南部以洮儿河为界线，邻近大安市；西北部与镇赉县的丹岱、五棵树、哈吐气、东屏、岔台乡的部分地区接壤。地理坐标为 45°41′59″ ~ 46°18′11″N、123°26′31″ ~ 124°4′11″E，面积为 80 095 hm²。

【地质地貌】沼泽区地处新华夏北段第二沉降带形成的松嫩平原西部边缘，北与大兴安岭外围台地相连，东部和南部有嫩江、洮儿河环绕，沿江河畔是广阔的冲积平原，呈微波状起伏，海拔 142 m。地势较为平坦，西北高，最高海拔 167.7 m，东南低，最低海拔 128 m。区域内相对高差仅 2 ~ 10 m，沼泽发育于湖滨洼地、河漫滩和低洼地中。

【气候】沼泽区属温带季风气候区，多年平均气温 4.5℃，最热月 7 月的平均温度为 23.5℃，最冷月 1 月的平均温度为 –17.4℃，太阳辐射年均总量为 124.71 kcal/cm²，高值出现在 5 月、6 月，区内无霜期 137 d。夏季高温多雨，冬季干燥寒冷，年温差达 40℃。区内多年平均降水量为 382.5 mm，呈现由东南向西北递减的规律。其中年内降水多集中在 6 ~ 9 月。平均年蒸发量为 1600 mm 左右，年蒸发量为降水量的 2.5 倍。

【水资源与水环境】沼泽区水资源丰富，属于嫩江水系。嫩江在本区内流程为 111.5 km，流域面积达 3 万余 hm²。洮儿河发源于大兴安岭索尔齐山，经岔台乡的棉西流入本区，经岔台、沿江汇入月亮泡后注入嫩江，在本区内流程为 60 km。沼泽区的二龙涛河和呼尔达河均为季节性河流，分别注入洮儿河和嫩江。沼泽区除天然降水外，有嫩江、洮儿河、二龙涛河、呼尔达河等 4 条河流在区内通过，目前引嫩入白工程对沼泽水补给起到了极大作用。沼泽 pH 平均值为 8.58，水体理化性质详见表 14-56。

表 14-56　莫莫格沼泽水体理化性质

	WT/℃	pH	EC/(mS/cm)	ORP/mV	Cl⁻/(mg/L)	NO₃⁻-N/(mg/L)
平均值	26.68	8.58	0.91	82.18	55.40	0.37
最高值	29.87	9.08	2.77	112.18	195.38	1.20
最低值	23.50	8.13	0.16	60.85	6.92	0.02

【沼泽土壤】沼泽区主要土壤类型是黑钙土、沼泽土、草甸土和冲积土，多分布于沿江河地区，土壤有机质含量较大，最大的可在 5% 左右，土壤容重为 1.2 ～ 1.6 g/cm³（于秀丽，2016）。区域内同时还有盐土、碱土以及其他土类交叉分布（郎宏磊，2019）。

【沼泽植被】沼泽区位于森林和草原的过渡带，植物资源较为丰富，共记录到维管植物 469 种，分属于 78 科 271 属。其中蕨类 2 科 2 属 4 种，其余均为被子植物；最大科为菊科，计有 39 属 71 种，其次为禾本科、豆科、蔷薇科、藜科、毛茛科、莎草科、蓼科、唇形科和十字花科等，前 10 科共 284 种，约占总种数的 61%。常见湿地植物有 24 科 36 属 51 种，包括沉水植物穗状狐尾藻、狸藻、金鱼藻、篦齿眼子菜、大茨藻，浮水植物欧菱、芡、荇菜、品藻、穿叶眼子菜、光叶眼子菜、槐叶苹、眼子菜，中生植物三穗薹草、鬼针草、风花菜，湿生植物春蓼、泽泻、陌上菜、大叶章、水蓼、管花腹水草、单瘤酸模、刺儿菜、红蓼、细杆沙蒿、马氏蓼、猪殃殃、三轮草、碱蓬、碱茅、稗、滨藜、菵蓄、香蒲，挺水植物荆三棱、花蔺、华夏慈姑、菰、水葱、牛毛毡、水烛、黑三棱、小香蒲、芦苇、扁秆荆三棱、三棱水葱、荸荠、菖蒲、水田稗。

植被类型十分丰富，有瘤囊薹草群落、芦苇群落、水烛群落、扁秆荆三棱群落、菰群落、三棱水葱群落、碱蓬群落、大叶章群落、穗状狐尾藻群落、穿叶眼子菜群落、芡群落等。群落总盖度 60% ～ 100%，草本层生物量 144.96 g/m²。瘤囊薹草多呈丛，每平方米 2 ～ 3 丛，盖度 40% 左右，伴生有泽泻、水蓼、荆三棱、大叶章等。荆三棱群落中荆三棱盖度约 35%，伴生有花蔺、春蓼、菖蒲等。芦苇群落总盖度 70% ～ 80%，高度 120 ～ 170 cm，多为纯群落，伴生种有水烛、菰等。大叶章群落盖度 30%，伴生种有泽泻、水蓼；菰群落盖度 40% ～ 50%，高度 150 ～ 180 cm，伴生有水蓼、水葱、水烛等。穗状狐尾藻群落盖度 30%，伴生有荇菜、欧菱等。芡群落盖度 30%，眼子菜群落盖度 50%。

【沼泽动物】沼泽区野生动物资源比较丰富。其中两栖类有 1 目 3 科 6 种，爬行类有 2 目 4 科 8 种，兽类有 4 目 11 科 31 种；鸟类有 298 种，隶属于 17 目 50 科，其中雀形目 126 种，非雀形目鸟类 172 种（郎宏磊，2019）。国家一级重点保护野生鸟类有丹顶鹤、白头鹤、白枕鹤、白鹤，国家二级重点保护野生鸟类有黑颈䴙䴘、赤颈䴙䴘、白琵鹭、鸿雁、白额雁、灰鹤、大杓鹬、小杓鹬、翻石鹬，国家"三有"鸟类有罗纹鸭、针尾鸭、绿翅鸭、绿头鸭、斑嘴鸭、赤膀鸭、赤颈鸭、白眉鸭、琵嘴鸭、红头潜鸭、凤头潜鸭、翘鼻麻鸭、凤头麦鸡、灰头麦鸡、金鸻、金眶鸻、环颈鸻、剑鸻、白腰杓鹬、弯嘴滨鹬、尖尾滨鹬、红腹滨鹬、扇尾沙锥等（卜楠龙等，2010）。根据郎宏磊（2019）的研究，结果表明，近年来莫莫格保护区鸟类资源有逐渐减少的趋势，夏季野外实地调查只观察到 89 种鸟类，占繁殖鸟类（128 种）的 69.53%。

【受威胁和保护管理状况】沼泽区建有莫莫格国家级自然保护区，保护区始建于 1981 年，1994 年被国家环保总局列入我国第一批湿地名录，1997 年晋升为国家级自然保护区，2013 年入选《国际重要湿地名录》。围垦造田较为严重，湿地生态功能改变；土地碱化严重，湿地生态效益下降等。建议采用适当的生态及工程技术，逐步修复莫莫格沼泽生态系统的结构和功能，改善沼泽湿地水文条件和水环境质量，维持沼泽湿地生物多样性，有效遏制湿地生态环境受到严重破坏的现象。通过开展湿地调查与监测、强化湿地监督与管理等对策加强湿地管理；统筹兼顾湿地水量、水质恢复、植被及生存环境恢复，恢复湿地水源，切实保障湿地生态系统稳步运转。

莫莫格沼泽（文波龙 摄）

莫莫格沼泽（李鸿凯 摄）

呼兰河口沼泽（230111-105）

【范围与面积】呼兰河口沼泽位于黑龙江省哈尔滨市呼兰区，地理坐标为 45°5′4″ ～ 45°51′48″N、126°38′29″ ～ 127°14′22″E，总面积为 466.36 hm²。

【地质地貌】沼泽区地处松嫩平原南部，为松花江冲积平原。本区地层复杂，古生界、中生界、新生界地层均有，其中新生界第四系松散沉积物广布全区，约占总面积的 98%，老地层多被其覆盖；全区地势低洼，具有典型的沼泽化低湿平原的地貌景观；地势平坦开阔，西部低平、中部平缓、东部有黄土山，形成东高西低的趋势；海拔一般为 115 ～ 150 m（任阿楠，2013）。

【气候】沼泽区属于温带大陆性季风气候，四季分明，冬季偏长，夏季偏短。春秋季节风力较大；全年平均气温为 3.3℃，年积温差异不超过 100℃，年平均日照率 62%，年平均积雪日数为 105 d，无霜期平均 143 d，年平均降水量 500.4 mm。

【水资源与水环境】沼泽区大面积沼泽覆盖，蓄水能力强，沼泽主要水源为大气降水与河流补给；地表水主要为松花江和呼兰河及数条季节性河流，呼兰河发源于小兴安岭山麓达里带岭，全长 523 km，流域面积 35 683 km²，属松花江最长的支流之一（任阿楠，2013）。呼兰河口沼泽水体理化性质见表 14-57（贾鹏等，2021）。

表 14-57　呼兰河口沼泽水体理化性质

pH	溶解氧/(mg/L)	高锰酸盐指数/(mg/L)	总磷/(mg/L)	浊度/(mg/L)	电导率/(mS/cm)
8.10～9.31	2.03～3.59	3.28～7.33	0.20～0.36	28.40～54.39	317.50～607.11

【沼泽土壤】沼泽土壤包括河谷草甸沼泽土和河岸泥炭沼泽土，主要分布于地势低洼、有季节性积水、长期过湿的河套地带。该区沼泽 0 ～ 10 cm 土壤理化性质见表 14-58（李森森等，2018）。

表 14-58　呼兰河口沼泽土壤理化性质

pH	总碳/(g/kg)	总氮/(g/kg)	硝态氮/(mg/kg)	氨态氮/(mg/kg)	总磷/(g/kg)
6.69±0.32	16.32±2.35	2.51±0.32	8.56±1.21	45.31±6.93	0.18±0.01

【沼泽植被】沼泽区植物有 65 科 463 种，包括国家级重点保护植物野大豆和莲等（杨圆圆，2015），沼泽主要植物为芦苇和大叶章。

【沼泽动物】沼泽区共有脊椎动物 6 纲 36 目 77 科 193 属 348 种；鸟类被列为国家一级重点保护的野生种类有东方白鹳、白枕鹤、丹顶鹤等；国家二级重点保护的有大天鹅、鸳鸯及白琵鹭等，其他有针尾鸭、花脸鸭、白眉鸭、环颈雉及红嘴鸥等（杨圆圆，2015）。

【受威胁和保护管理状况】沼泽区建有黑龙江呼兰河口湿地省级自然保护区，设立于 2008 年 1 月。

呼兰河口沼泽（焉申堂 摄）

肇源沿江沼泽（230622-106）

【范围与面积】肇源沿江沼泽位于黑龙江省大庆市肇源县西北部，地理坐标为 45°24′0″ ～ 46°30′0″N、123°45′0″ ～ 126°0′0″E，总面积为 10 280 hm²。

【地质地貌】沼泽区主要地貌为松嫩低平原，为松嫩平原西部草场区的边缘地带，地势低平，无山岭；位于中生代沉降的拗陷区，受松嫩两江的冲击，呈台地状，为新生代第三纪冲积而成的大川谷；地质构造复杂，沉积岩很厚，前石炭系、侏罗系、白垩系、第三系和第四系总厚度可达 6000 m（韩在翠，2013）。

【气候】沼泽区属中温带大陆性季风气候，四季变化明显，冬季漫长、干燥、严寒；夏季温和多雨，春季多风少雨易干旱；秋季降温迅速，常有冻害发生；年平均气温 4.1℃，年平均气温最高年份 5.6℃，最低年份 2.5℃；无霜期为 130 ～ 165 d，年平均降水量为 395 ～ 514 mm。

【水资源与水环境】沼泽区水系是嫩江下游，南是松花江干流，中有八家河连接区内各小河溪，形成区内水系；因受季风影响雨量不均，江河年水量和丰枯年水位、流量、含砂量变化悬殊；江湾大小天然泡泊星罗棋布，古河道可连接牛轭湖，并与沿江滩地紧相接连，形成大片洼地，洪泛时蓄水量达 30 亿 m³；沼泽主要水源为大气降水，松嫩两江与两岸的沼泽具有水源互补的作用。

【沼泽土壤】沼泽主要分布于沿江两岸的沟谷、涝洼地、小型盆地以及宽河谷向两侧的过渡地带，土壤类型主要为草甸沼泽土（韩在翠，2013）。

【沼泽植被】沼泽区共有植物 65 科 329 种，其中藓类植物 4 科 6 种，蕨类植物 2 科 4 种，种子植物 59 科 319 种；包括国家级重点保

肇源沿江沼泽（焉申堂 摄）

护野生植物野大豆和莲等；植被主要为草本沼泽，包括毛薹草沼泽、漂筏薹草沼泽、芦苇沼泽等，其他沼生植物有大叶章、乌拉草、蚊子草、沼委陵菜、睡菜、水问荆、球尾花及驴蹄草等（韩在翠，2013）。

【沼泽动物】沼泽区鸟类资源丰富，共有 16 目 46 科 213 种，主要有普通鸬鹚、鸿雁、黑水鸡、白骨顶、野鸭、鹤类、苍鹭、草鹭及白琵鹭等；兽类有 6 目 13 科 29 种，鱼类有 6 目 9 科 45 种；两栖类有 2 目 4 科 5 种，爬行类有 2 目 3 科 3 种（关键，2013）。

【受威胁和保护管理状况】沼泽区建有黑龙江肇源沿江湿地省级自然保护区，2008 年经黑龙江省人民政府批准建立，主要保护对象为沿江湿地生态系统、自然景观资源和栖息于其中的珍稀濒危野生动植物。

哈尔滨白渔泡沼泽（230104-107）

【范围与面积】哈尔滨白渔泡沼泽位于黑龙江省哈尔滨市道外区，地理坐标为 45°53′6″ ～ 45°54′36″N、126°52′25″ ～ 126°54′15″E，总面积为 1318 hm²。

【地质地貌】沼泽区地势低洼，平均海拔 115 m，地处松花江两岸，呈狭长分布（周禹莹，2014），地质构造上与太阳岛与哈东沿江具有相似性。

【气候】沼泽区属温带大陆性气候，四季分明；年平均气温为 3.2℃，年降水量为 520 ～ 560 mm，无霜期为 140 ～ 160 d。

【水资源与水环境】沼泽区地势低洼，沼泽主要水源为大气降水和河流补给。

【沼泽土壤】土壤主要为沼泽土，芦苇沼泽土壤理化性质见表 14-59。

表 14-59　哈尔滨白渔泡芦苇沼泽土壤理化性质

土壤深度	pH	有机质/(g/kg)	全氮/(g/kg)	全磷/(g/kg)	碱解氮/(mg/kg)	速效磷/(mg/kg)
0～10 cm	7.31±0.02	47.03±3.59	1.83±0.04	0.54±0.07	126.33±7.02	23.30±1.72
10～20 cm	7.59±0.03	35.49±2.09	1.61±0.01	0.53±0.02	105.83±1.44	23.81±1.78
20～30 cm	7.81±0.10	45.08±0.74	1.79±0.06	0.55±0.02	102.00±0.86	49.75±4.41

【沼泽植被】沼泽区优势植物为芦苇和大叶章，伴生有香蒲、菰、欧菱及荸草等；共有高等植物 253 种，浮游植物 57 种（丁俊男等，2020）。

【沼泽动物】沼泽区有鸟类 110 种，鱼类 22 种，两栖类 5 种，爬行类 1 种，兽类 11 种；鱼类主要有鲤、鲫、葛氏鲈塘鳢、鮈及花鰍等；两栖类有东北雨蛙、黑龙江林蛙、黑斑侧褶蛙、花背蟾蜍、中华蟾蜍等；爬行类有白条锦蛇、中华鳖；鸟类主要有绿头鸭、斑嘴鸭、环颈雉、鸳鸯、草鹭、喜鹊、白眉鸭、灰雁及红嘴鸥等

哈尔滨白渔泡沼泽（焉申堂 摄）

（丁俊男等，2020）。

【受威胁和保护管理状况】沼泽区建有黑龙江哈尔滨白渔泡国家湿地公园，2008 年经国家林业局批准，总面积 160 hm²。

哈东沿江沼泽（230104-108）

【范围与面积】哈东沿江沼泽位于哈尔滨市道外区东北部、松花江南岸，地理坐标为 45°40′ ～ 46°03′N、126°10′ ～ 127°23′E，总面积为 10 725 hm²。

【地质地貌】沼泽区位于松嫩平原南部，呈东西带状延伸，整体地势由西北方向向东南方向逐渐升高，东西长 23.5 km，南北宽 5.5 km，以平原地貌为主（赵如皓等，2022）。

【气候】沼泽区属中温带大陆性气候，具有四季分明的特点；春和秋两个季节为温带大陆性季风气候，夏季为副热带海洋性气候，冬长夏短，冬季为极地大陆性气候；年均温 4.3℃，1 月最冷月平均气温 –18.3℃，7 月最热月平均气温 23℃；年均降水量 400 ～ 600 mm，降水多集中在夏季；无霜期 135 d（陈红波，2015）。

【水资源与水环境】沼泽区在松花江及分支河流中的河流谷地及漫滩上，地势平坦，主要水源为大气降水与河流补给。水系主要有松花江、阿什河、蜚克图河；松花江发源于吉林长白山天池，自西向东流经哈尔滨，哈东沿江沼泽为河流的过境地段，水量在全年时间内变化很大，水量分布也不均匀（陈红波，2015）。

【沼泽土壤】土壤主要为沼泽土，0 ～ 10 cm 沼泽土理化性质见表 14-60（李森森等，2018）。

表 14-60 哈东沿江沼泽土理化性质（0 ～ 10 cm）

pH	总碳/(g/kg)	总氮/(g/kg)	硝态氮/(mg/kg)	氨态氮/(mg/kg)	总磷/(g/kg)
6.76±0.21	9.32±1.02	0.79±0.03	4.26±0.56	19.25±5.47	0.16±0.02

【沼泽植被】沼泽区有灌丛沼泽、草本沼泽和藓类沼泽，记录被子植物 53 科 162 属 265 种，以禾本科、菊科、莎草科植物为优势种，主要草本植物有芦苇、大叶章、香蒲、白屈菜、龙牙草、早开堇菜、沼生蔊菜、山黧豆、广布野豌豆、两栖蓼、荇菜、眼子菜及野大豆等，主要灌木有三蕊柳、松江柳及筐柳等（赵如皓等，2022）。

【沼泽动物】沼泽区以水鸟、水生动物及陆栖生物为主，包括东方白鹳、丹顶鹤等濒危珍稀鸟类。

【受威胁和保护管理状况】沼泽区建有黑龙江哈东沿江湿地省级自然保护区，2010 年 2 月黑龙江省人民政府批复成立黑龙江哈东沿江湿地自然保护区，国家林业和草原局发布 2020 年第 15 号公告，根据《湿地公约》第二条第一款规定，黑龙江哈东沿江湿地为国际重要湿地，属于典型的内陆湿地生态系统，以河流湿地、沼泽湿地、沼泽化草甸为主要湿地类型。

太阳岛沼泽（230109-109）

【范围与面积】太阳岛沼泽位于黑龙江省哈尔滨市松北区，地理坐标为 45°43′49″ ～ 45°47′54″N、

126°20′58″ ～ 126°34′56″E，总面积为 1318 hm²。

【地质地貌】沼泽区为松北区江堤与松花江之间的过渡地带，地貌类型属于松花江河川平原型泛滥区、低河漫滩区，拥有着起伏平缓的地貌特点；此岛在不同水位时呈现的区域不同，在高水位、中水位和低水位时，分别呈现群岛、全岛和半岛的状态；区内地势平缓，海拔 105 ～ 121 m（钟杨，2014）。

【气候】沼泽区属中温带大陆性季风气候，四季分明，冬季漫长寒冷，而夏季则显得短暂凉爽；春、秋季气温升降变化快，属于过渡季节，时间较短；年平均气温 3.2℃ 左右，1 月平均气温 –20.1℃，7 月平均气温 23.3℃；全年无霜期 140 ～ 160 d，年降水量 578.88 mm，集中在 7 月、8 月，年均日照时数 2620 h。

【水资源与水环境】沼泽区因松花江造成松花江和分叉支流金水河、银水湾曲折，形成不同水位和不同形态的江河湖景观，沼泽湿地水源主要来自大气降水与河流补给。太阳岛沼泽水体主要理化性质见表 14-61（时培竹，2018）。

表 14-61　太阳岛沼泽水体主要理化性质

pH	溶解氧/(mg/L)	电导率/(mS/cm)	总氮/(mg/L)	总磷/(mg/L)	氨氮/(mg/L)
7.1	5.68	226	0.87	0.02	0.26

【沼泽土壤】土壤以沼泽土为主，0 ～ 10 cm 沼泽土理化性质见表 14-62（李森森等，2018）。

表 14-62　太阳岛沼泽土理化性质（0 ～ 10 cm）

pH	总碳/(g/kg)	总氮/(g/kg)	硝态氮/(mg/kg)	氨态氮/(mg/kg)	总磷/(g/kg)
8.28±0.14	14.49±1.74	1.61±0.06	5.02±0.31	15.37±1.52	0.15±0.04

【沼泽植被】沼泽区记录有高等植物 112 科 481 种，其中苔藓植物 31 科 82 种，蕨类植物 11 科 32 种，裸子植物 1 科 5 种，被子植物 69 科 362 种；沼泽以灰脉薹草、芦苇、香蒲等为优势种，伴生种有大叶章、拂子茅、泽芹、眼子菜、荇菜、浮萍、菰及蒿柳等；其中薹草沼泽生物量为 500.67 ～ 1186.43 g/m²（齐清，2021）。

【沼泽动物】沼泽区脊椎动物有 58 科 190 种，其中鱼类共有 7 科 37 种，两栖类共有 4 科 6 种，爬行类共有 3 科 5 种，鸟类 35 科 37 种，兽类 4 科 6 种；其中鸟类主要有环颈雉、喜鹊、白眉鸭、太平鸟、灰雁及红嘴鸥等（钟杨，2014）。

【受威胁和保护管理状况】沼泽区建有黑龙江哈尔滨太阳岛国家湿地公园，2015 年 12 月，通过国家林业局验收，正式成为国家湿地公园；有一湖三岛、金河湾植物园、大亮子湿地保护区 3 个主要景区。

太阳岛沼泽（焉申堂 摄）

白城月亮湖沼泽（220800-110）

【范围与面积】原名称是月亮泡水库沼泽，白城月亮湖沼泽位于吉林省白城地区，地理坐标为45°40′ ～ 45°43′N、123°47′ ～ 124°04′E，沼泽面积1290 hm²。与第一版《中国沼泽志》相比，本次沼泽面积减少了约84.6%。

【地质地貌】沼泽区地处松嫩平原中部，是中生代、新生代的断陷盆地。地势平坦开阔，起伏较小，东南为大赍台地，西北为沿河平川地，西部为沙丘，中、南部为盐碱平川地，西高东低，沼泽发育于月亮湖西部的湖滨、低洼地及河漫滩上，平均海拔127.4 m。

【气候】沼泽区属于温带大陆性季风气候，年平均温度4.3℃，年平均降水量411.2 mm，年蒸发量1756.9 mm，无霜期123 d。

【水资源与水环境】月亮湖是嫩江的旁侧水库，也是其支流洮儿河的河尾控制水库。该水库于1976年建成，是一座以防洪、灌溉、养鱼等综合利用为目标的大型平原水库。总库容11.99亿m³，调洪库容8.72亿m³，兴利库容4.59亿m³，最高水位133.72 m，正常高水位131.00 m，汛限水位130.3 m。水源由嫩江和洮儿河河水、月亮湖湖水、地下水及大气降水补给。降水量并不充沛，主要水源为洮儿河来水，随着上游洮儿河用水增加，察尔森水库等水利工程建成后，洮儿河入月亮湖水量也逐渐减少，对于湿地存续发展十分不利。月亮湖水中碱土金属离子超过碱金属离子，弱酸根离子多于强酸根离子，水化学类型为HCO_3-Ca型（李雪菲等，2010），水库水体pH平均值为8.27，其余理化性质见表14-63。

表14-63　白城月亮湖沼泽水体理化性质

	WT/℃	pH	EC/(mS/cm)	ORP/mV	Cl⁻/(mg/L)	NO_3^--N/(mg/L)	NH_4^+-N/(mg/L)
平均值	26.14	8.27	0.42	103.72	41.22	1.50	0.48
最高值	27.90	8.90	1.09	167.60	104.24	1.83	1.60
最低值	23.35	7.33	0.16	46.15	17.04	1.24	0.08

【沼泽土壤】沼泽区土壤类型主要为潜育土，0 ～ 10 cm土壤pH为7.51，有机质含量为9.6%；10 ～ 30 cm土壤pH为7.32，有机质含量为4.19%（白军红等，2002）。

【沼泽植被】沼泽区常见湿地植物12科16属20种。其中沉水植物有狸藻，浮水植物有欧菱、荇菜、眼子菜、光叶眼子菜、槐叶苹、品藻，湿生植物有扁秆荆三棱、春蓼、菡草、水蓼、早熟禾，挺水植物有菖蒲、水烛、菰、荸荠、芦苇、小香蒲、华夏慈姑、水葱。

沼泽植物群落简单，主要为菖蒲和芦苇，草本层生物量为247.65 g/m²。芦苇沼泽分布面积较大，由岸边向湖内过渡区均有分布，群落组成简单，物种单一，以芦苇为优势种，伴生有水蓼和水烛。菖蒲群落主要分布在岸边，群落内物种相对丰富，有扁秆荆三棱、春蓼、荸荠、荇菜、小香蒲、眼子菜、华夏慈姑等。

【沼泽动物】沼泽区鱼类共有34种，隶属于4目9科26属。本区为水禽主要的过路点和停歇地，有鸟类101种，占全地区鸟类的42.8%，主要为非雀形目鸟类（李波，2009）。

月亮湖以盛产鲜鱼著名，是吉林省重要的渔业基地，其中鲤科鱼类29种，占67.8%，代表种有鲤、鲇、鲫、鲢、鳙、草鱼和花鳅等。

【受威胁和保护管理状况】沼泽受干扰较小，水质较吉林西部其他湖沼的水质好。

白城月亮湖沼泽（李鸿凯 摄）

白城月亮湖沼泽（文波龙 摄）

肇东沿江沼泽（231282-111）

【范围与面积】肇东沿江沼泽位于黑龙江省绥化市肇东市，地理坐标为 45°30′20″ ～ 45°53′20″N、125°45′30″ ～ 126°20′30″E，总面积为 2770 hm²。

【地质地貌】沼泽区位于松嫩平原中部、松花江北岸，地貌依成因类型可划分为剥蚀堆积地形和堆积地形，形态类型主要为台地、低平原及河谷平原，低平原及河谷平原又可分为盐沼化低平原、冲湖积低平原、一级阶地、河漫滩。

【气候】沼泽区属温带大陆性季风气候，其特点是春季多风、少雨；夏季酷热、多雨；秋季凉爽；冬季寒冷干燥；全年无霜期平均在 141 d 左右；年降水量 444 mm，年际变化大，集中于 6 ～ 9 月。

【水资源与水环境】沼泽区地形平坦，地表水系不发育，松花江区内长度 68 km，多年平均流量为 1142 m³/s，最大流量为 12 700 m³/s；地表水资源量为 7670×10⁴ m³/a，地下水资源量为 31 025.09×10⁴ m³/a，重复量为 1172.3×10⁴ m³/a，水资源总量为 37 522.79×10⁴ m³/a。

【沼泽植被】沼泽区共有野生维管植物 477 种，隶属于 70 科 214 属，其中蕨类植物 3 科 3 属 4 种，种子植物 67 科 211 属 473 种；常见的有芦苇、小眼子菜、角果藻、千屈菜、裂叶堇菜、水毛茛、野古草、细叶鸢尾、木地肤、毛茛、鸢尾及驴蹄草等（吴海一等，2004；宁晓光和郭喜军，2009）。

【沼泽动物】沼泽区野生动物 207 种，其中国家一级保护鸟类有丹顶鹤、白头鹤及大鸨，国家二级保护鸟类有白额雁、大天鹅、小天鹅、白腹鹞、灰鹤、雕鸮、松雀鹰及灰背隼等；另外，有兽类 13 种，两栖类和爬行类 7 种，鱼类 45 种（宁晓光和郭喜军，2009）。

【受威胁和保护管理状况】沼泽区建有黑龙江肇东沿江湿地省级自然保护区，2003 年黑龙江省人民政府批准建立，主要保护对象为湿地生态系统和珍稀动植物。

肇东沿江沼泽（焉申堂 摄）

龙沼沼泽（220882-112）

【**范围与面积**】原名称是龙沼盐沼，龙沼沼泽位于吉林省大安市西南部的龙沼镇附近，地理坐标为 44°56′ ～ 45°36′N、123°22′ ～ 124°09′E，面积为 100 437 hm²，海拔 150 m，与第一版《中国沼泽志》相比，沼泽区范围有所调整，沼泽面积减少了约 33.9%。

【**地质地貌**】沼泽区地处松嫩平原中部，平均海拔 150 m，地貌平坦开阔，起伏较小，可分台地、平原、沙丘和低洼地。其中低洼地占区内土地面积的 48.8%，沼泽地位于湖滨浅滩和低洼地中。

【**气候**】沼泽区属于温带大陆性季风气候，年平均气温 4.3℃，1 月平均气温 –18.7℃，7 月平均气温 23.3℃，极端最低气温 –35.2℃，极端最高气温 37.2℃，年平均降水量 411.2 mm，年平均相对湿度 62%，年蒸发量 1756.9 mm，≥ 10℃积温 2668.7℃，无霜期 123 d。

【**水资源与水环境**】沼泽区水源补给类型为大气降水和地表径流。地下水含量丰富，水化学类型为 HCO_3-Ca·Na 型，矿化度 0.8 ～ 2 g/L。湖水中碱金属离子超过碱土金属离子，弱酸根离子多于强酸根离子，水化学类型为 HCO_3-Na 型，pH 平均值为 9.05，其他水体理化性质见表 14-64。

表 14-64　龙沼沼泽水体理化性质

	WT/℃	pH	EC/(mS/cm)	ORP/mV	Cl⁻/(mg/L)	NO_3^--N/(mg/L)
平均值	31.13	9.05	1.86	46.38	105.30	2.22
最高值	34.39	9.58	4.76	112.72	158.23	5.58
最低值	27.53	8.12	0.28	–5.31	15.31	1.10

【**沼泽土壤**】沼泽区土壤主要为盐化沼泽土和盐碱土。根据第一版《中国沼泽志》记载，土壤 pH 为 8.4，有机质含量为 4.46%。

【**沼泽植被**】沼泽区常见湿地植物 17 科 24 属 46 种，其中沉水植物有金鱼藻、狐尾藻、狸藻、穗状狐尾藻，浮水植物有品藻、眼子菜、槐叶苹，中生植物有苣荬菜、车前，湿生植物有碱蓬、稗、西伯利亚蓼、萹蓄、碱茅、西伯利亚滨藜、刺藜、戟叶蓼、碱毛茛、楔叶蓼、酸模叶蓼、春蓼、旋覆花、泽泻，挺水植物有芦苇、扁秆荆三棱、花蔺、水葱、香蒲、三棱草、荸荠、小香蒲、水烛、三棱水葱。

植被以芦苇群落、碱蓬群落、碱蓬 + 碱蒿群落、扁秆荆三棱群落和香附子群落为主，芦苇群落和

龙沼沼泽（李鸿凯 摄）

龙沼沼泽（王升忠 摄）

碱蓬群落镶嵌分布在草原、草甸或沼泽间，在本区广泛分布，碱蓬群落草本层生物量为 142.40 g/m²。芦苇群落盖度 80% ～ 90%，群落高度 1 ～ 2 m，伴生种有扁秆荆三棱、小香蒲、槐叶苹等。碱蓬群落、碱蓬＋碱蒿群落以碱蓬和碱蒿为优势种，伴生有碱茅、西伯利亚滨藜、扁秆荆三棱等。芦苇和莎草群落则分布在低洼积水处或者泡沼周围。扁秆荆三棱群落伴生种主要有三棱水葱和花蔺。莎草群落优势种为三轮草，伴生有水葱、扁秆荆三棱等。另外，水生植被有眼子菜群落和槐叶苹群落，盖度 20% ～ 70%。

【沼泽动物】沼泽区是鸭类和鹬类重要的繁殖栖息地，沼泽中的鱼类有草鱼、鲤和鲢等。

【受威胁和保护管理状况】沼泽区的湖沼由于缺水萎缩，湿地退化严重。

查干湖沼泽（220721-113）

【范围与面积】查干湖沼泽跨前郭尔罗斯蒙古族自治县、乾安县、大安市三县（市），地理坐标为 45°5′38″ ～ 45°26′00″N、124°3′00″ ～ 124°31′24″E，沼泽面积 11 333 hm²；与第一版《中国沼泽志》相比，经纬度略有调整，沼泽面积减少了约 33.3%。

【地质地貌】沼泽区地势呈中部及东北部略低，东南和西南部高，整体低平，属于冲积湖积平原与河谷冲积平原。其中东川头、青山头地势达到 140 ～ 160 m。

【气候】沼泽区四季分明，属于中温带半湿润大陆性季风气候。年均气温 4.5℃，1 月平均气温 –17.7℃，7 月平均气温 23.4℃，极端最低气温 –36.1℃，极端最高气温 36.3℃。无霜期 141 d，年均日照时数 2879.8 h，年降水量为 450 mm，年蒸发量 1140 ～ 1270 mm。

【水资源与水环境】查干湖为吉林省最大的淡水湖，是霍林河的河成湖，地理位置上属于霍林河流域末端，处于松花江、第二松花江、嫩江三江交汇处。查干湖湖面纵长 37 km，湖宽 17 km，水面面积 228.5 km²，湖岸线长 128 km，呈蛇形分布，年均水深 2.5 m，总蓄水量 5.89 亿 m³（翟德斌，2018）。查干湖水源主要为松花江引水、天然降水、前郭灌区和深重涝区排水以及周围湖泊的来水，年际差异较大，湖水中碱金属离子超过碱土金属离子，弱酸根离子多于强酸根离子，水化学类型为 HCO_3-Na 型（李雪菲等，2010）。

根据翟德斌（2018）研究，查干湖水体总有机碳（TOC）年浓度为 86.29 ～ 96.48 mg/L，磷酸盐为 0.001 ～ 0.38 mg/L，pH 平均值为 9.29，较第一版《中国沼泽志》记载水体 pH 显著升高，其他理化性质见表 14-65。

表 14-65　查干湖水体理化性质

	WT/℃	pH	EC/(mS/cm)	ORP/mV	DO/(mg/L)	Cl⁻/(mg/L)	NO_3^--N/(mg/L)	NH_4^+-N/(mg/L)
平均值	28.99	9.29	2.04	60.27	12.73	108.01	1.45	0.33
最高值	32.40	9.62	5.43	95.67	13.22	190.90	1.79	0.80
最低值	25.20	8.94	0.60	40.13	10.24	33.20	1.22	0.12

【沼泽土壤】沼泽区土壤主要为腐殖质沼泽土。

【沼泽植被】沼泽区拥有野生植物 200 余种，其中药用植物 149 种。常见湿地植物 8 科 10 属 19 种，其中沉水植物有狸藻、篦齿眼子菜、异枝狸藻，浮水植物有小眼子菜、鸡冠眼子菜，挺水植物有芦苇、水烛、水葱、小香蒲、春蓼、大蔍草、达香蒲，湿生植物有扁秆荆三棱、碱蓬、碱茅、水田稗、稗和西伯利亚蓼。

湖滨多形成芦苇和香蒲的纯群落、芦苇＋扁秆荆三棱群落、碱蓬群落、水葱群落，群落总盖度40%～80%，群落结构简单，主要伴生种有西伯利亚蓼、狸藻、大蕉草等，草本层生物量为180.43 g/m²。芦苇群落中芦苇盖度50%左右，高度约90 cm，伴生有扁秆荆三棱、水烛、水葱、狸藻和眼子菜等；香蒲群落中香蒲盖度约80%，高度约200 cm，伴生有芦苇、狸藻等；芦苇＋扁秆荆三棱群落中扁秆荆三棱盖度可达50%；碱蓬群落中碱蓬盖度30%左右，主要伴生种为碱茅。查干湖湖滨沼泽共检出绿藻门（52.67%）、硅藻门（24.43%）、蓝藻门（12.21%）、裸藻门（7.63%）、甲藻门（2.29%）、隐藻门（0.76%）等浮游植物131种。

【沼泽动物】沼泽区拥有野生脊椎动物5纲25目56科175种，其中兽类4目9科22种，浮游动物17属29种，鱼类15科68种，哺乳类和兽类动物25种；底泥中有24种大型底栖动物，隶属于3门3纲5目9科18属。查干湖主要渔业资源为鲤科鱼类，记录有22种。经济鱼类包括黄颡鱼、鲤、翘嘴鲌、泥鳅、花鳅、鳙等（孙田洋等，2021）。统计资料显示，查干湖鸟类共有239种，其中水鸟13科116种。记录国家一级重点保护鸟种有东方白鹳、黑鹳、丹顶鹤、白鹤、白头鹤、金雕、白尾海雕、大鸨、中华秋沙鸭、黑脸琵鹭等10种，国家二级重点保护鸟种有大天鹅、灰鹤、雀鹰等34种，以及"三有"动物如黄脚三趾鹑、小短趾百灵、小嘴乌鸦、领岩鹨等20种鸟类（翟德斌，2018）。

【受威胁和保护管理状况】查干湖于1986年正式批准成为省级自然保护区，2007年经国务院批准成为国家级自然保护区。国家级自然保护区包括湖、泡、沼泽湿地，以及林地、农田和少量村民住宅点等，因此，赖以栖息、生存的鸟种也较多。由于部分泡沼在村镇周边，受到人为活动干扰。近些年，由于受到灌区退水的影响，水体总磷、总氮含量呈上升趋势，建议开展水质水量的联合调控，对于灌区退水建议利用原有地形建立缓冲区域或前置湖，建设湖岸滩地生态缓冲区，减缓营养盐的过多输入；封堵、阻断内源污染水域，以保证查干湖水质质量，为动植物的生长提供良好环境（赵艳茹和董建伟，2018）。

查干湖沼泽（王升忠 摄）　　　　　　　　查干湖沼泽（王琳 摄）

牛心套保沼泽（220882-114）

【范围与面积】牛心套保沼泽位于吉林省西北部大安市大岗子镇西部、霍林河畔，距大安市区

100 多 km，地理坐标为 45°11′ ～ 45°17′N、123°18′ ～ 123°27′E，南与通榆县八面乡相邻，西与洮南市二龙乡接壤，地处松嫩平原腹地，总面积为 2951 hm²。

【地质地貌】沼泽区是国家重要湿地霍林河流域龙沼湿地的重要组成部分，也是吉林省松嫩平原西部保持最完好的河漫滩芦苇沼泽。霍林河为其重要的水源补给来源。

【气候】沼泽区属中温带半干旱季风气候，全年日照时数平均为 3012.8 h，年平均降雨量为 413.7 mm，年平均气温 4.3℃，≥ 10℃年平均积温 2921.3℃，最高月平均气温出现在 7 月，最低月平均气温出现在 1 月。

【沼泽土壤】沼泽区土壤以盐碱化草甸土为主，pH 大于 8。

【沼泽植被】沼泽区野生植物资源十分丰富，共有植物 239 种，隶属于 39 科 132 属。植被以芦苇群落和香蒲群落为主，芦苇群落地上生物量为 1285 g/m²，群落盖度 80% ～ 90%，群落高度 1 ～ 2 m，伴生种有扁秆荆三棱、小香蒲、槐叶苹等。香蒲群落高 2 m，盖度 50% ～ 60%，伴生有槐叶苹、狸藻、芦苇等植物。

【沼泽动物】沼泽区动物有 166 种，其中哺乳类 25 种，两栖类 5 种，爬行类 5 种，鸟类 109 种，鱼类 22 种。牛心套保国家湿地公园列入《国家重点保护野生动物名录》的鸟类有 15 种，国家一级重点保护鸟类有丹顶鹤、东方白鹳、大鸨 3 种，国家二级重点保护鸟类有大天鹅、鸳鸯、灰鹤以及隼形目、鸮形目猛禽等，有 13 种。此外，湿地公园内其他野生动物，大都列入国家有益或有重要经济、科学研究价值的陆生野生动物名录，如普通鸬鹚、苍鹭、草鹭、鸿雁、豆雁等。

【受威胁和保护管理状况】2011 年成立牛心套保国家湿地公园，目前保护良好。中国科学院东北地理与农业生态研究所在此处设立了松嫩平原西部盐碱湿地生态实验站，开展了大量的沼泽科研监测及资源可持续利用工作，建立了"稻苇鱼蟹"生态产业模式，并得到很好的示范推广，实现了生态效益和经济效益双赢。

牛心套保沼泽（文波龙 摄）

扶余河沼泽（220283-115）

【范围与面积】扶余河沼泽位于吉林省舒兰市小城镇附近，地理坐标为 44°46′ ～ 45°31′N、125°08′ ～ 126°09′E，面积为 681 hm²，以薹草 + 大叶章沼泽为主。

【地质地貌】沼泽区所在的舒兰市地处第二松花江东岸，是长白山向松嫩平原过渡地带，为半山区。东部山地属长白山系张广才岭余脉，东南部山地为长白山系老爷岭余脉，平均海拔 70 m，中部为丘陵，西部沿江一带地势平坦。区内水系发达，河网密布，以第二松花江和拉林河水系为主。沼泽分布于拉林河支流溪浪河的高漫滩上。

【气候】沼泽区属于温带大陆性季风气候，年均气温 3.5℃，1 月平均气温 −18.4℃，极端最低气温 −42.6℃，7 月平均气温 22.2℃，极端最高气温 36.6℃，全年 ≥ 10℃积温 2700℃；无霜期 110 ~ 145 d；年均降水量约为 672.2 mm，最大降水量 1057.1 mm，最小降水量 503.7 mm。

【水资源与水环境】沼泽区水源由溪浪河、大气降水和新安水库补给。沼泽局部积水较深，地表水 pH 为 5.44，其他理化性质见表 14-66。

表 14-66 扶余河沼泽水体理化性质

	水深/cm	WT/℃	pH	EC/(mS/cm)	DO/(mg/L)	ORP/mV	Cl⁻/(mg/L)	NO_3^--N/(mg/L)	NH_4^+-N/(mg/L)
平均值	8.38	20.13	5.44	0.12	0.53	129.74	2.67	0.13	0.25
最高值	35	22.7	5.85	0.18	0.68	253.7	4.83	0.22	0.37
最低值	0	18.4	4.80	0.06	0.43	54.73	0.2	0.1	0.17

【沼泽土壤】沼泽土壤主要为泥炭沼泽土。本区泥炭厚度为 50 ~ 200 cm，泥炭容重为 0.18 g/cm³，有机质含量为 31.74%。蔡家沟泥炭剖面较厚，达 200 cm，有机质含量为 35%，剖面特征为：0 ~ 70 cm 为棕黑色低分解草本泥炭，芦苇的含量较高；70 ~ 110 cm 为黑色中等分解泥炭；110 ~ 180 cm 为棕色中等分解草本泥炭，局部夹有木本植物残体；180 ~ 200 cm 为棕色中度分解草本泥炭，含泥质。榆树沟泥炭剖面有机质含量为 25%，为黑色草本泥炭，剖面特征为：0 ~ 150 cm 为中低分解；150 ~ 180 cm 为中度分解，局部含有泥沙层。向荣村泥炭剖面有机质含量为 30%，剖面特征为：0 ~ 100 cm 为黑色草本泥炭，中度分解；100 ~ 130 cm 为棕黄色草本泥炭，轻度分解；130 ~ 168 cm 为黑色中度分解草本泥炭。

【沼泽植被】沼泽区植物以草本植物为主，常见湿地植物 30 科 41 属 50 种。湿生植物有绣线菊、瘤囊薹草、小白花地榆、老鹳草、紫菀、地耳草、地笋、柳叶菜、大叶章、黄连花、丝瓣剪秋罗、败酱、如意草、沼泽蕨、梅花草、小猪殃殃、斜茎黄芪、沼生柳叶菜、驴蹄草、乌拉草、橐吾、球尾花、全叶山芹、翻白蚊子草、落新妇、灰脉薹草、小薹草、褐穗莎草、鬼针草、毒芹、木贼、风花菜、陌上菜、泽泻、疣草、箭叶蓼、戟叶蓼、野蓟、水金凤、扛板归、并头黄芩，挺水植物有睡菜、芦苇和香蒲。

沼泽区受到放牧、排水、围垦影响，部分地区原有湿地植被受到干扰，演替为大叶章群落，其中大叶章盖度 50% 左右，高度 70 cm，常见种有瘤囊薹草、小白花地榆、睡菜、败酱、柳叶菜、并头黄芩、风毛菊等。局部积水较深处有木贼群落，木贼盖度为 80%，高度 65 cm，伴生种有香蒲、柳叶菜、箭叶蓼、毒芹、陌上菜、泽泻、鬼针草等，草本层生物量为 91.44 g/m²。

【沼泽动物】沼泽区动物主要为鱼类、鳖及蛙等，其次有豹猫、紫貂、貉、狼、赤狐等，它们将沼泽区作为饮水区和栖息处。

【受威胁和保护管理状况】沼泽区主要受农田开垦和排水影响。其中，蔡家沟泥炭地受围垦和放牧影响，榆树沟泥炭地受排水造林影响，向荣村附近泥炭地为自然状态，无人为干扰。

扶余河沼泽（文波龙 摄）

大布苏湖沼泽（220723-116）

【范围与面积】 大布苏湖沼泽位于吉林省松原市乾安县大布苏镇，地理坐标为 44°44′08″ ～ 44°51′01″N、123°35′14″ ～ 123°44′56″E，沼泽面积为 2932 hm²，与第一版《中国沼泽志》相比，沼泽区范围有所扩大，沼泽面积增加了约 1.9 倍。

【地质地貌】 大布苏湖属于全新世上升区封闭的构造断陷湖，大布苏湖南为松辽分水岭，东有伏龙泉 - 王府高台地，西北为霍林河、嫩江泛滥平原。霍林河原呈无尾河时，河床摆动，洼地积水成湖，海拔 120 ～ 125 m。大布苏"泥林"与狼牙坝地貌主要分布在湖泊东岸，这种特殊的地质地貌景观是新构造运动、地层岩性、地下水、风力及地形等多种地质因素综合作用的结果。"泥林"地貌是大布苏国家级自然保护区所独有的地貌类型，也是保护区最具吸引力的景观之一。"泥林"地貌位于大布苏湖东侧，南北长约 7.5 km，宽 0.5 ～ 1.5 km，总面积达 7.5 km²。由于"泥林"地貌的典型性和特殊性，生态环境比较脆弱，应以保护为主，适当地进行科考研究，保护"泥林"景观。

【气候】 沼泽区地处中温带湿润大陆性季风气候区，年均气温 4.6℃，1 月平均气温 –14.8℃，7 月平均气温 24.9℃，极端最低气温 –34.8℃，极端最高气温 37.8℃。年均降水量 404.2 mm，集中在 6 ～ 8 月，占全年降水量的 70%。年蒸发量 1234 mm。多年平均日照时数 2866.6 h，年无霜期 145 d。

【水资源与水环境】 大布苏流域没有稳定的河流，湖水依赖大气降水、坡面径流补给和地下泉水补给。湖的西部有季节性入湖冲沟 10 条，东部冲沟 4 条是依靠地下潜水常年补给的入湖河溪流。湖区东北部的湖滨浅水处、湖中岛屿和半岛上，有地下潜水涌出补给。大布苏湖流域的集水面积为 230 km²，雨季水域面积为 37.5 km²，湖盆面积为 56 km²，湖水面积约为 37 km²，湖面海拔 122 m，丰水期水深 1.5 m，枯水期水深 0.5 m。湖水的 pH 平均值为 8.80，TDS 为 62.34 ～ 347.34 g/L，属于 Na^+-CO_3^{2-}-Cl^--SO_4^{2-} 型水（张文卿等，2017），是我国东部地区罕见的盐湖，其他理化性质见表 14-67。

表 14-67　大布苏湖沼泽水体理化性质

	WT/℃	pH	EC/(mS/cm)	ORP/mV	Cl^-/(mg/L)	NO_3^--N/(mg/L)
平均值	29.40	8.80	2.56	525.00	86.13	2.14
最高值	31.10	8.86	3.21	570.00	95.08	2.18
最低值	28.40	8.74	1.64	470.00	81.16	2.10

【沼泽土壤】 沼泽地表常年积水或土壤过湿，土壤长期处于嫌气条件，土壤有泥炭积累，形成泥炭土或沼泽土。

【沼泽植被】 沼泽区植物约有 43 种，常见湿地植物 16 科 23 属 16 种，其中沉水植物有篦齿眼子菜，湿生植物有泽泻、碱毛茛、狼毒、野苜蓿、旋覆花、委陵菜、海乳草、滨藜、千屈菜、大叶章、柳叶菜、披碱草、碱蓬、蕳蓄，挺水植物有芦苇、水烛、荸荠、扁秆荆三棱、水葱、三棱草。

湖滨分布芦苇、香蒲纯群落。湖滩上发育有薹草、具芒碎米莎草，形成草丘。植物群落总盖度 60% ～ 90%，草本层生物量为 174.98 g/m²。芦苇群落：分布在湖区东北部，是湖区面积较大的植被类型；芦苇为单优势种，植株高大，并伴生有少量的香蒲和水葱等植物；由于该植物群落生长繁茂，为许多鸟类躲避敌害和繁殖提供优良生境。具芒碎米莎草 + 薹草群落：主要分布在湖区的西北部一级阶地潜水出露地段，其面积较大；由于该植物群落所在地的地表常年积水，雨季积水深度可达到 10 cm

以上，地表过湿、土壤长期处于嫌气条件，植物残体在土壤中难以分解，逐渐形成泥炭和泥炭土，泥炭层厚度为 0.3～1.0 m；泥炭上部生长莎草科植物，以具芒碎米莎草和薹草为优势种，并伴生有水芹、海乳草和灰莲蒿；在局部小积水洼地中，有水生植物毛茛和浮萍。沼泽植物的果实或种子是各种鸟类掠食的对象，该群落分布区也是各种鸟类的栖息地。角果碱蓬群落：分布在湖边芦苇沼泽的外缘或地表季节性积水、盐渍化程度严重的滩地上，pH 一般 9 以上，呈强碱性，因此，植物种类简单，以肉质旱生的角果碱蓬为单优势种；植被盖度为 30%～40%；群落中常伴有少数耐盐碱植物，如碱地风毛菊、糙隐子草和隐花草等。芨芨草 + 角果碱蓬群落：主要分布在湖区的西北部一级阶地地势稍高地段，位于角果碱蓬群落的外缘；盐碱化程度较角果碱蓬群落为轻，地表常有团块状土丘微地貌，土丘上稀疏地生长有角果碱蓬，土丘间为大片的灰黄色碱斑，其上生长有喜盐植物芨芨草，植被总盖度小于 30%；芨芨草为禾本科密丛型植物，植株高大，高度可达 1～1.5 m，草丛直径 40～60 cm；其中还散生有少数的耐盐植物马兰、猪毛菜、糙隐子草和隐花草等。

【沼泽动物】沼泽区共有各种鸟类 100 种，分属于 12 目 27 科。其中水鸟为 32 种，占 32%。水鸟中有大型的鹤类、鹭类、雁类、天鹅类、鸭类、鹬类、鸥类等（李波，2009）。根据王景祥（2011）的调查研究，湖水盐碱度极高。由于芦苇、薹草沼泽和淡水环境的存在，该区成为候鸟迁徙时的重要停歇地和取食地，主要鸟类有鹭类、鹤类、鸭类和草地猛禽等，多达 100 余种，该区域国家级重点保护野生鸟类有丹顶鹤和大鸨、毛脚鵟、大天鹅、白尾鹞、白头鹞、鹊鹞、红脚隼、长耳鸮、短耳鸮、纵纹腹小鸮。湖岸盐碱草甸中的鸟类多为草原鸟类，常见的有云雀、凤头麦鸡、崖沙燕、凤头䴙䴘、大鸨、鹌鹑、毛腿沙鸡、铁爪鹀和其他鹀类等。芦苇湿地中主要有鹭类、鹤类、雉鸡类、鸭类、雀类以及草地猛禽类等。湖水区是鸥类、鹬类和鸭类的取食地和繁殖地。

【受威胁和保护管理状况】大布苏湖东部从中字井至学字井的湖岸上，分布着由于土壤侵蚀而形成的独特的土林景观——狼牙坝。1993 年 12 月，吉林省大布苏湖狼牙坝被吉林省列为生态系统与自然遗迹自然保护区，2005 年 8 月晋升为国家级自然保护区，主要保护对象为地质遗迹、古生物遗迹、湿地生态系统及珍稀鸟类，这就为本湿地区增添了重要的旅游资源，使本区不仅在科研上，更在旅游开发上存在巨大的潜在利用价值。由于所处区域特殊的地理、气候条件，区域年降水量较少，补给水源不足，湖水量补给严重不足，植被生长缓慢，大布苏湖的自然生态环境十分脆弱。大布苏湖周围经济活动，特别是油田开发、农业生产、渔业和牧业等对大布苏湖自然环境造成影响。建议加强水利设

大布苏湖沼泽（徐志伟 摄）　　　　　　　　　　　　大布苏湖沼泽（李鸿凯 摄）

施建设，将洪水资源化，丰富大布苏湖的水源补给，加强石油开采区周边生态环境的修复与保护，维护当地生态环境的可持续发展（王景祥，2011）。

波罗湖沼泽（220122-117）

【范围与面积】波罗湖沼泽位于吉林省长春市农安县西北部，地理坐标为 $44°20'36'' \sim 44°32'30''$N、$124°40'20'' \sim 124°59'29''$E，面积为 1751 hm²。

【地质地貌】沼泽区位于松辽平原东南部，处于松辽拗陷的东北隆起带的西部边缘。地势呈现东南高西北低趋势。区域内冲沟较发育，分布微波状台地和浅丘状台地，大部分地面为海拔 200 ~ 220 m 的台地平原。台地由更新系冲积洪积黄土状土组成，局部地方覆盖有风成粉砂，由于受浅谷和坳沟切割，地面波状起伏，相对高度 20 m 左右。高台地西缓东陡，东坡以下有波罗湖等大片湖积平原。波罗湖平均海拔为 140 ~ 150 m。

【气候】沼泽区地处吉林省中部地区，属于温带大陆性气候，风向为西南风。春季气候干燥且风大；夏季气候温热且多雨；秋季天气晴朗但昼夜温差大；冬季气候寒冷且持续时间较长。

【水资源与水环境】波罗湖水面面积 46.41 km²，水深 0.5 m，蓄水量 2632 万 m³。敖宝图泡的水面面积 14.68 km²，最大水深 1 m，平均水深 0.5 m，蓄水量 570 万 m³，引水量 1480 万 m³。由于地处地区西部，地表径流量少，年内分配不均，年际变化较大。从 2011 年开始，各监测点总氮平均含量呈缓慢下降趋势，平均含量由 1.12 mg/L 下降至 2015 年的 0.97 mg/L（张新宏和尹华，2016）。

【沼泽土壤】按土壤发生化学分类原则，沼泽区土壤分为四个土类六个亚类。①黑钙土：主要分布于周边岗地上，该类型土壤腐殖质层厚度多在 30 cm 左右，也有腐殖质层稍厚者，腐殖质层厚可达 40 ~ 50 cm，腐殖质含量较高，一般在 5% 左右。②草甸黑钙土：主要分布于边缘台地缓坡下部与平地相接稍高区域，土壤表层腐殖质含量较高，一般在 5% 左右，腐殖质层厚度不等，一般在 30 ~ 50 cm，呈暗棕灰色。③草甸土：多分布于南部低平地上，并与盐化草甸土、盐碱土呈斑块状交错分布。④盐化草甸土：与草甸土交错分布于同一区域，土体中可溶盐含量较高，其中轻盐化草甸土土体形态特征与草甸土相似，但 0 ~ 30 cm 土层深度可溶盐含量高，荒草地中地表多生有湿生植物，如碱蓬、灰绿藜、独行菜、芦苇等。⑤盐土：呈小斑块与盐化草甸土交错分布，土壤易溶盐含量极高，其中苏打盐土的耕层（0 ~ 30 cm）含盐量大于 0.7%，氯化物型盐土的耕层土壤含盐量大于 1.0%，硫酸盐型盐土的耕层土壤含盐量大于 1.2%，表层土壤腐殖质含量稍低，地表呈白色或灰白色，植被极稀疏或无植被，呈光板状，土壤质地在砂壤至中壤间，一般无明显发生层次。⑥碱土：与盐土、草甸土及盐化草甸土交错斑块状分布，主要分布于盐渍土区局部微高处或凹平地的边缘上。碱土在本区域分布较多，根据化学分析数据统计，碱土近 30%。

【沼泽植被】沼泽区野生植物物种共 55 科 127 属 194 种，优势物种有羊草、芦苇、拂子茅、水烛。在这些植物种类中，苔藓 1 种；蕨类植物 1 科 2 种；裸子植物 1 科，被子植物 52 科 190 种。被子植物种数排在前十位的科是：菊科（29 种）、禾本科（26 种）、豆科（14 种）、藜科（10 种）、蓼科（9 种）、十字花科（7 种）、莎草科（6 种）、蔷薇科（5 种）、唇形科（5 种）、百合科（4 种）。

【沼泽动物】沼泽区动物资源十分丰富。据调查，区内有野生脊椎动物 5 纲 24 目 52 科 198 种，其中国家一级重点保护鸟类 4 种（丹顶鹤、白鹤、大鸨和东方白鹳）；国家二级重点保护鸟类 23 种，如大天鹅、鸳鸯、雀鹰等。丹顶鹤、东方白鹳、白鹤等水鸟总数量均达到国际重要湿地标准。水生脊椎动物（鱼类）4 目 6 科 29 种，两栖动物 1 目 4 科 7 种，爬行动物 2 目 2 科 7 种。

【受威胁和保护管理状况】沼泽区建有吉林波罗湖国家级自然保护区，保护区成立于 2004 年，2011 年晋升为国家级，以自然湿地及栖息的珍稀水鸟为保护对象。

波罗湖沼泽（佟守正 摄）

波罗湖沼泽（安雨 摄）

长岭太平川沼泽（220722-118）

【范围与面积】长岭太平川沼泽位于吉林省长岭县城西 75 km 处，地理坐标为 44°06′ ～ 44°36′N、123°06′ ～ 123°42′E，面积为 25 710 hm²，海拔 187 m。与第一版《中国沼泽志》相比，沼泽面积减少了约 69.1%。

【地质地貌】长岭县处于松辽分水岭台地平原，属松辽平原西部"八百里瀚海"南段。地势平坦，由东南往西北逐渐倾斜，平均海拔 187 m，东南部为高台地，中部为沉积平原，西北部为半固定沙丘和大片草原。松辽分水岭沉积物由冲积、洪积物组成，上覆黄土，沼泽地发育于湖滨洼地或低洼地中。

【气候】沼泽区属于温带半湿润季风气候，年平均气温 4.9℃，1 月平均气温 –16.4℃，7 月平均气温 23.3℃，极端最低气温 –33.9℃，极端最高气温 36.5℃，年平均降水量 470.6 mm，无霜期 142 d。

【水资源与水环境】沼泽区无山脉河流，沼泽地水源由地表径流、地下水或大气降水补给。地表水 pH 为 9.01，水体其他理化性质见表 14-68。

表 14-68　长岭太平川沼泽水体理化性质

	WT/℃	pH	EC/(mS/cm)	ORP/mV	Cl⁻/(mg/L)	NO_3^--N/(mg/L)
平均值	30.29	9.01	1.13	66.78	84.23	2.66
最高值	35.78	9.51	3.04	77.58	143.03	3.74
最低值	23.57	8.52	0.22	54.73	15.66	1.50

【沼泽土壤】沼泽区土壤主要为泥炭沼泽土、泥炭土和盐土。

【沼泽植被】沼泽区常见湿地植物有 5 科 8 属 8 种，其中湿生植物有稗、碱蓬、西伯利亚滨藜、蒲公英、春蓼、角果碱蓬，挺水植物有芦苇和三棱水葱。

植物群落主要是芦苇群落和碱蓬群落，大部分为纯群落，偶有伴生种西伯利亚滨藜、稗、三棱水葱等。群落总盖度 40% ～ 70%，碱蓬群落草本层生物量为 70.15 g/m²。芦苇群落中芦苇盖度 70%，高度约 150 cm；碱蓬群落中碱蓬盖度 35% ～ 60%，高度 10 ～ 20 cm。

【沼泽动物】沼泽区有珍禽和野生动物 121 种，属于国家级及省级保护的珍禽和动物有 85 种。其中国家一级重点保护鸟类有丹顶鹤和大鸨，国家二级重点保护鸟类有灰鹤和大天鹅。

【受威胁和保护管理状况】目前沼泽地多已被开垦为耕地。由于沼泽区风沙盐碱严重，土地贫瘠，应利用各种生物或工程措施进行土壤改良，促进农业生产。此外，保护沼泽环境，直接涉及珍稀水禽的兴衰和苇田的产量及质量。

长岭太平川沼泽（李鸿凯 摄）

康平辽河沼泽（210123-119）

【范围与面积】康平辽河沼泽位于辽宁省沈阳市康平县辽河国家湿地公园，地理坐标为 42°39′22″ ～ 43°0′29″N、123°31′00″ ～ 123°36′22″E。沼泽面积为 913 hm²，包含辽河季节性洪泛形成的洪泛平原、草本沼泽和灌丛沼泽。

【气候】沼泽区属于暖温带半湿润大陆性季风气候，年均气温 6.9℃，1 月平均气温 −13.1℃，极端最低气温 −30.3℃，7 月平均气温 23.9℃，极端最高气温 36.2℃；无霜期 153 d；年均降水量约为 524.5 mm，最大降水量 801.4 mm，最小降水量 307.3 mm，集中在夏季。

【沼泽植被】沼泽区维管植物共有 39 科 84 属 160 种，其中蕨类植物 4 科 4 属 7 种，被子植物 35 科 80 属 153 种，有国家二级重点保护野生植物野大豆 1 种。

【沼泽动物】沼泽区有脊椎动物 20 目 46 科 152 种。其中哺乳类 4 目 7 科 13 种，鸟类 10 目 28 科 108 种，两栖类、爬行类 2 目 6 科 10 种，鱼类 4 目 5 科 21 种。其中列入《国家重点保护野生动物名录》中的国家一级重点保护野生动物有 2 种，为东方白鹳、白枕鹤；国家二级重点保护野生动物有 9 种，包括黄嘴白鹭、白琵鹭、大天鹅、鸳鸯、雀鹰、白尾鹞、红隼、灰鹤、蓑羽鹤。列入《濒危野生动植物种国际贸易公约》（CITES）附录Ⅰ的物种有东方白鹳、白枕鹤 2 种；附录Ⅱ的物种有白琵鹭、红隼、灰鹤，共 3 种。

【受威胁和保护管理状况】沼泽区建有辽宁康平辽河国家湿地公园，公园于 2020 年 12 月 25 日入选国家林业和草原局"2020 年通过验收的国家湿地公园名单"。

康平卧龙湖沼泽（210123-120）

【**范围与面积**】康平卧龙湖沼泽位于辽宁省康平县，地理坐标为 42°40′ ～ 42°47′N、123°09′ ～ 123°20′E，面积为 4885 hm²，主要为芦苇沼泽。

【**地质地貌**】康平县地处平原丘陵相接地带，东北为辽河平原，西及西南为丘陵，北部是科尔沁沙地的南缘，地势西南高、东北低。地势西高东洼，南丘北沙，沼泽发育在康平县城西南的湖滨洼地和辽河及其支流的河漫滩洼地中。

【**气候**】沼泽区属于暖温带半湿润大陆性季风气候，年均气温 6.9℃，1 月平均气温 –13.1℃，极端最低气温 –30.3℃，7 月平均气温 23.9℃，极端最高气温 36.2℃；无霜期 153 d；年均降水量约为 524.5 mm，最大降水量 801.4 mm，最小降水量 307.3 mm，集中在夏季。

【**水资源与水环境**】沼泽水源由辽河及其支流清河、亮子河河水、地下水及大气降水补给，地表长期积水。地表水 pH 为 9.38，其他理化性质见表 14-69。

表 14-69　康平卧龙湖沼泽水体理化性质

	WT/℃	pH	EC/(mS/cm)	ORP/mV	Cl⁻/(mg/L)	NO_3^--N/(mg/L)
平均值	31.95	9.38	2.46	57.32	231.90	3.76
最高值	34.41	10.12	5.92	223.37	533.87	6.94
最低值	28.41	8.76	0.93	38.40	59.88	1.70

【**沼泽土壤**】沼泽区土壤主要为草甸沼泽土。

【**沼泽植被**】沼泽区分布有水生植物 48 种、浮游植物 154 种。沼泽植被以芦苇群落和香蒲群落为主，总盖度 25% ～ 80%，草本层生物量为 635.22 g/m²。芦苇群落中芦苇盖度 15% ～ 50%，高度 180 cm，伴生有香蒲、箭叶蓼、灯心草等。香蒲群落中香蒲盖度 50%，高度 190 cm，伴生有三棱水葱、稗、芦苇、箭叶蓼等植物。沼泽常见植物 6 科 7 属 7 种，其中挺水植物有香蒲、芦苇、稗，浮水植物有眼子菜，湿生植物有三棱水葱、灯心草和春蓼。

【**沼泽动物**】沼泽区有鱼类 39 种、鸟类 141 种，其中国家一级重点保护鸟类 5 种、二级重点保护

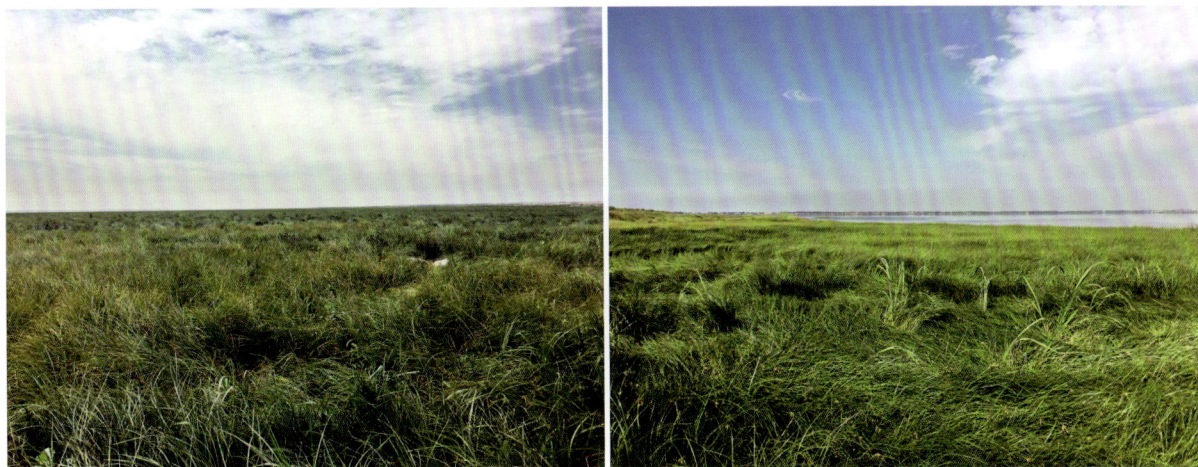

康平卧龙湖沼泽（徐志伟 摄）

鸟类 19 种。区内主要水禽有小䴙䴘、凤头䴙䴘、大白鹭、白琵鹭、斑嘴鸭、小田鸡、金眶鸻、红脚鹬、小天鹅、豆雁及许多鸭类和鸻鹬类。

【受威胁和保护管理状况】沼泽区少部开垦为农田和道路建设用地，2001 年建立了卧龙湖省级自然保护区，但仍受到农田退水的影响。

獾子洞沼泽（210100-121）

獾子洞沼泽位于沈阳市北郊（42°20′42″ ～ 42°24′00″N、122°54′00″ ～ 122°59′00″E），沼泽面积为 415 hm²。海拔最低点为 55 m，最高点为 60 m，中心海拔为 55 m。沼泽形成时间较短，泥炭层较薄。沼泽区属于北温带大陆性季风气候，气候温和，年平均气温为 6.7℃，年降水量为 610 mm 左右，全年无霜期 146 d，雨热同季，日照充足。湿地植被主要为芦苇群落和香蒲群落，生长着高等维管植物 52 科 135 属 204 种。鸟类资源较为丰富，共有 12 目 27 科 70 属 144 种，其中国家一级重点保护鸟类有东方白鹳、丹顶鹤、白枕鹤、白头鹤、白鹤。国家二级重点保护鸟类有白琵鹭、大天鹅、小天鹅、鸿雁、小白额雁、花脸鸭、斑头秋沙鸭、鹗、灰鹤，国家"三有"鸟类有雪雁、绿头鸭、斑嘴鸭、红头潜鸭、针尾鸭、罗纹鸭、琵嘴鸭、白眉鸭、绿翅鸭、赤颈鸭、赤膀鸭、凤头潜鸭、白骨顶、凤头麦鸡、灰头麦鸡、黑翅长脚鹬、扇尾沙锥、普通海鸥、灰翅浮鸥、普通燕鸥、普通翠鸟等（于晶晶等，2013）。沼泽区于 2012 年成立辽宁法库獾子洞国家湿地公园。

獾子洞沼泽（胡远满 摄）

铁岭莲花湖沼泽（211200-122）

【范围与面积】铁岭莲花湖沼泽位于辽宁省铁岭市莲花湖国家湿地公园，西依凡河，南以铁岭市新城区（规划中）和京哈铁路为界，北靠辽河。地理坐标为 42°15′ ～ 42°18′N、123°41′ ～ 123°48′E，沼泽面积为 634 hm²。

【气候】沼泽区属中温带大陆性季风气候，冬季寒冷干燥，夏季温热多雨，雨热同季，日照丰富，干湿季节分明。年降水量为 600 mm，年平均气温为 7.9℃。

【水资源与水环境】莲花湖湿地三面环水，西面紧邻辽河，北面连接柴河，南面汇入凡河，是三条河流的汇合点。

【沼泽植被】沼泽植被主要建群种包括香附子、菖蒲、芦苇等。

【沼泽动物】沼泽区野生动物种类有 68 种，其中鸟纲 45 种、两栖纲 7 种、鱼纲 16 种。鸟类有国家二级保护野生动物 1 种，即鸳鸯。常见为苍鹭、草鹭、花脸鸭、绿头鸭等。两栖类常见有大蟾蜍、黑斑侧褶蛙等。鱼类常见种类有鲤、鲢、草鱼、鲫等。

【受威胁和保护管理状况】沼泽区于 2011 年成立莲花湖国家湿地公园，对于湿地资源保护与合理利用有重要作用。

铁岭莲花湖沼泽（胡远满 摄）

铁岭莲花湖沼泽（徐志伟 摄）

新民沼泽（210181-123）

【范围与面积】新民沼泽位于辽宁省新民市，地理坐标为 41°40′ ～ 41°55′N、122°26′ ～ 123°11′E，面积为 1043 hm²，主要为芦苇沼泽。与第一版《中国沼泽志》相比，沼泽面积减少了 64.9%。

【地质地貌】在地质构造上，沼泽区为新华夏第一级构造的第二巨型沉降带中的盘山坳陷区；由盖州向北经辽河口至锦西，古岸线在全新世海侵时可达台安一带，台安以北属古海缘带，大致由辽中至黑山一线附近，为南部海积平原与北部冲积平原之间的北西西延伸的交接洼地。辽河从中穿过，将洼地分为东、西两部分，东部为浑河支流蒲河洼地，在河间低地、河漫滩、废河道等积水地段普遍发育泥炭沼泽。地形开阔，地势低平，北高南低，最高海拔 186.4 m，最低 17.9 m，80% 以上为 20 ～ 50 m。

【气候】沼泽区属于温带大陆性季风气候，年均气温 7.6℃，1 月平均气温 –12.2℃，极端最低气温 –31.5℃，7 月平均气温 24.3℃，极端最高气温 35.5℃，日照年平均 2753.1 h；无霜期 160 d；年均降水量约为 605 mm。

【水资源与水环境】新民市主要河流总长度 222.8 km，径流总量 1178 亿 m³，辽河洪水期流量达 16 000 m³/s，通常最大流量 4279 m³/s。沼泽水源由辽河河水、地下水及大气降水补给，地表水 pH 为 8.57，COD 和溶解氧分别为 53 ～ 82 mg/L、6 ～ 8 mg/L（荆勇，2012），其他理化性质见表 14-70。

表 14-70　新民沼泽水体理化性质

	WT/℃	pH	EC/(mS/cm)	ORP/mV	Cl⁻/(mg/L)
平均值	28.17	8.57	1.01	111.20	104.07
最高值	30.16	9.28	1.41	129.47	177.53
最低值	25.10	7.23	0.78	90.03	66.91

【沼泽土壤】沼泽区土壤主要为草甸沼泽土和泥炭土。泥炭厚度平均 1 m，有机质含量 40%，泥

炭呈黑色或黑褐色。

【沼泽植被】沼泽区常见湿地植物有 10 科 13 属 13 种，浮水植物有芡、眼子菜，湿生植物有三棱水葱、蒿、萝藦、葎草、春蓼、鬼针草，挺水植物有香蒲、芦苇、菰、菖蒲、三棱草。

本区沼泽零星分布，沼泽植被类型简单，有芦苇群落、香蒲群落，群落总盖度 30% ～ 95%。蒲河沼泽草本层生物量为 283.1 g/m^2。香蒲群落中，香蒲盖度 20% ～ 40%，高度 250 cm，伴生有三棱水葱、萝藦、春蓼等植物。芦苇群落中芦苇盖度 60%，高度 170 cm，伴生有菰、菖蒲、鬼针草等。此外，水生植被芡群落，盖度 95%，伴生有眼子菜等沉水植物。

【沼泽动物】沼泽区有鸟类 11 目 29 科 133 种；鱼类 3 目 5 科 22 种；浮游动物 19 目 29 科 32 种；两栖类 6 种。鸟类常见丹顶鹤、小天鹅、苍鹭、大天鹅、红隼、白鹭等，多在此觅食和栖息。

【受威胁和保护管理状况】该区部分沼泽已被开垦为农田。2012 年 12 月，成立辽宁辽中蒲河国家湿地公园，距沈阳 55 km，总面积为 8141.75 hm^2，主要包括河流型湿地、沼泽型湿地、人工湿地三个类型。蒲河湿地水源短缺，自然降水补水不足，上游补水受季节限制（何俊仕等，2010）。建议控制污染源、完善污水净化厂设置、生态廊道建设工程。

新民沼泽（徐志伟 摄）

大亚沼泽（210700-124）

大亚沼泽位于辽宁省锦州市（41°22′00″ ～ 41°26′00″N、122°1′00″ ～ 122°5′00″E），沼泽面积为 982 hm^2。沼泽区属于温带大陆性季风气候，日照充足、雨量充沛、气候温和，年均气温 9.1℃，年均降水量 886.2 mm，其中 52% 降水量集中在 6 ～ 8 月。本区共有维管植物 43 科 111 属 150 种，其中蕨类植物 2 科 2 属 4 种，裸子植物 2 科 2 属 2 种，被子植物 39 科 107 属 144 种，常见水苦荬、婆婆纳、水蓼、花蔺、白鳞莎草、风花菜、鬼针草、车前、茴茴蒜、毛茛、蒿蓄、小藜、鸭跖草、牛漆姑、北陵鸢尾。沼泽区记录野生脊椎动物 27 目 65 科 205 种，包括鱼类 6 目 11 科 35 种，两栖类 1 目 4 科 7 种，爬行类 2 目 3 科 8 种，鸟类 15 目 42 科 145 种，哺乳类 3 目 5 科 10 种（张树彬，2019）。沼泽区有国家一级重点保护野生动物 1 种，为大鸨，国家二级重点保护野生动物 8 种，均为鸟类，分别为大天鹅、小天鹅、鸳鸯、纵纹腹小鸮、长耳鸮、灰鹤、红隼和红脚隼。

三岔河沼泽（210381-125）

【范围与面积】三岔河沼泽位于辽宁省海城市西部的沿河区。地理坐标为 40°54′00″ ～ 41°11′00″N、122°17′00″ ～ 122°42′25″E，沼泽面积为 4255 hm^2。

【地质地貌】沼泽区位于辽河冲积平原下游，处于渤海拗陷带的东侧，拗陷内部有巨厚的古近纪堆积物，厚度可达 2 km，并有明显的海浸和退海痕迹，为草甸土 – 混有沼生盐生植物的草甸 – 沿河低平原区，地貌类型为辽河、浑河、太河冲积平原。最低海拔仅为 1 m，地势低洼平坦，平均海拔 3.3 m，相对高度 < 2.5 m。

【气候】沼泽区属于暖温带半湿润大陆性季风气候，其特点是四季分明、雨热同季、温度适宜、光照充足。年平均气温 8.5℃，最冷月 1 月平均气温 –11℃，最低气温达 –25℃，最热的 7 月、8 月平均气温为 24℃。≥ 10℃年积温达 3300℃，最高气温达 34℃；年平均降雨量 700 ～ 750 mm，雨量分布不均，多集中在 7 月、8 月，占全年降雨量的 56%，全年无霜期 160 d 左右，气候条件有利于植物及一些农作物的生长。

【水资源与水环境】沼泽区地下水类型为含水层稳定丰富的孔隙水。水化学类型为重碳酸钙。湿地内外部分布有自然和人工水道，形成河泛区内陆水网。正常年份水景充沛，流水不断。受辽河、浑河、太河流主坝和子坝的阻隔，径流补充甚少，农业用水主要取自河流堤水。同时受渤海不规律的涨落潮影响，涨潮时水深可达 15 m，落潮时水深 5 ～ 10 m，海水与河水交汇，并相互顶推，形成具有一定功能的水系骨架。

【沼泽土壤】沼泽区土壤以腐殖质泥炭土、沼泽土为主，流域两岸以水稻土、冲积土和草甸土为主。

【沼泽植被】沼泽区共有野生植物 229 种，其中蕨类植物 2 种，被子植物 227 种。

【沼泽动物】沼泽区共有野生动物 574 种，其中无脊椎动物有 14 目 53 科 275 种；脊椎动物有 5 纲 30 目 74 科 285 种。脊椎动物中，哺乳纲 4 目 7 科 15 种；鸟纲 15 目 42 科 209 种；爬行纲 4 目 4 科 13 种；两栖纲 1 目 4 科 8 种；硬骨鱼纲 6 目 17 科 40 种（杜芳芝，2015）。沼泽常见湿地鸟类中国家一级重点保护动物有东方白鹳、丹顶鹤，国家二级重点保护动物有花脸鸭、大滨鹬，国家"三有"鸟类有苍鹭、大白鹭、小白鹭、绿翅鸭、绿头鸭、斑嘴鸭、赤膀鸭、白骨顶、黑尾塍鹬、斑尾塍鹬、红脚鹬、青脚鹬、蛎鹬、黑腹滨鹬、红颈滨鹬、环颈鸻、灰鸻、红嘴鸥、灰背鸥、赤麻鸭、小鹀鹬、针尾沙锥（杜芳芝，2015）。

【受威胁和保护管理状况】沼泽区于 2007 年成立三岔河湿地省级自然保护区，湿地保护较好。

第五节　长白山山地沼泽区

长白山山地沼泽区位于西太平洋板块，地处中朝交界处，东南部与朝鲜毗邻，地理坐标为 40°47.2′ ～ 50°5.2′N、120°37.0′ ～ 128°9.1′E。全区南北最大长度 80 km，东西最宽达 42 km，总面积为 19.65 万 hm²。

沼泽区是松花江、图们江以及鸭绿江三大水系的发源地。其中，第二松花江是松花江的上游，有南、北两个发源地，南源为头道江，北源为二道江。鸭绿江发源于长白山天池南麓，图们江源于长白山天池东麓。河流从天池脚下向周围呈放射状流出，河流流向多与两侧山岭的延伸方向一致，河谷深切，河道坡度较大，河床多鹅卵石或砾石。河流以雨水补给为主，兼有融雪水补给。每年有春、夏两次汛期；春季河水靠冰雪融水供给，汛期短且小；夏季降水丰富，汛期长且大。地下水类型以构造裂隙为主，地形破碎，基岩裸露，地下水排泄条件好；但长白山主峰下面的高山平原多为深厚的黄土层，土壤紧实，渗水条件差，隔断了地下水向平原补给的通道，使地下水通过泉眼排入河流或以地表径流方式漫向下游。全区河流年平均流量 240 亿 m³，水力蕴藏量 347 万 kW。

沼泽区属于受季风影响的温带大陆性山地气候，除具有一般山地气候的特点外，还有明显的垂直气候变化。冬季寒冷漫长，夏季短暂温凉，春季风大干燥，秋季多雾凉爽。年均气温 –7 ～ 3℃，

7月平均气温不超过10℃，1月最冷，月平均气温–20℃左右，最低气温曾出现过–44℃。年日照时数不足2300 h。无霜期100 d左右，山顶只有60 d左右。积雪深度一般为50 cm，个别地方可达70 cm。年降水量为700～1400 mm，6～9月降水占全年降水量的60%～70%。云雾多，风力大，气压低，是长白山主峰气候的主要特点。年8级以上大风日数269 d，年平均风速为11.7 m/s。年雾凇165 d，山顶雾日265 d，年均日照数只有100 d左右。

沼泽区土壤受地貌、母质、植被和气候等自然因素的影响呈现出垂直带谱分布，自下而上大体可分为山地暗棕壤土、棕色针叶林土、亚高山疏林草甸土和高山苔原土。

除上述有规律的地带性土壤外，非地带性土壤主要有白浆土、沼泽土和草甸土等。土壤类型比较复杂，山地土壤以灰化土、暗棕壤为主，沟谷低洼地带分布草甸土和沼泽土。山顶、山脊和部分山坡土壤不甚发育，土壤分层不明显，往往腐殖层之下便是碎石层和基岩。山坡地带覆盖含大量碎石的坡积层，厚度可达数米。

在地形平缓的地区，由于地表长期或暂时积水，土壤常呈水饱和状态，生长着沼生或湿生植物，从而形成沼泽型湿地。长白山自然保护区火山锥体的周围为熔岩高原，海拔600～1200 m，熔岩台地多宽浅的沟谷和平缓的分水岭。熔岩台地地形平坦，沉积物黏重，透水性差，为沼泽的形成提供了良好的环境。本区沼泽主要分为草本沼泽、灌丛沼泽、森林沼泽、沼泽化草甸等（表14-71）。草本沼泽常见建群种包括大叶章、乌拉草、毛薹草、瘤囊薹草、沼泽蕨、白山薹草、芦苇、地笋、木贼、湿生薹草、睡菜、香蒲、阿穆尔莎草、白毛羊胡子草、大穗薹草、菰、漂筏薹草、水芋、早熟禾，灌丛沼泽常见建群种包括油桦、沼柳、绣线菊、高山杜鹃和谷柳，森林沼泽常见建群种包括白桦、黄花落叶松，苔藓沼泽常见建群种包括中位泥炭藓、锈色泥炭藓、尖叶泥炭藓、喙叶泥炭藓和狭叶泥炭藓。

表14-71　长白山山地沼泽区沼泽类型与面积

沼泽分区	类型	面积/×100 hm²
长白山山地沼泽区	草本沼泽	1780.8
	灌丛沼泽	345.6
	森林沼泽	648.7
	沼泽化草甸	295.3

东方红沼泽（230381-126）

【范围与面积】东方红沼泽位于黑龙江省虎林市东方红林业局内，地理坐标为46°12′58″～46°28′08″N、133°32′16″～133°56′50″E，总面积为466 618 hm²。

【地质地貌】沼泽区位于长白山系老爷岭余脉、完达山东缘、乌苏里江中游西岸；地貌以河漫滩和阶地为主，区内广泛分布河滩地、古河道和牛轭湖；在新构造运动中处于大面积下沉为主的间歇性沉降运动区；地势低平，坡度和缓，海拔最低处47 m，最高处476.3 m，地势西北高东南低（于晓芳和王春辉，2009）。

【气候】沼泽区属寒温带大陆性季风气候，冬季严寒有雪，夏季温热多雨；年平均气温3.5℃，年均降水量为566.2 mm，降水主要集中在夏季，夏季降水量占全年降水量的53%；冬季积雪期160 d左右，平均积雪厚27 cm（贾子书，2017）。

【水资源与水环境】沼泽区河流有乌苏里江、独木河、大木河、小木河及鲤鱼窝河等河流，属于永久性河流（张兴伟和李清恩，2012）。沼泽主要水源为大气降水和河流补给。沼泽具有较好的水质，Ⅰ、Ⅱ类水质达到78%，且相对稳定（贾子书，2017）。

【沼泽植被】沼泽区植物有152科849种，其中苔藓植物37科101种，蕨类植物12科28种，种子植物95科674种，地衣植物8科46种，国家二级保护植物有水曲柳、野大豆等；广布有草本沼泽，也有斑块状灌木沼泽，草本沼泽以大叶章、瘤囊薹草、毛薹草和芦苇为优势种；其他沼生植物有灰脉薹草、荇菜、浮萍等。

【沼泽动物】沼泽区有兽类6目15科53种，鸟类17目44科216种，爬行类3目4科7种，两栖类2目4科7种；其中国家一级重点保护野生动物有东方白鹳、白尾海雕、丹顶鹤、中华秋沙鸭、金雕等；国家二级重点保护野生动物有水獭、大天鹅、白额雁、鸳鸯、苍鹰、雀鹰、松雀鹰、普通鵟、毛脚鵟、鹊鹞等；鱼类9目15科68种。

【受威胁和保护管理状况】沼泽区建有黑龙江东方红国家级湿地自然保护区，2009年9月经国务院批准成立；区内也有黑龙江东方红国家湿地公园，2013年12月25日批准建立。2013年10月，东方红湿地被列入《国际重要湿地名录》。

东方红沼泽（焉申堂 摄)　　　　　　　　　　东方红沼泽（周鹂 摄)

望奎小北湖沼泽（231221-127）

【范围与面积】望奎小北湖沼泽位于黑龙江省牡丹江市望奎县，地理坐标为44°7′8″～44°20′26″N、128°27′14″～128°49′32″E，总面积为4114 hm²。

【地质地貌】沼泽区属于长白山系张广才岭中段的东南分支，东邻老爷岭，属新时期熔岩台地，呈断续和盾形分布，地势由东向西逐渐升高，起伏较大，海拔370～1260 m，平均海拔810 m（赵和生等，2002）。

【气候】沼泽区属于中温带大陆季风气候，季节性变化大，平均气温2.5℃左右，年降水量650 mm左右，降水期主要集中在7～8月，无霜期90～100 d。

【水资源与水环境】小北湖是由于火山喷发、熔岩堰塞小北湖河而形成的堰塞湖，面积为389 hm²，湖面海拔420 m，水深1～2 m；区内主要河流有大柳树河、石头河、哈啦河等，所有河流均流入镜泊湖后汇入牡丹江，是牡丹江的主要支流（项凤影等，2017；王立凤等，2020）。沼泽主要水源为大气降水和河流补给。

【沼泽植被】沼泽区记录有种子植物 87 科 296 属 559 种，其中裸子植物 1 科 4 属 6 种，被子植物 86 科 292 属 553 种，优势科中以菊科、毛茛科、禾本科、蔷薇科种数较多；国家二级重点保护植物有水曲柳、野大豆及乌苏里狐尾藻等 8 种；优势种有大叶章、芦苇、乌拉草及灰脉薹草等，其他植物有小白花地榆、水葱、舞鹤草、铃兰及广布野豌豆等（孙继旭等，2017）。

【沼泽动物】沼泽区动物资源丰富，脊椎动物共计 379 种，其中鱼类有 5 目 11 科 52 种，两栖类有 2 目 6 科 11 种，爬行类有 3 目 4 科 12 种，鸟类 17 目 50 科 255 种，兽类 6 目 15 科 49 种；国家一级重点保护动物 8 种，其中有中华秋沙鸭、金雕、丹顶鹤等，国家二级重点保护动物 44 种，如水獭、赤颈鸊鷉、鸳鸯、普通鵟、花尾榛鸡等（孙继旭等，2017）。

【受威胁和保护管理状况】沼泽区有黑龙江小北湖国家级自然保护区，主要保护水禽，特别是中华秋沙鸭等。

望奎小北湖沼泽（石忠义 摄）

新站沼泽（220281-128）

【范围与面积】新站沼泽位于吉林省蛟河市北约 17 km 处，地理坐标为 43°53′～43°56′N、127°19′～127°41′E，面积为 3603 hm²，与第一版《中国沼泽志》相比，沼泽面积减少了约 24.5%。

【地质地貌】沼泽区地处张广才岭南段，四周环山，中间为盆地，兼有山地、丘陵、沿河平原三种地貌，为半山区。沼泽发育于河漫滩上。

【气候】沼泽区属于温带大陆性季风气候，年均气温 3.6℃，1 月平均气温 –18℃，极端最低气温 –43.5℃，7 月平均气温 21℃，极端最高气温 36℃，全年 ≥ 10℃积温 2400℃；无霜期 120 d；年均降水量约为 700 mm，蒸发量 1200 mm。

【水资源与水环境】沼泽区水源由河水及大气降水补给。区内河流多条，如拉法河、蛟河、南河等。沼泽局部积水较深，地表水 pH 为 6.01，其他理化性质见表 14-72。

表 14-72　新站沼泽水体理化性质

	水深/cm	WT/℃	pH	EC/(mS/cm)	DO/(mg/L)	ORP/mV	Cl⁻/(mg/L)	NO_3^--N/(mg/L)	NH_4^+-N/(mg/L)
平均值	8.14	17.81	6.01	0.18	0.57	−7.42	7.37	0.14	0.49
最高值	25	19.50	6.14	0.20	0.85	96.10	14.69	0.24	1.19
最低值	2	14.10	5.81	0.16	0.43	−69.87	2.58	0.09	0.18

【沼泽土壤】沼泽土壤主要为泥炭土。以东安泥炭为例，本区泥炭厚度为115 cm，泥炭容重为0.25 g/cm³，有机质含量为23.10%；剖面特征为：0～35 cm为棕色中度分解草本泥炭，35～100 cm为黑色中度分解草本泥炭，局部含有木本植物残体。

【沼泽植被】沼泽区植物以草本植物为主，常见湿地植物27科33属40种。湿生植物有小白花地榆、并头黄芩、毛水苏、球尾花、沼泽蕨、狭叶荨麻、如意草、细叶乌头、紫菀、水芋、驴蹄草、灰脉薹草、乌拉草、小薹草、大穗薹草、瘤囊薹草、毒芹、沼生柳叶菜、木贼、猪殃殃、小猪殃殃、老鹳草、野大豆、地耳草、玉蝉花、山黧豆、小滨菊、丝瓣剪秋罗、地笋、黄连花、全叶山芹、梅花草、大叶章、透茎冷水花，挺水植物有箭叶蓼、香蒲、睡菜、芦苇。

常见植被为薹草＋大叶章群落和薹草群落，群落总盖度70%～100%。薹草＋大叶章群落中以大叶章为优势种，盖度45%，高度100 cm，伴生种有瘤囊薹草、箭叶蓼、地耳草、毒芹、并头黄芩、透茎冷水花、狭叶荨麻等。局部地区排水严重，薹草群落演替为杂草群落，常见种有芦苇、瘤囊薹草、水芋、山黧豆、箭叶蓼、黄连花等，草本层生物量为85.88 g/m²。

【受威胁和保护管理状况】2015年湿地调查发现沼泽局部排水严重，大部分已被开垦为农田，原有植被遭受破坏。

新站沼泽（王铭 摄）

黄泥河沼泽（222403-129）

【范围与面积】黄泥河沼泽位于吉林省敦化市黄泥河镇西北部约38 km处，由黄泥河镇西的大川北沟、东北沟及西团子山组成，地理坐标为43°41′03″～44°6′29″N、127°51′00″～128°16′33″E，面积3982 hm²，与第一版《中国沼泽志》相比，沼泽区范围有所调整，沼泽面积增加了约47.5%。

【地质地貌】黄泥河发源于张广才岭山系的威虎岭，东流汇入牡丹江。河谷两侧是丘陵山地，威虎岭村以下至黄泥河镇河谷开阔平坦、坳沟发育，由于排水不畅，发育泥炭沼泽。黄泥河镇往东至秋梨沟附近为新期玄武岩区，河谷变窄，沼泽发育于沟谷和坳沟中。海拔550～580 m。

【气候】沼泽区属于温带湿润大陆性季风气候，年平均气温2.6℃，1月平均气温–17.4℃，7月平均气温25.3℃，极端最低气温–38.3℃，极端最高气温34.5℃，年平均降水量621 mm，相对湿度70%，年蒸发量1210.3 mm，≥10℃积温2100～2200℃，无霜期110～120 d；最大积雪深度33 cm。

【水资源与水环境】沼泽区水源由牡丹江支流黄泥河河水及大气降水补给。地表水pH平均值为6.12，其他理化性质见表14-73。

【沼泽土壤】沼泽区土壤类型主要为泥炭土，泥炭厚度90～400 cm，容重为0.30 g/cm³，平均有机质含量为33.21%。其中富河村附近泥炭剖面为黑色或棕黄色中低度分解草本泥炭，底部含泥沙层。团山子水库泥炭剖面厚度约135 cm，有机质含量为28.38%，剖面特征为：0～60 cm为棕黄色中度分解草本泥炭；60～130 cm为黑色中度分解草本泥炭，底部含沙，见有草本。东石嘴子泥炭剖面有机质含量约为40%，为黑色草本泥炭，分解度低；底部分解度中等，局部含有木本；120～130 cm夹有泥沙层，剖面底部含有泥沙。

表 14-73　黄泥河沼泽水体理化性质

	水深/cm	WT/℃	pH	EC/(mS/cm)	DO/(mg/L)	ORP/mV	Cl⁻/(mg/L)	NO₃⁻-N/(mg/L)
平均值	11.79	22.87	6.12	0.12	6.23	71.51	5.739	0.18
最高值	22.5	27.30	6.78	0.14	8.44	117.87	7.31	0.32
最低值	4.33	18.63	5.53	0.07	3.55	7.40	4.56	0.109

【沼泽植被】沼泽区常见湿地植物 28 科 44 属 57 种，其中湿生植物有箭叶蓼、莓叶委陵菜、樱草、地榆、小白花地榆、三棱水葱、并头黄芩、泽芹、毛水苏、细叶繁缕、繁缕、沼生繁缕、沼泽蕨、狭叶荨麻、小缬草、如意草、薄叶驴蹄草、驴蹄草、毛蕙草、乌拉草、小薹草、瘤囊薹草、毒芹、大叶章、野青茅、柳叶菜、飞蓬、猪殃殃、小猪殃殃、线裂老鹳草、老鹳草、地耳草、旋覆花、柳叶旋覆花、玉蝉花、灯心草、马兰、山鼹豆、橐吾、地笋、黄连花、球尾花、千屈菜、梅花草、败酱、透茎冷水花、车前，挺水植物有香蒲、木贼、荸荠、睡菜、芦苇。

沼泽植被以薹草群落为主，群落总盖度 60%～100%，草本层生物量为 128.95 g/m²。薹草群落以乌拉草、瘤囊薹草、大叶章为优势种，形成草丘，薹草高度 40～90 cm，盖度 10%～40%；大叶章盖度 15%～50%，高度 70 cm；伴生有小白花地榆、并头黄芩、泽芹、球尾花等植物。

【沼泽动物】沼泽区记录鸟类 27 种，隶属于 6 目 14 科；其中，雀形目鸟类 7 科 16 种，占总种数的 59.26%；鹳形目和隼形目各 3 种，各占总种数的 11.11%；鸮形目和鸡形目鸟类各 2 种，各占总种数的 7.41%；鸽形目只有 1 种，占总种数的 3.70%。在记录的 27 种鸟类中，23 种为留鸟，冬候鸟 4 种，（刘佳琪等，2019）。沼泽区有国家级保护动物 31 种，其中国家一级重点保护野生动物有金雕等（刘佳琪等，2019），国家二级重点保护野生动物有雀鹰、毛脚鵟、红隼、雕鸮、长耳鸮、花尾榛鸡等，列入"三有"动物有灰头绿啄木鸟、大斑啄木鸟、星头啄木鸟、山斑鸠、大山雀、沼泽山雀、银喉长尾山雀、三道眉、草鹀、灰喜鹊、喜鹊、普通鸬、燕雀、北朱雀、长尾雀等。

【受威胁和保护管理状况】沼泽区部分地区遭受放牧、烧荒、开挖排水沟、农田围垦等人类活动的影响，地表已基本无典型湿地植物。未开垦部分已于 2012 年建立黄泥河国家级自然保护区，以保护多种珍稀野生动植物为主。

黄泥河沼泽（李鸿凯 摄）

黄泥河沼泽（徐志伟 摄）

敦化雁鸣湖沼泽（222403-130）

【范围与面积】原名称是大山嘴子沼泽，敦化雁鸣湖沼泽位于吉林省敦化市东北约 48 km 处，地理坐标为 $43°33'08'' \sim 43°51'38''$N、$128°4'09'' \sim 128°46'00''$E，面积为 4379 hm²，主要为薹草 + 大叶章沼泽等。

【地质地貌】牡丹江发源于敦化市牡丹岭东麓，流向东北，于小山嘴子以下流出吉林省。因此，区内多山间盆地与狭窄的河谷平原。沼泽发育于牡丹江支流的河谷平原或河漫滩，平均海拔 400 m。

【气候】沼泽区属于温带湿润大陆性季风气候，年平均温度 2.6℃，1 月平均气温 –17.4℃，7 月平均气温 19.8℃，极端最低气温 –38.3℃，极端最高气温 34.5℃；年平均降水量 621 mm，相对湿度 70%，年蒸发量 1210.3 mm；$\geq$ 10℃积温 2100 $\sim$ 2200℃，无霜期 110 $\sim$ 120 d。

【水资源与水环境】沼泽区水源由牡丹江支流河水及大气降水补给。地表水 pH 平均值为 6.23，其他理化性质见表 14-74。

表 14-74　敦化雁鸣湖沼泽水体理化性质

	pH	EC/mV	DO/(mg/L)	Cl⁻/(mg/L)	NO₃⁻-N/(mg/L)
平均值	6.23	0.24	3.58	5.68	0.15
最高值	7.00	0.83	5.02	10.46	0.37
最低值	5.64	0.35	1.40	1.46	0.08

【沼泽土壤】沼泽区土壤主要是泥炭土。本区泥炭厚度为 60 $\sim$ 360 cm，容重为 0.25 g/cm³，平均有机质含量 34.64%。塔东站泥炭剖面有机质含量较低，为 4.8%，0 $\sim$ 30 cm 为棕黄色草本泥炭，含砂、分解度较低；30 $\sim$ 70 cm 为黑色含有砂砾层；70 cm 以下为潜育层。塔东水库泥炭剖面有机质含量为 25.42%，0 $\sim$ 140 cm 为棕黄色草本泥炭且分解度较差，在 70 cm 处有冻层；140 $\sim$ 170 cm 为黑色中度分解草本泥炭，含砂；170 $\sim$ 180 cm 为黑色中度分解草本泥炭，泥沙含量较高。秃顶子泥炭剖面有机质含量较高，为 40%，黑色草本泥炭，分解度中等；170 $\sim$ 200 cm 残体含量较多；350 $\sim$ 360 cm 为黑色草本泥炭，含泥质，分解度中等。雁脖岭泥炭地有机质含量为 45%，0 $\sim$ 50 cm 为浮毯；100 $\sim$ 195 cm 为棕黄色低分解草本泥炭，含水量大；195 $\sim$ 233 cm 为棕黄色草本泥炭，分解度中等，底部含有泥沙。双顶子泥炭地有机质含量为 40%，为黑色草本泥炭，低中度分解。

【沼泽植被】沼泽区常见湿地植物有 39 科 59 属 79 种，包括沉水植物草茨藻，浮水植物荇菜、浮萍，湿生植物绣线菊、狭叶荨麻、斜茎黄芪、长柱金丝桃、宽叶山蒿、翻白蚊子草、毛茛、如意草、散花唐松草、毛蕊老鹳草、线裂老鹳草、败酱、全叶山芹、老鹳草、驴蹄草、梅花草、球尾花、地耳草、毒芹、黄连花、山梗菜、野豌豆、婆婆纳、泽芹、委陵菜、地榆、蹄叶橐吾、野蓟、白八宝、小白花地榆、猪殃殃、莓叶委陵菜、小猪殃殃、箭叶蓼、线叶拉拉藤、沼生繁缕、泽地早熟禾、大叶章、东方藨草、灰脉薹草、漂筏薹草、毛薹草、玉蝉花、灯心草、瘤囊薹草、十字兰、早熟禾、有斑百合、乌拉草、藜芦、大叶章、并头黄芩、柳叶菜、细叶繁缕、地笋、沼泽蕨，挺水植物睡菜、芦苇、狭叶黑三棱、水芋、卵穗荸荠、香蒲、木贼。

常见植被为白桦 + 柳群落、薹草群落、芦苇 + 薹草群落和芦苇 + 大叶章群落。塔东水库附近白桦 + 柳群落中白桦高度 150 cm，盖度为 35%，柳以谷柳和沼柳为主，盖度为 50% 左右，高度 60 $\sim$ 100 cm。雁脖岭附近沼泽中灌木以油桦、绣线菊、沼柳为主，盖度 30% $\sim$ 50%，高度 50 $\sim$ 130 cm。薹草群落优势种为乌拉草和毛薹草，群落总盖度为 60% $\sim$ 100%，草本层生物量为 95.6 g/m²。伴生有沼泽蕨、水芋、沼生繁缕、卵穗荸荠、并头黄芩、黄连花等。芦苇＋大叶章群落：大叶章盖度 50% 左右，芦苇盖度 20% ～ 40%，伴生种有箭叶蓼、沼泽蕨、东方蔍草、黄连花、柳叶菜、蒌蒿、毛茛、斜茎黄芪、散花唐松草等。

【受威胁和保护管理状况】沼泽区部分沼泽受泥炭开采和排水的影响，原始植被退化。目前，已建立雁鸣湖湿地国家级自然保护区。保护区始建于 1991 年，2007 年晋升为国家级，主要保护对象是天然湿地及栖息的濒危水禽。

敦化雁鸣湖沼泽（李鸿凯 摄）

敦化雁鸣湖沼泽（徐志伟 摄）

敦化秋梨沟沼泽（222403-131）

【范围与面积】敦化秋梨沟沼泽地处长白山脉北麓、牡丹江上游，为牡丹江江源湿地区，范围涉及敦化市秋梨沟林场、新开岭林场，地理坐标为 43°22′11″ ～ 43°27′17″N、127°51′57″ ～ 127°59′01″E，面积为 2075 hm²。

【地质地貌】沼泽区位于张广才岭北麓，地势西高东低，海拔 412 m。

【气候】沼泽区属于温带湿润大陆性季风气候，年平均气温 2.6℃，1 月平均气温 –17.4℃，7 月平均气温 25.3℃，极端最低气温 –38.3℃，极端最高气温 34.5℃，年平均降水量 621 mm，相对湿度 70%，年蒸发量 1210.3 mm，≥ 10℃积温 2100 ～ 2200℃，无霜期 110 ～ 120 d；最大积雪深度 33 cm。

敦化秋梨沟沼泽（文波龙 摄）

敦化秋梨沟沼泽（李鸿凯 摄）

【水资源与水环境】沼泽区水源由牡丹江支流黄泥河河水及大气降水补给。

【沼泽植被】沼泽植被以薹草群落为主，群落总盖度 60% ～ 80%。薹草群落以乌拉草、瘤囊薹草、大叶章为优势种，形成草丘，薹草高度 40 ～ 80 cm，盖度 20% ～ 40%；大叶章盖度 20% ～ 50%，高度 60 cm；伴生有灯心草、驴蹄草、毛水苏、球尾花等植物。

【沼泽动物】沼泽区野生动物有狗獾、环颈雉、苍鹰、蛇、蛙等兽类、鸟类、两栖动物、爬行动物百余种。

【受威胁和保护管理状况】沼泽区于 2016 年获批成立敦化秋梨沟国家湿地公园。

敦化大石头沼泽（222403-132）

【范围与面积】敦化大石头沼泽位于吉林省敦化市东 25 km 处，地理坐标为 43°12′ ～ 43°22′N、128°24′ ～ 128°59′E，面积 14 429 hm²，主要是薹草沼泽。与第一版《中国沼泽志》相比，沼泽面积增加了约 91.7%。

【地质地貌】沼泽区发育于长白山区北部的沟谷中，平均海拔 539 ～ 590 m。

【气候】沼泽区属于温带湿润大陆性季风气候，年平均温度 2.6℃（1.5 ～ 3.6℃），1 月平均气温 –17.4℃，7 月平均气温 19.8℃，极端最低气温 –38.3℃，极端最高气温 34.5℃；年平均降水量 621 mm，相对湿度 70%，蒸发量 1210.3 mm，≥ 10℃积温 2100 ～ 2200℃，无霜期 110 ～ 120 d。

【水资源与水环境】沼泽区水源主要由大气降水、沟边裂隙水、地表径流和牡丹江支流沙河河水补给。地表水 pH 平均值为 5.94，其他理化性质见表 14-75。

表 14-75　敦化大石头沼泽水体理化性质

	水深/cm	WT/℃	pH	EC/(mS/cm)	DO/(mg/L)	ORP/mV	Cl⁻/(mg/L)	NO₃⁻-N/(mg/L)
平均值	4.95	18.92	5.94	0.14	2.39	31.39	8.94	0.10
最高值	11.86	21.66	6.46	0.23	4.44	126.83	15.26	0.12
最低值	1.00	14.86	5.58	0.08	0.99	−76.02	5.72	0.09

【沼泽土壤】沼泽土壤主要为泥炭土。泥炭平均厚度为 80 ～ 200 cm，容重为 0.16 g/cm³，有机质含量为 37.04%。其中，东明林场泥炭厚度为 60 cm，有机质含量较低，为 26.19%，剖面特征为：0 ～ 25 cm 为棕黄色黑色草本泥炭，分解度低；25 ～ 50 cm 为黑色高分解草本泥炭，含泥质；50 ～ 65 cm 为高分解草本泥炭，黏性大。哈尔巴岭泥炭厚度为 90 cm，有机质含量为 40% 左右，剖面特征为：0 ～ 30 cm 为棕黄色草本泥炭且分解度较低；30 ～ 50 cm 为黑色草本泥炭分解度中等；50 ～ 90 cm 为黑色高分解草本泥炭，含泥质。骆驼砬子泥炭沼泽泥炭厚度为 200 cm，有机质含量为 45%，剖面特征为：0 ～ 35 cm 为棕黄色低分解草本泥炭，见活根；35 ～ 195 cm 为黑色草本泥炭，分解度中等。

【沼泽植被】沼泽中常见湿地植物 29 科 41 属 52 种。其中湿生植物有绣线菊、地笋、并头黄芩、泽芹、瘤囊薹草、大叶章、小猪殃殃、箭叶蓼、毛薹草、水珠草、沼泽蕨、玉蝉花、三叶委陵菜、毛水苏、全叶山芹、小滨菊、线裂老鹳草、线叶拉拉藤、灰脉薹草、繁缕、酸模叶蓼、戟叶蓼、球尾花、驴蹄草、千屈菜、细叶繁缕、山梗菜、管花腹水草、野豌豆、沼委陵菜、地耳草、沼生繁缕、大穗花、小薹草、十字兰、毒芹、黄连花、乌拉草、蒌蒿、小白花地榆、花葱、剪秋罗、梅花草，挺水植物有木贼、芦苇、睡菜、香蒲。

沼泽植被有灌木 – 薹草群落、薹草群落，群落总盖度 20% ～ 100%，草本层生物量为 125.33 g/m²。

灌木－薹草群落中灌木以绣线菊占绝对优势，盖度 50%，高度 170 cm，伴生有谷柳、沼柳、白桦，草本层以瘤囊薹草为优势种，盖度 35%～60%，高度 60～90 cm，伴生有风毛菊、地笋、小白花地榆、泽芹、并头黄芩、大叶章、小猪殃殃、箭叶蓼等；灌木－薹草群落人为干扰少。薹草群落中以毛薹草、乌拉草为优势种，伴生有瘤囊薹草、玉蝉花、沼泽蕨、毛水苏、睡菜、花葱、线裂老鹳草、地笋、剪秋罗、繁缕、球尾花、黄连花等。

【沼泽动物】沼泽区有丹顶鹤、白鹳、黑鹳等水鸟 14 种，两栖动物有黑斑侧褶蛙和大蟾蜍。

【受威胁和保护管理状况】沼泽区东明林场附近的泥炭沼泽人为干扰较少；哈尔巴岭附近泥炭沼泽受放牧干扰；附近泥炭沼泽大部分已经排水，排水沟间隔 20 m 左右，深度 150 cm 左右。另外，骆驼砬子也有部分开垦为农田，另有部分开采泥炭矿，剩余部分呈斑块状残留。

敦化大石头沼泽（文波龙 摄）

敦化寒葱沟沼泽（222403-133）

【范围与面积】敦化寒葱沟沼泽位于吉林省敦化市南约 27 km 处，地理坐标为 43°06′～43°14′N、127°50′～128°05′E，面积为 3853 hm²，海拔 550～600 m。与第一版《中国沼泽志》相比，沼泽面积增加了约 51.1%。

【地质地貌】长白山山脉北部的高寒山区，是以敦化市为中心的山间盆地，周围有长白山系的山岭环绕，牡丹江在此发源向北流入松花江后汇入黑龙江。寒葱沟为一山间谷地，地势低洼平坦，排水困难，发育泥炭沼泽，海拔 550～600 m。

【气候】沼泽区属于温带湿润大陆性季风气候，年平均温度 2.6℃，1 月平均气温 –17.4℃，7 月平均气温 19.8℃，极端最低气温 –38.3℃，极端最高气温 34.5℃；年平均降水量 621 mm，相对湿度 70%，年蒸发量 1210.3 mm，≥10℃积温 2100～2200℃，无霜期 110～120 d；最大积雪深度 33 cm。

【水资源与水环境】沼泽区水源靠牡丹江河水及降水补给。地表水 pH 平均值为 6.50，其他理化性质见表 14-76。

表 14-76　敦化寒葱沟沼泽水体理化性质

	水深/cm	WT/℃	pH	EC/(mS/cm)	DO/(mg/L)	ORP/mV	Cl⁻/(mg/L)	NO₃⁻-N/(mg/L)
平均值	10.25	24.31	6.50	204.01	0.25	−24.14	2.39	0.06
最高值	30.5	28.13	6.65	262.70	0.45	28.30	3.76	0.07
最低值	3.0	22.50	6.30	141.70	0.12	−81.40	1.46	0.05

【沼泽土壤】沼泽区土壤主要为泥炭土。本区泥炭厚度为 50～250 cm，容重为 0.25 g/cm³，有机质含量为 27.84%。泥炭剖面特征：0～25 cm 为棕黄色草本泥炭，见活根；25～40 cm 为灰黑色砂砾层含低分解草本泥炭；40～70 cm 为砂砾层；70～116 cm 为黑灰色中等分解草本泥炭。

【沼泽植被】沼泽区以草本植物为主，常见湿地植物 32 科 53 属 76 种。其中湿生植物有绣线菊、柳叶菜、春蓼、委陵菜、莓叶委陵菜、三叶委陵菜、毛茛、风花菜、小白花地榆、并头黄芩、泽芹、毛水苏、繁缕、沼泽蕨、狭叶荨麻、野豌豆、如意草、驴蹄草、铁苋菜、水芋、膜叶驴蹄草、驴蹄草、灰脉薹草、毛薹草、乌拉草、翼果薹草、小薹草、大穗薹草、瘤囊薹草、毒芹、野蓟、沼委陵菜、大叶章、苔草、木贼、猪殃殃、小猪殃殃、蓬子菜、线裂老鹳草、酸模叶蓼、箭叶蓼、戟叶蓼、白八宝、地耳草、长柱金丝桃、水金凤、柳叶旋覆花、玉蝉花、山梗菜、剪秋罗、地笋、黄连花、球尾花、千屈菜、薄荷、全叶山芹、透茎冷水花、早熟禾，挺水植物有短序黑三棱、香蒲、荸荠、卵穗荸荠、睡菜、芦苇。

沼泽植被以薹草群落为主，群落总盖度 60%～100%。薹草群落以乌拉草和瘤囊薹草为优势种，偶有灰脉薹草和大穗薹草，形成草丘，草丘高度 20～80 cm，直径 20～70 cm。薹草高度 50～80 cm，盖度 80% 左右，伴生种有大叶章、驴蹄草、燕子花和木贼等，草本层生物量 265 g/m²。沼泽局部以芦苇和香蒲为主，芦苇高度 150 cm，香蒲高度 140 cm，伴生有千屈菜、猪殃殃、早熟禾、球尾花等。

【沼泽动物】沼泽区动物主要是鸟类，有丹顶鹤、白鹳、黑鹳等。

【受威胁和保护管理状况】沼泽区目前部分沼泽开垦为农田，未开垦部分有排水、放牧现象。

敦化寒葱沟沼泽（李鸿凯 摄）　　　　　　　敦化寒葱沟沼泽（徐志伟 摄）

福兴沼泽（222426-134）

【范围与面积】福兴沼泽位于吉林省安图县明月镇西约 20 km 处，地理坐标为 43°06′～43°13′N、128°32′～128°40′E，面积为 91 hm²，与第一版《中国沼泽志》相比，沼泽面积大幅减少，减少了约 94.5%。

【地质地貌】沼泽区地处长白山北麓，区内群山起伏、江河纵横，地势南高北低，东高西低。福兴北 10 km 的亮兵台附近有发源于哈尔巴岭的布尔哈通河，东流汇入图们江。北部明月镇主要地貌类型为低山丘陵，平均海拔 290 m。

【气候】沼泽区属于温带大陆性季风气候，年平均气温 3.5℃，极端最低气温 –36℃，极端最高气温 36℃，年平均降水量 594.7 mm，相对湿度 60.8%。

【水资源与水环境】沼泽水源由大气降水、河水及地下水补给。水体 pH 平均为 6.20，其他水体理化性质见表 14-77。

表 14-77　福兴沼泽水体理化性质

	水深/cm	WT/℃	pH	EC/(mS/cm)	DO/(mg/L)	ORP/mV	Cl⁻/(mg/L)	NO₃⁻-N/(mg/L)
平均值	5.8	21.47	6.20	0.15	0.49	2.92	3.02	0.10
最高值	13.0	23.7	6.88	0.22	0.69	53.97	8.87	0.11
最低值	3	19.47	5.85	0.1	0.4	−31.70	0.89	0.08

【沼泽土壤】沼泽区土壤类型属于泥炭土，泥炭剖面厚度约 100 cm，为黑色、棕黄色草本泥炭，中、高度分解，有机质含量 31.68%，容重 0.14 g/cm³。

【沼泽植被】沼泽区植物以草本植物为主，常见湿地植物 30 科 49 属 60 种。其中湿生植物有莓叶委陵菜、红鳞扁莎、毛茛、风花菜、小白花地榆、三棱水葱、并头黄芩、泽芹、细叶繁缕、繁缕、沼泽蕨、如意草、细叶乌头、苔草、拂子茅、驴蹄草、乌拉草、大穗薹草、瘤囊薹草、毒芹、阿穆尔莎草、密穗莎草、大叶章、稗、柳叶菜、沼生柳叶菜、猪殃殃、蓬子菜、小猪殃殃、线裂老鹳草、野大豆、白八宝、地耳草、旋覆花、玉蝉花、灯心草、山鹮豆、小滨菊、丝瓣剪秋罗、地笋、黄连花、球尾花、千屈菜、薄荷、全叶山芹、梅花草、败酱、透茎冷水花、车前、水蓼，挺水植物有箭叶蓼、戟叶蓼、香蒲、木贼、牛毛毡、睡菜。

植被类型主要为薹草群落和莎草群落，群落总盖度 60%～100%，草本层生物量 65.19 g/m²。薹草群落优势种为瘤囊薹草和乌拉草，偶见大穗薹草，薹草高度 50～70 cm，瘤囊薹草盖度较低，为 3% 左右；薹草群落伴生种有透茎冷水花、猪殃殃、苔草、黄连花、睡菜、毒芹、地笋等。原有部分薹草群落被大叶章群落代替，大叶章群落优势种为大叶章，大叶章高度 50～110 cm，盖度 20%～60%，伴生种有箭叶蓼、戟叶蓼、沼生柳叶菜、梅花草、小白花地榆、莓叶委陵菜、线裂老鹳草、毒芹等。莎草群落优势种为密穗莎草和阿穆尔莎草，莎草高度 35～45 cm，盖度 10%～60%，伴生种有沼泽蕨、野大豆、水蓼、毛茛、车前、旋覆花等。

【沼泽动物】沼泽区记录有野生动物 550 种，常见普通秋沙鸭、鸳鸯、中国林蛙等。

【受威胁和保护管理状况】沼泽区湿地受到排水、农田开垦和放牧影响，湿地退化严重。

福兴沼泽（王铭 摄）　　　　　　　　　　　　　福兴沼泽（李鸿凯 摄）

安图西北岔沼泽（222426-135）

【范围与面积】安图西北岔沼泽位于吉林省安图县万宝镇北 6 km 处，地理坐标为 42°53′～42°57′N、128°09′～128°14′E，面积为 2577 hm²，海拔 650 m，主要为薹草沼泽。与第一版《中国沼泽志》相比，沼泽面积增加了约 1.4 倍。

【地质地貌】沼泽区地处长白山主峰北麓，区内群山起伏、沟壑纵横，长白山脉由南向北延伸，地势南高北低，东高西低，均为中低山。沼泽常发育在山间河谷的河漫滩上。沼泽地内有积水，多草丘，草丘高度 15 cm。

【气候】沼泽区属于温带大陆性季风气候，年平均气温 2.2℃，1 月平均气温 –18.5℃，7 月平均气温 19.8℃，极端最低气温 –42.6℃，极端最高气温 34.4℃，年平均降水量 674 mm，相对湿度 73%，年蒸发量 1227 mm，无霜期 112 d。

【水资源与水环境】沼泽区水源由古洞河河水及大气降水补给。水体 pH 平均值为 6.77，其他水体理化性质见表 14-78。

表 14-78　安图西北岔沼泽水体理化性质

	水深/cm	WT/℃	pH	EC/(μS/cm)	DO/(mg/L)	ORP/mV	Cl^-/(mg/L)	NO_3^--N/(mg/L)
平均值	9.4	18.32	6.77	272.56	0.45	–62.40	3.80	0.09
最高值	15.0	19.6	6.90	604.1	0.86	44.30	6.44	0.21
最低值	2.0	17.2	6.62	144.6	0.08	–161.90	1.83	0.05

【沼泽土壤】沼泽区土壤类型主要为泥炭土，泥炭剖面厚度 158 cm，有机质含量 70.03%。

【沼泽植被】沼泽区植物以草本植物为主，常见湿地植物 21 科 26 属 31 种。其中有湿生植物毛薹草、湿生薹草、沼委陵菜、地耳草、地笋、并头黄芩、柳叶菜、千屈菜、驴蹄草、猪殃殃、水芋、全叶山芹、繁缕、羊胡子草、瘤囊薹草、细叶繁缕、如意草、早熟禾、沼生柳叶菜、柳叶菜、黄连花、毛薹草、野豌豆、山梗菜、毒芹，挺水植物有戟叶蓼、睡菜、香蒲、荸荠。

湿地植被主要是薹草群落，优势种包括毛薹草、湿生薹草等，薹草高度约 70 cm，盖度 3%～35%，

安图西北岔沼泽（李鸿凯 摄）

安图西北岔沼泽（徐志伟 摄）

群落总体盖度 30% ～ 65%，伴生有沼委陵菜、柳叶菜、睡菜、如意草、千屈菜、水芋等，草本层生物量 196 g/m²。

【受威胁和保护管理状况】沼泽区有放牧干扰，同时部分沼泽已被开垦为农田。沼泽水体受到周边农田排水影响，溶解氧含量较低。建议在湿地周边设置围栏以加强对农田排水的管理。

古洞河沼泽（222406-136）

古洞河沼泽位于吉林省八家子林业局庙岭林场，距八家子镇 45 km，距延吉市 95 km。地理坐标为 42°46′4″ ～ 42°49′26″N、128°38′43.27″ ～ 128°45′32.3″E，总面积为 944 hm²。古洞河是二道松花江的最大支流，发源于和龙市老岭峰东谷，河长 156.6 km，河道平均坡度 2.2‰，流域面积 4303 km²，区内流域面积 20 km² 以上的支流 36 条，其中 100 km² 以上的 8 条；古洞河出源头后，进入安图县内先后流经新合乡、万宝镇、永庆乡和两江镇。生物多样性较为丰富，有野生脊椎动物 275 种，隶属于 30 目 80 科，脊椎动物种数占吉林省已知脊椎动物总数的 48.2%；其中有东方白鹳、金雕、鸳鸯、黑熊等国家一级、二级重点保护野生动物 30 种，占吉林省国家重点保护陆生野生动物种类的 39.5%。

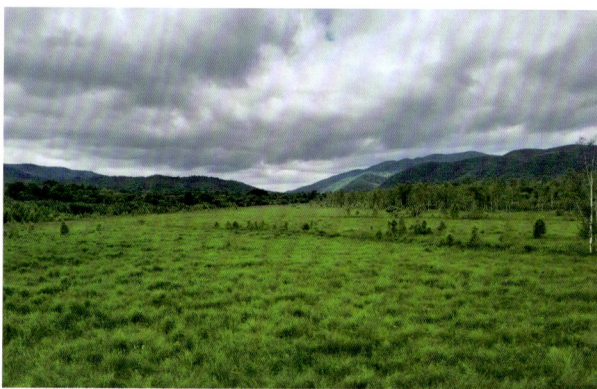

古洞河沼泽（佟守正 摄）

敬信沼泽（222404-137）

【范围与面积】敬信沼泽位于延边朝鲜族自治州珲春市敬信镇，位于图们江入海口处的中、朝、俄三国交界地带，地理坐标为 42°33′ ～ 42°42′N、130°22′ ～ 130°38′E，面积 270 hm²，与第一版《中国沼泽志》相比，沼泽区范围有所调整，沼泽面积大幅减少，减少了约 88.3%。

【地质地貌】沼泽区属长白山地的东部中低山区，三面环山，整体地势由北向西南逐渐倾斜，形成东北、东南、西北部高，中部、南部低的簸箕状盆地，海拔 5 ～ 15 m，是吉林省的最低处。

【气候】沼泽区属中温带近海洋湿润性季风气候，年平均气温 5.6℃，极端最高气温 36.3℃，极端最低气温 –32.5℃，无霜期 156 d，年降水量 823.7 mm，≥ 10℃活动积温为 2000 ～ 2600℃，干燥度为 0.8，属于湿润区（刘玉辉等，2004）。

【水资源与水环境】沼泽区江河纵横、湖泡棋布，都属于图们江水系。图们江下游呈西北、东南流向贯穿沼泽，流程 54.6 km，圈河为其主要支流。2015 年 8 月对吉林省敬信沼泽进行调查发现：各样点水深变化不大，水深最高 6 cm，最低 2 cm，平均水深 3.2 cm；pH 平均值为 5.76，其他理化性质详见表 14-79。

【沼泽土壤】沼泽区土壤以白浆土、沼泽土、草甸土为主。

【沼泽植被】沼泽区植物共有 42 科 90 属 126 种 3 个变种 1 个变型。常见湿地植物 44 科 87 属 125 种，沉水植物有狸藻，浮水植物有茶菱、槐叶苹、欧菱、芡、睡莲、荇菜。湿生植物有风车草、小叶地笋、地笋、纤弱黄芩、华水苏、扁茎灯心草、乳头灯心草、达乌里黄芪、湿地黄芪、野大豆、裂苞铁苋菜、看麦娘、菵草、野青茅、稗、披碱草、盒子草、扯根菜、长柱金丝桃、地耳草、山梗菜、高山薯、柳叶鬼针草、大狼耙草、羽叶鬼针草、石胡荽、林泽兰、湿鼠曲草、旋覆花、齿叶风毛菊、女菀、沼泽蕨、十字兰、绶草、长箭叶蓼、酸模叶蓼、长戟叶蓼、柔茎蓼、红蓼、箭叶蓼、香蓼、水生酸模、刺酸模、丁香蓼、线裂老鹳草、长嘴毛茛、千屈菜、猪殃殃、莓叶委陵菜、小白花地榆、毒芹、泽芹、灰脉薹草、尖嘴薹草、翼果薹草、大穗薹草、异型莎草、头状穗莎草、旋鳞莎草、白鳞莎草、中间型荸荠、卵穗荸荠、具刚毛荸荠、羽毛荸荠、牛毛毡、水莎草、水毛花、风花菜、沼生繁缕、水马齿、泥炭藓、水八角、水茫草、腺柳、雨久花、泽泻、野慈姑。挺水植物有芦苇、菰、问荆、球穗薹草、东北薹草、水葱、黑三棱、莲、菖蒲和香蒲。

表 14-79　敬信沼泽水体理化性质

	水深/cm	WT/℃	pH	EC/(mS/cm)	DO/(mg/L)	ORP/mV	Cl⁻/(mg/L)	NO_3^--N/(mg/L)	NH_4^+-N/(mg/L)
平均值	3.2	20.55	5.76	0.11	0.46	50.1	3.18	0.10	0.37
最高值	6	21.7	6.0	0.14	0.53	215.40	4.78	0.11	0.62
最低值	2	19.67	5.55	0.08	0.39	−17.73	1.94	0.09	0.17

沼泽植被主要包括薹草群落、芦苇＋薹草群落、菰群落，其中，纯薹草群落面积较小，大部分沼泽为上层芦苇、下层薹草结构，群落中有较多的球尾花和地耳草生长。芦苇＋薹草群落以芦苇为优势种，伴生瘤囊薹草、黄连花等，草本层平均生物量 141.53 g/m²。

与第一版《中国沼泽志》相比，敬信沼泽原有大面积的菰群落，但 2015 年调查并未发现大面积的菰群落，仅在农田周围发现小面积的狭长条状菰群落，偶见大叶章和球穗薹草。大部分菰群落均已被开垦为农田。

【沼泽动物】沼泽区湖泊泡沼密布，水源充足，盛产鱼虾，是鸟类栖息、觅食和繁殖的良好场所。沼泽区有水鸟 14 种，隶属于 6 目 6 科，国家二级保护鸟类有白额雁，国家"三有"鸟类有普通鸬鹚、大白鹭、苍鹭、红头潜鸭、绿头鸭、豆雁、普通秋沙鸭、绿翅鸭、银鸥、红嘴鸥、北极鸥（吴景才等，2018）。

【受威胁和保护管理状况】沼泽区受到农田耕作和旅游等人类活动的影响，建议积极恢复退化沼泽湿地，提升沼泽生态系统服务功能（孙鹏等，2011）。另外，应及时开展湿地的动态监测，包括湿地面积、水温、水质、气温、气压、水位和珍贵动植物等方面的监测，切实保护好湿地资源（田辉等，2014）。

敬信沼泽（文波龙 摄）　　　　敬信沼泽（王铭 摄）

靖宇三道湖沼泽（220622-138）

【范围与面积】靖宇三道湖沼泽位于吉林省靖宇县西南约 20 km 处，地理坐标为 42°06′～42°48′N、126°28′～127°16′E，面积 6872 hm²，海拔 770 m，与第一版《中国沼泽志》相比，本次调查补充了三道湖沼泽区的范围。

【地质地貌】长白山火山活动，造成钝化－辉南深断裂。在靖宇县中部为火山群熔岩台地区，南部属于老爷岭中山区，北部是龙岗中低山区。区内地貌类型有沟谷、台地和中低山。沼泽常发育于沟谷中、熔岩台地上的低洼地或河漫滩及湖群洼地，区内平均海拔 770 m。

【气候】沼泽区属于温带湿润大陆性季风气候，年平均温度 2.6℃，1 月平均气温 –18.7℃，7 月平均气温 20.6℃，极端最低气温 –42.2℃，极端最高气温 33.6℃；年平均降水量 767.3 mm，年蒸发量 1210.3 mm，≥ 10℃年积温 2264.2℃，无霜期 113 d。

【水资源与水环境】沼泽区河流属于松花江水系，水源主要由河水及降水补给。地表水 pH 平均值为 4.93，其他理化性质见表 14-80。

表 14-80　靖宇三道湖沼泽水体理化性质

	水深/cm	WT/℃	pH	EC/(mS/cm)	DO/(mg/L)	ORP/mV	Cl⁻/(mg/L)	NO₃⁻-N/(mg/L)
平均值	4.67	21.17	4.93	0.09	0.47	91.26	10.35	0.11
最高值	8	23.57	5.49	0.14	0.61	173.67	15.65	0.13
最低值	2	17.87	4.14	0.06	0.39	9.53	6.88	0.10

【沼泽土壤】沼泽区主要土壤类型是沼泽土。土壤 pH 为 5.45，有机质含量占 75% 左右。

【沼泽植被】沼泽区常见湿地植物 16 科 23 属 28 种。其中沉水植物有狸藻，湿生植物有绣线菊、油桦、笃斯越橘、杜香、瘤囊薹草、玉蝉花、毛薹草、球尾花、大叶章、毒芹、小叶猪殃殃、沼委陵菜、小薹草、沼生柳叶菜、地笋、猪殃殃、毛水苏、驴蹄草、泽芹、并头黄芩、黄连花，挺水植物有芦苇和香蒲。

落叶松－杜香－泥炭藓群落中，乔木层以落叶松为主，平均高度 12 m，伴生白桦，平均高度 10 m 左右。灌木层有绣线菊、油桦、笃斯越橘、杜香，生长茂密，盖度 10%～40%，高度 90～180 cm，伴生沼柳。草本层稀疏，以薹草为主，优势种为瘤囊薹草和毛薹草，高度约 80 cm，伴生毒芹、沼委陵菜、

靖宇三道湖沼泽（李鸿凯 摄）　　　　　　　　　　靖宇三道湖沼泽（王铭 摄）

玉蝉花、毛水苏等。草本层地上生物量 93.53 g/m²。

【沼泽动物】沼泽区有野生动物 350 种，其中鸟类 170 种，主要鸟类有白冠长尾雉、野鸭、鸳鸯、大嘴乌鸦、麻雀、画眉、大杜鹃等。沼泽地主要为野生动物觅食、饮水和栖息的场所。

【受威胁和保护管理状况】沼泽区部分沼泽已开垦，有泥炭藓采挖、笃斯越橘采摘现象，未开垦部分亟待保护，已经成立三道湖省级自然保护区。

金川沼泽（220523-139）

【范围与面积】金川沼泽位于吉林省辉南县金川镇，地理坐标为 42°16′00″ ～ 42°27′00″N、126°13′57″ ～ 126°32′00″E，面积为 72 hm²，海拔约 825 m，主要为薹草 + 谷精草沼泽、大叶章 + 乌拉草沼泽、油桦 – 薹草 – 泥炭藓沼泽；与第一版《中国沼泽志》相比，沼泽区范围有所调整，沼泽面积减少了约 55%。

【地质地貌】沼泽区原为堰塞湖，位于长白山西麓。由于长白山火山活动而形成的湖泊，湖泊经过长期泥炭沼泽化过程，演替为如今的泥炭沼泽。

【气候】沼泽区属于温带湿润季风气候，年平均气温 4.1℃，年平均降水量 708 mm。

【水资源与水环境】金川镇北部有条小河流经金川泥炭地，当地称之为北大河，谷地地下水比较丰富，地表径流汇入后河，最终注入辉发河。金川沼泽水体理化性质见表 14-81。

表 14-81　金川沼泽水体理化性质

	水深/cm	WT/℃	pH	EC/(mS/cm)	DO/(mg/L)	ORP/mV	Cl⁻/(mg/L)	NO₃⁻-N/(mg/L)
平均值	2.25	21.86	5.35	0.07	0.46	111.12	8.61	0.126
最高值	4	24.17	5.59	0.10	0.49	146.4	10.4	0.13
最低值	1	20.03	5.12	0.05	0.42	73.63	6.46	0.12

【沼泽土壤】沼泽区土壤类型属于泥炭土，泥炭一般厚度为 2 ～ 4 m，最厚可达 9 m。含水率为 187.44% ～ 961.58%，均值为 626.50%±160.04%，灰分含量 10.48% ～ 95.84%，均值为 31.71%±14.10%，孔隙度为 0.07% ～ 27.10%（谭凤飞，2012）。泥炭有机质含量 48.06%，容重 0.12 g/cm³。泥炭腐殖酸含量为 20% ～ 40%（燕红，2015），富含氮、磷、钾等营养元素，剖面特征为：0 ～ 100 cm 为棕色低分解草本泥炭，根系较多；100 ～ 200 cm 为棕黄色低分解泥炭，200 ～ 500 cm 为棕黑色高分解草本泥炭。

【沼泽植被】沼泽区常见湿地植物共 22 科 29 属 39 种。湿生植物有油桦、谷柳、绣线菊、细花薹草、瘤囊薹草、地耳草、地笋、沼泽蕨、小白花地榆、败酱、千屈菜、并头黄芩、山梗菜、小滨菊、蹄叶橐吾、大叶章、黄连花、梅花草、球尾花、莓叶委陵菜、全叶山芹、毛水苏、线裂老鹳草、十字兰、毛薹草、箭叶蓼、谷精草、橐吾，挺水植物有睡菜、芦苇、荸荠。

沼泽植被主要有瘤囊薹草群落、细花薹草群落、毛薹草 + 谷精草群落、瘤囊薹草 + 芦苇群落、瘤囊薹草 + 沼泽蕨群落、油桦 – 薹草群落、油桦 – 薹草 – 泥炭藓群落。薹草群落总盖度 70% ～ 100%，细花薹草 + 谷精草群落中，谷精草高度 10 ～ 25 cm，盖度 5% 左右，伴生有芦苇、地笋、荸荠等，草本层生物量 83.12 g/m²。瘤囊薹草群落位于沼泽中部，为火口湖沼泽化发育的中心区，群落高度 35 ～ 50 cm，优势植物为瘤囊薹草，薹草盖度为 59% ～ 85%，其他伴生种零星分布，主要有龙江风毛菊、地耳草、毛水苏等（燕红，2015）。

细花薹草群落分布于沼泽中部，主要优势植物为细花薹草，薹草不成丛生长，平均盖度为60%左右，伴生种主要有地耳草、狭叶黄芩、异叶地笋、山梗菜等。芦苇＋瘤囊薹草群落位于沼泽南部和东部，塔头比较多，并且大而高，直径为30～50 cm，高为20～30 cm；此区优势植物为芦苇，高度为140～170 cm，盖度约占50%；塔头上主要分布瘤囊薹草，还伴有小白花地榆、沼泽蕨、地耳草、狭叶黄芩、千屈菜等。瘤囊薹草＋沼泽蕨群落位于沼泽东偏北，瘤囊薹草和湿生杂类草占绝对优势，伴有少量芦苇，瘤囊薹草盖度为40%～50%，沼泽蕨盖度为20%～35%，其他杂类草较多，分别为败酱、龙江风毛菊、小白花地榆、黄连花和老鹳草等。灌木－细花薹草群落位于沼泽西南部，是金川泥炭沼泽最低处，水位较高，灌木层主要优势种为绣线菊、蓝果忍冬和油桦，伴有零星分布的白桦；草本层主要优势种为细花薹草，其中分布有大面积的水芋；此处为典型灌丛沼泽，伴生种多为湿生植物，包括睡菜、千屈菜、狭叶黄芩、地耳草和沼泽蕨。油桦－薹草－泥炭藓群落位于沼泽西北，油桦高度1～1.8 m，盖度50%～70%，灌木层还有沼柳、绣线菊等；群落中草本层稀疏，薹草以瘤囊薹草为优势种，盖度30%～35%，伴生有沼泽蕨和小白花地榆；油桦下部常有藓丘发育（燕红，2015）。

【沼泽动物】沼泽区共有脊椎动物279种，占吉林省动物种数的52.4%。其中鱼类2纲7目12科42种，两栖类2目6科12种，爬行类3目4科12种，鸟类16目43科171种，兽类6目16科42种。

【受威胁和保护管理状况】沼泽区面积不大，但泥炭储量丰富，是东北地区仅次于哈泥泥炭地的又一重要泥炭沼泽区。目前，大约1/2开垦为农田，未开垦部分已建立国家级自然保护区。沼泽核心区周围已经设立围栏，保护较好。东部大片区域为退耕还湿后的次生演替区域，残留田垄和沟，影响了湿地内的水分循环和植被演替；湿地东北部边缘与农田紧邻，以一条水沟相隔，水分的横向渗透使得湿地与农田之间存在水分和营养物质的交换。东南部区域曾发生火灾，对植被的演替存在一定影响。

金川沼泽（王铭 摄）　　　　　　　　金川沼泽（李鸿凯 摄）

长白山熔岩台地沼泽（222426-140）

【范围与面积】长白山地区沼泽拆分为"园池沼泽"和"长白山熔岩台地沼泽"，长白山熔岩台地沼泽位于吉林省东南部，跨安图、抚松、长白三县，地理坐标为 42°02′ ～ 42°39′N、127°53′ ～ 128°24′E，面积为 6878 hm²，主要为黄花落叶松 – 杜香 – 泥炭藓沼泽、高山杜鹃 – 泥炭藓沼泽、毛薹草 + 芦苇沼泽等。

【地质地貌】长白山在大地构造单元上属中朝地台辽东复背斜，辽东隆起区的太子河 – 浑江坳陷和铁岭 – 靖宇隆起，为新生代依赖火山活动最强烈地区之一。因此，火山地貌发育，有新期玄武岩类和火山岩类组成的玄武岩台地、玄武岩高原和火山锥，平均海拔 550 ～ 1800 m。

【气候】沼泽区属于温带湿润大陆性季风气候，年平均温度 2.2 ～ 7.3℃，年平均降水量 636 ～ 1407 mm，湿润系数 1.0 ～ 1.5。岳桦林带，1 月平均气温 –20 ～ –19℃；高山苔原带，1 月平均气温 –25℃，7 月平均气温 10℃。

【水资源与水环境】沼泽区主要靠地下水补给，夏季主要靠大气降水补给。地表水 pH 平均值为 5.55，其他理化性质见表 14-82。

表 14-82　长白山熔岩台地沼泽水体理化性质

	WT/℃	pH	EC/(mS/cm)	DO/(mg/L)	ORP/mV	Cl⁻/(mg/L)	NO₃⁻-N/(mg/L)
平均值	13.63	5.55	35.91	0.93	138.13	2.56	0.07
最高值	18.7	6.10	57.10	3.19	240.73	4.15	0.08
最低值	9.0	4.8	15.14	0.46	67.6	1.64	0.05

【沼泽土壤】沼泽土壤主要是泥炭沼泽土，多以岛状形式散布于各垂直带中，主要处于各阶地及泛滥低洼处。此外，在山间及台地间洼地中亦有分布。沼泽土分布零散，面积不大。本区沼泽土形成除因地下水位过高和深厚的第四纪河湖相沉积物外，也与冻层有关。母质为黏土、玄武岩半分解石块等。本区泥炭厚度 80 ～ 400 cm，容重 0.10 g/cm³，有机质含量为 43.34%。其中锦北泥炭地泥炭剖面特征为：0 ～ 25 cm 为棕黄色泥炭藓泥炭；25 ～ 40 cm 以草本为主、中低分解；40 ～ 80 cm 为棕黑色、中度分解。横山泥炭地剖面特征为：0 ～ 305 cm 以棕黄色草本泥炭为主，含砂砾，分解度较高，其中 60 ～ 75 cm 为含砂砾层；305 cm 到剖面底部为高分解草本泥炭，局部为草本。东方红泥炭地泥炭剖面特征为：0 ～ 5 cm 为活藓层，5 ～ 45 cm 为棕黑色高分解泥炭，局部有草本；45 ～ 60 cm 夹有砂砾层。

【沼泽植被】长白山北坡湿地植物 37 科 83 属 142 种，南坡湿地植物 33 科 71 属 103 种，西坡湿地植物 37 科 83 属 132 种（王琪，2010），常见湿地植物 43 科 79 属 111 种。其中沉水植物有狸藻，湿生植物有油桦、高山杜鹃、红莓苔子、越橘柳、谷柳、金露梅、忍冬、宽叶杜香、蓝果忍冬、地桂、杜鹃、绣线菊、笃斯越橘、杜香、线裂老鹳草、桤木、湿生薹草、野苏子、鹿药、灰脉薹草、瘤囊薹草、大穗薹草、黄芩、早熟禾、阿齐薹草、圆苞紫菀、蹄叶囊吾、野大豆、小白花地榆、圆叶茅膏菜、球序韭、问荆、藜芦、舞鹤草、细秆羊胡子草、小星穗薹草、乌拉草、全光菊、毛茛、条叶龙胆、星穗薹草、兴安薄荷、冰沼草、玉蝉花、球尾花、大叶章、千屈菜、小滨菊、毒芹、败酱、短鳞薹草、紫萁、野青茅、睡菜、驴蹄草、黄连花、湿生薹草、针叶薹草、东方羊胡子草、羊胡子草、三穗薹草、地耳草、并头黄芩、羊胡子草、小猪殃殃、尖嘴薹草、白山薹草、毛薹草、细叶繁缕、驴蹄草、毛水苏、沼委陵菜、野豌豆、泽芹、华北剪股颖、朱兰、水芹、毒芹、麻叶千里光、小缬草、山梗菜、沼泽蕨、如意草、皱蒴藓、中位泥炭藓、锈色泥炭藓、狭叶泥炭藓、金发藓、泥炭藓、喙叶泥炭藓、偏叶泥炭藓、尖叶泥炭藓，挺水植物有木贼、芦苇、香蒲。

沼泽区主要植物群落为黄花落叶松 – 杜香 – 泥炭藓群落、黄花落叶松 – 笃斯越橘 – 泥炭藓群落和

黄花落叶松 – 油桦 – 薹草群落。在东方红、横山、漫江地区落叶松生长不良，其中东方红林场灌木层为优势层，以杜香、油桦为主，伴生有笃斯越橘等；草本层稀疏，群落总盖度可达 20% ～ 70%，以灰脉薹草为优势种，盖度可达 20%，伴生有东方羊胡子草、小白花地榆、三叶鹿药、木贼等。

横山泥炭沼泽偶见落叶松，且生长不良，呈小老树态，灌木层低矮，以油桦、高山杜鹃为主；草本层稀疏，总盖度 20%，常见种有细秆羊胡子草、乌拉草、藜芦、条叶龙胆、林大戟、圆叶茅膏菜、球尾花、并头黄芩、沼泽蕨等；泥炭藓盖度可达 90%，藓丘发育，以锈色泥炭藓为主。无人类干扰，完全保持自然状态。

红石泥炭沼泽落叶松偶见，生长不良。灌木以油桦为主，丛密，盖度大（＞50%），草本层生物量 223.45 g/m²。草本层以薹草为主，优势种为乌拉草，形成塔头，高度 80 cm，盖度 20% ～ 70%，伴生种有沼泽蕨、线裂老鹳草、唐松草、驴蹄草、木贼等。

漫江泥炭沼泽为天然次生林，目前人为干扰不大。乔木层郁闭度较高，生长良好，高度可达 16 m；灌木层密，以笃斯越橘和杜香为主，林下枯落物厚，有一定积水，主要伴生种有白桦、柴桦、蓝果忍冬、绣线菊；草本层优势种为湿生薹草和大叶章，盖度 60% ～ 80%，伴生有瘤囊薹草、小星穗薹草、如意草、风毛菊、小白花地榆、驴蹄草等，草本层生物量 550.8 g/m²。

四合泥炭沼泽以油桦 – 薹草群落和薹草群落为主。油桦 – 薹草群落分布于泥炭沼泽边缘地带，积水较深，有塔头分布，中心为薹草群落，群落总盖度 30% ～ 80%。薹草以乌拉草、湿生薹草为优势种，盖度 40% ～ 60%，高度 35 cm 左右，伴生种有芦苇、黄连花、木贼、睡菜、湿生薹草、泽芹、地耳草等，草本层生物量 191.43 g/m²。

兴隆泥炭沼泽主要植被有油桦 – 薹草 – 泥炭藓群落和薹草群落，群落总盖度 30% ～ 90%。油桦 – 薹草 – 泥炭藓群落分布于沼泽边缘地带，灌木层有油桦、笃斯越橘、杜香等，草本层稀疏，以乌拉草为主；地被层有藓丘发育，藓丘高度 50 cm，盖度 60%，以中位泥炭藓、锈色泥炭藓为主。中间部位为薹草群落，优势种为乌拉草、毛薹草和白山薹草，盖度 50% ～ 80%，伴生种有并头黄芩、睡菜、玉蝉花、黄连花、细叶繁缕等，草本层生物量 160 g/m²。

长白山二道白河泥炭沼泽地表有明显积水，白桦呈灌木或小乔木状，和油桦共同构成灌木层优势种。草本层群落总盖度 20% ～ 50%，以灰脉薹草、乌拉草、大穗薹草为优势种，盖度 20%，高度 50 ～ 80 cm，伴生有早熟禾、芦苇、沼泽蕨、毒芹、野苏子、大叶章、如意草、地笋、圆叶茅膏菜、龙江风毛菊、老鹳草等，草本层生物量 345 g/m²。

【沼泽动物】在长白山不同海拔记录到鸟类 277 种，隶属于 18 目 48 科；另有鱼类 2 目 4 科 11 种，两栖类 2 目 6 科 13 种，爬行类 1 目 3 科 11 种，哺乳类 6 目 9 科 51 种。典型湿地鸟类有小鸊鷉、凤头鸊鷉、普通鸬鹚、苍鹭、草鹭、夜鹭、大白鹭、黄斑苇鳽、紫背苇鳽、大麻鳽、鸿雁、针尾鸭、绿翅鸭、花脸鸭、罗纹鸭、绿头鸭、赤颈鸭、白眉鸭、琵嘴鸭、凤头潜鸭、鸳鸯、黑水鸡、白骨顶、剑鸻、金眶鸻、环颈鸻、大杓鹬、鹤鹬、红脚鹬、白腰草鹬、林鹬、青脚鹬、矶鹬、针尾沙锥、扇尾沙锥、大沙锥、丘鹬、大滨鹬、普通燕鸻、黑尾鸥、灰背鸥、红嘴鸥、小鸥、灰翅浮鸥、白翅浮鸥、普通燕鸥、白额燕鸥、普通翠鸟、蓝翡翠、赤翡翠、沼泽山雀、红颈苇鹀、小鹀等 53 种，隶属于 9 目 12 科 30 属。常见湿地鸟类中国家一级保护鸟类有黑鹳、东方白鹳、丹顶鹤、中华秋沙鸭，国家二级重点保护鸟类共有 34 种，分别为大天鹅、小天鹅、白琵鹭、鸿雁、鸳鸯、大杓鹬、大滨鹬、小鸥、凤头蜂鹰、黑鸢、苍鹰、雀鹰、松雀鹰、普通鵟、毛脚鵟、大鵟、灰脸鵟、鹰雕、白尾鹞、鹊鹞、鹗、游隼、燕隼、红脚隼、红隼、黄爪隼、花尾榛鸡、西红角鸮、领角鸮、雕鸮、鹰鸮、长尾林鸮、花脸鸭和长耳鸮。

【受威胁和保护管理状况】长白山国家级自然保护区为我国重要的自然保护区之一，始建于

1960 年，1980 年加入联合国教科文组织"人与生物圈"保护区网。区内部分沼泽开垦为农田，未开垦部分保持较好。

长白山熔岩台地沼泽（李鸿凯 摄）

哈泥沼泽（220524-141）

【范围与面积】原名称是哈尼沼泽，哈泥沼泽位于柳河县凉水镇东部哈尼河河源区，地理坐标为 $42°3'54'' \sim 42°15'00''$N、$126°4'00'' \sim 126°34'13''$E，面积为 2212 hm²，海拔 910 ～ 980 m；与第一版《中国沼泽志》相比，沼泽区范围有所调整，沼泽面积增加了约 32.3%。

【地质地貌】受长白山火山活动影响，长白山脉西麓熔岩台地分布广泛，并形成一些堰塞湖。哈泥泥炭地就是典型的熔岩堰塞湖形成的。湖盆北、西、南三面环山，东部熔岩台地高出湖盆，平均海拔 910 ～ 980 m，排水不畅，形成宽敞的熔岩堰塞湖。由于水源补给、气候条件和沉积环境比较稳定，湖宽水浅，沼泽发育，并堆积深厚的泥炭层，泥炭至今还在形成中。

【气候】沼泽区属于温带湿润季风气候，年均气温 2.0 ～ 3.6℃，年均降水量约为 740 mm，降水集中在夏季，无霜期 106 ～ 120 d。

【水资源与水环境】沼泽区水源主要由地下水和大气降水补给。地表水电导率为 0.052 mS/cm，pH 为 5.86，氧化还原电位 157.58 mV，溶解氧约为 6.55 mg/L，其他理化性质见表 14-83。

表 14-83　哈泥沼泽水体理化性质

	水深/cm	WT/℃	pH	EC/(mS/cm)	DO/(mg/L)	ORP/mV	Cl^-/(mg/L)	NO_3^--N/(mg/L)
平均值	2.2	8.3	5.86	0.052	6.55	157.58	4.87	0.29
最高值	3	8.7	6.12	0.07	7.74	198.97	10.19	0.36
最低值	1	7.8	5.49	0.04	5.06	75.87	2.25	0.21

【沼泽土壤】沼泽土壤主要为泥炭土，泥炭厚度约为 4.6 m，最大厚度 9.5 m，泥炭储量约为 1.28×10^{10} kg，为我国东北地区泥炭层最厚、沉积最为连续的泥炭地。泥炭剖面为棕色富营养泥炭，中上部为棕褐色富营养局部夹中营养泥炭，贫营养泥炭为沼泽地表形成的泥炭藓丘，一般丘高 50 cm 左右。

【沼泽植被】沼泽区记录有植物 205 种，分属于 68 科 142 属，其中蕨类植物 6 科 6 属 8 种，裸子植物 3 科 7 属 8 种，被子植物 59 科 129 属 189 种，包括双子叶植物 49 科 108 属 163 种，单子叶植物 10 科 21 属 26 种（宋雪婷等，2019）。常见湿地植物有 26 科 37 属 55 种，其中湿生植物有鸢尾、高山杜鹃、沼柳、油桦、落叶松、笃斯越橘、杜香、红莓苔子、半边莲、铃兰、异株薹草、湿生薹草、羊胡子草、小白花地榆、圆叶茅膏菜、细花薹草、龙江风毛菊、蓝果忍冬、长颈薹草、风毛菊、驴蹄草、球尾花、白桦、乌拉草、金露梅、地桂、东方羊胡子草、针叶薹草、黄连花、亮绿薹草、瘤囊薹草、毛薹草、灯心草、二籽薹草、绥草、小滨菊、大叶章、梅花草、如意草、谷精草、宽叶杜香、越橘、泥炭藓、锈色泥炭藓、金发藓、中位泥炭藓、喙叶泥炭藓、偏叶泥炭藓、皱蒴藓、曲尾藓、尖叶泥炭藓，水生植物有狸藻，挺水植物有芦苇、睡菜和木贼。

哈泥泥炭地中哈尼河贯穿而过，生境类型复杂，植物群落多样，按乔木优势度高低可大体划分为林缘和开阔地 2 种生境。林缘生境中植物群落以黄花落叶松为乔木层单优势种，小灌木层以油桦、杜香或笃斯越橘为优势种；草本层以羊胡子草、毛薹草或湿生薹草等居多，盖度 30% ～ 50%，主要分布于丘间微生境中，伴生有芦苇、灯心草、小滨菊、半边莲、谷精草等；苔藓植物以中位泥炭藓、锈色泥炭藓、泥炭藓或尖叶泥炭藓为主，盖度 70% ～ 90%，多以藓丘形式分布于沼泽中，丘高 10 ～ 30 cm，植株高度 2 ～ 4 cm。开阔地生境中，黄花落叶松分布极少，若有，生长于藓丘之上，株高大多不足 1 m，生长不良；小灌木层及草本层与有林生境较为相似；苔藓地被层多以泥炭藓或中位泥炭藓为主。2 种生境中均伴生其他多种泥炭藓以及皱蒴藓和直叶金发藓等。在局部微生境中，部分苔藓植物如喙叶泥炭藓、直叶金发藓可成为优势植物（卜兆君等，2005a，2005b）。

【沼泽动物】沼泽区分布有东方白鹳、金雕、紫貂和原麝等国家一级重点保护野生动物 4 种，大天鹅、鸳鸯等国家二级重点保护野生动物 31 种（宋雪婷等，2019）。

【受威胁和保护管理状况】沼泽区建有哈泥保护区，该保护区始建于 1991 年，2002 年经吉林省人民政府批准晋升为省级自然保护区，2009 年通过国家湿地评审委员会专家组评审晋升为国家级自然保护区，规划面积 15 510 hm²。哈尼湿地于 2018 年被列入《国际重要湿地名录》。

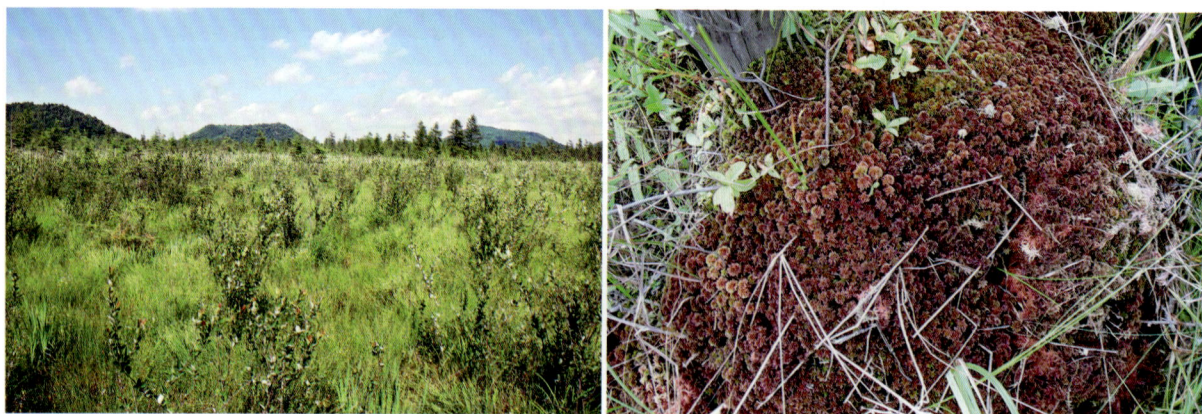

哈泥沼泽（卜兆君 摄）

哈泥沼泽藓丘（卜兆君 摄）

园池沼泽（222426-142）

【范围与面积】长白山地区沼泽拆分为"园池沼泽"和"长白山熔岩台地沼泽"，园池位于吉林省延边朝鲜族自治州安图县白河林业局施业区内，位于长白山天文峰东 30 km，地理坐标为 42°01′29.3″ ～

42°37′35.9″N、127°53′50.0″ ～ 128°27′52.2″E，沼泽面积为 571 hm²。

【地质地貌】沼泽区海拔为 1280 m，是由火山积水成池的，直径 180 m。

【气候】沼泽区属于山地针叶林气候，冬季漫长寒冷，夏季短暂暖湿。年平均气温 3 ～ 7℃，年均降水量 700 ～ 1000 mm，相对湿度 75%，无霜期 80 ～ 100 d。

【水资源与水环境】沼泽区地表水电导率约为 24 μS/cm，pH 为 5.7，氧化还原电位 354 mV。

【沼泽植被】沼泽区主要植被类型为黄花落叶松 – 灌木 – 薹草群落、金露梅群落、薹草群落。黄花落叶松 – 灌木 – 薹草群落中，落叶松郁闭度 45%，平均高度 15 ～ 18 m；灌木层有笃斯越橘，平均高度 1.2 m，草本层盖度 35%，平均高度 10 ～ 50 cm，有灰脉薹草、东北甜茅、野草莓等。金露梅群落以金露梅为优势种，盖度 45%，平均高度 1 ～ 2 m，伴生有绣线菊。薹草群落以灰脉薹草和乌拉草为优势种，盖度 60%，平均高度 10 ～ 50 cm。苔藓植物以尖叶泥炭藓、狭叶泥炭藓、偏叶泥炭藓、曲尾藓等为主。

【沼泽动物】沼泽区野生动物资源丰富，其中国家一级重点保护野生动物 3 种，国家二级重点保护野生动物 31 种，国家重点保护动物占吉林省国家重点保护动物物种数的 45.3%。在该地区的 5 种不同植被带共捕获地表节肢动物 30 251 只，隶属于 10 纲 21 目。其中膜翅目、双翅目和弹尾目占的比例最多，是森林湿地交错带地表节肢动物的主要构成成分。

【受威胁和保护管理状况】沼泽区建有园池保护区，保护区于 2018 年晋升为园池湿地国家级自然保护区。

园池沼泽（李鸿凯 摄）

和龙泉水河沼泽（222406-143）

【范围与面积】和龙泉水河沼泽位于吉林省延边朝鲜族自治州和龙市西南部广坪林场，地理坐标为 42°01′03″ ～ 42°06′56″N、128°38′20″ ～ 128°47′11″E，占地 1166 hm²。

【地质地貌】沼泽区地处长白山东麓、阴山东西向复杂构造带和中国东部长白山新华夏隆起带的交接部位，基岩主要是玄武岩，松散沉积物为黄土与河流相冲积物。

【气候】沼泽区属于中纬度中温带季风半湿润气候。大陆性季风明显，四季分明，春季冷暖干湿无常，夏季短暂不甚炎热，秋季温和凉爽多晴天，冬季寒冷漫长。年平均气温 4.8℃，活动积温 2200℃；年平均最低气温 1.1℃，年平均最高气温 11.5℃，极端最高气温 36.7℃，极端最低气温 –33.2℃，1 月气温最低而 7 月气温最高；年降水量 800 mm，5 ～ 9 月降水 ≥ 500 mm；年平均日照不足 2400 h，无霜期 125 d；积雪厚

和龙泉水河沼泽（周繇 摄）

度大于 30 cm，最大冻土深度为 150 cm。

【沼泽土壤】沼泽区土壤类型以草甸土、泥炭沼泽土为主。草甸土主要分布在海拔 700 ~ 800 m 的河流两侧，泥炭沼泽土主要分布在海拔 700 ~ 1000 m 的山坡地带。

【沼泽植被】沼泽区有野生植物 78 科 826 种，国家二级重点保护野生植物 7 种，包括红松、钻天柳、水曲柳、黄檗、紫椴、野大豆、莲。

【沼泽动物】沼泽区野生动物中有哺乳动物 43 种、鸟类 15 目 40 科 159 种。有紫貂、原麝、金雕 3 种国家一级重点保护动物；30 种国家二级重点保护野生动物，其中兽类 6 种、鸟类 24 种。

【受威胁和保护管理状况】沼泽区于 2013 年成立吉林和龙泉水河国家湿地公园。

北旺清南甸子沼泽（210422-144）

【范围与面积】北旺清南甸子沼泽位于辽宁省新宾满族自治县富尔江的支流巨流河和旺清河流域，地理坐标为 41°45′ ~ 41°52′N、125°11′ ~ 125°12′E，主要为薹草沼泽和芦苇沼泽。

【地质地貌】沼泽区位于辽东山地丘陵北部，大地构造单元属于辽东地块的一部分。地貌类型属于构造侵蚀的中低山区，是辽宁省地势最高的县之一。全县山地、丘陵占绝对优势，河流谷地面积较小，但河谷和沟谷较为平坦开阔，呈汇水区域，由于第四纪沉积物质质地黏重，为沼泽发育提供了有利的地质地貌条件。

【气候】沼泽区属于温带湿润季风气候，年均气温 4.3℃，1 月平均气温 –16.9℃，极端最低气温 –40℃，7 月平均气温 22.4℃，极端最高气温 36.5℃，≥ 10℃积温为 3000℃；无霜期 131 ~ 165 d；年均降水量约为 840 mm，集中在夏季，相对湿度 70% 以上。

【水资源与水环境】沼泽水源由巨流河、旺清河河水、地表水及大气降水补给。地表水 pH 为 6.59，其他理化性质见表 14-84。

表 14-84　北旺清南甸子沼泽水体理化性质

	WT/℃	pH	EC/(mS/cm)	ORP/mV	Cl⁻/(mg/L)
平均值	17.9	6.59	0.21	142.41	7.07
最高值	21.7	7.67	0.30	160.33	9.18
最低值	15.8	6.28	0.17	122.07	3.43

【沼泽土壤】沼泽土壤主要为泥炭土。以北旺清南甸子泥炭土为例，有机质含量 65% 左右，腐殖酸含量较高（40% 左右），全氮含量 3%，全磷含量 0.2%。本区草本泥炭灰分含量较低，一般为 30% 左右。

【沼泽植被】沼泽区常见湿地植物 23 科 27 属 32 种。湿生植物有春蓼、戟叶蓼、扛板归、大叶章、山梗菜、透茎冷水花、箭叶蓼、泽泻、水金凤、川续断、如意草、灯心草、香蓼、泽芹、并头黄芩、寸草、睡菜、鸭跖草、花葶，挺水植物有芦苇和香蒲。

据第一版《中国沼泽志》记载，原有沼泽植被以乌拉草群落、毛薹草 + 芦苇群落和芦苇群落为主。据 2015 年实地调查，沼泽排水严重，原有植被演替为杂草群落，群落总盖度 30% ~ 90%，主要是以蓼为主的杂类草，有春蓼、戟叶蓼、扛板归，伴生有香蒲、大叶章、芦苇等，草本层生物量 477.41 g/m²。

【受威胁和保护管理状况】沼泽区部分被开垦为农田或开采泥炭矿，只有部分小斑块残留，且已排水。排水后沼泽退化严重，原有湿地植被多数已被杂草群落代替。建议加强沼泽周边的土地利用方式及水资源管理，增强沼泽的水源补给，改善沼泽退化现状。

北旺清南甸子沼泽（刘波 摄）

第六节 华北平原山地沼泽区

华北平原山地沼泽区位于黄河下游，西起太行山脉和豫西山地，东到黄海、渤海和山东丘陵，北起燕山山脉，南到淮河，与长江中下游平原相连，地理坐标为33°15.6′～42°7.9′N、103°30.7′～124°18.6′E。

沼泽区水资源总量仅为1427.7亿 m³，占全国水资源总量的5.03%。人均水资源量为335 m³/a，不足全国的1/6。华北地区地处黄河中下游，黄河干流由桃花峪经郑州、济南，于山东垦利入海，全长780 km，流域面积22 700 km²，入海流量580亿 m³/a，流量的年内和年际变化很大，由于黄河流经水土流失严重的黄土高原，该河段泥沙含量很高，河床淤积严重。以黄河下游干流为分水岭，以南为淮河水系、以北为海河水系。淮河干流夏季水量占全年的50%以上，7月、8月常出现暴雨，淮河中游常于此时期出现洪峰，持续时间长，洪量大，历史上经常发生灾害。海河是华北平原北部最大河流，主要由北运河、永定河、大清河、子牙河和南运河等五大支流构成扇状水系。

沼泽区地处中纬度，地面高低气压系统活动频繁，环流季节变化显著，冬季干燥寒冷，夏季高温多雨，春秋短暂，雨热同期，表现为典型的暖温带大陆性季风气候特征。年平均气温一般为8～14℃，由南向北随纬度增加而递减，无霜期200～220 d。气温日较差和年较差较大，显示出大陆性气候特点。多年平均降水量500～1000 mm，但降水的时空变异大，且降水的时间分配不均匀、年际变化大。夏季降水集中（占全年的50%～75%）且多暴雨，而春季降水只占年降水量的10%～15%，且春季升温快，大风天气多，蒸发旺盛，因而形成严重的春旱。降水量在南北方向上随纬度增加而递减（朱婧等，2007）。

沼泽区土壤共有12类，即棕壤、褐土、潮土、沼泽土、盐土、灰色森林土、黑土、栗钙土、亚高山草甸土、草甸土、水稻土、风沙土，其地带性土壤为棕壤和褐土。华北地区地势西高东低，山西高原、太行山地、山前洪积－冲积平原、冲积平原和滨海平原由西向东依次分布，相应地出现黑垆土、褐土、潮土和滨海盐土等土壤系列。沿山西高原、燕山、太行山、伏牛山及山东山地边缘的山前洪积－冲积扇或山前倾斜平原，发育有黄土（褐土）或潮黄垆土（草甸褐土）；华北平原中部为黄潮土（浅色草甸土），冲积平原上尚分布有其他土壤。

本区的沼泽较少，主要集中分布于河北中部和北部。华北地区水资源短缺，人口密集，开发历史悠久，天然沼泽已经很少见到，目前主要是一些零散分布于河、湖岸边的沼泽化草甸和泥滩。沼泽类型主要有草本沼泽、沼泽化草甸和内陆盐沼等（表14-85）。草本沼泽常见建群种包括芦苇、香蒲、小香蒲、扁秆荆三棱、青蒿、三棱水葱、水烛、喜旱莲子草、藕草，水生植被常见建群种包括沉水植物黑藻、苦草、竹叶眼子菜，浮水植物荇菜、欧菱，灌丛沼泽常见建群种为柽柳。

表 14-85 华北平原山地沼泽区沼泽类型与面积

沼泽分区	类型	面积/×100 hm²
华北平原山地沼泽区	草本沼泽	1418.2
	灌丛沼泽	0.3
	森林沼泽	5.0
	内陆盐沼	27.7
	沼泽化草甸	43.7

白石水库周围沼泽（211381-145）

【范围与面积】白石水库周围沼泽位于辽宁省朝阳市北票（41°40′～41°48′N、120°48′～121°1′E），距北票市区46 km，距义县县城45 km，沼泽面积645 hm²。坝址位于辽宁西部北票市上园镇大凌河干流上，控制流域面积17 649 km²，总库容16.45亿m³。

【地质地貌】沼泽区地貌形态以山丘为主，极少数地区为平原区，河流两侧分散着较多数量的冲涧，冲涧两侧岗塄地以经济林、旱作物为主。

【气候】沼泽区属于温带大陆性季风气候区，日照充足、雨量充沛、气候温和，年均气温9.1℃，年均降水量886.2 mm，其中52%降水量集中在6～8月。

【水资源与水环境】大凌河是辽西地区最重要的河流，分为南、北两个分支。北起河北省平泉市，南起辽宁建昌县，并在喀喇沁左翼蒙古族自治县（喀左县）大城子的下游合并。流经义县、北票和朝阳，最后流进渤海。沼泽区处于辽宁省西部丘陵地带，位于北票市，于1999年合龙蓄水，2000年完工建成。水库上游有3条河流：一是大凌河，包括阎王鼻子水库泄水及朝阳市下水；二是凉水河，主要是北票市下水；三是牛河，为自然河道水，水量随季节变化较大。

水库上游活性磷全年含量为7.64×10^{-4}～2.82×10^{-1} mg/L，亚硝酸态氮含量为2.09×10^{-2}～1.03×10^{-1} mg/L，硝酸态氮含量为2.09～5.24 mg/L，氨态氮含量为1.12×10^{-4}～1.73×10^{-2} mg/L，总氮含量为1.62×10^{-1}～2.00 mg/L，总磷含量为9.47×10^{-3}～2.92×10^{-1} mg/L；下游活性磷含量全年为7.64×10^{-4}～8.33×10^{-2} mg/L，亚硝酸态氮含量为3.12×10^{-2}～1.04×10^{-1} mg/L，硝酸态氮含量为2.41～5.73 mg/L，氨态氮含量为1.22×10^{-4}～2.17×10^{-2} mg/L，总氮含量为1.81×10^{-1}～2.29 mg/L，总磷含量为1.67×10^{-3}～3.27×10^{-1} mg/L（李沂轩等，2016）。

【沼泽土壤】沼泽区土壤类型主要为黄棕壤土，土壤层有效磷含量为9.7 mg/kg，有效钾为125 mg/kg，全氮为0.094%，有机质含量为2.4%，水源涵养能力差。

【沼泽植被】沼泽区主要湿生植物有泽泻、水蓼、芦苇、小灯心草、水芹、鬼针草、风花菜、水苦荬、婆婆纳、酸模叶蓼、藜、茴茴蒜、毛茛、蒿蓄、犬问荆；主要水生植物有五刺金鱼藻、尖叶眼子菜、小眼子菜、微齿眼子菜、菹草、眼子菜、狐尾藻、两栖蓼、竹叶眼子菜、水毛茛、大茨藻。浮游植物 239 种，其中绿藻 138 种，硅藻 39 种，裸藻 26 种，蓝藻 19 种，甲藻 8 种，金藻、隐藻、黄藻各 3 种；主要优势种为小席藻（*Phormidium tenue*）、啮蚀隐藻（*Cryptomonas erosa*）、尖针杆藻（*Synedra acus*）（李沂轩等，2016）。

【沼泽动物】沼泽区有鸟类 280 余种，鱼类 30 余种，两栖类、爬行类 20 余种，哺乳类 20 余种。其中有国家一级保护野生动物黑鹳、东方白鹳、丹顶鹤、白鹤、大鸨 5 种，国家二级保护野生动物大天鹅、小天鹅、疣鼻天鹅、灰鹤、白琵鹭、鸳鸯等鸟类 30 余种（张荣坤等，2021）。

潮白河沼泽（130700-146）

潮白河沼泽位于河北省北部，涉及张家口市和承德市，地理坐标为 40°30′40″ ～ 41°37′30″N、115°25′16″ ～ 117°31′16″E，沼泽面积为 142 hm²。潮白河有两大支流，即潮河与白河，两河均起源于河北省，在密云西南河漕村汇合后称潮白河。其处于半湿润、半干旱区的华北平原，属温带半湿润季风气候，多年平均降水量为 488.9 mm，降水主要集中在 6 ～ 8 月，占全年降水量的 65% ～ 75%（冯精金等，2019）。四季气候变化明显，春季气温回升快、干旱多风，降水量少；夏季炎热多雨，雨热同季；秋季秋高气爽，晴朗少雨，冷暖适宜，光照充足，但持续时间短，降温迅速，时常发生初霜冻；冬季寒冷干燥，多风少雪。土壤类型随地形和地下水而变化，按照潮土 - 盐渍化潮土 - 沼泽化土 - 草甸沼泽土的规律呈复区分布（于冰洋，2005）。

凌源青龙河沼泽（211382-147）

【范围与面积】凌源青龙河沼泽地处燕山山脉东段，位于辽宁省最西部、凌源市西南（40°46′21″ ～ 41°07′00″N，118°51′58″ ～ 119°32′00″E），沼泽面积为 20 hm²。

【地质地貌】沼泽区地处辽宁省凌源市的西南部青龙河上游，属燕山山脉的东延部分，为冀辽中低山地。

【气候】沼泽区属暖温带大陆性季风气候，全年气候特征：冷、暖、干、湿四季分明；日照充足，雨热同季；气温、降水实际变化大，区域性差异明显。年平均气温 8.3℃，有效积温为 3324.5℃，无霜期 140 d 左右。年平均降水量 540.6 mm。

【水资源与水环境】青龙河源于凌源市东南大河北镇瓦房村，至刀尔登镇虎头石出境，后入河北省青龙满族自治县，经迁安卢龙入滦河。

【沼泽植被】沼泽区植被以芦苇、菖蒲、尖嘴薹草、密花荸荠和金鱼藻为优势种。芦苇群落高 0.8 ～ 1.5 m，盖度在 70% 以上。其他植物多度少、盖度小，皆为伴生植物，主要有灯心草、眼子菜、薹草等。菖蒲群落高 0.5 ～ 0.8 m，盖度在 80% 以上，主要伴生水芹、毛茛、牛毛毡和戟叶蓼等。尖嘴薹草群落内植物多为湿生或沼生，平均高度为 0.3 ～ 0.5 m，盖度在 50% 以上，与其在同一高度的还有细叶水团花、狭叶荨麻、酸模叶蓼等；马唐、鬼针草、酸模叶蓼等是亚优势层的主要物种，平均高度在 0.3 m 左右。三棱水葱群落盖度在 60% 以上，平均高度为 0.3 m，与其在同一高度的还有薄荷、龙牙草、千屈菜、蔓黄芪等。针蔺群落盖度为 60% ～ 90%，平均高度约为 0.5 m，常伴生糙隐子草、三棱水葱、稗、水蓼、狼耙草等典型湿地植物。金鱼藻群落是重要的湿地植物群落类型之一，广泛分布于湿地内，群落面积不大，结构也较简单，常混生有黑藻、眼子菜、狐尾藻等沉水植物（冷梅，2018）。

【沼泽动物】沼泽区鸟类以雀形目（27科83种）居多，占调查鸟类的53.55%，其次为隼形目（13种，8.44%）。环颈雉、勺鸡、大鹰鹃、中杜鹃、松鸦、三道眉草鹀、灰眉岩鹀、山鹛、山噪鹛、棕头鸦雀、红脚隼、黑枕黄鹂、黑卷尾、小嘴乌鸦、喜鹊、金腰燕、家燕、白眉姬鹟、北红尾鸲、麻雀、普通翠鸟、苍鹭、紫背苇鳽、绿鹭、灰鹡鸰、白鹡鸰为优势种。两栖类常见种有中华蟾蜍、中国林蛙，爬行类常见种有丽斑麻蜥、山地麻蜥、赤峰锦蛇（杜广州，2016）。

【受威胁和保护管理状况】沼泽区于2015年建立辽宁凌源青龙河国家湿地公园（试点）。

洋河沼泽（130700-148）

【范围与面积】洋河沼泽位于河北省张家口市，西至内蒙古自治区和山西省，东达北京市，地理坐标为40°11′10″～41°17′31″N、113°49′01″～115°37′23″E，沼泽面积为2160 hm²。

【地质地貌】沼泽区处于内蒙古高原与华北平原之间的过渡带。地势上西北高、东南低，包括张宣盆地和涿怀盆地两个完整的水文地质单元。受大地貌单元切割作用，形成众多分散的小地貌单元，如山地、山间谷地或者盆地、丘陵等。洋河流域上游的西北部、北部以及南部深山区位于高原背风区，多为中山陡坡型，海拔1000～2212 m，坡度相对较大，土壤贫瘠。洋河主干道两侧和东南部平原地区为丘陵缓坡区，海拔471～1000 m（李泽实，2020）。

【气候】沼泽区位于我国温带干旱半干旱区，属典型温带大陆季风气候，冬季寒冷干燥，夏季炎热多雨，雨热同期，年平均气温7.7℃，多年最高气温可达42.0℃，最低气温仅为–34.7℃。年均降水量为350～400 mm，6～9月约占全年水量的75%。全年无霜期90～160 d，年日照时数2600～3100 h，光照充足。

【水资源与水环境】洋河发源于内蒙古兴和县和山西省阳高县，自西向东流经张家口市，主要支流有东洋河、西洋河、南洋河、洪塘河、清水河、柳川河、龙洋河和桑干河等。沼泽区域内径流主要靠天然降水补给。地表水资源年内分配极不均，1～2月河流呈现一定程度封冻，流量较小；3月进入解冻期，径流量明显增加；6月受汛期影响，径流量大幅上升；11～12月逐步进入封冻期。

延庆野鸭湖沼泽（110119-149）

【范围与面积】延庆野鸭湖沼泽位于北京市西北部延庆，北靠燕山山脉，南邻太行山脉，西南部与河北省怀来县接壤，东南面是八达岭长城。地理坐标为40°22′04″～40°30′31″N、115°46′16″～115°59′48″E。沼泽面积1009 hm²，海拔470～600 m。

【地质地貌】沼泽区处在华北地台中部—燕山沉降带西段—北山隆起—延庆、昌平活动断裂区，属于堆积构造地貌类型，主要由妫水河洪冲积形成。地势平坦，下伏地层是湖相层和河相层砾质互层，与延庆周围的洪积扇呈连续分布。延庆盆地位于海坨山与军都山之间，南、北、东三面环山，西南邻官厅水库与怀来盆地相对（郭美辰，2013）。

【气候】沼泽区属暖温带半湿润大陆性季风气候，昼夜温差大，四季变化分明。春季干旱多风沙，夏季炎热多雨，秋季凉爽宜人，冬季干冷漫长。年平均气温 8.4℃，最高温在 6～7 月，最低温在 1 月；年均降雨量 510 mm，降水集中在 6～8 月，占年降水量的 75%；年平均日照时数 2806.5 h，5～6 月最高，12 月最低。

【水资源与水环境】沼泽区水源主要由河水、水库水和大气降水补给。沼泽区属于永定河水系，区域内湿地主要由官厅水库、妫水河干支流、库塘及其周边沼泽地构成。官厅水库是区域内主要水域，水库控制流域面积 43 402 km²，占永定河流域面积的 93%，总库容 22.7 亿 m³。

【沼泽土壤】沼泽区土壤母质为洪积物、洪积冲积物及黄土；土壤类型相对简单，水平地带上主要分布水稻土、潮土和褐土，中部有部分盐潮土。土壤有机质含量在 1% 左右，肥力较低，pH 在 8.5 以上（李聪慧，2015）。

【沼泽植被】沼泽区野生植物资源十分丰富，记录高等植物 89 科 231 属 389 种，鸟类种数达 280 种（胡盼盼等，2017）。沼泽植被优势种有大叶藜、扁秆荆三棱、小藜、酸模叶蓼、稗，常见伴生种包括野慈姑、沼生蔊菜、泽泻等；含物种数较多的科为菊科、禾本科、蓼科、莎草科、杨柳科，含物种较多的属为藜属、蒿属、藨草属和柳属。

【沼泽动物】沼泽区国家级重点保护鸟类有黑鹳、白鹳、大鸨、金雕、大天鹅、灰鹤等。

【受威胁和保护管理状况】沼泽区建有野鸭湖市级湿地自然保护区，保护区于 1994 年建立，2000 年晋升为市级，受延庆县人民政府管理；2013 年，沼泽区挂牌成为北京首个国家湿地公园，同年被国家旅游局批准成为国家 AAAA 级景区，野鸭湖湿地于 2023 年被列入《国际重要湿地名录》。

延庆野鸭湖沼泽（马牧源 摄）

汉石桥沼泽（110113-150）

【范围与面积】汉石桥沼泽位于北京市顺义区、潮白河东侧，主要为芦苇沼泽。地理坐标为 40°06′～40°10′N、116°45′～116°50′E，沼泽面积约为 238 hm²，占全区湿地面积的 84.9%。

【地质地貌】沼泽区位于潮白河冲积扇中部平原区，处于燕山沉降带。全部为第四纪地层；受新构造运动影响，第四纪地层岩性及厚度有明显差异。晚更新统以黄色黏质砂土为主，广布于潮白河两侧的二级阶地上；全新统以洪积物为主，地层颗粒自北向南由粗变细，广布于河流两侧及山间沟谷，构成一级阶地。

汉石桥沼泽北部被燕山余脉所环绕，地貌类型为河道冲积作用而成的平原地貌。沼泽介于一级、二级阶地间，阶地相对高差 8 ～ 10 m，由洪积物向黄色黏质砂土过渡，总厚度 10 ～ 100 m，地形东高西低、北高南低，由东北向西南倾斜，地面高程为 26 ～ 30 m，地面坡度 1.0‰（张佳蕊等，2007）。

【气候】沼泽区属温带半湿润大陆性季风气候，春季干旱多风，夏季闷热多雨，秋季秋高气爽，冬季寒冷干燥。年平均气温 11.9℃，7 月平均最高气温 26.0℃，1 月平均最低气温 –4.9℃。年平均降水量 603 mm，主要集中在 7 ～ 8 月，降水时段比较集中，易形成地表径流，有利于沼泽的形成；年平均蒸发量为 1850 mm，蒸发量 4 ～ 6 月最大。全年日照时数平均为 2745 h，日照率为 63%。

【水资源与水环境】沼泽区属潮白河水系。蔡家河穿过该沼泽，正常年份都有基流注入，是汉石桥沼泽的主要水源。沼泽区地下水为第四系松散沉积孔隙水，属承压含水层分布区；地下水以上游地下水侧向补给和降水渗入补给为主。

汉石桥沼泽水体处于贫 – 中营养状态；3 ～ 5 月水体各项理化指标平均值为：pH 7.64，EC 351.7 μS/cm，DO 6.3 mg/L，WT 20.07℃，SD 0.34 m，叶绿素 a 4.32 μg/L，COD 15.6 mg/L，TN 1.17 mg/L，TP 0.32 mg/L（张勇等，2019）。

【沼泽土壤】沼泽区土壤类型主要为沼泽土和潮土湿地土壤；黄土质黏土砂土渗透性较差，土质黏重，水分不易下泄，在深度 3 ～ 6 m 普遍存在上层滞水。由于土壤中三价铁离子在还原性细菌作用下形成二价铁离子，沼泽土出现蓝灰色的潜育沼泽化现象，且有丰富的腐泥层，有机质累积于地表。潮土是在河流冲积物上直接发育的，受地下水影响经长期耕作熟化而形成的一种耕地土壤；土壤质地沙、壤、黏皆有，以黏质土为主，土体内冲积层次排列明显，pH 7.5 ～ 8.5，多呈灰棕色，在地表呈带状分布。

【沼泽植被】沼泽区主要为芦苇群落。芦苇为建群种，种群密度为 224 株 /m²，地上部分生物量为 8802 g/m²；芦苇地上部分各器官年总固碳、固氮和固磷能力分别为 3939.6 g/m²、56.4 g/m² 和 33.1 g/m²（赵志江等，2019）。常见湿地植物包括欧菱、紫萍、浮萍、槐叶苹、荇菜等浮水植物，芦苇、香蒲、野慈姑、水葱、莲、泽泻等挺水植物，以及长芒稗、酸模叶蓼、千屈菜、柳叶菜、水芹、水棘针、盒子草、水蓼等湿生植物。

【沼泽动物】沼泽区大面积的芦苇沼泽和开阔的水面为水禽提供了适宜的栖息地和庇护场所，也是许多候鸟南北迁徙的重要驿站。鸟类有 15 目 42 科 88 种，优势种包括麻雀、斑嘴鸭和绿头鸭，记录日本松雀鹰、普通鵟、白尾鹞、红隼、长耳鸮等国家二级重点保护野生动物（陈光等，2015）。

【受威胁和保护管理状况】沼泽区主要受污染、物种入侵和旅游干扰的影响。沼泽区于 2005 年建立汉石桥湿地省级自然保护区，对于沼泽区水质改善和水鸟栖息地保护起到很好的支撑作用。

壶流河沼泽（140223-151）

【范围与面积】壶流河沼泽位于山西省广灵县东南部，地理坐标为 39°38′6″ ～ 39°46′16″N、114°14′39″ ～ 114°24′57″E，面积为 313.7 hm²。

【地质地貌】沼泽区南部为月明山；中部为月明山形成的大小不等的山前洪积扇；北部由月明山洪积扇的扇形地带和壶流河冲积形成的河漫滩组成。

【气候】沼泽区属温带半干旱大陆性季风气候。年平均气温 6.8℃，1 月平均气温 –11.3℃，7 月平均气温 22℃。年均降水量 381.6 mm。

【水资源与水环境】壶流河属桑干河的一级支流，发源于浑源与广灵交界的石人山，在广灵长度为 66 km。支流包括发源于恒山山脉的长江峪河、沙泉峪和直峪河。湿地主要为季节性降水补给及地下泉水天然补给。

【沼泽植被】沼泽区植被主要包括柽柳灌丛、野大豆群落、水烛群落、小香蒲群落、芦苇群落、三棱水葱群落、牛毛毡群落、蕨麻群落、旋覆花群落等。

【沼泽动物】沼泽区国家一级重点保护野生动物黑鹳种群为山西省最大的种群。此外列为国家一级重点保护野生动物的还有白尾海雕、猎隼、大鸨。国家二级重点保护野生动物有大天鹅、白琵鹭、苍鹰、雀鹰、松雀鹰、大鵟、白尾鹞、白头鹞、游隼、燕隼、红脚隼、红隼、纵纹腹小鸮、短耳鸮等14种。山西省级重点保护野生动物有苍鹭、金眶鸻、普通夜鹰、蓝翡翠、黑枕黄鹂5种。

【受威胁和保护管理状况】沼泽区周边分布大量村庄，村庄生活污水、生活垃圾及畜禽养殖产生的废水严重影响湿地的生态环境。

神溪沼泽（140225-152）

神溪沼泽位于山西浑源县北岳恒山脚下，地理坐标为 39°30′26″ ～ 39°45′36″N、113°33′34″ ～ 113°43′51″E，面积为 53.82 hm²。沼泽区属中温带大陆性季风气候，春季干旱多风，夏季温热多雨，冬季寒冷干燥，年平均气温 6.2℃，平均降雨量 424.6 mm，年最大降水量 595 mm，年最小降水量 215.8 mm。无霜期平均为 140 d。沼泽区共有维管植物 41 科 102 属 144 种，包括国家二级重点保护植物野大豆。野生动物 57 种，其中哺乳类 4 种，鸟类 41 种，爬行类 3 种，两栖类 3 种，淡水鱼类 6 种，分布有国家一级保护野生动物黑鹳、国家二级保护野生动物小天鹅，以及山西省级保护动物普通夜鹰、黑枕黄鹂、苍鹭、金眶鸻等。

大黄堡沼泽（120114-153）

【范围与面积】大黄堡沼泽位于天津市北部武清区的大黄堡乡，是由永定河的几条支流形成的一片季节性积水沼泽，地理坐标为 39°21′04″ ～ 39°30′27″N、117°10′33″ ～ 117°19′58″E，海拔 5 m。沼泽面积为 1639 hm²，与第一版《中国沼泽志》相比，沼泽面积减少了 65.70%。

【地质地貌】沼泽区位于华北平原区东北部、海河流域下游，由于河流泛滥，形成冲积平原和海积冲积平原。在永定河的古河道，形成许多低洼地，沉积物类型主要为河流相沉积，沉积物为砂质黏土。

【气候】沼泽区介于大陆性气候和海洋性气候的过渡带上，属于暖温带半湿润大陆性季风气候，季节变化明显。年平均气温 11.6℃，≥ 0℃年均积温 4593.7℃，≥ 10℃年均积温 4187.6℃；年平均降水量 573.9 mm，年均蒸发量 1164.4 mm（毕琳等，2018）。

【水资源与水环境】沼泽区水源补给以地下水和大气降水为主。2014 年 6 月对大黄堡沼泽地表水进行调查发现，各采样点水深和透明度变化明显，平均水深为 0.52 m，平均透明度为 0.27 m；平均 pH 8.40，平均 DO 浓度 14.27 mg/L，其水体理化性质见表 14-86。与第一版《中国沼泽志》相比，本次调查发现大黄堡沼泽 pH 变化不大，NH_4^+-N 浓度值偏高，这可能是由于沼泽周围多为农田和鱼塘，且周边居民较多，生活污水和农田排水进入沼泽水体中。

【沼泽土壤】沼泽土壤类型主要为草甸沼泽土，为中壤质，呈暗棕色，有机质含量为 2.30%，pH 为 8.1，无泥炭层，潜育层明显，0 ～ 25 cm 为草根层，25 ～ 49 cm 为腐殖质层，49 ～ 90 cm 为灰蓝色潜育层，有锈斑。

表 14-86　大黄堡沼泽水体理化性质

	水深/m	SD/m	WT/℃	TDS/(mg/L)	pH	Sal/ppt	EC/(mS/cm)	DO/(mg/L)	ORP/mV	Cl⁻/(mg/L)	叶绿素a/(mg/L)	NO_3^--N/(mg/L)
平均值	0.52	0.27	26.43	1669.29	8.40	1.34	2.63	14.27	125.01	740.89	28.67	0.11
最高值	0.68	0.60	27.84	4084.00	8.84	3.41	6.09	22.82	137.20	2081.00	55.20	0.61
最低值	0.31	0.20	20.08	877.00	7.85	0.68	0.88	4.35	116.30	317.30	9.50	0.00

【沼泽植被】沼泽区植被以芦苇＋水烛群落和芦苇群落为主。芦苇＋水烛群落盖度60%～100%，生物量为 0.62～3.45 kg/m²，平均值为 2.04 kg/m²，其伴生种主要为扁秆荆三棱；芦苇平均株高 1.5 m，香蒲株高 0.8～2.0 m，平均株高 1.4 m。芦苇群落盖度大于90%，生物量为 0.6 kg/m²，其伴生种主要为水烛、苲草和扁秆荆三棱；芦苇高 1.7～2.3 m，平均株高 2.0 m。与第一版《中国沼泽志》相比，植被类型没有发生明显变化，均以芦苇群落为主，盖度和芦苇高度相差不大。

【沼泽动物】沼泽区记录有鸟类 19 目 51 科 219 种，分布有白鹭、绿啄木鸟、苍鹭、大天鹅、灰鹤、黄鸥、灰燕等珍稀物种，以及数以千计的鸥类、鹬类、鹭类、鸠鸽类、雀类等类群。

【受威胁和保护管理状况】沼泽区建有大黄堡省级湿地自然保护区，保护区成立于 2004 年，总面积为 11 200 hm²，其中核心区 3947 hm²。目前保护区主要受到农田开垦、基础设施建设破坏的影响。

尔王庄沼泽（120115-154）

【范围与面积】尔王庄沼泽位于天津市宝坻区、尔王庄和大唐庄交界处，为青龙湾河两侧的一片低洼地。地理坐标为 39°21′～39°27′N、117°21′～117°27′E，海拔 2.5 m，面积为 112.7 hm²，与第一版《中国沼泽志》相比，沼泽面积减少了 96.04%。

【地质地貌】沼泽区位于华北平原东北部，为冲积平原，其上覆盖巨厚的第四系沉积物，主要为砂质黏土，沉积物类型为冲洪积相沉积，地貌类型为低洼地。

【气候】沼泽区属暖温带半湿润大陆性季风气候，四季分明，春秋短、冬夏长，冷暖干湿差异明显；年平均气温 11.3℃，1 月平均气温 –5.8℃，7 月平均气温 26.6℃；年降水量 613 mm，降雨集中在每年 7～9 月，7 月最多；年平均日照时数 2585.4 h；历年无霜期平均在 184 d 左右。

【水资源与水环境】沼泽区水源补给以大气降水和地下水为主。2014 年 6 月对尔王庄沼泽进行调查发现：各采样点水深和透明度变化明显，平均水深为 0.52 m，平均透明度为 0.27 m；平均 pH 8.06，呈微碱性；DO 浓度值较低，平均为 5.73 mg/L，其水体理化性质见表 14-87。

表 14-87　尔王庄沼泽水体理化性质

	水深/m	SD/m	WT/℃	TDS/(mg/L)	pH	Sal/ppt	EC/(mS/cm)	DO/(mg/L)	ORP/mV	Cl⁻/(mg/L)	叶绿素a/(mg/L)	NO_3^--N/(mg/L)
平均值	0.52	0.27	27.95	1514.57	8.06	1.19	2.48	5.73	117.11	849.67	30.69	0.07
最高值	0.68	0.60	29.77	2386.00	8.51	1.92	4.00	5.80	137.60	1234.00	67.70	0.36
最低值	0.31	0.20	26.21	595.00	7.85	0.45	0.95	5.62	90.30	304.80	4.60	0.00

与第一版《中国沼泽志》相比，本次调查发现尔王庄沼泽 pH 减小，NH_4^+-N 浓度值偏高，这可能是因为尔王庄沼泽多被开垦为农田，农田排水进入沼泽水体中。

【沼泽植被】沼泽植被以芦苇群落为主,伴生种主要为扁秆荆三棱和浮萍。与第一版《中国沼泽志》相比,植被没有发生明显变化,均为芦苇群落,群落高度、覆盖度变化不大,伴生种均出现扁秆荆三棱,但本次调查未发现薹草。本次调查群落盖度为 70% ~ 90%;群落高为 1.8 m,生物量为 0.54 kg/m^2。

【受威胁和保护管理状况】沼泽多被开垦成农田,少数修成鱼塘,导致沼泽面积逐年减少。建议禁止乱垦,加强现有沼泽的保护和生态修复工作。

尔王庄沼泽(刘波 摄)

七里海沼泽(120117-155)

【范围与面积】七里海沼泽位于天津市宁河,地理坐标为 39°16′ ~ 39°24′N、117°26′30″ ~ 117°37′18″E,形成于 7000 多年前,面积 3603 hm^2,海拔 2 m。与第一版《中国沼泽志》相比,沼泽面积减少了 58.30%。

【地质地貌】沼泽区位于燕山纬向构造体系与新华夏构造体系的交界地带,以南主要为新华夏构造体系发育地段,以北为纬向构造地段,整体高程约 1.8 m。全新世以来,由于海陆交互作用而形成的冲积海积平原,其上覆盖巨厚的第四系沉积物,沉积物类型为河湖相,沉积物为砂质黏土。

七里海沼泽是海水后退,陆地形成过程中遗留的众多洼地中的其中一处。由于长期降雨、河流和蒸发等的相互作用,盐度逐渐降低,咸水逐渐变为淡水。区内微地貌类型复杂,主要有季节性积水的河漫滩、低洼地,以及常年积水的湖泊和河流。

【气候】沼泽区属暖温带半湿润大陆性季风气候,年平均气温 11.2℃,极端最低气温 −22℃,极端最高气温为 39.9℃;平均日照 2753 h,日照率为 62%,冬季昼短夜长,夏季昼长夜短,光照条件较好;平均降水量 550 mm,降水有明显的季节性分布,夏季占 80% 以上(覃雪波和韩琳琳,2018)。

【水资源与水环境】沼泽区位于海河流域下游,有潮白河从中央穿过;夏季由于大气降水集中且多暴雨,河流经常泛滥,河水漫溢将低洼地淹没;枯水期,低洼潮湿的沼泽地以地下水补给为主。2014 年 6 月对七里海沼泽地表水进行调查发现,地表水深平均 1.32 m,水化学类型为 HCO$_3$·Cl-Na 型水,其水体理化性质见表 14-88。

【沼泽土壤】沼泽土壤类型主要为盐化草甸沼泽土,pH 为 8.1,呈微碱性,有机质含量约为 2.13%。土壤质地较黏重,0 ~ 15 cm 土壤干容重 1.52 g/cm^3,属砂质黏土,呈暗灰棕色,局部有薄层泥炭,潜育化明显;在 40 cm 以下有明显的灰蓝色潜育层。

表 14-88　七里海沼泽水体理化性质

	TDS/ (mg/L)	pH	EC/ (mS/cm)	DO/ (mg/L)	ORP/ mV	Cl⁻/ (mg/L)	盐度/ %
平均值	1669.29	8.33	2.56	5.73	115.06	875.54	1.28
最高值	4084.00	8.52	3.45	5.80	118.00	1164.00	1.76
最低值	877.00	8.01	1.50	5.62	108.10	802.10	0.72

【沼泽植被】沼泽区常见湿地植物有 15 科 25 属 33 种（含 1 变种 1 亚种），均为被子植物，其中单子叶植物 18 种，双子叶植物 15 种；从水分生态型看，包括沉水植物 6 种、浮水植物 3 种，湿生植物 18 种，挺水植物 6 种（表 14-89）。

表 14-89　七里海沼泽常见湿地植物

	科	属	中文名	水分生态型
单子叶植物	浮萍科	浮萍属	浮萍	浮水植物
单子叶植物	浮萍科	紫萍属	紫萍	浮水植物
单子叶植物	禾本科	芦苇属	芦苇	挺水植物
单子叶植物	禾本科	稗属	长芒稗	挺水植物
单子叶植物	禾本科	獐毛属	獐毛	湿生植物
单子叶植物	禾本科	碱茅属	碱茅	湿生植物
单子叶植物	禾本科	狗牙根属	狗牙根	湿生植物
单子叶植物	禾本科	荻属	荻	湿生植物
单子叶植物	禾本科	稗属	无芒稗	湿生植物
单子叶植物	禾本科	稗属	稗	湿生植物
单子叶植物	莎草科	荆三棱属	扁秆荆三棱	挺水植物
单子叶植物	莎草科	藨草属	水葱	挺水植物
单子叶植物	水鳖科	黑藻属	黑藻	沉水植物
单子叶植物	水鳖科	水鳖属	水鳖	浮水植物
单子叶植物	香蒲科	香蒲属	水烛	挺水植物
单子叶植物	香蒲科	香蒲属	无苞香蒲	挺水植物
单子叶植物	眼子菜科	眼子菜属	菹草	沉水植物
单子叶植物	眼子菜科	眼子菜属	篦齿眼子菜	沉水植物
双子叶植物	豆科	大豆属	野大豆	湿生植物
双子叶植物	葫芦科	盒子草属	盒子草	湿生植物
双子叶植物	金鱼藻科	金鱼藻属	金鱼藻	沉水植物
双子叶植物	金鱼藻科	金鱼藻属	粗糙金鱼藻	沉水植物
双子叶植物	菊科	碱菀属	碱菀	湿生植物
双子叶植物	菊科	旋覆花属	旋覆花	湿生植物
双子叶植物	藜科	碱蓬属	碱蓬	湿生植物
双子叶植物	藜科	碱蓬属	盐地碱蓬	湿生植物
双子叶植物	藜科	藜属	藜	湿生植物

续表

	科	属	中文名	水分生态型
双子叶植物	蓼科	蓼属	水蓼	湿生植物
双子叶植物	蓼科	蓼属	红蓼	湿生植物
双子叶植物	蓼科	蓼属	萹蓄	湿生植物
双子叶植物	萝藦科	鹅绒藤属	鹅绒藤	湿生植物
双子叶植物	桑科	葎草属	葎草	湿生植物
双子叶植物	小二仙草科	狐尾藻属	狐尾藻	沉水植物

沼泽区植被以芦苇群落为主，群落高约 2.3 m，生物量为（1457.04±109.53）g/m²，伴生种主要为扁秆荆三棱、水葱和盒子草。另外，沼泽区零星分布着水烛群落、水葱群落和扁秆荆三棱群落。与第一版《中国沼泽志》相比，湿地植被没有发生明显变化，均以芦苇、香蒲、扁秆荆三棱为优势种；但本次调查未见浮叶植物欧菱、莲、芡及沉水植物茨藻（*Najas* spp.）。

【沼泽动物】沼泽区处于东亚–澳大利西亚鸟类迁徙路线上，是珍稀水禽从南半球迁往西伯利亚的重要驿站。鸟类资源中国家一级重点保护野生水鸟有 13 种，分别是黄嘴白鹭、黑脸琵鹭、东方白鹳、中华秋沙鸭、白尾海雕、金雕、玉带海雕、白枕鹤、白鹤、黑颈鹤、丹顶鹤、小青脚鹬和遗鸥；国家二级重点保护野生水鸟有角䴙䴘、赤颈䴙䴘、海鸬鹚、白琵鹭、大天鹅、小天鹅、疣鼻天鹅、鸳鸯、白额雁、黑鸢、苍鹰、大鵟、白尾鹞、鹊鹞、红隼、游隼、鹗、长脚秧鸡、灰鹤和蓑羽鹤等（王凤琴等，2003；宋菲菲，2013）。

沼泽区有两栖动物 2 种，分别为中华蟾蜍及黑斑侧褶蛙；爬行动物 5 种，分别为丽斑麻蜥、赤链蛇、虎斑游蛇、黄脊游蛇和白条锦蛇。底栖动物的种类及数量十分贫乏，主要种类为环节动物寡毛类中的霍甫水丝蚓（*Limnodrilus hoffmeisteri*），以及摇蚊科及幽蚊科幼虫，其具有较强的生态适应性及抗污染能力。生存于该沼泽的昆虫均为古北区常见种类，以半翅目、鳞翅目、直翅目、鞘翅目、双翅目等为主，红裸须摇蚊（*Propsilocerus akamusi*）为其代表种。浮游动物以轮虫类的萼花臂尾轮虫（*Brachionus calyciflorus*）和前节晶囊轮虫（*Asplachna priodonta*），枝角类的直额裸腹溞（*Moina rectirostris*）及桡足类中的近邻剑水蚤（*Cyclops vicinus*）最为常见（李相逸，2014）。

【受威胁和保护管理状况】沼泽区位于天津古海岸与湿地国家级自然保护区内，保护区于 1984 年建立，1992 年晋升为国家级自然保护区，这对于该沼泽的保护和管理有积极作用。保护区主要受农田

七里海沼泽（刘波 摄）

耕作、养殖、旅游等人类活动的影响，建议加强湿地要素动态监测，开展湿地恢复工程，建立保护优先的可持续发展模式，不断提升沼泽生态系统服务功能。

北塘沼泽（120116-156）

【范围与面积】北塘沼泽位于天津市滨海新区的北端，永定新河、潮白河和蓟运河的交汇处，地理坐标为 39°03′～39°13′N、117°30～117°46′E。沼泽面积为 1397 hm²，类型为芦苇沼泽，海拔 1.5 m。

【地质地貌】沼泽区地处华北平原东北隅，渤海湾西岸。全新世以来，由于海、河、湖长期在此相互作用，形成滨海平原，沉积物类型主要为湖海相；在冲积平原，沉积物类型为冲积淤积物，有三条河流在此汇流入海，沼泽地貌类型为河口三角洲、古河道和低洼地。

【气候】沼泽区属暖温带季风气候。年平均气温 11.5℃，1 月平均气温 –5℃，7 月平均气温 25.7℃；极端最低温度为 –19℃，极端最高温度为 39.5℃；≥ 10℃积温 4200℃，无霜期 207 d。年降水量 605 mm，年相对湿度 65%。

【沼泽土壤】沼泽区土壤主要为两种类型：草甸沼泽土和滨海沼泽盐土。草甸沼泽土主要分布于湖泡、古河道和低洼地等处；土壤质地黏重，含有机质为 2.58%，pH 为 8.2，呈暗棕色，潜育化明显，无泥炭。滨海沼泽盐土，占据大部分地区，土壤质地较黏重，平均含盐量为 0.93%，表土为 0.86%，有脱盐现象，盐分组成以氯化钠为主。全剖面以黏质土为主，并有砂层出现，碎块或块状结构，较紧实，板结，心土及底土层有大量锈纹锈斑和有灰蓝色的潜育层存在。

【受威胁和保护管理状况】与第一版《中国沼泽志》比较，本次调查沼泽面积减少了约 85%，主要是由农田开垦、城镇及基础设施建设导致的。

大清河沼泽（131026-157）

【范围与面积】大清河沼泽位于文安县与霸州市交界处的大清河与中亭河的河间洼地，地理坐标为 39°01′～39°04′42″N、116°33′～116°53′E，海拔 4～5 m。沼泽面积为 89 hm²，与第一版《中国沼泽志》相比，沼泽区湿地面积大幅减少，减少 99% 以上。

【地质地貌】沼泽区属新华夏构造系华北断陷区，因基底格局主要受北北东向和北西向两组断裂的控制形成了一系列北北东、北东向的隆起和坳陷。基底地层以太古界的片麻岩为主，其上覆盖着巨厚的新生代沉积物，地表沉积类型属全新统河湖相堆积物，沉积物多为砂质黏土。

沼泽区因受大清河和中亭河的长期作用形成许多低洼地和缓岗，地面坡度一般小于 1/4000，由于区外人工修筑防洪堤，加之区内河流泛滥，微地貌类型复杂，河漫滩、阶地、洼地交错分布。

【气候】沼泽区位于我国温带半湿润半干旱地区，气温呈现自西北向东南逐渐递增的特点，四季变化明显，年内温差较大，年均气温 12.70℃；年日照时数 2600～2900 h；多年平均降水量 500.12 mm，70%～80% 的降水集中在夏季（章文，2020）。

【水资源与水环境】大清河是海河流域支流之一，因河水清澈，得名大清河。大清河沼泽区属文安洼的北端。历史上文安洼曾是华北平原最大的洼淀之一，由于环境变迁以及人类活动的影响，绝大部分已开垦为农田，只在低洼处有沼泽分布，河流泛滥形成季节性积水的微咸或咸水沼泽。水源补给为大气降水，地下水和河流洪水。

2014 年 6 月对大清河沼泽湿地进行调查发现，各采样点水深和透明度变化不明显，平均水深 0.26 m，平均透明度 0.13 m；平均 pH 8.04，呈微碱性，平均 DO 浓度 9.65 mg/L（表 14-90）。

表 14-90 大清河沼泽水体理化性质

	水深/ m	SD/ m	WT/ ℃	TDS/ (mg/L)	pH	Sal/ ppt	EC/ (mS/cm)	DO/ (mg/L)	ORP/ mV	Cl⁻/ (mg/L)	叶绿素a/ (mg/L)
平均值	0.26	0.13	30.02	2427.92	8.04	2.85	5.83	9.65	120.52	1914.00	19.80
最高值	0.32	0.16	31.25	4533.00	8.41	3.80	7.66	14.33	138.30	2636.00	77.30
最低值	0.15	0.09	27.47	2268.00	7.66	2.12	4.41	6.67	97.00	1497.00	1.00

与第一版《中国沼泽志》相比，本次调查发现大清河沼泽湿地 pH 降低，沼泽区水体水质整体上较好，个别采样点 NH_4^+-N 浓度值偏高，NO_3^--N 浓度较高，这可能是由于大清河沼泽湿地外侧多原采样点开垦为农田，受农田排水及地表径流影响所致。

【沼泽土壤】沼泽区土壤类型主要为草甸沼泽土。由于长年积水，地势低洼，排水不畅，因此土壤质地黏重，pH 为 8.0，有机质为 1.35%，无泥炭层，潜育化明显。土壤颜色为暗灰棕色，层次明显，0～20 cm 为草根层；20～50 cm 为腐殖质层；50～90 cm 为潜育层，显灰蓝色。各层均分布有锈斑。

【沼泽植被】沼泽植被以芦苇群落、水烛群落、扁秆荆三棱群落和菹草群落为主。芦苇群落盖度 85%，生物量为 1.2 kg/m²，其伴生种主要为扁秆荆三棱和水烛。水烛群落覆盖度 70%～90%，群落高 2 m，生物量为 1 kg/m²，伴生种主要为扁秆荆三棱、芦苇、春蓼和小香蒲。

【受威胁和保护管理状况】与第一版《中国沼泽志》相比，大清河沼泽植被类型没有发生明显变化，均以芦苇、狭叶香蒲为优势种，伴生种常见扁秆荆三棱分布。沼泽区湿地面积大幅减少，减少 99% 以上，这可能是由于沼泽湿地多开垦成旱田，以小麦等为主要农作物，现存沼泽受道路修建、农田排水等的影响。

大清河沼泽（刘波 摄）

团泊洼沼泽（120118-158）

【范围与面积】团泊洼沼泽位于天津市静海区团泊洼人工水库四周，北部毗邻独流减河，南有青年渠，东靠七排干，西有六排干，地理坐标为 38°51′～38°58′N、117°09′～117°30′E，海拔 2.7～3.0 m。沼泽面积为 2118 hm²。

【地质地貌】沼泽区地处华北平原黄骅拗陷中部，地貌类型为海积冲积平原低洼地，地表为湖海相沉积砂质黏土。

【气候】沼泽区属于暖温带半湿润大陆性季风气候，年平均气温 11.9℃，最高平均气温 26℃，最低平均气温 –4.8℃；年平均降水量 571 mm，年均蒸发量 1849.0 mm；≥ 0℃年均积温 4635.9℃，≥ 10℃年均积温 4234.9℃。

【水资源与水环境】沼泽区水源主要靠地表径流补给，偶尔有水流出；大清河、子牙河经独流减河注入库中，是主要的地表补给水，水化学类型为 $HCO_3 \cdot Cl$-Na 型（许宁和高德明，2008）。

2014 年 6 月对团泊洼沼泽进行了水环境调查。调查发现：各采样点指标变化明显，平均水深 0.52 m，平均 pH 为 8.39，呈微碱性，平均 DO 为 8.83 mg/L。与第一版《中国沼泽志》相比，本次调查发现团泊洼沼泽 pH 略有升高，水深降低。其水体理化性质见表 14-91。

表 14-91　团泊洼沼泽水体理化性质

	水深/m	SD/m	WT/℃	TDS/(mg/L)	pH	Sal/ppt	EC/(mS/cm)	DO/(mg/L)	ORP/mV	Cl⁻/(mg/L)	叶绿素a/(mg/L)	NO_3^--N/(mg/L)	NH_4^+-N/(mg/L)
平均值	0.52	0.27	26.27	2350.63	8.39	1.78	3.38	8.83	135.83	1170.75	32.50	0.07	0.43
最高值	0.68	0.60	27.59	3608.00	8.53	2.98	5.55	10.29	138.20	1969.00	87.10	0.23	0.76
最低值	0.31	0.20	26.12	1312.00	8.31	1.08	2.02	8.40	132.90	1016.00	15.40	0.01	0.28

【沼泽土壤】沼泽区土壤类型为盐化草甸沼泽土，pH 为 8.0，呈微碱性，有机质为 1.76%，土壤质地较黏重，为砂质黏土，颜色呈暗灰棕色，无泥炭层，潜育化明显。

【沼泽植被】沼泽区植被以扁秆荆三棱 + 芦苇群落为主，其伴生种主要为荇麻、白前、稗、猪毛蒿、苣荬菜、水蓼、碱蓬和盒子草；群落盖度 40%～90%；群落高 1.6 m，生物量为 0.5 kg/m²。与第一版《中国沼泽志》相比，湿地植被发生了明显变化，本次调查未见水葱群落和狐尾藻 + 金鱼藻群落，芦苇的盖度和高度也明显降低。荇麻、白前、稗、猪毛蒿、碱蓬等旱生植物或中生植物大量出现，说明团泊洼沼泽有旱化趋势。

【沼泽动物】沼泽区鸟类资源丰富，约 164 种，主要为旅鸟和冬、夏候鸟类，包括黑鹳、东方白鹳、大鸨、鸳鸯、白琵鹭、普通鸬鹚、大天鹅、疣鼻天鹅、灰鹤等重点保护物种；每年春、秋两季，有成

团泊洼沼泽（刘波 摄）

千上万的候鸟在此路过停歇。两栖类有花背蟾蜍、黑眶蟾蜍和黑斑侧褶蛙；爬行类有乌梢蛇、王锦蛇、黑眉锦蛇、棕眉锦蛇和白条锦蛇；鱼类 25 种，常见种包括草鱼、鲤、鲫、黄颡鱼、翘嘴红鲌等。

【受威胁和保护管理状况】沼泽区建有团泊洼鸟类湿地自然保护区，于 1985 年建立，1992 年晋升为市级自然保护区；保护区总面积 6040 hm²，其中核心区 1020 hm²，主要保护对象为候鸟及其栖息地。目前，保护区主要受到基建与城市化、水产养殖的影响。

白洋淀沼泽（130600-159）

【范围与面积】白洋淀沼泽位于雄安新区，淀区四周以堤为界，东至清河口，南至千里堤，西至四门堤，北至安新北堤；地理坐标为 38°43′ ～ 39°02′N、115°38 ～ 116°07′E，海拔 7 ～ 8 m。沼泽面积 20 350 hm²，与第一版《中国沼泽志》相比，沼泽面积减少了 38.26%。

【地质地貌】沼泽区位于冀中拗陷的次级构造单元——牛驼镇断凸的南部和高阳台凸的交接部位，属华北平原拗陷区；因受北北东向和北西向两组断裂带的影响，形成了一系列隆起和坳陷。白洋淀淀区西部为永定河、拒马河、滹沱河等出太行山后冲积 – 洪积扇所构成的山前倾斜平原，西高东低，坡度从 1/200 到 1/2000。淀区东部为冲积平原，地面坡度多在 1/2000 ～ 1/4000。历史上山经河（古黄河）、沠水（沙河）、滱水（唐河）、滹沱河等都曾先后流经此处，致使古河床高地、洼地均较发育，加之淀区四周堤埝围绕，淀内沟壕纵横，更增加了微地貌的复杂性。

【气候】沼泽区属暖温带半湿润半干旱大陆性季风气候，四季变化明显。多年平均气温 12.4℃，极端最低气温 –22.2℃，极端最高气温 41.2℃；多年平均降雨量为 551.5 mm，年际差异明显；年内降水分布明显不均匀，其中 80% 的降水量发生在 6 ～ 9 月；年蒸发量为 883.7 mm；全年无霜期平均为 191 d 左右；全年以偏北风最多，年平均风速 2.1 m/s（伊丽，2021）。

【水资源与水环境】白洋淀属大清河水系，拒马河、萍河、瀑河、漕河、府河、唐河、孝义河和潴龙河等 8 条河流注入淀内，其中以潴龙河入淀量最大，占 43.71%。沼泽区水源补给主要为地表径流和地下水，在枯水季节以地下水补给占主导，在洪水期以地表水补给为主。

2014 年 6 月对白洋淀沼泽水环境进行调查发现，各采样点水深和透明度变化不明显，平均水深 0.22 m，平均透明度 0.13 m；平均 pH 8.23，呈微碱性；平均 DO 浓度 8.33 mg/L。其具体水体理化性质见表 14-92。

表 14-92　白洋淀沼泽水体理化性质

	水深/ m	SD/ m	WT/ ℃	TDS/ (mg/L)	pH	Sal/ ppt	EC/ (mS/cm)	DO/ (mg/L)	ORP/ mV	Cl/ (mg/L)	叶绿素a/ (mg/L)
平均值	0.22	0.13	26.78	836.84	8.23	1.19	1.31	8.33	116.36	243.63	7.76
最高值	0.54	0.36	28.78	3599.00	8.82	1.92	5.82	11.24	150.50	601.20	28.10
最低值	0.08	0.05	24.68	407.00	7.67	0.45	0.12	4.72	84.50	183.30	2.30

与第一版《中国沼泽志》相比，本次调查发现该沼泽区水体 pH、DO 浓度的平均值、最大值和最小值均变化不大；沼泽区水质整体很好，只有个别采样点 NH_4^+-N 浓度偏高，需要加强管理和保护。

【沼泽土壤】沼泽区土壤主要为草甸沼泽土和腐殖质沼泽土。草甸沼泽土一般分布于地表季节性积水或土壤长期过湿的低洼地，腐殖质沼泽土分布于湖滨四周和常年积水的洼地，草甸沼泽土的有机质含量高于腐殖质沼泽土。其土壤理化性质见表 14-93。

表 14-93　白洋淀沼泽土壤理化性质（蒋薇等，2009）

土层/ cm	有机碳/ (g/kg)	无机碳/ (g/kg)	全碳/ (g/kg)	全氮/ (g/kg)	有机氮/ (g/kg)	硝态氮/ (g/kg)	铵态氮/ (g/kg)	全磷/ (g/kg)	速效磷/ (g/kg)
0～10	5.43	12.44	17.86	416.60	410.28	1.64	4.68	639.23	4.15
10～20	13.93	5.22	19.15	495.57	487.80	2.51	5.26	661.53	3.58
20～30	4.88	14.94	19.82	423.73	416.83	3.98	2.92	628.77	3.05
30～40	4.70	15.70	20.40	458.03	449.56	1.46	7.01	605.93	3.89
40～50	5.06	14.19	19.25	438.28	430.67	1.77	5.85	647.33	4.67
50～60	4.70	13.76	18.26	402.38	395.84	1.28	5.26	672.83	5.12
60～70	5.25	12.23	17.47	574.63	569.89	1.23	3.51	679.74	11.14
70～80	5.20	9.37	14.57	553.85	542.17	6.42	5.26	675.60	17.01
80～90	5.50	9.16	14.66	524.03	519.61	0.91	3.51	643.52	14.87

根据孢粉及 ^{14}C 测定，可将白洋淀沼泽的形成分为三个时期。

1）早全新世（11 000 ～ 8000 年前）冷干气候时期。松、菊及藜科植物孢粉的组合特征表明此时为草原景观，气候凉偏干旱。水生和沼生植物孢粉和藻类孢子在本带出现，表明此时的白洋淀地区已出现了湖沼环境。

2）中全新世（8000 ～ 3000 年前）暖温气候时期。进入本阶段，水生植物孢粉含量大量增加，随着气候变暖，零散的湖沼连成一体，形成较大的古白洋淀，生长着大量的水生和沼生植物如香蒲、芦苇、莎草等。此时为沼泽发育的全盛期。

3）晚全新世（3000 年至今）温冷气候时期。湖沼开始解体，后退的土地迅速被蒿、藜科等杂草所占领。植物也变为以芦苇、狐尾藻为主的植物群落；气候向温冷偏干转移。

【沼泽植被】沼泽区植被以扁秆荆三棱群落、芦苇群落、莲群落和香蒲群落为主。扁秆荆三棱群落覆盖度约 30%，伴生种主要为芦苇，扁秆荆三棱平均高 1.4 m。芦苇群落盖度 70% ～ 90%，平均生物量为 2.0 kg/m²，伴生种主要为水烛，芦苇平均高 2.4 m。香蒲群落盖度 60%，生物量为 0.7 kg/m²，主要伴生种为芦苇、扁秆荆三棱和莲，香蒲平均高 1.8 m。该沼泽区湿地植被保存较好，与第一版《中国沼泽志》相比，没有明显变化，均以芦苇为优势种，芦苇株高均在 2 ～ 3 m，生长茂密，但本次调查未发现假稻、萤蔺等伴生物种。

【沼泽动物】沼泽区记录有鱼类资源 6 目 15 科 54 种，其中鲤形目为 2 科 36 种，鲈形目为 6 科 9 种，鲇形目为 2 科 4 种，合鳃鱼目为 2 科 2 种，胡瓜鱼目为 2 科 2 种，颌针鱼目为 1 科 1 种，优势种有鲫、鳌、红鳍原鲌、麦穗鱼、宽鳍鱲、小黄黝鱼、黄颡鱼、东北颌须鮈、银鮈、鲇、泥鳅、大鳞副泥鳅、子陵吻鰕虎鱼等鱼类（王银肖，2021）。记录有鸟类 72 种，包括大鸨、白尾鹞、黑翅鸢、雀鹰、红隼、燕隼等国家级重点保护野生鸟类（周博等，2018）。底栖动物和浮游动物数量巨大，其中浮游动物轮虫类种类数量最多（陈博等，2021）。

【受威胁和保护管理状况】沼泽区建有白洋淀湿地自然保护区，主要保护对象是内陆淡水湿地生态系统和珍稀濒危野生动植物。白洋淀是华北平原上最大的淡水湿地，被誉为"华北之肾"，在涵养水源、调节小气候、维护生物多样方面起着重要作用。2017 年，中共中央、国务院决定在雄县、安新县、容城县设立河北雄安新区，白洋淀大部为雄安新区所辖，成为雄安新区发展的重要生态水体，也将助推白洋淀的环境保护和生态恢复工作。

白洋淀沼泽（高俊琴 摄）

白洋淀沼泽（刘存歧 摄）

云中山沼泽（140900-160）

云中山沼泽位于晋西北吕梁山系中北端，地处管涔山以南，地理坐标为 38°16′36″ ～ 38°40′52″N、112°15′28″ ～ 112°33′36″E，面积为 287 hm²。沼泽区属暖温带半湿润山区气候，年平均气温 4.2℃，最低气温出现在 1 月，平均气温 –14 ～ –21℃，最高气温出现在 7 月，平均气温 15℃，无霜期 90 ～ 125 d，降水量 600 mm 以上，主要集中于夏季 6 ～ 8 月，占全年降水量的 59.1% ～ 64.5%。

衡水湖沼泽（131100-161）

【范围与面积】衡水湖沼泽位于河北省中南部衡水市桃城区和冀州市，地理坐标为 37°31′40″ ～ 37°41′56″N、115°27′50″ ～ 115°41′55″E，沼泽面积为 3132 hm²。

【地质地貌】沼泽区是河北冲积平原的一部分，西部紧邻滹沱河冲积扇前缘，是古黄河、古漳河、古滹沱河的流经区域。衡水湖湖盆为浅碟状洼地，由人工堤将其分为东湖和西湖两部分，东湖平均海拔为 18 m，西湖平均海拔为 19 m，湖深 3.5 ～ 4.0 m（高庆华，2003）。

衡水湖湖区属第四纪基底构造，处于新华夏系衡 – 邢东隆起东侧的威县 – 武邑断裂带附近。从地质时期的第四纪全新世以来，衡水湖经历了三个大的演变发展阶段，即早全新世温凉稍湿的湖泊形成阶段、中全新世温暖湿润的扩展阶段及晚全新世温凉偏干的收缩阶段。

【气候】沼泽区位于暖温带大陆季风气候区，年平均气温 13.0℃，常年最热月为 7 月，平均最高气温 32.0℃；极端最高温度能达到 42.7℃。1 月为最冷月，平均最低气温 –9.4℃，年极端最低气温 –23.0℃，0℃、5℃和 10℃积温分别为 4902℃、4778℃和 4443℃。全年无霜期 191 d。年际降雨量变化较大，最大变差 661.5 mm，时空分布不均衡，年平均降雨量 506.3 mm，降水多集中在 6 ～ 8 月，占全年总降水量的 68%。年蒸发量 1295.7 ～ 2621.4 mm，年平均蒸发量为 2201.9 mm。

【水资源与水环境】沼泽区水源由湖水、河水、地下水和大气降水混合补给。沼泽区的地表水多源于自然降水。从气候条件分析，保护区中蒸发量远大于降水量，自然降水少，所以湖内水源多依赖上游的汇水及人工引水（刘言，2016）。衡水湖周边河流都属海牙河系的子牙河系，主要河流有滏阳河和滏阳新河。衡水湖的水源主要有吴公渠、滏东排河、滏阳河的来水、"卫千"引水工程的当地汇水，以及由"引黄济冀"引入的黄河水（高庆华，2003）。

【沼泽土壤】沼泽土壤成土属于河流的沉积物，湖区东部多为黏土及亚黏土，西部多是砂土及亚黏土，围堤多为亚黏土。潮土及盐土为沼泽区的两类主要土壤，其中东岸多是中、轻壤质的潮土，仅存有少量盐土；西岸多为沙壤质的潮土，仅存有少量轻盐土。潮土母质多为棕色土壤，是通过黄河挟带泥沙所沉积而得，沉积的层理清晰，且成土过程地下水直接参与，因此底土、表土存在明显的潜育化现象。湖区土壤有机质含量为 0.7% ～ 1.0%。

【沼泽植被】根据李惠欣（2007）、高庆华（2003）及有关资料的统计，沼泽区共有野生种子植物 53 科 176 属 293 种，苔藓植物 3 科 4 属 4 种，蕨类植物 3 科 3 属 5 种，其中水生植物 15 科 25 属 35 种。植被主要是挺水植被和盐生植被，挺水植被以芦苇、香蒲、莲等为优势种，盐生植被以獐毛、柽柳等为优势种。

【沼泽动物】沼泽区有鱼类 34 种，昆虫 416 种，两栖类、爬行类 17 种，底栖动物 23 种，浮游动物 174 种。衡水湖湖滨沼泽鸟类物种十分丰富，隶属于 17 目 47 科（包括亚科 52 科）。其中，留鸟 31 种，夏候鸟 79 种，冬候鸟 37 种，旅鸟 139 种；鸟类资源中包含东方白鹳、黑鹳、金雕、白肩雕、丹顶鹤、白鹤、大鸨等国家级重点保护野生鸟类（王元培，2004）。

【受威胁和保护管理状况】沼泽区建有衡水湖国家级自然保护区，2003 年经国务院批准晋升为国家级自然保护区，属湿地生态类型自然保护区；2005 年该保护区被列为国际重要湿地。保护区总面积 16 365 hm²，其中核心区 5816 hm²，缓冲区 4604 hm²，实验区 5945 hm²。

衡水湖沼泽（文波龙 摄）

昌源河沼泽（140727-162）

【范围与面积】昌源河沼泽位于祁县，地理坐标为 37°10′1″ ～ 37°23′58″N、112°21′28″ ～ 112°31′6″E，面积为 23.11 hm²。

【地质地貌】沼泽区地貌类型自南到北依次为山地、黄土丘陵台地和平原 3 种地貌。

【气候】沼泽区属暖温带季风气候，年平均气温为 9.9℃，年平均日照时数为 2667.7 h。年平均相对湿度为 61%，全年降水量多年平均为 411.8 mm。

【水资源与水环境】昌源河为山西母亲河汾河的一级支流，其径流及沼泽区主要靠山泉和降雨补给。

【沼泽植被】沼泽区包括栽培植物在内有维管植物 93 科 287 属 428 种。蕨类植物有问荆、节节草，种子植物有香蒲、芦苇、光头稗、芒、泽泻、华夏慈姑、灯心草、春蓼、狼耙草等。浮水植物种类有苹、浮萍等；浮叶植物种类有眼子菜等；沉水植物种类有狐尾藻、金鱼藻等。河滩等地的湿生植物种类主要有假苇拂子茅、早熟禾、狗牙根、狗尾草、蒲公英、车前等。

【沼泽动物】鸟类是沼泽区最多的脊椎动物，其中有留鸟 46 种，夏候鸟 43 种，冬候鸟 18 种，旅鸟 36 种。子洪水库库尾浅水区域及草丛沼泽是黑鹳、鸳鸯、苍鹭等湿地水禽的繁殖栖息地和大天鹅、小天鹅等冬候鸟的越冬停歇地。其他鸟类还有绿翅鸭、绿头鸭、栗苇鳽、黄斑苇鳽、普通翠鸟等。

【受威胁和保护管理状况】由于河流上游大量灌溉及生活用水，森林资源被破坏，沼泽区水资源相对缺乏，脆弱性增强。

桓台马踏湖沼泽（370321-163）

【范围与面积】桓台马踏湖沼泽位于山东省桓台县东北部，地理坐标为 117°58′54″ ～ 118°9′10″N、37°1′37″ ～ 37°6′37″E，面积为 1197 hm²。

【地质地貌】沼泽区地处新华夏系第二隆起带与第二沉降带的交界处，中部、南部属于鲁西断隆的茌平 – 淄博拗陷的北端，北部属于北拗陷区的东南部。地貌主要为洪积、冲洪洼地。

【气候】沼泽区属北半球暖温带半干旱、半湿润大陆性季风气候区，大陆性气候明显，四季分明。年平均气温为 12.9℃，最高气温达 40.2℃，最低气温 –3.7℃。

【水资源与水环境】沼泽区水源主要靠河水、湖水和大气降水补给，河流主要有乌河、杏花河、东猪龙河、西猪龙河、孝妇河等。

【沼泽植被】沼泽区植物资源有 73 科 196 属 363 种，以芦苇、香蒲为主，有庞大的芦苇水生植物群落。

【沼泽动物】沼泽区鸟类资源丰富，其中国家一级保护野生动物有中华秋沙鸭、丹顶鹤、大鸨；国家二级保护野生动物有大天鹅、小天鹅等近 20 种。

【受威胁和保护管理状况】20 世纪 80 年代，受人类活动影响，马踏湖湖泊面积逐步萎缩到不足原来的 20%，湖泊生态功能严重退化，湖水水质恶化严重。2013 年，马踏湖被列为国家水质良好湖泊生态环境保护试点，生态环境逐渐好转，并于 2016 年成立国家级湿地公园。

永年洼沼泽（130408-164）

【范围与面积】永年洼沼泽位于河北省邯郸市永年区，地理坐标为 36°40′30″ ～ 36°43′20″N、114°43′00″ ～ 114°46′00″E；永年洼是华北第三大洼淀，沼泽面积为 763 hm²。

【地质地貌】沼泽区西部、北部均建有围堤，南部和东部紧邻着邯郸市的母亲河滏阳河。洼边海拔高达 43.5 m，洼心海拔则为 40.3 m，相对高程差大约 3 m。

【气候】沼泽区属暖温带大陆性季风气候，全年四季分明，光照充足，雨热同期，干冷同季。年平均气温 12.9℃，年均降水量约为 550 mm，雨季 6 ～ 9 月降水占全年降水的 80% 左右，且降雨特征也多呈现雨量大而集中的特点。全年平均日照时数约为 2400 h，日照率为 56%（闫丹丹，2018）。

【水资源与水环境】沼泽区水源以滏阳河水、自然降水和东武仕水库水为主。永年洼沼泽生态需水量的最小值为 1300 万 m^3，适宜值为 2900 万～4200 万 m^3，最大值为 6600 万 m^3，永年县丰水年降水量为 1100 万 m^3，距最小需水尚缺水近 200 万 m^3（张磊等，2015）。

【沼泽土壤】沼泽区土壤类型主要为腐殖质沼泽土和草甸沼泽土（闫丹丹，2018）。沼泽表层沉积物 pH 为 6.9～7.7，含水率为 7.8%～64.0%；总碳含量为 15.7～39.0 g/kg，平均为 25.0 g/kg，有机碳占比为 13.8%～74.2%；总氮含量为 0.4～1.8 g/kg，其中铵态氮占比为 2.4%～5.6%，硝态氮占比为 0.2%～2.4%；总磷含量为 0.7～1.9 g/kg，有效磷占比为 0.7%～2.3%；总硫含量为 0.18～3.4 g/kg（张方等，2019）。

【沼泽植被】沼泽区生物资源丰富，野生植物主要有金鱼藻、芦苇、三棱草、春蓼、羊胡子草、蒿蓄、田旋花、碱蓬等，其中以芦苇、菖蒲和莲等为优势种。

【沼泽动物】沼泽区优良的环境、优越的气候以及丰富的植物资源为众多野生动物提供了适宜的生存、繁衍场所，鸟类有斑苇鳽、白眼潜鸭、黑水鸡、白骨顶、绿头鸭、斑嘴鸭、红头潜鸭、小鸊鷉、凤头鸊鷉、大麻鳽等种类（祃来坤等，2021）；水生动物主要有鲤、鲢、鲫、黑鱼等各种鱼类，并且拥有许多底栖动物、浮游动物以及虾、蟹、贝类等。

【受威胁和保护管理状况】沼泽区建有河北永年洼国家湿地公园，公园成立于 2012 年，2015 年被确定为省级重要湿地。近年来，由于上游滏阳河干涸情况严重和过度开垦等，公园范围内水面面积严重缩小，2000 年水面面积为 10.12 km^2，2005 年为 6.68 km^2，到 2010 年仅剩 2.61 km^2。

济西沼泽（370100-165）

【范围与面积】济西沼泽位于济南市中心城区西部，地理坐标为 36°37′46″～36°41′13″N、116°46′30″～116°49′41″E，沼泽面积为 459 hm^2。

【地质地貌】沼泽区沼泽形成原因主要是地势低洼、玉清湖水库向外渗水、离黄河较近，其属于玉符河冲洪积扇，地貌类型单一。

【气候】沼泽区属暖温带季风气候，四季分明，季风显著；冬季盛行西北、北和东北风，夏季盛行西南、南和东南风，春、秋两季是冬季风和夏季风的过渡季节；常年平均气温 14.6℃；最冷月为 1 月，月平均气温为 –0.4℃，最热月为 7 月，月平均气温为 27.5℃；年平均降水量 671.1 mm，冬季干冷少雨，夏季湿热多雨。

【水资源与水环境】沼泽区地表水有黄河、玉符河、小清河和玉清湖水库等。其水资源补给包括大气降水、水库渗漏、季节性洪水、城市中水。

【沼泽植被】沼泽区植物主要有沉水植物、挺水植物、浮水植物和湿生植物。沉水植物主要有黑藻、苦草、金鱼藻、伊乐藻、微齿眼子菜等。挺水植物主要有菰、芦苇、菖蒲、香蒲、水葱、鸭舌草、梭鱼草、灯心草、芦竹、野慈姑等。浮叶植物主要有芡、睡莲、荇菜、萍蓬草、欧菱、水鳖等。湿生植物主要有千屈菜、黄菖蒲等（鲁敏等，2019）。

【沼泽动物】沼泽区鸟类 14 目 34 科 141 种，主要有草鹭、大白鹭、赤麻鸭、绿头鸭、针尾鸭、鸳鸯等。其中国家一级重点保护野生动物 2 种，分别为东方白鹳、金雕；国家二级重点保护野生动物 12 种，包括西红角鸮、长耳鸮、苍鹰、红隼、小杓鹬等。省级重点保护鸟类 20 种，包括草鹭、灰雁、石鸡、灰斑鸠、凤头百灵、太平鸟、黄雀等（孔亚菲，2015；鲁敏等，2019）。

【受威胁和保护管理状况】沼泽区周边存在湿地非法开垦现象，湿地面积和生物受到威胁。

青州弥河沼泽（370781-166）

【范围与面积】青州弥河沼泽位于山东省潍坊市青州市，距青州市政府所在地 8.0 km，途经青州市弥河镇和黄楼街道。地理坐标为 36°33′41″ ～ 36°41′52″N、118°33′10″ ～ 118°37′03″E。湿地面积为 1007 hm²，湿地率 67%。

【地质地貌】沼泽区包括河流湿地、沼泽湿地和人工湿地 3 种类型，湿地内弥河河道曲折，宽窄多变，地势低平，落差较小，河水流速平稳，泥沙大量沉积形成了许多滩涂、湿地，生长着一望无际的芦苇与蒲草等挺水植物，两岸林带宽阔，形成了两条天然的防护林绿色长廊。

【气候】沼泽区属温带季风气候，降雨量 700 ～ 900 mm，丰水年可达 1000 mm，冬季刮西北风，气候寒冷干燥，降水少；夏季刮东南风，气候炎热降水多，春、秋两季气候温和，时间较短；温度、空气湿度都比较适宜动植物的生存和成长。

【水资源与水环境】近年来政府采取水系梳理、扩大湿地水域面积、深挖部分水面、建设人工湿地等方式来去除水体中过量营养物质，改善和保护湿地水质效果显著。目前，沼泽区各区域水体水质符合《农田灌溉水质标准》中蔬菜标准，并达到《地表水环境质量标准》Ⅲ类标准。

【沼泽植被】沼泽区各类植物共有 76 科 163 属 215 种，其中蕨类植物 2 科 3 属 3 种，被子植物 70 科 153 属 202 种，可划分为药用植物、野菜资源、纤维植物、蜜源植物、饲料植物等 5 类。沼泽区主要植被类型有暖温带落叶阔叶林、水生植被 2 个类型。

【沼泽动物】沼泽区共记录有野生动物 399 种，鸟类有 181 种，其中国家一级重点保护野生鸟类有东方白鹳，国家二级重点保护野生鸟类有红隼、鹗、大天鹅、疣鼻天鹅、长耳鸮、黑翅鸢、白琵鹭等 17 种，山东省重点保护野生动物 36 种。

【受威胁和保护管理状况】弥河作为青州市的母亲河，20 世纪八九十年代，由于对沙资源无序开采、污水排放等，湿地生态系统遭受到了严重的破坏。2010 年起，青州市对弥河开展全面的生态治理，从治污、理水、退耕还湿入手，旨在恢复生态湿地，打造宜居的生态环境。2020 年，弥河湿地公园被国家林业和草原局列入国家重要湿地名录，国家级湿地公园的建设将对保存和改善弥河地区野生动植物的栖息地，保护湿地生态系统的完整及生物多样性，提高弥河文化旅游度假区基础服务设施水平，以及促进旅游业的发展起到积极作用。

潍坊峡山湖沼泽（370700-167）

【范围与面积】潍坊峡山湖沼泽位于山东省潍坊市东南部，地理坐标为 36°19′19″ ～ 36°29′38″N、119°24′28″ ～ 119°28′50″E，面积为 804 hm²。

【地质地貌】沼泽区在构造上处于昌邑－莒县断裂东部、高密断裂南部，构造整体受郯庐断裂活动的影响较大；在地貌上与断陷湖盆相似，西边地势陡，东边较平缓。其南部为低山丘陵区，北部为冲积平原。

【气候】沼泽区地处北温带季风区。其特点为：冬冷夏热，四季分明；夏季炎热多雨，温度高、湿度大，冬季干冷。年平均气温 12.3℃，年平均降水量 650 mm 左右。

【水资源与水环境】沼泽区西南的洪沟河和北边的潍河是其重要的供给水系。

【沼泽植被】沼泽区湿地植物以芦苇、水烛为主。

【沼泽动物】沼泽区鸟类资源丰富，记录有 197 种，其中有国家一级重点保护野生鸟类东方白鹳、中华秋沙鸭、大鸨等 3 种，国家二级保护野生鸟类 22 种，山东省重点保护鸟类 43 种。

【受威胁和保护管理状况】政府实行保护措施，湿地生态系统正常运行。

东平湖沼泽（370923-168）

【范围与面积】东平湖沼泽位于山东省东平县与梁山县交界处的东平湖湖滨，地理坐标为 35°54′44″～36°7′24″N、116°7′26″～116°23′14″E，沼泽面积为 1941 hm²。

【地质地貌】沼泽区地质构造是受郯庐断裂控制形成的拗陷盆地。

【气候】沼泽区位于温带季风性气候区，四季分明，冬季寒冷干燥，盛行西北风；夏季高温多雨，盛行东南风。年降雨量为 640.5 mm，主要集中在 7～9 月，占全年的 50% 以上。湖区年平均温度为 13.3℃，1 月平均气温为 –6.3℃，极端最低气温为 –16.5℃；7 月平均气温为 31.6℃，极端最高气温为 41.0℃。多年平均无霜期达 190 d。

【水资源与水环境】沼泽水源主要靠地下水和地表径流补给，发源于东面山区的河流是主要补给来源。沼泽区地表水平均水温为 25.05℃，pH 均值为 8.79，溶解氧均值为 7.78 mg/L，电导率均值为 891.83 μS/cm，矿化度为 0.58 g/L。悬浮物和透明度分别为 7.4～10.2 mg/L、0.8～1.2 m。硝氮为 0.002～0.06 mg/L，氨氮为 0.06～0.44 mg/L，磷酸根浓度为 0.002～0.005 mg/L，高锰酸盐指数为 2.57～3.34 mg/L，氯离子浓度为 96.6～110.8 mg/L（郭娜，2018；靖淑慧，2019）。

【沼泽土壤】沼泽区土壤多为湖积湿潮土及沼泽土。质地多为重壤或黏土，土壤结构差。沼泽土主要分布于沼泽区的最南部。

【沼泽植被】沼泽区共有 30 科 50 属 59 种植物，多数为草本植物。在第一版《中国沼泽志》中，东平湖以芦苇为单一优势种，但现场调查发现芦苇群落仅在近岸带和小的湖汊区有较为密集的分布，分布面积也不是很广袤；近岸带植物以芦苇为主，少量分布菰群落；敞水区多见欧菱、荇菜、苦草、竹叶眼子菜和大茨藻等水生植物。

东平湖沼泽（王晓龙 摄）

沼泽区分布面积最广、最具代表性的植被是芦苇群落和荇菜＋欧菱群落。芦苇群落平均盖度为75%，分布密集区可达90%以上；群落以芦苇为优势种，伴生喜旱莲子草、黑藻、水马齿、金鱼藻以及少量荇菜，平均生物量达4376 g/m²，物种丰富度指数和群落生物多样性指数分别为0.832和1.228，是植物物种分布较为密集的区域之一。荇菜＋欧菱群落主要分布在芦苇群落靠湖体大水面外围，呈片状或斑块状分布，长势较好，以欧菱和荇菜为绝对优势种，伴生大茨藻、苦草、黑藻、竹叶眼子菜等沉水植物；群落盖度平均达到85%，密集区可达100%；平均生物量为2216 g/m²；物种丰富度指数和群落生物多样性指数分别为0.616和1.053，低于近岸带芦苇群落。

【受威胁和保护管理状况】沼泽区于2000年建立东平湖市级内陆自然保护区，对沼泽区生态环境保护起到良好的支撑作用，主要受到旅游污染的威胁。

河津沼泽（140882-169）

河津沼泽位于河津市黄河东岸，中心坐标为35°30′N、110°34′59″E，面积177 hm²，减少了约82%。沼泽于黄河与汾河汇合处形成。本区属暖温带半湿润大陆性季风气候。年平均气温13.5℃，1月平均气温−5～−2℃，7月平均气温20～28℃；年平均降水量400～700 mm。沼泽区植被以芦苇群落为主，总盖度＞60%，优势种为芦苇，斑块状或片状在沼泽区广泛分布，群落结构单一，伴生喜旱莲子草与稗等。芦苇群落地上生物量为（1136±267）g/m²。沼泽区分布鸟类159种，隶属于16目42科；分布的国家重点保护野生鸟类有黑鹳、大鸨、灰鹤、

河津沼泽（王晓龙 摄）

白琵鹭、大天鹅、鸳鸯、斑嘴鹈鹕等，种群较大的有豆雁、赤麻鸭、绿翅鸭、红头潜鸭、白骨顶、普通秋沙鸭、斑嘴鸭等越冬水禽。其中，灰鹤分布在此区域的数量占黄河中游总量的90%。沼泽区人为活动强烈，受围垦与城镇化、旅游与农业开发影响严重。

运城沼泽（140800-170）

【范围与面积】运城沼泽位于山西省西南部，地理坐标为34°36′51″～35°39′30″N、110°17′2″～112°47′00″E，面积为4099 hm²。

【气候】沼泽区属于暖温带大陆性季风气候，平均气温11.5～13.8℃，无霜期188～238 d，年降水量525.9 mm。

【水资源与水环境】沼泽区有大量河流，如恭水涧、太宽河、八政河、张沟涧、西阳河、板涧河、五福涧河等，其均注入黄河。

【沼泽植被】沼泽区有野生维管植物252种，隶属于160属45科，其中单子叶植物4科30属40种，双子叶植物41科130属212种。常见优势种有狗牙根、扁秆荆三棱、狗尾草、旋覆花、苦荬菜等。

【沼泽动物】沼泽区共记录鸟类202种，隶属于17目52科，其中，古北界鸟类128种，东洋界14种，广布种60种，区系组成以古北界鸟类为主；区内有留鸟51种，夏候鸟55种，冬候鸟24种，旅鸟72种；国家一级重点保护野生鸟类有黑鹳、猎隼、秃鹫、白尾海雕、大鸨共5种；国家二级重点保护野生鸟类有白琵鹭、大天鹅、小天鹅、鸳鸯、凤头蜂鹰、苍鹰、雀鹰、松雀鹰、大䴈、灰脸鵟鹰、白尾鹞、鹗、游隼、燕隼、红脚隼、黄爪隼、红隼、灰鹤、领角鸮、鹏鸮、纵纹腹小鸮、长耳鸮、短耳鸮共23种。

【受威胁和保护管理状况】沼泽区及周围修建了大量公路、铁路，人为干扰严重。

运城沼泽（文波龙 摄）

潼关沼泽（610522-171）

【范围与面积】潼关沼泽位于陕西、山西和河南三省交界处，跨陕西省的韩城、合阳、大荔、潼关、华州，山西省的河津、临猗、芮城以及河南省三门峡市。地理坐标为34°35′～35°40′N、110°09′～110°37′E。沼泽总面积为5305 hm²，减少了约85%。海拔335 m。

【地质地貌】沼泽区所在的潼关县南部秦岭山区属太古界太华群，是吕梁运动以后形成的东西带状隆起。元古震旦纪发生地壳构造运动，地层挤压褶皱成山。喜马拉雅运动时，南沿发生断裂，北升南陷，形成寻马道地堑。新生代，因受秦岭纬向构造体系和祁、吕、贺构造体系控制，构造运动两体系之间发生挤压、张扭、断陷，形成汾渭地堑。此外，受朝邑横向隆起影响，形成次一级的山前断陷（华阴－潼关断层）。潼阌山地因受南北两个地堑的挤压，强烈断折上升，出现了秦岭山地。第四纪以来的洪积和风积作用，促使山前断层以北成为黄土台原。台原北部经长期洪水冲刷形成黄渭河谷。由于黄河、渭河、洛河在此交汇，沙洲交错、河滩宽广，地下水位较高，季节性积水显著，形成沼泽。

【气候】沼泽区属暖温带半湿润季风气候，年平均气温13.4℃，1月平均气温–11～3.5℃，7月平均气温24～26℃，极端最低气温–19℃，极端最高气温达42℃，年平均降水500～800 mm。

【水资源与水环境】沼泽区处于黄河、渭河、洛河汇合地区，包括河漫滩及河间洼地。沼泽水源靠河水、降水及地下水补给。沼泽水体理化性质见表14-94。

表14-94 潼关沼泽水体理化性质

pH	氨氮/(mg/L)	ORP/mV	溶解氧/(mg/L)	电导率/(μS/cm)	氯化物/(mg/L)	盐度/ppt	总溶解固体/(g/L)
8.60±0.24	0.16±0.16	78.21±43.36	9.52±3.16	1080.82±1148.09	172.56±59.72	0.56±0.57	0.70±0.71

【沼泽植被】沼泽区植被优势种为芦苇和香蒲，伴生菰、野大豆、稗、拂子茅、乱子草、钻叶紫菀、苦荬菜、香附子、藜、鬼针草、水葱、水蓼、牛筋草、扁秆荆三棱等。芦苇群落地上生物量为（369±63）g/m^2，香蒲群落地上生物量为（443±217）g/m^2。

【受威胁和保护管理状况】沼泽区已建立陕西潼关黄河国家湿地公园，但是上游工业废水和当地农业化肥、农药等面源污染仍是严重威胁，应进一步采取有效措施控制或消除上述威胁，保护生态环境。

潼关沼泽（马牧源 摄）

豫北黄河故道沼泽（410700-172）

【范围与面积】豫北黄河故道沼泽位于河南省新乡市东部封丘县和长垣市。地理坐标为34°53′00″～35°6′00″N、114°13′00″～114°52′00″E，沼泽面积为349 hm^2。

【地质地貌】沼泽区地处中国暖温带向亚热带的过渡区，地貌特征为广阔的黄河滩涂和背河洼地，是中国中原人口稠密地区的重要天然湿地。

【气候】沼泽区属暖温带大陆性季风气候，多年平均气温13.6℃；年平均降水量580.8 mm，年均蒸发量1077.7 mm。主导风向是东北风，年平均最大风速2.3 m/s，其次为西北风。全年无霜期约208 d。年日照时数2415.5 h，日照率为55%。

【水资源与水环境】沼泽区水系为黄河水系，区内黄河干流河段约70 km。区内黄河干流水温年平均为13.5～16.4℃，水温≥14℃的天数为180～210 d。浅层地下水埋藏较浅，部分地段与地表水直接相通并相互影响、相互制约。地下水补给以黄河水体的侧渗及天然降水为主，水质偏碱性，pH 8.1～8.2，硬度为3.54左右。

【沼泽土壤】沼泽区土壤主要是由于黄河历史上多次泛滥冲积，形成了黄河沉积土质，分为潮土和风沙土两大类，黄潮土、盐碱化潮土和冲积性风沙土3个亚类，沙土、两合土、淤土、盐碱土、风沙土和灌溉土6个土属。土层较厚，局部夹黑色淤泥，厚度为10～20 m，有机质含量一般为0.34%～1.3%。

【沼泽植被】沼泽区水生植物区系组成以芦苇、水烛等世界广布种为主，其次为亚热带－热带分布种，如眼子菜、大茨藻等，热带－温带分布的有莲、小眼子菜、黑藻等，温带分布的仅有狸藻为优势种。

【沼泽动物】沼泽区野生动物资源丰富，其中鸟类16目43科156种；国家一级重点保护野生鸟类有东方白鹳、黑鹳、金雕、丹顶鹤、斑嘴鹈鹕、大鸨等11种；国家二级重点保护野生鸟类有大天鹅、鸳鸯、白额雁、灰鹤、白琵鹭等28种。

【受威胁和保护管理状况】沼泽区于1988年7月经河南省人民政府批复建立豫北黄河故道天鹅自然保护区。1996年11月，又经国务院批复建立河南豫北黄河故道湿地鸟类国家级自然保护区。保护区主管部门为新乡市环境保护局，管理机构为黄河故道湿地鸟类国家级自然保护区管理处。

豫北黄河故道沼泽（侯志勇 摄）

卤阳湖沼泽（610526-173）

【范围与面积】卤阳湖沼泽位于陕西蒲城卤阳湖国家湿地公园内，地理坐标为34°45′00″～35°10′00″N、109°27′00″～109°54′00″E，沼泽面积约为220 hm²。

【地质地貌】沼泽区属于中部台塬与南部渭河平原过渡地带，地势开阔平坦，地形总的趋势为西高东低，由西北向东南方向倾斜，四周高，中间低，呈双环形封闭洼地。湿地公园部分所属为一级黄土台塬。西起原任东到永丰，北始翔村南至陈庄，海拔370～600 m。与河谷阶地在西部以缓坡相接，在东部以陡坡相接，高差50 m。在北部二级台塬上形成许多沟壑，深达70～100 m，在中部一级台塬的边沿也形成许多冲沟。

【气候】沼泽区属温带大陆性季风气候。全年多东北风，春温、夏热、秋凉、冬寒。四季分明，日照充足，雨量偏少。多年平均气温13.3℃，多年平均最高气温18.9℃，极端最高气温达41.8℃；平均最低气温8.1℃，极端最低气温–16.3℃。平均气温和平均最高、最低气温变化趋势基本一致，夏季、冬季变化小，春季、秋季变化大。多年平均降水量为524.1 mm，平均降水日数83.7 d。极端最大雨量876.1 mm，最小雨量271.8 mm。年日照时数平均为2282.4 h，日照率为51%，无霜期218 d。

【水资源与水环境】沼泽区以卤阳湖为主体，位于县东部的洛惠渠是卤阳湖湿地主要的补充水源地。湿地类型多样，集内陆湖泊湿地、库塘湿地、沼泽湿地、盐田及输水河于一体。卤阳湖形成于下更新世末期，系下更新统三门湖的沉积范围，地势低凹、闭塞，是一个地表水和地下水的汇集区，沉积物含盐碱多，水质矿化严重。在目前能钻探的深度内没有淡水。水质属SO_4^{2-}-$MgCl$型水，矿化度为5～10 g/L。湖泊水域受雨水、干旱的影响，变化幅度很大，一般常年平均蓄水量231万 m³，丰水季节最大蓄水量323万 m³。

【沼泽土壤】沼泽区土壤主要有盐化潮土、草甸盐土、沼泽盐土和盐化壤土。湿地土壤pH为8.4～10.1，含盐量0.6%～1.6%，有机质含量1%以上。由于长期人类活动的影响和地下水位的上升，湿地土壤盐碱化。

【沼泽植被】沼泽区耐盐碱植物比较丰富，主要有芦苇、大藻、盐地碱蓬和青蒿等，但生物量小，生态环境十分脆弱。记录有野大豆和绶草2种国家二级重点保护野生植物。

【沼泽动物】沼泽区鸟类资源丰富，共有14目41科131种。其中国家一级保护野生鸟类1种大鸨，国家二级保护野生鸟类8种：白琵鹭、白尾鹞、普通鵟、红隼、红脚隼、大天鹅、长耳鸮和纵纹腹小鸮。

鱼类常见的有草鱼、鲢和鲤等。

【受威胁和保护管理状况】沼泽区建有陕西蒲城卤阳湖国家湿地公园，公园于2008年被国家林业局批准为国家湿地公园建设试点，2015年公园试点通过国家林业局验收正式挂牌。

花园口黄河沼泽（410100-174）

【范围与面积】花园口黄河沼泽位于郑州市北部，自西起巩义市康店镇曹柏坡村，东至中牟县狼城岗镇东狼城岗村，自西向东分别跨越15个乡镇，包括属于黄河中游地区的巩义段、荥阳段，属于黄河下游地区的惠济段、金水段和中牟段，河南省荥阳市的桃花峪是黄河中游地区与下游地区的地理分界线，地理位置十分独特。地理坐标为34°48′～35°00′N、112°48′～114°41′E，沼泽面积为240 hm²。

【气候】沼泽区属于大陆性季风气候，四季分明，年平均气温14.2℃，1月均温–3℃，7月均温27.3℃，年均降水量499.1 mm（花园口水文站），平均日照2366 h，无霜期227 d（李长看等，2010）。

【沼泽植被】沼泽区植被优势种包括白茅、柽柳、香附子、披碱草、双穗雀稗等，伴生有菵草、春蓼、稗等，记录有国家二级重点保护野生植物野大豆。

【沼泽动物】沼泽区鸟类资源丰富，其中国家一级重点保护野生动物有黑鹳、白鹳、大鸨、白尾海雕、金雕、白肩雕、玉带海雕、白头鹤、丹顶鹤、白鹤、黄嘴白鹭、白鹈鹕等；国家二级重点保护野生动物有大天鹅、小天鹅、苍鹰、白额雁、红隼、灰鹤、鹊鹞、鸳鸯、红脚隼、白尾鹞、白琵鹭、雀鹰、蓑羽鹤、长耳鸮、短耳鸮等（孙红霞，2011）。

【受威胁和保护管理状况】沼泽区建有郑州黄河国家湿地公园，2008年经国家林业局批复成立郑州国家黄河湿地公园（试点），2015年通过国家林业局试点验收，正式成为国家湿地公园。

花园口黄河沼泽（侯志勇 摄）

南四湖沼泽（370800-175）

【范围与面积】南四湖沼泽位于山东省西南部，跨济宁、枣庄、滕州、邹城、鱼台和江苏省沛县等，原名称为微山湖沼泽。地理坐标为34°27′～35°20′N、116°34′～117°24′E。沼泽面积为6540 hm²。海拔为33～36 m。

【地质地貌】地质构造方面，沼泽区为受郯庐断裂控制而形成的拗陷盆地。据历史文献记载，微山湖自古就是一片沼泽地带。湖区河道众多，接纳三面来水，主要入湖河流47条。由于湖水季节性涨落，沿湖形成大片沼泽。

【气候】沼泽区属于半湿润季风气候，光照充足，气候温和，雨热同季，雨量集中。湖区年平均气温14.2℃，1月平均气温–0.3℃，7月平均气温26.50℃。湖区无霜期一般为204～213 d，平均208 d。年平均日照时数为2516 h。秋冬季节，湖区多产生辐射雾，以清晨最多，且南部多于北部。湖内年平均降水量为 700 mm，分布特征为南部多于北部，沿湖陆地多于湖内。湖水面蒸发量为 898.7 mm，年蒸发量大于年降水量 123.8 mm，折合年水量为 1.57 亿 m³。

【水资源与水环境】沼泽水源补给来自雨季积水和湖水上涨，沼泽随湖伴生，随湖变化。局部地区也受河水泛滥及地下水溢出补给。

沼泽区地表水体 pH 为 8.83（8.58 ～ 9.2），电导率为 1248.09（999 ～ 1761）μS/cm，矿化度为 0.81（0.65 ～ 1.15）g/L。溶解氧含量为 6.28 ～ 7.48 mg/L，透明度为 0.3 ～ 1.2 m。营养盐浓度差异较大，硝氮和氨氮浓度分别为 0.1（0 ～ 1.3）mg/L、0.19（0.07 ～ 0.84）mg/L，磷酸根浓度为 0.08（0.002 ～ 0.99）mg/L。高锰酸盐指数为 4.06（2.88 ～ 6.07）mg/L，悬浮物浓度为 17.21 ～ 80.00 mg/L，差异较大。

【沼泽土壤】沼泽区土壤类型主要为湖积湿潮土，其次为砂姜黑土及水稻土，质地多为重壤或黏土，土壤结构差，质地黏重，局部地区有 15 ～ 20 cm 薄层泥炭堆积。

【沼泽植被】在第一版《中国沼泽志》中，微山湖沼泽以芦苇为单一优势种，本次调查中也发现湖滨带多带状分布芦苇群落，其下伴生其他植物物种，生物多样性极为丰富。近岸带水生植物以芦苇为主，分布面积较广，敞水区以竹叶眼子菜和欧菱分布较多，也多见菰、大茨藻、水盾草、苦草、金鱼藻、芡、篦齿眼子菜、荇菜等水生植物。

马来眼子菜＋苦草＋荇菜群落在沼泽区分布面积较广，以马来眼子菜和荇菜为优势种，其下苦草种群分布密集，伴生黑藻、金鱼藻、篦齿眼子菜、大茨藻、水盾草等水生植物；群落多分布在 1 ～ 2.5 m 水深区域，群落盖度平均可达 78%，群落生物量为 2159 g/m²。芦苇分布区水深 0 ～ 1 m，物种较多，其中以芦苇为绝对优势种，长势较好，伴生菰、喜旱莲子草、野慈姑、凤眼莲和芡等水生植物；人为扰动较少的分布区盖度较高，平均达 85%，群落平均生物量为 4332 g/m²。

【沼泽动物】沼泽区共记录鸟类 15 目 43 科 129 种，其中国家一级重点保护野生动物 3 种，为青头潜鸭、白鹤和东方白鹳，国家二级重点保护野生动物有小天鹅、白琵鹭、花脸鸭、震旦鸦雀等 12 种，优势种为白骨顶、红头潜鸭、白鹭等。监测种类最多的为雀形目，数量上鹤形目最多，其次为雀形目和雁形目（张杰等，2022）。

【受威胁和保护管理状况】沼泽区建有山东南四湖省级自然保护区，保护区成立于 1982 年，2003 年晋升为省级自然保护区。保护区总面积达 127 547 hm²，保护区主要保护对象为鸟类以及鸟类赖以生存的栖息地。该湿地于 2018 年被列入《国际重要湿地名录》。沼泽区存在较为强烈的人为干扰活动，人

南四湖沼泽（王晓龙 摄）

类活动以湖滨带围垦、圩堤水泥化以及人工水产养殖为主。此外，湖区航运发达，大小船只密布（梁佳欣，2018）。

岷县狼渡滩沼泽（621126-176）

【范围与面积】岷县狼渡滩沼泽位于甘肃省岷县闾井镇东部年家庄和狼渡村，南北长约 33 km，东西宽约 2.8 km，呈带状展布。地理坐标为 34°7′34″ ～ 34°45′45″N、103°41′29″ ～ 104°59′23″E。海拔 2600 ～ 3200 m。沼泽面积 2460 hm²，主要类型是沼泽化草甸。

【地质地貌】沼泽区在地质构造上属秦岭地槽褶皱系的北秦岭海西褶皱带，历经中生代的雁山运动隆起和新时代的喜马拉雅运动上升，方形成今日地貌格局。其岩性以上古生代的海陆交汇相互层的灰岩、砂岩、泥岩等为主，岷峨山、摩折梁及闾井乡下草地出露的花岗岩类，为印支运动的侵入岩。区内地势东南高、西北低，山体浑圆，呈平原丘陵地貌。

【气候】沼泽区气候高寒阴湿，年平均气温 4.9℃，年降水量 639.7 mm，空气相对湿度 69%，无霜期 101 d。

【水资源与水环境】沼泽区共有河流 4 条，分属两大流域，其中闾井河、拉布河属于黄河流域的渭河水系，燕子河属于长江流域的西汉水系，水源由当地径流和地下水形成，四季水量比较稳定。

【沼泽土壤】沼泽区土壤类型主要为沼泽土和潮土湿地土壤，沉积深厚，质地均匀的粉砂与轻黏土河湖堆积物渗透性较差，形成隔水层。

【沼泽植被】沼泽区植被以华扁穗草群落为主；常见灌木有沼柳、金露梅、小叶金露梅等，草本优势种有珠芽蓼、长芒草、赖草、华扁穗草和嵩草。

【沼泽动物】沼泽区动物资源比较丰富，共有脊椎动物 14 目 22 科 48 种，其中鱼类 2 目 3 科 20 种，两栖类 2 目 3 科 6 种，鸟类 8 目 12 科 17 种，哺乳类 2 目 4 科 5 种。沼泽区记录有国家二级重点保护野生动物有秦岭细鳞鲑、大天鹅和灰鹤，珍稀或有重要经济价值的野生动物有厚唇裸重唇鱼、岷县高原鳅、黄河裸裂尻鱼、嘉陵裸裂尻鱼、西藏山溪鲵、黑龙江林蛙、水獭等；水鸟有苍鹭、赤麻鸭、斑嘴鸭等（黄云芳和赵彦森，2017）。

【受威胁和保护管理状况】长期以来，由于人们对湿地生态系统的功能认识不足，对保护自然景观资源缺乏应有的重视，加之没有相应的管护机构，狼渡滩湿地资源保护存在较大困难，存在一定程度的随意开垦侵占湿地资源、乱挖泥炭、滥采乱挖野生资源和污染，影响了湿地和水质质量。

三门峡水库周围沼泽（411200-177）

【范围与面积】三门峡水库周围沼泽位于河南、陕西、山西三省交界处，地理坐标为 33°31′ ～ 35°08′N、110°21′ ～ 111°33′E，沼泽面积 386 hm²。沼泽区南、北、西三面环山，黄河横亘在山地丘陵上，海拔 350 ～ 900 m，河道成沼泽、沙堤及季节性淹水沼泽地，平均宽 3 km，某些地域可达 5 km。

【气候】沼泽区属典型的暖温带大陆性季风气候。年均温 14.2℃，最低气温 –18.3℃，最高气温 42.3℃；年无霜期 206 d；全年日照时数为 2493 h；年降水量 614.2 mm，年蒸发量 1664.7 mm。

【沼泽土壤】沼泽土壤主要为潮土，分布在沼泽一级阶地和滩地。

【沼泽植被】沼泽区湿地植物主要为芦苇、香蒲、水葱、狐尾藻、眼子菜、假苇拂子茅、碱蓬、荆三棱、稗、薹草、白茅、狗牙根、隐花草等（代彦满，2010）。

【沼泽动物】沼泽区野生动物资源丰富，鸟类 176 种，鱼类 64 种，两栖类 10 种，其中国家一级重点保护野生动物有 11 种：白肩雕、黑鹳、白鹳、白头鹤、金雕、大鸨、白鹤、丹顶鹤、白尾海雕、小鸨、玉带海雕；国家二级重点保护野生动物有 32 种，包括大天鹅、灰鹤、小天鹅等。鲤、铜鱼、鳗鲡等一些经济价值较高的洄游鱼类，为省内重点保护的珍稀鱼种（代彦满，2010）。

【受威胁和保护管理状况】沼泽区位于河南黄河湿地国家级自然保护区三门峡段，保护区是河南省最大的湿地自然保护区，于 2003 年晋升为国家级自然保护区，以保护湿地生态系统和湿地水禽为主。三门峡库区沼泽的主管部门为三门峡市湖滨区林业和草原局，管理机构为河南黄河湿地国家级自然保护区三门峡管理处。保护区主要受威胁因子为河道变窄后水位下降导致湿地面积缩小。

三门峡水库周围沼泽（刘波 摄）

骆马湖沼泽（321300-178）

【范围与面积】骆马湖沼泽位于江苏省徐州市东南 90 km 的骆马湖滨，跨宿迁、新沂两市，地理坐标为 34°00′ ～ 34°15′N、118°5′ ～ 118°13′E，面积为 929 hm²。

【地质地貌】沼泽区位于华北地台与扬子地台交界处，是华北古陆的一部分，成于太古代。基底岩层主要为东海中度变质到深度变质的片麻岩和各类结晶片岩，也有部分中和基质性侵入岩，沉积盖层简单，主要为晚中生界－新生界和河湖相砂层堆积。后因山东郯城至安徽庐江大断裂带形成，成为郯庐断裂带通过区。湖底为黏土沙质，沉积物较多，无机氮和有机质含量较高，湖区年平均淤积厚度 8.3 mm。

【气候】沼泽区属暖温带湿润季风气候，四季分明，多年平均气温 13.9℃，极端最低温度 −22.4℃，极端最高温度 39.9℃；光照充足，年平均日照 2515 h，太阳辐射 113 ～ 121 kJ/cm²，辐射总量 489 060 J/cm²；平均无霜期 207 d；年均降水量 916 mm，年内雨季一般始于 7 月下旬，常以暴雨形式出现；年蒸发量 904.7 mm。

【水资源与水环境】沼泽区主要接受湖泊水、地表径流以及地下水补给。沼泽水体 pH 平均为 9.05；溶解氧平均为 6.17 mg/L；电导率平均为 726 μS/cm；矿化度平均为 0.417 g/L。各调查点水深为 0.5 ～ 2.6 m，悬浮物和透明度分别为 20.9（10.3 ～ 31.2）mg/L、0.4（0.20 ～ 0.60）m。沼泽区营养盐浓度差异较大，总氮和总磷浓度分别为 0.93（0.70 ～ 1.26）mg/L、0.071（0.037 ～ 0.114）mg/L，硝氮和氨氮浓度分别为 0.065（0.031 ～ 0.113）mg/L、0.440（0.031 ～ 0.1501）mg/L，磷酸根浓度为 0.003（0.001 ～ 0.004）mg/L。各调查点高锰酸盐指数为 5.20（4.18 ～ 6.69）mg/L，氯离子浓度为 63.6（55.6 ～ 67.9）mg/L。

【沼泽植被】沼泽区植物资源包括浮游植物和维管植物，浮游植物共有 8 门 157 种；维管植物共有 44 科 129 种，其中双子叶植物 33 科 81 种，单子叶植物 8 科 44 种，蕨类植物 3 科 4 种。第一版《中国沼泽志》显示，沼泽区植被组成简单，芦苇为优势种。但本次调查显示，只有近岸散落分布斑块状芦苇群丛。沉水植物均以金鱼藻、苦草和黑藻为优势种或多见种，伴生竹叶眼子菜、狐尾藻。浮叶植物则形成以荇菜、欧菱为优势种的群落，部分水体覆盖成片的芡群落。草本群落地上平均生物量均超过 4000 g/m^2。

【沼泽动物】沼泽区底栖动物 26 种，有腹足类、瓣鳃类、水蚯蚓和水生虫；湿地鸟类计有 14 目 40 科 158 种，种类组成十分丰富，现有的鸟类中大鸨、东方白鹳、黑鹳三为国家一级保护野生鸟类，鸿雁、棉凫均为国家二级保护鸟类。鱼类计 10 目 17 科 58 种，由于平原优势显著，极其适合鲤科等鱼类的繁殖，可见到大量鲤、鲫、鳊、日本鳝、银鮈、细鳞鲴、马口鱼、青鱼、草鱼、鲢等鱼类。

【受威胁和保护管理状况】沼泽区主要受围网养殖和采砂影响（周亚琳，2007；丁汉明，2010；王金东，2017）。

白龟山水库周围沼泽（410400-179）

【范围与面积】白龟山水库周围沼泽位于平顶山市区中心西南约 6 km 处，地理坐标为 33°42′00″ ～ 33°46′16″N、113°02′00″ ～ 113°14′45″E，地处淮河流域沙颍河水系沙河支流上，由库区河汊、河滩湿地组成，沼泽面积为 52.69 hm^2。

【地质地貌】沼泽区北侧和西北侧为低山丘陵，东侧为平原，整个地势西北高、东南低。

【气候】沼泽区属暖温带大陆性季风气候，6 ～ 8 月盛行南风或偏南风，其他月份均为东北风、西北风，平均风速 2.5 m/a，平均气温 14.9℃，极端最高温度 43.4℃，极端最低温度 -19.7℃，年均降水量 650 ～ 800 mm，无霜期 214 d。

【水资源与水环境】沼泽区水源靠河水和大气降水补给，澎河、应河、大浪河是主要入库河流。水库汇流面积 1380 km^2，水库占地 70 km^2，总库容 6.49 亿 m^3，常年蓄水量为 2.5 亿 m^3（楚纯洁等，2010）。

【沼泽土壤】沼泽区土壤是沙河多年淤积发育而成的，主要土壤类型有潮土类的脱潮土亚类和黄潮土亚类，也有少部分风沙土和盐碱土分布。

【沼泽植被】沼泽区植被类型主要为湿草甸、沼泽植被和水生植被，主要优势种有芦苇、菹草、黑藻、白茅等（楚纯洁等，2010）。

【沼泽动物】沼泽区鸟类资源丰富，其中国家一级重点保护野生动物有东方白鹳、黑鹳、大鸨、金雕等，国家二级重点保护野生动物有鸳鸯、大天鹅、小天鹅、苍鹰等。从鱼类区系组成情况看，以中国江淮平原鱼类为主，其次是南方热带复合体鱼类，分属于 5 目 12 科（楚纯洁等，2010）。

【受威胁和保护管理状况】沼泽区建有白龟山湿地省级自然保护区，保护区总面积为 7790 hm^2，东西长 20.9 km，南北跨度 7.4 km。保护区是 2007 年经河南省人民政府批准建立的省级自然保护区，主管部门为平顶山市林业局。保护区主要受威胁因子为城镇建设，非法采砂及湿地围垦。

淮阳龙湖沼泽（411626-180）

【范围与面积】淮阳龙湖沼泽位于河南省周口市淮阳区东侧。地理坐标为 $33°43'15'' \sim 33°44'50''$ N、$114°53'05'' \sim 114°54'53''$ E，沼泽面积为 235 hm²。

【气候】沼泽区属暖温带季风性半湿润气候，气候温和，平均气温为 14.3℃左右，雨水充沛，平均年降水量 714.2 mm，年日照时数为 2354.6 h，无霜期为 261 d。

【水资源与水环境】龙湖由东湖、柳湖、弦歌湖、南坛湖 4 部分组成。东湖、柳湖、弦歌湖、南坛湖的 pH 分别为 7.24、8.17、7.41 和 8.85，DO 浓度分别为 4.4 mg/L、5.3 mg/L、3.7 mg/L 和 5.7 mg/L，BOD_5 的浓度分别为 5.79 mg/L、3.87 mg/L、5.98 mg/L 和 3.46 mg/L（李玉琴等，2013）。

【沼泽植被】沼泽区常见湿地植物 59 科 175 属 280 种，其中蕨类植物 2 科 2 属 2 种，单子叶植物 16 科 50 属 109 种，双子叶植物 41 科 123 属 169 种；主要优势物种有芦苇、香蒲、莲、狗牙根、喜旱莲子草等（李兵和朱自学，2017）。国家二级重点保护野生植物 2 种，野大豆和莲。

【沼泽动物】沼泽区记录有野生动物 35 目 68 科 115 属 156 种。常见的鸟类有小鸊鷉、灰椋鸟、棕背伯劳、珠颈斑鸠、白头鹎、绿头鸭、大白鹭、黑翅长脚鹬、白腰草鹬、东方大苇莺、金腰燕、苍鹭等。

【受威胁和保护管理状况】沼泽区建有河南省淮阳龙湖国家湿地公园，于 2009 年经国家林业局批准建立，面积 504.7 hm²，行政上涉及小季庄、大季庄、里孔湾、蔡庄，以及白楼镇的边缘地区；主管部门为淮阳区林业局，管理机构为淮阳龙湖国家湿地公园管理站，沼泽区主要受威胁因子为人为排污导致水体富营养化程度加剧。

中国沼泽志（下）

（第二版）

姜　明　赵魁义　主编

科学出版社

北京

内 容 简 介

本书是《中国沼泽志》的第二版，包括总论、分论和附录。总论介绍了我国沼泽概况，重点阐述了沼泽形成与发育模式、沼泽的类型及分布、沼泽的生态特征、沼泽生态系统的结构与功能、沼泽水资源与水循环、沼泽土壤、沼泽植物及动物，系统论述了沼泽生态恢复与资源可持续利用、沼泽调查与监测的指标和方法。分论详细介绍了我国 655 片典型沼泽的范围与面积、地质地貌、气候、水资源与水环境、沼泽土壤、沼泽植被、沼泽动物、受威胁和保护管理状况。附录给出了中国沼泽分布图、分区图和动植物名录。

本书可供从事湿地科学研究与保护的科研人员、大专院校相关专业师生参考，适合作为自然保护区、自然公园、国家公园及环境保护、自然资源、水利等领域各级管理部门工作人员的参考资料，适合国内大中型图书馆馆藏。

审图号：GS 京（2023）0035 号

图书在版编目（CIP）数据

中国沼泽志：全 2 册 / 姜明，赵魁义主编. —2 版. —北京：科学出版社，2023.7

ISBN 978-7-03-074810-2

Ⅰ.①中… Ⅱ.①姜…②赵… Ⅲ.①沼泽–概况–中国 Ⅳ.①P942.007.8

中国国家版本馆CIP数据核字（2023）第020918号

责任编辑：马　俊　李　迪　付丽娜 / 责任校对：刘　芳
责任印制：肖　兴 / 封面设计：无极书装

科学出版社 出版

北京东黄城根北街 16 号
邮政编码：100717
http://www.sciencep.com

北京汇瑞嘉合文化发展有限公司 印刷

科学出版社发行　各地新华书店经销

*

1999年10月第 一 版　开本：889×1194　1/16
2023 年 7 月第 二 版　印张：63 3/4
2023 年 7 月第二次印刷　字数：1 900 000

定价：**998.00元**（全2册）

（如有印装质量问题，我社负责调换）

《中国沼泽志》(第二版)
编委会

顾问

吕宪国

主编

姜　明　赵魁义

副主编

刘　波　谢永宏　佟守正　胡远满　雷光春　张树文

编委
（以姓氏笔画为序）

马牧源	王　琳	王升忠	王延吉	王国平	王国栋	王宪伟
王晓龙	王梅英	王路遥	文波龙	田　昆	田　雪	田海涛
舟景丞	仝　川	丛　毓	朱　玉	朱晓艳	刘　波	刘奕雯
刘晓辉	齐　清	安　雨	孙明阳	芦康乐	苏冶南	杨　亮
邱广龙	佟守正	邹元春	张　昆	张丹华	张文广	张冬杰
张仲胜	张佳琦	张树文	张振卿	张雅棉	武海涛	岳海涛
赵予熙	赵魁义	胡远满	钟叶晖	段　勋	侯天文	侯志勇
姜　明	娄彦景	神祥金	秦　雷	袁宇翔	徐志伟	徐金英
黄佳芳	谢永宏	雷光春	谭文卓	颜凤芹	潘　媛	薛振山

　　沼泽是地球上最富生物多样性的生态系统和人类最重要的生存环境之一，具有抵御洪水、涵养水源、补给地下水等诸多特殊的水调节功能，以及控制污染、调节气候、固定二氧化碳、提供野生动植物栖息地和维护区域生态安全等生态功能。

　　我国对沼泽功能的科学认识起步较晚。1958 年中国科学院长春地理研究所（现为中国科学院东北地理与农业生态研究所）成立，这是国内最早的专门性沼泽研究机构之一。此后，中国科学院长春地理研究所开展了对全国范围内沼泽和泥炭资源的综合考察，先后对东北三江平原、大兴安岭、小兴安岭、长白山、若尔盖高原、青藏高原、新疆、神农架、横断山以及沿海地区的沼泽进行了综合考察。1993 年，为了支持基础性调查研究工作，中国科学院设立了"中国湖沼系统调查与分类研究"特别支持领域项目，目的在于探讨合理利用和保护我国湖沼资源的方向及途径，以促进农、林、牧、渔业的发展，具有基础性、综合性和战略性特点。《中国沼泽志》就是此项目成果，于 1999 年完成，是我国第一部沼泽志，属于开拓性研究成果，在我国乃至世界沼泽研究中都具有重要意义，我也为该书写了一个序言。

　　《中国沼泽志》（第二版）结合国家科技基础性工作专项"中国沼泽湿地资源及其主要生态环境效益综合调查"成果（2013 ～ 2018 年），总结凝练了国内外近几十年来在沼泽学研究领域的最新研究成果，对沼泽分类、调查范围与精度、资源要素数据等进行了调整与更新，将进一步推动我国沼泽学研究高质量发展，提升沼泽资源保护与合理利用水平。

　　《中国沼泽志》（第二版）开创性提出根据我国自然特征、沼泽形成和发育影响因素，将全国分为温带湿润半湿润沼泽区、亚热带湿润沼泽区、温带干旱半干旱沼泽区、青藏 - 云贵高原沼泽区、滨海沼泽区，并进一步划分 17 个沼泽区，克服了已有调查分区多以行政单元边界作为划分标准的不足；制定了新的沼泽综合分类系统，按照类 - 亚类 - 型 - 体进行四级划分；详细介绍的沼泽由第一版的 396 片增加到 655 片，并根据调查结果对沼泽名称、行政区划或分布范围进行了优化调整。调查方法采用卫星遥感、无人机观测和地面勘查相结合的手段，开展"资源要素一体化成图"工作，沼泽湿地遥感调查最小斑块面积为 4 hm^2，提高了沼泽湿地解译精度；由于调查范围扩大及调查精度提高，沼泽面积由第一版的 940 万 hm^2 增加到目前的 2453.5 万 hm^2。该书查清了我国沼泽植被类型及分布，系统揭示了我国草本沼泽地上生物量分布格局，总地上生物量约为（22.2±2.2）Tg C，在空间上呈现出东北和青藏高原地区低、华北中部和滨海地区高的特征；更新了我国沼泽动植物名录，记录沼泽植物 1691 种、沼泽动物 1022 种。在新疆北部阿尔泰山区，新增调查 2700 hm^2 泥炭沼泽，是我国泥炭资源重大发现。

《中国沼泽志》（第二版）是在第一版基础上，结合近年来全国沼泽资源的野外调查数据而编写的一部基础性、综合性的著作。我相信该书的出版，将对沼泽学深入研究、沼泽资源的保护恢复及合理利用、国家生态文明建设及区域经济社会发展作出重要贡献。

中国科学院院士　孙鸿烈

2023 年 5 月 8 日

沼泽是地球表面常年有薄层积水或土壤过湿的地段，其上主要生长沼生植物，土层严重潜育化或有泥炭的形成与积累，是最主要的湿地类型。沼泽具有涵养水源、调蓄洪水、调节气候和为野生动植物提供栖息地等多种功能，生物多样性丰富。沼泽也是重要的有机碳库，全球沼泽湿地面积仅占陆地总面积的3%，但其存储的有机碳却占全球陆地的30%。我国自然地理条件复杂，沼泽湿地分布广、类型多样。受全球气候变化、人类活动双重影响，沼泽湿地变化强烈。从20世纪50年代至20世纪末，我国三江平原的沼泽湿地累积丧失率高达80%。若尔盖高原泥炭地在过去50年间减少了近30万 hm^2。由于沼泽湿地大面积丧失，一部分沼泽植物如盐桦和东方水韭等已经灭绝或处于极危、濒危状态，并且濒危植物逐年增加；其中有些沼泽植物尚未被人类认识，还没来得及为人类作出贡献，就已经在地球上消失了，因此定期开展沼泽湿地调查研究就显得尤为重要。

中国科学院东北地理与农业生态研究所（原中国科学院长春地理研究所）是最早从事沼泽研究的国立科研机构，并在20世纪60年代到90年代开展了多次全国及区域尺度的沼泽和泥炭资源调查研究。1988年，《中国沼泽研究》一书出版，该书系统、科学地对我国沼泽研究进行了论述。1986年，中国科学院三江平原沼泽湿地生态试验站在黑龙江省三江平原腹地的同江市东南部洪河农场建立（47°35′N，133°31′E），1992年加入中国生态系统研究网络（CERN），2005年成为首个沼泽类型的国家野外科学观测研究站。

1992年7月31日，我国正式成为《关于特别是作为水禽栖息地的国际重要湿地公约》（以下简称《湿地公约》）缔约方，并将"湿地的保护与合理利用"列入《中国21世纪议程》和《中国生物多样性保护行动计划》的优先发展领域。1996年我主编的《中国湿地研究》论文集出版，该书收录了沼泽生态系统性质、湿地形成发育、湿地生物多样性、湿地碳循环以及湿地的保护与开发利用等方面共45篇论文，论文集的出版发行极大促进了以沼泽研究为主体的湿地成果交流与科技成果转化，推进了湿地资源保护与可持续利用。1999年，中国科学院长春地理研究所在中国科学院"中国湖沼系统调查与分类研究"特别支持领域项目支持下，历时6年完成了全国沼泽补充调查和《中国沼泽志》编写。此次调查表明，全国面积大于1000 hm^2 或虽不足1000 hm^2 但有重要意义的沼泽共计396片，总面积为940万 hm^2。2013年，由中国科学院东北地理与农业生态研究所承担的"中国沼泽湿地资源及其主要生态环境效益综合调查"项目启动，历时 5 年，完成全国 430 片沼泽野外调查，最小斑块面积 4 hm²，调查沼泽的总面积为 2453.5 万 hm²；系统收集了沼泽水资源与水环境、植物资源及泥炭资源数据；开展了基于"沼泽资源多要素一张图"的天空地一体化监测，并建立了沼泽制图分类标准和沼泽数据库与管理平台。又历时 4 年完成《中国沼泽志》（第二版）的编写，该书内容丰富、全面，系统分析了沼泽水资源分布状况及水源涵养功能、沼泽水平衡与水循环过程；解析了我国沼泽土壤有机碳密度分布格局，全面掌握了我国泥炭资源基本特征和空间分布。

《中国沼泽志》（第二版）在第一版基础上，结合最新开展的沼泽湿地综合考察，对沼泽数量、沼泽要素数据、调查方法及精度等进行了更新、补充和提升；全面掌握了我国不同自然地理区各主要类型沼泽湿地面积、水文情势、泥炭、植物资源动态变化数据以及沼泽湿地生态效益，可为湿地学、湖沼学、自然地理学、生态学和全球变化研究提供科学数据，为履行《湿地公约》和全球气候变化谈判提供科学依据，对沼泽生态系统的保护与合理利用、维持区域水安全及生态安全也具有十分重要的意义。

中国科学院院士　陈宜瑜

2022 年 12 月 9 日

沼泽是介于陆地和水域之间的一种特殊的地理综合体，其地表常年过度湿润或有薄层积水，长有沼生或湿生植物，具有泥炭积累或虽无泥炭积累但有明显潜育层的生态系统，是湿地中最主要的类型。沼泽湿地具有抵御洪水、涵养水源、补给地下水等诸多独特的水调节功能，以及降解污染、调节气候、固定二氧化碳、提供野生动植物栖息地和维护区域生态平衡等生态功能，其丰富的动植物资源还为人类的生产生活提供了基础物质保障。沼泽湿地位于水陆交界地带，对水文状况变化、全球气候变化、人类活动的响应极为敏感。联合国《千年生态系统评估》指出，湿地是退化与丧失速率最快的生态系统，主要表现为面积衰减、生物多样性下降、泥炭分解加快、洪涝灾害加剧、水体污染加重。

1971 年 2 月 2 日，18 个国家的代表在伊朗的拉姆萨尔签署了《关于特别是作为水禽栖息地的国际重要湿地公约》（简称《湿地公约》），并提出了目前国际公认的湿地定义，即天然或人造、永久或暂时之死水或流水、淡水、微咸或咸水沼泽地、泥炭地或水域，包括低潮时水深不超过 6 m 的海水区。《湿地公约》明确指出沼泽是湿地的重要类型之一，亟须开展全球性保护。我国于 1992 年加入《湿地公约》，并从国家层面提出要加强湿地的研究与保护工作。党中央高度重视湿地保护修复工作，出台一系列政策文件，并作出一系列重大决策部署。2016 年 12 月，国务院办公厅印发《湿地保护修复制度方案》，提出实行湿地面积总量管控，要求到 2020 年全国湿地面积不低于 8 亿亩，其中自然湿地面积不低于 7 亿亩。2022 年 6 月，《中华人民共和国湿地保护法》正式实施，这是我国为强化湿地保护修复，首次针对湿地保护进行立法，旨在从湿地生态系统的整体性和系统性出发，建立完整的湿地保护法律制度体系，为国家生态文明和美丽中国建设提供法治保障。

中国科学院长春地理研究所（现为中国科学院东北地理与农业生态研究所）在 1958 年建所之初，就把沼泽研究确定为研究所的主要研究领域与方向，是我国最早系统开展沼泽研究的单位之一，对全国范围内沼泽水、土壤和生物要素及其保护利用进行了大量综合研究，完成了《中国沼泽研究》、《沼泽学概论》、《中国湿地研究》与《中国湿地与湿地研究》等著作。2003 年，我国第一本湿地专业学术期刊《湿地科学》在中国科学院东北地理与农业生态研究所创刊。以上成果有力推进了我国沼泽学及湿地科学的发展。1995 年，中国科学院 15 个研究所联合成立了"中国科学院湿地研究中心"，2019 年 2 月，中国科学院与国家林业和草原局共建国家湿地研究中心，均挂靠在中国科学院东北地理与农业生态研究所；2020 年 6 月，由中国科学院东北地理与农业生态研究所牵头的"国际湿地研究联盟"入选"一带一路"国际科学组织联盟（ANSO）专题，这些都为我国湿地科学发展并面向国际化提供了重要平台。

1999 年，中国科学院长春地理研究所沼泽研究室在已有沼泽调查研究基础上，完成了《中国沼泽志》。然而，近年来，在气候变化和人类活动影响下，我国沼泽分布和结构功能发生了显著变化。为此，2013 年，中国科学院东北地理与农业生态研究所联合国内 11 家单位承担了国家科技基础性工作专项"中国沼泽湿地资源及其主要生态环境效益综合调查"项目，通过野外调查、资料与样品收集，充分利用天空地一体化监测技术，全面掌握了我国沼泽类型及分布，初步探明了我国沼泽水资源环境和草本沼泽地上生物量状况，揭示了沼泽地有机碳空间分布格局。2019 年 12 月该项目在科技部组织的项目综合绩效评价中被评为优秀。

在归纳梳理项目成果的基础上，结合国内外最新理论研究进展，形成了《中国沼泽志》（第二版）。该书可为从事沼泽、湿地研究的科研人员、自然保护区管理人员以及地理学、生态学、环境科学、生物学等领域的科教工作者提供重要的理论与实践参考。

中国科学院院士　傅伯杰

2023 年 1 月 18 日

　　沼泽作为最典型的湿地类型，广泛分布于全球各大洲和不同气候带，是地球上最富生物多样性的生态系统和人类最重要的生存环境之一。尽管世界各国学者从不同学科、不同角度理解沼泽，但其实质内容均从沼泽的构成要素来分析，在此基础上，本书把沼泽定义为：地表经常过湿或有薄层积水，水成土发育并栖息着与之适应的生物的自然综合体。沼泽在水文、植物及土壤方面具有一定的独有特征，其水文状况特征是地表长期或暂时积水或土壤水饱和，生长有湿生和水生植物，土壤一般具有泥炭累积或有潜育层存在。

　　沼泽具有丰富的生物多样性，为众多的野生动植物提供独特生境，是重要的"生物超市"；具有污染物降解、营养物转化等功能，被称为"地球之肾"；能够调节径流、均化洪水、补充地下水和供给水资源，改善区域洪涝和干旱状况，是"水分的调蓄库"；作为温室气体的"源"、"汇"及"转换器"和重要的碳库，也被称为"气候稳定器"。沼泽还为人类提供大量的肉类、药材、能源以及多种工业原料。因此，沼泽是可为全球提供可观的社会、经济和生态环境效益的重要生态系统。

　　我国地域辽阔，地貌类型千差万别，地理环境复杂，气候条件多样，沼泽资源分布广泛且具有显著的区域差异性。全面了解全国尺度的沼泽资源组成和分布特征是开展沼泽保护管理的重要前提。1993年，由中国科学院长春地理研究所（现为中国科学院东北地理与农业生态研究所）承担的"中国沼泽补充调查与沼泽志编写"课题启动，历时6年，完成了《中国沼泽志》编写。时隔20年，2013年，由中国科学院东北地理与农业生态研究所承担的国家科技基础性工作专项"中国沼泽湿地资源及其主要生态环境效益综合调查"项目启动，历时5年，完成全国面积在4 hm²以上（包括4 hm²）的沼泽调查，有助于全面掌握我国沼泽类型及分布；集成汇交了29项科学数据集，探明了我国重要沼泽的水资源与水环境特征，解析了沼泽水平衡与水循环过程；初步查清了我国沼泽土壤有机碳密度分布格局，掌握了我国泥炭资源基本特征和空间分布；系统揭示了我国草本沼泽地上生物量分布格局，掌握了沼泽湿地物种多样性状况；2019年项目以优秀的综合绩效评价结果进行了结题验收。新版《中国沼泽志》是在第一版的基础上，结合国家科技基础性工作专项"中国沼泽湿地资源及其主要生态环境效益综合调查"项目成果，总结凝练了近年来国内外沼泽学研究领域的最新成果完成的。

与第一版相比，《中国沼泽志》（第二版）根据我国自然特征、沼泽形成和发育影响因素，将全国划分为5个沼泽分布区和17个沼泽区，5个沼泽分布区是温带湿润半湿润沼泽区、温带干旱半干旱沼泽区、青藏－云贵高原沼泽区、亚热带湿润沼泽区和滨海沼泽区，17个沼泽区是大兴安岭山地沼泽区、小兴安岭山地沼泽区、三江平原沼泽区、松辽平原沼泽区、长白山山地沼泽区、华北平原山地沼泽区、内蒙古高原－黄土高原沼泽区、西北沙漠盆地沼泽区、长江中下游平原沼泽区、江南丘陵山地沼泽区、柴达木盆地－青海湖沼泽区、若尔盖高原沼泽区、云贵高原沼泽区、藏北－羌塘高原沼泽区、藏南－藏东高山谷地沼泽区、北部滨海盐沼三角洲沼泽区、南部滨海盐沼红树林沼泽区；制定了新的沼泽综合分类系统，按照类－亚类－型－体进行四级划分；补充了沼泽水循环水平衡、沼泽退化与生态修复、沼泽调查监测等内容；基于项目调查数据和国内外沼泽研究最新成果，详细介绍的沼泽达到655片，并根据调查结果对沼泽名称、行政区划或分布范围进行了优化调整，同时配置重要沼泽景观或植物群落的彩色图片，更直观反映沼泽的类型、结构及生态状况。

本专著由总论、分论和附录组成。在总论中，按学科的研究内容重点论述了我国沼泽概况、沼泽形成的因素、沼泽发育模式与过程、沼泽的类型及分布、沼泽的生态特征、沼泽生态系统的结构、沼泽水资源与水循环、沼泽土壤发育过程及泥炭土资源特征、沼泽植物、沼泽动物、沼泽生态系统功能、沼泽生态恢复与资源可持续利用、沼泽调查与监测共13章。在分论中，按温带湿润半湿润沼泽区、温带干旱半干旱沼泽区、青藏－云贵高原沼泽区、亚热带湿润沼泽区和滨海沼泽区共5章编写，各章中再按沼泽区列出节序，以每片沼泽为单元进行记述，各片沼泽按照从北到南、由东及西的顺序编排。入志沼泽的原则是："中国沼泽湿地资源及其主要生态环境效益综合调查"项目野外调查的430片沼泽；其他具有区域代表性、特殊动植物而在沼泽学研究上具有重要意义的，如毕拉河沼泽、包拉温都沼泽、拉昂错－玛旁雍错沼泽、四必湾沼泽等，共收录655片沼泽。对分论中记述的655片沼泽，全国统一编号，采用中国行政区划代码-三位数字序号表示，如大丰沼泽的编号为320904-578。全书采用记述性体例，以客观反映沼泽的特征，主要内容包括范围与面积、地质地貌、气候、水资源与水环境、沼泽土壤、沼泽植被、沼泽动物、受威胁和保护管理状况。

本书的顺利出版发行，首先要感谢为本书第一版辛苦付出的原版编者，他们是赵魁义、孙广友、杨永兴、王德斌、张文芬、宋德人、马学慧、牛焕光、何太蓉、何池全、李颖、汪佩芳、张晓平、郑萱凤、赵志春、袁月强、闫敏华、淳于树菊和蒋桂文。他们扎实的工作基础和读者的广泛认可，是支撑本次改版的重要基础。在野外考察和本书编写过程中，得到全国各地区相关湿地管理部门、科研单位、高等院校的热情协助和大力支持，他们提供了宝贵资料和建议。在此向热心支持和帮助我们的领导、学者深表谢忱。最后，对参与沼泽资源调查和书稿撰写的中国科学院东北地理与农业生态研究所、国家林业和草原局林草调查规划院、中国科学院遥感与数字地球研究所、中国科学院亚热带农业生态研究所、中国科学院沈阳应用生态研究所、中国科学院南京地理与湖泊研究所、北京林业大学、东北师范大学、西南林业大学、福建师范大学、中国林业科学研究院湿地研究所、广西红树林研究中心等单位学者严谨的科学态度和无私的奉献精神致以深深的谢意。

编写过程中，姜明研究员负责本书的内容设计、提纲编制、组织协调和质量把控等工作；吕宪国研究员在沼泽形成与发育、沼泽区划分和沼泽分类等方面给予了指导。姜明、赵魁义、刘波、武海涛等进行了统稿、校对等相关工作。刘波、颜凤芹和薛振山确立了入志沼泽名称、范围与面积，并归纳了各沼泽区基本概况。各部分作者名单如下：第一章，邹元春、段勋；第二章，杨亮、薛振山；第三章，王国平、秦雷；第四章，田雪、刘波；第五章，朱晓艳、袁宇翔；第六章，钟叶晖、姜明；第七章，张文广、袁宇翔；第八章，张振卿、张仲胜、文波龙、马牧源、张昆；第九章，娄彦景、刘波；第十章，王琳、朱玉、赵予熙、芦康乐；第十一章，神祥金、张佳琦、刘奕雯、王延吉；第十二章，王国栋、刘晓辉、姜明；第十三章，丛毓、姜明；第十四章，王升忠、王宪伟、徐志伟、王梅英、刘波；第十五章，文波龙、张雅棉、马牧源、田海涛、谭文卓、雷光春、张仲胜、杨亮；第十六章，田昆、张冬杰、张昆、岳海涛、安雨、冉景丞、侯天文、佟守正、齐清；第十七章，王晓龙、侯志勇、徐金英、谢永宏、潘媛；第十八章，仝川、邱广龙、黄佳芳、胡远满、张丹华、苏治南、王路遥；附录一至四，薛振山、张树文；附录五，刘波、赵魁义；附录六，武海涛、王琳、朱玉、赵予熙、芦康乐。孙明阳为本书绘制了图件。周繇、焉申堂、张重岭、刘文治、侯翼国、赵凯、马学慧、孙晓新、谭稳稳、石忠义、卜兆君、刘华兵、朱佳涛、陈坤龙、谭立山、代超、孙东耀、朱爱菊、杨平、陈炳华、沈国生、秦先燕、汪艳、蔺汝涛、李连翔、朱广旭、刘茜、李文虎、侯星明、熊安虎、黄郎、郭应、蔡军、玉屏、邓碧林、王立彦、路永正、张颖、赵成章、张德海、李有崇、高俊琴、刘存歧等同志及相关湿地保护区工作人员为本书配图。对于他们的辛勤劳动，一并表示衷心感谢。刘兴土、曹春香、王志臣、范航清、周天元、王铭、卜坤、李鸿凯、张大才、刘宝江、李胜男、李晓宇、陈伟、杨富亿、于珊珊、谈思泳、熊在平、曾聪、潘良浩、蔡永久、王雪宏、董彦民、郝明旭、黄灵玉、王洋、倪辉、刘文爱、张彦等同志参加了本次沼泽湿地资源调查，为本书的资料收集作出了重要贡献。最后还要特别感谢孙鸿烈院士、陈宜瑜院士、傅伯杰院士拨冗为本书作序，并给予了很多鼓励与支持；特别要再次感谢已故的刘兴土院士，为本书出版给予了关心与指导。

本书虽经多年考察，由集体编写而成，但我国土地广袤，沼泽分布广泛，仍有足迹未涉之处；同时，由于各地区沼泽调查的深度和方法不尽一致，各地区沼泽在编写结构和层次上并非完全一致，叙述内容存在详简不一的情况；另外，作者水平有限，不足之处难免，十分希望广大读者批评指正，使其日臻完善。

编　者

2022 年 11 月 28 日

CONTENTS 目　　录

·下·

第十五章
温带干旱半干旱沼泽区

温带干旱半干旱沼泽区分为内蒙古高原 – 黄土高原沼泽区和西北沙漠盆地沼泽区，沼泽总面积为 545.8 万 hm²，其中分布最多的是内陆盐沼，面积为 263.7 万 hm²；其次是草本沼泽，面积为 188.9 万 hm²；（表 15-1）。本书共收录 131 片沼泽（图 15-1）。

表 15-1　温带干旱半干旱沼泽区沼泽类型与面积

分区	类型	面积/×100 hm²
温带干旱半干旱沼泽区	草本沼泽	18 892.0
	灌丛沼泽	2 149.8
	森林沼泽	741.9
	内陆盐沼	26 373.8
	沼泽化草甸	6 426.1

图 15-1　温带干旱半干旱区沼泽分布图

第一节　内蒙古高原－黄土高原沼泽区

内蒙古高原－黄土高原沼泽区包括宁夏回族自治区、陕西省、山西省和内蒙古自治区中东部。沼泽区东部为大兴安岭山地沼泽区和松辽平原沼泽区，南部与华北平原山地沼泽区相邻，西部与西北沙漠盆地沼泽区相连，北部与蒙古国、俄罗斯接壤。地理坐标为 34°52.9′ ～ 49°50.7′N、102°37.6′ ～ 123°28.1′E。

内蒙古高原无较大河流，无流范围广大。内陆河顺挠曲作用形成的碟形洼地发育，多为间歇河，春季成干谷，雨季有洪流。有些河流中途即消失成为无尾河，较大河流的末端往往形成尾闾湖。除尾闾湖外，有风蚀湖、河迹湖和构造湖。内蒙古高原湖泊较多，面积在 500 km² 以上的湖泊仅有呼伦湖和贝尔湖；除黄河沿岸的湖泊外，多数湖泊都是内陆湖，湖泊浅小，分布集中，多数湖盆呈盘状，湖底为沙质泥土。黄土高原区域水系以黄河为骨干，发源于黄土高原的河流较多，约有 200 条，较大的有洮河、祖厉河、清水河、黄甫川、窟野河、无定河、北洛河、渭河、沁河、汾河等。河川（不包括黄河干流）年径流总量 185 亿 m³。受暴雨影响，大多数河流汛期洪峰急涨猛落，汛期水量占全年水量的 70% 以上。黄土高原水系含沙量很高，往往一次洪水含沙量占全年的 70% 以上。高原浅层地下水补给主要来源于大气降水，大部分地区地下水贫乏，埋藏很深，多在 60 m 以下，有的达 100 ～ 200 m。

沼泽区东部为温带大陆性季风气候，降水量少且不均，风大，寒暑变化剧烈；年均温 3 ～ 6℃，西高东低，1 月均温 –28 ～ –14℃，极端最低温可达 –50℃；7 月均温 16 ～ 24℃，炎热天气很少出现；年日照 2600 ～ 3200 h，是全国日照时数较多地区之一。沼泽区西部为典型的温带大陆性季风气候，年平均气温为 3.6 ～ 14.3℃，具有冬季严寒、夏季暖热的特点。黄土高原年降水量为 150 ～ 750 mm，时空分配不均；东南部年降水为 600 ～ 750 mm，西北部年降水量为 150 ～ 250 mm。内蒙古高原年降水量分布东多西少，为 150 ～ 400 mm，集中在 6 ～ 8 月。

内蒙古高原自东向西依次为黑土地带、暗棕壤地带、黑钙土地带、栗钙土地带、棕壤土地带、黑垆土地带、灰钙土地带、风沙土地带和灰棕漠土地带。西部黄土高原地区的土壤主要有六类：黄绵土、褐土、垆土、黑垆土、灌淤土和风沙土。

沼泽区草本沼泽常见建群种包括芦苇、碱蓬、羊草、扁秆荆三棱、大叶章、狗尾草、灰脉薹草、毛薹草、委陵菜、香蒲、鸢尾、水烛、无苞香蒲、狭叶甜茅、稗、短芒大麦草、花蔺、碱茅、瘤囊薹草、卵穗薹草、杉叶藻、小香蒲、羊茅等；水生植被常见建群种包括沉水植物菹草和漂浮植物浮萍。

由于沼泽区地势高，降水少，是我国主要的半干旱区，沼泽分布一般比较零散且面积较小。然而，在海拔为 1500 ～ 1800 m 的西辽河河源的"坝上高原"区，河间洼地和河滩上发育了相对集中的薹草沼泽。东部呼伦贝尔湖区的沼泽分布也相对集中，在辉河和乌尔逊河流域发育了大面积的芦苇沼泽。锡林郭勒西侧的乌拉盖河下游河滩平坦宽阔，发育了成片的塔头薹草沼泽和少量的芦苇沼泽。闪电河的河源区河曲发达，河流截弯取直现象普遍，旧河道中发育了小面积的薹草泥炭沼泽。内蒙古高原－黄土高原沼泽区沼泽类型与面积见表 15-2。

表 15-2　内蒙古高原 – 黄土高原沼泽区沼泽类型与面积

沼泽分区	类型	面积/×100 hm²
内蒙古高原-黄土高原沼泽区	草本沼泽	9 503.5
	灌丛沼泽	277.3
	森林沼泽	25.7
	内陆盐沼	16 309
	沼泽化草甸	5 663.2

二卡沼泽（150781-181）

【范围与面积】二卡沼泽位于内蒙古自治区满洲里市的东部，地理坐标为 49°23 ～ 49°31′N、117°44′ ～ 117°52′E，沼泽总面积为 5682 hm²，属于典型的河漫滩沼泽。

【地质地貌】沼泽区地貌主要由河谷漫滩、湖滨平原、冲积平原等组成。河谷漫滩地貌主要分布于达兰鄂罗木河区域，地势低洼，沼泽发育良好。

【气候】沼泽区属中温带大陆性气候。年平均气温 –0.1℃，极端最低气温 –42.7℃，极端最高气温 40.1℃，全年 ≥ 0℃ 有效积温 2574.3℃，≥ 5℃ 积温 2468.1℃，≥ 10℃ 积温 1978.7℃，无霜期 136 d；年均降水量 319 mm，降水主要集中在夏季，是全年降水量的 62% ～ 74%；年均蒸发量 1405.5 mm；日照充足，日照时数可达 4453 h（郭春辉，2018）。

【水资源与水环境】沼泽区水源主要靠河水、湖水及大气降水补给，本区河网密布，河流主要有海拉尔河、额尔古纳河、新开河等；湖泊主要是二子湖。

【沼泽土壤】沼泽区土壤类型主要有草甸沼泽土、沼泽土和沼泽化草甸土。

【沼泽植被】沼泽区湿地植物以莎草科和禾本科为主，代表植物是芦苇、三棱草、薹草。常见湿地植物有拉氏香蒲、黑三棱、菰、藨草、泽芹、慈姑、花蔺、荸荠、巨序剪股颖、灰脉薹草、无脉薹草、碱茅、芨芨草、短芒大麦草、藨草、拂子茅、大叶章等（胡春明等，2013）。

【沼泽动物】沼泽区共记录了 141 种鸟类，属于 17 目 38 科，其中国家一级重点保护野生动物有丹顶鹤、白头鹤、大鸨、白鹤、东方白鹳、黑鹳、草原雕、白肩雕、猎隼、矛隼、白枕鹤。国家二级重点保护野生动物包括白琵鹭、大天鹅、小天鹅、黑鸢、大鵟、普通鵟、毛脚鵟、秃鹫、白尾鹞、白腹鹞、鹊鹞、鹗、游隼、红脚隼、红隼、灰鹤、蓑羽鹤、小杓鹬、雪鸮、纵纹腹小鸮、短耳鸮（郭春辉，2018）。

【受威胁和保护管理状况】沼泽区建有二卡湿地县级自然保护区和内蒙古满洲里二卡国家湿地公园，保护区成立于 1999 年，由满洲里市环境保护局负责管理；湿地公园于 2015 年由国家林业局批准建设，对于沼泽的保护恢复和合理利用具有重要意义。

海拉尔河沼泽（150782-182）

【范围与面积】海拉尔河沼泽位于牙克石市海拉尔河流域，地理坐标为 49°8′ ～ 49°29′N、117°49′ ～ 121°16′E，沼泽面积约为 115 593 hm²，海拔 620 ～ 950 m。

【地质地貌】牙克石市位于大兴安岭中腹，大兴安岭山脉纵贯牙克石市。山脉比较平缓，相对高差 100～300 m。大雁河和库都尔河发源于大兴安岭西南坡古利牙山麓凹地，沼泽区为河源至牙克石市附近，流域全长约 200 km。河源区约由数十条河流组成，各支流源头及其谷地沼泽发育。

【气候】沼泽区属中温带半温润和半干旱大陆性气候，年平均气温 –0.8℃，一年当中气温在零下的时间可达 7 个月之久，冬季寒冷漫长，多出现降雪，平均气温 –21℃，每年的封冻期可达 200 d。年降水量在地区上分布不均，从上游到下游渐减，平均降水量 200～580 mm，年蒸发量从上游到下游渐增，多年平均蒸发量 1200～1500 mm；受气候影响，汛期分为春汛和夏汛，3～5 月为春汛，春汛时期的径流主要源自融雪和降水，6～10 月为夏汛，夏汛时期的径流主要源自降水（应允芹，2016）。

【水资源与水环境】沼泽区水源主要靠河水、地下水和降水补给。2015 年 6 月对内蒙古海拉尔河沼泽湿地进行调查发现，各采样点水质理化指标变化明显，平均水深 0.47 m，平均透明度 0.24 m，平均 pH 7.22，平均 DO 浓度为 6.87 mg/L，水质良好；其水体理化性质见表 15-3。

表 15-3　海拉尔河沼泽水体理化性质

	水深/m	SD/m	WT/℃	TDS/(mg/L)	pH	Sal/ppt	EC/(mS/cm)	DO/(mg/L)	NO_3^--N/(mg/L)	NH_4^+-N/(mg/L)
平均值	0.47	0.24	22.51	232.00	7.22	0.13	0.32	6.87	0.22	0.24
最高值	2.00	2.00	29.80	856.00	8.21	0.35	1.21	10.96	0.99	0.99
最低值	0.10	0.03	11.17	39.00	6.47	0.03	0.05	3.66	0.02	0.01

【沼泽土壤】沼泽土在低河滩地有分布，草甸土在河滩高阶地有分布，湖泡周围散布有盐土或碱土，沼泽土类型有腐殖质沼泽土和草甸沼泽土。

【沼泽植被】沼泽区植被以绣线菊群落、灰脉薹草群落、芦苇群落、水葱＋水茅群落、问荆＋泥炭藓群落、大叶章＋瘤囊薹草群落为主。绣线菊群落盖度约 76%，群落高约 1.5 m，其伴生种主要为大叶章、蚊子草、灰脉薹草、北方拉拉藤、问荆和齿叶风毛菊。

灰脉薹草群落盖度 50%～70%，生物量为 0.22～0.39 kg/m²，平均生物量为 0.31 kg/m²，株高为 0.3～1.4 m，平均株高 0.95 m；其伴生种主要为绣线菊、沼柳、老鹳草、蚊子草、黑水缬草、狭叶黄芩、山黧豆、细叶地榆、白桦、缝瓣繁缕、短瓣金莲花、北方拉拉藤、春蓼、毛茛、蕨麻、泽芹、球尾花、细叶繁缕、芦苇、狭叶甜茅、大叶章和水苦荬。芦苇群落盖度约 80%，生物量为 0.15～0.23 kg/m²，平均生物量为 0.19 kg/m²，株高为 0.7～1.1 m，平均株高 0.9 m，密度为 5～40 株/m²，平均密度 23 株/m²；其伴生种主要为酸模叶蓼、浮萍、春蓼、野慈姑、荇菜、荸荠、水葱和扁秆荆三棱。水葱＋水茅群落盖度约 80%，生物量为 0.12～0.25 kg/m²，平均生物量为 0.19 kg/m²，株高为 0.15～1.3 m，平均株高 0.23 m；其伴生种主要为球尾花、浮萍、狸藻、大穗薹草、杉叶藻、芦苇和菖蒲。问荆＋泥炭藓群落盖度约 70%，生物量为 0.16～0.19 kg/m²，平均生物量为 0.18 kg/m²，株高为 0.1～1.0 m，平均株高 0.6 m，问荆密度为 1～40 株/m²，平均密度 21 株/m²；伴生种主要为毛茛、东方羊胡子草、驴蹄草、大叶章、山黧豆、老鹳草、灰脉薹草、狭叶甜茅、细叶繁缕和球尾花。大叶章＋瘤囊薹草群落盖度约 70%，群落高约 1.1 m，伴生种主要为灰脉薹草、燕子花、小白花地榆、水芹、绣线菊和毛茛。

与第一版《中国沼泽志》相比，本次调查也发现以薹草和大叶章共建组成的群落，但未发现落叶松－笃斯越橘－泥炭藓群落。除此以外，本次调查也发现了以芦苇、水葱、水茅、问荆和绣线菊等为优势种的群落。

【沼泽动物】沼泽区水鸟主要是雁鸭类和鸻鹬类，如白额雁、鸿雁、豆雁、大天鹅、凤头麦鸡、翘鼻麻鸭和普通秋沙鸭等。鱼类资源也相当丰富，是众多水禽的食物来源，主要鱼类有海拉尔银鲫、鲤、东北雅罗鱼、麦穗鱼、达氏鳇和鲇等（应允芹，2016）。

【受威胁和保护管理状况】海拉尔河沼泽受呼伦贝尔市水利局管理，沼泽区整体上自然环境优越，但受到草场过牧、垦殖威胁，部分沼泽退化。

海拉尔河沼泽（刘波 摄）

海拉尔西山沼泽（150702-183）

【范围与面积】海拉尔西山沼泽位于内蒙古自治区呼伦贝尔市海拉尔区，地理坐标为 49°06′32″ ～ 49°16′06″N、119°30′33″ ～ 119°44′25″E，沼泽面积为 666 hm²。

【地质地貌】沼泽区属于蒙古高原海拉尔高台地，地势东高西低。

【气候】沼泽区属温带大陆性半干旱气候，春季多风少雨，夏季温凉短促、降水集中，秋季降温急骤、霜冻较早，冬季严寒漫长。年平均温度 –2.1℃，年均降水量 354 mm，无霜期 110 d 左右（蒋立宏等，2019）。

【水资源与水环境】沼泽区水源补给主要靠冰雪融水、大气降水及湖水，区域内分布着十几个天然湖泊。

【沼泽植被】沼泽区野生植物资源丰富，包括绶草、角盘兰、掌裂兰、问荆、大花银莲花、短瓣金莲花、费菜、黄花苜蓿（原变种）、蛇床、达乌里秦艽、小黄花菜等（蒋立宏等，2019）。

【沼泽动物】沼泽区动物以鸟类为主，主要鸟类有角百灵、戴胜、白腰朱顶雀、三趾啄木鸟等。另外还有灰雁、苍鹭、灰鹤、野鸭等，湖泊内还栖息有国家二级重点保护野生动物大天鹅。

【受威胁和保护管理状况】沼泽区建有海拉尔西山自然保护区，主要保护对象是湖沼湿地及在此栖息繁殖的水鸟、樟子松古树林等；2001 年晋升为自治区级自然保护区，受海拉尔区人民政府管理，成立了保护区管理站。

辉河沼泽（150724-184）

【范围与面积】辉河沼泽位于鄂温克族自治旗和新巴尔虎左旗，地理坐标为 48°10′ ～ 48°57′N、

118°48′～119°45′E，沼泽总面积约为 104 253 hm²，海拔 600～700 m。

【地质地貌】沼泽区地处大兴安岭山地与呼伦贝尔高原的过渡地段，在靠近大兴安岭山地外围以及伊敏河以西地段属于低山丘陵地貌类型，地势起伏相对较大，平均海拔 800 m 以上。在辉河两侧的河谷滩地，地势相对低平，阶地界限比较明显，平均海拔 600 m 左右（吕世海等，2013）。

【气候】沼泽区属典型的干旱半干旱草原气候，平均气温 –2.4～2.2℃，全年最冷月份（1 月）极端最低气温达 –46.6℃，最热月份（7 月）最高气温达 37.7℃，全年 ≥ 10℃积温为 1650～2200℃。全年日照时数平均为 2900 h 以上，日照率达 61% 以上，全年太阳总辐射量约 5300 MJ/m²。全年平均降水量 300～350 mm，其中夏秋季（5～9 月）降水量占全年降水总量的 75% 以上，冬春季（10 月至翌年 4 月）降水量仅占全年降水总量的 25% 左右，地表蒸发量高达 1200～1700 mm，为降水量的 4～5 倍，区域大气湿润度为 0.6～0.8（吕世海等，2013）。

【水资源与水环境】沼泽水源主要来自辉河河水、地下水和大气降水补给，水化学类型为 HCO_3^--$Ca \cdot Mg \cdot Na$ 型。2015 年 6 月对沼泽区水环境进行调查发现，各采样点水质理化指标变化明显，大部分点已成为内陆盐沼，无水深、透明度值；平均 pH 8.75，呈碱性；平均 DO 浓度 9.13 mg/L；其水体理化性质指标见表 15-4。与第一版《中国沼泽志》相比，本次调查发现，沼泽区水体 pH 明显升高。

表 15-4　辉河沼泽水体理化性质

	WT/℃	TDS/(mg/L)	pH	Sal/ppt	EC/(mS/cm)	DO/(mg/L)	ORP/mV	Cl⁻/(mg/L)	叶绿素a/(mg/L)	NO_3^--N/(mg/L)	NH_4^+-N/(mg/L)
平均值	28.37	1618.90	8.75	1.34	2.70	9.13	−147.24	420.65	10.69	0.06	0.26
最高值	32.26	8216.00	9.90	7.20	14.33	16.59	−119.80	2239.00	53.00	0.67	0.95
最低值	22.00	195.00	6.67	0.14	0.25	1.92	−179.40	11.55	0.90	0.01	0.01

【沼泽土壤】沼泽土壤有沼泽土、草甸沼泽土、腐泥沼泽土和泥炭沼泽土。沼泽土具有草根层、过渡层和潜育层三个层次，其理化性质见表 15-5。

表 15-5　辉河沼泽土壤理化性质（引自吕世海等，2013）

土壤剖面	厚度/cm	有机质含量/%	全氮/%	全磷/%	全钾/%	pH	代换量/(mg当量/100 g)
草根层（As）	18～26	15.44	0.59	0.086	1.12	6.2	45.43
过渡层（A₁）	19～29	10.15	0.47	0.076	1.04	6.2	44.95
潜育层（G）	20～30	4.59	0.27	0.054	1.06	6.4	35.25
平均值		10.06	0.44	0.072	1.07	6.3	41.88

【沼泽植被】沼泽植被以芦苇群落、瘤囊薹草群落、灰脉薹草群落和狭叶甜茅群落为主。

芦苇群落盖度 30%～95%，群落高 1.4～1.8 m，平均高度 1.6 m，生物量为 0.6～1.5 kg/m²，平均生物量为 1.1 kg/m²；其伴生种主要为扁秆荆三棱、菵草、浮萍、水葱、大穗薹草、无苞香蒲、杉叶藻、水芹、灰脉薹草和东北蔍草。瘤囊薹草群落盖度 40%～80%，群落高约 1.8 m，伴生种主要为小白花地榆、芦苇、大叶章、毛薹草、狭叶甜茅、球尾花、浮萍、驴蹄草、问荆、囊吾、老鹳草、山黧豆、蓬子菜、蕨麻、毛水苏、箭头唐松草和大穗薹草。灰脉薹草群落盖度 20%～90%，群落高约 0.95 m，生物量为 0.38 kg/m²；伴生种主要为大穗薹草、大叶章、苦荬菜、水葱、山黧豆、驴蹄草、蹄叶囊吾、蕨麻、问荆、泽芹、水麦冬、小白花地榆、扁囊薹草、东北蔍草。狭叶甜茅群落盖度约 30%，群落高约 1.3 m，狭叶甜茅密度为 1～30 株/m²，平均密度 16 株/m²，其伴生种主要为囊吾、薹草、蕨麻、问荆、箭头唐松草、山黧豆、灯心草、东北薹草和老鹳草。

据第一版《中国沼泽志》记载，沼泽区植被以芦苇群落为主，常呈纯群落，芦苇高度低于 2 m，生物量在 0.7 kg/m² 以下。本次调查发现芦苇群落盖度 30% ～ 95%，群落高约 1.6 m，生物量为 1.1 kg/m²；另外，还记录了以扁秆荆三棱、瘤囊薹草、灰脉薹草、牛毛毡、水葱、杉叶藻、荸荠、狭叶甜茅和羊茅为优势种的群落。

【沼泽动物】沼泽区鸟类资源丰富，记录有鸟类 316 种，包括黑鹳、金雕、白尾海雕、玉带海雕、丹顶鹤、白鹤、白头鹤、遗鸥、白枕鹤等国家一级重点保护野生动物，白琵鹭、大天鹅、小天鹅、灰鹤、蓑羽鹤等国家二级重点保护野生动物。两栖类有中国林蛙、东北林蛙、黑龙江林蛙、花背蟾蜍、无斑雨蛙。鱼类资源主要有哲罗鲑、黑斑狗鱼、鲢、红鳍原鲌、蒙古鲌、麦穗鱼、鲤、鲫、团头鲂、贝氏鳘、黑龙江鳑鲏、大鳍鳎、鲇、江鳕（吕世海等，2013）。

【受威胁和保护管理状况】沼泽区建有辉河国家级自然保护区，主要保护对象是湿地、草甸草原、沙地樟子松疏林生态系统及珍禽；保护区成立于 1997 年，1999 年晋升为自治区级自然保护区，2002 年经国务院批准晋升为国家级自然保护区。

辉河沼泽（刘波 摄）

辉河沼泽（周繇 摄）

呼伦湖沼泽（150700-185）

【范围与面积】呼伦湖沼泽由呼伦贝尔市新巴尔虎右旗、新巴尔虎左旗和满洲里市之间的呼伦湖滨，与该湖西南的克鲁伦河和南面的乌尔逊河河漫滩沼泽组成。地理坐标为 47°45′09″ ～ 49°22′27″N、116°50′10″ ～ 118°10′36″E，沼泽面积约为 77 228 hm²，与第一版《中国沼泽志》相比，沼泽面积减少了 3.47%，海拔 540 ～ 600 m。

【地质地貌】沼泽区属于内蒙古高原、呼伦贝尔高原的一部分，分属于呼伦贝尔西北部低山丘陵区和呼伦贝尔高原区，地势自东南向西北微倾，起伏不大，地面物质主要由洪积、冲积和风积物组成，底部沉积 1 ～ 2 m 亚黏土。呼伦湖的两条进水河流乌尔逊河与克鲁伦河均流经高原，切割微弱，河流两岸河漫滩沼泽发育。

【气候】沼泽区位于中高纬度温带半干旱区，属于中温带大陆性草原气候，表现为春季干旱多大风，夏季温凉短促，秋季降温急剧，冬季严寒漫长。1991 ～ 2018 年，沼泽区年平均气温为 −0.50 ～ 2.67℃，呈夏季气温升高、冬季气温降低的两极化趋势；年降水量 89.23 ～ 448.5 mm，夏季降水大幅度减少，其他季节有所增加；年蒸发量 820 ～ 1100 mm，冬季蒸发量呈下降趋势，其他季节呈上升趋势。平均相对湿度 53.67% ～ 63.98%，四季相对湿度均减少（金鸽，2021）。

【水资源与水环境】沼泽区水源由湖水、河水、地下水和大气降水混合补给。水化学类型为 HCO_3-Ca·Mg·Na 型，湖水、河水与地下水水化学组成中优势阴离子为 HCO_3^- 与 Cl^-；呼伦湖流域阳离子组成特征有所差异，其中，湖水与地下水中优势阳离子为 Na^+、Mg^{2+}，河水中优势阳离子为 Na^+、Ca^{2+}（韩知明等，2018）。2013 年 9 月对内蒙古呼伦贝尔呼伦湖沼泽地表水开展调查，平均水深 0.57 m，平均 pH 为 8.5，呈微碱性，平均 DO 为 10.33 mg/L。其水体理化性质见表 15-6。

表 15-6　呼伦湖沼泽水体理化性质

比较项	水深/ m	透明度/ m	水温/ ℃	TDS/ (mg/L)	pH	Sal/ ppt	电导率/ (mS/cm)	DO/ (mg/L)	NO_3^--N/ (mg/L)	NH_4^+-N/ (mg/L)
平均值	0.57	0.33	12.24	542	8.5	0.42	0.59	10.33	0.08	0.11
最高值	3.00	1.40	19.30	1970	9.5	1.59	1.82	20.24	0.20	0.42
最低值	0.09	0.02	6.60	248	7.7	0.18	0.28	1.60	0.01	0.01

【沼泽土壤】沼泽区土壤有盐化沼泽土、草甸沼泽土和沼泽土。盐化沼泽土是草甸沼泽化过程中，由于气候干旱、蒸发强烈，盐分随地下水的蒸发不断向上层积聚而成的，其主要分布在乌兰诺尔（乌尔逊河的牛轭湖）低地。草甸沼泽土多分布于呼伦湖北片滨洲铁路以北河漫滩和克鲁伦河入湖口区域，沼泽土主要分布在乌尔逊河低河漫滩和局部洼地（姜志国，2013）。呼伦湖南岸沼泽区典型土壤有机质含量为 39.19 g/kg，全氮含量为 1.60 g/kg，全磷含量为 0.45 g/kg，氨氮含量为 0.04 g/kg（朱南华诺娃等，2021）。

【沼泽植被】与第一版《中国沼泽志》相比，本次调查同样记录到以芦苇、水烛和大叶章为优势种的植物群落，但未见以薹草为优势种的群落，新记录到短芒大麦草群落。芦苇群落高 1.5 m，伴生种主要为浮萍、鹅绒委陵菜、短序黑三棱、细灯心草、扁秆荆三棱、水葱、藨草、碱菀、短穗香蒲、长叶碱毛茛、荸荠，未记录到瘤囊薹草、沼繁缕和黄连花。据第一版《中国沼泽志》，呼伦湖芦苇群落地上生物量为 0.60 kg/m²，株高 2.0 m，密度 48 株 /m²；本次调查生物量为 0.38 ～ 2.61 kg/m²，平均值为 1.27 kg/m²，株高 0.6 ～ 3.0 m，平均株高 1.5 m，密度 24 ～ 150 株 /m²，平均密度为 37 株 /m²。

水烛群落盖度为 40% ～ 100%，平均地上生物量为 1.6 kg/m²，伴生种主要为水葱、浮萍、扁秆荆三棱、芦苇、荸荠和狸藻；水烛株高为 1.1 ～ 1.6 m，平均株高 1.4 m；密度为 6 ～ 40 株 /m²，平均密度

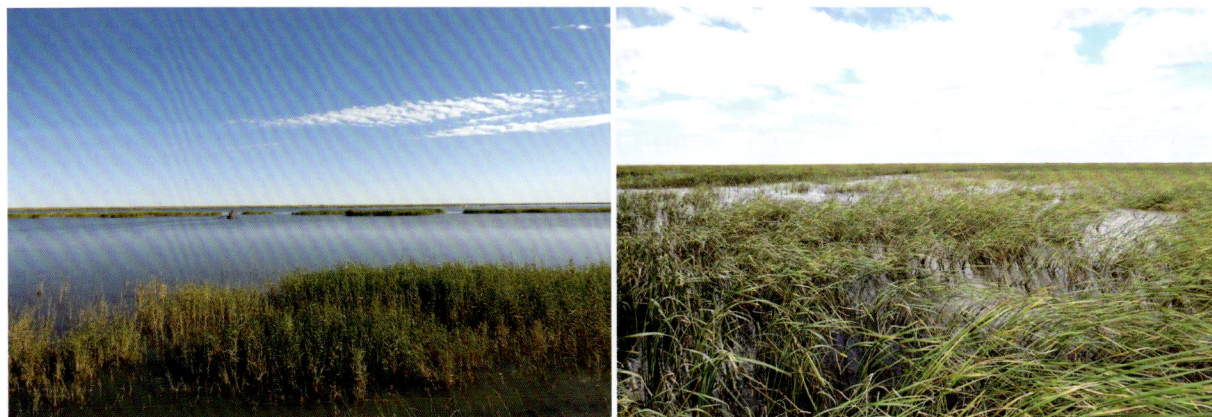

呼伦湖沼泽（刘波 摄）

24 株 /m^2。

【沼泽动物】沼泽区记录有鸟类 19 目 58 科 153 属 333 种，其中国家一级重点保护野生鸟类 15 种，分别是丹顶鹤、白鹤、黑鹳、大鸨、玉带海雕、白尾海雕、白肩雕、金雕、白头鹤、遗鸥、乌雕、小青脚鹬、白枕鹤、黑脸琵鹭、黑头白鹮。常见鱼类有鲤、红鳍原鲌、鲇、鲫、雅罗鱼等。两栖类有黑龙江林蛙和花背蟾蜍，爬行类有丽斑麻蜥和白条锦蛇（姜志国，2013）。

【受威胁和保护管理状况】沼泽区建有内蒙古呼伦湖国家级自然保护区（原名内蒙古达赉湖国家级自然保护区），保护区成立于 1986 年，1992 年经国务院批准晋升为国家级自然保护区，2002 年被列入《国际重要湿地名录》，2015 年经国务院批准，内蒙古达赉湖国家级自然保护区正式更名为内蒙古呼伦湖国家级自然保护区。

诺门罕沼泽（150726-186）

诺门罕沼泽位于内蒙古自治区呼伦贝尔市西南部的新巴尔虎左旗，西面为哈拉哈河及蒙古国，东面为阿尔山市。地理坐标为 47°45′00″ ～ 47°50′15″N、118°46′05″ ～ 118°50′30″E，沼泽面积为 204 hm^2。区内整体地势东南高、西北低。沼泽区属中温带大陆性季风气候，春季干旱多大风，夏季温和雨水集中，秋季降温快，冬季漫长严寒，年平均气温 0.2℃，年降水量 280 mm 左右，降水集中在 7 ～ 8 月，降水变率和年际变化大，分布不均匀，冬、春两季降水量约占全年降水量的 16%，夏季降水量可占全年总降水量的 70%。平均无霜期 133 d 左右，积雪期 144 d 左右，年主要风向为西北风。土壤为沼泽化草甸土、沼泽土。区内主要河流为哈拉哈河。常见植物有：三棱藨草、大叶章、芦苇、薹草（斯日格格，2014）。沼泽区 1998 年 12 月建立诺门罕旗级湿地自然保护区，管理机构是诺门罕自然保护区管理站。保护区主要受到草场过牧威胁。

乌兰河沼泽（152221-187）

【范围与面积】乌兰河沼泽位于兴安盟科尔沁右翼前旗满族屯满族自治乡。地理坐标为 46°03′31″ ～ 46°36′15″N、119°55′02″ ～ 120°28′32″E，沼泽面积为 5093 hm^2。

【地质地貌】沼泽区地貌主要包括属于侵蚀地貌的低山丘陵、山地河流和山间盆地，以及蒙古高原的波状平原，山间盆地分布于全区河谷地带，河谷宽阔、谷底狭窄，直线河谷较多（高佳，2016）。土壤主要是沼泽土和沼泽化草甸土。

【气候】沼泽区属温带大陆性气候，寒冷湿润、冬季漫长；年平均气温 2.6 ～ 5.6℃，7 月平均气温 20.1℃，1 月平均气温 –17℃，无霜期 120 d 以上，全年盛行西北风；年均降水量 400 ～ 500 mm，降水主要集中在夏季，降水量年变率大（高佳，2016）。

【水资源与水环境】沼泽区水源主要靠河水和大气降水补给，乌兰河是归流河的源头，属于嫩江水系。

【沼泽植被】沼泽区灰脉薹草群落盖度 40% ～ 90%，高度 25 cm 左右。常见湿地植物有长芒稗、北方拉拉藤、棉团铁线莲、地笋、老鹳草、旋覆花、星星草、地榆、水蒿、酸模、市藜、水蓼等（王黔君，2015b）。

【受威胁和保护管理状况】沼泽区已建立乌兰河保护区，并于 2006 年晋升为自治区级自然保护区，主要保护对象为山地－丘陵草甸草原－湿地复合生态系统。沼泽主要受到过牧和垦殖威胁。

乌兰河沼泽（刘华兵 摄）

贺斯格淖尔沼泽（152525-188）

【范围与面积】贺斯格淖尔沼泽位于锡林郭勒盟的东乌珠穆沁旗，地理坐标为46°06′18″～46°22′51″N、119°00′19″～119°22′38″E，沼泽面积为17 773 hm²。

【地质地貌】沼泽区地貌以低山丘陵和河谷平原为主，地势平坦，土壤肥沃。

【气候】沼泽区属半湿润半干旱大陆性季风气候，气温较低，冬季较长，年均气温 –0.9℃，年均10℃及以上有效积温1900～2100℃，年均日照时数2700 h，日照率为61%，年均降水量342 mm，多集中于6～8月；受气旋环流作用的影响，秋到春季盛行西风和西北风，夏季以东南风和南风为主，多年平均风速4.1 m/s（其力格尔和董振华，2014）。

【水资源与水环境】沼泽区水源主要靠泉水、湖水和大气降水补给，沼泽区水资源丰富，泉眼密布，最大的湖泡为贺斯格淖尔；在色也勒吉河上游建有贺斯格乌拉水库，库容700万 m³，水域面积400 hm²，起到防洪、供应生活用水和涵养水源的作用（邹晓林，2002）。

【沼泽植被】沼泽植被和草甸植被广泛发育，主要植物有贝加尔针茅和绣线菊等。药用植物有山刺玫、地榆、并头黄芩等，观赏植物有石竹、聚花风铃草、有斑百合等。

【沼泽动物】沼泽区鸟类有大雁、野鸭、乌鸡等，记录有国家级重点保护野生鸟类丹顶鹤、黑鹳、金雕、白枕鹤、蓑羽鹤、白琵鹭、白尾鹞、鹊鹞、黑嘴鸥、半蹼鹬、大鸨和大天鹅等（张丽丽，2012）。

【受威胁和保护管理状况】沼泽区建有贺斯格淖尔湿地自然保护区，于2001年被认定为自治区级保护区，受乌拉盖管理区管理。保护区主要威胁因子是放牧。

乌拉盖沼泽（152525-189）

【范围与面积】乌拉盖沼泽位于锡林郭勒盟东乌珠穆沁旗、西乌珠穆沁旗和锡林浩特市北部乌拉盖盆地内，其地理坐标为45°15′41″～46°44′20″N、117°11′47″～119°19′47″E，沼泽面积为179 554 hm²，主要为芦苇沼泽。

【地质地貌】乌拉盖盆地是由新构造运动四周上升、中部轻微下沉形成的周高中低的近碟形地；北部为巴龙马格隆丘陵，南部为乌珠穆沁波状高原，东部是大兴安岭中低山地。沼泽区地势平坦开阔，海拔为 850 ～ 870 m，广泛覆盖着第四纪洪积冲积、湖积物质及风积沙层，并有新生代盐湖沉积。

【气候】沼泽区气候属温带半干旱大陆性气候。年平均气温为 0.7℃，1 月平均气温为 –15.2℃，7 月平均气温为 19.5℃；极端最低气温为 –40.5℃，极端最高气温为 20℃。≥ 10℃积温为 700℃，年平均日照时数 2900 h，年平均风速 3 ～ 5 m/s。年平均降水量 350 ～ 400 mm，6 ～ 8 月占全年降水量的 70% 左右；年蒸发量 1700 mm 左右。

【水资源与水环境】乌拉盖河发源于宝格达山，在火神庙与支流色也勒吉河汇合流经本区，向西流入乌拉盖戈壁。沼泽水源主要来自该河及盆地内大小湖泊、泡沼。其水质，特别是湖泊周围水体矿化度较高，为 1 ～ 3 g/L，水化学类型为 $ClSO_4$-Ca 型。草甸沼泽土地下水位埋深 50 ～ 100 cm，地表季节性积水，水体具体理化性质详见表 15-7。

表 15-7　乌拉盖沼泽水体理化性质（7 月）

水参数	ORP/mV	水温/℃	透明度/cm	pH	DO/(mg/L)	电导率/(μS/cm)	Chla/(μg/L)	TP/(μg/mL)
平均值	35.26±23.61	20.93±2.63	7.67±2.05	10.04±0.38	9.133±2.929	1435±583	4.62±7.74	0.131±0.059

【沼泽土壤】沼泽区土壤主要为草甸沼泽土、腐泥沼泽土和泥炭沼泽土，其中以草甸沼泽土分布广泛、面积大。本区土壤的基本层次是：草根盘结层、腐殖质层和潜育化母质层（具青灰色的潜育层）；有机质含量为 4% ～ 6%，全氮为 0.24%，全钾为 2.71%，全磷为 0.132%，速效钾为 52 545 mg/kg，pH 为 8.16，代换量为 21.767 cmol$^{(+)}$/kg。

【沼泽植被】沼泽区湿地高等植物共有 67 科 172 属 365 种，湿地植被划分为 3 个植被型组 5 个植被型 53 个群系。湿地植被以羊草 + 碱蓬群落为主，伴生物种主要为藜、荸荠、鸢尾、水蓼、水葱、蒲公英、狗尾草、芦苇及几种莎草科植物；群落盖度 31.90%，群落平均高度为 5.18 ～ 42.14 cm，年均初级生产力 0.05 kg/m^2。

与第一版《中国沼泽志》相比，本次调查未见内蒙古扁穗草群落和薹草 + 沼泽荸荠群落，羊草、碱蓬成为新的建群种。

【沼泽动物】沼泽区共有鸟类 19 目 17 科 132 种。其中，国家一级重点保护野生鸟类丹顶鹤，国家二级重点保护野生鸟类蓑羽鹤、大天鹅等 8 种。

乌拉盖沼泽（张雅棉 摄）

【受威胁和保护管理状况】乌拉盖沼泽目前面临的主要威胁因子为过度放牧等，国家林业局2015 年评估其受威胁程度为轻度。于 2004 年建立了东乌珠穆沁旗乌拉盖湿地自然保护区，受东乌珠穆沁旗政府管理。

三泡子沼泽（150581-190）

【范围与面积】三泡子沼泽位于通辽市霍林郭勒市，东南与扎鲁特旗相连，北、西、西北和锡林郭勒盟东乌珠穆沁旗交界。地理坐标为 45°23′06″ ～ 45°31′00″N、119°20′17″ ～ 119°39′00″E，海拔1013 m，沼泽面积约为 152 hm²。

【地质地貌】沼泽区地处大兴安岭山脉南段，处于东北亚晚中生代的断陷带。从西向东由中山向低山丘陵过渡，西部以剥蚀山为主，东部低山丘陵山顶浑圆，坡度较缓，沼泽在低山丘陵区发育。

【气候】沼泽区属寒冷半干旱大陆性气候，春秋两季干燥多风，夏季凉爽短促，冬季漫长寒冷，四季交替分明，昼夜温差较大。多年平均气温为 –0.7 ～ 1.6℃，平均为 0.1℃，≥ 0℃ 活动积温6010℃。年均降水量为 289.9 ～ 426.9 mm，平均为 354.3 mm；年均蒸发量为 1509.4 ～ 1603.8 mm，平均为 1547.1 mm（孙洪斌，2013）。

【水资源与水环境】沼泽水源补给主要为大气降水。三泡子最大水深 4.5 m，平均水深为 0.8 m；地表水 pH 8.2，弱碱性，矿化度为 0.2 g/L，属于淡水；总氮为 0.8 mg/L，化学需氧量为 40 mg/L（孙洪斌，2013）。

【沼泽土壤】沼泽土壤主要为沼泽化草甸土。

【沼泽植被】沼泽区主要植被类型为灰脉薹草群落，常见伴生种为披碱草。

【沼泽动物】沼泽区常见鸟类为鸿雁和赤麻鸭，鱼类有草鱼和鲢 2 种，两栖类常见种是中国林蛙和中华蟾蜍。

【受威胁和保护管理状况】沼泽区建有内蒙古三泡子湿地自然保护区，是由霍林郭勒市人民政府于 2006 年批准建立的旗县级自然保护区，保护区总面积 900 hm²，其中核心区面积 266.3 hm²。沼泽面临的主要威胁是放牧。

特金罕山沼泽（150526-191）

【范围与面积】特金罕山沼泽地处大兴安岭南麓，左连科尔沁沙地，右接锡林郭勒草原，是内蒙古自治区重要的水源涵养地和天然生态屏障，其地理坐标为 45°0′00″ ～ 45°26′00″N、119°33′00″ ～120°09′00″E，沼泽面积为 1129 hm²。

【地质地貌】沼泽区位于大兴安岭南部山脉，海拔为 600 ～ 1400 m，并具有东南低西北高的地貌特点；特金罕山的半阳坡及阳坡具有陡急的坡度，因长年日照造成水分流失较为严重，严苛的自然环境造成阳坡半阳坡的土壤条件干旱，土层相对较浅。半阴坡和阴坡因日照情况不太强烈，坡度斜缓，水分流失较少，土壤条件好（孙爱萍，2018）。

【气候】沼泽区位于中纬内陆温带季风气候区。

【水资源与水环境】沼泽区标志性分水岭为大兴安岭，根据特金罕山区内岩石分布情况，含煤层与山地岩石裂缝之中的储水为本区主要供水，山地岩石在本区主要包括变质岩、火山岩等，这几种岩石中的裂缝水也是本区水资源的重要组成部分。

【沼泽动物】沼泽区共有鸟类 9 目 16 科 112 种。其中，国家一级重点保护野生鸟类 2 种，为大鸨和金雕，国家二级重点保护野生鸟类 20 种，包括灰鹤、蓑羽鹤等。

【受威胁和保护管理状况】沼泽区目前已建立扎鲁特旗内蒙古特金罕山国家级自然保护区。

向海沼泽（220822-192）

【范围与面积】向海沼泽地处吉林省西部的白城市通榆县城西北 70 km 的向海蒙古族乡，地理坐标为 44°50′00″ ~ 45°19′00″N、122°3′04″ ~ 122°41′53″E，面积为 33 493 hm²。与第一版《中国沼泽志》相比，沼泽区范围有所扩大，沼泽面积增加了约 45.6%。

【地质地貌】向海地处东北平原与内蒙古高原的交界处，其地貌类型属于松辽拗陷的西部沉降带，地貌主要为盐碱化与沙化地貌特征。保护区的地势由西向东发生倾斜，洼地与丘陵交错排列，由西北向东南方向进行伸展。区内平均海拔 177 ~ 186 m。

【气候】沼泽区属北温带大陆性季风气候，其位置位于吉林省内的半干旱草原气候地带。春天多风干旱，夏日气候较为温和，冬日气温低且降雪量较少，而风沙较多。年平均气温 5.1℃，最高 37℃，最低 -32℃；年平均降水量为 400 mm 左右，多集中在 7 月、8 月；年平均蒸发量为 1945 mm，年平均日照时数约为 2900 h，无霜期约 150 d，全年均处于西南风带，风速以 5 ~ 6 级居多，其中最大风速可达 11 级。

【水资源与水环境】沼泽区水流漫散排泄不畅，没有河道可以继续前进，从而产生了大面积的芦苇沼泽。区内有付老文泡、大肚泡等共计 22 个大型泡沼。区域内湖泊连通性强，向海水库和兴隆水库以及相邻各泡相通，且均以河流补给为主，结冰期较长且径流量年际变化明显。地表水 pH 为 8.75，水体其余理化性质见表 15-8。

表 15-8　向海沼泽水体理化性质

	WT/℃	pH	EC/(mS/cm)	ORP/mV	Cl⁻/(mg/L)
平均值	28.32	8.75	0.79	63.82	30.84
最高值	30.64	8.94	1.42	88.43	55.71
最低值	24.85	8.40	0.33	16.57	7.73

【沼泽土壤】沼泽区土壤类型主要有草甸土、栗钙土、盐碱土和风积砂土等，苏打盐碱地集中分布，盐碱化土地面积逐年增加。土壤中腐殖质含量较少，含盐碱量偏高，pH 为 7.5 ~ 8.5（丁聪等，2017）。

【沼泽植被】在草甸、沼泽化草甸和沼泽中，共有植物物种 16 科 33 属 38 种（丁聪等，2017）。常见植物有 14 科 22 属 28 种，沉水植物有狐尾藻，浮水植物有眼子菜，中生植物有风毛菊、杂配藜、飞蓬和虎尾草，湿生植物有扁秆荆三棱、稗、委陵菜、旋覆花、酸模叶蓼、三棱水葱、泽泻、千屈菜、水蓼、泽芹、碱茅、西伯利亚滨藜、苣荬菜、春蓼，挺水植物有华夏慈姑、花蔺、香蒲、水葱、芦苇、水烛、小香蒲、杉叶藻。向海沼泽共检出绿藻门（39.76%）、硅藻门（36.75%）、蓝藻门（12.05%）、裸藻门（7.83%）、甲藻门（3.01%）、隐藻门（0.60%）等浮游植物共6门166种（李梦晓等，2017）。

沼泽区主要植物群落为芦苇群落和香蒲群落（王铭等，2014），还有香蒲＋花蔺群落、水烛群落、扁秆荆三棱群落、碱茅群落、稗群落和小香蒲群落，群落总盖度60%～100%。芦苇群落盖度为70%左右，伴生有风毛菊、旋覆花、扁秆荆三棱、水葱、春蓼等。香蒲群落盖度为10%左右，伴生有花蔺和华夏慈姑等湿地植物。香蒲群落草本层生物量为143.26 g/m²。其他群落常见伴生种有泽泻、委陵菜、千屈菜、酸模叶蓼等。

【沼泽动物】沼泽区共有水禽128种，隶属于8目18科59属，占沼泽区鸟类总数的43.1%，占吉林省鸟类总数的36.57%，占全国鸟类总数的9.89%（王晓玲，2017）。本区鸟类中国家一级保护野生鸟类有黑嘴鸥、东方白鹳、黑鹳、黑头白鹮、黑脸琵鹭、白头鹤、丹顶鹤、白枕鹤、白鹤，国家二级保护野生鸟类有角䴙䴘、黑颈䴙䴘、赤颈䴙䴘、鸿雁、白额雁、小白额雁、大天鹅、小天鹅、花脸鸭、鸳鸯、斑头秋沙鸭、白琵鹭、灰鹤、蓑羽鹤、小杓鹬、大杓鹬、翻石鹬、阔嘴鹬，其余"三有"鸟类有罗纹鸭、绿头鸭、斑嘴鸭、赤膀鸭、白眉鸭、赤颈鸭、琵嘴鸭、绿眉鸭、红头潜鸭、青头潜鸭、凤头潜鸭、斑背潜鸭、草鹭、池鹭、中白鹭、大白鹭、夜鹭、绿鹭、黄斑苇鳽、紫背苇鳽、大麻鳽、牛背鹭、小田鸡、普通秧鸡、黑水鸡、白骨顶、白胸苦恶鸟、董鸡、彩鹬、蛎鹬、凤头麦鸡、灰头麦鸡、金鸻、灰鸻、剑鸻、红胸鸻、蒙古沙鸻、金眶鸻、环颈鸻、铁嘴沙鸻、小杓鹬、中杓鹬、白腰杓鹬、大杓鹬、黑尾塍鹬、斑尾塍鹬、鹤鹬、红脚鹬、泽鹬、青脚鹬、白腰草鹬、林鹬、矶鹬、翘嘴鹬、翻石鹬、半蹼鹬、拉氏沙锥、大沙锥、扇尾沙锥、针尾沙锥、孤沙锥、丘鹬、灰尾漂鹬、红颈滨鹬、青脚滨鹬、尖尾滨鹬、黑腹滨鹬、弯嘴滨鹬、长趾滨鹬、三趾滨鹬、阔嘴鹬、反嘴鹬、黑翅长脚鹬、红颈瓣蹼鹬、普通燕鸻、普通翠鸟、蓝翡翠、黄脚三趾鹑。本区具有湿地生态环境质量指示性的水禽即鹤类6种，约占全国鹤类种数的66.70%，占世界鹤类种数的40%。其中，丹顶鹤、白枕鹤、蓑羽鹤区内繁殖；白头鹤、白鹤、灰鹤仅在迁徙季节路过此地和在此地停歇。

【受威胁和保护管理状况】沼泽区建有向海国家级自然保护区，面积105 467 hm²，保护区于1981年经吉林省人民政府批准建立，1986年晋升为国家级自然保护区，1992年被列入《国际重要湿地名录》，主要保护对象为丹顶鹤、东方白鹳等珍禽及其栖息生态环境，属内陆湿地和水域生态系统类型自然保护区。向海保护区自2016年综合治理后生态环境得到了很大改善，但仍需进行湿地资源的常规调查，合理配置水资源，并控制芦苇收割量和防止过度捕捞。

向海沼泽（文波龙 摄）

科尔沁沼泽（152222-193）

【范围与面积】科尔沁沼泽位于内蒙古自治区兴安盟科尔沁右翼中旗、科尔沁草原北部，东部与吉林省向海自然保护区相接，其地理坐标为 44°51′22″ ～ 45°17′21″N、121°40′25″ ～ 122°13′59″E，沼泽面积为 17 337 hm^2。

【地质地貌】沼泽区地处大兴安岭南麓低山丘陵与科尔沁沙地的过渡地带，地貌特征为（沙）索（凹）甸相间，额木特河漫散于霍林河左岸沙丘间洼地，形成大片沼泽，河漫滩、湖泡芦苇沼泽、薹草沼泽等为主要沼泽类型。平均海拔为 20 m 左右。

【气候】沼泽区属温带大陆性季风气候。多年平均气温为 5.5℃，1 月平均气温为 –13.7℃，7 月平均气温为 23.1℃，极端最低气温为 –40℃，极端最高气温为 36.5℃，≥ 10℃活动积温为 3000℃，无霜期 140 d 左右；年平均降水量为 383 mm，且 75% 的降水集中于夏季；年蒸发量为 2390 mm，是降水量的 6 倍多。湿润度为 0.3 ～ 0.4。年日照时数为 3123.5 h。

【水资源与水环境】沼泽区水源主要靠河水、地下水和大气降水补给。其水质特征：pH 为 8.2，Cl$^-$ 为 198.54 mg/L，SO$_4^{2-}$ 为 2.5 mg/L，NO$_3^-$ 为 0.1 mg/L。总碱度为 325.4 mg/L，总硬度为 273.0 mg/L，矿化度为 1786.59 mg/L，水化学类型为 HCO$_3$·Cl-Na·Ca 型，其具体指标详见表 15-9。

表 15-9　科尔沁沼泽水体理化性质（7月）

水参数	ORP/mV	水温/℃	透明度/cm	pH	DO/(mg/L)	电导率/(μS/cm)	Chla/(μg/L)
平均值	80.14±28.44	26.54±1.81	17.00±2.16	9.38±0.30	10.17±4.16	1940±927	69.42±52.73

【沼泽土壤】沼泽土壤以盐化草甸沼泽土、腐殖质沼泽土和淤泥沼泽土为主。盐化草甸沼泽土在本区面积较大。其特征是：草甸沼泽化的同时，盐分随地下水的蒸发不断向上层聚积，盐分多以重碳酸盐类为主，显碱性，pH 为 8.0 ～ 9.5，盐分总量达 0.3%。

【沼泽植被】沼泽区植被以委陵菜 + 车前群落和芦苇 + 莎草 + 三棱草群落为主，委陵菜 + 车前群落以委陵菜、小车前、车前为优势种，其伴生物种主要为蒿、蓼等菊科和蓼科植物；群落盖度 49.70%，群落平均高度 1.46 ～ 16.08 cm，年均初级生产力 0.01 kg/m^2。

科尔沁沼泽（张雅棉 摄）

芦苇＋莎草＋三棱草群落以芦苇、莎草、三棱草为优势种，其伴生物种主要为碱蓬、水葱、石龙芮；群落盖度 100.00%，群落平均高度 12.79～46.93 cm，年均初级生产力 0.05 kg/m²。

与第一版《中国沼泽志》相比，本次调查未见大叶章群落，新发现委陵菜＋车前群落。

【沼泽动物】沼泽区共有鸟类 8 目 17 科 92 种。在本区的湿地水鸟中，国家一级重点保护野生鸟类 5 种，分别为白鹳、黑鹳、丹顶鹤、白头鹤、白鹤，国家二级重点保护野生鸟类 16 种，包括白琵鹭、大天鹅、蓑羽鹤等。

【受威胁和保护管理状况】1986 年，经内蒙古自治区批准建立科尔沁湿地、珍禽综合性自然保护区，1994 年更名为科尔沁沙地、草原、森林湿地珍禽复合生态自然保护区，并晋升为国家级自然保护区（简称内蒙古科尔沁国家级自然保护区），目前受科尔沁右翼中旗政府管理。保护区主要威胁因子是污染和放牧。

高格斯台罕乌拉沼泽（150421-194）

【范围与面积】高格斯台罕乌拉沼泽位于内蒙古自治区赤峰市阿鲁科尔沁旗，其地理坐标为 44°41′00″～45°8′00″N、119°03′00″～119°39′00″E，沼泽面积为 8532 hm²。

【地质地貌】沼泽区处于大兴安岭南段东麓山地和科尔沁沙地北缘交会处，位于阿尔山支脉，地貌类型以中山丘陵为主，这一地区主要由乌兰罕山、罕乌拉山、查干温都尔山、呼斯台罕山、巴岱罕山等组成；区域地形高差不大，属中低山和丘陵河谷地形，沟、谷分布较多，海拔为 800～1500 m（李阳，2016）。

【气候】沼泽区地处中纬度温带半干旱大陆性季风气候区，是大兴安岭南部山地向科尔沁沙地的过渡带。春季干旱多大风，蒸发量大；夏季雨热同季、降水集中；秋季持续时间较短，昼夜温差大，秋霜降临早；冬季寒冷且持续时间较长，光照充足，有效积温较高。

【水资源与水环境】共有 14 条河流发源于沼泽区，分别是黑哈尔河、呼老吐河、阿拉洪都尔河、霍林河、达拉林河、苏吉河、宝日格斯台河及一些汇入邻区的无名河，属于西辽河流域。地下水主要为第四纪孔隙水，且含水量较为丰富；其次为基岩裂隙水。

【沼泽土壤】沼泽区以灰色森林土和地带性棕色针叶林土为主，此外，还有少部分的草甸土和沼

高格斯台罕乌拉沼泽（张重岭 摄）

泽土（李阳，2016）。

【受威胁和保护管理状况】沼泽区目前面临的主要威胁因子为放牧等，已于 2001 年建立高格斯台罕乌拉自治区级自然保护区，2011 年晋升为国家级自然保护区，受阿鲁科尔沁旗政府管理。

哈日朝鲁宽甸子沼泽（150526-195）

哈日朝鲁宽甸子沼泽位于内蒙古自治区通辽市扎鲁特旗鲁北镇，西北与乌日根塔拉农场相接，东与乌日根塔拉四分场接壤，其地理坐标为 44°46′19″ ～ 44°47′56″N、120°38′40″ ～ 120°42′33″E，沼泽面积为 520 hm²。沼泽区冬季（11 月至翌年 2 月）寒冷而漫长，西北风多，雨雪少，气候干燥。除 11 月外，其他三个月的平均气温都在 –10℃ 以下，年最低气温一般出现在 1 月。哈日朝鲁宽甸子沼泽受扎鲁特旗林业局管理，面临的主要威胁因子为放牧及围垦等。

乌力胡舒沼泽（152222-196）

乌力胡舒沼泽位于内蒙古自治区兴安盟科尔沁右翼中旗，其地理坐标为 44°23′54″ ～ 44°38′05″N、121°48′29″ ～ 122°17′13″E，沼泽面积为 13 858 hm²。本区有鸟类 7 目 15 科 81 种，其中，国家一级重点保护野生鸟类 4 种，国家二级重点保护野生鸟类 13 种。乌力胡舒沼泽目前面临的主要威胁因子为过度放牧和垦殖干扰等，国家林业局 2015 年评估其受威胁程度为轻度；沼泽区已建立科尔沁右翼中旗乌力胡舒湿地自然保护区，受科尔沁右翼中旗政府管理。

荷叶花沼泽（150526-197）

【范围与面积】荷叶花沼泽位于内蒙古自治区通辽市扎鲁特旗，其地理坐标为 44°17′49″ ～ 44°39′36″N、121°14′37″ ～ 121°38′18″E，沼泽面积为 2942 hm²。

【地质地貌】沼泽区地质构造属新华夏系松辽沉降带，是在古生代北东向褶皱基底上形成的大型中生代北东向沉积地层。地貌为科尔沁沙地西北缘的西辽河沙地平原地带，地形起伏较大（李英华等，2004）。

【气候】沼泽区属温带大陆性季风气候。四季分明、日照充足、干旱多风、雨热同季是其显著特点（李英华等，2004）。

【水资源与水环境】沼泽区地表水和地下水资源比较丰富，并有季节性无尾河在此消失。河流属辽河水系，年均流量 10 000 m³ 左右。原生植被涵养水源作用较强，地下水水位仅达 8 m（李英华等，2004）。

【沼泽土壤】沼泽区土壤类型主要有草甸土、沼泽土、碱土及风沙土等。土壤结冻期为 10 月下旬，解冻期为 3 月下旬，冻土层厚度 15 cm 左右。

【沼泽植被】沼泽区湿地高等植物共有 64 科 143 属 236 种，沼泽植物以芦苇和薹草为主。

【沼泽动物】沼泽区共有鸟类 9 目 16 科 112 种，其中，国家一级重点保护野生鸟类有东方白鹳、丹顶鹤、白枕鹤、大鸨等 4 种，国家二级重点保护野生鸟类有角鸊鷉、白琵鹭、鸳鸯、蓑羽鹤等

16 种。

【受威胁和保护管理状况】荷叶花沼泽目前面临的主要威胁因子为放牧及围垦等，已建立内蒙古荷叶花湿地水禽自治区级自然保护区，成立了扎鲁特旗荷叶花湿地水禽自然保护区管理委员会，受通辽市林业局管理。

古日格斯台沼泽（152526-198）

【范围与面积】古日格斯台沼泽位于内蒙古自治区锡林郭勒盟西乌珠穆沁旗，地理坐标为44°18′21″～44°34′52″N、118°03′45″～118°48′36″E，沼泽面积为 8371 hm²。

【地质地貌】沼泽区位于古日格斯台山附近林地边缘的低凹地带。

【气候】沼泽区地处中纬度内陆地区，属温带半干旱大陆性气候。春季大风多干旱，夏季温热雨不均，秋季凉爽霜雪早，冬季寒冷漫长。

【水资源与水环境】沼泽区有丰富的水资源，属乌拉盖水系。发源于此的河流有宝日格斯台河、彦吉嘎河、高日罕河、新高勒河、巴拉嘎尔河共 5 条河流。这 5 条河流流量大、水质好，多为重碳酸型，流向由南向北，总河流长度为 1123 km，流域面积为 16 396 km²，集水面积为 7947 km²（娜仁高娃，2007）。

【沼泽土壤】沼泽区地带性土壤为栗钙土，由于地貌类型和小气候条件的不同，影响各区域的水热条件再分配，从而使土壤类型也有所不同。海拔为 1200～1957 m，分布着灰色森林土；海拔1000～1200 m 处，为中山向蒙古高原过渡的低山丘陵区，主要分布着黑钙土；在洼地、河流两侧的河滩地及丘陵间低地上分布有草甸土、沼泽土和盐碱土（娜仁高娃，2007）。

【沼泽动物】沼泽区分布鸟类 9 目 19 科 125 种，其中国家一级重点保护野生鸟类有黑鹳、大鸨、金雕、黑琴鸡和丹顶鹤 5 种，国家二级重点保护野生鸟类有鸿雁、大天鹅、灰鹤、燕隼 4 种。

【受威胁和保护管理状况】沼泽区目前面临的主要威胁因子为放牧等，已于 2001 年建立古日格斯台自治区级自然保护区，2012 年晋升为国家级自然保护区，受西乌珠穆沁旗政府管理。

包拉温都沼泽（220822-199）

【范围与面积】包拉温都沼泽位于吉林省西辽河上游、科尔沁沙地（草原）东缘、吉林省西部通榆县西南部。地理坐标为 44°13′00″～44°32′00″N、122°15′35″～122°41′21″E，沼泽面积为 11 936 hm²。

【地质地貌】沼泽区地处内蒙古草原和松辽平原的过渡地带，多为固定沙丘、耕地、沙丘、草原、碱地相间分布，垄状沙丘与垄间草原、碱地交错相间排列，呈西北－东南方向延伸，表现为沙丘榆林、山杏林、草甸、芦苇、沼泽、湖泊水域的原生态地貌。

【气候】沼泽区属北温带大陆性气候，处于半干旱、半湿润草原气候地带。春季干旱多风，夏季温热多雨，秋季凉爽多晴，冬季漫长严寒少雪。年平均气温 5.1℃，月平均最低气温在 1 月，月平均最高气温在 7 月，为 23.8℃，大于等于 10℃积温为 2860℃，无霜期 147 d；年平均降水量402.7 mm，多集中在 6～8 月；年平均蒸发量为 1891.2 mm，是降水量的 4.7 倍，干燥度 1.3。

【水资源与水环境】沼泽区主要水体为文牛格尺河，文牛格尺河为季节性河流，河道和两侧的沼泽及湖泊是沼泽区的核心区域。文牛格尺河没有明显的河床，雨季河水漫灌，在两侧形成了湖泊和沼泽湿地。沼泽区有大小湖泊 10 个，面积大小不一，面积 20 ～ 60 hm²，水深 0.5 ～ 1.5 m。

【沼泽土壤】沼泽区土壤为草甸土和沼泽土，土层厚度一般为 0.5 ～ 1 m。土壤含盐碱量偏高，pH 一般为 7.5 ～ 8.5。

【沼泽植被】沼泽区记录有野生植物 81 科 393 种，其中药用植物 40 多种。大片的芦苇群落以芦苇和香蒲为主。湿草地以羊草、拂子茅、狗尾草、乳苣、乌头、藜和碱蓬为主。水域中植物有莲、眼子菜、狐尾藻等。

【沼泽动物】沼泽区记录有野生动物 266 种，其中鱼类 22 种，两栖类、爬行类 12 种，兽类 33 种。已记录到 16 目 42 科 132 属 199 种鸟，包括丹顶鹤、东方白鹳、白鹤、金雕、豆雁、鸿雁、灰雁，大白鹭、草鹭和苍鹭等，大量的黑翅长脚鹬、反嘴鹬、普通燕鸻、灰头麦鸡，以及白腰杓鹬、红嘴鸥、灰翅浮鸥和白翅浮鸥。其中，属于国家一级重点保护野生动物的有丹顶鹤、东方白鹳、金雕、秃鹫、白枕鹤 5 种。属于国家二级重点保护野生动物的有大天鹅、鸳鸯以及燕隼、灰背隼、红脚隼、黄爪隼、红隼等。根据吉林省陆生野生动物调查和多次深入现地调查访问，区内国家一级重点保护鸟类丹顶鹤野生种群数量一般稳定在 45 ～ 60 只。东方白鹳稳定在 200 ～ 300 只，白鹤、白头鹤、白枕鹤、灰鹤、大鸨、豆雁等珍稀保护动物总量每年都在递增。

【受威胁和保护管理状况】2002 年，经吉林省人民政府批准，沼泽区成立包拉温都省级自然保护区。保护区属内陆湿地和水域生态系统类型的自然保护区。重点保护对象是以芦苇沼泽为主的湿地生态系统、其他森林生态系统及国家重点保护野生动物。

海力锦沼泽（150521-200）

海力锦沼泽位于内蒙古自治区通辽市科尔沁左翼中旗北部，横跨海力锦苏木、代力吉镇、哈日干吐和团结乡，北接吉林省通榆县和兴安盟科尔沁右翼中旗，其地理坐标为 44°07′03″ ～ 44°19′10″N、122°35′05″ ～ 123°04′11″E，沼泽面积为 38 079 hm²。本区共有鸟类 8 目 16 科 116 种。其中，国家一级重点保护野生鸟类 5 种，国家二级重点保护野生鸟类 14 种。海力锦沼泽目前面临的主要威胁因子为放牧及围垦等；沼泽区已于 2005 年建立内蒙古科尔沁左翼中旗海力锦湿地县级内陆湿地自然保护区，受科尔沁左翼中旗林业局管理。

赛罕乌拉沼泽（150423-201）

【范围与面积】赛罕乌拉沼泽位于内蒙古自治区赤峰市巴林右旗，其地理坐标为 43°59′00″ ～ 44°27′00″N、118°18′00″ ～ 118°55′00″E，沼泽面积为 1587 hm²。

【地质地貌】沼泽区分布的地层较为单一，包括上石炭纪、下二叠纪、中侏罗纪、上侏罗纪和第四纪等；更新世冰川经过侵蚀、切割、搬运等形式，形成了区域内现有的山坳、山肩、冰蚀谷等侵蚀地形，具有典型的冰川遗址景观（郑虹钰等，2018）。

【气候】沼泽区位于中温带半湿润温寒气候区。气候特点为冬季寒冷、降雪量少，夏季炎热、降水量集中。年平均气温 2℃，年降水量 400 mm（王琸鑫等，2020）。

【水资源与水环境】沼泽区共孕育了 10 条河流，从最高海拔乌兰坝发源的乌兰坝河开始，向下有二林坝河、沙艾河、白旗河、牛头拜其河、比吐河、海青河等，最终汇入西拉木伦河（山晓燕，

2019）。

【沼泽土壤】沼泽区土壤主要包括六类，占比由高到低依次为灰色森林土、棕壤土、风沙土、栗钙土、草甸土以及山地黑土（朝鲁门其其格，2012）。

【沼泽动物】沼泽区共有鸟类 9 目 16 科 113 种。其中，国家一级重点保护野生鸟类有黑鹳 1 种，国家二级重点保护野生鸟类有白琵鹭、大天鹅、灰鹤、鸳鸯、黑鸢、游隼 6 种。

【受威胁和保护管理状况】赛罕乌拉沼泽目前面临的主要威胁因子为过度放牧等，国家林业局 2015 年评估其受威胁程度为在安全范围之内；已于 1998 年建立自治区级自然保护区，2000 年晋升为内蒙古赛罕乌拉国家级自然保护区，受巴林右旗管理。

赛罕乌拉沼泽（张重岭 摄）

阿鲁科尔沁沼泽（150421-202）

【范围与面积】阿鲁科尔沁沼泽位于内蒙古自治区赤峰市阿鲁科尔沁旗，其地理坐标为 43°48′30″ ～ 44°28′31″N、119°55′02″ ～ 120°41′27″E，沼泽面积为 13 974 hm²。

【地质地貌】沼泽区地处大兴安岭南段东麓山地丘陵向科尔沁沙地的过渡带，地貌由低山丘陵和风沙地貌两种类型组成。低山丘陵一般高出地表，东北走向。山丘间洼地平均海拔多为"V"字形。局部地区积水成湿地、沼泽和湖泊。风沙地貌可根据成因形态分为风蚀地貌和风积地貌两大系列，继而划分为 8 种形成类型，即风蚀地貌主要分为风蚀坑、风蚀残丘、风烛沟、碟形洼地和风烛破口 5 种类型；风积地貌分为斑状流沙、片状流沙和流动沙丘 3 种类型。

【气候】沼泽区属温带半干旱气候区，气候特征为春季干旱多风，夏季温热少雨，秋季低湿霜早，冬季寒冷少雪。年平均气温为 24℃，极端最低气温为 –32℃（娜荷芽，2014）。

【水资源与水环境】沼泽区的主要水资源补给为天然降水和发源于大兴安岭的乌力吉木伦和海哈尔两大河流。区域内有巴彦塔拉河、陶海郭勒、舍吉格郭勒等 12 条小型河流，河流总面积为 5471.22 hm²；有阿日包力格诺尔、哈日朝鲁诺尔、达拉哈诺尔等 10 余大型湖泊，湖泊总面积为 4463.72 hm²。

【沼泽土壤】沼泽区主要分布栗钙土，沼泽地带和古河道分布灰色草甸土，沙化地带分布风沙土壤（娜荷芽，2014）。

【沼泽植被】沼泽区湿地高等植物共有 63 科 152 属 271 种，其中典型水生植物有杉叶藻、欧菱、浮萍、野慈姑，典型湿生植物有北水苦荬、小香蒲、水麦冬（苏亚拉图，2013）。

【沼泽动物】沼泽区共记录鸟类 17 目 42 科 95 属 172 种。其中，国家一级重点保护野生鸟类有白腹海雕、秃鹫、乌雕、草原雕、丹顶鹤、遗鸥、大鸨、青头潜鸭、白枕鹤和白鹤 10 种，国家二级重点保护野生鸟类有白琵鹭、大天鹅、小天鹅、鸳鸯、白额雁、黑鸢、鹗、白尾鹞、白头鹞、白腹鹞、鹊鹞、松雀鹰、雀鹰、普通鵟、大鵟、红隼、红脚隼、燕隼、猎隼、蓑羽鹤、灰鹤、雕鸮、花头鸺鹠、纵纹腹小鸮、长耳鸮、短耳鸮 26 种。

【受威胁和保护管理状况】沼泽区建有内蒙古阿鲁科尔沁国家级自然保护区，保护区成立于 1998 年，2005 年晋升为国家级自然保护区；保护区总面积达 136 793.63 hm²，其中核心区面积为 48 989.75 hm²，核心区分南、北两个，南部扎嘎斯台核心区面积为 27 177.0 hm²，北部坤都核心区面积为 21 812.75 hm²，缓冲区面积为 42 320.85 hm²，实验区面积为 45 483.03 hm²；主要保护对象为沙地草原、湿地生态系统及珍稀鸟类。

锡林郭勒沼泽（152502-203）

【范围与面积】锡林郭勒沼泽位于内蒙古自治区中部锡林浩特市，地理坐标为 42°32′～46°41′N、111°59′～120°00′E，沼泽面积约 25 200 hm²。

【地质地貌】沼泽区东、南部属于高原地貌，地势南高北低，东南部的盆地交错坐落于低山丘陵之中，西、北部地势相对平坦缓和。中部偏南分布着浑善达克沙漠最南端的部分，沙地由东向西贯穿整个保护区，呈带状分布，沙地以北分布着贯穿保护区东西的锡林河。流域以南分布有较平坦的玄武岩台地，由于常年外漏承受风蚀作用或者本身的地势构造原因，流域以南的玄武岩台地形成了东南高西北低的地势地貌。

【气候】沼泽区以温带半干旱草原为主，年平均气温为 3.05℃。7 月最暖，平均温度在 21.62℃左右，1 月天气最冷，平均温度在 –18.78℃。冬季严寒长达 5～6 个月。区内日均温大于等于 10℃的年活动积温为 2633.04℃，大于等于 5℃的年活动积温为 2907.62℃（张国艳，2017）。

【水资源与水环境】锡林郭勒盟河流纵横，湖泊密布。河流大多数为内陆河，主要有乌拉盖河、巴拉根河、锡林郭勒河、高格斯太河；外流河有滦河水系。区内泉水出露甚多，但流量不大，流程不长。全盟有大小湖泊 1363 个，其中淡水湖 672 个。较大的湖泊有 4 个：乌拉盖湖、查干淖尔、白银库伦诺尔湖、浩勒图音诺尔湖。

【沼泽土壤】沼泽土壤主要为草甸土和沼泽土。

【沼泽植被】沼泽区主要湿生植物及水生植物有碱蓬、白花驴蹄草、千屈菜、海韭菜、水葱、小灯心草、水毛茛、狐尾藻、荇菜、小眼子菜、野慈姑、花蔺等（赵杏花，2022）。

【沼泽动物】沼泽区有两栖类、爬行类、鸟类、兽类等陆生脊椎动物 237 种，属 26 目 57 科，包括丹顶鹤、白枕鹤、灰鹤、蓑羽鹤、玉带海雕等国家级重点保护野生动物（金良，2008）。区内的鱼类资源也十分丰富，分布较广，有各种鱼类 19 种（李润利，2016）。

【受威胁和保护管理状况】沼泽区建有锡林郭勒草原国家级自然保护区，保护区建立于1985 年，1997 年升为国家级自然保护区，在生物多样性保护方面占有重要位置，并具有明显的国际影响。

锡林郭勒沼泽（刘华兵 摄）

黄岗梁沼泽（150425-204）

【范围与面积】黄岗梁沼泽位于内蒙古自治区赤峰市克什克腾旗，地理坐标为 43°41′31″ ～ 43°49′00″N、117°22′00″ ～ 117°38′00″E，沼泽面积为 439 hm²。

【地质地貌】沼泽区位于大兴安岭最南端，地形复杂，以丘陵与高山台地为主体；新华夏时期，由剧烈的断块隆起和阶梯式断裂生成。区内山体高而窄，主峰黄岗峰是大兴安岭最高峰，海拔 2034 m。其北端与大兴安岭山地连成一体，西南与燕山北部山地相邻（顾殿春，2016）。

【气候】沼泽区属寒温带半湿润气候区，年平均气温为 –2 ～ 2℃，1 月为 –24 ～ –19℃，极端最低气温为 –45.5℃。7 月为 17 ～ 21℃，极端最高气温 33℃（顾殿春，2016）。

【水资源与水环境】沼泽区位于西辽河的一级支流西拉木伦河上游，其数个源头发源于保护区，每年流向西拉木伦河的水量约 0.97 亿 m³。

【沼泽土壤】沼泽区有 4 个土类 10 个亚类 28 个土属。其中地带性土壤为灰色森林土和黑钙土，非地带性土壤有草甸土和沼泽土。

【沼泽动物】沼泽区共有鸟类 18 目 38 科 153 种。其中，国家一级重点保护野生鸟类包含白头鹤、黑鹳、丹顶鹤、遗鸥、大鸨、青头潜鸭、白鹤和白枕鹤 8 种，国家二级重点保护野生鸟类包含日本松雀鹰、毛脚鵟、黄爪隼、小杓鹬、白琵鹭、大天鹅、小天鹅、黑鸢、白尾鹞、白腹鹞、鹊鹞、雀鹰、普通鵟、大鵟、红隼、红脚隼、燕隼、蓑羽鹤、雕鸮、纵纹腹小鸮、长耳鸮 21 种（张莉，2008）。

【受威胁和保护管理状况】沼泽区是西拉木伦河上游重要的水源涵养区之一，在调节西辽河水位、涵养水源、保持水土方面发挥着巨大的生态效益，同时也是贡格尔河发源地。目前本区面临的主要威胁因子为过度放牧等，国家林业局 2015 年评估其受威胁程度为轻度，已于 2004 年建立内蒙古黄岗梁自治区级自然保护区，受克什克腾旗政府管理。

白音敖包沼泽（150425-205）

白音敖包沼泽位于内蒙古自治区赤峰市克什克腾旗，地理坐标为 43°29′18″ ～ 43°36′42″N、117°05′00″ ～ 117°20′00″E，沼泽面积为 673 hm²。沼泽区位于黄岗梁以西约 30 km，白音敖包地貌为隆起的沙地，以敖包岗为最高，沙地内部以及周围有丰沛的水源补给。沼泽区属寒温带半干旱森林草原气候，年平均气温 –1.4℃，最低气温 –30.7℃。年降水量 448 mm 左右，多集中在 6 ～ 8 月。鸟类 9 目 15 科 125 种；其中，国家一级重点保护野生鸟类 1 种，国家二级重点保护野生鸟类包括蓑羽鹤等 8 种。沼泽目前面临的主要威胁因子为过度放牧等，国家林业局 2015 年评估其受威胁程度为轻度；沼泽区已于 1979 年建立自治区级自然保护区，2000 年晋升为内蒙古白音敖包国家级自然保护区，受克什克腾旗政府管理。

双合尔山沼泽（150522-206）

双合尔山沼泽位于内蒙古自治区通辽市科尔沁左翼后旗，地理坐标为 43°16′56″ ～ 43°26′18″N、122°27′09″ ～ 122°50′20″E，沼泽面积为 650 hm²。本区共有鸟类 9 目 15 科 121 种，其中，国家一级重点保护野生鸟类 2 种，国家二级重点保护野生鸟类 7 种；鱼类 1 目 1 科 4 种，两栖类 1 目 2 科 4 种。沼泽区目前面临的主要威胁因子为过度放牧、气候干旱等，国家林业局 2015 年评估其受威胁程度为轻度；沼泽区已于 2013 年建立内蒙古双合尔湿地自然保护区（自治区级），受科尔沁左翼后旗政府管理。

达里诺尔沼泽（150425-207）

【范围与面积】达里诺尔沼泽位于内蒙古自治区赤峰市克什克腾旗，地理坐标为 $43°11'00'' \sim 43°27'00''$N、$116°22'00'' \sim 117°00'00''$E，沼泽面积为 16 019 hm²。

【地质地貌】沼泽区地处阴山山脉向内蒙古高原过渡地带，低山丘陵与盆地交错。达里诺尔为一大型封闭式碳酸盐型半咸水湖泊，并与几个小型湖泊形成较大面积的湖泊沼泽。

【气候】沼泽区属温带半干旱大陆性气候，年蒸发量（2900 mm）远远大于年降水量（303 mm）。年平均气温 3.5℃，1 月平均温度 –14.2℃，7 月平均温度 20.8℃，极端最低温度 –32℃，极端最高温度 32.6℃；$\geq$ 10℃积温为 2500℃，年平均日照时长为 2900 h。

【水资源与水环境】沼泽水源主要靠湖水、河水、地下水及降水补给。根据 2014 年 8 月水质调查结果，沼泽区水质相对较好，具体理化性质见表 15-10。

表 15-10 达里诺尔沼泽水体理化性质（7 月）

水参数	ORP/mV	水温/℃	透明度/cm	pH	DO/(mg/L)	电导率/(μS/cm)	Chla/(μg/L)	TN/(μg/mL)	TP/(μg/mL)
平均值	67.9±17.5	21.60±1.81	5.25±2.05	9.65±0.31	9.283±3.108	1097±1611	3.300±2.410	0.893±0.905	0.079±0.093

【沼泽土壤】沼泽土壤以泥炭沼泽土、腐泥沼泽土和草甸沼泽土为主。以泥炭沼泽土为例，土壤剖面可明显分为两层，即泥炭层和潜育层；泥炭层厚 30 ～ 60 cm，暗灰棕色，松软，富有弹性，有机质高达 30%；泥炭层下为灰色或灰蓝色潜育层。全氮含量为 0.074%，pH 为 7.1，离子代换量为 48.45 cmol⁺/kg。

达里诺尔沼泽（雷光春 摄）

达里诺尔沼泽（张雅棉 摄）

【沼泽植被】沼泽区湿地植被以香蒲群落、碱蓬群落、芦苇群落、莎草群落为主，莎草群落以莎草科植物为优势种，其伴生物种主要为碱蓬、羊草、香蒲、鸢尾、荸荠、泽泻；群落盖度 13.00%，群落平均高度 105.55～216.46 cm，年初级生产力平均为 0.04 kg/m^2。

【沼泽动物】沼泽区分布鸟类 10 目 19 属 123 种，其中国家一级重点保护野生鸟类 9 种，包含丹顶鹤、白枕鹤、玉带海雕、草原雕、遗鸥、大鸨、东方白鹳、青头潜鸭、中华秋沙鸭，国家二级重点保护野生鸟类 15 种，包含角䴙䴘、白尾鹞、雀鹰、大䴉、黄爪隼、红隼、红脚隼、燕隼、猎隼、雕鸮、白琵鹭、大天鹅、小天鹅、蓑羽鹤和灰鹤（李运强，2017）。

【受威胁和保护管理状况】1996 年达里诺尔沼泽建立自治区级自然保护区，1997 年晋升为达里诺尔国家级自然保护区，目前受旗政府管理。本区目前主要受过度放牧的威胁，威胁程度为轻度。

白银库伦沼泽（152502-208）

【范围与面积】白银库伦沼泽位于内蒙古自治区锡林郭勒盟锡林浩特市，地理坐标为 43°13′～43°18′N、116°07′～116°21′E，沼泽区面积为 10 415 hm^2，其中沼泽面积约为 4000 hm^2。

【气候】沼泽区属半干旱大陆性气候，冬季严寒漫长，夏季温凉短促，春秋风多而干燥，具有独特的自然景观和典型的动植物区系。年均温 –2.3～4.5℃，年降水量 218～400 mm，无霜期 110～120 d（温都苏等，2007）。

【沼泽土壤】沼泽区地带性土壤主要为栗钙土。

【沼泽植被】沼泽区湿地高等植物共有 52 科 155 属 216 种，湿地植被划分为 3 个植被型组 8 个植被型 13 个群系。在湖周围水分条件较好的地区分布着大面积的草甸植被，主要有薹草草甸、芨芨草盐化草甸；湖南岸分布着大面积沼泽植被，主要有芦苇、香蒲、三棱水葱、水葱；在白银库伦湖与浑善达克沙地之间分布有五蕊柳植被。

【沼泽动物】沼泽区共有鸟类 18 目 38 科 153 种。其中，国家一级重点保护野生鸟类包含黑鹳、丹顶鹤、遗鸥、大鸨、青头潜鸭、白枕鹤、白鹤和白头鹤 8 种，国家二级重点保护野生鸟类包含日本松雀鹰、毛脚鵟、黄爪隼、小杓鹬、白琵鹭、大天鹅、小天鹅、黑鸢、白尾鹞、白腹鹞、鹊鹞、雀鹰、普通鵟、大䴉、红隼、红脚隼、燕隼、蓑羽鹤、雕鸮、纵纹腹小鸮、长耳鸮 21 种（张莉，2008）。

【受威胁和保护管理状况】沼泽区目前面临的主要威胁因子为放牧等，国家林业局 2015 年评估其受威胁程度为轻度，沼泽区已于 2005 年建立内蒙古白银库伦遗鸥自治区级自然保护区，总面积为 10 415 hm^2，受锡林浩特市政府管理。

恩格尔河沼泽（152523-209）

恩格尔河沼泽位于内蒙古自治区锡林郭勒盟苏尼特左旗东南，与正蓝旗、阿巴嘎旗和正镶白旗相交，地理坐标为 43°00′43″～43°28′15″N、114°40′51″～115°01′49″E，沼泽面积为 19 406 hm^2。本区共有鸟类 9 目 18 科 112 种，其中，国家一级重点保护野生鸟类 2 种，国家二级重点保护野生鸟类 17 种。恩格尔河沼泽目前面临的主要威胁因子为放牧等；沼泽区已建立内蒙古恩格尔河自治区级自然保护区。

西拉木伦河沼泽（150400-210）

【**范围与面积**】西拉木伦河沼泽位于内蒙古自治区赤峰市中部，发源于浑善达克沙地横穿于赤峰市，沼泽范围涉及克什克腾旗、林西县、翁牛特旗、巴林右旗、阿鲁科尔沁旗等行政区域。其地理坐标为42°58′24″～43°23′07″N、117°02′16″～120°33′59″E，沼泽面积为 23 114 hm²。

【**地质地貌**】沼泽区处在西伯利亚板块与中朝板块交接带。全区为浅山丘陵地貌，地势表现为东北高西南低，平均海拔 570 m 左右。本区地形山势陡峻，沟谷狭小，地表分裂，冲沟众多。同时地区地质复杂，发育喀斯特钟乳岩层，另外还有千页岩、石灰岩等沉积岩。本区东北部还分布有玄武岩台地（吕存娟，2018）。西拉木伦河流域位于内蒙古高原向松辽平原过渡的斜坡地带，地势表现为西高东低，西部为中山，向东渐变为低山、丘陵，直至平原（夏正楷等，2000）。

【**气候**】沼泽区地处中纬度，属中温带半干旱大陆性气候，昼夜温差大，雨量适中，在温暖湿润的华北平原的北端，又在干燥草原地带的南端，形成了有过渡性质的中间地带。四季分明，年均降水量 390 mm。

【**水资源与水环境**】西拉木伦河发源于克什克腾旗西南部，为西辽河上游的一条支流，属于辽河流域。西拉木伦河全长约 397 km（以萨岭河始计），河流总落差达 1515 m，主要集中在上、中游地区，流域总面积 32 629 km²，年均流量 731 亿 m³，年输沙量达 1419 万 t。其支流主要有碧流河、萨岭河、百岔河、查干木伦河、苇塘河等。整个流域呈现上游宽阔、下游狭窄的特征，为羽状水系。北岸支流少，南岸支流多。西拉木伦河自西向东分别流经浑善达克沙地和科尔沁沙地，为砂质辫状河。在浑善达克沙地内部，河流侵蚀形成了峡谷。西拉木伦河虽大部分流淌于沙地，但是属于外流河。

西拉木伦河流域径流的水源主要是大气降水，以降水径流为主，降雪及冰雪融水径流占有的比例较小。该流域 6 月开始出现明显降水，径流总量随之迅速增加，4 月、6 月、7 月、8 月径流总量均在6550 万 m³ 以上，分别占全年径流量的 15.3%、12.4%、25.5%、16.4%，从 9 月开始径流总量随降水量的减少而骤减，3 月、4 月虽没有较充足降水但径流总量却迅速增加，这与该流域河水冬季结冰而在 3月、4 月迅速融化出现凌汛有着密切关系（安娜等，2016）。

【**沼泽土壤**】栗钙土、棕钙土为浑善达克地区的地带性土壤，而风沙土为其非地带性土壤。东部大兴安岭是多年冻土带，位于冻土带的南部，该地区主要发育棕色针叶林土、沼泽土、灰黑土、暗棕壤、草甸土等森林土壤类型。

西拉木伦河沼泽（张重岭 摄）

【沼泽动物】沼泽区共有鸟类 8 目 5 科 101 种，其中国家二级重点保护野生鸟类包括鸿雁等 9 种。

【受威胁和保护管理状况】沼泽区目前面临的主要威胁因子为水利工程及放牧围垦等，国家林业局 2015 年评估其受威胁程度为轻度，受赤峰市水利局管理，目前未成立自然保护区或其他专门管理机构。

松树山沼泽（150426-211）

【范围与面积】松树山沼泽位于内蒙古自治区赤峰市翁牛特旗中部、科尔沁沙地西端，地理坐标为 $42°50'04'' \sim 43°13'50''N$、$119°14'32'' \sim 119°32'23''E$，沼泽面积为 1977 hm²。

【地质地貌】沼泽区地貌以石质残丘和风积沙丘为主，常形成坨甸相间的地貌景观，海拔为 $650 \sim 900$ m。

【气候】沼泽区属温带大陆性气候，年降水量 340 mm 左右。年平均气温为 6.2℃，1 月均温为 –11.8℃，7 月均温为 23.3℃，极端最高温度为 39.8℃，极端最低温度为 –32.9℃，$\geqslant 10℃$ 年积温为 3027.4℃；降水多集中于 $6 \sim 8$ 月，占全年降水量的 69%；年蒸发量 2249.9 mm。本区风速较大，年平均风速为 4 m/s，极大风速为 31 m/s，> 8 级大风日数为 80 d。

【水资源与水环境】流经本区的地表径流只有响水河一条，流域面积为 670 hm²，区内泡子较多，水面较宽阔。在地下水方面，响水河地下水位较高，其余地区地下水位随响水河距离增大而逐渐偏低，响水河河谷含水层岩性为中细砂、沙砾卵石，含水层厚一般为 $20 \sim 40$ m，最厚可达 $50 \sim 60$ m，水位埋深 $1 \sim 10$ m。

【沼泽土壤】沼泽区土壤以沙土分布最广，覆盖整个松树山地区，其中有流动沙丘、半固定沙丘和固定沙丘。固定沙丘沙层厚度为 $25 \sim 80$ m，腐殖质含量极低（$0.14\% \sim 0.54\%$），土壤中微量元素 Mo 含量为 $2 \sim 5$ mg/kg，B 为 $19 \sim 27$ mg/kg，Co 为 $5 \sim 12$ mg/kg，Mn 为 $71 \sim 255$ mg/kg，Cu 为 $10 \sim 17$ mg/kg，Zn 为 $7 \sim 26$ mg/kg，反映出沙漠化土壤的特征。在沙丘之间低平地段上常分布有草甸土和盐碱土。

【沼泽植被】沼泽区高等植物共有 85 科 185 属 401 种，常见种有芦苇、狗尾草、藜、千屈菜等。

【沼泽动物】沼泽区共有鸟类 8 目 14 科 92 种。其中，国家一级重点保护野生鸟类有黑鹳和金雕 2 种，国家二级重点保护野生鸟类有大天鹅、鸿雁、黄爪隼 3 种。

【受威胁和保护管理状况】沼泽区目前面临的主要威胁因子为放牧等，国家林业局 2015 年评估其受威胁程度为轻度；已于 1999 年建立内蒙古松树山自然保护区，2013 年升为自治区级，目前受内蒙古松树山自然保护区管护中心管理。

八大连池沼泽（150522-212）

八大连池沼泽位于内蒙古自治区通辽市科尔沁左翼后旗东南部常胜镇，地理坐标为 $42°54'18'' \sim 42°54'60''N$、$122°55'15'' \sim 122°58'07''E$，沼泽面积为 198 hm²。本区地貌类型以沙类沉积物为主。沼泽区属中温带大陆性季风气候，干旱多风沙。夏季受季风影响，酷暑炎热、雨量集中；秋季短暂凉爽；冬季漫长、日照短，降水少。年均气温为 $5.3 \sim 5.9℃$。本区主要土壤类型为风沙土和草甸土。本区共有鸟类 9 目 5 科 121 种；其中，国家一级重点保护野生鸟类 2 种，国家二级重点保护野生鸟类 7 种。

沼泽区目前面临的主要威胁因子为过度放牧及气候干旱等，国家林业局 2015 年评估其受威胁程度为轻度；沼泽区于 2001 年建立内蒙古八大连池市级自然保护区，受旗政府管理。

乌兰布统沼泽（150425-213）

【范围与面积】乌兰布统沼泽处于燕山北地、内蒙古高原的过渡地带，位于内蒙古自治区赤峰市克什克腾旗南端，地理坐标为 42°27′00″ ～ 42°45′00″N、117°05′20″ ～ 117°33′00″E，沼泽面积为 4470 hm²。

【地质地貌】沼泽区海拔为 1300 ～ 1900 m，因风力强、大风日数多，风蚀、风积地貌多，风蚀沙垄、沙沼堆积。

【气候】沼泽区地处温带向寒带过渡带，大陆性气候，四季分明，冬季寒冷漫长，夏季短而凉爽，降水丰富。年均气温为 –2℃，降水量为 420 ～ 480 mm，无霜期 2 个月左右。

【水资源与水环境】沼泽区湖泊众多，以将军泡子、公主湖著名。

【沼泽土壤】沼泽区地带性土壤为黑钙土，在当地草甸草原下发育。

【沼泽动物】沼泽区分布脊椎动物 19 目 29 科 155 种，其中鱼类 3 目 5 科 21 种，两栖类 1 目 1 科 2 种，共有鸟类 9 目 16 科 107 种，国家二级重点保护鸟类有疣鼻天鹅、鸳鸯、红脚隼、蓑羽鹤等 9 种。

【受威胁和保护管理状况】沼泽区目前面临的主要威胁因子为过度放牧等，国家林业局 2015 年评估其受威胁程度为轻度，已于 2004 年建立克什克腾旗乌兰布统自然保护区，受旗政府管理。

黑风河沼泽（152530-214）

黑风河沼泽位于内蒙古自治区锡林郭勒盟正蓝旗东部，与多伦县、赤峰市克什克腾旗相连，地理坐标为 42°19′54″ ～ 42°39′17″N、116°12′42″ ～ 116°33′25″E，沼泽面积为 8175.48 hm²。本区水系由湖泊湿地和河流湿地组成，分布鸟类 9 目 18 科 127 种，其中国家一级保护野生鸟类 2 种，国家二级保护野生鸟类 17 种。黑风河沼泽目前面临的主要威胁因子为过度放牧、土壤沙化等，国家林业局 2015 年评估其受威胁程度为轻度，已于 2001 年建立内蒙古正蓝旗黑风河自然保护区（旗级），受旗林业局管理。

塞罕坝沼泽（130828-215）

【范围与面积】塞罕坝沼泽位于河北省承德市围场满族蒙古族自治县，地理坐标为 42°22′00″ ～ 42°31′12″N、116°53′00″ ～ 117°31′17″E，沼泽面积为 4039 hm²，海拔为 1500 ～ 1939.6 m。

【地质地貌】沼泽区地处内蒙古高原与冀北山地的交接处，地貌界于内蒙古熔岩高原和冀北山地之间，主要是高原台地（鲁艳华和穆晓杰，2016）。

【气候】沼泽区属温带半湿润季风气候，年均气温 –1.2℃，极端最低气温达 –43.2℃，极端最高气温 33.4℃；降水量偏少，年均降水量 452.6 mm。春秋季短暂，干燥多风；夏季不明显，光照强烈，年平均日照 2367.8 h；冬季漫长，低温寒冷，冬季长达 230 ～ 240 d（石丽丽等，2008；马瑞先，2012）。

【水资源与水环境】沼泽区降水丰沛，气候湿凉，有优质的湖沼淡水，是滦河、辽河主要水源地之一（周建波等，2015）。区域内陆河汊较多，多数水源补充进入就近的沼泽或滩地。区内的泉水直接输入沼泽湿地，就地循环，只有一部分汇入地表河流流出区外（杜兴兰等，2017）。

【沼泽土壤】沼泽区土壤类型包括六大土类 11 个亚类 18 个土属 32 个土种；各土类中以棕壤类含土种最多，其次为灰色森林土类，最少的为黑土类。自然保护区中土壤垂直分布（由低到高）顺序是：棕壤—灰色森林土—黑土；水平分布是：东部为黑土，中部为灰色森林土，西部为风沙土。土壤演变趋势为：棕壤向灰化棕壤过渡，风沙土向灰色森林土方向发育，灰色森林土向风沙土方向转变，草甸土和沼泽土有向地带性土壤演变的趋势（石丽丽等，2008）。

【沼泽植被】沼泽区水生植物代表种类有竹叶眼子菜、两栖蓼、狐尾藻、萍蓬草和荇菜等；湿生植物主要代表种类有假鼠妇草、假稻、睡菜、黄连花、灰脉薹草、金莲花、绣线菊、地榆、岩黄芪等（马瑞先和孟凡玲，2012）。此外，沼泽区还分布有大花杓兰、绶草、沼兰等保护植物或珍稀濒危植物（鲁艳华和穆晓杰，2016）。

【沼泽动物】沼泽区环境条件良好，动物种类复杂多样，共有野生动物 261 种（含亚种），隶属于 4 纲 24 目 66 科；记录有金雕、黑鹳、白头鹤、大鸨等国家一级重点保护野生动物，国家二级重点保护野生动物包括大天鹅、小天鹅、鸳鸯、灰鹤、苍鹰、细鳞鲑等（杜兴兰和孟凡玲，2012）。

【受威胁和保护管理状况】沼泽区建有塞罕坝自然保护区，主要保护对象是森林–草原交错带生态系统，滦河、辽河水源地，以及黑鹳、金雕等珍稀濒危动植物物种；保护区于 2002 年建立，2007年晋升为国家级自然保护区（马瑞先，2012；马瑞先和孟凡玲，2012）。

蔡木山沼泽（152531-216）

【范围与面积】蔡木山沼泽地处内蒙古自治区锡林郭勒盟东南部多伦县北部，地理坐标为 42°23′34″ ～ 42°26′10″N、116°43′22″ ～ 116°47′14″E，沼泽面积为 593 hm²。

【地质地貌】沼泽区地处内蒙古波状高原的南缘、阴山山地北麓和浑善达克沙地尾缘的交错地区，海拔为 1350 ～ 1520 m（宝音等，2001）。

【气候】沼泽区位于我国东部季风区，中温带半干旱向半湿润过渡地区，大陆性气候显著；年均气温 1.6℃（–5 ～ 9.1℃），年降水量为 385 mm（宝音等，2001）。

【沼泽植被】沼泽区分布维管植物 77 科 256 属 502 种（宝音等，2001），其中湿地植物有 65 科 165 属 346 种，主要分布在水泡子周围及河滩地，一般以芦苇、水烛、小香蒲、水葱等为优势种或建群种（左鸿飞，2009）。

【沼泽动物】沼泽区记录有脊椎动物 17 目 27 科 154 种。其中，哺乳类 4 目 5 科 23 种，兽类主要有狍、狼等；啮齿类 6 种，主要有蒙古黄鼠、蒙古田鼠等；爬行类 1 目 1 科 2 种；鱼类 9 目 16 科 117 种，有鲤、细鳞鲑、鲫等，其中细鳞鲑为该地区所特有。

沼泽区森林、草原、湖泊、河流、沼泽等多样的生境条件，为大量鸟类提供了栖息繁殖的优越条件，现已记录的鸟类有 117 种，分属于 9 目 16 科，其中国家一级保护鸟类有大鸨一种，国家二级保护鸟类有灰鹤、蓑羽鹤、大天鹅等，共 22 种（左鸿飞，2009）。

【受威胁和保护管理状况】沼泽区建有多伦县蔡木山自治区级自然保护区，受保护区管理站管理。蔡木山沼泽位于农牧交错区，主要威胁因子为过度放牧、土壤沙化等。

多伦大河口水库周围沼泽（152531-217）

多伦大河口水库周围沼泽位于内蒙古自治区锡林郭勒盟多伦县大河口乡西南，地理坐标为 $42°02'40'' \sim 42°31'33''$N、$116°20'34'' \sim 116°43'40''$E，沼泽面积为 1825 hm²。沼泽区属中温带半干旱向半湿润过渡的大陆性气候，年均气温 1.6℃，年均降水量 385 mm。水系由人工湿地和地表径流组成。沼泽区分布鸟类 8 目 16 科 107 种，其中国家重点保护物种 19 种，国家一级保护野生鸟类 5 种，国家二级保护野生鸟类 14 种。多伦大河口水库目前面临的主要威胁有泥沙淤积、土壤沙化及污染等；沼泽区已建立内蒙古多伦滦河源国家湿地公园，成立了西山湾水库管理局，受多伦县水利局管理。

御道口沼泽（130828-218）

【范围与面积】御道口沼泽位于河北省北部的承德市围场满族蒙古族自治县坝上地区，它东起东坝梁，北接塞罕坝机械林场，西北与内蒙古多伦县接壤，地理坐标为 $42°5'58'' \sim 42°25'02''$N、$116°46'30'' \sim 117°27'28''$E，沼泽面积为 8278 hm²。

【地质地貌】沼泽区属内蒙古高原的东南边缘与冀西北山地交会地貌，地势南高北低，是森林和草原的过渡地带，属我国北方典型的农牧交错带。

【气候】沼泽区属中温带半湿润大陆性季风气候，年平均气温 $-0.5 \sim -0.3$℃，区内冬季严寒，1 月平均气温 -21℃，极端最低气温 -42.9℃，最大冻土层 288 cm；年平均降水量 452.6 mm，年平均蒸发量高达 $1556.8 \sim 2400$ mm，为降水量的 4～5 倍，降水少而变率大，年内干旱期长，夏季集中了全年 65% 的降水（刘春兰和钱金平，2003）。沼泽区降水少、多风沙、高寒、无霜期短、土地沙化严重，生态环境非常脆弱。

【沼泽动物】沼泽区共记录有鸟类 154 种，约占河北省鸟类总种数的 30%；从鸟类种类组成看，雀形目种数量最多，其次是隼形目、雁形目和鸻形目。区域内有国家级保护鸟类 29 种，其中水鸟 8 种，包括黑鹳、白头鹤、大鸨、大天鹅、小天鹅、鸳鸯、灰鹤、白枕鹤（高红真和赵萍，2015）。

【受威胁和保护管理状况】沼泽区建有围场御道口省级自然保护区，保护区成立于 2002 年，以草原和湿地生态系统为主要保护对象；保护区总面积 347.74 km²，其中核心区面积 45.93 km²，缓冲区面积 50.01 km²，实验区面积 251.8 km²。

康巴诺尔沼泽（130723-219）

【范围与面积】康巴诺尔沼泽位于河北省张家口市康保县，地理坐标为 $41°47' \sim 41°50'$N、$114°33' \sim 114°37'$E，平均海拔 1410 m，沼泽面积为 145.5 hm²。

【地质地貌】沼泽区地处冀蒙结合部内蒙古高原的东南缘，属阴山穹折带，俗称"坝上高原"（田建芬，2020）。

【气候】沼泽区位于中温带亚干旱区，属东亚大陆性季风气候，年平均气温为 1.7℃，极端最低气温为 -37.3℃，极端最高气温为 34℃，1 月平均气温最低（-17.6℃），7 月平均气温最高（18.4℃）；≥10℃积温为 1895.1℃，无霜期为 90～129 d，年日照时数为 3100 h，年降水量为 350 mm

（吴渊等，2017）。

【沼泽植被】沼泽区湿地植物以披碱草、水葱、芦苇等草本植物为主（白洁等，2021）。

【沼泽动物】沼泽区记录水鸟 6 目 12 科 60 种，以雁形目和鸻形目为主，雁形目有赤麻鸭、翘鼻麻鸭、赤膀鸭、斑嘴鸭、琵嘴鸭、红头潜鸭等 21 种；鸻形目有黑翅长脚鹬、反嘴鹬、凤头麦鸡、矶鹬、红嘴鸥、鸥嘴噪鸥、普通燕鸥等 32 种（鲁照阳等，2019）。

【受威胁和保护管理状况】沼泽区建有康巴诺尔国家湿地公园，湿地公园总面积约 400 hm²，其中康巴诺尔咸水湖湖面面积 141.3 hm²，湖体最深处 3.5 m，平均水深 1.5 m（鲁照阳等，2019）。

四人洼沼泽（130724-220）

【范围与面积】四人洼沼泽位于张家口坝上高原沽源县，地理坐标为 41°37′ ～ 41°50′N、115°30′ ～ 115°51′E，海拔 1400 m，沼泽面积为 9378 hm²，与第一版《中国沼泽志》相比，沼泽面积增长了 2.75%。沼泽类型包括草本沼泽、内陆盐沼和沼泽化草甸等。

【地质地貌】沼泽区地处内蒙古高原的南端，属张北坝上波状高原，海拔 1400 m 左右，但相对高差一般小于 50 m。由于长期受风蚀作用和河流侵蚀、切割作用，在高原不平坦地带形成了许多风蚀凹地和侵蚀洼地，常年积水或季节性积水。由于地势封闭，排水不畅，而形成沼泽，被当地人称为"淖尔"，这是该区特有的沼泽景观。

【气候】沼泽区属温带半干旱大陆性季风气候，冬季较长、气候寒冷干燥，夏季较短、气候凉爽、昼夜温差大；年均气温 1.2 ～ 2.6℃，1 月气温最低，平均气温 –18.4℃，7 月气温最高，平均气温 17.9℃，极端最高气温 33.5℃，最低气温 –40.3℃；年积温 2100 ～ 2800℃，无霜期 80 ～ 100 d；年降水量 300 ～ 450 mm，年蒸发量 1700 ～ 1800 mm（于连海等，2018）。无霜期短，多风少雨，气候多变，灾害性气候较多。

【水资源与水环境】沼泽区位于滦河水系，沼泽水源主要来自闪电河河水、闪电河水库、草原湖和库仑淖尔（天鹅湖）湖水及大气降水。2014 年 6 月对四人洼沼泽地表水开展调查，平均 DO 浓度为 10.22 mg/L，平均 pH 为 9.05，呈碱性，其水体理化性质见表 15-11。

表 15-11　四人洼沼泽水体理化性质

	TDS/(mg/L)	pH	EC/(mS/cm)	DO/(mg/L)	ORP/mV	Cl⁻/(mg/L)	盐度/%	NO₃⁻-N/(mg/L)	NH₄⁺-N/(mg/L)
平均值	0.98	9.05	1.50	10.22	102.95	587.59	0.77	0.19	0.05
最高值	2.93	9.70	4.51	12.89	119.60	1648.00	2.40	0.99	0.46
最低值	0.26	8.51	0.40	8.25	90.10	39.50	0.19	0.00	0.00

【沼泽土壤】沼泽区成土母质大部分为玄武岩、花岗岩和片麻岩，沼泽土壤类型为黏质沼泽土。由于温度低，土壤好气微生物的活动受到限制，有机质不能充分分解，以有机残体和半腐有机质形式累积于地表，形成腐泥层，一般厚 10 ～ 30 cm。沼泽土壤干容重为 0.9 ～ 1.4 g/cm³，有机碳含量为 4.07% ～ 5.43%（表 15-12）。沼泽区不同深度土壤理化性质见表 15-13。

【沼泽植被】沼泽区常见湿地植被为无脉薹草群落和芦苇群落，分布在湖滨地和局部低洼处，前者生物量为（145.33±25.44）g/m²，后者生物量为（89.33±3.53）g/m²，群落物种组成见表 15-14。沼泽区常见植物包括海乳草、海韭菜、木贼、短芒大麦草、犬问荆、菵草、针茅、小灯心草、短穗看麦娘、牛鞭草、狼毒、灯心草、扁秆荆三棱、碱毛茛、苇状看麦娘、长叶碱毛茛、花蔺、翻白草、天蓝苜蓿、泽芹、泽泻、水麦冬、水烛、菹草、水葱、杉叶藻、报春花、寸草、无脉薹草、蒲公英。与第一版《中国沼泽志》相比，本次调查发现芦苇群落退化明显，平均株高由 1.5 m 下降到 0.5 m；薹草湿地土壤有盐渍化现象，地表基本无积水，群落高 0.3 ～ 0.5 m。

表 15-12　四人洼沼泽土壤特征

所属地区	类型	破坏程度	北纬	东经	海拔/m	厚度/m	植被	干容重/(g/cm³)	有机碳含量/%
沽源县闪电河乡	草本泥炭	影响较小	41.7711	115.7590	1397	0.30	菹草+水葱群落	0.96	4.07
沽源县闪电河乡	草本泥炭	未受影响	41.7701	115.7795	1400	0.30	薹草群落	1.11	4.73
沽源县小厂镇野马营村	草本泥炭	未受影响	41.5144	115.7428	1462	0.20	薹草群落	1.04	5.43
沽源县平定堡镇四人洼村	草本泥炭	未受影响	41.6635	115.6972	1433	0.27	薹草群落	1.33	4.70
沽源县闪电河乡	草本泥炭	影响较小	41.6508	115.8022	1418	0.30	薹草+芦苇群落	1.11	4.73

表 15-13　四人洼沼泽不同深度土壤理化性质

土层深度/cm	pH	有机质/%	全氮/%	全磷/%	全钾/%	碱解氮/(mg/kg)	速效磷/(mg/kg)	速效钾/(mg/kg)
0～10	8.4	13.2	0.41	0.033	0.53	198	5.0	300
10～20	8.2	12.7	0.29	0.024	0.48	180	2.8	190
20～40	7.7	10.5	0.23	0.019	0.43	89	3.0	140

表 15-14　四人洼沼泽植物群落物种组成

种名	芦苇群落			无脉薹草群落		
	高度/cm	多度	盖度/%	高度/cm	多度	盖度/%
芦苇	50	Cop3	30			
蓼	40	Sol	1	10	Cop1	5
无脉薹草	30	Sol	1	40	Cop3	35
泽芹	40	Sol	3			
翻白草				10	Cop1	5
天蓝苜蓿				10	Sol	10
杉叶藻				20	Cop1	5
水葱				90	Sol	2

注：德氏多度符号，Sol表示很少，Cop1表示尚多，Cop3表示很多

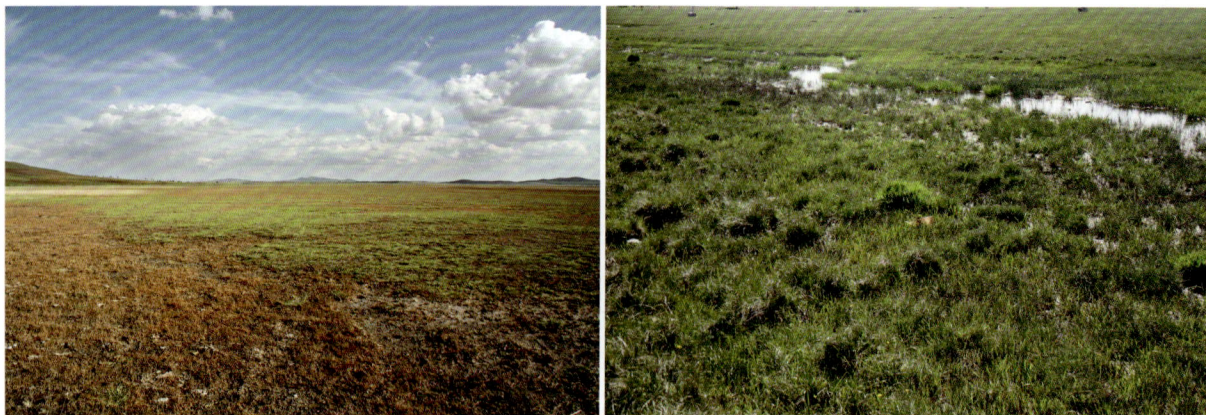

四人洼沼泽（刘波 摄）

【沼泽动物】沼泽区为迁徙水禽的一个繁殖地和驿站，记录有黑鹳、中华秋沙鸭、金雕、白头鹤、乌雕、白枕鹤等国家一级重点保护野生动物和大天鹅、小天鹅、鹗、苍鹰、大鵟、白尾鹞、鹊鹞、红隼、灰鹤、鸳鸯、白额雁等国家二级重点保护野生动物。

【受威胁和保护管理状况】沼泽区建有河北坝上闪电河国家湿地公园，湿地公园试点建设于2013年通过验收，对于沼泽湿地恢复和水鸟栖息地保护起到很好的支撑作用。沼泽区主要受气候变化、放牧和旅游干扰的影响。

海留图沼泽（130826-221）

海留图沼泽位于河北省承德市丰宁满族自治县大滩镇，紧邻张家口市沽源县。地理坐标为41°34′25″～41°38′18″N、115°54′23″～116°00′28″E，沼泽面积约为1957 hm²。沼泽区在闪电河的上游，属于闪电河流域，具有典型的坝上高原湿地特征。该区是白枕鹤、黑鹳等国家一级重点保护野生动物和灰鹤、小天鹅、鸳鸯等国家二级重点保护野生动物的重要停歇地，生态意义重大。沼泽区建有河北丰宁海留图国家湿地公园，公园试点于2017年正式通过国家林业局验收。

乌兰察布天鹅湖沼泽（150928-222）

乌兰察布天鹅湖沼泽位于内蒙古自治区乌兰察布市察哈尔右翼后旗，地处察哈尔火山群东南，距旗政府所在地白音察干镇以北约12 km，地理坐标为41°30′04″～41°32′17″N、113°13′24″～113°17′27″E，沼泽面积为448 hm²。天鹅湖是察哈尔火山群喷发的火山熔岩流堵截河谷或河床后贮水而形成的火山堰塞湖。沼泽区属中温带半干旱大陆性季风气候，全年日照总数为3082 h，年平均气温3.4℃，最冷的1月平均气温为-14.9℃，最热的7月平均气温为19.4℃，无霜期平均110 d左右，年均降水量为300～320 mm。沼泽区共有鸟类9目16科115种，其中，国家一级重点保护野生鸟类4种，国家二级重点保护野生鸟类12种。本区目前面临的主要威胁因子为过度放牧、沙化和盐碱化等，国家林业局2015年评估其受威胁程度为轻度，受察哈尔右翼后旗林业和草原局管理，正在规划建立自然保护区。

滦河沼泽（130800-223）

【范围与面积】滦河沼泽位于河北省东北部，地理坐标为40°5′28″～42°21′22″N、116°5′00″～119°36′25″E，沼泽面积为1064 hm²。

【地质地貌】滦河流域地形差异较大，但总的变化趋势基本与河流流向一致。按照地表形态可分为高原、山地、平原三大地貌类型。高原主要分布于流域北部，海拔为1400～1600 m；山地（包括丘陵和山间盆地）主要分布于高原以南、平原以北。平原位于流域南部，属山前倾斜平原，坡度1/300～1/1000，表层岩性以黄土、亚砂土和砂土为主（徐向广，2009）。

【气候】滦河流域位于中纬度欧亚大陆东岸，南部为暖温带，向北至坝上逐渐过渡到中温带，由东南向西北依次为湿润、较湿润、半湿润、半干旱的大陆性季风气候（赵纪芳等，2022）。年平均气温10.0℃，最高气温33.0℃，极端最低气温-23.4℃，1月平均气温-4.0℃左右，7月平均气温25.0℃

左右；年平均降水量 625.5 mm，年平均蒸发量为 1900 mm（田海兰，2015）。

【沼泽动物】沼泽区常见水鸟有黑嘴鸥、黑尾鸥、红嘴鸥、银鸥、普通燕鸥、黑枕燕鸥、白鹤、丹顶鹤、灰鹤等。鱼类群落优势种为鲫、棒花鱼、麦穗鱼，包括外来种尼罗罗非鱼（张亚，2018）。大型底栖动物 206 种，其中水生昆虫 155 种（75.2%），寡毛类 5 种（2.4%），软体动物 28 种（13.6%），其他大型底栖动物 18 种（8.7%）；群落优势种为纹石蚕（*Hydropsyche* sp.）和东方蜉（张亚，2018）。

【受威胁和保护管理状况】沼泽区建有河北承德双塔山国家湿地公园和木兰围场小滦河国家湿地公园，前者于 2015 年批准建立，2020 年公园试点正式通过国家林业和草原局验收；后者于 2013 年批准建立。

牧羊海沼泽（150824-224）

【范围与面积】牧羊海沼泽位于河套平原的东北部，地处巴彦淖尔市乌拉特中旗。其地理坐标为 41°11′28″ ～ 41°15′18″N、108°21′16″ ～ 108°25′41″E，沼泽面积为 2715 hm²。

【地质地貌】牧羊海地形平缓，坡度小，地貌简单，平均海拔为 1022.2 m，由大汉海子、刘铁海子、王坝海子、南北壕片、牧业队片、四连片及周边部分区域组成。

【气候】沼泽区属温带大陆性半干旱气候，年均气温 7℃，无霜期 136.5 d，年降水量 189 mm，年日照时数 3036 h。

【沼泽动物】沼泽区分布鸟类 9 目 16 科 117 种，其中国家一级保护野生鸟类 5 种，国家二级保护野生鸟类 14 种。

【受威胁和保护管理状况】牧羊海沼泽是我国西部五省区及世界同一经纬度唯一的一块湿地，也是乌拉特中旗唯一的一块淡水湖，已于 2020 年建立内蒙古乌拉特中旗牧羊海湿地公园，2021 年被国家林业和草原局指定为自治区重要湿地，隶属于巴彦淖尔市农垦管理局。该沼泽目前面临的主要威胁因子为泥沙淤积等。

乌梁素海沼泽（150823-225）

【范围与面积】乌梁素海沼泽位于内蒙古自治区巴彦淖尔市乌拉特前旗、呼和浩特、包头、鄂尔多斯三角地带的边缘，地理坐标为 40°46′22″ ～ 41°09′15″N、108°40′22″ ～ 108°58′48″E，面积为 30 047 hm²。海拔 1018 m。综合自然区划属中温带荒漠草原地带（干旱）河套－鄂尔多斯西部高原区。

【地质地貌】沼泽成因以黄河改道为主，亦与河套平原农业灌溉有关，它北靠狼山南麓山前冲积洪积平原，东岸接乌拉山洪积阶地，西岸与南岸皆为黄河北岸的冲积平原，乌加河纵贯南北，西南有"河套灌区总排干渠"与黄河相连。过去黄河沿狼山南麓流入后套平原，经乌梁素海地区东流。新生代第四纪的新构造运动使阴山山脉连续上升，河套平原相对下陷，黄河不能东去，而在乌梁素海地区形成一个大转弯南流，这一段南北走向的河道，就是乌梁素海的前身。由于阿拉善流沙沿狼山和贺兰山之间的缺口不断东侵，再加上狼山洪积物南向扩展，致使河床抬高。1850 年，乌加河一段长约 1 km 的河床被泥沙淤断，迫使黄河由今日河道东流，而在乌梁素海地区留下 2 km² 的河迹湖。乌梁素海湖底比较平坦，平均水深不足 1 m，最深处为 2.5 m 左右，深度小于 0.7 m 的区域占湖区总面积的 85%。

【气候】沼泽区属温带大陆性干旱气候，年平均气温为 6.9℃，年平均降水量为 217 mm。

【水资源与水环境】乌梁素海由黄河河套灌区农田退水和山洪泄水补给，湖水呈碱性。明水期水体 pH 平均为 8.85，含盐量平均为 1.84 g/L，具体理化性质见表 15-15。

表 15-15　乌梁素海沼泽水体理化性质（测于 7 月）

水参数	pH	温度/℃	电导率/(μS/cm)	盐度/%	透明度/cm	总磷/(mg/L)	DO/(mg/L)
平均值	8.85±0.53	27.29±2.50	13483±20894	0.7326±1.297	32±33	0.18±0.16	10.1±7.7

【沼泽土壤】沼泽区土壤为淤泥沼泽土，剖面呈灰色，既无草根层，又无泥炭积累。上部为腐殖质层，黏重、细腻、无结构，土层下部潜育化作用明显。腐殖质层的全氮含量为 0.5% 左右，磷和钾的含量较高，分别为 1% 和 5% 左右。有机质含量为 12% ～ 18%。

【沼泽植被】沼泽区芦苇和香蒲生长繁茂，生物量大；沉水植物以篦齿眼子菜、狐尾藻、轮藻等为主，沼泽植被以芦苇＋碱蓬群落为主，芦苇＋碱蓬群落主要伴生物种为白刺；群落盖度 44.44%，群落平均高度 2.85 ～ 17.37 cm，年均初级生产力为 0.72 g/m²。

与第一版《中国沼泽志》相比，近年来沼泽植物由水生植物向旱生植物演替，未见其原优势物种香蒲，新发现芦苇＋碱蓬群落。

【沼泽动物】乌梁素海是内蒙古西部主要水产基地，盛产鲤、鲫、瓦氏雅罗鱼、怀头鲇，还有放养的鲢等，共有鱼类 24 种。浮游动物 68 种，平均生物量为 4.06 mg/L。底栖动物 50 余种。浮游生物丰富，为鱼类提供充足的饵料。水草丰盛，为雁鸭类、鹭类、鸥鹬提供了食料、隐蔽条件和繁殖场所，亦是很多水禽栖息和繁殖基地。乌梁素海有鸟类 14 目 35 科 75 属 124 种，约占全国鸟类种数的 10%，主要水禽有小䴙䴘、凤头䴙䴘、黑颈䴙䴘、普通鸬鹚、苍鹭、草鹭、大白鹭、白鹭、牛背鹭、池鹭、绿鹭、夜鹭、黄斑苇鸦、紫背苇鸦、大麻鸦、黑鹳、白琵鹭、疣鼻天鹅、大天鹅、小天鹅、鸿雁、豆雁、灰雁、赤麻鸭、翘鼻麻鸭、鸳鸯、赤颈鸭、罗纹鸭、赤膀鸭、绿翅鸭、绿头鸭、斑嘴鸭、针尾鸭、白眉鸭、琵嘴鸭、赤嘴潜鸭、红头潜鸭、青头潜鸭、白眼潜鸭、凤头潜鸭、鹊鸭、斑头秋沙鸭、普通秋沙鸭、蓑羽鹤、白枕鹤、灰鹤、普通秧鸡、黑水鸡、白骨顶、黑翅长脚鹬、反嘴鹬、普通燕鸻、凤头麦鸡、灰头麦鸡、金鸻、灰鸻、剑鸻、金眶鸻、环颈鸻、蒙古沙鸻、铁嘴沙鸻、丘鹬、大沙锥、扇尾沙锥、半蹼鹬、黑尾塍鹬、斑尾塍鹬、中杓鹬、白腰杓鹬、大杓鹬、鹤鹬、红脚鹬、泽鹬、青脚鹬、白腰草鹬、林鹬、矶鹬、翻石鹬、小滨鹬、青脚滨鹬、长趾滨鹬、弯嘴滨鹬、黑腹滨鹬、流苏鹬、银鸥、渔鸥、棕头鸥、红嘴鸥、遗鸥、三趾鸥、鸥嘴噪鸥、红嘴巨燕鸥、普通燕鸥、白额燕鸥、灰翅浮鸥、白翅浮鸥等。其中黑鹳、青头潜鸭、白枕鹤和遗鸥为国家一级保护野生动物，疣鼻天鹅、大天鹅、蓑羽鹤等为国家二级保护野生动物。

【受威胁和保护管理状况】乌梁素海沼泽面积大，资源丰富，具有巨大的资源潜力和环境效益，本区位于东亚－澳大利西亚及中亚－印度两条迁徙路线上，

乌梁素海沼泽（张雅棉 摄）

是水鸟重要的繁殖地和停歇地。沼泽区已于 1995 年建立了内蒙古乌梁素海湿地水禽自治区级自然保护区，保护区主要受到污染、水利工程的影响。

黄旗海沼泽（150926-226）

【范围与面积】黄旗海沼泽位于内蒙古自治区乌兰察布市察哈尔右翼前旗土贵乌拉镇以北 4 km 处，其地理坐标为 40°45′00″ ～ 41°07′00″N、113°10′11″ ～ 113°26′00″E，沼泽面积为 7248 hm²。

【地质地貌】沼泽区系第三纪地壳断裂运动形成的断陷盆地，黄旗海是一个相对封闭的内陆湖泊，湖面呈不规则梯形。黄旗海周边地域的地貌组合较简单，以玄武岩台地、低缓的丘陵一级冲积湖泊平原为主。低山丘陵多为构造剥蚀山地，岩性为变质岩；湖泊平原整体较为开阔。

【气候】沼泽区处于东亚季风影响区边缘地带的黄旗海，冬季寒冷而干燥，夏季温暖而湿润。1 月平均气温为 –12.9℃，7 月平均气温为 20.8℃，多年平均降水量为 250 ～ 520 mm，主要集中在夏季；多年平均蒸发量为 1964 mm。

【水资源与水环境】沼泽区完全靠地表径流与大气降水补给，地表径流由霸王河、泉玉林河和磨子山河等河流组成，蒸发是湖水支出的唯一途径。2006 年，黄旗海干涸，成为季节性湖泊。

【沼泽土壤】沼泽区土壤以栗钙土为主。

【沼泽植被】沼泽区分布维管植物 196 种，分别属于 37 科 135 属，其中裸子植物 1 科 1 属 1 种，被子植物 36 科 134 属 195 种。沼泽植物以芦苇、芨芨草、碱茅等为主。

【沼泽动物】沼泽区有脊椎动物 20 目 46 科 97 属 173 种，其中鸟类 14 目 35 科 79 种。有国家一级重点保护动物 4 种，即黑鹳、东方白鹳、大鸨、遗鸥；国家二级重点保护动物 30 余种，即大天鹅、小天鹅、疣鼻天鹅等。

【受威胁和保护管理状况】"黄旗海"是内蒙古西部三大内陆湖泊之一，是内蒙古西部湿地生物多样性较为丰富的区域之一，是湿地鸟类迁徙的重要集散地。沼泽区于 1993 年建立察哈尔右翼前旗黄旗海自然保护区，于 2003 年晋升为自治区级自然保护区。

黄旗海沼泽（张雅棉 摄）

杭锦淖尔沼泽（150625-227）

【范围与面积】杭锦淖尔沼泽位于内蒙古自治区鄂尔多斯市杭锦旗，地处杭锦旗北部黄河南岸，距旗政府所在地锡尼镇直线最近点 78 km，其地理坐标为 40°28′00″ ～ 40°52′00″N、107°11′34″ ～ 109°24′00″E，沼泽面积为 23 303 hm²。

【地质地貌】沼泽区位于鄂尔多斯盆地的西北部，受燕山运动影响，地质逐渐下沉，接受了巨厚的白垩系沉积物；至白垩系末期开始上升，第三世纪中后期，局部地区开始下沉，接受第三系沉积物。本区主要地貌类型有河流、湖泊、沼泽、草地、沙地。

【气候】沼泽区属中温带大陆性季风气候，四季特点为：春季风大，干旱少雨；夏季温和短促，降水时段集中；秋季晴朗少云，阳光充足，昼夜温差大，无霜期短，蒸发量大；冬季漫长，寒冷，少雪，多寒潮。年平均气温 5.6℃，极端最高气温 36.5℃，极端最低气温 –32.1℃，全年日照时数 3192.5 h，降水量 142 ～ 286 mm，自西向东递增，全年风天多集中在春天，风向随季节变化。

【水资源与水环境】沼泽区水资源补给主要为黄河干支流，河道弯曲，河床变迁大，主流摆动频繁，水流含大量泥沙，水体浑浊。区内有 4 处较大的湖泊，分别是马塔尔湾湖泊、大道图湖泊、东大道图湖泊、扎汉道图湖泊；这几个湖泊均为大气降水形成，水量随降水量的大小而变化。

【沼泽土壤】沼泽区位于黄河南岸的冲积平原及库布齐沙漠北部，其土壤的成因受地质演化和气候强烈影响，主要有风沙土、沼泽土、潮土、盐土 4 个类型。

【沼泽动物】沼泽区两栖动物、爬行动物、哺乳动物有 7 目 15 科 28 属 44 种，列为国家级保护的有 1 种，即野猫。在这里栖息、繁殖、换羽停歇的鸟类有 17 目 42 科 104 属 190 种，如小䴙䴘、凤头䴙䴘、苍鹭、大白鹭、夜鹭、白琵鹭、赤嘴潜鸭、黑水鸡、白骨顶、黑翅长脚鹬、凤头麦鸡、普通燕鸥、灰翅浮鸥、白翅浮鸥等，其中国家级重点保护物种有 31 种，包括黑鹳、遗鸥、大鸨、东方白鹳、大天鹅等。

【受威胁和保护管理状况】沼泽区是具有代表性的黄河沿岸滩涂湿地生态系统，于 2000 年建立鄂尔多斯市杭锦旗杭锦淖尔自治区级自然保护区，成立了杭锦旗自然保护区管理局，受旗政府管理。

哈素海沼泽（150121-228）

【范围与面积】哈素海沼泽位于内蒙古自治区呼和浩特市土默特左旗西南部，距呼和浩特市 70 km，西与内蒙古包头市土默特右旗相邻，北至呼和浩特 – 包头铁路，其地理坐标为 40°33′00″ ～ 40°39′00″N、110°52′00″ ～ 111°2′00″E，沼泽面积为 1535 hm²。

【地质地貌】沼泽区位于大青山南麓冲积平原、黄河冲积平原和大黑河冲积平原的交会处，东邻乌兰察布高原，西南邻鄂尔多斯台地，西与河套平原相接。大青山自西向东横贯全境，山北是起伏不大的丘陵地带；山南是冲积洪积扇组成的山前倾斜平原，呈带状东西分布，宽 6 ～ 10 km，微向南倾斜，其南沿为扇前带，扇间往往形成洼地，如忽拉格气、秃力亥、妥妥岱等地，为地下水溢出带，亦是地表水汇聚处，扇前带以南为黄河、大黑河冲积平原。大青山以南坦荡的平原地势北部高、南部低、东部高、西部低，坡度自北东向南西逐渐变缓。

【气候】沼泽区地处半干旱草原地带，为典型的大陆性季风气候。年平均降水量为 400 mm，降水多集中于夏季。保护区年平均气温为 7.2℃，全年 1 月气温最低，平均气温 –12.7℃，7 月气温最高，平均气温为 22.2℃。保护区处于季风气候，冬夏具有明显的风向变化，冬季北风、西北风盛行，春季风向多变且紊乱，秋季偏北、偏西风占优势；平均风速一般为 2 ～ 4 m/s，最大风速达 15 ～ 17 m/s，特大风可达 34 m/s；每年 3 月进入风季，到 5 月结束。保护区日照充足，光能资源丰富，年平均日照时数 2876.5 h。

【水资源与水环境】沼泽区水资源补给主要来源于哈素海海子，海子中的水来自三方面，一是黄河水（通过民生渠将黄河水引入哈素海），二是北部山区的万家沟、白石头沟、美岱沟、水涧沟等众多沟谷内流下来的水汇集在海子中，三是地下水和大气降水。

【沼泽土壤】沼泽区土壤类型主要为草甸土，属非地带性土壤，遍布整个区域；盐土主要分布在哈素海湖的周边，西南边缘面积较大，镶嵌于盐化草甸土之间。

【沼泽植被】沼泽区植被以芦苇群落为主，且不断扩张；浮游植物主要包括螺旋藻、盐藻和小球藻。

【沼泽动物】沼泽区有陆生、水生脊椎动物 172 种，隶属于 29 目 56 科 123 属；其中鸟纲 102 种，隶属于 16 目 35 科 69 属。国家重点保护鸟类 16 种，占保护区鸟类总种数的 15.7%；其中国家一级保护野生鸟类有黑鹳、青头潜鸭、东方白鹳、卷羽鹈鹕、白鹤、白枕鹤、白头鹤、黑颈鹤、丹顶鹤 9 种；国家二级保护野生鸟类有黑鸢、赤颈䴙䴘、角䴙䴘、黑颈䴙䴘、白琵鹭、疣鼻天鹅、大天鹅、白额雁、小白额雁、鸳鸯、斑头秋沙鸭、蓑羽鹤、鹗、大鵟、苍鹰、白尾鹞、白头鹞、花头鸺鹠、灰背隼、红隼、红脚隼、黄爪隼、游隼、长耳鸮等 24 种。

【受威胁和保护管理状况】沼泽区于 1996 年成立土默特左旗哈素海湿地自然保护区，于 2008 年晋升为自治区级自然保护区。

哈素海沼泽（张雅棉 摄）

岱海沼泽（150925-229）

【范围与面积】岱海沼泽位于乌兰察布市凉城县岱海之滨，地理坐标为 40°27′15″ ～ 40°38′50″N、112°32′10″ ～ 112°49′32″E，面积 2122 hm^2，湖滨芦苇是其主要沼泽类型，海拔 1240 m。

【地质地貌】沼泽区地处内蒙古高原东南边缘，为新生代断陷盆地。新生代以来，盆地大幅度下降，接受第四系以河湖相为主的松散沉积物堆积而成。

【气候】沼泽区属温带大陆性半干旱季风气候，年平均气温为 5.5℃，1 月平均气温为 –13℃，平均气温 21.8℃；≥ 10℃活动积温为 2500℃以上。无霜期约 140 d，初霜出现在 9 月中下旬，终霜出现在 5 月中上旬。年平均日照时数为 2970 h。年平均降水量 430 mm，集中在 7 ～ 9 月。蒸发量约 1830 mm，约是降水量的 4 倍。年平均风速 2 m/s。

【水资源与水环境】岱海为一大型淡水湖泊，东西长 21 km，南北宽 10 km，平均水深 9 m。水源来自弓坝河、步量河、天成河、目花河等 20 余条河流。湖滨芦苇沼泽以湖水补给为主，水质微碱性，具体理化性质见表 15-16。

【沼泽土壤】沼泽区土壤为盐化草甸沼泽土，草甸沼泽化过程的同时，由于气候干旱，蒸发强烈，盐分随地下水的蒸发不断向上层聚积。盐分多以重碳酸盐类为主，显碱性，pH 为 8.5 ～ 8.9。

【沼泽植被】沼泽植被以碱蓬群落为主，碱蓬群落伴生物种主要为柽柳、芦苇、三棱草；群落盖度 22.33%，群落平均高度 20.59 ～ 55.55 cm。

与第一版《中国沼泽志》相比，本次调查所见芦苇较少，新发现碱蓬群落。根据第一版《中国沼泽志》记载，芦苇群落地面生物量为 1.1 kg/m^2，本次调查明显减少，年均初级生产力 0.10 kg/m^2。

【沼泽动物】沼泽区主要水禽有绿头鸭、白眉鸭、金眶鸻、长嘴剑鸻以及海鸥和普通燕鸥。其中鸭群多达 600 只。湖中养鱼，主要种类有鲤、鲢和草鱼等。

【受威胁和保护管理状况】沼泽区湿地面积较大，并有芦苇等重要资源，特别是处于干旱的蒙古高原上，具有调节环境的功能；已于 2001 年 11 月，建立内蒙古凉城县岱海湿地自然保护区（自治区级自然保护区），但存在人为干扰影响。

表 15-16　岱海沼泽水体理化性质（7 月）

水参数	ORP/mV	水温/℃	透明度/cm	pH	DO/(mg/L)	电导率/(μS/cm)	Chla/(μg/L)	TP/(mg/L)
平均值	49.4±17.7	23.37±0.38	25.00±3.92	8.95±0.11	5.167±0.367	6571±359	25.35±1.67	0.121±0.015

岱海沼泽（雷光春 摄）

南海子沼泽（150200-230）

【范围与面积】南海子沼泽位于内蒙古自治区包头市，其地理坐标为 40°30′08″ ～ 40°33′32″N、109°59′02″ ～ 110°02′26″E，沼泽面积为 869 hm²。

【地质地貌】沼泽区主体为黄河冲积下的湿地平原，是黄河河道南移后留下的河段、滩头林地和草地。

【气候】沼泽区属暖温带大陆性季风气候。春季干旱多风，夏季炎热多雨，秋季冷热不均、昼夜温差大，冬季寒冷而漫长。年平均气温为 8.5℃，1 月最冷，月极端最低气温为 –34.4℃；7 月最热，月极端最高气温为 38.4℃；年平均降水量为 307.4 mm。

【水资源与水环境】沼泽区水资源补给为黄河干支流。

【沼泽土壤】沼泽区土壤以盐土为主，pH 约

南海子沼泽（张雅棉 摄）

为 8.9，土壤平均含盐量为 0.49 ～ 6.66 g/kg；植物群落物种多样性指数与土壤因子有一定的相关性，但不显著，土壤 SO_4^{2-}、HCO_3^-、Cl^- 和 Na^+、K^+ 的含量是影响植物群落物种多样性的主要因子（罗伟，2015）。

【沼泽植被】沼泽区分布的维管植物共 208 种，隶属于 52 科 137 属，其中种子植物 47 科 119 属 184 种；湿地植被划分为 3 个植被型组 8 个植被系 20 个群系组，主要类型有拂子茅群系、蕨麻群系、假苇拂子茅群系、星星草群系、芦苇群系等（罗伟，2015）。

【沼泽动物】沼泽区有脊椎动物 101 种，分属于 23 目 46 科 76 属。在本区栖息、停歇的鸟类已达 201 种，有重点保护鸟类 13 种。其中国家一级保护野生鸟类有遗鸥、黑鹳、卷羽鹈鹕 3 种，国家二级保护野生鸟类有鸳鸯、大天鹅、白琵鹭、蓑羽鹤、游隼等 10 种。

【受威胁和保护管理状况】沼泽区是黄河湿地生态系统形成的缩影，其生态环境类型具有独特性，目前面临的主要威胁因子为基建、放牧等。沼泽区于 2001 年成立内蒙古包头市南海子湿地自然保护区（自治区级），受河东区政府管理，成立了包头市南海湿地管理处。

桑干河沼泽（140200-231）

【范围与面积】桑干河沼泽位于大同盆地，地理坐标为 39°50′ ～ 40°30′N、112°50′ ～ 114°31′E，面积为 818 hm²。

【地质地貌】沼泽区属河流冲积和堆积形成的河流地貌类型，包括一级阶地、河漫滩和河道。

【气候】沼泽区属大陆性季风气候。春季干旱多风，伴有晚霜，夏季短、热，并伴有干热风，秋季凉爽多雨，冬季寒冷少雪。年降雨量约为 405 mm，多集中在 7 月、8 月、9 月；年均蒸发量 2200 ～ 4400 mm；年均气温 6.5℃；年无霜期 120 ～ 130 d。

【水资源与水环境】沼泽区属海河水系，区内有恢河、白登河两条大的河流，恢河流入太平窑水库，白登河流入册田水库。在干旱季节，两条河流基本处于断流状态。

【沼泽土壤】沼泽区土壤主要为栗钙土、栗钙土性沙土、盐化碱化栗钙土、草甸土等。

【沼泽植被】沼泽区植被中，喜湿或中性草本植物主要有蓼属（*Polygonum*）、藜属（*Chenopodium*）、铁线莲属（*Clematis*）、鼠李属（*Rhamnus*）、旋花属（*Convolvulus*）、拉拉藤属（*Galium*）和堇菜属（*Viola*）植物。在河滩地生长有酸模属（*Rumex*）、远志属（*Polygala*）、毛茛属（*Ranunculus*）、千里光属（*Senecio*）、老鹳草属（*Geranium*）和薹草属（*Carex*）植物；在沿河岸低洼浅水中分布有莎草属（*Cyperus*）、灯心草属（*Juncus*）、藨草属（*Scirpus*）、香蒲属（*Typha*）、浮萍属（*Lemna*）植物。

【沼泽动物】鸟类包括国家一级重点保护野生鸟类黑鹳、大鸨 2 种，国家二级重点保护野生鸟类白琵鹭、大天鹅、苍鹰等 16 种，山西省重点保护鸟类苍鹭、普通夜鹰等 7 种。

【受威胁和保护管理状况】沼泽区建有桑干河省级自然保护区，保护区成立于 2002 年，受城市发展和上游水库建设影响明显。

西鄂尔多斯沼泽（150624-232）

【范围与面积】西鄂尔多斯沼泽位于内蒙古自治区鄂托克旗西部和乌海市的内蒙古西鄂尔多斯国家级自然保护区内，其地理坐标为 39°45′21″ ～ 40°10′52″N、106°40′26″ ～ 107°42′08″E，沼泽面积为 1274 hm²。

【地质地貌】沼泽区地处亚非荒漠东部边缘，为西鄂尔多斯荒漠化草原和东阿拉善草原化荒漠的过渡地区，地貌主要包括山地、丘陵、台地和冲积扇平原等。

【气候】沼泽区属中温带大陆性季风气候，年平均降水量为 160 mm，蒸发量为 3410 mm，约是降水量的 21 倍，年平均气温为 9.8℃（温玫，2012）。受全球气候变化的影响，降水逐渐减少，很多区域正在逐渐由草原向荒漠化草原演替。

【沼泽植被】沼泽区被誉为"残遗植物的避难所"，包括特有古老残遗种及其他濒危植物 72 种，如四合木、半日花、绵刺、沙冬青等（杨永华和冯海燕，2010；额尔敦格日乐和永胜，2017）。由于降水量极低，保护区内自然植被为典型的荒漠灌丛，植被覆盖率不高，有些区域甚至为大面积的裸露沙地。

【沼泽动物】据调查，沼泽区共发现湿地鸟类 83 种，分别为小䴙䴘、凤头䴙䴘、角䴙䴘、黑颈䴙䴘、普通鸬鹚、苍鹭、草鹭、黑苇鳽、白琵鹭、东方白鹳、鸿雁、豆雁、灰雁、大天鹅、斑头雁、疣鼻天鹅、绿翅鸭、针尾鸭、斑嘴鸭、白眉鸭、琵嘴鸭、绿头鸭、赤麻鸭、翘鼻麻鸭、赤颈鸭、罗纹鸭、赤膀鸭、斑背潜鸭、赤嘴潜鸭、红头潜鸭、白眼潜鸭、凤头潜鸭、普通秋沙鸭、鹊鸭、斑头秋沙鸭、小田鸡、黑水鸡、白骨顶、蓑羽鹤、黑翅长脚鹬、反嘴鹬、普通燕鸻、凤头麦鸡、灰头麦鸡、金鸻、金眶鸻、环颈鸻、红胸鸻、黑尾塍鹬、中杓鹬、白腰杓鹬、鹤鹬、红脚鹬、泽鹬、矶鹬、青脚鹬、林鹬、白腰草鹬、翻石鹬、扇尾沙锥、黑尾鸥、渔鸥、银鸥、红嘴鸥、遗鸥、鸥嘴噪鸥、普通燕鸥、白额燕鸥、须浮鸥、白翅浮鸥等，其中国家一级重点保护野生动物有遗鸥、东方白鹳、白尾海雕 3 种，国家二级重点保护野生动物有角䴙䴘、赤颈䴙䴘、黑颈䴙䴘、白琵鹭、大天鹅、疣鼻天鹅、斑头秋沙鸭、黑鸢、大鵟、红脚隼、蓑羽鹤、苍鹰、黑浮鸥等 10 多种。

【受威胁和保护管理状况】沼泽区是具有代表性的荒漠湿地自然景观，于 1995 年成立内蒙古西鄂尔多斯自治区级自然保护区，1997 年晋升为国家级湿地自然保护区。

红海子沼泽（150627-233）

【范围与面积】红海子沼泽位于内蒙古自治区鄂尔多斯市伊金霍洛旗阿勒腾席热镇的南部，其地理坐标为 39°29′31″ ～ 39°33′55″N、109°46′07″ ～ 109°49′39″E，沼泽面积为 578 hm²。

【地质地貌】沼泽区地处毛乌素沙地东北边缘，分为东红海子和西红海子两部分，中间由人工林相隔。

【气候】沼泽区属中温带季风大陆性气候，太阳辐射强，日照丰富，四季分明，雨热同期，蒸发量大，风沙多，无霜期短，昼夜温差大。蒸发量为 2100 ～ 2800 mm，多年平均值为 2563 mm，是年降水量的 7 倍，全年平均湿度为 52%；最冷 1 月平均气温为 –9 ～ 14℃，最热 7 月平均气温为 20.4 ～ 25.6℃，无霜期 130 ～ 165 d，年平均风沙日 26 d，年平均风速 3.6 m/s，年均降雪深度 8.7 cm，冬季最大冻土深度 210 cm（李士伟，2015）。

【水资源与水环境】沼泽区降水稀少，是典型的地下水补给型湖泊，湿地的湖水经东红海子流入乌兰木伦河，然后经窟野河，最后汇入黄河。

【沼泽土壤】沼泽区土壤类型主要包括风沙土、栗钙土和粗骨土。

【沼泽植被】沼泽区湿地植被以芦苇和芨芨草为优势种。

【沼泽动物】沼泽区共有鸟类 9 目 15 科 125 种，其中，国家一级重点保护野生鸟类有遗鸥 1 种，国家二级重点保护野生鸟类有大天鹅、白琵鹭、白尾鹞、白腰杓鹬等 11 种。

【受威胁和保护管理状况】沼泽区目前主要受盐碱化的威胁，程度为轻度，已成立伊金霍洛旗阿勒腾席热镇红海子湿地公园，受阿勒腾席热镇人民政府管理。

都斯图河沼泽（150624-234）

【范围与面积】都斯图河位于鄂尔多斯市鄂托克旗的内蒙古都斯图河自治区级自然保护区，北与鄂托克旗的阿尔巴斯苏木、新召苏木相连，东与察汗淖尔苏木、乌兰镇、苏米图苏木毗邻，南与鄂尔多斯市的鄂托克前旗接壤，西与乌海市和宁夏回族自治区的平罗县陶乐镇隔河（黄河）相望，其地理坐标为38°46′00″～39°00′00″N、107°24′00″～107°58′00″E，沼泽面积为4694 hm²。

【地质地貌】沼泽区处于鄂尔多斯盆地的中西部，是新华夏构造体系和祁（祁连山）吕（吕梁山）贺（贺兰山）山字形构造体系中形迹相对微弱的地带。除桌子山地区外，总体构造变动微弱，大部分地区的岩层褶皱、断层、节理、劈理等地质构造现象很不发育。岩层近乎水平，地形切割不显著，虽略向西倾，但平均倾角不足1°。从整体上看，保护区可见岩系，即中生界、新生界的红色陆相碎屑岩系和下白垩系灰绿色碎屑岩系，形成于第四纪松散堆积层。

沼泽区大部分为缓慢起伏的波状高原，都斯图河流从东至西贯通湿地，河流两侧的洼地及沙地间有大小不一的湖泊和滩涂湿地。本区地貌主要由波状高原、河谷、滩涂、洼地等地形组成。

【气候】沼泽区属中温带季风性大陆性气候，其特点是：冬长夏短，春迟秋旱，气温年较差、月较差大，寒暑变化剧烈，光照充足，有效积温高，降水量少，蒸发量大，干旱风多，灾害性气候多，素有"十年九旱"之称。年均温−2.3～4.5℃，年降水量218～400 mm，无霜期110～120 d。

【水资源与水环境】"都斯图"为蒙古语，意为似油的河，黄河一级支流；发源于鄂尔多斯市鄂托克旗察汗淖尔镇，向西经鄂尔多斯高原，于内蒙古与宁夏交界处注入黄河；河长166 km，宽50～100 m，无支流。

【受威胁和保护管理状况】沼泽区河流、滩涂、荒漠草原是经过千百年自然规律性演化形成的；湿地是由降水自然形成的，基本处于原生状态。沼泽区于2003年成立内蒙古都斯图河湿地自然保护区，2007年晋升为自治区级湿地自然保护区。

石嘴山沙湖沼泽（640221-235）

【范围与面积】嘴山沙湖沼泽位于沙湖自然保护区，地理坐标为38°45′00″～38°55′01″N、106°13′00″～106°26′00″E，沼泽面积约为4057 hm²。

【地质地貌】沙湖基岩地层属新生界第四系全新统，地貌单元属银川平原湖滩地（西大滩碟形洼地），其中心部分为湖泊，湖的南岸为流动沙丘，湖的东面主要为盐碱洼地，西面、北面主要为农田耕地。保护区西邻贺兰山洪积平原，地势西高东低，洪积平原前缘是低洼地区，即第二农场渠属东一支渠至第三排水沟东侧八一支渠的西大滩地。该地呈碟形，略向北倾，比降为1/5700，由于地势低洼，地下水位高而蒸发量大，多为低洼盐碱化湿地。

【气候】沼泽区位于西北内陆高原，属典型的大陆性半湿润半干旱气候。年平均气温8.2℃，夏季平均气温25.7℃，冬季平均气温−5.90℃。全年降水量为200 mm左右，年均蒸发量2041.7 mm，降水量分布不均，年、月变化大，7月、8月、9月三个月的降水量占全年的66.6%。冬季雨雪极少，多干旱。平均日照总时数2200～3100 h，平均风速约2 m/s（滕迎凤，2013）。

【水资源与水环境】沙湖是古河道型湖泊，由黄河古河道洼地经过山洪刨蚀、地下水溢出汇集，并接受大气降水和地表水的补给而形成。其特点是：湖体外形受洼地形状控制，呈不规则状；湖水深度多为 2～3 m。由于湖泊周围地势低洼，地下水位埋藏浅，故土壤盐渍化潜育化较重。

【沼泽植被】沼泽区记录有陆生植物 63 种，包括水域、沼泽、水生和盐生植物等；另外有水生浮游植物 61 属。

【沼泽动物】沼泽区有脊椎动物 144 种，其中鱼类 16 种、两栖类 3 种、爬行类 10 种、鸟类 98 种、兽类 17 种。其中，属于国家一级重点保护的有黑鹳、中华秋沙鸭、大鸨和白尾海雕 4 种；属于国家二级重点保护的有大天鹅、中国大鲵等 14 种。

【受威胁和保护管理状况】石嘴山市 2016 年计划实施沙湖、星海湖水系连通综合治理工程，以沙湖和星海湖为两大核心，通过水系连通、生态修复等多种措施，建立循环体系，增加水动力，提高水体自净能力，提升水环境质量。

红碱淖沼泽（610881-236）

【范围与面积】红碱淖沼泽位于神木市以西的毛乌素沙漠边缘，主要分布在湖泊周边浅水湖滩上。地理坐标为 38°13′00″～39°27′00″N、109°42′00″～110°54′00″E。沼泽面积与第一版《中国沼泽志》相比显著减少，从 3500 hm² 减少到 1387 hm²，海拔约为 1100 m。

【地质地貌】沼泽区地势较为平坦，基底为侵蚀残留的黄土梁峁地形，表面为波状起伏的风成沙丘（多为片流沙和半固定沙丘），沙丘间形成大小不等的洼地（亦称滩地）。洼地周边微向中心倾斜，滩地中心与边缘呈缓坡过渡，高差为 10～30 m。低洼部位由于地下水与地表水的补给，形成沼泽或水泊（俗称"海子"）。

【气候】沼泽区受半干旱大陆性季风气候影响。年平均气温为 8.3℃，气候干燥寒冷，霜冻期长达 6～7 个月，多年平均降水量为 400 mm，平均蒸发量为 1200 mm（袁悦，2019）。

【水资源与水环境】沿秃尾河上游河段两岸的广阔地带形成断续分布的下湿滩地及众多"海子"。较大滩地有尔林兔滩，东西长 25 km，南北宽 5 km，有 120 多个大小不一的"海子"，以红碱淖面积最大，近 6700 hm²，平均水深 8 m，最深 20 余米。滩地地下水位甚浅，一般 < 5 m，多处地段地下水出露形成沼泽。地下水化学类型为 $HCO_3·SO_4-Na·Mg$ 型。红碱淖原为河流拓宽河谷形成的沼泽。沼泽水体理化性质见表 15-17。

表 15-17 红碱淖沼泽水体理化性质

pH	氨氮/(mg/L)	ORP/mV	DO/(mg/L)	电导率/(mS/cm)	氯化物/(mg/L)	盐度/%	总溶解固体/(g/L)
9.53±0.02	0.43±0.12	47.27±3.63	8.01±0.61	12564.42±3903.12	4606.58±633.56	0.866±0.001	9.66±0.01

【沼泽土壤】沼泽区是风沙低洼草滩区。沼泽土壤主要为盐化沼泽土，呈微碱性。土壤理化性质见表 15-18。

【沼泽植被】在河两岸低洼滩地上及红碱淖浅水处长有芦苇、香蒲、泽泻、水葱等挺水植物。在盐碱滩及红碱淖四周微高地长有碱蓬、盐爪爪等盐生植物。淖中还生长有眼子菜、狐尾藻等水生植物。

表 15-18   红碱淖不同土地类型土壤理化性质（引自刘萍萍等，2015）

类型	深度/cm	含水量/%	pH	有机碳/(g/kg)	总氮/(mg/kg)	总磷/(mg/kg)
盐碱沼泽	0～10	29.18	9.51	5.24	583.54	180.46
	10～30	27.39	9.34	3.58	399.4	271.41
	30～50	28.73	9.4	3.92	458.67	450.55
沼泽化草甸	0～10	18.26	9.23	3.17	350	178.06
	10～30	26.06	9.37	2.95	336.16	190.18
	30～50	25.28	9.57	6.45	719.69	204.93
草地	0～10	11.36	9.44	2.59	421.87	164.97
	10～30	19.15	9.45	2.97	480.97	185.06
	30～50	20.6	9.9	3.76	459.13	198.51
草原化沙地	0～10	4.45	9.73	3.87	426.2	198.63
	10～30	8.24	9.72	1.75	309.76	155.94
	30～50	9.69	9.39	0.84	241.82	252.23
沙地	0～10	4.12	9.76	2.92	387.25	153.48
	10～30	3.45	9.83	1.77	297.72	164.25
	30～50	8.13	9.84	1.63	256.93	146.94

【沼泽动物】沼泽区是水鸟迁徙时的重要驿站和栖息地。夏季有许多普通秋沙鸭、白骨顶、凤头麦鸡及鸻科、鹬科的鸟类在这里繁殖，有些鸊鷉属鸟类在淖边换羽。秋末出现大量水鸟，包括小鸊鷉、凤头鸊鷉、普通鸬鹚、白鹭、苍鹭、豆雁、赤麻鸭和大天鹅、灰鹤、大鸨等国家级保护鸟类。

【受威胁和保护管理状况】近年来由于神木煤田的开发，频繁的经济活动，"海子"的自然环境受到干扰。同时，因上游河流修建水库，工、农业用水等，湖面与沼泽萎缩（谢治国等，2021）。沼泽区建有红碱淖国家级自然保护区，保护区在 2018 年经国务院批准晋升为国家级自然保护区，2021 年成立红碱淖保护区管理局。

红碱淖沼泽（马牧源 摄）

阅海沼泽（640106-237）

【范围与面积】阅海沼泽位于宁夏回族自治区银川市金凤区阅海国家湿地公园内，西依贺兰山，东邻黄河水。地理坐标为 38°31′～38°37′N、106°11′～106°14′E，沼泽面积约为 468 hm²。

【地质地貌】银川地形分为山地和平原两大部分。西部、南部较高，北部、东部较低，略呈西南－东北方向倾斜。地貌类型多样，自西向东分为贺兰山地、洪积扇前倾斜平原、洪积冲积平原、冲积湖沼平原、河谷平原、河漫滩地等。海拔为 1010～1150 m。银川西部的贺兰山为石质中高山，呈北偏东走向。全长约 150 km，宽 20～30 km。最高峰海拔 3556 m，是阻挡西北冷空气和风沙长驱直入银川的天然屏障。贺兰山在银川市近 70 km，面积 5.88×10⁴ hm²。

【气候】沼泽区属于大陆性半湿润半干旱气候，气候的显著特征是气温日差大，年平均气温 8.5℃，在雨热同期，年平均降水量为 200 mm 左右，主要集中在夏季和秋季，占年降水量的 75% 以上。蒸发量高达 1600 mm，远远大于降水，冬、春季暴雨较多（杨蕾，2021）。

【水资源与水环境】沼泽区水资源丰富，水质以淡水为主，是银川市最大的涵养水库，属黄河水系，平均水深 1.8 m，丰水期可达 2.5 m 以上，沼泽水深 0.8～1.2 m，湖水四季透明，水质良好。目前水源主要通过农田退水、山洪调蓄、黄河补水方式供给。

【沼泽土壤】沼泽区土壤类型主要为盐土、草甸土和潮土。芦苇和香蒲群落土壤 C、N、P 的季节动态见表 15-19。

表 15-19　阅海沼泽芦苇和香蒲群落土壤 C、N、P 的季节动态（引自马鑫雨等，2015）

群落	季节	总碳/(g/kg)	总氮/(g/kg)	总磷/(g/kg)
芦苇	春季	23.53	3.61	1.3
	夏季	29.69	4.82	1.89
	秋季	38.75	5.19	2.8
	冬季	36.5	4.29	2.1
香蒲	春季	18.63	2.93	0.91
	夏季	25.44	3.9	1.22
	秋季	32.8	4.31	2.3
	冬季	31.75	3.17	1.71

【沼泽植被】沼泽区常见湿地植物有芦苇、香蒲、莲和菰。

【沼泽动物】沼泽区有国家一级保护野生鸟类 7 种（猎隼、草原雕、黑鹳、中华秋沙鸭、大鸨、小鸨、白尾海雕）；国家二级保护野生鸟类 16 种（角䴙䴘、斑嘴鹈鹕、白琵鹭、大天鹅、小天鹅、鸳鸯、大鵟、红脚隼、红隼、灰鹤、蓑羽鹤、黑浮鸥、纵纹腹小鸮、长耳鸮、红角鸮、蓝枕八色鸫）。优势种群包括鹭类（苍鹭、白鹭、夜鹭）、鸥类（普通燕鸥、渔鸥、银鸥、灰翅浮鸥）、雁鸭类（斑嘴鸭、赤嘴潜鸭等）和鸻鹬类（灰头麦鸡、黑腹滨鹬、环颈鸻）。

【受威胁和保护管理状况】沼泽区于 2003～2016 年实施了湖泊清淤除坝、退池还湖、水系连通工程、鸟类监测等生态恢复和保护工作，已经建成湿地资源保护管理站、国家级阅海野生动物疫病监测站和全国鸟类环志银川站。在严格保护的基础上，沼泽区已经开展水上旅游、冰雪休闲体验等特色生态旅游项目，实现资源的可持续利用。

黄沙古渡沼泽（640104-238）

黄沙古渡沼泽位于银川市兴庆区月牙湖乡，地处毛乌素沙地和鄂尔多斯台地的包围之中，与贺兰山遥遥相望，地理坐标为 38°32′31″～38°35′17″N、106°31′37″～106°33′47″E。沼泽总面积为 484 hm²。大陆性气候特征明显，干燥少雨，蒸发旺盛；平均年降水量 173 mm，蒸发量 1876 mm，年日照时数 2725 h，年均风速 2.7 m/s。常见湿地植被为碱蓬群落，主要伴生苣荬菜、水莎草、蓼子朴、猪毛菜、画眉草（陈向全等，2020）。记录有国家一级保护野生动物黑鹳和白尾海雕。沼泽区建立了宁夏黄沙古渡湿地公园，2009 年经国家林业局批准成为国家级湿地公园。

兴庆鸣翠湖沼泽（640104-239）

【范围与面积】兴庆鸣翠湖沼泽位于银川市兴庆区掌政镇，地理坐标为 38°22′23″～38°24′06″N、106°21′28″～106°23′07″E。总面积为 257 hm²。

【地质地貌】沼泽区地处银川平原，属黄河Ⅱ级阶地，地形平坦开阔，大部分地域海拔为 1107～1113 m；区内沟渠纵横，汉延渠、惠农渠两大干渠穿境而过，由于地下水位较高，形成了许多湿地；东部横城村地势较高，属黄土丘陵山地。

【气候】沼泽区属中温带干旱气候，具有冬寒漫长、夏少酷暑、雨雪稀少、气候干燥、日照充足等特点。

【水资源与水环境】水资源属于黄河水系，由第四纪冰川侵蚀地下水溢出并汇集，再接受大气降水和地面水的补给而形成湖泊，湖体外形受洼地形状控制，呈不规则状。沼泽区属于宁夏第四系储水盆地沉降区之一，为沉降中心地带，具有很厚的第四系松散堆积层，厚度超过千米，巨厚的松散堆积层中的空隙成为地下水的贮集场所，形成巨大的"地下水库"。这里水资源丰富，富水性较强，以淡水为主。

【沼泽土壤】沼泽区土壤 pH 为 8.57～9.06，电导率为 405～2055 μS/cm，土壤含水量为 8.27%～86.20%，不同植物生长区土壤理化指标差异显著。芦苇生长区 10～60 cm 深度土壤电导率高于其他植物生长区，其他植物生长区土壤理化指标无明显变化规律（表 15-20）。随着土壤深度增加，香蒲、金钱蒲和芦苇生长区土壤全氮含量逐渐减少（王幼奇等，2020）。

表 15-20　兴庆鸣翠湖沼泽不同植物生长区土壤理化性质（引自王幼奇等，2020）

土层深度/cm	植物生长区	pH	电导率/(μS/cm)	含水量/%	全氮/(g/kg)	黏粒体积分数/%	粉粒体积分数/%	砂粒体积分数/%
0～10	香蒲生长区	8.57±0.03	2055±113	84.67±0.02	3.22±0.63	7.54±0.25	64.28±0.55	28.18±1.32
	莲生长区	8.82±0.05	595±39	66.44±0.08	0.83±0.06	12.98±0.71	71.14±1.40	15.88±0.82
	芦苇生长区	8.75±0.05	1325±38	30.78±0.02	0.72±0.001	11.70±0.47	71.13±1.45	17.17±0.83
	金钱蒲生长区	8.87±0.05	810±45	38.23±0.01	1.64±0.89	7.88±0.30	61.42±0.62	30.70±0.23
10～20	香蒲生长区	8.65±0.01	1165±22	73.47±0.02	2.77±0.10	8.45±0.09	62.69±0.85	28.83±0.82
	莲生长区	8.86±0.05	550±51	41.80±0.03	0.72±0.03	13.43±0.11	75.73±1.02	10.84±0.59
	芦苇生长区	9.06±0.05	1240±93	26.72±0.02	0.59±0.01	14.25±0.42	80.35±0.30	5.40±0.16
	金钱蒲生长区	9.00±0.07	510±44	20.01±0.02	0.64±0.23	8.76±0.43	69.14±0.46	22.10±0.87

续表

土层深度/ cm	植物生长区	pH	电导率/ (μS/cm)	含水量/ %	全氮/ (g/kg)	黏粒体积分数/ %	粉粒体积分数/ %	砂粒体积分数/ %
20～40	香蒲生长区	8.77±0.04	640±72	86.20±0.03	0.58±0.06	9.05±0.11	72.86±0.90	18.09±0.81
	莲生长区	8.92±0.14	535±47	55.20±0.01	0.62±0.04	10.40±0.24	77.65±1.19	11.95±0.41
	芦苇生长区	8.93±0.02	1205±50	15.58±0.01	0.53±0.05	16.57±0.33	78.70±0.34	4.77±0.22
	金钱蒲生长区	8.95±0.03	435±29	39.26±0.03	0.55±0.17	7.77±0.34	69.02±0.91	23.22±1.35
40～60	香蒲生长区	8.85±0.01	520±48	50.96±0.02	0.48±0.06	9.28±0.15	75.88±1.08	14.84±0.78
	莲生长区	8.94±0.05	525±18	70.94±0.02	3.41±0.72	8.48±0.23	73.48±1.09	18.04±0.87
	芦苇生长区	8.89±0.04	1170±33	8.27±0.01	0.44±0.03	13.16±0.14	74.45±1.22	12.39±0.48
	金钱蒲生长区	8.98±0.08	405±31	44.63±0.02	0.34±0.13	9.25±0.11	74.52±1.05	16.23±1.43

【沼泽植被】沼泽区主要植物为芦苇和香蒲,有维管植物 109 种,水生浮游植物 69 种。

【沼泽动物】沼泽区处于中国西北－澳大利西亚鸟类迁徙路线上,并且是黄河流域鸟类迁徙路线的必经之地。鸟类资源有 14 目 29 科 97 种,其中有国家一级保护野生动物 5 种,国家二级保护野生动物 14 种,发现宁夏鸟类新纪录 4 种。定期栖息有白琵鹭、苍鹭、夜鹭、斑嘴鸭、赤嘴潜鸭、白骨顶、普通燕鸥等 50 多种(赵云,2012)。

【受威胁和保护管理状况】沼泽区于 2005 年成立鸣翠湖国家湿地公园,基本保存了原有自然环境,通过禁捕、禁猎、禁牧,有效地控制和减少人为因素对鸣翠湖生态环境的影响和破坏,以促进湿地生态的自然恢复(罗鸣,2019)。

永宁鹤泉湖沼泽(640121-240)

永宁鹤泉湖沼泽位于宁夏回族自治区永宁县城区东北处鹤泉湖国家湿地公园内,地理坐标为 38°16′59″～38°19′01″N、106°16′00″～106°18′00″E。沼泽总面积为 266 hm²,平均海拔为 1096 m。沼泽区属于中温带荒漠草原气候,具有典型的大陆性气候特征,年平均降雨量 202.4 mm,年平均蒸发量 1785.7 mm,年平均气温 8.1℃,年平均无霜期 166 d,年平均日照 2866.7 h,冰封期 120 d 左右。鹤泉湖水体水质较好,且北部水域水质较南部好(李小宇等,2014)。

无定河沼泽(610803-241)

【范围与面积】无定河沼泽位于陕西省横山区北部的无定河流域无定河湿地自然保护区内。地理坐标为 38°00′00″～38°05′00″N、109°05′00″～109°40′00″E。沼泽总面积为 41 hm²。沼泽区位于毛乌素沙地向黄土高原丘陵沟壑区的过渡带上,河谷开阔,谷底宽大于 250 m,地面平坦,阶地发育,湿地分布广泛。相对高差 0～30 m,多由冲积沙土组成,地下水位较高。

【气候】沼泽区属中温带半干旱大陆性季风气候,其主要特点是寒暑剧烈,气候干燥,四季分明。年平均降水量 379.73 mm,降水多集中在 7 月、8 月、9 月三个月,占全年的 60%～70%,降水由东南向西北逐渐递减；年平均气温约 9.3℃，气温在 1981 ～ 2021 年呈显著上升趋势，降水量增幅明显小于年均气温的增幅。年日照时数 2815.5 h，日照率为 64%，年总辐射量为 139.233 kcal/cm²，是陕西省的多日照、强光辐射区（刘念等，2021）。

【沼泽植被】沼泽区有高等植物近 50 种，以草本植物为主，有少部分木本植物和少量半灌木。北部沙区小片生长着稀疏的沙生植被，沙生半灌木最发达，常有苦豆子等耐寒植物。湿滩地与河道周围生长有水生和耐盐碱植物，如水葱、京芒草、芦苇、香蒲、海韭菜、尖叶盐爪爪、盐地碱蓬等。

【沼泽动物】沼泽区野生动物资源较为丰富，记录有哺乳类 3 目 6 科 16 种；两爬类 3 目 7 科 12 种；鱼类 1 目 2 科 12 种；鸟类资源达 133 种，其中国家一级重点保护野生鸟类有遗鸥、白肩雕、大鸨等，国家二级重点保护野生鸟类有大天鹅、白琵鹭、灰鹤、鸳鸯等，陕西省省级重点保护野生鸟类有苍鹭、大白鹭、草鹭、豆雁、斑头雁、斑嘴鸭、赤麻鸭、绿头鸭等（张浩和王根民，2021）。

【受威胁和保护管理状况】2010 年，无定河湿地自然保护区被陕西省人民政府正式列为省级自然保护区。保护区主要受农田开垦、城市建设等的影响。

哈巴湖沼泽（640323-242）

【范围与面积】哈巴湖沼泽位于宁夏回族自治区哈巴湖国家级自然保护区内。地理坐标为 37°37′00″ ～ 38°03′00″N、106°52′59″ ～ 107°40′01″E，总面积为 7189 hm²，海拔为 1300 ～ 1622 m。

【地质地貌】沼泽区大部分分布在鄂尔多斯缓坡丘陵区，大部分为缓坡滩地。本地区中部有两道梁地，分别构成南北向和东西向分水岭。南北向分水岭：南起青山北到刘窑头直至双井子梁出县入内蒙古，县内长 70 km，宽 3 ～ 5 km，海拔为 1500 ～ 1800 m。东西向分水岭：东起八岔梁向西过大墩梁、鸦儿沟等到西狼洞沟。保护区地处鄂尔多斯台地向黄土高原的过渡地带，地势南高北低。黄土高原集中在保护区的南部，塬面破碎，沟壑纵横，侵蚀严重，呈典型的黄土丘陵地貌。鄂尔多斯台地为波状平原，地势平缓起伏，平均海拔 1300 ～ 1500 m。同时受风蚀影响，保护区内风沙地貌发育，沙地多呈带状或块状分布。

【气候】沼泽区位于贺兰山－六盘山以东，按中国气候分区属于东部季风区，处于中温带干旱气候区，具典型的大陆性气候特征。按宁夏气候分区，属于盐（同）香（山）干旱草原荒漠区。哈巴湖自然保护区年均气温 7.1℃，绝对最高气温 37.0℃，绝对最低气温 –29.5℃；7 月最热，平均气温 22.2℃；1 月最冷，平均气温 –10.1℃。热量资源比较丰富，≥ 10℃的年均积温 3081.2℃，年均日照时数 2852.9 h，平均无霜期 149 d。年均降水量 285 mm，就季节分配来看，夏季降水量最多，且相对稳定；冬季降水量最少，且极不稳定；春、秋两季介于二者之间。年均蒸发量 2727.4 mm，是全年降水量的 9.6 倍。主风方向为西北风，年均风速 2.8 m/s，大风日数为 45.8 d，多集中在 11 月至翌年 4 月，最大风速达 15 ～ 18 m/s，年平均沙暴日数 20.6 d，以春季最多；灾害天气主要有干旱、霜冻、冰雹、风沙、沙暴、干热风等，以干旱、风沙、霜冻最为常见，对植物的生长危害最大。

【水资源与水环境】沼泽区无大河流，均为内陆冲沟水系。地表水以大气降水和泉水为主。冲沟皆发源于盐池县中北部南北走向分水岭和东西走向分水岭两侧，南北走向分水岭东侧河沟多为季节性河流，一般较长较宽，流量较大，南北走向分水岭西侧和东西走向分水岭河沟很少，较短较窄，流量较小。一般沟长 5 ～ 18 km，皆流入湖泊、沼泽或洼地形成大片湖泊沼泽湿地。沼泽区流域面积大于 600 hm²的河沟有 17 条，大于 300 hm²的河沟有 22 条，其中土沟流域面积较大。土沟总流域面积

6100 hm²，沼泽区流域面积 3900 hm²，一般流量 800 m³/d。

【沼泽土壤】沼泽区地带性土壤主要有灰钙土，非地带性土壤主要有风沙土、潮土、盐土、新积土、堆垫土等类型。

【沼泽植被】沼泽区植被主要优势种有碱蓬、碱地风毛菊、芦苇、拂子茅、芨芨草、赖草、细枝盐爪爪和白刺。记录有维管植物 77 科 279 属 559 种，其中裸子植物 3 科，双子叶植物 64 科，单子叶植物 10 科（张彩华等，2019）。

【沼泽动物】沼泽区记录有脊椎动物 24 目 52 科 156 种和 44 亚种，其中鱼类 2 目 3 科 10 种；两栖类 1 目 2 科 2 种；爬行类 1 目 3 科 6 种 2 亚种；鸟类 15 目 32 科 107 种 20 亚种；哺乳类 5 目 12 科 31 种 22 亚种。有国家一级保护野生鸟类金雕、白尾海雕、大鸨、小鸨和黑鹳 5 种；国家二级重点保护野生鸟类大天鹅、白琵鹭和蓑羽鹤等 18 种；国家保护的有益或者有重要经济、科学研究价值的陆生野生动物 67 种。

【受威胁和保护管理状况】2006 年，成立哈巴湖国家级自然保护区，2008 年，成立保护区管理局。

青铜峡水库周围沼泽（640381-243）

【范围与面积】青铜峡水库周围沼泽位于青铜峡市和吴忠市、青铜峡水库周围。地理坐标为 37°32′46″ ～ 37°53′06″N、105°47′44″ ～ 105°59′20″E。沼泽总面积约为 563 hm²，海拔为 1138 m。

【地质地貌】沼泽区地质构造上为陷落地堑，地貌为库区滩地洼地。地表为黄土状冲积洪积物。

【气候】沼泽区属温带大陆性干旱气候。多年平均气温 9.2℃，极端最高气温 37.7℃，极端最低气温 –25.0℃，多年平均年降水量 175.9 mm，年蒸发量为 1864.5 mm，多年平均年降雨日数为 46.6 d（王志红等，2014）。

【水资源与水环境】沼泽水源靠水库和河水补给，地表永久性积水，地表水和地下水均属于淡水。水化学类型为 HCO_3-Ca·Na。青铜峡水库周围沼泽水体理化性质见表 15-21。

表 15-21　青铜峡水库周围沼泽水体理化性质

pH	氨氮/(mg/L)	ORP/mV	DO/(μS/cm)	电导率/(μS/cm)	氯化物/(mg/L)	盐度/%	总溶解固体/(g/L)
8.32±0.48	0.30±0.11	95.67±33.22	9.66±1.28	3206±3830.45	854.41±1247.54	0.209±0.260	2.48±2.96

【沼泽土壤】沼泽区土壤类型为草甸沼泽土（沼泽潮土），由黄河所带的大量泥沙落淤而成，土壤母质的沉积受到黄河水位年变化和季节变化的影响，土壤剖面层次明显，质地分层，表层土以砂壤为主，表层以下夹有黏土层。0 ～ 20 cm 含有机质 1.27%，水解氮 530 mg/kg，速效氮 85 mg/kg，含盐量 0.132%。

草甸沼泽土剖面采自中心湖与洪闸湖之间湖洼地，剖面形态如下。

0 ～ 26 cm 稍湿润，浅灰棕，重壤，片状，稍紧实，孔隙多，根多。

26 ～ 54 cm 湿润，浅灰棕，重壤，块状，稍紧实，孔隙较少，根中量。

54 ～ 77 cm 湿润，浅灰棕，重壤，块状，孔隙少，根少量。

77 ～ 100 cm 湿，浅灰棕，砂壤，块状，紧实，孔隙少，无根系。

100 ～ 180 cm 湿，浅灰棕，有蓝色条纹，重壤，块状，紧实，孔隙少，无根系。

【**沼泽植被**】沼泽区植被以芦苇为优势种，伴生种有香蒲、三棱草、稗、水蓼、西伯利亚蓼、眼子菜等，芦苇高 2 ~ 3 m，盖度 90%。

【**沼泽动物**】沼泽区共有脊椎动物 5 纲 29 目 59 科 316 种和亚种，其中有鱼类 31 种，占保护区脊椎动物总数的 9.81%；两栖类 4 种，占 1.26%；爬行类 2 种，占 0.63%；鸟类 231 种，占 73.1%；哺乳类 48 种，占 15.2%。国家一级、二级动物共有 38 种，其中，属于国家一级保护野生动物的有：荒漠猫、黑鹳、中华秋沙鸭、金雕、玉带海雕、白尾海雕、大鸨、小鸨共 8 种；属于国家二级保护野生动物的有：中国大鲵、白琵鹭、鸳鸯、大天鹅、小天鹅、兔狲等 30 种。

【**受威胁和保护管理状况**】保护区成立之前，人类活动干扰严重，如修堤筑坝、围湖抽水、砍伐树木、开荒种地。1986 年，成立青铜峡水库湿地鸟类自然保护区，2002 年，成立自治区级自然保护区，2007 年，成立青铜峡水库湿地保护建设管理局对湿地进行保护与管理。

青铜峡水库周围沼泽（马牧源 摄）

中宁天湖沼泽（640521-244）

中宁天湖沼泽位于宁夏回族自治区中宁县长山头农场天湖国家湿地公园。地理坐标为 37°10′59″ ~ 37°20′03″N、105°40′59″ ~ 105°46′41″E。沼泽总面积为 2214 hm²。中宁县地处内蒙古高原和黄土高原的过渡带，四面环山，中部为低平盆地，整体地形由西向东、由南向北倾斜，海拔为 1100 ~ 2955 m。沼泽区属北温带季风气候，年平均气温 9.5℃，年平均降水量 202.1 mm，6 ~ 8 月的降水量占全年降水量的 61%；年蒸发量 1947.1 mm，为年均降水量的 9.6 倍。沼泽区有黑鹳、大天鹅、猎隼等国家级重点保护野生动物。天湖国家湿地公园于 2011 年批准设立试点，2017 年公园试点通过国家林业局验收。

第二节　西北沙漠盆地沼泽区

西北沙漠盆地沼泽区包括甘肃省、新疆维吾尔自治区和内蒙古自治区西部，东部为内蒙古高原－黄土高原沼泽区，南部与柴达木盆地－青海湖沼泽区相邻，西部及北部与蒙古国、俄罗斯、哈萨克斯坦、吉尔吉斯斯坦、塔吉克斯坦、阿富汗、巴基斯坦、印度等国接壤；地理坐标为 36°3.4′ ~ 49°10.3′N、73°50.5′ ~ 108°6.0′E。

沼泽区除额尔齐斯河属于北冰洋水系以外，均属于内陆流域，大多数河流发源于周围的山地，向盆地内部汇集，构成向心水系。河网非常稀疏，只有少数水量特别丰富的大河在夏季洪水期间能够穿过沙漠地区，平原地区除了这些大河经过的狭窄地带，基本上都是无河道地区，且经常改道，因而这些河流尾闾湖泊的位置也不固定。

沼泽区另一重要的水文特征是具有众多的内陆湖泊，河川径流和地下水在盆地中低洼处积水成湖，这些湖泊由于没有出口和蒸发强烈，多数呈咸水湖或盐湖，大多是现代积盐中心；湖泊周围往往形成大片光裸的盐滩，或出现各类盐沼、盐生草甸和盐漠植被，只有博斯腾湖有孔雀河排泄，为淡水湖泊，湖滨有芦苇沼泽分布（易卫华和尚清芳，2007）。

沼泽区地处北半球中纬度地区，远离海洋，气候总特征为寒冷、干旱和多风沙天气。陕甘南部、塔里木盆地、准噶尔盆地西南部等地≥10℃积温在3500℃以上，青藏高原部分则在2000℃以下。年平均气温在陕甘南部、塔里木盆地和吐鲁番盆地大于0℃，青海南部、祁连山、天山及阿尔泰山区则低于0℃。塔里木盆地、吐鲁番盆地、准噶尔盆地、青海西部及河西走廊西段年降水量在100 mm以下，盆地中部沙漠戈壁地区的年降水量则不足50 mm，也使得该地区成为欧亚大陆最干旱地区之一。该地区自东向西年干燥度从小于1.0到大于16.0，包括了湿润区和半湿润区、半干旱区和干旱区。

沼泽区大多数风化壳的厚度很薄，通常为50～70 cm，甚或小于30 cm。风化过程所形成的细土物质，以粗粉沙和细沙的粒级占优势，黏土形成不多。但是在特殊的荒漠条件下，土壤的亚表层具有明显的黏化和铁质化过程，以致形成特殊的浅红棕色或褐棕色的紧实层，这与亚表层能保持较为稳定的水分和温度条件有关。

沼泽区土壤主要有沼泽土、灰漠土、灰棕漠土、棕漠土和龟裂土。沼泽土主要发育在盆地、绿洲及低地中的沼泽，具有一定的盐化现象；在阿勒泰地区可见泥炭土发育。灰漠土发育于阿拉善、北疆温带荒漠中最干旱的地区；灰棕漠土分布于天山北麓、河西走廊东段黄土状物质覆盖的地区；棕漠土形成于南疆暖温带极端干旱的荒漠条件下，生物在土壤形成过程中的作用微弱；同时水分在物质的风化、迁移过程中的作用也很微小，因而具有相当的原始性。

本区沼泽大多位于湖泊周围，靠湖水补给，还有一些沼泽是季节性的；由于区域降水的年际变率大，沼泽水源年际变化明显，因此，沼泽面积年际变化很大。沼泽类型与面积见表15-22。沼泽区草本沼泽常见建群种包括芦苇、多枝柽柳、帕米尔薹草、苦豆子、芨芨草、碱蓬、阿尔泰薹草、水葱、盐地碱蓬、赖草、三棱水葱、盐角草、泽地早熟禾、甘草、假苇拂子茅、酸模叶蓼、骆驼刺、马蔺、毛薹草、七河灯心草、达乌里风毛菊、紫羊茅等。灌丛沼泽常见建群种包括细穗柽柳、多枝柽柳、盐穗木，苔藓沼泽常见建群种包括泥炭藓和金发藓。

表 15-22　西北沙漠盆地沼泽区沼泽类型与面积

分区	类型	面积/×100 hm²
西北沙漠盆地沼泽区	草本沼泽	9 388.6
	灌丛沼泽	1 872.5
	森林沼泽	716.2
	内陆盐沼	10 064.7
	沼泽化草甸	762.9

铁力沙干沼泽（654324-245）

【范围与面积】铁力沙干沼泽位于新疆维吾尔自治区阿勒泰地区哈巴河县哈巴河上游支流喀纳斯湖西侧 7 km，包括铁力沙干谷地及周边邻近沼泽，地理坐标为 48°47′15.94″ ～ 48°54′21.92″N、86°52′26.48″ ～ 87°0′5.10″E。面积为 1355 hm²，主要为薹草沼泽，海拔为 1770 m。

【地质地貌】沼泽区地质构造为褶皱断块山，海拔 2000 ～ 2500 m。由前寒武纪变质岩系与海西期花岗岩侵入体组成。沼泽地分布在山间盆地的冲积 – 洪积扇中下部。

【气候】沼泽区属温带大陆性干旱气候，年平均气温 –3.7℃，1 月平均气温 –17.8℃，7 月平均气温 22.5℃，极端最低气温 –41.2℃，极端最高气温 26.2℃，≥ 0℃积温 1500℃，没有明显的无霜期。年平均降水量 500 mm，年平均蒸发量 1837.8 mm，蒸发量约为降水量的 3.7 倍，年平均相对湿度 63%。初雪 8 月下旬，终雪 6 月初，降雪期 9 个月，积雪 225 d，最大积雪深 80 ～ 100 cm，冻土层深度 127 cm。

【水资源与水环境】沼泽水源靠大气降水和高山冰雪融水以及哈巴河支流河水和地下潜水溢出补给，水源稳定。地下水位埋深 0 ～ 0.5 m，水化学类型为 HCO_3-Ca·Na 型，矿化度 0.1 g/L。铁力沙干沼泽水体理化性质见表 15-23。

表 15-23　铁力沙干沼泽水体理化性质

指标	数值
pH	6.54
氨氮/(mg/L)	0.03
硝氮/(mg/L)	1.08
ORP/mV	40.30
溶解氧/(mg/L)	6.78
电导率/(S/m)	0.08
氯化物/(mg/L)	5.42
盐度/%	0.04
总溶解固体/(g/L)	0.05

【沼泽土壤】沼泽土壤类型为泥炭土（表 15-24），泥炭剖面厚度总体较小，多在 30 ～ 64 cm，仅中间区域泥炭厚度较深，最大厚度接近 400 cm（张彦，2016）。泥炭土剖面特征为：

0 ～ 55 cm 为棕色泥炭层，分解度较好

55 ～ 150 cm 为浅棕色泥炭藓层

150 ～ 193 cm 为棕色泥炭层，植物残体分解度较差

193 ～ 218 cm 为黄色泥炭藓泥炭层，伴有薹草残体，分解度较差，能清晰分辨植物残体

218 ～ 323 cm 为黑褐色泥炭层，分解好

323 ～ 370 cm 为棕色泥炭层

370 ～ 385 cm 为浅棕色泥炭层

385 ～ 395 cm 为棕色泥炭层，伴有木本残体

395 cm 以下为灰色潜育层。

表 15-24　铁力沙干沼泽泥炭土理化性质

泥炭深度/cm	容重/(g/cm³)	灰分/%	有机质/%	全磷/(g/kg)	全氮/(g/kg)
0～55	0.13～0.2	5～12	75～80	0.7～1.2	20～28
55～150	0.1～0.15	5～13	70～75	0.1～0.7	5～21
150～193	0.15～0.17	10～12	75～80	0.7～1.2	18～22
193～218	0.09～0.12	8～10	80～90	0.5～0.7	13～20
218～325	0.15～0.17	10～13	75～80	0.5～1.0	20～22
325以下	>0.15	>15	60～80	0.5～0.8	20～22

【沼泽植被】沼泽植物以薹草和藓类为主。薹草以毛薹草和帕米尔薹草为主要优势种，伴生种有阿尔泰薹草。藓类主要有泥炭藓、拟尖叶泥炭藓、金发藓、厚角绢藓。此外，中间出现白花老鹳草、沼生柳叶菜、梅花草、华北獐牙菜；沼泽地边缘长有大量禾本科的芨芨草等。

【沼泽动物】沼泽地春秋季节水草丰盛，是各种动物的栖息繁衍场所。沼泽地所在的喀纳斯国家级自然保护区内有兽类 39 种，两栖类、爬行类 4 种，鸟类 117 种。有 27 种动物列入国家级保护对象，有黑颈鹤、黑琴鸡、花尾榛鸡、水獭等。

【受威胁和保护管理状况】沼泽区具有丰富的泥炭资源，又是动物的重要栖息地，处于喀纳斯国家级自然保护区范围内。目前仍是夏季放牧场，应减少放牧强度，加强沼泽泥炭资源、动物栖息地保护。

铁力沙干沼泽（文波龙 摄）

布尔津河喀拉库勒沼泽（654321-246）

【范围与面积】布尔津河喀拉库勒沼泽位于新疆维吾尔自治区阿勒泰地区布尔津县禾木喀纳斯蒙古族乡喀纳斯湖东南 16 km，第一版《中国沼泽志》中布尔津河喀拉库勒沼泽目前也称为黑湖沼泽，地理坐标为 48°38′41.74″ ～ 48°42′25.00″N、87°6′29.63″ ～ 87°16′60.00″E。面积为 2077.69 hm²，主要为阿尔泰薹草沼泽。海拔 2200 m。

【地质地貌】沼泽区地质构造为褶皱断块山，海拔 2000 ～ 2500 m。由前寒武纪变质岩系与海西期花岗岩侵入体组成。沼泽地分布在阿尔泰山山间盆地的冲积 - 洪积扇中下部。

【气候】沼泽区属温带大陆性干旱气候，年平均气温 –3.7℃，1 月平均气温 –17.8℃，7 月平均气温 22.5℃，极端最低气温 –41.2℃，极端最高气温 26.2℃，≥ 0℃积温 1500℃，没有明显的无霜期。年平均降水量 500 mm，年平均蒸发量 1837.8 mm，蒸发量约为降水量的 3.7 倍，年平均相对湿度 63%。初雪 8 月下旬，终雪 6 月初，降雪期 9 个月，积雪 225 d，最大积雪深 80 ～ 100 cm，冻土层深度 127 cm。

【水资源与水环境】沼泽水源靠大气降水和高山冰雪融水以及布尔津河支流河水和地下潜水溢出

补给，水源稳定。地下水位埋深 $0 \sim 0.5$ m，水化学类型为 HCO_3-Ca·Na 型，矿化度 0.1 g/L。布尔津河喀拉库勒沼泽水体理化性质见表 15-25。

表 15-25　布尔津河喀拉库勒沼泽水体理化性质

指标	最大值	最小值	平均值
pH	7.56	6.91	7.24
氨氮/(mg/L)	0.94	0.03	0.37
硝氮/(mg/L)	0.53	0.00	0.20
ORP/mV	85.80	72.40	77.77
溶解氧/(mg/L)	9.24	5.14	7.72
电导率/(S/m)	0.15	0.06	0.10
氯化物/(mg/L)	11.25	3.67	7.32
盐度/%	0.07	0.03	0.05
总溶解固体/(g/L)	0.10	0.04	0.06

【沼泽土壤】沼泽土壤类型主要为泥炭土，总体泥炭厚度 $20 \sim 100$ cm，河谷中间泥炭较厚达 100 cm，边缘厚度为 20 cm。泥炭干容重 0.21 g/cm³，有机碳含量为 38.17%。

泥炭丘分布在黑湖周边 $2 \sim 3$ km，成群分布着 200 余个泥炭丘，是新疆阿尔泰山区内发现的密度最大的泥炭丘群。黑土周边泥炭丘为高 $5 \sim 6$ m、直径约 15 m 的长形平行状泥炭丘。在黑湖南部及西南部小盆地中也发育百余个泥炭丘，与黑湖周边泥炭丘体形态相比，本区泥炭丘体形态低矮且较长，一般高度为 $2 \sim 3$ m。丘体彼此相连，长度可达 20 m（张彦等，2018）。

黑湖泥炭丘剖面从丘顶到底部的泥炭变化如下。

$0 \sim 30$ cm 为浅棕色泥炭层。

$30 \sim 70$ cm 为褐色泥炭层。

$70 \sim 85$ cm 为黑褐色泥炭层。

$85 \sim 93$ cm 为褐色泥炭层。

93 cm 以下为黑色腐泥层。

【沼泽植被】沼泽植物群落以阿尔泰薹草为建群种，伴生种有灰脉薹草、帕米尔薹草、无脉薹草、驴蹄草、草地早熟禾、委陵菜、看麦娘、灯心草、龙胆、泽芹、尖叶泥炭藓、万年藓、桧叶金发藓等，呈点状草丘，盖度95%。

【沼泽动物】沼泽区动物资源与铁力沙干沼泽相似。

【受威胁和保护管理状况】沼泽区具有丰富的泥炭资源，又是动物的重要栖息地，处于喀纳斯国家级自然保护区范围内，主要受放牧威胁。

布尔津河喀拉库勒沼泽（文波龙 摄）

布尔津河上游山间洼地沼泽（654321-247）

【范围与面积】布尔津河上游山间洼地沼泽位于新疆维吾尔自治区阿勒泰地区阿尔泰山区布尔津河上游柯姆河和苏木达依列克河 2 条支流范围内，包括第一版《中国沼泽志》中的布尔津河乌齐土尔盖特沼泽（恰库）、布尔津河加什他依沼泽，以及邻近的杰勒克特沼泽、吉克普林沼泽等片区。地理坐标为 48°18′19.61″ ～ 48°39′28.28″N、87°26′50.81″ ～ 87°47′17.91″E，面积为 7061.72 hm²，为帕米尔薹草沼泽。海拔 1940 ～ 1950 m。

【地质地貌】沼泽区地貌属于阿尔泰山地中山带山麓山间断陷盆地，布尔津河上游支沟河漫滩沉积物为第四纪冲积 – 洪积物。

【气候】沼泽区属温带大陆性干旱气候，年平均气温 –3.5℃，1 月平均气温 –29℃，7 月平均气温 20℃，极端最低气温 –37℃，极端最高气温 28.8℃，年平均降水量 550 mm，年蒸发量 1824.6 mm，年平均相对湿度 60%。8 月下旬初雪，6 月上旬终雪，积雪日数 214 d，最大积雪深度 140 cm，冻土层深 230 cm，并有岛状永久冻土。

【水资源与水环境】沼泽区水源靠大气降水、高山冰雪融水、河水和地下潜水溢出补给。沼泽地表季节性积水，地下水位埋深 0.5 ～ 1.0 m，水化学类型为 HCO_3-Ca·Na 型，矿化度 0.1 ～ 0.3 g/L。多数沼泽泥炭中水饱和，但表层无积水。杰勒克特沼泽水体理化性质见表 15-26。

表 15-26　杰勒克特沼泽水体理化性质

指标	数值
pH	6.46
硝氮/(mg/L)	0.31
ORP/mV	105.80
溶解氧/(mg/L)	2.21
电导率/(S/m)	0.06
氯化物/(mg/L)	17.20
盐度/%	0.03
总溶解固体/(g/L)	0.04

【沼泽土壤】沼泽土壤类型沿沼泽外围稍高处为草甸沼泽土，沼泽地低平处为泥炭土。杰勒克特沼泽的泥炭除边缘区域的厚度较小于 100 cm 外，主体沼泽地泥炭厚度多在 500 cm 左右（张彦，2016）。100 ～ 200 cm 泥炭干容重为 0.10 g/cm³，有机碳含量为 40.20%；200 ～ 300 cm 泥炭干容重为 0.08 g/cm³，有机碳含量为 44.25%；300 ～ 400 cm 泥炭干容重为 0.10 g/cm³，有机碳含量为 40.82%；500 ～ 600 cm 泥炭干容重为 0.13 g/cm³，有机碳含量为 40.8%。布尔津河乌齐土尔盖特（恰库）沼泽泥炭厚度为 50 ～ 100 cm。

【沼泽植被】沼泽植物群落以帕米尔薹草为优势种，伴生种有无脉薹草、草地早熟禾、灯心草、龙胆、泽芹、尖叶泥炭藓、万年藓、桧叶金发藓等，盖度 90% 以上。鲜草单产 5250 kg/hm²。

【沼泽动物】沼泽区鸟类有藏雪鸡、鸿雁等。

【受威胁和保护管理状况】沼泽区地具有丰富的泥炭资源，又是动物（包括水禽）的栖息地。主要沼泽分布区位于 1980 年经新疆维吾尔自治区人民政府批准建立的喀纳斯自然保护区，保护区 1986 年晋升为国家级自然保护区。沼泽地周围草质好，产草量高，是优良的夏季放牧场，应限定畜群量，保护沼泽植被和湿地环境。

布尔津河上游山间洼地沼泽（文波龙 摄）

额尔齐斯河克孜勒乌英克沼泽（654324-248）

【范围与面积】额尔齐斯河克孜勒乌英克沼泽位于新疆维吾尔自治区阿勒泰地区哈巴河县萨尔布拉克镇西南 15 km，地理坐标为 48°04′ ～ 48°09′N、85°36′ ～ 85°44′E，面积为 1418 hm²，主要为帕米尔薹草沼泽。海拔 450 m。

【地质地貌】沼泽区地貌属于阿尔泰山南麓、准噶尔盆地北部平原丘陵，北靠额尔齐斯河，东靠别列则克河，西邻阿拉克别克河，沼泽分布在低河漫滩洼地。沉积物为第四纪冲积物。

【气候】沼泽区属温带大陆性干旱气候，年平均气温 4℃，1 月平均气温 –15.8℃，7 月平均气温 21.6℃，极端最低气温 –50.1℃，极端最高气温 39.4℃，≥ 10℃积温 2658.6℃，日照时数 2950 h，无霜期 126 d，年降水量 175 mm，年蒸发量 2064 mm，蒸发量约为降水量的 12 倍。积雪深度 25 ～ 30 cm，冻土层深 150 ～ 230 cm。

【水资源与水环境】沼泽水源以降水、河水和地下潜水补给，地下水位埋深 0.3 ～ 0.5 m，水化学类型 HCO_3-Ca·Na 型，矿化度 1 g/L 左右。

【沼泽土壤】沼泽地外围稍高处为草甸沼泽土，低洼处分布泥炭沼泽土，泥炭层厚度 20 ～ 50 cm。

【沼泽植被】沼泽植物群落以帕米尔薹草为优势种，伴生种有湿生薹草、阿尔泰薹草、草地早熟禾、看麦娘、委陵菜等。

【沼泽动物】沼泽区鸟类有黑鹳、鸿雁、赤麻鸭、针尾鸭等。

【受威胁和保护管理状况】由于哈巴河及别列孜尔克河上游的来水量明显减少，沼泽因缺水而退化、零星斑块分布；应加强湿地保育与恢复相关工作。沼泽区位于额尔齐斯河科克托海湿地自然保护区，保护区于 2005 年经自治区人民政府批准建立，主管部门为阿勒泰地区林业局，管理机构为额尔齐斯河科克托海湿地自然保护区管理局。

哈拉萨孜沼泽（654301-249）

【范围与面积】哈拉萨孜沼泽位于阿勒泰市北部 10 km 阿勒泰林场的大克兰和小克兰营林区内、阿勒泰市克兰河上游谷地，地理坐标为 48°2′8.95″ ～ 48°10′16.95″N、88°11′44.05″ ～ 88°44′58.1″E。面积为 1719 hm²，主要为薹草沼泽。海拔 2460 m。

【地质地貌】阿尔泰山地中山带山麓山间断陷盆地，强烈的断裂构造活动形成了阿尔泰山高海拔与高坡度的现代地貌特征，各种山间洼地也在此基础上逐渐形成，沉积物为第四纪冲积 – 洪积物。

【气候】沼泽区属中纬度大陆性寒冷气候，年平均气温 –3.5℃，1 月平均气温 –18℃，7 月平均气温 21℃，极端最低气温 –35℃，极端最高气温 28.8℃，≥ 10℃年均积温 2236℃，年均日照时数 3186 h。年平均降水量 450 mm，年蒸发量 1824.6 mm，年平均相对湿度 60%。8 月下旬初雪，6 月上旬终雪，积雪日数 214 d，最大积雪深度 140 cm，冻土层深 230 cm，并有岛状永久冻土（徐军强，2014）。

【水资源与水环境】沼泽区水源靠大气降水、高山冰雪融水补给，属于克兰河上游小东沟支流。沼泽地表季节性积水，水化学类型为 HCO_3-Ca·Na 型，地表水和地下水矿化度较低，小于 1 g/L。哈拉萨孜沼泽水体理化性质见表 15-27。

表 15-27　哈拉萨孜沼泽水体理化性质

指标	丘间洼地	丘前溪流
pH	6.50	6.86
氨氮/(mg/L)	1.36	0.02
硝氮/(mg/L)	0.01	0.58
ORP/mV	4.30	13.70
溶解氧/(mg/L)	5.64	3.79
电导率/(S/m)	0.03	0.07
氯化物/(mg/L)	5.20	8.01
盐度/%	0.02	0.03
总溶解固体/(g/L)	0.03	0.04

【沼泽土壤】沼泽区土壤类型主要为泥炭沼泽土，属于薹草 – 泥炭藓沼泽，包括泥炭丘和丘间沼泽地，位于沟谷盆地边缘的泥炭厚度为 50 ～ 80 cm，主体沼泽地泥炭厚度多在 500 cm 以上，最深超过 800 cm。丘间泥炭地 100 ～ 200 cm 泥炭层干容重为 0.10 g/cm³，有机碳含量为 40.20%；200 ～ 300 cm 泥炭层干容重为 0.08 g/cm³，有机碳含量为 44.25%；300 ～ 400 cm 泥炭层干容重为 0.1 g/cm³，有机碳含量为 40.82%；500 ～ 600 cm 泥炭层干容重为 0.13 g/cm³，有机碳含量为 40.8%。

泥炭丘是平均高 3 ～ 4 m，直径 5 ～ 10 m 的典型穹形泥炭丘，各泥炭丘体相互独立存在；丘间有些是沼泽地，泥炭丘顶部 0 ～ 40 cm 为褐色的藓类 – 薹草泥炭，40 cm 以下为冻结泥炭层（张彦等，2018）。泥炭丘剖面（黄智宏，2022）特征如下。

0 ～ 26 cm 为浅褐色泥炭层，植物残体较多，泥炭分解程度极低。

26 ～ 112 cm 为黑褐色泥炭层，植物残体极少，泥炭分解程度高。

112 ～ 292 cm 为深灰色泥炭层，植物残体较少，泥炭分解程度低。

292 ～ 324 cm 为深褐色泥炭层，植物残体少，泥炭分解程度较高。

324 ～ 374 cm 为缺失层。

374 ～ 420 cm 为灰黑色泥炭层，植物残体较多，泥炭分解程度较高，底部为深灰色或灰黄色黏土层。

420 ～ 454 cm 为灰黑色泥炭层与深灰色或灰黄色黏土层，分界明显。

【沼泽植被】沼泽植被主要建群种为阿尔泰薹草和帕米尔薹草，伴生种主要为羊胡子草、华北獐牙菜、草地早熟禾等草本植物，以及金发藓、厚角绢藓、泥炭藓、拟尖叶泥炭藓等藓类植物。草层高度为 20 ～ 50 cm，盖度为 70% ～ 100%，平均鲜草生物量为 839.3 g/m²。泥炭丘部分围栏保护，实施恢复，丘上覆盖植被主要为毛薹草、帕米尔薹草和早熟禾等植物。

【沼泽动物】沼泽区鸟类有黑琴鸡、花尾榛鸡、灰鹤等。

【受威胁和保护管理状况】沼泽区具有丰富的泥炭资源，在大玛米拉哈拉萨孜沼泽、小玛米拉哈拉萨孜沼泽具有非常典型的泥炭丘分布，也是动物（包括水禽）的栖息地；盆地两侧坡度平缓，为高山区草甸和亚草原区，沼泽地草质好，是优良的夏季牧场。沼泽分布的主要区域，纳入新疆乌齐里克河源国家湿地公园，2010年列入国家林业局国家湿地公园试点单位，实施了围栏封育、泥炭保护等湿地恢复工程（努尔兰·哈再孜等，2014）。公园试点于2016年通过国家林业局验收，正式成为国家湿地公园。湿地公园主管部门为阿尔泰山国有林管理局，管理机构为乌齐里克河源国家湿地公园管理局。

哈拉萨孜沼泽（文波龙 摄）

哈巴河依提库都克沼泽（654324-250）

【范围与面积】哈巴河依提库都克沼泽位于新疆维吾尔自治区阿勒泰地区哈巴河县南部，邻近额尔齐斯河，包括哈巴河进入额尔齐斯河前东西两侧沼泽分布区，地理坐标为47°49′11.63″～48°11′48.51″N、85°51′8.80″～86°50′18.07″E，面积为24 990 hm²，主要为芦苇沼泽，海拔500 m。

【地质地貌】沼泽区地貌属于阿尔泰山南麓、准噶尔盆地北部、额尔齐斯河支流哈巴河支沟山前洪积扇缘洼地。沉积物为洪积冲积物。

【气候】沼泽区属温带大陆性干旱气候，年平均气温4.2℃，1月平均气温–15.8℃，7月平均气温21.6℃，极端最低气温–50.1℃，极端最高气温39.4℃，日照时数2888.1 h，≥10℃积温2658.6℃。年降水量178 mm，年蒸发量2065.4 mm，蒸发量约是降水量的12倍。积雪深度40～50 cm，冻土层深170～180 cm。

【水资源与水环境】沼泽水源靠哈巴河水补给。地表积水，地下水位埋深0～0.5 m，水化学类型HCO_3-Ca·Na型，矿化度1～2 g/L。

【沼泽土壤】沼泽外缘地带为草甸沼泽土，低洼积水处为腐殖质沼泽土。草甸沼泽土草根腐殖质层厚20～30 cm，含有机质6%～7%，下为灰白色潜育层。腐殖质沼泽土的腐殖质层厚30～40 cm，含有机质8%～10%。

【沼泽植被】沼泽植物群落以芦苇为优势种，伴生种有水烛、圆锥薹草、异型莎草、牛毛毡、大茨藻、狸藻等。

【沼泽动物】沼泽区鸟类有黑鹳、鸿雁、赤麻鸭、针尾鸭等。

【受威胁和保护管理状况】原有沼泽部分被

哈巴河依提库都克沼泽（刘华兵 摄）

开垦为农田，同时是重要的春秋牧场，应加强湿地保育与恢复相关工作。紧邻哈巴河县城西侧的河滨带区域，在 2015 年列入新疆哈巴河阿克齐国家湿地公园试点，有效提升了湿地的保护管理水平。

巴特尔阿恰沼泽（654322-251）

【范围与面积】巴特尔阿恰沼泽位于新疆维吾尔自治区阿勒泰地区富蕴县北部阿尔泰山两河源自然生态保护区库尔木图管护站管理片区，在河流源头谷地散状分布，地理坐标为 47°45′3.51″ ～ 47°59′11.47″N、89°24′27.26″ ～ 89°44′5.39″E。面积为 3735 hm²，主要为薹草沼泽。海拔 1970 m。

【地质地貌】沼泽区强烈的断裂构造活动形成了阿尔泰山高海拔与高坡度的现代地貌特征，各种山间洼地也在此基础上逐渐形成，沉积物为第四纪冲积 – 洪积物。

【气候】沼泽区属中纬度大陆性寒冷气候，年平均气温 2℃，极端最低气温 –51.5℃，极端最高气温 28.8℃，年平均降水量 450 mm，年蒸发量 1500 mm。

【水资源与水环境】沼泽区水源靠大气降水、高山冰雪融水补给，属于额尔齐斯河支流上游。沼泽地表季节性积水，水化学类型为 HCO_3-Ca·Na 型，地表水和地下水矿化度较低，小于 1 g/L。巴特尔阿恰沼泽水体理化性质见表 15-28。

表 15-28　巴特尔阿恰沼泽水体理化性质

指标	数值
pH	7.74
氨氮/(mg/L)	0.02
硝氮/(mg/L)	0.33
ORP/mV	98.00
溶解氧/(mg/L)	9.16
电导率/(S/m)	0.09
氯化物/(mg/L)	2.34
盐度/%	0.04
总溶解固体/(g/L)	0.06

【沼泽土壤】沼泽区土壤类型为泥炭沼泽土，属于薹草 – 泥炭藓沼泽，泥炭厚度为 45 ～ 100 cm（张彦，2016）。0 ～ 50 cm 泥炭层干容重为 0.42 g/cm³，有机碳含量为 20.83%；50 ～ 100 cm 泥炭层干容重为 0.49 g/cm³，有机碳含量为 19.75%。

【沼泽植被】沼泽植被主要建群种为阿尔泰薹草和帕米尔薹草，伴生种主要为羊胡子草、华北獐牙菜、草地早熟禾等草本植物，以及金发藓、厚角绢藓、泥炭藓、拟尖叶泥炭藓等藓类植物。

【沼泽动物】沼泽区鸟类有黑琴鸡、花尾榛

巴特尔阿恰沼泽（文波龙 摄）

鸡、灰鹤等。

【受威胁和保护管理状况】沼泽区草质好，是优良的夏季牧场。目前沼泽纳入阿尔泰山两河源国家级自然保护区范围内，成立了库尔木图管护站，主管部门为阿尔泰山国有林管理局，管理机构为阿尔泰山两河源自然保护区管理局。

额尔齐斯河杜来提沼泽（654321-252）

【范围与面积】额尔齐斯河杜来提沼泽位于新疆维吾尔自治区阿勒泰地区布尔津县杜来提乡周边，包括布尔津河入额尔齐斯河前东西两侧的沼泽分布区，地理坐标为 47°37′20.32″ ～ 47°52′17.92″N、86°45′40.15″ ～ 87°12′19.34″E，主要为芦苇沼泽，面积为 7183 hm^2，海拔 400 ～ 480 m。

【地质地貌】沼泽区地貌类型为阿尔泰山低山丘陵区布尔津河汇入额尔齐斯河的支沟谷地，山前洪积、冲积扇缘。沉积物为第四纪冲积、洪积物。

【气候】沼泽区属温带大陆性干旱气候，年平均气温 1.1℃，1 月平均气温 –17.6℃，极端最低气温 –41.2℃，7 月平均气温 22.4℃，极端最高气温 38℃，≥ 10℃活动积温 3200 ～ 3300℃，无霜期 142 d，年平均降水量 126.4 mm，年平均相对湿度 63%，冻土层深度 127 cm。

【水资源与水环境】沼泽区水源主要来自布尔津河补给。沼泽地表季节性积水，地下水位埋深 0.5 m，水化学类型为 HCO_3-Ca·Na 型，矿化度 0.5 ～ 1.0 g/L。

【沼泽土壤】沼泽区土壤类型沿沼泽地外围稍高处为草甸沼泽土，低洼积水处多为腐殖质沼泽土。

【沼泽植被】沼泽植物群落以芦苇为优势种，伴生种有水烛、三棱草、泽芹、草地早熟禾、异型莎草、大茨藻、狸藻等。

【沼泽动物】沼泽区鸟类有黑颈鹤、鸿雁、斑尾榛鸡、豆雁、小天鹅等。

【受威胁和保护管理状况】原有沼泽部分被开垦为农田，同时是重要的春秋牧场，应加强湿地保育与恢复相关工作。

额尔齐斯河杜来提沼泽（刘华兵 摄）

额尔齐斯河科克苏沼泽（654301-253）

【范围与面积】额尔齐斯河科克苏沼泽位于新疆维吾尔自治区阿勒泰地区阿勒泰市阿拉哈克镇南

至额尔齐斯河北岸间，乌伦古湖北 5 km，主要包括第一版《中国沼泽志》中的额尔齐斯河阿拉哈克沼泽，地理坐标为 47°26′3.38″～47°43′46.12″N、87°0′5.69″～88°13′50.32″E，包括科克苏湿地自然保护区及克兰河下游的沼泽，沼泽面积为 49 831 hm²，主要为芦苇沼泽。海拔 470～480 m。

【地质地貌】沼泽区地貌属于阿尔泰山南麓、准噶尔盆地北部的冲积洪积平原。由克兰河的冲积扇、额尔齐斯河谷地平原河漫滩洼地组成，河曲、牛轭湖十分发育。沉积物为冲积淤积物。

【气候】沼泽区属温带大陆性干旱气候，年平均气温 4.1℃，1 月平均气温 –16.7℃，7 月平均气温 22.1℃，极端最低气温 –46.7℃，极端最高气温 39.5℃，≥10℃积温 3250℃，无霜期 142 d。年均降水量 112.6 mm，蒸发量 2000 mm 左右，最大年降水量 180.6 mm，最小年降水量 93.9 mm，年均降水日数 134 d。本区初雪日为 11 月下旬，终雪日为翌年 3 月中旬，年均降雪期约为 140 d，冬季积雪深度一般为 10～15 cm。

【水资源与水环境】沼泽区水源主要靠由东向西穿越而过的额尔齐斯河主河道以及从北向南汇入额尔齐斯河的支流克兰河补给，形成典型的梳状水系，水量年内、年际变化大，时空分配不均衡，地表季节性积水，低洼处常年积水（姜旭新等，2019）。地下水位埋深 0.3～0.5 m，地表水水化学类型为 HCO_3-Ca·Na 型，矿化度 1 g/L。额尔齐斯河科克苏沼泽水体理化性质见表 15-29。

表 15-29　额尔齐斯河科克苏沼泽水体理化性质

	数值
pH	9.02
氨氮/(mg/L)	0.06
硝氮/(mg/L)	0.38
溶解氧/(mg/L)	8.75
电导率/(S/m)	0.56
氯化物/(mg/L)	68.75
盐度/%	0.27
总溶解固体/(g/L)	0.37

额尔齐斯河在克兰河汇入之前流经科克苏沼泽片区的年径流量小于 11 亿 m³。克兰河年均径流量 6.27 亿 m³，从北向南进入科克苏沼泽后，主河道逐渐消失，河水漫流，形成大面积沼泽区域，在靠近额尔齐斯河主河道处又汇聚流出。同时，由于每年仲春季节雪山融化，额尔齐斯河河水暴涨，大量的洪水倒灌入科克苏沼泽，形成浩瀚的水域景观。克兰河与额尔齐斯河在阿勒泰市以东区域均以季节积雪融水补给为主，属于雨水混合补给型河流，具有明显的春汛特点，全年水量集中在 5～6 月，以春汛的形式出现。冬季为枯水期，径流量稳定。

【沼泽土壤】沼泽区外围稍高处为草甸沼泽土，低洼处为腐殖质沼泽土。

【沼泽植被】沼泽植被以芦苇为优势种，高度 3.6～4.1 m，伴生种有水烛、黑三棱、香蒲、水葱、泽芹、两栖蓼、酸模叶蓼、荇菜、睡莲、大茨藻和狸藻等（刘丽燕等，2015）。

【沼泽动物】沼泽区有鱼类 1 纲 5 目 8 科 22 种，如细鳞鲑、西伯利亚鲟、北极茴鱼、北鲑、白斑狗鱼，也有一定的广布种，如鲫等（李胜，2022）。两栖纲 1 目 1 科 1 种（塔里木蟾蜍）。爬行纲 1 目 3 科 12 种，如黄脊游蛇、白条锦蛇等。鸟纲 14 目 36 科 183 种，如斑嘴鹈鹕、白鹭、苍鹭、鸿雁、大天鹅、赤麻鸭、绿头鸭、灰鹤等。

【受威胁和保护管理状况】沼泽区具有良好的芦苇资源，又是鸟类的重要栖息地，主要利用方式为放牧、冬季打草等。穿过沼泽区的额尔齐斯河是我国唯一一条流入北冰洋水系的国际性河流，水生生物、河谷植物都借助这条廊道栖息、繁衍、交流。沼泽区是额尔齐斯河珍贵冷水性鱼洄游的产卵和育肥场，是阿尔泰山脉与古尔班通古特沙漠之间景观斑块最复杂、食物最丰富的区域，是鸟类南北迁徙或跨越欧亚大陆时的停歇地和中继站；同时作为额尔齐斯河流域最大的平原湿地，发挥着调蓄额尔齐斯河和克兰河的春汛、减轻洪水危害的重要功能；挟带泥沙的洪水在湿地内漫散、沉降，以及植物的吸收、截留，保障了下游水质；通过水源涵养、天然植被的生长，沼泽区成为生态脆弱荒漠平原区的生态屏障，对于维护当地生态环境平衡、促进农牧业以及社会经济的可持续发展具有重要意义（李雪健等，2020）。2001年，自治区批准建立了新疆科克苏自治区级自然保护区，2015 年晋升为新疆阿勒泰科克苏湿地国家级自然保护区，主管部门为阿勒泰地区林业局，管理机构为阿勒泰科克苏湿地自然保护区管理局。

额尔齐斯河科克苏沼泽（文波龙 摄）

萨吾尔山间洼地沼泽（654326-254）

【范围与面积】萨吾尔山间洼地沼泽位于新疆维吾尔自治区阿勒泰地区吉木乃县托普铁热克乡和托斯特乡，萨吾尔山间洼地及周边沼泽斑块，地理坐标为 47°17′29.6″ ～ 47°26′3.37″N、85°50′1.8″ ～ 87°0′5.6″E。面积为 5178 hm²，类型为阿尔泰薹草沼泽。海拔 2100 ～ 2200 m。

【地质地貌】沼泽区地貌类型为萨吾尔山地北麓山间冰蚀洼地，沉积物为冰水沉积物。

【气候】沼泽区属温带大陆性干旱气候，年平均气温 2.08℃，1 月平均气温 –13.4℃，7 月平均气温 20.2℃，极端最低气温 –38.5℃，极端最高气温 37.2℃，≥ 10℃积温 2242.5℃，无霜期 135 d。年平均降水量 208.6 mm，年蒸发量 2169.9 mm，蒸发量是降水量的 10.4 倍左右。初雪 9 月下旬，降雪期 7 个月，降雪量 70 mm，积雪期 180 d，年平均相对湿度为 60%。

【水资源与水环境】沼泽区地表局部季节性积水，沼泽水源靠降水、冰雪融水、地下潜水补给，地下水位埋深 0.5 m 左右，水化学类型为 $SO_4 \cdot HCO_3$-Ca·Na 型，矿化度 0.8 g/L。

【沼泽土壤】沼泽区沿沼泽边缘稍高平处为草甸沼泽土，中间低平地带为泥炭沼泽土。

【沼泽植被】沼泽植物群落以阿尔泰薹草为建群种，伴生种有无脉薹草、帕米尔薹草、驴蹄草、看麦娘、龙胆、草地早熟禾、委陵菜、尖叶泥炭藓等。

【沼泽动物】沼泽区鸟类有大天鹅、藏雪鸡等。

【受威胁和保护管理状况】沼泽区目前仅用作春秋放牧场。地处人烟稀少区，干扰威胁小，沼泽湿地环境和资源尚处于自然状态，缺水较为严重。

塔城北山沼泽（654201-255）

【范围与面积】塔城北山沼泽位于塔城市北部山区，地理坐标为 47°1′59.9″ ～ 47°13′N、83°3′ ～ 83°37′59.9″E，面积为 1805 hm²。

【地质地貌】沼泽区属于塔尔巴哈台山山间断陷洼地，沉积物为第四纪冲积洪积物。

【气候】沼泽区属中温带大陆性干旱气候，年平均气温 5.9℃，年较差为 34.7℃。1 月平均气温 –12.6℃，极端最低气温 –39.2℃，7 月平均气温 22.1℃，极端最高气温 41.3℃。≥ 10℃ 年均积温 2200 ～ 2800℃，无霜期 131 d。年平均降水量 293 mm，最大降水量 456.7 mm，最小降水量 153.3 mm，降雪量约占总降水量的 50%，年蒸发量 1026 mm。

【水资源与水环境】沼泽区水源靠大气降水、高山冰雪融水，以及喀浪古尔河（年径流量 1.26 亿 m³）、阿布都拉河（年径流量 1.08 亿 m³）等河水以及地下潜水溢出补给。

【沼泽土壤】沼泽区山地大部分为栗钙型的山地草甸土，中山地带为淋溶黑钙土；低山地带为栗钙土。

【沼泽植被】沼泽区共有高等植物 17 科 31 属 43 种，主要优势种有银灰杨、白柳、水蓼、藜、苦豆子、细叶早熟禾、芨芨草、芦苇等，主要植物群系为银灰杨群系、白柳群系、苦豆子群系、早熟禾群系等。

【沼泽动物】沼泽区鸟类 9 目 12 科 32 种，主要有苍鹭、黑鹳、大天鹅、普通燕鸥、灰雁、赤麻鸭、绿头鸭、灰鹤等。

【受威胁和保护管理状况】沼泽区属于山地和边境地区，主要威胁来自草场过牧对湿地和天然植被的破坏。主管部门为塔城地区林业局，管理机构为塔城市林业局。

和布克赛尔萨吾尔山间洼地沼泽（654226-256）

【范围与面积】和布克赛尔萨吾尔山间洼地沼泽位于塔城地区和布克赛尔蒙古自治县城东北 40 km，与阿勒泰地区吉木乃县交界处，地理坐标为 46°59′21.73″ ～ 47°5′33.9″N、85°40′6.27″ ～ 86°13′23.8″E。面积 73.47 hm²，主要为阿尔泰薹草沼泽。海拔 2300 ～ 2500 m。

【地质地貌】萨吾尔山属海西宁地槽褶皱带，主要由古生代岩层与花岗岩侵入体组成。萨吾尔山东部山顶较平缓，沼泽地貌属于山间洼地，积水成沼泽。沉积物为冰水沉积物。

【气候】沼泽区属温带大陆性干旱气候，年平均气温 3.1℃，1 月平均气温 –13.8℃，7 月平均气温 18.8℃，极端最低气温 –33.4℃，极端最高气温 34.5℃。≥ 10℃ 积温 2099.3℃，无霜期 135 d。年降水量 136.3 mm，年蒸发量 1842.2 mm，年平均相对湿度为 53%（姚楚平等，2012）。

【水资源与水环境】沼泽区水源靠冰雪融水和大气降水补给。地表季节性积水，地下水位埋深 0.5 m 左右，水化学类型 HCO_3-Ca 型，矿化度 0.2 ～ 0.5 g/L。

【沼泽土壤】沼泽区低洼地为泥炭沼泽土，沼泽外缘平地为草甸沼泽土。

【沼泽植被】沼泽植物群落以阿尔泰薹草为建群种，伴生种有帕米尔薹草、无脉薹草、草地早熟禾、灯心草、看麦娘、泥炭藓等。

【沼泽动物】沼泽区鸟类有赤麻鸭、藏雪鸡等，沼泽地动物稀少，类型单调。

【受威胁和保护管理状况】沼泽区用作春秋放牧场，受人类活动影响较大，地表植被退化。

乌什水水库周围沼泽（654221-257）

【范围与面积】乌什水水库周围沼泽位于塔城地区额敏县塔尔巴哈台山东段南缘，地理坐标为 46°49′55.5″ ～ 46°51′57.3″N、84°9′25.24″ ～ 84°13′17.84″E，包括乌什水水库邻水沼泽和周边沼泽斑块，面积为 239.27 hm²。

【地质地貌】新生代坳陷运动作用下形成塔城盆地，沼泽区地貌属于额敏河上游冲积洼地，平均海拔 846 m，地表为冲积洪积物。

【气候】沼泽区属中温带大陆性干旱气候，年平均气温 5.5℃，多年平均降水量 276 mm，多年平均蒸发量 1553 mm。

【水资源与水环境】沼泽区水源有地表径流、大气降水、地下水和部分农田退水，流出状况为季节性，积水状况为永久性积水，丰水位 874 m，平水位 862.9 m，枯水位 851.8 m，最大水深 37.29 m，平均水深 26.19 m。地表水 pH 7.9，矿化度大于 1.26 g/L。

【沼泽植被】沼泽区有高等植物 4 科 5 属 6 种，主要优势种是胡杨、芦苇等。

【沼泽动物】沼泽区有鸟类 2 目 2 科 2 种，分别为赤麻鸭和普通燕鸥。鱼类 1 目 1 科 3 种，分别为鲢、鲤和鳙。

【受威胁和保护管理状况】沼泽区功能与利用方式以灌溉为主，兼顾生产饲草和鱼虾贝类农副产品，主要威胁来自农业生产对湿地和植被的破坏，影响程度为轻度。湿地主管部门和管理机构：主管部门为新疆生产建设兵团第九师林业和草原局，管理机构为一六八团水管站。

小青格里河玉什库勒沼泽（654325-258）

【范围与面积】小青格里河玉什库勒沼泽目前多被称为"三道海子"沼泽，位于阿勒泰地区青河县阿热勒镇，距青河县城东北 44 km，靠近蒙古国边境，位于小青格里河上游，地理坐标为 46°41′53.7″ ～ 46°59′51.81″N、90°45′44.64″ ～ 90°59′51.22″E。沼泽面积 1133 hm²，主要为帕米尔薹草沼泽。由 3 大片区组成，从北至南依次为边海子（切特克库勒）、中海子（沃尔塔库勒）、花海子（什巴尔库勒）。其中花海子、中海子位于小青格里河南侧主流河谷内，边海子在小青格里河支流切特克库勒河的河谷内。3 个片区连线呈西北 - 东南走向，大致与阿尔泰山走向平行，海拔 2400 m。

【地质地貌】阿尔泰山地为褶皱断块山，海拔 2000 ～ 2500 m。沼泽分布区属于中山带，由前寒武纪变质岩系与海西宁期花岗岩侵入组成。沼泽地位于阿尔泰山东南部山前坳陷冰蚀洼地。沉积物为冰水沉积物。

【气候】沼泽区属温带大陆性干旱气候，年平均气温 –0.2℃，7 月平均气温 18.5℃，1 月平均气温 –23.5℃，极端最低气温 –49.7℃，极端最高气温 34.4℃。年降水量 161.4 mm，降雪量 49 mm，无霜期 83 d，最长 103 d，最短 72 d。年平均相对湿度 61%，冻土层深度 242 cm。

【水资源与水环境】沼泽区水源靠降水、高山冰雪融水、河水、泉水混合补给。地表季节性积水。地下水位埋深 0.5 m 左右，水化学类型 HCO_3-Ca·Na 型，矿化度小于 0.5 g/L。小青格里河玉什库勒沼泽部分水体理化性质见表 15-30。

【沼泽土壤】沼泽区外缘为草甸沼泽土，低洼积水地段为泥炭土。泥炭土泥炭层厚 30 ～ 40 cm，下为潜育层；泥炭土泥炭层厚 100 cm 左右。

表 15-30　小青格里河玉什库勒沼泽水体理化性质

指标	最大值	最小值	平均值
pH	7.81	7.14	7.47
氨氮/(mg/L)	0.09	0.03	0.05
硝氮/(mg/L)	0.80	0.30	0.47
溶解氧/(mg/L)	8.58	4.35	7.16
电导率/(S/m)	0.12	0.07	0.09
氯化物/(mg/L)	11.47	5.49	7.54
盐度/%	0.05	0.03	0.04
总溶解固体/(g/L)	0.08	0.05	0.06

丘间泥炭地 0～40 cm 泥炭层干容重为 0.31 g/cm^3，有机碳含量为 18.77%；40 cm 以下泥炭层干容重为 0.55 g/cm^3，有机碳含量为 18.06%。

三道海子泥炭丘较少且零星分散，泥炭丘形态低矮，平均丘高 2.0 m 左右，直径长 5～7 m，呈长条平行状分布。泥炭丘间为沼泽地，有的与水溪或海子相邻（张彦等，2018）。泥炭丘剖面岩性变化为：0～40 cm 为暗棕色泥炭层，40～80 cm 为棕色泥炭层，80 cm 以下为潜育层。

【沼泽植被】沼泽植被以帕米尔薹草为主要优势种，伴生种有阿尔泰薹草、羊胡子草、华北獐牙菜、穗状狐尾藻、杉叶藻等草本植物以及泥炭藓等藓类植物。

【沼泽动物】沼泽区所在两河源国家级自然保护区野生动物共有 62 种，其中鸟类 6 目 14 科 60 种，主要有鹭类、鹤类、鹳类、鸥类等。

【受威胁和保护管理状况】沼泽区主要用作春秋放牧场和割草场，部分区域过度放牧，植被退化，目前沼泽纳入阿尔泰山两河源国家级自然保护区范围内，成立了三道海子管护站。主管部门为阿尔泰山国有林管理局，管理机构为阿尔泰山两河源自然保护区管理局。

小青格里河玉什库勒沼泽（侯翼国 摄）　　　　小青格里河玉什库勒沼泽（文波龙 摄）

和布克谷地沼泽（654226-259）

【范围与面积】和布克谷地沼泽位于塔城地区和布克赛尔蒙古自治县城郊和布克谷地，包括了第一版《中国沼泽志》中的和布克谷地别斯高尔扎沼泽、和布克谷地拉乌楞格列沼泽、和布克谷地居也迪克沼泽 3 块沼泽，范围扩展至整个和布克河谷，地理坐标为 46°42′13.15″ ～ 46°53′0.2″N、85°10′25.72″ ～ 86°28′3.72″E。类型为阿尔泰薹草沼泽，面积 17 677.24 hm²。海拔 1200 ～ 1280 m。

【地质地貌】沼泽区地貌类型属于萨吾尔山南麓和布克断陷谷地的冲积洪积平原，和布克河河漫滩洼地潜水溢出带，倾斜坡度较均匀。地表为第四纪冲积、洪积物。

【气候】沼泽区属温带大陆性干旱气候，年平均气温 3.1 ～ 3.5℃，1 月平均气温 –13.8℃，7 月平均气温 18.8℃，极端最低气温 –33.4℃，极端最高气温 34.6℃。≥ 10℃积温 2100℃，年日照时数 3005 h，无霜期短，仅 135 d 左右。年水量除中山带以上较多外，一般为 150 mm 左右，年蒸发量 1842 mm，年平均相对湿度 53%。积雪不稳定，有明显的冬季逆温层。

【水资源与水环境】沼泽区水源靠地下潜水、泉水及河水补给。地下水位埋深 0.5 ～ 1.0 m，水化学类型 HCO_3-Na·Ca 型，矿化度 0.3 ～ 0.5 g/L。和布克谷地沼泽水体理化性质见表 15-31。

表 15-31 和布克谷地沼泽水体理化性质

指标	最大值	最小值	平均值
pH	7.46	7.09	7.22
氨氮/(mg/L)	0.05	0.03	0.04
硝氮/(mg/L)	0.39	0.01	0.16
溶解氧/(mg/L)	9.46	7.60	8.55
电导率/(S/m)	0.23	0.03	0.11
氯化物/(mg/L)	14.82	4.64	10.92
盐度/%	0.11	0.07	0.09
总溶解固体/(g/L)	0.06	0.02	0.04

和布克河全长 134 km，流域面积 900 km²，年径流量 0.416 亿 m³。和布克河的各支流主要发源于北部、西部山地。沿流域东北部的松树沟至西南部一带山地，分布大小河（沟）40 多条，其中较大的河（沟）10 多条。自然状态下，较大河（沟）河水可以直接汇入和布克河，其余诸河（沟）多在山前倾斜平原地带渗入地下，而在谷地中部以泉水状态出露补给河流。在和布克河北岸，由泉水汇集而成的较大支流有 4 条，即白仙沙拉、哈拉沙拉、纳伦和布克、铁布肯乌散。和布克河水系发达，河（沟）数量多，流程短，水量小。

【沼泽土壤】沼泽区土壤类型以草甸沼泽土为主，低洼积水地为泥炭沼泽土。草甸沼泽土剖面 0 ～ 20 cm 为草根腐殖质层，20 cm 以下见砂质潜育层。泥炭沼泽土剖面分三层，0 ～ 20 cm 为草根泥炭层，20 ～ 50 cm 为泥炭层，含有机质 30%，50 cm 以下为砂砾质潜育层。

【沼泽植被】沼泽植物群落以阿尔泰薹草为建群种，伴生种有帕米尔薹草、无脉薹草、宽叶香蒲、委陵菜、沼生柳叶菜等。

【沼泽动物】沼泽区有鸟类 8 目 11 科 31 种，主要有苍鹭、黑鹳、大天鹅、普通燕鸥、灰雁、赤麻鸭、绿头鸭、灰鹤等。

【受威胁和保护管理状况】沼泽区是和布克赛尔蒙古自治县重要的春季牧场和割草场。在春夏时节，湿地水草较丰茂；进入秋冬枯水季节，水位下降，地表裸露，则荒漠化景观显现；在远离谷地的两侧广大地带，由于水资源欠缺，则迅速退化为荒漠。主管部门为塔城地区林业局，管理机构为和布克赛尔蒙古自治县林业局。和布克谷地居也迪克沼泽与拉乌楞格列沼泽，纳入新疆和布克赛尔国家湿地公园，2011 年列入国家林业局国家湿地公园试点单位。公园试点于 2016 年通过国家林业局验收，正式成为国家湿地公园。

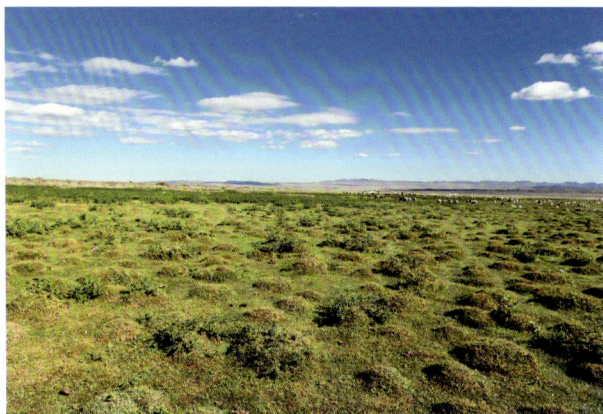

和布克谷地沼泽（文波龙 摄）

塔城额敏河沼泽（654221-260）

【范围与面积】塔城额敏河沼泽位于塔城地区额敏县、裕民县、托里县及塔城市范围内，地理坐标为 46°19′25.13″ ～ 46°42′8.44″N、82°46′51.39″ ～ 86°5′27.6″E。涵盖第一版《中国沼泽志》中的阿合米克特甫沼泽、阿克苏河库尔吐沼泽、额敏河毕替库勒沼泽、额敏河支流阿克苏沼泽、阿克苏河沙勒卡木斯沼泽、阿克苏河塔斯决路吉也克沼泽 6 块沼泽，类型为芦苇沼泽，面积 2987 hm^2。海拔 500 m。

【地质地貌】新生代坳陷运动作用下形成塔城盆地，沼泽区地貌属于额敏河冲积平原、额敏河及支流河漫滩。地表为冲积洪积物。

【气候】沼泽区属中温带大陆性干旱气候，年平均气温 3.3 ～ 6.5℃，1 月平均气温 –14.4℃，7 月平均气温 22.2℃，极端最低气温 –35.9℃，极端最高气温 41.9℃。≥ 10℃积温 2899.8℃，无霜期 138 d，年平均日照时数 2833 h。年平均降水量 270.8 mm，多年平均蒸发量 1778.9 mm。年平均相对湿度 58%。积雪期 126 d，最大积雪厚度平原地区 62 cm，山区 117 cm。从山区到平原，冬季由于冷空气的下沉作用，夏季热空气的堆积作用，盆地底部气温年较差大于盆地上部的气温年较差。

【水资源与水环境】沼泽区水源靠河水、潜水和农田退水补给。沼泽地表较干，低洼沼泽有季节性积水，地下水位埋深 0.5 ～ 1.0 m，水化学类型为 HCO$_3$·SO$_4$-Na 型，矿化度 1 ～ 3 g/L。额敏河水系，其支流有萨尔也木勒、喀拉也木勒、玛热勒苏、阿克苏、乌雪特等 5 条支流注入额敏河，全年径流量 1 亿 m^3，地表水年径流量 10.8 亿 m^3。

【沼泽土壤】沼泽区沿沼泽外围稍高处为草甸沼泽土，低平地为腐殖质沼泽土。草甸沼泽土草根腐殖质层厚 15 ～ 25 cm，含有机质 5% ～ 7%，下为灰白色潜育层。腐殖质沼泽土腐殖质层厚 30 ～ 40 cm，含有机质 8% ～ 10%。

【沼泽植被】沼泽区共有高等植物 30 科 53 属 70 种，主要优势种有银灰杨、苦杨、芦苇、罗布麻、甘草、宽叶香蒲、赖草、芨芨草、骆驼刺等。芦苇群落以芦苇为建群种，伴生种有水烛、异型莎草、三棱草、圆锥薹草、狸藻等和少量大茨藻、拂子茅等。

【沼泽动物】沼泽区记录有鸟类 8 目 11 科 31 种，主要有赤麻鸭、翘鼻麻鸭、绿头鸭、白额燕鸥等。鱼类主要有 1 目 1 科 1 种，为伊犁鲈。

【受威胁和保护管理状况】第一版《中国沼泽志》所记录的在此范围内的沼泽分布区已经发展成为塔城地区主要的绿洲农业区，部分沼泽已开垦为农田，低洼地沼泽因季节性积水，主要作为冬春放牧场和割草场。由于沼泽水源供给严重不足，土壤盐渍化威胁芦苇沼泽的发育，沼泽已开始向盐化草甸演替，仅部分区域有矮生芦苇存在。主管部门为塔城地区林业局，管理机构为额敏河流域沼泽分布区所涉及的各县林业局。额敏县范围包括额敏河城区段及其上下游共 38 km 河道和河滨沼泽，纳入新疆额敏河国家湿地公园，于 2012 年列入国家林业局国家湿地公园试点单位；塔城市市区乌拉斯台河（含萨孜河）、加吾尔塔木河（含哈尔墩河）、东门外河、师范河、喀浪古尔河 5 条河河道和河滨沼泽（金映雪，

额敏河支流阿克苏沼泽（文波龙 摄）

2017），纳入新疆塔城五弦河国家湿地公园，于 2013 年列入国家林业局国家湿地公园试点单位。公园试点于 2019 年通过国家林业和草原局验收，正式成为国家湿地公园。

艾里克湖沼泽（650205-261）

【范围与面积】艾里克湖沼泽区位于克拉玛依市乌尔禾东南 14 km、艾里克湖西部和北部湖滨一带，地理坐标为 45°47′0.1″ ～ 45°59′27.9″N、85°36′38.88″ ～ 85°50′58.47″E，面积为 1467 hm²，类型为芦苇沼泽，海拔 280 m。

【地质地貌】沼泽区地貌类型属于玛纳斯湖积平原、艾里克湖滨洼地。地表为淤积物。

【气候】沼泽区属温带大陆性干旱气候。年平均气温 6.1℃，1 月平均气温 –17.3℃，7 月平均气温 25.1℃，极端最低气温 –37.7℃，极端最高气温 41.9℃。≥ 10℃积温 3606.6℃，无霜期 157 d。年平均降水量 175 mm，年蒸发量 1825.7 mm，年平均相对湿度 57.4%。

【水资源与水环境】沼泽水源靠白杨河水补给。白杨河流域总降水量 25.70 亿 m³，地表水源量 3.730 亿 m³，年径流深 24.7 mm，地下水天然补给量 0.8582 亿 m³；流域水资源总量 4.588 亿 m³，白杨河流域水资源条件低于全疆的平均水平。沼泽地表季节性积水，地下水位埋深 1.0 ～ 1.5 m，水化学类型为 $HCO_3 \cdot SO_4$-$Ca \cdot Na$ 型，矿化度 1 g/L。艾里克湖沼泽水体理化性质见表 15-32。

表 15-32　艾里克湖沼泽水体理化性质

指标	最大值	最小值	平均值
pH	6.76	6.57	6.65
氨氮/(mg/L)	0.22	0.22	0.22
硝氮/(mg/L)	0.04	0.02	0.03
溶解氧/(mg/L)	10.30	6.20	8.44
电导率/(S/m)	0.07	0.04	0.06
氯化物/(mg/L)	10.03	1.17	4.85
盐度/%	0.07	0.06	0.06
总溶解固体/(g/L)	0.14	0.08	0.11
总磷/(mg/L)	0.12	0.10	0.11

【沼泽土壤】沼泽区土壤类型为草甸沼泽土（闫培锋等，2008），0～20 cm 为草根腐殖质层，含有机质 2.75%～3.8%。40 cm 以下为砂砾质黏土潜育层。由于地区地下水位明显下降，地表变干，沼泽地疏干，原沼泽水生、湿生植物向草甸植物演替，地表有轻度盐渍化过程，芦苇逐渐枯死，被梭梭、多枝柽柳、白刺等旱生植物代替。但沼泽土剖面仍保持着潜育现象。

【沼泽植被】沼泽区记录有高等植物 29 科 46 属 63 种，主要优势种有胡杨、苦杨、盐穗木、骆驼刺、铃铛刺、苦豆子、芨芨草、芦苇等。湖滨植物群落以芦苇为建群种，高度多在 1.0～1.5 m，伴生种有刺儿菜等。

【沼泽动物】沼泽区鸟类 8 目 11 科 31 种，主要有苍鹭、黑鹳、大天鹅、普通燕鸥、灰雁、赤麻鸭、绿头鸭、灰鹤等。两栖类 1 目 2 科 2 种，分别为塔里木蟾蜍和中国林蛙。

【受威胁和保护管理状况】沼泽区现主要用作割草场和冬季放牧场。乌尔禾农场已局部开垦湖滨沼泽作为农田。白杨河上游修建了水库，入艾里克湖的河水量减少，引起湖水位下降，湖水面缩小。

艾里克湖沼泽（文波龙 摄）

玛纳斯湖沼泽（654226-262）

【范围与面积】玛纳斯湖沼泽位于新疆维吾尔自治区克拉玛依市东北 75 km、和布克赛尔蒙古自治县，包含准噶尔盆地西部的一个大型咸水湖及周围盐沼和草甸，地理坐标为 45°35′27.1″～46°0′35.55″N、85°34′48.24″～86°23′46.71″E，内陆盐沼面积为 80 251.87 hm²，另外盐田面积为 2860 hm²。

【地质地貌】沼泽区地貌类型属于玛纳斯湖积平原，地表为淤积物。

【气候】沼泽区属温带大陆性干旱气候。年平均气温 8.8℃，1 月平均气温 –20.0℃，7 月平均气温 25.6℃，极端最低气温 –37.7℃，极端最高气温 41.9℃。≥ 10℃积温 3606.6℃，无霜期 174 d。年平均降水量 63.7 mm，年蒸发量 3110.5 mm，年平均相对湿度为 57.4%。

【水资源与水环境】沼泽区水源补给主要是玛纳斯河，水化学类型为 $HCO_3 \cdot SO_4$-Ca·Na 型；地下水位埋深 2.0 m。20 世纪 50 年代末以来，由于玛纳斯河两岸土地被开垦为耕地，发展灌溉农业，自玛纳斯河中游修建大量截水引水工程以后，除发生特大洪水有水流入湖区外，河水断流难以自然流入玛纳斯湖，20 世纪 70 年代初完全干涸。从 20 世纪 80 年代起，石河子玛纳斯河流域管理处夹河子水库逐年有计划地向下游玛纳斯湖注水，玛纳斯湖生态环境逐年得到了恢复。1998 年，重新形成湿地。

【沼泽土壤】沼泽区土壤类型为草甸沼泽土，0 ～ 20 cm 为草根腐殖质层，40 cm 以下为砂砾质黏土潜育层。由于地区地下水位明显下降，地表变干，沼泽地疏干，原沼泽水生、湿生植物向草甸植物演替，地表发生盐渍化过程，但沼泽土剖面仍保持着潜育现象。

【沼泽植被】沼泽区芦苇为建群种，高度多小于 1.0 m，伴生种有刺儿菜等。

【沼泽动物】沼泽区野生动物共有 33 种，其中鸟类 9 目 18 科 31 种，主要有鸭类和鸥类。

【受威胁和保护管理状况】由于沼泽水源补给不足，湖滨沼泽变干，威胁芦苇生长，促使沼泽向盐渍化、沙漠化方向演变（王丽春等，2018）。东面和南面是固定、半固定沙漠（古尔班通古特沙漠），湿地被大批盐漠包围，湖水和连绵的沙丘融为一体（范聚柳等，2021）。沼泽主管部门为和布克赛尔蒙古自治县人民政府，管理机构为和布克赛尔蒙古自治县林业局。

玛依格勒沼泽（650200-263）

【范围与面积】玛依格勒沼泽位于克拉玛依市克拉玛依区和白碱滩区，距克拉玛依市最近处仅 16 km。地理坐标为 45°13′44.76″ ～ 45°33′3.24″N，85°4′56.43″ ～ 85°31′17.62″E，面积为 15 968 hm^2。

【地质地貌】沼泽区主要地貌类型为天山北麓冲积平原，玛纳斯河进入玛纳斯湖前的河漫滩洼地。

【气候】沼泽区属温带大陆性干旱气候。年平均气温 6.1℃，1 月平均气温 –17.3℃，7 月平均气温 25.1℃，极端最低气温 –37.7℃，极端最高气温 41.9℃。≥ 10℃积温 3606.6℃，无霜期 157 d。年平均降水量 175 mm，年蒸发量 1825.7 mm，年平均相对湿度 57.4%。

【水资源与水环境】沼泽区水源补给主要是玛纳斯河，水化学类型为 $HCO_3·SO_4-Ca·Na$ 型；地下水位埋深 2.0 m。玛纳斯上游两岸土地被开垦为耕地，除发生特大洪水有水流入湖区外，河水断流难以自然地经过沼泽最后流入玛纳斯湖。石河子玛纳斯河流域管理处夹河子水库逐年有计划地向下游玛纳斯湖注水，成为沼泽的主要补给水源（马维和侍克斌，2012）。

【沼泽植被】沼泽区植被主要优势种包括铃铛刺、碱蓬、盐生草、苦杨、赖草等。

【沼泽动物】沼泽区鸟类 8 目 13 科 31 种，主要有小䴙䴘、普通翠鸟、赤麻鸭、普通燕鸥等。两栖类 1 目 1 科 1 种，为塔里木蟾蜍。

【受威胁和保护管理状况】沼泽区隶属于玛依格勒自然保护区，是在原克拉玛依区荒漠植被保护站基础上建设的，荒漠植被保护站于 1998 年经批准建立，主管部门为克拉玛依市林业局，开展了一些基础设施建设，具有一定的技术水平和相应的管理措施。农业开发、石油开采对保护区湿地生态环境造成一定的影响。

卡拉麦里沼泽（652300-264）

【范围与面积】卡拉麦里沼泽位于富蕴县、青河县、福海县、吉木萨尔县、奇台县，在准噶尔盆地东部，西起滴水泉、沙丘河，东至老鸦泉、北塔山，南到自流井附近的范围内，北至乌伦古河南 30 km 处。地理坐标为 44°36′ ~ 46°00′N、88°30′ ~ 90°03′E，季节性咸水湖沼泽，沼泽面积为 6341 hm²。

【地质地貌】沼泽区位于准噶尔盆地东缘，自南向北呈垂直地带性分布，南部为古尔班通古特沙漠和卡拉麦里山山前戈壁，海拔 500 ~ 700 m，中部为卡拉麦里低山地，北部为荒漠丘陵带。

【气候】沼泽区属温带大陆性干旱气候，最热月平均气温为 25 ~ 30℃，极端最高气温可达 50℃，最冷月平均气温在 –20℃ 以下，极端最低气温 –38℃，年平均气温 2.4℃，大于 10℃ 积温为 2617.1℃，无霜期 170 d。降水量极少，气候极其干旱，历年平均降水量为 159.1 mm，年蒸发量为 2090.4 mm。相对湿度 47%，每月最小的相对湿度低于 20%，多数还在 10% 以下。

【水资源与水环境】沼泽区属干旱内陆荒漠区，区内无地表水系分布，地下水储量少，水资源相对匮乏，区内共有 14 处裂隙水溢出形成的山泉，多为苦水泉，主要有德仁各里巴斯陶、塔哈尔巴斯陶、喀姆斯特、帐篷沟、老鸦泉、散巴斯陶等。其中较大的为塔哈尔巴斯陶和喀姆斯特泉水，一般泉水流量 2 ~ 120 m³/d，矿化度为 3.8 ~ 12.7 g/L。除泉水外，卡拉麦里山西北部有几个大的黄泥滩，如克孜勒日什黄泥滩，汇水面积 164 km²；喀腊干德黄泥滩，汇水面积 92 km²；乔稀拜黄泥滩，汇水面积 100 km²，还有老鸦黄泥滩和石磅坝等，这些黄泥滩渗透性能差，能汇集雨水和融雪水，尤其夏季可以汇集较多雨水于滩沟中。

【沼泽植被】沼泽区共有高等植物 11 科 26 属 31 种，主要优势种包括胡杨、盐角草、藜、盐爪爪、碱蓬、驼绒藜等。

【沼泽动物】沼泽区记录有鸟类 6 目 9 科 40 种，主要有大鸨、小鸨、鹭类、鹤类、鸭类、鸥类。两栖类有 1 目 1 科 1 种，为塔里木蟾蜍。

【受威胁和保护管理状况】沼泽区主要利用方式为放牧、冬季打草等。为保护和发展野马、蒙古野驴和鹅喉羚等有蹄类野生珍贵动物及其栖息生境，新疆卡拉麦里山有蹄类野生动物自然保护区是 1982 年 4 月经新疆维吾尔自治区人民政府批准成立的，2019 年晋升为国家级自然保护区。沼泽湿地斑块状分布于保护区内，为区内野生动物提供重要的天然饮水点。

奎屯河东端洼地沼泽（654202-265）

【范围与面积】奎屯河东端洼地沼泽位于塔城地区乌苏市四棵树镇，靠艾比湖东北部、奎屯河东端古河道洼地，地理坐标为 44°55′53.9″ ~ 45°4′51.2″N、83°46′9.19″ ~ 84°0′4.8″E。面积为 38.31 hm²，主要为芦苇沼泽，海拔 248 m。

【地质地貌】沼泽区地貌类型为奎屯河冲积平原河滩洼地潜水溢出带。地表为冲积物。

【气候】沼泽区属温带大陆性干旱气候，年平均气温 7.2℃，1 月平均气温 –16.7℃，7 月平均气温 26.8℃，极端最低气温 –37.5℃，极端最高气温 42.2℃，≥ 10℃ 积温 3600℃，无霜期 175 d。年平均降水量 155.4 mm，年蒸发量 1020 mm，年平均相对湿度 57%。积雪期 109 d，积雪深度 20 cm，最大积雪深度 41 cm，冻土层深度 120 cm。

【水资源与水环境】沼泽区水源主要靠地下潜水、泉水和农田退水补给，地表常年积水或季节性积水，目前奎屯河等自然地表径流来水补给锐减。地下水位埋深 0.5 m 左右，水化学类型为 $SO_4 \cdot Cl$-$Ca \cdot Na$ 型，矿化度 2 ~ 3 g/L。奎屯河沼泽水体理化性质见表 15-33。

表 15-33　奎屯河东端洼地沼泽水体理化性质

指标	最大值	最小值	平均值
pH	6.04	5.61	5.87
氨氮/(mg/L)	0.78	0.17	0.42
硝氮/(mg/L)	0.05	0.00	0.02
溶解氧/(mg/L)	9.67	5.37	7.76
电导率/(S/m)	0.09	0.02	0.05
氯化物/(mg/L)	3.85	0.66	1.99
盐度/%	0.02	0.01	0.02
总溶解固体/(g/L)	0.16	0.03	0.08
总磷/(mg/L)	0.06	0.04	0.05

【沼泽土壤】沼泽地周围地势稍高处为草甸沼泽土，低洼处多为腐殖质沼泽土。腐殖质沼泽土 0 ～ 20 cm 为草根腐殖质层，含有机质 8% ～ 20%。

【沼泽植被】与第一版《中国沼泽志》相比，沼泽植被种类没有发生明显变化，主要优势种包括芦苇、胡杨、多枝柽柳等。

【沼泽动物】沼泽区记录鸟类 26 种，主要有赤麻鸭、普通鸬鹚、绿头鸭等。鱼类 1 目 1 科 4 种，分别为草鱼、鲢、鲤和鲫。两栖类 1 目 1 科 1 种，为塔里木蟾蜍。哺乳类 1 目 1 科 1 种，为水獭。

【受威胁和保护管理状况】沼泽分布区内芦苇生长茂盛、生物量大，内部水面有部分养殖利用；上游农业发展迅速，进一步加剧了对地表来水的截留使用，并增加了农业面源污染，但基本保持自然原始状态，威胁状况为安全。奎屯河流域湿地自治区级自然保护区 2007 年 5 月成立，主管部门为农七师林业局，管理机构为新疆奎屯河流域湿地自然保护区管理局。

奎屯河东端洼地沼泽（文波龙 摄）

温泉博尔塔拉河沼泽（652723-266）

【范围与面积】温泉博尔塔拉河沼泽位于博尔塔拉蒙古自治州温泉县西部、博尔塔拉河河漫滩，地理坐标为 44°56′53.61″ ～ 45°0′58.17″N、80°9′33.51″ ～ 81°4′25.26″E，面积为 19 533 hm²。

【地质地貌】沼泽区位于阿拉套山与别珍套山山间博尔塔拉河河漫滩、低阶地泉水溢出带积水洼地，地表为冲积物。

【气候】沼泽区属温带大陆性干旱气候。平原地区年平均气温为 2.8 ～ 5℃，中低山带为 0.4℃，最高平均气温 17.1 ～ 21.6℃。年均降水量为 225.60 mm，降水日数为 70 ～ 180 d。其中平原地区年平均降水量为 200 mm，山区年平均降水量为 400 mm。降水多集中在 4 ～ 8 月，占全年降水量的 70%；

年积雪平均 131 d，平原雪厚 5 ～ 10 cm，山区有时可达 50 mm，年平均相对湿度为 60% ～ 80%；全年蒸发量为 1555 mm，并主要集中在 7 ～ 8 月，占全年蒸发率的 67%。

【水资源与水环境】沼泽区水源靠博尔塔拉河和泉水补给，博尔塔拉河是主流，博尔塔拉河支流河水以及各山泉水系都从不同地段以不同形式汇入博尔塔拉河。博尔塔拉河发源于别珍套山和阿拉套山汇合处的空郭罗鄂博山的艾生达坂，由两山的积雪融化和多条小溪泉水汇集而成，属降水和冰川融雪补给型河流，流域海拔 3280 m，该河出源后，由西向东奔流，沿途又汇入鄂托克赛尔河、乌斯图别格怎河等主要支流 30 余条，向东最后注入艾比湖。在二级、三级台地前，有部分浅层地下水溢出形成的泉水，流量较稳定，流经几十米到几千米不等，水量在 1 ～ 100 L/s 以上的泉水有 59 条，其中可计入水量的 27 条。地表水化学类型 $SO_4·Cl-Ca·Na$ 型，矿化度为 128 mg/L。

【沼泽土壤】沼泽区土壤类型以草甸沼泽土为主，低洼积水地为泥炭沼泽土。草甸土分布在博尔塔拉河、鄂托克赛尔河河滩，土壤颜色呈黑灰、黑色，含有机质 3% ～ 6%；沼泽土分布在博尔塔拉河流经的哈日布呼镇、查干屯格乡的河滩处，具有不同厚度的草碳层、青蓝色潜育层。

【沼泽植被】沼泽区有高等植物 15 科 33 属 44 种，主要优势种包括密叶杨、假苇拂子茅、狗牙根、偃麦草等。

【沼泽动物】沼泽区记录有鸟类 9 目 13 科 75 种，有赤麻鸭、普通燕鸥等。两栖类 2 目 2 科 2 种，分别为新疆北鲵和塔里木蟾蜍。

新疆北鲵是一种有尾两栖卵生动物，与恐龙同处一个发展时期，有着近 3 亿 5000 万年历史。它在小鲵科的分类、系统演化方面有重要的学术价值，在研究脊椎动物的系统演化中同样具有不可替代的作用，故被称为"活化石"，目前仅存于阿拉套山和西天山局部泉涌地区。新疆北鲵已被列入国际自然与自然资源保护联盟（IYCN）红皮书，1994 年列入《中国濒危动物红皮书》，濒危等级为极危。新疆北鲵已被列入《世界自然保护联盟红皮书》和《中国濒危动物红皮书》，2005 年又被列入《中国物种红色名录》，濒危等级为极危，是我国和世界重点保护的野生有尾两栖动物，目前为自治区一级重点保护野生动物。

【受威胁和保护管理状况】沼泽区主要受到放牧、冰川萎缩和水源不足等的威胁。为了保护新疆北鲵，1997 年自治区人民政府批准在温泉建立了新疆北鲵自然保护区，2017 年晋升为温泉新疆北鲵国家级自然保护区；2015 年沼泽区范围内其他部分湿地纳入新疆温泉博尔塔拉河国家湿地公园（刘艳，2016），列入国家林业局国家湿地公园试点单位。

艾比湖沼泽（652722-267）

【范围与面积】艾比湖沼泽位于艾比湖湖盆内的水陆交错区，包括第一版《中国沼泽志》中博尔塔拉蒙古自治州精河县托里乡永集湖村的精河永集湖沼泽、精河县茫丁乡艾比湖南蘑菇潭沼泽、精河县托里乡的艾比湖东部湖滨沼泽、精河县托托镇北部的托托洼地沼泽和博乐市贝林哈日莫墩乡的大河沿子河 – 博尔塔拉河河滩沼泽 5 块沼泽及周边入湖河流河尾洪泛沼泽斑块。地理坐标为 44°31′28.85″ ～ 45°10′27.4″N、82°20′20.16″ ～ 83°49′32.9″E，主要类型为芦苇沼泽，内陆盐沼面积为 73 988 hm²。

【地质地貌】沼泽区地貌类型属湖滨洼地和天山北麓冲积洪积平原，地表为冲积物、淤积物。艾比湖形成于新生代，为第三纪喜马拉雅运动期内断裂构造带的陷落湖，由于湖水补给量减少，湖水面蒸发强烈，引起湖水位下降，水面缩小，沿湖滨部分湖底出露水面，形成湖滨平原。

【气候】沼泽区属温带大陆性干旱气候。年平均气温 7.2℃，1 月平均气温 –16.7℃，7 月平均气温 25.2℃；极端最高气温 41.3℃，极端最低气温 –36.4℃。≥ 10℃积温 3042℃，年平均日照时数 2709.4 h，无霜期 171 d。年降水量 90.9 mm，蒸发量 1626 mm，降雪量占降水量的 12% ～ 15%，年平均相对湿度 61%，积雪深度 10 cm，最大积雪深度 12.5 cm，冻土层深度 110 cm，最大冻层深度 172 cm。

【水资源与水环境】沼泽区水源靠天山北麓冰雪融河水、地下潜水和灌区农田退水补给，水源大多发源于南面博罗科努山（峰高 4730 m）的许多间歇河流，另外东部的奎屯河、西北的博乐河注水补给。湿地被大片盐漠包围，南部是沙漠。地下水位埋深 0.2 ～ 0.5 m，地表水化学类型为 $SO_4 \cdot Cl\text{-}Ca \cdot Na$ 型，湖水矿化度为 75 ～ 90 g/L，湖东精河盐场卤水矿化度达 483 g/L。精河永集湖沼泽、托托洼地沼泽、南蘑菇滩沼泽部分被开垦为农田，东部湖滨沼泽大面积常年缺水。大河沿子河 – 博尔塔拉河河滩沼泽水源保障较好。艾比湖沼泽水体理化性质见表 15-34。

表 15-34 艾比湖沼泽水体理化性质

指标	最大值	最小值	平均值
pH	6.93	6.68	6.84
氨氮/(mg/L)	0.13	0.03	0.08
硝氮/(mg/L)	0.05	0.05	0.05
溶解氧/(mg/L)	7.43	5.89	6.55
电导率/(S/m)	0.10	0.06	0.08
氯化物/(mg/L)	6.79	2.42	4.47
盐度/%	0.05	0.05	0.05
总溶解固体/(g/L)	0.12	0.05	0.09
总氮/(mg/L)	1.36	0.35	0.75

【沼泽土壤】沼泽区在地表稍高处季节性积水地为草甸沼泽土，常年积水洼地为泥炭沼泽土（王勇辉等，2015）。草甸沼泽土剖面层次不明显，表层含盐量高达 4% ～ 8%，已属于盐土范畴，含有机质 1% ～ 3%，呈强碱性反应，pH 8.0 以上，地下水位近于地表，潜育现象明显。局部低洼常年积水湖滨洼地为潜育泥炭沼泽土，泥炭层厚度小于 50 cm，0 ～ 50 cm 为草根腐殖质层，湿、褐色、紧实、块状结构、盐酸反应强，pH 7.5，含盐总量 0.39%；50 ～ 120 cm 为过渡层，湿、青灰色、稍紧实、多细根、盐酸反应强，pH 8.0，含盐总量 0.23%；120 cm 为以下潜育层，湿、浅青灰色、砂质亚黏土，pH 8.0。

【沼泽植被】沼泽植被主要以芦苇为建群种，在水源较好的区域，芦苇高大茂密，伴生种有水烛、圆锥薹草、异型莎草、三棱草、牛毛毡、大茨藻等植物，盖度 85% 以上；水源较少的区域如东部湖滨，植物群落建群种以碱蓬为主，伴生种有盐角草、盐穗木、盐节木、盐爪爪等，植被稀疏，盖度 10% ～ 20%。沼泽区有高等植物 27 科 66 属 133 种，主要优势种包括：芦苇、胡杨、艾比湖小叶桦、多枝柽柳、盐角草、盐穗木、骆驼刺、圆叶盐爪爪、盐爪爪、刺沙蓬等。

【沼泽动物】沼泽区有鸟类 8 目 10 科 27 种，主要有鸭类和鸥类。鱼类 1 目 1 科 10 种，均为鲤科，主要有鲤、鲫、鲢等。两栖类 1 目 1 科 1 种，为塔里木蟾蜍。

【受威胁和保护管理状况】湖滨和河滩洼地生长高大型芦苇的地块，每年收割芦苇造纸、编织、建房等；芦苇较矮、杂草较多地段，作为割草场和放牧场。沼泽被大片盐漠包围，南部是沙漠。沼泽区主要受放牧、农业开垦的影响（白祥，2010）。艾比湖湿地国家级自然保护区自 2000 年成立以来，在资源保护、科学研究、多种经营等方面实施了一系列工程（王继国，2006），主管部门为博尔塔拉蒙古自治州林业局，管理机构为艾比湖湿地国家级自然保护区管理局。

艾比湖沼泽（文波龙 摄）

四棵树河甘家湖沼泽（654202-268）

【范围与面积】四棵树河甘家湖沼泽位于塔城地区乌苏市四棵树镇甘家湖，地理坐标为 44°39′40.7″ ～ 44°57′57.7″N、83°37′5.66″ ～ 84°12′12.58″E。主要类型为芦苇沼泽，包括甘家湖梭梭林国家级自然保护区内的库里也普特沼泽斑块，面积为 6052 hm²，海拔 200 ～ 250 m。

【地质地貌】沼泽区地貌类型属于奎屯河冲积平原、四棵树河河漫滩及甘家湖滨洼地。地表为冲积、淤积物。

【气候】沼泽区属温带大陆性干旱气候，年平均气温 6.7℃，1 月平均气温 –17.9℃，7 月平均气温 25.8℃；极端最低气温 –37.5℃，极端最高气温 43.2℃。≥ 10℃积温 3600℃，无霜期 180 d。年平均降水量 140 mm，年蒸发量 2000 mm，年平均相对湿度为 57%。年平均风速 1.4 m/s，最大风速 23 m/s，主风向为西南风。积雪深度 20 cm，积雪期 109 d，最大积雪深度 41 cm，冻土层深 120 cm。

【水资源与水环境】沼泽区水源靠奎屯河支流四棵树河水、泉水以及农田退水补给，夏秋之际不断沿河形成很多河沟、苇湖、沼泽，水域广阔，泉水多但流量较少，又由于地下径流的路线，被河谷或冲沟切断，流入河道成为地面水，河道成了地下水的排泄场所。沼泽地表积水，地下水位埋深近地表，沼泽水化学类型为 $SO_4 \cdot Cl\text{-}Na \cdot Ca$ 型，矿化度 1 ～ 3 g/L。四棵树河甘家湖沼泽水体理化性质见表 15-35。

【沼泽土壤】沼泽区土壤类型为草甸沼泽土、腐殖质沼泽土及泥炭沼泽土。泥炭沼泽土 0 ～ 30 cm 为草根腐殖质层，含有机质 8% ～ 10%，30 ～ 60 cm 为泥炭层，含有机质 50% 左右。

【沼泽植被】沼泽植被以芦苇为建群种，伴生种有异型莎草、拂子茅、三棱草、水芹、大茨藻等沼生、湿生植物，盖度 80% ～ 95%。沼泽周边主要优势种包括胡杨、多枝柽柳、骆驼刺、盐爪爪、盐角草、灰绿藜、碱蓬、苦豆子等。

【沼泽动物】沼泽区鸟类有 167 种，主要水鸟有苍鹭、黑鹳、大天鹅、灰雁、赤麻鸭、绿头鸭、灰鹤等。

表 15-35　四棵树河甘家湖沼泽水体理化性质

指标	最大值	最小值	平均值
pH	6.67	6.24	6.46
氨氮/(mg/L)	0.15	0.08	0.12
硝氮/(mg/L)	0.25	0.05	0.18
溶解氧/(mg/L)	7.85	6.00	7.09
电导率/(S/m)	0.19	0.08	0.14
氯化物/(mg/L)	12.98	3.02	6.62
盐度/%	0.03	0.02	0.02
总溶解固体/(g/L)	0.22	0.11	0.16
总磷/(mg/L)	0.19	0.14	0.16

【受威胁和保护管理状况】沼泽区特别是边缘地势稍高地段，芦苇生长稀疏矮小并混生杂草，长期作为秋冬放牧场和割草场，仅河沟水汊内芦苇高大浓密，植被斑块分布。目前在甘家湖梭梭林国家级自然保护区范围进行管理，1983 年经新疆维吾尔自治区人民政府建立了甘家湖自然保护区，成立了乌苏和精河保护管理站；国务院办公厅国办发〔2001〕45 号文件，批准建立甘家湖梭梭林国家级自然保护区。保护区主管部门为自治区林业厅，管理机构为甘家湖梭梭林国家级自然保护区管理局。

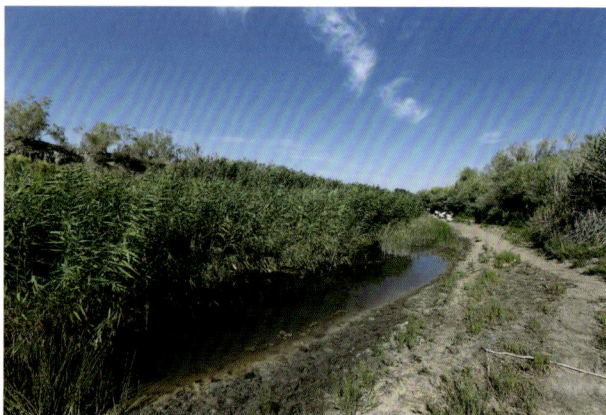

四棵树河甘家湖沼泽（文波龙 摄）

乌苏沼泽（654202-269）

【范围与面积】乌苏沼泽位于塔城地区乌苏市，包括第一版《中国沼泽志》中位于西湖镇的大泉沟水库南侧的尧庄子沼泽，以及周边的东方红公社沼泽、大海子湾沼泽、皇宫西海子沼泽、老柳沟沼泽、五星大队二队沼泽等斑块，在乌苏市城北面，地理坐标为 44°28′0.21″ ～ 44°50′35.73″N、84°18′51.93″ ～ 84°46′42.77″E。面积为 2376 hm²，类型为芦苇沼泽。海拔 317 ～ 350 m。

【地质地貌】沼泽区地貌为奎屯河冲积平原、河漫滩洼地，地表覆盖冲积淤积物。

【气候】沼泽区属温带大陆性干旱气候，年平均气温 7.2℃，1 月平均气温 –16.7℃，7 月平均气温 26.8℃；极端最低气温 –37.5℃，极端最高气温 42.2℃。≥ 10℃积温 3600℃；年平均日照 2700 h，无霜期 170 d，年平均降水量 155.4 mm，年蒸发量 1020 mm，年平均相对湿度 57%。积雪深度 20 cm，积雪期 109 d，最大积雪深度 41 cm，冻土层深度 120 cm。

【水资源与水环境】沼泽区水源靠奎屯河和其支沟河水，少量四棵树支沟河水，以及农田退水补给。地表季节性积水，地下水位埋深 0 ～ 0.5 m，水化学类型为 $SO_4·Cl-Na·Ca$ 型，矿化度 1 ～ 2 g/L。乌苏沼泽水体理化性质见表 15-36。

表 15-36 乌苏沼泽水体理化性质

指标	最大值	最小值	平均值
pH	7.38	7.17	7.25
氨氮/(mg/L)	0.17	0.05	0.11
硝氮/(mg/L)	0.54	0.33	0.46
总氮/(mg/L)	0.68	0.58	0.62
溶解氧/(mg/L)	10.39	9.27	9.70
电导率/(S/m)	0.32	0.20	0.25
氯化物/(mg/L)	0.98	0.60	0.83
盐度/%	0.02	0.02	0.02
总溶解固体/(g/L)	0.13	0.09	0.10

【沼泽土壤】沼泽区稍高处为草甸沼泽土，低洼积水地带为腐殖质沼泽土。

【沼泽植被】沼泽区植物群落以芦苇为建群种，伴生种有拂子茅、薹草、稗、三棱草、水芹等。

【沼泽动物】沿沼泽周围村屯与农田密布，受人类活动影响，少见沼泽动物。

【受威胁和保护管理状况】以第一版《中国沼泽志》中的大泉沟水库尧庄子沼泽为代表，乌苏市域范围内大多沼泽转为农田，仅大泉沟水库在内的多个水库周边有沼泽分布，碎片化，尚未纳入任何保护地体系。

乌苏沼泽（文波龙 摄）

呼图壁河沼泽（652323-270）

【范围与面积】呼图壁河沼泽位于昌吉回族自治州呼图壁县五工台镇，主要区域位于芳草湖农场、呼图壁河下游的西河末端，包括大海子水库及周边区域和呼图壁河末端，地理坐标为 44°10′30.67″ ～ 44°44′37.6″N、86°36′34.42″ ～ 87°7′34.78″E。沼泽面积 5493 hm^2，主要类型为芦苇沼泽。海拔 420 ～ 440 m。

【地质地貌】沼泽区地貌类型属于天山中段北麓、呼图壁河冲积倾斜平原、呼图壁河河漫滩洼地。东靠阶地，西邻戈壁，南部倾斜较大，纵坡度 1.5‰ ～ 3‰；北部地势平坦。地表为冲积物。

【气候】沼泽区属温带大陆性干旱气候，年平均气温 6.7℃，1 月平均气温 –16.9℃，7 月平均气温 25.6℃；极端最高气温 43.1℃，极端最低气温 –42.8℃。≥ 10℃积温 3553℃，无霜期 177 d。年平均降水量 161.3 mm，年蒸发量 1840 mm，积雪深 10 ～ 15 cm。

【水资源与水环境】沼泽区水源靠呼图壁河水和扇缘潜水溢出补给。发源于天山冰峰的呼图壁河年径流量 4.6 亿 m^3，大海子水库设计库容量 4000 万 m^3。呼图壁河是天山北坡中段第二大河流，河道总长度 176 km。呼图壁河上游山区支流呈树枝状分布，两岸有一级支流 30 条，其中 10 条支流源头在冰川和永久积雪区，其余支流皆源于中山、低山区，靠季节性积雪消融和夏季降水。呼图壁河主河道在中山区形成后，流经中山区、戈壁平原区，在冲积扇缘，泉水溢出段的茇茇坝处再分为 2 条河流（东河和西河）。东河上建有小海子拦河水库，西河上建有大海子拦河水库。沼泽区水源主要来自呼图壁河的西河，有较稳定的补给水源。地表季节性积水，地下水位埋深为 0.5 m。水化学类型为 $SO_4 \cdot Cl$-$Na \cdot Ca$ 型，矿化度 1 ～ 3 g/L。

【沼泽土壤】沼泽土壤类型主要有草甸沼泽土和腐殖质沼泽土。草甸沼泽土位于沼泽地略高处，低洼处则为腐殖质沼泽土。腐殖质沼泽土剖面：0 ～ 25 cm 为草根腐殖质层，含有机质 10% ～ 15%；25 cm 以下为潜育层。

【沼泽植被】沼泽植物群落以芦苇为建群种，芦苇高 2.5 ～ 3.0 m，伴生种有菖蒲、浮萍、华夏慈姑、金鱼藻、金莲花、香蒲、水葱、沼泽蕨、灯心草、伊贝母等湿地植物，广泛分布在库滨带、水岛及水体中。由于湿地中的浮水、沉水、挺水植物群落面积大、隐蔽性好，有利于迁徙鸟类的栖息、觅食和繁殖。虽然植被长势和生物量有波动，但与第一版《中国沼泽志》相比，植被类群没有发生明显变化。

【沼泽动物】沼泽区有鸟类 7 目 16 科 75 种，包括黑鹳、豆雁、鸿雁、赤麻鸭、绿头鸭、绿翅鸭、白眉鸭、苍鹭、普通鸬鹚、大白鹭、白鹤、灰鹤、斑头秋沙鸭、黑水鸡、红嘴鸥、银鸥等。鱼类 1 目 8 科 21 种，包括鲤、鲫、银鲫、虹鳟、草鱼、麦穗鱼、棒花鱼、鲢、鳙等。

【受威胁和保护管理状况】本片区包括第一版《中国沼泽志》中的呼图壁河大泉沼泽片区，以及周边邻近沼泽斑块，主要受农业垦殖威胁。核心沼泽分布区纳入新疆呼图壁大海子国家湿地公园范围内，于 2015 年列入国家林业局国家湿地公园试点建设单位。

呼图壁河沼泽（文波龙 摄）

昌吉玛纳斯河沼泽（652324-271）

【范围与面积】昌吉玛纳斯河沼泽位于昌吉回族自治州玛纳斯县中部，包括夹河子水库湖滨（第一版《中国沼泽志》玛纳斯兰州湾沼泽）、大海子水库湖滨（第一版《中国沼泽志》玛纳斯大海子沼泽）以及白土坑水库湖滨、新户坪水库湖滨和玛纳斯河故道、六阜渠、莫河渠周边部分区域沼泽。地理坐标为 44°22′26.58″ ～ 44°31′10.65″N、86°04′10.46″ ～ 86°18′32.00″E。沼泽面积为 1188 hm²，类型主要为芦苇沼泽，海拔 400 ～ 440 m。

【地质地貌】沼泽区地貌类型属于准噶尔盆地南缘、天山北麓山前洪积冲积扇缘、玛纳斯河冲积平原河间闭流洼地。地表为冲积、淤积物。

【气候】沼泽区属温带大陆性干旱气候，年平均气温 6.8 ～ 7.1℃，1 月平均气温 –16.6℃，7 月平均气温 25.6℃，极端最高气温 42.0℃，极端最低气温 –38.0℃；≥ 10℃积温 3584.3℃，无霜期 172 d。年降水总量为 117.2 ～ 243.5 mm，年平均降水量为 205.7 mm，年最大降水量 326.2 mm（1999 年），年平均相对湿度为 65%，年平均蒸发量 1648.4 mm。积雪深度 15 ～ 25 cm。冬季严寒，夏季酷热，降水少，空气干燥，是典型的大陆性气候。

【水资源与水环境】沼泽区水源靠山前洪积冲积扇缘泉水溢出和玛纳斯河水补给。地表长期积水 20 cm 左右。水化学类型为 $SO_4 \cdot Cl\text{-}Na \cdot Ca$ 型，矿化度 1 ～ 2 g/L。昌吉玛纳斯河沼泽水体理化性质见表 15-37。

表 15-37　昌吉玛纳斯河沼泽水体理化性质

指标	最大值	最小值	平均值
pH	6.69	6.23	6.44
氨氮/(mg/L)	1.35	0.12	0.72
硝氮/(mg/L)	0.65	0.20	0.47
溶解氧/(mg/L)	9.98	5.34	7.40
电导率/(S/m)	0.17	0.08	0.12
氯化物/(mg/L)	9.09	7.75	8.53
盐度/%	0.03	0.03	0.03
总溶解固体/(g/L)	0.24	0.07	0.15

玛纳斯河发源于巴音郭楞蒙古自治州和静县，是玛纳斯县乃至天山北坡中段水量最大的河流，以冰川融水、降水及沿途地下水补给为主，流域面积 5768 km²。玛纳斯有泉水沟多处，都为平原泉。地下水也较为丰富，总储量达 3.24 亿 m³，其主要补给来源于天然降水、地表水体山前侧渗入。

新户坪水库位于县城东北 12.5 km，原是一片芦苇洼地，始建于 1956 年，水库容量 3000 万 m³，汇水面积 4 km²。

白土坑水库是塔西河古河床，水库坝几经复建，水库为常年性调节性水库，实际库容量 700 万 m³。

【沼泽土壤】沼泽区在地势稍高处为草甸沼泽土，低洼积水处为泥炭沼泽土，靠近流水线为腐殖质沼泽土。草甸沼泽土剖面：0 ～ 20 cm 为草根腐殖质层，含有机质 4% ～ 5%；20 cm 以下为灰白色潜育层。腐殖质沼泽土剖面：0 ～ 20 cm 为腐殖质层，含有机质 10% ～ 12%；20 cm 以下为潜育层。泥炭沼泽土剖面：0 ～ 20 cm 为草根泥炭层，含有机质 30% ～ 40%；20 ～ 40 cm 为腐泥层，含有机质 10% 左右；40 cm 以下为潜育层。

【沼泽植被】沼泽区共有维管植物 50 科 148 属 211 种（杨丽红，2021），以薹草属（12 种）、眼子菜属（9 种）、柳属（8 种）、蓼属（8 种）、蒲公英属（8 种）等所含种数最多（姜洁，2018）。

【沼泽动物】沼泽区鸟类有 18 目 58 科 279 种，有大天鹅、绿头鸭、灰雁、普通鸬鹚和白翅浮鸥。鱼类 1 目 1 科 3 种，分别为鲤、鲢和鲫。

【受威胁和保护管理状况】沼泽区的夹河

玛纳斯兰州湾沼泽（文波龙 摄）

子水库湖滨沼泽、大海子水库湖滨沼泽分别与第一版《中国沼泽志》玛纳斯兰州湾沼泽、玛纳斯大海子沼泽相比，特别是边缘稍高处已挖排水沟，开垦为农田，种植棉花、谷子。目前围绕现有沼泽分布区及周边水域，建立了新疆玛纳斯国家湿地公园，2011 年列入国家林业局国家湿地公园建设试点单位，管理机构为玛纳斯国家湿地公园管理局，主管部门为昌吉回族自治州林业局。同时，玛纳斯河流域中上游湿地分布区还于 2006 年 5 月建立自治区级玛纳斯河流域中上游鸟类湿地自然保护区，实施了水资源保护工程、污染治理工程、水源地保护工程等。

巴音沟河沼泽（654203-272）

【范围与面积】巴音沟河沼泽位于沙湾市西侧、天山北坡巴音沟河出山口下游，地理坐标为 44°21′0.93″ ～ 44°25′33.9″N、85°27′2.59″ ～ 85°31′14″E。面积为 571.77 hm²，类型主要为芦苇沼泽，海拔 400 ～ 440 m。

【地质地貌】沼泽区地貌类型属于准噶尔盆地南缘、天山北麓山前洪积冲积扇缘、巴音沟河冲积平原河间闭流洼地。地表为冲积、淤积物。

【气候】沼泽区属温带大陆性干旱气候，多年平均气温 7.3℃，最高气温 42.2℃，最低气温 –42.3℃，年平均降水量为 202.5 mm，年平均蒸发量为 1300.6 ～ 1874.1 mm，≥ 0℃积温 4023 ～ 4118℃，≥ 10℃积温 3400 ～ 3715℃，全年太阳日照时数为 2800 ～ 2870 h，无霜期 170 ～ 190 d。

【水资源与水环境】沼泽区水源靠山前洪积冲积扇缘泉水溢出和巴音沟河水补给。地表长期积水。水化学类型为 $SO_4 \cdot Cl-Na \cdot Ca$ 型，矿化度 0.3 g/L，地表水 pH 8.5，总氮 0.1 mg/L，总磷 0.15 mg/L。巴音沟河发源于乌苏市海拔 5000 m 左右的冰川，自西南流向东北，最大年径流量为 4.33 亿 m³，最小年径流量为 2.22 亿 m³，多年平均径流量为 3.07 亿 m³。

【沼泽土壤】沼泽区在地势稍高处为草甸沼泽土，低洼积水处为腐殖质沼泽土，土壤盐渍化严重。

【沼泽植被】沼泽区植被主要优势种包括白柳、多枝柽柳、芦苇等。

【沼泽动物】沼泽区湿地野生动物有 10 种。鸟类 2 目 2 科 5 种，分别为赤颈鸭、普通鸬鹚、大天鹅、红嘴鸥和绿头鸭等。鱼类 2 目 2 科 5 种，分别为草鱼、鲢、鲤、鲫、鳙。

【受威胁和保护管理状况】沼泽区主要利用方式是为团场和安集海镇农业灌溉提供水源，并为巴音沟河流域管理处水产养殖提供水域环境。受到农业生产、旅游活动的影响，湿地水质和环境受到一定的破坏，威胁状况为轻度。目前已经建立自治区级巴音沟河湿地自然保护区，主管部门为新疆生产建设兵团第八师林业和草原局，管理机构为巴音沟河湿地自然保护区管理站。保护区域内开展禁止围垦、限制砍伐、禁止放牧、禁止捕猎等保护措施。其东侧沙湾市的千泉湖、柳树沟水库及其中间连接地带的洼地也有沼泽湿地斑块分布，建有新疆沙湾千泉湖国家湿地公园，于 2013 年列入国家林业局国家湿地公园建设试点单位。公园试点于 2017 年通过国家林业局验收，正式成为国家湿地公园。

青格达湖沼泽（659004-273）

【范围与面积】青格达湖沼泽位于五家渠市，地理坐标为 44°2′44.9″ ～ 44°41′55.1″N、87°20′18.5″ ～ 87°40′42.04″E，包括了青格达湖及周边六工水库、猛进水库、八一水库、沙山子水库、老龙河以及猛进干渠等水域邻近沼泽，总面积为 1294.75 hm²，海拔 400 ～ 470 m。

【地质地貌】沼泽区主要地貌类型为天山北麓冲积平原。

【气候】沼泽区年均气温 7.3℃，变化范围为 6.5 ～ 7.7℃，≥ 0℃年均积温 4124.9℃，≥ 10℃年均积温 3754.5℃；年均降水量 178.3 mm，变化范围为 150 ～ 210 mm，年均蒸发量 1749.7 mm，变化范围为 1400 ～ 1900 mm。

【水资源与水环境】沼泽区水源补给状况为综合补给，流出状况为季节性，积水状况为永久性积水（何春燕等，2013），丰水位 487.53 m，平水位 487.23 m，枯水位 483.00 m，最大水深 5 m，平均水深 2.85 m，蓄水量 2865 万～ 3256 万 m³。地表水 pH 7.67，矿化度为 0.688 g/L，总磷为 0.052 mg/L，化学需氧量为 16.2 mg/L。地下水 pH 为 8.3，矿化度为 0.62 g/L。

【沼泽土壤】沼泽区主要土壤类型为草甸土。

【沼泽植被】沼泽区植被主要优势种包括多枝柽柳、芦苇和达香蒲等（陈玉琴，2016）。

【沼泽动物】沼泽区有鸟类 225 种，分属于 18 目 53 科 124 属，水鸟有 104 种。优势种类包括大白鹭、苍鹭、夜鹭、灰雁、豆雁、鸿雁、普通鸬鹚等，属于国家一级重点保护的种类有 5 种，分别为黑鹳、大鸨、金雕、玉带海雕、白尾海雕，属于国家二级重点保护的物种有 38 种（马鸣，2013）。鱼类均为鲤科，有草鱼、鲢、鲤和鲫。两栖类为塔里木蟾蜍。

【受威胁和保护管理状况】2002 年 12 月青格达湖鸟类湿地自然保护区被国家林业局列为新疆生产建设兵团首家省级自然保护区，建立了青格达湖自然保护区管理局，已建设围栏、巡护步道、瞭望塔等保护设施。

霍尔果斯河沼泽（654023-274）

【范围与面积】霍尔果斯河沼泽位于伊犁地区霍城县南 6 km 的霍尔果斯河河漫滩，地理坐标为 44° ～ 44°7′N，80°24′ ～ 80°28′E。面积为 340.97 hm²，主要类型为芦苇沼泽。海拔 580 ～ 600 m。

【地质地貌】沼泽区地貌类型为山前倾斜平原霍尔果斯河河漫滩洼地。沼泽西邻俄罗斯边界，东为霍尔果斯沙漠。地表为冲积物。

【气候】沼泽区属温带大陆性干旱气候，年平均气温 8.2 ～ 9.4℃，1 月平均气温 –11.0℃，7 月平均气温 23.4℃，极端最高气温 40.1℃，极端最低气温 –42.6℃。≥ 10℃积温 3528℃，年平均日照时数 2550 ～ 3000 h，无霜期 165 d。年平均降水量 244.5 mm，年蒸发量 1411 mm，降雪量 81 ～ 86 mm。稳定积雪从 12 月至翌年 3 月上旬，积雪 85 d，平均积雪深 20 cm，最大积雪深度 70 cm 以上。

【水资源与水环境】沼泽区水源靠霍尔果斯河水及其支沟和农田退水补给。地表季节性积水，地表水深平均 0.4 m，地下水位埋深 0.5 ～ 1.0 m，水化学类型为 $HCO_3 \cdot SO_4\text{-}Ca \cdot Na$ 型，矿化度 1 g/L。

霍尔果斯河沼泽（文波龙 摄）

霍尔果斯河沼泽地表水体理化性质见表 15-38。

表 15-38 霍尔果斯河沼泽地表水体理化性质

指标	数值
pH	6.72
氨氮/(mg/L)	0.03
硝氮/(mg/L)	0.88
溶解氧/(mg/L)	7.94
电导率/(S/m)	0.17
氯化物/(mg/L)	9.11
盐度/%	0.06
总溶解固体/(g/L)	0.05

【沼泽土壤】沼泽土壤类型主要为腐殖质沼泽土，0 ～ 30 cm 为草根腐殖质层，含有机质 8% ～ 15%，pH 8.2，盐分含量 0.1% ～ 0.3%；30 cm 以下为青灰色潜育层。

【沼泽植被】与第一版《中国沼泽志》相比，沼泽植被没有发生明显变化，植物群落以芦苇为建群种，伴生种有异型莎草、三棱草、水葱等（潘美言，2020）。芦苇生长茂密高大，属大苇型。

【沼泽动物】沼泽区动物有野猪、赤狐、兔等，鸟类有大天鹅、环颈雉等，但人类活动影响较大，除部分鸟类外大部分动物少见。

【受威胁和保护管理状况】沼泽区处于国界附近，生态环境质量较好，主要受农业垦殖和污染影响。

黑水沟苇湖沼泽（654023-275）

【范围与面积】黑水沟苇湖沼泽位于伊犁地区霍城县惠远乡西南 12 km、伊犁河北岸黑水沟入苇湖地带，地理坐标为 43°52′ ～ 43°55′N、80°40′59.9″ ～ 80°48′E。沼泽类型为芦苇沼泽，面积为 22.89 hm²。海拔 500 ～ 550 m。

【地质地貌】沼泽区地貌为伊犁河河漫滩，地表为冲积物。

【气候】沼泽区属温带大陆性干旱气候。年平均气温 9.0℃，1 月平均气温 –9.4℃，7 月平均气温 23.4℃，极端最高气温 39.5℃，极端最低气温 –36.6℃。≥ 10℃积温 3800℃，无霜期 152 d。年降水量 220.4 mm，年蒸发量为 1411 mm，年平均相对湿度 63%，降雪量 62.2 mm，积雪从 12 月中旬至翌年 3 月上旬，积雪期 83 d，平均积雪深 20 cm。

【水资源与水环境】沼泽区水源靠伊犁河、

黑水沟苇湖沼泽（文波龙 摄）

黑水沟、三道河子河水和阶地前缘潜水溢出补给。地表季节性积水，地下水位埋深 0.5 m 左右，水化学类型为 HCO_3-Ca·Na 型，矿化度 0.3 ～ 0.5 g/L。黑水沟苇湖沼泽水体理化性质见表 15-39。

表 15-39　黑水沟苇湖沼泽水体理化性质

指标	最大值	最小值	平均值
pH	7.45	7.02	7.30
氨氮/(mg/L)	0.04	0.02	0.03
硝氮/(mg/L)	0.70	0.67	0.69
溶解氧/(mg/L)	11.07	9.12	10.00
电导率/(S/m)	0.16	0.12	0.13
氯化物/(mg/L)	12.70	5.65	8.89
盐度/%	0.08	0.08	0.08
总溶解固体/(g/L)	0.12	0.00	0.06
总磷/(mg/L)	0.08	0.04	0.06

【沼泽土壤】沼泽区土壤类型主要为草甸沼泽土和腐殖质沼泽土。

【沼泽植被】沼泽植物群落以芦苇为建群种，伴生种有牛毛毡、大茨藻等。

【沼泽动物】沼泽区动物有野猪、兔，鸟类有鸿雁等。

【受威胁和保护管理状况】沼泽被农业开垦或放牧，同时上游来水减少，部分沼泽干涸或消失，邻近河道有斑块分布。

察布查尔伊犁河沼泽（654022-276）

【范围与面积】察布查尔伊犁河沼泽位于伊犁地区察布查尔锡伯自治县伊犁河河漫滩，地理坐标为 43°48′0.0″ ～ 43°52′59.9″N、80°40′59.99″ ～ 81°21′0.0″E。面积为 163.21 hm²，类型为芦苇沼泽，海拔 500 ～ 550 m。

【地质地貌】沼泽区地貌类型为伊犁河河漫滩，南部为一级阶地前缘洼地。地表为冲积淤积物。

【气候】沼泽区属中温带大陆性半干旱气候。年平均气温 7.9℃，1 月平均气温 –12.2℃，7 月平均气温 22.8℃；极端最高气温 39.5℃，极端最低气温 –43.2℃。无霜期 146 d，年平均日照时数 4443 h；年平均降水量 199.5 mm，年平均相对湿度 69%，降雪量 44.2 mm，年平均最大积雪深度 23.5 cm，降雪始于 11 月下旬，终止于翌年 3 月中旬。最大冻土层深度 100 cm。

【水资源与水环境】沼泽区水源靠伊犁河水、察布查尔干渠、农田退水和阶地前缘地下潜水

察布查尔伊犁河沼泽（文波龙 摄）

溢出补给。地下水位埋深 0.2 ～ 0.5 m，水化学类型为 HCO$_3$·SO$_4$-Ca·Na 型，矿化度 0.78 g/L。受农业开发影响，沼泽区地表水不能保证，地表季节性积水。

【沼泽土壤】沼泽区阶地前缘至高河漫滩为草甸沼泽土，高河漫滩是腐殖质沼泽土，低河漫滩有泥炭土。

【沼泽植被】沼泽区植物群落以芦苇为建群种，伴生种有水烛、圆锥薹草、三棱草、水葱、大茨藻、狸藻等。

【受威胁和保护管理状况】沼泽地原属芦苇泥炭地，部分沼泽被开垦为农田，仅沿伊犁河岸有斑块残留，尚未建立保护地。

多浪圩子伊犁河沼泽（654021-277）

【范围与面积】多浪圩子伊犁河沼泽位于伊犁地区伊宁县英塔木镇，距伊宁县城东南 16 km，地理坐标为 43°46′59.9″ ～ 43°51′N、81°34′ ～ 81°39′E，主要类型为芦苇沼泽，零星分布于河滨，面积为 78.03 hm^2，海拔 700 ～ 725 m。

【地质地貌】沼泽区地貌类型为伊犁河冲积平原河漫滩洼地。地表为冲积、淤积物。

【气候】沼泽区属温带大陆性干旱气候，年平均气温 8.4℃，1 月平均气温 –9.8℃，7 月平均气温 22.8℃；极端最高气温 38.7℃，极端最低气温 –40.4℃；≥ 10℃积温 3061.8℃，年平均日照时数 2799 h，无霜期 159 d；年平均降水量 262.4 mm，年蒸发量 1368 mm，年平均相对湿度 65%；平均积雪深度 10 cm，最大积雪深度 29.8 cm，冻土层深度 40 ～ 60 cm。

【水资源与水环境】沼泽区水源靠伊犁河北岸支流河水和农田灌溉沥水补给。地表季节性积水。地下水位埋深 0.5 ～ 1.0 m。水化学类型为 HCO$_3$·SO$_4$-Ca·Na 型，矿化度 0.8 ～ 1.0 g/L。

【沼泽土壤】沼泽区边缘稍高处向低洼处依次分布有草甸沼泽土、腐殖质沼泽土、泥炭沼泽土。

【沼泽植被】沼泽植物群落以芦苇为建群种，伴生种有水烛、三棱草、异型莎草、圆锥薹草、牛毛毡、大茨藻、狸藻等。

【受威胁和保护管理状况】沼泽植被以芦苇为主，部分被开垦为农田，种植玉米等作物，沼泽分布零碎化，同时农田区退水也进入斑块状沼泽。

多浪圩子伊犁河沼泽（文波龙 摄）

巴里坤湖沼泽（650521-278）

【范围与面积】巴里坤湖沼泽位于哈密地区巴里坤哈萨克自治县花园乡、巴里坤哈萨克自治县城西北 5 km、巴里坤湖（海子）湖滨，地理坐标为 43°35′16.12″ ～ 43°45′13.9″N、92°41′23.15″ ～ 93°16′56.84″E，面积为 46 414 hm^2，海拔 1600 m。

【地质地貌】沼泽区属于天山东段巴里坤山与阿尔泰山东段余脉之间，互相平行对峙，在山体拱曲和隆起的同时，山前坳陷带则回返沉降，形成与山体走向一致的巴里坤地堑盆地。沼泽地貌类型属于巴里坤湖滨洼地和巴里坤湖东古河道洼地。地表为第四纪冲积、淤积物。

【气候】沼泽区属温带大陆性冷凉干旱气候，全年气温 1℃左右，1 月平均气温 –18.6℃，7 月平均气温 16.9℃，极端最高气温 42℃（7～8 月），极端最低气温 –43.6℃（12 月），≥ 10℃积温 1735℃，无霜期 102 d。年平均日照时数 3211 h。年降水量 100～150 mm，年蒸发量 1750 mm，积雪深度 10 cm，最大积雪深度 28 cm。最厚冻土层深 253 cm。

【水资源与水环境】沼泽区水源靠河水和泉水补给。巴里坤盆地内有发源于巴里坤山和莫钦乌拉山的季节性河流，有大河、二道河、柳条河、水磨河等，近 40 条，年径流量约 2 亿 m³，其中约 50% 可直接补给湿地水源。盆地内地下涌泉较多，流量较大形成溪流的有 20 余处，年径流量约 0.5 亿 m³，盆地内地下水天然补给量约 2 亿 m³。但这些河流多为间歇性河流和泉水河流，流程短，径流缓慢，主要接受大气降水和山区地下水的补给。近年来，随着周边地区农业开发用水逐年增多，河流引用水量逐年加大，进入巴里坤湖的水量减少，导致湖面面积缩小，巴里坤湖水面积曾达到 80 000 hm²，到 1984 年缩为 11 215 hm²，2004 年实际面积 9200 hm²，为咸水湖，不能用作灌溉和饮用。地表季节性或长期积水，地下水位埋深为 0.5 m 左右，水化学类型为 $HCO_3 \cdot SO_4\text{-}Na$ 型，矿化度 1～2 g/L。巴里坤湖沼泽水体理化性质见表 15-40。

表 15-40　巴里坤湖沼泽水体理化性质

指标	堤坝西侧	堤坝东侧
pH	7.92	8.45
硝氮/(mg/L)	0.47	0.16
溶解氧/(mg/L)	2.82	5.48
电导率/(S/m)	158.20	117.10
氯化物/(mg/L)	18.83	31.64
总溶解固体/(g/L)	102.00	78.17
总磷/(mg/L)	0.22	0.14

【沼泽土壤】沼泽土壤主要包括盐化草甸沼泽土和盐化腐殖质沼泽土。地势稍高处为盐化草甸沼泽土，低平处为盐化腐殖质沼泽土。盐化草甸沼泽土有机质含量高达 15%～25%，呈微碱性反应。巴里坤湖沼泽土壤有机碳含量、容重、有机碳密度见表 15-41（李典鹏等，2017）。

表 15-41　巴里坤湖沼泽土壤理化性质

土层深度/cm	有机碳含量/(g/kg)	容重/(g/cm³)	有机碳密度/(kg/m²)
0～20	41.61	1.19	7.87
20～40	32.42	1.29	6.26
40～60	27.09	1.28	5.82
60～80	24.73	1.33	5.82
80～100	18.45	1.31	4.38

【沼泽植被】沼泽区植被主要优势种包括珠芽蓼、芦苇、碱茅、盐角草、芨芨草、水柏枝等。

【沼泽动物】沼泽区湿地鸟类 5 目 8 科 9 种，其中国家级重点保护鸟类 3 种，分别为黑鹳、大天鹅和蓑羽鹤。优势种为蓑羽鹤、赤麻鸭和绿头鸭。鱼类 1 目 1 科 3 种，均为鲤科，为草鱼、鲫和鲤。两栖类仅 1 种，为塔里木蟾蜍。

【受威胁和保护管理状况】巴里坤湖沼泽生态环境和丰富的水资源为野生动植物提供了重要的栖息和繁衍场所。天然的湿地环境为鸟类、鱼类提供丰富的食物和良好的生存繁衍空间，对物种保存和保护物种多样性发挥着极其重要的作用。巴里坤咸水湖，人畜不能饮用湖水，主要利用方式为提供卤虫（又名丰年虫）及其他生物资源等；属于固液相并存的内陆盐湖矿，表层含硼、锂、钾、溴、镁等多种化学元素，水下有固相芒硝、食盐，是化工生产原料基地。沼泽区为割草场，是储备冬饲草的割草基地，还作为四季放牧场，同时受到农业垦殖、工业生产的影响。主管部门为哈密地区林业局，管理机构为巴里坤哈萨克自治县林业局。

巴里坤湖沼泽（文波龙 摄）

野同伊犁河沼泽（654021-279）

【范围与面积】野同伊犁河沼泽位于伊犁地区伊宁县英塔木镇南伊犁河河漫滩，地理坐标为 43°37′59.9″ ～ 43°42′N、81°37′ ～ 81°43′E。类型为芦苇沼泽，零星分布于河滨，面积为 21.64 hm²，海拔 700 ～ 720 m。

【地质地貌】沼泽区地貌类型为伊犁河冲积平原、伊犁河河漫滩。地表为冲积物。

【气候】沼泽区属温带大陆性半干旱气候，年平均气温 8.4℃，1 月平均气温 –9.8℃，7 月平均气温 22.8℃；极端最高气温 38.7℃，极端最低气温 –40.4℃。≥ 10℃积温 3061.8℃，年平均日照时数 2799 h，无霜期 159 d。年平均降水量 262.4 mm，年蒸发量 1368 mm，年平均相对湿度 65%。年降雪量 69.8 mm，积雪深 10 cm，最大积雪深度 29.8 cm。冻土层深 40 ～ 60 cm。

【水资源与水环境】沼泽区水源靠伊犁河及其支流喀什河和农田灌溉退水补给。地表季节性积水，地下水位埋深 0.5 m 左右，水化学类型为 $HCO_3 \cdot SO_4$-$Ca \cdot Na$ 型，矿化度 0.8 ～ 1.0 g/L。

【沼泽土壤】沼泽土壤类型主要为草甸沼泽土。

【沼泽植被】沼泽区植物群落以芦苇为

伊犁河漫滩野同沼泽（文波龙 摄）

建群种，伴生种有水烛、三棱草、异型莎草、大茨藻等。

【沼泽动物】沼泽区动物有鸿雁等。

【受威胁和保护管理状况】沼泽地几乎都被农田开垦占用，仅贴近河道的部分区域保留沼泽植被，斑块分布。

齐巴尔秋别河沼泽（654021-280）

【范围与面积】齐巴尔秋别河沼泽位于伊犁地区伊宁县东南端工建团、伊犁河支流齐巴尔秋别河河漫滩，地理坐标为 43°37′0.0″ ～ 43°39′0.0″N、81°52′0.0″ ～ 82°3′0.0″E。类型为芦苇沼泽，零星分布于河滨，面积为 11.79 hm²，海拔 700 ～ 750 m。

【地质地貌】沼泽区地貌类型为伊犁河冲积平原、齐巴尔秋别河河漫滩。地表为冲积物。

【气候】沼泽区属温带大陆性半干旱气候，年平均气温 8.4℃，1 月平均气温 –9.8℃，7 月平均气温 22.8℃；极端最高气温 38.7℃，

齐巴尔秋别河沼泽（文波龙 摄）

极端最低气温 –40.4℃。≥ 10℃积温 3061.8℃，无霜期 159 d；年平均日照时数 2799 h。年平均降水量 262.4 mm，年蒸发量 1368 mm，年平均相对湿度 65%，降雪量 69.8 mm，积雪深 10 cm，最大积雪深度 29.8 cm。冻层深度 40 ～ 60 cm。

【水资源与水环境】沼泽区水源靠伊犁河支流齐巴尔秋别河、喀什河及农田退水补给。地表积水，地下水位埋深近地表，水化学类型为 $HCO_3 \cdot SO_4\text{-}Ca \cdot Na$ 型，矿化度 0.8 g/L。齐巴尔秋别河沼泽水体理化性质见表 15-42。

表 15-42　齐巴尔秋别河沼泽水体理化性质

指标	平均值
pH	6.43
氨氮/(mg/L)	0.05
硝氮/(mg/L)	0.53
溶解氧/(mg/L)	9.79
电导率/(S/m)	0.06
氯化物/(mg/L)	8.71
盐度/%	0.07
总溶解固体/(g/L)	0.05
总磷/(mg/L)	0.10

【沼泽土壤】沼泽土壤类型主要为草甸沼泽土和泥炭沼泽土。

【沼泽植被】沼泽植被以芦苇为建群种，伴生种有异型莎草、三棱草、大茨藻等。

【沼泽动物】沼泽区鸟类有鸿雁等。

【受威胁和保护管理状况】沼泽区几乎都被农田开垦占用，仅贴近河道的部分区域保留沼泽植被，呈斑块分布。

沙兹勒克伊犁河沼泽（654024-281）

【范围与面积】沙兹勒克伊犁河沼泽位于伊犁地区巩留县塔斯托别乡、巩留县城西北4 km，地理坐标为 43°28′59.9″ ～ 43°36′45.4″N、82°6′0.0″ ～ 82°25′34.51″E。主要类型为芦苇沼泽，面积为 2265 hm²，海拔 700 ～ 770 m。

【地质地貌】沼泽区为伊犁河冲积平原河漫滩洼地，地表为冲积、淤积物。

【气候】沼泽区属温带大陆性干旱气候，年平均气温 7.4℃，1 月平均气温 –11.2℃，7 月平均气温 21.1℃，极端最高气温 37.4℃，极端最低气温 –37.6℃。≥ 10℃ 积温 3060℃，无霜期 142 d。年平均降水量 244 mm，年蒸发量

沙兹勒克伊犁河沼泽（文波龙 摄）

1437.3 mm，年平均相对湿度 73%；降雪量 48.5 mm，积雪日数 95 d，积雪深度 20 cm，最大积雪深度 70 cm。土壤封冻持续期 112 d，冻土层深度 60 cm。

【水资源与水环境】沼泽区水源靠伊犁河水和灌区退水补给。地表季节性积水，地下水位埋深 0 ～ 0.5 m，水化学类型为 $HCO_3 \cdot SO_4\text{-}Ca \cdot Na$ 型，矿化度 0.5 ～ 1.0 g/L。伊犁河谷沙兹勒克沼泽水理化特征见表 15-43。

表 15-43　沙兹勒克伊犁河沼泽水理化特征

指标	最低值	最高值	平均值
pH	7.57	7.71	7.64
氨氮/(mg/L)	0.02	0.03	0.02
硝氮/(mg/L)	4.15	4.27	4.21
溶解氧/(mg/L)	8.84	9.09	8.97
电导率/(S/m)	0.17	0.19	0.18
氯化物/(mg/L)	11.46	15.48	13.47
盐度/%	0.05	0.05	0.05
总溶解固体/(g/L)	0.03	0.05	0.04

【沼泽土壤】沼泽土壤类型主要为草甸沼泽土和泥炭沼泽土。泥炭沼泽土壤水分经常处于饱和或近饱和状态，有利于有机质累积。泥炭沼泽土泥炭层厚度 30 ～ 50 cm，含有机质 40% ～ 50%，50 cm

以下为灰白色潜育层。

【沼泽植被】与第一版《中国沼泽志》相比，湿地植被没有发生明显变化，芦苇沼泽以芦苇为建群种，伴生种有三棱草、异型莎草、大茨藻、狸藻等沼生湿生植物，盖度90%。

【沼泽动物】沼泽区鸟类有绿头鸭、红嘴巨燕鸥、白翅浮鸥、普通燕鸥、白额燕鸥等。受人类活动影响，除部分鸟类外，大部分大型野生动物少见。

【受威胁和保护管理状况】沼泽区大面积被开发为农田，只有零星的芦苇沼泽分布于田间，碎片化，受农田退水影响大。

巩乃斯河沼泽（654025-282）

【范围与面积】巩乃斯河沼泽位于伊犁地区新源县巩乃斯种羊场、阿勒玛勒镇、吐尔根乡、别斯托别乡、塔勒德镇和新疆生产建设兵团第四师七十三团，主要分布在沿巩乃斯河河漫滩洼地，地理坐标为 43°25′～43°34′N，82°27′37″～83°36′E，包括了第一版《中国沼泽志》中巩乃斯沼泽和巩乃斯河河漫滩沼泽片区，主要类型为芦苇沼泽，面积为 142 420 hm²，海拔 750～850 m。

【地质地貌】沼泽区地质构造属伊犁山间拗陷的东延南支，谷地两侧山地由泥盆系中酸性喷发岩、大理岩、石炭系安山玢岩、灰岩，以及海西期花岗岩组成。沼泽地貌类型属于伊犁河支流巩乃斯河河漫滩。特克斯河冲积扇直抵北岸，顶托巩乃斯河水，引起巩乃斯河下游造成回水顶托，河床变缓，蜿蜒曲折，河漫滩宽广，河水漫延，抬高地下水位，地表形成大片沼泽。地表为冲积、淤积物。

【气候】沼泽区属温带大陆性干旱气候。年平均气温 7.7℃，1月平均气温 –1.6℃，7月平均气温 20.8℃，极端最高气温 39.8℃，极端最低气温 –35.7℃。≥ 10℃ 积温 3060℃，无霜期 145 d。年平均日照数 2400 h，年平均降水量 280 mm，4～9月降水量占全年降水量的 63%～75%，年蒸发量 1300～2000 mm，年平均相对湿度 63%。年降雪量 88.4 mm，年平均最大积雪深度 32.2 cm。冻土层深 60 cm。

【水资源与水环境】沼泽区水源靠降水和巩乃斯河及支流恰合博河等支沟河水补给。地势低洼，排水不畅，地表局部积水，地下水位埋深 0.3～0.5 m，水化学类型为 $HCO_3·SO_4$-Ca·Na 型，矿化度 0.3～1.0 g/L。巩乃斯河为伊犁河东支，发源于那拉提山、阿布热勒山和依莲哈比尔尕山的三山交会处，同伊犁河的另一条支流——喀什河源只有一岭之隔，呈东西向蜿蜒纵贯新源县西至巩乃斯种羊场西南7 km 处与巩留县的特克斯河汇合，再与喀什河汇合后成为伊犁河，后注入哈萨克斯坦的巴尔喀什湖。巩乃斯河全长 258 km，平均宽 35 m。枯水期（2月）平均流量 27.8 m³/s，洪水期（6月）平均流量 77.6 m³/s，最高洪峰 390 m³/s。年径流量 15.890 亿 m³，总流量占伊犁河的 13.7%，占新源县总水量的 63.3%。巩乃斯河沼泽水体理化性质见表 15-44。

【沼泽土壤】沼泽土壤类型主要有草甸沼泽土和腐殖质沼泽土，在地势稍高处为盐化腐殖质沼泽土，低洼积水地带为泥炭土。巩乃斯河北岸河漫滩低阶地发育不明显，而巩乃斯河南岸的河漫滩低阶地相当发育。土壤由河岸向基岸的更替非常有规律，其顺序为沼泽土 – 沼泽盐土 – 草甸土 – 潮土 – 灰钙土。

【沼泽植被】沼泽植物群落以芦苇为建群种，芦苇高 1.5～2.0 m，伴生种有水葱、三棱草等，盖度 75%～80%。

【沼泽动物】沼泽区鸟类有列入《国家重点保护野生动物名录》中的国家一级重点保护物种黑鹳、白肩雕、玉带海雕、大鸨 4 种，以及大天鹅、凤头蜂鹰等 28 种国家二级保护鸟类。

表 15-44　巩乃斯河沼泽水体理化性质

指标	最大值	最小值	平均值
pH	7.28	6.11	6.83
氨氮/(mg/L)	0.35	0.02	0.10
硝氮/(mg/L)	2.81	0.07	1.00
溶解氧/(mg/L)	10.42	5.37	8.10
电导率/(S/m)	0.31	0.02	0.10
水温/℃	18.84	16.90	17.93
氯化物/(mg/L)	13.45	0.37	6.19
盐度/%	0.11	0.08	0.10
总溶解固体/(g/L)	0.16	0.04	0.10

鱼类 3 目 4 科 9 属 13 种。其中以鲤形目鱼类为主，共 2 科 7 属 11 种。另外还包括鲟形目 1 科 1 属 1 种，鲈形目 1 科 1 属 1 种。其中，新疆特有种有伊犁裂腹鱼、银色裂腹鱼、斑重唇鱼、穗唇高原鳅、黑斑高原鳅、伊犁鲈等。

两栖动物、爬行动物共有 2 目 7 科 12 种，属于新疆特有种的有中亚林蛙、湖侧褶蛙、草原蜥、捷蜥蜴、棋斑水游蛇、花脊游蛇和东方蝰 7 种。

【受威胁和保护管理状况】沼泽区所在流域是新疆西部重要的旅游景区，鱼类品种也很多，水产养殖业较为发达。沼泽区主要利用方式有旅游、农业和水产养殖业，冬春季放牧场和秋季割草场对湿地生物多样性有一定影响（徐平，2016）；受盐化影响，芦苇退化变稀变矮，总体威胁等级为轻度。目前在肖尔布拉克镇西面，与喀拉布拉镇、种羊场接壤的沼泽核心分布区，于 2013 年 2 月正式批准为国家湿地公园（试点），2018 年顺利通过国家林业和草原局验收并挂牌，归新疆伊犁那拉提沼泽国家湿地公园管理局管理。

巩乃斯河沼泽（文波龙 摄）

柴窝堡湖沼泽（650100-283）

【范围与面积】柴窝堡湖沼泽位于乌鲁木齐市东南 45 km 柴窝堡湖西部，地理坐标为 43°20′7.55″ ~ 43°37′2.38″N、87°42′43.57″ ~ 88°21′23.27″E。类型为碱蓬盐碱沼泽，面积为 2695 hm²。海拔 1110 m。

【地质地貌】沼泽区地貌类型为东天山山间断陷柴窝堡闭流盆地、柴窝堡湖滨洼地。地表为冲积、淤积物。

【气候】沼泽区属温带大陆性干旱气候，年平均气温 5.1℃，1 月平均气温 –14.5℃，7 月平均气温 24.0℃；极端最高气温 43.4℃，极端最低气温 –41.5℃。≥10℃积温 3212.4℃，无霜期 160 d。年平均日照时数 2820 h。年平均降水量 261 mm，年蒸发量 2074.4 mm，年平均相对湿度 45% ～ 50%。最厚冻土层深度 162 cm。

【水资源与水环境】沼泽区水系无干流，主要是由博格达山南坡流入柴窝堡盆地的地表径流、潜水和柴窝堡盆地内的湖泊、沼泽等组成的较为闭合的水系。柴窝堡湖南侧有发源于天格尔山北坡的乌什城沟、张家沟和小东沟的水流汇入；北侧有发源于博格达山南坡的三个山河、白杨沟河、苏拉夏沟等水流汇入。主要以蒸发方式排泄，少量流入东面的盐湖水系。柴窝堡湖面积 29.12 km²，平均水深 4.2 m，最深处 6 m，蓄水量 1.26 亿 m³，最高水温 20℃，属冷水湖。地下水位埋深 1.0 m 左右，水化学类型为 Cl-Na 型，矿化度 5 ～ 7 g/L。柴窝堡湖沼泽水体理化性质见表 15-45。

表 15-45　柴窝堡湖沼泽水体理化性质

指标	数值
pH	9.53
硝氮/(mg/L)	0.01
溶解氧/(mg/L)	6.21
电导率/(S/m)	35.26
氯化物/(mg/L)	19.02
盐度/‰	20.98
总溶解固体/(g/L)	21.82

【沼泽土壤】沼泽区低平地为草甸盐土，靠近湖滨洼地为盐化草甸沼泽土。

【沼泽植被】沼泽区植物以湿生、中生草甸植物为主（张卫东等，2016），湖滨有碱蓬大面积分布。新疆维吾尔自治区级保护植物 13 种，其中一级保护植物有梭梭等 6 种；二级保护植物有宽刺蔷薇等 7 种。沼泽中有集中连片碱蓬分布。

柴窝堡湖沼泽（文波龙 摄）

【沼泽动物】沼泽区有国家一级重点保护野生动物 3 种，分别为玉带海雕、白尾海雕、黑鹳；国家二级重点保护野生动物大天鹅、灰鹤等 22 种。该区域分布有新疆维吾尔自治区重点保护脊椎动物 11 种，其中自治区一级保护动物有大麻鳽、苍鹭、赤狐等，自治区二级保护动物有翘鼻麻鸭、环颈雉等 7 种。

【受威胁和保护管理状况】沼泽区地下水水质优良，是乌鲁木齐市重要的饮用水水源地之一，也是重要的渔业养殖基地；柴窝堡湖盛产芒硝、食盐，是新疆重要的化工原料产地；周边沼泽现为放牧场。盐碱植被生态十分脆弱，干旱、盐碱对沼泽威胁严重。另外，沼泽区受农业面源污染、工业生产和城镇生活污水的影响。为加强湿地的保护与恢复，新疆乌鲁木齐柴窝堡湖国家湿地公园于 2009 年获批成为试点，2016 年 12 月，乌鲁木齐柴窝堡湖国家湿地公园正式挂牌。

七角井东盐池沼泽（650500-284）

【范围与面积】七角井东盐池沼泽位于哈密地区哈密市七角井镇东盐池，地理坐标为 43°25′18.04″ ～ 43°31′4.67″N、91°24′23.21″ ～ 91°41′41.15″E。类型以矮生芦苇 + 赖草盐碱沼泽为主，面积为 7359 hm²。海拔 855 m。

【地质地貌】沼泽区地貌类型属于天山山间七角井盆地闭流洼地、洪积扇与戈壁滩相连扇缘地带。地表为洪积物。

【气候】沼泽区属暖温带大陆性干旱气候。年平均气温 9.1℃，1 月平均气温 –11.3℃，7 月平均气温 26.3℃；极端最高气温 43.1℃，极端最低气温 –32.℃。≥ 10℃积温 3697℃，无霜期 138 d。年平均降水量 37.6 mm，年蒸发量 3092 mm。

【水资源与水环境】沼泽水源靠地下潜水补给。地下水位埋深 0.5 ～ 1.0 m，地表大面积无积水，仅局部以抽取地下水补给，水化学类型为 $SO_4·Cl-Na$ 型，矿化度 1.9 g/L。七角井东盐池沼泽水体理化性质见表 15-46。

表 15-46　七角井东盐池沼泽水体理化性质

指标	沼泽	地下水
pH	7.6	8.4
氨氮/(mg/L)	0.4	0.3
硝氮/(mg/L)	0.1	1.3
溶解氧/(mg/L)	2.6	3.8
电导率/(S/m)	15.5	3.3
氯化物/(mg/L)	25.7	32.2
盐度/‰	9.8	2.0
总溶解固体/(g/L)	10.8	2.4

【沼泽土壤】沼泽区低平地为草甸盐土，局部低洼地有盐化草甸沼泽土并与草甸盐土呈复区分布。由于气候干旱，土壤蒸发强烈，盐分富集于地表。盐分组成以硫酸盐为主，土壤含盐分总量达 2.02%。

【沼泽植被】沼泽植物群落建群种不明显，以芦苇、赖草略多，伴生种有獐毛、芨芨草、盐角草、盐爪爪等耐盐碱植物。

【受威胁和保护管理状况】沼泽区为春、秋季放牧场。范围比第一版《中国沼泽志》中七角井东盐池沼泽大,部分区域开发为盐池。

七角井东盐池沼泽(文波龙 摄)

托勒库勒沼泽(650522-285)

【范围与面积】托勒库勒沼泽位于哈密地区伊吾县盐池镇西北 3 km、托勒库勒(第一版《中国沼泽志》中的吐尔库勒沼泽)湖滨,距伊吾县城西北 34 km,地理坐标为 43°18′ ～ 43°25′59.9″N、94°7′59.9″ ～ 94°19′E;主要类型为矮生芦苇盐碱沼泽,面积为 4703 hm²;海拔 1900 m。

【地质地貌】受加里东、海西、阿尔卑斯期运动和新构造运动的影响,沼泽区地层发生强烈褶皱形成外形不规则、高低不一的断块山地和断陷盆地;地貌类型属于盆地低洼处吐尔库勒湖滨滩地。地表为冲积、淤积物。

【气候】沼泽区属暖温带大陆性干旱气候,年平均气温 3.5℃,1 月平均气温 –12.6℃,7 月平均气温 16.7℃;极端最高气温 30.5℃,极端最低气温 –35.2℃。≥ 10℃积温 1720℃,无霜期 110 d。年平均降水量 102.1 mm,年蒸发量 2300 mm,最大积雪深度 25 cm。

【水资源与水环境】沼泽水源靠托勒库勒湖水补给。托勒库勒湖当地依然称为盐池,属于构造湖泊,最大深度超过 1 m,地下水位埋深 1 ～ 2 m,无大的入湖河流,主要靠天山(哈尔里克山和莫钦乌拉山)冰雪融水形成的间歇性水流及地下水聚集补给,天山冰雪融水在出山口地带部分转变为地下水,在湖泊周围的草甸地带出露并形成许多细小溪流和泉水。该湖已由咸水湖演化为盐湖,冬季不结冰。水化学类型为 $HCO_3 \cdot SO_4\text{-Na}$ 型,矿化度 3 ～ 5 g/L。托勒库勒咸水湖,湖水人畜不能饮用,也不能做灌溉用水。托勒库勒沼泽水体理化性质见表 15-47。

【沼泽土壤】沼泽土壤类型主要为盐化草甸沼泽土。

【沼泽植被】沼泽植物群落以芦苇为建群种,伴生种有赖草、小獐毛、芨芨草、骆驼刺等。由湖滨向四周大体分布有湖滨草甸—草原—荒漠。湖滨草甸主要由薹草、嵩草、风毛菊等组成。在主要由芨芨草组成的湖边草原中零星出现圆叶盐爪爪等藜科植物。圆叶盐爪爪、盐生草、红砂属以及嵩属植物等是荒漠地带的主要植物类型。

【沼泽动物】沼泽区人类活动影响大,动物少,有藏雪鸡等。

【受威胁和保护管理状况】沼泽区现用作春秋放牧场。托勒库勒湖既无入水口,又无出水口,湖水来源全靠地下水聚集而成，湖里盛产芒硝和食盐，在湖区开采芒硝。盐池外的水体因有能在含盐量极高的环境中生存的盐生杜氏藻，湖水呈现大面积的粉红色，被唤作"幻彩湖"，成为旅游景点。

表 15-47　托勒库勒沼泽水体理化性质

指标	东侧沼泽	中部粉红湖	西侧盐池
pH	7.7	7.6	7.3
硝氮/(mg/L)	0.3	0.5	0.7
溶解氧/(mg/L)	4.1	3.5	3.6
电导率/(S/m)	158.3	158.2	152.9
氯化物/(mg/L)	31.7	40.2	90.7
总溶解固体/(g/L)	103.7	108.1	108.9

托勒库勒沼泽（文波龙 摄）

卡拉干沼泽（654026-286）

【范围与面积】卡拉干（或喀拉干）沼泽位于伊犁地区昭苏县西南 14 km，地理坐标为 43°0′36.16″ ～ 43°6′15.05″N、80°55′28″ ～ 81°8′8.18″E。主要类型为芦苇沼泽，包括第一版《中国沼泽志》中卡拉干沼泽及其周边邻近沼泽片区，面积为 3568 hm²，海拔 760 m。

【地质地貌】沼泽区地貌属于山前洪积扇潜水溢出洼地。地表为冲积洪积物。

【气候】沼泽区属大陆性温带山区半干旱半湿润冷凉型气候，年平均气温 2.9℃，1 月平均气温 –11.7℃，7 月平均气温 14.6℃，极端最高气温 33.5℃，极端最低气温 –32.0℃。≥ 10℃积温 1328℃，无霜期 98 d。年平均日照时数 2673.1 h。全年降水量 512.2 mm，年蒸发量 1261 mm，蒸发量约是降水量的 2.5 倍，年平均相对湿度 67%。积雪日数 143 d，积雪深度 20 ～ 30 cm，最大积雪深度 63 cm。冻土层深度 1.0 m，最大深度 1.27 m。

【水资源与水环境】沼泽区水源靠支沟河水和地下潜水补给。地表季节性积水，地下水位埋深 0.5 ～ 0.8 m。水化学类型为 HCO_3-Ca·Na 型，矿化度 0.5 ～ 0.7 g/L。卡拉干沼泽水体理化性质见表 15-48。

表 15-48　卡拉干沼泽水体理化性质

指标	最大值	最小值	平均值
pH	6.98	6.67	6.83
氨氮/(mg/L)	0.04	0.03	0.03
硝氮/(mg/L)	0.68	0.67	0.68
溶解氧/(mg/L)	9.73	3.43	7.53
电导率/(S/m)	0.18	0.13	0.15
氯化物/(mg/L)	7.02	2.90	5.35
盐度/%	0.11	0.11	0.11
总溶解固体/(g/L)	0.07	0.02	0.04

【沼泽土壤】沼泽土壤类型主要为草甸沼泽土和泥炭沼泽土。低洼积水地为泥炭沼泽土，土面分层：0～25 cm 为草根腐殖质层，25～55 cm 为泥炭层，55 cm 以下为灰白色潜育层。在地势稍高处芦苇稀疏矮小，有塔头薹草地段为草甸沼泽土。草甸沼泽土剖面：0～25 cm 为草根层，25～50 cm 为腐殖质层，50 cm 以下为潜育层。

【沼泽植被】沼泽植物群落以芦苇为建群种，伴生种有三棱草、异型莎草等。沼泽边缘稍高处混生矮生灌木锦鸡儿（赵玉等，2017）。

【受威胁和保护管理状况】沼泽区主要被用作春秋季放牧场、放马场，未纳入保护地体系。

卡拉干沼泽（文波龙 摄）

昭苏特克斯河沼泽（654026-287）

【范围与面积】昭苏特克斯河沼泽位于昭苏县城西南部和南部、特克斯河河漫滩，地理坐标为 42°45′45.1″～43°0′36.78″N、80°33′35.95″～81°9′52.49″E，主要为薹草沼泽，包括了第一版《中国沼泽志》中苏拉卡克拉乔河沼泽（阿克苏河口的喀苏拉湿地）及其下游特克斯河河漫滩沼泽片区，面积为 6643 hm²。

【地质地貌】沼泽区地貌类型为特克斯河河漫滩、低阶地泉水溢出带积水洼地。地表为冲积物。

【气候】沼泽区属温带大陆性半干旱气候，年平均气温 5.3℃，1 月平均气温 –11.7℃，7 月平均气温 14.6℃；极端最高气温 33.5℃，极端最低气温 –32.0～–21.1℃。≥ 10℃积温 1328.1℃，无霜期 120 d。年平均日照时数 2673.1 h。年平均降水量 512.2 mm，为全疆之冠，年蒸发量 1261.6 mm，蒸发量约是降水量的 2.5 倍，年平均相对湿度 67%。积雪期 143 d，积雪深度 20～30 cm，最大积雪深度 63 cm，冻土层深度 1.0 m，最深 1.27 m，最浅 0.7 m。

【水资源与水环境】沼泽区水源靠特克斯河和地下浅水补给。特克斯河是伊犁河主源，也是最大支流。它发源于天山主峰汗腾格里峰的北坡（哈萨克斯坦境内），从昭苏西部入境，由西向东再折北与巩乃斯河汇合，多年实测平均径流量（恰甫其海水文站）为 $80 \times 10^8 \, \text{m}^3$。沼泽地表季节性积水，低洼处长期积水。地下水位埋深 $0 \sim 0.8 \, \text{m}$，水化学类型为 $HCO_3\text{-}Ca \cdot Na$ 型，矿化度 $0.2 \sim 0.5 \, \text{g/L}$。昭苏特克斯河沼泽水体理化性质见表 15-49。

表 15-49　昭苏特克斯河沼泽水体理化性质

指标	最大值	最小值	平均值
pH	7.89	7.73	7.80
氨氮/(mg/L)	0.10	0.03	0.07
硝氮/(mg/L)	0.53	0.01	0.18
溶解氧/(mg/L)	10.31	9.01	9.45
电导率/(S/m)	0.16	0.07	0.12
氯化物/(mg/L)	5.60	2.00	4.06
盐度/%	0.04	0.04	0.04
总溶解固体/(g/L)	0.17	0.07	0.11

【沼泽土壤】沼泽土壤主要为草甸沼泽土和泥炭沼泽土。地势稍高，常有稀疏的塔头分布，属于草甸沼泽土，$0 \sim 30 \, \text{cm}$ 为草根层，$30 \, \text{cm}$ 以下见潜育层。地表季节性积水或常年积水的河漫滩地为泥炭沼泽土，$0 \sim 40 \, \text{cm}$ 为泥炭层，含有机质 $40\% \sim 50\%$，$40 \, \text{cm}$ 以下为灰白色潜育层。

【沼泽植被】沼泽区主要植物有胡杨、多枝柽柳、芦苇等。

【沼泽动物】沼泽区动物有绿翅鸭、赤嘴潜鸭、小滨鹬、鲤、鲫和泥鳅、水獭等。

【受威胁和保护管理状况】沼泽季节性淹水区作为春秋放牧场，主要是牧马，应实行分区轮牧，控制牲畜数量，保护沼泽资源。长期被水淹没的沼泽地植被生长良好，集中连片，有泥炭储存，但尚未建立保护地机制。

昭苏特克斯河沼泽（文波龙 摄）

巴音布鲁克沼泽（652827-288）

【范围与面积】巴音布鲁克沼泽位于巴音郭楞蒙古自治州和静县巴音郭楞乡及巩乃斯镇小尤尔都斯，分为大尤尔都斯沼泽和小尤尔都斯沼泽两部分，地理坐标为 $42°33'20'' \sim 43°10'25''\text{N}$、$82°39'29'' \sim 85°43'52''\text{E}$。主要类型为针叶薹草＋阿尔泰薹草沼泽，面积＞ $1000 \, \text{hm}^2$ 的有 8 块，海拔 $2300 \sim 3042 \, \text{m}$（分布情况见表 15-50）。

【地质地貌】大尤尔都斯沼泽地貌类型为天山南坡大尤尔都斯盆地的山前洪积扇间洼地和河漫滩洼地，地表为洪积、冲积物。

表 15-50　巴音布鲁克沼泽分布概况

	分布地点	沼泽面积/hm²	海拔/m
大尤尔都斯沼泽	西起巴音郭楞乡，东至开都河	61 260	2 300～2 400
	巴音郭楞乡西15 km杂落吐	11 520	2 700～2 800
	巴音郭楞乡西北48 km，北邻新源县界	3 160	2 700～2 800
	巴音郭楞乡西北48 km，北邻新源县界	1 700	3 042
小尤尔都斯沼泽	巩乃斯镇西20 km阿尔斯泰擦汗	1 836	2 400
	巩乃斯镇东南开都河漫滩	18 540	2 300～2 400
	巩乃斯镇西40 km哈尔盖	1 460	2 500～2 600
	巩乃斯镇西南36 km	1 432	2 500～2 600
合计		133 000	2 300～3 042

小尤尔都斯沼泽地貌类型属于天山山间坳陷小尤尔都斯盆地开都河河漫滩、牛轭湖及河间洼地。小尤尔都斯盆地呈长条形，东西长 30 km，南北宽 10 km，地势由东北向西南倾斜，地表为第四纪沉积物覆盖。

【气候】沼泽区属暖温带大陆性干旱气候，年平均气温 –4.6℃，1 月平均气温 –26.2℃，7 月平均气温 10.4℃，极端最高气温 28℃，极端最低气温 –48.1℃，≥ 10℃积温 372℃，无霜期 12 d。年平均降水量 273 mm，年蒸发量 1250 mm，年平均相对湿度 60%。积雪期 210 d，最大积雪深度 26 cm。融冻期 160 d，最大冻土层深度 120 cm。

【水资源与水环境】大尤尔都斯沼泽水源靠冰雪融水和地下潜水溢出补给，地下水位埋深 0.5 ～ 1.0 m，水化学类型为 Cl·HCO₃-Na 型，矿化度 1.54 g/L。小尤尔都斯沼泽水源靠开都河及其支流河水、冰雪融水和地下潜水溢出补给；地表局部积水，地下水位埋深 0.15 ～ 1.0 m，水化学类型为 Cl-Na 型，矿化度 1.2 ～ 1.7 g/L。

【沼泽土壤】沼泽区土壤类型有草甸沼泽土、腐殖质沼泽土、泥炭沼泽土和腐泥沼泽土。沼泽外围地势稍高，无积水平川地及土壤过湿地带为草甸沼泽土，低平地季节性积水地段为腐殖质沼泽土或泥炭沼泽土，低洼地常年积水处为腐泥沼泽土。

草甸沼泽土剖面采样地点为和静县巴音布鲁克开都河滩。

0 ～ 20 cm 为草根腐殖质层，潮湿，青褐色，稍紧实，粒块状，轻壤，根中量，有锈斑。

20 ～ 45 cm 为腐殖质层，潮湿，黑灰色，较草根腐殖质层松，块状，轻壤，根少量。

45 ～ 63 cm 为过渡层，湿，锈褐色，稍紧实，层块状，砂壤有小砾石，根极少，多锈斑。

63 ～ 110 cm 为潜育层，湿，锈黄色，稍紧实，块状，轻黏土与粉砂夹层。

110 cm 以下为母质层，湿，灰白色粗砂。草甸沼泽土养分状况见表 15-51。

表 15-51　巴音布鲁克沼泽草甸沼泽土养分状况

剖面地点	采样深度/cm	pH	有机质/%	全氮/%	全磷/%
和静县巴音布鲁克开都河滩（大尤尔都斯沼泽）	0～20	8.30	3.95	0.18	0.14
	20～45	8.30	3.75	0.17	0.12
	45～63	8.45	2.56	0.12	0.12
	63～110	8.70	1.30	0.08	0.11

腐殖质沼泽土剖面采样地点为和静县巴音布鲁克开都河河漫滩。腐殖质沼泽土有机质含量略低于泥炭沼泽土，剖面特征如下。

0～22 cm为草根腐殖质层，湿，黄褐色，紧实，草根盘结呈层状，中壤，根多量，锈斑多量。

22～140 cm为潜育层，潮湿，青灰色，较紧实，块状，黏土，根极少。

140 cm以下为母质层，湿，锈黄色，粗砂砾石。

腐殖质沼泽土养分状况见表15-52。

表15-52　巴音布鲁克沼泽腐殖质沼泽土养分状况

剖面地点	采样深度/cm	pH	有机质/%	全氮/%	全磷/%
和静县巴音布鲁克开都河漫滩（小尤尔都斯沼泽）	0～22	7.90	26.22	0.17	0.12
	22～40	8.05	4.86	0.13	0.05
	40～140	8.12	2.64	0.12	0.06
	0～22	7.90	26.22	0.17	0.12

泥炭沼泽土剖面采样地点为和静县巴音布鲁克沃隆布鲁克。

0～24 cm为草根泥炭层，潮湿，褐色，紧实，层状，轻壤，根多量，含小螺壳。

24～38 cm为腐殖质层，湿，暗褐色，稍紧实，层状，轻壤偏中壤含砂砾石。

38～58 cm为过渡层，湿，松软，层块状，中壤，少量细根，有小螺壳。

58～90 cm为潜育层，湿，黄褐色，稍紧实，层状，中壤有砾石。

90 cm以下为冻层，块状，轻壤偏砂壤。

泥炭沼泽土养分状况见表15-53。

表15-53　巴音布鲁克沼泽泥炭沼泽土养分状况

剖面地点	采样深度/cm	pH	有机质/%	全氮/%	全磷/%
和静县巴音布鲁克沃隆布鲁克（大尤尔都斯沼泽）	0～24	8.05	32.29	1.14	0.15
	24～38	8.00	12.93	0.64	0.18
	38～58	8.20	5.59	0.29	0.10
	58～90	8.21	3.79	0.32	0.11

腐泥沼泽土地表常年积水，水深10～15 cm。0～25 cm为草根腐泥层；25～150 cm为腐泥层，松软，重壤，沉陷淤泥状；150 cm未见冻层。其养分含量高于草甸沼泽土，低于泥炭沼泽土。

【沼泽植被】沼泽植物群落建群种为针叶薹草，亚建群种为阿尔泰薹草。

大尤尔都斯沼泽区的伴生种有扁囊薹草、沙地薹草、黑花薹草、草地早熟禾、华北剪股颖、野黑麦、赖草、珠芽蓼、报春花、火绒草等，薹草呈点状草丘，丘高25～30 cm，直径20～40 cm，丘间低平，间距30～80 cm，盖度90%以上，鲜草单产1650 kg/hm²。在沼泽地中间低洼常年积水处的植物群落建群种为杉叶藻，伴生种有密花荸荠、水麦冬、水毛茛、眼子菜、狸藻等。在沼泽地中间还有大小不等的高地，主要植物有看麦娘、披碱草、草地早熟禾、桔梗、报春花等，盖度95%，鲜草单产1590 kg/hm²。

小尤尔都斯沼泽区的伴生种有扁囊薹草、黑花薹草、沙地薹草、草地早熟禾、华北剪股颖、牛毛毡，以及藓类植物等。草丘高仅10 cm，盖度70%～80%。

【沼泽动物】沼泽区共有脊椎动物 3 纲 9 目 13 科 64 种，其中鱼类 1 目 1 科 7 种，两栖类 1 目 1 科 1 种，鸟类 7 目 11 科 56 种。常见鸟类有胡兀鹫、普通鸬鹚、白鹭、斑头雁、赤麻鸭、绿头鸭、琵嘴鸭、白头鹞、普通雨燕等，约有 83 种鸟类栖息和繁殖，纳入《中日候鸟保护协定》的有 50 多种，国家重点保护鸟类 26 种，其中国家一级重点保护鸟类有黑鹳、金雕、胡兀鹫等 6 种。

【受威胁和保护管理状况】沼泽面积大，湿地环境多样，水草丰美，现用作夏、冬季放牧场和割草场，也是许多水禽重要的繁殖地、驿站和越冬地。

大尤尔都斯沼泽于 1980 年经国务院批准为巴音布鲁克天鹅国家级自然保护区，1994 年国家环境保护局又发布巴音布鲁克湿地为国家第一批重点保护湿地。小尤尔都斯沼泽也是巴音布鲁克天鹅国家级自然保护区和国家第一批重点保护湿地的重要组成部分；1980 年成为国家级自然保护区后又开辟为湿地生态旅游基地。

巴音布鲁克沼泽（雷光春 摄）

木扎尔特河沼泽（659008-289）

【范围与面积】木扎尔特河沼泽位于新疆维吾尔自治区伊犁哈萨克自治州伊宁市七十四团团场北部、昭苏盆地最西端，地理坐标为 42°43′3.84″ ~ 42°52′56.6″N，80°17′49.33″ ~ 80°31′7.6″E，木扎尔特河河漫滩［区别于拜城县的木扎尔特河（又名木扎提河）］，总面积为 31 000 hm²，其中包括夏塔河河口残存的沼泽片区。海拔为 1650 ~ 1690 m。

【地质地貌】沼泽区地貌类型属于特克斯河支流木扎尔特河河漫滩、低阶地泉水溢出带积水洼地。地表为第四纪冲积物。

【气候】沼泽区属高寒偏干半湿润冷凉气候类型，年平均气温 1.5℃，最热 7 月平均 14.1℃，极端最高气温 32.6℃，极端最低气温 –39℃。日平均温度稳定通过 10℃的时间为 100 d，积温 1416.8℃。年降水量为 357.6 mm，年蒸发量 1261.6 mm。

【水资源与水环境】沼泽区水源靠木扎尔特河和泉水补给，夏塔河河口残存的沼泽片区以夏塔河为主要补给水源。沼泽地表季节性积水，低洼处长期积水。木扎尔特河全长 47 km，直接汇入特克斯河。木扎尔特河属雪融性河流，积雪融水从汗腾格里峰流下。多年平均径流量 26.4 m³/s，1 月最小（5 m³/s），7 月最大（75 m³/s），年总径流量 5.73 亿 m³；发源于南天山深处，河床坡度大，水流湍急，水能资源丰富。河谷区，地下水以泉水形式溢出地表，加上木扎尔特河的消落区形成的数条地表径流，形成大片沼泽。

夏塔河是木扎尔特河的一级支流，也属于雪融性河流，夏塔河年总径流量 5.96 亿 m³。河床下渗与冰川积雪融化是该区域地下水补给的主要来源，补给源主要位于南部的中高山区。在东北部低地，地下水径流速度缓慢，属水压自流区。地下水在该地以泉水形式出露地表，形成大片沼泽，最终排入特克斯河和木扎尔特河。地表水水化学类型为 HCO_3-Ca 型，矿化度 0.09 ～ 0.15 g/L，pH 为 7.9，总氮小于 0.3 mg/L，总磷 0.05 mg/L。

【沼泽土壤】沼泽区土壤主要为草甸栗钙土，总含盐量 0.2%，表层土壤含有机质 3% 左右。

【沼泽植被】沼泽区植物种类主要有芦苇、小香蒲、水烛、水毛茛、三棱水葱、密花荸荠、异型莎草、北疆薹草、稗、灯心草、小眼子菜、竹叶眼子菜等。

【沼泽动物】沼泽区有鸟类 16 目 36 科 96 种，其中水鸟 57 种，国家一级重点保护野生动物有黑鹳 1 种；国家二级保护的有 11 种：小苇鳽、大天鹅、疣鼻天鹅、黑鸢、雀鹰、灰鹤、黑浮鸥、斑尾林鸽、纵纹腹小鸮、雕鸮、长耳鸮；列入《中国濒危动物红皮书·鸟类》的有黑鹳、大天鹅、疣鼻天鹅、黑尾塍鹬和雕鸮 5 种（黄亚东等，2009）。鱼类 1 目 1 科 3 种，分别为鲤、鲫和泥鳅。兽类有 1 目 1 科 1 种（水獭）。

【受威胁和保护管理状况】沼泽区主要利用方式为牧业用地，用作春秋放牧场，一定规模的沼泽被开垦为农田。沼泽区新疆生产建设兵团木扎尔特国家湿地公园于 2017 年被国家林业局列入国家湿地公园试点建设单位。沼泽分布区内部分湿地及周边区域还被自治区列入木扎尔特河湿地自然保护区进行管理，主管部门为新疆生产建设兵团第四师林业和草原局，管理机构为木扎尔特河湿地自然保护区管理站。

木扎尔特河沼泽（雷光春 摄）

祖鲁木台沼泽（652828-290）

【范围与面积】祖鲁木台沼泽位于巴音郭楞蒙古自治州和硕县与和静县交界处祖鲁木台沟源头，地理坐标为 42°40′27″ ～ 42°47′00″N、87°01′45″ ～ 87°30′00″E。主要为针叶薹草 + 阿尔泰薹草沼泽，面积 549 hm²，海拔 3000 ～ 3100 m。

【地质地貌】沼泽区地貌类型属于天山南坡山间坳陷洼地，地表为冲积物。

【气候】沼泽区属暖温带大陆性干旱气候。年平均气温 1.6℃，1 月平均气温 −18.1℃，7 月平均气温 13.6℃；极端最高气温 39.2℃，极端最低气温 –31.6℃。无霜期 150 d，年平均降水量 77 mm，年蒸发量 1215 mm，年平均相对湿度 52%。最大冻土层深度 106 cm。

【水资源与水环境】沼泽区水源靠河水和潜水溢出补给，地表湿润，地下水位埋深 0.5～1.0 m，水化学类型为 HCO_3-Ca·Na 型，矿化度 0.5 g/L。

【沼泽土壤】沼泽土壤类型主要为草甸沼泽土，0～15 cm 为草根腐殖质层，15～45 cm 为过渡层，45 cm 以下为砂质潜育层。

【沼泽植被】沼泽植被以针叶薹草为建群种，以阿尔泰薹草为亚建群种，伴生种有胯囊草、矮生薹草、黑花薹草、海韭菜、草地早熟禾、镰刀藓等。

【沼泽动物】沼泽区鸟类有赤麻鸭、绿头鸭、普通鸬鹚、白鹭、白头鹞等。

【受威胁和保护管理状况】沼泽区地是鸟类栖息地，也是牧业生产基地。另外，当地政府组织中小学生学习保护自然相关知识，倡导民众尊重自然、顺应自然、保护自然。

祖鲁木台沼泽（雷光春 摄）

艾丁湖沼泽（650402-291）

【范围与面积】艾丁湖沼泽位于新疆维吾尔自治区吐鲁番市高昌区，地理坐标为 42°34′51.21″～42°40′54.39″N、89°4′10.33″～89°41′53.9″E。主要为芦苇＋翅花碱蓬盐碱沼泽，面积为 17 568 hm²，海拔 150～154 m。

【地质地貌】沼泽区地貌类型属于吐鲁番盆地中央一个大型盐湖——艾丁湖滨，艾丁湖是吐鲁番盆地最低洼地方，为吐鲁番盆地地表径流的归宿点，由一个大型季节性盐湖及邻近的微咸到咸水沼泽组成。吐鲁番盆地低于海平面 154 m，是中国陆地最低、世界第二低地区域。自第三纪以来，北面的博格达山不断地断裂上升，吐鲁番盆地不断地断裂下降，第三纪后期火焰山从盆地中间隆起，把盆地分割成两半，山北为高盆地，山南为低盆地。湖面被很厚的盐壳所覆盖，湖水矿化度高达 180 g/L。地表为洪积、淤积物。

【气候】沼泽区属暖温带大陆性极端干旱气候，夏季炎热，冬季严寒。年平均气温 14.7℃，1 月平均气温 –6.8℃，7 月平均气温 34.9℃；极端最高气温 48℃，极端最低气温 –25.5℃，2011 年 7 月 14 日，艾丁湖区域自动气象站最高气温 50.2℃，这是中国陆地首次观测的超过 50℃的记录。≥10℃积温 5334.9℃，持续 214 d，无霜期 200 d。年平均降水量 6.3 mm，年蒸发量 3744 mm，气候极端干旱，年平均相对湿度 45%。

【水资源与水环境】沼泽区水源补给主要来自吐鲁番盆地北部、东北部博格达山（主峰 5445 m）南坡众多河流，特别是许多人工地下河道（坎儿井）地下潜水溢出补给，较大的河流有白杨河、大河沿河、塔尔郎河、煤窑沟河等。地下水位埋深 1.0～2.0 m，经过湖泊的强烈蒸发和浓缩，沼泽地表变干并有盐结皮和盐霜，水化学类型为 Cl·SO$_4$-Na 型，矿化度高达 210 g/L，阳离子以 Na$^+$、K$^+$ 为主，阴离子以 Cl$^-$ 为主。艾丁湖沼泽水体理化性质见表 15-54。

表 15-54 艾丁湖沼泽水体理化性质

指标	数值
pH	8.60
氨氮/(mg/L)	0.43
硝氮/(mg/L)	0.04
溶解氧/(mg/L)	7.68
电导率/(S/m)	2.13
氯化物/(mg/L)	11.97
盐度/%	0.89
总溶解固体/(g/L)	1.16
总磷/(mg/L)	0.07
总氮/(mg/L)	0.52

艾丁湖是典型的干旱区盐湖，在地质历史上经过淡水期、咸水期，在距今 24 900 年进入盐湖期。艾丁湖湖泊水体面积从 20 世纪 40 年代的 150 km^2，减少到 2010 年左右的 2.71 km^2，减少 98%，艾丁湖 2008～2013 年主湖区多年平均水面面积为 2.71 km^2，最大水面面积为 11.93 km^2，最小水面面积为 0 km^2。多年平均干湖月数为 7.5 个月，最大干湖月数为 9 个月，最小干湖月数为 6 个月。

【沼泽土壤】沼泽区土壤类型为盐化草甸沼泽土和草甸盐土，靠近艾丁湖畔地下水位较高处为盐化草甸沼泽土，距湖滨稍远处为草甸盐土。外围地带广泛分布以盐碱土为主的荒漠土壤。

【沼泽植被】沼泽区植物群落以沙生、盐生植物为主，总体盖度 30%～50%，由于受水体含盐量高的影响，植被的生长结构层次不高，建群种不明显。沼泽区有高等植物 7 科 21 属 25 种，主要优势种包括盐爪爪、盐节木、盐穗木、柽柳、芦苇等。

【沼泽动物】沼泽区国家二级重点保护野生动物有白尾鹞和鹅喉羚。鸟纲共有 4 目 7 科 9 种，常见有环颈鸻、白尾鹞、凤头百灵等。两栖纲共有 1 目 1 科 1 种，即塔里木蟾蜍。

【受威胁和保护管理状况】沼泽区主要利用方式为盐业生产、发展旅游业等，生产矿物有石盐、芒硝，以及石膏、钙芒硝和多种钾、镁盐类，特别是光卤石的出现，反映艾丁湖已进入盐湖阶段的后期，湖面以外的近代湖盆地表由砂黏土和盐壳组成，异常坚硬，盐壳下约 1 m 为卤水层。由于农业灌溉对地表水资源的利用，湖面萎缩，成为季节性积水的湖泊。最近几年，随着吐鲁番市关井退田、退地减水等相应措施的实施，艾丁湖水源补给（河流、地下水）得到了显著加强（方静等，2022），艾丁湖湖面由 2014 年约 14 km^2 升至 2016 年近 20 km^2。艾丁湖湿地是许多往返西伯利亚的迁徙鸟类的驿站，湿地主管部门为吐鲁番市人民政府，湿地管理机构为吐鲁番市林业局。新疆吐鲁番艾丁湖国家湿地公园于 2016 年底被国家林业局列入国家湿地公园建设试点。

艾丁湖沼泽（文波龙 摄）

居延海沼泽（152923-292）

【范围与面积】居延海曾是一大型咸水湖，分为东居延海和西居延海。西居延海已干涸多年，仅剩东居延海，位于额济纳旗以北 40 km，地理坐标为 42°15′05″ ～ 42°20′15″N、101°11′46″ ～ 101°19′47″E，面积约为 2390 hm²，海拔为 890 m。

【地质地貌】沼泽区地质构造属于华北陆台海西褶皱带内蒙古地槽的西部边缘，北接蒙古国阿尔泰地槽，西界为北山断块北部，东与东南部为阿拉善活化台块，南与祁连山地槽北部相接，是一个介于阿拉善活化台块与北山断块带之间北 – 北东走向的断裂拗陷盆地，其基底为第三纪红色地层，多由碎屑岩、黏土层及化学盐组成为典型干旱气候条件下形成的内陆河湖相沉积物，其中富含氯化物 – 硫酸盐，在极度干旱条件下，甚至积聚于地表，往往形成白色和杂色的盐结皮。

【气候】沼泽区属温带大陆性干旱气候。年平均气温为 8.3℃，1 月平均气温 –24.9℃，7 月平均气温 26.1℃，极端最低气温 –36.1℃，极端最高气温 41.6℃，气温年差绝对值达 77.7℃；≥ 10℃活动积温 3089.4℃。初霜始于 9 月，终霜止于 5 月，无霜期 120 ～ 140 d。多年平均降水量 40.3 mm，年蒸发量为 3700 ～ 4000 mm，最高达 4756 mm，为降水量的 100 多倍。干旱天数一年达 180 d 以上，年最长无水日数为 252 d。年日照时数可达 3446 h。年均相对湿度为 32% ～ 35%，湿润系数低于 0.012%。年均风速 4.2 m/s，最大风速为 24 m/s，年均 8 级以上大风日数 88 次，全年平均沙暴日数 19.9 d，最高可达 46 d。

【水资源与水环境】沼泽区是额济纳河的泄水区。额济纳河属于季节性消水、泄洪河，水量来源主要为祁连山的冰雪融化水和雨季洪水，因此一年两次来水，即春汛（4 月）和秋汛（9 月），泄水量的大小变率很大，主要取决于上游用水多少。近年来额济纳河几成干河，大部分支流已无水流入湖。居延海是地表水和地下水的汇集地，河流泄洪量大时，其贮水较多，泄水量小或无水季节即随之干涸。由于这些低洼地地下水较浅，气候干旱和蒸发强烈，地表积盐明显，地下水矿化度也高，多为 Cl-Na 型水，同时含氟量较高。

根据 2013 年 7 月和 2014 年 8 月水质调查结果，居延海水体 pH 波动较大，盐度、氮磷含量均较高，具体理化性质见表 15-55。

表 15-55　居延海沼泽水体理化性质（8 月）

水参数	pH	温度/℃	ORP/mV	电导率/(μS/cm)	叶绿素a/(mg/L)	透明度/cm	总氮/(mg/L)	总磷/(mg/L)	溶解氧/%
平均值	8.04±1.11	27.2±3.0	125.2±12.2	740±85	72.92±23.31	74±68	0.475±0.121	0.211±0.009	128±25

【沼泽土壤】沼泽区土壤为氯化物漠境盐土和龟裂碱土。冰雪融水和骤雨经过含盐地层，变为矿化径流，流入湖泊或封闭凹地，沉积大量盐分和泥沙悬浮物，由于空气干燥，蒸发强烈，洪水溶解前期积累的盐分聚集地表，形成了没有地下水参与的氯化物漠境盐土。漠境盐土的地下水位一般 10 ～ 20 m 或更深。盐分组成以氯化物为主，0 ～ 30 cm 土层含盐量为 24.83%，30 ～ 100 cm 土层含盐量为 10.80%。氯化物龟裂碱土盐分组成，0 ～ 20 cm 土层以氯化物为主，50 cm 以下硫酸盐较多。

【沼泽植被】沼泽区植被以芦苇＋柽柳群落为主，芦苇＋柽柳群落伴生物种主要为碱蓬、盐穗木、盐爪爪；群落覆盖度 38.73%，群落平均高度 3.27 ～ 126.23 cm，年均初级生产力 0.68 kg/m²。

与第一版《中国沼泽志》相比，本次调查未见白刺、多枝柽柳群落，芦苇为当地优势植物。

【沼泽动物】沼泽区是国家一级保护野生动物遗鸥的模式标本产地。本区分布有脊椎动物 16 目 22 科 132 种，其中鱼类 1 目 1 科 4 种，两栖类 1 目 2 科 4 种，爬行类 1 目 1 科 2 种，兽类 4 目 5 科 17 种，鸟类 9 目 13 科 105 种，包括小䴙䴘、凤头䴙䴘、灰雁、赤嘴潜鸭、白骨顶、黑翅长脚鹬、泽鹬、灰翅浮鸥等。国家一级重点保护动物有黑鹳、遗鸥等 5 种；国家二级重点保护动物有大天鹅、卷羽鹈鹕、小天鹅、疣鼻天鹅等 14 种。

【受威胁和保护管理状况】1994 年 11 月 4 日，居延海被列入国家重点保护湿地名录，目前成立了额济纳旗居延海湿地保护管理中心，由额济纳旗林业局管理。沼泽区处于遥远和人烟稀少的沙漠地区，基本上无人为干扰和破坏，但因河水补给减少，蒸发量大于降水量，沼泽面积萎缩。

居延海沼泽（雷光春 摄）　　　　　　　　居延海沼泽（张雅棉 摄）

乌拉斯台河沼泽（652827-293）

【范围与面积】乌拉斯台河沼泽位于巴音郭楞蒙古自治州和静县哈尔莫墩镇乌拉斯台河河漫滩、和静县城西 16 km，地理坐标为 42°14′00″ ～ 42°19′00″N、86°02′00″ ～ 86°15′00″E。面积为 2011 hm²，类型为芦苇 + 薹草沼泽，海拔 1110 m。

【地质地貌】沼泽区位于开都河冲积平原与焉耆盆地北部山前洪积平原之间形成的交接洼地。地势低洼，排水困难，积水成沼。

【气候】沼泽区属暖温带大陆性干旱气候，年平均气温 8.7℃，1 月平均气温 –11.7℃，7 月平均气温 23.7℃；极端最高气温 37.2℃，极端最低气温 –30℃。无霜期 163 d。年平均降水量 50.6 mm，年蒸发量 2024.5 ～ 2647.8 mm，蒸发量是降水量的 46.2 倍。冻结期 118 d，最大冻土层深度 119 cm。

【水资源与水环境】沼泽区水源靠开都河下游支流乌拉斯台河水、冰雪融水和泉水补给。水质优良，矿化度低于 1 g/L。地表局部常年积水，地下水位埋深 0.5 m，水化学类型为 HCO_3-Ca·Na 型（丁强强，2020）。

【沼泽土壤】沼泽土壤类型主要为草甸沼泽土。0 ～ 25 cm 为草根腐殖质层，25 cm 以下为潜育层。

【沼泽植被】沼泽植被以芦苇为建群种，苇高 1.5 ～ 2.0 m，亚建群种有丛薹草、胀囊薹草，伴生种有水问荆、密花苄荠、荆三棱、海韭菜、水麦冬等，盖度 70% ～ 80%。

【受威胁和保护管理状况】沼泽区为放牧场和割草场，河流上游修建了水库以调蓄洪水及用于灌溉。

博斯腾湖沼泽（652829-294）

【范围与面积】博斯腾湖沼泽主要分为黄水沟沼泽和博斯腾湖小湖区沼泽两大部分，包含周边邻近沼泽。沼泽区位于巴音郭楞蒙古自治州博湖县塔温觉肯乡黄水沟以及博斯腾湖西南部小湖区，地理坐标为 41°49′25″ ～ 42°13′44″N、86°19′25″ ～ 87°25′40″E。沼泽区面积约 51 562 hm²，主要为芦苇沼泽，海拔 1000 ～ 1050 m。

【地质地貌】黄水沟沼泽为焉耆盆地北部山前冲积洪积平原与开都河下游冲积平原之间形成的交接洼地最低部分。上部与山前冲积洪积扇间洼地连接，沼泽下部随开都河冲积平原延伸至博斯腾湖滨，坡度 1/5000 ～ 1/8000，地形低洼，排水不畅。

博斯腾湖位于天山东段的焉耆盆地最低洼部位，盆地最低点海拔 1031 m。地质构造属于天山海西期褶皱带内的中生代坳陷。沼泽区周围环绕着海拔 3000 m 的高山，焉耆盆地地表水和地下水汇集湖内。

地表为第四纪冲积洪积物、湖积物。由颗粒组成较细的亚砂土、亚黏土交替沉积层，透水性差，造成地表水分的停滞和积聚，形成沼泽。

【气候】沼泽区属暖温带大陆性干旱气候。年平均气温 7.9℃，1 月平均气温 –12.7℃，7 月平均气温 22.5℃，极端最高气温 38.4℃，极端最低气温 –35.2℃。≥ 10℃积温 3415 ～ 3694℃，无霜期 175 d，年平均日照 3074 ～ 3143 h。年平均降水量 64.7 mm，年平均蒸发量 1881.2 mm。春季多西北风，最大风速 20 m/s。封冻期 5 个月左右，冻土层深度 0.6 ～ 1.2 m。

【水资源与水环境】沼泽区水源靠黄水沟水及北二渠灌区退水补给。沼泽地表积水深 20 ～ 40 cm，

水化学类型为 $HCO_3 \cdot Cl\text{-}Ca \cdot Na$ 型，矿化度 3 g/L。

博斯腾湖小湖区沼泽处于开都河三角洲、孔雀河河漫滩和博斯腾湖湖滨的交汇地带，水源靠开都河水、博斯腾湖水、孔雀河水补给。地面支沟、河汊、小湖群相串通，洪水期大水漫溢，枯水期地表变干。地下水位埋深 0.1 ～ 0.6 m，河湖沿岸积水深 20 ～ 30 cm。水化学类型为 $HCO_3\text{-}Ca \cdot Na$ 型，矿化度 1 ～ 2 g/L。

【沼泽土壤】沼泽区土壤类型多样，从沼泽外缘稍高处至河湖岸边土壤类型有盐化草甸沼泽土、盐化泥炭沼泽土、盐化泥炭土、泥炭土、泥炭腐殖质沼泽土和腐殖质沼泽土。

盐化草甸沼泽土分布在黄水沟沼泽外缘稍高处，以及博斯腾湖小湖区北部沼泽外缘。地势平坦，地下水位埋深 0.7 ～ 1.0 m，生长着稀疏矮小芦苇（四类芦苇）和草甸植物。剖面地点位于博湖县博斯腾湖小湖区北部再克斯特湖滨。

0 ～ 20 cm 为草根腐殖质层。

20 ～ 50 cm 为腐殖质层。

50 ～ 145 cm 为腐泥层。

145 cm 以下为灰白色潜育层。

盐化草甸沼泽土化学分析结果见表 15-56。

表 15-56　博斯腾湖沼泽盐化草甸沼泽土化学分析

剖面地点	采样深度/cm	pH	有机质/%	全氮/%	全磷/%	全钾/%	速效氮/(mg/kg)	速效磷/(mg/kg)	速效钾/(mg/kg)	盐分总量/%
博湖县博斯腾湖小湖区北部再克斯特湖滨	0～20	8.6	14.82	0.63	0.25	2.13	39.08	3.48	82.14	2.12
	20～50	8.0	18.67	0.64	0.19	2.64	45.13	1.41	7.23	1.65
	50～145	8.0	12.05	0.48	0.17	2.23	22.10	1.11	61.98	1.61
	145以下	8.9	2.49	0.10	0.08	1.62	5.34	0.70	15.46	4.90

盐化泥炭沼泽土位于盐化草甸沼泽土和盐化泥炭土之间，分布于低平地带、地下 25 ～ 70 cm，生长二、三类芦苇，地表季节性积水。剖面采自黄水沟河漫滩。

0 ～ 40 cm 为草根泥炭层，湿润，褐黄色，稍紧实。

40 ～ 80 cm 为腐殖质层，湿，黑黄色，紧实，含细砂黏土。

80 ～ 130 cm 为潜育层，湿，青灰色，紧实，轻黏土。

130 cm 以下为淤泥状母质层。

土壤呈碱性反应，表层含盐分总量 2% 以上。盐化泥炭沼泽土养分状况化学分析结果见表 15-57。

表 15-57　博斯腾湖沼泽盐化泥炭沼泽土养分状况化学分析

剖面地点	采样深度/cm	pH	有机质/%	全氮/%	全磷/%	速效氮/(mg/kg)	速效磷/(mg/kg)	速效钾/(mg/kg)	盐分总量/%
黄水沟河漫滩	0～40	8.3	47.76	0.78	0.16	85.16	7.23	130.12	2.48
	40～80	9.0	17.06	0.22	0.15	5.48	—	71.02	0.62
	80～130	9.3	2.43	0.08	0.13	—	0.17	52.99	0.90

盐化泥炭土分布在黄水沟低洼季节性积水地带以及博斯腾湖小湖区东部博斯腾湖西岸。黄水沟沼泽区域地下水位埋深 0.2 m，土壤呈微碱性反应，全剖面含盐分总量为 1.4% ～ 3.0%，水分条件好，

芦苇生长茂密高大。代表剖面采自黄水沟入湖区南岸。

0～17 cm 为苇根泥炭层，潮湿，黑色，稍紧实。

17～60 cm 为泥炭层，湿，褐色，紧实。

60～280 cm 为腐泥状泥炭层，湿，暗黄灰色，松软下陷。

280 cm 以下为潜育母质层，湿，灰白色，松软，淤泥含螺壳。

盐化泥炭土养分状况化学分析见表 15-58。

博斯腾湖小湖区沼泽地下水位埋深 0.7 m 以下，地表干燥，芦苇稀疏矮小，剖面采自博斯腾湖岸边洼地。泥炭层厚达 3.0 m，pH 为 8.2，含有机质 40% 以上，盐分总量 2.62%。盐化泥炭土化学分析结果见表 15-59。

表 15-58　博斯腾湖沼泽盐化泥炭土养分状况化学分析

剖面地点	采样深度/cm	pH	有机质/%	全氮/%	全磷/%	速效氮/(mg/kg)	速效磷/(mg/kg)	速效钾/(mg/kg)	盐分总量/%
黄水沟入湖区南岸	0～17	8.8	37.34	0.83	0.19	37.26	0.87	109.71	1.62
	17～60	7.9	68.74	1.20	0.17	70.49	0.34	114.61	1.41
	60～115	8.9	58.40	1.68	0.16	97.63	—	116.54	2.91

表 15-59　博斯腾湖沼泽盐化泥炭土化学分析

剖面地点	采样深度/cm	pH	有机质/%	全氮/%	全磷/%	全钾/%	速效氮/(mg/kg)	速效磷/(mg/kg)	速效钾/(mg/kg)
博斯腾湖岸边洼地	0～35	8.2	38.93	1.97	0.06	1.57	101.81	2.18	217.68
	35～75	7.2	72.34	1.17	0.2	0.8	65.8	3.4	177.85
	75～290	7.7	42.55	1.09	0.24	2.56	75.16	1.12	108.78

泥炭土分布在小湖区西部，地势低平，地表潮湿，地下水位埋深 0.3～0.5 m，泥炭层厚度 0.5～2.0 m，含有机质 30% 以上，pH 为 7.5～8.0，呈中性至微碱性反应，盐分总量＜1.0%。土壤剖面采自博斯腾湖小湖区达吾斯特湖西南角，养分状况化学分析见表 15-60。

表 15-60　博斯腾湖沼泽泥炭土养分状况化学分析

剖面地点	采样深度/cm	pH	有机质/%	全氮/%	全磷/%	全钾/%	速效氮/(mg/kg)	速效磷/(mg/kg)	速效钾/(mg/kg)
博斯腾湖小湖区达吾斯特湖西南角	0～22	8.2	21.76	0.66	0.15	1.75	39.15	2.68	61.00
	22～45	7.6	2.64	0.59	0.14	2.33	56.29	2.08	29.62
	45～65	7.4	42.14	0.76	0.15	1.64	42.66	0.64	27.28
	65～205	7.7	40.10	0.79	0.15	1.61	49.61	—	23.40
	205以下	8.0	6.45	0.21	0.16	1.07	16.15	—	10.39

泥炭腐殖质沼泽土分布于孔雀河和各小湖岸边地势稍高处，地表季节性积水，代表剖面采自博斯腾湖小湖区阿洪克湖北孔雀河西岸。0～10 cm 为草根腐殖质层，10～50 cm 为泥炭层，50～315 cm 为松软腐泥层，315 cm 以下为潜育层。养分状况化学分析结果见表 15-61。

表 15-61　博斯腾湖沼泽泥炭腐殖质沼泽土养分状况化学分析

剖面地点	采样深度/cm	pH	有机质/%	全氮/%	全磷/%	全钾/%	速效氮/(mg/kg)	速效磷/(mg/kg)	速效钾/(mg/kg)
博斯腾湖小湖区阿洪克湖北孔雀河西岸	0～10	8.0	10.92	0.43	0.30	2.62	21.97	13.94	167.71
	10～50	6.8	30.38	0.75	0.18	2.15	70.58	1.67	81.56
	50～90	7.7	19.65	0.54	0.16	2.71	61.14	0.88	40.54
	90～315	8.0	14.06	0.40	0.15	2.80	27.63	0.83	30.10

腐殖质沼泽土分布于孔雀河和小湖岸边，地表常年积水，水深 10～70 cm。土壤剖面采自博斯腾湖小湖区孔雀河西岸。

0～45 cm 为腐殖质层。

45～70 cm 为腐泥层，松软。

70～230 cm 为淤积层，稀软泥状。

230 cm 以下为灰白色亚黏土潜育层。

腐殖质沼泽土养分状况化学分析结果见表 15-62。

表 15-62　博斯腾湖沼泽腐殖质沼泽土养分状况化学分析

剖面地点	采样深度/cm	pH	有机质/%	全氮/%	全磷/%	全钾/%	盐分总量/%
博斯腾湖小湖区孔雀河西岸	0～45	7.5	7.9	0.15	0.01	2.74	0.29
	45～70	7.6	10.3	0.36	0.09	5.15	0.32
	70～230	7.7	7.79	0.57	0.06	1.92	0.25

中国科学院长春地理研究所对小湖区阿洪克湖北孔雀河西岸泥炭腐殖质沼泽土进行残体孢粉分析，结果如下。

0～10 cm，芦苇占 60%，河岸薹草占 25%，丛薹草占 10%。

10～40 cm，芦苇占 65%，河岸薹草占 25%。

50～90 cm，芦苇占 75%，河岸薹草占 15%，莎草科占 10%。

90～140 cm，芦苇占 60%，河岸薹草占 25%，莎草科占 10%。

小湖区沼泽是由芦苇、薹草形成的草本沼泽。经 ^{14}C 年龄（BP[①]）测定结果，泥炭最早形成时代为 2648 aBP±100 aBP，最晚仅 320 aBP±143 aBP，表层多为现代形成的（赵魁义，1999）。

【沼泽植被】沼泽区有湿地高等植物 1 门 20 科 26 属 35 种。沼泽植物群落以芦苇为建群种，伴生种有少量薹草、戟叶鹅绒藤、苣荬菜、藜、镰叶碱蓬、水烛、旋覆花、苍耳、欧地笋、薄荷等。

根据芦苇高度、基茎粗及单位面积产量，分为 4 种类型。

一类（高大型）芦苇：植株高 > 3.5 m，最高达 6 m 左右，基茎粗大于 1.2 cm，芦苇单产 18.2 t/hm^2。伴生有极少量薹草，盖度大于 80%。

二类（中间型）芦苇：植株高 2.5～3.5 m，基茎粗 0.8～1.2 cm，芦苇单产 10～18.2 t/hm^2。伴生有少量薹草，盖度 60%～80%。

三类（矮小型）芦苇：植株高 1.5～2.5 m，基茎粗 0.5～0.8 cm，芦苇单产 4～10 t/hm^2。伴生有少量拂子茅，盖度 50%～60%，芦苇稀疏矮小，呈现明显退化趋势。

---

① BP. before present（距今）；a=year（年）

四类（杂草混生型）芦苇：芦苇株高 1.5 m 以下，基茎粗 < 0.5 cm，芦苇单产 1 ～ 4 t/hm²。伴生有拂子茅等杂草，盖度 50% 以下。

黄水沟沼泽的植物群落覆盖度为 86.50%，群落平均高度 108.82 ～ 259.75 cm，年均初级生产力 2.47 kg/m²。靠近外缘地主要伴生物种为盐穗木。黄水沟沼泽多为二类芦苇，仅靠近入博斯腾湖口为一、二类芦苇。在西部和沟岸稍高处地表变干，盐分较重，多生长三、四类芦苇，盖度 80% 左右。

博斯腾湖小湖区沼泽的植物群落盖度为 100.00%，群落平均高度 4.90 ～ 217.75 cm，年均初级生产力 0.53 kg/m²。由于微地貌类型和水分条件不同，土壤类型多样化，沼泽植被呈现明显差异。一类芦苇多分布于河湖边缘较低洼处，常年积水，水深 30 ～ 50 cm。二类芦苇分布在距河湖稍远的地方，地表季节性积水，水深 20 ～ 30 cm 或已无积水，地下水位埋深 10 ～ 40 cm，较潮湿。三类芦苇分布在距河湖更远的地方，地势稍高，地表干燥，地下水位埋深 40 ～ 60 cm，土壤为盐化泥炭土。四类芦苇分布在地势较高处或沼泽外缘地带，地表干燥，地下水位降至 0.8 m 以下；土壤多为盐化泥炭土和盐化草甸沼泽土，含盐分总量高达 2%，对芦苇生长不利。

【沼泽动物】沼泽区是众多水鸟的栖息地。国家级重点保护鸟类 6 种，分别为白鹈鹕、小苇鳽、黑鹳、大天鹅、蓑羽鹤、小鸥。其他鸟类还包括赤麻鸭、赤膀鸭、绿头鸭、翘鼻麻鸭、大白鹭、苍鹭、黑翅长脚鹬、红脚鹬、泽鹬、青脚鹬、翘嘴鹬、白腰草鹬、芦莺、红嘴鸥、银鸥、普通燕鸥、白额燕鸥、芦鹀、白头鹀、灰雁等。小湖区沼泽积水洼地盛产鲤、日本花鲈等。

【受威胁和保护管理状况】沼泽区受博湖县人民政府管理，成立了博湖县林业局管理机构；目前主要受到农田排水、工业废水、城镇生活污水的威胁。建议采取以下保护措施：①增加开都河进入苇区和博斯腾湖水量，保持博斯腾湖现有水位高程 1047.5 m，最好恢复到 1048 m。②发展苇田灌溉，使芦苇自然生长改为人工管理。③小湖区西部和西北部，水源有保证，芦苇生长较好，要严加保护，禁止放牧割草，作为芦苇生产基地。④在小湖区沼泽湿地保护区禁止捕猎，保护鸟类资源。

博斯腾湖沼泽（文波龙 摄）

乌宗布拉克沼泽（650422-295）

【范围与面积】乌宗布拉克沼泽位于吐鲁番地区托克逊县城南 90 km，距吐鲁番市 115 km，地理坐标为 41°51′ ～ 42°01′N、88°45′ ～ 89°11′E；类型主要为矮生芦苇盐碱沼泽，面积为 1943 hm²，海拔 60 m。

【地质地貌】沼泽区地貌类型属于乌宗布拉克内陆闭流盐碱洼地，地势低平，呈西北－东南向，两侧为洪积扇戈壁滩，盆地北部为乌宗布拉克山（海拔 968 m），南部为克孜勒塔格山，盐碱沼泽地位于山间盆地低洼处。地表为洪积物。地表湿润，局部积水，春夏季不能通行。

【气候】沼泽区属暖温带大陆性干旱气候。年平均气温 13.8℃，1 月平均气温 –9.3℃，7 月平均气温 32.3℃；极端最高气温 48.3℃，极端最低气温 –25.5℃。≥ 10℃积温 534.9℃，无霜期 219 d。年平均降水量 6.3 mm，年蒸发量 3744 mm。每年 4 ～ 7 月多大风，沙暴 ≥ 8 级以上大风日数 108 d，最多达 135 d。

【水资源与水环境】沼泽水源靠地下潜水补给。地下水位埋深 0.3 ～ 0.5 m。水化学类型为 $Cl \cdot SO_4$-Na 型，矿化度 > 10 g/L。乌宗布拉克沼泽水体理化性质见表 15-63。

表 15-63　乌宗布拉克沼泽水体理化性质

指标	数值
pH	7.5
溶解氧/(mg/L)	4.3
电导率/(S/m)	158.2
氯化物/(mg/L)	13.2
总溶解固体/(g/L)	95.2

【沼泽土壤】沼泽土壤类型主要为草甸盐土和盐化草甸沼泽土。

【沼泽植被】沼泽区植物群落以芦苇为建群种，伴生种有碱蒿、盐爪爪、盐角草、盐穗木，盖度 5% ～ 10%。

【受威胁和保护管理状况】沼泽区干旱缺水，含盐碱重，植被稀疏，动物稀少，仅碎片分布。地表变干，盐层厚 1.5 m，成为生产食盐和芒硝的盐池，成为盐业基地。

乌宗布拉克沼泽（文波龙 摄）

孔雀河和什力克沼泽（652801-296）

【范围与面积】孔雀河和什力克沼泽位于巴音郭楞蒙古自治州库尔勒市西 28 km，地理坐标为

41°39′27″ ～ 41°47′00″N、85°27′50″ ～ 85°52′00″E。沼泽面积为 2998 hm²，主要为芦苇沼泽，海拔897 m。

【地质地貌】沼泽区地处天山南麓、塔里木盆地东北部。地貌类型为孔雀河冲积平原河滩洼地，地势低洼，排水不畅。

【气候】沼泽区属暖温带大陆性干旱气候。年平均气温 10.5℃，1 月平均气温 –7.9℃，7 月平均气温 26.1℃；极端最高气温 39.4℃，极端最低气温 –28.1℃，无霜期 190 d。年平均降水量 50.4 mm，年蒸发量 2788.2 mm，蒸发量约是降水量的 55 倍，年平均相对湿度 45%。最大冻土层深 63 cm，无稳定积雪。全年盛行东北风，风力 3 ～ 4 级。

【水资源与水环境】沼泽区水源靠孔雀河和附近农田灌溉沥水补给。地表季节性积水，地下水位埋深 0.5 ～ 1.5 m，水化学类型为 $HCO_3·SO_4-Ca·Na$ 型，矿化度 3.7 g/L。

【沼泽土壤】沼泽土壤类型主要为草甸沼泽土。0 ～ 36 cm 为腐殖质层，棕黄色，轻壤，含有机质3.3%，全氮 0.123%，速效氮 79 mg/kg，速效磷2 mg/kg；36 cm 以下为青灰色潜育层。

【沼泽植被】沼泽区植物群落以芦苇为建群种，伴生种有香蒲、三棱草、稗、狗尾草和蓟等。

【沼泽动物】沼泽区鸟类主要包括大白鹭、绿头鸭、琵嘴鸭、赤嘴潜鸭、红头潜鸭、黑水鸡、黑翅长脚鹬、反嘴鹬、红嘴鸥等 16 种。

【受威胁和保护管理状况】沼泽区受风沙、干旱、盐碱危害较重，芦苇沼泽向草甸植被演替，有变干趋势。另外，当地政府注重自然教育，开展相关活动倡导小学生学会尊重自然、保护自然，携手群众开展湿地保护工作。

孔雀河和什力克沼泽（侯翼国 摄）

塔里木河中游轮台沼泽（652822-297）

【范围与面积】塔里木河中游轮台沼泽位于新疆维吾尔自治区巴音郭楞蒙古自治州西部、天山南麓、塔里木盆地北缘，距库尔勒市187 km，直线距乌鲁木齐 360 km。地理坐标为40°53′13″ ～ 41°35′34″N、84°02′03″ ～ 85°44′27″E，沼泽面积约为 24 913 hm²。

【地质地貌】沼泽区北部有霍拉山，中部为绿洲平原区，南部为塔里木河平原区，北部高，向东南倾斜。塔里木河由西向东横贯沼泽区。

【气候】沼泽区属暖温带大陆性干旱气候，年日照率为 63%，平均气温为 10.9℃；无霜期（最低气温≥ 2℃）180 ～ 224 d，平均为 192 d；

塔里木河中游轮台沼泽（侯翼国 摄）

年平均日较差为 14.6℃。四季分明，冬季寒冷，历年极端最低气温 –25.5℃（1975 年 12 月 11 日）；夏季炎热，极端最高气温 41.4℃（2000 年 7 月 12 日）。

【水资源与水环境】沼泽区平均年流量为 8.731 亿 m^3，其中地表水量为 6.214 亿 m^3，地下水量为 2.517 亿 m^3。附近区域有迪那河等 9 条山溪性河流，年径流量 5.614 亿 m^3，塔里木河流经轮台县 106 km，年径流量 3 亿 m^3。

【沼泽土壤】沼泽土壤类型主要为草甸沼泽土。

【沼泽动物】沼泽区是塔里木兔、长爪沙鼠、长耳跳鼠、荒漠沙蜥等的栖息地，也是赤嘴潜鸭、红嘴鸥、灰鹤、文须雀等近 30 种鸟类的家园；记录有国家级保护动物 20 多种，如黑鹳、小苇鸭、大天鹅等。

【受威胁和保护管理状况】沼泽区已依据《中华人民共和国环境保护法》出台了相关政策，监督管理湿地内大气、水体、土壤、噪声、辐射、固体废物和危险化学品等指标。

托什干河地寒拉沼泽（652922-298）

【范围与面积】托什干河地寒拉沼泽位于阿克苏地区温宿县阿热力镇，距温宿县城西南 22 km，地理坐标为 41°10′00″ ～ 41°17′00″N、79°08′00″ ～ 80°00′00″E；主要类型为南疆克拉莎 + 芦苇沼泽，面积为 245 hm^2，海拔 1150 m。

【地质地貌】沼泽区位于塔里木盆地北缘，北靠天山山脉，南为开阔平坦平原区，沼泽发育在托什干河北岸河漫滩洪积扇缘洼地。地表为冲积物。

【气候】沼泽区属暖温带大陆性干旱气候。年平均气温 10.7℃，1 月平均气温 –6.9℃，7 月平均气温 23.1℃，极端最高气温 37.6℃，极端最低气温 –27.4℃。无霜期 185 d。年平均降水量 63.3 mm，最大降水量 123.4 mm，最小降水量 25.2 mm，年蒸发量 910.5 ～ 965.3 mm。年平均日照时数 2766 h。

【水资源与水环境】沼泽区水源靠托什干河水补给。地表积水，无积水处有盐霜。地下水位埋深 0.5 m 左右，水化学类型为 $HCO_3 \cdot Cl-Ca \cdot Na$ 型水，矿化度 0.5 ～ 0.8 g/L。

【沼泽土壤】沼泽土壤类型为草甸沼泽土。代表剖面采自温宿县阿热力镇西南 2 km。

0 ～ 25 cm 为草根腐殖质层，湿，褐色，紧实，草根多量，轻壤。

25 ～ 50 cm 为过渡层，湿，青灰色，稍紧实，块状，中壤，多苇根。

50 ～ 120 cm 为潜育层，湿，青灰白色，稍紧实，重壤，苇根少量。

120 cm 以下为母质层，湿，黄锈色，紧实，黏土含砾石。

土壤养分状况化学分析结果见表 15-64。

表 15-64 托什干河地寒拉沼泽土壤养分状况化学分析

剖面地点	采样深度/cm	pH	有机质/%	全氮/%	全磷/%	盐分总量/%
温宿县阿热力镇西南2 km	0～25	8.35	14.54	0.58	0.15	0.45
	25～50	8.10	3.46	0.16	0.03	0.04
	50～120	8.00	1.66	0.08	0.03	0.13

【沼泽植被】沼泽植被以克拉莎为建群种，亚建群种为芦苇，伴生种有獐毛、红鳞扁莎，沿流水线生长水葱、薹草等，呈点状草丘均匀分布，草丘高 10 cm，獐毛生长在草丘顶部，丘间积水，草高 10 ～ 15 cm，盖度 90%。

【受威胁和保护管理状况】沼泽区主要作为放牧割草场，在靠近沼泽边缘已开垦为水田，种植水稻。

托什干河地寒拉沼泽（侯翼国摄）

沼泽地势低洼，地表积水无排水口，地表盐分聚集。

新和依干库勒沼泽（652925-299）

【范围与面积】新和依干库勒沼泽位于新疆维吾尔自治区西南部，地处天山南麓、塔里木盆地北缘，地理坐标为 40°43′21″ ～ 41°32′19″N、81°18′54″ ～ 82°10′55″E。沼泽面积约为 8013 hm²。

【地质地貌】沼泽区地貌可分为平原和山地两大类型。天山支脉却勒塔格山蜿蜒县域北部，呈东西走向，由第三纪红色岩构成，表层岩石出露。地形北高南低，由东北向西南倾斜，平原北部山区海拔最高点 1030 m，平均海拔 1015 m，海拔最低点 980 m。

【气候】沼泽区属温带大陆性干旱气候，光照充足，热量丰富，气候干燥，蒸发量大，降水稀少。夏季炎热，冬天干冷，昼夜温差大。年均气温 10.5℃，年均降水量 54 mm，太阳辐射总量 144.6 kcal/cm²，年均日照 2894.6 h，平均蒸发量 1992.7 mm，年平均积温 4412.3℃，年均无霜期 201 d，年均风速 1.9 m/s。

【水资源与水环境】沼泽区水源主要来自渭干河，水资源量约为 8.4 亿 m³，其中地表水 6.72 亿 m³。

【沼泽植被】沼泽区常见植物物种有多枝柽柳、胡杨、芦苇、甘草和驼蹄瓣等。

【沼泽动物】沼泽区记录兽类 6 目 12 科 22 种，包括国家二级重点保护野生动物鹅喉羚、塔里木兔 2 种，新疆维吾尔自治区自治区级保护动物 5 种。除此之外，灰雁、灰鹤等 90 多种珍稀鸟类也在这里栖息。

【受威胁和保护管理状况】由林业部门牵头，与农业、水利、环保、国土、公安等部门开展联合、联动巡逻检查，打击涉及保护区违法违规活动，进一步加强对林区、湿地的有效监管和保护，坚决遏制非法开荒、盗采、破坏自然环境行为（贾付生，2018）。

沙雅塔里木河沼泽（652924-300）

【范围与面积】沙雅塔里木河沼泽包含英艾货里克沼泽、沙雅县塔里木河上游湿地自然保护区，以及周边邻近沼泽。沼泽区位于阿克苏地区沙雅县以及库车市，地理坐标为 40°43′02″ ～ 41°24′33″N、81°54′09″ ～ 83°37′14″E，面积约为 52 063 hm²，主要类型为芦苇沼泽。海拔 1200 m。

【地质地貌】沼泽区位于拜城盆地，北部为天山中部南麓塔里木盆地北缘。沼泽区属于塔里木河冲积平原河间洼地，河漫滩宽阔、地形平坦，周围为盐碱荒滩。地表为冲积物。

【气候】沼泽区属暖温带大陆性干旱气候，年平均气温 11.4℃，1 月平均气温 –8.6℃，7 月平均气温 25.9℃，极端最高气温 41.5℃，极端最低气温 –27.4℃，≥ 10℃积温 4200℃，无霜期 225 d。年平均降水量 64.5 mm，年蒸发量 2863.4 mm，蒸发量约是降水量的 44 倍。

【水资源与水环境】沼泽区水源靠塔里木河水和地下潜水溢出补给，地下水位埋深 0.5 ～ 1.0 m，地表局部积水，水化学类型为 $HCO_3 \cdot SO_4$-$Ca \cdot Na$ 型，矿化度 1 ～ 2 g/L。

【沼泽土壤】沼泽土壤类型主要为草甸沼泽土。

【沼泽植被】沼泽区有湿地高等植物 1 门 23 科 39 属 75 种。植物群落以芦苇为建群种，伴生种有香蒲、灯心草、三棱水葱、眼子菜，盖度 25% ～ 35%。鲜草产量 3750 kg/hm²。沼泽外缘略高处伴生披碱草、赖草、鸦葱、花花柴等，沼泽周围盐碱地长有多枝柽柳、盐穗木、盐角草、苦豆子等。

【沼泽动物】沼泽区有脊椎动物 5 纲 15 目 19 科 80 种，其中鱼类 2 目 2 科 20 种，两栖类 1 目 1 科 1 种，爬行类 1 目 1 科 1 种，鸟类 9 目 13 科 56 种，哺乳类 2 目 2 科 2 种。国家重点保护鸟类 8 种，分别为黑鹳、小苇鳽、白琵鹭、白额雁、大天鹅、姬田鸡、小鸥、黑颈鹤。兽类有野猪、塔里木兔、赤狐、狼和猞猁等。

【受威胁和保护管理状况】沼泽区建有沙雅县塔里木河上游湿地自然保护区，建立于 2008 年，受阿克苏地区林业局管理。沼泽用作放牧、割草和收割芦苇，主要受到耕作和灌溉威胁。

尉犁塔里木河 – 孔雀河沼泽（652823-301）

【范围与面积】尉犁塔里木河 – 孔雀河沼泽位于巴音郭楞蒙古自治州尉犁县东河滩乡东部，地理坐标为 40°11′51″ ～ 41°27′06″N、85°49′01″ ～ 88°07′15″E。沼泽面积为 34 974 hm²，主要类型为内陆盐沼，海拔 1120 m。

【地质地貌】沼泽区地貌类型属于塔里木河、孔雀河河间洼地，地势低洼，湖泡星罗棋布。塔里木河床极浅而不固定，洪水期河水四溢，河间洼地积水形成众多的湖泡与沼泽。地表为冲积、淤积物。

【气候】沼泽区属暖温带大陆性干旱气候，年平均气温 10.5℃，1 月平均气温 –19.4℃，7 月平均气温 26.0℃；极端最高气温 42.2℃，极端最低气温 –39.9℃。无霜期 181 d。年平均降水量 47.0 mm，年蒸发量 2856.8 mm，降雪量 5 mm。最大冻土深度 79 cm。

【水资源与水环境】沼泽区水源靠塔里木河和孔雀河水补给，地下水位埋深 0.3 ～ 0.6 m，地表长期处于淹没状态，常年积水或季节性积水。水化学类型为 $Cl \cdot HCO_3$-$Ca \cdot Na$ 型，矿化度 2 ～ 3 g/L。

【沼泽土壤】沼泽土壤类型主要为草甸沼泽土，0 ～ 25 cm 为草根腐殖质层，25 cm 以下为潜育层。

【沼泽植被】沼泽区植物群落以芦苇为建群种，生长茂盛，亚建群种有丛薹草、胀囊薹草。伴生种有荆三棱、海韭菜、水麦冬等，盖度 70%。

【沼泽动物】沼泽区动物有兔类、鼠类等。春秋两季水禽种类多，数量大，是鸟类的重要驿站和繁殖地。常见的有普通鸬鹚、苍鹭、大白鹭、黑鹳、豆雁、灰雁、赤麻鸭、针尾鸭、绿翅鸭、赤膀鸭、绿头鸭、白眉鸭、琵嘴鸭、赤嘴潜鸭、白眼潜鸭、斑头秋沙鸭、普通秋沙鸭等。

【受威胁和保护管理状况】沼泽区用作放牧地和割草场，收割芦苇做烧柴。1975 年以前，孔雀河在尉犁县内常年水量较大，水质优良。近年来，孔雀河自 3 月上旬至 11 月下旬为枯水期，水质变差。建议在沼泽低洼区修建平原水库，蓄积洪水，保持湿生环境。

尉犁塔里木河－孔雀河沼泽（雷光春 摄）

安西沼泽（620922-302）

【**范围与面积**】安西沼泽位于甘肃河西走廊西端的瓜州县，南与甘肃玉门市为界，北与新疆维吾尔自治区哈密市相接，东与甘肃肃北蒙古族自治县相交，西与甘肃敦煌市相邻。地理坐标为 39°49′～41°45′N、94°47′～96°44′E，沼泽面积约 34 513 hm²，海拔 1200～2334 m。

【**地质地貌**】沼泽区位于河西走廊西段安西－敦煌盆地，在地质构造上，河西走廊是祁连褶皱系北祁连褶皱中的一个过渡带（郝小玲，2014）。该区主体是走廊平原，疏勒河出口构成大型三角洲，地势平坦，为地下水溢水带，沼泽广布。由于受区域构造控制，地域自南而北呈现有规律分带现象，包括尖顶缓坡中心带、圆顶缓坡低山丘陵带、中等倾斜老洪积扇带、缓倾斜新洪积扇带、绿洲平原带和风蚀雅丹地貌带等。

【**气候**】沼泽区地处暖温带与中温带的过渡区，属典型的温带干旱大陆性气候，其主要特征为干旱少雨，蒸发量大，空气湿度低，日照时间长，夏季酷热、冬季严寒，风大沙多，年降水量 45.7 mm，年蒸发量 3140.6 mm。年平均气温为 8.8℃，7月气温最高，日平均为 24.9℃；1月最低，日平均为 −10.4℃。沼泽区特定的地形、地貌为大风创造了良好的条件，年平均风速为 2.84 m/s，属多风地区，因而有"世界风库"之称（李晓军，2015）。

【**水资源与水环境**】沼泽区南部地表水径流主要来自南部祁连山脉的降水和冰川融化。大的地表径流有疏勒河和榆林河，两条河流均发源于祁连山。疏勒河受降雨、融冰和融雪的补给，水量充沛，由昌马峡出山，由南向北过黄闸湾后折向西北，经双塔水库流向西湖，还有疏勒河水渗入地下后以泉水涌出形成的地表径流。此外，沼泽区地下水丰富，泉眼众多。

【**沼泽土壤**】沼泽区土壤类型比较复杂，可分为棕漠土、灰棕漠土、盐土、草甸土、沼泽土、风沙土、灌淤土、潮土和山地土壤 9 类 35 个亚类。

【**沼泽植被**】沼泽植被主要包括芦苇群系和小香蒲群系。芦苇群系以芦苇为主，高约 3 m，伴生植物包括补血草、芨芨草、荸荠等，群落盖度可达 70% 以上（张晓玲等，2018）；小香蒲群系以小香蒲为主，伴生植物有薹草属植物、芦苇、碱毛茛等，盖度约 90%（郝小玲，2014）。沼泽区植被平均生物量为 2.52 t/（hm²·a）（王亮等，2016）。

【**沼泽动物**】沼泽区记录脊椎动物有 210 种。水生脊椎动物 2 目 3 科 15 种；陆生脊椎动物中，两栖类仅有 1 种；爬行类 2 目 6 科 7 属 10 种；鸟类 17 目 41 科 152 种；哺乳类 7 目 14 科 32 种。列入《国家重点保护野生动植物名录》的动物有 28 种，包括蒙古野驴、雪豹、金雕、胡兀鹫、小鸨、黑鹳、雀鹰等。

【受威胁和保护管理状况】沼泽区建有安西极旱荒漠国家级自然保护区，保护区始建于 1987 年 6 月，1992 年 10 月经国务院批准为国家级自然保护区。近年来，区域生态保护力度加大，库区上游来水量稳中有增，水域面积基本上趋于稳定，沼泽植被趋于稳定状态。

罗布泊沼泽（652800-303）

【范围与面积】罗布泊沼泽位于新疆维吾尔自治区东南部、塔里木盆地东部、塔克拉玛干沙漠东南缘，地理坐标为 38°45′00″ ～ 42°35′00″N、89°00′00″ ～ 93°30′00″E，沼泽面积约为 75 083 hm²。

【地质地貌】沼泽区位于羌塘高原中部，由若羌河、瓦石峡河、塔什萨依河、米兰河和塔特勒克布拉克河冲积形成的冲积扇绿洲平原上，海拔 880 ～ 1500 m。沼泽地南部为山区，海拔 1500 ～ 4500 m，此区域为阿尔金山自然保护区；沼泽区北部为平原沙漠区，海拔 763 ～ 1000 m，沙漠区由 4 个区域组成，西面为塔克拉玛干沙漠东缘，东南面为库木塔格沙漠，东北面为库鲁克塔格山部分山体和南麓山前冲积扇戈壁沙滩地。

【气候】沼泽区冬季寒冷，夏季酷热少雨，风大尘多，日温差悬殊，属温带大陆性荒漠干旱气候，平均温度 11.8℃，有记载以来极端最高温度 43.6℃，1 月平均气温 –9.4℃，7 月平均气温 27.4℃；无霜期 189 ～ 193 d；年平均降水量 28.5 mm，年最大降水量 118 mm，年最小降水量 3.3 mm，年平均蒸发量 2920.2 mm，最大蒸发量 3368.1 mm。最大冻土深度 96 cm。

【水资源与水环境】沼泽区有大小河流 14 条，包括若羌河、瓦石峡河、塔什萨依河、米兰河、塔特勒克布拉克河、车尔臣河、塔里木河、孔雀河；玉苏普阿勒克河、阿提阿特坎河、依协克帕提河、色斯克亚河、阿其克库勒河、喀夏克勒克河等，均属于内陆型河流。年总径流量 11.76 亿 m³。已开发利用的有若羌河和瓦石峡河（米兰河年径流量 1.55 亿 m³），其中若羌河年径流量 1.07 亿 m³，年引水量 0.49 亿 m³；瓦石峡河年径流量 0.47 亿 m³，年引水量 0.22 亿 m³。

【沼泽土壤】沼泽区地带性土壤为棕漠土和山地棕漠土，在盆地内低洼地域零散分布有龟裂土，湖盆周围盐泉附近分布有盐土和盐化草甸土，部分区域分布有岩盐层。

【沼泽植被】沼泽区生态环境严酷，生物多样性组成简单；以藜科、菊科、柽柳属、麻黄属植物为主。

【沼泽动物】沼泽区有国家一级重点保护动物双峰驼、藏野驴、胡兀鹫、秃鹫，以及国家二级重点保护动物棕熊、野猫、猞猁、塔里木兔、红隼、藏雪鸡等。

【受威胁和保护管理状况】沼泽区建有罗布泊野骆驼国家级自然保护区，保护区成立于 1986 年，2003 年晋升为国家级自然保护区，该保护区的建设是我国履行《生物多样性公约》的具体体现。保护区总面积 7.8 万 km²，其中实验区面积 3.3 万 km²，缓冲区面积 2.00 万 km²，核心区面积 2.5 万 km²，是国内规划面积最大的干旱荒漠类自然保护区；《罗布泊野骆驼国家级自然保护区管理条例》已出台，并以自治区人民政府令的形式予以发布（王沙等，2015；武俊叶，2020）。

阿克苏塔里木河沼泽（652900-304）

【范围与面积】阿克苏塔里木河沼泽位于叶尔羌河、阿克苏河、和田河的交汇处，包含阿克苏河雅瓦西沼泽、阿克苏市阿克苏河湿地自然保护区、阿瓦提县胡杨林野生动物自然保护区、新井子水库湿地、塔里木河上游三河汇流处湿地自然保护区，沼泽总面积约为 74 288 hm²（表 15-65）。地理坐标为 39°58′13″ ～ 41°00′13″N、79°49′00″ ～ 81°01′28″E。海拔 1030 m。

表 15-65　阿克苏塔里木河沼泽分布概况

名称	分布地点	北纬	东经	沼泽面积/hm²
阿克苏河雅瓦西沼泽	阿克苏地区阿瓦提县乌鲁却勒镇	40°27′～40°29′	80°33′～80°40′	1 688
阿克苏市阿克苏河湿地自然保护区	阿克苏市	40°18′～41°04′	79°23′～80°26′	10 900
阿瓦提县胡杨林野生动物自然保护区	阿瓦提县	40°20′～40°50′	79°45′～81°05′	24 000
新井子水库湿地	新疆生产建设兵团第一师	40°28′～40°31′	79°47′～79°49′	5 000
塔里木河上游三河汇流处湿地自然保护区	阿拉尔市内	40°21′～40°49′	80°37′～81°33′	32 700

【地质地貌】沼泽区北为阿克苏河，东邻和田河，西靠叶尔羌河，地貌属于三河间河谷平原洼地。地表为冲积淤积物。

【气候】沼泽区属暖温带大陆性干旱气候，年平均气温 10.5℃，1 月平均气温 –8.3℃，7 月平均气温 24.2℃，极端最高气温 39.4℃，极端最低气温 –25℃。无霜期 224 d，年平均日照时数 2996.6 h。年平均降水量 87 mm，年平均蒸发量 1863.3 mm，年平均相对湿度 38%。

【水资源与水环境】沼泽区水源靠阿克苏河上游水库引水渠补给。地表局部积水，水化学类型为 Cl·HCO₃-Ca·Na 型，矿化度 0.3 ～ 0.5 g/L。

【沼泽土壤】沼泽土壤类型为草甸沼泽土，0 ～ 25 cm 为草根腐殖质层，含有机质 10%；25 ～ 50 cm 为过渡层，50 cm 以下为潜育层。

【沼泽植被】沼泽植物群落以芦苇为建群种，伴生种有香蒲、三棱草、醉马草、苦豆子等。

【沼泽动物】沼泽区兽类有野猪、赤狐；鸟类有秃鹫、大鸨、环颈雉、白鹭以及鹰隼类等。其中国家重点保护鸟类有 6 种，分别为小苇鳽、黑鹳、大天鹅、姬田鸡、遗鸥和黑浮鸥。

【受威胁和保护管理状况】沼泽区主要受到农业开垦、灌溉、盐碱化及沙化的威胁。阿克苏市阿克苏河湿地县级自然保护区于 2010 年建立，阿瓦提县胡杨林野生动物县级自然保护区于 1984 年建立，两个保护区均受阿克苏地区林业局管理。塔里木河上游三河汇流处湿地自然保护区为自治区级自然保护区，与新井子水库湿地一样，受新疆生产建设兵团第一师林业和草原局管理。

阿克苏塔里木河沼泽（雷光春 摄）

干海子沼泽（620981-305）

【范围与面积】干海子沼泽位于干海子省级自然保护区内、甘肃省西北、玉门东北 75 km。地理坐标为 40°22′48″ ～ 40°24′36″N、98°00′36″ ～ 98°03′00″E，总面积为 163.7 hm²。海拔 1200 ～ 4585 m。

【地质地貌】沼泽区地貌分为祁连山地、走廊平原和马鬃山地三部分。区内有南靠祁连山的前山，呈西北至东南走向。山麓平原区相对高度 110 ～ 290 m。中部有宽台山、黑山和低山丘陵，分隔赤金、花海两地。北部有马鬃山，呈西北至东南走向，山势低矮，坡度平缓。西部的玉门镇片区位于昌马河冲积扇地带，扇腰以上为戈壁，以下为绿洲，绿洲外是扇原平原，地势自东南向西北倾斜。

【气候】沼泽区属大陆性中温带干旱气候，降水少，蒸发大，日照长，年平均气温 6.9℃。1 月最冷，极端最低可达 –28.7℃；7 月最热，极端最高达 36.7℃。年日照时数 3166.3 h，平均无霜期 135 d。年平均降水量为 63.3 mm，蒸发量达 2952 mm。年平均风速为 4.2 m/s。

【水资源与水环境】沼泽区水源为由西向东汇集地下水渗出小溪流、盆地地下水聚集而成，是地下水的排泄、蒸发地带。一年大部分时间平均水深 1 m，但在雨季（夏天）水位提高 1 ～ 2 m，pH 为 9.0。

【沼泽土壤】沼泽土壤类型主要为泥炭土和草甸沼泽土。

【沼泽植被】沼泽区主要植物为芦苇和柳树灌木，周围地区是矮灌丛。

【沼泽动物】沼泽区是 20 多种水禽，包括大白鹭、苍鹭、赤麻鸭、斑嘴鸭和红头潜鸭的重要繁殖地。

【受威胁和保护管理状况】干海子沼泽是内陆干旱地区的典型湿地，湿地的逐渐缩小、干涸，直接威胁着迁徙候鸟的生存与繁衍，因此保护和建设沼泽湿地，恢复干海子候鸟自然保护区生态环境，保存迁徙候鸟的栖息地，保护和拯救濒危物种，实现湿地生态环境的重建，对甘肃河西走廊乃至我国西部的生态安全和生物多样性保护都有重大意义（何涛，2008；冯建森等，2017）。

敦煌西湖沼泽（620982-306）

【范围与面积】敦煌西湖沼泽位于敦煌市西部、库姆塔格沙漠以东，东接敦煌市南泉湿地和阳关镇，南与阿克塞哈萨克族自治县接壤，西、北分别与新疆维吾尔自治区和敦煌市雅丹国家地质公园毗邻并与库姆塔格沙漠和罗布泊相连。地理坐标为 39°40′46″ ～ 40°38′44″N、92°45′00″ ～ 93°51′46″E。敦煌湿地类型以淡水芦苇沼泽、内陆盐沼和时令盐沼为主，沼泽面积为 101 107 hm²，其中内陆盐沼、淡水草本沼泽和时令盐沼分别占沼泽总面积的 38.2%、35.4% 和 26.4%。海拔 960 ～ 5798 m。

【地质地貌】沼泽区属敦煌盆地的一部分，地势南高北低，自东向西微倾斜。地貌主要有沙漠、戈壁、裸石山地、湿地草丛、荒漠植被区 5 种类型。

【气候】沼泽区属温带大陆性极干旱荒漠气候，冬季严寒，夏季酷热，秋季凉爽。全年平均气温 9.9℃，最热月 7 月为 26.7℃，最冷月 1 月为 –10.4℃。气温日较差大，最高达 29℃。日照时间长，全年日照时数 3246.7 h，日照率达 73%。太阳总辐射全年为 641.84 kJ/cm²。年平均降水量 39.9 mm。全年平均风速 2.2 m/s。

【水资源与水环境】沼泽区北区海拔较低，受祁连山和阿尔金山雪山融水的补给，形成了大片的季节性沼泽湿地与河流草丛湿地。敦煌西湖湿地位于河西走廊西段的最低处，历史上疏勒河与党河两条内陆河交汇于此，目前地表径流都已干涸，只有局地降雨时形成的地表径流能够注入敦煌西湖湿地。地下径流在大马迷兔、小马迷兔、土豁落、湾腰墩、天桥墩等地以泉眼的形式从地底渗出，形成了季节性和永久性湿地。

【沼泽土壤】盐渍土广泛分布于地下水位埋深小于 3 m 的地带，地表盐渍化类型以氯盐渍土、亚硫酸盐渍土为主，盐分主要集中在表层 0～30 cm 土壤内，垂直向下土壤含盐量迅速递减，盐分向下递减快慢与包气带的岩性关系密切（喻生波和屈君霞，2020）。

【沼泽植被】沼泽区植被主要为湿地植被和荒漠植被，湿地植被主要是芦苇沼泽，在盆湖的外围分布有大面积的芦苇盐化草甸群落，主要伴生种有罗布麻、胀果甘草等（张继强等，2019）。

【沼泽动物】沼泽区有鱼类 8 种，两栖类 2 种，爬行类 13 种，鸟类 141 种，哺乳类 32 种。其中，国家一级重点保护野生动物有黑鹳、小鸨、大鸨、波斑鸨（袁海峰等，2020）。

【受威胁和保护管理状况】保护区成立以前，还有放牧现象，牛羊群对植被踩踏和啃食情况比较严重，后来实施了封禁管理加强巡逻后，生态环境有了明显改善。在保护区的严格管护下，这片区域夏季草木郁郁葱葱，春秋季候鸟纷飞，野骆驼、野马等保护种群也在不断增加（张彦武，2016）。

敦煌阳关沼泽（620982-307）

【范围与面积】敦煌阳关沼泽位于敦煌阳关国家级自然保护区东南的黄水坝水库（渥洼池）一带，南与阿克塞哈萨克族自治县相邻，北与新疆维吾尔自治区接壤，西接库姆塔格沙漠。地理坐标为 39°39′00″～40°05′00″N、93°52′48″～94°20′00″E。总面积 18 883 hm²。沼泽区地势平坦，海拔 1150～1500 m。

【地质地貌】沼泽区为干旱区的荒漠湿地，其所在的地区地势总体呈现南高北低、东高西低的特点，整体表现为由东南向西北倾斜的特点，地形为盆地。沼泽外围以戈壁沙漠面积最大，地貌主要为风成地貌，地形属于阿尔金山山前洪积平原（代雪玲等，2013）。

【气候】沼泽区地处北半球暖温带干旱气候区，冬季严寒，夏季酷热，属典型的暖温带极干旱荒漠气候类型区，年均气温 9.3℃，年均降水量 37 mm，平均无霜期 145 d，≥10℃活动积温为 4073℃，年日照时数为 3115～3247 h，年总辐射量为 590.34～630.95 kJ/cm²（张剑等，2017）。

【水资源与水环境】沼泽区有多处泉眼，量大且常年溢出，为沼泽生态系统提供稳定补给水。

【沼泽土壤】沼泽区土壤类型为隐域性土壤，主要有沼泽土、草甸土和盐土等。敦煌阳关沼泽土壤理化性质分析见表 15-66。

表 15-66 敦煌阳关沼泽土壤理化性质（引自张剑等，2017）

类型	土层深度/cm	水分/%	盐分/%	pH	容重/(g/cm³)	TN/(g/kg)	TP/(g/kg)	N/P
高盖度植被	0～20	28.73±1.50	0.28±0.05	8.16±0.06	1.24±0.02	0.46±0.03	0.50±0.01	0.92±0.06
	20～40	32.90±1.60	0.13±0.02	8.25±0.07	1.33±0.03	0.48±0.03	0.51±0.01	0.94±0.07
	40～60	37.46±2.04	0.11±0.02	8.25±0.06	1.29±0.02	0.52±0.04	0.50±0.01	1.05±0.07
中盖度植被	0～20	22.67±1.61	0.91±0.17	7.99±0.10	1.17±0.03	0.40±0.02	0.48±0.01	0.82±0.03
	20～40	26.83±1.96	0.38±0.08	8.11±0.10	1.32±0.02	0.38±0.02	0.50±0.02	0.75±0.04
	40～60	32.92±1.98	0.31±0.06	8.12±0.10	1.32±0.02	0.42±0.03	0.48±0.01	0.88±0.06
低盖度植被	0～20	10.86±1.34	1.97±0.20	7.91±0.07	1.15±0.04	0.36±0.03	0.47±0.01	0.76±0.06
	20～40	13.18±1.75	1.26±0.16	7.96±0.05	1.29±0.04	0.29±0.02	0.48±0.01	0.59±0.04
	40～60	17.95±2.34	0.81±0.10	8.00±0.04	1.40±0.02	0.32±0.03	0.49±0.01	0.65±0.06

【沼泽植被】草甸、沼泽植被主要分布在渥洼池、山水沟、西土沟湿地两侧和地下水位较浅的地区，主要分布的植物为芦苇、赖草、水烛、中间型薹草、水葱、芨芨草、苦苣菜、蒲公英、水麦冬、灯心草。盐生植被主要分布于西土沟、渥洼池的中下游滩地，主要植物有多枝柽柳、黑果枸杞、盐角草、盐爪爪、碱蓬、盐穗木、骆驼刺（代雪玲等，2016；耿亚军，2017）。

【沼泽动物】沼泽区鸟类共有 87 种，其中候鸟 50 多种，有哺乳类 35 种，鱼类 7 种，两栖类 2 种，爬行类 14 种。依据《国家重点保护野生动物名录》，保护区内国家一级重点保护野生动物有白鹳、黑鹳、白尾海雕、玉带海雕、大鸨、小鸨、黑颈鹤、双峰驼、草原雕、猎隼、普氏原羚 11 种，二级保护动物有大天鹅、白琵鹭、纵纹腹小鸮、红隼、兔狲、猞猁、鹅喉羚、岩羊等 10 种，且有很多都为珍稀特有物种（麻守仕，2019）。

【受威胁和保护管理状况】敦煌阳关国家级自然保护区的建立，对积极探索极端干旱区荒漠湿地的治理、水环境改善和生物多样性保护，实现湿地生态环境的重建，对研究我国西部荒漠区湿地与荒漠复合生态系统的变迁和演替，保存野生动植物种质的遗传多样性和栖息地，保护和拯救濒危物种，开展生态学研究具有独特的价值，对甘肃河西走廊乃至中国西部的生态安全，莫高窟、月牙泉、阳关遗址等著名文化古迹和自然景观的保护，以及甘、青、新三省区交界处生物多样性保护有着重大意义。保护区湿地良好的荒漠植被、湿地中充足的水源和饲料为黑鹳和鹅喉羚等珍稀濒危动物的生存和繁衍提供了保障。

巴丹吉林沙漠湖沼泽（152922-308）

【范围与面积】巴丹吉林沙漠湖沼泽位于内蒙古自治区阿拉善盟阿拉善右旗的巴丹吉林沙漠东南部，其地理坐标为 39°26′00″ ～ 40°05′00″N、101°40′00″ ～ 102°44′00″E，沼泽面积为 3595 hm^2。

【地质地貌】沼泽区在巴丹吉林沙漠之中，由约 110 个常年积水湖泊组成，坐落于世界上最高大的沙山之间，湖泊水位常年较稳定，湖泊旁有高大沙山，沙山与湖泊共存景观为本区特色。

【气候】沼泽区属中温带季风性大陆性气候，终年盛行西北风和西风，年平均风速 3.0 ～ 4.5 m/s，由东向西逐渐加强，年大风日数 40 ～ 60 d（刘璐等，2021）。

【水资源与水环境】沼泽区是典型的地下水补给型湖泊。

【沼泽土壤】沼泽区地带性土壤为灰棕漠土和灰漠土，非地带性土壤以风沙土为主，在湖盆周围为盐土及碱化的土壤（刘璐等，2021）。

【沼泽植被】沼泽区湿地高等植物共有 29 科 81 属 125 种，优势植物有白刺、芦苇、芨芨草等。

【沼泽动物】沼泽区共有鸟类 9 目 21 科 47 种，其中，国家一级重点保护鸟类 1 种，国家二级重点保护鸟类有大天鹅等 5 种；湿地水鸟以雁鸭类为主。

【受威胁和保护管理状况】沼泽区是具有代表性的巴丹吉林沙漠湿地自然景观，主要受过度放牧的威胁，但程度在安全范围内；1999 年成立保护区，2003 年晋升为内蒙古巴丹吉林沙漠湖泊自治区级自然保护区，受旗政府管理。

张掖黑河沼泽（620700-309）

【范围与面积】张掖黑河沼泽位于甘肃省张掖市黑河湿地国家级自然保护区内，地理坐标为 38°56′24″ ～ 39°52′48″N、99°17′24″ ～ 100°35′04″E。沼泽总面积为 9707 hm^2。

【地质地貌】沼泽区处于黑河中游祁连山洪积扇前缘和黑河古河道及泛滥平原的潜水溢出地带，

沼泽区南高北低，自然落差 20 m 以上（1467～1445 m）。

【气候】沼泽区属明显的温带大陆性气候，其显著特点是：降水稀少而集中，年降雨量仅 129 mm，在时间分布上，多集中在 6～9 月，约占全年总量的 71.9%，春季降水仅占 14%，年内降水分布很不均匀，年际变化较大；蒸发强烈，全区年平均蒸发量 2047 mm，干旱指数高达 10.3。日照充足，温差大，太阳年辐射总量 147.99 cal/m²，年日照时数为 3085 h；多年平均气温为 7℃，历年最高气温为 37.4℃，最低气温为 –28℃，无霜期 153 d。全年盛行西北风，年均风速 2 m/s，最大风速 36 m/s，年均大风日数 14.9 d，最多天数 40 d，最少 3 d，年均沙尘暴日数 20.3 d，最多 33 d，最少 14 d。灾害性天气有大风、沙尘暴、干热风、干旱、霜冻、初春低温等（周远刚等，2019）。

【水资源与水环境】沼泽区除了黑河河道及径流新河补充水源，地下水渗出是其主要水源，北郊湿地内有天然泉眼 12 202 个、渠道 3 条、人工引水排阴沟 17 条。张掖国家湿地公园自东向西主要由东泉渠系、阿薛渠系、庚名渠系、黑河（滩）水等四大水系构成，天然河道、引水渠道、排阴沟、排污渠纵横交错，有机井 71 眼。除黑河滩无污水排放、庚名干渠泉水与污水可以分流外，其他渠道均为河水、泉水和污水混流。受南部潜水侧向径流和深层承压水的越流补给，地下水自南东向西北运动，水位埋深大部分在 1 m 以内。规划区水资源总量为 1.37 亿 m³，其中泉水溢出量 1.18 亿 m³，城市污水排放量 0.19 亿 m³。

【沼泽土壤】沼泽区土壤类型主要有草甸土、潮土、溪淤土、草甸盐土、沼泽土。大部分为湖积堆积物，以及黄褐色、灰绿色的淤泥质土，表层零星分布黄黏土或富含腐殖质的淤泥层。土壤水分充足，好氧性微生物活动受阻，不利于有机物的矿化，影响成土的方向和进程，形成了以草甸土为主的自然土壤和以潮土为主的耕作土壤。张掖黑河沼泽土壤理化性质见表 15-67。

表 15-67 张掖黑河沼泽土壤理化性质（引自周远刚等，2019）

深度/cm	pH	含水量/%	容重/(g/cm³)	盐分/(g/kg)	有机碳/(g/kg)	全氮/(g/kg)	全磷/(g/kg)	速效氮/(mg/kg)	速效磷/(mg/kg)
0～10	8.74±0.14	49.01±3.72	0.82±0.03	2.51±0.81	20.56±1.80	1.91±0.20	0.67±0.03	66.27±4.44	2.76±0.18
10～20	8.92±0.15	43.74±3.39	0.93±0.05	1.69±0.15	12.41±1.39	1.88±0.16	0.59±0.03	23.59±0.67	1.61±0.10
20～30	8.93±0.12	35.55±3.07	0.97±0.05	0.61±0.05	11.85±1.25	1.61±0.09	0.53±0.02	21.36±1.11	1.44±0.09

【沼泽植被】沼泽区湿地植物有 45 科 124 属 195 种，禾本科有 21 属，是属数最多的科，其次是菊科，有 12 属，豆科和黎科分别有 11 属和 9 属。优势植物主要有芦苇、长苞香蒲、小香蒲、水烛、赖草、黑三棱、穿叶眼子菜、小眼子菜、三裂碱毛茛、三棱水葱、泽泻、扁茎灯心草、小花灯心草、披碱草、假苇拂子茅、菹草、圆囊薹草、水葱、菖蒲等。

【沼泽动物】沼泽区常见动物隶属于 3 纲 24 目 42 科 75 属，包括鱼类、两栖类、鸟类和兽类四大动物类型共 100 多种，其中国家一级重点保护野生动物 5 种、国家二级重点保护野生动物 23 种、甘肃省重点保护野生动物 7 种。

1. 鱼类多样性

张掖黑河沼泽有鱼类 1 目 2 科 15 种，分别为大鳞副泥鳅、重穗唇高原鳅、梭形高原鳅、酒泉高原鳅、新疆高原鳅、叶尔羌高原鳅、中华细鲫、麦穗鱼、棒花鱼、花斑裸鲤、鲫、草鱼、鳙、鲢、鲤。

2. 鸟类多样性

沼泽区有鸟类 9 目 16 科 100 种，《湿地公约》定义的水禽在该地区分布有普通鸬鹚、大白鹭、苍鹭、黄斑苇鳽、黑鹳、灰雁、大天鹅、小天鹅、疣鼻天鹅、赤麻鸭、绿翅鸭、绿头鸭、斑嘴鸭、白眼潜鸭、红胸秋沙鸭、普通秋沙鸭、普通秧鸡、白骨顶、灰鹤、凤头麦鸡、金斑鸻、金眶鸻、环颈鸻、黑尾塍鹬、红脚鹬、白腰草鹬、林鹬、矶鹬、扇尾沙锥、红颈滨鹬、黑腹滨鹬、青脚滨鹬、弯嘴滨鹬、渔鸥、红嘴鸥、棕头鸥、普通燕鸥。国家一级保护鸟类为黑鹳、金雕、玉带海雕、白尾海雕、丹顶鹤 5 种；国家二级保护鸟类为大天鹅、小天鹅、疣鼻天鹅、苍鹰、棕尾鵟、大鵟、短趾雕、白尾鹞、白头鹞、鹗、红隼、燕隼、灰鹤、雕鸮、纵纹腹小鸮、长耳鸮等。

3. 两栖类多样性

沼泽区有两栖类 1 目 2 科 2 种，分别是花背蟾蜍、中国林蛙。

4. 兽类多样性

沼泽区有兽类 5 目 7 科 11 属 15 种，国家二级重点保护野生动物有 5 种，分别是兔狲、野猫、赤狐、沙狐和水獭。

【受威胁和保护管理状况】黑河实行分水后地表水灌溉次数大幅减少，导致回归水和侧向渗流补给减少，沼泽面积萎缩，部分沼泽植被出现由水生向旱生演替的趋势。生活污水向靠近城镇的湿地区域排放，对沼泽水资源和沼泽生物链产生破坏，从而对候鸟栖息、繁殖等活动产生不利影响，沼泽生物多样性面临威胁（王生泽等，2014）。2014 年，张掖国家湿地公园申请成功，并积极合理利用湿地资源，加大对湿地的保护与恢复。2015 年，该区被列入《国际重要湿地名录》。

叶尔羌河中下游沼泽（659003-310）

【范围与面积】叶尔羌河中下游沼泽位于新疆维吾尔自治区的西南部、塔里木盆地西缘的叶尔羌河中下游地区，地理坐标为 37°45′09 ～ 39°53′00″N、77°01′27″ ～ 79°04′00″E，沼泽面积约为 12 210 hm²。

【地质地貌】由于叶尔羌河流域地形由西南向东北急剧倾斜，呈条带状展布，因此下游的沼泽区长期积水，广布喜湿喜水植物，沼泽常在地势平坦、排水不畅的河流下游、河漫滩、湖泊周围、冲积扇缘等地形成。

【气候】沼泽区处于欧亚大陆腹地塔里木盆地的西南边缘，因远离海洋，且三面环山，加之大沙漠的影响，故呈典型的干旱型大陆性气候。其主要的气候特点是：气温日较差大，空气干燥，日照长，蒸发强烈，降水量极少，无霜期长，风沙多，灾害性天气频繁等。

【水资源与水环境】沼泽区上游主要有克勒青河，中游的塔什库尔干河和山口以外汇入的提孜那甫河等，区域内冰川发育，水资源以高山冰雪补给为主，年际变化较大，年内分配不均，洪峰流量大，洪枯流量悬殊，常有突发性洪水发生。流域多年平均冰川消融量约占出山口喀群站多年平均径流量的64.0%，雨雪混合补给占 13.4%，地下水补给占 22.6%。

【沼泽土壤】沼泽土壤类型主要为泥炭沼泽土。

【沼泽植被】沼泽区主要有芦苇群系和香蒲群系。芦苇群系，草层高 1.5 ～ 2 m，群落盖度80% ～ 90%，主要伴生种有香蒲、眼子菜、水葱、水麦冬、海韭菜、三棱水葱、沼泽荸荠等。香蒲群落高 1 ～ 1.5 m，常在低湿地形成几种香蒲和芦苇混生的小面积杂类草群落，主要有宽叶香蒲、小香蒲、无苞香蒲、长苞香蒲、芦苇、蔺状隐花草、眼子菜、水葱、水麦冬、海韭菜、三棱水葱、沼泽荸荠等，群落盖度 80% ～ 90%。

【沼泽动物】沼泽区记录鸟类210多种。叶尔羌河流域是遗鸥的主要活动区域（马鸣等，2010）。

【受威胁和保护管理状况】沼泽区开展了系列措施加强湿地保护：①保育工程完备，建设围栏47 000 m，配备各类巡护车辆及无人机巡护系统，并设置诸多保护管理站、检查站和绿化管理站；②开展湿地修复工程，退耕还湿效果显著，人工辅助自然恢复600 hm²，建设水源涵养林40 hm²；③科研监测工程完备，设置科研中心1处、野外监测点1处、气象观测点3处、鸟类观测站3处、环志点3处、鸟类研究设备4套，固定监测样线30 km（王彦涛，2010）。

卡拉喀什达利亚河沼泽（653222-311）

【范围与面积】卡拉喀什达利亚河沼泽位于和田地区墨玉县喀尔赛镇东南4 km，地理坐标为37°16′02″～37°21′52″N、78°04′32″～82°06′43″E。沼泽面积为1669 hm²，主要类型为芦苇沼泽，海拔1290～1300 m。

【地质地貌】沼泽区地貌属于塔里木盆地南部洪积－冲积平原，河流末端碟形洼地。地表为冲积洪积物。

【气候】沼泽区属暖温带大陆性干旱气候。年平均气温11.6℃，1月平均气温−6.2℃，7月平均气温24.7℃，极端最高气温42.7℃，极端最低气温−23.7℃。≥10℃积温4450℃，无霜期210 d，年平均日照时数2655 h。年平均降水量35.2 mm，年蒸发量2225 mm，年平均相对湿度52%。

【水资源与水环境】沼泽区水源靠河水和地下潜水补给。地表局部积水和季节性积水。地下水位埋深0.5～1.0 m，水化学类型为$HCO_3 \cdot SO_4$-$Ca \cdot Na$型。

【沼泽土壤】沼泽土壤类型主要为草甸沼泽土。

【沼泽植被】沼泽区植物群落以芦苇为建群种，伴生种有香蒲、荆三棱，盖度70%～80%。

第十六章
青藏－云贵高原沼泽区

青藏－云贵高原沼泽区包括柴达木盆地－青海湖沼泽区、藏北－羌塘高原沼泽区、若尔盖高原沼泽区、藏南－藏东高山谷地沼泽区、云贵高原沼泽区，沼泽总面积 1050.3 万 hm²。其中分布最多的沼泽化草甸，总面积 612.1 万 hm²；其次是内陆盐沼，总面积 282.1 万 hm²；再次是草本沼泽，总面积 145.8 万 hm²（表 16-1）。本书共收录 175 片沼泽（图 16-1）。

表 16-1　青藏－云贵高原沼泽区沼泽类型与面积

分区	类型	面积/×100 hm²
青藏-云贵高原沼泽区	藓类沼泽	23.2
	草本沼泽	14 577.7
	灌丛沼泽	939.9
	森林沼泽	65.4
	内陆盐沼	28 213.2
	沼泽化草甸	61 210.1

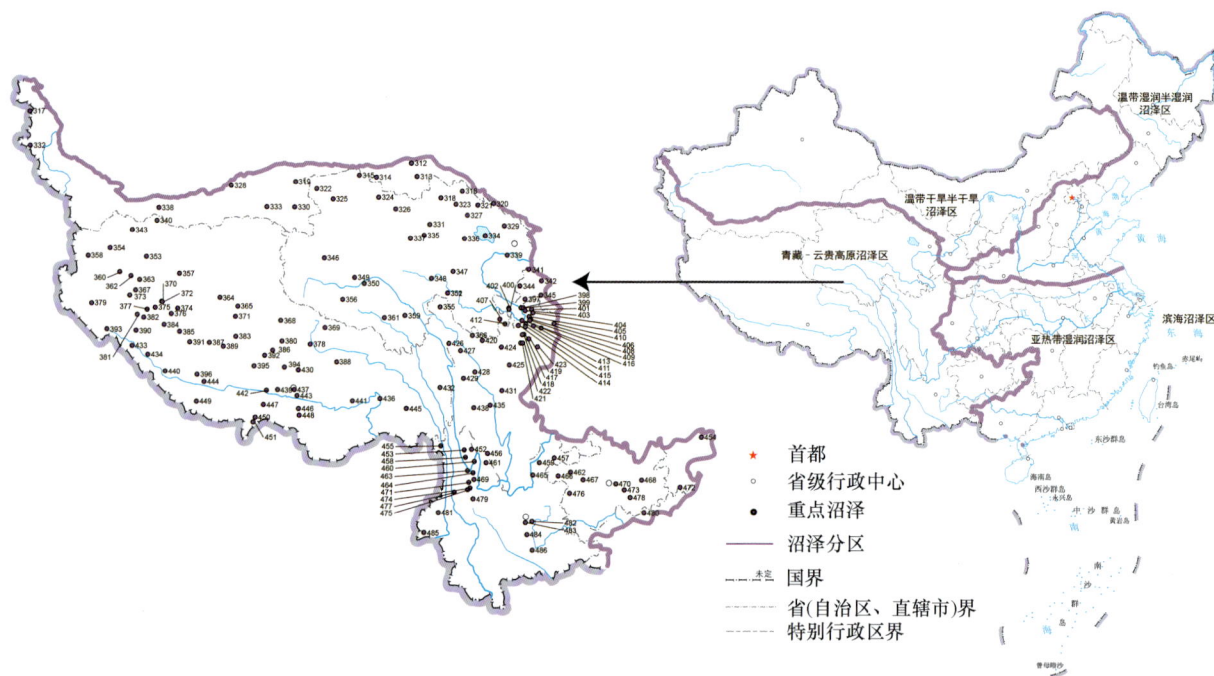

图 16-1　青藏和云贵高原沼泽分布图

第一节　柴达木盆地－青海湖沼泽区

柴达木盆地－青海湖沼泽区包括新疆、青海、西藏三省（自治区），地处青藏高原东北部，南邻昆仑山，北依祁连山，东为日月山，西北是阿尔金山脉。区内地形复杂多样，海拔差异明显，其北、东、南侧的山地海拔大多在 4200 m 以上。地理坐标为 33°55.3′ ~ 40°0.3′N、73°26.1′ ~ 103°47.0′E。

沼泽区河流众多，东部柴达木盆地河流由盆地四周的昆仑山、祁连山、阿尔金山脉、日月山冰雪融化形成地表水补给形成，河流水系呈辐合状向盆地中心汇聚，成为内陆水系，且流程较为短小，有大小河流 70 多条，永久性河流 43 条，径流量较大的河流主要有那棱格勒河、格尔木河、巴音河、香日德河、察汗乌苏河等。河网呈不对称分布，西北部河网密布，且径流量较大；东南部河网稀疏，径流量较小（方健梅等，2020）。淡水湖主要分布在柴达木盆地南缘的昆仑山麓，可鲁克湖为沼泽区最大淡水湖。咸水湖和盐湖集中分布在地区中心低洼地带，是地表水和地下水汇集地。青海湖是我国最大的内陆咸水湖，湖水的补给主要来自北部和西北部的河流，其中布哈河的补给量约占总补给量的50%（薛红盼和曾方明，2021）。

沼泽区属半干旱内陆温带大陆性气候，以干旱、寒冷、多风为主要特征。年平均气温为−4.2～4.1℃，年平均降水量为19.7～570 mm。柴达木盆地降水量较少，青海湖地区降水量相对较多，降水集中在6～9月。

沼泽区土壤类型较多，基本涵盖了青藏高原上所有的土壤类型，并且和高原上其他地方的土壤性状也有相似之处，土壤类型主要有高山草甸土、高山草原土、高山寒漠土、沼泽土等（陈克龙等，2008）。由于太阳辐射强烈，风蚀、沙化严重，本区土壤有机碳损失严重，土壤含盐量高（薛亮等，2003）。

沼泽类型多样（表16-2），草本沼泽主要分布在格尔木市、德令哈市；内陆盐沼面积最广，多在低洼处，主要分布在格尔木市、都兰县、乌兰县和大柴旦行政委员会等广大地区；灌丛沼泽和沼泽化草甸主要分布在青海湖西部、东北部和西北部。草本沼泽常见建群种包括芦苇、华扁穗草、垂穗披碱草、矮生嵩草、西藏嵩草、圆囊薹草、海韭菜、卵穗荸荠、高山嵩草、杉叶藻、针茅、高山薹草、碱毛茛、扭旋马先蒿、三裂碱毛茛、水葱、驼绒藜、线叶嵩草、白花枝子花、大花嵩草、灯心草、甘肃嵩草、芨芨草、苣荬菜、碱蓬、马蔺、木贼、菵草、野燕麦、早熟禾。灌丛沼泽常见建群种包括小果白刺和小叶金露梅。

表16-2 柴达木盆地－青海湖沼泽区沼泽类型与面积

分区	类型	面积/×100 hm²
柴达木盆地-青海湖沼泽区	草本沼泽	5 864.3
	灌丛沼泽	215.6
	森林沼泽	30.2
	内陆盐沼	25 852.2
	沼泽化草甸	10 143.3

疏勒河中下游沼泽（620922-312）

【范围与面积】疏勒河中下游沼泽位于甘肃省瓜州县疏勒河中下游省级内陆湿地自然保护区内，地理坐标为38°45′22″～40°36′00″N、94°45′～97°00′E。沼泽总面积约为77 495 hm²。

【地质地貌】沼泽区所在的瓜州县地处安敦盆地，地形南北高，逐渐向盆地中央疏勒河谷地倾斜。北部最高处的芨芨台子山，海拔2452 m；南部为祁连山北麓山前地带，最高处的朱家大山，海拔3547 m；中部走廊地带被北东向的截山子分为两部分；南端为踏实盆地，海拔1259～1750 m；北部为疏勒河中下游干三角洲，地势平坦开阔，由东北向西南微倾斜，海拔1060～1300 m。

【气候】沼泽区所在的瓜州县属典型的大陆性气候，其主要特点是降雨少、蒸发强、光照长、年平均降水量45.3 mm，蒸发量3140.6 mm，年平均气温8.8℃，平均最高气温24.9℃，最低气温−10.4℃。

【水资源与水环境】疏勒河为沼泽区主要水体。中下游建有双塔水库，库容量2.43亿m³，水库流域面积344万hm²，年均径流量2.97亿m³。

【沼泽土壤】沼泽土壤多发育在绿洲以下，一般为草甸盐土、沼泽化草甸土及沼泽土。

【沼泽植被】沼泽区主要植物有芦苇、香蒲、芨芨草、柽柳、假苇拂子茅、花花柴、赖草、薹草、嵩草等（王毓芳等，2021）。

【沼泽动物】沼泽区有脊椎动物 5 纲 26 目 56 科 160 种。其中小鸨、红额金翅雀为甘肃新纪录；我国特产种类有 10 种，列入《国家重点保护野生动物名录》的有 27 种，其中国家一级重点保护动物 6 种，分别为蒙古野驴、北山羊、金雕、胡兀鹫、黑鹳、小鸨。国家二级重点保护的有 21 种，列入《国际濒危物种贸易公约》规定保护的种类有 14 种，列入《中华人民共和国政府和日本国政府保护候鸟及其栖息环境协定》的鸟类有 42 种。

【受威胁和保护管理状况】由于气候变化和人类活动等因素的共同影响，疏勒河流域水资源和水环境变化日趋复杂，生产生活用水与生态用水之间的矛盾十分突出。2011 年 10 月，国务院批复了《敦煌水资源合理利用与生态保护综合规划》，目前，疏勒河管理局正在进一步采取措施，加大灌区节水改造力度，加紧疏通下游河道，尽最大努力提高输水效益，从而实现"北通疏勒"的生态保护目标（卜秋霞，2004；吴玉军和张伟，2017）。

盐池湾沼泽（620923-313）

【范围与面积】盐池湾沼泽位于青藏高原东北边缘、祁连山西段高山地带，地理坐标为 38°25′34″ ～ 39°52′12″N、95°20′19″ ～ 97°10′12″E。沼泽总面积达 175 246 hm²，海拔 600 ～ 2200 m（曾红霞等，2021）。

【地质地貌】沼泽区地形地貌特征十分丰富，包括盆地、谷地、峡谷、湿地等，主要盆地有石包城南滩盆地、野马滩盆地和盐池湾盆地，主要谷地有疏勒河谷地、野马河谷地和党河谷地三大谷地，受河流的长期切割，形成了石油河峡谷、疏勒河峡谷、榆林河峡谷和党河峡谷。

【气候】沼泽区多样的地貌特征间接形成了多样的气候类型，包括了亚湿润高寒气候区及干旱、半干旱气候区，气候垂直变化明显。年均气温为 4 ～ 6℃，年降水量为 200 mm 左右，降水的季节性差异大，主要集中在夏秋季，蒸发量为 2500 mm 左右。

【水资源与水环境】沼泽区水资源主要为河流水、湖泊水、沼泽积水和泉水，这些水体的补给为自然降水和冰川积雪融水。

【沼泽土壤】沼泽区土壤为自然土壤，分为 8 类 9 亚类，以高山草原土为主，约占保护区土类的 33.5%，其次是高山寒漠土和棕漠土。

【沼泽植被】沼泽区植物中菊科和禾本科为优势科，共计 48 属 116 种，分别占湿地种子植物总属数和总种数的 30.4% 和 31.7%；湿地种子植物中有地面芽植物 197 种，占总数的 53.8%。世界分布型 23 科，占沼泽区湿地种子植物总科数的 63.9%，主要湿地植物有细叶薹草、华扁穗草、西藏嵩草、矮生嵩草、三裂碱毛茛、碱毛茛、野青茅、大车前、芦苇等（刘晓娟等，2021）。

【沼泽动物】沼泽区鸟类 14 目 32 科 115 种，其中雀形目鸟类 48 种，占保护区鸟类总数的 41.74%，隼形目 16 种（占 13.91%），雁形目和鸻形目各 12 种（共占 20.87%），鸽形目和鸡形目各 6 种（占 10.43%），鹤形目 4 种（占 3.48%），鹳形目 3 种（占 2.61%），沙鸡目和鸮形目各 2 种（共占 3.48%），䴙䴘目、戴胜目、鹃形目、雨燕目各 1 种（共占 3.48%）。从居留型上看，留鸟 55 种（占 47.82%），夏候鸟 39 种（占 33.91%），旅鸟 19 种（占 16.52%），冬候鸟 2 种（占 1.74%）。从保护类别上看，有国家一级重点保护动物 7 种（占 6%），分别是黑鹳、玉带海雕、白尾海雕、胡兀鹫、白肩雕、金雕、黑颈鹤；国家二级重点保护动物 18 种（占 15.6%）（付鸿彦等，2020）。

【受威胁和保护管理状况】沼泽区建有盐池湾国家级自然保护区，2017 年 9 月，保护区整体划入祁连山国家公园。2018 年，盐池湾湿地被列入《国际重要湿地名录》。2019 年 1 月，保护区管理局划入大熊猫祁连山国家公园甘肃省管理局酒泉分局。多年来，保护区管理局严格遵守《中华人民共和国自然保护区条例》和《甘肃省湿地保护条例》等法律法规，通过勘界立标、社区共建、科普宣教、限牧禁牧等政策措施，严格落实各项常规巡护和保护管理制度，加大湿地生态保护修复。同时，不断加强湿地资源监测和野生动植物保护，通过设立监测设备，或者日常跟踪，实时监测黑颈鹤、斑头雁等保护动物繁殖、迁徙过程（杨宇翔等，2021）。

盐池湾沼泽（赵成章 摄）

苏干湖沼泽（620924-314）

【范围与面积】苏干湖沼泽所在的苏干湖位于甘肃省阿克塞哈萨克族自治县南部海子草原西北端，有大苏干湖、小苏干湖两湖。地理坐标为 38°45′20″ ～ 39°08′17″N、93°43′00″ ～ 94°22′23″E。沼泽总面积为 77 910 hm²，主要为芦苇沼泽和芦苇沼泽化草甸。海拔 2795 ～ 2810 m。

【地质地貌】苏干湖地区有深浅两套不同的构造体系，深层为晚白垩世变形形成的古构造带，该期构造活动对中生代的原型盆地进行改造，浅层为新生代以来的沉积和构造活动，新生代晚期的变形不太强烈（肖安成等，2005）。祁连山西向余脉与阿尔金山东向余脉相连接处的当金山南部有赛什腾山、土尔根达坂山，东部有党河南山、野牛脊山，中间低凹，形成高原盆地－花海子。

【气候】沼泽区属内陆高寒干旱气候，夏季短而凉爽，冬季长且寒冷，西北风盛行，日温差较大，年平均气温＜ –0.4℃，1 月平均气温 –15 ～ –13℃，7 月平均气温 2 ～ 10℃，年平均降水量 77.6 mm，蒸发量 2967.2 mm，沼泽区大风天气盛行，沙尘暴发生频率高（康满萍，2021）。

【水资源与水环境】沼泽区四周无较大河流，但在阿尔金山南麓，特别是东部山麓有泉水出露，形成数条短小河流注入湖泊。由于盆地东部地势低平，涌泉发育，泉水漫散并形成许多短小溪流和湖泊，所以在苏干湖东侧的沿河岸带、小湖群区以及低洼地发育了大片沼泽及沼泽化草甸，可见泉水和河水是沼泽的重要补给水源。

苏干湖水系主要水体为上游的大哈尔腾河、小哈尔腾河和下游大苏干湖、小苏干湖，苏干湖盆地为一个封闭的内陆盆地，上游河流和周边山区的洪水汇集于河流尾闾的大苏干湖、小苏干湖。发源于盆地东南部高山山区的大哈尔腾河、小哈尔腾河均是以冰川和积雪为主要补给来源的常年性河流，流经阿克塞哈萨克族自治县的塔喀尔巴斯陶，穿越当中泉潜入地下，而后在海子盆地成泉涌露，汇成河网，流入大苏干湖和小苏干湖，流程 140 km，流域面积约为 700 000 hm²，年总径流量 2.62×10^8 m³。

【沼泽土壤】沼泽区土壤主要为盐化沼泽草甸土。

【沼泽植被】沼泽区主要植被类型是芦苇群落。由于水分状况的差异，其群落结构、种属组成不同，在低洼积水地段，发育了芦苇沼泽，多呈纯群落，面积小，分布零星。在季节性积水或地表湿润地段，则发育了以芦苇为主的沼泽化草甸，中生的草甸植物成分增多，在苏干湖东面分布面积较大。在芦苇沼泽化草甸的东面还发育了赖草草甸。赖草的生态幅很广，但更喜在较湿润的地段生长，因此在干旱地区的沿河地带或地表湿润地段常发育了赖草草甸，所以此群落也应属湿地植被类型；常见的伴生种有高山薹草、垂穗披碱草、冰草、早熟禾、矮蔺藨草、嵩草、中间型荸荠、风毛菊、乳苣、米蒿、披针叶野决明、苦豆子、海韭菜、水麦冬、盐角草、碱蓬、海乳草、杉叶藻、西伯利亚蓼、阿拉善马先蒿等，盖度 60% ～ 80%。

【沼泽动物】沼泽区鸟类众多，有大天鹅、斑头雁、黑颈鹤、普通雨燕、赤麻鸭、绿翅鸭、云雀等，1982 年被批准为省级候鸟自然保护区。近年，飞临苏干湖的候鸟数量不断增加，苏干湖可以称得上是"甘肃的鸟岛"（苟芳珍，2020）。

【受威胁和保护管理状况】沼泽区建有小苏干湖自然保护区和大苏干湖自然保护区，阿克塞哈萨克族自治县从 2017 年开始实施的大苏干湖禁牧，从根本上解决保护区内超载过牧、水资源无序利用现象，使生态系统功能得到有效保护和快速恢复。另外，充分发动和依靠周边牧民群众，搞好保护工作，进一步改善了保护区内野生动物的生存环境，降低了人为因素的影响。

冷湖沼泽（632803-315）

【范围与面积】冷湖沼泽位于柴达木盆地北部的茫崖市冷湖镇西面，地理坐标为 38°49′ ～ 39°03′N、92°47′ ～ 93°24′E，面积为 18 731 hm²。海拔 2700 ～ 2800 m。

【气候】沼泽区属大陆性高原气候，年平均气温 1 ～ 5℃，1 月均温 –12℃，7 月均温为 14.6℃；降水非常稀少，年平均降水量只有 20 mm 左右，蒸发量 2600 mm。但光能资源丰富，年日照时数达 3600 h，年太阳总辐射量为 6782.6 ～ 7303.7 MJ/m²，居全国第二位。由于地表和水中含盐量较高，发育了盐化草甸土，生长以芦苇为主的沼泽化草甸。

【水资源与水环境】受北面阿尔金山南麓潜水溢出带的影响，在山麓低洼地形成许多小湖，沿湖群和低洼地带呈东西方向形成沼泽。2014 年 7 月对冷湖沼泽进行调查，水体理化性质见表 16-3。

表 16-3　冷湖沼泽水体理化性质

	EC/(mS/cm)	TDS/(mg/L)	Sal/ppt	pH	ORP/mV	DO/(mg/L)	TP/(mg/L)
平均值	5.16	3.66	3.13	8.17	–64.10	3.75	0.04
最高值	8.79	6.22	5.40	8.19	–52.30	4.17	0.05
最低值	1.53	1.09	0.85	8.13	–75.80	3.32	0.04

【沼泽植被】沼泽区植被主要为芦苇沼泽化草甸，镶嵌有小面积的芦苇沼泽，植被覆盖度较低，主要伴生植物有海韭菜、斜茎黄芪、苣荬菜、银露梅等。地上部生物量为 2471.75 g/m²。

冷湖沼泽（安雨 摄）

【受威胁和保护管理状况】沼泽区盐碱化、干旱、沙化比较严重，无放牧干扰。

黑河-托莱河源沼泽（632222-316）

【范围与面积】黑河-托莱河源沼泽分布在祁连县的黑河西源和托莱河河源区，地理坐标为38°25′～38°56′N、98°24′～99°15′E，为西藏嵩草沼泽，面积为 20 167 hm²，海拔 3000～4000 m。

【地质地貌】沼泽位于祁连山区。祁连山属晚近地质时代中亚细亚巨大隆起的一部分，在大面积的一级隆起上叠迭了二级线状构造运动，其主要构造线方向为北西西，但也有北东方向的，两种构造线是控制本区地形发育的主要因素，致使祁连山形成一系列北西西-南东东方向的高山与谷地。沼泽区的北部为走廊南山，南部为托莱南山，中间分布有托莱山，由于隆起的幅度不同，形成相对北高南低的不对称翘起。山区一般海拔 3500～4000 m，岭谷相对高差几百米，谷盆地多呈菱形，在三山之间形成黑河谷地和托莱河谷地。

【气候】祁连山西部属高寒区域，年平均气温 0～2℃，1月平均气温 -16℃，7月平均气温 10℃，绝对最低气温曾出现低于 -45℃，是我国三个寒冷中心之一；多年平均降水量 300～400 mm，主要集中在 5～9 月，占全年降水量的 65%～80%。

【水资源与水环境】祁连山现代冰川广泛发育，大部分分布在西段和中段 4500 m 以上的高山区，受冰川和积雪的影响，发育的众多河流汇入托莱河和黑河。由于河流上游区及河源区地形宽展、低平，水流不畅，广泛发育了沼泽。沼泽湿地以河流为主要补给水源。2015 年 7 月对黑河-托莱河源沼泽水质进行调查，结果见表 16-4。

表 16-4　黑河-托莱河源沼泽水体理化性质

	EC/ (mS/cm)	TDS/ (mg/L)	Sal/ ppt	pH	ORP/ mV	DO/ (mg/L)	TP/ (mg/L)	TN/ (mg/L)	NO₃⁻-N/ (mg/L)	NH₄⁺-N/ (mg/L)
平均值	0.50	0.48	0.36	8.39	−16.30	6.45	0.11	0.83	0.24	0.40
最高值	0.52	0.49	0.37	8.56	−2.60	7.40				
最低值	0.48	0.46	0.35	8.26	−30.0	5.49				

【沼泽土壤】沼泽区土壤主要为腐殖质沼泽土和沼泽化草甸土，在其边缘分布有高山草甸土。

【沼泽植被】沼泽区植被主要为西藏嵩草群落、高山薹草＋早熟禾群落。由于水分状况的差异，植物种属成分所占比重不同，在多水地段，除西藏嵩草组成优势种外，沼生和湿生植物种数多，地表微地貌发育，多形成垄网状草丘，丘间积水 10～20 cm，底部为粉砂或腐质泥，再下为冰碛物；在地形低洼处，往往形成沼泽性溪流。在地表湿润或季节性积水地段，中生植物增多，发育了沼泽化草甸土，主要伴生植物有矮生嵩草、珠芽蓼、细叶蓼、蓝白龙胆、高山唐松草、糙喙薹草、华扁穗草和碱毛茛等。西藏嵩草沼泽和沼泽化草甸往往呈镶嵌式分布。

高山薹草＋早熟禾群落主要伴生植物有西藏早熟禾、高原毛茛、西藏报春、高山薹草、蕨麻、蒲公英、肉果草、鸦跖花等。地上部生物量为 375.3 g/m²。

【沼泽动物】沼泽区的鸟类有各种鸭类、雁类、黑颈鹤、大天鹅、鸥类等。

【受威胁和保护管理状况】沼泽区主要作为高山放牧场，50 年代曾设想疏干沼泽来改良草场。由于自然环境变化，目前沼泽有退化现象。本区发育的沼泽是祁连山特殊自然环境的产物，它的存在对多年冻土层的保护有重要意义，同时又是较好牧场和禽类的栖息繁殖地，应加强沼泽区的管理和保护。

黑河－托莱河源沼泽（安雨 摄）

布伦口湖群沼泽（653022-317）

【范围与面积】布伦口湖群沼泽位于克孜勒苏柯尔克孜自治州阿克陶县，喀什西南 120～150 km。沼泽面积约为 4108 hm²，平均海拔 3300 m，属于草本沼泽和沼泽化草甸。地理坐标为 37°39′03″～39°18′34″N、74°17′38″～74°56′44″E。

【地质地貌】沼泽区地貌主要为山间洼地。

【气候】沼泽区属暖温带大陆性干旱气候，四季较分明。春季升温快，多大风、沙暴、浮尘。夏季干热，平均气温 23℃，极端最高气温达 39.4℃。秋季降温快，昼夜温差大，气候凉爽宜人，月平均气温从 19.1℃降到 3℃。冬季寒冷，平均气温 −4.8℃，1 月平均气温 −7.1℃，极端最低气温 −27.4℃，≤ −10℃的低温达 46.9 d，为高寒地带。年降水量约 200 mm。

【水资源与水环境】沼泽区水源靠西昆仑山（主峰 7719 m 和 7546 m）及帕米尔高原的许多河流及山泉供水。

【沼泽植被】沼泽植被主要优势种包括镰荚棘豆、水麦冬、海韭菜、球穗藨草、线叶嵩草、黑花薹草、圆囊薹草等。

【沼泽动物】沼泽区有脊椎动物 4 纲 11 目 13 科 47 种。其中，鱼类 1 目 1 科 4 种，两栖类 1 目 1 科 1 种，鸟类 7 目 9 科 39 种，哺乳类 2 目 2 科 3 种。沼泽地带分布有麝鼠。鸟类有赤膀鸭、红脚鹬，以及燕鸥等。国家重点保护鸟类 4 种，分别为小苇鳽、黑鹳、白额雁和长脚秧鸡。

【受威胁和保护管理状况】沼泽区受克孜勒苏柯尔克孜自治州林业局管理，成立了帕米尔高原湿地自然保护区管理站。沼泽区主要受到开矿、水力发电站的威胁（江晓珩等，2013）。

哈拉湖沼泽（632800-318）

【范围与面积】哈拉湖沼泽位于疏勒南山与哈尔科山之间，地理坐标为 $38°7'00'' \sim 38°32'00''$N、$97°22'00'' \sim 97°57'00''$E，沼泽面积为 5586 hm²。行政区划属天峻县和乌兰县。哈拉湖平面呈北西－南东向的椭圆形，长轴 35 km，短轴 23 km。

【地质地貌】沼泽区位于青藏高原东北部，受地壳抬升运动的作用明显，并在长期地表流水侵蚀、堆积作用下，周边地形起伏较大，沟道切割明显，但在其中部相对较为平缓。同时，区内地貌可划分为两个大类，即山地和平原地貌。山地地貌的海拔相对较高，主要由不同起伏度的高山、丘陵地貌组成，海拔均高于 4300 m，且因冰川作用具明显冰川遗迹地貌特征。平原地貌主要以条带状分布于环哈拉湖四周，由不同沉积类型的平原地貌及台地地貌构成，地形开阔平坦，具显著冲洪积地貌特征，且该类地貌总体向哈拉湖方向倾斜，局部冲沟发育，植被稀疏或未见。

【气候】沼泽区属高原亚寒带草原半干旱气候，其主要气候特点为：蒸发量与降雨量不平衡，以后者偏大，且降雨随海拔变化差异明显，使之具明显干旱特征；同时，区内气温较低，年平均气温近 -1℃，加之西北风盛行，昼夜温差较大。

【水资源与水环境】沼泽区河流多数注入哈拉湖，少数注入哈拉湖子湖，虽有河流 30 多条，但均流程短，流量小。哈拉湖有 40 余条河水注入，其中最大的为奥果吐尔乌兰郭勒，水面积 534 km²，河道长 49.3 km，多年平均流量 1.33 m³/s（张磊等，2020）。

【沼泽土壤】沼泽区土壤类型以黑钙土和寒毡土为主。

【沼泽植被】沼泽区有高等植物 400 余种，常见种为芨芨草、猪毛蒿、冰草、木猪毛菜、里海盐爪爪和牛漆姑等高原草甸植物。

【沼泽动物】沼泽区动物资源极为丰富，有无脊椎动物 500 余种，脊椎动物 339 种，其中鱼类 53 种，两栖类 6 种，爬行类 8 种，鸟类 242 种，兽类 30 种。其中，国家一级重点保护鸟类 7 种，国家二级重点保护鸟类 35 种，省级重点保护鸟类 50 种，也是雁鸭类、鹬类和鸥类的重要繁殖地。

乌尊硝沼泽（652824-319）

乌尊硝沼泽位于新疆维吾尔自治区若羌县东南 235 km 处的乌尊硝盐湖盆地中，地理坐标为 $37°55'11'' \sim 38°38'32''$N、$89°10'53'' \sim 90°06'53''$E，沼泽面积约为 13 894 hm²。沼泽区地貌按成因可分为风积区、化学沉积区、湖积区、洪积区和基岩区。沼泽区地貌呈香蕉状分布，南北长而东西窄，四周分布着风成砂及洪积砂砾石，整体上是北高南低，化学沉积层表面地势较为平坦，高差较小。土壤主要为富含钾盐的沼泽土。

甘肃祁连山沼泽（620700-320）

【范围与面积】甘肃祁连山沼泽位于甘肃省祁连山国家级自然保护区内，地理坐标为 $36°43'00'' \sim 39°43'39''$N、$97°23'34'' \sim 103°46'01''$E。沼泽总面积为 140 309 hm²。海拔约为 3965 m。

【地质地貌】沼泽区所在的祁连山位于青藏高原、内蒙古高原和黄土高原的交会地带，介于柴达木盆地与河西走廊坳陷之间，由祁连山褶皱带沿北西西－南东东方向延伸形成的平行山脉组成，山势西高东低，大部分海拔在 3000 m 以上，相对高差 1000 m 以上，主峰素珠链峰高达 5564 m。

【气候】沼泽区属大陆性高寒半湿润山地气候，冬季长而寒冷干燥，夏季短而温凉湿润，全年降水量主要集中在 5～9 月，随着山区海拔的升高，各气候要素自下而上发生有规律变化，呈明显的山地垂直气候带。

【水资源与水环境】沼泽区所在的祁连山区现有大小冰川 2859 条，总面积达 197 250 hm²，储水量 811.2×10⁸ m³。

【沼泽土壤】沼泽区土壤类型有山地草原栗钙土、山地森林灰褐土、亚高山灌丛草甸土等 10 多种。土壤理化性质见表 16-5。

表 16-5　甘肃祁连山沼泽土壤理化性质（引自罗巧玉等，2015）

	土层/cm	有机质/%	总氮/(g/kg)	总磷/(g/kg)	钾/(g/kg)
有草	0～10	21.78±2.70	10.58±1.19	0.85±0.09	15.90±1.34
	10～20	17.72±3.24	8.77±1.42	0.80±0.08	12.90±1.02
斑秃	0～10	13.48±1.56	7.02±0.85	0.76±0.09	13.90±1.21
	10～20	14.00±3.73	6.85±1.73	0.69±0.07	10.90±1.56

【沼泽植被】沼泽区湿地植物分布中生植物、耐阴植物和耐淤植物 3 种生态型。中生植物有金露梅、银露梅、蕨麻、车前等;耐阴植物有云杉和鳢肠;耐淤植物有蒲公英、铁线莲、蓟和老鹳草（张海波，2019）。

【沼泽动物】沼泽区已查明的野生脊椎动物有 28 目 63 科 294 种。其中，兽类 69 种、鸟类 206 种、两栖类和爬行类 13 种、鱼类 6 种，国家一级重点保护野生动物有猎隼、草原雕、黑颈鹤、金雕、白肩雕、玉带海雕等 18 种，国家二级重点保护野生动物有蓝马鸡、藏雪鸡、蓑羽鹤、游隼、大鵟、苍鹰、黑耳鸢、雀鹰、高山兀鹫、白尾鹞、灰鹤等 35 种。

【受威胁和保护管理状况】1997 年甘肃省人民代表大会常务委员会颁布了《甘肃祁连山国家级自然保护区管理条例》。2000 年，保护区被确定为国家天然林保护工程区。2004 年，保护区森林被认定为国家重点生态公益林。2008 年，在国家环保部公布的《全国生态功能区划》中，将祁连山区确定为水源涵养生态功能区，将祁连山山地水源涵养重要区列为全国 50 个重要生态服务功能区之一。

青海祁连山沼泽（632222-321）

【范围与面积】青海祁连山沼泽位于青海省，地理坐标为 37°03′～39°12′N、96°46′～102°41′E，沼泽面积为 114 434 hm²。

【地质地貌】祁连山由一系列平行排列的山岭和谷地组成，一般海拔 3000～5000 m，主峰海拔 5547 m。受高原寒冷气候的影响，祁连山在海拔 4200 m 以上的高山地带终年积雪，形成的冰川达 2859 条，总面积 1972.5 km²。冰雪融化成为石羊河、黑河、疏勒河三大水系 56 条内陆河流的源头。年径流量 72.6 亿 m³。

【气候】沼泽区地处高寒地带，东南季风从东向西由强至弱，形成东西差异明显的高寒生态系统，属高原大陆性气候，太阳辐射强，日夜温差较大，冷季长，暖季短，干湿分明，气温和降水垂直变化明显，雨热同季。年平均气温在 4℃ 以下，极端最高气温为 37.6℃，极端最低气温为 –35.8℃；年日照时数为 2500 ~ 3300 h；太阳总辐射量为 5916 ~ 15 000 MJ/m²；年平均降水量 400 mm；年蒸发量 1137 ~ 2581 mm；平均风速 2 m/s 左右；无霜期 23.6 ~ 193 d。

【水资源与水环境】沼泽区河流资源总集水面积 35 290 km²，河流类型包括永久性河流、季节性河流等，所属流域主要为河西内陆河和黄河流域，以内陆河流域为主。其中，黑河水系多年平均出山径流量为 36.22 亿 m³，集水面积为 2.4 万 km²，占比最大，达到 67.96%，是祁连山保护区河流资源的主要支撑，作为西北地区第二大内陆流域，以黑河为干流，由讨赖河、洪水坝河、梨园河、马营河和丰乐河等多条支流组成。沼泽区河流自上游到下游水量逐渐减小，且由于海拔相差较大，山高坡陡，上游水流湍急，下游水流平稳，区内水源主要来源于冰雪融化和森林植被涵蓄的水分，因此水量相对较为稳定。

【沼泽土壤】沼泽区土壤主要有山地亚高山草甸土、高山草甸土、高山寒漠土等几种类型。

【沼泽植被】沼泽区湿地植物以禾本科、莎草科、念珠藻科、蓼科、菊科、豆科、玄参科、龙胆科和毛茛科等为主。优势种包括甘肃薹草、矮生嵩草、大花嵩草、华扁穗草和尖苞薹草等，主要伴生种包括紫菀、长花马先蒿、柔小粉报春、细叶蓼、弱小火绒草和圆穗蓼等。

【沼泽动物】沼泽区有鸟类 17 目 39 科 206 种，区内国家一级重点保护动物有白尾海雕、黄喉雉鹑、遗鸥，白肩雕和遗鸥被世界自然保护联盟（IUCN）濒危物种红皮书列为易危物种，苍鹰被世界自然保护联盟（IUCN）濒危物种红皮书列为易危物种。

【受威胁和保护管理状况】由于保护区面积大，地跨甘、青两省，区内部分湿地资源权属不明确；目前保护区相关部门专门针对湿地保护与管理的经费较少，保护区湿地监测、科研、宣教队伍建设等缺乏一定的资金来源，缺乏相关专业设备设施。祁连山国家公园管理局已成立，应加强水利、湿地、环保等不同职能部门的协调管理，增加经费投入，提升管理和保护水平。

青海祁连山沼泽（安雨 摄）

尕斯库勒湖沼泽（632800-322）

【范围与面积】尕斯库勒湖沼泽位于青海省海西蒙古族藏族自治州西北部茫崖镇东面的阿拉尔草原附近。沼泽区属于青藏高原荒漠、半荒漠地带（干旱）柴达木盆地区，地理坐标为 37°55′48″ ~ 38°19′12″N、90°30′0″ ~ 91°10′47″E，沼泽面积约为 93 887 hm²。

【地质地貌】尕斯库勒湖是青海省西北部的一个内陆咸水湖。北面有阿尔金山，西北有尤素普阿克塔格山，南面为祁曼塔格山，在南北两山体间形成西北－东南走向的浅盆地，在盆地边缘为沙质平原和沙丘区，湖泊位于盆地南部。发源于南部山区的铁木里克河等许多小河和间歇性河流注入该盆地，水流消失在盆地边缘的沙质平原中，但盆地西部有泉水出露，形成数条河流注入尕斯库勒湖。由于水源不稳定，加之蒸发强烈，其湖面积也处于不稳定状态。在湖的北部和东南部及沿河发育了芦苇沼泽化草甸和芦苇沼泽。

【气候】沼泽区地处柴达木盆地最西部，属大陆性高原气候，年平均气温为2℃，1月平均气温 –12℃，7月平均气温17℃，极端最高气温35℃，霜期平均达226 d，年平均降雨量＜50 mm。

【水资源与水环境】尕斯库勒湖是内流型干旱封闭盐湖，属卤水湖类型，以石盐、芒硝沉积为主，卤水水化学类型属硫酸镁亚型。其水源主要靠祁曼塔格山和阿尔金山冰川融水形成的铁木里克河、赛斯克雅河和托斯克雅河等河流的补给，其中，注入尕斯库勒湖的河流中以铁木里克河最为重要。尕斯库勒湖水深一般为0.5～0.8 m，平均水深0.65 m。湖的中南部较深，可达1.3 m。湖泊东部矿化度为305 g/L，而湖泊西部由于受河流补给的影响矿化度有所降低。

沼泽水电导率值最高为37.52 mS/cm，最低为1.675 mS/cm，平均值为11.48 mS/cm；总溶解固体（TDS）浓度最高为24.66 g/L，最低为1.132 g/L，平均值为7.44 g/L；盐度（Sal值）最高为24.68 ppt，最低为0.88 ppt，平均值为7.17 ppt；pH最高为9.0，最低为8.69，平均值为8.84；氧化还原电位值最大为 –26.3 mV，最小值为 –57.9 mV，平均值为 –46.5 mV；溶解氧（DO）浓度最高为12.85 mg/L，最低为5.44 mg/L，平均值为7.57 mg/L；硝氮（NO_3^--N）最大值为0.248 mg/L，最小值为0.225 mg/L，平均值为0.237 mg/L；氨氮最大值为0.081 mg/L，最小值为0.024 mg/L，平均值为0.053 mg/L。

【沼泽土壤】沼泽区土壤类型主要为沼泽化草甸土。河流沿岸和湖泊滨湖低地形成沼泽、沼泽草甸和盐碱滩，从盐沼盐滩到山前冲积平原以及剥蚀山地，依次分布沼泽土、沼泽草甸土、盐土、灰棕漠土和高山草原土。

【沼泽植被】沼泽植被以芦苇群落为主，常见的伴生物种有假苇拂子茅、矮生嵩草、赖草、海韭菜、盐角草、碱蓬、蒲公英、银莲花等。地上部生物量为1114.73 g/m²。

【沼泽动物】沼泽区为雁鸭类、鸥类的重要繁殖地，记录有黑颈鹤在此繁殖。

【受威胁和保护管理状况】沼泽湿地盐碱化、沙化较为严重，无放牧等人为干扰影响。

尕斯库勒湖沼泽（安雨 摄）

疏勒河－阳康曲河源沼泽（632823-323）

【范围与面积】疏勒河－阳康曲河源沼泽区分布在天峻县的疏勒河源头和阳康曲河上游，地理坐标为37°45′～38°28′N、98°05′～98°58′E，面积为37 247 hm²，海拔3500～4000 m。

【地质地貌】沼泽区受北西西向平行断层的影响，发育了疏勒河。河谷北侧为托莱南山，南侧为疏勒南山，两山向西交会成为祁连山主峰，海拔6305 m。山区冰川发育，分布在海拔4000 m以上的高山区，发源于冰川的许多河流向北注入疏勒河。疏勒河流向西北，切入疏勒南山转向北流入河西走廊；河源区发育了大片沼泽。阳康曲发源于岗格尔肖合力峰冰川区，流向东南经天峻县布哈河注入青海湖。在阳康曲和希格尔曲的上游谷地也发育了沼泽。

【气候】沼泽区气候严寒，年平均气温0～2℃，1月平均气温–18℃，7月平均气温10℃；年平均降水量400 mm左右；冬季积雪厚约1 m，封冻期长达8个月。

【水资源与水环境】疏勒河－阳康曲河源沼泽水体总溶解固体浓度为1.11 g/L，氨氮含量为0.23 mg/L。

【沼泽土壤】沼泽区土壤主要为沼泽化草甸土，周围为高山草甸土，高山垭口处沼泽发育有冰沼土。

【沼泽植被】沼泽及沼泽化草甸植物群落与托莱河、黑河上游区基本相同，都是以西藏嵩草为主的沼泽和沼泽化草甸类型，群落结构、植物组成相似，主要伴生植物有金露梅、西伯利亚蓼、草地早熟禾、冰草、大白刺、西藏嵩草、高山薹草、斜茎黄芪等。在布哈河支流希格尔曲上游分布有圆囊薹草沼泽，常与西藏嵩草沼泽组成复合体，伴生植物有粗喙薹草、黑穗薹草、草地早熟禾、小灯心草、展苞灯心草、海韭菜、长花马先蒿、碱毛茛、星状雪兔子、圆穗蓼、甘肃薹草、发草、矮泽芹等，盖度80%～95%。湿地植物群落地上部平均生物量为276.00 g/m²。

【沼泽动物】活动在沼泽区的鸟类有雁鸭类、鸥类、鹤类。

【受威胁和保护管理状况】沼泽区的沼泽湿地与高山草甸、草原连为一体，是主要的放牧基地，同时，人烟稀少，自然生态很少受到干扰，野生动物与鸟类较多，应注意保护与合理利用。

疏勒河－阳康曲河源沼泽（安雨　摄）

大柴旦南八仙沼泽（632801-324）

【范围与面积】大柴旦南八仙沼泽位于柴达木盆地中部南八仙北面，地理坐标为37°58′～38°15′N、94°14′～94°21′E，面积为69 540 hm²，为芦苇沼泽化草甸和芦苇沼泽。海拔3100 m左右。

【地质地貌】沼泽区北面为赛什腾山，南面为风蚀残丘区，东面为柴达木山，发源于土尔根达坂山的鱼卡河流经鱼卡、马海向西北注入宗马海湖，在马海与宗马海湖之间形成大片芦苇沼泽化草甸，其间镶嵌有小面积的芦苇沼泽。

【气候】沼泽区属大陆性高原气候，年平均气温 4℃，1 月平均气温 –12℃，7 月平均气温 14 ～ 18℃，≥ 5℃的积温 1800 ～ 2400℃；年平均降水量 55 mm，年蒸发量 1914 mm。

【水资源与水环境】沼泽区水源补给除河流补给外，尚有山麓溢出的潜水补给。2015 年 7 月对沼泽进行了调查，各采样点水体理化性质见表 16-6。

表 16-6　大柴旦南八仙沼泽水体理化性质

	EC/ (mS/cm)	TDS/ (mg/L)	Sal/ ppt	pH	ORP/ mV	DO/ (mg/L)	TP/ (mg/L)	TN/ (mg/L)	NO₃⁻-N/ (mg/L)	NH₄⁺-N/ (mg/L)
平均值	1.09	0.84	0.65	8.58	–91.88	6.35	0.07	0.74	0.17	0.16
最高值	2.29	1.66	1.32	9.10	–52.70	7.71				
最低值	0.33	0.32	0.24	8.31	–144.40	5.07				

【沼泽土壤】沼泽区土壤主要为沼泽化草甸土和小面积腐殖质沼泽土。

【沼泽植被】沼泽区植被以嵩草、薹草、芦苇为优势种。局部洼地有积水或土壤水分过饱和，发育了芦苇沼泽，呈纯群落，芦苇生长较高。大部分地区地表水分不稳定，干燥时间较长，发育了以芦苇为主的沼泽化草甸；芦苇长势不好，杂草增多，常见的伴生种有赖草、盐角草、假苇拂子茅、碱蓬、苦苣菜、三棱水葱、海乳草、盐地风毛菊、白麻等，盖度 35% ～ 90%。积水区偶见海韭菜群落，主要伴生植物有银露梅、苣荬菜等。地上部生物量为 1324.22 g/m²。

【受威胁和保护管理状况】沼泽地无保护措施，主要作为放牧场。由于附近有农田，生产活动频繁，经常割草，自然环境受到一定程度的影响，干扰了鸟类的正常活动。

大柴旦南八仙沼泽（安雨 摄）

茫崖沼泽（632800-325）

【范围与面积】茫崖沼泽位于海西蒙古族藏族自治州西部茫崖镇，地理坐标为 37°43′00″ ～ 37°53′00″N、91°43′00″ ～ 91°53′00″E，面积为 15 430 hm²。

【地质地貌】茫崖的北部、东部为沙丘和戈壁区，南部为白棘盐爪爪盐漠区，中间为低洼地，受潜水补给发育了以芦苇为主的沼泽化草甸，但草甸中心因地势稍高，地表含盐量高，影响植被生长，形成裸露的盐碱地，沼泽化草甸呈环状分布。

【气候】沼泽区属典型的高原大陆性气候，降水少、蒸发量大，干燥、寒冷、缺氧、沙尘天气较多，全年平均气温 4.0℃，年降水量 47.8 mm。年平均大风日数 36 d，年日照时数 3128.3 h。

【沼泽植被】沼泽区湿地植被主要为芦苇群落，主要伴生物种有矮生嵩草、高山薹草、海韭菜等。

【沼泽动物】沼泽区有野生动物 100 多种，其中国家一级重点保护动物有 17 种，国家二级重点保护动物有 24 种，包括藏羚、野牦牛、藏野驴、棕熊、黑颈鹤等珍禽稀兽。

茫崖沼泽（安雨 摄）

伊克柴达木-巴戛柴达木湖沼泽（632800-326）

【范围与面积】伊克柴达木-巴戛柴达木湖沼泽位于海西蒙古族藏族自治州中部的柴旦镇附近，地理坐标为 37°27′～37°56′N、95°04′～95°29′E，沼泽面积为 26 847 hm²，海拔 3200 m。

【地质地貌】沼泽区位于柴达木盆地东北部，北有柴达木山，南有锡铁山，东面为宗务隆山。伊克柴达木湖位于北侧、发源于柴达木山的河流注入该湖，在湖的北面和东部有泉水出露，所以在湖的东、北、南面发育了大片芦苇沼泽和沼泽化草甸。巴戛柴达木湖靠南，发源于柴达木山的塔塔棱河注入该湖。塔塔棱河为时令河，中上游段水量不稳定，时断时续，到下游接受泉水补给才形成稳定的河道，在沿河两岸形成大片芦苇沼泽化草甸。

【气候】沼泽区属大陆性高原气候，年平均气温 4℃，1 月平均气温 –13℃，7 月平均气温 12℃，多年平均降水量 75 mm。沼泽主要靠降水补给水源。偶见积水区域，水深 10～20 cm。

【沼泽土壤】沼泽区土壤主要为腐殖质沼泽土和沼泽化草甸土。

【沼泽植被】沼泽区植被以芦苇为建群种。芦苇沼泽主要分布在伊克柴达木湖的东岸。由于该湖为淡水湖，水质很适宜芦苇的生长发育，故常形成单优势群落，植物群落外貌整齐，株高 1.5～2.5 m，高者可达 3～4 m，伴生种很少，有水麦冬、篦齿眼子菜、水葱等，盖度达 60%～80%。芦苇沼泽化草甸主要分布在芦苇沼泽的外围及沿河两岸，因水分不够稳定，有时地表干燥，中生的草甸植物入侵，群落种属成分增多，尽管芦苇长势不如芦苇沼泽茂盛，但仍为建群种，伴生植物与可鲁克湖区的芦苇沼泽化草甸类似。此外，在伊克柴达木湖的西岸和巴戛柴达木湖的北岸，还分布有大片赖草草甸。积水处为卵穗苔草群落、杉叶藻群落、海韭菜群落，干旱处为芦苇群落、嵩草群落，伴生植物主要有蓝白龙胆、银露梅等。湿地植物群落地上部平均生物量为 948.09 g/m²。

【沼泽动物】沼泽区鸟类主要有鸭类、雁类和其他水禽。

【受威胁和保护管理状况】在土地利用方面，沼泽区由于草质较好，主要用于放牧和割草场。湖区盛产鱼类，从事渔业生产活动。沼泽区目前无保护措施，湿地沙化、干旱较为严重，并伴有盐碱化。

青海湖北各河流上游沼泽（632224-327）

【范围与面积】青海湖北各河流上游沼泽区位于刚察县、天峻县的大通河上游及青海湖北各河流上游谷地，地理坐标为 37°25′20″ ～ 37°55′59″N、98°53′38″ ～ 99°29′02″E，沼泽面积为 21 466 hm²，海拔 4000 m。

【地质地貌】大通河发源于海拔 5174 m 的岗格尔肖合力峰，流向东南注入湟水，北面为祁连山支脉托莱山，南面有大通山，西侧山地发育的河流汇入大通河，形成东南向的宽阔谷地。发源于大通山南坡的河流注入布哈河或青海湖。受河水、潜水补给，在大通河源头汇水区、河谷与支流谷地，以及布哈河北侧、青海湖北山地发源的许多河流上游谷地广泛发育了沼泽、沼泽化草甸，稍高处则发育了草甸。

【气候】沼泽区年平均气温 –0.6℃，1 月平均气温 –14℃，7 月平均气温 10.7℃，极端最低气温 –31℃，极端最高气温 25℃；多年平均降水量 370 mm，约有 80% 的降水量集中在 6 ～ 9 月；年蒸发量 1502 mm，积雪很少。

【水资源与水环境】沼泽区水源以河流补水为主。2014 年 7 月对沼泽进行了调查，采样点水体理化性质见表 16-7。

表 16-7 青海湖北各河流上游沼泽水体理化性质

	EC/ (mS/cm)	TDS/ (mg/L)	Sal/ ppt	pH	ORP/ mV	DO/ (mg/L)	TP/ (mg/L)	TN/ (mg/L)	NO_3^--N/ (mg/L)	NH_4^+-N/ (mg/L)
平均值	0.70	0.50	0.40	7.97	–37.40	5.57	0.07	0.89	0.23	0.36
最高值	0.75	0.60	0.45	8.29	–6.00	8.34	0.12	1.13	0.26	0.36
最低值	0.65	0.43	0.32	7.56	–82.90	3.18	0.01	0.66	0.21	0.36

【沼泽土壤】沼泽土壤有草甸沼泽土、泥炭沼泽土。草甸沼泽土表层（0 ～ 12 cm）为草根层，其下（12 ～ 23 cm）为过渡层，轻壤，含大量铁锈斑和灰褐色铁锰斑块，再往下（23 ～ 37 cm）为蓝灰色潜育层。

【沼泽植被】沼泽区植被以西藏嵩草和圆囊薹草为建群种。西藏嵩草沼泽主要分布在大通河及其支流两岸的低阶地、河漫滩，以及山麓潜水溢出带，在布哈河北侧支流和青海湖北岸各河流的上游谷地也广泛发育了西藏嵩草沼泽；地表过湿或季节性积水，西藏嵩草组成优势种并形成草丘；伴生植物有黑穗薹草、糙喙薹草、圆囊薹草、矮生嵩草、驴蹄草、发草、圆穗蓼、细叶蓼、海韭菜、矮垂头菊、长花马先蒿、珠芽蓼、水麦冬等，盖度达 80% ～ 90%。在大通河源头附近及中游局部地段分布有圆囊薹草沼泽，这是青海高原典型的植被类型，常与藏北嵩草组成复合体；地表常年积水，伴生植物有粗喙薹草、黑穗薹草、小灯心草、展苞灯心草、碱毛茛、海韭菜、长花马先蒿、星状雪兔子、珠芽蓼、发草、矮泽芹、圆穗蓼、唐古特虎耳草等，盖度 80% ～ 90%。在上述沼泽的外围分布有矮生嵩草草甸和高山嵩草草甸。2014 年调查发现，沼泽积水区以海韭菜群落为主，伴生植物有华扁穗草、珠芽蓼、西藏早熟禾、西藏报春、高原毛茛、高山紫菀、长花马先蒿等，地上部生物量为 367.20 g/m²。

【沼泽动物】沼泽区鸟类有黑颈鹤、灰鹤、蓑羽鹤、斑头雁、鸭类等。

青海湖北各河流上游沼泽（安雨 摄）

【受威胁和保护管理状况】沼泽区无保护措施，主要干扰因素为放牧。

库拉木勒克车尔臣河沼泽（652825-328）

【范围与面积】库拉木勒克车尔臣河沼泽位于巴音郭楞蒙古自治州且末县库拉木勒克乡吐拉牧场（巴什马勒贡），地理坐标为 37°37′00″ ～ 37°42′00″N，85°34′33″ ～ 86°55′05″E。沼泽面积为 7809 hm²，主要类型为针叶薹草＋阿尔泰薹草沼泽，海拔 2800 ～ 3000 m。

【地质地貌】沼泽区地貌属阿尔金山山间盆地，北为阿尔金山，南为阿克塔格山，沼泽分布在车尔臣河（且末河）河漫滩。地表为冲积物。

【气候】沼泽区干燥少雨，属典型的大陆性高原气候。

【水资源与水环境】沼泽水源靠车尔臣河水和泉水补给。地表局部积水，地下水位埋深 0.5 ～ 1.0 m，水化学类型为 $SO_4 \cdot Cl$-$Na \cdot Ca$ 型水，矿化度 0.5 g/L。

【沼泽土壤】沼泽区土壤类型主要为泥炭沼泽土。

【沼泽植被】沼泽区已发现高原植物 267 种，分属于 30 科 83 属，新亚种 17 种。植被以芦苇＋小果白刺群落为主，伴生物种主要为赖草、乳苣；群落盖度 20.67%，群落平均高度 7.46 ～ 21.54 cm，年均初级生产力 0.04 kg/m²。

【受威胁和保护管理状况】沼泽区建有阿尔金山国家级自然保护区，保护区位于吐拉牧场放牧地，沼泽草场受到一定破坏。应控制牲畜群数，实行分区轮牧，防止过度放牧引发沼泽植被向高山草甸演化，以保护沼泽生态环境。

大通北川河源沼泽（630121-329）

【范围与面积】大通北川河源沼泽位于西宁市大通回族土族自治县（以下简称大通县），地处大通县北部的北川河源头，地理坐标为 37°5′38″ ～ 37°30′18″N、100°50′10″ ～ 101°35′49″E，总面积为 136 hm²（张广兴和蒲文秀，2012）。

【地质地貌】沼泽区位于黄土高原与青藏高原的过渡地带，区内山峦起伏，沟壑纵横，地形复杂。山区和丘陵地占总面积的 94%，整个地势西北高，东南低，由西北向东南倾斜，相对高差 1942 m。

【气候】沼泽区属半干旱、半湿润温凉性气候。

【水资源与水环境】沼泽区有宝库河、黑林河、东峡河 3 条河流，并建有西宁市重要的水源调节水库"黑泉水库"。多年平均径流深为 217 mm，多年平均自产地表水资源量为 68.6 亿 m³。地下水资源量为 31.3 亿 m³。

【沼泽土壤】沼泽区土壤类型主要有沼泽土、潮湿土、甸淤土、栗钙土、黑钙土、山地棕褐土、高山草甸土、高山石质土等（魏有才和李永良，2011）。

【沼泽植被】沼泽植被优势种有嵩草属植物、垂穗披碱草、钝苞雪莲等。药用植物所占比例最高，许多药草既可入中药，也可入藏药或蒙药。此外，沼泽区分布有冰沼草等珍稀野生植物资源（梦梦等，2013）。

【沼泽动物】沼泽区野生脊椎动物（不含鱼类）215 种，其中兽类 5 目 14 科 20 属 23 种、鸟类 15 目 44 科 108 属 185 种、爬行类 1 目 3 科 3 属 4 种、两栖类 1 目 2 科 3 属 3 种，包括国家一级重点保护动物 5 种、二级保护动物 18 种，以及青海省省级保护动物 21 种（徐守成等，2019）。

【受威胁和保护管理状况】2013 年 12 月，经国务院批准成立了青海大通北川河源区国家级自然保护区，沼泽位于自然保护区内。

大通北川河源沼泽（安雨 摄）

阿雅克库木湖沼泽（652824-330）

【范围与面积】阿雅克库木湖沼泽位于巴音郭楞蒙古自治州若羌县阿尔金山国家级自然保护区内，在青藏高原的最北端、阿尔金山和昆仑山之间，地理坐标为 36°55′36″ ～ 37°33′03″N、89°04′33″ ～ 90°34′12″E。区域内主要有阿尔金山阿雅克库木湖沼泽及阿尔金山伊阡巴达河土房子盐沼，湿地面积约为 48 153 hm²。阿雅克库木湖沼泽主要类型为柄状薹草（原变种）盐碱沼泽，海拔 3800 ～ 3900 m。伊阡巴达河土房子盐沼主要为盐碱沼泽，海拔 3880 ～ 3900 m。

【地质地貌】阿尔金山以前寒武纪的结晶岩和花岗岩及海西宁期的花岗岩为主，低山丘陵由二叠纪、三叠纪的沉积岩构成。阿雅克库木湖盆地西南部还有第三纪含盐地层出露。区域地貌属于青藏高原最北端的阿尔金山和昆仑山之间盆地。沼泽地貌类型为伊阡巴达河入阿雅克库木湖三角洲和湖滨地。地表为洪积、冲积物，湖东南部多以湖积物为主。

伊阡巴达河土房子盐沼的北边为卡尔塔阿拉南山，山体高 5500 m，山顶冰川覆盖。沼泽地貌类型为宗昆尔玛河汇入伊阡巴达河漫滩洼地。地表为冲积物。

【气候】沼泽区属温带大陆性干旱气候，年平均气温 –2 ～ 2℃，1 月平均气温 –8.5℃，7 月平均气温 27.4℃，极端最低气温 –40 ～ –35℃。终年可见霜雪，几乎没有夏天；年平均降水量 400 mm，降水日数 30 d，主要以固态形式降落。

【水资源与水环境】阿雅克库木湖是一个大型咸水湖。沼泽水源靠伊阡巴达河水和阿雅克库木湖水补给。地表积水泥泞，靠湖东部地表变干。伊阡巴达河土房子盐沼地势低洼，盐分富集，地表季节性积水。地下水位埋深 0 ～ 0.5 m，水化学类型为 $SO_4 \cdot Cl\text{-}Na \cdot Ca$ 型，矿化度 2 ～ 3 g/L。

【沼泽土壤】沼泽区土壤类型为盐化草甸沼泽土和盐化泥炭沼泽土。土壤冻结时间长，是岛状永久冻土分布区。

【沼泽植被】沼泽区植物为耐高寒、耐盐碱植物，植物群落以柄状薹草（原变种）为优势种，伴生种有驼绒藜、针茅、点地梅、西藏嵩草等，草高 15 ～ 30 cm，盖度 20% ～ 30%。

【沼泽动物】沼泽区有脊椎动物 2 纲 5 目 7 科 9 种。其中，鸟类 4 目 6 科 8 种，哺乳类 1 目 1 科 1 种。鸟类有黑颈鹤、藏雪鸡、秃鹫、环颈雉、绿头鸭、普通秋沙鸭、斑头雁、棕头鸥、渔鸥、白鹳、黑鹳、红脚鹬等 92 种。国家一级重点保护动物有野牦牛、蒙古野驴、双峰驼、藏羚、黑颈鹤、白鹤、黑鹳、中华秋沙鸭；国家二级重点保护动物有棕熊、马鹿、岩羊、猞猁、雪兔及多种鸟类。沼泽地处高寒，水草丰美，是水、涉禽重要的栖息地，也是高寒地区旅游和开展科学研究基地。

【受威胁和保护管理状况】沼泽区人烟稀少，沼泽生态环境基本处于自然状态，主要受到过度放牧的威胁。沼泽区于 1983 年建立阿尔金山自然保护区，1985 年晋升为国家级自然保护区，是我国保存较完整的自然保护区之一。

可鲁克湖－托素湖沼泽（632821-331）

【范围与面积】可鲁克湖－托素湖沼泽分布在乌兰县西部，地理坐标为 37°01′ ～ 37°21′N、96°44′ ～ 97°36′E，面积 50 338 hm²，为芦苇沼泽和芦苇沼泽化草甸。海拔 3000 m。

【地质地貌】可鲁克湖位于青藏高原柴达木盆地东端，北面有宗务隆山，南面地势稍高，中间形成德令哈盆地。可鲁克湖分布在北部，托素湖分布在南部，中间有一条宽约 3 km 的地带将两湖隔开。在可鲁克湖滨及其东部的巴音郭勒河下游谷地尕海周围，发育了大片芦苇沼泽及以芦苇为主的沼泽化草甸。

【气候】沼泽区属大陆性高原气候，年平均气温 3℃ 左右，7 月平均气温 16.7℃，1 月平均气温 –16℃，极端最高气温可达 33.1℃；日照时间长，年日照时数可达 3353.5 h，年辐射总量 7243.1 MJ/m²。年降水量 100 mm。无霜期一般为 84 ～ 99 d。

【水资源与水环境】可鲁克湖为一淡水湖，其水源除周围山脉渗透的地下水和降水外，主要来自东北面发源于宗务隆山的巴音郭勒河。托素湖为一封闭湖，由于蒸发强烈，湖水含盐量稍高，成为咸水湖，pH 7.90 ～ 8.10，矿化度 0.08 ～ 0.90 g/L。2015 年 7 月对青海地区可鲁克湖－托素湖沼泽进行了调查，各采样点水体理化性质见表 16-8。

表 16-8　可鲁克湖－托素湖沼泽水体理化性质

	EC/ (mS/cm)	TDS/ (mg/L)	Sal/ ppt	pH	ORP/ mV	DO/ (mg/L)	TP/ (mg/L)	TN/ (mg/L)	NO_3^--N/ (mg/L)	NH_4^+-N/ (mg/L)
平均值	2.60	1.79	1.99	8.50	−81.70	7.51	0.04	0.80	0.27	0.34
最高值	5.02	3.43	5.02	8.60	−29.0	10.42	0.05	0.81	0.37	0.45
最低值	1.39	0.98	0.76	8.40	−129.20	5.50	0.04	0.79	0.16	0.24

【沼泽土壤】沼泽区土壤类型包括腐殖质沼泽土、盐化草甸沼泽土和盐化草甸土。

【沼泽植被】芦苇沼泽主要分布在可鲁克湖的北岸及东南岸，面积较小，常形成单优势群落，外貌整齐，株高 1.5 ～ 2.5 m，最高可达 3 ～ 4 m，伴生植物有水麦冬、篦齿眼子菜、水葱、狐尾藻等，群落盖度 60% ～ 80%。在巴音郭勒河下游大部分为以芦苇为主的沼泽化草甸，伴生植物有假苇拂子茅、赖草、海韭菜、盐角草、碱蓬、海乳草、苦苣菜等，中间稍高处及周围还生长着白刺、柽柳、沙蒿等。地上部生物量

可鲁克湖－托素湖沼泽（安雨 摄）

为 1211.86 g/m^2。

【沼泽动物】沼泽区的鸟类主要有凤头潜鸭、赤嘴潜鸭、赤麻鸭、斑头雁、灰雁、白骨顶等，黑颈鹤、大天鹅、翘鼻麻鸭数量较少。棕头鸥等仅见于托素湖。

【受威胁和保护管理状况】1984 年经省政府批准，将此区列为水禽自然保护区。于 2000 年建立省级自然保护区，受德令哈市林业局管理，成立青海可鲁克湖－托素湖自然保护区管理局。沼泽主要受到沙化、盐碱化、放牧、渔业养殖等威胁。

塔什库尔干沼泽（653131-332）

【范围与面积】塔什库尔干沼泽位于新疆维吾尔自治区塔什库尔干塔吉克自治县，地处天山、昆仑山、喀喇昆仑山、喜马拉雅山和兴都库什山交会而成的东帕米尔高原上，地理坐标为 36°37′43″ ～ 37°42′13″N、74°46′05″ ～ 75°37′38″E，沼泽面积为 31 905 hm^2。

【地质地貌】沼泽区地势陡峻，平均海拔 4000 m 以上。在造山运动中，青藏高原的隆起使得此地冰冻、风化作用强烈，冰斗、冰斗山谷和冰川地貌广布。

【气候】沼泽区空气稀薄，日照充足，年平均气温 3.0℃，无霜期 70 d，属大陆性高原干旱荒漠气候。年降水量 63 mm，蒸发量高达 2571 mm；以固态降水为主，永久雪线高度阴坡为 4600 ～ 4700 m，阳坡为 4800 ～ 5000 m。

【水资源与水环境】沼泽区水源补给主要来自塔什库尔干河和红其拉甫河的汇流部分，河水进入河谷中的裂隙及泉水的出露在这一区域形成了大小不等的诸多沼泽区。

【沼泽土壤】沼泽区土壤类型主要有高山草甸土、高山草甸草原土和高山荒漠土。河谷中有草甸土和草甸沼泽土，海拔 3000 m 左右的河谷中则发育了泥炭沼泽土；由于高原上外营力侵蚀作用而多砾石，有机质含量较低。

【沼泽动物】沼泽区鸟类共 15 目 40 科 141 种，访问调查补充 7 目 14 科 17 种，占新疆维吾尔自治区鸟类的 35.54%，占全国鸟类的 11.14%。其中国家一级重点保护鸟类 5 种，分别为胡兀鹫、金雕、玉带海雕、黑鹳和黑颈鹤；国家二级重点保护鸟类 19 种，国家保护的有益或者有重要经济、科学研究价值的鸟类 91 种。世界自然保护联盟列为易危（VU）的物种有 3 种，分别为黑颈鹤、红头潜鸭和欧斑鸠（蔡新斌，2021）。

【受威胁和保护管理状况】沼泽区地势高，沟壑纵横，水源充沛，冰川广布，高山植被丰茂，发育有大面积间断分布的高原草场，加之环境闭塞，少受人群活动干扰，为各类动物生存繁衍提供了得天独厚的栖息环境。

阿其克库勒湖沼泽（652824-333）

【范围与面积】阿其克库勒湖沼泽位于若羌县南部，湿地面积约为 14 975 hm^2，地理坐标为 36°57′10″ ～ 37°09′49″N、88°02′27″ ～ 88°38′32″E。

【地质地貌】沼泽区为山区地貌，属羌塘高原东北部。

【气候】沼泽区属暖温带大陆性荒漠干旱气候，年平均气温 11.8℃，极端最高气温 43.6℃，1 月平均气温 −9.4℃，7 月平均气温 27.4℃，极端最低气温 −27.2℃；无霜期 189 ～ 193 d；年平均降水量 28.5 mm，年最大降水量 118.0 mm，年最小降水量 3.3 mm；年平均蒸发量 2920.2 mm，最大蒸发量

3368.1 mm；年平均日照时数 3103.2 h；最大冻土深度 96 cm。

【沼泽植被】沼泽区记录有湿地高等植物 1 门 9 科 18 属 34 种。以针茅、驼绒藜为优势种，伴生有尼泊尔蓼等。

【沼泽动物】沼泽区脊椎动物 2 纲 4 目 4 科 5 种。其中，鸟类 3 目 3 科 4 种，哺乳类 1 目 1 科 1 种。国家重点保护鸟类 1 种，为黑颈鹤。

【受威胁和保护管理状况】沼泽区建有阿尔金山国家级自然保护区，成立于 1983 年，是我国第一个以高原脆弱生态环境为主要保护对象的保护区。保护区东西长 360 km、南北宽 190 km，总面积 45 000 km²，平均海拔 4500 m；人烟稀少，生态环境基本处于自然状态。

青海湖沼泽（632224-334）

【范围与面积】青海湖沼泽位于刚察县、海晏县、共和县的青海湖北岸，地理坐标为 36°27′55″ ～ 37°15′28″N，99°33′55″ ～ 100°52′51″E，沼泽面积为 28 803 hm²，海拔 3185 m。

【地质地貌】青海湖是一内陆高原微咸水湖泊，由新构造运动断陷形成，近似菱形，平均水深 19.15 m，最深 28.70 m。湖区被山地环抱，北面为大通山，走向近东西，主峰高达 4200 m 以上，出露的岩层有前震旦系和震旦系变质岩、下古生界浅变质岩和花岗岩、中生界砂岩等。湖东面为日月山，高 4025 ～ 4832 m，走向北北西，由前震旦系片麻岩、花岗片麻岩、花岗岩及花岗闪长岩组成。湖区南面的青海南山呈北西西走向，可分为三段：西段由切十字大板（4025 ～ 4832 m）、中吾农山（3800 ～ 4300 m）和茶卡北山（4300 ～ 4700 m）组成三列平行的山脉，成为湖区与柴达木盆地的分水岭，出露的岩层有下古生界变质岩、二叠三叠系灰岩、变质砂岩、板岩，以及花岗岩、闪长岩、火山岩、变质砂板岩等；中段为塔温山、哈堵山和龙保欠山，海拔 4200 ～ 4500 m，由下古生界千枚岩、石英砂岩、片岩、片麻岩和花岗岩组成，成为湖区与共和盆地的分水界；东段为加拉山和蛙里贡山，海拔 3800 ～ 4000 m，由三叠系下部的浅变质岩组成，与野牛山共同组成湖区与贵德盆地的分水岭。上述山脉的分布，使青海湖形成独特的自然景观。湖区有大小河流 40 多条，如布哈河、乌哈阿兰河、沙柳河、哈里根河、倒淌河等，都属内陆封闭水系，大部分河流干流短小，且多为间歇性河，但雨季流量颇大。河流多分布在湖区的西、北部，流长、量大，南部则相反。这些河流在河口大都形成冲积扇，湖盆北缘倾斜平原带冲洪积扇宽可达 6 ～ 16 km，由几个大冲洪积扇连接而成；南缘倾斜平原带窄，一般只有 1 ～ 6 km，冲洪积扇沿湖岸分布。冲洪积扇主要由砾石组成，其次为砂，粉砂与黏土极少。有的大河形成三角洲，如布哈河在湖盆西部形成伸入湖中 13 km 长的三角洲，由于地势低平，在其南端发育了大片沼泽。另外，在湖北岸也发育了大片沼泽。

【气候】沼泽区属较高寒半干旱气候。年均气温 1.2℃，1 月平均气温 −12.7℃，7 月平均气温 12.4℃，11 月到翌年 3 月平均气温均在 0℃ 以下，湖面冻结，冰厚可达 0.5 m。多年平均降水量 371 mm，夏季雨量占全年总降水量的 2/3。年平均蒸发量为降水量的 3.8 倍左右。

【水资源与水环境】据估算，青海湖年蒸发水量 76.76 亿 m³，而年降水量入湖总径流量为 40.34 亿 m³，入不敷出，导致湖面下降，湖水含盐量逐渐增加。其水源补给为河水、扇缘潜水和湖水。

【沼泽土壤】沼泽土壤为草甸沼泽土、腐殖质沼泽土以及泥炭沼泽土。

【沼泽植被】沼泽植被主要类型有西藏嵩草群落、三裂碱毛茛 + 杉叶藻 - 篦齿眼子菜群落、圆囊薹草群落和华扁穗草群落。三裂碱毛茛 + 杉叶藻 - 篦齿眼子菜群落主要分布在青海湖北岸湖滨低洼的地方，地表常年积水，土壤多为泥炭沼泽土，伴生植物有狐尾藻、碱毛茛、沿沟草等，盖度 50%～75%。华扁穗草群落分布在布哈河三角洲南端和尕海附近，伴生植物有西藏嵩草、黑穗薹草、水麦冬、蕨麻、甘肃马先蒿、星状雪兔子、碱毛茛、驴蹄草、矮生嵩草、海韭菜等，盖度 80%～95%。圆囊薹草群落常镶嵌在华扁穗草沼泽中，常见的伴生植物有黑穗薹草、粗喙薹草、矮生嵩草、草地早熟禾、小灯心草、海韭菜、展苞灯心草、长花马先蒿、珠芽蓼、圆穗蓼、矮泽芹等，盖度 80%～90%。积水处以芦苇、水葱为主，主要伴生植物有西藏报春、矮生嵩草、广布小红门兰、假水生龙胆、蒲公英、马蔺等。地上部生物量为 953.40 g/m^2。

【沼泽动物】2014 年 8 月青海鸟种记录增加至 222 种，分属于 14 目 35 科，总数在 16 万只以上，主要有斑头雁、棕头鸥、渔鸥、普通鸬鹚。此外有凤头潜鸭、赤麻鸭、普通秋沙鸭、鹊鸭、白眼潜鸭、斑嘴鸭、针尾鸭、大天鹅、蓑羽鹤、黑颈鹤等。2017 年青海湖生物多样性综合监测野外调查工作数据显示，青海湖 23 个水鸟栖息地共记录到水鸟 44 种 3.9 万余只，育幼夏候鸟种数呈"双升"趋势。2021 年 7 月，青海湖国家级自然保护区管理局在进行夏季水鸟监测中，首次观测到灰头麦鸡。湖中鱼类资源丰富，主要有青海湖裸鲤、硬刺高原鳅、隆头高原鳅。青海湖裸鲤种群数量巨大，随着时间推移，裸鲤产量呈逐年下降趋势。裸鲤每年 6～7 月洄游源流河中产卵，为食鱼鸟提供了丰富的食物条件。

【受威胁和保护管理状况】沼泽区于 1975 年建立了青海湖保护区，保护面积扩大到环湖所有湿地水域。1992 年青海湖鸟岛自然保护区列入《国际重要湿地名录》。1997 年晋升为国家级自然保护区，受青海省人民政府管理，成立青海湖国家级自然保护区管理局。保护区有研究设施，以及人工饲养繁殖场、半地下式的观鸟室，供研究、观光所用。青海湖是青海省的重要渔业基地，盛产湟鱼（裸鲤），沼泽湿地和周围的草甸生长丰富的牧草可供放牧。湿地受到污染、过度捕捞、沙化等威胁。

青海湖沼泽（安雨 摄）　　　　青海湖沼泽（文波龙 摄）

柴达木盆地南部沼泽（632801-335）

【范围与面积】柴达木盆地南部沼泽位于柴达木盆地南部，地理坐标为 36°00′～37°24′N、95°58′～97°52′E，主要为芦苇沼泽，面积为 255 513 hm^2，海拔 2680～2730 m。

【地质地貌】柴达木盆地南部有博卡雷克塔格山，西南面为布尔汗布达山，发源于山区的众多河流在汇入盆地过程中，绝大部分蒸发、渗漏，变成无尾河或时令河，只有少数几条较大的河流注入盆地的一些湖泊。另外，在山麓地带地下水广泛出露形成涌泉。盆地内湖泊较多，较大的有达布逊湖、北霍鲁逊湖、南霍鲁逊湖、东台吉乃尔湖、西台吉乃尔湖、甘森泉湖、涩聂湖等。由于气候干燥，蒸发强烈，地表盐分聚积，形成盐壳、盐沼或裸露的盐碱地，湖泊均为盐湖。只在盆地南部及沿河两岸广泛发育了芦苇沼泽化草甸、芦苇沼泽。在东台吉乃尔河、乌图美仁河还发育了西藏嵩草沼泽。

【气候】根据沼泽区附近的格尔木市气象站资料，年平均气温 4.2℃，1 月年平均气温 −12℃，7 月平均气温 17.6℃，极端最低气温 −33.6℃，极端最高气温 33.1℃；多年平均降水量为 388 mm；蒸发强烈，年蒸发量高达 2801.5 mm。

【水资源与水环境】2015 年 7 月对柴达木盆地南部沼泽进行了调查，各采样点水体理化性质见表 16-9。

表 16-9　柴达木盆地南部沼泽水体理化性质

	EC/(mS/cm)	TDS/(mg/L)	Sal/ppt	pH	ORP/mV	DO/(mg/L)
平均值	16.25	10.87	11.62	8.49	−69.91	5.23
最高值	159.8	104.8	131.30	8.69	−23.8	10.20
最低值	0.12	0.09	0.02	8.20	−342.1	1.80

【沼泽土壤】沼泽区土壤为盐化草甸沼泽土和腐殖质沼泽土。

【沼泽植被】沼泽植被主要为芦苇群落，常呈纯群落分布，也有其他植物混生而以芦苇为建群种组成不同结构的群落。芦苇沼泽中，常见的伴生种有水麦冬、水葱、篦齿眼子菜、三棱水葱等；芦苇沼泽化草甸常见的伴生种有假苇拂子茅、赖草、海韭菜、盐角草、碱蓬、苦苣菜、蒲公英、海乳草等；群落盖度在 35% ～ 90%。在河流的部分地段，因河水中含盐量减少，pH 降低，发育了西藏嵩草沼泽，伴生植物有华扁穗草、矮生嵩草、碱毛茛、驴蹄草、三棱水葱、海韭菜等。地上部生物量为 1106.8 g/m^2。

【沼泽动物】沼泽区水鸟种类多，数量大，有斑头雁、灰雁、赤麻鸭、棕头鸥、渔鸥的繁殖种群，黑颈鹤也在此区繁殖。同时，沼泽区也是一些迁徙鸟类的驿站，如灰鹤、蓑羽鹤等，每逢春秋，在北

柴达木盆地南部沼泽（安雨 摄）

上南下的过程中都在这里歇脚。河流中有丰富的鱼类，并散放有麝鼠。

【受威胁和保护管理状况】沼泽区无保护措施。当前存在的环境问题是：降水少、蒸发强烈，湖泊正处在不断干涸中，整个地区正持续经历着自然沙化。

茶卡盐湖沼泽（632821-336）

【范围与面积】茶卡盐湖沼泽位于青海乌兰县。茶卡在蒙语、藏语中均意为"盐湖"，又名达布逊淖尔高原。地处青海湖西 56 km、都兰湖东 47 km。其地理坐标为 36°33′00″ ～ 36°50′00″N、98°55′00″ ～ 99°17′00″E。沼泽总面积为 10 128 hm²。

【地质地貌】茶卡盐湖位于柴达木盆地的最东段、茶卡盆地西部、祁连山南缘新生代拗陷的自流小盆地内，南面有鄂拉山，北面为青海南山与青海湖相隔，茶卡盐湖夹在祁连山支脉完颜通布山和昆仑山之间，常年积雪。

【气候】茶卡盐湖地处半干旱荒漠区，气候干旱、温凉，年平均气温 4℃，1 月平均气温 –12.2℃，7 月平均气温 19.6℃；年平均降水量 210.4 mm，年蒸发量 2000 mm，年平均相对湿度 45% ～ 50%，常刮西北风，平均风速 3 m/s，为高原大陆性气候。

【水资源与水环境】沼泽区水源主要来自地表径流和集水区涌出的泉水。湖区有泉水 80 多处。流入湖区的地表径流为断断续续的短流，有茶卡河、莫河、小察汗乌苏河等。湖中富含矿物质，含有40 多种卤水化学成分，是中国无机盐工业的重要瑰宝。湖水密度 1.218 g/cm³，pH 6.8，盐度155.83‰，属于镁硫酸盐亚型盐湖。

【沼泽土壤】沼泽土壤以沼泽土、草甸土为主。

【沼泽植被】沼泽区水生生物较少，主要为草本植物，其中早熟禾和嵩草为优势种。

【沼泽动物】沼泽区存在濒危物种茶卡高原鳅。

【受威胁和保护管理现状】沼泽区受到旅游等人为活动的干扰，目前沼泽呈现一定程度的退化。

茶卡盐湖沼泽（文波龙 摄）

诺木洪沼泽（632800-337）

【范围与面积】诺木洪位于柴达木盆地南部，属荒漠脆弱生态区，地理坐标为 36°22′59″ ～ 36°40′12″N、95°58′12″ ～ 96°26′24″E，面积为 93 474 hm²。

【地质地貌】沼泽区整体地势呈南高北低的特点，接近盆地中心地区，地形相对平缓。

【气候】沼泽区气候属凉温极干旱类型，四季分明。

【水资源与水环境】沼泽区地表水文网发育，河流有柴达木河、诺木洪河及流经沼泽地带的田格里河（下游称为努尔河）三条河流，总集水面积约为 16 000 km²，年径流总量 5.5 亿 m³。在山地基岩分布地带，岩层节理、裂隙比较发育，赋存于基岩裂隙水中。在一般情况下，这种基岩裂隙水在山地即以泉水方式汇入深切河谷中。在洪积倾斜平原与洪积扇边缘带上有洪积砾石层潜水，洪积倾斜平原与湖积平原的交错带上，有洪积−湖积层潜水和湖积平原承压自流水，其总量为 1.413 亿 m^3。上述地下水流经细土带，由于受地貌与地层结构的控制，阻碍了正常径流，地下浅层水开始溢出，深层水有一部分在其压力水头作用下，在地层脆弱部位也上升到地表，与浅层泄出水在田格里河地区汇集成线状排列的上升泉和串珠状水塘（王恒山等，2004）。

【沼泽土壤】沼泽区地表被长期浅水所覆盖，土壤经常处于水饱和状态，形成大面积的沼泽盐土、草甸盐土和沼泽土。

【沼泽植被】沼泽区具有代表性的种子植物有 20 余种，如芦苇、薹草、西伯利亚蓼、篦齿眼子菜、杉叶藻、碱毛茛、海韭菜等。以芦苇为典型代表的沼泽类型，成为区内优势植物群落，植物种类也最为丰富。组成湿地植物种类数量最多的为禾本科，其次为莎草科、毛茛科等。

【沼泽动物】沼泽区是许多高原珍稀野生动物，特别是许多珍稀鸟类、鱼类和两栖类赖以生存的主要环境。盐生沼泽草甸是多种水禽和涉禽重要的栖息地及繁殖地，为鸟类食物生产以及筑巢、繁殖后代提供了必要的条件。诺木洪沼泽常见且重要的鸟类有黑颈鹤、大天鹅、灰鹤、灰雁、赤麻鸭、大白鹭、绿头鸭、赤膀鸭、翘鼻麻鸭、赤嘴潜鸭等。其中有些为国家级保护野生动物，如黑颈鹤、大天鹅、灰鹤、蓑羽鹤等。

【受威胁和保护管理状况】沼泽区无明显人为干扰。

和田西昆仑沼泽（653227-338）

【范围与面积】和田西昆仑沼泽位于昆仑山北麓新疆和田地区民丰县，湿地面积约为 861 hm^2，地理坐标为 36°04′25″ ～ 36°08′59″N、82°35′47″ ～ 82°43′57″E。

【地质地貌】沼泽区地处昆仑山北麓、塔克拉玛干沙漠南缘。地势南高北低。沼泽区地貌主要由南部的昆仑山地及北部的冲积扇平原构成。

【气候】沼泽区属典型的温带荒漠性气候。各季节气温变化大，年平均气温变化较稳定，年降水量 30.5 mm，年蒸发量 2756 mm，无霜期 194 d，全年日照 2842.2 h。

【沼泽植被】沼泽区植被稀疏，均为高原草本植物，有薹草、早熟禾、海乳草、水麦冬、车前、草木犀等。

【沼泽动物】沼泽区脊椎动物 4 纲 10 目 12 科 18 种。其中，鱼类 1 目 1 科 3 种，两栖类 1 目 1 科 1 种，鸟类 6 目 8 科 12 种，哺乳类 2 目 2 科 2 种。沼泽区是藏羚羊的重要繁殖地，同时有国家重点保护鸟类 2 种，分别为黑鹳和黑颈鹤。

【受威胁和保护管理状况】沼泽区建有西昆仑藏羚羊自然保护区，于 2004 年建立，受和田地区林业局野生动植物保护管理办公室管理；主要受到采金、开矿、挖药、挖卤虫的威胁。

贵德黄河沼泽（632523-339）

【范围与面积】贵德黄河沼泽位于青海省海南藏族自治州贵德县，距贵德县城河阴镇 1.5 km，地处黄河上游龙羊峡水电站和李家峡水电站之间，距省会西宁市 114 km。地域范围东起尕让乡阿什贡村，西至拉西瓦水电站，南到河西镇莫曲沟上瓦家电站，北达河西镇拉茇盖村河西林场界，地理坐标为 36°1′00″ ～ 36°8′00″N、101°16′00″ ～ 101°35′00″E，沼泽面积为 857 hm^2。

【地质地貌】由于河流的切割和冲刷作用，区内形成三河（河东、河阴、河西）河谷盆地，在其独特的地理和自然环境作用下，形成了溶蚀地貌和丹霞地貌。

【气候】沼泽区气候夏季凉爽，冬季寒冷，日温差较大，年温差小，年平均气温 7.2℃，年日照时数达 2928 h，多年平均降水量约为 242.6 mm，主要集中在 7 ～ 9 月，属于典型的高原大陆性气候。

【水资源与水环境】由于黄河进入贵德前流经的大多是基岩峡谷，带入黄河泥沙含量较小，通过龙羊峡、拉西瓦水库的层层过滤，加之贵德盆地良好的植被等因素的综合作用，黄河贵德段清澈湛蓝。

【沼泽植被】沼泽区水生植物以大面积的芦苇和香蒲为主。

【沼泽动物】沼泽区常见的鸟类有赤麻鸭、白鹭、鸳鸯、普通鸬鹚等，春夏时节，常有大天鹅、丹顶鹤等成群光临。河流两岸乔灌木林中栖息着喜鹊、苍鹰、大杜鹃、环颈雉、大嘴乌鸦、山斑鸠、石鸡、云雀、麻雀等。

【受威胁和保护管理状况】沼泽区水体保护：保护以黄河为主的水体与水网形态，改善水质；生物多样性保护：保护国家和地方重点保护动物的繁殖地、停歇地、栖息地，保护植物物种及其生长环境；土地资源保护：保护现有土地资源，提高土地资源的利用效率；湿地地形地貌保护：保护湿地相对负地形以及黄河湿地特有的地形（王丽蕊，2013）。2007 年黄河河漫滩沼泽建立了黄河清国家湿地公园。

贵德黄河沼泽（文波龙 摄）

黑石北湖沼泽（542526-340）

【范围与面积】黑石北湖位于阿里地区改则县，地处改则县西北部、昆仑山南麓，为一内陆咸水湖。地理坐标为 35°30′00″ ～ 35°39′00″N、82°34′48″ ～ 82°52′12″E，湖面海拔 5048 m，面积为 496 hm^2。

【地质地貌】沼泽区地处南羌塘高湖盆区，均为高山河谷地带，无平原。山势平缓，地形由西北向东南倾斜。

【气候】沼泽区属高原亚寒带干旱高原季风性气候。干旱，多大风，昼夜温差大，日照时间长。年平均气温 –0.2℃。年平均日照 3168 h。年平均风速 4.3 m/s，最大风速 36 m/s，年出现 17 m/s 的大风日数平均为 46 d。年均降水量 189.60 mm，年极端降水量最大 295.8 mm，年极端降水量最小 84.5 mm，年降雪日 60 d 左右。

【水资源与水环境】沼泽区分布有大量冰川，以及河流（均为内流河）、湖泊、温泉和丰富的地下水。冰川水质良好，是沼泽区河流、湖泊、泉水的重要补给源。

甘加－桑科沼泽（623027-341）

【范围与面积】甘加－桑科沼泽位于甘南藏族自治州夏河县甘加镇以北。地理坐标为 35°25′59″ ～ 35°34′00″N、102°31′00″ ～ 102°41′00″E。沼泽总面积为 3834 hm²。海拔为 2940 ～ 2970 m。

【地质地貌】沼泽区大地构造属于秦岭东西向构造带的西段，为秦岭地槽的一个分支。沼泽区所在区域属于陇南山地及陇南山地过渡地带以西，是青藏高原东北部边缘的一部分。地势呈微有起伏的宽缓岗丘及浅平洼地。

【气候】沼泽区属高寒湿润气候。多年平均气温 1.9℃，1 月平均气温 –9.6℃，7 月平均气温 12.9℃。年平均降水量 346 mm，年平均降水日数为 75 d，降雨集中在每年 8 ～ 9 月，8 月最多。生长期年平均 183 d，无霜期年平均 173 d，最长达 208 d，最短为 154 d。年平均日照时数 2920 h，0℃ 以上持续期 199 d（李立国，2016）。

【水资源与水环境】沼泽区水源补给方式为河流（人工辅助河流）和大气降水等综合方式补给，沼泽区主要为季节性淹没。水深 0.1 ～ 1 m，蓄水量 0.14 亿 m³。pH 为 8.33 ～ 8.52，氨氮为 0.03 ～ 0.82 mg/L，ORP 为 49.80 ～ 112.50 mV，溶解氧为 4.46 ～ 15.00 mg/L，电导率为 370 ～ 487 S/m，氯化物为 1.65 ～ 1.98 mg/L，盐度为 0.20 ～ 0.25 ppt，总溶解固体为 0.27 ～ 0.34 g/L。

【沼泽土壤】沼泽区土壤类型主要有沼泽土和泥炭土。土壤容重为 1.342 ～ 1.987 g/cm³，有机碳含量为 2.96% ～ 9.85%。

【沼泽植被】沼泽区植物群落主要有草地早熟禾群系、针茅群系、白花枝子花群系、芨芨草群系、野燕麦群系、垂穗披碱草群系、早熟禾群系、杉叶藻群系、马蔺群系、华扁穗草群系。

【沼泽动物】沼泽区有国家一级重点保护鸟类黑颈鹤、国家二级重点保护动物水獭等。其他动物，如灰雁、斑头雁、绿头鸭、赤麻鸭、长嘴百灵、红脚鹬、小云雀、黄头鹡鸰也广泛分布。

【受威胁和保护管理状况】沼泽区保护状况良好，但也存在轻度破坏，主要有放牧、道路建设、旅游等。

美仁东南部沼泽（623001-342）

【范围与面积】美仁东南部沼泽位于甘南藏族自治州合作市佐盖多玛乡东南 10 km。地理坐标为 34°52′00″ ～ 35°11′53″N、103°07′37″ ～ 103°24′36″E。沼泽面积为 28 304 hm²。海拔 3501 m。

【地质地貌】沼泽区大地构造属于秦岭东西向构造带西段，为西秦岭地槽的一个分支。沼泽所处的地貌类型为沟源洼地和古夷平面洼地。

【气候】沼泽区属高寒湿润气候，年平均气温 2.6℃，1 月平均气温 –9℃，极端最低气温 –26.7℃；

7月平均气温 12.8℃，极端最高气温 28.4℃。≥ 0℃积温 1809.9℃，持续 213 d。年平均降水量 516 mm。全年日照时数为 2300 ～ 2400 h。

【水资源与水环境】沼泽水源靠地表水、雪水及大气降水补给。沼泽地表积水，水质良好，皆为淡水，非洪期无色、无味、透明，pH 为 8.15 ～ 9.13，属弱碱性。地下水化学类型为 HCO_3-Ca、HCO_3-Ca·Mg 和 HCO_3-Mg 型。美仁东南部沼泽地表水体理化性质见表 16-10。

表 16-10 美仁东南部沼泽地表水体理化性质

水深/cm	pH	ORP /mV	溶解氧/(mg/L)	电导率/(μS/cm)	盐度/ppt
15～150	8.15～9.13	63.6～139.4	7.7～13.3	27.5～459	0.13～2.17

【沼泽土壤】沼泽区土壤类型有草甸沼泽土和泥炭土。泥炭土发育在古夷平面洼地部分，泥炭土层厚度 80 ～ 220 cm，最厚为 400 cm，泥炭储量约为 4134.82 万 t。剖面特征是：5 ～ 145 cm 为褐色的泥炭层；145 ～ 155 cm 为粉砂质黏土潜育层。

泥炭土剖面理化性质见表 16-11。

表 16-11 美仁东南部沼泽泥炭土剖面理化性质

采样深度/cm	pH	有机质/%	全氮/%	全磷/%	全钾/%	吸湿水/%	发热量/(J/g)
10～95	3.72	46.86	1.67	0.052	1.09	9.81	10 239.73
95～180	4.49	59.26	1.91	0.049	0.68	12.95	12 886.97
205～245	5.21	34.90	1.85	0.050	0.73	12.16	12 832.54

【沼泽植被】沼泽区植物群落以华扁穗草、垂穗披碱草、扭旋马先蒿、苞芽粉报春、木贼、灯心草、西南琉璃草、金露梅、早熟禾、高山嵩草、线叶嵩草和碱毛茛为优势种。地上生物量为 608 ～ 1048 g/m^2，均值 878 g/m^2。与第一版《中国沼泽志》相比，本次调查未记录到狭舌垂头菊、大花嵩草、花莛驴蹄草、刺芒龙胆、矮泽芹、大花龙胆、灯心草、发草、西藏嵩草、甘肃嵩草、沿沟草等。

泥炭土孢粉剖面以 70 cm 为界划分为如下两个花粉带。

Ⅰ带　70 ～ 155 cm　木本花粉中云杉和松属含量均达剖面的最高峰（分别为 51.1% 和 35.6%），冷杉含量较低，有少量阔叶树；草本花粉中薹草占 13.4% ～ 37.3%，还有少量嵩草、蒿属、藜科、蓼科、毛茛科、菊科及眼子菜科等；蕨类植物有木贼科和水龙骨科，构成常绿针叶林亚高山草甸。130 cm 处测得 ^{14}C 年龄为距今 4485 aBP±90 aBP，属中全新世晚期，气候温和而稍湿。

Ⅱ带　0 ～ 70 cm　云杉和松属含量下降，冷杉为 74.3%，桦属、栎属等阔叶树有少量增长；草本层中仍以薹草含量较高，但不稳定。藜科、菊科、毛茛科、蓼科均增加，构成片状常绿针叶林亚高山草甸夹小片灌丛，显示出气候转冷而稍干，属全新世晚期。泥炭中植物残体以薹草、嵩草为主，为富营养型草本泥炭。

【沼泽动物】沼泽区鸟类有黑颈鹤、赤麻鸭、绿头鸭、白眼潜鸭、红脚鹬、白腰草鹬、长嘴百灵、角百灵、小云雀、黄头鹡鸰等。兽类主要是水獭。

美仁东南部沼泽（马牧源 摄）

邦达错沼泽（542524-343）

邦达错，又名雅尔错，是一个咸水湖，位于西藏自治区西部阿里地区日土县，地处日土县北部、郭扎错以东，呈椭圆形。地理坐标为 34°53′24″ ～ 35°1′12″N、81°27′36″ ～ 81°40′48″E，面积为 568 hm²，湖面海拔 4902 m。沼泽区气候干燥而严寒，在南坡高原面甜水海处（海拔 4900 m），年降水量仅 20.6 mm，在北坡山麓和田（海拔 1326 m），年平均降水量 35 mm，年均气温高原面上在 –5℃ 以下，到雪线处可达 –13.9℃ 左右（海拔 6000 m 左右），由于高大的山势和严寒的气候条件，这里成为青藏高原现代冰川最为发育和集中的山地之一。邦达错流域有冰川 90 条，面积为 170.34 km²，冰储量为 15.55 km³，加上积雪面积，水源相当丰富。沼泽区通过饮水河接受其西南部窝尔巴错的潟水。每当暖季，冰雪融水汇成滔滔洪流注入湖中，湖泊水位明显升高。

达久塘沼泽（623027-344）

【范围与面积】达久塘沼泽位于甘南藏族自治州夏河县桑科镇达久塘滩地。地理坐标为 34°37′26″ ～ 34°58′00″N、102°00′00″ ～ 102°17′07″E。沼泽面积约为 16 234 hm²。海拔 3400 ～ 3550 m。

【地质地貌】沼泽区大地构造属于秦岭东西向构造带西段，为西秦岭地槽的一个分支。沼泽所处的地貌类型为山间河谷底部的河漫滩、沟源洼地等，属泥炭沼泽，泥炭基底为河流相或洪积相沉积。

【气候】沼泽区位于温带干旱半干旱沼泽湿地区，属温带高寒湿润气候。沼泽区年平均气温 2.6℃，1 月平均气温 –9℃，极端最低气温 –26.7℃，7 月平均气温 12.8℃，极端最高气温 28.4℃。≥ 0℃积温 1809.9℃，≥ 5℃积温 1564℃。年平均日照时数 2300 ～ 2400 h，年平均降水量 516 mm，桑科镇多年平均降水量为 429 mm。

【水资源与水环境】沼泽水源补给主要靠周围山区降水汇流、冰雪融水和地下水。地表水水质良好，皆为淡水，非洪期无色、无味、透明，地下水化学成分比较单一，属重碳酸盐型淡水，矿化度 0.15 ～ 0.6 g/L，pH 一般在 7.2 ～ 7.8，属中性至弱碱性，水化学类型为 HCO_3-Ca 或 HCO_3-Ca·Mg 型。

【沼泽土壤】沼泽区土壤类型有沼泽土和泥炭土，本区泥炭资源丰富，泥炭层厚 70 ～ 200 cm，最厚 355 cm，地质贮量 2318.86 万 t。泥炭土剖面特征如下。

0～40 cm 为草根腐殖质层。

40～120 cm 为棕褐色泥炭层，碎纤维状结构，纤维含量为 49.1%。

120～200 cm 纤维含量为 48.34%，中分解，上下部分解变化不大，为富营养型薹草＋嵩草泥炭层。

200～260 cm 为浅褐色粉砂黏土，潜育层。

泥炭土理化性质见表 16-12，泥炭中的植物残体为薹草和嵩草。

表 16-12　达久塘沼泽泥炭土理化性质

采样深度/cm	pH	吸湿水/%	有机质/%	全氮/%	全磷/%	全钾/%	发热量/(J/g)
70～205	6.21	9.77	40.06	1.33	0.073	1.41	8 804.80
205～305	6.31	11.52	49.95	1.63	0.070	1.04	11 423.78
305～405	5.97	13.86	43.89	1.51	0.062	0.95	10 190.67

【沼泽植被】沼泽区植被地上生物量为 748～1108 g/m²，均值为 924 g/m²。植物群落以垂穗披碱草、大花嵩草、甘肃嵩草为优势种，以华扁穗草和三裂毛茛为亚优势种，总盖度 60%～95%；伴生植物有蕨麻、麻花艽、绿花梅花草、银叶火绒草、田葛缕子、细裂亚菊、平车前、小藜、碎米蕨叶马先蒿、甘松、毛茛、蒲公英、草地早熟禾、委陵菜、小叶金露梅、管状长花马先蒿、黄花棘豆、条叶垂头菊、蓝白龙胆、鼠掌老鹳草、偏翅龙胆、拟鼻花马先蒿、火绒草、刺芒龙胆、喉毛花、四川马先蒿、黄帚橐吾、西伯利亚蓼等。与第一版《中国沼泽志》相比，本次调查未记录到发草、车前状垂头菊、大花龙胆、矮泽芹、三脉梅花草等。

【沼泽动物】黑颈鹤生活在海拔 2500～5000 m 的山地高原沼泽区。黑颈鹤在青藏高原沼泽区繁殖，到雅鲁藏布江河谷和云贵高原越冬。据调查，在沼泽区活动的鸟类有 60 余种，除黑颈鹤外，还有黑鹳、灰鹤、斑头雁、大天鹅、赤麻鸭、绿翅鸭、绿头鸭、红脚鹬、角百灵、长嘴百灵、小云雀、黄头鹡鸰等。动物主要是水獭，为国家二级重点保护野生动物。

【受威胁和保护管理状况】沼泽区目前是畜多草少。建议对沼泽草场加强管理，健全管理制度。防止沼泽草场退化，实行合理的轮牧制度，采取围栏围封作为割草场。采用集中管理和分户承包结合，科学使用沼泽草场，既能利用沼泽资源发展畜牧业，又能保持生态环境不受破坏，达到经济、社会和生态效益俱佳的目的。

达久塘沼泽（马牧源 摄）

洮河沼泽（623000-345）

【范围与面积】洮河沼泽位于洮河国家级自然保护区内，地理坐标为 34°10′05″ ～ 34°42′12″N、102°46′01″ ～ 103°44′40″E，沼泽面积为 3701 hm²。沼泽区处于青藏高原和黄土高原过渡地带，海拔1100 ～ 4900 m，大部分地区在 3000 m 以上。

【地质地貌】沼泽区所在的甘南分为三个自然类型区：南部为岷迭山区，东部为丘陵山地，西北部为广阔的草甸草原。

【气候】沼泽区所处的甘南地处高原，常年气温较低，年平均气温只有 4℃。高原天气多变，经常风雨骤至，昼夜温差大，日照强烈。

【水资源与水环境】洮河是黄河的一级支流，是甘肃省五大水系之一。洮河发源于甘肃、青海两省交界处的西倾山东麓，流经甘肃省的 11 个县（市），区内洮河年平均总径流量 44.02 亿 m³，注入黄河刘家峡水库。

【沼泽土壤】沼泽区土壤类型以粉黏土为主，其次是壤土、粉黏壤土和粉壤土，粉土和砂土最少。

【沼泽植被】沼泽区主要植物有杠柳、小叶杨、沙棘等（李群等，2022）。

【沼泽动物】沼泽区野生动物资源十分丰富，有国家重点保护野生动物 61 种，国家一级重点保护动物有斑尾榛鸡、金雕、黑颈鹤、胡兀鹫、黑鹳、西藏山溪鲵等 12 种。国家二级重点保护动物有水獭、兔狲、苍鹰、环颈雉、藏雪鸡、蓝马鸡、蓑羽鹤、大天鹅、血雉、鬼鸮等 23 种。另外根据资料证明，在洮河林区有世界珍稀鸟种灰冠鸦雀栖息在洮河南岸低山灌丛地带（李明亮，2019）。

【受威胁和保护管理状况】2016 年 12 月 30 日，经国家林业局批复，临洮洮河国家湿地公园开展试点建设工作，规划区总面积 811 hm²，全长 25.5 km。湿地公园的试点建设，将保护洮河湿地资源列上重要议事日程，针对存在的问题，临洮县按照"全面保护、科学修复、合理利用"的原则，以恢复湿地自然生态系统为目的，采取自然修复和工程措施相结合的办法以保护修复洮河湿地（马世义，2021）。

第二节　藏北－羌塘高原沼泽区

藏北－羌塘高原沼泽区位于青藏高原中部，为高原最大的内流区，亦为中国第二大湖区。沼泽区西起国境线，东迄若尔盖高原沼泽区，北界昆仑山，南抵冈底斯－念青唐古拉山脉，平均海拔约 5000 m，绝对海拔大，相对高差小，地势开阔，起伏平缓。南北最宽处约 760 km，东西长达1200 km，面积约为 59.7 万 km²，占青藏高原总面积的 25%，多数为无人区。行政区域上属西藏自治区的那曲与阿里两地区，北部还涉及新疆巴音郭楞蒙古自治州、和田地区南缘昆仑山以南的部分区域。

沼泽区是世界上海拔最高的内流区，流域集水面积小，大部分地区地表径流匮乏，河网稀疏，且多季节性河流。高原上湖泊星罗棋布，是著名的高海拔湖群区。羌塘高原河流稀少，多为时令性河流，均流入湖泊或消失在干涸的湖盆中。较大的常流河多集中在降水稍多、冰雪融水补给较丰的南部地区，如扎加藏布、波仓藏布、措勤藏布等，在夏季的流量均不超过 60 m³/s。故羌塘高原地表径流少，淡水资源匮乏。

沼泽区气候寒冷而干燥，年平均气温大都在 0℃以下，高原的西北边缘属寒带气候，年平均气温可低至 –6℃以下；最暖的 7 月平均气温：南羌塘海拔 4200 ～ 5000 m 的亚寒带为 6 ～ 10℃，局部地区可达 12℃；北羌塘海拔 5000 m 以上的寒带地区为 3 ～ 6℃；最冷月平均气温在 –10℃以下。暖季的日最低气温可达 –18 ～ –1℃，而冷季的最低气温可达 –40℃。沼泽区年均降水量 50 ～ 300 mm，其中 80% 以上集中于 6 ～ 9 月，干湿季分明，但多为雪、霰、雹等固态降水形式。降水自东南向西北递减。冬春多大风，风力强，频度高。

沼泽区土壤以高山草原土与高山荒漠草原土为主，其剖面分化差，含石砾多，黏粒少，钙积或积盐过程较明显，并常有风蚀现象与冻融特征。沼泽区是世界上中低纬度带多年冻土最厚、分布面积最广的地区，多年冻土面积约 150 万 km²，占我国多年冻土总面积的 70%。高原腹部和西部多年冻土最发育，为大片连续多年冻土区，随着地势向东和向南变低，逐渐过渡为岛状多年冻土区。

沼泽类型与面积见表 16-13。草本沼泽常见建群种包括西藏嵩草、高山嵩草、华扁穗草、赤箭嵩草、杉叶藻、青藏薹草、海韭菜、碱毛茛、喜马拉雅嵩草、菖蒲、高山薹草和高原嵩草。

表 16-13　藏北-羌塘高原沼泽区沼泽类型与面积

分区	类型	面积/×100 hm²
藏北-羌塘高原沼泽区	草本沼泽	4931.2
	灌丛沼泽	82.3
	森林沼泽	22.7
	内陆盐沼	2361.1
	沼泽化草甸	38 559.1

沼泽湿地主要发育在平缓的沟谷、山间盆地、山谷阴坡缓地和阶地、河漫滩、湖滨等地。泥炭沼泽主要分布在东部、东南部、南部等水分条件较好的区域，特征鲜明但是分布面积不大；潜育沼泽往往分布在藏北高原的高寒地区，多与冰川、融雪等冰原遗迹有关。区域内人类活动较少，沼泽湿地受人为影响较小，主要面临问题为气候变化。

可可西里沼泽（632724-346）

【范围与面积】青藏高原的可可西里地区，辖区范围为昆仑山以南、唐古拉山以北，东至青藏公路 109 线，西至西藏和青海省（自治区）界，属于横跨青海、新疆、西藏三省（自治区）之间的一块高山台地。行政区域涉及玉树藏族自治州治多县，主要湿地类型为沼泽湿地和湖泊湿地（主要为咸水湖泊）。地理坐标为 34°19′ ～ 36°17′N，89°24′ ～ 94°05′E，平均海拔为 4500 m 以上，面积 226 065 hm²，主要包括可可西里湖、卓乃湖、乌兰乌拉湖等内流沼泽区域。

【地质地貌】可可西里地区的沼泽资源富集，国家重要湿地卓乃湖沼泽、库赛湖沼泽和多尔改错沼泽等均位于沼泽区。由于地处青藏高原核心部位高原平台的东北部，地势高亢，海拔较高，最高峰为北缘的昆仑山布喀达坂峰，最高海拔 6860 m，最低海拔 4200 m。区内中部较低缓，具有西部高东部低的地势特点，基本地貌类型除南北峰山地为大中起伏的高山和极高山外，大部分地区由小起伏的高山、高海拔丘陵、台地和平原组成，其辖区内山地起伏和缓，河谷盆地宽坦，是现今青藏高原保存最为完整的地区。

【气候】沼泽区属青藏高原大陆性气候，其特点是温度低、降水少、大风多、区域差异大，因海拔的差异而不同，大部分地区温度较低，区内年平均气温由东南向西北逐渐降低，全年平均气温 –7℃，最低气温 –46.4℃，最冷月为 1 月，最热月为 7 月。年降水量 173 ～ 849 mm，5 ～ 9 月降水量占全年的 90% 以上，由于复杂的下垫面对其上空气的加热作用，空气层结不稳定，易导致热对流，引起阵性降水；同时，还由于海拔高、温度低，降水不但以固态形式为主，而且以阵性降水为主。另外，夜间降水较多，占降水总量的 50% 以上。

【水资源与水环境】沼泽区位于可可西里水系，分布着众多河流、湖泊、沼泽和冰川，主要有乌兰乌拉湖、西金乌兰湖、可可西里湖、勒斜武担湖、太阳湖等。海拔最高的湖泊是雪莲湖，海拔 5274 m；海拔最低的湖泊是海丁诺尔湖，海拔 4440 m；最深的湖泊是太阳湖，达 43 m。

2015 年 7 月对可可西里沼泽水质进行调查，结果见表 16-14。

表 16-14　可可西里沼泽水体理化性质

	EC/ (mS/cm)	TDS/ (mg/L)	Sal/ ppt	pH	ORP/ mV	DO/ (mg/L)	TP/ (mg/L)	TN/ (mg/L)	NO_3^--N/ (mg/L)	NH_4^+-N/ (mg/L)
平均值	0.74	0.55	0.42	8.65	−51.00	7.15	0.04	0.55	0.20	0.03
最高值	1.09	0.79	0.61	9.10	−37.20	11.26				
最低值	0.37	0.30	0.22	8.29	−75.70	4.78				

【沼泽植被】沼泽区植被以西藏嵩草群落、华扁穗草群落为主，积水区以碱毛茛群落为主，主要伴生物种为海韭菜、高原毛茛、西藏报春、华扁穗草等。地上部生物量为 316.75 g/m²。

【沼泽动物】沼泽区是我国少有的高原无人区，区域面积大。此外，鸟类有黑颈鹤、灰鹤、赤麻鸭、凤头潜鸭、斑头雁、普通秋沙鸭、棕头鸥等；鱼类有裸腹叶须鱼、黄河裸裂尻鱼（又名小嘴湟鱼）、细尾高原鳅、长鳍高原鳅、小眼高原鳅和唐古拉高原鳅。

【受威胁和保护管理状况】1995 年建立省级自然保护区，1997 年晋升为国家级自然保护区，受玉树藏族自治州人民政府管理，成立青海可可西里国家级自然保护区管理局。保护区主要受到非法狩猎、沙化、盐碱化等威胁，有轻微放牧干扰。

可可西里沼泽（佟守正 摄）

冬给措纳湖沼泽（632626-347）

【范围与面积】冬给措纳湖又称托索湖、黑海，位于青海省果洛藏族自治州玛多县（"玛多"藏语意为"黄河源头"）。沼泽区地理坐标为35°10′00″～35°23′00″N、98°21′00″～98°49′52″E，沼泽面积为6681 hm²。

【地质地貌】沼泽区存在类型多样的冰缘地貌如寒冻裂缝、泥炭丘遗迹、冻融草丘、岛状冻土、风成沙丘等。北岸二级阶地中还发现古冻融褶皱。冲积平原、北岸冲积扇前缘广泛分布湿度较大的高寒沼泽。湖东沼泽区外以及湖东南岸，分布着小型风成沙丘地貌。

【气候】沼泽区属典型的高原大陆性高寒山区气候，寒冷季节长，温差大。根据玛多县气象站观测资料，年平均温度为–5.2～–2.3℃，全年无霜期仅2～3 d；年平均降水量为300 mm左右，年蒸发量达1300 mm。

【水资源与水环境】冬给措纳湖为受东昆仑造山运动的断陷作用形成的过水淡水湖，属于柴达木内陆水系。湖水主要依赖地表径流和泉水形式的地下水补给；依西北湖岸有温泉出露。从东部经冲积平原入湖长83 km的东曲，为最大入湖河流；从北部入湖的长27 km的歇马昂里曲为第二大入湖支流；向西流入柴达木盆地的香日德河（托索河）为唯一出流河。

【沼泽土壤】沼泽区土壤主要为沼泽土。

【沼泽植被】沼泽区植被以嵩草属、蒿属和禾本科的高寒草甸与草原为主，东部冲积平原的沙丘上伴生少量柳。

【沼泽动物】沼泽区野生动物资源主要有野牦牛、藏野驴、藏原羚和喜马拉雅旱獭等。区内杂草丛生，微生物生长极为繁盛，其中以小虾居多，夏季在草丛里生产幼虾，冬季结冰时，聚集在湖中泉眼附近生存，可达半尺（1尺≈0.333 m）多厚，极易捕捞。小湖中的候鸟极多，其中沼泽有候鸟聚集，种类有水鸭、普通鸬鹚等。

扎陵湖－鄂陵湖沼泽（632626-348）

【范围与面积】扎陵湖－鄂陵湖沼泽分布在玛多、曲麻莱县，西起约古宗列曲上游，东到鄂陵湖东部，地理坐标为34°46′～35°04′N、97°02′～97°54′E；主要包括以约古宗列曲为主的星宿海，扎陵湖南的多曲、邹玛曲，鄂陵湖周围及勒那曲流域，沼泽面积为392 124 hm²，为西藏嵩草沼泽和圆囊薹草沼泽，海拔4280～4500 m。

【地质地貌】沼泽区的自然地理条件是北面有布尔汗布达山及其支脉布青山，南面有巴颜喀拉山，走向西北－东南，其山峰大多在5000 m以上，中间形成广阔的谷盆地。黄河发源于扎陵湖以西的约古宗列曲，汇集两侧山地发育的众多河流注入扎陵湖。由于谷盆地地势低平，水流不畅，泡沼星罗棋布，所以称为星宿海。扎陵湖为一大型淡水湖，湖东面的高地将其与鄂陵湖隔开，两湖通过扎陵湖西南端的水道连通。发源于巴颜喀拉山北侧的卡日曲、多曲、勒那曲以及布尔汗布达山南侧的众多河流注入扎陵湖和鄂陵湖，然后由出水口向东流，进入黄河。

【水资源与水环境】扎陵湖是黄河源区上游的一个更新世断陷盆地形成的构造湖。该湖呈不对称菱形，海拔4202 m，其长35 km，最大宽度21.3 km，平均宽15.0 km。该湖区湿地的边缘为湖成阶地、山前台地和洪积扇。鄂陵湖是黄河源区的第一大淡水湖，属高原淡水湖泊湿地，湖长32.3 km，最大宽

3.6 km，平均宽 18.9 km。

沼泽区为黄河源，海拔 4000 ～ 5000 m，地势高亢，为典型内陆性气候，具有干旱、多风、少雨的气候特征，近湖地带有局部小气候，夏秋温暖、潮湿，夜雨较多。年平均温 –4℃，1 月平均气温 –14℃，7 月平均气温 5 ～ 10℃，年平均降水量 260 ～ 400 mm，年蒸发量为 1208 mm，年湿润系数为 0.6 ～ 1.0，年霜冻日数＞ 270 d，年绝对无霜期为 7 d。

在星宿海地区、大湖周围以及入湖河流谷地广泛发育了沼泽及沼泽化草甸，所以湖水及其沼泽水源主要来自谷地两侧的众多河流。扎陵湖平均水深 8.9 m；蓄水量 4.7 亿 m³。入湖河流有黄河、卡日曲等，水系特点是支强干弱，右支流较多且源远流长；左侧支流较少、水量不大，流于东南黄河宽谷，约经 30 km 曲折流程，途中汇纳多曲和勒那曲来水，下注鄂陵湖。根据已有资料分析，扎陵湖的湖泊水储量变化不大（1976 ～ 2000 年），这说明即使受降水径流丰枯变化的影响，吞吐湖多进多排、少进少排的自然调节特性可以使其保持相对稳定。鄂陵湖蓄水量 10.76 亿 m³，水位海拔 4269 m；湖水补给主要依赖地表径流和湖面降水。入湖河流有黄河、勒那曲等，其中黄河干流由西南向东北穿湖而过，多年平均入湖径流量 12.57 亿 m³，湖面降水量 1.86 亿 m³，年出湖径流量 6.36 亿 m³。

沼泽水化学类型为 HCO_3-Na 型，SO_4^{2-} 水平也相当高。2015 年 7 月对沼泽进行了调查，各采样点水体理化性质见表 16-15。

表 16-15　扎陵湖－鄂陵湖沼泽水体理化性质

	EC/ (mS/cm)	TDS/ (mg/L)	Sal/ ppt	pH	ORP/ mV	DO/ (mg/L)	TN/ (mg/L)	NO_3^--N/ (mg/L)	NH_4^+-N/ (mg/L)
平均值	0.32	0.38	0.29	7.95	11.04	7.00	0.20	0.58	0.77
最高值	0.53	0.55	0.42	8.08	14.60	7.80			
最低值	0.06	0.21	0.16	7.88	9.50	5.50			

【沼泽土壤】扎陵湖沼泽区土壤主要为沼泽化草甸土，沿湖滨及泡沼区还分布有腐殖质沼泽土。鄂陵湖沼泽区土壤主要类型为寒漠土、草甸土、黑钙土、沼泽土、盐土和褐土等。

【沼泽植被】西藏嵩草沼泽及沼泽化草甸广泛分布于谷盆地中，伴生植物有华扁穗草、矮生嵩草、细叶蓼、珠芽蓼、蓝白龙胆、粗喙薹草、碎米蕨叶马先蒿、水麦冬、长花马先蒿等。

星宿海沼泽（姜明 摄）

鄂陵湖沼泽（姜明 摄）

【沼泽动物】沼泽区物种丰富，为鸥类、雁鸭类和黑颈鹤的主要繁殖栖息地。其中，扎陵湖国际重要湿地，是青藏高原生物多样性热点区之一，它为多种鸟类提供了繁殖栖息地，常见的水禽有赤麻鸭、棕头鸥、渔鸥、普通鸬鹚、斑头雁等，涉禽主要有黑颈鹤。湖中盛产鱼类，主要有花斑裸鲤和极边扁咽齿鱼、骨唇黄河鱼、厚唇裸重唇鱼等。

【受威胁和保护管理状况】1984 年，扎陵湖和鄂陵湖周围沼泽湿地和草甸成为自然保护区。2002 年，扎陵湖和鄂陵湖被列入国际重要湿地，2021 年三江源国家公园正式批准设立，扎陵湖和鄂陵湖被列入核心区域进行严格保护。扎陵湖与鄂陵湖以及其他小湖盛产鱼类，是青海省重要的渔业基地之一。目前，由于扎陵湖、鄂陵湖两湖的人类活动较少，对水量的影响也极小。沼泽及沼泽化草甸主要用于放牧，湿地沙化较为严重。

索加－曲麻河沼泽（632700-349）

【范围与面积】索加－曲麻河沼泽位于青海省西南部，玉树藏族自治州北部曲麻莱、治多两县，地理坐标为 33°02′ ～ 36°16′N、89°23′ ～ 97°35′E，横跨通天河（长江）、黄河两大水系，西部与可可西里自然保护区接壤。沼泽面积为 590 480 hm²。

【地质地貌】沼泽区高山、盆地、滩地相间，平均海拔 4500 m 以上。

【气候】沼泽区高寒缺氧，低温干旱，属典型的高原气候，全年无四季之分，只有冷暖季之别。冷季受西风环流控制，长达 8 ～ 9 个月；暖季受西南印度洋暖湿气流影响，仅 3 ～ 4 个月。年均气温 –3.3℃，年均降水量 380 ～ 470 mm。

【沼泽土壤】沼泽区土壤主要为沼泽土和草甸土。

【沼泽植被】沼泽区植被以高寒草甸和草甸草原为主，其次是高寒沼泽草原、高寒灌丛草原，植被覆盖度为 80% 左右。天然高寒湿地面积较大，沼泽植被主要分布于源头地区，一般形成西藏嵩草、薹草为主的群落以及以杉叶藻为建群种的单优群落，偶尔有极少数伴生种类。

【沼泽动物】沼泽区野生动物资源特有种类多、种群大，且分布集中。沼泽区青藏高原特有鸟类主要有藏雪鸡、高原山鹑、黑颈鹤、西藏毛腿沙鸡、细嘴短趾百灵、长嘴百灵、棕背雪雀等（段培等，2014）。

【受威胁和保护管理状况】沼泽区人为活动较少，沼泽自然属性较高。

索加－曲麻河沼泽（安雨 摄）

牙哥曲－北麓河沼泽（632726-350）

【范围与面积】哥曲－北麓河沼泽位于曲麻莱县的通天河支流北麓河和牙哥曲流域，地理坐标为 34°04′ ～ 34°50′N、92°54′ ～ 95°09′E，沼泽面积为 42 519 hm²，主要为西藏嵩草＋华扁穗草沼泽。

【地质地貌】北麓河流域北面为可可西里山，南面为冬布里山，河流发源于可可西里山向东南注入通天河，在宽阔的河谷两侧接收众多支流，所以北麓河水量比较丰富，在河流上游和冬布里山北侧发育了大片沼泽。牙哥曲为通天河南侧支流，发源于东南方的荣卡曲莫及山，由东南向西北汇入通天河。在牙哥曲及其支流的中游，因地势低平，河流两岸及谷盆地低洼处也广泛发育了沼泽。

【气候】沼泽区位于青海省南部的高寒地区，年平均气温 0 ～ 6℃，7 月气温 5 ～ 10℃，活动积温 240 ～ 1000℃。年平均降水量 300 ～ 400 mm。

【水资源与水环境】2015 年 7 月对牙哥曲、北麓河沼泽进行调查，各采样点水体理化性质如表 16-16 所示。

表 16-16　牙哥曲−北麓河沼泽水体理化性质

	EC/ (mS/cm)	TDS/ (mg/L)	Sal/ ppt	pH	ORP/ mV	DO/ (mg/L)	TP/ (mg/L)	TN/ (mg/L)	NO$_3^-$-N/ (mg/L)	NH$_4^+$-N/ (mg/L)
平均值	0.33	0.27	0.21	8.29	−28.80	6.92	0.11	0.66	0.25	0.16
最高值	0.49	0.35	0.26	8.72	−13.20	7.52	0.16	0.74	0.35	0.20
最低值	0.25	0.21	0.16	8.08	−50.30	6.32	0.01	0.52	0.20	0.13

【沼泽土壤】沼泽区土壤主要为沼泽化草甸土。

【沼泽植被】沼泽区主要植被为西藏嵩草群落，其群落结构、外貌特征与当曲流域的沼泽植被基本相同，盖度在 80% 左右，主要伴生植物有华扁穗草、高山紫菀、黄花棘豆、铃铃香青、西藏早熟禾、矮火绒草、青藏马先蒿等；地上部生物量为 169.15 g/m²。

【沼泽动物】沼泽区湿地动物，特别是鸟类与当曲湿地基本相似。

牙哥曲−北麓河沼泽（佟守正 摄）

玛多−热曲沼泽（632626-351）

【范围与面积】玛多−热曲沼泽分布在玛多县东南和黄河支流热曲流域，地理坐标为 33°50′ ～ 34°53′N、97°41′ ～ 99°03′E，面积为 3779 hm²，均为西藏嵩草 + 华扁穗草沼泽。海拔 4250 ～ 4600 m。

【地质地貌】由鄂陵湖流出后的黄河，经玛多县转向南切穿长平岭后流向东南。在玛多县南面受地质断裂构造作用，形成一系列由西向东排列、呈南北方向的湖泊，在湖群区北部沿黄河谷地发育了沼泽。热曲是黄河的较大支流，发源于达马拉山东南麓，流向西北，后转向东北注入黄河，使黄河水量大增。在上游的许多支流谷地和热曲下游宽阔的盆地发育了大面积的西藏嵩草沼泽。此外，在热曲中游的谷盆地由于地形复杂，低洼和低平处也生长了以西藏嵩草为主的植物群落，稍高处则生长了高山嵩草草甸群落，它们呈镶嵌式的复域分布。

【气候】沼泽区气候特点是干旱少雨，雨热同期，降水少、蒸发大，日照时间长，多风、昼夜温差大、冬春季节寒冷干燥，雪灾危害较多。据玛多县气象站资料分析，区内年平均气温 –41℃，最冷月（1月）均温 –16.8℃，极端最低气温 –53.0℃，最热月（7月）均温 7.4℃，极端最高气温 22.9℃；平均年降水量 303.9 mm，6～9月降水量占全年的 76%，年蒸发量 1318.6 mm。

【水资源与水环境】沼泽区降雨、冰山融水为主要水源补给方式。野外调查发现，各采样点水样理化性质如表 16-17 所示。

表 16-17　玛多 – 热曲沼泽水体理化性质

	EC/ (mS/cm)	TDS/ (mg/L)	Sal/ ppt	pH	ORP/ mV	DO/ (mg/L)	TP/ (mg/L)	TN/ (mg/L)	NO$_3^-$-N/ (mg/L)	NH$_4^+$-N/ (mg/L)
平均值	0.17	0.18	0.12	7.83	12.60	5.26	0.03	0.57	0.15	0.08
最高值	0.30	0.29	0.22	7.89	17.40	6.94				
最低值	0.08	0.12	0.04	7.73	9.40	2.92				

【沼泽土壤】沼泽区土壤类型包括草甸土、黑钙土、沼泽土和盐土等。

【沼泽植被】沼泽区的西藏嵩草沼泽，其植物组成、群落结构、外貌特征与鄂陵湖区沼泽基本相同。植被以西藏嵩草 + 华扁穗草群落、西藏嵩草群落为主，主要伴生植物有西藏早熟禾、高原毛茛、矮火绒草、羽叶花、海韭菜等。地上部生物量为 310.73 g/m^2。

【沼泽动物】活动在沼泽区的鸟类与扎陵湖、鄂陵湖区相似，是雁鸭类、鸥类的重要繁殖地，也是多种迁徙鸟类的驿站。

【受威胁和保护管理状况】沼泽区于 2000年建立省级自然保护区，2003 年晋升为国家级自然保护区，受青海省三江源国家级自然保护区管理局管理。湿地主要受到放牧、沙化、人为活动等威胁。

玛多 – 热曲沼泽（安雨 摄）

星星海沼泽（632626-352）

【范围与面积】星星海沼泽位于青海省果洛藏族自治州玛多县西部，地理坐标为 33°50′～34°53′N、97°41′～99°03′E，海拔 4219 m，沼泽面积为 3779 hm^2。

【地质地貌】沼泽区地处黄河源头、巴颜喀拉山北麓、阿尼玛卿山以西的黄河谷地。

【气候】沼泽区属高寒草原气候，冬季漫长而严寒，年平均气温 –4℃，除 5～9月，各月平均气温在 –3.0℃ 以下，最冷月 1月为 –16.8℃，最热月 7月为 7.5℃，极端日最高温 22.9℃，累年气温≤0.0℃。冬季干燥多大风,大风日数多,从11月至翌年4月最为频繁,占年大风日数的70%~85%,大风的年际变化大,各月大风风向大部分在西北-北西北之间,风速大、持续时间长。夏季短促而温凉、多雨,年均降水量312.9 mm,但年际变化大,最多的年份439.8 mm,最少的年份89.0 mm;全年无绝对无霜期(吴素霞等,2008)。

【水资源与水环境】星星海平均水深5~10 m,由阿涌贡玛错、阿涌哇玛错、阿涌尕玛错三部分组成。阿涌贡玛错(上星星海)是一个淡水湖,位于玛查理镇、隆热错东面,面积40 km²,平均水深5 m。阿涌哇玛错(中星星海)也是一个淡水湖,在黄河乡,位于阿涌贡玛错东面,面积40 km²,平均水深10 m。阿涌尕玛错(下星星海)是位于黄河乡的一座淡水湖,在阿涌贡玛错东面,面积20 km²,平均水深10 m。星星海水质如表16-18所示。

表16-18 不同采样时间星星海水体理化性质

水质理化性质	含量/(mg/L)								
	湖边采样点1			湖心采样点2			湖边采样点3		
	2014-10-05	2015-05-20	2015-08-15	2014-10-05	2015-05-20	2015-08-15	2014-10-05	2015-05-20	2015-08-15
TN	0.430	0.410	0.420	0.175	0.155	0.165	0.405	0.384	0.393
NH_4^+-N	0.130	0.110	0.120	0.092	0.073	0.084	0.099	0.095	0.097
NO_3^--N	0.150	0.100	0.140	0.102	0.085	0.098	0.106	0.970	0.103
TP	0.025	0.012	0.023	0.011	0.007	0.009	0.016	0.009	0.014
TOC	0.557	0.537	0.550	0.244	0.224	0.234	0.4433	0.427	0.438

数据来源:卢素锦等,2016

【沼泽土壤】沼泽区主要土壤类型为草甸土、黑钙土、沼泽土、盐土、风沙土和褐土。区域内地貌复杂多样,孕育了河流、湖泊、沼泽、荒漠、草地等高寒干旱的自然环境,形成了独特的动物区系,野生动物资源丰富(李晖等,2010)。

【沼泽植被】沼泽区有湿地植物群系5个,包括腺柳群系、金露梅群系、西藏沙棘群系、西藏嵩草群系、西伯利亚蓼群系。湿地植物有洮河柳、金露梅、水毛茛、穗状狐尾藻、西藏沙棘、篦齿眼子菜、西藏嵩草、华扁穗草、海韭菜、青藏薹草、黑褐薹草和西伯利亚蓼等。

【沼泽动物】沼泽区鸟类分布有黑颈鹤、大天鹅、赤麻鸭、棕头鸥、渔鸥、普通鸬鹚、绿翅鸭、赤嘴潜鸭、凤头潜鸭、灰雁、普通秋沙鸭等;鱼类主要分布有花斑裸鲤、极边扁咽齿鱼、骨唇黄河鱼、

星星海沼泽(姜明 摄)

厚唇裸重唇鱼和似鲇高原鳅等（王云等，2020）。

【受威胁和保护管理状况】沼泽区建立了星星海保护区，保护区内有青康公路（即唐蕃古道）穿境而过。湿地受放牧影响，周边居民以牧业为主。

美马错沼泽（542526-353）

【范围与面积】美马错沼泽位于西藏羌塘高原西北部及日土县、改则县。地理坐标为 33°58′ ～ 34°3′N、82°30′ ～ 82°40′E。沼泽面积为 2385 hm²，为嵩草＋青藏薹草沼泽。海拔 5200 ～ 6000 m。

【地质地貌】沼泽区地处北羌塘山原湖盆区，具有高山与高原湖盆相间的地貌特征。喀喇昆仑山脉的东段呈东西向横亘于本区西北部，在骆驼湖附近山脉急折至北北西－南南东向，斜贯本区中部。山脉主脊海拔约 6000 m，其间有 10 余座海拔 6200 m 以上的山峰，最高峰海拔 6601 m。山地雪线 5900 ～ 6000 m，西高东低。山脉冰川发育，数条冰川从山脊两侧下延至湖盆边缘，冰川末端最低可达 5200 m（杨逸畴，1983）。

【气候】沼泽区地处高原亚寒带季风干旱气候区。气候寒冷干燥，对流性天气较多，冬春多大风。年平均气温 –1 ～ 0℃，年内大于 0℃的月不足 5 个月。7 月平均气温约 10℃，1 月平均气温 –14℃，极端最高气温 22℃，极端最低气温 –35℃，无霜期 20 ～ 40 d。年平均降水量 150 ～ 200 mm。夏季多雷暴冰雹，冬季多大风（高由禧等，1981）。

【水资源与水环境】沼泽区河流众多，由冰川融水补给形成的河流就有 100 余条。纵贯本区中部的喀喇昆仑山脉堪称众河之源。但该山地东邻骤然坳陷的美马错－阿鲁错构造湖湖盆，山麓由大径砾石组成的洪积扇相连成裾，致使河流多为短小的间歇性河流。区内湖泊主要有美马错、阿鲁错、托和平错、鲁玛江冬错等。沼泽地分布在美马错东南、阿鲁错东面的地势低平地区。美马错等湖泊主要为冰川融水形成的河流补给，由于降水稀少、蒸发强，湖泊多呈微咸水（含盐量 1 ～ 49 g/L），水化学类型属硫酸亚镁型。沼泽区水源补给主要为河水。

【沼泽土壤】沼泽区气候寒冷干燥，大部分地区发育高山草原土，其土体中腐殖质积累低微，呈淡棕色；土壤冬季有较长时间冻结，夏季受淋溶作用影响，剖面中有碳酸钙聚积。沼泽区多发育盐化草甸土和盐化草甸沼泽土。

【沼泽植被】沼泽植被中常见的植物物种有青藏薹草、圆坚果薹草、扁穗草、嵩草、藏野青茅、赖草等。

【沼泽动物】沼泽区生态环境复杂、条件优越，所含珍稀物种不仅种类多而且数量大。沼泽区常见鸟种包括棕头鸥、斑头雁、赤麻鸭，秃鹫、胡兀鹫、红隼、大鵟等猛禽，还有藏雪鸡、西藏毛腿沙鸡、角百灵、褐翅雪雀等（李渤生，1989）。

【受威胁和保护管理状况】沼泽部分区域过度发展畜牧业，自然保护区的建立对该区动植物资源的保护起到了很好的支撑作用。

结则茶卡沼泽（542524-354）

【范围与面积】结则茶卡沼泽位于日土县东汝乡结则茶卡西面，发源于冰川的短小河流补给沼泽，地理坐标为 33°58′ ～ 34°03′N、80°32′ ～ 80°48′E，沼泽面积为 3691 hm²。湖面海拔 4524 m。

【地质地貌】流域西北部德普昌达克冰川地区海拔较高，为流域内冰川主要分布区；中间低，为汇流地区；结则茶卡湖位于流域东南部。结则茶卡沿岸湖积阶地在西部东汝乡一带保存比较好，但湖蚀地形保存相对较差，其余地段湖积阶地虽有不同程度破坏和洪积物覆盖，但湖蚀地形保存相对较好。湖蚀地形比较发育，古湖岸线清楚可见，附近植物的种类和稀疏程度差别非常明显，且横向上延伸稳定。在西南岸见到的高位湖积层残留层不整合覆盖在基岩上，其北岸的湖蚀台地比较发育，台面上见有湖蚀洞、湖蚀槽和少量湖积砾砂。高位湖积层和湖蚀台地顶面海拔 4845 ～ 4850 m，与藏北高原西北侧的甜水海和东南部的纳木错海拔相近。沿岸洪积物比较发育，近代洪积物可能形成于全新统，湖岸线以下与湖积物同期洪积物可能形成于晚更新世，湖岸线以上第四系沉积物研究不够，可能以洪积物为主（杨俊峰等，2008）。

【气候】沼泽区位于季风、西风交界区，为高原亚寒带干旱气候和高原温带干旱气候过渡区，冰川为极大陆型冰川，冻土为多年冻土。结则茶卡湖流域邻近的气象台站最近的为狮泉河站（海拔 4278 m），距研究区约 190 km。根据狮泉河站年平均温度和年降水量数据，年平均温度为 1.4℃；年降水量为 65.5 mm，主要集中在 5 ～ 9 月，占 88.6%。湖区气候寒冷干燥，年均气温 –4 ～ –2℃，具有高原内陆性特点（李治国等，2016）。

【水资源与水环境】沼泽区靠西侧的一块沼泽因冰雪融水补给弱而成为盐碱沼泽，近湖的一片沼泽因冰雪融水补给充分，并有一上升泉参与补给，形成淡水沼泽。

【沼泽土壤】沼泽区土壤类型以草甸土、沼泽土与寒漠土为主。

【受威胁和保护管理状况】沼泽部分消失，主要受到放牧干扰。

长沙贡玛沼泽（513332-355）

【范围与面积】长沙贡玛沼泽位于甘孜藏族自治州石渠县，地理坐标为 33°17′58″ ～ 34°12′35″N、97°22′12″ ～ 98°39′38″E。平均海拔 4479 m，沼泽面积为 196 648 hm²，以沼泽化草甸为主，也有少量灌丛沼泽。

【气候】沼泽区年平均气温 –1.6℃，≥ 0℃年均积温 1286℃，≥ 10℃年均积温 394℃，年平均降水量 596 mm，年均蒸发量 1312.6 mm。

【水资源与水环境】沼泽区水源补给以地表径流与大气降水为主，流出状况为间歇性流出，积水状况为间歇性积水。地表水 pH 6.0，地表 pH 分级 4 级；矿化度 0.7 g/L，地表矿化等级 1 级；化学需氧量 9.24 mg/L。地下水 pH 6.1，地下 pH 分级 4 级；矿化度 0.8 g/L。

【沼泽动物】沼泽区有脊椎动物 39 种，隶属于 9 目 13 科 25 属，其中，国家一级保护鸟类有黑颈鹤、黑鹳、中华秋沙鸭，国家二级保护鸟类有大天鹅、疣鼻天鹅、灰鹤、鹗等。

【沼泽植被】沼泽植被主要为嵩草＋薹草群落、木里薹草群落、三裂碱毛茛群落等。

【受威胁和保护管理状况】为保护白唇鹿、野牦牛、雪豹等野生动物及其湿地生态系统，1995 年 12 月建立了四川长沙贡玛国家级自然保护区，总面积为 669 800 hm²。该湿地于 2018 年被列入《国际重要湿地名录》。

当曲沼泽（632700-356）

【范围与面积】当曲沼泽位于青海省杂多县、治多县。沼泽区属于青藏高原荒漠、半荒漠地带（干旱）柴达木盆地区，地理坐标为 32°49′58.8″ ～ 34°31′58.8″N、91°7′1.2″ ～ 94°49′58.8″E，沼泽面积约为 606 118 hm²。

【地质地貌】沼泽区位于长江和澜沧江的河源区，环境高寒，地处林线以上，沼泽类型为西藏嵩草沼泽和西藏薹草沼泽，少部分为灌丛－西藏嵩草沼泽。沼泽区虽面积广大，但环境趋同性，高寒成为沼泽发育的最基本、最主导的影响因素，沼泽类型被环境制约得更加简单。

【气候】沼泽区深居青藏高原内陆，具有高原亚寒带半湿润气候，年平均气温 –4.2℃，1 月平均气温 –16.2℃，7 月平均气温 2 ～ 4℃，月平均气温低于 0℃的达 7 个多月，极端最低气温 –45.2℃。年平均降雨量 400 ～ 500 mm，80% 以上的降水发生在 5 ～ 9 月的植物生长期，因此气候的季风性质仍比较明显。

【水资源与水环境】沼泽区属冰水冲积平原，从宏观结构来看，本区又属长江三大源盆谷底的东半部，成为地表水汇聚之所，加之土壤下部有冻土层，使融雪和降水不能向下渗透，因而地面长期处于过湿和积水状态，形成高 20 ～ 50 cm、直径 30 ～ 60 cm 的草丘和星罗棋布的水坑（张继平等，2011）。这种低平的地貌特点对沼泽发育十分有利（张继平等，2011）。本区为外流水系，水文网密度大，可达 0.5 km/km² 左右，洪泛河水覆盖广泛，有效地补给沼泽水源。河水流量大、水量丰沛也是突出特征。

2015 年 7 月 14 日对当曲沼泽湿地进行调查：各采样点水温最高 13.6℃，最低 13.01℃，平均值为 13.31℃；电导率值最高 0.707 mS/cm，最低 0.661 mS/cm，平均值为 0.68 mS/cm；总溶解固体（TDS）浓度最高 0.595 g/L，最低 0.557 g /L，平均值为 0.58 g/L；盐度（Sal）最高 0.45 ppt，最低 0.42 ppt，平均值为 0.44 ppt；pH 最高 8.49，最低 8.15，平均值为 8.32；氧化还原电位值最大值 –29.7 mV，最小值 –43.4 mV，平均值为 –36.55 mV；溶解氧（DO）浓度最高 6.87 mg/L，最低 4.38 mg/L，平均值为 5.63 mg/L。

【沼泽土壤】沼泽区泥炭沼泽土分布最广，普遍出现在各类草丘沼泽中。

【沼泽植被】沼泽区植被主要由湿生和冷湿生的多年生草本植物组成，优势种主要有西藏嵩草、矮生嵩草、青藏薹草、类黑褐穗薹草、高山嵩草等，伴生种主要有黄芪、风毛菊、钉柱委陵菜、金露梅等。植被覆盖度大于 91%，地上部生物量为 381.36 g/m²。

【受威胁和保护管理状况】沼泽区位于三江源国家级自然保护区当曲保护分区内。沼泽湿地无明显变化，无明显人为干扰。

当曲沼泽（安雨 摄）

先遣萨门雄－才玛尔错沼泽（542526-357）

【范围与面积】先遣萨门雄－才玛尔错沼泽位于改则县中部，有三片沼泽湿地，地理坐标分别为 33°05′ ～ 33°53′N、83°15′ ～ 83°23′E，33°13′ ～ 33°19′N、83°50′ ～ 84°02′E 和 33°35′ ～ 33°40′N、84°21′ ～ 84°31′E，沼泽面积为 43 760 hm²。海拔 4500 m。

【地质地貌】改则县地处南羌塘高湖盆区，均为高山河谷地带，无平原。山势平缓，地形由西北向东南倾斜。区内主要山脉有昆仑山、隆格尔山、夏康坚、达日龙、波杂、查多岗日等。全县平均海拔 4700 m，最低海拔 4356 m。最高峰琼木孜塔格峰，海拔 6962 m。

【气候】沼泽区属高原亚寒带气候。干旱，多大风，昼夜温差大，日照时间长。以隆仁为界，南北朝向气候差异较大。年平均气温 –0.2℃，1 月平均气温 –12.8℃，极端最低气温 –44.6℃；7 月平均气温 11.9℃，极端最高气温 26℃，平均气温日较差 14℃左右。年平均日照 3168 h。年平均风速 4.3 m/s，最大风速 36 m/s，年出现 17 m/s 的大风日数平均为 46 d。年均降水量 189.60 mm，年极端降水量最大 295.8 mm，年极端降水量最小 84.5 mm，年降雪日 60 d 左右。

【沼泽动物】沼泽区鸟类有棕头鸥、斑头雁、赤麻鸭、西藏毛腿沙鸡、角百灵、黑颈鹤、褐翅雪雀、棕颈雪雀等。

班公错沼泽（542524-358）

【范围与面积】班公错沼泽分布在日土县班公错周围，地理坐标为 33°19′59″ ～ 33°37′00″N、79°30′00″ ～ 79°48′04″E，面积为 7253 hm²，主要湿地类型为永久性咸水湖、沼泽化草甸。海拔 4241 m。

【地质地貌】班公错北面为喀喇昆仑山，南面为冈底斯山支脉班公山，湖泊分布在两山挟持的深山谷地中，湖盆走向在我国境内几乎为东西向，进入印度克什米尔转向西北。班公错为一界湖，我国约占 2/3。该湖为断裂构造谷又经堵塞形成的构造——堰塞湖，长约 110 km（我国境内），平均宽 4.0 km，沿湖周围，特别是东端发育了芦苇沼泽和赖草＋芦苇沼泽。另外，在湖东面的扎普西部，受地下水补给也发育了沼泽。班公错北面和东面山区发育的河流注入湖区。所以，湖东段为微咸－咸水湖，西段为盐湖。造成湖水盐分含量差异的主要原因是东段河水补给量大，而西部很少有河流发育，强烈蒸发，使湖水盐分浓缩，含盐量大增。

【气候】沼泽区属高寒气候，根据狮泉河的气象资料，7 月平均气温 13.6℃，1 月平均气温 –12.4℃，极端最高与最低气温分别为 25.6℃和 –33.9℃，日平均气温 ≥0℃的天数 179 d，积温 1556℃，无霜期 95 d。班公湖地区的年平均降水量 100 mm 左右，日土县北部降水量不足 30 mm，冬春极少降雪，不形成积雪覆盖，降雨主要集中在 7 ～ 8 月。11 月至翌年 5 月为风季，尤其在 3 ～ 5 月多大风，10 级以上的大风可持续数日。

【水资源与水环境】沼泽水源以班公错湖水补给为主。2016 年 7 月对班公错沼泽资源进行调查发现，各采样点水样理化性质如表 16-19 所示。

表 16-19 班公错沼泽水体理化性质

	EC/(mS/cm)	TDS/(mg/L)	Sal/ppt	pH	ORP/mV	TN/(mg/L)
平均值	1.51	1.12	0.88	9.66	6.31	0.48
最高值		2.78	2.28			
最低值		0.56	0.46	8.23		

【沼泽土壤】沼泽区土壤类型在湖滨区为腐殖质沼泽土，地下水溢出带及河漫滩地带为草甸沼泽

土和草甸土。

【沼泽植被】班公错湖滨发育了芦苇群落，面积不大，盖度达 70% ～ 80%，伴生植物较少，仅见菖蒲和三棱水葱等。在湖东端有大面积赖草＋芦苇沼泽化草甸，伴生植物有细叶西伯利亚蓼、青藏野青茅、早熟禾、碱茅等。扎普西部的沟谷沼泽常见的植物有芦苇、赖草、赤箭嵩草、扁穗草、蕨麻等。

【沼泽动物】沼泽区动物资源丰富，湖中盛产鱼类，主要有西藏裂腹鱼、班公湖裸裂尻鱼、异尾高原鳅等。湖区为水鸟的重要繁殖地，主要包括黑颈鹤、斑头雁、棕头鸥、普通燕鸥、白翅浮鸥、普通秋沙鸭、赤麻鸭、绿头鸭、红头潜鸭、凤头潜鸭，还有白骨顶、蒙古沙鸻、红脚鹬和白腰草鹬等。

【受威胁和保护管理状况】沼泽区于 2008 年建立班公错湿地自然保护区（省级自然保护区）。受自治区林业厅主管，由阿里地区林业局管理。沼泽区尚无工业，特别是沼泽所在区域纯属牧区，仅把沿河岸、湖泊周围的沼泽草甸或草本沼泽作为牧场。总体而言，湿地受人为影响轻微。

班公错沼泽（佟守正 摄）

隆宝滩沼泽（632721-359）

【范围与面积】隆宝滩沼泽位于玉树藏族自治州隆宝滩保护区，地理坐标为 32°57′ ～ 33°36′N、95°49′ ～ 96°43′E。沼泽区位于长约 10 km、宽约 3 km 的狭长沟谷地带；谷地两边是高耸对峙、起伏连绵的蘑菇状山峦，两山之间是大片广阔平坦的沼泽化草甸。海拔 5000 ～ 5500 m，沼泽面积 35 203 hm²。

【地质地貌】沼泽区位于狭长山间盆地，四周高山环抱，盆地底部海拔 4100 ～ 4200 m。区域内溪流纵横交错、蜿蜒曲折，将地表切割成为众多孤立小岛。

【气候】沼泽区气候类型为高原大陆性气候，气候寒冷潮湿，降雨量年际变化较大，年均降雨量 500 ～ 600 mm，雨量充沛。年均气温 –2℃左右，7 月气温 9.3℃，1 月气温 –11.1℃，年日照时数 2300 h（何方杰等，2020）。

【水资源与水环境】沼泽区溪流迂回、沼泽遍地，属于典型的沼泽草甸和高山草甸区。通天河支流益曲在保护区内穿过形成 5 个大小不等、水深在 0.2 ～ 0.4 m 的湖泊，还有众多的泉水喷涌而出，水量稳定，水质洁净。

【沼泽土壤】沼泽区土壤主要为沼泽化草甸土和沼泽土。

【沼泽植被】沼泽区存在 3 种典型生态系统：一是高寒草地，位于低丘山地，水位较低，植被以高山嵩草和紫花针茅等为主；二是高寒沼泽，位于谷底区域，常年积水，植被较少，以西藏嵩草、杉叶藻为主；三是沼泽化草甸，位于山地和沼泽之间，呈条带状分布，植被茂盛，以西藏嵩草和圆囊薹草为主，伴有矮金莲花和星状雪兔子。

【沼泽动物】沼泽区有黑颈鹤、斑头雁、棕头鸥、普通燕鸥、赤麻鸭、普通秋沙鸭、藏雪鸡等 10 多种珍稀鸟类。

【受威胁和保护管理状况】1986 年 7 月，国务院批准该区为国家级自然保护区，为黑颈鹤等珍稀鸟类提供了良好的觅食及繁殖场所；该沼泽于 2023 年被列入《国际重要湿地名录》。

隆宝滩沼泽（安雨 摄）

布尔错沼泽（542524-360）

布尔错沼泽分布在日土县和革吉县交界处的布尔错附近，与班公错、扎普西沼泽同处于北西向构造带上，地理坐标为 33°03′ ~ 33°14′N、81°15′ ~ 81°36′E，面积为 3914 hm²，海拔 4500 m 左右。沼泽区因气候干冷，主要为盐碱沼泽。发源于洛查普山（海拔 6418 m）的泉水和谷地径流是沼泽主要水源。沼泽区土壤与班公错沼泽类似，湖滨区为腐殖质沼泽土，地下水溢出带及河漫滩地带为草甸沼泽土和草甸土。沼泽植被以芦苇群落、赖草＋芦苇群落为主，伴生植物有细叶西伯利亚蓼、青藏野青茅、早熟禾、碱茅、赤箭嵩草、扁穗草、蕨麻等。

果宗木查沼泽（632722-361）

果宗木查沼泽位于青海省杂多县澜沧江的发源地，地理坐标为 32°46′34″ ~ 33°26′38″N、94°50′49″ ~ 95°36′43″E，面积为 1062 hm²。沼泽区属青藏高原气候系统，为典型的高原大陆性气候，表现为冷热两季交替、干湿两季分明、年温差小、日温差大、日照时间长、辐射强烈、无四季区分的气候特征。果宗木查雪山的冰雪融水形成众多河流湖泊，也是沼泽的重要水源。果宗木查沼泽是一级保护区，对果宗木查沼泽实施重点保护，有利于保护澜沧江源头地区的水源和生态环境。

木错沼泽（542525-362）

木错沼泽位于革吉县的木错周围，地理坐标为 33°00′ ～ 33°10′N、81°56′ ～ 82°06′E。沼泽面积为 9096 hm²，海拔 4500 m 左右。沼泽区处于羌塘高原大湖盆区，属于羌塘高寒草原半干旱气候，日照充足，年温差较大，无霜期短，风大寒冷，雨雪日 19 d。年降水量仅为 150 ～ 200 mm，年平均气温不超过 20℃，最低气温 –40℃，年日照时数 3000 h 以上，年无霜期为 110 d 左右（王苏民和窦鸿身，1998）。动植物特征可参照阿毛藏布及昂拉仁错沼泽。

夏夏藏布河沼泽（542525-363）

【范围与面积】夏夏藏布河沼泽位于革吉县夏夏藏布河西侧，地理坐标为 32°57′ ～ 33°05′N、82°23′ ～ 82°36′E 和 32°39′ ～ 32°47′N、82°25′ ～ 82°39′E，海拔 4500 m 左右，沼泽面积为 7473 hm²。

【地质地貌】革吉县在羌塘高原大湖盆区，平均海拔在 4800 m 以上。西南部有冈底斯山山脉，东南部有丁拉日居山，区域内山势高耸，海拔在 6000 m 以上的山峰有 11 座，5000 m 以上的山峰有 23 座（田绍海，2019）。

【气候】沼泽区属高原亚寒带干旱气候区。日照充足，无霜期短，风大寒冷，雨雪日 19 d。年均气温在 –2℃，最低气温达 –40℃。年降水量 70 ～ 100 mm，年蒸发量 2274 ～ 2420 mm。

【水资源与水环境】沼泽区地处西藏西部、狮泉河的源头。区内河流多为季节性河流，湖泊主要为咸水湖，西部有东西转南北流向的森格藏布河（狮泉河），西南部有东西流向的生拉藏布河；中部有南北流向的相曲河；南部有东西流向的扎贡曲河；东部有东西流向的阿毛藏布河。区内北部有热邦错湖、草不杂湖、纳屋错湖；中部有聂尔错湖、色卡执湖、茶里错湖；西南部有吓萨尔错湖；南部有君玛错湖、阿尔过错湖（田绍海，2019）。

【沼泽植被】沼泽植被主要为青藏薹草群落，群落盖度＞80%，群落地上生物量 375.50 g/m²，常见的伴生物种有赖草、长花马先蒿、西藏报春、多裂委陵菜、青藏马先蒿、西藏嵩草、高山薹草、高山紫菀等。

【沼泽动物】沼泽中的鸟类有黑颈鹤、大天鹅、斑头雁、赤麻鸭、棕头鸥、藏雪鸡、秃鹫、鹰雕、草原鹞、珠颈斑鸠、大嘴乌鸦、麻雀等。

依布茶卡沼泽（540625-364）

【范围与面积】依布茶卡沼泽位于申扎县的中部，有三个集中分布区，地理坐标分别为 32°47′ ～ 33°10′N、86°33′ ～ 86°52′E，32°29′ ～ 32°44′N、86°27′ ～ 86°52′E 和 32°05′ ～ 32°21′N、86°26′ ～ 86°55′E。海拔 4500 m 左右。沼泽面积为 3141 hm²。

【地质地貌】沼泽所处申扎县属羌塘高原大湖盆地，地势较缓，丘陵、高山与盆地相间，丘陵与山地的相对高差一般在 300 ～ 500 m，坡度较大，地表多为风化破裂碎石堆和岩屑坡。地质结构分为南部念青唐古拉山岩浆带和北部大湖坳陷带。地势南高北低，由海拔 5900 m 以上的念青唐古拉山向海拔 4530 m 的色林错湖倾斜，最高峰甲岗山突居中南部，海拔 6448 m，终年积雪。最低处为色林错湖面，与最高峰相差 1900 多米（王寒冻，2015）。

【气候】沼泽区属高原亚寒带半干旱季风气候，干燥寒冷是环境的基本特征，空气稀薄。常年平均气温在 0.4℃左右，年降水量在 293.6 mm 左右，年平均风速 3.8 m/s，年日照时数 2915.5 h，霜期持续天数 279.1 d。

【水资源与水环境】沼泽区属于羌塘高原内陆湖区，湖水 pH 为 8.20，矿化度 96.80 g/L，化学类型属硫酸钠亚型，盐类沉积物有石膏、石盐。沼泽类型基本属于盐碱沼泽，仅河流补给较好处为淡水沼泽。

【沼泽土壤】沼泽土壤主要为泥炭贫乏的盐化沼泽土。

【沼泽植被】沼泽植被以西藏嵩草＋华扁穗草群落、华扁穗草群落、大花嵩草群落为主，群落生物量分别为 243 g/m²、213 g/m²、186 g/m²，群落盖度分别为 79.83%、80%、80%。常见的伴生种有高山嵩草、云生毛茛、蕨麻等。

帕度错沼泽（540625-365）

【范围与面积】帕度错沼泽位于申扎县，地理坐标为 32°40′～32°50′N、87°29′～87°55′E。海拔 5000 m 左右。沼泽分布在湖西岸以及入湖河流沿岸低洼地，面积为 4352 hm²。

【地质地貌】沼泽所处申扎县属羌塘高原大湖盆地，地势较缓，丘陵、高山与盆地相间，丘陵与山地的相对高差一般在 300～500 m，坡度较大，地表多为风化破裂碎石堆和岩屑坡。地质结构分为南部念青唐古拉山岩浆带和北部大湖坳陷带。地势南高北低，由海拔 5900 m 以上的念青唐古拉山向海拔 4530 m 的色林错湖倾斜，最高峰甲岗山突居中南部，海拔 6448 m，终年积雪。最低处为色林错湖面，与最高峰相差 1900 多米（王寒冻，2015）。

【气候】沼泽区属高原亚寒带半干旱季风气候，干燥寒冷、空气稀薄。常年平均气温在 0.4℃左右，年降水量在 293.6 mm 左右，年平均风速 3.8 m/s，年日照时数 2915.5 h，霜期持续天数为 279.1 d。自然天气异常恶劣，大风、雷雨、冰雹、暴雪频发，10 月至翌年 3 月大雪封山。

【沼泽植被】沼泽区植被以西藏嵩草群落为主，群落盖度 85.33%，群落地上生物量 221.50 g/m²，常见的湿地植物有西藏嵩草、高山嵩草、大花嵩草、斜茎黄芪、钉柱委陵菜、龙胆等。

【沼泽动物】沼泽中有斑头雁、赤麻鸭等鸟种。

【受威胁和保护管理状况】随着人畜数量的不断增加，沼泽区面临过度放牧和湿地面积不断萎缩的威胁。当地居民捡拾斑头雁、赤麻鸭等鸟类蛋，给其种群带来一定的危害。

泥拉坝沼泽（513333-366）

【范围与面积】泥拉坝沼泽位于四川甘孜藏族自治州色达县，主要包括泥拉坝沼泽（32°20′24″～32°32′24″N，99°12′36″～99°24′00″E）和康玛郎夺沼泽（32°30′00″～33°01′48″N，99°27′00″～99°34′48″E）。平均海拔 4147 m，沼泽面积为 18 148 hm²，主要是沼泽化草甸。

【气候】沼泽区年平均气温 –2.1℃，年平均降水量 565 mm，年均蒸发量 852 mm，≥0℃年均积温为 1200℃，≥10℃年均积温为 1500℃。

【水资源与水环境】沼泽区水源补给以地表径流与大气降水为主。流出状况为间歇性流出，积水状况为季节性积水，地表水 pH 5.8，地表 pH 分级 4 级；矿化度 0.8 g/L，地表矿化等级 1 级；化学需氧量 6.78 mg/L。地下水 pH 5.9，地下 pH 分级 4 级；矿化度 0.9 g/L。

【沼泽土壤】沼泽区土壤类型主要为泥炭土。

【沼泽动物】沼泽区有鸟类 3 目 3 科 3 属 3 种，包括赤麻鸭、黑颈鹤、红脚鹬；鱼类 1 目 2 科 3 属 3 种，包括厚唇裸重唇鱼、软刺裸裂尻鱼、斯氏高原鳅；两栖类 1 目 1 科 2 属 2 种，包括高原林蛙、倭蛙。

【沼泽植被】沼泽区主要湿地维管植物包括西藏嵩草、垂穗披碱草、蕨麻、甘肃棘豆、花莛驴蹄草、华扁穗草、黄帚橐吾、木里薹草、嵩草、无脉薹草、星状雪兔子、岩生忍冬、羊茅、窄叶鲜卑花等，主要植被有西藏嵩草群落、华扁穗草群落、木里薹草群落、窄叶鲜卑花群落。

【受威胁和保护管理状况】为保护泥拉坝沼泽湿地生态系统和野生动物，2000 年 1 月建立了四川泥拉坝县级自然保护区，总面积为 64 700 hm²。该湿地于 2023 年被列入《国际重要湿地名录》。

扎仓茶卡沼泽（542525-367）

【范围与面积】扎仓茶卡沼泽分布在革吉县的扎仓茶卡盐湖区，地理坐标为 32°27′ ～ 32°40′N、81°58′ ～ 82°50′E，面积为 13 898 hm²，以赤箭嵩草 + 华扁穗草沼泽为主。海拔 4410 m 左右。

【地质地貌】扎仓茶卡湖盆地处藏北构造区西部，班公湖 – 怒江大断裂由湖盆宽谷通过，成为控制该湖盆的主要断裂构造。此外，还有北西和北东向的次级断裂，形成本区呈北西西向的狭长而断续分布的多级断陷湖盆。就扎仓茶卡湖盆来说，自东向西由三个湖泊组成，即孕热布甲布拉茶卡、改木干茶卡和恰果茶卡。湖盆东西长 40 km、南北宽 10 ～ 15 km，海拔 4400 m。湖盆两侧为中低山地貌，南部为海拔 5000 m 左右的中山，相对高度 500 ～ 600 m，北部为 4500 ～ 4600 m 的低山，相对高度 300 m 左右。湖盆两侧均为多年冻土区，冻深 20 m 以上。湖盆中部的地貌类型由高至低分布有侵蚀阶地、堆积阶地、砂堤等。堆积阶地物质组成主要为砂、砾石，间有砂质黏土，最低级阶地的物质组成为碳酸盐黏土和硼酸盐，呈带状的台地形式分布在盐湖周围。山地河流发育稀少，仅南侧山地有短小的数条河流汇入湖盆，水流漫散或渗漏，加之孔隙潜水和孔隙承压水至湖滨埋深变浅，地下水位升高，或以泉的形式出露地表，所以在扎仓茶卡盐湖周围发育了大量咸水沼泽。

【气候】沼泽区气候寒冷干燥，且多大风。根据附近改则县气象资料，年平均气温 0.1℃，7 月平均气温 12.1℃。1 月平均气温 –21.4℃；多年平均降水量 166.2 mm，主要集中在 6 ～ 9 月，占全年降水量的 93%；日照强，年日照时数达 3168.2 h，日照率为 73%；多大风，> 17 m/s 的大风日数可达 200.1 d；年蒸发量 2302 mm。

【水资源与水环境】沼泽区水源由河水、地下水和大气降水混合补给。

【沼泽土壤】沼泽区土壤类型多为盐化草甸沼泽土。

【沼泽植被】沼泽区植被以赤箭嵩草 + 华扁穗草群落为主，主要伴生植物有紫菀、云生毛茛、龙胆、高山紫菀、高山薹草等。地上生物量为 168.50 g/m²。

【沼泽动物】沼泽动物主要是鸟类，有各种鸭类、雁类等。

其香错沼泽（540630-368）

【范围与面积】其香错沼泽位于那曲市双湖县，东邻安多县，南与班戈县与申扎县接壤，西与尼玛县毗邻，北跨可可西里与新疆维吾尔自治区交界。地理坐标为 32°23′ ～ 32°31′N、89°51′ ～ 90°4′E，平均海拔 5000 m 以上。沼泽面积为 590 hm²，主要湿地类型为永久性咸水湖、沼泽化草甸。

【地质地貌】沼泽区地处羌塘高原湖盆地带，山势平缓，草原开阔。地势北高南低，多为干旱和半荒漠草场。区内主要有昆仑山、唐古拉山、可可西里山、冬布勒山等山脉。

【气候】沼泽区属高原亚寒带干旱气候。全年无霜期少于 60 d，每年 8 级以上的大风天数高达 200 d 以上，冻土时间超过 280 d，年平均气温在 –5℃。气候寒冷，多风雪天气，年温差相对大于日温差，没有绝对无霜期，年日照时数 2628 h，年降水量仅 150 mm。

【沼泽动物】沼泽区常见物种有棕头鸥、斑头雁、渔鸥、普通鸬鹚、普通燕鸥等。

【受威胁和保护管理状况】随着人畜数量的不断增加，沼泽区面临过度放牧和湿地面积不断缩小的威胁。

聂荣－安多沼泽（540623-369）

【范围与面积】聂荣－安多沼泽分布在聂荣、安多县，地理坐标为 31°58′ ～ 32°52′N、91°27′ ～ 93°00′E。沼泽面积为 96 013 hm²，主要为西藏嵩草＋华扁穗草沼泽。海拔 4500 ～ 5200 m。

【地质地貌】沼泽区北面为唐古拉山，西面有妥尔久山，南面在聂荣和那曲之间也有低山分布，形成向东敞开的谷盆地。本区为怒江的河源区，地势较为平缓开阔，起伏相对较小，切割作用较弱，高原面形态较为完整。发源于唐古拉山冰川、积雪区的桑曲，流向西南注入措那湖，在河源汇水区地势低洼，排水不畅，形成许多小湖，在湖群周围、沿河两岸以及其他低洼地发育了沼泽。聂荣附近地势低平，众多支流汇入谷盆地，致使盆地内湖泡遍布，沿河及低洼地积水成沼，形成比桑曲流域更大的沼泽地。

【气候】沼泽区属高原亚寒带半湿润季风气候。空气稀薄，昼夜温差大，四季不分明，多风雪天气。无绝对无霜期。年日照时数为 2847 h，年降水量为 435 mm，全年雨雪日 100 d 左右。年平均气温 –2.8℃，最冷月 1 月平均气温 –14.6℃，最热月 7 月平均气温 7.8℃，年大风日数在 200 d 以上。

聂荣－安多沼泽（刘文治 摄）

【水资源与水环境】安多县主要有三条水系：长江源流水系、怒江源流水系和色林错源流水系。区内湖泊星罗棋布，河流交叉纵横。沼泽区地势低洼、排水不畅，河水是主要的补给来源。

【沼泽土壤】由于所处的地貌部位不同和水分状况的差异，土壤类型较多。沼泽区的土壤有泥炭土、泥炭沼泽土、草甸沼泽土和腐殖质沼泽土。泥炭土主要分布在山麓地下水溢出带，面积较小。受冷冻作用和水源补给稳定的影响，泥炭有机质分解较差。根据唐古拉山口附近泥炭层 ^{14}C 测年，形成年代为 1300 aBP±70 aBP。泥炭沼泽土分布在冰蚀洼地、宽谷及河流两岸常年积水的洼地。腐殖质沼泽土分布在湖滨地区，草甸沼泽土主要分布在河漫滩地段，上述两种土壤均无泥炭积累。

【沼泽动物】沼泽区常见鸟类有黑颈鹤、斑头雁、赤麻鸭、绿头鸭，以及鸥类等。

【沼泽植被】西藏嵩草群落为沼泽区的主要类型，群落盖度 90.71%，群落地上生物量为 312.50 g/m^2，分布在河漫滩、阶地及冲积扇缘。杉叶藻群落和眼子菜群落主要分布在湖滨和沼泽化河段，多呈环状或带状分布。在地势稍高处，分布有高山嵩草草甸。沼泽植物群落结构、种属组成、外貌特征与那曲附近沼泽基本相同。

【受威胁和保护管理状况】沼泽区已被列入《中国湿地保护行动计划》，但面临过度放牧和湿地面积不断缩小的威胁。

改则西湖群区沼泽（542526-370）

【范围与面积】改则西湖群区沼泽位于改则县西面的湖群区，地理坐标为 32°16′ ~ 32°24′N、83°40′ ~ 83°57′E。海拔约为 4415 m，沼泽总面积为 17 459 hm^2。

【地质地貌】沼泽区地处南羌塘高湖盆区，均为高山河谷地带，无平原。山势平缓，地形由西北向东南倾斜。区内主要山脉有昆仑山、隆格尔山、夏康坚、达日龙、波杂、查多岗日等，海拔均在 6000 m 以上。区域平均海拔 4700 m，最低海拔 4356 m，最高峰琼木孜塔格峰，海拔 6962 m。

【气候】沼泽区属高原亚寒带干旱高原季风性气候。干旱，多大风，昼夜温差大，日照时间长。以隆仁为界，南北朝向气候差异较大。年平均气温 –0.2℃，1 月平均气温 –12.8℃，极端最低气温 –44.6℃；7 月平均气温 11.9℃，极端最高气温 26℃，平均气温日较差 14℃左右。年平均日照 3168 h。年平均风速 4.3 m/s，最大风速 36 m/s，年出现 17 m/s 的大风日数平均为 46 d。年均降水量 189.60 mm，年极端降水量最大 295.8 mm，年极端降水量最小 84.5 mm，年降雪日 60 d 左右。

【水资源与水环境】沼泽区分布有大量冰川，主要分布在昆仑山脉、夏岗坚、藏萨岗日、琼布岗拉、昂龙岗日山脉等，总面积约 72 km^2。冰川水质良好，是区内河流、湖泊、泉水的重要补给源。区内较大的河流（总长 20 km 以上）有 12 条，湖泊面积在 60 km^2 以上的湖泊有 14 个，其中绝大多数为咸水湖。沼泽水源由河水、地下水和大气降水混合补给。

达则错沼泽（540629-371）

【范围与面积】达则错沼泽又名达克次湖、达格济错，藏语意为虎顶湖，位于西藏自治区那曲地区尼玛县的一个断陷盆地内，地理坐标为 31°49′ ~ 32°50′N、87°25′ ~ 87°55′E，属于羌塘高原北部，沼泽面积为 538 hm^2。

【地质地貌】沼泽区地势北高南低，地形以高原、丘陵、平地为主，全县平均海拔在 5000 m 以上。

北部为幅员辽阔的"无人区"。

【气候】达则错地处干旱、寒冷的北羌塘，年均气温 0 ~ 2℃，年降水量仅 200 mm。

【水资源与水环境】东西两岸地势平缓开阔，南北岸则山体陡峭。湖岸上分布着多条非常明显的同心古岸堤，最高的一条高于现湖面 90 m，显示出达则错在冰河时期无论面积、水深均远甚于当前。湖水补给主要依赖波仓藏布（又名莫昌藏布）、那若曲。波仓藏布发源于藏北高原中部的雪山，长约 200 km。达则错沼泽水体理化性质如表 16-20 所示。

达则错沼泽（刘文治 摄）

表 16-20　达则错沼泽水体理化性质

	EC/(mS/cm)	TDS/(mg/L)	Sal/ppt	pH	ORP/mV	TN/(mg/L)
平均值	6.85	7.79	7.50	6.47	26.55	0.08
最高值	10.07	8.06	7.78	7.73	60.60	0.11
最低值	1.03	6.94	6.63	5.24	10.20	0.07

【受威胁和保护管理状况】随着人畜数量的不断增加，该区沼泽面临过度放牧和面积不断萎缩的威胁。当地居民捡拾鸟蛋的行为对于鸟类种群具有一定的危害。

夏噶错沼泽（540200-372）

【范围与面积】夏噶错沼泽位于西藏自治区日喀则市，地理坐标为 32°16′ ~ 32°23′N、83°41′ ~ 84°00′E，海拔在 4000 m 以上，主要湿地类型为洪泛平原湿地、永久性咸水湖、沼泽化草甸，其中沼泽面积为 15 869 hm²。

【地质地貌】沼泽区大体处于喜马拉雅山系中段与冈底斯－念青唐古拉山中段之间，南北地势较高，其间为藏南高原和雅鲁藏布江流域。日喀则地形复杂多样，基本上由高山、宽谷和湖盆组成。

【气候】冈底斯－念青唐古拉山以北的少部分地区属高原亚寒带季风半干旱、干旱气候。日喀则总体的气候特征是：空气稀薄，气压低，氧气少；太阳辐射强，日照时间长，年平均达 3300 h，高原紫外线强烈；气温偏低，年较差小，日较差大，年平均气温西部亚寒带地区为 0℃。日喀则无霜期在 120 d 以上，区内降雪强度小，雪域集中在亚东帕里－聂拉木－定日的南部一带。

【水资源与水环境】沼泽区由地下水、雨水和冰雪融水补给，水温偏低，含沙量小，水质好。径流季节分配不均，年际变化小。

【受威胁和保护管理状况】沼泽所在区域纯属牧区，沿河岸、湖泊周围的沼泽草甸、草本沼泽作为牧场，受人为影响轻微。1976 ~ 2016 年，湖泊面积总体上呈略微缩小趋势，降水量是影响湖泊面积变化的主要气候因素。

聂耳错沼泽（542525-373）

聂尔错沼泽位于革吉县的聂尔错周围，地理坐标为 32°13′～32°23′N、82°03′～82°17′E，海拔 4500 m 左右，沼泽面积为 21 215 hm²。沼泽区处于羌塘高原大湖盆区，属羌塘高寒草原半干旱气候，日照充足，年温差较大，无霜期短，风大寒冷，雨雪日 19 d；年降水量仅为 150～200 mm，年平均气温不超过 20℃，最低气温在 –40℃，年日照时数 3000 h 以上，年无霜期为 110 d 左右（王苏民和窦鸿身，1998）。动植物特征可参照阿毛藏布及昂拉仁错沼泽。

聂耳错沼泽（刘文治 摄）

洞错沼泽（542526-374）

【范围与面积】洞错沼泽位于西藏自治区阿里地区改则县以东约 60 km 处的洞错周围，沼泽呈东西方向展布，地理坐标为 32°05′～32°19′N、84°23′～84°59′E。海拔 4416～4420 m，沼泽面积为 21 342 hm²。

【地质地貌】洞错盆地位于青藏高原中部，在羌塘地块和冈底斯地块之间，盆地呈东西向展布，东西长 250 km、南北宽 110 km，面积约为 27 500 km²，为叠合在班公湖–怒江蛇绿构造混杂岩之上的新生代陆相盆地。

洞错，藏语意为荒凉湖，受班公错–怒江断裂带的控制，位于洞错–扎西盆地低洼处，湖体呈北宽南窄的元宝形，面积为 100 km²，为一盐湖。河流在汇入盆地过程中，沿途渗漏、蒸发，经常断流。有较大河流向西注入洞错，在湖东面和西面形成大片沼泽。湖区西部为芒硝沉积区，东北部为石盐沉积区。湖相沉积的主要黏土矿物为伊利石、绿泥石及蒙脱石，主要盐类矿物有石盐、芒硝；碳酸盐矿物有白云石、方解石、文石。湖面海拔 4396 m，湖水平均深度 1 m（曾菁等，2011）。

【气候】沼泽区属高原亚寒带干旱季风气候，寒冷、干燥、多大风、温差大，日照时间长。根据改则气象站资料，本区年平均气温 –0.1℃，7 月平均气温 12.2℃，1 月平均气温 –12.4℃，极端最高气温 26.1℃，极端最低气温 –39.2℃。年均降水量 163.8 mm，降水天数 50.9 d，主要集中在 6～9 月，并以对流性降水为主。年平均蒸发量 2341.6 mm；≥ 17 m/s 的大风日数可达 200.1 d；年日照时数为 3168.2 h，日照率为 73%。

【水资源与水环境】沼泽周围分布有大量冰川，区内冰川主要分布在昆仑山脉、夏岗坚、藏萨岗日、琼布岗拉、昂龙岗日山脉等，水质良好，是区内河流、湖泊、泉水的重要补给源。区内较大的河流（总长 20 km 以上）有 12 条，湖泊面积在 60 km² 以上的湖泊有 14 个，其中绝大多数为咸水湖。洞错沼泽主要靠河水径流补给。

【沼泽土壤】沼泽区土壤主要为盐化草甸沼泽土。

【沼泽植被】沼泽区植被以西藏嵩草群落为主，群落平均盖度 85.5%，地上生物量 249.00 g/m²，常见的湿地植物有大花嵩草、赤箭嵩草、矮生嵩草等。

【沼泽动物】沼泽动物主要为鸭类、雁类、黑颈鹤等。

【受威胁和保护管理状况】沼泽区于 2008 年建立省级自然保护区。沼泽区尚无工业，受人为影响轻微。沼泽所在区域纯属牧区，沿河岸、湖泊周围的沼泽草甸、草本沼泽作为牧场。

洞错沼泽（刘文治 摄）

仓木错沼泽（542526-375）

【范围与面积】仓木错沼泽位于西藏自治区改则县西南仓木错及其南部入湖河流的上游，地处西藏西北部、阿里地区东部、藏北高原腹地。东与那曲市的双湖县、尼玛县相接，东南与措勤县相连，南与日喀则市的仲巴县毗邻，西与革吉县、日土县接壤，北以昆仑山为界与新疆维吾尔自治区交界。沼泽区有 2 个集中分布区，地理坐标分别为 31°37′～31°53′N、83°34′～83°46′E 和 31°58′～32°06′N、83°30′～83°36′E，沼泽总面积 26 026 hm²，海拔 4700 m。

【地质地貌】沼泽区地处南羌塘高湖盆区，均为高山河谷地带，无平原。山势平缓，地形由西北向东南倾斜。区内山脉主要有昆仑山、隆格尔山、夏康坚、达日龙、波杂、查多岗日等，山峰海拔均在 6000 m 以上。全县平均海拔 4700 m，最低海拔 4356 m。最高峰琼木孜塔格峰，海拔 6962 m。

【气候】沼泽区属高原亚寒带干旱高原季风性气候。干旱，多大风，昼夜温差大，日照时间长。以隆仁为界，南北朝向气候差异较大。年平均气温 –0.2℃，1 月平均气温 –12.8℃，极端最低气温 –44.6℃（1987 年 12 月）；7 月平均气温 11.9℃，极端最高气温 26℃（1979 年 6 月），平均气温日较差 14℃左右。年平均日照 3168 h。年平均风速 4.3 m/s，最大风速 36 m/s，年出现 17 m/s 的大风日数平均为 46 d。年均降水量 189.60 mm，年极端降水量最大 295.8 mm，年极端降水量最小 84.5 mm，年降雪日 60 d 左右。

【水资源与水环境】改则县分布有大量冰川、河流（均为内流河）、湖泊、温泉和丰富的地下水。区内冰川主要分布在昆仑山脉、夏岗坚、藏萨岗日、琼布岗拉、昂龙岗日山脉等，总面积约 72 km²。冰川水质良好，是区内河流、湖泊、泉水的重要补给源。

【沼泽植被】沼泽区植被以西藏嵩草群落为主，群落盖度84.4%，群落地上生物量319.00 g/m²。群落常见的伴生物种有大花嵩草、矮生嵩草、赖草、青藏薹草、斜茎黄芪等。

【沼泽动物】沼泽区的水禽有棕头鸥、斑头雁、赤麻鸭等，还有西藏毛腿沙鸡、角百灵、褐翅雪雀、棕颈雪雀等。

【受威胁和保护管理状况】沼泽所在区域纯属牧区，沿河岸、湖泊周围的沼泽草甸、草本沼泽作为牧场，受人为影响轻微。

拉果错沼泽（542526-376）

【范围与面积】拉果错沼泽位于改则县的拉果错东南方，地理坐标为31°50′ ～ 32°01′N、84°17′ ～ 84°32′E。沼泽是入湖河流中游段因地势低洼积水形成的，沼泽面积为7015 hm²，海拔4500 m左右。

【地质地貌】沼泽区地处南羌塘高湖盆区，均为高山河谷地带，无平原。山势平缓，地形由西北向东南倾斜。拉果错盐湖地貌大体可分为山麓堆积地貌带和湖盆堆积地貌带（郑绵平等，2016）。

【气候】拉果错地处西藏高原西北部，属高原亚寒带干旱季风气候。该地区气候严寒、干旱、空气稀薄、低压、缺氧、昼夜温差大（11 ～ 21℃）。全年日照时间长，最长可达3200 h，夏季平均温度5 ～ 15℃，冬季平均温度–5 ～ 11.7℃，年平均气温一般在0℃以下。年降水量在180 mm左右，集中于6 ～ 8月，年蒸发量在1870 mm左右（改则气象站）。风日多，风速多为5 ～ 7 m/s（董海，2019）。

【水资源与水环境】拉果错集水盆地流域总面积3256.60 km²（不包含湖泊面积），包括索美藏布和白觉河两条主要河流及4条季节性河流。沼泽区的水源补给主要为降水和地下水补给，拉果错东南沼泽水化学特征（旱季）见表16-21（郑绵平和刘喜方，2010；饶娇萍等，2019）。

【沼泽植被】沼泽区主要植被为青藏薹草群落和西藏嵩草群落。湿地植物群落盖度86%，地上生物量为425.50 g/m²，主要的伴生物种有赤箭嵩草、矮生嵩草、细叶西伯利亚蓼、赖草、高山薹草、斜茎黄芪等。

【受威胁和保护管理状况】沼泽区尚无工业，受轻度人为影响。沿河岸、湖泊周围的沼泽草甸、草本沼泽作为牧场，有一定程度的过牧现象。

表16-21　拉果错沼泽水化学特征（旱季）（引自饶娇萍等，2019）

沼泽名称	类别	矿化度/(g/L)	pH	K⁺/(mg/L)	Na⁺/(mg/L)	Ca²⁺/(mg/L)	Mg²⁺/(mg/L)	Cl⁻/(mg/L)	SO₄²⁻/(mg/L)	CO₃²⁻/(mg/L)	HCO₃⁻/(mg/L)	TOC/(mg/L)	DOC/(mg/L)
拉果错	补给河流	0.741	9.1	16.901	79.141	15.282	75.296	72.169	91.825	8.07	382.026	39.620	14.821
	湖水	69.402	9.0	2 520	22 900	11.700	900	12 959.5	27 371	2 739	0.5	47.085	22.794

果普错沼泽（542526-377）

【范围与面积】果普错沼泽位于改则县西南、昂拉仁错北部，地理坐标为31°49′ ～ 31°58′N、83°02′ ～ 83°19′E。海拔4500 m左右，沼泽面积为7936 hm²。

【地质地貌】改则县地处南羌塘高湖盆区，均为高山河谷地带，无平原。山势平缓，地形由西北向东南倾斜。

【气候】沼泽区属高原亚寒带干旱高原季风性气候。干旱，多大风，昼夜温差大，日照时间长。年平均气温 –0.2℃，1 月平均气温 –12.8℃，极端最低气温 –44.6℃；7 月平均气温 11.9℃，极端最高气温 26℃，平均气温日较差 14℃左右。年平均日照 3168 h。年平均风速 4.3 m/s，最大风速 36 m/s，年出现 17 m/s 的大风日数平均为 46 d。年均降水量 189.60 mm，年极端降水量最大 295.8 mm，年极端降水量最小 84.5 mm，年降雪日 60 d 左右。

【水资源与水环境】改则县分布有大量冰川、河流（均为内陆河）、湖泊、温泉和丰富的地下水。然而东西部沼泽类型有所不同，西侧拉果错湖滨为盐碱沼泽，而东侧有河流补给，发育淡水沼泽。

【沼泽植被】沼泽区植被主要为西藏嵩草群落，群落盖度 85.25%，地上生物量为 361.50 g/m²，群落常见的伴生物种有细叶西伯利亚蓼、高山薹草、云生毛茛等。

【沼泽动物】沼泽区的水禽有棕头鸥、斑头雁、赤麻鸭、黑颈鹤等。

【受威胁和保护管理状况】沼泽区尚无工业，受人为影响较轻。沿河岸、湖泊周围的沼泽草甸、草本沼泽作为牧场。过度放牧对沼泽湿地造成一定的威胁。

那曲沼泽（540602-378）

【范围与面积】那曲沼泽位于那曲市西部和安多县南部，地理坐标为 31°05′ ～ 32°13′N、91°07′ ～ 92°03′E，沼泽面积达 69 205 hm²，主要为西藏嵩草 + 华扁穗草沼泽，海拔 4300 ～ 4800 m。

【地质地貌】沼泽区位于念青唐古拉山北麓的那曲河上游，向北至安多县的扎萨，西起乃日平措，东至扎马。区内有东西走向的两列中低山，形成相对应的东西向谷地，谷地地势低平，地表覆盖着第四纪冲洪积物。发育在两侧山地的河流汇入低洼地形成许多湖泊，较大的有错那、错加、嘎弄、乃日平措，还有众多小湖。湖泊周围、沿河两岸，以及其他低洼地广泛发育了沼泽湿地。受地貌部位、水分状况及其他地理因素的影响，沼泽主要分布在错那的北面、南面，乃日平措的西部，以及那曲上游及其支流的一些河段。

【气候】沼泽区的气候特点是严寒，长冬无夏、干湿分明。那曲年平均气温 –1.9℃，7 月平均气温 8.8℃，1 月平均气温 –13.8℃；多年平均降水量 407 mm，主要集中在 6 ～ 9 月，占全年降水量的 85%；年蒸发量 516.9 mm，湿润度 0.79。

【水资源与水环境】沼泽湿地的水源补给主要是河水、山麓溢出带的潜水，其次是大气降水。

【沼泽土壤】沼泽土壤主要分布在河漫滩、湖滨、冲洪积扇缘地区。河漫滩、阶地上的沼泽主要为草甸沼泽土，局部地段分布有泥炭沼泽土；湖滨地区多为腐殖质沼泽土。

【沼泽植被】沼泽植被类型较多，主要为藏北嵩草群落，广泛分布在河漫滩、阶地，湖滨及冲洪积扇缘洼地也有分布；该群落以藏北嵩草为建群种，地表常有季节性积水或土壤较湿，形成草丘，高 10 ～ 30 cm，直径 20 ～ 50 cm，草丘覆盖面积占地面的 40% ～ 70%；群落结构大致可分为两层：第一层主要为藏北嵩草，高 20 cm 左右；第二层植物高度在 20 cm 以下；常见的伴生植物有喜马拉雅嵩草、尖苞薹草、华扁穗草、阿拉套早熟禾（原亚种）、西藏报春、蓝白龙胆、高原毛茛、匙叶银莲花、海乳草等。眼子菜群落主要分布在湖滨或缓流河段，呈带状向外逐渐过渡为西藏嵩草为主要成分的其他沼泽植被类型，反映了湖泊、河流沼泽化的初期阶段。在湖滨、河流上游宽谷低地、牛轭湖等常年积水地段，还分布有小面积的杉叶藻群落，一般水深 20 ～ 30 cm，群落盖度 40% ～ 60%，多由杉叶藻组成纯群落，高出水面 20 cm 左右，伴生植物有水毛茛、眼子菜等。

【沼泽动物】沼泽区的鸟类有黑颈鹤、斑头雁、赤麻鸭、绿头鸭以及鸥类等。

【受威胁和保护管理状况】随着人畜数量的不断增加，沼泽面临过度放牧和面积不断缩小的威胁。当地牧民有捡拾鸟蛋的行为；黑颈鹤繁殖期因沼泽湿地内有牛、羊放牧，有践踏鸟巢和踏碎鸟卵的现象，给其种群数量带来一定危害。

那曲沼泽（刘文治 摄）

雅江上游沼泽（542524-379）

【范围与面积】雅鲁藏布江上游沼泽位于西藏自治区阿里地区日土县，地理坐标为 31°28′18″ ～ 31°46′25″N、80°17′57″ ～ 80°27′21″E，海拔 4675 m，沼泽面积为 3536 hm²。沼泽分布在雅鲁藏布江上游沿岸，属于沟谷地貌类型。

【气候】沼泽区年均降雨量 496 mm，年均气温 1.6℃。

【水资源与水环境】沼泽水源以河流补给为主。2016 年 7 月对雅鲁藏布江支流沼泽资源进行调查发现，水样电导率为 0.51 mS/cm；总溶解固体浓度为 0.41 g/L；盐度为 0.31 ppt；pH 最高为 7.98；氧化还原电位值为 47.45 mV；溶解氧浓度为 7.45 mg/L；总磷含量为 0.11 mg/L；硝氮含量为 1.76 mg/L；氨氮含量为 0.33 mg/L。

【沼泽植被】沼泽区植被以西藏嵩草群落为主，植被覆盖度较高，主要伴生植物有珠芽蓼、西藏嵩草、委陵菜、黄芪、蓝白龙胆、长花马先蒿、早熟禾等。湿地植物群落地上部生物量为 209.70 g/m²。

【受威胁和保护管理状况】沼泽保存较好，基本未受干扰。

班戈东北部湖群区沼泽（540627-380）

【范围与面积】班戈东北部湖群区沼泽分布在班戈县北部的东恰错、徐果错等湖群区，地理坐标为 31°13′ ～ 32°01′N、89°40′ ～ 90°40′E。沼泽呈零散分布状态，面积合计 33 381 hm²，主要为西藏嵩草＋华扁穗草沼泽。海拔 4600 ～ 4700 m。

【地质地貌】沼泽区位于班公错－怒江构造带，区域构造线方向为东西向或北西西向，受构造线控制形成许多断陷盆地，发源于四周山地的河流汇入盆地低洼处，形成众多闭流湖泊。湖盆为第四纪形成的，其沉积物在靠山麓地带多为冲积砂砾，近湖由湖积物和部分冲积物构成。

【气候】沼泽区属羌塘高原亚寒带半干旱气候区，气候寒冷、干旱，根据班戈县气象资料，年平均气温 –1.2℃，最冷月（1 月）平均气温 –11.2℃，最热月（7 月）平均气温 8.6℃，极端最低温 –35.8℃，极端最高温 21.7℃；≥ 10℃积温 108℃，无霜期只有 9 d；多年平均降水量 301.2 mm，6 ～ 9 月占全年降水量的 87.3%；蒸发强烈，年平均蒸发量为 2006.2 mm；光能资源丰富，全年日照时数为 2966.2 h，日照率为 73%；≥ 17.0 m/s 的大风日数达 70.5 d，极端最大风速可达 34 m/s。

【水资源与水环境】盆地地形复杂，制约了地表水的分配，不仅在低洼地形成较大的湖泊，小湖泊更是星罗棋布。湖群区由于强力蒸发，湖水盐分浓缩，含盐量增加，一些湖泊演变成盐湖，如东恰错、徐果错、兹格塘错等，有些为咸水湖，如巴木措、蓬错等。湖群区的河流进入盆地后，因地势低平，流速骤减，水流漫散或排水不畅，加之潜水溢出带的影响，在山麓和沿河岸带多形成沼泽湿地。

【沼泽土壤】湖群区沼泽土壤类型较多，沼泽土类主要有泥炭沼泽土、草甸沼泽土和腐殖质沼泽土。草甸土类有草甸土、沼泽化草甸土（潜育草甸土）。

【沼泽植被】在地貌和水分状况的影响下，发育的沼泽植被类型也较多。以西藏嵩草＋华扁穗草为主的沼泽植物群落多分布在地表湿润的低平地或季节性积水的浅洼地，群落盖度 77.3%，地上生物量为 319.00 g/m²。在湖滨或已沼泽化的较深洼地，则发育了杉叶藻群落、眼子菜群落等沼泽植被。这些植物群落的种属组成、结构特征、外貌形态与那曲沼泽基本一致。沼泽中其他常见的植物有西藏报春、紫菀、蒲公英等。

【受威胁和保护管理状况】沼泽分布区尚无工业，受人为干扰较小。沿河岸、湖泊周围的沼泽草甸、草本沼泽作为牧场。沼泽区面临过度放牧和沼泽面积不断萎缩的危险。

班戈东北部湖群区沼泽（刘文治 摄）

阿毛藏布江－昂拉仁错沼泽（542525-381）

【范围与面积】阿毛藏布江－昂拉仁错沼泽位于革吉县东部的阿毛藏布江中游和仲巴县昂拉仁错西部以及湖南面入湖短小河流的源头，地理坐标分别为 31°16′ ～ 31°34′N、82°12′ ～ 82°22′E，31°32′ ～ 31°39′N、82°39′ ～ 82°50′E，31°16′ ～ 31°24′N、82°40′ ～ 83°05′E，沼泽总面积为 43 200 hm²。海拔差距较大，昂拉仁错湖面为 4715 m，而阿毛藏布中游海拔在 5000 m 以上。

【地质地貌】仲巴县是较典型的高原山地地貌。昂拉仁错地处冈底斯山脉北麓，为构造拗陷湖。昂拉仁错流域三面环山，南部为西北－东南走向的冈底斯山脉；西南部为冈底斯山脉在西部的最高山峰冈仁波齐峰；东北部为通向仓木错和改则、羌塘盆地的谷地；东部为南北走向的隆格尔山脉，是昂拉仁错流域与其东部的扎布耶茶卡－塔若错水系的分水岭。流域东部和南部分布有冰川，其中东部为隆格尔山脉上的冰川，南部是冈底斯山脉上的丁拉日居冰川和冈仁波齐峰上的冰川。从西部和西南部汇入昂拉仁错的阿毛藏布和拉布让藏布分别发源于流域南部和西南部的冰川（张淑萍等，2012）。

【气候】沼泽区属羌塘高寒草原半干旱气候，日照充足，年温差较大，无霜期短，风大寒冷，雨雪日 19 d。年降水量仅为 150 ～ 200 mm，年平均气温不超过 20℃，最低气温在 –40℃，年日照时数 3000 h 以上，年无霜期为 110 d 左右（王苏民和窦鸿身，1998）。

【水资源与水环境】由于沼泽区已接近偏湿润的藏南谷地，沼泽的河水补给条件较一般内陆地区好，因此沿河形成淡水沼泽，而湖滨则为盐碱沼泽。昂拉仁错属中度碳酸盐型微咸水湖，湖水矿化度 17.48 g/L。

【沼泽土壤】沼泽区土壤类型主要为淤泥沼泽土。

【沼泽植被】沼泽植物以赤箭嵩草为主，群落盖度 ＞ 80%，群落地上生物量为 188.67 g/m²。沼泽中常见的伴生植物有黄芪、蕨麻、西藏早熟禾、云生毛茛、多裂委陵菜、西藏嵩草、华扁穗草、斜茎黄芪、青藏马先蒿、西藏报春、芦苇、冰草、大白刺等。

【受威胁和保护管理状况】沼泽区工业不发达，受人为影响轻微。沿河岸、湖泊周围的沼泽草甸、草本沼泽作为牧场。

塔若错沼泽（540232-382）

【范围与面积】塔若错沼泽位于西藏自治区日喀则地区仲巴县，地理坐标为 31°49′ ～ 31°60′N、82°34′ ～ 83°37′E。海拔 4422 ～ 4430 m，沼泽面积为 415 hm²。

【地质地貌】沼泽区位于冈底斯－喜马拉雅褶皱带，主要受北北西和近东西方向两组断裂所控制，形成南北向延伸的断陷盆地。

【气候】沼泽区处于高原亚寒带半干旱气候区，年平均气温 –0.4℃，6 ～ 8 月气温较高，月平均气温 9.3 ～ 11.7℃，12 月至翌年 2 月气温较低，月平均气温为 –13.4 ～ –9.8℃；年平均降水量为 192.6 mm，年蒸发量为 2269.1 mm，年大风日达 172 d，年平均风速 5.8 m/s，年日照时数 3338 h。

【水资源与水环境】沼泽接受河水、大气降水和地下水补给，以大气降水为主。山区的降水和冰雪融水通过河流或地下径流汇入湖中。

【沼泽土壤】沼泽区土壤主要为盐化草甸沼泽土和盐化草甸土，在盐沼区多为盐土。

【沼泽植被】沼泽区主要植被为西藏嵩草＋扁穗草群落，主要伴生物种有青藏薹草、矮生嵩草、高山嵩草、华扁穗草等。湿地植物群落地上部生物量为 242.5 g/m²。

【沼泽动物】沼泽动物主要为鸭类、雁类、黑颈鹤等。

【受威胁和保护管理状况】沼泽区尚无工业影响，受人为影响轻微。沼泽所在区域纯属牧区，沿河岸、湖泊周围的沼泽草甸、草本沼泽作为牧场。

吴如错－孜桂错沼泽（540625-383）

吴如错－孜桂错沼泽位于申扎县的吴如错和孜桂错湖滨，共 2 块沼泽，地理坐标为 31°21′～31°40′N、87°44′～87°57′E，海拔 4500 m 左右，沼泽面积为 7473 hm²。沼泽区属高原亚寒带半干旱季风气候，空气稀薄，气候寒冷干燥（旺堆杰布等，2018）。吴如错、孜桂错与格仁错及恰规错 4 个湖泊是以色林错为主体的内陆主要湖泊群，各湖串联贯通，使色林错拥有广阔的流域和丰富的水源补给。吴如错、孜桂错湖水面积主要受降水、冻土解冻及冰川融化的影响。沼泽区植物群落主要为西藏嵩草群落，群落盖度 85%，群落地上生物量为 250 g/m²。常见的湿地植物有西藏嵩草、高山嵩草、大花嵩草、华扁穗草、斜茎黄芪、高山薹草等。

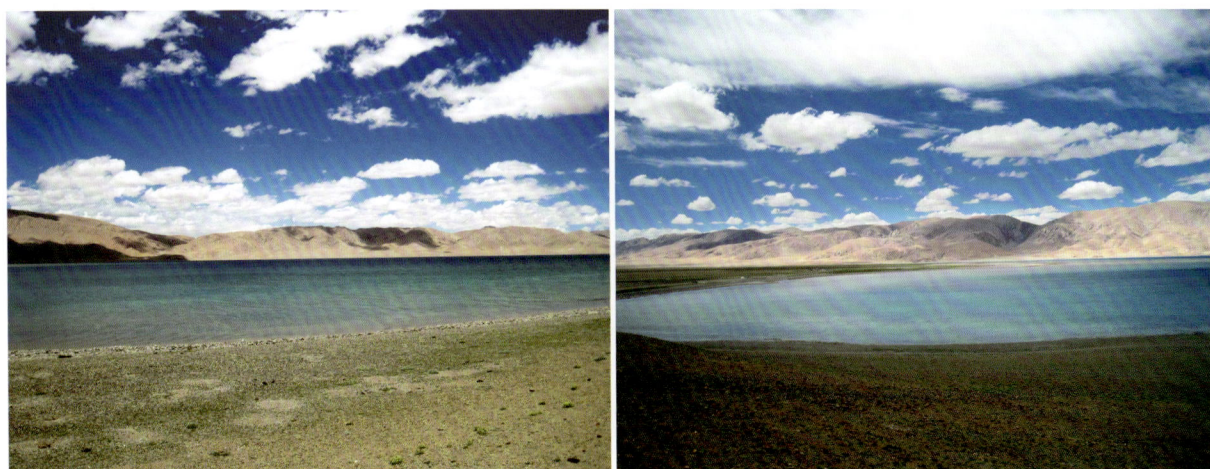

吴如错－孜桂错沼泽（刘文治 摄）

扎布耶茶卡沼泽（540232-384）

【范围与面积】扎布耶茶卡沼泽位于仲巴县北部，地理坐标为 31°18′～31°32′N、84°03′～84°16′E。沿湖周围，特别是湖的东面发育了大片沼泽，面积为 19 191 hm²，主要为赤箭嵩草＋扁穗草沼泽，海拔 4422～4430 m。

【地质地貌】沼泽区位于冈底斯－喜马拉雅褶皱带，主要受北北西和近东西方向两组断裂所控制，形成南北向延伸的断陷湖盆。在湖泊中部有北东东向隐伏断裂通过，造成高达 20 多米的古钙华湖心岛——查布野岛，以及断裂隆起部位堆积形成的砂砾堤，把该湖分割成南北两湖，中间靠东部边缘有一条狭长水道连通，北湖为卤水湖，水深几厘米至几米，南湖为干盐湖和卤水并存的盐湖，水深

2 m。湖面海拔 4421 m，湖面面积为 242 km²。扎布耶茶卡四周为山地环抱，据统计，该湖流域面积为 6680 km²，其中山地为 5280 km²，平原（含湖）面积为 1400 km²。

【气候】沼泽区处于高原亚寒带半干旱气候区。气候干燥、寒冷、风沙大，日照充足。日照辐射 8.4×10⁵ J/(cm²·a)，年均日照率 72.1%，年日照时数 3000 h 以上。年温差较大，无霜期短。昼夜温差可达 29℃，年均风速 4.1 m/s。年平均气温不超过 20℃，最低气温 −40℃。无霜期 110 d 左右，年平均降水量 280 mm（傅华龙，1990）。

【水资源与水环境】沼泽区山区降水和冰雪融水通过河流或地下径流汇入湖中。主要有两条河流：浪门嘎曲和桑目旧曲。西部的浪门嘎曲水量少，东部的桑目旧曲水量稍大，雨季在河流上游流量 500 ~ 600 m³/d，至中下游，由于渗漏水量锐减，有的地段全部渗入地下，所以汇入湖中的总水量少于湖面蒸发量，湖泊盐分浓度不断增加，甚至向干盐湖方向发展。但是在湖的萎缩过程中形成的湖滩，由于碳酸盐泉和潜水的广泛出露，在北湖周围形成大片盐沼，在冻土作用下，发育成疙瘩状草沼地。南湖在基岩与盐坪交界处，沿断层有地下水溢出，因含盐量高，地表不易冻结，形成的盐沼中疙瘩状草沼地较少。此外，在湖东面，地势低平，大量河水漫散或渗入地下，地下水位升高，形成湿生环境，发育了大片淡水沼泽。

盐湖湖水盐度为 155.83‰，pH 为 9，属于碱性卤水。扎布耶湖水离子组成：Na⁺ 含量为 61.30 g/L，K⁺ 含量为 11.20 g/L，SO₄²⁻ 含量为 27.50 g/L，Ca²⁺ 含量小于 10 mg/L，Mg²⁺ 含量为 14.10 mg/L，Br 含量为 86.0 mg/L，Cs 含量为 5.61 mg/L，Cl⁻ 含量为 75.4 g/L，CO₃²⁻ 含量为 11.20 g/L（张现辉和孔凡晶，2010）。

【沼泽土壤】沼泽区土壤主要为盐化草甸沼泽土和盐化草甸土，而在盐沼区多为盐土。

【沼泽植被】沼泽区植被以赤箭嵩草、扁穗草为优势种，伴生种有青藏薹草、细叶西伯利亚蓼、云生毛茛、碱茅等。群落地上生物量为 242.50 g/m²。

【沼泽动物】沼泽动物主要为鸟类，有各种鸭类、黑颈鹤等。

达瓦错沼泽（542527-385）

【范围与面积】达瓦错沼泽又称"达娃错"，意为"月亮湖"，位于西藏自治区西部阿里地区措勤县，地处措勤县北部，地理坐标为 31°10′ ~ 31°22′N、84°52′ ~ 85°07′E，湖面海拔 4626 m，沼泽面积为 1311 hm²。

【地质地貌】沼泽区地处羌塘高原大湖盆地带，属高原丘陵型和高原宽滩型地貌。县内山峦起伏叠嶂，山脉多为东西走向，四周高，中部为盆地，低地多分布湖泊，全县草原广阔，河流、湖泊众多。

【气候】沼泽区气候寒冷干燥，年均气温 0℃ 左右，年均降水量 200 ~ 300 mm。

【水资源与水环境】中部有先南北后东西流向的措勤藏布河，河流分支的渠、沟、溪为南北流向。东北部有东西流向的雄曲藏布河，东南部有东北 − 西南流向的独日藏布河。

达瓦错沼泽（刘文治 摄）

【沼泽土壤】沼泽区土壤类型主要为草甸沼泽土和泥炭沼泽土。

【沼泽植被】沼泽植被类型主要为西藏嵩草群落，伴生有华扁穗草、海韭菜、尖苞薹草、矮生嵩草、细叶西伯利亚蓼、长花马先蒿等；周围地势稍高处为高原草甸，以帕米尔薹草为优势种。

【沼泽动物】沼泽区鸟类包括鹤类、雁鸭类和鸥鹬类，如黑颈鹤、斑头雁和大天鹅等。

【受威胁和保护管理状况】目前尚未对该区域进行开发利用，受干扰较小。

色林错沼泽（540625-386）

【范围与面积】色林错沼泽分布在申扎县北部的色林错南面和东面，地理坐标为 30°9′56″～32°10′42″N、87°41′12″～91°50′21″E。面积为 158 253 hm²，为以西藏嵩草＋华扁穗草为主的沼泽类型。海拔 4530～4540 m。

【地质地貌】色林错面积为 164 000 hm²。本区位于藏北构造区中带，为东西向色林错菱形断块所围陷，主要受北西西向和北东东向两组断裂控制。班戈错－色林错湖盆形成于古近纪初期，是在班戈断陷盆地基础上，在第四纪时期继承并活化，进而形成的新生断陷盆地。该盆地南北两缘新构造发育，盆地随青藏高原的隆升而抬升。自中更新世以来，盆地内大湖缩小，因局部隆升而将大湖分割，逐渐发育成现代湖泊分布格局。周围湖泊与河流相互连通，形成了一个封闭内陆湖泊群。

中高山区主要分布在湖区南面，一般海拔 5000～5600 m，高差 500～1100 m；低山丘陵区广泛分布在湖区周围，呈较窄的长条状延伸，高出湖面 200～250 m，山形平缓；冲积－湖积平原分布在低山丘陵与湖盆之间，湖的南面分布面积较大，近山坡处较陡，由冲积砂砾构成，近湖盆较缓，由湖积物和部分冲积物构成；湖岸滩地宽度不一，一般自几百米至十余千米（林勇杰等，2014；杜丁丁等，2019）。

【气候】沼泽区属高原寒带半干旱季风气候区。太阳辐射强，日照时间长，冬春寒冷，夏秋温凉，干湿季分明。1979～2017 年，色林错流域多年平均气温为 –1.8℃，降水量为 389.4 mm，比湿为 3.2 g/kg，太阳辐射为 236.2 W/m²，年日照时数 2910～2970 h，风速为 3.7 m/s，年大风日数 103～132 d。色林错流域的月平均气温仅在 5～9 月高于 0℃，流域降水集中在 6～9 月，占全年降水量的 80% 以上（达桑，2011；王坤鑫等，2020）。

【水资源与水环境】湖泊四周山地和高地发育的河流汇入色林错，特别是发源于唐古拉山的扎加藏布是色林错的主要水源，在河口附近形成沼泽。另外，发源于南部山区的波曲藏布在湖的东岸注入色林错，在下游及河口一带也形成大片沼泽。色林错南岸地势低平，发源于山区的短小河流散漫在此区，形成色林错的主要沼泽分布区。色林错西南有一较大湖泊，为永珠藏布江的源头，在河流出湖处，即色林村附近也有大片沼泽分布。

色林错为一咸水湖，不同区域表层水温变化幅度 1.3℃，10～15 m 水深变幅 1.7℃；pH 9.19～9.49，溶氧量 4.62～5.12 mg/L。周围的沼泽地受湖水影响，大部分含盐量稍高，形成微咸水沼泽，远离湖泊的沼泽为淡水沼泽。沼泽的主要水源补给为河水和大气降水。

【沼泽土壤】沼泽土壤主要为草甸沼泽土，湖滨沼泽多为腐泥沼泽土。

【沼泽植被】沼泽植物群落以西藏嵩草＋华扁穗草为主，群落盖度 74.8%，地上生物量为 227.00 g/m²。伴生有高山嵩草、矮生嵩草、大花嵩草、尖苞薹草、海韭菜、蕨麻、碱毛茛、矮蔺藨草、杉叶藻等。靠近湖边，杉叶藻增多，还生长海乳草、细叶西伯利亚蓼等。

【沼泽动物】沼泽区常见的鸟类有棕头鸥、普通燕鸥、斑头雁、黑颈鹤、鸭类、鹬类等。湖中鱼类资源丰富。哺乳动物中的野牦牛、藏羚、蒙古野驴、藏原羚等也经常活动在湖滨及沼泽区。

【受威胁和保护管理状况】1985 年，色林错湖被列为西藏自治区自治区级保护区，1993 年成立色林错黑颈鹤自然保护区，2003 年晋升为国家级自然保护区。保护区面临放牧和湿地面积不断缩小的威胁。当地居民捡拾鸟蛋，候鸟繁殖季节有些外来人员登岛，干扰了候鸟孵卵、育雏，对其种群数量具有一定的影响。该湿地于 2018 年被列入《国际重要湿地名录》。

色林错沼泽（刘文治 摄）

当惹雍错沼泽（540629-387）

【范围与面积】当惹雍错沼泽位于西藏自治区那曲地区尼玛县，呈南北走向，主要包括当惹雍错、达果雪山和周边一定范围内的草地、草甸、沼泽和河流。地理坐标为 30°41′30″ ～ 31°25′24″N、86°17′25″ ～ 86°49′21″E，海拔 5000 m 以上，沼泽面积为 356 hm²。

【地质地貌】当惹雍错位于藏北高原中部、色林错西边，是中国藏北高原断陷湖，300 万年前形成，位于一个深陷的湖盆底部，从东北向西南延伸，南北长约 80 km。

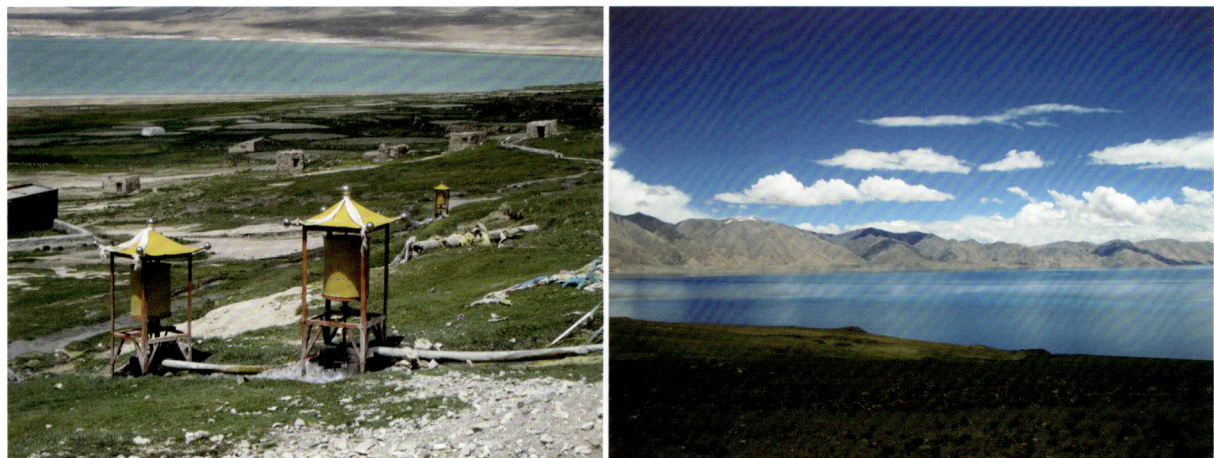

当惹雍错沼泽（刘文治 摄）

【气候】沼泽区属高原亚寒带半干旱季风性气候和高原寒带干旱气候。空气稀薄，多风雪，年平均气温 –4℃，年降水量 150 mm。

【水资源与水环境】沼泽区河流主要有江爱藏布、波仓藏布、达热藏布，均为内陆河。

【沼泽动物】沼泽区常见鸟种包括玉带海雕、黑颈鹤、斑头雁、白尾海雕。

【受威胁和保护管理状况】2011 年由国家林业局批准建立当惹雍错国家湿地公园。随着人畜数量的不断增加，沼泽面临过度放牧和湿地面积不断缩小的威胁。

麦地卡沼泽（540621-388）

【范围与面积】麦地卡沼泽位于那曲地区嘉黎县西北部的麦地卡附近，地理坐标为 30°48′12″ ～ 31°17′57″N、92°39′53″ ～ 93°21′10″E。共有三片，沼泽面积为 26 026 hm²。区域最高海拔 5684 m，最低海拔 4803 m，平均海拔 4900 m。

【地质地貌】沼泽区地处念青唐古拉山中段北麓，在地质构造上，位于藏北构造区班公错 – 东巧 – 怒江断裂带之南、冈底斯 – 念青唐古拉褶皱东段，地貌属于高原湖盆谷地平原，主要包括湖盆地貌、谷地地貌以及山地地貌。

【气候】沼泽区属高原亚寒带半湿润气候区，区域内只有冷暖季节之分。冷季（冬春）寒冷而风大，年平均气温 0.9℃，1 月气温最低，月均气温 –11.9℃，暖季 7 月温度最高，月均气温 9.5℃。保护区内年平均降水量约 694 mm，主要集中在 5 ～ 9 月，冷季降水稀少，较为干旱，年蒸发量达 1410 mm。日照时间长，太阳辐射强，年均日照时数为 2496 h（王恒颖，2014）。

【水资源与水环境】沼泽内水系分布呈树枝状，为外流水系，其主干流是麦迪藏布，发源于麦地卡湿地保护区核心区的彭错。沼泽内分布多条河流及面积 10 hm² 以上的湖泊 39 个，除个别封闭湖泊外，这些河流和湖泊最终于麦迪藏布汇集。沼泽主要分布在各大小湖泊的湖滨及麦迪藏布两侧。沼泽的水源补给主要有大气降水、冰川融水及地下水。

麦地卡沼泽水体 pH 为 8.66 ～ 9.28，水体呈碱性。水体总溶解盐平均值为 101.42 mg/L，电导率平均值为 143.68 μS/cm，水体氧化还原电位平均值为 114.78 mV，水体呈氧化性。水体中 DO 为 6.15 ～ 7.85 mg/L。水体中 Ca^{2+} 为主导阳离子，约占阳离子总量的 74.3%，其次是 Mg^{2+}（16.7%）和 Na^+（8.9%）。K^+ 在麦地卡湿地各样点均未检出（< 0.1 mg/L）。Ca^{2+}、Mg^{2+} 和 Na^+ 的平均浓度分别为：12.41 mg/L、3.52 mg/L 和 1.79 mg/L。HCO_3^- 为主导阴离子，约占阴离子总量的 73.0%，其次是 SO_4^{2-}（25.9%），Cl^- 和 F^- 总量只约占阴离子总量的 1%。与人类活动显著相关的 PO_4^{3-} 和 NO_3^- 在麦地卡水体中未检出，且 HCO_3^-、SO_4^{2-} 和 Cl^- 的平均浓度分别为 42.26 mg/L、14.32 mg/L 和 0.30 mg/L。麦地卡沼泽水体水化学类型以 HCO_3-Ca 为主（陈虎林等，2020）。

【沼泽植被】沼泽区植物资源丰富，根据拦继洒和罗建（2018）的调查结果，麦地卡湿地种子植物共计 304 种，属于 39 科 130 属，其中单子叶植物 9 科 23 属 56 种，双子叶植物 30 科 107 属 248 种，根据植物资源用途将麦地卡沼泽植物分为 7 类，其中有药用植物 91 种、饲料植物 42 种、蜜源植物 26 种、纤维植物 18 种、食用植物 14 种、油脂植物 13 种、淀粉及糖类植物 19 种。

沼泽区主要植物群落有西藏嵩草群落和西藏嵩草＋高山蒿草群落以及西藏嵩草＋华扁穗草群落，这三种植物群落的地上生物量分别为 300 ～ 675 g/m²、420 g/m² 以及 337 g/m²，群落主要的伴生植物有长花马先蒿、硬毛蓼、钉柱委陵菜、碱毛茛、垂穗披碱草、云生毛茛、矮金莲花、杉叶藻、紫菀、鸦跖花、珠芽蓼、茸毛委陵菜、西藏报春、蕨麻等。

【沼泽动物】沼泽区鸟类有黑颈鹤、斑头雁、赤麻鸭、普通秋沙鸭、棕头鸥、金雕、玉带海雕、胡兀鹫等。沼泽区不仅是斑头雁、赤麻鸭、普通秋沙鸭和棕头鸥等水禽重要的繁殖地，也是黑颈鹤西部种群最东端的繁殖地。

【受威胁和保护管理状况】沼泽区于 2004 年被列入《国际重要湿地名录》。2008 年建立省级自然保护区，成立嘉黎县自然保护区管理局。2016 年 5 月，经国务院审定，麦地卡沼泽被列为国家级自然保护区。2018 年 3 月 19 日，国务院批准新建西藏麦地卡湿地国家级自然保护区。夏季候鸟繁殖期外来人员较多，候鸟的孵卵、育雏受到外来人员活动的干扰，给其种群数量带来一定的威胁。

麦地卡沼泽（佟守正 摄）

玛尔下错沼泽（540629-389）

【范围与面积】玛尔下错沼泽位于那曲市西北部，南与日喀则市相接，东与双湖县、申扎县相连，西与改则县相邻。地理坐标为 $30°51'25'' \sim 31°9'50''$N、$86°56'53'' \sim 87°38'13''$E，海拔 5000 m 以上，沼泽面积为 356 hm²。

【地质地貌】沼泽区地势北高南低，地形以高原、丘陵、平地为主。北部为幅员辽阔的"无人区"。

【气候】沼泽区属高原亚寒带半干旱季风性气候和高原寒带干旱气候。空气稀薄，多风雪，年平均气温 –4℃，年降水量 150 mm。区域内河流主要有江爱藏布、波仓藏布、达热藏布，均为内陆河。

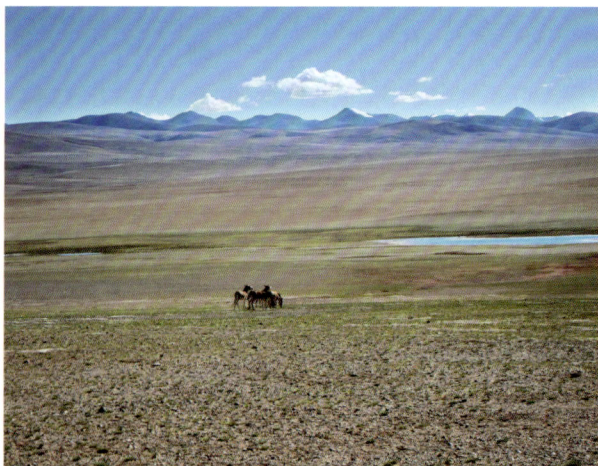

玛尔下错沼泽（刘文治 摄）

【沼泽动物】沼泽区野生动物资源丰富而珍贵，有黑颈鹤、斑头雁、赤麻鸭等保护动物。

【受威胁和保护管理状况】沼泽区于 2008 年建立省级自然保护区，成立了昂孜错玛尔下错湿地自然保护区管理局。放牧是该区域沼泽面临的主要威胁。

昂孜错沼泽（540625-390）

【范围与面积】昂孜错沼泽地位于申扎县的昂孜错西南以及汇入昂孜错的达热藏布江上游，地理坐标为30°50′～31°02′N、82°43′～82°58′E，沼泽面积为332 hm²，海拔4500 m左右。

【地质地貌】申扎县属南羌塘高原大湖盆地带，地势较缓，丘陵、高山与盆地相间，丘陵与山地的相对高差一般为300～500 m，坡度较大，地表多为风化破裂碎石堆和岩屑坡。地质结构分为南部念青唐古拉山岩浆带和北部大湖坳陷带。地势南高北低，由海拔5900 m以上的念青唐古拉山向海拔4530 m的色林错湖倾斜，最高峰甲岗山突居中南部，海拔6448 m，终年积雪。最低处为色林错湖面，与最高峰相差1900 m以上。

【气候】沼泽区属高原亚寒带半干旱季风气候区，空气稀薄，气候寒冷干燥，年均温0.4℃，年平均风速为3.8 m/s，年平均8级以上大风达104.3 d。霜期持续天数为279.1 d。年日照时数为2915.5 h。年降水量298.6 mm。自然灾害主要是风、雪、旱灾及地震等。昂孜错湖区年均降水量200～300 mm，年均气温−2～0℃。

【水资源与水环境】昂孜错是一个大型咸水湖和毗邻的微咸水沼泽，水源来自周围山峰的径流和邻近地区更小湖泊的储水，湖水主要依靠降水和地表径流补给，有达扎藏布等22条入湖河流。

【沼泽土壤】沼泽区土壤类型主要为沼泽土。

【沼泽植被】沼泽区植被主要为西藏嵩草群落，群落盖度80%，群落地上生物量为278.00 g/m²。常见的伴生植物有高山嵩草、高山蔓草、矮金莲花、斜茎黄芪等。

昂孜错沼泽（刘文治 摄）

扎日南木错沼泽（542527-391）

【范围与面积】扎日南木错沼泽位于措勤县扎日南木错的西面和东面，地理坐标为30°43′06″～31°7′20″N、85°15′05″～85°54′29″E。沼泽面积为14 860 hm²，以西藏嵩草＋华扁穗草为主，海拔4615～4630 m。

【地质地貌】扎日南木错是西藏自治区的第3大湖，属东西向构造断陷湖，湖体北面的山麓可见平齐的三角形断层崖。北面为巴林冈日山，西南有拉布琼山，东部也有山地将其与当惹雍错隔开。

【气候】沼泽区属高原季风半干旱气候，地处喜马拉雅山北侧，受下沉气流影响，全年多晴朗天气，降水稀少。日照充足，冬春寒冷。年最高气温25.0℃，年最低气温−34.0℃。

【水资源与水环境】扎日南木错湖体宽阔，面积为10×10⁴ hm²，海拔4613 m，属咸水湖，湖水矿化度可达13.9 g/L。水体透明度2.45 m，pH 9.60。北、西及南部山地发源的众多河流注入该湖，其中措勤藏布源远流长，汇集了冈底斯山北侧的许多支流，水量大增，在措勤县附近转向东面注入扎日南木错，是扎日南木错的重要补给水源。在湖西面河流入口区发育了大片沼泽湿地。另外，在湖东面的小湖区也发育了沼泽。

【沼泽土壤】沼泽区土壤主要为草甸沼泽土和泥炭沼泽土。

【沼泽植被】沼泽区的植被类型主要为西藏嵩草＋华扁穗草群落，群落盖度84.67%，群落生物量为344.50 g/m²，伴生有华扁穗草、海韭菜、尖苞薹草、矮蔺藨草、矮生嵩草、赖草、西藏报春、西藏嵩草、高山嵩草、大花嵩草、细叶西伯利亚蓼、长花马先蒿等；周围地势稍高处为高原草甸，以帕米尔薹草为优势种。

【沼泽动物】沼泽区鸟类包括鹤类、雁鸭类和鸻鹬类，如黑颈鹤、斑头雁和大天鹅等。湖中的鱼类主要为横口裂腹鱼。

【受威胁和保护管理状况】沼泽区土地利用方式主要为放牧场或割草场。2008年建立省级自然保护区，由措勤县、昂仁县林业局管理。沼泽所在区域为牧区，沿河岸、湖泊周围的沼泽草甸、草本沼泽作为牧场，受人为影响轻微。

扎日南木错沼泽（刘文治 摄）

永珠藏布江中游沼泽（540625-392）

【范围与面积】永珠藏布江中游沼泽位于申扎县的永珠藏布江中游，地理坐标为30°51′～30°59′N、89°19′～89°30′E。沼泽面积为7610 hm²，以西藏嵩草＋华扁穗草沼泽为主。海拔4500 m左右。

【地质地貌】永珠藏布发源于色林村附近的湖泊，向南又转向东南注入木纠错，由木纠错流出经任错贡玛湖后注入纳木错。发源于两侧山地的短小河流注入该河或湖泊，北岸河流少，且多为时令河，南岸河流较多。在木纠错与任错贡玛湖之间的永珠藏布江中游，因地势低平，河流摆荡频繁，河漫滩宽阔，特别是南侧山地河流进入谷地后水流散漫，在永珠藏布江两岸低洼地和低平地地表积水或土壤过湿，形成大片沼泽。

【气候】沼泽区气候寒冷干燥，且冬春多大风。根据申扎县气象资料，年平均气温为–0.4℃，7月平均气温9.4℃，1月平均气温–17.9℃；多年平均降水量290.8 mm，主要集中在6～9月，占全年降水量的90.3%；太阳能资源丰富，年日照时数可达2879.4 h，日照率达65%；≥17.0 m/s的大风日数达90.8 d，其中12月至翌年3月大风日数就达55.6 d；蒸发强烈，一年中有11个月降水，降水量低于蒸发量。

【沼泽土壤】沼泽区土壤多为沼泽草甸土。

【沼泽植被】沼泽植被以西藏嵩草+华扁穗草群落为主,群落盖度91.1%,地上生物量为358.50 g/m²。常见湿地植物有高山嵩草、大花嵩草、紫菀、云生毛茛、蕨麻、碱毛茛、海韭菜、尖苞薹草、长花马先蒿、矮蔺藨草、扁穗草等。

【沼泽动物】沼泽区鸟类有黑颈鹤、棕头鸥、普通燕鸥、赤麻鸭、普通秋沙鸭、绿头鸭、斑头雁等。

拉昂错-玛旁雍错沼泽（542521-393）

【范围与面积】拉昂错-玛旁雍错沼泽位于普兰县中部的拉昂错北岸和玛旁雍错北岸与西岸,地理坐标为30°30′20″~30°56′24″N、81°5′9″~81°43′54″E,面积为1821 hm²。拉昂错湖面海拔4573 m,玛旁雍错湖面海拔4588 m,两湖均为淡水湖。

【地质地貌】玛旁雍错和拉昂错是藏西南内流水系中为数不多的内陆湖。玛旁雍错是中国湖水透明度最大的淡水湖泊和第二大蓄水量天然淡水湖。位于冈底斯山主峰-冈仁波齐峰和喜马拉雅山纳木那尼峰之间。曾与拉昂错相通,后由洪积、冰水堆积物堵塞而演化为内流湖。湖泊呈鸭梨形,北宽南窄,长轴方向长26 km,短轴长21 km。拉昂错、玛旁雍错平均水深46 m,最大水深81.8 m,面积为412 km²,湖岸线长90.02 km（高毅等,2020）。

【气候】沼泽区属高原温带半干旱气候,全年四季不明显,昼夜温差大,年均气温3℃,日均气温5℃以上持续时间约160 d,极端最高气温为34.5℃,极端最低气温为-29.4℃。最热月（7月）均温为13.7℃,最低月（1月）均温为-8.2℃。平均日较差达13.3℃,平均年较差均22.9℃。夏季受印度洋季风的影响,具有明显的季风气候性质,雨热同期,年均降水量172.8 mm,降水集中于夏季,占全年降水量的80%以上,日最大降水量达47 mm;冬春降水稀少,气候寒冷,雨季和干季明显。由于高原的"热岛"作用,该区域多风,年平均风速为3.7 m/s,最大风速达19 m/s,年平均大风天数32.1 d,多集中于夏季午后。沼泽区太阳能资源丰富,日照充足,年总辐射量高达6万~8万 MJ/m²。常年多风,日照强烈,导致该区域蒸发量较大,年平均蒸发量为2257 mm,相当于年降水量的13.06倍（王君波等,2013;何旭升等,2019;白玛央宗等,2020）。

【水资源与水环境】沼泽区湖水透明度14 m,湖水矿化度400 mg/L,属淡水湖,含有硼、锂、氟等微量元素。以冰川融水、雨水补给为主,也有部分泉水补给。湖岸线平直,周长83 km。东岸和东南岸阶地发育。2016年7月对拉昂错-玛旁雍错沼泽进行调查,结果如下:各采样点水样电导率值平均为1.20 mS/cm;总溶解固体（TDS）浓度最高1.46 g/L,最低0.23 g/L,平均值为0.93 g/L;盐度（Sal值）最高1.16 ppt,最低0.23 ppt,平均值为0.70 ppt;pH最高9.56,最低8.32;氧化还原电位值最大值76.10 mV,最小值-61.60 mV;溶解氧（DO）浓度平均值为10.06 mg/L。湖水K^+含量为6.24 mg/L,Ca^{2+}含量为20.11 mg/L,Na^+含量为54.23 mg/L,Mg^{2+}含量为29.28 mg/L,Cl^-含量为14.57 mg/L,SO_4^{2-}含量为31.03 mg/L,HCO_3^-含量为299.30 mg/L,SiO_2含量为1.87 mg/L（姚治君等,2015）。

【沼泽土壤】沼泽区草甸土分布最广泛,主要分布在玛旁雍错和拉昂错湖的周围,又称"毡状草甸土",黏性重,表层物理性黏粒高达79.71%,土壤pH 9.10~9.40,表层有机质含量高达8.73%;该类型土壤湿度大,草甸植被生长茂密,覆盖度可达80%~90%。新积土主要分布在拉昂错湖、玛旁雍错湖缓岸湖滨的湖水浪击带,紧靠水面呈环状分布,是流水冲积形成的土壤,由于水的冲刷筛选,表层砾质度为80%~100%,几乎无有机质积累过程。沼泽土壤主要分布在一些积水洼地、湖滨沼泽及洪积扇缘沼泽区，土剖面以棕色为主，多为壤质土，土壤紧实，各层根系多而密，土壤湿度较大，层次过渡明显，大多呈斑块状零星散布（何旭升等，2019）。

【沼泽植被】沼泽区植被以西藏嵩草群落为主，伴生植物有西藏嵩草、蒲公英、委陵菜、黄芪、华扁穗草等。地上部生物量为 118.02 g/m^2。湖滨阶地上发育了由华扁穗草、细叶西伯利亚蓼、西藏嵩草、青藏薹草等组成的沼泽化草甸。

【沼泽动物】沼泽区主要野生动物有野牦牛、野驴、岩羊、盘羊、藏羚羊以及藏雪鸡、黑颈鹤等。鱼类主要有高原裸裂尻鱼等（高毅等，2020）。昆虫 62 种，鳞翅目、鞘翅目、半翅目、膜翅目所占比例分别为 29%、25.8%、9.7%、17.7%；青藏种种类最多，有 35 种，占总数的 56.5%，其次是高山种、广布种，分别有 25 种、19 种，分别占总数的 40.3% 和 30.6%；特有种 13 种，占 21%（张亚玲和王保海，2015）。

【受威胁和保护管理状况】沼泽区有玛旁雍错湿地自然保护区，于 2002 年建立，2017 年成为国家级自然保护区，于 2005 年被列入《国际重要湿地名录》。玛旁雍错和拉昂错沼泽区目前均处于萎缩趋势，两湖的萎缩与扩张年际变化趋势一致；两湖萎缩方向均以西北方向为主导。沼泽区受轻度放牧干扰。

拉昂错－玛旁雍错沼泽（刘文治 摄）

纳木错沼泽（540627-394）

【范围与面积】纳木错沼泽位于班戈县纳木错西南，地理坐标为 29°57′ ~ 31°10′N、89°30′ ~ 91°25′E。海拔 4720 m。沼泽面积为 34 210 hm^2，为西藏嵩草＋尖苞薹草沼泽。

【地质地貌】纳木错湖是念青唐古拉山西北侧大型断陷洼地中发育的构造湖泊，属内流湖。纳木错位于青藏高原中部，面积为 1920 km^2，湖面海拔 4718 m。流域面积约为 10 600 km^2。北部和西北部是起伏较小的藏北高原丘陵，其南面和东面是冈底斯山和念青唐古拉山的谷地，自南向北逐渐增高，整个区域形成了一个相对封闭的盆地。其湖盆呈西南－东北走向，西侧宽、东侧窄。纳木错湖中有 3 个较大的小岛，这些岛很少受到外界的干扰，故栖息的鸟类繁多，人称鸟岛。西北部的朗多岛是湖中最大的岛屿，其东西长 2 km，海拔为 4854 m（向扬，1988）。

【气候】纳木错处于羌塘寒冷半干旱高原季风气候区和藏北高原草原区的东南边缘地带，光、热、水资源充足，气压低，在当雄、班戈两县测得的空气密度为 0.73 kg/m³，年辐射总量约为 7000 MJ/m²，年日照时数达 3000 h 左右，年均日照率大于 65%。干湿季分明，每年 6 ～ 9 月受西南季风的影响，相对温暖湿润，是流域的雨季，年平均降水量约 410 mm，其他月份主要受西风环流的影响，为旱季。≥ 17.0 m/s 的大风日数达 73 d（徐彦伟等，2007）。

【水资源与水环境】纳木错为西藏最大湖泊，也是一大型咸水湖。发源于四周山地的河流汇入该湖，特别是西面的永珠藏布江也是该湖的主要水源。在纳木错西南面，受念青唐古拉山高山冰川、冰雪的补给，发育了众多短小河流注入纳木错，在沿河两岸及湖的西南岸有大量沼泽分布。靠近湖岸的沼泽由于湖水的影响和蒸发，大多为咸水沼泽。

【沼泽土壤】纳木错地区由于气候寒冷，土壤矿物质物理分化强烈，土壤形成过程中的化学作用和生物过程较弱，因而山地残积坡积物、山前洪积物及河湖低地堆积物发育的土壤具有明显的粗骨性特征，土壤发育程度低。沼泽区土壤包括高山寒漠土、粗骨土、高山草甸土、高山草原土、亚高山草原土、亚高山草甸土、草甸土和沼泽土（表 16-22）。高山草甸土是分布最广、面积最大、最主要的土壤类型，占整个区域土壤总面积的 51.58%（宗浩等，2004）。

表 16-22　纳木错沼泽区土壤类型及分布（引自宗浩等，2004）

土壤类型	分布
Ⅰ. 高山寒漠土	西北部、中部、东南部，海拔 5300 m 以上
Ⅱ. 粗骨土	西北部、中部山地，高山寒漠土之下零星分布
Ⅲ. 高山草甸土	中部、南部及东南，海拔 4500～5000 m 的高山和宽谷两侧
Ⅳ. 高山草原土	纳木错湖盆区，海拔 4700～4900 m
Ⅴ. 亚高山草甸土	中部、西南部及盆缘山地，海拔 4200～4800 m
Ⅵ. 亚高山草原土	西南部羊八井，海拔 4200～4800 m
Ⅶ. 草甸土	谷底，洪积扇
Ⅷ. 沼泽土	谷底，洪积扇，积水地

纳木错沼泽（刘文治 摄）

【沼泽植被】沼泽植被以西藏嵩草＋尖苞薹草群落为主，群落盖度 84.23% 左右，群落地上生物量为 616.07 g/m²，常见的伴生植物有杉叶藻、海韭菜、矮金莲花、紫菀、西藏报春、云生毛茛、蕨麻、蒲公英、黄芪、西藏早熟禾等。

【沼泽动物】沼泽区野生动物地理区系属于古北界青藏区羌塘高原亚区，生态地理动物群为高地森林草原－草甸草原、寒漠动物群。高原特有动物突出，种类较为单一，常见鸟类有黑颈鹤、棕头鸥、普通燕鸥、银鸥、鹮嘴鹬、赤麻鸭、普通秋沙鸭、红脚鹬、斑头雁、白额雁、纵纹腹小鸮等（袁军等，2002；宗浩等，2004）。

【受威胁和保护管理状况】纳木错是一个基本上仍处于原始状态的大型湖泊，人类活动的干扰很微弱。但是，随着社会经济迅速发展和人口不断增长，湖区各种人为活动的强度逐渐加大，目前湖区自然湿地生态系统可能面临的主要威胁有放牧、旅游、捕鱼、气候变化（刘淑珍等，1999）。2003 年自治区人民政府批准建立了纳木错自然保护区管理局，并在各乡政府所在地设立保护区管理站，对沼泽区湿地和栖息生物保护起到了很好的支撑作用。

申扎藏布江沼泽（540625-395）

【范围与面积】申扎藏布江沼泽位于申扎县的申扎藏布江上游及源头，地理坐标为 30°11′ ～ 30°39′N、88°28′ ～ 89°28′E。沼泽面积为 38 520 hm²。

【地质地貌】沼泽区属南羌塘高原大湖盆地带，地势较缓，丘陵、高山与盆地相间，丘陵与山地的相对高差一般在 300 ～ 500 m，坡度较大，地表多为风化破裂碎石堆和岩屑坡。地质结构分为南部念青唐古拉山岩浆带和北部大湖坳陷带。地势南高北低，由海拔 5900 m 以上的念青唐古拉山向海拔 4530 m 的色林错湖倾斜，最高峰甲岗山突居中南部，海拔 6448 m，终年积雪。由于河谷地貌的发育，形成宽冲积平原。河谷一级地貌为河谷地和冲积平原。

【气候】沼泽区属高原亚寒带半干旱季风气候区，空气稀薄，气候寒冷干燥，年均温 0.4℃，年平均风速为 3.8 m/s，年平均 8 级以上大风达 104.3 d。霜期持续天数为 279.1 d。年日照时数为 2915.5 h。年降水量 298.6 mm。

【水资源与水环境】沼泽区水源主要受到河水补给。

【沼泽植被】沼泽区主要的植被为西藏嵩草群落和青藏薹草群落，群落盖度分别为 72% 和 80.75%，群落地上生物量分别为 165.00 g/m² 和 216.00 g/m²。湿地植物主要有西藏嵩草、高山嵩草、大花嵩草、高山薹草、青藏薹草、早熟禾、蕨麻、高原毛茛等。

切多沼泽（540226-396）

【范围与面积】切多沼泽位于昂仁县的切多北部，地理坐标为 29°34′ ～ 29°45′N、86°08′ ～ 86°19′E，沼泽面积为 29 80 hm²，为西藏嵩草＋华扁穗草沼泽，海拔 4800 m。

【地质地貌】切多以北的沼泽区处于冈底斯山脉的沟谷中。发源于海拔 6436 m 多则布峰的河流自东向西又转向南，在切多附近注入多雄藏布江。河谷中有冰蚀湖，河流穿湖而过，在沿河及湖滨有沼泽发育。地表为第四纪冰水沉积物和冲积物。

【气候】沼泽区地处藏南，由于海拔较高，气候寒冷，年平均气温 –3 ～ –2℃，1 月平均气温约 –15℃，

7月均温 5～7℃；年平均降水量约 400 mm。

【水资源与水环境】沼泽水源补给主要为河水和湖水。湖水的水化学类型为 HCO_3-Na·Ca 型。

【沼泽土壤】沼泽区土壤主要为腐殖质沼泽土，母质为湖相沉积物。土壤剖面分为以下三层。

0～10 cm 为草根层，向下逐渐过渡。

10～70 cm 为暗灰腐殖质层，有机质含量与草根层相近（14.68%～15.45%）。

70 cm 以下为潜育层，青灰色亚黏土，微酸性，有机质含量为 8.12%。

【沼泽植被】沼泽植被主要为西藏嵩草 + 华扁穗草群落，群落地上生物量为 161.44 g/m^2。地表有薄层积水或季节性积水，西藏嵩草形成点状草丘，高 10～20 cm，散布在沼泽中。丘上除西藏嵩草以外，还有其他草甸植物，如虎耳草、黑褐穗薹草、星舌紫菀、西藏报春、肉果草等。丘间为沼泽植物，除华扁穗草外，伴生有花莛驴蹄草、杉叶藻、云生毛茛等，盖度 80%～90%。沼泽其他常见植物还有委陵菜、紫菀、蓝白龙胆、碱毛茛、海韭菜、龙舌草等。

【沼泽动物】沼泽区主要鸟类有黑颈鹤、鸭类、雁类、鹬类等。

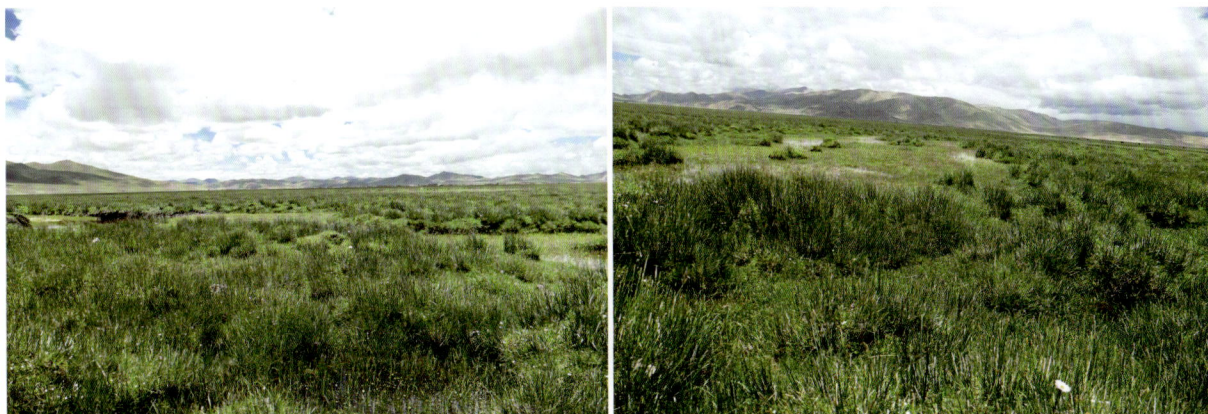

切多沼泽（佟守正 摄）

第三节　若尔盖高原沼泽区

若尔盖高原沼泽区位于青藏高原东南缘的黄河上游、横断山北段，西邻巴颜喀拉山，东抵岷山、北起西倾山，南至邛崃山（孙广友，1992），包括了四川的若尔盖县、红原县、阿坝县，以及甘肃玛曲县和碌曲县的部分地区。地理坐标为 28°48.8′～35°12.3′N、98°35.2′～104°23.7′E。

沼泽区水系属于黄河水系，每年平均补给黄河 30%～40% 的水量，是重要的水源涵养地。区内河网密集，湖泊众多，包括支流黑河、白河等大小河流约 430 条（柴露露等，2018）。主要河流白河和黑河呈南北走向，流经若尔盖沼泽由南向北注入黄河，是黄河上游流量较大的两条一级支流（刘兴土，2017）。河流河谷平坦开阔，比降小，河道迂回曲折，蛇曲发育好，地表沉积物质较黏重，排水能力差，造成地面长期积水（王长科等，2001）。

沼泽区属于青藏高原寒温带湿润气候，降水多，湿度大，霜冻期极长。年平均气温 0.6～1.2℃，1 月平均气温 –10.7℃，7 月平均气温 10.9℃（王长科等，2001）。由于高原上大气透明度好，辐射极强，因此气温的昼夜温差较大，接近于气温年较差。长冬无夏的气候特点决定了若尔盖高原沼泽区生长期较短，一般 4 月进入春季，10 月进入冬季。降水特点是频率较大、强度较小，总降水量多，年平均降水量 493.6～836.7 mm，年内分配不均匀，降水集中在 5～10 月，其降水量占全年的 90%（刘兴土，

2017）。

　　沼泽区广泛发育了高原沼泽土、高原泥炭土和沼泽草甸土，集中分布于黑河流域中下游宽谷和湖滨洼地，地面常年积水或为季节性积水和临时性积水。沼泽土壤大多为泥炭土，泥炭层较厚，有机质含量大于 50%，潜育层深厚，成土母质多为质地均匀的粉砂和亚黏土，组成物质细小，主要是湖泊沉积物；泥炭厚度 1～4 m，局部厚达 7～8.5 m，是中国最大的泥炭资源分布区（马琼芳，2013）。

　　沼泽区沼泽类型与面积见表 16-23。草本沼泽常见建群种包括木里薹草、华扁穗草、高山嵩草、西藏嵩草、四川嵩草、线叶嵩草、早熟禾、垂穗披碱草、青藏薹草、矮生嵩草、草地早熟禾、甘肃嵩草、类黑褐穗薹草、木贼、黑褐穗薹草、假稻、匍茎嵩草、杉叶藻、西伯利亚蓼、雅灯心草、葱状灯心草、大花嵩草、田葛缕子、扁秆荆三棱、赤箭嵩草、短轴嵩草、海韭菜、红原薹草、碱毛茛、截形嵩草、蕨麻、露蕊乌头、卵穗荸荠、密花香薷、牛毛毡、三裂碱毛茛、睡菜、四川薹草、眼子菜和珠芽蓼。水生植被常见建群种包括沉水植物狐尾藻、毛柄水毛茛、金鱼藻、狸藻、水毛茛、篦齿眼子菜和浮叶植物两栖蓼。灌丛沼泽常见建群种包括密枝杜鹃、伏毛金露梅、金露梅。

表 16-23　若尔盖高原沼泽区沼泽类型与面积

分区	类型	面积/×100 hm²
若尔盖高原沼泽区	草本沼泽	20.5
	灌丛沼泽	46.3
	沼泽化草甸	10 513.6

　　沼泽类型主要受地形、水文、气候和植被的共同作用。随着水分和地形的变化，沼泽往往与沼泽化草甸交错分布，沼泽主要分布在湖盆边缘、河流浅滩等浅水地区，沼泽化草甸则广泛分布在排水不良、土壤过湿、通透性不良的谷地、河流两岸的低阶地或有季节性积水地带。该区沼泽受到放牧、旅游和荒漠化等威胁（刘兴土，2017）。

尕海沼泽（623026-397）

　　【范围与面积】尕海沼泽位于甘南藏族自治州碌曲县尕海自然保护区内。地理坐标为 33°58′08″～34°32′27″N、102°5′11″～102°47′46″E。沼泽面积 58 427 hm²。海拔 3150～3413 m。

　　【地质地貌】沼泽区地质构造属于西秦岭古生代褶皱的一部分。沼泽所处的地貌类型为山间构造盆地的湖滨滩地和山前洪积平原。

　　【气候】沼泽区属高寒湿润气候。年平均气温 1.2～2.3℃。7 月气温最高，为 10.5～12.4℃。最冷月 1 月为 –9℃。没有绝对无霜期。沼泽区位于西风带，再加高原地形的抬升，降水充沛。年均降水量 633.9～781.8 mm。降水主要集中在 7～9 月，夏季降水占全年的一半以上。气温低，冬季积雪能达到 5～10 cm。年太阳辐射总量为 51.984 kJ/cm²，年日照总时数 2352 h。年平均风速 1.6 m/s（马斌，2016）。

　　【水资源与水环境】沼泽水源有冰雪融水和降水汇集而成的地表径流和洪积扇缘地下水。尕海是甘肃省海拔最高的淡水湖，水深 2～2.5 m，最大时面积超过 2500 hm²（伍光和，2010）。尕海沼泽水体理化性质见表 16-24。

　　【沼泽土壤】沼泽区土壤类型主要为泥炭土和沼泽土。其土壤理化性质见表 16-25。

表 16-24　尕海沼泽水体理化性质

比较项	水深/ m	pH	氨氮/ (mg/L)	硝氮/ (mg/L)	ORP/ mV	溶解氧/ (mg/L)	电导率/ (μS/cm)	水温/ ℃	氯化物/ (mg/L)	盐度/ ppt	总溶解固体/ (g/L)	总磷/ (mg/L)
平均值	0.61	8.90	0.48	0.76	76.93	8.31	219.17	22.13	3.53	0.15	0.79	0.09
最高值	0.80	10.08	1.02	2.01	108.20	14.77	266.00	28.19	3.80	0.18	3.45	0.19
最低值	0.30	8.19	0.18	0.02	50.7	4.34	167.00	14.56	3.08	0.08	0.11	0.05

表 16-25　尕海沼泽土壤理化性质

区域	采样深度/ cm	pH	碳酸钙/ %	发热量/ (J/g)	有机质/ %	全氮/ %	全磷/ %	全钾/ %	速效磷/ (mg/kg)	速效钾/ (mg/kg)	阳离子代换量/ (cmol/kg)
尕海地区	0~20	7	0.52	—	25.92	1.26	0.11	1.6	11	141	60.31
	20~43	8.2	14.89	—	4.45	0.41	0.06	1.82	—	—	21.54
	43~55	8.3	17.35	—	1.14	0.08	0.05	1.9	—	—	10.7
尕海西南部	40~115	4.9	—	11 023.84	49.27	1.77	0.076	0.88	—	—	—
	115~190	4.94	—	10 919.17	48.04	1.59	0.076	0.73	—	—	—
尕海东南部	20~120	6.35	—	8 197.75	38.41	1.19	0.15	2.31	—	—	—
郎木寺波海村	—	7.2	7.88	—	25.2	1.02	0.077	1.625	8	141	49.92

【沼泽植被】沼泽区主要植物群落是西藏嵩草+华扁穗草群落。地上生物量为 152～1280 g/m²，平均值为 759 g/m²；伴生种有金鱼藻、狸藻、两栖蓼、碱毛茛、水麦冬、水问荆、三裂碱毛茛、蕨麻、沿沟草和银莲花等。

【沼泽动物】沼泽区鸟类有 57 种：黑鹳、灰雁、斑头雁、大天鹅、赤麻鸭、绿翅鸭、绿头鸭、白眼潜鸭、苍鹰、秃鹫、猎隼、红隼、胡兀鹫、黑颈鹤、黑水鸡、蒙古沙鸻、红脚鹬、白腰草鹬、青脚滨鹬、黑翅长脚鹬、反嘴鹬、孤沙锥、家燕、崖沙燕、戴胜、角百灵、长嘴百灵、黄头鹡鸰、白鹡鸰、灰鹡鸰、赤颈鸫、纵纹腹小鸮、小鸮、火斑鸠、麻雀、金翅雀、岩鸽、环颈雉、棕头鸥、普通燕鸥、鼠鹨、褐翅雪雀、白腰雪雀、草地鹨、赭红尾鸲、白顶溪鸲、高山岭雀、黑尾地鸦、红嘴山鸦等。尕海是候鸟自然保护区，也是珍禽黑颈鹤、黑鹳、大天鹅等的繁殖地。

【受威胁和保护管理状况】尕海湖中水生生物丰富，为鸟类提供了良好的食物条件，尕海滩和高茂滩又有不冻的清泉，为黑颈鹤等珍禽及留鸟提供了重要的栖息、繁殖和觅食基地。尕海自然保护区

尕海沼泽（文波龙 摄）

尕海沼泽（马牧源 摄）

建于 1982 年，是中国少见的集高原湿地型、高原草甸型、森林和野生动物型三重功能于一体的珍稀野生动植物自然保护区，总面积为 247 431 hm^2。1998 年国务院批准建立国家级自然保护区，2011 年 9 月，尕海成功申报为国际重要湿地，是甘肃省首处国际重要湿地。

阿当乔沼泽（513232-398）

【范围与面积】阿当乔沼泽位于若尔盖县、黑河与黄河汇合的三角地带，地理坐标为 33°50′ ～ 33°57′N，102°02′ ～ 102°26′E。沼泽面积为 8264 hm^2，海拔 3400 ～ 3410 m。

【地质地貌】沼泽区在构造单元上处于若尔盖新生代断陷地块的北部，受隐伏的黑河断层影响，造成山前坳陷带，向东与热尔大坝断陷盆地连为一体。在此构造带上古黄河摆荡，形成开阔的冲积平原，现代的河流黑河开始侵蚀这一堆积面，形成高出河床 5 ～ 8 m 的一级阶地，阶地上发育了大片沼泽湿地。

【气候】沼泽区多年平均气温 1℃，1 月平均气温 –9.8℃，7 月平均气温 10.3℃，多年年平均降水量 652.4 mm，相对湿度 70%；年日照时数为 2293 h。

【水资源与水环境】沼泽水源靠大气降水、地表水和地下水混合补给。地下水水化学类型为 HCO$_3$-Ca 型，矿化度 0.3 ～ 0.6 g/L。沼泽大多数为季节性积水，夏季地表积水 3 ～ 5 cm，草丘间洼地积水较深，为 5 ～ 25 cm。

【沼泽土壤】沼泽区土壤主要为薄层泥炭土和泥炭沼泽土，泥炭层一般厚度 0.5 m，最厚约 1 m。靠南缘山地过渡为泥炭沼泽土，泥炭厚度仅为 0.25 m 左右。

【沼泽植被】沼泽区植被以木里薹草 + 华扁穗草群落和木里薹草 + 西藏嵩草群落为主。木里薹草 + 华扁穗草群落伴生种有西藏嵩草、海韭菜、西伯利亚蓼、水毛茛等。乌拉草 + 西藏嵩草群落的其他物种有垂头菊、长花马先蒿、早熟禾、展苞灯心草、黄帚橐吾等。

兴措湖沼泽（513232-399）

【范围与面积】兴措湖沼泽分布在若尔盖县的黄河及其支流黑河的河间地上，地理坐标为 33°48′00″ ～ 33°58′01″N、102°19′01″ ～ 102°24′00″E。沼泽面积为 312 hm^2，主要为西藏嵩草 + 华扁穗草沼泽。海拔 3430 m。

【地质地貌】兴措湖为一小型山间洼地积水形成的浅水湖，呈椭圆形，是一个环境与哈丘湖类似的水体。在湖滨浅水带及边缘形成沼泽。

【气候】沼泽区属高原寒温带半湿润气候，冬季严寒。年平均气温 1.1℃，多年平均降水量 600 ～ 700 mm，土壤最大冻结深度 1 m 左右。

【水资源与水环境】沼泽水源为混合型补给。地下水属于 HCO$_3$-Ca 型，山麓有泉水出露。湖滨沼泽常年积水，地表水深 30 ～ 65 cm，外围部分为季节性积水，但草丘间洼地中积水深一般 15 cm。沼泽水 pH 7.3，盐度 0.12 ppt；溶解氧 6.75 mg/L，TDS 为 0.2 g/L，电导率为 0.329 mS/cm。

【沼泽土壤】沼泽土壤主要为泥炭土，一般厚度 0.5 ～ 1.0 m，呈棕褐色，含水量中等，分解度 35% ～ 45%。

【沼泽植被】沼泽植被类型主要为西藏嵩草 + 华扁穗草群落和木里薹草 + 西藏嵩草群落，伴生植物有褐紫鳞薹草、矮生嵩草、垂头菊、矮泽芹、花莛驴蹄草、长花马先蒿等，群落盖度低。

【沼泽动物】沼泽区的鸟类有赤麻鸭、白眼潜鸭等，黑颈鹤偶有发现，山地鸟类有长嘴百灵等。

【受威胁和保护管理状况】沼泽区为重要牧场，局部沼泽退化为草地，甚至沙化。

阿万仓沼泽（623025-400）

【范围与面积】阿万仓沼泽位于甘南藏族自治州玛曲县阿万仓乡。地理坐标为 33°41′06″ ～ 34°1′41″N、101°16′01″ ～ 101°56′13″E。沼泽面积为 27 652 hm²，泥炭厚度 0.9 ～ 1.8 m，泥炭资源储备量约为 $3.65×10^7 m^3$，碳储备量约为 $4.9×10^6 t$。海拔 3500 ～ 3800 m。

【地质地貌】沼泽区大地构造属秦岭古生代褶皱的一部分，地貌类型为沟谷洼地。

【气候】沼泽区位于高原大陆性高寒湿润区，高寒多风雨（雪），无四季之分，仅有冷暖之别。冷季长达 314 d，漫长而寒冷；暖季 51 d，短暂而温和。雨水集中，日照充足，辐射强烈，无绝对无霜期。年平均气温 1.2℃。年平均日照 26 912 h，日照率为 61%。

【水资源与水环境】沼泽水源靠地下潜水、大气降水和冰雪融水补给。水源丰富，水质良好。

【沼泽土壤】沼泽土壤类型有泥炭土和泥炭沼泽土。泥炭沼泽土剖面特征如下。

0 ～ 10 cm 为草根层，湿，黑棕色，壤土，土体紧，根系多量，草根盘结，石灰反应强。

10 ～ 38 cm 为泥炭层，湿，黑棕色，壤土，稍紧，石灰反应弱。

38 ～ 48 cm 为潜育层，湿，暗蓝灰色，黏壤土，层块状结构，紧实，石灰反应强，有锈斑。

48 ～ 95 cm 为母质层，湿，浅灰色，黏壤土，层块状结构，紧实，石灰反应强。

阿万仓沼泽土理化性质见表 16-26。

表 16-26 阿万仓沼泽土理化性质

采样深度/ cm	pH	碳酸钙/ %	有机质/ %	全氮/ %	全磷/ %	全钾/ %	速效磷/ (mg/kg)	速效钾/ (mg/kg)	阳离子代换量/ (cmol/kg)	C/N	容重/ (g/cm³)
0～10	8.2	3.30	16.68	0.788	0.111	2.27	14	388	52.00	12：1	0.35
10～38	7.8	0.14	28.13	1.356	0.095	1.41	—	—	69.56	12：1	0.31
38～48	8.2	6.37	4.72	1.153	0.067	2.09			18.61		1.15
48～95	8.4	3.99	4.89	0.155	0.055	1.86			13.92		1.21

阿万仓沼泽（马牧源 摄）

【沼泽植被】沼泽区植物群落以华扁穗草为优势种，以西藏嵩草为亚优势种，伴生植物有蕨麻、珠芽蓼、草地早熟禾、大花嵩草、矮泽芹、水麦冬、碱毛茛、驴蹄草、甘肃嵩草等。植被总盖度约96%。

【沼泽动物】沼泽区动物主要是鸟类，有黑颈鹤、赤麻鸭、普通秋沙鸭、普通燕鸥、白眼潜鸭、棕头鸥、红脚鹬、长嘴百灵、角百灵、黄头鹡鸰、小云雀等。

【受威胁和保护管理状况】沼泽地主要作为冬牧场。另外，沼泽中有部分泥炭资源，开发利用要因地制宜，开发要与沼泽草场改良相结合。

热尔大坝沼泽（513232-401）

【范围与面积】热尔大坝沼泽位于若尔盖县阿西牧场西侧，地理坐标为 33°40′ ~ 34°00′N、102°37′ ~ 102°58′E。海拔 3430 ~ 3437 m，面积为 63 895 hm²。

【地质地貌】沼泽地发育在日尔郎山大断裂西南侧的山前拗陷中，其深部岩性为白垩-下第三系，下部岩层多紫红色厚层块状砂岩和砾岩，上部为紫红色泥岩、粉砂岩，偶夹泥灰岩，总厚度达 1500 m。该层上为厚度大于 654 m 的上第三系，是一套砂砾岩、黏土岩，夹粉晶泥灰岩及含煤碎屑岩。上覆更新统各时代的碎屑沉积，两者为平行不整合接触。其中下更新统（Q1）主要为河湖相沉积，岩性为浅灰、浅绿灰色含砾黏土、砂、粉砂质黏土、粉砂及黏土，部分此类沉积中夹有泥炭层，证明在早更新世本区曾处于湖相、河湖相及沼泽相环境中。中更新统（Q2）岩性与上更新统类似，也夹有泥炭，含有砂金，厚度为 37 ~ 100 m。上更新统由湖相及河湖相粉砂、黏土质粉砂及砂砾石组成，夹有 1 ~ 6 层泥炭，厚度为 25.74 ~ 101.74 m。全新世的湖相青灰色黏土及河流相粉砂以及沼泽相泥炭层覆盖在沼泽底部。现代仍以沼泽沉积的泥炭为主，湖泊有腐泥沉积。本区在大地构造上属于地槽褶皱带上的若尔盖中间地块的北部，新生代沦为断陷盆地。新构造运动仍表现为缓慢下沉，河曲十分发育，达水曲穿行于大片湿地中。这种构造条件对沼泽的形成起着主要控制作用。沼泽区位于若尔盖丘状高原的东北部，其北部和东部是经过第四纪冰川作用的石灰岩山地，海拔 4100 ~ 4300 m。沼泽湿地分布在海拔 3400 m 的丘陵区。

【气候】沼泽区年平均气温 0.7℃，≥ 10℃年均积温 311.8℃；多年平均降水量 656.8 mm；年蒸发量 1233.2 mm。

【水资源与水环境】沼泽水源以大气降水补给为主。黑河为本区较大的河流，全长 562 km，汇水面积 7536.3 km²，年径流量 12 亿 m³。本区为中游段，其支流达水曲，属沼泽性河流，河道窄浅，河曲系数高，排泄能力弱，对两岸沼泽有很好的补给效应。此外，还有 20 余条山地流出的无尾河注入沼泽中。哈丘湖和错拉坚湖水深 1 m 左右，湖盆呈浅碟状，亦有利于补给周围的沼泽湿地。日尔郎山前的灰岩断层带上，有众多上升泉，成为本区北缘山麓沼泽发育的重要补给水源。沼泽水化学类型为 HCO_3-Ca·Na 型，pH 7.04 ~ 9.63；盐度 0.00 ~ 0.37 ppt；溶解氧 5.56 ~ 10.81 mg/L，硝氮 0.01 ~ 0.47 mg/L，氨氮 0.14 ~ 1.43 mg/L，TDS 浓度 0.256 ~ 1.762 g/L。

【沼泽土壤】沼泽土壤为薄层泥炭土，pH 为 6.7。在花湖湖滨沼泽进行钻孔，结果显示，泥炭层一般厚度为 1.1 m。泥炭层结构如下。

0 ~ 30 cm 为草根层，含大量腐殖质，暗褐色。

30 ~ 60 cm，黄棕色泥炭，分解度 40%。

60 ~ 120 cm，褐黑色泥炭，分解度 50%。

120 ～ 140 cm，蓝灰色细砂，含大量螺壳。

【沼泽植被】西藏嵩草和华扁穗草是热尔大坝沼泽植物群落建群种，由于生境条件差异，往往出现其中一种结合其他植物构成的群落，也有大片木里薹草、杉叶藻、水毛茛或灯心草形成的单优群落。典型植被西藏嵩草群落的植物组成见表 16-27。

表 16-27　热尔大坝沼泽西藏嵩草群落植物组成

序号	植物名称	拉丁名	盖度/%	多度
1	西藏嵩草	*Kobresia tibetica*	70	Soc
2	矮生嵩草	*Kobresia humilis*	10	Sp
3	条叶垂头菊	*Cremanthodium lineare*	5	Sp
4	花莛驴蹄草	*Caltha scaposa*	15	Cop2
5	矮泽芹	*Chamaesium paradoxum*	2	Sol
6	水问荆	*Equisetum fluviatile*	5	Sol
7	密花荸荠	*Heleocharis congesta*	2	Sol
8	灯心草	*Juncus effusus*	2	Sol

注：Soc表示极多，Cop2表示多，Sp表示少，Sol表示稀少

【沼泽动物】沼泽区有湿地脊椎动物 21 种，隶属于 7 目 11 科 17 属。其中，鸟类 4 目 6 科 8 属 10 种，包括红脚鹬、青脚鹬、普通燕鸥、白眼潜鸭、灰雁、白骨顶、赤麻鸭、黑颈鹤（国家一级保护）、红嘴鸥、渔鸥；鱼类 1 目 2 科 5 属 7 种，包括厚唇裸重唇鱼、花斑裸鲤、黄河裸裂尻鱼、骨唇黄河鱼（省级重点保护）、似鲇高原鳅、黑体高原鳅、黄河高原鳅；两栖类 1 目 2 科 3 属 3 种，包括倭蛙、高原林蛙、中华蟾蜍；湿地哺乳类 1 目 1 科 1 属 1 种，为灰腹水鼩。

【受威胁和保护管理状况】热尔大坝沼泽位于四川若尔盖湿地国家级自然保护区内，保护区建立于 1994 年 11 月，以高寒泥炭沼泽湿地生态系统和黑颈鹤等为主要保护对象，其高寒泥炭沼泽生态系统在世界范围内极具典型性和代表性，1998 年 8 月，晋升为国家级自然保护区。该湿地于 2008 年被列入《国际重要湿地名录》。热尔大坝沼泽是重要牧场，为了加强湿地保护与恢复，推动生态文明建设，自 2014 年开始，若尔盖湿地国家级自然保护区的湿地保护项目中增加了退牧还湿、湿地生态效益补

热尔大坝沼泽（文波龙 摄）

热尔大坝沼泽（张昆 摄）

偿和湿地保护奖励等试点工作，中央财政对若尔盖湿地国家级自然保护区的保护与管理扶持力度不断加大。

黄河首曲沼泽（623025-402）

【范围与面积】黄河首曲沼泽地处黄河上游第一湾，位于甘南藏族自治州玛曲县。沼泽区涵盖第一版《中国沼泽志》中记录的采日玛、曼日玛、纳尔玛曲滩、尼玛曲果果芒等沼泽。地理坐标为33°06′00″～34°30′00″N，100°45′00″～102°28′48″E；沼泽面积为123 935 hm²。海拔3300～4806 m。

【地质地貌】沼泽区地势东南低、西北高，从西北向东南倾斜，地貌由高山、山地、丘陵和河岸阶地构成。

【气候】沼泽区具有明显的高原大陆性气候特点，一年中仅有冷暖二季，无明显的四季之分。冷季漫长，暖季短暂而较温和。温度年较差较小，而日较差悬殊较大；太阳辐射强，年平均气温1.1℃，最冷月（1月）平均气温-10.0℃，极端最低气温达-29.6℃，最热月（7月）平均气温也仅有11.0℃；年平均降水量达到615.5 mm，降水多集中在5～9月，占年降水量的82%。全年日照时数2583.9 h，日照率为58%。

【水资源与水环境】沼泽区所在的黄河首曲在玛曲县有大小支流数百条之多，其中水量较大、流经路线较长、水文资料较多的主要支流有28条，较小的二级、三级支流有300余条，这些支流每条又有数条、数十条小支流不等，年自产水量达27.1亿m³。由于补充黄河水量较大，玛曲县被誉为黄河的"蓄水池"。其水体理化性质见表16-28。

表 16-28　黄河首曲沼泽水体理化性质

	pH	氨氮/ (mg/L)	硝氮/ (mg/L)	ORP/ mV	溶解氧/ (mg/L)	电导率/ (mS/cm)	氯化物/ (mg/L)	盐度/ ppt	总溶解固体/ (g/L)
尼玛曲果果芒沼泽	8.80±1.19	0.23±0.13	0.57±0.25	95.47±58.26	13.57±5.57	201.33±191.68	2.25±0.21	0.19±0.06	0.15±0.00
曼日玛东南部沼泽	9.01±0.76	0.62±0.44	0.46±0.53	44.48±24.18	9.60±1.27	285.20±107.73	8.72±0.54	0.15±0.06	0.20±0.07
采日玛沼泽	9.11±0.50	0.13±0.03	0.03±0.06	15.79±23.97	6.95±1.34	214.93±82.68	2.89±0.69	0.11±0.04	0.25±0.24
纳尔玛曲滩沼泽	8.67±0.15	0.11±0.28	0.09±0.28	30.86±13.45	7.01±1.23	244.18±80.39	2.24±0.31	0.14±0.05	0.19±0.06

【沼泽土壤】沼泽土壤类型为草甸沼泽土和泥炭土。本次调查土壤容重为0.10～1.71 g/cm³，平均值为1.14 g/cm³；有机碳含量为0.68%～36.76%，平均值为9.16%。

【沼泽植被】沼泽区沼生植物以莎草科植物为主，并分布有湿中生、中湿生和湿生植物群落；群落类型可分为莎草沼泽和杂类草沼泽两大类共4个群系（张怀山等，2011）。

华扁穗草群系主要见于曼尔玛（乔科）滩、采尔玛翁保滩和阿万仓堪木日朵滩等地的黄河曲流沿岸洼地、宽谷底部排水不良的滩地积水地段，以及河漫滩潮湿草甸中。植物群落以华扁穗草为建群种，伴生植物有大花嵩草、西藏嵩草、沿沟草、蕨麻、条叶垂头菊、碱毛茛、木里薹草、毛薹草、海韭菜、水麦冬、花莛驴蹄草、矮地榆、水问荆等。群落总盖度70%～80%，鲜草产量7779 kg/hm²左右。

大花嵩草群系以大花嵩草为建群种，以沿沟草、甘肃嵩草为亚建群种，伴生植物有西藏嵩草、华扁穗草、水麦冬、海韭菜、落草、碱毛茛、基隆毛茛、条叶垂头菊、狭舌垂头菊、水问荆、花莛驴蹄草、展苞灯心草、发草、灯心草、密花荸荠、木里薹草等，组成大花嵩草＋甘肃嵩草＋沿沟草群丛。群落总盖度 70% ～ 90%，鲜草产量为 4500 kg/hm² 左右。

　　槽秆荸荠群系以槽秆荸荠为建群种，以两栖蓼、火绒草为亚建群种，伴生植物有窄颖赖草、蕨麻、碱毛茛、拟鼻花马先蒿、三脉梅花草等，组成槽秆荸荠＋两栖蓼＋火绒草群丛。群落总盖度 5% ～ 65%。

　　两栖蓼群系组成多为以距岸边 5 m 以内浅水地段的两栖蓼为建群种所形成的单优群丛，群落总盖度 5% 左右。距岸边超过 5 ～ 10 m，则为以槽秆荸荠为建群种所形成的单优群丛，群落总盖度也在 5% 左右。

　　【沼泽动物】玛曲栖息着黑颈鹤、黑鹳、胡兀鹫、白尾海雕、水獭、猞猁等 140 多种野生动物，其中国家一级重点保护野生动物有秃鹫、黑颈鹤、黑鹳、金雕、玉带海雕、白尾海雕、胡兀鹫等 11 种，国家二级重点保护野生动物有兀鹫、水獭、灰背隼、红脚隼、藏雪鸡、蓝马鸡、血雉等 20 种，省级重点野生动物有大白鹭、灰雁、斑头雁、雪鹑、渡鸦、苍鹭等。黄河首曲沼泽黑颈鹤的栖息数量约为 400 只，占全球数量的 8%。

　　【受威胁和保护管理状况】沼泽面积出现了一定萎缩现象，沼泽功能衰减。为保护黄河首曲沼泽生态环境，亟须加强黄河首曲沼泽区域保护力度，重视提高人们的生态保护意识，着力建立以水源补给为主线的区域生态保护与建设体系，实施"农牧互补"战略（王文浩，2009；文晓霞，2017）。沼泽区建有甘肃黄河首曲自然保护区，于 2011 年被甘肃省政府批准为省级保护区，2013 年晋升为国家级自然保护区，2020 年被列入《国际重要湿地名录》。

黄河首曲沼泽（马牧源 摄）

农英干乔－昂当乔沼泽（513232-403）

　　【范围与面积】农英干乔－昂当乔沼泽分布在若尔盖县的白河与黑河的河间地上，东邻纽忍秋沼泽地，地理坐标为 33°39′58″ ～ 33°52′59″N、102°15′00″ ～ 102°38′45″E。沼泽面积为 1261 hm²，为木里薹草＋乌拉草沼泽。海拔 3425 ～ 3432 m。

　　【地质地貌】沼泽区虽然构造单元与热尔大坝相同，但新生代没有成湖历史，而且是长期遭侵蚀的山地环境，农英干乔与昂当乔间，以及两侧均为残丘地貌，丘顶海拔 3600 m，低缓浑圆。从与两河的关系看，两块沼泽地应属一级阶地，沼泽地贯通于两条河流，因此，这类谷地可看成古河道冲积平原。

　　【气候】沼泽区年平均气温 0.7℃，≥ 10℃年均积温 311.8℃；多年平均降水量 656.8 mm；年蒸发量 1233.2 mm。

【水资源与水环境】沼泽水源为大气降水、地表水与地下水混合补给。沼泽中部为常年积水，深度 5 ～ 10 cm。

【沼泽土壤】沼泽区土壤类型主要为泥炭土，边缘为泥炭沼泽土。泥炭土的泥炭最大厚度 3 m，平均厚度 1.5 m。边缘变薄，过渡为泥炭沼泽土。

【沼泽植被】沼泽植被主要为木里薹草 + 乌拉草群落，伴生种有花莛驴蹄草、四川嵩草、长花马先蒿、早熟禾等；该植被占整个沼泽面积的 60% 左右。其次是木里薹草 + 华扁穗草群落，伴生种与上述群落相同。

【沼泽动物】沼泽区的动物种群、结构与热尔大坝沼泽区相同，但珍稀禽类黑颈鹤数量较多，软体类也较多，无鱼类。

【受威胁和保护管理状况】沼泽区是重要牧场，放牧是主要干扰，干旱化导致草本沼泽向沼泽化草甸演变。

纽忍秋沼泽（513232-404）

【范围与面积】纽忍秋沼泽分布在若尔盖县城西北 10 km 处热尔大坝沼泽南侧，地理坐标为 33°39′00″ ～ 33°43′00″N、102°45′00″ ～ 102°58′00″E。海拔高程 3446 m，沼泽面积为 34 033 hm²，主要为木里薹草 + 西藏嵩草沼泽。

【地质地貌】沼泽区在地质构造上与热尔大坝同属山前湖盆洼地，其地质演化与热尔大坝一致。沼泽发育在黑河中游右岸一级阶地上，北侧为被砂覆盖的丘陵，海拔 3533 m。第四纪以来的相对持续沉降和低平的地貌条件是该区沼泽形成的有利因素。

【气候】沼泽区气候寒冷，年平均气温 0.7℃，1 月平均气温 –10.5℃，7 月平均气温 10.7℃。多年平均降水量 647.6 mm，年蒸发量 1228 mm，湿润度 1.53。≥ 10℃积温只有 500℃。

【水资源与水环境】沼泽水源为大气降水、河水和地下水混合补给。沼泽地大部分属于常年积水，少部分为季节性积水。

【沼泽土壤】沼泽土壤主要为泥炭土，泥炭平均厚度 1 m 左右，属草本泥炭。表层为草根层，厚 15 ～ 20 cm，中部泥炭分解度 30% 左右，向下分解度达 30% ～ 40%。泥炭呈黄褐色，含水量呈过饱和状态。

【沼泽植被】沼泽植被主要为以木里薹草和四川嵩草为建群种的植物群落，伴生种有华扁穗草、丛生龙胆等。沼泽边缘多为木里薹草 + 华扁穗草群落。

【受威胁和保护管理状况】沼泽区地处四川若尔盖湿地国家级自然保护区内，是重要牧场，放牧干扰已使局部区域沼泽退化，甚至小部分区域出现沙化现象。

纽忍秋沼泽（张昆 摄）

纳勒乔－纳洛乔沼泽（513232-405）

【范围与面积】纳勒乔－纳洛乔沼泽分布在若尔盖县黑河左岸两个大型宽谷，地理坐标为 $33°23'00'' \sim 33°39'00''N$、$102°31'00'' \sim 102°49'00''E$。总面积为 18 755 hm²，其中沼泽面积为 2349.65 hm²，主要为木里薹草沼泽。海拔 3442 $\sim$ 3447 m。

【地质地貌】纳勒乔与纳洛乔位于若尔盖新生代断陷地块的沉降中心，上游河源虽接近白河，但其间仍有明显的分水岭，它们不是黄河的古河道，推断是受若尔盖和辖曼两组断层影响，在全新世沉降量大而使河谷发生沉溺遂使河道消失，代之为深积水的沼泽地。从地貌上看，直到下游河口与黑河交汇处，地势愈高，达到 3436 $\sim$ 3438 m，应是黑河的背河沙坝抬高了地面，对闭合谷地的浅水区域有堵塞作用，这种地貌特征有利于沼泽发育。

【气候】沼泽区多年平均气温 1.1℃，$\geqslant$ 10℃年均积温 311.8℃；多年平均降水量 656.8 mm；年蒸发量 1233.2 mm。

【水资源与水环境】沼泽水源以大气降水、地表水和地下水混合补给。沼泽常年积水，夏季积水深 10 $\sim$ 30 cm。沼泽水化学类型为 HCO_3-Ca·Na 型，pH 7.09 $\sim$ 8.06；盐度 0.12 ppt；溶解氧 5.75 $\sim$ 7.81 mg/L，硝氮 0.01 $\sim$ 0.13 mg/L，氨氮 0.24 $\sim$ 0.58 mg/L，TDS 浓度 0.09 $\sim$ 0.32 g/L，总氮 0.51 $\sim$ 0.98 mg/L，总磷 0.005 $\sim$ 0.04 mg/L。

【沼泽土壤】沼泽土壤主要为厚层泥炭土，纳洛乔积水沼泽中部泥炭层厚度达 9 m，纳勒乔沼泽中部泥炭厚度也达 9.1 m，两者相连。泥炭层结构复杂，具体如下。

0 $\sim$ 45 cm，草根层。

45 $\sim$ 60 cm，浆状泥炭，分解度 30% $\sim$ 40%。

60 $\sim$ 180 cm，可塑性泥炭，浅褐色，植物残体明显。

180 $\sim$ 490 cm，可塑性泥炭，黑褐色，植物残体明显。

490 $\sim$ 530 cm，粉砂质腐泥层，灰黑色，含大量螺壳，夹薄层黑灰色腐泥。

530 $\sim$ 545 cm，粉砂，青灰色。

【沼泽植被】沼泽植被自边缘向中心呈有序变化，边缘为嵩草沼泽，主要优势种为四川嵩草，亚优势种有木里薹草或乌拉草；沼泽边缘浅水带（0 $\sim$ 10 cm）为木里薹草＋乌拉草群落，伴生种有垂头菊、四川嵩草等；积水带主要为木里薹草群落，其物种组成见表 16-29。木里薹草沼泽地上和地下生物量分别为 518.3 g/m² 和 2147.4 g/m²。

表 16-29　纳勒乔－纳洛乔沼泽木里薹草群落植物组成

序号	植物名称	拉丁名	盖度/%	多度
1	木里薹草	*Carex muliensis*	90	Soc
2	乌拉草	*Carex meyeriana*	2	Sol
3	花莛驴蹄草	*Caltha scaposa*	1	UN
4	矮泽芹	*Chamaesium paradoxum*	2	Sol
5	海韭菜	*Triglochin maritimum*	2	Sol
6	水问荆	*Equisetum fluviatile*	2	Sol

注：Soc表示极多，Sol表示稀少，UN表示个别或单株

【沼泽动物】沼泽区的鸟类种群数量大，特别是大型水鸟栖息繁殖的理想场所，有赤麻鸭、白眼潜鸭、黑颈鹤、长嘴百灵等。另外，本沼泽谷地是若尔盖高原沼泽区黑颈鹤数量最多的地带。

【受威胁和保护管理状况】沼泽区是大型宽谷沼泽，常年积水。20世纪50年代，沼泽曾被挖沟排水，但遭失败，沼泽表面已恢复原始状态。纳勒乔－纳洛乔沼泽地处四川若尔盖湿地国家级自然保护区核心区内，基本保持了原来的自然生态环境，成为鸟类栖息繁殖的重要基地。

纳勒乔－纳洛乔沼泽（张昆 摄）

德纳合曲沼泽（513232-406）

【范围与面积】德纳合曲沼泽位于若尔盖县黑河支流德纳合曲流域，地理坐标为 33°10′00″ ～ 33°38′00″N，102°34′59″ ～ 102°55′00″E。上游海拔 3499 m，下游 3402 m。沼泽面积达 6510.23 hm²，主要类型为木里薹草＋四川嵩草沼泽和木里薹草＋华扁穗草沼泽。

【地质地貌】沼泽区地处若尔盖新生代断陷地块的中部，第四纪中后期相对沉积量 100 ～ 200 m，河谷宽阔，是古黄河产物，现代的德纳合曲为沼泽性次生河流。

【气候】沼泽区年平均气温 0.7℃，1 月平均气温 –10.5℃，7 月平均气温 10.7℃，年降水量 647.6 mm，年蒸发量 1228 mm，湿润度 1.53。

【水资源与水环境】沼泽水源为大气降水、地表水和地下水混合补给。地下水属 HCO_3-Na 型，矿化度 0.1 ～ 0.6 g/L。沼泽水溶解氧 5.38 ～ 6.69 mg/L，电导率 0.224 ～ 0.341 mS/cm。

【沼泽土壤】沼泽土壤大部分为中层泥炭土，在一些河源支沟的闭流洼地中，泥炭层 0.5 ～ 1.55 m，但若多村以上的中游段则为无泥炭的沼泽土。泥炭呈棕褐色，有机质含量中等，分解度 35% ～ 55%。

【沼泽植被】沼泽区植物群落类型主要为木

德纳合曲沼泽（张昆 摄）

里薹草群落，分布范围广，沿水分梯度分别形成木里薹草＋乌拉草群落、木里薹草＋华扁穗草群落和木里薹草＋四川嵩草群落。除优势种木里薹草，以及次优势种乌拉草、华扁穗草、四川嵩草外，其他物种有圆穗蓼、垂头菊、海韭菜等。

【沼泽动物】沼泽区鸟类有赤麻鸭、白眼潜鸭、普通燕鸥等，偶见黑颈鹤；两栖类有中国林蛙；鱼类有黄河裸裂尻鱼。活动在沼泽区的山地鸟类有长嘴百灵、角百灵等，兽类有狼、长尾旱獭、鼠类。

【受威胁和保护管理状况】沼泽区为重要牧场，干旱化明显，向湿草甸方向演替。

年保玉则沼泽（632625-407）

【范围与面积】年保玉则沼泽分布在久治县的年保玉则山东侧和北侧的沟谷及山麓带，地理坐标为 33°15′～33°30′N、101°05′～101°14′E。沼泽面积为 4428 hm²，主要类型为木里薹草沼泽和木里薹草＋甘肃嵩草沼泽，海拔 4100～4207 m。

【地质地貌】年保玉则地处青藏高原腹地，地势强烈抬升，从晚更新世末期至今，在印度板块和欧亚板块之间互相碰撞挤压的共同影响下，巴颜喀拉弧形构造带快速抬升，隆升和坳陷板块此起彼伏，形成了年保玉则地区的现代地貌格局。

年保玉则藏语为定神山，是一座现代冰川的高山，海拔 5369 m，顶部形成冰帽。更新世发育多期冰川，低处分布有套置的古冰川悬谷，上部分布有古冰斗。古冰川悬谷与谷底的大型冰川槽谷汇接。在此巨大冰川槽谷底部发育有串珠状冰川湖，谷底和湖溪皆发育大片沼泽。在冰川槽谷外侧的坡麓带，由冰碛台地所组成，并有大片泥炭沼泽。

【气候】沼泽区属山地冷湿气候，高原大陆性气候特征显著。冬季漫长寒冷。全年温差较大，年平均气温 0.1℃，1 月平均气温 –10.2℃，最低温可达 –36℃，7 月平均气温 9.9℃，极端最高气温可达 27.1℃。以 0℃ 上下分为冷暖两季，无四季之分。年平均太阳辐射总量 132～146 kJ/cm²，日照时数 2084.5～2509.5 h。降水充沛，平均年降水量 764.4 mm，集中在 5～9 月，年降雨日数达 171 d，占年总降水量的 83%，雪日年平均 32 d，主要集中在 11 月至翌年 3 月，占年总降水量的 5%。

【水资源与水环境】沼泽水源为大气降水、地表水和地下水混合补给。沼泽常年积水，深度 5～

年保玉则沼泽（佟守正 摄）

15 cm。

【沼泽土壤】沼泽土壤主要为泥炭土。厚层泥炭土分布在山麓带的冰碛台地上，最厚达 4.25 m。泥炭呈棕褐色、过饱和状态，分解度各层不同，一般为 30%～50%。

【沼泽植被】沼泽区植物种类丰富，野生植物多达 450 种。沼泽植被在古冰川槽谷主要为木里薹草＋甘肃嵩草群落，形成草丘，群落地上生物量约为 921.61 g/m²，群落盖度＞70%。伴生植物有拟鼻花马先蒿、紫果薹草、银莲花、矮金莲花、花葶驴蹄草、褐毛垂头菊、钉柱委陵菜、高原毛茛、叉枝亭阁草、矮火绒草、早熟禾、唐古特岩黄芪等。在外侧冰碛台地上，主要植被为木里薹草群落，伴生植物有银莲花，局部有藓类。

【沼泽动物】沼泽区分布的动物有黑颈鹤、大天鹅等，常见种有赤麻鸭、斑头雁、白眼潜鸭、绿头鸭、斑头秋沙鸭、红脚鹬、棕头鸥、鹊鸭等。湖中有黄河裸裂尻鱼。

【受威胁和保护管理状况】2003 年，年保玉则升为国家级自然保护区。2005 年，年保玉则被评为国家地质公园。2018 年 4 月以来，年保玉则国家公园等景区发布禁游令，以保护景区不断恶化的生态环境（李盼，2018）。

喀哈尔乔沼泽（513232-408）

【范围与面积】喀哈尔乔沼泽位于四川若尔盖县，地理坐标为 33°08′～33°35′N、102°08′～103°17′E。沼泽面积为 97 816 hm²。

【地质地貌】沼泽区坡度较为和缓，属于丘状高原与宽浅谷地相间的地形，地势高亢开阔，平均海拔 3500 m。

【气候】沼泽区年平均气温 0.5℃，年降水量为 656 mm，蒸发量为 1230 mm。

【水资源与水环境】沼泽水源补给以地表径流与大气降水为主。流出状况为间歇性流出，积水状况为间歇性积水。地表水 pH 5.8，弱酸性，地表水 pH 分级 4 级；矿化度 0.7 g/L，地表矿化等级 1 级；化学需氧量 7.83 mg/L。地下水 pH 5.9，地下 pH 分级 4 级；矿化度 0.8 g/L。

【沼泽土壤】沼泽土壤类型为厚层泥炭土，泥炭厚度 3～5 m，泥炭层结构如下。

0～30 cm，草根层。

30～60 cm，浆状泥炭，分解度 30%～40%。

60～180 cm，可塑性泥炭，浅褐色，植物残体明显。

180～390 cm，可塑性泥炭，黑褐色，植物残体明显。

390～430 cm，粉砂质腐泥层，灰黑色，含大量螺壳，夹薄层黑灰色腐泥。

【沼泽植被】沼泽区记录有维管植物 51 种，隶属于 17 科 38 属。主要植物群系类型为木里薹草群系、嵩草群系、云生毛茛群系、窄叶鲜卑花群系等。木里薹草＋细叶狸藻群落植物组成见表 16-30。

【沼泽动物】沼泽区共有鸟类 13 目 30 科 141 种，其中国家一级、二级重点保护鸟类 27 种，国家一级保护鸟类有黑鹳、斑尾榛鸡、金雕、玉带海雕、白尾海雕、胡兀鹫和黑颈鹤共 7 种。

【受威胁和保护管理状况】沼泽区位于四川喀哈尔乔湿地县级自然保护区内，保护区建立于 2003 年 11 月，保护对象为高寒泥炭沼泽湿地生态系统和黑颈鹤等珍稀野生动物。2020 年范围调整后，四川喀哈尔乔湿地自然保护区总面积由界图实测的 222 523 hm² 调整为 222 551 hm²，其中核心区和缓冲区（核心保护区）132 832 hm²、实验区（一般控制区）89 719 hm²。沼泽区是重要牧场，放牧较为严重。

表 16-30　喀哈尔乔沼泽木里薹草 + 细叶狸藻群落植物组成

序号	植物名称	拉丁名	盖度/%	多度
1	木里薹草	*Carex muliensis*	90	Soc
2	乌拉草	*Carex meyeriana*	2	Sol
3	水问荆	*Equisetum fluviatile*	2	Sol
4	睡菜	*Menyanthes trifoliata*	2	Sol
5	金钱蒲	*Acorus gramineus*	2	UN
6	异枝狸藻	*Utricularia intermedia*	10	Sp
7	美丽毛茛	*Ranunculus pulchellus*	2	UN

注：Soc表示极多，Sol表示稀少，UN表示个别，Sp表示少

喀哈尔乔沼泽（文波龙 摄）

喀哈尔乔沼泽（刘华兵 摄）

唐克牧场沼泽（513232-409）

【范围与面积】唐克牧场沼泽位于若尔盖县唐克牧场，属黄河与白河汇合的三角带，地理坐标为 33°16′59″ ~ 33°25′01″N、102°10′01″ ~ 102°27′00″E，沼泽类型以木里薹草沼泽为主，西藏嵩草 + 紫果薹草沼泽分布在边缘，面积为 12 140 hm²。海拔西部为 3449 m，东部为 3435 m。

【地质地貌】沼泽区地发育在黄河右岸一级阶地上，高出河面 5.5 m，阶地由粉细砂组成，阶地自后缘山地向河床缓缓倾斜，由于黄河切入阶地，故在距河 1 km 范围内形成疏干带，生长草甸植被。

【气候】沼泽区年平均气温为 0.9℃，1 月平均气温为 –9.8℃，7 月平均气温为 10.3℃；年平均降水量 652.4 mm，相对湿度 70%；年日照 2293.0 h，多大风。

【水资源与水环境】沼泽主要接受山地河流的补给，主要有沃木曲和达日曲，其次是大气降水和地下水，所以水源为混合型补给。沼泽中部为常年积水，水深 5 ~ 25 cm，外围为季节性积水。水体类型为 HCO_3-Ca 型，pH 为 6.08 ~ 6.17，盐度为 0.17 ~ 0.23 ppt，溶解氧为 5.24 ~ 6.28 mg/L，电导率为 0.327 ~ 0.367 mS/cm，氯化物为 7.69 ~ 9.96 mg/L，总溶解固体为 0.24 ~ 0.29 g/L，ORP 为 137.1 ~ 181.3 mV。

【沼泽土壤】沼泽土壤主要是中厚层泥炭土，泥炭厚度一般 < 2 m。在沼泽中部的沃木曲东 1 km

处，泥炭厚达 2 m；在沼泽东部区域，泥炭层厚 1.5 m；沼泽边缘一般＜0.5 m。泥炭含水量高，棕褐色，分解度 35%～45%。

【沼泽植被】沼泽植被呈环带状分布，其分布规律是，沼泽中部为木里薹草群落，伴生种有乌拉草、海韭菜、四川嵩草、长花马先蒿、展苞灯心草、垂头菊等，向外为西藏嵩草＋紫果薹草群落，伴生种有早熟禾、矮生嵩草、华西委陵菜、平车前、紫羊茅、条叶银莲花等。在沼泽地外围发育了圆穗蓼＋散穗早熟禾草甸植被，伴生种为星状雪兔子、狼毒、缘毛紫菀、肉果草、银叶火绒草、高山唐松草、线叶嵩草、矮金莲花、雅灯心草、花莛驴蹄草、甘肃嵩草等。

【沼泽动物】沼泽区动物种类较多，包括 12 目 21 科。鸟类有赤麻鸭、红脚鹬、棕头鸥、长嘴百灵等；鱼类有黄河裸裂尻鱼和黄河高原鳅等。

【受威胁和保护管理状况】沼泽区为重要牧场，沼泽破坏较为严重，干旱化明显。

唐克牧场沼泽（张昆 摄）

九寨沟沼泽（513225-410）

【范围与面积】九寨沟沼泽位于阿坝藏族羌族自治州九寨沟县，地理坐标为 32°45′00″～33°44′00″N、103°49′00″～104°5′00″E。沼泽面积为 1071 hm²，主要为芦苇沼泽、冷杉－泥炭藓沼泽。

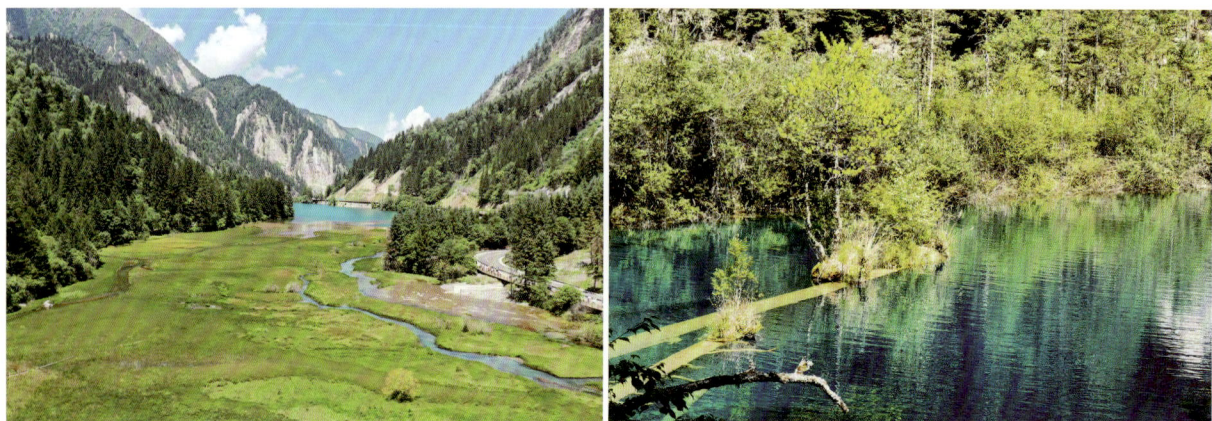

九寨沟沼泽（文波龙 摄）

【地质地貌】沼泽区地貌属于秦巴山地的岷山主脉雪宝顶山，为深切割中高山。九寨沟为嘉陵江上游白水江源头之一。沟谷中因断层作用而发育许多构造湖泊，大都长达数千米。

【气候】沼泽区属湿润温暖的北亚热带气候，年平均气温为12℃，年降水量为800 mm左右。

【沼泽植被】沼泽类型主要有两种：一种为冷杉-泥炭藓沼泽，分布于山地缓坡茂密的云杉、冷杉林下，泥炭藓覆于地面，盖度达100%，藓层厚达30 cm，下为泥炭层，底部为潜育层。另一种为芦苇沼泽，分布于谷底湖滨，岸边为针叶林；芦苇高度2 m左右，盖度50%。

【受威胁和保护管理状况】九寨沟沼泽是九寨沟国家重要湿地的组成部分，也是九寨沟国家级自然保护区的组成部分，又是著名的九寨沟优美风光的组成部分，应注意使其受到同森林、湖泊一样的保护。

欧米尼克曲沼泽（513231-411）

【范围与面积】欧米尼克曲沼泽位于阿坝县境的白河支流欧米尼克曲与佐曲流域，地理坐标为33°8′28″～33°15′58″N、102°28′00″～102°32′00″E。沼泽类型较多，有木里薹草沼泽、西藏嵩草+木里薹草沼泽和西藏嵩草+华扁穗草沼泽等，面积为5470 hm²。海拔3453～3469 m。

【地质地貌】沼泽区位于若尔盖新生代断陷地块的中部、红原构造弧的西翼，山地走向多呈南北，山顶海拔达4000 m左右，河流下切较深，山前东侧有南北向大断裂（辖曼-瓦切断裂），断层限定边界，并进入下沉单元，是古黄河流路所在。当时，黄河曾经本沼泽区进入日干乔谷地，本区沼泽是在古河道基础上发育的。

【沼泽土壤】沼泽土壤多为中厚层泥炭土，沼泽边缘泥炭厚1 m，中部可达2 m，最大厚度4.5 m。泥炭呈棕褐色，分解度30%～45%，由上而下分解度逐渐增高，泥炭含水量大。

【沼泽植被】木里薹草沼泽分布在谷地中部，主要伴生植物有华扁穗草、乌拉草、条叶垂头菊、白毛羊胡子草等；向外侧为木里薹草+乌拉草沼泽，伴生植物有华扁穗草、西藏嵩草等；沼泽边缘为西藏嵩草+华扁穗草沼泽，伴生植物有发草等。

【沼泽动物】沼泽区鸟类有大天鹅、小天鹅、红脚鹬、小云雀、角百灵等。两栖类有倭蛙、中国林蛙。

欧米尼克曲沼泽（张昆 摄）

则格日阿-邓扎克沼泽（513231-412）

【范围与面积】则格日阿-邓扎克沼泽位于阿坝县黄河支流则格日阿-邓扎克谷地，地理坐标为33°6′00″～33°17′00″N、101°3′00″～101°50′00″E。上游邓扎克谷段海拔为3822 m，下游则格日阿谷口为3692 m。面积为7946 hm²，主要为甘肃嵩草沼泽。

【地质地貌】海拔4000～4100 m的中切割高山，岩性为板岩，在4000 m左右保留有古夷平面。则格日阿是一个下游很窄而上游宽展的特殊谷地，最宽处达1 km，宽谷中阶地高出河面4～5 m，高河漫滩高出河面 2 m，低河漫滩高出河面 0.5 m，在高低河漫滩上发育了大片沼泽。

【水资源与水环境】沼泽多为季节性积水，草丘发育，丘间过湿或有薄层积水。沼泽水源补给为大气降水和地表水。

【沼泽土壤】沼泽土壤主要为泥炭沼泽土和薄层泥炭土，草甸沼泽土分布在外围。泥炭层一般厚度为 0.5 m 左右。则格日阿谷中部的姜当沃附近泥炭土剖面结构如下。

0 ～ 10 cm 为褐黑色泥炭层，含较多未腐根系，分解度 40%。

10 ～ 30 cm 为暗褐色泥炭层，含未腐根系，分解度 40%。

30 ～ 40 cm 为暗褐色泥炭层，含未腐根系很少，分解度 45%。

40 ～ 50 cm 为黑褐色泥炭层，分解度 50%，粉末状，含水量低。

50 ～ 70 cm 为黑褐色泥炭层，含淤泥。

70 ～ 85 cm 为腐泥层，含坡积砂，地下水出露。

【沼泽植被】沼泽植被主要为甘肃嵩草群落，伴生植物有矮生嵩草、金莲花、小白花地榆、散穗早熟禾等。

【沼泽动物】沼泽区鸟类有赤麻鸭、白眼潜鸭，渗入型鸟类有长嘴百灵等；鱼类有黄河裸裂尻鱼；两栖类有中国林蛙、倭蛙等；兽类有狼、高原兔、长尾旱獭等。

【受威胁和保护管理状况】沼泽地受人类干扰较小，面积大、积水浅、植物生长茂盛，是良好的牧场。

则格日阿－邓扎克沼泽（张昆 摄）

日干乔沼泽（513233-413）

【范围与面积】日干乔沼泽位于四川红原县，地理坐标为 32°57′18″ ～ 33°20′10″N、102°34′26″ ～ 103°13′40″E。海拔 3400 ～ 3500 m，沼泽面积为 57 204 hm²。

【地质地貌】日干乔沼泽位于若尔盖高原南部边缘，向南逐渐过渡为高原边缘山脉，向北为起伏平缓的宽谷、盆地与缓丘相间的丘状高原。

【气候】沼泽区多年平均气温为 1.1℃，多年平均降水量为 753 mm。

【水资源与水环境】沼泽水源补给以地表径流与大气降水为主。流出状况为间歇性流出，积水状况为季节性积水。地表水 pH 5.7，地表 pH 分级 4 级；矿化度 0.8 g/L，地表矿化等级 1 级；化学需氧量 16.38 mg/L。地下水 pH 5.8，地下 pH 分级 4 级；矿化度 0.9 g/L。

日干乔水系属黄河水系，主要支流有白河、黑河。白河为红原主干河流，含大小支流 33 条，发源于查针梁子北坡，县内长 200 km，流域面积为 4643 km²。黑河分布在红原县北部沼泽区，发源于色地镇，县内长 88 km，流域面积为 997 km²。

【沼泽土壤】沼泽土壤主要为泥炭土，属厚层泥炭，发育厚度为 3～10 m。

【沼泽植被】沼泽区主要植物群落类型有薹草群落、睡菜群落、木贼群落。薹草群落的优势种为木里薹草，主要伴生种为狸藻、木贼、高山水芹、红原薹草、葱状灯心草、毛脉柳叶菜、膜苞垂头菊、花莛驴蹄草、华西委陵菜等；群落外貌相对整齐，群落总盖度达 90%。

【受威胁和保护管理状况】沼泽区位于四川日干乔湿地州级自然保护区内，自然保护区以保护黑颈鹤、白尾海雕、玉带海雕、胡兀鹫等珍稀野生动物和高原沼泽湿地生态系统为主，已被列入国家重要湿地，同时也是黄河上游源头重要的水源供给区。日干乔沼泽是当地重要牧场，历史上为了将沼泽开垦为牧场，曾实施大规模人工沟渠排水工程，日干乔沼泽面积萎缩，沼泽向草原演替。

日干乔沼泽（张昆 摄）

曼则塘沼泽（513231-414）

【范围与面积】曼则塘沼泽位于阿坝藏族羌族自治州阿坝县，地理坐标为 32°36′～33°40′N、101°37′～102°37′E；平均海拔 3400 m，面积为 38 715 hm²，主要为沼泽化草甸，土壤类型为泥炭土。

【气候】沼泽区年平均气温 3.3℃，年平均降水量为 712 mm。

【水资源与水环境】沼泽区水源补给以地表径流与大气降水为主。流出状况为间歇流出，积水状况为季节性积水。地表水 pH 5.9，地表 pH 分级 4 级；矿化度 0.6 g/L，地表矿化等级 1 级；化学需氧量 8.45 mg/L。地下水 pH 6.0，地下 pH 分级 4 级；矿化度 0.7 g/L。

【沼泽植被】沼泽植被主要有华扁穗草群落、西藏嵩草群落和木里薹草群落等。

【受威胁和保护管理状况】为保护黑颈鹤、金雕等珍稀野生动植物及湿地生态系统，2000 年建立了四川曼则塘湿地自然保护区，于 2003 年

曼则塘沼泽（张昆 摄）

晋升为省级湿地自然保护区。保护区总面积为 165 874 hm²。

佐曲沼泽（513233-415）

【范围与面积】佐曲沼泽分布在红原县瓦切镇的白河支流佐曲两岸，地理坐标为 33°03′ ～ 33°08′N、102°23′ ～ 102°36′E。沼泽面积为 5349 hm²，主要为木里薹草和海韭菜沼泽。海拔 3460 m。

【地质地貌】沼泽区是在更新世形成的侵蚀丘陵基础上，沟谷相对沉降而成的宽展的谷地，并发育次生河佐曲和格央谷地中的小河。谷地坡度小，排水不畅，发育了大片沼泽。

【水资源与水环境】沼泽区水源为大气降水、地表水和地下水混合补给。沼泽大部分常年积水，深度 5 ～ 20 cm。

【沼泽土壤】沼泽土壤主要为泥炭土，佐曲北岸泥炭厚度 1.25 m，南岸为 2.25 m。泥炭含水量高，呈褐色，分解度 30% ～ 50%，干容重为 0.4 g/cm³，有机碳含量为 30.3%。

【沼泽植被】沼泽植被以木里薹草群落为主，伴生种有乌拉草、发草、狭叶垂头菊、西藏嵩草等。

【受威胁和保护管理状况】沼泽湿地距瓦切镇 7 km，为当地重要牧场，沼泽面积萎缩明显。

年朵坝沼泽（513233-416）

【范围与面积】年朵坝沼泽位于红原县色地镇，地理坐标为 32°51′30″ ～ 33°17′00″N、103°10′00″ ～ 103°24′24″E。沼泽面积为 5952 hm²，海拔 3650 ～ 3653 m。

【地质地貌】沼泽区地处若尔盖新生代断陷地块的东南缘，受红原弧形构造控制，全新世缓慢上升，河流下切形成谷地，并发育了沼泽。谷间为浅切割小起伏高山，岭顶高度一般为 4000 m 左右，保持着过去的夷平面遗迹。

【水资源与水环境】沼泽水源为大气降水、地表水和地下水混合补给。沼泽为季节性积水，雨季积水 5 ～ 10 cm。

【沼泽土壤】沼泽区土壤类型主要为泥炭土，泥炭层最大厚度达 4.1 m，平均 1.5 m 左右。泥炭呈棕褐色，分解度 30% ～ 50%，含水量中等，干容重为 0.38 g/cm³，有机碳含量为 34.8%。

【沼泽植被】沼泽植被主要有木里薹草 + 四川嵩草群落和四川嵩草 + 华扁穗草群落。伴生植物有紫果薹草、矮生嵩草、早熟禾等。

【受威胁和保护管理状况】沼泽区为山地沟谷型沼泽，地处若尔盖高原区向山地过渡带上，沼泽沿河源沟谷发育，有涵养水源、防止冲刷、稳定生态的作用，是当地重要牧场。

才布柯谷沼泽（513233-417）

【范围与面积】才布柯谷沼泽位于红原县城东的龙壤柯和才布柯两个谷地，地理坐标为 32°40′ ～ 32°53′N、102°20′ ～ 102°30′E。沼泽面积为 10 264 hm²，主要为木里薹草 + 四川嵩草沼泽。龙壤柯谷海拔为 3587 m，才布柯谷 3505 ～ 3530 m。

【地质地貌】沼泽区地处若尔盖新生代断陷地块南部，山体出露三叠纪板岩、砂岩。受构造断裂影响，谷地呈南北走向，与白河河谷平行。第四纪碎屑沉积充填谷底。白河北段曲流发育，导致龙壤柯谷和才布柯谷切割微弱，排水不畅，地表沼泽发育并堆积了全新世泥炭层。

【水资源与水环境】沼泽区水源主要为地下水补给，其次为大气降水和地表径流。才布柯谷中有很多上升泉，是沼泽的重要补给水源。多为季节性积水。

【沼泽土壤】沼泽区土壤类型为泥炭土，泥炭厚度 1.2 m，呈棕褐色，干容重为 0.43 g/cm³，有机碳含量为 26.8%。

【沼泽植被】沼泽植被主要为木里薹草＋四川嵩草群落，伴生种有早熟禾、金露梅等。

【受威胁和保护管理状况】沼泽区是当地重要牧场，放牧强度大，沼泽面积萎缩明显。

安曲牧场沼泽（513233-418）

【范围与面积】安曲牧场沼泽位于红原县安曲镇、白河中游左岸，地理坐标为 32°37′00″ ～ 32°53′00″N、102°10′59″ ～ 102°29′00″E。面积为 15 565 hm²，包括木里薹草＋华扁穗草沼泽和西藏嵩草＋华扁穗草沼泽，海拔 3512 ～ 3520 m。

【地质地貌】浅切割山地形成大量河源沟谷，此段白河坡度缓，河曲十分发育，排水不畅，使沟谷地表过湿甚至积水而发育了沼泽。

【气候】沼泽区年平均气温 1.1℃，1 月平均气温 –10.3℃，7 月平均气温 10.9℃；年平均降水量 753 mm，年蒸发量 1303.2 mm，湿润度为 1.93。

【水资源与水环境】沼泽水源为混合型补给。地下水在沼泽中部接近或溢出地表，水化学类型为 HCO_3-Ca 型，矿化度＜ 0.1 g/L。山麓有大量泉水出露，是沼泽重要的补给水源。

【沼泽土壤】沼泽区土壤类型主要为泥炭土，为薄层泥炭，厚度 0.5 ～ 1.0 m。

【沼泽植被】在常年积水区和雨季积水较深的草丘地带分布有木里薹草＋华扁穗草群落，伴生植物有海韭菜、垂头菊等。在边缘季节性积水较浅的草丘带，主要是西藏嵩草＋华扁穗草群落，既有沼泽植物，又有沼泽化草甸植物，物种组成最为丰富多样，具体见表 16-31。

表 16-31　安曲牧场沼泽西藏嵩草＋华扁穗草群落植物组成

序号	植物名称	拉丁名	盖度/%	多度
1	西藏嵩草	*Kobresia tibetica*	40	Cop3
2	华扁穗草	*Blysmus sinocompressus*	25	Cop3
3	矮生嵩草	*Kobresia humilis*	2	Sp
4	条叶垂头菊	*Cremanthodium lineare*		Sol
5	花莛驴蹄草	*Caltha scaposa*	5	Cop1
6	矮泽芹	*Chamaesium paradoxum*		Sol
7	水问荆	*Equisetum fluviatile*	2	Sp
8	密花荸荠	*Heleocharis congesta*		Sol
9	灯心草	*Juncus effusus*		Sol
10	四川嵩草	*Kobresia setchwanensis*	5	Sp
11	线叶嵩草	*Kobresia capillifolia*		Sol
12	无脉薹草	*Carex enervis*		Sol

序号	植物名称	拉丁名	盖度/%	多度
13	草地早熟禾	*Poa pratensis*	5	Sp
14	发草	*Deschampsia caespitosa*		UN
15	羊茅	*Festuca ovina*		UN
16	毛茛状金莲花	*Trollius ranunculoides*		UN

注：Cop3表示很多，Sp表示少，Sol表示稀少，Cop1表示尚多

【受威胁和保护管理状况】沼泽湿地主要用作牧场。沼泽面积萎缩较为严重。

安曲牧场沼泽（张昆 摄）

色亚曲上游沼泽（513233-419）

【范围与面积】色亚曲上游沼泽位于红原县阿木柯河上游河源区，地理坐标为 32°28′48″ ～ 32°42′17″N、102°31′59″ ～ 102°47′29″E。面积为 13 039 hm²，沼泽类型主要有木里薹草 + 西藏嵩草沼泽和木里薹草 + 华扁穗草沼泽，海拔 3755 ～ 3780 m。

【地质地貌】沼泽区地质构造单元处于若尔盖新生代断陷地块红原弧形构造的东南缘。向外有现代冰川发育的高山查针梁子，山地有古冰川作用形成的巨大古冰川槽谷，宽约 1.5 km，两侧有侧碛并在谷口形成对称的冰碛丘。谷底低平，发育了沼泽。谷口外侧是广阔的冰水平原，沼泽和湿草甸相间分布。本区为冷湿气候。沼泽区位于红原县城南部，邻近高山，所以气候应比红原县城稍冷湿。

【水资源与水环境】沼泽水源为大气降水、地表水和地下水混合补给。地下水属于 HCO_3-Ca 型，矿化度 < 0.1 g/L。水位最深为 45 cm，pH 6.58 ～ 7.03，盐度为 0.01 ～ 0.06 ppt，溶解氧为 6.18 ～ 8.04 mg/L，硝氮为 0.05 ～ 0.23 mg/L，氨氮为 0.18 ～ 0.47 mg/L，总氮浓度为 0.34 ～ 0.72 mg/L，总磷浓度为 0.001 ～ 0.013 mg/L。

【沼泽土壤】沼泽区中心土壤为泥炭土，有的为草甸沼泽土，边缘过渡为沼泽化草甸土，沼泽外围则为高山草甸土。泥炭层厚度不一，古冰川槽谷中，泥炭层可达 4.5 m，而谷外冰水冲积扇上一般厚度 < 1 m。泥炭有机质含量较高，呈暗棕色，分解度 35% 左右，含水量中等。

【沼泽植被】在古冰川槽谷内多发育木里薹草＋西藏嵩草群落，伴生植物有矮生嵩草、葱状灯心草、矮地榆、花葶驴蹄草、报春花、龙胆、矮泽芹等；边缘坡地为高山灌丛草甸；在冰水平原上，主要为木里薹草＋华扁穗草群落，伴生种有西藏嵩草、水葱、紫果薹草、花葶驴蹄草、黄帚橐吾、龙胆、条叶银莲花等。

【受威胁和保护管理状况】沼泽区为重要牧场，沼泽面积萎缩较为严重。

扎青沟沼泽（513333-420）

扎青沟沼泽位于色达县北部的扎青沟盆谷地，地理坐标为 32°25′～32°30′N、100°15′～100°22′E。沼泽面积为 2350 hm²，主要为嵩草沼泽。海拔 4650～4700 m。沼泽发育于盆谷中，由大气降水、地表水和地下水混合补给。沼泽区土壤类型为薄层泥炭土，厚度 0.8 m 左右。沼泽植被主要为嵩草群落，是当地的重要牧场。

四寨沼泽（513233-421）

【范围与面积】四寨沼泽分布在红原县龙日坝西侧 7 km 处的白河支流朝米曲的纳不则曲和知米曲，地理坐标为 32°16′22″～32°32′42″N、102°2′56″～102°29′E。沼泽类型主要为木里薹草＋西藏嵩草沼泽，由多片大小不一的沼泽组成，沼泽面积为 15 469 hm²。海拔 3582 m。

【地质地貌】沼泽区位于若尔盖新生代断陷地块南部的红原弧附近，第四纪上升的山地地貌海拔 4000 m 左右，受断层影响，在朝米曲上游的几条支流都形成小型的断陷盆地，为沼泽发育提供了场所。

【气候】沼泽区属高原冷湿气候。

【水资源与水环境】沼泽多为常年积水，夏季积水深 5～25 cm，在近河岸处或山麓为季节性积水，草丘带过湿或有 5 cm 左右的积水。四周山地的坡水汇集于盆谷地中，为沼泽发育提供了主要水源。大气降水也是沼泽主要补给水源。

【沼泽土壤】沼泽区土壤类型主要为厚层泥炭土。泥炭层最大厚度为 6.65 m，平均厚度为 4.3 m。泥炭层结构如下。

0～30 cm，黄褐色浆状泥炭。

30～40 cm，暗褐色泥炭，分解度 30%。

40～80 cm，黄棕色泥炭，分解度 35%。

80～140 cm，褐黑色泥炭，分解度 40%。

140～545 cm，暗栗色泥炭。

545 cm 以下，为腐泥。

【沼泽植被】沼泽植被主要为木里薹草＋西藏嵩草群落，分布在沼泽中部，伴生植物有灯心草、发草、驴蹄草、狭叶垂头菊等。在沼泽边缘为西藏嵩草＋无脉薹草群落，主要伴生种有木里薹草、早熟禾等。

龙日坝沼泽（513233-422）

龙日坝沼泽位于红原县龙日镇，地理坐标为 32°21′～32°28′N、102°18′～102°26′E。沼泽面积

5075 hm²，主要类型为木里薹草 + 西藏嵩草沼泽。沼泽区在地质构造上处于若尔盖新生代断陷地块的南部，紧靠红原弧顶。受由南向北的翘升作用，地势南高北低。河流为顺向性质，由南向北流，并受北西向平行断层影响，在龙日农牧场附近形成断陷宽谷，几条支流均在此相汇，发育了沼泽。沼泽区水源为大气降水、地表水和地下水混合补给。沼泽区土壤主要为泥炭土，一般厚度 1.2 m 左右。泥炭呈棕褐色，分解度上部为 50% ～ 60%，下部为 45% ～ 50%。

色迪坝沼泽（513233-423）

【范围与面积】色迪坝沼泽位于红原县色地镇的麦曲河源区，地理坐标为 32°16′N、103°00′ ～ 103°15′E。沼泽面积为 359 hm²，以木里薹草 + 乌拉草为主。海拔由源头向下渐低，为 3502 ～ 3618 m。沼泽呈串珠状分布在河谷。

【地质地貌】若尔盖新生代断陷地块的东南缘是丘状高原向高山的过渡带。河源沟谷呈箱状或狭条状，谷底平坦，河床甚浅，水流漫散，为沼泽形成提供了地质地貌条件。

【水资源与水环境】沼泽水源补给为大气降水、地表水和地下水混合补给型。沼泽地多属季节性积水，夏季地表积水 3 ～ 10 cm。

【沼泽土壤】沼泽区土壤主要为泥炭土，一般厚度 0.7 m，最大厚度 3.6 m，剖面特征如下。

色迪坝沼泽（张昆 摄）

0 ～ 90 cm，棕褐色泥炭。

90 ～ 130 cm，腐泥夹层，细腻。

130 ～ 250 cm，棕色泥炭。

250 ～ 360 cm，灰褐色泥炭，粉末状，不见植物残体。

360 cm 以下，砂砾碎屑潜育母质层。

【沼泽植被】沼泽植被主要为木里薹草 + 乌拉草群落。该群落的乌拉草形成草丘，有斑点状和田埂状两种，丘间为木里薹草，常年积水，水深 10 ～ 30 cm，伴生植物有四川嵩草、长花马先蒿，有时还见有金发藓等。此外，还有木里薹草 + 华扁穗草群落，伴生植物有矮生嵩草、早熟禾等。本区沼泽湿地是当地重要牧场。

南莫且沼泽（513230-424）

【范围与面积】南莫且沼泽位于四川阿坝藏族羌族自治州壤塘县，地理坐标为 31°59′38″ ～ 32°25′N、101°06′00″ ～ 101°29′05″E。平均海拔 3939 m。沼泽类型主要为沼泽化草甸，面积为 9880 hm²。土壤类型为沼泽土。

【气候】沼泽区年平均气温 4.8℃，年平均降水量为 763.1 mm。

【水资源与水环境】沼泽区水源补给以地表径流与大气降水为主，流出状况为间歇性流出，积水状况为季节性积水，地表水 pH 5.6，地表 pH 分级 4 级；矿化度 0.7 g/L，地表矿化等级 1 级；化学需氧量 12.15 mg/L。地下水 pH 5.7，地下 pH 分级 4 级；矿化度 0.8 g/L。

【沼泽植被】沼泽植被主要有华扁穗草群落、高原毛茛群落、西藏嵩草群落、无脉薹草群落、垂穗披碱草群落等。

【受威胁和保护管理状况】沼泽区位于四川南莫且省级自然保护区，保护区建立于 2002 年 9 月，于 2018 年晋升为国家级自然保护区，总面积为 101 148.6 hm²，主要保护对象为白唇鹿、雪豹等珍稀动物以及栖息地、湿地生态系统。

乾宁古冰帽沼泽（513326-425）

【范围与面积】乾宁古冰帽沼泽位于道孚县，跨丹巴县、康定市、道孚县，地理坐标为 31°18′09″～31°39′03″N、101°26′17″～102°1′00″E。面积约为 2170 hm²，主要为矮生嵩草＋华扁穗草沼泽，海拔为 4300 m。

【地质地貌】乾宁古冰帽位于大雪山中段以四水塘为中心的高原冰蚀宽谷带，分布有大量古冰川谷和冰蚀湖，基岩为千枚状页岩，附近有许多玛尼堆经文。

【气候】沼泽区属高原亚寒带气候，年平均气温为 –2℃ 左右，年降水量为 900 mm，冷湿气候特征明显。本区属外流水系，东西分属于大渡河与雅砻江上游支流，冰帽中心有然尼措、亿比措等小型冰蚀湖。区域地带性土壤为高山草甸土，植被为亚高山灌丛和高山草甸。

【沼泽植被】沼泽区植被类型主要为矮生嵩草＋华扁穗草群落，伴生种主要为驴蹄草、高山杜鹃等。
华扁穗草潜育沼泽分布在河漫滩上，形成沼泽草丘。优势植物为华扁穗草，伴生植物有矮生嵩草及藓类。大型草丘高 40 cm，宽 1 m，长 1～1.5 m。

【沼泽土壤】沼泽土壤主要为腐殖质沼泽土，剖面以四水塘河漫滩为例：表层为根系层，厚 18 cm，暗褐色；中层为腐殖质层，厚 15 cm，浅黑色；底层为潜育层，蓝灰色带锈斑。

乾宁古冰帽沼泽（张昆 摄）

【受威胁和保护管理状况】沼泽区水草条件较好，是重要牧区。生态环境保存较好，但应防止过度放牧。

第四节　藏南－藏东高山谷地沼泽区

藏南－藏东高山谷地沼泽区位于我国西南部，行政区域上包括青海、西藏、四川以及云南部分地区，地理坐标为 26°1.1′～33°7.9′N、81°44.6′～102°6.1′E。

沼泽区海拔多在 3500～4500 m，谷地海拔可降到 2000 m 以下，高山地区海拔高达 5500 m 以上；藏南的喜马拉雅高山区，主要由东西走向的山脉组成，平均海拔 6000 m 左右，藏南谷地位于冈底斯山脉与喜马拉雅山脉之间，有许多宽窄不一的河谷平地和湖盆谷地，地形平坦；本区西端，海拔 4200 m 以上，以高山宽谷地貌和山前宽坦的冰水平台地貌为主。藏东高山峡谷区即著名的横断山区，高山深谷由一系列东西走向逐渐转为南北走向，谷地、坡地海拔较低。

沼泽区湖泊有 80 余个，西多东少，本区南部湖泊主要分布在冈底斯山－念青唐古拉山以南、喜马拉雅山以北的雅鲁藏布江流域，处在西藏内陆湖与外流湖的交替地，外流湖皆为淡水湖，内流湖以淡水湖和咸水湖为主，羊卓雍错是南部最大的湖泊。本区东部湖泊分布零散，数量少，多为淡水湖或微咸水湖。该区怒江、澜沧江、金沙河、雅砻江、大渡河平行南流，雅鲁藏布江是区内最大河流。

沼泽区属高原温带气候，东部夏季受西南暖湿气流的影响，年平均气温 10℃ 左右，全年降水量一般为 500～1000 mm。年降水量大，雨季时间较长，降水量的年内分配较均匀，年际变化较小。本区南部气候温凉且较干燥，大部分地区年均温 0～8℃，全年降水量 250～550 mm（王东，2003）。藏南高山区南北两侧差别很大，南坡雨量充沛，植被茂盛，北坡降水较少（路贵龙，2019）。藏南雅鲁藏布江及其支流流经的谷地和藏东横断山脉高山深谷地区的蒸散值大于其他地区（湛青青，2017）。

沼泽区主要土壤类型为亚高山灌丛草甸土、亚高山草甸土和高山草甸土、山地灌丛草原土，缺乏山地森林土壤分布，土壤垂直带比较简单。该区土壤具有有机质及全氮养分丰富而速效养分贫乏的特点，土层薄，土壤冻结期长，通气不良（王向涛等，2010）。

沼泽区沼泽类型与面积见表 16-32。草本沼泽常见建群种包括西藏嵩草、高山嵩草、华扁穗草、四川嵩草、木里薹草、水葱、线叶嵩草、灯心草、褐紫鳞薹草、杉叶藻、小薹草、菰、芦苇、条叶垂头菊、矮生嵩草、菖蒲、川滇蕨麻、灰毛蓝钟花、大花嵩草、高原嵩草、黑褐穗薹草、西藏嵩草、刘氏荸荠、卵穗荸荠、毛颖早熟禾、水蓼、丝叶球柱草、嵩草、小花灯心草、早熟禾。灌丛沼泽常见建群种为密枝杜鹃。

在藏东高山深谷和喜马拉雅山脉北坡，由于高山深谷，坡陡流急，排水条件好，缺少积水场所，沼泽较少；在冰斗、冰蚀湖盆地等冰蚀地貌部位，由于水源充足，积水成沼。藏南雅鲁藏布江上游、中游及其支流谷地，在洪积扇缘、冰碛洼地、山间谷地及河湖阶地上，发育了面积可观的泥炭沼泽，且沼泽分布位置具有从东向西北升高的趋势（赵魁义等，1981）。

表 16-32　藏南－藏东高山谷地沼泽区沼泽类型与面积

分区	类型	面积/×100 hm²
藏南-藏东高山谷地沼泽区	藓类沼泽	8.6
	草本沼泽	3647.5
	灌丛沼泽	593.3
	森林沼泽	8.8
	沼泽化草甸	1972.6

竹庆盆地沼泽（513330-426）

竹庆盆地沼泽位于德格县竹庆盆地，地理坐标为 32°3′29″ ～ 32°27′25″N、98°14′56″ ～ 98°56′42″E。面积为 2014 hm²，主要为西藏嵩草＋华扁穗草沼泽。海拔 4200 m。沼泽分布于山间冰碛－冰水盆谷地；有两期冰碛物，应为附近雀儿山冰川的冰碛物；盆地底部平阔，有溪流穿过入雅砻江。本区位于高原温带半湿润区，年平均气温为 4 ～ 6℃，年平均降水量为 500 ～ 600 mm。地带性土壤为寒毡土，沼泽土壤主要为泥炭沼泽土和沼泽化草甸土。地带性植被为高山草甸，沼泽植被为西藏嵩草＋华扁穗草群落，为季节性积水状态，草丘个体较小。沼泽区为当地重要牧场，放牧强度较大。

竹庆盆地沼泽（张昆 摄）

雀儿山新路海沼泽（513330-427）

【范围与面积】雀儿山新路海沼泽位于四川西北部德格县的马尼干戈镇，地理坐标为 31°42′00″ ～ 32°6′45″N、98°54′00″ ～ 99°23′31″E，沼泽面积为 1225 hm²，平均海拔 4208 m，为灌丛－藓类沼泽。

【地质地貌】沼泽区地貌类型为川西北深切割高原山地，金沙江在此区切割出深达 4000 多米的深峡谷，沼泽位于金沙江左岸雀儿山麓。雀儿山海拔 6168 m，发育山谷型冰川。谷底有新路海湖，为古冰川冰蚀湖。

【气候】沼泽区年平均气温 6.5℃，年平均降水量 613 mm，年均蒸发量 1637.1 mm。

【沼泽土壤】沼泽土壤主要为泥炭沼泽土，草根层厚 15 cm 左右，泥炭层厚 20 ～ 40 cm，底部为河流相砂砾质潜育层。

【沼泽植被】沼泽区位于高原温带半湿润区，沼泽发育于寒毡土带内，沼泽植被以高山杜鹃和藓为优势种。

雀儿山新路海沼泽（张昆 摄）

在长约 3 km、宽 600 m 的巨大冰蚀湖和谷地，沼泽主要类型为杜鹃灌丛 - 藓丘沼泽，广泛分布于湖滨的河漫滩上，地表季节性积水。藓类植物主要为金发藓。伴生植物在丘上有唐松草、绿绒蒿、绣线菊、忍冬和高山柳等。在丘下部有矮生嵩草、西藏嵩草、驴蹄草、报春花、类黑褐穗薹草等。

【受威胁和保护管理状况】沼泽区地处四川新路海省级自然保护区内，保护区建立于 1995 年 1 月，主要保护对象为白唇鹿、雪豹、黑颈鹤等珍稀野生动物及湿地生态系统。

新龙古冰帽沼泽（513329-428）

【范围与面积】新龙古冰帽沼泽分布于新龙县西北部，地理坐标为 31°00′ ～ 31°15′N、99°50′ ～ 100°10′E。海拔为 4500 ～ 4900 m。沼泽面积为 17 131 hm²，主要为密枝杜鹃 - 类黑褐穗薹草 - 藓类沼泽。

【地质地貌】沼泽区地貌为高原古冰帽，冰帽区布满冰碛石和湖泊群，成为古冰帽的标志和指向性地貌。

【沼泽植被】沼泽区的主要沼泽类型为密枝杜鹃 - 藓类沼泽和类黑褐穗薹草 + 矮生嵩草沼泽。密枝杜鹃 - 藓类沼泽发育于古冰帽区外围，海拔 4200 ～ 4600 m。密枝杜鹃盖度可达 30%，苔藓为次优势种，伴生植物有类黑褐穗薹草、驴蹄草、灯心草等。土壤为泥炭沼泽土，表层为根系层，厚 10 ～ 20 cm，中层为泥炭层，厚 10 ～ 15 cm，褐棕色，分解度 35% 左右，底层为砂质潜育层。

类黑褐穗薹草 + 矮生嵩草沼泽发育于古冰帽内部，海拔 4800 m 左右，类黑褐穗薹草与矮生嵩草为优势种，盖度 30% 左右，伴生种有紫花针茅、驴蹄草等。群落总盖度 50% ～ 60%。土壤为泥炭沼泽土，表层为根系层，分解度 25% 左右；中层为泥炭层，厚度 20 ～ 30 cm，棕褐色，分解度 30% ～ 35%，残体明显；底层为潜育层，主要由河流相细砾砂组成，地下水丰富。

【受威胁和保护管理状况】沼泽区是当地牧场之一，对沼泽生态环境有一定影响。

新龙古冰帽沼泽（张昆 摄）

察青松多沼泽（513331-429）

【范围与面积】察青松多沼泽位于四川甘孜藏族自治州白玉县的麻绒乡、纳塔乡，地理坐标为

30°33′～31°06′N、99°11′～99°42′E；平均海拔 4155 m。沼泽类型为灌丛沼泽和沼泽化草甸，其面积分别为 3813 hm² 和 4670 hm²。

【气候】沼泽区年平均气温 –1℃，≥10℃年均积温 1584.7℃；年平均降水量 606 mm，年均蒸发量 838.7 mm。

【水资源与水环境】沼泽水源补给以地表径流与大气降水为主。流出状况为偶尔流出，积水状况为间歇性积水。地表水 pH 5.8，地表 pH 分级 4 级；矿化度 0.7 g/L，地表矿化等级 1 级；化学需氧量 7.88 mg/L。地下水 pH 5.9，地下 pH 分级 4 级；矿化度 0.8 g/L。

【沼泽植被】沼泽植被主要为西藏嵩草群落、窄叶鲜卑花群落。

【沼泽动物】沼泽区有湿地脊椎动物 10 种，隶属于 5 目 8 科 9 属。其中，鸟类 2 目 2 科 3 属 3 种，即斑头雁、赤麻鸭、黑颈鹤；鱼类 1 目 2 科 2 属 2 种，分别为软刺裸裂尻鱼、粗壮高原鳅；两栖类 2 目 4 科 4 属 4 种，分别为北方山溪鲵、西藏齿突蟾、西藏蟾蜍、高原林蛙。

【受威胁和保护管理状况】为保护白唇鹿、雪豹等珍稀野生动植物及察青松多沼泽，1991 年 12 月建立了四川察青松多国家级自然保护区，保护区面积为 143 687.6 hm²。

乌马曲沼泽（540122-430）

【范围与面积】乌马曲沼泽位于西藏自治区当雄县，有 2 个沼泽集中分布区，地理坐标分别为 30°18′～30°24′N、90°41′～90°56′E 和 30°29′～30°34′N、91°04′～91°15′E，沼泽面积为 4512 hm²，为西藏嵩草＋卵穗荸荠沼泽。海拔 4300～4400 m。

【地质地貌】沼泽地发育在当雄南面的当曲、乌马曲河谷中。西起宁中东面，东至乌玛塘，呈西南－东北方向展布。北面有念青唐古拉山，南面也分布有高山，当曲切穿南面的高山注入拉萨河。乌马曲河谷为一断裂构造谷，地表覆盖着第四纪黏土、砂砾等地表沉积物。

【气候】沼泽区地处青藏高原寒温带半湿润气候区，年平均温度 1.3℃，≥10℃的积温天数达 100 多天，多年平均降水量为 483 mm。

【水资源与水环境】河谷盆地两侧的山地多有河流发育，特别是北面的念青唐古拉山，冰川和常年积雪广泛分布，冰雪融水成为河流的主要水源。河流汇入谷盆地，由于坡度变缓，水流散漫，成为沼泽的重要补给水源。水化学类型为 HCO_3-Ca 型。

【沼泽土壤】沼泽区远在全新世早期就有沼泽发育，并堆积了泥炭。全新世中期，由于气候变暖，沼泽广泛发育，泥炭大量堆积。随着高原面隆起，河流下切，到中全新世后期，泥炭地逐步抬升，大部分沼泽地停止发育，只在沿河洼地或地下水出露地段沼泽继续发育。受新构造运动地壳上升的影响，有些泥炭沼泽已被疏干，沼泽植被退化，演替为沼泽化草甸或草甸，相应发育了疏干泥炭土、草甸沼泽土和草甸土。疏干泥炭土剖面可分为三层：草根层、泥炭层和潜育层。草甸沼泽土的特点是草根层薄，直接过渡到潜育层，中间缺乏腐殖质层，

乌马曲沼泽（刘文治 摄）

全剖面养分含量较低，反映出高原草甸土形成年代较晚。

【沼泽植被】沼泽区主要植被类型有西藏嵩草群落和卵穗苔草群落。西藏嵩草群落地上部分生物量为 330 ～ 487.5 g/m²，卵穗苔草群落地上部分生物量为 165 g/m²。常见的湿地植物包括西藏嵩草、卵穗苔草、杉叶藻、矮金莲花、西藏报春等。

【沼泽动物】沼泽区动物以水禽、涉禽为主，有鸭类、斑头雁、黑颈鹤等。

【受威胁和保护管理状况】沼泽区为《中国湿地保护行动计划》中国重要湿地名录中确定的国家重要湿地。本区的疏干泥炭地生长了大量的草甸植物，如矮生嵩草、西藏嵩草等，营养丰富，地表又不太湿，受到放牧、割草影响。沼泽大部分保护良好，部分区域因靠近城镇有垃圾残留。

亿比措沼泽（513300-431）

【范围与面积】亿比措沼泽位于四川甘孜藏族自治州道孚县的色卡乡、雅江县的木绒乡、康定市的塔公镇，地理坐标为 30°16′00″ ～ 30°28′23″N、101°11′59″ ～ 101°36′02″E。平均海拔 4249 m。沼泽湿地类型为沼泽化草甸，面积为 19 035 hm²。

【气候】沼泽区年平均气温 4.6℃，年平均降水量 926.3 mm，年均蒸发量 1682.3 mm，≥ 0℃年均积温 2071.1℃，≥ 10℃年均积温 782.4℃。

【水资源与水环境】沼泽区水源补给以地表径流和大气降水为主。流出状况为间歇性流出，积水状况为季节性积水。地表水 pH 6.0，地表 pH 分级 4 级；矿化度 0.7 g/L，地表矿化等级 1 级；化学需氧量 10.2 mg/L。地下水 pH 6.1，地下 pH 分级 4 级；矿化度 0.7 g/L。

【沼泽植被】沼泽区维管植物包括矮地榆、垂穗披碱草、矮生嵩草、白苞筋骨草、甘肃马先蒿、播娘蒿、草地早熟禾、车前、川甘蒲公英、钉柱委陵菜、甘肃棘豆、高山韭、水麦冬等。沼泽植被主要为垂穗披碱草群落、水麦冬群落。

【受威胁和保护管理状况】为保护亿比措沼泽湿地生态系统和野生动物，2005 年 1 月建立了四川亿比措省级自然保护区，总面积为 27 275.73 hm²。

贡觉沼泽（540322-432）

【范围与面积】贡觉沼泽位于西藏自治区昌都市东部贡觉县，位于青藏高原东南，唐古拉山横断山脉北段，金沙江上游西岸。地理坐标为 30°19′ ～ 30°25′N、98°12′ ～ 98°22′E，海拔 4021 m，沼泽面积为 10 136 hm²。

【地质地貌】沼泽区属东南三江流域的横断山峡谷区。群山连绵，山高峰锐，谷深坡陡，丘原交错，河流纵横，湖泊星罗棋布，高山、森林、草原、沼泽并存。地势由东南向西北倾斜，地貌大体可分为东南峡谷区、西部河流区和西南谷原区。

【气候】沼泽区属大陆性高原季风气候，受纬度、海拔和地理位置的影响，气温垂直变化明显，气温偏低，日温差较大；土温低于气温，冻土时间长。年降水量 25.5 mm。年日照时数约 2101 h。年平均气温 6.5℃，7 月平均气温 14.6℃，日平均气温 0℃以上 245 d，无霜期 85 d，年平均降雨量 480 mm。

【水资源与水环境】沼泽区水系发达，河流纵横交错，湖泊星罗棋布，常年性大小河流 20 余条。

【沼泽动物】沼泽动物种类繁多，有白鹤、黑颈鹤等。

【受威胁和保护管理状况】沼泽区建有贡觉县级自然保护区，管理部门主要是贡觉县林业局。区域内道路扩建，对沼泽有一定程度的影响。

马泉河沼泽（540232-433）

【范围与面积】马泉河沼泽位于仲巴县的马泉河流域，主要分布在两个地区：河流上游和中游巴巴扎东村附近，地理坐标分别为30°09′～30°26′N、82°39′～82°56′E 和29°42′～30°02′N、83°19′～83°41′E。沼泽面积为 6214 hm²，为西藏嵩草＋华扁穗草沼泽。

【地质地貌】马泉河为雅鲁藏布江支流，所处区域地势高亢，河谷地带的最低海拔也在 4500 m 以上，分水岭地带更是雪山连绵，现代冰川发育。水流平缓，江心湖和汊流发育。北面为冈底斯山，南面为喜马拉雅山，马泉河穿行在南面的喜马拉雅山和北面的冈底斯山之间，谷地开阔，一般都有 10～30 km。两侧山地冰川融水形成的众多河流汇入马泉河，使源头附近的河谷平原以及中游形成许多湖泊，在湖群区和沿河漫滩零星发育成沼泽。

【气候】沼泽区属高原寒带、亚寒带半干旱气候，寒冷干燥，多风沙灾害。本区年平均气温 2℃，7 月平均气温 9℃，1 月平均气温 –10℃，多年平均降水量约 300 mm。

【水资源与水环境】沼泽的水源补给主要为冰川融水和河水，湖水呈微咸水，水化学类型为碳酸盐型。

【沼泽土壤】沼泽区土壤类型为草甸沼泽土，周围沼泽化草甸分布有草甸土。

【沼泽植被】由于沼泽地表过湿或有薄层积水，发育了西藏嵩草群落和华扁穗草群落，其中西藏嵩草群落盖度约 85.78%，群落地上生物量为 249.86 g/m²，华扁穗草群落盖度约 95%，群落地上生物量为 71.04 g/m²。常见的伴生植物有海韭菜、蕨麻、高原毛茛、西藏报春、海乳草、紫菀、龙胆、黄芪、蓝白龙胆、早熟禾、碱毛茛等。

【沼泽动物】沼泽区鸟类主要有黑颈鹤、斑头雁、棕头鸥、各种鸭类及鹬类。

【受威胁和保护管理状况】放牧是沼泽区的主要威胁。

马泉河沼泽（佟守正 摄）

柴曲沼泽（540232-434）

【范围与面积】柴曲沼泽位于仲巴县，地理坐标为 29°50′～30°19′N、83°19′～83°58′E。沼泽面积为 123 88 hm²，为西藏嵩草 + 华扁穗草沼泽。海拔 4750 m。

【地质地貌】沼泽区分布在柴曲河谷中，北面为冈底斯山脉，受现代冰川和常年积雪融水的补给，沿冈底斯山南侧发育了呈梳状排列的众多河流，这些河流注入雅鲁藏布江支流柴曲。谷地的西南侧因处于雨影区，几乎无河流发育。沟谷呈西北 – 东南走向，地表物质为冰碛物、冰水沉积物和冲积物、洪积物。柴曲横贯谷地，沿河两岸及山麓冲洪积扇缘多有沼泽断续分布，并堆积了一定厚度的泥炭。

【气候】沼泽区处于青藏高原比较温暖的地区（雅鲁藏布江谷地），年平均气温 5 ～ 7℃，1 月平均气温 –10℃左右，7 月平均气温 8 ～ 13℃；年平均降水量 230 ～ 300 mm；年平均蒸发量在 2200 mm 以上。

【水资源与水环境】柴曲为雅鲁藏布江支流，全长 60 多千米。沼泽区水源补给主要为洪积扇缘溢出的潜水，其次为冰雪融水形成的地表径流。水质矿化度低，属极软水，水化学类型为 HCO_3-Ca·Na 型。

【沼泽土壤】沼泽区土壤类型主要为泥炭土，其次为泥炭沼泽土。

【沼泽植被】沼泽区植被主要为西藏嵩草 + 华扁穗草群落，也有沼泽化草甸和草甸植被。西藏嵩草形成草丘，因水分状况不同，形成点状、垄网状、片状等草丘类型，致使地表具有复杂的水文网。丘上生长以西藏嵩草为主的草甸植物，丘间发育了以华扁穗草为主的沼泽植物。由于底部根系相互交织在一起，形成不可分割的群落整体，盖度达 90% 以上。群落结构明显分为两层：第一层为丘上生长的植物层，主要为草甸成分，多度不大，有黑褐穗薹草、喜马拉雅嵩草、展苞灯心草、肉果草等。第二层为丘间生长的植物，主要为沼泽植物成分，有华扁穗草、海乳草、碱毛茛、花莛驴蹄草等。本次调查中发现西藏嵩草、委陵菜也是主要的建群种，形成西藏嵩草 + 委陵菜群落，群落盖度 90%，地上生物量为 125.96 g/m²，常见的伴生物种有珠芽蓼、龙胆、黄芪等。

【沼泽动物】沼泽区的动物主要为鸟类，有黑颈鹤、各种野鸭、斑头雁以及鹭等。河内生长有黄河裸裂尻鱼等。

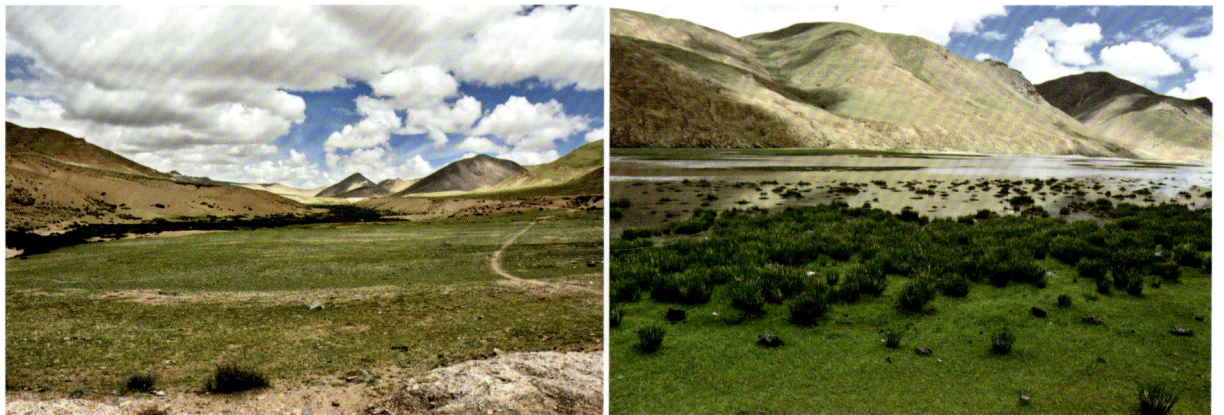

柴曲沼泽（佟守正 摄）

雅江神仙山沼泽（513325-435）

【范围与面积】雅江神仙山沼泽位于四川甘孜藏族自治州雅江县的德差乡、西俄洛镇、麻郎措乡，地理坐标为 29°37′ ～ 29°53′N、100°43′ ～ 100°58′E；沼泽类型为灌丛沼泽（4408.55 hm²）和沼泽化草甸（176.58 hm²）。平均海拔 4480 m。

【气候】沼泽区年平均气温 11.1℃，年平均降水量 705.1 mm，≥ 0℃年均积温 1887.1℃，≥ 10℃

年均积温 890℃。

【水资源与水环境】沼泽区水源补给以地表径流和大气降水为主。流出状况为间歇性流出，积水状况为季节性积水，地表水 pH 5.8，地表 pH 分级 4 级；矿化度 0.6 g/L，地表矿化等级 1 级；化学需氧量 8.97 mg/L。地下水 pH 5.9，地下 pH 分级 4 级；矿化度 0.7 g/L。

【沼泽植被】沼泽区主要分布有嵩草群系、葱状灯心草群系、西藏嵩草群系等类型。

【沼泽动物】沼泽区有湿地脊椎动物 23 种，隶属于 8 目 10 科 17 属。其中，鸟类 4 目 4 科 10 属 15 种。

【受威胁和保护管理状况】为保护神仙山沼泽湿地生态系统和黑颈鹤、白唇鹿、林麝等野生动物，2002 年 1 月建立了四川神仙山省级自然保护区，保护区总面积为 39 114 hm²。

雅鲁藏布大峡谷沼泽（540422-436）

【范围与面积】雅鲁藏布大峡谷沼泽位于西藏自治区东南隅、雅鲁藏布江下游林芝地区，呈马蹄形。地理坐标为 29°05′ ～ 30°20′N、94°39′ ～ 96°06′E，沼泽面积为 525 hm²。

【地质地貌】雅鲁藏布大峡谷地区地壳 300 万年来快速抬升，尤其 15 万年以来速度达到 30 mm/ 年，而且该地区存在软流圈地幔上涌体。以地幔上涌体为特征的岩石圈物质和结构调整，对地球外圈层长尺度的制约作用在大峡谷地区有明显的表现。雅鲁藏布大峡谷地区冰川位于南迦巴瓦峰为中心的大拐弯峡谷地区，是高山上的冰川发育，同时也保存下了波堆藏布古冰川堆积遗迹和冰碛丘陵遗迹。

雅鲁藏布大峡谷是一条巨大的弧形槽谷，沿雅鲁藏布江中下游河谷发育，不仅是切穿壳层约 50 km 深大断裂的一部分，也是印度板块与欧亚板块的碰擦边界，即地缝合线，属深切型。谷底宽度一般为 100 ～ 200 m，最窄处位于大拐弯顶端，由于其南侧的南迦巴瓦峰（7782 m）与北侧加拉白垒峰（7294 m）左右耸立，两侧壁立，宽仅 70 多米（钟珺和文华翎，2009）。

【气候】沼泽区的印度洋暖湿气流北进高原，受两翼山地之阻，给大峡谷带来了丰沛的降水和热量。年平均气温 8 ～ 13℃，夏季平均气温 12 ～ 19℃，极端最高气温 27 ～ 32℃，一般出现在 7 ～ 9 月；空气相对湿度 70% ～ 80%。空气中含氧量可达 80% 以上。年太阳辐射 5460 ～ 7530 MJ/m²。

【水资源与水环境】雅鲁藏布江从山南地区加查县流入，经朗县、米林、林芝、墨脱出境，流域内长 775 km，年径流量 1380 亿 m³，平均流量 4425 m³/s。主要支流有尼洋河、帕隆藏布等，还有墨脱格当的金珠曲、约尔河等。峡谷江面最窄处宽 35 m，核心峡谷段 250 km 的江面平均宽度为 113 m。雅鲁藏布大峡谷国家级自然保护区内帕隆藏布、易贡藏布、米堆藏布、波德藏布、东久河等数条大河全部在大峡谷附近汇合。

【受威胁和保护管理状况】1985 年建立雅鲁藏布大峡谷省级自然保护区，2000 年晋升为国家级自然保护区，成立了林芝地区自然保护区管理局。随着大峡谷地区公路的开通，沼泽受到一定程度旅游等人为干扰。

拉鲁沼泽（540100-437）

【范围与面积】拉鲁沼泽位于西藏自治区首府拉萨市西北，地理坐标为 28°53′ ～ 28°54′N、90°10′ ～ 90°12′E，沼泽面积为 1220 hm²，主要为芦苇沼泽。

【地质地貌】沼泽区东起娘热乡、夺底乡两条沟谷汇集成的流沙河，后向西至城关区娘热乡巴尔库村山南麓一直向西到 6.6 km 的冈底斯山支脉为止；东、南、西三面为市区所包围，西界由冈底斯山支脉向东南方向延伸；东界延伸至巴尔库路；南界由东向西以拉萨引水灌溉渠——中干渠和当热路为界，为典型的高原湿地。卡若拉冰山融水流经沟谷形成沼泽湿地（琼次仁和拉琼，2000）。

【气候】沼泽区属藏南高原温带半干旱季风气候。阳光充足、日照长，空气干燥蒸发大，降雨量少气压低，东南风占主导，静风频率低。雨旱两季分明，全年降雨的 80% ～ 90% 集中在 6 ～ 9 月，年均降水量 444.8 mm，多为夜雨；热量水平不高，气温低，年均温 7.5℃，年温差小，日温差大；年均湿度 45%。

【水资源与水环境】沼泽区水源以降水补给为主，其水体理化性质见表 16-33。

表 16-33　拉鲁沼泽水体理化性质

比较项	ORP/ mV	浊度/ NTU	COD/ (mg/L)	TDS/ (g/L)	pH	Sal/ ppt	电导率/ (ms/cm)	DO/ (mg/L)	TP/ (mg/L)	NH_4^+-N/ (mg/L)
平均值	−24.08	17.74	6.18	0.17	7.63	0.12	0.26	4.37	0.05	0.17
最高值	−2.60	30.20	8.84	0.21	8.42	0.15	0.32	5.92	0.13	0.36
最低值	−61.70	1.16	1.25	0.14	7.04	0.10	0.22	3.48	0.02	0.09

【沼泽土壤】沼泽区及周边区域土壤主要为腐泥沼泽土、泥炭沼泽土和泥炭土，沼泽周围草场还分布有亚高山草甸土。

【沼泽植被】沼泽区植被包括菖蒲群落、卵穗荸荠群落、水葱群落等，伴生植物有青藏薹草、紫茎酸模等。湿地植物群落盖度为 89% ～ 98%，平均为 94.2%，草本层平均高度为 108.0 cm，地上部生物量为 719.00 g/m²。

【沼泽动物】沼泽区动物以水生类为主，脊椎动物也有分布。主要鸟类有黑颈鹤、赤麻鸭、斑头雁、棕头鸥等，鱼类有横口裂腹鱼、异齿裂腹鱼、软刺裸鲤、拉萨裂腹鱼等，两栖类有高原林蛙等。

【受威胁和保护管理状况】沼泽区于 1999 年建立省级自然保护区，2005 年建立国家级自然保护区，成立了拉萨市拉鲁湿地国家级自然保护区管理局。拉鲁沼泽目前面临的主要问题是面积缩小，水位下降和植被退化。

拉鲁沼泽（刘文治 摄）

甘孜海子山沼泽（513334-438）

【范围与面积】甘孜海子山沼泽位于四川甘孜藏族自治州理塘县，地理坐标为 29°06′00″ ～ 30°06′00″N，99°33′00″ ～ 100°31′48″E，平均海拔 4510.4 m。沼泽湿地类为灌丛沼泽，面积为

27 115 hm²，土壤类型为沼泽土。

【气候】沼泽区年平均气温 3℃，≥ 0℃年均积温 1655℃，≥ 10℃年均积温 329℃，年平均降水量 650 mm。

【水资源与水环境】沼泽区水源补给以地表径流与大气降水为主。流出状况为间歇性流出，积水状况为季节性积水。地表水 pH 6.0，地表 pH 分级 4 级；矿化度 0.7 g/L，地表矿化等级 1 级；化学需氧量 8.92 mg/L。地下水 pH 6.1，地下 pH 分级 4 级；矿化度 0.8 g/L。

【沼泽植被】沼泽区植被主要为葱状灯心草群落、杉叶藻群落和三裂碱毛茛群落等。

【沼泽动物】沼泽区脊椎动物有 21 种，隶属于 10 目 12 科 17 属。鸟类有黑颈鹤、赤麻鸭、棕头鸥、斑头雁、普通秋沙鸭、池鹭等；鱼类有斯氏高原鳅、短尾高原鳅、细尾高原鳅、四川裂腹鱼、齐口裂腹鱼、厚唇裸重唇鱼、软刺裸裂尻鱼等；两栖类有西藏齿突蟾、高原林蛙；水栖爬行类有四川温泉蛇；湿地哺乳类有水獭、小爪水獭。

【受威胁和保护管理状况】为保护海子山沼泽湿地生态系统及林麝等珍稀动物，1995 年 11 月建立了四川海子山国家级自然保护区，总面积为 459 161 hm²。

羊八井沼泽（540122-439）

【范围与面积】羊八井沼泽位于当雄县最南部，拉萨市西北 90 多千米，地理坐标为 29°05′ ～ 30°03′N，90°04′ ～ 90°28′E，沼泽面积为 6214 hm²，主要为草本沼泽，海拔 4200 ～ 4300 m。

【地质地貌】沼泽区分布在拉萨河支流堆龙曲上游的山间盆地。谷盆地内为第四纪陆相沉积。北面横亘着念青唐古拉山，南面也有高山分布。

【气候】沼泽区属青藏高原半湿润气候，海拔高，太阳辐射充足，日温差较大，多大风天气。气候受印度季风影响，年平均气温 6℃左右，≥ 10℃积温天数达 100 d，多年平均降雨量 500 mm 左右，干燥度 1.7。

【水资源与水环境】堆龙曲发源于龙德钦南面海拔 5862 m 的高山区，向北流经羊八井转向东南注入拉萨河。该盆地为南北向的断陷构造谷，在其边缘多有泉水出露，有几平方米的小热泉群，也有 7000 m² 的羊八井热泉湖，是我国著名的地热田之一。温泉水温高达 30 ～ 40℃，含盐分较高，水化学类型为 Cl-Ca 型，所以当地人把羊八井的温泉沼泽称为热水沼泽。

2014 年对羊八井沼泽进行调查发现，水体理化性质如表 16-34 所示。

表 16-34　羊八井沼泽水体理化性质

比较项	EC/(mS/cm)	TDS/(mg/L)	Sal/ppt	pH	ORP/mV	DO/(mg/L)	Turb/NTU
平均值	0.07	0.05	0.04	7.84	−106.25	6.23	12.35
最高值	0.09	0.06	0.04	7.85	−71.80	6.90	12.90
最低值	0.05	0.04	0.03	7.83	−140.70	5.55	11.80

注：Turb. 浊度

【沼泽土壤】沼泽区土壤类型主要为腐殖质沼泽土和盐化腐殖质沼泽土，温泉形成的小湖中有些为腐泥沼泽土。腐殖质沼泽土剖面可分为三层：草根层、腐殖质层和潜育层；草根层较薄并微显腐殖质化，腐殖质层较厚。

根据泥炭 ^{14}C 测年和植物残体分析，远在中全新世羊八井附近的冰川湖、牛轭湖和沿河低洼地就广泛发育了沼泽，并有泥炭堆积，平均堆积速率约为 1 mm/a，泥炭主要由西藏嵩草、海韭菜、杉叶藻、节秆扁穗草、具刚毛荸荠等水生和沼生植物残体组成。到中全新世末，地壳剧烈活动，出现了区域性升降差异，山体急剧抬升，盆地相对下沉，致使河流下切，大量泥沙带入沼泽地，泥炭被掩埋，沼泽终止发育，形成许多埋藏泥炭地。晚全新世，高原面抬升至 4000 m 以上，气候变得干冷，自然景观由原来的山地灌丛草甸演替为山地灌丛草原，沼泽也退化为沼泽化草甸或草甸，只在沿河堤外洼地、山麓地下水溢出带和温泉补给的低洼地继续发育了沼泽。

【沼泽植被】沼泽区沿河低洼地和地下水溢出带多发育了西藏嵩草 + 华扁穗草沼泽，草丛高 20 ～ 30 cm。西藏嵩草形成草丘，丘间为华扁穗草，高 5 ～ 10 cm，群落盖度 76% ～ 95%，平均为 90.2%，草本层地上部平均高度为 22.4 cm，地上部生物量为 190.50 g/m^2。伴生植物有云生毛茛、碱毛茛、杉叶藻、海乳草、喜马拉雅嵩草、黑褐穗薹草等。盐化腐殖质土沼泽中，尚有细叶西伯利亚蓼等渗入。在温泉补给的小湖中，由于水温不同，发育了不同类型的沼泽。根据实地观测，距泉眼 2 ～ 14 m 处，水温高达 30 ～ 40℃，发育了眼子菜沼泽；距泉眼 16 m 处，水温 20℃ 左右，则发育了大茨藻沼泽。

【受威胁和保护管理状况】沼泽区有些泥炭地被开采，主要用作民用燃料。地热资源的开发利用、修路、架设地热管道、修建电站等导致部分沼泽遭到破坏，因此应采取保护性利用措施。

羊八井沼泽（佟守正 摄）

拉藏沼泽（540236-440）

拉藏沼泽位于萨嘎县拉藏乡附近，地理坐标为 29°27′ ～ 29°37′N、84°30′ ～ 84°47′E。海拔 5000 m 左右。在雅鲁藏布江支流的河漫滩上，沼泽面积约为 2400 hm^2。沼泽区属高原严寒带半干旱气候区；空气稀薄，日照充足，昼夜温差大，干燥寒冷，只有温、寒季之别；年日照时数 3000 ～ 3400 h；年无霜期 105 d 左右；年降水量 280 mm。植物群落以西藏嵩草 + 华扁穗草群落、西藏嵩草群落、杉叶藻群落为主，3 个群落的地上生物量分别为 149.07 g/m^2、88.64 g/m^2、238.64 g/m^2。常见的湿地植物有西藏嵩草、华扁穗草、粉报春、紫菀、珠芽蓼、委陵菜、杉叶藻、海韭菜、黄芪、毛茛、龙胆、蒲公英等。

拉藏沼泽（佟守正 摄）

工布江达沼泽（540400-441）

【范围与面积】工布江达沼泽位于西藏自治区米林县、巴宜区、工布江达县、朗县，地理坐标为 28°40′～30°20′N、93°13′～94°50′E，海拔 2800 m，沼泽面积为 3632 hm²。

【地质地貌】沼泽区地貌属于河谷地貌类型。沼泽区位于藏南谷地向藏东高山峡谷区的过渡地带，南以冈底斯山脉东延地段郭喀拉日居为界，北以念青唐古拉山脉为界，山脉、河谷呈近东西向展布，区内山峰林立，沟谷深切，属深切割的高山河谷地貌。地势总体呈现南北高、中部低，西部高、东部低的变化特征。西部相对高差较小，但绝对高程大，具有高山剥蚀地貌特征。

【气候】沼泽区属温带半湿润高原季风气候，年平均气温 8.3℃，昼夜温差大于 10℃；最热月（7月）平均气温 15.85℃，极端最高气温 26.9℃；最冷月（1月）平均气温 –0.4℃，极端最低气温 –19.7℃。区内气温垂直变化特征明显，海拔每升高 100 m，气温下降约 0.74℃。年均无霜期 156 d。年均日照时数 2016 h。年降水日数 100～130 d，雨雪日 141 d。降水季节分布不均，80% 的降水集中在 5～9 月，11 月至翌年 2 月降水量仅占全年的 5% 左右，干湿季分明。

【水资源与水环境】沼泽区水系发育，支沟众多。河流水量丰沛，流域内植被覆盖度较高，泥沙含量较低。工布江达沼泽水体理化性质如表 16-35 所示。

表 16-35　工布江达沼泽水体理化性质

比较项	EC/ (mS/cm)	TDS/ (mg/L)	Sal/ ppt	pH	DO/ (mg/L)	Turb /NTU	NO₃⁻-N/ (mg/L)	NH₄⁺-N/ (mg/L)
平均值	0.12	0.09	0.06	6.43	6.97	86.19	0.39	0.03
最高值	0.13	0.10	0.07	6.58	7.06	167.00	0.48	0.05
最低值	0.10	0.07	0.05	6.27	6.87	5.38	0.30	0.02

【沼泽土壤】沼泽区土壤类型主要为沼泽草甸土。

【沼泽植被】沼泽植被以水葱群落、华扁穗草群落为主。

【受威胁和保护管理状况】沼泽区于 2003 年建立工布江达省级自然保护区，成立林芝地区自然保护区管理局。区域内尚无工业，受人为影响较轻。沿河岸、湖泊周围的沼泽草甸、草本沼泽作为牧场。

大竹卡沼泽（540229-442）

【范围与面积】大竹卡沼泽地处日喀则市仁布县以东 60 km，地理坐标为 29°18′～29°24′N、89°07′～89°28′E。沼泽面积为 125 hm²，为西藏嵩草 + 藏北薹草沼泽。海拔 3600 m。

【地质地貌】雅鲁藏布江中游谷地，南面有高山阻隔，地势陡峻，北坡平缓，发育了众多的河流由北向南注入雅鲁藏布江。由于谷地地势低平，河水流速缓慢，河道摆荡频繁，沿河两岸河漫滩、旧河道以及低洼地发育了沼泽，在大竹卡附近面积较大。地表为冲积物。

【气候】沼泽区属温带半干旱高原季风气候，平均气温 6.3℃，绝对最高气温 28.2℃，极端最低气温 –25.1℃。年降水量 451.6 mm，雨季集中在 7～8 月，降水量占全年的 95%。日照充足，年日照时数 2300 h，年无霜期 120 d 左右，气候干燥。洪水、泥石流、滑坡、地震、干旱等自然灾害频繁发生。

【水资源与水环境】大竹卡沼泽属雅鲁藏布江水系。沼泽水源补给主要为河水。

【沼泽土壤】沼泽区土壤主要为草甸沼泽土，其次为沼泽化草甸土。

【沼泽植被】沼泽区植被主要为西藏嵩草 + 藏北薹草群落、华扁穗草 + 西藏嵩草群落及芦苇群落。常见的湿地植物有青藏薹草、华扁穗草、西藏嵩草、长花马先蒿、芦苇、委陵菜、苦苣菜等。

【沼泽动物】沼泽区水禽丰富，主要有斑头雁、赤麻鸭、红头潜鸭、凤头潜鸭、棕头鸥、白骨顶、黑水鸡、红脚鹬等，涉禽黑颈鹤数量较多。沼泽地是黑颈鹤和其他水禽的重要越冬地。

【受威胁和保护管理状况】沼泽地处雅鲁藏布江河谷，地势平坦，气候温和，适宜农作物生长发育，所以在沼泽周围开垦了大量农田，人类活动频繁，黑颈鹤、斑头雁等珍稀野生动物自然栖息地日益缩小，威胁鸟类的生存。1993 年成立西藏雅鲁藏布江中游河谷黑颈鹤国家级自然保护区，对该区域水鸟栖息地起到了很好的保护作用。

大竹卡沼泽（佟守正 摄）

拉萨河沼泽（540100-443）

【范围与面积】拉萨河沼泽位于曲水至墨竹工卡的拉萨河沿岸，地理坐标为 29°04′～29°48′N、90°51′～91°40′E。沼泽面积为 3105 hm²，为灯心草 + 芦苇沼泽。海拔 3680 m。

【地质地貌】河谷两侧为山地，拉萨河由东北向西南流经此区。由于流速缓慢，沿岸多自然堤和交叉的河网，地表为冲积物，沼泽断续发育在滩地及阶地上的洼地。

【气候】沼泽区气候寒冷、干燥，1 月平均气温 0℃左右，7 月平均气温 17℃，极端最低与最高气温分别为 –14℃ 和 31℃；多年平均降水量为 400～500 mm，大多数降水集中在 5～9 月，冬天干旱，几乎无降雪；多大风，冬末和春季风暴频繁。

【水资源与水环境】河水和潜水为沼泽的主要补给水源，水化学类型为 HCO_3-Ca 型。

【沼泽土壤】沼泽区有泥炭土、泥炭沼泽土和腐殖质沼泽土。阶地上洼地多发育泥炭土，沿河滩地后缘多泥炭沼泽土和腐殖质沼泽土。

泥炭沼泽由于地势低平，地表常年积水，一般水深 5～10 cm。土壤底层为河成砾石堆积物，其上为黏土层，地表形成有泥炭层。

【沼泽植被】沼泽区植物群落有杉叶藻群落、芦苇群落、水葱群落；杉叶藻群落盖度＞90%，群落地上生物量为 249.12 g/m^2；水葱群落总盖度 92%，群落地上生物量为 287.20%；芦苇群落总盖度 92%，群落地上生物量为 587.84 g/m^2。此外植物群落由小花灯心草、芦苇、槽秆荸荠组成共建种，伴生植物种类繁多，有双柱头藨蔗草、尖苞薹草、华扁穗草、绿穗薹草、早熟禾以及西藏报春、展苞灯心草、车前、长花马先蒿、碱毛茛、荇菜、莴草、海韭菜、委陵菜、水蓼等。

【沼泽动物】沼泽区为黑颈鹤和鸭类的重要越冬地。常见的鸟类有黑颈鹤、斑头雁、赤麻鸭、绿头鸭、绿翅鸭、棕头鸥。此外还有白尾海雕、大白鹭、白额雁等。

【受威胁和保护管理状况】沼泽区有放牧和人为采摘植物现象，影响轻微。

拉萨河沼泽（佟守正 摄）

桑桑沼泽（540226-444）

【范围与面积】桑桑沼泽分布在昂仁县的桑桑镇南面，地理坐标为 29°22′～29°27′N、86°32′～86°43′E，沼泽面积为 1617 hm^2，主要为杉叶藻沼泽，海拔约 4800 m。

【地质地貌】沼泽区位于冈底斯山脉的沟谷中。雅鲁藏布江的支流多雄藏布江流经谷地，由于河流在谷地频繁摆荡，河曲发育，并留下许多牛轭湖、旧河道。沿河两岸低洼地沼泽化，牛轭湖、旧河道等负地貌在长期的自然演替中，有些也发育成沼泽。地表为冲积和湖相沉积物。

【气候】沼泽区地处雅鲁藏布谷地，是高原上较温暖地区，年平均气温 0.5～1.0℃，1 月平均气温 –12～–10℃，7 月平均气温 11～14℃。年平均降水量 280～350 mm。

【水资源与水环境】沼泽的水源补给主要为河水。牛轭湖沼泽的水化学类型为 HCO_3-Na·Ca 型。

【沼泽土壤】沼泽区腐泥沼泽土分布在牛轭湖和旧河道中，沿河堤外洼地多发育草甸沼泽土。腐泥沼泽土母质为湖相黏土，其剖面只有两层：腐泥层厚达 160 cm，呈黑灰色，向下颜色变浅，160 cm 以下为青灰带绿色的粉砂含黏土的潜育层。

【沼泽植被】湖沼中主要为杉叶藻群落和碱毛茛群落；地表常年积水，深 10～20 cm，杉叶藻为建群种，往往呈纯群落，高出水面 15 cm，覆盖度 40%～70%；伴生种很少，常见的有水毛茛、毛柄水毛茛、眼子菜等。在杉叶藻群落外围及沿河低洼地发育了西藏嵩草＋华扁穗草群落，群落生物量为 541.06 g/m²；常见湿地植物包括西藏嵩草、华扁穗草、黄芪、龙胆、委陵菜、毛茛、粉报春、矮金莲花、蓝白龙胆、紫菀、蒲公英、早熟禾等。

【沼泽动物】沼泽区常见鸟种包括黑颈鹤、斑头雁、多种野鸭及棕头鸥等。

【受威胁和保护管理状况】沼泽区于 2010 年建立桑桑湿地自然保护区，由昂仁县林业局管理。随着畜牧业的发展，局部湿地的自然演变过程受到干扰和退化，对野生动物栖息有一定影响。

桑桑沼泽（佟守正 摄）

然乌湖沼泽（540326-445）

【范围与面积】然乌湖沼泽位于昌都地区八宿县西南角、距离县城约 90 km 的然乌镇。地理坐标为 29°16′～29°31′N、96°34′～96°51′E，海拔约为 3850 m，面积为 395 hm²。

【地质地貌】八宿属三江流域高山峡谷地带，可分为 3 个自然区：东北部昌都以南的邦达地带，海拔较高，为高原大陆区；怒江流域延伸至左贡县，为高山峡谷过渡区；其余地方高山环绕，峡谷相间，地形较复杂，为高山峡谷区。区内主要山脉有横断山，近似南北走向。主要山峰有北部的初胆针山，海拔 5971 m；西北部的拉穷山，海拔 4700 m；南部的然乌湖是念青唐古拉山脉东段与横断山脉伯舒拉岭结合部，山高谷深，冰川较多。全县呈狭长地形，分向南北延伸，地势由东北向西南倾斜，构成七山二水一分地的地形特点。由于山体滑坡或泥石流堵塞河道而形成堰塞湖，一些湖泊经不断淤积退化形成沼泽、湿地或草甸。

【气候】沼泽区属高原寒温带气候，日照充足，干季、雨季分明，年平均气温 2℃，年平均降雨量 500 mm，年平均蒸发量 1800 mm，年日照时数 2200 h。

【水资源与水环境】然乌湖由河道相连的雅错、安错和安目错等三部分组成，汇入然乌湖的河流主要有曲尺河、曲日河、真空弄巴、然弄巴等，其主要补给来源是降水和冰川融水，且具有明显的季节性，春季气温较低，主要靠降水补给，夏秋季节气温较高，主要靠雅弄冰川、作求普冰川和喜日弄普冰川等冰川融水补给（崔颖颖等，2017）。

沼泽区地表水 pH 7.54 ～ 8.48，呈弱碱性，并具有较低水平（59.89 ～ 96.75 mg/L）的溶解性总固体，阳离子以 Ca^{2+} 和 Mg^{2+} 为主，Ca^{2+} 当量浓度占阳离子总量的 63.3% ～ 76.2%，均值为 67.2%，Mg^{2+} 当量浓度占阳离子总量的 23.4% ～ 36.2%，均值为 31.4%，Ca^{2+} 和 Mg^{2+} 约占阳离子总量的 98.5%。阴离子以 HCO_3^- 为主，HCO_3^- 占阴离子总量的 74.31% ～ 84.29%，均值为 78.21%，SO_4^{2-} 占阴离子总量的 9.59% ～ 19.37%，二者约占阴离子总量的 93.55%。水化学类型为 HCO_3-Ca 和 HCO_3-Ca·Mg 型（张涛等，2020）。

【沼泽植被】沼泽区主要分布丛生嵩草草甸、沼泽化草甸、盐生草甸、杂类草沼泽、水生植被等植被型，常见沼泽植被包括金露梅群系、矮生嵩草群系、杉叶藻群系、竹叶眼子菜群系等（罗怀斌，2013）。

【沼泽动物】沼泽区主要动物包括黑颈鹤、金雕、白尾海雕、松雀鹰、棕尾鵟、大鵟、普通鵟、秃鹫、高山兀鹫、猎隼、红隼等（罗怀斌，2013）。

【受威胁和保护管理状况】沼泽主要受农牧业开发、资源过度利用的影响。已于 2010 年成立然乌湖湿地自然保护区，对该区域生物多样性保护起到了很好的支撑作用。

羊卓雍错沼泽（540531-446）

【范围与面积】羊卓雍错沼泽位于西藏自治区山南市浪卡子县，地理坐标为 28°50′ ～ 28°59′N、91°21′ ～ 91°28′E，沼泽面积为 551 hm^2，属西藏嵩草 + 高山薹草沼泽，海拔 4442 m。

【地质地貌】羊卓雍错湖盆四周为高山环抱，呈西北 – 东南向，与区域主要构造线方向一致，为一断裂构造湖。整个湖盆由羊卓雍错、沉错、巴纠错组成。历史上曾为一个整体，通过北部的墨曲注入雅鲁藏布江，后因气候变干、周围沟谷洪积作用增强，与外界隔绝演变成内陆湖。同时分割成三个互不连通的湖泊，其中羊卓雍错面积最大，达 678 km^2；该湖呈不规则形，北面湖岸平直，山坡直插湖面，湖水较深，东、南、西三面湖岸曲折多分支，羊卓雍错湖平均水位 19.06 m，历史最高值出现在 1980 年，为 21.37 m。在河流入湖处有大面积冲积、洪积三角洲和扇形地，许多地方有沼泽发育，以浪卡子村附近沼泽面积最大（郭超等，2019）。

【气候】沼泽区属青藏高原半湿润气候，光照充足，冬春寒冷多大风，夏秋温凉多雨水，干湿季分明，多年平均气温 2.6℃，其中 1 月气温最低，平均气温 –5.8℃，7 月气温最高，平均气温 9.9℃。流域多年平均降水量 370 mm，最多年为 443 mm，最少年为 179 mm，降水集中在 6 ～ 9 月，占全年的 85% 以上。湖区太阳辐射强烈，年日照时数为 2929.7 h，年无霜期 60 d，年蒸发强度大，多年平均蒸发量为 1290 mm（孙瑞等，2013）。

【水资源与水环境】羊卓雍错四周发育有现代冰川，受冰雪融水补给，周围发育了许多河流。河流主要靠降水和冰雪融水补给，其中冰川补给占全年径流量的 10% 左右。湖泊及周围沼泽湿地的水源补给主要由河水和冰川融水两部分构成。湖泊属微咸水湖，湖水 pH 为 9.2 ～ 9.3，盐度为 1.18 ～ 1.5 ppt，湖水主要离子为 Na^+、Mg^{2+}、HCO_3^- 和 SO_4^{2-} 等。湖水每年 11 月中旬封冻，冰厚约 0.5 m（除多等，2012）。

【沼泽土壤】沼泽区成土母质主要为碳酸盐岩和硅酸盐岩。土壤主要为草甸沼泽土和草甸土，土层较厚，有机质含量高，土壤含水量大。

【沼泽植被】沼泽区植被主要为西藏嵩草群落，地上生物量为 225.91 g/m^2。西藏嵩草群落以西藏嵩草为建群种，其伴生种主要为委陵菜、紫菀、早熟禾、蒲公英、海韭菜、返顾马先蒿、粉报春、狐尾藻。植被在湖泊浅水带多沉水植物和挺水植物，如眼子菜属、毛柄水毛茛、杉叶藻等。周围是以帕米尔薹草为优势种的高山草甸。

【沼泽动物】羊卓雍错毗邻雅鲁藏布江，是斑头雁等雁鸭类水鸟的重要栖息地。根据 2009 ～ 2010 年的野外观测，共记录水鸟 32 种 31 044 只，隶属于 6 目 10 科。常见水鸟有凤头䴙䴘、黑颈䴙䴘、普通鸬鹚、苍鹭、大白鹭、白鹭、灰雁、斑头雁、赤麻鸭、翘鼻麻鸭、赤颈鸭、赤膀鸭、绿翅鸭、绿头鸭、斑嘴鸭、针尾鸭、白眉鸭、赤嘴潜鸭、红头潜鸭、白眼潜鸭、凤头潜鸭、鹊鸭、普通秋沙鸭、黑颈鹤、白骨顶、蒙古沙鸻、鹤鹬、红脚鹬、青脚鹬、渔鸥、棕头鸥、普通燕鸥。雁鸭类和鸥类分别占水鸟总数的 73.9% 和 19.1%，主要是斑头雁、赤嘴潜鸭、赤麻鸭、棕头鸥，春秋迁徙季节水鸟多样性较高。

【受威胁和保护管理状况】2014 年羊卓雍错纳入国家 100 个良好湖泊生态环境保护试点工程项目，2019 年 9 月施行《山南市羊卓雍错保护条例》，旨在加强对羊卓雍错的保护，保持水域面积、保障供水功能、防治污染，改善水生态和水环境，维护湖泊健康。在羊卓雍错保护范围内，严格控制建设项目，禁止建设与羊卓雍错生态保护、防汛抗灾、水质监测等公共设施无关的项目，禁止新建排污口，禁止捕鱼。

羊卓雍错沼泽（佟守正 摄）

江孜沼泽（540222-447）

江孜沼泽位于西藏自治区日喀则市江孜县，地理坐标为 28°29′17″ ～ 29°14′26″N、89°7′52″ ～ 90°13′59″E，海拔 4555 m，沼泽面积为 5256 hm²。地貌类型主要为河谷。年均降雨量 715 mm，年均气温 4℃。江孜沼泽地表有 0 ～ 5 cm 积水，水体理化性质如表 16-36 所示。沼泽土壤主要为沼泽草甸土。植被以西藏嵩草群落和薹草群落为主，主要伴生植物为长花马先蒿、珠芽蓼、粉报春、羽叶花、黄芪、华扁穗草等。湿地植物群落地上部平均生物量为 84.80 g/m²。沼泽部分消失，主要受到放牧干扰。

表 16-36　江孜沼泽水体理化性质

比较项	EC/ (mS/cm)	TDS/ (mg/L)	Sal/ ppt	pH	ORP/ mV	DO/ (mg/L)	NO₃⁻-N/ (mg/L)	NH₄⁺-N/ (mg/L)
平均值	—	0.57	0.43	6.42	24.36	7.07	0.05	0.48
最高值	0.92	0.65	0.50	—	26.80	—	0.07	—
最低值	0.48	0.38	0.26	—	20.20	—	0.04	—

注："—"表示缺失

江孜沼泽（佟守正 摄）

哲古错沼泽（540526-448）

【范围与面积】哲古错沼泽位于措美县北的哲古错西面，地理坐标为 28°29′～28°48′N、91°18′～91°40′E。海拔 4600 m，共有 3 片沼泽，面积共计 5567 hm²。

【地质地貌】措美县属西藏南山原湖盆区的高原湖谷区，地处喜马拉雅山脉北麓，区内大小山脉连绵起伏，地质结构复杂。全县共有大小山脉 124 座，海拔 5500 m 以上的高山有 73 座，海拔 6000 m 以上终年覆盖冰雪的有 9 座，最高海拔（打拉日峰）6777.4 m。全县地势东北高、西南低，平均海拔 4500 m。最低海拔 3266 m，位于当巴村与洛扎县交界处，全县相对高差为 3511 m（边千韬和丁林，2006）。

【气候】沼泽区属高原温带半干旱季风气候区。根据措美县气象数据，区域年日照时数为 2800 h，年无霜期 90 d。年平均气温为 8.2℃，极端最低气温 –18.2℃，极端最高气温 30.0℃。年降水量 300～400 mm。

【水资源与水环境】措美县共有大小河流 18 条、大小湖泊 38 个、水泉 15 处，全县水域面积 133.114 km²，其中河流水面 2.57 km²，湖泊水面 124.544 km²，水泉面积 6 km²，最大的湖泊哲古湖约 66 km²，属内流湖，补给水源主要靠冰雪融水和降水，在夏秋退缩。县内有 4 条外流河，其中最大的是洛扎雄曲，流经当许、乃西、当巴出境，县内长约 90 km，发源于措美县西北部的高山冰川。

【沼泽植被】沼泽植物群落主要为矮生嵩草群落，群落盖度分别为 82.25% 和 85%，群落地上生物量分别为 221 g/m² 和 202 g/m²，常见的伴生植物有高原毛茛、西藏嵩草、高山蔓草、西伯利亚蓼、草地早熟禾等。

【受威胁和保护管理状况】沼泽自然保护较好，破坏较轻微，湖泊周围有少量牧民放牧，对湖边的沼泽草地造成的危害轻微，但由于风沙较大，湖泊周围的部分沼泽受到不同程度的危害，有的已逐步沙化、退化，应有计划地进行保护和修复。

珠穆朗玛沼泽（540200-449）

【范围与面积】珠穆朗玛沼泽位于西藏自治区的定日县、聂拉木县、吉隆县和定结县，南起国界线，北至雅鲁藏布江（吉隆县）和藏南分水岭（定日县），地理坐标为 27°47′00″ ～ 29°19′15″N、84°27′07″ ～ 88°22′20″E，沼泽面积为 39 684 hm²。

【地质地貌】沼泽区由于喜马拉雅构造运动，形成了以喜马拉雅山脉和藏南分水岭为骨架，以高原湖盆、宽谷为基底，并含有河流、湖泊、冰川、冰缘、风沙等多种地貌类型的极其复杂的现代地表形态。喜马拉雅山脉的地貌形态在该区最具特色，它自西向东横贯珠穆朗玛峰自然保护区南缘。

【气候】沼泽区年均气温为 2.1℃，≥ 0℃的年均积温为 1000 ～ 1500℃，极端最高气温为 24.8℃，极端最低气温为 –46.4℃，无霜期 100 ～ 120 d；年日照时数达 3323 h，日照率达 75.3%；年均降水量 270.5 mm，年均总蒸发量 2479.5 mm，蒸发量远高于降水量，且降水多集中于 7 ～ 9 月，雨热同季。

【水资源与水环境】沼泽区的河流以朋曲河的干、支流为主，此外还有绒辖曲、波曲、吉隆藏布、斗嘎尔河等 4 条较大的沟谷河流。这 5 条河流均为外流河，属恒河水系。湖泊以佩枯错为首，此外还有星罗棋布的高原小湖泊。诸多山峰中发育着许多规模巨大的大陆性冰川，这些冰川是保护区内河流、湖泊的源泉。

【受威胁和保护管理状况】沼泽区建有珠穆朗玛峰国家级自然保护区，保护区于 1988 年建立，1994 年晋升为国家级自然保护区。受自治区林业厅主管，成立了珠穆朗玛峰国家级自然保护区管理局。沼泽区冰川持续退缩明显，冰湖面积扩大迅速，其他威胁有生态旅游所带来的垃圾污染等。

多庆错沼泽（540200-450）

多庆错沼泽位于日喀则地区的亚东县和康马县交界处，地理坐标为 27°58′52″ ～ 28°36′49″N、89°14′52″ ～ 89°29′22″E，海拔 4000 m，沼泽面积为 3458 hm²。沼泽区地貌属喜马拉雅山高山地貌，北部宽高，南部窄低。北低 – 中高 – 南低的地势导致水向南北流。气候高寒干旱，年平均气温 0℃，1 月和 7 月平均气温分别为 –9℃和 8℃，生长期约 150 d，年平均降水量 410 mm。2009 年建立多庆错国家湿地公园，成立多庆错国家湿地公园管理局。湿地自然演变过程受到干扰，野生动物自然栖息地日益减少，种群数量下降。

堆纳沼泽（540233-451）

【范围与面积】堆纳沼泽位于西藏日喀则地区亚东县东北部的堆纳附近，地理坐标为 27°52′ ～ 28°19′N、89°05′ ～ 89°31′E，海拔 4430 m，沼泽面积为 14 059 hm²，为西藏嵩草 + 华扁穗草沼泽。堆纳沼泽形成于 10 000 多年以前，是典型的喜马拉雅山北麓 – 藏南典型的沼泽和沼泽化草甸。

【地质地貌】沼泽区位于我国藏南地区，属喜马拉雅构造区最北部的构造单元——特提斯喜马拉雅带，处于亚欧板块与印度板块碰撞的前锋地带。地形以山区为主，堆纳沼泽区分布在山间谷盆地，河流自南向北注入多庆湖。受山地冰川作用，盆地内广泛堆积了第四纪冰川沉积物，地层剖面主要由灰绿色页岩夹中薄层钙质粉砂岩组成（姚又嘉，2017）。

【气候】沼泽区地处高原寒冷带，属半干旱气候区，气候严酷，雨量稀少，日照充足，昼夜温差大，无霜期短（牛晓路，2017）。

【水资源与水环境】沼泽水源补给主要为河水和冰雪融水。沼泽水化学类型为 HCO_3-Ca·Na 型。

【沼泽土壤】沼泽区土壤为草甸沼泽土。0～43 cm 深度为草根层，土壤 pH 为 7.90，有机碳含量为 3.06%，土壤中全氮、全磷、全钾含量分别为 0.14%、0.10%、2.32%，土壤中速效氮、速效磷、速效钾含量分别为 125.20 mg/kg、12.40 mg/kg 和 106.40 mg/kg。43～72 cm 深度为土壤潜育层，pH 7.40，有机质含量为 1.10%，土壤中全氮、全磷、全钾含量分别为 0.10%、0.11%、2.67%。潜育层土壤中速效氮、速效磷、速效钾含量明显低于草根层，分别为 56.00 mg/kg、8.60 mg/kg、73.40 mg/kg。

【沼泽植被】沼泽区的优势植被为西藏嵩草＋华扁穗草群落，地上生物量为 326.50 g/m^2。西藏嵩草高 20～25 cm，形成不同类型的草丘，水分多的地段为点状草丘，彼此孤立，沼泽边缘水分减少，形成垄网状草丘。丘上多草甸物种，如西藏报春、虎耳草、星星草、喜马拉雅嵩草；丘间过湿或季节性积水，有的地段呈沮洳状，多生长沼泽植物，以华扁穗草为主，伴生有杉叶藻、花莛驴蹄草、海乳草等。

【沼泽动物】沼泽区动物资源相对丰富，珍稀保护动物种类较多，鸟类有黑颈鹤、斑头雁、玉带海雕、白尾海雕，以及多种鸭、雁及鸥类。

【受威胁和保护管理状况】2009 年批准建立多庆错国家湿地公园（与堆纳沼泽范围基本一致）。多庆错湖泊基本未遭受人为污染，湖水清澈。沼泽区有一定的放牧活动，但对沼泽内部影响不大。

碧塔海沼泽（533401-452）

【范围与面积】碧塔海沼泽位于云南省迪庆藏族自治州香格里拉市东部，地处碧塔海自然保护区内。地理坐标为 27°46′03″～27°57′21″N、99°54′12″～100°08′10″E。沼泽面积为 1985 hm^2。

【地质地貌】碧塔海为高山冰碛湖，是云南保存较为完整的封闭型高原淡水湖泊湿地，湖面面积为 159 hm^2。碧塔海沼泽为镶嵌于横断山系高山峡谷区断陷盆地中的高山沼泽，面积为 1984.64 hm^2。其形成是在中甸高原强烈抬升过程中，差异抬升或相对下降或经溶蚀下陷而形成洼地雏形，之后经冰川作用改造洼地并沉积大量冰碛物或冰水堆积物，冰川消退后，经流水作用改造形成湖泊和沼泽。

【气候】沼泽区属西部季风气候，具明显的高原气候特征。全年盛行南风和南偏西风；气温年较差小，日较差大，长冬无夏，春秋短，年均温 3.3℃，极端最低气温 −27.4℃，极端最高气温 25.6℃，≥10℃ 年积温 1529.8℃。年平均降水量 1100 mm。干湿季分明，11 月至翌年 5 月为干季，晴天多、光照充足，日照时数占全年日照时数的 69%，但该季几乎为积雪期，降水量占全年降水量的 10%～20%；5～11 月为湿季，阴雨天多，降水量占全年降水量的 80%～90%。

【水资源与水环境】沼泽区属金沙江水系。湖水补给的主要来源为降雨和降雪，以及湖西岸涌出的泉水。湖水补给稳定，湖面积变化较小。其湖水出口位于湖东部，蓄积的湖水溢出后缓慢流淌约 500 m 即落入地下溶洞汇入金沙江。碧塔海沼泽水体总磷、总氮和氨氮平均值分别为 0.04 mg/L、0.14 mg/L、0.082 mg/L（表 16-37）；高锰酸盐指数、化学需氧量、五日生化需氧量平均值分别为 4.43 mg/L、18.14 mg/L 和 3.455 mg/L。

表 16-37　碧塔海沼泽水体理化性质

平均水深/m	平均透明度/m	平均TDS/(mg/L)	pH	Sal/ppt	电导率/(mS/cm)	DO/(mg/L)	TN/(mg/L)	TP/(mg/L)
1.57	1.50	104	9.14	0.04	0.16	7.38	0.14	0.04

【沼泽土壤】沼泽区主要土壤类型为沼泽土和泥炭土，由于冷凉气候及厌氧条件下有机物质难以分解，形成的沼泽土和泥炭土有机质含量较高（陈楚楚等，2015）。

【沼泽植被】沼泽区常见湿地植物包括鳞片柳叶菜、矮地榆、粗齿堇菜、杉叶藻、头花蓼、矮泽芹、双穗雀稗、小黑三棱、狐尾藻、黑藻、穿叶眼子菜、光叶眼子菜等。

【沼泽动物】沼泽区记录两栖动物2目5科13种，爬行动物1目2亚目5科11种，土著鱼类17种。17种鱼类中，有11种仅见于金沙江水系，中甸叶须鱼为碧塔海沼泽狭域分布特有种。鸟类6目9科18种，冬季优势鸟类为绿头鸭、小䴙䴘、黑颈鹤、普通秋沙鸭，常见种为赤麻鸭、赤膀鸭、白骨顶等（杜丽娜等，2012）。

【受威胁和保护管理状况】1984年，碧塔海由云南省人民政府批准建立了湿地类型省级自然保护区，2004年被列入《国际重要湿地名录》，沼泽保护状况良好。但保护区受到旅游开发、放牧、生物入侵等的威胁。应强化保护意识，充分认识以碧塔海为核心的高原湖泊及其沼泽湿地生态系统对调节区域气候、维护流域生态安全的重要性；发挥高原脆弱地区沼泽湿地的生态屏障作用，有效保护中甸叶须鱼、黑颈鹤等珍稀濒危特有物种的栖息生境。

碧塔海沼泽（田昆 摄）

纳帕海沼泽（533401-453）

【范围与面积】纳帕海沼泽位于滇西北横断山脉中段、迪庆藏族自治州香格里拉市西8 km处，地处纳帕海省级自然保护区范围内。地理坐标为27°44′00″～27°55′00″N、99°35′00″～99°45′00″E。纳帕海湿地面积为3608 hm²，其中，沼泽面积为2715 hm²，包括草本沼泽和沼泽化草甸。

【地质地貌】纳帕海湖盆发育在石灰岩母质的中甸高原面上，流域面积为660 km²，为断陷部分积水并在多种地质作用共同影响下形成的季节性湖泊湿地。湖周被海拔3800～4449 m的高山所环绕，湖盆南部与建塘盆地相连。纳帕海无出水口，水流从湖盆底部的落水洞泄出（尚文和杨永兴，2012）。

【气候】沼泽区属寒温带高原季风气候，具有高寒，年均温低，霜期长，降水量少，冬、春季干旱突出，气温年较差小，日较差大，冬季漫长而寒冷等特点。冬季从9月中旬开始至翌年5月底结束，长达257 d，长冬无夏且春、秋季节甚短。全年盛行南风和南偏西风。太阳辐射强，年日照时数平均

2180.3 h，干湿季分明，11月至翌年5月为明显干季，6～10月为明显湿季。年均温5.4℃，最热月7月均温13.2℃，最冷月1月均温–3.7℃，≥10℃年积温为1392.8℃，气温年较差平均为16℃，气温日较差平均为20℃，干季时可达30℃。每年有霜期约125 d，9月至翌年5月有雪。

【水资源与水环境】纳帕海是季节性天然湖泊，地理环境相对封闭。水源补给主要依靠降雨、地表径流、冰雪融水和湖两侧沿断裂带上涌的泉水，形成10余条溪流汇于湖中。6月降水后湖面扩大，水深可达4～5 m。8月后湖水退落，10月前后又一次降雨使湖水再次上涨，并于11月后退落。湖水从西北角的9个落水洞泄入地下河，汇入金沙江。湖水退落后湖面大幅缩小至500 hm^{2}左右。水体pH 9.15，透明度0.25 m，矿化度<1 g/L，总磷0.19 mg/L（表16-38）。

表16-38　纳帕海沼泽水体理化性质

平均水深/m	平均透明度/m	平均TDS/(mg/L)	pH	Sal/ppt	电导率/(mS/cm)	DO/(mg/L)	TP/(mg/L)
1.48	0.25	207	9.15	0.12	0.19	7.39	0.19

【沼泽土壤】沼泽区土壤类型主要为沼泽土和泥炭土。沼泽土壤泥炭层、腐泥层、潴育层、潜育层特征发育明显，土壤pH 8.02，土壤有机质含量平均为85.30 g/kg，全氮含量平均为4.56 g/kg，水解氮含量平均为324.76 mg/kg，速效磷含量为3.7～5.7 mg/kg，速效钾含量平均为124.81 mg/kg。

【沼泽植被】沼泽植被包括3个沉水植物群落、2个浮叶植物群落、6个挺水植物群落、4个草甸群落。优势植物有委陵菜、两栖蓼、狼毒、大狼毒、草地早熟禾、发草、华扁穗草、薹草、水葱、黑三棱、睡菜、刘氏荸荠、篦齿眼子菜、穗状狐尾藻、杉叶藻、水毛茛、北水苦荬等（陈剑等，2015）。

【沼泽动物】沼泽区有水鸟9目17科80种，常见种类有黑颈鹤、黑鹳、斑头雁、赤麻鸭、牛背鹭、白骨顶、小鸊鷉、绿头鸭、斑嘴鸭、灰鹤、白腰草鹬、青脚鹬、环颈鸻、红嘴鸥、黑水鸡、白鹭等。曾记录到彩鹬、白颈鹳。白颈鹳为我国首次野外记录。

【受威胁和保护管理状况】纳帕海自然保护区建立于1984年，2004年被列入《国际重要湿地名录》，是黑颈鹤中部种群最重要的越冬地。保护区主要受旅游、放牧、排水垦殖等的影响。应强化保护意识，充分认识纳帕海沼泽对于黑颈鹤中部种群越冬捕食的重要性，引导或扶持社区转变利用思路，减少对纳帕海湿地资源的依赖强度，维护纳帕海湿地生态系统结构与功能。

纳帕海沼泽（田昆 摄）

第五节　云贵高原沼泽区

云贵高原沼泽区地处西南边陲，西南与缅甸、老挝、越南等国接壤，北部为长江中下游平原沼泽区、藏南－藏东高山谷地沼泽区和若尔盖高原沼泽区，东部为江南丘陵山地沼泽区。地理坐标为21°8.8′～30°6.7′N、97°31.8′～111°51.5′E。

沼泽区水资源丰富，汇集了众多江河的源头，主要河流有长江、黄河、珠江、金沙江、澜沧江、怒江、元江、南盘江和伊洛瓦底江，是我国重要的水资源富集区。四川省河流除西北部若尔盖沼泽的白河注入黄河外，其余均属长江流域，区内河流有金沙江、雅砻江、大渡河等；云南省4060 km边境线中1043.2 km以河流为界，区内有大小河流600余条，分属金沙江－长江、南盘江－珠江、元江－红河、澜沧江－湄公河、怒江－萨尔温江、独龙江、瑞丽江、伊洛瓦底江等水系，滇池、洱海等众多高原湖泊镶嵌其间；贵州省河流分属长江流域的牛栏江水系、横江水系、赤水河水系、乌江水系、沅江水系，以及珠江流域的南盘江水系、北盘江水系、红水河水系和柳江水系。

沼泽区岩溶地貌发育，地下暗河、伏流和岩溶湖分布普遍。岩溶－裂隙水分布广泛，成为地下水的主要组成部分，是枯水季节河流的重要补给来源；本区径流丰富但季节分配极为不均匀，洪枯径流的变幅很大，以滇西各河为甚。

沼泽区受西部热带季风的影响，干湿两季分明，气候特征与南亚印度、缅甸等国相似，属于南亚热带季风气候。降水的四季分配很不均匀，夏季多雨，冬季少雨，秋季多于春季；夏半年，云南山原受西南季风的影响，降水集中；冬半年，热带大陆气团同来自北方的冷气团常在云南高原与贵州高原之间，形成昆明准静止锋，准静止锋两侧的天气与气候迥然不同。沼泽区平均气温0～22℃，雨热基本上同期，但是降水的季节分布不均匀，易导致春旱、夏旱和伏旱。

沼泽区分布最广、最重要的土壤类别是红壤、黄壤和紫色土。红壤大面积分布于滇中和滇北2500 m以下的山地、丘陵和盆地，因此云南有着"红色高原"之称；红壤发育在干性常绿阔叶林和云南松林之下，母质多为古老红色风化壳，有机质分解快，不易积累；风化淋溶作用强，富铝化作用明显，质地黏重，呈酸性反应，养分不足；但由于面积广，母质释放矿物质快，土层厚，植物生长迅速，因此是西南地区重要的土地资源。黄壤集中分布于海拔800～1000 m的滇中地区，其发育在常年多阴雨湿重的气候条件和湿性常绿阔叶林环境下，有明显的发育层次，心土呈黄色，质地黏重，由于湿度大，盐基多遭淋失，呈强酸性反应，pH 4.5～5.5，养分含量低，但土层深厚，保水保肥能力强，水热条件较好。紫色土以四川盆地分布最广，多在800 m以下紫色砂岩低山地丘陵地，质地适中，通透性好，其成土环境终年温湿，生物循环旺盛，有机质的积累和分解过程较快。

沼泽区沼泽类型与面积见表16-39。面积最大的是草本沼泽，其次是沼泽化草甸，面积最小的是灌丛沼泽。沼泽区草本沼泽常见建群种包括菰、芦苇、假稻、香蒲、双穗雀稗、芦竹、灯心草、水蓼、

表16-39　云贵高原沼泽区沼泽类型与面积

分区	类型	面积/×100 hm²
云贵高原沼泽区	藓类沼泽	14.6
	草本沼泽	114.3
	灌丛沼泽	2.4
	森林沼泽	3.7
	沼泽化草甸	21.6

红蓼、丽江蓼、三棱水葱、叶状鞘囊吾、棒头草、高山早熟禾、海仙报春、褐穗莎草、节节菜、鸢尾、节节草、萎蒿、马唐、水莎草、眼子菜、萤蔺，水生植被常见建群种包括沉水植物金鱼藻、波叶海菜花、光叶眼子菜、黑藻、狐尾藻、少花狸藻、穗状狐尾藻、竹叶眼子菜，以及浮叶植物荇菜、莼菜、欧菱和漂浮植物满江红。

柘溪水库周围沼泽（430923-454）

【范围与面积】柘溪水库周围沼泽地处湖南省安化县和娄底市新化县的资水中游，地理坐标为 28°10′00″～28°27′04″N、111°0′00″～111°22′38″E；沼泽面积为 33.4 hm²。

【气候】沼泽区属亚热带季风气候区，土地肥沃，适宜各种作物生长。年平均气温 16.2℃，无霜期长 275 d，日照 1335.8 h，降水 1706.1 mm。

【沼泽植被】沼泽植被主要优势种有扁穗莎草、水莎草等。

【沼泽动物】沼泽区共记录湿地脊椎动物 220 种，隶属于 5 纲 26 目 68 科，其中鱼纲 5 目 13 科 83 种；两栖纲 1 目 4 科 14 种；爬行纲 3 目 6 科 17 种；鸟纲 12 目 35 科 94 种和哺乳纲 5 目 10 科 12 种。220 种湿地脊椎动物中，国家二级重点保护动物 11 种，108 种属国家保护的有益或者有重要经济、科学研究价值的陆生野生动物。

【受威胁和保护管理状况】沼泽区建有湖南雪峰湖国家湿地公园，是 2009 年《国家林业局关于同意开展河北坝上闪电河等 62 处湿地为国家湿地公园试点工作的通知》（国家林业局林湿发〔2009〕297 号）新批国家湿地公园试点名单之一。主管部门为新化县林业局和安化县林业局，管理机构为湖南雪峰湖国家湿地公园管理局。

沼泽区主要威胁因子为围垦、泥沙淤积、污染、过度捕捞和外来物种入侵。

柘溪水库周围沼泽（侯志勇 摄）

高黎贡山沼泽（530500-455）

【范围与面积】高黎贡山沼泽位于云南省西部、高黎贡山主脉中南段中上部，怒江傈僳族自治州泸水市、福贡县、贡山独龙族怒族自治县和保山市隆阳区、腾冲县的高黎贡山国家级自然保护区范围内。地理坐标为 27°30′ ～ 28°22.4′N、98°11.2′ ～ 98°47.5′E，沼泽面积约为 585.42 hm^2。

【地质地貌】沼泽区属横断山纵谷地带，为举世罕见的高山峡谷地貌，缺少平原和盆地，高原面残存较少，峡谷内部阶地很少发育，不利于湖泊湿地的发育，但在保护区顶部保存有古冰川槽谷或冰斗等冰川作用形成的山间洼地，积水而成较多的小型冰碛湖、冰蚀湖。沼泽区河流很多，大小不一，东部有发育于顶部的 60 余条小溪，属于怒江水系，流经保护区的东侧；另有西侧的伊洛瓦底江水系。各水系分布在保护区的河流都是干流长、落差大，支流短小，组成羽状和树枝状水系结构。沼泽即发育于支流汇入处形成的洪积扇、高原面上遗留的冰蚀和冰碛地貌积水区域。

【气候】沼泽区属西部季风气候，气象要素垂直变化十分明显，从河谷到山顶依次出现南亚热带到寒温带 7 个垂直气候带类型；气温东坡比西坡略高，降水量西坡丰富，湿度西坡大于东坡。多年年平均气温 11.8℃，变幅在 11.1 ～ 18.9℃，≥ 0℃积温 7090.0℃，≥ 10℃积温 3584.0℃。多年平均降雨量 1187.7 mm，变幅在 966.8 ～ 1292.3 mm，最多年可达 4875 mm。多年平均蒸发量 1815.6 mm，变幅在 1800.0 ～ 2500.0 mm。

【水资源与水环境】沼泽区水源补给主要来源于大气降水和地下水，以及冬半年的积雪融水和冰川水。沼泽区茂密的植被提供了地下水储存和渗出的良好条件，泉水量多而稳定，且多浅层地下水。其水体理化性质如下：pH 8.0，矿化度 0.01 mg/L，透明度 5 m，TN 0.2 mg/L，TP 0.02 mg/L，COD 5.85 mg/L。

【沼泽土壤】沼泽区从低海拔到高海拔分布有红壤、黄壤、黄棕壤、棕壤、暗棕壤、棕色暗针叶林土、亚高山草甸土、沼泽化草甸土、高山荒漠土，局部地区有非地带性土壤燥红土、紫色土和石灰土。由于东坡和西坡气候上的差异，红壤系列的褐红壤只分布在东坡，黄壤只出现于雨量丰沛的西坡，沼泽区南片的石灰土和紫色土也仅零星分布在东坡。亚高山草甸土分布于海拔 3000 m 以上地带，土层 40 ～ 80 cm；沼泽化草甸土分布在山间洼地积水地带。亚高山草甸土和沼泽化草甸土的土壤湿度较大，分解作用微弱，颜色呈黑褐色，pH 5.74，有机质含量高达 10%。

【沼泽植被】沼泽区记录有湿地植物 28 科 62 属 127 种。优势种主要有穗状黑三棱、灯心草、辣蓼、贡山箭竹、丛生叶委陵菜、白背委陵菜、总梗委陵菜、少花凤毛菊、川滇薹草、钩状嵩草、截形嵩草、倮倮嵩草、多星韭等。

【沼泽动物】沼泽区记录有节肢动物 1 目 1 科 3 种。鱼类 5 目 9 科 35 种，代表物种有怒江裂腹鱼、保山裂腹鱼、怒江间吸鳅、伊洛瓦底沙鳅、扎那纹胸鉠等。两栖类记录有红瘰疣螈、贡山齿突

高黎贡山沼泽（蔺汝涛 摄）

蟾、华西蟾蜍、贡山雨蛙、昭觉林蛙、双团棘胸蛙、云南臭蛙、滇蛙、贡山树蛙、红蹼树蛙、斑腿泛树蛙、小弧斑姬蛙和饰纹姬蛙共 14 种，分属于 2 目 7 科。爬行类记录有 1 目 3 科 8 种，主要的爬行类物种有股鳞蜓蜥、滇西蛇、腹斑腹链蛇、八线腹链蛇、红脖颈槽蛇和云南竹叶青。鸟类记录有 6 目 9 科 26 种，常见种类有白鹭、牛背鹭、普通翠鸟等。

【受威胁和保护管理状况】沼泽区建有高黎贡山保护区，保护区成立于 1983 年，1986 年晋升为国家级自然保护区，属森林生态系统类型的大型自然保护区。保护区范围的沼泽作为保护区资源的一部分，目前受保护状况较好。

泸沽湖沼泽（530724-456）

【范围与面积】泸沽湖沼泽位于云南省西北部和四川省西南部的交界处，湖西部属云南省宁蒗彝族自治县管辖，东北部属四川省盐源县管辖，为云南、四川两省共辖的高原湖泊。地理坐标为 27°41′～27°45′N、100°45′～100°51′E。湖面积约为 51.3 km²，沼泽面积为 1072 hm²。

【地质地貌】泸沽湖在第四纪中期新构造运动和外力溶蚀作用下形成，湖盆四周群山隆起，中间部分断陷积水成湖，为典型的高原断层溶蚀陷落湖泊。湖盆呈马蹄形，无典型的湖相沉积，湖周多为 U 形冰川谷及断崖三角面。沼泽主要发育于湖湾浅水地带，以及东北部草海。

【气候】沼泽区属亚热带高原季风气候。年平均气温 12.7℃，年较差 15.2℃，极端最高气温 31.4℃，极端最低气温 –10.3℃，≥ 0℃年均积温 4646.1℃，≥ 10℃积温 3856.6℃，无霜期 191 d。年平均降水量 935.9 mm，干湿季分明，6～10 月为雨季，降水占全年降水量的 89%，11 月至翌年 5 月为旱季。年蒸发量 1097.8 mm，年平均风速 2.1 m/s，年相对湿度 70%。

【水资源与水环境】泸沽湖属金沙江水系，湖水由降雨形成的山溪和地下泉水补给，集水面积为 196.5 km²。湖水由东侧以地下水方式在四川盐源县排泄汇入金沙江。泸沽湖丰水位 2690.8 m，平水位 2690.3 m，枯水位 2689.8 m，平均水深 40.3 m，最深处 93.5 m，为全国第三深水湖，蓄水量 20.72 亿 m³。水体 pH 6.59～6.84，矿化度 0.2 g/L，透明度 9.88 m，最大透明度达 12 m，总氮 0.58 mg/L，总磷 0.01 mg/L，DO 7.33 mg/L，COD 1.20 mg/L（表 16-40），水温 13～18℃。东北部的草海为季节性沼泽，夏季水深 1.5～2 m。

表 16-40　泸沽湖沼泽水体理化性质

平均水深/m	平均透明度/m	平均TDS/(mg/L)	pH	Sal/ppt	电导率/(mS/cm)	DO/(mg/L)	TN/(mg/L)	TP/(mg/L)	COD/(mg/L)
1.5	9.88	143	6.71	0.11	0.2	7.33	0.58	0.01	1.20

【沼泽土壤】沼泽区土壤类型主要为草甸沼泽土，土层深厚，有机质含量丰富。

【沼泽植被】沼泽区主要群落有芦苇群落、水葱群落、香蒲群落、黑三棱群落、细果野菱群落、狐尾藻群落、篦齿眼子菜群落、穿叶眼子菜群落、波叶海菜花群落、菰群落、眼子菜群落。波叶海菜花为泸沽湖狭域分布特有种。记录有藻类 7 门 9 纲 18 目 31 科 73 种。

【沼泽动物】沼泽区记录有水鸟 7 目 11 科 50 种，浮游动物 124 种。数量较多的为白骨顶、赤嘴潜鸭、红头潜鸭、赤膀鸭、绿翅鸭、红嘴鸥、赤麻鸭、小鹏鹚、灰雁等。泸沽湖是赤嘴潜鸭在云南省越冬种群数量最多的湖泊。鱼类 3 目 4 科 12 种，代表物种有宁蒗裂腹鱼、厚唇裂腹鱼、小口裂腹鱼。两栖类记录有 1 目 3 科 6 种，数量较多的有中华蟾蜍、昭觉林蛙、滇蛙。爬行类记录有 1 目 2 科 3 种，主要有铜蜓蜥、棕网腹链蛇和八线腹链蛇，但数量不多。软体动物 3 目 8 科 14 种，优势种为尖萝卜螺、刻纹蚬、背角无齿蚌、尖肢华米虾。

【受威胁和保护管理状况】泸沽湖属云南九大高原湖泊之一，历史上的围湖造田、排水及基础设施建设等导致沼泽退化，鱼类资源锐减，特有裂腹鱼已难觅踪迹。1986 年云南省建立了泸沽湖省级自然保护区，目前对水土流失、餐饮、旅游等造成的污染和码头、栈道、填湖建房等进行了综合治理，沼泽退化趋势得到了一定程度遏制。

泸沽湖沼泽（田昆 摄）

普者黑盆地沼泽（532626-457）

【范围与面积】普者黑盆地沼泽位于文山壮族苗族自治州丘北县城西北，普者黑省级自然保护区及相邻的普者黑喀斯特国家湿地公园范围内，地处珠江水系中上游、云贵高原向桂西平原倾斜地带的滇东岩溶高原面上，处于黔桂地台西南部，西与昆明拗陷南端相连。沼泽区地理坐标为 $24°03'53'' \sim 31°7'36''N$、$103°56'55'' \sim 104°9'3''E$，沼泽面积为 367.47 hm^2。

【地质地貌】沼泽区为地质构造运动形成的断陷盆地，广泛分布着古生代石炭系、二叠系和中生代三叠系灰岩，岩溶作用强烈。由于石灰岩层中夹杂的泥岩、粉砂岩隔水层对地表下渗水的阻挡，积水成湖，呈现出国内罕见的高原喀斯特峰林、峰丛、湖群组合，湖泊共有 56 个，呈带状分布，为岩溶地区浅水型的天然湖泊群，湖面积为 10.8 km^2，平均水深 4 m，最深达 30 m，其中普者黑湖、落水洞湖、仙人洞湖三湖连贯相通，规模较大。沼泽即形成发育于湖盆浅水区域。普者黑盆地地形平坦，海拔 1446 ~ 1462 m。盆地边缘地貌主要为石牙坡地、峰丛谷地，海拔 1500 ~ 1700 m。

【气候】沼泽区属低纬高原中亚热带季风气候，具有终年温和湿润的气候特征，多年平均气温 16.4℃，极端高温 35.7℃，极端低温 –7.6℃，≥ 0℃积温 6472.7℃，≥ 10℃积温 5986.2℃。年平均降雨量 1206.8 mm，年平均日照时数 1800 h，年相对湿度 77%，无霜期 259 d，陆地蒸发量 1755.6 mm。区内以静风为主，其次盛行偏南风，平均风速 2.0 m/s。

【水资源与水环境】沼泽区属珠江水系，水源补给来源于大气降水和地下水，主要包括北面的石汪向斜山、南面的高枧槽背斜山汇水区及暗河补给，东北部及西部也有暗河和地下水补给，是一个相对封闭的山间湖盆，内部有弯曲河流由北向东南流出。湖盆丰水位 1452.0 m，平水位 1450.0 m，枯水位 1447.0 m。最大水深 30.0 m，平均水深 4.0 m。地表水 pH 8.1，矿化度 0.28 mg/L，透明度 2.8 m，总氮 1.0 mg/L，总磷 0.05 mg/L，COD 16.7 mg/L。

【沼泽土壤】沼泽区土壤类型主要为红壤、黄壤和水稻土，有少数石灰土，区内土壤垂直分布不明显。石灰岩、玄武岩、砂页岩、砂岩以及页岩为红壤主要成土母岩；砂页岩为黄壤主要成土母岩。因成土母质不同以及植被多样性影响，普者黑峰林湖盆区土壤性状、肥力有很大差别。

【沼泽植被】沼泽区记录有湿地植物 91 科 206 属 296 种。常见种有灯心草、狐尾藻、穗状狐尾藻、黑藻、黄花狸藻、海菜花、金鱼藻、角果藻、金银莲花、荇菜、苦草、眼子菜、马来眼子菜、菹草、睡莲、水鳖、茭、水毛花、水葱、石龙芮、辣蓼、水蓼、欧菱、莲、云南黑三棱、鸭舌草、喜旱莲子草、长芒稗、李氏禾。其中，莲科的莲、菱科的细果野菱为国家二级保护植物。沉水植物群落有眼子菜群落、狐尾藻群落、菹草群落，植物最大生长深度为 3 m。挺水植物群落有茭群落、莲群落、水葱群落、辣蓼群落。

【沼泽动物】沼泽区记录有两栖类 2 目 5 科 8 属 12 种。主要物种有黑眶蟾蜍、中华蟾蜍、黑斑蛙、泽蛙、滇蛙、双团棘胸蛙、大头蛙、无指盘臭蛙、圆舌浮蛙、斑腿泛树蛙、饰纹姬蛙。爬行类记录有 1 目 3 科 7 种，主要物种有印度蜓蜥、八线腹链蛇、红脖颈槽蛇、乌华游蛇、竹叶青。水鸟类记录有 6 目 7 科 25 种，常见的有小䴙䴘、小白鹭、中白鹭、苍鹭、黑冠夜鹭、黑水鸡、白骨顶、池鹭、斑嘴鸭、绿翅鸭、绿头鸭、罗纹鸭、白眼潜鸭、赤麻鸭、黑水鸡、青脚鹬等。鱼类记录有 6 目 11 科 30 属 36 种，其中土著鱼类 25 种，丘北盲高原鳅、丘北金线鲃、鹰喙角金线鲃、额凸盲金线鲃为普者黑特有种；外来种 11 余种，有草鱼、鲢、鳙、麦穗鱼、高体鳑鲏、鲤、子陵吻鰕虎鱼、青鱼、小黄黝鱼。

【受威胁和保护管理状况】沼泽区建有普者黑省级自然保护区，保护区成立于 2002 年。2011 年，在与保护区相接的还湿区域建立了丘北普者黑喀斯特国家湿地公园。近年来，不断加剧的旅游活动干扰，给普者黑盆地沼泽的保护带来较大压力。应强化保护优先前提下的科学利用，加强对这一珍稀岩溶湖群生态系统及其沼泽和野生动植物资源的保护。

普者黑盆地沼泽（田昆 摄）

香格里拉千湖山沼泽（533401-458）

【范围与面积】香格里拉千湖山沼泽位于云南西北部香格里拉市，地处横断山腹地，地理坐标为 27°13′31″ ～ 27°48′48″N、99°32′41″ ～ 99°56′17″E。面积为 744 hm²，其中灌丛沼泽 8.1 hm²、沼泽化草甸 736 hm²。

【地质地貌】沼泽区主要地貌类型为高山，平均海拔 3900 m，面积为 40 km²，是横断山脉中甸高原面上冰蚀湖群分布最为集中的区域，有数百个冰蚀湖成串地孤立分散在古夷平面的沟谷地带，面积较小且相对封闭。沼泽发育于古夷平面冰蚀湖湖滨及低洼积水地带。

【气候】沼泽区属山地暖温带、中温带气候类型，多年平均气温 6.5℃，≥ 0℃年均积温 2649.0℃，≥ 10℃年均积温 1991.0℃；年均降水量 650.0 mm，年均蒸发量 1285 mm。

【水资源与水环境】沼泽区水源补给主要来源于大气降水和地下水。地表水 pH 7.0，矿化度 < 1.00 g/L，透明度 2.5 m，总氮 0.01 mg/L，总磷 0.01 mg/L，COD 4.4 mg/L。

【沼泽土壤】沼泽区土壤类型为沼泽土，有机质含量丰富。

【沼泽植被】沼泽区记录湿地植物 12 科 15 属 15 种，主要有杜鹃属植物、报春花属植物、紫堇属植物和灯心草属植物。

【沼泽动物】沼泽区记录鱼类 1 目 2 科 6 种。两栖动物 2 目 3 科 5 种，包括山溪鲵、胸腺猫眼蟾、西藏蟾蜍、昭觉林蛙、腹斑倭蛙。爬行动物记录有 1 目 1 科 1 种，为山滑蜥。鸟类记录有 2 目 2 科 3 种，常见的有赤麻鸭、绿头鸭。

【受威胁和保护管理状况】沼泽区目前尚不是保护地，1993 年列入"三江并流"世界遗产地。由于当地老百姓对资源的依赖强度较大，过牧超载、滥挖滥采野生草药的问题较为严重。应转变利用思路，强化保护意识，以自然公园等多种保护地形式加强高原冰蚀湖群及其沼泽湿地生态系统的保护。

香格里拉千湖山沼泽（田昆 摄）

大山包沼泽（530602-459）

【范围与面积】大山包沼泽位于云南省昭通市昭阳区西北部的大山包镇，地理坐标为 27°18′ ～ 27°29′N、103°15′ ～ 103°24′E，沼泽面积约为 3150 hm²，平均海拔 3200 m，最高海拔 3364 m，最低海拔 2210 m。

【地质地貌】沼泽区地处五连峰山系，东依滇东北山原，西隔金沙江深切峡谷与四川的大凉山相望，西坡邻金沙江，坡体陡峭，山地东北部起伏较和缓。区内地势相对平缓，山体浑圆，坡度平缓，山丘相对高差 50 ～ 100 m，谷地地势平坦开阔。由于下层紫红色凝灰岩的阻隔作用，下渗的水在地势低洼之处形成潜水，或以山泉形式流出，在高原面上大小不等的山区、丘陵之间冲积成相对平缓、排水不畅而又较开阔的低矮平地，发育形成亚高山沼泽化草甸及高原浅水湖泊、高原沼泽多种类型。

【气候】沼泽区属温凉性高原季风气候，冬寒夏凉，气温低，全年雾日数 184.8 d，是云南省雾日数最多的地区之一。全年以西南风为主，年平均风速 4.8 m/s，远大于云南省大部分地区的 1 ～ 3 m/s。年平均气温 6.2℃，极端最低温度 –16.8℃，最冷月 1 月平均气温 –1℃，最热月 7 月平均气温 12.7℃，$\geqslant 10℃$ 年积温 1017.9℃，日均温 $\geqslant 10℃$ 持续天数 65.1 d，无霜期年平均 122 d，最短年只有 84 d，相对湿度 77%。日照长，光照充足，年日照时数 2200 ～ 2300 h；年太阳总辐射量高达 5876.5 MJ/m²，为中国西南地区太阳辐射的高值区之一。年均降水量 1100 ～ 1200 mm。但雨量分布不均，降水集中，冰雹、暴雨较多，5 ～ 10 月为雨季，降水量 1021.2 mm，占全年降水量的 90.8%，旱季降水量 103.9 mm，仅占全年的 9.2%，年蒸发量 1851.0 mm；降水形式多以降雪为主，年均积雪日数 34.6 d。

【水资源与水环境】沼泽区属金沙江水系，位于支流牛栏江流域与洒渔河流域的分水岭地带，区域内大小泉眼遍布，流出量 10 ～ 1000 mL/s，形成跳蹬河和羊窝河等溪流。跳蹬河向西流入牛栏江，羊窝河北流汇入西大沟后流入金沙江，西边诸地表溪流汇流后流入昭通市渔洞水库。沼泽区已建有大海子、跳蹬河、勒力寨和燕麦地 4 个水库。因地形起伏和缓，4 个水库边缘浅水区面积较大，形成大片沼泽地，水深 0.8 ～ 3 m，成为黑颈鹤主要越冬栖息夜宿地。其中以跳蹬河和大海子面积最大，跳蹬河水库径流区面积为 17.7 km²，库容量约为 1500 万 m³，水面积为 3.4 km²。大海子水库集水面积约为 3.5 km²，平均水深约 2.5 m，水面积为 0.8 km²。各水库水体理化性质如表 16-41 所示。

表 16-41　大山包沼泽水库补给水体理化性质

	跳蹬河水库	大海子水库
综合营养指数	43.78	38.43
高锰酸盐指数	4.4	4.46
COD/(mg/L)	25.88	15.9
BOD/(mg/L)	2.47	2.18
NH_4^+-N/(mg/L)	0.11	0.05
TN/(mg/L)	0.21	0.13
TP/(mg/L)	0.04	0.008

【沼泽土壤】沼泽区主要土壤类型为泥炭土和沼泽土。沼泽土由古湖沼泥炭物发育而成，表层腐殖化，以下各层泥炭化或潜育化，形成黑色泥炭层或灰白、灰蓝色的潜育层，长期处于潜育状态；有机质含量丰富，平均达 20%，全氮含量约为 2%，但速效养分含量较低，盐基不饱和，通体呈微酸性反应。在草甸下部和水库周围有部分沼泽土，表层腐殖化，以下各层泥炭化或潜育化，形成黑色泥炭层或灰色潜育层，土壤有机质含量很高，是黑颈鹤主要栖息地；2800 ～ 3000 m 分布着棕壤，其淋溶作用强烈，土层厚度不一，草本植物以牛毛毡为主；2200 ～ 2800 m 为暗棕壤，其为一种过渡性土壤，土壤较深厚肥沃，是森林主要分布区和农业耕作区。

【沼泽植被】沼泽植被为亚高山沼泽化草甸，是带有一定原生性的自然植被，分属亚高山莎草沼泽化草甸和亚高山杂类草沼泽化草甸两个群系组。亚高山莎草沼泽化草甸群系中，以针蔺、小婆婆纳为优势种与以牛毛毡为优势种的沼泽草甸群丛，在大海子或跳蹬河水库边交错分布，盖度 90% 以上；针蔺、小婆婆纳群落植物高 10 ～ 20 cm，冬季进入枯叶期，上部常有 5 cm 的苔藓层；牛毛毡相对较矮，仅 5 cm 左右；主要种类分别有针蔺、小婆婆纳、纤花千里光、密穗马先蒿或牛毛毡、夏枯草、车前、扇叶毛茛、早熟禾等。水莎草沼泽化草甸分布于积水洼地，水莎草呈丛状生长、植株高大，根茎部浸没在水中，高度 0.8～1 m，盖度 60%～70%；主要植物除水莎草外，尚有针蔺、扇叶毛茛、水湿柳叶菜、野灯心草、多花地杨梅、圆叶节节菜、荇菜等；此群丛分布面积较小，在燕麦地水库附近溪流处可见。亚高山杂类草沼泽化草甸群系中，有早熟禾群丛、多花地杨梅群丛、水蓼群丛和燕子花群丛、针蔺群丛，皆分布在水库的浅水区域，往往沿溪流两边和水库周围呈带状间隔分布；其中早熟禾群丛相对面积较大，是沼泽区湿性植物群落类型的代表，群落高度 30 cm 以下，盖度 80% 左右，主要种有早熟禾、多花地杨梅、夏枯草、车前、扇叶毛茛等；水蓼为单优群落。

【沼泽动物】沼泽区记录有脊椎动物 253 种，隶属于 5 纲 28 目 68 科。其中鱼类 3 目 5 科 7 种，两栖类 1 目 3 科 6 种；爬行类 2 目 3 科 11 种；鸟类 15 目 36 科 166 种；哺乳动物 7 目 21 科 63 种。大面积的沼泽和开阔的水面为水禽提供了适宜的栖息地与庇护场所。每年有大量的鸟类在此栖息，166 种鸟类中记录有国家一级重点保护野生鸟类 5 种，国家二级重点保护野生鸟类 18 种。

【受威胁和保护管理状况】黑颈鹤是我国特有的世界珍稀濒危鹤类，也是世界 15 种鹤类中唯一一生都在高原生活的鹤类，为国家一级重点保护鸟类。沼泽区是我国黑颈鹤越冬分布最集中的地区，其生境支持了全球约 1/6 黑颈鹤种群数量的越冬栖息。

为保护黑颈鹤及其越冬栖息地高原沼泽、草甸湿地生态系统，沼泽区于 1990 年成立了市级自然保护区，1994 年晋升为省级自然保护区，2003 年晋升为国家级自然保护区，并于 2004 年列入《国际重要湿地名录》，民间还成立了黑颈鹤保护志愿者协会，对黑颈鹤进行保护成效明显，黑颈鹤种群数量及其栖息地得到一定程度恢复。自然条件下，沼泽区地形和缓，不透水的下垫面使大量地下泉水出露，沼泽及其沼泽化草甸广布。但西邻金沙江的坡体陡峭，下切侵蚀作用强烈，溯源侵蚀引起河流袭夺，导致溪流谷地不断加深，水流流速加剧。应加强对这一亚高山沼泽的科学修复，合理利用资源，维持生态系统平衡。

大山包沼泽（田昆 摄）

玉龙雪山沼泽（530700-460）

【范围与面积】玉龙雪山沼泽位于云南省丽江市西北部、玉龙雪山自然保护区范围内，地处青藏高原、云贵高原的结合部及滇西北横断山区和滇东高原区 2 个地貌形态组合区域的交界地带，距离玉龙县城约 15 km，地理坐标为 27°03′20″～27°40′00″N、100°04′10″～100°16′30″E，沼泽面积为

790 hm²，包括 446 hm² 的森林沼泽和 344 hm² 的沼泽化草甸。

【地质地貌】玉龙雪山史上属滇西大地槽的一部分，受喜马拉雅造山运动东西向应力的挤压形成了横断山系云岭山脉中最高的一列山脉，拥有 13 座南北纵向排列的山峰，最高峰海拔 5596 m。山顶终年积雪，成为北半球纬度最低、距赤道最近的雪山。山地是保护区最主要的地貌形态，包括深切割的极高山、高山和中山，为典型的高山峡谷区，相对高差达 4006 m，不利于湿地形成。但在山峰间镶嵌分布有大小不等的山间盆地，为横断山形成发展过程中留下的古冰川槽谷或冰蚀洼地等冰川作用形成的古冰川地貌，后期积水而成冰蚀湖，如长约 4 km、宽约 1.5 km 面积较大的高山冰蚀湖甘海子，以及大具盆地、龙蟠盆地等山间盆地。冰蚀湖干涸及林间洼地长期积水或季节性积水便发育形成了云杉坪、牦牛坪等沼泽化草甸和森林沼泽，分布于海拔 3100～4500 m 由冷杉、红杉、云杉林组成的亚高山针叶林带和高山灌丛草甸带。

【气候】沼泽区属南温带型高原季风气候，具有独特的山体季风特点。多年平均气温 12.9℃，极端低温 –10.3℃，极端高温 32.3℃；最冷月（1 月）均温 5.9℃，最热月（7 月）均温 17.9℃；≥ 0℃积温 4774.6℃，≥ 10℃积温 3904.2℃。多年平均降雨量 980.3 mm，6～10 月为雨季，降水较为集中，占全年降雨量的 90% 以上，11 月至翌年 5 月为干季，降雨量较少。多年平均蒸发量 2166.2 mm。

【水资源与水环境】沼泽多为季节性积水，水源补给主要为大气降水和冰雪融水。水体 pH 6.8，矿化度 0.5 g/L，透明度 3 m，总氮 0.15 mg/L，总磷 0.02 mg/L，COD 10.0 mg/L。

【沼泽土壤】沼泽区成土环境条件复杂多样，发育有亚高山草甸土、高山草甸土、沼泽土等 11 个土类。草甸土和沼泽土有机碳积累较多，平均密度约为（17.01±1.60）kg/m²，30 cm 深度以内土壤有机碳总储量约为 26.4 万 t。

【沼泽植被】沼泽区记录有被子植物 22 科 30 属 33 种，主要优势植物为冷杉属（*Abies*）、杜鹃花属（*Rhododendron*）、灯心草属（*Juncus*）、马先蒿属（*Potentilla*）、眼子菜属（*Potamogeton*）、玉龙山谷精草、水马齿、金银莲花、矮地榆等。

【沼泽动物】两栖类、爬行类是玉龙雪山沼泽的主要动物。两栖动物记录有 2 目 6 科 10 种，主要的两栖类物种有棕黑疣螈、大蹼铃蟾、疣刺齿蟾、中华蟾蜍、云南小狭口蛙、多疣狭口蛙、云南棘蛙、昭觉林蛙、无指盘臭蛙和滇蛙。爬行动物 1 目 2 科 6 种，主要有山滑蜥、棕网腹链蛇、八线腹链蛇、紫灰锦蛇、缅甸颈槽蛇和红脖颈槽蛇。鱼类记录有 6 目 10 科 29 种。水鸟记录有 7 目 9 科 29 种，常见的种类为普通翠鸟。

【受威胁和保护管理状况】沼泽区于 1984 年建立省级自然保护区。保护区建立后对自然资源的保护起到了积极作用，但气候变化背景下的冰川退缩、冰雪厚度和积雪面积减小，叠加过度放牧及旅游活动等人为干扰，对沼泽水源补给产生较大影响。应协调好保护与利用的关系，转变利用思路，强化保护优先，保护好生物资源及其生态系统，发挥玉龙雪山的生态屏障作用，保障流域生态安全。

小海子及竹地湖盆沼泽（530724-461）

【范围与面积】小海子及竹地湖盆沼泽位于丽江市宁蒗彝族自治县县城西北 8 km 处，地处泸沽湖西北面海拔 3779 m 的狮子山山麓，为自然汇水形成的三个山间盆地小型淡水湖泊，分别为大海子、中海子、小海子，呈西北–东南排布，面积为 100.19 hm²，水深约 2.5 m，其中，大海子 43.04 hm²、中海子 49.67 hm²、小海子 7.48 hm²。地理坐标为 27°20′N、100°45′E，海拔 2240 m，沼泽面积为 34.4 hm²。

【气候】沼泽区属亚热带高原季风气候，多年平均气温 12.7℃，气温年较差 15.2℃，极端最高气温 31.4℃，极端最低气温 –10.3℃，≥ 10℃积温 3756.4℃，相对湿度 69%，无霜期 191 d；年均降水量 919.3 mm，年均蒸发量 1223.6 mm，年平均风速 2.1 m/s。

【水资源与水环境】沼泽区水源补给主要来源于大气降水，三个海子均无入湖河流，湖溪山地一般高 800 m 左右，雨水经季节性山溪汇入三个海子，海子间有一低丘相隔。而小海子、中海子基本无出口，仅在雨季水位较高时，由小海子向中海子、中海子向大海子逐级溢流，再由大海子西南侧长湾河外泄汇入金沙江水系的雅砻江。小海子及竹地湖盆沼泽水体各项理化指标平均值为：pH 6.5，电导率 0.2 mS/cm，DO 7.39 mg/L，水温 21.54℃，透明度 0.6 m，总磷 0.08 mg/L（表 16-42）。

表 16-42　小海子及竹地湖盆沼泽水体理化性质

平均水深/m	平均透明度/m	平均TDS/(mg/L)	pH	Sal/ppt	电导率/(mS/cm)	DO/(mg/L)	TP/(mg/L)
0.6	0.6	77	6.5	0.05	0.2	7.39	0.08

【沼泽土壤】沼泽土壤主要为草甸沼泽土，土层深厚，有机质含量丰富。

【受威胁和保护管理状况】小海子及竹地湖盆虽然离泸沽湖不远，但并未列入泸沽湖自然保护区和云南省重要湿地名录，没有得到足够的重视和保护。地表径流带来的泥沙在湖盆不断淤积，沼泽化趋势较为明显。2012 年批准的《丽江玉龙雪山风景名胜区泸沽湖景区详细规划》将该区域确定为玉龙雪山风景名胜区的接待服务中心区（摩梭小镇）。应将其列入保护地体系，充分认识沼泽及其湖滨沼泽化草甸对湖盆水环境保护的核心作用，加强对湖盆周边的保护，防止小海子及竹地湖盆沼泽的萎缩。

小海子及竹地湖盆沼泽（李连翔 摄）

赫章雨帽山沼泽（520527-462）

【范围与面积】赫章雨帽山沼泽湿地位于毕节市赫章县东南面，地理坐标为 27°0′3″ ～ 27°1′12″N、

104°50′38″ ～ 104°52′23″E，平均海拔 2337.1 m，沼泽面积为 196.48 hm²，其中，藓类沼泽为 188.04 hm²，灌丛沼泽为 8.44 hm²。

【地质地貌】沼泽区以中山地貌为主，区内最高海拔 2440 m，最低海拔 1440 m，平均海拔 1635 m，为峰丛、天坑及切割强烈的喀斯特地貌与平坦的玄武岩台地镶嵌地形。相对平坦的玄武岩台地地表水分下渗缓慢，积水的缓坡洼地为沼泽发育提供了条件。

【气候】沼泽区属温带季风性湿润气候，全年无霜期 250 d。年均气温 13.3℃，年平均降雨量 850.9 mm，年均蒸发量 982.9 mm，年积温（≥ 10℃）一般为 3191.8℃。

【水资源与水环境】沼泽水源补给主要靠大气降水（主要包括地表径流、大气降水和地下水），流出状况为没有流出，积水状况为永久性积水；丰水位 1831.0 m，平水位 1821.4 m，枯水位 1819.4 m。地表水 pH 7.6，TN 平均浓度为 0.04 mg/L，TP 平均浓度为 0.02 mg/L，COD 平均浓度为 15.00 mg/L。

【沼泽土壤】沼泽区土壤类型主要是泥炭沼泽土。泥炭类型为草本、藓类混合，泥炭平均厚度为 40 cm，土壤平均容重为 636.1 kg/m³，黏土含量为 10.5%，土壤可溶性有机碳含量为 273.3 mg/kg，土壤有机碳含量为 161.6 g/kg。

【沼泽植被】沼泽区有维管植物 32 科 56 属 59 种，植物群系有金发藓群系、白车轴草群系、火棘群系、箭竹群系、金丝桃群系、金樱子群系、蕨群系、李氏禾群系、马刺蓟群系、天胡荽群系、野扇花群系、中亚苦蒿群系、醉鱼草群系等；主要湿地植物群系为莎草群系和泥炭藓群系，莎草平均高度 0.39 m，平均盖度 60%。

【沼泽动物】沼泽区动物主要为两栖类、爬行类以及小型兽类。记录有两栖类 7 种，隶属于 1 目 5 科；爬行类 4 种，隶属于 1 目 3 科；兽类 12 种，隶属于 5 目 8 科。常见种如树蛙科泛树蛙属的斑腿泛树蛙，雨蛙科雨蛙属的华西雨蛙，蛙科侧褶蛙属的黑斑侧褶蛙、琴蛙属的滇蛙、林蛙属的昭觉林蛙，蝾螈科疣螈属的贵州疣螈，以及蜥蜴科草蜥属的北草蜥、游蛇科锦蛇属的黑眉锦蛇等。

【受威胁和保护管理状况】沼泽区主要干扰为旅游和人为采集泥炭藓等，特别是泥炭藓的过度采集，导致藓类资源水源涵养和固碳等功能下降，威胁区域和下游生态安全，虽已建立了县级保护区，但应采取严格保护措施，加强对这一珍稀资源的保护。

赫章雨帽山沼泽（朱广旭 摄）

丽江老君山沼泽（530721-463）

【范围与面积】丽江老君山沼泽位于云南省丽江市玉龙纳西族自治县，地处横断山脉南段、云岭中支的老君山国家地质公园范围内。地理坐标为 26°37′10″ ～ 27°18′40″N、99°30′20″ ～ 100°14′30″E。沼泽面积为 1715 hm²，包括灌丛沼泽 755 hm²、森林沼泽 716 hm²、沼泽化草甸 244 hm²。

【地质地貌】沼泽区主要地貌类型为高山、中山，平均海拔 3600 m，连绵盘亘数百里，既有古冰川遗迹，又有现代冰川，为岩浆岩和三叠系砂页岩等构成的侵蚀山地，主峰 4247.2 m，地形地貌复杂，有侵蚀高山、侵蚀中山、夷平面、峡谷、宽谷、山间盆地、边滩、心滩、冰蚀湖、冰蚀洼地等地貌，有利于湿地发育，形成较大面积的高原山地沼泽。

【气候】沼泽区属低纬高原气候，多年平均气温 12.9℃，≥ 0℃年均积温 4774.6℃，≥ 10℃年均积温 3904.2℃，年均降水量 980.3 mm，年均蒸发量 2166.2 mm。

【水资源与水环境】丽江老君山为金沙江和澜沧江的分水岭。水源补给来源于冰雪融水和夏季降雨，主脊线北东侧主峰脚下海拔 3800 m 左右的山坳里分布有湖泊数十个，沿沟谷成串分布，湖水溢出后，汇成小溪，流入金沙江和澜沧江。地表水 pH 7.0，矿化度＜ 1.00 g/L，透明度 3.0 m，总氮 0.01 mg/L，总磷 0.01 mg/L，COD 4.0 mg/L。

【沼泽土壤】沼泽区土壤类型主要为草甸土。

【沼泽植被】沼泽区记录湿地植物 18 科 19 属 20 种，其中苔藓植物 2 科 2 属 2 种，裸子植物 1 科 1 属 1 种，被子植物 15 科 16 属 17 种，优势种有发草、苔草、密枝杜鹃、曲尾藓、丽江蟹甲草、鸦跖花等。

【沼泽动物】沼泽区记录鱼类 5 目 9 科 48 种。两栖动物 1 目 3 科 3 种，分别为刺胸猫眼蟾、大蹼铃蟾、昭觉林蛙。爬行动物 1 目 2 科 2 种，分别为山滑蜥和八线腹链蛇。

【受威胁和保护管理状况】丽江老君山于 2004 年被国土资源部批准为国家地质公园，主要地质遗迹有高山红色砂岩、古冰川遗迹和现代冰川，地貌景观为高山丹霞地貌，是中国迄今为止发现的面积最大、海拔最高的一片丹霞地貌区。该区旅游开发强度较大，加之垦殖沼泽化草甸种植玛卡等对沼泽湿地破坏较大。应强化对沼泽湿地生态系统的保护，科学利用资源。

丽江老君山沼泽（丽江老君山管理局 摄）

拉市海沼泽（530721-464）

【**范围与面积**】拉市海沼泽地处滇西北横断山脉南段，位于云南省西北部的丽江市玉龙纳西族自治县。地理坐标为26°51′～26°55′N、100°06′～100°11′E，沼泽面积为83.4 hm²。

【**地质地貌**】沼泽区属滇西北大地槽的一部分，中生代燕山运动时隆起成陆，经长期剥蚀夷平作用成为准平原。后受东西方向强烈应力挤压的横断山造山运动影响，地壳差异抬升和断裂陷落，准平原分割为相对高差100～150 m的数个高原山间断陷盆地。拉市海就是在上述地质基础上，由断陷盆地不断接受冰川、河流、湖泊沉积物堆积形成的湖泊。

【**气候**】沼泽区属低纬高原气候区，暖温带气候，年均温12.9℃，最热月7月均温18℃，最冷月1月均温3.9℃，极端低温–10.3℃，极端高温32.3℃，≥0℃年均积温4774.6℃，≥10℃活动积温3904.2℃，霜期160 d。拉市海干湿季分明，11月至翌年5月为明显干季，5～10月为明显湿季，降雨集中在6～9月，年平均湿度63%；年日照时数2500～2750 h；年均降水量980.3 mm，变幅648.1～1283.4 mm。水面蒸发以4～6月最盛，年均蒸发量2166.2 mm，变幅1689.5～2582.9 mm。

【**水资源与水环境**】沼泽区属金沙江水系，集水面积为265.6 km²，水源补给为大气降水和冰雪融水，入湖大小山溪河流20余条，年平均产水量为7680万m³，湖底高程为2436.2 m，丰水位为2444.71 m，平水位为2440.5 m，最大水深7.5 m，平均水深4.55 m，常年相应水域面积为933.4 hm²。蓄水量为4300万m³。其水体理化性质见表16-43。

表16-43 拉市海沼泽水体理化性质

pH	DO/(mg/L)	透明度/m	COD/(mg/L)	BOD/(mg/L)	TN/(mg/L)	TP/(mg/L)
7.80～8.15	5.34	1.80	2.26～3.90	2.74	0.06	<0.01

【**沼泽土壤**】沼泽区主要土壤类型为沼泽土，土壤pH 7.0～8.0，有机质含量丰富，全量养分含量较高，但有效养分含量特别是速效磷含量较低。

【**沼泽植被**】沼泽区植被可划分为2个植被组4个植被型11个群系，包括海仙报春群系、银莲花群系、薹草群系、狗牙根群系、华扁穗草群系、双穗雀稗群系、辣蓼群系、狐尾藻群系、李氏禾群系、两栖蓼群系、眼子菜群系。记录有湿地植物14科22属27种，主要优势种有海仙报春、湿地银莲花、具刚毛薹草、华扁穗草、双穗雀稗、辣蓼、狐尾藻、李氏禾、两栖蓼、碎米荠属、尼泊尔酸模、芦苇、满江红、水毛茛、金鱼藻、竹叶眼子菜、菖蒲、水莎草、酸模叶蓼、水葱、狗牙根等。

【**沼泽动物**】沼泽区记录鸟类12目43科229种，其中水鸟7目12科62种，优势种为白骨顶、赤膀鸭、赤颈鸭、赤嘴潜鸭、绿头鸭、灰雁等，常见种为小䴙䴘、红头潜鸭、赤麻鸭、凤头潜鸭、斑头雁等。记录的鸟类中，灰鹤属国家二级保护鸟类。沼泽区记录有软体动物3目4科4种。鱼类4目7科15种，代表物种有秀丽高原鳅、杞麓鲤。沼泽区记录有两栖类2目5科6种，主要的两栖类物种有红瘰疣螈、大蹼铃蟾、华西蟾蜍、昭觉林蛙、双团棘胸蛙、多疣狭口蛙。记录有爬行动物1目2科3种，主要的爬行类物种有印度蜓蜥。

【**受威胁和保护管理状况**】沼泽区于1998年建立拉市海高原湿地省级自然保护区，保护高原湿地生态系统、野生动物、迁徙水鸟、湿地生物群落及其栖息生境，于 2004 年被列入《国际重要湿地名录》。近年来受旅游开发项目影响，沼泽浅滩被旅游设施或农家乐侵占，沼泽化草甸则成为骑马旅游观光带，导致沼泽面积减少、功能退化。目前无序旅游虽已得到整治，但应持续加强监管，强化对拉市海沼泽的保护与修复。

拉市海沼泽（刘茜 摄）

药山沼泽（530622-465）

【范围与面积】 药山沼泽位于云南省昭通市巧家县，地处云南药山国家级自然保护区范围内。保护区内的沼泽总面积 1678.90 hm²，主要为沼泽化草甸。

【地质地貌】 沼泽区地形地貌复杂，为滇东北中山山原亚区的构造溶蚀侵蚀高山峡谷地形，有构造侵蚀地貌、构造侵蚀溶蚀地貌、火山岩地貌、流水地貌、喀斯特地貌、古冰川遗迹地貌、冻土地貌等，反映了云贵高原及青藏高原演化进程中新构造抬升、河谷深切、古夷平面解体过程。药山是乌蒙山脉的西支，为金沙江与其支流牛栏江的分水岭，呈北南走向，主体为海拔 4041.6 m 的轿顶山，其东西两侧分别有金沙江河谷及其支流牛栏江河谷，自河谷到山顶部垂直高差达 3524.6 m。第四纪冰川活动遗迹完整而典型，其冰川遗迹面积大于中国西南面积最大的四川稻城的同期冰川遗迹，山顶为第四纪冰川活动改造形成的古夷平面，地形平缓绵延，残留有许多冰蚀槽、冰蚀洼地，并分布有近百个大小不等的冰蚀湖，沼泽即发育形成于低洼积水区及湖滨浅水区。

【气候】 沼泽区属我国西部型的低纬高原季风气候，日温差大，年温差小，干湿季分明，雨热同期，干暖季立体气候明显。多年年平均气温 10.0℃，≥0℃积温 7735.0℃，≥10℃积温 7299.0℃。多年平均降雨量 1400 mm，降水季节分配不均，雨季降水量占全年的 88%～91%。多年平均蒸发量 850.0 mm。

【水资源与水环境】 沼泽区水源补给主要来源于大气降水和地下水，地表径流呈放射状自山顶流出，进入金沙江与牛栏江。水流湍急，河水径流量的季节性很强，雨季（5～10 月）汛期径流量占全年的 75%，旱季因降雨少，河水由地下水补给，具明显的山区河流特征。地下水主要有孔隙水、裂隙水和岩溶水，以裂隙水为主。水体 pH 5.2，矿化度 0.02 mg/L，透明度 2 m，总氮 0.5 mg/L，总磷 0.1 mg/L，COD 5.0 mg/L。

【沼泽土壤】 沼泽区所处土壤水平带为红壤带；从金沙江、牛栏江河谷到轿顶山山顶，依次分布有燥红土、红壤、黄棕壤、棕壤、暗棕壤、亚高山草甸土、高山寒漠土，为土壤垂直带谱较为完整的区域，且在土壤垂直带谱中存在各土壤带交错分布和过渡现象；沼泽分布区还存在少量的沼泽草甸土。

【沼泽植被】沼泽区记录湿地植物种类 23 科 50 属 67 种，主要优势种有羊茅、葱状灯心草、长鞭红景天、海竹、小花剪股颖、密枝杜鹃等。

【沼泽动物】沼泽区记录鱼类 2 目 4 科 16 种。记录两栖动物 1 目 4 科 7 种，主要的两栖动物有大蹼铃蟾、中华蟾蜍、棘腹蛙、云南棘蛙、无指盘臭蛙、昭觉林蛙和黑斑侧褶蛙。记录爬行动物有 1 目 1 科 4 种，主要有棕网腹链蛇、八线腹链蛇、缅甸颈槽蛇和红脖颈槽蛇。记录鸟类 6 目 7 科 18 种，常见种有白鹭、普通翠鸟等。

【受威胁和保护管理状况】药山自然保护区始建于 1984 年，2005 年晋升为国家级自然保护区，保护区由南北互不相连的两片组成，北边的药山片为保护区主体部分，地处金沙江与其主要支流牛栏江的汇合处，地理坐标为 27°08′54″ ～ 27°25′31″N、102°57′47″ ～ 103°10′13″E，面积为 19 055 hm^2，占保护区总面积的 94.61%；南边的杨家湾片位于巧家县城中南部，地理坐标为 26°50′38″ ～ 26°53′47″N、102°59′59″ ～ 103°01′33″E，面积为 1086 hm^2，占保护区总面积的 5.39%。由于地处贫困山区，周边社区对资源依赖强度较大，应处理好当地经济发展与生物多样性保护的关系，强化对沼泽生态系统的保护。

药山沼泽（李文虎 摄）

威宁草海沼泽（520526-466）

【范围与面积】威宁草海沼泽位于贵州省西部威宁县城西南侧，地理坐标为 26°47′36″ ～ 26°52′57″N、104°09′23″ ～ 104°20′39″E，沼泽面积为 1675 hm^2。

【地质地貌】草海是贵州高原最大的断陷溶蚀湖，出露的地层有石炭系、二叠系及第四系。其中，以石炭系出露最全、分布面积最广，二叠系仅零星分布，而第四系以片状分布于草海湖盆及四周剥夷台阶上，其厚度变化大。草海沼泽是断陷盆地内由岩溶阻塞积水而成的，湖盆地势平坦开阔，坡度 0.1‰ ～ 3‰。湖盆周围被海拔 2200 ～ 2250 m 的高原缓丘（溶丘）环绕，缓丘起伏不大。草海地势西、南、东三面较高，自盆地中心向北逐渐降低，成为草海湖盆的泄水方向。

【气候】沼泽区属亚热带高原季风气候，具有日照丰富、冬暖夏凉、冬干夏湿等特征。年均气温10.9℃，年平均降雨量950 mm，年均相对湿度80%。多年平均日照时数1805.4 h，年积温（≥10℃）2527.0℃。

【水资源与水环境】草海由清水沟、卯家海子河、东山河、白马河、万下河和大中河等河流溪沟汇入。蓄水面积为1980 hm²，常年水位2171.7 m，最大水深5 m，平均水深2 m，蓄水量2376 m³。受降雨影响，草海水域面积因季节发生变化，丰水期水位达2172 m时，相应水域面积为2605 hm²，枯水期水位降至2171.2 m，相应水域面积仅为1500 hm²。草海属长江水系，水源补给主要来自大气降水，其次是地下水补给。汇入草海的河流大多是发源于泉水的短小溪流，湖盆水体置换周期较长，是地理环境相对闭合的典型高原湿地生态系统。草海沼泽平均水深1.20 m；pH 7.74～9.62，平均值为8.89；透明度平均为0.9 m左右；盐度（Sal值）为0～0.35 ppt；溶解氧（DO）浓度为5.29～7.46 mg/L，平均值为6.37 mg/L；硝氮（NO_3^--N）浓度为0.09～0.27 mg/L，平均值为0.17 mg/L；氨氮（NH_4^+-N）浓度为0.15～0.53 mg/L，平均值为0.33 mg/L；总磷浓度为0.045～0.652 mg/L，平均值为0.129 mg/L。

【沼泽土壤】沼泽区土壤主要有黄棕壤、石灰土、沼泽土、泥炭沼泽土。沼泽土分布在草海滨湖地区，土壤pH 7.3～8.1，呈微碱性反应，土壤层次明显，土壤较厚，土壤有效磷较丰富，全钾含量中等偏下，有效钾含量中等偏上；泥炭沼泽土主要分布在草海湖中心区域，其厚度一般在50 cm以上，局部地方裸露或淤积腐泥覆盖，有机质、全氮、有效磷、有效钾等含量较高。区域土壤容重平均值为1.13 g/cm³，最大值为1.39 g/cm³，最小值为0.85 g/cm³，沼泽土壤含水量平均值为116.74%，有机质最大值为81.47 g/kg，最小值为12.33 g/kg，平均值为32.10 g/kg。

【沼泽植被】沼泽区记录有水生维管植物68种，隶属于28科40属。其中，蕨类植物3科3属5种，被子植物25科37属63种，共同组成沼泽区水生维管植物成分。沼泽植物生长良好，群落盖度均超过90%，群落高度一般为0.4～1.0 m，芦苇、水葱群落高度达1.5 m。常见植物有：眼子菜科的篦齿眼子菜、穿叶眼子菜、光叶眼子菜、眼子菜等；莎草科的水毛花、三棱水葱、水葱、扁秆荆三棱、头状穗莎草、毛轴莎草、云雾薹草等；禾本科的李氏禾、假稻、双穗雀稗、芦苇、菰、狗牙根；灯心草科的灯心草；天南星科的菖蒲；荇菜科的荇菜；苋科的喜旱莲子草；泽泻科的野慈姑；蓼科的珠芽蓼；小二仙草科的穗状狐尾藻；金鱼藻科的金鱼藻；蕨类植物有满江红科的满江红等。

【沼泽动物】沼泽区记录到229种湿地脊椎动物（含偶见种）。其中底栖动物83属121种；鱼类4目6科14种，如鳅科云南鳅属的草海云南鳅、鲇科鲇属的大口鲇等；两栖动物2目7科12属19种，如树蛙科泛树蛙属的斑腿泛树蛙、叉舌蛙科陆蛙属的泽陆蛙；爬行动物1目3科13种，如游蛇科腹链蛇属的八线腹链蛇、锦蛇属的紫灰锦蛇。鸟类17目37科171种，其中国家二级重点保护鸟类17种，即白腹鹞、鹊鹞、苍鹰、草原雕、黑鸢、红隼、灰背隼、燕隼、游隼、普通鵟、白琵鹭、黑脸琵鹭、彩鹮、大天鹅、鸳鸯、灰鹤、棕背田鸡，国家一级重点保护鸟类6种，即白肩雕、白尾海雕、白头鹤、黑颈鹤、东方白鹳、黑鹳（雷宇等，2017）。

【受威胁和保护管理状况】沼泽区是高原特有鸟类——黑颈鹤的主要越冬地之一，在云贵高原湿地生态系统中，其生态环境的脆弱性、典型性、重要性都具有明显的代表意义。由于不同采样时间及采样点的不可比性，难以对草海沼泽水质、动植物种类的变化做出客观评价。但自第一版《中国沼泽志》出版以来，气候变化叠加人为活动干扰的加剧，草海沼泽面积有所缩小。另外，鸟类数量虽不断增加，但种类组成结构的变化并不利于珍稀涉禽类的保护，特别作为黑颈鹤主要越冬地之一的草海沼泽，植被恢复措施中引种高大植物压缩了目标种黑颈鹤和其他涉禽的觅食空间。20世纪50年代、70年代对草海进行的围湖造田，人为破坏了原有的天然覆盖，将一些埋藏隐蔽的溶隙、落水洞暴露出来，从而促进了渗漏，也是导致面积缩小的原因。近些年退耕、退塘还湿等恢复措施的实施，使草海沼泽得到较大程度的恢复，鉴于草海沼泽对于生态系统维系以及生物物种，特别是保护管理目标种黑颈鹤的重要性，应采取近自然的修复方式，加大汇水流域植被保护和恢复力度；强化入湖面源污染治理。同时应基于保护管理目标，科学修复退化沼泽，控制高大草本植物的扩展，以修复黑颈鹤等涉禽的生境，发挥其屏障作用及生物保育功能（陈永祥等，2021）。

纳雍大坪箐沼泽（520525-467）

【范围与面积】纳雍大坪箐沼泽位于贵州省纳雍县东南部，海拔 1900 ～ 2100 m，地理坐标为 26°39′53″ ～ 26°42′29″N、105°26′08″ ～ 105°29′48″E，面积为 512.7 hm²，其中灌丛沼泽 405.3 hm²，藓类沼泽 66.3 hm²，森林沼泽 25.4 hm²，草本沼泽 15.7 hm²。

【地质地貌】沼泽区地貌为构造侵蚀台地与断裂谷地组合的中山台地，其在侵蚀切割强烈的贵州高原较为少见。

【气候】沼泽区属中亚热带季风湿润气候，年均温 13.6℃，年平均降水量 1250 mm，年相对湿度 80%。年日照时数 1200 ～ 1500 h，年太阳总辐射 3666.3 ～ 4171.9 MJ/m²，年平均总积温 5295℃，无霜期 280 d。

【水资源与水环境】沼泽水源补给为大气降水及地下水，水体 pH 6 ～ 8。

【沼泽土壤】沼泽区土壤以沼泽土、黄棕壤为主，另有少量黄壤、石灰土。土壤 pH 5.5 ～ 6.5，呈微酸性，成土母岩有砂页岩、碳酸岩等。

【沼泽植被】沼泽区主要植物群落有曲尾藓群落、金发藓群落、多纹泥炭藓群落、桃叶杜鹃－水珍珠菜－曲尾藓群落、硬壳柯＋栗栲－曲尾藓群落、贵州金丝桃－曲尾藓群落、西南绣球－曲尾藓群落、扁刺峨眉蔷薇－曲尾藓群落、灯心草＋通泉草－泥炭藓（金发藓）群落、棒头草＋大理薹草－泥炭藓（金发藓）群落等。其中，曲尾藓群落、金发藓群落、多纹泥炭藓群落成片分布，范围较广。桃叶杜鹃－水珍珠菜－曲尾藓群落为大坪箐主要植物群落之一，分布海拔 1980 ～ 2090 m，群落郁闭度 0.8，该群落树种组成较多，密度较大，林下生长大量的曲尾藓。硬壳柯＋栗栲林－曲尾藓群落为较原生群落，主要呈小片状分布在大坪箐沟谷地带，海拔 2080 ～ 2090 m，群落郁闭度 0.7，林下生长曲尾藓。贵州金丝桃－曲尾藓群落分布较广，群落高度 80 ～ 100 cm，盖度 40%，伴生有菝葜、假朝天罐、山莓、鸢尾等，林下生长大量曲尾藓。西南绣球－曲尾藓群落分布海拔 2000 m 以上，多在山上部及山顶，群落高度 1.5 m 左右，群落盖度 50%，林下生长曲尾藓。扁刺峨眉蔷薇－曲尾藓群落分布较广，高度 1.3 m 左右，盖度 50%，林下生长大量的曲尾藓。灯心草＋通泉草－泥炭藓（金发藓）群落密度较大，高度 30 cm，地被生长多纹泥炭藓、金发藓，具有一定的湿生性。棒头草＋大理薹草－泥炭藓（金发藓）群落密度较大，高度 20 ～ 50 cm，伴生少量灌木，地被生长多纹泥炭藓、金发藓。纳雍大坪箐沼泽分布有种群数量较大的国家一级保护植物云贵水韭、红豆杉和光叶珙桐，二级保护植物香果树等。

【沼泽动物】沼泽区有国家二级重点保护野生动物，包括两栖动物贵州疣螈；鸟类黑鸢、普通鵟、白腹锦鸡；兽类黄喉貂、斑林狸等。

【受威胁和保护管理状况】沼泽区是在典型的中山台地上发育形成的。充沛的降水及低温阴湿多雾的气候条件为沼泽湿地的形成奠定了基础，台地接纳降雨后，特殊地质构造中的强含水新地层与弱含水石英砂岩隔水层间储满了地下水，使台地成为滞水区，从而发育形成了泥炭沼泽。近代人类活动的干扰，使其演化成了现今的沼泽、草甸、次生林的山原台地生态格局。在这种生态系统中，山顶台地上沼泽湿地的水源滞留功能显得尤为重要，其不但源源不断地为区域生存发展提供淡水资源，而且对下游江河的水量平衡起着重要作用。基于此，纳雍大坪箐2013年建立了国家湿地公园，强化了对这一珍稀湿地资源的保护。

雷公山山间洼地沼泽（522634-468）

【范围与面积】雷公山山间洼地沼泽位于雷山县雷公山国家级自然保护区的西北部，地理坐标为26°24′00″ ~ 26°52′01″N、108°10′00″ ~ 108°18′00″E。沼泽主要位于海拔1700 ~ 1860 m的大雷公坪和小雷公坪区域，面积约为500 hm²，其中藓类沼泽有3个斑块，面积为40.1 hm²。

【地质地貌】沼泽区地势西北高、东南低，最高海拔苗岭主峰雷公山海拔2178.8 m，最低海拔650 m。地貌类型包括海拔1750 ~ 2100 m的台状中山区、海拔1350 ~ 1750 m的波状中山区、海拔650 ~ 1350 m的脊状低中山及低山区。

【气候】沼泽区属中亚热带季风山地湿润气候，年均气温14.5℃，年均降雨量1350 mm，年均蒸发量1156.72 mm，年平均相对湿度90%。区域冬无严寒，夏无酷暑，温暖湿润，雨量充沛，降水日和云雾日较多，日照少，全年太阳总辐射值仅为3642.5 ~ 3726.3 MJ/m²。≥ 0℃年均积温5771.8℃，≥ 10℃年均积温5273.88℃。

【水资源与水环境】沼泽区水源补给主要依靠大气降水。沼泽集中分布的山间洼地常年积水并有水流出。地表水pH 6.6，矿化度0.03 g/L。总氮< 0.05 mg/L，总磷< 0.01 mg/L，COD < 10 mg/L，水化学类型以HCO_3-Na·Ca水为主，硬度极低，是饮用水中的优质水。

【沼泽土壤】沼泽区土壤主要为泥炭沼泽土和山地灌丛草甸土。泥炭平均厚度1.7 m，土壤平均容重0.54 g/cm³，黏土含量17.5%，主要为木本、草本、藓类混合，为低位泥炭沼泽（章明奎等，2019）。

【沼泽植被】沼泽区优势植物有禾本科的玉山竹，忍冬科的半边月，蔷薇科的湖北海棠，杜鹃花科的灯笼树，藤黄科的纤枝金丝桃，莎草科的条穗薹草，虎耳草科的圆锥绣球，灯心草科的野灯心草，凤尾蕨科的欧洲凤尾蕨，泥炭藓科的泥炭藓，金发藓科的金发藓，灰藓科的大灰藓，以及扭叶藓科的扭叶藓等。箭竹、半边月、湖北海棠、灯笼树等乔木植株高大；纤枝金丝桃、圆锥绣球等灌木植株高1.5

雷公山山间洼地沼泽（侯星明 摄）

m 左右；玉山竹高 30 cm 以上，盖度 85% ～ 90%；灯心草高 38 cm，盖度 45%；凤尾蕨高 50 cm，盖度 60%；薹草高 0.3 ～ 0.4 m，盖度 100%；泥炭藓平均厚度 14 cm，平均盖度 90%。

【沼泽动物】沼泽区野生动物主要为两栖动物，如仙琴蛙、白线树蛙。国家二级重点保护野生动物有安徽疣螈（刘京等，2022）。

【受威胁和保护管理状况】沼泽区是雷公山国家级自然保护区的重要组成部分，对黔东南地区的水源涵养、水土保持、环境改善及生态平衡起着支柱作用。保护区建立后加强了保护，加之沼泽湿地分布位置相对偏远，且无公路到达，沼泽得到明显保护；但保护区放牧干扰较为严重。另外，由于整个沼泽呈斑块状分布，玉山竹群落分布面积较大且扩展迅速，演替过程中藓类沼泽消失风险较大，应引起足够重视，采取科学措施，加强对这一珍稀资源的保护。

鹤庆盆谷地沼泽（532932-469）

【范围与面积】鹤庆盆谷地沼泽位于云南省大理白族自治州（以下简称大理州）鹤庆县北部，地处横断山脉南端、云岭山脉以东，属横断山与滇中高原连接部位。地理坐标为 26°35′10″ ～ 26°37′8″N、100°10′32″ ～ 100°12′40″E。沼泽面积为 1000 hm^2。

【地质地貌】沼泽区有浅切割剥蚀构造中山、断陷堆积盆地、河谷冲积盆地等地貌。沼泽位于地势平坦的盆谷地。

【气候】沼泽区属高原季风气候，具有雨热同季、干湿分明、夏秋多雨、冬春多旱、年温差小、日温差大的特点。年均气温 13.8℃，年均日照 2293.6 h，年均降雨量 997.3 mm，年均蒸发量 1960.5 mm，≥ 10℃年均积温 4005.7℃。全年主导风向为西南风，年平均风速 2.6 m/s。

【水资源与水环境】沼泽区属金沙江水系。水源补给主要来源于大气降水和地下水。盆谷地内西山脚一线有众多泉眼，包括北部和西部的大龙潭、小龙潭、士庄村龙潭、白龙潭、石寨子龙潭等，构成川流不息的溪流水源，形成以草海为中心的盆谷地沼泽。沼泽平均水深 1.0 m，最大水深 2.6 m，平均透明度 1.2 m，pH 6.72，总氮浓度 0.99 mg/L，总磷浓度 0.01 mg/L（表 16-44）。水面海拔 2193.2 m。水源汇入沼泽后，经海尾河及乌龙河流入金沙江支流漾弓江。

表 16-44　鹤庆盆谷地沼泽水体理化性质

平均水深/m	平均透明度/m	平均TDS/(mg/L)	pH	Sal/ppt	电导率/(mS/cm)	DO/(mg/L)	TN/(mg/L)	TP/(mg/L)
1.0	1.2	215	6.72	0.15	0.22	5.71	0.99	0.01

【沼泽土壤】沼泽区土壤母质为第四系全新纪和更新纪的湖积、冲积、洪积产物，主要由黏土粉砂、细砂组成，局部夹有泥炭土和泥炭层。土壤主要为水稻土和沼泽土等，土层深厚、疏松，有机质含量丰富。

【沼泽植被】沼泽区记录有湿地植物 44 科 78 种。常见植物包括灯心草、双穗雀稗、芦苇、两栖蓼、菰、水莎草、水葱、欧菱、荇菜、莲、穗状狐尾藻、海菜花、菹草、篦齿眼子菜、菖蒲、美人蕉、凤眼莲等。

【沼泽动物】沼泽区记录鸟类 13 目 27 科 56 属 80 种，有黑鹳、小鸊鷉、普通鸬鹚、苍鹭、白鹭、灰雁、赤麻鸭、绿翅鸭、绿头鸭、斑嘴鸭、赤膀鸭、红头潜鸭、白眼潜鸭、黑水鸡、白骨顶、紫水鸡、红嘴鸥、凤头麦鸡、金鸻、白腰草鹬等。

两栖类 1 目 5 科 10 种，有疣刺齿蟾、中华蟾蜍、华西雨蛙、滇蛙等。爬行类 1 目 2 科 5 种，有黑线乌梢蛇、大眼斜鳞蛇、红脖颈槽蛇等。

鱼类 4 目 8 科 20 种，较为罕见的是灰裂腹鱼，常见的有泉水鱼、草鱼、鲤、鲫、青鱼、泥鳅、黄鳝、鲢、鳙、棒花鱼、小黄黝鱼、子陵吻鰕虎鱼等。

【受威胁和保护管理状况】当地经济社会快速发展，周边水资源利用程度加强，漾弓江裁弯取直，使进入盆谷地沼泽的水量减少。为获取更多耕地，疏浚排水，围湖造田，围埂养殖，使沼泽面积进一步减少。2001 年，母屯海的东北部被列为大理州州级自然保护区，2014 年建立国家湿地公园。近年来，通过综合治理，沼泽面积得到一定程度恢复。应加强科研监测，强化盆谷地沼泽的科学保护与修复。

鹤庆盆谷地沼泽（田昆 摄）

龙里沼泽（522730-470）

【范围与面积】贵州龙里沼泽位于黔南布依族苗族自治州龙里县，海拔 1500 ～ 1700 m，地理坐标为 26°10′19″ ～ 26°49′33″N、106°45′18″ ～ 107°15′01″E。沼泽面积为 8740 hm²，主体为沼泽化草甸，是典型草甸向沼泽植被的过渡类型。

【地质地貌】沼泽区以中山地貌为主，地层为形成于白垩纪末的沉积岩，出露地层是抗风化能力强的石英砂岩。沉积岩在高原隆升过程中出现不规则断裂，裂隙在水蚀作用下，下切形成河谷，发育出峰丛、缓坡等地貌。缓坡状态的石英砂岩透水性差，沼泽即发育形成于低洼积水处。

【气候】沼泽区属北亚热带季风湿润气候，水源补给为大气降水和地下水。气温为 15.6 ～ 17.2℃，年降水量为 867.2 ～ 1577.3 mm，年蒸发量为 972.1 ～ 1401.7 mm，年均积温（≥ 0℃）为 6373℃，≥ 10℃年均积温为 5300℃。

【水资源与水环境】沼泽区水源补给为综合补给（主要包括地表径流、大气降水和地下水）；流出状况为永久性，积水状况为季节性积水；沼泽区河流正常年份丰水位为 1078.7 m，平水位为 1077.6 m，枯水位为 1073.8 m；最大水深 6.4 m，平均水深 3.9 m，蓄水量为 42.4 万 m³；地表水 pH 8.2，弱碱性；总氮 0.64 mg/L，总磷 0.01 mg/L，化学需氧量 19 mg/L；地下水 pH 7.2，中性；矿化度 0.3 g/L。

【沼泽土壤】沼泽区土壤类型主要是沼泽土和草甸土。

【沼泽植被】沼泽区植物组成以湿中生多年生草本植物为主，主要植物群系有双穗雀稗群系、黑麦草群系、白毛羊胡子草群系、浮叶眼子菜群系、尖叶泥炭藓群系等。其中，浮叶眼子菜群系盖度 30% ～ 100%，尖叶泥炭藓群系盖度 50% ～ 70%。

【沼泽动物】沼泽区的野生动物主要是两栖类、爬行类和兽类，鱼类主要栖息于沼泽中的河流小溪内。记录有两栖类 7 种，隶属于 2 目 6 科；爬行类 13 种，隶属于 1 目 4 科；兽类 11 种，隶属于 4 目 10 科；鱼类 11 种，隶属于 3 目 5 科；鸟类 22 种，隶属于 6 目 9 科。两栖动物如蝾螈科瘰螈属的龙里瘰螈，蛙科臭蛙属的花臭蛙；爬行动物如蝰蛇科烙铁头属的山烙铁头蛇、竹叶青属的福建竹叶青蛇，钝头蛇科钝头蛇属的平鳞钝头蛇，游蛇科游蛇属的乌华游蛇、腹链蛇属的锈链腹链蛇、颈槽蛇属的虎斑颈槽蛇、斜鳞蛇属的崇安斜鳞蛇；兽类如仓鼠科绒鼠属的大绒鼠，灵猫科花面狸属的花面狸，鼬科鼬属的黄鼬。

【受威胁和保护管理状况】沼泽区化草甸是在排水不畅、土壤潮湿的台地上发育起来的，其地势相对平坦，成片分布的沼泽化草甸和草甸辽阔宽广，与贵州高原重峦叠嶂、峡谷幽深的地貌形成鲜明对照。其景观的独特性和唯一性，促进了区域旅游经济的快速发展。应建立专门的保护管理机构，规范旅游行为，严格保护泥炭藓资源及其沼泽化草甸生态系统，维护区域生物多样性。

龙里沼泽（熊安虎 摄）

剑湖沼泽（532931-471）

【范围与面积】剑湖沼泽位于云南省西部大理州剑川县剑湖湿地省级自然保护区范围内，地处喜马拉雅－横断山系与滇西高原过渡地带，地理坐标为 26°25′ ～ 26°31.5′N、99°55′ ～ 99°59.5′E。沼泽面积为 91 hm²。

【地质地貌】剑湖是在新构造运动上升和陷落过程中，在陷落地段积水而形成的断陷湖，湖周为起伏不大的丘陵山地。盆地多湖相沉积，阶地发育。

【气候】沼泽区属低纬高原湿润季风气候，具有冬干夏湿、干湿季分明、气温日较差大、年较差小、日照充足、太阳辐射强的气候特点。多年平均气温 12.3℃，年日照时数 2439.8 h，≥ 0℃积温 4487.9℃，≥ 10℃积温 3483.6℃。多年平均降雨量 776.7 mm，年相对湿度 71%，多年平均蒸发量

527.1 mm，干燥度 1.7。

【水资源与水环境】剑湖属澜沧江水系。水源补给主要来源于大气降水和地下水。有永丰河、金龙河、格美江、狮河等数十条汇入水流，集水面积为 918 km²。湖内有 4 处地下泉眼。水源补给丰沛且更换周期快，湖水从海尾河流出，汇入澜沧江支流黑惠江。剑湖丰水位 2188.5 m，平水位 2188 m，枯水位 2179.5 m。水位海拔 2188 m 时，湖面面积为 6.23 km²，平均水深 2.4 m，最大水深 6 m，蓄水量 1520 万 m³。水体 pH 6.76，矿化度 < 0.5 g/L，透明度 1.60 m，总磷 0.015 mg/L（表 16-45），COD 5.8 mg/L（冯亿哲等，2020）。

表 16-45 剑湖沼泽水体理化性质

平均水深/m	平均透明度/m	平均TDS/(mg/L)	pH	Sal/ppt	电导率/(mS/cm)	DO/(mg/L)	TP/(mg/L)
2.4	1.60	204	6.76	0.15	0.20	7.53	0.015

【沼泽土壤】沼泽区土壤类型主要为泥炭沼泽土和潜育型水稻土，主要分布在海拔 2186 m 的浅水湖盆及湖滨。

【沼泽植被】沼泽区记录湿地植物 17 科 25 属 40 种，有 13 个群系，分别是李氏禾群系、海菜花群系、菰群系、眼子菜群系、狐尾藻群系、水蓼群系、水葱群系、荇菜群系、欧菱群系、黑藻群系、苦草群系、金鱼藻群系、狗牙根群系。

【沼泽动物】沼泽区记录节肢动物有 1 目 1 科 1 种。软体动物 3 目 5 科 16 种。两栖动物 1 目 6 科 13 种，有中华蟾蜍、大蹼铃蟾、华西雨蛙、昭觉林蛙、滇蛙、多疣狭口蛙等。爬行动物 1 目 5 科 14 种，有原尾蜥虎、云南龙蜥、紫灰锦蛇、大眼斜鳞蛇、滑鼠蛇、黑线乌梢蛇等。

水鸟有 9 目 17 科 94 种。种群数量较大的有白骨顶、绿翅鸭、紫水鸡、赤麻鸭、普通鸬鹚、灰雁、小䴙䴘等。常见的有灰鹤、琵嘴鸭、绿头鸭、斑嘴鸭、红嘴鸥、白鹭、黑水鸡、凤头麦鸡、青脚鹬、矶鹬等。观测到黑鹳、彩鹮、印度池鹭、白尾海雕、中贼鸥等。中贼鸥为首次记录（杨文君等，2020）。

鱼类有 5 目 4 科 24 种。其中土著种 9 种。仅见泥鳅、黄鳝、云南裂腹鱼、剑川高原鳅等有分布。剑川高原鳅为剑湖特有种。外来种 15 种，如虹鳟、棒花鱼、大鳞副泥鳅、子陵吻鰕虎鱼、波氏吻鰕虎鱼、小黄黝鱼、高体鳑鲏、麦穗鱼等（陈国柱等，2018）。

剑湖沼泽（田昆 摄）

【受威胁和保护管理状况】沼泽区于 2001 年列为州级湿地自然保护区，2006 年建立省级自然保护区。近年来的退塘还湿等措施使沼泽有所恢复，但仍受基础设施占用、无序旅游、面源污染等的影响。应强化保护优先，处理好保护与发展的关系，可持续利用剑湖沼泽湿地资源。

城步三浪田沼泽（430529-472）

【范围与面积】城步三浪田沼泽位于城步苗族自治县西南，地理坐标为 26°15′09″ ～ 26°15′35″N、110°03′03″ ～ 110°03′25″E，沼泽面积为 19.6 hm²。

【气候】沼泽区地处中亚热带季风湿润气候区，属中亚热带山地气候，四季分明，雨量充沛，冬少严寒，夏无酷暑，山地逆温效应明显。全年日照时数 1134.6 ～ 1601.5 h，年平均气温为 16.1℃，年平均降水量 1218.5 mm，年平均降雪日数 9.8 d，相对湿度年平均为 75% ～ 83%，年平均有霜日数为 17.1 d，全年冰冻平均天数为 8.7 d，区内除了盛夏与初秋盛行偏南风，主要风向为偏北风，年平均风速 2.3 m/s，最大风力可达 8 ～ 9 级。

【沼泽植被】沼泽区记录到 19 科 23 属 26 种植物，主要优势种有湖南千里光、睡莲、沼泽蕨、泥炭藓和三腺金丝桃等。

【沼泽动物】沼泽区共记录到湿地脊椎动物 213 种，隶属于 5 纲 27 目 69 科，其中鱼纲 4 目 10 科 41 种；两栖纲 1 目 3 科 11 种；爬行纲 3 目 6 科 17 种；鸟纲 14 目 40 科 126 种和哺乳纲 5 目 10 科 18 种。

213 种湿地脊椎动物中，国家一级重点保护野生动物 1 种，国家二级重点保护动物 13 种，133 种属国家保护的有益或者有重要经济、科学研究价值的陆生野生动物。

【受威胁和保护管理状况】沼泽区目前尚未成立保护区或湿地公园，主管部门为城步苗族自治县林业局。主要受威胁因子为过度捕捞和采集与森林过度采伐。

都匀螺蛳壳沼泽（522701-473）

【范围与面积】都匀螺蛳壳沼泽位于黔南布依族苗族自治州州府所在地都匀市西面，总面积约为 1580 hm²。地理坐标为 26°13′55″ ～ 26°14′5″N、107°21′57″ ～ 107°26′39″E。

【地质地貌】沼泽区以山地、台地、丘陵地貌为主，最高峰海拔 1738.4 m，最低海拔 985 m。海拔 1500 m 以上平缓台地基本上为以泥炭藓为主的藓类沼泽，而中下部主要为灌丛沼泽及与其交叉分布的灌木林。

【气候】沼泽区属中亚热带季风气候，年平均气温 13.2℃，年平均降雨量 1429 mm，常年多雾，寡日照，全年日照时数仅 900 h，全年无霜期 237 d。

【水资源与水环境】沼泽区水源补给来源于降雨和地下水，地下水多为 HCO_3-Ca、HCO_3-Ca·Mg 型，矿化度 0.10 ～ 0.39 g/L。

【沼泽土壤】沼泽土壤主要为泥炭沼泽土。泥炭类型为木本、草本、藓类混合。泥炭平均厚度为 75 cm，土壤容重为 143.0 kg/m³，黏土含量为 15.0%，分解度为 55%，可溶性有机碳含量为 3318.0 mg/kg，有机碳含量为 364.5 g/kg。

【沼泽植被】多样的生境类型为生物的繁衍生息提供了良好场所，成为许多古老、孑遗生物的避难场所。沼泽区记录有野生动植物种类共计 465 科 2111 种，主要植物群系为绣球群系、五节芒群系和多纹泥炭藓群系。绣球平均高度为 1.2 m，盖度为 25%，地下生物量为 1.9224×10^3 kg/hm^2，地上生物量为 2.6745×10^3 kg/hm^2；五节芒平均高度为 0.5 m，盖度为 60%，地下生物量为 3.382×10^3 kg/hm^2，地上生物量为 4.361×10^3 kg/hm^2；泥炭藓平均厚度为 20 cm，盖度为 20%，生物量为 16.1896×10^3 kg/hm^2。植物体生物量为 28.5295×10^3 kg/hm^2，生物量碳库为 13.8718×10^3 kg/hm^2。

【沼泽动物】沼泽区分布有猕猴、雀鹰、白尾鹞、红隼等国家级重点保护野生动物。

【受威胁和保护管理状况】强大的水源涵养与水土保持功能是都匀螺蛳壳沼泽生态系统最主要的服务功能。资料显示，螺蛳壳历史上森林茂密，由于乱砍滥伐，毁林开荒，除陡峻峡谷山地留有原始林外，森林植被几乎破坏殆尽。这一地质构造中海拔较高的不透水层，使得平坦宽阔的山顶台地地下水位较高，植被破坏后促进了沼泽以及以湿中生植物为主的草甸发育，有的草高近 2 m。一些区域演化发育了次生林和竹林，以及灌丛沼泽与灌木林相间分布的景观格局。都匀市 1982 年即建立了螺蛳壳水源涵养林县级自然保护区，主要保护管理目标为森林生态系统。由于缺乏对泥炭藓功能的深层次认识，采集泥炭藓曾经作为老百姓重要收入的特色产业而疏于管理。第一次全国重点省份泥炭沼泽资源调查资料显示，在都匀螺蛳壳沼泽分布区优质泥炭沼泽面积仅为 4.13 hm^2。应引起足够重视，强化沼泽保护，特别是泥炭藓沼泽的保护，遏制湿地退化，恢复其重要的水源涵养功能。

都匀螺蛳壳沼泽（黄郎 摄）

洱源西湖沼泽（532930-474）

【范围与面积】洱源西湖沼泽位于大理白族自治州洱源县右所镇，地处横断山脉与云贵高原交界地带、洱源西湖国家湿地公园范围内。地理坐标为 25°59′43″ ～ 26°28′00″N、99°58′00″ ～ 100°4′56″E。沼泽面积为 113.4 hm^2。

【地质地貌】西湖属澜沧江水系，为地质构造运动差异抬升过程中断陷的构造湖盆贮水而成，并不断演变发育形成沼泽。湖盆南北长东西窄，东、西、北三面群山环抱，南接江尾坝子邻洱海。

【气候】沼泽区属亚热带高原山地季风气候，常年主导风向为西南风。多年平均气温 15.6℃，冬无严寒，夏无酷暑，最冷月（1 月）平均气温 9.2℃，最高月平均气温 20.7℃，≥ 0℃年均积温 4296.7℃，≥ 10℃年均积温 4104.0℃，无霜期 240 d，多年平均日照 2451 h，多年平均降水 732 mm，干湿季分明，雨季集中在 7 ～ 9 月。年均蒸发量 1405.7 mm。

【水资源与水环境】沼泽区水源补给来源于降雨及地下涌泉形成的地表汇水，湖面积为 33 hm²，最大水深 8.3 m，平均水深 1.8 m，集水面积 119 km²，丰水位 1969.0 m，平水位 1968.3 m，枯水位 1967.03 m，蓄水量 593 万 m³。湖南岸的罗时江为西湖唯一出水口。地表水 pH 7.9 ～ 8.35，矿化度 0.35 g/L，EC 0.24 mS/cm，DO 9.62 mg/L，COD 5.6 ～ 9.22 mg/L，水温 16.46 ～ 18.29℃，透明度 1.2 m，总氮 0.94 mg/L，总磷 0.01 mg/L（表 16-46）。

表 16-46　洱源西湖沼泽水体理化性质

平均水深/m	平均透明度/m	平均TDS/(mg/L)	pH	Sal/ppt	电导率/(mS/cm)	DO/(mg/L)	TN/(mg/L)	TP/(mg/L)
1.8	1.2	248	7.9～8.35	0.18	0.24	9.62	0.94	0.01

【沼泽土壤】沼泽土壤类型为泥炭土，埋藏于水下约 2 m 处，平均厚度 4 m，最深超过 15 m，储量达 390 万 t，部分泥炭出露水面，形成小岛。泥炭土氨氮 1.15 mg/g，总磷 0.48 ～ 0.72 mg/g，有机碳 35.7%。

【沼泽植被】沼泽区记录湿地植物 21 科 25 属 35 种，有眼子菜、黑藻、苦草、海菜花、金鱼藻、欧菱、莲、荇菜、两栖蓼、水鳖、菰、芦苇、野生风车草、香蒲、凤眼莲、喜旱莲子草、粉绿狐尾藻等。

【沼泽动物】沼泽区记录到水鸟 7 目 8 科 27 种，以鸭科为主。白骨顶为优势种，其次为赤膀鸭、小鸊鷉、赤麻鸭、绿翅鸭、赤颈鸭。常见种有凤头鸊鷉、白鹭、绿头鸭、白眼潜鸭、普通秋沙鸭、黑水鸡、紫水鸡等。紫水鸡主要分布于北端的芦苇丛中，西湖是云南首先发现其种群数量最大的栖息地。

鱼类有 7 科 14 属 17 种，包括鲫、杞麓鲤、大理鲤、黄鳝和泥鳅 5 种土著种。常见外来鱼类有草鱼、鲢、鳙、麦穗鱼、中华鳑鲏、子陵吻鰕虎鱼、小黄黝鱼等。

记录两栖类 2 目 5 科 14 种，主要有棕黑疣螈、大蹼铃蟾、中华蟾蜍、华西雨蛙、虎纹蛙、滇蛙等。爬行动物 2 目 5 科 16 种，主要有大壁虎、铜蜓蜥、红脖颈槽蛇等（宋文宇等，2017）。

【受威胁和保护管理状况】西湖湖心有 90 余个大大小小的岛屿，岛上分布有 6 个村子。村落生活

洱源西湖沼泽（田昆 摄）

污水、养殖废水和农业面源污水直接排入西湖，加上西湖东面靠近集镇，农田和建设用地面积较大。2009 年洱源西湖建立了国家湿地公园，加强了对西湖湿地生态系统的保护，采取了多种措施恢复和治理湿地，特别实施了湖内岛屿 6 个村子的搬迁以削减和消除入湖污染，西湖沼泽生态环境逐步好转。

茈碧湖沼泽（532930-475）

【范围与面积】茈碧湖沼泽位于云南西部大理州洱源县城东北 3 km 的罴谷山下，地处茈碧湖市级自然保护区范围内。地理坐标为 26°06′ ～ 26°14′N、99°51′ ～ 99°58′E。沼泽面积为 79 hm²。

【地质地貌】茈碧湖为南北狭长的岩溶断陷湖，南北长 6.1 km，东西最宽 2.5 km，最窄 0.75 km，东、西、北三面为山体环绕，南端倾斜低平。

【气候】沼泽区属亚热带低纬高原湿润季风气候，具有冬无严寒、夏无酷暑、气候温和、雨量充沛的气候特点。多年平均气温 14.0℃，≥ 0℃积温 4296.7℃，≥ 10℃积温 3483.6℃。多年平均降水量 808 mm，多年平均蒸发量 1405.7 mm。

【水资源与水环境】茈碧湖径流面积为 95.2 km²，湖面积为 8.46 km²，平均水深 11 m，最大水深 32 m，正常蓄水位 2054.6 m。沼泽面积为 79 hm²。水源补给主要来源于大气降水和地下水。北有弥茨河，南有凤羽河，还有潜流源源汇入。南端低洼为泄水道海尾河，下泄弥苴河，注入洱海。地表水平均水温 14℃，pH 7.21，矿化度 0.9 g/L，透明度 3.0 m，总氮 0.52 mg/L，总磷 0.03 mg/L，DO 平均 8.19 mg/L（表 16-47），COD 15.9 mg/L。

表 16-47　茈碧湖沼泽水体理化性质

平均水深/m	平均透明度/m	平均TDS/(mg/L)	pH	Sal/ppt	电导率/(mS/cm)	DO/(mg/L)	TN/(mg/L)	TP/(mg/L)
11	3.0	248	7.21	0.18	0.24	8.19	0.52	0.03

【沼泽土壤】沼泽土壤主要为泥炭沼泽土。

【沼泽植被】沼泽区记录到湿地植物 17 科 19 属 27 种，有睡莲、芦苇、双穗雀稗、李氏禾、狗牙根、水葱、狐尾藻、眼子菜、苦草、菹草、欧菱、莲、水蓼、大茨藻、粉绿狐尾藻、喜旱莲子草等。

茈碧湖沼泽（田昆 摄）

【沼泽动物】沼泽区记录节肢动物 1 目 1 科 1 种。软体动物 3 目 6 科 21 种。鱼类 3 目 4 科 17 种，代表物种为灰裂腹鱼、杞麓鲤等。两栖动物记录有 2 目 6 科 7 种，主要有棕黑疣螈、大蹼铃蟾、中华蟾蜍、华西雨蛙、滇蛙等。爬行动物 1 目 2 科 3 种，有铜蜓蜥、昆明滑蜥和红脖颈槽蛇。鸟类记录有 7 目 7 科 22 种，常见的水鸟有白骨顶、小䴙䴘、赤麻鸭、赤膀鸭、绿翅鸭、斑嘴鸭、白鹭、白眼潜鸭、黑水鸡、紫水鸡、渔鸥、红嘴鸥等。

【受威胁和保护管理状况】旅游业的兴起，导致湖滨带的过度开发利用。大量外来鱼种的引入，改变了水生动物群落结构组成。茈碧湖 1998 年建立了市级自然保护区。应强化对湖滨带以及湖西南侧沼泽湿地生态系统的保护，处理好保护与利用的关系，科学利用湿地资源（刘柏妤等，2020）。

六盘水娘娘山沼泽（520200-476）

【范围与面积】六盘水娘娘山沼泽位于六盘水市南部，跨盘州市和水城区，地处珠江流域北盘江水系上游源区，地理坐标为 26°4′25.000″ ～ 26°8′24.000″N、104°45′24.000″ ～ 104°51′41.000″E，中心位置的地理坐标为 26°06′07″N、104°50′26″E。沼泽类型复杂多样，包括森林沼泽、泥炭藓沼泽、灌丛沼泽和草本沼泽。沼泽总面积为 1052.9 hm²，其中森林沼泽 701.8 hm²，藓类沼泽 276.6 hm²，灌丛沼泽 62.3 hm²，草本沼泽 12.2 hm²。

【地质地貌】沼泽区属喀斯特溶蚀切割地貌，具有峰丛谷地、溶蚀洼地、缓坡台地等地貌组合。强烈的侵蚀作用，导致坡陡谷深、谷岭相间、地面破碎，在这种不利于湿地发育的负地貌条件下，位于山顶的台地玄武岩岩层积水区域发育形成了大面积垫状连片分布的泥炭藓沼泽，成为贵州藓类沼泽最大的分布地。

【气候】沼泽区属亚热带气候，冬无严寒，夏无酷暑，气候宜人，森林茂密，自然资源丰富。年均降水量为 1203.5 mm，变化范围为 1000 ～ 1600 mm；年均蒸发量为 1354.0 mm，变化范围为 1182.3 ～ 1622.9 mm。年平均气温为 15.2℃，变化范围为 12.5 ～ 16.8℃；0℃以上年均积温为 5358.3℃，相对湿度平均为 76%。

【水资源与水环境】沼泽区水源补给为综合补给（主要包括地表径流、大气降水和地下水）；流出状况为没有流出，积水状况为永久性积水；地表水 pH 7.4，中性；总氮 0.04 mg/L，总磷 0.03 mg/L，化学需氧量 15.00 mg/L。

【沼泽土壤】沼泽土壤类型主要是泥炭土。

【沼泽植被】沼泽区主要植被有泥炭藓群系、东亚小金发藓群系、箭竹群系、南烛群系、水珍珠菜群系、西南绣球群系、水莎草群系、白草群系、灯心草群系等。泥炭藓群系一般成片分布，东亚小金发藓群系则斑块状分布或与灌丛及森林间杂分布。草本沼泽优势植物为香附子、水莎草、水葱、三棱水葱等（崔海军等，2018；周徐平等，2022）。

【沼泽动物】沼泽区记录的两栖动物有 1 目 4 科 4 属 10 种，其中，蛙科有 1 属 5 种，蟾蜍科有 1 属 3 种，雨蛙科和姬蛙科各有 1 属 1 种。爬行动物有 1 目 5 科 13 属 19 种，其中，有鳞目蜥蜴亚目的蜥蜴科有 2 属 2 种，壁虎科和石龙子科各有 1 属 1 种，蛇亚目游蛇科有 8 属 13 种，蝰蛇科有 1 属 2 种。记录的 29 种两栖动物、爬行动物均为贵州省省级保护动物。三索锦蛇和灰鼠蛇列入《中国濒危动物红皮书》濒危物种，棘腹蛙、王锦蛇、紫灰锦蛇和黑眉锦蛇列入易危物种。中国特有种包括两栖类的中华蟾蜍、昭觉林蛙、无指盘臭蛙、滇蛙、棘腹蛙和云南小狭口蛙 6 种，以及爬行类的峨眉草蜥、中国钝头蛇和乌梢蛇 3 种。

【受威胁和保护管理状况】藓类沼泽有着极为显著的水源涵养作用，其巨大的储水能力，对维持石漠化地区生态系统具有重要价值，也是维护当地生存环境，以及珠江流域水生态安全的天然屏障，是开展沼泽湿地水源涵养、碳汇功能及其关键生态过程研究的重要基地。该地分布大面积的泥炭藓沼泽在西南地区较为罕见，其形成过程及其演化机制具有重要的科学研究价值。历史上对泥炭藓的认识有偏差，曾经开展过毁藓种树的活动，加之高原山区对资源依赖强度较大，采集泥炭藓的行为不断发生。当地政府于 2014 年申报建立了国家湿地公园，采取了一系列保护措施，并开展了针对人工种植柳杉密度与泥炭藓生境维系的研究，使泥炭藓资源得到了较好保护。2018 年 12 月，公园试点通过国家林业和草原局验收，正式成为国家湿地公园。

六盘水娘娘山沼泽（郭应 摄）

六盘水娘娘山沼泽（蔡军 摄）

云龙天池沼泽（532929-477）

【范围与面积】云龙天池沼泽位于云南大理白族自治州云龙县中部，地处云岭山脉向南延伸至云龙县的雪盘山中上部、云龙天池自然保护区天池片区范围内。地理坐标为 25°49′48″ ～ 26°14′16″N、99°11′36″ ～ 99°20′34″E。沼泽面积为 109 hm²。

【地质地貌】云龙天池的形成是由于周围连绵的山地在地壳运动的作用下塌陷成一片低洼的盆地，地表径流和地下水汇入盆地而成。沼泽即发育于天池湖滨浅水地带，面积为 109.01 hm²，为淡水草本沼泽。

【气候】沼泽区属北亚热带季风气候，低纬高原季风气候和山地立体气候十分显著。夏秋季降水丰富，气温高，雨热同期；冬春季天气晴朗，日照充足，气温较高，降水稀少，风速大，湿度小。年日照时数 1835 h 左右，年平均气温 13.2℃，≥ 0℃积温 3807.5℃，≥ 10℃积温 2505.5℃。多年平均降水量 943.3 mm。干湿季分明，11 月至翌年 5 月为干季，6 ～ 10 月为雨季，雨季降水量约占全年的 85%。

【水资源与水环境】云龙天池是横断山区典型断陷湖泊，湖周为森林密布的山体所环绕。湖面海拔 2552 m，湖面积约为 1.19 km²，最大水深 16.8 m，平均水深 8.5 m，水源补给来源于大气降水及地下水。径流面积为 6.25 km²。地表水 pH 6.98，矿化度 0.46 mg/L，透明度 2.5 m，总氮 0.69 mg/L，总磷 0.05 mg/L（表 16-48），COD 15.0 mg/L。

表 16-48　云龙天池沼泽水体理化性质

平均透明度/m	平均TDS/(mg/L)	pH	Sal/ppt	电导率/(mS/cm)	DO/(mg/L)	TN/(mg/L)	TP/(mg/L)
2.5	124	6.98	0.14	0.16	6.48	0.69	0.05

【沼泽土壤】沼泽土壤主要为泥炭沼泽土，面积不大，主要分布在天池湖滨。

【沼泽植被】沼泽区记录湿地植物 16 科 21 属 21 种，主要优势种有海仙报春、发草、灯心草、矮地榆、西南蕨麻（原亚种）、腺茎柳叶菜等。

【沼泽动物】沼泽区记录两栖动物 2 目 8 科 13 属 15 种，主要有大蹼铃蟾、中华蟾蜍、昭觉林蛙、滇蛙、云南棘蛙等。爬行动物 2 目 4 科 14 属 18 种，主要有铜蜓蜥、棕网腹链蛇、缅甸颈槽蛇等。鱼类 2 目 4 科 6 种。奇额墨头鱼、张氏爬鳅、长臀鮠鲇等为澜沧江特有种。

水鸟 6 目 7 科 15 种，常见鸟类有斑嘴鸭、绿头鸭、赤麻鸭、水雉、灰头麦鸡、紫水鸡、黑水鸡、红胸田鸡等。

【受威胁和保护管理状况】周边社区对天池自然资源的依赖较强，特别是旅游活动对云龙天池沼泽的影响较大。1983 年建立省级自然保护区，2012 年晋升为国家级自然保护区。保护区的建立对横断山云岭山地滇金丝猴的系统保护起到了积极作用。天池是该保护区金丝猴的主要活动区域，应强化对沼泽湿地生态系统的保护，减少对天池沼泽湿地生态系统的干扰。

云龙天池沼泽（田昆 摄）

独山都柳江源沼泽（522726-478）

【范围与面积】独山都柳江源沼泽位于黔南布依族苗族自治州独山县东北部，中心地理坐标为 25°54′50″N、107°40′12″E，沼泽面积约为 3907 hm²。森林沼泽分布海拔 600 ～ 1200 m；藓类沼泽、草本沼泽、灌丛沼泽、沼泽化草甸主要分布在海拔大于 1200 m 的台地上。

【地质地貌】沼泽区的形成与该区地质构造密切相关。在燕山运动的作用下，区内断层发育，切割强烈，但山顶部保存较平缓的石英砂岩构造侵蚀台地，形成构造侵蚀台地与断裂谷地组合的地貌骨架。由于构造侵蚀台地分布海拔较高，其地层中的石英砂岩隔水性好，降雨后的地表径流即在台地上层聚集，形成一定深度的滞水层，为沼泽湿地的发育提供了条件。

【气候】沼泽区属中亚热带高原季风湿润气候，年均降水量 1570 mm，海拔 1000 m 以上地段雨雾天气时间更长、降雨量更大。年日照时数 1190.2 ～ 1355.8 h，年平均气温 11.0 ～ 17.9℃，冬冷夏热，秋温略高于春温。

【水资源与水环境】沼泽区水源补给为综合补给（主要包括地表径流、大气降水和地下水）；流出状况为永久性，积水状况为永久性积水；地表水 pH 6.8，中性；总氮 0.06 mg/L，总磷 0.04 mg/L，化学需氧量 11 mg/L，地下水 pH 7.2，中性；矿化度 0.25 g/L。

【沼泽植被】沼泽植被可以分为 21 种植物群落，其中藓类沼泽主要包括多纹泥炭藓群落和金发藓群落；多纹泥炭藓群落主要出现在甲定乡的甲定村、甲西村等地，分布在海拔 1300 ～ 1500 m 的缓坡地带；金发藓群落主要出现在翁台乡，海拔 1230 m 左右。草本沼泽分布广泛，海拔 600 ～ 1500 m，包含营 + 五节芒群落、双穗雀稗 - 竹叶眼子菜群落、水毛花 + 水葱群落。灌丛沼泽分布也较为广泛，分布海拔 600 ～ 1600 m，包括石榕树 - 华南羽节紫萁群落、水竹 - 芒群落、水竹 - 蕨群落、狭叶绣球 -南海瓶蕨 - 暖地带叶苔群落、圆锥绣球 - 芒 - 大灰藓群落。森林沼泽主要分布在季节性湿地的平缓地带，海拔 900 ～ 1200 m，包括溪畔杜鹃 - 稀子蕨 - 网孔凤尾藓群落、宜昌润楠 + 溪畔杜鹃 - 大理薹草群落、紫柳 + 贵州柳 - 大理薹草群落。

【沼泽动物】沼泽区分布的动物主要为两栖动物、爬行动物，记录有两栖动物 2 目 7 科 14 属 17 种、爬行动物 2 目 4 科 9 属 14 种。其中大鲵、细痣疣螈为国家二级重点保护野生动物。

【受威胁和保护管理状况】沼泽区由于人口的增长和经济的快速发展，历史上对湿地排水开垦和改造，以及当地对泥炭藓的过度采挖，造成泥炭藓资源和沼泽湿地生态系统的退化。2013 年已经建立都柳江源湿地省级自然保护区，以原生态泥炭藓沼泽、森林资源与生态环境为主要保护对象，使沼泽湿地得到了较好保护。

独山都柳江源沼泽（冉景丞 摄）

洱海沼泽（532900-479）

【范围与面积】洱海沼泽位于云南省西部的大理白族自治州苍山洱海国家级自然保护区范围内的洱海湖盆浅水区。地理坐标为 25°36′ ～ 25°58′N、100°05′ ～ 100°18′E。沼泽面积为 154 hm²。

【地质地貌】洱海是云南第二大淡水湖，洱海是一个内陆断陷湖，在喜马拉雅造山运动过程中断裂陷落，经不断演变及流水作用沉积充填形成。湖面南北长而东西狭，湖面积为 250 km²，沼泽面积为 154 hm²。

【气候】沼泽区属中亚热带湿润季风气候，多年平均气温为 15.5℃，最高月平均气温 20.2℃，最低月平均气温 8.8℃；相对湿度 68.5%；≥ 0℃年均积温 5102.3℃，≥ 10℃年均积温 4661.0℃；年均无霜期 310 d，年平均日照数 2253.9 h。湖区常年以西南风为主，多年平均风速 2.4 m/s；多年平均降水量 1185.7 mm，多集中在 6～8 月，占全年降水量的 80% 以上；多年平均水面蒸发量为 1245.6 mm。

【水资源与水环境】洱海属澜沧江水系，补给水主要为大气降水和入湖径流，南端的西洱河为洱海湖水出口。洱海丰水位海拔 1966.0 m，平水位 1965.0 m，枯水位 1964.3 m，最大水深 20.5 m，平均水深 10.6 m。蓄水量 28.2 亿 m³。湖水 pH 8.70，矿化度 70～180 mg/L，透明度 3.5 m，总磷 0.01 mg/L，COD 3.75 mg/L（表 16-49）（祁兰兰等，2021；安国英等，2022）。

表 16-49 洱海沼泽水体理化性质

平均透明度/m	平均TDS/(mg/L)	pH	Sal/ppt	电导率/(mS/cm)	DO/(mg/L)	TP/(mg/L)
3.5	210	8.70	0.16	0.23	7.81	0.01

【沼泽土壤】沼泽土壤主要为腐泥沼泽土，pH 7.80～8.25，有机质 31.4 g/kg，全氮 0.7～0.19 g/kg，全磷 2.1～3.1 g/kg。

【沼泽植被】沼泽区记录湿地植物 17 科 24 属 35 种，包括菰、水葱、芦苇、欧菱、金鱼藻、穗状狐尾藻、黑藻、眼子菜、荇菜、莲、两栖蓼、凤眼莲、喜旱莲子草等。

【沼泽动物】沼泽区记录鸟类 7 目 10 科 56 种，常见水鸟有小鸊鷉、白鹭、苍鹭、赤麻鸭、绿翅鸭、赤膀鸭、针尾鸭、普通秋沙鸭、红头潜鸭、白骨顶、黑水鸡、红嘴鸥等。记录有两栖动物 2 目 7 科 16 种，主要有中华蟾蜍、棕黑疣螈、腹斑倭蛙、云南小狭口蛙、滇蛙等。爬行动物主要有滇西蛇、昆明滑蜥和红脖颈槽蛇等。历史记录有鱼类 8 科 23 属 34 种，其中，土著鱼类 4 科 9 属 18 种，如大理裂腹鱼、大理鲤、洱海鲤、春鲤、大眼鲤、洱海副鳅、颌突吻孔鲃、油吻孔鲃等；目前现存鱼类 30 种，其中土著种 14 种。底栖动物 9 目 15 科 23 属 31 种。软体动物门的河蚬、螺蛳、乳顶螺蛳为现阶段的优势种（李德品等，2014）。蝾螈科疣螈属的安徽疣螈、叉舌蛙科虎纹蛙属的虎纹蛙，以及壁虎科壁虎属的荔

洱海沼泽（田昆 摄）

波壁虎等为特有动物。

【受威胁和保护管理状况】洱海是云南九大高原湖泊之一，1994 年建立了苍山洱海国家级自然保护区。保护区主要受生物入侵、城镇生活污水和农村面源污染的影响。应充分认识洱海沼泽在高原断陷湖泊生态系统中的核心功能价值，强化对沼泽的科学保护与修复，维护其对高原闭合型湖泊生态系统的屏障作用。

茂兰沼泽（522722-480）

【范围与面积】茂兰沼泽位于贵州荔波县东南部茂兰国家级自然保护区内，地理坐标为 $25°09'20'' \sim 25°20'50''$N、$107°52'10'' \sim 108°45'40''$E，部分区域分布有泥炭沼泽，总面积为 47.53 hm^2，海拔 443 ～ 1073 m。

【地质地貌】沼泽区为典型的喀斯特地貌，是我国亚热带乃至世界上独特的喀斯特森林沼泽地貌景观，是在地带性生物气候条件背景下，在白云岩和石灰岩石沟、石缝、石面、土面、崩塌的大块岩石等特殊生境下形成的非地带性植被。喀斯特森林生境中的枯枝落叶对地表喀斯特裂缝充填堵塞，使水分下渗缓慢形成森林滞留水，沼泽即分散发育于森林覆盖、四周封闭的峰丛漏斗底部，以及洼地和谷地底部等积水区域。

【气候】沼泽区属中亚热带季风湿润气候，具有春秋温暖、冬无严寒、夏无酷暑、雨量充沛的山地湿润气候特点。年平均气温 15.3℃，$\geqslant$ 10℃活动积温 4598.6℃，年降雨量 1752.5 mm，年平均相对湿度 83%。全年日照时数 1272.8 h，太阳辐射年总量为 63 289.8 kW/m^2。

【水资源与水环境】沼泽区水源补给以大气降水为主，其次是地下水。由森林涵养滞留的地表水和地下水同时并存，其沿洼地一侧流出，穿过洼地中的森林，又从另一侧潜入地下。流出状况有永久性、季节性和间歇性流出 3 种；积水状况有永久性、间歇性和季节性积水。地表水 pH 7.7，地下水 pH 7.5，为弱碱性。

【沼泽土壤】沼泽区土壤以石灰土为主，积水区域形成泥炭沼泽土。pH 7.5 ～ 8.0，呈弱碱性，土壤 N、P、K 与有机质含量丰富，但土壤分布不连续，且土层浅薄。

【沼泽植被】茂兰森林是在喀斯特地貌生境下形成的一种特殊植被类型，包括常绿阔叶林、常绿

茂兰沼泽（玉屏 摄）

茂兰沼泽（邓碧林 摄）

阔叶灌丛、落叶阔叶林 3 个植被类型，是我国亚热带乃至世界上喀斯特地区残存下来的一片面积最大、分布较集中、原生性较强的残存森林。在地表积水区域，湿生或喜湿森林植被生长其中，枯枝落叶不断积累，经过漫长演变，形成了独特的喀斯特森林沼泽生态系统。沼泽区的主要植物群系有小叶蚊母树群系、粗柄楠群系、宽叶翻白柳群系、黄杨群系、透茎冷水花群系、鸢尾群系、大理薹草群系、浮叶眼子菜群系、竹叶眼子菜群系、菹草群系等。

【沼泽动物】沼泽区有国家二级重点保护动物 3 种，分别为鸦鹃科鸦鹃属的褐翅鸦鹃、蝾螈科疣螈属的细痣疣螈、叉舌蛙科虎纹蛙属的虎纹蛙。壁虎科壁虎属的荔波壁虎等为特有动物。

【受威胁和保护管理状况】沼泽区建有荔波茂兰国家级自然保护区，保护区于 1988 年晋升为国家级自然保护区。20 多年来，先后纳入联合国教科文组织国际人与生物圈保护区网络和世界自然遗产地管理，森林沼泽生态系统得到了较好保护。不过，人地关系的潜在矛盾仍然存在，应创新管理机制，强化对森林沼泽生态系统的保护。

腾冲北海沼泽（530581-481）

【范围与面积】腾冲北海沼泽位于云南省腾冲县城北约 10 km 处，地处腾冲北海省级自然保护区范围内、高黎贡山西坡的腾冲火山群中。地理坐标为 25°06′24″ ~ 25°08′49″N、98°30′30″ ~ 98°35′02″E。沼泽面积为 63.4 hm²。

【地质地貌】北海是火山强烈喷溢的玄武岩流堵塞大盈江河谷盆地后积水形成的火山堰塞湖。湖盆四面环山，径流面积为 19.9 km²。东西两面山体坡面较陡，南北平缓。沼泽面积不大，约为 46 hm²，但却是我国极为典型和独特的"浮毯"型（当地称草排）漂浮沼泽湿地。现有的"浮毯"型沼泽植被景观中，其"浮毯"厚度平均为 20 ~ 50 cm，最厚处可达 2 ~ 4 m，其下为深 5 m 以上的净水区域，类型极为特殊。

【气候】沼泽区属西南季风气候，冬无严寒，夏无酷暑，四季温和，干湿季分明。年平均气温 14.8℃，气温年较差 12.3℃，极端最高气温 30.5℃，极端最低气温 –4.2℃，≥ 10℃积温 4665℃，无霜期 238 d；多年平均降雨量 1750 mm，且年降水量的 84% 集中在夏秋季，年均蒸发量 922.5 mm，相对湿度 79%。年平均风速 1.6 m/s。

【水资源与水环境】沼泽区属伊洛瓦底江流域的大盈江水系。水源补给主要来源于大气降水和地下水。"浮毯"沼泽水下平均深 6 m，最深约 13 m，最浅 2 ~ 3 m。湖盆普遍沼泽化，湖水由南面流出汇入大盈江。水体 pH 6.85，DO 6.21 mg/L，水温 14.5℃，透明度 1.5 m，总氮 0.75 mg/L，总磷 0.01 mg/L（表 16-50）。

表 16-50 腾冲北海沼泽水体理化性质

平均水深/m	平均透明度/m	平均TDS/(mg/L)	pH	电导率/(mS/cm)	DO/(mg/L)	TN/(mg/L)	TP/(mg/L)
2.5	1.5	187	6.85	0.16	6.21	0.75	0.01

【沼泽土壤】沼泽区土壤类型主要为泥炭土，泥炭厚度 1 m 以上，有机质含量高达 77.9%（曾昭朝等，2010）。

【沼泽植被】沼泽区以"浮毯"植被为特色。记录有湿地植物 52 科 122 属 159 种，主要分布于"浮毯"上。常见湿地植物有鹅毛玉凤花、稗、绶草、燕子花、华凤仙、粗壮珍珠菜、早熟禾、睡菜，以及金银莲花、莼菜、欧菱、黑藻眼子菜、菹草、金鱼藻、穗状狐尾藻等。特有代表植物为莼菜和粗壮珍珠菜。

【沼泽动物】沼泽区记录有湿地鸟类9目16科56种，常见的有小䴙䴘、牛背鹭、白鹭、斑嘴鸭、绿头鸭、赤麻鸭、普通鸬鹚、白骨顶、黑水鸡、紫水鸡、普通翠鸟等。近两年连续观察到棉凫、斑头雁、白眼潜鸭、赤嘴潜鸭、赤膀鸭等。

两栖动物2目6科17种，爬行动物1目6科23种。两栖动物中棕黑疣螈属国家二级重点保护动物，云南棘蛙被列入《中国濒危动物红皮书》，为易危物种；爬行动物中孟加拉眼镜蛇被列为云南省省级保护动物和CITES附录Ⅱ物种（张蔚等，2022）。

鱼类4目5科12属13种，麦穗鱼、褐吻鰕虎鱼、泥鳅为优势种（刘晓达等，2017）。

【受威胁和保护管理状况】腾冲北海沼泽于2000年建立县级自然保护区，2005年升格为省级湿地自然保护区，是我国西南地区国家一级保护植物莼菜的唯一天然分布地，也是狭域分布种粗壮珍珠菜的天然分布地。迅猛发展带来的经济冲击，北海沼泽湿地保护和资源利用的矛盾较为尖锐，人为活动干扰不断加剧，有效保护与科学合理地利用这一珍稀湿地资源，对于维护区域生态平衡、促进当地经济社会的可持续发展有着重要作用。

腾冲北海沼泽（田昆 摄）

阳宗海沼泽（530114-482）

【范围与面积】阳宗海沼泽地处滇中高原，位于昆明市呈贡区、宜良县及玉溪市澄江市交界处，距昆明市35 km。地理坐标为24°51′16″～24°58′00″N、102°58′49″～103°01′42″E。沼泽面积为253 hm²。

【地质地貌】阳宗海是地壳运动中地面断裂发育而形成的地堑式断陷湖泊。湖面呈纺锤形，长轴呈南北向，东西两岸陡峭，南北两岸较平坦，沼泽主要发育于水深较浅的南北湖滨带。

【气候】沼泽区属亚热带高原湿润季风气候，具有冬无严寒、夏无酷暑、气温日较差较大、旱季降雨日数少、晴天日数多、日照充足、气温高、蒸发量大、干湿季节分明的气候特点。多年平均气温14.5℃，≥0℃年均积温5958.9℃，≥10℃年均积温5226.4℃，年均降水量963.5 mm，年均蒸发量

1337 mm。

【水资源与水环境】沼泽区水源补给主要来自西南面汇水面山的阳宗大河及七星河，以及流域外的摆衣河引水，为珠江水系。湖水从东北部流出汇入珠江水系的南盘江。阳宗海丰水位 1770.46 m，平水位 1770 m，枯水位 1768.35 m。当湖面水位为 1770.46 m 时，湖面积为 31.51 km²，最大水深 30 m，平均水深 20 m，年平均水温 17.7℃，蓄水量 6.04 亿 m³。地表水 pH 8.45，矿化度 0.32 g/L，透明度 1.80 m，总磷 0.04 mg/L，COD 13 mg/L（表 16-51）（陈瑞娟等，2022）。

表 16-51　阳宗海沼泽水体理化性质

平均透明度/m	平均TDS/(mg/L)	pH	Sal/ppt	电导率/(mS/cm)	DO/(mg/L)	TP/(mg/L)
1.80	211	8.45	0.23	0.18	6.62	0.04

【沼泽植被】沼泽区记录湿地植物 8 科 11 属 16 种，有稗、双穗雀稗、假稻、芦竹、水蓼、穗状狐尾藻、金鱼藻、菹草、黑藻、荇菜、眼子菜等。

【沼泽动物】沼泽区记录节肢动物 1 目 3 科 5 属 5 种。软体动物 3 目 9 科 13 属 37 种。鱼类 6 目 13 科 30 种，代表种有阳宗白鱼、金线鱼、杞麓鲤、阳宗金线鲃等。许多土著种已多年未见踪迹，取而代之的为陈氏新银鱼、池沼公鱼、大口鲇、间下鱵、小黄黝鱼、中华鳑鲏、麦穗鱼、棒花鱼等外来鱼类。

两栖动物记录有 1 目 5 科 7 种，有华西雨蛙、中华蟾蜍、滇蛙等。爬行动物记录有 1 目 2 科 3 种，有铜蜓蜥、八线腹链蛇、红脖颈槽蛇。鸟类记录有 4 目 4 科 8 种，常见的水鸟有白骨顶、绿头鸭、红嘴鸥等。

【受威胁和保护管理状况】阳宗海属云南九大高原湖泊，为云南第三深水湖。由于地跨三县，历史上的农业耕作开垦破坏了流域内大量植被和沿湖湿地。地方经济发展相继建设的工矿企业及休闲娱乐场所、沿湖乡镇畜禽养殖及水产养殖对沼泽生态环境有一定影响。近年的污染治理取得了一定成效，但应强化湖滨沼泽在闭合湖泊生态系统中的核心地位，有效保护和恢复南北两端的沼泽湿地生态系统，科学利用湿地资源。

阳宗海沼泽（田昆 摄）

滇池沼泽（530100-483）

【范围与面积】滇池沼泽位于云南高原中部、昆明盆地的西南部，地处中国西南地区面积最大的高原淡水湖滇池范围内。地理坐标为 24°40′ ～ 25°02′N、102°37′ ～ 102°48′E。沼泽面积为 1341 hm²。

【地质地貌】滇池是在地质构造运动的差异抬升过程中断陷形成的。不等量抬升使西山断裂和黑龙潭－官渡断裂抬升成山，西山断裂沿滇池西侧向南延伸，形成滇池西侧的山地，黑龙潭－官渡断裂沿滇池东侧向南延伸，形成滇池东部的山丘，而在两个断裂中部相对下陷的地段则形成滇池盆地，盆地地势低洼区域积水后形成滇池。滇池虽为断陷构造湖，但盆地内部堆积的河流沉积物十分深厚，有利于沼泽发育。

【气候】沼泽区属北亚热带高原季风气候，具有冬暖夏凉、四季如春、干湿季分明的气候特点。多年平均气温 16.2℃，≥ 0℃年均积温 5982.0℃，≥ 10℃年均积温 4494.0℃。多年平均降水量 1070 mm，且 86%～90% 集中在雨季（5～10 月）。年均蒸发量 1409 mm，年均无霜期 240 d，年平均日照数 2200 h。多年年平均相对湿度 73%，常年盛行西南风，多年年平均风速 3.0 m/s。

【水资源与水环境】滇池属金沙江水系。水源补给主要来源于大气降水和地下水。湖水由西南面流出进入螳螂川汇入金沙江。湖面积 309 km²，丰水位 1887.5 m，平水位 1886.9 m，枯水位 1886.4 m，最大水深 10 m，平均水深 4.4 m，蓄水量约 20 亿 m³。地表水 pH 8.70，矿化度 0.28 g/L，透明度 0.40 m，总氮 2.60 mg/L，总磷 0.08 mg/L，COD 35～55 mg/L（表 16-52）。

表 16-52　滇池沼泽水体理化性质

平均透明度/m	平均TDS/(mg/L)	pH	Sal/ppt	电导率/(mS/cm)	DO/(mg/L)	TP/(mg/L)
0.40	325	8.70	0.18	0.19	6.21	0.08

【沼泽土壤】沼泽区土壤主要为沼泽泥炭土，土体呈黑色和暗棕色，有机质含量高达 318 g/kg。

【沼泽植被】沼泽区记录湿地植物 27 科 62 属 86 种，包括挺水植物 28 种、漂浮植物 7 种、浮叶植物 7 种、沉水植物 17 种。优势种为篦齿眼子菜、欧菱、穗状狐尾藻、芦苇、菰及香蒲。20 世纪 50～60 年代的优势物种轮藻、海菜花、苦草在滇池局部水域仍有自然分布。大部分水生植物分布在水深 3 m 以内，仅篦齿眼子菜可分布在水深超过 3 m 的区域。

【沼泽动物】沼泽区记录的现生鱼类共有 7 目 11 科 25 种，其中，滇池湖体的土著鱼类仅有泥鳅、黄鳝、滇池高背鲫、滇池金线鲃和银白鱼 5 种。外来鱼类 20 种，包括大鳞副泥鳅、红鳍原鲌、池沼公鱼、陈氏新银鱼、怀头鲇、间下鱵等。

两栖动物 2 目 8 科 19 种，有蝾螈 3 种、蛙类 16 种。滇螈已多年不见踪迹，呈贡蝾螈、云南棘蛙、宽头短腿蟾、威宁趾沟蛙、无指盘臭蛙等种类数量极为稀少。爬行动物 2 目 11 科 33 种，平胸龟、云南闭壳龟、乌龟、脆蛇蜥、细脆蛇蜥、银环蛇、眼镜王蛇、黑线乌梢蛇、王锦蛇、翠青蛇、云南半叶趾虎、昆明滑蜥、山烙铁头蛇等已少见。

湿地鸟类 7 目 15 科 67 种，数量较大的常见种类有红嘴鸥、白骨顶、黑水鸡、赤膀鸭、赤颈鸭、绿翅鸭、红头潜鸭、白眼潜鸭、凤头潜鸭等。鸟类分布新纪录有印度池鹭、彩鹬蛇、斑胸滨鹬、三趾滨鹬、大滨鹬、

滇池沼泽（田昆 摄）

小滨鹬、黑腹滨鹬、中杓鹬、翻石鹬9种（杨文军等，2021；鲁斌等，2022）。

【**受威胁和保护管理状况**】20世纪六七十年代，围湖造田，防浪堤建设，堤内农田、村镇的扩展和现今的房地产等基础设施建设用地的快速发展，导致湖滨带几乎消失殆尽。经过多年的治理，湖滨带得到一定程度恢复，滇池整体生态环境呈现向好趋势。但湖滨带水生生物群落结构单一，某些外来物种占据优势，食物网组成简单，生态系统结构不完善、不稳定。应转变治理思路，加强科研监测，科学构建湖滨带植被生态系统结构，恢复生物多样性，持续改善滇池生态环境。

星云湖沼泽（530403-484）

【**范围与面积**】星云湖沼泽地处滇中高原，位于玉溪市江川区北郊、星云湖国家湿地公园范围内。地理坐标为24°17′18″～24°23′06″N、102°45′14″～102°48′31″E。沼泽面积为306 hm²。

【**地质地貌**】星云湖属高原断陷湖泊，是云南九大高原湖泊之一。与我国第二深水湖抚仙湖仅一山之隔，湖面海拔高出抚仙湖1 m。形成于第四纪晚期，在云南高原差异抬升与断裂过程中，夷平面解体形成断陷盆地，在盆地基础上积水成湖。径流面积为383 km²。湖盆呈肾形，湖底平整，水深较浅，湖湾众多，有利于沼泽发育。

【**气候**】沼泽区属中亚热带半干旱高原季风气候，具有冬无严寒、夏无酷热、四季皆春、雨热同季、干湿分明、冬春干旱、夏季多雨的气候特点。多年平均气温15.6℃，≥0℃年均积温5418.0℃，≥10℃年均积温4903.9℃，年均降水量868.8 mm，年均蒸发量1995.6 mm。

【**水资源与水环境**】沼泽区水源补给主要来源于大气降水，星云湖属珠江水系，湖水汇入南盘江。丰水位1722.5 m，平水位1721.65 m，枯水位1720.8 m，最大水深9.5 m，平均水深5.9 m，蓄水量2.2亿m³。地表水pH 8.90，矿化度0.21 g/L，透明度0.28 m，总磷0.18 mg/L，COD 32.0 mg/L（表16-53）（聂菊芬，2022）。

表16-53　星云湖沼泽水体理化性质

平均透明度/m	平均TDS/(mg/L)	pH	Sal/ppt	电导率/(mS/cm)	DO/(mg/L)	TP/(mg/L)
0.28	326	8.90	0.26	0.23	5.72	0.18

【**沼泽植被**】沼泽区记录湿地植物9科13属14种，主要优势种有芦苇、双穗雀稗、香蒲、莎草、眼子菜、酸模叶蓼、莲、黄花蔺、大藻、喜旱莲子草等。

【**沼泽动物**】沼泽区记录节肢动物1目2科4属4种。软体动物3目8科13属34种。鱼类5目10科27种，有鳙、星云白鱼、抚仙鲤、杞麓鲤等土著鱼类，以及团头鲂、陈氏新银鱼、麦穗鱼等引入种。两栖动物1目5科6种，有中华蟾蜍、无指盘臭蛙、滇蛙等。爬行动物1目2科3种，有铜蜓蜥、八线腹链蛇、红脖颈槽蛇。

鸟类记录有11目27科72种，包括小䴙䴘、

星云湖沼泽（田昆 摄）

赤麻鸭、白鹭、苍鹭、红头潜鸭、斑嘴鸭、琵嘴鸭、白骨顶、黑水鸡、灰头麦鸡、红嘴鸥、棕头鸥等。观测到彩鹮 21 只，为新发现的较大种群（杨文军等，2020）。

【受威胁和保护管理状况】沼泽区于 2008 年已颁布实施《云南星云湖保护条例》，2016 年建立了国家湿地公园。由于地方经济的快速发展，沿湖人口的增加，污染的不断加剧，历史上的围湖垦殖，环湖的过度开发，沼泽面积逐渐减少，生态功能下降。应严格控制入湖污染，强化流域管理，控制城镇发展和基础设施建设，加强湖泊生态修复与保护。

大盈江－龙川江下游沼泽（533102-485）

【范围与面积】大盈江－龙川江下游沼泽位于横断山地西侧向缅甸境内的伊洛瓦底江平原过渡的斜坡地带，地处德宏傣族景颇族自治州畹町镇同缅甸交界处，铜壁关保护区范围内，地理坐标为 23°58′ ～ 24°30′N、97°40′ ～ 98°10′E。沼泽面积为 1000 hm²，包括 21.24 hm² 草本沼泽、179.94 hm² 沼泽化草甸，以及较大面积的森林沼泽、泥炭藓沼泽。尤其是泥炭藓沼泽是云南省目前仅有记录的湿地类型。

【地质地貌】沼泽区属侵蚀中山峡谷（宽谷）地貌形态，山地顶部平坦，保留有残存的高原面或数级夷平面，沼泽即发育分布于夷平面及山谷低洼积水处，以及林下和林间空地。

【气候】沼泽区属西部型季风气候。多年平均气温 18.8℃，极端最高气温 38.2℃，极端最低气温 –1.5℃，≥0℃ 积温 6862℃，≥10℃ 积温 6605.5℃。多年降水量 1618.0 mm，干湿季分明，雨季 5 月到 10 月，旱季 11 月到翌年 4 月。全年降水量的 89% 集中在雨季。多年平均蒸发量 1636.8 mm。

【水资源与水环境】沼泽区水源主要来源于地下水和大气降水后的区内短小溪流，流入沼泽后汇入伊洛瓦底江水系的大盈江和龙川江。地表水 pH 7.0，矿化度 0.5 g/L，总氮 0.66 mg/L，总磷 0.005 mg/L，COD 15 mg/L，DO 6.85 mg/L，地下水 pH 8.18，矿化度 0.4 g/L（表 16-54）。

表 16-54　大盈江－龙川江下游沼泽水体理化性质

平均水深/m	平均透明度/m	平均TDS/(mg/L)	pH	Sal/ppt	电导率/(mS/cm)	DO/(mg/L)	TN/(mg/L)	TP/(mg/L)
0.5	0.5	180	7.0	0.26	0.18	6.85	0.66	0.005

【沼泽土壤】沼泽土壤主要为草甸沼泽土，有机质 67.8 ～ 142.2 g/kg，全氮 9.4 ～ 11.6 g/kg，水解氮 9.11 ～ 12.46 mg/100 g 土，有效磷 0.92 ～ 1.29 mg/100 g 土，有效钾 0.07 ～ 0.23 mg/100 g 土，pH 5.35 ～ 5.58。

【沼泽植被】沼泽区记录湿地植物 8 科 9 属 10 种，主要有水蓼、委陵菜、泥炭藓、拟金发藓等。

【沼泽动物】两栖动物、爬行动物是大盈江及龙川江下游沼泽的主要动物，两栖类记录有 2 目 8 科 29 种，主要的有棕黑疣螈、大蹼铃蟾、小布氏角蟾、云南臭蛙、泽蛙、河口水蛙、黑蹼树蛙等。爬行类记录有 1 目 5 科 11 种，主要有铜蜓蜥、蟒、孟加拉眼镜蛇、白唇竹叶青蛇等。水鸟记录有 6 目 9 科 30 种，主要有栗苇鳽、普通翠鸟等。鱼类 5 目 10 科 27 种，代表物种有东方墨头鱼、南方裂腹鱼、滇西低线鱲、桥街结鱼等。

【受威胁和保护管理状况】沼泽区是 1986 年建立的铜壁关省级自然保护区的一部分，所形成的泥炭藓沼泽是云南省目前少有记录的湿地类型。由于山地河流较强的溯源侵蚀作用，以及人为活动干扰，沼泽生境受到一定程度威胁。应采取科学措施维持一定的水位，维护泥炭藓这一重要生态系统。

大盈江－龙川江下游沼泽（王立彦 摄）

石屏异龙湖沼泽（532525-486）

【范围与面积】石屏异龙湖沼泽位于红河哈尼族彝族自治州的石屏县，地处异龙湖国家湿地公园范围内。地理坐标为 23°38′～23°44′N、102°28′～102°38′E。沼泽面积为 1252 hm^2。

【地质地貌】异龙湖是喜马拉雅山造山运动内外营力作用下，差异抬升的断陷低洼盆地积水而成，为东西西向的葫芦状断陷湖。流域面积为 326 km^2，湖面积为 34 km^2，湖湾较多，沼泽发育。

【气候】沼泽区属亚热带湿润季风气候。年平均气温 18℃；≥0℃年均积温 6612.1℃，≥10℃年均积温 6105.5℃；年日照数 2300 h，年均无霜期 317 d，年平均日照数 2308 h。多年平均降水量为 923.5 mm，年平均水面蒸发量为 1215.5 mm；相对湿度为 75.3%。

【水资源与水环境】沼泽区水源补给主要来源于大气降水及地下水。异龙湖丰水位 1414.2 m，枯水位 1411.6 m，平均水深 2.9 m，最大水深 3.7 m，蓄水量 1.13×10^8 m^3。湖水从湖盆东北端缺口溢出。地表水 pH 8.63，EC 0.20 mS/cm，DO 5.66 mg/L，BOD 5.64 mg/L，水温 18℃，透明度 0.50 m，总磷 0.09 mg/L（张锐等，2022）（表 16-55）。

表 16-55 石屏异龙湖沼泽水体理化性质

平均水深/m	平均透明度/m	平均TDS/(mg/L)	pH	Sal/ppt	电导率/(mS/cm)	DO/(mg/L)	TP/(mg/L)
2.9	0.50	257	8.63	0.24	0.20	5.66	0.09

【沼泽土壤】沼泽区土壤类型主要为泥炭土，属厚层泥炭。

【沼泽植被】沼泽区记录湿地植物 18 科 24 属 30 种。沼泽植被有芦苇群系、香蒲群系、酸模叶蓼群系、双穗雀稗群系、莎草群系、蔗草群系、薏苡群系、光叶眼子菜群系、苦草群系、狐尾藻群系、轮藻＋小茨藻群系、莲群系。

【沼泽动物】沼泽区有鱼类 5 目 8 科 15 属 26 种，包括大鳞白鱼、云南倒刺鲃、单纹似鱲、马口鱼、异龙鲤等土著鱼类 14 种及鲢、鳙、麦穗鱼、鲤、小黄鲚鱼等 12 种外来鱼类。

两栖动物 2 目 5 科 17 种，主要有棕黑疣螈、微蹼铃蟾、云南棘蛙、大头蛙、金秀纤树蛙、红蹼树蛙、小弧斑姬蛙等。爬行动物 3 目 5 科 18 种，有山瑞鳖、细脆蛇蜥、缅甸棱蜥、白链蛇、云南华游蛇、管状小头蛇等。

水鸟 10 目 11 科 22 属 36 种，优势种为白骨顶和红嘴鸥，常见种有小䴙䴘、苍鹭、中白鹭、绿翅鸭、绿头鸭、斑嘴鸭、赤颈鸭、赤膀鸭、赤嘴潜鸭、白眼潜鸭（马国强等，2022）。

【受威胁和保护管理状况】异龙湖是云南九大高原湖泊之一。历史上切断流域补水的排水围湖造田、围塘养殖，以及城镇扩张、汇水坡面上经济林果种植，打破了区域水分良性循环，湖盆淤积加快，威胁异龙湖沼泽生态系统的健康。2014 年异龙湖建立了国家湿地公园，加强了保护，水环境得到了改善。应充分认识断陷湖盆的闭合特征，科学修复汇水植被，恢复其涵养水源核心功能，维护异龙湖沼泽湿地生态系统的良性循环。

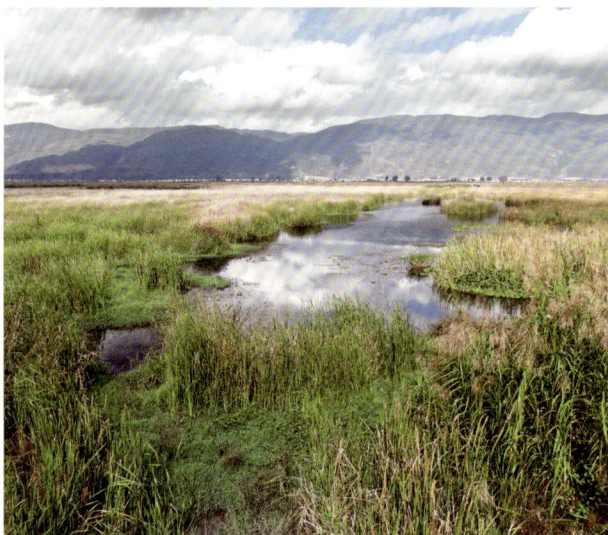

石屏异龙湖沼泽（田昆 摄）

第十七章
亚热带湿润沼泽区

亚热带湿润沼泽区包括长江中下游平原沼泽区和江南丘陵山地沼泽区，沼泽总面积为 33.1 万 hm²。其中分布最多的类型是草本沼泽，面积为 33.0 万 hm²，约占该区沼泽总面积的 99.6%，其次为沼泽化草甸，面积为 0.06 万 hm²；再次为灌丛沼泽，面积 0.04 万 hm²（表 17-1）。本书共收录 76 片沼泽（图 17-1）。

表 17-1　亚热带湿润沼泽区沼泽类型与面积

分区	类型	面积/×100 hm²
亚热带湿润沼泽区	藓类沼泽	0.2
	草本沼泽	3299.6
	灌丛沼泽	4.4
	森林沼泽	1.8
	沼泽化草甸	6.0

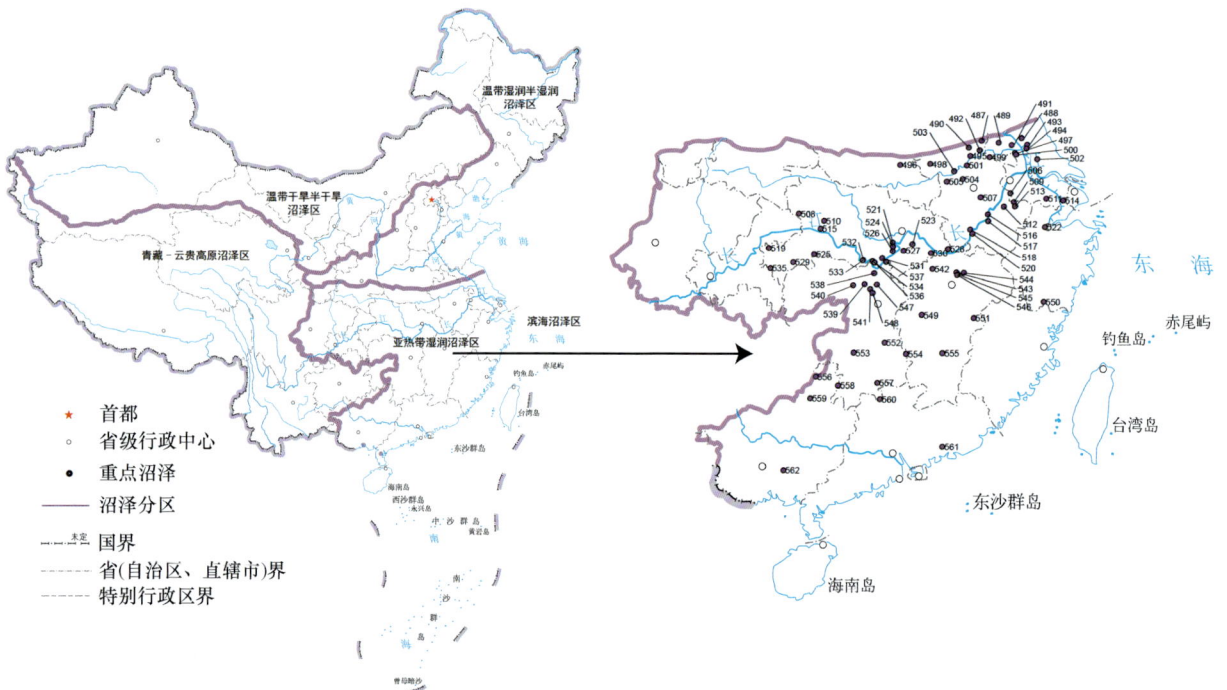

图 17-1　亚热带湿润沼泽区重点沼泽分布图

第一节　长江中下游平原沼泽区

长江中下游平原沼泽区位于中国三大平原之一的长江中下游平原，由两湖平原（湖北江汉平原、湖南洞庭湖平原总称）、鄱阳湖平原、苏皖沿江平原、里下河平原和长江三角洲平原组成，地理坐标为 27°17.5′ ～ 34°14.8′N、102°21.6′ ～ 121°50.8′E。

长江天然水系及纵横交错的人工河渠使该区成为全国河网密度最大地区之一，其中最主要的河流为长江及其支流汉江，多为冲积性河流。长江中下游干流长 1893 km，曲折度约为 1.6，以分汊型河段为主，约占总长的 70%。沼泽区也是我国淡水湖群分布最集中地区之一，湖泊总面积为 15 770 km²。

沼泽区大部分处在亚热带季风区。年平均气温 13～20℃，≥10℃积温为 4000～6500℃。最冷月（1 月）平均气温在 0℃以上，长江以北 0～2℃，江南 2～10℃，南岭 10～12℃。冰冻时间短，无霜期长，一般达 285 d 左右。年降水量 1000～1200 mm，一般山地多于平地，向风坡多于背风坡。降水的季节分配，以夏雨最多，春雨次之，秋雨更次，冬雨最少。雨量一般集中在 6～8 月，占总雨量的 40% 左右，但冬季雨量也占全年降水量的 10% 以上。长江中下游是冬雨比率较高、春雨甚为丰沛的地区（王洪铸等，2019）。

沼泽区土壤主要是黄棕壤或黄褐土，南缘为红壤，平地大部为水稻土。红壤生物富集作用十分旺盛，自然植被下的土壤有机质含量可达 70～80 g/kg。黄棕壤有机质含量也比较高，但经过耕垦后有机质明显下降。该地区的红壤、黄壤、黄棕壤与石灰土一般质地黏重，透水性差；由于地表径流量大，若植被消失、土壤结构破坏，极易发生水土流失。

沼泽区河网密布，湖泊众多，湿地广泛分布，主要包括河流湿地、湖泊湿地和沼泽湿地。沼泽类型与面积见表 17-2。沼泽区草本沼泽常见建群种包括芦苇、菰、南荻、水蓼、䔖草、香蒲、灰化薹草、鹅观草、喜旱莲子草、阿齐薹草、狗牙根、豌豆形薹草、拂子茅、具刚毛荸荠、萎蒿、益母草、荸荠、菖蒲、单性薹草、画眉草、戟叶蓼、荆三棱、冷水花、荔枝草、蓼子草、雀稗、三棱水葱、水蕨、水芹，水生植被常见建群种包括沉水植物金鱼藻、刺苦草、鸡冠眼子菜、竹叶眼子菜、黑藻、穗状狐尾藻、篦齿眼子菜、光叶眼子菜，浮叶植物包括荇菜、细果野菱、欧菱、凤眼莲、莼菜和芡，苔藓沼泽常见建群种为泥炭藓。

表 17-2 长江中下游平原沼泽区沼泽类型与面积

分区	类型	面积/×100 hm²
长江中下游平原沼泽区	藓类沼泽	0.2
	草本沼泽	2464.4
	灌丛沼泽	1.0
	沼泽化草甸	4.5

泗县沱河沼泽（341324-487）

【范围与面积】泗县沱河沼泽位于泗县丁湖、草沟二镇内的北沱河、沱河（南沱河）两岸，地处 33°16′00″～33°46′00″N、117°37′00″～118°10′00″E，沼泽面积为 261 hm²。

【气候】沼泽区属暖温带半湿润性季风气候，季风明显，四季分明，气候温和，雨量适中，光照充足，无霜期长。年平均气温 15.5℃，年平均日照时数 2085.9 h，平均无霜期 207 d。年平均降水量 1097.1 mm，年内雨季一般始于 7 月中下旬，常以暴雨形式出现，蒸发量 904.7 mm。年均蒸发量 1921.2 mm。

【沼泽植被】沼泽区共记录到植物 95 科 419 种，其中属国家二级重点保护野生植物的有莲和细果野菱 2 种。重要经济植物有莲、欧菱、香蒲、芦苇、菰、金鱼藻等。

【沼泽动物】沼泽区鱼类资源共计 7 目 13 科 32 种；两栖动物、爬行动物共有 9 科 15 种；鸟类 15 目 36 科 96 种，其中国家一级重点保护野生动物有东方白鹳、大鸨 2 种，国家二级重点保护野生动物有小天鹅、普通鵟、白尾鹞、红隼、短耳鸮、长耳鸮等 6 种；哺乳类共 5 目 7 科 11 种。沼泽区有大量东方大苇莺、白鹭、水生蛇类等在此繁衍生息。

【受威胁和保护管理状况】沼泽区建有安徽省泗县沱河省级自然保护区，于 2012 年批准建立（皖政秘〔2012〕62 号），对于该区沼泽水质改善和水鸟栖息地保护起到很好的支撑作用。

建湖九龙口沼泽（320925-488）

【范围与面积】建湖九龙口沼泽位于江苏省盐城市建湖县九龙口镇内，地理坐标为 33°20′ ～ 33°31′N、119°29′ ～ 119°40′E，面积为 522 hm²。

【地质地貌】沼泽区属江苏省淮河流域湿地区，是我国现存最为完好的潟湖型湖荡湿地之一，早在千年前就是一片广袤的芦苇沼泽，湿地生态系统发育完全，是平原型非冲积类水系地貌景观的典型代表。

【气候】沼泽区属亚热带季风气候，气温偏高，降水偏多，日照偏少。

【水资源与水环境】沼泽区是江苏里下河地区重要的淡水汇水、过水区和行洪通道，水源补给为综合补给方式，平均水位常年维持在 1.00 m 左右。林上河、钱沟河、新舍河、安丰河、溪河、莫河、涧河、城河、蚬河 9 条天然河流呈辐射状汇聚于湿地。

【沼泽植被】沼泽区湿地植被以芦苇群落为主，伴生有香蒲群落、三棱水葱群落、薹草群落等。重点保护植物有细果野菱和莲。

【沼泽动物】沼泽区有鸟类 16 目 27 科 99 种，国家重点保护野生动物有 5 种，分别为东方白鹳、黄嘴白鹭、西红角鸮、松雀鹰、纵纹腹小鸮。

【受威胁和保护管理状况】沼泽区位于江苏建湖九龙口国家湿地公园内，虽受旅游影响，但也受到规划保护。

洪泽湖沼泽（321324-489）

【范围与面积】洪泽湖沼泽位于江苏省淮安市西南 30 km，跨泗洪、淮阴、盱眙、洪泽和泗阳 5 县区，为淮河流域最大的沼泽分布区之一，地理坐标为 33°06′ ～ 33°40′N、118°10′ ～ 119°00′E，沼泽面积为 145 hm²。

【地质地貌】洪泽湖形成于黄河南侵夺淮，大量泥沙淤积于淮河下游入海故道蓄水成湖。洪泽湖地区在苏北地质构造单位划分中，属于洪泽拗陷，由中生代晚期燕山运动而形成。从地貌形态上看，洪泽湖湖盆呈浅碟形，湖底十分平坦，最高一般在 10 ～ 11 m，最低处在 7.5 m 上下，最高的水下淤滩在 11 ～ 12 m，其总趋势为西高东低，湖盆由西北向东南倾斜，湖底被现代河湖沉积物所覆盖。

【气候】沼泽区属亚热带湿润大陆性季风气候。年平均气温为 14.8℃，1 月平均气温为 1℃，极端最低气温为 –16.1℃；7 月平均气温为 27.6℃，极端最高气温为 39.8℃。平均无霜期为 240 d。洪泽湖年降水量多年平均为 925.5 mm，最多 1240.9 mm（1965 年）；最少 532.9 mm（1978 年）。受季风影响，雨季集中在 6 ～ 9 月，降水量占全年的 65.5%；冬季受北方寒冷气团的影响，降水量少，仅占 7% ～ 8%。年蒸发量为 1592.2 mm，其中 8 月蒸发量为 196.5 mm，2 月为 60.9 mm。

【水资源与水环境】沼泽区主要接受地表径流与湖水补给，由于受湖水位年内变化大的影响，沼泽补给水位不稳定，沼泽积水年内、年际变化较大。

2015 年调查显示，沼泽水体 pH 为 6.2 ～ 9.8，溶解氧为 5.3 ～ 9.7 mg/L，电导率为 302.0 ～ 1018.5 μS/cm。各调查点水深差异较大，为 0.9 ～ 2.7 m，透明度为 0.10 ～ 2.40 m。营养盐浓度差异较大，氨氮为 0.012 ～ 0.4 mg/L，磷酸根浓度为 0.002 ～ 0.1 mg/L。各调查点高锰酸盐指数为 3.1 ～ 7.6 mg/L。

【沼泽土壤】沼泽土壤土层厚 40 cm 左右，基本无泥炭积累。

【沼泽植被】沼泽区记录有植物 44 科 129 种，种类多样，以芦苇、菰、竹叶眼子菜、喜旱莲子草、荇菜、苦草、莲以及欧菱等为优势种，伴生青绿薹草、芡、水盾草、香附子、异型莎草、鳢肠、稻槎菜、华夏慈姑、长芒稗、槐叶苹等水生与湿生植物，植物物种极为丰富。

沼泽区优势植被可分为芦苇群落、菰群落、荇菜+苦草群落、芡+黑藻群落、苦草群落、喜旱莲子草群落、竹叶眼子菜群落。几种群落均显示了较高的盖度，其中芡群落平均盖度均在 90%，其次为芦苇群落和荇菜群落，苦草群落相对较低，但在扰动较少的分布区平均盖度也达到 55%。群落生物量以菰群落最高，达 6183 g/m²，其次为喜旱莲子草群落和芦苇群落，分别为 5538 g/m² 和 4549 g/m²；苦草群落和荇菜群落生物量相对较低，分别为 963 g/m² 和 1775 g/m²。各群落生物多样性指数为 0.225 ～ 1.545，其中以苦草群落最低，菰群落最高。

【沼泽动物】沼泽区鱼类以鲤、鲫、鳙、青鱼、草鱼、鲢为主。鸟类资源丰富，属国家一级重点保护的有全球濒危鸟类大鸨、东方白鹳、黑鹳、丹顶鹤，二级重点保护的有白额雁、大天鹅、疣鼻天鹅、鸳鸯、震旦鸦雀等 26 种，列入《中日候鸟保护协定》的有 105 种，列入《中澳候鸟保护协定》的有 24 种。

【受威胁和保护管理状况】沼泽区建立了洪泽湖湿地国家级自然保护区，包括城头林柴场鸟类自然保护区、杨毛嘴湿地生态自然保护区和洪泽农场鸟类自然保护区等，但圩堤水泥化和沼泽围垦情况较为严重（丁华艳，2015）。

洪泽湖沼泽（王晓龙 摄）

固镇两河沼泽（340323-490）

【范围与面积】固镇两河沼泽位于安徽省固镇县、黄淮平原南端的淮河北岸，地处 33°10′00″ ～ 33°30′00″N、117°3′00″ ～ 117°36′00″E，沼泽面积为 762 hm²。沼泽区建有安徽固镇县两河湿地市级自然保护区，属内陆湿地和水域生态系统类型自然保护区。

【气候】沼泽区处于中纬度由北亚热带向暖温带的过渡区域，气候表现出明显的过渡性。年平均气温 14.7℃，无霜期 218 d。年平均降水量为 750 ～ 871 mm，雨季主要集中在每年的 6 月～ 9 月，年均蒸发量为 1510.2 mm。

【水资源与水环境】2018 年调查发现，固镇浍河断面水质相对较差；怀洪新河胡洼水库集中式饮用水水源水质达到或优于III类标准；怀洪新河相对污染较轻，中下游水质多维持在III类。

【沼泽土壤】沼泽区土壤类型主要有砂姜黑土、潮土、棕壤和水稻土 4 种类型。根据固镇县第二次土壤普查时所得的土壤特征数据，砂姜黑土的平均有机质含量为 11.6 g/kg；潮土的平均有机质含量为 14.3 g/kg；棕壤的平均有机质含量为 11.1 g/kg；水稻土的平均有机质含量为 14.6 g/kg。沼泽区土壤的有机质垂直分布，除潮土中的部分土种和碱化砂姜黑土外，均表现为耕层最高，压实层次之，压实层以下锐减，甚至接近于 0。浍河和怀洪新河两河湿地自然保护区河底平坦，土壤 pH 7.5，有机质含量为 11.1 ～ 14.6 g/kg，全氮含量为 0.7 g/kg，全磷含量为 0.35 g/kg。

【沼泽植被】沼泽区记录有高等植物 301 种，隶属于 70 科 194 属。其中，苔藓共计 2 科 2 属 2 种，含苔类植物 1 科 1 属 1 种，藓类植物 1 科 1 属 1 种；蕨类植物 4 科 4 属 5 种；裸子植物 1 科 2 属 2 种；被子植物 63 科 186 属 292 种；主要优势种有：芦苇、无根萍、红蓼、艾、狐尾藻、菖蒲、喜旱莲子草、黑藻、浮萍等。

【沼泽动物】沼泽区动物有 157 种，其中兽类 20 种、鸟类 118 种、爬行类 12 种、两栖类 7 种。兽类以地栖的啮齿类及食肉类占优势。鸟类以鹭科等水禽及一些不甚畏人的雀形目鸟类如白鹭、东方白鹳等为主。两栖类以花背蟾蜍等为主，爬行类以山地麻蜥等为主。

【受威胁和保护管理状况】2020 年 3 月经安徽省人民政府同意，建立固镇两河湿地市级自然保护区，保护对象主要是候鸟栖息地。沼泽区因城镇排污、农村面源和农业生产废水排入水体，对水生生态系统的稳定有着严重的威胁，两河保护区河流水质急需改善提升。

白马湖沼泽（321023-491）

【范围与面积】白马湖沼泽位于江苏省金湖、淮安、宝应与洪泽 4 县市（区）间的白马湖滨，地理坐标为 33°09′01″ ～ 33°19′13″N、119°03′37″ ～ 119°11′54″E，面积为 26.53 hm²。地势低平，海拔 5 m。

【地质地貌】沼泽区原为滨海浅滩上的洼地，成湖初期是与海相通的潟湖海湾，江淮三角洲外伸和砂坝封闭，遂与海隔绝，并使浅洼地带积水成为滨海的咸性湖沼，后渐淡化而成为淡水湖泊。成湖初期，湖面相当广阔，在长期的泥沙淤积、黄河夺淮和人类活动下于 17 世纪初即形成目前的状态。湖滨沼泽地组成物质粒径较粗，以粉砂和细粉砂为主，粒径 0.01 mm 以上的约占总含量的 48%。

【气候】沼泽区地处亚热带北缘，接近暖温带，为季风湿润气候。年平均气温 11.1℃，1 月平均气温 0.5℃，7 月均温 27.0℃。降雨量年内分布极不均匀，暴雨主要集中在 6 ～ 9 月，特别是 7 月、8 月；多年平均年降雨量 961.7 mm，最大 1677.0 mm，最小 417.0 mm；汛期（6 ～ 9 月）多年平均降雨量 631.7 mm，最大 1320.0 mm，最小 259.0 mm。年蒸发量 1177.0 ～ 1594.0 mm，平均 1415.0 mm。

【水资源与水环境】沼泽区补给水源主要为湖水，其次为地表径流与地下水。2014 年调查时，沼泽区水体透明度为 0.55 ～ 1.1 m，pH 为 8.54 ～ 8.67，属于碱性水体，溶解氧含量浮动较大，为 2.87 ～ 5.60 mg/L。电导率为 550 μS/cm 左右。氧化还原电位为 –5.4 ～ 33.2 mV。水体总磷含量则相对较低，为 0.11 mg/L 左右，硝氮和氨氮分别为 0.11 ～ 1.53 mg/L、0.28 ～ 1.59 mg/L，磷酸根浓度为 0.014 ～ 0.062 mg/L，高锰酸盐指数显示在 6 mg/L 以下。

【沼泽土壤】沼泽土壤主要是腐殖质沼泽土。全剖面质地一般表土层为轻黏土，潜育层亦为轻黏土，母质层为重壤。

【沼泽植被】第一版《中国沼泽志》显示沼泽区主要优势植物为菰、香蒲和芦苇。本次调查显示，沼泽区主要优势群落有细果野菱＋荇菜群落、芦苇群落以及菰群落等；沼泽区近岸带也有呈片状分布的喜旱莲子草群落和丛生的苦草与黑藻群落。细果野菱＋荇菜群落总盖度相对较低，平均为45%，主要分布在敞水区，在分布密集区盖度可达90%以上，伴生水鳖、苦草和黑藻等；群落地上生物量平均为1834 g/m^2，物种丰富度指数为0.525，群落多样性指数（Shannon-Winner指数）为0.873。近岸带多分布菰群落，斑块状或条状分布于近岸浅水区，水深多小于1 m，也是人类活动干扰最为强烈的区域之一，邻近村镇区域多分布菜地以及人工网箱等。菰群落以菰为主，水面多伴生水鳖、槐叶苹等浮叶植物，也可见丛生的水烛以及喜旱莲子草和金鱼藻等，植物种类较多，生物量相对较高，平均达到5238 g/m^2。在沼泽内较大的湖湾和近村镇区，可见较大面积片状分布的莲群落，以白莲为主，斑块状分布红莲群落，多为人工养殖或人工养殖后扩散分布形成；盖度较高，平均达90%，莲叶重重叠叠，部分区域盖度达100%；群落内伴生种相对较少，仅边缘区可见少量金鱼藻、黑藻和水烛，生物量平均为2477 g/m^2，植物物种分布相对较少，明显小于菰群落和欧菱群落。

【沼泽动物】沼泽区鸟类中属国家一级重点保护动物的有东方白鹳、黑鹳2种；国家二级重点保护动物的有白额雁、大天鹅、小天鹅、疣鼻天鹅、鸳鸯、灰鹤和各类猛禽（鹰11种、隼3种、鸮6种）等共26种。鱼类以鲤科鱼类占优势，鲤科鱼类37种，占55%。定居性鱼类主要有鲤、鲫、鳊、蒙古鲌、刀鲚、前颌间银鱼等，共计53种，占全湖鱼类总数的83%。

【受威胁和保护管理状况】调查过程中发现白马湖围网养鱼蟹情况较突出，沼泽湿地人为破坏较为严重，围垦或人工化现象十分突出，沼泽呈斑块化。该区于2023年被列入《国际重要湿地名录》。

白马湖沼泽（蔡永久 摄）

五河沱湖沼泽（340322-492）

【范围与面积】五河沱湖沼泽位于安徽省五河县，北接沱河，南入漴潼河，最后汇入洪泽湖，水系简单。地处33°6′48″～33°17′10″N、117°39′35″～117°51′55″E，沼泽面积为407 hm^2。

【地质地貌】沼泽区地貌主要由冲积平原、浅平洼地、河漫滩等构成，地面高度为13～19 m。土壤类型分异不大。

【气候】沼泽区属北亚热带与南暖温带过渡季风气候区，年平均气温 14.7℃。年平均降水量 906 mm，年平均日照时数 2307 h，无霜期 212 d。

【水资源与水环境】沱湖湖体水质整体较好，湖泊冬季整体水质优于夏季，各监测点的 TN、TP 平均浓度值均劣于《地表水环境质量标准》（GB 3838—2002）中Ⅲ类水质要求。沱湖水体营养化指数为 58.67，水质处于轻度富营养水平（龚文娟，2021）。

【沼泽土壤】沼泽区环湖周围主要是棕壤，其中坡黄土居多，坡红土和黄土次之，淤坡土和红白土很少。此外，在湖泊南岸分布有小面积的淹育型水稻土。

【沼泽植被】沼泽区共记录到水生维管植物 19 科 27 属 33 种，其中被子植物 17 科 25 属 31 种，蕨类植物 2 科 2 属 2 种。其中属国家二级保护的有莲、野大豆和细果野菱 3 种；主要优势物种为芦苇、蒴草、菹草、白茅（陈明林和涂传林，2012）。

【沼泽动物】沼泽区记录有鱼类 7 目 14 科 39 种；两栖动物、爬行动物 17 种，其中两栖纲 1 目 3 科 4 属 7 种，爬行纲 2 目 7 科 8 属 10 种（张雷雷等，2007）；鸟类 13 目 33 科 69 种，其中国家一级重点保护野生动物有东方白鹳、黑鹳和白枕鹤 3 种，国家二级重点保护野生动物有 5 种，分别为鸳鸯、白尾鹞、欧亚鵟、短耳鸮和长耳鸮（鲍方印等，2011）。

【受威胁和保护管理状况】沼泽区建有安徽五河沱湖省级自然保护区，于 2000 年批准建立。保护区所处主要地区在沱湖乡沱湖村，沼泽仍受到农田排水、旅游、捕鱼等的威胁，应加强管理和保护。

大纵湖沼泽（320903-493）

【范围与面积】大纵湖沼泽位于盐城市与兴化市交界处的大纵湖地区，地理坐标为 33°7′ ～ 33°13′N、119°43′ ～ 119°50′E，面积为 114 hm²。

【气候】沼泽区处于亚热带季风性湿润气候区，季风盛行，夏天湿热，冬季干冷，常年雨量 900 ～ 1000 mm，历史最干旱水位 0.54 m（1978 年），最高水位 3.35 m（1991 年），常年水位 0.8 m，年最高水温为 13.3℃，年均最高气温为 24.8℃。无霜期 229 d。

【水资源与水环境】沼泽区与许多水网相通，出水流向东部的盐城沼泽区。由于地势普遍较低，气候湿润，沼泽区主要以湖泊水为补给水源，其次为地表径流和大气降水。

2014 年调查显示，沼泽水体 pH 平均为 8.63，溶解氧均值为 8.25 mg/L，电导率均值为 401 μS/cm，矿化度为 0.260 g/L。各调查点水深为 1.7 ～ 2.1 m，悬浮物和透明度分别为 10.2 ～ 15.2 mg/L、0.5 ～ 0.6 m，透明度在各调查点间变化相对较小。硝氮和氨氮分别为 1.201 ～ 1.403 mg/L、0.508 ～ 0.603 mg/L，磷酸根浓度为 0.110 ～ 0.152 mg/L，高锰酸盐指数为 5.72 ～ 6.30 mg/L，氯离子浓度为 40.6 ～ 49.8 mg/L。

【沼泽土壤】沼泽区土壤类型隶属于腐殖质沼泽土亚类中草渣土土属的厚层草渣土和薄层草渣土两个土种。其中厚层草渣土主要分布在湖荡地区，土壤轻黏质，无石灰反应。

【沼泽植被】第一版《中国沼泽志》显示沼泽区植被以芦苇为优势种，但本次调查显示只有近岸散落分布斑块状芦苇群丛。沉水植物均以金鱼藻、苦草和黑藻为优势种或多见种，伴生马来眼子菜、狐尾藻。浮叶植物则形成以荇菜、欧菱为优势种群落，部分水体覆盖成片的芡群落。大纵湖围垦与围网活动强烈，植被覆盖度相对较低，典型植被平均生物量为 2500 g/m² 左右。相比较而言，以前的芦苇群落由于人为干扰强烈，退化严重。

大纵湖沼泽（王晓龙 摄）

大纵湖沼泽（蔡永久 摄）

里下河地区沼泽（320900-494）

【范围与面积】里下河地区沼泽位于苏北灌溉总渠以南、通扬运河以北、京杭大运河以东、串场河以西的区域，地理坐标为33°01′～33°05′N、119°41′～119°45′E，面积为522 hm²。海拔不足2 m，素有"锅底"之称。

【地质地貌】沼泽区在大地构造单元上属扬子古陆苏北坳陷区。燕山运动以来，长期处于缓慢沉陷状态，堆积着深厚的新生代沉积物，形成低洼平原。沼泽区为四周高中间低的碟形洼地，平原底部为射阳湖、大纵湖、得胜湖、蜈蚣湖、郭城湖、广洋湖、平旺湖及周边的湖滩地。

【气候】沼泽区处于亚热带向暖温带过渡地带，具有明显的季风气候特征，日照充足，四季分明。年平均气温15.0℃，1月平均气温1.6℃，7月平均气温27.7℃。区内年平均降雨量为1000 mm，汛期降雨量集中，6～9月降雨量约占年降雨量的65%。年平均蒸发量为960 mm左右。全年无霜期207 d。

【水资源与水环境】沼泽区主要接受湖水、地表径流补给，其次为地下水及大气降水补给。沼泽水体pH平均值为8.01（7.35～9.11），电导率为613（519～792）μS/cm，矿化度为0.33（0.24～0.45）g/L，溶解氧含量变化较大，为3.65～10.57 mg/L，平均值为7.02 mg/L。各调查点水深为0.8～3.0 m，平均值为1.7 m。透明度为0.2～1.2 m，平均值为0.5 m，透明度在各调查点间变化较大，主要是各调查点水体换水周期较长，水质的空间变化大。各调查点营养盐浓度差异较大，硝氮和氨氮分别为1.16（0.37～1.99）mg/L、0.43（0.07～1.12）mg/L，磷酸根浓度为0.086（0.026～0.188）mg/L。各调查点高锰酸盐指数为4.57（6.27～9.78）mg/L，氯离子浓度为29.9～47.6 mg/L。

【沼泽土壤】沼泽区土壤属于腐殖质沼泽土中的厚层草渣土和薄层草渣土。厚层草渣土面积最大，占沼泽土类面积的80.76%，土壤轻黏质，中性，无石灰反应；薄层草渣土占沼泽土类面积的19.24%，主要分布在湖荡地区，土壤轻黏质，中性，无石灰反应。

【沼泽植被】第一版《中国沼泽志》显示，里下河地区沼泽植物种类丰富，主要有芦苇、苦草、穗状狐尾藻、竹叶眼子菜、水烛、莲、欧菱、华夏慈姑、芡、荸荠、菰等。

本次调查中，沼泽区人为干扰严重。里下河地区水体主要分为两种类型，一种是人工围垦养殖水体，另一种是水体之间连通的河道，未见到大面积的沼泽滩地和芦苇荡。水体开发利用强度极高，如郭城湖三分之二面积被围堤分割成片状的养殖水体；平旺湖被国道一分为二，两边水体分为围网和精养鱼塘，湿地景观破坏极为严重。在调查的几个湖泊中仅得胜湖水面面积保留较大，人为干扰较少，水草也较为茂盛。围网养殖水体或精养鱼塘中植物分布极少，大多也以喜旱莲子草、红蓼、菰等为主；在围垦鱼塘中的过水河道中植物则长势茂盛，多以金鱼藻、苦草和欧菱群丛居多（刘慧芬，2012）。

里下河地区沼泽（王晓龙 摄）

蚌埠三汊河沼泽（340311-495）

【范围与面积】蚌埠三汊河沼泽位于安徽省蚌埠市淮上区曹老集、梅桥两镇的交界处，包括三汊河湿地及北淝河部分河段，地处 33°0′02″ ～ 33°5′33″N、117°14′13″ ～ 117°25′56″E，沼泽面积为 329 hm²。

【气候】沼泽区处于北亚热带和暖温带的分界线上，属暖温带半湿润季风气候区，季风显著，气候温和，光、热、水资源比较丰富。年日照总时长为 2167.5 h，日照率 49%。年平均温度 15.1℃，相对湿度 73%，平均无霜期 217 d，平均冰冻期 39 d，主导风为东北风。年均降水量为 900 mm，年最大降水量为 1565 mm，年最小降水量为 376 mm；降雨年内分配不均衡，主要集中在 6 ～ 9 月，占全年降水量的 60% ～ 80%。

【沼泽土壤】沼泽区主要土壤类型为潮土，沼泽表层土壤中的有机碳、微生物量氮、可溶性有机碳和可矿化有机碳分别为 16.99 g/kg、124.42 mg/kg、119.44 mg/kg 和 0.55 g/kg（简兴等，2019）。

【沼泽植被】沼泽区共记录维管植物 33 目 61 科 193 种，其中蕨类植物 3 科 3 种，裸子植物 2 科 2 种，被子植物 56 科 186 种；被子植物中双子叶植物 49 科 150 种，单子叶植物 7 科 36 种；有国家二级重点保护野生植物一种——野大豆。

【沼泽动物】沼泽区记录有鱼类 4 目 8 科 19 种、两栖类 1 目 2 科 5 种、爬行类 2 目 3 科 6 种、鸟类 13 目 37 科 103 种、兽类 5 目 8 科 18 种。国家二级重点保护鸟类 3 种，分别为红隼、白尾鹞、小鸦鹃；安徽省一级保护鸟类 6 种，分别为四声杜鹃、大杜鹃、崖沙燕、家燕、金腰燕、灰喜鹊。

【受威胁和保护管理状况】沼泽区建有安徽三汊河国家湿地公园，于 2016 年 8 月批准建立，管理单位为淮上区林业局。湿地公园开始建设后，历经 10 多年的污染防治和封湿保育，生态环境质量逐步得到恢复。

宿鸭湖沼泽（411727-496）

【范围与面积】宿鸭湖沼泽位于河南省汝南县，地理坐标为 32°53′00″ ~ 33°6′00″N、114°12′00″ ~ 114°35′00″E，沼泽面积为 2009 hm²。

【地质地貌】沼泽区的地质结构属第四系淮河堆积、湖相沉积区。地面海拔 40 ~ 70 m，地势平坦，是在平原上筑长坝形成的平原水库（陈海生等，2018）。

【气候】沼泽区属亚热带和温带的过渡地带，受季风环流影响明显，降雨随季节变化。年平均气温为 15.1℃；年均降水量 833 mm，集中在 7 月、8 月、9 月，年蒸发量 1500 mm，全年无霜期 221 d。

【水资源与水环境】宿鸭湖丰水面积为 27 950 hm²，丰水位 57.0 m；枯水面积为 11 330 hm²，枯水位 52.5 m，正常蓄水量 2.1 亿 m³，平均水深 1.85 m，最深 4.5 m。

【沼泽土壤】沼泽区土壤主要为沼泽土和沼泽化草甸土。

【沼泽植被】沼泽区地势平坦，滩涂广阔，植物生长繁茂，物种丰富。湿地维管植物区系组成计有 50 科 198 种，其中木本植物 17 种，草本植物 181 种。受地形和水深的影响，植被类型由滩涂向深水过渡明显，依次为人工栽培植被、湿生草甸、水生植被。湿地草甸植被包括狗牙根群落，伴生种有马唐、阿尔泰狗娃花、刺儿菜、旋覆花、牛毛毡、扁秆荆三棱等；薹草群落伴生种有水蓼等；另外还有莎草群落、鳢肠群落等；水生植被主要由芦苇群落、水烛群落、菰草群落、眼子菜群落、莲群落等组成。

【沼泽动物】沼泽区鸟类资源丰富，其中，属国家一级重点保护动物的有东方白鹳、黑鹳、白鹤、大鸨、玉带海雕、黄嘴白鹭等，属国家二级重点保护动物的有大天鹅、灰鹤等。另外，沼泽区生活着丰富的浮游动物、底栖动物、半水生及陆生节肢动物等无脊椎动物，隶属于 7 门 11 纲 60 种（刘纪兰等，1999）。

【受威胁和保护管理状况】沼泽区建有宿鸭湖湿地省级自然保护区，于 2001 年 6 月经河南省人民政府批准建立，主管部门为汝南县林业局，属于湿地生态及鸟类类型自然保护区。

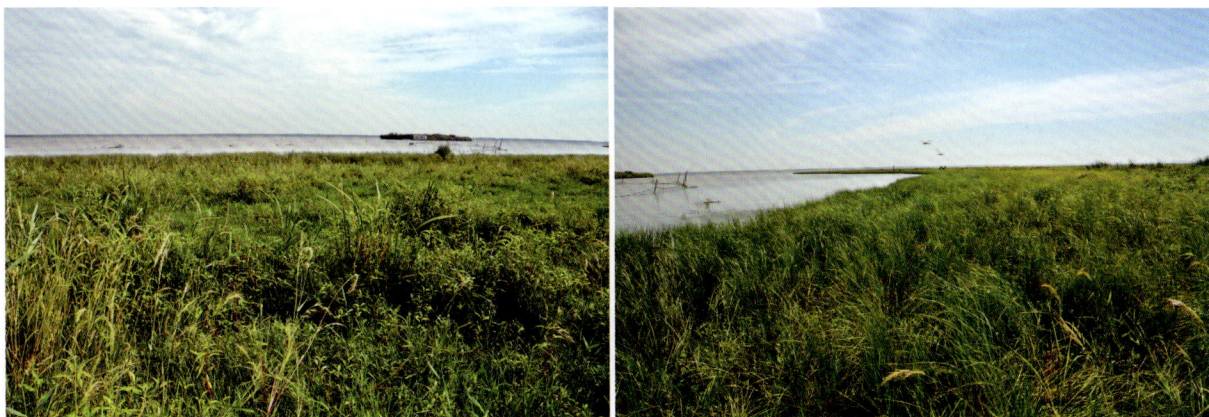

宿鸭湖沼泽（刘波 摄）

高邮湖沼泽（321084-497）

【范围与面积】高邮湖沼泽位于江苏省高邮、金湖、宝应、安徽省天长 4 县市间的高邮湖滨，地理坐标为 32°49′ ～ 33°4′N、119°03′ ～ 119°23′E，面积为 2436 hm²。海拔 5 ～ 7 m。

【地质地貌】沼泽区在地质构造上属于扬子准地台。第四纪以来地壳缓慢下沉，沉积了 20 ～ 300 m 厚的松散堆积层。湖底为灰色粉砂质黏土，较致密，加之地势低洼，湖荡众多，地下水位浅而稳定，因而有利于沼泽发育。

【气候】沼泽区以亚热带、温带季风气候为主，气候温暖，雨量适宜，四季分明。年平均气温为 14.7℃，1 ～ 2 月平均气温为 4.8℃，3 ～ 5 月平均气温为 16.2℃，6 ～ 8 月平均气温为 27.6℃，9 ～ 11 月平均气温为 17.9℃，12 月平均气温为 10℃。无霜期 221 d，常年平均降水量 1029 mm，6 月、7 月降雨量最大，蒸发量 890 mm。全年日照时数为 2081.8 h。

【水资源与水环境】高邮湖湖水主要由地表径流补给，三河（淮河入江水道）入湖水量占总入湖水量的 95% 以上，另由安徽省内的白塔、铜龙、秦楠、杨村和王桥等 5 条小河补给，最终由东南部高邮湖控制闸入长江。沼泽区主要接受湖泊水，其次为地表径流与地下水补给。

2014 年调查显示，沼泽区 pH 为 8.33（8.16 ～ 8.86），溶解氧为 7.55（6.75 ～ 8.20）mg/L，电导率为 409（359 ～ 439）μS/cm，矿化度为 0.266（0.233 ～ 0.285）g/L。各调查点水深为 1.2 ～ 2.3 m，悬浮物和透明度分别为 57.3（28.8 ～ 82.4）mg/L、0.25（0.20 ～ 0.30）m，透明度在各调查点间变化相对较小。各调查点营养盐浓度差异较大，总氮和总磷分别为 0.81 ～ 2.10 mg/L、0.049 ～ 0.165 mg/L，硝氮和氨氮分别为 0.108 ～ 1.540 mg/L、0.064 ～ 0.683 mg/L，磷酸根浓度为 0.023 ～ 0.110 mg/L。各调查点高锰酸盐指数为 4.08 ～ 9.88 mg/L，氯离子浓度为 29.9 ～ 47.6 mg/L。

【沼泽土壤】沼泽区土壤类型为腐殖质沼泽土和淤泥沼泽土。其中淤泥沼泽土土属母质为近代湖相 - 河相（黄淮）淤积物，主要分布在高邮湖湖滨的草滩。泥炭主要分布在高邮湖湖底，属潟湖型和湖泊沼泽型泥炭矿。

【沼泽植被】沼泽区共有植物 21 科 44 属 50 种，主要有芦苇、荻、高秆莎草、莲、狗牙根、葎草、金鱼藻、狐尾藻、稗、菹草等优势种。第一版《中国沼泽志》显示沼泽植被主要是芦苇群落。本次调查显示湖区内少见挺水植物，近岸沼泽区有大量的芦苇群落分布。少数沼泽植物群落中除芦苇外，还伴生两歧飘拂草、香蒲、荆三棱、莲及芡等。浮叶植物以欧菱和荇菜为主，沉水植物多见黑藻和金鱼藻，也有少量苦草和竹叶眼子菜。

欧菱群落、荇菜群落和芦苇群落三种优势植物群落的生物量为 2173 ～ 3651 g/m²，其中芦苇群落生物量最高。此外，芦苇群落也显示出了最高的物种丰富度和群落多样性指数，而荇菜群落生物多样性指数最低（表 17-3）。

高邮湖沼泽（王晓龙 摄）

表 17-3 高邮湖沼泽三种植物群落生物量与生物多样性指数

	总盖度/%	生物量/(g/m²)	物种Margalef丰富度指数	群落多样性指数(Shannon-Wiener指数)
欧菱群落	85	2173	0.889	1.189
荇菜群落	80	2358	0.896	1.049
芦苇群落	95	3651	1.642	1.575

【受威胁和保护管理状况】沼泽区水色较浑浊，航运发达，近岸湖区可见较多养殖围网（车丁，2018；赵景奎等，2019）。2005 年确立为县级自然保护区（高邮湖湿地县级自然保护区）。

颍州西湖沼泽（341202-498）

【范围与面积】颍州西湖沼泽位于安徽颍州西湖国家湿地公园，总面积为 660 hm²，其中沼泽面积为 197 hm²。沼泽区位于洪河、颍河之间，地理坐标为 32°54′04″ ~ 32°56′33″N、115°37′12″ ~ 115°39′50″E。

【气候】沼泽区位于暖温带南缘，属暖温带半湿润季风气候。年平均气温为 15.7℃，1 月 1.3℃，夏季 7 月 27.8℃，年极端最高气温 41.4℃，极端最低气温 –20.4℃。全年无霜期为 179 ~ 237 d，年平均 222 d。土壤最大冻结深度 0.31 m。年平均降水量为 920.6 mm，年最大降水量为 1593.4 mm，最小年降水量为 496.6 mm，丰枯比为 3.21；汛期（6 ~ 9）月降水量占全年的 60%，多年平均水面蒸发量 954.4 mm。降水量时空分布不均，常常是连旱连涝，旱涝灾害频繁。

【沼泽土壤】沼泽区多为河流淤泥，坝外主要是灰潮土和普通砂姜黑土亚类，普通棕壤亚类次之。湿地周围土壤多为棕壤，成土母质为黄土性古河流沉积物。其中砂姜黑土占 68%，有机质含量为 1.35 g/kg，氮含量为 1.02 g/kg，速效磷含量为 11 mg/kg，速效钾含量为 150 mg/kg。土壤中性偏碱，pH 为 7.5 ~ 8.5。

【沼泽植被】沼泽区共记录维管植物 49 目 77 科 239 种，其中蕨类植物 4 目 5 科 6 种，裸子植物 1 目 3 科 5 种，被子植物 44 目 69 科 228 种，以菊科、禾本科、莎草科、蓼科等为优势科，主要优势物种为芦苇、欧菱、艾等。

【沼泽动物】沼泽区共记录湿地脊椎动物 246 种，隶属于 5 纲 29 目 67 科，其中鸟纲 15 目 41 科 179 种，爬行纲 2 目 5 科 10 种，两栖纲 1 目 2 科 3 种，哺乳纲 6 目 11 科 17 种，鱼纲 5 目 8 科 37 种。其中国家一级重点保护野生动物 3 种，即东方白鹳、白头鹤、大鸨；国家二级重点保护野生鸟类 9 种，即小天鹅、鸳鸯、赤腹鹰、普通鵟、红隼、燕隼、灰鹤、短耳鸮、长耳鸮。

【受威胁和保护管理状况】沼泽区湿地生态环境保存完好，珍稀濒危水禽种类、数量丰富，为迁徙和越冬水禽提供重要的越冬地及歇息地，并具有良好的自然属性和适宜的面积。湿地公园内的生物多样性较高，湿地生态系统结构和功能较完整，具有重要保护价值。

明光女山湖沼泽（341182-499）

明光女山湖沼泽位于明光市中部、江淮分水岭以北，地处 32°48′00″ ~ 33°2′00″N、117°58′00″ ~ 118°18′00″E，沼泽面积为 71.6 hm²。北亚热带湿润气候，年均气温 15℃，年均降水量 950 mm，年均蒸发量 1800 mm，年均日照时数 2176 h。沼泽区共记录有水生维管植物 42 种，以芦苇、莲、芡、欧菱为主要建群种。鱼类 16 科 67 种;鸟类 14 目 42 科 104 种,其中国家一级重点保护动物 4 种,分别为黑鹳、大鸨、东方白鹳、白鹤,国家二级重点保护动物 9 种,包括灰鹤、大天鹅、小天鹅等。女山湖为皖境淮河流域的天然永久性淡水湖泊,与淮河直接相通,汇池河经淮河注入洪泽湖,具有重要调蓄和灌溉功能,生态功能极其重要,是淮河水系生态安全的重要屏障。安徽明光女山湖省级自然保护区是 2006 年 4 月由安徽省人民政府批准建立的,2012 年 5 月,由明光女山湖省级自然保护区管理局管理。

邵伯湖沼泽（321003-500）

【范围与面积】邵伯湖沼泽位于江苏省邗江、江都和高邮 3 个区市的邵伯湖湖滨,地理坐标为 $32°28′ \sim 33°18′N$、$119°02′ \sim 119°30′E$,面积为 1271 hm^2。海拔一般 5 ~ 7 m。

【地质地貌】沼泽区地层单元主要为天长隆起地层单元和高邮拗陷平原,地貌类型由西向东可依次分为低缓岗地区、湖泊沉积与高河漫滩平原,并划分为 3 个不同的工程地质区域:低缓岗地工程地质区、湖泊沉积平原工程地质区、高河漫滩平原工程地质区;区域内主要分布有膨胀土、淤泥质黏土和粉细砂 – 黏土互层等特殊土层,且不同岩土体的组合关系复杂。

【气候】沼泽区处于北亚热带与暖温带的过渡地带,年平均气温 14.0℃,最高气温 39.1℃,最低气温 –17.7℃;常年受东亚季风环流影响,具有四季分明、气候温和、降水充沛等特点。年均降水量 1046.2 mm,且多集中于 6 ~ 8 月,占全年降水的 78%;全年平均日照时数 3176.7 h,相对湿度 79%,无霜期 222 d。

【水资源与水环境】淮河来水为沼泽区主要水源。淮河水量年内和年际分配不均,夏秋季淮河流域汛期时,入湖水量最大;冬季和春季入湖水量较小。平均年入湖水量为 240 多亿立方米,目前入湖水量最大在 1956 年,流量为 702.6 亿 m^3,而 1978 年只有 1.17 亿 m^3。

沼泽水体 pH 平均为 8.57;溶解氧平均值为 7.79 mg/L;电导率平均值为 427 μS/cm;矿化度平均值为 0.27 g/L。水深为 1.8 ~ 2.5 m,悬浮物和透明度分别为 41.1（26.2 ~ 60.2）mg/L、0.40（0.30 ~ 0.60）m。总氮和总磷分别为 0.83 ~ 2.93 mg/L、0.049 ~ 0.213 mg/L,硝氮和氨氮分别为 0.79（0.01 ~ 1.82）mg/L、0.27（0.06 ~ 0.602）mg/L,磷酸根浓度为 0.044（0.009 ~ 0.109）mg/L。各调查点高锰酸盐指数为 6.7（4.4 ~ 11.6）mg/L,氯离子浓度为 42.1（36.0 ~ 50.7）mg/L。

【沼泽土壤】沼泽区地势低洼,地下水位高,地表季节性淹水,发育沼泽土。沼泽土质地黏重,有机质较多,土壤剖面分层（腐殖质层、潜育层和母质层）明显。

【沼泽植被】根据第一版《中国沼泽志》,沼泽区以芦苇、菰为优势种,伴生荻、蒲草、菱、欧菱等。本次调查显示芡、荇菜、菰和欧菱成为优势种,伴生金鱼藻、苦草、槐叶苹等。几种植物群落的生物量和生物多样性如表 17-4 所示。

表 17-4　邵伯湖沼泽湿地植物群落生物量与生物多样性

	总盖度/%	生物量/(g/m²)	物种Margalef丰富度指数	群落多样性指数(Shannon-Wiener指数)
荇菜群落	100	7107	1.157	1.629
菰群落	100	8214	0.851	1.012
芡群落	100	8913	1.058	1.563

【沼泽动物】沼泽区记录有鱼类 16 科 63 种,浮游生物 80 科 200 余种;陆生动物仅鸟类就有 120 余种,其中有国家一级重点保护野生动物东方白鹳、大鸨、黄嘴白鹭等,国家二级重点保护野生动物大

天鹅、小杓鹬、花田鸡、虎纹蛙等。

【受威胁和保护管理状况】沼泽区西部和东部沿岸带围网养殖情况较为普遍。有些沼泽用于养殖，湖水位受人工控制，加剧了水位变化，不仅使沼泽植物生长受到影响，也破坏了沼泽区动物的栖息环境，使之生存受到严重干扰（张宇，2016）。

邵伯湖沼泽（王晓龙 摄）

淮南淮河沼泽（340400-501）

【范围与面积】淮南淮河沼泽是指分布在淮河干流安徽段的沼泽湿地，涉及城市主要有阜阳市、六安市、淮南市和蚌埠市，地处 32°10′00″ ～ 33°18′00″N，116°1′00″ ～ 118°18′00″E，沼泽面积为 1291 hm²。

【气候】沼泽区地处我国南北气候过渡带，属暖温带半湿润季风气候区。其特点是：冬春干旱少雨，夏秋闷热多雨，冷暖和旱涝转变急剧。年平均气温为 14.8 ～ 17.4℃，最高月平均气温为 30.9℃左右，出现在 7 月；最低月平均气温为 –1.3℃，出现在 1 月；年降水量为 412.51 ～ 1196.4 mm，存在南多北少、山区多、丘陵平原少的特征；全年无霜期为 200 ～ 250 d。

【沼泽植被】沼泽区记录有湿地维管植物 68 科 165 属 259 种，其中蕨类 6 科 6 属 6 种，裸子植物 1 科 3 属 3 种，被子植物 61 科 156 属 250 种，其中国家级重点保护野生植物 5 种，分别为水蕨、莲、野大豆、细果野菱、莼菜（徐如松等，2007）。

【沼泽动物】沼泽区有湿地高等动物 259 种，两栖动物、爬行动物 34 种，鸟类 15 目 48 科 146 种，兽类 14 种，鱼类 8 目 17 科 65 种。其中湿地重点保护动物 10 种：虎纹蛙、白鹳、黑鹳、白头鹤、白鹤、大鸨、白琵鹭、大天鹅、小天鹅、鸳鸯（王松等，2009）。

【受威胁和保护管理状况】沼泽区湿地资源丰富，但受人为干扰比较严重，湿地围垦、泥沙淤积、资源的过度开发利用及各种污染较为严重，导致天然湿地减少，湿地功能和效益不断下降，生物多样性减少，需要加以保护。

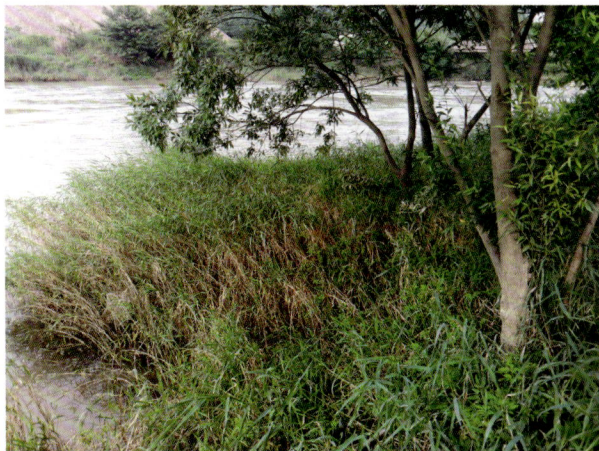

淮南淮河沼泽（侯志勇 摄）

溱湖沼泽（321200-502）

【范围与面积】溱湖沼泽位于泰州市东北部、苏中里下河水网腹地。地理坐标为 32°36′ ~ 32°39′N、120°5″ ~ 120°7′E，面积为 52.69 hm²。

【地质地貌】溱湖沼泽湿地在海陆之间，处于全国著名三大洼地之一的里下河地区，为长江水系与淮河水系交汇之处。

【气候】沼泽区属亚热带湿润气候区，四季分明，气候温和，年均气温为 16℃，冬季平均气温为 3.3℃，夏季平均气温为 26.2℃，年均降雨量为 1031.8 mm，平均相对湿度为 80%，无霜期 220 d，全年主导风向东南风。

【水资源与水环境】沼泽区拥有自然雨水、地表水、过境水、地下水等丰富的水资源。溱湖湿地也是里下河乃至整个苏中地区重要的淡水湖泊之一，流经溱湖的主要河流有泰东河、姜溱河、黄村河、兴溱河等，地表水资源丰富，水质良好。

【沼泽植被】沼泽区植被主要由芦苇群落、长苞香蒲群落等组成。

【沼泽动物】沼泽区记录有国家一级重点保护野生动物东方白鹳、黑鹳、丹顶鹤、麋鹿等 7 种，省级保护动物有鸿雁、鹌鹑、喜鹊、灰喜鹊、画眉等 8 种。两栖类主要有金线侧褶蛙、黑斑侧褶蛙等，爬行类主要有乌龟、中华鳖、秦岭蝮等，水生无脊椎动物主要有日本沼虾、中华绒螯蟹、方形环棱螺、河蚬等。

【受威胁和保护管理状况】沼泽区位于江苏姜堰溱湖国家湿地公园。管理人员自 2006 年起关闭了溱湖上游地区的污水排放企业，并投入了大笔资金实施溱湖清淤工程。经过对景区内水系的疏浚，溱湖水系与外部水系汇流，增强了水的流动性，保证了水质的清洁。对溱湖湿地水质进行实时监测，严格管理，极大地改善和提高了溱湖湿地的水质（章霞等，2012；周帆和郭剑英，2016；葛之葳等，2017）。

焦岗湖沼泽（340421-503）

焦岗湖沼泽位于安徽省淮南市西南部焦岗湖国家湿地公园内，地处淮河中游左岸，地理坐标为 32°32′00″ ~ 32°37′55″N、116°31′00″ ~ 116°40′00″E。沼泽面积为 325 hm²。沼泽区属亚热带季风气候。四季分明，春秋短、夏冬长，光照充足，受季风影响明显。降水年际变化较大，季节分配不均，年均降水量为 902 mm。年平均气温 15.1℃，月平均气温 1 月最低（1.1℃），7 月最高（28℃），无霜期较长。焦岗湖沼泽共记录有水生植物 122 种、鸟类 1 目 37 科 96 种、鱼类 50 种、浮游植物 197 种、浮游动物 65 种，国家二级重点保护野生鸟类有黑鸢和红隼 2 种，安徽省重点保护野生鸟类有绿头鸭、豆雁、大杜鹃等 20 种（平磊和周立志，2018）。2009 年沼泽区建立安徽淮南焦岗湖国家湿地公园，自湿地公园建立以来，加强了对湖泊主体的保护，遏制了围湖造田、围网养殖等破坏性行为，对生物多样性的维护具有重要作用。

瓦埠湖沼泽（340422-504）

瓦埠湖沼泽地处寿县县城南瓦埠湖畔，地处 32°10′ ~ 32°24′N、116°48′ ~ 117°02′E，沼泽面积为 167 hm²。年平均气温 14.9 ~ 15.3℃，1 月平均气温 0.7℃，最低极值 –24℃，7 月平均气温 27.9℃，最热极值 40℃。无霜期 213.2 d。年平均降雨量 885.9 mm。湖区水体中 NH_4^+-N 与 COD、Mn 均达到《地表水环境质量标准》中的 III 类标准（李凯等，2017）。沼泽区共有植物 52 种，隶属于 24 科 45 属。湿生植物种类最多，为 31 种，而挺水植物、漂浮植物、浮叶植物和沉水植物分别为 7 种、2 种、3 种和 8 种，主要优势种为穗状狐尾藻、欧菱、芦苇、喜旱莲子草、狗牙根等（王慧丽等，2015）。该湖区属于中等偏下营养型湖泊，面临野生动物、植物资源多样性减少的困境，需要加强保护力度。

瓦埠湖沼泽（侯志勇 摄）

霍邱东西湖沼泽（341522-505）

【范围与面积】霍邱东西湖沼泽位于安徽省霍邱县，地处 32°9′25″ ~ 32°21′58″N、116°6′40″ ~ 116°23′20″E，沼泽面积为 1315 hm²。

【地质地貌】沼泽区地貌为平原、湖盆和湖水，海拔 18 ~ 23 m，平原坡度 1‰ 左右；沿湖洼地地势平坦，组成物质为近期河湖相沉积，质地较黏重。

【气候】沼泽区处于北亚热带向暖温带过渡地带，气候温和，雨热同期，四季分明。年平均气温 15.4℃，1 月平均 1.8℃，7 月平均 28℃，≥ 10℃年积温 4957.3℃，年平均降水量 951.3 mm，年平均日照时数 2163 h，年蒸发量 1588 mm，无霜期 222 d。

【沼泽土壤】沼泽区土壤类型为半水成性，沉积物为黏土，有机质含量为 1.35%，全氮为 0.082%，全磷为 0.000 89%。该区域土壤有 5 个类型，以潮土和水稻土为主。

【沼泽植被】沼泽区有低等植物 25 目 111 属 234 种，高等植物 50 科 134 属 193 种，湿地植被优势种为南荻、芡、野菱、菰、喜旱莲子草、香蒲等。

【沼泽动物】沼泽区动物有两栖类 1 目 4 科 7 种，爬行类 2 目 4 科 6 种，鸟类 14 目 36 科 110 种，兽类 4 目 6 科 13 种。其中，国家一级保护鸟类有白鹤、白枕鹤、大鸨、白头鹤、东方白鹳 5 种，国家二级重点保护野生动物有白琵鹭、灰鹤、小天鹅、鸳鸯等 12 种（刘永敏，2012）。

【受威胁和保护管理状况】沼泽区湿地受非法圈圩、围湖造田、围网养殖等行为的影响。

石臼湖沼泽（340521-506）

【范围与面积】石臼湖沼泽位于江苏省南京市和安徽省马鞍山市交界，位于安徽省当涂石臼湖省级自然保护区内，地处 31°26′7″ ~ 31°44′32″N、118°46′16″ ~ 118°51′16″E，内陆沼泽面积为 154 hm²。

【地质地貌】石臼湖湖面曲折，但湖汊不多，呈锅底状，四周地形单一，均为湖积平原。石臼湖－固城湖一带属滨湖平原、山地地形。地势东高西低，东侧丘陵属茅山向南延伸之余脉，高度不大，海拔 100 m 上下；丘陵周围是黄土岗地，海拔 20～49 m。高淳区东部有一小片是胥溪河及其支流总和而成的河谷平原，海拔 5～15 m，地势平坦，土壤肥沃。石臼湖湖底平坦。石臼湖北部沿岸和石臼湖、丹阳湖之间为湖滩地，海拔 4～5 m，由湖积淤泥、砂质黏土组成。丹阳湖区周边为湖沼平原，湖泊不断接受无机物和有机物堆积而成，海拔 4～5 m，组成物自下而上为砂砾层、砂质黏土和腐殖质淤泥。石臼湖北部和丹阳湖东北部为湖积圩区平原，海拔 6～8 m，由砂质黏土和黏土组成。

【气候】沼泽区属北亚热带季风气候，年平均气温 15.7℃，年平均最高气温 16.7℃，最低 15.1℃。平均无霜期 233 d。年平均降水量 1087.6 mm，年际变化极大，年降水量最多为 1652.4 mm，年降水量最少为 470.9 mm，相差约 2.5 倍。年内降水季节按夏、春、秋、冬依次递减，呈现雨热同步的规律。

【水资源与水环境】石臼湖平均深度为 1.67 m，最大水深为 2.42 m。湖水容积在最低水位时仅 0.4 亿 m³；而高水位时，容积可达 16.4 亿 m³。石臼湖各水域水质的主要受污染指标为高锰酸盐指数、硫化物、总氮和总磷（王荣娟和张金池，2011）。地表水透明度 0.2～0.5 m，pH 7.8，矿化度 88.49 mg/L。

【沼泽植被】沼泽区共记录有蕨类植物 4 科 4 属 4 种，裸子植物 2 科 2 属 2 种，被子植物 41 科 91 属 107 种。优势种有喜旱莲子草、芦苇、荻、苦草、莲、芡、欧菱等。国家保护植物有细果野菱（邹祖国，2015）。

【沼泽动物】沼泽区共记录有鸟类 17 目 48 科 179 种，其中国家一级重点保护鸟类 3 种，分别为丹顶鹤、大鸨、东方白鹳，国家二级重点保护鸟类 24 种，包括小天鹅、白琵鹭、灰鹤等。

沼泽区共记录鱼类 9 目 16 科 50 种；两栖类 1 目 3 科 5 种，其中属于国家二级重点保护的有 1 种（虎纹蛙），省级重点保护的有 3 种（邹祖国，2015）。

【受威胁和保护管理状况】石臼湖对于涵养水源、防汛抗洪、改善环境、保持生物多样性等发挥着独特而重要的作用。安徽当涂石臼湖省级自然保护区于 2001 年 4 月建立，不过保护区仍受到一定程度人为干扰的影响。

石臼湖沼泽（侯志勇 摄）

巢湖沼泽（340181-507）

【范围与面积】巢湖沼泽位于皖中，地属合肥，地处 31°25′28″～31°43′28″N、117°16′54″～117°51′46″E，沼泽面积为 312 hm²。

【气候】沼泽区属北亚热带温润性季风气候。整个流域年平均气温 15～16℃，1 月平均气温 2.8℃，7 月平均气温 28.7℃，极端最低气温 –20.6℃；活动积温在 4500℃以上，有 200 d 以上的无霜期；季节分明，年气温较差在 25℃以上；年降水量 1000 mm。

【水资源与水环境】巢湖连淮通江，东西长 55 km、南北宽 22 km，常年水域面积约为 760 km²，是我国五大淡水湖之一。

沼泽区地表水 TP 含量（0.074±0.055）mg/L，溶解态总磷含量为（0.030±0.026）mg/L，氨氮浓度为（0.71±0.28）mg/L，COD_{Mn} 含量为（3.95±1.53）mg/L，叶绿素 a 含量为（14.15+8.78）μg/L（李怀国等，2017）。

【沼泽植被】沼泽区共记录到水生植物 43 科 83 属 123 种，其中被子植物 38 科 77 属 117 种，蕨类植物 5 科 6 属 6 种。浮游植物 71 属 196 种。以喜旱莲子草、芦苇、菰草、欧菱、金鱼藻和黑藻等为优势物种（王金霞等，2017）。

【沼泽动物】沼泽区鸟类有 15 目 33 科 103 种，鸟类分布较广的有黑水鸡、红嘴鸥、珠颈斑鸠、白头鹎、灰椋鸟等。黑水鸡是湖边水塘的优势种；红嘴鸥是冬季湖面的主要鸟类；珠颈斑鸠、白头鹎、灰椋鸟是陆地生境中的优势种。小鸦鹃、黑鸢、白尾鹞列入国家二级重点保护动物（陈军林等，2010）。

【受威胁和保护管理状况】湖滨带的开发，将会威胁沼泽区西北部湿地的滩涂生境，对水鸟的生存繁衍具有直接威胁。沼泽区的富营养化也较为严重，需要加大对外源污染的拦截和内源污染的控制。

巢湖沼泽（侯志勇 摄）

大九湖沼泽（429021-508）

【范围与面积】大九湖沼泽位于湖北省西北端大巴山脉东麓的神农架西南边陲，坐落于长江和汉水的分水岭上，西南与重庆市巫山县、巫溪县接壤，东南是通向神农溪、长江三峡的要冲，北与竹山、房县毗邻；地处 31°33′～31°34′N，109°56′～110°11′E，沼泽面积为 805 hm²。由于第一版《中国沼泽志》记载的神农架沼泽主要位于大九湖，本书将其命名为大九湖沼泽。

【气候】沼泽区虽地处北亚热带，但海拔较高，达 1730 m，属典型的亚高山沼泽型湿地气候。气候特点是：日照时间短，气候温凉，无霜期短，冬长夏短，春秋相连。年平均气温 7.4℃，最热月（7 月）平均气温 18.8℃，最冷月（1 月）平均气温 –4.9℃；10℃以上积温为 2009℃，无霜期 150 d，霜冻期长（150～230 d）；年均降水量 1528.4 mm，最大降水量可达 3000 mm，年雨日 150～200 d，相对湿度达 80% 以上。

【沼泽土壤】沼泽区成土母质为冲积物和湖积物，土壤类型主要为沼泽土和草甸土，受地势的影响，从沼泽向外延伸，地下水位逐渐降低，依次出现沼泽土、草甸沼泽土、草甸土，而泥炭土壤厚度也逐渐降低，呈现中间低洼地区泥炭厚度的 2.4 m，到外侧的 1.0～2.0 m、0.5～1.0 m 和 0.5～0.8 m 的递减趋势。泥炭沼泽的土壤碳含量为 254.27～370.90 g/kg，氮含量为 19.13～32.92 g/kg，磷含量为 2.60～3.21 g/kg（周文昌等，2020）。

【沼泽植被】沼泽区共有高等植物 145 科 474 属 984 种，包括浮毛茛、圆叶茅膏菜、黄花狸藻、如意草、箭叶蓼、地榆和灯心草等湿地植物。

【沼泽动物】沼泽区野生动物资源丰富，包括东方白鹳、金雕、黑鹳、鸳鸯、灰鹤等国家级重点保护野生动物，常见大白鹭、白鹭、苍鹭、赤麻鸭、普通鸬鹚、灰头麦鸡、牛背鹭、池鹭、草鹭、扇尾沙锥、赤膀鸭、普通翠鸟、黑翅长脚鹬、罗纹鸭、灰翅浮鸥。

【受威胁和保护管理状况】沼泽区建有大九湖国家湿地公园，成立于 2006 年，为我国第四个、华中地区首个国家级湿地公园，规划面积为 5083 hm²。2010 年，神农架大九湖湿地区级自然保护区晋升为省级自然保护区，实行国家湿地公园管理局和省级自然保护区管理局合署办公。2013 年，该湿地正式进入《国际重要湿地名录》。大九湖沼泽地理位置独特，其生态环境具有很强的封闭性和原始性；由于大九湖森林植被和沼泽植被对涵养水源、防止水土流失起到了重大作用，因此，该区已经成为汉江中游生态保护的屏障，具有特殊的保护价值（王漪等，2013；刘欣艳等，2020；杨利等，2021）。

大九湖沼泽（侯志勇 摄）

固城湖沼泽（320118-509）

【范围与面积】固城湖沼泽位于江苏省高淳区固城湖湖滨，地理坐标为 31°14′～31°18′N、118°53′～118°57′E，面积为 2000 hm²。沼泽区地势低平，海拔仅 15 m。

【地质地貌】沼泽区属南京拗陷的一部分，新构造运动中又缓慢下沉，形成今日之湖积相平原。主要湖积相为灰色、灰黑色亚黏土及淤泥质亚黏土，厚度一般 1～2 m，土壤发生层内含有泥炭或腐泥层，成土母质为全新统湖相沉积物，土壤质地细腻黏重，下有埋藏腐泥层。

【气候】沼泽区属北亚热带季风气候，年均气温 15.5℃，1 月气温最低，平均气温 2.4℃，7 月气温最高，平均气温 27.1℃。平均日照时数 2090 h，无霜期 241 d。平均降水量 1105.1 mm，降水主要集中于春夏季，其中 6 月最多，达 229.5 mm，1 月最少，仅 30.7 mm。蒸发量 940.7 mm。

【水资源与水环境】沼泽区水资源主要源自皖南山区的河流补给，其次是长江高水位时倒灌和湖区周围山地丘陵的地表径流。

2014 年调查显示，沼泽区平均水温为 28.74℃，pH 均值为 8.14，溶解氧均值为 8.34 mg/L，电导率均值为 378 μS/cm，矿化度为 0.258 g/L。悬浮物和透明度分别为 16.8 ～ 22.5 mg/L、0.5 ～ 0.6 m，总氮和总磷分别为 1.21 ～ 1.60 mg/L、0.020 ～ 0.032 mg/L，硝氮和氨氮分别为 0.007 ～ 0.079 mg/L、0.004 ～ 0.073 mg/L，磷酸根浓度为 0.016 ～ 0.025 mg/L，高锰酸盐指数为 4.76 ～ 4.97 mg/L，氯离子浓度为 18.7 ～ 19.6 mg/L。

【沼泽土壤】沼泽区东半部多丘陵、岗山，土壤受地质成土母质控制，多黄棕壤土；西半部多为圩区，土壤大部分为水稻土、沼泽土。沼泽土表层多为核状结构，黄棕色，下层为棱块状结构，棕褐色和蓝灰色，心土层为灰蓝色棱柱状结构，底土层乌黑色或灰蓝色，无结构。

【沼泽植被】第一版《中国沼泽志》显示沼泽区优势植被为芦苇群落，但本次调查显示只有边岸散落分布斑块状芦苇群丛。沉水植物均以金鱼藻、苦草和黑藻为优势种或多见种，伴生竹叶眼子菜、狐尾藻。浮叶植物则形成以荇菜、欧菱为优势种的群落，部分水体覆盖成片的芡群落。沼泽区植被盖度较高，达 95%，生物量超过 4000 g/m^2（钱宝英，2011；曾庆飞等，2012）。

【沼泽动物】沼泽区记录有底栖动物 21 种，寡毛类 8 种，软体动物 2 种。底栖动物中摇蚊科幼虫种类最多，主要优势种为苏氏尾鳃蚓、中国长足摇蚊、内摇蚊属和环棱螺属（尹子龙等，2018）。

【受威胁和保护管理状况】湖区现阶段围网较少，是高淳区水源地，保护力度大。

圈椅淌沼泽（420506-510）

圈椅淌沼泽位于宜昌市夷陵区，地理坐标为 31°14′05″ ～ 31°16′48″N、111°03′29″ ～ 111°07′09″E，沼泽面积为 70.2 hm^2。圈椅淌由淌环绕群峰共同构成的自然形态酷似青山绿水之间摆放了近百把"圈椅"而得名。圈椅淌属特殊类型亚高山森林沼泽湿地，具有科学研究和资源储备价值。区域景观由森林、草甸、沼泽、滩涂、林中小河所构成，有永久性河流、藓类沼泽、草本沼泽、灌丛沼泽、森林沼泽 5 种类型。沼泽区建有圈椅淌自然保护小区和圈椅淌国家湿地公园，对于湿地资源的保护和合理利用具有重要影响。

太湖沼泽（320200-511）

【范围与面积】太湖沼泽主要位于东部湖湾、湖滨带及湖湾汊尾区。地理坐标为 30°55′ ～ 31°33′N、119°27′ ～ 120°38′E，面积为 16 140 hm^2。

【地质地貌】沼泽区地形以平原为主，大部分地区海拔 3 ～ 8 m。平原中部低，四周水汇集使得太湖平原中部水网稠密、河湖纵横，沼泽广泛发育。

【气候】沼泽区属东部北亚热带季风气候区，夏季盛行东南风，气候温暖湿润，冬季盛行偏北风，气候较为寒冷干燥。年平均气温为 14.9 ～ 16.2℃，7 月气温最高，平均气温 27 ～ 28℃，1 月气温最低，平均气温 2 ～ 4℃，全年无霜期 248 d 左右。年降水量为 1000 ～ 1400 mm，降水主要集中于 5 ～ 9 月。

【水资源与水环境】沼泽区主要受太湖水补给，矿化度不高。2014 年调查显示，沼泽区水体水温为 29.51（28.38 ～ 30.90）℃；pH 为 8.58（7.49 ～ 9.52），溶解氧为 7.80（4.44 ～ 10.51）mg/L，电导率为 477（270 ～ 560）μS/cm，矿化度为 0.32（0.28 ～ 0.35）g/L；悬浮物和透明度分别为 1.70 ～ 50.16 mg/L、0.30 ～ 2.40 m，水生植物丰富的调查点透明度高。总氮和总磷分别为 1.25（0.61 ～ 1.63）mg/L、0.055（0.017 ～ 0.154）mg/L，硝氮和氨氮分别为 0.27（0.07 ～ 0.68）mg/L、0.28（0.06 ～ 0.60）mg/L，

磷酸根浓度为 0.004（0.001 ～ 0.012）mg/L。各调查点高锰酸盐指数为 3.53（2.75 ～ 6.42）mg/L。与《中国沼泽志》调查结果相比，现阶段 pH（8.58）高于第一版《中国沼泽志》调查结果（7.62）。太湖地区湿地现阶段矿化度（0.35 g/L）高于 20 世纪 90 年代调查结果（0.17 g/L）。

【沼泽土壤】沼泽区土壤类型多为淤泥沼泽土和草甸沼泽土。质地黏重，灰黑色，分解度低。

【沼泽植被】沼泽区有湿地植物 34 科 57 属 75 种，其中挺水植物以菰、芦苇、莲为主要优势种；浮叶植物多以荇菜、欧菱和芡为主，也可见少量莼菜和凤眼莲；沉水植物则以金鱼藻、苦草、黑藻和竹叶眼子菜为优势种，伴生水盾草、竹叶眼子菜等。

优势植被欧菱群落、菰群落、竹叶眼子菜群落、黑藻群落、荇菜群落和苦草群落的地上生物量为 1750 ～ 5500 g/m^2，其中菰群落显示出了最高的生物量，而竹叶眼子菜群落生物量则低于其他群落。群落生物多样性指数均以欧菱群落和菰群落相对较高，黑藻群落则显示出了最低的物种丰富度，竹叶眼子菜群落多样性指数则明显低于其他群落。

【沼泽动物】沼泽区鸟类优势种主要包括国家一级重点保护野生动物中华秋沙鸭、斑嘴鹈鹕、黄嘴白鹭和国家二级重点保护野生动物鸳鸯、小天鹅等。底栖动物以河蚬、摇蚊幼虫、光滑狭口螺、中国圆田螺和琥珀刺沙蚕为优势种。

【受威胁和保护管理状况】围网养蟹主要分布于东太湖，近几年围网规模得到控制，东部湖湾有多个水源地，保护较好（姜未鑫，2012；李冰，2014）。

太湖沼泽（王晓龙 摄）

陶辛水韵沼泽（340221-512）

陶辛水韵沼泽位于安徽省芜湖市湾沚区陶辛镇，地处 31°7′51″ ～ 31°11′44″N、118°26′43″ ～ 118°31′58″E，沼泽面积为 90.5 hm^2。沼泽区属亚热带湿润性季风气候，具有四季分明、热量丰富、光照适宜、雨水充沛、无霜期长等特点；年均气温 16℃，活动积温 6065.6℃，降雨量约 1300 mm，日照时数约 2000 h，年无霜期 240 d。沼泽区建有陶辛水韵县级自然保护区，于 2003 年建立，2020 年，保护区部分区域被合并到青弋江省级自然保护区。湿地资源家底不清，给湿地保护工作增加了许多障碍。

南漪湖沼泽（341802-513）

【范围与面积】南漪湖沼泽位于安徽省东南部宣城市宣州区和郎溪县，地处 31°3′35″ ～ 31°11′27″N、

118°50′42″～119°3′08″E，沼泽面积为184 hm²。

【气候】沼泽区属北亚热带季风湿润气候，多年平均气温为15.9℃，最热月（7月）平均气温为28.5℃，最冷月（1月）平均气温为2.9℃。多年平均降水量为1143.2 mm。无霜期230 d。

【水资源与水环境】沼泽区水环境质量总体呈现下降趋势，2017年以前水质均能达到地表Ⅲ类水标准，但近年来总磷超标现象较为严重（汤奇峰，2021）。

【沼泽植被】沼泽区共记录有植物100科346种，其中蕨类植物4科4属4种；双子叶植物10科14属19种；单子叶植物11科16属26种。国家级重点保护野生植物3种，分别为水蕨、细果野菱、莼菜。优势种群为竹叶眼子菜、荇菜、苦草以及欧菱（吴建勋和张姗姗，2013）。

【受威胁和保护管理状况】随着农业产业化、新型城镇化和工业化的快速发展，污染物产排量快速增加，再加上湖区周边围网养殖，对水生生态环境质量有较大影响；湖区内部淤浅，使沼泽区水生动植物生境遭到破坏，进而导致沼泽区生物多样性下降，生态系统退化。

南漪湖沼泽（侯志勇 摄）

淀山湖沼泽（310118-514）

【范围与面积】淀山湖沼泽位于上海市青浦区与江苏省苏州市昆山市交界，地理坐标为31°1′～31°8′N、120°52′～121°1′E，面积为8.05 hm²。

【地质地貌】淀山湖由古太湖分化而来。古太湖形成以后，在长江三角洲不断东伸扩大的过程中，由于各地堆积量不一，再加上人类经济活动的影响，古太湖不断分化为一系列小的包括淀山湖在内的小湖群。

【气候】沼泽区属亚热带季风气候，季节明显。该区多年观测资料统计表明，平均气温为15.5℃，最热月（7月）平均气温为27.9℃，最冷月（1月）平均气温为2.9℃，年日照时数2071.1 h。全年无霜期长达235 d。年均降水量1037.7 mm，汛期雨量有2次高峰：一是梅雨，多发生在6～7月；二是台风雨，多发生在8～9月。

【水资源与水环境】沼泽区西纳太湖来水，东南达黄浦江，全年进、出水量约1.7×10⁸ m³，急水港和大朱库是淀山湖的主要进水口，占总进水量的68%，拦路港是淀山湖的主要出水口，占总出水量的71%。

2008～2017年，淀山湖湿地溶解氧指标年均浓度整体呈升高趋势，高锰酸盐指数、氨氮、化学需氧量、总磷、总氮、五日生化需氧量年平均浓度整体呈下降趋势。

【沼泽土壤】沼泽区土壤类型为褐色或灰褐色冲积黏土，北深南浅。

【沼泽植被】沼泽区有沉水植物 10 种，主要为竹叶眼子菜、穗状狐尾藻、金鱼藻、水盾草、菹草、黑藻、苦草、大茨藻、小茨藻和篦齿眼子菜。

【沼泽动物】沼泽区鱼类 33 种，隶属于 12 科 29 属。其中，鲤科鱼类种数最多（18 种），占总渔获种类数的 54.55%；其次为鳅科（3 种）；其余科种类数均低于 3 种，所占比例均小于 7.00%。主要包括光泽黄颡鱼、黄颡鱼、鲫、细鳞鲴、红鳍原鲌、棒花鱼、麦穗鱼、黑鳍鳈、贝氏䱗、鲤、中华花鳅、刀鲚和子陵吻鰕虎鱼。

【受威胁和保护管理状况】由于环湖农药化肥及乡镇工业废水等排入，湖水已局部呈现富营养化现象。但随着将淀山湖建成世界级湖区的目标的建立，昆山淀山湖镇人民政府实施了一系列措施，水质有所改善。

大老岭沼泽（420506-515）

【范围与面积】大老岭沼泽地处西部高山向东部平原过渡，位于湖北省宜昌市夷陵区西北部、长江西陵峡北岸，地理坐标为 30°51′24″ ～ 31°07′24″N、110°51′00″ ～ 111°00′26″E，沼泽面积为 255 hm²。

【地质地貌】沼泽区地理环境复杂多样，在地质构造上处于新华夏系一级构造第三隆起带南段与淮阳山字形构造体系的复合部位。在前震旦纪，区内岩浆活动强烈，形成多种岩浆岩，从酸性到超基性，从侵入体到喷出岩都有存在，并形成一系列变质岩系。自震旦纪到三叠纪，长期受海水入侵，形成以浅海相沉积为主的各时代地层，其发育非常完备，总厚度可达 3000 m 以上，其中震旦－寒武纪是中国南方标准地层之一。三叠纪末，经燕山运动，区内形成内陆盆地，又发育侏罗纪、白垩纪及第三纪陆相沉积。

【气候】沼泽区位于中亚热带与北亚热带的过渡地带，属亚热带季风性湿润气候，四季分明，水热同季，寒旱同季。多年平均降水量 1215.6 mm。平均气温 16.9℃，极端最高气温 41.4℃（7 月），极端最低气温 –9.8℃（1 月）。年平均大于 10℃的活动积温 5200℃以上，持续天数达 250 d。无霜期 250 ～ 300 d，年平均辐射量 100.7 kcal/cm²，年平均日照时数 1538 ～ 1883 h，日照率 40%。

【沼泽植被】沼泽区湿地植物主要有石松、问荆、欧洲凤尾蕨（原变种）、粗齿冷水花、戟叶蓼、沼生繁缕、黄水枝、大花还亮草、佛甲草、臭节草、深山堇菜、地果、变豆菜、三叶崖爬藤等。

【沼泽动物】沼泽区野生动物资源丰富，包括白肩雕、红腹锦鸡等国家珍稀濒危动物。常见鸟类有斑鸫、钝翅苇莺、褐顶雀鹛、鹪鹩、丘鹬、乌鸫、小燕尾、中白鹭、棕脸鹟莺等。

【受威胁和保护管理状况】沼泽区建有大老岭国家级自然保护区，2017 年晋升为国家级自然保护区，是以珍稀濒危野生动植物及其栖息地和三峡库区湿地为主要保护对象的综合性自然保护区，涵盖了中山分水岭到水库湿地的生态系统完整谱系，保存着亚热带北部山地特有的多种珍稀植物群落，是中国中部候鸟迁徙的千年古道，是三峡库区生物多样性最丰富、最典型的地区之一（王功芳等，2019）。

铜陵沼泽（340700-516）

【范围与面积】铜陵沼泽位于安徽省铜陵市枞阳县、无为市的长江江段，地处 30°46′24″ ～ 31°10′16″N、117°39′30″ ～ 117°55′46″E，沼泽面积为 3867 hm²。

【气候】沼泽区属北亚热带湿润季风气候，季风明显，四季分明，全年气候温暖湿润，雨量丰沛，湿度较大，日照充足，雨热同季，无霜期长。

【水资源与水环境】沼泽区 4 个监测断面各项监测指标均满足《地表水环境质量标准》（GB 3838—2002）Ⅱ类标准，水环境质量现状良好。

【沼泽植被】沼泽区维管植物共有 90 余科 500 多种，其中有蕨类植物 10 余种，裸子植物近 10 种，被子植物 500 多种，主要优势物种为芦苇。

【沼泽动物】沼泽区共有野生脊椎动物 375 种，隶属于 37 目 96 科，浮游动物 70 种，底栖动物 6 纲 20 科 105 种（张西斌，2017）。其中，两栖类 1 目 4 科 8 种；鱼类 11 目 20 科 86 种，主要保护鱼类为白鱀豚、江豚、中华鲟、达氏鲟、白鲟、胭脂鱼等；鸟类 213 种，隶属于 16 目 49 科。国家一级重点保护鸟类 5 种，分别为东方白鹳、黑鹳、白枕鹤、白头鹤和白鹤；二级重点保护鸟类有黑头白鹮、鸳鸯、黑鸢、赤腹鹰、白腹鹞、白头鹞、游隼、红隼等 23 种。

【受威胁和保护管理状况】沼泽区通江湖泊、径流众多，水道曲折迂回，沙洲发育充分，是白鱀豚和江豚的重要栖息地，也是长江中下游湿地的重要组成部分。沼泽区建有铜陵国家级自然保护区，这对于保护人称"水中大熊猫"的白鱀豚具有重要意义。

贵池十八索沼泽（341702-517）

【范围与面积】贵池十八索沼泽位于安徽省池州市贵池区，濒临长江南岸，地处 30°41′45″ ～ 30°45′39″N、117°43′53″ ～ 117°47′56″E。沼泽区是由以十八索湖为主的一系列小型湖泊、滩涂、沼泽地及稻田组成的湿地系统，沼泽面积为 30.7 hm²。

【地质地貌】沼泽区具有典型的沿江江滩、圩田、丘岗地貌特征，湖岸以亚黏土、砂砾土为主，湖床为现代冲积层泥沙淤积，土壤为黄色亚黏土和粉砂、砂砾土。

【气候】沼泽区地处暖温带与亚热带的过渡地带，属亚热季风性湿润气候区。年平均气温 16.1℃，最热月 7 月平均气温 28.7℃；最冷月 1 月平均气温 3.1℃。年平均日照时数为 1900 h 左右，多年（1960 ～ 1978 年）平均蒸发量 1447 mm。平均年降雨量为 1400 ～ 1700 mm，6 月中旬至 7 月中旬是主要雨季，为梅雨期。平均无霜期 242 d。

【水资源与水环境】沼泽区水源由十八索、西岔湖、双丰圩、庆丰圩、查村湖及青通河、九华河部分河段组成。青通河、九华河长年有水，河面宽阔，水流平缓，均注入长江。

【沼泽植被】沼泽区共记录有维管植物 117 科 329 属 446 种，其中蕨类植物有 15 科 15 属 15 种，裸子植物有 4 科 9 属 9 种，被子植物有 98 科 305 属 422 种，在被子植物中双子叶植物 83 科 222 属 306 种，单子叶植物 15 科 83 属 116 种。生长在湖区及滩涂的湿地维管植物共有 38 科 77 属 106 种。其中国家一级保护植物 1 种（水杉），二级保护植物 2 种，分别为野大豆和水蕨（韩小军，2019）。

【沼泽动物】沼泽区记录有脊椎动物 36 目 93 科 312 种，其中鸟类 16 目 55 科 208 种。调查发现，保护区内分布有国家重点保护鸟类 25 种。其中国家一级重点保护鸟类 2 种，即鹳形目的东方白鹳和鹤形目的白头鹤；国家二级重点保护鸟类 23 种，即白琵鹭、小天鹅、白额雁、鹗、黑冠鹃隼、黑鸢、鹊鹞、凤头鹰、赤腹鹰、日本松雀鹰、松雀鹰、雀鹰、普通鵟、红隼、燕隼、褐翅鸦鹃、小鸦鹃、草鸮、领角鸮、领鸺鹠、斑头鸺鹠、长耳鸮、短耳鸮（杨鹏等，2017）。

【受威胁和保护管理状况】沼泽区不仅是濒临灭绝的珍稀保护动物白鱀豚出没的区域，也是鸟类迁徙路上的停歇和越冬地，具有重要的保护和科研价值。2001 年省人民政府批准建立安徽贵池十八索省级自然保护区，以加强对湿地系统及其栖息生物的保护。不过，保护区依然受到填湖造田、渔业养殖的影响。

鄂东－安庆沼泽（340800-518）

【范围与面积】鄂东－安庆沼泽位于皖西南、长江中下游北岸，南邻长江，北倚大别山，地处 30°3′46″ ～ 30°58′04″N、116°18′30″ ～ 117°42′11″E，内陆沼泽面积为 5747 hm²。

【地质地貌】沼泽区分布有泊湖、武昌湖、菜子湖、破罡湖、白荡湖、枫沙湖和陈瑶湖。另外，区域地貌特点复杂，小生境多样，滩地资源丰富，有利于各种生物的生长和候鸟栖息越冬。

【气候】沼泽区处在北亚热带湿润气候区，气候特点是四季分明，光照充足，气候温和，雨量适中，无霜期长，严寒期短。年均气温 16.5 ～ 16.6℃。保护区内年均降雨量 1291.3 ～ 1322.4 mm，降水日数 130 ～ 150 日，雨量季节间分布不平衡，春季降水量占全年的 35.8%，夏季降水量占全年的 39.6%，秋季占 13.8%，冬季占 10.8%。

【水资源与水环境】沼泽区周边地区由于工业相对落后，工业污染少，因此，从总体看，湖泊水体理化性质基本与天然状态下一致，水质较好。根据近年来安庆重点湖泊水质监测结果，湖水透明度为 0.6 ～ 2.8 m。pH 6.3 ～ 7.3，中性微偏碱。溶氧量在正常气候时接近饱和状态，含量每升 8 mg 以上。主要营养盐类齐全，含量在正常范围，硅酸盐比较丰富，钙镁离子比接近 1：3，均属正常。但近几年由于湖区养殖强度越来越大，对水质有一定影响。

【沼泽土壤】沼泽区土壤受气候、生物、地形、母质、水文和人为因素的影响，土壤类型丰富多样。地带性土壤为黄红壤和黄棕壤，土壤可分为 5 个土纲 5 个土类 7 个亚类 17 个土属 17 个土种，潮土和水稻土是本区的主要土壤类型。红壤和黄棕壤主要分布于湖泊的周边丘陵和台地，水稻土主要分布于湖泊低位阶地，该土壤是沼泽区分布面积较大的土壤类型，以潴育型水稻土和潜育型水稻土为主。潮土主要分布于沿湖平原洲地，以灰潮土为主，由江河冲积物或湖相沉积物经地下水参与成土和旱耕熟化发育而成，湖底为泥质或沙质基底。

【沼泽植被】沼泽区记录有维管植物 97 科 299 属 459 种，其中蕨类植物 9 科 9 属 9 种，裸子植物 3 科 6 属 8 种，被子植物 85 科 284 属 442 种。459 种维管植物中，共有湿地植物 53 科 130 属 221 种，其中，湿生植物 157 种，挺水植物 24 种，浮叶根生植物 10 种，漂浮植物 11 种，沉水植物 19 种。湿地植被可分为 48 个群丛，其中湿生和挺水植被带可划分为 18 个群丛，以菰群丛和莲群丛分布最广；浮叶和沉水植被带可划分为 30 个群丛，以细果野菱群丛、荇菜群丛、苦草群丛、穗状狐尾藻＋苦草群丛分布最广。国家一级保护植物 1 种（水杉），二级保护植物 4 种（水蕨、中华结缕草、野大豆及莲）。

鄂东－安庆沼泽（侯志勇 摄）

【沼泽动物】沼泽区共记录有浮游动物 119 种，隶属于 13 目 31 科 48 属；底栖动物 14 目 31 科 57 属 86 种，其中软体动物 44 种、环节动物 11 种、节肢动物 31 种；鱼类 10 目 20 科 63 属 91 种；两栖类 2 目 8 科 12 种；爬行类 20 种；兽类 13 科 7 目 26 种。其中国家一级重点保护野生动物 2 种，分别为中华穿山甲、江豚，国家二级重点保护野生动物 4 种，分别为水獭、獐、虎纹蛙和中国大鲵。

鸟类 166 种，其中水鸟 86 种，占鸟类总种数的 51.8%。166 种鸟类中，20 种属国家重点保护鸟类。包括国家一级保护鸟类 4 种（黄嘴白鹭、东方白鹳、白鹤、黑鹳），国家二级保护鸟类白琵鹭、小天鹅、鸳鸯等 16 种。

【受威胁和保护管理状况】沼泽区是长江中下游湿地保护网络的重要组成部分，为流域越冬水鸟提供重要栖息地，每年越冬的水鸟总数超过 10 万只。沼泽区建有安徽安庆沿江水禽省级自然保护区，于 1995 年由安徽省人民政府批准建立，2013 年更名为安庆沿江湿地省级自然保护区，保护目标为湿地生态系统和珍稀水禽，其中包括白鹤、白头鹤、东方白鹳等国家级保护鸟类和国际濒危物种。

利川沼泽（422802-519）

【范围与面积】利川沼泽位于湖北省西南部山区、云贵高原东延部分，隶属于利川市柏杨镇。地理坐标为 30°19′37″ ～ 30°27′40″N，108°39′11″ ～ 108°52′23″E。海拔 1000 ～ 1200 m，面积为 31.4 hm²，属于亚热带罕见的山地沼泽，主要为菖蒲沼泽。

【地质地貌】沼泽区地貌为武陵山和大娄山余脉，主要是由燕山期地台盖层褶皱组成的开阔的背斜与向斜。由于新生代以来的大面积间歇性隆起，在宏观上形成了多层性山原地貌景观。沼泽多发育在山原期剥夷面上。中地貌为河漫滩沟谷、小型岩溶漏斗、构造岩溶谷地。沼泽沉积物多为透水性不好的石灰岩坡积物。

【气候】沼泽区属亚热带湿润季风气候，距沼泽分布区最近的气候观测点（海拔 1080 m）22 年气象资料统计表明，年平均气温 12.8℃，1 月平均气温 1.8℃，7 月平均气温 23.3℃，年较差 21.5℃，≥ 10℃ 积温为 3641℃，无霜期 234 d，极端最高气温 35.4℃，极端最低气温 –15.4℃。年均降水量 1300.9 mm。5 ～ 9 月降水最多，12 月至翌年 2 月降水少，温暖湿润的山地气候条件有利于地表低洼地带，如山间盆地、沟谷洼地处于季节性或长期积水，发育沼泽。沼泽主要受地表径流、大气降水补给。

【沼泽土壤】沼泽区土壤属山地沼泽土亚类腐殖质山地沼泽土土属，仅有此一个土种。土壤颜色较深，呈粒状或块状结构，表层疏松，下层紧实，土壤草根层厚 28 cm，根系密集。pH 为 5.6 ～ 5.8，呈微酸至中性，与平原区湖滨沼泽差异十分明显。表层有机质含量为 17.12%，全氮含量为 0.9%，全磷含量为 0.03%，全钾含量为 2.07%，速效氮、速效磷、速效钾含量分别为 502 mg/kg、12 mg/kg、483 mg/kg，C/N 为 11.04；向下层，有机质、全氮、碱解氮、速效磷均递减（表 17-5）。土壤粒度分析表明，土壤质地上层为轻壤，下层为重壤（表 17-6）。

表 17-5 利川沼泽土壤理化性质

层次深度/cm	pH（水浸）	有机质/%	全氮/%	速效氮/(mg/kg)	全磷/%	速效磷/(mg/kg)	全钾/%	速效钾/(mg/kg)	C/N
0～28		17.12	0.90	502	0.03	12	2.07	483	11.04
28～52	5.6	6.24	0.38	298	0.03	5	2.22	38	9.54
52～74	5.8	4.75	0.26	269	0.04	4	221	128	10.43
74～100		9.44	0.43	310	0.09	7.5	225	166	12.77

表 17-6　利川沼泽土壤机械组成

采样深度/cm	颗粒组成/%				砾石含量/%	质地名称
	0.0005～0.0001 mm	0.005～0.001 mm	0.05～0.01 mm	>0.01 mm		
0～28	10.486	4.194	14.679	77.980		轻壤
35～45	18.768	20.848	33.355	42.665	0.008	重壤
60～70	13.965	20.647	29.913	45.155	4.53	重壤
79～86	18.317	18.307	32.513	50.156	3.29	重壤

沼泽区是亚热带山地少见的几个沼泽区之一，沼泽发育条件独特，沼泽类型也具有特殊性。此外本区沼泽最早发育时间可上溯至 31 456 aBP±1315 aBP，堆积了 60 cm 泥炭之后消亡，现在该区又发育沼泽。沼泽的兴衰变化过程在沼泽沉积物中留下丰富的记录。本区沼泽具有重要的科研价值，尤其对研究石灰岩地区沼泽形成、发育更具有重要价值。

【受威胁和保护管理状况】由于沼泽面积较小，抗干扰能力较弱，应加强保护。建议在当地加强沼泽保护教育，尤其是提高当地居民的沼泽保护意识，使现存的沼泽资源免遭破坏，尤其不能开采沼泽中的泥炭资源，以免几千年堆积下来的泥炭资源丧失；同时开展相关课题研究，提升保护管理效果。

利川沼泽（侯志勇 摄）

升金湖沼泽（341721-520）

【范围与面积】升金湖沼泽位于安徽省池州市的东至县与贵池区交界处，地处 30°14′00″ ～ 30°30′00″N、116°55′00″ ～ 117°15′00″E，沼泽面积为 886 hm²。主要为薹草沼泽和藨草沼泽。

【气候】沼泽区属亚热带季风气候，夏季炎热潮湿，冬季寒冷干燥。平均无霜期 240 d；年均降雨量 1600 mm，最高年降雨量 2022 mm（1983 年），最低年降雨量 759 mm（1978 年）；年均蒸发量 757.5 mm。平均气温 16.14℃，最高气温 40.2℃（1953 年 8 月 1 日），最低气温 –12.5℃（1969 年 2 月 5 日），1 月平均气温 3.97℃。

【水资源与水环境】沼泽区水体 TN 为 0.01 ～ 4.39 mg/L，均值为 0.56 mg/L；TP 为 0 ～ 0.911 mg/L，均值为 0.22 mg/L（沈军等，2009）。

【沼泽土壤】沼泽区土壤类型较单一，地带性土壤为红壤类的黄红壤亚类，非地带性土壤主要有潮土和水稻土。东、南面低山丘陵分布为黄红壤，西、北面及沿湖四周滩地分布为潮土和水稻土。

【沼泽植被】沼泽区分布有维管植物 125 科 335 属 510 种，其中蕨类植物 13 科 14 属 15 种，裸子植物 5 科 8 属 9 种，被子植物 107 科 313 属 486 种，鹬草属（*Phalaris*）、画眉草属（*Eragrostis*）、绶草属（*Spiranthes*）等属植物在沿岸湿地多以优势种出现，在升金湖上湖沿岸东部形成大片且集中的大画眉草群落、绶草群落；水生植物主要为欧菱、荇菜、金鱼藻、狐尾藻（刘靓靓等，2016）。

【沼泽动物】沼泽区有浮游动物 13 种；底栖动物 23 种；两栖类、爬行类 25 种；鱼类 62 种；脊椎动物 260 种，其中兽类 17 种，鸟类 145 种。沼泽区有 33 种动物被列入《濒危野生动植物种国际贸易公约》中，其中 6 种被列入附录Ⅰ。拥有 9 种国家一级重点保护野生动物，分别是白枕鹤、黄嘴白鹭、黑头白鹮、白头鹤、白鹤、大鸨、东方白鹳、黑鹳和白肩雕；5 种国家二级重点保护野生动物，分别是灰鹤、白琵鹭、小天鹅、白额雁、鸳鸯（宋金春，2008）。

【受威胁和保护管理状况】沼泽区建有安徽省升金湖国家级自然保护区，于 1997 年批准建立；2007 年加入长江中下游湿地保护网络，2015 年入编《国际重要湿地名录》。调查显示升金湖生物种类多样性丰富，生境类型、植物种类、群落、生态类型丰富多样化，是珍稀越冬鸟类栖息、觅食、繁殖的良好场所。升金湖保护区是中国主要的鹤类越冬地之一。世界上有 15 种鹤，中国有 9 种，升金湖就有 4 种，分别是白头鹤、白鹤、白枕鹤和灰鹤。这里是中国最大的白头鹤越冬地，也是世界上种群数量最大的白头鹤天然越冬地。

升金湖沼泽（侯志勇 摄）　　　　　　升金湖沼泽（赵凯 摄）

蔡甸沉湖沼泽（420114-521）

【范围与面积】蔡甸沉湖沼泽位于湖北省武汉市蔡甸区西南部，地理坐标为 30°15′10″ ～ 30°24′44″N，113°44′07″ ～ 113°55′39″E。沼泽面积为 2465 hm²。

【地质地貌】沼泽区地貌属平坦平原类，由汉江泛滥沉积而成，为汉水与长江漫滩交汇而成的低洼地段，海拔 17.5 ～ 21 m。

【气候】沼泽区属北中亚热带大陆性季风气候，年平均气温 16.5℃，≥10℃年积温 5253℃，无霜期达 270 d。保护区年均降水量达 1250 mm。年平均日照时数为 2112 h。

【沼泽土壤】沼泽区土壤类型有潮土、水稻土、草甸土 3 类，可划分为 8 个亚类 12 个土属 24 个土种

（陈君，2008）。

【沼泽植被】沼泽区野生植物种类丰富多样。浮游植物有 65 种，维管植物有 315 种，其中常见湿地植物主要有龙舌草、欧菱、白茅、牛筋草、马唐、狗尾草、荻、千里光、香蒲、灯笼草、地锦草等（周文昌等，2020）。

【沼泽动物】沼泽区共有底栖动物 73 种，鱼类 55 种，两栖类 10 种，爬行类 28 种，兽类资源 26 种。鸟类资源是保护区内野生动物资源的重要组成部分，有鸟类 153 种；据此，国际鸟盟 2003 年将沉湖沼泽列入了湖北省唯一的中国五大鸟类分布区之一，2009 年将沉湖沼泽列为国际重要鸟区。

【受威胁和保护管理状况】沼泽区建有沉湖省级湿地自然保护区，2013 年 10 月被《湿地公约》列入《国际重要湿地名录》；主要保护对象是典型湿地生态系统、珍稀濒危野生动物资源及其栖息地；保护区总面积 17.4 万亩，其中核心区 8.8 万亩、缓冲区 1.9 万亩、实验区 6.7 万亩，是江汉平原上最大的一片典型的淡水湖泊沼泽湿地，是浅湖和沼泽湿地草甸相连续的湿地生态系统，也是国内珍稀水禽越冬种群较多的湿地之一，在长江北岸极具典型性（杨杰峰等，2017；张辛阳等，2020）。

蔡甸沉湖沼泽（侯志勇 摄）

杭州西溪沼泽（330100-522）

【范围与面积】杭州西溪沼泽位于杭州城区，地理坐标为 30°14′56″ ～ 30°17′02″N、120°02′11″ ～ 120°05′09″E。横跨西湖区和余杭区两个行政区，东起紫金港路西侧，西至绕城公路绿带东侧，南起沿山河，北至文二西路，东西平均长约 4.6 km，南北平均宽约 3.7 km，湿地总面积为 564.45 hm²，其中沼泽面积为 36.7 hm²。

【地质地貌】沼泽区本是古河滩遗存，受到天目山的洪水冲流而形成湖泊，此后受到中国古代几千年的农耕渔事文化的影响，逐渐形成了现在罕见的城中次生湿地，介于河流湿地与人工湿地之间，属于半人工湿地（陆健健等，2006）。

【气候】沼泽区地处中北亚热带过渡区，为亚热带季风性气候，四季分明，光照充足，雨量充沛。年均气温 16.3℃，年均降雨日 144 d，平均降雨量 1419 mm，平均蒸发量 1260 mm，平均相对湿度 77%。每年 6 月下旬至 7 月为梅雨季，多阴雨天气；8 ～ 9 月为台风多发季节，降水较多（胡宇铭，2020）。

【水资源与水环境】沼泽区主要以苕溪、钱塘江和北高峰、小和山等山脉的自流雨水作为供水水源，水流经西溪后向北汇入余杭塘河、京杭大运河。园区约 70% 的面积为河港、池塘、湖漾、沼泽等水域，河流总长约 100 km，大小水塘 $1.1×10^4$ 多个，水网密度高达 25 km/km²，地表水总量约 500 万 m³（蔡琰，2022）。沼泽区所在区域河渠纵横，湖荡密布，水资源丰富，水源供应稳定，其地表水进水主要来自钱塘江引水、沿山河和上埠河径流以及周边区域汇水，能够满足湿地生态需水量。平均水深 1.3 ～ 1.5 m，控制常水位黄海高程 1.6 m，水位变动范围 0.81 ～ 3.83 m。

【沼泽土壤】沼泽区土壤类型主要有红壤、水稻土和岩性土，其中红壤和水稻土分布最为广泛（孙永涛，2019）。

【沼泽植被】沼泽区分布野生维管植物有 94 科 270 属 424 种；外来入侵植物有 28 种，隶属于 13 科 22 属；植物可分为乔木、灌木、藤本、草本 4 种生活型，以草本植物占优势（张洋，2020）。自然植被类型分为 4 个植被型组 5 个植被型 30 个群系组和 30 个群系。4 个植被型组分别为阔叶林湿地植被型组、灌丛湿地植被型组、草丛湿地植被型组、水生植被型组；5 个植被型分别为落叶阔叶林、常绿阔叶灌丛、陆生草丛、漂浮植物群落和浮叶植物群落；30 个群系中属于阔叶林湿地植被型组的为小构树群系，属于灌丛湿地植被型组的有蓬蘽群系和野蔷薇群系，属于草丛湿地植被型组的有糯米团群系、天胡荽群系、小巢菜群系等 21 个群系，属于水生植被型组的有浮萍群系、喜旱莲子草群系、野菱群系等 6 个群系。

【沼泽动物】沼泽区有脊椎动物 31 目 74 科 257 种，包括鸟类 15 目 46 科 181 种、兽类 5 目 5 科 6 种、爬行类 3 目 4 科 7 种、两栖类 1 目 3 科 7 种、鱼类 7 目 16 科 56 种；无脊椎动物 111 属 172 种，包括原生动物 20 属 28 种、原腔动物 29 属 55 种、环节动物 26 属 32 种、水生软体动物 17 属 25 种、陆生软体动物 16 属 29 种、节肢动物 3 属 3 种；另外，还记录到昆虫 20 目 197 科 880 种（陈水华等，2019）。

【受威胁和保护管理状况】沼泽区建有浙江杭州西溪国家湿地公园，2009 年被列入《国际重要湿地名录》，2012 年被正式授予国家 5A 级旅游景区称号，成为中国首个国家 5A 级景区的国家湿地公园。（施于文，2020）。

沼泽区主要面临水质污染、外来物种入侵以及高强度人为干扰的威胁，亟须采取污染源控制、破碎化生境修复、生态状况动态监测等措施保护和修复湿地生态系统。

梁子湖沼泽（420700-523）

【范围与面积】梁子湖沼泽位于长江中游南岸、武汉市东部的鄂州市，地理坐标为 30°04′55″ ～ 30°20′26″N、114°31′19″ ～ 114°42′52″E，沼泽面积为 1890 hm²。

【气候】沼泽区属亚热带湿润季风气候，季风气候明显，冬冷夏热，四季分明，雨量充沛，光照充足，无霜期长。年均气温 17.0℃，年均积温 6200℃，≥ 10℃活动积温约 5300℃。7 月平均气温 29.3℃，1 月平均气温 4.2℃，气温平均年较差 25.1℃，极端最高气温 40.7℃，极端最低气温为 –12.4℃。平均无霜期为 266 d。年平均日照时数为 2004 h，平均每天为 5.5 h。

【水资源与水环境】沼泽区水体全氮平均含量为 0.71 mg/L，氨氮平均含量为 0.065 mg/L，硝氮平均含量为 0.257 mg/L，全磷平均含量为 0.046 mg/L。梁子湖水体中氮磷含量呈明显的季节性变化。全氮含量在湖心和出水口是春季最高，冬季最低，在主要入水口是夏季最高，冬季最低；硝氮是春季最高，冬季最低；氨氮是春季最高，夏季最低；全磷含量是冬季最高，夏季最低。

【沼泽土壤】沼泽区土壤表层有机碳含量为 0.9 ～ 39.5 g/kg，全氮、全磷含量分别为 1.39 ～ 2.91 g/kg、0.41 ～ 0.52 g/kg。土壤表层有机碳、全氮、全磷的分布特征是随地形部位升高地下水位降低而降低。土壤有机碳、全氮、全磷在剖面中的分布特征是从表层到底层逐渐降低。土壤中有机碳、全氮、全磷之间有良好的相关性。

【沼泽植被】沼泽区有高等植物 86 科 221 属 331 种（含变种），其中苔藓植物 8 科 8 属 8 种，蕨类植物 6 科 6 属 9 种，裸子植物 5 科 9 属 10 种，被子植物 67 科 198 属 304 种（双子叶植物 53 科 142

属205种，单子叶植物14科56属99种）。国家二级重点保护野生植物4种，即水蕨、细果野菱、莼菜和莲（徐艺文，2019）。

【沼泽动物】沼泽区有鸟类16目42科166种，兽类7目13科21种。国家级重点保护野生动物23种，其中，一级8种，鸟类7种，即白鹤、白头鹤、黑鹳、斑嘴鹈鹕、黄嘴白鹭、丹顶鹤和大鸨，兽类1种，为中华穿山甲。二级15种，包括鱼类1种（胭脂鱼），两栖类1种（虎纹蛙），鸟类12种（白额雁、小天鹅、灰鹤、鸳鸯、松雀鹰、大鵟、普通鵟、红脚隼、短耳鸮、斑头鸺鹠、雕鸮和草鸮），兽类1种（水獭）（陈荣友等，2019）。

【受威胁和保护管理状况】沼泽区建有梁子湖省级湿地自然保护区，成立于1999年，2001年晋升为省级自然保护区。保护区总面积为37 946.3 hm²，其中，核心区4000 hm²，缓冲区12 438 hm²，实验区21 508.3 hm²。该保护区属自然生态系统类的内陆湿地和水域生态系统类型的自然保护区，主要保护对象是淡水湿地生态系统、珍稀水禽和淡水资源（张淑倩等，2017）。

汉南武湖沼泽（420116-524）

【范围与面积】汉南武湖沼泽位于湖北省武汉市的黄陂区武湖街道。地理坐标为30°11′00″～30°13′00″N、113°49′00″～113°50′00″E，沼泽面积为191 hm²。

【气候】沼泽区属于亚热带湿润季风气候区，冬冷夏热，四季分明，光照充足，气候温湿，雨量充沛，无霜期长。年平均气温16.7℃，年平均降雨量1240 mm，是湖北省多雨区之一，年平均降水日数138.2 d，暴雨日数为6.5 d，无霜期267 d。

【沼泽植被】沼泽区水生植被中挺水植物种类有22种、沉水植物15种、浮叶植物7种、漂浮植物6种，群落种类有9个，群落中主要优势种为菰、苦草、黑藻、欧菱、穗状狐尾藻和竹叶眼子菜。水生植物常见种有金鱼藻、欧菱、芡、菰、竹叶眼子菜、苦草、黑藻等（杨磊，2015）。

【沼泽动物】沼泽区野生动物种类丰富，共有两栖类18种，爬行类18种，哺乳类29种，鸟类103种。武湖不仅是长江水系重要的鸟类天堂，也是特有的鱼类故乡，计有鱼类90种，主要有刀鲚、太湖银鱼、圆吻鲴、拟尖头鲌、团头鲂、武昌副沙鳅、紫薄鳅、似刺鳊鮈、亮银鮈、光唇蛇鮈、细体拟鲿、黑尾鲅等长江水系特有鱼类，还有鳗鲡、鳊、鳡等珍贵洄游鱼类。

【受威胁和保护管理状况】武湖又名北湖、黄汉湖，被称为长江绿谷，是世界自然基金会湿地自然保护区；2020年，武湖入选《武汉市第一批地名文化遗产保护名录》。武湖地区人为活动少，无污染，水质优良。沼泽区及周边生态环境保持着自然或半自然状态，为水生动植物提供了极佳的栖息与繁育场所（张淑倩等，2017）。

后河黄粮坪沼泽（420529-525）

【范围与面积】后河黄粮坪沼泽位于湖北省西南部的五峰土家族自治县中南面，属于湖北、湖南两省交界的武陵山东段余脉的一部分山地，地理坐标为30°1′18″～30°11′36″N、110°22′05″～110°51′06″E。沼泽面积约为9 hm²。

【地质地貌】沼泽区地层全为沉积岩，其中碳酸盐岩分布尤广，出露较好，属江南地层区。地质构造表现褶皱，断裂甚为明显。区内群峰起伏，层峦叠嶂，所有山地均属云贵高原武陵山脉北支脉尾部地带。地势由西向东逐渐倾斜，海拔 1500 m 以上的山峰多达 20 余座，最高峰为独岭，海拔 2252.2 m（蒲云海等，2015）。

【气候】沼泽区地处中亚热带与北亚热带的过渡带，其气候特点是四季分明，冬冷夏热，雨热同季，暴雨甚多，垂直气候明显，一山有四季，十里不同天。年均气温 11.5℃，年降水量 1814 mm，无霜期 211 d。

【沼泽动物】沼泽区有各种鸟类 125 种，列为国家重点保护鸟类的有 33 种，其中属于一级保护的有金雕和白冠长尾雉。有两栖动物 24 种，隶属于 2 目 8 科，列为国家重点保护的动物有中国大鲵 1 种；有爬行动物 38 种，隶属于 2 目 9 科，湖北新记录种 1 种，为平鳞钝头蛇，国内仅有少数地区分布。

【受威胁和保护管理状况】1985 年，五峰土家族自治县划出后河林场部分区域和后河村五组的全部范围建立后河县级保护区。1986 年，五峰土家族自治县成立五峰后河保护区管理处。1988 年 6 月，经湖北省人民政府批准晋升为省级自然保护区，2000 年，经国务院批准晋升为国家级自然保护区（李作洲等，2006）。

仙桃沙湖沼泽（429004-526）

【范围与面积】仙桃沙湖沼泽地处湖北省仙桃市城区东部沙湖镇，东与长江相接，西与汉水相连，南依洪湖东荆河大堤，北靠仙桃东荆河大堤。地理坐标为 29°58′ ～ 30°07′N、113°39′ ～ 113°58′E，沼泽面积为 3620 hm²。

【气候】古老的东荆河贯穿全区，为常年流动水体；另外，南五湖、北五湖、稻草湖等为区域内主要的静水水体，属于亚热带季风气候，冬冷夏热，四季分明，雨量充沛，阳光充裕。最高气温 38.8℃，最低气温 -14.2℃，年平均气温 16.6℃，年降雨量 1211.5 mm，年平均日照时数 2002.6 h，平均 5 ～ 6 h/d，无霜期 256 d，四季季相变化明显。

【沼泽植被】沼泽区记录有植物 131 科 244 属 384 种，其中木本植物有 75 科 124 属 215 种，草本植物 48 科 104 属 146 种。优势科（含 5 种植物以上的科）分别为百合科（20 属 28 种）、唇形科（19 属 24 种）、蔷薇科（15 属 22 种）、菊科（14 属 17 种）、松科（8 属 15 种）、木犀科（7 属 8 种），共计 6 科 83 属 114 种。

【沼泽动物】沼泽区秋季共记录到鸟类 139 种，隶属于 14 目 31 科，其中留鸟 55 种，冬候鸟 41 种，夏候鸟 31 种，旅鸟 12 种；古北种 65 种，东洋种 49 种，广布种 25 种。

【受威胁和保护管理状况】沼泽区于 2007 年获湖北省林业局批准建立沙湖省级湿地公园，于 2017 年通过国家林业局试点建设验收，成为国家湿地公园。公园具有典型的湿地景观和显著的生物多样性特征，是内陆地区理想的候鸟繁殖区，尤其是园区内野生芦苇对改善区域生态环境能发挥不可替代的作用（李紫琦，2017；李婷婷等，2021）。沙湖湿地于 2023 年被列入《国际重要湿地名录》。

仙桃沙湖沼泽（侯志勇 摄）

斧头湖沼泽（421200-527）

【范围与面积】斧头湖沼泽位于嘉鱼、江夏、咸安三县区交界处，位于 29°55′00″～30°7′00″N、114°9′00″～114°20′00″E。沼泽面积为 33 hm²。斧头湖最大湖长 18.1 km，最大湖宽 13.3 km；正常蓄水位按 21.5 m 计算，相应面积为 126.0 km²。

【地质地貌】沼泽区的地质构造地处扬子台坪、大冶台褶带、武汉台褶束金口背斜南翼，以及鄂东隆起带，位于大幕山复式背斜北西部，从属于鄂南西向构造通山槽皱带。斧头湖北、东、南三面为丘陵山岗，湖西面为冲积平原和滨湖地区，形状似斧。

【气候】沼泽区属亚热带大陆季风气候，四季分明，雨量充沛。由于幕阜山脉面对季风暖湿气流来向，地形抬升，促成该区域成为湖北省多雨和暴雨区之一。由于降雨量在时空上分布不均，湖区降雨量自西北平原向东南山地递增。多年平均降水量为 1282～1473 mm，降水时间主要集中在 4～9 月。

【沼泽植被】沼泽区有浮游植物 7 门 61 种，水生维管植物 38 科 65 属 108 种，其中，蕨类植物 4 科 4 属 4 种，双子叶植物 22 科 31 属 48 种 3 变种，单子叶植物 12 科 30 属 52 种 1 变种。108 个分类群中，挺水植物 65 种，浮叶植物 15 种，漂浮植物 9 种，沉水植物 19 种。湿地植物主要有莲、欧菱、芦苇、凤眼莲、浮萍、蓼、水马齿、小叶星宿菜、通泉草、半边莲、狗牙根、日本看麦娘等，国家二级重点保护野生植物 3 种（粗梗水蕨、细果野菱、莲）（李中强等，2012；张淑倩等，2017；徐艺文，2019）。

【沼泽动物】沼泽区有浮游动物 44 种，底栖动物 19 种；鱼类有鲤、青鱼、草鱼、鲢、鳙、鳊、鲫、黄颡鱼、前颌间银鱼、蒙古鲌、红尾鱼、圆吻鲴等 53 种，该区是鳊、日本沼虾、圆吻鲴等鱼类的重要保护基地。

沼泽区有水鸟 44 种，其中有国家一级、二级重点保护水鸟多种，如中华秋沙鸭、鸿雁等。

龙感湖沼泽（421127-528）

【范围与面积】龙感湖沼泽地处龙感湖核心地域，位于黄冈市黄梅县东南部，地理坐标为 29°49′00″～30°3′00″N、115°56′00″～116°7′27″E。沼泽面积为 5307 hm²。

【气候】沼泽区属亚热带湿润季风气候区，冬冷夏热，四季分明，光照充足，气候温湿，雨量充沛，无霜期长。年平均气温 16.7℃，年平均降雨量 1240 mm，是湖北省多雨区之一，年平均降水日数 138.2 d，暴雨日数 6.5 d，无霜期 267 d。

【水资源与水环境】沼泽区水源靠自然降水和地表径流供给，与大官湖、黄湖直接相连，与泊湖间接相通，湖水注入长江，通过长江与鄱阳湖相连，构成水系相通、水文条件相互影响的水体。2018 年 11 月对龙感湖沼泽进行水质调查，总氮、总磷、叶绿素 a 和悬浮物浓度分别为 1.747 mg/L、0.188 mg/L、44.908 mg/m³、39.97 mg/L（孙盼盼，2019）。

【沼泽植被】沼泽区有浮游藻类 171 种，隶属于 8 门 39 科 81 属。其中蓝藻门 4 科 12 属 24 种；隐藻门 1 科 2 属 5 种；甲藻门 3 科 3 属 5 种；金藻门 2 科 2 属 4 种；黄藻门 3 科 3 属 3 种；硅藻门 9 科 17 属 43 种；裸藻门 3 科 7 属 11 种；绿藻门 14 科 35 属 76 种。总的特点是浮游藻类种类多，密度较小。

维管植物 183 种，隶属于 3 门 63 科 131 属，其中，蕨类植物 6 种，隶属于 5 科 5 属；裸子植物 6 种，隶属于 2 科 4 属；被子植物 171 种，隶属于 56 科 122 属。湿生植物和挺水植物 86 种，沉水植物 19 种，浮叶植物 5 种，漂浮植物 8 种。优势种有莲、芡、菰、黑藻、菹草、苦草、小茨藻、水鳖、穗状狐尾藻、眼子菜、竹叶眼子菜、微齿眼子菜、欧菱和金鱼藻等（董元火等，2013）。

水生植物带状分布十分明显，其特点是挺水植物、浮水植物、沉水植物和浮叶植物均各自形成独立的植物带。

【沼泽动物】沼泽区有各种野生动物 484 种，其中国家一级重点保护动物有黑鹳、白鹤、大鸨、黄嘴白鹭、东方白鹳、白头鹤 6 种，国家二级重点保护动物有小天鹅、白琵鹭等 31 种，列入《濒危野生动植物种国际贸易公约》附录的有白眉鸭、东方白鹳等 28 种，列入《中日候鸟保护协定》的有金腰燕、灰鹤、白头鹞等 73 种，列入《中澳候鸟保护协定》的有白眉鸭、水雉等 22 种。

【受威胁和保护管理状况】沼泽区建有龙感湖国家级自然保护区，保护区于 2000 年批准建立，2002 年晋升为省级自然保护区，2009 年经国务院办公厅国办发〔2009〕54 号文批准成立龙感湖国家级自然保护区（孙盼盼，2019）。在此越冬的白头鹤和黑鹳，均为国内发现的最大越冬种群，为此，2005 年黄梅县被中国野生动物保护协会命名为"中国白头鹤之乡"（潘胜东，2010）。

龙感湖沼泽（侯志勇 摄）

七姊妹山沼泽（422825-529）

【范围与面积】七姊妹山沼泽位于湖北省宣恩县，地理坐标为 29°39′30″ ～ 30°05′24″N、109°38′23″ ～ 109°49′39″E，沼泽面积为 974 hm²。

【地质地貌】沼泽区位于鄂西南山区，为云贵高原的东北延伸部分，地处山区因七峰依次排列似传说中的七仙女而得名，其最高峰火烧堡 2014.5 m，最低处巴山坪 1230 m，相对海拔 734.5 m。区内河网密布，纵横交错，有大小河溪 30 条，总长度 144.4 km，河长在 10 km 以上的有 4 条。岩层主要由石英砂页岩、页质层岩、砂质层岩组成，保水性极差，植被遭破坏后，极易造成水土流失，由此决定该区生态环境极其脆弱。区内有许多复杂的地质构造现象和丰厚的沉积岩石，以北东、北北东向的褶皱、断裂最为发育。

【气候】沼泽区属中亚热带季风湿润型气候，气候呈明显的垂直差异。海拔 800 m 以下的低山地带年均气温 15.8℃，无霜期 294 d，年降水量 1491.3 mm，年日照时数 1136.2 h；海拔 800 ～ 1200 m 的二高山地带年均气温 13.7℃，无霜期 263 d，年降水量 1635.3 mm，年日照时数 1212.4 h；海拔 1200 m 以上的高山地带年均气温 8 ～ 9℃，无霜期 203 d，年降水量 1876 mm，年日照时数 1519.9 h。

【沼泽土壤】沼泽区泥炭藓湿地 TOC 含量在 0 ～ 18 cm 较高，随剖面深度增加而增加，最低为 321.5 mg/g，于 18 cm 处达到最高值（400.9 mg/g），此后随深度增加含量不断降低，并于 48 cm 处降至最低（101.1 mg/g）。TN 含量随剖面深度增加而降低，最高为 29.3 mg/g，于 48 cm 处降至最低值（20.4 mg/g）。磷在 0 ～ 18 cm 内分布大体均匀，最高含量为 1.83 mg/g，最低含量为 1.77 mg/g，于 21 cm 处开始逐渐降低，至 42 cm 处降为最低值（0.87 mg/g），最终于 48 cm 处达到 0.95 mg/g（毛瑞等，2009）。

【沼泽植被】沼泽区地处中国川东 – 鄂西特有现象中心核心地带，珍稀濒危物种繁多，共有中国特有种子植物 32 属。植被生境丰富多彩，植被类型多种多样，自然植被共有 5 个植被型组 9 个植被型 30 个群系，且植被的垂直分布现象明显。

【沼泽动物】沼泽区野生动物资源丰富，包括金雕、红腹角雉和中国大鲵等国家级重点保护野生动物。

【受威胁和保护管理状况】沼泽区建有湖北七姊妹山国家级自然保护区，始建于 1990 年，2008 年晋升为国家级自然保护区；保护区总面积为 34 550 hm²，其中核心区面积为 11 560 hm²，缓冲区面积为 11 700 hm²，实验区面积为 11 290 hm²。保护区自然环境独特，地貌类型多样，珍稀野生动植物资源丰富，属中国三大特有现象中心之一的川东 – 鄂西特有现象中心的核心地带，被《中国生物多样性保护行动计划》和《中国生物多样性国情研究报告》列为中国优先保护领域和具有全球意义的生物多样性关键地区。

网湖沼泽（420222-530）

【范围与面积】网湖沼泽位于湖北省黄石市阳新县，东连富池镇，南接枫林镇和木港镇，与江西省九江市瑞昌市接壤，西邻兴国镇，北与综合管理区、陶港镇和半壁山管理区接壤；地处 29°45′11″ ～ 29°56′38″N、115°14′00″ ～ 115°25′42″E，沼泽面积为 205 hm²。

【地质地貌】沼泽区处于长江中下游南岸，长江与富水交汇的三角地带。网湖南面为石灰石构造的低山，沿湖岸分布，最高海拔为 439.5 m；地质地层于奥陶系寒武纪形成，属宝塔组，为浅灰色，中厚层龟裂纹灰岩与泥质灰岩，或与生物碎屑灰岩互层。网湖北面为砂页岩、砾岩、第四纪红土，由山地侵蚀堆积形成的丘陵岗地，按长条形土岗和宽窄不等的沟坞相间排列，呈树枝状向湖心倾斜延伸，形成岬湾形湖岸，最高海拔为 355 m。

【沼泽植被】沼泽区共有湿地维管植物 591 种，隶属于 141 科 388 属。其中，蕨类植物 21 科 31 属 50 种，种子植物共 120 科 357 属 541 种，主要的湿地植物有浮萍、睡莲、眼子菜、荸荠、牛毛毡、芦苇、水蓼、香蒲、酸模、鬼针草、灯心草等（朱正宁，2006）。

【沼泽动物】沼泽区底栖动物有 30 种，其中软体动物腹足类 10 种、瓣鳃类 7 种，环节动物 5 种，节肢动物 7 种，线虫动物仅有 1 种；优势种主要为水丝蚓属和河蚬。浮游动物有四大类 34 种，其中原生动物 9 种、轮虫类 17 种、枝角类 7 种、桡足类 1 种。

鱼类共计 74 种，隶属于 9 目 15 科 53 属，常见种类 30 种，如青鱼、鳊、三角鲂、大眼鳜、刺鳅、草鱼、泥鳅、鳙、鲢、鲤、鲫、黄鳝等，其中省级保护种类 2 种，分别为鳡和鳤。

两栖动物有 1 目 6 科 14 种，其中蛙科 6 种，树蛙科 3 种，雨蛙科 2 种，锄足蟾科、蟾蜍科和姬蛙科各 1 种，省级保护的有 6 种，包括中华蟾、黑斑侧褶蛙、泽蛙、饰纹姬蛙等。爬行动物有 3 目 8 科 19 种。其中游蛇科 7 种，石龙子科 5 种，龟科 2 种，平胸龟科、鳖科、壁虎科、蜥蜴科和眼镜蛇科各 1 种（杨杰峰等，2017）。

鸟类有 167 种，隶属于 16 目 39 科，占全国鸟类总种数（1329 种）的 12.6%，属东洋界区系成分。国家一级重点保护野生动物有东方白鹳、黑鹳、白鹤 3 种，国家二级重点保护野生动物有小天鹅、白琵鹭、白头鹞、鸳鸯等。另省级保护鸟类有豆雁、小白额雁、绿头鸭等 45 种。东方白鹳、黑鹳、豆雁、小天鹅、白琵鹭、白额雁、鸿雁等种群数量达到或超过全球迁飞线路上水鸟数量 1% 的标准，具有国际重要意义（赵建强和吴艳红，2018）。

【受威胁和保护管理状况】沼泽区建有湖北网湖湿地省级自然保护区，1999 年网湖湿地被列入《中国湿地保护行动计划》，为华中重要湿地；2001 年建立网湖湿地县级自然保护区，2004 年晋升为市级自然保护区，2006 年晋升为省级自然保护区；保护区总面积为 20 495 hm²，其中核心区为 6886 hm²，缓冲区为 4593 hm²，实验区为 9016 hm²。沼泽区地处华中湖泊湿地群，是典型的具有湖泊、沼泽和森林的复合生态系统，又是热带向寒带过渡的地带，是东西、南北物种的集汇区。沼泽区是亚热带和温带地区植物区系重要的交会地区，植物分布上具有垂直分布和水平分布的各类植物（张帅等，2010；刘晓伟等，2020）。网湖湿地于 2018 年被列入《国际重要湿地名录》。

网湖沼泽（侯志勇 摄）

洪湖沼泽（421000-531）

【范围与面积】洪湖沼泽位于湖北省中南部、长江中游北岸，行政区划隶属于荆州市，地跨洪湖市和监利市，地理坐标为 29°40′00″ ～ 29°58′10″N、113°12′26″ ～ 113°29′53″E，沼泽面积为 2497 hm²。

【气候】沼泽区四季分明，冬季寒冷干燥，盛行东北季风，夏季气候炎热多雨，多为东南季风或西南季风控制，而春、秋两季为过渡季节，两种季风交替出现，具有光能充足、降水充沛、热量丰富、雨热同季的特点。该地区 7 月平均气温 28.9℃，1 月平均气温 3.8℃，年平均气温 15.9 ～ 16.6℃。年辐射总量为 440 ～ 460 kJ/cm²，年降水量平均为 1000 ～ 1300 mm，年均蒸发量为 1354 mm。

【水资源与水环境】沼泽区集水面积为 3314 km²。集水区的地表径流主要通过四湖总干渠入湖，由若干涵闸对湖泊水位和水量进行调控，经内荆河等河闸与长江相通。据统计，洪湖最高水位 24.58 ～ 27.18 m（1969 年长江大堤决堤时洪湖最高水位为 27.46 m），最低水位 22.87 ～ 23.92 m，多年平均水位 24.31 m。多年平均入湖水量为 19.6 亿 m³，年均入湖流量 513 m³/s，年最大入湖流量 727 m³/s。另外，洪湖湖水清澈，湖水无明显污染，总体上达到国家地表水 II 类标准（卢山和姜加虎，2003）。

【沼泽土壤】沼泽区土壤类型主要有水稻土和潮土，在湖州滩地有少面积的草甸土分布。水稻土是现代沼泽化土经过自然演化和围垦，在长期水耕熟化过程中发育起来的，其中主要有潜育型水稻土和沼泽型水稻土，这两种土壤的形成主要受洪湖地下水位起落影响，土壤剖面构型多呈 AG 型和 APG 型；水稻土的分布面积广大。潮土类主要分布在洪湖和长江之间的地势较高地带，是在长期旱耕熟化过程中发育起来的。

【沼泽植被】沼泽区维管植物共有 67 科 175 属 249 种（含种下分类等级，下同）。其中蕨类植物收录 5 科 5 属 5 种，为常见的水生或湿生蕨类植物；裸子植物 1 科 2 属 2 种，为水杉和池杉，均为人工栽培种类；被子植物 61 科 168 属 242 种，其中双子叶植物 48 科 119 属 161 种，单子叶植物 13 科 49 属 81 种，因此，双子叶植物构成了洪湖湿地维管植物区系的主体。常见湿地植物有乌蔹莓、扛板归、野大豆、盒子草和海金沙等。

【沼泽动物】沼泽区鱼类共 57 种，隶属于 7 目 18 科，其中鲤科鱼类占 58.5%。有国家二级保护鱼类胭脂鱼（历史记录）；省级重点保护鱼类有陈氏新银鱼、鳡。凶猛和肉食性鱼类占 57.4%，如乌鳢、鳜、黄颡鱼、黄鳝、青鱼；杂食性鱼类占 22.2%，如鲫、鳊、泥鳅、胭脂鱼；以水草为食的仅占 7.4%，如草鱼、鳊；以藻类和腐屑为食的有中华鳑鲏等 7 种，占 12.3%；而食浮游生物的仅鲢、鳙 2 种。

鸟类共 138 种，隶属于 16 目 38 科。属国家一级保护的有东方白鹳、黑鹳、中华秋沙鸭、白尾海雕、白肩雕、大鸨 6 种；属国家二级重点保护的有白额雁、大天鹅、小天鹅、鸳鸯、松雀鹰、大鵟、普通鵟、红脚隼、斑头鸺鹠、短耳鸮、草鸮、白琵鹭共 12 种；另外还有湖北省重点保护的鸟类 38 种，如苍鹭、大白鹭、白鹭、绿头鸭、灰喜鹊等。

两栖类共 6 种，隶属于 1 目 2 科，如虎纹蛙、中华蟾蜍、黑斑侧褶蛙、湖北侧褶蛙、泽蛙、饰纹姬蛙。其中虎纹蛙为国家级重点保护蛙类。

爬行类共 12 种，隶属于 2 目 7 科，如乌龟、中华鳖、多疣壁虎、蓝尾石龙子、虎斑颈槽蛇、黑眉锦蛇、王锦蛇、红点锦蛇、乌梢蛇、银环蛇等。其中王锦蛇、黑眉锦蛇、乌梢蛇和银环蛇为湖北省重点保护野生动物（范杰，2016）。

【受威胁和保护管理状况】沼泽区建有洪湖湿地国家级自然保护区，该保护区是以洪湖大湖为主体的湿地生态系统类型保护区，始建于 1996 年，2000 年晋升为省级自然保护区，2008 年被列入《国际重要湿地名录》，2014 年晋升为国家级自然保护区。保护区总面积 41 412 hm²，其中核心区 12 851 hm²，缓冲区 4336 hm²，实验区 24 225 hm²。洪湖湿地国家级自然保护区作为长江中游地区重要湿地生态区域，是众多湿地迁徙水禽重要的栖息地、越冬地，是湿地生物多样性和遗传多样性重要区域，是长江中游乃至华中地区湿地物种基因库。洪湖湿地具有调洪蓄水、物种保护、水源供给、生态旅游等多种功能，是长江中游地区的天然蓄水库，是荆楚大地重要的生态屏障（厉恩华等，2021）。

洪湖沼泽（侯志勇 摄）

天鹅洲故道沼泽（421081-532）

【范围与面积】天鹅洲故道沼泽位于湖北省石首市北部的长江中游北岸，南面紧接长江，北面和东面被长江故道环绕，西面是防洪民堤，堤内为农业区。地处 29°46′ ～ 29°50′N、112°25′ ～ 112°46′E，总面积为 68.66 km²，水域面积为 18.97 km²，沼泽面积为 1111 hm²。天鹅洲有长达 40 km 的外围边滩，内环 20.9 km 的长江故道是 1972 年长江自然截弯取直形成的，中心是 13.3 km² 的天鹅岛，构成了淤积洲滩和牛轭湖相互交融的典型的洪泛平原湿地景观，已被列入我国重要湿地名录。

【沼泽植被】沼泽区植物种类十分丰富，有沉水植物如眼子菜、苦草等，浮水植物如欧菱、芡、浮萍等，挺水植物如菰、荻、芦苇等，湿生植物如薹草、蓼、灯心草、稗、蒿类和多种豆科植物，其中芦苇和荻为优势种。

【沼泽动物】沼泽区鸟类中有国家级重点保护鸟类 11 种，其中一级保护 3 种（东方白鹳、黑鹳、大鸨），二级保护 8 种（杨东等，2011）。

【受威胁和保护管理状况】沼泽区建有天鹅洲白鱀豚国家级自然保护区。以天鹅洲长江故道湿地为核心，逐步扩大保护区面积，将石首长江故道湿地乃至整个下荆江沿岸湿地纳入统一保护范围的构想，对保护长江流域的珍稀物种和生态环境具有重要意义（江永明，2006）。

石首沼泽（421081-533）

【范围与面积】石首沼泽位于湖北省石首麋鹿国家级自然保护区内，保护区位于湖北省西南部、江汉平原与洞庭湖平原相交处。北邻石首市横沟市镇，南靠长江，西接大垸镇，东至小河口，地理坐标为 29°45′38″ ～ 29°49′09″N、112°32′17″ ～ 112°36′36″E。沼泽面积为 889 hm²。海拔最高 38.8 m，最低 33 m。

【地质地貌】沼泽区属典型亚热带江河泛滥湿地，地势低平，土壤类型属草甸土类浅色草甸土亚类河滩草甸土。

【气候】沼泽区属亚热带季风气候，四季分明，雨热同期，为植物生长提供了有利条件。当地年平均气温 17.4℃，最热月 7 月年平均气温 29.3℃，最冷月 1 月年平均气温 4.6℃，年均无霜期 286 d；4 ～ 8 月是降水较为集中时期，月平均降水量超过 100 mm，年均降水量为 1282.3 mm。

【沼泽植被】沼泽区记录有草本维管植物 72 科 216 属 321 种，其中草本被子植物 65 科 208 属 311 种、蕨类植物 10 种，优势科为禾本科、菊科、豆科、唇形科、石竹科、莎草科、伞形科、十字花科、蔷薇科等，有两种国家二级重点保护野生植物（野大豆和细果野菱）。

【沼泽动物】沼泽区国家一级重点保护野生动物主要有 3 种，分别为黑鹳、大鸨、麋鹿；国家二级重点保护野生动物 11 种，分别为小天鹅、白额雁、鸳鸯、普通鵟、白尾鹞、黑鸢、白头鹞、松雀鹰、红隼、褐翅鸦鹃、小鸦鹃；湖北省省级保护动物 41 种。

【受威胁和保护管理状况】沼泽区位于湖北省石首麋鹿国家级自然保护区内，该保护区于 1991 年经湖北省人民政府批准建立为省级自然保护区，1998 年经国务院批准晋升为国家级自然保护区。

沼泽区生态环境受长江流域水文、气候等条件的影响很大，三峡高位蓄水后，保护区段丰水期水位连续多年保持在 34.5 ～ 35.6 m，与三峡水库蓄水前相比，水位降低 3 ～ 4 m，使保护区内水域与长江水体自然交换的频次降低，湿地生态系统受到较大影响，湿地生境旱化严重，湿生植物逐渐被中生植物和旱生植物所取代，麋鹿食物的来源和数量受到严重影响。

同时，保护区内遭到一定程度人为活动的干扰，部分区域外来物种入侵也比较严重。因此，保护和恢复区内本土植物多样性、控制外来入侵植物的蔓延已迫在眉睫。首先要提高地下水位来养护湿地，减少杨树林面积，退耕还湿，逐步修复湿地生态环境；其次要加强保护区综合治理，严格控制入侵植物对保护区生态环境的破坏；最后需要加强宣传力度和提高居民保护意识，形成人与自然和谐共生的生态景观。

华容集成垸沼泽（430623-534）

【范围与面积】华容集成垸沼泽位于湖南省岳阳市华容县东北角，地理坐标为 29°40′ ～ 29°48′N、112°55′ ～ 113°01′E，沼泽面积为 705 hm²。

【气候】沼泽区属中亚热带向北亚热带过渡的大陆性季风湿润气候，具有四季分明、光热适度、雨量集中、严寒期短的特点。年均气温为 16.7℃；全年无霜期 273 d；年均降雨量为 1205.3 mm，雨季集中在 4～6 月，最大年降雨量为 1699.9 mm，最大日降雨量为 227.8 mm。相对湿度为 81%（73%～83%）。最大积雪深度为 20 cm，年均降雪天数为 9.6 d。

【水资源与水环境】沼泽区地处长江中游南岸，四面环水，西南面为长江新航道，西北、北和东南面为长江故道。该地灌溉渠道密布，水源充足。正常年份，长江水位枯水期为 28.2 m，丰水期为 33.2 m，洪水期为 34.5 m。

【沼泽植被】沼泽区共记录有维管植物 75 科 189 属 264 种，其中木本植物 30 种，草本植物 234 种。按水分生态型划分，水生植物 32 种，湿生植物 72 种，中生植物 160 种。湿地范围内的植被划分为 3 个植被型组（即草甸型、沼泽型和水生植物型）39 个群系（即草甸型组 16 个群系、沼泽型组 7 个群系和水生植物型组 16 个群系）。集成垸沼泽内分布的多刺植物、藤本植物和有毒植物不利于麋鹿的生活，同时还有过多的益母草和杨树。

【沼泽动物】沼泽区共记录到湿地脊椎动物 135 种，隶属于 5 纲 29 目 61 科，其中鱼纲 8 目 15 科 43 种；两栖纲 1 目 4 科 7 种；爬行纲 2 目 6 科 14 种；鸟纲 11 目 28 科 60 种；哺乳纲 7 目 8 科 11 种。

135 种湿地脊椎动物中，有国家一级重点保护野生动物麋鹿，国家二级重点保护野生动物白尾鹞、草鸮、雕鸮、斑头鸺鹠、褐翅鸦鹃、水獭 6 种，73 种属国家保护的有益或者有重要经济、科学研究价值的陆生野生动物；列入《濒危野生动植物种国际贸易公约》附录的有 13 种，其中列入附录 I 的 1 种，列入附录 II 的 6 种，列入附录 III 的 6 种。

【受威胁和保护管理状况】沼泽区建有湖南华容集成麋鹿自然保护区，是 2000 年 10 月经湖南省人民政府批准成立的省级自然保护区，主管部门为华容县林业局；管理机构为湖南华容集成垸麋鹿自然保护区管理局，保护区湿地面积为 5093 hm²，主要湿地类型为永久性河流和草本沼泽。集成垸沼泽主要受威胁因子为过度捕捞和采集、非法狩猎。

二仙岩沼泽（422826-535）

【范围与面积】二仙岩沼泽地处湖北省咸丰县西北部的活龙坪乡，西与重庆市黔江区交界，北起活龙坪乡的沙帽山、东接活龙坪乡的寨子坪、南至活龙坪乡的朱家坪；地理坐标为 29°40′32″～29°42′58″N、108°45′45″～108°49′00″E，沼泽面积为 20.6 hm²。

【气候】沼泽区属亚热带季风性湿润气候，冬寒夏凉，雨量丰沛、雾多湿重、蒸发量小、无霜期短。年平均气温 14.0℃，年平均气温最高出现在 7 月（24.8℃），年平均气温最低出现在 1 月（2.8℃），历年极端气温为 –13.0℃。年降水量为 1555.1 mm。年降水日数（≥ 0.1 mm）为 185 d，最多年份 228 d（1964 年），最少年份 156 d（1956 年）。

【沼泽土壤】沼泽区是泥炭藓分布的核心地带，类型包括保存完好的泥炭藓 – 海棠林、不同退化程度的泥炭藓 – 竹林和泥炭藓 – 毛栗林。二仙岩泥炭藓 – 海棠林土壤有机碳含量为 64.88 g/kg，土壤总氮含量为 4.6 g/kg（杨繁等，2020）。

【沼泽植被】沼泽区湿地植被优势物种主要有野灯心草、庐山藨草、川东薹草、臭味新耳草等；优势度较高的木本种类有水竹、灯笼花等（雷耘等，2010）。

【沼泽动物】沼泽区常见水鸟有鸳鸯、褐河乌、苍鹭、绿鹭、池鹭、白鹭、中白鹭、大白鹭、东方白鹳、白腰草鹬、丘鹬。

【受威胁和保护管理状况】沼泽区建有二仙岩省级湿地自然保护区，成立于 2004 年，2010 年晋升为省级自然保护区，是一个以湖泊湿地和亚高山沼泽为主要保护对象的自然保护区。保护区总面积为5404 hm²，其中核心区面积为 2250 hm²，缓冲区面积为 1109 hm²，实验区面积为 2045 hm²；保护区林草植被覆盖率高，流域内溪沟密布，具有重要的湿地保护和利用价值（江靖等，2020）。

江汉平原四湖地区沼泽（421000-536）

江汉平原四湖地区沼泽位于湖北省江汉平原的腹地内荆河流域，地理坐标为 29°21′～30°00′N、112°00′～114°05′E。该区域南枕长江、北濒汉水、东至东荆河入长江的新滩口西北，大致以漳河水库总干渠、三干渠为界。区内大小湖泊星罗棋布，各级干支流纵横交错，水网密集。区域内包括荆州市（市区及监利市和洪湖市全区）以及荆门市、潜江市、石首市的部分地区，总面积约为 12 000 hm²。本区位于亚热带季风气候区，年日照时数 1800～2000 h，年辐射总量 435.4～460.5 kJ/cm²，年平均气温15.9～16.6℃，≥10℃年积温 5000～5350℃；年降水量 1100～1300 mm，其中 4～10 月降水量约占全年降水总量的 77%（蔡述明和王学雷，1993）。

江汉平原四湖地区沼泽（侯志勇 摄）

黄盖湖沼泽（430682-537）

【范围与面积】黄盖湖沼泽位于湘、鄂两省交界处，西、南紧邻湖南省临湘市黄盖镇、聂市镇，北与湖北省国营黄盖湖农场相连，东与湖北省赤壁市余家桥乡和湖南省临湘市坦渡镇毗邻；地理坐标为 29°39′00″～29°41′53″N、113°29′24″～113°32′00″E，沼泽面积为 102.5 hm²。

【沼泽植被】沼泽区范围内共记录有高等植物 141 科 407 属 624 种，其中蕨类植物 13 科 16 属21 种，裸子植物 5 科 11 属 12 种，被子植物 123 科 380 属 591 种。植被类型有沼泽化草甸、沼生植被及水生植被等，有国家级重点保护野生植物莼菜、春兰、水蕨、粗梗水蕨、野大豆、中华结缕草、细果野菱等（欧阳昶和曾霞，2014）。

【沼泽动物】沼泽区共记录有湿地脊椎动物 207 种，隶属于 5 纲 32 目 78 科，其中鱼纲 8 目 15 科 46 种，两栖纲 1 目 3 科 9 种，爬行纲 3 目 8 科 17 种，鸟纲 15 目 44 科 119 种，哺乳纲 5 目 8 科 16 种。湿地无脊椎动物（贝、虾、蟹类）有 22 种，隶属于 3 纲 5 目 9 科。其中腹足纲 1 目 2 科 6 种，瓣鳃纲 3 目 4 科 11 种，软甲纲 1 目 3 科 5 种。

207 种湿地脊椎动物中，有国家一级重点保护动物小灵猫，国家二级重点保护动物胭脂鱼、虎纹蛙、白琵鹭、小天鹅、鹗、黑鸢、雀鹰、日本松雀鹰、普通鵟、白尾鹞、白腹鹞、燕隼、红隼、小鸦鹃、草鸮、红角鸮、领角鸮共 17 种，83 种属国家保护的有益或者有重要经济、科学研究价值的陆生野生动物；列入《濒危野生动植物种国际贸易公约》附录的有 11 种，其中列入附录 I 的 1 种，列入附录 II 的 4 种，列入附录 III 的 6 种；列入湖南省重点保护物种的有 72 种。

【受威胁和保护管理状况】沼泽区建有湖南黄盖湖县级自然保护区，保护区于 2005 年批准建立，在 2012 年晋升为省级自然保护区，主管部门为临湘市林业局，保护区湿地面积为 9170.00 hm^2。保护区主要受威胁因子为基建和城市化、围垦、泥沙淤积，以及外来物种入侵等。

东洞庭湖沼泽（430600-538）

【范围与面积】东洞庭湖沼泽地处湖南省东北部岳阳市，地理坐标为 28°59′00″ ～ 29°38′00″N、112°43′00″ ～ 113°15′00″E，沼泽面积为 4642 hm^2。

【地质地貌】沼泽区地势低平，向北倾斜，整体地貌为起伏很小的浅盆状平原。湖东岸为丘岗地，一般海拔 40 ～ 80 m，为常绿阔叶林掩映下的城市地貌。湖西岸为湖积平原，一般海拔 30 ～ 36 m，沿湖岸海拔 30 m 左右围筑大堤，堤内为平坦的田园化农耕区。湖盆区向北东方向倾斜，海拔 30 ～ 10 m，丰水期被水面掩盖，随着水位下降，依次露出平缓的苇滩、草地、泥涂、沙洲。

【气候】沼泽区属于亚热带湿润气候区，因此日照充足，雨量充沛，年均气温 17℃，最高年份为 17.8℃，最低年份为 16.2℃。年际变化较稳定。沼泽区多年平均降水量 1200 ～ 1300 mm，年降水日数 135 ～ 160 d，年降雪 8 ～ 11 d，积雪 5 ～ 8 d，无霜期 285 d。

【水资源与水环境】东洞庭湖是洞庭湖湖系中最大的湖泊，年平均过湖水量达 3126 亿 m^3。常年湖容量 178 亿 m^3，水深 4 ～ 22 m，最大水位落差为 17.76 m，pH 为 6.8 ～ 8.6。2014 年 8 月（丰水期）和 2015 年 1 月（枯水期）对东洞庭湖水质进行了水样采集和样品分析，悬浮物含量为 64.5 mg/L，TP 含量为 0.187 mg/L（田琪等，2016）。

【沼泽植被】沼泽区共记录有维管植物 83 科 229 属 468 种。其中蕨类植物 13 科 14 属 18 种，被子植物 70 科 215 属

东洞庭湖沼泽（侯志勇 摄）

450 种，主要优势物种为水烛、芦苇、莲、芡、浮萍、薹草和黑藻等。目前，凤眼莲、北美独行菜、风花菜、大藻等外来入侵植物大面积分布于东洞庭湖的滩涂、洲滩等。

【沼泽动物】沼泽区共记录有湿地脊椎动物 385 种，隶属于 5 纲 38 目 100 科。其中鱼纲 10 目 22 科 87 种；两栖纲 2 目 5 科 10 种；爬行纲 3 目 7 科 19 种；鸟纲 16 目 53 科 242 种，哺乳纲 7 目 13 科 27 种。

385 种湿地脊椎动物中，有国家一级重点保护动物白鹤、白头鹤、东方白鹳、黑鹳、大鸨、中华秋沙鸭、白枕鹤、白尾海雕 8 种，国家二级重点保护动物小天鹅、鸳鸯、灰鹤、白额雁等 34 种。有 224 种属国家保护的有益或者有重要经济、科学研究价值的陆生野生动物。列入《濒危野生动植物种国际贸易公约》附录的有 49 种，其中列入附录 I 的 8 种，列入附录 II 的 29 种，列入附录III 的 12 种；列入湖南省重点保护物种的有 156 种。

【受威胁和保护管理状况】沼泽区建有湖南东洞庭湖国家级自然保护区，始建于 1982 年，于 1992 年被批准加入《国际重要湿地名录》，于 1994 年晋升为国家级自然保护区；保护区总面积达 19 万 hm²，其中核心区面积 2.96 万 hm²，缓冲区面积 3.58 万 hm²，实验区面积 12.46 万 hm²。主管部门为岳阳市林业局，管理机构为湖南东洞庭湖国家级自然保护区管理局。主要受威胁因子为污染、过度捕捞及外来物种入侵等。

南洞庭湖沼泽（430900-539）

【范围与面积】南洞庭湖沼泽位于湖南省益阳市沅江市、资阳区、赫山区，地理坐标为 28°45′00″ ～ 29°11′00″N、112°14′00″ ～ 112°56′00″E，沼泽面积为 368 hm²。

【地质地貌】沼泽区位于长江中游。中生代后期，燕山运动发生断陷出现断裂带，在长江及湘江、资江、沅江、澧水四水冲积作用下，地槽地壳逐渐被河湖物覆盖，形成平坦的湖盆。湿地西高东低，整体地貌为起伏很小的浅盆状平原。

【气候】沼泽区属亚热带湿润气候区，年平均温度 17℃，雨量丰沛，年平均降水量 1300 ～ 1400 mm；全年日照时数平均为 1600 h。全区多年平均径流量为 9.73 亿 m³，一般丰水年的径流量为 11.48 亿 m³，平水年径流量为 9.49 亿 m³，枯水年径流量为 7.70 亿 m³，特枯水年径流量为 6.25 亿 m³。地表径流的年际差异，导致干旱年、平水年、大水年交替（罗学卫等，2021）。

【水资源与水环境】2014 年 8 月（丰水期）和 2015 年 1 月（枯水期）对南洞庭湖水质进行了水样采集和样品分析，悬浮物含量为 18.9 mg/L，TP 含量为 0.108 mg/L（田琪等，2016）。

【沼泽土壤】沼泽区土壤为泥沙沉积而成，土层极厚，土质肥沃，透水性较高，pH 为 6.0 ～ 7.0，质地从轻壤到重壤，石砾含量低，中细粉粒所占比重大。

【沼泽植被】沼泽区共记录有维管植物 92 科 274 属 437 种，主要优势物种为狸藻、狐尾藻、莲、水蓼、芦苇、薹草等。凤眼莲为南洞庭湖湿地典型的外来入侵种，在湖口及周围沟渠中已蔓延成灾，应及时清理，加强控制。

【沼泽动物】沼泽区共记录有湿地脊椎动物 375 种，隶属于 5 纲 35 目 91 科，其中鱼纲 8 目 19 科 97 种，两栖纲 2 目 5 科 12 种，爬行纲 3 目 7 科 19 种，鸟纲 16 目 50 科 224 种，哺乳纲 6 目 10 科 23 种。湿地无脊椎动物（贝、虾、蟹类）有 93 种，隶属于 3 纲 5 目 17 科。其中腹足纲 1 目 7 科 29 种，瓣鳃纲 3 目 5 科 52 种，软甲纲 1 目 5 科 12 种。375 种湿地脊椎动物中，国家一级重点保护动物 8 种：白鹤、白头鹤、东方白鹳、黑鹳、大鸨、中华秋沙鸭、中华鲟、白鲟，国家二级重点保护动物 30 种，215 种为国家保护的有益或者有重要经济、科学研究价值的陆生野生动物；列入《濒危野生动植物种国际贸易公约》附录的有 41 种，其中列入附录 I 的 2 种，列入附录 II 的 27 种，列入附录 III 的 12 种；列入湖南省重点保护物种的有 152 种。

【受威胁和保护管理状况】沼泽区建有湖南南洞庭湖自然保护区，1997 年经湖南省人民政府批准成立省级自然保护区，2002 年被批准加入《国际重要湿地名录》。主要受威胁因子为基建和城市化、围垦、泥沙淤积、污染、过度捕捞、外来物种入侵等。

南洞庭湖沼泽（侯志勇 摄）

西洞庭湖沼泽（430722-540）

【范围与面积】西洞庭湖沼泽位于湖南省汉寿县，东以沅江市为界，东南至安乐湖、龙池湖南沿，西沿沅水至鼎城区界，北以澧水为界与南县隔水相望，是沅、澧两水尾闾。地理坐标为 28°47′00″ ～ 29°7′00″N、111°57′00″ ～ 112°17′00″E；沼泽面积为 973 hm^2。

【水资源与水环境】西洞庭湖（目平湖）地处沅、澧水尾闾，通江达海，它不仅承接沅、澧两水，而且吞吐长江松滋、太平二口洪流，汉寿县南部低山丘陵区为雪峰山余脉，其间沧水、浪水、龙池河、烟包山河等 8 条河流也由南向北流入西洞庭湖。常德德山以下的沅水流入西洞庭湖，流入位置为坡头南堤。沅水流域常德区域内长 104 km，流域面积 5609.2 km^2。澧水在湖北省花园咀以下的部分流入西洞庭湖，当沅水较低时其部分与安乡流来的松滋、虎渡河等合流入湖。澧水流域流经常德 180 km，流域面积 8146 km^2。

【气候】沼泽区属中亚热带季风气候区，受东亚季风和长江洞庭湖庞大水体的影响，气候温和湿润、光热充足、多风多雨、四季分明。

【沼泽植被】沼泽区共有维管植物 131 科 365 属 539 种，主要优势物种为南荻、芦苇、薹草等。葎草等大型藤本植物，不利于乔灌木的生长；凤眼莲大面积泛滥生长，有堵塞河道的危险，应加以控制。

【沼泽动物】沼泽区共记录有湿地脊椎动物 327 种，隶属于 5 纲 35 目 95 科，其中鱼纲 10 目 22 科 83 种，两栖纲 1 目 5 科 12 种，爬行纲 3 目 7 科 20 种，鸟纲 16 目 50 科 192 种，哺乳纲 5 纲 11 科 20 种。湿地无脊椎动物（贝、虾、蟹类）有 102 种，隶属于 3 纲 5 目 18 科。其中腹足纲 1 目 8

西洞庭湖沼泽（侯志勇 摄）

科 33 种；瓣鳃纲 3 目 5 科 55 种；软甲纲 1 目 5 科 14 种。

327 种湿地脊椎动物中有国家一级重点保护动物麋鹿、中华鲟、白鹤、白尾海雕、黑鹳、东方白鹳、小灵猫、中华穿山甲、白枕鹤和卷羽鹈鹕 10 种，国家二级重点保护动物獐、小天鹅、白额雁、鸳鸯、小鸦鹃、褐翅鸦鹃、灰鹤、鹗、鹊鹞、白腹鹞、白尾鹞、苍鹰、雀鹰、普通鵟、大鵟、灰背隼、游隼、红隼、红脚隼、白琵鹭 20 种；187 种属国家保护的有益或者有重要经济、科学研究价值的陆生野生动物；列入《濒危野生动植物种国际贸易公约》附录的有 39 种，其中列入附录 I 的 4 种，列入附录 II 的 25 种，列入附录III 的 10 种；列入《湖南省重点保护物种》的有 146 种。

【受威胁和保护管理状况】沼泽区建有西洞庭湖国家级自然保护区，于 1998 年经湖南省人民政府批准建立，于 2002 年被列入《国家重要湿地名录》，2014 年获批为国家级自然保护区，主管部门为汉寿县林业局。

沼泽区主要受威胁因子为基建和城市化、围垦、泥沙淤积、污染、过度捕捞、外来物种入侵等。

横岭湖沼泽（430624-541）

【范围与面积】横岭湖沼泽位于湘阴县北部，东起湘江与岳阳市屈原管理区隔江相望，南抵湘阴县洞庭围镇和鹤龙湖镇，西邻益阳市沅江市，北接东洞庭湖磊石山。地理坐标为 28°30′ ～ 29°3′N、112°38′ ～ 112°57′E。沼泽面积为 4490 hm^2。

【气候】沼泽区属亚热带季风湿润气候区，四季分明，光照长，降水集中在春夏暖热季节，年平均气温为 17℃，全年无霜期为 223 ～ 304 d，年日照 1399.9 ～ 2058.9 h，年均降雨量 1392.62 mm，主导风向为北风、南风、西北风，年平均风速 3 m/s。

【沼泽植被】沼泽区共记录有维管植物 82 科 225 属 337 种，其中栽培植物 120 余种，主要优势物种有芦苇、薹草等。

【沼泽动物】沼泽区共记录湿地脊椎动物 270 种，隶属于 5 纲 34 目 80 科，其中鱼纲 8 目 17 科 74 种，两栖纲 1 目 4 科 10 种，爬行纲 3 目 5 科 15 种，鸟纲 16 目 44 科 156 种，哺乳纲 6 目 10 科 15 种。湿地无脊椎动物（贝、虾、蟹类）有 10 种，隶属于 3 纲 5 目 7 科。其中腹足纲 1 目 2 科 3 种；瓣鳃纲 3 目 3 科 4 种；软甲纲 1 目 2 科 3 种。

270 种湿地脊椎动物中，有国家一级重点保护动物中华秋沙鸭、东方白鹳、黑鹳、白尾海雕、白头鹤、白鹤、大鸨、麋鹿 8 种，国家二级重点保护动物 24 种，154 种属国家保护的有益或者有重要经济、科学研究价值的陆生野生动物；列入《濒危野生动植物种国际贸易公约》附录的有 36 种，其中列入附录 I 的 3 种，列入附录 II 的 24 种，列入附录III 的 9 种；列入湖南省重点保护物种的有 119 种。

【受威胁和保护管理状况】沼泽区建有湘阴县横岭湖鸟类和湿地自然保护区，于 2000 年湘阴县人民政府批准建立，2003 年经湖南省人民政府批准建立湖南横岭湖省级自然保护区。保护区主管部门为湘阴县林业局，总面积为 43 000 hm^2，主要保护对象为湿地及珍稀鸟类。沼泽区主要受威胁因子为基建和城市化、围垦、非法狩猎。

柘林水库周围沼泽（360423-542）

【范围与面积】柘林水库周围沼泽主要集中在柘林水库上游尾闾区，地理坐标为 29°17′N、115°20′E，面积为 19.7 hm^2。海拔一般 20 ～ 30 m。

【地质地貌】沼泽区是水库修建导致地下水位上升，致使水库周边溃水形成的。

【气候】沼泽区位于中亚热带季风气候区，年平均气温 16.5℃，7 月气温最高，平均气温 28.2℃，极端最高气温 41.1℃，1 月气温最低，平均气温 0.4℃，极端最低气温 −13.5℃，年均降水量达 1433 mm；年平均无霜期 241 d。

【水资源与水环境】沼泽区水源主要受水库、修河（河流）和地下水补给。水体属于中营养化水体，各项水质指标的均值分别为：pH 7.95，溶解氧 6.63 mg/L，高锰酸盐指数 0.91 mg/L，总氮 436.1 μg/L，总磷 5.20 μg/L，氨氮 35.7 μg/L，悬浮物 2.69 mg/L。

【沼泽植被】沼泽区主要植被为水蓼群落、菰群落和野菊群落（表 17-7）。水蓼群落覆盖度高，约为 80%，伴生喜旱莲子草、雀稗，散见看麦娘与鼠曲草等；菰群落位于水库上游浅水洼地，伴生李氏禾、华夏慈姑与芡等；野菊群落伴生少量水芹、野胡萝卜与羊蹄等。

表 17-7　柘林水库周围沼泽优势植被地上生物量及生物多样性

群落	生物量/(g/m²)	样方生物多样性（Shannon-Wiener指数）
水蓼群落	2118	1.135
菰群落	5422	0.664
野菊群落	2715	1.532

【沼泽动物】沼泽区有鱼类 42 种，隶属于 4 目 8 科 33 属，其中鲤科鱼类种数最多，有 32 种，占总种数的 76.19%（李懿淼等，2017；陈旭，2020）。除放养的鳙、鲢外，黄尾鲴、红鳍原鲌和银鮈也为沼泽区优势种，其渔获量占总渔获量的 83.01%。

【受威胁和保护管理状况】沼泽区周边大规模人为活动相对较少，以农业与小范围的水产养殖为主。

鄱阳湖沼泽（360100-543）

【范围与面积】鄱阳湖沼泽位于江西省南昌市东北约 50 km 的鄱阳湖湖滨，主要分布在碟形湖区以及大汊湖、撮箕湖等湖湾区。地理坐标为 28°25′ ～ 29°45′N、115°48′ ～ 116°43′59″E，面积为 24 498 hm²。

【地质地貌】鄱阳湖盆地形成于中生代燕山运动，主要由古生代变质岩、第三纪红砂岩及第四纪沉积物组成，主要地貌为三角洲平原、滩地和湖区。沼泽主要发育于滩地的浅碟形洼地及三角洲前缘。浅碟形洼地常年滞水，三角洲前缘高程一般在 13 m 以下，一年中 3/4 的时间呈淹没状，在多水环境下发育形成沼泽。沼泽沉积物粒度随地面高程降低，砂和粉砂含量逐渐下降，泥质含量逐渐增加。

【气候】沼泽区属于亚热带季风性气候区，年均气温 16 ～ 18℃，7 月气温最高，平均气温为 29.1℃，极端最高气温 40.2℃；1 月气温最低，平均气温为 4.5℃，极端最低气温为 −9.8℃。无霜期 246 ～ 284 d。年降水量 744.1 ～ 2363.2 mm，平均降水量 1426.4 mm。降水时间分配不均，主要集中在 4 ～ 6 月，占全年的 47.4%。

【水资源与水环境】沼泽区位于鄱阳湖流域，沼泽水源主要由赣江、修河、饶河、信江、抚河五河来水、长江倒灌、降水补给。鄱阳湖沼泽水体全年水温 3.4 ～ 32℃，湖区溶解氧为 0.3 ～ 22.6 mg/L，pH 为 7.65 ～ 9.45，水体呈碱性，水体电导率为 54 ～ 343 μS/cm，透明度较低（0.1 ～ 1.2 m），矿化度为 0.035 ～ 0.963 g/L，盐度为 0.01 ～ 0.17 ppt，水体氧化还原电位 269 ～ 577 mV，高锰酸盐指数为 0.94 ～ 5.53 mg/L，悬浮物含量为 1.8 ～ 160.7 mg/L。鄱阳湖 6 年平均的营养盐浓度相对较高，总磷的平均值为 0.01 mg/L；硝态氮、亚硝态氮和氨氮平均浓度分别为 0.81 mg/L、0.03 mg/L、0.31 mg/L；磷酸根平均浓度为 0.02 mg/L。

【沼泽土壤】沼泽区的土壤主要为潜育草甸沼泽土和沼泽土。潜育草甸沼泽土质地黏重，腐殖化程度低，潜育层多出现在 1 m 深土层内。沼泽土分布在洲滩的浅碟形洼地，常年滞水，土壤处于还原状态，其发生层基本可分为有机质层及潜育层。

【沼泽植被】根据第一版《中国沼泽志》，鄱阳湖沼泽优势植被主要为芦苇＋南荻群落、薹草群落、水毛茛＋蓼子草群落、竹叶眼子菜群落、苦草群落和黑藻群落。本次鄱阳湖沼泽植被优势群落明显增加，主要包括：荇菜－竹叶眼子菜＋黑藻＋苦草群落、苦草群落、南荻＋芦苇群落、薹草群落、具刚毛荸荠群落、藨草＋蓼子草＋水田碎米荠群落、菰＋莲子草群落以及欧菱＋芡群落。优势群落的生物量与多样性如表 17-8 所示。

表 17-8 鄱阳湖沼泽湿地植物群落地上生物量与生物多样性

群落类型	生物量/(g/m²)	样方生物多样性（Shannon-Wiener 指数）
荇菜-竹叶眼子菜+黑藻+苦草群落	2372±724	1.475±0.358
藨草+蓼子草+水田碎米荠群落	1779±523	0.882±0.174
苦草群落	1142±372	0.171±0.052
南荻+芦苇群落	4621±1039	1.145±0.337
薹草群落	2248±603	0.223±0.076
具刚毛荸荠群落	1632±317	0.415±0.124
菰+莲子草群落	7326±1435	1.138±0.347
欧菱+芡群落	2374±662	0.642±0.221

【沼泽动物】沼泽区是世界著名候鸟栖息地，据记载，鄱阳湖已知鸟类 352 种，隶属于 17 目 61 科，越冬候鸟种群数量超过全球 1% 的鸟类有 16 种，包括小天鹅、东方白鹳、白琵鹭、白鹤、白枕鹤、苍鹭等。其中，白额雁、小天鹅、鸿雁是优势种群（王亚芳，2018）。

鄱阳湖沼泽（朱佳涛 摄）

【受威胁和保护管理状况】沼泽区人为活动干扰强烈，以围网围垦养殖及挖沙最为严重。鄱阳湖国家级自然保护区中沼泽干扰相对较少。

东鄱阳湖沼泽（361128-544）

【范围与面积】东鄱阳湖沼泽地处江西省鄱阳县中腹，位于鄱阳湖主湖区东部，地理坐标为 28°51′39″ ～ 29°13′31″N、116°23′39″ ～ 116°44′38″E，面积为 6754 hm²。

【地质地貌】沼泽区位于东南地洼区赣桂地洼系东北端，白垩纪开始，地壳活动更加强烈，西南部急速下降，末期燕山运动结束，地壳又急速上升，至第四纪，地壳活动以升降为主，湖滨及各支流堆积不等的冲积、淤积层。沼泽区主要为盆地、冲积平原、三角洲平原和淤积平原。

【气候】沼泽区地处亚热带地区，年均气温 16.9 ～ 17.7℃，7 月气温最高，平均气温 29.6℃，1 月气温最低，平均气温 5.0℃；年平均降雨量 1600 mm，降水量季节变化大，夏季明显高于冬季。

【水资源与水环境】沼泽区有饶河、珠湖、鄱阳湖等河湖，年最高水位多出现在 7 ～ 8 月。年最低水位出现在 12 月或翌年 1 月。水位年变幅一般为 6 ～ 8 m。

【沼泽动物】沼泽区共有水鸟 7 目 12 科 47 种 87 433 只。雁形目种类占绝对优势，其个体数占水鸟总数量的 75.33%。共记录国家一级重点保护鸟类 4 种（白鹤、白枕鹤、东方白鹳和黑鹳）以及国家二级重点保护鸟类 5 种。水鸟数量和物种数主要由雁形目及鸻形目鸟类组成，共记录优势种 6 种，以雁形目鸟类为主，其中豆雁是优势种（曾健辉等，2021）。

【受威胁和保护管理状况】沼泽区位于江西东鄱阳湖国家湿地公园，园区通过建设生态渔村、污水处理设施、实施湿地恢复工程、河道疏浚工程，极大地改善了湿地区生态环境，水域水质处于国家Ⅰ类水质标准。

东鄱阳湖沼泽（朱佳涛 摄）

都昌沼泽（360428-545）

【范围与面积】都昌沼泽位于江西省都昌县城与鄱阳湖的交汇处，面积为 4163 hm²，地理坐标为 28°50′28″ ～ 29°10′20″N、116°2′24″ ～ 116°36′30″E，主要分布在蚌壳湖、矾山湖、千字湖、新妙湖、马影湖、南溪湖、泥湖、南岸洲及环鄱阳湖洲滩、岛屿等地方。

【地质地貌】沼泽区湖水－岛屿－草洲、滩涂－丘陵、坡地－山地的地形地貌呈现明显的梯形结构。

【气候】沼泽区受季风影响显著，气候温和、雨量充沛、日照充足、热量丰富、四季分明，自然条件优越，年际平均气温为 17.1℃，气温日较差为 7.1℃。

【沼泽动物】沼泽区分布动物 451 种，属国家一级重点保护的有 6 种：白鹤、白头鹤、白肩雕、金雕、东方白鹳、遗鸥，都是冬候鸟，属国家二级重点保护的有 38 种，如白琵鹭、白额雁等大多属冬候鸟。在湖区繁殖的鸟类有 80 种左右，且主要是留鸟和夏候鸟。

【受威胁和保护管理状况】沼泽区建有江西都昌候鸟省级自然保护区，2008 年成立了江西都昌候鸟自然保护区管理局，专职管理都阳湖候鸟及湿地保护工作，积极筹措资金开展保护区建设工程，逐步完善保护网络。

都昌沼泽（朱佳涛 摄）

南矶沼泽（360112-546）

【范围与面积】南矶沼泽位于鄱阳湖主湖区南部，地理坐标为 28°52′21″ ～ 29°6′46″N、116°10′24″ ～ 116°23′50″E，面积为 3000 hm²。

【地质地貌】沼泽区在新构造运动中处于中心沉降区，湖盆内堆积了较厚的第四纪沉积物。地貌类型主要是为湖泊和岛屿。根据区内的高程差异，大致可以将沼泽区分为 3 个类型：16 ～ 18 m 为河口三角洲；14 ～ 16 m 为湖湾；小于 13.6 m 为湖底平原。

南矶沼泽（朱佳涛 摄）

【气候】沼泽区多年平均气温约为 17.3℃，年际变化范围为 0.5 ～ 1.0℃；多年平均降水量为 1358 ～ 1823 mm，降水年内年际变化大。

【水资源与水环境】受赣江来水和鄱阳湖区水位的控制，南矶山湿地年内、年际水位变幅明显。南矶山湿地多年最高水位为 22.43 ～ 22.57 m，最低水位为 9.59 ～ 11.02 m，水位最大年变幅为 9.59 ～ 10.94 m，最小年变幅为 3.80 ～ 4.42 m。

【沼泽植被】沼泽区常见湿地植物主要包括苦草、竹叶眼子菜、金鱼藻、大茨藻、小茨藻、荇菜、欧菱、槐叶苹、莲、菰、南荻、芦苇、灰化薹草、藨草、水田碎米荠、萎蒿等（李静，2017）。

【沼泽动物】沼泽区每年越冬期间水鸟数量稳定保持在 8 万～ 10 万只，有 28 种鸟类被列入国家一级、二级保护名录，此外还有 16 种水鸟种群数量达到国际重要湿地标准。

【受威胁和保护管理状况】因周边无大的污染源，南山和矶山的人口不多，丰水期时可通行的道路基本全部淹没，受外界人为的影响较少，所以保护区内的水质良好。湿地拥有保存完好且独特的湿地自然景观和丰富的生物多样性的大面积原生湿地。南矶湿地于 2020 年被列入《国际重要湿地名录》。

第二节　江南丘陵山地沼泽区

江南丘陵山地沼泽区位于我国最南部，北与长江中下游平原沼泽区相接，南面邻南海和南海诸岛，与菲律宾、马来西亚、印度尼西亚、文莱等相望，西南与越南接壤。地理坐标为 18°19.9′ ～ 30°26.4′N、105°50.0′ ～ 121°56.2′E。

沼泽区位于我国南部的向南倾斜面上，区内河流都向偏南方向奔流，山文水系格局深受断块构造的控制，高温多雨的气候明显地反映在地表侵蚀切割和风化程度上。地形绝大部分为低山和丘陵，地表起伏不平，平地面积很少，山丘和谷地错综复杂。

沼泽区水系多，河流密度大，河间分水岭交互错杂。自西向东，有属于珠江水系的西江、东江、北江三个小水系。此外，沿海一带从北到南还有众多中小型河流。珠江三角洲上汊河密布，主要水道大约有 100 条，总长 1700 多千米，河网密度高达 0.8 ～ 1.0 km/km²，成为我国著名的"网河"区。珠江流域多年平均径流总量达 3492 亿 m³，约为长江的 1/3，为黄河的 6 倍多，在全国仅次于长江。珠江三角洲地下水径流条件差，水力交替迟缓，封闭条件好，大多处于铁氧化还原环境。

沼泽区大部分位于北回归线以南，属于高温多雨热带气候，其热量和水分是全国最丰富的地区。≥ 10℃稳定积温为 7000 ～ 9500℃，年平均气温 20 ～ 26℃，平均气温高于 25℃日数 150 d 以上。1 月是全年最冷的月，但月均温仍在 10℃。降水量一般为 1500 ～ 2000 mm。冬半年，冬季风特别强盛，偶有寒潮侵袭，极端最低气温人陆上人部分可降至 0℃以下，海南岛北部也可出现霜冻，因此该区的热带景观与典型的热带景观有所差别。该区四季交替不明显，一年之中除夏季之外就是秋季与春季相接，东部的大陆部分，4 月下旬即进入夏季，11 月初方有秋意；西部海拔较高，夏季仅 3 ～ 4.5 个月，终年暖和，春秋较长。

在现代生物气候条件下，沼泽区在红色风化壳上，既进行着生物积累过程，又继续进行着脱硅富铝化过程，发育成砖红壤和砖红壤性红壤。此两类土壤是在红色风化壳母质上发育起来的。湿热的热带气候，对地表岩石（除碳酸盐岩类外）造成强烈的风化，原始矿物分解透彻，淋溶作用十分迅速，除铁、铝相对积聚外，易移动的元素（K、Na、Ca、Mg）遭到强烈的淋溶。砖红壤的硅铝率一般为 1.5 ～ 1.8，而赤红壤为 1.7 ～ 2.0，砖红壤的富铝化作用较强，风化度较深。

沼泽区是全国重要的湿地集中分布区之一，资源丰富，类型多样，主要湿地类型有河流湿地、湖泊湿地、草本沼泽等。该区沼泽类型与面积见表 17-9。草本沼泽常见建群种包括狗牙根、蒿蓄、春蓼、菰、江南荸荠、芦苇和喜旱莲子草等。

表 17-9　江南丘陵山地沼泽区沼泽类型与面积

分区	类型	面积/×100 hm²
江南丘陵山地沼泽区	草本沼泽	835.2
	灌丛沼泽	3.4
	森林沼泽	1.8
	沼泽化草甸	1.5

汨罗江沼泽（430681-547）

【范围与面积】汨罗江沼泽地处湖南省汨罗市，位于湖南省东北部、幕阜山与洞庭湖之间的过渡地带；地理坐标为 28°47′00″～29°03′00″N、112°57′00″～113°10′00″E，沼泽面积为 67.2 hm²。

【地质地貌】沼泽区属江河冲积平原向低山丘陵区过渡区域，并以江河冲积平原地貌形态为主。

【气候】沼泽区属大陆性湿润季风气候，为中亚热带向北亚热带过渡地区，呈现气候温暖、四季分明、热量充足、雨水集中、春温多变、夏秋多旱、严寒期短、暑热期长的气候特征。

【水资源与水环境】汨罗江是湘江在湘北的最大支流，位于中国湖南东北部。上游汨水有东西两源：东源出江西省修水县境；西支出湖南省平江县东北的龙璋山，两支流在平江县城西汇合以后，向西流到汨罗市磊石山注入洞庭湖。汨罗江全长 253 km，流域面积达 5543 km²。长乐以上，河流流经丘陵山区，水系发育，水量丰富。长乐以下，支流汇入较少，河道展宽可通航，为湘江在湘北的最大支流。

汨罗江沼泽（侯志勇 摄）

【沼泽植被】沼泽区共记录有种子植物 121 科 365 属 576 种。其中土著野生种子植物共计 108 科 323 属 513 种（梁曾飞，2014）。

【沼泽动物】沼泽区共记录湿地脊椎动物 206 种，隶属于 5 纲 31 目 73 科，其中鱼纲 6 目 16 科 57 种，两栖纲 2 目 5 科 11 种，爬行纲 3 目 7 科 16 种，鸟纲 15 目 38 科 109 种，哺乳纲 5 目 7 科 13 种。湿地无脊椎动物（贝、虾、蟹类）有 22 种，隶属于 3 纲 5 目 11 科。其中腹足纲 1 目 5 科 7 种；瓣鳃纲 3 目 3 科 10 种；软甲纲 1 目 3 科 5 种。

206 种湿地脊椎动物中，有国家一级重点保护动物 1 种，国家二级重点保护动物 19 种，115 种属国家保护的有益或者有重要经济、科学研究价值的陆生野生动物；列入《濒危野生动植物种国际贸易公约》附录的有 24 种，其中列入附录 I 的 1 种，列入附录 II 的 17 种，列入附录 III 的 6 种；列入湖南省重点保护物种的有 96 种。

【受威胁和保护管理状况】沼泽区建有湖南汨罗江国家湿地公园，2009 年开始湿地公园试点工作（国家林业局文件林湿发〔2009〕297 号），主管部门为汨罗市林业局，管理机构为湖南汨罗江国家湿地公园管理局；公园湿地面积为 2945.10 hm²，主要湿地类型为永久性淡水湖和永久性河流。公园主要受威胁因子为基建和城市化、围垦、泥沙淤积、外来物种入侵等。

洋沙湖 – 东湖沼泽（430624-548）

【范围与面积】洋沙湖 – 东湖沼泽地处湖南省湘阴县，地理坐标为 28°36′ ~ 28°41′N、112°50′ ~ 112°55′E，沼泽面积为 109 hm²。

【地质地貌】沼泽区地处幕阜山余脉走向洞庭湖拗陷处的过渡带上，地势自东南向西北递降，形成一个微向洞庭湖盆中心倾斜的面。

【气候】沼泽区属季风湿润气候区，四季分明，光照长，降水集中在春夏暖热季节，年平均气温为 17℃，全年无霜期为 223 ~ 304 d，年日照 1399.9 ~ 2058.9 h，年均降雨量 1392.62 mm，主导风向为北风、南风、西北风，年平均风速 3 m/s。

【水资源与水环境】沼泽区主体湖泊面积有 2000 hm²，湖泊南北长 5 km，东西长 3 km，湖床海拔 22 ~ 23.5 m，常年平均水深 4 m。水质均在 III 类以上。

【沼泽植被】沼泽区共记录有种子植物 565 种，隶属于 121 科 361 属；其中裸子植物 5 科 10 属 11 种，被子植物 116 科 351 属 554 种。除栽培及外来逸生植物外，该地共有野生种子植物 108 科 319 属 502 种。

【沼泽动物】沼泽区共记录有湿地脊椎动物 173 种，隶属于 5 纲 26 目 67 科，其中鱼纲 5 目 13 科 50 种，两栖纲 1 目 4 科 11 种，爬行纲 2 目 7 科 17 种，鸟纲 14 目 37 科 83 种，哺乳纲 4 目 6 科 12 种。湿地无脊椎动物（贝、虾、蟹类）有 24 种，隶属于 3 纲 5 目 11 科。其中腹足纲 1 目 5 科 9 种；瓣鳃纲 3 目 3 科 11 种；软甲纲 1 目 3 科 4 种。

173 种湿地脊椎动物中，有国家一级重点保护动物 1 种，国家二级重点保护动物 14 种，92 种属国家保护的有益或者有重要经济、科学研究价值的陆生野生动物；列入《濒危野生动植物种国际贸易公约》附录的有 22 种，其中列入附录 I 的 1 种，列入附录 II 的 14 种，列入附录 III 的 7 种；列入湖南省重点保护物种的有 81 种。

【受威胁和保护管理状况】沼泽区建有湘阴洋沙湖 – 东湖国家湿地公园，2009 年开始湿地公园试点工作，主管部门为湘阴县林业局；公园湿地面积为 1525.9 hm²。

江口水库周围沼泽（360521-549）

【范围与面积】江口水库周围沼泽位于江西省分宜县江口水库周围，以水库上游尾闾区为主，中心地理坐标为27°44′N、114°45′E。海拔一般70～80 m。

【地质地貌】沼泽区位于北部扬子准地台和南部华南褶皱系两大地质构造单元过渡带。地貌主要为低山丘陵。

【气候】沼泽区处于南亚热带季风气候区，多年平均气温17.5℃，1月和7月平均气温分别为5℃、29℃，极端最高和最低气温分别为39.9℃、–8.3℃，无霜期268 d，多年平均降水量1590 mm，年均相对湿度76%～83%。

【水资源与水环境】沼泽区水源主要由水库及地表径流补给。沼泽水质指标均值分别为：pH 8.67，溶解氧6.91 mg/L，高锰酸盐指数2.94 mg/L，总氮1182.9 μg/L，总磷107.5 μg/L，氨氮40.7 μg/L，悬浮物10.4 mg/L。

【沼泽植被】沼泽区可见大片喜旱莲子草，覆盖度较高。喜旱莲子草为建群种，有少量稗，其下水体中可见少量金鱼藻。群落地上生物量为4751 g/m²，Shannon-Wiener生物多样性指数为0.752。

【受威胁和保护管理状况】沼泽区主要受农业活动和旅游业开发的影响。

景宁望东垟高山沼泽（331127-550）

【范围与面积】景宁望东垟高山沼泽位于浙江省丽水市景宁畲族自治县，南与福建省寿宁县李家洋村接壤，东与泰顺县乌岩岭国家级自然保护区毗邻，北与景宁县景南乡东塘村交界，西与景宁县景南乡渔际村相邻。地理坐标为27°40′～27°44′9″N、119°34′20″～119°39′6″E。海拔为900～1611 m。区内较典型的高山沼泽湿地主要有望东垟、见头垟、双桥圩、白云坪、奋斗团、茭白塘6处，是华东地区最大的一块高山湿地，沼泽面积为54 hm²。

【地质地貌】沼泽区属于洞宫山脉的罗山支脉，现代山地地貌。区内峰峦起伏，山势高峻，海拔多在1 km以上，最高峰的山洋尖（1636.7 m）为景宁县第二高峰，位居第二的白云尖（1611.1 m）为景宁县第三高峰。白云尖也是温州市第一高峰。该保护区的地形呈盆地结构，四周山脉环绕，整体地势由南向北平缓降低。

【气候】沼泽区属中亚热带海洋性季风气候，降水充沛，四季分明，年平均气温为12.0℃，年降水量为2066.7 mm，年蒸发量为1290.5 mm，年日照时数为1600 h，无霜期189 d。

【水资源与水环境】望东垟湿地保护区是飞云江、瓯江的发源地。飞云江全长198 km，自西向东流经泰顺、文成、瑞安等县（市），在瑞安市城关镇望新村入东海，是温州市三区四县（市）人民饮用水的来源。在湿地保护局（原上标林场）之西约1 km处有座库容量2159万 m³的水库，利用该水库的落差，兴建了上标水电站，该电站的水源来自保护区流域及湿地内水系，汇集而成，常年库水盈满，所以电站不能离弃湿地，山水相连成为一个整体。

【沼泽土壤】沼泽区土壤类型主要为沼泽化草甸土（刘旭川等，2020）。

【沼泽植被】沼泽区南部的植物主要为沼原草、萤蔺和柳叶箬，在盆地底部形成草甸；北部的植物以江南桤木为主。

【沼泽动物】沼泽区自然资源丰富，环境优越，属于我国生物多样性富集区"浙闽山区"之一。有脊椎动物 31 目 78 科 272 种，其中兽类 8 目 20 科 18 种，爬行类 3 目 9 科 30 种，两栖类 2 目 5 科 18 种，鱼类 3 目 4 科 14 种，中国特有动物种类有黑麂、白颈长尾雉、黄腹角雉、灰胸竹鸡、黄腹山雀等，国家一级重点保护野生动物有黑麂、云豹、金雕、白颈长尾雉、黄腹角雉等，国家二级重点保护野生动物有中华穿山甲等。望东垟高山湿地自然保护区内自然资源十分丰富，是浙江省难得的生物基因库，动物资源中有明显的华南区特色。

【受威胁和保护管理状况】沼泽区建有望东垟高山湿地自然保护区，该保护区是以内陆湿地特有生态系统和野生动植物为保护对象的自然保护区，总面积为 1194.8 hm²。20 世纪 90 年代，该保护区的土地被大量开垦为农田，大面积特有的江南桤木被砍伐，生态环境遭到严重破坏。2000 年起，当地林场进行了全面封山，加大了对湿地的保护力度。2007 年 3 月，经浙江省人民政府批准建立浙江省首个以高山湿地命名的省级自然保护区（梅中海等，2020）。

洪门水库周围沼泽（361021-551）

【范围与面积】洪门水库周围沼泽位于江西省南城县西南部盱江中下游的洪门水库周围，中心坐标为 27°27′N、116°47′E，面积约为 1000 hm²。海拔一般 70 ～ 90 m。

【气候】沼泽区属亚热带季风气候，暖湿多雨。年平均气温 17.8℃，1 月平均气温 5.6℃，7 月平均气温 29.1℃，极端最低气温 –7.8℃，极端最高气温 41.5℃。年平均降水量 1772.5 mm，降水分配不均，多集中在 3 ～ 6 月，占全年降雨总量的 60% 左右。年平均无霜期 70 d。

【水资源与水环境】沼泽区水源主要靠周边山区河流和洪门水库供给，大气降水和地下水也为重要补给来源。沼泽区水体水质指标均值如下：pH 8.47，溶解氧 6.81 mg/L，高锰酸盐指数 2.23 mg/L，总氮 884.1 μg/L，总磷 34.3 μg/L，氨氮 205.3 μg/L，悬浮颗粒物 1.67 mg/L。

【沼泽植被】沼泽植被以菰为建群种，伴生水烛、荆三棱、李氏禾、荇菜等。群落生物量达 6233 g/m²，Shannon-Wiener 生物多样性指数达 1.474。

【受威胁和保护管理状况】沼泽区人为活动相对较少，以农业与水产养殖、斑块状的菜地以及经济林为主。旅游业开发影响日渐突出（葛德胜，2005）。

茶陵湖里沼泽（430224-552）

【范围与面积】茶陵湖里沼泽位于湖南省株洲市茶陵县，属湘江一级支流洣水流域，地理坐标为 26°49′00″ ～ 26°57′00″N、112°46′00″ ～ 113°39′00″E，沼泽面积为 13.7 hm²。

【气候】沼泽区属亚热带季风气候，年均气温 19℃，最高气温 40℃，最低气温 –9℃，年均降水量 1390 mm。湿地水源主要来自降水，生境水深在 0.1 ～ 0.6 m 波动。

【沼泽植被】沼泽区有维管植物 26 科 44 属 63 种。其中国家重点保护野生植物野生稻、莼菜在这里成片分布。湖里沼泽是国家一级重点保护植物长喙毛茛泽泻国内唯一产地，也有睡莲、泽苔草（湖南省唯一产地）、龙舌草等珍稀植物。

【受威胁和保护管理状况】保护区主要威胁因子为过度捕捞和喜旱莲子草等外来物种入侵，应加强控制。

祁阳挂榜山沼泽（431181-553）

【范围与面积】祁阳挂榜山沼泽位于湖南省永州市祁阳市,地理坐标为26°35′～26°38′N、111°57′～112°0′E,沼泽面积为36.3 hm²。

【地质地貌】沼泽区属低山丘陵区,最高海拔779 m。但山势特别陡峭,相对高差较大,众多溪流发源于此,呈发射状分布,大部分汇入石洞源水库和文家冲水库。

【气候】沼泽区属亚热带季风湿润气候,四季分明。县城年平均气温18.2℃。年均日照1591.9 h,无霜期293 d。年平均降雨量1275.7 mm。

【沼泽植被】沼泽区有乔木、灌木树种90科232属654种,其中属国家重点保护的野生植物有水杉。

【沼泽动物】沼泽区共记录到湿地脊椎动物138种,隶属于5纲25目59科,其中鱼纲3目4科13种,两栖纲2目5科12种,爬行纲2目5科19种,鸟纲13目35科80种,哺乳纲5目10科14种。

138种湿地脊椎动物中,有国家重点保护动物中华穿山甲、虎纹蛙、中国大鲵、红腹角雉、草鸮、挂榜山小鲵等18种,93种属国家保护的有益或者有重要经济、科学研究价值的陆生野生动物;列入《濒危野生动植物种国际贸易公约》附录的有16种,其中列入附录Ⅱ的11种,列入附录Ⅲ的5种;列入湖南省重点保护物种的有80种。

【受威胁和保护管理状况】沼泽区建有湖南祁阳小鲵省级自然保护区,于2004年经湖南省人民政府批准成立,主管部门为祁阳市林业局;保护区总面积为6060 hm²,是以新物种——挂榜山小鲵为特殊保护对象的野生动物类型省级自然保护区。

炎陵桃源洞沼泽（430225-554）

【范围与面积】炎陵桃源洞沼泽位于湖南省炎陵桃源洞国家级自然保护区内,湿地周边主要涉及青石岗林场和大院农场;地理坐标为26°18′～26°34′N、113°58′～114°04′E,沼泽面积为197.6 hm²。

【地质地貌】沼泽区地势由东南向西北倾斜,区内超过千米的山峰有16座。牛屎坪、大院农场一带,除山涧峡谷外,地势比较平坦,类似山原。

【气候】沼泽区年均温12.1℃,极端低温为–9.8℃,极端高温为38.5℃,无霜期为195 d;年降水量为2292.4 mm,相对湿度为80%以上。

【沼泽土壤】沼泽区土壤分属4个亚类:山地草甸土(分布海拔1700～1841 m)、山地黄棕壤(分布海拔1200～1700 m)、山地暗黄壤(分布海拔650～1200 m)和山地黄红壤(分布海拔0～650 m)。

【沼泽植被】沼泽区有维管植物共计215科896属2019种,其中属国家重点保护的野生植物有莼菜、野大豆等。优势物种有圆锥绣球、猴头杜鹃、金发藓、泥炭藓、五节芒等(谭益民和吴章文,2009)。

【沼泽动物】沼泽区共记录到脊椎动物25目69科209种,其中两栖纲2目7科23种,爬行纲2目9科39种,鸟纲13目34科105种,哺乳纲8目19科42种。

212种脊椎动物中,有国家一级重点保护动物黄腹角雉、中华穿山甲等10种,国家二级重点保护动物水獭、水鹿、白鹇、勺鸡、红腹锦鸡、草鸮、长耳鸮、短耳鸮、松雀鹰、欧亚鵟、黑冠鹃隼、红腹锦鸡、褐翅鸦鹃、斑头鸺鹠和中国大鲵等 19 种；52 种属国家保护的有益或者有重要经济、科学研究价值的陆生野生动物；列入《濒危野生动植物种国际贸易公约》附录的有 11 种，其中列入附录 I 的 1 种，列入附录 II 的 8 种，列入附录III的 2 种；列入湖南省重点保护物种的有 50 种。

【受威胁和保护管理状况】沼泽区建有炎陵桃源洞国家级自然保护区，建立于 1982 年，2002 年晋升为国家级自然保护区；保护区总面积 23 786 hm^2，其中核心区面积 6357.6 hm^2，保护对象为具有华南、华中、华东等多种区系成分的原始次生林及其生态系统，保护中国东缘分布的唯一独特的森林群落资源冷杉林、银杉混交林及生态系统，拯救濒于灭绝的珍稀濒危动植物。

炎陵桃源洞沼泽（侯志勇 摄）

兴国潋江沼泽（360732-555）

【范围与面积】兴国潋江沼泽位于江西省兴国县，地理坐标为 26°16′39″ ～ 26°25′06″N、115°19′36″ ～ 115°32′06″E，涉及的周边乡镇有埠头乡、潋江镇、江背镇、鼎龙乡、东村乡。湿地面积为 2362 hm^2，湿地率为 66.05%。

【地质地貌】沼泽区属赣江支流贡水平固江水系，主要包括潋江、潋水的部分流域（含长冈水库）湿地生态系统（河流、沼泽及人工湿地）及其周边滩地、部分山林地等。

【气候】沼泽区属亚热带季风湿润气候，气候温和，雨量充沛，日照充足，四季分明。平均气温 18.8℃，年平均降雨量 1528.8 mm，年内降雨多集中在 4 ～ 6 月。

【水资源与水环境】沼泽区湿地生态功能完善，水资源丰富，水质良好，水质常年保持在国家 II 级以上。

【沼泽动物】沼泽区共记录到野生脊椎动物 33 目 94 科 396 种，为江西省已知脊椎动物总种数的 45.4%，另外还有林雕、雀鹰、凤头鹰、红脚隼、红角鸮等国家级保护动物。

【受威胁和保护管理状况】沼泽区建有江西潋江湿地公园，2017 年 12 月，江西潋江湿地公园正式成为国家湿地公园；2020 年，被国家林业和草原局列入国家重要湿地名录。虽然湿地治理目前获得了不错的成果，但在生态治理和污染控制方面仍然需要加强保护。

猫儿山沼泽（450300-556）

【范围与面积】猫儿山沼泽位于广西壮族自治区东北部、桂林市北部，地处桂林市兴安县、资源县、龙胜各族自治县三县交界处，处于桂北旅游区的中心位置，地理坐标为 25°44′02″ ～ 25°58′00″N、110°19′00″ ～ 110°35′00″E，沼泽面积为 140.8 hm^2。

【地质地貌】沼泽区属南岭山地越城岭山系，主峰猫儿山海拔 2141.5 m，是华南最高峰，素有"五岭极顶""华南之巅"之称。猫儿山林区山峦挺拔，河谷幽深，有高达上百米的悬崖峭壁，也有几十米高的清泉瀑布。在海拔 1950～2000 m 的八角田地带分布有山间盆地，其内丘陵起伏，沟壑纵横，有一片面积约 270 hm² 的江源森林湿地（蒋得斌和王绍能，2006）。

【气候】沼泽区属于中亚热带湿润气候，年均气温为 16.4～18.1℃，最热月（7月）均温为 26.2～27.6℃，最冷月（1月）均温为 5.5～7.8℃；年均降雨量为 1546.7～1829.0 mm，主要集中在 4～8 月；年均蒸发量为 1264.1～1624.1 mm；年均相对湿度为 79%～82%；年均日照时数为 1309.4～1467.1 h；年均风速 2.1～3.2 m/s；年均有霜日数为 7.3～15.5 d（黄承标等，2009）。

【水资源与水环境】沼泽区是重要的水源林区，特别是八角田盆地中有约 74.6 hm² 的泥炭地，蓄水保水性能很强，储水量一般在 80%（按容积计）以上，最枯期储水量也有 90 万 m³。林区内溪流不断，迂回汇合，其中流入大溶江到漓江的江河有 19 条，是漓江的发源地。

【沼泽动物】沼泽区已知鸟类 145 种，隶属于 13 目 38 科 95 属，哺乳动物 71 种，隶属于 8 目 22 科 45 属。两栖动物、爬行动物 19 科 47 属 73 种，淡水鱼类 53 种，隶属于 4 目 15 科 41 属，昆虫种类有 26 目 3012 种（蒋得斌和王绍能，2006）。

【受威胁和保护管理状况】广西猫儿山自然保护区于 2003 年经国务院批准成为国家级自然保护区，总面积 17 008.5 hm²，其中核心区面积 7759.0 hm²，缓冲区面积 3635.4 hm²，实验区面积 5614.1 hm²。

仰天湖沼泽（431002-557）

仰天湖沼泽位于湖南省南部，地处郴州市北湖区西南部；地理坐标为 25°30′～25°31′N、112°49′～112°50′E；沼泽面积为 67.3 hm²。沼泽区植物资源较丰富，其中国家二级重点保护野生植物有睡莲，湖南省省级重点保护植物有萍蓬草。记录有湿地脊椎动物 146 种，隶属于 5 纲 23 目 56 科，其中鱼纲 2 目 4 科 17 种；两栖纲 2 目 6 科 13 种；爬行纲 2 目 4 科 21 种；鸟纲 12 目 33 科 79 种；哺乳纲 5 目 9 科 16 种。146 种湿地脊椎动物中，国家二级重点保护动物 8 种，96 种属国家保护的有益或者有重要经济、科学研究价值的陆生野生动物。

仰天湖沼泽（侯志勇 摄）

韭菜岭沼泽（431124-558）

【范围与面积】韭菜岭沼泽位于湖南省西南部，地处永州市道县，毗邻道县与广西壮族自治区界线。地理坐标为 25°30′～25°31′N、111°18′～111°19′E；沼泽面积为 14.4 hm²，主要类型为草本沼泽。

【气候】沼泽区属于中亚热带季风湿润气候区，冬寒期短夏热期长，雨量充沛，气温垂直差异大。

海拔 1800 m 以上，年平均气温 10.9℃。年降水量为 1600 ～ 1800 mm，海拔 900 m 以上山地霜冻期约 90 d，年均雾日约 200 d。土壤类型为山地泥炭沼泽土。

【沼泽植被】沼泽植被主要优势种是芒、湖南千里光等。由于韭菜岭山地沼泽面积小，且受长期放牧影响，植被仅 1 个植被型组即草丛湿地植被型组，2 个植被型 2 个群系。

【沼泽动物】沼泽区共记录湿地脊椎动物 146 种，隶属于 5 纲 24 目 61 科，其中鱼纲 3 目 8 科 20 种；两栖纲 2 目 6 科 28 种；爬行纲 3 目 7 科 24 种；鸟纲 10 目 29 科 55 种；哺乳纲 6 目 11 科 19 种。

【受威胁和保护管理状况】沼泽区位于湖南都庞岭国家级自然保护区内，于 2000 年经国家林业局批准成立，主管部门为永州市林业局；保护区总面积为 20 066 hm²。沼泽区由于地理位置的特殊性，目前尚未受到不利因子的威胁，韭菜岭山地沼泽综合受威胁等级为轻度威胁。

韭菜岭沼泽（侯志勇 摄）

会仙沼泽（450312-559）

【范围与面积】会仙沼泽位于广西壮族自治区桂林市临桂区会仙镇与四塘乡一带，北至西官庄、金全、黄插塘一线，南至睦洞、毛家渣塘底下一线，西至相思江，东抵分水塘东渠；地理坐标为 25°5′00″ ～ 25°8′00″N、110°8′00″ ～ 110°16′00″E，沼泽面积为 227 hm²。

【地质地貌】沼泽区位于全球三大岩溶集中分布区之一的东亚岩溶核心区，属典型的岩溶峰林平原地貌，地势较平坦，中部略凹，地面标高多为 150 ～ 160 m。该区北为峰丛洼地，南面为峰林平原，会仙沼泽湿地大部分处于峰林平原内；平原四周分布喀斯特地貌山峰群，主要山体有九头山、凤凰山、狮子岩、龙山等，其中狮子岩区域地势最高，是柳江和桂江的分水岭（覃旸，2015）。

【气候】沼泽区属中亚热带季风气候，是我国亚热带峰林地貌中心带，年平均气温约为 19.2℃，历年极端最高气温 38.8℃，极端最低气温 –3.3℃。年均降水量约为 1863.2 mm，4 ～ 8 月为雨季，占全年降水量的 70%，9 月至翌年 3 月为旱季，占全年降水量的 30%。

【水资源与水环境】沼泽区地下水的 pH 为 6.87 ～ 7.66，平均值为 7.27；溶解性总固体（TDS）为 111.43 ～ 2378.24 mg/L，平均值为 430.16 mg/L；地下水主要为弱碱性淡水，阳离子浓度顺序为：Ca^{2+} > Mg^{2+} > Na^+ > K^+ > NH_4^+，阴离子浓度顺序为：HCO_3^- > SO_4^{2-} > NO_3^- > Cl^- > NO_2^-，优势离子为 Ca^{2+} 和 HCO_3^-，地下水出现超标的组分有 NH_4^+、SO_4^{2-}、NO_3^-、NO_2^- 和 TDS（李军等，2021）。

【沼泽土壤】沼泽区土壤成土母岩主要有石灰岩和砂页岩等，自然土壤类型有丘陵红壤、黄红壤、棕色石灰土等。湿地基底主要为石灰岩风化残积的黏土层，厚度为 1 ～ 4 m。

【沼泽植被】沼泽植被以沉水植物组成的群落最多，分布面积最大的是苦草群落，其次是以黑藻、金鱼藻、竹叶眼子菜、穗状狐尾藻等为优势种的群落。挺水植被主要分布在湿地沿岸水位线，建群种主要是水蓼、芦苇、茵蔯，面积相对较大，生态系统稳定；另外分布有喜旱莲子草、莲等，面积一般较小，呈带状分布。由于会仙喀斯特湿地水位稳定，水流缓慢，满江红、浮萍等漂浮植物形成较为稳定的植物群落（覃旸，2015）。

【沼泽动物】沼泽区陆生脊椎动物有 234 种，分别隶属于 4 纲 23 目 6 科，其中有重点保护动物 19 种，国家一级重点保护动物有黑头白鹮、东方白鹳，国家二级重点保护动物有虎纹蛙、黑冠鹃隼、黑翅鸢、凤头鹰、松雀鹰、雀鹰、苍鹰、普通鵟、红隼、燕隼、褐翅鸦鹃、小鸦鹃、草鸮、领鸺鹠、斑头鸺鹠。

【受威胁和保护管理状况】沼泽区是我国最大的岩溶湿地分布区，建有广西桂林会仙喀斯特国家湿地公园，于 2012 年被国家林业局列入国家湿地公园试点，于 2023 年被列入《国际重要湿地名录》。

莽山浪畔湖沼泽（431022-560）

【范围与面积】莽山浪畔湖沼泽位于湖南省南部，地处郴州市宜章县，毗邻宜章与广东界线，地理坐标为 24°55′ ～ 24°56′N、112°53′ ～ 112°54′E；沼泽面积为 17.6 hm²。

【气候】沼泽区属中亚热带湿润季风气候，是我国冬季有冰雪的最南部地区之一，年均气温 17.2℃，年降水量 1600 ～ 2300 mm，年无霜期 290 d。

【沼泽土壤】沼泽区土壤主要为黄棕壤，土壤类型多样，pH 7.13，呈弱碱性，土层石砾含量较多，土层厚度不一，有机质含量较高。

【沼泽植被】沼泽区有水生沼生维管植物 30 科 47 属 67 种。

【沼泽动物】沼泽区共记录到湿地脊椎动物 179 种，隶属于 5 纲 25 目 64 科，其中鱼纲 2 目 5 科 12 种，两栖纲 1 目 6 科 26 种，爬行纲 3 目 6 科 24 种，鸟纲 13 目 36 科 98 种，哺乳纲 6 目 11 科 19 种。179 种湿地脊椎动物中，国家一级重点保护动物有林麝，国家二级重点保护动物有水鹿、松雀鹰、鹰雕、红隼、白鹇、斑头鸺鹠、领鸺鹠、领角鸮、红角鸮、灰林鸮、雕鸮、黑翅鸢、蛇雕、虎纹蛙等 16 种，123 种属国家保护的有益或者有重要经济、科学研究价值的陆生野生动物。

【受威胁和保护管理状况】沼泽区在湖南莽山国家级自然保护区内，设有湖南莽山国家级自然保护区管理局，主管部门为郴州市林业局，保护区总面积 19 833 hm²，主要湿地类型为草本沼泽。莽山浪畔湖沼泽由于地理位置的特殊性，目前尚未受到不利因子的威胁，属轻度威胁。

莽山浪畔湖沼泽（侯志勇 摄）

莲花山白盆珠沼泽（441323-561）

【范围与面积】莲花山白盆珠沼泽处于广东省惠州市惠东县莲花山白盆珠省级自然保护区，位于东江一级支流西枝江上游的白盆珠水库库区，地理坐标为 23°2′00″ ～ 23°11′00″N、115°2′00″ ～ 115°15′00″E，沼泽面积为 57.4 hm²。

【地质地貌】莲花山脉起源于白垩纪初的燕山运动，经历漫长的地壳上升运动，形成了独特的地势。

地势东北高，西南部为东江谷地。区域内峰峦起伏、沟壑纵横，众多河流汇集到白盆珠水库。保护区主峰海拔 1337 m，也是粤东南部最高峰（杨磊等，2014）。

【气候】沼泽区属南亚热带季风气候，年均气温 22.0℃，最热月（7 月）平均气温 28.9℃，最冷月（1 月）平均气温 14.1℃，极端最高气温 38.7℃，极端最低气温 0.2℃；年均日照时数 2039 h，≥ 10℃年积温 7947.9℃；年均降雨量 1936 mm，年蒸发量 1875 mm，4 ～ 9 月为雨季，占年降雨量的 82.3%，干湿季明显，年均相对湿度 80%。

【水资源与水环境】沼泽区河流属东江支流西枝江上游的集水溪流，区内白盆珠水库（库容 12.2 亿 m³）的水源由 6 条主要水系组成：横瑶河，位于水库东南面，由莲花山主峰及附近森林集水区的山涧汇流而成；新丰河，属于莲花山西北面山地森林集水区；横坑河，源于莲花山西部；坑屯河，是汇入水库最大的一条河流；另外，石头坑河和芋坑河均从水库北坡流入。

沼泽区水质 pH 为 6.65 ～ 7.01，挥发酚均值为 0.001 mg/L，COD 1.60 ～ 3.20 mg/L，NO_2^- 含量均值为 0.01 mg/L，DO（溶解氧）的饱和率均大于 90%，凯氏氮含量仅为 I 类水标准阈值的20% ～ 40%，反映出水中富营养化水平极低；水中 As、Cu、Cd、Pb 含量处于较低或极低水平（骆土寿等，2003）。

【沼泽土壤】沼泽区土壤以赤红壤为主，但随山地海拔升高，垂直地带性分布变化明显。成土母岩主要是花岗岩（冯志坚等，2002）。

【沼泽动物】沼泽区中华秋沙鸭种群数量较大，猛禽资源和水鸟资源较丰富。共记录到鸟类 16 目50 科 206 种，国家一级重点保护鸟类有 2 种，分别是黑鹳和中华秋沙鸭；国家二级重点保护鸟类 20 种，包括鸳鸯、白鹇、褐翅鸦鹃、小鸦鹃、黑翅鸢、黑鸢、蛇雕、白腹隼雕、赤腹鹰、松雀鹰、普通鵟、凤头鹰等（朱慈佑等，2013）。

【受威胁和保护管理状况】广东惠东莲花山白盆珠省级自然保护区，是由莲花山市级自然保护区和白盆珠水源林市级自然保护区合并而成，2004 年 1 月经广东省人民政府批准晋升为省级自然保护区；保护对象为南亚热带常绿阔叶林、珍稀濒危动植物资源、内陆湿地生态系统、候鸟栖息繁育环境，以及水源涵养林和水资源；保护区总面积为 14 034.1 hm²。

莲花山白盆珠沼泽（邱广龙 摄）

横州西津沼泽（450181-562）

【范围与面积】横州西津沼泽位于广西壮族自治区南宁市横州市西津水库，东起莲塘镇杨彭村汶井塘，西到平马镇苏光村木麻屯，南抵米埠口，北达平马镇五权村利洞屯；地理坐标为 22°33′00″ ～ 22°45′00″N、108°56′00″ ～ 109°14′00″E，沼泽面积为 34.7 hm²。

【地质地貌】沼泽区以西津水库为中心，周围东部为丘陵，西南部属低丘陵，北部为高丘陵，地形连绵起伏；西北部和中部为台地，地势微波起伏，有小平原分布其中，小平原较为平坦。库区最高峰位于莲塘镇佛子村附近，海拔为 398 m（周慧杰等，2007）。

【**气候**】沼泽区地处北回归线以南，属南亚热带海洋性季风气候，冬短夏长、温暖湿润、光照充足、热量丰富、无霜期长。年均降雨量 1533 mm，年平均气温 21.6℃，1 月平均气温 12.5℃，年日照时数 1798 h，太阳辐射量 112 kcal/cm² （周天福等，2010）。

【**水资源与水环境**】沼泽区主要河流有郁江及其支流，大小河流共 17 条。

【**沼泽土壤**】沼泽区土壤为砖红壤，呈强酸性，土层厚度为 60 ～ 80 cm，土壤较瘠薄，表现为腐殖质含量低，石砾含量多。

【**沼泽植被**】沼泽区分布有层次丰富的湿生植被、挺水植被、沉水植被及浮水植被；目前已知维管植物有 98 科 204 属 246 种，其中湿地植物 39 种，大多是被子植物，尤以密刺苦草、水蓼、稗、穗状狐尾藻、竹叶眼子菜、喜旱莲子草最为常见，有国家二级重点保护野生植物水蕨（侯珏，2016）。

【**沼泽动物**】沼泽区有脊椎动物 353 种，其中鸟类 131 种，隶属于 15 目 43 科，水鸟有 60 种，分属于鹈鹕目 2 种、鹈形目 3 种、鹳形目 15 种、雁形目 11 种、鹤形目 9 种、鸻形目 9 种、佛法僧目 6 种和雀形目 5 种（周天福等，2010）。

【**受威胁和保护管理状况**】沼泽区建有广西横州市西津国家湿地公园。2013 年 1 月，列入了国家湿地公园试点建设工程；2017 年 12 月，通过国家林业局验收，正式成为国家湿地公园。

第十八章
滨海沼泽区

滨海沼泽区位于我国沿海地区，沼泽类型为红树林沼泽和盐沼，总面积为 15.51 万 hm²。盐沼总面积 11.97 万 hm²，红树林沼泽总面积 3.54 万 hm²（表 18-1）。本书共收录 93 片沼泽（图 18-1）。

表 18-1　滨海沼泽区沼泽类型与面积

分区	类型	面积/×100 hm²
北部滨海盐沼三角洲沼泽区	盐沼	1191.3
南部滨海盐沼红树林沼泽区	红树林沼泽	353.5
	盐沼	5.8

图 18-1　滨海沼泽区重点沼泽分布图

沼泽区以杭州湾为界分为北部滨海盐沼三角洲沼泽区和南部滨海盐沼红树林沼泽区。北部多为砂质和淤泥质海滩，植物生长繁茂，潮间带无脊椎动物丰富，浅水区鱼类较多，为鸟类提供丰富的食物来源和良好的栖息场所。南部以岩石性海岸为主，主要河口及海湾有钱塘江口—杭州湾、晋江口—泉州湾、珠江河口湾和北部湾等；在海湾或河口的淤泥质海滩分布有红树林；在西沙、南沙及台湾、海南沿海，北缘可达北回归线附近分布热带珊瑚礁。滨海沼泽多分布在河口三角洲、沙丘间洼地、堤外洼地、潟湖及潮间带、潮下带（关道明，2012）。

沼泽区土壤中，面积最大的是滨海盐土和水稻土，分别占海岸带总面积的 27% 和 17%，其次为潮土，面积为 130 万 hm² 左右（巴逢辰和冯志高，1994）。

滨海沼泽广泛分布于河口和滨海滩涂，盐沼主要分布于长江口以北，以芦苇、碱蓬、海三棱藨草和互花米草等耐盐植物为主；红树林沼泽断续分布于东南沿海热带和亚热带海岸、港湾、河口湾等受掩护水域。红树林沼泽分布北界为福建省福鼎市（27°20′N），人工引种北界为浙江省乐清市（28°25′N）（范航清等，2022），分布南界在海南岛南岸（廖宝文和张乔民，2014）。

北部滨海盐沼三角洲沼泽区草本沼泽常见建群种包括芦苇、盐地碱蓬、碱蓬、互花米草、三棱水葱、白茅、拂子茅、香蒲、中亚滨藜、糙叶薹草、刺儿菜、达香蒲、水莎草、水烛、喜旱莲子草、香附子，灌丛沼泽常见建群种为柽柳。南部滨海盐沼红树林沼泽区草本沼泽常见建群种包括芦苇、互花米草、茳芏、短叶茳芏、海三棱藨草、南方碱蓬、盐地碱蓬，灌丛沼泽常见建群种为水椰，红树林沼泽常见建群种包括海榄雌、蜡烛果、秋茄树、海桑、红海兰、木榄、红树、榄李、苦郎树、老鼠簕、银叶树和海漆。

第一节　北部滨海盐沼三角洲沼泽区

辽河河口沼泽（211100-563）

【**范围与面积**】辽河河口沼泽位于辽宁省西南部辽河平原南端、渤海辽东湾顶部，西、北邻锦州，东接鞍山，南邻渤海辽东湾，地理坐标为 40°21′ ～ 41°21′N、121°30′ ～ 122°24′E，沼泽面积达 75 600 hm²，以芦苇沼泽为主（陈吉龙等，2017）。

【**地质地貌**】沼泽区位于辽河、浑河、太子河、饶阳河和大凌河 5 条河流下游的沉积平原，地势低平，海拔 0 ～ 6.5 m，地处辽东湾辽河入海口处，由淡水携带大量营养物质沉积并与海水互相浸淹混合而形成的适宜多种生物繁衍的河口湾湿地。

【**气候**】沼泽区属温带半湿润季风气候，四季分明，雨热同季。年平均气温 8.5℃，1 月平均 –12℃，最低 –29.2℃；7 月平均 24℃，最高 35.2℃。年均蒸发量为 1086.63 mm，年均降水量为 623.90 mm，大多降雨集中在 6 ～ 8 月，蒸发量约是降水量的 1.7 倍（张琬抒，2018）。

【**水资源与水环境**】双台子河（现名辽河）穿境而过，还有大凌河、饶阳河、盘锦河、大辽河等 20 多条河流在这里汇归入海。沼泽区平均水深 20 ～ 30 cm，变动较小，pH 7.9 ～ 8.2；冬季所有的淡水沼泽冰冻深达 30 cm。河口区潮水涨落范围平均为 3.9 m。

【**沼泽土壤**】沼泽区以冲积平原和潮滩为主，受海侵海退长期交替的影响，土壤盐渍化较严重，土壤以草甸沼泽土和盐化沼泽土为主（沈庄等，2019）。

【**沼泽植被**】沼泽区属河流下游平原草甸草原区，以苇田、沼泽草地、滩涂为主。草本植物常见芦苇、香蒲、牛鞭草、华夏慈姑、三棱草等。

【**沼泽动物**】沼泽区有野生动物 699 种，因这片湿地是东亚至澳大利亚水禽迁徙路线上的中转站及目的地，鸟类丰富。其中国家一级重点保护野生鸟类有丹顶鹤、白鹤、东方白鹳、黑鹳等 9 种；二级重点保护野生鸟类有大天鹅、灰鹤、白额雁、苍鹰等 44 种；濒危物种有黑嘴鸥、东方大苇莺、震旦鸦雀、灰瓣蹼鹬 4 种。其中黑嘴鸥全世界仅有 3000 余只，沼泽区就有 2000 余只。历年在这里停歇的丹顶鹤有 400 余只、白鹳 360 余只、白鹤 430 余只，分别占世界野生种群的 25%、20%、20%。

【**受威胁和保护管理状况**】自 1985 年开始，在沼泽区先后建立市级、省级、国家级自然保护区。2005 年，该区被列入《国际重要湿地名录》。2015 年辽宁双台河口国家级自然保护区更名为辽宁辽河口国家级自然保护区。其间，保护区范围经过确定界限等，边界和面积发生过变化，在国家级保护区范围外又建立了省级自然保护区，目前正在推进筹建辽河口国家公园。

辽河河口沼泽（周繇 摄）

凌河河口沼泽（210781-564）

【范围与面积】凌河河口沼泽位于渤海辽东湾北海岸，东起大凌河河口背河，西至小凌河河口钓鱼台礁，海岸线长 83.7 km。地理坐标为 40°40′～41°00′N、121°00′～121°40′E。沼泽面积为 6276 hm²。

【地质地貌】沼泽区东南沿海地势平坦，西北多为丘陵，区内有石山－红崖子断裂带，沿海地区是下辽河断陷盆地的西部边缘。新构造运动特点是差异下降，为不稳定区。基底岩石由太古代的混合花岗岩组成。沿海地区出露的地层有中上元古界长城系、中生界侏罗系、新生界第四纪地层。小凌河以东至大凌河一带为滨海河流冲积平原。海拔在 10.0 m 以下，此区为南部平洼区地貌类型区。海岸线以下为大面积滩涂，窄部 3.0 余 km，宽部可达 9.0 km。滩涂分布于现代河床、河漫滩及沿河两岸冲积层组成的一级台地，其岩性为沙砾石层、砂质黏土。在低山丘陵地带山坡山脚亦有坡积形成的坡积物，多为夹有砂及砾石的黏土，河流及滨海沉积的多为砂质黏土、黏土等沉积物（张为人等，2010）。

【气候】沼泽区属于暖温带大陆性半湿润季风气候，同时兼具大陆性和海洋性气候，气候的总体特点为冷凉湿润、四季分明、雨热同季。年均气温为 8.4℃，年均降水量为 611.6～640.0 mm，降水主要集中于夏季，占全年降雨量的 63%，而年均蒸发量则达到 1392～1705 mm（郭若舜等，2020）。

【水资源与水环境】大凌河河水年平均径流量为 19.16 亿 m³/a，最大含砂量为 90.3 kg/m³。大凌河下游属温带季风气候区，60%～70% 的降水集中在 6 月、7 月、8 月，形成洪汛期，在下游形成一片沼泽，而且当地降水由于地面坡度仅有 1：（1000～1500）形成地表径流，绝大部分降水滞留原地靠蒸发排泄，大凌河口的潮差平均为 2.39 m，最大潮差达到 5.06 m，感潮河段可上溯直至凌海市，加上涨潮流速大于落潮流速，在河口及附近潮沟及沿海岸形成了落潮成滩。湿地的地下水埋深仅为

0～1.1 m。受海水和潮水的影响，地下水含盐量高，部分地区地下水的矿化度高达 10～20 g/L（含 Cl^-、Na^+、K^+ 等）。

【沼泽土壤】沼泽区土壤是由河流冲积沉积物和海水沉积物组成，并通过生物和人工的培植形成含有一定盐分的多种土壤，其中有潮滩盐土、滨海盐土、淤泥沼泽土、盐渍化草甸土和水稻土。据调查，大凌河下游湿地的土壤有机质含量加权平均值为 1.12%（王媞等，2010）。

【沼泽植被】沼泽区共有维管植物 43 科 111 属 150 种，其中蕨类植物 2 科 2 属 4 种，裸子植物 2 科 2 属 2 种，被子植物 39 科 107 属 144 种（张树彬，2019）。沼泽植物包括重要的中药材蒲公英、车前等，纤维植物芦苇、香蒲和三棱水葱等，鞣料植物委陵菜、地榆等，蔬菜类植物马齿苋、菰、苣荬菜，以及饲料类植物香附子、薹草、丁香蓼等（赵垠，2017）。

【沼泽动物】沼泽区位于东北亚鸟类迁徙的国际通道上，每年在此迁徙的珍稀水禽多达 6 万多只，有许多都是国家保护的珍稀野生动物，如在此栖息的丹顶鹤和白鹤，是国家一级重点保护野生动物；蓑羽鹤则是国家二级重点保护野生动物（赵垠，2017）。

【受威胁和保护管理状况】沼泽区建有凌河口湿地省级自然保护区，保护区总面积约为 $8.36×10^4$ hm^2，属滨海湿地复合生态系统，主要保护对象是湿地生态系统及栖息于此的水禽。

营口沼泽（210800-565）

【范围与面积】营口沼泽位于营口市区西侧、辽河入海口左岸，环抱营口西炮台遗址，西侧以辽河入海口浅海水域为界，南至营口市排水公司西侧，北抵智发街西端，东侧沿新兴大街、滨海路、渤海大街、西海路金牛山大街至智发街，地理坐标为 40°38′00″～40°46′00″N、122°05′00″～122°15′05″E，沼泽面积为 3270 hm^2。

【地质地貌】沼泽区地势较洼，海拔大约 4 m，整体地域比较平坦，以水域为主，无山体。最大特点是湿地位于近海区域，属于沉积性退海平原。

【气候】沼泽区属暖温带大陆性季风气候，主要特征是：四季分明，雨热同季，气候温和，降水适中，光照充足，气候条件优越。年平均气温为 9℃ 左右，年降水量为 670～800 mm，雨量适中；日照时数为 2600～2880 h，光照资源丰富，日照率为 60%。无霜期为 170 多天（王荣刚，2019）。

【水资源与水环境】沼泽区有大、中、小河流 150 余条，其中大型过境河流有大辽河，中型河流有大清河和碧流河。各河流分辽河水系、浑太水系、渤海岸水系、黄海岸水系入海。按流域划分为大辽河、辽河、复州河、大清河、碧流河 5 个四级区。流域面积在百平方千米以上的主要有大辽河、辽河、大清河、虎庄河、熊岳河、浮渡河、碧流河等 7 个水系。

地表长期积水或季节性积水，其水源由大辽河河水、大气降水、深层地下水和海潮水补给。水化学类型为 Cl-Na 型，地下水矿化度大于 10 g/L。2014 年对营口沼泽地表水进行调查发现，平均 pH 为 9.4，平均水温为 22.0℃，氯化物均值为 39.39 mg/L，相关数据见表 18-2。

表 18-2 营口沼泽地表水体理化性质

比较项	pH	ORP/mV	EC/(mS/cm)	Sal/ppt	TDS/(mg/L)	DO/(mg/L)	Cl⁻/(mg/L)
平均值	9.40	250.37	5.83	3.42	35.00	9.13	39.39
最高值	10.36	283.00	7.00	4.09	55.00	11.00	56.40
最低值	8.70	219.00	2.00	1.10	12.00	7.20	13.40

【沼泽土壤】沼泽区土壤组成比较复杂，主要土壤类型有白浆土、暗棕壤、黑土、草甸土、沼泽土、泥炭土、水稻土等，具有明显湿地地域特色。草甸土主要分布于河流两岸，沼泽土和泥炭土主要分布在低洼地、地下水位高、地表长期积水的地段，土壤富含养分，是天然的有机肥料。黑土以黏底黑土为主，黑土的优点是土层较厚、肥力好，但土质比较疏松，容易受自然气候的影响，如风蚀、水蚀和春旱。

【沼泽植被】湿地高等野生植物分布有 40 科 85 属 134 种，其中苔藓植物 3 科 4 属 8 种、蕨类植物 1 科 1 属 1 种、被子植物 36 科 80 属 125 种。湿生植物有异型莎草、心叶独行菜、蒌蒿、蒲公英等；水生植物有挺水植物芦苇和宽叶香蒲等；沉水植物有狐尾藻、眼子菜等；盐生植物有盐地碱蓬、碱蓬等（陈敏，2019）。

【沼泽动物】沼泽区动物资源有限，常见的兽类有赤狐、黄鼬、狗獾、刺猬等。野生飞禽类 230 余种，数量较多的有普通海鸥、大杜鹃、环颈雉、麻雀等，属国家和省一级保护的有黑鹳、东方白鹳、丹顶鹤等。

【受威胁和保护管理状况】湿地保护已被纳入城市发展大局，营口在建设百里沿海产业带的同时，也在建设百里沿海生态城、百里沿海景观带。现一处湿地公园已建成，有保护湿地作用的永远角护堤工程正在紧锣密鼓地进行。

鸭绿江口沼泽（210681-566）

【范围与面积】鸭绿江口沼泽位于丹东市南 45 km 的东港市，沿鸭绿江口—大洋河口 93.3 km 海岸线呈带状分布，东起鸭绿江口的文安滩岛，西至东港市与庄河市的交界处，北起鹤大公路，南邻黄海。地理坐标为 39°37′～39°59′N、123°30′～124°16′E，东西长约 120 km，南北最宽约 50 km，由陆地、芦苇沼泽、滩涂和浅海海域 4 部分组成，其中沼泽面积为 4111 hm^2。

【地质地貌】沼泽区地貌可划分为三个大的地貌单元，即湿地平原、滩涂河口沙洲和水下三角洲。湿地平原属陆上低平湿地，由海退和河流冲积而成，土壤由淤泥质亚黏土组成，质地黏重。湿地平原多属于间歇性积水的沼泽，内有长期积水的小湖沼。滩涂指位于大潮平均高潮位与最低潮位之间，属于海岸堆积体，宽 2～6 km，是向陆侧的潮上带和向海侧的潮下带的过渡地带，其上分布有滩鳞、坑洼、波痕、潮水沟等微地貌。高潮带沉积物为粉砂质黏土和黏土质粉砂，中潮带沉积物为粉砂和黏土质粉砂，低潮带为粉砂和极细砂。河口外由挡门沙、河口沙洲和三角洲前缘组成水下三角洲。鸭绿江口地区和大洋河口地区的沙洲均为涨潮时淹没、退潮时露出的大型河口沙洲，形成水下三角洲平原（周晓丽，2009）。

【气候】沼泽区位于亚欧大陆东岸中纬度地带，属温带湿润区大陆性季风气候，年平均气温为 6.8～8.7℃。是我国东北地区最温暖最湿润的地方。冬季虽长，但严寒期（日平均气温低于 –10℃ 时期）较短，鸭绿江河口段冬季很少封冻。夏季炎热，但炎热期（日平均气温达 25℃ 或以上时期）较短，一般约 20 d。年平均降水量 1000～1200 mm，60%～70% 的降水量集中在 6～8 月，形成洪汛期。历年常见风向 NE，频率为 9%，次常见 NW、NNE 和 SSE，频率均为 8%，各项平均风速以 NNE 为最大，达到 4.4 m/s。受海岸暖湿空气影响，年平均湿度较大。全年平均相对湿度为 72%，夏季平均相对湿度为 85%。

【水资源与水环境】沼泽区河流密布，南北贯通，由北向南注入黄海。流域面积在 36 km^2 以上河流有 13 条，分属三个水系，东部为鸭绿江水系，中部为沿海诸河水系，西部为大洋河水系。鸭绿江和大洋河两大水系过境水量多年平均达 300 亿 m³ 以上（巩建伟，2011）。沿岸海域属正规半日潮（沿海岸线分布），海水平均盐度 23.98‰。水化学类型为 HCO_3-Ca 或 HCO_3-Ca·Mg 型，矿化度为 0.08 ～ 0.4 g/L，pH 为 6.5 ～ 7.5。

在海滨潮间带，海水为主要补给水源；潮间带以上河水、大气降水为湿地主要补给水源。气候和水文条件均对湿地的发育特别有利，主要是在低平的洼地、滩涂和滨海平原条件下，接受周期性的海潮水、丰富的地表径流、大面积的水田灌溉水回渗等补给。

【沼泽土壤】沼泽区有滨海盐土、潮滩盐土、草甸土、盐化沼泽土、水稻土及棕壤，除棕壤由酸性岩和黄土、红土等形成外，其他土壤都是由坡冲积物和冲积海积物形成的。滨海盐土、潮滩盐土主要分布在沿海滩涂；草甸土分布在农田和菜田；盐化沼泽土分布在近海河口地带；水稻土分布在沿海平原的水稻田；棕壤分布在北部海拔较高的地带。

【沼泽植被】沼泽区植物组成呈现由陆生植物向海边耐盐植物过渡的特点，总体呈带状分布。靠近海边以耐盐植物为主，混杂生长有芦苇、青蒿（原变种）等。陆生植被覆盖率＞50%。植物资源 106 科 270 属 420 种，其中维管植物 83 科 234 属 365 种，浮游植物 6 门 23 科 36 属 55 种。丹东鸭绿江口沼泽植物中，湿生植物优势种为禾本科的芦苇、天南星科的菖蒲等；水生植物优势种为眼子菜科的篦齿眼子菜和龙胆科的荇菜；盐生植物主要种类有 30 多种，其中优势种为藜科的碱蓬、禾本科的双稳草等；陆生植物主要分布于大孤山，范围较大，代表植物有落叶松等。

【沼泽动物】沼泽区国家一级重点保护野生动物有 8 种，包括丹顶鹤、白枕鹤、白鹤、东方白鹳等；国家二级重点保护野生动物 29 种，包括大天鹅、白额雁、小杓鹬等；世界濒危鸟类有黑嘴鸥和东方大苇莺；另有鱼类 88 种，两栖类 3 种，哺乳类 1 种，底栖动物 74 种，浮游动物 54 种。

【受威胁和保护管理状况】沼泽区重要的芦苇湿地面积减少，且仍在继续退化，应加强现有湿地的保护和退化湿地的恢复重建工作，以改善水禽栖息地质量。

鸭绿江口沼泽（胡远满 摄）

曹妃甸沼泽（130200-567）

【范围与面积】曹妃甸沼泽位于河北省唐山市曹妃甸区及滦南县，地理坐标为 38°55′23″ ～ 39°19′00″N、118°00′ ～ 118°42′43″E，包括河北唐海湿地和鸟类省级自然保护区，滦南近海与海岸湿地，沼泽面积为 10 828 hm²。

【地质地貌】沼泽区地处华北平原新生代坳陷带，平均海拔 2.5 m。该区域是在渤海沿岸流、潮汐作用以及入海河流的影响下形成的海退地，成土母质为海相沉积物，海岸地貌明显。沼泽区地势平坦，是在滦河水系和海洋动力作用下形成的滨海平原（刘连军，2014），沉积物多为砂质黏土。

【气候】沼泽区属暖温带半湿润大陆性季风气候，兼受短时海洋性气候的影响。年均气温 11.2℃，

1月气温最低,平均气温 –8.6℃;7月气温最高,平均气温27.6℃;极端最高气温37.4℃,最低气温 –24.8℃。冬季干旱少雪,夏季炎热多雨;无霜期平均 188 d;年降水量 618.9 mm,降水主要集中在 7 ～ 8 月,降水总值超过全年降水量的60%。年蒸发量约 1800 mm,冬季蒸发量最小,3 ～ 5 月蒸发量最大(刘连军,2014;郭友红等,2014)。

【水资源与水环境】沼泽区水源补给以地下水和大气降水为主。双龙河和曹妃湖可利用蓄水能力1800 万 m^3,目前水资源可使用量为 3.7 亿 m^3,占供水总量的86.6%(孟鑫磊,2017)。曹妃甸湿地积水期长达 6 ～ 7 个月,地下水位埋深 < 1.5 m,矿化度较高,最高可达 10 g/L 左右。

【沼泽土壤】沼泽区土壤多属盐土类,分为滨海盐土、滨海草甸盐土、滨海沼泽草甸土,水稻土和潮土在沼泽区只有少量分布。土壤盐分含量高,碱性大,在堤岸、沟渠、河流沿岸等地方土壤含盐量相对较低。

【沼泽植被】沼泽区常见湿地植被为芦苇群落。沼泽区有植物 63 科 164 属 239 种;浮游植物优势种以硅藻门、绿藻门为主,苔藓植物和蕨类植物很少,没有裸子植物。被子植物优势种为芦苇,占植物总量的90%。盐生植被主要分布于南部盐渍化较严重区域,主要组成植物有碱蓬、柽柳等;水生植被主要分布于河流、沟渠和人工库塘中,主要有狐尾藻、金鱼藻、浮萍、芦苇、香蒲。

【沼泽动物】沼泽区是澳大利亚至西伯利亚鸟类迁徙的重要驿站和栖息场所,鸟类资源丰富,其中国家一级保护鸟类有丹顶鹤、东方白鹳、黑鹳、大鸨、金雕、白头鹤、白鹤、中华秋沙鸭、白肩雕、遗鸥 10 种。国家二级保护鸟类 42 种。根据韩丽萍等(2011)的调查结果,鸟类优势种共有 50 个,以鸭科、鹬科、鸥科鸟类为主,常见种 112 种。

【受威胁和保护管理状况】沼泽区在 2005 年建立唐海湿地和鸟类省级自然保护区,2007 年,成立相应的保护管理机构唐海湿地和鸟类省级自然保护区管理处。2008 年,保护区成立唐海湿地和鸟类保护协会,发动社会力量保护唐海湿地和鸟类,并开展了有效的保护工作。

曹庄子沼泽（130225-568）

【范围与面积】曹庄子沼泽位于乐亭县小陈家铺以西的曹庄子,地理坐标为 38°59′20″ ～ 39°14′17″N、118°40′37″ ～ 119°19′59″E,沼泽面积为 225 hm^2。

【地质地貌】沼泽区位于华北平原新生代坳陷区,海拔 2.5 m。因第四纪以来,长期处于以下沉为主的新构造运动区,基岩上沉积了巨厚的第四纪沉积物,沉积类型主要为河、湖相沉积,沉积物多为砂质黏土。地貌类型为海滨低洼地,地势低平,地面坡度小于 1/10 000。

【气候】沼泽区属暖温带半湿润大陆季风气候,多年平均气温 10.5℃,1 月平均气温 –6.2℃,7 月平均气温 24.6℃;多年平均降水量 613.2 mm,多集中在 6 ～ 8 月,多年平均蒸发量约为 1830 mm。冬春两季多风,风力可达 4 ～ 5 级,也常出现 6 ～ 7 级大风。

【水资源与水环境】沼泽区位于大清河、小清河流域。沼泽水源补给以地下水和大气降水为主,地下水埋深 < 1 m,矿化度一般 > 2 g/L。沼泽水体水化学类型为 Cl-Na 型,2014 年对曹庄子沼泽地表水进行调查发现,水深 2.44 m,平均 pH 为 8.43,水温均值为 16.60℃,总溶解固体平均值为40.80 mg/L,溶解氧 9.80 mg/L,氯化物含量为 15.19 mg/L,其水体理化性质见表 18-3。

【沼泽土壤】沼泽区土壤类型主要为壤质草甸沼泽土,在腐殖质层有密集根系的穿插。2014 年对曹庄子沼泽地表土壤进行调查发现,土壤湿重为 209.4 g,干重为 175.5 g,含水率为 0.18,容重为1.56 g/cm^3,土壤总孔隙度为40.99%。

表 18-3　曹庄子沼泽水体理化性质

比较项	pH	ORP/ mV	EC/ (mS/cm)	Sal/ ppt	水温/ ℃	TDS/ (mg/L)	DO/ (mg/L)	Cl⁻/ (mg/L)
平均值	8.43	94.40	6.72	3.64	16.60	40.80	9.80	15.19
最高值	8.93	145.00	7.80	4.00	18.40	46.00	14.40	19.40
最低值	8.25	−6.00	3.30	2.20	14.99	22.00	7.00	8.14

【沼泽植被】地表植被优势种包括盐地碱蓬、香蒲和芦苇，其中，香蒲群落是主要的植被类型。2014 年调查结果显示，盐地碱蓬高度为 40 cm，地上生物量为 176.5 g；芦苇高度为 70 ～ 190 cm，平均高度为 138 cm，地上生物量为 176.5 ～ 215.6 g/m²，平均地上生物量为 193.9 g/m²；香蒲高度为 170 ～ 190 cm，平均高度为 180 cm，地上生物量为 119.0 ～ 215.6 g/m²，平均地上生物量为 202.6 g/m²。

【沼泽动物】沼泽内少有水禽在此居留，偶有少量的雁、鸭类及鸥类在此临时停歇。

【受威胁和保护管理状况】沼泽区在保护鸟类资源和国家珍稀动物资源方面，面临潜在的威胁，应加大保护力度，制定区域沼泽湿地保护和合理利用政策，通过法律手段和经济手段制裁过度及不合理利用湿地资源的行为。

曹庄子沼泽（胡远满 摄）

北大港沼泽（120116-569）

【范围与面积】北大港沼泽位于天津市滨海新区大港街东南部，距渤海湾 6 km，地理坐标为 38°36′ ～ 38°57′N、117°11′ ～ 117°37′E，包括北大港水库、独流减河下游、钱圈水库、沙井子水库、李二湾及南侧用地、李二湾河口沿海滩涂。北大港沼泽类型为芦苇沼泽，面积为 972 hm²。

【地质地貌】沼泽区位于平原地带，由海岸和退海岸成陆低平淤泥组成，形成了以河砾黏土为主的盐碱地貌，地面高程在 3.18 ～ 5.11 m。在地质上属于中国东部黄骅坳陷的一部分，主要岩石包括碳酸盐岩、碎屑岩和火山岩三大类。地势西北高、东北低，属海积、湖积平原，沉积类型为湖相沉积和海相沉积（王斌等，2008）。

【气候】沼泽区属暖温带半湿润大陆性季风气候，年平均气温为 12.8℃，1 月平均气温为 –3.5℃，7 月平均气温为 26.8℃，极端最低气温为 –20℃，极端最高气温为 39.7℃。年平均降水量约为 550 mm，降水多集中在 7 ～ 8 月，年蒸发量 1120.5 mm（柴子文等，2020）。无霜期为 210 d，融冻期为 300 d，年相对湿度为 65%。夏季高温高湿多雨水，盛行东南风，冬季寒冷少雪，盛行西北风。

【水资源与水环境】沼泽区属海河水系。多年平均径流量约为 200 亿 m³，水源主要依靠降水和人工补给，河流径流总量小、变率小，流量分配不均。水库以北大港水库为主，为天津市的备用水源地，蓄水量 5 亿 m³（孙晓宁，2021）；水库水源主要来自西部的马厂减河和西北部的独流减河；水库水化学类型为 HCO₃·Cl-Na 型。2014 年对独流减河沼泽地地表水开展调查，平均水深 2.79 m，平均 pH 为 8.37，总溶解固体平均值为 21.80 mg/L，溶解氧平均值为 7.86 mg/L，氯化物含量为 1.56 mg/L。其水体理化性质见表 18-4。

表 18-4　北大港沼泽水体理化性质

比较项	pH	ORP/mV	EC/(mS/cm)	Sal/ppt	水温/℃	TDS/(mg/L)	DO/(mg/L)	Cl⁻/(mg/L)
平均值	8.37	61.13	3.61	2.21	22.57	21.80	7.86	1.56
最高值	8.83	122.00	6.80	4.00	27.52	41.00	11.40	3.47
最低值	7.81	−207.00	0.40	0.20	17.83	3.00	1.70	0.43

【沼泽土壤】沼泽土壤类型为腐殖质草甸沼泽土，pH 为 7.3，呈中性，全氮为 0.04% ～ 0.05%，速效钾为 75 ～ 78 mg/kg，速效磷为 4 ～ 4.5 mg/kg。沼泽地表层有一层厚 30 ～ 40 cm 的灰黑色腐殖质层；在腐殖层之下，因长期水浸，处于还原状态，有明显的灰蓝色潜育层。土壤主要有潮土和盐土两大类，潮土分布面积最大，地形较高的地方为轻壤土和沙壤土，洼地多为中壤土和中壤土。

【沼泽植被】沼泽区优势植被为芦苇群落，芦苇为建群种，种群密度最大为 275 株 /m²，地上部最大生物量为（978±114）g/m²，高度最大可达 223 cm。芦苇地上部氮和磷吸收量最大分别为 6.96 g/m²、0.99 g/m²（陈清等，2016）。常见的植物有碱蓬、中亚滨藜、地肤、藜、二色补血草、补血草、芦苇、獐毛等。

【沼泽动物】沼泽区是世界八大重要候鸟迁徙通道之一——东亚-澳大利西亚迁徙路线的重要驿站，每年春秋季都有大批候鸟迁徙至此，鸟类资源丰富。沼泽区观测到鸟类 22 目 57 科 279 种，包括留鸟 19 种，旅鸟 174 种，夏候鸟 52 种，冬候鸟 28 种，迷鸟 6 种（柴子文等，2020）。其中国家一级重点保护鸟类 10 种，分别为中华秋沙鸭、大鸨、白鹤、丹顶鹤、白头鹤、遗鸥、黑鹳、白肩雕、金雕和白尾海雕；国家二级重点保护鸟类 36 种；被 IUCN 列入《世界濒危物种红色名录》的极危物种有 3 种，分别为青头潜鸭、白鹤和黄胸鹀，有濒危物种 8 种，分别为中华秋沙鸭、白头硬尾鸭、丹顶鹤、大杓鹬、大滨鹬、东方白鹳、黑脸琵鹭和猎隼。沼泽区有鱼类 10 目 17 科 38 种，其中鲤目 20 种，鲈形目 8 种，最常见的有青鱼、草鱼、鲢、鲫、龟鲹（梭鱼）、日本花鲈、鲇、鲤、泥鳅、黄鳝等。浮游动物 36 种，包括原生动物 9 属 9 种、轮虫 8 属 14 种、枝角类 7 属 9 种、桡足类 4 种；原生动物的数量占总量比例最多，轮虫次之，枝角类最少（吴凤明等，2019）。底栖生物共计 24 种，分属 4 类，分别为环节动物、甲壳动物、软体动物和水生昆虫（尚东维等，2018）。

【受威胁和保护管理状况】沼泽区是天津滨海重要的沼泽分布区，2002 年建成北大港湿地自然保护区；2015 年成立天津市北大港湿地自然保护区管理中心；2020 年，北大港沼泽被列入《国际重要湿地名录》。同时，北大港沼泽水资源匮乏，互花米草等外来有害生物入侵、人为活动频繁极大地影响了沼泽的环境。对此，建议加强沼泽区的保护与修复、加大科普宣传

北大港沼泽（胡远满 摄）

力度，增强公众保护湿地的意识。

南大港沼泽（130983-570）

【范围与面积】南大港沼泽位于河北省沧州市黄骅市，地理坐标为 38°23′34″ ～ 38°34′03″N、117°19′57″ ～ 117°37′06″E，沼泽面积为 5625 hm²。

【地质地貌】沼泽区位于华北平原次一级构造单元黄骅坳陷区，由退海和河流淤泥沉积而成，海拔 2.5 ～ 5 m。沼泽区处于沧东断裂带上，基岩埋藏深度为 2 km 左右，最上一地层以第四纪海相沉积为主，夹有三次河湖相沉积的松软层。地貌较为单调，但是微地貌变化多样，大致分为高平地及间隔的领子地、港坡地、微斜缓岗地、低洼潮地、槽状洼地和潟湖洼淀（王立宝，2003）。

【气候】沼泽区属暖温带半湿润大陆性季风气候，年平均气温 12.1℃，比内陆同纬度地区偏低 0.3 ～ 0.9℃。1 月平均气温 4℃，7 月平均气温 26℃，极端最低气温为 –20℃，极端最高气温为 41℃。全年平均太阳辐射总量 125.84 kcal/cm²，全年日照平均为 2810.1 h，日照率 64%。无霜期 210 d，融冻期 306 d。多年平均降水量 642.5 mm，75% 以上降水集中在 6 ～ 8 月，年蒸发量约为 2000 mm（夏芸等，2017）。风能资源丰富，冬季盛行西北风，夏季盛行东北风，春季和秋季盛行西南风。

【水资源与水环境】沼泽区所在区域平均径流量 2731.1 万 m³。过境河道有 3 条，即石碑河、新石碑河、廖家洼排干。沼泽水源主要依靠南排河补充，年均引水量为 1939.2 万 m³。地下水位埋深小于 1 m，平均矿化度一般大于 2 g/L。距海面较近地区，地下水矿化度一般较高，最高可达 10 g/L 以上。2014 年对南大港沼泽地表水质进行调查发现，平均水深为 2.77 m，平均水温为 18.37℃，电导率平均为 2.61 mS/cm，总溶解固体平均为 16.25 mg/L，溶解氧为 12.96 mg/L，氯化物含量为 3.13 mg/L。其水体理化性质见表 18-5。

表 18-5　南大港沼泽水体理化性质

比较项	pH	ORP/mV	EC/(mS/cm)	Sal/ppt	水温/℃	TDS/(mg/L)	DO/(mg/L)	Cl/(mg/L)
平均值	8.82	100.94	2.61	1.61	18.37	16.25	12.96	3.13
最高值	9.41	126.00	3.60	2.30	21.40	22.00	19.10	4.36
最低值	8.43	30.00	1.80	1.10	15.79	11.00	7.20	1.71

【沼泽土壤】沼泽区土壤分为沼泽土、潮土和盐土三部分，沼泽土占主要地位，其中黏质草甸沼泽土和中壤质盐化沼泽土较多。南大港沼泽区离海岸线近，土壤含盐量较高，表层平均达到 0.96%。沼泽区土壤呈暗灰棕色，有机质含量约为 2.8%，pH 为 8.0，全氮为 0.113%，全钾为 2.73%，碳酸钙为 8.3%（王立宝，2003）。

【沼泽植被】沼泽区优势植被为芦苇群落，根据 2014 年的调查结果，芦苇群落地上生物量为 354.5 ～ 535.8 g/m²，平均地上生物量为 444.7 g/m²，群落高 1.8 ～ 2.2 m，平均高度为 2.0 m，盖度为 95%。沼泽以水生植物、盐生植物为主，挺水植物以芦苇、香蒲、莎草为主；盐生植物主要有碱蓬、柽柳等（张浩等，2012）。浮游植物为硅藻 – 绿藻型，共有 7 门 74 属 108 种；1 月冰冻期细胞密度均值为 2.25×10⁷ cells/L，主要优势种包括衣藻、小环藻和细小平裂藻；3 月融冰后细胞密度均值为 4.28×10⁷ cells/L，优势种包括小球藻、细小平裂藻、四鞭藻和针形纤维藻（夏芸等，2017）。

【沼泽动物】沼泽区是候鸟东亚－澳大利西亚迁徙路线的重要组成部分。野生鸟类有 251 种，国家一级保护鸟类 8 种，分别为东方白鹳、黑鹳、白肩雕、丹顶鹤、白头鹤、白鹤、中华秋沙鸭、大鸨。国家二级保护鸟类 24 种。非雀形目鸟类有 28 科 149 种，在种类组成上占主要地位。两栖类主要有黑眶蟾蜍、黑斑侧褶蛙等，爬行类主要有黄脊游蛇、白条锦蛇、虎斑颈槽蛇、丽斑麻蜥等，鱼类以鲫、鲤为主，还有草鱼、泥鳅、麦穗鱼、鲇等几十种。底栖动物主要是虾类。

【受威胁和保护管理状况】南大港沼泽实行全封闭式管理，一直保持着原始的自然状态和生物多样性。2017 年开始开发，2021 年 1 月被评为河北省智慧景区示范点创建单位。但由于降水减少、生态破坏等，南大港沼泽存在危机。水量不足、水质恶化、生物多样性下降等是沼泽保护中存在的主要问题。对此，建议创建稳定的补水机制，加大治污力度，大力维护生物多样性，建立完善的检测体系，夯实基础研究，积极进行科研立项。

杨埕水库周围沼泽（130924-571）

【范围与面积】杨埕水库周围沼泽位于河北省沧州市海兴县宣惠河与漳卫新河之间，位于 38°11′20″ ～ 38°38′38″N、117°24′25″ ～ 118°29′17″E，面积为 5710 hm²。该区域曾是一片季节性积水低地，后因河水泛滥，经人工筑堤建成水库，水库的四周为大片的芦苇沼泽。

【地质地貌】沼泽区位于华北平原黄骅坳陷的南部，基岩覆盖着巨厚的第四纪沉积物。地势低洼，总体起伏不大，西南部较高，东北部略低，海拔 1 ～ 3 m。由于沼泽区靠近海岸线，海、河、湖长期相互作用，形成冲积海积平原。沼泽主要分布在河口三角洲和海间洼地，沉积物为亚黏土。

【气候】沼泽区属暖温带季风气候，冬季盛行西北风，夏季盛行东南风。年平均气温 12℃。1 月平均气温最低，为 –4.7℃，7 月平均气温最高，为 26.6℃，极端最低气温为 –24℃，极端最高气温为 41℃。全年平均太阳辐射总量 125.84 kcal/cm²，全年日照平均为 2810.1 h，日照率 64%。无霜期约 206 d，融冻期 300 d。多年平均降水量 620 mm，60% 以上降水集中在 7 ～ 8 月，年蒸发量约为 2000 mm，相对湿度 65%。

【水资源与水环境】沼泽区水源补给以地下水和大气降水为主。地下水位埋深＜ 1 m，矿化度 ＞ 2 g/L，水化学类型为 Cl-Na 型，常年积水的沼泽水化学类型为 HCO₃·Cl-Na 型。对 2014 年杨埕沼泽地表水质调查发现平均 pH 为 8.95，水温平均值为 16.64℃，电导率平均值为 2.03 mS/cm，总溶解固体平均为 12.50 mg/L，溶解氧平均值为 12.10 mg/L，氯化物含量平均为 1.70 mg/L。其水体理化性质见表 18-6。

表 18-6　杨埕水库周围沼泽水体理化性质

比较项	pH	ORP/ mV	EC/ (mS/cm)	Sal/ ppt	水温/ ℃	TDS/ (mg/L)	DO/ (mg/L)	Cl⁻/ (mg/L)
平均值	8.95	32.25	2.03	1.23	16.64	12.50	12.10	1.70
最高值	9.12	137.00	2.10	1.30	17.81	13.00	14.80	2.31
最低值	8.78	–121.00	1.80	1.10	16.15	11.00	8.70	1.39

【沼泽土壤】沼泽区土壤类型主要为潮土。母质主要是静水沉积的黄土，颗粒较细，黏粒含量较高，以黏土为主，碳酸钙含量较高，一般 8% 左右，有的达到 15% 以上，pH 在 8.5 左右。盐化潮土分布在杨埕水库东北部，属于中壤质氯化物盐化潮土。石灰性中壤质潮土分布在杨埕水库南部，土壤 pH > 8.5，碳酸钙含量高，在 6% 以上。石灰性砂壤质潮土分布在杨埕水库西南，pH 超过 8.5，碳酸钙含量在 6% 以上，属于富石灰性潮土并受海潮的影响，剖面中出现贝壳。

【沼泽植被】沼泽区优势植被为芦苇群落，2014 年的调查结果发现，芦苇群落高度为 40 ～ 220 cm，平均高度为 140 cm，地上生物量为 156.3 ～ 389.5 g/m²，平均地上生物量为 257.0 g/m²，盖度为 100%。杨埕水库南部，地表含盐量少，优势种为灰绿藜、碱茅、白茅。在水库周边分布着大量以狐尾藻为主的沉水植物，水库中的挺水植物主要是芦苇和达香蒲。

【沼泽动物】沼泽区是过境及越冬水禽的重要栖息地。鸟类有 237 种。鸻形目和雁形目等水鸟占有较大比例。古北界鸟类最多，有 163 种，代表种类有东方白鹳、大天鹅、灰鹤、燕雀等。广布种鸟类 49 种，常见种类有池鹭、董鸡等。国家一级重点保护野生鸟类有东方白鹳、黑鹳、丹顶鹤、白头鹤、中华秋沙鸭等 7 种。国家二级重点保护野生鸟类 33 种。该区域盛产三疣梭子蟹、中国明对虾、中国毛虾、龟鲅（梭鱼）、海蜇。

【受威胁和保护管理状况】近年来，由于人类活动干扰，沼泽区水禽种类及数量减少，水体咸化明显。为了防止水质咸化，需要在保证总蓄水库容的情况下，缩小水库面积，并且增大水库的水深；整平库底或在库内挖掘导流沟，尽量将黄河水入库前的原存水排尽（王冬梅和宫万祥，2011）。

海兴沼泽（130924-572）

【范围与面积】海兴沼泽位于河北省沧州市海兴县东部，西距苏基镇 5 km，东邻渤海，海岸线北起黄骅市的新村，南面隔漳卫新河与山东省无棣县相望。沼泽位于 37°56′10″ ～ 38°17′31″N、117°20′03″ ～ 117°58′09″E，内陆沼泽面积为 2030 hm²。

【地质地貌】沼泽区属于河北平原东部运东平原的一部分，沼泽西南部海拔相对较高，东北部略低，坡度 1.2/15 000，区域海拔 1 ～ 3 m。该区域现代地貌的基底是太古代形成的结晶片岩、花岗片麻岩和混合岩。海兴湿地区域内地貌差异较大，由于河流、沟渠较多，形成了微波起伏的地貌，包括河流、河间洼地、沼泽、山丘、海岸和岛屿。由于潮沟深入内陆，腹地宽广，形成了大面积的淤泥质海滩。

【气候】沼泽区属暖温带半湿润季风气候，且稍具有海洋性气候特征。季风盛行，冬季受西伯利亚－蒙古高压影响，盛行西北风，夏季受太平洋高压影响，盛行东南风。四季分明，春季干燥多风，夏季高温多雨，秋季冷暖适中，冬季寒冷少雪。年平均气温为 11 ～ 13.1℃，1 月平均气温最低，为 –4.4℃，冬季各月气温均在 0℃ 以下。地温极端最低为 –28.8℃，全年地温最高在 7 月，月平均地温为 29.9℃（赵平和何金整，2008）。相对湿度 63%，年蒸发量约为 2096 mm。年平均降水量 558 ～ 574 mm，7 月和 8 月降水较集中，容易造成夏涝，冬季降水较少。全年平均太阳辐射总量 124.7 kcal/cm²，全年日照平均为 2718.8 h（张海燕，2009）。

【水资源与水环境】沼泽区河渠、洼淀较多，较大的河渠有 5 条：漳卫新河（省界河）、宣惠河、淤泥河、大浪淀排水渠和六十六排干渠（县界河）。沼泽区中部宣惠河、淤泥河与大浪淀排水渠汇合后称板堂河，向东北流过约 5 km 后，再与南面的漳卫新河、北面的六十六排干渠汇合，形成喇叭形向海敞开的大河口，称为大口河。海兴沼泽内既有淡水区（杨埕水库、河流、坑塘），也有咸水区（滩涂、盐田、海水养殖场），但总体上属于咸水区，地下水矿化度较高。由于杨埕水库以北，宣惠河两侧大部分地区已开辟成盐场，地下水矿化度很高，均在 3 g/L 以下（赵平和何金整，2008）。

【沼泽土壤】沼泽土壤以滨海盐土为主，面积约占湿地区域总面积的 80%，其成土母质是黄河、淮河冲积物。沼泽南部土壤盐碱化程度较高，土质较为黏稠，沼泽西部多为火山碎屑堆积的小山丘（韩月，2016）。未开发利用的部分盐碱荒地，土壤含盐量在 1‰ 以上，地下水埋深 1 ~ 2 m，面积约占 10%，属盐碱土。

【沼泽植被】沼泽区耐盐性的陆生植物、潮湿环境的湿生植物以及各类水域环境的水生植物较丰富。该区域以草本植物为主，包括白刺、碱蓬等盐生植物，芦苇、碱蓬为优势种。东南部的沼泽土区域，生长着狐尾藻、金鱼藻、小眼子菜等水生植物和芦苇、水烛等湿地植物。盐碱荒地分布着盐地碱蓬、白刺、白茅和二色补血草等耐盐植物。

【沼泽动物】沼泽区是东亚–澳大利西亚鸟类迁徙路线上的一个突出的重要停歇地，是鹭类、鸻鹬类、鸥类等一些水鸟的重要繁殖地，也是鹤类和雁鸭类的重要越冬栖息地。沼泽区雀形目鸟类相对较少，鸻形目和雁形目等水鸟数量较多。在海兴沼泽的 237 种鸟类中，国家一级重点保护鸟类有 7 种，包括东方白鹳、黑鹳、中华秋沙鸭、金雕、丹顶鹤等，国家二级重点保护鸟类有 27 种，其中中华秋沙鸭、白头鸭、震旦鸦雀等是我国特有鸟类特种（何金整等，2009）。

【受威胁和保护管理状况】沼泽区建有河北海兴湿地和鸟类省级自然保护区，保护区建立于 2005 年，总面积为 16 800 hm²，主要保护对象是湿地生态系统及栖息鸟类物种。2020 年，保护区内大面积湿地接近干枯，只剩下少数地方有水源，严重威胁此地鸟类的生存，因此，海兴县有关部门于 2020 年 5 月 10 日开始开展湿地补水工作，经过补水后，海兴湿地重新焕发生机。

黄河三角洲沼泽（370500-573）

【范围与面积】黄河三角洲沼泽位于山东省东营市，东北与无棣县滨海湿地连接，西南与莱州湾相连，位于 37°34′ ~ 38°12′N，118°33′ ~ 119°20′E，沼泽面积为 30 900 hm²。

【地质地貌】沼泽区位于济阳坳陷东部，由黄河填海造陆形成，黄河是沼泽区地貌类型的主要塑造者。海拔 0 ~ 4 m，自然比降为 1/1000，潜水位小于 2 m。沼泽区的地貌特征表现为河流冲积平原，且微地貌发育。区域内的地貌主要分为潮间带地貌、潮上带地貌和陆上地貌。陆上地貌形态主要有河成高地、微斜平地、洼地、河口沙嘴等；潮滩地貌有高潮滩和潮间带，其他地貌形态有贝壳及其碎屑堆积休、河口沙嘴型沙坝等；潮下带地貌可分为现行黄河口水下三角洲和废弃河口水下岸坡（杨晓妍，2012）。

【气候】沼泽区属暖温带半湿润大陆性季风气候，年平均气温 11.9℃，1 月最低（–3.4 ~ 4.2℃），7 月气温最高（25.8 ~ 26.8℃）（杨晓妍，2012）。极端最高气温 39.7℃，极端最低气温 –19.7℃。无霜期 210 d。年平均降水量 592.2 mm，70% 分布在夏季，年蒸发量约为 1962.1 mm。年总日照时数 2781.7 h；太阳辐射总量 5364.0 MJ/m²。春季风大，主导风向为西北风和东南风（刘佳凯，2020）。

【水资源与水环境】沼泽区位于黄河入海口以北至渤海，以黄河主干道为界，黄河南部属于淮河流域，北部属于海河流域。黄河三角洲多年平均径流量 300 亿 m³。区域内大、小河流共计 20 余条，多以东西走向为主。黄河三角洲区域地下水含水层分为山前冲洪积含水层、黄河冲积含水层、滨海或海陆交互冲积含水层（王锦，2009）。地下水水位较高，且多为咸水，其中小清水河以北的大部分地区处于淡水区域和盐水区域的过渡地带，呈现出咸水和淡水重叠分布的特征（杨欢，2019）。黄河三角洲沼泽水体理化性质见表 18-7。

表 18-7　黄河三角洲沼泽水体理化性质

比较项	pH	EC/(mS/cm)	DO/(mg/L)	ORP/mV	Sal/ppt
平均值	8.03	29.37	9.82	63.80	1.55
最高值	8.97	105.60	14.66	129.20	4.00
最低值	7.44	1.60	4.37	18.80	0.06

【沼泽土壤】由于沼泽区不断受到黄河改道、海水侵袭等多种因素的影响，形成了以潮土和盐土为主的土壤类型。隐域性潮土占沼泽区面积的 40%，该类型土壤的 pH 为 7.5 ～ 8.5。近海一带为盐土。土壤盐度含量最高在距海岸线 6 ～ 10 km 的范围内。潮下带和潮滩区土壤盐度不高，一般不超过 10 g/kg（杨晓妍，2012）。土壤含水率和孔隙度平均值分别为 22.3%、43.1%；土壤容重平均值为 1.509 g/cm^3，C、N 含量的平均值分别为 4.78 g/kg、0.32 g/kg，均低于全国水平。P 含量的平均值为 0.53 g/kg，略低于全国水平（刘兴华等，2018）。

【沼泽植被】沼泽区优势植被为芦苇群落。野生植物以菊科、禾本科、豆科、藜科居多。植物以草本为主，主要有盐地碱蓬、獐毛、罗布麻、芦苇、碱蓬、二色补血草、拂子茅、香蒲等，且耐盐的盐地碱蓬数量最多。木本植物只有柽柳等少数几种（杨晓妍，2012）。浮游植物中，硅藻门、绿藻门和蓝藻门是沼泽区的主要浮游植物类群，因此，浮游植物群落为硅藻－绿藻－蓝藻型（王倩等，2019）。

【沼泽动物】黄河三角洲是全球鸟类迁徙路线上的重要节点，是东北亚内陆和环西太平洋鸟类迁徙重要的中转站、越冬栖息地和繁殖地。鸟类有 368 种，国家一级重点保护野生动物包括丹顶鹤、白头鹤、白鹤、大鸨、东方白鹳、黑鹳、金雕、白尾海雕、中华秋沙鸭、遗鸥等 12 种，国家二级保护鸟类有灰鹤、大天鹅、鸳鸯等 51 种。软体动物的年平均密度和平均生物量分别为 411.56 个 /m^2 和 222.25 g/m^2，优势类群为马蹄螺科、滨螺科、拟沼螺科、滩栖螺科和织纹螺科种类（李玄等，2020）。浮游动物 49 种，其中枝角类、桡足类、轮虫类分别有 5 种、12 种和 32 种，浮游动物群落以桡足类和轮虫类为主（王倩等，2019）。

黄河三角洲沼泽（王琳 摄）

【受威胁和保护管理状况】1992 年，设立黄河三角洲自然保护区，以保护新生湿地生态系统和珍稀濒危鸟类为主；2013 年，该保护区被列入《国际重要湿地名录》。随着我国工业化进程的加快，保护区的生态环境遭到破坏，湿地供水量减少造成湿地退化。保护区采取了一系列措施，如进行生态补水，恢复河道基流；加强日常的巡护监测，为鸟类栖息提供了良好的生存环境；已建立生态系统监测体系。

无棣滨海沼泽（371600-574）

【范围与面积】无棣滨海沼泽位于山东省滨州市、渤海湾西南岸，地理坐标为 37°34′00″ ～ 38°11′00″N、117°45′00″ ～ 118°21′00″E，沼泽面积约为 900 hm²。

【地质地貌】沼泽区处于黄河下游鲁北黄泛冲积平原，平面呈倒凸字形。由于黄河是从西南部入境，趋东北方向入海，历次泛滥时的沉积泥沙量不等，因此形成现在的由西南向东北逐渐倾斜的地势。西南部海拔 14.7 m，东北部海拔 6.75 m，大部分地域海拔 11 m 左右，以 1/7000 的比降倾斜。滨城属黄河冲积平原，由于黄河泛滥冲积和海潮的侵袭，灌内岗地、坡地、洼地相间，微地貌类型可大致分为河滩高地、缓平坡地、决口扇形地、海滩地、区间浅平洼地 5 种类型，以缓平坡地为主。

【气候】沼泽区属于北温带东亚季风区域大陆性气候，具有夏热多雨、冬季寒长、春季多风干燥、秋季温和凉爽的特点；气候温和，四季分明。历年平均降水量为 590 mm 左右，降雨多集中在 6 ～ 8 月，雨热同期；全年平均气温为 12.1℃（李敏，2016）。

【水资源与水环境】沼泽区入海河流较多，包括海河水系、黄河、沿海诸河水系，除黄河（在垦利区注入渤海）外，自西向东较大的河流还有马颊河、徒骇河、潮河、草桥沟、新挑河、神仙沟、溢洪河、支脉河、小清河、弥河、白浪河、虞河、潍河、胶莱河。

沼泽区水体 pH 为 7.57 ～ 10.06，平均值为 9.04；EC 为 2.70 ～ 100 mS/cm，空间差异性显著，平均值为 24.61 mS/cm；DO 为 1.03 ～ 18.46 mg/L，平均值为 10.97 mg/L；ORP 值为 –122.2 ～ 143.3 mV，平均值为 60.40 mV；盐度为 0.13% ～ 4.00%，平均值为 1.36%。

【沼泽土壤】沼泽区土壤含水率为 9.4% ～ 26.6%，平均值为 19.3%；土壤容重 1.187 ～ 1.705 g/cm³，平均值为 1.49 g/cm³；土壤孔隙度为 35.7% ～ 55.2%，平均值为 43.8%。土体类型有 3 个，一是上层砂性土多层结构（1 类）：砂性土以粉砂、粉细砂、细砂为主，呈条带分布于沿海地带；二是上层黏性土多层结构（2 类）：多分布于 1 类上游、带状河间洼地等部位。另外在老黄河口分布上层砂性土双层结构的土体类型（3 类）。总体来说，区内土体类型与土壤类型的分布，与微地貌关系密切，区域上土壤以砂壤为主，低洼处分布黏性土壤。

【沼泽植被】沼泽区自然植被中耐盐树种主要是柽柳，沿海潮带附近分布有碱蓬、芦苇等草本植物（巩腾飞，2016）。

【沼泽动物】沼泽区已发现鸟类 45 种，隶属于 9 目 21 科 34 属。食鼠类有短耳鸮、银鸥等。食虫类有凤头麦鸡、棕眉柳莺、秃鼻乌鸦等，其中白翅浮鸥、白尾鹞均为蝗虫天敌。食谷食草籽鸟类有黑尾䴉、金翅雀等。喜食水生动物的鸟类有泽鹬、鹤鹬、青脚鹬、红脚鹬等。还有国家一级重点保护野生动物白头鹤、大鸨等，以及国家二级重点保护野生动物大天鹅。

【受威胁和保护管理状况】沼泽区建有山东贝壳堤岛与湿地国家级自然保护区，2006 年晋升为国家级自然保护区，主要保护对象为贝壳堤岛和滨海湿地，属海洋自然遗迹类型自然保护区。该区域主要通过控制污染源和清除污染，改善水体质量；疏通潮汐通道，纳潮冲淤，延缓潟湖衰竭过程，并部分恢复其功能；将部分围垦人工湿地退为自然湿地，恢复湿地动植物的生存环境。

无棣滨海沼泽（李胜男 摄）

莱州湾沼泽（370700-575）

【**范围与面积**】莱州湾沼泽位于山东省的中部、潍坊市北部滨海地区，涉及昌邑、寒亭、寿光三市（区），北邻莱州湾，东与莱州市接壤，西与东营市相邻。地理坐标为 37°8′35″ ～ 37°11′07″N、118°43′59″ ～ 118°45′23″E，东西长 83 km，南北宽 10 ～ 40 km，沼泽面积为 291 hm²。

【**地质地貌**】沼泽区地处潍（坊）北平原的北部、莱州湾的南岸，为我国北方典型的粉沙－淤泥质海岸，地形自南向北缓缓低下，坡度仅 1/3000，海拔 2 ～ 7 m，地势平坦广阔，属滨海堆积平原地貌。该区地貌类型主要有近海低平地、滩涂、低平地和平地。在远离潮间带、地面土壤盐渍化较为严重的地方，生长耐盐碱的芦苇、红柳和蒿类等植物，地表水系较为发育地段为泥沼或草甸（吴珊珊，2009）。

【**气候**】莱州湾南岸暖温带大陆性季风气候特征显著，冬冷夏热，四季分明。冬季寒冷干燥多偏北风，夏季炎热多雨多偏南风，干、湿季节交替明显，形成春旱、夏涝、晚秋旱的气候特点。多年平均气温 11.9 ～ 12.6℃，最冷月月平均气温 –3.8 ～ –3.4℃，最热月月平均气温 25.9 ～ 26.4℃。多年平均降水量 613.2 mm，降水多集中在夏季，占全年降水的 68%；7 月降水最多（187.0 mm），1 月降水最少，为 6.6 mm。

【**水资源与水环境**】沼泽区自西向东有小清河、堤河、弥河、白浪河、虞河、潍河、蒲河、胶莱河等 10 余条河流注入莱州湾，这些河流在潍坊市内形成了胶莱河水系、潍河水系、白浪河水系、弥河水系、塌河水系等 5 个独流入海的水系。这些河流中小清河、弥河、白浪河、潍河、胶莱河等主要河流平均年径流量约为 18 亿 m³。

地下水方面，高潮线以上的潮上带地下水埋深浅，地下潜水埋深一般 1 ～ 2 m，并且潜水矿化度高，这导致潮上带湿地土壤积盐，湿地植物由水生植物为主向盐生植物为主变化。潮上带下部和潮间带滩涂地下水埋深更浅，多小于 1 m，矿化度极高，高达 30 ～ 50 g/m³（张高生和董广清，1999）。

【**沼泽土壤**】沼泽区土壤主要包括盐化潮土、脱潮土、湖积型湿潮土和滨海盐土等土类，而地带性土壤主要是褐土和棕壤。其中，滨海盐土的分布面积最广，约占区域海岸带总面积的 30%。根据地貌类型与土壤分布的相关性来看，近海低平地的土壤类型主要有氯化潮盐土和盐化潮土，缓低平地和平地主要分布盐化潮土和河潮土，滨海滩地盐土主要分布在沿岸滩涂。从土壤质地来看，以粉砂、粉土层、黏质砂土为主，其中粉砂层土质较差，处于饱和状态（朱继前，2020）。

【沼泽植被】沼泽区植物主要由水生植物、湿生植物、盐生植物构成，植被建群种包括碱蓬、盐地碱蓬、柽柳、补血草、芦苇、獐毛、香蒲、白茅、结缕草等（张绪良等，2008）。

【沼泽动物】沼泽区标志环境改善的鸟类逐年增多，已发现 165 种，其中国家一级重点保护鸟类 3 种，分别为东方白鹳、丹顶鹤、白鹤，国家二级重点保护鸟类 21 种，包括红隼、大天鹅、疣鼻天鹅、长耳鸮、黑翅鸢等。

【受威胁和保护管理状况】沼泽区建有山东寿光滨海国家湿地公园，成立于 2011 年，湿地类型为滨海盐田、芦苇沼泽和人工水塘等；湿地公园是在一片重度盐碱地上成长起来的景区，是全国改良盐碱地的典范。另外，1979 年，山东省水产局发布《关于莱州湾毛蚶资源繁殖保护的规定》，对毛蚶保护区、禁渔期和采捕的船只数量、网目尺寸及可捕标准均做出了具体规定。山东省以黄河口、小清河口、莱州湾海域为重点，按照"一湾一策、一口一策"的要求，加快河口海湾整治修复工程。2019 年 6 月，《渤海综合治理攻坚战行动计划》完成了河口海湾综合整治修复方案编制，提出了针对性的污染治理、生态保护修复、环境监管等整治措施。2020 年，完成了整治修复方案确定的目标任务。渤海滨海湿地整治修复规模超过 2800 hm^2。

莱州湾沼泽（李胜男 摄）

桑沟湾沼泽（371082-576）

【范围与面积】桑沟湾沼泽位于山东半岛最东端、荣成市市区东南部，位于 37°05′42″ ～ 37°09′04″N、122°25′15″ ～ 122°28′12″E。西、北两面紧依市区，东、南两面朝向大海，南北最长处 6440 m，东西最宽处 3820 m，总面积为 13.91 km^2。

【地质地貌】沼泽区是崖头河、沽河和十里河汇合入海口形成的浅海河口沼泽，地势较为平坦，沼泽南部海拔为 0 ～ 1.5 m，北部地势相对较高，海拔为 1.5 ～ 5 m（景文，2013）。

【气候】沼泽区属于暖温带海洋季风性湿润气候，具有季风进退明显、四季变化明显的特点。冬季盛行偏北风和西北风，风力较强；夏季盛行偏南风、东南风，风力较弱，持续时间短。桑沟湾沼泽平均气温 11.8℃，冬季温度与同纬度内陆相比较高，夏季温度低于秋季温度。极端最高气温 35.8℃，极端最低气温 –18.3℃（张治国和魏海霞，2021）。此外，沼泽区气温的日较差年平均为 8.8℃，相对较低。

春秋两季日较差较大，最大日较差出现在 10 月，温度为 10.4℃，7 ～ 8 月日较差较小（景文，2013）。该区域年平均降水为 760 mm，主要集中在 5 ～ 9 月，年平均风速为 6.8 m/s，年平均日照为 2526 h，全年无霜期约 214 d。

【水资源与水环境】沼泽区受潮汐变化影响，大潮时水面上升 2 m，小潮时水面上升 1.4 m。桑沟湾沼泽水体 pH 为 8.12，氯化物含量 17.209 mg/L，盐度 3.1%，溶解氧 7.74 mg/L，化学需氧量（COD）1.48 mg/L，活性磷 0.013 mg/L，亚硝酸盐氮 0.011 mg/L，氨氮 0.05 mg/L，硝酸盐氮 0.262 mg/L（景文，2013）。

【沼泽土壤】沼泽区土壤大多由酸性岩及其风化物发育而来，含有较多的砂石、砂砾，质地较粗。土壤的 pH 为 5.6 ～ 8.1，平均值为 6.4，呈微酸性。由于沼泽区处于沿海一带，在海水浸泡下形成的盐化潮土 pH 稍高，为 7.3 ～ 8.1。内陆受地下水影响的河滩地，pH 为 6.0 ～ 7.8。由于土壤质地较粗，砂粒含量偏高，表层土壤容重平均为 1.44 g/cm³。沼泽区的土壤主要分为 4 种类型：棕壤土、潮土、风沙土、盐土。

【沼泽植被】沼泽区植被面积占沼泽区总面积的 56.87%，其中芦苇群落为优势群落，分布面积最大，占沼泽植被面积的 51.83%。从世界植物地理区系分，桑沟湾沼泽属于泛北极植物中国 - 日本植物亚区；从我国的植物区系分，桑沟湾沼泽属于华北植物区，占据优势的植物多为北温带成分，有陆生、水生两种类型。常见湿地植物有芦苇、珊瑚菜、盐地碱蓬、浮萍、槐叶苹、黑藻等；外来入侵植物有大米草。

【沼泽动物】沼泽区爬行纲有山地麻蜥、白条锦蛇；两栖纲有黑斑侧褶蛙。鸟类种类数量最多，有斑嘴鸭、豆雁、燕雀、鸿雁等 93 种。其中有 4 种国家一级保护野生动物，分别是东方白鹳、金雕、中华秋沙鸭、白头鹤；10 种国家二级保护野生动物，分别是灰鹤、鸳鸯、大天鹅、红隼、灰背隼、松雀鹰、苍鹰、长耳鸮、短耳鸮、雕鸮。水生鱼类有小黄鱼、大头鳕、蓝点马鲛等，水生无脊椎动物有红螺、紫贻贝、长牡蛎等。

【受威胁和保护管理状况】2005 年，国家建设部正式批准荣成市桑沟湾城市湿地公园为国家城市湿地公园。桑沟湾沼泽对涵养荣成市城市水源、维持区域水平衡、调节区域气候、降解污染物等发挥重要作用。为了保护湿地环境，应制定湿地公园地方性保护法规，加大宣传力度，增强人们保护湿地的意识，还应禁止在保护区内增加侵占湿地和破坏湿地现状的建设项目。

盐城沼泽（320900-577）

【范围与面积】盐城沼泽地处苏北平原，位于江苏省盐城市区正东方向 40 km，横跨射阳、大丰、滨海、响水、东台 5 县（市、区）沿海地区。地理坐标为 32°48′47″ ～ 34°29′28″N、119°53′45″ ～ 121°18′12″E，海岸线长约 582 km，南北长约 200 km，东西最大宽度约 20 km，面积为 24.73 万 hm²（夏欣，2013）。

【地质地貌】沼泽区是沿海淤泥质滩涂沼泽，大部分区域海拔低于 50 m，中部和东北部地势相对较低，西北部和南部地势相对较高。沼泽内滩涂主要是黄河夺淮期间大量倾注入海的泥沙、长江等河流下泻的泥沙，以及海底的部分泥沙，在潮流等海洋动力作用下淤积而成的广阔的粉沙淤泥质滨海平原（沈汇超，2017）。滩涂北窄南宽呈带状分布，宽处可达 15 km。

【气候】沼泽区横跨两个生物气候带，分别是暖温带和北亚热带，年平均气温 13.8℃，极端最低气温 –17.3℃，极端最高气温为 39.0℃，受海洋影响，夏季气温偏凉，冬季偏暖。降水量为

980 ～ 1070 mm，5 ～ 9 月的降水量约占全年降水量的 70%，年蒸发量为 1400 ～ 1700 mm。无霜期 210 ～ 224 d，太阳辐射总量为 166.2 ～ 121.0 kcal/cm²，年平均光照时数为 2199 ～ 2362 h（夏欣，2013）。全年风速为 4 ～ 5 m/s，最大风速可超过 17 m/s（雷泽锋，2020）。

【水资源与水环境】沼泽区的入海河流包括灌河、中山河、废黄河、淮河、射阳河、新洋港、斗龙港、川东港、东台河、三仓河等（张华兵和李传武，2016）。正常年份水资源较充足，7 ～ 8 月径流量最大，在干旱年份，沼泽内滩地严重缺水。沼泽内水源主要为陆地水和海洋水，陆地水 pH 在 7.5 左右，矿化度较高，近岸海洋水 pH 在 8.0 左右。

【沼泽土壤】沼泽区土壤类型较单一，海堤以外的土壤类型主要是滨海盐土类，滨海盐土是由南北两大潮流带来的废黄河沉积物和长江沉积物经长距离搬运而形成的，土壤机械组成中粗沙粒含量大多在 70% 以上，土壤质地由北向南逐渐变沙；海堤内老垦区的土壤类型是潮土类；潮间带的土壤类型包括潮滩盐土、草甸滨海盐土以及沼泽滨海盐土（沈汇超，2017）。张华兵等（2018）的调查结果显示，2011 年 4 月，在相对干的湿地沼泽土壤盐度为 0.198% ～ 2.389%，2012 年 4 月，在相对湿的春季，土壤盐度为 0.290% ～ 1.620%。

【沼泽植被】沼泽区以滨海盐土植物为主，其次为近海植物，包括浮游植物和固着性植物，以禾本科、莎草科、菊科、豆科和藜科植物为主。

【沼泽动物】沼泽区是许多鸟类重要的越冬地、繁殖地和迁徙中转站，鸟类共 402 种，隶属于 19 目 52 科。国家一级重点保护野生动物有丹顶鹤、白头鹤、白鹤、东方白鹳、黑鹳、中华秋沙鸭、小青脚鹬、遗鸥、大鸨、白肩雕、金雕、白尾海雕、麋鹿、中华鲟、白鲟共 15 种，国家二级重点保护野生动物有 85 种，如獐、大天鹅、鸳鸯、灰鹤等。

【受威胁和保护管理状况】1983 年建立江苏省盐城地区沿海滩涂珍禽自然保护区，2002 年被列入《国际重要湿地名录》，2007 年更名为江苏盐城湿地珍禽国家级自然保护区，保护区始终坚持通过科学研究指导环境保护和生态旅游工作，坚持通过环境教育积极提高公众意识，坚持保护和发展协调并进。筹资恢复湿地，使鹤类和水禽有了良好的栖息场所，使越冬种群逐年增多。

盐城沼泽（李胜男 摄）

大丰沼泽（320904-578）

【范围与面积】大丰沼泽位于江苏省盐城市大丰区内，地理坐标为 32°59′ ～ 33°03′N、120°47′ ～ 120°53′E，面积约 780 km²，平均海拔为 1 ～ 2.5 m（卢霞等，2018a，2018b）。

【地质地貌】沼泽区是长江、淮河两大河流三角洲的推进和海潮泥沙的沉积地，地势平坦。地貌由林地、芦荡、草滩、沼泽地、盐裸地组成，以黄河和海底流入的泥沙构成的滩涂为主，属典型的黄海滩涂型湿地（赵芳正，2016）。

【气候】沼泽区属海洋性季风气候，冬季受大陆季风影响，西北风盛行，干旱少雨，并常出现低温和霜冻；夏季受海洋性季风影响，多东南风，降雨充沛，雨热同期。年平均气温 14.5℃，1 月平均气温 0.8℃，7 月平均气温 27℃。全年日照平均为 2238.9 h，日照率 51%，太阳年辐射总量

476.5 kJ/（cm^2·a）。无霜期 299 d，初霜期在每年的 11 月上旬左右，终霜期在 4 月上旬左右。年降水天数达到 116.4 d，多年平均降水量 751.0 mm，约 63% 的降水集中在 6 ～ 9 月。

【水资源与水环境】沼泽区介于川东港与东台河之间，区内自然形成的大小潮沟及人工修建的沟渠构成了沼泽的基本水系，地下水较为丰富，但水质矿化度高，含盐量在 3‰ 以上。此外，沼泽位于南黄海西南部，常年受半日潮影响，高潮时潮高可达 9.6 m，低潮最低潮高为 3.22 m。该区域海水盐度冬季较高，夏季较低，整体约为 30‰，年变化率为 1‰ ～ 3‰。

【沼泽土壤】沼泽区成土母质为黄河口沉积物，土壤为粉砂质土壤，属于草甸滨海盐土和潮滩滨海盐土。0 ～ 60 cm 深的土壤含盐量为 0.04% ～ 1.13%，pH 7.7 ～ 8.4（赵芳正，2016）。土壤有机碳储量为 0.65 ～ 7.32 kg/m^2，最高值出现在 80 ～ 100 cm 土层，最低值出现在 20 ～ 40 cm 土层（么秀颖，2022）。

【沼泽植被】沼泽区有种子植物 60 科 197 属 284 种，其中栽培、归化和外来植物有 42 种，麋鹿可食、喜食植物 198 种。沼泽植物以互花米草、芦苇、大穗结缕草、白茅等单子叶植物，以及碱蓬、一年蓬等双子叶植物为主。植物区系属于泛北极植物区（东亚植物区）中国－日本森林亚区江淮平原亚地区，区系类型较为齐全，但种类组成相对贫乏，在成分上具有明显的过渡性质。

【沼泽动物】沼泽区野生动物有 1183 种，兽类 6 目 12 科 27 种，鸟类 16 目 42 科 204 种，两栖类、爬行类 5 目 9 科 21 种，鱼类 156 种，昆虫 599 种，腔肠动物 6 种，环节动物 62 种，棘皮动物 10 种，浮游生物 98 种（丁玉华等，2014）。国家级重点保护野生动物有麋鹿、东方白鹳、白尾海雕、丹顶鹤等。截至 2020 年底，沼泽内麋鹿种群数量达到 5016 头，其中野生麋鹿 1820 头。

【受威胁和保护管理状况】沼泽区于 1985 年建立江苏大丰麋鹿自然保护区，1997 年晋升为国家级自然保护区，总面积 78 000 hm^2，其中核心区 2668 hm^2，缓冲区 2220 hm^2，实验区 73 112 hm^2，是目前世界上最大的麋鹿自然保护区；2002 年被列入《国际重要湿地名录》，并作为永久性保护地。1986 年引进 39 头麋鹿，经过 30 多年的发展，该区域内麋鹿数量达到上千头，并成功回归自然，基本实现人与自然和谐相处和社会环境与生态环境平衡的建设目标。

崇明西沙沼泽（310151-579）

【范围与面积】崇明西沙沼泽分布于上海市崇明岛，西南方向与江苏省太仓、常熟隔江相望，北面与启东隔江相望。地理坐标为 31°43′ ～ 31°44′N、121°12′ ～ 121°15′E。沼泽面积为 160.8 hm^2，主要类型为森林沼泽和潮间盐沼。

【地质地貌】中生代以来发育的土层构成了该地区主要地质结构（付杰，2014）。沼泽区地处明珠湖和东风西沙之间，地形较为平坦，遍布大小潮沟及水塘，最大高程约 4 m。全年有 50 多天整个区域全部被潮水淹没，中潮带受到潮水严重侵蚀，形成众多陡坎。沼泽东西两侧的光滩面差异较大，东北区域与东风西沙连成一片，而西部区域则较为狭窄，只有 10 m 左右（于冰沁等，2011）。

【气候】沼泽区属北亚热带季风气候，年均气温为 15.3 ℃，全年有霜期 136 d。年降水量 1003 mm，年际变化很大，夏冬季节变化较大，年均蒸发量 720.5 mm。夏季盛行东南风，湿热多雨，冬季盛行偏北风，干冷风大，夏秋两季受台风影响较多，常伴随暴雨天气（张海燕，2013；张树栋等，2016）。

【水资源与水环境】沼泽区水体常年盐度 0‰ ～ 14‰。平均落潮历时 10 h 40 min，平均涨潮历时 4 h 20 min，存在潮汐日夜不等现象。从春分至秋分，夜间潮位大于日间潮位；从秋分至翌年春分，日间潮位大于夜间潮位。水位变化受潮汐周期、长江径流季节性变化的共同影响，具有月大潮和小潮、年枯季和洪季交替的特征（于冰沁等，2012）。

【沼泽土壤】沼泽区土壤类型是潮土，土壤表层质地多轻壤、中壤，并有深度不一的沙层（于冰沁等，2011）。

【沼泽植被】沼泽区植被主要由潮间带天然草丛沼泽和人工森林沼泽组成（张树栋等，2016）。芦苇群落占绝对优势，从低潮滩到高潮滩均有分布，覆盖度占整个潮滩湿地的90%以上。束尾草、马兰、加拿大一枝黄花常见于芦苇群落中，形成一定数量种群。森林沼泽群落主要由水杉组成。

【沼泽动物】沼泽区记录有脊椎动物10目16科39种。其中，鱼类7目11科28种，两栖类1目2科3种，水鸟2目3科8种。鸟类优势种有大白鹭、绿头鸭、震旦鸦雀等。底栖动物高潮带优势种为无齿螳臂相手蟹和红螯螳臂相手蟹，中潮带区域为谭氏泥蟹，低潮带区域为河蚬。

【受威胁和保护管理状况】2005年建立崇明西沙湿地公园，2011年晋升为国家湿地公园。湿地公园无明显威胁因子的影响，但是局部有污染的潜在威胁，受威胁状况等级为安全。

崇明东滩沼泽（310151-580）

【范围与面积】崇明东滩沼泽位于上海市崇明岛东滩，南起奚家港，北至八滧港，向东延伸至东海，地理坐标为31°25′～31°38′N、121°50′～122°05′E。沼泽区主要包括北八滧、东旺沙和团结沙及98大堤外侧的滩涂湿地，其中大堤外滩涂湿地包括其相邻的吴淞标高0 m线外侧3000 m以内的滩涂及河口水域，面积约为241.6 km²（汤臣栋，2018；陈怀璞，2016），区域内沼泽面积约为516 hm²。

【地质地貌】崇明岛东滩是由长江挟带的大量泥沙在江海交互作用下不断加积而形成的，属于潮滩地貌类型。它南北邻长江入海口，向东伸延东海，自人工堤至低潮线滩面宽约7000 m，滩地以0.05%的坡度微微向海倾斜，每年以80～200 m的速度呈舌状向东淤涨。崇明东滩湿地平均每年增加面积4 km²。

【气候】沼泽区地处中亚热带北缘，属海洋性季风气候。气候温和湿润，四季分明，夏季湿热、盛行东南风；冬季干燥，盛行偏北风。年均日照时数2137.9 h，无霜期长达229 d。年均气温为15.3℃，极端最高气温为37.3℃，极端最低气温为–10.5℃。降水充沛，年降水量为1022 mm，主要集中在4～9月，占全年降水的71%。

【水资源与水环境】沼泽区的长江口为中潮型河口，每日昼夜两潮，涨落有序。平均潮差2.6 m，大潮平均潮差近4 m，历史上最高潮位为5.7 m。每年8月、9月是潮位最高的季节。潮汐涨落是塑造崇明东滩湿地的主要因素，其北侧紧靠长江口北支，北支为一涨潮槽，涨潮流速和含沙量均大于落潮流速和含沙量；其南侧与长江口南支北港相邻，南支落潮流作用大于涨潮流作用。崇明东滩不同高程潮间带由于受到的咸淡水混合影响不同，水体会存在明显的盐度梯度，即低潮区水体盐度会高于中、高潮区，但在平均高潮位以下土壤盐度由陆向海依次递减。

根据"中国沼泽湿地资源及其主要生态环境效益综合调查"结果（2015年），其水体理化性质基本特征见表18-8。

【沼泽土壤】崇明东滩的滩涂以细颗粒沉积物为主，沉积物的粒度从高潮滩到低潮滩逐渐加大。高潮滩的沉积物主要为粉砂质黏土与黏土质粉砂；中潮滩的沉积物以粉砂和砂质粉砂为主，低潮滩沉积物多为砂质粉砂和粉砂质砂，局部为细砂。土壤类型主要为盐碱性黏土及砂壤土，平均土壤粒径为

26.47 μm（汤臣栋，2018；姜俊彦等，2015）。

表18-8　崇明东滩沼泽水体理化性质

指标	平均值	最大值	最小值
pH	7.84±0.24	8.55	7.13
电导率/(mS/cm)	4.55±5.73	17.27	0.33
盐度/ppt	2.4±3.4	9.4	0.0
总溶解固体/(g/L)	2.86±3.7	11.98	0.20
溶解氧/(mg/L)	6.27±1.28	10.88	2.82
铵态氮/(mg/L)	0.24±0.16	0.71	0.04
硝态氮/(mg/L)	0.74±0.47	1.58	0.00

注：样点数18，每点3个重复

【沼泽植被】芦苇、海三棱藨草、互花米草、水莎草和三棱水葱群落是崇明东滩主要群落类型。外来物种互花米草在崇明东滩大量入侵，在高潮滩成片分布，与土著种芦苇相互竞争。在高潮滩下部，互花米草斑块镶嵌在海三棱藨草群落中。此外，还有大面积水莎草群落分布于崇明东滩南部。崇明东滩各主要植物群落高度分别为：海三棱藨草 56.3 cm，芦苇 288.6 cm，互花米草 150.5 cm，三棱水葱 13.6 cm，水莎草 14.7 cm，其中三棱水葱与水莎草群系因受放牧啃食影响而植株矮小。海三棱藨草密度 1793 株 /m²，芦苇 52.2 株 /m²，互花米草 143.6 株 /m²，三棱水葱 4175 株 /m²，水莎草 1410 株 /m²。海三棱藨草地上生物量 422.4 g/m²，芦苇 1188.1 g/m²，互花米草 1312.8 g/m²，三棱水葱 27.1 g/m²，水莎草 48.9 g/m²。

【沼泽动物】沼泽区主要水鸟类群有鹭类、雁鸭类、鹤类、鸻鹬类、鸥类等。常见的水鸟有普通鸬鹚、黑水鸡、白骨顶等（马云安，2006）。大型底栖动物优势种有河蚬、中华绿螬、中华拟蟹守螺、天津厚蟹（王琰等，2020）。

【受威胁和保护管理状况】沼泽区建有崇明东滩鸟类自然保护区，保护区是以迁徙鸟类及其栖息地为主要保护对象的湿地类型自然保护区，于1998年建立，2002年崇明东滩被《湿地公约》秘书处列入《国际重要湿地名录》，2005年晋升为国家级自然保护区。受上海市林业局管理，成立了上海市崇明东滩鸟类自然保护区管理处。崇明东滩湿地主要受围垦、外来物种入侵的威胁，潜在威胁因子有污染、水利工程和引排水的负面影响，总体受到轻度威胁。

崇明东滩沼泽（黄佳芳 摄）　　　　崇明东滩沼泽（陈坤龙 摄）

崇明青草沙沼泽（310151-581）

【范围与面积】崇明青草沙沼泽位于上海市崇明长兴岛，毗邻长江口。地理坐标为31°24′～31°29′N、121°30′～121°43′E。沼泽区主要湿地类型为库塘和草本沼泽，其中沼泽面积为2440 hm²。

【地质地貌】沼泽区是中国长江河口的一个冲积沙洲，青草沙水库北大堤水下岸坡由一个高平滩和一个中陆坡组成（计娜，2014）。

【气候】沼泽区属北亚热带季风气候，四季分明，气候温和湿润，年均气温16℃，最热月（7月、8月）平均气温为28℃；最冷月（1月）平均气温为4℃，年降水量约为1100 mm，全年无霜期约230 d。秋季和冬季多为北风或西北风，春季和夏季多为东南风。

【水资源与水环境】青草沙水库为蓄淡避咸型水库，水库总面积为66.3 km²。其中，中央沙库区面积为14.3 km²，青草沙库区面积为52.0 km²（含青草沙垦区2.2 km²），紧邻水库东堤下游设弃泥区4.6 km²。青草沙水源地供水规模719万 m³/d，相应水库设计有效库容4.38亿 m³，死库容0.89亿 m³。青草沙水库咸潮期最高蓄水位7.0 m，运行常水位6.2 m，死水位−1.50 m；非咸潮期运行高水位4.0 m，运行低水位2.0 m（张宏伟等，2009）。

【沼泽土壤】沼泽区沉积物颗粒粒径以粉砂和砂质为主。TOC含量为0.02%～0.92%，TN含量为0.05%～0.14%（金晓丹，2014）。

【沼泽植被】沼泽区拥有高等植物2门19科36属40种，外来植物1科6属6种，主要优势种为芦苇。中央沙西侧芦苇扩散区，分布有较大面积的青蒿，并伴生部分束尾草。青草沙周边以及中央沙南北两侧部分区域的芦苇分布区前缘，分布有人工种植的菰，呈带状分布。由于水流顶冲，区域岸滩以冲刷为主，仅在主要植被带外缘较小区域以及部分潮沟边滩，分布有零星的三棱水葱，部分区域伴生有水莎草和水蓼。

【沼泽动物】沼泽区拥有鸟类11目22科，包括鸻形目、雀形目、雁形目、鹳形目、隼形目、鸥形目、鹃形目、鸽形目、雨燕目、鹃鹛目和佛法僧目。鸟类以冬候鸟和旅鸟为主，其中冬候鸟37种，旅鸟34种，其他留鸟13种，夏候鸟11种。冬季及春秋季迁徙期鸟类数量较多，春秋季迁徙期以小型鸻鹬为主，主要优势种为环颈鸻。雁鸭类主要分布在青草沙西侧小泓水域、工程建设区邻近水域以及青草沙已圈围区域。鸻鹬类主要分布在周边裸露光滩区域。

【受威胁和保护管理状况】青草沙水库目前尚未受到威胁因子的影响，但存在盐水入侵的潜在威胁，受威胁状况等级为安全。

长兴岛−横沙岛沼泽（310113-582）

【范围与面积】长兴岛−横沙岛沼泽位于上海市宝山区长兴岛、横沙岛滨海区。地理坐标为31°07′～31°30′N、121°26′～122°21′E。长兴岛是长江口的第二大冲积岛，于200多年前露出水面，东西长24 km，南北长3～4 km，面积为87.85 km²；横沙岛于140年前露出水面，东西长7.5 km，南北长8.5 km，面积为49.3 km²（郭文利等，2010）。区域内湿地类型为近海域海岸湿地，其中沼泽面积为2436 hm²。

【地质地貌】沼泽发育在长江口长江南支入海水道中的两个小型低地岛屿上，地貌上属于沙岛潮间滩涂。岛屿是由长江江水挟带的泥沙堆积而成的，由于长江口是一个丰水多沙的半日浅海潮河口，在沉积相上，具有海相沉积物和河相冲积物交互沉积的特点。该区滩涂地貌可分为 3 种类型：淤涨型滩地、冲刷后退型滩地和稳定型滩地。沼泽主要发育在淤涨型和稳定型滩地上。

【气候】沼泽区属亚热带湿润季风气候，年均气温 15.6℃，1 月平均气温 4.0℃，7 月平均气温 27.1℃，气温年较差 23.1℃；≥ 10℃积温 5100℃，无霜期平均为 238 d；年平均降水量高达 1147.1 mm，降雨量主要集中在 3 个雨期：春雨、梅雨和秋雨。年均日照总时数为 2013 ～ 2234 h。大气相对湿度较大，年平均为 81%。

【水资源与水环境】沼泽的水源补给以长江水和周期性海潮水为主，其次为大气降水和地下水。

根据"中国沼泽湿地资源及其主要生态环境效益综合调查"结果（2015 年），长兴岛 – 横沙岛沼泽水化学性质基本特征表现为：pH 7.7±0.37，电导率（0.93±1.44）mS/cm，盐度（0.3±0.8）ppt，总溶解固体（0.57±0.9）g/L，溶解氧（6.85±1.6）mg/L，铵态氮（0.13±0.07）mg/L，硝态氮（1.32±0.27）mg/L，各指标的最大值和最小值见表 18-9。

表 18-9　长兴岛 – 横沙岛沼泽水体理化性质

指标	平均值	最大值	最小值
pH	7.7±0.37	8.35	7.19
电导率/(mS/cm)	0.93±1.44	4.18	0.14
盐度/ppt	0.3±0.8	2.1	0.0
总溶解固体/(g/L)	0.57±0.9	2.53	0.16
溶解氧/(mg/L)	6.85±1.6	10.56	4.25
铵态氮/(mg/L)	0.13±0.07	0.35	0.06
硝态氮/(mg/L)	1.32±0.27	1.59	0.80

注：样点数6，每点3个重复

【沼泽土壤】长兴岛周边滩涂地土壤为沼泽潮滩潮土。成土过程除原始成土过程和潜育化过程外，尚有沼泽化成土过程。土壤剖面出现分异现象，表层为粗有机质累积层，颜色暗；其下为具有锈纹锈斑的氧化还原交替进行的 B 层，呈灰色、黄棕色；在此层之下，土体被水浸渍，土壤物质主要进行还原过程，为青灰色。典型土体构型为 A-Bg-G 型。此类土质地较黏，土壤养分含量较高（表 18-10）。

表 18-10　长兴岛周边滩涂地土壤理化特征

深度/cm	pH	有机质/%	全氮/%	全磷/%	水解氮/(mg/kg)	速效磷/(mg/kg)	速效钾/(mg/kg)	速效钙/%
0～27	8.20	1.30	0.125	0.014	28.65	3.16	75	4.8
27～53	8.15	1.15	0.047	0.013	29.33	3.10	90	4.5
>53	8.25	0.80			20.40	1.85	90	4.4

横沙岛距海较近，沼泽土壤为沼泽潮滩盐化土。主要成土过程除原始成土过程、潜育化过程和盐渍化过程外，尚有沼泽化成土过程。土体开始分异，剖面呈 A-Bg-G 型，土壤质地多为黄褐色的黏土质粉砂或细粉砂，有机质含量较低，一般低于 1%（表 18-11）。

表 18-11　横沙岛周边滩涂地土壤理化特征

深度/cm	pH	有机质/%	全氮/%	全磷/%	水解氮/(mg/kg)	速效磷/(mg/kg)	速效钾/(mg/kg)	速效钙/%
0～20	8.25	0.71	0.024	0.11	60.3	17.2	75	0.05
20～80	8.10	0.95	0.053	0.12	58.2	15.4	75	0.10
80～100	8.12	0.92						0.10

【沼泽植被】横沙岛东滩记录到高等植物 22 科 47 属 53 种，其中被子植物 17 科 42 属 48 种，苔藓植物 5 科 5 属 5 种，主要优势物种为芦苇、互花米草、海三棱藨草、三棱水葱、糙叶薹草。沼泽片区植被主要分布在横沙岛周缘尤其是横沙东部滩涂沼泽，而长兴岛上因土地利用变化，其沼泽植物分布面积已十分有限。

"中国沼泽湿地资源及其主要生态环境效益综合调查"（2015 年）结果表明：长兴岛－横沙岛地区沼泽主要植物群落高度分布为：芦苇 248.5 cm，互花米草 220.5 cm，海三棱藨草 77.0 cm，三棱水葱 54.4 cm，糙叶薹草 18.3 cm，其中糙叶薹草因放牧牛群啃食而植株矮小。芦苇密度为 78.4 株 /m^2，互花米草 87.2 株 /m^2，海三棱藨草 1196.8 株 /m^2，三棱水葱 735.0 株 /m^2，糙叶薹草 1189.6 株 /m^2；群落地上生物量为：芦苇群落 1363.7 g/m^2，互花米草群落 2190.7 g/m^2，海三棱藨草群落 885.3 g/m^2，三棱水葱群落 313.7 g/m^2，糙叶薹草群落 124.7 g/m^2。

【沼泽动物】沼泽区鸟类有 73 种，隶属于 9 目 21 科，其中留鸟 14 种，夏候鸟 15 种，冬候鸟 24 种和旅鸟 20 种。冬候鸟主要是雁鸭类和鸥类，也有少量天鹅。旅鸟主要为鸟鹬类，包括大多数东亚珍稀或地方种类，如长嘴半蹼鹬、小杓鹬、大杓鹬、小青脚鹬、孤沙锥、大滨鹬和勺嘴鹬等。大型底栖动物优势种有疣吻沙蚕、日本刺沙蚕、缢蛏、谭氏泥蟹、无齿螳臂相手蟹。

【受威胁和保护管理状况】沼泽区受上海市林业局管理，成立了崇明区林业站管理机构，主要受到基建和城市化、围垦、污染、外来物种入侵的威胁。

长兴岛－横沙岛沼泽（陈坤龙 摄）

南汇东滩沼泽（310115-583）

【范围与面积】南汇东滩沼泽位于上海市浦东新区的东南角、杭州湾北岸，是我国南北海岸线的中点；区域整体呈"J"字形，全长约 46.8 km，总面积约为 351.0 km²。沼泽区地理坐标为 30°50′～31°06′N、121°50′～121°58′E，沼泽面积为 1250 hm²。

【地质地貌】沼泽区海拔 2～3 m，地势平坦，为冲积平原。位于长江口和杭州湾之间，其北侧为长江口南槽，南侧为杭州湾，地貌形态表现为北窄南宽，水下沙嘴呈向东方向的整体态势，0～–5 m 等深线最大距离约 15 km，滩坡坡度达 1/3000。南汇东滩的北侧发育一条线状沙脊，称为没冒沙，–2 m 等深线以上的脊身长约为 25 km，脊顶最大高程多年保持 +0.5 m 左右，落潮时一般不露出水面。没冒沙与岸之间有一浅槽，多年平均水深在 –25～–3 m（刘杰等，2007）。

【气候】沼泽区地处北亚热带南缘，气候温和湿润，四季分明，夏季湿热，冬季干冷，年平均气温 15.9℃，最高气温 37.3℃，最低气温 –7.9℃，雨量充沛，年均降水量为 1222.2 mm（郭文利等，2010）。沼泽区东亚季风盛行，月平均风速为 5.3～5.6 m/s，平均波高为 0.4～0.9 m（李凤莹等，2020）。

【水资源与水环境】沼泽区潮汐表现为不正规半日潮，水动力较弱，水体含沙量高，淤涨速度快。水体盐度在丰水期（5～10 月）小于枯水期（11 月至翌年 4 月），平均盐度 0.21‰～5‰。含盐量在垂直分布上差异不大，底层水体略大于表层水体。

【沼泽土壤】沼泽土壤为盐土（郭文利等，2010）。沉积物类型以黏土质粉砂为主，粒径总体上偏粗，粒径最大的沉积物出现在低潮滩至 –2 m 范围内，此带以上和以下区域沉积物粒径较细（许宇田，2019）。

【沼泽植被】沼泽区湿地植物 46 科 102 属 126 种（韩樑，2014）。种数最多的 3 科，依次为禾本科、菊科和莎草科（韩樑，2014），主要优势种为芦苇、互花米草、海三棱藨草。其中，芦苇分布在高潮滩，混有互花米草，中潮滩为海三棱藨草群落。

【沼泽动物】沼泽区水鸟 7 目 13 科 84 种，其中国家级重点保护野生动物有 12 种，包括黄嘴白鹭、黑脸琵鹭、鹗、黑翅鸢、雀鹰、普通鵟、白腹鹞、白尾鹞、游隼、红隼、小杓鹬、小鸦鹃；上海市重点保护鸟类 4 种，即白头鹤、棕背伯劳、八哥、震旦鸦雀（郭文利等，2010）。鱼类群落中棘头梅童鱼、刀鲚、龙头鱼、孔鰕虎鱼、鲻等丰度较高，以小型鱼类和幼鱼为主。软体动物、甲壳动物和环节动物是潮滩大型底栖动物群落的主要类群。大型底栖动物主要优势种有中华绿螯、黑龙江河篮蛤等。

【受威胁和保护管理状况】沼泽区受上海市林业局管理，成立了浦东新区林业站管理机构；主要受到基建和城市化、围垦、外来物种入侵的威胁。

庵东沼泽（330282-584）

【范围与面积】庵东沼泽位于浙江省宁波市慈溪市北部、杭州湾跨海大桥西侧。地理坐标为 30°15′57″～30°24′56″N、121°2′03″～121°21′58″E。沼泽面积为 270 hm²，主要类型为芦苇沼泽和盐蒿沼泽。

【地质地貌】庵东浅滩具有潮滩滩面、滩坡和潮沟系统三大地貌单元。按滩面物质和微地貌可分为草滩、泥滩和粉砂滩，三类滩坡位于潮滩堆积体向水下冲刷槽过渡的斜坡地带，当冲刷槽紧逼岸线时，滩坡由数个陡坎构成，冲刷严重者陡坎可发展至高滩潮沟系统，包括沿主干垂直岸线方向延伸的树枝状潮沟系统和主干平行于岸线、由浅滩中部向东西方向延伸的纵向潮沟系统两类。

【气候】沼泽区位于中纬度亚热带季节性气候区，气温受冷暖气团交替控制以及杭州湾海水调节，年平均气温约为16℃，气候温暖湿润，四季分明。由于受海洋性季风影响，该地区多年平均降水量为1351.1 mm，雨量充沛，年平均湿度为18%，年平均日照约为2078.3 h。

【沼泽土壤】沼泽区属于潮坪沉积环境，沉积物以粉砂、黏土质粉砂为主，含盐量较高。潮间带中－低潮区为粉砂滩，黏土体积分数为3%～12%，主要由灰色粉砂构成，中潮滩上植物主要是海三棱藨草，但植被较稀疏；中潮滩下部至低潮滩沉积物表面无植被。中－低潮滩沉积物中含砂体积分数为5%～20%，沉积物剖面可见水平纹层，层面上可见生物潜穴孔。中－低潮滩上有潮沟发育。

【沼泽植被】沼泽区植物资源丰富，水生植物众多，如千屈菜、黄花鸢尾、再力花、菖蒲、香蒲、风车草、睡莲。

【沼泽动物】沼泽区鸟类资源丰富，是候鸟从西伯利亚迁徙至澳大利亚的重要中转站，目前已记录鸟类220余种，隶属于18目45科，包括近危鸟种青头潜鸭、罗纹鸭、黑尾塍鹬、白腰杓鹬、大杓鹬和震旦鸦雀，脆弱鸟种卷羽鹈鹕、遗鸥和黄胸鹀；还有被列入《国家重点保护野生动物名录》的普通鵟、红隼、环颈雉和小杓鹬。鹭鸟数量最多，白鹭、苍鹭、夜鹭齐飞；环颈鸻、金眶鸻群居浅滩；红嘴鸥、青脚鹬展翅翱翔，勾勒出一幅和谐恬静的自然画面。

【受威胁和保护管理状况】2000年被列为国家重要湿地（庵东沼泽区湿地），2005年在全球环境基金（GEF）和世界银行支持下，杭州湾湿地保护工程启动，项目确立打造国际候鸟湿地、具有国际领先水平的环境教育中心、东亚海洋消减陆源污染的示范基地和颇具吸引力的生态旅游目的地四大目标，项目区总面积6380 hm²。2011年12月，获批杭州湾国家湿地公园试点，2017年12月，国家湿地公园试点验收通过。

庵东沼泽（王晓龙 摄）

第二节　南部滨海盐沼红树林沼泽区

漩门湾沼泽（331083-585）

【范围与面积】漩门湾沼泽位于浙东南沿海玉环市，东接清港与楚门两镇，南靠玉环岛北岸的芦浦镇，西嵌乐清湾与雁荡山隔海相望，北与温岭市南界相接。地理坐标为 28°11′47″ ～ 28°15′53″N、121°10′40″ ～ 121°16′59″E。沼泽总面积为 3075 hm²，其中草本沼泽 77.5 hm²，红树林 11.18 hm²。

【地质地貌】在地质构造上，温州属华夏古陆。早在 8 亿年前就已形成，在石炭纪、二叠纪时，由于我国东面遭受较大规模的海侵，温州一带及其以南地区遭受海侵，后经华力西 – 印支运动，地壳才全面隆起成陆；中生代，太平洋板块进一步俯冲，形成陆相火山活动，产生了剧烈的火山喷发和岩浆喷溢，大量火山岩浆覆盖了古老地层，约占该区面积的 2/3；燕山运动晚期，火山活动明显减弱，在北东向断裂和北西向断裂交会处，形成一系列断裂盆地。第三纪中后期，地体又抬升；第四纪时期，温州经历了三次大的海侵海退活动。

【气候】沼泽区属亚热带季风气候，年均气温为 16.9 ～ 17.6℃，年降水量为 1300 ～ 1400 mm（刘金亮等，2014）。

【水资源与水环境】漩门二期水库蓄淡围垦区的水库围垦总面积为 3735.2 hm²，蓄淡库区 1600 hm²，总库容 8312 万 m³，正常库容 6410 万 m³，多年平均调节水量 5931 万 m³。

【沼泽土壤】漩门湾堤外的自然滩涂湿地为最新浅海沉积物，土体未分化，呈母质状；表层平均有机质含量为 1.38%，全氮为 0.09%，碱解氮为 45 mg/kg，pH 为 8.2 ～ 8.4。堤内的围垦区土壤海积层厚度为 20 ～ 40 m，pH 为 8，土壤因围垦而逐渐淡化（方平福，2013）。

【沼泽植被】沼泽区记录有湿地植物 101 种，隶属于 40 科 85 属，其中湿生植物 85 种、沼生植物 9 种、挺水植物 2 种、浮叶植物 1 种、沉水植物 1 种、盐沼植物 3 种。互花米草群系、芦苇群系、水烛群系分布最广，其他常见群系有细叶结缕草群系、白茅群系、穗状狐尾藻群系、金色狗尾草群系等。

【沼泽动物】沼泽区有水鸟 58 种，隶属于 9 目 11 科，主要种类有小鷿鷈、普通翠鸟、反嘴鹬、环颈鸻、金鸻、苍鹭、白鹭、黑尾鸥、小天鹅、斑嘴鸭、普通秧鸡、中杓鹬和矶鹬等。国家重点保护鸟类 2 种，为小天鹅和小青脚鹬。鱼类 106 种，最多的主要有日本花鲈、鲻和海鳗。两栖类主要有中华蟾蜍、中国雨蛙、泽陆蛙、黑斑侧褶蛙、金线侧褶蛙、饰纹姬蛙等。大型底栖动物有 63 种，隶属于 5 门 8 纲 41 科（任鹏等，2016）。

【受威胁和保护管理状况】沼泽区建有漩门湾湿地公园，于 2009 年批准建立，2011 年升格为国家级湿地公园，为浙江省第一个滨海型国家级湿地公园，并获得"中国生态保护最佳湿地"称号；2012 年，被评为浙江省第二批生态文明教育基地，同年通过国家 4A 级旅游景区验收。目前，沼泽区主要受到环境污染、滩涂围垦、基建侵占等的威胁。

乐清湾沼泽（330382-586）

【范围与面积】乐清湾位于浙江省南部沿海，瓯江口北侧。地理坐标为 27°59′09″ ～ 28°2′16″N、120°57′55″ ～ 121°09′09″E。乐清湾流域面积约 1470 km²，湾南北长 47 km，东西宽 4.5 ～ 21 km，岸线以下海湾总面积 469 km²，岸线总长约 220 km。沼泽面积 3710 hm²，主要为盐沼和红树林。

【地质地貌】沼泽区属华南台块中的华夏台背斜，断裂较发育，华夏式北北东向构造构成本区构造体系的主体骨架。侏罗系上统火山喷发的凝灰岩和凝灰熔岩及白垩系下统的紫色碎屑岩、砂砾岩和粉砂岩以及流纹岩等广泛发育，缺失第三系地层。中更新统、上更新统和全新统的第四系地层在沿海平原地区发育，沉积层厚。全新世中期（距今 6000 ～ 7000 年），最大海侵过后，海水逐步后退，海湾渐次充填，形成海湾淤泥平原，地貌类型属于淤泥质海岸地貌。乐清湾内地形总体变化趋势是由西北向东南倾斜，乐清湾底部和湾口部滩涂面积广袤，湾口部乐清侧为淤泥质滩涂，湾口玉环侧为基岩海岸，滩涂涂面相对较小；湾中部为窄形的水道区，东西两侧均为基岩海岸，多岛屿，水较深，多水沟（熊李虎，2019）。

【气候】沼泽区属中亚热带海洋性季风气候，温暖湿润，四季分明。年均气温 17.7℃，年降水量 1557.3 mm，年均相对湿度 81%（万旭光，2018）。

【水资源与水环境】沼泽区约 30 条河溪注入乐清湾，主要有大荆溪、白溪、清江、坞根溪、横山溪、江厦河、芳清河等。径流作用具有作用时间短、强度大的特点（解雪峰，2015）。湾内属正规半日潮，涨潮历时大于落潮历时，平均潮差＞4.0 m，最大可达 8.3 m，潮流以往复流为主，波浪作用较小。乐清湾内海水盐度较低，受降水及江浙沿岸流的控制而出现波动，盐度以 7 月最高（2.93%），10 月最低（2.64%），5 ～ 10 月在 2.75% 左右（刘伟成等，2014）。

根据"中国沼泽湿地资源及其主要生态环境效益综合调查"（2015 年）结果，乐清湾地区沼泽水体理化性质见表 18-12。

表 18-12　乐清湾沼泽水体理化性质

指标	平均值	最大值	最小值
pH	7.64±0.29	7.90	6.65
电导率/(mS/cm)	29.11±7.78	42.24	15.90
总溶解固体/(g/L)	16.01±7.21	25.6	0.2
溶解氧/(mg/L)	5.56±0.81	7.60	3.70
铵态氮/(mg/L)	0.24±0.11	0.48	0.12
硝态氮/(mg/L)	0.49±0.19	0.70	0.22
总氮/(mg/L)	0.92±0.19	1.23	0.59

注：样点数6，每点3个重复

【沼泽土壤】沼泽区土壤主要是近代海相沉积物。海岸内侧的成土过程逐步由积盐为主过渡到脱盐为主，土壤类型依次为滨海盐土和滨海潮化盐土；海岸外侧由于周期性地受海水浸淹，盐渍化过程明显，因而土壤类型属滨海潮滩盐土，加上地形的影响，沉积物的质地黏细（0.001 mm），其盐分的类型和海水大致相同（付春雷，2009）。

【沼泽植被】沼泽区植被以互花米草群系占绝对优势，互花米草群落高度 214.5 cm，密度 92 株 /m²，地上生物量 2323.3 g/m²。湾内尚有小面积红树林、白茅群系、铺地黍群系、芦苇群系等类型。其中位于西门岛的秋茄树红树林是中国人工种植红树林的分布北界。秋茄树红树林在本区内呈矮灌木生长，半均株高为（156±5.8）cm，植株生长茂密，盖度接近 100%。

【沼泽动物】沼泽区记录有鸟类 195 种，分属于 16 目 46 科 107 属；国家重点保护鸟类有 19 种。优势目为雀形目、鸻形目。优势种有苍鹭、白鹭、绿翅鸭、斑嘴鸭、青脚滨鹬、珠颈斑鸠、家燕、白头鹎、棕背伯劳、八哥、灰椋鸟、暗绿绣眼鸟、麻雀、金翅雀等（万旭光，2018）。大型底栖动物 116 种，隶属于 34 目 63 科 98 属。环节动物优势种为寡鳃齿吻沙蚕；软体动物优势种为薄云母蛤和光滑篮蛤（王航俊等，2020）。鱼类 49 种，隶属于 10 目 26 科 39 属，优势种为龙头鱼和刀鲚，常见种有斑鰶、海鳗、日本花鲈、棘头梅童鱼等（夏陆军等，2016）。

【受威胁和保护管理状况】沼泽区每年实行伏季休渔制度。2005 年建立中国第一个海洋特别保护区西门岛国家级海洋特别保护区。目前，湿地主要受到滩涂围垦、环境污染、生物入侵、过度捕捞等的威胁。

乐清湾沼泽（谭立山 摄）

沙埕港沼泽（350982-587）

【范围与面积】沙埕港沼泽位于福建省宁德市福鼎市，地理坐标为 27°8′45″ ～ 27°18′38″N、120°10′43″ ～ 120°26′25″E，沼泽面积为 39.5 hm²。

【地质地貌】沙埕港口东北侧与浙江省苍南县沿浦湾毗连，口部有南关岛作为屏障。沙埕港呈狭长弯曲状，由西北向东南延伸，港口朝向东入东海，口门宽为 2 km。沙埕港海岸线曲折，港内南北两岸高山耸立，山体直逼岸边，港内常有小岛出露，地势险要且隐蔽性较好。海岸主要由基岩海岸组成，岸线长度达 148.7 km（李荣冠，2017）。

【气候】沼泽区属中亚热带海洋性季风气候，光热充足、雨量适中、雨热同期，年均气温 18.5℃，最冷月份（1 月）平均气温 8.6℃，无霜期 290 d 左右。年均降水量 1656.4 mm，5 月、6 月为梅雨季，7 ～ 9 月为多台风雷雨季，年平均降水日数为 172 d。多年平均风速 1.6 m/s，最大风速 34 m/s。年均相对湿度 79%，年均蒸发量 1314.2 mm。主要灾害性天气为热带风暴（7 ～ 9 月）、寒潮（11 月至翌年 4 月）和气象干旱（刘剑秋和曾从盛，2010）。

【水资源与水环境】沼泽区主要补给水源为大气降水、地表水和海潮水，地下水补给作用不大（刘剑秋和曾从盛，2010）。根据沙埕港水文监测站资料，沙埕港历年最高潮位为 11.26 m，历年最低潮位为 3.30 m，平均高潮位为 9.23 m，平均低潮位为 5.10 m，平均海面为 7.24 m，平均潮差约为 4.12 m（邓泽林，2018）。

根据"中国沼泽湿地资源及其主要生态环境效益综合调查"（2015 年，调查范围为沙埕港沼泽）结果，沙埕港沼泽水体理化性质见表 18-13。

表 18-13　沙埕港沼泽水体理化性质

指标	平均值	最大值	最小值
pH	7.51±0.32	7.91	7.12
电导率/(mS/cm)	27.23±5.09	35.64	21.62
盐度/ppt	17.7±2.1	19.3	14.7
总溶解固体/(g/L)	18.72±3.51	24.00	14.36
溶解氧/(mg/L)	13.83±3.32	18.40	10.61
铵态氮/(mg/L)	0.31±0.09	0.38	0.17
硝态氮/(mg/L)	0.96±0.06	1.04	0.89

注：样点数5，每点3个重复

【沼泽土壤】沼泽土壤主要为滨海盐土中的海泥土、红树林潮滩盐土。在大小港湾的潮间带上，由于湾内有湾，湾外有岛，岛外有岛的阻挡，海洋动力较弱，沉积物以细黏土为主，由黏粒和粉砂组成。红树林土壤 pH 在 4.0 以下，呈强酸性，有机质含量为 0.85%～3.18%，全氮为 0.09%～0.13%，全磷为 0.11%～0.125%，全钾为 2.25%～2.7%，总盐量为 1.67%～2.56%（刘剑秋和曾从盛，2010）。

【沼泽植被】沼泽区主要植被类型包括红树林、滨海盐沼植被。其中组成红树林的植物仅秋茄树 1 种，主要分布在沙埕港内的姚家屿、资国、江边、鲎屿、八尺门、沿州等地，其中连片面积最大的是福鼎市前岐镇姚家屿的秋茄树林，面积 8.8 hm²，树高 1.5～2.0 m，郁闭度达 80%，最大基围达 150 cm。在该区域生长的秋茄树林是中国天然红树林群落分布的最北界。

在沙埕港，滨海盐沼植被常见的种类有互花米草、短叶茳芏、芦苇、南方碱蓬、盐地鼠尾粟、水烛等，其中，互花米草群落是该区域分布面积最大的盐沼植被，在沙埕、点头、前岐和白琳等镇沿沙埕港滩涂有较多分布。沙埕港内互花米草群落平均株高为 179.0 cm，密度为 164 株/m²，地上生物量为 2276.3 g/m²。芦苇群落高度为 170.9 cm，植株密度为 68 株/m²，地上生物量为 753.3 g/m²，芦苇群落中有少量秋茄树散生其中。

【沼泽动物】沼泽区常见鸟类有黄嘴白鹭、白鹭、岩鹭、黑尾鸥、普通燕鸥、黑枕燕鸥、褐翅燕鸥、乌燕鸥等，其中，黑尾鸥 1000～1500 只，亚成体 200～300 只，这是在福建省东北部岛屿上发现的黑尾鸥最大的繁殖群。记录的越冬水鸟主要有普通鸬鹚、罗纹鸭、大白鹭、绿翅鸭、琵嘴鸭、白腰杓鹬、青脚鹬、红嘴鸥、黑尾鸥、牛背鹭等 19 种，近 900 只。

【受威胁和保护管理状况】沙埕港沼泽受林业、海洋与渔业等多部门管理，无专门管理机构，主要受到围垦、污染、外来物种入侵等威胁。

沙埕港沼泽（代超 摄）

三都湾沼泽（350921-588）

【范围与面积】三都湾沼泽位于福建省福安市和霞浦县以南的河口和海岸区域，地理坐标为 26°31′～26°51′N、119°30′～120°6′E，沼泽面积为 2.96 万 hm²。

【地质地貌】沼泽区为福建东北部的下沉区，位于福鼎白琳－莆田苟石大断裂带上，是一个典型的山地基岩海湾，地貌特点是山丘迫近海边，山高海深；岸崖陡峭，基岩侵蚀岸滩多；港湾深邃，狭窄的港道多；湾内海底地形崎岖不平，海岸曲折，岬湾相间，岛礁众多，海蚀地貌发育。由于长期接受沿岸河流和海岸侵蚀物质的填充，港湾堆积作用较强，岸前的淤泥质潮滩发育、宽阔平缓，一般宽度为数百米至数千米，坡度为 1‰ ～ 5‰。

【气候】沼泽区属亚热带海洋性湿润气候，年均气温 19.0℃，年均降水量 2013.8 mm，降雨日数 112 ～ 164 d，5 月、6 月为梅雨季，占总雨量的 28%，7 ～ 9 月为台风和雷雨季，占总雨量的 32% ～ 37%；年均风速 1.4 m/s，终年盛吹东南风，年平均大风（≥ 8 级）日数 5.6 d；年均相对湿度 81% 左右，年均日照 1899.2 h，主要灾害性天气为热带风暴（7 ～ 9 月）、台风（7 ～ 9 月）、寒害（11 月至翌年 4 月）（刘剑秋和曾从盛，2010）。

【水资源与水环境】三都湾属正规半日潮，最高潮位 10.53 m，平均最大潮差 5.35 m。水温年际变化为 13.0 ～ 29.9℃，平均水温 20.5℃。5 月盐度为 24.4‰ ～ 29.7‰，平均盐度为 27.7‰；12 月盐度为 29.3‰ ～ 31.4‰，平均盐度为 30.9‰，底层盐度高于表层，湾口和东吾洋北部含量较高，三都岛北部较低（李荣冠，2017）。

"中国沼泽湿地资源及其主要生态环境效益综合调查"对三都湾沼泽水质进行了调查（2015 年），沼泽区水体理化性质见表 18-14。

表 18-14　三都湾沼泽水体理化性质

指标	平均值	最大值	最小值
pH	7.45±0.46	8.62	6.15
电导率/(mS/cm)	32.1±8.12	47.67	11.93
盐度/ppt	17.7±4.7	24.0	6.7
总溶解固体/(g/L)	17.94±6.03	28.23	7.24
溶解氧/(mg/L)	8.58±4.36	33.48	1.31
铵态氮/(mg/L)	0.59±0.9	5.40	0.08
硝态氮/(mg/L)	0.75±0.59	3.23	0.07

注：样点数32，每点3个重复

【沼泽土壤】沼泽区土壤主要为海泥土和海泥沙土。三都湾表层沉积物类型比较复杂，共有砾石、粗砂、粗中砂、中砂、细中砂、细砂、黏土质砂、砂质黏土、砂－粉砂－黏土、砾－砂－黏土、黏土质粉砂及粉砂质黏土等 12 种类型。粉砂质黏土广泛分布于三都湾的大部分海域，其所占面积在三沙湾内最大。沉积物以东冲、金梭门、橄榄屿至三都岛、卢门至鸡冠、白马门至三都岛等这些水道的轴线往两侧中值粒径逐渐变细。

【沼泽植被】三都湾的红树林植被仅由秋茄树组成，成片分布，群系外貌整齐，分布面积约为 80 hm²，在三都湾分布的滨海盐沼植被主要包括互花米草群系、芦苇群系、短叶茳芏群系、锈鳞飘拂草群系、南方碱蓬群系等。

三都湾中的芦苇沼泽、短叶茳芏沼泽主要分布于霍童溪口；互花米草在三都湾内各河口海湾大量分布，总面积为 3753.6 hm²。东吾洋、盐田港、霍童溪口、三都澳等地均有互花米草入侵。第一版《中国沼泽志》所记载东吾洋沿岸禾草型盐生植被现已全被互花米草占据。

【沼泽动物】沼泽区鸟类有 12 目 20 科 53 种，共计 31 207 只；包括遗鸥、黄嘴白鹭、鹗、黑翅鸢、苍鹭、红隼、长耳鸮、短耳鸮、草鸮、褐翅鸦鹃等重点保护鸟类。

【受威胁和保护管理状况】沼泽区建有环三都澳湿地水禽红树林市级自然保护区、宁德东湖国家湿地公园、宁德官井洋大黄鱼繁育增殖保护区。位于三都湾的三都澳湿地于 2000 年被《中国湿地保护行动计划》正式列入《中国重要湿地名录》。目前三都湾被列为国家重要湿地，沼泽区主要受到基建和城市建设、外来物种入侵和环境污染等威胁。

三都湾沼泽（孙东耀 摄）

罗源湾沼泽（350123-589）

【范围与面积】罗源湾沼泽位于福建省罗源县和连江县，北邻三都湾，南隔黄岐半岛与闽江口连接，被罗源半岛和黄岐半岛相环抱，地理坐标为 26°18′ ~ 26°35′N、119°34′ ~ 119°50′E，沼泽面积为 1.54 万 hm^2。

【地质地貌】罗源湾是典型的半封闭海湾，腹大口小，在东南角通过口门与东海相通，通道宽约 2 km，是罗源湾与海水交换的唯一潮流通道（周笑笑等，2021）。罗源湾口门宽仅 2 km，岸线曲折，海岸主要由基岩海岸组成，在湾的西北、西和南侧部分地段出现淤泥质、砂质、红树林和人工海岸（李荣冠，2017）。

【气候】罗源湾属亚热带海洋性季节气候，多年平均气温 19.0℃，年均降雨量 1649.5 mm，年均蒸发量 1437.5 mm，年均风速 2.2 m/s，年均相对湿度 80%，月最大相对湿度 89%，月最小相对湿度 63%（文雯，2018）。

【水资源与水环境】罗源湾东部有浙闽沿岸流经过，通过可门口与湾内进行物质交换，湾内无大河流注入，在湾顶有起步溪、南门溪等几条细小溪流注入。罗源湾属正规半日潮，最高潮位 6.38 m，平均潮差 4.98 m。

"中国沼泽湿地资源及其主要生态环境效益综合调查"项目对罗源湾沼泽水质进行了调查（2015 年），沼泽区水体理化性质见表 18-15。

【沼泽土壤】沼泽土壤主要为滨海盐土，以海泥土亚类为主，海泥沙土也占相当比例，由于土壤的形成和积盐脱盐的过程往往同步进行，无发生层次，土体中盐分含量、养分状况因地而异。

【沼泽植被】罗源湾主要沼泽植被类型分为滨海盐沼植被和红树林，其中滨海盐沼植被以互花米草最常见，分布面积最广。芦苇、短叶茳芏等在部分区域可见呈斑块状分布，红树林仅秋茄树一种（刘剑秋和曾从盛，2010）。

表 18-15　罗源湾沼泽水体理化性质

指标	平均值	最大值	最小值
pH	7.92±0.15	8.11	7.32
电导率/(mS/cm)	34.73±10.73	51.24	12.29
盐度/ppt	20.1±4.2	24.0	8.9
总溶解固体/(g/L)	21.3±6.73	31.24	5.86
溶解氧/(mg/L)	9.52±3.79	17.04	5.80
铵态氮/(mg/L)	0.49±0.63	2.86	0.10
硝态氮/(mg/L)	0.66±0.1	0.95	0.50

注：样点数17，每点3个重复

互花米草在罗源湾内大面积成片分布，占据潮间带各个位置，成为单一优势种群落，主要分布于连江县马鼻镇、透堡镇、官坂镇，罗源县碧里乡、松山镇。芦苇群落主要在罗源湾内西北角兰下尾附近，目前也多被围垦为建设用地。罗源湾秋茄树红树林主要分布于罗源湾南岸的罗源县松山镇北山村和巽屿村，于2011年以来人工种植。互花米草群落高度为158.8 cm，密度为146株/m²，地上生物量为1690.0 g/m²。芦苇群落高度为215.0 cm，密度为72株/m²，地上生物量为1006.7 g/m²。

【沼泽动物】沼泽区鸟类主要有普通鸬鹚、白鹭、赤颈鸭、绿翅鸭、斑嘴鸭、凤头潜鸭、白骨顶、环颈鸻、黑腹滨鹬、红嘴鸥等32种，共6035余只。潮下带底栖生物数量和出现频率占优势的种类有双鳃内卷齿蚕、锯羽丽海羊齿、光亮倍棘蛇尾、条尾近虾蛄、缘角蛤、凸壳肌蛤等。潮间带生物数量和出现频率占优势的种类有双齿围沙蚕、珠带拟蟹守螺、凸壳肌蛤、渤海鸭嘴蛤、淡水泥蟹等（刘剑秋和曾从盛，2010）。

【受威胁和保护管理状况】沼泽区主要受到围垦、基建与城市建设、水质污染和外来物种入侵等威胁。湾内建有罗源北山红树林公园，对人工种植的红树林有一定保护作用。

罗源湾沼泽（谭立山 摄）

闽江-鳌江河口沼泽（350122-590）

【范围与面积】闽江-鳌江河口沼泽主要位于福州市闽江河口、连江县鳌江口及沿海地带，地理坐标为 25°56′49″ ～ 26°17′00″N、119°14′53″ ～ 119°43′00″E。沼泽面积为 647 hm²，主要分布在闽江河口区的鳝鱼滩、蝙蝠洲、道庆洲、塔礁洲以及琅岐岛、粗芦岛周缘。

【地质地貌】闽江是我国东南沿海最大的河流，也是福建省最大的独流入海河流，发源于武夷山脉东侧。闽江河口沼泽位于闽江入海口区，地貌属于闽江堆积作用和流水作用形成的流水地貌（包括江心洲和河漫滩）以及陆海过渡区的潮间地貌。闽江河口属于先成河口，河口区内的福州盆地是一个受北北西向与东北东向两组断裂控制的构造盆地，为河口发育提供了良好空间。福州盆地经历了从海湾演变为水上三角洲和海水－河水冲积平原的过程，河口地貌逐渐形成。闽江河道在闽江河口区分汊形成南港、北港两支，最终汇入东海，在两港内和岸线发育了众多的江心洲和边滩沼泽湿地。闽江流出闽安峡谷后，由于琅岐岛的阻挡，分为南、北 2 个水道（梅花水道和长门水道），其中的梅花水道自潭头镇水道逐渐开阔，泥沙大量堆积，形成了闽江河口区最大的鳝鱼滩湿地。鳌江是福建省第六大河流，属于福建省独流入海河流，发源于鹫峰山脉，流经罗源县至连江县，在浦口与东岱口注入东海。

【气候】沼泽区属于典型的海洋性亚热带季风气候，温暖湿润、雨量充沛，年均气温为 19.7℃，年平均降水量为 1421.0 mm。强热带风暴是区域内主要的灾害性天气，平均每年台风次数达 5 次以上，风力可达 12 级（6 ～ 9 月）。

【水资源与水环境】闽江具有水量丰富、含沙量少、洪枯流量悬殊和山溪性河流明显等特征。根据竹岐水文站资料，闽江年径流量为 551 亿 m³，5 ～ 7 月水量占全年的 51%。闽江河口是强潮河口，涨落潮流均十分强大，平均潮差达 4 m 以上。潮流界一般可达洪山桥附近，枯水大潮潮区界一般可达闽侯，特别枯水时可达竹岐。马尾汇流口以上以径流为主，以下以潮流为主，咸淡水混合状况在洪枯期间的差异很大，咸水界大致在大炉礁附近。闽江河口区最大的鳝鱼滩潮汐为正规半日潮，每年 7 月、8 月为年大潮期。

根据"中国沼泽湿地资源及其主要生态环境效益综合调查"结果（2015 年，调查范围为闽江、鳌江河口地区沼泽），闽江－鳌江河口沼泽上覆水体理化性质见表 18-16。

表 18-16 闽江－鳌江河口沼泽上覆水体理化性质

指标	平均值	最大值	最小值
pH	7.35±0.39	8.44	6.46
电导率/(mS/cm)	7.32±4.14	17.87	0.19
盐度/ppt	3.8±2.5	9.1	0.0
总溶解固体/(g/L)	3.55±2.09	7.73	0.00
溶解氧/(mg/L)	6.73±1.6	8.50	0.45
铵态氮/(mg/L)	1.05±1.65	8.38	0.15
硝态氮/(mg/L)	0.86±0.46	1.53	0.00

注：样点数21，每点3个重复

【沼泽土壤】闽江河口沼泽土壤主要为潮土和滨海盐土，鳌江口沼泽湿地以海泥沙土为主。闽江河口沼泽湿地土壤呈弱酸性，在潮汐的周期性作用下，土壤处于盐渍化与脱盐化交替状态，含有一定盐度。鳝鱼滩湿地自岸向海方向依次分布着芦苇沼泽植被带、短叶茳芏沼泽植被带和互花米草沼泽植被带，其土壤基本理化性质见表 18-17。

表 18-17　闽江河口鳝鱼滩不同沼泽植被带土壤基本理化性质（引自杨平等，2015）

群落类型	pH	SOC/(g/kg)	TN/(g/kg)	土壤质地/%		
				黏粒	粉粒	砂粒
短叶茳芏沼泽	5.96±0.02	15.47±0.20	0.59±0.01	10.39±0.55	60.63±1.91	28.98±2.38
芦苇沼泽	5.40±0.02	22.32±0.60	0.83±0.05	11.27±0.49	63.29±2.00	25.44±2.28
互花米草沼泽	6.15±0.02	15.56±0.18	0.58±0.02	10.81±0.87	59.20±1.11	29.97±1.92

　　闽江河口区芦苇沼泽、短叶茳芏沼泽和互花米草沼泽土壤 0～100 cm 土层有机碳含量分别为 13.30～20.65 mg/g、15.04～20.38 mg/g 和 14.25～22.70 mg/g，平均值分别为（16.53±1.65）mg/g、（17.05±1.26）mg/g 和（16.53±2.13）mg/g。闽江河口区芦苇沼泽土壤（0～100 cm）有机碳储量为（126.16±6.01）Mg C/hm^2，占生态系统有机碳储量的 82.9%，短叶茳芏沼泽土壤（0～100 cm）有机碳储量为（134.47±8.59）Mg C/hm^2，占生态系统有机碳储量的 88.7%（曹琼等，2022）。

　　【沼泽植被】沼泽区拥有较丰富的植物资源，高等植物有 53 科 116 属 141 种，浮游植物 147 种。沼泽区分布有秋茄树红树林、滨海盐沼和滨海沙生植被 3 个植被类型，常见种包括芦苇、短叶茳芏、海三棱藨草、互花米草、中华结缕草、苦郎树、狗牙根、铺地黍、木麻黄、厚藤、老鼠簕、甜根子草、矮生薹草和秋茄树等。

　　闽江河口沼泽群落类型主要有芦苇群落、短叶茳芏群落、海三棱藨草群落和外来入侵种互花米草群落，均为单优势种群落。芦苇群落密度为 73 株/m^2，短叶茳芏为 824 株/m^2，互花米草为 151 株/m^2，海三棱藨草为 644 株/m^2。芦苇植株高度为 187 cm，短叶茳芏为 127 cm，海三棱藨草为 50 cm，互花米草为 166 cm。芦苇群落地上部分生物量为 1077 g/m^2，短叶茳芏为 577 g/m^2，海三棱藨草为 132 g/m^2，互花米草为 1557 g/m^2。

　　【沼泽动物】沼泽区鸟类资源中候鸟有 141 种，并以冬候鸟（105 种）为最多；国家重点保护动物有东方白鹳、卷羽鹈鹕、小天鹅、白琵鹭、黑脸琵鹭、白头鹤、中华凤头燕鸥等 22 种。大型底栖动物主要优势种有淡水泥蟹和光滑篮蛤。两栖动物与爬行动物中的虎纹蛙属于国家重点保护野生动物；小腺蛙是福建的地方特有种，并被世界自然保护联盟（IUCN）列为极危两栖动物。据调查统计，鱼类 16 目 47 科 111 种，包括中华鲟、鳗鲡、双色鳗鲡、赤眼鳟、细鳞鲴、红鳍原鲌、三角鲂、光倒刺鲃、瓦氏黄颡鱼等。

闽江-鳌江河口沼泽（黄佳芳 摄）

闽江-鳌江河口沼泽（朱爱菊 摄）

【受威胁和保护管理状况】2014 年 6 月经国务院审定，福建闽江河口湿地国家级自然保护区晋升为国家级自然保护区，总面积 2100.0 hm²，其中核心区面积 877.2 hm²，缓冲区面积 348.1 hm²，实验区面积 874.7 hm²。该区于 2023 年被列入《国际重要湿地名录》。

福清湾及海坛岛沼泽（350181-591）

【范围与面积】福清湾及海坛岛沼泽位于福建省沿海中段，福清市及平潭县，地理坐标为 25°32′28″ ～ 25°42′49″N、119°24′47″ ～ 119°37′50″E。海湾略呈方形，湾口向东入海坛海峡，面积 130 km²，其中滩涂面积达 101.8 km²，约占海湾总面积的 80%（刘剑秋和曾从盛，2010）。

【地质地貌】沼泽区处于长乐 - 诏安以东断块轻微上升区的龙江 - 九龙江上升亚区，第四系厚度薄，地震频繁，烈度也大；主要新构造断裂有平潭大坪 - 排塘断裂带、福清笏石断裂带，呈 NNE 向。地貌类型主要为淤泥质海岸 - 潮滩地貌。福清湾口小而腹大，波浪作用微弱，潮流作用强烈，岸前潮滩发育，滩面平缓，坡度为 2‰ ～ 5‰，湾顶常有树枝状潮沟水系，物质组成以细砂为主，间夹中粗砂，仅在湾顶有少量黏土质粉砂，淤涨明显，东北部沉积速率高达 2.1 cm/a。海坛岛以砂质海岸为主，主岛西部海湾地带为泥质海岸。

【气候】沼泽区属于南亚热带季风气候，年均温为 19.7℃，年平均降水量为 1327.4 mm，年均日照达 1869.5 h。年平均风速为 3.7 m/s，年均雾日数为 7 d，年均相对湿度为 77%，主要灾害性天气为热带风暴（7 ～ 8 月）、暴雨（6 ～ 8 月）、台风（7 ～ 10 月）、干旱等（刘剑秋和曾从盛，2010）。

【水资源与水环境】龙江流域溪流短促，在福清湾入海。海湾潮流作用强烈，海湾沿岸水系不甚发育。泥沙来源于龙江向海的输沙，洪水期周边海积平原和侵蚀、剥蚀、台地片蚀产物向海下泄，以及砂质海岸、淤泥质海岸在季风浪的冲蚀作用下使泥沙随潮流向海迁移。水源补给以地表径流、大气降水、海潮水为主，松散岩类孔隙水和基岩裂隙水也有一定的补给作用，但补给量甚小（刘剑秋和曾从盛，2010）。福清湾属正规半日潮，最高潮位 7.32 m，平均潮差 4.25 m（李荣冠，2017）。

根据"中国沼泽湿地资源及其主要生态环境效益综合调查"对福清湾及海坛岛沼泽水质进行调查（2015 年），沼泽区水体理化性质见表 18-18。

表 18-18　福清湾及海坛岛沼泽水体理化性质

指标	平均值	最大值	最小值
pH	7.83±0.61	9.08	6.84
电导率/(mS/cm)	29.14±12.3	40.50	3.23
盐度/ppt	16.35±6.82	23.0	1.6
总溶解固体/(g/L)	17.07±7.61	25.50	1.53
溶解氧/(mg/L)	7.88±1.69	10.80	4.90
铵态氮/(mg/L)	0.99±0.72	2.32	0.00
硝态氮/(mg/L)	1.37±1.72	5.83	0.00

注：样点数12，每点3个重复

【沼泽土壤】沼泽区土壤主要为滨海盐土。湾顶主要为海泥土，海湾其他部分及海坛岛四周为海泥沙土和海沙土，含盐量为 0.6‰ ～ 2.3‰，盐分组成以 Na⁺ 和 Cl⁻ 为主，土壤的有机质、全氮、全磷含量与海涂的机械组成呈极显著正相关。

【沼泽植被】沼泽区有湿地高等植物1门4科4属4种,湿地植被可划分为3个植被型组4个植被型6个群系,主要类型可分为滨海盐沼植被、红树林。在福清湾的盐沼植被中,互花米草盐沼分布最广、覆盖面积最大,主要分布于福清湾沿岸滩涂潮间带,具体分布在龙江口沿岸及口外南北两侧水产养殖塘外滩涂上,高山镇玉楼村附近滨海湿地有小片互花米草分布,东瀚镇滨海湿地内也有成片分布。短叶茳芏群系是该区域盐沼植被演替的先锋群系,芦苇群系则主要分布在龙江河口感潮河段两岸的滩涂高潮区,海口农场、东阁华侨农场围海筑堤后的内侧水沟和池塘、水闸附近区域大都成片或斑块状分布。南方碱蓬群落主要分布于秋茄树红树林边缘。

盐沼植被主要为互花米草群落和南方碱蓬群落。互花米草群落高度为119.8 cm,密度为129株/m²,地上生物量为1123.8 g/m²。南方碱蓬群落高度为30.8 cm,密度为136株/m²,地上生物量为207.0 g/m²。

【沼泽动物】沼泽区鸟类资源主要有黑脸琵鹭、黑腹滨鹬、赤颈鸭、绿头鸭、红嘴鸥、普通秋沙鸭、环颈鸻、白鹭、黑水鸡、黑尾鸥、红嘴巨燕鸥、青脚鹬等32种。浮游动物57种,其中水螅水母类11种、管水母类3种、栉水母2种、桡足类26种、涟虫1种、糠虾类1种、莹虾类2种、毛虾类1种、细螯虾2种。潮下带底栖生物162种,其中多毛类动物41种、软体动物49种、甲壳动物42种、棘皮动物11种、其他动物19种。海洋生物资源丰富。主要鱼类有蓝点马鲛、高鳍带鱼、大黄鱼海鳗、尖吻蛇鳗等。

【受威胁和保护管理状况】福清湾湿地已于2000年被《中国湿地保护行动计划》正式列入《中国重要湿地名录》(刘剑秋和曾从盛,2010)。于2001年建立县级自然保护区,受林业部门管理,无专门管理机构,主要受到水质污染的威胁。位于福清湾外缘东南部的海坛岛(平潭岛)湿地是我国最主要的产鲎区之一;近年来,随着经济的快速发展,对沿岸滩涂的开发需求也不断上升,各类生产活动都不同程度地破坏了中国鲎的产卵和保育场所(刘剑秋和曾从盛,2010)。

福清湾及海坛岛沼泽(谭立山 摄)

兴化湾沼泽(350181-592)

【范围与面积】兴化湾位于福建省沿海中部,是福建省最大的海湾,地理坐标为25°15′49″～25°37′09″N、119°06′28″～119°30′57″E。兴化湾北邻福清市,南邻莆田市。海湾隐蔽,略呈长方形,东西长28 km,南北宽23 km,由西北向东南展布,湾口宽度16.1 km,朝向东南,出南日群岛经兴化水道和南日水道与台湾海峡相通。兴化湾沼泽面积 101.7 hm²，主要为潮间盐水沼泽和红树林，以潮间盐水沼泽为主，其中互花米草面积为 48.3 hm²。

【地质地貌】沼泽区地貌属冲积海积平原、海积平原及不同潮位的海滩。第四系发育与分布受地貌构造运动、海面变化、水动力影响。因海面升降频繁，故于海陆交接地带海相陆相地层交互叠置。河口港湾以海相为主，入海河流短促，沉积物以泥质为主。堆积物成因类型多为冲积海积或海积，下全新统为冲海积物，中全新统为海积物，分布于河海平原下，也有洪积冲积及其过渡型。上全新统冲海积物分布于河口港湾及滨岸地带，另有洪积、冲积及其过渡类型的堆积物，海底底质为粉沙质黏土及粉沙等（刘剑秋和曾从盛，2010）。

【气候】沼泽区属于亚热带海洋性季风气候，深受季风环流的影响，年平均气温为 20.2℃，年平均降水量为 977.5 ～ 1316.6 mm。降雨主要集中在 4 ～ 9 月，占全年的 80%。全年 NNE-NE 向为常风向和强风向。年平均相对湿度为 77%，每年 4 ～ 8 月较为潮湿，冬季较为干燥。多年平均蒸发量为 2173.3 mm，7 ～ 10 月蒸发旺盛（李荣冠等，2014）。

【水资源与水环境】兴化湾内主要入海河流为木兰溪。湾内水浅，滩涂宽阔，湾内大部分水深 10 m 以内，水深在 20 m 以上的深水区仅见于湾口，多呈狭长的水道。兴化湾属正规半日潮，平均高潮位 6.7 m，平均最大潮差 4.61 m。整个湾水温为 26.4 ～ 27.7℃。盐度测值范围呈现底层盐度高于表层盐度、湾顶低于湾口的趋势（李荣冠，2017）。

根据"中国沼泽湿地资源及其主要生态环境效益综合调查"对兴化湾沼泽水质进行调查（2015年），沼泽区水体理化性质见表 18-19。

表 18-19　兴化湾沼泽水体理化性质

指标	平均值	最大值	最小值
pH	7.98±0.32	8.64	7.31
电导率/(mS/cm)	41.62±9.74	55.02	21.56
盐度/ppt	21.9±4.5	26.5	12.7
总溶解固体/(g/L)	23.18±4.7	29.88	14.26
溶解氧/(mg/L)	9.34±1.92	15.70	6.30
铵态氮/(mg/L)	0.39±0.31	1.47	0.00
硝态氮/(mg/L)	0.55±0.39	1.36	0.07

注：样点数16，每点3个重复

【沼泽土壤】兴化湾表层沉积物类型复杂，具有类型多、变化频繁的特点。湾内共沉积了从砾石（G）、砾砂（GS）、粗砂（CS）、中粗砂（MCS）、粗中砂（CMS）、砂（S）、细砂（FS）、粉砂质砂（TS）、中砂（MS）、砾石－砂－粉砂（GST）、砾石－粉砂－黏土（GTY）、粉砂（T）、砂－粉砂－黏土（STY）、黏土质粉砂（YT）到粉砂质黏土（TY）15 种类型。黏土质粉砂沉积物在湾内几乎随处可见，面积最大，其次是砂－粉砂－黏土，呈斑块状分布于湾内，同时在湾的东北侧有大面积出现。

【沼泽植被】沼泽区记录到湿地高等植物 1 门 11 科 16 属 16 种，植被类型主要为滨海盐沼植被和红树林，优势物种有芦苇、短叶茳芏、卡开芦、铺地黍、南方碱蓬和外来入侵种互花米草（刘剑秋和曾从盛，2010）。南方碱蓬主要分布于兴化湾福清一侧，其中福清市沙埔镇西叶村有大面积南方碱蓬群落分布，福清江镜镇前华村水产养殖塘外围沼泽上也有成片南方碱蓬分布。互花米草不但数量多，而且分布较广，在整个湾内滨海沿岸滩涂潮间带均可见呈斑块状和长带状生长，主要分布于莆田市荔城区黄石镇、北高镇，涵江区三江口镇、江口镇，福清市新厝镇、东瀚镇。红树林以秋茄树为主，主要分布于木兰溪河口段两岸，涵江区江口镇也有少量秋茄树红树林散生于互花米草群落中。福清市沙埔镇西叶村也有成片人工种植秋茄树红树林，植株矮小。福清市新厝镇滨海湿地有小片人工种植海榄雌群落，生长于大片互花米草群落中，植株矮小。

兴化湾互花米草群落高度为 121.0 cm，密度为 96 株 /m²，盖度为 65%，地上生物量为 1345.1 g/m²。南方碱蓬群落高度为 16.0 cm，盖度为 40%，密度为 332 株 /m²。

【沼泽动物】兴化湾水鸟资源比较丰富，珍稀濒危鸟类有黑脸琵鹭、中华秋沙鸭、黄嘴白鹭、大杓鹬、小青脚鹬、黑嘴鸥等，兴化湾珍稀物种黑脸琵鹭和黑嘴鸥的数量已经达到国际重要湿地标准，7 种水鸟数量达到国际重要湿地的 1% 标准，水鸟总数达到 28 261 只，超过国际重要湿地水鸟总数 2 万只的标准。

沼泽区主要鱼类有蓝点马鲛、日本鳀、鲻、鳓、黄姑鱼、高鳍带鱼、弹涂鱼、中华粒鲉等。浮游动物 115 种，浮游动物种数组成中，以桡足类和水母类占比最大，优势种类仅出现 1 种。潮下带底栖生物共鉴定出 314 种，其中多毛类动物 109 种、软体动物 73 种、甲壳动物 77 种、棘皮动物 29 种、其他动物 26 种。多毛类动物种数最多，其次是甲壳动物和软体动物，三者共同构成了兴化湾潮下带底栖生物的主要类群。

【受威胁和保护管理状况】沼泽区建有福清兴化湾水鸟自然保护区，于 2001 年建立，受林业部门管理；2022 年福建省批复同意建立福清兴化湾水鸟省级自然保护区。该保护区主要受到围垦、基建与城市建设、水质污染及围网养殖、外来物种入侵等威胁。

兴化湾沼泽（黄佳芳 摄）

湄洲湾沼泽（350300-593）

【范围与面积】湄洲湾位于福建中部沿海，地理坐标为 25°0′11.0″ ～ 25°17′29″N、118°50′32″ ～ 119°10′23″E，湾内三面被大陆环抱，东与莆田市秀屿区相连，西邻泉港区和惠安县，西北接仙游县。湾口朝向东南，入台湾海峡，由湾口深入内陆约 33 km，海湾总面积达 423.8 km²，其中互花米草入侵面积 107.9 hm²。

【地质地貌】湄洲湾东西两侧有大小不等的湾澳，这些湾澳有较开阔的淤泥滩、沙滩分布。该湾岸线曲折，岬角相间，湾中有湾，岛屿众多。从湾口至湾顶有湄洲岛、大竹岛、小竹岛、大生岛、盘屿岛、�砺屿岛、洋屿岛等岛屿，形成三道屏障。湄洲湾为多口门的海湾，从东北部文甲口经采屿岛、大竹岛到西南部后屿等共有 4 个较大口门，其宽度共达 9.5 km，属于构造成因的海湾（刘剑秋和曾从盛，2010）。

【气候】沼泽区属于南亚热带湿润气候，全年温暖湿润，降水充沛，干湿季分明。年平均气温 20.2℃，年平均降水量 1316.6 mm，年平均风速 5.4 m/s，最大风速为 24 m/s，全年东北风最多，频率为 31%；年平均相对湿度为 77%，主要灾害性天气为台风（7 ～ 9 月）、寒潮（11 月至翌年 4 月）、暴雨（5 ～ 9 月）等（刘剑秋和曾从盛，2010）。

【水资源与水环境】湾内虽无大河流注入，但有枫慈溪、沧溪、灵川溪、林辋溪、驿坂溪和坝头溪等小河注入（刘剑秋和曾从盛，2010）。湄洲湾属正规半日潮，平均潮差 5.12 m。平均大潮、中潮、小潮的高低潮容潮量分别为 5.140×10⁹ m³、4.054×10⁹ m³ 和 2.778×10⁹ m³。平均水温 14.45℃。9 月平均盐度 33.8‰，1 月平均盐度 30.3‰，呈现由湾顶向湾口递增趋势（李荣冠，2017）。

【沼泽土壤】沼泽区土壤主要为滨海盐土。滨海湿地沉积物类型比较复杂，主要为砂砾、粗砂、中粗砂、中砂、中细砂、细砂、粉砂质砂、黏土质砂、黏土质粉砂、粉砂质黏土、砂－粉砂－黏土 11 种类型（李荣冠，2017）。

【沼泽植被】沼泽区植被主要包括滨海盐沼植被和红树林。沿海滩涂分布有人工种植数十公顷的秋茄树林带。滨海盐沼中以互花米草占优势，在湄洲湾许多滨海沿岸滩涂潮间带均可见呈斑块状和带状生长的互花米草群系，面积大小不一，且大都组成单优势种群落。芦苇、卡开芦、铺地黍植物组成的群系在一些泥质或沙泥质滩涂上亦较常见。

【沼泽动物】沼泽区鸟类资源有 29 种，总计 10 660 多只，其中种群数量较多的有黑腹滨鹬（5684 只）和环颈鸻（2077 只）。3 种水鸟（黑嘴鸥 247 只、环颈鸻 2077 只和白腰杓鹬 456 只）的种群数量超过全球同种鸟类数量的 1%。浮游动物年平均生物量为 55 mg/m²，生物量季节变化明显。潮下带底栖生物 269 种，在数量和组成上占优势的种类有模糊新短眼蟹、小卷海齿花、芮氏刻肋海胆和双斑蟳等。渔业品种约 350 种。

【受威胁和保护管理状况】沼泽区受林业、环保、海洋与渔业、水利等多部门管理，无专门管理机构；主要受到围垦、水质污染、外来物种入侵、围网养殖、滩涂养殖等威胁。

泉州湾沼泽（350500-594）

【范围与面积】泉州湾位于福建省东南沿海，北起惠安县下洋村，南至石狮市祥芝角，地理坐标为 24°46′14″～24°59′49″N，118°34′52″～118°50′08″E。湾口向东敞开，口门宽 8.9 km，属于开敞型海湾。整个泉州湾（惠安下洋至石狮祥芝连线）面积为 136.4 km²，其中沼泽面积为 298.2 hm²。

【地质地貌】沼泽区在新构造运动期间，循着长乐－南澳深断裂带，表现为间歇性的差异性升降运动，以抬升为主。泉州湾的四周主要由花岗岩缓丘、红土台地和第四系海积－冲积平原组成（李荣冠，2017），向陆侧为丘陵地带，地形破碎，侵蚀严重，河谷深切成"V"形谷，在晋江作用下，于下游形成了泉州平原。

泉州湾属河口基岩港湾，具有基岩、河口和砂质等的海岸特性；不同岸段，海岸特征各异，自惠安县秀涂至石狮市蚶江连线以东为砂质海岸，并以沙质海滩为主；边线以西为淤泥质海岸，并以淤泥质潮滩为主，特别是湾内西南侧晋江河口处为宽阔平坦的黏土质粉砂潮滩。总的特点是岸线曲折，岬湾相间，湾内急剧淤积，岬角微弱侵蚀。

【气候】沼泽区属亚热带海洋季风气候。年均气温为 20.4℃，年均降水量为 1095.4 mm，全年降水主要集中在夏季（6～8 月），占全年的 44%；年均风速为 3.9 m/s，风向东北；多年平均相对湿度为 78%（吴沿友，2015）；年均日照时数为 2131.5 h，主要灾害性天气为台风、大风和暴雨（刘剑秋和曾从盛，2010）。

【水资源与水环境】泉州湾是封闭型海湾，波浪微弱，属强潮流区，海水作用甚强。注入泉州湾的河流为晋江和洛阳江，是福建省含沙量较大的河流。沼泽水源补给以地表径流、海水、大气降水为主，地下水也有一定作用。湾口表层、底层盐度变化不大，但在河口底层明显高于表层。受河流淡水的影响，河口区的 pH 低于湾口，冬季河流径流量小，对湾内 pH 影响也小（吴沿友，2015）。

根据"中国沼泽湿地资源及其主要生态环境效益综合调查"对泉州湾沼泽水质进行了调查（2015

年），沼泽区水体理化性质见表 18-20。

表 18-20　泉州湾沼泽水体理化性质

	平均值	最大值	最小值
pH	7.96±0.18	8.21	7.75
电导率/(mS/cm)	22.1±10.63	37.06	9.26
盐度/ppt	13±6.1	20.3	5.2
总溶解固体/(g/L)	14.86±8.54	26.64	4.73
溶解氧/(mg/L)	5.87±1.98	8.67	3.72
硝态氮/(mg/L)	0.29±0.17	0.50	0.04

注：样点数3，每点3个重复

【沼泽土壤】晋江河口以海泥土为主，洛阳江河口以海滨盐土的海泥沙土为主。泉州湾内，由内向外为海黏土、海泥沙土、海沙土。海黏土含盐量为 0.7‰ ～ 2.5‰，盐分组成以 Na^+、Cl^- 占绝对优势，有机质含量为 0.6% ～ 2.6%。泉州湾河口湿地土壤类型有 10 个土类 24 个亚类 60 个土属 55 个土种，以红壤和砖红壤性红壤为主，土壤浅薄，有机质含量低且有下降的趋势，缺磷、钾严重，土壤酸性偏大（吴沿友，2015）。

【沼泽植被】沼泽区有湿地高等植物 2 门 39 科 92 属 119 种，其中国家级重点保护野生植物 2 种，外来入侵植物 8 科 12 属 13 种。泉州湾主要优势群落为红树林和互花米草群落。红树林群落主要优势植物包括秋茄树、蜡烛果、海榄雌，形成秋茄树＋蜡烛果群落、秋茄树群落、秋茄树＋海榄雌群落等。红树林主要分布于泉州湾内洛阳江口洛阳桥下游河段及湾内，多呈灌木化生长。土著种芦苇、短叶茳芏较为少见。红树林外围发现有互花米草大面积入侵，主要分布于晋江河口及口外南侧滨海湿地，群落伴生种主要为海刀豆，泉州湾沼泽互花米草高度 187.6 cm，密度 142 株 /m²，地上生物量 2118.5 g/m²。

【沼泽动物】沼泽区有鱼类 17 目 63 科 147 种，两栖类 1 目 5 科 14 种，爬行类 2 目 11 科 35 种，哺乳类 6 目 11 科 22 种，鸟类 13 目 30 科 108 种。鸟类资源中，属于国家级重点保护的鸟类有黄嘴白

泉州湾沼泽（杨平 摄）

鹭、海鸬鹚、松雀鹰、赤腹鹰、白尾鹞、小杓鹬、小天鹅等；福建省重点保护鸟类有凤头䴙䴘、大白鹭、中白鹭、白鹭、夜鹭、草鹭、白腰杓鹬、银鸥、黑嘴鸥、豆雁、金腰燕等。列入《濒危野生动植物种国际贸易公约》的鸟类有大白鹭、白鹭、小杓鹬、黑嘴鸥、赤颈鸭、绿翅鸭6种。区内有浮游动物82种，潮下带底栖动物169种（刘剑秋和曾从盛，2010）。

【受威胁和保护管理状况】晋江河口和泉州湾湿地于2000年被正式列入《中国重要湿地名录》，于1989年被亚洲湿地局（AWB）和世界自然基金会（WWF）列入《亚洲重要湿地名录》，2003年9月24日，福建省人民政府批准建立了泉州湾河口湿地省级自然保护区。目前该湿地主要受到基建与城市建设、污染、泥沙淤积和外来物种入侵等威胁。

九龙江河口沼泽（350604-595）

【范围与面积】九龙江河口沼泽位于福建九龙江河口国家重要湿地，面积为1.17万 hm²；地理坐标为24°22′18″～24°39′39″N、117°46′28″～118°26′02″E。沼泽区主要湿地类型有潮间盐水沼泽、红树林、河口水域和三角洲/沙洲/沙岛，其中红树林面积为525.9 hm²，滨海盐沼（以互花米草为主）面积为210.9 hm²。

【地质地貌】沼泽区断裂构造控制了地貌的发育，主体是南靖-厦门（漳州-龙海大断裂），北侧为上升盘，南侧为下降盘，全新世以来仍有强烈活动，对九龙江河谷和海湾的形成发育影响很大。北东向的长乐-南澳断裂带也是本区的主要构造，北西向断裂在本区控制了九龙江北溪河口，新构造运动活跃，断裂较密集，地震较频繁。九龙江挟带泥沙入海并淤积，形成河口三角洲。

九龙江口是海洋深入大陆内部形成的形似坛状的河口湾区，口门宽仅3.5 km，湾内宽达7～8 km。九龙江河口三角洲是个湾内三角洲。三角洲前缘为水下三角洲，水深一般为2～5 m，较大水深为10 m，河口湾内水下浅滩和水下沙坝发育，构成放射状的脊槽地貌，口门有拦门沙，与厦门湾形成明显的分界。

【气候】沼泽区属南亚热带海洋性季风气候。年均气温21.1℃，年积温7662℃（≥10℃），无霜期328 d，年日照时数2223.8 h，年均降雨量1371.3 mm，降水年内分配不均匀，春夏多锋面雨，夏秋多台风雨，常造成洪水，4～9月的降水量约占全年的75%。多年平均相对湿度80%。主要灾害性天气为台风，集中在7～9月。

【水资源与水环境】福建第二大河流九龙江在此入东海。九龙江口属正规半日潮，九龙江河口上段分为北港、中港、南港。统计历年来的水文资料，丰水期水量占65%，约为76亿 m³；平水期水量占20%，约为23.4亿 m³；枯水期水量占15%，约为17.6亿 m³（李荣冠等，2014）。

根据"中国沼泽湿地资源及其主要生态环境效益综合调查"对九龙江河口沼泽进行了水质调查（2015年），沼泽区水体理化性质见表18-21。

【沼泽土壤】沼泽区土壤主要为滨海盐土，其中九龙江北港北岸为海泥土，玉枕洲、海门岛东岸为海泥砂土。九龙江口滨海湿地表层沉积物为黏土-砾质砂、中粗砂、中砂、中细砂、细砂、砂、粉砂质砂、黏土质砂、砂-粉砂-黏土、黏土质粉砂和粉砂质黏土11种类型。滩面物质组成为青灰色淤泥，土质黏重，富含有机质，含盐量相对较高，为0.09‰～20.63‰，有机质为0.72%～2.40%（刘剑秋和曾从盛，2010）。

【沼泽植被】沼泽区植被类型主要为红树林和盐沼植被。红树林有秋茄树纯林、秋茄树+蜡烛果林、秋茄树+蜡烛果-海榄雌林、秋茄树+蜡烛果-老鼠簕林等群落类型；盐沼植被有短叶茳芏群落、芦苇群落、互花米草群落等类型。九龙江口红树林主要分布于龙海区内的紫泥、浮宫、海澄等镇。互花米草在九龙江口南北两岸及江中岛屿均有入侵。土著种芦苇、短叶茳芏主要分布在紫泥镇的河岸湿地。各植物群落高度为互花米草147.4 cm，芦苇226 cm，短叶茳芏116.8 cm；互花米草密度193株/m²，芦苇86.8株/m²，短叶茳芏1040株/m²；互花米草地上生物量1417.7 g/m²，芦苇1687.8 g/m²，短叶茳芏885.8 g/m²。

表18-21 九龙江河口沼泽水体理化性质

指标	平均值	最大值	最小值
pH	7.4±0.74	8.31	5.81
电导率/(mS/cm)	15.02±9.93	28.00	0.63
盐度/ppt	9.7±7.8	27.0	0.0
溶解氧/(mg/L)	4.53±1.98	9.43	1.51
铵态氮/(mg/L)	0.65±0.66	2.60	0.06
硝态氮/(mg/L)	1.47±0.95	3.17	0.04

注：样点数10，每点3个重复

【沼泽动物】沼泽区鸟类主要有卷羽鹈鹕、褐鲣鸟、海鸬鹚、黄嘴白鹭、岩鹭、小天鹅、黑翅鸢、赤腹鹰、雀鹰、松雀鹰、欧亚鵟、白尾鹞、白头鹞、鹗、游隼、燕隼、红隼、花田鸡、小杓鹬、小青脚鹬、褐翅鸦鹃、草鸮、雕鸮、斑头鸺鹠、短耳鸮等28种。

沼泽区有大型底栖生物487种，其中藻类37种，多毛类146种，软体动物144种，甲壳动物111种，棘皮动物9种和其他生物40种。多毛类、软体动物和甲壳动物占总种数的82.34%，三者构成九龙江口滨海湿地潮间带大型底栖生物主要类群（李荣冠，2017）。

【受威胁和保护管理状况】沼泽区被列为国家重要湿地（福建省九龙江河口国家重要湿地），其湿地范围包含福建龙海九龙江口红树林省级自然保护区（湿地面积400 hm²）和福建龙海九龙江口国家湿地公园（湿地面积200 hm²）。红树林湿地保护区和湿地公园受保护较好，主要受外来物种入侵、水质污染和航运等威胁。

九龙江河口沼泽（陈炳华 摄）

九龙江河口沼泽（沈国生 摄）

厦门湾沼泽（350200-596）

【范围与面积】厦门湾位于厦门市和九龙江入海口处及金门湾内，北起厦门岛的白石炮台（24°21′28″N、118°07′58″E），经大担岛、二担岛、青屿至龙海区港尾镇的塔角（24°21′20″N、118°05′52″E），宽 13.8 km。厦门湾面积为 230.2 km²，其中滩涂面积为 76.0 km²，水域面积为 154.2 km²，大部分水深 5 ～ 20 m。沼泽包括潮间带盐沼和红树林 2 种类型，其中红树林面积为 76.1 hm²，潮间带盐沼面积为 69.7 hm²，主要为互花米草沼泽。

【地质地貌】沼泽区断裂构造控制了地貌的发育，主体是南靖-厦门（漳州-龙海大断裂），北侧为上升盘，南侧为下降盘，全新世以来一直有强烈活动，对九龙江河谷和海湾的形成发育影响很大。北东向的长乐-南澳断裂带也是本区的主要构造，北西向断裂在本区控制了九龙江北溪河口，新构造运动活跃，断裂较密集。

厦门湾分为内湾（含九龙江口）和外湾，水域狭长，四周山峦屏障，岸线曲折，类型多样，岸线长 109.55 km。海岸主要由基岩岬角海岸组成，局部有河口平原岸和红土台地岸。本湾口门朝向东南，港湾外有大金门、小金门、大担岛、二担岛、青屿、浯屿诸岛屿环绕，形成天然屏障，湾内又有鼓浪屿、鸡屿、火烧屿等岛屿屹立，港道纵横，岬湾相间，湾内有湾。该湾具有位置隐蔽、港阔湾深的特点，水域平静，无拦门沙。福建省第二大河流九龙江在本港湾的西侧汇入。厦门湾属于构造成因的港湾，但兼有河口湾性质。

【气候】沼泽区属南亚热带海洋性季风气候，年均气温为 21.1℃，年日照为 2223.8 h，年均降水量为 1143.5 mm，年均风速为 3.4 m/s；主要灾害性天气为台风（7 ～ 8 月）、寒潮（11 月至翌年 4 月）、暴雨（6 ～ 8 月）和大风（≥ 8 级）。

【水资源与水环境】福建第二大河流——九龙江在此入海，年径流量 149 亿 m³。此外，还有南溪、汀溪等注入，径流作用较强，厦门湾口尽管有金门岛、厦门岛和其他小岛阻挡，但仍是强潮流区，海水作用较大。地下水对本区影响不大。沼泽水源补给以海水、地表径流和大气降水为主。厦门湾属正规半日潮，较高潮位 7.22 m，平均潮差 3.99 m。

【沼泽土壤】沼泽区土壤主要为滨海盐土，但在不同的位置分属不同的亚类：九龙江北港北岸以及厦门西港西岸、海沧区沿岸及厦门岛北侧为海泥土；玉枕洲、海门岛东岸以及厦门岛东北部为海泥砂土；厦门岛东岸为海沙土。滩面物质组成为青灰色淤泥，土质黏重，有机质含量为 0.72% ～ 2.40%。土壤含盐量相对较高，为 0.09‰ ～ 20.63‰。

【沼泽植被】沼泽区现有红树林植物 5 科 7 属 7 种，分别为秋茄树、海榄雌、蜡烛果、木榄、红海兰、无瓣海桑、对叶榄李。天然红树林以海榄雌占优势的灌丛为主，混有小量秋茄树或（和）蜡烛果。人工红树林包括秋茄树、无瓣海桑混生林以及秋茄树纯林。草本植物主要为外来种互花米草。

【沼泽动物】沼泽区常见水鸟有白鹭、黑腹滨鹬、环颈鸻、普通鸬鹚、凤头潜鸭和红嘴鸥、白鹭、池鹭、环颈鸻和矶鹬。潮间带大型底栖生物优势种和常见种有黑荞麦蛤、僧帽牡蛎、棘刺牡蛎、敦氏猿头蛤、鳞笠藤壶、小相手蟹、渤海鸭嘴蛤、凸壳肌蛤、菲律宾蛤仔、珠带拟蟹守螺、纵带滩栖螺、衣角蛤等。

【受威胁和保护管理状况】厦门珍稀海洋物种国家级自然保护区位于该湾内，这也是我国唯一一个以中华白海豚、文昌鱼和白鹭同时作为保护对象的国家级自然保护区；于 1995 年建立省级自然保护区，2000 年晋升为国家级自然保护区，受海洋与渔业、环保部门管理，成立了福建厦门珍稀海洋物种国家级自然保护区管理委员会办公室管理机构；主要受到水质污染、航运、兴建码头、填海造地、城市建设、过度捕捞等威胁。

厦门湾沼泽（谭立山 摄）

旧镇湾沼泽（350623-597）

【范围与面积】旧镇湾位于漳浦县、古雷半岛和六鳌半岛之间，为浮头湾内澳，地理坐标为23°56′16″～24°3′48″N、117°40′46″～117°49′10″E。海湾长约 10 km，宽约 8 km，岸线长 45.97 km，总面积为 69.6 km²（李荣冠，2017）。沼泽湿地主要包括潮间带盐沼和红树林 2 种类型，面积分别为147.6 hm² 和 18.7 hm²，其中盐沼绝大多数为互花米草群落。

【地质地貌】长乐－南澳断裂带是控制本区的主要构造体系。本区位于断裂带南段，属于长乐－诏安以东断块轻微上升区的漳浦－东山沿海下沉亚区，沉降过程仍在继续。旧镇湾海湾略呈扇形南北展布，湾内浅滩宽阔，除潮汐通道外，整个海湾均被潮间浅滩所占据。

【气候】沼泽区年均气温 21.0℃，年均降雨量 1430.6 mm，年均相对湿度 78%（李荣冠，2017）。

【水资源与水环境】旧镇湾有岩溪、浯江溪注入，为封闭式海湾。虽为小潮、弱潮区，但海水的影响也很大，湾四周的地下水多为微咸水，沼泽水源补给靠海水、地表径流、地下水和大气降水等。旧镇湾属不正规半日潮，平均潮差 3.09 m。湾内海域 3 月平均盐度 29.6‰，5 月平均盐度 30.0‰，8 月平均盐度 28.1‰，11 月平均盐度 28.2‰。

根据"中国沼泽湿地资源及其主要生态环境效益综合调查"对旧镇湾沼泽水质进行了调查（2015年），沼泽区水体理化性质见表 18-22。

表 18-22 旧镇湾沼泽水体理化性质

指标	平均值	最大值	最小值
pH	7.76±0.15	7.93	7.55
电导率/(mS/cm)	4.37±3.17	8.31	1.17
盐度/ppt	2.2±2.3	4.9	0.0
总溶解固体/(g/L)	2.54±1.82	4.87	0.66
溶解氧/(mg/L)	4.75±0.71	6.27	3.93

指标	平均值	最大值	最小值
铵态氮/(mg/L)	0.74±0.47	1.47	0.10
硝态氮/(mg/L)	3.99±0.42	4.55	3.47

注：样点数4，每点3个重复

【沼泽土壤】沼泽区沉积物类型比较简单，主要为砾砂、中粗砂、中细砂、细砂、砂、黏土质砂、黏土质粉砂、砂质黏土、粉砂质黏土、砂－粉砂－黏土10种类型。旧镇湾以海泥沙土为主，湾内沼泽土壤主要为滨海盐土，在其东北角发育为红树林海泥土。

【沼泽植被】沼泽区主要植物群系包括互花米草群系和秋茄树群系。互花米草在旧镇湾内入侵呈单一优势种群落，主要分布于漳浦县霞美镇、六鳌镇，少量分布于旧镇，群落盖度98%，种群密度180株/m²，株高169 cm，地上生物量1353.1 g/m²。

【沼泽动物】沼泽区泥沙滩潮间带大型底栖生物优势种和主要种有红角沙蚕、软疣沙蚕、斑角吻沙蚕、理蛤、文蛤、菲律宾蛤仔、青蛤、珠带拟蟹守螺、纵带滩栖螺、古氏滩栖螺、豆形短眼蟹等（李荣冠，2017）。

【受威胁和保护管理状况】沼泽区遭大量破坏，分布大量水产养殖塘；主要威胁因子包括围垦、污染、外来物种入侵和围网养殖。

旧镇湾沼泽（谭立山 摄）

旧镇湾沼泽（陈炳华 摄）

东山湾沼泽（350622-598）

【范围与面积】东山湾沼泽分布于福建省漳州市的东山、云霄和漳浦三县之间，地理坐标为23°43′30″～23°58′13″N、117°21′41″～117°36′52″E。区域内沼泽主要有潮间带盐沼和红树林2种类型，面积分别为349.3 hm²和108.4 hm²，其中互花米草面积为162.2 hm²。

【地质地貌】长乐－南澳断裂带是控制本区的主要构造体系。本区位于其南段，西侧为断块强烈的上升区，中部为断块轻微上升区，使得海岸较平直，呈北东－南西向延伸，东侧沿海为下沉地区，陆相地层埋于全新统海积层之下。根据各种迹象，沉降过程仍在继续，属于长乐－诏安以东断块轻微上升区的漳浦－东山沿海下沉亚区。

东山湾三面环山，由古雷半岛、东山岛环围大陆而成，呈不规则的卵形伸入陆地，为半封闭海湾（刘剑秋和曾从盛，2010）。本区以沙质海岸和基岩海岸为主，淤泥海岸面积不大，仅分布于各海湾的顶部及河口处，潮滩以粉砂－黏土或砂－粉砂－黏土为主，湾顶平均中潮以上覆盖红树林及盐沼。

【气候】沼泽区属亚热带海洋性季风气候，年均气温 20.8℃，年均降水量 1071.2 mm，降水量主要集中在 4～9 月，年均风速 7.1 m/s，年均蒸发量为 2100.7 mm，年均相对湿度 80%。主要灾害性天气为台风（7～9 月）、暴雨（5～8 月）和干旱（刘剑秋和曾从盛，2010；李荣冠，2017）。

【水资源与水环境】东山湾属潮控型半封闭海湾，潮流为不正规半日潮，潮流以湾口附近最强，其次是湾内各潮汐通道，在水下浅滩和湾顶周围的滩涂潮流很弱。平均潮差 2.3 m。水源补给主要由海水、地表径流、地下水和大气降水等构成。漳江在东山湾顶的上河和濠潭两处入海，是湾内最大的入海河流（梁群峰等，2016）。

根据"中国沼泽湿地资源及其主要生态环境效益综合调查"对东山湾沼泽进行了调查（2015 年），结果见表 18-23。

表 18-23　东山湾沼泽水体理化性质

指标	平均值	最大值	最小值
pH	7.41±0.47	8.62	6.51
电导率/(mS/cm)	6.5±5.55	17.08	0.11
盐度/(ppt)	4.3±4.5	17.2	0.0
总溶解固体/(g/L)	4.16±4.49	18.62	0.00
溶解氧/(mg/L)	4.54±1.53	7.68	0.37
铵态氮/(mg/L)	0.77±0.63	2.61	0.02
硝态氮/(mg/L)	1.63±1.52	4.38	0.02

注：样点数20，每点3个重复

【沼泽土壤】沼泽区土壤主要为滨海盐土，其中在漳江口发育为红树林海泥土，东山湾西岸为海泥沙土，东岸为海沙土，北岸为海黏土。东山湾滨海湿地沉积物类型主要为砾砂、中粗砂、中砂、中细砂、细砂、砂、砾砂－黏土质砂、粉砂质砂、黏土质砂、黏土质粉砂、粉砂质黏土、砂－粉砂－黏土 12 种类型。

【沼泽植被】沼泽区主要植被类型包括红树林、互花米草群落、芦苇群落、短叶茳芏群落等。红树

东山湾沼泽（黄佳芳 摄）

林主要优势种包括秋茄树、蜡烛果、海榄雌，其他常见植物包括木榄、老鼠簕及藤本植物鱼藤、海刀豆。

互花米草群落、芦苇群落、短叶茳芏群落均为单优势种群落，互花米草种群密度 139 株 /m²，株高 135 cm，地上生物量 893.7 g/m²。芦苇种群密度 72 株 /m²，株高 165 cm，地上生物量 679.5 g/m²。短叶茳芏种群密度 360 株 /m²，株高 122 cm，地上生物量 374.9 g/m²。

短叶茳芏群落、芦苇群落主要分布在漳江口内两岸湿地及佳洲岛。互花米草群落在本区河口、海湾均大量分布，在漳江口主要生长于红树林外围的滩涂，在湾内其他位置主要沿着海岸陆基水产养殖塘外围滩涂生长，或沿着养殖塘排水沟向内入侵。

【沼泽动物】沼泽区 154 种鸟类资源中，有《中日协定保护候鸟》77 种，《中澳协定保护候鸟》44 种；常见鸟类包括岩鹭、普通鸬鹚、苍鹭、大白鹭、白鹭、琵嘴鸭、白胸苦恶鸟、黑腹滨鹬、赤颈鸭、绿头鸭、红嘴鸥、环颈鸻、矶鹬、黑尾鸥、银鸥、白琵鹭、黑脸琵鹭、褐翅鸦鹃、鹗、黑翅鸢、白腰杓鹬、小青脚鹬等。

【受威胁和保护管理状况】沼泽区已建立福建漳州口红树林国家级自然保护区，保护区位于东山湾湾顶的漳江入海口，1997 年成立省级自然保护区，2003 年晋升为国家级自然保护区，2008 年 2 月被列入《国际重要湿地名录》。保护区总面积 2360 hm²，其中核心区 700 hm²，缓冲区 460 hm²，实验区 1200 hm²，是以保护红树林及其栖息野生动物为主要对象的湿地类型自然保护区。沼泽区主要受到基建和城市建设、外来物种入侵、污染、围垦、过度捕捞和采集等威胁。

汕头沼泽（440500-599）

【范围与面积】汕头沼泽位于广东省汕头海岸湿地自然保护区，地理坐标为 23°14′00″ ～ 23°34′00″N、116°31′00″ ～ 116°54′00″E，北回归线在保护区内穿过，地理位置十分特殊，沼泽面积 643 hm²。

【地质地貌】汕头海岸湿地地势低平，以三角洲平原和丘陵为主，其次为低山和台地；区内有外围大堤约 100 km，内围主要分布水产养殖基地，面积在 4 万亩以上（常弘和朱世杰，2005）。

【气候】沼泽区属南亚热带海洋性季风气候，阳光充足，冬暖夏长，雨量丰富，年均气温 21 ～ 22℃，最冷月（1 月）平均气温 12.8 ～ 14.1℃，最热月（7 月）平均气温 28.1℃，年均日照时数 1844 ～ 2260 h；年平均降雨量 1800 mm，干湿季明显；4 ～ 9 月为雨季，占全年的 80% 左右。

【沼泽植被】沼泽区记录有湿地植物 233 种，其中红树林植物 20 种，为鸟类栖息、觅食、繁衍等活动提供了优良场所。

【沼泽动物】沼泽区生物多样性丰富，共有鸟类 16 日 35 科 125 种、133 种鱼类、198 种底栖动物、21 种爬行动物、14 种两栖动物。鸟类主要是涉禽类、游禽类、猛禽类和燕雀类，其中涉禽和游禽的种群数量最多；属国家一级、二级重点保护的有黑翅鸢、领角鸮、红隼、褐翅鸦鹃等 12 种，属于珍稀濒危动物的包括黑脸琵鹭、小青脚鹬、黄嘴白鹭、黑嘴鸥和中华秋沙鸭（黄执缨和王晓红，2011）。

【受威胁和保护管理状况】汕头市海岸湿地自然保护区成立于 2001 年，属"自然生态系统类"

汕头沼泽（邱广龙 摄）

中的"湿地生态系统类型"自然保护区，主要保护对象为红树林、候鸟和珍稀水生动物；保护区是我国三大候鸟迁徙路线涉及区之一，分布有 64 种水鸟，是重要的国际候鸟迁徙区及水禽繁衍区。

海丰沼泽（441521-600）

【范围与面积】海丰沼泽位于广东省东南部，地处广东省汕尾市海丰县黄江流域的下游地区。地理坐标为 22°35′ ~ 23°07′N、115°19′ ~ 115°37′E，沼泽总面积为 11 590 hm²。

【地质地貌】沼泽区地处海陆交错带，包括淡水区域、咸淡水交汇的河口和海水区域，区内又有港湾、洼地、沟槽、库塘、小岛等微地貌类型，同时还包含养殖塘、库塘和河流等众多水域，为各种类型的水鸟栖息、繁殖和越冬提供了必要的地形、水文条件（曾向武等，2016）。沼泽区由 5 个片区组成，即公平水库分区、大湖东分区、大湖西分区和联安围北分区、联安围南分区。黄江河水系将湿地 5 个片区连接成一个整体，使得 5 个片区在湿地类型、鸟类种类、植被类型等方面具有共性和互补性，共同构成了复杂多样的复合湿地生态系统。沼泽区具有浅海水域、潮间淤泥海滩、潮间沙石海滩、红树林湿地、河口水域、水产养殖湿地等多种湿地生态类型。

【气候】沼泽区地处北回归线南缘，属南亚热带季风气候区，海洋性气候明显，光、热、水资源丰富。年均气温为 21 ~ 22℃，年均降水量为 1800 ~ 2400 mm（高常军等，2017）。

【沼泽植被】沼泽区植被由沼泽水生植被和红树林两种植被型组成，其中前者包括水葱、卡开芦和短叶茳芏等，主要分布于浅海滩涂，后者则由卤蕨和蜡烛果等构成，主要分布于大湖和联安围区（高常军，2014）。

【沼泽动物】沼泽区湿地鸟类包含黑鹳、黑脸琵鹭、白琵鹭、小天鹅等国家级重点保护野生动物及国际极度濒危鸟类。广东省重点保护野生动物 1 种，即豹猫。列入 CITES 附录的有 1 种，即豹猫（谢首冕等，2022）。

【受威胁和保护管理状况】沼泽区是中国华南亚热带滨海湿地的典型代表，也是中国南海生态系统的重要组成部分，位于中国东南沿海地区候鸟迁徙的路线上，是全球东亚–澳大利西亚候鸟迁徙路线经停网络的重要组成部分，为多种珍稀、濒危鸟类和候鸟提供重要栖息地和迁徙中转站，具有重要的保护价值。沼泽区建有海丰鸟类省级自然保护区，保护区于 1998 年设立，2005 年中国野生动物保护协会授予海丰为"中国水鸟之乡"，2008 列入《国际重要湿地名录》。

海丰沼泽（邱广龙 摄）

南沙沼泽（珠江口沼泽）（440115-601）

【范围与面积】南沙沼泽位于广东省广州市南沙区内，地理坐标为 22°33′52″ ~ 22°54′14″N、

113°31′44″ ～ 113°41′09″E；湿地面积为 573.79 hm²，主要湿地类型为红树林、水产养殖场和库塘湿地。南沙区的红树林主要分布在万顷沙镇和南沙街道，总面积约为 83.20 hm²；其中，在南沙湿地公园、洪奇沥东岸 14 涌至 17 涌滩涂、仁隆围和义隆围东部河岸、蕉西水闸、大角山海滨公园、沥心沙大桥桥脚、沙仔岛、坦头村、九王庙涌、亭角大桥桥脚、南沙港快速路 16 涌至 17 涌段等地有较大面积的红树林生长，而在三姓围、上湾涌、大虎岛、龙穴岛、小虎岛、12 涌东段、11 涌东段等地红树林面积较小，呈小片状分布或零星生长（李海生等，2020）。

【地质地貌】沼泽区地处珠江三角洲冲积平原的东南部，由冲积平原及少量丘陵台地、海岛组成，总的地势为北高南低。土壤类型主要为滨海盐渍沼泽土壤。

【气候】沼泽区属南亚热带海洋季风气候，阳光充足，雨量充沛，年平均气温为 23.0℃，年降水量为 1933 mm。

【沼泽植被】沼泽区记录有湿地高等植物 3 门 90 科 318 种。南沙区共有红树植物 13 科 15 属 16 种，包括真红树植物 6 科 7 属 8 种和半红树植物 7 科 8 属 8 种；红树林群落主要有无瓣海桑 + 蜡烛果群落、无瓣海桑群落、蜡烛果群落、老鼠簕群落、无瓣海桑 + 老鼠簕群落、卤蕨群落、秋茄树群落、苦郎树群落、水黄皮群落、黄槿群落、蜡烛果 + 老鼠簕群落、秋茄树 + 蜡烛果群落、木榄群落、银叶树群落和海杧果群落等。

【沼泽动物】沼泽区记录有湿地脊椎动物 2 纲 24 目 59 科 185 种。其中，鱼类 7 目 17 科 36 种，鸟类 17 目 42 科 149 种。国家重点保护野生动物有 21 种。其中，国家一级重点保护野生鸟类 1 种，国家二级重点保护野生鸟类 11 种。

【受威胁和保护管理状况】沼泽区建有南沙湿地公园，位于广州市最南端，地处珠江出海口西岸的南沙区万顷沙镇 18 涌与 19 涌之间，是广州市最大的湿地公园，也是候鸟迁徙的重要停息地之一。

南沙沼泽（珠江口沼泽）（邱广龙 摄）

惠东沼泽（441323-602）

【范围与面积】惠东沼泽位于惠州市惠东县内，分布在稔山、铁涌、盐洲三镇，由范和港和考洲洋直插内陆；地理坐标为 22°30′ ～ 22°55′N、114°40′ ～ 115°00′E；沼泽面积为 330 hm²，主要类型为红树林（廖亚琴，2020）。

【地质地貌】惠东县全县海岸线长为 171.8 km，其中大陆海岸线长为 120.1 km，近海及海岸湿地面积为 17 334 hm²，其中沿海滩涂面积为 4524.3 hm²。沼泽区地势微倾海岸，堆积物是第四纪的细砂、砂砾及伴夹污泥、贝壳等滨海相沉积物。

【气候】沼泽区属于南亚热带季风气候，热量丰富，光照和雨量充足，年平均气温为 23℃。年平均日照时数为 2398 h，年平均降雨量为 1936 mm，主要降雨期为 4～9 月，占全年降雨量的 83%，干旱期为 10 月至翌年 3 月，干湿度明显，年平均相对湿度为 80%，年蒸发量为 1876 mm，年平均台风登陆 2～3 次（张超等，2019）。土壤类型主要为滨海盐渍沼泽土壤。

【沼泽植被】沼泽区及其周边陆域植被类型复杂多样，红树林主要分布在稔山、铁涌、盐洲三镇，现有 15 种红树植物，约占中国红树植物种数的 38.46%；其中真红树 10 种，约占中国真红树植物种数的 35.71%；半红树 5 种，约占中国半红树植物种数的 45.45%。

【沼泽动物】沼泽区记录有湿地脊椎动物 5 纲 28 目 95 科 276 种。其中，鱼类 7 目 50 科 129 种，两栖类 1 目 3 科 6 种，爬行类 3 目 6 科 21 种，鸟类 16 目 35 科 115 种，哺乳类 1 目 1 科 5 种。

【受威胁和保护管理状况】沼泽区建有惠东红树林市级自然保护区，于 1999 年建立，2000 年经市人民政府批准为市级自然保护区；总面积为 543.33 hm²，受惠东县林业局管理，管理机构为惠东县林业局野生动植物保护管理站。

惠东沼泽（邱广龙 摄）

大亚湾沼泽（441323-603）

【范围与面积】大亚湾沼泽位于惠州大亚湾内，地理坐标为 22°24′40″～22°50′00″N、114°29′44″～114°53′44″E；区域内主要湿地类型为浅海水域、潮下水生层和红树林等；湿地面积 1030 hm²，其中沼泽面积 198 hm²。

【地质地貌】沼泽区三面环山，山势雄伟，直逼海边。岸线曲折，岬湾相间，且多基岩岸滩，岸壁陡峭。潮间浅滩狭窄，并以砂砾石海滩为主。海底地貌单一，有堆积型的水下浅滩和侵蚀型的水下岩礁两类。岩滩广泛发育于陡峭岩岸和基岩岬角前沿，主要分布在大鹏澳南侧的东川，大亚湾的水牛角、大新角、柏岗和大辣甲岛等基岩岬角等地。砾石滩主要发育于岩滩两侧和入海河口附近，分布于霞涌、沙渔洲和红石湾等地。沙滩主要分布于大亚湾北侧的霞涌至晓阳一带和东侧下新至大新角一带开敞海湾，大辣甲岛等岛屿及大鹏澳和哑铃湾的部分小湾。在环境隐蔽、水动力弱的范和港和埔鱼洲发育有宽阔的泥滩及泥沙滩。

【气候】沼泽区大气温度最高的月份为 7 月，其次为 8 月，8 月和 7 月多年月平均气温分别为 27.8℃和 27.9℃；气温最低的月份是 1 月，多年月平均气温为 14.2℃。夏季降水较多，冬季降水较少；每年的 4～9 月为雨季，降水量占全年总降水量的 81%；旱季为每年的 10 月至翌年 3 月，降水量只占全年的 19%。

【水资源与水环境】大亚湾潮汐类型属于不正规半日潮，即每天出现两次高潮和两次低潮，相邻两次高潮或低潮高度不相等，涨潮和落潮历时也不相等。大亚湾的海流以潮流为主，潮流一般表层流速较大，中层次之，底层最小。东部流速较快，其余大部分海域属于弱流区。

【沼泽植被】沼泽区红树植物初步统计有 13 种，真红树 8 种，半红树 5 种。其中真红树包括土著种蜡烛果、木榄、榄李、海漆、秋茄树、卤蕨、老鼠簕，以及外来种无瓣海桑。半红树包括海杧果、黄槿、桐棉、水黄皮、苦郎树（林石狮等，2018）。

【沼泽动物】沼泽区记录有湿地脊椎动物 2 纲 22 目 107 科 346 种。其中鱼类 21 目 106 科 345 种，哺乳类 1 目 1 科 1 种，其中国家级重点保护野生动物 6 种，均为国家二级保护野生动物。

【受威胁和保护管理状况】沼泽区建有大亚湾水产资源省级自然保护区，于 1983 年建立，受广东省海洋与渔业部门管理。2017 年广东省惠州市大亚湾红树林城市湿地公园被批准为国家城市湿地公园。目前沼泽区主要受污染、工业开发、过度捕捞等威胁。

大亚湾沼泽（邱广龙 摄）

福田沼泽（珠江口沼泽）（440304-604）

【范围与面积】福田沼泽位于深圳湾东北侧，南与香港米埔沼泽自然保护区隔海相望；地理坐标为 22°24′00″ ～ 22°31′58″N、113°46′56″ ～ 114°2′03″E；沼泽面积为 151 hm²。

【气候】沼泽区属亚热带海洋性季风气候，雨季为每年的 3 ～ 9 月，平均年降水量 1962 mm，平均气温 22.5℃，平均日照时数为 2134 h。潮汐为不正规半日潮，平均潮差 1.36 m（彭聪姣，2016）。

【水资源与水环境】基于 GIS 平台的应用空间插值法对其进行空间可视化表征，综合分析了 2014 年 4 月至 2015 年 1 月红树林区水环境的健康状况。结果表明：水体溶解氧为 0.88 ～ 5.52 mg/L，且在核心区（春夏季节）、缓冲区（秋季）以及实验区（冬季）存在点状分布的低氧区；氧化还原电位为 –205.59 ～ 162.00 mV，低于天然海水的氧化还原电位值（0.74 V）；水体的 pH、浊度及盐度分别为 6.5 ～ 7.8、20.71 ～ 57.66 NTU 和 3.71% ～ 22.89%。水体中浮游动物多样性指数为 3.26 ～ 4.30，且在春秋季节达到较高水平。福田红树林水体环境存在一定的生态风险，亟须加强对水体富营养化的防治（焦学尧等，2021）。

【沼泽植被】沼泽区共有红树植物 18 种，若包括其他半红树植物或伴生植物及堤岸植物，则有 68 种。本地种以秋茄树、海榄雌、木榄、蜡烛果、海漆及老鼠簕为主要树种，外来种以海桑和无瓣海桑占优势地位。

【沼泽动物】2019 年 1 ～ 11 月调查共采集到以软体动物为主的大型底栖动物 72 种，红树林大型底栖动物平均栖息密度为 475 ind/m²，平均生物量为 202.89 g/m²。Shannon-Wiener 多样性指数为 1.075 ～ 1.953，平均为 1.528；Margalef 丰富度指数为 0.844 ～ 2.096，平均为 1.644；Pielou 均匀度指数为 0.531 ～ 0.889，平均为 0.695（郑梓琼等，2020）。

浮游动物共 34 种，包括桡足类 18 种、轮虫 6 种、原生动物和腔肠动物各 3 种、毛颚类和多毛类各 2 种，另有浮游幼虫及仔鱼 8 种（崔文浩等，2020）。记录有海洋线虫 17 科 30 属（朱慧兰等，2020）。

【受威胁和保护管理状况】沼泽区建有广东内伶仃福田自然保护区，成立于 1984 年，1988 年被正式批准为国家级自然保护区，是全国唯一地处城市腹地、面积最小的国家级自然保护区；保护区沿海岸线长约为 9 km，平均宽度约为 0.7 km，总面积为 367.6 hm²。2006 年被国家林业局列为国家级示范保护区。该湿地于 2023 年被列入《国际重要湿地名录》。

福田沼泽（珠江口沼泽）（邱广龙 摄）

淇澳－担杆岛沼泽（珠江口沼泽）（440402-605）

【范围与面积】淇澳－担杆岛沼泽位于珠海市香洲区；地理坐标为 22°23′40″ ～ 22°27′38″N、113°36′40″ ～ 113°39′15″E；主要湿地类型为红树林沼泽和浅海水域，沼泽面积为 762 hm²。

【气候】沼泽区位于北回归线以南，属热带－南亚热带季风性海洋气候，阳光充足，年均光照时数 1700 ～ 2000 h，雨量集中，4 ～ 9 月为雨季，多年平均降雨量为 1700 ～ 2000 mm。全年无霜，多年平均气温为 22 ～ 23℃，历年极端最低气温为 2.5℃，历年极端最高气温为 38.5℃。

【水资源与水环境】沼泽区潮汐为不正规半日潮，海水盐度年平均值为 18.4‰（胡懿凯，2019）。

【沼泽植被】沼泽区拥有半红树植物 7 科 9 属 9 种，红树植物 10 科 13 属 15 种，其中以无瓣海桑、

淇澳岛（邱广龙 摄）

秋茄树、蜡烛果、老鼠簕等最为常见。淇澳岛大围湾扩大红树林资源的前景广阔，拥有适宜红树林生长的滨海裸滩 276 hm²，约占珠海市宜林滩涂湿地面积的 13.91%（宋焱等，2016）。

【受威胁和保护管理状况】沼泽区建有珠海淇澳－担杆岛省级自然保护区，于 2004 年建立，受广东省林业厅管理。

恩平镇海湾沼泽（440785-606）

恩平镇海湾沼泽位于江门市恩平市内，面积为 666.7 hm²，湿地面积为 115.3 hm²，主要湿地类型为红树林湿地。地理坐标为 21°55′47″～22°03′10″N、112°21′9″～112°23′55″E。气候、水文水质特征及土壤类型同台山市镇海湾沼泽。记录有湿地脊椎动物 3 纲 13 目 29 科 48 种。其中，两栖类 1 目 3 科 6 种，鸟类 8 目 21 科 34 种，哺乳类 4 目 5 科 8 种。记录有国家重点保护野生动物 4 种。其中，国家二级保护野生动物 2 种，1 种为国家二级保护湿地鸟类。沼泽区建有恩平市镇海湾红树林县级自然保护区，于 2005 年建立县级自然保护区，由恩平市林业局管理，成立了红树林保护管理站；主要受到人为活动影响、台风、潮汐等威胁。

恩平镇海湾沼泽（邱广龙 摄）

台山镇海湾沼泽（440781-607）

【范围与面积】台山镇海湾沼泽位于广东省江门市台山与恩平交界，东邻广海湾，面积约为 100 km²，主要包括深井镇、汶村镇、北陡镇及海宴镇等行政区。镇海湾形似喇叭状，两头大、中间小，走向为北北西－南南东，口门宽约 16.3 km，纵深 27 km，湾中最窄处约 1.6 km。沼泽区的主要植被为红树林，是珠三角非常珍贵的"海上森林"，以此命名为广东台山镇海湾红树林国家湿地公园；地理坐标为 21°54′2″～21°59′59″N、112°22′16″～112°24′53″E，湿地面积为 515.4 hm²。

【气候】沼泽区属热带海洋性季风气候区，年均日照量大于 1700 h，多年平均气温 21.9℃，历年极端最低气温为 –0.10℃，极端最高气温为 37.3℃；年平均降雨量 2183 mm，多年平均相对湿度 86%，年均无霜期 333 d。

【**水资源与水环境**】沼泽区大部分分布在海域，邻近的水系为那扶河和深井河，水流方向由北至南流入南海。一年中夏潮高于冬潮，由于受径流量和台风潮的影响，年最高潮位多出现在汛期，年最低潮位则多出现在枯季。平均低潮水位 –1.6 m，平均潮位 0.4 m，平均高潮位 2.83 m，最高潮位 3.25 m，历史高潮位 3.65 m。土壤类型主要为滨海盐渍沼泽土壤。

【**沼泽植被**】由于气候影响，本地区植被典型代表类型为热带雨林型和常绿雨林型。红树林树种共 9 科 12 属 12 种，其中真红树植物 6 科 8 属 8 种，半红树植物 3 科 4 属 4 种。

【**受威胁和保护管理状况**】2017 年，广东台山镇海湾红树林国家湿地公园申报项目通过国家林业局评审，立为试点。湿地公园秉承"全面保护、科学恢复、合理利用、持续发展"的原则开展建设集湿地保护保育、恢复修复、湿地功能和湿地文化展示、湿地科普宣教、湿地科研监测和湿地生态旅游于一体的国家级湿地公园。

台山镇海湾沼泽（邱广龙 摄）

阳东寿长河沼泽（441704-608）

【**范围与面积**】阳东寿长河沼泽位于广东省阳江市阳东区寿长河红树林国家湿地公园，湿地公园涉及阳东区东平镇、大沟镇、新洲镇三镇，地理坐标为 21°47′20″ ～ 21°51′54″N、112°11′42″ ～ 112°13′30″E，总面积为 423.91 hm²，其中沼泽面积为 137.78 hm²。

【**地质地貌**】寿长河中下游两岸多为丘陵、平原地貌，土地肥沃，发育有大面积的天然红树林。

【**气候**】沼泽区地处热带北缘，是亚热带向热带过渡地区，属南亚热带海洋季风气候，温暖湿润、雨水充沛、日光充足、无霜期长，年均气温 23.3℃，年均日照 2011.9 h，年均降雨量 2136 mm，主要集中在 4 ～ 9 月（何翰林等，2020）。

【**沼泽动物**】沼泽区有脊椎动物 89 科 257 种，软体动物 31 科 80 种，节肢动物 14 科 46 种。其中，松雀鹰、雀鹰、普通鵟、红隼、游隼等 5 种为国家二级重点保护野生动物。

【**受威胁和保护管理状况**】阳东寿长河红树林国家湿地公园，于 2016 年经国家林业局批准开展试点建设，2019 年被国家林业和草原局纳入中国沿海湿地保护网络成员单位，公园试点于 2022 年通过验收，正式成为国家湿地公园。

钦州湾沼泽（450700-609）

【**范围与面积**】钦州湾沼泽位于南海北部湾海域顶端、广西壮族自治区沿海中部，分为内湾（习惯名为茅尾海）和外湾（狭义上的钦州湾）（张栋，2020）。主要湿地类型为红树林湿地、浅海水域湿地、河口水域湿地、沙石海滩湿地和淤泥质海滩湿地，其中沼泽面积为 3300 hm²。地理坐标为 21°32′51″ ～ 21°57′22″N、108°26′14″ ～ 108°45′30″E，位于钦州市钦南区。

【**地质地貌**】钦州湾西岸南段（鹿墩－大冲口）主要是砂质海岸，潮间带沙滩宽阔，发育巨型滩脊、滩槽等微地貌。钦州湾西岸北段（大冲口－旧洋江口）为基岩岬角岸与砂质海岸交替，潮间带主要地貌有侵蚀的高潮位沙滩、侵蚀堆积的中潮位沙滩、堆积的低潮位沙滩。钦州湾东岸北部（钦州港－鹿耳环江口）主要是溺谷海湾岸，海岸泥沙来源丰富，潮间带地貌主要是堆积的砂泥混合滩和红树林滩。麻蓝头岛－犀牛脚水产站岸段主要是砂砾质海岸，发育侵蚀的高潮位和中潮位砂砾滩、侵蚀堆积的低潮位沙滩。犀牛脚水产站－乌雷炮台岸段为基岩－砂砾质海岸，发育岩滩和砂砾滩。乌雷炮台－三娘湾岸段为基岩－港湾岸，发育侵蚀的高潮位沙滩、侵蚀堆积的中潮位沙滩、堆积的低潮位沙滩。岬角岸段为岩滩。

茅尾海西岸和东南岸潮间带主要是堆积的砂泥混合滩和红树林滩；北岸潮间带和湾中浅滩是钦江－茅岭江的下三角洲平原，高潮带为红树林滩或草滩，中潮带为砂泥混合滩，低潮带为沙滩。现代动力地貌过程以堆积为主。

【**气候**】沼泽区属于亚热带气候区，多年平均降雨量 2626.3 mm，年平均气温为 23.2℃。钦州湾气温和降雨具有明显的干、湿季变化：5 ～ 9 月集中了全年 70% 以上的降雨量，10 月至翌年 4 月降雨量小。5 ～ 10 月是太平洋热带气旋活动频繁的季节，平均每年有 2 ～ 4 个热带气旋影响钦州湾。

【**水资源与水环境**】钦州湾水交换能力整体上较强，整个湾平均的水体交换时间约为 18 d，水体平均存留时间为 45 d（陈振华等，2017）。钦州湾属于不正规全日潮强潮型海湾，每月大约有 20 d 涨落潮 1 次，大约 10 d 涨落潮 2 次，潮汐日不等现象明显，多年平均潮差 2.4 m，最大潮差可达 5 m（张栋，2020）。

【**沼泽植被**】沼泽区共有浮游植物 187 种（包括变型和变种），其中硅藻门 126 种，占浮游植物出现种数的 67.38%；甲藻门 54 种，占 28.88%；金藻门 2 种，黄藻门、蓝藻门、定鞭藻门、裸藻门和隐藻门各 1 种。其中网采浮游植物 6 门 54 属 134 种；水采浮游植物 8 门 71 属 148 种（刘璐，2017）。

钦州湾内的广西茅尾海红树林自然保护区有红树植物共计 11 科 16 种（含半红树、伴生红树植物），占我国红树植物的 43.2%，占广西区红树植物的 69.6%。其中，红树植物 7 科 9 种，主要有红树科的秋茄树、红海兰，卤蕨科的卤蕨，使君子科的榄李，紫金牛科的蜡烛果，马鞭草科的伞序臭黄荆，锦葵科的黄槿，以及夹竹桃科的海杧果。

钦江、大榄江入海口形成大面积的海积平原，淤泥滩广阔，曾经大面积生长着茳芏和短叶茳芏，早期当地群众以这些莎草类植物作为编织材料，20 世纪 80 年代尚存小面积莎草，现已几乎消亡，仅零散地分布有芦苇和茳芏混生、蜡烛果和芦苇混生以及芦苇等类型的群落，除了小片面积的芦苇群落覆盖度为 20% ～ 30%，其他群落的覆盖度都在 10% 以下。在茅尾海沿岸分布有较大面积的红树林，其中人工林面积最大，约为 1133 hm²，主要为从海南引种的无瓣海桑。

【**沼泽动物**】钦州湾外湾东北部共采集到大型底栖动物种类 148 种，其中软体动物 57 种，节肢动物 42 种，底栖鱼类 20 种，其他动物共 29 种。大型底栖动物夏季可划分为 3 个群落，冬季可划分为 2 个群落。夏季多样性高于冬季，但冬季各站之间多样性变化范围较小。夏季大型底栖动物种类数与悬浮物含量呈显著负相关，生物量、丰度、种类数均与沉积物中的油类含量呈显著负相关，均匀度与沉积物中值粒径呈显著负相关，丰度与沉积物的中值粒径呈显著正相关，Shannon 多样性指数与沉积物中的黏土含量呈显著正相关；冬季种类数与水体中的盐度、pH、溶解氧呈显著正相关，与水质中的油类含量呈显著负相关，丰富度指数与溶解氧呈显著正相关（许铭本等，2014）。另有研究发现钦州湾春季和秋季分别有31种和33种大型底栖动物，均以多毛类、软体动物和甲壳类为主，优势种均为鳞片帝汶蛤。春季和秋季平均生物栖息密度分别为117.92 ind/m^{2}和152.50 ind/m^2，秋季大于春季；春季和秋季平均生物量分别为63.93 g/m^{2}和41.20 g/m^2，春季大于秋季；春季和秋季平均生物多样性指数分别为1.60和1.93，秋季大于春季（黄驰等，2017）。

【受威胁和保护管理状况】在2000年公布的《中国湿地保护行动计划》中，钦州湾沼泽被列入国家重点保护湿地名录。钦州湾内有广西茅尾海红树林自然保护区，该保护区是一个以保护红树林为主的南亚热带河口、港湾和海岸滩涂湿地生态系统及提供越冬鸟类栖息地的自然保护区。保护区位于钦州市，由康熙岭片、坚心围片、七十二泾片和大风江片等四大片组成，面积为2784 hm^2。

钦州湾沼泽（邱广龙 摄）

海陵岛沼泽（441702-610）

【范围与面积】海陵岛沼泽位于海陵岛东北部神前湾，西至灵谷山，东至神前山，南至太傅大道，北至老鼠山，地理坐标为21°38′～21°48′N、111°45′～111°55′E；沼泽面积为189 hm^2。

【气候】沼泽区属于热带海洋性气候，年平均气温为22.8℃，年降雨量为1816 mm。海陵岛附近海域海水多年平均温度为23.4℃，最高33.3℃，最低10℃。土壤类型主要为滨海盐渍沼泽土壤。

【水资源与水环境】沼泽区潮汐类型属于不正规半日潮。

【沼泽植被】沼泽区记录有植物13目34科66种，主要树种主要包括海榄雌、秋茄树、蜡烛果、对叶榄李等。

【沼泽动物】沼泽区大型底栖动物共有13目34科66种；鱼类有3目7科11种；两栖类统计出5科6属6种，均为无尾目种类；爬行类主要为蜥蜴目3科4属5种；鸟类17目48科275种。

【受威胁和保护管理状况】沼泽区建有海陵岛红树林国家湿地公园，于2014年12月经国家林业局批准设立，公园规划总面积257.9 hm^2，包括陆地、滩涂、海面和岛屿。2019年11月25日，海陵经济开发试验区管理委员会出台印发了《广东海陵岛红树林国家湿地公园保护管理办法（试行）》。

海陵岛沼泽（邱广龙 摄）

电白沼泽（440904-611）

【**范围与面积**】电白沼泽位于茂名市电白区，分为水东、博贺、岭门三个片区；地理坐标为 21°22′～ 21°59′N、110°54′～111°29′E，主要湿地类型为红树林、河口水域和淤泥质海滩，其中沼泽面积为 219 hm^2（黄学俊等，2010）。

【**气候**】沼泽区地处北回归线以南，属热带亚热带季风温和气候。年平均气温 23.0℃，月平均最高气温 28.5℃（7月），月平均最低气温 15.7℃（1月）。降雨季节长，年降雨量 1500～1800 mm（张苇，2016）。

【**水资源与水环境**】水东湾濒临南海，潮汐受外海潮波控制，属于不正规半日潮，平均潮差 1.74 m。该区域及周边范围内没有河流淡水注入（成家隆，2016）。

【**沼泽土壤**】沼泽区虽然土壤淤积层深厚，但地势较低，被海水浸泡的时间过长，其盐度为 21.59‰～31.74‰。

【**沼泽植被**】沼泽区记录有红树植物 8 科 10 种，半红树植物 3 科 3 种，分布于潮间带的红树植物主要有海榄雌、蜡烛果、秋茄树、对叶榄李、木榄、海桑、无瓣海桑 7 种。目前分布面积最广的是无瓣海桑和对叶榄李。

【**沼泽动物**】沼泽区记录有湿地脊椎动物 4 纲 11 目 16 科 44 种。其中，两栖类 1 目 4 科 10 种，爬行类 2 目 4 科 13 种，鸟类 7 目 7 科 16 种。

【**受威胁和保护管理状况**】沼泽区建有电白红树林自然保护区，于 1999 年成立，保护区属"自然生态系统类"中的"湿地生态系统类型"自然保护区，主要保护对象为红树林生态系统及其生物多样性。2016 年保护区面积为 1950 hm^2，主要受到基建和城市建设、围垦、水利工程和引排水的负面影响。

电白沼泽（邱广龙 摄）

大风江河口沼泽（450721-612）

【范围与面积】大风江发源于广西壮族自治区灵山县伯劳镇万利村，于犀牛脚炮台角入海，河长 121 km，集水面积为 613 km²，多年年平均径流量为 5.61×10⁸ m³（黎广钊等，2017）。大风江河口沼泽主要位于大风江南部，地理坐标为 21°32′ ～ 21°47′N、108°44′ ～ 108°59′E。沼泽面积为 650 hm²。

【地质地貌】大风江是典型的溺谷型河口湾，有红树林海岸、砂砾质海岸和基岩（风化壳）海岸三种海岸类型，主要地貌类型有红树林砂泥滩、堆积的高潮位泥滩、侵蚀的高潮位沙滩和沙砾滩、侵蚀堆积的中潮位沙滩、堆积的中潮位砂泥混合滩、堆积的低潮位沙滩和砂泥混合滩。局部有岩滩分布。总体上看，大风江潮间带动力地貌过程以堆积为主。红树林沼泽分布于大风江西岸南段（大王山村 - 鸡笼山岛）、大风江东南岸和大风江口 - 高沙村。

大风江西岸南段（大王山村 - 鸡笼山岛）：大王山 - 沙角岸段潮间带地貌类型主要是泥滩，高潮带上部为红树林泥滩，局部有沙滩分布；总体上看，本段海岸潮间带动力地貌过程以堆积作用为主。沙角村 - 大石头村东岸段高潮带地貌类型主要是红树林砂泥滩，中潮带上部为侵蚀堆积的砂泥混合滩，中潮带下部和低潮带为堆积的泥滩；本段海岸潮间带上部动力地貌过程表现为侵蚀 - 堆积作用交替，下部以堆积作用为主。大石头村东 - 沙环村南岸段高潮带为狭窄的沙滩和碎石滩，动力地貌过程以侵蚀作用为主；中潮带和低潮带都是砂泥混合滩，动力地貌过程特征是侵蚀 - 堆积作用交替。沙环村 - 垛石村岸段高潮带为侵蚀的沙滩，中潮带上部为侵蚀堆积的沙滩，中潮带下部和低潮带都是堆积的泥滩；鸡笼山岛南部高潮带为红树林砂泥滩；沙环村 - 鸡笼山岛岸段高潮带动力地貌过程以侵蚀作用为主，中潮带上部侵蚀 - 堆积作用交替，中潮带下部和低潮带以堆积作用为主。

大风江东南岸：丹竹江口以南至鲁根嘴沿岸及大风江湾中岛屿周围的潮间带地貌类型主要是泥滩，其次为红树林泥滩，局部有砂泥混合滩分布。鲁根嘴 - 下卸江岸段潮间带地貌类型主要是砂泥混合滩，其次为红树林砂泥滩和砂泥质草滩。下卸江 - 大木神（大风江口）潮间带地貌类型由砂泥混合滩逐渐过渡为沙滩。中潮带沙滩以堆积作用为主，低潮带沙滩侵蚀 - 堆积作用交替。大风江口门处的湾口浅滩主要是低潮位沙滩，动力地貌过程为侵蚀 - 堆积过程。

大风江口 - 高沙村：本段海岸高潮带为狭窄的沙滩进流坡，分布不连续，局部有红树林沙滩分布。中潮带主要为滩脊 - 滩槽或沙波、沙脊发育的沙滩，局部有砂泥混合滩分布。低潮带为起伏的侵蚀堆积沙滩，部分岸段为有滩脊 - 滩槽发育的低潮带沙滩。

【气候】沼泽区地跨北海和钦州两市。东岸位于北海市，根据北海市气象台 1972 ～ 2007 年气象观测资料进行统计分析，其结果表明历年年平均气温为 22.9℃，历年年极端最高气温为 37.1℃（出现在 1963 年 9 月 6 日），历年年极端最低气温为 2℃（出现在 1975 年 12 月 14 日、1977 年 1 月 31 日）。历年最热月为 7 月，平均气温为 28.7℃；历年最冷月为 1 月，平均气温为 14.3℃。北海市雨量较为充沛，每年 5 ～ 9 月为雨季，降水量占全年降水量的 78.7%，10 月至翌年 4 月为旱季，降水量较少，为全年降水量的 21.3%。历年年平均降水量为 1664 mm，历年年最大降水量为 2211 mm，历年年最小降水量为 849 mm。

西岸位于钦州市，根据钦州市气象站 1956 ～ 2007 年气象观测资料进行统计分析，其结果表明历年年平均气温为 21.1 ～ 23.4℃，历年月平均最高气温为 26.2℃，月平均最低气温为 19.2℃。历年最热月为 7 月，平均气温为 28.4℃，平均最高气温为 31.9℃，极端最高气温为 37.5℃（出现在 1963 年 7 月 16 日）；最冷月为 1 月，平均气温为 13.4℃，平均最低气温为 10.3℃，极端最低气温为 -1.8℃（出现在 1956 年 1 月 13 日）。钦州市降水量的季节变化较大，全年降水量集中在 4 ～ 10 月，占全年降水量的 90%，而 6 ～ 8 月为降雨高峰期，这三个月的降水量占全年降水量的 57%。历年年平均降水量为 2058 mm，历年年最大降水量为 2808 mm（1970 年），历年年最小降水量为 1255 mm（1977 年）（黎广钊等，2017）。

【水资源与水环境】沼泽区位于广西北部湾，是一个典型的全日潮区，但每次大潮过后有 2 ～ 4 d 为半日潮。全日潮在一年当中占 60% ～ 70%。全日潮潮差一般大于半日潮潮差。根据北海港验潮站的数据，平均潮差 2.49 m，最大潮差 5.36 m（黎广钊等，2017）。

【沼泽土壤】沼泽区土壤类型以粉砂黏土和黏土粉砂为主。

【沼泽植被】大风江河口沼泽以红树林中蜡烛果群落为典型代表，沿岸港湾均有大面积分布。从河口海湾，随海潮倒流到内陆河岸，在大风江长达 5 ～ 33 km 都有蜡烛果林分布。常见的蜡烛果群落有两种：一种是被人们砍伐萌芽恢复起来的丛状灌丛，另一种是实生不成丛的密集灌丛。在广西海岸带，蜡烛果天然林下的种苗更新和萌芽更新都很强，使它能在这里大面积广泛分布。大风江口沼泽红树林总面积为 645.54 hm^2（陶艳成等，2017）。

【沼泽动物】大风江河口潮间带的底栖生物平均栖息密度为 232 ind/m^2，平均生物量为 359.95 g/m^2。优势种均为软体动物；主要优势种为青蚶、中间拟滨螺、黑荞麦蛤、曲线索贻贝、蛎敌荔枝螺等。

【受威胁和保护管理状况】根据《广西壮族自治区人民政府关于同意广西茅尾海红树林自治区级自然保护区范围与功能区调整的批复》（桂政函〔2020〕14 号），该片沼泽目前已被调整为广西茅尾海红树林自治区级自然保护区大风江片区。

大风江河口沼泽（苏治南 摄）

山口沼泽（450521-613）

【范围与面积】山口沼泽位于广西壮族自治区的合浦县沙田半岛，地域跨越合浦县的山口、沙田和白沙三镇，包含英罗港和丹兜海两个片区，地理坐标为 21°28′01″ ～ 21°45′00″N、109°32′00″ ～ 109°48′00″E，沼泽总面积为 2355 hm^2。

【地质地貌】沼泽区地貌类型主要有红树林滩、潮沟、淤泥滩、砾石滩、沙砾滩、沙滩等。红树林滩主要分布于英罗港西北岸新村 – 洗米河、马鞍岭岬角和红头岭岬角环抱的小型海湾、丹兜海东西两岸等地沿岸潮间带上部滩涂；其中，位于马鞍岭岬角和红头岭岬角环抱的小型海湾和丹兜海东岸等一带的红树林滩沿海岸人工海堤外侧潮滩呈连续片状分布；位于丹兜海西岸的红树林滩一般沿海岸人工海堤外侧潮沟呈带状、块状分布；位于英罗港西北岸新村 – 洗米河一带的红树林滩沿海岸呈带状、块状分布。淤泥滩主要分布于红树林滩边缘或红树林滩面中潮沟两侧，由于受到潮沟中涨落潮流的影响，红树幼苗难以固定生长成林而形成没有红树生长的小面积淤泥滩。

砾石滩主要分布在马鞍岭岬角东岸、东南岸、南岸和红头岭岬角东岸潮间带上部。马鞍岭岬角和英罗村红头岭岬角第四纪更新世湖光岩熔岩地层海岸遭受海浪侵蚀形成海蚀崖（陡坎），由于部分海岸被海浪侵蚀淘空海蚀崖底部，出现崩塌、滑坡现象；部分海岸由于被海浪侵蚀而后退，有的树木树根裸露，有的树木连根翻倒，出现人工防波堤局部被海浪冲垮、崩坍的状况（范航清等，2021）。

【气候】沼泽区位于广西海岸带的东岸，属亚热带海洋性季风气候，冬无严寒，夏无酷暑。根据北海市气象局 24 年（1989～2012 年）的气象资料进行统计分析，该区年平均气温为 23.0℃，年极端最高气温为 37.1℃（1990 年 8 月 23 日），年极端最低气温为 2.6℃（2002 年 12 月 27 日）；年最热月为 7 月，平均气温为 28.7℃，年最冷月为 1 月，平均气温为 14.3℃。每年 5～9 月为雨季，降水量为全年的 78.7%，10 月至翌年 4 月为旱季，降水量仅为全年的 21.3%；年平均降水量为 1751 mm，年最大降水量为 2728 mm（2008 年），年最小降水量为 1109 mm（1992 年）。夏、秋两季受台风影响，每年 2～4 次，其中以 2014 年 7 月 19 日的"威马逊"台风风力最大，登陆风力达 17 级。

【水资源与水环境】沼泽区的海区潮汐类型属不正规全日潮。一年中约有 60% 的时间为一天一次潮，其余时间为一天两次潮。该区年平均潮差为 2.31～2.59 m，潮差的季节变化是夏季大、春季小。多年平均潮差为 2.45 m，最大潮差为 6.25 m。当地平均海面为 359 cm，比黄海基面高 37 cm。海水平均盐度为 26.89‰。

【沼泽土壤】红树林占据并影响的潮滩土壤称为红树林潮滩盐土，它富含有机质、硫酸根离子，酸度较强，剖面多呈暗灰色，具低铁反应，中下层有机质常高于表层，不同于其他潮滩土壤。红树林潮滩盐土的分布范围与红树林分布大体一致，但很难划出一个明确的界线。其主要有黏质、壤质、砂质几种类型。红树林潮滩黏质盐土的特点为：土层深厚，表土松软或呈糊状，塌陷 20～40 cm；土壤有机质、养分、盐分含量高，呈酸至强酸性反应。红树林潮滩壤质盐土的特点为：土层稍厚，表土松软，稍下陷；土壤有机质、养分、盐分含量中等，呈酸性反应。红树林潮滩砂质盐土的特点为：含砂量高，土壤黏粒较少，土壤有机质、养分、盐分含量较低。

【沼泽植被】沼泽区红树林沼泽是广西乃至全中国生物性海岸的典型代表。山口沼泽有真红树 10 种（其中外来种 1 科 1 属 1 种），半红树 7 种，海草 4 种，盐沼植物 1 种，浮游植物 96 种。常见红树林伴生植物 14 科 20 属 22 种，包括豆科的鱼藤和南天藤，苦槛蓝科的苦槛蓝，马鞭草科的马缨丹，卫矛科变叶裸实，芸香科的酒饼簕，山柑科的青皮刺，漆树科的厚皮树，鼠李科的马甲子，大风子科的箣柊，旋花科的厚藤，草海桐科的草海桐，露兜树科的露兜树，莎草科的短叶茳芏，以及禾本科的盐地鼠尾粟、沟叶结缕草、台湾虎尾草、铺地黍和芦苇等。片区内的滨海沙生植被主要由酒饼簕、龙船花、变叶裸实、鬣刺、单叶蔓荆、厚藤等耐旱、耐盐碱的海岸沙生种类组成，是海岸线最前沿典型的沙生植被类型，具有良好的固沙作用。

区域内共有 8 个红树林类型，面积为 806.2 hm²。其中红海兰群落面积最大，为 271.3 hm²，其次为木榄 + 秋茄树 - 蜡烛果群落，面积为 222.6 hm²；秋茄树 - 海榄雌群落面积为 102.6 hm²；秋茄树群落面积为 4.4 hm²；这 4 种以红海兰、木榄和秋茄树乔木种为优势种的群落类型占红树林总面积的 74.5%，说明该区红树林已经达到一个相对稳定的阶段，是华南大陆沿岸红树林发展的一种典型模式。海榄雌群落是最大的灌木群落，面积为 182 hm²，占红树林总面积的 22.6%。

与《中国沼泽志》（1999 年）记录相比，部分地区的植被有了明显的变化，尤其是丹兜海山角一带，外来物种互花米草占据了红树林外缘大部分滩涂以及部分红树林空斑，面积已达 423.05 hm²，是 1979 年引种面积（0.67 hm²）的 631 倍。加上英罗港的互花米草（37.64 hm²），当前，整个沼泽片区的互花米草面积已达 460.69 hm²。

【沼泽动物】沼泽区 242 种鸟中，包括鸡形目 1 科 1 种，雁形目 1 科 12 种，鹍鹋目 1 科 2 种，鸽形目 1 科 3 种，夜鹰目 2 科 5 种，鹃形目 1 科 10 种，鹤形目 1 科 8 种，鸻形目 8 科 54 种，鹈形目 2 科 16 种，鹰形目 2 科 16 种，鸮形目 1 科 5 种，犀鸟目 1 科 1 种，佛法僧目 2 科 6 种，啄木鸟目 1 科 1 种，隼形目 1 科 4 种，雀形目 24 科 98 种。

游泳动物 68 种，其中鱼类 43 种，占总种数的 63.24%，共 8 目 25 科 37 属，其中种类数最多的是鲈形目，有 14 科 20 属 23 种，鲱形目 3 科 5 属 8 种，其他的分别是鳗形目 3 种、鲻形目 3 种、鲇形目 2 种、鲀形目 2 种、鲽形目 1 种、刺鱼目 1 种。43 种鱼类均为硬骨鱼，以印度洋、太平洋区系的种类为主。甲壳类有 25 种，占总种数的 36.76%，共 2 目 10 科 21 属，包括蟹类 7 科 12 属 13 种，虾类 2 科 6 属 9 种，虾蛄类 1 科 3 属 3 种。

【受威胁和保护管理状况】沼泽区建有广西山口红树林生态国家级自然保护区，成立于 1990 年，是我国首批成立的 5 个海洋类型自然保护区之一。保护区海岸线总长为 50 km，总面积为 8003 hm²，其中核心区面积为 824.21 hm²，缓冲区面积为 3600.93 hm²，实验区面积为 3577.86 hm²。1993 年 7 月加入中国人与生物圈保护区网络（CBRN）。2000 年 1 月被联合国教育、科学及文化组织（以下简称联合国教科文组织）国际人与生物圈保护区网络接纳为成员。2002 年 1 月被列入《国际重要湿地名录》。

山口沼泽（邱广龙 摄）

南流江河口沼泽（450521-614）

【范围与面积】南流江河口沼泽位于南流江河口区，属于廉州湾滨海湿地，廉州湾滨海湿地坐标为 21°31′ ～ 21°40′N、108°57′ ～ 109°11′E，主要由南流江三角洲构成，湿地资源丰富，自然湿地主要为三角洲湿地和河口水域，人工湿地主要为养殖池塘和稻田。沼泽面积为 805 hm²。

【地质地貌】南流江及其三角洲发育于合浦断陷盆地中，它们的两侧范围和延伸方向都明显受到构造的控制。在地形上，南流江三角洲平原两侧的范围是以湛江组和北海组被侵蚀的陡坎为界。南流江三角洲平原地势平坦，自东北向西南高程从 3 m 降到 0.5 m。其岸线呈轻度弧形凹向内陆，三角洲只是刚刚从小的河口湾中退积，但对于由北海半岛所包围的整个廉州湾来说，它还是一个发育不成熟的三角洲，远未能将海湾填满，具有华南沿海中小型河流三角洲的特点。

（1）南流江口以西

高沙村以西为典型的砂质海岸潮间带。高潮带为狭窄的沙滩进流坡；中潮带上部为起伏的砂泥混合滩，有低缓的新月形沙波分布；中潮带中部、下部和低潮带为有滩脊－滩槽发育的起伏沙滩。高沙村以东高潮带有红树林滩和砂泥混合滩，中潮带上部为平坦的沙滩，下部为起伏的沙滩；低潮带为平坦的沙滩。

（2）南流江河口

南流江河口是广西海岸最典型的河口。自党江镇以南的几个下游分流河道内，边滩、河心滩、江心洲星罗棋布，显示出典型的辫状河道特征。潮间带河道继承了辫状水道的特征，水下沙坝密布。部分水下沙坝淤长合并为中潮带砂泥混合滩。

【气候】沼泽区年均温 22.0 ～ 22.4℃，偶有零摄氏度低温，年降雨量 1650 ～ 2000 mm，水热系数 2.5，属于湿润型气候，故陆地季雨林以喜湿润且略耐寒为特征。

【水资源与水环境】海区的潮汐类型为不正规全日潮海区，海区潮波振动主要受北部湾传入的潮波所控制，日分潮在海区内占主导地位。在半日潮期间，潮汐日不等现象显著，相邻两高潮或低潮的潮高不等，其差值一般为 0.5 ～ 1.0 m；其涨潮历时及落潮历时也不等，差值为 1 ～ 2 h，个别可达 3 h 以上。根据北海验潮站 1996 ～ 2004 年的验潮统计资料，该海区平均海平面 0.38 m（黄海基面起，下同），最高高潮位为 3.39 m，最低低潮位为 –2.12 m，平均高潮位为 1.68 m，平均低潮位为 –0.82 m，多年平均潮差为 2.46 m，最大潮差为 5.36 m（李利，2011）。

【沼泽植被】广西廉州湾红树林以演替前中期的蜡烛果、秋茄树和海榄雌为主，组成树种少，群落类型简单，主要的群落类型有 5 种：蜡烛果群落、秋茄树群落、秋茄树 – 蜡烛果群落、海榄雌群落和秋茄树 + 海榄雌群落。群落盖度为 50% ～ 90%，总体呈现为低矮的灌木林，其中以先锋种蜡烛果的分布范围最广。廉州湾红树林群落是由陆向海逐渐发育的，自然条件下未来该地红树林群落物种组成发生变化的可能性不大，红树林面积有望继续增加（廖雨霞等，2020）。廉州湾红树林总面积为 804.56 hm^2（陶艳成等，2017）。该区域红树林湿地面临的主要生态问题有无瓣海桑扩散、鱼藤蔓延、互花米草入侵和中华团水虱危害（李丽凤和刘文爱，2018）。

【沼泽动物】沼泽区水鸟有 75 种，陆生鸟类有 83 种。该地区的鸟类以冬候鸟为主，共 80 种，占种数的 50.6%；留鸟、旅鸟、夏候鸟分别为 32 种、31 种、15 种，属于国家重点保护及国际协定保护的鸟类有 123 种，各占该地区鸟类种数的 20.3%、19.6%、9.5% 和 77.9%（周放等，2005）。廉州湾潮间带中裸滩生境有 136 种，红树林生境 85 种，盐沼生境 29 种；站位平均种数为裸滩（9.5±4.8）种，红树林（9.5±3.9）种，盐沼（5.9±1.9）种，同时，各类群占总种数比例大小规律一致，为软体动物门＞节肢动物门＞环节动物门＞脊索动物门＞其他，廉州湾潮间带大型底栖动物年生物量为 14 623 t（何斌源等，2013）。

【受威胁和保护管理状况】2020 年 3 月通过广西壮族自治区湿地保护管理专家委员会论证和自治区湿地保护修复工作厅际联席会议的审议，按照《广西壮族自治区湿地名录认定和管理办法》有关规定，对拟认定的广西合浦党江红树林自治区重要湿地进行公示，总面积为 2994.22 hm^2。2021 年 1 月广西壮族自治区林业局确定列入第一批自治区重要湿地名录，保护对象为近海与海岸湿地等。

南流江河口沼泽（邱广龙 摄）

儒洞河河口沼泽（441721-615）

【范围与面积】儒洞河河口沼泽位于阳江市阳西县和茂名市电白区，地理坐标为 21°32′00″～21°36′00″N、111°26′00″～111°28′00″E；沼泽面积约为 19.2 hm²。

【地质地貌】儒洞河受北西向儒洞断裂控制，该断裂多被第四系掩盖，本区自第三纪以来经过多次升降，形成广泛发育的多级夷平面，台地阶地。海岸处形成海湾，近代地壳有轻微上升，使得港湾内淤积发育，儒洞河口地区平均隆起速率为 8 mm/a，形成潟湖平原。河流泥沙堆积渐增，形成淤泥质潮滩，沉积物为潟湖沉积，主要为灰色砂质淤泥或粉砂质黏土。海拔为 0～2 m。

【气候】沼泽区位于阳西县内，属于亚热带季风气候区，年平均气温 23.2℃，阳光充足，雨量充沛。

【沼泽土壤】沼泽区土壤为红树林潮滩盐土。河口沿岸高潮区滩涂底质为泥沙质及泥质，沙扒镇到儒洞镇底质为泥沙及沙质。

【沼泽植被】沼泽区植物以海榄雌为主。

儒洞河河口沼泽（苏治南 摄）

珍珠港沼泽（450600-616）

【范围与面积】珍珠港沼泽地处广西壮族自治区沿海西部，东与防城港毗邻，西靠中越交界的北仑河口。地理坐标为 21°30′～21°39′N，108°8′～108°16′E。整个海湾呈漏斗状，东部、北部丘陵直逼海湾，西部由海域所围，仅南面湾口（湾口宽度约 6 km）与北部湾相通。港湾面积约为 94.2 km²，其中滩涂面积约达 5333 hm²。

【地质地貌】珍珠港湾是沥尾岛东端沙舌半岛和白龙半岛围封的半封闭海湾。自然海岸类型主要是红树林岸。由于九曲江、黄竹江等河流入海泥沙的堆积，珍珠港湾总体以充填堆积为主，海湾面积和湾内水深逐渐减小。珍珠港潮间带地貌类型主要有红树林砂泥滩、堆积的中潮位沙滩和砂泥混合滩，以及堆积的低潮位沙滩。

珍珠港西南岸（潵尾岛东端东头沙－北仑河口红树林自然保护区 13 号界碑）：高潮带地貌类型有堆积的高潮位沙滩和红树林沙滩，中潮带和低潮带地貌类型为起伏的侵蚀堆积沙滩。

珍珠港西部－西北部（北仑河口红树林自然保护区 13 号界碑——黄竹江口）：高潮带地貌类型主要是红树林覆盖的砂泥混合滩和高潮位沙滩，中潮带和低潮带地貌类型都是堆积的沙滩。

珍珠港东北部（黄竹江口－万恩村岸段）：高潮带地貌类型主要是红树林泥滩，局部有砂砾滩分布。中潮带地貌类型主要是砂泥混合滩，动力地貌过程以堆积作用为主。低潮带地貌类型为堆积的低潮位沙滩。

【气候】珍珠港多年平均气温为 22.5℃，气温随季节变化而变化，冬季较冷，夏、秋两季较热，气温的年较差较小，具有典型的亚热带海洋气候的热量特征。多年的平均湿度为 81%，珍珠港的降水量多年平均为 2221 mm。夏季（6～8 月），由于受北移的海洋性气团影响，加之该湾的地形作用，因而，珍珠港的暴雨天气较多。根据资料统计，日降雨量 ≥ 50 mm 的日数每年平均有 12.6 d，其中夏季有 7.2 d，占 57%。其中，8 月平均降雨量为 503 mm，占全年的 22.7%，居各月之首。珍珠港的灾害性天气主要有热带气旋、强风和大风、暴雨、强雷暴、冰雹等。其中以热带气旋、强风和大风、暴雨为最主要的灾害性天气（邱广龙等，2014）。

【水资源与水环境】珍珠港为正规的全日潮性质，平均潮差 2.24 m，最大潮差 5.05 m，平均涨潮流速为 23.3 cm/s，平均落潮流速为 39.8 cm/s，最大涨潮流速为 35.9 cm/s，最大落潮流速为 79.7 cm/s，是最大涨潮流速的 2 倍多。涨潮时流向偏东北，落潮则偏西南。据统计，珍珠港累年平均波高为 0.52 m，最大波高为 4.1 m，最大波高一般出现在夏、秋的热带气旋季节，平均波高及最大波高均以 7 月最大。据 1970～1986 年的验潮资料统计，珍珠港台风暴潮大于 30 cm 的过程共 40 次，其中 7 月的出现频率最高，占 27.5%；其次为 9 月，占 22.5%，每年 6～10 月，属台风暴潮盛行季节。珍珠港海水盐度多年平均值为 29‰。

【沼泽植被】沼泽区红树植物有 18 种，其中真红树有 11 种：银叶树、小花老鼠簕、红海兰、榄李、木榄、海榄雌、秋茄树、蜡烛果、老鼠簕、海漆、卤蕨；半红树有 7 种：伞序臭黄荆、水黄皮、桐棉、海杜果、黄槿、阔苞菊、苦郎树。

在珍珠港江平江与黄竹江之间的岸段以及黄竹江以东至茅岭区段有集中的连片分布，且主要为天然红树林沼泽。其中江平、江山片完整连片红树林面积达 1100 hm²，是广西壮族自治区内最大连片红树林，也是大陆沿岸最大片红树林之一。小面积的海草分布在该海域红树林区内。在海草生长密集期，该海域海草面积接近 65 hm²。另外也有文献报道珍珠港红树林总面积为 939.97 hm²（陶艳成等，2017）。

【沼泽动物】沼泽区记录鸟类种数达 250 种，分别属于 17 目 57 科。其中，有 209 种是候鸟，占鸟类种类总数的 83.6%。有 37 种国家重点保护鸟类，如斑嘴鹈鹕、白肩雕、海鸬鹚等。全球性受威胁鸟类有 11 种，其中全球极危（CR）2 种：勺嘴鹬、青头潜鸭；全球濒危（EN）2 种：黑脸琵鹭、黄胸鹀；易危（VU）7 种：黄嘴白鹭、小白额雁等。

沼泽区浮游动物有 33 属 46 种，其中以腔肠动物的种数最多（20 种），占该海区浮游动物种数的 43.5%；桡足类次之，11 属 14 种，占 30.4%；另外，毛颚动物 1 属 4 种，樱虾类 1 属 3 种，原生动物和枝角类均 1 属 1 种，被囊动物 2 属 3 种。此外，海洋浮游幼虫数种。大型底栖动物记录 155 种，其中多毛类 37 种，软体动物种类最多，计有 62 种，占总种数的 40%，甲壳动物 41 种，占总种数的 26%，棘皮动物 1 种，其他动物 9 种，底栖鱼类 5 种。发现游泳鱼类 71 种（范航清等，2014）。

【受威胁和保护管理状况】沼泽区属于北仑河口自然保护区，2000 年被批准为国家级自然保护区。该区于 2008 年被列入《国际重要湿地名录》。北仑河口国家级自然保护区位于我国大陆海岸线的西南端，处于中越两国交界处，地

珍珠港沼泽（邱广龙 摄）

理位置特殊。保护区东起防城港市防城区江山镇的白龙半岛，西至东兴市东兴镇罗浮江与北仑河汇集处的滩涂和部分海域，跨越防城区和东兴市的 13 个自然村，总面积 30 km²，以红树林生态系统为保护对象。由于有自然保护区的管理，该区域的红树林湿地环境相对较好。

铁山港沼泽（450500-617）

【范围与面积】铁山港沼泽坐落于北部湾东北部、广西壮族自治区北海市合浦县，包括北海市的营盘至合浦县英罗港附近连线与陆岸包围的水域。地理坐标为 21°28′22″ ～ 21°37′00″N、109°37′ ～ 109°47′E。该湾为一狭长的台地溺谷型海湾，内湾呈鹿角状，湾口呈喇叭形，全湾岸线长 170 km，海湾面积 340 km²，其中滩涂面积约 173 km²。

【地质地貌】沼泽区地势北高南低，海底坡度平缓，水深 0 ～ 18 m（李小维，2018）。

【气候】沼泽区属亚热带季风性海洋性气候，全年日照充足、雨量充沛、气候温和，年平均气温 22.6℃。海水潮汐属于不正规日潮为主的混合潮型，平均潮高 4.5 m。

【水资源与水环境】由于近年港口、临海工业大规模填海开发利用活动，滩涂围垦面积增大及工业污染废水排放，沼泽区水质、沉积物质量、生物质量和生物多样性指数呈现逐步下降的趋势（李小维，2018）。

【沼泽植被】沼泽区主要植被以红树林为主，主要红树植物群落为白骨壤成熟林，群落平均盖度为 57%，平均密度为 55 株 /100 m²，平均高度为 2.08 m。偶见红海兰、蜡烛果、秋茄树、海漆（潘良浩等，2021）。

【沼泽动物】沼泽区记录有大型底栖动物 45 种，隶属于 5 门 7 纲 32 科，其中软体动物门 22 种，节肢动物门 10 种，环节动物门 8 种，脊索动物门 4 种，星虫动物门 1 种（高霆炜，2021）。

【受威胁和保护管理状况】自广西北部湾经济区成立以来，铁山港湾的开发利用活动频繁，铁山港湾的红树林生态系统面临压力，造成红树林生态区的植被退化及自然植被生态结构的消亡。

冯家江 - 大冠沙沼泽（450503-618）

【范围与面积】冯家江 - 大冠沙沼泽位于北海市银海区，北至鲤鱼地水库，西接银滩白虎头，东抵大冠沙，地理坐标为 21°23′43″ ～ 21°28′55″N、109°9′21″ ～ 109°14′08″E；湿地总面积为 1827 hm²，其中红树林面积约为 203 hm²。

【地质地貌】沼泽区处于沿海平原地带，陆地地貌为滨海平原地貌，地势平坦，相对高差 5 ～ 10 m，组成物质为第四纪的黏土质砂、砂质黏土和砾砂等松散沉积物，属以冲积为主的滨海平原。海岸地貌为海积地貌，主要由沙堤和潮间浅滩组成。

【气候】沼泽区位于广西最南端、北回归线以南，纬度较低，属海洋性季风气候，具有典型的亚热带特色。冬半年（10 月至翌年 3 月）主要受偏北季风控制，夏半年（4 ～ 9 月）主要受热带高压、强风和偏南风影响。主要气候特征表现为秋夏相连，长夏无冬，夏无酷暑，气候宜人。年平均日照时数为 2089.3 h，太阳年总辐射量 4923 MJ/m²，是广西辐射量最丰富的地区。年平均气温 22.6℃，平均最高气温 26.5℃，平均最低气温 19.8℃，最高气温大于或等于 35℃的天数平均为 0.4 d，最低气温小于或等于 0℃的天数为 0。年积温约 7994.8℃。雨量充沛，干湿明显。年平均降雨日 136 d，平均年降雨量为 1683 mm。降雨年际变化大，相对出现干湿季。雨季为 4～9 月，以偏南季风为主；旱季为 10 月至翌年 3 月，以偏北季风为主。终年无霜，年平均相对湿度为 81%。年均风速 3.2 m/s，风力 8 级以上的大风日年平均 25 d，是广西大风天数最多的地区。

【水资源与水环境】沼泽区潮型为混合型，平均潮位 2.51 m，最高潮位 6.06 m，最低潮位 –0.06 m。最大流速：涨潮 0.23 m/s，落潮 0.45 m/s。风浪向主要是西南、西南偏西和东北向，出现频率为 7.5%～10.9%，主要涌浪向为西南偏南，频率最高为 5.7%。平均波高 0.3 m，最大波高 2 m。年平均水温 23.7℃，年平均盐度 28.02‰。

【沼泽土壤】沼泽区为我国典型的沙滩红树林区，海岸线类型为砂质海岸，潮间带底质为沙砾质，有机质含量不高。在有林区域的林下，大部分表层沉积物（10 cm 左右）为粉沙淤泥质。

【沼泽植被】沼泽区共有红树植物 14 科 19 种，其中真红树植物 8 科 11 种，半红树 6 科 8 种。真红树植物包括海榄雌、秋茄树、蜡烛果、木榄、红海兰、榄李、卤蕨、海漆、老鼠簕、无瓣海桑（外来种）、对叶榄李（外来种）；半红树包括黄槿、桐棉、银叶树、海杧果、阔苞菊、苦郎树、水黄皮、伞序臭黄荆。

海榄雌林是该区的单优群落，占红树林总面积的 95% 以上，全部原生，是我国沙滩红树林的典型代表；其他原生真红树植物只零星分布，偶见红海兰、木榄植株；原生半红树植物基本破碎化生长在狭长的岸边，局部岸段可形成小群落。

【沼泽动物】沼泽区记载有野生脊椎动物 275 种，隶属于 46 目 106 科 180 属。其中大型底栖动物 66 种，隶属于 14 目 33 科 47 属；鱼类有 9 目 21 科 28 属 31 种；两栖动物有 6 种，隶属于 1 目 5 科 5 属；鸟类有 151 种，隶属于 15 目 36 科 80 属。

【受威胁和保护管理状况】沼泽区建有广西北海滨海国家湿地公园，是 2016 年 8 月通过国家林业局验收并正式授牌的国家湿地公园，也是广西首家通过验收正式授牌的国家级湿地公园。公园总面积为 2009.8 hm²，受林业部门管理，成立了广西北海滨海国家湿地公园管理处。2021 年 1 月广西壮族自治区林业局确定列入第一批自治区重要湿地名录，保护对象为近海与海岸湿地等。沼泽区分布的金海湾红树林于 2023 年被列入《国际重要湿地名录》。

冯家江－大冠沙沼泽（邱广龙 摄）

白龙港－西村港沼泽（450521-619）

【范围与面积】白龙港－西村港沼泽东起白龙港东侧，西至西村港。沼泽区位于广西壮族自治区合浦县福成镇的白龙村和西村，以及北海市的大冠沙和下村，地理坐标为 21°22′00″～21°30′00″N、109°12′00″～109°21′00″E。面积约为 308 hm²，为海榄雌沼泽。

【地质地貌】沼泽区潮间带地貌分 3 段。

乌黎村－西村港口岸段：高潮带为红树林砂泥滩，动力地貌过程以堆积作用为主；中潮带沙滩有纵向沙垄、滩脊－滩槽等微地貌形态发育，侵蚀－堆积作用交替发生，侵蚀带与堆积带交错分布；低潮位沙滩有低缓沙波和纵向沙垄等微地貌发育。西村河河口边滩和心滩主要为砂泥混合滩，北段边滩红树林茂密；西村河河口湾潮间带动力地貌过程以堆积作用为主。

西村港－白龙港岸段：高潮带沙滩分布不连续，大部分岸段缺失高潮位沙滩。局部有红树林沙滩分布。海岸线和高潮位沙滩遭受侵蚀作用。只有局部红树林砂泥滩和红树林外的沙滩以堆积作用为主。中潮带沙滩发育滩脊－滩槽、潮流沙脊、纵向沙垄等微地貌形态，侵蚀－堆积作用过程变化剧烈。低潮带沙滩发育沙波和低缓滩脊－滩槽等微地貌形态。白龙河河口边滩和河口心滩都是以堆积作用为主的砂泥混合滩。

白龙港口以东岸段：高潮带主要为侵蚀的沙滩进流坡。中潮带沙滩发育沙波群、沙脊群和滩脊－滩槽等微地貌形态，滩面地形变化剧烈。低潮带沙滩有沙波发育。

【气候】沼泽区属南亚热带季风性海洋性气候，年均日照时数为 1790 ～ 1800 h，年均气温 23.4℃，气温年变化幅度约为 13.8℃，≥ 10℃年均积温 7708 ～ 8261℃。年均降水量 1500 ～ 1700 mm，年均蒸发量 1000 ～ 1400 mm，平均相对湿度为 80%。受季风影响，海陆风特征明显（赵彩云等，2014）。

【水资源与水环境】沼泽区潮汐为不正规全日潮，一年中约 60% 时间为一天一次潮，其余时间为一天两次潮，年平均潮差为 2.31 ～ 2.59 m。海水年均温度为 23.5℃，盐度为 20‰ ～ 23‰，pH 为 7.60 ～ 7.80（赵彩云等，2014）。

【沼泽土壤】沼泽区土壤主要为典型的潮滩盐土。白龙河河口边滩和河口心滩都是以堆积作用为主的砂泥混合滩。

【沼泽植被】在蜡烛果林内侧的沙滩上，生长着以补血草为主的滨海沙生植物群落，与铺地黍组成共优群落。这种群落主要分布在亚热带海滩，延伸到热带海岸的明显趋少，在广西海岸中多见单株散生于其他群落中。在北海市的打席村等地的沙滩或沙地还零星可见绢毛飘拂草、麦穗茅根＋厚藤群落，它们生长在远离高潮线的流动或半流动性的松散沙土地，生境基本脱盐，环境干热而贫瘠（广西壮族自治区海洋和渔业厅，2017）。竹林海草场曾有喜盐草等海草生长，呈斑块状分布，每个斑块的优势种不同。海草场附近有以海榄雌为优势种的红树林（石雅君，2008）。该区域受到互花米草入侵严重。

【沼泽动物】西村港记录底栖动物 16 种，隶属于 5 门 7 纲 15 科，其中互花米草群落中 10 种，红树林湿地中 12 种。研究发现互花米草入侵后中华绿螂个体数量剧增，导致不同采样时间互花米草盐沼的大型底栖动物生物量均显著高于红树林湿地；除个别月份外，红树林湿地大型底栖动物的 Margalef 丰富度指数、Shannon-Wiener 多样性指数、Simpson 多样性指数和 Pielou 均匀度指数均显著高于互花米草群落（赵彩云等，2014）。

【受威胁和保护管理状况】根据《铁山港区林业局关于建立白龙古城港沿岸红海兰自然保护小区的通知》（北铁林发〔2012〕14 号），白龙古城港沿岸红海兰已被划入北海市白龙古城港沿岸红海兰自然保护小区，面积为 60.2 hm^2，主要保护对象为红海兰。该处自然保护小区位于广西壮族自治区北海市营盘镇白龙社区。

白龙港沼泽（邱广龙 摄）

安铺港沼泽（440881-620）

【范围与面积】安铺港沼泽位于广东省廉江市和遂溪县，地理坐标为 21°22′00″ ～ 21°25′00″N、109°45′00″ ～ 109°55′00″E；沼泽面积约为 909 hm²。

【地质地貌】沼泽区位于廉江市的西南部，地处雷州半岛九洲江下游，西邻北部湾；海拔 0 ～ 4 m。大地构造位于新华夏系第二隆起带与第二沉降带的交接地带的西南端，东西向的雷南构造带是主要构造体系，主干断裂为遂溪断裂。新生代强烈活动使本区大幅度沉降，控制了新生代本区的拗陷，形成安铺港。东北部的东冲断裂在燕山期较活跃，对安铺港的形成也有一定的控制作用。

【气候】沼泽区地处南亚热带和北热带的过渡带，属于热带、亚热带季风气候，高温多雨，雨量充足，年平均气温 23.3℃，≥10℃年积温达 8180℃以上，热量资源丰富，年均降水量为 1759 mm，通常 7 ～ 9 月降雨量占全年的 50%。安铺港有三条较大的河流注入，冲积洪积台地和三角洲平原成为主要地貌类型。河流还为本区提供了丰富的陆源物质，形成淤泥滩，沉积物类型为冲积 – 海积物。

【沼泽土壤】沼泽区土壤为滨海盐土，除遂溪县北潭镇杨柑河口与安铺河口以及廉江市营仔镇围垦区内有红树林潮滩盐土分布外，其他区全部为潮滩盐土。

【沼泽植被】沼泽区湿地植物主要有红海兰、秋茄树、蜡烛果，为红海兰 + 秋茄树 + 蜡烛果群落。

安铺港沼泽（邱广龙 摄）

乐民河口沼泽（440823-621）

【范围与面积】乐民河口沼泽位于广东省湛江市遂溪县乐民镇，地理坐标为 21°9′00″ ～ 21°10′00″N、109°44′00″ ～ 109°46′00″E；沼泽面积约为 9.44 hm²，海拔为 0 ～ 2 m。

【地质地貌】沼泽区受东西向雷南琼北构造体系的影响，为次一级断裂控制下的次级拗陷区。河口为一小型溺谷湾，乐民河从此入海，两侧为冲积洪积台地，沉积物类型为海积、风积、冲积物，质地以粉砂、黏土为主。

【气候】沼泽区位于南亚热带和北热带的过渡带，属热带、亚热带季风气候，高温多雨，雨量充足，年平均气温 23.3℃，≥10℃年积温达 8180℃以上，热量资源丰富，年均降水量为

乐民河口沼泽（邱广龙 摄）

1759 mm，通常 7～9 月降雨量占全年的 50%。

【沼泽土壤】沼泽区土壤主要为潮滩盐渍沙土。

【沼泽植被】沼泽区植物主要有红海兰、海榄雌和蜡烛果等。

通明海雷州湾沼泽（440882-622）

【范围与面积】通明海雷州湾沼泽区位于湛江市雷州市，沼泽面积约为 7468 hm²。地理坐标为 20°50′00″～21°15′00″N、110°7′00″～110°35′00″E。雷州湾位于广东省西南部雷州半岛东侧，为台地溺谷半封闭型海湾，因邻雷州半岛而得名。湾顶至通明海，北有东海岛与湛江港相隔，东有硇洲岛为屏障，湾口向东南敞开，水域宽阔。

【地质地貌】沼泽区海拔 0～5 m。大地构造位于南岭纬向构造南缘新华夏系第二隆起带和第二沉降带交界地带的西南端，吴川断裂以西。受吴川断裂、廉江断裂 EW 向的遂溪断裂、北和 - 调风断裂、流沙 - 前山断裂和 NW 向乌石 - 徐闻断裂交切，形成断陷区（第四纪又经历了 5 次规模不等的火山活动），形成了现代的地貌类型——大型台地溺谷湾，湾顶通过通明海和另一大型霸谷湾湛江港相连，四周有大片的玄武岩风化红土毗邻海岸，为淤泥质潮滩的形成提供了大量的物质来源。在通明海发育大面积的红树林滩。海岸类型多样，多为淤泥质海岸、砂质海岸以及红树林海岸等。

【气候】沼泽区属热带季风气候，太阳辐射强，降水充足，年平均气温 23℃，年均风速 5.0 m/s，年均蒸发量达 1788～2157 mm，年均降水量 1300～1700 mm，蒸发量大于降雨量，有明显的干湿季之分，且年变率大。

【水资源与水环境】雷州湾地处半岛东部，属亚热带气候，年均水温较高，口门开阔，水动力环境优越，沿岸主要入海河流有通明河、南渡河、雷高河以及城月河等，年平均径流量分别为 4.75 m³/s、4.82 m³/s、1.16 m³/s、5.08 m³/s（陈春亮和张才学，2016）。海湾伸入内陆，海水终年温暖不冻。雷州湾内地形复杂，有 3 条显著的深槽分布，其中间深槽由湾外延伸至湾顶，湾顶处水深达 5 m 以上，湾中段水深大于 10 m，湾口处水深约 20 m，南北两侧深槽水深也基本大于 10 m，海洋动力环境优越。潮汐潮流由太平洋潮波进入南海后形成，附近海岛及海底地形摩擦对其影响甚大，潮汐特征较为复杂，不正规半日潮特征显著，但潮高和潮时不等现象明显，湾顶潮差比湾口约大 0.65 m，湾顶涨憩时间比湾口滞后约 1 h，平均潮差 2.00～3.00 m，是华南沿岸潮差较大的海区之一。

【沼泽土壤】沼泽土壤以滨海盐土占绝对优势。在通明海又以红树林潮滩盐土为主。雷州湾除南岸中部有一小片为红树林潮滩盐土外，其余全为潮滩盐土，质地为沙质或壤质。湛江港中东海岛东北角的蔚律港为红树林潮滩盐土，其余为潮滩盐土，质地沙质或壤质。

【沼泽植被】沼泽植被以红海榄群落、海榄雌群落和秋茄树 + 蜡烛果群落为主。受潮汐、沿岸流和外海水的综合影响，浮游植物群落结构复杂，既有外海高盐种类，也有半咸淡水低盐种类。

通明海雷州湾沼泽（邱广龙 摄）

江洪江河口沼泽（440823-623）

【**范围与面积**】江洪江河口沼泽区位于广东省廉江市和遂溪县，地理坐标为20°59′00″～21°1′00″N、109°41′00″～109°42′00″E；沼泽面积约为35.3 hm²，海拔为0～2 m。

【**地质地貌**】受东西向雷南琼北构造体系的影响，为次级断裂—河头断裂控制下的次级拗陷区。河口为小型溺谷湾，江洪江从此入海，两侧为冲积洪积台地，河谷由冲积而成，沉积物类型为海积、风积、冲积物，质地以粉砂、黏土为主。

【**气候**】沼泽区位于南亚热带和北热带的过渡带，属热带、亚热带季风气候，高温多雨，雨量充足，年平均气温23.3℃，≥10℃年积温达8180℃以上，热量资源丰富，年均降水量为1759 mm，通常7～9月降雨量占全年的50%。

【**沼泽土壤**】沼泽区土壤主要为红树林潮滩盐土。

【**沼泽植被**】沼泽区植物以红海兰、海榄雌和蜡烛果为主。

江洪江河口沼泽（邱广龙 摄）

涠洲岛沼泽（450502-624）

【**范围与面积**】涠洲岛位于北部湾中部偏北，地理坐标为20°54′～21°04′N、109°03′～109°13′E。涠洲岛南北方向的长度为6.5 km，东西方向宽6 km，总面积为24.74 km²，岛的最高海拔79 m。涠洲岛淡水湿地总面积为110.14 hm²（莫竹承等，2018）。

【**地质地貌**】涠洲岛地势南高北低，其南面的南湾港是由古代火山口形成的天然良港。港口呈圆椅形，东、北、西三面环山，东拱手与西拱手环抱成蛾眉月状。在波浪、海流、潮汐的侵蚀下，涠洲岛海岸基岩出现海蚀洞、海蚀沟、海蚀龛、海蚀崖、海蚀柱、海蚀台、海蚀窗、海蚀蘑菇等各种地貌。涠洲岛滨海湿地类型较为单一，主要为岩石性海岸与砂质海岸。岩石性海岸以火山沉积岩侵蚀后形成的各种海蚀地貌为表现特征，局部海滩还有珊瑚礁形成的海滩岩分布。砂质海岸主要由珊瑚沙堆积形成。尤其在涠洲岛东部及北部沿岸发育良好，形成宽广的海蚀平台向海中延伸，与砂质海岸相接。部分区域岩石性海岸与砂质海岸相间交错分布。

沙滩、砂砾滩和砾石滩主要分布于涠洲岛北部后背塘－北港－苏牛角坑－公山背、西南部竹蔗寮－滴水村一带的潮间带，由含珊瑚碎屑和贝壳碎片的细中砂、粗中砂组成，并含有少量的玄武岩岩屑和珊瑚礁块。沙滩一般宽50～200 m；中、高滩坡度较陡，低滩剖面较缓。涠洲岛西南部的竹蔗寮、后背塘－北港－苏牛角坑－公山背、东部的石盘河一带的低潮带和水下岸坡发育珊瑚礁坪，高潮带和中潮带虽然没有发现活珊瑚，但岸滩常有珊瑚礁碎块，在沙滩上随着潮位的变化，常发育数条由珊瑚礁砾石组成的平行的砾石堤。

珊瑚礁坪：仅见于涠洲岛北部、东部、西南部沿岸低潮带，中潮带和高潮带没有发现活珊瑚。涠洲岛珊瑚岸礁分布不均匀，各向岸礁发育程度极不相同，北部沿岸发育最好，东部和西南部沿岸次之，而西部和南湾沿岸则不成礁。该岛北部后背塘－北港－苏牛角坑一带沿岸是珊瑚礁体较宽的岸段，沿岸广泛接受沉积，滨外珊瑚礁发育良好，礁坪宽达 1025 m。

海滩岩：仅见于涠洲岛北部沿岸后背塘－北港－公山背和东部沿岸横岭－下牛栏及西南岸竹蔗寮等地的沿岸砂堤中和海岸高潮带附近，与沿岸砂堤相伴。涠洲岛海滩岩主要由灰白色中粗砾状含珊瑚碎屑不等粒砂质生物碎屑海滩岩、含生物碎屑砂岩组成。海滩岩分布区大部分顶部被一层 1 ～ 1.5 m 厚的松散生物碎屑和珊瑚碎屑砂覆盖。海滩岩形成的地质绝对年代与其所在沙堤形成的时代一致，涠洲岛西角－后背塘－北港－苏牛角坑一带的老沙堤中的海滩岩形成年代为距今 5000 ～ 7000 年，中沙堤中的海滩岩形成年代为距今 2000 ～ 5000 年。位于涠洲岛西南竹蔗寮－滴水村，东部横岭－下牛栏一带沙堤中的海滩岩形成年代为距今小于 2000 年。

【气候】涠洲岛的最冷月为 1 月，平均气温为 15.3℃；最热月为 7 月，平均气温为 28.9℃；多年平均气温为 22.6℃。涠洲岛降雨量最多年均达 2121 mm，最少年均为 636 mm，年平均降雨量为 1380 mm。涠洲岛最大风速为 40.0 m/s，其风向具有明显的季节性，每年的 9 月至翌年的 3 月盛行偏北风，即冬季风，4 ～ 8 月盛行偏南风，即夏季风。常风向为北向和东北偏北向，多年月平均风速为 3.8 ～ 5.5 m/s，年平均为 4.8 m/s，强风向为东南偏东向（史海燕，2012）。

【水资源与水环境】涠洲岛海域内的潮汐类型为正规全日潮，日分潮在该海区内占主导地位，一天一次高潮和一次低潮，其余则主要为一天两次高潮和两次低潮。潮流的运动形式为往复流，涨潮时流向偏北，落潮时流向偏南，潮流的旋转方向以顺时针为主。表层流速大于底层流速，落潮流速大于涨潮流速。

受亚热带季风的影响，涠洲岛海域的波浪主要是由海面风产生的风浪和外海传递的涌浪组合而成的，其发展及消衰直接受季风的制约。根据涠洲站多年波浪观测资料统计，强浪向偏西南，次强浪向偏东北，常浪向为 NNE。

涠洲岛海域多年平均海水温度为 24.62℃，其中春季水温一般为 19 ～ 23℃；秋季海水温度为 27.18 ～ 28.72℃；冬季水温偏低，平均为 17.53 ～ 19.82℃；夏季水温平均为 29.09 ～ 30.35℃。涠洲岛区累年平均海水盐度为 31.9‰，盐度垂直分布的季节变化不明显。历年的调查结果表明涠洲岛海域海水的透明度较大，数值为 3.0 ～ 10.0 m。

【沼泽植被】2019 ～ 2020 年的调查结果表明，涠洲岛海草分布于南湾西侧，紧邻珊瑚礁区，面积 4246 m²，为潮下带的生长形式，海草种类仅见喜盐草；真红树植物有 6 种（红海兰、海漆、海榄雌、蜡烛果、卤蕨以及外来种无瓣海桑），占广西真红树种类的 50%，分布于涠洲岛西北部的西角沟、北部的牛角坑沟和东南部的五彩滩，总面积约为 450 m²；半红树植物 6 种，占广西半红树种类的 75%；外来种互花米草仅见于西北部的西角沟，面积处于快速扩展阶段（现存面积 70 m²，比 9 个月前的面积增加了 2 倍）（邱广龙等，2021）。

【沼泽动物】涠洲岛海域位于北部湾渔场的北部，渔业资源丰富。珊瑚礁鱼类有 80 余种，主要有褐菖鲉、红背圆鲹（蓝圆鲹）、丝蝴蝶鱼、八带蝴蝶鱼、丽蝴蝶鱼、银鲳、绿唇鹦嘴鱼、青点鹦嘴鱼、细纹鲾、黄斑光胸鲾、截尾银姑鱼、金线鱼、短尾大眼鲷、黑口鳓、四线天竺鲷、长鳍篮子鱼等。底栖生物主要种类有模糊新短眼蟹、绒毛细足蟹、日本褐虾、须赤虾、波纹巴非蛤等。

涠洲岛潮间带底栖生物的平均栖息密度为 326.4 ind/m²，底栖生物以软体动物和甲壳动物为主，分别为 240.00 ind/m² 和 70.40 ind/m²；多毛动物、棘皮动物及其他动物栖息密度相对较低，分别为 12.80 ind/m²、3.20 ind/m² 和 0.00 ind/m²。涠洲岛潮间带底栖生物的平均生物量为 617.49 g/m²，底栖生物以软体动物和甲壳动物为主，分别为 413.78 g/m² 和 197.12 g/m²；多毛动物、棘皮动物及其他动物生物量相对较低，分别为 5.63 g/m²、0.96 g/m² 和 0.00 g/m²。潮间带发现大量软体动物，其主要优势种为疣滩栖螺、方形钳蛤、近江牡蛎、平轴螺、杂色蛤仔、纵带滩栖螺、奥莱彩螺、单齿螺、粒结螺等；甲壳动物主要优势种为绒毛近方蟹等。

在已发现的 179 种鸟类中，繁殖鸟（包括留鸟和夏候鸟）19 种，冬候鸟 48 种，旅鸟 112 种。在中日两国协定保护的 227 种候鸟中，路过停留保护区的有 92 种，占总数的 40.5%；在中澳两国协定保护的 81 种候鸟中，路过停留的有 30 种，占总数的 37.0%。此外，还有许多候鸟来自东北亚、东南亚和南洋群岛诸国。在保护区活动的鸟类中，有 158 种是国际迁徙鸟类，占保护区鸟类种数的 88.3%。

【受威胁和保护管理状况】广西涠洲岛自然保护区位于北部湾中部，包括涠洲、斜阳二岛，该保护区处于亚洲大陆与东南亚和澳大利亚（经东南亚）之间的鸟类迁徙路线上，是鸟类迁徙途中的重要驿站。2021 年 1 月广西壮族自治区林业局确定将广西北海涠洲岛湿地和广西北海涠洲岛珊瑚礁湿地列入第一批自治区重要湿地名录，其中广西北海涠洲岛自治区重要湿地总面积 2193.1 hm^2，湿地面积 410.33 hm^2，保护对象为近海与海岸湿地等；广西北海涠洲岛珊瑚礁自治区重要湿地总面积 2512.92 hm^2，湿地面积 653.963 hm^2，保护对象为近海与海岸湿地。

湛江沼泽（440800-625）

【范围与面积】湛江沼泽地处中国大陆最南端（20°14′ ～ 21°35′N、109°40′ ～ 110°35′E），跨湛江市徐闻、雷州、遂溪和廉江 4 县（市）及麻章、坡头、经济技术开发区、霞山 4 区（易小青等，2018）。湛江沼泽是我国红树林面积最大、种类较多、分布最集中的区域，沼泽面积为 13 630 hm^2。

【地质地貌】沼泽区位于广东省的雷州半岛上，雷州半岛三面环海，地势平坦，其北部（廉江市）属低丘陵，南部为崎岖海岸，东西两海岸与邻近海岛的海岸为坡度较小的海滩，东南部和西南为玄武岩发育的台地和海积或冲积平原。沿海滩涂广阔，–10 m 等深线浅海滩涂面积为 48.92 万 hm^2，其中潮间带滩涂面积 9.91 万 hm^2，占全国潮间带滩涂总面积的 5%，占广东省潮间带面积的 48%，有可适宜红树林种植的滩涂面积 9609.7 hm^2（李建军，2010）。

【气候】沼泽区位于北热带向南亚热带的过渡区域，受季风和海洋气候双重影响，年均温度为 23℃，年均降水量为 1535 mm，干湿季明显，雨季集中在 4 ～ 9 月，多伴有台风、风暴潮等恶劣天气（易小青等，2018）。保护区光照很强，年平均太阳的总辐射强度达到 4500 ～ 5600 MJ/m^2（孟佩，2015）。特殊的地理位置、适宜的雨热条件，构成红树林生长和繁衍的理想生境（郭欣等，2018）。

【水资源与水环境】雷州半岛潮间带立地均属湿地范围，大部分为沙质海滩地，只有河口、内湾为泥沙质滩涂地。东西两岸海岸线潮汐规律各不相同，东岸为不正规半日潮，西岸为正规全日潮。湛江沿岸各海区海浪生成以风浪为主，约占 80%，且出现频率较大，而涌浪只占 20% 左右，常见风浪方向为 ENE 向。根据国家海洋局硇洲岛海洋站观测资料统计，多年平均潮差和多年平均最大潮差分别是 1.77 m 和 3.52 m。

【沼泽土壤】雷州半岛地势平坦、岸线曲折，红树林下的土壤主要受浅海沉积、潮汐和河流搬运等水力作用，多发育为盐渍沼泽土（易小青等，2018）。红树林保护区沿海的泥沼、滩涂多为河流冲积物或浅海沉积发育，淤泥深厚、土壤肥沃，是红树林的理想生长地。雷州半岛南部地区的成土母质为玄武岩。在雷州市的北部和半岛东部各岛以及遂溪南部的成土母质形成浅海沉积物。玄武岩一般形成黏性较重的砖红壤，而浅海沉积物则风化形成砂壤质砖红壤。此外，在湛江市霞山区对面的特呈岛的东南，有一片由浅海沉积物风化、在成土过程中沉积所构成的海滩，夹杂着砂质的盐土，也生长着红树群落（孟佩，2015）。

【沼泽植被】沼泽区拥有真红树和半红树植物 15 科 22 种，如海榄雌、红海兰、秋茄树和木榄等，为众多濒危野生动植物（如黑脸琵鹭等）提供适宜的栖息环境（易小青等，2018）。根据文献资料，沼泽区有外来红树植物 3 科 7 种，包括从海南引种了红树科的红树、楝科的木果楝及海桑科的杯萼海桑、无瓣海桑、海桑、海南海桑等，其中无瓣海桑和海桑已经推广造林，尤其以无瓣海桑的生长适应性良好，速生性表现突出。

【沼泽动物】沼泽区除众多的鸥形目、雀形目等留鸟外，每年秋冬季，有大量的（包括鹤类、鹳类、鹭类、猛禽类等）从日本、西伯利亚或我国北方地区飞往澳大利亚的途中在此停留的候鸟，使该区成为中日、中澳国际候鸟迁徙的通道。记录鸟类 27 科 11 目 111 种，其中《中国濒危动物红皮书》保护鸟类 9 种，1 种为濒危，2 种为稀有级，4 种为易危级；IUCN 保护鸟类 2 种，即黄嘴白鹭和黑嘴鸥，且都是易危级；CITES 名录中鸟类共 11 种；广东省重点保护鸟类 9 种。

雷州半岛红树林区有贝类 3 纲 37 科 76 属 110 种，有鱼类 15 目 58 科 100 属 127 种。贝类以帘蛤科种类最多，达 20 种；发现我国大陆沿海为首次记录的有琴文蛤、中华绿螺、蚯耳螺 3 种。鱼类以鲈形目居绝对优势，有 27 科 49 属 65 种。有重要经济价值的种类中贝类有 28 种，鱼类有 32 种（孟佩，2015）。

【受威胁和保护管理状况】湛江红树林保护区始建于 1990 年，1997 年经国务院批准升格为国家级自然保护区，面积约为 20 278.8 hm²，是我国大陆沿海红树林面积最大的自然保护区，主要保护对象为热带红树林湿地生态系统及其生物多样性，包括红树林资源、邻近滩涂、水面和栖息于林内的野生动物。保护区 2002 年 1 月被列入《国际重要湿地名录》。《广东湛江红树林国家级自然保护区管理办法》于 2017 年 12 月 26 日由湛江市人民政府令第 1 号公布，自 2018 年 2 月 1 日起施行。

湛江沼泽（邱广龙 摄）

防城港沼泽（450600-626）

【范围与面积】防城港沼泽地理坐标为 20°14′ ~ 21°41′N、109°40′ ~ 110°35′E。防城港湾入海河流主要是防城河，由于河床地势平缓，入海口流域面积宽广，流速极缓慢，沼泽面积为 451 hm²。

【地质地貌】防城港包括西湾（防城江）和东湾（暗埠江口）。

防城港西湾：防城港西湾南部（万欧村 - 牛头岭）：高潮带地貌类型有沙滩、砂砾滩、碎石滩、海蚀平台等。中潮带地貌类型主要是由滩脊 - 滩槽发育的沙滩。低潮位沙滩为向海倾斜的狭长斜坡带。防城港西湾中部（牛头岭 - 大沥村）：本段海岸是典型的基岩岬角 - 港湾岸。岬角处潮间带为海蚀平台和碎石砂砾滩，小港湾内高潮带为砂砾滩或粗砂滩，中潮带为砂泥混合滩或沙滩，低潮带多为沙滩。防城港西湾北部（大沥村 - 渔沥岛白沙一线以北）：西岸高潮带地貌类型主要是砂砾滩、红树林碎石滩、红树林砂泥滩。中潮带地貌类型以砂泥混合滩为主，局部有泥滩分布。低潮带为潮间带水道。东岸和湾中浅滩地貌类型有红树林砂泥滩、砂质草滩、高潮位沙滩、中潮位沙滩和低潮位沙滩。

防城港东湾：渔沥岛南部（箔仔墩以南）主要是从潮间带沙滩采挖泥沙围填而成的人工陆地。渔潢岛东岸南部潮间带主要地貌类型是中潮位和低潮位沙滩。渔沥岛东岸北部（箔仔墩－防城江东分支河道）：高潮带地貌类型主要有红树林砂泥滩和泥滩。中潮带和低潮带地貌类型主要为沙滩，局部有小片砂泥混合滩分布。

防城港东湾各支汊（榕木江支汊、风流岭江支汊、云约江支汊）潮间带地貌类型多表现为高潮带红树林砂泥滩或泥滩，中潮带砂泥混合滩，低潮带多为沙滩。

防城港东湾南部（赤沙电厂以南－石角头）潮间带地貌类型为含砾石的沙滩。

【气候】沼泽区属亚热带海洋性季风气候，受海洋和十万大山山脉的共同影响，雨量较充沛。降水主要集中于每年的 6 ～ 9 月，占全年降水量的 71%。

【水资源与水环境】防城港的海流主要由潮流和防城河流以及风浪流共同影响构成。防城港入海河流主要是防城河，其主流沿渔沥岛的西侧经牛头岭出海，另一支经渔沥岛北端海峡流入暗埠口江。防城河多年平均流量为 58.7 m³/s，由于河床地势平缓，入海口流域面积宽广，流速极缓慢。防城港东面为企沙半岛，西面为白龙半岛，是两道天然屏障，因而港口内风平浪静。只有在每年 6 ～ 9 月的台风季节才有 4 ～ 5 级波浪，但次数也不多。

【沼泽动物】东西湾底栖生物平均栖息密度为 274.96 ind/m²，以软体动物为主，为 195.95 ind/m²；多毛动物、甲壳动物和其他动物栖息密度相对较低，分别为 55.40 ind/m²、20.57 ind/m² 和 3.05 ind/m²；未发现棘皮动物。

东西湾调查海区平均生物量为 234.15 g/m²，底栖生物以软体动物为主，平均生物量为 203.28 g/m²，甲壳动物、其他动物、多毛动物生物量相对较低，分别为 14.58 g/m²、13.66 g/㎡、2.26 g/m² 和 0.37 g/m²；未发现棘皮动物。

软体动物在整个防城港湾内均有大量分布，以砂质滩面上覆的螺类（珠带拟蟹守螺、纵带滩栖螺、奥莱彩螺、秀丽织纹螺、红树拟蟹守螺）和蛤类（编织美丽蛤、鸭嘴海豆芽、毛蚶、青蛤、文蛤）为主。

东湾红树林区小型底栖动物总平均丰度为（10 364±8012）ind/10 cm²；线虫是绝对优势类群，占小型底栖动物总丰度的 95.38%，平均丰度为（9886±7746）ind/10 cm²；其次为桡足类，占比为 2.14%，平均丰度为（221±358）ind/10 cm²；小型底栖动物的总平均生物量为（10 502±7894）μg/10cm²（邹明明等，2020）。

【受威胁和保护管理状况】2021 年 1 月广西壮族自治区林业局确定将广西防城港东西湾红树林列入第一批自治区重要湿地名录，总面积为 370.86 hm²，保护对象为近海与海岸湿地。

防城港沼泽（邱广龙 摄）

企水港－海康港沼泽（440882-627）

【范围与面积】企水港－海康港沼泽区位于雷州市西海岸的北和镇，地理坐标为 20°40′ ～ 20°50′N、109°44′ ～ 109°53′E；沼泽面积约为 118.2 hm²，海拔为 0 ～ 7 m。

【地质地貌】企水港－海康港的大地构造位置属于新华夏系第二隆起带与第二沉降带的交接地带的西南端，东西向的雷南构造带是主要构造体系，其中北东向的唐家断裂对本区地貌的形成起控制作用，形成次一级拗陷区，已接近雷南强烈沉降区。企水港为一台地溺谷湾，四周地貌为海积平原或台地，使得陆源物质在湾顶和赤豆寮岛内侧有少量堆积，形成红树林滩。湾内沉积物以第四系源积物为主，由粉砂组成。外侧有赤豆寮岛，使企水港呈半封闭，对红树林滩的形成也起一定作用。控制海康港形成的次一级断裂有东西向的海康－龙门断裂、吴川－海康港断裂（NE 向）和迈车坎断裂（NW 向），海康港为台地溺谷湾，有龙门河注入，陆源物质得以沉积形成淤泥质潮滩，湾口狭窄，沉积物为冲积、海积物。

【气候】沼泽区属亚热带湿润性季风气候。光照充足，热量丰富。日照年平均 2003.6 h，年平均气温 22℃，最高气温 38.5℃（出现于 1977 年 6 月 8 日），最低气温 0℃（出现于 1975 年 12 月 2 日和 29 日），最热月份是 7 月，平均气温 28.4℃，最冷月份是 1 月，平均气温 15.5℃。年温差明显，为 12.9℃左右。年积温约 8382.3℃。无霜期达 364 d。雨量充沛。干湿明显，年平均降雨日 135 d，平均年降雨量为 1712 mm。降雨年际变化大，相对出现干湿季。雨季为 6～9 月，以南风为主；旱季为 11 月至翌年 3 月，以北风为主。市内区域降雨不均匀。东部、中部、北部为多雨区。而西部、南部为少雨区。内陆为多雨区。沿海为少雨区。年平均相对湿度为 84%，风速 3.6 m/s。

【沼泽土壤】沼泽区土壤主要为滨海盐土，其中赤豆寮岛东侧、黑水港东侧滩地为红树林潮滩盐土，其他为潮滩盐渍沙土。海康港的英楼港两岸皆为红树林湖滩盐土，中间为潮滩盐土，海康港内以潮滩盐渍沙土为主。

【沼泽植被】沼泽区植物主要有秋茄树和蜡烛果等。

企水港沼泽（邱广龙 摄）

新寮岛沼泽（440882-628）

【范围与面积】新寮岛沼泽位于广东省湛江市雷州市、徐闻县的东部海岸带，地理坐标为 20°33′～20°45′N、110°18′～110°26′E，面积约为 705 hm²。海拔 0～3.5 m。

【地质地貌】雷琼坳陷区的雷南强烈沉降区雷南构造带中的淡水－流沙港断裂从中穿过，西侧有系列的火山活动影响本区，经海平面的间断升降，形成本区的地貌。潮间带以砂砾质海滩为主，只有新寮岛南端和大陆之间形成一定面积的红树林滩和淤泥滩，陆上为熔岩红土台地，沉积物类型为海积物和风积物，部分地区为河流冲积物。

【气候】沼泽区属北热带季风湿润气候区，地处低纬度，太阳投射角度大，日照充足，太阳辐射能丰富，年平均日照 2078.7 h，全年温暖，终年无霜；水热同季，降雨、气温和太阳辐射的高峰期大致相同，都出现在 5 ～ 10 月。年平均气温为 23.5℃，日均温≥ 10℃，活动积温 8497.6℃，≥ 10℃持续时间为 362 d，年平均降雨量为 1375 mm。

【沼泽土壤】新寮岛南端和大陆之间形成一定面积的红树林滩和淤泥滩，陆上为熔岩红土台地，沉积物类型为海积物和风积物，部分区为河流冲积物。淤泥滩四周为沙质海滩，只有几条狭窄水道与海相连，海潮水直接影响不大，四周只有几条小溪流入，夏季的河流泛滥水相对较多，对淤泥滩有一定影响。

该区域主要成土母质为玄武岩、古浅海沉积物和河流冲积物等，土壤类型以砖红壤为主，另有滨海沙土、潮砂泥土等，共有 10 个土类 17 个亚类 61 个土属和 191 个土种。大陆沿岸的小湾及小岛之间港湾边缘为成片的红树林潮滩盐土。

【沼泽植被】沼泽植被以红树林占绝对优势，优势种为红海兰和海榄雌，有多种红树伴生，如秋茄树、蜡烛果、老鼠簕，向陆高潮线以上有海漆、黄槿等。

【受威胁和保护管理状况】沼泽区是鸻、鹬、鹭等鸟类的越冬地和驿站。但近年由于围海造田，挖塘养鱼虾，砍伐红树林，自然生态平衡失调，灾害频繁。

新寮岛沼泽（邱广龙 摄）

流沙湾 – 角尾湾沼泽（440882-629）

【范围与面积】流沙湾 – 角尾湾沼泽区位于雷州市和徐闻县、雷州半岛西岸，地理坐标为 20°15′ ～ 20°30′N、109°54′ ～ 110°8′E；沼泽面积约为 578 hm²，海拔 0 ～ 4 m。

【地质地貌】沼泽区构造属于新华夏系第二隆起带与第二沉降带交接地带的西南端，即雷南 – 琼北东西向构造带与新华夏系吴川 – 流沙港断裂的交接复合部位。吴川 – 流沙港断裂，主要活动于燕山期，且雷南构造使本区大幅度沉降，控制了流沙湾这个台地溺谷湾的形成，在此鹿角湾的各个角又都有河流注入，中地貌为熔岩红土台地，使得本区红树林滩和淤泥质潮滩得以发育，往外为沙滩。以冲积物为主，其次为海积风积。角尾湾内部小湾北海湾和华丰港由于海水作用也发育了淤泥潮滩，主要为海积物，为红树林的生长奠定了生境基础。

【气候】沼泽区位于徐闻县、地处热带，属热带季风气候，一年四季阳光充足，高温炎热，年平均气温 23.3℃，年平均降雨量 1364 mm。

【沼泽土壤】在流沙湾高潮滩，如华丰港东岸潮滩，英良湾及龙潭村沿岸为红树林潮滩盐土，其外侧为潮滩盐土，港中部以潮滩盐渍沙土为主；角尾湾的北海湾和华丰港内土壤也以红树林潮滩盐土为主，外侧为潮滩盐土。

【沼泽植被】沼泽植物主要有红树植物 14 种，其中真红树 10 种，分别为木榄、秋茄树、红海兰、蜡烛果、海榄雌、海漆、海桑、榄李、老鼠簕、银叶树。半红树植物 4 种：卤蕨、桐棉、水黄皮、海杧果。

【沼泽动物】沼泽区有鱼 127 种，贝 110 种，虾蟹 61 种，鸟类 192 种，昆虫 258 种，其他动物 26 种。流沙湾有游泳动物 161 种，隶属于 3 纲 13 目 55 科，其中鱼类 9 目 43 科 100 种，虾类 2 目 5 科 32 种，蟹类 1 目 4 科 20 种，头足类 2 目 3 科 9 种（沈春燕等，2016）；贝类有 3 纲 7 亚纲 13 目 42 科 79 属 104 种，其中帘蛤科 24 种，牡蛎科、贻贝科各 6 种，汇螺科和蜒螺科各 5 种（谢恩义等，2010）。

流沙湾－角尾湾沼泽（邱广龙 摄）

五源河沼泽（460105-630）

【范围与面积】五源河沼泽位于海南省海口市秀英区，地理坐标为 19°27′06″ ～ 20°04′59″N、110°11′51″ ～ 110°16′02″E，南起永庄水库，北至五源河河口海域，湿地面积为 958.39 hm²，湿地率为 73.69%。

【地质地貌】沼泽区地质构造属于雷琼裂谷南部坳陷区。海口市位于琼北新生代断陷盆地中，由新生代琼北断陷盆地（为主）与琼东北隆起（东南部）构成，位于区域性近东西向、近南北向、北东向和北西向断裂的交接复合部位。地势东南高西北低，水系纵横交错，地层主要属新生代古近纪（为主）至第四纪的滨海相、海陆交互相地层。地貌类型为滨海平原带，地势低平，面积广大。

【气候】沼泽区位于低纬度热带地区的北缘，属热带季风海洋性气候，具有温暖多雨、光热充足、温差小、无霜期长等特点。同时，雨季明显主要集中在 5 ～ 10 月，占年降水量的 81.9%。年平均气温 23.8℃，年降水量 1592 mm（陈慧，2022；林华，2021）。

【水资源与水环境】沼泽区主要水体包括东南部永庄水库、五源河和海口湾部分潜水海域。永庄水库水源主要来自松涛水库和自然雨水补给，湿地原生态环境好，有典型的火山熔岩湿地特征。五源河自永庄水库西侧出水库，出水口至椰海大道处有防渗硬化工程，下游周围工厂及农业污染较大，水体健康程度低。河流入海口处分布少量红树林，海水水质良好（陈旭，2019）。

【沼泽土壤】沼泽区土壤类型主要为滨海沙土。

【沼泽植被】沼泽区共有维管植物 145 种，隶属于 55 科 130 属（蔡永富，2019），包括国家二级保护植物水蕨，以及 3 种省级保护植物见血封喉、卤蕨、秋枫。除此以外，新发现火焰兰、线柱兰、延药睡莲 3 种珍稀濒危植物（雷金睿，2019）。

【沼泽动物】沼泽区生活着包括国家二级重点保护野生动物红原鸡、小天鹅、褐翅鸦鹃、黑翅鸢、栗喉蜂虎、等在内的 121 种鸟类，新发现有花鳗鲡、水雉、豹猫等国家级重点保护野生动物。

【受威胁和保护管理状况】沼泽区建有海南五源河国家湿地公园，2019 年通过国家林业和草原局试点验收，正式成为国家湿地公园。

美舍河沼泽（460106-631）

【范围与面积】美舍河沼泽位于海南省海口市龙华区美舍河国家湿地公园，地理坐标为 19°56′50″ ～ 20°2′58″N、110°17′58″ ～ 110°21′55″E。面积为 468.38 hm²，其中沼泽面积为 25.97 hm²。

【地质地貌】沼泽区地质构造属于雷琼裂谷南部坳陷区。中新世及上新世海南岛王五－文教大断裂以北至琼州海峡发生断陷，形成琼北断陷盆地，堆积巨厚的新生代（第三纪）地层，至全新世（第四纪），并有多次地震和海底火山活动，有多期火山岩相间分布于第三纪和第四纪沉积层之中，出露于地表组成琼北基性（为主）火山熔岩台地。

【气候】沼泽区属热带季风海洋性气候，温暖多雨、光热充足、温差较小、无霜期长。受季风影响明显，雨季分明，降水主要集中在 5 ～ 10 月，占全年降雨量的 81.9%，多为热带气旋雨和对流雨；年平均降雨量 1816 mm，降雨日数（日雨量 ≥ 0.1 mm）102 d。水热同期，11 月至翌年 4 月是少雨季节，常有冬春旱发生。年平均蒸发量 1834 mm，平均相对湿度 85%。年平均气温 24.4℃；月平均最高气温 28.8℃，出现在 7 月；月平均最低气温 18.0℃，出现在 1 月。年平均日照时数 1954.7 h。常年以东北风和东南风为主，年平均风速 3.4 m/s。

【沼泽植被】沼泽区共有野生维管植物 99 科 243 属 301 种，有水菜花、水蕨、野生稻三种国家二级保护野生植物，是我国野生水菜花的主要分布区（蔡永富等，2019）。

【受威胁和保护管理状况】美舍河国家湿地公园于 2019 年通过国家林业和草原局试点验收，正式成为国家湿地公园；2020 年 6 月，入选《2020 年国家重要湿地名录》。

马袅港－红牌港沼泽（469024-632）

【范围与面积】马袅港－红牌港沼泽区位于临高县马袅乡，分布于马袅半岛东西两侧。沼泽区地理坐标为 19°55′ ～ 19°58′N、109°47′ ～ 109°53′E，位于海南岛西北部，西北濒临北部湾，北濒琼州海峡，与雷州半岛隔海相望，面积约为 76.2 hm²，海拔为 0 ～ 3 m。

【地质地貌】沼泽区构造体系属于王五－文教构造带，为琼北中度沉降区。两个港湾皆为熔岩红土台地溺谷湾，在海潮水的作用下，形成沙砾质海滩。马袅港沙滩内为小面积海积平原，沉积物以海积物为主。

马袅港－红牌港沼泽（邱广龙 摄）

【气候】沼泽区属热带海洋性季风气候，高温多雨，光照充足，水热条件好，年平均气温为 23～25℃，年均降雨量为 1100～1800 mm，5～10 月为雨季，雨量占全年的 85%。1 月平均气温为 16.9℃，7 月平均气温为 28.3℃。年平均雨日为 135.9 d。年平均出现强风 3.1 次，年平均风速约为 2.1 m/s。因地处岛西北部，受台风影响较小。

【沼泽土壤】沼泽区地势平坦，地处琼北台地区，其大部分土地属玄武岩风化发育而成的红壤土，其次是浅海沉积和河流冲积发育而成的砂质土。土层深厚，含有机质较多，土壤肥力较好。其中，马袅港区为红树林潮滩盐土，红牌港区为潮滩盐土。

东寨港沼泽（460108-633）

【范围与面积】东寨港沼泽位于海口市美兰区东北部，地理坐标为 19°51′00″～20°01′09″N、110°31′59″～110°38′04″E，周围主要有两镇（演丰镇、三江镇）一场（三江农场）。沼泽区湿地类型包括红树林沼泽、沙石海滩、潮下水生层、浅海水域和河口水域，其中红树林面积 1771 hm^2。

【地质地貌】沼泽区位于 1605 年琼州大地震陆地下陷而形成的浅水港湾，主要地貌类型是淤泥质海岸。沿海的滩涂、泥沼多为浅海沉积或河流冲积物发育而成，淤泥深厚、土壤肥沃，是红树林的理想生长地。

【气候】东寨港为热带季风海洋性气候，年平均气温为 23.3～23.8℃；年平均相对湿度为 85%，年均降水量 1676 mm，雨季平均始期为 5 月上旬，终期为 10 月下旬（廖宝文等，2005）。

【水资源与水环境】沼泽区潮汐属混合潮，潮高 1.5～2.0 m，水源以综合补给为主，且永久积水，水源永久流出。水体 pH 8.1，为弱碱性；矿化度为 3.10 g/L，为咸水；透明度 0.44 m，等级为浑浊；总氮为 0.40 mg/L，总磷为 0.04 mg/L，化学需氧量为 1.67 mg/L，属于富营养水体。

【沼泽植被】红树林是东寨港沼泽的主要植被类型，包括海榄雌群系、海莲群系、红海兰群系、角果木群系、榄李群系、秋茄树群系、蜡烛果群系。本次调查共记录 12 种红树植物，隶属于 6 科 9 属，包括海榄雌、海莲、海漆、海桑、红海兰、海莲、角果木、榄李、木榄、蜡烛果、秋茄树和无瓣海桑。大多为嗜热广布种，如木榄、红海兰、榄李、海漆等，再加上一些抗低温广布种，如秋茄树、海榄雌、蜡烛果等。林分郁闭度为 0.8 以上，平均冠幅为 3.11 m，林木平均高度为 4.6 m。此外，在东寨港内还分布有以贝克喜盐草为优势物种的海草床。

东寨港沼泽（邱广龙 摄）

【沼泽动物】沼泽区动物种类非常丰富，其中尤以鸟类、底栖生物和鱼类最多。历史上记录有鸟类 78 种，其中水鸟 45 种，陆生鸟类 33 种，共记录国家一级保护鸟类 9 种；大型底栖生物 68 种（邹发生等，1999）。本次调查共记录湿地水鸟 26 种，鱼类 7 种，大型底栖动物 30 种。湿地水鸟中冬候鸟 11 种，留鸟 10 种，旅鸟 5 种，总的种群数量为 1259 只，其中针尾鸭、白鹭和苍鹭的种群数量都在 100 只以上；鱼类包括大头狗母鱼、大眼似青鳞鱼、青弹涂鱼、黄姑鱼、蜥海鳗、青斑细棘鰕虎鱼、白鲳等，大型底栖动物数量较多的有珠带拟蟹守螺、古氏滩栖螺、西格织纹螺、四射缀锦蛤、褶痕相手蟹和斑点拟相手蟹等。

【受威胁和保护管理状况】沼泽区建有海南东寨港国家级自然保护区，是 1980 年经广东省人民政府批准建立的中国第一个红树林自然保护区，1986 年被国务院批准为国家级自然保护区。1992 年被列入《拉姆萨尔湿地公约》国际重要湿地名录，是国际重要湿地，也是我国重要湿地。保护区总面积 3337.6 hm²，主要保护对象为红树林及其生态系统，是我国红树林面积最大、种类最多、生长最好的地区之一。

澄迈港沼泽（469023-634）

【范围与面积】澄迈港沼泽位于澄迈县桥头镇，北邻澄迈湾，位于海南岛的西北部，地理坐标为 19°54′ ～ 19°56′N、109°57′ ～ 110°0′E，面积为 116 hm²，海拔为 0 ～ 3 m。

【地质地貌】沼泽区地质构造属区域性的雷南－琼北东西向构造带的重要组成部分，王五－文教断裂配套次一级断裂控制着本区地貌海岸走向，为轻度沉降区，控制了澄迈湾花场港这个台地溺谷湾的形成。双杨河、美索河、美伦河 3 条小水系携带泥沙在此入海，湾口较小，就此堆积形成红树林滩和淤泥滩，沉积物主要类型为河流冲积物。澄迈港沼泽分布于河口处的扩展冲积扇上，属于潮间带盐水沼泽（邹发生等，1999）。

【气候】沼泽区是热带季风气候，日照充足，雨量充沛，热雨同季，气候温和，年平均气温为 23.8℃，年平均日照时数 2059 h，年均降雨量 1786 mm，且热雨同季，终年基本无霜。较之全省东部市县，处于静风环境区，台风影响较弱。

【水资源与水环境】澄迈港小潮时以半日潮流为主，大、中潮时为全日潮流。潮流主要呈往复流动，外海涨、落潮流向基本与等深线平行（李孟国等，2014）。

【沼泽土壤】沼泽土壤在花场港湾顶部为红树林潮滩盐土，外侧为潮滩盐土。

【沼泽植被】沼泽区主要分布红海兰群落、海榄雌群落和蜡烛果群落等。

澄迈港沼泽（邱广龙 摄）

新盈沼泽（469024-635）

【范围与面积】新盈沼泽位于海南省北部临高县后水湾新盈镇，地理坐标为 19°49′ ～ 19°55′11″N、

109°28′～109°36′28″E。沼泽面积为 189 hm²。

【地质地貌】新盈后水湾属于华南低洼区的雷琼低洼列与琼中低穹列的边沿转折地带，主要地貌类型是淤泥质海岸。土壤成土母质主要为沙土，是典型的滩涂冲积层。土壤类型主要是盐渍沙质壤土、沼泽盐渍土。

【气候】沼泽区属典型的热带季风海洋性气候，年平均气温 23.5℃，年平均降水量达 1749 mm，变化范围为 1400～1800 mm，年平均蒸发量为 1814 mm，变化范围为 1632～1995 mm。≥10℃和≥0℃的年平均积温均为 8778.8℃。

【水资源与水环境】沼泽区潮汐为全日潮，平均潮差 2.5～3 m。水源以综合补给为主，且永久积水，水源永久流出。pH 为 8.25，弱碱性；透明度 0.5～1 m，等级为浑浊。

【受威胁和保护管理状况】沼泽区建有临高新盈红树林湿地自然保护区，成立于 2008 年，主要保护对象确定为红树林、黑脸琵鹭及其栖息地等，属野生动物及海岸湿地类型自然保护区。新规划面积 817.62 hm²，保护区西面与海南白蝶贝自然保护区的海域邻近，北、东部两面与陆地相连，南面为文科河出海口处形成的潟湖水域、滩涂。沿岸陆地的西部、北部、东部为新盈镇辖区，东南为临高县新盈农场属地。

沼泽区还有海南新盈红树林国家湿地公园，其位于海南省西北部的儋州市泊潮港内，总面积 507.05 hm²。2020 年 3 月 16 日，被国家林业和草原局列入国家重要湿地名录。

新盈沼泽（苏治南 摄）

洋浦港沼泽（460400-636）

【范围与面积】洋浦港沼泽位于海南省儋州市，地理坐标为 19°42′～19°47′N、109°10′～109°19′E。洋浦港水域由洋浦湾和新英湾组成。新英湾是洋浦港的内湾，口窄里阔，洋浦湾西邻北部湾，东、南、北三面由玄武岩地环抱，湾口南北有大小珊瑚岛和洋浦鼻形成天然屏障。湿地类型包括河口水域、沙石海滩、浅海水域、红树林、淤泥质海滩、盐田、水产养殖场和永久性河流，其中红树林沼泽面积为 385 hm²。

【气候】沼泽区属热带季风海洋性气候，年平均气温 24.7℃，年平均降水量达 1746 mm，变化范围为 1300～1600 mm，年平均蒸发量为 1814 mm，变化范围为 1632～1995 mm，≥0℃的年平均积温为 8854.5℃，≥10℃的年平均积温为 8851.5℃。

【水资源与水环境】沼泽区主要地貌类型是河口，土壤类型主要是潮砂土。水源以综合补给为主，且永久积水，水源永久流出。属于正规全日潮区，最高潮位 4.06 m，最低潮位 0.24 m，平均潮位 1.91 m，最大潮差 3.60 m。水体 pH 为 8.5，为弱碱性；透明度 1～2 m，透明度等级为浑浊。

【沼泽植被】红树林是该沼泽的主要植被类型。本次调查共记录红树植物 6 种，隶属于 6 属 5 科，分别是红海兰、海榄雌、蜡烛果、秋茄树、榄李和木榄。红海兰群系的平均冠幅为 1.88 m，林木平均高度为 2.66 m，平均地径为 4.6 cm。

【沼泽动物】沼泽区记录湿地鸟类 6 种，分别为池鹭、大白鹭、白鹭、红脚鹬、矶鹬和普通翠鸟。其中候鸟 2 种，留鸟 3 种，旅鸟 1 种。记录大型底栖生物 10 种，包括锥棒螺、长肋日月贝、褶牡蛎、鹅掌牡蛎、古氏滩栖螺、黄边糙鸟蛤、灰异篮蛤、丝纹镜蛤和织锦巴非蛤，其中锥棒螺、长肋日月贝、褶牡蛎为主要的优势物种。

【受威胁和保护管理状况】沼泽区于 2000 年被列入《中国湿地保护行动计划》中国重要湿地名录；目前主要受来自港口运输带来的潜在威胁，受威胁等级为中度。

洋浦港沼泽（邱广龙 摄）

清澜港沼泽（469005-637）

【范围与面积】清澜港沼泽位于海南省东北部文昌市界内，地理坐标为 19°15′ ～ 20°09′N，110°30′ ～ 111°02′E。周边与文昌市的罗豆农场、东阁镇、文城镇、文教镇、东郊镇、会文镇、龙楼镇、铺前镇等 7 镇一农场交界。湿地类型包括河口水域、沙石海滩、红树林、浅海水域和水产养殖场，其中红树林沼泽面积为 1230 hm²。

【地质地貌】清澜港港湾深入内陆（八门湾），形成口窄内宽的漏斗状。文昌江和文教河汇入湾内，沿岸淤泥深厚，风浪微弱，为典型的潟湖 – 河口湿地生境，适宜红树林生长。该地区属于华南低洼区的雷琼低洼列与琼中低穹列的边沿转折地带，经历了漫长的地槽区阶段、地台区阶段和低洼区阶段。区内主要地貌类型是砂砾质海岸。土壤类型主要是海积潮砂土。

【气候】沼泽区属典型的热带季风海洋性气候，年平均气温 23.7℃左右；海水最高温度为 30℃，最低温度为 14℃，年平均水温为 26℃，盐度为 30‰。年平均降水量达 1734 mm，变化范围为 1600 ～ 2000 mm，年平均蒸发量为 1873 mm，变化范围为 1685 ～ 2060 mm。≥10℃和≥0℃的年平均积温均为 8727.4℃。

【水资源与水环境】沼泽区潮汐属混合潮。水源以综合补给为主，且永久积水，水源永久流出。八门湾最高潮位 2.38 m，最低潮位 0.01 m，最大潮差 2.07 m。水质 pH 7.6，为弱碱性；透明度 0.98 m，透明度等级为浑浊。

【沼泽植被】清澜港共有 10 个群系，包括红树林湿地植被型组的海莲群系、角果木群系、红海兰群系、红树群系、海漆群系、杯萼海桑群系、海榄雌群系、阔苞菊群系、榄李群系和卤蕨群系。清澜港真红树植物在全国范围内最为丰富，达 24 种，占全国（28 种）的 85.71%。本次调查共记录湿地植物 18 种，隶属于 12 科 14 属，其中蕨类 1 种，被子植物 17 种，皆为红树植物，其中真红树和半红树植物分别为 15 种和 3 种。群落平均冠幅为 2.44 m，林木平均高度为 2.15 m。

清澜港沼泽（邱广龙 摄）

【沼泽动物】沼泽区记录湿地水鸟 22 种，其中候鸟 12 种，留鸟 6 种，旅鸟 4 种，种群数量达到 986 只。记录大型底栖生物 21 种，其中优势物种为珠带拟蟹守螺、古氏滩栖螺、中国紫蛤、奥莱彩螺、须赤虾、脊尾白虾和悦目大眼蟹；鱼类 9 种，分别是尼罗罗非鱼、五棘银鲈、多鳞鱚、长鳍篮子鱼、细鳞鯻、点带石斑鱼、鲫、拟犬牙刺盖鰕虎鱼和舌鰕虎鱼。

【受威胁和保护管理状况】沼泽区建有海南清澜港省级自然保护区，1981 年 9 月经海南行政区公署批准建立，1988 年海南建省后改为省级自然保护区，主要保护对象为红树林及其生态系统。2000 年被列入《中国湿地保护行动计划》中国重要湿地名录，是我国生物多样性关键地区之一。保护区属于"野生植物类别"自然保护区，面积 2931.20 hm²，主要分为 4 块区域，其中最主要的区域位于文昌市东南部的八门湾（清澜港）沿海岸（简称八门湾片区）；第二块区域位于文昌市西北部铺前港、罗豆海域沿海一带（简称铺前片区）；第三块区域位于文昌市南部会文镇沿海一带（简称会文片区）；第四块区域位于文昌市东南部的龙楼镇铜鼓岭北侧（简称龙楼片区）。

四必湾沼泽（469007-638）

【范围与面积】四必湾沼泽位于海南省东方市四更镇，呈不规则长方形，地理坐标为 19°11′～19°14′N、108°37′～108°41′E，包括近海与海岸湿地和人工湿地两类，其中沼泽面积为 420 hm²。

【地质地貌】沼泽区西面、南面为开阔的潮间淤泥海滩，北面为海冲积平原，东南面为低丘陵缓坡。

【气候】沼泽区属热带海洋季风性气候，日平均日照时数为 7.5 h，平均气温为 24.6℃ 左右。

【沼泽动物】沼泽区是海南岛黑脸琵鹭最重要的越冬栖息地（李飞等，2021）。

【受威胁和保护管理状况】沼泽区建有海南东方黑脸琵鹭省级自然保护区，该保护区成立于 2006 年，保护区建立后至 2012 年，黑脸琵鹭越冬种群数量明显减少，这可能与北黎湾的风电场建设和在滩涂上人工种植红树有关。2012 年以后，北黎湾的黑脸琵鹭越冬种群数量有所增加（李飞等，2021）。2020 年，国家林业和草原局发布《2020 年国家重要湿地名录》，沼泽区成为国家重要湿地。

琼海-万宁沙坝潟湖沼泽（469002-639）

【范围与面积】琼海-万宁沙坝潟湖沼泽地处琼海市、万宁市，位于河口或潟湖内，地理坐标为 18°30′00″～19°20′00″N、110°10′00″～110°35′00″E。滩地面积为 1158 hm²，海拔 0～3 m。

【地质地貌】琼中南强烈隆起区，一系列的东西向和南北向断裂控制本区海岸的地貌和走向。四周地貌多为潟湖平原、冲积海积平原和河流冲积平原，使得部分地区形成淤泥滩或沙滩，为红树林沼泽发育创造了条件。

【气候】沼泽区属热带季风及海洋湿润气候，四季气温变化不大，年平均辐射量 118.99 kcal/m²，日照充足，高温多雨，台风频繁，雨季和旱季分明，年均雨日 167 d，终年无霜雪。每年平均日照时数 1500～2200 h，7 月最长，可高达 268.1 h。全年气温平均为 23.1～24.4℃，1 月最低气温平均为 17.2℃，最高气温为 7 月，平均为 28.4℃，整年有 7 个月，平均气温为 22℃ 以上。年平均降雨量为 1647～2691 mm，多半年份降雨量超过 2000 mm，8～10 月雨量占整年降雨量的 60%～70%，是全年降雨量最多的时期，12 月至翌年 3 月雨量较少，仅占年总降雨量的 20% 左右。年平均风速为 2.2 m/s，盛行风向主要为偏南风和偏北风，夏季以吹偏南风为主，冬季以吹偏北风为主。常浪向为 SE，强浪向为 ESE、SE、SSE，年平均波高为 0.9 m，年平均周期为 46 s（田会波等，2018；张萱蓉，2016）。

【水资源与水环境】沿岸沙堤发育，形成几处潟湖湾，如潭门港、博鳌南侧的沙美海、港北港内的小海、东澳镇南侧的老爷海、石门海，并有少量溪流发育，如万泉河、龙滚河在博鳌港入海，龙尾湾河、太阳河在小海入海，风台枝河、杨梅河、乌石河等溪流独自入海。

【沼泽土壤】潭门港内、博鳌港、沙美海西岸和东南岸为红树林沼泽盐土，其余部分多为湖滩盐土，小海南部为草甸滨海盐土。多为浅海沉积物发育的土壤，呈酸性。

【沼泽植被】部分滩地发育有红树林沼泽，主要有木榄群落、红海兰群落。

【沼泽动物】沼泽区珍贵动物有三线闭壳龟、中华鳖、赤鹿、水獭和少量的海南坡鹿。各种鱼类资源比较丰富，有 21 种淡水鱼和 30 多种海鱼。

琼海-万宁沙坝潟湖沼泽（邱广龙 摄）

三亚河沼泽（460200-640）

【范围与面积】三亚河沼泽位于三亚市市区中心，分布于市区的三亚河（西河）和临春河（东河）河中沙洲和河道两岸滩涂湿地区域，地理坐标为 18°15′46″ ～ 18°37′34″N、108°36′36″ ～ 109°46′28″E；红树林面积为 133.4 hm²，散布在三亚河沿岸滩涂上，呈带状、岛状。

【气候】沼泽区属典型的热带季风海洋性气候，年平均气温 25.5℃左右，年平均降水量达 1263 mm，变化范围为 1000 ～ 1400 mm，年平均蒸发量为 2273 mm，变化范围为 2046 ～ 2501 mm。≥ 10℃ 和 ≥ 0℃ 的年平均积温均为 9333℃。

【水资源与水环境】沼泽区潮汐为不规则日潮型，日潮时最高潮位 2.2 m，最低潮位 0.6 m，平均潮位 1.03 m，平均潮差 0.79 m。水源以综合补给为主，且永久积水，水永久流出。pH 为 8.06，弱碱性；透明度 0.5 ～ 1 m，透明度等级为浑浊。

【沼泽土壤】沼泽区主要地貌类型是海积平原。三亚河滩涂地为多年沉积的河口冲积淤泥，部分地区为盐渍砂土，表层呈现微酸性，pH 为 5.0 ～ 6.0，盐度在 18‰ 左右。由于常受海水涨落的影响，土壤表现为水分和盐度比较高，再加上三亚河保护区地处河流与海交汇处，水流比较缓慢，土壤黏粒、腐殖质和动植物残体比

三亚河沼泽（曾聪 摄）

较丰富，为红树林的生长提供了有利的条件（黄诚智和曾德华，2019）。

【沼泽植被】沼泽区记录维管植物 110 科 333 属 473 种，主要湿地植被为红树林，历史记录有红树植物 11 科 16 种，伴生植物 5 科 5 种。本次调查共记录红树植物 4 种，包括海榄雌、红树等。

【沼泽动物】沼泽区记录有鱼类 35 科 55 种，大型底栖动物 35 科 68 种。本次调查共记录有湿地水鸟 15 种，是主要的动物类群，集中分布在水源池、红树林、水库周边源涵养林内。

【受威胁和保护管理状况】沼泽区建有三亚河红树林自然保护区，1992 年批准建立，主要保护对象为红树林生态系统。该保护区有固定管理机构、人员和经费，但保护区范围不清、资源不明，人员活动频繁，保护难度大；工程建设项目占用红树林时有发生；城市生活污水的排放对河流水质造成威胁。受威胁状况等级为中度。

新村港 – 黎安港沼泽（469028-641）

【范围与面积】新村港 – 黎安港沼泽位于海南省陵水黎族自治县，地理坐标为 18°23′ ～ 18°26′N、109°58′ ～ 110°03′E；湿地类型主要为浅海水域、沙石海滩、潮下水生层和水产养殖场，沼泽面积仅 9.4 hm²。

【地质地貌】港区面向南海，水域宽阔，周围群山环抱，是海南岛不可多得的天然避风良港。2 个潟湖的潮汐汊道不仅是联系新村港与外海的唯一通道，也是港区内陆与海洋之间能量和物质交换的必经途径，对新村港的海上交通、养殖活动、旅游开发、海洋生态环境保护等意义重大。该湿地属于沙坝 – 潮汐汊道 – 潟湖海岸体系，主要地貌类型是淤泥质海岸。土壤类型主要是潮砂土。

【气候】沼泽区属典型的热带季风海洋性气候，年平均气温 24.4℃，年平均降水量达 2141 mm，变化范围为 1600 ～ 2200 mm，年平均蒸发量为 1849 mm，变化范围为 1664 ～ 2034 mm。≥ 10℃ 和 ≥ 0℃ 的年平均积温均为 9086.8℃。

【水资源与水环境】沼泽区水源以综合补给为主，且永久积水，水源永久流出。潮汐为不正规全日潮，外海平均潮差为 0.69 m，最大潮差为 1.55 m。最高潮潮位 1.32 m，最低潮潮位 –1.65 m。水体 pH 为 8.44，为弱碱性；透明度 1 ～ 2 m，等级为浑浊。

【沼泽植被】沼泽区植物主要为海草，根据历史资料，记录有 5 属 6 种海草，其中优势物种为海菖蒲、泰来藻和二药藻，形成较大面积且连片的海草床。本次调查共记录海草 4 种，隶属于 3 科 4 属，其中海菖蒲和泰来藻是主要的优势物种。

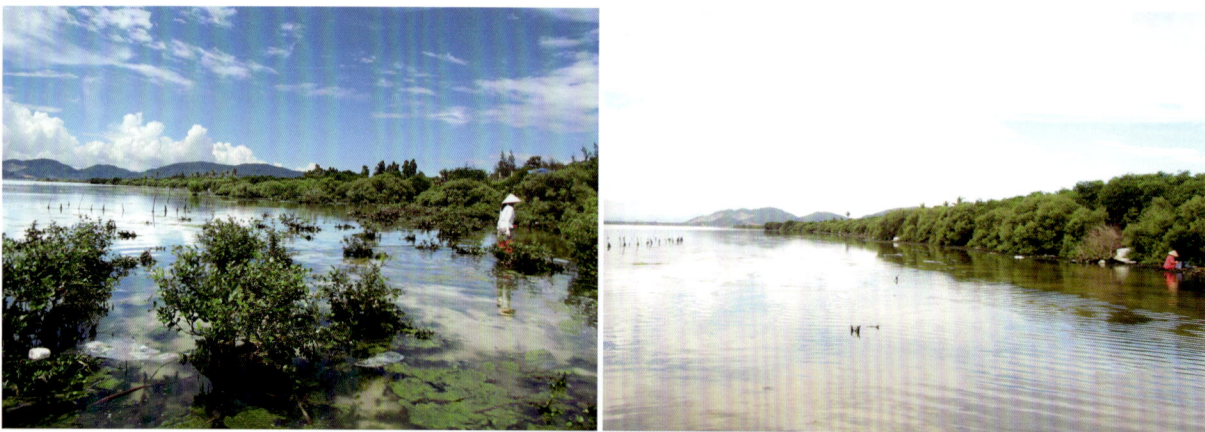

新村港沼泽（邱广龙 摄）

【沼泽动物】沼泽区有丰富的动物资源，包括鱼类、大型底栖动物，其中大型底栖动物 53 科 95 种，以软体动物为主；海草床大型底栖动物的平均丰度为 137.53 ind/m^2，平均生物量为 167.57 g/m^2。新村港海草伴生的底栖生物优势种有皱满月蛤和满月蛤等；黎安港海草伴生的底栖生物优势种有珠带拟蟹守螺、纵带滩栖螺等（涂志刚等，2016）。

【受威胁和保护管理状况】沼泽区建有陵水新村港与黎安港海草特别保护区，成立于 2007 年，主要保护对象是海草床及其海洋生态环境，主管部门为海南省海洋与渔业厅；该保护区是全国首个海草类型特别保护区，也是海南省首个海洋特别保护区，总面积 23.2 km^2，其中新村港面积 13.1 km^2，黎安港面积 10.1 km^2。陵水新村港和黎安港是典型的热带海洋潟湖型海湾，是目前海南海草品种最多、分布最广、生长最好的海域，在局部区域已连接成片，形成一定规模的海草床及生态系统，被誉为"海底草原"。

铁炉港沼泽（460202-642）

【范围与面积】铁炉港沼泽位于三亚市林旺镇，地理坐标为 18°15′～18°17′N、109°42′～109°44′E；湿地类型为近海与海岸湿地类下的红树林沼泽，面积为 35.6 hm^2。主要地貌类型是港湾，土壤类型主要是海积潮砂土。

【气候】沼泽区属典型的热带季风海洋性气候，年平均气温 25.5℃，年平均降水量达 1255 mm，变化范围为 1200～1400 mm，年平均蒸发量为 2273 mm，变化范围为 2046～2501 mm。≥ 10℃ 和 ≥ 0℃ 的年平均积温均为 9275.3℃。

【水资源与水环境】沼泽区潮汐为不规则日潮型，日潮时最高潮位 2.2 m，最低潮位 0.6 m，平均潮位 3 m，平均潮差 0.79 m。水源以综合补给为主，且永久积水，水源永久流出。pH 为 8.46，为弱碱性；透明度 0.5～1 m，透明度等级为浑浊。

【受威胁和保护管理状况】沼泽区建有三亚市铁炉港红树林自然保护区，1999 年批准建立，主要保护对象为红树林生态系统。

铁炉港沼泽（邱广龙 摄）

青梅港沼泽（460200-643）

【范围与面积】青梅港沼泽位于三亚市吉阳区亚龙湾国家级旅游度假区内，地理坐标为 18°13′～

18°14′N、108°36′36″～109°46′28″E；红树林面积为 53.4 hm²。

【地质地貌】沼泽区位于海南岛南部山地丘陵的陵水－榆林沿海平原变质岩山地丘陵区地貌范围内，主要地貌类型是冲积平原。土壤类型主要是潮间泥土、盐土。

【气候】沼泽区属典型的热带季风海洋性气候，年平均气温 25℃ 左右，年平均降水量达 1316 mm，变化范围为 1200～1400 mm，年平均蒸发量为 2273 mm，变化范围为 2046～2501 mm。$\geqslant 10℃$ 和 $\geqslant 0℃$ 的年平均积温均为 9332.9℃。

【水资源与水环境】沼泽区潮汐为不正规日潮型，日潮时最高潮位 0.99 m，最低潮位 −0.65 m，平均潮差 0.74 m。水源以综合补给为主，且永久积水，水源永久流出。pH 为 8.25，为弱碱性；透明度 0.5～1 m，透明度等级为浑浊。

【受威胁和保护管理状况】沼泽区建有亚龙湾青梅港红树林市级自然保护区，1989 年经三亚市人民政府批准设立，主要保护对象为红树林生态系统。保护区主管部门为海南省林业厅，由三亚市林业局代管。

青梅港沼泽（潘良浩 摄）

新北淡水河沼泽（710000-644）

【范围与面积】新北淡水河沼泽位于台湾省新北市，东自淡水河支流大汉溪的鹿角溪、大安区及新店溪秀朗桥起，西至淡水河口。地理坐标为 24°58′18″～25°10′58″N，121°25′10″～121°32′05″E。本流域重要湿地范围共包含 11 处子湿地，主要位于大汉溪、新店溪、二重疏洪道及淡水河流域范围内，包括台北港北堤湿地（356.7 hm²）、挖子尾湿地（65.6 hm²）、淡水河红树林湿地（108.9 hm²）、关渡湿地（378.7 hm²）、五股湿地（175.0 hm²）、大汉新店湿地（558.9 hm²）、新海人工湿地（30.7 hm²）、浮洲人工湿地（42.4 hm²）、打鸟埤人工湿地（23.7 hm²）、城林人工湿地（28.4 hm²）、鹿角溪人工湿地（18.2 hm²），总面积为 1787.5 hm²。

【地质地貌】沼泽区台北港北堤湿地原为侵蚀海岸，但 1994 年台北港筑一条长约 1.6 km 的防波堤后，漂沙开始在南岸堆积，形成沙质潮间带。淡水河红树林湿地为河口淤积湿地（https://wtland-tw.tcd.gov.tw/tw/Guid.php）。关渡湿地由河流上游挟带而来的泥沙在淡水河和基隆河交汇处大量沉积形成，主要地貌包括沼泽、草生地、沙洲及红树林（庄玉珍和王惠芳，2004）。大汉新店湿地为淡水河流域的河岸湿地，新海人工湿地为污染削减型人工湿地，浮洲人工湿地为新北市利用大汉溪生态廊道建置的人工湿地，打鸟埤人工湿地为处理排水渠道污水的自然生态净水示范场址，城林人工湿地为利用大汉溪生态廊道建置可处理水质净化的系列人工湿地之一。鹿角溪人工湿地利用人工湿地净化水质以减轻大汉溪的污染，净化流程包括沉淀池、漫地流及草泽湿地等分区。此外也设置草生地、次生林、菜圃及河岸滩地等区，可供附近居民使用。

【气候】沼泽区属亚热带气候，冬季盛行东北季风，因受大陆冷气团影响，降雨甚多；夏季盛行西南季风多阵雨；台风期间常降豪雨，易导致水灾。流域内主要降雨集中在 4～5 月之梅雨季、7～9 月之台风雨及 12 月至翌年 2 月之东北季风雨，流域内降雨具有从平地向山区递增、迎风面雨较背风面雨大等特性。1981～2010 年的统计资料显示，年平均气温为 22.2℃，最高气温显现于 7 月，为 33.3℃，最低气温显现于 1 月，为 12.4℃，风速较为平均，无明显差异，常年风速等级大略可依据蒲福风级归类为第二级。

【水资源与水环境】新北淡水河为台湾第三大河流，由大汉溪、新店溪及基隆河等支流汇集于台北盆地，大汉溪在江子翠、关渡一带分别与新店溪、基隆河汇流成为淡水河主流，朝西北流向淡水区油车口附近注入台湾海峡。台湾省湿地环境资料库显示，2018～2021 年淡水河沼泽水体理化性质详见表 18-24。

表 18-24　新北淡水河沼泽水体理化性质

比较项	水温/℃	BOD/(mg/L)	TDS/(mg/L)	pH	NO$_3^-$-N/(mg/L)	TP/(mg/L)
平均值	25.1±3.5	3.6±3.0	63.8±99.41	7.9±0.3	0.38±0.28	0.21±0.17
最高值	31.7	20.8	623.0	8.6	1.42	0.94
最低值	18.5	1.0	8.0	7.3	0.02	0.04

【沼泽植被】沼泽区以禾本科、菊科、豆科及大戟科植物最多。下游段优势植被为秋茄红树林，往上游多以芦苇或茳芏为主，形成草本沼泽。各支流非感潮河段，河床内植物则以水柳、五节芒与象草为主。

挖子尾湿地植被以红树林为主。淡水河红树林湿地植被以秋茄红树林为主，秋茄矮丛林占全区面积的 45%，植株高度 0.6～5 m，红树林面积为 40 hm²，为台湾地区面积最大、较完整的秋茄纯林；关渡湿地植被主要为秋茄红树林纯林，位于关渡自然保留区内（台湾），其他植物有香蒲、双穗雀稗、芦苇、茳芏等（庄玉珍和王惠芳，2004）；城林人工湿地植被主要为低海拔次生林。

【沼泽动物】沼泽区所包括的 11 处湿地拥有鸟类 136 种，哺乳类 8 种，两栖类 14 种，爬行类（台湾称爬虫类）12 种，甲壳类 21 种，鱼类 38 种，昆虫 77 种，软体动物 10 种（表 18-25）（台湾省湿地环境资料库）。

表 18-25　新北淡水河沼泽生物多样性

沼泽名称	鸟类	哺乳类	两栖类	爬行类	甲壳类	鱼类	昆虫	裸子植物	被子植物	蕨类植物	软体动物	总数
台北港北堤湿地	117	8	14	12	21	38	57	8	401	9	10	695
挖子尾湿地	115	7	14	12	21	38	55	8	399	9	10	688
淡水河红树林湿地	105	—	14	11	16	38	47	8	385	9	9	642
关渡湿地	119	—	14	11	16	38	62	8	385	9	9	671
五股湿地	121	—	14	11	16	38	72	8	385	9	9	683
大汉新店湿地	108	—	14	11	16	38	47	8	385	9	9	645
新海人工湿地	105	—	14	11	16	38	47	8	385	9	9	642
浮洲人工湿地	105	—	14	11	16	38	47	8	385	9	9	642
打鸟埤人工湿地	105	—	14	11	16	38	47	8	385	9	9	642
城林人工湿地	105	—	14	11	16	38	47	8	385	9	9	642
鹿角溪人工湿地	105	—	14	11	16	38	47	8	385	9	9	642
汇总	136	8	14	12	21	38	77	8	401	9	10	734

注：一表示无数据

　　鸟类以鹭科、鸽科、八哥科及雁鸭科候鸟为主，鸟类群聚以草生地觅食鸟类为主，树上觅食鸟类其次；就迁留状态方面以留鸟为主，冬候鸟其次，夏候鸟最少。区域内珍稀鸟类主要包括彩鹭、鱼鹰、凤头蜂鹰、松雀鹰、黑鸢、凤头鹰，濒临绝种的种类有游隼，应予保育的种类为红尾伯劳、台湾蓝鹊、台北树蛙。各子湿地指标物种：台北港北堤湿地为环颈鸻；关渡自然保留区为水鸟；台北市野雁保护区（位于大汉新店湿地）为野雁、小水鸭。底栖动物以长臂虾科最多，在淡水河流域底栖动物的种丰度与量丰度皆高，但底栖生物受盐分影响，下游比上游多。

　　【受威胁和保护管理状况】淡水河流域所包含的 11 处子湿地，均被台湾省行政部门列为重要保护湿地，将湿地功能分区大体上分为五类：核心保育区、生态复育区、环境教育区、管理服务区及其他分区。沼泽得到良好保护。

朴子溪河口沼泽（710000-645）

　　【范围与面积】朴子溪河口沼泽主要位于嘉义县东石乡、嘉义县布袋镇。东北边自嘉义县港口大桥起，以河道两岸堤岸为界，西界邻近外伞顶洲南端，南接布袋港码头止，包括省道台 61 线以西地层下陷区之旧盐滩、鱼塭及滞洪池（方伟达，2011）。地理坐标为 24°58′18″ ～ 25°10′58″N、121°25′10″ ～ 121°32′05″E，面积约 4881.6 hm²，被台湾省认定为重点保护湿地。

　　【地质地貌】沼泽区流域出海口为河海交汇处，由河口潮间带沙洲、泥滩地、河道红树林、牡蛎棚架、旧盐田（部分设置滞洪池）所组成。朴子溪下游近河口感潮带段，河域较为宽广，且具沙洲、湿地，有较大河床。

　　【气候】台湾省气象部门 1981 ～ 2017 年统计资料显示，嘉义站月平均气温为 23.3℃，最高为 7 月的 28.7℃，最低为 1 月的 16.5℃；嘉义站年平均雨量为 1781.2 mm，最高为 8 月的 399.7 mm，最低为 11 月的 21.4 mm。沿海地区雨量较少，向上游山区逐次递增，暴雨中心大多集中于山地，季节性雨量变化较少。嘉义测站年平均降雨日为 104.4 d，最高为 8 月的 17.1 d，最低为 10 月的 2.8 d（昆山科技大学，2018）。

　　【水资源与水环境】1999 ～ 2014 年嘉义东石测站统计平均潮位为 0.228 ～ 0.532 m，全年月平均最高高潮位为 8 月的 2.17 m，最低低潮位为 12 月的 –1.344 m。

　　2015 ～ 2020 年台湾省湿地环境资料库显示的朴子溪河口沼泽水体理化性质详见表 18-26。

表 18-26　朴子溪河口沼泽水体理化性质

比较项	水温/℃	BOD/(mg/L)	COD/(mg/L)	TDS/(mg/L)	pH
平均值	24±5.2	2.7±2.9	14.4±10.3	79.6±96	8±0.3
最高值	33.7	20.6	85.5	785.0	8.8
最低值	12.0	0.6	3.7	2.8	6.5

　　【沼泽土壤】嘉义沿海地区地质属于第四纪冲积层，沉积物多来自上游集水区，土壤受上游母质影响；据台湾行政部门经济部工业局的研究，北港溪南岸至朴子溪北岸主要是砂页岩、石灰性新冲积土与板岩冲积土，以壤土与极细砂质壤土为主。沼泽区地势平坦，地质构造以海岸平原冲积层为主。

　　【沼泽植被】沼泽区有被子植物 22 种，主要植被类型为红树林（庄玉珍和王惠芳，2004），红树林主要位于东石大桥南北两侧,以海榄雌及秋茄树为主的优势树种相互伴生,面积约 58.9 hm²。

【沼泽动物】沼泽区有哺乳动物 9 种,环节动物 7 种,甲类动物 52 种,昆虫 40 种,两栖动物 5 种,鸟类 150 种,软体动物 41 种,鱼类 99 种,其他 16 种,共 419 种;包括珍贵稀有的黄嘴白鹭、白琵鹭、黑脸琵鹭、鱼鹰、红隼、隼、彩鹬、黑嘴鸥、小燕鸥、八哥;应予保育的种类大杓鹬、普通燕鸻、红尾伯劳;候鸟迁徙时期,河滩地除了常见的鹬鸻科,亦可观察到相当丰富的鸥科鸟种。此外,沼泽区海岸无脊椎动物种类丰富,主要分布在潮间带的泥质滩地上,如招潮蟹、弹涂鱼、螺类、腹足类等。

2017～2018 年对朴子溪河口湿地进行 14 次鸟类调查,共记录 24 科 79 种 60 063 只次,数量较多的前 3 种依次为黑腹滨鹬(16 702 只次,占 27.81%)、东方环颈鸻(16 124 只次,占 26.85%)及红嘴鸥(5203 只次,占 8.67%)。保育类鸟种有白琵鹭、黑脸琵鹭、黑翅鸢、大杓鹬、黑尾鹬、大滨鹬、红腹滨鹬、半蹼鹬、小燕鸥及红尾伯劳等。

【受威胁和保护管理状况】沼泽区被台湾省列为重要保护湿地。朴子溪口沼泽东石桥南桥至海口段,由于 1996～1997 年的筑堤工程,再加上地层下陷与海埔新生地的开发,以及非法搭建的蚵架及鱼塭,红树林大量消失。另外中游河段遭受严重的废水污染,污染源来自上游的养猪户及工业区,并有大量废弃物堆积,造成沼泽区生物受到极大迫害。

兰阳溪口沼泽(710000-646)

【范围与面积】兰阳溪口沼泽位于台湾省宜兰县,兰阳溪口及其南北侧的沿海地区,范围包括兰阳大桥以东之河川地,北起过岭国小东侧约 300 m 处,南至五结区域性卫生掩埋场北侧,海域部分至 6 m 等深线,面积为 2780 hm²(方伟达,2011)。

【地质地貌】兰阳溪流域地势东北低、西南高,中上游河谷大致沿着梨山断层发展,其间分布着许多冲积扇阶地,下游因兰阳溪的冲积作用所形成的扇状平原,形状类似一个三角形,三个端点为头城、三星及苏澳,形成兰阳平原。

兰阳溪、宜兰河和冬山河在壮围乡东港村东侧一带汇流入海,形成了河口三角洲,加上海岸线内侧有一连串平行排列的沙丘,上游冲刷下来的泥沙及有机物质堆积,以及风浪的共同作用,形成了沙岸、海岸灌丛、海岸林、泥滩,以及草泽、沙洲、河川地、旱田等各种不同类型的湿地(庄玉珍和王惠芳,2004)。

【气候】宜兰气象站 1998～2017 年的统计资料显示,近 20 年平均气温为 22.9℃,年均气温为 22.9℃。年均降雨量为 2844.5 mm,平均每月降雨量为 237.0 mm,历年月均降雨量变化显示,平均而言,9 月、10 月及 11 月为雨量较丰富的月份,其次为 12 月与 5 月。夏季 7 月、8 月、9 月台风频繁。气候冬季受大陆冷气团影响,盛吹东北至偏北季风;夏季则受太平洋高压影响,西南气流旺盛,盛吹南风及西南季风。近 20 年月平均风速为 1.90 m/s。最大平均月风速发生在 9 月,风速为 2.34 m/s。

【水资源与水环境】沼泽区位于兰阳溪河口及附近海域,兰阳溪为宜兰县内最大河川,主要支流有宜兰河、罗东溪、大湖溪、大礁溪、小礁溪、五十溪等。位于苏澳港的苏澳观测站,是距离兰阳溪口重要湿地最近的潮位观测站,该站测得的 1996～2015 年月平均潮位统计资料显示,全年月平均潮位为 0.059 m,最高风暴潮位平均发生于 9 月(1.470 m),最低低潮位平均发生于 1 月(-1.197 m)。台湾重要湿地环境资料库显示,2020 年兰阳溪口沼泽水体理化性质详见表 18-27。

表 18-27　兰阳溪口沼泽水体理化性质

比较项	水温/℃	BOD/(mg/L)	COD/(mg/L)	TDS/(mg/L)	pH	NO$_3^-$-N/(mg/L)	TP/(mg/L)	NH$_4^+$-N/(mg/L)
平均值	23.6±4.6	2.7±0.7	11.4±6.4	38.9±48.4	7.9±0.3	0.54±0.3	0.13±0.09	0.81±0.57
最高值	32.5	3.8	28.0	233.0	8.4	1.16	0.45	2.15
最低值	18.2	2.3	5.8	8.5	7.1	0.03	0.03	0.04

【沼泽植被】沼泽区拥有被子植物 294 种，包括裸子植物 1 种，蕨类植物 9 种，藻类 2 种。植物群落分为三大类：海岸木本植物群落、海岸草本植物群落及河流草本植物群落。其中河流草本植物群落，从潮湿至干燥可分出咸水沙洲植物群落及淡水沙洲植物群落，逐渐转为干扰较少的河岸植物群落与干扰偏多的湿性荒废地植物群落，芦苇是兰阳溪口常见植物。

【沼泽动物】沼泽区有两栖类 7 种，鸟类 182 种，爬行类 13 种，软体动物 10 种，鱼类 51 种，其他 3 种。该区为台湾东北部重要迁移性候鸟的过境与栖息区域，鸟类资源丰富，包含越冬水禽及利用河口沙洲环境繁殖的鸥科；珍稀物种包括巴鸭、环颈雉、黄嘴白鹭、白琵鹭、鱼鹰、黑翅鸢、蛇雕、凤头鹰、日本松雀鹰、黑鸢、彩鹬、黑嘴鸥、小燕鸥、黑枕燕鸥、大凤头燕鸥、鹰鹃、红隼、台湾画眉、八哥。濒临绝种的种类包括黑脸琵鹭、游隼。应予保育的种类有大杓鹬、燕鸻、红尾伯劳。

【受威胁和保护管理状况】沼泽区被台湾省列为重要保护湿地。此外台湾省开展了一系列保护措施，通过设立兰阳溪口水鸟保护区及宜兰县兰阳溪口野生动物重要栖息环境等保护区域，开展台湾沿海地区自然环境保护计划"兰阳海岸保护区计划"之"兰阳溪口自然保护区"及其一般保护区计划进行保护。沼泽区存在的威胁主要包括农耕地拓垦使得河道变窄，出海口往南移，鸟类的栖息地越来越小。此外，农药及肥料污染，游客及钓客带来大量的垃圾也造成生态威胁。

新竹鸳鸯湖沼泽（710000-647）

【范围与面积】新竹鸳鸯湖沼泽位于台湾省新竹县尖石乡、桃园市复兴区、宜兰县大同乡，区域总面积 374 hm^2。其中湖域 3.6 hm^2，沼泽面积 2.2 hm^2，其余为山地。

【地质地貌】沼泽区地质属第三纪水成岩，为以渐新世的页岩、黏板岩与石英岩，以及中新世的砂岩与页岩所组成的互层。由于黏板岩与页岩的质地脆弱，易受侵蚀和风化，故形成该地复杂险峻的地形，且易引起山崩。

【气候】沼泽区属亚热带气候，平均气温为 22.7℃，平均相对湿度为 79.3%。该区域位于东北季风迎风面，其降雨受季风气候影响，雨量充沛，年平均降雨量约高达 4259 mm，年降雨约 200 d，主要集中在 9～11 月，约占全年的 49%，为宜兰县内各河川流域降雨量最多的地区。

【水资源与水环境】沼泽区水湿状况由湖岸至山麓大致呈递减状态，但在沼泽地中沟渠纵横间有突起高地。台湾省重要湿地环境资料库显示，2019～2020 年新竹鸳鸯湖沼泽水体理化性质见表18-28。

【沼泽土壤】沼泽区土壤主要为半沼泽土。

【沼泽植被】沼泽区有被子植物 212 种，包括 50 种蕨类植物和 5 种裸子植物。浅水及近湖岸处多见水生植物，主要有浮水植物眼子菜，挺水植物曲轴黑三棱及水毛花等，分别形成单优势种群落（台湾省重要湿地导览）。鸳鸯湖岸沼泽地中央及近湖岸处草本群落的植物主要包括水毛花、高山芒、灯心草、箭叶蓼、白鳞刺子莞、戟叶蓼、火炭母草等。

表 18-28　新竹鸳鸯湖沼泽水体理化性质

比较项	水温/℃	BOD/(mg/L)	COD/(mg/L)	TDS/(mg/L)	pH	NO₃⁻-N/(mg/L)	TP/(mg/L)	NH₄⁺-N/(mg/L)
平均值	16.6±2.3	2.0±0.8	25.3±10	8.5±14.4	6.3±0.6	0.27±0.20	0.02±0.01	0.10±0.17
最高值	20.7	4.0	44.0	64.0	7.7	0.80	0.05	1.00
最低值	12.8	1.0	4.3	1.2	5.3	0.03	0.01	0.01

【沼泽动物】沼泽区有哺乳动物 14 种，昆虫 23 种，两栖类 5 种，鸟类 80 种，爬行类 2 种，鱼类 2 种（台湾省湿地环境资料库）。鸟类包括稀有的鸳鸯、凤头蜂鹰、褐鹰以及台湾特有的黄痣薮鹛、冠羽画眉、白耳画眉、台湾噪鹛；另有一些特殊的族群如凤头苍鹰、红嘴黑鹎、白尾蓝地鸲、黄腹树莺、黄腹琉璃、绿背山雀、台湾朱雀、松鸦、星鸦等。

【受威胁和保护管理状况】1986 年台湾省将鸳鸯湖及周围山区共计 374 hm² 划设为鸳鸯湖自然保留区，目前被台湾省列为重要保护湿地。

高美沼泽（710000-648）

【范围与面积】高美沼泽位于台湾省台中市清水区和大安区，以大甲溪出海口北岸为界；东侧自西滨快速道路沿清水区海岸堤防南下，经番仔寮海堤、高美一号海堤、高美二号海堤堤肩至北防砂堤；以西至平均低潮线为界；南侧以台中港北防砂堤为界，总面积为 734.3 hm²。

【地质地貌】沼泽区原为海水浴场，在台中港与码头北堤兴建之后，经过几十年的泥沙淤积，演变成潮间带、沙洲、草泽与砂石等多种栖地形态。沼泽区拥有宽约 3 km 的潮间带，周围地形平缓，湿地范围延伸至台中港北堤（方伟达，2011）。

【气候】沼泽区位于台湾中部沿海平原，属亚热带季风气候。依据台湾地区气象局梧栖观测站统计资料，年均温约为 23.1℃；1 月平均气温最低约为 15.7℃，7 月平均气温最高约为 29.3℃，最热及最冷温差约为 13.6℃。2012 ～ 2017 年统计资料显示，该沼泽区雨量集中在 5 ～ 8 月，主要原因为梅雨季及台风季，10 月起至隔年 4 月为干季，雨量稀少，平均年雨量约为 1485.0 mm。

【水资源与水环境】沼泽区除大甲溪流入湿地外，尚有浊水大排水沟、顶海口大排水沟及 11 条农田排水沟流入，以及受到沿岸流及潮汐等海流影响。台湾省湿地环境资料库显示，2018 ～ 2021 年高美沼泽水体理化性质详见表 18-29。

表 18-29　高美沼泽水体理化性质

比较项	水温/℃	BOD/(mg/L)	COD/(mg/L)	TDS/(mg/L)	pH
平均值	24.7±5.1	4.2±3.3	17.2±12.6	55.1±68.5	7.6±0.5
最高值	33.8	16.7	68.0	361.0	9.4
最低值	14.0	1.0	4.6	7.6	6.5

【沼泽植被】沼泽区有被子植物 116 种，蕨类植物 1 种，常见植物包括黄槿、厚藤、蔓荆、蟛蜞菊、木麻黄等，濒危物种有大安水蓑衣和扁秆荆三棱。其中，大安水蓑衣是台湾特有的植物，扁秆荆三棱属于莎草科，主要生长在西部沿海的河口湿地、泥滩地上。高美沼泽是扁秆荆三棱在全台湾面积最大的生长区（庄玉珍和王惠芳，2004）。

【沼泽动物】沼泽区拥有丰富的底栖生物，由于河口食物链完整，易吸引迁徙性水鸟，有鸟类 102 种，甲壳类 44 种，鱼类 45 种，软体动物 37 种，鸟类资源中，黑脸琵鹭及黑嘴鸥被世界自然保护联盟（IUCN）分别列为濒危及易危物种，珍贵稀有的种类包括唐白鹭、鱼鹰、黑翅鸢、灰脸鵟鹰、泽鵟、凤头鹰、赤腹鹰、彩鹬、黑嘴鸥、小燕鸥、台湾画眉、八哥。濒临绝种的种类包括黑脸琵鹭、卷羽鹈鹕、黑嘴鸥、游隼，应予保育的种类包括大杓鹬、燕鸻、红尾伯劳。

【受威胁和保护管理状况】台湾省行政部门农业委员会在沼泽区设立了台中市高美野生动物保护区及台中市高美野生动物重要栖息环境，高美湿地还被台湾省列为重要保护湿地。台湾野鸟协会将高美重要湿地指定为 A1 重要野鸟栖息环境（A1：栖地中规律性存在或可能存在全球性受威胁鸟种或全球关注鸟类），沼泽得到良好保护。

大肚溪口沼泽（710000-649）

【范围与面积】大肚溪口沼泽位于台湾省台中市和彰化县，主要包括台中市龙井区、台中市大肚区，彰化县伸港乡、彰化县和美镇。沼泽区位于大肚溪出海口，北起台中火力发电厂，沿龙井堤防、汴仔头堤防，往东至国道 3 号，南以伸港堤防、全兴海堤、蚵寮北堤延伸至田尾水道，西侧海域至等深线 6 m（方伟达，2011）；地理坐标为 24°09′13″ ～ 24°13′02″N、120°24′15″ ～ 120°31′46″E，总面积为 3817.5 hm^2。

【地质地貌】沼泽区坡度平缓，拥有宽达 4 km 的潮间带和高生产力的河口生态环境（台湾自然保护网）。大肚溪下游近海口冲积扇经常泛滥，南北岸河川地时有变动，1959 年的八七水灾，使得原本于大肚区流入台湾海峡的大肚溪改道至今日的位置，成为今台中市、彰化县界河（https://wtland-tw.tcd.gov.tw/tw/Guid.php）。

【气候】沼泽区属副热带气候，受地形与季风因素影响，干湿季分明，高温多雨，低温干燥。由台湾气象部门伸港气象站 2015 ～ 2020 年的气象观测统计资料显示，全年平均最高气温为 7 月（29.8℃）；平均最低气温为 2 月（17.0℃）。雨季集中于 5 ～ 8 月，降水量 1128 ～ 2597 mm。旱季则始于 10 月直至隔年的 4 月，降水量降至 11.7 ～ 69.7 mm。全年相对湿度 77.2% ～ 84.3%。夏季受太平洋高压影响，冬季则受到西伯利亚高压影响。全年主要风向为北风，但 6 ～ 8 月，风向转为东南风为主。全年平均风速为 3.50 m/s，其中 10 月至隔年 2 月的平均风速最高；4 ～ 8 月平均风速相对较低。

【水资源与水环境】大肚溪发源自台湾中央山脉合欢山西麓，是台湾的重要河流之一，流域经过雾社、埔里，汇流大小支流，经彰化、大肚，最后由台中市龙井区与彰化县伸港乡之间流入台湾海峡。全长 116.8 km，流域面积为 3062 km^2，丰水期为 5 ～ 9 月，流量占全年的 70%，以 6 月最多，1 月、2 月则为枯水期。台湾省湿地环境资料库显示，2018 ～ 2020 年大肚溪口沼泽水体理化性质详见表 18-30。

【沼泽土壤】沼泽区海埔地上层主要由灰黑色中粒及细粒砂组成，而高潮线附近与河口处表土由

---

① 砷不是重金属元素，但由于其性质与重金属元素类似，本书将其作为重金属讨论

较细砂土、沉泥质砂土与黏土等构成。土壤 pH 7.9，重金属砷[①]含量为 4.41 ～ 7.66 mg/kg，铬含量为 14.1 ～ 96.2 mg/kg，铜含量为 25.5 ～ 208 mg/kg，汞含量为 ND ～ 0.126 mg/kg，镍含量为 12.1 ～ 40.8 mg/kg，铅含量为 12.1 ～ 228 mg/kg，均符合土壤重金属管制标准。

表 18-30　大肚溪口沼泽水体理化性质

比较项	水温/℃	BOD/(mg/L)	COD/(mg/L)	TDS/(mg/L)	pH
平均值	24±5.2	2.7±2.9	14.4±10.3	79.6±96	8±0.3
最高值	33.7	20.6	85.5	785.0	8.8
最低值	12.0	0.6	3.7	2.8	6.5

【沼泽植被】沼泽区记录有 68 科 254 种维管植物，稀有植物为扁秆荆三棱及蔓荆 2 种。河口沼泽主要植物有芦苇、白茅、昭和草、滨水菜等。

【沼泽动物】沼泽区鸟类达 200 余种（含保育类 22 种）。其中水鸟约占 70%，以鹬科、鸻科、雁鸭科、鸥科、鹭科、秧鸡科较多；大肚溪口近年出现鸟种为大杓鹬、黑腹滨鹬、东方环颈鸻、翻石鹬、小燕鸥及黑脸琵鹭等。保护的濒临绝种鸟类包括黑脸琵鹭、游隼、小青脚鹬；珍贵稀有种类有唐白鹭、白琵鹭、巴鸭、灰脸鵟鹰、泽鵟、赤腹鹰、毛脚鵟、红隼、水雉、彩鹬、小燕鸥、黑嘴鸥、长耳鸮、短耳鸮；应予保育的种类有大杓鹬、红尾伯劳。

海岸与河口区的底栖动物包括环节动物门、节肢动物门、软体动物门及星虫动物门四大类群 67 种。其中环节动物有 4 种，包括 2 种沙蚕类；节肢动物有 37 种，包括 6 种十足类、29 种蟹类、1 种海蟑螂与至少 1 种的藤壶；软体动物有 25 种，包括 14 种螺类及 11 种贝类；星虫类 1 种。大肚溪口沼泽指标动物物种有东方环颈鸻、大杓鹬、招潮蟹、蝼蛄虾。

【受威胁和保护管理状况】沼泽区被台湾省列为重要保护湿地，台湾省行政部门农业委员会公告设立大肚溪口野生动物保护区及大肚溪口野生动物重要栖息环境。其中大肚溪口重要湿地范围内即具有台湾招潮蟹及蝼蛄虾族群群聚栖地，并分别划设招潮蟹的故乡及蝼蛄虾繁殖保育区，沼泽得到良好保护。

曾文溪口沼泽（710000-650）

【范围与面积】曾文溪口沼泽地处台湾省西南部，位于台湾省台南市七股区、安南区。东自台 17 号公路国圣大桥以西的河床地，西至水深 6 m 的海域；北自顶头额汕的国圣灯塔起，南至曾文溪南边的青草仑堤防。地理坐标为 23°02′00″ ～ 23°06′08″N、120°00′28″ ～ 120°08′07″E，面积约 3000.8 hm²。

【地质地貌】沼泽区位于台南西部滨海平原（冲积层），与隆起的海岸连接成广大潮间带，所处位置海岸陆棚和缓平坦。

【气候】沼泽区位于副热带季风气候与热带气候的过渡带，全年温和少雨、日照充足；全年平均气温 24.7℃，最冷月（1 月）17.8℃，最热月（7 月）29.4℃，全年日照时数 2421.3 h。曾文溪口地区雨量较少，平均降雨量 1500 mm，且集中于夏季，占全年雨量的 80% 以上，冬季干旱（刘静榆，2012）。

【水资源与水环境】沼泽区水系由曾文溪、大潮沟及中潮沟（六孔码头排水）构成，自曾文溪上游挟带的泥沙与有机营养物质沉积于出海口；曾文溪口沼泽最高高潮位 99.8 cm，最低低潮位

–116.8 cm，平均高潮位 58.4 cm，平均低潮位 –53.5 cm。

台湾省湿地环境资料库显示，2020～2021年曾文溪口重要湿地（国际级）生态及水质调查结果详见表18-31。

表 18-31　曾文溪口沼泽水体理化性质

比较项	水温/℃	BOD/(mg/L)	COD/(mg/L)	TDS/(mg/L)	pH	NO_3^--N/(mg/L)	NH_4^+-N/(mg/L)
平均值	27.60±4.6	3.2±3.8	88.9±83.0	35.9±14.1	8.1±0.1	0.05±0.04	0.49±0.19
最高值	32.8	12.2	248.0	78.0	8.29	0.14	0.91
最低值	21.8	0.4	3.0	16.5	7.9	0.0	0.21

【沼泽土壤】沼泽区土壤为沙质土壤。土壤阳离子交换量为（5.48±4.31）meq/100 g，有机质含量为0.74%±0.26%，pH为8.18±0.16，氮含量为0.06%±0.03%，磷含量为（3.02±1.61）mg/kg，钾含量237.78 mg/kg，砂粒、粉粒、黏粒含量分别为48.62%±16.67%、43.86%±15.24%、7.51%±4.20%，土壤密度为（2.61±0.03）g/cm^3（刘静榆，2012）。

【沼泽植被】沼泽区记录有裸子植物1种，被子植物138种，主要植被类型为红树林，红树植物大多是海榄雌，其次为红海兰，主要分布在海埔堤防。

【沼泽动物】沼泽区共有鸟类83种，甲壳类56种，鱼类27种，软体动物43种。该区域是黑脸琵鹭主要的栖息地（方伟达，2011），鸟类包括雁鸭科、鹭科、鸥科、鹬科等。台湾省重要湿地资料显示，曾文溪口鸟类中濒临绝种的种类包括黑脸琵鹭、游隼；珍贵稀有的种类包括黄嘴白鹭、鱼鹰、黑翅鸢、红隼、小燕鸥、黑枕燕鸥、凤头燕鸥；应予保育的种类包括大杓鹬、红尾伯劳。此外，区域内有小型哺乳类，如台湾特有种刺鼠及保育类物种果子狸。爬行类有锦蛇等。沼泽区贝类丰富，海水性的牡蛎及文蛤是具重要经济价值的食用贝类。

【受威胁和保护管理状况】自曾文水库兴建后，曾文溪口海岸侵蚀日趋明显，新浮仑汕、顶头额汕年年退后，后退25～100 m，沙洲与海堤间的潟湖面积逐年减少。此外，台湾省在该处建立了台南县曾文溪口北岸黑脸琵鹭动物保护区及台南县曾文溪口野生动物重要栖息环境（方伟达，2011）。该沼泽湿地被列入国际重要湿地。

四草沼泽（710000-651）

【范围与面积】四草沼泽坐落于台湾省台南市，位于鹿耳门溪之南、盐水溪与嘉南大排汇流处之北、17号公路西南边，被台南科学工业园区分隔成三处，包括高跷鸻（黑翅长脚鹬）繁殖区、水鸟保护区、湿地和海岸植物保护区。地理坐标为23°00′29″～23°03′08″N、120°05′17″～120°09′10″E，总面积约550.6 hm^2（方伟达，2011）。

【地质地貌】四草地区西邻台湾海峡，为典型的海岸地。该区原为台江内海淤积的沙洲之一，随着河道改变，近400年来地理变化极大。由于台江内海淤塞而形成四草湖，清末四草湖逐渐淤积形成湿地，陆续被开垦成盐田和鱼塘。目前沼泽区主要包括泥滩、红树林、砾滩、沙洲等地貌形态。

【气候】台南市位于北回归线之南，属副热带季风气候与热带气候的过渡带，全年温和少雨、日照充足；年均气温 24.7℃，全年日照时数 2202.9 h。大陆冷气团南下侵台时，容易降至 10℃ 上下，昼夜温差明显。受季风及地形影响，干湿季分明，雨量多集中于 5 ～ 9 月的夏季，占全年降雨量的 80% 以上，且受西南季风盛行及对流作用影响，午后易生局部性对流雨。夏季为台风易发生时期，年均降雨量约 1741 mm，降雨日平均全年约有 83 d，8 月即约 15.8 d。

【水资源与水环境】沼泽区位于曾文溪、鹿耳门溪、盐水溪与嘉南大排汇流处，台湾省湿地环境资料库显示，2018 ～ 2019 年四草沼泽水体理化性质见表 18-32。

表 18-32　四草沼泽水体理化性质

比较项	水温/℃	BOD/(mg/L)	COD/(mg/L)	TDS/(mg/L)	pH	NO$_3^-$-N/(mg/L)
平均值	28.5±3.8	10.6±11.3	36.4±35.2	21.5±15.8	8.2±0.5	0.18±0.40
最高值	35.3	37.7	124.4	85.0	8.9	2.32
最低值	20.1	1.2	6.7	4.5	6.8	0.0

【沼泽植被】沼泽区有裸子植物 3 种，被子植物 185 种，蕨类植物 3 种。湿地植被以红树林为主，是台湾沿海红树林中物种多样性最高且原貌保存完整的区域。四草沼泽大众庙东侧水道的红树林保护区拥有木榄、海榄雌和榄李的混生林，后又成功恢复秋茄树，此外，还拥有台湾最大的榄李红树林区，种群数量约 200 株。

【沼泽动物】沼泽区拥有鸟类 200 种，哺乳类 6 种，两栖类 4 种，爬行类（台湾称爬虫类）8 种，甲壳类 55 种，鱼类 24 种，昆虫 14 种，软体动物 42 种。每年有超过 180 种候鸟在此越冬，其中有约 40 种在此繁殖（庄玉珍和王惠芳，2004），主要保护湿地动物为黑脸琵鹭和黑翅长脚鹬。每年有 300 只以上黑脸琵鹭在此越冬，而黑翅长脚鹬在此拥有台湾最大的繁殖种群。其他主要鸟类包括黄嘴白鹭、东方白鹳、黑鹳、小燕鸥、凤头鹰、东方环颈鸻。其他常见动物还包括弹涂鱼、大弹涂鱼（庄玉珍和王惠芳，2004）。

【受威胁和保护管理状况】沼泽区为国际重要湿地，也是台湾省第一个单一鸟种繁殖保护区，受保护物种为黑翅长脚鹬。四草沼泽于 1994 年被台湾省行政部门农业委员会列为四草野生动物保护区及野生动物重要栖息环境。由于台南当地积极开发科技工业区，沼泽湿地面积正在萎缩（庄玉珍和王惠芳，2004）。

米埔内后海湾沼泽（810000-652）

【范围与面积】米埔内后海湾沼泽位于香港特别行政区西北新界米埔内后海湾，地理坐标为 22°29′ ～ 22°31′N、113°59′ ～ 114°03′E，是深圳河、山贝河及天水围渠的出海口（李真等，2017）。沼泽占地面积 1500 hm²，主要湿地类型为红树林和滩涂，此外还有一定面积的养虾塘及鱼塘（Chug，2011）。

【气候】沼泽区属亚热带海洋性季风气候，年均温 22.4℃，月最低均温出现在 1 月，约为 14.2℃，月最高均温出现在 7 月，约为 28.2℃。年平均降雨量为 1700 ～ 1900 mm，集中在 4 ～ 9 月，干湿交替现象明显；年均蒸发量 1500 ～ 1800 mm；年均相对湿度 80%。该区域常年风力较大，主导风向为东南风，夏秋多有台风登陆（王月如，2018）。

【水资源与水环境】沼泽区是元朗盆地内一个天然浅水河口湿地，平均水深约 2.9 m，潮差中位值为 1.4 m。后海湾是香港与深圳水流和沉积物的汇流处（https://www.afcd.gov.nk/）。深圳湾河海相互作用，咸淡水在该处混合，同时会受到潮汐的影响。深圳湾潮汐特征为不正规半日潮，大潮时潮差 3 m，小潮时潮差 0.5 m，平均潮差 1.36 m，属弱潮性质的河口湾。

【沼泽土壤】深圳湾土壤基质为花岗岩及砂页岩，地带性土壤为砖红壤性红壤，淤泥深厚。由于长期受到海潮冲刷的影响，土壤结构不明显，表土含盐量 1.44%，pH 为 5.3。潮间带泥滩由沉积物冲积而成，形成潮间带泥滩核心部分的沉积物主要是黏土和粉砂。

【沼泽植被】沼泽区记录有 320 多种植物，湿地植被主要为红树林，主要植物有木榄、蜡烛果、秋茄树等（辛琨等，2006）。香港拥有 8 种原生红树，沼泽区就有 7 种，包括木榄、老鼠簕、蜡烛果、银叶树、白骨壤、海漆和秋茄树。除此之外，还有红树林伴生植物 10 多种，如海刀豆、海杧果、苦槠、鱼藤、喜盐草等。沼泽区还拥有一定面积的芦苇和莎草，其中 3 种莎草为香港米埔特有种（刘红，2016）。

【沼泽动物】沼泽区记录有 100 多种蝴蝶、300 多种飞蛾、50 多种蜻蜓和豆娘，其中米埔樟翠尺蛾（*Thalassodes maipoensis*）为米埔湿地发现的新物种。另外，还包括 100 多种水生无脊椎动物（不包括昆虫）、30 多种哺乳动物（包括特别受保护的物种欧亚水獭）、50 多种鱼、20 多种爬行动物和 8 种两栖动物。

沼泽区记录鸟类超过 400 种，其中超过 50 种受到全球保护。1997 ～ 2013 年，平均每年记录 89 种水鸟，其中冬季记录 66 种水鸟。后海湾地区水鸟组成如下：涉禽（33.5%，38 996 只）、鸭及鹈鹕（32.7%，38 099 只）、鸥及燕鸥（14.7%，17 119 只）、普通鸬鹚（12.5%，14 533 只）、鹭鸟（5.6%，6529 只）、普通秧鸡（0.89%，1037 只）。春、秋两季记录的水鸟以涉禽为主，冬季则是鸭及鹈鹕居多。水鸟数量冬季最高，春季次之。此外，最近 5 年，后海湾地区记录到 15 种全球受胁或渐危水鸟，水鸟数量超过全球或地区性种群数量的百分之一，包括黑脸琵鹭、琵嘴鸭、凤头潜鸭、反嘴鹬、白腰杓鹬、小青脚鹬、弯嘴滨鹬、勺嘴鹬、黑嘴鸥等（马嘉慧，2013）。

【受威胁和保护管理状况】沼泽区建有香港米埔湿地自然保护区，保护区建立于 1983 年，米埔湿地自然保护区的日常管理工作由香港渔农自然护理署和世界自然基金会香港分会共同负责，1995 年米埔内后海湾湿地被列入《国际重要湿地名录》。米埔自然保护区采用的多部门综合管理模式，形成了科学的保护决策系统，构建了多渠道的保护投入体系，取得了积极的成效，为全国乃至全球滨海湿地保护领域的一颗耀眼明珠，对于全国其他地区的湿地保护具有重要的启示意义（谢屹等，2018）。

澳门沼泽（820000-653）

【范围与面积】澳门沼泽主要包括筷子基湾、白鹭林、莲花大桥和南湾湖 4 处典型的海岸湿地，地理坐标分别为：筷子基湾（22°12′49.60″N、113°33′18.94″E）、白鹭林（22°09′07.34″N、113°33′43.41′E′）、莲花大桥（22°08′23.01″N、113°33′05.49″E）和南湾湖（22°11′21.08″N、113°32′19.72″E）（李秋华，2009）。

【地质地貌】沼泽区属华南褶皱系的赣湘桂粤褶皱带与东南沿海断褶带的交接地段，是一个以断陷为主的山间洼地和三角洲盆地（朱膺，1997）。筷子基湾为半封闭型海湾，南湾湖为人工圈闭而成的半咸水湖，莲花大桥滩涂位于澳门路氹城生态保护区（陈骞，2015）。

【气候】沼泽区属亚热带气候，冬季冷而干燥，夏季炎热潮湿，年平均最高温度 25.4 ～ 26.2℃，年平均最低温度 19.8 ～ 20.9℃，绝对最高温度 36.1℃，绝对最低温度 6.6℃，温差 4.1 ～ 6.3℃。年均相对湿度为 80%，年均降雨量 2474.1 mm，年均蒸发量 952.5 mm（梁华，2000）。

【水资源与水环境】沼泽区受珠江径流影响，前山河流经澳门内港入海，西南部有部分西江流经磨刀门、澳门十字门而流入海，东南邻近伶仃洋，每年 4 ～ 9 月的洪水季节，海水盐度下降，10 月至来年 3 月的枯水季节，海水盐度上升，春季水域盐度最低时可达 2%。珠江每年亦携带大量有机物入海，在澳门海区一带，有机碳、硅酸盐、硝酸盐、亚硝酸盐、有机酚等含量较高。该区域海水温暖，年平均温度为 25℃，常年水温为 16 ～ 31℃，属不正规半日潮，平均潮差为 1.2 m，平均高潮间隙约 13 h（何伟添，2008）。

【沼泽土壤】筷子基湾底质为黑色腐泥，水深 10 ～ 20 m；南湾湖为沙质底质，水深 10 ～ 20 m；莲花大桥滩涂潮滩底质为软相沉积物。

【沼泽植被】莲花大桥湿地主要有红树植物 4 种，秋茄是构成澳门红树林的重要种群。蜡烛果也是澳门红树林的优势种，另外还有老鼠簕等，其他的沼泽植物还有芦苇、鱼藤等。

沼泽区共检测到浮游植物 76 种（属），其中蓝藻门藻类 13 种（属），绿藻门 30 种（属），硅藻门 25 种（属），甲藻门 2 种，裸藻门 4 种，金藻门和隐藻门各 1 种（属）。浮游动物 57 种，潘类 9 种，蚤类 7 种，轮虫 32 种。

【沼泽动物】沼泽区共记录到湿地鸟类 66 种，隶属于 10 目 17 科 33 属，其中非雀形目 13 科 26 属 57 种，占总数的 86.36%，常见鸟类主要有青脚鹬、白鹭、苍鹭和大白鹭。共记录到国家二级重点保护野生动物 4 种，分别是白琵鹭、黑脸琵鹭、鹗、黑耳鸢。在澳门湿地生态系统中的黑脸琵鹭约占世界该鸟类总数的 2.73%，黑脸琵鹭是澳门湿地标志性的物种，也是澳门湿地保护的旗舰种，每年来澳门越冬的黑脸琵鹭群体则保持相对稳定的数量，保持在 38 ～ 50 只，占世界种群数量的 2.58% ～ 4.15%。

【受威胁和保护管理状况】路氹填海区的大型项目及基建发展，已威胁到澳门主要湿地的生态环境，使其成为生物孤岛，再加上周遭的空气及水质污染，直接影响在澳门栖息的留鸟及候鸟的数目及种类（何伟添，2008）。

南仁湖沼泽（710000-654）

【范围与面积】南仁湖沼泽位于台湾省屏东县满州乡，总面积 118 hm²，处于垦丁国家公园南仁山生态保护区，包含中央水域、独立南仁湖及宜兰潭（南仁古湖）三个终年有水湖泊。

【地质地貌】沼泽区位于菲律宾海板块与欧亚大陆的交界处，自第三纪中新世以来即有地质变动记录，且此处板块构造至今活跃。地形属于中央山脉向南延伸的丘陵。南仁山地质属于中新世中晚期至晚期的牡丹层，岩性以页岩和薄砂页岩互层为主，夹有厚层的砂砾岩透镜体。

南仁湖重要湿地中的独立南仁湖与中央水域原为排水不良低地所形成的淡水沼泽，而湿地北侧可由红土溪汇入中港溪；1982 年筑堤后，红土溪出口处因人为堵塞，形成中央水域，宜兰潭则属于地形自然形成的小型湖泊。

【气候】沼泽区位于北回归线以南，属热带性季风气候，夏季长，冬季则不明显。距南仁湖重要湿地约 500 m 的槟榔气象站 1998 ～ 2015 年的资料显示，最冷月均温（1 月）为 17.9℃，最高月（7 月）均温为 26.1℃；平均年降雨量为 3128.5 mm，雨量极为丰沛，但分布不均，主要集中在梅雨季（5 月）及台风季（6 ～ 9 月）；平均相对湿度 73% ～ 87%，6 ～ 8 月相对湿度在 80% 以上；平均日照率约 55%；每年 10 月至翌年 3 月东北季风强劲，迎风区月平均风速在 5 m/s 以上，最大风速达 13 m/s。

【水资源与水环境】南仁湖包括三大水域：中央水域、独立南仁湖及南仁古湖（又称宜兰潭）。南仁湖湖水来自山上的泉水和雨水，是一个天然淡水湖，为南仁水域中最大的静水生态系统，水域总面积约 28 hm²。台湾省重要湿地环境资料库显示，2017 ～ 2019 年南仁湖沼泽水体理化性质见表 18-33。

表 18-33　南仁湖沼泽水体理化性质

比较项	水温/ ℃	BOD/ (mg/L)	COD/ (mg/L)	TDS/ (mg/L)	pH	NO_3^--N/ (mg/L)	TP/ (mg/L)	NH_4^+-N/ (mg/L)
平均值	25.9±4.5	2.4±1	36.9±45.2	26±27.7	7.5±0.5	0.01±0.01	0.27±0.12	0.25±0.17
最高值	32.2	5.7	179.0	117.0	8.5	0.07	0.67	0.89
最低值	19.1	0.9	0.0	1.0	6.2	0.00	0.01	0.07

【沼泽植被】沼泽区拥有被子植物 88 种，蕨类植物 4 种，藻类 50 种，其中水生植物 22 科 51 种，如无尾水筛、草茨藻 2 种沉水植物，少花狸藻 1 种漂浮植物，小莕菜及睡莲 2 种浮叶植物，以及 46 种挺水植物。在珍稀植物方面，共有 1 种易危物种（小莕菜）、3 种近危物种与 3 种无危物种。

【沼泽动物】沼泽区有哺乳动物 13 种，甲壳类 4 种，两栖类 18 种，鸟类 77 种（含保育类 17 种），软体动物 8 种，鱼类 10 种。湖区以花嘴鸭的数量最多，几乎整年可见，可能部分种群已形成留鸟；主要保育鸟类包括林雕、鸳鸯、鱼鹰、凤头鹰、灰脸鵟鹰、黑鸢、蛇雕、赤腹鹰、松雀鹰、凤头蜂鹰、黄嘴角鸮、朱鹂、台湾鹎、台湾画眉、台湾山鹧鸪、红尾伯劳、台湾蓝鹊。沼泽区记录有两栖类 5 科 18 种，其中橙腹树蛙及金线蛙为保育类动物。

【受威胁和保护管理状况】沼泽区被台湾省列为重要保护湿地，且位于台湾省垦丁国家公园范围内，受到良好保护。

龙銮潭沼泽（710000-655）

【范围与面积】龙銮潭沼泽位于台湾省屏东县恒春镇，为半人工的水泽湿地，属于淡水草泽地。沼泽区距离南门古城约 3.5 km，东邻屏鹅公路，水深平均 3.5 m（方伟达，2011），沼泽面积 145 hm²。

【地质地貌】沼泽区位于恒春西台地与恒春东方低矮丘陵地所形成的恒春纵谷南端，地势低洼，昔日山间构造的盆地地形导致此处储水成湖，后随恒春西台地北侧经海蚀剥削，只剩龙銮潭遗存至今，如今纵谷两侧 20 ～ 40 m 的低位台地可能为以前的湖面区域，龙銮潭属于现代冲积层与阶地堆积层两种地层。龙銮潭原为低洼湿地，早期规划设置大型埤塘水库，供农田水利灌溉，同时兼具滞洪功能。

【气候】沼泽区属热带气候。恒春气象站数据显示，恒春地区全年平均温度为 20℃ 以上。每年 5 ～ 9 月平均气温最高，可达 30.2℃；每年 1 ～ 2 月平均气温最低，可达 19.2℃。雨量多集中出现于夏季，于 8 月达到高峰。恒春半岛进入 10 月后，开始有强烈的落山风，约持续 6 个月的时间。恒春地区每月最大风速 13 m/s，集中于每年 9 月至次年 4 月；最高速度出现于 8 月（约 20.5 m/s）与 9 月（约 19.1 m/s）。

【水资源与水环境】沼泽区主要水源来自龙銮山溪、东门溪以及潭区周围坡地径流雨水（黄大骏，2018）。台湾省重要湿地环境资料库显示，2017 ～ 2019 年龙銮潭沼泽水体理化性质见表 18-34。

【沼泽植被】沼泽区记录有蕨类植物 8 种，裸子植物 3 种，单子叶植物 93 种，双子叶植物 389 种。龙銮潭北岸及东岸沼泽湿地以竹节草、芦竹为主。

表 18-34　龙銮潭沼泽水体理化性质

比较项	水温/℃	BOD/(mg/L)	COD/(mg/L)	TDS/(mg/L)	pH	NO$_3^-$-N/(mg/L)
平均值	26.7±4.6	6.7±11.1	21.9±23	19.3±18.1	7.8±0.4	0.06±0.15
最高值	35.1	74.2	30.0	57.0	8.6	0.41
最低值	21.9	1.5	0.0	2.0	7.0	0.00

【沼泽动物】沼泽区记录有鸟类 58 科 285 种、昆虫 229 种、两栖类及爬行类 48 种、鱼类 27 种、底栖动物 85 种。每年冬天有大量的雁鸭科鸟类在潭上活动，其中以凤头潜鸭数量最多（方伟达，2011）。候鸟种类可达所有鸟种的 70% 以上；其中保育类 58 种，包含东方白鹳、黑脸琵鹭、白肩雕、游隼、唐白鹭、水雉等。保护动物主要包括：濒临绝种的种类，如东方白鹳、卷羽鹈鹕、黑脸琵鹭、白肩雕、游隼、黄鹂；珍贵稀有的种类，如鸳鸯、巴鸭、环颈雉、黑鹳、黄嘴白鹭、白琵鹭、黑头白鹮、鱼鹰、苍鹰、日本松雀鹰、赤腹鹰、凤头鹰、松雀鹰、灰脸鵟鹰、普通鵟、毛脚鵟、草原鹞、雕、黑翅鸢、白腹海雕、黑鸢、蜂鹰、蛇雕、灰鹤、水雉、玄燕鸥、黑嘴鸥、红嘴巨燕鸥、小燕鸥、大凤头燕鸥、红顶绿鸠、短耳鸮、黄嘴角鸮、领角鸮、红脚隼、黄爪隼、燕隼、红隼、台湾鹇、台湾画眉、八哥、菊池氏壁虎、台湾草蜥、恒春草蜥、台湾滑蜥、尖吻蝮、黄缘闭壳龟；应予保育的种类，如半蹼鹬、大杓鹬、燕鸻、红尾伯劳。

【受威胁和保护管理状况】沼泽区位于垦丁国家公园区域内，被台湾省列为重要保护湿地，将湿地大体上分为五类功能分区：核心保育区、生态复育区、环境教育区、管理服务区及其他分区。但龙銮潭附近的水鸟栖息地受到人为破坏，部分没有纳入特别景观区的湖边湿地陆续被填土，影响雁鸭的繁殖环境。

主要参考文献

阿拉腾图雅, 玉山. 2007. 内蒙古阿荣旗沼泽地及其开垦与保护利用. 干旱区资源与环境, (1): 129-133.

安睿, 王凤友, 于洪贤, 等. 2017. 三环泡湿地浮游动物功能群季节变化及其影响因子. 生态学报, 37(6): 1851-1860.

白玛央宗, 普布次仁, 戴睿, 等. 2020. 1972-2018年西藏玛旁雍错和拉昂错湖泊面积变化趋势分析. 高原科学研究, 4(2): 19-26.

白祥. 2010. 新疆艾比湖湖泊湿地生态脆弱性及其驱动机制研究. 上海: 华东师范大学博士学位论文.

宝音, 陶格涛, 刘丹. 2001. 多伦县蔡木山自然保护区植物区系组成特征. 内蒙古大学学报(自然科学版), (5): 575-579.

鲍方印, 王松, 张涛, 等. 2011. 沱湖自然保护区鸟类群落结构及其多样性指数分析. 华东师范大学学报(自然科学版), (4): 124-133.

毕琳, 郭长城, 尚云涛, 等. 2018. 天津大黄堡沼泽湿地土壤盐渍化特征及其对长期开垦的响应. 天津师范大学学报(自然科学版), 38(6): 49-57.

边千韬, 丁林. 2006. 特提斯喜马拉雅带东段哲古错含金(砷)细粒石英闪长岩的发现及其意义. 岩石学报, (4): 977-988.

卜楠龙, 于国海, 孙孝维, 等. 2010. 吉林莫莫格国家级自然保护区春季水鸟多样性分析. 安徽农业科学, 38(25): 13734-13738.

卜秋霞. 2004. 疏勒河流域中下游地区土壤的演变. 甘肃农业, (12): 65.

卜兆君. 2007. 瑞典泥炭沼泽分布、利用与保护. 世界地理研究, (3): 99-105.

卜兆君, 王升忠, 谢宗航. 2005. 泥炭沼泽学若干基本概念的再认识. 东北师范大学报(自然科学版), 37(2): 105-110.

卜兆君, 杨允菲, 代丹, 等. 2005a. 长白山泥炭沼泽桧叶金发藓种群的年龄结构与生长分析. 应用生态学报, 16(1): 44-48.

卜兆君, 杨允菲, 王升忠, 等. 2005b. 泥炭沼泽桧叶金发藓种群动态的重建. 应用生态学报, 16(11): 217-219.

蔡波, 王跃招, 陈跃英, 等. 2015. 中国爬行纲动物分类厘定. 生物多样性, 23(3): 365-382.

蔡述明, 王学雷. 1993. 江汉平原四湖地区生态环境综合评价. 长江流域资源与环境, (4): 355-364.

蔡新斌. 2021. 新疆塔什库尔干野生动物自然保护区鸟兽资源调查. 四川动物, (40): 75-85.

蔡琰. 2022. 西溪湿地申报世界遗产策略初探. 湿地科学与管理, 18(2): 65-69.

蔡永富, 吴淑邦, 钱军, 等. 2019. 海口城市湿地公园植物多样性分析: 以美舍河国家湿地公园和五源河国家湿地公园为例. 热带农业科学, 39(7): 106-111.

曹垒, 孟凡娟, 赵青山. 2021. 基于前沿监测技术探讨"大开发"对鸟类迁徙及其栖息地的影响. 中国科学院院刊, 36(4): 436-447.

曹铭昌, 乐志芳, 雷军成, 等. 2013. 全球生物多样性评估方法及研究进展. 生态与农村环境学报, 29(1): 8-16.

曹琼, 黄佳芳, 罗敏, 等. 2022. 滨海沼泽湿地转化为养殖塘对其碳储量的影响. 中国环境科学, 42(3): 1335-1345.

曹晓东, 姚红艳. 2006. 努敏河流域生态环境破坏原因分析及其危害. 黑龙江水利科技, 3(24): 139-140.

柴露露, 吴中华, 周甲男, 等. 2018. 若尔盖高原湿地水生植物现状及保护策略. 武汉大学学报(理学版), 64(1): 37-45.

柴岫. 1981. 中国泥炭的形成与分布规律的初步探讨. 地理学报, 36(3): 273-351.

柴岫. 1990. 泥炭地学. 北京: 地质出版社.

柴岫, 郎惠卿, 金树仁, 等. 1965. 若尔盖高原的沼泽. 北京: 科学出版社.

柴岫, 郎惠卿, 金树仁. 1963. 沼泽学的对象与任务. 吉林师大学报, 1: 128-138.

柴宇文, 雷维蟠, 莫训强, 等. 2020. 天津市北大港湿地自然保护区的鸟类多样性. 湿地科学, 18(6): 667-678.

常弘, 朱世杰. 2005. 广东汕头海岸湿地鸟类群落及其多样性. 应用与环境生物学报, (6): 717-721.

朝乐蒙, 张云鹏, 苏荣娜, 等. 2009. 内蒙古得耳布尔林业局野生经济植物资源开发与利用. 内蒙古林业调查设计, 32(6): 45-48.

朝鲁门其其格. 2012. 赛罕乌拉自然保护区土壤. 呼和浩特: 内蒙古农业大学硕士学位论文.

车丁. 2018. 高邮湖湿地生态水文连通性评价研究. 保定: 河北农业大学硕士学位论文.

陈波, 陈建湘, 代娟, 等. 2020. 洞庭湖典型洲滩湿地水分时空变化特征及其相关性分析. 水资源与水工程学报, 31(1): 254-260.

陈博, 赵立宁, 董四君. 2021. 白洋淀生态环境的演变. 中国科学: 生命科学, 51(9): 1274-1286.

陈楚楚, 刘芝芹, 王克勤, 等. 2015. 高原湿地碧塔海周边典型植被类型的土壤水分特征. 水土保持学报, 29(6): 222-226.

陈春亮, 张才学. 2016. 雷州湾浮游植物群落结构特征及其环境影响分析. 应用海洋学学报, 35: 174-182.

陈发虎, 傅伯杰, 夏军, 等. 2019. 近70年来中国自然地理与生存环境基础研究的重要进展与展望. 中国科学: 地球科学, 49: 1659-1696.

陈刚, 王文凤, 马芬艳, 等. 2021. 大兴安岭外源水补给的水量平衡与同位素证据. 水资源保护, 37(4): 75-81.

陈光, 牛童, 李万成, 等. 2015. 北京汉石桥湿地自然保护区鸟类多样性. 湿地科学与管理, 11(3): 50-54.

陈国柱, 金锦锦, 张方方, 等. 2018. 云南剑湖鱼类多样性变化与区系演变. 生态学杂志, 37(12): 3691-3700.

陈海生, 李永占, 苏光辉, 等. 2018. 宿鸭湖湿地生态系统服务功能价值评估. 安徽农学通报, 24(20): 129-130.

陈红波. 2015. 哈尔滨滨江湿地生态旅游规划设计研究. 哈尔滨: 哈尔滨工业大学硕士学位论文.

陈虎林, 何峰, 巴桑, 等. 2020. 西藏麦地卡湿地水化学特征初探. 高原科学研究, 4(1): 14-19.

陈怀璞. 2016. 崇明东滩湿地土壤有机碳及总氮储量研究. 上海: 华东师范大学硕士学位论文.

陈槐, 吴宁, 王艳芬, 等. 2021. 泥炭沼泽湿地研究的若干基本问题与研究简史. 中国科学: 地球科学, 51(1): 15-26.

陈慧, 薛杨, 王小燕, 等. 2022. 海口五源河国家湿地公园植物资源调查与评价. 热带林业, 50(2): 65-68.

陈吉龙, 何蕾, 温兆飞, 等. 2017. 辽河三角洲河口芦苇沼泽湿地植被固碳潜力. 生态学报, 37(16): 5402-5410.

陈剑, 缪福俊, 杨文忠, 等. 2015. 海拔对纳帕海季节性湿地植被分布格局影响初探. 湖泊科学, 27(3): 392-400.

陈军林, 周立志, 许仁鑫, 等. 2010. 巢湖湖岸带鸟类多样性的初步研究. 动物学杂志, 45(3): 139-147.

陈君. 2008. 沉胡湿地的保护与恢复. 湿地科学与管理, 4(3): 34-36.

陈克林, 吕咏, 王琳, 等. 2019. 中国环绕黄海和渤海的湿地春季水鸟多样性及其分布. 湿地科学, 17(2): 137-145.

陈克龙, 李双成, 周巧富, 等. 2008. 近25年来青海湖流域景观结构动态变化及其对生态系统服务功能的影响. 资源科学, (2): 274-280.

陈亮, 刘松涛. 2008. 内蒙古胡列也吐湿地春季水鸟群落多样性变化及分析. 野生动物, (3): 128-130.

陈露. 2021. 黑龙江挠力河自然保护区不同退耕模式下鸟类群落多样性响应. 哈尔滨: 东北林业大学硕士学位论文.

陈敏. 2019. 营口西炮台湿地水系和水资源保护研究. 防护林科技, (2): 66-67+87.

陈明林, 涂传林. 2012. 安徽省级自然保护区沱湖湿地的群落生态学研究及其恢复重建策略. 草业学报, 21(1): 93-102.

陈平, 李塱, 程洁. 2013. 日本国家尺度生物多样性监测概况及其启示. 中国环境监测, 29(6): 184-191.

陈骞, 何伟添, 刘阳, 等. 2015. 澳门典型湿地底栖动物群落结构特征. 南方水产科学, 11(4): 1-10.

陈清, 刘丹, 马成仓, 等. 2016. 天津典型湿地芦苇种群生产力和氮磷营养结构与环境因子的关系. 生态与农村环境学报, 32(1): 60-67.

陈庆蕾, 武朝菊. 2019. 荷花的利用价值分析. 中国果菜, 39(1): 42-44.

陈荣友, 李亭亭, 杨启池, 等. 2019. 破堤还湖后梁子湖湿地自然保护区冬季鸟类多样性研究. 林业调查规划, 44(4): 65-72.

陈瑞娟, 李明, 周思辰, 等. 2022. 2019-2020年阳宗海水质现状及特征. 环境科学导刊, 41(1): 5-9.

陈水华, 张方钢, 张洋, 等. 2019. 杭州西溪国家湿地公园生物多样性2018年度监测报告. 杭州: 浙江自然博物馆(浙江生物多样性研究中心).

陈文杰, 宋育锋. 2006. 宁德市三都湾湿地与水禽资源调查初报. 福建林业科技, 3(3): 132-135.

陈向全, 何彤慧, 苏芝屯, 等. 2020. 银川平原黄河滩涂湿地植物多样性和土壤理化性质分析. 安徽农业科学, 48(7): 77-82.

陈小平. 2018. 科尔沁沙丘-草甸湿地水热碳通量变化及响应机制研究. 呼和浩特: 内蒙古农业大学硕士学位论文.

陈晓梅. 2019. 三江平原湿地营养元素分布特征及其影响因素. 烟台: 鲁东大学硕士学位论文.

陈晓梅, 于君宝, 于淼, 等. 2019. 洪河和七星河国家级自然保护区漂筏薹草沼泽土壤金属含量研究. 湿地科学, 17(5): 607-610.

陈晓璐, 陆宇燕, 李丕鹏. 2017. 基于Maxent模型的小鳄龟潜在地理分布预测. 野生动物学报, 38(3): 467-472.

陈旭. 2020. 柘林水库鱼类群落特征及应用eDNA技术检测鱼类多样性的初步研究. 南昌: 南昌大学硕士学位论文.

陈旭, 陈展川, 侯则红, 等. 2019. 海南湿地公园生态设计策略: 以海南五源河国家湿地公园为例. 海南大学学报(自然科学版), 37(3): 276-282.

陈雪龙, 王晓龙, 齐艳萍, 等. 2012. 大庆龙凤湿地土壤理化性质与硒元素分布关系研究. 水土保持研究, 19(4): 159-162.

陈雪梅, 刘吉平, 田学智. 2013. 近50年别拉洪河流域湿地时空格局变化研究. 广东农业科学, 40(15): 168-171+187.

陈雅娟. 2010. 内蒙古大兴安岭林区主要湿地类型及湿地动植物资源的初步研究. 内蒙古林业调查设计, 33(4): 69-70.

陈宜瑜. 1995. 中国湿地研究. 长春: 吉林科学技术出版社.

陈宜瑜. 1998. 中国动物志·硬骨鱼纲·鲤形目·中卷. 北京: 科学出版社.

陈永祥, 陈群利, 冯图, 等. 2021. 贵州草海国家级自然保护区综合科学考察报告. 北京: 中国林业出版社.

陈玉琴. 2016. 青格达湖湿地自然保护区资源调查及保护管理建议. 农村科技, (6): 72-73.

陈振华, 夏长水, 乔方利. 2017. 钦州湾水交换能力数值模拟研究. 海洋学报, 39: 14-23.

成家隆. 2016. 水东湾深水裸滩红树林造林技术研究. 重庆: 西南大学硕士学位论文.

程国辉. 2018. 黑龙江省胜山国家级自然保护区大型真菌多样性研究. 长春: 吉林农业大学硕士学位论文.

除多, 普穷, 旺堆, 等. 2012. 1974-2009年西藏羊卓雍错湖泊水位变化分析. 山地学报, 30(2): 239-247.

楚纯洁, 王磊, 于长立. 2010. 白龟山库区湿地生态退化分析与恢复探讨. 中国水土保持, (2): 29-31.

褚新洛, 郑葆珊, 戴定远, 等. 1999. 中国动物志·硬骨鱼纲·鲇形目. 北京: 科学出版社.

丛建华, 张兰, 刘官久. 2020. 拟建大兴安岭罕诺河湿地自然保护区资源现状评价. 林业勘查设计, 49(3): 75-79.

丛金鑫. 2021. 近百年环境变化对大兴安岭泥炭沼泽碳库稳定性影响研究. 长春: 中国科学院东北地理与农业生态研究所博士学位论文.

崔保山, 杨志峰. 2001. 湿地生态系统模型研究进展. 地球科学进展, (3): 352-358.

崔海军, 张勇, 张银烽, 等. 2018. 贵州娘娘山湿地藓类沼泽植物群落特征及优势种种间关系. 生态学杂志, 37(9): 2619-2626.

崔丽娟, 雷茵茹, 张曼胤, 等. 2021. 小微湿地研究综述: 定义类型及生态系统服务. 生态学报, 41(5): 2077-2085.

崔丽娟, 庞丙亮, 李伟, 等. 2016. 扎龙湿地生态系统服务价值评价. 生态学报, 36(3): 828-836.

崔乔. 2021. 鄂尔多斯台地湖滩湿地植被的分布及其驱动因素研究. 银川: 宁夏大学硕士学位论文.

崔文浩, 王孟琪, 黎双飞, 等. 2020. 福田红树林湿地大型底栖动物与浮游动物调查研究. 环境科学与管理, 45: 173-176.

崔颖颖, 朱立平, 鞠建廷, 等. 2017. 基于流量监测的西藏东南部然乌湖水量平衡季节变化及其补给过程分析. 地理学报, 72(7): 1221-1234.

达桑. 2011. 近50年西藏色林错流域气温和降水的变化趋势. 西藏科技, (1): 42-45.

达文彦. 2021. 拉萨河流域高寒沼泽湿地植物群落学特征研究. 拉萨: 西藏大学硕士学位论文.

代宝成. 2016. 浅谈内蒙古汗马自然保护区湿地类型与生态特征. 内蒙古林业调查设计, 39(6): 81-83.

代雪玲, 董治宝, 谢建平. 2013. 敦煌阳关湿地的特点及可持续利用的分析. 环境与可持续发展, 38(6): 101-104.

代雪玲, 谢建平, 逯军峰, 等. 2016. 敦煌阳关保护区湿地植物群落优势种种间关系分析. 中国农学通报, 32(13): 118-124.

代彦满. 2010. 三门峡黄河湿地公园规划建设与效益评价. 杨凌: 西北农林科技大学硕士学位论文.

戴子熠, 廖丽蓉, 梁嘉慧, 等. 2022. 1988-2018年广西北海红树林蓝碳储量变化分析. 海洋环境科学, 41(1): 8-15+23.

地理学名词审定委员会. 2007. 地理学名词. 2版. 北京: 科学出版社.

邓长贺, 单立忠, 高丽敏, 等. 2010. 岭峰自然保护区保护植物的初步调查. 林业勘察设计, (1): 37-38.

邓泓, 叶志鸿, 黄铭洪. 2007. 湿地植物根系泌氧的特征. 华东师范大学学报(自然科学版), (6): 69-76.

邓伟, 栾兆擎, 胡金明, 等. 2005. 三江平原典型沼泽湿地生态系统水分通量研究. 湿地科学, 3(1): 32-36.

邓泽林. 2018. 福建省沙埕港海湾环境质量与围填海工程关联性研究. 厦门: 厦门大学硕士学位论文.

刁永凯. 2013. 黑龙江翠北湿地的保护价值及保护对策的研究. 林业科技情报, 45(3): 12-13.

丁聪, 刘吉平, 马梦谣, 等. 2017. 向海草甸-沼泽生态系统植物群落物种多样性. 湿地科学, 15(4): 552-555.

丁汉明. 2010. 骆马湖湿地资源状况、问题及对策. 南京: 南京农业大学硕士学位论文.

丁华艳. 2015. 洪泽湖湿地生态旅游碳足迹研究. 南充: 西华师范大学硕士学位论文.

丁俊男, 于少鹏, 史传奇. 2020. 黑龙江哈尔滨白渔泡国家湿地公园沼泽、林地和农田土壤物理、化学和生物性质差异. 湿地科学, 18(1): 77-84.

丁强强. 2020. 乌拉斯台河协比乃尔布呼渠首洪水分析. 陕西水利, (9): 20-23.

丁玉华, 任义军, 温华军, 等. 2014. 中国野生麋鹿种群的恢复与保护研究. 野生动物学报, 35(2): 228-233.

董海. 2019. 西藏拉果错盐湖卤水锂成矿机理研究. 北京: 中国地质大学硕士学位论文.

董元华, 徐琪. 1990. 土壤潜育化作用的特点及其研究进展. 土壤学进展, 18(1): 9-14.

董元火, 雷刚, 高威, 等. 2013. 湖北龙感湖国家级湿地自然保护区粗梗水蕨群落的物种多样性. 江汉大学学报(自然科学版), 41(5): 72-75.

杜丁丁, Mughal M S, Blaise D, 等. 2019. 青藏高原中部色林错湖泊沉积物色度反映末次冰盛期以来区域古气候演化. 干旱区地理, 42(3): 551-558.

杜芳芝. 2015. 三岔河湿地鸟类资源监测调查. 辽宁林业科技, (3): 34-35+74.

杜广州. 2016. 青龙河自然保护区野生动物物种多样性现状及保护对策. 内蒙古林业调查设计, 39(2): 61-69.

杜海涛. 2016. 新林-塔源一带蛇绿混杂岩带特征及其大地构造意义. 长春: 吉林大学硕士学位论文.

杜君, 刘永志, 崔福星, 等. 2020. 黑龙江呼中国家级自然保护区森林湿地资源现状与保护对策. 国土与自然资源研究, (4): 64-66.

杜丽娜, 陈小勇, 杨君兴, 等. 2012. 滇西北四大高原湖泊软体动物现状调查. 水生态学杂志, 33(6): 44-49.

杜兴兰, 侯建华, 陈咏霞, 等. 2017. 塞罕坝国家级自然保护区野生鱼类资源与保护对策. 湿地科学与管理, 13(2): 42-44.

杜兴兰, 孟凡玲. 2012. 河北塞罕坝国家级自然保护区生物多样性保护存在的问题及措施. 安徽农学通报(下半月刊), 18(16): 126-127.

杜以鑫. 2021. 小兴安岭沼泽湿地景观演变动态模拟研究. 哈尔滨: 哈尔滨师范大学博士学位论文.

杜耘, 蔡述明, 王学雷, 等. 2008. 神农架大九湖亚高山湿地环境背景与生态恢复. 长江流域资源与环境, 6: 915-919.

段培, 鲍敏, 张营, 等. 2014. 索加-曲麻河保护分区野生陆栖脊椎动物分布型研究. 绿色科技, (12): 5-91+3.

段晓男, 王效科, 逯非, 等. 2008. 中国湿地生态系统固碳现状和潜力. 生态学报, (2): 463-469.

段学花, 王兆印, 徐梦珍. 2010. 底栖无脊椎动物与河流生态评价. 北京: 清华大学出版社.

段勋, 李哲, 刘淼, 等. 2022. 铁介导的土壤有机碳固持和矿化研究进展. 地球科学进展, 37(2): 202-211.

段玉宝, 田秀华, 朱书玉, 等. 2010. 东方白鹳繁殖期行为时间分配及日节律. 生态学杂志, (5): 968-972.

额尔敦格日乐, 永胜. 2017. 西鄂尔多斯自然保护区旅游资源评价与生态旅游开发的困境. 内蒙古科技与经济, (24): 9-10+13.

范航清, 王欣, 何斌源, 等. 2014. 人工生境创立与红树林重建. 北京: 中国林业出版社.

范航清, 吴斌, 潘良浩, 等. 2021. 广西山口国家级红树林生态自然保护区科考报告. 南宁: 广西科学技术出版社.

范航清, 张云兰, 邹绿柳, 等. 2022. 中国红树林基准价值及其单株价值分配研究. 生态学报, 42(4): 1262-1275.

范杰. 2016. 洪湖湿地环境退化引专家忧虑: 湖北省洪湖国家级湿地自然保护区环境调查. 新产经, (9): 32-35.

范金凤. 2007. 干扰对别拉河沼泽湿地土壤和水化学性质的影响. 哈尔滨: 东北林业大学硕士学位论文.

范晶, 肖洋. 2011. 黑龙江省湿地植物资源特征及保护和利用. 东北林业大学学报, 39(6): 76-86.

范聚柳, 吴焱, 焦黎. 2021. 近30年来新疆玛纳斯湖湿地生态系统服务价值变化及其驱动力分析. 海洋湖沼通报, (1): 48-55.

方健梅, 马国青, 余新晓, 等. 2020. 青海湖流域NDVI时空变化特征及其与气候之间的关系. 水土保持学报, 34(3): 8.

方静, 陈立, 刘亮, 等. 2022. 艾丁湖流域绿洲湿地退变成因及发展趋势预测. 地下水, 44(1): 91-93.

方平福. 2013. 滩涂湿地和人工湿地大型底栖动物群落生态学的比较研究. 金华: 浙江师范大学硕士学位论文.

方伟达. 2011. 2011国家重要湿地导览手册. 台北: 台湾省内政部营建署城乡发展分署.

房有国, 肖兴涛, 宋燕. 2007. 雅鲁河流域水文特征分析. 黑龙江水利科技, (1): 143-144.

费梁, 叶昌媛, 黄永昭. 1990. 中国两栖动物检索. 北京: 科学技术文献出版社.

冯建森, 马寿鹏, 焦线明. 2017. 酒泉市自然保护区建设管理现状与保护对策. 甘肃科技, 33(23): 6-10+97.

冯建祥, 黄敏参, 黄茜, 等. 2013. 稳定同位素在滨海湿地生态系统研究中的应用现状与前景. 生态学杂志, 32(4): 1065-1074.

冯精金, 史明昌, 姜群殴. 2019. 潮白河流域土地利用/覆被变化对土壤侵蚀的影响. 中国水土保持科学, 17(3): 121-132.

冯文利, 李兵, 史良树. 2021. 关于我国湿地资源调查监测工作现状的调研思考. 中国土地, (2): 37-40.

冯仡哲, 张虎才, 常凤琴, 等. 2020. 云南剑湖水体及表层沉积物氮、磷空间分布特征及对湖泊环境的影响. 第四纪研究, 40(5): 1251-1263.

冯志坚, 李镇魁, 吴永彬, 等. 2002. 广东惠东莲花山白盘珠自然保护区植物资源调查. 华南农业大学学报, (4): 49-52.

付春雷. 2009. 基于RS和GIS的乐清湾湿地生态效应研究. 哈尔滨: 东北农业大学硕士学位论文.

付鸿彦, 杨海蓉, 张立勋. 2020. 甘肃盐池湾国家级自然保护区鸟类群落结构及多样性. 甘肃农业大学学报, 55(4): 144-151.

付杰. 2014. 崇明西滩芦苇湿地土壤酶活性特征的研究. 安徽农业科学, 42(7): 4.

傅伯杰, 刘国华, 陈利顶, 等. 2001. 中国生态区划方案. 生态学报, (1): 1-6.

傅华龙. 1990. 扎布耶盐湖藻类资源的开发利用概况. 资源开发与保护, (3): 183.

高常军, 范秀仪, 易小青, 等. 2017. 广东海丰鸟类省级自然保护区湿地生态系统服务价值评估. 林业与环境科学, 33: 14-20.

高常军, 李吉跃, 周平. 2014. 海丰湿地留鸟种类及栖息环境. 湿地科学与管理, 10: 34-36.

高红真, 赵萍. 2015. 御道口风电场运营对保护区鸟类的影响评价. 河北林业科技, (5): 20-22.

高佳. 2016. 内蒙古乌兰河地区苔藓植物区系与群落分类研究. 呼和浩特: 内蒙古师范大学硕士学位论文.

高庆华. 2003. 衡水湖湿地鸟类多样性、种群数量动态变化及重要水鸟繁殖生态学研究. 石家庄: 河北师范大学硕士学位论文.

高霆炜, 杨明柳, 宋超. 2021. 海岸工程对北海铁山港红树林大型底栖动物群落的影响. 广西科学院学报, 37(3): 299-306.

高伟峰. 2019. 大兴安岭连续多年冻土区温室气体释放特征及其影响因素. 哈尔滨: 东北林业大学硕士学位论文.

高炜. 2020. 小兴安岭沼泽湿地时空格局演变及驱动机制分析. 哈尔滨: 哈尔滨师范大学博士学位论文.

高毅, 周强, 刘峰贵. 2020. 玛旁雍错. 全球变化数据学报(中英文), 4(2): 203-204.

高由禧, 蒋世逵, 张谊光, 等. 1981. 西藏气候. 北京: 科学出版社.

高占军. 2020. 内蒙古大兴安岭北部原始林区植物区系组成及主要植被群系特征分析. 内蒙古林业调查设计, 43(2): 65-68.

高梓洋. 2018. 黑龙江八五八小穆棱河国家湿地公园规划. 湿地科学与管理, 14(1): 7-10.

葛德胜. 2005. 水电厂水库洪水预报系统及其参数优化. 南昌: 南昌大学硕士学位论文.

葛玉祥, 曲海军. 2021. 红花尔基樟子松林国家级自然保护区生物类型资源调查与分析. 防护林科技, (2): 64-67.

葛之葳, 方水元, 李川, 等. 2017. 苏北溱湖芦苇和芦苇+香蒲群落中植物对湿地土壤N、P的固持效果. 湖泊科学, 29(3): 585-593.

耿亚军. 2017. 敦煌阳关湿地芦苇功能性状分异特征及其对土壤水盐梯度的响应. 兰州: 西北师范大学硕士学位论文.

工布江达县地方志编纂委员会. 2008. 工布江达县志. 北京: 中国藏学出版社.

龚文娟. 2021. 安徽省五河县沱湖水质及富营养化状态评价. 安徽建筑, 28(9): 101-103.

巩建伟. 2011. 丹东鸭绿江口-大洋河口湿地生态地质环境影响因素及演变趋势研究. 科技创新导报, (24): 128-129.

巩腾飞. 2016. 盐碱地植被覆盖度与土壤盐分含量时空耦合关系研究. 济南: 山东农业大学硕士学位论文.

拱秀丽, 王毅勇, 聂晓, 等. 2011. 沼泽与周边旱田气温、相对湿度差异分析. 东北林业大学学报, 39(11): 93-96+101.

苟芳珍. 2020. 苏干湖国家重要湿地鸟类栖息地适宜性评估. 兰州: 西北师范大学硕士学位论文.

顾殿春. 2016. 浅淡黄岗梁自然保护区的资源保护与开发利用. 现代农业, (5): 79.

顾韩. 2014. 火干扰对小兴安岭森林沼泽湿地温室气体排放时空动态的影响. 哈尔滨: 东北林业大学博士学位论文.

关道明. 2012. 中国滨海湿地. 北京: 海洋出版社.

关键. 2013. 肇源西海湿地公园生物资源调查与分析. 哈尔滨: 黑龙江大学硕士学位论文.

关瑞峰, 段河, 石静杰. 2019. 内蒙古柴河林业局森林经营分析. 内蒙古林业调查设计, 42(5): 9-10+24.

官威. 2015. 滇东南普者黑峰林湖盆土地利用变化的水文响应. 昆明: 云南师范大学硕士学位论文.

广西壮族自治区海洋和渔业厅. 2017. 中国近海海洋图集: 广西壮族自治区海岛海岸带. 北京: 海洋出版社.

郭超, 蒙红卫, 马玉贞, 等. 2019. 藏南羊卓雍错沉积物元素地球化学记录的过去2000年环境变化. 地理学报, 74(7): 1345-1362.

郭春辉. 2018. 高架高速公路替代海满一级公路对二卡湿地自然保护区影响研究. 西安: 西安理工大学硕士学位论文.

郭建光. 2018. 柴河林业局植物区系分析研究. 内蒙古林业调查设计, 41(1): 9-12.

郭楷. 2016. 黑龙江双河保护区猞猁与猎物冬季生境相关性研究. 哈尔滨: 东北林业大学硕士学位论文.

郭美辰. 2013. 野鸭湖湿地生态系统服务功能价值变化研究. 北京: 首都师范大学硕士学位论文.

郭娜. 2018. 东平湖水体生物脱氮作用研究. 聊城: 聊城大学硕士学位论文.

郭强. 2017. 基于HYDRUS-1D模型和稳定同位素的鄱阳湖湿地水分传输过程研究. 太原: 太原理工大学硕士学位论文.

郭若舜, 何磊, 叶思源, 等. 2020. 辽河三角洲大凌河河口湿地沉积物晚更新世以来的矿物特征及其物源、气候意义. 现代地质, 34(1): 154-165.

郭文利, 袁晓, 裴恩乐, 等. 2010. 上海南汇东滩湿地鸟类资源调查. 四川动物, 29(5): 596-604.

郭欣, 潘伟生, 陈粤超, 等. 2018. 广东湛江红树林自然保护区及附近海岸互花米草入侵与红树林保护. 林业环境与科学, 34: 58-63.

郭友红, 韩丽萍, 李津立, 等. 2014. 曹妃甸湿地水资源平衡分析. 湖北农业科学, 53(5): 1048-1050.

郭跃东, 何岩, 邓伟, 等. 2004. 扎龙国家自然湿地生态环境需水量研究. 水土保持学报, 18(6): 163-166+174.

国家环境保护局. 1987. 中国珍稀濒危保护植物名录(第一册). 北京: 科学出版社.

国家环境保护总局. 2004. 土壤环境监测技术规范(HJ/T 166—2004).

国家环境保护总局, 国家质量监督检验检疫总局. 2002. 地表水环境质量标准(GB 3838—2002).

国家林业和草原局. 2019. 国家林业和草原局国家级自然公园评审委员会办公室关于国家级湿地公园范围调整拟定方案的公示.

国家林业和草原局(国家公园管理局). 2019. 祁连山国家公园总体规划(征求意见稿).

国家林业局. 2007. 湿地生态系统定位观测指标体系(LY/T 1707—2007).

国家林业局. 2014. 全国泥炭沼泽碳库调查工作指南(试行).

国家林业局. 2015a. 中国湿地资源·总卷. 北京: 中国林业出版社.

国家林业局. 2015b. 中国湿地资源·内蒙古卷. 北京: 中国林业出版社.

国家林业局. 2017. 湿地生态系统定位观测技术规范(LY/T 2898—2017).

国家林业局, 农业部. 1999. 国家重点保护野生植物名录: 第1批. 北京: 国家林业局办公室.

国家林业局《湿地公约》履约办公室. 2001. 湿地公约履约指南. 北京: 中国林业出版社.

韩保献. 2019. 临高·海南新盈红树林国家湿地公园. 今日海南, (7): 70.

韩大勇, 杨永兴, 杨扬, 等. 2012. 湿地退化研究进展. 生态学报, 32(4): 1293-1307.

韩广轩. 2017. 潮汐作用和干湿交替对盐沼湿地碳交换的影响机制研究进展. 生态学报, 37(24): 8170-8178.

韩吉权, 杨志达, 张嘉亮. 2009. 萝北县嘟噜河湿地生态旅游资源开发对策. 黑龙江科技信息, (25): 125.

韩丽萍, 付秀悦, 霍永生, 等. 2011. 唐海湿地和鸟类省级自然保护区鸟类资源调查研究. 河北林业科技, (5): 20-27.

韩樑. 2014. 上海临港滨海湿地植物种类、区系成分和种群生物学特征的生态学调查及其与环境因子间关系的研究. 上海: 上海海洋大学硕士学位论文.

韩小军. 2019. 贵池十八索省级自然保护区植物资源多样性调查. 绿色科技, (9): 66-67.

韩艳滨. 2016. 东湖湿地生态环境存在的问题及其成因. 黑龙江科技信息, (16): 265.

韩月. 2016. 河北省滨海湿地保护与产业发展研究. 秦皇岛: 燕山大学硕士学位论文.

韩在翠. 2013. 肇源沿江自然保护区生物多样性研究. 哈尔滨: 黑龙江大学硕士学位论文.

韩哲, 宋长春, 谭稳稳. 2018. 中国科学院三江平原沼泽湿地生态试验站试验场管理经验. 智库时代, 143: 263-264.

韩知明, 贾克力, 孙标, 等. 2018. 呼伦湖流域地表水与地下水离子组成特征及来源分析. 生态环境学报, 27(4): 744-751.

郝世文, 朱晓静. 2009. 五岔沟林业局森林资源变化状况及经营效果评价. 内蒙古林业调查设计, 32(S1): 39-42.

郝小玲. 2014. 甘肃安西极旱荒漠国家级自然保护区维管植物地理区系与植被类型分析. 兰州: 兰州大学硕士学位论文.

何斌源, 赖廷和, 王欣, 等. 2013. 廉州湾滨海湿地潮间带大型底栖动物群落次级生产力. 生态学杂志, 32: 2104-2112.

何春燕, 王智海. 2013. 青格达湖区域生态景观规划研究. 水利发展研究, 13(12): 66-68.

何方杰, 韩辉邦, 马学谦, 等. 2020. 隆宝滩保护区不同生态系统CH_4和CO_2通量差异及其影响因素. 生态学杂志, 39(9): 2821-2831.

何翰林, 罗金龙, 卢立, 等. 2020. 广东阳东寿长河红树林国家湿地公园植物多样性研究. 中南林业调查规划, 39(3): 42-46.

何欢. 2020. 毛乌素地区土壤-植被系统对湿地旱化过程的响应研究. 杨凌: 西北农林科技大学博士学位论文.

何金整, 王宏云, 赵平. 2009. 海兴湿地旅游定位与发展路径探讨. 科技和产业, 9(10): 23-25.

何俊仕, 韩宇舟, 张磊, 等. 2010. 蒲河流域水库生态调度研究. 水电能源科学, 9: 40-42.

何涛. 2008. 干海子候鸟自然保护区生态恢复与治理对策. 农业科技与信息, (4): 12-13.

何伟添. 2008. 澳门海岸湿地生态系统的特征及变化趋势研究. 广州: 暨南大学博士学位论文.

何旭升, 徐志高, 刘敏杰. 2019. 西藏玛旁雍错国家级湿地自然保护区草地生态修复的探讨: 以普兰县披碱草试种为例. 中南林业调查规划, 38(4): 42-45.

何仲坚, 朱纯, 冯毅敏. 2006. 广东湿地植物资源概况. 广东园林, 28(S1): 20-23.

贺纪正, 张丽梅. 2009. 氨氧化微生物生态学与氮循环研究进展. 生态学报, 29(1): 406-415.

贺佩君. 2020. 谈新疆和布克河防洪工程的总体布置. 山东水利, (10): 78-79.

侯珏. 2016. 湖泽两岸万物生: "探访广西湿地" 之横县西津国家湿地公园. 广西林业, (8): 34-37.

侯蒙京, 高金龙, 葛静, 等. 2020. 青藏高原东部高寒沼泽湿地动态变化及其驱动因素研究. 草业学报, 29(1): 13-27.

侯学煜. 1988. 沼泽保护和合理利用. 农业环境科学学报, (2): 1-3.

侯志勇, 谢永宏, 赵启鸿, 等. 2013. 洞庭湖湿地植物资源现状及保护与可持续利用对策. 农业现代化研究, 34(2): 181-185.

胡宝军. 2019. 扎龙湿地水质评价与水环境分析. 东北水利水电, 37(5): 49-50.

胡春明, 刘平, 张利田, 等. 2013. 河漫滩湿地生态阈值: 以二卡自然保护区为例. 生态学报, 33(20): 6662-6669.

胡林林, 王立中, 李慧仁, 等. 2013. 火干扰后5年南瓮河草本沼泽湿地植物群落物种多样性研究. 防护林科技, (2): 12-14.

胡盼盼, 胡卓玮, 魏徕. 2017. 基于3S技术的野鸭湖湿地系统景观格局演变研究. 地理信息世界, 24(3): 11-18.

胡鑫, 吴彬, 高凡, 等. 2021. 呼图壁县地下水位动态对土地利用变化响应. 水土保持学报, 35(5): 227-234.

胡义成, 秦榕, 王秋香, 等. 2016. 环境变化对新疆霍尔果斯气候资料的影响. 中国农学通报, 32(21): 153-160.

胡懿凯. 2019. 淇澳岛不同恢复类型红树林碳密度和固碳速率比较研究. 长沙: 中南林业科技大学硕士学位论文.

胡宇铭. 2020. 西溪湿地水体氮源解析及脱氮能力研究. 杭州: 浙江工业大学硕士学位论文.

胡照广. 2017. 小兴安岭北部多年冻土退化特征及对公路路基稳定性影响. 哈尔滨: 东北林业大学博士学位论文.

华宁. 2014. 鸻鹬类春季在黄海区域迁徙停歇地的能量积累. 上海: 复旦大学博士学位论文.

黄承标, 罗远周, 张建华, 等. 2009. 广西猫儿山自然保护区森林土壤化学性质垂直分布特征研究. 安徽农业科学, 37(1): 245-247+354.

黄诚智, 曾德华. 2019. 4种红树树种在三亚河红树林自然保护区的生长和生理生化响应. 热带林业, 47(1): 34-37.

黄驰, 江志坚, 张景平, 等. 2017. 钦州湾春季和秋季大型底栖动物群落结构特征. 渔业研究, 39: 272-282.

黄郡. 2020. 七星河湿地不同恢复方式对土壤碳氮磷生态化学计量特征的影响. 哈尔滨: 哈尔滨师范大学硕士学位论文.

黄石竹. 2016. 环境变化对小兴安岭沼泽湿地甲烷和氧化亚氮排放的影响. 哈尔滨: 东北林业大学博士学位论文.

黄锡畴. 1982. 试论沼泽的分布和发育规律. 地理科学, 2(3): 193-201.

黄锡畴. 1988. 中国沼泽研究. 北京: 科学出版社.

黄锡畴. 1989. 沼泽生态系统的性质. 地理科学, 9(2): 97-104+195.

黄锡畴. 1996. 评介国外两种沼泽湿地地图. 地理科学, (3): 96-97+95.

黄锡畴, 马学慧. 1988a. 我国沼泽研究的回顾与展望: 献给中国科学院长春地理研究所成立三十周年. 地理科学, 8(1): 1-11+99.

黄锡畴, 马学慧. 1988b. 我国沼泽研究的进展. 海洋与湖泊, 19(5): 499-504.

黄咸雨, 张志麒, 王红梅, 等. 2017. 神农架大九湖泥炭湿地关键带监测进展. 地球科学, 42(6): 1026-1038.

黄学俊, 刘敬勇, 刘艺斯, 等. 2010. 电白县红树林保护存在问题及保护新途径探究. 安徽农学通报(上半月刊), 16: 144-146.

黄亚东, 张先锋, 胡鸿兴. 2009. 新疆伊犁河湿地及周边夏季鸟类调查初报. 四川动物, 28(1): 133-139.

黄云芳, 赵彦森. 2017. 狼渡滩湿地公园建设必要性分析. 甘肃林业科技, 42(2): 49-51+54.

黄执缨, 王晓红. 2011. 汕头海岸湿地鸟类的现状与保护. 南方职业教育学刊, 1(3): 90-96.

黄智宏. 2022. 新疆阿勒泰哈拉萨孜泥炭沉积特征及其古气候意义研究. 上海: 华东师范大学硕士学位论文.

计娜. 2014. 近30年来长江口典型岸滩动力、沉积及地貌演变特征研究. 上海: 华东师范大学硕士学位论文.

贾付生. 2018. 基于高分辨率遥感数据的阿克苏河流域土壤湿度反演与动态监测. 上海: 华中师范大学硕士学位论文.

贾鹏, 范亚文, 陆欣鑫. 2021. 基于功能类群分析呼兰河口湿地浮游植物群落结构特征. 生态学报, 41(3): 1042-1054.

贾沁贤, 刘喜方, 王洪平, 等. 2017. 西藏盐湖生物与生态资源及其开发利用. 科技导报, 35(12): 19-26.

贾雪莹. 2019. 铁输入对小兴凯湖湿地植物-沉积物系统磷迁移的影响研究. 长春: 中国科学院东北地理与农业生态研究所博士学位论文.

贾志军, 宋长春, 王跃思, 等. 2007. 三江平原典型沼泽湿地蒸散量研究. 气候与环境研究, 12(4): 496-502.

贾子书. 2017. 改进内梅罗指数评价法在东方红湿地水质评价中的应用. 哈尔滨: 东北林业大学硕士学位论文.

简兴, 王松, 翟晓钰, 等. 2019. 安徽三汊河国家湿地公园不同土地利用方式下表层土壤活性有机碳含量. 湿地科学, 17(5): 511-518.

江靖, 秦貌, 江晴, 等. 2020. 湖北二仙岩湿地自然保护区鸟类资源调查与生物多样性分析. 湖北林业科技, 49(1): 31-36.

江晓珩, 蔡新斌, 布早拉木, 等. 2013. 布伦口湖群湿地保护区现状及其保护措施研究. 防护林科技, (12): 57-59.

江永明. 2006. 天鹅洲、黑瓦屋长江故道湿地水生态调查及能值分析研究. 武汉: 华中农业大学硕士学位论文.

姜洁. 2018. 新疆玛纳斯河中下游流域湿地维管植物研究. 石河子: 石河子大学硕士学位论文.

姜俊彦, 黄星, 李秀珍, 等. 2015. 潮滩湿地土壤有机碳储量及其与土壤理化因子的关系: 以崇明东滩为例. 生态与农村环境学报, 31(4): 8.

姜立伟. 2015. 乌裕尔河流域土地利用与覆被变化对径流的影响. 哈尔滨: 东北林业大学硕士学位论文.

姜明, 吕宪国, 刘吉平, 等. 2005. 湿地生态系统观测进展与展望. 地理科学进展, (5): 43-51.

姜明, 吕宪国, 杨青, 等. 2006. 湿地铁的生物地球化学循环及其环境效应. 土壤学报, (3): 493-499.

姜明, 王国栋, 王志臣, 等. 2021. 黑龙江挠力河国家自然保护区湿地资源及生态功能评估. 北京: 科学出版社.

姜明, 邹元春, 章光新, 等. 2018. 中国湿地科学研究进展与展望: 纪念中国科学院东北地理与农业生态研究所建所60周年. 湿地科学, 16: 279-287.

姜未鑫. 2012. 太湖湿地生态系统的保护及管理研究. 武汉: 华中师范大学硕士学位论文.

姜旭新, 黄婧, 张岩, 等. 2019. 额尔齐斯河流域河谷生态系统水文情势变化影响分析及生态修复建议. 中国农村水利水电, (10): 12-16.

姜志国. 2013. 内蒙古达赉湖国家级自然保护区综合考察报告. 呼和浩特: 内蒙古大学出版社.

蒋得斌, 王绍能. 2006. 广西猫儿山自然保护区生物多样性保护及对策研究. 第七届全国生物多样性保护与持续利用研讨会论文集, (4): 385-391.

蒋桂芹, 毕黎明, 贺逸清. 2021. 若尔盖湿地水源涵养时空变化及影响因素. 科学技术与工程, 21(29): 12688-12694.

蒋立宏, 陈广夫, 迟晓雪, 等. 2019. 海拉尔国家森林公园西山生态园区野生维管植物资源调查初报. 内蒙古林业调查设计, 42(2): 36-39.

蒋立伟. 2019. 大兴安岭北段新林-加格达奇地区倭勒根群时限及物源分析. 长春: 吉林大学硕士学位论文.

蒋薇, 白军红, 高海峰, 等. 2009. 白洋淀典型台田湿地土壤生源元素剖面分布特征. 水土保持学报, 23(5): 261-264.

焦盛武. 2015. 白头鹤在中国迁徙路线上的栖息地选择和觅食策略研究. 北京: 北京林业大学博士学位论文.

焦学尧, 李瑞利, 沈小雪, 等. 2021. 基于GIS 的福田红树林水环境健康评价. 海洋湖沼通报, 43: 151-158.

金常明. 2017. 饶河县东北黑蜂现状及产业发展建议. 基层农技推广, 5(6): 94-95.

金鸽. 2021. 基于Landsat数据的呼伦湖湖泊面积与植被覆盖度变化研究. 呼和浩特: 内蒙古农业大学硕士学位论文.

金良. 2008. 锡林郭勒草原自然保护区生态系统服务功能价值评估研究. 呼和浩特: 内蒙古农业大学博士学位论文.

金泰龙. 1987. 三江平原沼泽生态环境的化学特征. 生态学报, (4): 289-296.

金晓丹. 2014. 水体和表层沉积物不同形态磷分布及其迁移转化. 上海: 上海交通大学博士学位论文.

金晓敏. 2017. 针对东方白鹳生境的洪河自然保护区湿地生态脆弱性评价. 长春: 中国科学院东北地理与农业生态研究所硕士学位论文.

金辛. 2015. 黑龙江红星湿地国家级自然保护区生态系统服务功能价值评估. 哈尔滨: 东北林业大学博士学位论文.

金焱. 2009. 阿尔山林业局湿地状况研究. 内蒙古林业调查设计, 32(6): 119-120.

金映雪. 2017. 塔城市滨河生态景观改造研究. 乌鲁木齐: 新疆农业大学硕士学位论文.

荆勇. 2011. 蒲河流域污染状况与生态修复技术对策的研究. 环境保护科学, 37(6): 25-28.

荆勇. 2012. 沈阳市蒲河水质污染特征及水质改善途径的研究. 环境保护科学, 38(4): 29-32.

景文. 2013. 基于鸟类栖息地保护的山东荣成桑沟湾滨海湿地公园(一期)规划. 武汉: 华中农业大学硕士学位论文.

靖淑慧. 2019. 东平湖水蒸发对水环境影响的氢氧同位素解释. 聊城: 聊城大学硕士学位论文.

康满萍. 2021. 苏干湖湿地土壤水盐的空间格局及其影响因素. 兰州: 西北师范大学硕士学位论文.

孔婷. 2019. 新疆呼图壁气象站迁站后新旧站气温对比分析. 热带农业工程, 43(5): 150-152.

孔亚菲. 2015. 基于生态敏感性评价的济西国家湿地公园生态规划研究. 济南: 山东建筑大学硕士学位论文.

拦继酒, 罗建. 2018. 西藏麦地卡湿地自然保护区种子植物资源多样性. 高原农业, 2(1): 19-25.

郎宏磊. 2019. 莫莫格沼泽水资源管理与保护. 长春: 吉林大学硕士学位论文.

郎惠卿. 1999. 中国湿地植被. 北京: 科学出版社.

郎惠卿, 金树仁. 1983. 中国沼泽类型及其分布规律. 东北师大学报(自然科学版), (3): 4-15.

郎惠卿, 祖文辰, 金树仁. 1983. 中国沼泽. 济南: 山东科学技术出版社.

劳燕玲. 2013. 滨海湿地生态安全评价研究: 以钦州湾为例. 武汉: 中国地质大学博士学位论文.

雷金睿, 冯勇, 钱军, 等. 2019. 海口城市湿地公园景观格局分析: 以美舍河国家湿地公园和五源河国家湿地公园为例. 湿地科学与管理, 15(3): 51-54.

雷倩, 李金亚, 王强, 等. 2019. 东方白鹳幼鸟在繁殖区生境选择的跟踪研究. 生态学报, 40(9): 2944-2952.

雷宪奇. 2015. 黑龙江岭峰自然保护区植物资源现状与保护管理对策. 科技创新与应用, 18: 294.

雷茵茹, 崔丽娟, 李伟. 2016. 湿地气候变化适应性策略概述. 世界林业研究, 29: 36-40.

雷宇, 刘强, 刘文, 等. 2017. 贵州草海保护区钳嘴鹳种群动态. 动物学杂志, 52(2): 203-209.

雷耘, 汪正祥, 马广礼. 2010. 鄂西二仙岩泥炭藓沼泽湿地植物多样性的研究. 武汉: 环境污染与大众健康学术会议: 834-837.

雷泽锋. 2020. 盐城自然保护区丹顶鹤越冬生境适宜性评价及盐城湿地保护空缺分析. 哈尔滨: 东北林业大学硕士学位论文.

冷冰. 2020. 潮间带红树植物蒸腾耗水及其影响因素. 桂林: 广西大学博士学位论文.

冷梅. 2018. 朝阳凌源青龙河省级重要湿地生物多样性调查分析. 林业科学, (5): 150+157.

冷雪天, Bell S. 1997. 高位沼泽的形成环境与机制. 东北师大学报(自然科学版), (2): 91-98.

黎广钊, 梁文, 王欣, 等. 2017. 北部湾广西海陆交错带地貌格局与演变及其驱动机制. 北京: 海洋出版社.

李宝国. 2016. 内蒙古乌玛自然保护区珍稀濒危野生鸟类资源现状. 内蒙古林业调查设计, 39(3): 71-73.

李冰. 2014. 太湖东部平原平望孔全新世环境演变地层记录. 南京: 南京大学博士学位论文.

李兵, 朱自学. 2017. 淮阳龙湖国家湿地公园植物物种多样性. 湿地科学, 15(3): 411-415.

李波. 2009. 吉林省西部湿地草原生态环境现状研究. 长春: 吉林大学博士学位论文.

李渤生. 1989. 羌塘高原美马错自然保护区的初步评价. 自然资源学报, (3): 281-288.

李长看, 王威, 马灿玲, 等. 2010. 郑州黄河湿地生物资源及保护研究. 安徽农业科学, 38(32): 18297-18299+18318.

李超. 2016. 讷谟尔河(讷河段)水环境质量现状分析. 黑龙江环境通报, 40(2): 72-74+89.

李聪慧. 2015. 北京野鸭湖不同人为干扰区生态质量遥感分析. 北京: 北京林业大学硕士学位论文.

李德品, 付贵权, 王明杨, 等. 2014. 调查时段对云南洱海北岸湖湾越冬水鸟计数的影响. 生态学杂志, 33(3): 674-679.

李典鹏, 姚美思, 孙涛, 等. 2017. 北疆盐湖湿地土壤有机碳分布特征及储量. 新疆农业大学学报, 40(6): 447-453.

李飞, 卢刚, 冯尔辉, 等. 2021. 海南岛黑脸琵鹭越冬种群的变化与保护策略. 湿地科学, 19: 667-672.

李凤, 谭学锋, 梁士楚, 等. 2011. 广西湿地立法保护的思考与建议. 湿地科学与管理, (2): 66-69.

李凤莹, 张饮江, 赵志淼, 等. 2020. 基于遥感生态指数的海岸带湿地生态格局变化评价: 以上海南汇东滩湿地为例. 上海海洋大学学报, 29(5): 746-756.

李海军, 朱世兵, 张士芳, 等. 2017. 黑龙江双河自然保护区脊椎动物多样性分析. 国土与自然资源研究, (4): 90-92.

李海生, 吴灿雄, 欧阳美霞, 等. 2020. 广州市南沙区红树林资源现状与保护. 湿地科学, 18(2): 158-165.

李贺新, 李彬. 2015. 内蒙古图牧吉国家级自然保护区湿地资源现状及保护措施. 内蒙古林业调查设计, 38(4): 94-95+110.

李恒. 2010. 云南湿地. 北京: 中国林业出版社.

李虹, 杨洪升, 岳明, 等. 2019. 大佳河自然保护区植物群落多样性调查. 中国林副特产, (1): 62-64.

李怀国, 杨长明, 王育来. 2017. 巢湖水质现状及浮游生物群落结构特征. 安徽农业科学, 45(22): 13-16.

李晖, 肖鹏峰, 冯学智, 等. 2010. 近30年三江源地区湖泊变化图谱与面积变化. 湖泊科学, 22(6): 862-873.

李惠敏, 宫兆宁, 步飞, 等. 2019. 洪河国家级自然保护区沼泽湿地生态储水量估算. 湿地科学, 17(2): 210-214.

李惠欣. 2007. 河北衡水湖自然保护区种子植物区系初步研究. 石家庄: 河北师范大学硕士学位论文.

李建军. 2010. 广东湛江红树林生态系统空间结构优化研究. 长沙: 中南林业科技大学博士学位论文.

李健, 李永亮. 2014. 八岔岛国家级自然保护区保护现状及对策研究. 中国环境管理干部学院学报, 24(2): 30-33.

李津, 石龙珠. 2020. 红花尔基伊敏河国家级湿地公园生物多样性现状与保护对策. 防护林科技, (12): 66-68.

李静. 2017. 南矶山湿地典型植物分布特征及分析. 南昌: 南昌工程学院硕士学位论文.

李军, 邹胜章, 赵一, 等. 2021. 会仙岩溶湿地地下水主要离子特征及成因分析. 环境科学, 42(4): 1750-1760.

李凯, 汪家全, 胡淑恒, 等. 2017. 淮河流域瓦埠湖流域水体污染研究与现状评价(2011-2015年). 湖泊科学, 29(1): 143-150.

李磊. 2021. 大庆龙凤湿地浮游植物功能类群分布格局及环境相关性研究. 哈尔滨: 哈尔滨师范大学硕士学位论文.

李立国. 2016. 中华人民共和国政区大典·甘肃省卷. 北京: 中国社会出版社.

李丽凤, 刘文爱. 2018. 广西廉州湾红树林湿地景观格局动态及其成因. 森林与环境学报, 38: 171-177.

李利. 2011. 廉州湾海域生态系统健康评价. 青岛: 中国海洋大学硕士学位论文.

李孟国, 杨树森, 韩西军. 2014. 海南东水港水动力泥沙特征研究. 水运工程, (6): 10-16.

李梦晓, 孙世军, 崔朋, 等. 2017. 向海与查干湖沼泽水环境化学特征对其浮游植物群落结构差异性的影响. 吉林大学学报(理学版), 55(3): 739-750.

李敏. 2016. 盐碱湿地公园生态景观规划设计. 株洲: 湖南工业大学硕士学位论文.

李明德. 2011. 鱼类分类学. 2版. 北京: 海洋出版社.

李明亮. 2019. 洮河国家级自然保护区自然资源及保护建议. 现代农业科技, (15): 160-161.

李楠. 2019. 三江平原典型恢复湿地的生态特征变化及其效果评估. 哈尔滨: 东北林业大学博士学位论文.

李盼. 2018. 青海久治年保玉则国家地质公园资源类型与评价. 北京: 中国地质大学硕士学位论文.

李秋华, 陈椽, 何伟添. 2009. 澳门湿地浮游植物群落特征. 植物生态学报, 33(4): 9.

李群, 赵辉, 赵成章, 等. 2022. 洮河国家湿地公园主要植物群落多样性对土壤环境因子的响应. 生态学报, 42(7): 2674-2684.

李荣冠. 2017. 福建滨海湿地潮间带大型底栖生物. 北京: 海洋出版社.

李荣冠, 王建军, 林俊辉. 2014. 福建典型滨海湿地. 北京: 科学出版社.

李荣魁, 张卫华, 王守波, 等. 2015. 内蒙古汗马国家级自然保护区珍稀濒危野生动物初步调查. 内蒙古林业调查设计, 38(4): 83-86.

李嵘. 2003. 高黎贡山北段种子植物区系研究. 昆明: 中国科学院昆明植物研究所博士学位论文.

李润利. 2016. 锡林郭勒盟自然保护区保护管理浅析. 防护林科技, (11): 75-76+84.

李森森, 马大龙, 臧淑英, 等. 2018. 不同干扰方式下松江湿地土壤微生物群落结构和功能特征. 生态学报, 38(22): 7979-7989.

李胜. 2022. 新疆额尔齐斯河流域特种鱼类资源现状及增殖措施. 黑龙江水产, 41(2): 40-43.

李胜, 谭鸿静. 2014. 建设内蒙古大兴安岭图里河国家湿地公园的必要性. 内蒙古林业调查设计, 37(6): 21-22+40.

李士伟. 2015. 内蒙古伊金霍洛旗红海子湿地公园鸟类种类组成及群落结构研究. 呼和浩特: 内蒙古大学硕士学位论文.

李世杰, 郑本兴, 焦克勤. 1991. 西昆仑山南坡湖相沉积和湖泊演化的初步研究. 地理科学, (4): 306-314+391.

李淑华, 黄华, 张春萍, 等. 2009. 黑龙江库尔滨河自然保护区保护价值探讨. 黑龙江生态工程职业学院学报, 22(3): 5-6.

李思忠, 方芳. 1990. 鲢、鳙、青、草鱼地理分布的研究. 动物学报, (3): 244-250.

李铁民, 周亚林. 2019. 浅谈内蒙古卡鲁奔国家湿地公园景观资源. 内蒙古林业调查设计, 42(4): 22-23+33.

李婷婷, 赵聆言, 关艺蕾, 等. 2021. 城市湖泊湿地周边建成环境温湿效应的时空分布特征: 以武汉16个湖泊湿地为例. 中国园林, 37(3): 106-111.

李伟业, 付强, 赵青. 2007. 三江平原沼泽湿地水文水资源环境变化分析. 水土保持研究, 14(6): 298-301.

李相逸. 2014. 七里海湿地植物群落与动物生境的景观生态化恢复研究. 天津: 天津大学硕士学位论文.

李小维, 黄子眉, 陈剑锋, 等. 2018. 基于VSD模型的铁山港湾红树林生态系统脆弱性初步评价. 热带海洋学报, 37(2): 47-54.

李小宇, 钟艳霞, 杨丽芳. 2014. 基于模糊数学的鹤泉湖水质评价研究. 安徽农业科学, 42(28): 9883-9886.

李晓军. 2015. 安西极旱荒漠国家级自然保护区鸟类群落结构及多样性研究. 兰州: 西北师范大学硕士学位论文.

李晓明. 2017. 五大连池风景区生态规划管控研究. 哈尔滨: 哈尔滨工业大学硕士学位论文.

李秀军, 李取生, 王志春, 等. 2002. 松嫩平原西部盐碱地特点及合理利用研究. 农业现代化研究, (5): 361-364.

李玄, 史会剑, 王海艳, 等. 2020. 黄河三角洲潮间带软体动物多样性与分布格局. 生态与农村环境学报, 36(8): 1055-1063.

李雪菲, 赵庆英, 柴社立, 等. 2010. 吉林省西部主要湖泊的水化学特征及其水质评价. 科学技术与工程, 10(27): 1671-1815.

李雪健, 贾佩尧, 牛诚祎, 等. 2020. 新疆阿勒泰地区额尔齐斯河和乌伦古河流域鱼类多样性演变和流域健康评价. 生物多样性, 28(4): 422-434.

李燕, 柯剑鸿, 焦大春, 等. 2018. 莼菜的营养价值及其应用研究进展. 长江蔬菜, (18): 36-39.

李阳. 2016. 高格斯台罕乌拉国家级自然保护区苔藓植物区系与多样性研究. 呼和浩特: 内蒙古师范大学硕士学位论文.

李沂轩, 鞠哲, 赵文, 等. 2016. 白石水库浮游植物的群落结构研究. 大连海洋大学学报, 31(4): 404-409.

李益敏, 李卓卿. 2013. 国内外湿地研究进展与展望. 云南地理环境研究, 25(1): 36-43.

李懿淼, 李茂田, 艾威, 等. 2017. 江西柘林水库春季浮游藻类、叶绿素a与环境因子的分布、关系及意义. 湖泊科学, 29(3): 625-636.

李英华, 李景光, 田振华, 等. 2004. 荷叶花湿地生物资源及保护管理对策. 内蒙古林业调查设计, (S1): 36-37.

李玉琴, 盛东峰, 刘殿. 2013. 淮阳龙湖湿地水质现状及保护对策. 河南科技, (4): 187-188.

李运强. 2017. 达里诺尔国家级自然保护区鸟类群落结构及种类组成年际动态研究. 呼和浩特: 内蒙古大学硕士学位论文.

李泽实. 2020. 基于MIKE SHE模型的洋河流域水污染防控措施效果评价研究. 武汉: 湖北工业大学硕士学位论文.

李真, 李瑜, 昝启杰, 等. 2017. 深圳福田与香港米埔红树林群落分布与景观格局比较. 中山大学学报(自然科学版), 56(5): 12-19.

李志威, 孙萌, 游宇驰, 等. 2017. 若尔盖高原实际蒸散量变化规律研究. 生态环境学报, 26(8): 1317-1324.

李治国, 李红忠, 吴红波, 等. 2016. 近22年结则茶卡湖流域冰川、湖泊变化及原因分析. 干旱区资源与环境, 30(10): 185-191.

李中强, 任慧, 郝孟曦, 等. 2012. 斧头湖水生植物多样性及群落演替研究. 水生生物学报, 36(6): 1018-1026.

李紫琦. 2017. 武汉沙湖城市湿地公园建设中水生植物的应用现状与建议. 湖北林业科技, 46(6): 48-51.

李作洲, 黄宏文, 唐登奎, 等. 2006. 湖北后河国家级自然保护区生物多样性及其保护对策Ⅱ. 生物多样性保护现状、威胁及其对策. 武汉植物学研究, (3): 253-260.

历银军. 2019. 探讨内蒙古甘河林业局湿地保护管理存在问题及保护建议. 内蒙古林业调查设计, 42(2): 34-35+39.

厉恩华, 杨超, 蔡晓斌, 等. 2021. 洪湖湿地植物多样性与保护对策. 长江流域资源与环境, 30(3): 623-635.

利什特万И И, 科罗利Н Т. 1989. 泥炭的基本性质及其测定方法. 戴国良, 马学慧, 译. 北京: 科学出版社.

梁大川, 何庆祥, 辛钰. 2018. 论索伦哈干河鸳鸯繁殖地自然保护小区建立. 内蒙古林业调查设计, 41(2): 35-38+89.

梁华. 2000. 澳门海岸带生态及其动向. 北京园林, (3): 5.

梁佳欣. 2018. 近30年南四湖湿地景观时空变异特征研究. 泰安: 山东农业大学硕士学位论文.

梁杰. 2019. 红树林叶和冠层的水同位素分馏机制及其应用研究. 北京: 清华大学博士学位论文.

梁启. 2015. 湿地类型自然保护区利益相关者冲突管理的研究: 以吉林莫莫格国家级自然保护区为例. 长春: 吉林大学硕士学位论文.

梁群峰, 汪卫国, 赵蒙维, 等. 2016. 福建东山湾1954-2008年间的海底冲淤变化. 应用海洋学学报, 35(1): 95-101.

梁士楚, 黄安书, 李贵玉, 等. 2011. 广西湿地维管束植物及其区系特征. 广西师范大学学报(自然科学版), (2): 82-87.

梁曾飞. 2014. 湖南汨罗江国家湿地公园湿地资源现状、胁迫因子及保护对策研究. 绿色科技, (2): 30-33.

廖宝文, 李玫, 郑松发, 等. 2005. 海南岛东寨港几种红树植物种间生态位研究. 应用生态学报, 16: 403-407.

廖宝文, 张乔民. 2014. 中国红树林的分布、面积和树种组成. 湿地科学, 12(4): 435-440.

廖成章, 慈雪伦, 周天元, 等. 2019. 中国泥炭沼泽碳库调查和监测技术体系构建. 湿地科学, 17(4): 417-423.

廖森泰. 2019. 中央电视台《桑基鱼塘变新样》节目报道国家蚕桑产业技术体系成果. 蚕学通讯, 39(4): 59.

廖文波, 张宏达. 1994. 广东种子植物区系与邻近地区的关系. 广西植物, (3): 217-226.

廖亚琴. 2020. 惠东红树林的高分辨率遥感监测与特征分析研究. 湘潭: 湖南科技大学硕士学位论文.

廖雨霞, 潘良浩, 阎冰, 等. 2020. 广西廉州湾红树林群落分布特征及物种多样性分析. 广西科学院学报, 36: 361-370.

廖玉静, 宋长春, 郭跃东, 等. 2009. 三江平原湿地生态系统稳定性评价指标体系和评价方法. 干旱区资源与环境, 23(10): 89-94.

林华, 王小燕, 王耀山. 2021. 海口市五源河湿地公园红树植物群落特征调查. 现代农业科技, (13): 149-150+156.

林建军. 2010. 南瓮河国家级自然保护区湿地资源现状及保护对策. 内蒙古林业调查设计, 33(1): 3-5.

林笠, 王其兵, 贺金生. 2016. 青藏高原高寒草甸土发生季节性潜育化及其生态学意义. 北京大学学报(自然科学版), 52(6): 1161-1166.

林鹏. 2001. 中国红树林研究进展. 厦门大学学报(自然科学版), 40(2): 592-603.

林石狮, 邱敏婷, 于法钦. 2018. 大亚湾红树林国家级城市湿地公园的红树林资源. 广东园林, 40: 84-87.

林奕伶. 2021. 长白山哈泥泥炭地典型生境中型土壤动物群落特征研究. 四平: 吉林师范大学硕士学位论文.

林英华, 卢萍, 赵鲁安, 等. 2016. 大兴安岭森林沼泽类型与火干扰对土壤微生物群落影响. 林业科学研究, 29(1): 93-102.

林勇杰, 郑绵平, 王海雷. 2014. 青藏高原中部色林错矿物组合特征对晚全新世气候的响应. 科技导报, 32(35): 35-40.

刘柏妤, 张虎才, 常凤琴, 等. 2020. 茈碧湖现代沉积特征及其环境指示意义. 地球科学进展, 35(2): 198-208.

刘春兰, 钱金平. 2003. 御道口湿地生态功能评价及保护对策. 黑龙江水专学报, (3): 14-16.

刘春兰, 谢高地, 肖玉. 2007. 气候变化对白洋淀湿地的影响. 长江流域资源与环境, 16(2): 245-250.

刘德彬, 李逸凡, 王振猛, 等. 2017. 1983-2014年来黄河三角洲景观类型与景观格局动态变化及驱动因素. 山东林业科技, 47(4): 1-8.

刘恩生. 2007. 鱼类与水环境间相互关系的研究回顾和设想. 水产学报, (3): 391-399.

刘国华, 舒洪岚. 2005. 印度湿地的管理与保护. 江西林业科技, (4): 48-49.

刘国强. 2020. 大兴安岭湿地研究. 北京: 科学出版社.

刘红. 2016. 深港湿地自然保护区游客环境教育效果比较研究. 长沙: 中南林业科技大学硕士学位论文.

刘洪, 沈翠云, 杨伟国, 等. 2009. 芡实高效开发利用的思考与探索. 长江蔬菜, (16): 83-85.

刘洪涛. 2007. 大庆地区水生观赏植物资源研究. 哈尔滨: 东北林业大学硕士学位论文.

刘化金, 李天芳, 陈利红, 等. 2015. 黑龙江富锦沿江湿地鸟类多样性季节变化特征. 湿地科学, 13(5): 577-581.

刘会会, 喻庆国, 王行, 等. 2022. 碧塔海湿地不同水分梯度下土壤真菌群落结构及功能类群研究. 微生物学报, 62(8): 1-18.

刘慧芬. 2012. 里下河地区湿地生态旅游开发研究. 扬州: 扬州大学硕士学位论文.

刘吉平, 吕宪国, 刘庆凤, 等. 2010. 别拉洪河流域湿地鸟类丰富度的空间自相关分析. 生态学报, 30(10): 2647-2655.

刘纪兰, 曲进社, 姚勇, 等. 1999. 豫南宿鸭湖湿地保护浅析. 地域研究与开发, (2): 78-80.

刘佳凯. 2020. 黄河三角洲滨海湿地水文连通及其对植被结构的影响. 北京: 北京林业大学博士学位论文.

刘佳琪, 朱洪强, 李灵贝, 等. 2019. 黄泥河自然保护区冬季鸟类群落结构研究. 安徽农业科学, 47(15): 93-96.

刘建华, 魏冬, 高光飞. 2009. 内蒙古兴安盟五岔沟林业局森林资源变化浅析. 内蒙古林业调查设计, 32(S1): 43-45.

刘剑秋, 曾从盛. 2010. 福建湿地及其生物多样性. 北京: 科学出版社.

刘江, 王浩, 张恩伦. 2017. 大兴安岭地区外倭勒根河中游水文地质环境地质特征. 黑龙江科技信息, (6): 62.

刘杰, 陈吉余, 陈沈良. 2007. 长江口南汇东滩滩地地貌演变分析. 泥沙研究, (6): 47-52.

刘金, 阙品甲, 张正旺. 2019. 中国水鸟的物种多样性及其国家重点保护等级调整的建议. 湿地科学, 17(2): 123-136.

刘金亮, 赵洪, 方平福, 等. 2014. 漩门湾国家湿地公园动植物群落物种多样性. 湿地科学, 12(2): 204-213.

刘京, 魏刚, 何玉晓, 等. 2022. 贵州雷公山两栖动物物种组成与种群动态变化. 生态与农村环境学报, 38(2): 201-208.

刘靓靓, 周忠泽, 田焕新, 等. 2016. 升金湖自然保护区维管植物群落类型及区系研究. 生物学杂志, 33(5): 40-46.

刘静榆. 2012. 曾文溪口台湾招潮栖地特性研究. 台湾生物多样性研究, 14(1-2): 1-25.

刘俊斌. 2013. 鄂温克自治旗头道桥地区土壤地球化学特征及异常评价. 长春: 吉林大学硕士学位论文.

刘可欣. 2011. 谈黑龙江乌伊岭国家级自然保护区建设的目标与必要性. 林业科技情报, 43(3): 47-48.

刘丽燕, 蔡新斌, 江晓珩, 等. 2015. 新疆湿地野生维管植物组成与植物区系的研究. 干旱区资源与环境, (9): 80-85.

刘连军. 2014. 曹妃甸湿地旅游产业发展战略研究. 天津: 河北工业大学硕士学位论文.

刘璐, 武志博, 郝思鸣, 等. 2021. 巴丹吉林沙漠南部湖滨带天然植被特征研究. 草原与草业, 33(2): 40-44.

刘璐. 2017. 钦州湾浮游植物群落结构变化及其影响因素分析. 青岛: 国家海洋局第一海洋研究所硕士学位论文.

刘曼红, 陈欢, 阚春梅, 等. 2014. 安邦河湿地底栖动物群落结构与水质生物评价. 东北林业大学学报, 42(9): 153-157.

刘曼红, 马玉堃. 2016. 安邦河湿地自然保护区植物现状调查. 黑龙江科学, 7(19): 150-152+155.

刘美玉, 习向银, 罗丽娟, 等. 2011. 莼菜资源利用研究综述及展望. 长江蔬菜, (10): 7-10.

刘梦石. 2015. 呼玛河大桥工程对呼玛自然保护区的影响及保护. 哈尔滨: 东北林业大学硕士学位论文.

刘念, 费良军, 冯缠利, 等. 2021. 无定河湿地保护区气候变化特征研究. 地下水, 43(4): 140-142.

刘鹏, 张紫霞, 王妍, 等. 2020. 普者黑流域土地利用"源-汇"景观的氮磷输出响应研究. 农业环境科学学报, 39(6): 1332-1341.

刘平, 关蕾, 吕偲, 等. 2011. 中国第二次湿地资源调查的技术特点和成果应用前景. 湿地科学, 9(3): 284-289.

刘萍萍, 高原, 吕卢凯, 等. 2015. 红碱淖流域不同土地覆盖类型土壤理化性质特征. 环境科学与技术, 38(9): 7-12+23.

刘胜祥. 1998. 一个中国湿地植物资源分类系统. 华中师范大学学报, 32(4): 482-485.

刘淑珍, 周麟, 仇崇善, 等. 1999. 草地退化沙化研究. 拉萨: 西藏人民出版社.

刘树超, 陈小中, 覃先林, 等. 2018. 内蒙古毕拉河林场森林火灾受害程度遥感评价. 林业资源管理, (1): 90-95+140.

刘爽. 2019. 基于InVEST模型的湿地生态系统服务功能评估. 哈尔滨: 哈尔滨师范大学硕士学位论文.

刘伟成, 陈少波, 郑春芳, 等. 2014. 乐清湾滨海湿地不同植被带土壤养分时空分布特征. 土壤通报, 45(1): 91-99.

刘伟利, 王宝禄. 2010. 努敏河流域水文特性分析. 水利科技与经济, (12): 85-92.

刘文爱, 孙仁杰, 杨明柳, 等. 2021. 广西山口国家级红树林生态自然保护区生物多样性图鉴. 南宁: 广西科学技术出版社.

刘晓达, 张蔚, 杨帆, 等. 2017. 腾冲北海湿地鱼类资源现状调查. 云南农业大学学报(自然科学版), 32(3): 458-464.

刘晓辉, 姜明, 朱庆龙, 等. 2021. 吉林莫莫格国家级自然保护区边界和功能区范围调整初探. 湿地科学, 19: 527-533.

刘晓辉, 王锡钢. 2021. 吉林西部光板盐碱地与海蓬子的适配萌发取得进展. 中国科技成果, 22(7): 17.

刘晓辉, 焉申堂, 王仁春, 等. 2016. 湿地生态效益补偿标准探讨: 以兴凯湖国际重要湿地为例. 湿地科学, 14: 289-294.

刘晓娟, 张玉斌, 王煜明, 等. 2021. 甘肃盐池湾国家级自然保护区沼泽湿地的土壤特性. 水土保持通报, 41(4): 106-112.

刘晓伟, 周道坤, 荣楠, 等. 2020. 浅水型湖泊自然保护区水生态环境改善对策研究: 以湖北省网湖湿地自然保护区为例// 中国环境科学学会. 2020中国环境科学学会科学技术年会论文集(第二卷).

刘欣艳, 郭子良, 张曼胤, 等. 2020. 神农架大九湖湿地维管束植物多样性及区系研究. 湿地科学与管理, 16(3): 58-62.

刘兴土. 1988. 三江平原沼泽辐射平衡与小气候基本特征. 地理科学, (2): 127-135+199.

刘兴土. 1997. 中国沼泽综合分类系统的探讨. 地理科学, 17(增刊): 389-401.

刘兴土. 2007. 三江平原沼泽湿地的蓄水与调洪功能. 湿地科学, 5(1): 64-68.

刘兴土. 2017. 中国主要湿地区湿地保护与生态工程建设. 北京: 科学出版社.

刘兴华, 公彦庆, 陈为峰, 等. 2018. 黄河三角洲自然保护区植被与土壤C、N、P化学计量特征. 中国生态农业学报, 26(11): 1720-1729.

刘兴土, 邓伟, 刘景双, 等. 2005. 沼泽学概论. 长春: 吉林科学技术出版社.

刘兴土, 马学慧. 2002. 三江平原自然环境变化与生态保育. 北京: 科学出版社.

刘旭川, 邵学新, 陶吉兴, 等. 2020. 景宁望东垟高山湿地自然保护区沼泽土壤有机碳含量分布特征. 湿地科学, 18(2): 183-

190.

刘雪飞, 吴林, 王涵, 等. 2020. 鄂西南亚高山湿地泥炭藓的生长与分解. 植物生态学报, 44(3): 228-235.

刘言. 2016. 衡水湖湿地生态脆弱性分析及保护利用. 石家庄: 河北师范大学硕士学位论文.

刘艳. 2016. 浅析新疆温泉博尔塔拉河国家湿地公园的保护与恢复. 环境与可持续发展, 41(6): 198-199.

刘艳红, 汤红官, 冯虎元, 等. 2003. 甘肃湿地植物资源研究. 兰州大学学报, 39(6): 78-80.

刘祎男, 闫爽, 王仁春, 等. 2020. 兴凯湖湿地保护生态效益补偿机制研究. 黑龙江大学工程学报, 11(4): 47-51.

刘艺. 2016. 巴音沟河流域水文气象要素演变规律及山区径流模拟研究. 乌鲁木齐: 新疆农业大学硕士学位论文.

刘银良, 阎敏华, 孟宪民, 等. 1995. 大兴安岭森林火灾对沼泽土壤的影响. 地理科学, (4): 378-384+394.

刘永敏. 2012. 霍邱东西湖湿地管理现状及保护对策浅析. 安徽林业科技, 38(4): 44-46.

刘永志, 隋心, 张童, 等. 2018. 黑龙江省呼中自然保护区规划设计. 国土与自然资源研究, (4): 61-63.

刘玉辉, 李辉, 王杰, 等. 2004. 图们江流域湿地空间格局变化与保护. 吉林林业科技, 5(3): 21-24.

刘玉妍. 2021. 图们江流域湿地格局变化对主要温室气体排放的影响研究. 珲春: 延边大学硕士学位论文.

刘子刚, 马学慧. 2006. 湿地的分类. 湿地科学与管理, (1): 60-63.

刘子刚, 王铭, 马学慧. 2012. 中国泥炭地有机碳储量与储存特征分析. 中国环境科学, 32(10): 1814-1819.

卢慧翠, 牟长城, 王彪, 等. 2013. 采伐对大兴安岭落叶松-苔草沼泽土壤有机碳储量的影响. 林业科学研究, 26(4): 459-466.

卢建利, 吴法清, 郑炜. 2007. 湖北二仙岩亚高山泥炭藓沼泽湿地两栖爬行动物资源调查. 四川动物, 26(2): 374-376.

卢金. 2017. 汤原县黑鱼泡湿地生态旅游发展研究. 长春: 吉林大学硕士学位论文.

卢山, 姜加虎. 2003. 洪湖湿地资源及其保护对策. 湖泊科学, (3): 281-284.

卢素锦, 武晓翠, 侯传莹, 等. 2016. 三江源星星海水体中碳氮磷化学计量特征. 四川农业大学学报, 34(2): 221-225.

卢霞, 林雅丽, 吴亚楠, 等. 2018a. 滨海湿地麋鹿野牧区土壤理化指标的空间分布特征. 海洋湖沼通报, (4): 74-81.

卢霞, 赵倩, 林雅丽, 等. 2018b. 大丰麋鹿自然保护区土地利用/覆盖变化监测研究. 淮海工学院学报(自然科学版), 27(3): 74-81.

芦康乐, 武海涛. 2020. 三江平原沼泽湿地底栖无脊椎动物群落特征. 中国环境科学, 40(2): 832-838.

芦康乐, 武海涛, 吕宪国, 等. 2017. 基于水生无脊椎动物完整性指数的三江平原沼泽湿地健康评价. 湿地科学, 15(5): 670-679.

鲁斌, 潘珉, 李滨, 等. 2022. 滇池常见水鸟形态特征及生境需求选择分析. 环境科学导刊, 41(2): 15-19.

鲁敏, 纪园园, 高业林, 等. 2019. 济西国家湿地公园生态规划研究. 山东建筑大学学报, 34(2): 1-9.

鲁艳华, 穆晓杰. 2016. 塞罕坝国家级自然保护区植物物种组成分析与资源保护研究. 河北林业科技, (2): 41-43+51.

鲁照阳, 刘亚东, 吴渊, 等. 2019. 张家口康巴诺尔国家湿地公园水鸟栖息地的保护与管理. 湿地科学与管理, 15(1): 15-18.

陆健健, 何文珊, 童春富, 等. 2006. 湿地生态学. 北京: 高等教育出版社.

路贵龙. 2019. 西藏苹果研究进展. 农学学报, 9(1): 30-34.

吕存娟. 2018. 西拉木伦河气候阶地的发育模式与意义. 南京: 南京大学硕士学位论文.

吕建江. 2006. 乌鲁木齐市周边湿地及植物资源研究. 乌鲁木齐: 新疆师范大学硕士学位论文.

吕敬才, 张海波, 袁果, 等. 2017. 阿哈湖国家湿地公园两栖爬行动物多样性及区系. 贵州科学, 35(6): 14-18.

吕铭志. 2016. 中国典型沼泽湿地土壤有机碳含量与固碳速率比较研究. 长春: 东北师范大学硕士学位论文.

吕世海, 叶生星, 布和, 等. 2013. 辉河国家级自然保护区生物多样性. 北京: 中国环境科学出版社.

吕宪国. 2004. 湿地生态系统保护与管理. 北京: 化学工业出版社.

吕宪国. 2008. 中国湿地与湿地研究. 石家庄: 河北科学技术出版社.

吕宪国, 陈克林. 1997. 中国水禽及其栖息地的保护与管理. 野生动物, (3): 10-13.

吕宪国, 黄锡畴. 1998. 我国湿地研究进展: 献给中国科学院长春地理研究所成立40周年. 地理科学, (4): 2-9.

吕宪国, 刘晓辉. 2008. 中国湿地科学研究进展与展望: 纪念中国科学院东北地理与农业生态研究所建所50周年. 地理科学, 28: 301-308.

吕宪国, 王起超, 刘吉平. 2004. 湿地生态环境影响评价初步探讨. 生态学杂志, 23(1): 83-85.

吕宪国, 邹元春, 王毅勇, 等. 2018. 气候变化影响与风险: 气候变化对湿地影响与风险研究. 北京: 科学出版社.

吕宪国, 邹元春. 2017. 中国湿地研究. 长沙: 湖南教育出版社.

绿文. 2021. 《中国国际重要湿地生态状况》白皮书发布. 国土绿化, 13.

罗宏德, 万丽霞, 马映荣, 等. 2020. 甘肃盐池湾斑头雁巢址选择. 动物学杂志, 55(3): 277-288.

罗怀斌. 2013. 西藏然乌湖湿地自然保护区生物多样性及保护对策. 中南林业调查规划, 32(1): 38-41.

罗鸣. 2019. 宁夏黄河流域湿地开发与保护模式研究. 土地开发工程研究, 4(4): 62-66.

罗那那, 巴特尔·巴克, 吴燕锋, 等. 2017. 1961-2013年塔城地区气候的时空变化特征. 中国农业资源与区划, 38(6): 99-107.

罗巧玉, 马永贵, 谢慧春, 等. 2015. 施微肥对祁连山高寒沼泽湿地生态系统土壤及植被生长状况的影响. 青海师范大学学报(自然科学版), 31(3): 27-33.

罗伟. 2015. 南海子湿地自然保护区植物区系与植物群落特征研究. 呼和浩特: 内蒙古农业大学硕士学位论文.

罗孝茹. 2014. 近52年新疆吉木乃县气温、降水变化特征及未来变化分析. 中国农学通报, 30(5): 297-302.

罗学卫, 于明峰, 傅丽娜, 等. 2021. 南洞庭湖省级自然保护区秋季浮游植物群落特征. 湖南林业科技, 48(5): 40-46.

骆土寿, 陈德祥, 李仕春, 等. 2003. 广东莲花山白盆珠自然保护区资源及其评价. 广东林业科技, (4): 7-12.

麻守仕. 2019. 甘肃敦煌阳关国家级自然保护区候鸟种群现状及保护对策. 甘肃农业科技, (3): 68-71.

麻占梧. 2015. 扎龙湿地生态旅游资源价值评估与开发研究. 哈尔滨: 东北林业大学硕士学位论文.

马斌. 2016. 甘肃甘南尕海-则岔国家级自然保护区有效性评价. 兰州: 兰州大学硕士学位论文.

马成学. 2013. 黑龙江省五个湿地保护区硅质鳞片金藻研究. 哈尔滨: 东北林业大学博士学位论文.

马成学, 尹子龙, 于洪贤. 2016. 三环泡湿地保护区浮游植物功能群季节演替及影响因子. 东北林业大学学报, 44(11): 45-51.

马国强, 肖剑平, 周洪鑫, 等. 2022. 云南异龙湖冬季水鸟群落多样性及年际变化. 野生动物学报, 42(4): 1075-1084.

马赫, 石龙宇, 付晓. 2019. 泸沽湖生态系统格局变化及其驱动力. 生态学报, 39(10): 3507-3516.

马嘉慧. 2013. 香港米埔内后海湾国际重要湿地水鸟监测. 第十二届全国鸟类学术研讨会暨第十届海峡两岸鸟类学术研讨会论文摘要集.

马莉. 2016. 排水造林对温带小兴安岭草丛沼泽湿地碳源/汇的影响. 哈尔滨: 东北林业大学硕士学位论文.

马鸣. 2013. 新疆青格达湖湿地自然保护区及周边地区的鸟类. 动物学杂志, 48(5): 781-787.

马鸣, 胡宝文, 克德尔汗, 等. 2010. 新疆艾比湖遗鸥和细嘴鸥的数量现状. 动物学杂志, 45(1): 42-49.

马宁. 2021. 近40年来青藏高原典型高寒草原和湿地蒸散发变化的对比分析. 地球科学进展, 36(8): 836-847.

马琼芳. 2013. 若尔盖高寒沼泽生态系统碳储量研究. 北京: 中国林业科学研究院博士学位论文.

马瑞先. 2012. 塞罕坝自然保护区细鳞鲑种群生存现状及保护对策. 安徽农学通报(上半月刊), 18(13): 168-169.

马瑞先, 孟凡玲. 2012. 河北塞罕坝国家级自然保护区湿地资源现状与分析. 河北林业科技, (4): 44-46.

马世义. 2021. 洮河湿地保护与修复技术探讨. 甘肃林业, 1: 42.

马维, 侍克斌. 2012. 克拉玛依市南新湿地恢复工程水土流失影响指数计算与评价. 水资源与水工程学报, 23(2): 64-66.

马鑫雨, 方斌, 常艳春, 等. 2015. 阅海湿地植物叶片和土壤C、N、P季节动态及其累积. 水土保持学报, 29(3): 136-143.

马学慧, 牛焕光. 1991. 中国的沼泽. 北京: 科学出版社.

马学垚, 杜嘉, 梁雨华, 等. 2018. 20世纪60年代以来6个时期长江三角洲滨海湿地变化及其驱动因素研究. 湿地科学, 16(3): 303-312.

马映荣, 万丽霞, 罗宏德, 等. 2020. 甘肃盐池湾国家级自然保护区斑头雁繁殖期食性分析. 干旱区资源与环境, 34(6): 166-

171.

马云安. 2006. 崇明东滩国际重要湿地. 北京: 中国林业出版社.

马志军, 陈水华. 2018. 中国海洋与湿地鸟类. 长沙: 湖南科学技术出版社.

马致远. 2004. 三江源地区水资源的涵养和保护. 地球科学进展, (S1): 108-111.

祃来坤, 朱国芬, 李峰, 等. 2021. 河北永年洼国家湿地公园4种水鸟繁殖巢记述. 衡水学院学报, 23(1): 1-4.

满秀玲, 蔡体久. 2005. 公别拉河流域三类湿地水化学特征研究. 应用生态学报, (7): 1335-1340.

毛瑞, 汪正祥, 雷耘, 等. 2009. 七姊妹山自然保护区泥炭藓湿地剖面特征及元素垂直分布. 土壤学报, 44(1): 160-163.

么秀颖. 2022. 大丰麋鹿国家级自然保护区滨海湿地土壤碳储量时空变化. 南京: 南京林业大学硕士学位论文.

梅中海, 吴传波, 李梦斐. 2020. 景宁县望东垟高山湿地保护区生态旅游发展对策. 绿色科技, (7): 209-210.

孟赫男. 2015. 泥炭藓退化和氮营养环境变化对大兴安岭泥炭地碳循环的影响. 长春: 中国科学院东北地理与农业生态研究所博士学位论文.

孟玲夑. 2019. 基于生态服务功能的富锦国家湿地公园景观优化策略研究. 哈尔滨: 东北林业大学硕士学位论文.

孟宪民. 2006. 我国泥炭资源的储量、特征与保护利用对策. 自然资源学报, 21(4): 567-574.

孟鑫磊. 2017. 曹妃甸湿地生态旅游开发研究. 成都: 西南交通大学硕士学位论文.

梦梦, 曹雨奇, 渠畅, 等. 2019. 五月的梧桐河宝泉岭段河岸区鸟类群落多样性. 湿地科学, 17(6): 670-675.

梦梦, 刘慧芳, 张树苗, 等. 2010. 青海大通北川河源区自然保护区资源植物多样性研究. 林业资源管理, (4): 144-147.

莫竹承, 孙仁杰, 陈骁, 等. 2018. 涠洲岛湿地对鸻鹬类水鸟的承载力评估. 广西科学, 25: 181-188.

牟利, 吴林, 刘雪飞, 等. 2021. 鄂西南亚高山不同覆被类型泥炭藓沼泽湿地甲烷排放特征及其环境影响因子. 植物生态学报, 45(2): 131-143.

穆文彬, 孙素艳, 马伟希, 等. 2019. 若尔盖湿地潜在蒸散量演变特征及影响因素分析. 高原气象, 38(4): 716-724.

娜荷芽. 2014. 阿鲁科尔沁国家级自然保护区鸟类群落特征及保护管理研究. 呼和浩特: 内蒙古师范大学硕士学位论文.

娜仁高娃. 2007. 古日格斯台自然保护区. 内蒙古林业, (12): 18-19.

聂菊芬. 2022. 污染源磷对星云湖水质富营养化的影响研究. 环境科学与管理, 47(2): 83-87.

宁晓光, 郭喜军. 2009. 肇东沿江湿地自然保护区综合效益初探. 中国林副特产, (3): 106-107.

牛晓路. 2017. 藏南堆纳地区始新世微体古生物与东特提斯的封闭时限. 北京: 中国地质大学博士学位论文.

努尔巴依·阿布都沙力克, 叶勒波拉提·托流汉, 孔琼英. 2008. 阿勒泰地区沼泽湿地调查研究. 乌鲁木齐职业大学学报, 1: 8-13.

努尔兰·哈再孜, 努尔巴依·阿布都沙力克, Joosten H, 等. 2014. 新疆阿尔泰山的湿地保护. 干旱区研究, 31(6): 1158-1162.

欧阳昶, 曾霞. 2014. 黄盖湖湿地自然保护区的建立. 水利科技与经济, 20(2): 13-16.

潘华盛, 姚俊英, 崔守斌, 等. 2015. 七星河国家自然保护区生态需水量计算分析. 黑龙江大学工程学报, 6(3): 46-49.

潘良浩, 史小芳, 范航清, 等. 2021. 广西铁山港围填海导致的高岭土快速沉积致红树林死亡原因分析. 广西科学院学报, 37(3): 270-278.

潘美言. 2020. 霍尔果斯市植物多样性保护规划研究. 乌鲁木齐: 新疆农业大学硕士学位论文.

潘胜东. 2010. 龙感湖国家级湿地自然保护区建设管理现状及保护对策. 湿地科学与管理, 6(4): 42-45.

潘淑贞. 1997. 长江中游不同潜育化土壤诊断指标探讨. 长江流域资源与环境, 6(2): 155-162.

彭聪姣. 2016. 深圳福田红树林碳储量和固碳能力研究. 厦门: 厦门大学硕士学位论文.

彭光银, 邵晓莉, 文威, 等. 2016. 石首麋鹿保护区建设项目生态影响及保护措施. 环境科学与技术, 39(S1): 404-407+413.

彭少麟, 任海, 张倩媚. 2003. 退化湿地生态系统恢复的一些理论问题. 应用生态学报, 14(11): 2026-2030.

彭文宏, 牟长城, 常怡慧, 等. 2020. 东北寒温带永久冻土区森林沼泽湿地生态系统碳储量. 土壤学报, 57(6): 1526-1538.

平磊, 周立志. 2018. 焦岗湖国家湿地公园鸟类群落多样性及其季节动态. 生物学杂志, 35(1): 68-72.

蒲云海, 朱兆泉, 邓长胜, 等. 2015. 参与式社区管理技术在湖北省自然保护区管理中的应用: 以湖北后河国家级自然保护区为例. 湖北林业科技, 44(2): 40-44.

祁兰兰, 王金亮, 农蓝萍, 等. 2021. 基于GF-1卫星数据的洱海干季水质时空变化监测. 人民长江, 52(9): 24-31.

祁永发. 2012. 20年来青海湖流域湿地变化研究. 西宁: 青海师范大学硕士学位论文.

齐成. 2021. 新疆塔什库尔干野生动物自然保护区动物资源调查与分析. 林业资源管理, (3): 145-148.

齐菲. 2020. 蒲河国家湿地公园植物多样性调查与美景度评价. 沈阳: 沈阳农业大学硕士学位论文.

齐清. 2021. 苔草草丘湿地景观-结构-碳汇功能变化对水文条件的响应. 长春: 中国科学院东北地理与农业生态研究所博士学位论文.

其力格尔, 董振华. 2014. 近45年内蒙古乌拉盖气候变化特征分析. 内蒙古科技与经济, (1): 4544-4548.

钱宝英. 2011. 固城湖湿地维管植物资源调查及生态保护研究. 南京: 南京农业大学硕士学位论文.

强皓凡, 靳晓言, 赵璐, 等. 2018. 基于相对湿润度指数的近56年若尔盖湿地干湿变化. 水土保持研究, 25(1): 172-182.

秦先燕, 谢永宏, 陈心胜. 2010. 洞庭湖四种优势湿地植物茎、叶通气组织的比较研究. 武汉植物学研究, 28(4): 400-405.

覃海宁, 杨永, 董仕勇, 等. 2017. 中国高等植物受威胁物种名录. 生物多样性, 25(7): 696-744.

覃雪波, 韩琳琳. 2018. 天津七里海湿地鼠类十年变化. 野生动物学报, 39(4): 782-787.

覃旸. 2015. 桂林会仙湿地公园景观设计研究. 桂林: 广西师范大学硕士学位论文.

琼次仁, 拉琼. 2000. 拉萨市拉鲁湿地的初步研究. 西藏大学学报(汉文版), (4): 40-41.

邱晨浩, 邓文攸, 蒋文妮, 等. 2019. 黑龙江新青国家湿地公园观鸟线路春季鸟类资源分析. 野生动物学报, 40(3): 705-714.

邱广龙, 范航清, 李蕾鲜, 等. 2014. 潮间带海草床的生态恢复. 北京: 中国林业出版社.

邱广龙, 潘良浩, 王欣, 等. 2021. 广西涠洲岛滨海湿地潮下带海草、红树林与互花米草的分布和群落结构特征. 应用海洋学学报, 40: 56-64.

曲婷婷, 张明海. 2005. 乌伊岭湿地自然保护区脊椎动物物种多样性. 林业科技, (3): 42-44.

泉志和. 2007. 黑龙江努敏河自然保护区湿地资源现状及其效益评价. 科技创新导报, (32): 119.

饶娇萍, 贾沁贤, 刘喜方, 等. 2019. 西藏得不日错-拉果错湖链形态、水文与水化学特性. 地球学报, 40(5): 737-746.

任阿楠. 2013. 黑龙江呼兰河口湿地春夏季鸟类群落结构和小䴙䴘繁殖行为生态学研究. 哈尔滨: 哈尔滨师范大学硕士学位论文.

任健滔. 2012. 南瓮河自然保护区生态旅游资源评价与开发策略研究. 哈尔滨: 东北农业大学硕士学位论文.

任娜, 宋长春, 王宪伟, 等. 2020. 大兴安岭地区不同类型多年冻土区灌丛: 薹草沼泽植物群落组成及其物种多样性. 湿地科学, 18(2): 228-236.

任鹏, 方平福, 鲍毅新, 等. 2016. 漩门湾不同类型湿地大型底栖动物群落特征比较研究. 生态学报, 36(18): 5632-5645.

任伊滨, 曹越. 2007. 浅谈虎林湿地开发对气候的影响及对策. 环境科学与管理, (10): 157-159.

任伊滨, 任南琪, 李志强. 2013. 冻融对小兴安岭湿地土壤微生物碳、氮和氮转换的影响. 哈尔滨工程大学学报, 34(4): 530-535.

桑轶群. 2015. 珍宝岛湿地自然保护区生态旅游资源及其评价. 安徽林业科技, 41(3): 28-31.

山晓燕. 2019. 内蒙古赛罕乌拉国家级自然保护区管理现状及规划建议. 内蒙古林业调查设计, 42(1): 54-55+60.

尚东维, 王庆泉, 黄小霞, 等. 2018. 北大港湿地保护区底栖生物群落调查. 河北渔业, (9): 29-32.

尚文, 杨永兴. 2012. 滇西北高原纳帕海湖滨湿地退化特征、规律与过程. 生态学报, 23(12): 3257-3265.

邵明昌. 2018. 东升自然保护区面临的威胁因子及应对措施. 民营科技, (9): 93.

邵明勤, 龚浩林, 戴年华, 等. 2018. 鄱阳湖围垦区藕塘越冬白鹤的时间分配与行为节律. 生态学报, 38(14): 5206-5212.

神祥金, 姜明, 吕宪国, 等. 2021. 中国草本沼泽植被地上生物量及其空间分布格局. 中国科学: 地球科学, 51(8): 1306-1316.

沈春燕, 叶宁, 申玉春, 等. 2016. 广东流沙湾游泳动物种群结构和生物多样性. 海洋与湖沼, 47: 227-233.

沈汇超. 2017. 盐城湿地珍禽国家级自然保护区建设项目对越冬水鸟生境的累积生态影响评价. 南京: 南京师范大学硕士学位论文.

沈军, 周忠泽, 陈元启, 等. 2009. 安徽升金湖秋季浮游藻类多样性与水质评价. 水生态学杂志, 30(3): 17-21.

沈小雪, 关淳雅, 王茜, 等. 2020. 红树林生态开发现状与对策研究. 中国环境科学, 40(9): 4004-4016.

沈庄, 杨继松, 袁晓敏, 等. 2019. 盐水入侵下辽河口芦苇沼泽土壤甲烷排放的室内模拟研究. 湿地科学, 17(1): 100-105.

施于文, 黄天钺, 黄炳元. 2020. 杭州西溪湿地存在的生态问题及对策建议. 创意城市学刊, (1): 113-118.

石丽丽, 谷建才, 于景金, 等. 2008. 塞罕坝国家级自然保护区土壤类型分布与演变. 安徽农业科学, (10): 4185-4186.

石雅君. 2008. 两种海草植物与土壤的关系及其叶片不同发育阶段元素含量和热值的研究. 南宁: 广西大学硕士学位论文.

时培竹. 2018. 哈尔滨市三个湿地浮游动物和底栖动物物种多样性的调查和水质评价研究. 哈尔滨: 哈尔滨商业大学硕士学位论文.

史传奇, 王立峰, 于少鹏, 等. 2020. 黑龙江省平阳河省级湿地自然保护区种子植物的物种多样性及其区系分析. 湿地科学, 18(5): 577-588.

史海燕. 2012. 广西北海涠洲岛珊瑚礁海域生态环境监测与评价. 青岛: 中国海洋大学硕士学位论文.

史明友, 吕惠子. 2016. 吉林省珲春敬信湿地植物多样性研究. 延边大学学报, 38(1): 44-50.

史为良. 1985. 大洋河及其毗邻河流的鱼类区系特征. 水产科学, (4): 53-57+52.

舒定玺. 2021. 内蒙古毕拉河地区维管植物区系分析及保护研究. 哈尔滨: 东北林业大学硕士学位论文.

司国佐, 毛正国, 杨文娟. 2006. 大兴安岭地区水文特征分析. 黑龙江水利科技, 34(6): 78-79.

斯钦毕力格, 陆海霞, 张军, 等. 2014. 内蒙古图里河国家湿地公园环境评价. 内蒙古林业调查设计, 37(4): 92-93+66.

斯日格格. 2014. 新巴尔虎左旗草原资源与"三化"调查. 呼和浩特: 内蒙古农业大学硕士学位论文.

宋长春, 宋艳宇, 王宪伟, 等. 2018. 气候变化下湿地生态系统碳、氮循环研究进展. 湿地科学, 16: 424-431.

宋菲菲. 2013. 天津市七里海湿地生物多样性保护研究. 天津: 天津大学硕士学位论文.

宋金春. 2008. 安徽升金湖国家级自然保护区湿地保护与恢复建设方案初探. 华东森林经理, (1): 61-64.

宋丽萍, 李欣, 宋国华, 等. 2009a. 黑龙江红星自然保护区湿地资源及分布特征. 中国林副特产, (3): 89-90.

宋丽萍, 宋国华, 李淑华, 等. 2009b. 黑龙江库尔滨河自然保护区沼泽分布现状及特征. 黑龙江生态工程职业学院学报, 22(4): 7-8.

宋铁红, 葛敏佳, 杨锦媚, 等. 2022. 黄河三角洲水盐异质生境下芦苇水分利用来源的稳定同位素分析. 生态学杂志, 41(7): 1266-1275.

宋文宇, 韩联宪, 邓章文, 等. 2017. 紫水鸡非繁殖期日节律与时间分配. 环境科学与技术, 52(2): 217-226.

宋雪婷, 隋军, 范春楠, 等. 2019. 哈泥国家级自然保护区植物群落特征. 北华大学学报(自然科学版), 20(4): 439-445.

宋炎炎, 张奇, 姜三元, 等. 2021. 鄱阳湖湿地地下水埋深及其与典型植被群落分布的关系. 应用生态学报, 32(1): 123-133.

宋焱, 刘贤赵, 张勇, 等. 2016. 寒害后珠海淇澳岛红树林群落水土生要素的CCA分析. 生态学报, 36: 6274-6283.

苏亚拉图. 2013. 阿鲁科尔沁国家级自然保护区植物区系及其民族植物学研究. 呼和浩特: 内蒙古农业大学博士学位论文.

隋心, 张荣涛, 钟海秀, 等. 2015. 利用高通量测序对三江平原小叶章湿地土壤细菌多样性的研究. 土壤, 47(5): 919-925.

孙爱萍. 2018. 特金罕山自然保护区野生药用植物资源的调查与评价. 呼和浩特: 内蒙古师范大学硕士学位论文.

孙广友. 1988. 横断山滇西北地区沼泽成因、分布及主要类型的初步探讨. 中国沼泽研究. 北京: 科学出版社.

孙广友. 1992. 论若尔盖高原泥炭赋存规律成矿类型及资源储量. 自然资源学报, (4): 334-346.

孙广友. 1997. 美国湿地研究进展. 地理科学, (1): 88-91.

孙广友. 1998. 试论沼泽综合分类系统. 地理学报, 53(S1): 141-148.

孙广友. 2000. 中国湿地科学的进展与展望. 地球科学进展, 15(6): 666-672.

孙红霞. 2011. 郑州黄河湿地自然保护区的现状与保护对策. 安徽农业科学, 39(3): 1623-1626.

孙洪斌. 2013. 内蒙古三泡子湿地自然保护区现状、存在问题及保护利用建议. 内蒙古林业调查设计, (6): 8-9.

孙洪义. 2021. 天津市北大港湿地自然保护区野生动物保护管理现状与对策. 现代农业研究, 27(3): 43-44.

孙厚成, 刘绍龙, 冉江洪, 等. 2007. 四川布拖乐安自然保护区两栖爬行动物多样性分析. 四川大学学报(自然科学版), 44(2): 410-414.

孙继旭, 项凤影, 马云, 等. 2017. 黑龙江小北湖保护区春季鸟类多样性研究. 国土与自然资源研究, (4): 93-96.

孙佳, 夏江宝, 董波涛, 等. 2021. 黄河三角洲滨海滩涂不同密度柽柳林的根系形态及生长特征. 生态学报, 41(10): 3775-3783.

孙立涛, 孙立军. 2004. 塞北九寨沟-黑龙江茅兰沟自然保护区. 野生动物, (1): 39.

孙丽, 宋长春. 2008. 三江平原典型沼泽能量平衡和蒸散发研究. 水科学进展, (1): 43-48.

孙盼盼. 2019. 龙感湖湿地自然保护区水生态系统退化特征与关键问题分析. 武汉: 华中师范大学硕士学位论文.

孙鹏, 朱卫红, 苗承玉, 等. 2011. 图们江下游敬信湿地动态变化及驱动机制研究. 延边大学农学学报, 33(1): 15-21.

孙荣卿, 董李勤, 张昆, 等. 2022. 四川若尔盖湿地国家级自然保护区水体氢氧同位素与水化学特征. 南京林业大学学报(自然科学版), 46(2): 169-177.

孙儒泳. 2001. 生物多样性的丧失和保护. 大自然探索, (9): 44-45.

孙瑞, 张雪芹, 郑度. 2013. 藏南羊卓雍错流域水化学区域差异及其成因. 地理学报, 68(1): 36-44.

孙添. 2014. 浅论内蒙古毕拉河自然保护区主要湿地植被类型特征. 内蒙古林业调查设计, 37(1): 59-60+74.

孙田洋, 刘佳, 李月红. 2021. 查干湖水生生物群落结构研究. 吉林农业大学学报, 43(4): 474-481.

孙晓宁. 2021. 天津市北大港湿地自然保护区保护现状及对策建议. 天津农林科技, (2): 33-35.

孙秀峰. 2006. 三峡水库消落区湿地生态系统初步研究. 重庆: 西南大学硕士学位论文.

孙旭. 2020. 穆棱河流域水生生物多样性与水生态健康评价. 哈尔滨: 东北林业大学博士学位论文.

孙永涛. 2019. 杭州西溪湿地资源现状与保护对策. 湿地科学与管理, 15(3): 38-41.

谭凤飞. 2012. 金川湿地泥炭属性对其水动力参数的影响研究. 长春: 东北师范大学硕士学位论文.

谭稳稳, 赵志春, 张新厚, 等. 2020. 2000-2015年三江平原沼泽生态系统植物群落数据集. 中国科学数据(中英文网络版), 5(1): 14-19.

谭益民, 吴章文. 2009. 桃源洞国家级自然保护区的生态状况. 林业科学, 45(7): 52-58.

汤臣栋. 2018. 上海崇明东滩鸟类国家级自然保护区科学研究. 北京: 高等教育出版社.

汤娇雯, 张富, 陈兆波. 2009. 我国鱼类生物多样性保护策略. 淡水渔业, 39(4): 75-79.

汤木子. 2022. 若尔盖高原湿地植物群落结构特征与土壤微生物群落多样性. 水土保持通报, 42(1): 106-113.

汤奇峰. 2021. 宣城市南漪湖水环境现状及保护对策. 智能城市, 7(13): 120-121.

唐川川, 王根绪, 张莉, 等. 2021. 青藏高原高寒沼泽化草甸群落生物量及地下CNP对积雪增加的响应. 冰川冻土, 43(2): 618-627.

唐立国. 2017. 黑龙江白桦川国家湿地公园湿地保护与恢复效益分析. 黑龙江环境通报, 41(4): 11-14.

唐小平, 黄桂林. 2003. 中国湿地分类系统的研究. 林业科学研究, (5): 531-539.

唐小平, 王志臣, 张阳武, 等. 2013. 全国湿地资源调查技术体系设计及结果分析. 林业资源管理, (6): 62-69.

陶艳成, 葛文标, 刘文爱, 等. 2017. 基于高分辨率卫星影像的广西红树林面积监测与群落调查. 自然资源学报, 32: 1602-1614.

滕坤. 2019. 大兴安岭嫩江源头嘎拉河湿地自然保护区自然资源分布及特性. 内蒙古林业调查设计, 42(3): 24-26.

滕世春, 董双波. 2006. 黑龙江大佳河自然保护区的猛禽及保护. 野生动物, (4): 35-36+44.

滕迎凤. 2013. 宁夏沙湖自然保护区植物多样性研究. 银川: 宁夏大学硕士学位论文.

田海兰. 2015. 现代滦河三角洲滨海湿地动态变化分析研究. 石家庄: 河北师范大学硕士学位论文.

田辉, 孙岐发, 都基众. 2014. 敬信湿地生态综合评价. 湿地科学, 12(1): 122-126.

田会波, 印萍, 阳凡林. 2018. 海南省万宁东部砂质海岸侵蚀特征分析. 海洋地质与第四纪地质, 38(4): 44-55.

田建芬. 2020. 高寒地区湿地公园园林植物调查研究: 以康保县康巴诺尔国家湿地公园为例. 现代农村科技, (8): 115-117.

田琪, 李利强, 欧伏平, 等. 2016. 洞庭湖氮磷时空分布及形态组成特征. 水生态学杂志, 37(3): 19-25.

田绍海. 2019. 西藏革吉县江玛地区1∶5万水系沉积物地球化学特征及找矿预测. 成都: 成都理工大学硕士学位论文.

田迅, 卜兆君, 杨允菲, 等. 2004. 松嫩平原湿地植被对生境干-湿交替的响应. 湿地科学, 2: 122-127.

佟守正, 吕宪国, 苏立英, 等. 2008. 扎龙湿地生态系统变化过程及影响因子分析. 湿地科学, 6: 179-184.

涂志刚, 韩涛生, 陈晓慧, 等. 2016. 海南陵水新村港与黎安港海草特别保护区大型底栖动物群落结构与多样性. 海洋环境科学, 35(1): 41-48.

万慧琳, 王赛鸽, 陈彬, 等. 2022. 三江平原湿地生态风险评价及空间阈值分析. 生态学报, 42(16): 1-12.

万旭光. 2018. 乐清湾鸟类物种多样性调查与研究. 杭州: 浙江农林大学硕士学位论文.

王斌, 曹喆, 张震. 2008. 北大港湿地自然保护区生态环境质量评价. 环境科学与管理, 33(2): 181-184.

王斌. 1996. 生物多样性与人类可持续发展. 生物学杂志, (5): 10-11+20.

王长科, 王跃思, 张安定, 等. 2001. 若尔盖高原湿地资源及其保护对策. 水土保持通报, (5): 20-22+40.

王成忠. 2006. 穆棱河草原湿地生态小区变迁初步探讨. 水利科技与经济, (7): 439+448.

王春明. 2014. 内蒙古毕拉河自然保护区综合评价. 内蒙古林业调查设计, 37(6): 19-20+26.

王春权. 2009. 我国泥炭地碳储量与碳收支动态研究. 长春: 东北师范大学硕士学位论文.

王纯芳, 马剑平, 高明安. 1996. 安达市水资源状况分析及开发利用. 黑龙江水利科技, (1): 56-58.

王翠敏. 2013. 内蒙古毕拉河自然保护区植物区系组成及特征分析. 内蒙古林业调查设计, 36(6): 58-59.

王东. 2003. 青藏高原水生植物地理研究. 武汉: 武汉大学博士学位论文.

王冬梅, 宫万祥. 2011. 河北杨埕水库水质咸化原因分析及对策研究. 中国化工贸易, 3(8): 125-126+132.

王凤琴, 苏海潮, 刘利华. 2003. 天津七里海湿地鸟类区系及类群多样性研究. 天津农学院学报, (3): 16-22.

王功芳, 李道新, 田风雷, 等. 2019. 湖北三峡大老岭自然保护区野生资源植物分类与利用. 湖北林业科技, 48(3): 40-45.

王国平, 刘景双, 汤洁. 2005. 沼泽沉积与环境演变研究进展. 地球科学进展, (3): 304-311.

王国平, 吕宪国. 2008. 沼泽湿地环境演变研究回顾与展望: 纪念中国科学东北地理与农业生态研究所建所50周年. 地理科学, 28(3): 309-313.

王寒冻. 2015. 藏北依布茶卡东康托组重新厘定. 北京: 中国地质大学硕士学位论文.

王航俊, 姚炜民, 林义, 等. 2020. 乐清湾大型底栖动物群落及其与环境因子之间的关系. 海洋学报, 42(2): 75-86.

王浩男. 2021. 松嫩平原盐碱地景观格局演化及驱动力分析. 长春: 吉林大学硕士学位论文.

王恒山, 李秀贞, 李秋年. 2004. 柴达木盆地诺木洪地区湿地类型及其特征. 青海环境, (3): 101-103+118.

王恒颖. 2014. 西藏麦地卡自然保护区湿地生态系统经济价值评估. 林业建设, (4): 26-29.

王洪杰, 张文学. 2015. 浅析倭勒根河湿地自然保护小区植物资源. 内蒙古林业调查设计, 38(2): 82-83.

王洪铸, 刘学勤, 王海军. 2019. 长江河流-泛滥平原生态系统面临的威胁与整体保护对策. 水生生物学报, 43: 157-182.

王化群. 2007. 中国沼泽可持续利用的对策. 中国地理学会2007年学术年会.

王慧丽, 胡晨希, 凌张军, 等. 2015. 安徽瓦埠湖湖滨带植物群落结构研究. 安徽农学通报, 21(5): 9-11.

王继丰, 韩大勇, 谢立红, 等. 2018. 梧桐河滨岸带种子植物种的分布区类型研究. 黑龙江科学, 9(18): 6-9.

王继国. 2006. 新疆艾比湖湿地自然保护区生态服务功能及价值研究. 乌鲁木齐: 新疆师范大学硕士学位论文.

王建军, 王建中, 张丽荣, 等. 2004. 黑龙江公别拉河自然保护区植物区系研究. 林业资源管理, (1): 43-46.

王金东. 2017. 骆马湖管理现状及其对策研究. 沈阳: 辽宁师范大学硕士学位论文.

王金霞, 孟炜淇, 李国祥, 等. 2017. 巢湖流域水生植物多样性. 湖泊科学, 29(6): 1386-1397.

王锦. 2009. 黄河三角洲湿地地质环境与植被分布模式的关系研究. 北京: 中国地质大学硕士学位论文.

王景祥. 2011. 吉林大布苏自然保护区现状分析与保护对策研究. 长春: 东北师范大学硕士学位论文.

王军静, 白军红, 赵庆庆, 等. 2014. 哈拉海湿地芦苇沼泽土壤碳、氮和磷含量的剖面特征. 湿地科学, 12(6): 690-696.

王君波, 彭萍, 马庆峰, 等. 2013. 西藏玛旁雍错和拉昂错水深、水质特征及现代沉积速率. 湖泊科学, 25(4): 609-616.

王剀, 任金龙, 陈宏满, 等. 2020. 中国两栖、爬行动物更新名录. 生物多样性, 28(2): 189-218.

王坤鑫, 张寅生, 张腾, 等. 2020. 1979-2017年青藏高原色林错流域气候变化分析. 干旱区研究, 37(3): 652-662.

王立宝. 2003. 河北省南大港湿地生态系统植被生态及芦苇生物量的研究. 石家庄: 河北师范大学硕士学位论文.

王立凤, 曹贵阳, 陈鑫, 等. 2020. 黑龙江小北湖国家级自然保护区种子植物区系研究. 贵州农业科学, 48(11): 110-113.

王丽春, 焦黎, 来风兵. 2018. 基于NDVI的新疆玛纳斯湖湿地植被覆盖度变化研究. 冰川冻土, 40(2): 176-185.

王丽蕊. 2013. 黄河贵德段湿地旅游资源特质保护研究. 中国集体经济, (24): 66-67.

王亮, 邵亚平, 裴鹏祖, 等. 2016. 安西极旱荒漠自然保护区双塔库区周边植被现状调查. 国土与自然资源研究, (5): 29-33.

王梅英, 姜明, 刘波, 等. 2020. 毛水苏种子高效育苗方法: CN 201811173593.6.

王猛, 郑硕, 张裕坦, 等. 2017. 大庆龙凤湿地动植物资源研究现状. 畜牧与饲料科学, 38(1): 75-77+82.

王铭, 刘兴土, 张继涛, 等. 2014. 松嫩平原西部草甸草原5种典型植物群落土壤呼吸的时空动态. 植物生态学报, 38(4): 396-404.

王娜, 包一枫, 蔡金巧, 等. 2016. 芡实的营养价值分析及开发利用现状. 中国食物与营养, 22(2): 76-78.

王琪. 2010. 长白山不同坡向湿地植被结构特征及生物多样性研究. 延吉: 延边大学硕士学位论文.

王黔君. 2015a. 内蒙古绰尔河湿地自然保护区资源及利用现状评价. 内蒙古林业调查设计, 38(2): 84-85+93.

王黔君. 2015b. 浅论内蒙古兴安盟地区主要湿地植被类型特征. 内蒙古林业调查设计, 38(1): 92+126.

王倩, 崔圆, 王晨, 等. 2019. 基于浮游生物群落和水文连通的黄河三角洲湿地优先恢复节点筛选. 湿地科学, 17(3): 324-334.

王勤斌, 王伟, 乌日根夫, 等. 2013. 北大河野生植物资源初探. 内蒙古林业调查设计, 36(1): 133-136.

王仁春, 康铁东, 刘新宇, 等. 2015. 中国湿地资源·黑龙江卷. 北京: 中国林业出版社.

王日辉. 2019. 三江平原原生态区域黑瞎子岛土壤状况研究. 哈尔滨: 东北农业大学硕士学位论文.

王荣刚. 2019. 营口白鹭池湿地公园景观规划设计研究. 哈尔滨: 哈尔滨工业大学硕士学位论文.

王荣娟, 张金池. 2011. 石臼湖湿地水环境质量评价及富营养化状况研究. 湿地科学与管理, 7(2): 26-28.

王沙, 张静, 骆飞. 2015. 绵延3000公里的情谊: 裕东小学与和什力克乡学校开展"手拉手"活动. 辅导员, (33): 42-43.

王生泽, 王波, 李梦俊. 2014. 张掖黑河湿地国家级自然保护区湿地生态功能分析及保护对策. 绿色科技, 9: 1-3.

王诗乐, 宋立全, 高伟峰, 等. 2017. 我国东北寒温带湿地土壤碳氮分布及相关性. 土壤通报, 48(2): 406-412.

王松, 高林, 徐如松, 等. 2009. 淮河流域(安徽段)湿地资源现状、问题及保护对策. 华中师范大学学报(自然科学版), 43(2): 303-307.

王苏民, 窦鸿身. 1998. 中国湖泊志. 北京: 科学出版社.

王媞, 王艳芳, 霍琦, 等. 2010. 大凌河湿地生态环境现状及保护对策. 现代农业科技, (2): 319-320.

王维正. 2022. 佳木斯沿江湿地自然保护区现状及保护恢复对策. 黑龙江水利科技, 50(1): 178-179+185.

王伟. 2020. 乌尔旗汉生态功能区森林资源生态价值评估研究. 内蒙古林业调查设计, 43(3): 73-77+95.

王伟, 王勤斌, 乌日根夫, 等. 2013. 北大河湿地资源初探. 内蒙古林业调查设计, 36(1): 130-132.

王伟光. 2010. 八岔岛国家级湿地自然保护区生态旅游资源评价及开发策略研究. 哈尔滨: 东北林业大学硕士学位论文.

王文浩. 2009. 甘南玛曲"黄河之肾"面临的生态问题与防治对策. 中国水土保持, (9): 33-35.

王文娟, 王榄华, 侯谨谨. 2019. 人工生境已成为鄱阳湖越冬白鹤的重要觅食地. 野生动物学报, 40(1): 133-137.

王喜华. 2015. 三江平原地下水-地表水联合模拟与调控研究. 长春: 中国科学院东北地理与农业生态研究所博士学位论文.

王宪伟, 孙丽, 杜宇, 等. 2021. 大兴安岭多年冻土区泥炭地土壤性质与微生物呼吸活性研究. 湿地科学, 19(6): 682-690.

王向涛, 张世虎, 陈懂懂, 等. 2010. 不同放牧强度下高寒草甸植被特征和土壤养分变化研究. 草地学报, 18(4): 510-516.

王晓玲. 2017. 向海湿地自然保护区水禽多样性及其生境保护对策. 白城师范学院学报, 31(3): 1-11.

王馨. 2007. GIS在呼中国家级自然保护区规划中的应用. 哈尔滨: 东北师范大学硕士学位论文.

王鑫. 2014. 诺敏河流域径流变化规律分析及预报方法研究. 哈尔滨: 东北农业大学硕士学位论文.

王秀英, 周秉荣, 陈奇, 等. 2022. 青藏高原典型高寒草甸和高寒沼泽湿地植被耗水规律研究. 高原气象, 41(2): 338-348.

王学文, 孙世飞, 高七十九, 等. 2012. 维纳河自然保护区建设条件论证. 内蒙古林业调查设计, 35(4): 93-94+97.

王亚芳. 2018. 鄱阳湖越冬水鸟群落对冬汛的响应及其对生态系统的指示. 南昌: 南昌大学硕士学位论文.

王妍. 2011. 小兴安岭典型湿地土壤重金属化学形态分布及干扰的影响. 哈尔滨: 东北林业大学硕士学位论文.

王琰, 童春富, 汤琳, 等. 2020. 崇明东滩盐沼湿地大型底栖动物功能群分布特征及其影响因子. 生态学杂志, 39(3): 880-892.

王彦涛. 2010. 叶尔羌河流域植物区系及植被研究. 乌鲁木齐: 新疆师范大学硕士学位论文.

王艳龙, 王宝力. 2012. 讷谟尔河湿地植物群落多样性及其保护研究. 黑龙江科技信息, (12): 82+227.

王焱, 刘国东, 秦远清, 等. 2007. 基于水分运移的若尔盖湿地SPAC模型研究. 四川大学学报(工程科学版), 39(5): 16-20.

王漪, 张志麒, 车颖. 2013. "方舟湿地": 湖北神农架大九湖国家湿地公园. 湿地科学与管理, 9(4): 70.

王毅勇, 宋长春. 2003. 三江平原典型沼泽湿地水循环特征. 东北林业大学学报, 31(3): 3-7.

王银肖. 2021. 白洋淀流域鱼类群落结构及其多样性的时空变化. 保定: 河北大学硕士学位论文.

王莹莹, 储忝江, 金之. 2018. 西溪湿地鱼类资源与保护对策. 湿地科学与管理, 14(1): 4.

王鋆燕, 卢圣鄂, 陈小敏, 等. 2017. 若尔盖高原湿地泥炭沼泽土亚硝酸盐还原酶(nirK)反硝化细菌群落结构分析. 生态学报, 37(19): 6607-6615.

王永超, 孙砳石, 肖鑫, 等. 2019. 扎龙湿地边缘区域三类典型土壤蓄水能力研究. 黑龙江气象, 36(1): 33-36.

王勇辉, 董玉洁, 艾尤尔·亥热提. 2015. 艾比湖湿地泥炭土壤养分特征分析. 干旱地区农业研究, 33(5): 186-192.

王幼奇, 夏子书, 包维斌, 等. 2020. 银川鸣翠湖国家湿地公园香蒲、荷花、石菖蒲和芦苇生长区土壤有机碳及其组分含量对比研究. 湿地科学, 18(3): 294-302.

王宇, 周莉, 贾庆宇, 等. 2016. 盘锦芦苇沼泽的土壤冻融特征. 湿地科学, 14(3): 295-301.

王雨山, 尹德超, 祁晓凡, 等. 2022. 白洋淀不同水体氢氧同位素特征及其指示意义. 环境科学, 43(4): 1920-1929.

王毓芳, 赵成章, 曾红霞, 等. 2021. 疏勒河中游湿地景观时空演变及其影响因素. 干旱区研究, 39(1): 282-291.

王元培. 2004. 解决衡水湖湿地水资源问题的探讨. 南水北调与水利科技, (4): 21-23.

王月如. 2018. 基于多源遥感数据的深圳湾红树林生物量估算. 重庆: 西南大学硕士学位论文.

王云, 关磊, 周红萍, 等. 2020. 共和-玉树高速公路穿越星星海保护区路段野生动物保护对策研究. 公路工程, 45(1): 88-91.

王振, 李均力, 包安明, 等. 2021. 1995-2020年新疆巴里坤湖面积时序变化及归因. 干旱区研究, 38(6): 1514-1523.

王振斌, 李兴华, 翟文涛. 2010. 珍宝岛国家级自然保护区湿地资源现状与保护对策. 防护林科技, (1): 64-66.

王志红, 田磊, 李艳春, 等. 2014. 青铜峡水库蓄水前后其上游流域气候变化对比分析. 宁夏工程技术, 13(3): 241-245+249.

王志鹏. 2021. 三江平原挠力河湿地群生态补水研究. 大连: 大连理工大学硕士学位论文.

王治良. 2016. 嫩江流域湿地自然保护区空缺(GAP)分析. 长春: 中国科学院东北地理与农业生态研究所博士学位论文.

王忠理, 刘建华, 卢波. 2004. 黑龙江省富锦市沿江湿地生物多样性考察报告. 农机化研究, (1): 73-74.

王琸鑫, 孙紫英, 周梅, 等. 2020. 赛罕乌拉国家级自然保护区植被覆盖度时空变化分析. 科学技术与工程, 20(13): 5038-5045.

王子健, 夏媛媛, 高忠斯, 等. 2019. 春季内蒙古图牧吉国家级自然保护区湿地核心区中的水鸟群落物种多样性. 湿地科学, 17(1): 74-79.

旺堆杰布, 丹增尼玛, 白马多吉, 等. 2018. 近40年西藏高原北部4个内陆湖泊面积变化及气候要素分析. 高原科学研究,

2(2): 65-74.

韦柳仲, 李新民, 孙佩丽, 等. 2021. 黑龙江省细鳞河国家级自然保护区种子植物区系研究. 国土与自然资源研究, (4): 87-90.

尉斌. 2010. 内蒙古兴安里湿地保护区生态质量评价. 内蒙古林业调查设计, 33(4): 6-8.

蔚海花. 2013. 佳木斯沿江湿地植物景观规划设计的研究. 长春: 吉林农业大学硕士学位论文.

魏有才, 李永良. 2011. 青海大通北川河源区自然保护区主要植物群落的物种多样性特征研究. 试验研究, (2): 22-25.

温都苏, 刘颖颖, 吴秀杰, 等. 2007. 内蒙古白音库伦自然保护区植物区系调查. 内蒙古草业, (2): 19-22.

温理想. 2021. 大兴安岭不同类型冻土区植被特征研究. 哈尔滨: 东北师范大学硕士学位论文.

温玫. 2012. 内蒙古西鄂尔多斯国家级自然保护区(乌海辖区)种子植物属的区系分析. 内蒙古林业, (3): 20-21.

文雯. 2018. 福建省罗源湾互花米草时空分布格局研究. 福州: 福州大学硕士学位论文.

文晓霞. 2017. 黄河首曲湿地保护现状研究. 甘肃科技纵横, 46(7): 41-43.

巫文香. 2014. 广西湿地植物种类及区系特征研究. 桂林: 广西师范大学硕士学位论文.

吴炳方, 钱金凯, 曾源. 2017. 中华人民共和国土地覆被地图集(1: 100万). 北京: 中国地图出版社.

吴迪, 岳峰, 罗祖奎, 等. 2011. 上海大莲湖湖泊湿地两栖动物群落分布及生境选择模式. 复旦学报(自然科学版), 50(3): 268-273.

吴凤敏, 胡艳, 陈静, 等. 2019. 自然资源调查监测的历史、现状与未来. 测绘与空间地理信息, 42(10): 42-44+47.

吴凤明, 尚东维, 王庆泉, 等. 2019. 天津北大港湿地浮游动物调查. 河北渔业, (11): 37-41+52.

吴海一, 倪红伟, 罗春雨. 2004. 肇东沿江湿地自然保护区种子植物属分布区类型的研究. 国土与自然资源研究, (3): 88-89.

吴洪梅, 于杰. 2015. 石柱县莼菜产业现状及发展思考. 南方农业, 9(22): 89-91.

吴后建, 刘世好, 贺东北, 等. 2022. 中国红树林监测研究进展与展望. 湿地科学与管理, 18(1): 69-72.

吴后建, 王学雷. 2006. 中国湿地生态恢复效果评价研究进展. 湿地科学, 4: 304-310.

吴建勋, 张姗姗. 2013. 安徽南漪湖水生维管植物区系分析. 安徽农业科学, 41(7): 2835-2837.

吴景才, 刘佳琪, 李灵贝, 等. 2018. 吉林省珲春保护区敬信湿地冬季水鸟数量调查及多样性分析. 经济动物学报, 22(3): 177-180.

吴俐莎, 唐杰, 罗强, 等. 2012. 若尔盖湿地土壤酶活性和理化性质与微生物关系的研究. 土壤通报, 43(1): 52-59.

吴培强, 张杰, 马毅, 等. 2013. 近20a来我国红树林资源变化遥感监测与分析. 海洋科学进展, 31(3): 406-414.

吴珊珊. 2009. 莱州湾南岸滨海湿地的景观格局变化及其生态脆弱性评价. 济南: 山东师范大学硕士学位论文.

吴素霞, 常国刚, 李凤霞, 等. 2008. 近年来黄河源头地区玛多县湖泊变化. 湖泊科学, (3): 364-368.

吴沿友. 2015. 泉州湾河口湿地红树林生态恢复. 北京: 科学出版社.

吴燕平, 阳文静. 2015. 湿地生物多样性监测的指标体系和实施方法: 以北美大湖湿地为例. 生物多样性, 23(4): 527-535.

吴玉军, 张伟. 2017. 基于生物多样性指数法的水库除险加固工程对自然保护区生态影响评价研究. 水利规划与设计, (8): 11-14+17.

吴渊, 刘亚东, 孙万兵, 等. 2017. 2016年张家口康巴诺尔国家湿地公园水鸟多样性. 湿地科学, 15(2): 237-243.

伍光和. 2010. 甘南高原的自然条件与生态保护. 兰州: 甘肃人民出版社.

伍献文, 罗云林, 林人端. 1979. 双孔鱼科(Gyrinocheilidae)鱼类的系统发育和分类位置. 动物分类学报, (4): 307-311.

武海涛. 2018. 国际湿地科学家学会中国分会正式成立. 湿地科学, 16(1): 32.

武海涛, 吕宪国, 姜明, 等. 2008. 三江平原典型湿地土壤动物群落结构及季节变化. 湿地科学, 6(4): 459-465.

武海涛, 杨萌尧, 于凤琴, 等. 2018. 大兴安岭的冻土沼泽. 森林与人类, 12: 40-45.

武俊叶. 2020. 3万年以来新疆罗布泊地区钾盐成矿环境背景重建. 石家庄: 河北地质大学硕士学位论文.

武显仓. 2016. 洪河湿地演化及其补水来源研究. 长春: 吉林大学硕士学位论文.

夏陆军, 周青松, 俞存根, 等. 2016. 乐清湾口海域春秋季鱼类群落多样性研究. 渔业现代化, 43(2): 68-75.

夏欣. 2013. 盐城湿地珍禽国家级自然保护区资源利用的阈值管理研究. 南京: 南京师范大学硕士学位论文.

夏芸, 李倩, 许映军, 等. 2017. 河北南大港湿地冬季浮游植物群落特征. 海洋环境科学, 36(5): 712-718.

夏正楷, 邓辉, 武弘麟. 2000. 内蒙西拉木伦河流域考古文化演变的地貌背景分析. 地理学报, (3): 329-336.

夏智勇. 2011. 重庆三峡水库消落带植物分布特征与群落物种多样性研究. 重庆: 西南大学博士学位论文.

向扬. 1988. 西藏国土资源. 拉萨: 西藏人民出版社.

项凤影, 伦绪彬, 孙继旭. 2017. 黑龙江小北湖国家级自然保护区药用植物资源调查. 安徽农业科学, 45(19): 7-9+12.

肖安成, 陈志勇, 杨树锋, 等. 2005. 柴达木盆地北缘晚白垩世古构造活动的特征研究. 地学前缘, (4): 451-457.

肖国志, 田家龙. 2005. 湿地蜜源植物: 毛水苏. 特种经济动植物, (9): 32.

肖黎峰, 肖黎光, 丹梅. 2013. 柴河林业局野生动物资源及其保护利用. 内蒙古林业调查设计, 36(3): 20-22.

肖烨. 2015. 三江平原典型湿地类型土壤微生物学特性对土壤有机碳的影响. 长春: 中国科学院东北地理与农业生态研究所博士学位论文.

肖烨, 黄志刚, 武海涛, 等. 2015. 三江平原典型湿地类型土壤微生物特征与土壤养分的研究. 环境科学, 36(5): 1842-1848.

肖一夫. 2016. 黑瞎子岛生态敏感性评价及优化策略研究. 哈尔滨: 哈尔滨工业大学硕士学位论文.

谢长永, 徐同凯, 陈始霞, 等. 2011. 杭州西溪湿地植物群落对土壤碳氮磷分布的影响. 杭州师范大学学报(自然科学版), 10(6): 501-505.

谢恩义, 陈秀丽, 朱小江, 等. 2010. 流沙湾贝类资源调查. 广东海洋大学学报, 30: 39-46.

谢首冕, 钟志强, 李艺, 等. 2022. 广东海丰国际重要湿地生物资源调查及生态系统服务价值评估. 林业与环境科学, 38: 43-50.

谢亚军, 谢永宏, 陈心胜, 等. 2014. 洞庭湖湿地土壤持水能力及其影响因素研究. 长江流域资源与环境, 23(8): 1153-1160.

谢艳. 2016. 五大连池丛藓科(Pottiaceae)植物系统分类及区系地理分布研究. 呼和浩特: 内蒙古大学硕士学位论文.

谢屹, Chua R, Harvy M, 等. 2018. 香港米埔滨海湿地的保护样板. 中国周刊, (1): 84-89.

谢治国, 连迎馨, 吴惠萍, 等. 2021. 2000~2018年红碱淖湿地水面积变化及其保护对策. 陕西林业科技, 49(4): 33-38.

解雪峰. 2015. 乐清湾海湾生态系统健康评价. 金华: 浙江师范大学硕士学位论文.

辛琨, 谭凤仪, 黄玉山, 等. 2006. 香港米埔湿地生态功能价值估算. 生态学报, 26(6): 2020-2026.

辛琨, 肖笃宁. 2002. 盘锦地区湿地生态系统服务功能价值估算. 生态学报, (8): 1345-1349.

邢伟, 鲍锟山, 韩冬雪, 等. 2019. 全新世以来东北地区沼泽湿地发育过程及其对气候变化的响应. 湖泊科学, 31: 1391-1402.

熊李虎, 陈俐骁, 黄世昌. 2019. 乐清湾水鸟群落变化及对滩涂围垦的响应. 浙江水利科技, 47(5): 5-10.

熊美华, 杨志, 胡兴坤, 等. 2019. 长江中游监利江段鱼类群落结构研究. 长江流域资源与环境, 28(9): 2109-2118.

熊蔚. 2021. 神农架大九湖泥炭藓湿地的植被分布格局及环境解释. 武汉: 湖北大学硕士学位论文.

徐浩田, 周林飞, 成遣. 2017. 基于PSR模型的凌河口湿地生态系统健康评价与预警研究. 生态学报, 37(24): 8264-8274.

徐家慧, 李秀明, 薛琳, 等. 2019. 卫星跟踪白鹤在中国东北地区西部中途停歇地的微栖息地研究. 湿地科学, 17(4): 453-462.

徐军强. 2014. 北疆阿尔泰山地泥炭记录的全新世大气粉尘变化. 兰州: 兰州大学硕士学位论文.

徐乐. 2019. 嘟噜河湿地保护区植物区系及植被特征分析. 防护林科技, (5): 34-38.

徐立明. 2017. 大兴安岭北段塔河南部早白垩世侵入岩年代学和地球化学. 武汉: 中国地质大学硕士学位论文.

徐宁泽. 2016. 排水对小兴安岭沼泽湿地土壤碳组分的影响. 哈尔滨: 哈尔滨师范大学硕士学位论文.

徐平. 2016. 新疆伊犁河流域湿地保护与生态旅游综合开发研究. 中共伊犁州委党校学报, (4): 76-79.

徐如松, 黄训端, 何家庆. 2007. 淮河流域(安徽段)主要湿地维管植物研究. 中国农学通报, (8): 462-465.

徐守成, 陈振宁, 严作庆, 等. 2019. 青海大通北川河源区国家级自然保护区野生动物调查.

徐向广. 2009. 滦河中下游水库群联合供水优化调度问题的研究. 天津: 天津大学博士学位论文.

徐彦伟, 康世昌, 周石硚, 等. 2007. 青藏高原纳木错流域夏、秋季大气降水中δ^{18}O与水汽来源及温度的关系. 地理科学, (5): 718-723.

徐艺文. 2019. 江汉湖群典型浅水性湖泊水生植物群落多样性研究. 武汉: 湖北大学硕士学位论文.

徐莹莹. 2012. 三江平原土地利用变化对露水凝结的影响研究. 长春: 中国科学院东北地理与农业生态研究所博士学位论文.

徐永生, 董玮, 王延鹏, 等. 2014. 内蒙古都尔本新草甸、沼泽湿地资源及保护利用建议. 内蒙古林业调查设计, 37(2): 52-53+56.

许铭本, 姜发军, 赖俊翔, 等. 2014. 钦州湾外湾东北部近岸区域大型底栖动物群落特征. 广西科学, 21: 389-395+402.

许宁, 高德明. 2008. 天津湿地. 天津: 天津科学技术出版社.

许青, 李铁, 张雪丹, 等. 2014. 额尔古纳自然保护区鸟类区系及夏季鸟类多样性. 野生动物学报, 35(2): 205-210.

许庆. 2020. 大庆市湿地生态网络构建及优化策略研究. 哈尔滨: 东北林业大学硕士学位论文.

许向南, 葛继稳, 冯亮, 等. 2022. 神农架大九湖泥炭地碳储量估算及固碳能力研究. 安全与环境工程, 29(1): 242-248.

许秀丽, 李云良, 谭志强, 等. 2021. 鄱阳湖典型湿地地下水-河湖水转化关系. 中国环境科学, 41(4): 1824-1833.

许秀梅. 2017. 多布库尔自然保护区浮游植物时空分布及水质评价. 哈尔滨: 东北林业大学硕士学位论文.

许宇田. 2019. 长江口南汇东滩潮间带盐沼湿地鱼类物种多样性及其营养结构. 上海: 华东师范大学硕士学位论文.

薛红盼, 曾方明. 2021. 青海湖东岸全新世风成沉积地球化学特征及其古气候意义. 沉积学报, 39(5): 1198-1207.

薛亮, 马海州, 曹广超, 等. 2003. GIS技术在区域土壤有机碳储量估算方面的应用: 以柴达木盆地为例. 生态环境, (4): 419-422.

闫丹丹. 2014. 松花江下游沿江湿地水文连通性恢复研究. 长春: 中国科学院东北地理与农业生态研究所硕士学位论文.

闫丹丹. 2018. 永年洼湿地生态系统服务评价. 邯郸: 河北工程大学硕士学位论文.

闫晗. 2014. 挠力河国家级自然保护区千鸟湖旅游区植物景观展示规划研究. 哈尔滨: 东北林业大学硕士学位论文.

闫露霞. 2019. 青藏高原湖泊与湿地水化学特征及其物质来源. 兰州: 西北师范大学硕士学位论文.

闫培锋, 周华荣, 刘宏霞. 2008. 白杨河-艾里克湖湿地土壤理化性质的空间分布特征. 干旱区研究, (3): 406-412.

闫苏. 2018. 温带长白山天然阔叶林沼泽生态系统碳储量研究. 哈尔滨: 东北林业大学硕士学位论文.

阎敏华. 1993. 大兴安岭森林火灾对林区沼泽小气候的影响. 地理科学, 13(4): 389-390.

晏鸣霄, 夏振清, 王攀婷, 等. 2015. 南瓮河湿地保护区土壤有机碳、含水率和pH的变化分布. 森林工程, 31(4): 22-25.

燕红. 2015. 泥炭沼泽湿地植被演替规律及植物多样性研究. 长春: 东北师范大学博士学位论文.

杨朝辉, 杨彪. 2020. 洱源西湖湿地保护恢复措施的探讨. 绿色科技, 16: 162-165.

杨东, 黎明, 程玉, 等. 2011. 长江故道湿地植被的数量分类与排序. 植物科学学报, 29(4): 467-473.

杨繁, 郭毅, 周芩屹, 等. 2020. 湖北二仙岩泥炭藓沼泽湿地土壤碳氮储量分布特征. 湖北林业科技, 49(4): 13-18.

杨欢. 2019. 黄河三角洲湿地演变特征及生态系统健康评价研究. 郑州: 华北水利水电大学硕士学位论文.

杨杰峰, 杜丹, 田思思, 等. 2017. 湖北省典型湖泊湿地生物多样性评价研究. 水生态学杂志, 38(3): 15-22.

杨晶. 2019. 大沾河自然保护区红松与落叶松NPP变化趋势与其树轮年表间相关研究. 哈尔滨: 哈尔滨师范大学硕士学位论文.

杨俊峰, 卢书炜, 赵虹, 等. 2006. 西藏结则茶卡湖岸沉积物中铀系年龄及意义. 地球科学与环境学报, (3): 6-10.

杨俊峰, 王跃峰, 赵虹, 等. 2008. 西藏结则茶卡湖岸浅井记录及湖泊演化. 湖泊科学, (1): 83-87.

杨俊云, 李若青. 2018. 绿色发展理念下民族地区生态治理与旅游业耦合发展研究: 基于丘北普者黑景区案例的分析. 文山学院学报, 31(3): 73-76.

杨岚, 李恒. 2010. 云南湿地. 北京: 中国林业出版社.

杨磊. 2015. 水生植物多样性变化、湖泊形态演变及其相互关系研究. 武汉: 湖北大学硕士学位论文.

杨磊, 李海滨, 李东洋. 2014. 广东惠东莲花山白盆珠省级自然保护区科研监测现状与发展对策. 绿色科技, (6): 81-82+85.

杨蕾. 2021. 宁夏阅海湿地水质变化特征及综合评价. 银川: 宁夏大学硕士学位论文.

杨丽红. 2021. 玛纳斯国家湿地公园生物多样性现状及保护对策. 新疆林业, (4): 10-12.
杨利, 杨静涵, 石道良. 2021. 神农架大九湖国家湿地公园景观健康变化研究. 湖南师范大学(自然科学学报), 44(4): 26-33.
杨熳, 张丽敏, 武亚楠, 等. 2022. 荔波茂兰喀斯特植被恢复中土壤有机碳稳定性变化. 山地农业生物学报, 41(3): 28-33.
杨鹏, 陈熙, 罗宏民, 等. 2017. 安徽省贵池十八索省级自然保护区鸟类多样性调查. 安徽林业科技, 43(1): 9-14.
杨平, 何清华, 仝川. 2015. 闽江口不同沼泽植被带土壤甲烷产生潜力的温度敏感性. 中国环境科学, 35(3): 879-888.
杨盛昌, 陆文勋, 邹祯, 等. 2017. 中国红树林湿地: 分布、种类组成及其保护. 亚热带植物科学, 46(4): 301-310.
杨薇, 杨志峰, 孙涛, 等. 2008. 湿地生态需水量与配水研究进展. 沼泽科学, 6(4): 531-535.
杨文军, 刘强, 何娴, 等. 2020. 云南中部湖群越冬水禽群落特征. 生态学杂志, 39(6): 1858-1864.
杨文军, 刘强, 袁旭, 等. 2021. 不同恢复措施对南滇池湿地冬季水禽多样性的影响. 生态学报, 41(18): 7180-7188.
杨文君, 刘强, 田昆. 2020. 云南剑湖冬季水鸟群落特征及种群动态. 野生动物学报, 41(1): 92-99.
杨湘奎, 孔庆轩, 李晓抗. 2006. 三江平原地下水资源合理开发利用模式探讨. 水文地质工程地质, 33(3): 49-52.
杨晓妍. 2012. 黄河三角洲国家级自然保护区湿地生态需水研究. 济南: 山东师范大学硕士学位论文.
杨秀林, 江红星, 邹畅林, 等. 2020. 白鹤东部种群迁徙模式与重要中途停歇地的变化. 林业科学, 56(2): 123-133.
杨逸畴. 1983. 西藏地貌. 北京: 科学出版社.
杨永华, 冯海燕. 2010. 对西鄂尔多斯国家级自然保护区建设的几点思考. 内蒙古林业, (9): 19.
杨永兴. 1988. 三江平原沼泽的生态分类. 地理研究, (1): 27-35.
杨永兴. 2002. 国际湿地科学研究的主要特点、进展与展望. 地理科学进展, 21: 111-120.
杨永兴, 刘兴土, 韩顺正, 等. 1993. 三江平原沼泽区“稻-苇-鱼”复合生态系统生态效益研究. 地理科学, 13(1): 41-48.
杨永兴, 杨玉娟, 庞志平, 等. 1995. 大兴安岭地区森林沼泽生态系统火生态效应研究. 海洋与湖沼, (6): 610-618.
杨宇翔, 李珍存, 赵方圆, 等. 2021. 盐池湾湿地生态现状与保护对策. 甘肃林业科学, 46(3): 29-32.
杨圆圆. 2015. 呼兰河口湿地旅游资源评价与开发策略研究. 哈尔滨: 东北林业大学硕士学位论文.
姚楚平, 刘妮娜, 井立红, 等. 2012. 1954-2010年和布克赛尔县降水变化特征及其影响事实分析. 沙漠与绿洲气象, 6(4): 27-31.
姚又嘉. 2017. 西藏亚东堆纳地区始新世沟鞭藻生物地层. 北京: 中国地质大学硕士学位论文.
姚治君, 王蕊, 刘兆飞, 等. 2015. 藏南玛旁雍错流域水化学特征时空变化与控制因素. 地理科学, (6): 687-700.
叶生欣. 2014. 基于遥感技术的黑龙江东升湿地分类研究. 防护林科技, (8): 33-35.
伊丽. 2021. 雄安新区湿地生态需水分析与补水保障研究. 杨凌: 西北农林科技大学硕士学位论文.
易富科, 李崇皜, 赵魁义, 等. 1982. 三江平原植被类型的研究. 地理科学, 2(4): 375-384.
易卫华, 尚清芳. 2007. 西北干旱半干旱区湿地景观生态研究进展. 河西学院学报, 23(2): 70-73.
易小青, 高常军, 魏龙, 等. 2018. 湛江红树林国家级自然保护区湿地生态系统服务价值评估. 生态科学, 37: 31-67.
殷名称. 1995. 鱼类仔鱼期的摄食和生长. 水产学报, (4): 335-342.
尹德超, 王雨山, 祁晓凡, 等. 2022. 白洋淀湿地不同植物群落区表层沉积物碳氮磷化学计量特征. 湖泊科学, 34(2): 506-516.
尹晶萍. 2017. 基于层次分析法的黑瞎子岛国家级湿地公园生态旅游资源评价. 西南林业大学学报(自然科学版), 37(5): 147-151.
尹子龙, 陆晓平, 翁松干, 等. 2018. 固城湖底栖动物群落结构及水质生态评价. 江苏水利, (11): 14-19+25.
应允芹. 2016. 湿地景观与文化特征在海拉尔河湿地公园中的研究应用: 以陶海国家湿地公园为例. 北京: 中国林业科学研究院硕士学位论文.
永智丞, 刘吉平, 司薇. 2020. 向海退化盐沼湿地修复效果评估. 生态学报, 40(20): 7401-7409.
于保刚, 焦德志, 王昱深, 等. 2022. 扎龙湿地不同群落芦苇种群数量特征及其对土壤因子的响应. 生态学杂志, (8): 1545-1551.

于冰沁, 田舒, 车生泉. 2012. 上海崇明西沙湿地景观生态敏感性分析及规划策略. 沈阳农业大学学报(社会科学版), 14(6): 738-743.

于冰沁, 张启明, 杨辉. 2011. 上海崇明西沙湿地景观生态建设价值与生态恢复策略. 沈阳农业大学学报(社会科学版), 13(6): 734-738.

于冰洋. 2005. 潮白河湿地功能变化分析及环境保护对策研究. 北京: 首都师范大学硕士学位论文.

于波, 潘星亮, 孙雷. 2010. 安达市气候分析及其对农业生产的影响. 农技服务, 27(4): 532-533.

于海波, 李耀辉, 陆海红, 等. 2005. 加强对哈拉海湿地保护, 努力实现社会经济可持续发展. 防护林科技, (4): 65-66.

于晶晶, 吴建平, 苏立英. 2013. 辽宁獐子洞湿地水鸟春秋迁徙研究. 野生动物, 34(3): 159-162.

于连海, 王留成, 高佳敏, 等. 2018. 不同湿地类型草本植物群落空间分布及环境解释. 东北林业大学学报, 46(5): 17-22.

于淑玲. 2014. 小兴凯湖表层沉积物的磷释放特征及对富营养化的影响研究. 长春: 中国科学院东北地理与农业生态研究所硕士学位论文.

于天翼, 柴方营, 李上, 等. 2021. 毕拉河国家级自然保护区的鱼类物种多样性研究. 湿地科学, 19(4): 465-470.

于晓芳, 王春辉. 2009. 东方红湿地自然保护区环境评价. 黑龙江生态工程职业学院学报, 22(6): 9-10.

于晓果, 金肖兵, 姚旭莹, 等. 2013. 甲烷流体活动与沉积物中碳、氮同位素组成响应: 南海东北部海洋Ⅳ号地区研究. 海洋学研究, 31(3): 1-7.

于秀丽. 2016. 莫莫格沼泽土壤微生物量碳动态及与酶活性的关系. 长春: 东北师范大学博士学位论文.

于砚民. 1996. 小兴安岭湿地植物资源及其保护对策. 中国农业资源与区划, (2): 56-59.

余梵冬, 王德强, 顾党恩, 等. 2018. 海南岛南渡江鱼类种类组成和分布现状. 淡水渔业, 48(2): 58-67.

余国营. 2000. 湿地研究进展与展望. 世界科技研究与发展, 22: 61-66.

余天虹. 2002. 梵净山、荔波茂兰植物区系分析比较. 贵州师范大学学报, (2): 50-54.

喻生波, 屈君霞. 2020. 敦煌西湖国家级自然保护区湿地土壤盐渍化特征研究. 干旱区资源与环境, 34(6): 131-138.

袁芳凯, 李言阔, 李凤山, 等. 2014. 年龄、集群、生境及天气对鄱阳湖白鹤越冬期日间行为模式的影响. 生态学报, 34(10): 2608-2616.

袁海峰, 陈文业, 孙志成, 等. 2020. 甘肃敦煌西湖湿地现状及野生动物汲水系统建设. 湿地科学与管理, 16(2): 42-44.

袁军, 高吉喜, 吕宪国, 等. 2002. 纳木错湿地资源评价及保护与合理利用对策. 资源科学, (4): 29-34.

袁悦. 2019. 半干旱区内陆湖流域水化学特征研究: 以红碱淖流域为例. 西安: 长安大学硕士学位论文.

乐佩琦. 2000. 中国动物志·硬骨鱼纲·鲤形目·下卷. 北京: 科学出版社.

岳明. 2018. 宝清东升湿地鳞翅目昆虫资源及其多样性. 佳木斯: 佳木斯大学硕士学位论文.

岳永杰, 曲理才, 宋利军, 等. 2013. 库都尔兴安落叶松种群格局及其物种多样性研究. 内蒙古农业大学学报(自然科学版), 34(1): 42-47.

曾红霞, 赵成章, 王毓芳, 等. 2021. 盐池湾高寒湿地景观格局演变及其影响因素. 干旱区研究, 38(6): 1771-1781.

曾健辉, 杨福成, 邵明勤, 等. 2021. 东鄱阳湖国家湿地公园越冬水鸟多样性及其年际动态. 应用与环境生物学报, 27(4): 848-854.

曾菁, 李亚林, 王立成. 2011. 西藏洞错盆地古近系丁青湖组烃源岩评价. 新疆石油地质, 32(1): 11-13.

曾庆飞, 谷孝鸿, 毛志刚, 等. 2012. 固城湖及上下游河道富营养化和浮游藻类现状. 中国环境科学, 32(8): 1487-1494.

曾涛. 2010. 兴凯湖湿地生态旅游资源评价、监测与开发研究. 哈尔滨: 东北林业大学博士学位论文.

曾向武, 周平, 高常军. 2016. 广东海丰自然保护区湿地现状及保护对策. 湿地科学与管理, 12: 34-37.

曾小飚. 2012. 广西湿地爬行动物多样性研究. 广东农业科学, 39(22): 180-183.

曾昭朝, 赵祥华, 夏冬青, 等. 2010. 腾冲北海湿地生态系统碳储存功能及价值评估初探. 环境科学导刊, 29(3): 46-48.

翟德斌. 2018. 查干湖大型底栖动物群落特征及其与水环境因子关系研究. 长春: 东北师范大学硕士学位论文.

湛青青. 2017. 2001至2014年青藏高原蒸散时空变化特征. 科技资讯, 15(35): 218-219.

湛鑫琳, 昌雷, 王立中, 等. 2020. 南瓮河自然保护区砍都河河水水质分析. 防护林科技, 196(1): 24-26.

张彩华, 余殿, 张维军, 等. 2019. 宁夏哈巴湖国家级自然保护区湿地植物群落特征与生态需水量. 天津师范大学学报(自然科学版), 39(2): 50-55.

张长贵, 董加宝, 王祯旭, 等. 2006. 莲藕的营养保健功能及其开发利用. 中国食物与营养, (1): 22-24.

张超, 刘扬晶, 宿明, 等. 2019. 惠东县红树林保护区植被调查及恢复初探. 热带林业, 47: 59-65.

张春光, 邵广昭, 伍汉霖, 等. 2020. 中国生物物种名录·第2卷·动物·脊椎动物(5)·鱼类. 北京: 科学出版社.

张余, 薛连海, 贾小丽, 等. 2009. 芡实的营养保健价值及其加工利用. 中国野生植物资源, 28(3): 24-26.

张德跃, 苏芳莉, 王铁良, 等. 2019. 1985年以来7个时期双台河口湿地土地利用格局及其变化. 湿地科学, 17(6): 658-662.

张冬杰. 2017. 典型苔草湿地草丘群落分布特征及其对水位梯度的响应. 长春: 中国科学院东北地理与农业生态研究所硕士学位论文.

张冬杰, 齐清, 佟守正, 等. 2018. 干湿交替对膨囊苔草草丘生理生态的影响. 生态学杂志, 37(1): 43-49.

张栋. 2020. 钦州湾营养盐时空变化的影响因素与陆源TDN的量化减排研究. 南宁: 广西大学博士学位论文.

张方, 王亮, 胡家祯, 等. 2019. 永年洼湿地表层沉积物污染评价. 华北水利水电大学学报(自然科学版), 40(5): 18-23.

张高生, 董广清. 1999. 莱州湾生态系统特点及保护建议. 环境科学研究, 12(4): 61-64.

张功宝. 2014. 小兴安岭退化沼泽湿地植被特征与恢复效果研究. 哈尔滨: 东北林业大学硕士学位论文.

张广兴, 蒲文秀. 2012. 大通县北川河源区自然保护区野生兽类资源调查. 青海农林科技, (4): 14-16.

张国钢, 刘冬平, 钱法文, 等. 2016. 西藏南部羊卓雍错水鸟群落及斑头雁(Anser indicus)活动区域特征. 生态学报, 36(4): 946-952.

张国艳. 2017. 锡林郭勒草原国家级自然保护区建设成效定量评估研究. 呼和浩特: 内蒙古大学硕士学位论文.

张海波. 2019. 甘肃祁连山西水自然保护区湿地植物多样性调查与分析. 甘肃林业, (6): 39-41.

张海舰. 2019. 四棵树凹陷侏罗系沉积特征及烃源岩研究. 青岛: 中国石油大学硕士学位论文.

张海燕. 2009. 滨海复合湿地生态功能研究及评价: 以海兴湿地为例. 保定: 河北农业大学硕士学位论文.

张海燕. 2013. 长江口典型潮滩湿地: 西沙湿地的土壤有机碳分布格局及生态工程对其影响研究. 上海: 华东师范大学硕士学位论文.

张浩, 郭勇, 李文君. 2012. 南大港湿地水生态现状调查//中国环境科学学会. 2012中国环境科学学会学术年会论文集(第二卷). 北京: 中国农业大学出版社: 465-469.

张浩, 王根民. 2021. 陕西省无定河湿地管理现状与对策. 陕西师范大学学报(自然科学版), (S1): 197-200.

张宏伟, 吴健, 车越, 等. 2009. 长江口青草沙水源地开发的生态环境影响. 华东师范大学学报(自然科学版), (3): 38-47.

张华兵, 李传武. 2016. 盐城沿海滩涂湿地生态补偿类型及体系. 盐城师范学院学报(人文社会科学版), 36(6): 5-9.

张华兵, 甄艳, 李玉凤, 等. 2018. 江苏盐城湿地珍禽国家级自然保护区土壤盐度空间分异特征. 湿地科学, 16(2): 152-158.

张怀山, 张吉宇, 乔国华, 等. 2011. 黄河首曲-玛曲湿地沼生植物的群系分类研究. 湖北农业科学, 50(5): 924-926.

张怀胜, 艾劲松, 温华军, 等. 2018. 石首麋鹿栖息地环境生态现状及其保护. 气象科技进展, 8(5): 109-112.

张慧, 肖辉, 周滨, 等. 2022. 除草剂对滨海外来物种互化米草除控效果. 应用海洋学学报, 41(1): 78-85.

张继平, 张镱锂, 刘峰贵, 等. 2011. 长江源区当曲流域高寒湿地类型划分及分布研究. 湿地科学, 9(3): 218-226.

张继强, 陈文业, 谈嫣蓉, 等. 2019. 甘肃敦煌西湖湿地芦苇盐化草甸植物群落生态位特征研究. 南京林业大学学报(自然科学版), 43(2): 191-196.

张佳蕊, 陈燕, 雷霆, 等. 2007. 北京汉石桥湿地植物群落优势种的种间关系研究. 湿地科学, 5(2): 146-152.

张建宇. 2018. 大兴安岭森林植物多样性、群落结构特征及耦合关系分析. 哈尔滨: 东北林业大学硕士学位论文.

张剑, 王利平, 谢建平, 等. 2017. 敦煌阳关湿地土壤有机碳分布特征及其影响因素. 生态学杂志, 36(9): 2455-2464.

张杰, 祝志华, 张慧, 等. 2022. 山东南四湖省级自然保护区野生鸟类调查及疫源疫病防控初探. 中国农学通报, 38(9): 75-80.

张金铭, 符龙飞, 洪欣, 等. 2019. 石首麋鹿国家级自然保护区草本植物区系及物种多样性. 生态学杂志, 38(2): 513-520.

张克然, 包彬, 郭晓冬. 2010. 黑山头至室韦段边防公路建设项目对额尔古纳湿地自然保护区和室韦自然保护区影响分析专题评价报告. 经济发展方式转变与自主创新: 第十二届中国科学技术协会年会(第一卷).

张雷雷, 鲍方印, 康健. 2007. 安徽沱湖自然保护区两栖爬行动物资源调查. 四川动物, (4): 819-821.

张磊, 王芳, 范波. 2015. 浅谈国家湿地公园的保护和利用: 以河北永年洼国家湿地公园为例. 河北林业科技, (5): 90-92.

张磊, 张盛生, 田成成. 2020. 青海哈拉湖水文特征分析及水环境问题研究. 中国农村水利水电, (1): 77-82.

张莉. 2008. 白银库伦自然保护区鸟类区系组成及生态分布研究. 呼和浩特: 内蒙古大学硕士学位论文.

张立, Dwivedi D G. 2010. 印度湿地和湿地科学研究及管理. 湿地科学与管理, 6(4): 62-63.

张立芝, 王俊红, 沈晓明. 2008. 黑龙江库尔滨河湿地自然保护区湿地及野生动植物资源. 林业科技, 33(3): 31-32.

张立志, 张晓林, 白雪峰, 等. 2014. 浅谈伊敏河上游湿地的生态作用及保护措施. 防护林科技, (4): 90+92.

张丽慧. 2018. 五大连池的水动力水质数值模拟和富营养化评价研究. 哈尔滨: 东北农业大学硕士学位论文.

张丽丽. 2012. 内蒙古自治区乌拉盖湿地自然保护区植物区系分析. 呼和浩特: 内蒙古农业大学硕士学位论文.

张利军, 白海龙, 田磊. 2015. 额尔古纳国家湿地公园湿地资源现状分析. 内蒙古林业调查设计, 38(6): 69-71.

张俪文, 韩广轩. 2018. 植物遗传多样性与生态系统功能关系的研究进展. 植物生态学报, 42(10): 977-989.

张明祥, 张建军. 2007. 中国国际重要湿地监测的指标与方法. 湿地科学, 5(1): 1-6.

张洺也, 王雪宏, 佟守正, 等. 2021. 莫莫格湿地恢复区的植物群落物种多样性研究. 湿地科学, 19(4): 458-464.

张妮. 2018. 扎龙湿地景观格局空间尺度分析及脆弱性研究. 哈尔滨: 哈尔滨师范大学硕士学位论文.

张鹏. 2018. 大庆市湿地动态变化分析. 哈尔滨: 东北林业大学硕士学位论文.

张强, 张洪伟, 贾秀娟, 等. 2015. 营养调控对虎林湿地土壤碳库的影响. 现代化农业, (1): 24-25.

张全军, 张广帅, 于秀波, 等. 2021. 鄱阳湖湿地枯丰水期转换对灰化薹草(*Carex cinerascens* Kükenth) 枯落物分解及碳、氮、磷释放的影响. 湖泊科学, 33(5): 1508-1519.

张荣坤, 尹东鹏, 赵文, 等. 2021. 白石水库浮游动物群落结构及鱼产力研究. 吉林水利, 4: 1-6+17.

张荣涛. 2014. 五大连池火山植物物种多样性及其与生态因子关系. 哈尔滨: 东北农业大学硕士学位论文.

张荣祖. 1999. 中国动物地理. 北京: 科学出版社.

张锐. 2019. 三环泡湿地生态补水方案及影响研究. 大连: 大连理工大学硕士学位论文.

张锐, 谢海涛, 段学新, 等. 2022. 异龙湖及主要入湖河流(含湿地)水质监测与评价. 环境科学导刊, 41(1): 85-86.

张淑萍, 张虎才, 陈光杰, 等. 2012. 1973-2010年青藏高原西部昂拉仁错流域气候、冰川变化与湖泊响应. 冰川冻土, 34(2): 267-276.

张淑倩, 孔令阳, 邓绪伟, 等. 2017. 江汉湖群典型湖泊生态系统健康评价: 以梁子湖、洪湖、长湖、斧头湖、武湖为例. 环境科学学报, 37(9): 3613-3620.

张树彬. 2019. 大凌河国家湿地公园退化湿地现状与对策分析. 防护林科技, (10): 64-65+81.

张树栋, 翁辰, 黄慧琴, 等. 2016. 崇明西沙湿地土壤石油类污染物季节变化特征及其对植被类型的影响. 生态环境学报, 25(2): 300-306.

张树民, 陈黎明, 邢润贵, 等. 2005. 五大连池火山区土壤和植被分布与特征. 国土与自然资源研究, (1): 86-88.

张帅, 蔡朝辉, 徐志明. 2010. 湖北网湖湿地保护区种子植物区系分析. 咸宁学院学报, 30(12): 24-25.

张双双. 2019. 白头鹤繁殖与越冬栖息地破碎化特征及其景观生态风险评价. 合肥: 安徽农业大学硕士学位论文.

张涛, 王明国, 张智印, 等. 2020. 然乌湖流域地表水水化学特征及控制因素. 环境科学, 41(9): 4003-4010.

张婉婷, 马志远, 陈彬, 等. 2022. 福建省九龙江口红树林生态系统健康评价: 基于活力-组织结构-恢复力框架. 生态与农村环境学报, 38(1): 61-68.

张琬抒. 2018. 辽河河口湿地生态环境需水量及生态系统服务价值研究. 沈阳: 沈阳农业大学硕士学位论文.

张为人, 孙萍, 张祯. 2010. 基于3S技术对凌河口湿地生态环境质量的评价//中国环境科学学会. 中国环境科学学会学术年会论文集(第二卷).

张伟, 刘德玉, 喻生波, 等. 2020. 极端干旱区敦煌西湖湿地土壤水分特征及空间变异性研究. 甘肃地质, 29(1-2): 79-84.

张苇. 2016. 广东水东湾红树林立地类型划分与评价. 长沙: 中国林业科技大学硕士学位论文.

张卫东, 安沙舟, 张勇娟, 等. 2016. 柴窝堡湖湿地植物群落结构的变化研究. 新疆农业科学, 53(9): 1734-1742.

张蔚, 闻苗, 张宇, 等. 2022. 云南腾冲北海湿地自然保护区爬行动物多样性现状研究. 云南农业大学学报(自然科学版), 37(1): 1-9.

张文卿, 陈建生, 姜淑坤, 等. 2017. 基于同位素水化学分析的松嫩平原大布苏湖流域地下水补给源研究. 水资源保护, 33(1): 9-14.

张西斌. 2017. 铜陵淡水豚国家级自然保护区长江段物种资源现状调查研究. 现代农业科技, (11): 227-229.

张喜亭, 张建宇, 肖路, 等. 2022. 大兴安岭多布库尔国家级自然保护区植物多样性和群落结构特征. 生态学报, 42(1): 176-185.

张现辉, 孔凡晶. 2010. 西藏扎布耶盐湖细菌多样性的免培养技术分析. 微生物学报, 50(3): 334-341.

张翔, 邓志民, 朱才荣, 等. 2013. 丰水期鄱阳湖国家自然保护区的水化学特征初探. 水环境, (1): 23-27.

张晓丽. 2009. 满归林业局野生经济植物的分布规律及其资源分析. 内蒙古林业调查设计, 32(4): 47-49.

张晓玲, 赵颜创, 田瑞祥, 等. 2018. 基于遥感和GIS的甘肃安西极旱荒漠国家级自然保护区湿地调查. 国土与自然资源研究, (5): 84-89.

张晓云, 吕宪国, 沈松平. 2009. 若尔盖高原湿地生态系统服务价值动态. 应用生态学报, 20(5): 1147-1152.

张辛阳, 杨陈虎, 张诗意, 等. 2020. 沉湖湿地自然保护区种子植物区系及群落多样性分析. 昆明理工大学学报(自然科学版), 45(5): 87-96.

张新宏, 尹华. 2006. 波罗湖湿地富营养化成因及预防措施. 东北水利水电, 12: 22-25.

张新军, 董磊, 曾昭朝, 等. 2020. 云南省观赏湿地植物资源现状与多样性研究. 林业调查规划, 45(5): 45-50.

张兴伟, 李清恩. 2012. 东方红林业局湿地保护和利用价值. 中国林副特产, (4): 91-92.

张绪良, 叶思源, 印萍, 等. 2008. 莱州湾南岸滨海湿地的生态系统服务价值及变化. 生态学杂志, 27(12): 2195-2202.

张萱蓉. 2016. 海南省万宁市野生保护植物种群特征研究. 海口: 海南大学硕士学位论文.

张雪. 2018. 根河林业局森林资源变化及其发展对策. 呼和浩特: 内蒙古农业大学硕士学位论文.

张亚. 2018. 滦河流域鱼类和大型底栖动物群落空间异质性及健康评价研究. 武汉: 华中农业大学硕士学位论文.

张亚玲, 王保海. 2015. 玛旁雍错湿地昆虫资源调查. 西藏科技, (6): 28-31.

张彦. 2013. 三江平原典型湿地中多环芳烃的分布及来源分析. 长春: 吉林大学硕士学位论文.

张彦. 2016. 新疆阿尔泰山区全新世泥炭发育特征及区域环境演变. 长春: 中国科学院东北地理与农业生态研究所博士学位论文.

张彦, 马学慧, 刘兴土, 等. 2018. 新疆阿尔泰山区全新世泥炭丘形态、发育过程与泥炭堆积速率初探. 第四纪研究, 38(5): 1221-1232.

张彦, 史彩奎, 王健, 等. 2012. 长白山圆池泥炭沼泽演变及环境信息记录. 湿地科学, 10(3): 271-277.

张彦武. 2016. 疏勒河的变迁对敦煌西湖湿地的影响分析. 北京: 清华大学硕士学位论文.

张洋. 2016. 小兴安岭国家地质公园旅游资源评价研究. 哈尔滨: 东北林业大学硕士学位论文.

张洋, 张方钢, 张晓红, 等. 2020. 杭州西溪湿地维管植物多样性及区系分析. 浙江林业科技, 40(2): 57-64.

张养贞. 1983. 大、小兴安岭山地和呼伦贝尔高原的沼泽土壤资源及其利用. 自然资源, (4): 32-40.

张垚, 王敏, 肖志豪, 等. 2013. 基于"3S"技术的湖北石首麋鹿国家级自然保护区近25年土地利用动态变化分析. 林业调查规划, 38(3): 16-20.

张译文. 2019. 七星河流域保护地鱼类物种多样性及其与水环境因子相关性研究. 哈尔滨: 东北林业大学硕士学位论文.

张勇, 闫飞, 董雪, 等. 2019. 汉石桥湿地春季浮游植物群落结构及水质评价. 湿地科学与管理, 15(4): 48-52.

张宇. 2016. 高宝邵伯湖湿地堤岸区域植物多样性及资源研究. 南京: 南京农业大学硕士学位论文.

张云. 2014. 黑龙江省绰纳河湿地自然资源现状分析. 现代化农业, (7): 29-30.

张芸, 吕宪国. 2001. 排水对三江平原沼泽土壤中化学元素的影响. 农村生态环境, (1): 9-12.

张芸, 吕宪国, 杨青. 2005. 三江平原典型湿地水化学性质研究. 水土保持学报, 19(1): 184-187.

张芸, 吕宪国, 朱诚. 2002. 三江平原沼泽开垦后的热量平衡变化. 南京大学学报(自然科学版), (6): 813-819.

张则有. 1993. 我国冻土区泥炭沼泽形成的特征. 冰川冻土, 2: 225-229.

张真鲜. 2012. 新疆特克斯河流域生态环境遥感监测与评价. 北京: 中国地质大学硕士学位论文.

张治国, 魏海霞. 2021. 桑沟湾国家城市湿地公园19种植物比叶面积和叶干物质含量比较. 广东农业科学, 48(3): 64-71.

张仲胜, 于小娟, 宋晓林, 等. 2019. 水文连通对湿地生态系统关键过程及功能影响研究进展. 湿地科学, 17(1): 1-8.

张重岭, 斯日格楞, 鄂中华, 等. 2010. 内蒙古兴安里湿地自然保护区植物区系的初步研究. 内蒙古林业调查设计, 33(6): 99-101+122.

章光新, 尹雄锐, 冯夏清. 2008. 湿地水文研究的若干热点问题. 湿地科学, (2): 105-115.

章明奎, 邱志腾, 毛霞丽, 等. 2019. 贵州雷公山土壤发生学性状的垂直变化特征研究. 土壤通报, 50(4): 757-764.

章文. 2020. 基于气候与土地利用变化的大清河流域生态系统服务评估与预测分析. 武汉: 武汉理工大学硕士学位论文.

章霞, 游庆方, 凌芳, 等. 2012. 溧湖湿地现状及修复措施分析. 江苏林业科技, 39(6): 22-25.

赵彩云, 柳晓燕, 白加德, 等. 2014. 广西北海西村港互花米草对红树林湿地大型底栖动物群落的影响. 生物多样性, 22: 630-639.

赵德祥. 1982. 我国历史上沼泽的名称、分类及描述. 地理科学, 2: 83-86.

赵尔宓, 张学文, 赵蕙, 等. 2000. 中国两栖纲和爬行纲动物校正名录. 四川动物, 19(3): 196-207.

赵芳正. 2016. 江苏大丰沿海湿地震旦鸦雀(*Paradoxornis heudei*)繁殖生态研究. 南京: 南京师范大学硕士学位论文.

赵国理, 韦洁. 2014. 建设大王滩湿地公园的必要性和可行性分析. 广西水利水电, (3): 69-71.

赵和生, 仇晓林, 王国良, 等. 2002. 黑龙江省小北湖鸟类群落分布分析. 黑龙江八一农垦大学学报, (1): 69-73.

赵纪芳, 翟家齐, 刘玉春, 等. 2022. 滦河流域径流系数时空变化特征及影响因素研究. 水电能源科学, 40(3): 26-29+34.

赵家荣, 倪学明, 冯顺良, 等. 1998. 海南万宁县曲乡沼泽珍稀、特有水生植物的调查. 武汉植物学研究, 3: 285-288.

赵建强, 吴艳红. 2018. 网湖省级湿地自然保护区夏季鸟类群落结构及多样性分析. 湖南林业科技, 45(2): 24-28.

赵晶. 2016. 基于RS和GIS的额尔古纳湿地生态环境脆弱性评价. 成都: 西南交通大学硕士学位论文.

赵景奎, 郝奇林, 张才志. 2019. 江苏省高邮湖湿地生态系统综合评价及保护建议. 林业建设, (4): 54-58.

赵景柱, 肖寒, 吴刚. 2000. 生态系统服务的物质量与价值量评价方法的比较分析. 应用生态学报, 11(2): 290-292.

赵魁义. 1999. 中国沼泽志. 北京: 科学出版社.

赵魁义, 陈毅峰, 娄彦景, 等. 2008. 湿地生物多样性保护. 北京: 中国林业出版社.

赵魁义, 孙广友, 杨永兴, 等. 1999. 中国沼泽志. 北京: 科学出版社.

赵魁义, 王德斌, 宋海远. 1981. 西藏高原沼泽的初步研究. 自然资源, (2): 14-21.

赵魁义, 张文芬, 周幼吾, 等. 1994. 大兴安岭森林火灾对环境的影响与对策. 北京: 科学出版社.

赵美丽. 2021. 内蒙古泥炭沼泽碳库资源现状及保护对策. 内蒙古林业调查设计, 44(2): 78-81.

赵平, 何金整. 2008. 海兴湿地生态资源特征及发展对策. 科技情报开发与经济, (25): 107-109.

赵如皓, 史传奇, 孟博, 等. 2022. 哈东沿江湿地自然保护区野生种子植物组成及区系划分. 国土与自然资源研究, (2): 82-84.

赵尚飞. 2019. 梧桐河中下游典型受损河段生态修复研究. 郑州: 华北水利水电大学硕士学位论文.

赵琬婧, 王清波, 王瑜, 等. 2018. 黑龙江三江自然保护区天然湿地植物物种多样性研究. 湿地科学与管理, 14(3): 58-61.

赵霞, 郝振纯. 2017. 土地利用变化对盘古河流域径流的影响. 水土保持通报, 37(1): 83-87.

赵夏纬. 2020. 苏干湖盆地湿地植被时空分布特征及其成因分析. 兰州: 西北师范大学硕士学位论文.

赵晓峰, 王金林, 王珊珊, 等. 2021. 基于MCR模型的卡拉麦里地区生态安全格局变化研究. 干旱区地理, 44(5): 1396-1406.

赵杏花, 孙长乐, 郭璐, 等. 2022. 锡林郭勒草原国家级自然保护区种子植物区系研究. 西北植物学报, 42(1): 173-180.

赵秀娟. 2013. 大兴安岭水系水文特征及形势变化分析. 东北水利水电, 31(5): 41-44.

赵勋, 王玉芬. 2011. 黑龙江省双河自然保护区野生植物资源特点及其保护. 林业勘查设计, (3): 95-98.

赵艳茹, 董建伟. 2018. 吉林查干湖总磷的变化趋势及驱动机制分析. 吉林水利, 12(439): 1-3.

赵垠. 2017. 大凌河湿地生态环境现状及保护对策. 黑龙江水利科技, 45(3): 183-185.

赵永新. 2004. 《全国湿地保护工程规划》出台. 人民日报.

赵玉, 董芳慧, 刘影, 等. 2017. 特克斯河上游湿地镰叶锦鸡儿群落植物多样性及区系分析. 伊犁师范学院学报(自然科学版), 11(1): 44-49.

赵云. 2012. 鸣翠湖湿地公园绿化树种的调查与分析. 科技视界, (22): 340-343.

赵正阶. 2001. 中国鸟类志·下卷·雀形目. 长春: 吉林科学技术出版社.

赵志江, 朱利, 李伟, 等. 2019. 汉石桥湿地芦苇生长季末地上部分各器官中碳、氮和磷的生态化学计量特征及对其的固持能力. 湿地科学, 17(3): 311-317.

赵壮. 2010. 黑龙江胜山国家级自然保护区生态旅游开发研究. 哈尔滨: 东北林业大学硕士学位论文.

郑度, 葛全胜, 张雪芹, 等. 2005. 中国区划工作的回顾与展望. 地理研究, 24(3): 330-344.

郑光美. 2017. 中国鸟类分类与分布名录. 3版. 北京: 科学出版社.

郑虹钰, 乔伟光, 乔方, 等. 2018. 赛罕乌拉国家级自然保护区自然资源浅析. 内蒙古林业调查设计, 41(6): 49-50+28.

郑凯利, 邓东周. 2019. 若尔盖湿地土壤入渗性能及其影响因素. 水土保持研究, 26(3): 179-191.

郑绵平, 刘喜方. 2010. 青藏高原盐湖水化学及其矿物组合特征. 地质学报, 84(11): 1585-1600.

郑绵平, 向军, 魏新俊, 等. 1989. 青藏高原盐湖. 北京: 北京科学技术出版社.

郑绵平, 张永生, 刘喜方, 等. 2016. 中国盐湖科学技术研究的若干进展与展望. 地质学报, 90(9): 2123-2166.

郑太辉, 迟光宇, 史奕, 等. 2010. 开垦对三江平原别拉洪河流域土壤Fe活性的影响. 农业环境科学学报, 29(增刊): 89-92.

郑喜玉, 张明刚, 徐昶, 等. 2002. 中国盐湖志. 北京: 科学出版社.

郑玉岑. 2017. 内蒙古兴安盟白狼林业局野生药用植物资源. 内蒙古林业调查设计, 40(6): 42-44.

郑智, 龚大洁, 孙呈祥, 等. 2014. 秦岭两栖、爬行动物种多样性海拔分布格局及其解释. 生物多样性, 22(5): 596-607.

郑梓琼, 唐以杰, 戚诗婷, 等. 2020. 深圳福田红树林大型底栖动物多样性研究. 湿地科学与管理, 16: 69-73.

中国21世纪议程管理中心. 2017. 国家适应气候变化科技发展战略研究. 北京: 科学出版社.

中国国家标准化管理委员会. 2011. 重要湿地监测指标体系(GB/T 27648—2011).

中国国家标准化管理委员会. 2017. 地下水质量标准(GB/T 14848—2017).

中国科学院长春地理研究所沼泽研究室. 1983. 三江平原沼泽. 北京: 科学出版社.

中国科学院青藏高原综合科学考察队. 1986. 西藏哺乳类. 北京: 科学出版社.

中华人民共和国国务院. 1999. 国家重点保护野生植物名录(第一批). 生态学杂志, (5): 4-11.

中华人民共和国水利部. 2013. 水环境监测规范(SL 219—2013).

中华人民共和国水利部. 2014. 水文测量规范(SL 58—2014).

钟静静. 2013. 三江平原中晚全新世火演化的泥炭炭屑记录. 长春: 中国科学院东北地理与农业生态研究所硕士学位论文.

钟珺, 文华翎. 2009. 特殊气候旅游资源的深度开发探析: 以雅鲁藏布大拐弯地区为例. 河北旅游职业学院学报, (3): 24-27.

钟杨. 2014. 哈尔滨松江湿地生态旅游市场开发研究. 哈尔滨: 东北林业大学硕士学位论文.

仲启铖, 王开运, 周凯, 等. 2015. 潮间带湿地碳循环及其环境控制机制研究进展. 生态环境学报, 24(1): 174-182.

周博, 祁来坤, 侯建华, 等. 2018. 雄安新区鸟类资源及其多样性. 动物学杂志, 53(4): 528-538.

周帆, 郭剑英. 2016. 溱湖湿地生态资源保护与开发对策研究. 绿色科技, (8): 1-2.

周方文, 马田田, 李晓文, 等. 2015. 黄河三角洲滨海湿地生态系统服务模拟及评估. 湿地科学, 13(6): 667-674.

周放, 韩小静, 陆舟, 等. 2005. 南流江河口湿地的鸟类研究. 广西科学, 12: 221-226.

周国相. 2012. 谈绥棱林业局努敏河自然保护区经营状况. 林业勘查设计, (2): 16-17.

周红章. 2000. 物种与物种多样性. 生物多样性, 8(2): 215-226.

周慧杰, 周世武, 吴良林. 2007. 湿地旅游资源开发与保护: 以广西西津库区为例. 2007年中国可持续发展论坛暨中国可持续发展学术年会论文集(4).

周建波, 郝敏, 侯建华. 2015. 塞罕坝国家级自然保护区植被类型研究. 河北林果研究, 30(4): 354-359.

周进, Hisako T, 李伟, 等. 2001. 受损湿地植被的恢复与重建研究进展. 植物生态学报, 25(5): 561-572.

周琳, 张成河, 何万山. 2005. 哈拉海湿地生态状况及效益分析. 黑龙江环境通报, 29(3): 19-20.

周梅, 余新晓, 冯林, 等. 2003. 大兴安岭林区冻土及湿地对生态环境的作用. 北京林业大学学报, 25(6): 91-93.

周天福, 谭丽凤, 韦振海. 2010. 广西西津水库陆生脊椎动物资源及湿地重要性评价. 大众科技, (8): 100-101+82.

周文昌, 史玉虎, 付甜, 等. 2020. 湖北省湿地保护现状、问题及保护对策. 湿地科学与管理, 16(1): 31-34.

周晓丽. 2009. 鸭绿江口滨海湿地自然保护区生态旅游资源评价与环境承载力分析. 成都: 西南大学硕士学位论文.

周笑笑, 陈秀玲, 范逸飞, 等. 2021. 福建近岸罗源湾沉积环境及表层沉积物物质来源探讨. 第四纪研究, 41(5): 1281-1293.

周徐平, 唐录艳, 夏红霞, 等. 2022. 六盘水娘娘山国家湿地公园的苔藓植物区系特点. 热带亚热带植物学报, 30(1): 111-124.

周亚琳. 2007. 骆马湖湿地资源调查及生态保护研究. 南京: 南京林业大学硕士学位论文.

周禹莹. 2014. 哈尔滨白渔泡国家湿地公园的保护与利用. 哈尔滨师范大学(自然科学学报), 30(5): 114-117.

周远刚, 赵锐锋, 赵海莉, 等. 2019. 黑河中游湿地不同恢复方式对土壤和植被的影响: 以张掖国家湿地公园为例. 生态学报, 39(9): 3333-3343.

周云轩, 田波, 黄颖, 等. 2016. 我国海岸带湿地生态系统退化成因及其对策. 中国科学院院刊, 31(10): 1157-1166.

朱慈佑, 廖远芳, 罗献忠. 2013. 莲花山白盆珠湿地鸟类监测与保护发展研究. 绿色科技, (7): 282-283.

朱道清. 1993. 中国水系大辞典. 青岛: 青岛出版社.

朱慧兰, 刘梦迪, 周宇鸿, 等. 2020. 深圳湾福田红树林湿地小型底栖动物群落结构及海洋线虫新纪录种. 生态学杂志, 39: 1806-1812.

朱继前. 2020. 莱州湾南岸海岸带湿地时空变化特征及其驱动力研究. 济南: 山东师范大学硕士学位论文.

朱建国, 王曦, 等. 2004. 中国湿地保护立法研究. 北京: 法律出版社.

朱金格, 张晓姣, 胡维平. 2010. 太湖沼泽化评价方法的建立及应用. 环境科学学报, 30(8): 1695-1699.

朱婧, 王利民, 贾凤霞, 等. 2007. 我国华北地区湿地生态需水量研究探讨与应用实例. 环境工程学报, 1(11): 112-118.

朱琳. 2013. 维纳河自然保护区优势植物光合生理特性研究. 大庆: 黑龙江八一农垦大学硕士学位论文.

朱南华诺娃, 徐逸, 王雪蕾, 等. 2021. 呼伦湖消落带土壤碳氮磷释放的模拟研究. 环境科学与技术, 44(7): 108-114.

朱松泉. 1995. 中国淡水鱼类检索. 南京: 江苏科学技术出版社.

朱伟峰. 2015. 内蒙古自治区阿荣旗水资源区划与分析. 哈尔滨: 黑龙江大学硕士学位论文.

朱晓艳, 宋长春, 郭跃东, 等. 2013. 三江平原泥炭沼泽湿地N_2O排放通量及影响因子. 中国环境科学, 33(12): 2228-2234.

朱耀军, 马牧源, 赵娜娜. 2020. 若尔盖高寒泥炭地修复技术进展与展望. 生态学杂志, 39(12): 4185-4192.

朱膺. 1997. 澳门地质概况. 华北地质矿产杂志, 12(2): 8.

朱莹, 孔磊, 张霄, 等. 2014. 江苏盐城滩涂湿地植物区系及植物资源研究. 生物学杂志, 31(5): 71-75.

朱正宁. 2006. 湖北网湖湿地植物多样性研究. 武汉: 华中农业大学硕士学位论文.

庄玉珍, 王惠芳. 2004. 台湾的湿地. 台北: 远足文化出版社.

宗浩, 王成善, 黄川友, 等. 2004. 纳木错流域自然生态特征与生物资源保护研究. 成都理工大学学报(自然科学版), 31(5): 551-558.

邹发生, 宋晓军, 江海声, 等. 1999. 海南岛的湿地类型及其特点. 热带地理, (3): 204-207.

邹明明, 朱慧兰, 郭玉清. 2020. 广西防城港东湾红树林湿地春季小型底栖动物丰度与生物量. 生态学杂志, 39: 1823-1829.

邹晓林. 2002. 草原瑰宝-贺斯格淖尔自然保护区. 内蒙古林业, (2): 30.

邹祖国. 2015. 石臼湖湿地资源及环境评价. 安徽林业科技, 41(5): 69-71.

左鸿飞. 2009. 美丽富饶的多伦县蔡木山自然保护区. 内蒙古林业, (8): 20-21.

Chug K S. 2011. 香港米埔内海湾国际重要湿地越冬水鸟保护的管理室系统. 第二届中国湿地文化节暨亚洲湿地论坛论文集.

Aber J S, Pavri F, Aber S W. 2012. Wetland Environments: A Global Perspective. New York: Wiley-Blackwell.

Ádám L, Vincze O, Lki V, et al. 2020. Experimental evidence of dispersal of invasive cyprinid eggs inside migratory waterfowl. Proceedings of the National Academy of Sciences of the United States of America, 117(27): 15397-15399.

Albert D A, Minc L D. 2004. Plants as regional indicators of Great Lakes coastal wetland health. Aquatic Ecosystem Health & Management, 7(2): 233-247.

Alberta Biodiversity Monitoring Institute. 2011. Wetland Field Data Collection Protocols (Abridged Version). Alberta: Alberta Biodiversity Monitoring Institute.

Álvarez-Cabria M, Barquín J, Juanes J A. 2011. Macroinvertebrate community dynamics in a temperate European Atlantic river. Do they conform to general ecological theory? Hydrobiologia, 658: 277-291.

Amano T T, Szekely K, Koyama H, et al. 2010. A framework for monitoring the status of populations: An example from wader populations in the East Asian-Australasian flyway. Biological Conservation, 143(9): 2238-2247.

Aminitabrizi R, Dontsova K, Grachet N G, et al. 2021. Elevated temperatures drive abiotic and biotic degradation of organic matter in a peat bog under oxic conditions. Science of the Total Environment, 804(3): 150045.

Atauri J A, de Lucio J V. 2001. The role of landscape structure in species richness distribution of birds, amphibians, reptiles and lepidopterans in Mediterranean landscapes. Landscape Ecology, 16(2): 147-159.

Audet J, Baattrup-Pedersen A, Andersen H E, et al. 2015. Environmental controls of plant species richness in riparian wetlands: Implications for restoration. Basic and Applied Ecology, 16: 480-489.

Bai J, Lu Q, Zhao Q, et al. 2013. Effects of alpine wetland landscapes on regional climate on the zoige plateau of China. Advances in Meteorology, 2013: 972430.

Barkovskii A L, Fukui H, Leisen J, et al. 2009. Rearrangement of bacterial community structure during peat diagenesis. Soil Biology and Biochemistry, 41(1): 135-143.

Batzer D P, Cooper R, Wissinger S A. 2006. Wetland Animal Ecology. California: University of California Press.

Batzer D P, Ruhí A. 2013. Is there a core set of organisms that structure macroinvertebrate assemblages in freshwater wetlands? Freshwater Biology, 58: 1647-1659.

Bellamy D, Bellamy R. 1966. An Ecological Approach to the Classification of the Lowland Mires of Ireland. Proceedings of the Royal Irish Academy. Section B: Biological, Geological, and Chemical Science, 65: 237-251.

Belyea L R, Malmer N. 2008. Carbon sequestration in peatland: patterns and mechanisms of response to climate change. Global Change Biology, 10(7): 1043-1052.

Binet P, Rouifed S, Jassey V E J, et al. 2017. Experimental climate warming alters the relationship between fungal root symbiosis and *Sphagnum* litter phenolics in two peatland microhabitats. Soil Biology & Biochemistry, 105: 153-161.

Boonmak C, Khunnamwong P, Limtong S. 2020. Yeast communities of primary and secondary peat swamp forests in southern Thailand. Antonie van Leeuwenhoek, 113(1): 55-69.

Brinson M M. 1993. A hydrogeomorphic Classification for Wetlands. Wetlands research program technical report WRP-DE-R U S Army Enginers Waterways Experiment Station, Vicksburg: Bridgham and Richardson.

Brochet A L, Gauthier-Clerc M, Guillemain M, et al. 2010. Field evidence of dispersal of branchiopods, ostracods and bryozoans by teal (*Anas crecca*) in the Camargue (southern France). Hydrobiologia, 637(1): 255.

Brochet A L, Guillemain M H, Fritz M, et al. 2010. Plant dispersal by teal (*Anas crecca*) in the Camargue: duck guts are more important than their feet. Freshwater Biology, 55(6): 1262-1273.

Burkett V, Kusler J. 2000. Climate change potential impacts and interactions in wetlands of the United States. Journal of the American Water Resources Association, 36(2): 313-320.

Corey W, Scott K, Jonathan P. 2017. Hydrology of a wetland-dominated headwater basin in the Boreal Plain, Alberta, Canada. Journal of Hydrology, 547: 168-183.

Costanza R, D'Arge R, Groot R D, et al. 1997. The value of the world's ecosystem services and natural capital. Nature, 25(1): 3-15.

Cowardin L M. 1979. Classification of wetlands and deepwater habitats of the United States. Fish and Wildlife Service, US Department of the Interior.

Cowley K L, Fryirs K A, Hose G C. 2018. The hydrological function of upland swamps in eastern Australia: The role of geomorphic condition in regulating water storage and discharge. Geomorphology, 310(1): 29-44.

Crawford K M, Rudgers J A. 2012. Plant species diversity and genetic diversity within a dominant species interactively affect plant community biomass. Journal of Ecology, 100(6): 1512-1521.

Crutsinger G M, Collins M D, Fordyce J A, et al. 2006. Plant genotypic diversity predicts community structure and governs an ecosystem process. Science, 313: 966-968.

Cui B, Yang Q, Yang Z, et al. 2009. Evaluating the ecological performance of wetland restoration in the Yellow River Delta, China. Ecological Engineering, 35(7): 1090-1103.

Dong Y, Li H, He H, et al. 2021. Holocene peatland development, carbon accumulation and its response to climate forcing and local conditions in Laolike peatland, northeast China. Quaternary Science Reviews, 268: 107-124.

Durance I, Ormerod S J. 2007. Climate change effects on upland stream macro invertebrates over a 25-year period. Global Change Biology, 13: 942-957.

Fan H, Wu J, Liu W, et al. 2015. Linkages of plant and soil C:N:P stoichiometry and their relationships to forest growth in subtropical plantations. Plant and Soil, 392: 127-138.

Fisher J A, Patenaude G, Giri K, et al. 2014. Understanding the relationships between ecosystem services and poverty alleviation: A conceptual framework. Ecosystem Services, 7: 34-45.

Flávio H M, Ferreira P, Formigo N, et al. 2017. Reconciling agriculture and stream restoration in Europe: A review relating to the EU Water Framework Directive. Science of the Total Environment, 596-597: 378-395.

Freeman C, Ostle N, Kang H J. 2001. An enzymic 'latch' on a global carbon store. Nature, 409(6817): 149.

Gao Y, Chen H, Zeng X. 2014. Effects of nitrogen and sulfur deposition on CH_4 and N_2O fluxes in high-altitude peatland soil under different water tables in the Tibetan Plateau. Soil Science and Plant Nutrition, 60: 404-410.

Gardner R, Finlayson M, Davidson N, et al. 2018. Global wetland outlook: State of the world's wetlands and their services to people. Gland, Switzerland: Ramsar Convention Secretariat.

Gibson J J, Birks S J, Castrillon-Munoz F, et al. 2022. Moss cellulose ^{18}O applied to reconstruct past changes in water balance of a boreal wetland complex, northeastern Alberta. Catena, 213: 106-116.

Gilvear D J, Bradley C. 2000. Hydrological monitoring and surveillance for wetland conservation and management; a UK perspective. Physics and Chemistry of the Earth, Part B: Hydrology, Oceans and Atmosphere, 25(7-8): 571-588.

Glaser P H, Chanton J P, Morin P, et al. 2004. Surface deformations as indicators of deep ebullition fluxes in a large northern peatland. Global Biogeochemical Cycles, 19: GB1003.

Gleick P H. 1998. Water in crisis: Paths to sustainable water use. Ecological Application, 8(3): 571-579.

Green A J, Essl F. 2016. The importance of waterbirds as an overlooked pathway of invasion for alien species. Diversity & Distributions, 22(2): 239-247.

Grubich D N, Malterer T J. 1991. Peat and Peatlands: The Resource and It's Utilization. Duluth: Proceedings of the International Peat Symposium.

Guo H, Noormets A, Zhao B, et al. 2009. Tidal effects on net ecosystem exchange of carbon in an estuarine wetland. Agricultural and Forest Meteorology, 149(11): 1820-1828.

Hammond R F. 1981. The Peatlands of Ireland. Soil Survey Bulletin, No. 35. Dublin: An Foras Talúntais.

Hannigan E, Kelly-Quinn M. 2012. Composition and structure of macroinvertebrate communities in contrasting open-water habitat in Irish peatlands: implications for biodiversity conservation. Hydrobiologia, 692: 19-28.

Heino J. 2000. Lentic macroinvertebrate assemblage structure along gradients in spatial heterogeneity, habitat size and water chemistry. Hydrobiologia, 418: 229-242.

Hu J H, Xie F, Li C, et al. 2011. Elevational patterns of species richness, range and body size for spiny frogs. PLoS One, 6(5): e19817.

Hughes A R, Stachowicz J J. 2004. Genetic diversity enhances the resistance of a seagrass ecosystem to disturbance. Proceedings of the National Academy of Sciences of the United States of America, 101: 8998-9002.

Ilias K, Savas K, Panagiotis P, et al. 2017. Diet selection by wintering lesser white-fronted goose Anser erythropus and the role of food availability. Bird Conservation International, 27(3): 355-370.

Jackson M B, Fenning T M, Drew M C, et al. 1985. Stimulation of ethylene production and gas-space (aerenchyma) formation in adventitious roots of Zea mays L. by small partial pressures of oxygen. Planta, 165: 486-492.

Jackson M V, Carrasco L R, Choi C Y, et al. 2019. Multiple habitat use by declining migratory birds necessitates joined-up conservation. Ecology and Evolution, 9: 2505-2515.

Jansson R, Laudon H, Augspurger J C. 2007. The importance of groundwater discharge for plant species number in riparian zones. Ecology, 88(1): 131-139.

Jia X, Otte M L, Liu Y, et al. 2018. Performance of iron plaque of wetland plants for regulating iron, manganese, and phosphorus from agricultural drainage water. Water, 10(1): 42.

Jia Y F, Jiao S W, Zhang Y M, et al. 2013. Diet shift and its impact on foraging behavior of Siberian crane (Grus leucogeranus) in Poyang Lake. PLoS One, 8(6): e65843.

Jiang T, Pan J, Pu X, et al. 2015. Current status of coastal wetlands in China: Degradation, restoration, and future management. Estuarine, Coastal and Shelf Science, 164: 265-275.

Jiao F, Wen Z, An S, et al. 2013. Successional changes in soil stoichiometry after land abandonment in Loess Plateau, China. Ecological Engineering, 58: 249-254.

Kaenel B R, Matthaei C D, Uehlinger U. 1998. Disturbance by aquatic plant management in streams: effects on benthic invertebrates. Regulated Rivers: Research and Management, 14: 341-356.

Keddy P A. 2010. Wetland Ecology: Principles and Conservation. Cambridge: Cambridge University Press.

Kellner E, Waddington J M, Price J S. 2005. Dynamics of biogenic gas bubbles in peat: Potential effects on water storage and peat deformation. Water Resources Research, 41: W08417.

Kirby J S, Stattersfield A J, Butchart S H M, et al. 2008. Key conservation issues for migratory landand waterbird species on the world's major flyways. Bird Conservation International, 18(S1): 25.

Kirwan M L, Megonigal J P. 2013. Tidal wetland stability in the face of human impacts and sea-level rise. Nature, 504(7478): 53-60.

Kolinjivadi V, Adamowski J, Kosoy N. 2014. Recasting payments for ecosystem services (PES) in water resource management: A novel institutional approach. Ecosystem Services, 10: 144-154.

Kong X, He Q, Yang B, et al. 2017. Hydrological regulation drives regime shifts: evidence from paleolimnology and ecosystem modeling of a large shallow Chinese lake. Global Change Biology, 23(2): 737-754.

Kratzer E B, Batzer D P. 2007. Spatial and temporal variation in aquatic macroinvertebrates in the Okefenokee Swamp, Georgia, USA. Wetlands, 27: 127-140.

Kulichevskaya I S, Belova S E, Kevbrin V V, et al. 2007. Analysis of the bacterial community developing in the course of *Sphagnum* moss decomposition. Microbiology, 76(5): 621-629.

Li B, Liao C, Zhang X, et al. 2009. *Spartina alterniflora* invasions in the Yangtze River estuary, China: An overview of current status and ecosystem effects. Ecological Engineering, 35(4): 511-520.

Li W, Tan R, Yang Y, et al. 2014. Plant diversity as a good indicator of vegetation stability in a typical plateau wetland. Journal of Mountain Science, 11(2): 464-474.

Li X, Hou X, Song Y, et al. 2018. Assessing changes of habitat quality for shorebirds in stopover sites: a case study in Yellow River Delta, China. Wetlands, 39(1): 67-77.

Li Z W, Wang Z Y, Brierley G, et al. 2015. Shrinkage of the Ruoergai swamp and changes to landscape connectivity, Qinghai-Tibet Plateau. Catena, 126: 155-163.

Liao X, Liu Z, Wang Y, et al. 2013. Spatiotemporal variation in the microclimatic edge effect between wetland and farmland. Journal of Geophysical Research: Atmospheres, 118: 7640-7650.

Liu B, Ding Y H, Sun D M, et al. 2012. Study on Breeding Biology of the Oriental White Stork in Jiangsu Dafeng Milu National Nature Reserve.

Liu J P, Li C, Liu Q F, et al. 2008. Gap analysis of wetland bird habitat diversity in sanjiang plain. In Proceedings of the Geoinformatics 2008 and Joint Conference on GIS and Built Environment, Geo-Simulation and Virtual GIS Environments, Guangzhou, China, 28–29 June 2008. SPIE: Bellingham, WA, USA, 2008; pp. 9.

Liu M Y, Mao D H, Wang Z M, et al. 2018. Rapid invasion of *Spartina alterniflora* in the coastal zone of mainland China: new observations from Landsat OLI images. Remote Sensing, 10: 1933.

Liu M, Xu X, Xu C, et al. 2017. A new drought index that considers the joint effects of climate and land surface change. Water Resource Research, 53: 3262-3278.

Liu Q, Liu J L, Liu H F, et al. 2019. Vegetation dynamics under water-level fluctuations: Implications for wetland restoration. Journal of Hydrology, 581: 124418.

Liu Y, Jiang M, Lu X, et al. 2017. Carbon, nitrogen and phosphorus contents of wetland soils in relation to environment factors in Northeast China. Wetlands, 37: 153-161.

Liu Y, Sheng L, Liu J. 2015. Impact of wetland change on local climate in semi-arid zone of Northeast China. Chinese

Geographical Science, 25: 309-320.

Lou Y J, Gao C Y, Pan Y W, et al. 2018. Niche modelling of marsh plants based on occurrence and abundance data. Science of the Total Environment, 616-617: 198-207.

Lou Y, Zhao K, Wang G, et al. 2015. Long-term changes in marsh vegetation in Sanjiang Plain, northeast China. Journal of Vegetation Science, 26(4): 643-650.

Lu K L, Wu H T, Guan Q, et al. 2021. Aquatic invertebrate assemblages as potential indicators of restoration conditions in wetlands of Northeastern China. Restoration Ecology, 29(1): e13283.

Lu K L, Wu H T, Xue Z S, et al. 2019. Development of a multi-metric index based on aquatic invertebrates to assess floodplain wetland condition. Hydrobiologia, 827(1): 141-153.

Magee T K, Kentula M E. 2005. Response of wetland plant species to hydrologic conditions. Wetlands Ecology and Management, 13: 163-181.

Magee T, Kentula M. 2005. Response of wetland plant species to hydrologic conditions. Wetlands Ecology and Management, 13: 163-181.

Makila M, Moisanen M. 2007. Holocene lateral expansion and carbon accumulation of Luovuoma, a northern fen in Finnish Lapland. Boreas, 36: 198-210.

Mao D H, Luo L, Wang Z M, et al. 2018. Conversions between natural wetlands and farmland in China: A multiscale geospatial analysis. Science of the Total Environment, 634: 550-560.

Mao D H, Wang Z M, Wu J G, et al. 2018. China's wetlands loss to urban expansion. Land Degradation and Development, 29: 2644-2657.

McArt S H, Thaler J S. 2013. Plant genotypic diversity reduces the rate of consumer resource utilization. Proceedings of the Royal Society B-Biological Sciences, 280: 20130639.

McCain C, Grytnes J A. 2010. Elevational Gradients in Species Richness. *In*: Encyclopedia of Life Sciences (ELS). John Wiley & Sons, Ltd: Chichester. DOI: 10.1002/9780470015902.

Mellegård H, Stalheim T, Hormazabal V, et al. 2009. Antibacterial activity of sphagnum acid and other phenolic compounds found in *Sphagnum papillosum* against food-borne bacteria. Letters in Applied Microbiology, 49(1): 85-90.

Mieczan T, Tarkowska-Kukuryk M, Plaska W, et al. 2014. Abiotic predictors of faunal communities in an ombrotrophic peatland lagg and an open peat bog. Israel Journal of Ecology & Evolution, 60: 62-74.

Millennium Ecosystem Assessment. 2005. Ecosystems and Human Well-being: Synthesis. Washington, DC: Island Press and World Resources Institute.

Milton W. 1999. Wetland Birds: Habitat Resources and Conservation Implications. Cambridge: Cambridge University Press.

Mitsch W J, Bernal B, Nahlik A M, et al. 2012. Wetlands, carbon, and climate change. Landscape Ecology, 28(4): 583-597.

Mitsch W J, Gosselink J G. 1986. Wetlands. New York: Van Nostrand Reinhold Company Inc.

Mitsch W J, Gosselink J G. 2015. Wetlands. 5th ed. New Jersey: John Wiley & Sons Inc.

Moore P D, Bellamy D J. 1974. Peatlands. London: Elek Science.

Moreno-Mateos D, Power M E, Comín F A, et al. 2012. Structural and functional loss in restored wetland ecosystems. PLoS Biology, 10(1): e1001247.

Morris P J, Swindles G T, Valdes P J. 2018. Global peatland initiation driven by regionally asynchronous warming. Proceedings of the National Academy of Sciences of the United States of America, 115: 4851-4856.

Naidoo R, Balmford A, Costanza R, et al. 2008. Global mapping of ecosystem services and conservation priorities. Proceedings of the National Academy of Sciences of the United States of America, 105(28): 9495-9500.

Omernik J M. 1987. Ecoregions of the conterminous United States. Annals of the Association of American Geographers, 77(1): 118-125.

Page S E, Baird A J. 2016. Peatlands and global change: Response and resilience. Annual Review of Environment and Resources, 41(1): 35-57.

Partircia R, Backwell Y, Patrick D. 1998. Prey availability and selective foraging in shorebirds. Animal Behavior, 55(6): 1659-1667.

Pettersson R. 2000. Peatlands, peat and the peat industry in Scandinavia. *In*: Rochefort L, Daigle J. Sustaining our Peatlands. Quebec: Canada Proceedings of the 11th International Peat Congress: 366-370.

Pfadenhauer J, Grootjans A. 1999. Wetland restoration in Central Europe: aims and methods. Applied Vegetation Science, 2: 95-106.

Pierce A R, King S L. 2007. The effects of flooding and sedimentation on seed germination of two bottomland hardwood tree species. Wetlands, 27(3): 588-594.

Pouliot R, Rochefort L, Karofeld E, et al. 2011. Initiation of *Sphagnum* moss hummocks in bogs and the presence of vascular plants: Is there a link? Acta Oecologica, 37(4): 346-354.

Price J S. 2003. Role and character of seasonal peat soil deformation on the hydrology of undisturbed and cutover peatlands. Water Resources Research, 39(9).

Pusey B J, Arthington A H. 2003. Importance of the riparian zone to the conservation and management of freshwater fish: a review. Marine and Freshwater Research, 54(1): 1-16.

Rajpar M N, Zakaria M. 2010. Density and diversity of water birds and terrestrial birds at Paya Indah Wetland Reserve, Selangor Peninsular Malaysia. Journal of Biological Sciences, 10(7): 658-666.

Ramsar Convention on Wetlands. 2018. Global Wetland Outlook: State of the World's Wetlands and their Services to People. Gland, Switzerland: Ramsar Convention Secretariat.

Rapport D J. 1990. Evolution of Indicators of Ecosystem Health. International Symposium on Ecological Indicators, (1): 121-134.

Reddy K R, DeLaune R D. 2008. Biogeochemistry of Wetlands: Science and Applications. Boca Ration: CRC Press.

Rubec C D A, Hanson A R. 2009. Wetland mitigation and compensation: Canadian experience. Wetlands Ecology and Management, 17(1): 3-14.

Rydin H, Jeglum J K. 2013. The Biology of Peatlands. 2nd ed. Oxford: Oxford University Press.

Saha S, Saha T, Basu P. 2014. Size Does Matter: Role of Large Size Wetlands in the Diversity of Wetland-Dependent Bird Species of East Kolkata Wetlands. Current Perspectives in Natural Resource Management.

Schuh M H, Guadagnin D L. 2018. Habitat and landscape factors associated with the nestedness of waterbird assemblages and wetland habitats in South Brazil. Austral Ecology, 43(8): 989-999.

Schwärzel K, Šimůnek J, van Genuchten M T, et al. 2006. Measurement modeling of soil-water dynamics and evapotranspiration of drained peatland soils. Journal of Plant Nutrition and Soil Science, 169(6): 762-774.

Shang Z H, Feng Q S, Wu G L, et al. 2013. Grasslandification has significant impacts on soil carbon, nitrogen and phosphorus of alpine wetlands on the Tibetan Plateau. Ecological Engineering, 58: 170-179.

Shelford V E. 1929. Laboratory and Field Ecology. Baltimore: Williams & Wilkins.

Shen X, Liu B, Jiang M, et al. 2020. Marshland loss warms local land surface temperature in China. Geophysical Research Letters, 47: e2020GL087648.

Sjöberg K. 2008. Food selection, food-seeking patterns and hunting success of captive goosanders *Mergus merganser* and red-breasted mergansers *M. serrator* in relation to the behaviour of their prey. Ibis, 130(1): 79-93.

Skagen S K, Granfors D A, Melcher C P. 2008. On determining the significance of ephemeral continental wetlands to North American migratory shorebirds. Auk, 125: 20-29.

Skagen S K, Knopf F L. 1994. Migrating shorebirds and habitat dynamics at a prairie wetland complex. Wilson Bulletin, 106: 91-105.

Stalheim T, Balance S, Christensen B E, et al. 2009. Sphagnan—A pectin-like polymer isolated from *Sphagnum* moss can inhibit the growth of some typical food spoilage and food poisoning bacteria by lowering the pH. Journal of Applied Microbiology, 106(3): 967-976.

Stevens G C. 1992. The elevational gradient in altitudinal range: an extension of Rapoport's latitudinal rule to altitude. The American Naturalist, 140(6): 893-911.

Stuart S N, Chanson J S, Cox N A, et al. 2004. Status and trends of amphibian declines and extinctions worldwide. Science, 306(5702): 1783-1786.

Sui X, Zhang R, Frey B, et al. 2019. Land use change effects on diversity of soil bacterial, acidobacterial and fungal communities in wetlands of the Sanjiang Plain, northeastern China. Scientific Reports, 9: 18535.

Sun B, Jiang M, Han G, et al. 2022. Experimental warming reduces ecosystem resistance and resilience to severe flooding in a wetland. Science Advances, 8(4): eabl9526.

Sysuev V V. 2021. Formation processes and parameters of the landscape-geochemical barrier of the eutrophic swamp. Geochemistry International, 59(7): 699-710.

Thompson S E, Harman C J, Konings A G, et al. 2011. Comparative hydrology across AmeriFlux sites: The variable roles of climate, vegetation, and groundwater. Water Resources Research, 47(10): W00J07.

Tian H, Chen G, Zhang C, et al. 2010. Pattern and variation of C: N: P ratios in China's soils: a synthesis of observational data. Biogeochemistry, 98: 139-151.

Todd M J, Muneepeerakul R D, Pumo S, et al. 2010. Hydrological drivers of wetland vegetation community distribution within Everglades National Park, Florida. Advances in Water Resources, 33: 1279-1289.

Tomas V P, Grillas P. 1996. Techniques for monitoring. *In*: Tomas Vives P. Monitoring Mediterranean Wetlands: A Methodological Guide. Lisbon: MedWet Publication.

Tóth K, Dávid B, Orsolya V. 2016. Endozoochorous seed dispersal potential of grey geese *Anser* spp. in Hortobágy National Park, Hungary. Plant Ecology, 217(8): 1015-1024.

Toussaint A N, Charpin S, Brosse S. 2016. Global functional diversity of freshwater fish is concentrated in the Neotropics while functional vulnerability is widespread. Scientific Reports, 6.

Turetsky M R, Wieder R K, Williams C J, et al. 2000. Organic matter accumulation, peat chemistry, and permafrost melting in peatlands of boreal Alberta. Écoscience, 7(3): 379-392.

Turner J V, Townley L R. 2006. Determination of groundwater flow-through regimes of shallow lakes and wetlands from numerical analysis of stable isotope and chloride tracer distribution patterns. Journal of Hydrology, 320: 451-483.

Valente C R, Latrubesse E M, Ferreira L G. 2013. Relationships among vegetation, geomorphology and hydrology in the Bananal Island tropical wetlands, Araguaia River basin, Central Brazil. Journal of South American Earth Sciences, 46: 150-160.

Valipour A, Ahn Y H. 2016. Constructed wetlands as sustainable ecotechnologies in decentralization practices: a review. Environmental Science and Pollution Research International, 23(1): 180-197.

Verry E S. 1997. Hydrological processes of natural, northern forested wetlands. *In*: Trettin C C, Jurgensen M F, Grigal D F, et al.

Northern Forested Wetlands: Ecology and Management. Boca Raton: CRC Press.

Walter H. 1979. Vegetation of the Earth and Ecological Systems of the Geo-biosphere. 2nd ed. New York: Springer-Verlag: 166-169.

Wang G D, Jiang M, Wang M, et al. 2019. Natural revegetation during restoration of wetlands in the Sanjiang Plain, Northeastern China. Ecological Engineering, 132: 49-55.

Wang G D, Otte M L, Jiang M, et al. 2019. Does the element composition of soils of restored wetlands resemble natural wetlands? Geoderma, 351: 174-179.

Wang G D, Wang M, Lu X G, et al. 2016. Surface elevation change and susceptibility of coastal wetlands to sea level rise in Liaohe Delta, China. Estuarine, Coastal and Shelf Science, 180: 204-211.

Wang G, Wang C, Guo Z, et al. 2020. A multiscale approach to identifying spatiotemporal pattern of habitat selection for red-crowned cranes. Science of the Total Environment, 739: 139980.

Wang G, Wang M, Lu X, et al. 2015. Effects of farming on the soil seed banks and wetland restoration potential in Sanjiang Plain, Northeastern China. Ecological Engineering, 77: 265-274.

Wang W, Wang C, Sardans J, et al. 2015. Flood regime affects soil stoichiometry and the distribution of the invasive plants in subtropical estuarine wetlands in China. Catena, 128: 144-154.

Wang X Y, Shen D W, Jiao J, et al. 2012. Genotypic diversity enhances invasive ability of *Spartina alterniflora*. Molecular Ecology, 21: 2542-2551.

Wang Z, Mao D, Li L, et al. 2015. Quantifying changes in multiple ecosystem services during 1992-2012 in the Sanjiang Plain of China. Science of the Total Environment, 514: 119-130.

Wei D, Wang X. 2016. CH_4 exchanges of the natural ecosystems in China during the past three decades: the role of wetland extent and its dynamics. Journal of Geophysical Research: Biogeosciences, 121: 2445-2463.

Wheeler B D, Shaw S C, Fojt W J, et al. 1995. Restoration of Temperate Wetlands. New York: John Wiley and Sons.

Wiesław D. 2015. New Vision of the Role of Land Reclamation Systems in Nature Protection and Water Management. Wetlands and Water Framework Directive. Series: GeoPlanet: Earth and Planetary Sciences, Springer International Publishing (Cham), Edited by Stefan Ignar and Mateusz Grygoruk, 91-103.

Wu H T, Guan Q, Lu X G, et al. 2017. Snail (Mollusca: Gastropoda) assemblages as indicators of ecological condition in freshwater wetlands of Northeastern China. Ecological Indicators, 75: 203-209.

Xie P. 2003. Three-Gorges Dam: risk to ancient fish. Science, 302: 1149.

Xu W H, Fan X Y, Ma J G, et al. 2019. Hidden loss of wetlands in China. Current Biology, 29: 1-7.

Xu W, Fan X, Ma J. 2019. Hidden loss of wetlands in China. Current Biology, 29(18): 3065-3071.

Xue W, Zhou L, Zhu S, et al. 2010. Breeding ecology of oriental white stork, in the migratory stopover site. Chinese Journal of Applied & Environmental Biology, 16(6): 828-832.

Xue Z S, Zou Y C, Zhang Z S, et al. 2018. Reconstruction and future prediction of the distribution of wetlands in China. Earth's Future, 6: 1508-1517.

Yang C, Zhou L Z, Zhu W Z, et al. 2007. A preliminary study on the breeding biology of the oriental white stork *Ciconia boyciana* in its wintering area. Acta Zoologica Sinica, 53(2): 215-226.

Yang L, Jiang M, Zhu W H, et al. 2019. Soil bacterial communities with an indicative function response to nutrients in wetlands of Northeastern China that have undergone natural restoration. Ecological Indicators, 101: 562-571.

Young P. 1996. The "New Science" of wetland restoration. Environmental Science & Technology, 30(7): 292-296.

Yu X, Yang X, Wu Y, et al. 2020. Sonneratia apetala introduction alters methane cycling microbial communities and increases methane emissions in mangrove ecosystems. Soil Biology and Biochemistry, 144: 107775.

Yuan J, Cohen M J, Kaplan D A, et al. 2015. Linking metrics of landscape pattern to hydrological process in a lotic wetland. Landscape Ecology, 30(10): 1893-1912.

Zakaria M, Rajpar M N, Sajap A S. 2009. Species diversity and feeding guilds of birds in Paya Indah Wetland Reserve, Peninsular Malaysia. International Journal of Zoological Research, 5(3): 86-100.

Zedler J B. 2000. Progress in wetland restoration ecology. Trends in Ecology and Evolution, 15(10): 402-407.

Zhang D, Zhou L, Song Y. 2015. Effect of water level fluctuations on temporal-spatial patterns of foraging activities by the wintering Hooded Crane (*Grus monacha*). Avian Research, (3): 51-59.

Zhang F, Zhang J, Wu R, et al. 2016. Ecosystem health assessment based on DPSIRM framework and health distance model in Nansi Lake, China. Stochastic Environmental Research and Risk Assessment, 30(4): 1235-1247.

Zhang L L, Yin J X, Jiang Y Z, et al. 2012. Relationship between the hydrological conditions and the distribution of vegetation communities within the Poyang Lake National Nature Reserve, China. Ecological Informatics, 11: 65-75.

Zhang P Y, Zou Y, Xie Y H, et al. 2018. Shifts in distribution of herbivorous geese relative to hydrological variation in East Dongting Lake wetland, China. Science of the Total Environment, 636.

Zhang S C, Zhang J, Liu B, et al. 2017. Evapotranspiration partitioning using a simple isotope-based model in a semi-arid marsh wetland in northeastern China. Hydrology Processes, 32(4): 493-506.

Zhang W G, Meng J Y, Liu B, et al. 2017. Sources of monsoon precipitation and dew assessed in a semiarid area via stable isotopes. Hydrological Processes, 31(11): 1990-1999.

Zhang Y, Xu H, Chen H, et al. 2014. Diversity of wetland plants used traditionally in China: a literature review. Journal of Ethnobiology and Ethnomedicine, 10(1): 72.

Zhang Z, Xue Z, Xianguo L, et al. 2017. Scaling of soil carbon, nitrogen, phosphorus and C: N: P ratio patterns in peatlands of China. Chinese Geographical Science, 27(4): 507-515.

Zou Y C, Jiang M, Yu X F, et al. 2011. Distribution and biological cycle of iron in freshwater peatlands of Sanjiang Plain, Northeast China. Geoderma, 164(3-4): 238-248.

Тюремнов С Н, Виноградова Е А. 1953. Геоморфологическая классификация торфяных месторождений. Тр. Московск. торф. инст.

附　录

附录一　中国沼泽分布图

★　北京　　　首都

○　天津　　　省级行政中心

■　沼泽湿地

—·—·—　未定 国界

------　省(自治区、直辖市)界

------　特别行政区界

附录二　中国沼泽五大分区

温带湿润半湿润
沼泽区

温带干旱半干旱
沼泽区

青藏－云贵高原沼泽区

滨海沼泽区

东　海

亚热带湿润沼泽区

黄　海

渤　海

钓鱼岛　赤尾屿

台湾岛

东沙群岛

海南岛

西沙群岛
永兴岛

中　沙　群　岛
黄岩岛

南

南

沙

群

岛

海

曾母暗沙

★　首都

○　省级行政中心

──　沼泽分区

┈┈┈　国界　未定

┈┈┈┈┈　省(自治区、直辖市)界

┈┈┈┈┈　特别行政区界

附录三　中国沼泽十七分区

大兴安岭山地沼泽区

小兴安岭山地沼泽区

三江平原沼泽区

松江平原沼泽区

长白山地沼泽区

西北沙漠盆地沼泽区

内蒙古高原-黄土高原沼泽区

渤海

黄河

黄海

柴达木盆地-青海湖沼泽区

华北平原山地沼泽区

北部滨海盐沼三角洲沼泽区

藏北-羌塘高原沼泽区

若尔盖高原沼泽区

长江中下游平原沼泽区

东海

藏南-藏东高山谷地沼泽区

钓鱼岛

赤尾屿

台湾岛

江南丘陵山地沼泽区

云贵高原沼泽区

东沙群岛

南部滨海盐沼红树林沼泽区

海南岛

西沙群岛

永兴岛

中沙群岛

黄岩岛

南

沙

群

岛

南

海

曾母暗沙

★　首都

○　省级行政中心

———　沼泽分区

—··—··—　国界（未定）

—·—·—·　省(自治区、直辖市)界

———————　特别行政区界

附录四 中国重点沼泽分布图

图例

★ 首都

○ 省级行政中心

● 重点沼泽

—— 沼泽分区

⊢—未定—⊣ 国界

-·-·- 省(自治区、直辖市)界

----- 特别行政区界

钓鱼岛

赤尾屿

台湾岛

东沙群岛

海南岛

西沙群岛

永兴岛

中 沙 群 岛

黄岩岛

南

海

南

沙

群

岛

曾母暗沙

黄 河

渤 海

黄 海

长 江

东 海

附录五　沼泽区植物名录

A

阿尔泰狗娃花	*Aster altaicus*
阿尔泰薹草	*Carex altaica*
阿拉善马先蒿	*Pedicularis alaschanica*
阿拉套早熟禾	*Poa albertii*
阿穆尔莎草	*Cyperus amuricus*
阿齐薹草	*Carex argyi*
阿洼早熟禾	*Poa araratica*
埃及苹	*Marsilea aegyptiaca*
矮扁鞘飘拂草	*Fimbristylis complanata* var. *exaltata*
矮垂头菊	*Cremanthodium humile*
矮慈姑	*Sagittaria pygmaea*
矮大叶藻	*Zostera japonica*
矮地榆	*Sanguisorba filiformis*
矮蒿	*Artemisia lancea*
矮黑三棱	*Sparganium natans*
矮火绒草	*Leontopodium nanum*
矮金莲花	*Trollius farreri*
矮冷水花	*Pilea peploides*
矮蓼	*Persicaria humilis*
矮葡蔗草	*Trichophorum pumilum*
矮龙胆	*Gentiana wardii*
矮莎草	*Cyperus pygmaeus*
矮生嵩草	*Carex alatauensis*
矮生薹草	*Carex pumila*
矮睡莲	*Nymphaea pygmaea*
矮小柳叶箬	*Isachne pulchella*
矮小囊颖草	*Sacciolepis myosuroides* var. *nana*
矮泽芹	*Chamaesium paradoxum*
艾	*Artemisia argyi*
艾堇	*Sauropus bacciformis*

安徽羽叶报春	*Primula merrilliana*
暗红紫晶报春	*Primula valentiniana*
澳古茨藻	*Najas oguraensis*

B

八宝	*Hylotelephium erythrostictum*
八角莲	*Dysosma versipellis*
八蕊眼子菜	*Potamogeton octandrus*
八仙过海	*Cryptocoryne crispatula* var. *yunnanensis*
八药水筛	*Blyxa octandra*
巴山冷杉	*Abies fargesii*
巴山松	*Pinus henryi*
巴塘紫菀	*Aster batangensis*
巴天酸模	*Rumex patientia*
菝葜	*Smilax china*
白八宝	*Hylotelephium pallescens*
白苞裸蒴	*Gymnotheca involucrata*
白背委陵菜	*Potentilla hypargyrea*
白草	*Pennisetum flaccidum*
白车轴草	*Trifolium repens*
白齿泥炭藓	*Sphagnum girgensohnii*
白刺	*Nitraria tangutorum*
白顶早熟禾	*Poa acroleuca*
白豆杉	*Pseudotaxus chienii*
白鼓钉	*Polycarpaea corymbosa*
白花驴蹄草	*Caltha natans*
白花泡桐	*Paulownia fortunei*
白花蒲公英	*Taraxacum albiflos*
白花蛇舌草	*Scleromitrion diffusum*
白花碎米荠	*Cardamine leucantha*

白花枝子花	*Dracocephalum heterophyllum*	棒头草	*Polypogon fugax*
白桦	*Betula platyphylla*	苞芽粉报春	*Primula gemmifera*
白鳞刺子莞	*Rhynchospora alba*	苞叶大黄	*Rheum alexandrae*
白鳞莎草	*Cyperus nipponicus*	薄片变豆菜	*Sanicula lamelligera*
白麻	*Apocynum pictum*	宝盖草	*Lamium amplexicaule*
白毛羊胡子草	*Eriophorum vaginatum*	保东水韭	*Isoetes baodongii*
白茅	*Imperata cylindrica*	报春花	*Primula malacoides*
白皮松	*Pinus bungeana*	抱茎石龙尾	*Limnophila connata*
白前	*Vincetoxicum glaucescens*	杯萼海桑	*Sonneratia alba*
白屈菜	*Chelidonium majus*	北车前	*Plantago media*
白山薹草	*Carex canescens*	北方拉拉藤	*Galium boreale*
白睡莲（原变种）	*Nymphaea alba* var. *alba*	北方石龙尾	*Limnophila borealis*
白头婆	*Eupatorium japonicum*	北黄花菜	*Hemerocallis lilioasphodelus*
白头翁	*Pulsatilla chinensis*	北极花	*Linnaea borealis*
白藓	*Leucomium strumosum*	北疆薹草	*Carex arcatica*
白羊草	*Bothriochloa ischaemum*	北京水毛茛	*Batrachium pekinense*
白药谷精草	*Eriocaulon cinereum*	北陵鸢尾	*Iris typhifolia*
白叶蒿	*Artemisia leucophylla*	北美独行菜	*Lepidium virginicum*
白颖薹草	*Carex duriuscula* subsp. *rigescens*	北水苦荬	*Veronica anagallis-aquatica*
百合	*Lilium brownii* var. *viridulum*	北温带獐牙菜	*Swertia perennis*
百金花	*Centaurium pulchellum* var. *altaicum*	北玄参	*Scrophularia buergeriana*
百里香	*Thymus mongolicus*	北悬钩子	*Rubus arcticus*
百脉根	*Lotus corniculatus*	北重楼	*Paris verticillata*
百球藨草	*Scirpus rosthornii*	北紫堇	*Corydalis sibirica*
百穗藨草	*Scirpus ternatanus*	贝克喜盐草	*Halophila beccarii*
柏木	*Cupressus funebris*	本兆荸荠	*Eleocharis penchaoi*
败酱	*Patrinia scabiosifolia*	荸荠	*Eleocharis dulcis*
稗（原变种）	*Echinochloa crus-galli* var. *crus-galli*	弊草	*Hymenachne assamica*
斑唇管花马先蒿	*Pedicularis siphonantha* var. *stictochila*	秕壳草	*Leersia sayanuka*
		笔直黄芪	*Astragalus strictus*
斑点果薹草	*Carex maculata*	篦齿眼子菜	*Stuckenia pectinata*
半边莲	*Lobelia chinensis*	篦子三尖杉	*Cephalotaxus oliveri*
半边月	*Weigela japonica*	萹蓄	*Polygonum aviculare*
半枫荷	*Semiliquidambar cathayensis*	鞭檐犁头尖	*Typhonium flagelliforme*
半日花	*Helianthemum songaricum*	鞭枝碎米荠	*Cardamine rockii*
半枝莲	*Scutellaria barbata*	扁秆荆三棱	*Bolboschoenus planiculmis*

扁秆薹草	*Carex planiculmis*	苍耳	*Xanthium strumarium*
扁基荸荠（原变种）	*Eleocharis fennica* var. *fennica*	糙喙薹草	*Carex scabrirostris*
扁茎灯心草	*Juncus gracillimus*	糙毛蓼	*Persicaria strigosa*
扁茎眼子菜	*Potamogeton compressus*	糙苏	*Phlomoides umbrosa*
扁蕾	*Gentianopsis barbata*	糙叶薹草	*Carex scabrifolia*
扁囊薹草	*Carex coriophora*	糙隐子草	*Cleistogenes squarrosa*
扁鞘飘拂草（原变种）	*Fimbristylis complanata* var. *complanata*	槽秆荸荠	*Eleocharis mitracarpa*
		草茨藻（原变种）	*Najas graminea* var. *graminea*
扁穗草	*Blysmus compressus*	草苁蓉	*Boschniakia rossica*
扁穗莎草	*Cyperus compressus*	草地风毛菊	*Saussurea amara*
扁竹兰	*Iris confusa*	草地老鹳草	*Geranium pratense*
变豆菜	*Sanicula chinensis*	草地早熟禾	*Poa pratensis*
变叶裸实	*Gymnosporia diversifolia*	草甸马先蒿	*Pedicularis roylei*
变叶榕	*Ficus variolosa*	草甸碎米荠	*Cardamine pratensis*
变叶三裂碱毛茛	*Halerpestes tricuspis* var. *variifolia*	草甸羊茅	*Festuca pratensis*
滨海前胡	*Peucedanum japonicum*	草海桐	*Scaevola taccada*
滨藜	*Atriplex patens*	草龙	*Ludwigia hyssopifolia*
冰草	*Agropyron cristatum*	草麻黄	*Ephedra sinica*
冰川蓼	*Persicaria glacialis*	草木犀	*Melilotus officinalis*
冰岛蓼	*Koenigia islandica*	草问荆	*Equisetum pratense*
冰沼草	*Scheuchzeria palustris*	草血竭	*Bistorta paleacea*
柄囊薹草	*Carex stipitiutriculata*	草玉梅	*Anemone rivularis*
并头黄芩	*Scutellaria scordifolia*	草泽泻	*Alisma gramineum*
波叶大黄	*Rheum rhabarbarum*	侧茎橐吾	*Ligularia pleurocaulis*
波叶海菜花	*Ottelia acuminata* var. *crispa*	箣柊	*Scolopia chinensis*
播娘蒿	*Descurainia sophia*	叉齿薹草	*Carex gotoi*
薄荷	*Mentha canadensis*	叉分蓼	*Koenigia divaricata*
伯乐树	*Bretschneidera sinensis*	叉枝蓼	*Koenigia tortuosa*
补血草	*Limonium sinense*	叉枝亭阁草	*Micranthes divaricata*
布顿大麦草	*Hordeum bogdanii*	插田藨	*Rubus coreanus*
		茶菱	*Trapella sinensis*
		茶条槭	*Acer tataricum* subsp. *ginnala*
	C	柴桦	*Betula fruticosa*
		缠绕挖耳草（原亚种）	*Utricularia scandens* subsp. *scandens*
菜蕨	*Diplazium esculentum*		
蚕茧草	*Persicaria japonica*	潺槁木姜子	*Litsea glutinosa*
穆穗莎草	*Cyperus eleusinoides*		

菖蒲	*Acorus calamus*	长莛报春	*Primula longiscapa*
长安薹草	*Carex heudesii*	长叶车前	*Plantago lanceolata*
长白山羊茅	*Festuca subalpina*	长叶繁缕	*Stellaria longifolia*
长白香蒲	*Typha changbaiensis*	长叶蝴蝶草	*Torenia asiatica*
长瓣金莲花	*Trollius macropetalus*	长叶碱毛茛	*Halerpestes ruthenica*
长苞谷精草	*Eriocaulon decemflorum*	长叶肋柱花	*Lomatogonium longifolium*
长苞香蒲	*Typha domingensis*	长叶茜草	*Rubia dolichophylla*
长柄双花木	*Disanthus cercidifolius* subsp. *longipes*	长叶水麻	*Debregeasia longifolia*
		长叶水毛茛	*Batrachium kauffmanii*
长柄唐松草	*Thalictrum przewalskii*	长叶水苋菜	*Ammannia coccinea*
长刺酸模	*Rumex trisetifer*	长颖沿沟草	*Catabrosa capusii*
长稃伪针茅	*Pseudoraphis balansae*	长羽针茅	*Stipa kirghisorum*
长梗沟繁缕	*Elatine ambigua*	长柱灯心草	*Juncus przewalskii*
长梗柳	*Salix dunnii*	长柱金丝桃	*Hypericum longistylum*
长梗薹草	*Carex glossostigma*	长柱柳叶菜	*Epilobium blinii*
长梗挖耳草	*Utricularia limosa*	长柱驴蹄草	*Caltha palustris* var. *himalaica*
长果水苦荬	*Veronica anagalloides*	长柱沙参	*Adenophora stenanthina*
长花马先蒿（原变种）	*Pedicularis longiflora* var. *longiflora*	长籽柳叶菜	*Epilobium pyrricholophum*
		长鬃蓼	*Persicaria longiseta*
长花牛鞭草	*Hemarthria longiflora*	长嘴毛茛	*Ranunculus tachiroei*
长喙毛茛泽泻	*Ranalisma rostrata*	朝日谷精草	*Eriocaulon parvum*
长戟叶蓼	*Persicaria maackiana*	朝天罐	*Osbeckia opipara*
长箭叶蓼	*Persicaria hastatosagittata*	朝天委陵菜	*Potentilla supina*
长江蹄盖蕨	*Athyrium iseanum*	朝鲜苍术	*Atractylodes koreana*
长茎毛茛	*Ranunculus nephelogenes* var. *longicaulis*	朝鲜柳	*Salix koreensis*
		车前	*Plantago asiatica*
长颈薹草	*Carex rhynchophora*	车前状垂头菊	*Cremanthodium ellisii*
长芒稗	*Echinochloa caudata*	扯根菜	*Penthorum chinense*
长芒棒头草	*Polypogon monspeliensis*	沉水樟	*Cinnamomum micranthum*
长芒草	*Stipa bungeana*	陈谋水葱	*Schoenoplectus chen-moui*
长芒耳蕨	*Polystichum longiaristatum*	柽柳	*Tamarix chinensis*
长毛箐姑草	*Stellaria pilosoides*	承德勿忘草	*Myosotis bothriospermoides*
长鞘菹草	*Stuckenia pamirica*	城口薹草	*Carex luctuosa*
长蒴母草	*Lindernia anagallis*	橙花水竹叶	*Murdannia citrina*
长穗赤箭莎	*Schoenus calostachyus*	池杉	*Taxodium distichum* var. *imbricatum*
长穗飘拂草	*Fimbristylis longispica*	齿苞凤仙花	*Impatiens martinii*

913

齿翅蓼	*Fallopia dentatoalata*	川续断	*Dipsacus asper*
齿萼挖耳草	*Utricularia uliginosa*	川藻	*Terniopsis sessilis*
齿果酸模	*Rumex dentatus*	穿叶眼子菜	*Potamogeton perfoliatus*
齿叶风毛菊	*Saussurea neoserrata*	垂丝丁香	*Syringa komarowii* subsp. *reflexa*
齿叶柳	*Salix denticulata*	垂穗披碱草	*Elymus nutans*
齿叶蓍	*Achillea acuminata*	垂穗莎草	*Cyperus nutans*
齿叶水蜡烛	*Pogostemon sampsonii*	春兰	*Cymbidium goeringii*
齿叶睡莲	*Nymphaea lotus*	春蓼	*Persicaria maculosa*
赤箭莎	*Schoenus falcatus*	春榆	*Ulmus davidiana* var. *japonica*
赤箭嵩草	*Carex deasyi*	莼菜	*Brasenia schreberi*
赤茎藓	*Pleurozium schreberi*	刺齿马先蒿	*Pedicularis armata*
赤松	*Pinus densiflora*	刺齿泥花草	*Lindernia ciliata*
翅谷精草	*Eriocaulon zollingerianum*	刺儿菜	*Cirsium arvense* var. *integrifolium*
翅荚香槐	*Platyosprion platycarpum*	刺果甘草	*Glycyrrhiza pallidiflora*
翅茎灯心草	*Juncus alatus*	刺果狐尾藻	*Myriophyllum tuberculatum*
重阳木	*Bischofia polycarpa*	刺红珠	*Berberis dictyophylla*
稠李	*Prunus padus*	刺苦草	*Vallisneria spinulosa*
臭扁麻	*Farinopsis salesoviana*	刺藜	*Teloxys aristata*
臭蒿	*Artemisia hedinii*	刺蓼	*Persicaria senticosa*
臭节草	*Boenninghausenia albiflora*	刺芒龙胆	*Gentiana aristata*
臭菘	*Symplocarpus renifolius*	刺沙蓬	*Kali tragus*
臭味新耳草	*Neanotis ingrata*	刺酸模	*Rumex maritimus*
出水水菜花	*Ottelia emersa*	刺五加	*Eleutherococcus senticosus*
川八角莲	*Dysosma delavayi*	刺种荇菜	*Nymphoides hydrophylla*
川滇蕨麻	*Argentina fallens*	刺子莞	*Rhynchospora rubra*
川滇薹草	*Carex schneideri*	葱草	*Xyris pauciflora*
川滇小檗	*Berberis jamesiana*	葱状灯心草	*Juncus allioides*
川东薹草	*Carex fargesii*	丛生大叶藻	*Zostera caespitosa*
川鄂紫菀	*Aster moupinensis*	丛生菱叶委陵菜	*Potentilla coriandrifolia* var. *dumosa*
川红柳	*Salix haoana*	丛生薹草	*Carex caespititia*
川梨	*Pyrus pashia*	丛薹草	*Carex caespitosa*
川蔓藻	*Ruppia maritima*	丛枝蓼	*Persicaria posumbu*
川三蕊柳	*Salix triandroides*	粗柄楠	*Phoebe crassipedicella*
川苔草	*Cladopus doianus*	粗糙金鱼藻	*Ceratophyllum muricatum* subsp. *kossinskyi*
川西锦鸡儿	*Caragana erinacea*		
川西小黄菊	*Tanacetum tatsienense*	粗齿大茨藻	*Najas marina* var. *grossedentata*

粗齿堇菜	*Viola urophylla*	大花老鹳草	*Geranium himalayense*
粗齿冷水花	*Pilea sinofasciata*	大花肋柱花	*Lomatogonium macranthum*
粗秆雀稗	*Paspalum virgatum*	大花龙胆	*Gentiana szechenyii*
粗根茎莎草	*Cyperus stoloniferus*	大花嵩草	*Carex nudicarpa*
粗根老鹳草	*Geranium dahuricum*	大花银莲花	*Anemone sylvestris*
粗梗水蕨	*Ceratopteris pteridoides*	大画眉草	*Eragrostis cilianensis*
粗脉薹草	*Carex rugulosa*	大灰藓	*Hypnum plumaeforme*
粗叶泥炭藓	*Sphagnum squarrosum*	大基荸荠	*Eleocharis kamtschatica*
粗壮嵩草	*Carex sargentiana*	大戟	*Euphorbia pekinensis*
粗壮珍珠菜	*Lysimachia robusta*	大箭叶蓼	*Persicaria senticosa* var. *sagittifolia*
酢浆草	*Oxalis corniculata*		
簇梗橐吾	*Ligularia tenuipes*	大狼杷草	*Bidens frondosa*
寸草	*Carex duriuscula*	大狼毒	*Euphorbia jolkinii*
		大理薹草	*Carex rubrobrunnea* var. *taliensis*
D		大米草	*Spartina anglica*
		大牛鞭草	*Hemarthria altissima*
达乌里风毛菊	*Saussurea daurica*	大披针薹草	*Carex lanceolata*
达乌里黄芪	*Astragalus dahuricus*	大藻	*Pistia stratiotes*
达乌里秦艽	*Gentiana dahurica*	大山马先蒿	*Pedicularis tachanensis*
达香蒲	*Typha davidiana*	大穗花	*Pseudolysimachion dauricum*
打破碗花花	*Anemone hupehensis*	大穗结缕草	*Zoysia macrostachya*
大安水蓑衣	*Hygrophila pogonocalyx*	大穗薹草	*Carex rhynchophysa*
大白刺	*Nitraria roborowskii*	大药谷精草	*Eriocaulon sollyanum*
大白花地榆	*Sanguisorba stipulata*	大药獐牙菜	*Swertia tibetica*
大苞水竹叶	*Murdannia bracteata*	大野芋	*Leucocasia gigantea*
大藨草	*Actinoscirpus grossus*	大叶榉树	*Zelkova schneideriana*
大车前	*Plantago major*	大叶石龙尾	*Limnophila rugosa*
大茨藻（原变种）	*Najas marina* var. *marina*	大叶碎米荠	*Cardamine macrophylla*
大果水马齿	*Callitriche hermaphroditica* subsp. *macrocarpa*	大叶田繁缕	*Bergia capensis*
		大叶藻	*Zostera marina*
大果榆	*Ulmus macrocarpa*	大叶章	*Deyeuxia purpurea*
大海蓼	*Bistorta milletii*	大叶猪殃殃	*Galium dahuricum*
大红藨	*Rubus eustephanos*	大籽蒿	*Artemisia sieversiana*
大花杓兰	*Cypripedium macranthos*	丹参	*Salvia miltiorrhiza*
大花车轴草	*Trifolium eximium*	单花荠	*Eutrema scapiflorum*
大花还亮草	*Delphinium anthriscifolium* var. *majus*	单鳞苞荸荠	*Eleocharis uniglumis*

单瘤酸模	*Rumex marschallianus*	东北薄荷	*Mentha sachalinensis*
单脉萍	*Lemna minuta*	东北扁莎	*Pycreus setiformis*
单穗升麻	*Cimicifuga simplex*	东北藨草	*Scirpus radicans*
单穗水葱	*Schoenoplectus monocephalus*	东北点地梅	*Androsace filiformis*
单穗水蜈蚣	*Kyllinga nemoralis*	东北拂子茅	*Calamagrostis kengii*
单性薹草	*Carex unisexualis*	东北红豆杉	*Taxus cuspidata*
单叶蔓荆	*Vitex rotundifolia*	东北老鹳草	*Geranium erianthum*
淡黄香薷	*Elsholtzia luteola*	东北柳叶菜	*Epilobium ciliatum*
党参	*Codonopsis pilosula*	东北牡蒿	*Artemisia manshurica*
道银川藻	*Terniopsis daoyinensis*	东北桤木	*Alnus mandshurica*
稻槎菜	*Lapsanastrum apogonoides*	东北石杉	*Huperzia miyoshiana*
稻田荸荠	*Eleocharis pellucida* var. *japonica*	东北水马齿	*Callitriche palustris* var. *elegans*
稻田萤蔺	*Schoenoplectiella lateriflora*	东北穗花	*Pseudolysimachion rotundum* subsp. *subintegrum*
地蚕	*Stachys geobombycis*		
地丁草	*Corydalis bungeana*	东北甜茅	*Glyceria triflora*
地耳草	*Hypericum japonicum*	东北岩高兰	*Empetrum nigrum* subsp. *asiaticum*
地肤	*Bassia scoparia*	东北眼子菜	*Potamogeton mandschuriensis*
地构叶	*Speranskia tuberculata*	东北越橘柳	*Salix myrtilloides* var. *mandshurica*
地桂	*Chamaedaphne calyculata*	东北猪殃殃	*Galium dahuricum* var. *lasiocarpum*
地果	*Ficus tikoua*	东俄洛橐吾	*Ligularia tongolensis*
地锦草	*Euphorbia humifusa*	东方藨草	*Scirpus orientalis*
地笋（原变种）	*Lycopus lucidus* var. *lucidus*	东方草莓	*Fragaria orientalis*
地榆	*Sanguisorba officinalis*	东方茨藻	*Najas chinensis*
灯笼草	*Clinopodium polycephalum*	东方狐尾藻	*Myriophyllum oguraense*
灯笼花	*Agapetes lacei*	东方水韭	*Isoetes orientalis*
灯笼树	*Enkianthus chinensis*	东方羊胡子草	*Eriophorum angustifolium*
灯心草	*Juncus effusus*	东方泽泻	*Alisma orientale*
低矮通泉草	*Mazus humilis*	东京鳞毛蕨	*Dryopteris tokyoensis*
滴水珠	*Pinellia cordata*	东亚小金发藓	*Pogonatum inflexum*
荻	*Miscanthus sacchariflorus*	豆瓣菜	*Nasturtium officinale*
滇水葱	*Schoenoplectus schoofii*	毒芹	*Cicuta virosa*
滇水金凤	*Impatiens uliginosa*	独活	*Heracleum hemsleyanum*
叠穗莎草	*Cyperus imbricatus*	独龙江龙胆	*Gentiana qiujiangensis*
丁香蓼	*Ludwigia prostrata*	独行菜	*Lepidium apetalum*
钉柱委陵菜	*Potentilla saundersiana*	独一味	*Phlomoides rotata*
东北百合	*Lilium distichum*	笃斯越橘	*Vaccinium uliginosum*

杜衡	*Asarum forbesii*	短叶水蜈蚣 （原变种）	*Kyllinga brevifolia* var. *brevifolia*
杜鹃	*Rhododendron simsii*	短颖鹅观草	*Elymus burchan-buddae*
杜梨	*Pyrus betulifolia*	短轴薹草	*Carex vidua*
杜香	*Rhododendron tomentosum*	短锥玉山竹	*Yushania brevipaniculata*
杜仲	*Eucommia ulmoides*	断节莎	*Cyperus odoratus*
短瓣金莲花	*Trollius ledebourii*	堆花小檗	*Berberis aggregata*
短瓣蓍	*Achillea ptarmicoides*	对叶榄李	*Laguncularia racemosa*
短柄半边莲 （原亚种）	*Lobelia alsinoides* subsp. alsinoides	钝苞雪莲	*Saussurea nigrescens*
短柄草	*Brachypodium sylvaticum*	钝叶酸模	*Rumex obtusifolius*
短辐水芹	*Oenanthe benghalensis*	钝叶眼子菜	*Potamogeton obtusifolius*
短刚毛荸荠	*Eleocharis abnorma*	钝叶菹草	*Stuckenia amblyophylla*
短刚毛针蔺	*Eleocharis setulosa*	盾鳞狸藻	*Utricularia punctata*
短梗箭头唐松草	*Thalictrum simplex* var. *brevipes*	盾叶唐松草	*Thalictrum ichangense*
短梗柳叶菜	*Epilobium royleanum*	多花柽柳	*Tamarix hohenackeri*
短梗挖耳草	*Utricularia caerulea*	多花地杨梅	*Luzula multiflora*
短果茨藻	*Najas marina* var. *brachycarpa*	多花灯心草	*Juncus modicus*
短喙灯心草	*Juncus krameri*	多花毛茛	*Ranunculus polyanthemos*
短喙狐尾藻	*Myriophyllum exasperatum*	多花水苋菜	*Ammannia multiflora*
短尖飘拂草	*Fimbristylis squarrosa* var. esquarrosa	多孔茨藻	*Najas foveolata*
		多裂委陵菜	*Potentilla multifida*
短鳞薹草	*Carex augustinowiczii*	多裂叶水芹 （原亚种）	*Oenanthe thomsonii* subsp. thomsonii
短芒大麦草	*Hordeum brevisubulatum*		
短芒拂子茅	*Calamagrostis hedinii*	多毛水毛茛	*Batrachium trichophyllum* var. hirtellum
短毛独活	*Heracleum moellendorffii*	多穗金粟兰	*Chloranthus multistachys*
短穗柽柳	*Tamarix laxa*	多穗蓼	*Koenigia polystachya*
短穗看麦娘	*Alopecurus brachystachyus*	多莛蒲公英	*Taraxacum multiscaposum*
短腺小米草	*Euphrasia regelii*	多纹泥炭藓	*Sphagnum multifibrosum*
短序黑三棱	*Sparganium glomeratum*	多星韭	*Allium wallichii*
短序香蒲	*Typha lugdunensis*	多序挖耳草	*Utricularia multicaulis*
短叶赤车	*Pellionia brevifolia*	多叶亭阁草	*Micranthes pallida*
短叶茳芏	*Cyperus malaccensis* subsp. monophyllus	多枝柽柳	*Tamarix ramosissima*
		多枝杜鹃	*Rhododendron polycladum*
短叶柳叶菜	*Epilobium brevifolium*	多枝金腰	*Chrysosplenium ramosum*
短叶水蜈蚣	*Kyllinga brevifolia*	多枝柳叶菜	*Epilobium fastigiatoramosum*

多枝梅花草　　*Parnassia palustris* var. *multiseta*

E

峨眉谷精草　　*Eriocaulon ermeiense*
鹅肠菜　　*Stellaria aquatica*
鹅观草　　*Elymus kamoji*
鹅毛玉凤花　　*Habenaria dentata*
鹅绒藤　　*Cynanchum chinense*
鹅掌楸　　*Liriodendron chinense*
耳海荸荠　　*Eleocharis erhaiensis*
耳基水苋菜　　*Ammannia auriculata*
耳叶凤仙花　　*Impatiens delavayi*
洱源荩草　　*Arthraxon typicus*
二苞黄精　　*Polygonatum involucratum*
二分果狐尾藻　　*Myriophyllum dicoccum*
二花珍珠茅　　*Scleria biflora*
二歧蓼　　*Persicaria dichotoma*
二歧银莲花　　*Anemone dichotoma*
二色补血草　　*Limonium bicolor*
二形鳞薹草　　*Carex dimorpholepis*
二药藻　　*Halodule uninervis*
二叶兜被兰　　*Ponerorchis cucullata*
二柱薹草　　*Carex lithophila*
二籽薹草　　*Carex disperma*

F

发草　　*Deschampsia cespitosa*
发秆薹草　　*Carex capillacea*
翻白草　　*Potentilla discolor*
繁缕　　*Stellaria media*
繁缕虎耳草　　*Saxifraga stellariifolia*
反枝苋　　*Amaranthus retroflexus*
返顾马先蒿　　*Pedicularis resupinata*

饭包草　　*Commelina benghalensis*
防风　　*Saposhnikovia divaricata*
飞蓬　　*Erigeron acris*
飞瀑草　　*Cladopus nymanii*
菲律宾谷精草　　*Eriocaulon truncatum*
费菜　　*Phedimus aizoon*
粉报春　　*Primula farinosa*
粉被薹草　　*Carex pruinosa*
粉单竹　　*Bambusa chungii*
粉红杜鹃　　*Rhododendron oreodoxa* var. *fargesii*
粉绿狐尾藻　　*Myriophyllum aquaticum*
粉绿蒲公英　　*Taraxacum dealbatum*
粉枝柳　　*Salix rorida*
风车草　　*Cyperus involucratus*
风车子　　*Combretum alfredii*
风花菜　　*Rorippa globosa*
风毛菊　　*Saussurea japonica*
枫杨　　*Pterocarya stenoptera*
凤山水车前　　*Ottelia fengshanensis*
凤仙花　　*Impatiens balsamina*
凤眼莲　　*Eichhornia crassipes*
佛海水葱　　*Schoenoplectus clemensii*
佛甲草　　*Sedum lineare*
佛焰苞藨草　　*Scirpus maximowiczii*
拂子茅（原变种）　　*Calamagrostis epigeios* var. *epigeios*
弗里斯眼子菜　　*Potamogeton friesii*
伏毛金露梅　　*Dasiphora arbuscula*
伏毛蓼　　*Persicaria pubescens*
伏生茶藨子　　*Ribes triste* var. *repens*
芙兰草　　*Fuirena umbellata*
浮毛茛　　*Ranunculus natans*
浮萍　　*Lemna minor*
浮水碎米荠　　*Cardamine prorepens*
浮叶慈姑　　*Sagittaria natans*
浮叶眼子菜　　*Potamogeton natans*
辐射凤仙花　　*Impatiens radiata*

辐射龙胆	*Gentiana radiata*	高山蓼	*Koenigia alpina*
福建柏	*Fokienia hodginsii*	高山龙胆	*Gentiana algida*
福建飞瀑草	*Cladopus fukienensis*	高山蓍	*Achillea alpina*
附地菜	*Trigonotis peduncularis*	高山水芹	*Oenanthe hookeri*
复序飘拂草	*Fimbristylis bisumbellata*	高山嵩草	*Carex parvula*
		高山薹草	*Carex pseudosupina*

G

甘草	*Glycyrrhiza uralensis*	高山唐松草	*Thalictrum alpinum*
甘川灯心草	*Juncus leucanthus*	高山眼子菜	*Potamogeton alpinus*
甘露子	*Stachys sieboldii*	高山早熟禾	*Poa alpina*
甘蒙柽柳	*Tamarix austromongolica*	高山紫菀	*Aster alpinus*
甘青老鹳草	*Geranium pylzowianum*	高穗花报春	*Primula vialii*
甘青乌头	*Aconitum tanguticum*	高莛雨久花	*Monochoria elata*
甘松	*Nardostachys jatamansi*	高雄茨藻	*Najas browniana*
甘肃柽柳	*Tamarix gansuensis*	高玄参	*Scrophularia elatior*
甘肃臭草	*Melica przewalskyi*	高原扁蕾	*Gentianopsis paludosa* var. *alpina*
甘肃马先蒿	*Pedicularis kansuensis*	高原毛茛	*Ranunculus tanguticus*
甘肃嵩草	*Carex pseuduncinoides*	高原嵩草	*Carex coninux*
甘肃薹草	*Carex kansuensis*	高原早熟禾	*Poa pratensis* subsp. *alpigena*
干生薹草	*Carex aridula*	革叶荛花	*Wikstroemia scytophylla*
刚毛柽柳	*Tamarix hispida*	葛缕子	*Carum carvi*
刚莠竹	*Microstegium ciliatum*	珙桐	*Davidia involucrata*
岗松	*Baeckea frutescens*	贡山独活	*Heracleum kingdonii*
高秆莎草	*Cyperus exaltatus*	贡山箭竹	*Fargesia gongshanensis*
高寒水韭	*Isoetes hypsophila*	沟叶结缕草	*Zoysia matrella*
高寒早熟禾	*Poa albertii* subsp. *kunlunensis*	钩距黄堇	*Corydalis hamata*
高薳菜	*Rorippa elata*	钩状嵩草	*Carex uncinioides*
高粱蔗	*Rubus lambertianus*	狗娃花	*Aster hispidus*
高山薦草	*Scirpus paniculatocorymbosus*	狗尾草	*Setaria viridis*
高山大戟	*Euphorbia stracheyi*	狗牙根	*Cynodon dactylon*
高山滇芎	*Physospermopsis handelii*	构	*Broussonetia papyrifera*
高山杜鹃	*Rhododendron lapponicum*	菰	*Zizania latifolia*
高山凤仙花	*Impatiens nubigena*	谷精草	*Eriocaulon buergerianum*
高山谷精草	*Eriocaulon alpestre*	谷蓼	*Circaea erubescens*
高山韭	*Allium sikkimense*	谷柳	*Salix taraikensis*
		瓜子金	*Polygala japonica*
		寡流苏龙胆	*Gentiana mairei*

拐棍竹	*Fargesia robusta*	贵港水蓑衣	*Hygrophila ringens* var. *longihirsuta*
拐芹	*Angelica polymorpha*	贵州金丝桃	*Hypericum kouytchense*
冠果草	*Sagittaria guayanensis* subsp. *lappula*	贵州柳	*Salix kouytchensis*
		贵州水车前	*Ottelia balansae*
管花腹水草	*Veronicastrum tubiflorum*	桂皮紫萁	*Osmundastrum cinnamomeum*
管花马先蒿（原变种）	*Pedicularis siphonantha* var. *siphonantha*	桧叶金发藓	*Polytrichum juniperinum*
		过江藤	*Phyla nodiflora*
管状长花马先蒿	*Pedicularis longiflora* var. *tubiformis*	过路黄	*Lysimachia christiniae*
灌木柳	*Salix saposhnikovii*		
灌阳水车前	*Ottelia guanyangensis*		**H**
光瓣谷精草	*Eriocaulon glabripetalum*		
光萼谷精草	*Eriocaulon leianthum*	海滨藜	*Atriplex maximowicziana*
光稃稻	*Oryza glaberrima*	海滨山黧豆	*Lathyrus maritimus*
光稃碱茅	*Puccinellia leiolepis*	海菜花（原变种）	*Ottelia acuminata* var. *acuminata*
光稃茅香	*Anthoxanthum glabrum*	海菖蒲	*Enhalus acoroides*
光稃早熟禾	*Poa araratica* subsp. *psilolepis*	海刀豆	*Canavalia rosea*
光梗阔苞菊	*Pluchea pteropoda*	海丰莕菜	*Nymphoides coronata*
光果黑藻	*Hydrilla verticillata* var. *roxburghii*	海金沙	*Lygodium japonicum*
光果珍珠茅	*Scleria radula*	海韭菜	*Triglochin maritima*
光滑水筛	*Blyxa leiosperma*	海榄雌	*Avicennia marina*
光里白	*Diplopterygium laevissimum*	海莲	*Bruguiera sexangula*
光蓼	*Persicaria glabra*	海马齿	*Sesuvium portulacastrum*
光头稗	*Echinochloa colona*	海杧果	*Cerbera manghas*
光头山碎米荠	*Cardamine engleriana*	海绵基荸荠	*Eleocharis pellucida* var. *spongiosa*
光叶珙桐	*Davidia involucrata* var. *vilmoriniana*	海南藨草	*Scirpus hainanensis*
光叶眼子菜	*Potamogeton lucens*	海南海桑	*Sonneratia* × *hainanensis*
广布小红门兰	*Ponerorchis chusua*	海南明叶藓	*Vesicularia hainanensis*
广布野豌豆	*Vicia cracca*	海南木莲	*Manglietia fordiana* var. *hainanensis*
广东水马齿	*Callitriche palustris* var. *oryzetorum*	海南挖耳草	*Utricularia foveolata*
广西裂果薯	*Schizocapsa guangxiensis*	海漆	*Excoecaria agallocha*
广西隐棒花	*Cryptocoryne crispatula* var. *balansae*	海乳草	*Lysimachia maritima*
		海三棱藨草	× *Bolboschoenoplectus mariqueter*
广序剪股颖	*Agrostis hookeriana*	海桑	*Sonneratia caseolaris*
广州蔊菜	*Rorippa cantoniensis*	海神草	*Posidonia australis*
归叶棱子芹	*Pleurospermum angelicoides*	海仙报春	*Primula poissonii*
鬼针草	*Bidens pilosa*	海芋	*Alocasia odora*

海竹	*Yushania qiaojiaensis*	黑龙江野豌豆	*Vicia amurensis*
含羞草	*Mimosa pudica*	黑麦草	*Lolium perenne*
寒地报春	*Primula algida*	黑三棱（原亚种）	*Sparganium stoloniferum* subsp. *stoloniferum*
蔊菜	*Rorippa indica*		
蒿柳	*Salix schwerinii*	黑沙蒿	*Artemisia ordosica*
貉藻	*Aldrovanda vesiculosa*	黑水缬草	*Valeriana amurensis*
禾叶挖耳草	*Utricularia graminifolia*	黑松	*Pinus thunbergii*
禾叶眼子菜	*Potamogeton gramineus*	黑穗莎草	*Cyperus nigrofuscus*
禾状扁莎	*Pycreus unioloides*	黑穗薹草	*Carex atrata*
合瓣鹿药	*Maianthemum tubiferum*	黑穗羊茅	*Festuca tristis*
合苞挖耳草	*Utricularia peranomala*	黑桫椤	*Gymnosphaera podophylla*
合萌	*Aeschynomene indica*	黑头灯心草	*Juncus atratus*
合头藜	*Sympegma regelii*	黑纤维虾海藻	*Phyllospadix japonica*
合掌消	*Vincetoxicum amplexicaule*	黑藻（原变种）	*Hydrilla verticillata* var. *verticillata*
合柱金莲木	*Sauvagesia rhodoleuca*	黑籽水蜈蚣	*Kyllinga melanosperma*
何首乌	*Pleuropterus multiflorus*	亨氏薹草	*Carex henryi*
和尚菜	*Adenocaulon himalaicum*	横果薹草	*Carex transversa*
河口原始观音座莲	*Angiopteris chingii*	红柴胡	*Bupleurum scorzonerifolium*
河竹	*Phyllostachys rivalis*	红翅莎草	*Cyperus pangorei*
盒子草	*Actinostemma tenerum*	红椿	*Toona ciliata*
褐果水马齿	*Callitriche fuscicarpa*	红豆杉	*Taxus wallichiana* var. *chinensis*
褐果薹草	*Carex brunnea*	红豆树	*Ormosia hosiei*
褐红鳞水葱	*Schoenoplectus fuscorubens*	红海兰	*Rhizophora stylosa*
褐毛垂头菊	*Cremanthodium brunneopilosum*	红花金丝桃	*Triadenum japonicum*
褐毛橐吾	*Ligularia purdomii*	红花酢浆草	*Oxalis corymbosa*
褐穗莎草	*Cyperus fuscus*	红桦	*Betula albosinensis*
褐紫鳞薹草	*Carex obscuriceps*	红角蒲公英	*Taraxacum luridum*
鹤甫碱茅	*Puccinellia hauptiana*	红景天	*Rhodiola rosea*
黑果枸杞	*Lycium ruthenicum*	红榄李	*Lumnitzera littorea*
黑褐穗薹草	*Carex atrofusca* subsp. *minor*	红蓼	*Persicaria orientalis*
黑虎耳草	*Saxifraga atrata*	红鳞扁莎	*Pycreus sanguinolentus*
黑花薹草	*Carex melanantha*	红马蹄草	*Hydrocotyle nepalensis*
黑桦	*Betula dahurica*	红毛羊胡子草	*Eriophorum russeolum*
黑鳞扁莎	*Pycreus delavayi*	红莓苔子	*Vaccinium oxycoccus*
黑鳞耳蕨	*Polystichum makinoi*	红皮云杉	*Picea koraiensis*
黑龙江酸模	*Rumex amurensis*	红茄苳	*Rhizophora mucronata*

红砂	*Reaumuria songarica*	花穗水莎草	*Cyperus pannonicus*
红树	*Rhizophora apiculata*	花莛驴蹄草	*Caltha scaposa*
红睡莲	*Nymphaea alba* var. *rubra*	花莛乌头	*Aconitum scaposum*
红松	*Pinus koraiensis*	花柱草	*Stylidium uliginosum*
红纤维虾海藻	*Phyllospadix iwatensis*	华北剪股颖	*Agrostis clavata*
红叶泥炭藓	*Sphagnum rubellum*	华北獐牙菜	*Swertia wolfgangiana*
红原薹草	*Carex hongyuanensis*	华扁穗草	*Blysmus sinocompressus*
红棕薹草	*Carex przewalskii*	华刺子莞	*Rhynchospora chinensis*
红足蒿	*Artemisia rubripes*	华东藨草	*Scirpus karuisawensis*
喉毛花	*Comastoma pulmonarium*	华凤仙	*Impatiens chinensis*
猴头杜鹃	*Rhododendron simiarum*	华湖瓜草	*Lipocarpha chinensis*
厚角绢藓	*Entodon concinnus*	华火绒草	*Leontopodium sinense*
厚皮树	*Lannea coromandelica*	华萝藦	*Cynanchum hemsleyanum*
厚朴	*Houpoea officinalis*	华南飞瀑草	*Cladopus austrosinensis*
厚藤	*Ipomoea pes-caprae*	华南谷精草	*Eriocaulon sexangulare*
狐尾蓼	*Bistorta alopecuroides*	华南蓼	*Persicaria huananensis*
狐尾藻	*Myriophyllum verticillatum*	华南鳞盖蕨	*Microlepia hancei*
胡桃楸	*Juglans mandshurica*	华南五针松	*Pinus kwangtungensis*
胡杨	*Populus euphratica*	华南羽节紫萁	*Plenasium vachellii*
胡枝子	*Lespedeza bicolor*	华南锥	*Castanopsis concinna*
葫芦树	*Crescentia cujete*	华水苏	*Stachys chinensis*
湖北凤仙花	*Impatiens pritzelii*	华西委陵菜	*Potentilla potaninii*
湖北海棠	*Malus hupehensis*	华夏慈姑	*Sagittaria trifolia* subsp. *leucopetala*
湖瓜草	*Lipocarpha microcephala*	华一本芒	*Cladium mariscus*
湖南千里光	*Senecio actinotus*	华中婆婆纳	*Veronica henryi*
虎耳草	*Saxifraga stolonifera*	化香树	*Platycarya strobilacea*
虎尾草	*Chloris virgata*	画眉草	*Eragrostis pilosa*
虎杖	*Reynoutria japonica*	槐叶苹	*Salvinia natans*
互花狐尾藻	*Myriophyllum alterniflorum*	黄鹌菜	*Youngia japonica*
互花米草	*Spartina alterniflora*	黄檗	*Phellodendron amurense*
互叶獐牙菜	*Swertia obtusa*	黄独	*Dioscorea bulbifera*
花花柴	*Karelinia caspia*	黄谷精	*Xyris capensis* var. *schoenoides*
花蔺	*Butomus umbellatus*	黄海棠	*Hypericum ascyron*
花榈木	*Ormosia henryi*	黄花菜	*Hemerocallis citrina*
花锚	*Halenia corniculata*	黄花葱	*Allium condensatum*
花荵	*Polemonium caeruleum*	黄花蒿	*Artemisia annua*

黄花棘豆	*Oxytropis ochrocephala*	灰株薹草	*Carex rostrata*
黄花狸藻	*Utricularia aurea*	茴茴蒜	*Ranunculus chinensis*
黄花蔺	*Limnocharis flava*	喙叶泥炭藓	*Sphagnum recurvum*
黄花落叶松	*Larix olgensis*	火红地杨梅	*Luzula rufescens*
黄花马先蒿	*Pedicularis flava*	火棘	*Pyracantha fortuneana*
黄花水八角	*Gratiola griffithii*	火绒草	*Leontopodium leontopodioides*
黄花水龙	*Ludwigia peploides* subsp. *stipulacea*	火炭母	*Persicaria chinensis*
		火焰兰	*Renanthera coccinea*
黄花水毛茛	*Batrachium bungei* var. *flavidum*		
黄花乌头	*Aconitum coreanum*	**J**	
黄花小二仙草	*Gonocarpus chinensis*		
黄花鸢尾	*Iris wilsonii*	芨芨草	*Neotrinia splendens*
黄金凤	*Impatiens siculifer*	鸡冠茶	*Sibbaldianthe bifurca*
黄槿	*Talipariti tiliaceum*	鸡冠眼子菜	*Potamogeton cristatus*
黄精	*Polygonatum sibiricum*	鸡屎藤	*Paederia foetida*
黄连	*Coptis chinensis*	鸡腿堇菜	*Viola acuminata*
黄连花	*Lysimachia davurica*	鸡心梅花草	*Parnassia crassifolia*
黄绿香青	*Anaphalis virens*	鸡眼草	*Kummerowia striata*
黄茅	*Heteropogon contortus*	积雪草	*Centella asiatica*
黄皮树	*Phellodendron sinii*	笄石菖（原亚种）	*Juncus prismatocarpus* subsp. *prismatocarpus*
黄芪	*Astragalus membranaceus*		
黄芩	*Scutellaria baicalensis*	姬蕨	*Hypolepis punctata*
黄杉	*Pseudotsuga sinensis*	基隆毛茛	*Ranunculus hirtellus*
黄水枝	*Tiarella polyphylla*	吉林水葱	*Schoenoplectus komarovii*
黄睡莲	*Nymphaea mexicana*	极小谷精草	*Eriocaulon minusculum*
黄眼草	*Xyris indica*	蕺菜	*Houttuynia cordata*
黄杨	*Buxus sinica*	戟柳	*Salix hastata*
黄帚橐吾	*Ligularia virgaurea*	戟叶蓼	*Persicaria thunbergii*
灰背老鹳草	*Geranium wlassowianum*	荠	*Capsella bursa-pastoris*
灰化薹草	*Carex cinerascens*	荠苧	*Mosla grosseserrata*
灰莲蒿	*Artemisia gmelinii* var. *incana*	蓟	*Cirsium japonicum*
灰柳	*Salix cinerea*	假薄荷	*Mentha asiatica*
灰绿藜	*Oxybasis glauca*	假朝天罐	*Osbeckia crinita*
灰脉薹草	*Carex appendiculata*	假稻	*Leersia japonica*
灰毛蓝钟花	*Cyananthus incanus*	假含羞草	*Neptunia plena*
灰藓	*Hypnum cupressiforme*	假俭草	*Eremochloa ophiuroides*

假蒟	*Piper sarmentosum*	渐尖穗莎草（原变种）	*Eleocharis attenuata* var. *attenuata*
假柳叶菜	*Ludwigia epilobioides*	箭头蓼	*Persicaria sagittata*
假马齿苋	*Bacopa monnieri*	箭头唐松草	*Thalictrum simplex*
假马蹄	*Eleocharis ochrostachys*	箭叶蓼	*Persicaria sagittata* var. *sieboldii*
假鼠妇草	*Glyceria leptolepis*	箭叶雨久花	*Monochoria hastata*
假水生龙胆	*Gentiana pseudoaquatica*	箭竹	*Fargesia spathacea*
假苇拂子茅	*Calamagrostis pseudophragmites*	江南荸荠	*Eleocharis migoana*
尖苞谷精草	*Eriocaulon echinulatum*	江南谷精草	*Eriocaulon faberi*
尖苞薹草	*Carex microglochin*	江南桤木	*Alnus trabeculosa*
尖萼挖耳草	*Utricularia scandens* subsp. *firmula*	茳芏（原亚种）	*Cyperus malaccensis* subsp. *malaccensis*
尖果水苦荬	*Veronica oxycarpa*	角果碱蓬	*Suaeda corniculata*
尖尾芋	*Alocasia cucullata*	角果木	*Ceriops tagal*
尖叶蓝钟喉毛花	*Comastoma cyananthiflorum* var. *acutifolium*	角果藻	*Zannichellia palustris*
尖叶卤蕨	*Acrostichum speciosum*	角盘兰	*Herminium monorchis*
尖叶泥炭藓	*Sphagnum capillifolium*	接骨草	*Sambucus javanica*
尖叶铁扫帚	*Lespedeza juncea*	节苞萤蔺	*Schoenoplectiella articulata*
尖叶盐爪爪	*Kalidium cuspidatum*	节秆扁穗草	*Blysmus sinocompressus* var. *nodosus*
尖叶眼子菜	*Potamogeton oxyphyllus*	节节菜	*Rotala indica*
尖嘴薹草	*Carex leiorhyncha*	节节草	*Equisetum ramosissimum*
间穗薹草	*Carex loliacea*	节毛飞廉	*Carduus acanthoides*
间序囊颖草	*Sacciolepis interrupta*	结缕草	*Zoysia japonica*
菅	*Themeda villosa*	睫毛萼凤仙花	*Impatiens blepharosepala*
剪刀股	*Ixeris japonica*	截形薹草	*Carex lepidochlamys*
剪秋罗	*Silene fulgens*	金疮小草	*Ajuga decumbens*
碱地风毛菊	*Saussurea runcinata*	金发藓	*Polytrichum commune*
碱蒿	*Artemisia anethifolia*	金莲花	*Trollius chinensis*
碱毛茛（原变种）	*Halerpestes sarmentosa* var. *sarmentosa*	金露梅	*Dasiphora fruticosa*
碱茅	*Puccinellia distans*	金毛狗	*Cibotium barometz*
碱蓬	*Suaeda glauca*	金钱蒲	*Acorus gramineus*
碱菀	*Tripolium pannonicum*	金钱槭	*Dipteronia sinensis*
见血封喉	*Antiaris toxicaria*	金钱松	*Pseudolarix amabilis*
剑苞水葱	*Schoenoplectus ehrenbergii*	金荞麦	*Fagopyrum dibotrys*
渐尖毛蕨	*Cyclosorus acuminatus*	金色狗尾草	*Setaria pumila*
		金丝桃	*Hypericum monogynum*

金星虎耳草	*Saxifraga stella-aurea*	聚果榕	*Ficus racemosa*
金银莲花	*Nymphoides indica*	聚花草	*Floscopa scandens*
金银忍冬	*Lonicera maackii*	聚花风铃草	*Campanula glomerata* subsp. *speciosa*
金樱子	*Rosa laevigata*		
金鱼草	*Antirrhinum majus*	卷耳	*Cerastium arvense* subsp. *strictum*
金鱼藻	*Ceratophyllum demersum*	卷茎蓼	*Fallopia convolvulus*
筋骨草	*Ajuga ciliata*	绢柳	*Salix neolapponum*
堇叶报春	*Primula cicutariifolia*	绢毛蓼	*Koenigia mollis*
近等叶虎耳草	*Saxifraga subaequifoliata*	绢毛飘拂草	*Fimbristylis sericea*
荩草	*Arthraxon hispidus*	蕨	*Pteridium aquilinum* var. *latiusculum*
京风毛菊	*Saussurea chinnampoensis*	蕨麻	*Argentina anserina*
京芒草	*Achnatherum pekinense*	蕨叶人字果	*Dichocarpum dalzielii*
荆门水葱	*Schoenoplectus jingmenensis*	蕨状薹草	*Carex filicina*
荆三棱	*Bolboschoenus yagara*	爵床	*Justicia procumbens*
荆条	*Vitex negundo* var. *heterophylla*		
旌节马先蒿	*Pedicularis sceptrum-carolinum*		
靖西海菜花	*Ottelia acuminata* var. *jingxiensis*	**K**	
镜泊水毛茛	*Batrachium trichophyllum* var. *jingpoense*	卡开芦	*Phragmites karka*
		看麦娘	*Alopecurus aequalis*
镜子薹草	*Carex phacota*	康藏嵩草	*Carex littledalei*
酒饼簕	*Atalantia buxifolia*	扛板归	*Persicaria perfoliata*
救荒野豌豆	*Vicia sativa*	栲	*Castanopsis fargesii*
桔梗	*Platycodon grandiflorus*	空茎驴蹄草	*Caltha palustris* var. *barthei*
菊苣	*Cichorium intybus*	孔雀稗	*Echinochloa crus-pavonis*
菊叶委陵菜	*Potentilla tanacetifolia*	苦参	*Sophora flavescens*
菊叶香藜	*Dysphania schraderiana*	苦草	*Vallisneria natans*
榉树	*Zelkova serrata*	苦豆子	*Sophora alopecuroides*
苣荬菜	*Sonchus wightianus*	苦苣菜	*Sonchus oleraceus*
具刚毛荸荠	*Eleocharis valleculosa* var. *setosa*	苦郎树	*Volkameria inermis*
具刚毛扁基荸荠	*Eleocharis fennica* var. *sareptana*	苦荬菜	*Ixeris polycephala*
具茎大叶藻	*Zostera caulescens*	苦槠	*Castanopsis sclerophylla*
具鳞凤仙花	*Impatiens lepida*	库地薹草	*Carex curaica*
具鳞水柏枝	*Myricaria squamosa*	块根糙苏	*Phlomoides tuberosa*
具芒碎米莎草	*Cyperus microiria*	块节凤仙花	*Impatiens pinfanensis*
具毛齿缀草	*Odontostemma trichophorum*	宽苞水柏枝	*Myricaria bracteata*
锯齿沙参	*Adenophora tricuspidata*	宽柄铁线莲	*Clematis otophora*

925

宽穗扁莎	*Pycreus diaphanus*	老鼠簕	*Acanthus ilicifolius*
宽叶大叶藻	*Zostera asiatica*	雷公鹅耳枥	*Carpinus viminea*
宽叶独行菜	*Lepidium latifolium*	肋柱花	*Lomatogonium carinthiacum*
宽叶翻白柳	*Salix hypoleuca* var. *platyphylla*	类黑褐穗薹草	*Carex atrofuscoides*
宽叶谷精草	*Eriocaulon robustius*	类叶升麻	*Actaea asiatica*
宽叶还阳参	*Crepis coreana*	棱喙毛茛	*Ranunculus trigonus*
宽叶蒿	*Artemisia latifolia*	冷杉	*Abies fabri*
宽叶母草	*Lindernia nummulariifolia*	冷水花	*Pilea notata*
宽叶山蒿	*Artemisia stolonifera*	狸藻（原亚种）	*Utricularia vulgaris* subsp. *vulgaris*
宽叶香蒲	*Typha latifolia*	离穗薹草	*Carex eremopyroides*
宽叶荨麻	*Urtica laetevirens*	藜	*Chenopodium album*
宽叶泽苔草	*Caldesia grandis*	藜芦	*Veratrum nigrum*
宽玉谷精草	*Eriocaulon rockianum* var. *latifolium*	李氏禾	*Leersia hexandra*
款冬	*Tussilago farfara*	李叶绣线菊	*Spiraea prunifolia*
筐柳	*Salix linearistipularis*	里海旋覆花	*Inula caspica*
葵花大蓟	*Cirsium souliei*	里海盐爪爪	*Kalidium caspicum*
魁蓟	*Cirsium leo*	鳢肠	*Eclipta prostrata*
昆明谷精草	*Eriocaulon kunmingense*	丽江扁莎	*Pycreus lijiangensis*
阔苞菊	*Pluchea indica*	丽江蓼	*Koenigia lichiangensis*
阔叶早熟禾	*Poa grandis*	丽江马先蒿	*Pedicularis likiangensis*
		丽蓼	*Persicaria pulchra*

L

		利川慈姑	*Sagittaria lichuanensis*
		荔枝草	*Salvia plebeia*
拉拉藤	*Galium spurium*	栗柄金粉蕨	*Onychium japonicum* var. *lucidum*
蜡烛果	*Aegiceras corniculatum*	栗花灯心草	*Juncus castaneus*
赖草	*Leymus secalinus*	砾玄参	*Scrophularia incisa*
蓝白龙胆	*Gentiana leucomelaena*	连丝草	*Hygrophila biplicata*
蓝果忍冬	*Lonicera caerulea*	连香树	*Cercidiphyllum japonicum*
蓝玉簪龙胆	*Gentiana veitchiorum*	莲	*Nelumbo nucifera*
榄李	*Lumnitzera racemosa*	莲叶桐	*Hernandia nymphaeifolia*
狼耙草	*Bidens tripartita*	莲子草	*Alternanthera sessilis*
狼毒	*Stellera chamaejasme*	莲座蓟	*Cirsium esculentum*
狼尾草	*Pennisetum alopecuroides*	镰刀藓	*Drepanocladus aduncus*
狼针草	*Stipa baicalensis*	镰喙薹草	*Carex drepanorhyncha*
榔榆	*Ulmus parvifolia*	镰荚棘豆	*Oxytropis falcata*
老鹳草	*Geranium wilfordii*	镰叶碱蓬	*Suaeda crassifolia*

镰叶水珍珠菜	*Pogostemon falcatus*	凌云南星	*Arisaema lingyunense*
楝	*Melia azedarach*	领春木	*Euptelea pleiosperma*
两耳草	*Paspalum conjugatum*	刘氏荸荠	*Eleocharis liouana*
两栖蓼	*Persicaria amphibia*	瘤糙假俭草	*Eremochloa muricata*
两歧飘拂草	*Fimbristylis dichotoma*	瘤囊薹草	*Carex schmidtii*
两蕊甜茅	*Glyceria lithuanica*	柳兰	*Chamerion angustifolium*
两型豆	*Amphicarpaea edgeworthii*	柳杉	*Cryptomeria japonica* var. *sinensis*
亮绿薹草	*Carex finitima*	柳叶白前	*Vincetoxicum stauntonii*
辽东桤木	*Alnus hirsuta*	柳叶菜	*Epilobium hirsutum*
辽西花苜蓿	*Medicago liaosiensis*	柳叶刺蓼	*Persicaria bungeana*
疗齿草	*Odontites vulgaris*	柳叶鬼针草	*Bidens cernua*
蓼子草	*Persicaria criopolitana*	柳叶蒿	*Artemisia integrifolia*
列当	*Orobanche coerulescens*	柳叶箬	*Isachne globosa*
裂苞铁苋菜	*Acalypha supera*	柳叶旋覆花	*Inula salicina*
裂唇虎舌兰	*Epipogium aphyllum*	柳叶野豌豆	*Vicia venosa*
裂果薯	*Schizocapsa plantaginea*	六蕊节节菜	*Rotala hexandra*
裂叶大瓣芹	*Semenovia malcolmii*	六叶葎	*Galium hoffmeisteri*
裂叶蒿	*Artemisia tanacetifolia*	龙船花	*Ixora chinensis*
裂叶碱毛茛	*Halerpestes sarmentosa* var. *multisecta*	龙胆	*Gentiana scabra*
		龙江风毛菊	*Saussurea amurensis*
裂叶堇菜	*Viola dissecta*	龙葵	*Solanum nigrum*
裂叶马兰	*Aster incisus*	龙奇薹草	*Carex chinensis* var. *longkiensis*
裂叶秋海棠	*Begonia palmata*	龙舌草	*Ottelia alismoides*
裂颖棒头草	*Polypogon maritimus*	龙师草	*Eleocharis tetraquetra*
鬣刺	*Spinifex littoreus*	龙牙草	*Agrimonia pilosa*
林大戟	*Euphorbia lucorum*	龙爪茅	*Dactyloctenium aegyptium*
林泽兰	*Eupatorium lindleyanum*	蒌蒿	*Artemisia selengensis*
鳞根萍	*Lemna turionifera*	耧斗菜	*Aquilegia viridiflora*
鳞片柳叶菜	*Epilobium sikkimense*	芦苇	*Phragmites australis*
鳞片水麻	*Debregeasia squamata*	芦竹	*Arundo donax*
鳞片沼泽蕨	*Thelypteris fairbankii*	庐山藨草	*Scirpus lushanensis*
鳞籽莎	*Lepidosperma chinense*	卤蕨	*Acrostichum aureum*
蔺木贼	*Equisetum scirpoides*	鹿蹄草	*Pyrola calliantha*
蔺状隐花草	*Crypsis schoenoides*	鹿药	*Maianthemum japonicum*
铃兰	*Convallaria keiskei*	路边青	*Geum aleppicum*
铃铃香青	*Anaphalis hancockii*	路南凤仙花	*Impatiens loulanensis*

路南海菜花	*Ottelia acuminata* var. *lunanensis*	绿穗薹草	*Carex chlorostachys*
蕗蕨	*Hymenophyllum badium*	葎草	*Humulus scandens*
露蕊乌头	*Gymnaconitum gymnandrum*		
露珠碎米荠	*Cardamine circaeoides*	**M**	
卵萼花锚	*Halenia elliptica*		
卵果薹草	*Carex maackii*	麻核栒子	*Cotoneaster foveolatus*
卵花甜茅	*Glyceria tonglensis*	麻花艽	*Gentiana straminea*
卵穗荸荠	*Eleocharis ovata*	麻叶千里光	*Jacobaea cannabifolia*
卵穗薹草	*Carex ovatispiculata*	马齿苋	*Portulaca oleracea*
卵叶半边莲	*Lobelia zeylanica*	马刺蓟	*Cirsium monocephalum*
卵叶扁蕾	*Gentianopsis paludosa* var. *ovatodeltoidea*	马甲子	*Paliurus ramosissimus*
		马兰	*Aster indicus*
卵叶丁香蓼	*Ludwigia ovalis*	马蔺	*Iris lactea*
卵叶海桑	*Sonneratia ovata*	马唐	*Digitaria sanguinalis*
卵叶泥炭藓	*Sphagnum ovatum*	马蹄沟繁缕	*Elatine hydropiper*
卵叶水芹	*Oenanthe javanica* subsp. *rosthornii*	马蹄芹	*Dickinsia hydrocotyloides*
乱草	*Eragrostis japonica*	马尾松	*Pinus massoniana*
乱子草	*Muhlenbergia huegelii*	马缨丹	*Lantana camara*
轮叶节节菜	*Rotala mexicana*	马缨杜鹃	*Rhododendron delavayi*
轮叶马先蒿	*Pedicularis verticillata*	埋鳞柳叶菜	*Epilobium williamsii*
轮叶沙参	*Adenophora tetraphylla*	麦花草	*Bacopa floribunda*
罗布麻	*Apocynum venetum*	麦穗茅根	*Perotis hordeiformis*
萝藦	*Cynanchum rostellatum*	满江红	*Azolla pinnata* subsp. *asiatica*
裸冠菊	*Gymnocoronis spilanthoides*	曼陀罗	*Datura stramonium*
裸花水竹叶	*Murdannia nudiflora*	蔓出卷柏	*Selaginella davidii*
裸蒴	*Gymnotheca chinensis*	蔓黄芪	*Phyllolobium chinense*
裸柱菊	*Soliva anthemifolia*	蔓金腰	*Chrysosplenium flagelliferum*
骆驼刺	*Alhagi sparsifolia*	蔓荆	*Vitex trifolia*
落地梅	*Lysimachia paridiformis*	芒	*Miscanthus sinensis*
落葵	*Basella alba*	莽山谷精草	*Eriocaulon mangshanense*
落新妇	*Astilbe chinensis*	猫儿山杜鹃	*Rhododendron maoerense*
落叶松	*Larix gmelinii*	猫爪草	*Ranunculus ternatus*
落羽杉（原变种）	*Taxodium distichum* var. *distichum*	毛百合	*Lilium pensylvanicum*
驴蹄草（原变种）	*Caltha palustris* var. *palustris*	毛壁泥炭藓	*Sphagnum imbricatum*
绿萼凤仙花	*Impatiens chlorosepala*	毛柄水毛茛（原变种）	*Batrachium trichophyllum* var. *trichophyllum*
绿花梅花草	*Parnassia viridiflora*		

毛草龙	*Ludwigia octovalvis*	虻眼	*Dopatrium junceum*
毛凤仙花	*Impatiens lasiophyton*	蒙古黄芪	*Astragalus membranaceus* var. *mongholicus*
毛芙兰草	*Fuirena ciliaris*		
毛茛	*Ranunculus japonicus*	蒙古鸦葱	*Takhtajaniantha mongolica*
毛谷精草	*Eriocaulon australe*	蒙自凤仙花	*Impatiens mengtszeana*
毛果薹草	*Carex miyabei* var. *maopengensis*	蒙自谷精草	*Eriocaulon henryanum*
毛茎水蜡烛	*Pogostemon cruciatus*	蒙自水芹	*Oenanthe linearis* subsp. *rivularis*
毛蕨	*Cyclosorus interruptus*	米蒿	*Artemisia dalai-lamae*
毛蓼	*Persicaria barbata*	米心水青冈	*Fagus engleriana*
毛脉翅果菊	*Lactuca raddeana*	密刺苦草	*Vallisneria denseserrulata*
毛脉柳叶菜	*Epilobium amurense*	密花荸荠	*Eleocharis congesta*
毛脉酸模	*Rumex gmelinii*	密花柽柳	*Tamarix arceuthoides*
毛蕊老鹳草	*Geranium platyanthum*	密花节节菜	*Rotala densiflora*
毛山黧豆	*Lathyrus palustris* var. *pilosus*	密花舌唇兰	*Platanthera hologlottis*
毛梳藓	*Ptilium crista-castrensis*	密花薹草	*Carex confertiflora*
毛水苏	*Stachys baicalensis*	密花香薷	*Elsholtzia densa*
毛水蓑衣	*Hygrophila phlomoides*	密毛酸模叶蓼	*Persicaria lapathifolia* var. *lanata*
毛薹草	*Carex lasiocarpa*	密穗马先蒿	*Pedicularis densispica*
毛香火绒草	*Leontopodium stracheyi*	密穗莎草	*Cyperus eragrostis*
毛鸭嘴草	*Ischaemum anthephoroides*	密穗砖子苗	*Cyperus compactus*
毛叶藜芦	*Veratrum grandiflorum*	密腺小连翘	*Hypericum seniawinii*
毛叶喜盐草	*Halophila decipiens*	密枝杜鹃	*Rhododendron fastigiatum*
毛叶沼泽蕨	*Thelypteris palustris* var. *pubescens*	蜜蜂花	*Melissa axillaris*
毛颖菵草	*Beckmannia syzigachne* var. *hirsutiflora*	绵刺	*Potaninia mongolica*
		绵毛柳	*Salix erioclada*
毛颖早熟禾	*Poa faberi* var. *longifolia*	绵毛酸模叶蓼	*Persicaria lapathifolia* var. *salicifolia*
毛轴莎草	*Cyperus pilosus*	绵头蓟	*Cirsium eriophoroides*
毛竹	*Phyllostachys edulis*	明亮薹草	*Carex laeta*
毛籽挖耳草	*Utricularia kumaonensis*	膜稃草	*Hymenachne amplexicaulis*
茅膏菜	*Drosera peltata*	膜果泽泻	*Alisma lanceolatum*
莓叶委陵菜	*Potentilla fragarioides*	膜叶驴蹄草	*Caltha palustris* var. *membranacea*
梅花草	*Parnassia palustris*	陌上菜	*Lindernia procumbens*
美花风毛菊	*Saussurea pulchella*	陌上菅	*Carex thunbergii*
美丽马先蒿	*Pedicularis bella*	母草	*Lindernia crustacea*
美丽毛茛	*Ranunculus pulchellus*	木鳖子	*Momordica cochinchinensis*
美人蕉	*Canna indica*	木地肤	*Bassia prostrata*

木果楝	*Xylocarpus granatum*	泥花草	*Lindernia antipoda*
木榄	*Bruguiera gymnorrhiza*	泥炭藓	*Sphagnum palustre*
木里薹草	*Carex muliensis*	拟鼻花马先蒿	*Pedicularis rhinanthoides*
木麻黄	*Casuarina equisetifolia*	拟草茨藻	*Najas pseudograminea*
木香薷	*Elsholtzia stauntonii*	拟二叶飘拂草	*Fimbristylis diphylloides*
木贼	*Equisetum hyemale*	拟海桑	*Sonneratia × gulngai*
木猪毛菜	*Xylosalsola arbuscula*	拟花蔺	*Butomopsis latifolia*
		拟金发藓	*Polytrichastrum alpinum*

N

		拟宽穗扁莎	*Pycreus pseudolatespicatus*
		拟纤细茨藻	*Najas pseudogracillima*
南川柳	*Salix rosthornii*	拟泽芹	*Sium sisaroideum*
南荻	*Miscanthus lutarioriparius*	牛鞭草	*Hemarthria sibirica*
南方红豆杉	*Taxus wallichiana* var. *mairei*	牛口刺	*Cirsium shansiense*
南方碱蓬	*Suaeda australis*	牛毛毡	*Eleocharis yokoscensis*
南方狸藻	*Utricularia australis*	牛皮杜鹃	*Rhododendron aureum*
南国苹	*Marsilea minuta*	牛皮消	*Cynanchum auriculatum*
南海瓶蕨	*Vandenboschia striata*	牛漆姑	*Spergularia marina*
南美蟛蜞菊	*Sphagneticola trilobata*	牛膝	*Achyranthes bidentata*
南苜蓿	*Medicago polymorpha*	牛膝菊	*Galinsoga parviflora*
南天藤	*Caesalpinia crista*	牛至	*Origanum vulgare*
南投谷精草（原变种）	*Eriocaulon nantoense* var. *nantoense*	扭旋马先蒿	*Pedicularis torta*
		扭叶藓	*Trachypus bicolor*
南亚谷精草	*Eriocaulon oryzetorum*	暖地带叶苔	*Pallavicinia levieri*
南烛	*Vaccinium bracteatum*	糯米团	*Gonostegia hirta*
楠木	*Phoebe zhennan*	女菀	*Turczaninovia fastigiata*
囊颖草	*Sacciolepis indica*	女贞	*Ligustrum lucidum*
囊状薹草	*Carex bonatiana*		
内蒙古扁穗草	*Blysmus rufus*	### O	
内蒙古毛茛	*Ranunculus intramongolicus*		
尼泊尔谷精草（原变种）	*Eriocaulon nepalense* var. *nepalense*	欧地笋（原变种）	*Lycopus europaeus* var. *europaeus*
		欧菱	*Trapa natans*
尼泊尔蓼	*Persicaria nepalensis*	欧亚马先蒿	*Pedicularis oederi*
尼泊尔桤木	*Alnus nepalensis*	欧亚萍蓬草	*Nuphar lutea*
尼泊尔薹草	*Carex neesii*	欧亚旋覆花	*Inula britannica*
尼泊尔酸模	*Rumex nepalensis*	欧泽芹	*Sium latifolium*
泥胡菜	*Hemisteptia lyrata*	欧洲凤尾蕨	*Pteris cretica*

P

帕米尔薹草	*Carex pamirensis*
盘果碱蓬	*Suaeda heterophylla*
脬囊草	*Physochlaina physaloides*
蓬子菜	*Galium verum*
膨囊薹草	*Carex lehmannii*
蟛蜞菊	*Sphagneticola calendulacea*
披碱草	*Elymus dahuricus*
披针毛茛	*Ranunculus amurensis*
披针叶野决明	*Thermopsis lanceolata*
偏翅龙胆	*Gentiana pudica*
偏花报春	*Primula secundiflora*
偏叶泥炭藓	*Sphagnum subsecundum*
片髓灯心草	*Juncus inflexus*
漂筏薹草	*Carex pseudocuraica*
品藻	*Lemna trisulca*
平车前	*Plantago depressa*
平卧碱蓬	*Suaeda prostrata*
苹	*Marsilea quadrifolia*
瓶花木	*Scyphiphora hydrophyllacea*
萍蓬草（原亚种）	*Nuphar pumila* subsp. *pumila*
坡垒	*Hopea hainanensis*
坡柳	*Salix myrtillacea*
婆婆纳	*Veronica polita*
婆婆针	*Bidens bipinnata*
匍匐凤仙花	*Impatiens reptans*
匍匐茎飘拂草	*Fimbristylis stolonifera*
匍匐石龙尾	*Limnophila repens*
匍匐委陵菜	*Potentilla reptans*
匍茎薹草	*Carex hohxilensis*
匍生沟酸浆	*Erythranthe bodinieri*
匍枝毛茛	*Ranunculus repens*
匍枝委陵菜	*Potentilla flagellaris*
蒲公英	*Taraxacum mongolicum*
蒲桃	*Syzygium jambos*
普香蒲	*Typha przewalskii*
铺地黍	*Panicum repens*

Q

七瓣莲	*Trientalis europaea*
七河灯心草	*Juncus heptopotamicus*
七叶龙胆	*Gentiana arethusae* var. *delicatula*
七叶树	*Aesculus chinensis*
桤木	*Alnus cremastogyne*
漆姑草	*Sagina japonica*
歧裂水毛茛	*Batrachium divaricatum*
歧序剪股颖	*Agrostis divaricatissima*
畦畔飘拂草	*Fimbristylis squarrosa*
畦畔莎草	*Cyperus haspan*
杞柳	*Salix integra*
起绒飘拂草	*Fimbristylis dipsacea*
落草	*Koeleria macrantha*
千金子	*Leptochloa chinensis*
千里光	*Senecio scandens*
千屈菜	*Lythrum salicaria*
签草	*Carex doniana*
荨麻	*Urtica fissa*
黔芙兰草	*Fuirena rhizomatifera*
黔狗舌草	*Tephroseris pseudosonchus*
浅三裂碱毛茛	*Halerpestes tricuspis* var. *intermedia*
芡	*Euryale ferox*
窃衣	*Torilis scabra*
亲族薹草	*Carex gentilis*
秦艽	*Gentiana macrophylla*
青藏金莲花	*Trollius pumilus* var. *tanguticus*
青藏马先蒿	*Pedicularis przewalskii*
青藏薹草	*Carex moorcroftii*
青藏雪灵芝	*Eremogone roborowskii*
青藏野青茅	*Deyeuxia holciformis*
青海荸荠	*Eleocharis qinghaiensis*

青蒿	*Artemisia caruifolia*	雀稗	*Paspalum thunbergii*
青稞	*Hordeum vulgare* var. *coeleste*	雀斑党参	*Codonopsis ussuriensis*
青绿薹草	*Carex breviculmis*	雀麦	*Bromus japonicus*
青皮刺	*Capparis sepiaria*	雀舌草	*Stellaria alsine*
青皮竹	*Bambusa textilis*		
青羊参	*Cynanchum otophyllum*	**R**	
青杨	*Populus cathayana*		
青皂柳	*Salix pseudowallichiana*	人厌槐叶苹	*Salvinia molesta*
苘麻	*Abutilon theophrasti*	忍冬	*Lonicera japonica*
穹隆薹草	*Carex gibba*	荏弱柳叶箬	*Isachne myosotis*
秋分草	*Aster verticillatus*	日本臭菘	*Symplocarpus nipponicus*
秋枫	*Bischofia javanica*	日本刺子莞	*Rhynchospora malasica*
秋华柳	*Salix variegata*	日本浮萍	*Lemna japonica*
秋茄树	*Kandelia obovata*	日本看麦娘	*Alopecurus japonicus*
求米草	*Oplismenus undulatifolius*	日本乱子草	*Muhlenbergia japonica*
球穗扁莎	*Pycreus flavidus*	日本毛连菜	*Picris japonica*
球穗藨草	*Scirpus wichurae*	日本桤木	*Alnus japonica*
球穗三棱草	*Bolboschoenus affinis*	日本水马齿	*Callitriche japonica*
球尾花	*Lysimachia thyrsiflora*	日本水石衣	*Hydrobryum japonicum*
球序韭	*Allium thunbergii*	日本薹草	*Carex japonica*
球序卷耳	*Cerastium glomeratum*	日本苇	*Phragmites japonicus*
球序香蒲	*Typha pallida*	茸毛委陵菜	*Potentilla strigosa*
球柱草	*Bulbostylis barbata*	绒背蓟	*Cirsium vlassovianum*
曲氏水葱	*Schoenoplectus chuanus*	绒毛胡枝子	*Lespedeza tomentosa*
曲尾藓	*Dicranum scoparium*	绒毛皂荚	*Gleditsia japonica* var. *velutina*
曲长毛茛	*Ranunculus nephelogenes* var. *geniculatus*	绒紫萁	*Claytosmunda claytoniana*
		蓉草	*Leersia oryzoides*
曲轴黑三棱	*Sparganium fallax*	柔茎蓼	*Persicaria kawagoeana*
全萼秦艽	*Gentiana lhassica*	柔毛齿叶睡莲	*Nymphaea pubescens*
全光菊	*Hololeion maximowiczii*	柔毛蒿	*Artemisia pubescens*
全叶山芹	*Ostericum maximowiczii*	柔弱刺子莞	*Rhynchospora gracillima*
全缘凤尾蕨	*Pteris insignis*	柔小粉报春	*Primula pumilio*
全缘橐吾	*Ligularia mongolica*	肉果草	*Lancea tibetica*
泉七	*Steudnera colocasiifolia*	如意草	*Viola arcuata*
拳参	*Bistorta officinalis*	乳浆大戟	*Euphorbia esula*
犬问荆	*Equisetum palustre*	乳苣	*Lactuca tatarica*

乳头灯心草	*Juncus papillosus*	伞花蔷薇	*Rosa maximowicziana*
软毛虫实	*Corispermum puberulum*	伞形飘拂草	*Fimbristylis umbellaris*
蕊帽忍冬	*Lonicera ligustrina* var. *pileata*	伞序臭黄荆	*Premna serratifolia*
锐棱荸荠	*Eleocharis acutangula*	散花唐松草	*Thalictrum sparsiflorum*
弱小火绒草	*Leontopodium pusillum*	散穗早熟禾	*Poa subfastigiata*
		散序地杨梅	*Luzula effusa*

S

三白草	*Saururus chinensis*	沙参	*Adenophora stricta*
		沙地锦鸡儿	*Caragana davazamcii*
三春水柏枝	*Myricaria paniculata*	沙冬青	*Ammopiptanthus mongolicus*
三花拉拉藤	*Galium triflorum*	沙蒿	*Artemisia desertorum*
三花龙胆	*Gentiana triflora*	沙棘	*Hippophae rhamnoides*
三俭草	*Rhynchospora corymbosa*	沙芦草	*Agropyron mongolicum*
三江藨草	*Schoenoplectus nipponicus*	沙蓬	*Agriophyllum squarrosum*
三角草	*Trikeraia hookeri*	沙坪薹草	*Carex wui*
三角叶驴蹄草	*Caltha palustris* var. *sibirica*	沙生针茅	*Stipa caucasica* subsp. *glareosa*
三棱草	*Bolboschoenus maritimus*	砂引草	*Tournefortia sibirica*
三棱蔺藨草	*Trichophorum mattfeldianum*	莎禾	*Coleanthus subtilis*
三棱水葱	*Schoenoplectus triqueter*	筛草	*Carex kobomugi*
三裂碱毛茛（原变种）	*Halerpestes tricuspis* var. *tricuspis*	山刺玫	*Rosa davurica*
		山丹	*Lilium pumilum*
		山地虎耳草	*Saxifraga sinomontana*
三裂毛茛	*Ranunculus hirtellus* var. *orientalis*	山矾	*Symplocos sumuntia*
三轮草	*Cyperus orthostachyus*	山梗菜	*Lobelia sessilifolia*
三脉梅花草	*Parnassia trinervis*	山尖子	*Parasenecio hastatus*
三脉山黧豆	*Lathyrus komarovii*	山涧草	*Chikusichloa aquatica*
三脉紫菀	*Aster ageratoides*	山芥	*Barbarea orthoceras*
三毛草	*Sibirotrisetum bifidum*	山芥碎米荠	*Cardamine griffithii*
三面秆荸荠	*Eleocharis trilateralis*	山荆子	*Malus baccata*
三蕊沟繁缕	*Elatine triandra*	山黧豆	*Lathyrus quinquenervius*
三蕊柳	*Salix nipponica*	山里红	*Crataegus pinnatifida* var. *major*
三穗薹草	*Carex tristachya*	山莓	*Rubus corchorifolius*
三头水蜈蚣	*Kyllinga bulbosa*	山牛蒡	*Synurus deltoides*
三腺金丝桃	*Triadenum breviflorum*	山葡萄	*Vitis amurensis*
三叶鹿药	*Maianthemum trifolium*	山莴苣	*Lactuca sibirica*
三叶委陵菜	*Potentilla freyniana*	山岩黄芪	*Hedysarum alpinum*
三叶崖爬藤	*Tetrastigma hemsleyanum*	山杨	*Populus davidiana*

山野豌豆	*Vicia amoena*	湿生狗舌草	*Tephroseris palustris*
山鸢尾	*Iris setosa*	湿生碎米荠	*Cardamine hygrophila*
杉叶藻	*Hippuris vulgaris*	湿生薹草	*Carex limosa*
珊瑚菜	*Glehnia littoralis*	湿生紫菀	*Aster limosus*
陕甘灯心草	*Juncus tanguticus*	湿鼠曲草	*Gnaphalium uliginosum*
扇穗茅	*Littledalea racemosa*	湿薹草	*Carex humida*
扇形鸢尾	*Iris wattii*	蓍	*Achillea millefolium*
扇叶桦	*Betula middendorffii*	十齿花	*Dipentodon sinicus*
扇叶毛茛	*Ranunculus felixii*	十字兰	*Habenaria schindleri*
商陆	*Phytolacca acinosa*	十字马唐	*Digitaria cruciata*
勺叶槐叶苹	*Salvinia cucullata*	石刁柏	*Asparagus officinalis*
芍药	*Paeonia lactiflora*	石胡荽	*Centipeda minima*
杓兰	*Cypripedium calceolum*	石龙刍	*Lepironia articulata*
少辐小芹	*Sinocarum pauciradiatum*	石龙芮	*Ranunculus sceleratus*
少根萍	*Landoltia punctata*	石龙尾	*Limnophila sessiliflora*
少花荸荠	*Eleocharis quinqueflora*	石榕树	*Ficus abelii*
少花凤毛菊	*Saussurea oligantha*	石松	*Lycopodium japonicum*
少花狸藻	*Utricularia gibba*	石竹	*Dianthus chinensis*
少花穗莎草	*Cyperus cephalotes*	蒔萝蒿	*Artemisia anethoides*
舌叶薹草	*Carex ligulata*	似皱果薹草	*Carex pseudodispalata*
蛇床	*Cnidium monnieri*	匙叶茅膏菜	*Drosera spatulata*
蛇含委陵菜	*Potentilla kleiniana*	匙叶小檗	*Berberis vernae*
蛇莓	*Duchesnea indica*	匙叶翼首花	*Bassecoia hookeri*
深裂欧地笋	*Lycopus europaeus* var. *exaltatus*	匙叶银莲花	*Anemone trullifolia*
深山堇菜	*Viola selkirkii*	手参	*Gymnadenia conopsea*
深紫糙苏	*Phlomoides atropurpurea*	绶草	*Spiranthes sinensis*
肾蕨	*Nephrolepis cordifolia*	瘦脊伪针茅	*Pseudoraphis sordida*
肾叶鹿蹄草	*Pyrola renifolia*	书带薹草	*Carex rochebrunii*
肾叶天胡荽	*Hydrocotyle wilfordii*	疏花水柏枝	*Myricaria laxiflora*
升麻	*Actaea cimicifuga*	疏蓼	*Persicaria praetermissa*
湿地黄芪	*Astragalus uliginosus*	疏舌橐吾	*Ligularia oligonema*
湿地蓼	*Persicaria paralimicola*	疏穗野青茅	*Deyeuxia effusiflora*
湿地松	*Pinus elliottii*	鼠曲草	*Pseudognaphalium affine*
湿地勿忘草	*Myosotis caespitosa*	鼠尾囊颖草（原变种）	*Sacciolepis myosuroides* var. *myosuroides*
湿地银莲花	*Anemone rupestris*		
湿生扁蕾（原变种）	*Gentianopsis paludosa* var. *paludosa*	鼠掌老鹳草	*Geranium sibiricum*

束尾草	*Phacelurus latifolius*	水茳草	*Limosella aquatica*
双稃草	*Leptochloa fusca*	水毛茛（原变种）	*Batrachium bungei* var. *bungei*
双花堇菜	*Viola biflora*	水毛花	*Schoenoplectiella mucronata*
双江谷精草	*Eriocaulon acutibracteatum*	水茅	*Scolochloa festucacea*
双穗飘拂草	*Fimbristylis subbispicata*	水皮莲	*Nymphoides cristata*
双穗雀稗	*Paspalum distichum*	水葡萄茶藨子	*Ribes procumbens*
双柱头蔺藨草	*Trichophorum distigmaticum*	水芹（原变种）	*Oenanthe javanica* var. *javanica*
水八角	*Gratiola japonica*	水青树	*Tetracentron sinense*
水鳖	*Hydrocharis dubia*	水曲柳	*Fraxinus mandshurica*
水菜花	*Ottelia cordata*	水莎草	*Cyperus serotinus*
水朝阳旋覆花	*Inula helianthus-aquatilis*	水筛	*Blyxa japonica*
水葱	*Schoenoplectus tabernaemontani*	水杉	*Metasequoia glyptostroboides*
水甸附地菜	*Trigonotis myosotidea*	水生龙胆	*Gentiana aquatica*
水盾草	*Cabomba caroliniana*	水生酸模	*Rumex aquaticus*
水凤仙花	*Impatiens aquatilis*	水生薏苡	*Coix aquatica*
水甘草	*Amsonia elliptica*	水虱草	*Fimbristylis littoralis*
水禾	*Hygroryza aristata*	水石榕	*Elaeocarpus hainanensis*
水胡桃	*Pterocarya rhoifolia*	水石衣	*Hydrobryum griffithii*
水虎尾	*Pogostemon stellatus*	水松	*Glyptostrobus pensilis*
水黄皮	*Pongamia pinnata*	水蓑衣（原变种）	*Hygrophila ringens* var. *ringens*
水茴草	*Samolus valerandi*	水田稗	*Echinochloa oryzoides*
水棘针	*Amethystea caerulea*	水田碎米荠	*Cardamine lyrata*
水角	*Hydrocera triflora*	水甜茅	*Glyceria maxima*
水金凤	*Impatiens noli-tangere*	水团花	*Adina pilulifera*
水金莲花	*Nymphoides aurantiaca*	水问荆	*Equisetum fluviatile*
水蕨	*Ceratopteris thalictroides*	水翁蒲桃	*Syzygium nervosum*
水苦荬	*Veronica undulata*	水雍	*Aponogeton lakhonensis*
水蜡烛	*Pogostemon yatabeanus*	水蜈蚣	*Kyllinga polyphylla*
水蓼	*Persicaria hydropiper*	水仙	*Narcissus tazetta* subsp. *chinensis*
水柳	*Homonoia riparia*	水藓	*Fontinalis antipyretica*
水龙	*Ludwigia adscendens*	水苋菜	*Ammannia baccifera*
水麻	*Debregeasia orientalis*	水线草	*Oldenlandia corymbosa*
水马齿（原变种）	*Callitriche palustris* var. *palustris*	水香薷	*Elsholtzia kachinensis*
水麦冬	*Triglochin palustris*	水芫花	*Pemphis acidula*
水蔓菁	*Pseudolysimachion linariifolium* subsp. *dilatatum*	水椰	*Nypa fruticans*
		水芋	*Calla palustris*

水蕴草	*Elodea densa*	嵩草	*Carex myosuroides*
水蔗草	*Apluda mutica*	粟草	*Milium effusum*
水珍珠菜	*Pogostemon auricularius*	酸模	*Rumex acetosa*
水珠草	*Circaea canadensis* subsp. *quadrisulcata*	酸模叶蓼（原变种）	*Persicaria lapathifolia* var. *lapathifolia*
水竹	*Phyllostachys heteroclada*	酸枣	*Ziziphus jujuba* var. *spinosa*
水竹叶	*Murdannia triquetra*	莛叶委陵菜	*Potentilla coriandrifolia*
水烛	*Typha angustifolia*	碎米荠	*Cardamine occulta*
睡菜	*Menyanthes trifoliata*	碎米蕨叶马先蒿	*Pedicularis cheilanthifolia*
睡莲	*Nymphaea tetragona*	碎米莎草	*Cyperus iria*
丝瓣剪秋罗	*Silene wilfordii*	穗花杉	*Amentotaxus argotaenia*
丝粉藻	*Cymodocea rotundata*	穗三毛草	*Trisetum spicatum*
丝裂碱毛茛	*Halerpestes filisecta*	穗芽水葱	*Schoenoplectus gemmifer*
丝叶谷精草	*Eriocaulon setaceum*	穗状黑三棱	*Sparganium confertum*
丝叶毛茛	*Ranunculus nematolobus*	穗状狐尾藻	*Myriophyllum spicatum*
丝叶球柱草	*Bulbostylis densa*	缝瓣繁缕	*Stellaria radians*
丝叶山芹	*Ostericum maximowiczii* var. *filisectum*	桫椤	*Alsophila spinulosa*
丝叶眼子菜	*Stuckenia filiformis*	梭果玉蕊	*Barringtonia fusicarpa*
丝引薹草	*Carex remotiuscula*		
丝状灯心草	*Juncus filiformis*		

T

思茅水蜡烛	*Pogostemon szemaoensis*	台湾虎尾草	*Chloris formosana*
斯碱茅	*Puccinellia schischkinii*	台湾黄眼草	*Xyris formosana*
斯里兰卡天料木	*Homalium ceylanicum*	台湾水韭	*Isoetes taiwanensis*
四川沟酸浆	*Erythranthe szechuanensis*	台湾水龙	*Ludwigia* × *taiwanensis*
四川马先蒿	*Pedicularis szetschuanica*	台湾水马齿	*Callitriche peploides*
四川嵩草	*Carex setschwanensis*	泰来藻	*Thalassia hemprichii*
四川薹草	*Carex sutchuensis*	泰山谷精草	*Eriocaulon taishanense*
四国谷精草	*Eriocaulon miquelianum*	弹裂碎米荠	*Cardamine impatiens*
四合木	*Tetraena mongolica*	唐古特虎耳草	*Saxifraga tangutica*
四棱飘拂草	*Fimbristylis tetragona*	唐古特忍冬	*Lonicera tangutica*
四蕊狐尾藻	*Myriophyllum tetrandrum*	唐古特岩黄芪	*Hedysarum tanguticum*
四生臂形草	*Brachiaria subquadripara*	唐松草	*Thalictrum aquilegiifolium* var. *sibiricum*
四叶葎	*Galium bungei*		
松江柳	*Salix sungkianica*	洮河柳	*Salix taoensis*
松林蓼	*Persicaria pinetorum*	洮南灯心草	*Juncus taonanensis*

桃叶杜鹃	*Rhododendron annae*	头花蓼	*Persicaria capitata*
腾冲慈姑	*Sagittaria tengtsungensis*	头状穗莎草	*Cyperus glomeratus*
梯牧草	*Phleum pratense*	透茎冷水花	*Pilea pumila*
提灯藓	*Mnium hornum*	透明鳞荸荠（原变种）	*Eleocharis pellucida* var. *pellucida*
蹄叶橐吾	*Ligularia fischeri*		
天胡荽	*Hydrocotyle sibthorpioides*	秃叶泥炭藓	*Sphagnum obtusiusculum*
天蓝苜蓿	*Medicago lupulina*	土沉香	*Aquilaria sinensis*
天麻	*Gastrodia elata*	土荆芥	*Dysphania ambrosioides*
天门冬	*Asparagus cochinchinensis*	驼绒藜	*Krascheninnikovia ceratoides*
天山报春	*Primula nutans*	驼蹄瓣	*Zygophyllum fabago*
天山千里光	*Senecio thianschanicus*	橐吾	*Ligularia sibirica*
天山泽芹	*Berula erecta*		
天师栗	*Aesculus chinensis* var. *wilsonii*		

W

田葱	*Philydrum lanuginosum*		
田繁缕	*Bergia ammannioides*	挖耳草	*Utricularia bifida*
田葛缕子	*Carum buriaticum*	瓦氏节节菜	*Rotala wallichii*
田基黄	*Grangea maderaspatana*	弯果草茨藻	*Najas graminea* var. *recurvata*
田基麻	*Hydrolea zeylanica*	弯果茨藻	*Najas ancistrocarpa*
田间鸭嘴草	*Ischaemum rugosum*	弯距凤仙花	*Impatiens recurvicornis*
田菁	*Sesbania cannabina*	弯距狸藻	*Utricularia vulgaris* subsp. *macrorhiza*
田玄参	*Bacopa repens*		
田旋花	*Convolvulus arvensis*	弯曲碎米荠	*Cardamine flexuosa*
甜麻	*Corchorus aestuans*	豌豆形薹草	*Carex pisiformis*
甜茅	*Glyceria acutiflora* subsp. *japonica*	网孔凤尾藓	*Fissidens polypodioides*
甜杨	*Populus suaveolens*	菵草（原变种）	*Beckmannia syzigachne* var. *syzigachne*
条穗薹草	*Carex nemostachys*		
条叶垂头菊	*Cremanthodium lineare*	微齿眼子菜	*Potamogeton maackianus*
条叶龙胆	*Gentiana manshurica*	微甘菊	*Mikania micrantha*
条叶银莲花	*Anemone coelestina* var. *linearis*	微药碱茅	*Puccinellia micrandra*
铁坚油杉	*Keteleeria davidiana*	微药羊茅	*Festuca nitidula*
铁芒萁	*Dicranopteris linearis*	伪针茅	*Pseudoraphis brunoniana*
铁苋菜	*Acalypha australis*	苇状看麦娘	*Alopecurus arundinaceus*
葶苈	*Draba nemorosa*	苇状羊茅	*Festuca arundinacea*
通泉草	*Mazus pumilus*	委陵菜	*Potentilla chinensis*
桐棉	*Thespesia populnea*	蚊母草	*Veronica peregrina*
筒鞘蛇菰	*Balanophora involucrata*	蚊子草	*Filipendula palmata*

紊蒿	*Elachanthemum intricatum*	五棱秆飘拂草	*Fimbristylis quinquangularis*
问荆	*Equisetum arvense*	五棱水蜡烛	*Pogostemon pentagonus*
蕹菜	*Ipomoea aquatica*	五棱萤蔺	*Schoenoplectiella trapezoidea*
乌德银莲花	*Anemone udensis*	五蕊柳	*Salix pentandra*
乌桕	*Triadica sebifera*	五味子	*Schisandra chinensis*
乌蕨	*Odontosoria chinensis*	五叶老鹳草	*Geranium delavayi*
乌拉草	*Carex meyeriana*	舞鹤草	*Maianthemum bifolium*
乌蔹莓	*Causonis japonica*	婺源凤仙花	*Impatiens wuyuanensis*
乌柳	*Salix cheilophila*	雾冰藜	*Grubovia dasyphylla*
乌苏里荸荠	*Eleocharis ussuriensis*		
乌苏里狐尾藻	*Myriophyllum ussuriense*		
乌苏里鸢尾	*Iris maackii*	**X**	
乌头	*Aconitum carmichaelii*	西伯利亚滨藜	*Atriplex sibirica*
无瓣海桑	*Sonneratia apetala*	西伯利亚狐尾藻	*Myriophyllum sibiricum*
无瓣蔊菜	*Rorippa dubia*	西伯利亚剪股颖	*Agrostis stolonifera*
无苞香蒲	*Typha laxmannii*	西伯利亚蓼	*Knorringia sibirica*
无翅猪毛菜	*Kali komarovii*	西伯利亚早熟禾	*Poa sibirica*
无刺鳞水蜈蚣	*Kyllinga brevifolia* var. *leiolepis*	西藏报春	*Primula tibetica*
无根萍	*Wolffia globosa*	西藏类早熟禾	*Arctopoa tibetica*
无根状茎荸荠	*Eleocharis attenuata* var. *erhizomatosa*	西藏瘤果芹	*Trachydium tibetanicum*
		西藏沙棘	*Hippophae tibetana*
无患子	*Sapindus saponaria*	西藏水马齿	*Callitriche glareosa*
无脉薹草	*Carex enervis*	西藏嵩草	*Carex tibetikobresia*
无芒稗	*Echinochloa crus-galli* var. *mitis*	西来稗	*Echinochloa crus-galli* var. *zelayensis*
无芒雀麦	*Bromus inermis*	西南红山茶	*Camellia pitardii*
无芒山涧草	*Chikusichloa mutica*	西南金丝梅	*Hypericum henryi*
无尾水筛	*Blyxa aubertii*	西南蕨麻	*Argentina lineata*
无味薹草	*Carex pseudofoetida*	西南琉璃草	*Cynoglossum wallichii*
无心菜	*Arenaria serpyllifolia*	西南毛茛	*Ranunculus ficariifolius*
无叶飘拂草	*Fimbristylis aphylla*	西南飘拂草	*Fimbristylis thomsonii*
无柱黑三棱	*Sparganium hyperboreum*	西南山梗菜	*Lobelia seguinii*
五刺金鱼藻	*Ceratophyllum platyacanthum* subsp. *oryzetorum*	西南手参	*Gymnadenia orchidis*
		西南水马齿	*Callitriche fehmedianii*
五尖槭	*Acer maximowiczii*	西南绣球	*Hydrangea davidii*
五角槭	*Acer pictum* subsp. *mono*	西南鸢尾	*Iris bulleyana*
五节芒	*Miscanthus floridulus*	西域龙胆	*Gentiana clarkei*

稀花蓼	*Persicaria dissitiflora*	细穗柳	*Salix tenuijulis*
稀花薹草	*Carex laxa*	细须翠雀花	*Delphinium siwanense*
稀花勿忘草	*Myosotis sparsiflora*	细叶刺子莞	*Rhynchospora faberi*
稀脉浮萍	*Lemna aequinoctialis*	细叶地榆	*Sanguisorba tenuifolia*
稀子蕨	*Monachosorum henryi*	细叶繁缕	*Stellaria filicaulis*
溪畔杜鹃	*Rhododendron rivulare*	细叶狸藻	*Utricularia minor*
溪生薹草	*Carex fluviatilis*	细叶蓼	*Persicaria taquetii*
溪荪	*Iris sanguinea*	细叶满江红	*Azolla filiculoides*
习见萹蓄	*Polygonum plebeium*	细叶水团花	*Adina rubella*
喜旱莲子草	*Alternanthera philoxeroides*	细叶薹草	*Carex duriuscula* subsp. *stenophylloides*
喜马灯心草	*Juncus himalensis*		
喜马拉雅垂头菊	*Cremanthodium decaisnei*	细叶蚊子草	*Filipendula angustiloba*
喜马拉雅滇藁本	*Hymenidium hookeri*	细叶乌头	*Aconitum macrorhynchum*
喜马拉雅碱茅	*Puccinellia himalaica*	细叶西伯利亚蓼	*Knorringia sibirica* subsp. *thomsonii*
喜马拉雅柳叶箬	*Isachne himalaica*	细叶小苦荬	*Ixeridium gracile*
喜马拉雅嵩草	*Carex kokanica*	细叶鸢尾	*Iris tenuifolia*
喜树	*Camptotheca acuminata*	细叶沼柳	*Salix rosmarinifolia*
喜盐草	*Halophila ovalis*	细枝盐爪爪	*Kalidium gracile*
喜盐鸢尾	*Iris halophila*	细柱柳	*Salix gracilistyla*
喜阴悬钩子	*Rubus mesogaeus*	虾须草	*Sheareria nana*
细苞水马齿	*Callitriche ravenii*	虾子菜	*Nechamandra alternifolia*
细风轮菜	*Clinopodium gracile*	虾子草	*Mimulicalyx rosulatus*
细杆沙蒿	*Artemisia macilenta*	狭瓣虎耳草	*Saxifraga pseudohirculus*
细秆荸荠	*Eleocharis maximowiczii*	狭刀豆	*Canavalia lineata*
细秆湖瓜草	*Lipocarpha tenera*	狭舌垂头菊	*Cremanthodium stenoglossum*
细秆羊胡子草	*Eriophorum gracile*	狭叶垂头菊	*Cremanthodium angustifolium*
细秆萤蔺	*Schoenoplectus hotarui*	狭叶黑三棱	*Sparganium subglobosum*
细根茎甜茅	*Glyceria leptorhiza*	狭叶花柱草	*Stylidium tenellum*
细果野菱	*Trapa incisa*	狭叶黄芩	*Scutellaria regeliana*
细花丁香蓼	*Ludwigia perennis*	狭叶碱毛茛	*Halerpestes lancifolia*
细花薹草	*Carex tenuiflora*	狭叶母草	*Lindernia micrantha*
细茎驴蹄草	*Caltha sinogracilis*	狭叶泥炭藓	*Sphagnum cuspidatum*
细裂芹	*Harrysmithia heterophylla*	狭叶拟合睫藓	*Pseudosymblepharis angustata*
细裂亚菊	*Ajania przewalskii*	狭叶沙参	*Adenophora gmelinii*
细匍匐茎水葱	*Schoenoplectus lineolatus*	狭叶甜茅	*Glyceria spiculosa*
细穗柽柳	*Tamarix leptostachya*	狭叶绣球	*Hydrangea lingii*

939

狭叶荨麻	*Urtica angustifolia*	香根草	*Chrysopogon zizanioides*
下田菊	*Adenostemma lavenia*	香瓜茄	*Solanum muricatum*
夏枯草	*Prunella vulgaris*	香果树	*Emmenopterys henryi*
夏飘拂草	*Fimbristylis aestivalis*	香蓼	*Persicaria viscosa*
仙湖苏铁	*Cycas szechuanensis*	香蒲	*Typha orientalis*
纤花耳草	*Scleromitrion angustifolium*	象草	*Pennisetum purpureum*
纤花千里光	*Senecio graciliflorus*	象蒲	*Typha elephantina*
纤毛鹅观草	*Elymus ciliaris*	小白花地榆	*Sanguisorba tenuifolia* var. *alba*
纤弱黄芩	*Scutellaria dependens*	小白藜	*Chenopodium iljinii*
纤细茨藻	*Najas gracillima*	小斑叶兰	*Goodyera repens*
纤细马先蒿	*Pedicularis gracilis*	小瓣谷精草	*Eriocaulon nantoense* var. *micropetalum*
纤细碎米荠	*Cardamine gracilis*		
纤细通泉草	*Mazus gracilis*	小滨菊	*Leucanthemella linearis*
纤细眼子菜	*Potamogeton berchtoldii*	小巢菜	*Vicia hirsuta*
纤枝金丝桃	*Hypericum lagarocladum*	小车前	*Plantago minuta*
鲜卑花	*Sibiraea laevigata*	小茨藻	*Najas minor*
线柄薹草	*Carex filipes*	小慈姑	*Sagittaria potamogetonifolia*
线茎虎耳草	*Saxifraga filicaulis*	小大黄	*Rheum pumilum*
线裂老鹳草	*Geranium soboliferum*	小灯心草	*Juncus bufonius*
线叶蒿	*Artemisia subulata*	小点地梅	*Androsace gmelinii*
线叶黑三棱	*Sparganium angustifolium*	小谷精草	*Eriocaulon nepalense* var. *luzulifolium*
线叶菊	*Filifolium sibiricum*		
线叶拉拉藤	*Galium linearifolium*	小果白刺	*Nitraria sibirica*
线叶龙胆	*Gentiana lawrencei* var. *farreri*	小果草	*Microcarpaea minima*
线叶水蜡烛	*Pogostemon linearis*	小果大茨藻	*Najas marina* var. *intermedia*
线叶水马齿（原亚种）	*Callitriche hermaphroditica* subsp. *hermaphroditica*	小果红莓苔子	*Vaccinium microcarpum*
		小果野蕉	*Musa acuminata*
线叶水芹（原亚种）	*Oenanthe linearis* subsp. *linearis*	小黑三棱	*Sparganium emersum*
线叶嵩草	*Carex capillifolia*	小红菊	*Chrysanthemum chanetii*
线叶旋覆花	*Inula linariifolia*	小花地笋	*Lycopus parviflorus*
线柱兰	*Zeuxine strateumatica*	小花灯心草	*Juncus articulatus*
腺茎柳叶菜	*Epilobium brevifolium* subsp. *trichoneurum*	小花拂子茅	*Calamagrostis epigeios* var. *parviflora*
腺柳	*Salix chaenomeloides*	小花鬼针草	*Bidens parviflora*
香附子	*Cyperus rotundus*	小花黄堇	*Corydalis racemosa*
香格里拉水韭	*Isoetes shangrilaensis*	小花剪股颖	*Agrostis micrantha*

小花老鼠簕	*Acanthus ebracteatus*	小叶杨	*Populus simonii*
小花柳叶菜	*Epilobium parviflorum*	小叶珍珠菜	*Lysimachia parvifolia*
小花水毛茛	*Batrachium bungei* var. *micranthum*	小鱼眼草	*Dichrocephala benthamii*
		小玉竹	*Polygonatum humile*
小花睡莲	*Nymphaea micrantha*	小泽泻	*Alisma nanum*
小花野青茅	*Deyeuxia neglecta*	小掌叶毛茛	*Ranunculus gmelinii*
小花沼生马先蒿	*Pedicularis palustris* subsp. *karoi*	小珠薏苡	*Coix lacryma-jobi* var. *puellarum*
小黄花菜	*Hemerocallis minor*	小猪殃殃	*Galium innocuum*
小黄花石斛	*Dendrobium jenkinsii*	楔瓣花	*Sphenoclea zeylanica*
小节眼子菜	*Potamogeton nodosus*	斜果挖耳草	*Utricularia minutissima*
小梾木	*Cornus quinquenervis*	斜茎黄芪	*Astragalus laxmannii*
小藜	*Chenopodium ficifolium*	心叶独行菜	*Lepidium cordatum*
小丽草	*Coelachne simpliciuscula*	心叶水柏枝	*Myricaria pulcherrima*
小粒薹草	*Carex karoi*	新疆蓟	*Cirsium semenowii*
小蓼花	*Persicaria muricata*	新疆假龙胆	*Gentianella turkestanorum*
小柳叶箬	*Isachne clarkei*	新疆水八角	*Gratiola officinalis*
小米草	*Euphrasia pectinata*	新疆早熟禾	*Poa versicolor* subsp. *relaxa*
小蓬草	*Erigeron canadensis*	星花灯心草	*Juncus diastrophanthus*
小婆婆纳	*Veronica serpyllifolia*	星花碱蓬	*Suaeda stellatiflora*
小狮子草	*Hygrophila polysperma*	星舌紫菀	*Aster asteroides*
小水毛茛	*Batrachium eradicatum*	星宿菜	*Lysimachia fortunei*
小薹草	*Carex parva*	星穗薹草	*Carex omiana*
小喜盐草	*Halophila minor*	星星草	*Puccinellia tenuiflora*
小香蒲	*Typha minima*	星状雪兔子	*Saussurea stella*
小缬草	*Valeriana tangutica*	邢氏水蕨	*Ceratopteris shingii*
小星穗水蜈蚣	*Kyllinga brevifolia* var. *stellulata*	兴安薄荷	*Mentha dahurica*
小星穗薹草	*Carex basilata*	兴安翠雀花	*Delphinium hsinganense*
小莕菜	*Nymphoides coreana*	兴安独活	*Heracleum dissectum*
小鸦跖花	*Oxygraphis tenuifolia*	兴安杜鹃	*Rhododendron dauricum*
小牙草	*Dentella repens*	兴安老鹳草	*Geranium maximowiczii*
小眼子菜	*Potamogeton pusillus*	兴安藜芦	*Veratrum dahuricum*
小叶地笋	*Lycopus cavaleriei*	兴安柳	*Salix hsinganica*
小叶桦	*Betula microphylla*	兴安升麻	*Actaea dahurica*
小叶金露梅	*Dasiphora parvifolia*	兴安薹草	*Carex chinganensis*
小叶蒲公英	*Taraxacum goloskokovii*	兴安乌头	*Aconitum ambiguum*
小叶蚊母树	*Distylium buxifolium*	兴安悬钩子	*Rubus chamaemorus*

野大豆	*Glycine soja*	异叶地笋	*Lycopus lucidus* var. *maackianus*
野灯心草	*Juncus setchuensis*	异叶狐尾藻	*Myriophyllum heterophyllum*
野古草	*Arundinella hirta*	异叶节节菜	*Rotala cordata*
野胡萝卜	*Daucus carota*	异叶三裂碱毛茛	*Halerpestes tricuspis* var. *heterophylla*
野火球	*Trifolium lupinaster*		
野蓟	*Cirsium maackii*	异叶石龙尾	*Limnophila heterophylla*
野菊	*Chrysanthemum indicum*	异枝狸藻	*Utricularia intermedia*
野葵	*Malva verticillata*	异株薹草	*Carex gynocrates*
野菱	*Trapa incisa* var. *quadricaudata*	益母草	*Leonurus japonicus*
野苜蓿	*Medicago falcata*	薏米	*Coix lacryma-jobi* var. *ma-yuen*
野蔷薇	*Rosa multiflora*	薏苡（原变种）	*Coix lacryma-jobi* var. *lacryma-jobi*
野青茅	*Deyeuxia pyramidalis*	翼果薹草	*Carex neurocarpa*
野扇花	*Sarcococca ruscifolia*	翼茎风毛菊	*Saussurea alata*
野生稻	*Oryza rufipogon*	虉草	*Phalaris arundinacea*
野生风车草	*Cyperus alternifolius*	茵陈蒿	*Artemisia capillaris*
野苏子	*Pedicularis grandiflora*	银莲花	*Anemone cathayensis*
野茼蒿	*Crassocephalum crepidioides*	银露梅	*Dasiphora glabra*
野豌豆	*Vicia sepium*	银杉	*Cathaya argyrophylla*
野西瓜苗	*Hibiscus trionum*	银杏	*Ginkgo biloba*
野燕麦	*Avena fatua*	银叶火绒草	*Leontopodium souliei*
野芋	*Colocasia antiquorum*	银叶树	*Heritiera littoralis*
野芝麻	*Lamium barbatum*	隐花草	*Crypsis aculeata*
野雉尾金粉蕨	*Onychium japonicum*	隐脉小檗	*Berberis tsarica*
叶下珠	*Phyllanthus urinaria*	隐蕊杜鹃	*Rhododendron intricatum*
叶状鞘囊吾	*Ligularia phyllocolea*	印度草木犀	*Melilotus indicus*
一年蓬	*Erigeron annuus*	印度灯心草	*Juncus clarkei*
宜昌百合	*Lilium leucanthum*	印度田菁	*Sesbania sesban*
宜昌荚蒾	*Viburnum erosum*	樱草	*Primula sieboldii*
宜昌飘拂草	*Fimbristylis henryi*	鹦哥岭飞瀑草	*Cladopus yinggelingensis*
宜昌润楠	*Machilus ichangensis*	蘡薁	*Vitis bryoniifolia*
宜昌薹草	*Carex ascotreta*	萤蔺	*Schoenoplectiella juncoides*
宜兴溪荪	*Iris sanguinea* var. *yixingensis*	瘿椒树	*Tapiscia sinensis*
异鳞薹草	*Carex heterolepis*	硬稃稗	*Echinochloa glabrescens*
异穗薹草	*Carex heterostachya*	硬秆子草	*Capillipedium assimile*
异型莎草	*Cyperus difformis*	硬果薹草	*Carex sclerocarpa*
异燕麦	*Helictochloa hookeri*	硬壳柯	*Lithocarpus hancei*

云南肖菝葜	*Smilax binchuanensis*	樟	*Cinnamomum camphora*
云杉	*Picea asperata*	樟子松	*Pinus sylvestris* var. *mongolica*
云生毛茛（原变种）	*Ranunculus nephelogenes* var. *nephelogenes*	掌裂兰	*Dactylorhiza hatagirea*
		掌裂驴蹄草	*Caltha palustris* var. *umbrosa*
云雾薹草	*Carex nubigena*	掌叶大黄	*Rheum palmatum*
		掌叶蓼	*Persicaria palmata*
Z		掌叶木	*Handeliodendron bodinieri*
		胀果甘草	*Glycyrrhiza inflata*
藏北碱茅	*Puccinellia stapfiana*	胀囊薹草	*Carex vesicaria*
藏北薹草	*Carex satakeana*	沼地毛茛	*Ranunculus radicans*
藏蓟	*Cirsium arvense* var. *alpestre*	沼菊	*Enydra fluctuans*
藏薹草	*Carex thibetica*	沼柳	*Salix rosmarinifolia* var. *brachypoda*
藏野青茅	*Deyeuxia tibetica*	沼生繁缕	*Stellaria palustris*
杂配藜	*Chenopodiastrum hybridum*	沼生萍菜	*Rorippa palustris*
早开堇菜	*Viola prionantha*	沼生黑三棱	*Sparganium limosum*
早熟禾	*Poa annua*	沼生苦苣菜	*Sonchus palustris*
泽地早熟禾	*Poa palustris*	沼生柳叶菜	*Epilobium palustre*
泽番椒	*Deinostema violacea*	沼生马先蒿（原亚种）	*Pedicularis palustris* subsp. *palustris*
泽漆	*Euphorbia helioscopia*		
泽芹	*Sium suave*	沼生水葱	*Schoenoplectus lacustris*
泽生薹草	*Carex riparia*	沼生水莎草	*Cyperus limosus*
泽苔草	*Caldesia parnassifolia*	沼生水苏	*Stachys palustris*
泽泻	*Alisma plantago-aquatica*	沼生虾子草	*Mimulicalyx paludigenus*
泽珍珠菜	*Lysimachia candida*	沼委陵菜	*Comarum palustre*
窄果薏苡	*Coix lacryma-jobi* var. *stenocarpa*	沼原草	*Moliniopsis japonica*
窄沿沟草	*Catabrosa aquatica* var. *angusta*	沼泽荸荠	*Eleocharis palustris*
窄叶水芹	*Oenanthe thomsonii* subsp. *stenophylla*	沼泽蕨（原变种）	*Thelypteris palustris* var. *palustris*
		沼泽香科科	*Teucrium scordioides*
窄叶泽泻	*Alisma canaliculatum*	沼泽小叶桦	*Betula microphylla* var. *paludosa*
窄颖赖草	*Leymus angustus*	沼猪殃殃	*Galium uliginosum*
展苞灯心草	*Juncus thomsonii*	蔗甜茅	*Glyceria notata*
展穗膜稃草	*Hymenachne patens*	针灯心草	*Juncus wallichianus*
展枝萹蓄	*Polygonum patulum*	针茅	*Stipa capillata*
展枝唐松草	*Thalictrum squarrosum*	针筒菜	*Stachys oblongifolia*
獐毛	*Aeluropus sinensis*	针叶薹草	*Carex onoei*
獐牙菜	*Swertia bimaculata*	针叶藻	*Syringodium isoetifolium*

真藓	*Bryum argenteum*	皱果薹草	*Carex dispalata*
支柱蓼	*Bistorta suffulta*	皱蒴藓	*Aulacomnium palustre*
知母	*Anemarrhena asphodeloides*	皱叶酸模	*Rumex crispus*
直刺变豆菜	*Sanicula orthacantha*	皱褶马先蒿	*Pedicularis plicata*
直立石龙尾	*Limnophila erecta*	朱兰	*Pogonia japonica*
直穗薹草	*Carex orthostachys*	珠芽蓼	*Bistorta vivipara*
直叶金发藓	*Polytrichum strictum*	猪笼草	*Nepenthes mirabilis*
中俄谷精草	*Eriocaulon chinorossicum*	猪毛菜	*Kali collinum*
中国繁缕	*Stellaria chinensis*	猪毛草	*Schoenoplectiella wallichii*
中国黄眼草	*Xyris bancana*	猪毛蒿	*Artemisia scoparia*
中国马先蒿	*Pedicularis chinensis*	蛛毛车前	*Plantago arachnoidea*
中国梅花草	*Parnassia chinensis*	蛛丝毛蓝耳草	*Cyanotis arachnoidea*
中国沙棘	*Hippophae rhamnoides* subsp. *sinensis*	蛛丝蓬	*Halogeton arachnoideus*
中海薹草	*Carex zhonghaiensis*	竹叶花椒	*Zanthoxylum armatum*
中华结缕草	*Zoysia sinica*	竹叶眼子菜	*Potamogeton wrightii*
中华柳叶菜	*Epilobium sinense*	苎麻	*Boehmeria nivea*
中华萍蓬草	*Nuphar pumila* subsp. *sinensis*	柱果木榄	*Bruguiera cylindrica*
中华石龙尾	*Limnophila chinensis*	砖子苗	*Cyperus cyperoides*
中华水韭	*Isoetes sinensis*	锥囊薹草	*Carex raddei*
中华甜茅	*Glyceria chinensis*	资源冷杉	*Abies ziyuanensis*
中华蚊母树	*Distylium chinense*	紫苞雪莲	*Saussurea iodostegia*
中间水葱	*Schoenoplectus* × *intermedius*	紫点杓兰	*Cypripedium guttatum*
中麻黄	*Ephedra intermedia*	紫椴	*Tilia amurensis*
中位泥炭藓	*Sphagnum magellanicum*	紫果蔺	*Eleocharis atropurpurea*
中亚滨藜	*Atriplex centralasiatica*	紫花高乌头	*Aconitum septentrionale*
中亚苦蒿	*Artemisia absinthium*	紫花碎米荠	*Cardamine tangutorum*
中亚酸模	*Rumex popovii*	紫花针茅	*Stipa purpurea*
中亚泽芹	*Sium medium*	紫堇	*Corydalis edulis*
钟花报春	*Primula sikkimensis*	紫茎酸模	*Rumex angulatus*
钟花垂头菊	*Cremanthodium campanulatum*	紫晶报春	*Primula amethystina*
钟花蓼	*Koenigia campanulata*	紫柳	*Salix wilsonii*
舟叶橐吾	*Ligularia cymbulifera*	紫萍	*Spirodela polyrhiza*
周氏黑三棱	*Sparganium stoloniferum* subsp. *choui*	紫萁	*Osmunda japonica*
		紫苏草	*Limnophila aromatica*
轴藜	*Axyris amaranthoides*	紫菀	*Aster tataricus*
帚枝千屈菜	*Lythrum virgatum*	紫羊茅	*Festuca rubra*

紫云英	*Astragalus sinicus*	钻苞水葱	*Schoenoplectus subulatus*
总梗蕨麻	*Argentina peduncularis*	钻天柳	*Salix arbutifolia*
粽叶芦	*Thysanolaena latifolia*	钻托水毛茛	*Batrachium rionii*
走茎灯心草	*Juncus amplifolius*	钻叶紫菀	*Symphyotrichum subulatum*
菹草	*Potamogeton crispus*	醉鱼草	*Buddleja lindleyana*

附录六　沼泽区动物名录

A

安徽疣螈　　　　　Yaotriton anhuiensis

鹌鹑　　　　　　　Coturnix japonica

暗绿柳莺　　　　　Phylloscopus trochiloides

暗绿绣眼鸟　　　　Zosterops japonicus

澳洲红嘴鸥　　　　Chroicocephalus novaehollandiae

B

八带蝴蝶鱼　　　　Chaetodon octofasciatus

八哥　　　　　　　Acridotheres cristatellus

八线腹链蛇　　　　Hebius octolineatus

白斑军舰鸟　　　　Fregata ariel

白鲳　　　　　　　Ephippus orbis

白翅浮鸥　　　　　Chlidonias leucopterus

白翅栖鸭　　　　　Asarcornis scutulata

白唇鹿　　　　　　Przewalskium albirostris

白唇竹叶青蛇　　　Trimeresurus albolabris

白顶䳭　　　　　　Oenanthe pleschanka

白顶溪鸲　　　　　Chaimarrornis leucocephalus

白顶玄燕鸥　　　　Anous stolidus

白额鹱　　　　　　Calonectris leucomelas

白额雁　　　　　　Anser albifrons

白额燕鸥　　　　　Sternula albifrons

白额圆尾鹱　　　　Pterodroma hypoleuca

白耳奇鹛　　　　　Heterophasia auricularis

白腹管鼻蝠　　　　Murina leucogaster

白腹海雕　　　　　Haliaeetus leucogaster

白腹锦鸡　　　　　Chrysolophus amherstiae

白腹军舰鸟　　　　Fregata andrewsi

白腹蓝鹟　　　　　Cyanoptila cyanomelana

白腹鹭　　　　　　Ardea insignis

白腹隼雕　　　　　Aquila fasciata

白腹鹞　　　　　　Circus spilonotus

白骨顶　　　　　　Fulica atra

白冠长尾雉　　　　Syrmaticus reevesii

白鹳　　　　　　　Ciconia ciconia

白鹤　　　　　　　Grus leucogeranus

白喉斑秧鸡　　　　Rallina eurizonoides

白喉矶鸫　　　　　Monticola gularis

白鹡鸰　　　　　　Motacilla alba

白鱀豚　　　　　　Lipotes vexillifer

白颊黑雁　　　　　Branta leucopsis

白肩雕　　　　　　Aquila heliaca

白肩黑鹮　　　　　Pseudibis davisoni

白颈鹳　　　　　　Ciconia episcopus

白眶鹟莺　　　　　Seicercus affinis

白脸鹭　　　　　　Egretta novaehollandiae

白链蛇　　　　　　Lycodon septentrionalis

白鹭　　　　　　　Egretta garzetta

白眉地鸫　　　　　Geokichla sibirica

白眉鸫　　　　　　Turdus obscurus

白眉姬鹟　　　　　Ficedula zanthopygia

白眉苦恶鸟　　　　Amaurornis cinerea

白眉山雀　　　　　Poecile superciliosus

白眉鹀　　　　　　Emberiza tristrami

白眉鸭　　　　　　Spatula querquedula

白琵鹭　　　　　　Platalea leucorodia

白鹈鹕　　　　　　Pelecanus onocrotalus

白条锦蛇　　　　　Elaphe dione

白头鹎　　　　　　Pycnonotus sinensis

白头鹤　　　　　　Grus monacha

白头鹞　　　　　　Circus aeruginosus

白头硬尾鸭	*Oxyura leucocephala*	斑头雁	*Anser indicus*
白尾海雕	*Haliaeetus albicilla*	斑腿泛树蛙	*Polypedates megacephalus*
白尾蓝地鸲	*Myiomela leucurum*	斑尾塍鹬	*Limosa lapponica*
白尾麦鸡	*Vanellus leucurus*	斑尾榛鸡	*Tetrastes sewerzowi*
白尾鹲	*Phaethon lepturus*	斑胁田鸡	*Zapornia paykullii*
白尾鹞	*Circus cyaneus*	斑胸滨鹬	*Calidris melanotos*
白鹇	*Lophura nycthemera*	斑胸田鸡	*Porzana porzana*
白线树蛙	*Rhacophorus leucofasciatus*	斑重唇鱼	*Diptychus maculatus*
白胸苦恶鸟	*Amaurornis phoenicurus*	斑嘴鹈鹕	*Pelecanus philippensis*
白鲟	*Psephurus gladius*	斑嘴鸭	*Anas zonorhyncha*
白眼潜鸭	*Aythya nyroca*	版纳鱼螈	*Ichthyophis bannanicus*
白燕鸥	*Gygis alba*	半蹼鹬	*Limnodromus semipalmatus*
白腰杓鹬	*Numenius arquata*	棒花鱼	*Abbottina rivularis*
白腰滨鹬	*Calidris fuscicollis*	保山裂腹鱼	*Schizothorax yunnanensis* subsp. *paoshanensis*
白腰草鹬	*Tringa ochropus*		
白腰叉尾海燕	*Hydrobates leucorhous*	豹	*Panthera pardus*
白腰雪雀	*Onychostruthus taczanowskii*	豹猫	*Prionailurus bengalensis*
白腰燕鸥	*Onychoprion aleuticus*	暴风鹱	*Fulmarus glacialis*
白腰雨燕	*Apus pacificus*	北草蜥	*Takydromus septentrionalis*
白腰朱顶雀	*Acanthis flammea*	北方泥鳅	*Misgurnus bipartitus*
白枕鹤	*Grus vipio*	北鲑	*Stenodus leucichthys*
白嘴端凤头燕鸥	*Thalasseus sandvicensis*	北红尾鸲	*Phoenicurus auroreus*
百色闭壳龟	*Cuora mccordi*	北灰鹟	*Muscicapa dauurica*
班公湖裸裂尻鱼	*Schizopygopsis stoliczkai* subsp. *bangongensis*	北极鸥	*Larus hyperboreus*
		北椋鸟	*Agropsar sturninus*
斑背潜鸭	*Aythya marila*	北鹨	*Anthus gustavi*
斑翅山鹑	*Perdix dauurica*	北山羊	*Capra sibirica*
斑点拟相手蟹	*Parasesarma pictum*	北朱雀	*Carpodacus roseus*
斑鸫	*Turdus eunomus*	贝氏䱗	*Hemiculter bleekeri*
斑脸海番鸭	*Melanitta fusca*	编织美丽蛤	*Merisca perplexa*
斑林狸	*Prionodon pardicolor*	鳊	*Parabramis pekinensis*
喜马拉雅斑羚	*Naemorhedus goral*	扁嘴海雀	*Synthliboramphus antiquus*
斑鹭	*Egretta picata*	波斑鸨	*Chlamydotis macqueenii*
斑条魣	*Sphyraena jello*	波氏吻鰕虎鱼	*Rhinogobius cliffordpopei*
斑头秋沙鸭	*Mergellus albellus*	波纹巴非蛤	*Paphia undulata*
斑头鸺鹠	*Glaucidium cuculoides*	布氏石斑鱼	*Epinephelus bleekeri*

布氏田鼠 — *Lasiopodomys brandtii*

C

彩鹳 — *Mycteria leucocephala*

彩鹮 — *Plegadis falcinellus*

彩鹬 — *Rostratula benghalensis*

菜花原矛头蝮 — *Protobothrops jerdonii*

𬶋 — *Hemiculter leucisculus*

苍鹭 — *Ardea cinerea*

苍鹰 — *Accipiter gentilis*

草地鹨 — *Anthus pratensis*

草海云南鳅 — *Yunnanilus caohaiensis*

草鹭 — *Ardea purpurea*

草鸮 — *Tyto longimembris*

草鱼 — *Ctenopharyngodon idella*

草原雕 — *Aquila nipalensis*

草原鹞 — *Circus macrourus*

叉尾鸥 — *Xema sabini*

茶卡高原鳅 — *Triplophysa cakaensis*

豺 — *Cuon alpinus*

长耳跳鼠 — *Euchoreutes naso*

长耳鸮 — *Asio otus*

长格厚大蛤 — *Codakia tigerina*

长脚秧鸡 — *Crex crex*

长肋日月贝 — *Amusium pleuronectes* subsp. *pleuronectes*

长牡蛎 — *Crassostrea gigas*

长鳍高原鳅 — *Triplophysa longipectoralis*

长鳍篮子鱼 — *Siganus canaliculatus*

长臀鮠鲇 — *Clupisoma longianalis*

长尾仓鼠 — *Cricetulus longicaudatus*

长尾旱獭 — *Marmota caudata*

长尾林鸮 — *Strix uralensis*

长尾雀 — *Carpodacus sibiricus*

长尾鸭 — *Clangula hyemalis*

长尾贼鸥 — *Stercorarius longicaudus*

长爪沙鼠 — *Meriones unguiculatus*

长趾滨鹬 — *Calidris subminuta*

长嘴百灵 — *Melanocorypha maxima*

长嘴斑海雀 — *Brachyramphus perdix*

长嘴半蹼鹬 — *Limnodromus scolopaceus*

长嘴剑鸻 — *Charadrius placidus*

陈氏新银鱼 — *Neosalanx tangkahkeii*

呈贡蝾螈 — *Cynops chenggongensis*

橙腹树蛙 — *Rhacophorus aurantiventris*

橙头地鸫 — *Geokichla citrina*

池鹭 — *Ardeola bacchus*

池沼公鱼 — *Hypomesus olidus*

赤斑羚 — *Naemorhedus baileyi*

赤膀鸭 — *Mareca strepera*

赤翡翠 — *Halcyon coromanda*

赤峰锦蛇 — *Elaphe anomala*

赤腹鹰 — *Accipiter soloensis*

赤狐 — *Vulpes vulpes*

赤麂 — *Muntiacus vaginalis*

赤颈䴙䴘 — *Podiceps grisegena*

赤颈鸫 — *Turdus ruficollis*

赤颈鹤 — *Grus antigone*

赤颈鸭 — *Mareca penelope*

赤链蛇 — *Lycodon rufozonatus*

赤麻鸭 — *Tadorna ferruginea*

赤嘴潜鸭 — *Netta rufina*

重穗唇高原鳅 — *Triplophysa papillosolabiata*

崇安斜鳞蛇 — *Pseudoxenodon karlschmidti*

丑鸭 — *Histrionicus histrionicus*

川村陆蛙 — *Fejervarya kawamurai*

川金丝猴 — *Rhinopithecus roxellana*

春鲤 — *Cyprinus longipectoralis*

脆蛇蜥 — *Dopasia harti*

翠青蛇 — *Cyclophiops major*

D

达氏鲟	*Acipenser dabryanus*
达乌里寒鸦	*Corvus dauuricus*
大白鹭	*Ardea alba*
大斑啄木鸟	*Dendrocopos major*
大鸨	*Otis tarda*
大壁虎	*Gekko gecko*
大杓鹬	*Numenius madagascariensis*
大滨鹬	*Calidris tenuirostris*
大仓鼠	*Tscherskia triton*
大草鹛	*Babax waddelli*
大蟾蜍	*Bufo bufo*
大弹涂鱼	*Boleophthalmus pectinirostris*
大杜鹃	*Cuculus canorus*
大凤头燕鸥	*Thalasseus bergii*
大红鹳	*Phoenicopterus roseus*
大黄鱼	*Larimichthys crocea*
大口鲇	*Silurus meridionalis*
大鵟	*Buteo hemilasius*
大理鲤	*Cyprinus daliensis*
大理裂腹鱼	*Schizothorax taliensis*
大凉螈	*Liangshantriton taliangensis*
大鳞白鱼	*Anabarilius macrolepis*
大鳞副泥鳅	*Paramisgurnus dabryanus*
大灵猫	*Viverra zibetha*
大麻哈鱼	*Oncorhynchus keta*
大麻鳽	*Botaurus stellaris*
大鲵	*Andrias davidianus*
大蹼铃蟾	*Bombina maxima*
大鳍鱊	*Acheilognathus macropterus*
大绒鼠	*Eothenomys miletus*
大沙锥	*Gallinago megala*
大山雀	*Parus cinereus*
大石鸻	*Esacus recurvirostris*
大天鹅	*Cygnus cygnus*
大头狗母鱼	*Trachinocephalus myops*
大头鲤	*Cyprinus pellegrini*
大头鳕	*Gadus macrocephalus*
大苇莺	*Acrocephalus arundinaceus*
大眼鳜	*Siniperca knerii*
大眼角鲨	*Squalus megalops*
大眼鲤	*Cyprinus megalophthalmus*
大眼似青鳞鱼	*Herklotsichthys ovalis*
大眼斜鳞蛇	*Pseudoxenodon macrops*
大鹰鹃	*Hierococcyx sparverioides*
大嘴乌鸦	*Corvus macrorhynchos*
玳瑁石斑鱼	*Epinephelus quoyanus*
带点石斑鱼	*Epinephelus fasciatomaculosus*
戴菊	*Regulus regulus*
戴胜	*Upupa epops*
丹顶鹤	*Grus japonensis*
单齿螺	*Monodonta labio*
单纹似鱲	*Luciocyprinus langsoni*
淡脚柳莺	*Phylloscopus tenellipes*
淡眉柳莺	*Phylloscopus humei*
淡足鹱	*Ardenna carneipes*
弹涂鱼	*Periophthalmus modestus*
刀鲚	*Coilia ectenes*
地山雀	*Pseudopodoces humilis*
滇池金线鲃	*Sinocyclocheilus grahami*
滇蛙	*Dianrana pleuraden*
滇西低线鱲	*Barilius barila*
滇西蛇	*Fowlea yunnanensis*
滇螈	*Hypselotriton wolterstorffi*
点带石斑鱼	*Epinephelus coioides*
貂熊	*Gulo gulo*
雕鸮	*Bubo bubo*
东北刺猬	*Erinaceus amurensis*
东北林蛙	*Rana dybowskii*
东北兔	*Lepus mandshuricus*
东北小鲵	*Hynobius leechii*

东北雨蛙	*Hyla ussuriensis*	帆背潜鸭	*Aythya valisineria*
东方白鹳	*Ciconia boyciana*	翻石鹬	*Arenaria interpres*
东方大苇莺	*Acrocephalus orientalis*	凡纳滨对虾	*Litopenaeus vannamei*
东方鸻	*Charadrius veredus*	反嘴鹬	*Recurvirostra avosetta*
东方墨头鱼	*Garra orientalis*	方尾鹟	*Culicicapa ceylonensis*
东方蝾螈	*Cynops orientalis*	方形钳蛤	*Isognomon nucleus*
东方田鼠	*Alexandromys fortis*	粉红胸鹨	*Anthus roseatus*
董鸡	*Gallicrex cinerea*	粉红燕鸥	*Sterna dougallii*
豆雁	*Anser fabalis*	凤鲚	*Coilia mystus*
渡鸦	*Corvus corax*	凤头䴙䴘	*Podiceps cristatus*
短耳鸮	*Asio flammeus*	凤头百灵	*Galerida cristata*
短尾大眼鲷	*Priacanthus macracanthus*	凤头蜂鹰	*Pernis ptilorhynchus*
短尾鹱	*Ardenna tenuirostris*	凤头麦鸡	*Vanellus vanellus*
短尾信天翁	*Phoebastria albatrus*	凤头潜鸭	*Aythya fuligula*
短尾贼鸥	*Stercorarius parasiticus*	凤头雀莺	*Leptopoecile elegans*
短趾百灵	*Alaudala cheleensis*	凤头鹀	*Melophus lathami*
短趾雕	*Circaetus gallicus*	凤头鹰	*Accipiter trivirgatus*
短嘴豆雁	*Anser serrirostris*	弗氏鸥	*Leucophaeus pipixcan*
钝翅苇莺	*Acrocephalus concinens*	福建大头蛙	*Limnonectes fujianensis*
多鳞鱚	*Sillago sihama*	福建竹叶青蛇	*Viridovipera stejnegeri*
多疣壁虎	*Gekko japonicus*	抚仙鲤	*Cyprinus fuxianensis*
多疣狭口蛙	*Kaloula verrucosa*	腹斑腹链蛇	*Hebius modestus*
		腹斑倭蛙	*Nanorana ventripunctata*

E

鹅喉羚	*Gazella subgutturosa*
鹅掌牡蛎	*Planostrea pestigris*
额凸盲金线鲃	*Sinocyclocheilus convexiforeheadu*
鹗	*Pandion haliaetus*
鳄蜥	*Shinisaurus crocodilurus*
峨眉草蜥	*Takydromus intermedius*
洱海副鳅	*Homatula erhaiensis*
洱海鲤	*Cyprinus barbatus*

G

鳡	*Elopichthys bambusa*
高鳍带鱼	*Trichiurus lepturus*
高跷鹬	*Calidris himantopus*
高山金翅雀	*Chloris spinoides*
高山岭雀	*Leucosticte brandti*
高山倭蛙	*Nanorana parkeri*
高山兀鹫	*Gyps himalayensis*
高体鳑鲏	*Rhodeus ocellatus*
高原林蛙	*Rana kukunoris*

F

发冠卷尾	*Dicrurus hottentottus*

高原裸裂尻鱼	*Schizopygopsis stoliczkai* subsp. *stoliczkai*	褐翅雪雀	*Montifringilla adamsi*
高原山鹑	*Perdix hodgsoniae*	褐翅鸦鹃	*Centropus sinensis*
高原鼠兔	*Ochotona curzoniae*	褐翅燕鸥	*Onychoprion anaethetus*
葛氏鲈塘鳢	*Perccottus glenii*	褐带石斑鱼	*Epinephelus bruneus*
贡山猫眼蟾	*Scutiger gongshanensis*	褐顶雀鹛	*Schoeniparus brunneus*
钩嘴圆尾鹱	*Pseudobulweria rostrata*	褐灰雀	*Pyrrhula nipalensis*
孤沙锥	*Gallinago solitaria*	褐家鼠	*Rattus norvegicus*
古氏滩栖螺	*Batillaria cumingii*	褐鲣鸟	*Sula leucogaster*
股鳞蜓蜥	*Sphenomorphus incognitus*	褐柳莺	*Phylloscopus fuscatus*
骨唇黄河鱼	*Chuanchia labiosa*	褐头凤鹛	*Yuhina brunneiceps*
挂榜山小鲵	*Hynobius guabangshanensis*	褐吻鰕虎鱼	*Rhinogobius brunneus*
冠海雀	*Synthliboramphus wumizusume*	褐岩鹨	*Prunella fulvescens*
鳡	*Ochetobius elongatus*	褐燕鹱	*Bulweria bulwerii*
光唇蛇鮈	*Saurogobio gymnocheilus*	鹤鹬	*Tringa erythropus*
光泽黄颡鱼	*Pelteobagrus nitidus*	黑斑侧褶蛙	*Pelophylax nigromaculatus*
龟鲹（梭鱼）	*Chelon haematocheilus*	黑斑狗鱼	*Esox reicherti*
鬼鸮	*Aegolius funereus*	黑背信天翁	*Phoebastria immutabilis*
贵州疣螈	*Tylototriton kweichowensis*	黑叉尾海燕	*Hydrobates monorhis*
鳜	*Siniperca chuatsi*	黑翅燕鸻	*Glareola nordmanni*
		黑翅鸢	*Elanus caeruleus*
H		黑翅长脚鹬	*Himantopus himantopus*
		黑顶麻雀	*Passer ammodendri*
		黑短脚鹎	*Hypsipetes leucocephalus*
海鸬鹚	*Phalacrocorax pelagicus*	黑浮鸥	*Chlidonias niger*
海鳗	*Muraenesox cinereus*	黑腹滨鹬	*Calidris alpina*
海南壁虎	*Gekko similignum*	黑腹黄斑蜂	*Anthidium nigroventralis*
海南鳽	*Gorsachius magnificus*	黑腹军舰鸟	*Fregata minor*
海蜇	*Rhopilema esculentum*	黑腹燕鸥	*Sterna acuticauda*
貉	*Nyctereutes procyonoides*	黑冠鹃隼	*Aviceda leuphotes*
河口水蛙	*Sylvirana hekouensis*	黑冠鳽	*Gorsachius melanolophus*
河狸	*Castor fiber*	黑鹳	*Ciconia nigra*
河乌	*Cinclus cinclus*	黑海番鸭	*Melanitta americana*
河燕鸥	*Sterna aurantia*	黑喉潜鸟	*Gavia arctica*
颌突吻孔鲃	*Poropuntius daliensis*	黑喉石䳭	*Saxicola maurus*
褐菖鲉	*Sebastiscus marmoratus*	黑麂	*Muntiacus crinifrons*
褐翅叉尾海燕	*Hydrobates tristrami*	黑脚信天翁	*Phoebastria nigripes*

黑颈鹤	*Grus nigricollis*	黑枕燕鸥	*Sterna sumatrana*
黑颈鸬鹚	*Microcarbo niger*	黑嘴鸥	*Saundersilarus saundersi*
黑颈䴙䴘	*Podiceps nigricollis*	黑嘴松鸡	*Tetrao urogalloides*
黑颈乌龟	*Mauremys nigricans*	恒春草蜥	*Takydromus sauteri*
黑卷尾	*Dicrurus macrocercus*	横口裂腹鱼	*Schizothorax plagiostomus*
黑口鳓	*Ilisha melastoma*	红背圆鲹（蓝圆鲹）	*Decapterus maruadsi*
黑眶蟾蜍	*Duttaphrynus melanostictus*	红脖颈槽蛇	*Rhabdophis subminiatus*
黑脸琵鹭	*Platalea minor*	红顶绿鸠	*Treron formosae*
黑龙江草蜥	*Takydromus amurensis*	红额金翅雀	*Carduelis carduelis*
黑龙江茴鱼	*Thymallus arcticus* subsp. *grubei*	红腹滨鹬	*Calidris canutus*
黑龙江林蛙	*Rana amurensis*	红腹红尾鸲	*Phoenicurus erythrogastrus*
黑龙江鳑鲏	*Rhodeus sericeus*	红腹角雉	*Tragopan temminckii*
黑眉锦蛇	*Elaphe taeniura*	红腹锦鸡	*Chrysolophus pictus*
黑眉柳莺	*Phylloscopus ricketti*	红腹旋木雀	*Certhia nipalensis*
黑眉苇莺	*Acrocephalus bistrigiceps*	红喉歌鸲	*Calliope calliope*
黑蹼树蛙	*Rhacophorus kio*	红喉姬鹟	*Ficedula albicilla*
黑鳍鳈	*Sarcocheilichthys nigripinnis*	红喉鹨	*Anthus cervinus*
黑荞麦蛤	*Xenostrobus atratus*	红喉潜鸟	*Gavia stellata*
黑琴鸡	*Lyrurus tetrix*	红角鸮	*Otus sunia*
黑麝	*Moschus fuscus*	红脚斑秧鸡	*Rallina fasciata*
黑水鸡	*Gallinula chloropus*	红脚鲣鸟	*Sula sula*
黑头白鹮	*Threskiornis melanocephalus*	红脚隼	*Falco amurensis*
黑苇鳽	*Ixobrychus flavicollis*	红脚田鸡	*Zapornia akool*
黑尾塍鹬	*Limosa limosa*	红脚鹬	*Tringa totanus*
黑尾地鸦	*Podoces hendersoni*	红颈瓣蹼鹬	*Phalaropus lobatus*
黑尾鸥	*Larus crassirostris*	红颈滨鹬	*Calidris ruficollis*
黑尾鮠	*Liobagrus nigricauda*	红颈苇鹀	*Emberiza yessoensis*
黑线仓鼠	*Cricetulus barabensis*	红脸鸬鹚	*Phalacrocorax urile*
黑线姬鼠	*Apodemus agrarius*	红瘰疣螈	*Tylototriton shanjing*
黑线乌梢蛇	*Ptyas nigromarginata*	红面猴	*Macaca arctoides*
黑斜线侧褶蛙	*Pelophylax nigrolineatus*	红蹼树蛙	*Rhacophorus rhodopus*
黑胸麻雀	*Passer hispaniolensis*	红鳍原鲌	*Cultrichthys erythropterus*
亚洲黑熊	*Ursus thibetanus*	红树拟蟹守螺	*Cerithidea rhizophorarum*
黑雁	*Branta bernicla*	红隼	*Falco tinnunculus*
黑鸢	*Milvus migrans*	红头潜鸭	*Aythya ferina*
黑枕黄鹂	*Oriolus chinensis*	红尾伯劳	*Lanius cristatus*

红尾鹲	*Phaethon rubricauda*	花鼠	*Tamias sibiricus*
红尾沙蜥	*Phrynocephalus erythrurus*	花田鸡	*Coturnicops exquisitus*
红胁蓝尾鸲	*Tarsiger cyanurus*	花头鸺鹠	*Glaucidium passerinum*
红胁绣眼鸟	*Zosterops erythropleurus*	花尾榛鸡	*Tetrastes bonasia*
红胸黑雁	*Branta ruficollis*	华南兔	*Lepus sinensis*
红胸鸻	*Charadrius asiaticus*	中华蟾蜍	*Bufo andrewsi*
红胸秋沙鸭	*Mergus serrator*	华西雨蛙	*Hyla annectans*
红胸田鸡	*Zapornia fusca*	滑鼠蛇	*Ptyas mucosa*
红原鸡	*Gallus gallus*	画眉	*Garrulax canorus*
红足皱背蝗	*Ruganotus rufipes*	怀头鲇	*Silurus soldatovi*
红嘴巨燕鸥	*Hydroprogne caspia*	环颈鸻	*Charadrius alexandrinus*
红嘴鹲	*Phaethon aethereus*	环颈雉	*Phasianus colchicus*
红嘴鸥	*Chroicocephalus ridibundus*	鹮嘴鹬	*Ibidorhyncha struthersii*
红嘴山鸦	*Pyrrhocorax pyrrhocorax*	荒漠麻蜥	*Eremias przewalskii*
鸿雁	*Anser cygnoid*	荒漠猫	*Felis bieti*
厚唇裂腹鱼	*Schizothorax labrosus*	荒漠沙蜥	*Phrynocephalus przewalskii*
厚唇裸重唇鱼	*Gymnodiptychus pachycheilus*	黄斑光胸鲾	*Photopectoralis bindus*
厚嘴苇莺	*Arundinax aedon*	黄斑苇鳽	*Ixobrychus sinensis*
弧边招潮	*Uca arcuata*	黄边糙鸟蛤	*Trachycardium flavum*
胡兀鹫	*Gypaetus barbatus*	黄腹角雉	*Tragopan caboti*
湖北侧褶蛙	*Pelophylax hubeiensis*	黄腹柳莺	*Phylloscopus affinis*
虎	*Panthera tigris*	黄腹鹨	*Anthus rubescens*
虎斑地鸫	*Zoothera aurea*	黄腹山雀	*Pardaliparus venustulus*
虎斑颈槽蛇	*Rhabdophis tigrinus*	黄腹树莺	*Horornis acanthizoides*
虎头海雕	*Haliaeetus pelagicus*	黄姑鱼	*Nibea albiflora*
虎纹伯劳	*Lanius tigrinus*	黄河裸裂尻鱼	*Schizopygopsis pylzovi*
虎纹蛙	*Hoplobatrachus chinensis*	黄喉鹀	*Emberiza elegans*
琥珀刺沙蚕	*Neanthes succinea*	黄喉雉鹑	*Tetraophasis szechenyii*
花斑裸鲤	*Gymnocypris eckloni* subsp. *eckloni*	黄鹡鸰	*Motacilla tschutschensis*
花背蟾蜍	*Strauchbufo raddei*	黄脊游蛇	*Orientocoluber spinalis*
花彩雀莺	*Leptopoecile sophiae*	黄颊麦鸡	*Vanellus gregarius*
花臭蛙	*Odorrana schmackeri*	黄脚三趾鹑	*Turnix tanki*
花脸鸭	*Sibirionetta formosa*	黄眉姬鹟	*Ficedula narcissina*
花鳗鲡	*Anguilla marmorata*	黄眉柳莺	*Phylloscopus inornatus*
花面狸	*Paguma larvata*	黄眉鹀	*Emberiza chrysophrys*
花鳅	*Cobitis taenia*	黄蹼洋海燕	*Oceanites oceanicus*

黄鳍金枪鱼	*Thunnus albacares*	灰林鸮	*Strix aluco*
黄雀	*Spinus spinus*	灰眉岩鹀	*Emberiza godlewskii*
黄颡鱼	*Pelteobagrus fulvidraco*	灰山椒鸟	*Pericrocotus divaricatus*
黄鳝	*Monopterus albus*	灰鼠蛇	*Ptyas korros*
黄头鹡鸰	*Motacilla citreola*	灰头绿鸠	*Treron pompadora*
黄腿银鸥	*Larus cachinnans*	灰头绿啄木鸟	*Picus canus*
黄尾鲴	*Xenocypris davidi*	灰头麦鸡	*Vanellus cinereus*
黄胸滨鹬	*Calidris subruficollis*	灰头鹀	*Emberiza spodocephala*
黄胸鼠	*Rattus tanezumi*	灰尾漂鹬	*Tringa brevipes*
黄胸鹀	*Emberiza aureola*	灰尾兔	*Lepus oiostolus*
黄腰柳莺	*Phylloscopus proregulus*	灰纹鹟	*Muscicapa griseisticta*
黄鼬	*Mustela sibirica*	灰喜鹊	*Cyanopica cyanus*
黄缘闭壳龟	*Cuora flavomarginata*	灰胸秧鸡	*Lewinia striata*
黄爪隼	*Falco naumanni*	灰雁	*Anser anser*
黄痣薮鹛	*Liocichla steerii*	灰燕鸻	*Glareola lactea*
黄嘴白鹭	*Egretta eulophotes*	灰异篮蛤	*Anisocorbula pallida*
黄嘴角鸮	*Otus spilocephalus*	火斑鸠	*Streptopelia tranquebarica*
黄嘴潜鸟	*Gavia adamsii*		
黄嘴朱顶雀	*Linaria flavirostris*	**J**	
鳇	*Huso dauricus*		
灰斑鸠	*Streptopelia decaocto*	矶鹬	*Actitis hypoleucos*
灰瓣蹼鹬	*Phalaropus fulicarius*	姬田鸡	*Zapornia parva*
灰背伯劳	*Lanius tephronotus*	姬鹬	*Lymnocryptes minimus*
灰背鸥	*Larus schistisagus*	极北柳莺	*Phylloscopus borealis*
灰背隼	*Falco columbarius*	极北鲵	*Salamandrella keyserlingii*
灰伯劳	*Lanius excubitor*	极边扁咽齿鱼	*Platypharodon extremus*
灰翅浮鸥	*Chlidonias hybrida*	棘腹蛙	*Quasipaa boulengeri*
灰翅鸥	*Larus glaucescens*	脊尾白虾	*Exopalaemon carinicauda*
灰冠鸦雀	*Sinosuthora przewalskii*	鲫	*Carassius auratus* subsp. *auratus*
灰鹤	*Grus grus*	加拿大雁	*Branta canadensis*
灰鸻	*Pluvialis squatarola*	家麻雀	*Passer domesticus*
灰鹱	*Ardenna grisea*	家燕	*Hirundo rustica*
灰鹡鸰	*Motacilla cinerea*	嘉陵裸裂尻鱼	*Schizopygopsis kialingensis*
灰脸鵟鹰	*Butastur indicus*	尖尾滨鹬	*Calidris acuminata*
灰椋鸟	*Spodiopsar cineraceus*	尖吻蝮	*Deinagkistrodon acutus*
灰裂腹鱼	*Schizothorax griseus*	尖肢华米虾	*Sinodina acutipoda*

间下鱵	*Hyporhamphus intermedius*	**L**	
鲣	*Katsuwonus pelamis*		
剪嘴鸥	*Rynchops albicollis*	拉萨裂腹鱼	*Schizothorax waltoni*
剑川高原鳅	*Triplophysa jianchuanensis*	拉氏鲹	*Rhynchocypris lagowskii*
剑鸻	*Charadrius hiaticula*	拉氏沙锥	*Gallinago hardwickii*
江鳕	*Lota lota*	兰屿壁虎	*Gekko kikuchii*
鹪鹩	*Troglodytes troglodytes*	蓝点马鲛	*Scomberomorus niphonius*
角百灵	*Eremophila alpestris*	蓝翡翠	*Halcyon pileata*
角䴙䴘	*Podiceps auritus*	蓝歌鸲	*Larvivora cyane*
角嘴海雀	*Cerorhinca monocerata*	蓝喉歌鸲	*Luscinia svecica*
截尾银姑鱼	*Pennahia anea*	蓝矶鸫	*Monticola solitarius*
金翅雀	*Chloris sinica*	蓝脸鲣鸟	*Sula dactylatra*
金雕	*Aquila chrysaetos*	蓝马鸡	*Crossoptilon auritum*
金鸻	*Pluvialis fulva*	蓝尾石龙子	*Plestiodon elegans*
金眶鸻	*Charadrius dubius*	蓝枕八色鸫	*Pitta nipalensis*
金眶鹟莺	*Seicercus burkii*	狼	*Canis lupus*
金猫	*Catopuma temminckii*	鳓	*Ilisha elongata*
金钱豹	*Codonopsis javanica*	雷氏七鳃鳗	*Lampetra reissneri*
金钱鱼	*Scatophagus argus*	鲤	*Cyprinus carpio*
金线侧褶蛙	*Pelophylax plancyi*	丽斑麻蜥	*Eremias argus*
金线鱼	*Nemipterus virgatus*	丽蝴蝶鱼	*Chaetodon wiebeli*
金秀纤树蛙	*Gracixalus jinxiuensis*	荔波壁虎	*Gekko liboensis*
金腰燕	*Cecropis daurica*	栗斑腹鹀	*Emberiza jankowskii*
近江牡蛎	*Crassostrea ariakensis*	栗耳鹀	*Emberiza fucata*
酒泉高原鳅	*Triplophysa hsutschouensis*	栗喉蜂虎	*Merops philippinus*
巨嘴柳莺	*Phylloscopus schwarzi*	栗树鸭	*Dendrocygna javanica*
距翅麦鸡	*Vanellus duvaucelii*	栗头鸦	*Gorsachius goisagi*
锯缘青蟹	*Scylla serrata*	栗苇鳽	*Ixobrychus cinnamomeus*
卷羽鹈鹕	*Pelecanus crispus*	栗鹀	*Emberiza rutila*
		蛎鹬	*Haematopus ostralegus*
K		鲢	*Hypophthalmichthys molitrix*
		亮银鮈	*Squalidus nitens*
宽脊瑶螈	*Yaotriton broadoridgus*	猎隼	*Falco cherrug*
宽头短腿蟾	*Brachytarsophrys carinensis*	林雕	*Ictinaetus malaiensis*
昆明滑蜥	*Scincella barbouri*	林柳莺	*Phylloscopus sibilatrix*
阔嘴鹬	*Calidris falcinellus*	林沙锥	*Gallinago nemoricola*

林麝	*Moschus berezovskii*	鳗鲡	*Anguilla japonica*
林鹬	*Tringa glareola*	蟒	*Python bivittatus*
鳞片帝汶蛤	*Timoclea imbricata*	毛冠鹿	*Elaphodus cephalophus*
鳞头树莺	*Urosphena squameiceps*	毛蚶	*Scapharca kagoshimensis*
领角鸮	*Otus lettia*	毛脚鵟	*Buteo lagopus*
领鸺鹠	*Glaucidium brodiei*	毛腿沙鸡	*Syrrhaptes paradoxus*
领岩鹨	*Prunella collaris*	矛隼	*Falco rusticolus*
领燕鸻	*Glareola pratincola*	梅花鹿	*Cervus nippon*
流苏鹬	*Calidris pugnax*	煤山雀	*Periparus ater*
瘤鸭	*Sarkidiornis melanotos*	蒙古百灵	*Melanocorypha mongolica*
柳雷鸟	*Lagopus lagopus*	蒙古鲌	*Chanodichthys mongolicus* subsp. *mongolicus*
龙里瘰螈	*Paramesotriton longliensis*		
隆头高原鳅	*Triplophysa alticeps*	蒙古黄鼠	*Spermophilus dauricus*
芦鹀	*Emberiza schoeniclus*	蒙古沙鸻	*Charadrius mongolus*
芦莺	*Acrocephalus scirpaceus*	蒙古田鼠	*Alexandromys mongolicus*
罗纹鸭	*Mareca falcata*	蒙古野驴	*Equus hemionus*
裸腹叶须鱼	*Ptychobarbus kaznakovi*	猛鸮	*Surnia ulula*
绿背鸬鹚	*Phalacrocorax capillatus*	孟加拉眼镜蛇	*Naja kaouthia*
绿背山雀	*Parus monticolus*	猕猴	*Macaca mulatta*
绿翅鸭	*Anas crecca*	麋鹿	*Elaphurus davidianus*
绿海龟	*Chelonia mydas*	棉凫	*Nettapus coromandelianus*
绿鹭	*Butorides striata*	缅甸颈槽蛇	*Rhabdophis leonardi*
绿眉鸭	*Mareca americana*	缅甸棱蜥	*Tropidophorus berdmorei*
绿头鸭	*Anas platyrhynchos*	缅甸树蛙	*Rhacophorus burmanus*
绿尾虹雉	*Lophophorus lhuysii*	岷县高原鳅	*Triplophysa minxianensis*
		模糊新短眼蟹	*Neoxenophthalmus obscurus*

M

N

麻雀	*Passer montanus*		
马来豪猪	*Hystrix brachyura*	南方裂腹鱼	*Schizothorax meridionalis*
马口鱼	*Opsariichthys bidens*	南极贼鸥	*Stercorarius maccormicki*
马鹿	*Cervus elaphus*	泥鳅	*Misgurnus anguillicaudatus*
马麝	*Moschus chrysogaster*	拟大朱雀	*Carpodacus rubicilloides*
马铁菊头蝠	*Rhinolophus ferrumequinum*	拟尖头鲌	*Culter oxycephaloides*
玛拉巴石斑鱼	*Epinephelus malabaricus*	拟拉达切叶蜂	*Megachile rupshuensis*
麦穗鱼	*Pseudorasbora parva*	拟犬牙刺盖鰕虎	*Oplopomus caninoides*

鲇	*Silurus asotus*	普通秧鸡	*Rallus indicus*
宁蒗裂腹鱼	*Schizothorax ninglangensis*	普通夜鹰	*Caprimulgus indicus*
牛背鹭	*Bubulcus ibis*	普通雨燕	*Apus apus*
牛头伯劳	*Lanius bucephalus*	普通朱雀	*Carpodacus erythrinus*
怒江裂腹鱼	*Schizothorax nukiangensis*	蹼趾壁虎	*Gekko subpalmatus*
怒江爬鳅	*Balitora nujiangensis*		
挪威方格星虫	*Sipunculus norvegicus*		

O

Q

欧斑鸠	*Streptopelia turtur*	祁连裸鲤	*Gymnocypris eckloni* subsp. *chilienensis*
欧金鸻	*Pluvialis apricaria*	奇额墨头鱼	*Garra mirofrontis*
欧亚鵟	*Buteo buteo*	杞麓鲤	*Cyprinus chilia*
欧亚水獭	*Lutra lutra*	钳嘴鹳	*Anastomus oscitans*
欧亚旋木雀	*Certhia familiaris*	桥街结鱼	*Tor qiaojiensis*
鸥嘴噪鸥	*Gelochelidon nilotica*	翘鼻麻鸭	*Tadorna tadorna*
		翘嘴鲌	*Culter alburnus*
		翘嘴鹬	*Xenus cinereus*
P		秦岭蝮	*Gloydius qinlingensis*
		秦岭细鳞鲑	*Brachymystax lenok* subsp. *tsinlingensis*
盘羊	*Ovis ammon*	琴文蛤	*Meretrix lyrata*
狍	*Capreolus pygargus*	青斑细棘鰕虎鱼	*Acentrogobius viridipunctatus*
琵嘴鸭	*Spatula clypeata*	青弹涂鱼	*Scartelaos histophorus*
漂鹬	*Tringa incana*	青点鹦嘴鱼	*Scarus ghobban*
平鳞钝头蛇	*Pareas boulengeri*	青蛤	*Cyclina sinensis*
平鳍旗鱼	*Istiophorus platypterus*	青海湖裸鲤	*Gymnocypris przewalskii* subsp. *przewalskii*
平胸龟	*Platysternon megacephalum*	青蚶	*Barbatia obliquata*
坡鹿	*Rucervus eldii*	青脚滨鹬	*Calidris temminckii*
普氏原羚	*Procapra przewalskii*	青脚鹬	*Tringa nebularia*
普通翠鸟	*Alcedo atthis*	青石斑鱼	*Epinephelus awoara*
普通海鸥	*Larus canus*	青头潜鸭	*Aythya baeri*
普通鵟	*Buteo japonicus*	黄喉貂	*Martes flavigula*
普通鸬鹚	*Phalacrocorax carbo*	青鱼	*Mylopharyngodon piceus*
普通秋沙鸭	*Mergus merganser*	丘北金线鲃	*Sinocyclocheilus qiubeiensis*
普通鳾	*Sitta europaea*	丘北盲高原鳅	*Triplophysa qiubeiensis*
普通燕鸻	*Glareola maldivarum*		
普通燕鸥	*Sterna hirundo*		

丘鹬	*Scolopax rusticola*	山地麻蜥	*Eremias brenchleyi*
曲线索贻贝	*Hormomya mutabilis*	山鹡鸰	*Dendronanthus indicus*
鸲姬鹟	*Ficedula mugimaki*	山烙铁头蛇	*Ovophis monticola*
鸲岩鹨	*Prunella rubeculoides*	山麻雀	*Passer cinnamomeus*
泉水鱼	*Pseudogyrinocheilus procheilus*	山鹛	*Rhopophilus pekinensis*
雀鹰	*Accipiter nisus*	山瑞鳖	*Palea steindachneri*
鹊鸭	*Bucephala clangula*	山噪鹛	*Garrulax davidi*
鹊鹞	*Circus melanoleucos*	扇尾沙锥	*Gallinago gallinago*

R

日本和美虾	*Nihonotrypaea japonica*	蛇雕	*Spilornis cheela*
日本花鲈	*Lateolabrax japonicus*	石貂	*Martes foina*
日本囊对虾	*Marsupenaeus japonicus*	石鸻	*Burhinus oedicnemus*
日本鲭	*Scomber japonicus*	石鸡	*Alectoris chukar*
日本松雀鹰	*Accipiter gularis*	鲥	*Tenualosa reevesii*
日本沼虾	*Macrobrachium nipponense*	似鲇高原鳅	*Triplophysa siluroides*
绒螯近方蟹	*Hemigrapsus penicillatus*	似刺鳊鮈	*Paracanthobrama guichenoti*
绒毛细足蟹	*Rophidopus ciliatus*	似鲛	*Toxabramis swinhonis*
肉垂麦鸡	*Vanellus indicus*	饰纹姬蛙	*Microhyla fissipes*
软刺裸鲤	*Gymnocypris dobula*	树鹨	*Anthus hodgsoni*

勺鸡 *Pucrasia macrolopha*
勺嘴鹬 *Calidris pygmaea*
猞猁 *Lynx lynx*

双斑绿柳莺 *Phylloscopus plumbeitarsus*
双峰驼 *Camelus ferus*
水鹨 *Anthus spinoletta*

S

三宝鸟	*Eurystomus orientalis*	水鹿	*Rusa unicolor*
三道眉草鹀	*Emberiza cioides*	水雉	*Hydrophasianus chirurgus*
三角鲂	*Megalobrama terminalis*	丝蝴蝶鱼	*Chaetodon auriga*
三索锦蛇	*Coelognathus radiatus*	丝纹镜蛤	*Dosinia caeulea*
三线闭壳龟	*Cuora trifasciata*	四川柳莺	*Phylloscopus forresti*
三疣梭子蟹	*Portunus trituberculatus*	四川温泉蛇	*Thermophis zhaoermii*
三趾滨鹬	*Calidris alba*	四射缀锦蛤	*Tapes belcheri*
三趾鸥	*Rissa tridactyla*	四声杜鹃	*Cuculus micropterus*
三趾啄木鸟	*Picoides tridactylus*	松鸡	*Tetrao urogallus*
沙狐	*Vulpes corsac*	松雀	*Pinicola enucleator*
沙丘鹤	*Grus canadensis*	松雀鹰	*Accipiter virgatus*
山斑鸠	*Streptopelia orientalis*	北松鼠	*Sciurus vulgaris*

松鸦 *Garrulus glandarius*

淞江鲈 *Trachidermus fasciatus*

素完眼蝶角蛉 *Idricerus sogdianus*

梭形高原鳅 *Triplophysa leptosoma*

蓑羽鹤 *Grus virgo*

T

塔里木兔 *Lepus yarkandensis*

胎蜥 *Zootoca vivipara*

台北树蛙 *Rhacophorus taipeianus*

台湾白腹鼠 *Niviventer coninga*

台湾鹎 *Pycnonotus taivanus*

台湾草蜥 *Takydromus formosanus*

台湾滑蜥 *Scincella formosensis*

台湾画眉 *Garrulax taewanus*

台湾蓝鹊 *Urocissa caerulea*

台湾山鹧鸪 *Arborophila crudigularis*

台湾噪鹛 *Trochalopteron morrisonianum*

台湾招潮 *Uca formosensis*

台湾酒红朱雀 *Carpodacus formosanus*

太平鸟 *Bombycilla garrulus*

太平洋鲱 *Clupea pallasii* subsp. *pallasii*

太平洋潜鸟 *Gavia pacifica*

唐古拉高原鳅 *Triplophysa tanggulaensis*

田鹨 *Anthus richardi*

田鹀 *Emberiza rustica*

铁爪鹀 *Calcarius lapponicus*

铁嘴沙鸻 *Charadrius leschenaultii*

铜翅水雉 *Metopidius indicus*

铜蜓蜥 *Sphenomorphus indicus*

铜鱼 *Coreius heterodon*

秃鼻乌鸦 *Corvus frugilegus*

秃鹳 *Leptoptilos javanicus*

秃鹫 *Aegypius monachus*

吐鲁番沙虎 *Teratoscincus roborowskii*

兔狲 *Otocolobus manul*

团头鲂 *Megalobrama amblycephala*

驼鹿 *Alces alces*

W

瓦氏雅罗鱼 *Leuciscus waleckii* subsp. *waleckii*

弯嘴滨鹬 *Calidris ferruginea*

王锦蛇 *Elaphe carinata*

威宁趾沟蛙 *Pseudorana weiningensis*

微蹼铃蟾 *Bombina microdeladigitora*

苇鹀 *Emberiza pallasi*

文蛤 *Meretrix meretrix*

文须雀 *Panurus biarmicus*

乌雕 *Clanga clanga*

乌鸫 *Turdus mandarinus*

乌龟 *Mauremys reevesii*

乌华游蛇 *Trimerodytes percarinatus*

乌鳢 *Channa argus*

乌林鸮 *Strix nebulosa*

乌梢蛇 *Ptyas dhumnades*

乌苏里蝮 *Gloydius ussuriensis*

乌鹟 *Muscicapa sibirica*

乌燕鸥 *Onychoprion fuscatus*

无指盘臭蛙 *Odorrana grahami*

五棘银鲈 *Pentaprion longimanus*

武昌副沙鳅 *Parabotia bănărescui*

兀鹫 *Gyps fulvus*

X

西滨鹬 *Calidris mauri*

西伯利亚银鸥 *Larus smithsonianus*

西藏齿突蟾 *Scutiger boulengeri*

西藏裂腹鱼 *Schizothorax labiata*

西藏裸趾虎 *Cyrtodactylus tibetanus*

西藏毛腿沙鸡	*Syrrhaptes tibetanus*	小麂	*Muntiacus reevesi*
西藏沙蜥	*Phrynocephalus theobaldi*	小家鼠	*Mus musculus*
西藏山溪鲵	*Batrachuperus tibetanus*	小角蟾	*Boulenophrys minor*
西藏温泉蛇	*Thermophis baileyi*	小口裂腹鱼	*Schizothorax microstomus*
西格织纹螺	*Nassarius siquijorensis*	小灵猫	*Viverricula indica*
西红角鸮	*Otus scops*	小美洲黑雁	*Branta hutchinsii*
西秧鸡	*Rallus aquaticus*	小鸥	*Hydrocoloeus minutus*
蜥海鲢	*Elops saurus*	小䴙䴘	*Tachybaptus ruficollis*
喜马拉雅旱獭	*Marmota himalayana*	小青脚鹬	*Tringa guttifer*
喜鹊	*Pica pica*	小绒鸭	*Polysticta stelleri*
细脆蛇蜥	*Dopasia gracili*	小天鹅	*Cygnus columbianus*
细鳞鲴	*Xenocypris microlepis*	小田鸡	*Zapornia pusilla*
细鳞鲑	*Brachymystax lenok* subsp. *lenok*	小苇鳽	*Ixobrychus minutus*
细鳞鯻	*Terapon jarbua*	小鹀	*Emberiza pusilla*
细体拟鲿	*Pseudobagrus pratti*	小鸦鹃	*Centropus bengalensis*
细尾高原鳅	*Triplophysa stenura*	小眼高原鳅	*Triplophysa microps*
细尾鮡	*Pareuchiloglanis gracilicaudata*	小燕尾	*Enicurus scouleri*
细纹鲾	*Leiognathus berbis*	小云雀	*Alauda gulgula*
细嘴短趾百灵	*Calandrella acutirostris*	小嘴鸻	*Eudromias morinellus*
细嘴鸥	*Chroicocephalus genei*	小嘴乌鸦	*Corvus corone*
下游黑龙江茴鱼	*Thymallus tugarinae*	楔尾伯劳	*Lanius sphenocercus*
仙琴蛙	*Nidirana daunchina*	楔尾鹱	*Ardenna pacificus*
香鼬	*Mustela altaica*	楔尾鸥	*Rhodostethia rosea*
小白额雁	*Anser erythropus*	新疆高原鳅	*Triplophysa strauchii*
小鸨	*Tetrax tetrax*	新疆沙虎	*Teratoscincus przewalskii*
小杓鹬	*Numenius minutus*	星头啄木鸟	*Dendrocopos canicapillus*
小鳖	*Pelodiscus parviformis*	星鸦	*Nucifraga caryocatactes*
小滨鹬	*Calidris minuta*	星云白鱼	*Anabarilius andersoni*
小杜鹃	*Cuculus poliocephalus*	兴凯鱊	*Acheilognathus chankaensis*
小凤头燕鸥	*Thalasseus bengalensis*	熊猴	*Macaca assamensis*
小黑背银鸥	*Larus fuscus*	秀丽高原鳅	*Triplophysa venusta*
小弧斑姬蛙	*Microhyla heymonsi*	秀丽织纹螺	*Nassarius festivus*
小黄脚鹬	*Tringa flavipes*	锈链腹链蛇	*Hebius craspedogaster*
小黄黝鱼	*Micropercops swinhonis*	须赤虾	*Metapenaeopsis barbata*
小黄鱼	*Larimichthys polyactis*	雪豹	*Panthera uncia*
小蝗莺	*Locustella certhiola*	雪鹑	*Lerwa lerwa*

雪兔	Lepus timidus	银鲴	Xenocypris argentea
雪鹀	Plectrophenax nivalis	银喉长尾山雀	Aegithalos glaucogularis
雪鸮	Bubo scandiacus	银环蛇	Bungarus multicinctus
雪雁	Anser caerulescens	银鲫	Carassius auratus subsp. gibelio
血雉	Ithaginis cruentus	银鉤	Squalidus argentatus
		印度斑嘴鸭	Anas poecilorhyncha
		印度池鹭	Ardeola grayii
Y		印度寿带	Terpsiphone paradisi
鸭嘴海豆芽	Lingula anatina	印太江豚	Neophocaena phocaenoides
崖海鸦	Uria aalge	鹰喙角金线鲃	Sinocyclocheilus aquihornes
崖沙燕	Riparia riparia	鹰鸮	Ninox scutulata
胭脂鱼	Myxocyprinus asiaticus	硬刺高原鳅	Triplophysa scleroptera
岩滨鹬	Calidris ptilocnemis	鳙	Aristichthys nobilis
岩鸽	Columba rupestris	油吻孔鲃	Poropuntius exigua
岩鹭	Egretta sacra	疣鼻天鹅	Cygnus olor
岩羊	Pseudois nayaur	疣刺齿蟾	Oreolalax rugosus
眼镜王蛇	Ophiophagus hannah	疣滩栖螺	Batillaria sordida
燕雀	Fringilla montifringilla	游隼	Falco peregrinus
燕隼	Falco subbuteo	渔鸥	Ichthyaetus ichthyaetus
扬子鳄	Alligator sinensis	玉带海雕	Haliaeetus leucoryphus
阳宗白鱼	Anabarilius yangzonensis	鸳鸯	Aix galericulata
阳宗金线鲃	Sinocyclocheilus yangzongensis	原鸽	Columba livia
野猫	Felis silvestris	原麝	Moschus moschiferus
野牦牛	Bos mutus	原尾蜥虎	Hemidactylus bowringii
野猪	Sus scrofa	圆蟾舌蛙	Phrynoglossus martensii
叶尔羌高原鳅	Triplophysa yarkandensis subsp. yarkandensis	圆吻鲴	Distoechodon tumirostris
		鼋	Pelochelys cantorii
夜鹭	Nycticorax nycticorax	悦目大眼蟹	Macrophthalmus erato
伊洛瓦底沙鳅	Botia histrionica	云豹	Neofelis nebulosa
遗鸥	Ichthyaetus relictus	云南半叶趾虎	Hemiphyllodactylus yunnanensis
蚁䴕	Jynx torquilla	云南闭壳龟	Cuora yunnanensis
异齿裂腹鱼	Schizothorax o'connori	云南臭蛙	Odorrana andersonii
异龙鲤	Cyprinus yilongensis	云南倒刺鲃	Spinibarbus denticulatus subsp. yunnanensis
异尾高原鳅	Triplophysa stewarti		
银白鱼	Anabarilius alburnops	云南华游蛇	Trimerodytes yunnanensis
银鲳	Pampus argenteus	云南棘蛙	Gynandropaa yunnanensis

云南裂腹鱼	*Schizothorax yunnanensis* subsp. *yunnanensis*	织锦巴非蛤	*Paphia textile*
		中白鹭	*Ardea intermedia*
云南攀蜥	*Diploderma yunnanense*	中杓鹬	*Numenius phaeopus*
云南小狭口蛙	*Calluella yunnanensis*	中甸叶须鱼	*Ptychobarbus chungtienensis* subsp. *chungtienensis*
云南竹叶青蛇	*Viridovipera yunnanensis*		
云雀	*Alauda arvensis*	中杜鹃	*Cuculus saturatus*
云石斑鸭	*Marmaronetta angustirostris*	中国钝头蛇	*Pareas chinensis*
		中国林蛙	*Rana chensinensis*
		中国毛虾	*Acetes chinensis*
Z		中国明对虾	*Fenneropenaeus chinensis*
		中国长足摇蚊	*Tanypus chinensis*
杂色蛤仔	*Ruditapes variegata*	中国紫蛤	*Soletellina chinensis*
杂色尖嘴鱼	*Gomphosus varius*	中华白海豚	*Sousa chinensis*
藏狐	*Vulpes ferrilata*	中华鳖	*Pelodiscus sinensis*
藏羚	*Pantholops hodgsonii*	中华蟾蜍	*Bufo gargarizans*
藏马鸡	*Crossoptilon harmani*	中华穿山甲	*Manis pentadactyla*
藏酋猴（毛面短尾猴）	*Macaca thibetana*	中华鼢鼠	*Eospalax fontanierii*
藏雪鸡	*Tetraogallus tibetanus*	中华凤头燕鸥	*Thalasseus bernsteini*
藏野驴	*Equus kiang*	中华花鳅	*Cobitis sinensis*
藏原羚	*Procapra picticaudata*	中华绿螂	*Glauconome chinensis*
泽陆蛙	*Fejervarya multistriata*	中华攀雀	*Remiz consobrinus*
泽鹬	*Tringa stagnatilis*	中华鳑鲏	*Rhodeus sinensis*
扎那纹胸鮡	*Glyptothorax zanaensis*	中华秋沙鸭	*Mergus squamatus*
张氏爬鳅	*Balitora tchangi*	中华绒螯蟹	*Eriocheir sinensis*
獐	*Hydropotes inermis*	中华团水虱	*Sphaeroma sinensis*
昭觉林蛙	*Rana chaochiaoensis*	中华细鲫	*Aphyocypris chinensis*
爪哇池鹭	*Ardeola speciosa*	中华鲟	*Acipenser sinensis*
沼泽山雀	*Poecile palustris*	中贼鸥	*Stercorarius pomarinus*
遮目鱼	*Chanos chanos*	朱鹮	*Nipponia nippon*
哲罗鲑	*Hucho taimen*	朱鹂	*Oriolus traillii*
赭红尾鸲	*Phoenicurus ochruros*	珠带拟蟹守螺	*Cerithidea cingulata*
褶牡蛎	*Alectryonella plicatula*	珠颈斑鸠	*Streptopelia chinensis*
针尾沙锥	*Gallinago stenura*	猪獾	*Arctonyx collaris*
针尾鸭	*Anas acuta*	子陵吻鰕虎鱼	*Rhinogobius giurinus*
真赤鲷（真鲷）	*Pagrus major*	紫薄鳅	*Leptobotia taeniops*
震旦鸦雀	*Paradoxornis heudei*	紫背苇鳽	*Ixobrychus eurhythmus*

紫翅椋鸟	*Sturnus vulgaris*	棕颈鸭	*Anas luzonica*
紫貂	*Martes zibellina*	棕脸鹟莺	*Abroscopus albogularis*
紫灰锦蛇	*Oreocryptophis porphyraceus*	棕眉柳莺	*Phylloscopus armandii*
紫水鸡	*Porphyrio porphyrio*	棕头鸥	*Chroicocephalus brunnicephalus*
紫贻贝	*Mytilus galloprovincialis*	棕头鸦雀	*Sinosuthora webbiana*
棕背伯劳	*Lanius schach*	棕网腹链蛇	*Hebius johannis*
棕背田鸡	*Zapornia bicolor*	棕尾虹雉	*Lophophorus impejanus*
棕背雪雀	*Pyrgilauda blanfordi*	棕尾鵟	*Buteo rufinus*
棕腹大仙鹟	*Niltava davidi*	棕熊	*Ursus arctos*
棕腹蓝仙鹟	*Niltava vivida*	棕夜鹭	*Nycticorax caledonicus*
棕腹啄木鸟	*Dendrocopos hyperythrus*	鳡	*Luciobrama macrocephalus*
棕黑疣螈	*Tylototriton verrucosus*	纵带滩栖螺	*Batillaria zonalis*
棕颈雪雀	*Pyrgilauda ruficollis*	纵纹腹小鸮	*Athene noctua*